JN253820

Harper's
Illustrated
Biochemistry
Thirty-second Edition

Peter J. Kennelly
Kathleen M. Botham
Owen P. McGuinness
Victor W. Rodwell
P. Anthony Weil

Lange Textbookシリーズ

イラストレイテッド
ハーパー・
生化学

原書32版

清水 孝雄
水島　昇　監訳

五十嵐 和彦	進藤　英雄
稲葉　謙次	多賀谷 光男
内海　利男	谷水　直樹
尾池　雄一	田沼　延公
大井　浩明	田村　　淳
大森　　司	月田 早智子
加部　泰明	冨永　　薫
喜田　　聡	中野　裕康
栗原　裕基	長束　俊治
越野　一朗	古川　鋼一
児島　将康	槇島　　誠
小山 - 本田郁子	山田　健一
酒井　宏水	横溝　岳彦
城　　宜嗣	横山　信治

丸善出版

Harper's
Illustrated Biochemistry

32nd Edition

by

Peter J. Kennelly Kathleen M. Botham Owen P. McGuinness

Victor W. Rodwell P. Anthony Weil

注　意

医学は絶えず変化し続けている科学の一分野である．新しい研究や臨床の経験により我々の知識が広がると，診療や薬物療法にも変化が求められる．本書の著者と出版社は，完全な，そして出版時での標準に一般的に適合している情報を提供するために努力し，信頼できると考えられる情報源によりその内容を確かめている．しかしながら，人の過誤は避けられないことや医科学の変化の可能性から，著者，出版社，そして本書の準備と発行に関わっている様々な団体は，本書に収載された情報がすべての点で正確ないし完全であるとは保証しないし，過誤ないし遺漏，そして本書に掲載されている情報を使用したことから生じる結果についての責任を負わない．読者の皆様には本書の情報について他の情報源によって確かめることをお勧めする．とくに，服用する際の薬の添付文書を確認し，本書の情報が正しいかどうか，そして推奨用量や投与の禁忌に変更がないかを確かめることをお勧めする．この勧告は新薬や使用頻度の少ない薬についてはとくに重要である．

Printed in Japan

第 32 版への序文

この度，"Harper's Illustrated Biochemistry（イラストレイテッド ハーパー・生化学）"の第 32 版を出版することは，著者ならびに出版社の欣快とするところである．本書は，1939 年に"Review of Physiological Chemistry"としてカリフォルニア大学医学部（サンフランシスコ校）の Harold Harper 博士の単独著書として初版が刊行された．現在は"Harper's Illustrated Biochemistry"というタイトルで，当初の目的どおり，医学の学習に最も関連する生化学の側面を簡潔に概観するものとなっている．この間，多くの著者の貢献により改訂が重ねられ，医学に特化した本教科書は現在 83 年目を迎えている．

第32版の表紙

世界的な新型コロナウイルス（COVID-19）パンデミックは，分子医学と疫学のすばらしい力と，限界を劇的に示した．非常に効果的なワクチンの迅速な開発は，患者の免疫反応を遺伝的にコードされた抗原の体内での発現を通じて活性化するという，外来性の抗原の注射ではなく，新しい RNA ベースのアプローチの適応によって可能になった．患者自身の細胞を抗原生成のバイオリアクターとして利用することで，科学者たちはポリヌクレオチドの自己増幅能力を利用し，ワクチン開発のスピードとその後の大規模製造を加速した．表紙には，中和抗体（青色）が，COVID-19 として知られる SARS-CoV-2 コロナウイルスの表面にあるスパイクタンパク質（赤色）に結合している様子が描かれている．抗体が結合するエピトープは，ウイルスが ACE-2 受容体に結合する部位と重なり，この受容体は病原体がヒト細胞を認識し，結合し，その後侵入する際に使用される．治療用抗体は，スパイクタンパク質と ACE-2 受容体との結合を物理的にブロックすることにより感染を防御する．

第32版における改訂ポイント

"Harper's Illustrated Biochemistry"は常に，病気の理解，その病理，そして医学の実践における生化学の重要な役割を強調している．長年の著者である David A. Bender の引退に伴い，ヴァンダービルト大学の Owen P. McGuinness 教授に引き継がれた．McGuinness 教授による新しい視点や斬新な洞察に加え，ほとんどの章の内容が更新され，読者に最新で関連性の高い情報を提供している．たとえば，第 6 章では，Bohr 効果が CO_2 の輸送と肺からの排出に与える影響についての説明が再編成され，拡充されている．また，第 9 章では，酵素の活性化におけるチモーゲン zymogen（酵素前駆体）の役割についての記述が更新され，拡充された．

本書の構成

全 58 章は医学的関連性の高い生化学に重点を置いている．58 章は次のような 11 のセクションに構成されており，各セクション末には学習を支援し，情報の整理と理解を促進するために演習問題が，巻末には解答集が掲載されている．

セクション I〔1 ～ 6 章〕 生化学の簡単な歴史を紹介し，生化学と医学の関係性を強調して述べる．水と細胞内 pH の恒常性の重要性をレビューし，タンパク質の構造について議論している．

セクション II〔7 ～ 10 章〕 ヘモグロビンに関する章から始まり，酵素の作用機構，動力学，代謝調節，金属イオンの役割について解説．

セクション III〔11 ～ 13 章〕 生物学的酸化にかかわる酸化還元反応や，エネルギーの取り込み，輸送における高エネルギーリン酸塩の役割について議論している．

セクションⅣ〔14～20章〕 解糖系，クエン酸回路，ペントースリン酸経路，糖新生，血糖値の制御など糖代謝について解説.

セクションⅤ〔21～26章〕 単純脂質および複合脂質の性質，脂質の輸送と貯蔵，脂肪酸や複雑な脂質の合成と分解，さらにコレステロール生合成と輸送の反応と代謝調節について解説.

セクションⅥ〔27～31章〕 タンパク質の異化作用，尿素の生合成，アミノ酸の異化作用について議論し，不完全な異化作用に関連する医学的に重要な代謝異常に焦点を当てて解説.

セクションⅦ〔32～39章〕 核酸とヌクレオチドの構造と機能についての概要を述べ，DNA の複製と修復，RNA の合成と修飾，タンパク質合成，遺伝子発現の調節について詳細に議論している.

セクションⅧ〔40～42章〕 細胞外および細胞内情報伝達について述べる．生体膜の構造と機能，ホルモン作用の分子機構なども取り上げている.

セクションⅨ～Ⅺは，医学的に重要な 14 テーマを掲載している.

セクションⅨ〔43～48章〕 栄養，消化および吸収，ビタミンなどの微量栄養素，フリーラジカルと抗酸化剤，糖タンパク質，生体異物の代謝と臨床生化学などについて述べる.

セクションⅩ〔49～54章〕 細胞内におけるタンパク質の輸送と選別，細胞外マトリックス，筋肉と細胞骨格，血漿タンパク質と免疫グロブリン，赤血球と白血球の生化学を扱う.

セクションⅪ〔55～58章〕 止血と血栓症，がんの概要と老化の生化学について述べ，加えて代表的な生化学的な症例を掲載している.

謝 辞

著者らは，本版の出版計画において大きな役割を果たした Michael Weitz，出版準備を監督してくれた Peter Boyle に感謝の意を表する．また，編集，組版，図の作成，管理に尽力してくれた KnowledgeWorks Global 社の Tasneem Kauser と彼女の同僚にも感謝する．また，世界中の学生や教育者からいただいた数多くの意見や助言にも深く感謝申し上げる.

Peter J. Kennelly

Kathleen M. Botham

Owen P. McGuinness

Victor W. Rodwell

P. Anthony Weil

第 32 版の翻訳にあたって

『ハーパー・生化学』として広く親しまれている本書は，カリフォルニア大学サンフランシスコ校医学部の Harold Harper 博士により，1939 年に初版が刊行された．Harper 博士はアミノ酸代謝を専門とし，難解な内容をわかりやすく解説する教育者として高く評価されている．博士の意思を受けつぎ，本教科書はその後も 80 年以上にわたり，博士と後継者によって継続的に改訂・更新されてきた．生化学の教科書としてこれほどの歴史をもち，かつ豊富な図解と読みやすさを兼ね備えたものは他に類を見ない．

本書の最大の特徴は，生化学・分子生物学の原理的な内容から始め，疾患との関連をとくに重視して解説している点にある．そのため，医学部，薬学部，理学部，生命科学，栄養学部の学生，さらには大学院生や研究者にとっても最適な教科書である．最初に全体を通読し，必要に応じて，関連部分を再読することで，生化学と分子生物学の基礎と疾患とのかかわりを理解することができるであろう．

今回の日本語訳出版は，前版（第 30 版，2016 年）から 8 年ぶりのものであり，新型コロナウイルスやワクチン，がん免疫療法など，近年の目覚ましい進展が反映されている．監訳には新たに東京大学医学部分子生物学教授の水島昇が加わった．できる限り原著での明らかな誤りや抜け落ちは訂正し，とくに日本人の業績に関する事項は訳注で補足した．また，原著に記載されていなかったいくつかの重要なトピックは，本版より“コラム”として強調されている．間違いや読みにくいところもあるかもしれないが，フィードバックして戴ければ，次の版に反映させたいと思う．

最後に，長年にわたり監訳を務められた故三浦義彰教授，故上代淑人教授のご尽力に深く感謝いたします．また，今回の和訳にあたられた多くの先生方にも心から感謝申し上げる．本書の出版は，丸善出版株式会社の長見裕子さんの校正，コメント，討論などの協力がなければ成し得なかったことであり，ここでとくに感謝の意を表します．

2024 年 11 月

清水　孝雄，水島　昇

監訳者および訳者

監 訳 者
清 水 孝 雄　　微生物化学研究所 所長，国立国際医療研究センター シニアフェロー，東京大学名誉教授
水 島　　昇　　東京大学大学院医学系研究科 教授

訳 　 者
五十嵐 和 彦　　東北大学大学院医学系研究科 教授
稲 葉 謙 次　　九州大学生体防御医学研究所 教授，東北大学名誉教授
内 海 利 男　　新潟大学名誉教授
尾 池 雄 一　　熊本大学大学院生命科学研究部 教授
大 井 浩 明　　東邦大学薬学部 教授
大 森　　司　　自治医科大学医学部 教授
加 部 泰 明　　高知大学医学部 教授
喜 田　　聡　　東京大学大学院農学生命科学研究科 教授
栗 原 裕 基　　東京大学アイソトープ総合センター 特任教授，熊本大学 IRCMS 卓越教授，東京大学名誉教授
越 野 一 朗　　東京女子医科大学医学部 講師
児 島 将 康　　久留米大学名誉教授
小山-本田 郁子　　東京大学大学院医学系研究科 准教授
酒 井 宏 水　　奈良県立医科大学医学部 教授
清 水 孝 雄　　微生物化学研究所 所長，国立国際医療研究センター シニアフェロー，東京大学名誉教授
城　　宜 嗣　　兵庫県立大学大学院理学研究科 特任教授
進 藤 英 雄　　国立国際医療研究センター テニュアトラック部長，東京大学大学院医学系研究科 連携教授
多賀谷 光 男　　東京薬科大学名誉教授
谷 水 直 樹　　東京大学医科学研究所 准教授
田 沼 延 公　　宮城県立がんセンター研究所 部長
田 村　　淳　　帝京大学医学部 准教授
月 田 早智子　　帝京大学先端総合研究機構 特任教授，大阪大学名誉教授
冨 永　　薫　　自治医科大学医学部 教授
中 野 裕 康　　東邦大学医学部 教授
長 束 俊 治　　新潟大学理学部 教授
古 川 鋼 一　　中部大学生命健康科学部 元特定教授，名古屋大学名誉教授
槇 島　　誠　　日本大学医学部 教授
山 田 健 一　　九州大学大学院薬学研究院 教授
横 溝 岳 彦　　順天堂大学大学院医学研究科 教授
横 山 信 治　　中部大学応用生物学部 客員教授

（所属は 2024 年 10 月現在・五十音順）

歴代訳者一覧

原書 11 版［1968（昭和 43）年］

監訳者：三浦　義彰

訳　者：荒木　英爾	石川　晋次	入来　正躬	岩波　泰夫	大沢　利昭	上代　淑人	紺野　邦夫	
佐々　茂	茅野　春雄	手塚　統夫	長谷川修司	東　憙彦	細谷　憲政	松平　寛通	
真野　嘉長	村松　正實						

改訂新版［1971（昭和 46）年］

監訳者：三浦　義彰

訳　者：荒木　英爾	石川　晋次	入来　正躬	岩波　泰夫	大沢　利昭	上代　淑人	紺野　邦夫	
佐々　茂	茅野　春雄	手塚　統夫	長谷川修司	東　憙彦	平田　肇	藤原　民雄	
細谷　憲政	松平　寛通	真野　嘉長	村松　正實				

原書 14 版［1975（昭和 50）年］，原書 15 版［1976（昭和 51）年］

監訳者：三浦　義彰

訳　者：麻生　芳郎	荒木　英爾	入来　正躬	岩波　泰夫	大沢　利昭	上代　淑人	紺野　邦夫	
茅野　春雄	手塚　統夫	長谷川修司	東　憙彦	福井　紀子	細谷　憲政	松平　寛通	
真野　嘉長	村松　正實	守山　洋一					

原書 16 版［1978（昭和 53）年］，原書 17 版［1980（昭和 55）年］，原書 18 版［1982（昭和 57）年］

監訳者：三浦　義彰

訳　者：麻生　芳郎	荒木　英爾	入来　正躬	岩波　泰夫	大沢　利昭	上代　淑人	紺野　邦夫	
茅野　春雄	手塚　統夫	中澤　淳	長谷川修司	東　憙彦	福井　紀子	細谷　憲政	
松平　寛通	真野　嘉長	村松　正實	守山　洋一				

原書 19 版［1984（昭和 59）年］

監訳者：上代　淑人

訳　者：石村　巽	市山　新	入来　正躬	岩波　泰夫	産賀　敏彦	大澤　利昭	川﨑　尚	
紺野　邦夫	橘　正道	茅野　春雄	手塚　統夫	中澤　淳	野澤　義則	東　憙彦	
細谷　憲政	堀江　滋夫	松尾　壽之	村松　正實	山下　哲			

原書 20 版［1986（昭和 61）年］

監訳者：上代　淑人

訳　者：石村　巽	市山　新	入来　正躬	岩波　泰夫	産賀　敏彦	大澤　利昭	奥田九一郎	
川﨑　尚	紺野　邦夫	橘正　道	茅野　春雄	手塚　統夫	中澤　淳	野澤　義則	
東　憙彦	細谷　憲政	堀江　滋夫	松尾　壽之	村松　正實	山下　哲		

原書 21 版［1988（昭和 63）年］

監訳者：上代　淑人

訳　者：石村　巽	市山　新	産賀　敏彦	大澤　利昭	奥田九一郎	上代　淑人	紺野　邦夫	
武富　保	橘　正道	手塚　統夫	富永　眞一	中澤　淳	中澤　晶子	野澤　義則	
東　憙彦	堀江　滋夫	松尾　壽之	村松　正實	山下　哲			

原書 22 版［1991（平成 3）年］

監訳者：上代　淑人

訳　者：石村　　巽	市山　　新	産賀　敏彦	大澤　利昭	奥田九一郎	上代　淑人	川﨑　　尚
紺野　邦夫	清水　孝雄	武富　　保	橘　　正道	手塚　統夫	富永　眞一	中澤　　淳
中澤　晶子	野澤　義則	東　　惠彦	堀江　滋夫	松尾　壽之	村松　正實	山下　　哲

原書 23 版［1993（平成 5）年］

監訳者：上代　淑人

訳　者：石村　　巽	市山　　新	井原　康夫	産賀　敏彦	大澤　利昭	奥田九一郎	上代　淑人
川﨑　　尚	紺野　邦夫	清水　孝雄	髙木　敏光	武富　　保	橘　　正道	手塚　統夫
富永　眞一	中澤　　淳	中澤　晶子	野澤　義則	東　　惠彦	堀江　滋夫	松尾　壽之
村松　正實	山下　　哲					

原書 24 版［1997（平成 9）年］，原書 25 版［2001（平成 13）年］

監訳者：上代　淑人

訳　者：石村　　巽	市山　　新	井原　康夫	産賀　敏彦	奥田九一郎	小澤　敬也	上代　淑人
川﨑　　尚	小浪悠紀子	清水　孝雄	武富　　保	橘　　正道	手塚　統夫	富永　眞一
中澤　　淳	中澤　晶子	西野　武士	野澤　義則	東　　惠彦	堀江　滋夫	本澤　真弓
松尾　壽之	村松　正實	山下　　哲				

原書 26 版［2003（平成 15）年］

監訳者：上代　淑人

訳　者：市山　　新	産賀　敏彦	小澤　敬也	上代　淑人	川﨑　　尚	小浪悠紀子	清水　孝雄
多賀谷光男	武富　　保	手塚　統夫	戸部　　敏	富永　眞一	中澤　　淳	中澤　晶子
西野　武士	野澤　義則	堀江　滋夫	本澤　真弓	水島-菅野純子	三谷芙美子	
村松　正實	山下　　哲					

原書 27 版［2007（平成 19）年］

監訳者：上代　淑人

訳　者：産賀　敏彦	小澤　敬也	上代　淑人	小山　眞也	坂田　洋一	佐久間慶子	清水　孝雄
多賀谷光男	武富　　保	谷　佳津子	戸部　　敏	富永　眞一	中澤　　淳	中澤　晶子
西野　武士	二宮　善文	野澤　義則	長谷川宏幸	堀江　滋夫	本澤　真弓	
水島-菅野純子	三谷芙美子	村松　正實				

原書 28 版［2011（平成 23）年］

監訳者：上代　淑人・清水　孝雄

訳　者：飯塚哲太郎	伊藤　健治	内海　利男	大井　浩明	岡本　　研	小澤　敬也	小山　眞也
坂田　洋一	佐久間慶子	清水　孝雄	多賀谷光男	谷　佳津子	谷水　直樹	為本　浩至
富永　眞一	二宮　善文	野澤　義則	長谷川宏幸	本澤　真弓	水島-菅野純子	
三谷芙美子	村松　正實	山田　和彦	横溝　岳彦	横山　信治		

原書 29 版［2013（平成 25）年］

監訳者：清水　孝雄

訳　者：五十嵐和彦	内海　利男	大井　浩明	大森　　司	岡本　　研	小澤　敬也	北沢　太郎
櫛山　　櫻	栗原　裕基	小山　眞也	坂田　洋一	佐久間慶子	清水　孝雄	高桑　雄一
多賀谷光男	田中　寅彦	谷　佳津子	谷水　直樹	為本　浩至	富永　眞一	二宮　善文
野澤　義則	長谷川宏幸	本澤　真弓	水島-菅野純子	三谷芙美子	村松　正實	
横溝　岳彦	横山　信治					

原書 30 版 [2016 (平成 28) 年]

監訳者：清水　孝雄

訳　者：五十嵐和彦　　内海　利男　　大井　浩明　　大森　　司　　岡本　　研　　加部　泰明　　北沢　太郎

　　　　櫛山　　櫻　　栗田　　良　　栗原　裕基　　越野　一朗　　小山　眞也　　酒井　宏水　　定岡　　恵

　　　　清水　孝雄　　清水　　誠　　末松　　誠　　杉浦　悠毅　　鈴木　明身　　高桑　雄一　　多賀谷光男

　　　　田中　寅彦　　谷　佳津子　　谷水　直樹　　富永　眞一　　永井　　正　　野澤　義則　　細川　雅也

　　　　本澤　真弓　　水島-菅野純子　　宮坂　昌之　　横溝　岳彦　　横山　信治

目　次

III　生体エネルギー学

IV　糖質の代謝

Ⅴ　脂質の代謝

XI　特　論（C）

タンパク質および酵素の構造と機能

生化学と医学

Biochemistry & Medicine

1

学習目標
本章習得のポイント

- 酵母の "無細胞系抽出液" (cell-free extracts) で糖が発酵するという観察から，発酵，解糖，その他の代謝経路における "中間代謝物" を見つけることができる.
- 生命科学における生化学の中心的な役割，また，生化学と医学は密接に結びついた領域であることを理解する.
- 生化学は細胞や生命の化学的理解を目的とし，健康維持，病気のメカニズム解明，治療法の開発から，地球上での生命の起源までを理解する学問である.
- 遺伝学や遺伝子工学などが生化学のあらゆる分野に貢献し，ヒトゲノム計画が生物学，医学のさまざまな面を発展させたことを理解する.

生物医学的重要性

　生化学と医学は互いに協調的に進歩してきた. 生化学的研究は，多くの疾患の機序や健康状態の解明に貢献してきたし，また，その逆もしかりである. 正常時，あるいは病態時の生化学的変化の医学との関連は，本書の随所で強調されている. 生化学は細胞生物学 cell biology，生理学 physiology，免疫学 immunology，微生物学 microbiology，薬理学 pharmacology，毒物学 toxicology，そして疫学 epidemiology の各分野の発展に大きく貢献し，また炎症 inflammation，細胞障害 cell injury，がん cancer などの理解にも貢献している. つまり，生命現象というものは基本的には生化学的反応によるものだということはよく知られている.

酵母の無細胞抽出液で糖が発酵するという発見が生化学のスタート

　酵母（カビ）が糖をエタノールに変換できるというの
は太古から知られていた. しかし，この現象が学問的に説明されたのは 20 世紀初頭であり，それが生化学の誕生といわれている. フランスの偉大な細菌学者である Louis Pasteur は，発酵には生きている細胞が必要だと考え続けていた. 1899 年に Büchner 兄弟は酵母の無細胞系抽出液で発酵が起こることを示した. この発見は，濃縮したブドウ糖液を貯めた瓶に，保存剤として酵母エキスを加えておいたことから生まれた. 一晩経つと，瓶は発酵により生じた物質であふれ，それは実験室中の台や床にこぼれた. こうして生きている細胞がなくても発酵が起こることを証明した. この実験を契機に雪崩をうつように多くの研究が進み，生化学という学問が誕生した. 一連の研究で，無機リン酸，ADP，ATP，NAD(H)，さらにはリン酸化された糖まで発見され，この反応を触媒するものは酵素 enzyme （語源はギリシャ語の酵母）と名付けられた. グルコース（ブドウ糖）は解糖系により，ピルビン酸となり，また，発酵によりエタノールと二酸化炭素になることがわかった. 引き続き，1930 年代にクエン酸回路，尿素生合成の代謝が明らかとなり，ビタミン由来の補因子，あるいは補酵素に関する研究も進んだ. 補酵素にはチ

アミンピロリン酸，リボフラビン，補酵素 A，補酵素 Q，コバミド補酵素などがある．続いて，1950 年代には複合糖質の生合成や分解，ペントースの生成やアミノ酸，脂質の代謝などが明らかになった．

　動物個体，潅流臓器，組織切片，細胞ホモジネート，それの分画物，さらには精製酵素が，代謝物や酵素を同定するのに用いられた．これらの進歩には，1930 年から 40 年にかけて開発された超遠心分離機やクロマトグラフィーの技術が貢献し，さらに第二次大戦後は放射性同位体(^{14}C, ^{3}H, ^{32}P など)がトレーサーとして使われ，たとえば，コレステロール生合成中間体の同定などの研究に威力を発揮した．X 線結晶解析により，まずミオグロビンが，やがて多くのタンパク質，ポリヌクレオチド，さらに風邪のウイルスの立体構造(三次元構造)までも明らかとなった．DNA が二重らせん構造であるという大発見に続き，ポリメラーゼ連鎖反応 polymerase chain reaction (PCR)，遺伝子組換え動物，遺伝子欠損動物の作製などが進んだ．分子の調整，解析，精製，代謝物同定，天然型あるいは組換え酵素の作製，三次元構造の解析などについては以下の章で説明する．

生化学と医学は互いに刺激し発展してきた

　健康科学研究に従事している者，とくに医師にとって関心が深いのは，いかに健康を維持するかということと，病気をどのように効果的に治療するかということの 2 つである．生化学はこうした問題に直接かかわるし，生化学と医学は両方向性の学問である．すなわち，生化学的知見は病気の発症機序を明らかにするし，逆に病気の研究は生化学に新たな問題を提起している

(**図 1-1**)．タンパク質の構造と機能に関する研究の一例として，正常ヘモグロビンと鎌状赤血球ヘモグロビンの間にはわずか 1 アミノ酸の変異しかなく，また，他の種のヘモグロビン変異体の研究から，正常および変異ヘモグロビンの構造と機能の関連が明らかになっていった．1990 年代の初期に，英国の医師 Archibald Garrod がまれな疾患であるアルカプトン尿症，アルビニズム(白皮症)，シスチン尿症，ペントース尿症などの患者を解析し，これらの疾患は遺伝子変異により起こることを示した．Garrod はこうした一連の疾患を**先天性代謝異常 inborn errors of metabolism** と名付けた．この概念はヒト疾患遺伝学の基礎をなした．比較的近年の業績では，家族性高コレステロール血症の遺伝学的分子的理解があり，若年発症型動脈硬化との関連が明らかとなった．この研究はコレステロールに限らず，細胞表面の受容体やそれを介した分子の取り込みを明らかにした．がん細胞における**がん遺伝子 oncogene** や**がん抑制遺伝子 tumor suppressor gene** の研究から，正常な細胞周期調節や細胞増殖のメカニズムが明らかになってきた．こうしたいくつかの例は，疾患研究が基礎的な生化学研究の発展に影響を与えたことを示している．生命科学は医師や健康科学の研究者にその臨床行為への応用，好奇心の向上，さらに医療の科学的実践のための不断の努力の必要性を示すこととなる．医療行為が生化学や他の基礎科学に拠っている限り，常に新たな知識の獲得と応用が必要である．

正常な生化学的過程は，健康の基礎である

生化学研究は栄養学や予防医学に影響を与えている

　WHO(世界保健機構)は"健康とは，たんに病気や虚

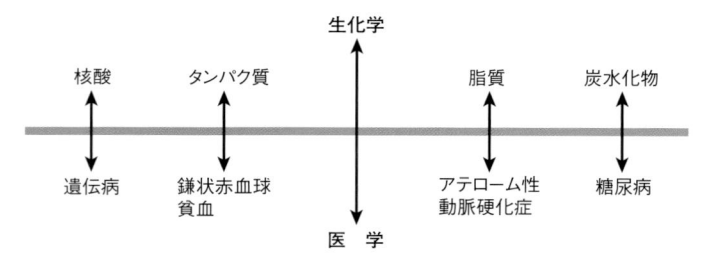

図 1-1．生化学と医学とをつなぐ両方向性の関係
図の緑色線上部に記された生化学的物質に関する知識により，緑色線下部に記された病気についての理解が深まった．反対に，病気を精査することによって，生化学のいろいろな領域に光があてられた．鎌状赤血球貧血は遺伝病であり，アテローム性動脈硬化症と糖尿病はともに遺伝要素が関係していることに注意せよ．

弱でないだけでなく，身体的にも精神的にも，また社会的にも完全に良好な状態"と定義している．生化学的見地から見ると，健康とはさまざまな内外の環境の変化に応じて，数多くの細胞内あるいは細胞外の化学反応が調和をもって進んでいることといえる．健康維持にはまず，適切な量の**ビタミン vitamin**，**アミノ酸 amino acid**，**脂肪酸 fatty acid**，**ミネラル mineral**，そして**水 water**を食事から摂取する必要がある．栄養学の理解には生化学的知識は不可欠であり，生化学と栄養学はこれらの化学物質に共通して注目する．最近とくに注目されているが，健康を維持し，病を阻止する**予防医学 preventive medicine**には，動脈硬化やがんの例を引くまでもなく，栄養の管理が大切である．

多くの疾患には生化学的基礎がある

感染症や公害などは別にして，多くの疾患は遺伝子，タンパク質，化学反応などの生化学的過程の異常である．たとえば，電解質異常，消化や吸収の異常，ホルモン異常，化合物や毒物による障害，DNA 異常などがそれらの例である．こうした研究を進めるには，生化学は遺伝学，細胞生物学，免疫学，栄養学，病理学，薬理学などのさまざまな学問と連携していく必要がある．さらに，多くの生化学者は人類の長寿などに貢献し，また，工業社会におこる環境やその他の問題に関する科学的アプローチを提供している．

ヒトゲノム計画の生化学，生物学，医学への インパクト

当初予期しなかったような速度で，1990 年代後半から 2000 年初頭にかけて，ヒトの全ゲノムの 90% 以上

の配列が解読された．これは国際ヒトゲノムシークエンシングコンソーシアムと民間企業の Celera Genomics 社の協力で行われた．いくつかの解読できていない配列はあるが，2003 年にはヒトの全ゲノム配列が公表された．ちょうど，Watson と Crick により DNA の二重らせんが発見されてから，半世紀後であった[1]．全ゲノム配列の解読は，生化学，医学をはじめ，あらゆる生物学に大きな影響を与えている．たとえば，ある特定の遺伝子を改変した動物や細胞を用いて，遺伝子（産物）の新しい機能を明らかにしてきたし，ヒトの進化発生や，疾患関連遺伝子の同定などにつながっている．

主要な研究成果は，たとえば，酵母やショウジョバエ，さらに線虫，ゼブラフィッシュなどのモデル動物を用い，特定の遺伝子を改変する学問である．これらの生物は，成長が速く寿命も短いため，比較的簡単に遺伝子機能を見ることできる．ヒトの疾患である Alzheimer 病やがんなどの疾患への応用も期待されている．**図 1-2** はヒトゲノム計画 Human Genome Project（HGP）により直接的にその研究が進歩した分野を示している．新たな"**オミクス -omics 研究**"が発展しており，さまざまな分子群の構造と機能を精力的に調べている．それぞれのオミクス研究の定義を本章終わりの用語集に示し，また，別の章でも解説している．遺伝子産物（RNA やタンパク質）は，**トランスクリプトミクス transcriptomics** や**プロテオミクス proteomics** で研

---

1)　訳者注：ヒトゲノム計画には，20 年の月日と 1 兆円を超える予算が使われた．現在では 2 週間もあれば，10 〜 20 万円で個人の全塩基配列を読むことができる．次世代シークエンサーと情報科学の発展の成果である．

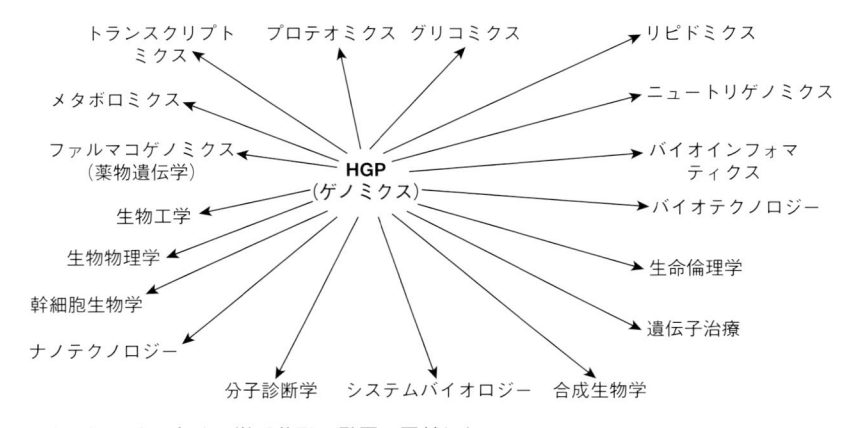

図 1-2. ヒトゲノム計画（HGP）は多くの学問分野の発展に貢献した
生化学は HGP 以前より，重要な学問として存在したので図からは省略している．バイオインフォマティクス，ゲノミクス，グリコミクス，リピドミクス，メタボロミクス，分子診断学，プロテオミクス，トランスクリプトミクスは，生化学研究の活発な分野である

究されている．この分野の進歩の1つは，低分子RNA
の発見およびそれによる遺伝子活性の調節であろう．
このほかのオミクスとしては，**グリコミクス gly-
comics**，**リピドミクス lipidomics**，**メタボロミクス
metabolomics**，**ニュートリゲノミクス nutrigenom-
ics**，および**ファルマコゲノミクス pharmacogenomics**
などがある．こうした情報を的確に活用していくため
に，**バイオインフォマティクス bioinformatics** が注目
されている．HGPの進展が波及効果を及ぼした別の分
野としては，**バイオテクノロジー biotechnology**，**生
物物理学 biophysics**，**生命倫理学 bioethics** などがあ
る．一連のオミクスや関連用語については，本章末尾
の用語集に定義されている．**ナノテクノロジー nano-
technology** は活発な分野であり，がんやその他の疾患
の診断や治療に新しい手法を導入する可能性がある．
幹細胞生物学 stem cell biology は，現在の学問の中心
の1つである．**遺伝子治療 gene therapy** はまだ思うほ
ど進んでいないが，遅かれ速かれ実用化されるだろう．
多くの**分子生物学的手法 molecular diagnostic test** は，
遺伝子疾患や感染症，免疫異常などの診断に用いられ
ている．**システムバイオロジー systems biology** も重
要な分野である．これらさまざまな科学の研究成果は
生物学，医学や健康科学の発展に大きな影響を与える．
合成生物学 synthetic biology は最初は小さな細菌から
スタートし，やがて他の生命体もつくっていくだろう．
21世紀，生物学と医学はさらに発展し，活気づく時代
となるだろう．

まとめ

■ 生化学は，細胞や個体に存在するさまざまな分子の
構造，その化学反応，触媒，さらに代謝にかかわる
酵素の調節や発現に関する学問である．生命現象は
究極には化学反応によるので，すべての生物科学に
とって，生化学は基礎的言語のようなものである．
■ 本書ではおもにヒトの生化学に焦点をあてているが，
生化学は比較的単純なウイルスや細菌から，植物，高
等動物まで幅広く適用される原理である．
■ 生化学と医学や他の健康科学は相互に深く関連して
いる．すべての生物の健康とは，生体内での正常で
調和をとれた反応を指し，分子，化学反応，その過
程などの異常が疾患を引き起こす．
■ 生化学知見の発達がさまざまに医学を進歩させ，ま
た，疾患の研究が生化学の新しい分野を切り開く．

■ 生化学的方法により，疾患の原因が解明され適切な
治療法が開発される．さまざまな生化学的検査によ
り，診断や治療効果の判定が可能である．
■ 医学および関連した健康科学を合理的に進めるため
には，生化学と関連した基礎化学の正確な知識が欠
かせない．
■ ヒトゲノム計画とそれに関連する分野の研究成果は，
医学およびその他の健康科学の将来に大きな影響を
与えるだろう．
■ 酵母，ショウジョバエ，線虫，ゼブラフィッシュな
どのモデル動物を用いた遺伝学的研究はヒト疾患の
理解にも役立つ．

用語集

遺伝子治療 [gene therapy]：細工や改良した遺伝子を
用いて種々の疾患を治療する方法．

幹細胞生物学 [stem cell biology]：生体内にあって自
己を再生しつつあらゆる細胞に分化し得る細胞を幹
細胞とよぶ．幹細胞の性質を解析し，いろいろな疾
患の治療への応用を研究する学問．

グリコミクス [glycomics]：生物に存在する単純糖質，
複合糖鎖などの総体をグリコームとよび，構造や機
能を含めて解析する学問をグリコミクスとよぶ．

ゲノミクス [genomics]：ある生物の遺伝子配列全体
をゲノムとよび，その構造や機能に関する情報を含
めて解析する学問をゲノミクスとよぶ．

合成生物学 [synthetic biology]：高分子化学や工学的
手法を用いて新たな生物機能や生命システム組み立
てる研究分野．

システムバイオロジー [systems biology]：古典的生化
学が個々の分子の機能解析から，生命を帰納的に理
解しようとするのに対して，複雑な生命現象を個々
の分子ではなくシステムとして統合的に理解しよう
とする学問．

生物工学 [bioengineering]：生物学や医学に工学的概
念や技術を適用する学問．

生物物理学 [biophysics]：物理学の原理や技術を生物
学，医学に応用する学問．

生命倫理学 [bioethics]：生物学や医学の研究や，患者
治療の際に必要な倫理や原則を決める学問．

トランスクリプトミクス [transcriptomics]：トランス
クリプトームを包括的に研究する学問．ある時点で
の遺伝子産物であるRNA総体をトランスクリプ

トームとよび，遺伝子発現を RNA 量で評価する．

ナノテクノロジー［**nanotechnology**］：ナノシェルのような数ナノメートル（10^{-9} m ＝ 1 nm）サイズにおける医学や他の分野への展開．

ニュートリゲノミクス［**nutrigenomics**］：栄養素の遺伝子発現に与える影響や，遺伝子変異が栄養素の代謝に与える影響などを研究する学問．

バイオインフォマティクス［**bioinformatics**］：生物学的データ（主として DNA や RNA，タンパク質の配列情報）を収集し，保管し，解析する手法（10 章参照）．

バイオテクノロジー［**biotechnology**］：生化学，生物工学などの手法を駆使して，医学や産業に有用な物質をつくる研究．

ファルマコゲノミクス（薬理遺伝学）［**pharmacogenomics**］：遺伝情報や遺伝子操作技術を用いて新薬や薬剤の標的を発見し，開発する研究分野．

プロテオミクス［**proteomics**］：ある生命体のタンパク質集合をプロテオームとよぶ．それぞれのタンパク質の構造，機能や疾患時の変化などを解析する研究をプロテオミクスとよぶ．

分子診断学［**molecular diagnostics**］：分子生物学の手法により，代謝疾患，遺伝子疾患，免疫疾患，感染症などを診断する学問．

メタボロミクス［**metabolomics**］：代謝に関連する低分子化合物の総体をメタボロームとよび，さらに詳細に構造，機能，また種々の代謝応答時の変化を解析する学問をメタボロミクスとよぶ．

リピドミクス［**lipidomics**］：生物に存在する脂質の総体をリピドームとよび，それらの構造，機能，相互関連を正常と疾患の双方で解析する学問をリピドミクスとよぶ．

付属資料

生物医学的に重要なデータの評価，注釈，分析に有用なデータベースの例をあげる．

ENCODE［**Encyclopedia of DNA Elements**］：実験データとコンピューターサイエンスを用いて，ヒトゲノムの機能単位を同定する．

GenBank：米国 NIH（National Institute of Health）が提供する遺伝子およびタンパク質のデータベース．

HapMap：ハプロタイプ（片方の親由来の遺伝子）地図 **haplotype map** で，SNP（single nucleotide polymorphisim，スニップと発音，一塩基多型）と疾患との関連，また，薬剤への反応性の違いなどを示している．

ISDB［**international sequence database**］：日本とヨーロッパのデータベース（European Molecular Biology Laboratory）の統合．

PDB［**Protein Data Bank**］：タンパク質，核酸，その他の高分子物質の高次構造，タンパク質相互作用，低分子化合物との結合などの情報を格納．

水およびpH

Water & pH

学 習 目 標
本章習得のポイント

■ 表面張力，粘性，常温での溶液性，溶解力などの根拠となる水の性質を説明する．

■ 水素結合の供与体あるいは受容体となる有機化合物の構造を説明する．

■ 疎水性および両親媒性分子の水環境中での会合および配向においてエントロピーが果たす役割を説明する．

■ 塩橋（イオン結合），疎水性相互作用，ファンデルワールス力が巨大分子の三次元構造の安定性に定量的に寄与することを説明する．

■ 酸性度，塩基性度，および弱酸強酸の性質を表す定量的因子（pK_a など）と，pH との関係を説明する．

■ 緩衝液に一定量の酸や塩基を加えた場合の pH 変化を計算する．

■ 緩衝作用とその仕組み，どのような生理的条件あるいは他の条件下で最も緩衝能が強くなるかを説明する．

■ 与えられた pH における多価電解質の正味の電荷の計算に Henderson-Hasselbalch の式を利用する．

生物医学的重要性

　水は生命体を構成する重要な化学成分であり，また極めて広い範囲の有機および無機の分子を溶解する力があるなど，特異な物理的性質をもっている．この性質は，水の双極子構造と，例外的に大きな水素結合形成能力によって生じている．溶けている生物由来の分子と水とが相互作用することによって，水と溶質の両方の構造が影響を受ける．水は優れた求核剤としてもはたらき，多くの代謝反応の反応成分や生成物となっている．水分平衡の調節は，口渇感を調節する視床下部による調節機構，抗利尿ホルモン antidiuretic hormone（ADH），腎臓による水の保持または排泄，体表面からの蒸発による損失などに依存する．腎性尿崩症では，尿濃縮の不全，あるいは細胞外液の浸透圧の鋭敏な調節の不全が起こるが，これは腎尿細管の浸透圧受容体 osmoreceptor が，抗利尿ホルモンに対する感受性を失った結果である．

　水は水酸化物イオンとプロトンとにわずかに電離する傾向がある．水溶液のプロトン濃度（**酸性度 acidity**）は一般に対数尺度である pH で表される．細胞外液のpH は，炭酸水素塩その他の緩衝作用によって通常，7.35 〜 7.45 の間に保たれている．酸塩基平衡障害の疑いがあるときは，動脈血の pH の測定と静脈血の CO_2 含有量の測定によってそれを確認することができる．アシドーシス acidosis（血液 pH < 7.35）の原因として，糖尿病性ケトーシスや乳酸アシドーシスがあげられる．アルカローシス alkalosis（血液 pH > 7.45）は酸性の胃内容物の嘔吐などによって起こる．

水は理想的な生物学的溶媒である

水分子は双極子を形成している

　水の分子は不規則なややひずんだ四面体で，酸素原子がその中心に位置している（**図 2-1**）．2 個の水素原子と，残りの 2 つの sp^3 混成軌道上にある非共有電子対とが四面体の 4 つの隅を占有している．2 個の水素原子間の角度は 105° で，これは正四面体の場合の角度（109.5°）と少し異なっている．水分子においては，電気的陰性度の強い酸素原子が水素原子の核から電子を引き離し，核に部分的な正電荷を残す．他方，2 つの非共有電子対は局所的な負電荷の領域を形成する．この不均等な電荷の分布（正電荷の中心と負電荷の中心が一致しない）を **双極子 dipole** という．

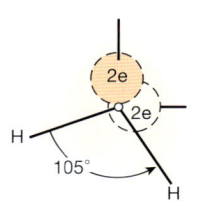

図 2-1. 水の分子は四面体構造をとっている

　水の大きな**誘電率 dielectric constant** は，水が強い双極子であることによる．クーロンの法則によって定量的に記述されているように，反対の電荷をもつ粒子との相互作用の力 F は，まわりの媒質の誘電率 ε に反比例する．真空の誘電率は 1 であり，ヘキサンでは 1.9，エタノールでは 24.3，そして水では 78.5（25℃）である．水の中では，誘電率の低い非水環境に比べて，電荷をもった極性分子種の間の引力が大幅に減少する．強力な双極性と大きい誘電率があるために，水は塩類などの電荷をもった化合物を多量に溶かし込むことができる．

水分子は水素結合を形成している

　電子求引性の酸素原子または窒素原子と共有結合したとき，部分的に電子が引き離されて露出した水素の原子核は，他の酸素または窒素原子の非共有電子対と相互作用することが可能となり，**水素結合 hydrogen bond** を形成する．水分子は露出した水素原子核と非共有電子対との両方の特性をもつため，水素結合による会合によって容易に規則的配列をつくることができる（**図 2-2**）．液体の水の中で，水分子は水素結合を介して他の水分子平均約 3.5 個と会合している．この場合の水素結合は比較的弱く一過性であり，会合解離の半減期はピコ秒程度である．液体の水の中の水素結合の開裂には約 4.5 kcal/mol（19 kJ/mol）のエネルギーが必要であるにすぎないが，これは水分子の O–H 共有結合を切るのに必要なエネルギー（110 kcal [460 kJ/

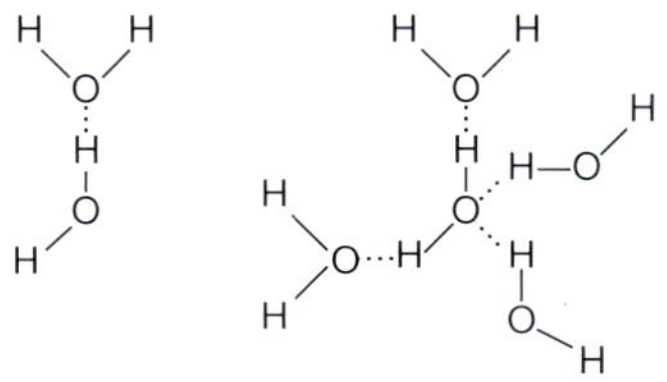

図 2-2. 水分子は水素結合を介して自己集合する
左：2 個の水分子の水素結合（点線）による会合．**右**：水分子 5 個が水素結合した集合構造．水は同時に水素供与体としても水素受容体としてもはたらき得ることに注意．

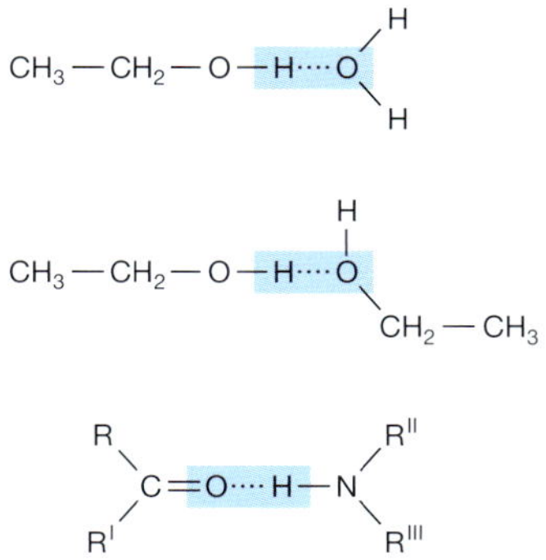

図 2-3. その他の極性基が水素結合の形成に関与している
図示したのはアルコールと水との間，2 分子のエタノールの間，ペプチド鎖のカルボニル基の酸素と近くのアミノ酸のペプチド窒素の水素との間における水素結合の生成である．

mol]）の 5% 以下である．水は比較的小さな分子（18 g/mol）だが，その水素結合を形成する例外的な能力は水の物理的性質に著しい影響を与え，その大きな粘性や表面張力，沸点の原因となっている．

　水素結合に関与することのできる官能基をもついろいろな有機生体分子は，水の中に溶け込むことができるが，これを可能にしているのは水素結合である．たとえば，アルデヒドやケトンやアミドの酸素原子は，水素受容体としてはたらくことのできる孤立電子対をもっている．アルコールやカルボン酸，アミンは水素結合の形成に関して，水素受容体としても，また露出した水素の供与体としてもはたらくことができる（**図 2-3**）．

水との相互作用により生体分子の構造が影響を受ける

共有結合や非共有結合が生体分子を安定化する

　共有結合は分子を結びつける最も強い力である（**表 2-1**）．共有結合よりも程度は少ないが，共有結合以外の力は，ポリペプチドや他の巨大分子の機能に不可欠である複雑な三次元構造への折りたたみや（5 章参照），また多成分複合体での生体分子の相互作用を安定化させることに貢献している．後者の例として，ヘモグロビン四量体形成するポリペプチドサブユニットの結合（6 章参照），DNA 二重らせんを構成する 2 つのポリヌクレオチド鎖の相互作用（34 章参照），動物の細胞の形質膜（細胞膜）を構成する二重層における多くのリン脂質，糖脂質，コレステロール，その他の分子の結合（40

表 2-1. 生物学的に重要な原子間の結合エネルギー

結合の種類	エネルギー (kcal/mol)	結合の種類	エネルギー (kcal/mol)
O−O	34	O=O	96
S−S	51	C−H	99
C−N	70	C=S	108
S−H	81	O−H	110
C−C	82	C=C	147
C−O	84	C=N	147
N−H	94	C=O	164

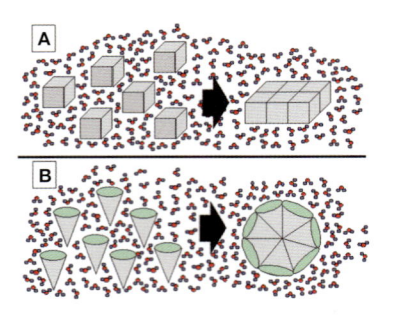

図 2-4. 疎水性相互作用は周囲の水分子によって誘導される

水分子は 1 つの赤い円（酸素）と 2 つの青い円（水素）で表現されている．溶質の分子の疎水性表面は灰色で，親水性表面が存在する場合は緑色で示されている．**A**. 6 つの疎水性の立方体が水の中に分散されると（**左側**），周囲の水分子（赤の酸素と青の水素）は，立方体の 36 面すべてとエントロピー的に不利な相互作用を強いられる．しかし，6 つの疎水性の立方体どうしが凝集すると（**右側**），露出表面の数は 22 に減る．凝集体の形成や安定性の維持は，引き寄せられる力に寄るものではなく，凝集することによって，不利な相互作用をする水分子の数が 40% 近く減少することによるものである．**B**. 両親媒性分子も同じ理由で凝集する．しかし，形成される複合体（例，ミセルや二重層）の構造は，疎水性の領域（灰色）と親水性の領域（緑色）の位置関係によって決まる．

章参照）があげられる．それらの力には引力としてはたらくものも斥力としてはたらくものもあり，生体分子の分子内，および最も重要だが，生体分子と周囲の環境の主成分である水との間の相互作用に関与している．

水の中では，生体分子は疎水基を内部に包む形に折りたたまれている

たいていの生体分子は**両親媒性 amphipathic** である．これは分子が疎水性（非極性）の性質をもつ領域ばかりでなく，電荷や親水性（極性）を有する官能基に富んだ領域ももつことを表している．タンパク質分子は，疎水性の側鎖をもったアミノ酸の疎水基を分子の内部に包む形で折りたたまれる傾向がある．電荷または極性のある側鎖をもつアミノ酸（たとえば，アルギニン，グルタミン酸，セリン，表 3-1 参照）は一般にタンパク質分子の表面にあって，水と接触している．同様の様式はリン脂質の二重層についてもよく見られる．この際，ホスファチジルセリンやホスファチジルエタノールアミンの荷電した"頭部"が水（相）と接触し，他方，疎水性の脂肪酸側鎖が水（相）を追い出して集合する（図 40-5 参照）．この様式によって，エネルギー的に不利な水と疎水性基との接触が最も起こりにくくなっている．またこの様式によって，生体分子上の極性基と水との間には，エネルギー的に有利な電荷−双極子相互作用，双極子−双極子相互作用，および水素結合相互作用が生じる機会が最大になっている．

疎水性相互作用

疎水性相互作用とは，非極性化合物の分子が水性環境の中で自己会合する傾向をいう．この自己会合は相互の引力によって起こるものではなく，またしばしば誤って"疎水性結合"と俗によばれるような結合によって起こるものでもない．この自己会合は，周囲の水分

子間のエネルギー的に有利な相互作用がなくなるのを最小限にするものであり，つまりその周囲の水分によって誘導されるものである．

炭化水素のメチレン基（メテン基）のような非極性基の水素原子は水素結合を形成することはないが，それらと接している水の構造には影響を及ぼす．疎水性基に隣接した水分子の配向の数（自由度）が制限され，これにより水はエネルギー的に有利な水素結合の最大数を獲得する．水素結合の形成が最大に保たれる状態（そのときにエンタルピーが最大となる）は，隣接した水分子の配向の規則性を増加させることによってのみ達成され，そのときエントロピーは減少する．

熱力学の第二法則から，炭化水素と水の混合物の自由エネルギーは，エンタルピー（水素結合の形成による）とエントロピー（配向の自由度による）との関数となる．非極性分子は水への露出表面積を最小にするために滴を形成する傾向があり，そうすることによって運動の自由度に制限を受ける水分子の数を少なくしている（**図 2-4**）．同様に細胞内の水性環境の中では，生体高分子の疎水性部分は分子の構造の内部や脂質二重層の中に埋め込まれて，水との接触が最も少なくなるようになっている．

静電的相互作用

　生体分子内あるいは生体分子間の反対電荷をもつ化学基の間の静電的相互作用は，**塩（架）橋 salt bridge**（塩（様）結合 salt linkage, イオン結合 ionic bond）とよばれる．塩橋の強さは水素結合と同じ程度であるが，より遠い距離にまで作用する．それゆえ塩橋は，電荷をもつ分子やイオンがタンパク質や核酸と結合するのを促進する場合が多い．

ファンデルワールス力

　ファンデルワールス力 van der Waals force は，すべての中性原子にある電子の素早い移動によって一過性に双極子を生じ，それらの双極子の間の引力によって起こるものである．これは水素結合よりもずっと弱いが，その数は極めて多くなり得る．ファンデルワールス力（引力）は原子の間の距離の6乗に反比例する（**図2-5**）．そのため極めて近い距離，普通は2〜4Å（1Å = 10^{-10} m）ではたらく．

多種類の結合力が生体分子を安定化している

　生体分子の構造に多種類の結合力が寄与していること

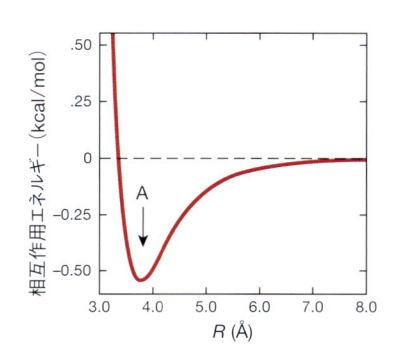

図 2-5. ファンデルワールス相互作用の強さは原子・分子間の距離（R）によって変わる
原子・分子間の相互作用の力は，ファンデルワールス接触距離（van der Waals contact distance, 矢印 A）までは距離が近づくにつれて大きくなるが，それ以内になるとそれぞれの原子または分子のもつ電子の相互作用によって反発が起こる*．1つ1つのファンデルワールス相互作用は極めて弱いが，DNA やタンパク質などの巨大分子においては多数の原子が近接して存在しているため，累積して大きなものになる．
＊ 訳者注：2つの原子間にはたらく引力は距離の−6乗に比例し，斥力は距離の−12乗に比例する．相互作用のエネルギーは引力と斥力の和に依存し，極小になる A 点で引力と斥力の和はゼロになっている．ほかに掛かる力がなければ，A 点が結合していない2つの原子の間の最接近距離となる．

とは，DNA の二重らせん構造がよく示している．個々の DNA 鎖はそれぞれ共有結合でできているが，らせん構造の二重鎖は非共有相互作用で形成されている．それらの非共有相互作用には，ヌクレオチド塩基の間の水素結合（Watson–Crick の塩基対形成）や，密接に集積したプリンおよびピリミジン塩基間のファンデルワールス力が含まれる．二重らせん構造では，DNA 骨格の荷電したリン酸基とリボース糖の極性ヒドロキシ基を水性環境の方に出し，相対的に疎水性なヌクレオチド塩基をらせんの内側に向けている．その骨格構造は伸展されていて，負の電荷をもつリン酸基の相互間の距離が最大となり，不利な静電的相互作用が最小になっている（図 34-2 参照）．

水は優れた求核剤としてはたらく

　代謝反応においては，**求核剤 nucleophile** とよばれる電子に富んだ分子に存在する非共有電子対が，**求電子剤 electrophile** とよばれる電子が欠乏した原子を攻撃する機序がしばしば見られる．求核剤も求電子剤も，必ずしも本格的な負電荷あるいは正電荷をもっているわけではない．水はその sp^3 軌道電子の2つの非共有電子対が不完全な負電荷をもっており（図 2-1），優れた求核剤といえる．生物学的に重要なそのほかの求核剤としては，リン酸やアルコールやカルボン酸の酸素原子，チオールの硫黄原子，アミンの窒素原子，それにヒスチジンのイミダゾール環などがある．一般的な求電子剤としては，アミドやエステルやアルデヒドおよびケトンなどのカルボニル基の炭素原子，それにリン酸エステルのリン原子などがある．

　一般に水が求核攻撃をすると，生体高分子を結びつけているアミド結合，グリコシド結合，あるいはエステル結合の開裂が起こる．この反応は**加水分解 hydrolysis**（水解）とよばれている．反対にアミノ酸や単糖類などの単量体分子が結合（**縮合 condensation**）してタンパク質やデンプンなどの生体高分子をつくるときは，水が反応生成物となる．

　加水分解は通常熱力学的には有利な反応ではある．しかし，ポリペプチドやオリゴヌクレオチドのアミド結合やリン酸エステル結合は，細胞の水性環境の中では安定である．これは見かけ上不合理な現象であるが，熱力学的な反応平衡の支配が，実際の反応が進む速度を決めるのではないことを示す．細胞内では，**酵素 enzyme** とよばれる高分子の触媒が，必要に応じて加

水分解や他の化学反応の速度を促進する．**プロテアーゼ protease**（タンパク質分解酵素）がタンパク質を構成成分のアミノ酸に加水分解する反応を触媒し，**ヌクレアーゼ nuclease**（核酸分解酵素）がDNAやRNAのリン酸エステル結合の加水分解反応を触媒する．特異的な細胞小器官に酵素を隔離するなど，酵素活性を正確かつ差次的に制御することによって，細胞は生理的状況に応じて，一定の生体高分子の合成または分解をおこなっている．

多くの代謝反応は原子団の転移を伴っている

生体分子の合成・分解にかかわる多くの酵素反応において，1つの化学基（グループ）Gが供与体Dから受容体Aに転移され，その結果受容体と化学基の複合物A–Gが生じる．これは以下のように表される．

$$D—G + A \rightleftarrows A—G + D$$

たとえばグリコーゲンの加水分解と加リン酸分解において，グリコシル基は水またはオルトリン酸に転移する．これらの加水分解の平衡定数は，分解産物の生成方向に著しくかたよっているので，巨大分子の生合成における化学基の転移反応の多くは，それ自体，熱力学に不利なものとなる．このとき酵素はまったく別々の反応を共役させることによってバリアを乗り越える．たとえばエネルギー的に不利な化学基転移反応を別の熱力学的に有利な反応（ATPの加水分解など）と共役させることで，新しい酵素反応をつくることができる．この共役させた反応の自由エネルギーの変化は，2つの関連させた反応の変化の総和となるので，1つの反応においては，自由エネルギーの正味の全体的変化が生体高分子の合成に有利になるように傾くのである．

水分子はわずかではあるが重要な電離傾向をもっている

水がわずかではあるがイオン化できる能力をもつことは，生命にとって極めて重要である．水は酸としても塩基としても作用できるため，そのイオン化は分子間のプロトン転移を意味し，その結果ヒドロニウムイオン（H_3O^+）と水酸化物イオン（OH^-）が生じる．

$$H_2O + H_2O \rightleftarrows H_3O^+ + OH^-$$

転移したプロトンは，実際には水分子群と結合している．プロトンは水溶液の中ではH_3O^+としてばかりでなく，$H_5O_2^+$や$H_7O_3^+$といったような多量体でも存在する．プロトンは実際には高度に水和した状態にある

が，通常はH^+として記されている．

ヒドロニウムイオンと水酸化物イオンは常に再結合して水分子を形成しているため，個々の水素または酸素についてイオンとして存在するとか，水分子の一部になっているとかいうことはできない．ある瞬間にはイオンであるが，次の瞬間には水分子の一部である．したがって個々のイオンまたは分子は考えない．その代わりわれわれは，どの瞬間であっても水素がイオンとしてあるいは水分子の一部として存在する**確率**を考える．1gの水には3.35×10^{22}個の分子が含まれているので，水のイオン化は統計学的に記述できる．水素がイオンとして存在する確率が0.01であるという場合，それはどの瞬間においても1個の水素原子がイオンである可能性は100分の1であり，水分子の一部になっている可能性は100分の99であることを意味している．純粋な水の中で1個の水素原子がイオンとして存在する確率は，実際にはほぼ1.8×10^{-9}である．そのため，水素原子が水分子の一部分になっている確率はほとんど1となる．別のいい方をすれば，純水中の水素イオン1個あるいは水酸化物イオン1個に対して，水分子が5億6000万（0.56×10^9）個あることになる．それにもかかわらず，水素イオンと水酸化物イオンは水の性質にはっきりした影響を与える．

水の電離については次の式が成立する．

$$K = \frac{[H^+][OH^-]}{[H_2O]}$$

ここで，[　]に入れた項はモル濃度（厳密にはモル活量 molar activity）であり，Kは**電離定数 dissociation constant**（解離定数）である．1molの水の重さは18gであるから，1リットル（1 L：1000 g）の水は$1000 \div 18 = 55.56$ molである．つまり純水はモル濃度としては55.56 mol/Lにあたる．純水中の水素が水素イオンとして存在する確率は1.8×10^{-9}であるから，H^+（またはOH^-）の純水中におけるモル濃度は，それぞれの確率に水のモル濃度（55.56 mol/L）を掛けた値となる．この計算の結果は1.0×10^{-7} mol/Lである．

こうなれば水の解離定数Kを計算することができる．

$$K = \frac{[H^+][OH^-]}{[H_2O]} = \frac{[10^{-7}][10^{-7}]}{[55.56]}$$
$$= 0.018 \times 10^{-14} = 1.8 \times 10^{-16} \text{ mol/L}$$

水の55.56 mol/Lというモル濃度はたいへん大きいので，電離によってはほとんど変化しない．それでこの濃度は実際上は定数と考えてよい．そこでこの純粋

な水の濃度を電離定数 K に組み込むと，新しい便利な定数 K_W が得られる．この定数 K_W を水の**イオン積 ion product** という．

$$K = \frac{[H^+][OH^-]}{[H_2O]} = 1.8 \times 10^{-16}\ mol/L$$

$$\begin{aligned} K_w = (K)[H_2O] &= [H^+][OH^-] \\ &= (1.8 \times 10^{-16}\ mol/L)(55.56\ mol/L) \\ &= 1.00 \times 10^{-14}\ (mol/L)^2 \end{aligned}$$

K の次元は mol/L であり，K_W の次元は $(mol/L)^2$ であることに注意すべきである．名前からもわかるように，イオン積 (K_W) の数値は H^+ と OH^- のモル濃度の積に等しい．

$$K_w = [H^+][OH^-]$$

25℃ では，$K_W = (10^{-7})^2 = 10^{-14}\ (mol/L)^2$ である．25℃ 以下では K_W は 10^{-14} より少し小さく，25℃ 以上では 10^{-14} よりも少し大きい．温度を 25℃ と考えれば，どんな水溶液についても K_W は $10^{-14}\ (mol/L)^2$ であって，これは酸や塩基の水溶液についても同じである．よって，どのような水溶液の pH を計算するときにもこの K_W を使用できる．

pH は水素イオン濃度の対数の負数である

pH という語は 1909 年に Sörensen が初めて用いたもので，彼は pH を水素イオン濃度の対数の負数と定義した．

$$pH = -\log[H^+]$$

この定義は厳密なものではないが，たいていの生化学的な目的には適している．ある溶液の pH の計算は次のように行う．

1. 水素イオン濃度（$[H^+]$）を計算する．
2. $[H^+]$ の 10 を底とする対数を計算する．
3. pH は，2 で得た値に負号をつけたものになる．

たとえば，25℃ の純水については次のようになる．

$$pH = -\log[H^+] = -\log 10^{-7} = -(-7) = 7.0$$

この数値は指数の累乗（英語で *power*，フランス語で *puissant*，ドイツ語で *potenz*）であるから "p" という言葉が用いられるのである．

pH が低いのは H^+ の濃度が高いことを示し，pH が高いのは H^+ の濃度が低いことを示す．

酸は**プロトン供与体 proton donor** であり，塩基は**プロトン受容体 proton acceptor** である．**強酸 strong acid**（たとえば，HCl，H_2SO_4）は強酸性の溶液（pH が低い）の中でさえも陰イオンとプロトンに完全に電離する．**弱酸 weak acid** は酸性の溶液中では部分的にしか電離しない．同様に，**強塩基 strong base**（たとえば，KOH，NaOH）は高い pH の溶液中でも完全に電離するが，**弱塩基 weak base**（たとえば，$Ca(OH)_2$）はそうではない．生化学的物質の多くは弱酸である．例外として，たとえばリン酸化された中間代謝物がある．それらのリン酸基は，2 つの電離し得るプロトンをもち，そのうち初めに（容易に）電離するほうが強酸性を示す．

次の各例は酸性あるいはアルカリ性溶液の pH の計算法である．

例 1：水素イオン濃度が 3.2×10^{-4} mol/L の溶液の pH はいくらか？

$$\begin{aligned} pH &= -\log[H^+] \\ &= -\log(3.2 \times 10^{-4}) \\ &= -\log(3.2) - \log(10^{-4}) \\ &= -0.5 + 4.0 \\ &= 3.5 \end{aligned}$$

例 2：水酸化物イオン濃度が 4.0×10^{-4} mol/L の溶液の pH はいくらか？

この問題を扱うために，$-\log[OH^-]$ にあたる **pOH** の値を考える．この値は K_W の定義から次のようにして得られる．

$$K_w = [H^+][OH^-] = 10^{-14}$$

そこで，

$$\log[H^+] + \log[OH^-] = \log 10^{-14}$$

または，

$$pH + pOH = 14$$

これを使って問題を解くと，

$$\begin{aligned} [OH^-] &= 4.0 \times 10^{-4} \\ pOH &= -\log[OH^-] \\ &= -\log(4.0 \times 10^{-4}) \\ &= -\log(4.0) - \log(10^{-4}) \\ &= -0.60 + 4.0 \\ &= 3.4 \end{aligned}$$

したがって，解答は，

$$pH = 14 - pOH = 14 - 3.4$$
$$= 10.6$$

例1と例2は，極端に桁数の異なる水素イオン濃度を記述し，比較するときには，対数を使うpH値がとても有用であることを示している．たとえば，0.000 32 mol/L はpH 3.5に，0.000 000 000 025 mol/L はpH 10.6 になる．

例3：(a) 2.0×10^{-2} mol/L の KOH の溶液の pH の値はいくらか．また，(b) 2.0×10^{-6} mol/L の KOH の溶液の pH の値はいくらか．

この場合 OH^- の出所は2つある．すなわち，KOH と水である．pH は全$[H^+]$濃度（pOH は全$[OH^-]$濃度）によって決まるので，両方の出所について考えねばならない．初めの問題(a)については，全$[OH^-]$濃度に対する水の寄与は無視できる．しかし，問題(b)のときは無視できない．すなわち，

	濃度（mol/L）	
	(a)	**(b)**
KOH のモル濃度	2.0×10^{-2}	2.0×10^{-6}
KOH による$[OH^-]$	2.0×10^{-2}	2.0×10^{-6}
水による$[OH^-]$	1.0×10^{-7}	1.0×10^{-7}
全$[OH^-]$	$2.000\,01 \times 10^{-2}$	2.1×10^{-6}

となり，水の寄与を考慮に入れなければならないということがはっきりすれば，pH は例2と同様にして計算できる．

上の例では，強塩基である KOH は水溶液中では完全に電離し，かつ OH^- のモル濃度は KOH のモル濃度と最初から水の中に存在した OH^- との和に等しいと仮定した．この仮定は，強塩基や強酸の比較的薄い溶液については成立するが，弱塩基や弱酸については成立しない．弱電解質は溶液中ではわずかしか電離しないので，まず**電離定数 dissociation constant** を使って，与えられたモル濃度の弱酸や弱塩基から生じた $[H^+]$ または $[OH^-]$ を計算し，次に全$[H^+]$または全$[OH^-]$を計算し，最後に pH を計算しなければならない．

弱酸性の官能基が，生理学的に非常に重要な意味をもつ

弱酸または弱塩基である官能基をもつ生化学的物質はたくさんある．カルボキシ基，アミノ基，およびリン酸エステルの第二リン酸基の電離が生理的範囲にあるものなどが，タンパク質や核酸，たいていの補酵素や中間代謝物質の分子に存在している．したがって，細胞内の pH がそれらの物質の構造や生物学的活性に及ぼす影響を理解するためには，弱酸や弱塩基の電離についての知識が基礎となる．電気泳動やイオン交換クロマトグラフィーなど，電荷の違いにもとづく物質分離法も，官能基の電離状況を考えることによってよく理解できる．

弱酸について，プロトンが結合した形のもの（HA または R–SH）を**酸 acid** とよび，プロトンが結合していない形のもの（A^- や $R-S^-$）をその**共役塩基 conjugate base** とよぶことが多い．同様にして，脱プロトン型を**塩基 base**（A^- や $R-COO^-$）とよび，プロトン結合型をその**共役酸 conjugate acid**（HA または $R-COOH$）とよぶことができる．

弱酸の相対的な強度は，プロトン結合型の電離定数によって表現することができる．以下に，代表的な弱酸である $R-COOH$ と，弱塩基 $R-NH_2$ の共役酸である $R-NH_3^+$ について電離定数（K_a）を示す．

$$R—COOH \rightleftarrows R—COO^- + H^+$$

$$K_a = \frac{[R—COO^-][H^+]}{[R—COOH]}$$

$$R—NH_3^+ \rightleftarrows R—NH_2 + H^+$$

$$K_a = \frac{[R—NH_2][H^+]}{[R—NH_3^+]}$$

弱酸の K_a の数値は負の指数なので，K_a を pK_a として表すのが便利である．

$$pK_a = -\log K_a$$

pH が $[H^+]$ に関係するのと同様に，pK_a は K_a に関係することに注意しなければならない．強酸であるほど pK_a 値が低い．

代表的な弱酸（左側），その共役塩基（中央），それに pK_a 値（右側）としては次のようなものがある．

$R—CH_2—COOH$	$R—CH_2COO^-$	$pK_a = 4 \sim 5$
$R—CH_2—NH_3^+$	$R—CH_2—NH_2$	$pK_a = 9 \sim 10$
H_2CO_3	HCO_3^-	$pK_a = 6.4$
$H_2PO_4^-$	HPO_4^{-2}	$pK_a = 7.2$

pK_a は弱酸や弱塩基の相対的な強さを単一の統一された尺度として表すのに用いられる．どの弱酸についても，その共役塩基は強塩基である．同様に，強塩基の共役酸は弱酸である．この規定により，**塩基の相対**

的な強さはその共役酸の **pK_a** によって表される．複数の電離可能なプロトンをもっている化合物については，相対的な酸性度の順にそれぞれの電離に 1 から番号をつける（表 2-2 参照）．次の様式の電離，

$$R—NH_3^+ \rightarrow R—NH_2 + H^+$$

については，pK_a は，酸である R-NH$_3^+$ と塩基である R-NH$_2$ の濃度が等しいときの pH である．

　プロトンの濃度 [H$^+$] と，非電離の酸およびその共役塩基の濃度と，K_a との関係を示す前述の諸式から，

$$[R—COO^-] = [R—COOH]$$

であるとき，あるいは

$$[R—NH_2] = [R—NH_3^+]$$

であるときは，

$$K_a = [H^+]$$

となる．こういうわけで，もしも会合した（プロトンが結合した）状態と，電離した（共役塩基）状態とが同じ濃度で存在するときは，結果として生じる水素イオンの濃度 [H$^+$] は，数値としては電離定数 K_a に等しい．もしも上記の等式の左辺と右辺の対数をとり，かつ -1 を掛けると，式は次のようになる．

$$K_a = [H^+]$$
$$-\log K_a = -\log [H^+]$$

　$-\log K_a$ は pK_a と定義され，$-\log [H^+]$ は pH の定義であるから，等式は次のように書ける．

$$pK_a = pH$$

すなわち**酸性基の pK_a は，プロトン結合型と非結合型が等しい濃度で存在するときの pH である**．酸の pK_a は，1 当量の酸に 0.5 当量のアルカリを加えることにより測定できる．そのときの pH がその酸の pK_a である．

弱酸や緩衝液の性質は Henderson-Hasselbalch の式で表される

　Henderson-Hasselbalch の式は以下のように導かれる．

　弱酸 HA は次のようにイオン化する．

$$HA \rightleftharpoons H^+ + A^-$$

この電離の平衡定数は次のように書ける．

$$K_a = \frac{[H^+][A^-]}{[HA]}$$

両辺に [HA] をかけると，

$$[H^+][A^-] = K_a[HA]$$

両辺を [A$^-$] で割ると，

$$[H^+] = K_a \frac{[HA]}{[A^-]}$$

両辺の対数をとると，

$$\log [H^+] = \log \left(K_a \frac{[HA]}{[A^-]} \right)$$
$$= \log K_a + \log \frac{[HA]}{[A^-]}$$

全部の項に -1 をかけて，

$$-\log [H^+] = -\log K_a - \log \frac{[HA]}{[A^-]}$$

$-\log [H^+]$ を pH に，$-\log K_a$ を pK_a にそれぞれ置き換えると，

$$pH = pK_a - \log \frac{[HA]}{[A^-]}$$

　負号を除くため，対数の真数を逆数にすると **Henderson-Hasselbalch の式**となる：

$$\mathbf{pH = pK_a + \log \frac{[A^-]}{[HA]}}$$

　Henderson-Hasselbalch の式は，プロトン平衡における数値を予測するうえで非常に重要なものである．たとえば，

1. 酸が正確に半分だけ中和されているとき，すなわち，[A$^-$] = [HA] であるときは

$$pH = pK_a + \log \frac{[A^-]}{[HA]} = pK_a + \log \left(\frac{1}{1} \right) = pK_a + 0$$

したがって，2 分の 1 中和のときは pH = pK_a である．

2. [A$^-$]/[HA] の比が 100：1 であるときは

$$pH = pK_a + \log \frac{[A^-]}{[HA]}$$
$$pH = pK_a + \log \left(\frac{100}{1} \right) = pK_a + 2$$

3. [A$^-$]/[HA] の比が 1：10 であるときは，

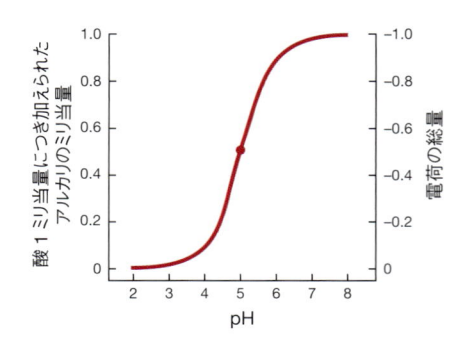

図2-6. HA の形の酸の滴定曲線
曲線中央の丸印（●）は pK_a 5.0 を示す.

$$pH = pK_a + \log\left(\frac{1}{10}\right) = pK_a + (-1)$$

　$[A^-]/[HA]$ の比を $10^3 \sim 10^{-3}$ の間でいくつもとり，Henderson–Hasselbalch の式にあてはめ pH の計算値を図示すると，弱酸の滴定曲線が得られる（**図2-6**）.

弱酸は水溶液のpHを規定および維持するために使われる

　弱酸とその共役塩基を含む溶液，または弱塩基とその共役酸を含む溶液は**緩衝作用**を示す．緩衝作用とは，ある溶液に強酸か強アルカリを加えたときに pH の変化に抵抗する能力をいう．多くの代謝反応はプロトンの放出または取り込みを伴っている．酸化代謝によって CO_2 が生じるが，これは炭酸の無水物であって，もしも緩衝されていなかったら重いアシドーシスになるであろう．生体内の pH の維持はリン酸塩，炭酸水素塩，およびタンパク質の緩衝作用によって行われていて，これらのものはプロトンを受け取ったり放出したりして pH の変化に抵抗する．組織抽出液や酵素を用いて行われる実験では，緩衝液を加えて pH を一定に保つことが行われる．たとえば，MES（2-N-モルホリノエタンスルホン酸，pK_a 6.1），無機オルトリン酸塩（pK_{a2} 7.2），HEPES（N-ヒドロキシエチルピペラジン-N'-2-エタンスルホン酸，pK_a 6.8），または Tris ［トリス（ヒドロキシメチル）アミノメタン，pK_a 8.3］などである．緩衝液の種類を選択するには，緩衝作用がどの pH で必要かによって，都合のよい pK_a をもつもののなかから選ぶ.

　緩衝作用は弱酸または弱アルカリを pH 計を使って滴定する際に観察できる（図2-6）．また，緩衝液に酸またはアルカリを加えたときに起こる pH のずれを計算することもできる．下に例をあげると，ある緩衝液（pK_a 5.0 の弱酸とその共役塩基の混合物）があって，その初めの pH が次の 4 種のどれかであるとすると，0.1 ミリ当量の KOH を 1 ミリ当量のこれら 4 種の緩衝液に加えたときの pH のずれを計算できる.

最初の pH	5.00	5.37	5.60	5.86
最初の $[A^-]$	0.50	0.70	0.80	0.88
最初の $[HA]$	0.50	0.30	0.20	0.12
最初の $[A^-]/[HA]$	1.00	2.33	4.00	7.33
0.1 ミリ当量の KOH を加えると次のようになる				
最後の $[A^-]$	0.60	0.80	0.90	0.98
最後の $[HA]$	0.40	0.20	0.10	0.02
最後の $[A^-]/[HA]$	1.50	4.00	9.00	49.0
最後の $\log([A^-]/[HA])$	0.18	0.60	0.95	1.69
最後の pH	5.18	5.60	5.95	6.69
pH の差*	**0.18**	**0.60**	**0.95**	**1.69**

* 訳者注：表中の pH の差の欄に記入してある数値は pK_a 5.0 からの pH のずれである．もし最初の pH からのずれを記入すれば，左からそれぞれ 0.18, 0.23, 0.35, 0.83 となる.

　これより，添加 OH^- のミリ当量あたりの pH の変化は，最初の pH によってずいぶん変わるが，弱酸の pK_a に近い pH 値では，溶液は pH の変化に最も効果的に抵抗する．実際，このような**弱酸とその共役塩基の組み合わせは緩衝液とよばれ，$pK_a \pm 1.0$ pH 単位以下のpH 範囲で最も効果的に変化に抵抗を示す**.

　図2-6 は，弱酸の分子上にある総電荷量の，pH による変化を示したものでもある．電荷が -0.5 というのは，個々の分子が -0.5 という部分的電荷をもっているということではなくて，その分子が 1 単位の負電荷をもつ**確率**がどの瞬間においても 0.5 であるということである．巨大分子の上にある総電荷が，pH の変化に従ってどのように変わるかを考察すると，イオン交換クロマトグラフィーや電気泳動などの分離技術の基礎に役立てることができる（4 章参照）.

プロトンの電離しやすさは分子の構造によって決まる

　生物学的に重要な酸の多くは，複数の電離基をもっている．近くに負電荷があると，電離基からのプロトンの放出が妨げられて pK_a が大きくなる．このことはリン酸やクエン酸の 3 つの電離基の pK_a についてはっきり見られる（**表2-2**）．近傍の電荷の影響は距離とともに減少する．2 つのカルボキシ基の間に 2 つのメチレン基（メテン基）があるコハク酸の第二 pK_a は 5.6 であるのに対して，メチレン基がもう 1 つ多いグルタル

表 2-2. 一塩基酸，二塩基酸，三塩基酸の相対的強さ[a]

乳　酸	pK 3.86
酢　酸	pK 4.76
アンモニウムイオン	pK 9.25
炭　酸	pK_1 6.37, pK_2 10.25
コハク酸	pK_1 4.21, pK_2 5.64
グルタル酸	pK_1 4.34, pK_2 5.41
リン酸	pK_1 2.15, pK_2 6.82, pK_3 12.38
クエン酸	pK_1 3.08, pK_2 4.74, pK_3 5.40

[a] 表に示した値は pK_a 値（電離定数の対数の負数）である．

酸の第二 pK_a は 5.4 である．

pK_a 値は溶媒の性質に依存する

官能基の pK_a 値は，まわりの溶媒環境により著しい影響を受ける．荷電する官能基が非解離の酸やその共役塩基である場合，pK_a 値は溶媒によって上下する．誘電率が pK_a に及ぼす効果は，エタノールを水に加えることによって観察できる．エタノールを加えるとカルボン酸の pK_a は **大きく** なり，アミンの pK_a は **小さく** なるが，これは電荷のある分子種を溶かす水の力をエタノールが減少させるからである．こういうわけでタンパク質の内部の電離基の pK_a 値は，水の存否を含めて局所的環境に著しく影響される．

まとめ

■ 水分子は，水分子どうしや他のプロトン供与体または受容体と，水素結合で結ばれた集合構造をつくる．これらの広範囲の水素結合のネットワークは，水の表面張力，粘性，室温における液体状態，および物質溶解力のもととなっている．

■ O，N を含む化合物は水素結合の供与体または受容体あるいはどちらにもなり得る．

■ エントロピーの力によって，両親媒性の巨大分子は非極性領域を水から遠ざけて包み込む．

■ 塩橋，疎水性相互作用，およびファンデルワールス力が生体分子複合体の形成や分子構造の維持に関係している．

■ pH は [H$^+$] の対数の負数である．低い pH は酸性の溶液の特徴であり，高い pH はアルカリ性溶液であることを示す．

■ 弱酸の強さは pK_a で示される．これは酸の電離定数の対数の負数である．強酸の pK_a は低く，弱酸の pK_a は高い．

■ 緩衝液は，プロトンが生成したり消費されたりした場合の pH の変化に抵抗する．最大の緩衝能は，pK_a ± 1 pH 単位以下の範囲で得られる．生理的な緩衝液は炭酸水素塩，オルトリン酸塩，およびタンパク質である．

文　献

Reese KM: Whence came the symbol pH. Chem & Eng News 2004;82:64.

Segel IM: *Biochemical Calculations*. Wiley, 1968.

Skinner JL: Following the motions of water molecules in aqueous solutions. Science 2010;328:985.

Stillinger FH: Water revisited. Science 1980;209:451.

Suresh SJ, Naik VM: Hydrogen bond thermodynamic properties of water from dielectric constant data. J Chem Phys 2000;113:9727.

Wiggins PM: Role of water in some biological processes. Microbiol Rev 1990;54:432.

アミノ酸とペプチド

Amino Acids & Peptides

- タンパク質に存在するアミノ酸の構造を描き，それぞれの 3 文字表記，1 文字表記を書く．
- タンパク質を構成するアミノ酸について，各 R 基がアミノ酸の化学的性質に及ぼす影響を説明する．
- 各アミノ酸の重要な機能を列挙し，ある種の植物の種子が人間の健康に与える重大な影響を説明する．
- タンパク質を構成するアミノ酸のイオン化し得る基と，その水溶液中で遊離した状態の pK_a を列挙する．
- 複数の官能基をもつアミノ酸の非緩衝水溶液の pH を計算し，そこに一定量の強酸，強塩基を加えた後に起こる pH 変化を計算する．
- pI を定義し，多価電解質における電荷の総和との関係を示す．
- アミノ酸のような多価電解質の，ある pH における直流電場中での移動の予測に，pK_a，pI がどのように使われるかを説明する．
- ペプチドの一意的な方向性，化学名，一次構造を説明する．
- ペプチド結合の部分的な二重結合的性質がペプチドのコンホメーションにどのように影響しているかを説明する．

生物医学的重要性

　L-α-アミノ酸は，タンパク質の長いポリペプチド鎖の構成単位である．加えて，これらアミノ酸とその類縁体は，神経伝達や，ポルフィリン，プリン，ピリミジン，尿素の生合成など多様な細胞機能にかかわっている．神経内分泌系では，ホルモン，ホルモン放出因子，ニューロモジュレーター，神経伝達物質として，**ペプチド**とよばれるアミノ酸からなる短いポリマーが使われている．ヒトなどの高等動物は，タンパク質中に存在する 20 種の L-α-アミノ酸のうち 10 種について，幼児の成長や成人の健康の維持に適した量を供給するだけの合成能力をもたない．結果として，ヒトの食物には適切な量の**栄養学的必須**アミノ酸が含まれなければならない．毎日腎臓は腎動脈の血流から 50 g 以上の遊離アミノ酸をろ過している．ただし，遊離アミノ酸はタンパク質の合成や他の生体機能に使用するため，近位尿細管でほぼ全量が再吸収され，尿中には微量しか現れない．

　ある種の微生物は遊離の D-α-アミノ酸，あるいは D-アミノ酸と L-アミノ酸の両方を含むペプチドを分泌する．これらバクテリアが産出するペプチドのいくつかは治療薬としての価値がある．バシトラシンやグラミシジン A は抗生物質となり，ブレオマイシンは抗腫瘍剤としてはたらく．しかし，ある種の微生物由来のペプチドには有毒なものもある．シアノバクテリアのペプチドであるミクロシスチンやノジュラリンは，量が多ければ致死的となり，一方，少量であっても肝臓の腫瘍を誘発する．レンリソウ属 *Lathyrus*（スイートピーの仲間）の植物のさやに入っている種子に含まれるある種のアミノ酸を摂取すると，ラチリズムといわれる不可逆性の重篤な疾患を引き起こし，下肢の麻痺を生じる．他の植物の種子に含まれるアミノ酸も，グアム島原住民を苦しめる神経変性疾患の発症に関与する．

アミノ酸の特性

遺伝暗号が 20 種の L-α-アミノ酸を指定する

　天然には 300 種類以上のアミノ酸が存在するが，タ

ンパク質はほとんどの場合，**コドン codon**（表37-1参照）とよばれる3個のヌクレオチドで暗号化される20種類のL-α-アミノ酸群から合成される．3文字遺伝暗号は20種類以上のアミノ酸を指定することが可能であるが，いくつかのアミノ酸は複数のコドンにより"重複"して指定される．ペプチドやタンパク質中のアミノ酸配列を表すのに，1文字，または3文字による省略法を用いることが多い（**表3-1**）．これらのアミノ酸のR基には親水性のものと疎水性のものとがあり（**表3-2**），その性質はタンパク質の成熟した折りたたみ（フォールディング）構造（5章参照）中でアミノ酸がとる位置に影響を与える．タンパク質には，**翻訳後修飾 post-translational modification** によって生じる特別なアミノ酸を含むものがある．例としては，ペプチド中のプロリンやリシンの4-ヒドロキシプロリン，5-ヒドロキシリシンへの変換，グルタミン酸のγ-カルボキシグルタミン酸への変換，アミノアシル残基のメチル化，ホルミル化，アセチル化，プレニル化，リン酸化などがある．これらの修飾により，タンパク質の可溶性や安定性，触媒活性，他のタンパク質との相互作用が変化し，タンパク質の機能的多様性が顕著に拡大する．

セレノシステインはタンパク質中に存在する21番目のL-α-アミノ酸である

セレノシステイン（**図3-1**）は，すべての生命体のタンパク質中に存在するL-α-アミノ酸である．ヒトでは，ある種のペルオキシダーゼや還元酵素を含む20数種のセレノタンパク質が知られている．セレノプロテインPは血漿に存在するタンパク質であり，ヨードチロニン脱ヨウ素酵素はホルモン前駆体であるチロキシン（T_4）を甲状腺ホルモン3,3',5-トリヨードチロニン（T_3）へ変換する酵素である（41章参照）．セレノシステインは，翻訳中に伸長途上のポリペプチド鎖に直接挿入され，21番目のアミノ酸とよばれる．しかしながら，

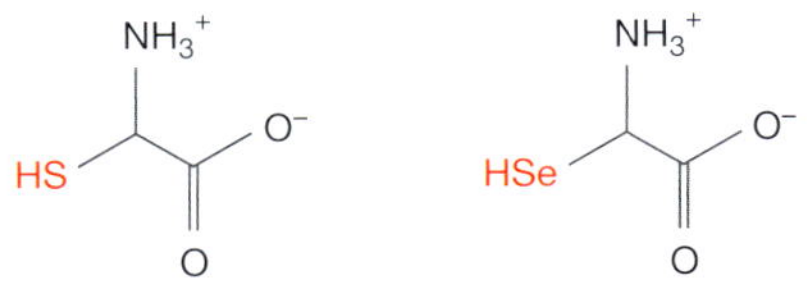

セレノシステインの挿入は，他の20種のアミノ酸と異なり，tRNA^{Sec} とよばれる特殊な tRNA を含む巨大かつ複雑な複合体によって行われる．このとき，通常なら一般的な3塩基コドンではなく終止コドンとしてはたらく UGA アンチコドンが使われる．タンパク質合成装置はセレノシステインに特異的な UGA コドンを，セレノシステイン挿入因子とよばれる mRNA の非翻訳領域にあるステムループの構造とともに認識する（27章参照）．

アミノ酸の立体化学

唯一の例外であるグリシンを除けば，アミノ酸のα炭素はキラルである．タンパク質中のアミノ酸は，光学的に右旋性を示す場合と左旋性を示す場合があるが，すべて L-グリセルアルデヒド L-glyceraldehyde と同じ絶対配置 absolute configuration をとるので，L-α-アミノ酸と定義される．RS 表示法は，アミノ酸の絶対立体配置を表記する目的ではもやほとんど使われない．タンパク質中のアミノ酸はほとんどが(S)体をとるが，L-システインを表記する場合は，C_3 に結合する硫黄原子の原子量は C_2 に結合するアミノ基よりも原子量が大きくなるので(R)体をとることになり，複雑になるからである．哺乳動物では，L-α-アミノ酸，その前駆体，分解物は絶対立体配置に関係なく，L 異性体に対してのみ作用する酵素による触媒を受ける．

翻訳後修飾を受けると新たな性質が生まれる

ある種の原核生物はタンパク質中にピロリシンを含み，また植物にはプロリンの類似体であるアゼチジン-2-カルボン酸を含むタンパク質がある．21個のL-α-アミノ酸によってほとんどのタンパク質は構成できるが，翻訳後修飾によりつくられる新規のアミノ酸側鎖はタンパク質に新たな性質を与える．たとえばコラーゲンでは，プロリンとリシン残基は4-ヒドロキシプロリンと5-ヒドロキシリシンにそれぞれ変換される（**図3-2**）．血液凝固に関わるタンパク質のグルタミン酸のカルボキシ化によって生じるγ-カルボキシグルタミン酸（**図3-3**）は，血液凝固に必要なカルシウムイオンを配位するための部位を形成する．ヒストンのペプチド鎖の側鎖も多くの修飾を受ける．リシン残基はアセチル化とメチル化を受け，アルギニン残基はメチル化，脱イミノ化を受ける（35章，38章参照）．現在では，天然にはタンパク質中に存在しない種類のアミノ酸を遺伝子組換え技術でタンパク質に導入し，新たな機能や，本来もつ機能が強化されたタンパク質をつくることが

図3-1．システイン（左）とセレノシステイン（右）
セレノシステインのセレニル基の pK_a 3 は 5.2 であり，システイン残基の pK_a より 3 以上低い．pH 7.4 かそれ以下の環境においてセレノシステインはよりよい求核剤としてはたらく．

表 3-1. タンパク質の L-α-アミノ酸

常用名	記号	構造式	pK_1	pK_2	pK_3
脂肪族の側鎖をもつもの			α-COOH	α-NH$_3^+$	R 基
グリシン	Gly (G)	H−CH−COO$^-$ NH$_3^+$	2.4	9.8	
アラニン	Ala (A)	CH$_3$−CH−COO$^-$ NH$_3^+$	2.4	9.9	
バリン	Val (V)	H$_3$C CH−CH−COO$^-$ H$_3$C　　NH$_3^+$	2.2	9.7	
ロイシン	Leu (L)	H$_3$C CH−CH$_2$−CH−COO$^-$ H$_3$C　　　　NH$_3^+$	2.3	9.7	
イソロイシン	Ile (I)	CH$_3$ CH$_2$ CH−CH−COO$^-$ CH$_3$　　NH$_3^+$	2.3	9.8	
OH 基を含む側鎖をもつもの					
セリン	Ser (S)	CH$_2$−CH−COO$^-$ OH　NH$_3^+$	2.2	9.2	約13
トレオニン	Thr (T)	CH$_3$−CH−CH−COO$^-$ OH　NH$_3^+$	2.1	9.1	約13
チロシン	Tyr (Y)	後述			
硫黄原子を含む側鎖をもつもの					
システイン	Cys (C)	CH$_2$−CH−COO$^-$ SH　NH$_3^+$	1.9	10.8	8.3
メチオニン	Met (M)	CH$_2$−CH$_2$−CH−COO$^-$ S−CH$_3$　NH$_3^+$	2.1	9.3	
酸やアミドを含む側鎖をもつもの					
アスパラギン酸	Asp (D)	$^-$OOC−CH$_2$−CH−COO$^-$ NH$_3^+$	2.1	9.9	3.9
アスパラギン	Asn (N)	H$_2$N−C−CH$_2$−CH−COO$^-$ O　　　NH$_3^+$	2.1	8.8	
グルタミン酸	Glu (E)	$^-$OOC−CH$_2$−CH$_2$−CH−COO$^-$ NH$_3^+$	2.1	9.5	4.1
グルタミン	Gln (Q)	H$_2$N−C−CH$_2$−CH$_2$−CH−COO$^-$ O　　　　　NH$_3^+$	2.2	9.1	
側鎖に塩基を含むもの					
アルギニン	Arg (R)	H−N−CH$_2$−CH$_2$−CH$_2$−CH−COO$^-$ C=NH$_2^+$　　　　　NH$_3^+$ NH$_2$	1.8	9.0	12.5
リシン	Lys (K)	CH$_2$−CH$_2$−CH$_2$−CH$_2$−CH−COO$^-$ NH$_3^+$　　　　　　NH$_3^+$	2.2	9.2	10.8
ヒスチジン	His (H)	CH$_2$−CH−COO$^-$ HN　N　　NH$_3^+$	1.8	9.3	6.0

つづく

表 3-1. タンパク質のL-α-アミノ酸

常用名	記号	構造式	pK_1	pK_2	pK_3
芳香族を含むもの			α-COOH	α-NH_3^+	R基
ヒスチジン	His (H)	前述			
フェニルアラニン	Phe (F)	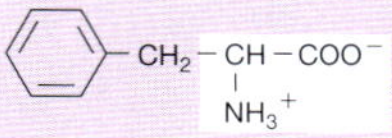CH2 − CH − COO− NH3+	2.2	9.2	
チロシン	Tyr (Y)	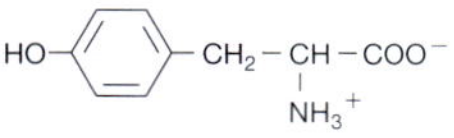HO CH2 − CH − COO− NH3+	2.2	9.1	10.1
トリプトファン	Trp (W)	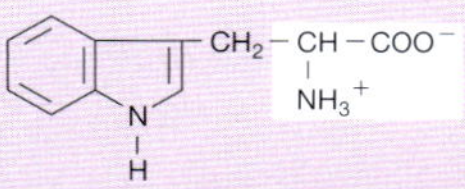CH2 − CH − COO− NH3+ N H	2.4	9.4	
イミノ酸					
プロリン	Pro (P)	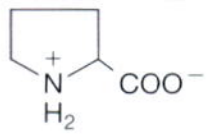N H2 COO−	2.0	10.6	

表 3-2. 親水性もしくは疎水性のアミノ酸

親水性	疎水性
アルギニン	アラニン
アスパラギン	イソロイシン
アスパラギン酸	ロイシン
システイン	メチオニン
グルタミン酸	フェニルアラニン
グルタミン	プロリン
グリシン	トリプトファン
ヒスチジン	チロシン
リシン	バリン
セリン	
トレオニン	

水性の環境になじむか，接触を最小限にしようとするかで区分される．

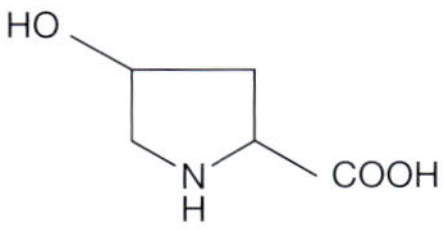
HO
N
H
COOH

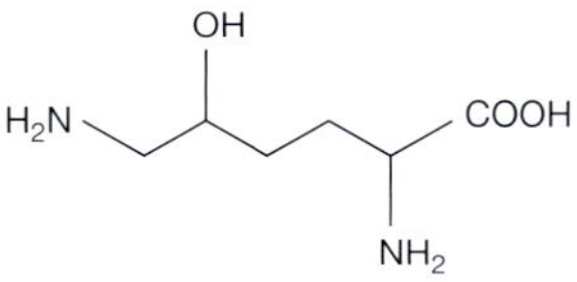
OH
H2N
COOH
NH2

図 3-2. 4-ヒドロキシプロリン（左）と 5-ヒドロキシリシン（右）

できる．これら人工タンパク質は，タンパク質の構造と機能の相関を研究するための新たな手段となっている．

地球外のアミノ酸が隕石の中から検出されている

地球外アミノ酸が最初に報告されたのは 1969 年であり，その存在はオーストラリア南東部に落下した有名なマーチソン隕石の分析により判明した．その後，南極で採取された原始の状態を保った隕石を含む他の隕石からもアミノ酸が検出されている．地球上の生命によって合成されるアミノ酸と異なり，隕石由来のアミノ酸には，*N*-メチル化グリシンや β アラニンなど生物学的に重要であるがタンパク質に含まれないアミノ酸や，タンパク質に含まれる複数種のアミノ酸の，D-体と L-体のラセミ混合物が存在する．地上で生命の源となる部位を含まない新しいアミノ酸もいくつか発見された．さらに，核酸塩基，活性化リン酸，糖由来の物質なども隕石から見つかっている．これらの発見は生物発生以前に地球上で起こったであろう化学反応を推測するのにおおいに役立つとともに，地球外生命体の探索にも影響を与えた．隕石が地球外でつくられた有

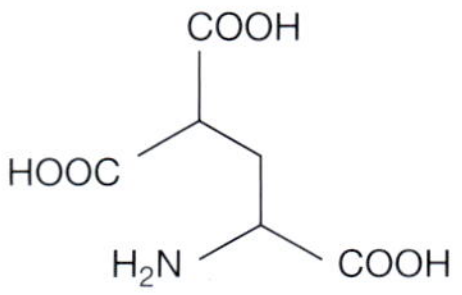
COOH
HOOC
H2N
COOH

図 3-3. γ-カルボキシグルタミン酸

機物さらには微生物そのものを地球に運ぶことによって生命の誕生につながったというパンスペルミア Panspermia とよばれる学説が提唱された.

L-α-アミノ酸は代謝における付加的な役割をもつ

L-α-アミノ酸はタンパク質を構成する"部品"であるばかりでなく,生体の物質代謝にもかかわっている.たとえば,オルニチンとシトルリンは尿素産生サイクルの中間代謝物である一方で(図28-16参照),アデノシルメチオニンは多くの酵素反応においてメチル基供与体としてはたらく.またチロシンが甲状腺ホルモンの前駆体である一方,フェニルアラニンとチロシンはアドレナリン(エピネフリン),ノルアドレナリン(ノルエピネフリン),DOPA(ジヒドロキシフェニルアラニン)を産生するために代謝される.グルタミン酸は,神経伝達物質だけでなく,二次的神経伝達物質であるγ-アミノブチル酸(GABA)の前駆体でもある.

植物由来のL-α-アミノ酸には人体に有害なものがある

非タンパク質性のアミノ酸を含む植物を摂取することは人類の健康に有害をもたらすこともある.レンリソウ属に属する3種の植物の種子とその加工品は神経ラチリズムといわれる病態を引き起こす.神経ラチリズムは非可逆的に進行する下肢の痙性麻痺を特徴とする重篤な神経障害であり,飢饉の際にレンリソウの種子を多く摂取することで発症することが多い.神経系の異常,とくに神経ラチリズムを引き起こす原因となるL-α-アミノ酸には,L-ホモアルギニン,β-N-オキサリル L-α,β-ジアミノプロピオン酸(β-ODAP)がある(**表3-3**).別の豆科の植物であるスイトピーの種子はβ-アミノプロピオニトリル(化学構造は未表記)のグルタミン誘導体であるγ-グルタミル-β-アミノピオニトリル(BAPN)を含む.レンリソウ属種子に含まれるα,γ-ジアミノブチル酸はオルニチンの類似物質であり,肝臓に存在する尿素回路の酵素であるオルニチントランスカルバモイラーゼを阻害する.その結果,尿素回路がはたらかなくなるため体内にアンモニアが蓄積し,アンモニア中毒を起こす.ソテツの種子に含まれるL-β-メチルアミノアラニンには,神経毒性がある.グアム島の原住民はソテツの実を食べるコウモリを食用すること,粉状にしたソテツの実そのものも食べる習慣があることから,L-β-メチルアミノアラニンの摂取が筋萎縮性側索硬化症やパーキンソン認知症などの神経変性疾患発症のリスク要因ではないかと考えられている.

D-アミノ酸

天然に存在する D-アミノ酸として,ヒトの脳組織中の遊離 D-セリンと D-アスパラギン酸,グラム陽性菌の細胞壁に存在する D-アラニンと D-グルタミン酸がある.また細菌,菌類,爬虫類,そして両生類が産生するペプチドや抗生物質には,D-アミノ酸を含むものがある.枯草菌 Bacillus subtilis は D-メチオニン,D-チロシン,D-ロイシン,D-トリプトファンを分泌し,バイオフィルム分解のトリガーとなる.コレラ菌 Vibrio cholerae のペプチドグリカン層には D-ロイシン,D-メチオニンが含まれる.

アミノ酸の官能基の特性

アミノ酸の総電荷は,陽性,陰性,中性をとり得る

イオン化し得る弱酸基である $-COOH$ と $-NH_3^+$ を,それぞれ荷電された型および荷電されていない型で示せば,溶液中では次のようなプロトンの平衡状態で存在している.

表3-3. 強い毒性のある L-α-アミノ酸

タンパク質中に存在しない L-α-アミノ酸	医学との関連
ホモアルギニン	リシンと尿素に分解される.ヒト神経ラチリズムに関与する.
β-N-オキサリルジアミノプロピオン酸(β-ODAP)	ジアミ神経毒.ヒト神経ラチリズムに関与する.
β-N-グルタミルアミノプロピオニトリル(BAPN)	骨ラチリズムの原因物質.
2,4-ジアミノブチル酸	オルニチントランスカルバミラーゼを阻害し,アンモニア中毒を起こす.
β-メチルアミノアラニン	神経変性疾患を引き起こすおそれのある物質.

$$R{\rm -COOH} \rightleftarrows R{\rm -COO^-} + H^+$$
$$R{\rm -NH_3^+} \rightleftarrows R{\rm -NH_2} + H^+$$

R-COOH と R-NH$_3^+$ はともに弱酸であるが，酸としては R-COOH は R-NH$_3^+$ よりもずっと強い．生理的な pH（pH 7.4）では，カルボキシ基はほとんど R-COO$^-$ として存在しており，アミノ基はほとんど R-NH$_3^+$ として存在している．同じことはアスパラギン酸とグルタミン酸の側鎖のカルボキシル基とリシンの ε-アミノ基についてもいえる．他のイオン化可能な官能基はシステインのスルフヒドリル基，ヒスチジンのイミダゾール基，そしてアルギニンのグアニジノ基である（**図 3-4**）．**図 3-5** にアスパラギン酸の荷電状態が pH によりどう変化するかを示す．

　血液やほとんどの組織中にあるアミノ酸は下図の A の状態にある．注意すべきことに，これらのイオン化した状態は，負電荷と正電荷が同数ある結果として電気的に中性であり，**双性イオン zwitterion** とよばれる．

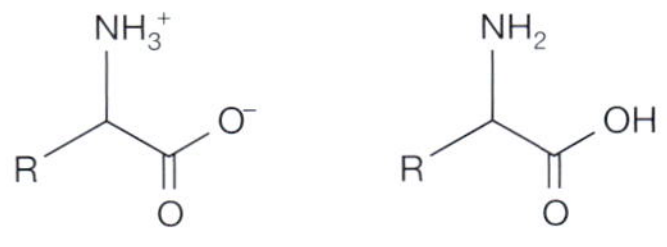

カルボキシ基がプロトン化するほど低い pH ならば，アミノ基もまたプロトン化されているので，図 B のような構造は水溶液中では存在し得ない．同様に，非電荷のアミノ基が多くを占めるほどに高い pH では，カルボキシ基は R-COO$^-$ として存在する．しかし，非電荷型の表記である図 B は，プロトン平衡を含まない反応を図解する際にはよく使用される．

pK$_a$ は弱酸と弱塩基の強度を表す

　弱酸の強度は，その酸の **pK$_a$** で表すことができる．

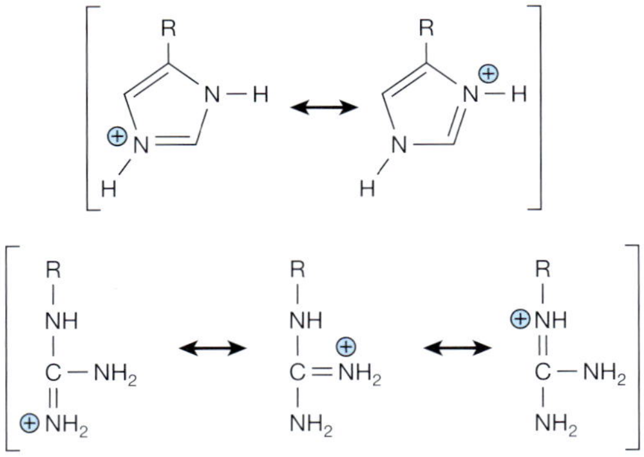

図 3-4. ヒスチジン（上）およびアルギニン（下）の，側鎖 R のプロトン化した状態は電子状態の共鳴によって安定化されている

複数の解離プロトンをもつ分子では，それぞれの酸性基の pK$_a$ は下付の "a" を数字に置き換えて表す．弱塩基の強度は，それらのプロトン化した状態，もしくは共役酸の状態の pK$_a$ によって一般に表される．これによって，タンパク質に可逆的に結合可能なすべての官能基の相対的な強度について，1 つの連続的な尺度で比較可能となる．いかなるプロトンの平衡状態においても酸と塩基の両方の状態が存在するため，"弱酸""弱塩基"という言葉は任意にどちらを使ってもよい標記法である．アミノ酸のプラスとマイナスの電荷すべての和，すなわち総電荷数は，その官能基の pK$_a$ と，そのときの溶液の pH に依存する．実験では，pH を変えることでアミノ酸あるいはその誘導体の電荷が変化することを利用して，アミノ酸，ペプチド，およびタンパク質を物理的に分離している（4 章参照）．

アミノ酸は，等電点 pH（pI）で総電荷がゼロになる

　双性イオンは **等イオン形 isoelectric** species の一例であり，同数の陽性電荷と陰性電荷をもち，電気的に

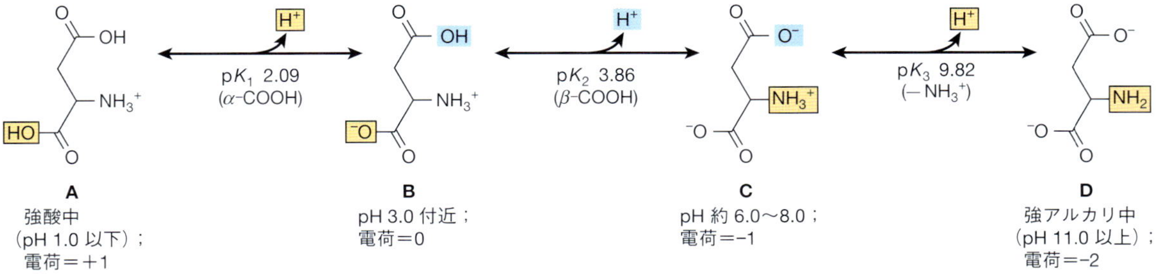

図 3-5. アスパラギン酸のプロトン平衡
＊訳者注：pK$_1$，pK$_2$，pK$_3$ の順序はこの図のように値の小さい方から記載するのが普通であり，表 3-1 の pK$_2$，pK$_3$ の記載の仕方は便宜的である．

中性な分子の形である．電気的に中性となる pH は等電点あるいは pI ともよばれ，正と負の両方のイオン化における pK_a 値の中間点の pH である．アラニンのような 2 つの解離基しかもっていないアミノ酸の場合はわかりやすい．1 段階目の pK_a(R–COOH) は 2.35 であり，2 段階目の pK_a(R–NH$_3^+$) は 9.69 である．アラニンの等電点 pH(pI) は，

$$pI = \frac{pK_1 + pK_2}{2} = \frac{2.35 + 9.69}{2} = 6.02$$

となる．多価酸 polyprotic acid の場合，まず等イオン性の種を同定する必要がある．たとえば，アスパラギン酸の pI は，

$$pI = \frac{pK_1 + pK_2}{2} = \frac{2.09 + 3.96}{2} = 3.02$$

となる．リシンの pI は次式から計算できる：

$$pI = \frac{pK_2 + pK_3}{2}$$

同様の考えは，解離基の数にかかわらず，すべての多価酸（たとえば，タンパク質）に適用できる．臨床検査実験では，pI の知識は電気泳動での分離条件の選択の指標となる．たとえば，pH7 での電気泳動により，pI 値が 6 と 8 の二つの分子を分けられる．なぜなら，この pH では，pI 値が 6 の分子は負電荷をもち，pI 値が 8 の分子は正電荷をもつからである．ジエチルアミノエチル（DEAE）セルロースのようなイオン支持体による分離も，同様の考えにより可能となる（4 章参照）．

pK_a 値は周囲の環境により変わる

解離基のまわりの環境は，その pK_a に影響する（**表3-4**）．非極性の環境は水中よりも荷電状態を不安定にするため，カルボキシ基の pK_a は上がる（**弱い酸にする**）．一方で，アミノ基の pK_a は下がる（**強い酸にする**）．同じように，**正負の荷電**が隣接している場合，互いを**安定化**させ，**同種の荷電の場合は不安定**になる．したがって，イオン化可能な官能基の pK_a はタンパク質中での位置に依存し，表 3-1 で示した水溶液中の pK_a はほんの目安にすぎない．酵素の活性中心の残基では，水溶液中と比べ，pK_a 値が 3 pH 単位も変わることがよくある．例として，チオレドキシンの内部に埋もれているアスパラギン酸残基の 1 つは pK_a 9 以上であり，この場合はじつに 6 pH 単位以上も pK_a が変化したことになる．

表 3-4. タンパク質内のイオン性残基が通常とり得る pK_a の範囲

解離基	通常とり得る pK_a の範囲
α–カルボキシ基	3.5 〜 4.0
Asp または Glu の側鎖のカルボキシ基	4.0 〜 4.8
His のイミダゾール基	6.5 〜 7.4
Cys の SH 基	8.5 〜 9.0
Tyr の OH 基	9.5 〜 10.5
α–アミノ基	8.0 〜 9.0
Lys の ε–アミノ基	9.8 〜 10.4
Arg のグアニジド基	〜 12.0

アミノ酸の溶解性はアミノ酸のイオンとしての性質を反映している

アミノ酸は荷電した官能基のおかげで，水やエタノールのような極性溶媒にはよく溶け，ベンゼン benzene，ヘキサン hexane，エーテル ether のような非極性溶媒には溶けない．

アミノ酸は可視光を吸収しないので色がない．しかし，チロシン，フェニルアラニン，そしてとくにトリプトファンは紫外線（250 〜 290 nm）を吸収する．トリプトファンはチロシン，フェニルアラニンの約 10 倍強く紫外線を吸収するため，多くのタンパク質の 280 nm 領域の吸収には，トリプトファン残基が最も大きく寄与している（**図 3-6**）．

アミノ酸の性質は，α–R 基によって決定される

アミノ酸の化学反応の性質は官能基により決定される．カルボキシ基はエステル，アミド，酸無水物などの形成に関与し，アミノ基はアシル化，アミド化，エステル化を，–OH 基と –SH 基は酸化，エステル化を受ける．グリシンは最も小さなアミノ酸なので，ほかのアミノ酸が入り込めないような場所に入ることができ，ペプチドが鋭く折れ曲がった領域にしばしば見られる．アラニン，バリン，ロイシン，イソロイシンなどの疎水性 R 基をもつものや，フェニルアラニン，チロシン，トリプトファンなどの芳香族 R 基をもつものは，細胞質タンパク質の場合には通常は分子の内側に見られる．塩基性アミノ酸や酸性アミノ酸のような電

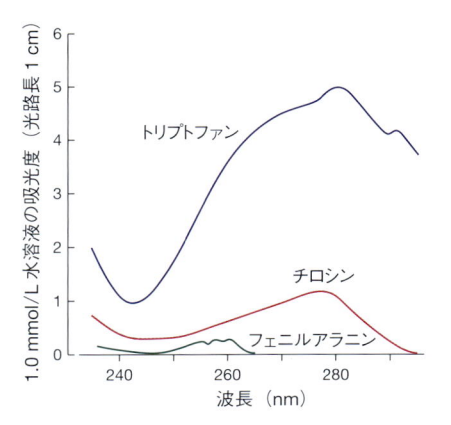

図 3-6. トリプトファン，チロシン，フェニルアラニンの紫外部吸収スペクトル

荷をもった R 側鎖は，イオン相互作用や塩結合形成により，特定のタンパク質コンホメーションを安定化する．これらの相互作用は，酵素触媒反応やミトコンドリア呼吸鎖における電子伝達の際の"電荷リレー系"としても機能している．ヒスチジンは，酵素触媒反応において独特の役割を果たしている．というのも，ヒスチジンのイミダゾール基は中性 pH において，周囲の環境による pK_a のシフトがなくとも塩基触媒としても酸触媒としても機能し得るためである．システインの第一級チオール（−SH）は pK_a 値が 8.3 で，すぐれた求核基であり，酵素触媒反応においても，しばしばそのような官能基としてはたらく．セレノシステイン側鎖の pK_a は 5.2 で，システインのそれより 3 低いため，酸性の pH でもより優れた求核基となる．第一級アルコールであるセリン残基もトリプシンや他のセリンプロテアーゼの活性部位において，求核基としてはたらく．しかし，第二級アルコールであるトレオニンは触媒反応で同様の役割を果たしていない．セリン，チロシンやトレオニンの −OH 基はリン酸基の付加部位となることが多く，タンパク質の機能の調節にかかわる（9 章参照）．

アミノ酸配列はペプチドの一次構造を決定する

アミノ酸はペプチド結合により連結する．

ポリペプチド中の全アミノ酸残基の数と順序が一次

構造を構成する．ペプチド中に存在するアミノ酸をアミノアシル基といい，遊離のアミノ酸の語尾を変えてよぶ（英語の語尾 -ate や -ine を -yl に変える）．たとえば，アラニル，アスパルチル，チロシルとなる．ペプチドはカルボキシ末端のアミノアシル基誘導体として命名される．たとえば，Lys−Leu−Tyr−Gln はリシル−ロイシル−チロシル−グルタミンとよぶ．グルタミンの語尾(-ine)は，その α−カルボキシ基がペプチド結合に関与しておらず，C 末端残基となっていることを示す．配列が決定している一次構造は，3 文字の略記号を直線で結んだ形で表す．1 文字の略記号の場合には，線は省略されることが多い．

Glu-Ala-Lys-Gly-Tyr-Ala
E A K G Y A

トリ（tri-），またはオクタ（octa-）のような接頭語はそれぞれ，3 個または 8 個の**残基 residue** からなるペプチドを示す．慣習としてペプチドは，左に遊離 α−アミノ基をもつ残基がくるように記述する．この慣習は，生体内でペプチドがアミノ末端の残基から合成されることが発見されるより前から，長く用いられてきた．

ペプチドの構造は簡単な方法で書き表すことができる

ペプチドを書き表すには，主鎖や骨格を表すジグザグ線を使う．さらに繰り返し出現する主鎖の原子（α 窒素，α 炭素，カルボニル炭素）を書き加える．そして，それぞれの α 炭素とペプチドの窒素に水素原子を加え，カルボニル炭素に酸素を加える．最後にそれぞれの α 炭素に，対応する側鎖 R 基（青色の影の部分）を追加する．

ペプチドのなかには，通常は存在しないアミノ酸をもつものがある

哺乳類において典型的なペプチドホルモンは，コドンにより規定される 20 種の α−アミノ酸が通常のペプチド結合により連結したものである．しかし，タンパク質には存在しないアミノ酸や，タンパク質を構成するアミノ酸の誘導体，非典型的なペプチド結合によっ

て連結したアミノ酸を含むペプチドも存在する．たとえば，生体異物の代謝（47 章参照），ジスルフィド結合の還元に関与しているトリペプチドであるグルタチオンのアミノ末端のグルタミン酸は，主鎖のカルボキシ基ではなく側鎖を利用した非 α-ペプチド結合によってシステインと連結している（図 3-7）．甲状腺刺激ホルモン放出ホルモン thyrotropin-releasing hormone（TRH）のアミノ末端のグルタミン酸は閉環されてピログルタミン酸 pyroglutamic acid となり，カルボキシ末端のプロリン残基はアミド化されている．タンパク質に存在しないアミノ酸である D-フェニルアラニンとオルニチンは，環状ペプチド抗生剤であるチロシジン tyrocidin とグラミシジン S gramicidin S に含まれる．一方，ヘプタペプチドのオピオイドで，南米のカエルの皮膚に含まれるデルモルフィン dermorphin とデルトフォリン deltophorin は D-チロシンと D-アラニンを含む．

ペプチド結合は部分的に二重結合的性質をもっている

ペプチドにおいて α-カルボキシ基と α-窒素原子を結んでいる結合は単結合のように描かれるが，実際には二重結合的性質を示す．

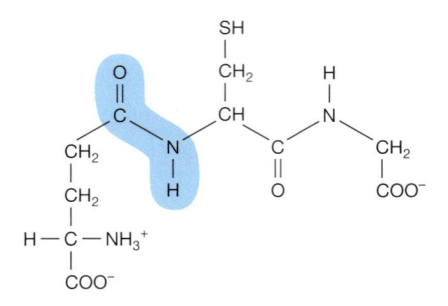

つまり，カルボニル基の炭素と窒素を結ぶ結合には回転の自由度がなく，部分的二重結合を切断しない限り，回転できない．その結果としてペプチド結合中の O C N H 原子は，すべて同一平面状 coplanar に存在することになる．回転の自由度がないこの結合の性質は，高

次構造の形成に重要な結果をもたらす．ポリペプチド骨格のうち，ペプチド結合以外は自由に回転できる．それらを軸を取り囲む茶色の矢印で示す（図 3-8）．

非共有的結合による力がペプチドのコンホメーションを決めている

ペプチドのフォールディング（折りたたみ）はおそらく，その生合成（37 章参照）と同時に起こる．生理活性のあるコンホメーションは，アミノ酸配列，立体的障害を避けようとする効果，さらに残基間の水素結合や疎水性相互作用といった非共有結合的な相互作用が複合した結果により定まる．α ヘリックスと β シートは，よく見られる繰り返しコンホメーションである（5 章参照）．

ペプチドは多価電解質である

ペプチド結合は，生理的な pH においては荷電することはない．つまりアミノ酸からペプチドが形成される際には，1 個のペプチド結合形成につき 1 個の＋電荷と 1 個の－電荷が失われることになる．にもかかわらず，カルボキシ末端やアミノ末端の官能基や，酸性，アルカリ性の残基があるため，ペプチドは生理的 pH で荷電している．アミノ酸の場合と同様に，ペプチドの総電荷はそのペプチドが置かれている環境の pH と，ペプチドがもつ解離基の pK_a によって決まる．

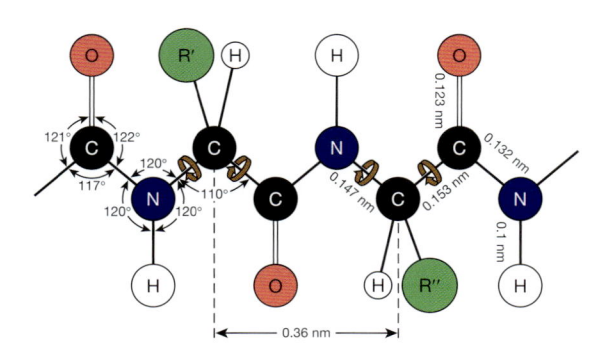

図 3-8. 十分に伸びきったポリペプチド鎖の配置図
ポリペプチド結合に関与する 4 つの原子は，同一平面上にある．α 窒素や α カルボニル基と α 炭素との結合は自由に回転ができる（茶色の矢印）．骨格上の 3 分の 2 を占める原子が互いに同一平面上に固定されるという制約があるため，伸ばされたポリペプチド鎖はあまり回転の自由がない．隣り合った α 炭素間の距離は 0.36 nm（3.6 Å）である．原子間距離や角度も示した．（Pauling L, Corey LP, Branson HR: The structure of proteins: Two hydrogen-bonded helical configurations of the polypeptide chain. Proc Natl Acad Sci USA 1951;37:205 より許可を得て掲載）

図 3-7. グルタチオン（γ-グルタミル-システイニル-グリシン）
非 α-ペプチド結合が Glu と Cys の間にあることに注目．

まとめ

- α-アミノ酸以外のアミノ酸や D-アミノ酸も自然界に存在するが，タンパク質中には L-α-アミノ酸しか存在しない．D-アミノ酸は細菌だけでなく，ヒトにおいても代謝的に重要な役割をもつ．
- L-α-アミノ酸はタンパク質を構成するだけではなく，生体の物質代謝にもかかわる．たとえば，尿素，ヘム，核酸，エピネフリンなどのホルモンや DOPA などの神経伝達物質の生合成に使われる．
- タンパク質を構成するアミノ酸の多くが隕石から検出されており，小惑星の衝突が地球での生命誕生の要因であるとの説に根拠を与えている．
- ラチリズムのように，植物や種子に含まれるある種の L-α-アミノ酸が人体に有害な影響をもたらすことがある．
- アミノ酸の R 基が各アミノ酸特有の生化学的機能を決めている．R 基の構成成分と性質にもとづいて，塩基性アミノ酸，酸性アミノ酸，芳香族アミノ酸，脂肪族アミノ酸，含硫アミノ酸に分類される．
- カルボニルの炭素とペプチドの窒素間の結合が部分二重結合的性質をもつことにより，ペプチド結合の 4 原子は同一平面上に配置し，ペプチドのとり得るコンホメーションの数を制限する．
- ペプチドは存在するアミノ酸残基の数により分類され，カルボキシ末端残基の誘導体として名づけられる．ペプチドの一次構造とは，アミノ末端残基より始まるペプチドのアミノ酸配列である．これは，生体内で実際にペプチドが合成される向きである．
- すべてのアミノ酸は，少なくとも R-NH_3^+ と R-COO^- という 2 つの弱酸性官能基をもつ．また多くのアミノ酸は，弱酸性官能基をあわせもつ．たとえば，チロシンのフェノール OH 基，システインの SH 基，ヒスチジンのイミダゾール環，アルギニンのグアニジノ基などである．
- ある pH での総電荷数は，アミノ酸やペプチドのすべての官能基の pK_a により決まる．pI（等電点）とは，アミノ酸の総電荷数がゼロで，それゆえに直流電流の電場ではプラス方向にもマイナス方向にも動かない pH のことをいう．
- タンパク質中では，周囲環境によりアミノ酸側鎖の pK_a は変動する．タンパク質中のアミノ酸の pK_a を推測する場合には，遊離アミノ酸 pK_a はおおよその目安にしかならない．

文　献

Bender DA: *Amino Acid Metabolism*, 3rd ed. Wiley, 2012.

Diaz-Parga P, Goto JJ, Krishnan VV: Chemistry and chemical equilibrium dynamics of BMAA and its carbamate adducts. Neurotox Res 2018;33:76.

Koga T, Naraoka H: A new family of extraterrestrial amino acids in the Murchison meteorite. Sci Rep 2017;7:636. https://doi.org/10.1038/s41598-017-00693-9.

Osinski GR, Cockell CS, Pontefract A, et al.: The role of meteorite impacts in the origin of life. Astrobiology 2020;20:1121.

Seckler JM, Lewis SJ: Advances in D-amino acids in neurological research. Int J Mol Sci 2020;21:7325.

Wu G ed.: *Amino Acids in Nutrition and Health.* Springer, 2020.

Yoshimura T, Nishikawa T, Homma H eds.: *D-Amino Acids: Physiology, Metabolism, and Application.* Springer, 2016.

タンパク質：一次構造の決定

4

Proteins: Determination of Primary Structure

学 習 目 標
本章習得のポイント

- 新生ポリペプチド鎖の成熟過程で起こる翻訳後修飾の3つの例をあげる.
- 生体試料からタンパク質を分離する際によく用いられる4つのクロマトグラフィーをあげる.
- タンパク質の純度, サブユニットの組成, 相対的な分子の大きさ, 等電点などを決定する際に, ポリアクリルアミド電気泳動がどのように使われるかを説明する.
- 四重極型質量分析計, 飛行時間型(TOF)質量分析計を用いて分子量を測定する原理を説明する.
- ゲノム配列の情報によって, どのようにタンパク質の一次構造の決定が簡便に行えるようになったのか説明する.
- "プロテオーム"という語が何を意味するか, そしてプロテオームがもたらす意義の例をあげる.
- タンパク質発現を調べる技術としてのDNAチップ(遺伝子アレイ)の利点と欠点を述べる.
- 質量分析計を用いて複雑な生体試料から個々のタンパク質およびペプチドを見分けるための3つの戦略を述べる.
- タンパク質をコードするオープンリーディングフレーム(ORF)の同定において, ゲノム科学, コンピューターアルゴリズム, データベースがどう貢献するのか説明する.

生物医学的重要性

　タンパク質は物理的にも機能的にも複雑な巨大分子であり, 多様で生命に不可欠な役割を果たしている. 細胞内部のタンパク質ネットワークである細胞骨格(51章)は, 細胞の形や物理的強度を維持している. アクチンとミオシン線維は, 筋肉の収縮装置を形成し(51章), ヘモグロビンは酸素を運び(6章), 血中を循環している抗体は外部からの侵入者に対する防御を行う(52章). 酵素は, エネルギーの生成, 生体分子の合成と分解, 遺伝子の複製と転写, mRNAのプロセシングなどの反応を触媒する(7章). 受容体は, 細胞がホルモンや他の細胞外からの合図を感知し, 応答できるようにしている(41章, 42章). タンパク質はその生物のライフサイクルを反映して物理的および機能的な変化を受ける. 典型的なタンパク質は, 翻訳により"生まれ"(37章), 選択的なペプチド鎖の切断などの翻訳後

プロセシングを受けて成熟し(9章, 37章), 調節因子の介在により作動状態と休止状態を行き来し(9章), 酸化や脱アミドなどを受けることで老化し(57章), 最終的にはその構成成分であるアミノ酸に分解されて"死"に至る(28章). 分子医学の重要な目標の1つとして, その存在, 欠損, 不足などが特異的な生理状態や疾患を引き起こすタンパク質やその修飾を同定することがあげられる(**図 4-1**).

タンパク質やペプチドは分析前に精製する必要がある

　細胞内の特定のタンパク質を調べるための新しい技術が登場した一方で, タンパク質の物理的および機能的性質を詳細に調べるうえで高純度の精製タンパク質を得ることは必須である. 細胞は数千種もの異なったタンパク質を含んでおり, それぞれの量には大きな差

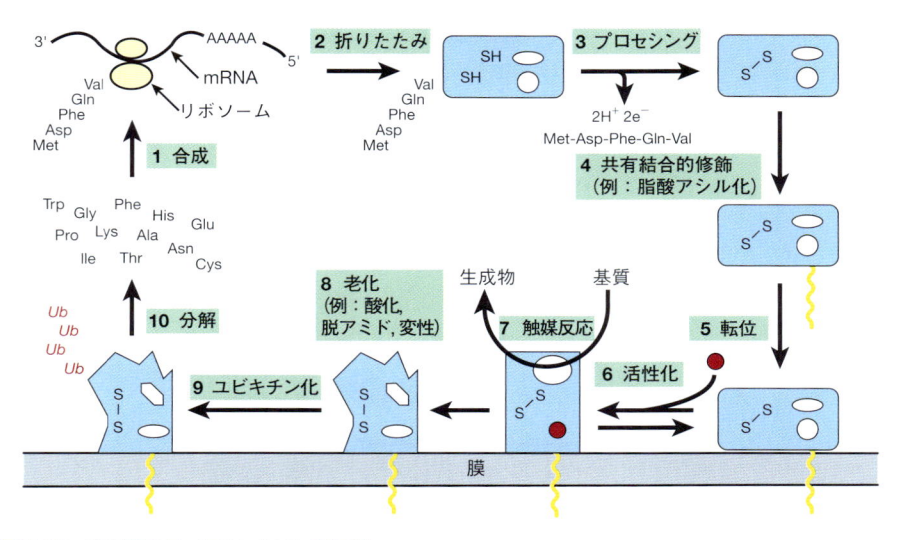

図 4-1. ある仮想タンパク質のライフサイクルの図解

（**1**）タンパク質の一生は，一次構造が書き記された mRNA によりリボソームでポリペプチドが合成されることから始まる．（**2**）合成が進むと，ポリペプチドは天然型のコンホメーションへと折りたたまれていく（青）．（**3**）フォールディング（折りたたみ）は N 末端リーダーペプチド（Met-Asp-Phe-Gln-Val）のプロテアーゼによる切断やジスルフィド結合（S–S）の形成といったプロセシング工程に伴って進むこともある．（**4**）続いて脂肪酸分子（黄）が付加するような共有結合的な修飾が起こり，（**5**）修飾ペプチドを膜へと移動させる．（**6**）アロステリックエフェクター（赤）の結合が，触媒作用をもつコンホメーションに変化する引き金となる場合もある．（**7**）時間が経てば，タンパク質は化学物質による攻撃や脱アミド反応，変性などによるダメージを受け，（**8**）そのようなタンパク質は数分子のユビキチンが共有結合によって付加され，"標識"される．（**9**）ユビキチン化（標識）されたタンパク質は続いてその構成成分であるアミノ酸にまで分解され，新しいタンパク質の生合成の材料として利用される．

がある．そのため，ある天然資源から特定のタンパク質を十分な量で単離することは，とてつもなく大変な挑戦となる．そのため，精製タンパク質を得るには複数の分離技術を連続して用いることになる．分別沈殿は，pH（等電点沈殿），極性（エタノールやアセトンによる沈殿），塩濃度（硫酸アンモニウムによる塩析）を変化させて，個々のタンパク質の相対溶解度の違いを利用する．クロマトグラフィーは特定のタンパク質を，大きさや形（サイズ排除クロマトグラフィー），電荷の総和（イオン交換クロマトグラフィー），疎水性（疎水性相互作用クロマトグラフィー），特異的なリガンドとの結合能（アフィニティークロマトグラフィー）の違いによって他のタンパク質から分離する分析法である．

カラムクロマトグラフィー

　カラムクロマトグラフィーでは，小さなビーズからなる固定相充填剤（マトリックス）をカラムとよばれるガラスまたはプラスチックや金属製の円柱状容器に充填する．液体透過性のフィルターによりビーズはカラムから流れ出ないが，移動相の液体はカラムから流出，ろ過される．固定相マトリックスの表面は酸性，塩基性，疎水性，リガンドに類似した官能基などでコーティ

ングすることができ，それぞれイオン交換，疎水性相互作用，アフィニティークロマトグラフィーに使われる．カラムから流出した移動相の液体はフラクションコレクターとよばれる装置によって少量ずつ自動的に回収される．**図 4-2** は典型的な卓上の液体クロマトグラフィー装置の基本的な配置を表したものである．

HPLC：高速液体クロマトグラフィー

　第一世代のカラムクロマトグラフィーの充填剤は長く撚り合わさった多糖の重合体を直径およそ 0.1 mm の球状のビーズに形成したものであった．残念なことに，ビーズのサイズが比較的大きいため，移動相の流れが妨げられていた．理論的には，粒子サイズを小さくすれば分離能は大きく改善されるはずであった．しかしながら，充填剤が密に詰め込まれることで抵抗が高まるので，それに応じて，移動相の圧力を高くする必要が生じた．その結果，柔らかく多孔質な多糖類やアクリルアミドのビーズでは圧力により壊れてしまった．しかしついには，物理的に強くかつ多孔性で小さい球状のシリコンビーズが製造されるようになった．それらはさまざまな化学基と結合するための広い表面積を有していた．より小さくかつ密に詰め込まれた

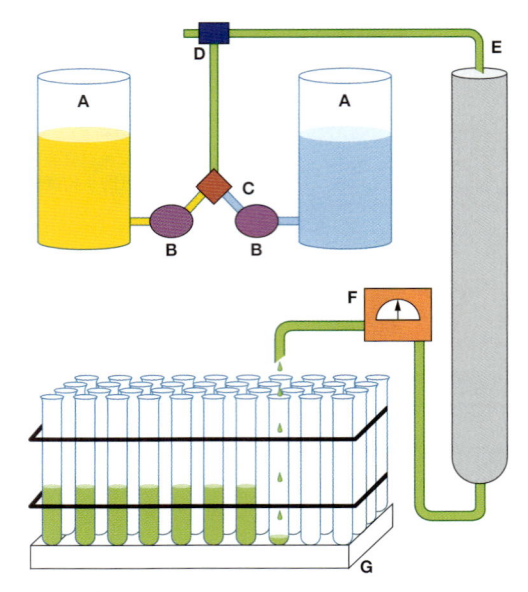

図 4-2. 典型的な液体クロマトグラフの構成
プログラム可能なポンプシステムが示されている．ここで A は，移動相の溶液（黄色と水色），B は小型ポンプ，C は混合チャンバー，D は分析物を注入するための入り口，E は固定相のマトリックスで充填されたガラス製，金属製，またはプラスチック製のカラム，F は分光光度計（蛍光，屈折率，電気化学検出器），G は溶出物を自動回収するためのフラクションコレクターである．システムは 1 つのポンプから液体を吸うようにプログラム可能であり，段階的な混合比をつくるために決められた点でポンプを切り替えることもできる．また，連続した混合比をつくるために経時的に割合を変えながら 2 種を混ぜ合わせることもできる．

ビーズに液体を流すと高圧になるので，それにも耐えられるステンレスカラムにこれらのビーズは充填された．このシリカビーズの広い表面積と高い均一性は高速液体クロマトグラフィー（HPLC）システムに広く浸透し，かつて広く使われたガラスカラムと多糖マトリックスの組み合わせに比べ，分離能が何桁も向上した．

サイズ排除クロマトグラフィー

サイズ排除クロマトグラフィー（ゲルろ過クロマトグラフィーとよばれることもある）は，分子質量と形状の関数である **Stokes 半径 Stokes radius** によってタンパク質を分離する方法である．伸びた形のタンパク質がプロペラのように高速回転したときには，同じ質量の球状タンパク質が高速回転したときより大きな有効体積を占める．サイズ排除クロマトグラフィーではカラム充填剤に多孔質粒子を用いる（**図 4-3**）．ビーズの孔は河岸にできたでこぼこと同じようなものである．いったんでこぼこに入った物質は，川の主流に戻るまで流れが遅れる．一方，Stokes 半径が大きすぎて孔に入れないタンパク質（排除されたタンパク質）は移動相に絶えず残って流れに乗り，孔に入り移動が遅くなる

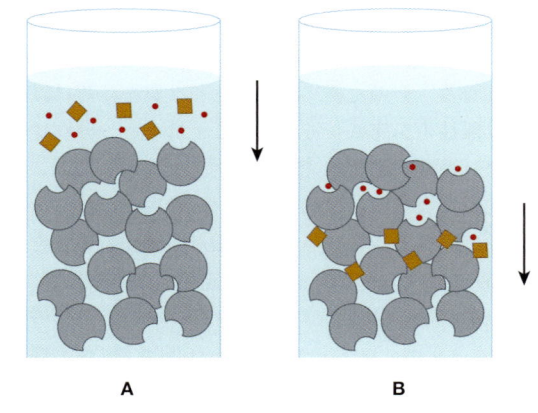

図 4-3. サイズ排除クロマトグラフィー
A：大分子（茶色）と小分子（赤）の混合試料をゲルろ過カラムの最上部にのせる．**B**：カラムに入ると，小分子は固定相充填剤（灰色）の孔に入る．移動相はカラムの下流へ流れ続けるため，小分子は排除された大きな分子よりも後れをとる．

小さなタンパク質より先にカラムから出てくる．進入可能な孔によって移動が遅くなる程度は，タンパク質のサイズが小さくなるほど増大する．このように，タンパク質は Stokes 半径の大きさの順にゲルろ過カラムから出てくる．

イオン交換クロマトグラフィー

　イオン交換クロマトグラフィーでは，タンパク質は，電荷-電荷相互作用により固定相と相互作用する．その場の pH で総電荷数が陽であるタンパク質は，カルボン酸塩や硫酸塩のような負電荷の官能基をもつビーズ（陽イオン交換体）に強固に付着する．同様に，総電荷数が負であるタンパク質は第三級あるいは第四級アミンに代表される正電荷の官能基をもつビーズ（陰イオン交換体）に付着する．付着しないタンパク質は充填剤を通り抜け，洗い流される．カラムに結合したタンパク質は，移動相のイオン強度を徐々に上昇させ，電荷間の相互作用を弱めることで選択的にマトリックスから遊離される．移動相の pH を変えることで，混合液中の各タンパク質の電荷強度やその符号さえも変えることができ，それにより精製度を向上させることができる．

疎水性相互作用クロマトグラフィー

　疎水性相互作用クロマトグラフィーによるタンパク質の分離は，疎水性基で被覆された固定相充填剤（フェニルセファロース，オクチルセファデックスなど）との相互作用がタンパク質ごとに異なることにもとづいている．疎水的な表面が露出したタンパク質は，高イオン強度の移動相によって強められた疎水性相互作用により充填剤と付着する．充填剤に付着しなかったタンパク質が洗い出された後，塩濃度を徐々に下げることで移動相の極性を減少させる．タンパク質と固定相の間の相互作用がとくに強い場合には，極性を減少させて疎水性相互作用をさらに弱めるために，エタノールやグリセロールを移動相に加えることもある．

アフィニティークロマトグラフィー

　アフィニティークロマトグラフィーは，酵素や他のタンパク質の基質，生成物，補酵素，阻害剤，およびそれら類縁体などのリガンドに対する高い特異性を利用して行われる．理論的には，タンパク質の混合物を特定のリガンドを結合させたマトリックスに加えると，そのリガンドと結合するタンパク質のみが吸着する．その後，結合したタンパク質は，遊離のリガンド溶液を加えて固定相のリガンドと競合させることで溶出される．あるいは，より選択性の低い方法として，高濃度の塩や他の薬剤でタンパク質-リガンド相互作用を壊すことで結合したタンパク質は溶出される．遺伝子組換え発現タンパク質は通常，リガンド結合ドメインをコードする DNA をその遺伝子に付加することで，精製される（7 章参照）．

タンパク質の精製度はポリアクリルアミドゲル電気泳動（PAGE）によって評価される

　試料のタンパク質組成を決定するために最も広く使われている方法は，陰イオン性界面活性剤のドデシル硫酸ナトリウム sodium dodecyl sulfate（SDS）存在下で行うポリアクリルアミドゲル電気泳動 polyacrylamide gel electrophoresis（PAGE），すなわち SDS–PAGE である．電気泳動では，荷電した生体分子が電場の中，多孔性のマトリクス中を移動する速度の差によって分離する．SDS–PAGE の場合，タンパク質は，SDS とポリペプチドの複合体としてポリアクリルアミドマトリックス中を移動する．SDS はほとんどのタンパク質の折りたたみをほどきまたは変性させる．2-メルカプトエタノールやジチオトレイトールを用いてジスルフィド結合を還元して切断することで（**図4-4**），SDS–PAGE は多量体タンパク質をそれを構成する個々のポリペプチドに分離できる．平均すると，SDS とポリペプチド鎖の複合体中で，2 つのペプチド結合に対し 1 分子の SDS が結合している．ポリペプチドに結合した多数の陰イオン性 SDS 分子は，それぞれ−1 の電荷をもっているため，ポリペプチドのアミノ酸の官能基の荷電を

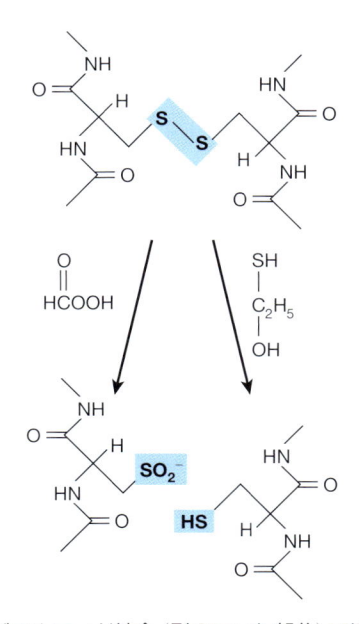

図4-4. ジスルフィド結合（影のついた部分）で連結した隣接するポリペプチドは，過ギ酸による酸化的分解（左），または β-メルカプトエタノールによる還元的分解（右）によって，それぞれ，システイン酸残基，またはシステイン残基をもった 2 つのペプチドとなる

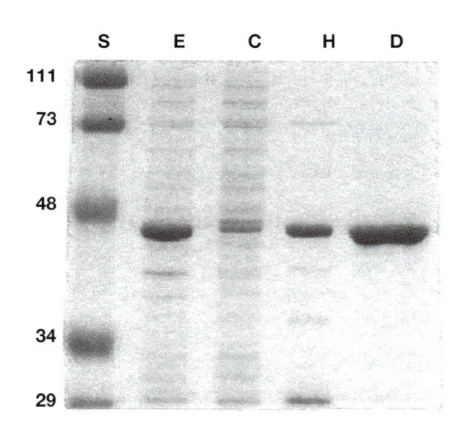

図 4-5. SDS-PAGE は，組換えタンパク質の一連の精製過程を見るために使われる

ゲルはクーマシーブルーで染められている．分子量（単位は kDa）を示すタンパク質標準物質 (S)，細胞の粗抽出液 (E)，細胞質画分 (C)，高速遠心分離の上清 (H)，DEAE-セファロース画分 (D) を示す．組換えタンパク質はおよそ 45 kDa の質量をもつ．

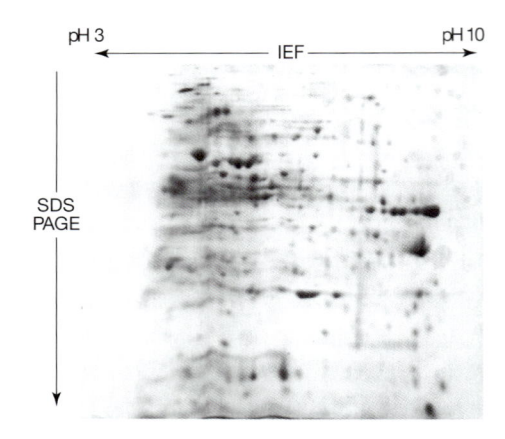

図 4-6. 二次元 IEF-SDS-PAGE

ゲルはクーマシーブルーで染められている．細菌の粗抽出液を始めに pH 3 〜 10 の勾配で等電点電気泳動 (IEF) にかけた．それから，IEF ゲルを SDS ゲルの上部に水平に置き，その後タンパク質は SDS-PAGE でさらに分離した．通常の SDS-PAGE ゲル（図 4-5）と比べて，個々のポリペプチドの分離が大きく改善している．

覆い隠してしまう．結果として，個々の SDS-ポリペプチド複合体の電荷数と質量の比はほぼ等しくなる．このような状況下では，大きなポリペプチドほど，泳動中に SDS-ポリペプチド複合体が受ける抵抗は大きくなる．その結果，SDS-PAGE はほとんどのタンパク質を分子質量の違いによって分けることができる．泳動が終わると，アクリルアミドゲル中の個々のポリペプチドはクーマシーブルー Coomassie blue のような色素で染めることで可視化できる（**図 4-5**）．

等電点電気泳動(IEF)

アンフォライトとよばれる両性電解質の緩衝液と電場を用いて，ポリアクリルアミドマトリックス内に pH 勾配をつくることができる．加えられたタンパク質はそれぞれの等電点 (pI) と一致する pH をもつゲル内の領域に達するまで移動する．pI とはペプチドの総電荷数がゼロになる pH である（3 章参照）．IEF (iso-electric focusing) は二次元電気泳動用に SDS-PAGE とともに使われ，一次元目は pI にもとづいて，二次元目は M_r にもとづいてペプチドを分離する（**図 4-6**）．二次元電気泳動は，多くのタンパク質を含む混合試料の構成成分を分離する場合に，とくに適している．

Sanger によりポリペプチドの配列が最初に決定された

科学者は精製タンパク質のアミノ酸組成やポリペプチド中の各アミノ酸の比率を決定することは比較的容易であることを知った一方で，アミノ酸の配列，すなわち順序の情報を引き出すことは困難であることがわかった．アミノ酸配列が最初に決定されたタンパク質はペプチドホルモンであるインスリンであり，その功績で Frederick Sanger は 1958 年にノーベル賞を受賞した．インスリン成熟型は 21 残基の A 鎖と 30 残基の B 鎖がジスルフィド結合を形成することによってできる．Sanger はジスルフィド結合を還元し（図 4-4）A 鎖と B 鎖を分けて，それぞれの鎖をトリプシンやキモトリプシンやペプシンを使って処理し，そのあと塩酸中に置くことで，小さなペプチドにまで切断した．生成したペプチドをそれぞれ単離した後，1-フルオロ-2,4-ジニトロベンゼン（Sanger 試薬）と反応させ，アミノ酸組成を決定した．Sanger 試薬はアミノ末端残基の露出した α-アミノ基と反応し，そのアミノ酸の同定が可能となる．リシンの ε-アミノ基もまた Sanger 試薬と反応するが，アミノ末端のリシンは 2 分子の Sanger 試薬と反応するので，ポリペプチド内部に存在するリシンと容易に区別することができる．ジペプチド，トリペプチドから徐々により大きな断片まで解析を進めることで，

Sanger はインスリンの完全な配列を決定した．その後 Sanger は，DNA 配列の決定法を開発し，2 度目のノーベル賞を 1980 年に受賞した．

Edman はペプチドのアミノ酸配列を決定する最初の方法を開発した

　Sanger が開発した労力の非常にかかる方法は，最小のポリペプチド以外のタンパク質に適用するのが困難であった．Pehr Edman はフェニルイソチオシアン酸（Edman 試薬）がペプチドのアミノ末端を選択的に標識し PTH 誘導体を形成するだけでなく，Sanger 法とは対照的に，その誘導体を穏和な条件で取り除くことができることを発見した（**図 4-7**）．新しく生じたアミノ末端のアミノ酸を Edman 試薬で処理し，同じ作業を繰り返すことでペプチド中の連なるアミノ酸を繰り返し誘導体化することができる．

　理論的には，Edman 試薬を用いることでポリペプチドのアミノ酸配列全体を決定することが可能であるが，アミノ酸の化学的性質は一様でないので，配列決定のどの段階においても，特定のアミノ酸やそれらの組み合わせに限定して効率をとるのか，20 種のアミノ酸すべてに適応できる柔軟な手法をとるのかの間で妥協が生じる．結果としてどの段階の効率も 100% とはならず，種々の N 末端をもつポリペプチドの断端が蓄積していき，ついには正しい PTH アミノ酸をペプチド夾雑物から区別できなくなる．結果として，ペプチドの量と純度にもよるが，Edman 法で解読できる長さは 5 〜 30 アミノ酸であり，典型的な大きさのタンパク質の配列を決定するには十分ではない．

　数百残基のポリペプチドの完全な配列を決定するためには，タンパク質を小さな断片に切断する必要がある．これらペプチド断片を精製し，それぞれのペプチドを Edman 法で分析する．この作業によってタンパク質の複数の領域のアミノ酸配列が決定されるが，その領域がタンパク質中のどこに存在するかまでは，N 末端のペプチドを除き，わからない．これら短いペプチドの配列からもとのペプチドの完全な配列を組み立てるには，配列の末端に重複があるペプチドを作製し，それを分析する必要がある．自動的に Edman 配列決定を行う装置と，断片ペプチドを精製するための高性能 HPLC システムの開発により，フラグメントすなわち部分的な配列情報の獲得は比較的速くなったが，重複領域を有するペプチドを見つけ，典型的なサイズの

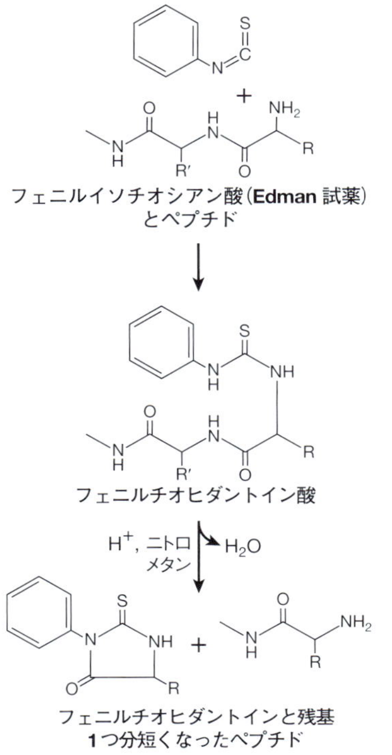

図 4-7. Edman 反応
フェニルイソチオシアン酸は，ペプチドのアミノ末端残基と反応してフェニルチオヒダントイン酸を形成する．ヒドロキシ基のない溶液中で酸処理すると，フェニルチオヒダントインが得られる．これをクロマトグラフィーを使って同定する．残ったペプチドは反応前より残基 1 つ分短くなっているので，これについて同様の手順を繰り返す．

タンパク質の全配列を再構築するには，一般に大量の精製タンパク質と，さらに留意すべきこととして，数カ月または数年の作業が必要であった．結果として，Edman 法による全配列の決定は，豊富に存在し精製が容易なタンパク質に限られていた．

分子生物学は一次構造の決定法に革命を起こした

　生命体に存在する各タンパク質の配列はゲノムによってコードされている．タンパク質をコードする遺伝子の配列からそのタンパク質の配列を直接解読することが可能になったことで，分子生物学はアミノ酸配列決定法に革命を起こした．その理由には 2 つある．1 つは，遺伝子組換え技術により研究者は，鋳型となる出発試料がごく少量あれば，コードされるタンパク質の自然界における存在量や単離の容易さとは関係なく，

そこから DNA を無限に複製できるようになったことである（39 章参照）．2 つ目は，DNA の配列決定は Edman 法よりはるかに効率的なことである．今日では，自動化されたシークエンサーは数千塩基の長さを "読む" ことができる．結果として，Edman 法により対象のポリペプチドの配列のほんの一部を決定しさえすれば，その相補的なオリゴ核酸を合成し，それを用いて対象の遺伝子を含む DNA クローンを同定することが出来る．すなわち，Edman 法でタンパク質の一部を配列決定し，この情報から DNA クローニングと塩基配列決定によって全アミノ酸配列決定を行うハイブリッド的なアプローチが可能になったのである．

ゲノミクスによりわずかな配列データからタンパク質の同定が可能になる

今日ではゲノムの全 DNA 配列が決定された生物種の数は数十万にも及んでいる．このように，いまやほとんどの研究者にとって研究対象となるタンパク質のアミノ酸配列は既知のものであり，GenBank のようなデータベースに登録され，アクセスできる状態にある．ときには連続した 5, 6 残基程度のアミノ酸配列情報を得るだけで，正確にそのタンパク質の全アミノ酸配列を決定できる．今日では質量分析法 mass spectrometry (MS) が Edman 法に代わって，タンパク質同定法として選択されるようになった．

質量分析法により共有結合性の修飾を検出することができる

優れた感度，スピード，翻訳後修飾を検出する能力（**表 4-1**）をもつ質量分析法（MS）は，ペプチドやタンパク質の一次配列を決定する方法として，Edman 法に取って代わっている．

質量分析計にはさまざまな装置の構成がある

単純なシングル四重極型質量分析計では，真空中の試料をプロトン供与体存在下で気化し，正電荷を与える．そこに電場をかけると，陽イオン（正電荷を加えられた試料）はわん曲した飛行管へと打ち出され，そこに

表 4-1. よく見られる翻訳後修飾で生じる質量の増加

修　飾	質量増加（Da）
リン酸化	80
ヒドロキシル化	16
メチル化	14
アセチル化	42
ミリストイル化	210
パルミトイル化	238
糖鎖付加	162

ある磁場によってもともとの飛行方向から見て右方向に偏向する（**図 4-8**）．電磁石にかける電流を漸増して，すべてのイオンが飛行管の末端にある検出器にきちんと衝突するように経路を曲げていく．同じ総電荷数をもつイオンの経路を同じ程度に曲げるのに必要な力は，そのイオンの質量に比例する．

飛行時間型（TOF）質量分析計では，直線状の飛行管を使用する．プロトン供与体存在下で試料を気化し，短時間電場をかけることで，飛行管末端の検出器に向けてイオンを加速する．同一電荷数の分子の場合，加速により到達した速度，すなわち検出器に到着するのに要する時間はその分子の質量に反比例する．

四重極型質量分析計 quadrupole mass spectrometer は一般的に 4000 Da 以下の分子の質量を決めるのに使用される．それに対し，飛行時間型質量分析計はタンパク質全体の大きな質量を決めるのに適している．改良された装置では，四重極管を複数組み合わせたり，TOF 質量分析計の線形飛行管にイオンを反射させるなどの技術が使われている．

エレクトロスプレーイオン化法やマトリックス支援レーザー脱離イオン化法ではペプチドを気化して分析する

長年の間，巨大な有機分子を気化させることが困難であったため，ペプチドやタンパク質を質量分析により解析することができなかった．小さな有機分子は真空中で加熱することにより簡単に気化できるが（**図 4-9**），タンパク質，オリゴヌクレオチドなどは加熱によって分解されてしまう．ペプチド，タンパク質，他の大きな生体分子を真空相に分散させるための信頼できる装置が開発されてから，質量分析装置をそれら生体分子の構造解析や配列決定に利用できるようになった．それら生体分子を真空相に分散させる際に，**エレクトロスプレーイオン化法 electrospray ionization** と

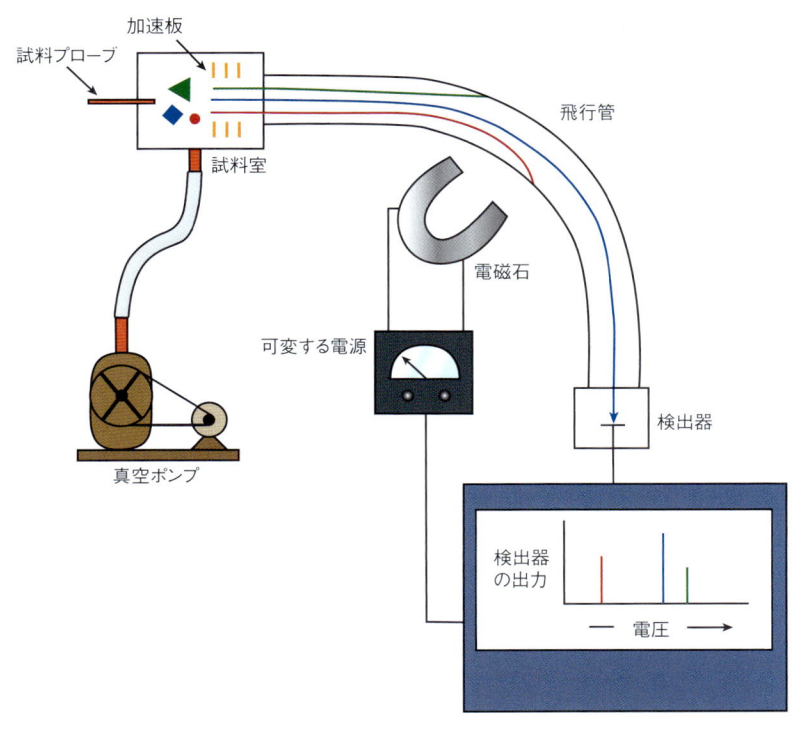

図 4-8. 磁場偏向型質量分析計の基本構成

赤丸，緑の三角，青い四角で示した分子の混合試料を試料室内でイオン化した状態で気化させる．これらの分子は加速板（黄）で加えられる電位によって，飛行管の中へと加速される．強さを調節できる電磁石は，個々のイオンが検出器に衝突するまで，イオンの飛行方向を偏向させるための磁場を与える．イオンの質量が大きくなるほど，イオンを検出器へと収束させるのに必要な磁場も強くなる．

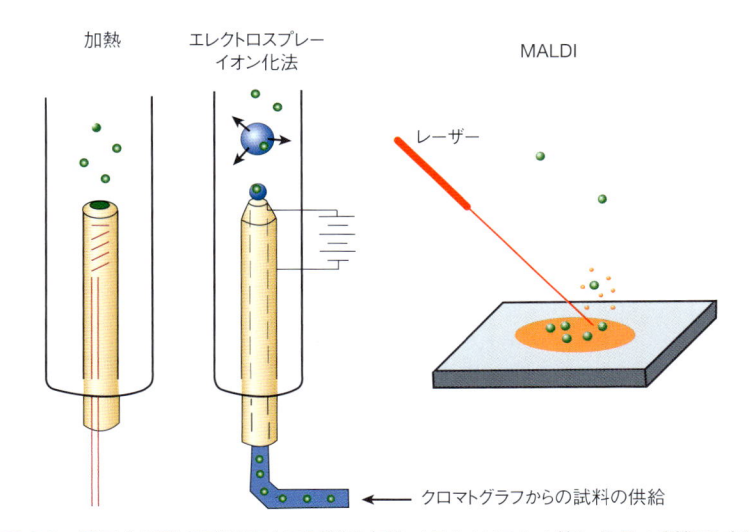

図 4-9. 質量分析計の試料室内で試料を気化するためによく使われる 3 種類の方法

マトリックス支援レーザー脱離イオン化法 matrix-assisted laser desorption ionization（MALDI），高速原子衝撃法 fast atom bombardment（FAB）の 3 つの手法がよく使われる．エレクトロスプレーイオン化法では，

測定する分子を揮発性の溶媒に溶かし，荷電したキャピラリープローブを通して，試料室に導入する（図 4-9）．滴状の液体が試料室に入ると溶媒は拡散し，巨大分子は気相中に浮遊し，荷電したプローブが試料をイオン

化する．エレクトロスプレーイオン化法はHPLCや他のクロマトグラフィーカラムから溶出された揮発性の溶媒に溶けたペプチドやタンパク質を直接分析するのによく用いられる．MALDIでは，光を吸収する色素とプロトンを供給する物質を含む液体マトリックスと試料を混合する．試料室中で混合液をレーザー光により励起すると，試料を取り囲んでいるマトリックスは瞬時に拡散し気化するため，ペプチドやタンパク質の加熱を避けることができる（図4-9）．高速原子衝撃法（FAB）では，グリセロールなどのプロトンを含むマトリックス中に拡散した巨大分子にキセノンなどの荷電のない原子を高速で衝突させる．これにより穏和なイオン化が起こるため，大きな分子を破壊することなく気化するのにしばしば用いられる．

質量分析計内のペプチドを中性ヘリウムやアルゴン原子と衝突させてさらに小さな単位に分解し（衝突誘起解離 collision-induced dissociation），個々の断片の質量を決定することができる．幸運にもペプチド結合は炭素-炭素結合よりも開裂しやすいので，最も多く生じる断片は，互いに1つあるいは2つのアミノ酸に相当する質量分だけ異なっていることが多い．ロイシンとイソロイシン，グルタミンとリシンを除けば，それぞれのアミノ酸の分子量は異なるので，各断片の質量からペプチドのアミノ酸配列を再構成することができる．

タンデム質量分析法

今では，複雑なペプチド混合試料も，あらかじめ単一のペプチドに精製することなしにタンデムMSで分析できる．この方法では2つの質量分析計を連結したものと同等の装置が使われるので，連結された装置は**MS-MS**あるいは**MS²**としばしばよばれる．具体的な方法は以下のようになる．1つ目の質量分析計でそれぞれの質量の違いにもとづいて個々のペプチドを分ける．1つ目の質量分析計の電磁石から発生する磁場の強さを調整することで，単離されたペプチドを2番目の質量分析計へと導入する．2番目の質量分析計で断片化を行い，それぞれの断片の質量を求める．あるいは，2個の四重極管の間に設置した電極的**イオントラップ ion trap**にペプチド断片を保持することで，最初の四重極管で質量の異なるイオンを分離する際の試料のロスなしに，第二の四重極管にそれら断片を選択的に導入できる．

タンデムMSは，アミノ酸や脂肪酸，その他の代謝産物の存在の有無や濃度について，新生児の血液試料を検査するのに使われる．代謝物の量の異常はフェニルケトン尿症，メチルマロン酸脳症，グルタル酸血症1型などさまざまな遺伝子疾患の診断指標となる．最近では，四重極（Q）とTOF技術を組み合わせそれぞれの最大の長所を生かしたQ-TOF-MSとよばれる次世代型のタンデム質量分析計が現れている．

プロテオミクスとプロテオーム

プロテオミクスの目標は，さまざまな条件下で細胞が精巧につくり上げたタンパク質をまるごとすべて同定することである

ヒトゲノムの配列が判明した一方で，ゲノム情報がもたらす描像は静的でかつ不完全なものである．遺伝子の発現のスイッチはオンになったりオフになったりし，またmRNAは選択的スプライシングによって状況に応じてつくり変えられるため，合成されるタンパク質のレパートリーは特定の細胞種や，増殖または分化の段階，あるいは外部刺激に応じて変化する．筋細胞は神経細胞では発現されていないタンパク質を発現し，さらにヘモグロビン四量体に存在するサブユニットの型は分娩前と分娩後で変化する．多くのタンパク質は，機能する形へと成熟する過程や，タンパク質の性質を調節する手段として，翻訳後修飾を受ける．生命体のより包括的かつ動的な分子レベルでの詳細情報を得るために，科学者は個々の細胞がある時点で発現するすべてのタンパク質の種類，量，修飾状態の網羅的情報を意味する**プロテオーム proteome**を決定する．1つの生命体の各細胞のプロテオームは時間や環境によって変化するため，究極的な網羅的ヒトプロテオームは，はかりしれないほど膨大かつ複雑な情報を含んでいる．

数百のタンパク質を同時に同定するのは技術的に困難である

プロテオミクスの1つの重要な目標は，医学的に重要な出来事と関連して発現レベルや修飾が変動するタンパク質を同定することである．これらタンパク質のバイオマーカーは，診断のインジケーターとなり得るだけでなく，特定の生理状態や疾患に関する根本的原因やメカニズムに関する手がかりを与える可能性がある．

第一世代のプロテオミクスでは，SDS-PAGEか二次元電気泳動を利用し，生体試料から個々のタンパク質

を分離した後，Edman 法でペプチド末端のアミノ酸配列を決定した．そして N 末端の配列が一致し，かつ同じ M_r（二次元電気泳動ではさらに同じ pI）をもつタンパク質をデータベースから検索した．

配列が決定されているペプチドの数が少なかったこと，Edman 法に十分な量のペプチドをゲルから抽出することが困難であったことから，これらの初期の試みは限られたものでしかなかった．大きなゲルを使うことで分解能と収量を上げる試みもなされたが，成果を上げられなかった．しかし，ついに質量分析計が発達し，電気泳動による分離と同レベルの感度が得られるに至り，タンパク質のアミノ酸配列決定に使用されるようになった．

研究対象となっている生物のゲノム配列が判明していると，DNA 配列とそれにコードされているポリペプチドのアミノ酸配列も判明するので，タンパク質の同定が容易になる．さらに数百ものオリゴヌクレオチドプローブを並べた**遺伝子アレイ gene arrays（DNA チップ DNA chips** ともよばれる）を作成するのに必要な塩基配列が得られる．遺伝子アレイはプローブに相補的な配列をもつ mRNA の検出に使用される．タンパク質をコードする mRNA の発現量の変化は，対応するタンパク質の量の変化を必ずしも反映しない．しかし，遺伝子アレイは第一世代プロテオミクスで用いられた手法よりも高感度であり，とくに量の少ないタンパク質に適しているため，より広範囲の遺伝子産物を調べることができる．

第二世代プロテオミクスでは，新たに開発されたナノスケール試料用クロマトグラフィーと質量分析計を組み合わせて行われた．生体試料中のタンパク質はプロテアーゼ処理によって短いペプチドに切断された後，逆相カラム，イオン交換カラム，サイズ排除カラムで後の解析に適した数のペプチドを含む状態まで分離される．これらの画分はカラムから直接に四重極型質量分析計か飛行時間型質量分析計にかけられる．**多次元タンパク質同定法 multidimensional protein identification technology（MudPIT）**では，MS による個別の解析ができる程度までクロマトグラフィーによる生体試料分解物の分離を繰り返す．

今日では，タンデム質量分析装置の能力と感度が進歩し，複数成分を含む試料を直接解析することが可能になった．前段階のタンパク質分解やクロマトグラフィーのステップを除くことで，個々の細胞のプロテオーム解析ももうすぐ可能になるであろう．

バイオインフォマティクスはタンパク質機能の同定の助けとなる

ヒトゲノムにコードされているタンパク質のうち，かなりの種類のものの機能がいまだわかっていない．多くのタンパク質の機能を一度に直接評価するためのタンパク質アレイまたはタンパク質チップの開発が続けられている．プロテアーゼやエステラーゼなどを除けば，タンパク質の機能を見出すことは難しい．しかし，バイオインフォマティクス（生命情報学）の最近の進歩により，アミノ酸配列を比較することで，タンパク質の特性や生理的役割，作用機構を見出すための手がかりが得られるようになった．同じ機能をもつタンパク質は構造上も似かよった部分をもつ傾向があり〔たとえば，NAD（P）H と結合する Rossmann ヌクレオチド結合フォールド，核にターゲッティングする配列，Ca^{2+} と結合する EF ハンド〕，このような傾向を利用したアルゴリズムが検索に使用される．一般的に，機能的に重要な位置には特定の複数のアミノ酸が保存されているので，このようなドメインを一次構造から見つけることができる．新規に発見されたタンパク質の特性や生理的役割は，その一次配列を，既知のタンパク質と比較することにより推測される．

▌まとめ

■ ポリペプチドとよばれる長いアミノ酸重合体はタンパク質の基本的な構造単位を構成し，この構造から，タンパク質がどのように機能を果たすのかを洞察できる．

■ タンパク質は合成から分解までの間に，翻訳後修飾を受け，機能が影響を受け運命が決定づけられる．

■ Edman 試薬によってペプチドに新たなアミノ末端がつくられ，長いペプチドのアミノ酸配列決定が可能となる．しかしながら，物理的または科学的要因により，信頼性をもって同定できるアミノ酸の数は 30 以下である．したがって，Edman 法によるタンパク質の全アミノ酸配列決定は多大な時間と労力を要する．

■ ポリアクリルアミドゲルは多孔質の充填構造をもち，直流電場内での移動度に応じてタンパク質を分離する．

■ タンパク質の大きさと，それに結合する陰イオン性界面活性剤のドデシル硫酸ナトリウム（SDS）の数は

ほぼ比例する．このことを利用して，SDS-PAGE では ポリペプチドをその相対的大きさによって分離する．

- 質量はすべての生体分子とその誘導体が共通にもつ 普遍的性質であり，これにもとづく質量分析法（MS） は一次構造決定，翻訳後修飾の同定，代謝異常の検 出など多様な目的に使われる．

- DNA クローニングとタンパク質化学を組み合わせ た解析法は，タンパク質の一次構造決定の速度と効 率を大きく向上させる．

- ゲノミクス，すなわち全塩基配列の決定により，遺 伝子でコードされるすべての巨大分子の設計図を手 に入れることができる．

- プロテオミクス解析では，ペプチド分離手法と MS を用いて得られた生体試料の部分的なアミノ酸配列 をゲノムデータと照らし合わせることで，タンパク 質全体の一次構造を決定する．

- プロテオミクスのおもな目標は，生理的な現象，老 化，あるいは特定の疾患に関連して出現，消失する タンパク質とその翻訳後修飾の同定である．

- バイオインフォマティクスの分野ではコンピュータ アルゴリズムが進歩し，新規のタンパク質の一次構 造と既知のタンパク質のそれを比較することで，機 能が推測できるようになった．

文　献

Aslam B, Basit M, Nisar MA, et al: Proteomics: Technologies and their applications. J Chromatog Sci 2017;55:182.

Biemann K: Laying the groundwork for proteomics: Mass spectrometry from 1958 to 1988. J Proteomics 2014;107:62.

Bonner P: *Protein Purification,* 2nd ed., CRC Press, 2019.

Brown KA, Melby JA, Roberts DS, Ge Y: Top-down proteomics: Challenges, innovations, and applications in basic and clinical research. Exp Rev Proteomics 2020;17:719.

Burgess RR, Deutscher MP eds.: *Guide to Protein Purification.* 2nd ed., Methods Enzymol, vol. 463, Elsevier, 2009 (Entire volume).

Duarte TT, Spencer CT: Personalized proteomics: The future of precision medicine. Proteomes 2016;4:29.

Jiang Z, Zhou X, Li R, et al: Whole transcriptome analysis with sequencing: Methods, challenges and potential solutions. Cellular Molec Life Sci 2015;72:3425.

Kelly RT: Single-cell proteomics: Progress and prospects. Mol Cell Proteomics 2020;19:739.

Syu GD, Dunn S, Zhu H: Developments and applications of functional protein microarrays. Mol Cell Proteomics 2020;6:916.

Van Riper SK, de Jong EP, Carlis JV, et al: Mass spectrometry-based proteomics: Basic principles and emerging technologies and directions. Adv Exp Med Biol 2013;990:1.

Wood DW: New trends and affinity tag designs for recombinant protein purification. Curr Opin Struct Biol 2014;26:54.

タンパク質：高次構造

5

Proteins: Higher Orders of Structure

学習目標
本章習得のポイント

- いくつかのよく使われるタンパク質分類法について，利点欠点を示す．
- タンパク質の一次，二次，三次，四次構造を説明し，図示する．
- よく知られた主要な二次構造を示し，超二次構造モチーフについて説明する．
- タンパク質の各階層構造を安定化させる力の種類と相対的な強さを述べる．
- Ramachandran プロットに集約されている情報を説明する．
- タンパク質の 3 つの主たる構造決定手段，すなわち X 線結晶構造解析，核磁気共鳴法（NMR），そしてクライオ電子顕微鏡の基本的な操作原理について要約する．
- タンパク質が天然のコンホメーションをとるまでの段階的過程について，述べる．
- タンパク質成熟化における，シャペロン，タンパク質ジスルフィドイソメラーゼ，ペプチジルプロリルイソメラーゼの生理的役割について述べる．
- タンパク質の三次，四次構造を研究するための主要な生物物理学的技術について述べる．
- コラーゲン成熟化における遺伝的，栄養学的異常が，タンパク質の構造機能相関を示す良い例であることを説明する．
- プリオン病の分子病理の根底にある基礎的事象を述べる．

生物医学的重要性

自然界では，形は機能に従う．新しく合成されたポリペプチドが生物学的に機能するタンパク質へと成熟し，代謝反応を触媒したり，細胞の動きに力を与えたり，毛，骨，腱，さらに歯などに構造的な強度を与える巨大分子の棒や綱を形成したりするためには，**コンホメーション conformation** とよばれる特定の三次元的な位置関係をもつ状態に折りたたまれなければならない．さらに成熟する過程で，**翻訳後修飾 posttranslational modification** により新しい化学基が加わったり，一時的に必要とされたペプチドの短い断片が取り除かれたりする．タンパク質の成熟に必要な遺伝的あるいは栄養的な要素が欠損すると，疾患を起こすことがある．前者の例としては，Creutzfeldt–Jakob 病，スクレイピー，Alzheimer 病，さらにウシ海綿状脳症（BSE）などがある．後者の例として壊血病（アスコルビン酸）や Menkes 病（Cu）がある．逆に，C 型肝炎や HIV 感染症などのウイルス性疾患に対する多くの次世代の直接作用型抗ウイルス治療薬は，ウイルスタンパク質の成熟化において重要なプロテアーゼ，グリコシド結合加水分解酵素，ペプチジルプロリン *cis-trans* 異性化酵素の活性を阻害する[1]．

配置（コンフィグレーション）と 配座（コンホメーション）

配置（コンフィグレーション）と配座（コンホメーション）の用語はよく混同される．**配置（コンフィグレーション configuration）** は，たとえば ʟ-と ᴅ-アミノ酸を区別するような，ある与えられた原子団の原子間の位置関係に対して使われる．配置が異なるものどうしの相互変換には，共有結合の切断と再生が必要で

---

1) 訳者注：2015 年に C 型肝炎の画期的治療薬（95% 以上に著効）が市販された（RNA ポリメラーゼ阻害薬など）．

ある．**配座**（コンホメーション conformation）は，分子内のすべての原子の空間的位置関係のことである．配座異性体（コンホーマー）間の変換は共有結合の切断は伴わず，コンフィグレーションを保ったまま，一般的には単結合の回転により起こる．

タンパク質はまず全体的な性質により分類された

　科学者たちは最初，タンパク質を溶解度，形，または非タンパク質原子団の存在などの特徴にもとづいて分類することで，タンパク質の構造と機能の相関性を説明しようと試みた．たとえば，生理的な pH とイオン強度の水溶液を使って細胞から抽出されるタンパク質は，**可溶性 soluble** と分類される．**膜に埋まったタンパク質 integral membrane protein** の抽出には界面活性剤による膜の溶解が必要である．**球状タンパク質 globular protein** はコンパクトに折りたたまれており，およそ球状であり，その**軸比 axial ratio**（最短の長さ/最長の長さ）は 3 を超えない．ほとんどの酵素は球状タンパク質である．対照的に，伸びたコンホメーションをとるタンパク質も多く存在する．このような**線維状タンパク質 fibrous protein** の軸比は，10 以上のことがある．

　リポタンパク質 lipoprotein や**糖タンパク質 glyco-protein** は，共有結合した脂質や炭水化物をそれぞれ含んでいる．ミオグロビン，ヘモグロビン，シトクロムや多くの**金属タンパク質 metalloprotein** は，強く結合した金属イオンを含んでいる．アミノ酸配列や三次元構造の類似性または，**相同性 homology** にもとづいたより正確な分類体系が出てきているが，多くの古い分類のための用語もいまだ使われている．

タンパク質はモジュール方式の原則で組み立てられる

　タンパク質は，特定の化学基を正確に三次元的に配置することで，物理的に，そして触媒的に複雑な機能を果たしている．これらの化学基をもつポリペプチドの足場は，効率よく機能を果たし，物理的にも強固でなければならない．数万もの原子から構成されるポリペプチドの生合成は，一見してたいへんなことだとわかるが，典型的なポリペプチドが 10^{50} 程度もしくはそ

れ以上の異なるコンホメーションをとり得ることを考慮すると，ポリペプチドが生物的な機能に適したコンホメーションに折りたたまれるのはさらに困難であるように思える．3 章と 4 章で述べたように，アミノ酸という共通の部品あるいは構造単位（モジュール）をペプチド結合という共通の連結方式で継ぎ足していくことで，ポリペプチド骨格は合成される．同様に，段階的に構造単位ごとにつくり上げていくことで，新しく合成されたポリペプチドを成熟タンパク質に折りたたんでプロセシングする過程を簡素化することができる．

タンパク質構造の4つの階層

　タンパク質の合成やフォールディング（折りたたみ）がモジュール方式で起こるという性質は，タンパク質の階層的構造の概念のなかで具現化されている．すなわち**一次構造 primary structure**：ポリペプチド鎖のアミノ酸配列，**二次構造 secondary structure**：ポリペプチドの短い（3〜30 残基）連続した領域が規則的な形状に折りたたまれたもの，**三次構造 tertiary structure**：複数の二次構造が集まり，成熟タンパク質やその構成ドメインのような大きな機能単位を形成したもの，**四次構造 quaternary structure**：複数のポリペプチドが多量体を形成したもの，およびそれらの空間的な配置である．

二次構造

ペプチド結合は二次構造のコンホメーションを制限している

　ポリペプチド骨格をつくっている 3 つの共有結合のうち，α 炭素（Cα）とカルボニル炭素（Co），および Cα と窒素の 2 つの結合のみが自由に回転できる（図 3-8 参照）．ペプチド結合に関与している Co と α 窒素間の結合が半二重結合的性質をもっているので，カルボニル基の炭素，カルボニル基の酸素，そして α 窒素が同一平面をつくり，回転を妨げている．Cα-N 結合まわりの角度をファイ（φ）角，Co-Cα 結合まわりの角度をプサイ（ψ）角とよぶ．グリシン以外のアミノ酸では，φ 角と ψ 角のほとんどの組み合わせは，立体障害のためにとり得ない（**図 5-1**）．さらにプロリンのコンホメーションは環状構造により N-Cα 結合の自由回転がないので，より制限される．

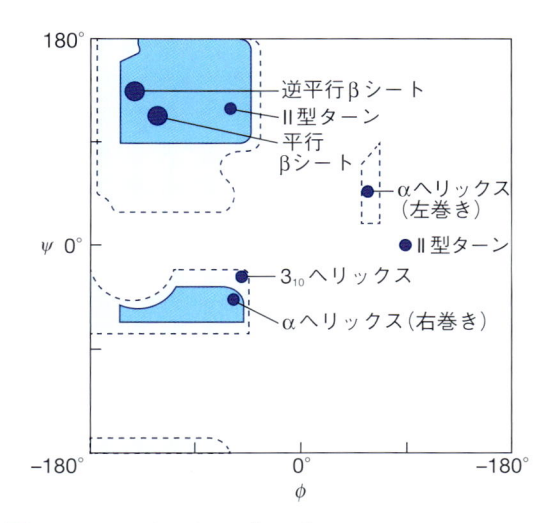

図 5-1. Ramachandran プロット
ポリペプチド鎖において，グリシン，プロリン以外のアミノ酸の立体的に許容される ϕ 角と ψ 角の組み合わせは青い領域で示される．より濃い青色ほど，熱力学的により安定な ϕ 角と ψ 角の組み合わせである．特定の二次構造タイプに相当する ϕ 角と ψ 角の組み合わせを図中に示した．

ループ構造のようにポリペプチドが伸びたセグメントでは，アミノアシル残基はさまざまな ϕ 角と ψ 角をとり得る．規則正しい二次構造は，一連のアミノアシル残基がほぼ同じ ϕ 角と ψ 角をとるときに形成される．二次構造の最も一般的な2つである**αヘリックス** **α helix** と **β シート β sheet** を規定する角度の組み合わせは，それぞれ，Ramachandran プロットの左下の象限と左上の象限内に入る（図 5-1）．

αヘリックス

　αヘリックスのポリペプチド骨格は，およそ $-57°$ の ϕ 角と $-47°$ の ψ 角をもち，それぞれの α 炭素のまわりで同じ程度ねじられている．ヘリックス（らせん構造）1回転には平均3.6個のアミノアシル残基が含まれ，1回転あたり進む距離（回転のピッチ）は 0.54 nm である（**図 5-2**）．αヘリックスのそれぞれのアミノアシル残基の R 基はヘリックスの外側を向いている（**図 5-3**）．タンパク質はL-アミノ酸のみからなり，右巻きαヘリックスのみが安定に形成される．タンパク質を図示する場合，αヘリックスは円筒かコイルでしばしば表される．

　αヘリックスは，主として水素結合によって安定化される．その水素結合は，ペプチド結合のカルボニル酸素と，同一ポリペプチド鎖で4アミノ酸下流のペプチド結合の窒素に付加する水素原子との間で形成され

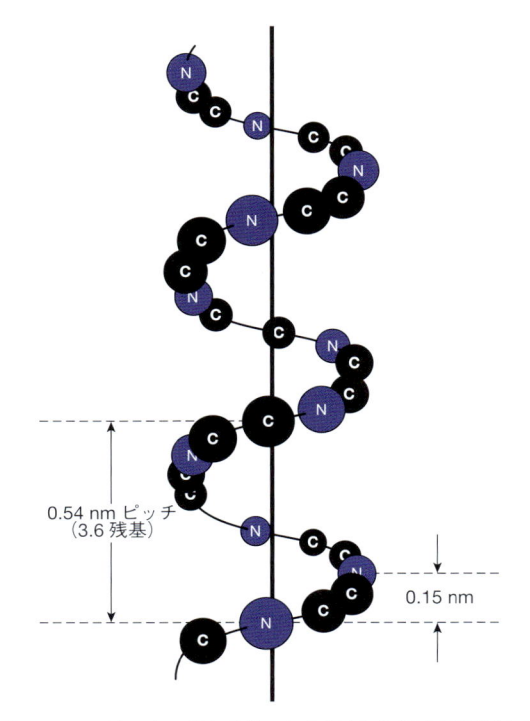

図 5-2. αヘリックス軸に対しペプチドの主鎖の原子がとる方向

0.54 nm ピッチ
（3.6 残基）

0.15 nm

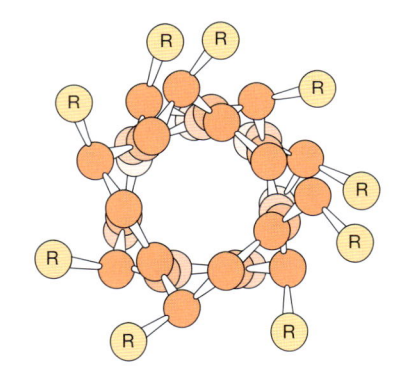

図 5-3. αヘリックス軸を上から見た図
側鎖（R）はヘリックスの外側にある．原子のファンデルワールス半径は，ここに示すものより大きい．それゆえに，ヘリックスの内側にはほとんど自由空間がない．

る（**図 5-4**）．これが限りなく多くの水素結合を形成する構造であることと，密に詰まった構造の中心部にはファンデルワールス相互作用が補助的にはたらくことによって，αヘリックスは熱力学的に安定に形成される．プロリンのペプチド結合の窒素には水素結合に寄与する水素原子がないので，カルボニル酸素との間に水素結合を形成できない．その結果，プロリンはαヘリックスの最初のターンにしか安定に存在することが

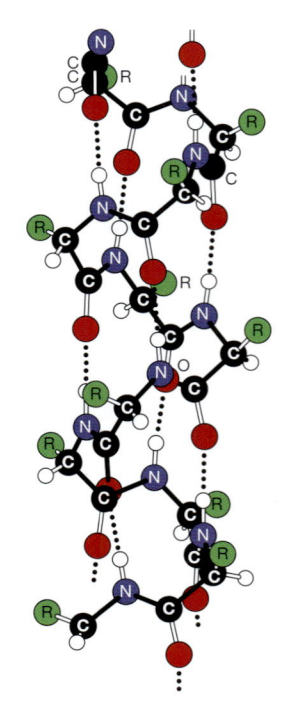

図 5-4. 水素原子と酸素原子の間の水素結合（点線）により，ポリペプチドの α ヘリックスのコンホメーションが安定化する

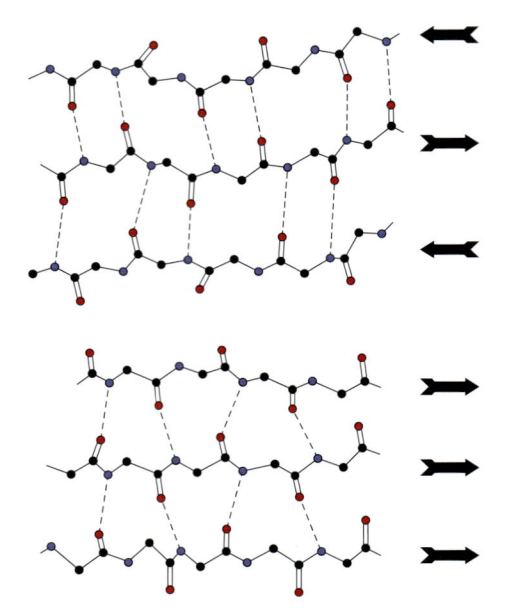

図 5-5. 平行および逆平行プリーツ β シートにおける水素結合どうしの間隔とペプチド骨格とのなす角度
矢印はそれぞれのストランドの方向を示す．水素結合を点線で示し，関与する α 窒素原子（水素供与体）を ●，酸素原子（水素受容体）を ● で示す．骨格の炭素原子を ● で示す．わかりやすいように側鎖と水素原子は省略してある．上：逆平行 β シート．水素結合どうしが近い間隔，遠い間隔をおいて交互につくられ，ペプチドの骨格とほぼ直角をとっている．下：平行 β シート．水素結合は等間隔につくられているが，ペプチド骨格との角度は，それぞれ交互に逆方向に傾いている．

できない．プロリンがヘリックスの他の場所にくると，コンホメーションが壊れ，ヘリックスがその部位で屈曲する．サイズの小さなグリシンもパッキングを壊し，α ヘリックス内で屈曲を引き起こすことがある．

　多くの α ヘリックスは，中央の軸の片側に多くの疎水性 R 基をもち，もう一方の側には多くの親水性 R 基をもっている．このような**両親媒性ヘリックス amphipathic helix** は，疎水的なタンパク質の内部とタンパク質が溶液に露出している領域の境界，すなわち，極性と非極性の領域の界面によく適合する．両親媒性のヘリックスのクラスター（集合体）は**チャネル**（通路）や**ポア**（孔）をつくることができ，特定の極性物質が疎水的な細胞膜を透過できるようにしている．

β シート

　タンパク質に見られる第二の規則的な二次構造は，β シート構造である．α ヘリックスの骨格がコンパクトな構造であるのに対して，β シートのペプチド骨格はほとんど伸び切った構造をしている．端から見ると，β シートの骨格はジグザグすなわちヒダ状の構造をとり，そのうえで隣り合うアミノ酸の側鎖は互いに反対方向を向いている．α ヘリックスと同様に，β シート

の構造の安定性の多くはカルボニル基の酸素とペプチド結合のアミド基の水素との間の水素結合に由来するが，α ヘリックスの場合と違って，これらの水素結合は β シート上の隣のポリペプチド鎖（ストランド）との間で形成される（**図 5-5**）．

　β シートには，隣接したポリペプチド鎖のセグメントどうしがアミノ基からカルボキシ基へと同じ方向を向いている**平行 parallel** β シートと，それらが逆方向を向いている**逆平行 antiparallel** β シートの2種類が存在する（図 5-5）．どちらのコンフィグレーションでもシートを構成するストランドどうしの間で形成される水素結合によって安定化されている．ほとんどの β シートは完全に平らではなく，右巻にねじれる傾向がある．β シートのねじれたストランドの集まりは β バレルとよばれ，多くの球状タンパク質のコア部分を形成する（**図 5-6**）．タンパク質を模式図で表すときは，β シートはアミノ（N）末端からカルボキシ（C）末端に向いた矢印で描く．

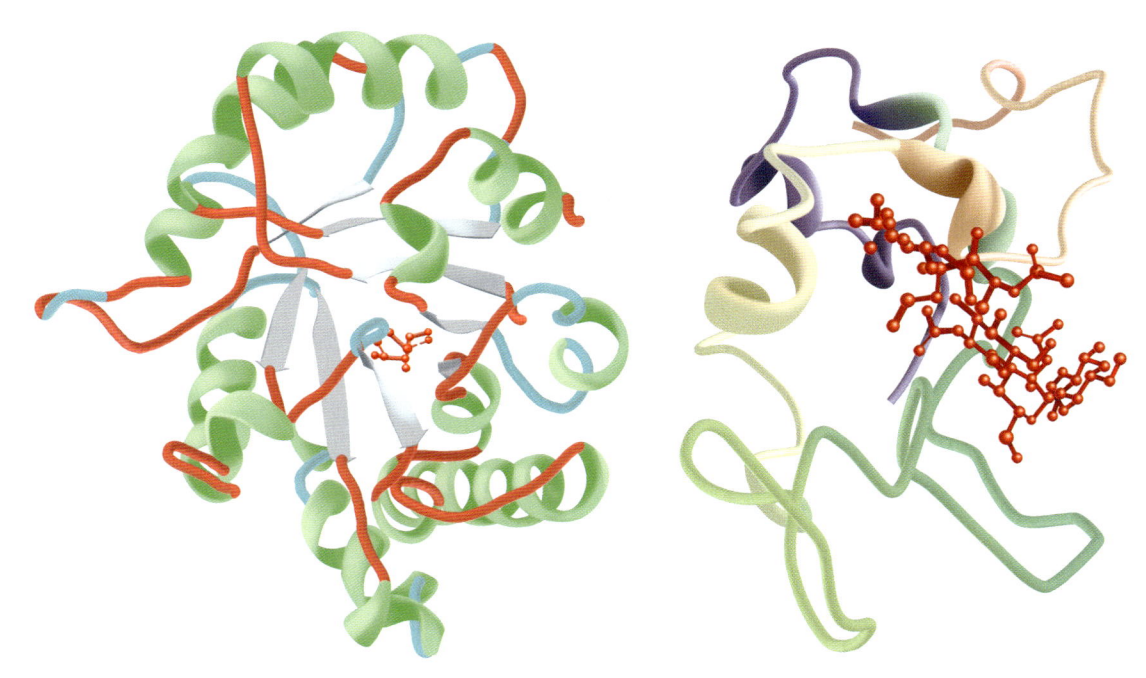

図 5-6. タンパク質三次構造の例
左：基質類似物質である 2–ホスホグリセリン酸 2-phosphoglycerate（赤）と結合したトリオースリン酸イソメラーゼの構造を示す. β シート（薄い青）と α ヘリックス（緑）の美しい均整のとれた配置に注目. β シート（灰色）はヘリックスで囲まれた β バレルの中心を形成している.（Protein Data Bank ID no. 1ox5 より許可を得て掲載）
右：基質類似物質であるペンタ–N–アセチルチトペンタオース penta-N-acetyl chitopentaose（赤）と結合したリゾチームを示す. ポリペプチド鎖の色は可視光スペクトルの順に紫（N 末端）から黄褐色（C 末端）へと段階的に着色している. 屈曲した形状のドメインが五糖 pentasaccharide 結合ポケットを形成している. β シートをもたないこと, ループ構造とベント構造の占める割合が多いことに注目.（Protein Data Bank ID no. 1sfb より許可を得て掲載）

ループ構造とベント構造

　典型的な球状タンパク質中のおよそ半分のアミノ酸残基は α ヘリックスか β シート構造中にあり, 残りの半分は, ループ構造, ターン構造, ベント構造, さらに他の伸びたコンホメーションの中にある. ターン構造やベント構造とは, 逆平行 β シートをつくっている 2 つの隣接したストランドなど, 2 つの二次構造をつなぐアミノ酸の短いセグメントのことである. β ターンは 4 つのアミノ酸から構成されていて, 最初のアミノ酸が 4 番目のアミノ酸と水素結合をつくることで, 180° の急激なターンが起こる（**図 5-7**）. β ターンにはプロリンやグリシンがよく存在している.

　隣接する二次構造をつなぐのに最小限必要なアミノ酸（ターン構造やベント構造）を超える長さの場合をループ構造とよぶ. コンホメーションの不規則さにもかかわらず, ループは生物学的に重要な役割を果たす. 多くの酵素では, 触媒活性に重要なアミノ酸残基が, 基質結合に関わるドメイン間をつなぐループ中にしばし

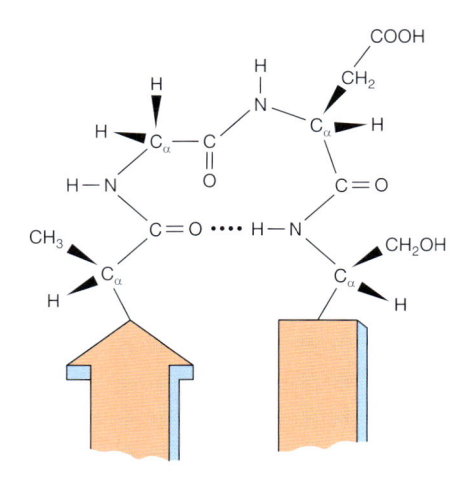

図 5-7. 逆平行 β シートの 2 つのセグメントを結合させる β ターン
点線は, 4 つの残基からなるセグメント（Ala–Gly–Asp–Ser）の 1 番目と 4 番目のアミノ酸の間の水素結合を示す.

ば存在する. **ヘリックス–ループ–ヘリックスモチーフ helix-loop-helix motif** は, リプレッサーや転写因子のような DNA 結合タンパク質のオリゴヌクレオチド結

合部位をつくる. ヘリックス-ループ-ヘリックスモチーフやカルモジュリン (42章参照) の EF-ハンドのような二次構造と三次構造の中間の構造的モチーフを, **超二次構造 supersecondary structure** とよぶことがある. 多くのループやベント構造は, タンパク質の表面に存在し溶媒に露出しているので, 抗体が認識して結合するためのアクセス部位, すなわち**エピトープ epitope** を構成する.

ループ構造は見かけ上規則的構造はとらないが, 多くは水素結合, 塩橋, そしてタンパク質のほかの部分との疎水性相互作用により安定化される特定のコンホメーションをとる. しかし, タンパク質のすべての部分が特定の構造をとる必要はない. タンパク質に "不規則な" 構造の領域があり, それは N 末端や C 末端でよく見られ, コンホメーションの柔軟性が高い. 多くの場合, このような特定の構造をもたない部分は, リガンドが結合することにより特定のコンホメーションをとるようになる. このような構造的柔軟性により, ループ構造はリガンドにより制御されるスイッチとして作用できるようになり, タンパク質の構造や機能に影響を及ぼす.

三次構造と四次構造

"三次構造" という用語は, 1 本のポリペプチドが構成する三次元コンホメーションのことである. これは, 三次元空間において, ヘリックス, シート, ベント, ターン, さらにループなどの二次構造が**ドメイン domain** を形成するためにどのように会合するのか, また, これらのドメインが空間的に互いにどのように関係しているのかを表す. ドメインとは, 基質やリガンドと結合するといったような, 特定の化学的, 物理的役割を果たすことができるタンパク質構造上の区切られた領域のことである. ほとんどのドメインはモジュール様になっており, すなわち一次構造上でも三次元空間においても一塊りになっている (**図 5-8**). シンプルなタンパク質, とくにリゾチームやトリオースリン酸イソメラーゼ (図 5-6) のように 1 つの基質やリガンドとのみ相互作用するタンパク質や, 酸素貯蔵タンパク質であるミオグロビン (6 章参照) は, 単一のドメインで構成される. 一方, 乳酸デヒドロゲナーゼは NAD^+ が結合する N 末端のドメインともう 1 つの基質であるピルビン酸が結合する C 末端のドメインの 2 個のドメインから構成される (図 5-8). 乳酸デヒドロゲナーゼは**ロスマンフォールド Rossmann fold** として知られる $NAD(P)^+$ が結合する N 末端のドメインを共通

してもつ酸化還元酵素ファミリーのメンバーである. ロスマンフォールドドメインをコードする DNA 領域とさまざまな C 末端側ドメインをコードする DNA 領域を組み合わせることで, $NAD(P)^+/NAD(P)H$ をさまざまな代謝物の酸化, 還元に利用できるようになり, 酸化還元酵素の大きなファミリーができあがった. アルコールデヒドロゲナーゼ alcohol dehydrogenase, グリセルアルデヒド-3-リン酸デヒドロゲナーゼ glyceraldehyde-3-phosphate dehydrogenase, リンゴ酸デヒドロゲナーゼ malate dehydrogenase, キノンオキシドレダクターゼ quinone oxidoreductase, 6-ホスホグルコン酸デヒドロゲナーゼ 6-phosphogluconate dehydrogenase, D-グリセリン酸デヒドロゲナーゼ D-glycerate dehydrogenase, ギ酸デヒドロゲナーゼ formate dehydrogenase, $3\alpha,20\beta$-ヒドロキシステロイドデヒドロゲナーゼ $3\alpha,20\beta$-hydroxysteroid dehydrogenase などがその例である.

すべてのドメインに基質が結合するわけではなく, 疎水性の膜ドメインはタンパク質を膜に固定したり, 膜を貫通させたりする役割を担っている. 局在化配列はタンパク質を核, ミトコンドリア, 分泌小胞などの特定の細胞内, または細胞外の場所にターゲッティングする. 制御ドメインはアロステリックエフェクターの結合や共有結合による修飾によりタンパク質の機能変化の引き金となる (9 章参照). ドメインモジュールをコードする遺伝子を組み合わせることで, 複雑な構造と高度化された機能をもつタンパク質を簡便につくり出すことができる (**図 5-9**).

複数のドメインからなるタンパク質は, 複数のポリペプチドやプロトマーの会合によりつくられることもある. 四次構造はタンパク質のポリペプチドの構成のことであり, オリゴマータンパク質ではサブユニットやプロトマーの間の空間的な関係を意味する. **単量体 monomeric** タンパク質は 1 本のポリペプチド鎖からなり, **二量体 dimeric** タンパク質は 2 本のポリペプチド鎖を含んでいる. **ホモ二量体 homodimer** は 2 本の同一のポリペプチド鎖が会合しているのに対し, **ヘテロ二量体 heterodimer** を構成している 2 本のポリペプチド鎖は異なっている. ヘテロオリゴタンパク質の異なったサブユニットを区別するのにギリシャ文字 (α, β, γ など) が使われ, 下付き文字はそれぞれのサブユニットの数を表している. たとえば, $\alpha_2\beta_2\gamma$ は, 3 つの異なった種類のサブユニットを 5 つもつタンパク質のことである.

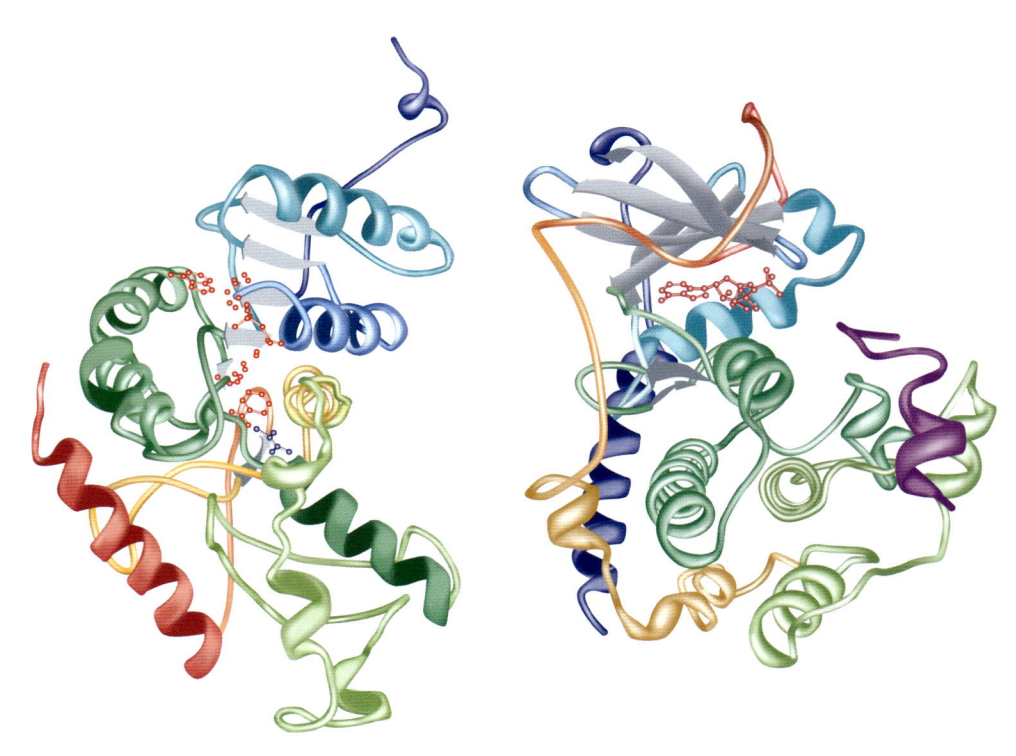

図 5-8. 2 個のドメインをもつポリペプチド
左：基質である NADH（赤）とピルビン酸（紫）が結合した乳酸デヒドロゲナーゼの三次元構造を示す．NADH 分子内の結合の一部は描かれていない．ポリペプチド鎖の色は可視光スペクトルの順に青（N 末端）からオレンジ（C 末端）へと段階的に着色している．ポリペプチドの N 末端部分が酵素の左側のひと続きの部分がどのようにしてドメインを形成し，NADH と結合するのかに注目．同様に C 末端のひと続きの部分はピルビン酸との結合にかかわるドメインを形成する．（Protein Data Bank ID no. 3ldh より許可を得て掲載）
右：cAMP 依存性プロテインキナーゼ（42 章参照）の触媒サブユニットの三次元構造を基質類似体の ADP（赤）とペプチド（紫リボン）とともに示す．ポリペプチド鎖の色は可視光スペクトルの順に青（N 末端）からオレンジ（C 末端）へと段階的に着色している．プロテインキナーゼは ATP の γ-リン酸基をタンパク質，基質ペプチドに転移する（9 章参照）．ポリペプチドの N 末端のひと続きの部分がどのようにして β シート（灰色矢印）を多く含むドメインを形成し，ADP と結合するのかに注目．同様に C 末端のひと続きの部分は α ヘリックスに富み，基質ペプチドとの結合にかかわるドメインを形成する．（Protein Data Bank ID no. 1jbp より許可を得て掲載）

模式図は特定の構造的特徴を端的に表す

現在では 20 万を超すタンパク質の三次元構造が，Protein Data Bank（タンパク質構造バンク）や他のデータベースでアクセスできる．小さなタンパク質でさえ数千もの原子を含んでいるので，すべての原子の位置を示すようなタンパク質構造の描き方は，構造を手軽に解釈するには複雑すぎることが多い．そのため，教科書，論文，Web サイトでは，タンパク質の三次元構造の特徴を表すのに，単純化された模式図がしばしば使われる．リボンによる構造図（図 5-6 と図 5-8）では，α ヘリックスや β シート構造をとる部分がそれぞれ円筒や矢印で示され，ポリペプチド骨格のコンホメーションをトレースする．より簡素化された表示方法で

は，α 炭素をつないだ線によりペプチド骨格を示す．特定の構造や機能を強調するために，いくつかのアミノ酸側鎖を模式図中に示すこともよくある．

複数の要因が三次構造や四次構造を安定化する

タンパク質の高次構造は，非共有結合性の相互作用でおもに（ときにはそれのみで）安定化される．このような相互作用のなかで最も重要なものは疎水性相互作用であり，疎水性アミノ酸側鎖のほとんどがタンパク質の内部または 2 つのサブユニットが相互作用する界面に存在するようにはたらき，周囲の水から疎水性側

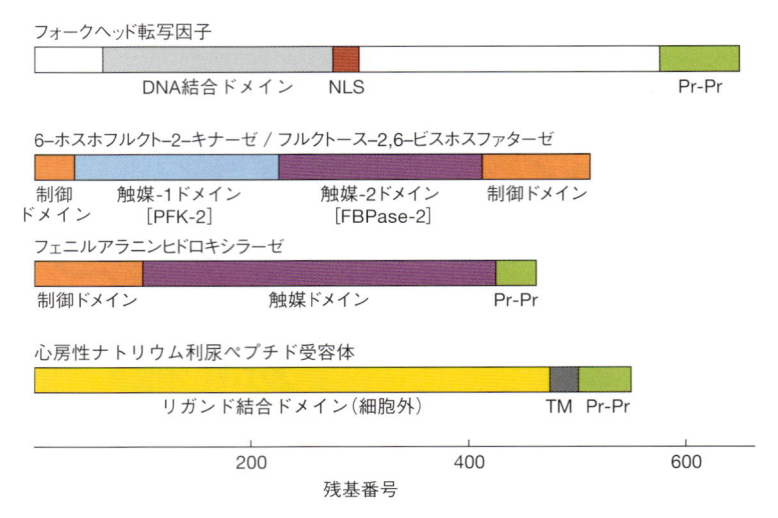

図 5-9. マルチドメインタンパク質の例

長方形はポリペプチドの配列を示す．フォークヘッド転写因子 forkhead transcription factor，6-ホスホフルクト-2-キナーゼ 6-phosphofructo-2-kinase/フルクトース-2,6-ビスホスファターゼ fructose-2,6-bisphosphatase は，2 重の機能をもち，アロステリックエフェクターと共有結合による修飾で相互に活性が制御されている（19 章参照）．フェニルアラニンヒドロキシラーゼ phenylalanine hydroxylase（27 章，29 章参照）は，制御ドメインのリン酸化により活性化される．心房性ナトリウム利尿ペプチド受容体の細胞内ドメインは，ヘテロ三量体 GTP 結合タンパク質との相互作用を介してシグナルを伝達する（42 章参照）．制御ドメインはオレンジ色，触媒ドメインは青色または紫色，タンパク質間相互作用ドメイン（Pr-Pr）は緑色，DNA 結合ドメインは灰色，核局在配列（NLS）は赤色，リガンド結合ドメインは黄色，膜貫通ドメイン（TM）は黒色でそれぞれ示す．6-ホスホフルクト-2-キナーゼ/フルクトース-2,6-ビスホスファターゼのキナーゼ，ビスホスファターゼ活性はそれぞれ N 末端（PFK-2），C 末端（FBP2-ase）に近い触媒ドメインにある．

鎖を隔絶する．そのほかの重要な寄与は水素結合や，アスパラギン酸やグルタミン酸のカルボキシ基とそれとは反対に荷電したリシン，アルギニン，ヒスチジン残基の間で起こるイオン結合である．個々の非共有結合的な相互作用は 1 ～ 5 kcal/mol（4.2 ～ 21 kJ/mol）と，一般的な共有結合の 80 ～ 120 kcal/mol（330 ～ 500 kJ/mol）に比して弱いが，多くの相互作用がまとまると大きく安定化され，タンパク質が生物学的に機能できるコンホメーションをとることができる．それはまさに，マジックテープが複数の小さなプラスチック製のループとフックを合わせて強度を上げているのと同じである．

　タンパク質のなかには，システイン残基のスルフヒドリル（SH）基どうしが結合した，ジスルフィド（S-S）結合とよばれる共有結合をもつものがある．ジスルフィド結合の形成にはシステインの SH 基の酸化が関与しており，酸素が必要である．ポリペプチド内のジスルフィド結合は，ペプチドの折りたたまれたコンホメーションの安定性をさらに高め，一方ポリペプチド間のジスルフィド結合は，ある種のオリゴマータンパク質の四次構造を安定化する．

生物物理的手法がタンパク質の三次元構造を明らかにする

X 線結晶解析

　John Kendrew が 1960 年にミオグロビンの三次元構造を解明してから，X 線結晶解析は，タンパク質，オリゴヌクレオチド，ウイルスにいたる数万もの生物学的巨大分子の三次元構造を明らかにした．構造を X 線結晶解析によって解明するためには，まず初めにタンパク質を適当な条件下で凝集させ，規則正しく並んだタンパク質の大きな結晶を作製する．種々の条件の変化（温度，pH，塩，ポリエチレングリコールのような有機溶質の存在）を組み合わせた数マイクロリットルのタンパク質溶液を用いて，結晶化を試行し，結晶形成の最適な条件を確立する．次に適切なサイズの結晶に X 線のビームを照射し，X 線がタンパク質中の原子と衝突した結果生じる回折のパターンを記録する．

　初期の結晶学者は，X 線回折のパターンをフィルム上に一連のスポット群として収集していた．各原子の位置を決定するためには，回折された X 線の位相を初めに決定しなければならない．位相を決定する伝統的

な方法は，同型置換法である．この方法では，水銀や
ウランなどの強力で特徴的な X 線標識となる原子を，
結晶を構成しているタンパク質の一次構造上既知の位
置に導入する．あるいは，セレン原子も特徴的な X 線
標識となるため，メチオニンをセレノメチオニンに置
換した組換え体タンパク質を利用する方法もある．も
し解析対象のタンパク質が構造決定済みのタンパク質
と類似している場合には，重原子を用いる必要はなく，
分子置換法 molecular replacement を行い，その構造
を鋳型として用いることにより位相を決定することが
可能である．

　初期の頃には，回折パターンにおける各回折点の位
置を手作業で測定し，一連の長い手計算によって，タ
ンパク質中の各原子の位置を推定していた．今日では，
回折パターンは検出器（area detector）を用いて電子
ファイルとして記録し，フーリエ合成とよばれる数学
的手法により解析される．そもそも結晶中のタンパク
質は溶液中のタンパク質と同じ構造なのだろうか？
この質問に対する答えはイエスであると考えられてお
り，その根拠として，多くの酵素は結晶中にあっても
化学反応を触媒する能力を保持している．

核磁気共鳴スペクトル

　核磁気共鳴 nuclear magnetic resonance（NMR）スペ
クトルは，ある種の原子核が吸収するラジオ波の電磁
エネルギーを測定する．生物学的に利用できる原子核
の "NMR-active" 同位体は ^1H, ^{13}C, ^{15}N, ^{31}P などである．
特定の核種がエネルギーを吸収する周波数は化学シフ
トとよばれ，同位体そのものによって決まるだけでな
く，他の NMR-active な原子核の存在や近さによって
も決まる．一次元 NMR では，たとえば ^{13}C などの一
種類の同位体原子が観測される．その結果生じる化学
シフトは，個々の原子が存在する官能基（たとえば
CH_2 基，CHOH 基など）およびそれに結合するいかな
る NMR-active な原子核を同定するのにも用いられる．
二次元 NMR では，核オーバーハウザー効果（NOE）と
よばれる NMR-active な原子核どうしの空間を介した
カップリングを利用し，2 つの異なる原子核（たとえ
ば ^1H と ^{13}C, あるいは ^1H と ^{15}N）間の距離を決定する．
この情報からタンパク質を構成する原子間の空間的関
係がわかり，三次元構造の構築に利用される．

　NMR 分光法は溶液中のタンパク質構造を解析する
手段であるため，リガンド結合や酵素反応に伴うコン
ホメーションの変化をリアルタイムに観測するのに用
いられる．また結晶化が困難もしくは不可能なタンパ

ク質の三次元構造を決定する手段にもなり得る．非侵
襲的かつ非破壊的である NMR の特性を利用すれば，
生きた細胞中でのタンパク質の構造とダイナミクスの
観測がいつの日にか可能になるであろう[2]．

クライオ電子顕微鏡

　微生物学者や細胞生物学者が光学顕微鏡を用いて生
細胞を観察するのと同じように，生化学者もタンパク
質や他の生体高分子を観察するのを長く夢見ていた．
しかしながら光学顕微鏡の分解能は，試料をみるのに
用いる可視光の波長（$4 \sim 7 \times 10^{-7}$ m）によって制限さ
れる．20 世期半ばに科学者は電磁放射線の源として電
子ビームをどう用いるかを解明した．電子ビームはよ
り短い波長（$1 \times 10^{-12} \sim 10 \times 10^{-12}$）をもつため，**電子顕
微鏡**（EM）によって，光学顕微鏡よりも 100 万倍以上
に拡大して物質を観ることができる．この倍率では，巨
大分子，たとえばリボソームや，酢酸ウラン中のウラ
ンなどの電子密度の高い元素でコーティングされた
DNA プラスミドを可視化することも十分可能である．
しかしながら，高エネルギーの電子ビームを照射する
と，多くの生体高分子はすぐに分解を受ける傾向にあ
る．

　2017 年，Jacques Dubochet, Joachim Frak, Richard
Henderson の 3 名は，クライオ電子顕微鏡（Cryo-EM）
の開発の功績により，ノーベル賞を受賞した．クライ
オ電子顕微鏡では，液体窒素（-195℃），液体エタン，
あるいは液体ヘリウムのように超低温冷媒を使用し，
生体分子を水和した状態で安定化し，電子ビーム照射
により生じる熱から守る．この技術によって，大きな
高分子や巨大分子複合体を電子顕微鏡により可視化す
ることができる．極低温には巨大分子を 1 つのコンホ
メーションに安定化するという利点もある．一連の巨
大分子の構造を調べることは，それが取り得る異なる
コンホメーションを明らかにすることにしばしばつな
がる．トモグラフィーでは，個々の生体高分子および
それらの複合体をグリッド上でさまざまな角度におき，
一連の二次元イメージから三次元イメージをつくり出
せる．これにより，コンホメーションの変化を引き起
こす種々の要素の効果を決定し，比べることができる．

2)　訳者注：2009 年に日本の 2 つの研究グループにより，
大腸菌におけるタンパク質の NMR 構造とヒト培養細胞に
おけるタンパク質の NMR 構造が相次いで報告された．現
在も NMR を用いた細胞内のタンパク質の構造およびダイ
ナミクスの研究は盛んに行われている．（Sakakibara D. et
al., Nature, 2009;458:102-105; Inomata K. et al., Nature,
2009;458:106-109）

クライオ電子顕微鏡はタンパク質や他の生体高分子の三次元構造を決める手法として，急速な勢いでX線結晶構造解析にとって変わっている．

分子モデリング

タンパク質の三次構造を経験的に決定するのに大きな手助けとなるのが，コンピュータ技術を使った分子モデリングである．三次元構造がわかれば**分子動力学 molecular dynamics** プログラムを使って，タンパク質のコンホメーションの動力学や温度，pH，イオン強度，アミノ酸置換などの因子がどのように動きに影響するかをシミュレートすることができる．**分子ドッキング molecular docking** プログラムは，タンパク質が基質，阻害剤，その他のリガンドと出会った場合に起こる相互作用をシミュレートする．コンピュータの助けを借りた薬剤設計，すなわち治療の対象となり得るタンパク質の重要部位に相互作用する分子のバーチャルスクリーニングは，生体高分子による新しいリガンド認識の特徴 pharmacophore の発見の手助けとなっている．分子モデリングは，いまだX線やNMRにより構造が決定されていないタンパク質の構造を推測することにも使用される．二次構造アルゴリズムでは，過去に研究されたタンパク質の特定の残基が α ヘリックスや β シートに含まれる傾向に重みをつけ，他のタンパク質の二次構造を予測する．**ホモロジーモデリング homology modeling** は，既知のタンパク質の三次元構造を鋳型として使うことで，関連したタンパク質の可能性の高い構造モデルを組み立てるものである．機械学習の最近の進歩により，一次構造からタンパク質の三次構造を予想するのがルーチンになりつつある[3]．

タンパク質のフォールディング（折りたたみ）

タンパク質はコンホメーションに関して動的な分子

3)　訳者注：2020 年に DeepMind 社が AlphaFold2 という極めて精度の高いタンパク質の立体構造予測プログラムを開発し，大きな注目を浴びた．このプログラムではディープラーニング（深層学習）を駆使してアミノ酸配列から立体構造の予測や，さらにはタンパク質間相互作用の予測も可能であり，現在では多くの生物学者が活用している．なお，2024 年 5 月に最新の AlphaFold3 が開発され，リガンドの結合部位の予測を含めより高い精度で予測できるようになった．（Jumper J. et al., Nature, 2021; 596:583-589; 2024; 630:493-500）

であり，数ミリ秒という非常に短い時間に機能的なコンホメーションに折りたたまる．さらにコンホメーションが崩壊，変性した場合でも，しばしば折りたたみ直される．このような過程を再生 renaturation とよぶ．フォールディングの速さと正確さはどこからくるのだろうか．タンパク質が天然型のフォールディングをとる速度は，すべての可能性のなかから偶然その構造に至ると仮定した場合に比べはるかに速い．変性タンパク質はたんなるランダムコイル状態となっているわけではない．天然の構造中にある原子間のコンタクトは変性状態においても優勢であり，変性状態でも一部の領域は天然型の構造をもっている．フォールディングや再フォールディングについて，促進する要因，基本的な機構について以下に述べる．

タンパク質の天然のコンホメーションは熱力学的に有利である

生物学的に適切な，すなわち"天然"とよばれるタンパク質のコンホメーションは，一般にエネルギー的に最も有利なコンホメーションであり天然のコンホメーションの情報は一次配列によって定められる．しかし，100 残基のアミノ酸からなる比較的小さなポリペプチドさえ，とり得る ϕ 角と ψ 角の組み合わせの数は膨大（3 の 198 乗）になる．それゆえ，ポリペプチドが取り得るすべてのコンホメーションをランダムに探した場合，天然構造にたどり着くのに何十億年もかかることになる．自然に起こるタンパク質のフォールディングは，より規則的で道すじのある方式で行われていることは明らかである．

フォールディングはモジュール方式で行われる

タンパク質のフォールディングは，一般的に段階的過程を経て行われる．最初の段階では，新しく合成されたポリペプチドがリボソームから出てくる際に，ペプチドの短いセグメントが二次構造へと折りたたまれる．翻訳途上，すなわちタンパク質が合成途上で折りたたみが始まる際，新しく形成されたセグメントは秩序ある構造をとり，次のセグメントが非生産的な経路から逃れ，天然型構造の折りたたみに導くための鋳型として機能する．これにより，折りたたみのプロセスは単純化される．第 2 段階では，最初にできた二次構造や超二次構造上の疎水的領域は水分子から疎外され，"モルテングロビュール"とよばれる疎水的なコアを形成する．モルテングロビュールの中で，これらの二次構造要素は再配置され，あるいは他の二次構造に形を

変え，最終的に成熟した構造を構築する．このプロセスは順序だっているが，融通が効かないわけではない．オリゴマータンパク質の場合，個々のプロトマーは他のサブユニットと会合する前に折りたたまれていることが多い．

補助タンパク質がフォールディングを手伝う

温和な加熱，酸，塩基，カオトロピック試薬，界面活性剤による処理であらかじめ**変性 denatured**（アンフォールドともいう）させておいたタンパク質は，実験室でも適切な条件下におけば自然に再生する．しかし，ほとんどのタンパク質は試験管中での再生に失敗し，再生する場合も，その過程は数分から数時間と非常に遅い．ほとんどの場合，変性したタンパク質は凝集し，不溶性の**凝集体（アグリゲート）aggregate** や，疎水性相互作用によって集まった構造が完全にまたは部分的に壊れたポリペプチドの不規則な集合体を形成する．天然型のコンホメーションは熱力学的に好ましい状態である一方，凝集体もまた一般に抜け出すことが非常に難しい深い局所的なエネルギーの井戸に陥っている．したがって，アグリゲートは，フォールディング過程における生産につながらない行き止まりである．細胞は，フォールディング過程を速め，かつアグリゲート形成を抑え，有益な結果へと誘導するため，補助タンパク質を使っている．

シャペロン

シャペロン chaperone タンパク質は哺乳類タンパク質の半分以上のフォールディングにかかわっている．シャペロン類の hsp70（70 kDa の熱ショックタンパク質）ファミリーは，新たにペプチドが合成される際に生じる短い疎水性アミノ酸配列に結合し，翻訳合成中，その部分を溶媒から遮蔽する．シャペロン類はアグリゲート形成を防ぐことで，二次構造を適切に形成させ，つづいてそれら二次構造がモルテングロビュールへと組み立てられていくようにしている．**シャペロニン chaperonin** ともよばれるシャペロン類の hsp60 ファミリーは，アミノ酸配列や構造が hsp70 やその相同体とは異なっている．hsp60 はフォールディング過程の後半ではたらき，ときには hsp70 シャペロンとともにはたらく．hsp60 シャペロンのドーナッツ型の中央の空間（cavity）は遮蔽された非極性の環境を与える．この空間の中で，ミスフォールドしたポリペプチドは解きほぐされ，次に生理的に機能のあるコンホメーションへと再生される．

タンパク質ジスルフィドイソメラーゼ

ポリペプチド間やポリペプチド内のジスルフィド結合は，三次構造や四次構造を安定化する．この過程はタンパク質スルフヒドリルオキシダーゼにより開始される．この酵素はシステイン残基を酸化してジスルフィド結合の形成を触媒する．しかしジスルフィド結合の形成は非特異的である．すなわち，あるシステイン残基は接触可能などのシステイン残基の –SH ともジスルフィド結合を形成することができる．タンパク質ジスルフィドイソメラーゼは，ジスルフィド交換反応（S–S 結合の切断と他の相手のシステインとの間での S–S 結合の再形成）を触媒することで，タンパク質の天然のコンホメーションを安定化するのに必要なジスルフィド結合の形成を促進する[4]．真核生物のスルフヒドリルオキシダーゼの多くはフラビン酵素であり，食物中のリボフラビンが不足するとジスルフィド結合をもつタンパク質のフォールディングが正常にはたらかないことがある．

ペプチジルプロリルイソメラーゼ

すべての X-Pro のペプチド結合（X はどのアミノ酸でもかまわない）はトランス配置で合成される．しかし成熟体タンパク質の X-Pro 結合のおよそ 6% はシス配置である．シス配置は β ターン構造中によく見出される．トランスからシスへの異性化反応は，ペプチジルプロリルイソメラーゼとよばれる酵素によって触媒される（**図 5-10**）．本酵素ファミリーにシクロフィリンがある．シクロフィリンは天然タンパク質の成熟を行うだけでなく，ウイルスの感染に伴い発現するタンパク質のフォールディングにも関与する．そのためシクロ

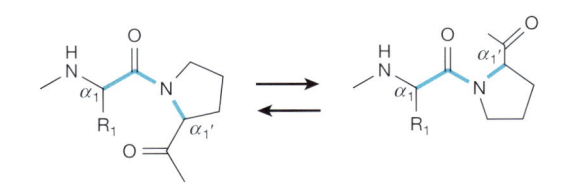

図 5-10. ポリペプチド骨格に対して，シス配置からトランス配置への変換を示す N-α_1-プロリルペプチド結合の異性化反応

4）　訳者注：哺乳動物細胞の中には 20 種類以上ものタンパク質ジスルフィドイソメラーゼが同定されており，酵素によって，基質特異性が異なる，ジスルフィド結合の形成，異性化，開裂の役割が異なるなど，多くの機能的知見が得られつつある．

フィリンは HIV 感染症，C 型肝炎，その他のウイルス感染症の治療薬であるシクロスポリンやアリスポリビルなどの薬剤開発の標的となっている．

タンパク質のコンホメーションの異常が病気の原因となることもある

プリオン

プリオン病 prion disease とよばれる感染性のある海綿状脳症は，神経細胞における不溶性タンパク質凝集体の沈着によって起こるスポンジ状の脳への変化，星状膠細胞性グリオーシス，神経失調などを特徴とする致死性の神経変性疾患である．プリオン病に属する疾患として，ヒトの Creutzfeldt-Jakob 病，ヒツジのスクレイピー，ウシの海綿状脳症（BSE）がある．Creutzfeldt-Jakob 病の変異型である vCJD はおもに若年層が罹患し，早期の精神や行動の異常を伴う．プリオン病は遺伝性，伝染性，散発性に発症することがある．病原性のあるプリオンタンパク質を産出するウイルスや細菌が同定できなかったため，プリオン病の感染の原因やメカニズムは長い間わからないままであった．

　今日ではプリオン病は，ヒトのプリオン関連タンパク質 PrP など宿主がもともともっているタンパク質のコンホメーション，つまりは物理的特徴が変化することで伝染する．**タンパク質コンホメーション病**であると認識されている．PrP は，20 番染色体の短腕にコードされている糖タンパク質であり，正常な状態では単量体であり，α ヘリックスが豊富である．病原性プリオンタンパク質は正常な PrP（PrPc といわれる）を PrPsc（スクレイピー異常プリオンタンパク質の略）へとコンホメーション変化させるための鋳型としてはたらく．PrPsc は多くの疎水性のアミノ酸側鎖が溶媒にさらされた β シート構造に富んだ構造をもつ．新たに PrPsc 分子がつくられると，それはさらに病的な変異体を連鎖反応的につくっていく．PrPsc 分子は疎水性の部分を介して互いに強く会合し，それらが蓄積すると，複数の PrPsc 分子が合体し，不溶性の，プロテアーゼ（タンパク質分解酵素）に耐性のあるアグリゲート（凝集体）を形成する．1 分子の病原性プリオンあるいはプリオン関連タンパク質は鋳型となり，その何倍もの PrPc 分子の立体構造を変換するので，プリオンは DNA や RNA を介さずに作用する．

Alzheimer 病

　老人斑はおもに β-アミロイドの凝集体でできており，Alzheimer 病の特徴である．β-アミロイドは，アミロイド前駆体タンパク質として知られる脳組織内在性の大きなタンパク質が，プロテアーゼによる切断を受けて生じる 4.3 kDa のポリペプチドである．Alzheimer 病患者では β-アミロイド量が増加しており，β-アミロイドタンパク質は水溶性の α ヘリックスが多い状態から β シートが多い状態へ立体構造の変換を起こし，自己凝集しやすくなっている[5]．Alzheimer 病の根本的原因は不明のままであるが，アポリポタンパク質 E がこのような立体構造の変換を強力に仲介することで，疾患にかかわっていると考えられている．

β-サラセミア

　サラセミアは，ヘモグロビンの 1 つのポリペプチドサブユニットの合成異常につながる遺伝的欠損に起因する（6 章参照）．赤血球が分化するときに起こるヘモグロビンの合成の爆発的な増加の際には，α-ヘモグロビン安定化タンパク質（AHSP）とよばれる特殊なシャペロンが単量体のヘモグロビン α-サブユニットと結合し，ヘモグロビン多量体の中に組み込まれる．このシャペロンがない場合，単量体の α-ヘモグロビンサブユニットは凝集し，その結果生じる沈殿は発達中の赤血球に対して細胞毒性効果をもつ．遺伝子改変マウスを用いた研究からは，ヒトにおける β-サラセミアの重症化の程度に AHSP が関与していることが示唆されている．

コラーゲンは，タンパク質の成熟過程における翻訳後プロセシングの重要性を示すよい実例である

タンパク質が成熟するとき共有結合の生成や切断が起こる場合が多い

　タンパク質が最終的な構造へと成熟していく過程で，

5）訳者注：大阪大学蛋白質研究所の高木淳一教授らは SORLA（ソーラ）という脳内の膜タンパク質が，Alzheimer 病の原因と考えられている β-アミロイドの蓄積を防ぎ，Alzheimer 病に罹るリスクを軽減する役割をもつことを明らかにし，今後の治療と予防に期待されている．（Caglayan S, Takagi-Niidome S, et al: Lysosomal Sorting of Amyloid-β by the SORLA Receptor Is Impaired by a Familial Alzheimer's Disease Mutation, Sci. Transl. Med., 2014;6:223）

共有結合の切断あるいは形成（あるいはその両方）が起こる場合が多く，この過程を**翻訳後修飾 posttranslational modification** とよぶ．多くのタンパク質は初めに大きな**プロタンパク質 proprotein** とよばれる前駆体として合成される．プロタンパク質の"余分"なポリペプチドの領域は，プロタンパク質を特定の小器官へ移行させたり，膜を透過させたりするためのリーダー配列 leader sequence としてしばしばはたらく．またこの領域は，ポリペプチドの折りたたみを導くための二次構造の鋳型としてもはたらく．他の領域は，タンパク質が最終的な目的地に到着するまでに，妨げとなる可能性のあるトリプシン，キモトリプシンなどのプロテアーゼが作用するのを阻害する役割がある．しかし，このような一時的なはたらきが必要でなくなったとき，不要なペプチド部分は選択的タンパク質分解反応により取り除かれる．他の共有結合による修飾がタンパク質に新たな化学的機能を付与することもある．コラーゲンの成熟化はこれらの過程の実例である．

コラーゲンは線維状タンパク質である

　コラーゲン，ケラチン，ミオシンなどの線維性のタンパク質は人体のタンパク質総量の 25% 以上を占める．これらの線維状タンパク質は，細胞の構造的な強度（たとえば，細胞骨格）や組織の構造的な強度（たとえば，細胞外マトリクス）の主たる源となる．皮膚の強度と柔軟性はコラーゲンやケラチン線維の絡み合った網目構造に由来し，骨や歯は，鉄筋コンクリートの鉄筋と同じように，張り巡らされたコラーゲン線維の網状構造によって，その強度が支えられている．また，コラーゲンは靱帯や腱などの結合組織にも存在する．これらの構造的役割を果たすのに必要な高い張力は，コラーゲンの長く伸びた構造と多くの分子架橋に由来する．

コラーゲンは独特な三重らせん構造をつくる

　成熟したコラーゲン線維は軸比が約 200 の長く伸びた棒状構造をしている．それぞれの線維は 3 本の互いに絡み合ったポリペプチド鎖からなる．左巻きにねじれた 3 本のポリペプチド鎖が，互いを覆い被さるように右巻きに会合し，コラーゲン特有の三重らせんを形成する（**図 5-11**）．超らせん構造と，構成成分であるポリペプチドのねじれが逆方向となることで，コラーゲン三重らせんがほぐれにくいものとなる（吊り橋を架けるのに使われる鋼線と同じ原理）．コラーゲン三重らせんでは 1 回転あたり 3.3 残基で，残基あたりに軸方

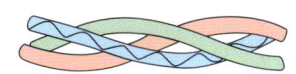

アミノ酸配列	–Gly – X – Y – Gly – X – Y – Gly – X – Y –
二次構造	
三重らせん	

図 5-11. コラーゲンの一次，二次，三次構造

向にらせんが進む距離は α ヘリックスのほぼ 2 倍である．三重らせんのそれぞれのポリペプチド鎖の R 基が密着するためには，1 つはグリシンでなければならないので，コラーゲンのアミノ酸 3 残基ごとにグリシンが存在することになる．3 本のポリペプチド鎖がぐらつくことで，グリシンはらせん上の適切な位置にくる．コラーゲンにはプロリンやヒドロキシプロリンも豊富であり，Gly–X–Y（Y はだいたいプロリンかヒドロキシプロリンである）の繰り返しパターンをもつ（図 5-11）．

　コラーゲン三重らせんは α ヘリックスとは異なり，他のポリペプチド鎖のアミノ酸残基との水素結合により安定化する．その作用は，ヒドロキシプロリン残基のヒドロキシ基により強められる．さらに，同じポリペプチド鎖中や隣接する他のポリペプチド鎖との間で形成される，修飾リシン残基どうしの共有結合もらせんを安定化する．

コラーゲンは大きな前駆体として合成される

　コラーゲンは最初にプロコラーゲンとよばれる大きな前駆体ポリペプチドとして合成される．プロコラーゲンの多くのプロリンやリシン残基は，アスコルビン酸（ビタミン C：27 章および 44 章参照）を必要とする酵素であるプロリルヒドロキシラーゼやリシルヒドロキシラーゼによりヒドロキシル化される．ヒドロキシプロリンとヒドロキシリシン残基の存在は水素結合形成能の増大につながり，成熟したタンパク質を安定化する．さらにグリコシルトランスフェラーゼやガラクトシルトランスフェラーゼが特定のヒドロキシリシン残基のヒドロキシ基にグリコシル基やガラクトシル基を付加する．

　前駆体ポリペプチドの中央部分は，他の分子と会合し特徴的な三重らせんを形成する．この過程は，前駆体ポリペプチドの N 末端と C 末端に存在する球状部分の，選択的タンパク質分解酵素による除去を伴う．リシン残基の一部は，リシルオキシダーゼにより修飾される．リシルオキシダーゼは銅含有タンパク質であり，ε-アミノ基をアルデヒドへと変換する反応を触媒する．

生成したアルデヒドはアルドール縮合による C＝C 二重結合の形成や，未修飾リシン残基の ε-アミノ基とのシッフ塩基形成 (eneimine)，つづいて還元反応により C-N 単結合が形成される．これらの共有結合は個々のポリペプチドを互いに連結し，線維にさらなる強度と剛性をもたらす．

栄養障害や遺伝性の異常により，コラーゲン成熟の異常が生じる

コラーゲン成熟の一連の過程は複雑であり，ポリペプチドの成熟過程が不完全であったときの結果をよく表す．最もよく知られたコラーゲン生合成の欠損は，プロリルあるいはリシルヒドロキシラーゼに必須なビタミン C の栄養欠乏の結果起こる**壊血病 scurvy** である．この疾患では，多くのヒドロキシプロリンやヒドロキシリシン残基が欠損するため，コラーゲン線維の構造的な安定性が徐々に低下し，歯肉出血，関節のはれ，傷の治り難さを引き起こし，重症例では死亡する．**Menkes病 Menkes disease** は巻き毛や成長遅延などの症状を呈する疾患で，リシルオキシダーゼに必要な銅の欠乏から起こる．この酵素は，コラーゲン線維を強化する共有結合の形成に重要な段階を触媒する．

コラーゲン生合成の遺伝子異常には，骨が折れやすいという特徴を示す数種の骨形成不全症がある．Ehlers-Danlos 症候群は支持構造の不完全さが関与する一連の結合組織異常であり，α 鎖Ⅰ型コラーゲンやプロコラーゲン N-ペプチダーゼやリシルヒドロキシラーゼをコードしている遺伝子の欠損が関節のゆるみや皮膚の異常を引き起こす (50 章参照)．

┃まとめ

- タンパク質は，溶解度，形，機能，ヘムのような補欠分子族の存在によって分類される．
- 遺伝子がコードしているポリペプチドの一次構造は，ポリペプチドを構成しているアミノ酸の配列である．二次構造はポリペプチドが折りたたまれて生じる水素結合で支えられた連続した短いポリペプチドのモチーフのことで，α ヘリックス，β シート，β ターン，ループなどがある．これらのモチーフが組み合わさって超二次構造を形成することもある．
- 三次構造は二次構造ドメインと他の小さな構造ユニットが組み合わさって形成されたタンパク質の機能ドメインおよびポリペプチド単量体を表す．四次

構造は，1 つ以上のポリペプチドすなわちプロトマーからなる多量体タンパク質における種々のポリペプチド鎖間の空間的相関を表したものである．
- 一次構造は，共有結合であるペプチド結合で安定化される．一方，高次構造は多数の水素結合，イオン (静電) 結合，疎水性 R 基の会合といった弱い結合によって安定化される．
- ポリペプチドのファイ (ϕ) 角は Cα-N 結合のなす角で，プサイ (ψ) 角は Cα-Co 結合のなす角である．ϕ-ψ 角のほとんどの組み合わせは立体障害のためにとり得ない．α ヘリックスや β シートを形成する ϕ-ψ 角はそれぞれ，Ramachandran プロットの左下象限と左上象限に含まれる．
- タンパク質のフォールディング (折りたたみ) は複雑で，その過程は部分的にのみ理解されている．おおまかにいえば，まず新しく合成されたポリペプチドの短いセグメントが二次構造へと折りたたまれる．そして疎水的な領域を溶媒から隠そうとする力がはたらき，部分的に折りたたまれたポリペプチドは“モルテングロビュール”を形成する．モルテングロビュール内では二次構造どうしの位置関係が再配置され，天然型の構造が形成される．
- フォールディングを助けるタンパク質には，タンパク質ジスルフィドイソメラーゼ，ペプチジルプロリルイソメラーゼ，そして哺乳類のタンパク質の半分以上のフォールディングに関与しているシャペロン類などがある．シャペロン類は新しく合成されたペプチドを溶媒から遮蔽し，二次構造をつくり，それらが集まってモルテングロビュールを形成していくための環境を与える．
- C 型肝炎や神経変性疾患の治療薬を目指し，ウイルスタンパク質やプリオンのフォールディングを妨げる薬剤が開発途上にある．
- X 線結晶解析，NMR スペクトルは，タンパク質の高次構造を研究するために用いられる主要な技術である．
- X 線結晶解析，NMR のように原子レベルの解像度は得られないものの，クライオ電顕は不均一な試料中の生体巨大分子の動的解析に有効な手法である．
- プリオンタンパク質 (PrP) は，DNA や RNA が関与することなく自律的に作用し，Creutzfeldt-Jakob 病やスクレイピーやウシ海綿状脳症のような致死性の感染性海綿状脳症を引き起こす．プリオン病には天然のタンパク質，PrPc の二次・三次構造の変異が関与している．PrPc が病原性のアイソフォームである

PrPsc と相互作用すると，PrPc の構造は α ヘリックスの多い構造から，PrPsc に特徴的な β シート構造へと変換される．

■ コラーゲンは，タンパク質の構造と生物学的機能との間に密接な関係があることを示すよい例である．コラーゲンの変異からくる疾患には Ehlers−Danlos 症候群やビタミン C 欠乏による壊血病がある．

文　献

Aguzzi A, de Cecco E: Shifts and drifts in prion science. Important questions remain unanswered since prions were discovered four decades ago. Science 2020;370:32.

Bryan-Marrugo OL, Ramos-Jimenez J, Barrera-Saldana H, et al: History and progress of antiviral drugs: From acyclovir to direct-acting antiviral agents (DAAs) for hepatitis C. Medicina Universitaria 2015;17:165.

Callaway E: Revolutionary cryo-EM is taking over structural biology. Nature 2020;578:201.

Gianni S, Jemth P: Protein folding: Vexing debates on a fundamental problem. Biophys Chem 2016;212:17.

Ito S, Nagata K: Quality control of procollagen in cells. Annu Rev Biochem 2021;90:631.

Jiang Y, Kalodimos CG: NMR studies of large proteins. J Mol Biol 2017;428:2667.

Luengo TM, Mayer MP, Rudiger SGD: The Hsp70-Hsp90 chaperone cascade in protein folding, Trends Cell Biol 2019;29:164.

Papageorgiou AC, Mattson S: Protein structure validation and analysis with X-ray crystallography. Meth Mol Biol 2014;1129:397.

Pastore A, Temussi PA: The Emperor's new clothes: Myths and truths of in-cell NMR. Arch Biochem Biophys 2017;628:114.

Pennisi E: Protein structure prediction now easier, faster. Science 2021;373:262.

Rein T: Peptidylprolylisomerases, protein folders, or scaffolders? The example of FKBP51 and FKBP52. Bioessays 2020;42:1900250.

Rosenzweig R, Nillegoda NB, Mayer MP, Bukau B: The Hsp70 chaperone network. Nature Rev Mol Cell Biol 2019;20:665.

Yamaguchi K, Kuwata K. Formation and properties of amyloid fibrils of prion protein. Biophys Rev 2018;10:517.

SECTION I 問題

1. 以下の記述で<u>誤っている</u>のはどれか，1つ選べ．
  A. 発酵と解糖の間には，多くの共通の生化学的特徴がみられる．
  B. Louis Pasteur は，酵母から調製した無細胞系を用い，糖をエタノールと二酸化炭素に変換できることを最初に発見した．
  C. 有機リン酸は解糖に必要不可欠なものである．
  D. ^{14}C は代謝中間体を検出するのに重要な道具である．
  E. 医学と生化学は，互いに知見を与え合う学問である．

2. 以下の記述で<u>誤っている</u>のはどれか，1つ選べ
  A. ビタミン誘導体の NAD はグルコースをピルビン酸に変換するのに必要不可欠である．
  B. "代謝の先天的誤り inborn errors of metabolism" という言葉は，内科医 Archibald Garrod によってつくられた．
  C. 哺乳動物の組織切片は，無機アンモニアを尿素に変換することができる．
  D. DNA が二重らせん構造であることに気づいた Watson と Crick は，ポリメラーゼ連鎖反応（PCR）を詳細に説明できた．
  E. モデル生物のゲノム上の変異を知ることにより，生化学的プロセスに関する知見を得ることができる．

3. 20 世紀初頭，**Büchner** により行われた観察が発酵という現象の詳細な解明にどのように結びついたか説明せよ．

4. 酵母の無細胞抽出物が発酵のプロセスを進めることが明らかになった後にどのような発見がなされたかをあげよ．

5. 20 世紀初頭に生化学者たちが解糖系と尿素生合成を研究するために使用した組織をあげよ，またビタミン誘導体を発見するのに用いた組織をあげよ．

6. 放射性同位体の使用が中間代謝物の同定にいかに役立ったかを説明せよ．

7. 内科医 **Archibald Garrod** が見出した"先天性代謝異常"をいくつかあげよ．

8. 脂質代謝において生化学，遺伝学双方からのアプローチが医学と生化学の発展に寄与した例をあげよ．

9. 生物学的なプロセスを調べる目的で選択的にゲノムを変異させることのできる"モデル"生物の例をいくつかあげよ．

10. 水分子を構成する原子間で水素結合を形成するという性質は，水が示す以下の特徴に関連している．<u>該当しない</u>のはどれか．1つ選べ．
  A. 沸点が異常に高い．
  B. 気化熱が高い．
  C. 表面張力が高い．
  D. 炭化水素を溶解できる．
  E. 凍結時に体積が増加する．

11. 以下の記述で<u>誤っている</u>のはどれか．1つ選べ．
  A. アミノ酸システイン，メチオニンの側鎖は 280 nm の光を吸収する．
  B. グリシンはポリペプチドの方向が反転するような鋭く屈曲する箇所によく存在する．
  C. ポリペプチドを命名する場合，C 末端アミノ酸の誘導体として表される．
  D. ペプチド結合の C，N，O，H 原子は同一平面上に存在する．
  E. 線状のペンタペプチドは 4 個のペプチド結合をもつ．

12. 以下の記述で<u>誤っている</u>のはどれか．1つ選べ．
  A. 人体組織の緩衝液は炭酸水素塩，タンパク質，オルトリン酸を含む．
  B. 弱酸や弱塩基は pH が pK_a と同じか ±1 ぐらいまでの場合に強い緩衝作用を発揮する．
  C. リシンの等電点 (pI) は $(pK_2 + pK_3)/2$ の式から計算できる．
  D. 解離基が 1 つある弱酸の直流電場内での移動度は，周囲 pH が pK_a に等しいときに最大となる．
  E. 単純化するために，一般的に弱塩基の強さは共役

酸の pK_a として表す.

13. 以下の記述で誤っているのはどれか. 1つ選べ.

A. ある弱酸の pK_a が 4.0 の場合, 周囲環境の pH が 4.0 付近のとき 50% の分子が解離した状態にある.

B. pK_a 4.0 の弱酸は pH 5.7 よりも pH 3.8 のときにより効果的な緩衝液となる.

C. pH が pI と同値のとき, ポリペプチドは電荷をもたない状態となる.

D. 強酸, 強塩基とは水に溶解したとき完全に解離しているものをいう.

E. 解離基の pK_a は周囲環境の物理的, 化学的性質に影響を受ける.

14. 以下の記述で誤っているのはどれか. 1つ選べ.

A. プロテオミクスの目的は, 異なった条件下で細胞内に出現するタンパク質を修飾状態も含め, すべて同定することである.

B. 質量分析はペプチドやタンパク質の配列決定の方法として Edman 法にとってかわった.

C. Sanger 試薬は Edman 試薬の改良型である. 前者は新たなアミノ末端を形成して, 繰り返し配列決定を行うことができる.

D. 質量はすべての原子, 分子に共通の性質であるので, 質量分析はタンパク質の翻訳後修飾の検出に最適な手法である.

E. 飛行時間検出型の質量分析計は, $F = ma$ の関係性が優れている.

15. オリーブオイルを水にたらすと大きな油滴をつくるのはなぜか.

16. 強塩基と弱塩基の違いは何か.

17. 以下の記述で誤っているのはどれか. 1つ選べ.

A. イオン交換クロマトグラフィーはある pH におけるタンパク質の荷電の正負とその大きさにより分離をする.

B. 二次元電気泳動は SDS-PAGE を用いて, タンパク質を最初は pI により分離し, 次に電荷と分子量の比で分離する.

C. アフィニティークロマトグラフィーはタンパク質リガンド間の相互作用の選択性を利用し, 複雑な混合物から特定のタンパク質を分離する.

D. 多くの遺伝子組換えタンパク質は, N 末端か C 末端に新たなドメインを付加している. 付加されたドメインに共通するものは, アフィニティークロマトグラフィーでの精製が容易になるよう設計されたリガンド結合部位である.

E. 古典的な精製法に続き, タンデム質量分析計を用いてタンパク質の混合物から1つひとつのペプチドを解析する手法がよく使われる.

18. 以下の記述で誤っているのはどれか. 1つ選べ.

A. タンパク質が折りたたまれる際に, シャペロンとよばれる補助タンパク質が結合しフォールディング（折りたたみ）を補助する.

B. タンパク質のフォールディングは領域ごとに起こることが多く, まず二次構造が形成され, これらが合体してモルテングロビュールとなる.

C. タンパク質フォールディングの最初の段階は, 合成されたばかりのポリペプチドを取り巻く水分子の熱力学的作用により進行する.

D. 成熟したタンパク質における S-S 結合の形成は, ジスルフィドイソメラーゼとよばれる酵素タンパク質により促進される.

E. コラーゲンは, 成熟タンパク質となる際にポリペプチド鎖の一部の切断を受ける. このような翻訳後プロセシングを受けるタンパク質の例はまれである.

19. 3 個のカルボキシ基（pK_a 4.0, 4.6, 6.3）と 3 個のアミノ基（pK_a 7.7, 8.9, 10.2）をもつ多価電解質の pI を求めよ.

20. アミノ酸を必須, 非必須で分類した場合の欠点は何か.

21. 以下の記述で誤っているのはどれか. 1つ選べ.

A. 翻訳後修飾はタンパク質の機能と生体内でたどる運命に影響を与えることがある.

B. 天然のコンホメーションは熱力学的に最適な形であることが多い.

C. ほとんどのタンパク質の複雑な高次構造は無数の弱い相互作用の累積により形成され, 安定化する.

D. 科学者は遺伝子アレイを用いて, タンパク質の存在と発現量のハイスループット検出を行う.

E. タンパク質のフォールディングを安定化する弱い相互作用の例として, 水素結合, 塩橋, ファンデルワールス力がある.

22. 以下の記述で誤っているのはどれか. 1つ選べ.

A. 配置（コンフィグレーション）の変化は共有結合の切断を伴う.

B. コンホメーションの変化は1つかそれ以上の単結合の回転を伴う.

C. Ramachandran プロットは, 立体障害により制限

を受けるペプチドやタンパク質の主鎖上の単結
合の角度を図示している.

   D. αヘリックスの形成はペプチド結合のカルボキシ
酸素と隣接するペプチド結合のN-Hとの間の水
素結合により安定化する.

   E. βシートでは隣接した残基の側鎖はシートが形成
する面の反対側に向かう.

23. 以下の記述で<u>誤っている</u>のはどれか. 1 つ選べ.

   A. $\alpha_2\beta_2\gamma_3$という記述は, 3 種の異なるタイプのサブ
ユニットを合計 7 個もつタンパク質ということを
意味する.

   B. ループは隣接する二次構造間を連結する引き伸
ばされた部位である.

   C. 典型的なタンパク質では半数以上の残基がαヘ
リックスかβシートのどちらかに含まれている.

   D. ほとんどのβシートは右回りにねじれている.

   E. プリオンは脳を侵すタンパク質フォールディン
グ病の病原ウイルスである.

24. リン酸のpK_2に相当する酸の緩衝能がヒト組織中
でどのように役立っているかを述べよ.

25. 隕石から発見された未知のアミノ酸ラセミ体を解
析した結果, pK_aが次のように決定された. pK_1
2.0, pK_2 3.5, pK_3 6.3, pK_4 8.0, pK_5 9.8, pK_6
10.9

   A. カルボキシ基, アミノ基に相当すると思われる
pK_aはどれか.

   B. pH 2 における総電荷はいくつか.

   C. pH 6.3 における総電荷はいくつか.

   D. pH 8.5 で電気泳動した場合, このアミノ酸は正負
どちらの方向に泳動されるか.

26. 生化学における緩衝液とは, 酸, 塩基が加えられ
た際に pH 変化に抵抗する化合物（あるいはその
水溶液）である. 生理的に効果の高い緩衝液に必要
な性質を 2 つあげよ. また, リン酸以外に, 生理
的に機能する緩衝液をあげよ.

27. 翻訳後修飾されることにより, タンパク質の性質
を大きく変化させるアミノ酸を 2 つあげよ.

28. （a）銅, （b）アスコルビン酸の摂取が不十分だと,
コラーゲンの翻訳後プロセシングに不具合が生じ
る理由を説明せよ.

29. ある種のタンパク質の生合成における N 末端の
シグナル配列の役割を説明せよ.

タンパク質：ミオグロビンとヘモグロビン

Proteins: Myoglobin & Hemoglobin

学習目標
本章習得のポイント

- ミオグロビンとヘモグロビンの最も重要な構造上の類似点と相違点を説明する.
- ミオグロビンとヘモグロビンの酸素解離曲線を描くことができる.
- S字状の酸素解離曲線を示すヘモグロビンが双曲線の酸素解離曲線を示すミオグロビンより酸素運搬体として適している理由を説明する.
- ヘモグロビンの一酸化炭素（CO）結合能に対する遠位ヒスチジン残基の影響を説明する.
- P_{50} の意味を明確にし，その酸素運搬と供給における重要性を示す.
- 酸素化とそれに続く脱酸素に伴うヘモグロビンの構造とコンホメーションの変化を述べ，その変化における近位ヒスチジン残基の役割を説明する.
- 酸素の結合と供給における 2,3-ビスホスホグリセリン酸（BPG）の役割を説明する.
- Bohr 効果が 1) 赤血球の抹梢組織からの CO_2 吸収を促進し，2) 酸素が豊富な肺環境で運搬してきた CO_2 の放出を促す理由を説明する.
- P_{O_2} 低下がヘモグロビン S（HbS）の構造に与える影響を説明する.
- α- および β-サラセミアが引き起こす代謝障害を識別する.

生物医学的重要性

　肺から末梢組織への酸素の効率的な供給や，無酸素状態になることを防ぐための組織中の貯蔵酸素の維持は，健康状態を保つのに不可欠である．哺乳類では，これらの機能はそれぞれ相同タンパク質であるミオグロビンとヘモグロビンが担っている．ミオグロビンは赤色筋肉組織に存在する単量体のタンパク質で，酸素と強固に結合し，酸素欠乏に対する貯蔵用として酸素を蓄えるはたらきをする．赤血球中の四量体タンパク質であるヘモグロビンのサブユニットは，協同的に相互作用することで，この酸素運搬体が肺では効率的な酸素結合能を保つ一方で，末梢組織では結合している酸素の大部分を放出できるようにしている．2,3-ビスホスホグリセリン酸（BPG）は脱酸素型ヘモグロビンに結合してその四次構造を安定化することにより，O_2 の効率よい放出を促進する．シアン化物や一酸化炭素（CO）による中毒死は，ヘムタンパク質であるシトクロムオキシダーゼとヘモグロビンの生理機能をそれぞれが阻害するためである.

　O_2 の供給に加え，ヘモグロビンは呼吸の老廃物である CO_2 の運搬と肺での廃棄に重要な役割を担っている．ヘモグロビンへのプロトンの結合は，呼吸のおもな生成物である CO_2 が炭酸脱水酵素によって水に可溶な炭酸とその共役塩基である炭酸水素塩に変換されることを促進する．肺では，O_2 により引き起こされるヘモグロビンからのプロトンの解離がこの変換を逆転させ，気体状の CO_2 の廃棄を促進する．余分な CO_2 は，共有結合を生成してカルバミル化合物となり運搬

される．ヘモグロビンとミオグロビンはタンパク質の構造と機能の関係を示すとともに，鎌状赤血球やサラセミアなどの遺伝疾患における分子生物学的基礎を説明するよい例でもある．

ヘムと2価鉄原子が，酸素の貯蔵および運搬の能力を付与する

　ミオグロビンおよびヘモグロビンはメチン橋で結合した4分子のピロールからなる鉄を配位したテトラピロール環，すなわち**ヘム heme** を含んでいる．この平面状に結合した二重結合の網目構造は可視光線を吸収し，ヘム独特の深赤色を呈する．ヘムの β 炭素に結合している置換基は，メチル（M），ビニル（V），プロピオン酸（Pr）基であり，M, V, M, V, M, Pr, Pr, M の順に結合している（**図6-1**）．2価の鉄原子（Fe^{2+}）が平面状のテトラピロールの中央に位置している．ミオグロビンあるいはヘモグロビンの Fe^{2+} が Fe^{3+} に酸化されると，その生理機能は消失する．このような金属を配位したテトラピロール補欠分子族をもつタンパク質としては，ほかにシトクロム（Fe）およびクロロフィル（Mg）がある（31 章参照）．

ミオグロビンには α ヘリックスが多い

　赤色筋組織のミオグロビンに貯蔵された O_2 は，O_2

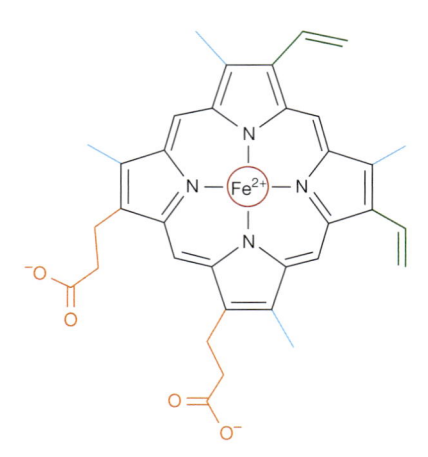

図6-1.　ヘ　ム
ピロール環とメチン橋炭素は同一平面にあり，鉄原子（Fe^{2+}）もほぼ同じ平面に存在する．Fe^{2+} の第5および第6配位座はヘム環に垂直であり，ヘム平面の上と下に向いている．ピロール環の β 炭素上の側鎖メチル基（青色），ビニル基（緑色），プロピオン酸基（橙色），中心にある鉄原子（赤色），およびミオグロビン分子の表面に出ているヘム環の極性部分の位置（時計の針でだいたい7時）に注意．

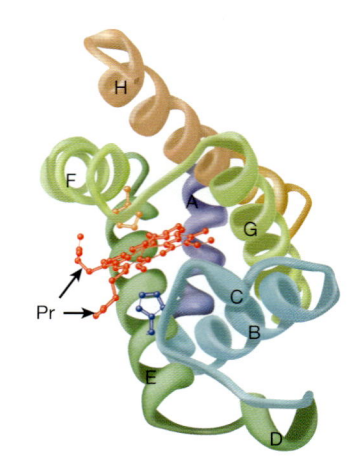

図6-2.　ミオグロビンの三次元構造
ミオグロビンのポリペプチド主鎖をリボン図で示している．ポリペプチド鎖は，青色（N 末端）から黄褐色（C 末端）へ可視スペクトルの順で色分けしている．補欠分子族であるヘムは赤色で示している．α ヘリックス領域は A から H までの名前がついている．遠位（E7）と近位（F8）のヒスチジン残基はそれぞれ青色と橙色で強調してある．極性残基であるプロピオン酸（Pr）基が，いかにヘムから溶媒の方へ突き出しているかに注目．（Protein Data Bank ID no. 1a6n より許可を得て掲載）

が失われるような条件下（たとえば，強度の運動）では遊離して筋ミトコンドリアでの好気的 ATP 合成に利用される（13 章参照）．ミオグロビンは 153 個のアミノ酸からなる分子量 17 000 の一本鎖ポリペプチドで，4.5 $\times 3.5 \times 2.5$ nm のコンパクトな形状に折りたたまれた分子である（**図6-2**）．全アミノ酸の約 75% という非常に多くのアミノ酸が，7 〜 20 個のアミノ酸からなる右巻き α ヘリックス 8 個の中に存在している．これらの α ヘリックスはアミノ末端から順番にヘリックス A 〜 H と名づけられている．球状タンパク質の特徴として，ミオグロビンの表面は極性で荷電できる側鎖を有するアミノ酸に富んでおり，一方，2 つの例外はあるが，内部には非極性の側鎖を有するアミノ酸残基（たとえば Leu，Val，Phe，Met）のみが存在する．2 つの例外とは，酸素結合部位であるヘム鉄に近い位置に存在するヘリックス E の 7 番目のヒスチジン（His E7）とヘリックス F の 8 番目のヒスチジン（His F8）である．

ヒスチジン残基F8およびE7が酸素の結合に特別な役割を演じる

　ミオグロビンのヘムは，ヘリックス E とヘリックス F の間の割れ目に位置し，その極性のあるプロピオン酸基がミオグロビン表面に出ている．残りの部分は非

極性の分子内部に入り込んでいて，おもに疎水相互作用で適切な位置に保たれている（図6-2）．鉄原子の第5配位座は**近位ヒスチジン proximal histidine**（His F8）のイミダゾール環内窒素に占められており，**遠位ヒスチジン distal histidine**（His E7）はヘム環の His F8 とは反対側に位置している．

酸素が結合するとき，鉄はヘム環の平面に向かって移動する

脱酸素型ミオグロビンにおいては，鉄は，ヘム環の平面から近位ヒスチジンである His F8 の方向に約 0.03 nm（0.3 Å）外に位置している．それゆえ，ヘムはわずかに"ひだ"のある形となる．鉄原子の第6配位座に O_2 が結合すると，鉄原子はヘム環の平面から 0.01 nm（0.1 Å）以内に移動する．したがって，ミオグロビンの酸素化は鉄原子，His F8 ならびに His F8 に結合しているアミノ酸残基の移動を伴う．

アポミオグロビンにはヘム鉄への CO の結合を妨げる周囲環境がある

人体ではさまざまな生物学的事象から微量の CO が生成されるが，赤血球の異化作用もその1つである．また，おもに化石燃料の不完全燃焼に由来する CO も大気中に存在する．遊離したヘム基に対して CO は O_2 より約 25 000 倍も強く結合する．しかし，ミオグロビンやヘモグロビンのアポタンパク質は，その気体状の配位子のヘム基への結合を妨げる周囲環境を形成している（**図 6-3**）．CO が遊離したヘムと結合するときは，3 原子（Fe，C，O）全部がヘム平面に対して**垂直**になる．この配置は CO 分子の sp 混成状態の酸素上の孤立電子対と Fe^{2+} との重なりを最大にする（**図 6-4** 右）．一方，O_2 は sp^2 混成状態の分子である．そのため，ヘム鉄に

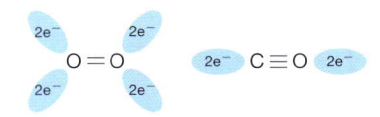

図 6-4. 酸素分子の O＝O 結合および一酸化炭素の C≡O 結合に対する孤立電子対の配向
酸素分子では，2 つの酸素原子の間の二重結合生成は，それぞれの酸素原子の価電子が sp^2 混成状態をとることにより促進される．その結果，2 つの酸素原子とそれぞれの孤立電子対は同一平面上 coplanar に位置し，ほぼ 120° の角度で分離する（**左**）．一方，CO の炭素原子と酸素原子との間の結合は三重結合であり，それぞれの原子は sp 混成状態をとる必要がある．この状態では，孤立電子対と三重結合は直線状となり，それぞれ 180° の角度で分離する（**右**）．

結合している電子は O＝O 二重結合の結合軸に対してほぼ 120° の角度をなしている（図6-4 左）．ミオグロビンとヘモグロビン分子中では，遠位ヒスチジンが CO の望ましい親和性の高い位置関係での結合を立体的に不可能にするあるいは妨げるが，O_2 が最適な位置関係をとることを許している（図6-3）．CO の結合角度が安定な角度より少しでもずれると，CO とヘムの結合力は O_2 とヘムの結合力の約 200 倍程度にまで減少する（図6-3 右）．そのため，CO に対して非常に過剰にある O_2 が通常ではヘムとの結合に優位となる．それにもかかわらず，一般的にミオグロビンの約 1% が CO を結合した形で存在する．

ミオグロビンとヘモグロビンの酸素解離曲線は，それぞれの生理的機能に適している

酸素濃度あるいは酸素分圧（Po_2）と酸素飽和度との関係を示す酸素解離曲線が双曲線を示す（**図 6-5**）ことは，なぜミオグロビンが酸素運搬よりも酸素貯蔵に適しているかを明らかにしている．100 mmHg の肺毛細血管の Po_2 下ではミオグロビンは効率よく O_2 を結合する．しかし，活動中の筋肉中の一般的 Po_2（20 mmHg）あるいは他の組織の Po_2（40 mmHg）の条件下では，ミオグロビンはほとんど結合酸素を放出しない．したがって，ミオグロビンは O_2 の運搬担体としては役に立たないのである．けれども，激しい運動で筋肉中の Po_2 が約 5 mmHg 程度まで低下したような状態では，ミオグロビンから放出される O_2 によりミトコンドリアでの ATP 産生が可能となり，筋肉の活動を持続させる．

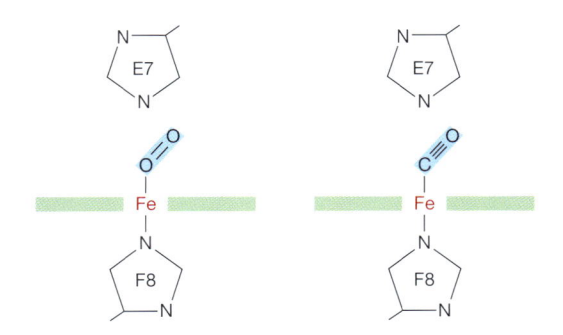

図 6-3. ミオグロビンのヘム鉄に O_2 および CO が結合するときの角度
遠位ヒスチジン（His E7）のために，CO はヘム環平面に対する最適角度（90°）での結合を阻害される．

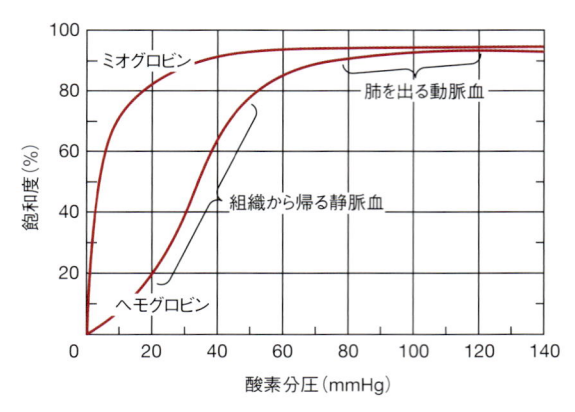

図 6-5. ヘモグロビンおよびミオグロビンの酸素解離曲線
動脈血の酸素分圧は約 100 mmHg，混合静脈血の酸素分圧
は約 40 mmHg，（活動中の筋の）毛細血管酸素分圧は約 20
mmHg であり，シトクロムオキシダーゼが必要とする最小
酸素分圧は約 5 mmHg である．四量体構造（ヘモグロビン）
にサブユニットが会合することにより，単鎖よりもはるか
に多くの酸素を供給できるようになる．（Scriver CR,
Beaudet AL, Sly WS:*The Molecular and Metabolic Bases of
Inherited Disease*, 7th ed. New York, NY: McGraw-Hill, 1995
より許可を得て掲載）

　ところが，ヘモグロビンは，まるで 2 種類のタンパ
ク質のようにふるまう．100 mmHg 以上という肺の高
い Po_2 下では，ヘモグロビンはほとんどすべてのヘム
鉄に酸素を結合できるほど高い酸素親和性を示す．こ
の状態のヘモグロビンは弛緩状態を表す **R 型**（relax
state）と通常よばれている．40 mmHg 以下という末梢

組織での低い Po_2 値においてはヘモグロビンはもっと
低い見かけの酸素親和性を示す．この緊張型あるいは
T 型（**taut state**）とよばれる低親和性状態への変化によ
り，ヘモグロビンはそれまでに肺で結合した酸素の大
部分を放出することができる．このような高親和性の
R 型と低親和性の T 型との間の動的な変換がヘモグロ
ビンの S 字状の酸素解離曲線の根拠となっている．

ヘモグロビンのアロステリックな性質はその四次構造に由来する

　ヘモグロビンはその四次構造により，単量体のミオ
グロビンにはないもう 1 つの特性をもつことができ
る．それは，四量体タンパク質であるヘモグロビンが
肺と末梢組織との間で O_2 と CO_2 を相互に運搬すると
いうユニークな生理的役割に適応することである．

ヘモグロビンは四量体である

　ヘモグロビンは，2 種類の似ているがはっきりと区
別できるポリペプチドのサブユニット 2 個ずつからな
る四量体構造をしている（**図 6-6**）．それぞれのサブユ
ニット型を表すのにギリシャ文字が用いられている．
主要なヘモグロビンのサブユニット組成は，$\alpha_2\beta_2$
（HbA；正常成人ヘモグロビン），$\alpha_2\gamma_2$（HbF；胎児ヘモ
グロビン），$\alpha_2\beta^S_2$（HbS；鎌状赤血球ヘモグロビン），

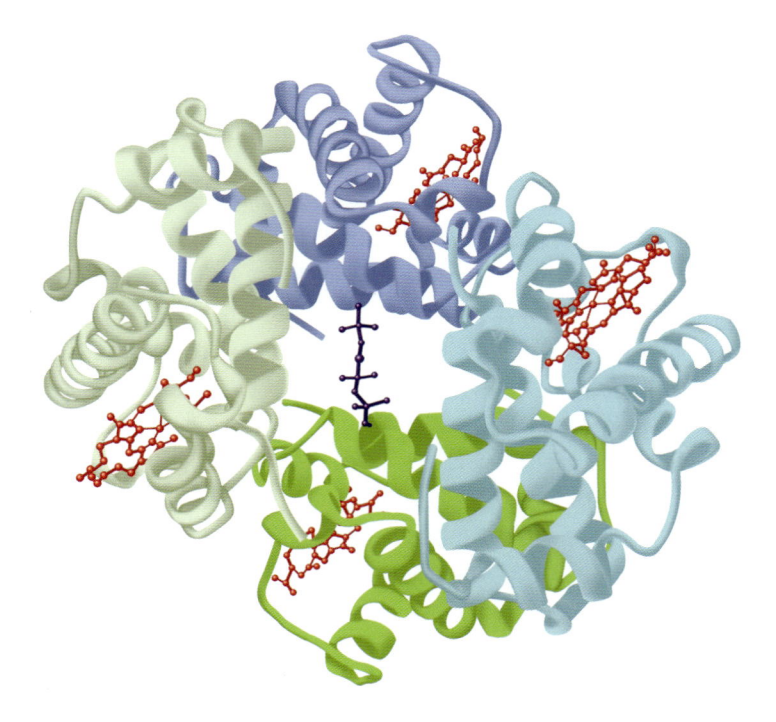

図 6-6. ヘモグロビン
2,3–BPG 分子（濃青色）が結合した脱酸素型
ヘモグロビンの三次元構造を示す．2 つの α
サブユニットを濃い緑色と青色で，2 つの β
サブユニットを薄い緑色と青色で，補欠分子
族のヘムを赤色で示す．（Protein Data Bank
ID no. 1b86 より許可を得て掲載）

$\alpha_2\delta_2$（HbA$_2$：微量成人ヘモグロビン）である．ヒトヘモグロビンのβ，γ，δ鎖の一次構造は高度に保存されている．

ミオグロビンとヘモグロビンのβサブユニットはほとんど同じ二次・三次構造をしている

　ミオグロビンとヘモグロビンA（HbA）のβ鎖は，アミノ酸の種類と数に違いがあるにもかかわらず，ほぼ同一の二次・三次構造を有する．ヘムおよびヘリックス領域の位置，ならびに一次構造上の対応する位置に類似した性質のアミノ酸が存在する点でも似ている．ヘモグロビンのα鎖も，ヘリックス領域は8個ではなく7個しかないがミオグロビンに類似している．

ヘモグロビンの酸素化はアポタンパク質のコンホメーション変化を引き起こす

　ヘモグロビンはヘムあたり1個の酸素分子と結合し，四量体のヘモグロビンとして最大4個までの酸素分子と結合することができる．しかし，最初の酸素分子が結合すると残りの3個のサブユニットの酸素分子への親和性は上昇する（図6-5）．**協同的結合 cooperative binding**[1] とよばれるこの現象は，ヘモグロビンが肺のPo_2下で最大限にO_2と結合し，末梢組織のPo_2下で最大限のO_2を放出することを可能にする．

P$_{50}$は各種ヘモグロビンの酸素に対する相対的親和性を表す

　P$_{50}$は酸素親和性の尺度であり，ヘモグロビンが50%飽和に達する酸素分圧である．P$_{50}$は生物により幅広く変動するが，すべての例において，その値は末梢組織の通常のPo_2より大きい．たとえば，HbAとHbFに対するP$_{50}$はそれぞれ26 mmHgと20 mmHgである．この差により，胎盤においてHbFは母親の血液中のHbAからO_2を抜き取ることができる．しかし，産後はHbFの存在は不都合となる．なぜならば，O_2に対する親和性が高いため，組織において放出できるO_2が制限されてしまうからである．

　ヘモグロビン四量体のサブユニット構成は発生の段階で複雑に変化する．ヒト胎児は最初$\zeta_2\varepsilon_2$の四量体を合成する．妊娠3カ月の終わりまでに，ζサブユニットとεサブユニットがαサブユニットとγサブユニットに置き換わり，妊娠後期の胎児ヘモグロビン（HbF：

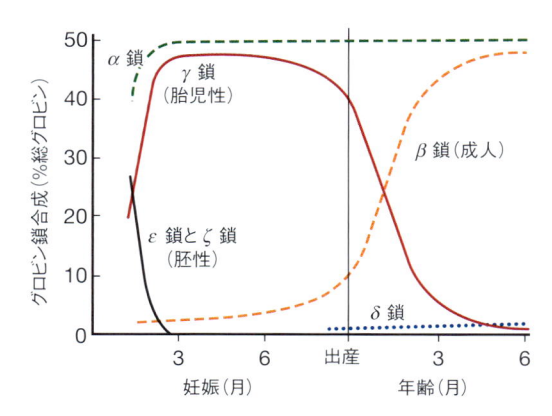

図 6-7. 胎児および新生児のヘモグロビン四重体構造の発育過程における変化
（Ganong WF: *Review of Medical Physiology*, 20th ed. New York, NY: McGraw-Hill, 2001 より許可を得て掲載）

$\alpha_2\gamma_2$）が形成される．一方，βサブユニットの合成は妊娠期間の最後の3カ月中に開始されるが，成人HbA（$\alpha_2\beta_2$）を形成するためのγサブユニットのβサブユニットへの完全な交代は，生後数週間経ってからである（**図 6-7**）．

ヘモグロビンの酸素化には大きなコンホメーション変化が伴う

　O_2の結合していないヘモグロビンに最初の酸素分

図 6-8. ヘモグロビンに酸素が結合すると，鉄原子は移動してヘムの平面内にくる
His F8 およびそれに結合している基が鉄原子につられて引っ張られる．https://pdb101.rcsb.org/learn/videos/oxygen-binding-in-hemoglobin にこの動きを表した動画がある．

---

1)　訳者注：とくに，正の協同性 positive cooperativity とよぶ．

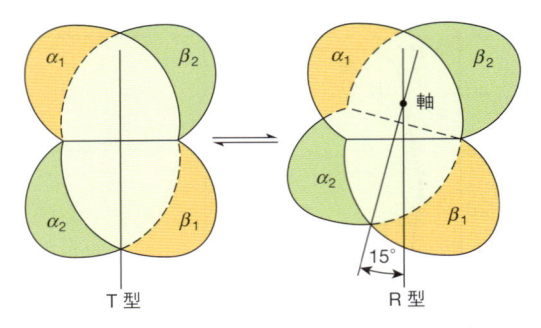

図 6-9. ヘモグロビンの T 型から R 型への変化に際して，1 対のサブユニット（α_2/β_2，緑色）が，他の 1 対のサブユニット（α_1/β_1，黄褐色）に対して 15° 回転する
回転軸は中心を通らず，α_2/β_2 はその軸の方向に多少移動する．図中では，黄褐色の α_1/β_1 サブユニットが固定されており，緑色の α_2/β_2 サブユニットが回転し，移動している．

子が結合すると，ヘム鉄はヘム環平面内に移動する（**図 6-8**）．この動きは遠位ヒスチジン（His F8）からそこに結合している残基に，さらに四量体全体へと伝わっていく．その結果 4 つのすべてのサブユニットのカルボキシ末端残基が形成する塩橋の開裂を引き起こす．その結果，1 対の α/β サブユニットが他の α/β に対して 15° 回転し，コンパクトな四量体となる（**図 6-9**）．さらに，このような大きな二次，三次および四次構造の変化により，低親和性 T 型から高親和性 R 型へのヘモグロビンの変換が生じる．これらの変化は，残りの酸素化されていないヘムの O_2 に対する親和性を著しく増大し，続いて起こる結合には少しの塩橋開裂しか必要としなくなる（**図 6-10**）．1 つのヘムへの O_2 の結合が

残りのヘムの O_2 への親和性に影響を与えることから，このヘモグロビンの協同性はアロステリック **allosteric**（ギリシャ語の allos は"他の"を，steros は"部位"を意味する）作用の 1 つである（19 章参照）．

ヘモグロビンはCO_2の肺への運搬に役立つ

呼吸過程で O_2 1 分子が消費されるごとに CO_2 1 分子が生成される．そのため，赤血球は呼吸している組織から効率的に CO_2 を吸収し，肺で放出して廃棄できなければならない．この過程において重要な役割を担っているのは，CO_2 を水和して水溶性の炭酸（H_2CO_3）に変換する酵素である炭酸脱水酵素 carbonic anhydrase と，T 型と R 型の間を協同的に変換できるヘモグロビンの特性の 2 つである．

炭酸脱水酵素はCO_2を水溶性の炭酸と炭酸水素塩に変換する

O_2 と同様，中性 pH では CO_2 は限られた量しか水に溶けない．そのため，体内の運搬においても必要とされるにはまったく不十分な量しか血流中に溶けない．赤血球中に大量に存在する炭酸脱水酵素が CO_2 の水和反応による水溶性の炭酸（H_2CO_3）の生成を触媒している．

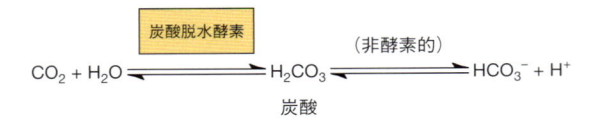

$$CO_2 + H_2O \rightleftharpoons H_2CO_3 \rightleftharpoons HCO_3^- + H^+$$

H_2CO_3 は弱酸であり，次に炭酸水素イオン

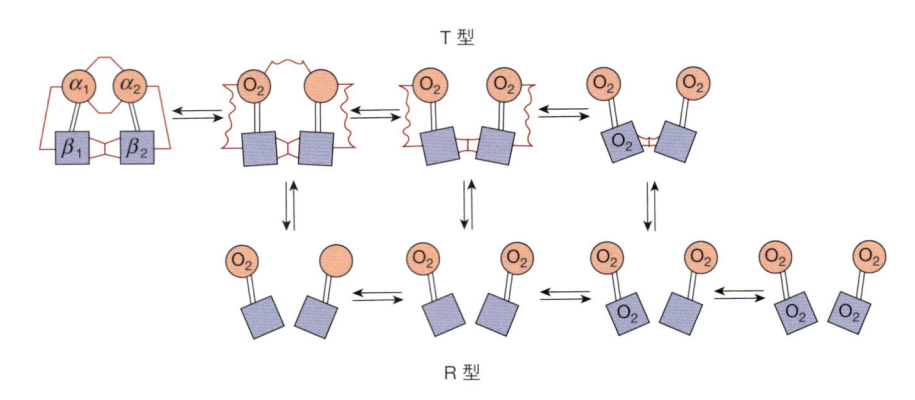

図 6-10. T 型から R 型への変換
この図では，T 型においてサブユニット間をつないでいる塩橋（赤色の実線）は，O_2 が結合するにつれて次々に壊れるか，壊れないまでも弱くなる（赤色の波線）．T 型から R 型への変換は，一定数の O_2 が結合したら起こるのではなく，O_2 が次々に結合することにより起こりやすくなる．この 2 つの構造間の変換は，プロトン，CO_2，塩化物，BPG などの因子により影響される．それら因子の濃度が高くなればなるほど，より多くの O_2 が結合しなければこの変換は起こらない．完全に酸素化された T 型分子と完全に脱酸素された R 型分子は不安定であるため，図中には表示されていない．（Perutz MF: Hemoglobin structure and respiratory transport. Sci Am [Dec] 1978;239(6):92-125 より許可を得て掲載）

（HCO_3^-）とプロトンに解離することができる．H_2CO_3 の pK_{a1} は 6.35 と生理的 pH より小さいので，赤血球中では吸収された CO_2 の大部分は水溶性の炭酸水素塩となっている．

T型のヘモグロビンへのプロトンの結合は呼吸をしている組織からのCO_2の取り込みを増加させる

ヘモグロビンが R 型から T 型へ変換すると，側鎖である Arg 94 と His 146 の間に塩橋が形成されるように 2 つの β 鎖それぞれにコンホメーション変化が生じる．塩橋が形成されるには，T 型のヘモグロビンが周囲環境にあるプロトンと結合する必要がある．R 型のヘモグロビンが呼吸している組織で結合している O_2 を放出して T 型になると，2 個のプロトンを吸収することで酸性状態になっている赤血球の pH を上昇させ，H_2CO_3 と HCO_3^- の平衡を HCO_3^- 側に傾けて，末梢組織からの赤血球への CO_2 の取り込み量を増加させる．

T 型のヘモグロビンは，四量体当たり 2 個のプロトンを結合する．活発に呼吸している組織では，赤血球内のプロトン濃度は H_2CO_3 が蓄積するにつれて増加していく．プロトンがより使いやすくなるため，T 型のヘモグロビンへの変換が起こりやすくなり，O_2 の放出も促進される．T 型のヘモグロビンがプロトン結合することで，活発に呼吸している組織中の高濃度の CO_2 によるヘモグロビンからの O_2 の放出を促すと同時に炭酸から炭酸水素塩への変換を促すことで吸収される CO_2 量を増加させている．結果として，T 型への変換は静脈血中の赤血球内の CO_2 による pH の低下を中和あるいは和らげることに一役買っている．

R型ヘモグロビンからのプロトン放出が肺でのCO_2放出を促進する

肺に到達すると，Po_2 の劇的な上昇がデオキシヘモグロビンへの O_2 の結合を促進する．O_2 の結合は次にヘモグロビンの T 型から R 型への変換を引き起こす．その結果生じるコンホメーション変化のために，2 つの β 鎖にある塩橋を開裂し，Asp 94 と His 146 の間にキレートしていた 2 個のプロトンが放出される．遊離したプロトンは炭酸水素イオンと結合して炭酸濃度を上昇させる．炭酸濃度の上昇は，炭酸脱水酵素による H_2CO_3 の脱水反応による CO_2 生成に好適となり，生成した CO_2 は呼気中に排出される（**図 6-11**）．このプロトンに媒介されたヘモグロビンの T 型と R 型の変換と $CO_2 - H_2CO_3 - HCO_3^-$ 間の平衡との組み合わせで

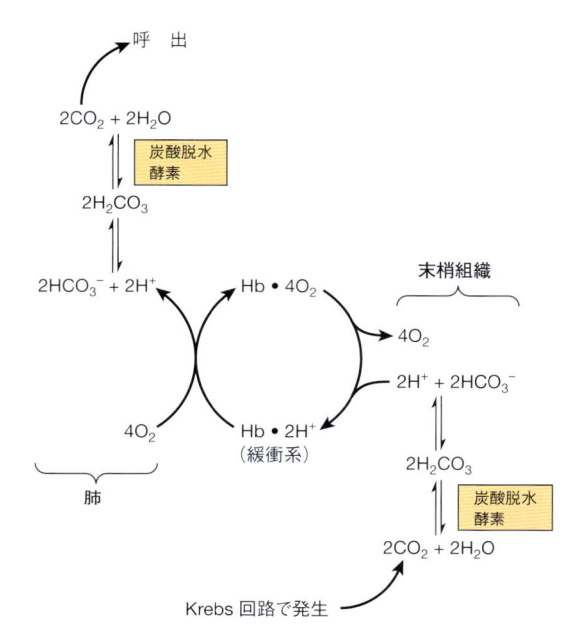

図 6-11. Bohr 効果
末梢組織で生成された CO_2 は水と結合して H_2CO_3 を形成し，H_2CO_3 はプロトンと HCO_3^- に解離する．脱酸素されたヘモグロビンは，プロトンを結合し肺へ運ぶことにより緩衝系としてはたらく．肺ではヘモグロビンに O_2 が取り込まれることによりプロトンは追い出され，そのプロトンが炭酸水素イオンと結合し H_2CO_3 を形成する．H_2CO_3 は炭酸脱水酵素により脱水され CO_2 となり呼出される．

起こる現象は **Bohr 効果 Bohr effect** として知られている．

余分なCO_2はヘモグロビンをカルバミル化して運搬される

ヘモグロビンは静脈血中の約 15% の CO_2 をポリペプチド鎖のアミノ末端アミノ酸のアミノ基と形成したカルバミル化合物として運ぶ．

$$CO_2 + Hb\text{—}NH_3^+ \rightleftharpoons 2H^+ + Hb\text{—}\overset{H}{\underset{}{N}}\text{—}\overset{\overset{O}{\|}}{C}\text{—}O^-$$

カルバミル化合物の生成はアミノ末端の荷電を正から負に変えるために，α 鎖と β 鎖の間での塩橋を形成するのに好都合となる．Bohr 効果により，T 型のヘモグロビンへのプロトンの結合はカルバミル化合物生成に都合がよく，R 型への変換によるプロトンの放出はカルバミル化合物の分解と CO_2 の放出に有利にはたらく．

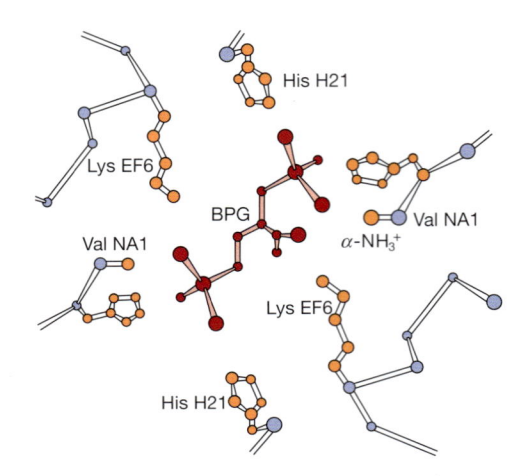

図 6-12. ヒト脱酸素型ヘモグロビンへの 2,3-ビスホスホグリセリン酸（BPG）の結合様式

BPG は各 β 鎖の 3 個の陽荷電基と相互作用する．（Arnone A: X-ray diffraction study of binding of 2,3-diphosphoglycerate to human deoxyhemoglobin. Nature 1972;237(5351):146-149 にもとづく．Copyright © 1972. Macmillan Publishers Ltd. より許可を得て掲載）

2,3-ビスホスホグリセリン酸はヘモグロビンの T型を安定化する

ヘモグロビンが T 型に変換することで，4 個のサブユニットの接触面に 1 分子の 2,3-ビスホスホグリセリン酸（2,3-BPG）が結合できる中心腔が生じる（図 6-6）．そのため，2,3-BPG の結合はヘモグロビンの R 型から T 型への変換と結合している O_2 の放出に有利にはたらく．一方，R 型に戻るためには 2,3-BPG と Lys EF6，His H21 および両方の β 鎖のそれぞれの N 末端である Val NA1 との間に生じた塩橋の開裂が必要である（**図 6-12**）．

解糖系の中間代謝物である 1,3-BPG からの 2,3-BPG の合成は，二機能酵素である **2,3-ビスホスホグリセリン酸シンターゼ/2-ホスファターゼ 2,3-bisphospho-glycerate synthase/2-phosphatase**（BPGM）が行う．BPG は BPGM の 2-ホスファターゼ活性で 3-ホスホグリセリン酸に加水分解され，2 番目の酵素であるイノシトールポリリン酸ホスファターゼ（MIPP）によって 2-ホスホグリセリン酸になる．これらの酵素の活性，したがって赤血球中の BPG 量は，pH 感受性である．CO_2 による赤血球の酸性化は 2,3-BPG 生成を引き起こし，さらに炭酸由来のプロトンの効果を増強して，ヘモグロビンの R-T 平衡を T 型の方に傾かせることで，末梢組織への O_2 放出量を増加させる．

胎児ヘモグロビンでは，γ サブユニットの H21 残基は His ではなく Ser である．Ser は塩橋を形成することができず，2,3-BPG は HbF には HbA よりも弱くしか結合できない．2,3-BPG による T 型の安定化の程度が低いことで HbF が HbA よりも酸素に高い親和性を示すことが説明できる．

高所での適応

高所に長時間滞在するときに生じる生理的変化として，赤血球数，赤血球中のヘモグロビン濃度および 2,3-BPG 合成の増加がある．2,3-BPG 濃度の増加は，HbA の O_2 に対する親和性を低下させ（P_{50} の上昇），末梢組織における O_2 の放出を促進する．

ヒトヘモグロビンの機能に影響を与える多くの変異が同定されている

α 鎖や β 鎖の遺伝子に変異が起こると，ヘモグロビンの生理機能に影響が現れる場合がある．しかし，1100 以上も知られているヒトヘモグロビンに影響を与える遺伝子変異はほとんどがまれで良性なものであり，何の異常症状も現さない．変異によりヘモグロビンの生理機能に障害が生じるような場合，その状態を**ヘモグロビン症 hemoglobinopathy** とよぶ．現在では世界人口の 7% 以上がヘモグロビン異常の保因者であると推定されている．Globin Gene Server（http://globin.cse.psu.edu/）では正常および変異ヘモグロビンに関する情報とそのリンク先が提供されている．代表的な例を以下に述べる．

メトヘモグロビンとヘモグロビンM

メトヘモグロビン血症では，ヘム鉄は 2 価でなく 3 価である．したがって，メトヘモグロビンは O_2 と結合することも運搬することもできない．正常ではメトヘモグロビン還元酵素がメトヘモグロビンの Fe^{3+} を Fe^{2+} に還元する．スルホンアミドのような薬剤の副作用による Fe^{2+} から Fe^{3+} への酸化，メトヘモグロビン還元酵素の活性低下，HbM とよばれるヘモグロビンの構造変異種遺伝子の遺伝などのいくつかの原因でメトヘモグロビン濃度が病態生理学的に重大なほど上昇することがある．

ヘモグロビン M ではヒスチジン残基 F8（His F8）がチロシン残基で置換されている．HbM の鉄はチロシンのフェノール陰イオンと強くイオン結合をするので，Fe^{3+} の状態で安定化される．HbM 変異の α 鎖では，

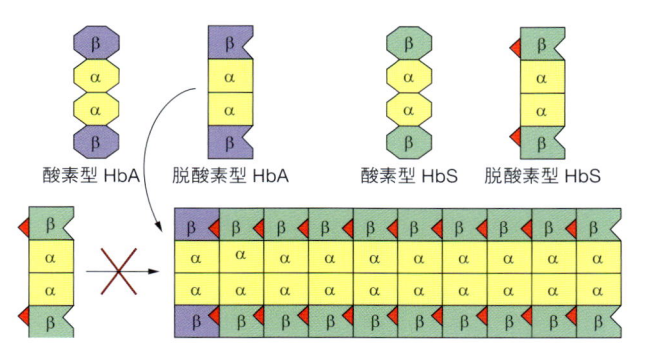

図 6-13. 脱酸素型ヘモグロビン S の重合

O_2 がヘモグロビン S（HbS）から解離すると，β サブユニット（緑）表面にある付着領域（◀）が露出され，別の脱酸素型 HbS の β サブユニットにある相補的部位に付着するようになる．脱酸素型 HbA には HbS サブユニットがさらに結合するのに必要な付着領域が β サブユニット（紫）にないため，線維状重合体の形成は脱酸素型 HbA の結合で妨害される．

R–T 平衡は T 型にかたより，酸素親和性が低下し，Bohr 効果は認められない．一方，HbM 変異の β 鎖は R–T 変換を行うので，Bohr 効果が認められる．

R 型をとりやすい変異（たとえば，Hb Chesapeake）では，酸素親和性が増大する．したがって，このようなヘモグロビンは末梢組織に十分な O_2 を供給することができない．その結果，組織は低酸素状態となり，赤血球の増加する**赤血球増加症 polycythemia** となる．

ヘモグロビンS

ヘモグロビン S（HbS）では，サブユニットの表面に出ている 6 番目のグルタミン酸残基（Glu 6）が非極性アミノ酸である Val で置換されており，β サブユニットの表面に疎水性の **"付着領域 sticky patch"** が形成される．この "付着領域" は酸素型 HbS および脱酸素型 HbS の両方に存在する．HbA も HbS も脱酸素型である T 型のときにのみ表面に現れる前述の "付着領域" に相補的な付着領域をそれぞれの分子表面にもっている．したがって，低 Po_2 では脱酸素型 HbS は重合し，長いねじれたらせん状の線維を形成することができる．HbA にはほかのヘモグロビン分子と結合するために必要な 2 つ目の付着領域がないために，脱酸素型 HbA が結合すると線維の重合は終結する（**図6-13**）．このような不溶性の線維は赤血球を特徴的な鎌状形態にゆがめ，脾臓の洞様血管の間隙で溶血しやすい脆弱な赤血球にする．それらはまた，多様な二次的臨床症状の原因となる．高所のような低 Po_2 下では重合の傾向は増悪される．鎌状赤血球形質は 2 つのうちのどちらかの β 鎖が，鎌状赤血球症は両方の β 鎖の遺伝子が変異している人のことを示す用語である．鎌状赤血球症の新しい治療法としては，HbS の重合を阻害するための

HbF の発現誘導や幹細胞移植があり，将来的には遺伝子治療も考えられる．

臨床との関連

ミオグロビン尿 myoglobinuria

骨格筋の挫滅損傷に引き続く腎障害がある場合には，放出されたミオグロビンが尿中に認められることがある．ミオグロビンは心筋梗塞でも血漿中に検出されるが，血清トロポニン，乳酸デヒドロゲナーゼのアイソザイムやクレアチンキナーゼの測定（7 章参照）の方がより鋭敏な心筋損傷の指標となる．

貧血 anemia

血中の赤血球数あるいはヘモグロビン濃度が減少する貧血は，ヘモグロビン合成の低下（たとえば，鉄欠乏，52 章参照）や赤血球生成の減退（たとえば，葉酸あるいはビタミン B_{12} の不足，44 章参照）[2] によって起こる．貧血の診断では，まず血中ヘモグロビン量のスペクトル測定を行う．

サラセミア thalassemia

サラセミアとして知られている遺伝的欠陥は，ヘモグロビンの α 鎖または β 鎖の 1 つあるいは両方の部分的もしくは全部の欠損が原因である．約 750 以上のさまざまな変異が同定されているが，最もよく知られている変異はわずか 3 つである．α 鎖（α サラセミア）と

---

2) 訳者注：あるいは赤血球の分解促進（溶血性貧血など）でも起こる．

β鎖（βサラセミア）のどちらに遺伝的欠陥があっても
サラセミアは起こり得る．肩付の文字はどちらのサブ
ユニットが完全欠損（α^0 あるいは β^0）か，あるいはどち
らのサブユニットの合成が低下（α^- あるいは β^-）して
いるかを表示している．骨髄移植以外の治療は対症療
法である．

　ある種の変異ヘモグロビンは多くのヒト集団で普通
に認められ，患者は1つ以上のタイプの変異を遺伝的
に受け継いでいる．したがって，ヘモグロビン異常は
複雑な臨床症状を呈する．39章で，DNAプローブを
使用したこれらの診断に関して述べる．

糖化ヘモグロビン（HbA$_{1C}$）

　血中グルコースが赤血球に入ると，グルコースはヘ
モグロビンβ鎖リシン残基の ε-アミノ基やアミノ末端
バリン残基の α-アミノ基に共有結合することがある．
この過程を**糖化 glycation** という．糖化は糖鎖付加（46
章参照）とは異なり，触媒となる酵素が関与しない．糖
化ヘモグロビン画分は正常ではヘモグロビン全体の約
5%で，血糖濃度に比例している．赤血球の寿命は一
般に120日であることから，糖化ヘモグロビン
（HbA$_{1C}$）量は最近8〜12週の平均血糖値を反映してい
る．したがって，HbA$_{1C}$ の測定は糖尿病診断と管理に
有益な情報を提供する．

まとめ

■ ミオグロビンは単量体であり，ヘモグロビンは2つ
　のタイプのサブユニットからなる四量体（HbA では
　$\alpha_2\beta_2$）である．ミオグロビンとヘモグロビンサブユ
　ニットは互いに相同体であり，一次構造は異なるも
　のの二次・三次構造はほとんど同じである．

■ わずかにひだのあるほとんど平面状のテトラピロー
　ル環であるヘムは，4つの窒素原子が中心にある
　Fe^{2+} に配位している．Fe^{2+} にはさらにヒスチジンF8
　が配位し，酸素型ミオグロビンと酸素型ヘモグロビ
　ンでは O_2 が結合する．

■ ミオグロビンの酸素解離曲線は双曲線であるが，ヘ
　モグロビンの酸素解離曲線はS字状であり，ヘモグ
　ロビンの四量体での協同的相互作用の現れである．

■ 協同性はヘモグロビンがコンホメーションの異なる
　2つの型をとれる能力に由来する．2つの型とは，4

個のサブユニットすべてが O_2 への高親和性を示す
弛緩型あるいはR型と低親和性を示す緊張型あるい
はT型である．

■ 肺での高濃度の O_2 がR–T平衡をR型に傾け，末梢
　組織での酵素が触媒する CO_2 の水和反応による赤
　血球の酸性化はT型を有利にする．この協同性によ
　り肺の酸素分圧（P_{O_2}）においての酸素結合能と組織
　の P_{O_2} における酸素放出能の両方が極限まで増大す
　る．

■ さまざまなヘモグロビンの O_2 に対する相対的親和
　性は，ヘモグロビンが O_2 で50%飽和されるときの
　酸素分圧，すなわち P_{50} で表される．各種ヘモグロ
　ビンは，それぞれがかかわる呼吸器官，たとえば肺
　や胎盤での P_{O_2} で飽和される．

■ ヘモグロビンの酸素化の際に，鉄とヒスチジンF8が
　ヘム環の方に移動する．酸素化に引き続き生じるヘ
　モグロビン四量体のコンホメーション変化がいくつ
　かの塩橋を開裂し，結合していたプロトンを放出す
　る．また，四次構造をゆるめて，残りの3個のサブ
　ユニットの酸素親和性を増加させる．

■ T型ヘモグロビンの中心腔への2,3-BPGの結合は，
　活発に呼吸をしている組織での O_2 放出に有利には
　たらく．R型への変換は中心腔をせばめ，2,3-BPG
　を押し出すことになる．

■ ヘモグロビンは，末梢組織から肺への CO_2 の運搬を
　手助けしている．CO_2 の運搬には，カルバミル化合
　物生成と，R型ではなくT型ヘモグロビンのプロト
　ン結合が引き起こす Bohr 効果が関与している．プ
　ロトンの結合は，CO_2 の水溶性である炭酸と炭酸水
　素塩への変換を促進する．肺では，酸素が結合した
　R型ヘモグロビンからのプロトン放出が炭酸水素塩
　と炭酸の CO_2 への変換に有利に働き，生成した CO_2
　は呼気中に排出される．

■ 鎌状赤血球ヘモグロビン（HbS）では，HbA β サブユ
　ニットの Glu_6 が Val に置換されており，脱酸素型ヘ
　モグロビン（deoxyHb）に相補的な"付着領域"（酸素
　型ヘモグロビンにはない）を形成している．低酸素濃
　度下で脱酸素型 HbS は重合し，線維を形成する．こ
　の線維が赤血球をゆがめ，鎌状の形態にする．

■ α および β-サラセミアは，それぞれ HbA の α サブ
　ユニットと β サブユニットの合成能の低下が原因で
　起こる貧血である．

文　献

Cho J, King JS, Qian X, et al: Dephosphorylation of 2,3-bisphosphogylcerate by MIPP expands the regulatory capacity of the Rapoport-Luebering glycolytic shunt. Proc Natl Acad Sci USA 2008;105:5998.

Costa FF, Conrad N (editors): *Sickle Cell Anemia. From Basic Science to Clinical Practice.* Springer, 2016.

Gros G, Wittenberg BA, Jue T: Myoglobin's old and new clothes: from molecular structure to function in living cells. J Exp Biol 2010;213:2713.

Henry ER, Cellmer T, Dunkelberger EB, et al: Allosteric control of hemoglobin S fiber formation by oxygen and its relation to the pathophysiology of sickle cell disease. Proc Natl Acad Sci USA 2020;117:15018.

Piel FB: The present and future global burden of the inherited disorders of hemoglobin. Hematol Oncol Clin North Am 2016;30:327.

Sigler PF (editor): *The Molecular Basis of Human Hemoglobin Dysfunction.* Elsevier, 2017.

Storz JF: *Hemoglobin: Insights into Protein Structure, Function, and Evolution.* Oxford University Press, 2018 (Entire volume).

Thein SL: Molecular basis of β thalassemia and potential therapeutic targets. Blood Cells Mol Dis 2018;70:54.

Umbreit J: Methemoglobin—it's not just blue: A concise review. Am J Hematol 2007;82:134.

Yuan Y, Tam MF, Simplaceanu V, Ho C: New look at hemoglobin allostery. Chem Rev 2015;115:1702.

酵素：作用機構

Enzymes: Mechanism of Action

学 習 目 標
本章習得のポイント

- 特異的なビタミン B 複合体とある種の補酵素との構造上の関係を説明できる.
- 化学反応を触媒する酵素の 4 つの基本原理を概説できる.
- 酵素基質相互作用における "lock and key" と "induced fit" モデルを理解し, 後者が酵素触媒のダイナミックな性質をどのように構成しているかを説明できる.
- エンザイムイムノアッセイ（ELISA）の原理を概説できる.
- 適切なデヒドロゲナーゼとの共役によって, 多くの酵素の活性の検出や測定がどのように容易になるのかを記述できる.
- 血漿中のレベルによって診断や予後予測のバイオマーカーとして用いられるタンパク質とはなにか理解する.
- 遺伝疾患の検出において制限酵素と制限酵素による切断断片の長さの多型性の応用について把握する.
- 基質やアロステリック因子の認識部位, あるいは触媒反応の機構に関与するアミノアシル残基を決定するうえで, 部位特異的変異を導入することの有用性を説明できる.
- "アフィニティータグ" が, クローニングした遺伝子の発現タンパク質の精製をどのように容易にするのかを記述できる.
- RNA 分子が酵素としてはたらくことの発見に導いた研究について考察し, RNA ワールドの進化的概念について簡潔に説明できる.

生物医学的重要性

　1946 年のノーベル賞受賞者 James Sumner は酵素を "高分子量で生物由来の触媒" と定義した. 酵素は地球上で生命なるものを可能にしている化学反応を触媒する. たとえばエネルギー供給のための栄養素の分解や生体分子構築単位形成であり, これらの構築単位をタンパク質, DNA, 生体膜, 細胞, さらには組織への組み上げ, そしてエネルギーを細胞運動や神経活動, 筋肉の収縮のエネルギーとして利用する. ほとんどすべての酵素はタンパク質である. 特筆すべき例外として, リボソーム RNA と, エンドヌクレアーゼあるいはヌクレオチドリガーゼ活性を備えたひと握りの RNA 分子があり, これらはまとめてリボザイムとして知られる. 多くの病的状態は, 遺伝的欠損, 栄養障害, 組織ダメージ, 毒素, ウイルスや病原性微生物（コレラなど）の感染による, 主要な酵素（律速酵素）[1]の量や触媒

活性の変化の直接的な結果である. したがって, 血液やそのほかの組織液, あるいは細胞抽出液において, 特定の酵素の活性を検出し定量化することは, 医師が多くの病気を診断する際に, 手助けできる情報になる.

　すべての代謝過程の触媒としての役割に加え, 酵素の印象的な触媒活性や基質特異性は人の健康と幸福においてユニークな役割を果たすことができる. たとえば, レニンというプロテアーゼはチーズの製造に用いられるし, ラクターゼはミルクのラクトース（乳糖）を除去するのに使われるが, これは乳糖を加水分解する酵素が欠損している乳糖過敏症の人たちに恩恵を与えている. プロテアーゼやアミラーゼは汚れやシミを除く界面活性作用を強化し, 一方他の酵素は, 複雑な薬剤や抗生物質の立体構造合成に関与する.

---

[1] 訳者注：律速酵素ともいう. 生体内の一連の反応において, 反応全体としての速度を支配するいわゆる律速段階の反応を触媒する酵素. 鍵酵素にはアロステリック調節やその他の機構による調節を受ける調節酵素が多い.

酵素は効率のよい，高度に特異的な触媒である

　1つのあるいは複数の化合物（**基質 substrate**）を1つのあるいは複数の異なる化合物（**反応産物 product**）に変換する反応を触媒する酵素は，非触媒反応と比べて$10^6 \sim 10^9$倍，またはそれ以上に一般的に反応を促進する．いくつかの酵素は，触媒反応中に修飾されるが，このような一過的な変化は触媒反応の過程で解消される．酵素は効率的であることに加え，非常に選択的である．典型的に，合成化学で使用される触媒は，触媒される反応の種類に特異的であり関連する官能基を含む化合物に作用する．しかし，酵素は一般に，単一の基質，あるいはその単一の立体異性体，たとえば，D- であって L- ではない糖，L- であって D- ではないアミノ酸，あるいは小さな一群の関連化合物に特異的である．酵素は少なくとも"3つの結合"（**図 7-1**）を介して基質と結合するため，非キラル基質からキラル（不斉な）反応産物を産生することができる．たとえば，非キラル基質であるピルビン酸の乳酸デヒドロゲナーゼによる還元は，D-乳酸と L-乳酸のラセミ混合物ではなく，L-乳酸のみを産生する．酵素触媒の精妙な特異性は，生細胞で同時に多岐にわたる触媒反応をなすことができ，そして広範な生化学的プロセスを独立して制御できる．

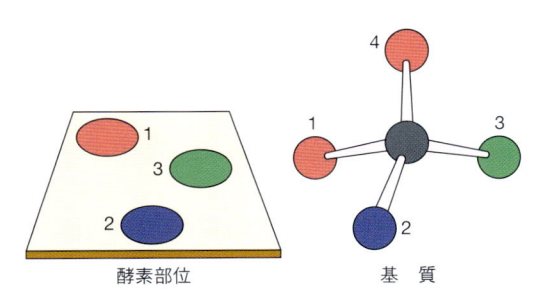

図 7-1. 酵素活性部位への基質の3点結合を平面で表した説明図
基質分子の1と4の原子種は同じであっても，原子2と3が酵素上の対応部位に結合した場合，原子1しか酵素と結合できない．このように，同じ原子種でも酵素との結合では区別されるようになり，立体特異的な化学変化が生じる．

酵素は反応のタイプと反応機構にもとづいて分類される

　最初期の生化学において最初に用いられた酵素のいくつかの名称は今日に至るまで使用されている．例として，ペプシン，トリプシン，アミラーゼがあげられる．初期の生化学者が新たに発見した酵素を一般的に命名するにあたって，触媒する反応の型を表す記述語に語尾アーゼ(-ase)を付した．たとえば，水素元素，H_2や $H^- + H^+$ を除去する酵素は一般的にデヒドロゲナーゼ（脱水素酵素）dehydrogen*ase*，タンパク質を加水分解する酵素はプロテアーゼ prote*ase*，そして基質の立体配置の並び換えを触媒する酵素はイソメラーゼ isomer*ase* とよばれる．多くの場合，これら一般的な記述は，酵素が作用する特異的な基質の用語で補足される．たとえば，（キサンチンオキシダーゼ *xanthine* oxidase），酵素の出所（膵リボヌクレアーゼ *pancreatic* ribonuclease），酵素活性調節の様式（ホルモン感受性リパーゼ *hormone-sensitive* lipase），反応機構の特徴（システインプロテアーゼ *cysteine* protease）などである．必要であれば，酵素の複数の形態やアイソザイムを同定するために，英数字の識別子がつけられる（たとえば，RNA ポリメラーゼ III RNA polymerase III，タンパク質キナーゼ Cβ protein kinase Cβ）．

　より多くの酵素が発見されるにつれて，このような初期の命名慣習によりいくつかの酵素が偶発的に複数の名前でよばれたり，類似した触媒能力を示す酵素に重複した名前が割り当てられたりすることが多くなった．これらの酵素名の問題を解決するために国際生化学分子生物学連合（IUBMB：International Union of Biochemistry and Molecular Biology）は明瞭な酵素命名法のシステムをつくった．この IUBMB 酵素命名法では，個々の酵素に，触媒する反応のタイプとその反応にかかわる基質を特定する固有の名称およびコード番号（EC number）が与えられている．酵素は以下のように6クラスに分類される．

1. **酸化還元酵素 oxidoreductase**：酸化反応と還元反応を触媒する酵素
2. **転移酵素 transferase**：グリコシル基，メチル基，リン酸基など分子の一部分の転移を触媒する酵素
3. **加水分解酵素 hydrolase**：C-C，C-O，C-N，その他の共有結合の加水分解を触媒する酵素
4. **リアーゼ lyase**：C-C，C-O，C-N，およびそ

の他の共有結合を，それにかかわる原子を除去し，二重結合を生成する反応を触媒する酵素

5. **異性化酵素またはイソメラーゼ isomerase**：幾何学的あるいは構造上の分子内変化をもたらす酵素

6. **リガーゼ ligase**：ATP の加水分解に共役して，2つの分子を結合させる反応を触媒する酵素

　ヘキソキナーゼの IUBMB 名は "ATP:D-hexose 6-phosphotransferase EC 2.7.1.1" である．この酵素名は，ヘキソキナーゼが，第 2 クラス（トランスフェラーゼ），第 7 サブクラス（リン酸基の転移），第 1 サブ-サブクラス（アルコールがリン酸基を受容）の一員であること，および "hexose-6" は，ヘキソースの 6 位炭素のアルコール基がリン酸化を受けることを特定している．EC 番号は，類似した機能や類似した触媒活性をもつ酵素を区別するのにとくに有用であることが証明されているが，IUBMB 名は長くて煩雑になりがちである．その結果，ヘキソキナーゼをはじめとする多くの酵素は，ときに曖昧ではあるが，従来の名称を用いてよばれるのが一般的である．

補欠分子族，補因子および補酵素は触媒作用において重要な役割を果たしている

　多くの酵素は非タンパク質性の低分子化合物や金属イオンを含んでいて，これらは基質との結合や触媒作用に直接関与している．**補欠分子族 prosthetic group**，**補因子 cofactor**，**補酵素 coenzyme** と名づけられているこれらの因子の関与によって，酵素のペプチド鎖上に存在するアミノ酸残基の官能基だけではできないような反応にまで酵素のレパートリーを広げている．

補欠分子族

　補欠分子族は共有結合あるいは非共有結合で酵素タンパク質の構造に強固かつ安定に組み込まれている．ピリドキサールリン酸 pyridoxal phosphate，フラビンモノヌクレオチド flavin mononucleotide（FMN），フラビンアデニンジヌクレオチド flavin adenine dinucleotide（FAD），チアミンピロリン酸 thiamin pyrophosphate，リポ酸 lipoic acid，ビオチン biotin，Fe，Co，Cu，Mg，Mn，Zn などの遷移金属がその例に含まれる．酸化還元反応 redox reaction に関与する金属イオンは一般にヘム heme や鉄-硫黄クラスター iron-sulfur

cluster（10 章）のような有機金属複合体として結合している．金属は酵素への基質の結合やその結合した基質の適正な配向や，反応中間体との共有結合の形成を促進したり（補酵素 B_{12} 中の Co^{2+}，44 章参照），あるいはルイス酸 Lewis acid またはルイス塩基 Lewis base として基質の**求電子性 electrophilic**（電子欠乏状態）を強めたり，より**求核性 nucleophilic**（電子豊富な状態）にしたり，さらにそれによってより高い反応性を与えたりすることもある（10 章参照）．

補因子は酵素あるいは基質と可逆的に会合する

　補因子は補欠分子族と似たようなはたらきをして重複もしている．両者の大きな違いは，化学的ではなく，操作的な違いである．補因子は同族酵素や基質と弱く一過性に結合し，解離可能な複合体を形成する．従って，関連する補欠分子族とは異なり，触媒作用が起こるためには，補因子が複合体形成を促進するために周囲の環境に存在する必要がある．金属イオンは，補因子の中で最も多くの種類を形成している．金属イオン補因子を必要とする酵素は，金属イオンが補欠分子族として結合している**金属酵素 metalloenzyme** と区別して，**金属活性化酵素 metal-activated enzyme** とよばれている．全酵素の 3 分の 1 は，この 2 つのグループのいずれかに分類されると推定されている．

多くの補酵素，補因子，補欠分子族はB群ビタミンの誘導体である

　水溶性の B 群ビタミン類は，多くの補酵素に重要な構成成分を供給する．**ニコチンアミド nicotinamide** は酸化還元補酵素である NAD と NADP の構成成分であり（**図7-2**），**リボフラビン riboflavin** は同じく FMN と FAD の構成成分である．**パントテン酸 pantothenic acid** はアシル基の担体である**補酵素 A coenzyme A** の構成成分である．**チアミン thiamin** はチアミンピロリン酸として α-ケト酸の脱炭酸に関与し，**葉酸 folic acid** と**コバミド cobamide** は 1 炭素単位の代謝 one-carbon metabolism で補酵素としてはたらいている．加えて，多くの補酵素は，AMP あるいは ADP のアデニンとリボース，さらにリン酸基部分を含んでいる（図7-2）．

補酵素は基質運搬体として機能する

　補酵素 coenzyme は，繰り返し利用可能な折返し運搬体 shuttle としてはたらく．それは基質を一点から他点へと細胞内運搬する．これらの運搬体の機能には二様がある．1 番目は，水素原子（FADH の場合）や水素

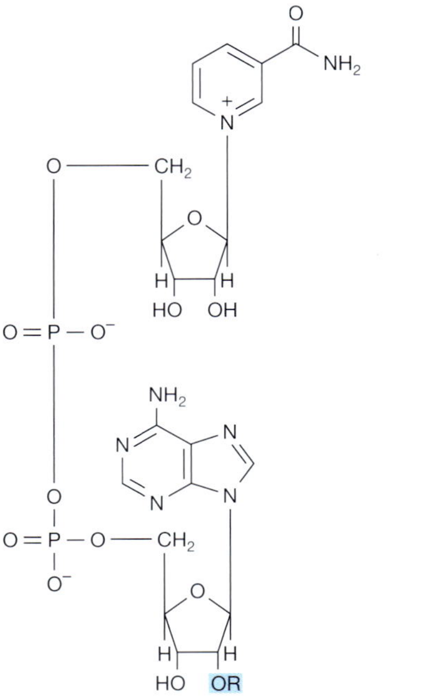

図7-2. NAD$^+$とNADP$^+$の構造
NAD$^+$ではORはOH，NADP$^+$ではORはOPO$_3^{2-}$.

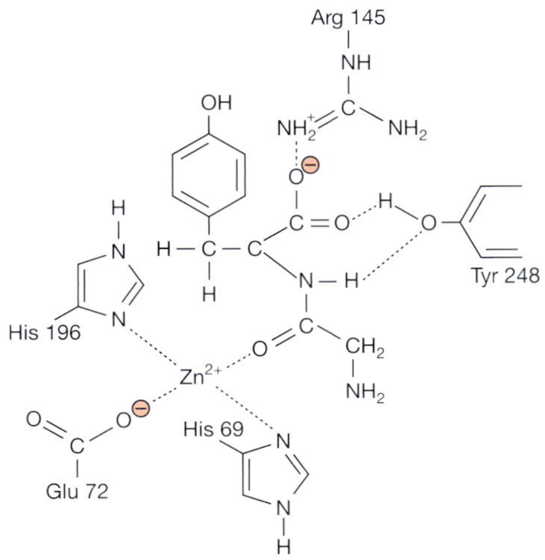

図7-3. カルボキシペプチダーゼAの活性部位内部におけるジペプチド基質，グリシルチロシンの結合状態を示す平面模式図

化物イオン hydride ion（NADHの場合）のように細胞の水，酵素，有機分子の存在下では，反応性が強すぎてその状態を保持できないような化学種を，補酵素が安定化するものである．基質と酵素の接触点を増やすことで，酢酸（補酵素A），グルコース（UDP），水素化物（NAD$^+$）などの小さな化学基が標的酵素に結合する際の親和性と特異性が高まる．補酵素によって運搬される他の化学分子としては，ほかにメチル基（葉酸）とオリゴ糖（ドリコール）がある．

触媒は活性部位で行われる

20世紀初頭に，酵素はその基質存在下では温度上昇に対する抵抗性を得て，変性しにくくなるという温度抵抗性が観察されたが，これによって酵素の触媒能に関する理解が一挙に深まることになった．Emil Fischerはこの観察にもとづいて，酵素（E）と基質（S）の複合体（ES）の形成が安定性を高めると提唱した．この深い洞察が，酵素触媒の化学的本質と反応の速度論の両面についてのわれわれの理解を形づくることになった．

Fischerは，酵素がES複合体を形成するとき，極めて高い特異性で基質を認識することは，あたかも鍵穴が正しくその鍵を識別するように機械的な機構である

と考えた．酵素に例えると，この"鍵穴 lock"にあたるところが活性部位 active site とよばれる酵素の表面の割れ目あるいは窪んだ部分ということである．活動的という形容詞が意味するように，活性部位はたんに基質を結合させるための認識部位以上のものであり，化学変化が起こる環境を提供する．活性部位の内部では，基質分子を反応産物へ化学的に転換させるうえで最適な配置をとるように，補因子のほか補欠分子族やその触媒反応にかかわるアミノアシル基などが互いに配向し近接させられる（**図7-3**）．活性部位は，基質を水溶媒から遮蔽することによって，極性や疎水性，酸性あるいはアルカリ性の度合いなどが，まわりの細胞質とは著しく異なった微小環境をつくり出すことができるので，このことによって触媒反応はさらに促進される．

酵素は効率のよい触媒反応のために多くの機械的戦略を用いている

酵素は次の4つの機械的戦略を組み合わせることによって，化学反応を飛躍的に速くする．

接近による触媒作用

化学的な相互作用のためには，基質分子が互いに結合し得る範囲内まで接近しなくてはならない．また，反応分子の濃度が高ければ高いほど衝突の頻度も高まり，

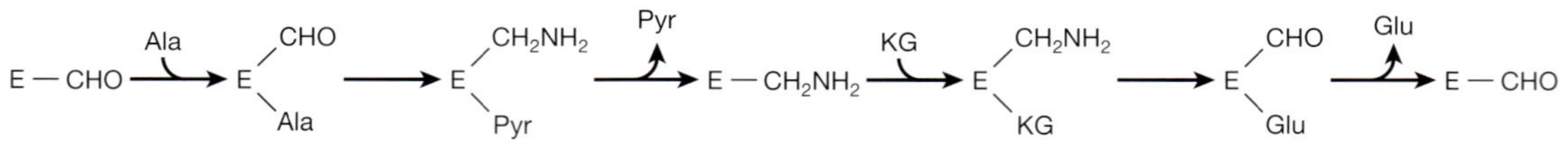

図 7-4. アミノ基転移反応における"ピンポン"機構

E-CHO と E-CH$_2$NH$_2$ はそれぞれ酵素-ピリドキサールリン酸複合体，酵素-ピリドキサミン複合体を表す．（Ala：アラニン，Glu：グルタミン酸，KG：α-ケトグルタル酸，Pyr：ピルビン酸）

産物の出現速度もより高くなる．酵素が基質分子を活性部位に結合するとき，基質の濃度が局所的に高められ，化学的相互作用のための理想的な空間配置をとる．それ自体，この近接性によって，酵素がない場合よりも少なくとも1000倍の速度上昇がもたらされる．

酸–塩基触媒作用

　活性部位が基質に結合できる能力に貢献することに加えて，アミノ酸側鎖および補欠分子族に存在する荷電できる官能基は酸あるいは塩基として作用することにより触媒反応に関与する．2つのタイプの酸–塩基反応が区別できる．**特異的酸–塩基触媒 specific acid or base catalysis** とは，反応にかかわっている酸や塩基がプロトンや OH$^-$ だけである反応のことを表す．したがって，反応速度はプロトンや OH$^-$ 濃度変化に敏感で，溶液中や活性中心での他の酸（プロトン供与体）や塩基（プロトン受容体）の濃度に影響を受けない．一方，反応速度があらゆる酸あるいは塩基の影響を受ける反応を**一般酸触媒 general acid catalysis**，または**一般塩基触媒 general base catalysis** という．

ひずみによる触媒作用

　共有結合を切断する lytic reaction の触媒の場合，酵素は通常，物理的歪みと電子分極によって，切断するターゲットの結合を弱めるコンホメーション（立体配座）で基質と結合する．この歪んだコンホメーションは，**遷移状態中間体 transition state intermediate** を模倣したもので，基質から反応産物への変換の中間点を示す過渡的な分子種である．この**遷移状態の安定化 transition state stabilization** こそが化学反応速度の促進に果たす酵素の役割であることを最初に示唆したのは，ノーベル賞受賞者 Linus Pauling であった．酵素-触媒反応の遷移状態に関する知識は，化学者がより効果的な酵素阻害剤（**遷移状態アナログ**とよばれる）を設計・合成するために，潜在的なファーマコフォア（化合物が結合する部分構造）として頻繁に利用されている．

共有結合触媒作用

　共有結合触媒 covalent catalysis では，まず酵素と1つあるいは複数の基質の間に共有結合が形成される．したがって，**その酵素は反応体になる**．共有結合触媒作用は，均一な溶液中での経路よりも活性化エネルギーが低く，反応速度が速い新しい反応経路を提供する．しかし，ここでの酵素が化学修飾された状態は過渡的なものである．反応の終了時には酵素は修飾を受けていないもとの状態に戻っている．したがって，酵素の役割はあくまで触媒である．共有結合触媒は**置換基転移反応 group transfer reaction** を触媒する酵素で多く見られる．共有結合触媒に関与する酵素側の残基は，多くの場合システインあるいはセリンであるが，ときにはヒスチジンが関与することもある．共有結合触媒による反応は，しばしばピンポン機構 ping-pong mechanism で進行する．この機構では，まず最初の基質が結合し，その反応産物は次の基質が結合する前に放出される（**図 7-4**）．

基質の結合が酵素のコンホメーションの変化を引き起こす

　Fischer の"鍵と鍵穴モデル"は酵素-基質相互作用の絶妙な特異性を理解するのに役立ったが，触媒部位を固定したものとして捉えていたので，触媒変化に伴う動的変化を説明することはできなかった．この欠点を解消しようとしたのが Daniel Koshland の**誘導適合モデル induced fit model** である．このモデルでは，基質が結合するときには，手（基質）を近づけるとそれをつかもうとグラブ（酵素）の形が変わるように，基質は酵素のコンホメーションの変化を引き起こすものだとしている（**図 7-5**）．次に酵素も基質に相応の変化を引き起こし，これによって基質が反応産物へと変換するのを容易にするように，この結合のエネルギーを利用している．誘導適合モデルは基質結合の際の酵素の動きについての生物物理的手法を用いた研究により十分に

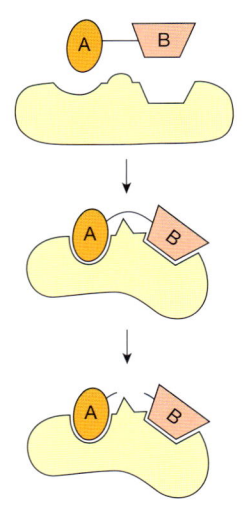

図 7-5. リアーゼの活性部位を Koshland の誘導適合モデルで説明した平面模式図

基質 A-B の結合が酵素のコンホメーションの変化をもたらし，その結果，酵素の触媒に関与する残基が適正に配置され，A と B の間の結合にひずみが生じてその切断が容易になる．

確認されている．

HIV プロテアーゼは酸−塩基触媒をよく現している

消化酵素のペプシン pepsin や，リソソームのカテプシン cathepsin，ヒト免疫不全ウイルス human immunodeficiency virus（HIV）が産生するプロテアーゼである**アスパラギン酸プロテアーゼファミリー aspartic protease family** の酵素は，共通の触媒機構をもっている．この機構では酸−塩基触媒としてはたらく 2 つのアスパラギン酸残基がよく保存されている．反応の第 1 段階において，1 つ目のアスパラギン酸残基（Asp X，**図7-6**）が一般塩基として水分子からプロトンを引抜き，これをより強く求核性 nucleophilic にする．生じた求核基は次に加水分解すべきペプチド結合の求電子性 electrophilic のカルボニル炭素を攻撃し，その結果，**四面体遷移状態中間体 tetrahedral transition state intermediate** が形成される．次いで 2 つ目のアスパラギン酸残基（Asp Y，**図7-6**）が，ペプチド結合の切断によって生じたアミノ基にプロトンを供給することにより，この四面体中間体の分解を促進する．活性中心の 2 つのアスパラギン酸残基の一方は**一般塩基**として，同時にもう一方は**一般酸**としてはたらくが，これは一方の

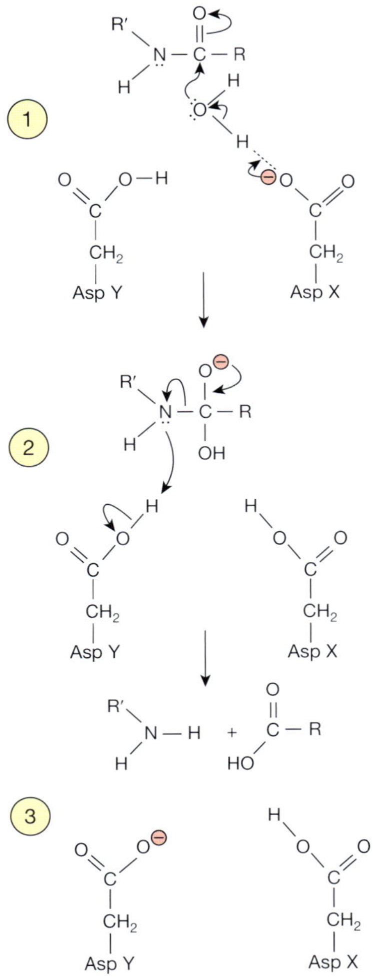

図 7-6. HIV プロテアーゼのようなアスパラギン酸プロテアーゼの触媒機構

湾曲した矢印は電子移動の方向を表す．① アスパラギン酸残基 X（Asp X）が塩基としてはたらき，水分子からプロトンを引き抜いて，これを活性化する．② 活性化された水分子がペプチド結合を攻撃し，四面体遷移状態中間体が生じる．③ アスパラギン酸残基 Y（Asp Y）が酸としてはたらいて，四面体中間体を不安定化し，切断によって生じるアミノ基にプロトンを供給することにより切断反応産物の放出を促進する．次いで Asp X のプロトンが Asp Y へ運ばれてプロテアーゼは初期状態として貯蔵される．

アスパラギン酸残基周辺の局所環境がイオン化に好都合であるものの，もう一方はそうではないからである．

キモトリプシンとフルクトース-2,6-ビスホスファターゼに見られる共有結合触媒

キモトリプシン

アスパラギン酸プロテアーゼの触媒反応では，ペプチド結合に対する水分子による直接攻撃によって分解反応が起こるが，**セリンプロテアーゼ serine protease** であるキモトリプシン chymotrypsin の場合には共有結合のアシル-酵素中間体が生じる．よく保存されたセリン残基 Ser 195（ウシキモトリプシンの場合）が，ヒスチジン His 57 およびアスパラギン酸 Asp 102 との相互作用により活性化する．これら 3 つのアミノ酸残基は一次構造（アミノ酸配列）のうえでは遠く離れているが，酵素タンパク質が折りたたまれた立体構造上の活性部位においては互いに結合可能な距離範囲内に位置している．Asp 102-His 57-Ser 195 の順に並んだこの 3 者は，**電荷リレー系 charge-relay network** を構成し，"**プロトンシャトル proton shuttle**" としてはたらく．

ペプチド基質の結合は，Ser 195 のヒドロキシ基（−OH）のプロトンが Asp 102 へ移動するというプロトン転移を引き起こすことになる（**図 7-7** ①）．これにより，Ser 195 の酸素原子（OH 基の酸素）の求核性が高まり，基質のペプチド結合のカルボニル炭素を攻撃して，共有結合による**アシル-酵素中間体 acyl-enzyme intermediate** を形成する（②）．Asp 102 のプロトンは His 57 を経て基質のペプチド結合が切断されたときにできる遊離したアミノ基に供給される（③）．もとのペプチドの遊離アミノ基の部分は活性部位から遊離し，そこは水分子に置き換えられる．次いで電荷リレー系が His 57 から Asp 102 にプロトンを引き抜くことによって，水分子を活性化する（④）．生じた水酸化物イオン hydroxide ion がアシル-酵素中間体を攻撃し，逆方向プロトンシャトル reverse proton shuttle がプロトンを Ser 195 に戻す（⑤）．これにより Ser 195 がもとの状態に戻る（⑥）．このように，キモトリプシンタンパク質は触媒反応の過程では修飾されるが，反応終了時には何ら変化を受けていないもとの状態に戻っている．プロテアーゼのトリプシンとエラスターゼも，プロトンシャトルを構成する Ser-His-Asp のアミノ酸残基番号は異なるが，似た触媒機構を利用する．

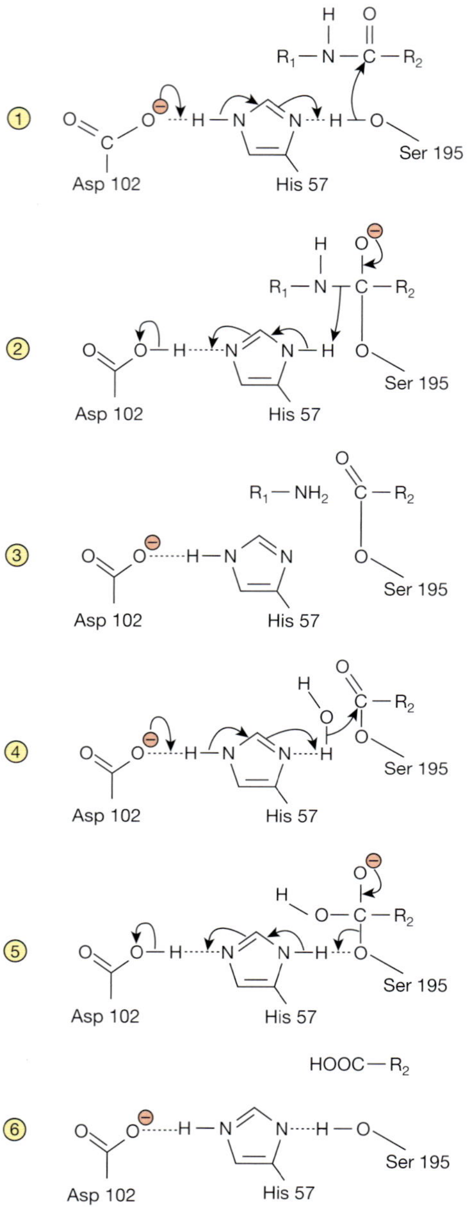

フルクトース-2,6-ビスホスファターゼ

フルクトース-2,6-ビスホスファターゼ fructose-2,6-

図 7-7. キモトリプシンの触媒機構

① 電荷リレー系が Ser 195 からプロトンを引き抜き，この残基を著しく求核性にする．② 活性化された Ser 195 が基質のペプチド結合を攻撃し，一過性に四面体遷移状態中間体が形成される．③ 基質のペプチド結合の切断により新たに生じたアミノ基に電荷リレー系の His 57 経由でプロトンを供給することにより，アミノ末端ペプチド断片の放出が促進され，アシル-Ser 195 中間体を産生する．④ His 57 と Asp 102 は共同で水分子を活性化し，この水分子がアシル-Ser 195 を攻撃して第二の四面体中間体を生じる．⑤ 電荷リレー系が Ser 195 にプロトンを供給することにより，四面体中間体の分解と，⑥ カルボキシ末端ペプチド産物の放出が促進される．

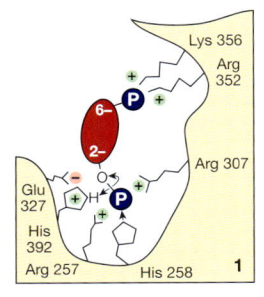
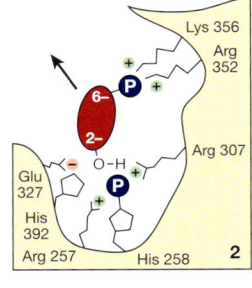

E・Fru-2,6-P$_2$ **1**　　　E-P・Fru-6-P **2**

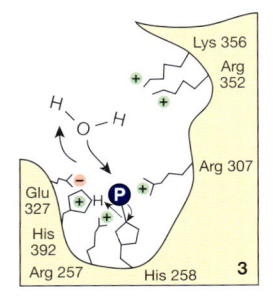

E-P・H$_2$O **3**　　　E・P$_i$ **4**

図 7-8. フルクトース–2,6–ビスホスファターゼの触媒作用（**1**）Lys 356，Arg 257，Arg 307 と Arg 352 が電荷–電荷相互作用により基質の 4 つの負電荷を安定化している．また Glu 327 が His 392 の正電荷を安定化している．（**2**）求核性の His 392 が基質の 2 位炭素のリン酸基を攻撃し，これを His 258 に移す．これによりリン酸化酵素中間体ができ，フルクトース 6–リン酸は酵素から遊離する．（**3**）次いで水分子の求核反応により無機リン酸が生じる．おそらく Glu 327 が塩基として関与している．（**4**）無機リン酸が Arg 257 と Arg 307 から遊離する．(Pilkis SJ, Claus TH, Kurland IJ, et al: 6-Phosphofructo-2-kinase/fructose-2,6-bisphosphatase: A metabolic signaling enzyme. Annu Rev Biochem 1995; 64: 799-835 より許可を得て掲載)

bisphosphatase は糖新生（19 章参照）における調節酵素であり，フルクトース 2,6–ビスリン酸の 2 位炭素に結合しているリン酸基の加水分解を触媒する．**図 7-8** に活性部位の 7 つのアミノ酸残基の役割を示す．この触媒反応には，1 つの Glu 残基と 2 つの His 残基からなる触媒三残基 catalytic triad が関与し，1 つの His 残基が共有結合したホスホヒスチジン中間体を形成する．

触媒作用に関与するアミノ酸残基は高度に保存されている

アスパラギン酸プロテアーゼ，セリンプロテアーゼのような酵素ファミリーのメンバーは，類似の機構で

同じタイプの反応を触媒するとはいえ，異なる基質にはたらく．ほとんどの酵素ファミリーは，遺伝子重複 gene duplication により特定の酵素をコードする遺伝子のコピーがつくられるというかたちで生じてきたようである．このようにして 2 つの遺伝子とコードされたタンパク質は，その後は独自に進化して異なった**同族体 homolog** を形成し，それぞれ異なる基質を認識するようになる．その結果，キモトリプシンは大型の疎水性アミノ酸残基の C 末端側ペプチド結合を切断し，トリプシンは塩基性アミノ酸残基の C 末端側ペプチド結合を切断するようになったと考えられる．共通の祖先から派生したタンパク質は，互いに**相同 homologous** であるという．酵素ファミリーの個々の酵素が相対的に同じ位置に特定のアミノ酸残基をもつことからも共通の祖先の存在が推測される．これらのアミノ酸残基は，**進化的に保存されている evolutionary conserved** といわれる．

アイソザイムとは同じ反応を触媒する異なる酵素型をいう

高等生物はしばしば同じ反応を触媒する酵素のいくつかの物理的に異なった型を備えている．これらのタンパク質触媒，または，**アイソザイム isozyme** もまた遺伝子重複，または高等真核生物において mRNA スプライシングによって生じる（36 章参照）．相同のプロテアーゼが異なる基質に対して作用する一方で，アイソザイムは，特定の調節因子（9 章参照）に対する感受性や，異なる基質よりもむしろ特定の組織や状況に適応する細胞内局在といった補助的な特徴も異なることがある．また，同一の反応を触媒するアイソザイムは生命活動に不可欠な酵素のいわゆる "バックアップコピー" を用意することにより，生存にも役立っていると考えられている．

酵素の触媒としての活性が酵素の検出に役立つ

通常酵素は細胞内に比較的微量に存在するため，酵素の存在と量の測定は容易ではない．しかし，何千分子もの特定の基質を速やかに反応産物に変えることができる能力は，各酵素の存在を増幅する能力を与える．適切な条件下（8 章参照）では，測定される触媒反応の

速度は存在する酵素の量に比例するので，酵素濃度の推定も可能である．酵素の触媒活性の測定（アッセイ assay という）は基礎や臨床の研究室において頻繁に行われている．

1分子酵素学

従来の酵素のアッセイでは限られた感度の制約から，測定可能な量の反応産物を生成させるために，大量の酵素または酵素群を用いる必要があった．この場合，得られるデータは触媒反応の複数のサイクルを経た個々の酵素の"平均活性"を反映することになる．最近の**ナノテクノロジー nanotechnology** やイメージングの進歩によって，別々の酵素分子の基質分子に対する触媒反応が観察できるようになった．その結果，科学者たちは，**図 7-9** にその例を示すように，**1分子酵素学 single-molecular enzymology** とよばれるプロセスによって，個々の触媒反応，ときには特定のステップの速度を測定することができるようになった．

薬剤開発にはハイスループットスクリーニング(高処理スクリーニング)を可能にする酵素測定法が必要

酵素は薬剤や治療薬開発のターゲットになることが多い．これらは一般に酵素阻害剤の形をとる（8章参照）．新薬の発見は，多数の潜在的なファーマコフォア

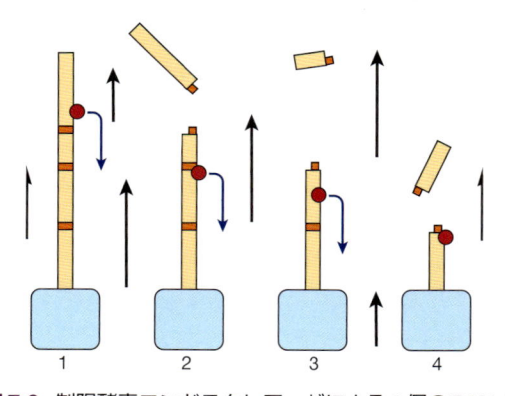

図 7-9. 制限酵素エンドヌクレアーゼによる 1 個の DNA 鎖の切断反応を直接観察する
ビーズ（青）に固定化された DNA 分子は，流れる緩衝液の中に置かれ（黒矢印），伸長したコンホメーションをとる．制限酵素切断部位 restriction site（橙色矩形）の 1 つが制限酵素分子によって切断されて DNA 分子が短くなると，DNA のヌクレオチド分子が蛍光標識されているので蛍光顕微鏡でそれを観察できる．制限酵素分子（赤色丸）は蛍光標識されていないのでそれ自体は見えないが，DNA 分子が短くなっていく（1→4）様子から，制限酵素が DNA 分子の末端に結合し，制限酵素切断部位を順次たどっていくことがわかる．

を，迅速かつ自動化された方法で同時にアッセイすることができれば，非常に容易になる．これを**ハイスループットスクリーニング high-throughput screening (HTS)** という．HTS は，何千もの酵素アッセイを同時に並行して実施してモニターするために，ロボット工学，光学，データ処理，微小流体技術を駆使する．したがって，**コンビナトリアルケミストリー combinatorial chemistry** を完璧に補完する．これは，与えられた化学前駆体のすべての可能な組み合わせによる化合物の大規模なライブラリーを生成する方法である．

エンザイムイムノアッセイ

酵素活性の測定は高感度であることから，触媒活性をもたないタンパク質の検出にも利用できる．**エンザイムイムノアッセイ enzyme-linked immunosorbent assay（ELISA）**は，アルカリホスファターゼや西洋ワサビペルオキシダーゼなどの"レポーター酵素"に共有結合した抗体を用いて，試験管内で容易に検出できる発色物質または蛍光物質を生成する．測定すべき血清やその他の生体試料をプラスチックのマルチウェルマイクロタイタープレート multi-well microtiter plate に入れられる．ほとんどのタンパク質はプラスチックの表面に付着し，固定化 immobilization される．次いで，残っている露出したプラスチックはウシ血清アルブミンのような抗原性をもたないタンパク質を加えて"ブロック"しておく．その後，レポーター酵素と共有結合した抗体の溶液を加え，固定化された抗原分子に抗体を付着させる．次に，余分な遊離抗体分子を洗浄によって除去する．結合した抗体の存在量は，レポーター酵素の活性を測定することによって決定される．この量は，存在する抗体分子の数と，おそらくそれらが結合している抗原分子の数に比例する．

NAD(P)$^+$を補酵素とするデヒドロゲナーゼ類の活性は分光光度法で測定できる

酵素反応の反応物の物理化学的性質により，選択すべき酵素活性測定法が決まる．分光学的定量法 spectrophotometric assay は，光を吸収する基質あるいは反応産物を利用する．還元型補酵素である NADH と NADPH（まとめて NAD(P)H と記す）は 340 nm の光を吸収するのに対して，その酸化型である NAD(P)$^+$ はこの性質をもたない（**図 7-10**）．NAD(P)$^+$ が還元されると，NAD(P)H の生成量に比例して波長 340 nm の吸光度が増加する．これにより NAD(P)$^+$ の還元速度が求められる．逆に，NAD(P)H の酸化を触媒するデヒ

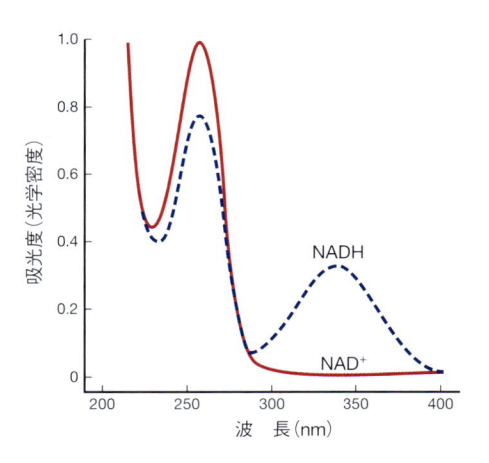

図 7-10. NAD$^+$と NADH の吸収スペクトル
光路 1 cm のキュベット cuvette（またはセル cell）に濃度 44 mg/L の溶液を入れ測定．NADP$^+$と NADPH はそれぞれ NAD$^+$，NADH とほぼ同じスペクトルを示す．

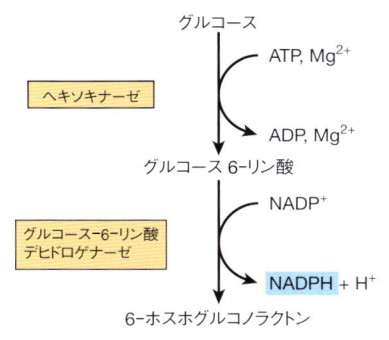

図 7-11. 共役アッセイによるヘキソキナーゼ活性の測定
ヘキソキナーゼによるグルコース 6-リン酸の生成を，NADP$^+$存在下にグルコース-6-リン酸デヒドロゲナーゼによるグルコース 6-リン酸の酸化反応に共役させる．過剰量のグルコース-6-リン酸デヒドロゲナーゼの存在下で反応を行うと，340 nm の吸光度変化で測定される NADPH の生成速度はヘキソキナーゼによるグルコース 6-リン酸の生成速度によって決定される．

ドロゲナーゼが触媒するとき，340 nm の吸光度の減少が起こる．いずれの場合にも 340 nm の吸光度変化の速度はその酵素の存在量に比例する．

　吸光度や蛍光の変化を伴わない酵素反応のアッセイは，より困難であることが一般的である．反応産物を未反応の基質から分離したうえで測定しなければならない場合に，反応産物あるいは消費されずに残っている基質を検出しやすい別の化合物に変えてから測定する場合もある．また代替手段として，反応産物が光を吸収したり，あるいは蛍光をもつよう工夫した合成基質を作出して用いることもある．たとえば，ある種の人工基質分子である *p*-ニトロフェニルリン酸 *p*-nitrophenyl phosphate（*p*NPP）のホスホエーテル結合の加水分解は，多くのホスファターゼ，ホスホジエステラーゼ，セリンプロテアーゼによって，測定可能な速度で触媒される．*p*NPP は可視光を吸収しないが，加水分解によって生成する *p*-ニトロフェノールの陰イオン型（pK_a 6.7）は 419 nm の光を強く吸収するため，定量が可能である．

多くの酵素活性はデヒドロゲナーゼに共役させることにより測定できる可能性がある

　そのほかに，共役アッセイ coupled assay もよく用いられる（**図 7-11**）．典型例として，測定したい酵素の反応産物を基質とするデヒドロゲナーゼを，反応液に触媒能からみて過剰に加えておく．そのとき，NAD(P)H の生成あるいは消失の速度は，デヒドロゲナーゼを共役させた酵素の反応速度に依存する．

ある種の酵素の分析は診断の補助となる

　血漿中にある酵素の活性をはかる血液検査は，いくつかの病態の進行の診断に中心的な役割を果たしてきた．多くの酵素が血液の機能的な構成成分である．たとえば，偽コリンエステラーゼ pseudocholinesterase や，リポプロテインリパーゼ lipoprotein lipase，血液凝固と線溶，および侵入微生物のオプソニン化を引き起こす増幅反応連鎖（カスケード，cascade）を構成する酵素などの例がある．いくつかの酵素は，細胞の壊死や損傷に伴って血漿中へ放出される．後者にあたる酵素は，とくに血漿中で生理的はたらきをするものではないが，**バイオマーカー biomarker** として役立ち，この分子の血中への出現あるいは出現レベルは，特定の組織にかかわる病気や損傷の診断と予後予測に役立つものである．傷害によって放出された酵素やその他のタンパク質の血漿中濃度は，早く上昇することもあれば遅く上昇することもあり，また急速に低下することもあればゆっくりと低下することもある．細胞質タンパク質は，細胞内小器官からのタンパク質よりも急速に現れる傾向がある．

　このように放出酵素あるいは放出タンパク質の定量的分析は，たいていは血漿か血清で行われ，また尿やさまざまな細胞でも行われて，病気の診断や予後予測，あるいは治療結果の判定などに関する情報を提供する．このような酵素"活性"の測定には，一般に反応初速を

表7-1. 臨床診断に用いられるおもな血清酵素

血清酵素	診断の対象となる主な疾患
アラニンアミノトランスフェラーゼ(ALT)	ウイルス性肝炎
アミラーゼ	急性膵炎
セルロプラスミン	肝レンズ核変性症(Wilson 病)
クレアチンキナーゼ	骨格筋の疾患
γ-グルタミルトランスフェラーゼ	各種肝疾患
乳酸デヒドロゲナーゼアイソザイム 5	肝疾患
リパーゼ	急性膵炎
β-グルコセレブロシダーゼ	Gaucher 病
酸ホスファターゼ	がんを含む前立腺疾患
アルカリホスファターゼ (アイソザイム)	各種骨疾患 閉塞性肝疾患

［注］これらの酵素の多くは，表にあげた疾患に特異的とは限らない．

はかる標準反応速度解析が行われる．**表7-1** に臨床診断に重要な酵素を列記した．ただし，これらの酵素は，表にあげた疾患に絶対に特異的ではないことに注意されたい．たとえば，前立腺性の酸性ホスファターゼの血中レベル上昇は，典型的には前立腺がんとの関連を疑うが，ある種の他のがんや，がんではない他の病態で上昇することもある．酵素検査データの解釈は，酵素検査の感度と診断特異度に加え，患者の年齢，性別，既往歴，薬物使用の可能性などを含む包括的な臨床検査によって引き出される他の要因も考慮しなければならない．

組織損傷後の血清酵素分析

酵素学的診断に有用な酵素は，調べようとする組織や器官に対する特異性が高く，診断に適したタイミングで血漿や体液に出現（"診断ウィンドウ diagnostic window"とよばれる）すべきである．心筋梗塞(MI)の場合，適切な治療を開始するためには，予備診断から数時間かもっと早く発見できなければならない．MIの診断に初めて用いられた酵素はアスパラギン酸アミノトランスフェラーゼ(AST：aspartate aminotransferase)と，乳酸デヒドロゲナーゼ(LDH：lactate dehydrogenase)であった．LDH を用いた診断では，その四次構造の組織特異的な変化を利用する（**図7-12**）．しかし，LDH は損傷後比較的ゆっくりと放出される．クレアチンキナーゼ（CK）には 3 つの組織特異的アイソザイムがある：CK-MM(骨格筋)，CK-BB(脳)，CK-MB(心臓および骨格筋)であり，より最適な診断ウインドウがある．LDH と同様，個々の CK アイソザイムは電気泳動で分離可能である．今日，血漿中 CK 濃度の測定は，おもに Duchenne 型筋ジストロフィーなどの骨格筋疾患の評価に用いられている．

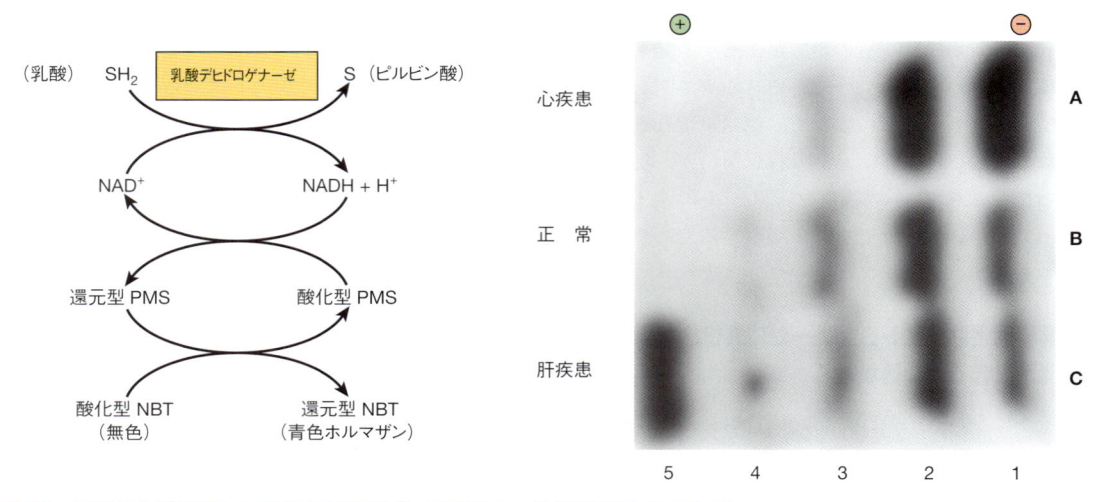

図7-12. 正常および病変ヒト血清中の乳酸デヒドロゲナーゼ(LDH)アイソザイム
血清試料を電気泳動で分離した．その後，特異的な色素結合反応を用いて LDH アイソザイムを可視化した．パターン **A** は心筋梗塞患者の血清，**B** は正常血清，**C** は肝疾患患者の血清．数字は LDH アイソザイム 1 〜 5 を示す．このように電気泳動と特異的検出技術を用いれば，LDH 以外の酵素のアイソザイムも可視化することができる．

血漿トロポニンは心筋梗塞の診断マーカーとして，現在優先的に使用されている

トロポニン troponin は骨格筋と心筋の筋収縮装置に存在するが，3 種類のタンパク質複合体であるが，平滑筋にはない（51 章参照）．典型的には血漿中のトロポニン濃度は心筋梗塞後 2 ～ 6 時間上昇し，4 ～ 10 日間上昇したままである．心筋トロポニン I と T の血漿中濃度の免疫学的測定は，心筋障害の高感度で特異的な指標となる．心筋障害の他の原因でも血清トロポニン値は上昇するので，心筋トロポニンは心筋障害の一般的なマーカーとなる．

酵素のその他の臨床上の使用

酵素は臨床研究室において，重要な代謝産物の存在と濃度を測定するために使用される．たとえば，グルコースオキシダーゼは血漿グルコース濃度を測定するために頻繁に利用される．酵素はまた，傷害や疾患の治療にも使用される頻度が高まっている．たとえば，急性心筋梗塞の治療には組織プラスミノーゲン活性化因子（tPA）やストレプトキナーゼ，嚢胞性線維症の治療にはトリプシンなどがある．組換え産生グリコシラーゼの静脈注射は，ゴーシェ病（β−グルコシダーゼ），ポンペ病（α−グルコシダーゼ），ファブリー病（α−ガラクトシダーゼ A），Sly 病（β−グルクロニダーゼ），ムコ多糖症 I 型，II 型，VI 型—それぞれ Hurler 症候群（α−L−イデュロニダーゼ）としても知られている—，Hunter 症候群（イズロン酸 2−スルファターゼ），Maroteaux-Lamy 症候群（アリルスルファターゼ B）のようなライソゾーム貯蔵症候群の治療に行われる．

酵素は遺伝病や感染症の診断を促進する

多くの診断技術は，DNA のようなオリゴヌクレオチド断片に対して酵素が特異的かつ高能率にはたらくことを利用している．**制限エンドヌクレアーゼ restriction endonucleases** は，早くから臨床分析および法医学分析のための重要なツールとして登場した．しばしば制限酵素とよばれる制限エンドヌクレアーゼは，制限部位とよばれる 4, 6 またはそれ以上の塩基対の配列部位で二本鎖 DNA を切断する（39 章参照）．ある個体が，使用するエンドヌクレアーゼの制限部位を除去または生成する変異または多型を有している場合，切断

時に生成される DNA 断片の数と大きさは，別の除去や変異がない個体とは異なる．このような**制限断片長多型 restriction fragment length polymorphisms（RFLP）**は，鎌状赤血球形質 sickle cell trait，β サラセミア β−thalassemia，乳児フェニルケトン尿症 infant phenylketonuria，ハンチントン病 Huntington disease などの遺伝性疾患に特徴的な有害な変異の出生前検出に用いることができる．RFLP はまた，分子生物学的な"指紋 fingerprints"として，DNA サンプルの出所から特定の個人を突き止めるのに役立つ．しかし，RFLP には制限酵素の基質として使用する DNA が比較的大量に必要であるという重要な制限がある．今日，RFLP 分析にほとんど取って代わって，劇的に感度が向上したポリメラーゼ連鎖反応 polymerase chain reaction（PCR）に基づく分子診断ツールが用いられる．

ポリメラーゼ連鎖反応（PCR）の臨床応用

39 章に示されているように，ポリメラーゼ連鎖反応 polymerase chain reaction（PCR）では耐熱性 DNA ポリメラーゼを用い，適切なオリゴヌクレオチドをプライマー primer として，微量の生体試料から特定の DNA 断片の何千ものコピーを複製する．PCR によって，医学，生物学，法医学の科学者は，DNA を直接検出するには到底不可能なほど微量でも，検出し，性質（配列）を決めることができるようになった．遺伝子変異のスクリーニングのほかに，PCR は病原因子や寄生性病原体を検出し特定することにも用いられる．すなわち，病原体由来 DNA 断片の PCR による選択的増幅によって，Chagas 病 Chagas' disease を引き起こすクルーズトリパノソーマ *Trypanosoma cruzi* や，細菌性髄膜炎を起こす髄膜炎菌 *Neisseria meningitidis* などの検出が行われる．

組換え DNA は酵素研究のための重要な手段を提供する

酵素の構造と機能の研究のためには高度に精製された酵素標品が必要であるが，細胞に存在する多数のタンパク質のなかから個々の酵素を単離することは，とくにそれが低濃度でしか存在しない場合には，極めて困難である．対象となる酵素の遺伝子をクローニングすることにより，大腸菌や酵母にその遺伝子がコードするタンパク質を大量に発現させることが可能である．しかし，微生物細胞は，高等生物に特有の翻訳後処理

作業を行うことができないため，すべての哺乳類などの高等生物のタンパク質が，微生物細胞内（大腸菌など）で適切に折りたたまれ，機能性のある形で発現できるわけではない．このような場合，培養動物細胞系で組換え遺伝子を発現させるか，培養昆虫細胞のバキュロウイルス発現ベクターを用いる方法がある．より詳しい組換え DNA 技術については，39 章を参照のこと．

組換え融合タンパク質はアフィニティークロマトグラフィーにより精製できる

組換え DNA 技術は，アフィニティークロマトグラフィーで容易に精製できるように特異的に修飾されたタンパク質の生成にも使用できる．目的のタンパク質のカルボキシ末端（C 末端）またはアミノ末端（N 末端）に連結させるオリゴヌクレオチド配列（タグとよばれる）を追加する．これにより，**融合タンパク質 fusion protein** は適切に修飾されたアフィニティー支持体と相互作用するよう仕立てられた新しいドメインをもつ．よく用いられるやり方は，6 個の連続したヒスチジン残基をコードするオリゴヌクレオチドを遺伝子配列につなぐものである．この "His tag" タンパク質（tag は付け札の意味）は Ni^{2+} または Cd^{2+} のような 2 価金属を固定化したクロマトグラフィー支持体に結合する．このアプローチは，これらの 2 価の陽イオンがヒスチジン残基に結合できる能力を利用している．いったん結合すると，夾雑タンパク質は洗い流され，遊離ヒスチジンあるいはイミダゾールを高濃度で含む緩衝液を加えると "His tag" 酵素が溶出してくる．これは，不動化された金属イオンと結合するポリヒスチジン末端と競合するからである．ほかには，グルタチオン S-トランスフェラーゼ glutathione S-transferase（GST）の基質結合領域を "GST tag" とすることができる．グルタチオンを結合したアフィニティー支持体を用いた GST-融合タンパク質の精製法を**図 7-13** に示す．

N 末端タグの付加は，組換えポリペプチドの残りの部分の適切なフォールディングを誘導するのにも役立つかもしれない．ほとんどの融合ドメインは，最終的に除去できるように，タンパク質とタグをつなぐ領域に，トロンビンのような特異性の高いプロテアーゼの切断部位ももっている．

部位特異的変異酵素の作用機構の解明に道を開く

クローニングした遺伝子のタンパク質発現系を確立すると，特定のアミノ酸残基を，そのコドンを変える

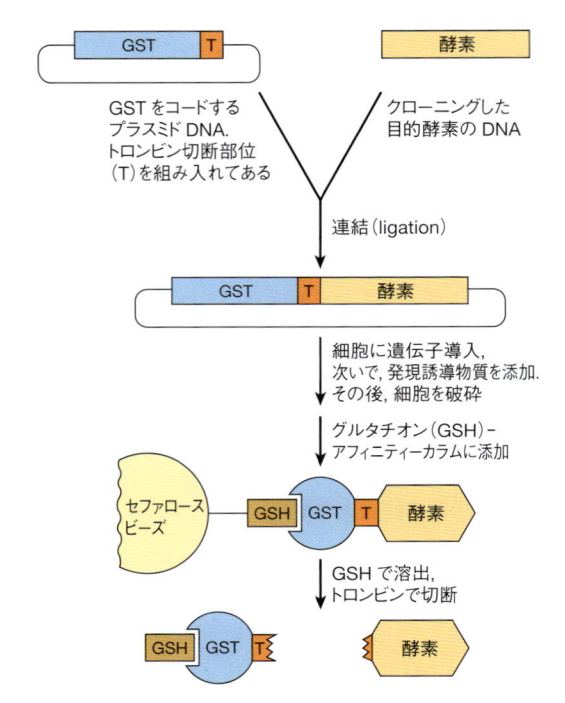

図 7-13. グルタチオン S-トランスフェラーゼ（GST）融合タンパク質を用いる組換え酵素の精製

ことによって別のアミノ酸残基に変える**部位特異的変異誘発 site-directed mutagenesis** を行うことができる．この部位特異的変異誘発を反応速度論的解析や X 線結晶学と組み合わせて，基質の結合や触媒反応における特定のアミノ酸残基の役割を同定する研究が進展する．たとえば，あるアミノ酸残基が酸として機能しているという推論を検証するために，それをプロトンを供給できない別のアミノ酸残基に変えてみることができる．

リボザイム："RNAワールド"がつくりだしたもの

Cechは触媒能をもつRNAを初めて発見した

酵素の発見以来何年もの間，酵素はすべてタンパク質であると考えられてきた．しかし，1980 年代初頭に繊毛虫類のテトラヒメナ *Tetrahymena* でリボソーム RNA（rRNA）分子のプロセシングを調べていたとき，Thomas Cech らは，26S rRNA のプロセシングが，タンパク質が全くない状態でも試験管内でスムーズに進行することを観察した．続いて，彼らはこのスプライシング活性の原因を追跡し，RNA の 413 bp の触媒断片にたどり着いた．彼らは，**リボザイム**（36 章参照）と

名づけた．—この発見により Cech はノーベル賞を受賞した．

　それ以後，いくつかのリボザイム（酵素 RNA）が発見された．それらのほとんどは RNA 主鎖のホスホジエステル結合を標的として求核置換反応を触媒するものであった．ハンマーヘッド型あるいは D 型（delta）肝炎ウイルス RNA などの自己切断型の小型 RNA では，求核反応種は水分子であり，これによって加水分解が起こる．大型のグループ I イントロンリボザイムでは，求核反応種は相手方 RNA 断片の末端リボースの 3′-ヒドロキシ基であるため，スプライシング反応が起こることになる．

リボソーム：究極のリボザイム

　リボソームは，"分子機械 molecular machine" であると認識された最初の例である．リボソームは，何十ものタンパク質サブユニットと大型のリボソーム RNA によって構成された巨大な複合体であって，メッセンジャー RNA 分子（mRNA）にコード化された指示情報に従って長大なポリペプチド鎖を合成していくという，生命活動にとって重要かつ極めて複雑な過程をこなしていくものである（37 章参照）．永年にわたって，リボソーム RNA（rRNA）は受動的，構造的な役割を果たすか，または相補的な塩基対を形成する機構によって同種の mRNA を認識する助けになるのかもしれないと考えられてきた．このように，リボソーム RNA がペプチド合成の触媒反応のための必要十分条件を満たすことが発見されたとき，いささか驚きをもって迎えられた．

RNA ワールド仮説

　リボザイムの発見は，進化学説に大きな影響を与えた．長年，科学者たちは，最初の生物学的触媒は，原始スープに含まれるアミノ酸が合体して単純なタンパク質が形成されてできたという仮説を立ててきた．しかし，RNA が情報の運搬と化学反応の触媒の両方を行えるとわかると，RNA こそが原始生体高分子ということになる．結局，より化学的に安定したオリゴヌクレオチドである DNA が，長期的な情報保存のために RNA に取って代わり，一方，タンパク質は，より大きな化学官能基と構造の多様性によって，触媒を支配するようになった．もしある種の RNA–タンパク質混成分子が，リボヌクレオチド触媒からポリペプチド触媒への過渡的な中間体として形成されたと考えるならば，この失われた missing link をリボソーム以外から探す

必要はない．

　なぜタンパク質がすべての触媒機能を引き継がなかったのだろうか？　おそらくリボソームの場合，そのプロセスは複雑かつ不可欠であったため，競合する可能性のあるタンパク質が取って代わる機会が少なかったのだろう．小型の自己切断 RNA や自己スプライシングイントロンの場合は，新たなタンパク質性の触媒を進化させるよりも RNA の自己触媒反応の方がより効率的であったまれな例なのだろう．

まとめ

- 酵素は極めて効率のよい触媒であり，その高度な特異性は触媒される反応の種類と基質の立体化学に及ぶ．
- 多くの酵素では，触媒反応を促進するための化学的手段一式は非アミノ酸分子を用いて拡張されている．強固に結合している場合，これらの無機分子や有機分子は補欠分子族とよばれる．ゆるく結合している（解離可能）場合は，補因子とよばれる．
- 補酵素の多くはビタミン B 群の誘導体であり，アミン，電子，アセチル基といった一般的に使用される基の "シャトル" の役割を果たす．
- 触媒作用の間，酵素は生成物への変換を促進するために，基質の結合によって構造変化が引き起こされる．
- 触媒反応を促進するために酵素が用いる機構的戦略には，ひずみの導入，反応物の近似，酸塩基触媒，共有結合触媒などがある．
- 触媒反応に関与するアミノ酸残機は進化の過程で高度に保存されている．
- 部位特異的変異体解析では，触媒作用や基質結合に重要であると思われるアミノ酸残基を変化させることによって，酵素の作用機序に関する重要な情報を得ることができる．
- 酵素の触媒活性はその存在を明らかにし，検出を容易にし，エンザイムイムノアッセイ（ELISA）の基礎となっている．
- 多くの酵素は，NAD(P)H 依存性デヒドロゲナーゼとカップリングさせることにより，分光光度法でアッセイすることができる．
- いくつかの酵素を含む血漿タンパク質のアッセイは，臨床診断と予後検査に貢献する．
- 制限エンドヌクレアーゼは，制限断片長多型を明ら

かにすることにより，遺伝病の診断を容易にする．

■ PCR は微量の DNA を増幅する．

■ ポリヒスチジン，GST，その他の"タグ"を組換えタンパク質の N 末端または C 末端に付加することで，アフィニティークロマトグラフィーによるタンパク質精製が容易になる．

■ すべての酵素がタンパク質というわけではない．RNA のホスホジエステル結合を切断し，再結合することができるいくつかのリボザイムが知られているが，それらはポリペプチド合成の触媒をおもに担っているリボソームの RNA 構成要素である．

┃ 文　献

Apple FS, Sandoval Y, Jaffe AS, et al: Cardiac troponin assays: Guide to understanding analytical characteristics and their impact on clinical care. Clin Chem 2017;63:73.

Baumer ZT, Whitehead TA: The inner workings of an enzyme: A high-throughput mutation screen dissects the mechanistic basis of enzyme activity. Science 2021;373:391.

Bishop ML, Fody EP, Schoeff, LE: *Clinical Chemistry. Principles, Techniques, and Correlations,* 8th ed. Jones & Bartlett Learning, 2018.

Frey PA, Hegeman AD: *Enzyme Reaction Mechanisms.* Oxford University Press, 2006.

Heckman CM, Paradisi F: Looking back: A short history of the discovery of enzymes and how they became powerful chemical tool. Chem Cat Chem 2020;12:6082.

Hedstrom L: Serine protease mechanism and specificity. Chem Rev 2002;102:4501.

Knight AE: Single enzyme studies: A historical perspective. Meth Mol Biol 2011;778:1.

Rho JH, Lampe PD: High-throughput analysis of plasma hybrid markers for early detection of cancers. Proteomes 2014;2:1.

Sanabria H, Rodnin D, Hemmen K, et al: Resolving dynamics and function of transient states in single enzyme molecules. Nature Commun 2020;11:1231.

Spies M, Chemla Y (eds): *Single-Molecule Enzymology: Fluorescence-based and High-throughput Methods.* Methods Enzymol, vol. 581, Academic Press, 2016 (Entire volume).

Weinberg CA, Weinberg Z, Hammann C: Novel ribozymes: Discovery, catalytic mechanisms, and the quest to understand biological function. Nucl Acids Res 2019;47:9480.

酵素：反応速度論

Enzymes: Kinetics

8

学 習 目 標
本章習得のポイント

- 酵素反応速度論を解析する目的と目標を明確にすることができる.
- ある反応全体の自由エネルギー変化の収支 ΔG が反応機構に依存するかどうかを示すことを理解する.
- ΔG が反応速度の関数であるかどうかを示すことができる.
- 平衡状態における反応基質と反応産物の濃度に関する K_{eq} と, 速度定数の比 k_1/k_{-1} との関係性を説明することができる.
- 酵素反応において, 水素イオン濃度, また酵素と基質の濃度などが, いかに反応速度に影響するかを概観することができる.
- 温度がどのように化学反応に影響するか衝突理論を利用して説明することができる.
- 初速の条件を定義し, この条件下で酵素の反応速度を測定する利点を説明することができる.
- K_m や V_{max} を推定するのに, Michaelis-Menten 式を線形変換して用いて説明できる.
- 基質との結合が特定の多量体酵素の初速度論的特性にどのように影響を及ぼすか評価するために, 線形変換した Hill 方程式を用いる, その理由を述べることができる.
- 単純な競合阻害と単純な非競合阻害について, 基質濃度を上げていったときのそれぞれの速度論的特性を対比することができる.
- 複数基質の反応においてピンポン ping-pong 機構や迅速平衡機構の酵素について, 反応基質が系に加わる様式, あるいは反応産物が系から離脱する様式を記述できる.
- 酵素反応速度論は薬剤の作動様式 mode of action を確認するのに有用であることの例を示すことができる.

生物医学的重要性

　酵素活性の完全でバランスのとれた組み合わせは, 恒常性 (ホメオスタシス) の維持にとって必要である. 酵素反応速度論 enzyme kinetics は, 酵素触媒による反応速度を定量的に計測することであり, 速度に影響を及ぼす諸々の因子を系統的に研究することであり, 多くのヒトの疾病の根底にある酵素の均衡逸脱の解析・診断・治療のための重要なツールを構成している. たとえば, 反応速度論的解析により, 酵素が基質を反応産物に変換する過程の個々の段階の数とその順番がわかる. また, 部位特異的変異誘発 site-directed mutagenesis と組み合わせることで, その酵素の触媒機構の詳細を解明することができる. 血液では, 特定の酵素の出現や濃度の変化が, 心筋梗塞や前立腺がんや肝疾患のような病態の臨床的指標として役立つ. ほぼすべての生理過程を酵素が担っていることから, 酵素はヒトの病気を治癒あるいは軽快させる薬剤の標的になる. 酵素反応速度論の応用研究は, ある特定の酵素触媒過程を選択的に阻害する治療薬を探索し, その性質を明らかにするための主要な手段である. このように, 酵素反応速度論研究は, 創薬, 比較薬力学 comparative pharmacodynamics, 薬剤の作用機序の解明おいて中心的かつ決定的な役割を果たす.

化学反応を化学反応式で記述する

化学反応式 balanced chemical equation は，特定の反応について，始めに存在する反応物（基質）とその反応の結果新たに生じる化合物（反応産物）を，反応前後の分子数のそれぞれの割合（これを**化学量論 stoichiometry** という）とともに表す．たとえば以下の式(1)は，基質 A と基質 B 各 1 分子から反応産物 P と Q がそれぞれ 1 分子ずつ生じる反応を示す．

$$A + B \rightleftharpoons P + Q \tag{1}$$

2 本の逆向きの矢印は反応の可逆性を表すが，すべての化学反応はもともと可逆的である．それゆえ，式(1)の場合，A と B から P と Q が生じるのであれば，P と Q から A と B が生じ得る．1 つの方向の反応産物は逆方向の反応の基質になるから，"基質"や"反応産物"という名称は若干に恣意的といえる．ただし，産生が熱力学的に有利である場合に，その生成物を"反応産物 product"とよび慣わしている．反応の平衡が熱力学的に著しく反応産物生成の方向に傾いているとき，あたかもこの反応が"不可逆的"であるかのように 1 本の矢印で反応の方向を表す（式(2)）．

$$A + B \rightarrow P + Q \tag{2}$$

一方向の矢印は，式(2)における反応産物が，次の酵素による触媒反応によって直ちに消費される，あるいはたとえば CO_2 のように迅速に細胞から出ていくという生細胞内の反応を記述するときにも用いられる．なぜなら，反応産物 P あるいは Q の速やかな除去は逆反応を阻害し，式(2)は**生理的条件下では機能的に不可逆**となる．

自由エネルギー変化が化学反応の進行方向と平衡状態を決定する

ギブズの自由エネルギー変化 ΔG（たんに自由エネルギーあるいはギブズエネルギーともよばれる）は反応がどちら向きに進行しようとするか，および基質と反応産物が平衡状態で達する濃度を定量的に記述する．ある化学反応の ΔG は反応産物生成の自由エネルギー ΔG_p から基質生成の自由エネルギー ΔG_s を引いた差に等しい．同様だが異なった量を示す標準自由エネルギー変化 ΔG^0 とは，標準状態，つまり基質と反応産物のモル濃度がすべて 1 mol/L の状態から，平衡に達するまでの自由エネルギー変化を表す．生化学では，水素イオン濃度が 10^{-7} mol/L，つまり pH 7 における標準状態での標準自由エネルギー変化 $\Delta G^{0'}$ が有用である．もし反応産物生成の自由エネルギーが，基質生成のそれより低ければ ΔG^0 と $\Delta G^{0'}$ は負の値となり，反応は左から右へ進むであろう．このような反応を**自発的 spontaneous** であるという．自由エネルギー変化の**符号（正・負）**とその**大きさ magnitude** によって反応がどの方向にどれだけ進むかが決まっている．

式(3)は自由エネルギー変化 ΔG^0 と反応の平衡定数 K_{eq} の関係を示す．

$$\Delta G^0 = -RT \ln K_{eq} \tag{3}$$

ここで，R は気体定数（1.98 cal/mol·K，または 8.31 J/mol·K），T は絶対温度ケルビン K，K_{eq} は平衡状態における反応産物のそれぞれの濃度の積を基質の各濃度の積で除したものである．同一化合物が化学量論的に複数分子である場合はそれぞれの濃度の積はその分子数だけ累乗となる．

式(1) $A + B \rightleftharpoons P + Q$ の平衡定数は，

$$K_{eq} = \frac{[P][Q]}{[A][B]} \tag{4}$$

であり，式(5)の場合には，

$$A + A \rightleftharpoons P \tag{5}$$

$$K_{eq} = \frac{[P]}{[A]^2} \tag{6}$$

となり，反応が平衡に達したときの基質と反応産物のモル濃度がわかれば式(3)から ΔG^0 を算出できる．ΔG^0 が負の値の場合，K_{eq} は 1 より大となり，平衡状態において反応産物の濃度の方が基質の濃度より高くなる．逆に ΔG^0 が正の値の場合，K_{eq} は 1 より小となり，平衡は基質の生成に傾く．

ΔG^0 は反応に関与する化合物の最初とその行き着く最終の状態のみに関する関数であることに注意しなければならない．これから得られる情報は，反応が進行する方向と到達すべき平衡状態に限られる．ΔG^0 は反応がどのような**機構**で進行するかとは無関係であり，したがって**反応速度 rate** には関知しない．つまり以下に説明するように，ある反応が大きな負の ΔG^0 あるいは $\Delta G^{0'}$ をもつにもかかわらず，ほとんど反応が進行しないということもある．

反応速度は活性化エネルギーにより決まる

反応は遷移状態を経由して進行する

　遷移状態 transition state という概念は，触媒反応を化学的および熱力学的に理解するための基本である．式(7)は，初めRに結合していた離脱基Lが挿入基Eと入れ替わる置換基転移反応を示す．

$$E + R\text{-}L \rightleftharpoons E\text{-}R + L \tag{7}$$

これは置換基RがLからEへ移される反応である．この置換反応の過程において，RとLの結合は弱まっているけれど完全には切断されておらず，EとR間の新しい結合もまだ不完全である．この過渡的な中間体では基質も反応産物も遊離しておらず，これを**E⋯R⋯L**で表して，**遷移状態**という．点線は"不完全 partial"な結合で，生成あるいは切断されつつあることを表す．**図8-1**に，リン酸基の転移反応において形成される遷移状態中間体をより詳しく図示する．

　式(7)は，初めに遷移状態中間体の形成（F, formation）があり，引き続いて起こるその消滅（D, decay）の2つの部分反応からなるとみなすことができる．すべての反応にいえるように，それぞれの部分反応は特有の自由エネルギー変化，ΔG_F と ΔG_D を伴う．

$$E + R\text{-}L \rightleftharpoons E\text{⋯}R\text{⋯}L \quad \Delta G_F \tag{8}$$

$$E\text{⋯}R\text{⋯}L \rightleftharpoons E\text{-}R + L \quad \Delta G_D \tag{9}$$

$$E + R\text{-}L \rightleftharpoons E\text{-}R + L \quad \Delta G = \Delta G_F + \Delta G_D \tag{10}$$

式(10)の全体の反応において，ΔG は，ΔG_F と ΔG_D の和である．2つの項からなる式の常として，ΔG の値からは ΔG_F や ΔG_D の正負や大きさを推定することができない．

　多くの反応はいくつかの連続する遷移状態をもち，それぞれ自由エネルギー変化を伴う一連の部分反応を経由して進行する．この場合，反応全体の ΔG はすべての遷移状態の形成と消滅に伴う自由エネルギー変化の総和である．**このことから，反応全体の ΔG から，その反応で生起する遷移状態の数やタイプを推測することはできない**．言い換えれば，"反応全体の熱力学は反応機構や反応速度については何もいわない"．

ΔG_F は活性化エネルギーを規定する

　ある化学反応の ΔG の符号の正負や大きさがどうで

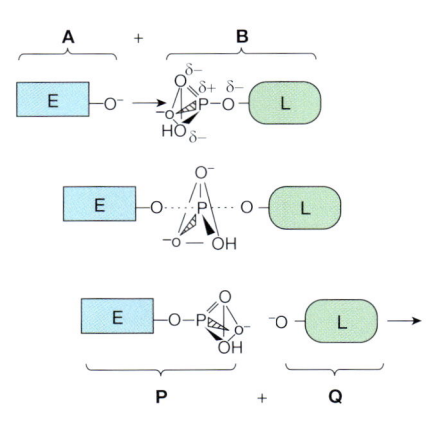

図8-1. 単純反応 A + B → P + Q における遷移状態中間体の形成

リン酸基が離脱基L（緑色）から挿入基E（青色）に転移する化学反応の3つの段階を示す．上：挿入基E（**A**）が相手の離脱基L-リン酸基（**B**）に接近する．リン酸基の3つの酸素原子が三角形を形成して，リン原子がピラミッド型になる様子に注目．中：EがLであるリン酸基に接近すると，Eとリン酸基との間に新しい結合（点線）ができ，Lとリン酸基との結合が弱まる．これらの不完全に形成された結合を点線で示した．下：新しいE-リン酸基（**P**）の形成が完了して，離脱基L（**Q**）が離れる．リン酸基の幾何学的配置が，遷移状態と基質あるいは反応産物の間でいかに異なっているかに注目．また基質と反応産物のピラミッドの4つの頂点に位置するリン原子と3つの酸素原子が，遷移状態では三角形で強調してあるように共平面 coplanar を形成する．

あれ，大勢を決めているほとんどの遷移状態形成反応は正の ΔG_F をもっている．このことは，遷移状態中間体を形成するためにはエネルギー障壁を乗り越えなければならないことを示している．このため，遷移状態に到達するための ΔG_F は，**活性化エネルギー activation energy**，E_{act} とよばれる．この障壁をどれだけたやすく乗り越えられるか，すなわちそれを乗り越える頻度は，E_{act} と逆の関係にある．反応がいかに早く進行するかを決定する熱力学的パラメータは反応過程で生じる遷移状態形成の ΔG_F 値である．単純な反応では，∝は比例を意味するとして，反応速度を，

$$速度 \propto e^{-E_{act}/RT} \tag{11}$$

と表すことができる．この反応の逆反応の活性化エネルギーは $-\Delta G_D$ である．

多くの要因が反応速度に影響を及ぼす

化学反応速度に関する**速度理論 kinetic theory**（**衝突理論 collision theory** ともよばれる）では，2つの分子の反応について，（1）それらの分子は，互いに結合を形成し得る距離範囲内に接近あるいは"衝突"しなければならず，また，（2）遷移状態に至るためのエネルギー障壁を乗り越えるのに十分な運動エネルギー kinetic energy をもたなければならないとしている．したがって，基質間の衝突の頻度，あるいはそのエネルギーを高める状態は，反応の速度を上げる傾向にある．

温　度

温度の上昇は分子の運動エネルギーを増大させる．**図 8-2** に示すように，温度が低温（A）から中間温度（B）を経て高温（C）へと上昇するにつれ，反応産物生成のエネルギー障壁 E_{act}（縦棒で示した）を乗り越えるだけの運動エネルギーをもつ分子の数が増える．分子の運動エネルギーが大きくなると，分子の運動の速さが増し，したがって衝突の頻度も高くなる．衝突の頻度がより高くなることと，その衝突のエネルギーが大きくなって反応性が高まることが相まって反応速度が上昇する．

反応物の濃度

分子が衝突する頻度は分子の濃度に比例する．2つの異なる分子 A と B の反応において，A あるいは B のどちらかの濃度が2倍になると A と B の衝突の頻度も2倍になる．A と B 両方の濃度が2倍になると衝突の確率は4倍に増加する．

A と B，各1分子がかかわる反応が一定温度で進行しているとき，

$$A + B \rightarrow P \qquad (12)$$

所定の運動エネルギーを有している分子の割合は一定である．それに付随する運動エネルギーが P を生産するに十分な分子の衝突回数は，A と B の衝突の回数，つまりはこれらの分子のモル濃度（[　]で表す）に比例する．

$$\text{速度} \propto [A][B] \qquad (13)$$

同様に，

$$A + 2B \rightarrow P \qquad (14)$$

においては下のように書き換えることができるので，

$$A + B + B \rightarrow P \qquad (15)$$

この状況での速度の式は，

$$\text{速度} \propto [A][B][B] \qquad (16)$$

または，

$$\text{速度} \propto [A][B]^2 \qquad (17)$$

で表される．一般に，n 分子の A が m 分子の B と反応する場合は式（18）で表され，

$$nA + mB \rightarrow P \qquad (18)$$

その速度は式（19）となる．

$$\text{速度} \propto [A]^n[B]^m \qquad (19)$$

反応に特有な**速度定数 rate constant k** を導入することにより，比例記号（$\propto$）を等号で置き換えることができる．このとき，反応速度は式（20）と（21）で表される．ここで，下付き数字の 1 と −1 はそれぞれ正反応と逆反応を表す．

$$\text{速度}_1 = k_1[A]^n[B]^m \qquad (20)$$

$$\text{速度}_{-1} = k_{-1}[P] \qquad (21)$$

反応物のモル比の和は**反応次数 kinetic order** と定義されている．式（5）について考える．単一の反応物 A の化学量論係数は"2"である．したがって，P の生成速度は [A] の2乗に比例し，この反応は，反応物 A について"二次反応"であるという．この例では，反応全体としても"二次反応"である．したがって，k_1 を"二次反応定数"という．

式（12）は2つの異なる反応物 A と B との単純な二次

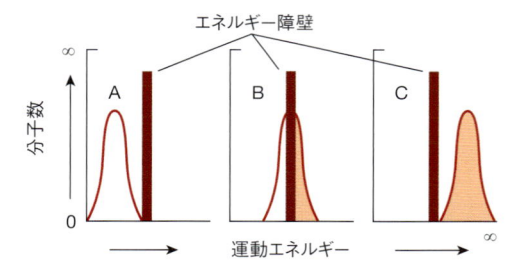

図 8-2. 化学反応のエネルギー障壁（詳細は本文参照）

反応を表している．それぞれの反応物の化学量論係数はともに"1"である．したがって，この反応の反応次数は"2"であるが，反応物 A に関しては"一次反応"であり，反応物 B に関しても"一次反応"であるという．

実験上は，ある特定の反応物または基質について，その濃度を可変 variable reactant とし，それ以外の反応物を反応基質に対して過剰な高い濃度に保つなどして，求める基質の反応次数を決めることができる．このような擬一次反応条件 pseudo-first-order condition においては，その他の反応物 fixed reactant の濃度は事実上変わらないとする．このように，この反応の速度は可変反応物の濃度だけに依存することになるので，この可変反応物をしばしば制限反応物 limiting reactant と称する．この反応次数や擬一次反応条件の考え方は，単純な化学反応だけではなく，酵素によって触媒される反応にも適用される．

平衡定数 K_{eq} は正反応の速度定数と逆反応の速度定数の比である

すべての化学反応は多かれ少なかれ可逆的であり，平衡状態では巨視的には反応物（基質）reactant と反応産物 product の濃度が一定に保たれている．平衡状態においては基質から反応産物への変換の速度と，逆に反応産物が基質に変えられる速度が等しい．

$$速度_1 = 速度_{-1} \qquad (22)$$

ゆえに，

$$k_1 = [A]^n[B]^m = k_{-1}[P] \qquad (23)$$

となり，また式(24)と表せる．

$$\frac{k_1}{k_{-1}} = \frac{[P]}{[A]^n[B]^m} \qquad (24)$$

速度定数 k_1 と k_{-1} の比は平衡定数 K_{eq} に等しい．平衡状態にある系の以下の重要な性質を心にとどめておかなければならない．

1. 平衡定数は反応の"速度定数"の比である（"反応速度"の比ではない）．
2. 平衡状態では正反応と逆反応の（"反応速度定数"ではなく）"反応速度"が等しい．
3. 平衡定数 K_{eq} は，平衡状態における基質と反応産物の濃度，あるいは k_1 と k_{-1} の比 k_1/k_{-1} から算出できる．
4. 平衡とは"動的"な状態である．基質と反応産物

の濃度の"正味"の変化は起こらないが，個々の基質分子と反応産物分子はたえず互いに転換されている．反応の相互変換性は，放射性同位体のトレーサーを平衡状態時の反応系に加えると，放射性同位体で標識された基質が出現するという結果によって証明される．

酵素触媒反応の速度論

酵素は反応の活性化エネルギー障壁を低下させる

すべての酵素は，遷移状態形成の ΔG_F を低下させることによって反応速度を著しく高める．もっとも，このことを実現するためのやり方は酵素によって異なっている．活性部位での反応の各段階が非触媒反応が進行するのと同様であっても，遷移状態中間体を安定化することによって**活性部位のつくり出す環境が ΔG_F を低下させている**．別のいい方をすれば，酵素は基質や反応産物と結合するよりも，遷移状態中間体とより強く結合する（図8-1）と考えることができる．7章に記述したように，この安定化は次のようなやり方で行われている．すなわち，(1) 生成しつつある遷移状態中間体から，あるいは中間体へプロトンが転移しやすいよう，酸性基や塩基が適正に配置される．(2) 適正に配置された荷電基あるいは金属イオンが遷移状態中間体に生起する電荷を安定化する，あるいは(3) 遷移状態のもつ幾何学的な配置に近づけるように，反応基質に対して立体的"ひずみ"を課す．HIV プロテアーゼ（図7-6 参照）の例は，遷移状態中間体を安定化することによって部分的に活性化障壁を低下させるという酵素触媒のしかたを示している．

遷移状態中間体が酵素と共有結合を形成する触媒反応（**共有結合触媒 covalent catalysis**）において，とりわけ酵素に特有な機構が普通に見られる．セリンプロテアーゼの一員であるキモトリプシンの反応機構（図7-7 参照）は，より好ましい E_{act} をもつ酵素がいかに共有結合触媒を組み込んで酵素に特有の反応過程を行うかをよく表している．

酵素は K_{eq} には影響しない

酵素は反応過程においては過渡的な修飾を受けることがあるが，反応終了時にはもとの状態に戻っている．したがって，**酵素が存在するということで，反応全体**

の自由エネルギー変化 ΔG^0 に何らの影響も及ぼさない．その ΔG^0 は反応にかかわる物質の**反応初期の状態**と**反応末期の状態**の関数である．先に示した反応の平衡定数 K_{eq} と ΔG^0 との関係式(3)を用いる．

$$\Delta G^0 = -RT \ln K_{eq} \qquad (3)$$

この原則は，酵素による触媒反応の平衡定数の計算式に酵素(Enz)の項を組み入れてみると，直ちに説明できる(式(25))．

$$A + B + Enz \rightleftharpoons P + Q + Enz \qquad (25)$$

式の両辺(双方向矢印の両側)にある酵素の項は，量的にも質的にも同じであるから，平衡定数は次のように表される．

$$K_{eq} = \frac{[P][Q][Enz]}{[A][B][Enz]} \qquad (26)$$

酵素の項を約分すると，K_{eq} は酵素がないときと同じになる．

$$K_{eq} = \frac{[P][Q]}{[A][B]} \qquad (27)$$

すなわち，酵素は K_{eq} に影響を及ぼさない．

さまざまな要素が酵素触媒反応の速度に影響する

温　度

　温度を上げると，酵素による触媒反応であっても非触媒反応であっても，反応物の運動エネルギーが高まり衝突頻度が増えるので，反応速度が上昇する．しかし，熱エネルギーは酵素分子の立体構造上の柔軟性も高め，酵素の三次元構造を形成している非共有結合を破壊するに至ることもある．そうなると，ポリペプチド鎖がほぐれて，触媒活性の消失を伴う酵素の**変性 denaturation** が起こる．酵素が安定な触媒能をもつコンホメーションを保ち得るような温度範囲は，その酵素の存在する細胞の通常の温度によって決まり，一般的にはこれよりやや高い温度までである．ヒトの酵素の場合，45 〜 55℃まで安定であることが多い．火山帯の温泉や海底の熱水噴出孔に生息する好熱微生物の酵素には 100℃とかそれ以上の温度でも安定なものがある．

　Q_{10} または**温度係数 temperature coefficient** とは，温度上昇 10℃ あたりの生体反応の速度の上昇率をいう．酵素が安定に存在し得る温度の範囲内では，生体系のほとんどの過程の速度は 10℃の温度上昇により約 2 倍になる($Q_{10} = 2$)．体温が外界の気温に支配されるトカゲや魚など"変温 cold blooded"動物では，体温の上昇あるいは低下に伴って酵素触媒反応の速度が変化することは，生き残りをかけた重要な問題である．しかし，哺乳類やその他の恒温動物の場合には，温度による酵素反応速度の変化は発熱時や体温異常降下時にのみ生理的意義をもつと思われる．

水素イオン濃度

　水素イオン濃度(pH)は，ほとんどすべての酵素触媒による反応の速度に大きな影響を及ぼす．ほとんどの細胞内酵素は pH 5 と 9 の間で至適な活性を示す．pH が酵素活性にどのような影響を及ぼすか(**図 8-3**)は，高い pH または低い pH での酵素の変性と，酵素および基質またはその両方の荷電状態に対する pH の影響との，両者のバランスにより決まる．反応機構に酸-塩基触媒を用いる酵素の場合には，触媒に関与するアミノ酸残基が，反応を速やかに進行させるべく適切なプロトン化 protonation 状態でなければならない．酵素の解離基による基質分子の識別あるいはそれへの結合は，塩橋形成 salt bridge を介して行われるのが普通である．酵素の最も一般的な荷電基は，カルボキシ基(負電荷)とプロトン付加アミノ基(正電荷)である．決め手になる荷電基の付加や消失は基質結合に不都合にはたらき，反応速度の低下や触媒能の消失を招く．

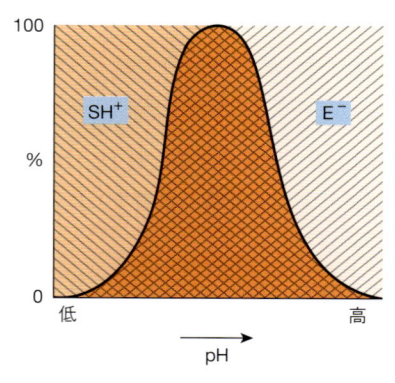

図 8-3.　酵素活性に対する pH の影響
負に荷電した酵素(E^-)が，正に荷電した基質分子(SH^+)に結合する場合を例にとって考える．基質と酵素が，SH^+[斜線部 \\\ ]と E^-[斜線部 ///]の形で存在する割合(%)を pH の関数として図示してある．両斜線の交差した領域でのみ，酵素と基質の両者が適切な荷電状態にある．

酵素反応の活性測定では初速度を用いるのが普通である

　酵素触媒の反応速度の測定はほとんどの場合，**初速度測定条件 initial rate condition** とみなせるような反応開始直後の短時間で行われる．この条件下では，反応産物の蓄積がほとんどないので，逆反応の速度を無視できるとする．したがって，**初速度 initial velocity** v_i は正反応の速度を表すとみなす．酵素の活性測定（アッセイ）においては，酵素量に対して基質をモル濃度比で大過剰量（$10^3 \sim 10^6$ 倍）とするのが常である．この条件では，v_i は酵素の濃度に比例する，すなわち，酵素については擬一次反応である．したがって，初速度を測定すれば生体試料中の酵素の現存量を見積もることができる．

反応速度は基質濃度の影響を受ける

　以下では，基質が1つで反応産物も1つの酵素反応について考察する．基質が複数である酵素についても，以下で考察される内容の基本原理はそのまま当てはまる．それのみか，基質を適切に濃度固定あるいは濃度可変とすることで，擬一次反応条件（前述）を設定でき，それによって個別の反応基質に対する酵素反応速度の濃度依存性を研究することができる．言い換えれば，擬一次反応条件では，複数の基質をもつ酵素のふるまいも単一基質の酵素のように偽装できる．ただし，この場合には，観測される速度定数はその反応の速度定数 k_1 の関数であり，固定基質の濃度の関数でもある．

　典型的な酵素の場合，基質濃度を増加させるに従って v_i は最大値 V_{max} に達するまで増加する（**図 8-4**）．基質濃度をさらに上げても v_i が増加しなくなる状態のことを，酵素が基質によって "飽和された saturated" という．基質濃度と v_i の関係を表すカーブ（飽和曲線）の形が双曲線 hyperbolic であることが大きな意味をもっている（図 8-4）．反応のどの時点においても，酵素–基質（ES）複合体の形で酵素と結合している基質分子のみが反応産物に変換される．さらに，この ES 複合体形成の平衡定数は無限に大きいわけではないことから，基質が酵素よりも過剰量存在するにもかかわらず（**図 8-5** の A および B，図 8-4 の A 点および B 点に対応），ES 複合体を形成している酵素は酵素分子全体の一部分にすぎない．A 点または B 点においては，基質濃度 [S] の増加または減少は ES 複合体の量を増加または減少させ，これに伴って v_i も変化する．C 点（図 8-5）においては事実上すべての酵素が基質と結合して ES 複合体の形で存在している．このとき遊離酵素が存在しないので，[S] をさらに上昇させても反応すべき ES 複合体のさらなる増加はなく，もはや反応速度は増加しない．このような飽和条件下では，**反応速度 v_i は，酵素が引き続き次の基質と結合できるように，反応産物の酵素からの解離の速さだけに依存し，かつ制限される**．

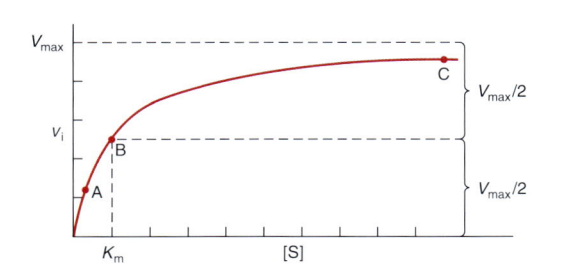

図 8-4. 酵素反応における反応初速度に対する基質濃度の影響

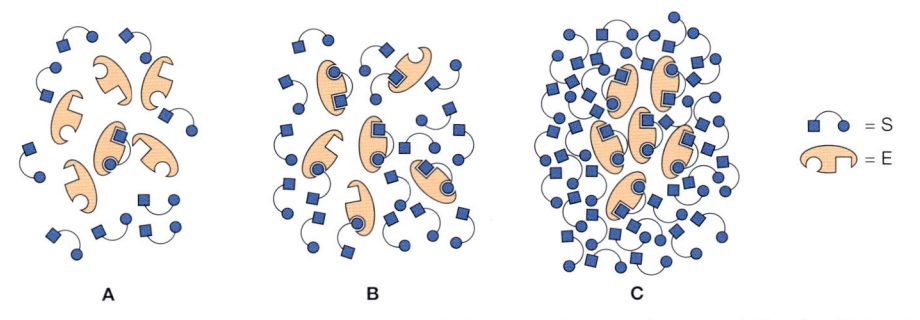

図 8-5. 基質濃度が K_m より低いとき（A），K_m に等しい濃度のとき（B），および K_m より十分に高い濃度のとき（C）の，それぞれの酵素の状態
A，B，C は図 8-4 のそれぞれの点に対応する．

Michaelis-Menten 式および Hill 式は基質濃度の影響を数式化している

Michaelis-Menten 式

Michaelis-Menten 式(28)は図 8-4 に示した初速度 v_i と基質濃度[S]の関係を数学的に表現したものである.

$$v_i = \frac{V_{max}[S]}{K_m + [S]} \tag{28}$$

ミカエリス定数 Michaelis constant K_m とは,ある特定の酵素量において,その酵素が到達できる最大速度 V_{max} の 2 分の 1 の反応速度を与える基質濃度である. ゆえに K_m の単位はモル濃度である. 酵素反応の初速度が[S]と K_m に依存していることは, Michaelis-Menten 式を次の 3 つの条件で吟味してみるとよくわかる.

1. 基質濃度[S]が K_m よりずっと低いとき（図 8-4 および図 8-5 の A 点）, $K_m + [S]$ は K_m とほぼ同じと考えられるので,式(28)の分母の $K_m + [S]$ を K_m に置き換えて,分子・分母を約分する.

$$v_i = \frac{V_{max}[S]}{K_m + [S]} \quad v_i \approx \frac{V_{max}[S]}{K_m} \approx \left(\frac{V_{max}}{K_m}\right)[S] \tag{29}$$

ここで, ≈ は"ほぼ等しい"を表す. V_{max} と K_m はともに定数なので,それらの比も定数（k）となる. このことから,[S]が K_m よりずっと低いときには,反応初速度 v_i は[S]に正比例する（$v_i = k[S]$）.

2. 基質濃度[S]が K_m よりずっと大きいとき（図 8-4 および図 8-5 の C 点）, $K_m + [S]$ の項は[S]とほぼ同じとなる. 式(28)の分母の $K_m + [S]$ を[S]に置き換えて,分子・分母を約分すると式(30)となる.

$$v_i = \frac{V_{max}[S]}{K_m + [S]} \quad v_i \approx \frac{V_{max}[S]}{[S]} \approx V_{max} \tag{30}$$

このように,基質濃度[S]が K_m をはるかに超えて大きいとき,初速度 v_i は最大活性 V_{max} となり,基質濃度をさらに上げても影響を受けない.

3. 基質濃度[S]＝K_m のとき（図 8-4 および図 8-5 の B 点）.

$$v_i = \frac{V_{max}[S]}{K_m + [S]} = \frac{V_{max}[S]}{2[S]} = \frac{V_{max}}{2} \tag{31}$$

この式(31)は,基質濃度[S]が K_m 値に等しいときの初速度 v_i は最大活性 V_{max} の 2 分の 1 であることを表す. K_m は最大活性の半分の初速度を与える基質濃度として実験的に求めることができる.

Michaelis-Menten 式を線形に書き直して K_m や V_{max} を求める

実験によって V_{max} を求め,それをもとに K_m を求めるというのは,基質を飽和させるためにしばしば非現実的なほど高濃度の基質が必要になる. Michaelis-Menten 式を線形に変換すれば,飽和濃度より低いいくつかの基質濃度で測定した反応初速度を用いてその直線を外挿することによって, V_{max} や K_m を求めることができる. Michaelis-Menten 式(28)から始める.

まず,式(28)の両辺の逆数をとる.

$$\frac{1}{v_i} = \frac{K_m + [S]}{V_{max}[S]} \tag{32}$$

因数に分解する.

$$\frac{1}{v_i} = \frac{K_m}{V_{max}[S]} + \frac{[S]}{V_{max}[S]} \tag{33}$$

式を整理する.

$$\frac{1}{v_i} = \left(\frac{K_m}{V_{max}}\right)\frac{1}{[S]} + \frac{1}{V_{max}} \tag{34}$$

式(34)は直線を表す方程式 $y = ax + b$ において, $y = 1/v_i$, $x = 1/[S]$ と置き換えたものである. y として $1/v_i$ を, x として $1/[S]$ の関数としてプロットすると,その直線の y 軸との交点が $1/V_{max}$ を与え,勾配が K_m/V_{max} を与える. このようなプロットを**二重逆数プロット double reciprocal plot** あるいは **Lineweaver-Burk plot** とよぶ（**図 8-6**）. 式(35)の y 項を 0 として x 項の解を求めることにより, x 軸上の交点は $-1/K_m$ であることがわかる.

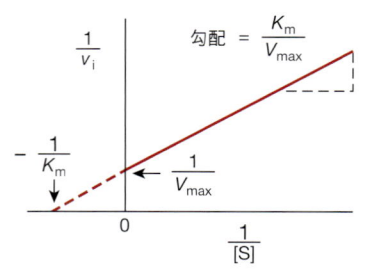

図 8-6. K_m と V_{max} の値を求めるための $1/[S]$ に対する $1/v_i$ の二重逆数プロットまたは Lineweaver-Burk プロット

$$0 = ax + b; \text{ したがって, } x = \frac{-b}{a} = \frac{-1}{K_m} \quad (35)$$

K_m は直線の傾きと y 切片から算出できるが, 直線が x 軸上の負の領域で交わる点の値から, 即座に算出される.

Lineweaver-Burk プロットは, 阻害剤による阻害機構の解析（後述）に使うときに大きな威力を発揮する. 酵素の速度論的な定数（K_m, V_{max}）を求めるためにこの二重逆数プロットを用いるにあたっては, プロットの点が 1/[S] の値の小さい方にかたよってひとかたまりにならないようにすることが大切である. この偏りを実験上で次のように避けるためには, 反応液に投入する基質濃度を極めて高い濃度まで引き上げなくてはならない. 試薬の保存液を 1:2, 1:3, 1:4, 1:5, …… と薄めていき, この希釈液を一定量用いて得られたデータをプロットすると, 1/[S] 軸上に 1, 2, 3, 4, 5, ……というような等間隔で並んでくれる. あるいは Eadie-Hofstee プロット（v_i を v_i/[S] に対してプロット）[1], または Hanes-Woolf プロット（[S] に対して [S]/v_i をプロット）のような片逆数のプロットを用いると, 上に書いたデータがかたよってかたまりになるのを避けることができる.

触媒定数 k_{cat}

異なる酵素について, あるいは同一酵素の異なる酵素標品についてその相対活性を比較するために, いくつかのパラメータが使われる. 粗精製酵素製剤の活性は, 一般に "比活性 specific activity"（V_{max} をタンパク質濃度で割る）で表される. 純粋にまで精製された酵素については, "代謝回転数 turnover number"（V_{max} を酵素分子のモル数で割った数）を算出することができる. しかし, もしその純粋酵素の分子あたりの活性部位の数がわかっているならば, 触媒能は "触媒定数 catalytic constant" k_{cat}（V_{max} を酵素の活性部位の総数 S_t で割った数）で表すのが最適である（式(36)）.

$$k_{cat} = \frac{V_{max}}{S_t} \quad (36)$$

---

1) 訳者注：Michaelis-Menten 式を直線式に変形するにあたって, 本文の式(34)の両辺に V_{max} をかけて整理すると, $\frac{V_{max}}{v_i} = \frac{K_m + [S]}{[S]}$. プロットしやすい直線となるように整理すると, $v_i = -K_m \frac{v_i}{[S]} + V_{max}$, となる. x 軸の v_i/[S] に対して y 軸に v_i をプロットする. 直線の y 軸との交点が V_{max} を, 負の傾きが $-K_m$ を与える.

濃度の単位は分子と分母で相殺されるので, k_{cat} の単位は時間の逆数（s^{-1} など）である.

触媒効率 k_{cat}/K_m

異なる酵素の反応効率とか, ある酵素の異なる基質についての反応効率, あるいはある酵素の正方向反応と逆方向反応の効率など, これらを定量的に比較するにはどのような尺度を用いればよいのだろうか. 所定の酵素について, 基質を反応産物に転換する能力の最大値というのはたしかに大切ではあるが, k_{cat} が大きいということの利点は K_m が十分に小さいときにしか活きてこない. このように考えてくると, 酵素の 2 つの速度論的定数の "比" k_{cat}/K_m, すなわち "触媒効率 catalytic efficiency" が最もよい尺度である.

酵素によっては, 基質の反応産物への転換とその遊離という過程が素速く能率的に起こるため, 基質が活性部位に結合するやほとんど瞬間的に反応が済んでしまう. このような際だって高能率な酵素触媒においては, 酵素-基質複合体 ES complex の形成が触媒反応の律速段階となっている. このような酵素は "拡散律速 diffusion limited", あるいは触媒として完璧だといわれる. なぜなら, この触媒反応の最高速度は, 分子の溶液内移動, あるいは溶液内拡散の速さによって決まるからである. このように k_{cat}/K_m が溶液内拡散の限界 $10^8 \sim 10^9$ mol/(L·s) に達するような酵素の例として, トリオースリン酸イソメラーゼや, 炭酸デヒドラターゼ, アセチルコリンエステラーゼ, アデノシンデアミナーゼなどがある.

生細胞中では, しばしば連続する一連の反応にあずかるいくつかの酵素を多酵素複合体へと組み上げることによって, この拡散による k_{cat}/K_m の限界さえも乗り越えている. このような複合体においては, 各ステップの基質と反応産物が一連の触媒反応が完了するまで周辺溶媒中へ拡散しないように, 各酵素が幾何学的な位置関係に置かれる. 脂肪酸合成酵素の場合にはこの考え方をさらにもう一歩進めなければならない. すなわち, 基質として伸展しつつある脂肪酸鎖はビオチンへ共有結合した状態で, 複合体内の反応部位を次から次へと受け渡され, パルミチン酸分子の合成が完了するまで続く（23 章参照）.

K_m は結合定数に近い値になる

酵素の基質に対する親和性 affinity は ES 複合体の解離定数 dissociation constant K_d の逆数である.

$$E + S \underset{k_{-1}}{\overset{k_1}{\rightleftharpoons}} ES \qquad (37)$$

$$K_d = \frac{k_{-1}}{k_1} \qquad (38)$$

言い換えれば，基質と酵素が"解離"しようとする傾向が"小さい"ほど，酵素の基質に対する親和性が"大きい"．ミカエリス定数 K_m は解離定数 K_d に近似できることが多いが，常にそうとは限らない．典型的な酵素触媒反応の場合，

$$E + S \underset{k_{-1}}{\overset{k_1}{\rightleftharpoons}} ES \overset{k_2}{\longrightarrow} E + P \qquad (39)$$

初速度 $v_i = V_{max}/2$ を与える基質濃度 [S] は次のようになり，

$$[S] = \frac{k_{-1} + k_2}{k_1} = K_m \qquad (40)$$

とくに $k_{-1} \gg k_2$ の場合には，

$$k_{-1} + k_2 \approx k_{-1} \qquad (41)$$

となり，$V_{max}/2$ の初速度を与える基質濃度[S]は以下のように書ける．

$$[S] \approx \frac{k_{-1}}{k_1} = K_d \qquad (42)$$

それゆえ，ES 複合体の会合と解離がともに触媒反応よりも相対的に速い場合にのみ，$1/K_m$ は $1/K_d$（親和性）にほぼ等しくなる．しかし，多くの酵素反応では，$k_{-1} + k_2$ が k_{-1} に必ずしも等しくなく，$1/K_m$ と $1/K_d$ を等しいとしてしまうと，$1/K_d$ を実際より小さく見積もってしまうことになる．

Hill 方程式は基質との協同的結合における酵素の挙動を表す

　ほとんどの酵素は図 8-4 のような典型的な**飽和曲線 saturation kinetics** を示し，その触媒特性の記述に Michaelis-Menten 式を用いることができる．一方，いくつかの酵素はヘモグロビンによる酸素結合の場合（6 章参照）と同様に，反応基質と**協同的 cooperative** に結合する．協同的な挙動は基質を複数の部位で結合する多量体酵素 multimeric enzyme にだけ見られる特徴である．

　基質との結合において正の協同性 positive cooperativity を示す酵素の場合には，基質濃度[S]と初速度 v_i の関係を表すグラフが S 字形（シグモイド）になる（**図

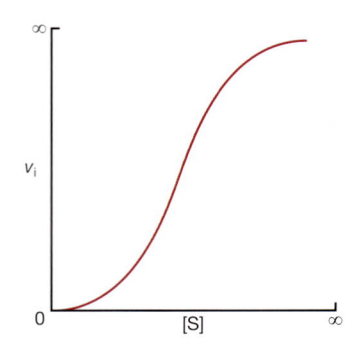

図 8-7. S 字形の基質飽和特性（sigmoid substrate saturation kinetics）を示す曲線

8-7）．Michaelis-Menten 式もそれをもとにしたほかのプロットも，基質の協同的な速度論には使えない．したがって，この場合には酵素学研究者は，グラフ化した **Hill の方程式 Hill equation** を採用する．それは元来，ヘモグロビンへの酸素の協同的結合を説明するために導き出されたものである．式(43)は Hill の方程式を直線になるように変形したもので，k' は複合定数である．

$$\log \frac{v_i}{V_{max} - v_i} = n \log [S] - \log k' \qquad (43)$$

式(43)は，[S]が k' より小さいときには，反応速度は[S]の n 乗に比例して増加することを示している．

　対数 $\log [v_i/(V_{max} - v_i)]$ を $\log [S]$ に対してプロットすると，グラフは直線になる（**図 8-8**）．ここで直線の勾配 n は基質結合の協同性の程度を表す経験的なパラメータ **Hill 係数 Hill coefficient** であって，その酵素の複数の基質結合部位の間の相互作用の数，および種類，強さの関数である．いま n が 1 のときには結合部

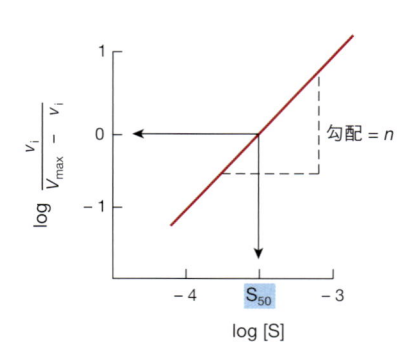

図 8-8. Hill 方程式のグラフ表示は，最大活性 V_{max} の半分の初速度を与える基質濃度 S_{50} と協同性 cooperativity の程度を表す n 値の算出に用いられる

位は相互に無関係（互いに影響を及ぼさない）であって，単純な Michaelis-Menten 型の挙動をとる．もし，n が 1 より大きければ，酵素は**正の協同性**をもつという．基質分子が 1 つの結合部位へ結合すると，他の残っている基質結合部位の親和性を高める．n の値が大であるほど協同性が大となり，［S］に対する v_i のプロットの S 字形が著しくなる．直線上 $\log[v_i/(V_{max} - v_i)]$ の y 軸値が 0 である点から下ろした垂線と x 軸との交点の基質濃度は S_{50} とよばれ，この基質濃度では初速度 v_i は最大活性 V_{max} の 2 分の 1 となる．したがって，S_{50} はヘモグロビンへの酸素結合の際の P_{50} と類似の意味をもつ（6 章参照）．

反応速度論的解析により競合阻害と非競合阻害を識別できる

　酵素の触媒活性の阻害剤は薬剤として有用であるのみならず，酵素の作用機構を研究する手段を提供している．阻害剤と酵素の相互作用の強さは，タンパク質の構造とリガンド ligand の重要ないくつかの結合力によって決まる（水素結合，さらに静電気相互作用，疎水効果，ファンデルワールス力 van der Waals force など，詳細は 5 章参照）．阻害剤は，酵素のどこに作用するか，酵素を化学的に修飾するか否か，あるいはどの速度論的パラメータに影響するのか，などにもとづいて分類される．酵素反応の遷移状態を擬する化合物（**遷移状態類似体 transition state analogue**），あるいは酵素触媒の反応機構に介入するような化合物（**触媒機構阻害剤 mechanism-based inhibitor**）などは，とくに強力な阻害剤となり得る．基質濃度を上げていくとその阻害効果が打ち消されるか否かによって，阻害剤を反応速度論的に 2 種類に分ける．

競合阻害剤は基質と類似していることが一般的である

　競合阻害剤の阻害効果は基質濃度を上げることにより解消される．競合阻害においては，ほとんどの場合，阻害剤（I）は活性部位の基質結合部位に結合することによって，本来の基質の結合を阻止する．したがって，ほとんどの典型的な競合阻害剤の構造は基質と類似しており，その意味で**基質類似体 substrate analogue** といわれる．マロン酸 malonate によるコハク酸デヒドロゲナーゼ succinate dehydrogenase の阻害は，基質類似体による競合阻害の典型的な例である．コハク酸デヒドロゲナーゼはコハク酸の 2 つのメチレン炭素からそ

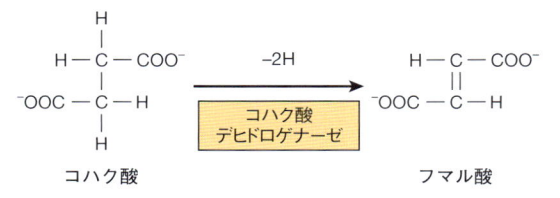

図 8-9. コハク酸デヒドロゲナーゼの反応

れぞれ 1 個の水素原子を除去する反応を触媒する（**図 8-9**）．コハク酸とその類似体であるマロン酸（$^-OOC\text{-}CH_2\text{-}COO^-$）はいずれもコハク酸デヒドロゲナーゼの活性部位に結合して，それぞれ ES あるいは EI 複合体を形成する．しかし，マロン酸はメチレン炭素が 1 つしかないので，脱水素反応は起こり得ない．

　EI 複合体の形成と解離は次式で示される動的な過程である．

$$EI \underset{k_{-1}}{\overset{k_1}{\rightleftharpoons}} E + I \tag{44}$$

この過程の平衡定数を K_i とすると，式（45）を与える．

$$K_i = \frac{[E][I]}{[EI]} = \frac{k_1}{k_{-1}} \tag{45}$$

遊離酵素は基質と結合して ES 複合体となり，その結果，反応産物の生成に寄与することのできるものであるが，以下に述べるように競合阻害剤は，この遊離酵素の分子数を減らすものである．

　競合阻害剤と基質は EI 複合体と ES 複合体の濃度に相反的な影響を及ぼす．ES 複合体の形成は，その阻害剤が結合しようとする遊離酵素を除去することになるので，［S］を増やせば EI 複合体の濃度が減ることになり，反応速度が増大する．阻害効果を完全に打ち消すために［S］をどれだけ高めなければならないかは，存在する阻害剤の濃度，阻害剤と酵素との親和性 K_i および酵素の基質に対する親和性 K_m によって決まる．

二重逆数プロットにより阻害剤の評価が容易になる

　二重逆数プロット（Lineweaver-Burk プロットともいう）は典型的には，競合阻害と非競合阻害を区別するためと，阻害定数 K_i の算出を容易にするために用いられる．阻害剤の存在下および非存在下において，いくつかの基質濃度で反応初速度 v_i を測定する．典型的な競合阻害の場合，阻害剤存在下および非存在下で，反応初速度の逆数をプロットした 2 本の直線は y 軸上の 1 点に集まる（**図 8-10**）．y 軸との交点は $1/V_{max}$ であることから，$1/[S]$ が 0 に近い（［S］が無限に大きい）とき

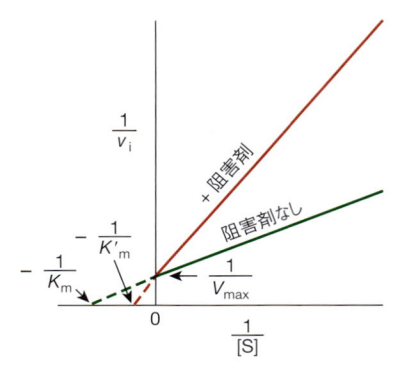

図8-10. 単純な競合阻害の Lineweaver-Burk プロット
[S]が高い（1/[S]が小さい）とき，阻害効果が完全に除かれることに注目.

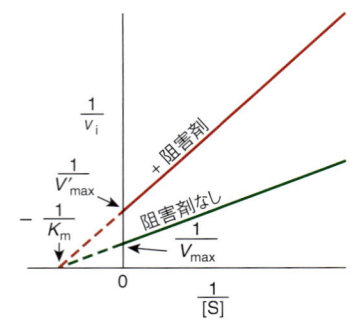

図8-11. 単純な非競合阻害の Lineweaver-Burk プロット

にはv_iは阻害剤の存在と無関係であることを示している．しかし，x軸上の交点は"阻害剤"の存在により変化しており，$-1/K_m'$が$-1/K_m$より大きくなっているので，K_m'（それぞれの条件で測定された見かけのミカエリス定数K_m，この場合には阻害剤存在下で測定された見かけのK_m）が阻害剤濃度を上げるにつれて大きくなることに注意する．このように，**競合阻害剤はV_{max}には影響しないが，K_m'すなわち基質に対する見かけのK_mを大きくする**．単純な競合阻害では，x軸上の交点の値は次式で示される．

$$x = \frac{-1}{K_m\left(1 + \dfrac{[\mathrm{I}]}{K_i}\right)} \tag{46}$$

阻害剤（I）が存在しない条件でK_mを求めれば，K_iを式(46)から求めることができる．K_iは同一酵素にはたらく異なる阻害剤の比較に用いられる指標で，K_iが低いほどその阻害剤は強力であることを示す．たとえば，ヒドロキシメチルグルタリル CoA 3-hydroxy-3-methyl-glutaryl coenzyme A（HMG-CoA）レダクターゼ（26 章参照）の競合阻害剤としてはたらくスタチン類のK_iは，基質 HMG-CoA に対するK_mより数桁も低い．

単純な非競合阻害剤はV_{max}を下げるがK_mには影響を及ぼさない

厳密な意味での非競合阻害においては，阻害剤の結合は基質の結合に影響を及ぼさない．酵素-阻害剤（EI）複合体と酵素-阻害剤-基質（EIS）複合体，いずれの形成も起こり得る．しかし，EI 複合体となっても，なお基質を結合することができるので，この複合体による基質から反応産物への変換の能率は低下しV_{max}が小さ

くなる．非競合阻害剤は基質結合部位とは異なる部位で酵素と結合し，一般に基質とその構造類似性がほとんどないかまったく類似しないのが普通である．

単純な非競合阻害においては，E と EI が基質に対して等しい親和性をもち，EIS 複合体からの反応産物の生成は無視できるほどゆっくりとしか起こらない（**図8-11**）．より複雑な非競合阻害では，阻害剤の結合が酵素の基質に対する見かけの親和性にも影響を及ぼすということが起こり，この場合には，阻害剤が存在するときとしないときのプロット（直線）はy軸の左側でx軸の上または下（直行座標の第 3，あるいは第 4 象限）で交わる（図には示していない）．ある種の阻害剤は競合阻害と非競合阻害の複合した性質を示すが，このような阻害剤の評価法については，本章の範囲を越えるので，これ以上は言及しない．

Dixon プロット

阻害定数を決めるのに，Dixon プロット Dixon plot が二重逆数プロット（Lineweaver-Burk プロット）の代わりに用いられることがある．阻害剤濃度を変化させて酵素反応初速度v_iを測定するが，このとき基質濃度[S]は固定しておく．単純な競合阻害も非競合阻害も，$1/v_i$対阻害剤濃度[I]のプロットは直線となる．この実験を異なる固定基質濃度について繰り返す．それによって得られる一群の直線はy軸の左側で交差する．"競合"阻害では，得られた交点からx軸へ垂線をおろすと，その値が$-K_i$を与える（**図8-12** 上）．"非競合"阻害では，x軸上で交差して，この値が$-K_i$を与える（**図8-12** 下）．薬学分野の文献では競合阻害剤の相対的な強さを示すために，頻繁に Dixon プロットが用いられる．

IC$_{50}$

厳密性ではK_iより劣るものの，酵素活性を 50% 阻

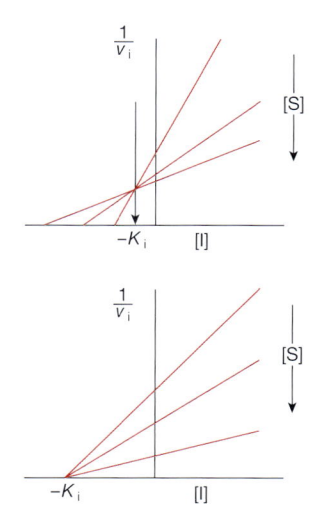

図 8-12. Dixon プロットの適用
上：競合阻害，K_i の推定．**下**：非競合阻害，K_i の推定．

害するのに必要な濃度を示す阻害濃度 IC_{50} が阻害剤の強さの目安となる．解離の平衡定数である K_i とは異なり，IC_{50} の数値は，用いた基質濃度など，それを決定する際の実験条件によって変わる．

強固に結合した阻害剤

　阻害剤によっては，$K_i \leq 10^{-9}$ mol/L というような極めて高い親和性で酵素に結合するが，このような K_i の測定には通常の活性測定に投入される酵素自体の濃度よりももっと低い阻害濃度 IC_{50} まで下げていかなければならない．このような場合，阻害剤全体のうちの一部分がすでに EI 複合体として存在するかもしれない．もしそうなら，通常の定常状態における反応速度論 steady-state kinetics がもっている遊離の阻害剤濃度は酵素タンパク質の濃度とは無関係であるという仮定が成り立たなくなる．このように強固に結合した阻害剤の速度論的解析には，その強固な阻害剤の K_i または IC_{50} を求め，競合阻害と非競合阻害を区別するために，酵素の濃度の項を含んだ特別な速度論方程式が必要になってくる．

不可逆的阻害剤は酵素の“毒”であり，不可逆的に不活化する

　上に述べた例では，阻害剤は酵素と可逆的な動的複合体を形成している．したがって，酵素のある溶液系から阻害物質を取り除くだけで，もとの活性をもつ酵素に戻すことができる．しかし，さまざまな他の阻害剤は酵素を化学的に修飾することにより“不可逆的に”

はたらく．これらの化学修飾とは，基質との結合や触媒能，あるいは酵素機能に必要な立体配座（コンホメーション）の維持などに必須なアミノ酸残基との共有結合の形成あるいは切断などである．これらの共有結合による変化は比較的安定であることから，重金属原子やアシル化剤のような不可逆的阻害剤によってひとたび“毒された poisoned”酵素は，酵素液に残存する阻害剤を除去しても，阻害効果はそのまま残る．

触媒機構そのものによる阻害

　“触媒機構による阻害 mechanism-based” あるいは“自殺型 suicide”阻害剤[2]とは，当の酵素によって触媒反応を受けることによって阻害をきたすような変化をする化学基をもつ特別な基質類似体である．これが反応部位に結合すると，その酵素による触媒反応が高い反応性をもった官能基を生成し，それがアミノ酸残基に対して**共有結合を形成**することによって，**触媒能に必須なアミノ酸残基のはたらきを止めてしまう**ものである．このように特異的で持続的な自殺型阻害剤は，特定の酵素に特異的であり，その活性部位の局所以外では反応性がないことから，酵素特異的な薬剤開発の高い可能性をもっている．自殺型阻害剤の速度論的解析は本章の範囲を越える．これらに対しては，Lineweaver-Burk プロットも Dixon プロットも適用できない．なぜなら，活性測定の進行中に酵素活性が減ることはないという，両プロット法における共通の基本的限定条件に反するからである．

ほとんどの酵素触媒反応には2つあるいはそれ以上の基質が関与する

　酵素には基質が1つのものもあるが，多くの酵素は2つあるいはそれ以上の基質と反応産物が関与する．これまで説明した基本的原理は，1 基質酵素について述べてきたものであるが，複数基質をとる酵素にもあてはまる．しかし，多基質反応の数学的表現はずっと複雑である．多基質反応の網羅的な解析の詳細は本章の範囲を越えるが，共通性の高い 2 基質 2 産物反応（“Bi-Bi” 反応とよばれる）の速度論的挙動について以下に述べる．

　2）　訳者注：この阻害物質は，一種の基質として活性部位に結合して反応を開始した結果として阻害作用をすることから，“自殺基質”ともよばれる．キサンチンオキシダーゼに対するアロプリノールがその一例である．

逐次反応あるいは単一置換反応

　逐次反応 sequential reaction においては，触媒作用が進む前に 2 つの基質の両方が酵素と結合し，三重複合体 ternary complex を形成する（**図 8-13** 上）．逐次反応は単一置換反応 single-displacement reaction ともよばれる．通常，受け渡される置換基が 1 つの基質から他の基質に 1 段階で直接受け渡されるからである．逐次 Bi-Bi 反応は，さらに基質の結合の順番が**ランダムな反応** random-order reaction（**図 8-13** 中）と，順序の決まった**定序な反応** compulsory-order reaction（**図 8-13** 上）に区別される．順番がランダムな反応では最初に結合するのは基質 A であっても基質 B であってもよく，その結果 EA 複合体あるいは EB 複合体が生じる．定序反応ではまず A が E と結合して EA 複合体を生じなければ，B が EA と結合できない．このように基質結合の順番が決まっていることの 1 つの説明は，Koshland の誘導適合仮説 Koshland's induced fit hypothesis にある．つまり，A の結合が酵素のコンホメーションの変化を引き起こし，B を認識し結合するアミノ酸残基をしかるべく配向させるというものである．

ピンポン機構の反応

　"**ピンポン ping-pong**"という用語は，基質が酵素にすべて結合する前に 1 つあるいは複数の反応産物が酵素から離れるような機構を表している．ピンポン機構の反応では共有結合性の触媒反応が進行するので，過渡的に化学修飾された酵素が介在する（図 7-4 参照）．ピンポン Bi-Bi 反応は**二重置換反応 double displacement reaction** である．最初に基質 A から置換基が酵素に渡されて，反応産物 P と化学修飾された酵素 F を生じる．第二の置換反応として，修飾酵素 F から第二の基質 B へ置換基が渡されて，反応産物 Q が生じるとともにもとの酵素 E が再生する（**図 8-13** 下）．

ほとんどの Bi-Bi 反応は Michaelis-Menten 型の反応様式になる

　ほとんどの Bi-Bi 反応は Michaelis-Menten の反応速度論をあてはめることができるが，ここではやや複雑で，V_{max} は両基質ともに飽和濃度のときに得られる反応速度である．それぞれの基質は，もう一方の基質が飽和濃度であるときに，最大活性の 2 分の 1 の反応速度を与えるような，固有の K_m をもつ．単一基質の反応の場合と同様に，二重逆数プロット（Lineweaver-Burk プロット）を用いて V_{max} と K_m を求めることができる．1 つの基質をある濃度に保ち（固定濃度基質 fixed substrate とよぶ），もう 1 つの基質（可変濃度基質 variable substrate とよぶ）の濃度を変えて，その濃度の関数として v_i を求める．固定濃度基質の異なる濃度ごとに得られたそれぞれの二重逆数プロット（直線）を同一のグラフ上にプロットする．これにより，直線が平行に並ぶ（parallel lines, **図 8-14**）ピンポン機構と，1 点

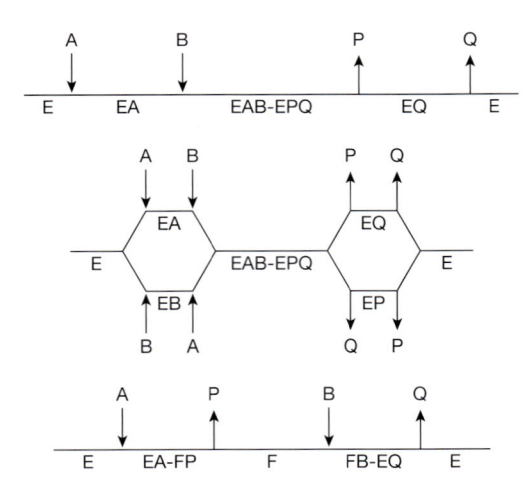

図 8-13. Bi-Bi 反応機構の 3 つの類型
横線は酵素を，矢印は基質の結合あるいは反応産物の遊離を表す．上：定序 Bi-Bi 反応．多くの NAD(P)H 依存性酸化還元酵素に特徴的．中：ランダム Bi-Bi 反応．多くのキナーゼやいくつかのデヒドロゲナーゼに特徴的である．下：ピンポン反応．アミノトランスフェラーゼや，セリンプロテアーゼに特徴的な反応機構．

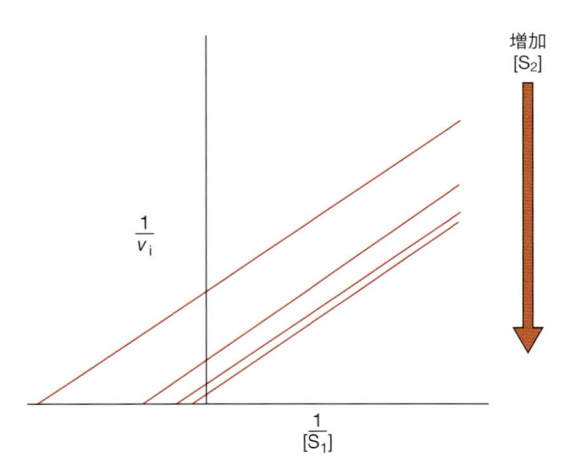

図 8-14. 2 基質ピンポン反応の Lineweaver-Burk プロット
固定濃度基質 S_2 を段階的ないくつかの濃度に固定し，可変濃度基質 S_1 の濃度を変化させて初速度 v_i を測定したときの Lineweaver-Burk プロットは，x 軸，y 軸との交点が変化するが，勾配は変わらない．

で交差する直線群（intersecting lines, 図には示していない）となる逐次機構を区別することができる.

　反応産物阻害の解析 product inhibition study は, 反応速度論的解析を補完して定序 Bi-Bi 反応とランダム Bi-Bi 反応を区別するために行われる. たとえば, ランダム Bi-Bi 反応の場合, 基質のどちらを可変濃度基質としたとしても, 2 つの反応産物のいずれもが共反応産物がない場合, 基質に対して競合阻害剤となる. 一方, 逐次機構（図 8-13 上）の場合は, A を可変濃度基質とすれば, 反応産物 Q のみが A に対して競合的な阻害であるかのような様相を示し, B を可変濃度基質とすれば, P のみがそのような阻害様式を示す. これ以外の反応産物と可変濃度基質の組み合わせでは, 複合非競合阻害の型になるであろう.

酵素反応速度論, 反応機構, そして酵素阻害に関する知識は, 薬剤開発に役立つ

多くの薬剤は酵素阻害剤としてはたらく

　薬理学の目標は以下のような薬剤化合物を見つけることである.

1. 外来病原体を死滅させる, あるいはその成長, 浸潤能, 発生を阻害する.
2. 内在性の生体防御機構を活性化する.
3. 生体細胞の正常な諸機能の擾乱を最小限に抑えつつ, 遺伝的要因, 環境要因あるいは何らかの生物学的な契機で引き起こされる異常な分子過程を, 停止あるいは妨害する.

酵素は, そのはたらきが広範であることと, 同時にその基質特異性が極めて高いことから, 強力で特異的な薬理化合物開発の標的である. たとえば, スタチンはHMG-CoA レダクターゼを阻害してコレステロールの産生を抑え（26 章参照）, エムトリシタビン emtricitabine やフマル酸テノホビルジソプロキシル tenofovir disoproxil fumarate はウイルスの逆転写酵素を阻害することによって, HIV ウイルス human immunodeficiency virus の複製を阻止する（34 章参照）. 高血圧の治療では, 血管緊縮物質であるアンギオテンシン II のレベルを下げる目的で, しばしばアンギオテンシン変換酵素（ACE）の阻害薬が投与される（41 章参照）.

酵素反応速度論によって適切なスクリーニングの条件設定が行われる

　酵素反応速度論は薬剤開発において極めて重要な役割を果たす. 阻害剤の存在を突きとめるための適切な測定（アッセイ）条件を選ぶために, 第一に目的の酵素のふるまいに関する速度論的な知見がとりわけ重要である. たとえば基質濃度は, 酵素活性をすばやく検出できるだけの反応産物が生成するには十分であって, かつ阻害剤の存在を隠蔽するほどに高濃度ではないように適切に選ばなくてはならない. 第二に酵素反応速度論は, それぞれ異なる阻害剤の阻害能を定量して比較し, さらにその阻害機構を決める方法として利用される. この場合, 非競合阻害の阻害剤であることがとくに望ましい. なぜなら, 競合阻害とは対照的に, 非競合阻害剤は基質濃度が上昇してもその阻害効果が完全に打ち消されることがないからである.

ほとんどの薬剤は体内で代謝される

　薬剤開発は, 目的とする酵素と阻害剤の相互作用の速度論的な評価を行っているだけではない. 効果が発現する用量ならびに有害な副作用の可能性を最小限にするため, 薬剤は患者もしくは病原体のもっている酵素による分解に対して抵抗性をもつ必要性がある. この過程を**薬剤代謝 drug metabolism** という. たとえば, ペニシリンその他の β-ラクタム系抗菌薬（抗生物質）は, 細菌のもつ酵素, アラニルアラニンカルボキシペプチダーゼ-トランスペプチダーゼ alanyl alanine carboxypeptidase-transpeptidase を非可逆的に不活性化することによって, 細胞壁の合成を止める. しかし多くの細菌は, ペニシリンとその関連抗菌薬のはたらきに決定的な β-ラクタム基を加水分解する β-ラクタマーゼ β-lactamase を産生する. この抗菌薬耐性を克服するやり方の 1 つは, β-ラクタム系抗菌薬と同時に, β-ラクタマーゼ阻害剤を投与することである.

　薬剤の不活性型前駆体, または**プロドラッグ prodrug** を生体内で活性型に転換させるという代謝的変換 metabolic transformation が必要となることがある（47 章参照）. 2′-デオキシ-5-フルオロウリジル酸 2′-deoxy-5-fluorouridylic acid は, がんの化学治療における共通の標的の 1 つであるチミジル酸シンターゼの強力な阻害剤であって, これは, ホスホリボシル転移酵素 phosphoribosyl transferase やデオキシリボヌクレオシドのサルベージ経路（再利用経路）の酵素群による一連の酵素的変換によって 5-フルオロウラシル（5-

FU)から生成される（33章参照）．プロドラッグの効果的な設計と投与には，それらを生物活性のある形に変えるのにかかわっている酵素の速度論的性質と反応機構に関する知識が必要とされる．

まとめ

- 酵素反応速度論の研究，すなわち酵素触媒反応の速度に影響する要因の解析は，酵素が基質を反応産物に変換する過程の個々のステップを明らかにする．
- 反応全体の自由エネルギー変化 ΔG は反応機構とは無関係であり，これからは反応速度に関する情報は得られない．
- K_{eq} は速度定数の比であり，平衡状態における基質と反応産物の濃度比，あるいは速度定数の比である k_1/k_{-1} から算出される．酵素は K_{eq} に影響を及ぼさない．
- 反応は遷移状態を経て進行する．自由エネルギー変化 ΔG_F は，遷移状態を乗り越えるための活性化エネルギーである．温度，水素イオン濃度（pH），酵素濃度，基質濃度，阻害剤などはすべて酵素触媒反応の速度に影響する．
- 酵素触媒反応の速度の測定は，一般に初速度 v_i を測定する条件で行われる．初速度測定条件では産物の蓄積がほとんどないことから，逆反応の発生を排除できる．
- Michaelis-Menten 式を線形に変形したプロットを用いるとミカエリス定数 K_m や最大速度 V_{max} を算定することが容易になる．
- 直線形に変形した Hill 方程式は，いくつかの多量体酵素が示す協同的基質結合の反応速度論的解析に用いられる．この直線の勾配 n は Hill 係数とよばれ，複数の基質結合部位間の相互作用の数と種類および強さの関数である．1 より大きい n は正の協同性を表す．
- 単純な競合阻害剤は基質と類似しているのが普通であり，その阻害効果は基質濃度を上げることにより

排除できる．単純な非競合阻害剤は，V_{max} を下げるが K_m には影響を及ぼさない．
- 単純な競合阻害剤，あるいは非競合阻害剤においては，その阻害定数 K_i は該当する酵素-阻害剤複合体の解離平衡定数に等しい．あまり厳密ではないが，より簡便な阻害剤の効果の評価法として IC_{50} がある．これは，ある所定の実験条件下において，酵素活性に 50% 阻害を与えるような阻害濃度である．
- 逐次反応では，基質が酵素と結合する順番がランダムな場合（どの基質が初めに結合してもよい）と順番が決まっている場合（ある決まった基質 A が，他の基質 B より先に結合しなければならない）がある．
- ピンポン反応では，すべての基質が酵素に結合するより先に，1 つあるいは複数の反応産物の遊離が起こる．
- 応用的酵素反応速度論は，特定の酵素を選択的に阻害する薬剤の発見とその評価とその作用機構の解明を容易にする．
- 酵素の反応速度論は，薬物代謝の解析と最適化において中心的な役割を果たし，薬の効果の重要な決定要素となる．

文　献

Cook PF, Cleland WW: *Enzyme Kinetics and Mechanism.* Garland Science, 2007.

Copeland RA: *Evaluation of Enzyme Inhibitors in Drug Discovery.* John Wiley & Sons, 2005.

Cornish-Bowden A: *Fundamentals of Enzyme Kinetics.* Portland Press Ltd, 2004.

Dixon M: The graphical determination of K_m and K_i. Biochem J 1972;129:197.

Fersht A: *Structure and Mechanism in Protein Science: A Guide to Enzyme Catalysis and Protein Folding.* Freeman, 1999.

Schramm, VL: Enzymatic transition-state theory and transition-state analogue design. J Biol Chem 2007;282:28297.

Segel IH: *Enzyme Kinetics.* Wiley Interscience, 1975.

Wlodawer A: Rational approach to AIDS drug design through structural biology. Annu Rev Med 2002;53:595.

酵素：活性の調節

Enzymes: Regulation of Activities

学習目標
本章習得のポイント

- 個体レベルの恒常性（ホメオスタシス）の考え方を説明する.
- 細胞内のたいていの酵素の基質濃度がそのK_mに近いレベルである理由を考察できる.
- 代謝の流れを能動的に制御するためのいくつかの機構を列挙することができる.
- アロステリックエフェクター（調節因子）が，フィードバック制御因子，インジケーターメタボライト（指標代謝物），セカンドメッセンジャーとして作用しているかどうかを決定するおもな特徴を列挙できる.
- ある種の酵素をプロ酵素として合成する利点を述べることができる.
- プロ酵素を活性型へ変換することに伴う一般的な構造上の変化を記述することができる.
- アロステリックエフェクターが酵素の触媒活性に影響する一般的な2つの様式を示すことができる.
- 代謝過程を調節するにあたって，プロテインキナーゼ，プロテインホスファターゼの役割，および調節ホルモンやセカンドメッセンジャーの役割を概観することができる.
- リシンアセチルトランスフェラーゼならびにサーチュインの基質要求性が，代謝酵素のリシンのアセチル化の程度をどのように変化させるか説明することができる.
- 細胞内で構築される調節ネットワークによる2つの経路について記述することができる.

生物医学的重要性

代謝調節という概念の基礎を創設したのは19世紀の生理学者 Claude Bernard である. 彼は, 生物が生き延びるために, 外部および内部の環境の変化によってもたらされる多くの困難に対して量的にも時間的にも適切に反応していることを観察した. その後, Walter Cannon は, 外部環境の変化に応答して恒常的内部環境を維持する動物の能力を "恒常性（ホメオスタシス）homeostasis" という新しい言葉を使って表現した. 細胞レベルでは, $5'$-AMP や NAD^+ などの主要な代謝中間体のレベルをモニターすることによって, あるいは受容体を介したシグナル伝達カスケードを通してホルモンなどの外的要因に反応することによって, 主要な代謝反応の速度を調節して恒常性が維持される.

恒常性のバランス維持にかかわっている受容-応答機構の攪乱は, ヒトの健康にとって有害である. がん, 糖尿病, 嚢胞性線維症 cystic fibrosis さらに Alzheimer 病などを例にあげれば, これらは病原性物質, 遺伝子変異, 栄養状態, 生活習慣の相互作用によって誘発される調節機能の異常とみなすことができる. 多くの発がん性ウイルスは, 遺伝子発現のパターンを制御するタンパク質を修飾するタンパク質チロシンキナーゼの産生によって, がんの発生に寄与している. コレラ菌 *Vibrio cholerae* が産生するコレラ毒素は, 細胞表面の受容体とアデニル酸シクラーゼ adenylyl cyclase をつなぐ GTP 結合タンパク質（G タンパク質）を ADP リボシル化することによって, 腸管上皮細胞のセンサー反応経路を無力化する. ADP リボシル化によるアデニル酸シクラーゼの活性化が, 腸への無制限な水の流出を誘発し, 重篤な下痢および脱水状態を引き起こす. ペストの病原菌である *Yersinia pestis* は, 要となる細胞骨格タンパク質のリン酸基を加水分解するタンパク質チ

ロシンホスファターゼにはたらく．そのため防御にはたらくマクロファージの貪食機構を無力化する．タンパク質分解系は欠陥タンパク質や異常タンパク質の分解を担うが，この分解系の不全は Alzheimer 病や Parkinson 病のような神経変成性の疾患に大きくかかわっていると考えられている．

　さらに，タンパク質のリン酸化，アセチル化，SUMO（small ubiquitin-related modifier）化などの共有結合性タンパク質修飾は酵素活性やタンパク質分解の調節などで即時的に機能するだけではなく，情報の蓄積と情報の伝達に関するタンパク質にもとづく信号体系 code を織りなしている（35 章参照）．これらの DNA の配列によらない遺伝情報体系は**エピジェネティック（後成的）epigenetic** と呼称される．本章では代謝過程を調節しているいくつかの機構を概観し，具体例を紹介する．

代謝産物の流れは能動的にあるいは受動的に調節されている

　当初は，代謝酵素が通常最大速度で作動することが望ましいと考えられたが，これでは，利用可能な基質の変化に応じて処理能力や反応速度を調整する余地がほとんどない．酵素が基質によって飽和されると，基質の利用可能性の変化に適応して反応産物生成速度を上げることはできない（**図 9-1**）．さらに，利用可能な基質が比較的大きく減少しても，速度の減少は不釣り合いに小さい．その結果，ほとんどの酵素は，基質に対する K_m 値が細胞内平均濃度に近くなるように進化しており，基質濃度の変化が代謝物の産生量の変化に対応するようになっている（図 9-1）．基質レベルの変化に対する反応は，代謝物の流れを細胞間で調整するための重要だが受動的な方法である．細胞外シグナルへの適応には，酵素効率を能動的に調節するメカニズムが必要である．

代謝産物の流れは一方向性であることが多い

　通常，生きている細胞は，代謝中間体の平均濃度が時間とともに比較的一定に保たれる動的な定常状態に存在する．これは，生細胞では，ある酵素触媒反応の反応生成物が他の酵素触媒反応の基質となり，速やかに除去されるという事実を反映している（**図 9-2**）．このような状況下では，多くの可逆的な酵素触媒反応の流れは一方向に起こる．酵素触媒反応の連鎖によって

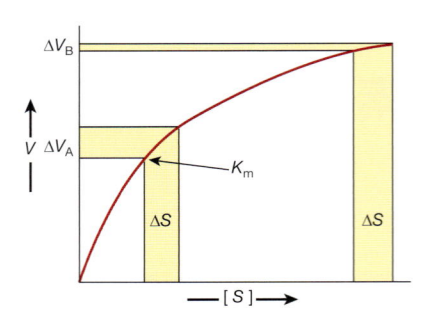

図 9-1. 基質濃度の上昇に伴う酵素触媒反応の速度変化による応答（ΔV）の違い
基質濃度が K_m 付近で変動するときの応答（ΔV_A）と，基質濃度が K_m よりはるかに高いところで変動するときの応答（ΔV_B）を示す．

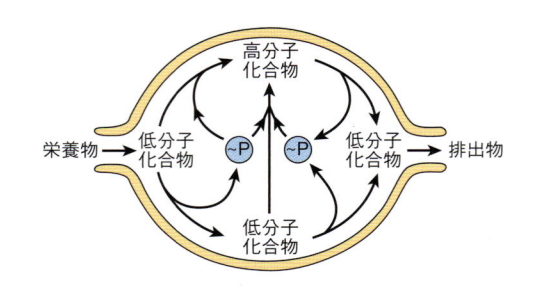

図 9-2. 定常状態にある細胞の概念図
代謝の流れが一方向であることに注意．

構成される経路では，経路中間体の継続的な枯渇によって，産物形成の自由エネルギーの変化が小さい，あるいはわずかに不利であっても平衡は生成物形成に有利に引っ張られる．これは，自由エネルギーの全体的な変化が代謝産物の一方向の流れを促進するからである．この状況は，一方の端が他方の端よりも低いパイプを通る水の流れに似ている．パイプを通る水の流れは，曲がりやねじれの存在にもかかわらず，高さ全体の変化により一方向のままであり，これは経路全体の自由エネルギーの変化に対応する（**図 9-3**）．

酵素の区画化は能率のよい代謝のために有効であり，調節を容易にする

　真核生物では，共通の生体分子を合成し分解する同化経路と異化経路は，互いに物理的に隔離されている．ある種の代謝経路は特定の種類の細胞内のみ，あるいは細胞内では分けられた細胞内区画内にのみ存在する．たとえば，脂肪酸生合成はサイトゾル cytosol で行われるが，脂肪酸酸化はミトコンドリアで行われる（22

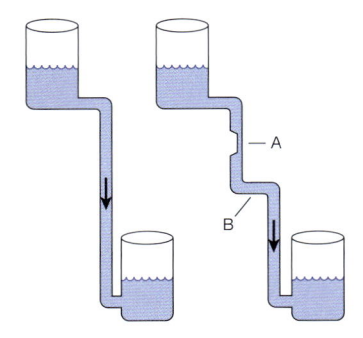

図 9-3. 代謝経路を水の流れにたとえた模式図
律速段階（A）および（B）（ΔG がほとんどゼロ）があっても，全体としての落差によって流れることを示す．

章，23 章参照）．一方，多くの分解酵素はリソソームとよばれる小器官の中に含まれている[1]．さらに，1 つあるいはそれ以上の特殊な中間代謝産物 unique intermediate が存在するならば，多くの見かけ上拮抗している代謝経路が物理的な隔離によらなくても共存できる．どのような反応，あるいは連続した一連の反応も，代謝が "前向き方向" に流れることによる自由エネルギー変化と，その反対方向に進行することに要する自由エネルギー変化は，大きさが同じで正負の "符号が反対" である．代謝経路を触媒する酵素によっては，たとえばイソメラーゼ類のように，基質と反応産物のもつ自由エネルギーの差がゼロに近い．これらの触媒は基質と産物の比に依存して双方向である．しかしながらこのような例は原則ではなくむしろ例外である．事実上，すべての代謝経路は自由エネルギー変化 ΔG が有意な値をもつような 1 つあるいはそれ以上の反応段階をもっている．たとえば，グルコースを 2 分子のピルビン酸へと分解する解糖系 glycolysis は，全体としては反応の自由エネルギー変化 ΔG が - 96 kJ/mol であるが，この値は，過剰なピルビン酸をグルコースへ戻すという "逆反応" を起こすには，あまりに大きい．その結果，糖新生は，エネルギー的に最も不利な解糖の 3 段階が，異なる酵素によって触媒される熱力学的に有利な代替反応を用いて回避して進行する（19 章参照）．

構造のよく似た補酵素 NAD^+ と $NADP^+$ を酵素が識別できることも，区画化の 1 つの形である．これらの

補酵素の還元力は同等である．しかし，電子伝達系のための電子を産生するほとんどの反応は，NAD^+ を還元するのに対し，多くの生合成経路における還元段階を触媒する酵素は一般的に NADPH を電子供与体として用いている．

代謝全体の制御には律速酵素がよいターゲットである

代謝経路の代謝産物の流れには多くの酵素による触媒反応が関与しているが，いくつかの選ばれた酵素だけを調節することによって，恒常性（ホメオスタシス）が維持される．調節のための介入に理想的な酵素とは，量的にあるいは触媒効率において，その酵素反応が同じ経路の他のすべての反応よりも遅くなっている酵素である．こういう "ボトルネック bottle neck" あるいは**律速反応 rate-limiting reaction** を触媒している酵素の触媒効率を下げる，あるいはその量を減らすことは，そのまま経路全体の代謝の流れを減速することになる．逆に，この律速酵素の量を増やす，あるいは触媒の効率を上げることで，経路全体の流れを促進することができる．律速段階を触媒している酵素は，代謝の流れを仕切るにふさわしい管理者 natural "governor" として，有望な薬剤標的となる．たとえば，"スタチン statin" という薬剤は，HMG-CoA レダクターゼを阻害することによってコレステロールの合成を抑えるが，この酵素はコレステロール生合成の律速反応を触媒している．

酵素量の調節

代謝経路における律速段階の全体の触媒能力は，その反応を触媒する酵素分子の濃度とこれらの分子に本来備わっている触媒効率の積で表される．したがって，存在する酵素の量の変化，触媒効率の変化，あるいはその両方が触媒能力に影響を調節することになる．

タンパク質は常に合成され，そして分解されている

Schoenheimer は ^{15}N で標識したアミノ酸のタンパク質への取り込みとその後の消失の速度を計測して，生体のタンパク質は "動的平衡 dynamic equilibrium" の状態にあって，常に体内で合成と分解を受けているとし，これを**タンパク質の代謝回転 protein turnover** とよんだ．凝集体濃度が基本的に一定である構成タンパク質であっても，ターンオーバーによって絶えず入れ替わる．しかし，他の多くの酵素の濃度は，ホルモ

---

1) 訳者注：細胞内の小器官による区分けのほかに近年，液液相分離 liquid-liquid phase separation（LLPS）という現象が認められている．脂質膜をもたないが，一定の区画がつくられるという現象である．関連する酵素群，転写因子その他の機能分子が集合し機能を発揮するのに効率の良いシステムである．

ン，食事，病理学的，その他の要因に反応して動的に変化し，合成(k_s)，分解(k_{deg})，またはその両方の全体的な速度定数に影響を与える可能性がある．

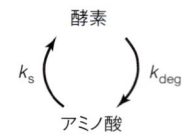

酵素合成の調節

ある種の酵素の合成は，合成を誘発する**誘導物質 inducer** の存在に左右される．それは多くの場合，酵素の基質であったり構造的に類縁の化合物であって，その酵素をコードする遺伝子の転写や関連する**転写因子（transcription factor）**を刺激する（38 章参照）．たとえば，グルコースで生育した大腸菌は，β-ガラクトシドを与えられたあとにはラクトース（乳糖）だけを代謝するようになるが，このβ-ガラクトシドはβ-ガラクトシダーゼβ-galactosidase とガラクトシドパーミアーゼ（輸送体）galactoside permease の合成を開始させる誘導物質である．ヒトの代表的な誘導酵素には，トリプトファンピロラーゼ（トリプトファン-2,3-ジオキシゲナーゼ），トレオニンデヒドラターゼ，チロシン-α-ケトグルタール酸アミノトランスフェラーゼ，尿素回路の酵素群，HMG-CoA レダクターゼ，δ-アミノレブリン酸シンターゼ，シトクロム P450 などがある．逆に，代謝生成物の過剰な存在による**抑制 repression** により関連酵素の生合成を抑えることがある．誘導も抑制も，調節を受ける遺伝子の上流域に位置する特殊な DNA 配列（シスエレメントとよばれる）が関与しており異所から作用する *trans*-acting 転写調節タンパク質結合部位を提供する．誘導と抑制の分子機構は 38 章で扱う．そのほか，ホルモン刺激に応じたタンパク質合成の調節に関して，詳しくは 42 章で述べる．

酵素分解の調節

動物においては，多くのタンパク質がユビキチン-プロテアソーム経路 ubiquitin-proteasome pathway によって分解されている．タンパク質分解は 26S プロテアソームの中で起こる．それは，30 以上のポリペプチドのサブユニットでできた中空の筒となっている．そのタンパク質分解能をもつサブユニットの活性中心は筒の内側を向いていることで，細胞のタンパク質をむやみに分解しないようになっている．小型で 76 アミノ酸からなる（約 8.5 kDa）ユビキチン分子が 1 つあるいはそれ以上，共有結合で付加されることによってタンパク質が，プロテアソームの内部へ送られる．ユビキチンは真核生物全般にわたってその配列はよく保存されている．"ユビキチン化"は E3 リガーゼという大きなファミリーに属する酵素によって触媒されるが，この酵素は標的タンパク質のリシン残基の側鎖アミノ基にユビキチンを付加する．

ユビキチン-プロテアソーム経路は細胞の特定のタンパク質（たとえば，サイクリン cyclin，35 章参照）の調節的な分解と，欠陥タンパク質や壊れたタンパク質種の除去との，両方にあずかっている．ユビキチン-プロテアソーム系の多様性と選択性の鍵は，細胞内に存在する多様な E3 リガーゼと，標的タンパク質の異なる物理的あるいは立体構造的状態を識別する能力にある．このように，ユビキチン-プロテアソーム経路は，補因子 prosthetic group の欠損や損傷，システイン残基やヒスチジン残基の酸化，部分的なアンフォールディング（折りたたみ構造が解けること），アスパラギン残基やグルタミン残基の脱アミドなどによって，物理的完全性や機能的適格性が損なわれたタンパク質を選択的に分解することができる．リン酸化のような共有結合によるタンパク質の修飾，基質やアロステリック因子の結合，生体膜やオリゴヌクレオチドさらに異種タンパク質との共有結合などによっても，プロテアーゼ（タンパク質分解酵素）による識別が調節されている．ユビキチン-プロテアソーム経路の機能不全はときどき，いくつかの神経変性疾患に特徴的な誤った折りたたまれ方をしたタンパク質の蓄積やそれに続く凝集にかかわる．ユビキチン-プロテアソーム系以外に注目されているタンパク質や細胞内小器官の分解系に，オートファジーがある．これについては，28 章のコラムを参照されたい．

触媒活性の調節のためのさまざまな選択肢がある

ヒトでは，タンパク質合成の誘導はいくつものステップを経由する複雑な過程であり，最終的な酵素レベルに有意な変化が起こるまでには典型的には数時間かかる．それとは対照的に，リガンドの可逆的な結合（**アロステリック調節 allosteric regulation**）や**共有結合性の修飾 covalent modification** によって引き起こされる本来の触媒能の変化は，数分から数秒以内に起こる．したがって，タンパク質レベルの変化は一般に長期にわたる適応変化への対応に適しており，他方，触

媒能の変化は迅速かつ短期的な代謝の流れの変更に適している.

アロステリックエフェクターによる調節を受けている酵素がある

多くの酵素活性は**エフェクター effector** とよばれる小分子の非共有結合によって調節される. エフェクターの結合は, 酵素-エフェクター複合体が個々の酵素およびエフェクター分子とは異なる分子実体であるため, 異なる特性を示して酵素の機能を調節できる. エフェクターの結合は, 標的酵素の触媒効率を増加(活性化)または減少(阻害)させ, 細胞内の別の場所に移動させたり, 他のタンパク質との結合(または解離)を引き起こしたり, さらには, 2番目のエフェクターの結合または共有結合による修飾に対して感受性を増強または抑制したりする. 生理学的エフェクターには, 鍵となる代謝経路のいくつかの最終生成物および中間体, ならびに調節リガンドとして作用することだけを唯一の機能とする特殊な生体分子もある.

ほとんどのエフェクターは, 影響を受けた酵素の基質や生成物にほとんど似ていないか, まったく似ていない. たとえば, 3-ホスホグリセリン酸デヒドロゲナーゼ 3-phosphoglycerate dehydrogenase のエフェクターであるセリン残基は, 酵素の基質である 3-ホスホグリセリン酸 3-phosphoglycerate および NAD^+ のいずれとも構造的な重複はほとんどない(**図 9-4**). Jacques Monod は, ほとんどの生理学的エフェクターと, それらの同族酵素による触媒変換の標的となる反応物との間に構造的類似性がないことは, これらのモジュレーター (エフェクター)が物理的に異なる部位, そしておそらくは酵素の活性部位から物理的に離れた部位に結合しているからだと理由づけた. Monod は, **アロステリック allosteric** という用語を使用した. それは, これらの調節部位とそれに結合するエフェクターを分類するために, "別の空間を占有する"ことを意味する. 活性部位で起こるイベントに影響を与えるアロステリックリガンド allosteric ligand の能力は, 酵素の全体または大部分に影響を与える構造変化を誘導する能力に起因すると考えられる. アロステリックエフェクターは, 基質に対する K_m (K シリーズアロステリック酵素 K-series allosteric enzyme への影響), V_{max}(V シリーズアロステリック酵素 V-series allosteric enzyme への影響), またはその両方を変更することによって触媒効率

に影響を与える可能性がある.

アロステリックエフェクターは機能的に3つのクラスに分類できる

アロステリックエフェクターはその起源や目的(機能)によって, 3つのカテゴリーに分類される. フィードバックエフェクター feedback effector は, 合成を担う経路内の1つまたはそれ以上の酵素を活性化や阻害するために結合する最終産物または中間体である. ほとんどの場合において, フィードバック阻害剤は特定の生合成経路(順序)の最初に関与するステップを触媒

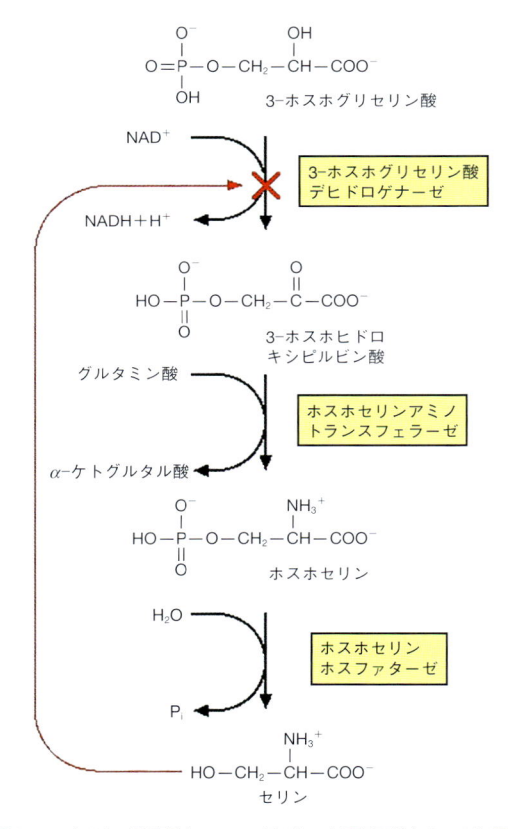

図 9-4. セリン残基はフィードバック阻害剤として作用することで合成速度を調節する

解糖系中間体であるグリセルアルデヒド 3-リン酸 glyceraldehyde 3-phosphate からセリン残基を合成する 3 種の酵素反応を示している. 赤矢印はセリン残基が 3-ホスホグリセリン酸デヒドロゲナーゼ 3-phosphoglycerate dehydrogenase に結合してその酵素活性を阻害することを示している(×で示した). この単純なメカニズムにより, 経路の最終生成物であるセリン残基に対する細胞の需要が低下し, その濃度が増加し始めると, 経路の最初のステップの酵素のフィードバック阻害剤としての作用が増え, その結果セリン残基合成が減少する.

する酵素に結合する．以下の例では，Enz₁, Enz₂, Enz₃ によって触媒される A から D の生合成において示している．

$$Enz_1 \quad Enz_2 \quad Enz_3$$
$$A \rightarrow B \rightarrow C \rightarrow D$$

最終的にセリン残基(フィードバック阻害剤)を合成する経路にかかわる 3-ホスホグリセリン酸デヒドロゲナーゼは，その経路の最初のステップを触媒する（図9-4）．

フィードバックエフェクターの調節機能は，その代謝の役割に比べれば二次的に重要である．それらの作用範囲は，その合成を担う経路に局在している．ほとんどの場合，最終生成物または中間体の結合は，その標的酵素の触媒効率を下げる．これはフィードバック阻害とよばれる．

フィードバックエフェクターと同様に，インジケーターメタボライト(指標代謝物)indicator metabolite もまた，酵素のアロステリックエフェクターとしての二次的な役割をもつ代謝最終産物または中間産物である．インジケーターメタボライトは，その作用範囲が，産生経路を越えて，あるいは産生経路の外にまで及ぶことによって，フィードバックエフェクターと区別される．これにより，インジケーターメタボライトが複数の代謝経路を通じて反応速度を調整することが可能になる．たとえば，クエン酸回路(16 章)の重要な中間体であるクエン酸は，脂肪酸生合成の最初のステップの触媒作用を担うアセチル-CoA カルボキシラーゼのアロステリック活性化因子として機能する（図23-6参照）．一方，アラニンは解糖酵素ピルビン酸キナーゼのアロステリック阻害剤として作用する(19 章参照)．

インジケーターメタボライトやフィードバックエフェクターとは異なり，セカンドメッセンジャーは特殊なアロステリックリガンドであり，ホルモンや神経インパルスなどの外部からのファーストメッセンジャーに応答して生成または放出される．ホルモンのアドレナリン(エピネフリン)に呼応してアデニル酸シクラーゼの触媒作用で ATP からつくられる 3′,5′-cAMP や，ほとんどの細胞の小胞体に貯えられている Ca^{2+}，これらが典型的なセカンドメッセンジャーである．神経インパルスにより生じる膜の脱分極は，膜に存在するチャネルを開いて Ca^{2+} を細胞質に導入するが，この Ca^{2+} は，筋収縮の調節に関与する．これは，ホスホリラーゼキナーゼ phoshorylase kinase への結合や活性による．その他のセカンドメッセンジャーとし

ては，3′,5′-cGMP や一酸化窒素，さらにホルモンの調節を受けるホスホリパーゼの作用でイノシトールリン脂質の加水分解によって生じるイノシトールポリリン酸 polyphosphoinositol などがある．細胞内過程の調節におけるセカンドメッセンジャーの関与についての個々の例は，18 章や 42 章，51 章で扱われる．

アスパラギン酸トランスカルバモイラーゼはアロステリック酵素のモデルである

アスパラギン酸トランスカルバモイラーゼaspartate transcarbamoylase（ATCase）はピリミジン生合成に固有の初発段階の反応を触媒するが(図33-9参照)，2 つの三リン酸ヌクレオチドによるアロステリック(フィードバック)制御の標的となる．その 2 つとはシチジン三リン酸 cytidine triphosphate（CTP）とアデノシン三リン酸である．CTP はピリミジン合成経路の最終産物であって，ATCase のフィードバック阻害剤として機能するが，プリンヌクレオチドである ATP はこの酵素を活性化する．そのうえ，ATP の結合は CTP による阻害を妨げ，このことによって，"プリン"ヌクレオチドのレベルが上昇したときには，"ピリミジン"ヌクレオチドの合成が進行できるようにする．インジケーターメタボライトである ATP は，阻害性エフェクター CTP レベルの瞬間的かつ一過的な上昇による瞬間的な合成中断を防ぐ上記の能力により，DNA 複製が行われるときなど，需要が高い時間帯でもピリミジン生合成がプリン生合成のペースを維持する．

共有結合修飾による制御は可逆的でも不可逆的でもよい

哺乳類のタンパク質はさまざまな共有結合性修飾の対象になっている．タンパク質のプレニル化 prenylation，糖鎖付加（グリコシル化）glycosylation，ヒドロキシル化 hydroxylation および脂肪酸付加 fatty acid acylation は，新規に合成されたタンパク質に特異な構造上の特徴を与える．これらの修飾はそのタンパク質の存続期間を通して保持されるのが普通である．いくつかの共有結合修飾はタンパク質機能を調節する．制御性共有結合修飾の中心原理は，新しい共有結合を導入するか，既存の共有結合を切断することで，標的の

酵素の特徴を変えることである．したがって，この影響を受けた“新しい”酵素分子は，以前とは異なる特性をもつ．哺乳動物細胞は，広範囲に制御性共有結合で調節されている．前駆体タンパク質内の1つまたは少数のペプチド結合が加水分解される**部分タンパク質分解 partial proteolysis** のようないくつかの修飾は，細胞内でタンパク質の前駆体形態に再構成することが不可能であるため，**不可逆的 irreversible** とよばれる．したがって，活性化タンパク質は一度修飾されると，損傷，廃棄，または分解されるまで，新しい形状と特性を保持する．

アセチル化，ADP リボシル化，SUMO 化（小さなユビキチン様修飾分子または SUMO タンパク質の結合），およびリン酸化は，すべていわゆる**可逆的 reversible** 共有結合修飾の例である．ここで，“可逆的”とは，修飾されたタンパク質をその修飾のない前駆体形態に復元する能力を指し，復元が起こる機構をさすものでは**ない**．修飾が導入された酵素触媒反応が熱力学的に有利な場合，反応を逆にすることは，不利な自由エネルギー変化であり非実用的になる．プロテインキナーゼによって触媒されるタンパク質のセリン，トレオニン，またはチロシン残基のリン酸化は，ATP の高エネルギーのガンマ（γ）リン酸基を利用して熱力学的に促進される．リン酸基は，リン酸と ADP を再結合して ATP を形成することによってではなく，プロテインホスファターゼ protein phosphatase とよばれる酵素による加水分解反応によって除去される．同様に，アセチルトランスフェラーゼ acetyltransferase は高エネルギーのドナー基質である NAD^+ を使用するが，デアセチラーゼ deacetylase は遊離酢酸を生成する加水分解を直接触媒する．

キモトリプシンの活性は選択的タンパク質分解酵素活性制御をよく表す

多くの分泌タンパク質は，**プロタンパク質 proprotein** とよばれる，より大きく機能的に不活性な前駆体として合成される．プロタンパク質の潜在的な機能が本質的に触媒である場合，これらの前駆体は**プロ酵素 proenzyme**，または**チモーゲン zymogen** とよばれる．プロタンパク質が機能的に能力のある活性型へ変換するためには，1つまたは少数の高度に特異的なタンパク質分解クリップを含む部分が，選択的にまた部分的に分解される．たとえば，キモトリプシノーゲン chymotrypsinogen の活性化には，元のポリペプチドを5つの小さなセグメントに分割する4つのペプチド結合の加水分解が含まれる（**図 9-5**）．これらのうち最大のものは，ペプチド A，B，および C とよばれる．成熟した活性型 α-キモトリプシンでは，A，B，および C ペプチドはジスルフィド結合によって結合されているが，小さな2つのジペプチドは拡散する．触媒的に必須の電荷リレーネットワーク（図 7-7 参照）の His 57 および Asp 102 は B ペプチド上に存在するのに対し，Ser 195 は C ペプチド上に存在する．しかし，キモトリプシノーゲンの部分タンパク質分解が引き金になり，立体構造変化によって三次元的に近づくことに注意しよう．

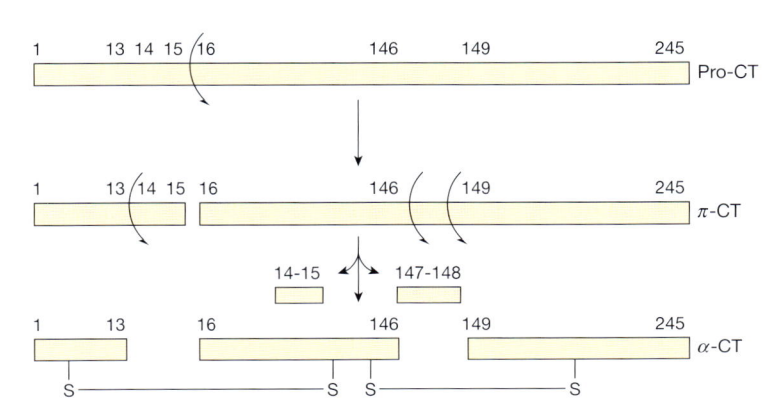

図 9-5. タンパク質分解の段階的な進行によって，キモトリプシンの Asp 102-His 57-Ser 195 というアミノ酸残基が3つ組の触媒部位（図 7-7 参照）の形成に至ることを二次元的に表す
プロキモトリプシン（Pro-CT）の段階的なタンパク質分解により，π-キモトリプシン（π-CT）を経て，活性プロテアーゼである α-キモトリプシン（α-CT）が形成される．この活性なプロテアーゼにおいては，3つの構成ペプチド（A，B，C）は鎖間ジスルフィド共有結合によって会合したままである．

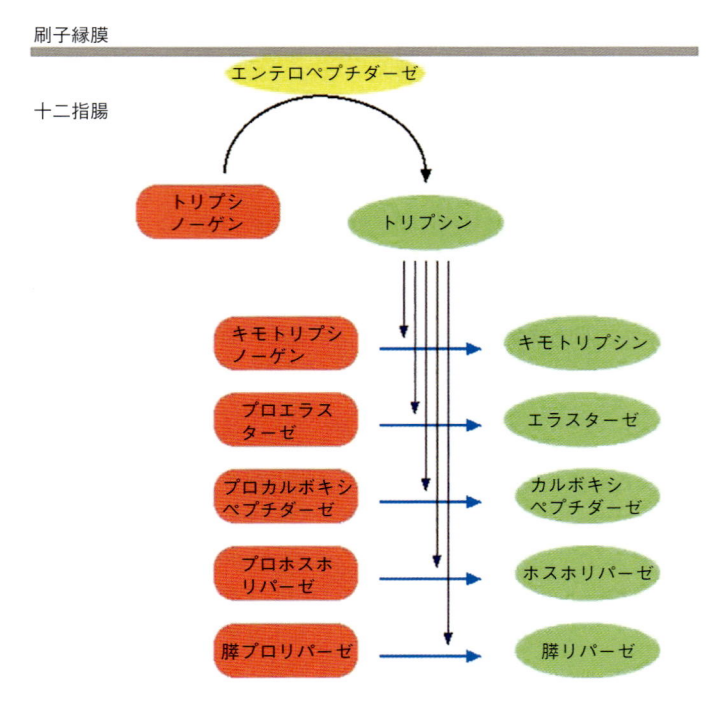

図 9-6. 十二指腸における膵チモーゲンの活性化

膵臓の酵素（赤）を部分的にタンパク質分解して酵素活性型（緑）に活性化するプロテアーゼカスケードを示す．このカスケードは，トリプシノーゲンをトリプシンに変換する刷子縁に存在する酵素エンテロペプチダーゼ（黄）によって開始される．活性化されると，トリプシンは，キモトリプシノーゲンをキモトリプシンに，プロエラスターゼをエラスターゼに，プロカルボキシペプチダーゼをカルボキシペプチダーゼに，プロホスホリパーゼをホスホリパーゼに，膵プロリパーゼを膵リパーゼに変換する標的タンパク質分解クリップ（青矢印）を触媒する．

多くの消化酵素は機能的に休止状態のプロタンパク質である

消化プロテアーゼとリパーゼ（脂質分解）は，膵臓内にいるときは安全なチモーゲンの形で貯蔵され，消化器官への排泄を待っている．消化管に分泌されると，これらの膵臓の加水分解酵素は一連の選択的タンパク質分解切断によって活性化される．この切断は，十二指腸の刷子縁に存在するエンテロペプチダーゼ **entero-peptidase**（以前はエンテロキナーゼとして知られていた）のタンパク質分解作用によってトリプシノーゲンがトリプシンに変換されることにより開始される．エンテロペプチダーゼによって活性化されると，トリプシンは続いて他の多くの膵臓チモーゲン zymogen の変換を触媒する．たとえば，キモトリプシノーゲン chymotrypsinogen，プロエラスターゼ proelastase，カリクライノーゲン kallikreinogen，プロカルボキシペプチダーゼ procarboxypeptidases A および B，プロホスホリパーゼ prophospholipase A2，膵プロリパーゼ pancreatic prolipase などである（**図 9-6**）．

胃主細胞によって分泌されるペプシノーゲンは，自身を活性化（切断）してペプシンへ変換する．自己タンパク質分解は，上部消化管の酸性 pH にさらされたときに誘発される構造変化によって引き起こされる．膵炎では，消化プロテアーゼとリパーゼの早期活性化により，摂取したタンパク質ではなく健康な組織の自己消化が引き起こされる．

選択的タンパク質分解が，血液凝固と補体カスケードの迅速な活性化を可能にする

けがや傷害を負った場合，血栓の形成速度は生存にとって決定的に大事である．血液凝固や補体カスケードの構成要素を機能的に休眠状態のチモーゲン zymogen として合成・分泌することで，潜在的に命を救う可能性のある血栓の構成要素をあらかじめ配置できる．続いて，一連の選択的なタンパク質分解によって速やかに活性化（血栓構築）させることができる．侵入した細菌を攻撃する補体カスケードの成分も，タンパク質分解によって活性化されるプロタンパク質の形で循環系にあらかじめ配置されている（52 章，55 章参照）．

可逆的共有結合修飾が哺乳類の主要タンパク質を制御する

ヒストンコードは可逆的共有結合修飾にもとづいている

クロマチン中のヒストンやその他の DNA 結合タンパク質は，アセチル化 acetylation，メチル化 methylation，ADP リボシル化 ADP-ribosylation，リン酸化 phosphorylation，SUMO 化（小さなユビキチン様修飾因子（SUMO）タンパク質の付加）など，広範な修飾を受けている．これらの修飾は，DNA そのものだけでなく，クロマチン内のタンパク質の相互作用の仕方にも影響を与える．その領域内で，結果として生じるクロマチン構造の変化により，転写に関与するタンパク質が遺伝子にアクセスしやすくなる．それによって遺伝子発現が増強され，より大規模にはゲノム全体の複製が促進される（38 章参照）．一方，転写因子や DNA 依存性 RNA ポリメラーゼなどへの遺伝子のアクセスを制限するクロマチン構造の変化は，それによって転写を阻害するので遺伝子発現を"休止させる silence"といわれる．

クロマチンにおける遺伝子のアクセス可能性を決める共有結合修飾の組み合わせは，"ヒストンコード"とよばれている．このコードは，エピジェネティクス epigenetics の古典的な例を表している．つまり，ゲノムを構成するヌクレオチドの配列以外の遺伝情報伝達である．この場合，新たに形成された"娘"細胞内の遺伝子発現パターンは，"親"細胞から受け継いだクロマチンタンパク質に組み込まれた特定のヒストン共有結合修飾によって部分的に決定される．

哺乳類の何千ものタンパク質は，共有結合性のリン酸化により修飾されている

タンパク質のリン酸化はプロテインキナーゼ protein kinase によって触媒される．これは ATP のいちばん端（γ 位）のリン酸基をタンパク質のセリン，トレオニンあるいはチロシン残基の側鎖のヒドロキシ基に転移し，それぞれ O-ホスホセリン，O-ホスホトレオニン，O-ホスホチロシン残基に変える（図 9-7）．リン酸化されたタンパク質はプロテインホスファターゼ protein phosphatase の熱力学的に有利な触媒によってリン酸基が加水分解で除かれ，非修飾型タンパク質に復帰できる．

典型的な哺乳類の 1 個の細胞には何千種類ものリン酸化されたタンパク質があり，数百種ものプロテイン

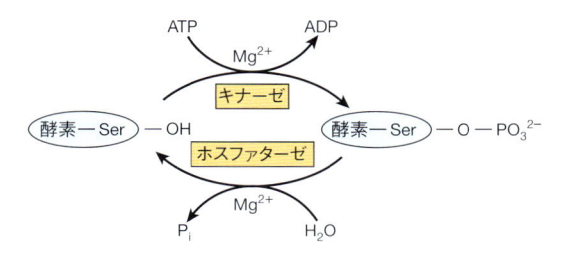

図 9-7. セリン残基のリン酸化-脱リン酸化によって調節される酵素の共有結合性修飾

キナーゼとプロテインホスファターゼがあって，リン酸化タンパク質と脱リン酸化タンパク質の相互変換を触媒している．タンパク質のリン酸化型と脱リン酸型の間の相互変換が容易であること，このことが，リン酸化-脱リン酸化反応が酵素の調節機構として頻繁に用いられる理由のひとつであろう．構造修飾とは異なり，共有結合によるリン酸化は，タンパク質の特定のニーズを満たす限り持続する．必要がなくなれば酵素はもとの形に戻り，次の刺激に応答すべく待機させることができる．第二の理由は，リン酸基自体の化学的性質にある．酵素の機能的性質を変えるためには，その化学構造の修飾によってタンパク質の三次元立体配置に影響を及ぼさねばならない．タンパク質に結合したリン酸基は，生理的 pH で -1 または -2 の高い電荷密度をもち，アルギニン残基やリシン残基と強い塩橋 salt bridge を形成する性質がある．水素結合容量が非常に高いため，タンパク質の構造や機能を改変しやすい．リン酸化は一般に，コンホメーションの変化によって誘発される．酵素に生来備わっている触媒能やその他の性質に影響を及ぼす．このことから，リン酸化によって修飾されたアミノ酸残基は触媒部位そのものからは離れていることが多い．

タンパク質のアセチル化：代謝酵素に普遍的な修飾方法

共有結合性リン酸化の場合と同様に，共有結合性アセチル化には，ターゲット側鎖の電荷特性を変化させて立体構造変化を利用するという 2 つの利点がある．リシン残基の場合，プロトン化された ε-アミノ基の +1 から中性のアセチル化された形になり，生体内で可逆的である．したがって，共有結合によるアセチル化-脱アセチル化によって制御されるタンパク質の数が現在数千に及ぶことは驚くべきことではない．これらには，ヒストンや他の核タンパク質のほか，解糖，グリコーゲン合成，糖新生，クエン酸回路，脂肪酸の β

酸化，尿素回路などの中核となる代謝経路のほぼすべての酵素が含まれるが，このアセチル化-脱アセチル化の潜在的な影響は，これらのタンパク質のほんの一握りについてのみ確立されている．ただし，後者（おもな代謝経路）には，アセチル-CoA シンテターゼ acetyl-CoA synthetase，長鎖アシル-CoA デヒドロゲナーゼ long-chain acyl-CoA dehydrogenase，リンゴ酸デヒドロゲナーゼ malate dehydrogenase，イソクエン酸デヒドロゲナーゼ isocitrate dehydrogenase，グルタミン酸デヒドロゲナーゼ glutamate dehydrogenase，カルバモイルリン酸シンテターゼ carbamoyl phosphate synthetase，ホスホエノールピルビン酸カルボキシキナーゼ phosphoenolpyruvate carboxykinase，アコニターゼ aconitase，オルニチントランスカルバモイラーゼ ornithine transcarbamoylase などの代謝的に重要な酵素が含まれる．また，タンパク質のリシン残基のアセチル化と脱アセチル化の乱れは，老化や神経変性と関連していると考えられている．

ミトコンドリアでは，多くのタンパク質が酵素触媒の介入なしにアセチル-CoA と直接反応すると考えられている．したがって，それらのアセチル化の程度は，この中心的な代謝中間体の濃度変化に応答して反映すると考えられる．他のタンパク質，特にミトコンドリアの外側に存在するタンパク質のアセチル化には，**リシンアセチルトランスフェラーゼ lysine acetyltransferase** の関与が必要になる．これらの酵素は，アセチル-CoA のアセチル基をリシン残基のε-アミノ基への転移し，N-アセチルリシンを形成する．

すべてのタンパク質の脱アセチル化は酵素触媒によると考えられている．2種類のタンパク質デアセチラーゼ"ヒストンデアセチラーゼ histone deacetylase"と"サーチュイン sirtuin"が同定されている．ヒストンデアセチラーゼは，アセチル基を加水分解によって除去する反応を触媒し，脱アセチル型のタンパク質と酢酸を生成物として再生する．一方，サーチュインは NAD^+ を基質として使用し，非修飾タンパク質に加えて，O-アセチル-ADP リボースとニコチンアミドを生成物として生みだす．

共有結合性のタンパク質修飾は代謝産物の流れを変える

いろいろな面で，リン酸化部位やアセチル化部位，その他の共有結合性修飾部位をアロステリック部位の1つの形とみなすことができる．しかし，この場合には"アロステリックリガンド"はタンパク質に共有結合し

ている．タンパク質のリン酸化-脱リン酸化，アセチル化-脱アセチル化，フィードバック阻害はいずれも，特定の生理的な信号に応答して，すぐにもとの状態へ戻せるような短期の代謝産物の流れの調節を行う．フィードバック阻害と同様にタンパク質のリン酸化-脱リン酸化は，生合成の長い代謝経路の初期段階の酵素にはたらく．フィードバック阻害は1つのタンパク質がおもにかかわっており，たとえホルモン性あるいは神経性のシグナルによって影響されるとしても，間接的である．対照的に，哺乳類のタンパク質リン酸化-脱リン酸化には，いくつかのプロテインキナーゼ protein kinase やプロテインホスファターゼ protein phosphatase がかかわり，神経やホルモンによる直接の調節を受けている．

他方，アセチル化-脱アセチル化は1つの経路の中で，複数のタンパク質を標的にしている．代謝酵素のアセチル化の度合いは，大半のところ細胞のエネルギー状態によって調節されているとの仮説が立てられてきた．この説に従うと，栄養を十分に与えられた細胞に存在する高い濃度のアセチル-CoA（リシンアセチルトランスフェラーゼの基質および非酵素的なリシンアセチル化反応の産物）は，リシンのアセチル化を促進することになりそうである．栄養不足のときは，アセチル-CoA 濃度が低下し，$NAD^+/NADH$ 比が上昇し，タンパク質の脱アセチル化に好都合となる．

タンパク質リン酸化による調節は多彩多芸にはたらく

タンパク質のリン酸化-脱リン酸化は極めて多彩でありながら選択的な過程である．すべてのタンパク質がこの修飾を受けるわけではないし，タンパク質の表面に出ている多くの側鎖ヒドロキシ基のうち，ただ1つのあるいはごく少数の特定の残基のものだけが修飾の標的となる．一部の酵素はリン酸化により活性化されるが，酵素によってはリン酸化型が不活性であることもある（**表 9-1**）．あるいは，リン酸化は，細胞内のタンパク質局在，タンパク質分解に対する感受性，アロステリックリガンドによる制御に対する応答性，または他の部位の共有結合修飾に対する応答性に影響を与える可能性がある．

多くの酵素は，複数部位でリン酸化を受けることがある．別のタンパク質はリン酸化-脱リン酸化とアロステリックリガンドの結合の両方，あるいはリン酸化-脱

表 9-1. 触媒活性が共有結合であるリン酸化と脱リン酸化によって変化する哺乳類の酵素の例

酵素	活 性 状 態	
	低	高
アセチル–CoA カルボキシラーゼ	EP	E
グリコーゲンシンターゼ	EP	E
ピルビン酸デヒドロゲナーゼ	EP	E
HMG–CoA レダクターゼ	EP	E
グリコーゲンホスホリラーゼ	E	EP
クエン酸リアーゼ	E	EP
ホスホリラーゼ *b* キナーゼ	E	EP
HMG–CoA レダクターゼキナーゼ	E	EP

E：脱リン酸型酵素，EP：リン酸化型酵素.

リン酸化とそれ以外の共有結合性修飾による調節を受ける．もし，特定のタンパク質をリン酸化するプロテインキナーゼが，そのリン酸化タンパク質を脱リン酸化するプロテインホスファターゼを調節するシグナルに応じると，単純なリン酸化タンパク質でさえ decision node（決定ノード：リン酸化されるか，脱リン酸化されるか）になる．そのリン酸化タンパク質の機能はリン酸化の程度または状態を反映する．それはまた，プロテインキナーゼとプロテインホスファターゼを調節するシグナルの相対的な強度を反映している．特定の部位のリン酸化（または脱リン酸化）が複数のプロテインキナーゼ（またはプロテインホスファターゼ）によって触媒される場合，リン酸化タンパク質の状態はいくつかのシグナルを統合した結果である．

多くのプロテインキナーゼが複数のタンパク質をリン酸化する能力をもつことで，細胞活動を協調的に制御することができる．

たとえば，3-ヒドロキシ-3-メチルグルタリル–CoA レダクターゼ（HMG–CoA レダクターゼ）とアセチル–CoA カルボキシラーゼ（コレステロール生合成と脂肪酸生合成，それぞれの速度を制御している酵素）は，AMP-活性化プロテインキナーゼによって，両方ともリン酸化されて不活性型になる．したがって，このプロテインキナーゼが活性化された場合，それが別のプロテインキナーゼによってリン酸化されたのであれ，アロステリック活性化因子である 5′-AMP の結合に対する応答であれ，いずれにしてもアセチル–CoA からの脂質（コレステロールと脂肪酸）の生合成を担っている 2 つの主要経路がともに阻害される．

プロテインキナーゼとプロテインホスファターゼの

交互の作用や，異なる部位のリン酸化が互いにタンパク質機能に及ぼす影響，リン酸化部位とアロステリック部位の相互作用，あるいはリン酸化部位とほかの共有結合性修飾との相互の作用など，これらの相互作用がさまざまな入力情報を統合して，細胞が適切にかつ整合性をもった応答をするという調節ネットワークの基盤となっている．この精巧な調節ネットワークにおいて，個々の酵素が細胞内や環境からの種々のシグナルに応答する．

個々の調節の機序が精巧な調節ネットワークに組み上げられる

細胞は内外からの広範な因子に応答して調節されなくてはならない複雑な代謝系列群を進行させている．したがって，相互変換する酵素およびその相互変換にかかわる酵素は，単独の"オン"あるいは"オフ"のスイッチとして作動しているわけではなく，統合された生体分子情報ネットワーク内の 2 つの因子としてはたらく．

これらのネットワークがよく研究されている例は，真核細胞の細胞周期の制御である．静止期 G_0 期から脱した細胞では，G_1 期，S 期，G_2 期，M 期といった一連の著しく複雑な細胞周期の過程が進行する（**図 9-8**）．入念な監視システム群（**チェックポイント checkpoint** とよばれる）が継時的な過程のそれぞれの鍵となる指標を評価しながら，1 つの細胞分裂相が完了するまで次の段階が始まることのないようにしている．図 9-8 は，ATM（ataxia telangiectasia mutated，血管拡張性失調症変異）とよばれるプロテインキナーゼが染色体と結合し，クロマチンを含む二本鎖 DNA の切断領域に結合して活性化される様子を簡略化している．ひとたび活性化すると，活性化 ATM 二量体の 1 つのサブユニットが解離し，タンパク質リン酸化-脱リン酸化の一連の反応連鎖，カスケード増幅を始動する．そこでは CHK1 と CHK2 なるプロテインキナーゼと，Cdc25 なるプロテインホスファターゼ，さらにサイクリン cyclin とサイクリン依存性キナーゼ cyclin-dependent (protein) kinase（CDK）の複合体が，リン酸化-脱リン酸化の各段階を駆動する．この場合，CDK-サイクリン複合体の活性化は，G_1 期から S 期への移行を阻止する．このようにして，損傷した DNA の複製を防いでいる．このチェックポイントの誤作動は DNA の変異を許し，がんその他の疾患を誘導する．さらにあ

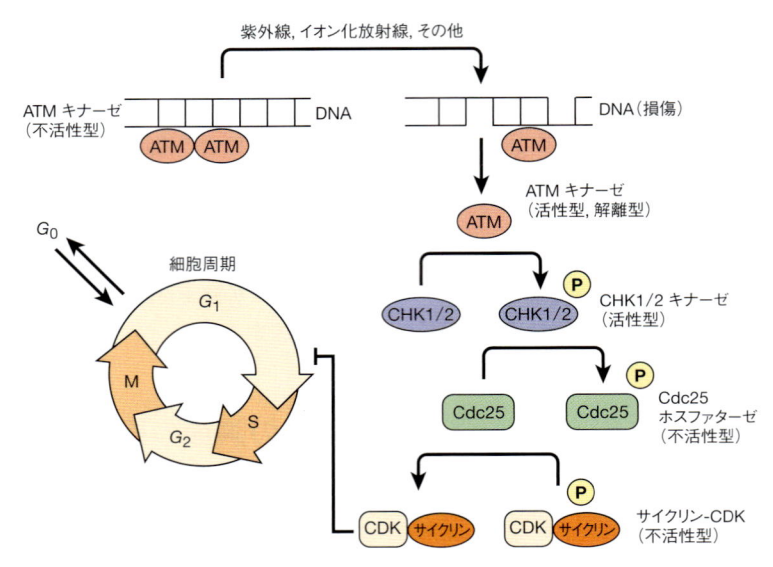

図 9-8. 真核生物の細胞周期における G_1 期から S 期に至るチェックポイントの略図

左下の円周は真核生物の細胞周期のいろいろな段階 stage を示す．遺伝子ゲノムは S 期に複製され，できた 2 コピーのゲノムは M 期に分離して細胞分裂する．これらのそれぞれの相 phase は G（成長）期で区切られるが，この G 期の特徴は細胞サイズの増大と，S 期と M 期に巨大な高分子複合体群を組み上げるのに必要なさまざまな素材を蓄積することである．

るチェックポイントやシグナルカスケード（示していない）は，互いが相互作用し，細胞の状態に応じた多くの指標に応答して，細胞周期進行を制御している．

まとめ

■ 生体外環境の広範な変動にもかかわらず，細胞内環境あるいは器官内環境をほぼ一定に維持するなどは，恒常性（ホメオスタシス）の一環である．これは，生理的要求に呼応して生化学反応の速度を適切に変化させることによって成り立っている．

■ ほとんどの酵素の基質は通常，その酵素の K_m 値に近い細胞内濃度をとる．これにより基質や代謝産物（中間体）の濃度変化に対応した反応産物生成速度を受動的に調節できるようになっている．

■ ほとんどの代謝制御機構は，初期に関与して律速反応を触媒する酵素を標的とする．これは，標的タンパク質の濃度，その機能効率，またはその 2 つの組み合わせを変化させることによって制御される．

■ 酵素の触媒部位とは異なる部位へのアロステリックエフェクターの結合は，その酵素の構造変化を引き起こし，触媒効率を増加または減少させる可能性がある．

■ フィードバック調節物質は経路の最終産物または中間体であり経路のフラックスを調節するがが，インジケーターメタボライト（指標代謝物）はその経路を超えて（この経路以外にも）作用する．

■ セカンドメッセンジャーはアロステリックエフェクターであり，その唯一の機能は，ホルモン，神経インパルス，またはその他の細胞外入力に応答して 1 つまたは複数のタンパク質の活性を調節することである．

■ 不活性なプロ酵素またはチモーゲンの分泌は，元の組織を保護しながら（例，プロテアーゼによる自己消化からの保護），損傷または生理学的必要性に応じて，部分的にタンパク質を分解して迅速に活性を発揮する．

■ プロテインキナーゼにより触媒されるある特定のセリン残基，トレオニン残基，あるいはチロシン残基のリン酸化，および引き続いて起こるプロテインホスファターゼによる脱リン酸化が，ヒトの多くのホルモンや神経伝達物質に応答する酵素の活性を調節する．

■ 多くの代謝酵素は，リシン残基のアセチル化-脱アセチル化によっても調節されている．これらのタンパク質のアセチル化の度合いは，アセチル-CoA（リシンアセチルトランスフェラーゼのためのアセチル基供与基質）および NAD^+（デアセチラーゼであるサーチュインの基質）が利用できるかどうかによっ

て調節されている.

■ 複数のタンパク質とタンパク質の複数の部位の両方を標的にしたプロテインキナーゼ，プロテインホスファターゼ，リシンアセチラーゼ，リシンデアセチラーゼの能力は，統合された制御ネットワークを構築するうえで要所となる．そのため，適切な細胞応答をなすために複雑な環境情報を処理できる.

文　献

Bett JS: Proteostasis regulation by the ubiquitin system. Essays Biochem 2016;60:143.

Dokholyan NV: Controlling allosteric networks in proteins. Chem Rev 2016;116:6463.

Drazic A, Myklebust LM, Ree R, Arnesen T: The world of protein acetylation. Biochim Biophys Acta 2016;1864:1372.

Krauss G (ed.): *Biochemistry of Signal Transduction and Regulation*, 5th ed. Wiley VCH, Weinheim, Germany, 2014.

McGuire M (ed). *Protein Phosphorylation*. Callisto Reference, Forest Hills, NY, USA, 2015.

Narita T, Weinert BT, Choudhary C. Functions and mechanisms of non-histone protein acetylation. Nature Rev Mol Cell Biol 2019;20:156.

Traut TW. *Allosteric Regulatory Enzymes*. Springer-Verlag US, New York, New York, 2010.

Varejao N, Lascorz J, Li Y, Reverter D. Molecular mechanisms in SUMO conjugation. Biochem Soc Trans 2019;48:123.

Wolfinbarger L Jr: *Enzyme Regulation in Metabolic Pathways*. John Wiley and Sons, Hoboken, NJ, 2017.

遷移金属の生化学的役割

10

Bioinformatics & Computational Biology

学 習 目 標
本章習得のポイント

- 必須遷移金属がどのような理由で微量栄養素といわれるのか説明する.
- 電子伝達と酸化還元反応に関与するうえで,遷移金属が多様な価数(多価数)を取ることができる重要性を説明する.
- ルイス(Lewis)酸とブレンステッド-ローリー(Brønsted-Lowry)酸がどのように異なるのかを記述する.
- 金属イオンが関与する"錯体""複合体"という用語を定義する.
- どうして亜鉛が加水分解酵素の捕因子となり得るのか理論的根拠を示す.
- 生体内(*in vivo*)でタンパク質などの有機物と結合した形で遷移金属が使われることの4つの有利性をリストにあげる.
- あるタンパク質内で電子輸送体として,別のタンパク質では酸素輸送体として,また別のタンパク質では酸化還元触媒として機能している遷移金属の例をあげる.
- 複数の金属イオンを有することによって,どのようにシトクロムオキシダーゼとニトロゲナーゼがそれぞれ酸素分子と窒素分子を還元できるようになったのかを説明する.
- 過剰に存在する遷移金属イオンは,生命体にとっては毒性を示す.その2つの機構を示す.
- "重金属"という用語の使用上の定義と,急性重金属中毒に対する処置の3つの考え方を示す.
- ヒトの胃腸での鉄(Fe),コバルト(Co),銅(Cu),モリブデン(Mo)の吸収の過程を示す.
- 亜硫酸オキシダーゼの代謝上の役割と,その欠損症の生理症状を示す.
- 亜鉛フィンガーの機能を示すと同時に,金属代謝におけるその役割の例を示す.

生物医学的重要性

人間の健康と活力の維持には,少量の多種多様な無機元素,なかでも鉄(Fe),マンガン(Mn),亜鉛(Zn),コバルト(Co),銅(Cu),ニッケル(Ni),モリブデン(Mo),バナジウム(V),クロム(Cr)など遷移金属の摂取が必須である.一般に遷移金属は,生体内ではタンパク質などの有機物と結合した形で"隔離"されており,これによりこれらの反応性,とくに細胞毒性の高い活性酸素種(ROS)を発生させる傾向にある性質が制御されており,またこの形で体内の必要な場所に運ばれる.遷移金属は多くの酵素と電子輸送タンパク質の,さらに酸素運搬体であるヘモグロビンやヘモシアニンの重要な因子である.亜鉛(ジンク)フィンガーモチーフは多くの転写因子のDNA結合ドメインを形成しており,また鉄-硫黄クラスターはDNAの複製と修復にはたらく酵素の活性中心に見られる.栄養的に,あるいは遺伝的にこれらの金属の不足はさまざまな病態,致命的な貧血(Fe不足),Menkes病(Cu不足)や亜硫酸酸化酵素欠損症(Mo不足)を引き起こす.一方,重金属,あるいは栄養的に必須の遷移金属でも,過剰に摂取した場合は,毒性を示すし,多くの場合,潜在的な発がん性も示す.

遷移金属は健康には必須である

人間はいくつかの無機元素を極微量必要とする

　酸素，炭素，水素，窒素，硫黄，リンの有機元素は，ヒトの体重の 97% より少し多い量を占める．カルシウムは大部分が骨と歯と軟骨に存在し，その割合は 2% 強である．残りの 0.4 ～ 0.5% は数多くの無機元素である（**表 10-1**）．これらの多くは極微量ではあるが健康には必須であり，通常は**微量栄養素 micronutrient** に分類される．生理的に必須の栄養素の例として，ヨウ素はトリヨードチロニンおよびテトラヨードチロニン（tri- and tetraiodothyronine，41 章参照）の合成に必要である．セレンはアミノ酸の一種であるセレノシステイン（27 章）やビタミン類（44 章）の合成に必要である．本章では，鉄（Fe），マンガン（Mn），亜鉛（Zn），コバルト（Co），銅（Cu），ニッケル（Ni），モリブデン（Mo），バナジウム（V），クロム（Cr）など，栄養学的に必須の遷移金属の生理的な役割に焦点を当てる．

遷移金属は多価数である

　金属の 1 つの一般的な特徴として，酸化，すなわち，1 電子あるいは多電子を金属の最外殻電子軌道から，酸素分子のような電気陰性度の高い受容体に渡すことができる性質をもつことである．アルカリ金属あるいはアルカリ土類金属（**図 10-1**）は酸化により，Na^+，K^+，Li^+，Mg^{2+}，Ca^{2+} などの 1 種類のイオン化状態となる．これに対して，**遷移金属は酸化により，多価**

のイオン化状態が得られる（**表 10-2**）．この性質によって，遷移金属は電子を与えたり受け取ったりすることにより，ダイナミックな価数変化が可能である．このため，遷移金属は，酸化還元反応の際の電子運搬体として機能できるのである．

遷移金属は強力なルイス酸である

　電子運搬体としての機能に加え，栄養学的に必須の遷移金属の機能は，ルイス酸としてはたらくことにより広がっている．プロトン性の酸であるブレンステッド−ローリー酸は，プロトン（H^+）を，孤立電子対をもつ第一級アミンや水分子などの受容体に渡すことができる．これに対して，**ルイス酸は非プロトン性**の酸である．プロトン同様に，ルイス酸は，"ドナー分子"からの孤立電子対を"受け取る"ことのできる空の原子軌道を有している．ミオグロビンやヘモグロビンの 2 価鉄（Fe^{2+}）は，酸素や一酸化炭素などの二原子気体分子と結合するときも，ルイス酸として機能している（7 章参照）．2 価の Zn^{2+} や Mn^{2+} が，加水分解酵素の活性中心として機能する際には，近傍の水分子の求核性を高めるルイス酸としてはたらいている．

重金属の毒性

　密度 5 g/cm³ 以上か原子番号が 20 より大きい金属元素が重金属と定義されているが，多くの重金属が毒性を示す．たとえば，ヒ素，アンチモン，鉛，水銀，カ

表 10-1. ヒト身体中の元素の量

元素	質量	必要性	元素	質量	必要性	元素	質量	必要性
酸　素	43 kg	+	セレニウム	15 µg	+	カドミウム	50 µg	−
炭　素	16 kg	+	鉄	4.2 g	+	ルビジウム	680 µg	−
水　素	7 kg	+	亜鉛	2.3 g	+	ストロンチウム	320 µg	−
窒　素	1.8 kg	+	銅	72 µg	+	チタニウム	20 µg	−
リ　ン	780 g	+	ニッケル	15 µg	+	銀	2 µg	−
カルシウム	1.0 kg	+	クロム	14 µg	+	ニオブ	1.5 µg	−
硫　黄	140 g	+	マンガン	12 µg	+	ジルコニウム	1 µg	−
カリウム	140 g	+	モリブデン	5 µg	+	タングステン	20 ng	−
ナトリウム	100 g	+	コバルト	3 µg	+	イットリウム	0.6 µg	−
塩　素	95 g	+	バナジウム	0.1 µg	+	セリウム	40 µg	−
マグネシウム	19 g	+	ケイ素	1.0 mg	おそらく必要	臭素	260 µg	−
ヨウ素	20 µg	+	フッ素*	2.6 g	−	鉛*	120 µg	−

体重 70 kg のヒトのデータ（出典：Emsley J: *The Elements*, 3rd ed. New York, NY: Oxford University Press; 1998）

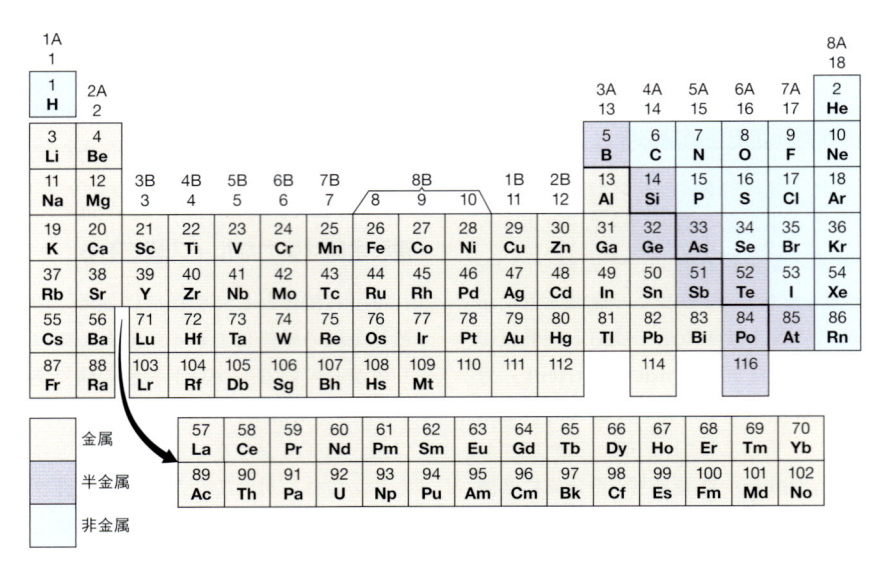

図 10-1. 元素の周期表
遷移金属は 3 ～ 11 族（1B から 8B 族）

表 10-2. 必須遷移金属の価数

遷移金属	価数
コバルト	Co^{1-}, Co^0, **Co^+**, **Co^{2+}**, **Co^{3+}**, Co^{4+}
クロム	Cr^{4-}, Cr^{2-}, Cr^-, Cr^0, Cr^+, Cr^{2+}, **Cr^{3+}**, Cr^{4+}, Cr^{5+}, Cr^{6+}
銅	Cu^0, **Cu^+**, **Cu^{2+}**
鉄	Fe^0, Fe^+, **Fe^{2+}**, **Fe^{3+}**, **Fe^{4+}**, Fe^{5+}, Fe^{6+}
マンガン	Mn^{3-}, Mn^{2-}, Mn^-, Mn^0, Mn^+, **Mn^{2+}**, **Mn^{3+}**, Mn^{4+}, Mn^{5+}, Mn^{6+}, Mn^{7+}
モリブデン	Mo^{4-}, Mo^{2-}, Mo^-, Mo^0, Mo^+, Mo^{2+}, Mo^{3+}, **Mo^{4+}**, **Mo^{5+}**, **Mo^{6+}**
ニッケル	Ni^{2-}, Ni^-, Ni^0, Ni^+, **Ni^{2+}**, Ni^{4+}
バナジウム	V^-, V^0, V^+, V^{2+}, **V^{3+}**, **V^{4+}**, **V^{5+}**
亜鉛	Zn^{2-}, Zn^0, Zn^+, **Zn^{2+}**

栄養学的に必須の遷移金属の可能な価数を示してある．生化学的，生理学的に意味のある価数は赤で示してある．

ドミウムは，さまざまなメカニズムで毒性を示す．

必須カチオンの置換

　重金属は，機能的に必須の金属と置き換わってしまうことがあり，これにより酵素機能は失われてしまうか，大きく低下してしまう．**ガリウム（Ga）**が，リボヌクレオチドレダクターゼや Fe，Cu 結合型のスーパーオキシドジスムターゼ（SOD）の Fe と置き換わってしまうのは，昔からよく知られている．Ga^{3+} は Fe^{3+} と同じイオン半径で価数も同じであるが，多価数を取るこ

と，すなわち価数の変化ができないので，Ga^{3+} による Fe^{3+} の置換は，酵素の触媒能を低下させてしまうのである．

酵素の不活性化

　重金属は，スルフヒドリル基（SH 基）に容易に結合する．この SH 基が酵素の活性部位に存在すると，酵素は不活性化される．一方で，重金属が酵素表面の SH 基に結合すると，タンパク質構造の完全性が失われて，酵素機能の低下させてしまう．鉛による δ-アミノレブリン酸シンターゼの阻害（31 章），ヒ素や水銀によるピルビン酸デヒドロゲナーゼ複合体の不活性化がその例である．ピルビン酸デヒドロゲナーゼの場合は，重金属は，ペプチドの Cys 基と反応するよりも，補欠分子の 1 つであるリポ酸の SH 基（17 章）と反応する．

活性酸素種の産生

　重金属は活性酸素種（ROS）を産生し，DNA，膜の脂質や他の生体分子を損傷する（57 章）．DNA の酸化的損傷は遺伝的変異を引き起こし，これによりがん（癌）や他の生理学的病態の状態になる．ROS による過酸化脂質分子の生成（図 21-23 参照）により細胞膜の完全性は消失してしまう（細胞膜が壊れる）．結果的に，膜の活動電位が消失したり，さまざまな物質の膜透過プロセスが破壊され，とくに，神経系や神経筋の機能に悪影響を及ぼす．過剰量の重金属を摂取したネズミががん性腫瘍を発する傾向にあることも報告されている．

表 10-3. 金属の相対的な毒性

毒性		
無毒	低	中程度～高
アルミニウム　**マンガン**	バリウム　スズ	アンチモン　ニオブ
ビスマス　**モリブデン**	セリウム　イッテルビウム	ベリリウム　パラジウム
カルシウム　カリウム	ゲルマニウム　イットリウム	カドミウム　白金
セシウム　ルビジウム	金	**クロム**　セレニウム
鉄　ナトリウム	ロジウム	**コバルト**　トリウム
リチウム　ストロンチウム	スカンジウム	**銅**　チタニウム
マグネシウム	テルビウム	インジウム　タングステン
		鉛　ウラン
		水銀　バナジウム
		ポロニウム　ジルコニウム
		ニッケル　亜鉛

栄養学的に必須な遷移金属は赤で示してある.
（Meade RH: Contaminants in the Mississippi River, 1987-1992. US Geological Circular 1133; 1995）

遷移金属の毒性

　栄養学的には必須といわれる遷移金属でも，生体内に過剰量存在すると有害である（**表 10-3**）．結果的に，高等生物では，摂取と排出の両方により，遷移金属の量を厳密にコントロールしている．たとえば，鉄の制御系である**ヘプシジン hepcidin** のシステムは（図 52-8 参照），細胞損傷を引き起こすレベルの鉄が蓄積しないようにしている．これらの機構は，遷移金属が吸入や皮膚・粘膜からの吸収により体内に入ったときなどは，ある程度機能するが，圧倒的なレベルでの摂取の際には，手に負えなくなる．重金属や遷移金属による急性中毒の典型的な症状は，腹痛，嘔吐，筋痙攣，意識混濁，無感覚である．その際の処置は，金属キレート剤や利用剤の投与であり，あるいは腎障害を避けるために，透析を行う．

生体組織では，遷移金属は有機物と複合体を形成して存在する

複合体形成によって遷移金属の溶解性を増進し反応性を制御する

　一般に，体内での遊離の遷移金属の量は，非常に低いレベルである．大多数の遷移金属は，アスパラギン酸，グルタミン酸，ヒスチジン，システインの酸素，窒素，硫黄原子に配位することにより，直接，タンパク質に結合しているか（**図 10-2**），ポルフィリン（ヘム，図 6-1），コリン（ビタミン B_{12}，図 44-10），プテリン（**図 10-3**）などの有機分子に配位結合した状態で存在する．

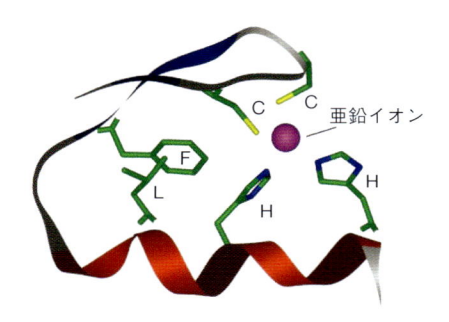

図 10-2. 亜鉛（ジンク）フィンガーの C_2H_2 モチーフのリボン表記（**ribbon diagram**）

結合した亜鉛（紫）と保存されているフェニルアラニン（F），ロイシン（L），システイン（C）とヒスチジン（H）の側鎖 R の炭素鎖は緑で示してある．ポリペプチド鎖はリボンで示し，α ヘリックスは赤で示している．システインとヒスチジンの側鎖内の硫黄原子，窒素原子は，それぞれ黄色と青で示している．

　遷移金属を有機物との錯体形成によって隔離することは，多くの有益な点がある．酸化されにくくなり，ROS 産生を抑えられ，溶解度を上昇させ，反応性をコントロールでき，多金属ユニットを形成できる（**図 10-4**）などである．

多価数をもつことの意義

　遷移金属を有する捕因子あるいは補欠分子族の生理作用は，いくつかの価数をもつイオン（多価数イオン）の中で，適当な酸化状態を維持することに寄与することである．たとえば，ポルフィリン環とグロビンタンパク質の近位・遠位ヒスチジンは，ヘモグロビンに内在する還元鉄（Fe^{2+}）と錯体を形成することにより，鉄が酸化鉄（Fe^{3+}）に酸化されてメトヘモグロビンに変化してしまい酸素分子に結合できなくなり，その運搬機

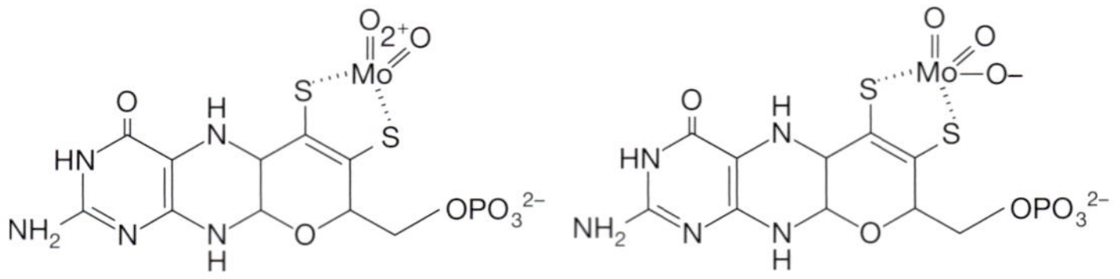

図 10-3. モリブドプテリン
左：モリブデンの酸化型，**右**：還元型を示している

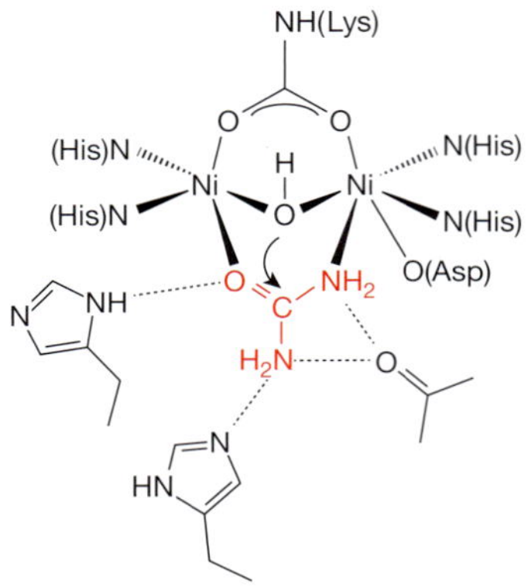

図 10-4. 尿素の加水分解には，活性中心の 2 つの Ni の協同的なはたらきが必要である
この図は，ウレアーゼによって尿素の C-N 結合を加水分解する際の，遷移状態にある中間体の生成を示している．Niへの水分子のキレートによって，どのように求核性の水酸化物イオンが生じ，ルイス酸としての尿素の O（酸素分子）と N（窒素分子）の 1 つとの相互作用し，C-N 結合を弱めているのか注意してほしい．

能を失うことを防いでいる（6 章参照）．遊離の（錯体形成していない）遷移金属イオンは，O_2 や細胞内の化学物質によって酸化されやすい．遊離の遷移金属イオンと O_2，NO，H_2O_2 などの酸化剤との相互作用は，金属イオンの非特異的な酸化だけでなく，より反応性（毒性）の高い ROS を産生してしまう（図 57-2 参照）．有機物質に取り込まれることにより，遷移金属の酸化状態を機能状態に保つだけでなく，有毒な ROS の産生も防いでいる．

配位子の結合は酸化還元電位に影響を与える

　金属と有機物との複合体では，金属周りの配位子の位置と性質は遷移金属イオンの酸化還元電位とルイス酸性度を精緻に制御し，遷移金属イオンの特異的な機能に最適化している（**表 10-4**）．たとえば，シトクロム c とミオグロビンは，それぞれ分子量が 12 ～ 17 kDaで，1 つのヘム鉄を含む小さな単量体タンパク質であるが，ミオグロビンの鉄は周囲の環境により酸素分子

結合に都合の良いように，常に Fe^{2+} 状態に保たれているのに対して，シトクロム c の鉄は，2 価と 3 価の間をサイクルするように最適化されている．これにより，シトクロム c は，呼吸鎖電子伝達系の複合体 III と IV の間で電子を運んでいる．スーパーオキシドジスムターゼ（不均化酵素，SOD）は，H_2O_2 を H_2O と O_2 に不均化する化学反応の触媒として，さまざまな遷移金属を使っている．4 種類の相同性のない異なる SOD が知られており，その名称は用いる金属の名称を用いて，Fe-SOD，Mn-SOD，Ni-SOD，Cu/Zn-SOD と表されている．

複数の金属で 1 つの機能ユニットを形成できる

　遷移金属と有機物の複合体が形成される際に，1 つの機能単位内にいくつかの金属イオンが用いられる場合がある．これにより 1 つの金属イオンでは決してできない機能を発揮している．植物中で尿素の加水分解を触媒する酵素であるウレアーゼには，活性中心に 2 つのニッケル（Ni）イオンが存在し，加水分解のターゲットである尿素の C-N 結合を分極し，水分子の攻撃に対して活性化している（図 10-4 参照）．シトクロムオキシダーゼの 2 つの Fe と 2 つの Cu は，呼吸鎖電子伝達系の複合体 IV として，酸素分子を水に還元するための 4 電子を蓄積するのに適している．同様に，微生物の酵素であるニトロゲナーゼは，空気中の窒素分子をアンモニアに 8 電子還元するために，P クラスターとよばれる 8Fe-7S 補欠分子と特徴的な Fe，Mo 補因子を有している．

必須遷移金属の生理学的役割

鉄

　鉄は，生理的に必須な遷移金属のなかで，機能的に最も多くの用途に用いられている．ヘモグロビンとミオグロビンでは，ヘムに結合した鉄（Fe^{2+}）は，二原子気体分子の O_2 を結合し，その輸送と貯蔵に使われて

表 10-4. いくつかの生物学的に重要な金属タンパク質

タンパク質	機能，触媒する反応	金属
アコニターゼ	異性化	Fe-S 中心
アルコールデヒドロゲナーゼ	酸化	Zn
アルカリホスファターゼ	加水分解	Zn
アルギナーゼ	加水分解	Mn
アロマターゼ	水酸化	ヘム Fe
アズリン（細菌）	電子伝達	Cu
炭酸脱水酵素	水添加	Zn
カルボキシペプチダーゼ A	加水分解	Zn
シトクロム c	電子伝達	ヘム Fe
シトクロムオキシダーゼ	O_2 を H_2O に還元	2 つのヘム Fe と 2 つの銅
シトクロム P450	酸化およびヒドロキシル化	ヘム Fe
ドーパミン β-ヒドロキシラーゼ	水酸化	Cu
フェレドキシン	電子伝達	Fe-S 中心
ガラクトース転移酵素	糖タンパク質合成	Mn
ヘモグロビン	O_2 運搬	4 つのヘム Fe
イソクエン酸デヒドロゲナーゼ	酸化	Mn
β-ラクタマーゼ II（細菌）	加水分解	Zn
リシルオキシダーゼ	酸化	Cu
マトリックスメタロプロテアーゼ	加水分解	Zn
ミオグロビン	O_2 貯蔵	ヘム Fe
一酸化窒素シンターゼ	還元	ヘム Fe
ニトロゲナーゼ（細菌）	還元	Fe，Mo 補因子，P クラスター（Fe），Fe-S 中心
ホスホリパーゼ C	加水分解	Zn
リボヌクレオチドレダクターゼ	還元	2 つの Fe
亜硫酸酸化酵素	酸化	モリブドプテリン，Fe-S 中心
スーパーオキシドジスムターゼ（細胞質）	不均化	Cu, Zn
ウレアーゼ（植物）	加水分解	Ni
キサンチンオキシダーゼ	酸化	モリブドプテリン，Fe-S 中心

いる．海洋性の無脊椎動物では，ヘムエリトリンの**複核錯体の鉄**は（**図 10-5**）酸素を結合して輸送する．一方，b 型や c 型のシトクロム類のヘムの鉄と Fe-S クラスター（図 13-4）の鉄，他の電子伝達系の成分のリスケ（Rieske）鉄は（**図 10-6**），Fe^{2+} と Fe^{3+} の間のサイクルを繰り返すことにより電子を伝達している．

酸化還元反応での鉄の役割

多くの金属タンパク質の鉄は，酸化還元反応を促進する触媒として機能する．アシル輸送タンパク質デサチュラーゼ（stearoyl-acyl carrier protein Δ^9-desatu-rase）と 1 型のリボヌクレオチドレダクターゼは，ヘムエリトリン型の複核鉄中心を有し，炭素-炭素二重結合やアルコールを還元してメチレン基へ変換する反応を触媒する．メタンモノオキシゲナーゼは，同様の複核鉄中心を用いてメタンをメタノールに酸化する．シトクロム P450 ファミリーの酵素は，O_2 の 2 電子酸化により，反応中間体として Fe＝O^{3+} 状態を生成し，これの強い酸化力を用いて，幅広い生体異物の酸化，中和を行う．反応中間体の生成には，ヘム鉄の＋2，＋3，＋4，＋5 の酸化数の変化を伴う複雑なプロセスを経ている．

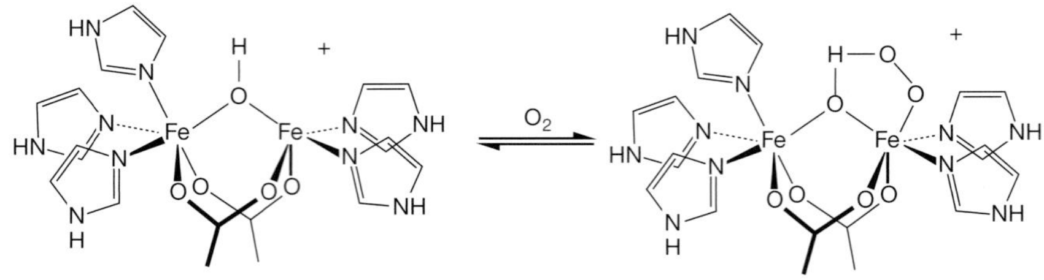

図 10-5. ヘムエリトリンのデオキシ型(左)と酸素化型(右)の二核鉄中心
金属イオンをタンパク質部分に結合させている，ヒスチジン，グルタミン酸，アスパラギン酸の側鎖を示す．

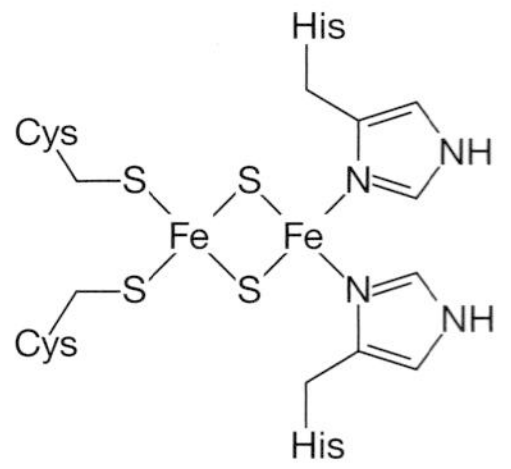

図 10-6. リスケ(Rieske)鉄中心の構造
リスケ鉄中心は 2Fe-2S クラスターからなるが，通常の 2Fe-2S がタンパク質に結合しているときの 4 つのシステインのうちの 2 つが，2 つのヒスチジンに置き換わっている．

酸化還元反応以外での鉄

　パープル酸ホスファターゼ purple acid phosphatase は 1 つの鉄と亜鉛，マンガン，マグネシウムあるいは鉄などの他の金属との複核金属を活性中心に有し，リン酸モノエステルの加水分解を触媒する．ミエロペルオキシダーゼは，ヘム鉄を用いて，H_2O_2 と Cl^- の縮合により強力な殺菌剤である次亜塩素酸 HOCl を産生し，マクロファージが取り込んだ(entrapped)微生物を殺菌している．最近では，DNA の複製と修復に関係する酵素である，DNA ヘリカーゼ，DNA プライマーゼ，いくつかの DNA ポリメラーゼ，いくつかのグリコシラーゼやエンドヌクレアーゼ，さらにいくつかの転写因子が Fe-S クラスターを含むことが報告されている．Fe-S クラスターを除くとタンパク質機能が失われることはわかっているが，まだ Fe-S クラスターの特異的機能は不可解なままである．しかし，Fe-S クラスターの大部分はタンパク質の触媒部位よりも DNA 結合部位に存在することから，損傷を受けた DNA の部位を電気化学的に感知する機能を果たしているのではと提案されている．

マンガン

　ヒトには一握りのマンガン含有酵素が存在しており，その大部分はミトコンドリア内にある．この中には，トリカルボン酸（TCA）サイクルの中のイソクエン酸デヒドロゲナーゼ，窒素代謝の鍵となる 2 つの酵素（グルタミン酸シンターゼとアルギナーゼ），糖新生酵素であるピルビン酸カルボキシラーゼとホスホエノールピルビン酸カルボキシキナーゼ，2-イソプロピルリンゴ酸シンターゼとミトコンドリアの SOD が含まれる．これらの酵素の大部分では，Mn は ＋2 の酸化状態で存在し，ルイス酸として機能していると考えられている．一方，細菌性微生物では，Mn-SOD，Mn-リボヌクレオチドレダクターゼ，Mn-カタラーゼなどのように，Mn は価数を ＋2 と ＋3 の酸化状態を繰り返すことにより，いくつかの酵素の酸化還元触媒の反応中心として用いられている[1]．

亜鉛

　他の第 1 周期遷移金属の 2 価（＋2）イオンとは異なり，Zn^{2+} の最外殻電子構造は閉殻構造である．結果的に，Zn^{2+} は生理条件では他の酸化状態を取ることができず，これにより電子伝達や酸化還元反応の触媒としては機能するには不都合である．その一方で，酸化還元不活性な Zn^{2+} は，毒性の高い ROS を産生するリスクは最小限である．生理的に必須な遷移金属の中でこのユニークな性質により，Zn^{2+} はタンパク質構造を安定化するリガンド(配位子)として理想的な候補である．

　ヒトの体内には約 3000 の亜鉛結合酵素があると見積もられている．その大部分は転写因子と他の DNA-あるいは RNA-結合タンパク質であり，それらは，亜

---

　1)　訳者注：なお，植物の酸素発生系では，水分子を酸化して酸素分子を発生させるのに Mn は必須である．酸素発生系のマンガンクラスターの研究には日本の貢献は非常に大きい．沈建仁(岡山大学)の成果(Umena Y, Kawakami K, Shen J-R, Kamiya N: Crystal structure of oxygen-evolving photosystem II at a resolution of 1.9 Å. Nature, 2011;473:55-60)

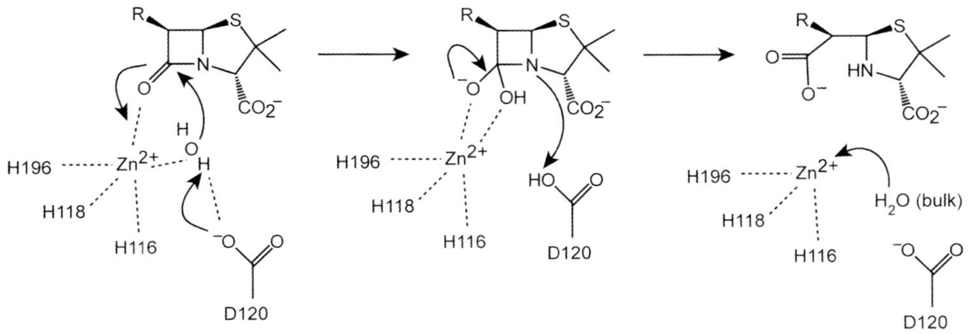

図 10-7. *β-ラクタマーゼⅡの触媒機構における Zn²⁺ の役割*
Zn^{2+} はいくつかのヒスチジン（H）残基の側鎖の窒素原子によって酵素に結合している．**左**：Zn^{2+} は水分子を活性化し，プロトンの１つをアスパラギン酸（D）120 に渡し，**中央**：抗菌薬のラクタム環のカルボニル炭素への求核攻撃を実行する．**右**：その後，D120 に結合していたプロトンをラクタム窒素原子に渡し，四面体中間体の C-N 結合を促進する．

鉛（ジンク）フィンガーとして知られている Zn^{2+} が結合したポリヌクレオチド結合ドメインを１～30 コピー，いたるところにもっている．亜鉛フィンガーはループ構造をもち，２つの保存されたシステインの硫黄原子と２つの保存されたヒスチジンの窒素原子から供与される孤立電子対と Zn^{2+} との相互作用によって，その構造は安定化されている（図38-16 参照）．亜鉛フィンガーは非常に高い特異性をもってポリヌクレオチドに結合する．この高い特異性は，少なくともある部分は，ループの他の部分を形成しているアミノ酸配列の多様性によるものである．科学者たちは，亜鉛フィンガーの小さなサイズと結合特異性が高いことを活用して，遺伝子工学や，究極的には遺伝子治療に用いる塩基配列の特異的なヌクレアーゼ（核酸分解酵素）をつくり出すことを目指している．

　Zn^{2+} は，カルボキシペプチダーゼ A，炭酸デヒドラターゼ（炭酸脱水酵素）Ⅱ，アデノシンデアミナーゼ，アルカリホスファターゼ，ホスホリパーゼ C，ロイシンアミノペプチダーゼ，細胞質に存在する SOD とアルコールデヒドロゲナーゼを含むいくつかの金属タンパク質の必須成分でもある．また，細菌がペニシリンやラクタム型の抗菌薬を中和するために用いる酵素であるⅡ型の β-ラクタマーゼの成分でもある．これらの金属酵素は Zn^{2+} のルイス酸としての性質を活用して，負に帯電した中間体を安定化し，カルボニル基の電子分布を分極化し，水の求核性をあげている（**図 10-7**）．

コバルト

　コバルトのおもな，そして今までに唯一知られている生化学的な機能は，5′-デオキシアデノシルコバラミン，別名ビタミン B_{12}（図44-10）の中心成分である．こ

の補因子の中の Co^{3+} は，テトラピロールからなるコリン環の中心に位置し，ルイス塩基として機能し，一原子炭素であるメチル（-CH₃）基やメチレン（-CH₂-）基と共有結合し，それらの転位反応を促進する．ヒトでは，ビタミン B_{12} は，アミノ酸のメチオニン合成の最終ステップであるテトラヒドロ葉酸からホモシステインへの CH₃ 基の転位反応（図44-11）を触媒する酵素に含まれる．また，イソロイシンの代謝や奇数個の炭素原子を含む脂質の代謝から産生されるプロピオン酸の代謝（図19-2）においてメチルマロニル-CoA からスクシニル-CoA の異性化反応を触媒する酵素にも含まれる．後者の異性化反応の間に，Co^{3+} は，反応性の高いメチレンラジカル $R-CH_2$・を産生するために電子を引抜き，一時的に＋2 の酸化状態になる．コバルトとビタミン B_{12} の詳細は 44 章を参照．

銅

　銅はヒトの機能的に異なる約 30 の金属タンパク質，シトクロムオキシダーゼ，ドーパミン β-ヒドロキシラーゼ，チロシナーゼ，細胞質型の SOD（Cu/Zn-SOD），リシンオキシダーゼなどの必須成分である．ドーパミン β-ヒドロキシラーゼとチロシナーゼはそれぞれ，カテコールアミンオキシダーゼに属し，それぞれが L-ドーパミン（図41-10 参照）やチロシンのフェノール環のオルト位を酸化する酵素である．前者は，副腎でのエピネフェリン合成の最終ステップであり，後者はメラニン合成の最初で律速段階のステップである．ドーパミン β-ヒドロキシラーゼとチロシナーゼともに，**二核銅錯体 dicopper** を活性中心にもつタイプ3 の銅タンパク質ファミリーのメンバーである．**図 10-8** に示すように，カテコールアミンオキシダーゼの銅は分

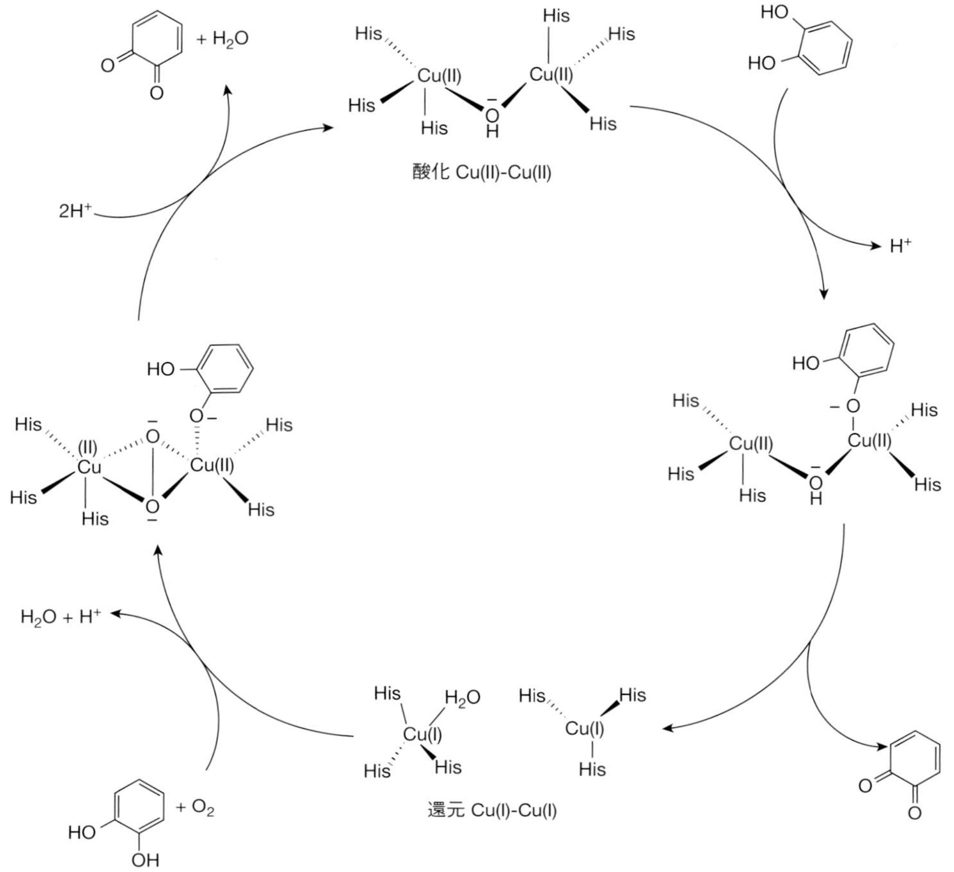

図 10-8. カテコールアミンオキシダーゼの反応機構

子状酸素と結合し，フェノール環への攻撃のために活性化している．このプロセスの間に，銅は＋2と＋1の酸化状態を繰り返す．他のタイプ3の銅タンパク質としてヘモシアニンがある．カテコールアミンオキシダーゼと異なり，ヘムエリトリンの二核鉄は，貝類のようにヘモグロビンをもたない無脊椎動物において酸素運搬に行う．

Cu/Zn-SOD において，複核中心の Cu^{2+} は，反応性が非常に高く細胞毒性の高い ROS の一種であるスーパーオキシド O_2^- から1電子を引抜き，O_2 と Cu^{1+} を生成する．その後，Cu^{1+} は2分子目のスーパーオキシドに電子を与えて H_2O_2 を産生し，もとの＋2の酸化状態に戻る．過酸化水素も ROS であるが，ラジカルアニオンである O_2^- よりは活性が低い．さらに，2番目の無毒化酵素であるカタラーゼのはたらきにより，H_2O_2 は引き続いて水と O_2 に分解される（12章参照）．

リシルオキシダーゼは，1つの Cu^{2+} を有し，酸素分子を用いて，コラーゲンやエラスチン中のリシン残基

の ε-アミノ基をアルデヒドに酸化する．その結果生じたアリシン（6-アミノ-2-オキソヘキサン酸）の側鎖アルデヒド基は，その近傍に存在するタンパク質のアリシンあるいはリシンの側鎖と反応して架橋を形成する．この架橋は引っ張りに非常に強い成熟したコラーゲンやエラスチン線維にとって必須である．この酵素のもう1つの重要な特徴は，修飾アミノ酸である 2,4,5-トリヒドロキシフェニルアラニンキノン（トパキノン）が活性中心に存在することである．この修飾は，リシンオキシダーゼ自身の自触媒反応による，保存されたチロシンの側鎖の酸化によって生じる．

ニッケル

多様なニッケル結合酵素が，細菌性微生物には存在する．例として，Ni-Fe ヒドロゲナーゼやメチル補酵素 M レダクターゼなど酸化還元反応を触媒するものや，転移酵素として機能するアセチル-CoA 合成酵素，不均化反応を触媒する SOD などである．Ni は細菌，カ

ビ，植物に存在する酵素であるウレアーゼの鍵となる成分である（図10-4）．しかし，ヒトや他の動物での必要栄養素としての分子論的な裏付けは未だ発見されていない．

モリブデン

モリブドプテリンの触媒としての役割

モリブデンは，系統樹的には普遍性のある補因子，モリブドプテリンの鍵となる成分である（図10-3参照）．動物では，モリブドプテリンはキサンチンオキシダーゼ，アルデヒドオキシダーゼ，亜硫酸オキシダーゼなどの多くの酵素の触媒的に必須な補欠分子族である．キサンチンオキシダーゼは，フラビンも有しており，ヌクレオチドのプリンから尿酸が合成される経路の最後の2つの酸化ステップを触媒する．すなわち，ヒポキサンチンからキサンチンへの酸化とキサンチンから尿酸への酸化である（33章参照）．この2つのプロセスは，結合しているモリブデンの価数が+4，+5，+6と変化して進む．アルデヒドオキシダーゼには，モリブドプテリンとフラビンに加えてFe-Sクラスターも存在する．この複雑な補欠分子の組み合わせにより，多くの複素環有機化合物を含む非常に幅広い基質の酸化を触媒できる酵素となっている．それにより，アルデヒドオキシダーゼは，シトクロムP450と同様に，生体異物の無毒化をしていると考えられてきた（47章参照）．

鉄-モリブデン結合タンパク質

FeとMoを含む金属酵素である亜硫酸オキシダーゼはミトコンドリアに存在し，硫黄含有の生体物質の代謝から出てくる亜硫酸イオン（SO_3^{2-}）を硫酸イオン（SO_4^{2-}）に酸化する反応を触媒する．キサンチンオキシダーゼ同様に，モリブデンイオンが+6，+5，+4の酸化状態を取ることができることが触媒反応にとって重要であり，これにより1電子のみの移動が可能なシトクロムcの2分子に，亜硫酸イオンからの2電子を逐次的に移動させている（**図10-9**）．モリブドプテリン生合成の重要なステップを触媒するタンパク質の3つの遺伝子，MOCS1，MOCS2，GPNHのいずれかに変異を導入すると，**亜硫酸酸化酵素欠損症**につながる．常染色体遺伝性の先天的な異常（autosomal inherited inborn error of metabolism）の人は，硫黄含有のアミノ酸であるシステインとメチオニンの分解ができない．そのため，新生児の血液や組織中へのこれらのアミノ酸や誘導体の蓄積により，身体的な畸形や脳の障害を引き起こし，その結果，難治性のてんかん（発作）や知能発育不全，また多くの場合は，幼児期に死にいたる．

バナジウム

栄養学的には必須であるが，バナジウムの生体中での役割は未だ不明である．今のところ，バナジウムを含む補因子の同定はされていない．バナジウムは，生体中ではHVO_4^{2-}，$H_2VO_4^-$などの+5の酸化状態と，VO^{2+}，HVO^{3+}などの+4の酸化状態で見出される．血漿中のさまざまなタンパク質，アルブミン，イミノグロビンGとトランスフェリンは酸化バナジウムと結合することが知られている．最近発見されたことだが，バナジウムは，海洋性の貝が岩，杭，船の底に自分自身を固定するための分泌する "糊" の役目をする物質の鍵となる成分である．バナジン酸は，リン酸の類似構造であり，*in vitro* ではチロシンホスファターゼやアルカリホスファターゼを阻害することが知られているが，これらの相互作用が，生理的に意味があるのかどうかはまだ不明確である．

クロム

ヒトでの Cr の役割は未だ不明確である．1950年代に，Cr^{3+}を含む "耐糖能因子" がビール酵母（出芽酵母）から単離されて，糖代謝の制御にこの遷移金属が補因子として関与していることが示唆された．しかし，その後数十年経っても，動物中には Cr を含む生体物質や Cr が関連する遺伝子病は見つかっていない．それにもかかわらず，多くの人は，Cr には減量効果があると主張して，Cr を含むサプリメントを摂取し続けている．

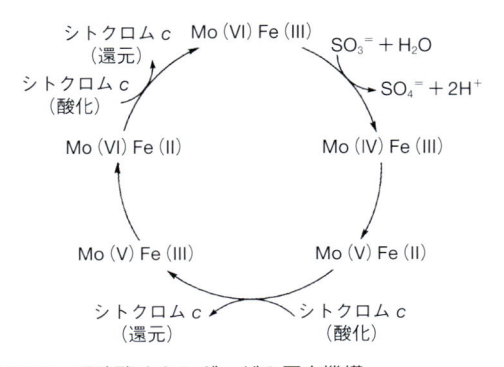

図 10-9. 亜硫酸オキシダーゼの反応機構
酵素に結合した鉄とモリブデンの酸化状態の変化で示している．

遷移金属の吸収と輸送

遷移金属はさまざまな機構で吸収される

　一般的に，大部分の遷移金属は小腸で吸収されるが，それでは不十分である．毎日摂取する遷移金属のほんのわずかな量が身体中に吸収されているだけである．加えて，Ni や V などのいくつかの遷移金属は，汚染大気やタバコの煙の成分として存在し，肺から吸収されている．小腸での吸収が不十分であると認識されるのは，ヒトの身体がこれらの元素を少量必要としているということと，毒性のある重金属が過剰に蓄積されないような緩衝材の必要性との組み合わせの結果であるかもしれない．いくつかの遷移金属，たとえば鉄の体内での動態は詳細に研究されているが（52 章参照），他の例に関しては，確実な証拠はほとんど見つかっていない．

　Fe^{2+} は，十二指腸に存在する膜結合性タンパク質である 2 価金属輸送体 divalent metal transporter（DMT1）[2] によって直接細胞内に吸収される．DMT1 は Mn^{2+}，Ni^{2+}，わずかではあるが Cu^{2+} を吸収する主要な膜輸送体とも考えられている．胃のなかでは大部分の鉄が酸化型（Fe^{3+}）であるので，小腸での吸収前には還元されなければならない．この反応は，DMT1 同様に細胞膜上に存在する**鉄還元酵素 duodenal cyto-chrome b（Dcyt$b$）**[3] によって触媒されている．加えて，Dcyt$b$ は Cu^{2+} の Cu^{1+} への還元にも関与し，これにより銅は非常に高効率な Cu^{1+} 輸送体である Ctr1 によって吸収される．しかし，過剰量の Zn は Cu の吸収を阻害してしまい，致死的な貧血症を引き起こしてしまう．モリブデンとバナジウムは，それぞれモリブデン酸 $HMoO_4^{2-}$ とバナジン酸 HVO_4^{2-} のオキシアニオンの形で，小腸で吸収される．その際には，構造的に類似なリン酸イオン HPO_4^{2-} と硫酸イオン SO_4^{2-} の吸収に関係している非特異的なアニオン輸送体が使われる．

　2)　訳者注：DMT1 の発見者は日本人である（軍神宏美）Gunshin H, Mackenzie B, Berger UV et al：Cloning and characterization of a mammalian proton-coupled metal ion transporter. Nature 1997;388:482-488.

　3)　訳者注：Dcyt$b$ は図 52-4 では丸で描かれているが，その結晶構造は 2018 年に日本人によって決定された（城宜嗣ら）M. Ganasen, H. Togashi, H. Takeda, H. Asakura, T. Tosha, K. Yamashita, K. Hirata, Y. Nariai, T. Urano, X. Yuan, I. Hamza, A. G. Mauk, Y. Shiro, H. Sugimoto, H. Sawai: "Structural basis for promotion of duodenal iron absorption by enteric ferric reductase with ascorbate" Communications Biology, 2018;1:120. DOI:10.1038/s42003-018-0121-8

　コバルトは，有機金属錯体であるコバラミン，すなわちビタミン B_{12} として，2 つの分泌型コバラミン結合タンパク質であるハプトコリン haptocorrin と内因子 intrinsic factor，さらにキュビリン cubilin とよばれる細胞表面受容体を含む特別な経路で吸収される．胃では，コバラミンは摂取した食事から取り出されてハプトコリンに結合し，胃酸の極端な pH から保護される．コバラミンは，十二指腸に移動して pH が上昇すると，コバラミン-ハプトコリン複合体から解離し，ハプトコリンの類縁体である内因子に結合する．コバラミン-内因子複合体は，小腸上皮細胞の表面に存在する受容体キュビリンに認識され細胞内に取り込まれる．

まとめ

- ■ ヒトの健康と活力の維持には，遷移金属を含むいくつかの無機元素の極微量の摂取が必要である．

- ■ 逆説的ではあるが，遷移金属を含む多くの重金属は栄養学的に必須ではあるが，過剰量の摂取は毒性を有し，発がん性がある．

- ■ 急性の重金属毒性は，キレート剤の投与，多量の水と一緒の利尿剤の投与，あるいは血液透析が必要である．

- ■ 必須遷移金属を含む多くの重金属は，水と酸素の存在下で ROS を産生する．

- ■ 遷移金属が，電子や二原子気体分子を運搬でき，非常に幅広い種類の酵素反応の触媒として機能できるのは，遷移金属の 2 つの特性，すなわち多くの価数を取ることができることとルイス酸性を有することによる．

- ■ 生体中で，遷移金属は遊離した状態では存在しない．多くの場合，それらはタンパク質のアミノ酸側鎖と直接結合したり，あるいは，ヘム，Fe-S クラスターやモリブドプテリンのような補欠分子族の一部としてタンパク質に結合して存在している．

- ■ 有機物に配位して存在することにより，遷移金属はその特性が最適化され，副次的な ROS の産生を避けて，いくつかの遷移金属を 1 つの機能的なユニットとして組織化できる．

- ■ 電子伝達鎖においては，ヘム鉄，Fe-S クラスター，リスケ鉄の特性を使って，+2 と +3 の酸化数の変化を繰り返すことにより，多くの重要な電子伝達反応が起こっている．

- ■ シトクロムオキシダーゼには，2 つの鉄と 2 つの銅

が存在することにより，酸素分子を水に還元するのに必要な4電子を蓄積できる．

- 鉄は，酸化還元反応を触媒できる多くの金属酵素の補欠分子族として通常使われている．
- ヒトの遺伝子にコードされているおよそ3000もの亜鉛結合タンパク質の大部分は，亜鉛フィンガーとよばれる多くの保存されたヌクレオチド結合モチーフを有している．
- Fe-S クラスターは，DNA の複製や修復に関係する多くのタンパク質に含まれる．Fe-S クラスターは，DNA 損傷の電気化学的なセンサーとして機能していると考えられている．
- Zn^{2+} のルイス酸としての性質により，水の求核性が上昇するので，加水分解酵素として機能している．
- キサンチンオキシダーゼと亜硫酸オキシダーゼに含まれる Mo は，触媒として機能する際には，3つの異なる酸化状態を繰り返している．
- Mo，Fe-酵素である亜硫酸オキシダーゼの欠損しているヒトでは，硫黄で含むアミノ酸であるメチオニンとシステインの合成ができず，重篤な発育障害や幼児期での死に至る．
- ヒトで唯一知られている Co の機能は，コバラミン（5′-deoxyadenosylcobalamin）すなわちビタミン B_{12} の成分として，1つの炭素グループの転移に関与している．Co は身体中にはビタミン B_{12} として取り込まれる．

文　献

Buccella D, Lim MH, Morrow JR (eds.): Metals in biology: From metallomics to trafficking. Inorg Chem 2019;58:(Entire volume).

Cran DC, Kostenkova K: Open questions on the biological roles of first-row transition metals. Commun Chem 2020;3:104.

Fuss JO, Tsai CL, Ishida JP, Tainer JA: Emerging critical roles of Fe-S clusters in DNA replication and repair. Biochim Biophys Acta 2015;1853:1253.

Liu J, Chakraborty S, Hosseinzadeh P, et al: Metalloproteins containing cytochrome, iron-sulfur, or copper redox centers. Chem Rev 2014;114:4366.

Maret M: Zinc biochemistry: From a single zinc enzyme to a key element of life. Adv Nutr 2013;4:82.

Maret M, Wedd A (eds.): *Binding, Transport and Storage of Metal Ions in Biological Cells.* Royal Society of Chemistry, 2014:(Entire volume).

Zhang C: Essential functions of iron-requiring proteins in DNA replication, repair and cell cycle control. Protein Cell 2014;5:750.

SECTION II 問題

1. 急速で浅い呼吸は過換気を招くが，この状態では二酸化炭素が組織で産生されるよりも速く肺から呼出される．過換気がどのようにして血液の pH を上昇させるのか説明しなさい．

2. あるタンパク質工学者が，キモトリプシンの活性部位を変化させ，アスパラギン酸残基とグルタミン酸残基の C 末端側のペプチド結合を切断しようとしている．その活性ポケットの底において，疎水性のアミノ酸を以下のどのアミノ酸に置き換えると成功すると考えられるか．
   A. フェニルアラニン
   B. トレオニン
   C. グルタミン
   D. リシン
   E. プロリン

3. 誤っているのはどれか．1 つ選べ．
   A. 多くのミトコンドリアのタンパク質は，リシン残基の ε-アミノ基のアセチル化によって共有結合性に修飾されている．
   B. タンパク質のアセチル化は，生理的条件において可逆的でありうる共有結合性の修飾の一例である．
   C. アセチル-CoA の濃度の増加は，タンパク質のアセチル化に好都合にはたらくことが多い．
   D. アセチル化は，この修飾の対象となるアミノ酸の側鎖の立体的容量を増加させる．
   E. アセチル化を受けたリシン残基の側鎖は，アセチル化を受けていないそれよりも強い塩基性である．

4. 誤っているのはどれか．1 つ選べ．
   A. 酸-塩基触媒は HIV プロテアーゼの触媒機構の際立った特徴である．
   B. Fischer による"鍵と鍵穴モデル"は，酵素反応における遷移状態-安定化の役割を説明している．
   C. セリンプロテアーゼによるペプチド結合の加水分解は，修飾された酵素の中間体形成を伴う．
   D. 多くの酵素は，補欠分子族や補因子として金属イオンを含んでいる．
   E. 一般に，酵素は基質の類似体よりも遷移状態の類似体に強固に結合する．

5. 誤っているのはどれか．1 つ選べ．
   A. 反応の平衡定数 K_{eq} は，正反応の初速度（$rate_1$）を逆反応の初速度（$rate_{-1}$）で割って算出する．
   B. 酵素の存在は K_{eq} に影響しない．
   C. 一定の温度で反応が起こる場合，反応の活性化エネルギーを超える運動エネルギーをもち，反応を進めるポテンシャルのある分子の割合は一定である．
   D. 酵素や他の触媒は反応の活性化エネルギーを低下させる．
   E. ΔG は反応の自由エネルギー変化であり，その符号は反応が進む方向を表している．

6. 誤っているのはどれか．1 つ選べ．
   A. 生化学における慣例として，標準状態でのプロトンを除く反応物と生成物の濃度は 1 molar とする．
   B. ΔG は K_{eq} の対数の関数である．
   C. 反応速度論では，"自発的"という語は反応式が左から右に進みやすいことをいう．
   D. ΔG^0 は平衡の標準状態から平衡状態への推移に伴う自由エネルギーの変化のことである．
   E. 平衡に達したとき，正逆双方向の反応速度は 0 となる．

7. 誤っているのはどれか．1 つ選べ．
   A. 酵素は反応の活性化エネルギーを低下させる．
   B. 酵素が活性化エネルギーを低下させる理由の 1 つは，遷移状態中間体を不安定にするためである．
   C. 活性中心のヒスチジン残基はプロトンの受容体，または供与体となることで，触媒反応を助けることが多い．
   D. 共有結合触媒反応はある種の酵素が別の反応経路をとるとき使われる．
   E. 酵素の存在は ΔG^0 に影響を与えない．

8. 誤っているのはどれか．1 つ選べ．
   A. ほとんどの酵素では，初速度 v_i は [S] に対し双曲線関数的に依存する．
   B. [S] が K_m に対し十分低いとき，Michaelis-Menten の式における $K_m + [S]$ は K_m に近づく．このよう

な条件下では，触媒反応の速度は [S] の一次関数である．

C. 酵素が触媒する反応の速度が最大速度の半分（$V_{max}/2$）となったとき，基質と生成物のモル濃度は等しくなる．

D. 連続的な [S] の上昇に伴って v_i が著明に上昇しないとき，酵素は基質により飽和状態となったとされる．

E. 定常状態の速度を測定するとき，基質濃度は酵素の触媒部位に比べ大過剰になっていなくてはならない．

9. 誤っているのはどれか．1つ選べ．

A. ある種の単量体酵素は初速のプロットがS字形カーブとなる．

B. Hill 方程式は酵素やヘモグロビン，カルモジュリンのような輸送タンパク質の協同的作用の定量的な解析を行うのに使われる．

C. 基質との協同的結合を行う酵素の n 値（ヒル定数）が 1 より大きいとき，正の協同性をもつといわれる．

D. 基質結合の順番が決まっている複数基質の反応を触媒する酵素反応は，逐次機構といわれる．

E. 補欠分子族はアミノ酸側鎖がもちえない化学的な能力を酵素に付加する．

10. 誤っているのはどれか．1つ選べ．

A. IC_{50} は阻害の強さを単純に表すための用語である．

B. Lineweaver-Burk プロットと Dixon プロットは，酵素阻害の反応速度論的な様式を直線で表すために Michaelis-Menten プロットを改変したものである．

C. $1/v_i$ を $1/[S]$ に対してプロットすることで，阻害剤のタイプと親和性を知ることができる．

D. 単純な非競合阻害剤は基質の見かけ上の K_m を下げる．

E. 非競合阻害剤は多くは，酵素の触媒反応の基質との構造的類似性がないか，低い．

11. 誤っているのはどれか．1つ選べ．

A. ある酵素の基質に対する K_m はその基質の細胞内濃度に近い傾向がある．

B. ある代謝経路が細胞小器官内に区分けされて行われることは，代謝の調節に有利にはたらく．

C. 代謝経路の初発段階は制御のコントロールが効率よくできるため，最初の調節段階となる．

D. フィードバック調節とは，代謝経路の初期の段階をその経路の最終産物がアロステリックに調節することをいう．

E. 代謝制御は経路の中で，最も速く進行する段階の1つを調節の対象とすれば最も効果的である．

12. 誤っているのはどれか．1つ選べ．

A. ボーア効果とは，酸素が脱酸素型ヘモグロビンに結合した際にプロトンの放出が起こることをいう．

B. ヒトでは出生直後に α 鎖がヘモグロビン四量体の 50% を占めるようになるまで急速に誘導される．

C. 胎児型ヘモグロビン β 鎖は妊娠期間を通して存在している．

D. サラセミアとは，遺伝子の欠損によりヘモグロビンの α もしくは β 鎖の全部あるいは一部が欠損する疾患を表す．

E. ヘモグロビン T（taut）型はサブユニット間で形成されるいくつかの塩橋により安定化される．

13. 誤っているのはどれか．1つ選べ．

A. ヒスチジン E7 による立体障害は，ヘモグロビンの一酸化炭素（CO）に対する親和性を下げるために重要である．

B. 炭酸脱水酵素（炭酸デヒドラターゼ）は，肺において 2,3-ビスホスホグリセリン酸を分解し，呼吸に重要な役割りをはたす．

C. ヘモグロビン S では β サブユニットの Glu6 がバリンに置き換わった遺伝子の変異が見られ，他のヘモグロビン S と接着する部位が分子表面に形成される．

D. ヘムの鉄イオンの酸化状態が +2 から +3 に変わると，ヘモグロビンの酸素結合能は失われる．

E. ヘモグロビンとミオグロビンの機能の差には四次構造上の大きな差が反映されている．

14. 誤っているのはどれか．1つ選べ．

A. 電荷リレーのネットワークがトリプシンの活性部位セリンを強い求核基にする．

B. ミカエリス定数は反応速度が最大速度の半分となったときの基質濃度である．

C. アミノ基転移反応では，どちらかの生成物が酵素から離れるまで基質は両方とも酵素と結合したままである．

D. アスパラギン酸プロテアーゼではヒスチジン残基が酸，塩基の両方としてはたらく．

E. 多くの補酵素や補因子はビタミン由来である．

15. 誤っているのはどれか．1つ選べ．
- A. 相互変換する酵素は統合された代謝調節ネットワークにおいて中心的な役割を担う．
- B. 酵素のリン酸化は触媒効率を変化させることが多い．
- C. "セカンドメッセンジャー"は，細胞表面の受容体に達したホルモンや神経インパルスの細胞内シグナル伝達分子としてはたらく．
- D. プロテインキナーゼが逆反応としてもつ脱リン酸活性は分子制御機構に汎用性をもたらす点で重要な性質である．
- E. タンパク質の限定分解によるチモーゲン活性化は生理的条件下では不可逆である．

16. 遷移金属イオンを有機金属錯体に組み込むことによって得られる利点ではないものは次のうちどれか．
- A. 結合金属のルイス酸効力の最適化
- B. 複数の遷移金属イオンを含む錯体を構築する能力
- C. 活性酸素種の生成の減．
- D. 望ましくない酸化からの保護
- E. 結合した遷移金属を多価にする

17. 生理学的に必須な遷移金属機能ではないものは次のうちどれか．
- A. 二原子ガス分子の結合
- B. プロトンキャリア
- C. タンパク質の立体構造の安定化
- D. 水の求核性の向上
- E. 電子キャリア

18. 急性重金属中毒の治療として適しているのは次のうちどれか．
- A. 利尿剤の投与
- B. キレート剤の摂取
- C. 血液透析
- D. 上記のすべて
- E. 上記のどれでもない

19. 一般的な有機金属 DNA 結合モチーフは次のうちどれか．
- A. 亜鉛（ジンク）フィンガー
- B. モリブドプテリン
- C. Fe-S センター （クラスター）
- D. 上記のすべて
- E. 上記のどれでもない

生体エネルギー学

生体エネルギー学：ATPの役割

11

Bioenergetics: The Role of ATP

学 習 目 標
本章習得のポイント

- 熱力学の第一法則および第二法則について説明し，それらが生物系にどのように利用されているかを理解する．
- 自由エネルギー，エントロピー，エンタルピー，発エルゴン，吸エルゴンのもつ意味を説明できる．
- 生物系において吸エルゴン反応は発エルゴン反応と共役することによってどのように進行するかを理解する．
- 基転移ポテンシャル，ATP や他のヌクレオシド三リン酸は，発エルゴン過程から吸エルゴン過程に自由エネルギーを移行する役割をもち，細胞の"エネルギー通貨 energy currency"としてはたらき得ることを理解する．

生物医学的重要性

生体エネルギー学 bioenergetics または生化学的熱力学 biochemical thermodynamics とは，生化学反応に伴うエネルギーの変化を研究する学問である．生物系は基本的に**等温系 isothermic** で，生命過程を推進するために化学エネルギーを使っている．このエネルギーを供給するために，動物が食餌から適切な燃料を引き出すメカニズムを知ることは，正常な栄養と代謝を理解するための基礎となる．利用可能なエネルギーの貯えが枯渇すれば，**飢餓 starvation** によって死に至る．またある種の栄養失調症はエネルギー代謝の不均衡によって引き起こされる［消耗症（**マラスムス**）**marasmus**］．甲状腺ホルモンは代謝速度（エネルギー消費の速度)を調節するホルモンであり，この異常は代謝異常を伴う疾患を引き起こす．余剰エネルギーが過度に蓄積されると，西欧社会において最も広く見られる**肥満症 obesity** の要因となり，循環器系疾患や 2 型糖尿病を含む多くの病気の素因となり寿命を短くする．

自由エネルギーとは系において利用可能なエネルギーである

ギブズ（Gibbs）の**自由エネルギー free energy** 変化（ΔG)とは，反応系で起こる全エネルギー変化のうち仕事に利用できる部分，すなわち有効に利用できるエネルギーのことであり，化学ポテンシャルとしても知られるものである．

生体系も熱力学の一般則に従う

熱力学の第一法則とは"**系およびそれを取り巻く環境の総エネルギーは一定である**"という法則である．この法則は，"系内の総エネルギーは，どのような変化によっても減少も増加もしない"ということを意味する．しかし，系の内部では，エネルギーは系内のある部分からほかの部分に移されたり，あるいは別の形のエネルギーに変換されることがある．生体系において化学エネルギーは熱や電気エネルギー，放射線エネルギー，あるいは機械的エネルギーなどの形に変換される．

熱力学の第二法則は"**系の総エントロピーは自発的反応においては増加しなければならない**"ことを述べ

ている．**エントロピー entropy** とは，系の無秩序あるいは任意性の程度を表し，系が平衡に達したときに最大となる．定温，定圧下では，反応系の自由エネルギー変化（ΔG）とエントロピー変化（ΔS）の関係は熱力学の2つの法則を組み合わせて次式で表される．

$$\Delta G = \Delta H - T\Delta S$$

ここで，ΔH は**エンタルピー enthalpy**（熱）変化，T は絶対温度である．

生化学反応の起こる条件では，ΔH は反応の内部エネルギー変化すなわち ΔE にほぼ等しいので，上式は次のように表される．

$$\Delta G = \Delta E - T\Delta S$$

ここで，ΔG が負であれば，反応は自由エネルギーを消費しながら自発的に進行する．すなわち，**反応は発エルゴン exergonic** である．その際，ΔG の絶対値が非常に大きければ，反応は 100% 進行し，事実上不可逆になる．一方 ΔG が正であれば，反応は自由エネルギーが外部から供給される場合にのみ進行する．すなわち**吸エルゴン endergonic** である．さらに ΔG が大きければ系は安定で，反応が起こる可能性は少ないか，まったくない．ΔG が 0 であれば系は平衡にあり，反応系に含まれる各成分の量的変化は起こらない．

反応物質の濃度がすべて 1.0 mol/L であるときの ΔG^0 を，**標準自由エネルギー変化 standard free-energy change** という．生化学反応における標準状態は，pH7.0 と定められている．この標準状態における標準自由エネルギー変化は $\Delta G^{0'}$ と表される．

この標準自由エネルギー変化は平衡定数 K_{eq} から計算できる．

$$\Delta G^{0'} = -RT \ln K'_{eq}$$

ここで，R は気体定数，T は絶対温度を示す（8 章参照）．なお実際には，個々の ΔG は系中の反応物質の濃度によって $\Delta G^{0'}$ より大きかったり小さかったりする．さらに溶媒の種類，各種のイオンおよびタンパク質の濃度などによって影響を受けることに注意してほしい．

なお，生化学的反応における酵素の役割は，反応が平衡に到達するのを早めることにあり，けっして平衡自体を変化させるものではない．すなわち，平衡に達した系における各反応物質の最終濃度を変えるものではない．

吸エルゴン過程は発エルゴン過程に共役して進む

生命現象の諸過程，すなわち生合成反応，筋収縮，神経興奮伝導，あるいは能動輸送などの過程は，酸化反応による化学的な連鎖，すなわち**共役 coupling** によってエネルギーが供給されている．最も単純な形に表すと，この共役は **図 11-1** のようになる．すなわち，物質 A から物質 B への変換に伴って自由エネルギーの放出が起こり，それを，物質 C を物質 D へ転換するのに必要な自由エネルギーとして利用する形で共役している．これらの過程には通常の化学用語である "発熱 exothermic" と "吸熱 endothermic" という言葉ではなく，それぞれ**発エルゴン exergonic** と**吸エルゴン endergonic** という用語が使われる．それはエネルギーの形態はなんであれ（必ずしも熱としての形態ではない），その過程で自由エネルギーの減少，または増加を伴っていることを示すためである．実際，吸エルゴン的過程はそれのみ独立しては存在せず，全体の正味の変化が発エルゴン的である，発エルゴン-吸エルゴン共役系の一部としてのみ成立する．発エルゴン的な反応とは**異化 catabolism**（一般に燃料となり得る物質の分解または酸化をさす）のことであり，一方，吸エルゴン的で合成的な反応は**同化 anabolism** とよばれる．この両者を一括して**代謝 metabolism** という．

もし，図 11-1 で示した反応が左から右に進行するなら，全体としての反応は，自由エネルギーを熱として放出することになる．この 2 つの反応がエネルギー的に共役するためのメカニズムの 1 つとして，双方の

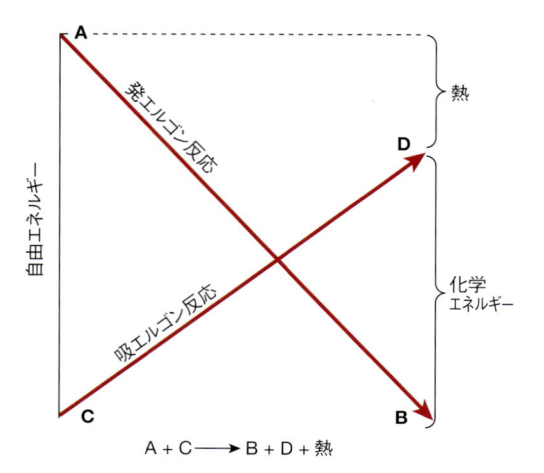

図 11-1. 発エルゴン反応と吸エルゴン反応の共役

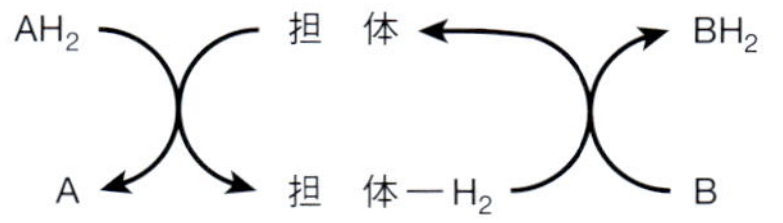

図 11-2. 中間担体による脱水素反応と水素添加反応の共役

反応に共通で不可欠な中間体（I）の存在を考えると説明しやすい．すなわち，

$$A + C \rightarrow I \rightarrow B + D$$

　生物系におけるいくつかの発エルゴン反応と吸エルゴン反応はこのような形で共役している．このような系では，酸化反応速度を調節するのに適した埋込み型調節装置を内蔵しているといえよう．なぜなら，発エルゴン反応と吸エルゴン反応に共通の中間体が存在することにより，出発物質である A の酸化が合成産物である D の利用度[1]に応じて，質量作用の法則により決定されるからである．事実，このような関係は**呼吸調節 respiratory control** の概念の基礎になっているものであり，この呼吸調節がなければ生体は無意味に燃えつくして(burning out)しまうと思われる．このような共役の概念を少し拡張して考えてみると，1 個の中間担体で水素添加反応に共役している脱水素反応にも適用できる（**図 11-2**）．

　発エルゴン反応を吸エルゴン反応に共役させるもう 1 つの仕組みは，発エルゴン反応に際して高エネルギー化合物を合成し，この新化合物を吸エルゴン反応に組み入れることにより，発エルゴン過程から吸エルゴン過程に自由にエネルギーを移行させることである．このメカニズムの生物学的利点は，エネルギーポテンシャルの高い結合をもつ化合物Ⓔが前述の系の中間体 I とは異なり，反応成分 A，B，C，D と構造的に関連していなくてもよい点である．このことは，広範多種類の発エルゴン反応から，同じく広範な吸エルゴン反応または過程，たとえば生合成，筋肉の収縮，神経興奮，能動輸送などへのエネルギー変換体 transducer として Ⓔ が作用することを可能にする．生細胞内で重要な高エネルギー中間体，すなわちエネルギー担体は**アデノシン三リン酸 adenosine triphosphate（ATP）**である（**図 11-3**）．

---

1)　訳者注：たとえば，合成産物である D がさらに利用されてその濃度が減少することにより，反応は左から右へ進行する．

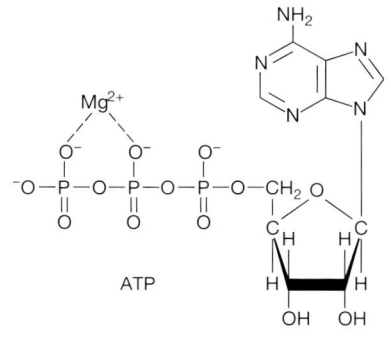

図 11-3. アデノシン三リン酸のマグネシウム複合体

高エネルギーリン酸化合物はエネルギー獲得とエネルギー転移の両方に中心的な役割を果たす

　生命を維持するために，すべての生物は環境から自由エネルギーを供給されなければならない．**独立栄養 autotrophic** 生物は単純な発エルゴン過程に代謝を共役させてこれを行う．たとえば，日光のエネルギー（緑色植物），$Fe^{2+} \rightarrow Fe^{3+}$ の反応（ある種の細菌）の利用がこれに相当する．一方，**従属栄養 heterotrophic** 生物は，それらの生物の環境にある複雑な有機化合物を分解して代謝を共役させ，自由エネルギーを得ている．これらすべての生物において，発エルゴン過程から得られる自由エネルギーを吸エルゴン過程に伝達するのに中心的な役割を果たすのが ATP である．ATP はアデノシンヌクレオシド（アデニンがリボースに結合した分子構造）と 3 個のリン酸基からなるヌクレオシド三リン酸である（32 章参照）．細胞内では Mg^{2+} との複合体になって反応に関与する（図 11-3）．

　中間代謝におけるリン酸化合物の重要性は，解糖系における ATP，アデノシン二リン酸（ADP）および無機リン酸（P_i）の果たす役割が解明されるにつれて，誰の目にも明らかになった（17 章参照）．

ATP 加水分解の自由エネルギーは中くらいの大きさであり，そのことが重要な生体エネルギー的意味をもつ

　生化学的に重要な各種リン酸化合物の加水分解の標準自由エネルギー変化を**表 11-1** に示す．これらの化合物間でリン酸が転移する方向，すなわちリン酸がどの化合物へ供給されるかという方向は，37 ℃における各化合物の加水分解の $\Delta G^{0'}$ を目安にすると判断しやすい．これを**基転移ポテンシャル group transfer po-**

表11-1. 生化学的に重要な有機リン酸化合物の加水分解の標準自由エネルギー変化

化合物	$\Delta G^{0'}$	
	kJ/mol	kcal/mol
ホスホエノールピルビン酸	−61.9	−14.8
カルバモイルリン酸	−51.4	−12.3
1,3-ビスホスホグリセリン酸 （3-ホスホグリセリン酸へ）	−49.3	−11.8
クレアチンリン酸	−43.1	−10.3
ATP ⟶ AMP + PPᵢ	−32.2	−7.7
ATP ⟶ ADP + Pᵢ	−30.5	−7.3
グルコース 1-リン酸	−20.9	−5.0
ピロリン酸	−19.2	−4.6
フルクトース 6-リン酸	−15.9	−3.8
グルコース 6-リン酸	−13.8	−3.3
グリセロール 3-リン酸	−9.2	−2.2

PPᵢ：ピロリン酸，Pᵢ：無機リン酸.

［注］Jencks WP: Free energies of hydrolysis and decarboxylation. In: Handbook of Biochemistry and Molecular Biology, vol 1. Physical and Chemical Data. Fasman GD（editor）. CRC Press, 1976:296-304, except that for PPi which is from Frey PA, Arabshahi A: Standard free-energy change for the hydrolysis of the alpha, beta-phosphoanhydride bridge in ATP. Biochemistry 1995;34:11307 より引用. これらの値は測定条件の違いによって研究者間で多少異なる.

tential と定義する. この表にある $\Delta G^{0'}$ の値は ATP の末端リン酸基の加水分解の $\Delta G^{0'}$ を境界として上下2群に分けられる（ATP は ADP と Pᵢ に変換される）. その中の一方は**低い基転移ポテンシャル**をもっている**低エネルギーリン酸 low-energy phosphate** 化合物群で，解糖の中間産物である各種のリン酸エステルのように $\Delta G^{0'}$ が ATP のそれよりも小さく，もう一方はよりネガティブな $G^{0'}$ をもつ**高エネルギーリン酸 high-energy phosphate** 化合物群で，その $\Delta G^{0'}$ は ATP の値よりも大きい. 高エネルギーリン酸化合物群に入るものには，酸無水物（1,3-ビスホスホグリセリン酸の 1-リン酸など），エノールリン酸（ホスホエノールピルビン酸など），ホスホグアニジン（クレアチンリン酸，アルギニンリン酸など）などがある.

　高エネルギーリン酸結合の存在を示す〜Ⓟの記号は，これがついている結合基が適当な受容体へ転移するとより大きな自由エネルギーが転移することを示している. このような理由から，**基転移ポテンシャル group transfer potential** という語の方が"高エネルギー結合"よりもよいとする人もいる. このように，ATP は高い

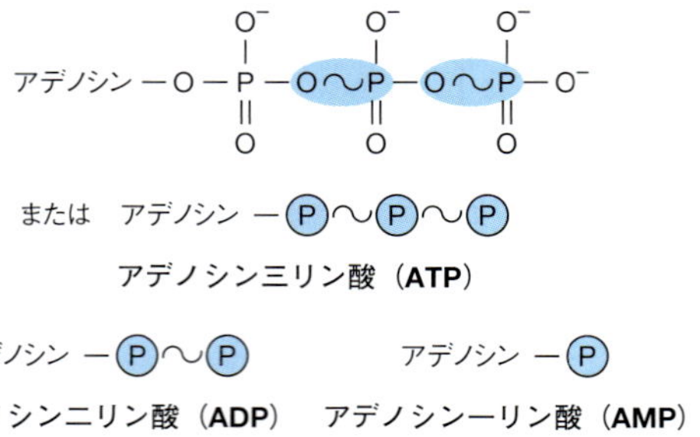

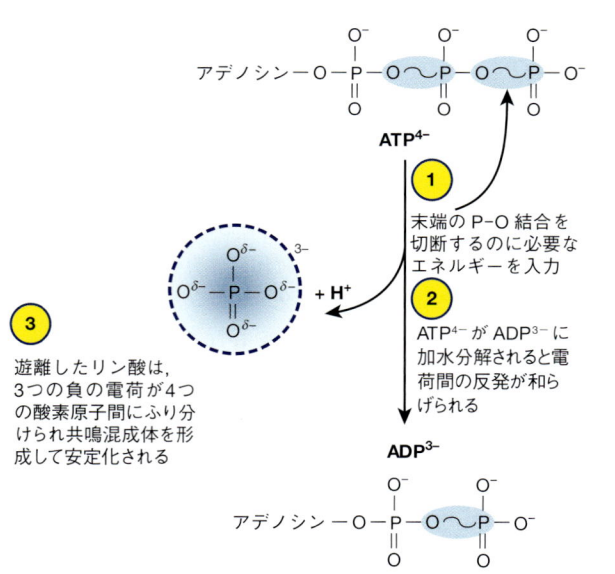

図11-4. ATP，ADP，AMP の構造
高エネルギーリン酸結合（〜Ⓟ）の位置と数を示す.

基転移ポテンシャルをもっているが，AMP のリン酸は通常のエステル結合なので低エネルギー型である（**図11-4**）. エネルギー転移反応では，ATP が ADP と Pᵢ に変換されたり，より大きなエネルギー入力が必要な反応では AMP + PPᵢ に変換されることがある（表11-1）.

　ATP 加水分解の標準自由エネルギー変化が上記のように中間的な値であるため，ATP はエネルギー転移

ATP⁴⁻

① 末端の P–O 結合を切断するのに必要なエネルギーを入力

② ATP⁴⁻ が ADP³⁻ に加水分解されると電荷間の反発が和らげられる

③ 遊離したリン酸は，3つの負の電荷が4つの酸素原子間にふり分けられ共鳴混成体を形成して安定化される

ADP³⁻

図11-5. ATP が ADP に加水分解されることに伴う自由エネルギー変化
最初に末端の P–O 結合を切断するためにはエネルギーの入力が必要である. しかし，結合を切断することで，ATP の隣接するリン酸基の負に帯電した酸素原子間の強い静電反発が緩和されて，リン酸基の除去はエネルギー的に有利である. さらに，放出されたオルトリン酸（正リン酸）は，3つの負電荷が4つの酸素原子の間で共有される共鳴ハイブリッドが形成されることにより，大幅に安定化される. これらの効果は，最初のエネルギー入力を補って余りあるもので，ATP が ADP に加水分解されるときにみられる高い自由エネルギー変化をもたらす.

において重要な役割を果たすことができると考えられる．ATP の加水分解時の高い自由エネルギー変化自体は，末端リン酸を分子に結合している P–O 結合の切断によって引き起こされるわけではない（図 11-4）．むしろ，これを引き起こすにはエネルギーが必要となる．この結合の切断の結果，正味エネルギーが放出される．第一に，ATP の隣接するリン酸基の負に帯電した酸素原子間には強い静電反発力があり（図 11-4），これにより分子が不安定になり，1 つのリン酸基の除去がエネルギー的に優位となる．第二に，生成されるオルトリン酸は 3 つの負電荷が 4 つの酸素原子間で共有される共鳴ハイブリッドの形成によって大幅に安定化される．したがって，全体として，加水分解生成物である ADP とオルトリン酸（正リン酸）は ATP よりも安定しているため，エネルギーが低くなる（**図 11-5**）．そのほかの "高エネルギー化合物" にはチオールエステルであるアシル-CoA（たとえば，アセチル-CoA），アシル運搬タンパク質 acyl carrier protein，タンパク質合成に用いられるアミノ酸エステル，S-アデノシルメチオニン（活性メチオニン），ウリジン二リン酸グルコース uridine diphosphate glucose（UDPGlc），5-ホスホリボシル 1-二リン酸 5-phosphoribosyl-1-pyrophosphate（PRPP）などがある．

高エネルギーリン酸は細胞の "エネルギー通貨 energy currency" である

　ATP の高い基転移ポテンシャルは，表 11-1 の ATP より下部に位置する化合物に対し，高エネルギーリン酸の供与体となることができる．同様に必要な酵素系が利用できさえすれば，ADP は表の ATP より上にある化合物からリン酸基を受け取り ATP を形成できる．要するに，**ATP/ADP 回路 ATP/ADP cycle** は〜Ⓟを生成する反応と〜Ⓟを利用する反応の接点である（**図 11-6**）．このようにして ATP はたえず消費されては再生され，しかもその代謝回転は非常に速い．これは細胞内に存在する ATP/ADP の総量（プール）がその需要に比べて非常に少ないことによる．もし ATP を再生しなければ，組織のエネルギー需要はわずか数秒程の間しか満たされない．

　エネルギー保存 energy conservation，あるいは**エネルギー捕捉 energy capture** に関与する〜Ⓟのおもな供給源は 3 つある．

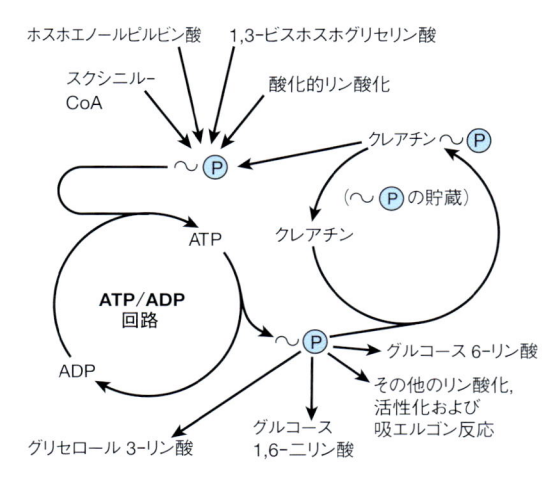

図 11-6. 高エネルギーリン酸の転移における ATP/ADP 回路の役割

1. **酸化的リン酸化 oxidative phosphorylation**：好気性生物の〜Ⓟの最大の供給源である．ATP は，ミトコンドリアのマトリックスにおいて，呼吸鎖の電子遷移によって酸素（O_2）が水（H_2O）へと還元される反応を利用して生成される（13 章参照）．

2. **解糖 glycolysis**：1 mol のグルコースから 2 mol の乳酸を生成することによって，差し引き 2 個の〜Ⓟが形成される．1 つはホスホグリセリン酸キナーゼ，ほかの 1 つはピルビン酸キナーゼによって触媒される反応で生成される（17 章参照）．

3. **クエン酸回路 citric acid cycle**：1 個の〜Ⓟがこの回路中のコハク酸チオキナーゼ succinate thiokinase の段階で直接つくられる（図 16-3 参照）．

ホスファゲン類 phosphagens は基転移ポテンシャルの貯蔵型としてはたらく．ホスファゲンには脊椎動物の筋肉，心臓，精子および脳内の**クレアチンリン酸 creatine phosphate**，無脊椎動物の筋肉にある**アルギニンリン酸 arginine phosphate** がある．ATP が筋肉収縮のエネルギー源として速やかに消費される場合には，これらのホスファゲンは筋肉内の ATP 濃度を維持するために用いられる．一方，ATP が豊富なとき（ATP/ADP 比が高い）には，これらが高エネルギーリン酸として貯蔵される（**図 11-7**）．

　ATP がリン酸供与体としてはたらき，加水分解の自由エネルギーの低い化合物（表 11-1）を形成するときは，ATP リン酸基は常に，より低エネルギーのものに転換される．その一例がグリセロールのリン酸化により，グリセロール 3-リン酸を生じる反応である．

図 11-7. ATP とクレアチン間の高エネルギーリン酸の転移

グリセロール + アデノシン — (P)〜(P)〜(P) $\xrightarrow{\text{グリセロールキナーゼ}}$
グリセロール — (P) + アデノシン — (P)〜(P)

ATP分解は熱力学的に不利な反応を共役によって可能にする

　吸エルゴン反応は,ほかからの自由エネルギーの供給なくして進行しない.解糖系の初めに見出される反応(図 17-2 参照),グルコースからグルコース 6-リン酸へのリン酸化は極めて高い吸エルゴン性で,生理的な条件では進み得ないと思われる.

$$\text{グルコース} + P_i \to \text{グルコース 6-リン酸} + H_2O \quad (1)$$
$$(\Delta G^{0'} = +13.8 \text{ kJ/mol})$$

したがって,このような反応が起こるためには,ATP の末端リン酸基の加水分解のような発エルゴン反応である別の反応と共役しなければならない.

$$\text{ATP} \to \text{ADP} + P_i \quad (\Delta G^{0'} = -30.5 \text{ kJ/mol}) \quad (2)$$

(1)と(2)がヘキソキナーゼ hexokinase により触媒される反応で共役すれば,グルコースのリン酸化は高度な発エルゴン反応として容易に進行し,生理的条件下で不可逆となる.多くの"活性化"反応はこの形式に従う.

アデニル酸キナーゼ(ミオキナーゼ)がアデニンヌクレオチドの相互転換をつかさどる

　この酵素はほとんどの細胞に存在し,次の反応を触媒する.

$$\text{ATP} + \text{AMP} \xleftrightarrow{\text{アデニル酸キナーゼ}} 2\text{ADP}$$

アデニル酸キナーゼは,細胞のエネルギー恒常性に重要な次の 3 つのはたらきを担う.

1. ADP の基転移ポテンシャルを ATP の合成に利用する.

2. ATP が関与するいくつかの活性化反応の結果として生じる AMP を ADP へと再リン酸化する.

3. ATP が不足したときに AMP の濃度を増加させ,これが異化反応速度の増加を促す代謝的(アロステリック)シグナルとして,順次 ATP の産生を促進する(14 章参照).

ATPからAMPを生ずる反応ではピロリン酸(PPi)が遊離する

　ATP は加水分解を受けてピロリン酸を遊離し,直接 AMP を生じることもある(表 11-1).たとえば,長鎖脂肪酸の活性化反応がその例である(図 22-3 参照).

　この反応は自由エネルギーを熱として放出し,活性化反応が確実に右方向に進むようにする.この反応は,**無機ピロホスファターゼ inorganic pyrophosphatase** によって PP_i の加水分解が行われることにより,さらに促進される.後者の反応の $\Delta G^{0'}$ は -19.2 kJ/mol と大きい.ピロリン酸が生じる活性化反応では,ADP と P_i が形成される反応に比べ〜(P)の消失が 1 個ではなく事実上 2 個あることに注意してほしい.

$$PP_i + H_2O \xrightarrow{\text{無機ピロホスファターゼ}} 2P_i$$

　上述の反応を組み合わせると,リン酸はリサイクルし,アデニンヌクレオチドの相互転換が起こる(**図 11-8**).

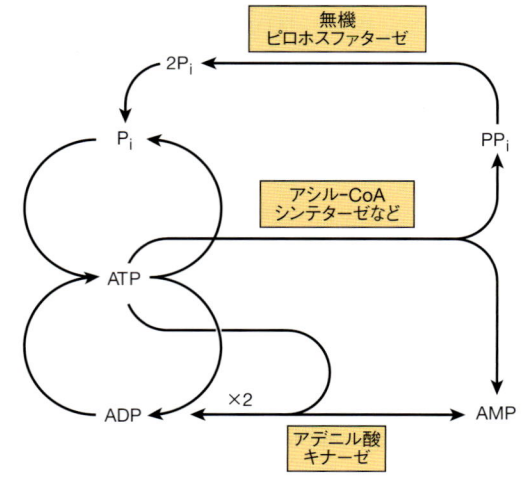

図 11-8. リン酸回路とアデニンヌクレオチドの相互転換

他のヌクレオシド三リン酸も，基転移ポテンシャルの転移に参加する

ヌクレオシド二リン酸キナーゼ nucleoside diphosphate(NDP)kinase という酵素により UTP, GTP, CTP がそれらの二リン酸から合成される．たとえば，UDP が ATP と反応して UTP を形成する．

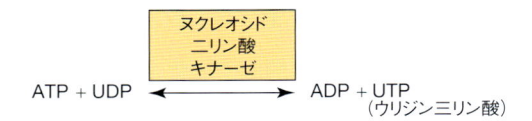

これらのヌクレオシド三リン酸はすべて細胞内でのリン酸化反応に関与する．同様に，各々特異的な**ヌクレオシド一リン酸キナーゼ nucleoside monophosphate(NMP)kinase** が，相当するヌクレオシド一リン酸からヌクレオシド二リン酸（NDP）の生成を触媒する．

したがって，アデニル酸キナーゼはアデニンヌクレオチドに特異的に作用する一リン酸キナーゼである．

まとめ

- 生体系は化学エネルギーを利用して生命活動を行う．
- 発エルゴン反応は（ΔG が負），自由エネルギーの減少を伴い自発的に起こる．一方，吸エルゴン反応には（ΔG が正），外部から自由エネルギーを獲得することが必要である．反応は，発エルゴン反応と共役したときにのみ進行する．
- ATP は細胞の"エネルギー通貨"であり，エネルギーのより高い化合物から低い化合物へ自由エネルギーを転移させる．

文　献

Haynie D: *Biological Thermodynamics*. Cambridge University Press, 2008.

Nicholls DG, Ferguson SJ: *Bioenergetics*, 4th ed. Elsevier, 2013.

12 生体酸化

Biologic Oxidation

学 習 目 標
本章習得のポイント

- 酸化還元電位の意味を理解し，この酸化還元電位で生物系における電子の流れの方向をいかに予測し得るかについて説明する．
- 酸化反応と還元反応に関与する酵素（酸化還元酵素類）を4種類に分類する．
- 酸化酵素の作用について述べ，それらが代謝過程のどの段階で重要な役割を果たすか例をあげて説明する．
- 脱水素酵素（デヒドロゲナーゼ）の2つのおもな機能を示し，次いで解糖系，クエン酸回路，呼吸鎖のような代謝過程におけるニコチンアミドアデニンジヌクレオチド（NAD）やリボフラビンに共役した脱水素酵素の重要性を説明する．
- ヒドロペルオキシダーゼとして分類される2つの型の酵素を特定し，それらが触媒する反応を示してその重要性を説明する．
- オキシゲナーゼ反応における2つの段階を示し，この酵素グループにおける2種類のサブグループを特定する．
- 薬物の解毒やステロイド合成におけるシトクロム P450 の役割を理解する．
- スーパーオキシドジスムターゼによって触媒される反応を示し，次いでこの酵素がどのようにして組織を酸素毒性から保護しているかについて説明する．

生物医学的重要性

　化学的に，**酸化 oxidation** は電子の喪失として，**還元 reduction** は電子の獲得として定義される．したがって，電子供与体となる分子の酸化は常に電子受容体となる別の分子の還元を伴っている．この酸化・還元の化学的原理は同様に生化学反応系にも適用され，生体酸化の本質を理解するうえで重要な概念となっている．生体酸化反応の多くが分子状酸素の関与なしでも進行することを思い出してほしい．脱水素反応はそのよい例である．高等動物の生命の維持には**呼吸 respiration** のために酸素の供給が絶対に必要である．呼吸は，細胞が水素と酸素を化合させて水をつくる反応を巧みに制御しながら，そこから得られるエネルギーを ATP の形で獲得する過程である（11章参照）．さらに分子状酸素は，**オキシゲナーゼ oxygenase**（酸素添加酵素）とよばれる一群の酵素により，さまざまな基質に取り込まれる．多くの薬物や汚染物質，化学的発がん物質（外来性異物）などが**シトクロム P450 系 cyto-chrome P450 system** として知られるオキシゲナーゼの一種によって代謝される[1]．また呼吸や循環障害をもつ患者の治療においては，酸素の吸入によって命を救うことができる．

自由エネルギーの変化は酸化還元電位で表すことができる

　酸化と還元を伴う反応での自由エネルギーの変化は，反応成分が電子を与えやすいか，あるいは受け取りやすいかの傾向に比例している．したがって，自由エネルギーの変化は，$\Delta G^{0'}$（11章参照）で表現できるほかに，**酸化還元電位 oxidation-reduction potential**（または**レドックス電位 redox potential** ともいう，E'_0）により，数量的に表現することもできる．化学的には通常，ある系の酸化還元電位（E'_0）は，水素電極（pH 0.0 で 0.0 V である）を基準として示す．しかし，生物系では pH

---

1)　訳者注：シトクロム P450 は，本来，ステロイドホルモンをはじめ種々の内因性物質を代謝する酵素系と考えられるが，進化の過程でこのような外来性物質を代謝する能力をもつに至ったと考えられる．

表 12-1. 哺乳類の酸化還元系におけるいくつかの重要な酸化還元対の酸化還元電位

系 E'_0	酸化還元電位（V）
H^+/H_2	− 0.42
NAD + /NADH	− 0.32
リポ酸：ox/red	− 0.29
アセト酢酸/3-ヒドロキシ酪酸	− 0.27
ピルビン酸/乳酸	− 0.19
オキサロ酢酸/リンゴ酸	− 0.17
フマル酸/コハク酸	+ 0.03
シトクロム b；Fe^{3+}/Fe^{2+}	+ 0.08
ユビキノン：ox/red	+ 0.10
シトクロム c_1；Fe^{3+}/Fe^{2+}	+ 0.22
シトクロム a：Fe^{3+}/Fe^{2+}	+ 0.29
酸素/水	+ 0.82

7.0 の酸化還元電位（E'_0）で表現されるのが習慣であり，このpHにおける水素電極の電位は − 0.42 V である．**表12-1** に哺乳類の生化学上，とくに興味がもたれる酸化還元対の電位を示す．表に示した酸化還元電位から，2つの酸化還元対の間でどちらからどちらへ電子が流れるか，電子の流れる方向を予測することができる．

酸化還元反応に関する酵素を**酸化還元酵素 oxidoreductase** とよび，4種類に分類される．すなわち，**酸化酵素 oxidase**，**脱水素酵素 dehydrogenase**，**ヒドロペルオキシダーゼ hydroperoxidase**，**オキシゲナーゼ oxygenase** である．

酸化酵素は酸素を水素の受容体として利用する

酸化酵素は，基質から水素を引き抜き酸素分子（O_2）に渡す反応を触媒する酵素の総称である[2]．反応の結果，酸素は水または過酸化水素に還元される（**図 12-1**）[3]．

シトクロムオキシダーゼはヘムタンパク質である

シトクロムオキシダーゼ cytochrome oxidase は好

---

2)　"酸化酵素"という名称は，分子状酸素（O_2）が関与する反応を触媒する酵素全般をさすこともある．（訳者注：その場合，たとえば酸素添加酵素もその範囲に入る．）
3)　訳者注：水や過酸化水素ではなくスーパーオキシドアニオン（O_2^-）を生ずるオキシダーゼもあり，いずれも生理的に重要である．

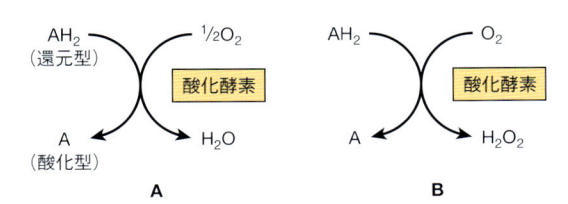

図 12-1. 酸化酵素によって触媒される代謝物の酸化
（**A**）は H_2O を生成する場合，（**B**）は H_2O_2 を生成する場合を示す．

気性生物の組織に広く分布しているヘムタンパク質で，ヘモグロビン，ミオグロビンやほかのシトクロムなどと同様にヘムを補欠分子族とする（6 章参照）．これはミトコンドリアに存在する呼吸鎖の末端成分であり（13 章参照），ここで，脱水素酵素による基質分子の酸化から生じた電子がその最終受容体である酸素に受け渡される．この酵素は，**一酸化炭素 carbon monoxide**，**シアン化物 cyanide**，**硫化水素 hydrogen sulfide** が結合すると阻害されて不活性になる．シトクロムオキシダーゼ複合体は，単一のタンパク質分子内でヘム a_3 とともにもう 1 つのヘムであるヘム a と結合しており，**シトクロム aa_3 複合体 cytochrome aa_3** とも称される．この複合体分子は 2 個のヘム，すなわちヘム a とヘム a_3 を含み，各ヘム中の鉄原子が，酸化還元に際して Fe^{3+} と Fe^{2+} 間を行き来する．さらにシトクロムオキシダーゼには銅も 2 原子存在し，それぞれがヘム分子と会合している[4]．

ほかの酸化酵素はフラビンタンパク質である

フラビン酵素は，補欠分子族として**フラビンモノヌクレオチド flavin mononucleotide（FMN）**または**フラビンアデニンジヌクレオチド flavin adenine dinucleotide（FAD）**を含むタンパク質である．FMN と FAD は体内で，ビタミンの一種である**リボフラビン riboflavin** よりつくられる（44 章参照）．普通 FMN や FAD は，それら個々のアポ酵素と強く結合しているが，その結合様式は非共有結合である．**メタロフラボタンパク質 metalloflavoprotein** はフラビンに加え 1 個以上の金属を不可欠な補因子として含んでいる．フラビンタンパク質オキシダーゼには次のような酵素がある．**L-アミノ酸オキシダーゼ L-amino acid oxidase** は腎臓に見出され，天然に存在する L-アミノ酸全般の酸化的アミノ基脱離を触媒する．**キサンチンオキシダーゼ xanthine oxidase** は，プリン塩基が尿酸に変換される反応に重

---

4)　訳者注：近年の研究によると銅は 3 原子含まれる．

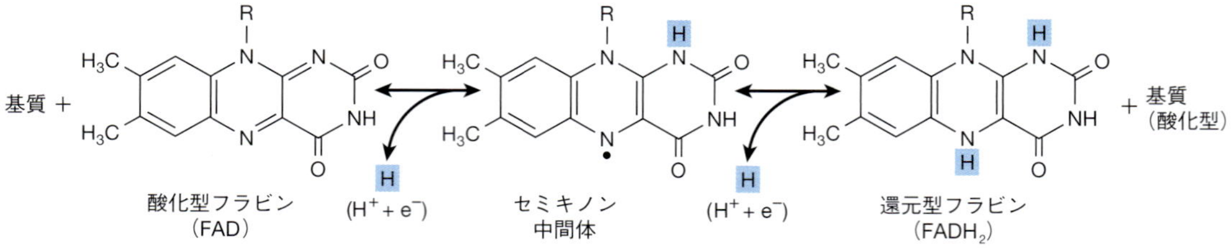

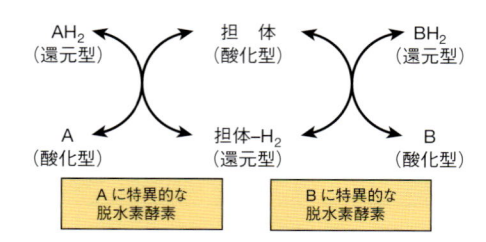

図 12-2. セミキノン中間体を介するフラビンヌクレオチド中のイソアロキサジン環の酸化還元

酸化反応では, 酸化型フラビン(たとえば, FAD)はそれぞれ 2 つの電子と H^+ を 2 段階の反応で受容し, セミキノン中間体を経て還元型フラビン(たとえば, $FADH_2$)と酸化型基質を生成する. 逆の還元反応では還元型フラビンは, それぞれ 2 つの電子と H^+ を放出することで酸化型(たとえば, FAD)となり, 同時に還元型基質を生成する.

要な役割を果たす(33 章参照). これは, 尿酸を排泄する動物においてとくに重要である(28 章参照). さらに**アルデヒドデヒドロゲナーゼ aldehyde dehydrogenase**[5]は, 哺乳類の肝臓に存在し, FAD を含む酵素である. モリブデンと非ヘム鉄も含み, アルデヒドおよび含窒素異環化合物に作用する. これらフラビン酵素の酸化還元機序は複雑であるが, **図 12-2** に示すように 2 段階反応であることが示唆されている.

脱水素酵素は 2 つの主要な機能を担う

脱水素酵素には多くの種類があり, それらの 2 つの主要な機能を以下に示す.

1. 酸化還元反応に共役した 1 つの基質から, ほかの基質へ水素を転移する機能(**図 12-3**). これらの脱水素酵素は, ニコチンアミドアデニンジヌクレオチド(NAD^+)などのような多くの脱水素酵素に共通の補酵素または水素運搬体を利用することが多い. ある基質が別の基質を消費して酸化/還元されるこのタイプの反応は自由に可逆的であるため, 解糖系の嫌気的反応のように, 酸素がなくても還元等量が細胞内を移動することによって, 酸化プロセスを進めることができる(図 17-2 参照).

2. 基質から酸素へ電子を伝達する**呼吸鎖 respiratory chain** の電子伝達系としてのはたらき (図 13-3 参照).

5) 訳者注:アルデヒドデヒドロゲナーゼには, NAD^+ 要求性の脱水素酵素型 (EC 1.2.1) と, FAD 要求性の酸化酵素型 (EC 1.2.3) が存在する. FAD 要求性酵素は, アルデヒドオキシダーゼともよばれる.

$$
\begin{array}{ccc}
AH_2 & 担\ 体 & BH_2 \\
(還元型) & (酸化型) & (還元型) \\
A & 担体-H_2 & B \\
(酸化型) & (還元型) & (酸化型)
\end{array}
$$

A に特異的な脱水素酵素　　B に特異的な脱水素酵素

図 12-3. 共役した 2 種の脱水素酵素によって触媒される代謝産物の酸化還元反応

多くの脱水素酵素はニコチンアミド補酵素要求性である

これらの脱水素酵素は NAD^+ か, ニコチンアミドアデニンジヌクレオチドリン酸 nicotinamide adenine dinucleotide phosphate($NADP^+$), または両方を利用する. NAD^+ と $NADP^+$ は, 体内でビタミンの一種**ナイアシン niacin** から生成される (44 章参照). NAD^+ の構造を**図 12-4** に示す. $NADP^+$ の構造は, アデノシンの $2'$ 位のヒドロキシ基にエステル結合したリン酸基を保持する以外は NAD^+ と同じである. 両ヌクレオチドの酸化型は, ニコチンアミド中の窒素原子に正電荷を保持する(図 12-4). これらの補酵素は, 脱水素酵素の特異的基質によって還元され, 適当な電子受容体によって再酸化される. またこれらの補酵素はそれぞれのアポ酵素から容易にかつ可逆的に解離する.

一般に, **NAD^+ を補酵素とする脱水素酵素 NAD-linked dehydrogenase** は, 以下の酸化還元反応を触媒する.

$$
-\underset{\underset{H}{|}}{\overset{\overset{OH}{|}}{C}}- + NAD^+ \longleftrightarrow -\overset{\overset{O}{\|}}{C}- + NADH + H^+
$$

基質は酸化されることにより, それぞれ 2 つの電子と水素原子を失う. このうち 1 つの H^+ と 2 つの電子は

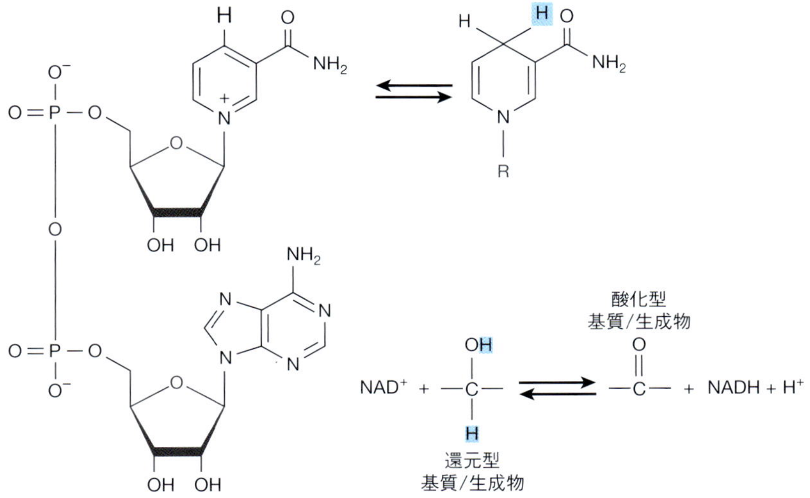

図 12-4. ニコチン酸アミド補酵素の酸化および還元

ニコチン酸アミド補酵素は，リボースとリン酸を介してニコチンアミド環がアデノシンに結合した構造をもつ．ここでは NAD^+ と NADH の構造を示したが，$NADP^+$ と NADPH はアデノシン 2′ 位のヒドロキシ基にリン酸がエステル結合している以外は同じ構造である．酸化反応では 2 つの電子と 1 つの H^+ が基質から NAD^+ のニコチンアミド環に転移され，NADH と酸化型の基質を生成する．もう一方の水素は水素イオンとして遊離する．NADH は逆の反応により NAD^+ に酸化される．（R：酸化還元反応で変化しない分子）

NAD^+ に受容され NADH が生成する．もう 1 つの H^+ は放出される（図 12-4）．このような反応は代謝の酸化経路，とくに解糖系（17 章）とクエン酸回路（16 章）でよく見られる．NADH はこれらの経路におけるエネルギー基質の酸化に伴い生成され，ミトコンドリア呼吸鎖において NADH の電子を O_2 に伝達する酸化（この過程で ATP が生じる）により NAD^+ が再生される（13 章）．**NADP を補酵素とする脱水素酵素 NADP-linked dehydrogenase** は，ミトコンドリア外で行われる脂肪酸合成（23 章）やステロイド合成（26 章），そしてペントースリン酸経路（20 章）のような還元を含む合成過程に特異的に見出される．

ほかの脱水素酵素にはリボフラビン補酵素に依存するものがある

脱水素酵素には，上述した酸化酵素と同様に **FMN** や **FAD** のようなフラビンが含まれるものがある．FAD は以下の反応において電子受容体として作用する．

$$\underset{\underset{H}{|}}{\overset{\overset{H}{|}}{-C}}-\underset{\underset{H}{|}}{\overset{\overset{H}{|}}{C}}- + FAD \longleftrightarrow -\overset{\overset{H}{|}}{C}=\overset{}{C}- + FADH_2$$

FAD は 2 つの電子と 2 つの H^+ を受容し（図 12-2），**$FADH_2$** を生じる．フラビンは普通，ニコチン酸アミド

補酵素と比べて，より強固にアポ酵素に結合している．リボフラビンに共役した**脱水素酵素 riboflavin-linked dehydrogenase** の大多数は，呼吸鎖中での（または呼吸鎖への）電子伝達に関与している（13 章参照）．**NADH デヒドロゲナーゼ NADH dehydrogenase** は，NADH とそれより酸化還元電位が高い成分の間の電子運搬体としてはたらく（図 13-3 参照）．**コハク酸デヒドロゲナーゼ succinate dehydrogenase**，**アシル-CoA デヒドロゲナーゼ acyl-CoA dehydrogenase**，ミトコンドリア内のグリセロール-3-リン酸デヒドロゲナーゼ **mito-chondrial glycerol-3-phosphate dehydrogenase** などの脱水素酵素は，基質から呼吸鎖へ直接に還元当量を転移する（図 13-5 参照）．フラビン依存性脱水素酵素のもう 1 つの重要な役割は，**ジヒドロリポイルデヒドロゲナーゼ dihydrolipoyl dehydrogenase** によるピルビン酸と α-ケトグルタル酸の酸化的脱炭酸反応の中間体である還元型リポ酸（lipoate）の脱水素反応である（図 13-5 および図 17-5 参照）．**電子伝達フラビンタンパク質 electron-transferring flavoprotein（ETF）**は，アシル-CoA デヒドロゲナーゼと呼吸鎖の間に位置する中継的電子伝達体である（図 13-5 参照）．

シトクロム類も脱水素酵素とみなすことができる

シトクロム類 cytochromes はヘムを含むヘムタン

パク質であり，その鉄分子は酸化還元に際して Fe^{3+} と Fe^{2+} の間を往復する．すでに述べたシトクロムオキシダーゼ以外のシトクロムは，脱水素酵素の分類に入る．呼吸鎖におけるシトクロムの役割は，一方では電子を渡すフラビンタンパク質からの電子を受け取り，他方ではシトクロムオキシダーゼへ電子を渡す電子伝達体として作用することである（図13-5参照）．呼吸鎖中には同定可能な数種のシトクロム，すなわちシトクロム b，c_1，c，とシトクロムオキシダーゼ（aa_3）が存在している．シトクロムはまた小胞体（シトクロム P450 と b_5 が存在する），植物細胞，細菌，酵母などにも見出される．

ヒドロペルオキシダーゼは過酸化水素や有機過酸化物を基質にする

　動物にも植物にも含まれている2つの型の酵素，すなわち**ペルオキシダーゼ peroxidase** と**カタラーゼ catalase** が**ヒドロペルオキシダーゼ hydroperoxidase** の範疇に属する．

　ヒドロペルオキシダーゼは**活性酸素 reactive oxygen species（ROS）** の有害な影響からの生体防御に重要な役割を果たす．ROS とは高い反応性を有する酸素原子を含む，たとえば過酸化物のような分子であり，正常な代謝環境でも生成されるが，これらの過剰な蓄積は生体に障害を与える．ROS はがんや動脈硬化，さらに加齢の一因となると考えられている（21章，45章，54章参照）．

ペルオキシダーゼは種々の電子供与体を使って過酸化物を還元する

　ペルオキシダーゼは乳汁と同様に，白血球，血小板，およびエイコサノイドの代謝を営む組織に見出される（23章参照）．補欠分子族は**プロトヘム protoheme** である[6]．ペルオキシダーゼが触媒する反応では，過酸化水素がアスコルビン酸（ビタミンC），キノン，シトクロム c などの電子供与体によって還元される．ペルオキシダーゼが触媒する反応は複雑であるが基本的には次のように表される．

$$H_2O_2 + AH_2 \xrightarrow{\boxed{ペルオキシダーゼ}} 2H_2O + A$$

---

6) 訳者注：グルタチオンペルオキシダーゼのようにヘムをもたないものもある．

赤血球などでは，**グルタチオンペルオキシダーゼ glutathione peroxidase** とよばれる**セレン selenium** を補欠分子族にもつ酵素が，還元型グルタチオンを酸化型グルタチオンにする反応を伴って過酸化水素や過酸化脂質の分解を行い，膜脂質やヘモグロビンを過酸化物による酸化から保護する（21章参照）．

カタラーゼは過酸化水素を電子供与体と受容体の両方に使う

　カタラーゼ catalase は4個のプロトヘムを含むヘムタンパク質である．カタラーゼは上述したようなペルオキシダーゼ活性に加えて，オキシゲナーゼ活性により生じた過酸化水素（H_2O_2）を酸素と水に分解する触媒活性も示す．

$$2H_2O_2 \xrightarrow{\boxed{カタラーゼ}} 2H_2O + O_2$$

この反応では，1分子の H_2O_2 を基質電子供与体として，もう1分子の H_2O_2 を酸化剤（すなわち電子受容体）として用いることができる．この反応は最も速い酵素反応の1つとして知られ，1秒間に100万分子の有害な H_2O_2 を分解することができる．しかし，生体内ではたいていの場合，カタラーゼはペルオキシダーゼ活性を発揮しているものと思われる．カタラーゼは血液，骨髄，粘膜，腎臓，肝臓中に見出される．**ペルオキシソーム peroxisome** は，膜型の細胞小器官であり（49章参照），肝臓など多くの組織に存在する．この細胞小器官にはオキシダーゼやカタラーゼが多く含まれる．このように H_2O_2 を生成および分解する酵素は，同じ細胞内コンパートメントに含まれている．しかし，キサンチンオキシダーゼと同様にミトコンドリアやミクロソームの電子伝達系も過酸化水素の供給源となることを考慮しなければならない．

オキシゲナーゼ（酸素添加酵素）は分子状酸素（O_2）に由来する酸素原子を直接基質へ挿入する

　オキシゲナーゼは，多種多様な代謝物の合成と分解に関係している．このグループの酵素は，2段階で基質分子への酸素の取り込みを触媒する．(1) 酵素の活性部位へ酸素が結合する，(2) 結合した酸素が還元される，または基質へ添加される反応である．オキシゲナーゼはジオキシゲナーゼ（二原子酸素添加酵素）とモ

ノオキシゲナーゼ(一原子酸素添加酵素)の2種類のサブグループに分類できる.

ジオキシゲナーゼ(二原子酸素添加酵素)は分子状酸素中の両方の酸素原子を基質に取り込ませる

ジオキシゲナーゼによって触媒される基本的な反応は次のようになる.

$$A + O_2 \rightarrow AO_2$$

この型の例としては,肝臓に存在する酵素で鉄を含む**ホモゲンチジン酸ジオキシゲナーゼ homogentisate dioxygenase** や **3-ヒドロキシアントラニル酸ジオキシゲナーゼ 3-hydroxyanthranilate dioxygenase**,さらに,ヘムを含む**L-トリプトファンジオキシゲナーゼ L-tryptophan dioxygenase**(トリプトファンピロラーゼともよばれる)(29章参照)などがある.

モノオキシゲナーゼ(一原子酸素添加酵素,混合機能オキシダーゼ,または水酸化酵素ともよばれる)は分子状酸素中の酸素原子1個だけを基質に取り込ませる

モノオキシゲナーゼ反応では,分子状酸素(O_2)から1原子の酸素が基質に取り込まれ,もう一方の酸素原子は還元されて水となる.そのために,基質と酸素に加え,電子供与体または補助基質(下式のZH_2)も必要となる.

$$A—H + O_2 + ZH_2 \rightarrow A—OH + H_2O + Z$$

シトクロムP450は多数の薬物の解毒やステロイドの代謝に重要なモノオキシゲナーゼである

シトクロム P450 cytochrome P450 はヘムを含むモノオキシゲナーゼの重要なスーパーファミリーのメンバーであり,50種以上もの種類がヒトゲノムに見出されている.これらのP450はおもに肝臓や小腸の小胞体 endoplasmic reticulum に局在しているが,組織によってはミトコンドリアにも見出される.これらのシトクロム類は,NADH および NADPH が還元当量を供給する電子伝達系を触媒する.ここでは電子は,FAD と FMN がかかわる2つの反応系により P450 に伝達される.クラスⅠシステムは FAD 含有還元酵素,鉄硫黄(Fe_2S_2)タンパク質,P450ヘムタンパク質からなる.他方,クラスⅡシステムでは電子を $FADH_2$ から FMN へと伝達するシトクロム P450 還元酵素がかかわる(**図 12-5**).これらのクラスⅠ,Ⅱのシステムについては詳細がよく理解されているが,近年このどちら

のカテゴリーにも属さないシトクロム P450 が同定されている.酸素がこのシトクロム P450 からの電子を受容して還元される反応の最終段階において,1つの酸素原子は水に取り込まれ,もう1つの酸素原子は基質に取り込まれ基質のヒドロキシル化を起こす.この一連の反応は**ヒドロキシル化サイクル hydroxylase cycle** として知られている(**図 12-6**).肝臓の小胞体において,シトクロム P450 は別のヘムタンパク質である**シトクロム b_5 cytochrome b_5**(図 12-5)とともに見出され,薬物の代謝と解毒に重要な役割を果たしている.シトクロム b_5 は重要な脂肪酸の不飽和化酵素でもある.シトクロム P450 とシトクロム b_5 は生体内で起こる薬物の修飾と分解の約75%に関与している.多くの医薬品のシトクロム P450 による解毒速度はそれら医薬品の作用時間を決めることになる.ベンゾピレン benzopyrene,アミノピリン aminopyrine,アニリン aniline,モルフィン morphine,ベンズフェタミン benzphetamine などがヒドロキシル化を受け,水溶性が増して排泄が容易になる.フェノバルビタール phenobarbital をはじめとする多くの薬物は,シトクロム P450 の合成を誘導する作用がある.

ミトコンドリアに存在するシトクロム P450 系の多くは,副腎皮質,睾丸,卵巣,胎盤などのステロイド産生臓器に存在し,コレステロールからの各種ステロイドホルモンの生合成に関与する(すなわち,コレステロールの22および20位炭素のヒドロキシル化と,それに伴って起こる側鎖切断反応,ならびにステロール骨格11β および18位炭素のヒドロキシル化反応などを触媒する).また腎臓のミトコンドリアでは,ビタミン D の代謝における 25-ヒドロキシコレカルシフェロールの1α および24位炭素のヒドロキシル化を触媒し,肝臓では,胆汁酸の生成に必要なコレステロール 7α 位炭素のヒドロキシル化反応(小胞体に存在する P450)とステロールの27位炭素のヒドロキシル化反応(ミトコンドリアに存在する P450)を行う(26章,41章参照).

スーパーオキシドジスムターゼが好気性生物を酸素毒性から保護する

酸素を一電子還元すると**スーパーオキシドアニオンフリーラジカル superoxide anion free radical**($^\bullet O_2^-$)が生成される.このラジカルは細胞損傷などの障害をもたらすが,その効果はラジカルの連鎖反応によって増

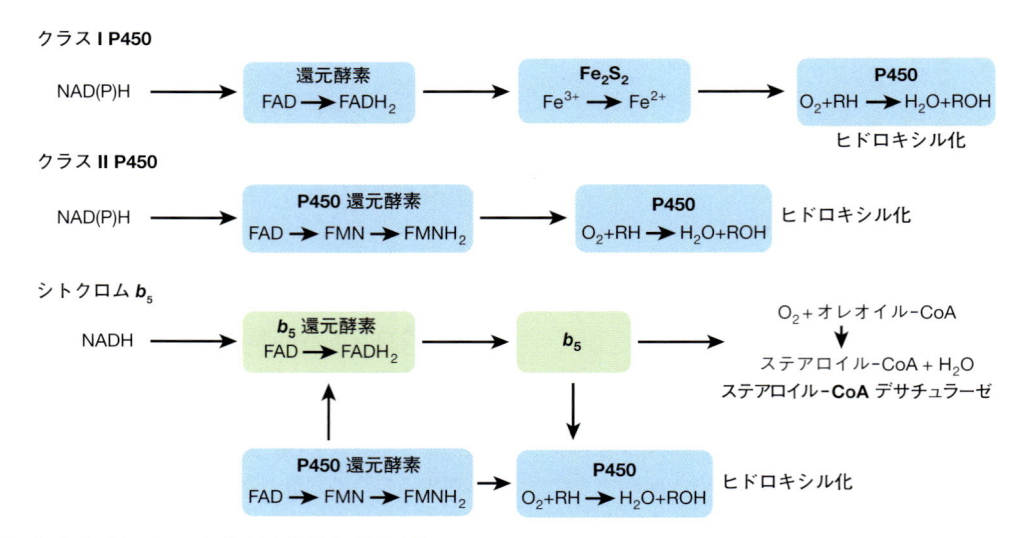

図 12-5. シトクロム P450 と b_5 は小胞体に存在する

ほとんどのシトクロム P450 はクラス I または II に分類される．クラス I システムには FAD をもつ還元酵素（reductase）と鉄硫黄クラスタータンパク質が含まれ，クラス II システムには FAD と FMN をもつ還元酵素が含まれる．シトクロム P450 は多くのステロイドのヒドロキシル化や薬剤の解毒反応に用いられる．シトクロム b_5 は FAD を含むシトクロム b_5 還元酵素と協調して，不飽和脂肪酸の合成にかかわるアシル–CoA デサチュラーゼ acyl CoA desaturase（たとえば，ステアロイル–CoA デサチュラーゼなど）の補酵素としてはたらくだけでなく，シトクロム P450 の薬物解毒反応に協調してはたらく．この協調作用は，シトクロム b_5 還元酵素の電子をシトクロム b_5 を経てシトクロム P450 へと受け渡すことで可能となる．

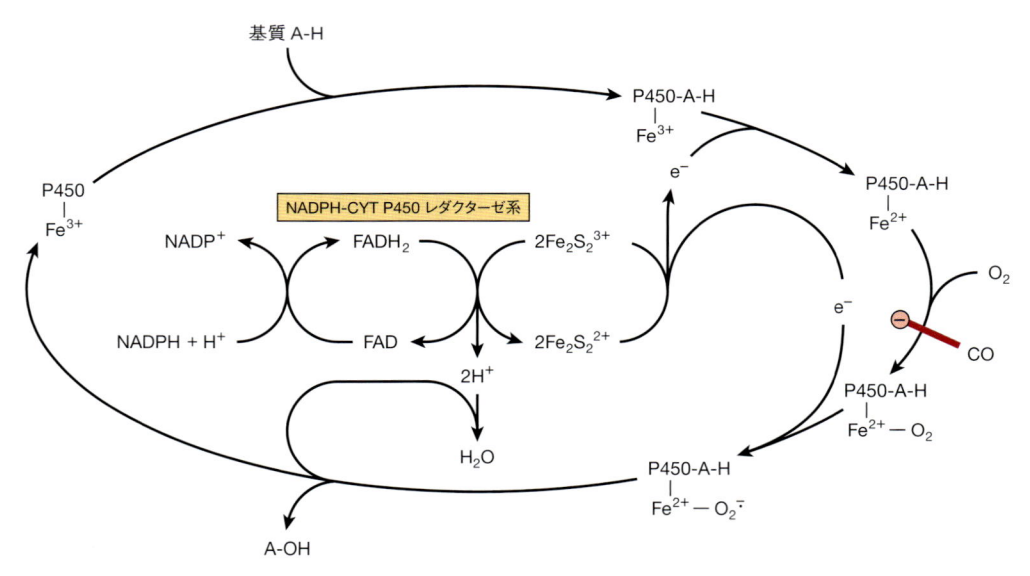

図 12-6. シトクロム P450 ヒドロキシル化サイクル

図示されている系は副腎皮質ミトコンドリアにおける典型的ステロイドヒドロキシラーゼ系である．肝小胞体に存在するシトクロム P450 モノオキシゲナーゼ系は鉄–硫黄タンパク質（Fe_2S_2）を必要としない．一酸化炭素（CO）は図に示した段階を阻害する．

幅される（21 章参照）．種々の組織でスーパーオキシドが酸素から容易に生成され，さらに好気性生物にはスーパーオキシドを除去する**スーパーオキシドジスムターゼ superoxide dismutase（SOD）**が多量に存在す

ることから（この酵素は絶対嫌気性生物には存在しない），酸素の毒性は酸素がスーパーオキシドに転換されることに起因するものと考えられている．

スーパーオキシドは，フラビン酵素（たとえば，キサ

ンチンオキシダーゼ）の還元型フラビンが分子状酸素で 1 当量だけ再酸化されるときに生成される[7].

Enz–フラビン–H_2 + O_2 → Enz–フラビン–H + $^\bullet O_2^-$ + H^+

生成されたスーパーオキシドは，酸化型シトクロム c の還元，

$$^\bullet O_2^- + Cytc(Fe^{3+}) \rightarrow O_2 + Cytc(Fe^{2+})$$

あるいはスーパーオキシドを分子状酸素と過酸化水素へ変換するスーパーオキシドジスムターゼにより取り除かれる.

　この反応において，スーパーオキシドは酸化剤であり還元剤でもある．このようにしてスーパーオキシドジスムターゼは，好気性生物をスーパーオキシドの障害作用から保護する．スーパーオキシドジスムターゼは，おもな好気性組織のミトコンドリアや細胞質に必ず存在している．動物が 100％の酸素にさらされると，とくに肺などで SOD の適応増加（誘導）が起こる．しかし，高濃度の酸素に長時間さらされると，肺に障害が起こり死に至る．たとえば，α-トコフェロール α-tocopherol（ビタミン E）のような抗酸化剤も，フリーラジカルの除去剤として作用し酸素の毒性を減少させる（44 章参照）.

まとめ

■ 生体反応系においても，化学反応系とまったく同様に酸化すなわち電子を失うことは，常に電子-受容体の還元を伴っている.
■ 酸化還元酵素は代謝においていろいろな役割を果たす．すなわち，酸化酵素と脱水素酵素は呼吸に重要な役目をもち，ヒドロペルオキシダーゼは生体をラジカルによる障害から守り，オキシゲナーゼは薬物やステロイドホルモンなどのヒドロキシル化反応を触媒する.
■ 組織は，スーパーオキシドジスムターゼという特異酵素によって，スーパーオキシドフリーラジカルによる酸素毒性から保護されている.

文　献

Nelson DL, Cox MM: *Lehninger Principles of Biochemistry*, 7th ed. Macmillan Education, 2017

Nicholls DG, Ferguson SJ: *Bioenergetics*, 4th ed. Academic Press, 2013.

7）　訳者注：このほかにも好中球やマクロファージなどが食作用を営むときに多量の $O_2^-\cdot$ を発生し，殺菌作用に利用している.

呼吸鎖と酸化的リン酸化

The Respiratory Chain & Oxidative Phosphorylation

13

学 習 目 標
本章習得のポイント

- ミトコンドリア膜を構成する二重層構造について説明し，ミトコンドリアに存在するさまざまな酵素の存在部位をその構造にもとづいて記述する．

- 燃料源となる基質（脂肪，炭水化物，アミノ酸）の酸化によるエネルギーのほとんどは，最終的に酸素と反応して水になるまで，電子が一連の複合体（呼吸鎖）を通過する電子伝達とよばれるプロセスを介してミトコンドリア内で生成されることを理解する．

- 呼吸鎖を介して電子が移行する際に関与する 4 つのタンパク質複合体について述べ，この電子移行過程におけるフラビンタンパク質，鉄–硫黄タンパク質，および補酵素 Q(ユビキノン)の役割を説明できる．

- 補酵素 Q がどのようにして複合体 I を介して NADH から，また，複合体 II を介して $FADH_2$ から電子を受け取るかについて説明できる．

- Q サイクルにおいて電子がどのようにして複合体 III を介して還元型補酵素 Q からシトクロム c へ移行するかを示せる．

- 複合体 IV を介して還元型シトクロム c が酸化され，それに伴って酸素が還元されて水になる過程を説明する．

- 電子が伝達されるとミトコンドリア内膜を横切ってプロトン勾配が形成され，その勾配が酸化的リン酸化による ATP 産生のプロトン駆動力となる機構を理解する．

- ATP 合成酵素の構造を記し，この酵素が ADP と P_i から ATP を産生する回転モーターとして作用する機構について説明する．

- ミトコンドリアにおける呼吸速度を規定する 5 つの状態を特定する．そして通常，呼吸鎖を介した還元当量の酸化と酸化的リン酸化は強く共役しており，このうち一方が機能しなければ他方も進行しえないことを説明できる．

- 呼吸または酸化的リン酸化を阻止する一般的な毒物の例をあげ，それらの作用部位を特定する．

- 脱共役剤は，呼吸鎖を介する酸化を酸化的リン酸化から解離させることによって毒物として作用するが，脱共役剤はまた体熱産生にかかわる生理的役割も有する．これらについて例をあげて説明する．

- ミトコンドリア内膜には電気化学的および浸透圧的平衡状態を保持しつつイオンや代謝産物を通過させる交換輸送体が存在する．その役割について説明する．

生物医学的重要性

好気性生物は，嫌気性生物に比較しずっと効率よく呼吸基質の自由エネルギーを捕捉している．このエネルギー獲得の多くは**ミトコンドリア mitochondria** 内で行われており，ミトコンドリアは細胞内の "発電所 powerhouse" とよばれている．呼吸は，**酸化的リン酸化 oxidative phosphorylation** によって高エネルギー中間体である ATP(11 章)の産生と共役している．多くの薬物（たとえば，**アモバルビタール amobarbital**）や毒物（たとえば，**シアン化物 cyanide** や**一酸化炭素 carbon monoxide**）は，酸化的リン酸化を阻害し，しばしば致命的な結果をもたらす．呼吸鎖や酸化的リン酸

化に必要なミトコンドリアの因子が遺伝的に欠損した疾患もいくつか報告されている．そのような疾患では**筋症 myopathy** や**脳症 encephalopathy**，ときには**乳酸血症 lactic acidosis** を呈したりする．

ミトコンドリア膜で仕切られた区画に特異的な酵素が存在する

　ミトコンドリアマトリックス **matrix** は二重膜 **double membrane** で囲まれている．ミトコンドリアはほとんどの代謝物が通過できる**外膜 outer membrane** と，選択的な透過性を示す**内膜 inner membrane**，およびそれらに囲まれた内腔を満たしている基質（マトリックス）から構成されている（**図 13-1**）．外膜にはアシル–CoA シンテターゼ（22 章），グリセロール–3–リン酸アシルトランスフェラーゼ（24 章）などが特徴的に含まれている．そのほかの酵素，たとえばアデニル酸キナーゼ（11 章）やクレアチンキナーゼ（51 章）は内膜と外膜にはさまれた**膜間腔**に見出される．リン脂質の一種であるカルジオリピン **cardiolipin** は，**呼吸鎖の諸酵素**，**ATP 合成酵素**，**膜に存在するいろいろな輸送体（トランスポーター）**とともに内膜に高濃度に存在している．

呼吸鎖は還元当量を酸化し，プロトンポンプとして作用する

　炭水化物や脂肪酸やアミノ酸の酸化に伴って発生する有効なエネルギーのほとんどは，ミトコンドリアの中で還元当量（H または電子）という利用可能な形に変

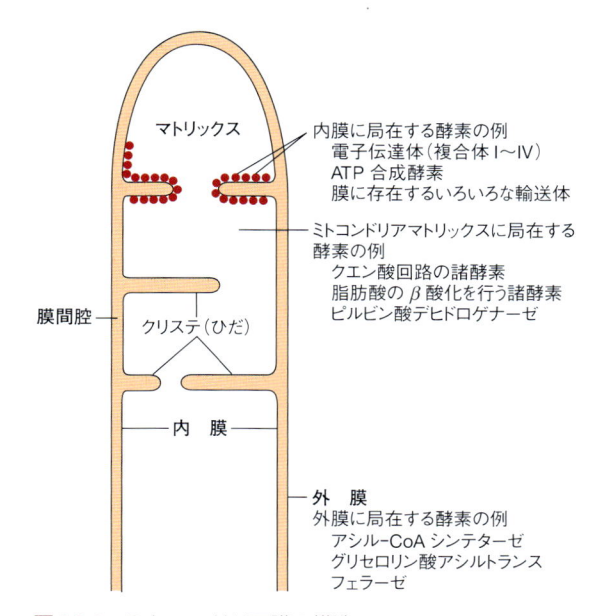

図 13-1. ミトコンドリア膜の構造
内膜には多くのひだ（クリステ）があることに注意．

えられる（**図 13-2**）．このためミトコンドリアには，還元当量の大部分の産生にあずかる酵素，すなわち，クエン酸回路や脂肪酸の β 酸化に関与する諸酵素（16 章および 22 章参照）さらには**呼吸鎖複合体**や**酸化的リン酸化**の機構を成す酵素がすべて存在する．**呼吸鎖 respiratory chain** は，生じた還元当量を集めて輸送し最終的には酸素と反応させて水を生成する．これによって遊離されてくる自由エネルギーを**高エネルギーリン酸 high-energy phosphate**（ATP）として捕捉するのが酸化的リン酸化である．

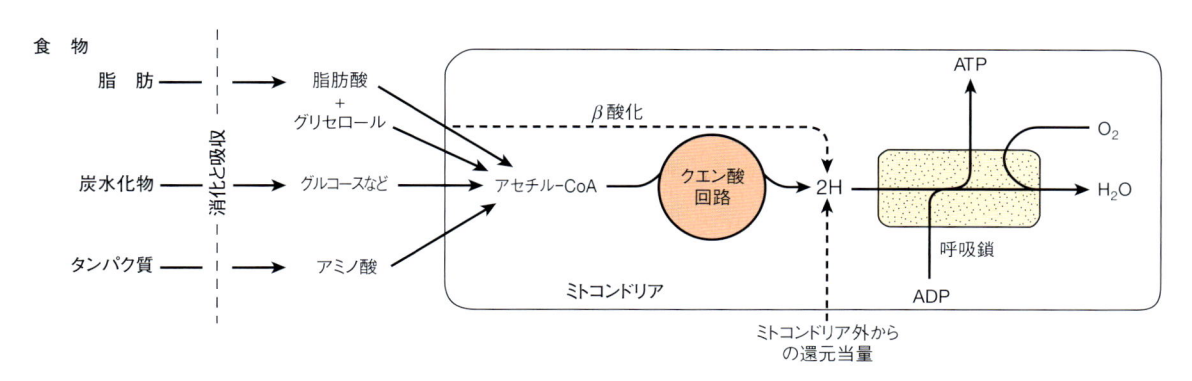

図 13-2. 食物エネルギーを ATP に変えるにあたってミトコンドリア呼吸鎖の果たす役割
主要な食品の酸化によって供給された還元当量（2H）がミトコンドリアの呼吸鎖に集められ，その酸化に共役して ATP が生ずる．

呼吸鎖の成分はミトコンドリア内膜に埋め込まれた4つの大きなタンパク質複合体から構成される

呼吸鎖において，電子は呼吸鎖の初めと終わりにある酸化還元対，すなわち $NAD^+/NADH$ と $O_2/2H_2O$ の電位差（1.1 V）を通して伝達される（表 12-1 参照）．その呼吸鎖には次の 3 つの大きなタンパク質複合体が存在する．NADH からの電子を補酵素 Q（Q，**ユビキノン ubiquinone** ともよばれる）へ伝達する **NADH–Q オキシドレダクターゼ NADH–Q oxidoreductase（複合体 I complex I）**，次いで，電子をシトクロム *c* に伝達する **Q–シトクロム *c* オキシドレダクターゼ Q–cytochrome *c* oxidoreductase（複合体 III complexIII）**，そして，電子を最終的に酸素に渡して水を生じさせるシトクロム *c* **オキシダーゼ cytochrome *c* oxidase** である（**複合体 IV complex IV**）（**図 13-3**）．しかし，$NAD^+/NADH$ より酸化還元電位が高いある種の基質（たとえば，コハク酸）は，複合体 I よりも，4 番目の複合体である**コハク酸–Q レダクターゼ succinate–Q reductase（複合体 II complex II）**を介して電子を Q へ伝達する．これら 4 つの複合体はいずれもミトコンドリア内膜に埋め込まれた形で存在するが，ミトコンドリア内膜内をすばやく拡散し得る Q と可溶性のタンパク質であるシトクロム *c* はともに可動性の成分である．

フラビンタンパク質と鉄–硫黄タンパク質(Fe–S)は呼吸鎖複合体の成分である．

フラビンタンパク質 flavoprotein（12 章）は，複合体 I および II の重要な成分である．酸化型フラビンヌクレオチド（フラビンモノヌクレオチド（FMN），フラビンアデニンジヌクレオチド（FAD））は 2 電子伝達反応において還元され $FMNH_2$ または $FADH_2$ を形成するが，1 電子を受け取りセミキノンを形成することもできる（図 12-2 参照）．**鉄–硫黄タンパク質 iron–sulfur protein（非ヘム鉄タンパク質 nonheme iron protein，Fe–S）**は，複合体 I，II および III に見出される．鉄–硫黄タンパク質には，タンパク質のシステイン残基の SH 基に直接配位する鉄原子を 1 個もつものや，硫黄原子とタンパク質のシステイン残基の SH 基との両方に配位する鉄原子を 2 個，または 4 個もつものがある（**図 13-4**）．この鉄–硫黄タンパク質は，鉄原子 1 個の酸化還元（Fe^{2+} と Fe^{3+}）を介して電子を 1 個やり取りする反応に関与する．

Qは電子を複合体Iおよび複合体IIを介して受け取る

NADH–Q オキシドレダクターゼ（複合体 I）は，多数のサブユニットからなる L 字形の巨大タンパク質であり NADH からの電子を Q へ伝達する反応を触媒する．その際 4 つのプロトン H^+ が膜を横切って膜間腔へ汲み出される．

$$NADH + Q + 5H^+_{マトリックス} \rightarrow NAD + QH_2 + 4H^+_{膜間腔}$$

NADH からの電子は最初に複合体 I にある FMN に伝達され，次いで一連の Fe-S センターを経て最終的に Q に伝達される（**図 13-5**）．一方，複合体 II（コハク酸–Q レダクターゼ）からの電子伝達では，クエン酸回路におけるコハク酸のフマル酸への変換（図 16-3 参照）に伴い生じた $FADH_2$ からの電子が複合体 II 中のいくつか

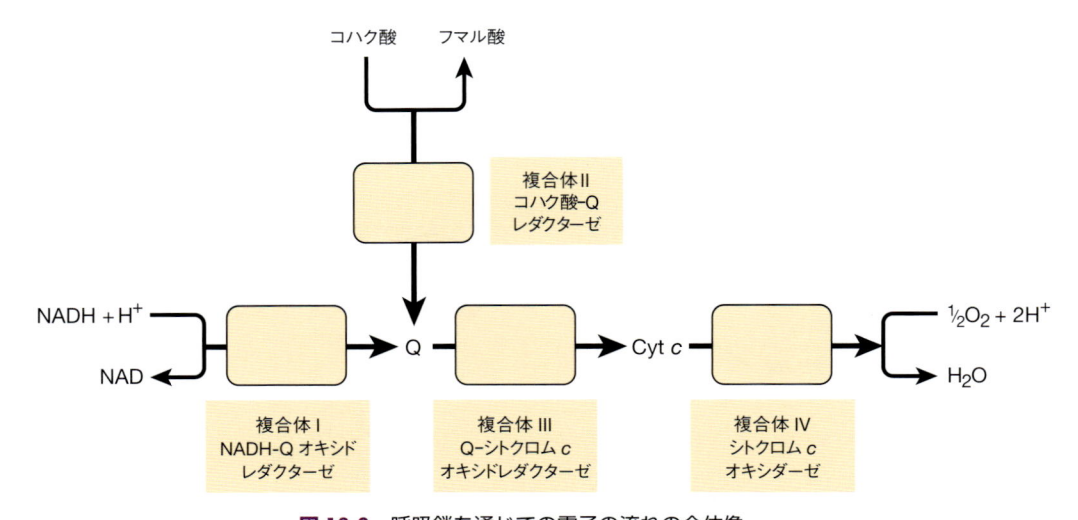

図 13-3. 呼吸鎖を通じての電子の流れの全体像
（Cyt：シトクロム，Q：補酵素 Q またはユビキノン）

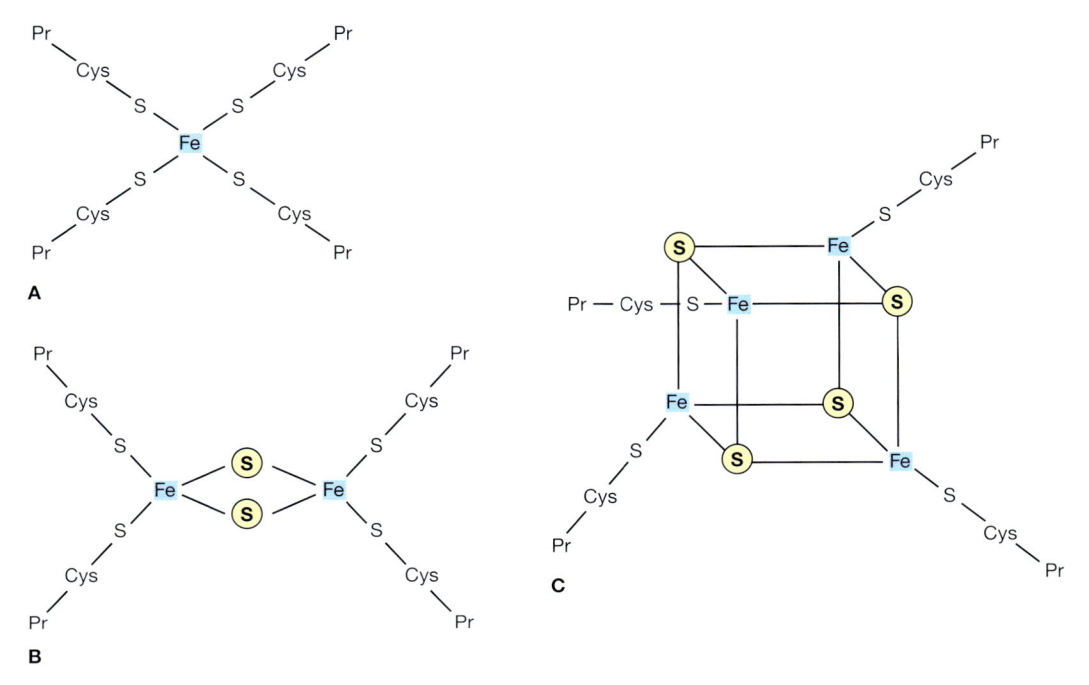

図 13-4. 鉄–硫黄タンパク質（Fe-S）
（**A**）最も簡単な Fe-S．1 つの鉄原子がアポタンパク質の 4 つのシステイン残基に配位している．（**B**）2Fe-2S センター．（**C**）4Fe-4S センター．（Cys：システイン，Pr：アポタンパク質，Ⓢ：硫黄）

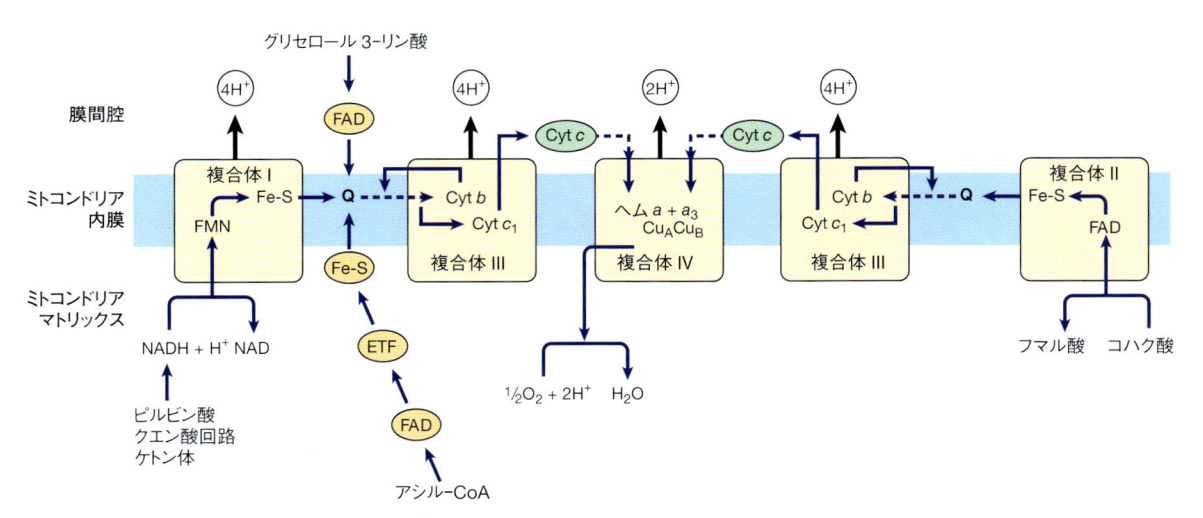

図 13-5. 呼吸鎖複合体を通じての電子の流れ
重要な基質からの還元当量が入り込む入口が示されている．この系において Q とシトクロム c は，点線の矢印で示されるように自由に動き得る成分である．図 13-6 に複合体 III を通じての電子の流れ（Q サイクル）をさらに詳細に示す．（Cyt：シトクロム，ETF：電子を伝達するフラビンタンパク質，Fe-S：鉄–硫黄タンパク質，Q：補酵素 Q またはユビキノン）

の Fe-S センターを経て Q へ伝達される（図 13-5）．また，グリセロール 3-リン酸（トリアシルグリセロールの代謝または解糖系で生じる）やアシル-CoA からも，フラビンタンパク質が関与する別経路で Q へ電子が渡される（図 13-5）．

Q サイクルは複合体 III において電子伝達を プロトン輸送へ共役させる

QH_2 の電子は複合体 III（Q-シトクロム c オキシドレダクターゼ）を介してシトクロム c へ伝達される．

$$QH_2 + 2Cyt\,c_{酸化型} + 2H^+_{マトリックス} \rightarrow$$
$$Q + 2Cyt\,c_{還元型} + 4H^+_{膜間腔}$$

この過程には**シトクロム c_1, b_L, b_H（cytochrome c_1, b_L, b_H）およびリスケ鉄-硫黄タンパク質 Rieske Fe-S**（2 個の鉄原子のうち 1 個の鉄原子がタンパク質の 2 つのシステイン残基の SH 基に配位しているのではなく，2 つのヒスチジン残基に配位しているという普通とは異なった鉄-硫黄タンパク質）が関与していると考えられており（図 13-4），**Q サイクル Q cycle** として知られている（**図 13-6**）．Q は全酸化型（キノン型），還元型（キノール型）あるいはセミキノン（遊離基）型の 3 つの型

で存在していると思われる（図 13-6）．セミキノンは Q サイクルの中で一時的に形成されるものである．Q サイクルが 1 回転すると，2 分子の QH_2 が 2 分子の Q に酸化され膜間腔に 4 個のプロトン H^+ が遊離する．続いてマトリックスから 2 個の H^+ が汲み上げられて，1 分子の Q は還元されて 1 分子の QH_2 となる（図 13-6）．この際注意すべきは，Q は 2 電子を伝達するがシトクロムは 1 電子のみ伝達するということである．よって Q サイクルにおいて，QH_2 1 分子の酸化はシトクロム c 2 分子の還元と共役する．

分子状の酸素は複合体 IV を介して水に還元される

還元型シトクロム c は複合体 IV（シトクロム c オキシダーゼ）により酸化される．それに伴って，酸素は還元されて水 2 分子となる．

$$4Cyt\,c_{還元型} + O_2 + 8H^+_{マトリックス} \rightarrow$$
$$4Cyt\,c_{還元型} + 2H_2O + 4H^+_{膜間腔}$$

4 つの電子が，**ヘム a とヘム a_3 の 2 つのヘム基および Cu** を介して，シトクロム c から酸素に伝達される（図 13-5）．電子はまず，タンパク質の 2 つのシステイン SH 基に結合した 2 つの銅原子を含む（鉄-硫黄タンパ

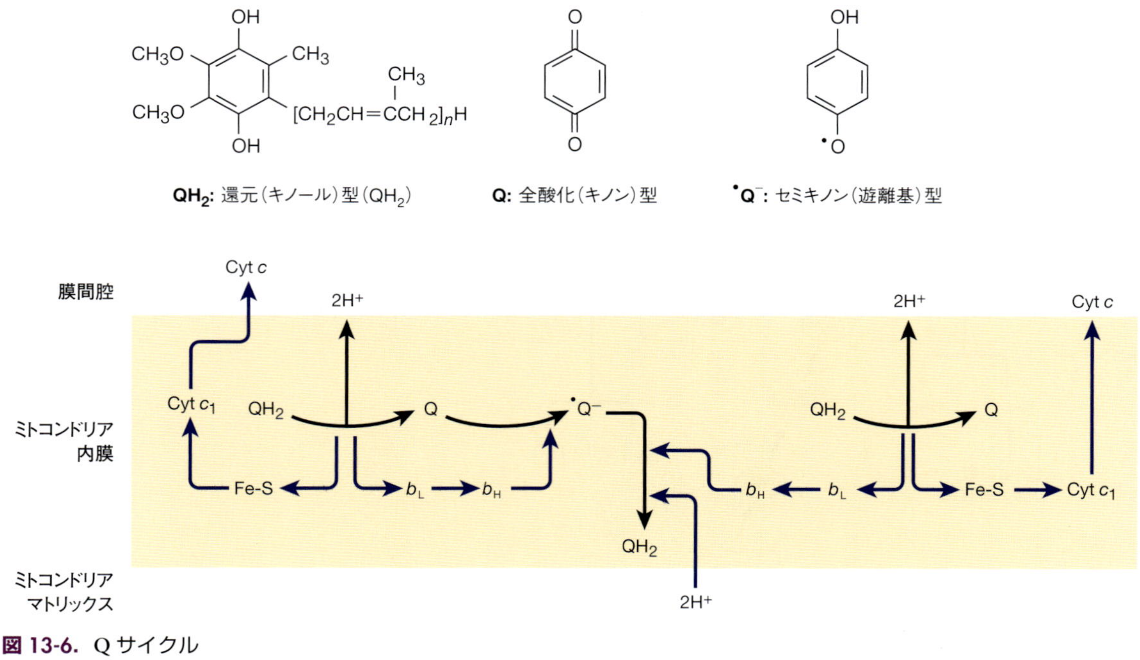

QH_2: 還元（キノール）型（QH_2） **Q:** 全酸化（キノン）型 **$^•Q^-$:** セミキノン（遊離基）型

膜間腔
ミトコンドリア内膜
ミトコンドリアマトリックス

図 13-6. Q サイクル
QH_2 が Q へ酸化される過程では，QH_2 の 1 個の電子はリスケ鉄-硫黄タンパク質からシトクロム c_1 を経てシトクロム c へ渡され，もう 1 個の電子は順にシトクロム b_L, b_H を経て Q に渡されセミキノン $^•Q^-$ を形成する．QH_2 の Q への酸化に伴い，2 個のプロトン H^+ が膜間腔に遊離する．同様な過程は QH_2 の第二の分子でも起こるが，この場合，2 個目の電子はセミキノン $^•Q^-$ に渡される．2 番目の電子が加わったセミキノン $^•Q^-$ は，マトリックス側から 2 個のプロトンを汲み上げて還元型 QH_2 になる．（Cyt：シトクロム，Fe-S：鉄-硫黄タンパク質，Q：補酵素 Q またはユビキノン）

ク質に似ている）銅センター（CuA）に伝達される．次いで，順に，ヘム a，a_3，ヘム a_3 に連結している Cu_B を含む第二の銅センターを経て最後に酸素に伝達される．マトリックスから汲み上げられた 8 個の電子のうち，4 個は 2 分子の水の形成に使われ，残る 4 個は膜間腔に汲み出される．よって，一対の電子が NADH または $FADH_2$ から呼吸鎖を通過するごとに $2H^+$ が複合体 IV によって膜を横切って汲み出されることになる．酸素は完全に還元されるまで複合体 IV に強固に結合したままである．このことは，酸素が 1 個または 2 個の電子を受け取り，スーパーオキシドアニオンや過酸化水素のような有害な中間体の形で遊離することをくい止めている（12 章参照）．

呼吸鎖を介した電子伝達はプロトン勾配を生じ，ATP 生成の駆動力となる

電子が呼吸鎖を通じて伝達されると，**酸化的リン酸**

化 oxidative phosphorylation の過程により ATP が産生される．1961 年，Peter Mitchell により提唱された**化学浸透圧説 chemiosmotic theory** は，呼吸鎖で起こる電子伝達と酸化的リン酸化の過程はミトコンドリアの内膜を横切るプロトン勾配と共役し，この電気化学的電位差（通常マトリックス側は負に荷電している）から生み出される**プロトン駆動力 proton motive force** が ATP 合成機構を推進すると提唱している．上述のように，呼吸鎖の複合体のうち，複合体 I，III，IV はそれぞれ**プロトンポンプ proton pump** としてはたらき，プロトンをミトコンドリアマトリックスから膜間空間に移動させる．一般にミトコンドリア内膜はイオン，とくにプロトンを通さないのでプロトンはミトコンドリアの膜間腔に蓄積し，化学浸透圧説に述べられたプロトン駆動力を生じることになる．

膜に局在する ATP 合成酵素は回転モーターとしてはたらいて ATP を合成する

プロトン駆動力は，P_i と ADP 存在下で ATP を合成する **ATP 合成酵素 ATP synthase** のはたらきを推進す

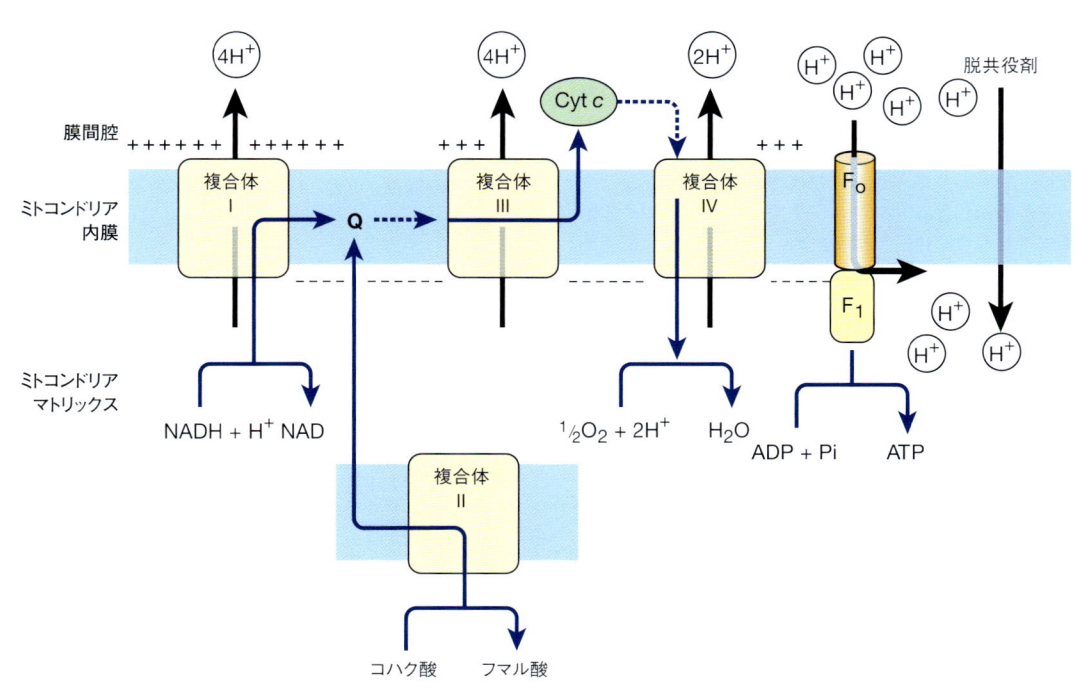

図 13-7. 化学浸透圧説 chemiosmotic theory による酸化的リン酸化の原理
複合体 I，III，IV はいずれもプロトンポンプとしてはたらき，ミトコンドリア内膜を挟んでプロトン勾配を形成する．通常，内膜のマトリックス側は負に荷電している．プロトン勾配により形成されたプロトン駆動力は，ATP 合成酵素を通じてプロトンを膜間腔からマトリックス側へ戻しそれに伴う ATP 合成を推進する（図 13-8 参照）．脱共役剤はイオンの膜への透過性を増加させプロトン勾配を打ち消すように作用する．すなわち，脱共役剤はプロトン H^+ を膜から漏入させてしまい，ATP 合成酵素を経由させない．このようにして，脱共役剤は呼吸鎖の複合体を通じて ATP 合成とは共役しない電子の流れを生じさせる．（Cyt：シトクロム，Q：補酵素 Q またはユビキノン）

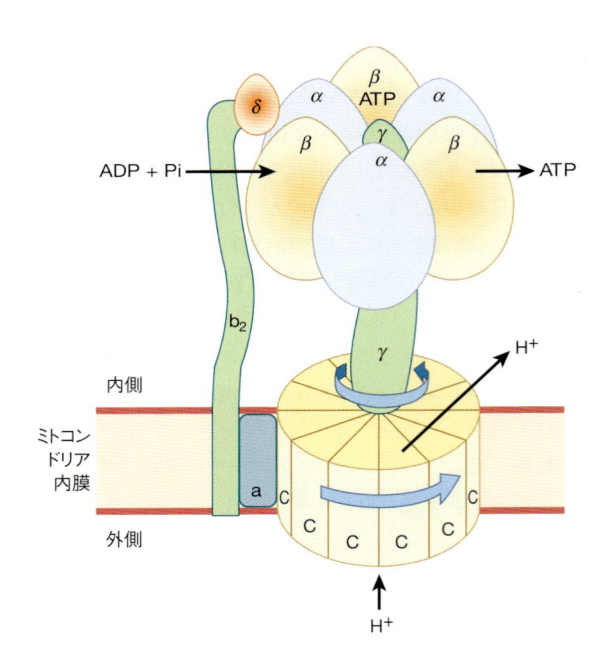

図 13-8. ATP 合成酵素による ATP 産生機構

ATP 合成酵素複合体はF_oとF_1成分から構成されている．F_oは円盤状のいくつかの"C"タンパク質サブユニットをもつ．この"C"タンパク質に，F_1のγサブユニットが"曲がった駆動軸"のような形で結合している．プロトンが"C"サブユニットからなる円盤状のF_oを通ると，F_oおよびF_oに結合しているγサブユニットが回転する．γサブユニットはF_1成分の3つのαサブユニットと3つのβサブユニットに囲まれた内側にある．α, βサブユニットは膜に固定されており，回転しない．ADP とP_iが次々にF_1のβサブユニットに結合し，ATP が生成される．生成された ATP は，γサブユニットが回転し各βサブユニットを順に圧迫してその構造を変化させるたびに，放出される．このようにして1回転するごとに3分子の ATP が合成される．わかりやすくするために，この図にはこれまで同定されたサブユニットのすべてを示してはいない．たとえば，"駆動軸"部分にもεサブユニットがある．

る．ATP 合成酵素は呼吸鎖複合体とともにミトコンドリア内膜に埋め込まれている（**図 13-7**）．この酵素タンパク質を構成するサブユニットのうち数個は，軸の周りにF_1という名で知られる球のような形を形成する．F_1はマトリックス側に突き出しており，ATP 合成機構を有している（**図 13-8**）．F_1のサブユニット群はやはり数個のサブユニットからなるF_oとよばれる[1]膜タンパク質複合体に連結している．このF_oは膜貫通型であり，プロトンチャネルを形成している．プロトンが膜

---

1)　訳者注：F_oサブユニットは，後述するオリゴマイシン oligomycin によって阻害されるため，この阻害剤の頭文字の"o"をつけてF_oとよばれる．

を横切るプロトン勾配によって駆動されてF_oを通って流れると，F_oが回転し，F_1複合体での ATP の生成が促進される．（図 13-7 および図 13-8）．これら一連の過程は，**結合変化機構 binding change mechanism** によって起こると考えられている．すなわち，軸が回転すると，F_1のβサブユニットに強固に結合している ATP を解離し，ADP とP_iを結合する状態に変化する．これにより次の ATP が形成され得る．前述したように，NADH 1 分子が酸化されるごとに複合体 I と III は各々4 個，複合体 IV は 2 個のプロトンを汲み出すことになる．

呼吸鎖は異化過程によって捕捉されたエネルギーの大部分を供給する

ADP は異化過程で生じる自由エネルギーの大部分を高エネルギーリン酸の形で捕捉し，自らは ATP となる．こうして生じた ATP は，エネルギーを必要とする多くの反応を進めるために自身の自由エネルギーを分け与える．したがって，ATP は細胞の**エネルギー"通貨"energy "currency"** とよばれてきた（図 11-5 参照）．

解糖反応（表 17-1 参照）では 1 分子のグルコースあたり正味 2 個の高エネルギーリン酸が生成される．クエン酸回路の反応において，スクシニル-CoA のコハク酸への転換の際に 1 分子のグルコースあたりさらに 2 個の高エネルギーリン酸が捕捉される（16 章参照）．これらのリン酸化はすべて**基質レベル substrate level** のリン酸化である．呼吸基質 1 mol が呼吸鎖複合体 I，III，IV を介して酸化されると（すなわち，NADH が関与する経路），消費される酸素 O_2 0.5 mol あたり 2.5 mol の ATP が産生される．よって，P：O 比は 2.5 になる（図 13-7）．一方，クエン酸またはグリセロール 3-リン酸などの基質 1 mol が複合体 II，III，IV を介して酸化されると，ATP の産生は 1.5 mol のみで，P：O 比は 1.5 になる．これらの反応は**呼吸鎖レベルの酸化的リン酸化 oxidative phosphorylation at the respiratory chain level** として知られている．したがってこれらの数値を考え合わせると，1 mol のグルコースが完全に酸化されたときに生じる高エネルギーリン酸化合物の 90% 近くが，呼吸鎖に共役した酸化的リン酸化を介して得られることになる（表 17-1 参照）．

呼吸調節がATPの恒常的な供給を保証する

ミトコンドリアの呼吸速度は ADP の有効濃度に

表 13-1. 呼吸調節の 5 つの状態

呼吸速度の律速因子	
状態 1.	ADP と基質の有効濃度
状態 2.	基質のみの有効濃度
状態 3.	すべての基質と因子が十分量存在しているときの呼吸鎖自体の能力
状態 4.	ADP のみの有効濃度
状態 5.	酸素のみの有効濃度

よって制御される．これは酸化とリン酸化が強く共役しており，呼吸鎖の酸化反応は ADP のリン酸化反応を起こさずには進行しないからである．**表 13-1** は，ミトコンドリアでその呼吸速度を規定する 5 つの状態を示している．普通休止状態にあるほとんどの細胞は**状態 4** にあり，呼吸は ADP が利用できるかどうかに左右される．仕事をすると ATP が ADP に変換されて，より盛んな呼吸が促されふたたび ATP が産生される．場合によっては，無機リンの濃度も呼吸鎖の作動速度に影響するようである．運動などにより呼吸が促進され，呼吸鎖がその能力の限度に達したとき，あるいは酸素の分圧がシトクロム a_3 の K_m 以下に減少した場合には，細胞はそれぞれ**状態 3** または**状態 5** に近い状態になる．また ADP をミトコンドリア外部から内部へ，ATP を内部から外部へ輸送するのに必要な ADP/ATP 輸送体が呼吸の律速因子になる場合も考えられる．

このように，食物の酸化により生ずる自由エネルギーを生体酸化の過程で利用できるような形に変えて捕捉する方法は，多くの非生物的な過程のように爆発的，非能率的，無統制ではなく，段階的，能率的であり，かつ巧みに制御されている．高エネルギーリン酸の形に転換されず，つまり捕捉されずに残った自由エネルギーは，**熱 heat** として放出される．しかし，これは必ずしも"浪費"であるとは考えられない．なぜなら，全体として呼吸鎖を発エルゴン的に保つことによって平衡状態に陥ることを防ぎ，常に一方向にのみ電子が流れて ATP が一定に供給されるようにしているわけである．さらにこれは体温の維持にも役立っている．

多くの毒物は呼吸鎖を阻害する

呼吸鎖についての情報は阻害剤の使用によって得られたものが多く，逆に呼吸鎖を調べることによって毒物の作用機構が明らかにされたことも多い（**図 13-9**）．これら阻害剤は呼吸鎖自体の阻害剤，酸化的リン酸化の阻害剤および酸化的リン酸化の脱共役剤に分けて考えられる．

アモバルビタール amobarbital のような**バルビタール剤 barbiturate** は，複合体 I を介する電子伝達を Fe-S と Q の間で遮断することによって呼吸を阻害し，多量に与えると致死性を示す．**アンチマイシン A antimycin A** や，**ジメルカプロール dimercaprol** は複合体 III の段階で呼吸鎖を阻害する．また古典的毒物である **H₂S**，**一酸化炭素 carbon monoxide**，**シアン化物 cyanide** は複合体 IV の段階を阻害するため，呼吸を完全

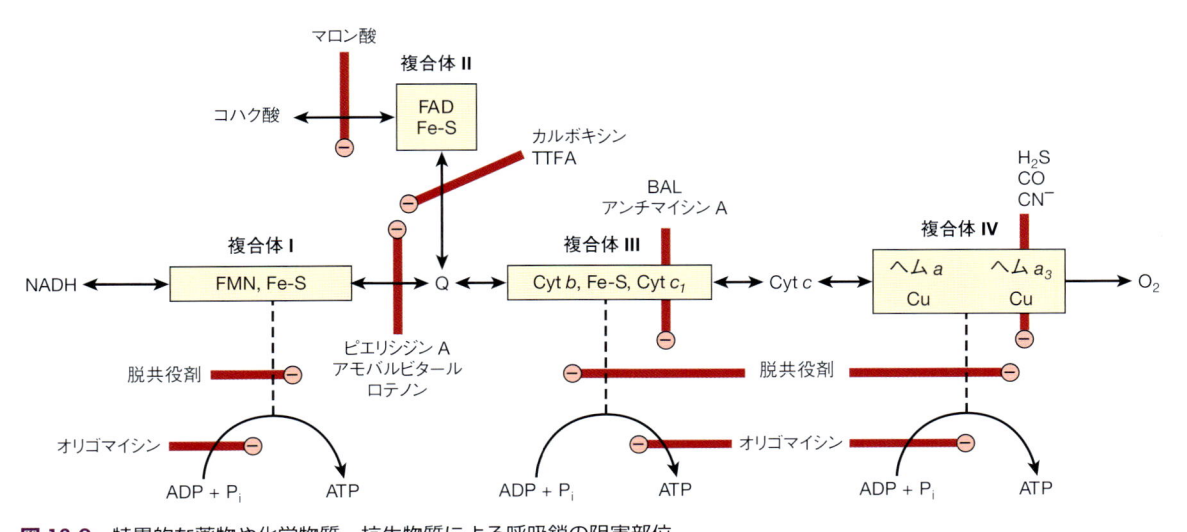

図 13-9. 特異的な薬物や化学物質，抗生物質による呼吸鎖の阻害部位
阻害部位は⊖で，リン酸化反応との共役部位は点線で示してある．（BAL：ジメルカプロール，TTFA：テノイルトリフルオロアセトン［鉄のキレート剤］，その他の略号は図 13-5 参照）

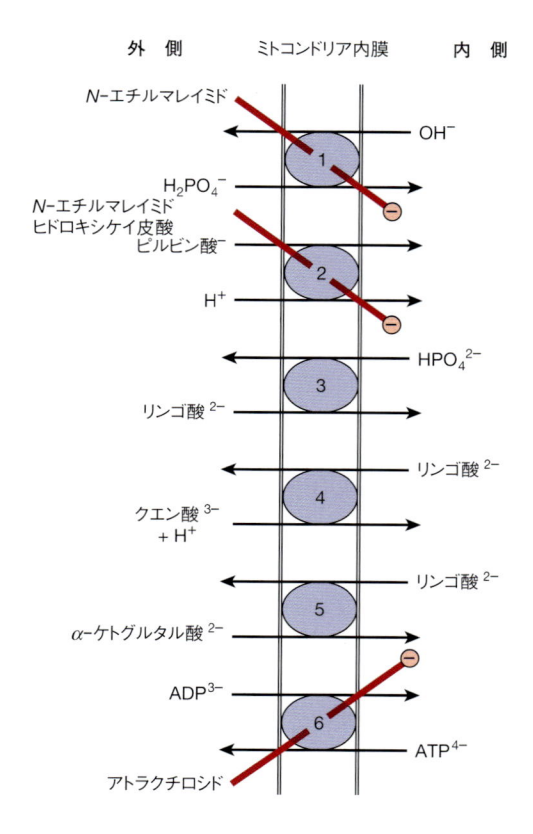

図 13-10. ミトコンドリア内膜における輸送体系
① リン酸輸送体，② ピルビン酸共輸送体，③ ジカルボン酸輸送体，④ トリカルボン酸輸送体，⑤ α-ケトグルタル酸輸送体，⑥ アデニンヌクレオチド輸送体．N-エチルマレイミド，ヒドロキシケイ皮酸，アトラクチロシドは，図に示した系をそれぞれ阻害する（ ⊖ ）．ここには示さないが，グルタミン酸/アスパラギン酸（図 13-13 参照）やグルタミン，オルニチン，中性アミノ酸，カルニチンの輸送体（図 22-1 参照）も存在する．

に止める．**マロン酸 malonate** は複合体 II での競合阻害剤である．

アトラクチロシド atractyloside はミトコンドリア内膜の外側から内側への ADP の輸送体 transporter と，内側から外側への ATP の輸送体を阻害することによって酸化的リン酸化を阻害する（**図 13-10**）．抗生物質である**オリゴマイシン oligomycin** は ATP 合成酵素に作用してプロトンの流れを阻害することにより酸化とリン酸化を完全にブロックする（図 13-9）．

脱共役剤 uncoupler の作用は，呼吸鎖で起こる酸化反応とリン酸化反応を脱共役することであり（図 13-7），脱共役剤は，ADP または P_i の濃度による呼吸速度の制限を破綻させて，呼吸調節不全による生体毒性を引き起こす．呼吸鎖の研究で最もよく使われてきた脱共役剤に **2,4-ジニトロフェノール 2,4-dinitrophe-**

nol があるが，他の脱共役剤も同じような作用をもつ．**サーモゲニン thermogenin**（または**脱共役タンパク質 uncoupling protein 1（UCP1）**ともいう）は生理的脱共役タンパク質であり，とくに新生児や冬眠中の動物の体熱産生に関与する褐色脂肪に存在する（25 章参照）．

化学浸透圧説は呼吸調節と脱共役剤の作用をうまく説明する

プロトンが移動して，膜内外の電気化学的ポテンシャル差がいったん形成されると，ATP 合成酵素の作用でプロトンがマトリックス側に戻って膜電位が解消しない限り，呼吸鎖でのそれ以上の還元当量の移動は起こらなくなる．したがって，電子伝達は ADP と P_i の有効濃度に依存することになる．

ジニトロフェノールなどの脱共役剤は両親媒性（21章）であり，脂質でできているミトコンドリア内膜のプロトンに対する透過性を増加させる．一方，UCP1 などの生理的脱共役タンパク質は同様の効果をもつ膜貫通タンパク質であるため，電気化学ポテンシャルを低下させ，ATP 合成酵素を不能 short-circuit にする（図 13-7）．このような環境では，酸化がリン酸化なしに進行してしまう．

ミトコンドリア内膜の選択的透過性のために特殊な交換輸送系が必要になる

OH^- に対しては陰イオンを，H^+ に対しては陽イオンを交換輸送するための膜貫通型の輸送体も含めた**交換拡散系**がミトコンドリア内膜に存在している．そのような交換系は，イオン性の代謝物を取り込んだり排出したりするためにも，また電気的および浸透圧的な平衡を一定に維持するためにも必要である．ミトコンドリア内膜の脂質二重層は酸素，水，二酸化炭素，アンモニアのような**荷電していない小分子**，および 3-ヒドロキシ酪酸，アセト酢酸，酢酸のような**モノカルボン酸類**を，電離をしない脂溶性の高い状態のままで自由に通過させる．**長鎖脂肪酸**はカルニチン carnitine 系の作用によりミトコンドリア内に取り込まれ（図 22-1 参照），**ピルビン酸**にも特別な輸送体が存在する．後者はミトコンドリアの外部から内部へのプロトン勾配を利用して共輸送を行うものである（図 13-10）．一方，ジ

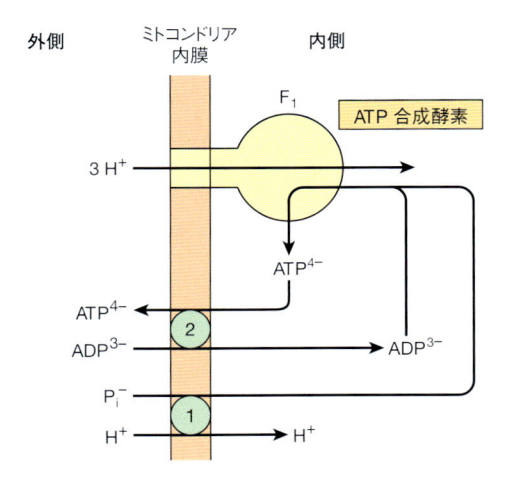

図 13-11. ATP 合成におけるリン酸輸送体（①）とアデニンヌクレオチド輸送体（②）の協力関係
H^+/P_i の同方向への移動は，図 13-10 に示した P_i/OH^- の反対方向への移動と等価である．

カルボン酸およびトリカルボン酸陰イオン（たとえば，リンゴ酸やクエン酸），アミノ酸類には，各々の膜輸送を促進する特異的な輸送体または輸送系がある．

ジカルボン酸およびトリカルボン酸陰イオンの輸送は，無機リン酸の輸送と緊密に連動している．無機リン酸は OH^- との交換輸送により $H_2PO_4^-$ の形のまま容易に膜を通過する．一方，ジカルボン酸輸送体によるリンゴ酸の取り込みには反対方向への無機リン酸の交換輸送が必要である．トリカルボン酸輸送体によるクエン酸，イソクエン酸，および *cis*-アコニット酸の取り込みには，リンゴ酸との交換を必要とする．α-ケトグルタル酸の輸送にもリンゴ酸との交換が必要である．アデニンヌクレオチドの輸送体は ATP と ADP の交換を行うが，AMP の交換は行わない．これは ATP をミトコンドリア内からミトコンドリア外の利用部位へ供給したり，ATP を産生するために ADP をミトコンドリア内に戻す際に不可欠な仕組みである（**図 13-11**）．この輸送において，ATP のもつ 4 つの負電荷が ADP のもつ 3 つの負電荷と交換されてマトリックスから除去される．よって，膜内外にわたって形成される電気化学的勾配（プロトン駆動力）は，ATP のミトコンドリア外への流出に好都合にはたらくことになる．Na^+ は H^+ と交換され，これはプロトン勾配によって駆動される．ミトコンドリアにおける Ca^{2+} の能動的取り込みは，おそらく Ca^{2+}/H^+ 対向輸送によって差し引き 1 電荷輸送の形（Ca^+ 単一輸送）で行われるものと考えられる．カルシウムのミトコンドリア外への放出は Na^+ との交換によって促進される．

イオノホアは特定の陽イオンが膜を透過するのを助ける

イオノホア ionophore は脂溶性分子であり，特定の陽イオンと複合体をつくり，陽イオンの生体膜透過を促進する．例として K^+ の膜透過を容易にするバリノマイシン valinomycin がある．ジニトロフェノールのような古典的脱共役剤もプロトンイオノホアである．

プロトン輸送性トランスヒドロゲナーゼはミトコンドリア内NADPHの供給源である

プロトン輸送トランスヒドロゲナーゼ proton-translocating transhydrogenase（別名 NAD(P) transhydrogenase）はミトコンドリア内膜に存在し，ミトコンドリアの外部から内部へ向けてプロトンが流入するのに共役して，ミトコンドリア内の NADH の水素を $NADP^+$ に渡し NADPH とする．NADPH[2] はミトコンドリア内酵素であるグルタミン酸デヒドロゲナーゼやステロイド合成に関与するヒドロキシラーゼ系で使われる．

ミトコンドリアの外部で生じたNADHは基質シャトルを介してミトコンドリア内部で酸化される

NADH は解糖系の酵素であるグリセルアルデヒド-3-リン酸デヒドロゲナーゼ glyceraldehyde-3-phosphatedehydrogenase（図 17-2 参照）によってたえずサイトゾル中に産生される．しかし，生じた NADH は膜を通ってミトコンドリア内に入ることができない．ところが好気的条件では，ミトコンドリアの外部に NADH が貯留するという現象は観察されないから，外部にある NADH が何らかの機構によりミトコンドリア中の呼吸鎖によって酸化されると考えざるを得ない．還元当量がミトコンドリア膜を通って移動するためには，ミトコンドリア膜の外側と内側に，適当な脱水素酵素により共役する**基質対 substrate pair** が必要である．**グリセロリン酸シャトル glycerophosphate shuttle** による転移機構を**図 13-12** に示す．ここでは，ミトコンドリア内のグリセロール 3-リン酸デヒドロゲナーゼは NAD^+ ではなくフラビンタンパク質を経て呼吸鎖につながっているので，0.5 mol の酸素消費量に伴って 2.5 mol ではなく 1.5 mol の ATP しかつくれないこ

2）　訳者注：ミトコンドリア内 NADPH の供給は，ミトコンドリア内の還元型グルタチオン（GSH）の維持にも必須である．

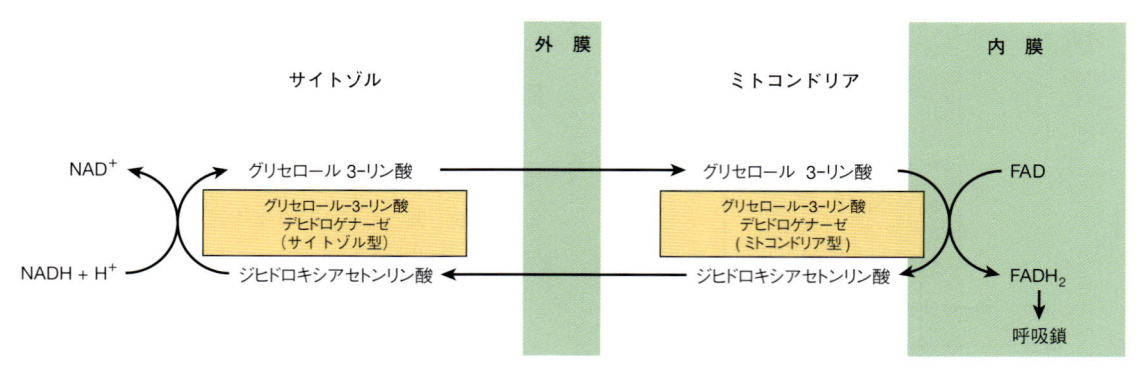

図 13-12. グリセロリン酸シャトルによるサイトゾルからミトコンドリア内への還元当量の輸送

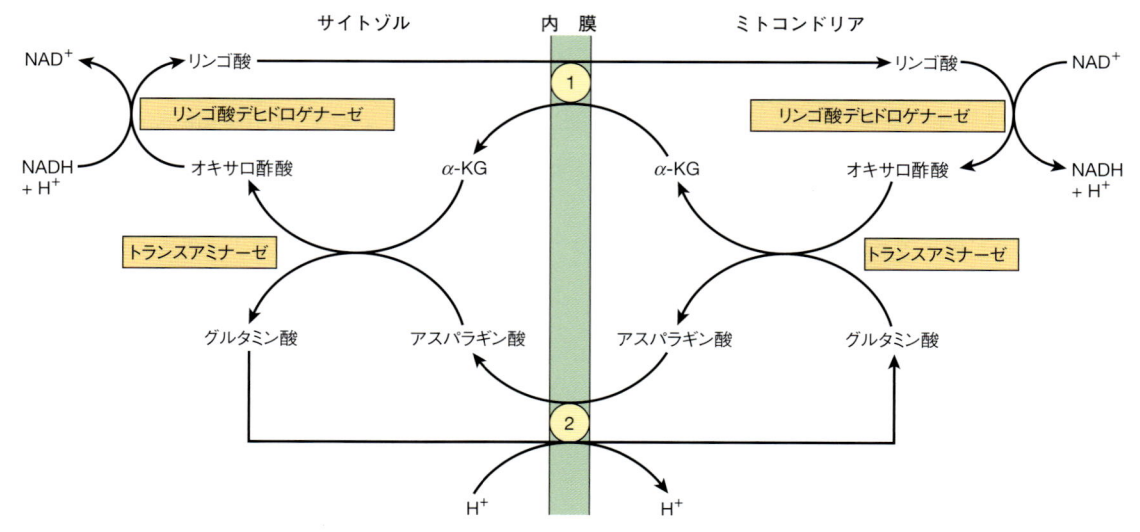

図 13-13. リンゴ酸シャトルによるサイトゾルからミトコンドリアへの還元当量の輸送

α-ケトグルタル酸輸送体①とグルタミン酸/アスパラギン酸輸送体②（プロトンがグルタミン酸と同時に，同方向へ移動することに注意）．α-KG：α-ケトグルタル酸．NAD^+はオキサロ酢酸からリンゴ酸の形成を介してミトコンドリア外で NADH から生成される．リンゴ酸は α-KG と交換に内膜を越えオキサロ酢酸に戻され，マトリックス内で NADH を放出する．アスパラギン酸(Asp)と α-KG はトランスアミナーゼによってオキサロ酢酸とグルタミン酸から生成され，サイトゾルへと輸送される．オキサロ酢酸は第二のトランスアミナーゼによって再生され，NADH から別の NAD^+ を生成するために使用される．

とに留意してほしい．このシャトルは脳や白色筋などの組織には存在しているが，その他の組織（たとえば心筋）では欠如している．したがって，一般には，リンゴ酸デヒドロゲナーゼからなる輸送系（**リンゴ酸シャトル malate shuttle**，**図 13-13**）がグリセロリン酸シャトルにくらべ，より万能的有用性を有すると思われている．このシステムの複雑さは，ミトコンドリア膜がオキサロ酢酸に対して不透過性であるためである．この問題は，アスパラギン酸と α-ケトグルタル酸を形成するグルタミン酸によるアミノ基転移反応によって克服され，その後，特定の輸送体を介して膜を通過し，サイトゾルでオキサロ酢酸を再成することができる．

クレアチンリン酸シャトルはミトコンドリアでできた高エネルギーリン酸結合のサイトゾルへの輸送を促進する

クレアチンリン酸シャトル（**図 13-14**）は，心筋や骨格筋のようなエネルギー代謝の盛んな組織において，細胞内エネルギーの緩衝剤としてはたらく**クレアチンリン酸 creatine phosphate** の役割を促進する作用をもつ．すなわち，ミトコンドリア内で生成した ATP の高エネルギーリン酸結合をクレアチンに渡してミトコンドリア外に輸送するというダイナミックな系としての役目を果たす．最初に，ミトコンドリアの内膜と外膜

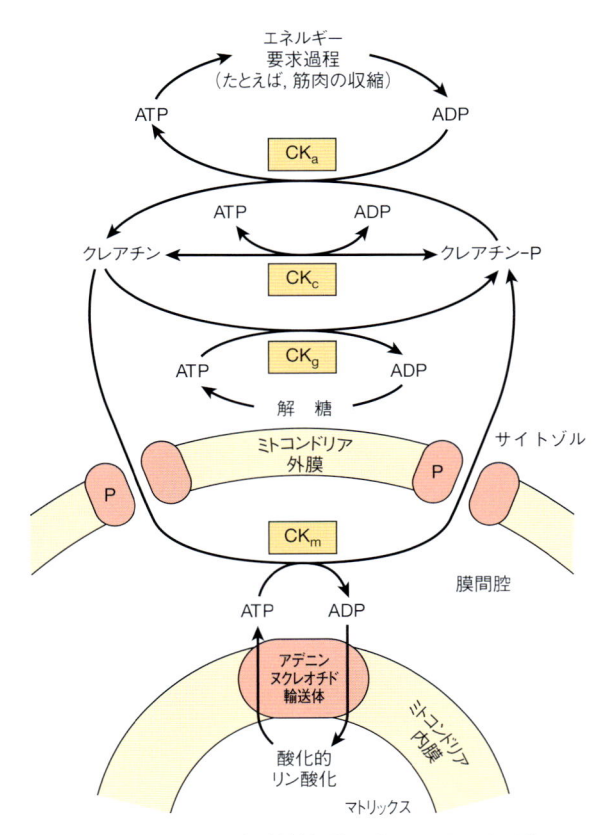

図 13-14. 心筋および骨格筋細胞のクレアチンリン酸シャトル

このシャトルは，ミトコンドリアマトリックスからサイトゾルへの高エネルギーリン酸の速やかな輸送を可能にする．(CK$_a$：筋肉の収縮時など，大量の ATP が必要とされる場合に関与するクレアチンキナーゼ，CK$_c$：クレアチン，クレアチンリン酸，ATP と ADP の間の平衡を維持するよう作用するクレアチンキナーゼ，CK$_g$：解糖とクレアチンリン酸の合成を共役させるクレアチンキナーゼ，CK$_m$：酸化的リン酸化により生じた ATP を使ってクレアチンからクレアチンリン酸を合成するミトコンドリアのクレアチンキナーゼ，P：ミトコンドリア外膜の孔タンパク質)

の間のスペース（膜間腔）にある**クレアチンキナーゼ creatine kinase** の一種（CK$_m$ とよばれるアイソザイム）が，アデニンヌクレオチド輸送体を通って膜間腔に出てくる ATP を使いクレアチンリン酸を生成する．このクレアチンリン酸は外膜に存在するタンパク質性の細孔を通ってサイトゾルへ出ていき，ミトコンドリア外での ATP 生成に利用される．

臨床との関連

　小児の致死的なミトコンドリアミオパチー（ミトコ

ンドリア筋症）**mitochondrial myopathy** や腎機能障害 **renal dysfunction** は，呼吸鎖中のほとんどの酸化還元酵素の極度の減少や欠損を伴う．**メラス MELAS**（ミトコンドリア脳筋症・乳酸アシドーシス・脳卒中様発作 mitochondrial encephalopathy, lactic acidosis, and stroke の略称）とよばれる遺伝性疾患があり，これは NADH-Q オキシドレダクターゼ（呼吸鎖複合体 I）またはシトクロムオキシダーゼ（呼吸鎖複合体 IV）の減少や欠損による．この病気はミトコンドリア DNA の変異に起因する疾患であり，**Alzheimer 病 Alzheimer's disease** や**糖尿病 diabetes mellitus** とも関連する可能性がある．多くの薬物や毒物の効果は，酸化的リン酸化の阻害に起因することが知られている（前述参照）．

まとめ

■ 炭水化物，脂肪，タンパク質（アミノ酸）の酸化により遊離したエネルギーは，そのほとんどが還元当量（水素 H または電子 e$^-$）の形でミトコンドリアに集められて利用される．還元当量は呼吸鎖に流れ込み，電子伝達体の酸化還元電位勾配に従って流れ，最終的には酸素と反応して水になる．

■ 呼吸鎖を構成する電子伝達体は，グループをつくってミトコンドリア内膜中に 4 つの呼吸鎖複合体を形成している．その 4 つの複合体のうち 3 つの複合体は，酸化還元電位勾配で放出されるエネルギーを利用して膜の外側にプロトンを放出することができる．その結果，マトリックスと膜間腔の間にプロトン勾配，すなわち電気化学的ポテンシャルを生ずる．

■ ATP 合成酵素は膜を貫通して存在し，上記のプロトン勾配にもとづくエネルギー（プロトン駆動力）を利用して回転モーターのようにはたらき，ADP と P$_i$ から ATP を合成する．このようにして酸化とリン酸化は緊密に共役し，細胞にとって必要なエネルギーを供給している．

■ ミトコンドリアの内膜それ自体はプロトンやその他のイオンを通過させない．したがって，内膜には OH$^-$，ATP^{4-}，ADP^{3-} のようなイオンや代謝産物の通過を可能にする特別な交換輸送体が存在し，膜内外の電気化学的勾配を無差別に打ち消してしまわないように特定のイオンの輸送を行う．

■ シアン化物などのよく知られた多くの毒物は呼吸鎖を阻害して呼吸停止を招く．

文　献

Kocherginsky N: Acidic lipids, H(+)-ATPases, and mechanism of oxidative phosphorylation. Physico-chemical ideas 30 years after P. Mitchell's Nobel Prize award. Prog Biophys Mol Biol 2009;99:20.

Mitchell P: Keilin's respiratory chain concept and its chemiosmotic consequences. Science 1979;206:1148.

Nakamoto RK, Baylis Scanlon JA, Al-Shawi MK: The rotary mechanism of the ATP synthase. Arch Biochem Biophys 2008;476:43.

SECTION III 問題

1. 生化学的反応における自由エネルギー変化（ΔG）について正しいのはどれか．1つ選べ．

- A. ΔG がマイナスのとき，反応は自由エネルギーを失いながら自発的に進行する．
- B. 発エルゴン反応では ΔG はプラスである．
- C. 反応物の濃度が 1.0 mol/L で pH 7.0 のときの標準自由エネルギーは ΔG^0 と表記される．
- D. 吸エルゴン反応では ΔG はマイナスである．
- E. 反応が本質的に不可逆的である場合，その反応は高い正の ΔG をもつ．

2. もし反応系で ΔG が 0 であれば，

- A. 反応はしだいに完了し，根本的に不可逆となる．
- B. 反応は吸エルゴンである．
- C. 反応は発エルゴンである．
- D. 反応は，自由エネルギーを獲得したときのみ進行する．
- E. 系は平衡状態であり，正味の変化は起こらない．

3. ΔG⁰ はどのような条件で標準自由エネルギーとして定義されるか．

- A. 反応物が 1.0 mol/L で存在するとき．
- B. 反応物が 1.0 mol/L で pH 7.0 で存在するとき．
- C. 反応物が 1.0 mmol/L で pH 7.0 で存在するとき．
- D. 反応物が 1.0 mmol/L で存在するとき．
- E. 反応物が 1.0 mmol/L で pH 7.4 で存在するとき．

4. ATP に関する正しい説明はどれか．

- A. 3つの高エネルギーリン酸結合をもつ．
- B. 発エルゴン反応を推進するために生体に必要なものである．
- C. 生体のエネルギー貯蔵として用いられる．
- D. Mg^{2+} と複合体を形成して機能している．
- E. UCP-1（サーモゲニン thermogenin）のような脱共役因子の存在下で，ATP 合成酵素によって合成される．

5. 酸素分子を水素に受容させて用いる酵素はどれか．1つ選べ．

- A. シトクロム c オキシダーゼ
- B. イソクエン酸デヒドロゲナーゼ
- C. ホモゲンチジン酸ジオキシゲナーゼ
- D. カタラーゼ
- E. スーパーオキシドジスムターゼ

6. シトクロムについて誤っているのはどれか．1つ選べ．

- A. 酸化還元反応にかかわるヘムタンパク質である．
- B. 自身に含まれる鉄イオンを Fe^{2+} と Fe^{3+} に遷移させて酵素反応を進める．
- C. ミトコンドリア呼吸鎖の電子運搬体としてはたらく．
- D. 小胞体においてステロイドのヒドロキシル化に重要なはたらきをする．
- E. 脱水素酵素 dehydrogenase に属する酵素である．

7. シトクロム P450 について誤っているのはどれか．1つ選べ．

- A. NADH または NADPH から電子を受け取ることができる．
- B. 小胞体でのみ存在する．
- C. モノオキシゲナーゼ（一原子酸素添加酵素）に属する酵素である．
- D. 肝臓における薬物解毒が主要な機能である．
- E. ある種の反応ではシトクローム $b5$ と協調して機能する．

8. 1 mol の NADH が呼吸鎖で酸化されると，

- A. 全体で 1.5 mol の ATP が産生される．
- B. 複合体 IV の電子伝達を経て 1 mol の ATP が合成される．
- C. 複合体 II の電子伝達を経て 1 mol の ATP が合成される．
- D. 複合体 III の電子伝達を経て 1 mol の ATP が合成される．
- E. 複合体 I の電子伝達を経て 0.5 mol の ATP が合成される．

9. FADH₂ が呼吸鎖で酸化されるとき，その 1 mol あたり産生される ATP のモル数は，

- A. 1
- B. 2.5
- C. 1.5
- D. 2

E.   0.5

10. 多数の化合物が酸化的リン酸化（ミトコンドリア
    での基質の酸化に連動した ADP と無機リン酸か
    らの ATP 産生）を阻害する．オリゴマイシンが酸
    化的リン酸化を阻害する機序はどれか．
    A. ミトコンドリア内膜を挟んだプロトン勾配を打
        ち消す．
    B. ミトコンドリア外膜を挟んだプロトン勾配を打
        ち消す．
    C. ミトコンドリア内膜の電子伝達体の 1 つに結合
        し，電子伝達系を直接阻害する．
    D. ミトコンドリアのマトリックスへの ADP 流入と，
        マトリックスからの ATP 放出を阻害する．
    E. ATP 合成酵素を介したプロトンのミトコンドリ
        アマトリックスへの流入を阻害する．

11. 多数の化合物が酸化的リン酸化（ミトコンドリア
    での基質の酸化に連動した ADP と無機リン酸か
    らの ATP 産生）を阻害する．脱共役剤が酸化的リ
    ン酸化を阻害する機序はどれか．
    A. ミトコンドリア内膜を挟んだプロトン勾配を打
        ち消す．
    B. ミトコンドリア外膜を挟んだプロトン勾配を打
        ち消す．
    C. ミトコンドリア内膜の電子伝達体の 1 つに結合
        し，電子伝達系を直接阻害する．
    D. ミトコンドリアのマトリックスへの ADP 流入と，
        マトリックスからの ATP 放出を阻害する．
    E. ATP 合成酵素 F_o を介したプロトンのミトコンド
        リアマトリックスへの流入を阻害する．

12. ある学生は，ディスコで手渡された錠剤を何であ
    るか知らされないまま飲んでしまった．すぐにそ
    の学生は過呼吸となり，体が熱くなるのを感じた．
    学生が飲んだ錠剤の作用として最も考えられるの
    はどれか．
    A. ミトコンドリア ATP 合成を阻害する薬剤
    B. ミトコンドリア電子伝達系を阻害する薬剤
    C. リン酸化されるべき ADP のミトコンドリアへの
        輸送を阻害する薬剤
    D. ミトコンドリアからサイトゾルへの ATP 輸送を
        阻害する薬剤
    E. ミトコンドリア電子伝達系と酸化的リン酸化を
        脱共役させる薬剤

13. 呼吸鎖における電子の流れと ATP 産生は厳密に
    共役している．この共役は以下のどれによって脱
    共役されるか．
    A. シアニド
    B. オリゴマイシン
    C. サーモゲニン
    D. 一酸化炭素
    E. 硫化水素

14. ATP 合成酵素について誤っているのはどれか．1
    つ選べ．
    A. ミトコンドリア内膜に存在している．
    B. ADP と無機リン酸からの ATP 産生にはプロトン
        駆動力が必要である．
    C. ATP はある種の分子モーターで産生される．
    D. 1 分子の ATP は，分子モーターの 1 回転で合成さ
        れる．
    E. F_1 複合体は膜に埋まっていて，それ自身は回転し
        ない．

15. Peter Mitchell による化学浸透圧説は，呼吸鎖を
    介した電子伝達と酸化的リン酸化の強い共役を示
    したものである．この理論で予測されていないも
    のはどれか．
    A. 電子伝達により生じるミトコンドリア内膜のプ
        ロトン濃度勾配を利用して，ATP 合成が推進され
        る．
    B. ミトコンドリア内膜の電位差は，電子伝達により
        マトリックス側が正電荷になることによって生
        じる．
    C. 呼吸鎖の電子移動によりミトコンドリア内膜の
        プロトンがポンプにより排出される．
    D. ミトコンドリア内膜の膜透過性が亢進すると電
        子伝達系と酸化的リン酸化の脱共役が起きる．
    E. ATP 合成は，ATP 合成酵素のプロトンポンプを介
        したプロトン排出により，電子伝達によって生じ
        た膜電位差が消失することによって推進される．

代謝の概観と代謝エネルギー源の供給 14

Overview of Metabolism & the Provision of Metabolic Fuels

学習目標
本章習得のポイント

- 同化，異化，両性代謝経路が何を意味するのかを説明する．
- 糖質，脂質，アミノ酸の臓器間の移動および臓器内での代謝を細胞内レベルで解説する．
- 細胞が代謝経路を介して代謝物の流れを調節する仕組みについて解説する．
- 食事後および空腹時において，基質の移動（貯蔵と放出）がどのように調節されているのかを解説する．

生物医学的重要性

代謝とは，体内での化学物質の相互変換を説明するための言葉である．代謝には，ある特定の細胞における個々の分子が通過する経路，臓器内および臓器間における細胞内および細胞間での経路の相互関係，経路を通じて代謝物の流れを調節する仕組みが含まれる．代謝経路は次の3つのカテゴリーに分類される．(1) 同化経路 anabolic pathway は，小さな前駆体からより大きく複雑な化合物の合成に関与する．たとえば，アミノ酸からタンパク質を合成したり，糖質からトリアシルグリセロールやグリコーゲンを合成したりする経路である．同化経路は吸熱的であり，それゆえ経路の維持には還元当量あるいは ATP を必要とする．(2) 異化経路 catabolic pathway は大きな分子の分解に関与し，通常，酸化反応が行われる．それらの反応は発熱的で，還元当量を生み出し，おもに呼吸鎖（13章参照）を介して ATP を生じる．(3) 両性経路 amphibolic pathway は代謝の"交差道路"で，合成と分解の両方に関与する．たとえば，クエン酸回路がこれに当たる（16章参照）．

正常な代謝を理解することは，病気の原因となっている異常を理解するために必須である．正常な代謝と

は，細胞内の代謝が安静時の代謝または基礎代謝の機能を成し遂げるということだけでなく，変化する環境へ適応することもできるということを意味する．正常な代謝とは，食後，空腹，飢餓，運動，妊娠や泌乳期間中の適応などを含む．異常な代謝は，栄養失調，カロリー過多，酵素の欠損あるいは酵素の不適切な調節，ホルモンの分泌異常，薬や毒の作用などによって引き起こされる．

70 kg の成人は，その身体的活動に応じて毎日約 8 ～ 12 MJ（1920 ～ 2900 kcal）の代謝エネルギー源を必要とする．動物の体のサイズが大きくなるに従って必要なカロリーは増加する．成長時には，いずれの大きさの動物も成長のコストに見合う，その大きさに比例したより高いエネルギーを必要とする．この必要なエネルギー量は食事によってまかなわれる．ヒトの場合，私たちの食事のカロリー量は，糖質（40 ～ 60%），脂質（おもにトリアシルグリセロール，30 ～ 40%），タンパク質（10 ～ 15%），およびアルコールでまかなわれている．酸化される糖質，脂質，タンパク質の割合は，食事の実際の成分に依存し（すなわち，あなたは自身が食べたものを燃焼する），食事を摂取した後か空腹状態かによって変わり，身体的活動の時間と程度によっても変化する．

代謝エネルギー源の要求性は1日を通じて比較的一

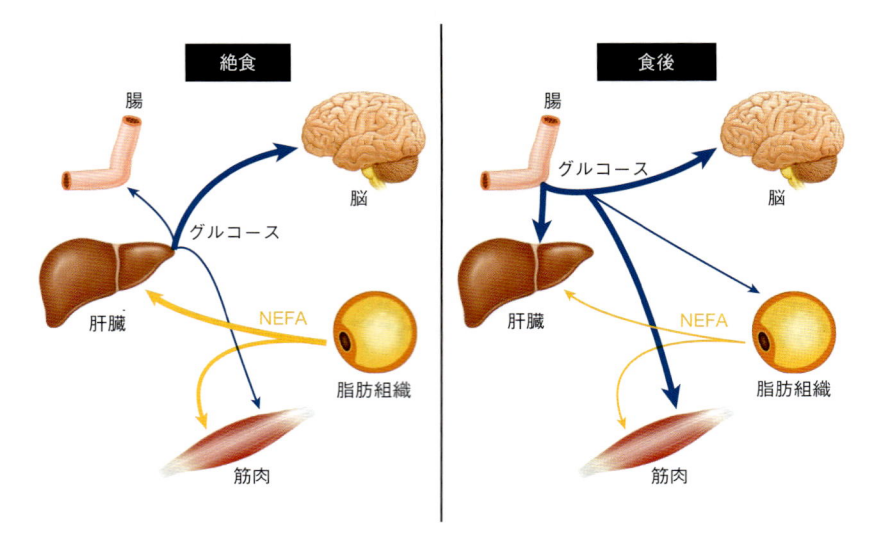

図 14-1. ヒトの一晩の絶食と食後におけるグルコースと脂質の流れの外観
絶食状態では肝臓はグルコースの供給源となり，グルコースの多くは脳に取り込まれる．脂肪組織は非エステル化脂肪酸（NEFA）を放出し，それらは肝臓と骨格筋で利用される．食後では腸はグルコースを供給する．肝臓はグルコースを消費する臓器に変わるが，脳のグルコースの取り込みは変化しない．脂質分解は抑制され，筋肉と脂肪組織におけるグルコースの取り込みは上昇し，筋肉の脂肪酸の取り込みは減少する．

定である．安静時の代謝または基礎代謝は，ヒトにおいては毎日のエネルギー消費量の約60%を占める．運動は代謝率を40～50%増加させるので，身体的活動は毎日の合計のエネルギー消費量に対してさまざまな割合となる．個人の代謝は24時間の間で一定ではなく，同化と異化が繰り返される．体重の変化のない人は，これらのプロセスの平均は同等，つまりエネルギーバランスは正味ゼロである．ほとんどの人は1日に2～3回の食事によって毎日の代謝エネルギー源をまかなっているので，糖質（肝臓と筋肉におけるグリコーゲン），脂質（脂肪組織におけるトリアシルグリセロール），および分解しやすいタンパク質の蓄えが正味の同化でつくられる．食後の何も食べないときに，それらの蓄えは動員（分解）されて異化代謝される．

　もしカロリー摂取がエネルギーの消費よりも多いと，過剰量は肝臓および筋肉にグリコーゲンとして，あるいは脂肪組織にトリアシルグリセロールとして蓄えられる．もしこの状態が続くと，**肥満 obesity** とそれに関連する健康面での問題を引き起こす．反対に，代謝エネルギー源の摂取がエネルギーの消費よりも常に少ない（長期のエネルギー不足）と，限られた脂肪と糖質の貯蔵は使い尽くされてアミノ酸が酸化されるようになる．通常，タンパク質の代謝回転（分解）によって生じたアミノ酸はタンパク質の置き換えに使われるが，この場合は動員（酸化されて消費）される．この正味の

タンパク質分解はタンパク質を消耗し，**衰弱 emaciation** させて最終的に死に至らしめる（43章参照）．

絶食時および食後における基質代謝の概観

　一晩の絶食後は，肝臓がグルコースのおもな供給源となる（ヒトでは約9 g/h）（**図 14-1**）．そのグルコースは，肝臓に貯蔵したグリコーゲン（グリコーゲン分解）および新たなグルコースの合成（糖新生）に由来する．ヒトでは肝臓から放出されたグルコースの60%を超える量（約6 g/h）が，中枢神経系（おもにグルコースに依存）および赤血球（完全にグルコースに依存）で代謝される．脂肪組織は，貯蔵したトリアシルグリセロールの加水分解で生じた遊離脂肪酸を放出する．これらの脂肪酸は，多くの組織（心臓，筋肉，肝臓）において主要な酸化可能エネルギー源となる．肝臓は脂肪酸からケトン体を合成することも可能であり，ケトン体は酸化のために筋肉やほかの組織へと輸送される．肝臓の貯蔵グリコーゲンが枯渇すると，長期の絶食に伴う筋肉タンパク質の正味の分解によって生じたアミノ酸および貯蔵された筋肉グリコーゲンの分解によって生じた乳酸は**糖新生 gluconeogenesis** のための炭素を供給し，その結果，グルコース依存性の組織へグルコー

スが供給される（19 章参照）.

　食後は糖質の供給が十分であり，ほとんどの組織で代謝のエネルギー源はグルコースに切り替わる（図 14-1）．糖質に富んだ食事に応答して肝臓はグルコースの消費組織となり，グルコース炭素の多くをグリコーゲンとして蓄える．対照的に，脳と赤血球のグルコースの取り込みは変化しない（約 6 g/h）．脂肪分解によって生じた脂肪酸の脂肪組織からの放出は抑制され，おもに脂肪酸の酸化に依存していた組織はグルコースを利用するようになる．この変化は，部分的には脂肪酸の供給の減少とグルコースの利用可能度の増加による．肝臓に取り込まれなかった食物中のグルコースのすべては，酸化あるいは貯蔵（筋肉ではグリコーゲン，脂肪組織ではトリアシルグリセロール）のために末梢組織に取り込まれる.

　トリアシルグリセロールとグリコーゲンの貯蔵の形成と動員（分解）および組織がグルコースを取り込み酸化する程度は，おもに**インスリン insulin** と**グルカゴン glucagon** というホルモンによって調節されている．これらのホルモンは膵臓の内分泌腺で合成される．これらのホルモンの効果は，神経および/または内分泌腺由来のほかのシグナル（たとえば，交換神経系や成長ホルモン）によっても調節され得る．血漿グルコース濃度は変動するが，厳密に調節されている．中枢神経系は完全にグルコースに依存するので，低い血液グルコース濃度（すなわち低血糖）から保護するための神経内分泌系が存在する.

食事の主要産物を処理する経路

　生物における一般的な代謝は，食事の成分によって決定される．食事のおもな成分（糖質，脂質，タンパク質）を処理して基本的な成分（おもにグルコース，脂肪酸とグリセロール，アミノ酸）へと変換する必要がある．もし食事の成分が変わると（たとえば，高糖質食と低糖質食），代謝経路はそれに応じて変化する．反芻動物（そして，より低い程度ではあるが，ほかの草食動物）では，食べたセルロースは共生微生物の発酵によって短鎖脂肪酸（酢酸，プロピオン酸，酪酸）へと変換されるので，これらの動物の代謝は短鎖脂肪酸を主要基質として利用するために適したようになっている．すべての消化物は完全に酸化されると，1 つの**共通した生成物 common product**，すなわち**アセチル–CoA acetyl–CoA** へと変換され，それから**クエン酸回路**

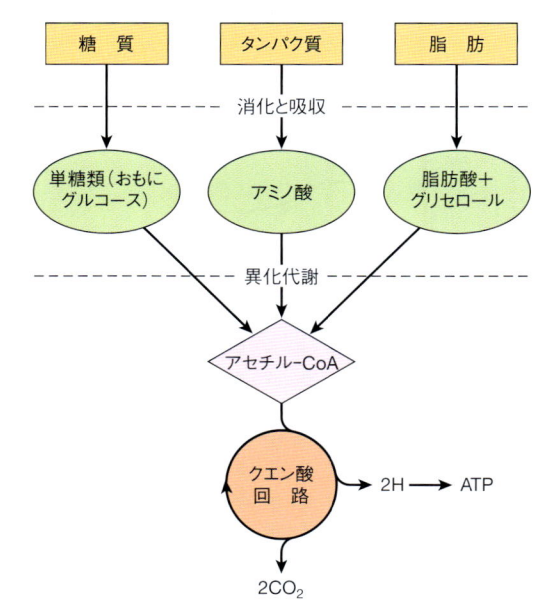

図 14-2. 糖質，タンパク質，脂肪の異化経路の概略
すべての経路がアセチル–CoA の産生につながり，アセチル–CoA はクエン酸回路で酸化される．最終的には酸化的リン酸化により ATP が生産される.

citric acid cycle で酸化される（**図 14-2**，16 章参照）.

糖質代謝の中心はグルコースの酸化と貯蔵である

　グルコースはすべての組織で代謝され，多くの組織において重要なエネルギー源である（**図 14-3**）．グルコースは最初にヘキソキナーゼによってグルコース 6-リン酸に変換され，その後いくつかの運命をたどる．グルコースは**解糖 glycolysis** 経路によってピルビン酸へと代謝変換される（17 章参照）．好気的組織では，ピルビン酸は**アセチル–CoA acetyl–CoA** へと変換され，アセチル–CoA はクエン酸回路に入って完全に酸化されて CO_2 と H_2O になる．クエン酸回路は，**酸化的リン酸化 oxidative phosphorylation** 過程による ATP 合成とつながっている（図 13-2 参照）．解糖は嫌気的条件下（酸素がない状態）でも起こり，ピルビン酸は最終産物である乳酸となる.

　グルコースとその代謝産物はほかの過程にも関与している．グルコースは**グリコーゲン glycogen** とよばれる重合体として筋肉および肝臓に貯蔵される（18 章参照）．グルコースは解糖の別経路である**ペントースリン酸経路 pentose phosphate pathway** にも入る（20 章参照）．この経路は，脂肪酸合成のための還元当量（NADPH，23 章参照）とヌクレオチドおよび核酸合成のための**リボース ribose** の供給源（33 章参照）になっ

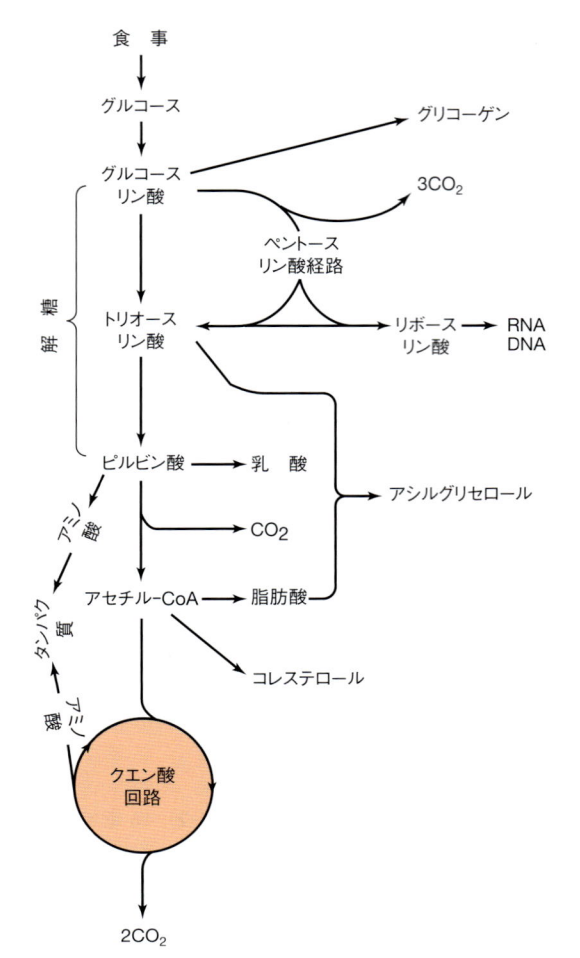

図 14-3. 糖質代謝の概観——主要代謝経路と最終産物
糖新生経路は示していない.

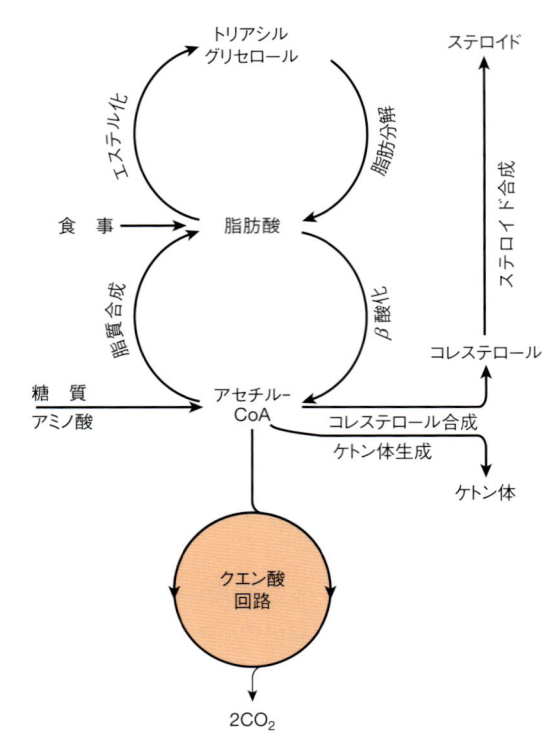

図 14-4. 脂質代謝の概観——主要代謝経路と最終産物
ケトン体とは,アセト酢酸,3-ヒドロキシ酪酸,アセトンのことである(アセトンはアセト酢酸の脱炭酸で非酵素的に生じる).

ている.解糖経路のトリオースリン酸中間体はトリアシルグリセロールの**グリセロール部分**となる.ピルビン酸はクエン酸回路の代謝中間体の合成に利用され,それらは非必須(あるいは可欠)**アミノ酸 amino acid**合成のための炭素骨格を供給する(27 章参照).ピルビン酸由来のアセチル-CoA は**脂肪酸 fatty acid**(23 章参照)や**コレステロール cholesterol**(26 章参照)の前駆体(それゆえ体でつくられるすべてのステロイドの前駆体)である.いくつかの組織は,乳酸,アミノ酸,グリセロールといった前駆体から**糖新生 glyconeogenesis**(19 章参照)という過程によってグルコースをつくることができる.食事の糖質が低いか,あるいは適切ではない場合に,糖新生はグルコースを供給するために重要である.

脂質代謝ではおもに脂肪酸とコレステロールが代謝される

長鎖脂肪酸は食物中の脂質か,あるいは糖質やアミノ酸に由来するアセチル-CoA から合成(脂質合成)されたものである.脂肪酸は酸化(**β 酸化 β-oxidation**)されて**アセチル-CoA acetyl-CoA** となるか,あるいはグリセロールとエステル結合をつくって,体の主要な貯蔵エネルギー源である**トリアシルグリセロール triacylglycerol**(脂肪)となる.脂肪組織に貯蔵されたトリアシルグリセロールは動員(**脂肪分解 lipolysis**)されて遊離脂肪酸とグリセロールが放出される.

脂肪酸の β 酸化によって生じたアセチル-CoA は 3 つの運命をたどる(**図 14-4**).

1. クエン酸回路で**酸化されて** CO_2 と H_2O になる.
2. **コレステロール cholesterol** やほかの**ステロイド steroid** 合成に利用される.
3. 肝臓においては**ケトン体 ketone body**(アセト酢酸および 3-ヒドロキシ酪酸)の合成に利用される(22 章参照).

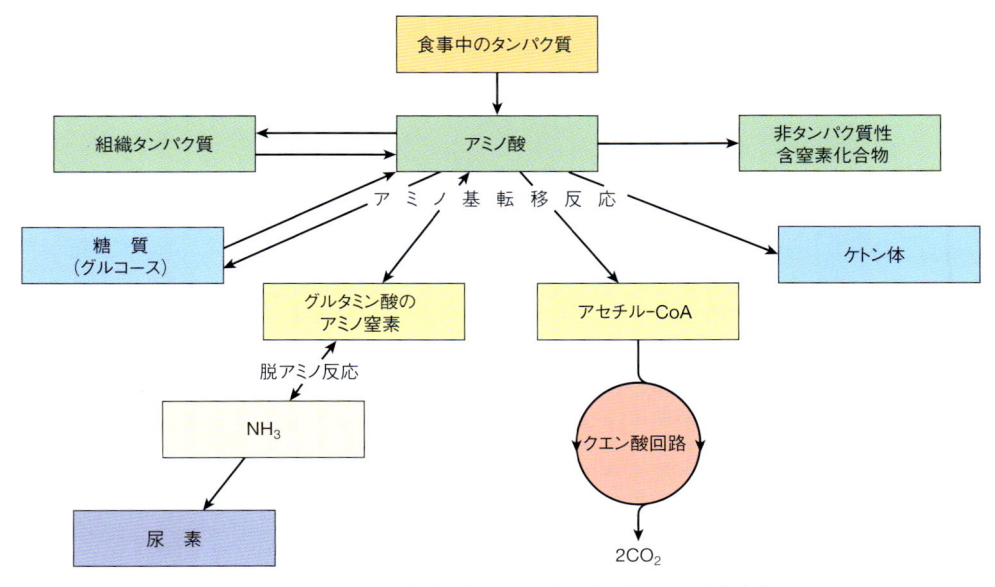

図14-5. アミノ酸代謝の概観——主要代謝経路と最終産物

アミノ酸代謝の多くの反応ではアミノ基転移が起こる

アミノ酸はタンパク質合成に必要である（**図14-5**）. **必須アミノ酸 essential amino acid**（あるいは**不可欠ア ミノ酸 indispensable amino acid**）は体内で合成でき ないので，食物中から取り入れる必要がある. **非必須 アミノ酸 nonessential amino acid**（あるいは**可欠アミ ノ酸 dispensable amino acid**）は食物中から取り入れ ているが，ほかのアミノ酸由来のアミノ基を用いた**ア ミノ基転移 transamination** によって代謝中間体から つくりだすことも可能である（27章参照）. もし炭素骨 格がほかの過程に利用される場合には，αアミノ窒素 は除かれ（**脱アミノ反応 deamination**），肝臓中で**尿素 urea** となり，腎臓のはたらきで排泄される. アミノ基 転移後に残った炭素骨格は，（1）クエン酸回路で酸化 されて CO_2 となるか，（2）グルコース合成（糖新生，19 章）や脂肪酸合成（23章）に利用されるか，（3）ケトン 体合成に利用される.

いくつかのアミノ酸は，プリン，ピリミジン，アド レナリン（エピネフリン）やチロキシンのようなホルモ ン，神経伝達物質などといった化合物の前駆体でもあ る.

臓器および細胞レベルでの代謝経路

個体としてのレベルで見ると，基質は臓器間を移動 し，臓器は灌流している血液から基質を取り除いたり，加え（放出し）たりしている. 基質が臓器間をどのよう に移動しているかの記述を助けるために，組織や臓器 に出入している基質の濃度が調べられている. 基質は 細胞膜を通過して代謝経路に入り，それぞれの臓器内 において追跡される. 経路に依存して，反応はサイト ゾルで起こるか（たとえば，解糖），あるいは細胞内の 小器官の区画内で起こる（たとえば，ミトコンドリア内 のクエン酸回路）.

臓器の解剖学的位置と血液循環が代謝を まとめあげている

食物が腸で消化されると，基質は細胞に取り込まれ てそのまま門脈に送り出されるか，あるいは細胞内で 加工されてリンパ系へと分泌される. 門脈は吸収した 基質をすべて肝臓に送る. 門脈に入った基質は，その 種類に応じて少量または大部分が肝臓に取り込まれ，残りは体循環へとまわされる. リンパ循環に入った基 質は胸管へと集められ，肝臓を迂回して体循環にまわ される.

食物中のタンパク質の消化から生じた**アミノ酸 amino acid** と，糖質の消化によって生じた**グルコース glucose** は，肝門脈を介して吸収される. 肝臓は，こ れらの水溶性代謝物が体循環に入る前にその一部また は大部分を血中から取り除くので，これらの基質の血 中の濃度を調節するという役割をもつ（**図14-6**）. グル コースとアミノ酸の肝臓への取り込みは調節された過

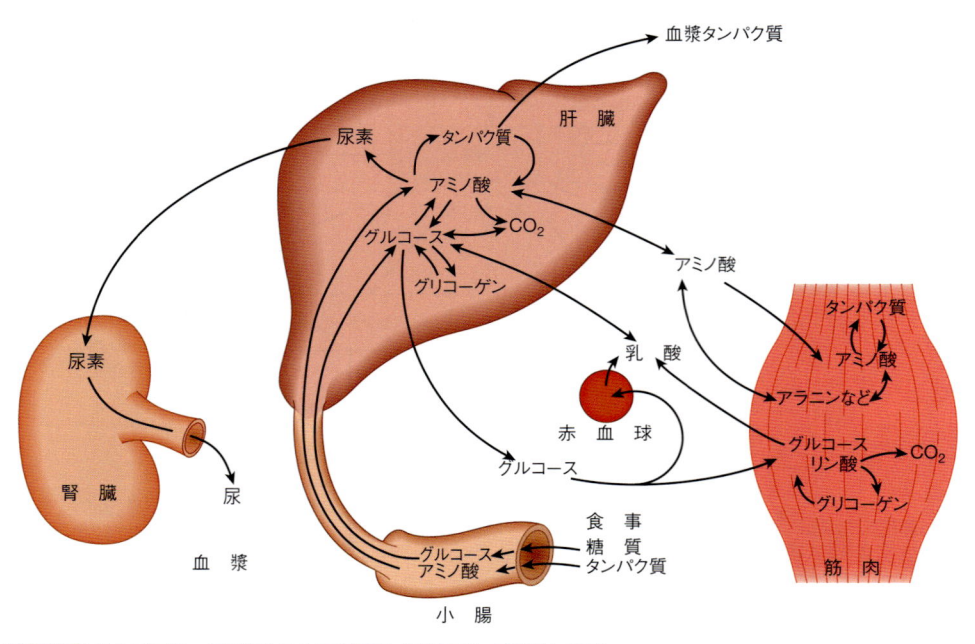

図 14-6. 糖質代謝およびアミノ酸代謝の主要基質と代謝産物の輸送と代謝
注意：脳と脂肪組織は記載されていない．

程である．

　グルコースの場合，食後に体内に吸収されたグル
コースの約 10 ～ 15% は肝臓に取り込まれ（図 14-1），
その多くは**グリコーゲン合成 glycogenesis**（18 章参照）
に使われる．少量は脂肪酸合成に使われ（**脂質合成 li-
pogenesis**，23 章参照），残りは解糖で分解されてピル
ビン酸となり，ピルビン酸はクエン酸回路で酸化され
る．肝臓に取り込まれなかったグルコースは，脳や骨
格筋を含む多くのほかの組織で酸化される．食間では，
肝臓はグルコースを産生する臓器に速やかに変わる．
絶食時には肝臓がグルコースの主要供給源となる（図
14-1）．グルコースは 2 つの供給源に由来する．1 つは
貯蔵グリコーゲン（**グリコーゲン分解 glycogenolysis**，
18 章参照）であり，もう 1 つは乳酸，グルセロール，ア
ミノ酸のような代謝産物からのグルコースの合成であ
る（**糖新生 glyconeogenesis**，19 章参照）．

　肝臓は食事由来の多くのアミノ酸を消費する組織で
あるが，グルコースの場合と同様に，吸収された全ア
ミノ酸のわずかの部分しか血中から取り除かれない．
残りは末梢組織によって除去される．肝臓においては，
取り込まれたアミノ酸は**主要な血漿タンパク質の合成**
（たとえば，アルブミンやフィブリノーゲン）のための
基質となる．アミノ酸のかなりの部分は**脱アミノ de-
aminated** される．アミノ酸の炭素骨格は酸化される
が，窒素は尿素へと変換され，腎臓に輸送されてから

排泄される（28 章参照）．残りのアミノ酸はおもにタン
パク質合成のために末梢組織へ取り込まれる．

　食物中のおもな**脂質 lipid**（**図 14-7**）はトリアシルグ
リセロールであり，腸で加水分解されてモノアシルグ
リセロールと脂肪酸になり，腸粘膜で再エステル化さ
れる．腸粘膜では，脂質はタンパク質（たとえば，アポ
リポタンパク質）といっしょに包みこまれ，**キロミクロ
ン chylomicron** としてリンパ系へ放出され，続いて血
中に入る．キロミクロンは最大の血漿**リポタンパク質
lipoprotein** であり，食事由来のほかの脂溶性の栄養物
（ビタミン A，D，E，K（44 章参照）を含む）を含んでい
る．小腸から吸収されたグルコースやアミノ酸とは異
なり，キロミクロントリアシルグリセロールは肝臓に
は直接取り込まれない．キロミクロントリアシルグリ
セロールは最初，トリアシルグリセロールを加水分解
する**リポタンパク質リパーゼ lipoprotein lipase**[1] をも
つ組織によって分解され，生成した脂肪酸は取り込ま
れて組織の脂質となるか，あるいはエネルギー源とし
て酸化される．キロミクロンレムナントは肝臓に取り
込まれて，血中から除去される．長鎖脂肪酸のほかの
おもな供給源は，脂肪組織や肝臓における糖質からの

　1）　訳者注：リポタンパク質リパーゼは細胞外酵素で，プ
ロテオグリカン鎖によって血管内皮につなぎ止められてい
る．

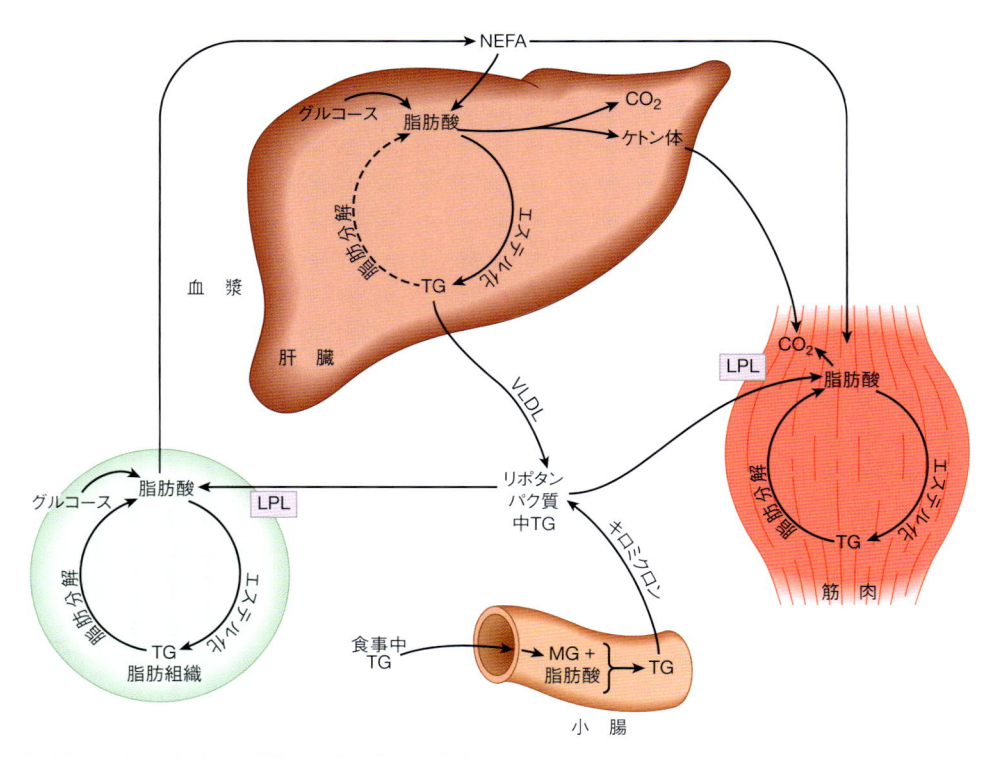

図 14-7. 脂質代謝の主要基質および代謝産物の輸送と代謝
(LPL：リポタンパク質リパーゼ，MG：モノアシルグリセロール，NEFA：非エステル化脂肪酸，TG：トリアシルグリセロール，VLDL：超低密度リポタンパク質)

合成(**脂質合成 lipogenesis**)である(23 章参照)．

　脂肪組織のトリアシルグリセロールは，体の主要な貯蔵エネルギー源である．トリアシルグリセロールは加水分解され(**脂肪分解 lipolysis**)，生じたグリセロールと非エステル化(遊離)脂肪酸は血中へと放出される．グリセロールは糖新生の基質の 1 つとして利用される(19 章参照)．脂肪酸は血清アルブミンと結合したかたちで輸送される．それらはほとんどの組織(ただし，脳や赤血球を除く)に取り込まれ，エステル化されて貯蔵用のトリアシルグリセロールとなるか，あるいはエネルギー源として酸化される．肝臓では，新たに合成されたトリアシルグリセロール，キロミクロンレムナントから生じたトリアシルグリセロール(図 25-3 参照)および脂肪組織由来の非エステル化(遊離)脂肪酸から**超低密度リポタンパク質 very low-density lipoprotein**(VLDL)が合成されて血中に分泌される．VLDL 中のトリアシルグリセロールは，キロミクロンと同様な運命をたどる．絶食時には，肝臓において脂肪酸が部分的に酸化されて**ケトン体 ketone body** が生成する(**ケトン体生成 ketogenesis**，22 章参照)．ケトン体は肝外組織へ運ばれ，長期の絶食や飢餓のときの代替のエネ

ルギー源となる．

　骨格筋 skeletal muscle の絶食時の主要なエネルギー源は脂肪酸である．食後は，骨格筋の好みの基質である脂肪酸は減少し，骨格筋のグルコースの取り込みは顕著に増加する(図 14-1)．グルコースは好気的条件下では酸化されて CO_2 を生じ，嫌気的条件下では乳酸を生じる．食後にはグルコースの多く(> 50%)はグリコーゲンとして貯蔵される．骨格筋は血漿アミノ酸を用いて筋タンパク質を合成する．筋肉は全体重の約 50% を占めるので，結果的にタンパク質の重要な貯蔵源となる．筋タンパク質は飢餓時に動員されて糖新生のためのアミノ酸を供給し，また骨格筋において酸化される(29 章参照)．長期の絶食においては，ケトン体が筋肉における酸化基質として貢献する．

細胞内レベルでは，解糖はサイトゾルで起こり，クエン酸回路はミトコンドリア内に存在する

　代謝経路が異なった細胞内区画または細胞小器官に存在することで，代謝の統合(調和)と制御が可能となっている．すべての経路は，すべての細胞において同じ重要性をもつわけではない．**図 14-8** は肝実質細

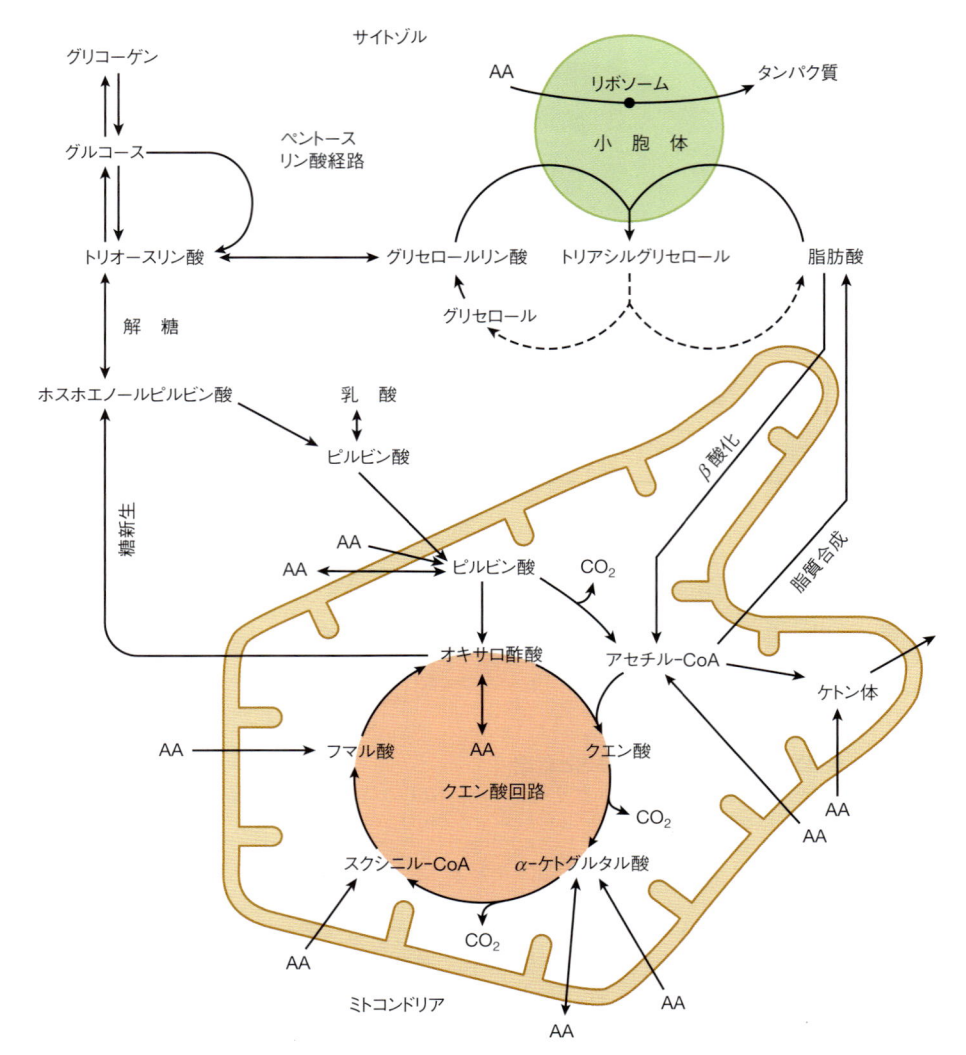

図 14-8. 肝実質細胞における主要代謝経路の細胞内局在と概観
（AA→：必須アミノ酸の代謝，AA↔：非必須アミノ酸の代謝）

胞における代謝経路の細胞内区画化を示している．

　肝臓は多くの同化過程（糖新生，脂質合成，VLDL 合成，タンパク質合成）を同時に進行させており，これらの過程にはエネルギー（ATP，NADH，NADPH）が必要である．**ミトコンドリア mitochondria**（単数形は，mitochondrion）が中心的役割を担っていることは即座に理解できる．なぜなら，ミトコンドリアは糖質，脂質，アミノ酸のいずれの代謝においても中心に位置して機能しており，またこれらの同化過程を支えるためのエネルギーを生じる場所でもあるからである．ミトコンドリアはクエン酸回路の酵素（16 章），脂肪酸の β 酸化とケトン体生成の酵素（22 章）を含み，さらに呼吸鎖や ATP 合成酵素（13 章）をもつ．

　解糖（17 章），ペントースリン酸経路の反応（20 章），脂肪酸合成（23 章）はすべてサイトゾルで行われる．糖新生（19 章）では，基質が細胞内区画の間を移動する．乳酸やピルビン酸のような基質はサイトゾルでつくられ，ミトコンドリアに入ってから**オキサロ酢酸 oxaloacetate** となる．その後，オキサロ酢酸はサイトゾルへ移動し（移動はリンゴ酸のかたちで行われる），グルコース合成の前駆体であるホスホエノールピルビン酸となる．

　小胞体 endoplasmic reticulum 膜は**トリアシルグリセロール合成 triacylglycerol synthesis** のための酵素系をもち（24 章参照），**リボソーム ribosome** は**タンパク質合成 protein synthesis** の役割を担う（37 章参照）．

代謝経路を通じての代謝物の流れは協調的に制御される必要がある

ある経路における全体的な流量の調節は重要であり，それによって細胞は環境の変化に対応することが可能となる．この調節は，細胞の利用できる基質全体の変化によって決定される．また，個体の要求を助けるために特定の代謝経路を活性化したり，阻害したりする内分泌シグナルによっても行われる．食後にグリコーゲンを肝臓に貯蔵し，空腹時に動員するのは，この例の１つである．この制御は，調節酵素によって触媒される１つ以上の鍵となる経路の反応および/または細胞内外あるいは細胞内区画間で代謝物を移動させる輸送系によって成し遂げられる．酵素触媒反応の速度を制御する物理化学的な因子（たとえば，基質濃度）は，代謝経路の全体的な速度の制御においては一義的に重要である（9章参照）．

非平衡反応は制御段階となり得る

平衡状態では，正反応および逆反応は同じ速度で進行し，そのためいずれの方向においても正味の量的変化はない．

$$A \leftrightarrow C \leftrightarrow D$$

もしこれが閉ざされた系であるのなら，Aが一定量加えられると反応は右側へ進行し，新たな平衡に達するまでCとDが増加する．平衡状態では正反応と逆反応の速度は等しくなる．A，C，Dの最終濃度は加えられたAの絶対量と酵素の性質によって決定される．生体内（in vivo）では連続的に基質Aが供給され生成物Dが除去されるので，左側から右側へ向かう正味の流量がある．反応速度が一定で，かつ基質，反応物，中間体の濃度が一定であるなら，生体内の経路は"定常状態"となる．実際には，１つの代謝経路には常に１つ以上の**非平衡 nonequilibrium** 反応があり，その反応段階では平衡からかけ離れた濃度の反応物が存在する．平衡状態に到達させるためには多くの自由エネルギーを失うので，この種の反応は実質的に不可逆となる．そのような経路では，流量と方向性の両方が決まっている．非平衡反応を触媒する酵素は通常，細胞内には低濃度でしか存在せず，さまざまな調節機構の下にある．しかしながら，代謝経路のほとんどの反応は，平衡か非平衡かに分類することはできず，これら２つの両極端の中間的な性質を示す．

多くの経路に流量を調節する段階が存在する

代謝の流れをつくる反応は，基質が通常存在する濃度よりもかなり低い K_m をもつ酵素によって触媒される非平衡反応として認定される．ヘキソキナーゼによって触媒される解糖の最初の反応（図 17-2 参照）は，そのような代謝の流れを生じる段階と考えられ，グルコースに対する K_m は 0.05 mmol/L と，通常の血糖値である 3〜5 mmol/L よりも十分に低い．しかしながら，グルコースは最初に輸送体によって細胞内へと輸送される必要がある．いくつかの組織では，静止（非活性化）状態ではヘキソキナーゼの活性と比べて輸送活性は非常に低い．つまり，グルコースに対するヘキソキナーゼの高い親和性と，輸送系による相対的に低いグルコースの取り込みによって，細胞内のグルコース濃度は相対的に低く保たれている．それゆえこの状態では，輸送活性はグルコースの取り込みと，その後の代謝において重要な決定因子となる（律速段階と考えられる）．インスリン（膵臓の内分泌腺で合成されるホルモン）の存在下では，輸送活性は上昇し，輸送はグルコースの取り込みの重要な因子とはならない．つまり，調節段階はグルコースの取り込みではなく，ヘキソキナーゼの活性となる．ヘキソキナーゼ反応の生成物はグルコース 6-リン酸であり，グルコース 6-リン酸はヘキソキナーゼのアロステリック阻害剤である．輸送活性が上昇したときに，生成したグルコース 6-リン酸を効率的に代謝する能力が下流の経路にない場合にはグルコース 6-リン酸の濃度は上昇し，ヘキソキナーゼ反応のブレーキとしてはたらく．そうなると，輸送能力がかなり上昇したとしてもグルコースの取込み量はヘキソキナーゼ活性によって制限される．アロステリック阻害の存在は，下流の反応が経路を通しての流量を調節する重要な影響因子として間接的にはたらくことを可能にする．それゆえ，１つの経路を通じて酵素によって調節される段階が１つであることはまれである．むしろいくつかの調節段階が存在（分布）している．調節段階のこの分布は生理的状態に依存して変わり，異なる生理的状態の下での代謝流量の微調整を可能にする．

アロステリックおよびホルモンシグナルは酵素触媒反応を調節する

図 14-9 に示す代謝経路において，

$$A \leftrightarrow B \to C \leftrightarrow D$$

$A \leftrightarrow B$ と $C \leftrightarrow D$ は平衡反応であり，$B \to C$ は非平衡反応である．このような経路の反応の進行は，基質 A の供給によって調節される．基質 A は血液からの供給に依存しており，血液への供給は摂取した食物に由来するか，または組織の貯蔵物（グリコーゲンおよびトリアシルグリセロール）を分解して血中へ基質を放出する鍵反応に依存する．たとえば，肝臓におけるグリコーゲンホスホリラーゼは肝臓グリコーゲンを動員し（図 18-1 参照），脂肪組織におけるホルモン感受性リパーゼは脂肪組織のトリアシルグリセロールを動員する（図 25-8 参照）．供給は基質 A の細胞内への輸送にも依存する．血中グルコースの筋肉と脂肪組織への取り込みは，ホルモンであるインスリンに応答して上昇する．

流量の方向性は最終産物 D の除去によっても決まり，補基質や補因子にも依存する．非平衡反応を触媒する酵素はしばしばアロステリックタンパク質であり，細胞の必要性に即座に応答し，**アロステリック修飾因子 allosteric modifier** によって "フィードバック" または "フィードフォワード" の速やかな調節を受ける（9 章参照）．しばしば，生合成経路の最終産物は，その経路の最初の反応を触媒する酵素を阻害する．ほかの制御機構は，体全体の必要性に応答する**ホルモン hormone** の作用に依存する．ホルモンはすでに存在する酵素分子の活性または細胞内局在を速やかに変化させるか，あるいは酵素の合成速度を変えることによってゆっくりと酵素量を変える（42 章参照）．

多くの代謝エネルギー源は相互変換可能である

糖質の量が当面のエネルギーをつくりだすための代謝に必要とされる量を超え，さらに筋肉と肝臓のグリコーゲン貯蔵の産生に必要な量も超えた場合，糖質は速やかに脂肪酸の合成に使われる．その結果，脂肪組織と肝臓の両方でトリアシルグリセロールが生成し，肝臓で合成されたトリアシルグリセロールは超低密度リポタンパク質として血中に放出される．ヒトにおける脂質合成の速度は，食物の糖質含量とトータルのカロリー摂取に依存する．西洋諸国では食物中の糖質はエネルギー摂取の約 50% を占める．発展（開発）途上国では糖質がエネルギー摂取の 60 〜 75% であると考えられ，食物の全摂取量が少なすぎて脂質合成を行うための余分はない．大量の脂肪の摂取は脂肪組織と肝臓の脂質合成を阻害するが，相対的に高い脂肪摂取にもかかわらず西洋諸国の人においては脂質合成がかなり起こっている．これは，摂取した全カロリー量が多く，過剰な糖質のカロリーを脂質合成に転用するために必

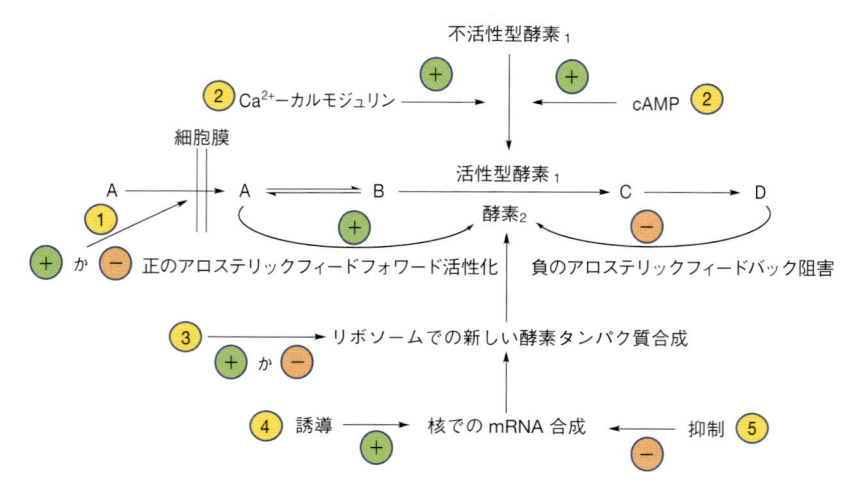

図 14-9. 酵素反応の調節機構
丸数字はホルモンが作用し得る部位を示す．① 膜透過性の変化，② 不活性型酵素から活性型酵素への変換（通常リン酸化/脱リン酸化反応がかかわる），③ リボソームにおける mRNA の翻訳速度の変化，④ 新しい mRNA の合成誘導，⑤ mRNA 合成の抑制．①と②は速やかな，③④⑤はゆっくりとした酵素活性調節機構である．

要なエネルギーを超えているためである.

　脂肪酸（および脂肪酸からつくられるケトン体）はグルコース合成には利用できない. アセチル–CoA を生成するピルビン酸デヒドロゲナーゼの反応は不可逆であり, クエン酸回路に入ったアセチル–CoA 由来の 2 つの炭素に相当する数の炭素原子は, オキサロ酢酸の再生前に二酸化炭素として消失する. このことは, アセチル–CoA（そして, アセチル–CoA を生じるいかなる基質）は決して糖新生には使われないことを意味している[2]. 奇数の炭素原子をもつ脂肪酸（比較的まれ）は, β 酸化の最終段階の産物としてプロピオニル–CoA を産生する. プロピオニル–CoA は, 脂肪組織の貯蔵トリアシルグリセロールの脂肪分解で生成したグリセロールの場合と同様に糖新生の基質となる.

　タンパク質合成に必要な量よりも過剰に存在するアミノ酸（食物由来もしくは組織に存在するタンパク質の代謝回転によって生じたアミノ酸）のほとんどはピルビン酸となるか, 4 または 5 個の炭素をもつクエン酸回路の中間体となる（29 章参照）. ピルビン酸はカルボキシル化されてオキサロ酢酸となり, これは糖新生の主要な基質となる. クエン酸回路のほかの中間体もオキサロ酢酸量の正味の増加をもたらし, 糖新生に利用される. これらのアミノ酸は**糖原性 glucogenic** アミノ酸として分類される. 2 つのアミノ酸（リシンとロイシン）は酸化されてアセチル–CoA にしかならないので糖新生には利用できない. ほかの 4 つのアミノ酸（フェニルアラニン, チロシン, トリプトファン, イソロイシン）はアセチル–CoA と糖新生に利用可能なクエン酸回路の中間体の両方を生じる. アセチル–CoA を生じるアミノ酸は**ケト原性 ketogenic** とよばれる. 長期の絶食および飢餓状態では, 筋肉タンパク質の分解によって生じたアミノ酸は糖新生の基質となったり, 肝臓のエネルギー要求性を満たすために肝臓で酸化されたり, ケトン体の生成に貢献したりする.

---

[2]　訳者注：ピルビン酸デヒドロゲナーゼ反応が逆行すれば, アセチル–CoA から解糖系産物のピルビン酸が生成するが, そのようなことは起こらない. また, アセチル–CoA は 2 つの炭素単位をクエン酸回路に供給してこのサイクルを回すが, 糖新生の主要な基質となるオキサロ酢酸の正味の増加には貢献しないので糖新生は起こらない.

酸化可能な代謝エネルギー源の供給は食事直後でも空腹時でも行われる

グルコースは中枢神経系と赤血球によって常に必要とされる

　赤血球はミトコンドリアを欠いており, それゆえ, 常に（嫌気性の）解糖とペントースリン酸経路に完全に依存している. 脳は通常はグルコースを代謝しているが, ケトン体を代謝することもできる. 長期の絶食によってケトン体の利用可能度が高まると, ケトン体は脳のエネルギー要求性の約 20% をまかなうようになるが, 残りはグルコースから得なくてはならない. 絶食時および飢餓時の代謝の変化は, 脳や赤血球のための血漿グルコースを残しておくために起こり, また, グルコース以外の代替エネルギー源（脂質とアミノ酸）をほかの組織に供給するためにも必要である（**図 14-10**）. 妊娠中, 胎児はかなりの量のグルコースを必要とし, 出産後の泌乳期における乳腺でのラクトース合成にもグルコースが必要である.

食事直後には外来性（食物由来）代謝エネルギー源が酸化されるとともに蓄えられる

　食事をした場合が典型的であるが, 食物が吸収されている間はカロリーの摂取は個体のエネルギー要求性を超えている. 過剰なカロリーはグリコーゲンまたは脂質として保存される. 基質が酸化されるときには, 酸素が消費され二酸化炭素が生じる. グルコース（$C_6H_{12}O_6$）が酸化される場合, 1 モルのグルコースの酸化あたり 6 モルの酸素が消費され, 6 モルの二酸化炭素が生じる（$C_6H_{12}O_6 + 6O_2 \rightarrow 6CO_2 + 6H_2O$）. 消費された酸素に対する生成した二酸化炭素の割合は**呼吸商 respiratory quotient** とよばれる. 糖質の場合には呼吸商は 1 であり, 脂肪酸やタンパク質の酸化ではこの比は 1 より小さい（**表 14-1**）. 呼気から求められる呼吸商は**呼吸交換比 respiratory exchange ratio** とよばれる. この比はすべての組織で酸化された基質の割合を反映する. 典型的な人においては, 標準的な食事をとった人での 24 時間におけるこの値は約 0.85 である. 糖質に富んだ食事の数時間後においては, 消化物は吸収されつつあり, 豊富な糖質の供給がある. つまり, 糖質が主要な酸化のための基質なので, 呼吸交換比は上昇して 1 に近づく. 過剰なカロリーをグリコーゲンや脂質として蓄える過程はエネルギーを消費する過程であり, 食物の産生熱量とよばれ, これは日々の消費エネ

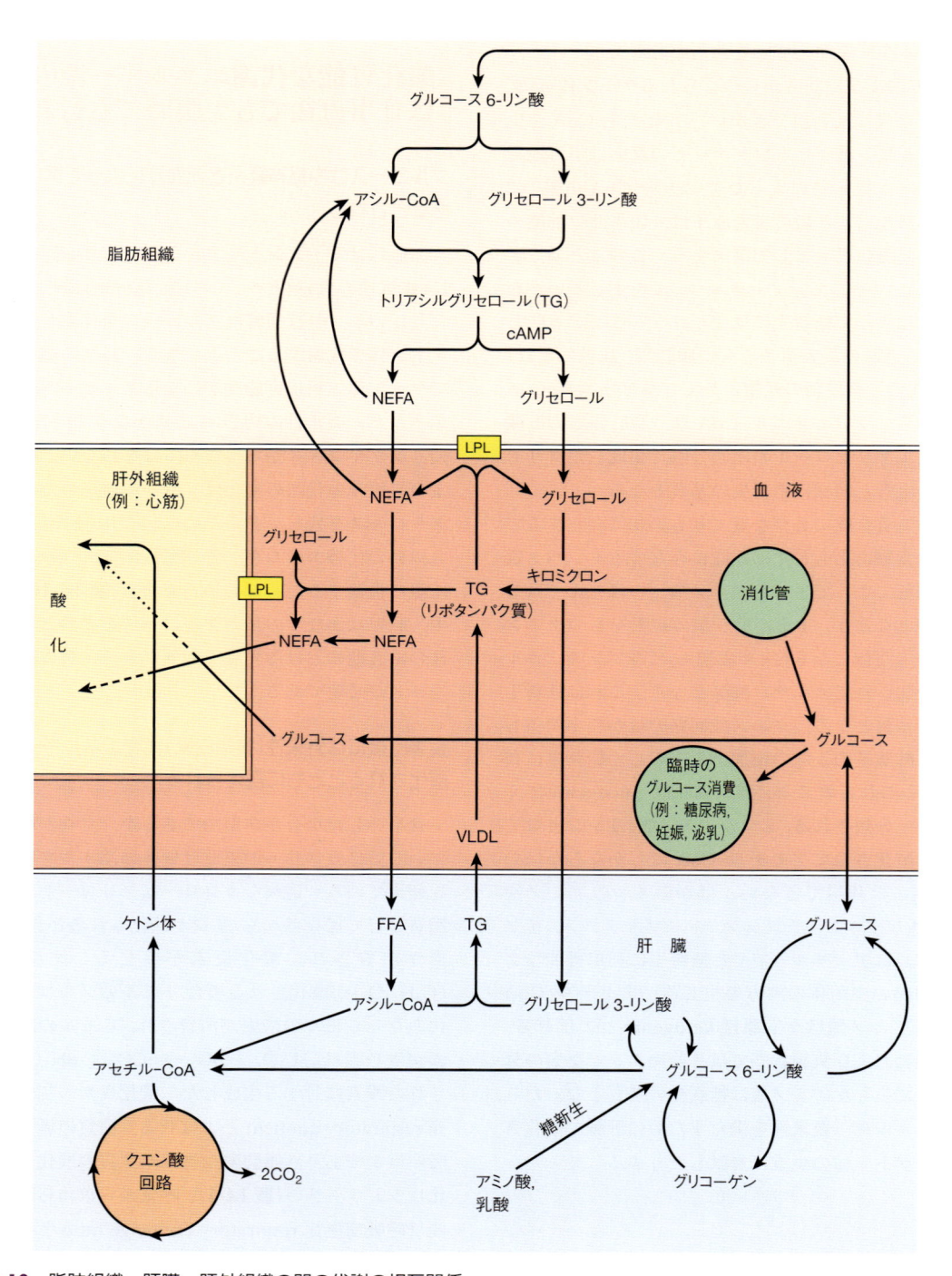

図 14-10. 脂肪組織，肝臓，肝外組織の間の代謝の相互関係
心臓のような肝外組織では代謝エネルギー源は次の順に好まれて酸化される．脂肪酸＞ケトン体＞グルコース．（LPL：リポタンパク質リパーゼ，NEFA：非エステル化脂肪酸，VLDL：超低密度リポタンパク質）

ルギーの約 10％ を占める．空腹になりつつある人のグルコースの酸化比率は減少し，脂肪の酸化比率が上昇する．この場合，呼吸交換比が 0.7 へと向かう低下として観察される（表 14-1）．
　筋肉と脂肪組織のグルコースの取り込みは**インスリ**

ン insulin によって制御されており，このホルモンは動脈の血糖値の上昇に応答して，膵ランゲルハンス島 β 細胞から放出される．空腹時には，筋肉と脂肪組織のグルコース輸送体（GLUT 4）は細胞内の小胞にとどまっている．インスリンに対する初期の応答はこれら

表 14-1. 代謝エネルギー源が酸化されるときのエネルギー収量，O_2 消費，CO_2 産生

	エネルギー収量 (kJ/g)	O_2 消費 (L/g)	CO_2 産生 (L/g)	呼吸商 CO_2 産生/O_2 消費	酸素 1 L あたりの エネルギー (kJ)
	（グルコース）$C_6H_{12}O_6 + 6O_2 \rightarrow 6CO_2 + 6H_2O$				
糖質（炭水化物）	16	0.829	0.829	1.00	〜 20
	（アルブミン*）$C_{72}H_{112}N_{18}O_{22}S + 77O_2 \rightarrow 63CO_2 + 38\,H_2O + SO_3 + 9CO(NH_2)_2$				
タンパク質	17	0.966	0.782	0.81	〜 20
	（トリアシルグリセロール）$C_{55}H_{104}O_6 + 78O_2 \rightarrow 55CO_2 + 52H_2O$				
脂　肪	37	2.016	1.427	0.71	〜 20
	（エタノール）$C_2H_5OH + 3O_2 \rightarrow 2CO_2 + 3H_2O$				
アルコール	29	1.429	0.966	0.66	〜 20

＊ 訳者注：ヒトアルブミンは 609 個のアミノ酸からなるタンパク質なので，これはその一部のペプチドかと思われる．

の小胞の細胞膜への移動であり，小胞は細胞膜と融合し，活性をもった輸送体が細胞膜表面に存在するようになる．これらのインスリン感受性の組織では，血液からの有意なグルコースの取り込みはインスリンの存在下のみで起こる．空腹時にインスリンの分泌が減少すると，GLUT 4 は細胞内部へと移動してグルコースの取り込みが減少する．しかしながら骨格筋においては，神経の興奮およびその後の筋収縮に応答した細胞質カルシウムイオン濃度の上昇によって，小胞の細胞膜への移動と活性をもった輸送体の細胞表面の露出が促進される．これはインスリン刺激の有無にかかわらず起こる．それゆえ，運動による筋肉へのグルコースの取り込みの上昇の一部はインスリンの上昇には依存しない．

　肝臓のグルコースの取り込み能力は高く，インスリンには依存しない．それゆえ，肝臓へのグルコースの取り込み速度は輸送段階によって制御されない．しかしながら，肝臓はグルコースに対して高い K_m をもつヘキソキナーゼのアイソザイム（グルコキナーゼ）をもっている．それゆえ，血中グルコース濃度が上昇して肝臓へ入るグルコースの量が増加すると，グルコース 6-リン酸の合成速度も増大する．つまり，食事をとって血漿グルコース濃度が上昇すると肝臓はグルコースを取り込む（図 14-1）．もしグルコースが，エネルギーを生じるための代謝に肝臓が必要とする量を超えた場合，グルコースはおもに**グリコーゲン glycogen** 合成に利用される．血漿グルコース濃度の上昇に応答して上昇するインスリンは，肝臓と骨格筋の両方でグリコーゲンシンターゼを活性化し，グリコーゲンホスホリラーゼを不活化することでグリコーゲン合成を促進するようにはたらく．肝臓に取り込まれた余分なグ

ルコースのいくらかは脂質合成にも使われ，トリアシルグリセロールが産生される．脂肪組織においては，インスリンはグルコースの取り込みを活性化する．グルコースは，トリアシルグリセロールの成分であるグリセロールと脂肪酸の両方の合成に利用される．インスリンは脂肪組織における細胞内での脂肪分解と非エステル化脂肪酸の放出を阻害する（図 14-1）．

　脂質の消化物は**キロミクロン chylomicron** というかたちで血液循環に入る．キロミクロンは最大の血漿リポタンパク質であり，とくにトリアシルグリセロールに富んでいる（25 章参照）．脂肪組織と骨格筋においては細胞外リポタンパク質リパーゼが合成され，インスリンに応答して活性化される．リパーゼ反応によって生じた非エステル化脂肪酸の多くはそれらの組織に取り込まれ，トリアシルグリセロールの合成に使われる．一方，グリセロールは血中にとどまり，肝臓に取り込まれて糖新生およびグリコーゲン合成に利用されるか，あるいは脂質合成に使われる．血中に残った脂肪酸は肝臓に取り込まれて再エステル化される．脂質を失ったキロミクロンレムナントは肝臓で処理され，残りのトリアシルグリセロールは肝臓で合成された分も含めて**超低密度リポタンパク質 very low density lipoprotein** のかたちで血中に放出される．

　健康で安定した体重の人においては，組織におけるタンパク質の異化（分解）と同化（合成）速度は，24 時間を通じて等しく，それゆえ体全体のタンパク質量は一定である．タンパク質の異化は相対的に一定であるが[3]，タンパク質合成の速度は 24 時間を通じて変化す

---
3)　訳者注：オートファジーによるタンパク質分解は空腹時に亢進する．

る．タンパク質合成は空腹時には低下し，食後は増加
する（約 20 ～ 25％ の変化）．進行したがんおよびほか
の病気に付随して起こる**悪液質 cachexia** の場合のみ，
タンパク質の異化速度が上昇する．アミノ酸および代
謝エネルギー源の供給の増加によるタンパク質合成速
度の増加も，インスリン作用に対する応答の 1 つであ
る．タンパク質合成はエネルギーを多く消費する過程
であり，食後の安静状態でのエネルギー消費の最大
20％ はこれに利用される．しかし，空腹時にはほんの
9％ にしかすぎない．

代謝エネルギー源の貯蔵物は空腹時に動員される

　空腹時に血漿中のグルコース濃度はわずかに減少す
るが，絶食が続いて飢餓状態となってもそれ以上ほと
んど変化しない．血漿の非エステル化脂肪酸は空腹時
に増加するが，飢餓状態となってもそれ以上はほんの
わずかしか増加しない．絶食が続くと，ケトン体（アセ
ト酢酸と 3-ヒドロキシ酪酸）の血漿濃度が顕著に増加
する（**表 14-2**，**図 14-11**）．

　空腹時には，小腸で吸収されたグルコースに由来す
る門脈の血糖値は低下するので，インスリンの分泌は
減少し，骨格筋と脂肪組織でのグルコースの取り込み
も低下する．膵臓 α 細胞からの**グルカゴン glucagon**
分泌の増加は，肝臓におけるグリコーゲンシンターゼ
を不活化し，グリコーゲンホスホリラーゼを活性化し
てグリコーゲンの貯蔵が動員される．生じたグルコー
ス 6-リン酸はグルコース 6-ホスファターゼによって
加水分解され，グルコースは血中に放出されて，おも
に脳および赤血球において利用される（図 14-1）．

　筋肉のグリコーゲンは，直接的には血漿グルコース
濃度の上昇には貢献できない．それは筋肉がグルコー
ス-6-ホスファターゼをもたないためであり，筋肉の
グリコーゲンの主要な使いみちは，グルコース 6-リン
酸とピルビン酸を筋肉自身のエネルギー産生経路に利
用するために供給することである．しかしながら，筋
肉での脂肪酸の酸化によって生じるアセチル-CoA は
ピルビン酸デヒドロゲナーゼを阻害するので，結果的
にピルビン酸が蓄積する．蓄積したピルビン酸のほと
んどはアミノ基転移を受けてアラニンとなるか，ある
いは乳酸として放出される．転移するアミノ基は筋肉
タンパク質を分解して生じたアミノ酸に由来する．ア
ラニン，乳酸，このアミノ基転移によって生じた多く
のケト酸は筋肉を出て，肝臓に取り込まれて糖新生に
使われる．脂肪組織においては，インスリンの減少と
グルカゴンの増加は脂質合成を阻害し，細胞外リポタ

表 14-2. 摂食時および飢餓状態の代謝エネルギー源の血漿
濃度（mmol/L）

	摂　食	40 時間絶食	7 日間飢餓
グルコース	5.5	3.6	3.5
非エステル化脂肪酸	0.30	1.15	1.19
ケトン体	無視できる	2.9	4.5

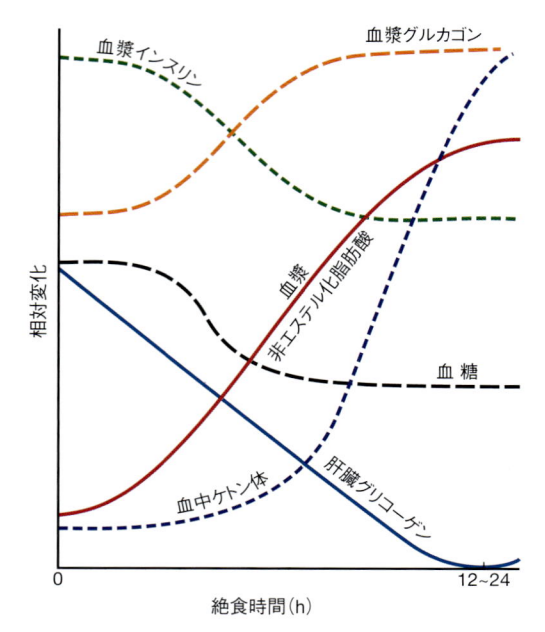

図 14-11. 飢餓開始時の血漿ホルモンと代謝エネルギー源
の相対変化

ンパク質リパーゼの不活化と細胞内への取り込みを引
き起こし，さらに細胞内ホルモン感受性リパーゼを活
性化する（25 章参照）．その結果，脂肪組織からのグリ
セロール（肝臓における糖新生の基質の 1 つ）と非エス
テル化脂肪酸の放出量が増加する．非エステル化脂肪
酸は肝臓，心臓，骨格筋において好んで利用される代
謝エネルギー源であり，グルコースの消費を節約する
ことができる．

　空腹時に，筋肉は非エステル化脂肪酸を優先的に取
り込んで代謝するが，β 酸化のみではエネルギーの必
要性を十分満たすことはできない．対照的に，肝臓は
それ自身が必要とするエネルギーよりも高い β 酸化能
力をもっている．絶食が続くと，肝臓は酸化する量よ
りも多くのアセチル-CoA を産生する．このアセチル-
CoA は**ケトン体 ketone body** 生成に使われる（22 章参
照）．ケトン体は骨格筋と心筋の主要な代謝エネルギー
源であり，長期の絶食においては脳のエネルギーの必
要性の 20％ までを満たす．長期の飢餓では，グルコー

表 14-3. 主要臓器の代謝のおもな特徴

臓　器	おもな経路	おもな基質	おもな放出(分泌)物	特異的な酵素
肝　臓	解糖, 糖新生, 脂質合成, β酸化, クエン酸回路, ケトン体生成, リポタンパク質代謝, 薬物代謝, 胆汁酸, 尿素, 尿酸, コレステロール, 血漿タンパク質の合成	非エステル化脂肪酸, グルコース(十分な摂取時), 乳酸, グリセロール, フルクトース, アミノ酸, アルコール	グルコース, VLDL[a](トリアシルグリセロール), ケトン体, 尿素, 尿酸, 胆汁酸, コレステロール, 血漿タンパク質	グルコキナーゼ, グルコース-6-ホスファターゼ, グリセロールキナーゼ, ホスホエノールピルビン酸カルボキシキナーゼ, フルクトキナーゼ, アルギナーゼ, HMG-CoA シンターゼ, HMG-CoA リアーゼ, アルコールデヒドロゲナーゼ
脳	解糖, クエン酸回路, アミノ酸代謝, 神経伝達物質の合成	グルコース, アミノ酸, ケトン体(長期の飢餓)	乳酸, 神経伝達物質の代謝の最終産物	神経伝達物質の合成と分解に関与する酵素
心　臓	β酸化とクエン酸回路	非エステル化脂肪酸, ケトン体, 乳酸, VLDL とキロミクロンのトリアシルグリセロール, 多少のグルコース	—	リポタンパク質リパーゼ, 高活性の電子伝達系
脂肪組織	脂質合成, 脂肪酸のエステル化, 脂肪分解(絶食時)	グルコース, VLDL とキロミクロンのトリアシルグリセロール	非エステル化脂肪酸, グリセロール	リポタンパク質リパーゼ, ホルモン感受性リパーゼ, ペントースリン酸経路の酵素
速　筋	解糖	グルコース, グリコーゲン	乳酸, (アラニンとケト酸[絶食時])	—
遅　筋	β酸化とクエン酸回路	非エステル化脂肪酸, ケトン体, VLDL とキロミクロンのトリアシルグリセロール	乳酸, アラニン	リポタンパク質リパーゼ, 高活性の電子伝達系
腎　臓	糖新生	非エステル化脂肪酸, 乳酸, グリセロール, グルコース	グルコース(長期の絶食)	グリセロールキナーゼ, ホスホエノールピルビン酸カルボキシキナーゼ
赤血球	嫌気的解糖, ペントースリン酸経路	グルコース	乳酸	ヘモグロビン, ペントースリン酸経路の酵素

[a] VLDL：超低密度リポタンパク質.

ス代謝は体全体のエネルギー代謝の 10% 未満となる.

　グルコースの供給がないと, 約 18 時間の絶食後には肝臓と筋肉のグリコーゲンはほとんどなくなる. 絶食がより長く続くと, タンパク質の異化の結果として生じるアミノ酸量が増加し, 肝臓および腎臓で糖新生に利用される(**表 14-3**).

臨床との関連

　長期の飢餓状態において脂肪組織の貯蔵が底をついてしまうと, アミノ酸を供給するために正味のタンパク質異化速度がかなり上昇する. 生成したアミノ酸は糖新生の基質として利用されるだけではなく, 多くの組織の代謝エネルギー源として使われる. 組織に必須のタンパク質が分解され, それらが再合成されない場合には死に至る. 腫瘍や病気に応答して放出される**サイトカイン cytokine** の作用によって引き起こされる

悪液質 cachexia を患っている患者では, 代謝速度がかなり亢進し, 組織でのタンパク質異化速度は顕著に増加している. つまり, 患者は進行した飢餓と同じ状態にある. この場合でも, 組織に必須のタンパク質が分解され, それらが再合成されないと死に至る.

　妊娠中には胎児の高いグルコース需要によって, そして泌乳期にはラクトース合成の需要によってケトーシスが引き起こされることがある. ヒトの場合, 低血糖症を伴っているが, それほど深刻ではないケトーシスとなる. 泌乳しているウシや双胎妊娠のヒツジの場合は, 非常に亢進したケトアシドーシスと深刻な低血糖症となる. ケトン体ダイエット[低い糖質(< 50 g/d)と低タンパク質, 高脂肪]が難治性てんかん(抗てんかん薬では長時間の発作の抑制ができないが, 外科的手術の対象とはならない)の治療に使われている. 難治性てんかんはすべてのてんかんの約 30% を占める. 糖質の摂取は組織に必要なグルコース量よりもかなり低い(約 6 g/h×24 h = 144 g/d)ので, 食事中の糖原性アミ

ノ酸からの糖新生が部分的にグルコースの必要性を満たしている．さらに，非常に低い糖質摂取と高い脂肪の酸化速度によって軽度のケトーシスとなる．その結果，ケトン体が脳に供給され，グルコースによって満たされていないエネルギー需要を助ける．それによって全体のグルコース必要性が減少する．

　米国人の成人の約 7% が糖尿病（慢性的高血糖）を患っている．通常，糖尿病には，1 型糖尿病（T1DM），2 型糖尿病（T2DM），妊娠性糖尿病の 3 つの型がある．1 型糖尿病は，インスリンを産生する膵臓 β 細胞の自己免疫性破壊による病気で，インスリンの分泌がほぼ完全に消失する．より一般的な糖尿病は 2 型糖尿病で，糖尿病の 90 〜 95% を占める．2 型糖尿病では，インスリンに対する組織の感受性の喪失(すなわち，インスリン抵抗性)とインスリンの分泌の欠陥という 2 つの因子の組み合わせで起こる．妊娠性糖尿病は妊娠中に起こり，妊婦の 7 〜 10% で起こる．糖尿病の不適切な管理は，失明および腎臓と心臓血管の病気を含む臓器不全を起こすことがある．妊娠性糖尿病の場合は，胎児の合併症を引き起こし得る．これからわかることは，組織の代謝は個体の代謝上の健全性を維持するために生理現象に適応するということである．この適応には，臓器間と臓器内の栄養的ホメオスタシスを正常に保つ神経内分泌系が必要である．

　よく管理されていない**糖尿病 diabetes mellitus** では，患者は重篤な高血糖となる場合がある．この理由は，空腹時に肝臓によるグルコースの産生を抑制するインスリンの欠乏あるいは分泌が不十分のためであり[4]，また食後では肝臓と末梢組織のグルコースの取り込みの増加が損なわれているためである．重篤な糖尿病は糖尿病性ケトアシドーシスへと進行する場合があり，そうなると医療的緊急事態となる．グルカゴンと拮抗し，筋肉から肝臓へのアミノ酸の輸送を抑制するインスリンが存在しない状態では，糖新生はさらに進行する．同時に，インスリンによっては抑制されておらず，上昇した交感神経系の活性とグルカゴンによって増強される脂肪組織における脂肪分解は，脂肪酸の肝臓への輸送を増加させる．ケトン体生成の潜在的活性化剤であるグルカゴンの相対的過剰は，増加した脂肪酸の供給と相まってケトン体生成を顕著に増加させる．筋肉（およびほかの組織）においては，オキサロ酢酸が欠乏しているためにケトン体を利用できず

---

4)　訳者注：正常な状態では，空腹時にもインスリンは少量分泌されており，糖新生を抑制している．

（すべての組織はいくらかのグルコースを使って，クエン酸回路を回すのに十分な量のオキサロ酢酸を維持する必要がある），比較的強い酸であるケトン体（アセト酢酸と 3-ヒドロキシ酪酸）の循環が増加する．アシドーシスが進行し，同時に細胞外部の体液の浸透圧の上昇と脱水（おもに高血糖症と，尿中へのグルコースとケトン体の排泄に起因する利尿のため）が起こると患者は昏睡状態となる．

まとめ

- 消化産物は，複雑な分子の生合成のための構築成分と代謝過程のためのエネルギー源の両方を組織に供給する．
- 糖質，脂肪，タンパク質の消化物の大部分は，共通の代謝産物であるアセチル-CoA となり，アセチル-CoA はクエン酸回路で酸化されて CO_2 となる．
- アセチル-CoA は，長鎖脂肪酸，ステロイド(コレステロールを含む)，ケトン体の合成のための前駆体にもなる．
- グルコースは，トリアシルグリセロールのグリセロール部分の炭素骨格と非必須アミノ酸の炭素骨格を供給する．
- 水溶性の消化産物は肝門脈を経由して直接肝臓に輸送される．肝臓はほかの組織が利用できるようにするために，血中のグルコースとアミノ酸の濃度を調節する．脂質と脂溶性消化物はリンパ系から血流に入り，肝外組織が脂肪酸を取り込んだ後に肝臓がその残りものを取り除く．
- 経路は細胞内で区画化されている．解糖，グリコーゲン合成，グリコーゲン分解，ペントースリン酸経路，脂質合成はサイトゾルで行われる．ミトコンドリアはクエン酸回路および脂肪酸の β 酸化の酵素系を含み，さらに呼吸鎖と ATP 合成酵素をもつ．小胞体膜は，トリアシルグリセロール合成や薬物代謝を含むいくつかの経路の酵素をもつ．
- 代謝経路は，存在する酵素の活性を制御する即効性の機構，すなわちアロステリック修飾と（しばしばホルモン作用に応答して起こる）共有結合修飾による機構および酵素合成に影響を与えるゆっくりとした機構によって調節されている．
- 摂取した糖質とアミノ酸が必要量以上あると，それらは脂肪酸合成とそれに続くトリアシルグリセロール合成に利用される．

- 空腹および飢餓状態においても，脳と赤血球のためにグルコースは供給される必要がある．絶食初期には，グルコースの供給は貯蔵グリコーゲンの分解によってまかなわれる．グルコースを節約するために，インスリン分泌は少なくなり，筋肉とほかの組織はグルコースを取り込まなくなる．それらの組織は脂肪酸(そして後にはケトン体)を好んでエネルギー源として利用する．
- 脂肪組織は，空腹時には非エステル化脂肪酸を放出する．絶食と飢餓が続くと，非エステル化脂肪酸は肝臓でケトン体の生成に利用される．ケトン体は肝臓より放出され，脂肪酸とともに筋肉の主要なエネルギー源となる．
- 食物由来または組織タンパク質の代謝回転によって生じたアミノ酸の多くは糖新生に利用される．トリアシルグリセロールから生じるグリセロールも同様である．
- 食物由来の脂肪酸または脂肪組織のトリアシルグリセロールの脂肪分解によって生じた脂肪酸は，糖新生の基質とはならない．絶食時に脂肪酸から生じるケトン体も同様である．

文　献

Frayn KN. The glucose-fatty acid cycle: a physiological perspective. Biochem Soc Trans 2003;31(Pt 6):1115-1119.

Hall KD, Heymsfield SB, Kemnitz JW, Klein S, Schoeller DA, Speakman JR. Energy balance and its components: implications for body weight regulation. Am J Clin Nutr 2012;95(4):989-994.

Moore MC, Cherrington AD, Wasserman DH. Regulation of hepatic and peripheral glucose disposal. Best Pract Res Clin Endocrinol Metab 2003;17(3):343-364.

生理的に重要な糖質（すなわち，炭水化物） 15

Carbohydrates of Physiologic Significance

学 習 目 標
本章習得のポイント

- グライコーム，グライコバイオロジー，グライコミクスの科学が何を意味するかを説明する．
- 単糖，二糖，オリゴ糖，多糖という言葉が何を意味しているのかを説明する．
- グルコースとほかの単糖の異なる構造表記法について説明し，糖の種々の異性体，およびピラノースとフラノース環状構造について解説する．
- グリコシドの形成および重要な二糖および多糖の構造について解説する．
- 糖質のグリセミックインデックスの意味を説明する．
- 細胞膜とリポタンパク質における糖の役割を解説する．

生物医学的重要性

炭水化物（carbohydrate，生化学者には糖質（saccharide）という命名の方が好まれる）は，植物と動物に広く分布して存在する非常に極性の高い分子であり，構造的な面と代謝的な面において重要な役割を果たしている．炭水化物という言葉は，これらの分子の“炭素水和物”という名称に由来する．糖質という言葉はより包括的な言葉であり，すべての糖質がC，H，Oのみで構成されているわけではなく，また$(CH_2O)_n$という比率で存在するわけでもない．糖質は糖 sugar ともよばれるが，後者の名称は“分子が甘い”という点にのみ焦点があてられたものであり，“甘い”という点以外の糖質の多くの機能について誤った認識を与える．

植物においては，グルコースは光合成によって二酸化炭素と水からつくられ，デンプンとして貯蔵されるか，あるいは植物細胞壁であるセルロースの合成に利用される．動物はアミノ酸から糖質をつくることができるが，ほとんどは摂取した植物に基本的に由来する．**グルコース glucose** は最も重要な糖質であり，食事由来のほとんどの糖質は単純な糖（すなわち，単糖）として血中に吸収される．グルコースは，小腸で食物中のデンプンや二糖が加水分解されて生成し，吸収される．消化で生じたほかの単糖も吸収され，肝臓で速やかにグルコースに変換される．反芻（はんすう）動物を除いた哺乳類では，グルコースは代謝における主要なエネルギー源であり，胎児においては必須である．グルコースは体内

におけるほかのすべての糖質の合成原料であり，貯蔵のための**グリコーゲン glycogen**，核酸中の**リボース ribose** や**デオキシリボース deoxyribose**，**ガラクトース galactose** などへと変換される．ガラクトースはミルク中のラクトース（乳糖）の合成に必要であり，糖脂質に含まれるほか，タンパク質と結合したかたちで糖タンパク質（46章参照）やプロテオグリカンにも含まれる．スクロースは料理に最もよく使われる糖質であり，自然に存在する甘い分子であるが，高いカロリーが問題となる．肥満のまん延とともに，スクロースよりも600 ～ 20 000 倍甘い甘味料が開発され，少量の使用で済ますことが可能となっている．開発されたスクロースと同じ甘さの甘味料は“カロリーフリー”と考えられている．糖質代謝と関連した病気としては，**糖尿病 diabetes mellitus**，**ガラクトース血症 galactosemia**，**グリコーゲン蓄積症（糖原病）glycogen storage disease**，**乳糖不耐症 lactose intolerance** などがある．

グライコバイオロジー glycobiology とは，健康と病気における糖質の役割を研究する学問分野である．**グライコーム glycome** とは，ある生物における遊離またはより複雑な複合体として存在する糖質の全体を指す言葉である．**グライコミクス glycomics** は，ゲノミクスやプロテオミクスと類似した言葉で，遺伝学，生理学，病理学，およびほかの側面を含むグライコームの網羅的研究を意味する．

糖質間では非常に多くの数のグリコシド結合が形成され得る．すなわち，その反応性と構造的柔軟性の両方によって，糖質はもっとも多く存在する生物分子で

ある．たとえば，3つの異なる糖質（たとえば，ヘキソース）が互いに結合した場合，その三糖の構造は1000を超える異なる構造となる．オリゴ糖鎖における糖のコンホメーションは，それらの結合に依存して異なり，またオリゴ糖と相互作用するほかの分子の近接度にも依存する．オリゴ糖鎖は**生物学的情報 biological information** を含み，それは糖成分，配列，結合に依存する．

糖質は多価アルコールのアルデヒドまたはケトン誘導体である

炭水化物（糖質）は以下のように分類される．

1. **単糖類 monosaccharide** は，加水分解によってそれ以上分解できない糖質であり，その炭素数（3〜7）に応じて**トリオース（三炭糖）triose**，**テトロース（四炭糖）tetrose**，**ペントース（五炭糖）pentose**，**ヘキソース（六炭糖）hexose**，**ヘプトース（七炭糖）heptose** に分類される．カルボニル基 $C=O$ の位置によって，末端のアルデヒド基の場合は**アルドース aldose**，末端でない場合はケトンとなり**ケトース ketose** とよばれる．トリオースの場合は2つの可能性しかなく，それらはグリセルアルデヒドとジヒドロキシアセトンである．**表 15-1** に代表的な単糖類を示す．天然の食物の中には，アルドースまたはケトースのほかに，アルデヒドまたはケトン基が還元されてアルコールとなった多価アルコール（糖アルコールまたは**ポリオール polyol**）が含まれる．多価アルコールは単糖を還元することによってもつくられており，ダイエット食や糖尿病食の製造に利用されている．それらは吸収

性が低く，エネルギー収量は糖の約半分程度である．最大の副作用は鼓腸であり，腸内に存在する細菌によって吸収されなかった糖アルコールの発酵が起こる．

2. **二糖類 disaccharide** は単糖の単位が2つ縮合したものであり，ラクトース，マルトース，イソマルトース，スクロース（ショ糖），トレハロースがその例である．

3. **オリゴ糖類 oligosaccharide** は3〜10個の単糖が縮合したものであり，そのほとんどはヒトの酵素では分解されない．

4. **多糖類 polysaccharide** は単糖のユニットが10個より多く縮合したものであり，その例は直鎖や分枝をもった重合体のデンプンやデキストランである．多糖類は，その構成する単糖の種類によってヘキソースの場合はヘキソサン，ペントースの場合はペントサンに分類されることがある．食物はデンプンやデキストランといったヘキソサン以外にも，さまざまな種類の多糖を含んでおり，それらは非デンプン性多糖と総称されている．非デンプン性多糖は，ヒトの体内酵素によって分解されない食物繊維の主成分である．植物細胞壁のセルロース（グルコースの重合体，図 15-13）や，いくつかの植物における貯蔵多糖であるイヌリン（フルクトースの重合体，図 15-13）がその例である．

グルコースは生物医学的に最も重要な単糖である

グルコースの構造は3つの方法で表記できる

グルコースの性質のいくつかは直鎖構造式[1]（アルドヘキソース，**図 15-1A**）によって説明できるが，熱力学的には環状構造（アルデヒド基とヒドロキシ基の反応によって生じる**ヘミアセタール hemiacetal**）が安定であり，環状構造の表記によって説明できる性質もある．環状構造は通常，**図 15-1B** のように示され，これを**ハース投影式**という．この表記では環の平面を側面上方から眺めたように描いてある．見る人にとって近い方（紙面のこちら側）の結合は太線で示してあり，ヒドロキシ基は平面環の上下に位置する．この図では個々の炭素に結合している水素は示していない．環は実際にはいす形である（**図 15-1C**）．

表 15-1. 重要な単糖の分類

	アルドース	ケトース
トリオース $(C_3H_6O_3)$	グリセロース（グリセルアルデヒド）	ジヒドロキシアセトン
テトロース $(C_4H_8O_4)$	エリトロース	エリトルロース
ペントース $(C_5H_{10}O_5)$	リボース	リブロース
ヘキソース $(C_6H_{12}O_6)$	グルコース，ガラクトース，マンノース	フルクトース
ヘプトース $(C_7H_{14}O_7)$	−	セドヘプツロース

---

1) 訳者注：Fischer の投影式．

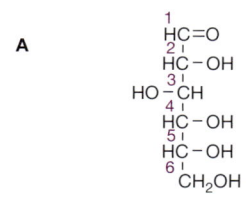

A

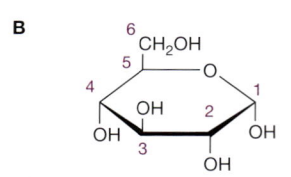

B

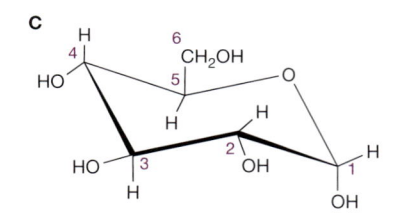

C

図 15-1. D-グルコース
（**A**）直鎖形，（**B**）α-D-グルコース（ハース投影式），（**C**）α-D-グルコース（いす形）.

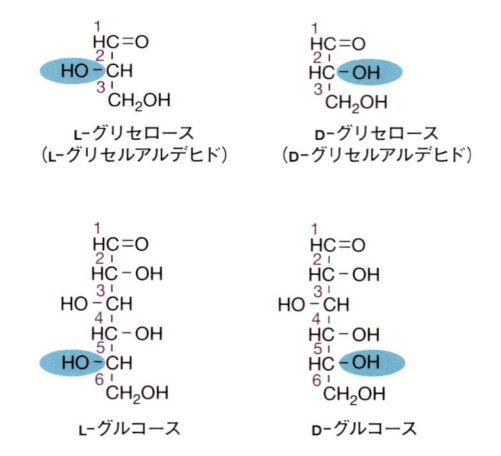

L-グリセロース
（L-グリセルアルデヒド）

D-グリセロース
（D-グリセルアルデヒド）

L-グルコース

D-グルコース

図 15-2. グリセロースおよびグルコースの D-，L-異性体

糖にはさまざまな異性体が存在する

4つの不斉炭素原子をもつグルコースは，16 の異性体を形成することができる．グルコースの異性体としてより重要なものは以下のものである．

1. **D 型および L 型 D and L isomerism**：糖の異性体には D 型とそれとは鏡像の関係にある L 型があり，この表記は糖の出発物質であるトリオース，すなわちグリセロース（グリセルアルデヒド）の空間的

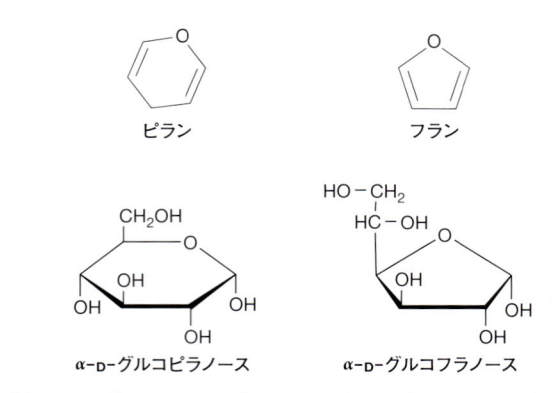

ピラン　　　　　フラン

α-D-グルコピラノース　　α-D-グルコフラノース

図 15-3. グルコースのピラノース型およびフラノース型

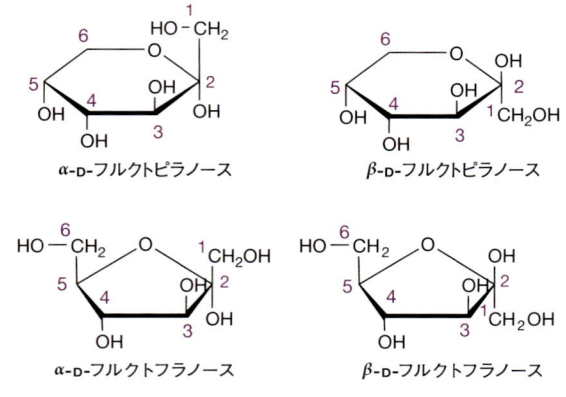

α-D-フルクトピラノース　　β-D-フルクトピラノース

α-D-フルクトフラノース　　β-D-フルクトフラノース

図 15-4. フルクトースのピラノース型およびフラノース型

な関係にもとづいている．**図 15-2** に L, D-グリセロースおよび L, D-グルコースを示す．末端のアルコール炭素に隣接する炭素原子（グルコースでは 5 位の炭素）のどちら側に H と OH 基が位置するかによって D および L 型が決まる．図 15-2 に示すように，OH 基が右側の場合だと糖は D 型となり，左側だと L 型となる．天然に存在する単糖のほとんどのものは D 型であり，糖代謝酵素はこの立体配置を特異的に認識する．

2. 不斉炭素の存在によってグルコースは**光学活性 optical activity** をもつ．平面偏光が**光学異性体 optical isomer** を含む溶液を通過すると，その偏光は右［右旋性 dextrorotatory（＋）］あるいは左［左旋性 levorotatory（−）］に回転する．偏光の回転の方向は糖の立体化学とは関係なく，D（−），D（＋），L（−），L（＋）といったものがあり得る．たとえば，天然に存在するフルクトースは D（−）である．まぎらわしいことに，右旋性（＋）はかつては d−，左旋性（−）は l−と表記された．この命名法は現在では使われていないが，ときに見かけることがある．

これは D 型および L 型異性体とは関係ない．溶液中ではグルコースは右旋性を示し，それゆえグルコース溶液はときどき**デキストロース dextrose** とよばれる．

3.　ピラノース pyranose とフラノース furanose の環状構造 ring structure：単糖の環状構造はピラン（六員環）またはフラン（五員環）の環状構造に類似している（**図 15-3** と**図 15-4**）．溶液中のグルコースでは，ピラノース型の割合が 99% を上回る．

4.　α と β アノマー anomer：アルドースの環状構造は，アルデヒド基とアルコール基の反応によって形成されるヘミアセタールである．同様に，ケトースは環状ヘミケタールである．グルコースの結晶は α-D-グルコピラノースである．溶液中でも環状構造が保たれるが，1 位のカルボニルの炭素原子で異性化が起こり（異性化の生じる炭素原子を**アノマー炭素原子 anomeric carbon atom** という），α-グルコピラノース（38%）と β-グルコピラ

ノース（62%）の混合物となる．α-および β-グルコフラノースの割合は 0.3% より少ない．

5.　エピマー epimer：グルコースの 2，3，4 位の炭素原子における OH 基と H の立体配置の違いによってできる異性体をエピマーという．生物学的に最も重要なグルコースのエピマーはマンノース（2 位の炭素のエピマー化）とガラクトース（4 位の炭素のエピマー化）である（**図 15-5**）．

6.　アルドース–ケトース異性体 aldose-ketose isomerism：フルクトースはグルコースと同じ分子式をもつが，構造式は異なっている．グルコースのアノマー炭素は 1 位のアルデヒド基であるのに対し，フルクトースのアノマー炭素は 2 位のケトン基である．アルドース糖とケトース糖の例を**図 15-6** と**図 15-7** に示す．化学的にはアルドースは還元性化合物で，ときどき還元糖とよばれる．この還元性を用いて，尿中のグルコースを化学的に検出することが可能であり（48 章参照），よく管理

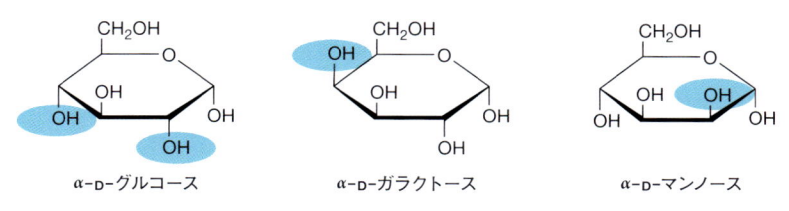

α-D-グルコース　　　α-D-ガラクトース　　　α-D-マンノース

図 15-5. グルコースのエピマー

D-グリセロース
(D-グリセルアルデヒド)　D-エリトロース　D-リキソース　D-キシロース　D-アラビノース　D-リボース　D-ガラクトース　D-マンノース　D-グルコース

図 15-6. 生理的に重要なアルドースの例

ジヒドロキシアセトン　D-キシルロース　D-リブロース　D-フルクトース　D-セドヘプツロース

図 15-7. 生理的に重要なケトースの例

表 15-2. 生理的に重要なペントース

糖 類	存在場所	生化学的および臨床上の重要性
D-リボース	核酸と代謝中間体	核酸と補酵素の構成成分[ATP，NAD(P)，フラビン補酵素など]
D-リブロース	代謝中間体	リブロースリン酸はペントースリン酸経路の中間体である
D-アラビノース	植物ゴム	糖タンパク質の構成成分
D-キシロース	植物ゴム，プロテオグリカン，グリコサミノグリカン	糖タンパク質の構成成分
L-キシルロース	代謝中間体	本態性ペントース尿症の尿中に見られる

表 15-3. 生理的に重要なヘキソース

糖 類	原 料	生化学的重要性	臨床上の重要性
D-グルコース	果汁 デンプン，サトウキビやてん菜の糖分，マルトース，およびラクトースの加水分解	組織の主要代謝エネルギー源"血糖"	高血糖の結果として，よくコントロールされていない糖尿病患者の尿中に排泄(糖尿)される
D-フルクトース	果汁，蜂蜜 サトウキビやてん菜の糖分，およびイヌリンの加水分解．食品工業的には，グルコースシロップの酵素による異性化で製造	肝臓によって速やかに代謝	遺伝性果糖(フルクトース)不耐症では，グルコース産生を阻害するフルクトース代謝物の蓄積と低血糖が起こる
D-ガラクトース	ラクトースの加水分解	速やかにグルコースに変えられる．ミルク中のラクトースをつくるために乳腺で合成される．糖脂質や糖タンパク質の構成成分	遺伝性ガラクトース血症は，ガラクトースを代謝できない結果として白内障を引き起こす
D-マンノース	植物マンナンゴムの加水分解	糖タンパク質の構成成分	

されていない糖尿病患者の尿はアルカリ性銅溶液を還元する．

多くの単糖は生理的に重要である

トリオース，テトロース，ペントース，七炭糖(セドヘプツロース)の誘導体は，解糖(17 章)およびペントースリン酸経路(20 章)の代謝中間体として生じる．ペントースはヌクレオチド，核酸，いくつかの補酵素の重要な構成成分である(**表 15-2**)．グルコース，ガラクトース，フルクトース，マンノースは生理的に重要なヘキソースである(**表15-3**)．生化学的に重要なアルドースを図 15-6 に，重要なケトースを図 15-7 に示した．

グルコースのカルボン酸誘導体も重要であり，D-グルクロン酸(グルクロニド生成に利用され，またグリコサミノグリカン中に存在)およびその代謝誘導体であるL-イズロン酸(グリコサミノグリカン中に存在，**図15-8**)およびL-グロン酸(ウロン酸経路の中間体の 1 つ，図 20-4 参照)などがある．

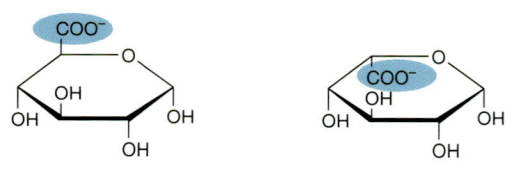

図 15-8. α-D-グルクロン酸(左)と β-L-イズロン酸(右)

糖質は他の化合物と結合するか，あるいは互いに結合することでグリコシドを形成する

グリコシド glycoside(配糖体)は，単糖のアノマー炭素上のヒドロキシ基と別の単糖(グリコン glycone)または糖以外の化合物(アグリコン aglycone)が縮合することで生成する．もし結合する相手がヒドロキシ基であれば，O-グリコシド結合はアセタール acetal 結合となる．なぜなら，O-グリコシド結合はヘミアセタール基(アルデヒド基と OH 基の結合によって生成)と，もう 1 つの OH 基との反応によって生じるからである．もしヘミアセタール部分がグルコースなら，生じる化合物はグルコシド glucoside であり，ガラクトースならガラクトシド galactoside となる．もし結合する

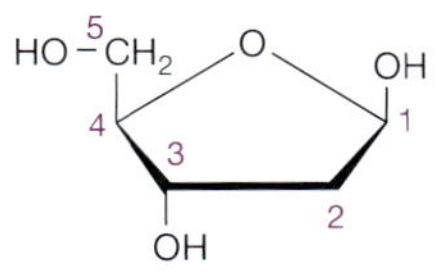

図 15-9. 2-デオキシ-D-リボフラノース(β型)

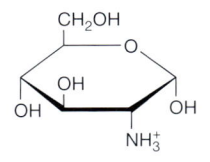

図 15-10. グルコサミン (2-アミノ-D-グルコピラノース:α型)
ガラクトサミンは,2-アミノ-D-ガラクトピラノースである.グルコサミンとガラクトサミンの両方は,N-アセチル誘導体として糖タンパク質のような複合糖質に存在する.

化合物がアミンなら,結合は N-グリコシド結合となる.たとえば,ATP のようなヌクレオチドにおけるアデニンとリボースの結合がこれにあたる(図 11-4 参照).

グリコシドは天然に広く存在しており,アグリコン部分はメタノール,グリセロール,ステロール,フェノールや,アデニンのような塩基などである.心臓に作用する医学的に重要なグリコシド (**強心配糖体 cardiac glycoside**)は,すべてアグリコンとしてステロイドを含んでいる.これらにはジギタリスおよびストロファンツス誘導体が含まれ,細胞膜 Na^+-K^+-ATPase の阻害剤である**ウワバイン ouabain** は後者の例である.**ストレプトマイシン streptomycin** のような抗生物質もグリコシドである.

デオキシ糖は酸素原子を1個欠いている

デオキシ糖は,ヒドロキシ基の1つが水素に置換されている糖である.その1つの例は,DNA 中の**デオキシリボース deoxyribose**(**図 15-9**)である.デオキシ糖である L-フコース(図 15-15)は糖タンパク質中に存在する.臨床医学では,2-デオキシグルコース(実際には ^{18}F 2-フルオロ-2-デオキシグルコース)のトレーサー量の蓄積が代謝的に活性な腫瘍(高いグルコースの取り込み速度を示す)の検出に利用されている.2-デオキシグルコースはヘキソキナーゼによってリン酸化されるが,それ以上は代謝されずに蓄積する.この蓄積はポジトロン CT によって検出される.

アミノ糖(ヘキソサミン)は糖タンパク質,ガングリオシド,グリコサミノグリカンの構成成分である

アミノ糖としては,ヒアルロン酸の成分である D-グルコサミン(**図 15-10**),コンドロイチンの成分である D-ガラクトサミン(別名,コンドロサミン),D-マンノサミンなどがある.**抗生物質 antibiotic** のいくつか(たとえば,**エリスロマイシン erythromycin**)はアミノ糖を含んでおり,その部分は抗生物質活性にとって重要である.

マルトース,スクロース,ラクトースは重要な二糖類である

二糖類は2つの単糖がグリコシド結合によって結ばれた糖である(**図 15-11**).生理的に重要な二糖類はマルトース,スクロース,ラクトースである(**表 15-4**).スクロースが加水分解されると,"転化糖"とよばれるグルコースとフルクトースの混合物となる.スクロースが弱い右旋性を示すのに対し,加水分解によって生じるフルクトースは強い左旋性を示すので,旋光性が変化(転化)するのがこの名前の由来である.

多糖類は貯蔵および構造的な機能を担う

多糖類には以下の生理的に重要な糖質が含まれる.それらは以下の3つのうちの1つの機能をもたらす.(1)構造的または力学的保護,(2)エネルギーの貯蔵,(3)水との結合による脱水からの保護.

デンプン starch は,グルコースのみが連なって α-グリコシド鎖となったホモ重合体であり,**グルコサン glucosan** または**グルカン glucan** とよばれ,穀類,ジャガイモ,豆類やほかの野菜に存在する最も重要な食物中の糖質である.その主成分は2つで,分枝をもたないらせん構造の**アミロース amylose**(13 〜 20%)と分枝をもつ**アミロペクチン amylopectin**(80 〜 87%)である.アミロペクチンの鎖は 24 〜 30 個のグルコース残基が α1 → 4 結合でつながってできており,分枝点は α1 → 6 結合でつながっている(**図 15-12**).

食物中のデンプンがアミラーゼによって分解される程度は,その構造,結晶化または水和の程度(調理の結果),さらに無傷の(そして難消化性の)植物細胞壁に包まれているかどうかによって決まる.糖尿病患者およ

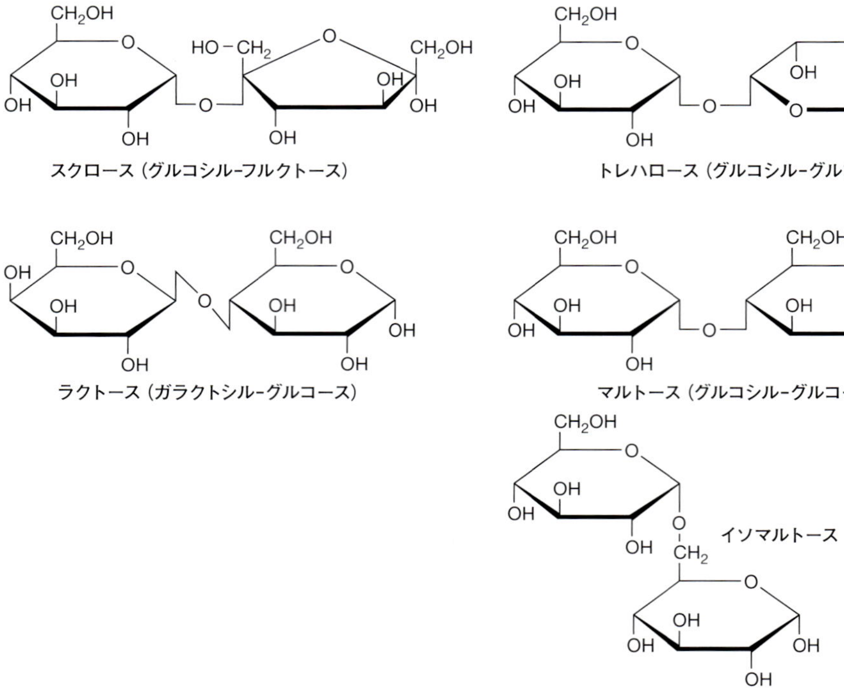

図 15-11. 栄養学的に重要な二糖類の構造

表 15-4. 生理的に重要な二糖類

糖	成分	供給源	臨床的意義
スクロース （ショ糖）	O-α-D-グルコピラノシル-(1→2)-β- D-フルクトフラノシド	サトウキビやてん菜の糖分. ソ ルガム, 数種の果物や野菜	まれなスクラーゼの遺伝的欠損によっ てスクロース不耐症となる. 下痢およ び鼓腸
ラクトース （乳糖）	O-β-D-ガラクトピラノシル-(1→4)- α-D-グルコピラノース	ミルク（および多くの医薬品の 製剤添加物として）	ラクターゼをもたない人（ラクターゼ欠 損症）は, 乳糖不耐症となる. 下痢お よび鼓腸. 妊娠時に尿中に排泄される こともある
マルトース	O-α-D-グルコピラノシル-(1→4)-α- D-グルコピラノース	デンプンの酵素分解（アミラー ゼ）. 発芽させた穀類や麦芽	
イソマルトース	O-α-D-グルコピラノシル-(1→6)-α- D-グルコピラノース	デンプンの酵素分解（アミロペ クチンにおける分枝点）	
ラクツロース	O-β-D-ガラクトピラノシル-(1→4)- β-D-フルクトフラノース	加熱ミルク(少量). おもに合成	腸の酵素では分解されないが, 腸内細菌 で発酵. 弱い浸透圧性緩下剤
トレハロース	O-α-D-グルコピラノシル-(1→1)-α- D-グルコピラノシド	酵母と菌類. 昆虫の血リンパの 主要な糖成分	

び糖尿病予備軍の人はグルコース濃度の調節に問題があり, 消化時に速やかにグルコースレベルを上昇させないような複合糖質を食べることが推奨されている. デンプン食の**グリセミックインデックス glycemic index** は, 等量のグルコースまたは白パンや白飯のような参照とする食物と比べて, 血糖値がどれだけ上昇するかという程度にもとづいている. グリセミックインデックスの重要な決定因子は食物の消化性である.

グリセミックインデックスの範囲は 1 〜 0 で, 小腸で容易に加水分解されるデンプンは 1（あるいは 100%）, まったく加水分解されないものは 0 である.

グリコーゲン glycogen は動物のエネルギー貯蔵のための多糖であり, ときに動物デンプンとよばれる. グリコーゲンはアミロペクチンよりもさらに分枝した構造で, 12 〜 15 個の α-D-グルコピラノース残基（α1 → 4 グルコシド結合）からなる鎖が, α1 → 6 グルコシド

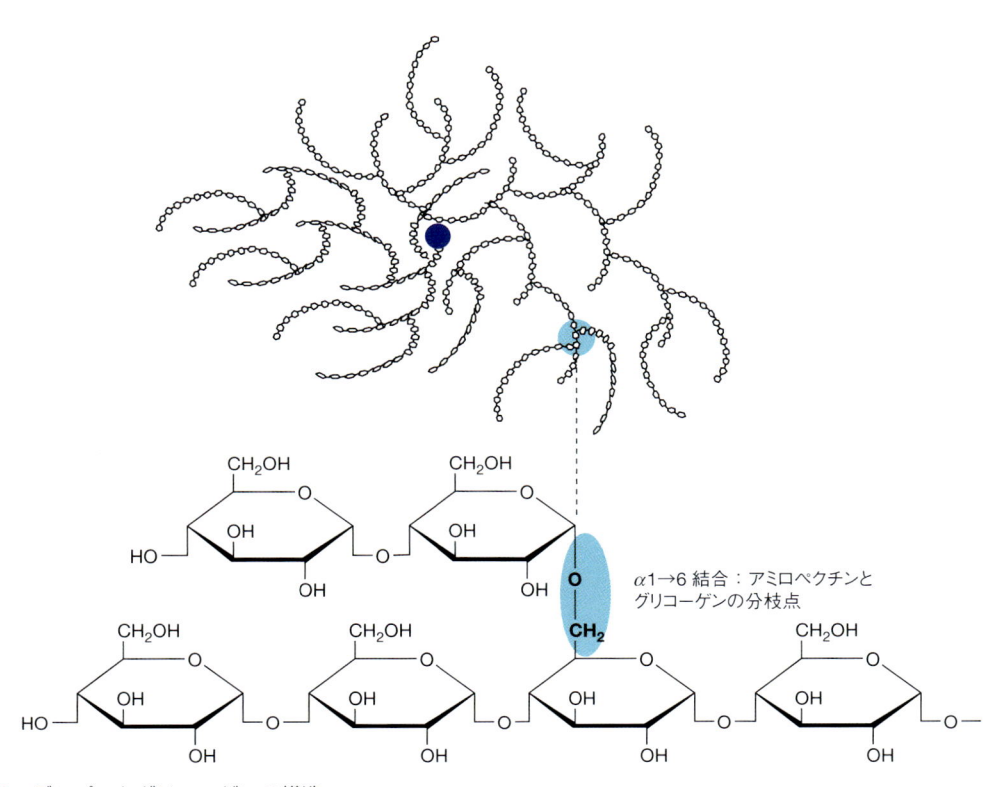

図 15-12. デンプンとグリコーゲンの構造

$\alpha 1 \rightarrow 6$ 結合：アミロペクチンとグリコーゲンの分枝点

図 15-12. デンプンとグリコーゲンの構造
アミロースはグルコース残基が $\alpha 1 \rightarrow 4$ 結合した直鎖状の重合体であり，巻いてヘリックス構造をとる．アミロペクチンとグリコーゲンは $\alpha 1 \rightarrow 4$ 結合したグルコース残基の短鎖からなり，$\alpha 1 \rightarrow 6$ グリコシド結合によって分枝点がつくられている．電子顕微鏡で見ると，グリコーゲン分子は直径約 21 nm の球状構造をしている．その分子質量は約 10^7 Da であり，それぞれが約 13 個のグルコース残基からなる多糖鎖から構成されている．糖鎖は分枝鎖あるいは非分枝鎖であり，12 の同心円層に配置されている．分枝鎖（それぞれが 2 つの分枝をもつ）はより内側の層に存在し，非分枝鎖は最も外側の層に存在する．グリコーゲン分子の中心の青い点はグリコゲニンであり，これはグリコーゲン合成のプライマーとなるタンパク質分子である．

結合によって分枝している．筋肉のグリコーゲン顆粒（β-顆粒）は球状であり，最大 6 万残基のグルコースを含む．肝臓では類似の顆粒のほかに，β-顆粒が会合したと思われるロゼッタ様のグリコーゲン顆粒も存在する．肝臓のグリコーゲンは，末梢組織のグルコースの必要性に応じて速やかに動員される．

　イヌリン inulin はフルクトースからなる多糖の 1 つ（それゆえ，フルクトサンとよばれる）で，ダリア，チョウセンアザミ，タンポポの塊茎や根に存在する．イヌリンは腸の酵素では加水分解されないので，栄養的価値はない．臨床的には腎臓の機能の測定に用いられ，投与されると腎臓から排泄される．腎臓がイヌリンを除去できる能力は腎臓の糸球体ろ過速度を反映する．**デキストリン dextrin** はデンプンの加水分解の中間体のことを指す．**セルロース cellulose** は植物細胞壁の主成分であり，不溶性である．セルロースは β-D-グルコピラノース単位が $\beta 1 \rightarrow 4$ 結合で連結した長く直線的な

鎖からなり，鎖の構造は水素結合の架橋によって強化されている．哺乳類は $\beta 1 \rightarrow 4$ 結合を加水分解する酵素をもたないので，セルロースを消化できない．セルロースは食物繊維の主成分である．反芻動物や他の草食動物の消化管内に共生している微生物は $\beta 1 \rightarrow 4$ 結合を切断することができるので，セルロースの分解物を発酵させて主要エネルギー源である短鎖脂肪酸に変換することができる．最近の研究成果によると，これらの短鎖脂肪酸の利用可能の程度（腸に局在する微生物の分布によって決定される）は，病気（糖尿病，肥満，過敏性大腸炎）のリスクのある人の代謝上の健康に影響を与えることが示唆されている．プレバイオティクス（腸内の細菌の活動および増殖を促進する食品成分）を用いて腸内細菌の成分を操作すれば，細菌分布が変化して代謝における健康を改善できるかもしれない．ヒトの大腸においても，細菌によるセルロースの代謝がいくぶんか見られる．**キチン chitin** は構造多糖であ

セルロース：β1→4 結合でつながったグルコース重合体

キチン：β1→4 結合でつながった N-アセチルグルコサミン重合体

ペクチン：α1→4 結合でつながったガラクツロン酸重合体．部分的にメチル化されており，
いくつかのグルコースとアラビノースの分枝をもつ

イヌリン：β2→1 結合でつな
がったフルクトース重合体

図 15-13. いくつかの重要な非デンプン多糖類の構造

り，甲殻類や昆虫の外骨格に含まれる以外に，キノコ
にも存在する．キチンは N-アセチル-D-グルコサミン
の単位がβ1 → 4 グリコシド結合でつながっている．**ペ
クチン pectin** は果物に含まれている．ペクチンはガラ
クツロン酸が α1 → 4 結合でつながった重合体で，ガ
ラクトースおよび（あるいは）アラビノースの分枝をも
ち，部分的にメチル化されている（**図 15-13**）．

グリコサミノグリカン glycosaminoglycan（ムコ多
糖）は**アミノ糖 amino sugar** や**ウロン酸 uronic acid** を
含む複合糖質である．グリコサミノグリカンはタンパ
ク質と結合して**プロテオグリカン proteoglycan** を形
成する．プロテオグリカンは，結合組織の下地または
充填用の成分となる（50 章参照）．プロテオグリカンは
大量の水を含み，空間を占める．これはこの糖が多く
の OH 基と負電荷をもつためであり，電荷が反発する
ことで糖鎖が互いに離れている．プロテオグリカンは，
ほかの構造体（関節や軟骨の結合組織）のクッションま
たは潤滑成分としてはたらく．グリコサミノグリカン
の例は，**ヒアルロン酸 hyaluronic acid** や**コンドロイチ
ン硫酸 chondroitin sulfate** であり，**ヘパリン heparin**
は重要な抗凝血剤である（**図 15-14**）．

糖タンパク質 glycoprotein（ムコタンパク質）は，フ
コース（**図 15-15**）を含む分枝または分枝していないオ
リゴ糖鎖をもつタンパク質である（**表 15-5**）．糖タンパ

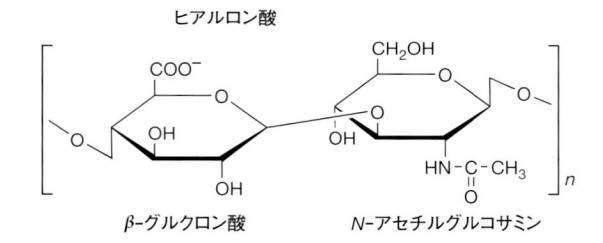

ヒアルロン酸

β-グルクロン酸　　　N-アセチルグルコサミン

コンドロイチン 4-硫酸
［注：6-硫酸もある］

β-グルクロン酸　　　N-アセチルガラクトサミン硫酸

ヘパリン

硫酸化グルコサミン　　　硫酸化イズロン酸

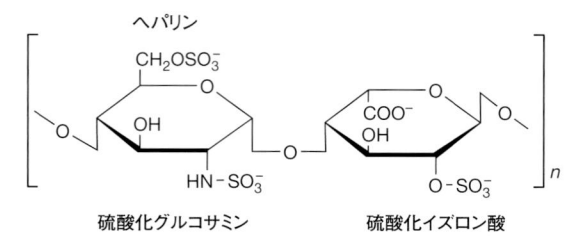

図 15-14. いくつかの複合多糖類とグリコサミノグリカン
の構造

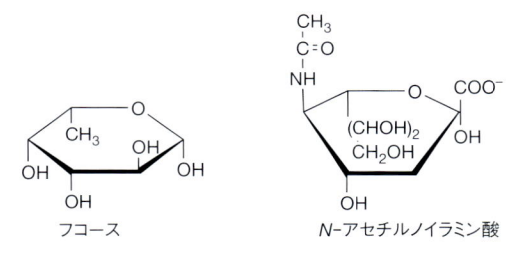

フコース　　　　　　　　　N-アセチルノイラミン酸

図 15-15. β-L-フコース（6-デオキシ-β-L-ガラクトース）と N-アセチルノイラミン酸（シアル酸の一種）

表 15-5. 糖タンパク質中で見られる糖質

ヘキソース	マンノース（**Man**） ガラクトース（**Gal**）
アセチルヘキソサミン	N-アセチルグルコサミン（GlcNAc） N-アセチルガラクトサミン（GalNAc）
ペントース	アラビノース（Ara） キシロース（Xyl）
メチルペントース	L-フコース（Fuc，図 15-15）
シアル酸	ノイラミン酸の N-アシル誘導体；最も普遍的なシアル酸は，N-アセチルノイラミン酸（NeuAc，図 15-15）

ク質は細胞膜（40 章および 46 章参照）に見られ，多くの細胞膜タンパク質はグリコシル化されている．シアル酸 sialic acid はノイラミン酸の N-または O-アシル誘導体である（図 15-15）．**ノイラミン酸 neuraminic acid** はマンノサミン（グルコサミンのエピマー）とピルビン酸に由来する九炭糖である．シアル酸は**糖タンパク質 glycoprotein** および**ガングリオシド ganglioside** の両方の成分である．

　タンパク質は糖化を受けることがあるが，これは糖質（たとえば，グルコース）のタンパク質への非酵素的付加による．血中グルコースレベルが増加すると糖化は促進される．糖化型ヘモグロビン［ヘモグロビン（Hb）A_{1c}］は糖尿病患者では増加しているので，糖尿病の診断に利用されている．糖尿病の治療においても，グルコース濃度がうまく管理されているかどうかを知るためにヘモグロビン A_{1c} がモニターされる．

糖質は細胞膜とリポタンパク質内に存在する

　細胞膜重量の約 5% は糖タンパク質（46 章参照）と糖脂質由来の糖質である．それらが細胞膜の外表面（**グリコカリックス glycocalyx**）に存在することは，植物レクチン lectin を用いて示されている．レクチンとは特定の糖残基に結合するタンパク質である．たとえば，**コンカナバリン A concanavalin A** は α-グルコシルおよび α-マンノシル残基に結合する．**グリコホリン glycophorin** はヒト赤血球の主要な膜内在性糖タンパク質で，130 アミノ酸残基からなる．このタンパク質は脂質膜を横切り，細胞膜の外と内側（細胞質側）にポリペプチド鎖を突き出している．糖鎖は細胞外に位置するアミノ末端領域に結合している．糖鎖は血漿のリポタンパク質であるアポタンパク質 B にも存在する．ABO 血液型は，赤血球表面の異なる免疫原性分子によって規定される．ABO 血液型の抗原はタンパク質に結合したオリゴ糖鎖である[2]．酵素 ABO **グリコシルトランスフェラーゼ glycosyltransferase** における多型は，オリゴ糖鎖にどの単糖が結合するかどうかを決定する．A 型の人は A-トランスフェラーゼを発現しており，酵素は N-アセチルガラクトサミンを転移させる．B 型の人は B-トランスフェラーゼを発現しており，ガラクトースを結合させる．O 型の人は変異のために，不活性な ABO トランスフェラーゼを発現しているので，オリゴ糖鎖にさらなる糖付加は起こらない．細胞表面のタンパク質にオリゴ糖が付加されると抗原性をもつようになる．O 型の人はこの修飾をもたないので，万能供血者となる．

まとめ

- グライコームは，ある生物における遊離またはより複雑な複合体として存在する糖の全体をさす．グライコミクスは，遺伝学，生理学，病理学，およびほかの側面を含むグライコームの研究を意味する．
- 糖質は，動物の食餌と動物組織の主要な構成成分である．糖質はその分子を構成する単糖のタイプや数によって特徴づけられる．

2）　訳者注：スフィンゴ脂質に結合しているオリゴ糖鎖も ABO 血液型の抗原である．

- グルコースは哺乳類の生化学的な面において最も重要な糖質である．なぜなら，食物中のほとんどすべての糖質はグルコースに変換されてから代謝されるからである．
- 糖はいくつかの不斉炭素原子をもっているので，多数の立体異性体をもつ．
- 生理的に重要な単糖は，血糖であるグルコースと，ヌクレオチドおよび核酸の重要な成分であるリボースである．
- 重要な二糖類は，デンプン消化の中間体であるマルトース（グルコシルグルコース），フルクトースを含む食物成分として重要なスクロース（グルコシルフルクトース），ミルク中のラクトース（ガラクトシルグルコース）などである．
- デンプンとグリコーゲンは，それぞれ植物と動物の貯蔵グルコース重合体である．デンプンは食物中の主要エネルギー源である．
- 複合糖質はアミノ糖，ウロン酸，シアル酸のような糖誘導体を含む．プロテオグリカンやグリコサミノグリカンは複合糖質であり，組織の構造的な成分と関連している．糖タンパク質（オリゴ糖鎖をもつタンパク質）も複合糖質に含まれ，細胞膜を含むさまざまな場所に見出される．
- オリゴ糖は生物学的情報を含んでおり，それはオリゴ糖の成分とそれらの配列や結合に依存する．

クエン酸回路：糖質, 脂質, アミノ酸代謝の中心経路 16

The Citric Acid Cycle: The Central Pathway of Carbohydrate, Lipid, & Amino Acid Metabolism

学 習 目 標
本章習得のポイント

- クエン酸回路の反応を解説する.
- 還元当量を産生する反応を確認する. 還元当量はミトコンドリアの電子伝達系において酸化されて ATP を産生する.
- クエン酸回路においてビタミンを必要とする段階を確認する.
- クエン酸回路が, アミノ酸の異化と合成の両方の経路をどのように担うのかを説明する.
- クエン酸回路中間体の補充と消費を可能にする主要なアナプレロティック（補充）とカタプレロティック（消費）経路について解説する.
- 脂肪酸合成におけるクエン酸回路の役割を解説する.
- クエン酸回路の活性が, 酸化された補因子の利用可能度によってどのように調節されているのかを説明する.
- なぜ高アンモニア血症がクエン酸回路の流量を損なうのかを説明する.

生物医学的重要性

クエン酸回路（Krebs 回路またはトリカルボン酸回路）はミトコンドリアに存在する反応経路で, アセチル–CoA のアセチル部分を酸化して CO_2 を産生する. またこの経路は, ATP の合成と共役した電子伝達系（13 章参照）において酸化された補酵素の還元と共役している.

クエン酸回路は, 糖質, 脂質, タンパク質の酸化のための最終的な共通経路である. グルコース, 脂肪酸, そしてほとんどのアミノ酸は代謝されてアセチル–CoA となるか, あるいはクエン酸回路の中間体となる. クエン酸回路は, 糖新生, 脂質合成, アミノ酸の相互変換においても中心的役割をもつ. これらの過程の多くは, ほとんどすべての組織で起こるが, すべての過程がかなりの程度で起こっているのは肝臓だけである. それゆえ, たとえば肝細胞の多くが急性**肝炎 hepatitis** よってダメージを受けたり, 結合組織に置き換わった場合（**肝硬変 liver cirrhosis**）には, 非常に深刻な影響がもたらされる. クエン酸回路のいくつかの酵素については遺伝的欠損が報告されており, その欠損によって中枢神経系における ATP の合成が大きく損なわれ, 深刻な神経障害が引き起こされる.

進行した肝臓病で見られる高アンモニア血症では, 意識消失, 昏睡, 痙攣が引き起こされる. これは, クエン酸回路の障害によって ATP 合成が減少した結果である. アンモニアは, クエン酸回路の中間体を枯渇させ（グルタミン酸とグルタミンの合成のために α–ケトグルタル酸を消費）, さらに α–ケトグルタル酸の酸化的脱炭酸を阻害する.

クエン酸回路は呼吸鎖の基質を提供する

クエン酸回路は, アセチル–CoA のアセチル部分と炭素 4 個のジカルボン酸であるオキサロ酢酸が反応して, 炭素 6 個のトリカルボン酸であるクエン酸が生成する反応でスタートする. 引き続く一連の反応において 2 分子の CO_2 が遊離し, オキサロ酢酸が再生される（**図 16-1**）. オキサロ酢酸がほんの少量あれば, 大量のアセチル–CoA を酸化することができる. オキサロ酢酸は回路の最後で再生されるので, **触媒的な役割 catalytic role** をしていると考えることができる.

クエン酸回路は, 代謝エネルギー源の酸化と共役して ATP を産生するための主要経路である. アセチル–CoA の酸化の間に補酵素は還元され, 続いて呼吸鎖に

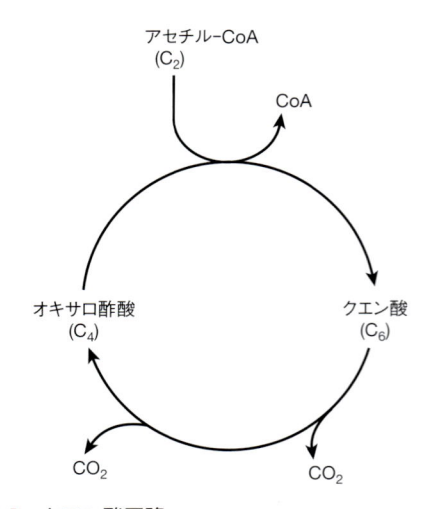

図 16-1.　クエン酸回路
回路を維持するためにオキサロ酢酸の再生が重要であることを示す.

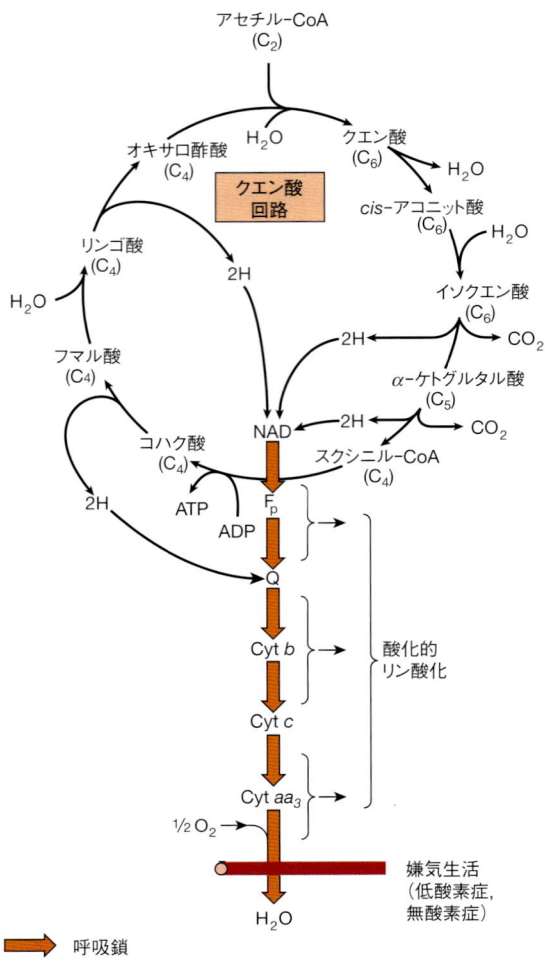

呼吸鎖

F_p　フラビンタンパク質

Cyt　シトクロム

図 16-2.　クエン酸回路：アセチル-CoA の主要な異化経路
アセチル-CoA は，糖質，タンパク質，脂質の異化作用の産物である．アセチル-CoA はクエン酸となって回路に入り，酸化されて CO_2 となり，このとき，補酵素が還元される．呼吸鎖による補酵素の再酸化によって ADP がリン酸化されて ATP となる．回路が 1 回転する間に，9 個の ATP が酸化的リン酸化を介して生成され，1 個の ATP（または GTP）がスクシニル-CoA のコハク酸への変換により基質レベルで生成する．

おいてそれらは再酸化され，共役して ATP が産生される（酸化的リン酸化，**図 16-2**，13 章も参照）．この過程は**好気的 aerobic** であり，還元された補酵素を酸化するための最終酸化剤として酸素を必要とする．クエン酸回路の酵素は**ミトコンドリアのマトリックス mitochondrial matrix** に局在し，内膜およびクリステ部分に結合した状態または膜から遊離した状態で存在する．内膜には呼吸鎖の酵素と補酵素も存在する（13 章参照）．

　クエン酸回路を維持するためには，回路に入る炭素数と出る炭素数は等しくなくてはならない．2 つの炭素からなる分子（アセチル-CoA）は 4 つの炭素からなる分子（オキサロ酢酸）と結合し，6 つの炭素からなる分子（クエン酸）が形成される．回路が 1 周するとクエン酸はオキサロ酢酸へと戻され，2 つの炭素は CO_2 として放出される．もしアセチル CoA 以外を介してクエン酸回路に代謝経路から炭素が加えられると（糖新生におけるピルビン酸（C_3）からオキサロ酢酸（C_4），19 章参照），等量の炭素を回路から放出させる経路が存在しなければならない（オキサロ酢酸（C_4）からホスホエノールピルビン酸（C_3））．炭素の補充は**アナプレロティック反応 anaplerosis**，炭素の消費は**カタプレロティック反応 cataplerosis** とよばれる．すなわち，クエン酸回路が維持されるためにはアナプレロティック反応がカタプレロティック反応と等しく起こる必要がある．

クエン酸回路の反応によって還元当量と CO_2 が生成する

　最初の反応はアセチル-CoA とオキサロ酢酸（C_4）の間で起こり，クエン酸（C_6）が生成する（**図 16-3**）．この反応を触媒する**クエン酸シンターゼ citrate synthase** は，アセチル-CoA のメチル炭素とオキサロ酢酸のカ

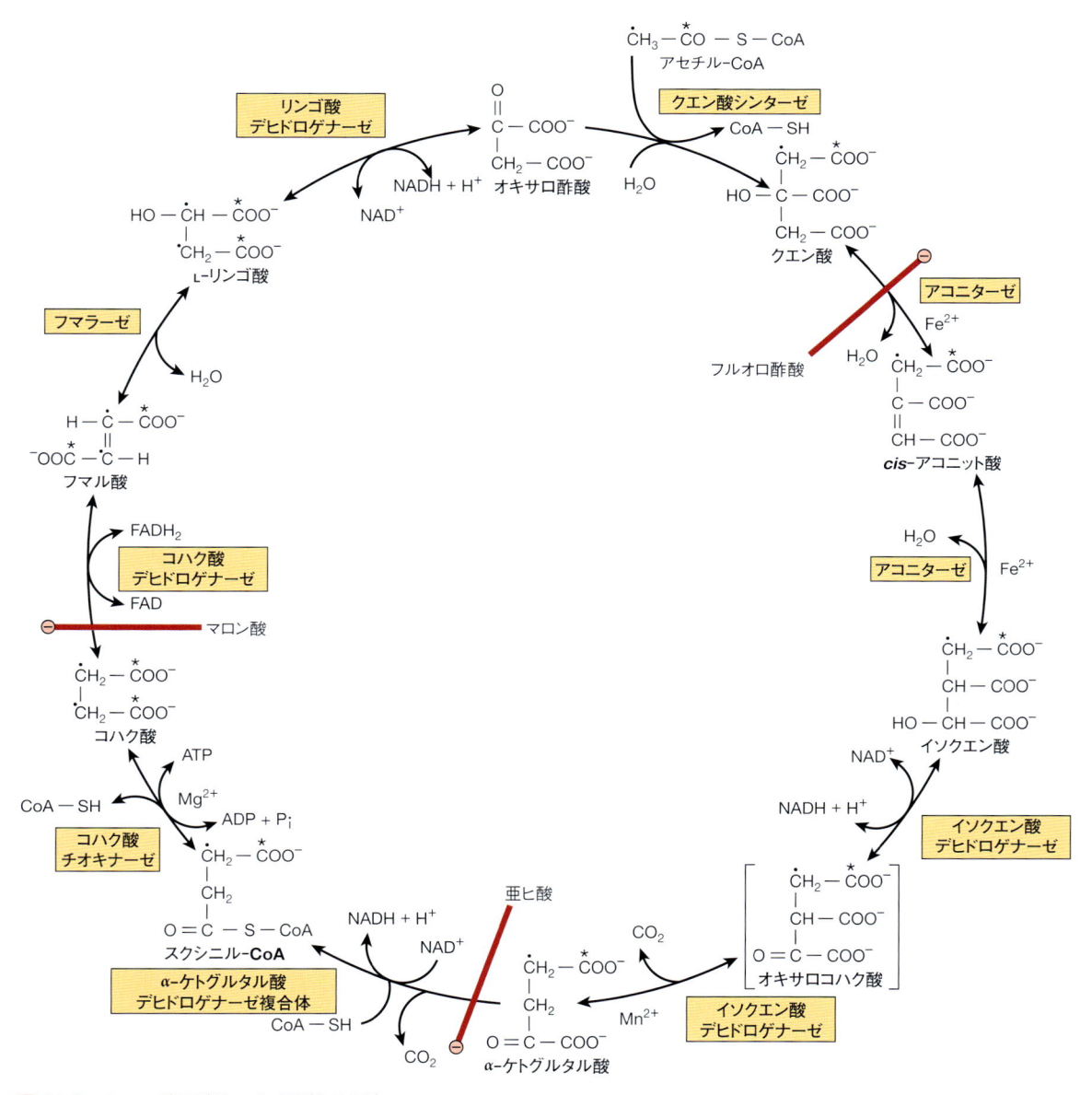

図 16-3. クエン酸回路（Krebs 回路）の反応

呼吸鎖中で NADH と $FADH_2$ が酸化されると，酸化的リン酸化によって ATP が生成される．回路中でアセチル-CoA の代謝をたどれるようにするため，アセチル基由来の 2 個の炭素原子，すなわち，カルボキシ基の炭素（＊印を用いる）とメチル基の炭素（・印を用いる）を標識して示してある．回路が 1 周する間に 2 個の炭素原子が CO_2 として失われるが，これらの炭素原子は回路が回転する直前に回路に入ったアセチル-CoA に由来するものではなく，オキサロ酢酸に由来する．しかし，回路が 1 周した後には，生成したオキサロ酢酸に標識が入ることになり，回路の次の回転の間に標識された CO_2 は遊離する．コハク酸は対称的な化合物であり，この段階で標識の“ランダム化”が起きて，回路が 1 周した後には，オキサロ酢酸の 4 個の炭素全部が標識されているようになる．糖新生が起こると，オキサロ酢酸中の標識炭素の一部はグルコースとグリコーゲンへ入る（図 19-1 参照）．フルオロ酢酸，マロン酸，亜ヒ酸により阻害を受ける場所（⊖）を示した．

ルボニル炭素の間に炭素-炭素結合を形成させる．反応中に生じるシトリル-CoA のチオエステル結合は加水分解され，クエン酸と CoASH が遊離する．この反応は発熱的である．遊離した補酵素 A（CoASH）は，ピルビン酸デヒドロゲナーゼ複合体によってピルビン酸が

アセチル CoA に変換されるときに再利用される．

　クエン酸は，**アコニターゼ aconitase**（アコニット酸ヒドラターゼ）によって異性化されてイソクエン酸となる．この反応は 2 段階で起こり，最初は脱水が起こって cis-アコニット酸となり，次にふたたび水が付加さ

れてイソクエン酸となる．クエン酸は対称的な分子であるが，アコニターゼはクエン酸を非対称的に認識する．そのため，回路のその後の反応において除去される2つの炭素原子は，アセチル-CoA由来の炭素原子ではない．この非対称的な挙動は，**チャネリング chan-neling** の結果である．つまり，クエン酸シンターゼの産物は外液中へ拡散せず，直接的にアコニターゼの活性部位へと移動する．脂肪酸合成時には，アナプレロティック（補充）経路が利用されて回路にオキサロ酢酸（ピルビン酸カルボキシラーゼ反応によって生成）が加えられるので，さらにクエン酸がつくられ，それはイソクエン酸となる．過剰なイソクエン酸はアコニターゼのブレーキとしてはたらく．チャネリングのために，アコニターゼがその産物であるイソクエン酸で阻害されているときは，クエン酸は溶液中で利用できるようになり，脂肪酸合成のためにミトコンドリアからサイトゾルへ輸送される．“遊離”のクエン酸は回路から放出されて（カタプレロティック反応），脂肪酸合成のためのアセチル-CoAの原料となる．これによってクエン酸回路の活性（進行）が維持されてATPと還元当量の生成が可能となる．サイトゾルのクエン酸はアセチル-CoA合成の原料となり，一方，つくられたエネルギー（ATPと還元当量）は，脂肪酸合成過程のエネルギーを供給するために必要である．

　毒物である**フルオロ酢酸 fluoroacetate** はいくつかの植物に存在し，それらの摂取は草食動物にとって致命的となることがある．いくつかのフッ素化合物は抗がん剤や工業化学物質（殺虫剤を含む）として使われているが，代謝されてフルオロ酢酸となる．この化合物は毒性を示す．なぜなら，フルオロ酢酸はフルオロアセチル-CoAとなり，オキサロ酢酸と縮合してフルオロクエン酸となってアコニターゼを阻害するからである．その結果として，クエン酸が蓄積する．

　イソクエン酸は，**イソクエン酸デヒドロゲナーゼ isocitrate dehydrogenase** によって脱水素反応を受け，酵素に結合したオキサロコハク酸の状態を経て，脱炭酸によってα-ケトグルタル酸（2-オキソグルタル酸）となる．脱炭酸反応には Mg^{2+} または Mn^{2+} が必要である．イソクエン酸デヒドロゲナーゼには3種のアイソザイムがあり，ニコチンアミドアデニンジヌクレオチド（NAD^+）を利用するものはミトコンドリア内にのみ見出される．ほかの2種は $NADP^+$ を利用し，ミトコンドリアとサイトゾルの両方にある．呼吸鎖と共役するイソクエン酸の酸化は，NAD^+ 依存性酵素による．

　α-ケトグルタル酸は，ピルビン酸の場合（図17-5参照）と同様に，多酵素複合体によって**酸化的脱炭酸 oxidative decarboxylation** を受ける．α-ケトグルタル酸デヒドロゲナーゼ複合体 α-ketoglutarate dehydrogenase complex は，ピルビン酸デヒドロゲナーゼ複合体と同じ補因子，すなわちチアミン二リン酸，リポ酸，NAD^+，フラビンアデニンジヌクレオチド（FAD），CoAを必要とし，スクシニル-CoAを生じる．この反応の平衡はスクシニル-CoA合成に大きくかたよっており，生理的には一方的に進行する反応であると考えられている．ピルビン酸の酸化の場合（17章参照）と同様に，亜ヒ酸はこの反応を阻害し，基質である**α-ケトグルタル酸 α-ketoglutarate** を蓄積させる．肝臓の病気において見られるように，高濃度のアンモニアはα-ケトグルタル酸デヒドロゲナーゼを阻害する．

　スクシニル-CoAは，**コハク酸チオキナーゼ succinate thiokinase（スクシニル-CoA シンテターゼ suc-cinyl-CoA synthetase）** によってコハク酸へと変換される．これは，クエン酸回路内で起こる唯一の基質レベルのリン酸化（酵素に結合したリン酸基がGDPまたはADPへ転移してGTPまたはATPが生成）である．糖新生を行う組織（肝臓と腎臓）は2つのアイソザイムをもっており，1つはGDPに特異的であり，もう1つはADPに特異的である．生成したGTPは，オキサロ酢酸が脱炭酸されてホスホエノールピルビン酸となる糖新生の反応に利用され，クエン酸回路の進行と糖新生によるオキサロ酢酸の消費（カタプレロティック反応）の間に調節的な連関をもたらしている．糖新生を行わない組織には，ADPをリン酸化するアイソザイムのみが存在する．

　ケトン体が肝外組織で代謝されるときには，スクシニル-CoAを利用する別の反応があり，その反応は**スクシニル-CoA-アセト酢酸-CoA トランスフェラーゼ succinyl-CoA-acetoacetate-CoA transferase（チオホラーゼ thiophorase）** で触媒される．この反応は，スクシニル-CoAのCoA部分をアセト酢酸へと転移させ，アセトアセチル-CoAとコハク酸を生成する（22章参照）．

　コハク酸の前方向への代謝，つまりコハク酸からオキサロ酢酸を再生するための化学反応は，脂肪酸のβ酸化における一連の反応と同様に進行する．すなわち，脱水素反応によって炭素-炭素間に二重結合が生じ，水が付加してヒドロキシ基が生成し，さらなる脱水素反応が起こってオキサロ酢酸のオキソ基ができる．

　フマル酸を生じる最初の脱水素反応は，ミトコンドリア内膜の内側に結合している**コハク酸デヒドロゲ**

ナーゼ succinate dehydrogenase で触媒される．この酵素は FAD と鉄-硫黄（Fe-S）タンパク質を含み，電子伝達系のユビキノンを直接還元する．**フマラーゼ fumarase**（フマル酸ヒドラターゼ fumarate hydratase）は，フマル酸の二重結合に水を付加する反応を触媒し，リンゴ酸を生成する．リンゴ酸は**リンゴ酸デヒドロゲナーゼ malate dehydrogenase** によって酸化されてオキサロ酢酸へと変換され，このとき NAD^+ が還元されて NADH となる．この反応の平衡はリンゴ酸生成に大きくかたよっているが，オキサロ酢酸は速やかに消費されるので，正味の流れはオキサロ酢酸の生成に向いている．オキサロ酢酸は複数の反応で利用される（クエン酸となるか，ミトコンドリアを離れて糖新生の基質となるか，あるいはアミノ基転移反応を受けてアスパラギン酸となる）．NADH は呼吸鎖によって再酸化されて NAD^+ となる．

クエン酸回路が1周すると10個のATPが生成する

クエン酸回路のデヒドロゲナーゼによって触媒される酸化の結果，1回のサイクルあたり，1分子のアセチル-CoA の異化によって3分子の NADH と1分子の $FADH_2$ が生じる．これらの還元当量は呼吸鎖に移され（図 13-3 参照），1分子の NADH の再酸化によって約 2.5 分子の ATP が生じ，1分子の $FADH_2$ によって約 1.5 分子の ATP が生じる．さらに，コハク酸チオキナーゼによって触媒される基質レベルのリン酸化によって1分子の ATP（または GTP）が生じる．

クエン酸回路ではビタミンが重要な役割を果たす

4種類のビタミン B（44 章参照）がクエン酸回路，すなわちエネルギーを産生する代謝には必須である．**リボフラビン riboflavin** は FAD として，コハク酸デヒドロゲナーゼの補因子となる．**ナイアシン niacin** は NAD^+ として，イソクエン酸デヒドロゲナーゼ，α-ケトグルタル酸デヒドロゲナーゼ，リンゴ酸デヒドロゲナーゼの電子受容体となる．チアミン（**ビタミン B_1 vitamin B_1**）はチアミン二リン酸として，α-ケトグルタル酸デヒドロゲナーゼの脱炭酸反応の補酵素となる．**パントテン酸 pantothenic acid** は補酵素 A の部分構造

となる．補酵素 A はカルボン酸によってエステル化されて，アセチル-CoA やスクシニル-CoA となる．

クエン酸回路は代謝において極めて重要な役割をもつ

クエン酸回路は，たんに2つの炭素単位を酸化する経路ではなく，アミノ酸の**アミノ基転移 transamination** や**脱アミノ deamination**（28 章および 29 章参照）によって生じる代謝物の相互変換を行ったり，アミノ基転移による**アミノ酸合成 amino acid synthesis**（27 章参照），**糖新生 gluconeogenesis**（19 章参照），**脂肪酸合成 fatty acid synthesis**（23 章参照）において基質を供給したりするための主要経路でもある．この経路は酸化経路であると同時に合成経路でもあるという点で，**両性 amphibolic** 経路といえる（**図 16-4**）．

クエン酸回路は，糖新生，アミノ基転移，脱アミノに関与する

クエン酸回路のすべての中間体は潜在的に**糖原性 glucogenic** である．なぜなら，それらはオキサロ酢酸に変換可能なのでグルコースを生成することができる（糖新生を行うことのできる肝臓や腎臓，19 章参照）．クエン酸回路から離れて糖新生へ向かう反応を触媒する鍵酵素は，**ホスホエノールピルビン酸カルボキシキナーゼ phosphoenolpyruvate carboxykinase** であり，この酵素はオキサロ酢酸を脱炭酸してホスホエノールピルビン酸を生じ，このときリン酸供与体として GTP を利用する（図 19-1 参照）．この反応のために必要な GTP は，GDP 依存型のコハク酸チオキナーゼによって供給されている．この仕組みによって，GTP が供給されないかぎりは，オキサロ酢酸が糖新生のためにクエン酸回路から除かれないようになっている．この仕組みがないと，クエン酸回路の中間体が消費されて ATP 産生が減少する．

クエン酸回路への基質の補充はいくつかの反応の結果として起こる．そのような**アナプレロティック反応**の中で最も重要な反応は，**ピルビン酸カルボキシラーゼ pyruvate carboxylase** によって触媒されるピルビン酸のカルボキシル化であり，この反応によってオキサロ酢酸が生成する（図 16-4）．この反応は，アセチル-CoA との縮合反応に使われるオキサロ酢酸の濃度を適切に維持するという点で重要である．アセチル-CoA が蓄積すると，それはピルビン酸カルボキシラー

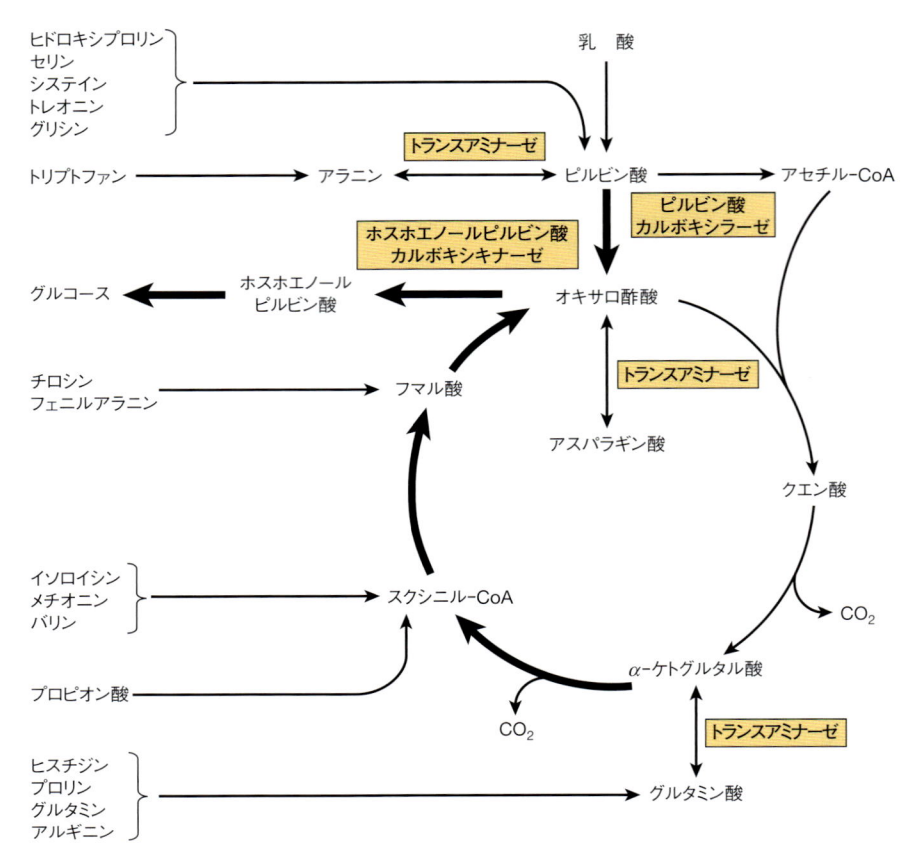

図 16-4. クエン酸回路のアミノ基転移と糖新生への関与
太い矢印は糖新生の主要な経路を示している.

ぜのアロステリック活性化因子およびピルビン酸デヒ
ドロゲナーゼの阻害剤としてはたらき，この調節に
よってオキサロ酢酸の供給が保証される．乳酸は糖新
生の重要な基質であるが，酸化されてピルビン酸とな
り，カルボキシル化されてオキサロ酢酸となってクエ
ン酸回路に入る．**グルタミン glutamine** と**グルタミ
ン酸 glutamate** は重要な補充基質である．これらは，グ
ルタミナーゼとグルタミン酸デヒドロゲナーゼによっ
て触媒される反応によって α-ケトグルタル酸を生じ
る．**アスパラギン酸 aspartate** のアミノ基転移は直接
的にオキサロ酢酸を生じる．代謝されて**プロピオニル-
CoA propionyl-CoA** を生じるさまざまな化合物も補
充基質として重要であり，プロピオニル-CoA はカル
ボキシル化と異性化を受けてスクシニル-CoA となる
ことができる．

アミノトランスフェラーゼ aminotransferase（トラ
ンスアミナーゼ）反応によって，アラニンからピルビン
酸，アスパラギン酸からオキサロ酢酸，グルタミン酸
から α-ケトグルタル酸が生じる．これらの反応は可逆

的なので，クエン酸回路はこれらのアミノ酸合成のた
めの炭素骨格の供給源にもなる（カタプレロティック
反応）．ほかのアミノ酸は，その炭素骨格部分からクエ
ン酸回路の中間体が生じるので，糖新生に寄与する．ア
ラニン，システイン，グリシン，ヒドロキシプロリン，
セリン，トレオニン，トリプトファンはピルビン酸を
生じ，アルギニン，ヒスチジン，グルタミン，プロリ
ンはグルタミン酸を生じ，イソロイシン，メチオニン，
バリンはスクシニル-CoA を生じ，チロシンとフェニ
ルアラニンはフマル酸を生じる（図 16-4）．

クエン酸回路自身は，α-ケトグルタル酸，スクシニ
ル-CoA，フマル酸，オキサロ酢酸のような中間体を生
じるアミノ酸の炭素骨格を完全に酸化するための経路
とはならず，この回路によってオキサロ酢酸量の増加
が引き起こされる．完全に酸化するためには，カタプ
レロティック経路が使われる必要がある．オキサロ酢
酸は回路から離れ，（GTP を消費して）リン酸化および
脱炭酸されてホスホエノールピルビン酸となり，さら
に脱リン酸化（ピルビン酸キナーゼによって触媒）され

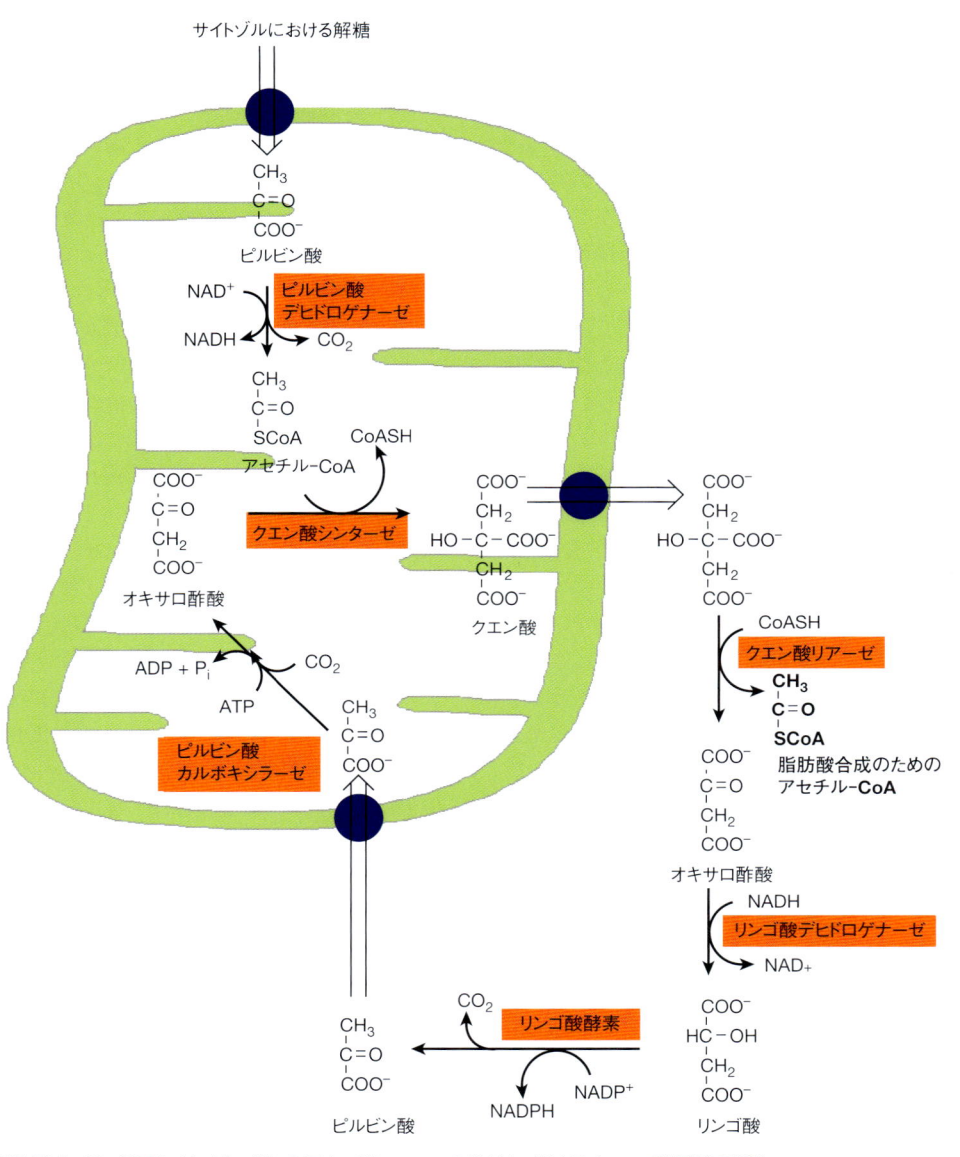

図 16-5. 脂肪酸合成に必要なサイトゾルのアセチル–CoA の供給におけるクエン酸回路の関与

てピルビン酸となり，酸化的に脱炭酸（ピルビン酸デヒ
ドロゲナーゼによって触媒）されてアセチル–CoA と
なる必要がある．

　反芻動物では，細菌の発酵によって生じるプロピオ
ン酸を含む短鎖脂肪酸が主要なエネルギー源となる．
プロピオン酸は，ルーメン（第一胃）発酵によって生じ
る主要な糖原性の生成物である．プロピオン酸はメチ
ルマロニル–CoA 経路（図19-2 参照）を介してスクシニ
ル–CoA へと変換されてクエン酸回路に入り，糖新生
経路に入ってグルコースとなる．

クエン酸回路は脂肪酸合成に寄与する

　ピルビン酸デヒドロゲナーゼの作用によってピルビ
ン酸から生成するアセチル–CoA は，非反芻動物の長
鎖脂肪酸合成の主要な基質である（**図 16-5**．反芻動物
では，アセチル–CoA は酢酸から直接つくられる）．ピ
ルビン酸デヒドロゲナーゼはミトコンドリア酵素であ
り，脂肪酸合成経路はサイトゾルに存在する．ミトコ
ンドリア膜はアセチル–CoA を通過させることができ
ないので，アセチル–CoA は，クエン酸がミトコンド
リアからサイトゾルへ輸送されて分解されることに
よってサイトゾルに供給される．この分解反応は，**ク**

エン酸リアーゼ citrate lyase によって触媒される（図16-5）．アコニターゼがその生成物で阻害され，そのため基質クエン酸で飽和されると，チャネルを通してクエン酸がクエン酸シンターゼからアコニターゼへ直接輸送されなくなる．その場合においてのみクエン酸はミトコンドリア外へと輸送されるようになる．この仕組みによって，クエン酸回路の連続した進行が保証される適切な量のクエン酸が存在するときのみに，クエン酸を脂肪酸合成に利用するようになっている．カタプレロティック反応とアナプレロティック反応の経路に関与する多くのミトコンドリア輸送系(たとえば，リンゴ酸，クエン酸，ピルビン酸)の分子実体と調節はほとんどわかっていないが[1]，それらの輸送系はこれらの経路において極めて重要な役割をしていると考えられる．

　クエン酸リアーゼ反応によって生成したオキサロ酢酸は，ミトコンドリアへ再度入ることはできない．しかしながら，オキサロ酢酸は NADH の消費に伴って還元されてリンゴ酸となり，酸化的に脱炭酸されてピルビン酸となる(図16-5)．このとき $NADP^+$ が還元されて NADPH を生じる．リンゴ酸酵素で触媒される後者の反応は，脂肪酸合成に必要な NADPH の半分を供給する（残りはペントースリン酸経路由来，20 章参照）．ピルビン酸はミトコンドリアに入り，ピルビン酸カルボキシラーゼによってカルボキシル化されてオキサロ酢酸となる．この反応は ATP 依存性であり，補酵素としてビタミンの一種であるビオチンを利用する．

クエン酸回路の調節は主として酸化型補因子の供給に依存している

　クエン酸回路の主要な役割がエネルギー産生のためである組織のほとんどでは，呼吸鎖および酸化的リン酸化を介した呼吸調節 respiratory control によって，クエン酸回路の活性が制御されている(13 章参照)．すなわち，クエン酸回路の活性は NAD^+ の供給に迅速に応答する．NADH の酸化とリン酸化(ATP 合成)は強く共役しているので，回路の活性は ADP の有無に依存し，最終的には化学的および物理的な活動による ATP の消費に依存する．すなわち，ATP の利用が増加（たとえば，筋収縮の場合）すると ADP が産生され回路の進行を促進する．もし ATP の需要が減ると，回路

の進行はその需要にみあって遅くなる．さらに，クエン酸回路の各酵素は調節を受けており，一般的にこれらの調節機構は，エネルギー需要の急激な変化をクエン酸回路の流量と共役させる．調節が起こっている主要な段階は，ピルビン酸デヒドロゲナーゼ，クエン酸シンターゼ，イソクエン酸デヒドロゲナーゼ，α-ケトグルタル酸デヒドロゲナーゼによって触媒される非平衡反応である．デヒドロゲナーゼは Ca^{2+} で活性化され，Ca^{2+} 濃度はエネルギーの需要が増すとき，すなわち筋収縮やほかの組織においては分泌が起こるときに上昇する．アセチル-CoA の供給がおもにグルコースに依存している脳のような組織では，クエン酸回路の制御はピルビン酸デヒドロゲナーゼの段階で起こっていると考えられる．

　いくつかの酵素は，[ATP]/[ADP] 比や [NADH]/[NAD^+] 比で示されるエネルギー状態に応答する．クエン酸シンターゼは，ATP や長鎖脂肪酸アシル-CoA によってアロステリックに阻害される．ミトコンドリアの NAD^+ 依存性イソクエン酸デヒドロゲナーゼは，ADP によってアロステリックに活性化され，逆に，ATP と NADH によって阻害される．α-ケトグルタル酸デヒドロゲナーゼ複合体は，ピルビン酸デヒドロゲナーゼ（図 17-6 参照）と同様に調節されている．コハク酸デヒドロゲナーゼはオキサロ酢酸で阻害され，オキサロ酢酸の供給はリンゴ酸デヒドロゲナーゼによって制御されているので [NADH]/[NAD^+] 比に依存している．クエン酸シンターゼのオキサロ酢酸に対する K_m は，オキサロ酢酸のミトコンドリア内濃度と同程度なので，オキサロ酢酸の濃度はクエン酸の生成速度を制御している可能性が高いと考えられる．

　進行した肝臓病およびいくつかの(まれな)アミノ酸代謝の遺伝子疾患で生じる高アンモニア血症 hyper-ammonemia は，意識消失，昏睡，痙攣を引き起こし，致命的となる場合もある．これは，おもにクエン酸回路から α-ケトグルタル酸が消費されるためであり（カタプレロティック反応），α-ケトグルタル酸は（グルタミン酸デヒドロゲナーゼによって触媒されて）グルタミン酸となり，さらに（グルタミンシンテターゼによって触媒されて）グルタミンへと変換される（アンモニアは両方の反応の基質である）．この場合，アナプレロティック反応では十分補充されない．α-ケトグルタル酸の欠乏は，クエン酸回路のすべての中間代謝物の濃度，クエン酸回路の流量，ATP 産生の低下を引き起こす．グルタミン酸デヒドロゲナーゼの平衡は厳密に調節されており，反応の進行方向は [NAD^+]/[NADH]比

---

1)　訳者注：ピルビン酸輸送体（MPC），リンゴ酸-α-ケトグルタル酸輸送体（SLC25A11），クエン酸輸送体（SLC25A1）などはすでに知られている．

およびアンモニウムイオン濃度に依存するが，アンモニウムイオン濃度は肝臓病では上昇している．さらに，アンモニアはα-ケトグルタル酸デヒドロゲナーゼを阻害し，おそらくピルビン酸デヒドロゲナーゼも阻害することでクエン酸回路の流量はさらに減少する．

まとめ

■ クエン酸回路は，糖質，脂質，タンパク質の酸化のための最終的な経路であり，共通の最終代謝物であるアセチル-CoA はオキサロ酢酸と反応してクエン酸を生成する．一連の脱水素反応と脱炭酸反応によってクエン酸は分解され，補酵素は還元され，2分子の CO_2 を放出してオキサロ酢酸が再生される．

■ 還元された補酵素（NADH，$FADH_2$）は，ATP 生成と共役した呼吸鎖で酸化される．したがって，クエン酸回路は ATP 産生の主要経路であり，この経路はミトコンドリアのマトリックスに存在し，呼吸鎖と酸化的リン酸化を行う酵素と隣り合っている．

■ クエン酸回路は両性経路であり，酸化以外に，糖新生のための炭素骨格の供給，脂肪酸合成のためのアセチル-CoA の供給，アミノ酸の相互変換を行う．これらの過程を維持するために，クエン酸回路ではアナプレロティック反応とカタプレロティック反応のバランスが重要である．

解糖とピルビン酸酸化

17

Glycolysis & the Oxidation of Pyruvate

学 習 目 標
本章習得のポイント

- 解糖経路とその調節について解説し，嫌気条件下でどのように解糖が進行可能かを説明する．
- ピルビン酸デヒドロゲナーゼ反応およびその調節について解説する．
- ピルビン酸酸化の阻害が，どのようにして乳酸アシドーシスを引き起こすかを説明する．

生物医学的重要性

ほとんどの組織は，少なくともいくらかのグルコースを必要とする．脳はそのエネルギー必要性の大部分をグルコースに依存するが，長期の絶食時ではケトン体がその必要性の約20%を満たす．解糖はグルコースやほかの糖質を細胞が代謝するための主要経路である．解糖は細胞のサイトゾル中で行われ，好気的にも嫌気的にも進行するが，どちらで進行するかは酸素の利用可能度と電子伝達系の活性（ミトコンドリアの存在）によって決まる．ミトコンドリアを欠く赤血球は代謝のエネルギー源を完全にグルコースに依存しており，嫌気的解糖によってグルコースを代謝する．

酸素が存在しなくてもATPを供給できるという解糖の能力によって，酸素の供給が不十分なときでも骨格筋は非常に高いレベルでの活動が可能である．また無酸素状態が起こっても，組織が生き残れるようになっている．しかしながら，好気的条件下で活動するようになっている心筋は解糖活性が相対的に低く，**虚血 ischemia** 下で心筋細胞が生き残る可能性は低い．解糖酵素（たとえば，ピルビン酸キナーゼ）の欠損に由来する病気は，おもに**溶血性貧血 hemolytic anemia** といった症状を呈し，骨格筋に影響がでる場合（たとえば，ホスホフルクトキナーゼ欠損の場合）には**疲労 fatigue** を呈する．急速に増殖するがん細胞では解糖が速い速度で進行し，つくり出された大量のピルビン酸は還元されて乳酸となって細胞外へと放出される．乳酸は肝臓で糖新生に使われる（19章参照）．乳酸の増加は，筋肉の異化によって供給されるアミノ酸の増加の結果として起こる肝臓のタンパク質合成の顕著な増加

とともに，**がん悪液質 cancer cachexia** に見られる**代謝亢進 hypermetabolism** の一因となる．**乳酸アシドーシス lactic acidosis** は2つのタイプに分類できる．A型が最も一般的で，組織内かん流の障害あるいは低酸素症（たとえば，敗血症および血液量減少）による．B型は乳酸代謝能力の障害による（たとえば，肝臓病およびチアミン欠乏）．チアミン（ビタミン B_1）欠乏はピルビン酸デヒドロゲナーゼの活性を損なう．

解糖は嫌気的条件下でも起こる

解糖研究の初期のころから，酵母における発酵が筋肉におけるグリコーゲンの分解と類似していることが認められていた．筋肉が嫌気的条件下で収縮すると**グリコーゲンは消失し，乳酸が発生する**ことがわかっていた．酸素が利用できるようになると好気的な反応が回復し，乳酸はもはや発生しない．筋収縮が好気的条件下で起こった場合，解糖の産物であるピルビン酸とNADHは生成するが，乳酸は蓄積しない．ピルビン酸とNADHはミトコンドリアに入り，さらに酸化されて CO_2，H_2O，および NAD^+ となる（**図 17-1**）．酸素の供給が不足すると，解糖中に生成したNADHのミトコンドリア内の再酸化が進行しなくなる．解糖を維持させるための NAD^+ の供給は限られているので，NADHは再酸化される必要がある．NADHの再酸化は，ピルビン酸の乳酸への還元に伴ってなされる．これによって解糖経路の初期の段階で NAD^+ が利用できるようになり，解糖は進行する．解糖は嫌気的条件下で進行できるが，これには代償が伴い，嫌気的条件下で進行する場合は，グルコース 1 mol の酸化によっ

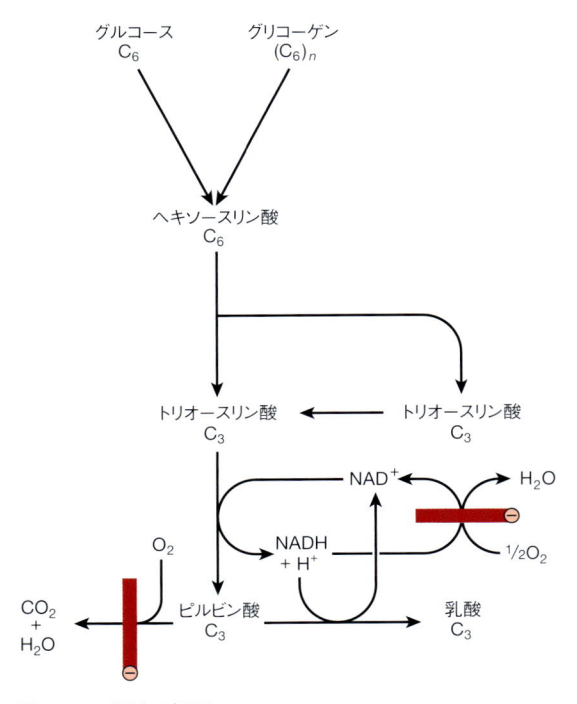

図 17-1. 解糖の概要
⊖ 嫌気的条件下あるいはミトコンドリア（鍵となる呼吸酵素を含む）をもたない赤血球では反応が阻止される.

て生成する ATP 量は限られている. それゆえ, 細胞の活動のために好気的条件下と同量の ATP を供給するためには, 嫌気的条件下ではより多くのグルコースを代謝しなくてはならない（**表 17-1**）. 酵母とほかのいくつかの微生物においては, 嫌気的解糖によって生じるピルビン酸は還元されて乳酸となる代わりに, 脱炭酸および還元されてエタノールとなる.

解糖はグルコース利用の主要経路を構成する

グルコースから乳酸に至る解糖の全体としての反応は以下のようになる.

$$\text{グルコース} + 2ADP + 2P_i \rightarrow 2\,\text{乳酸} + 2ATP + 2H_2O$$

解糖のすべての酵素（**図 17-2**）はサイトゾルに存在する. 解糖における ATP の産生機構の概略は以下のとおりである. リン酸化された単糖であるグルコース 6-リン酸は, リン酸基を転移させることができる高いポテンシャル（能力）をもったトリオースリン酸に変えら

表 17-1. グルコースの異化作用による ATP の生成

経　路	反応を触媒する酵素	ATP 産生方法	グルコース 1 mol あたり生成する ATP の数
解　糖	グリセルアルデヒド-3-リン酸デヒドロゲナーゼ	2 個の NADH の呼吸鎖による酸化	5[a]
	ホスホグリセリン酸キナーゼ	基質レベルのリン酸化	2
	ピルビン酸キナーゼ	基質レベルのリン酸化	2
			9
	ヘキソキナーゼとホスホフルクトキナーゼで触媒される反応による ATP 消費		−2
		正味	7
クエン酸回路	ピルビン酸デヒドロゲナーゼ	2 個の NADH の呼吸鎖による酸化	5
	イソクエン酸デヒドロゲナーゼ	2 個の NADH の呼吸鎖による酸化	5
	α-ケトグルタル酸デヒドロゲナーゼ	2 個の NADH の呼吸鎖による酸化	5
	コハク酸チオキナーゼ	基質レベルのリン酸化	2
	コハク酸デヒドロゲナーゼ	2 個の $FADH_2$ の呼吸鎖による酸化	3
	リンゴ酸デヒドロゲナーゼ	2 個の NADH の呼吸鎖による酸化	5
		正味	25
	好気的条件下のグルコース 1 mol あたりの総計		32
	嫌気的条件下のグルコース 1 mol あたりの総計		2

[a] この計算では, 解糖で生成した NADH はリンゴ酸シャトル（図 13-13）を介して, ミトコンドリアに運ばれると仮定している. もし, グリセロリン酸シャトル（図 13-12）が使われるとすると, NADH 1 mol あたり 1.5 個の ATP しかつくられない. 筋肉における嫌気的解糖では, グルコースよりもグリコーゲンを利用する方がかなり得であることに注目されたい. グリコーゲンホスホリラーゼの産物はグルコース 1-リン酸であり（図 18-1）, グルコース 6-リン酸に変換可能なので, ヘキソキナーゼによって使われる ATP を使わなくてすむために, グルコース 1 mol あたりの ATP の収量を 2 個から 3 個へ増やすことができる. （注意：グリコーゲンを最初に合成するときに ATP が必要であり, それゆえ "正味" の ATP 産生の観点では, グリコーゲンの合成とそれに続く酸化とグルコースの酸化は同じである. たんに ATP が不足するときには, グリコーゲンが分解されてより多くの ATP が得られるということである）.

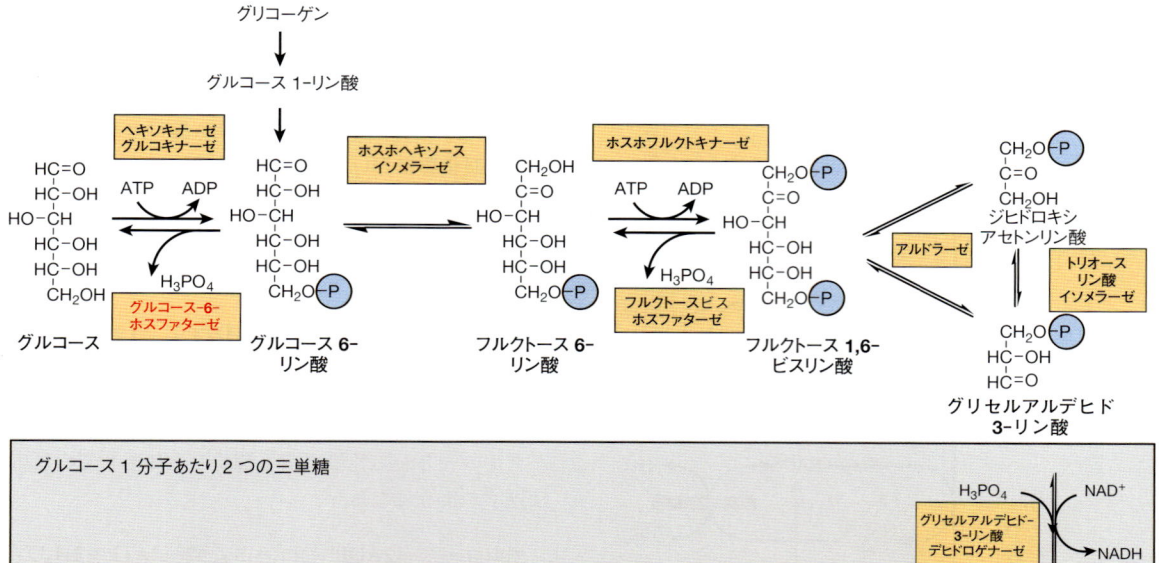

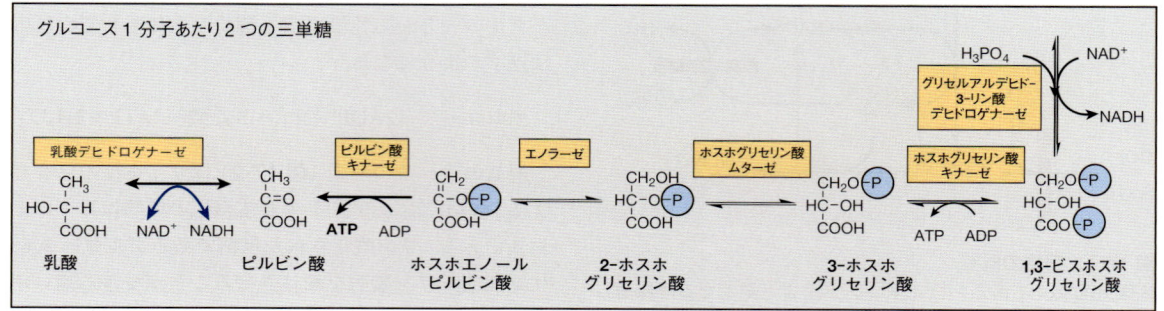

図 17-2. 解糖の経路（Ⓟ：PO_3^{2-}）
フルクトースビスリン酸の 1 ～ 3 位の炭素はジヒドロキシアセトンリン酸となり，4 ～ 6 位の炭素はグリセルアルデヒド 3-リン酸となる．グルコース-6-ホスファターゼは，肝臓，腎臓，膵島のみで発現しており，ほかの組織では発現していない．

れる．生成したトリオースリン酸は，そのリン酸基をADP へと転移させて ATP を産生する．代謝中間体からリン酸基が直接 ADP へと供与されるので，この過程は基質レベルのリン酸化とよばれている．解糖経路では ADP が使われ ATP が生成する．ADP 量は限られているので，解糖を維持するためには，生成した ATP はいくらかの代謝活動を遂行して ADP に再生される必要がある．

グルコース輸送体（促進（受動）輸送体）を介して細胞膜を横切って細胞内に輸送された後，グルコースはリン酸化されてグルコース 6-リン酸となって解糖へ入る．このリン酸化反応は**ヘキソキナーゼ hexokinase** で触媒され，ATP をリン酸基ドナーとして利用する．生理的な条件下では，グルコースからグルコース 6-リン酸への変換は不可逆的であると考えられている．ヘキソキナーゼは，生成物であるグルコース 6-リン酸によってアロステリック阻害を受ける．

筋肉と脂肪組織では，グルコースの輸送はインスリンによって活性化される．筋肉ではグルコースは解糖に利用され（またはグリコーゲン合成，18 章参照），脂肪組織では脂肪合成に利用される（23 章参照）．ほとんどの組織で発現しているヘキソキナーゼは，グルコースに対して高い親和性（低い K_m）をもち，生成物であるグルコース 6-リン酸でアロステリック阻害を受ける．輸送活性が低いと，輸送が解糖の律速となる．つまり，輸送活性が解糖速度全体の重要な決定因子となる．低い輸送活性およびヘキソキナーゼの高いグルコースへの親和性の両方の効果で，細胞内のグルコース濃度は非常に低く保たれている．すなわち，血漿グルコースの濃度と細胞内 ATP の需要は，好気的条件下での解糖の主要な決定因子となる．インスリンが存在すると，輸送活性は上昇してグルコース流入の障壁は低下する．しかしながら，たとえばもし輸送活性が 10 倍活性化された場合でも，解糖は 10 倍活性化されない．なぜなら，グルコースの取り込みの結果として生じるグルコース 6-リン酸の増加はヘキソキナーゼのブレーキとなり，解糖全体の速度を律速するためである．これによって，解糖の調節はヘキソキナーゼの下流の経路（たとえば，ピルビン酸の酸化）へと変わる．筋肉では，ヘキソキナーゼはミトコンドリアの外膜に結合していることが

観察されている. ヘキソキナーゼは ATP を利用するので, この結合はヘキソキナーゼ活性とミトコンドリアの ATP 産生に連関をもたらしている.

　肝臓ではグルコースの輸送活性は調節されておらず, ヘキソキナーゼのアイソザイムである**グルコキナーゼ glucokinase** が発現している. この酵素は通常の血漿グルコース濃度と比べて高い K_m をもっており, また生成物であるグルコース 6-リン酸では阻害されない. 相対的に高いグルコース輸送活性およびグルコキナーゼのグルコースに対する低い親和性によって, 肝臓の細胞内グルコース濃度は血漿グルコース濃度に非常に近い. 肝臓はグルコースの消費者と生産者の両方になり得る(食後 vs. 絶食, 14 章参照). 多くの組織とは異なり, 肝臓はグルコース-6-ホスファターゼを発現しており, この発現によって空腹時にグルコース 6-リン酸を脱リン酸化してグルコースを放出することができる. 食事後におけるグルコキナーゼの機能は, 肝門脈血中からグルコースを取り除くことであり, これにより末梢組織で利用できるグルコース量は減少する. 空腹時では, グルコキナーゼはグルコキナーゼ調節タンパク質と結合し, 核内に不活性の状態で存在する. 食事の刺激に応じて, グルコキナーゼは核より出て活性状態でサイトゾルに存在する. グルコキナーゼのグルコースをリン酸化する高い能力および食事の間の門脈の血糖値の上昇によって, この酵素は肝臓のグルコース酸化に必要とされるよりも多いグルコース 6-リン酸を供給する. それによって, グルコース 6-リン酸の多くはグリコーゲン合成, 少量は脂質合成に利用される. グルコキナーゼは膵ランゲルハンス島 β 細胞にも存在し, 体循環におけるグルコース濃度の変化を検出している. グルコース濃度が上昇すると, より多くのグルコースがグルコキナーゼによってリン酸化され, 解糖速度が上昇して ATP の形成が促進される. ATP 濃度が増加すると, ATP 感受性カリウムチャネルが閉じ, 膜が脱分極して電位依存性カルシウムチャネルが開く. その結果, カルシウムイオンが流入し, インスリンを含有する分泌顆粒が細胞膜と融合して, インスリンが細胞外へと放出される.

　グルコース 6-リン酸は, いくつかの代謝経路 [解糖, 糖新生 (19 章), ペントースリン酸経路 (20 章), グリコーゲン合成, グリコーゲン分解 (18 章)] の分岐点に位置する重要な物質である. 解糖においては, グルコース 6-リン酸はフルクトース 6-リン酸に変換される. この反応は**ホスホヘキソースイソメラーゼ phosphohexose isomerase** (グルコース-6-リン酸イソメラーゼ)に

よって触媒され, アルドース-ケトースの異性化を伴う. 引き続き, **ホスホフルクトキナーゼ phosphofructokinase** (ホスホフルクトキナーゼ-1) によってもう 1 箇所のリン酸化が起こり, フルクトース 1,6-ビスリン酸が生成する. ホスホフルクトキナーゼ反応は, 生理的条件下では不可逆的である. この酵素はアロステリック調節を受ける誘導酵素で, 解糖の速度調節において主要な役割を果たしている. 注意すべき点は, 解糖のこの段階までは ATP は生成されておらず, 消費されているのみであるという点である. フルクトース 1,6-ビスリン酸は**アルドラーゼ aldolase** (フルクトース-1,6-ビスリン酸アルドラーゼ)によって分解され, 2 つのトリオースリン酸 (グリセルアルデヒド 3-リン酸とジヒドロキシアセトンリン酸)となる. 両者は, **トリオースリン酸イソメラーゼ phosphotriose isomerase** という酵素によって相互に変換される.

　解糖はさらに進行し, グリセルアルデヒド 3-リン酸は酸化されて 1,3-ビスホスホグリセリン酸となり, このとき NADH が生成する. この反応を触媒する**グリセルアルデヒド-3-リン酸デヒドロゲナーゼ glyceraldehyde-3-phosphate dehydrogenase** は NAD^+ 依存性酵素である. 構造的には, この酵素は同一のポリペプチド鎖(単量体)が 4 本集まった構造(四量体)をしている. SH 基 (ポリペプチド鎖内のシステインに由来) が単量体あたり 4 個あり, そのうちの 1 つは酵素の活性部位に存在する(**図 17-3**). 基質は最初にこの SH 基と結合してチオヘミアセタールを生じ, 酸化されてチオールエステルとなる. この酸化時に取り除かれた水素は NAD^+ へと移る. 次に, チオールエステル結合が加リン酸分解される. すなわち, 無機リン酸(P_i)が加わって 1,3-ビスホスホグリセリン酸が生成し, SH 基が再生される.

　次の反応は**ホスホグリセリン酸キナーゼ phosphoglycerate kinase** によって触媒され, 1,3-ビスホスホグリセリン酸からリン酸基が ADP へと転移し, ATP の生成 (基質レベルのリン酸化) と 3-ホスホグリセリン酸の生成が起こる. 解糖によって代謝される 1 分子のグルコースから 2 分子のトリオースリン酸が生じるので, この反応で 2 分子の ATP が生じることになる. ヒ素の毒性は, ヒ酸がグリセルアルデヒド-3-リン酸デヒドロゲナーゼ反応において無機リン酸(P_i)と競合するために起こる. その結果, 1-アルセノ-3-ホスホグリセリン酸が生じるが, この化合物は自発的に加水分解して 3-ホスホグリセリン酸となり, ATP を生成しない. 3-ホスホグリセリン酸は**ホスホグリセリン酸ム**

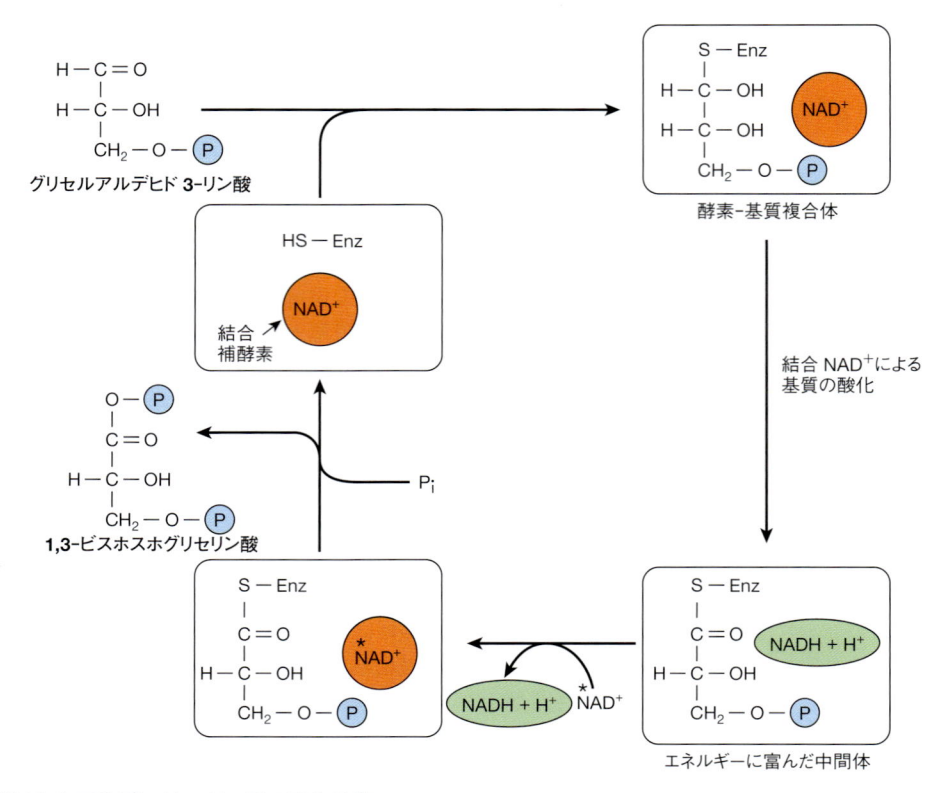

図 17-3. グリセルアルデヒド 3-リン酸の酸化機構
Enz：グリセルアルデヒド-3-リン酸デヒドロゲナーゼ．この酵素は −SH 毒（SH 阻害剤）であるヨード酢酸で阻害され，結果として解糖は阻害される．酵素上で生成される NADH は NAD^+ ほど酵素にしっかりとは結合しないため，NADH は NAD^+ 分子と容易に置換される．

ターゼ phosphoglycerate mutase のはたらきで異性化して，2-ホスホグリセリン酸となる．この反応では，2,3-ビスホスホグリセリン酸［ジホスホグリセリン酸（DPG）］が中間体として生成していると考えられている．

　次の段階は**エノラーゼ enolase** で触媒され，脱水反応が起こってホスホエノールピルビン酸が生成する．エノラーゼは**フッ化物 fluoride** で阻害される．それゆえ，血中グルコース濃度を測定するために試料を採取する場合には，フッ化物を含む試験管に試料を入れて解糖を阻害し，分析するまでグルコースの分解を防ぐ．エノラーゼ活性は Mg^{2+} または Mn^{2+} に依存する．

　第 2 の基質レベルのリン酸化では，ホスホエノールピルビン酸のリン酸基は**ピルビン酸キナーゼ pyruvate kinase** によって ADP へと移されて ATP が生じる（1 分子のグルコースの酸化あたり 2 分子の ATP が生成）．ピルビン酸キナーゼの反応は生理的条件下では実質的に不可逆である．その理由の 1 つは，大きな自由エネルギー変化を伴うためであり，もう 1 つの理由は，酵素反応による直接的な生成物がエノールピルビン酸

のためである．エノールピルビン酸は自発的に異性化してピルビン酸となってしまうので，反応生成物であるエノールピルビン酸を逆反応に用いることができない．

　生成したピルビン酸は，酸素が存在するかしないかによって 2 つの経路のうちのいずれかの反応を受ける．**嫌気的 anaerobic** 条件下では，呼吸鎖を介した NADH の再酸化が起こらないので，**乳酸デヒドロゲナーゼ lactate dehydrogenase** によって触媒されてピルビン酸は還元されて乳酸となる．乳酸生成を介した NADH の再酸化によって NAD^+ が生じ，次のサイクルの解糖が進行する．**好気的 aerobic** 条件下では，ピルビン酸はミトコンドリア内に運ばれ，酸化的脱炭酸によってアセチル-CoA を生じ，これがクエン酸回路によって酸化されて CO_2 となる（16 章参照）．解糖によって生じた NADH 由来の還元当量は，酸化のためにミトコンドリアへ取り込まれるが，この取り込みは 2 種類のシャトル機構（リンゴ酸シャトルおよびグリセロリン酸シャトル）のうちのいずれかによって行われる（13 章参照）．

低酸素状態で機能している組織，あるいは本質的に高いグルコースの酸化速度をもつ組織では，乳酸が生成する

　グルコースが酸化のためのおもな基質である臓器では，取り込んだグルコースは組織の代謝状態に応じていろいろな割合で乳酸となる．ピルビン酸の酸化が起こらないか，あるいは損なわれている組織または代謝状態では，NAD^+を再生するためにピルビン酸は乳酸となって放出される．NAD^+の再生によって解糖は進行し，細胞内の代謝活動を支えるために ATP が合成される．赤血球ではピルビン酸は最終的には常に乳酸となる．赤血球はミトコンドリアを欠いており，ピルビン酸を酸化することはできない．これは骨格筋，とくに白筋線維にもあてはまる．きつい激しい活動の間，筋肉はグリコーゲンの貯蔵を動員する．骨格筋にはグルコース-6-ホスファターゼが存在しないので，グリコーゲンの動員で生成したグルコース 6-リン酸は解糖経路へ入る．低いミトコンドリアの酸化能力に由来する相対的に遅いピルビン酸の酸化速度と相まって，骨格筋からは乳酸が放出される．この場合，ATP 合成の必要性は酸素が供給される速度を超えているのかもしれない．そういった組織（たとえば，腫瘍，網膜，腎髄質，皮膚）では，嫌気的な解糖が代謝を支える．乳酸生成は敗血症ショックでも起こる．それは，酸素輸送の障害や細胞損傷による代謝能力の変化の結果である．脳のように，グルコース酸化から大半のエネルギーを得ているほかの組織でも，高い解糖速度のためにいくらかの乳酸が生じている（全解糖流量の 3 ～ 5%）．肝臓，腎臓，酸化的骨格筋，および心臓は複数の燃料源を酸化する高い酸化能力をもっている．これらの臓器は，通常，乳酸を取り込んで酸化するが，低酸素状態では逆に乳酸を産生する．激しい運動，敗血症，がん悪液質のように乳酸産生量が多い場合，乳酸は肝臓での糖新生（19 章参照）に利用され，糖新生に必要な ATP と GTP を供給するために代謝速度が増加する．この増加は激しい運動をやめた後での代謝速度の増加に関与しているかもしれない．

　ある状態では，乳酸が直接ミトコンドリアへ輸送されてピルビン酸と NADH がつくられている．これによって，電子伝達系に利用する還元当量（たとえば，NADH）のサイトゾルからミトコンドリアへの輸送が可能となる．還元当量のほかの輸送経路としては，グリセロリン酸シャトル（図 13-12 参照）やリンゴ酸シャトル（図 13-13 参照）がある．

解糖は 3 つの非平衡反応の段階で調節されている

　解糖のほとんどの反応は可逆的であるが，3 つの段階は著しい発エルゴン反応であり，それゆえ生理的には不可逆であると考えられている．それらは，**ヘキソキナーゼ hexokinase**（およびグルコキナーゼ），**ホスホフルクトキナーゼ phosphofructokinase**，**ピルビン酸キナーゼ pyruvate kinase** で触媒される反応であり，解糖の主要な調節段階である．ホスホフルクトキナーゼは，通常の細胞内濃度の ATP でかなり阻害されている．19 章で述べるように，この阻害は ADP が蓄積するにつれて生成する 5′-AMP によって速やかに軽減される．これは ADP が速やかに ATP へと戻されないためであり，5′-AMP は解糖速度の増大が必要であることを知らせるシグナルとしてはたらく．**糖新生 gluconeogenesis**（解糖の逆行，19 章参照）を行うことのできる細胞では，これらの不可逆的段階を逆行させる反応を触媒する酵素が別途存在する．それらは，グルコース-6-ホスファターゼ，フルクトース-1,6-ビスホスファターゼ，ピルビン酸カルボキシラーゼ，ホスホエノールピルビン酸カルボキシキナーゼである．後二者はピルビン酸キナーゼ反応を逆行させるための酵素である．解糖におけるホスホフルクトキナーゼと糖新生におけるフルクトース-1,6-ビスホスファターゼの相反する調節については 19 章で述べる．

　肝臓においては，**フルクトース fructose** はリン酸化されてフルクトース 1-リン酸となり解糖に入る．この場合，主要な調節段階（ホスホフルクトキナーゼ）を通過しないので，ATP 生成のために必要となる量よりも多くのピルビン酸およびアセチル-CoA が産生される．さらに，肝臓におけるフルクトース 1-リン酸の増加はグルコキナーゼを活性化し（グルコキナーゼの調節タンパク質への結合に対して競合），肝臓のグルコースの取り込みを増加させる．その結果，肝臓の脂肪合成は増加し，肝臓脂肪症になりやすくなる．

赤血球では，解糖における最初の ATP 生成段階が迂回される場合がある

　赤血球においては，**ホスホグリセリン酸キナーゼ phosphoglycerate kinase** によって触媒される反応は，**ビスホスホグリセリン酸ムターゼ bisphosphoglycer-**

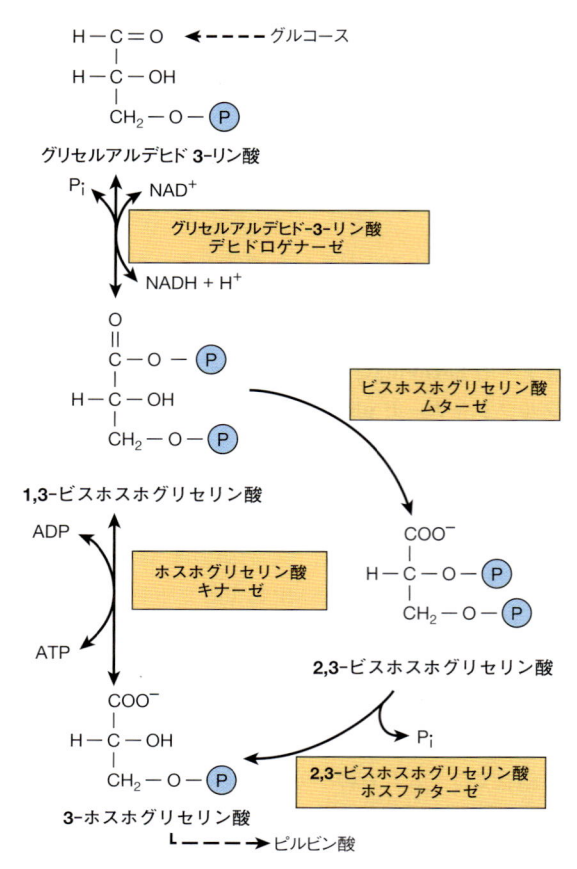

図 17-4. 赤血球における 2,3-ビスホスホグリセリン酸経路

ate mutase によってある程度迂回される．この酵素は 1,3-ビスホスホグリセリン酸を 2,3-ビスホスホグリセリン酸に変換し，2,3-ビスホスホグリセリン酸は **2,3-ビスホスホグリセリン酸ホスファターゼ 2,3-bisphosphoglycerate phosphatase** によって加水分解されて 3-ホスホグリセリン酸と P_i になる（**図 17-4**）．この迂回経路では，解糖によって正味の ATP の産生が起こらないが，ヘモグロビンと結合してその酸素親和性を減少させる 2,3-ビスホスホグリセリン酸を生成する．2,3-ビスホスホグリセリン酸の増加は，ヘモグロビンによる組織への酸素輸送効率を上昇させる（6 章参照）．

ピルビン酸の酸化によるアセチル-CoA の生成は，解糖からクエン酸回路へ向う不可逆的経路である

ピルビン酸は，共輸送体（シンポーター）によってプロトンとともにミトコンドリアへと輸送され，続いて酸化的に脱炭酸されてアセチル-CoA となる．この反応はミトコンドリア内膜に結合した多酵素複合体である**ピルビン酸デヒドロゲナーゼ複合体 pyruvate dehydrogenase complex** によって触媒され，この複合体はクエン酸回路の α-ケトグルタル酸デヒドロゲナーゼ複合体（16 章参照）に類似している．ピルビン酸は，複合体中の**ピルビン酸デヒドロゲナーゼ pyruvate dehydrogenase** 成分によって脱炭酸を受け，酵素に結合した**チアミンニリン酸 thiamin diphosphate** のチアゾール環のヒドロキシエチル誘導体となる．次に，**ジヒドロリポイルトランスアセチラーゼ dihydrolipoyl transacetylase** の補欠分子族である酸化型リポアミドと反応し，アセチルリポアミドを生じる（**図 17-5**）．チアミンはビタミン B_1 であり（44 章参照），その欠乏によってピルビン酸の酸化は損なわれ，深刻な（そして生死にかかわり得る）乳酸およびピルビン酸アシドーシスとなる．アセチルリポアミドは補酵素 A と反応し，アセチル-CoA および還元型リポアミドを生成する．この反応は，フラビンアデニンジヌクレオチド（FAD）を含む**ジヒドロリポイルデヒドロゲナーゼ dihydrolipoyl dehydrogenase**（フラビンタンパク質）によって還元型リポアミドが再酸化されることで完結する．最後に，還元型フラビンタンパク質が NAD^+ によって酸化される．生じた還元当量は呼吸鎖へと運ばれる．

$$\text{ピルビン酸} + NAD^+ + CoA$$
$$\rightarrow \text{アセチル-CoA} + NADH + H^+ + CO_2$$

ピルビン酸デヒドロゲナーゼ複合体は，3 つの酵素成分（ピルビン酸デヒドロゲナーゼ，ジヒドロリポイルトランスアセチラーゼ，ジヒドロリポイルデヒドロゲナーゼ）から構成され，それぞれが複数のポリペプチド鎖からなる．反応中間体は解離せず，基質は 1 つの酵素から次の酵素に受け渡されるので，反応速度は増大し，副反応が抑制される．

ピルビン酸デヒドロゲナーゼは，最終産物による阻害と共有結合修飾によって調節される

ピルビン酸デヒドロゲナーゼは，その産物であるアセチル-CoA と NADH によって阻害される（**図 17-6**）．さらに，多酵素複合体のピルビン酸デヒドロゲナーゼ成分の 3 個のセリン残基がキナーゼによってリン酸化されると活性が減少し，ホスファターゼによって脱リン酸化されると活性は上昇する．このキナーゼは［ATP］/［ADP］比，［アセチル-CoA］/［CoA］比，［NADH］/［NAD^+］比が上昇すると活性化される．つまり，適当量の ATP（そして ATP 生成のための還元型補酵素）が

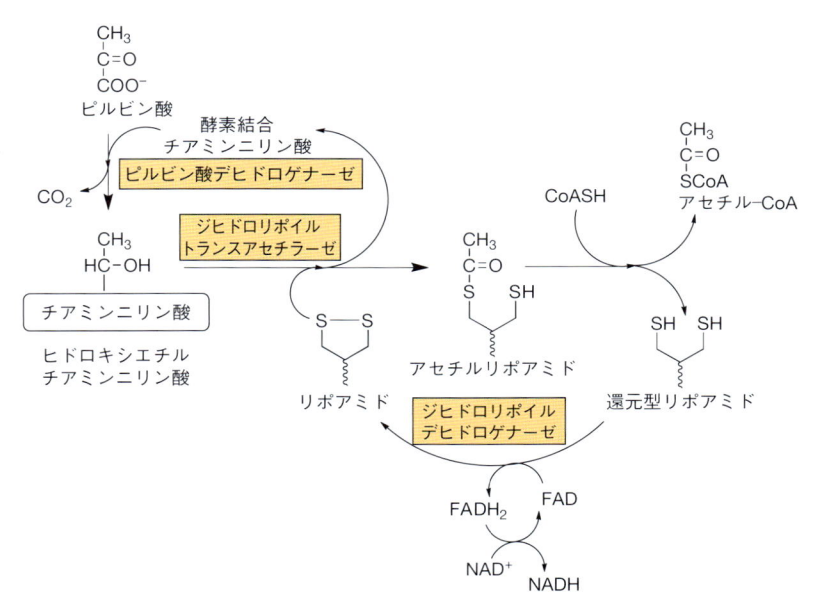

図 17-5. ピルビン酸デヒドロゲナーゼ複合体によるピルビン酸の酸化的脱炭酸

リポ酸は，酵素複合体のトランスアセチラーゼ成分のリシン残基にアミド結合によって結合している．腕のような長く柔軟性に富んだ構造をつくり，補欠分子族であるリポ酸が複合体中の諸酵素の活性部位の間を次から次へと回転できるようにしている．（FAD：フラビンアデニンジヌクレオチド，NAD^+：ニコチンアミドアデニンジヌクレオチド，TDP：チアミン二リン酸）

ある場合や，脂肪酸が酸化されている場合（アセチル−CoA 生成時）には，ピルビン酸デヒドロゲナーゼは阻害され，したがって解糖も阻害される．空腹時には非エステル化脂肪酸の濃度が上昇し，それに応じて活性型ピルビン酸デヒドロゲナーゼの割合が減少するので，ピルビンの酸化は減少する．脂質合成のためにグルコースからアセチル−CoA が供給される脂肪組織では，ピルビン酸デヒドロゲナーゼはインスリンによって活性化される．

臨床との関連

ピルビン酸代謝の阻害は乳酸アシドーシスを引き起こす

亜ヒ酸や水銀イオンはリポ酸の SH 基と反応し，ピルビン酸デヒドロゲナーゼを阻害する．これは，**食事中のチアミン欠乏 dietary deficiency of thiamin**（44 章参照）によってこの酵素がはたらかなくなり，ピルビン酸が蓄積するという現象に類似している．多くのアルコール依存症患者は食事をあまりとらないということと，アルコールがチアミンの吸収を阻害するという理由でチアミン欠乏となり，致命的なピルビン酸および乳酸アシドーシスとなる場合がある．**遺伝性ピルビン**酸デヒドロゲナーゼ欠損症 inherited pyruvate dehydrogenase deficiency の患者も乳酸アシドーシスとなり，とくにグルコースを摂取すると発症する．この患者では，ピルビン酸デヒドロゲナーゼ複合体の1つまたはそれ以上の成分が欠損している．脳の主要エネルギー源はグルコースなので，こういった代謝的欠陥によって共通して神経障害が引き起こされる．

赤血球における遺伝性アルドラーゼAの欠損とピルビン酸キナーゼの欠損は**溶血性貧血 hemolytic anemia** を引き起こす．**筋ホスホフルクトキナーゼ欠損症 muscle phosphofructokinase deficiency** の患者の運動能力は低い．とくに高糖質食を摂取している場合には，運動能力の低下は著しくなり，多くの糖質（ピルビン酸）の酸化が必要となる．

まとめ

■ 解糖はすべての哺乳類細胞のサイトゾルに存在する経路であり，グルコース（またはグリコーゲン）を代謝してピルビン酸または乳酸を生成する．

■ 解糖は，ピルビン酸を乳酸に還元して酸化型 NAD^+（グリセルアルデヒド−3−リン酸デヒドロゲナーゼ反応に必要）を再生することで，嫌気的条件下でも進

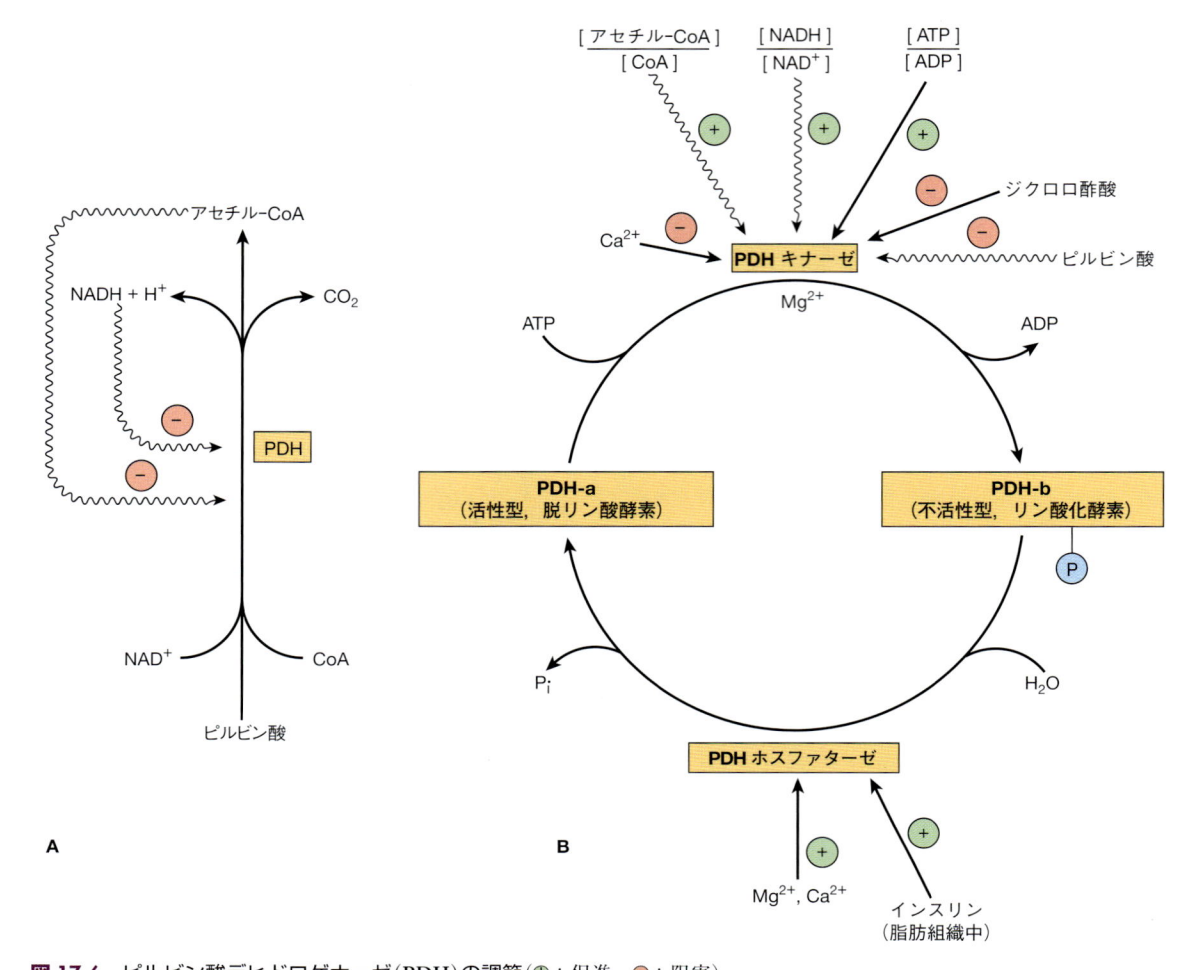

図 17-6. ピルビン酸デヒドロゲナーゼ（PDH）の調節（⊕：促進，⊖：阻害）
波形矢印はアロステリック効果を示す．（**A**）最終産物阻害による調節．（**B**）活性型と不活性型の間の相互転換による調節．

行できる．

■ 乳酸は嫌気的条件下（たとえば，運動中の筋肉）における解糖の最終産物である．ピルビン酸をさらに酸化するミトコンドリアがない赤血球においても，乳酸が最終産物である．

■ 解糖はグルコースの輸送および非平衡反応を触媒する 3 つの酵素によって調節される．それらは，ヘキソキナーゼ，ホスホフルクトキナーゼ，ピルビン酸キナーゼである．

■ 赤血球においては，解糖の最初の ATP 生成段階は迂

回されることがある．その結果生じる 2,3-ビスホスホグリセリン酸は，ヘモグロビンの O_2 に対する親和性を減少させるという点で重要である．

■ ピルビン酸は，多酵素複合体であるピルビン酸デヒドロゲナーゼによって酸化されてアセチル-CoA となる．この酵素複合体には，ビタミン由来の補因子であるチアミン二リン酸が必要である．

■ ピルビン酸代謝を損なうような条件では，乳酸アシドーシスがしばしば引き起こされる．

グリコーゲン代謝

18

Metabolism of Glycogen

学 習 目 標
本章習得のポイント

- グリコーゲンの構造および貯蔵糖質としての重要性について解説する.
- グリコーゲンの合成と分解，およびそれらの過程がホルモンに応答してどのように調節されているのかについて解説する.
- 種々の糖原病(グリコーゲン蓄積症)について解説する.

生物医学的重要性

グリコーゲンは動物における主要な貯蔵糖質であり，植物のデンプンに相当する.グリコーゲンはα-D-グルコースの枝分かれした重合体であり（図 15-12 参照），主として肝臓と筋肉に存在するが，脳にも少し存在する.肝臓のグリコーゲン濃度（グリコーゲン mg/肝臓 g）は筋肉より高いが，体内の筋肉の全重量は肝臓よりもかなり多いので，全グリコーゲンの 4 分の 3 は筋肉にある（**表 18-1**）.

肝臓と筋肉におけるグリコーゲンはグルコースの恒常性（ホメオスタシス）において異なる役割をもつ.肝臓のグリコーゲンは，空腹時に**血糖 blood glucose** を維持するための貯蔵としてはたらく.14 章で記載したように，一晩の絶食中，肝臓は 1 時間あたり約 9 g のグルコースを供給し，それに対しグルコースを必要とする組織（脳と赤血球）は 1 時間あたり 6 g のグルコースを使用する.肝臓のグリコーゲンの全量は約 90 g であるので（表 18-1），もし肝臓のグリコーゲンがグルコースの唯一の供給源ならば，供給は約 10 時間しかもたない.もちろん，肝臓ではもう 1 つのグルコースの供給源として糖新生が起こるので（19 章参照），グリコーゲンの貯蔵はそれほど速やかには尽きない.朝起きると 6 〜 8 時間絶食したことになり（深夜にスナックを食べなければであるが！），グリコーゲンの貯蔵は約 20 g となるだろう.この量は最後の食事をとった時刻，小腸の糖質吸収速度，最後の食事の成分に依存する.もし朝食と昼食をスキップすると，夕食までの時間（18 時間より長い絶食）に肝臓グリコーゲンはほぼ完全になくなる.筋肉のグリコーゲンは，筋肉内の解糖のために迅速に利用できるグルコース 1-リン酸の供給源である.筋肉はグルコース-6-ホスファターゼを欠いているので，筋肉のグリコーゲン分解は直接的には遊離のグルコースを生じない.筋肉内のグリコーゲン分解の間に解糖によって生じたピルビン酸は，アミノ基転移反応を受けてアラニンとなるか，あるいは還元されて乳酸となる.それらは筋肉から放出されて，肝臓において糖新生に利用される（図 19-5 参照）.食事後に肝臓のグリコーゲン貯蔵は回復するが，それは肝臓がグルコースを直接取り込んでグリコーゲンへ転換するためだけではない.グリコーゲンの増加の約 50% は，糖新生のための炭素（乳酸や糖原性アミノ酸）のグリコーゲンへの転用に由来する（"間接的グリコーゲン合成"とよばれる.19 章参照）.

糖原病（グリコーゲン蓄積症，グリコーゲン貯蔵病）glycogen storage disease は一群のまれな（2 万人に 1 人より少ない割合）遺伝病で，グリコーゲンの動員に欠陥があるか，あるいは異常なタイプのグリコーゲンが蓄積するといった特徴を示す.この病気は肝障害や筋力低下を呈し，一部の患者は若年で死亡する.原因の遺伝子が同定されるにつれて，この病気のリストは拡大していっている（Danon 病と Lafora 病はリストに含まれていない，表 18-2 参照）.糖原病は，IX 型の一部と Danon 病（これらは X 染色体に連鎖）を除いて常染色体劣性遺伝する.

グリコーゲンは高度に分枝した構造をもつ（図

表 18-1. 70 kg の人の糖質貯蔵

	組織含量(%)	組織の重量	体内含量
肝臓グリコーゲン	5.0	1.8 kg	90 g
筋肉グリコーゲン	0.7	35 kg	245 g
細胞外のグルコース	0.1	10 L	10 g

15-12 参照)ので，分子内の多くの場所で分解と合成が起こる．この構造によってグリコーゲンの表面積が増えるので，運動などによってグルコースの需要が高まった場合，筋肉の解糖のため，あるいは肝臓における速やかなグルコースの供給のために即座にグルコース 1-リン酸をつくることができる．持久力の必要な運動選手は，よりゆるやかで持続的なグルコース 1-リン酸の供給が筋肉において起こるように代謝が順応している．これによって，筋肉のグリコーゲン貯蔵と運動に対する耐久力が保たれる．日々の出費に見合う，あるいはそれを超える豊富な糖質とエネルギー（カロリー）を含む食事をとることによって，筋肉グリコーゲンの貯蔵は日ごとに，あるいは週ごとに増加する（注意：トレーニング計画における変化に見合うよりも多いカロリーを摂取しないとグリコーゲンを蓄積することはできない）．持久力の必要な運動選手のなかには，カーボローディング carbohydrate loading（糖質を豊富にとる食事法）を行っている者もいる．この食事法では，消耗するまで激しい運動を行ってから（筋肉グリコーゲンがとても少なくなってから，あるいはほとんど使いきってから），高糖質食を取る．これによって急速に合成されるグリコーゲンは通常よりも少ない分枝構造をもつようになり，グリコーゲン全貯蔵量も増加する．運動時の糖質の摂取は耐久性を長引かせるが，これは肝臓のグリコーゲン貯蔵を維持し，筋肉，とくに速筋のグリコーゲンの消費を節約するためかもしれない．グリコーゲン 1 g あたり 3 g の水が含まれるので，ダイエット時または低糖質食への切り替え時（全グリコーゲン貯蔵量を減少させる）に見られる速やかな体重の減少は，部分的には水の減少によるもので，残念ながら脂肪はそれほど減らない．

脳は少しのグリコーゲンを貯蔵している．それはおもにアストロサイト（アストログリア）内であり，この細胞は非神経細胞で，周りの神経細胞のはたらきをサポートする．このことは，いくつかの糖原病において見られる神経症状の一部を説明するかもしれない．

グリコーゲン合成はおもに筋肉と肝臓で行われる

グリコーゲンの生合成にはUDP–グルコースが使われる

解糖の場合と同様に，グルコースはリン酸化されてグルコース 6-リン酸となる．筋肉ではこの反応はヘキソキナーゼ hexokinase によって触媒され，肝臓ではグルコキナーゼ glucokinase によって行われる（図 18-1）．グルコース 6-リン酸はホスホグルコムターゼ phosphoglucomutase によって異性化されてグルコース 1-リン酸となる．この酵素はそれ自身リン酸化されており，そのリン酸基は中間体であるグルコース 1,6-ビスリン酸の生成に使われ，反応は可逆的に進行する．次に，グルコース 1-リン酸はウリジン三リン酸（UTP）と反応し，反応性の高いヌクレオチドであるウリジン二リン酸グルコース uridine diphosphate glucose（UDP-Glc，図 18-2）とピロリン酸となる．この反応は UDP-Glc ピロホスホリラーゼ UDPGlc pyrophosphorylase によって触媒される．反応は UDPGlc 形成の方向に進行するが，それは生成物の 1 つであるピロリン酸が，ピロホスファターゼ pyrophosphatase によって加水分解されて 2 分子の無機リン酸となって除かれるためである．UDPGlc ピロホスホリラーゼはグルコース 1-リン酸に対して低い K_m をもち，比較的多量に存在するので，グリコーゲン合成の調節段階とはならない．

グリコーゲン合成の最初の段階には，グリコゲニン glycogenin という 37 kDa のタンパク質が関与する．このタンパク質内のある特定のチロシン残基は，UDP-Glc によってグリコシル化を受ける．グリコゲニンは UDPGlc を基質とし，さらに 7 つのグルコース残基を自身に転移（1 → 4 結合で連結）させ，グリコーゲンシンターゼの基質となるグリコーゲンプライマー glycogen primer をつくる．グリコゲニンはグリコーゲン顆粒のコア部分に残る（図 15-12 参照）．グリコゲニンの自己グリコシル化とオリゴ糖のプライマーはグリコーゲン合成が起こるために必要であると考えられている．この遺伝子（GSD-ⅩⅤ）の欠陥は，おもに心臓の機能を損なうことが報告されている．グリコーゲンシンターゼ glycogen synthase は，UDPGlc のグルコースの C_1 とグリコーゲンの末端グルコース残基の C_4 の間のグリコシド結合の形成を触媒し，同時に UDP を遊離させる．すでに存在するグリコーゲン鎖（または"プライマー"）へのグルコース残基の付加は，グリコーゲンの非還元末端（分子の外側の端に存在）で起こり，グリコーゲン分子の枝は連続した 1 → 4 結合の形成につれて長くなる（図 18-3）．

分枝はすでに存在しているグリコーゲン鎖を外すことでつくられる

伸張する鎖が少なくともグルコース 11 残基まで伸びると，分枝酵素 branching enzyme が 1 → 4 鎖の一

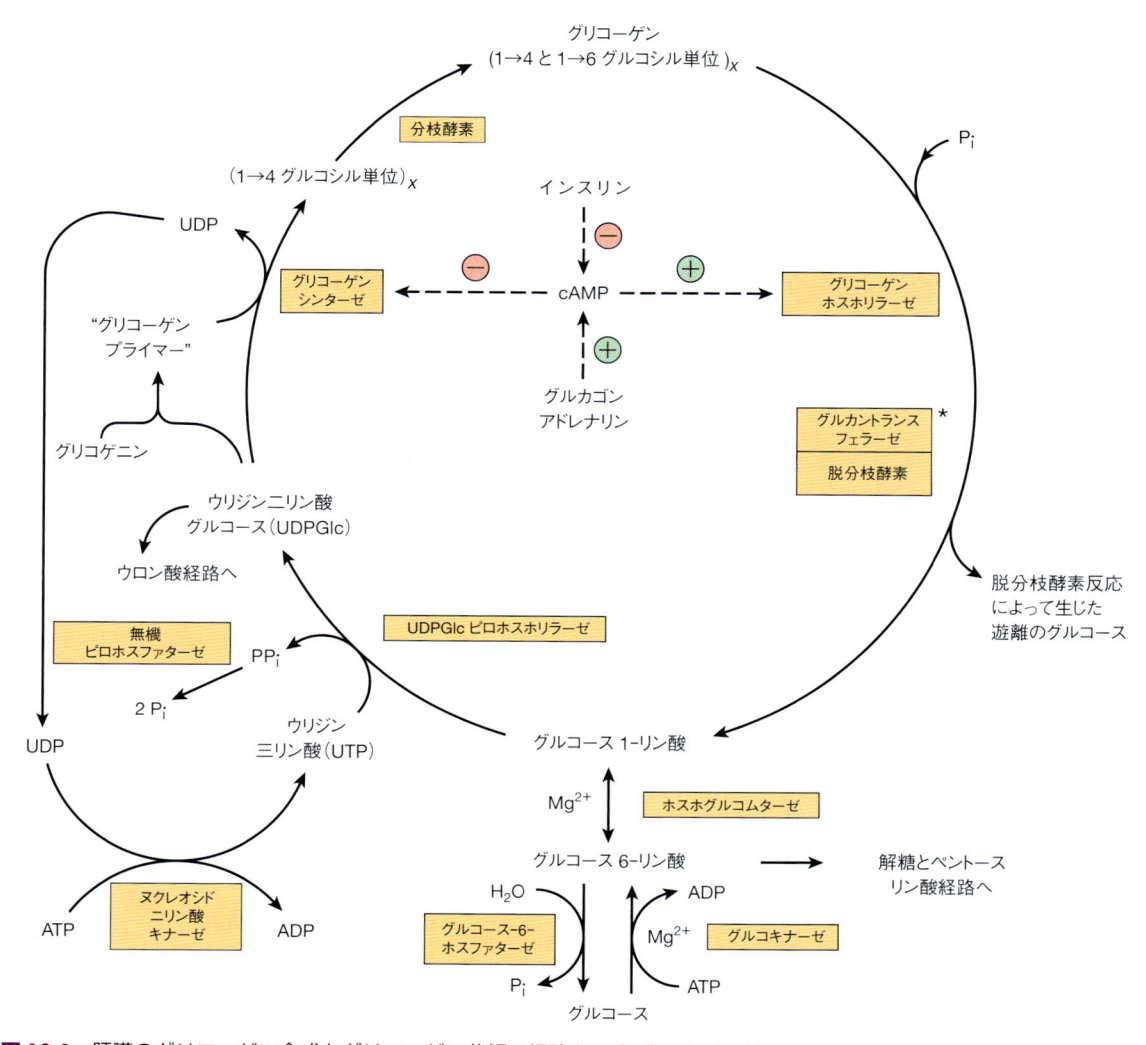

図 18-1. 肝臓のグリコーゲン合成とグリコーゲン分解の経路(⊕：促進, ⊖：阻害)

インスリンは，cAMP のレベルがグルカゴンまたはアドレナリンに応答して上昇した場合のみ，cAMP のレベルを低下させる(すなわち，それらの作用に拮抗する)．グルカゴンは心筋には作用するが，骨格筋には作用しない．
＊印：グルカントランスフェラーゼと脱分枝酵素は，同一の酵素の2つの異なる活性と考えられている．

部（少なくともグルコース6残基分）を隣接するグリコーゲン鎖に転移させ，1 → 6 結合を形成させて分枝をつくる(図 18-3)．その**分枝点 branching point** でさらに1 → 4 グルコース単位が付加されて枝が伸び，さらに次の分枝が形成される．

グリコーゲン分解はグリコーゲン合成の逆反応ではなく，別の経路で行われる

グリコーゲンホスホリラーゼ glycogen phosphory-lase は，グリコーゲン分解における律速段階を触媒す

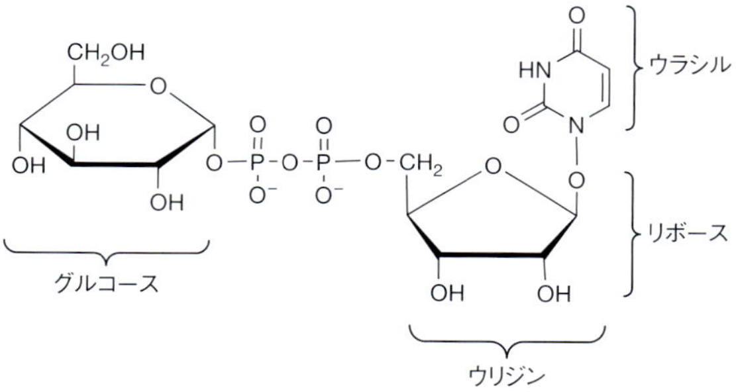

図 18-2. ウリジン二リン酸グルコース(UDPGlc)

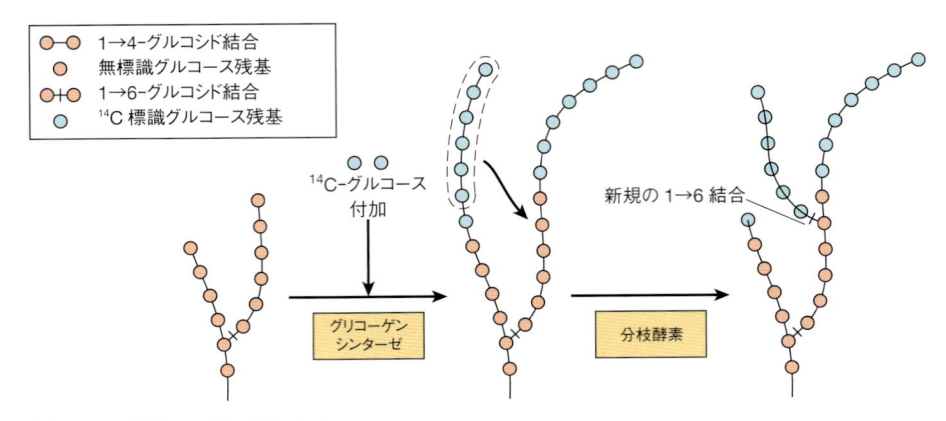

図 18-3. グリコーゲンの生合成
動物に[14]C 標識グルコースを摂取させ，その後経時的に肝臓グリコーゲンを調べることによって枝
分かれの形成機構がわかる．

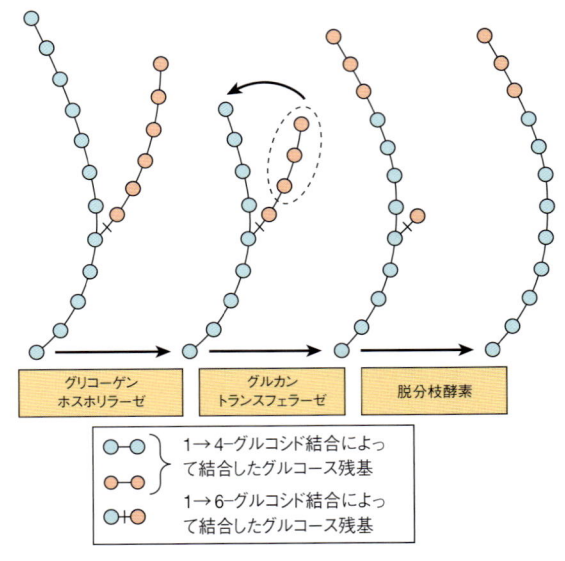

図 18-4. グリコーゲン分解の過程

る．この酵素はグリコーゲンの 1 → 4 結合を加リン酸
分解し，グルコース 1-リン酸を生じる（**図 18-4**）．グ
リコーゲンホスホリラーゼには，異なる遺伝子でコー
ドされたアイソザイムが肝臓，筋肉，脳に存在する．
グリコーゲンホスホリラーゼは補酵素としてピリドキ
サールリン酸（44 章参照）を必要とする．補酵素のアル
デヒド基が反応基であるアミノ酸代謝反応（28 章参
照）とは異なり，ホスホリラーゼの場合はリン酸基が触
媒活性をもつ．

　ホスホリラーゼ反応によって，グリコーゲン分子の
最も外側の鎖の末端に位置するグルコース残基は順次
除去され，鎖の長さが 1 → 6 分枝から約 4 グルコース

残基となるまで反応は進行する（図 18-4）．**脱分枝酵素
debranching enzyme** は，1 つのポリペプチド鎖内に 2
つの異なる触媒部位をもつ．1 つはグルカントランス
フェラーゼであり，1 つの枝の三糖部分を別の分枝へ
と転移させ，1 → 6 分枝点を露出させる．もう 1 つは
1,6-グルコシダーゼであり，1 → 6 結合を加水分解し
て遊離のグルコースを生成する．グリコーゲンはさら
なるホスホリラーゼ反応によって分解される．こうし
てグリコーゲンは，ホスホリラーゼとこれらほかの酵
素による協調作用によって完全に分解される．

　ホスホグルコムターゼによって触媒される反応は可
逆的であり，グリコーゲンの分解によって生じたグル
コース 1-リン酸はグルコース 6-リン酸へと変換され
る．**肝臓 liver** には**グルコース-6-ホスファターゼ
glucose-6-phosphatase** が存在し（筋肉には存在しな
い），グルコース 6-リン酸は加水分解されてグルコー
スとなり，血中へ放出されて血糖値が上昇する．グル
コース-6-ホスファターゼは滑面小胞体内腔に存在す
る．グルコース 6-リン酸輸送体の遺伝的欠陥は糖原病
Ⅰ型（グリコーゲン蓄積症）の一種を引き起こす（**表
18-2**）．

　グリコーゲン顆粒は**リソソーム lysosome** に取り込
まれることがあり，酸性マルターゼはグリコーゲンの
加水分解を触媒してグルコースを生成する．これは新
生児のグルコースの恒常性（ホメオスタシス）において
とくに重要と思われ，リソソーム酸性マルターゼ[1] の
遺伝的欠損は糖原病Ⅱ型となる（Pompe 病，表 18-2）．

---

1)　訳者注：酸性 α-グルコシダーゼとよばれることが多
い．

表 18-2. 糖原病（グリコーゲン蓄積症）

型	名　称	欠損酵素	影響を受ける遺伝子	臨床的特徴
0	0a 型 0b 型	グリコーゲンシンターゼ	GYS2 GYS1	低血糖，高ケトン血症，早期死亡
I	Ia von Gierke 病 Ib von Gierke 病	グルコース-6-ホスファターゼ 小胞体グルコース 6-リン酸輸送体	G6PC SLC37A4	肝臓および腎臓尿細管細胞におけるグリコーゲンの蓄積，低血糖，乳酸血症，ケトーシス，高脂血症
II	Pompe 病	リソソーム酵素の α1 → 4-および α1 → 6-グルコシダーゼ（酸性マルターゼ）	GAA	リソソーム内にグリコーゲンが蓄積する．若年で発症するタイプでは筋緊張が低下し，心不全で 2 歳までに死亡する．成人型のものは筋ジストロフィーになる
III	Cori または Forbes 病（Type IIa-b 型）	肝および筋脱分枝酵素	AGL	空腹時に低血糖となる．幼児期には肝腫大，特徴的な枝分かれした多糖類（限界デキストリン）がたまる，さまざまな程度の筋力低下
IV	分枝酵素欠損症または Andersen 病	グリコーゲン分枝酵素	GBE1	肝脾腫大，ほとんど分枝点がない多糖類が蓄積，心不全あるいは肝不全で生後 5 年以内に死亡する
V	McArdle 病	筋ホスホリラーゼ	PYGM	低い運動耐久力，筋肉のグリコーゲン量が異常に多い（2.5 ～ 4%），運動後血中乳酸量が非常に低い
VI	Hers 病	肝ホスホリラーゼ	PYGL	肝腫大，肝臓におけるグリコーゲンの蓄積，軽い低血糖，一般的に予後は良好である
VII	垂井病	筋肉および赤血球中のホスホフルクトキナーゼ 1	PFKM	低い運動耐久力，筋肉のグリコーゲン量が異常に多い（2.5 ～ 4%），運動後血中乳酸量が非常に低い，溶血性貧血となる
IX	IXa 型 IXb 型 IXc 型 IXd 型	肝および筋肉ホスホリラーゼキナーゼ	PHKA2 PHKB PHKG2 PHKA1	肝腫大，肝臓と筋肉におけるグリコーゲンの蓄積，軽い低血糖，一般的に予後は良好である
X		筋ホスホグリセリン酸ムターゼ	PGAM2	肝腫大，肝臓におけるグリコーゲンの蓄積
XI	Fanconi-Bickel 症候群	グルコース輸送体 2	SLC2A2*	肝障害，腎障害，骨軟化症，年齢の割に小柄，概して良好
XII		アルドラーゼ A	ALDOA	ミオパシー（筋疾患），運動不耐症，溶血性貧血
XIII		β-エノラーゼ	ENO3	運動不耐症，筋肉痛
XV		グリコゲニン-1	GYG1	心肥大

＊ 訳者注：GLUT2 ともよばれる．

グリコーゲンのリソソームによる異化は，ホルモンによって制御されている．

cAMPはグリコーゲン分解とグリコーゲン合成の調節を統合する

グリコーゲン代謝を司る主要な酵素であるグリコーゲンホスホリラーゼとグリコーゲンシンターゼは，アロステリック機構，細胞内局在，ホルモン作用に応答した可逆的なリン酸化と脱リン酸化による共有結合修飾によって反対の向きに調節されている（9 章参照）．すなわち，グリコーゲンホスホリラーゼのリン酸化はその活性を上昇させ，反対にグリコーゲンシンターゼのリン酸化は活性を低下させる．

リン酸化は，細胞膜の内側に存在する**アデニル酸シクラーゼ adenylyl cyclase** によって ATP からつくられるサイクリック AMP（cAMP，**図 18-5**）に応答して増加する．この酵素は**アドレナリン adrenaline**（エピネフリン epinephrine），**ノルアドレナリン noradrenaline**（ノルエピネフリン norepinephrine），**グルカゴン glucagon** のようなホルモンに応答する．cAMP は**ホスホジエステラーゼ phosphodiesterase** によって加水分解され，ホルモン作用は終結する．肝臓ではインスリンがホスホジエステラーゼの活性を上昇させる．

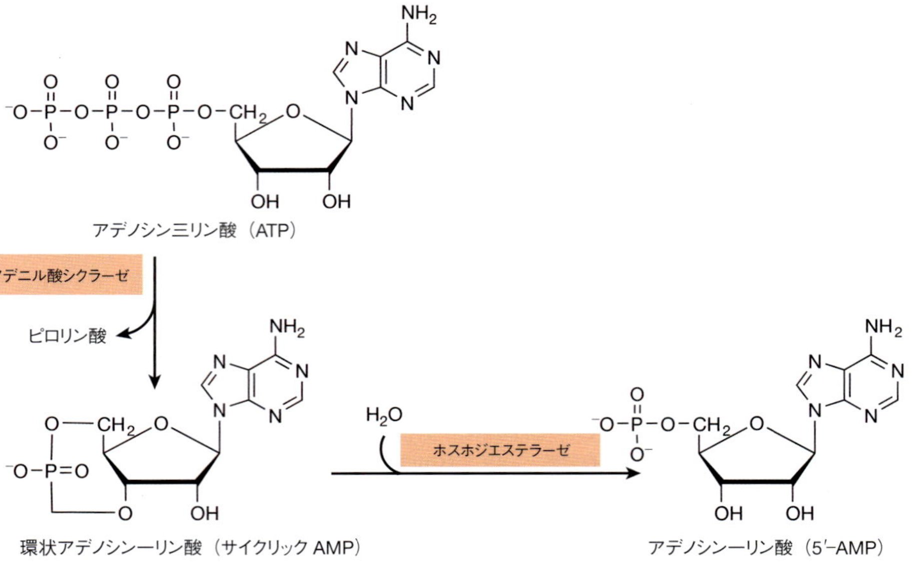

図 18-5. サイクリック AMP（3′,5′-アデニル酸；cAMP）の生成と加水分解

グリコーゲンホスホリラーゼの調節は肝臓と筋肉で異なる

　肝臓におけるグリコーゲンの役割は血糖値を維持することであり，血中へ放出するための遊離のグルコースを供給する．一方，筋肉におけるグリコーゲンの役割は，筋収縮のために必要な ATP をつくり出すことであり，解糖に利用するためのグルコース 6-リン酸を供給する．ホルモンやほかのシグナルに応答し，両組織のホスホリラーゼは，ホスホリラーゼキナーゼでリン酸化されると活性型のホスホリラーゼ a となり，ホスホプロテインホスファターゼによって脱リン酸化されると不活性型のホスホリラーゼ b となる．

　こういったホルモンによる調節は瞬間的にくつがえされることがある．活性型ホスホリラーゼ a は，両方の組織で ATP とグルコース 6-リン酸によってアロステリックに阻害される．肝臓酵素は遊離のグルコースによっても阻害されるが，筋肉の酵素は阻害されない．筋肉の酵素は，5′-AMP（図 18-5）の結合部位をもっているという点で肝臓酵素とは異なっており，5′-AMP はアロステリック活性化因子として脱リン酸化された酵素（不活性な b 型）を活性化する．5′-AMP は筋細胞のエネルギー状態を示すシグナルとしてはたらく．なぜなら，5′-AMP は ADP 濃度が上昇し始めると生成するからである（ATP を生成するための基質代謝が亢進する必要があることを意味する）．ADP から AMP を生成する反応はアデニル酸キナーゼによって触媒され

る：$2 \times ADP \leftrightarrow ATP + 5′\text{-}AMP$．肝臓と筋肉のグリコーゲンホスホリラーゼの調節機構の違いは，肝臓と筋肉のグリコーゲンの異なる役割を反映していると考えられる．肝臓のグリコーゲンは血漿中グルコースを調節するために動員される．グルコース需要の変化は急速に起こるので，その動員は速やかでなくてはならない．たとえば，運動を始めて数分で肝臓グルコースの産生は 2 倍に増加する．もし遅れると，グルコースレベルは低下する．外来のグルコースが供給された場合には，肝臓は即座にグルコース産生を停止する．そして，高血糖を防ぎ，グリコーゲンの貯蔵を最大化するためにグルコースの消費臓器となる．筋肉においては，グリコーゲンは収縮する筋肉によって利用されるので，エネルギー状態に非常に敏感である（5′-AMP やカルシウム）．

cAMPはグリコーゲンホスホリラーゼを活性化する

　ホスホリラーゼキナーゼは cAMP に応答して活性化される（**図 18-6**）．cAMP 濃度の上昇に伴って **cAMP 依存性プロテインキナーゼ cAMP-dependent protein kinase** が活性化され，この酵素は ATP を利用して不活性な**ホスホリラーゼキナーゼ b phosphorylase kinase b** をリン酸化し，活性のある**ホスホリラーゼキナーゼ a phosphorylase kinase a** に変換する．次に，活

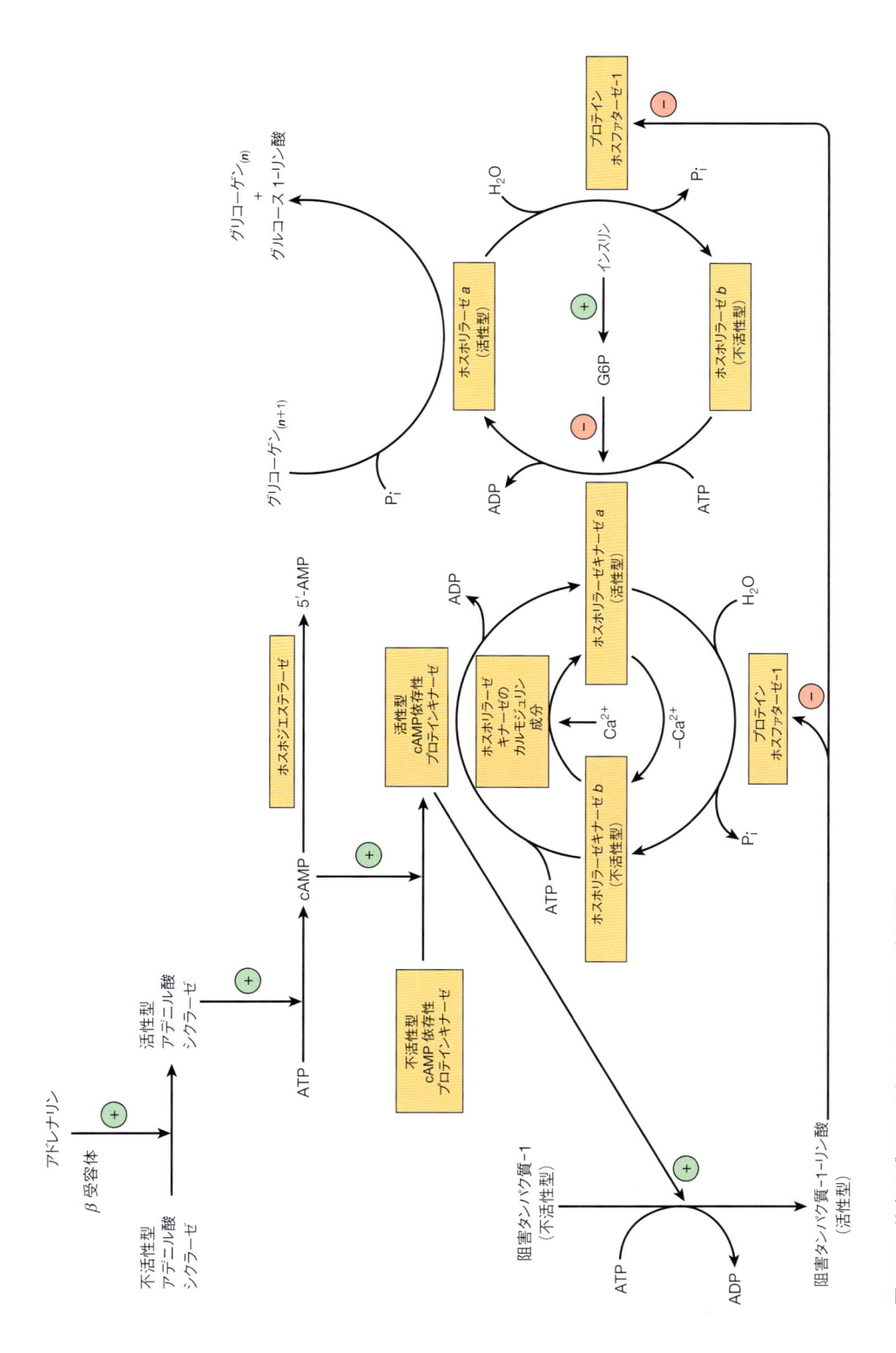

図18-6. 筋肉のグリコーゲンホスホリラーゼの調節

ホルモン刺激は、カスケードとなっている一連の反応によって各段階で増幅される．（G6P：グルコース 6-リン酸，n：グルコース残基の数）

性化されたホスホリラーゼキナーゼは，ホスホリラーゼ b をリン酸化してホスホリラーゼ a に変換する．血糖の低下（あるいは運動）に応答して放出されるグルカゴンは，肝臓における cAMP の生成を促す．一方，筋肉はグルカゴンには応答しない．筋肉の cAMP 合成を上昇させるシグナルはアドレナリンである．このホルモンは恐怖あるいは驚愕の場合のように，迅速な筋肉活動を行うためにより多くのグリコーゲン分解が必要となるときに分泌される．

Ca^{2+} は筋収縮とグリコーゲンホスホリラーゼの活性化を連動させる

筋収縮開始時に，筋肉におけるグリコーゲン分解は数百倍に増大する．同じシグナル（サイトゾルの Ca^{2+} 濃度の上昇）が筋収縮とグリコーゲン分解の両方を開始させる役割をもつ．グリコーゲンホスホリラーゼを活性化する筋肉のホスホリラーゼキナーゼは，4種類の異なるサブユニット（α, β, γ, δ）のそれぞれが4分子ずつ集まってできている $[(\alpha\beta\gamma\delta)_4]$．$\alpha$ と β サブユニットは，cAMP 依存性プロテインキナーゼによってリン酸化されるセリン残基を含む．δ サブユニットは Ca^{2+} 結合タンパク質である**カルモジュリン calmodulin** そのものであり（42章参照），4つの Ca^{2+} を結合する．Ca^{2+} の結合は触媒部位をもつ γ サブユニットを活性化し，この活性化はリン酸化されていない b 型においても起こる．リン酸化された a 型も完全に活性化されるためには高濃度の Ca^{2+} が必要である．

肝臓におけるグリコーゲン分解は cAMP に依存しない場合もある

肝臓においては，ノルアドレナリンによる α_1 **アドレナリン作動性 adrenergic** 受容体の活性化によって（ヒトでは α_1 受容体の数は少ない），cAMP 非依存的にグリコーゲン分解が促進される．この過程においては，サイトゾルへの Ca^{2+} の動員（移動）が起こり，それによって **Ca^{2+}/カルモジュリン感受性ホスホリラーゼキナーゼ Ca^{2+}/calmodulin-sensitive phosphorylase kinase** が活性化される．cAMP 非依存性のグリコーゲン分解は，バソプレッシン，オキシトシン，アンギオテンシン II によっても活性化され，この場合，カルシウムを通じてか，あるいはホスファチジルイノシトールビスリン酸経路が関与する（図 42-6 参照）．

プロテインホスファターゼ-1 はグリコーゲンホスホリラーゼを不活性化する

ホスホリラーゼ a とホスホリラーゼキナーゼ a は，いずれも**プロテインホスファターゼ-1 protein phosphatase-1** によって脱リン酸化されて不活性型となる．プロテインホスファターゼ-1 は**阻害タンパク質-1 inhibitor-1** とよばれるタンパク質によって阻害されるが，この阻害タンパク質は cAMP 依存性プロテインキナーゼによってリン酸化されているときにのみ阻害活性をもつ．それゆえ，cAMP はホスホリラーゼの活性化と不活性化の両方を調節していることになる（図18-6）．**インスリン insulin** はホスホリラーゼ b の活性化を阻害することで，プロテインホスファターゼ-1 の効果を増強する．この阻害は間接的であり，インスリンはグルコースの取り込みを増大させることで，ホスホリラーゼの阻害剤であるグルコース 6-リン酸の生成量を増加させる．

グリコーゲンシンターゼとホスホリラーゼの活性は相反的に調節されている

肝臓，筋肉，脳には異なるグリコーゲンシンターゼのアイソザイムが存在する．ホスホリラーゼと同様に，グリコーゲンシンターゼはリン酸化型と脱リン酸化型として存在するが，リン酸化の効果はホスホリラーゼの場合と逆である（**図18-7**）．活性型グリコーゲンシンターゼ a glycogen synthase a は脱リン酸化されており，不活性型の**グリコーゲンシンターゼ b glycogen synthase b** はリン酸化されている．

6種類の異なったプロテインキナーゼがグリコーゲンシンターゼをリン酸化し，シンターゼには少なくとも9つのリン酸化され得るセリン残基が存在する．キナーゼのうちの2つは Ca^{2+}/カルモジュリンに依存している（1つはホスホリラーゼキナーゼ）．グリコーゲンシンターゼキナーゼの1つは cAMP 依存性プロテインキナーゼであり，グリコーゲン分解の促進と同調させてグリコーゲン合成も阻害することで，cAMP を介したホルモン作用を引き起こす．インスリンはグルコース 6-リン酸の濃度を上昇させることで筋肉のグリコーゲンの分解を阻害し，同時にグリコーゲンの合成を促進する．グルコース 6-リン酸の濃度の上昇は，グリコーゲンシンターゼの脱リン酸化と活性化を促す．グリコーゲンシンターゼ b の脱リン酸化は，cAMP 依存性プロテインキナーゼによって制御されているプロテインホスファターゼ-1 によって行われる．

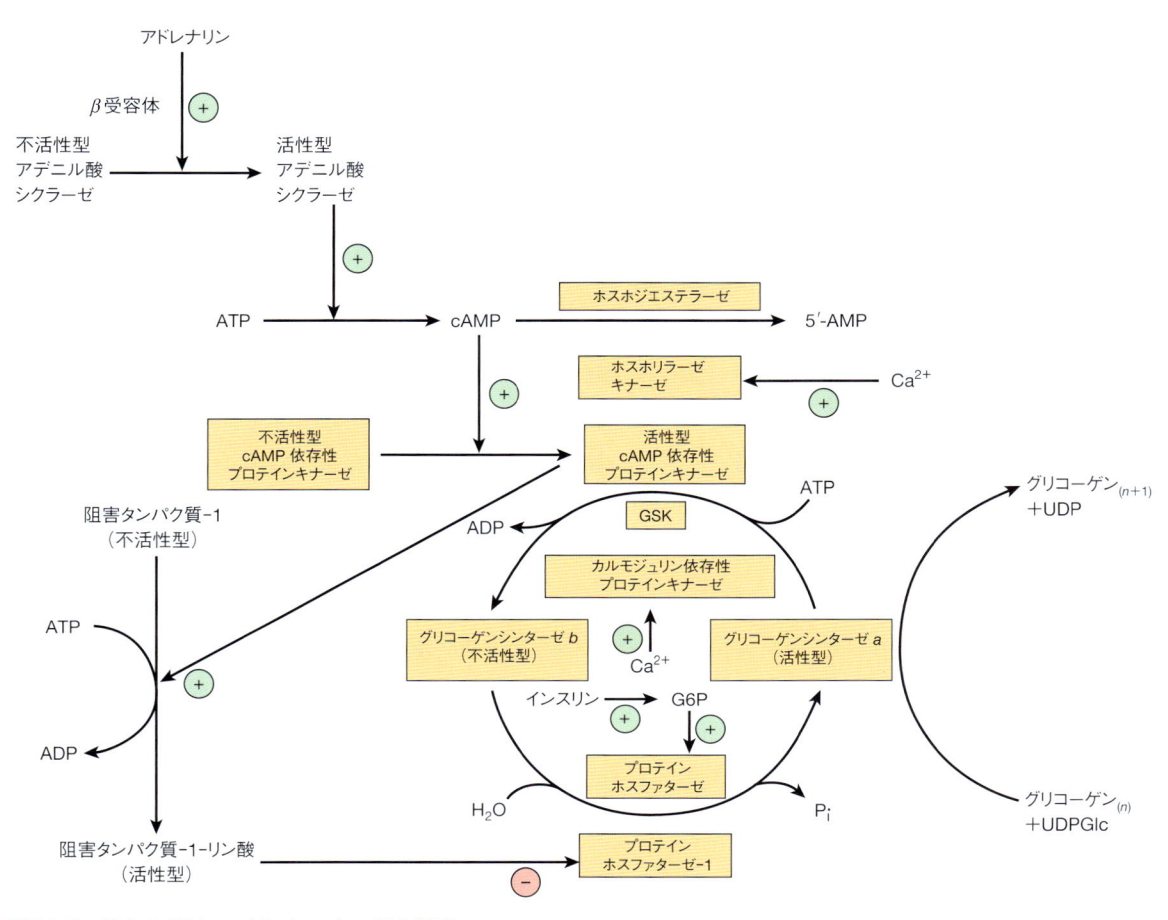

図 18-7. 筋肉のグリコーゲンシンターゼの調節
（G6P：グルコース 6-リン酸，GSK：グリコーゲンシンターゼキナーゼ，n：グルコース残基（単位）の数）

グリコーゲン代謝の調節はグリコーゲンシンターゼとホスホリラーゼの活性のバランスによって調節されている

cAMP の濃度上昇によってホスホリラーゼキナーゼを介してホスホリラーゼが活性化されると，同時にグリコーゲンシンターゼが不活性型に転換される．両方の効果とも **cAMP 依存性プロテインキナーゼ cAMP-dependent protein kinase** を介して行われる（**図 18-8**）．それゆえ，グリコーゲン分解の阻害は正味のグリコーゲン合成を促進し，反対にグリコーゲン合成の阻害は正味のグリコーゲン分解を促進する．ホスホリラーゼ *a*，ホスホリラーゼキナーゼ *a*，グリコーゲンシンターゼ *b* の脱リン酸化は，広い特異性をもつ 1 つの酵素，すなわち **プロテインホスファターゼ-1 protein phosphatase-1** によって触媒されている．このプロテインホスファターゼ-1 は，阻害タンパク質-1 を介して

cAMP 依存性プロテインキナーゼによって阻害される．インスリンのグリコーゲン分解を阻害する作用は，プロテインホスファターゼ-1 活性の上昇と cAMP 濃度の低下を介して行われる．それゆえ，グリコーゲン分解が停止すると，グリコーゲン合成は同調して活性化される．反対にグリコーゲン合成が停止すると，グリコーゲン分解は活性化される．その理由は，両方の過程が cAMP 依存性プロテインキナーゼの活性と cAMP の利用可能度に依存しているためである．ホスホリラーゼキナーゼとグリコーゲンシンターゼの両方は，異なったキナーゼによって複数箇所が可逆的にリン酸化され，ホスファターゼによって脱リン酸化される．ほかの部位のリン酸化は，主要な部位のリン酸化や脱リン酸化のされやすさを変化させる（**複数部位のリン酸化 multisite phosphorylation**）．さらに，こういったリン酸化による制御は，グルコースとインスリンの増加が，インスリンの効果（グリコーゲンの動員を抑制し，グリコーゲン合成を増加させる）を増強するよ

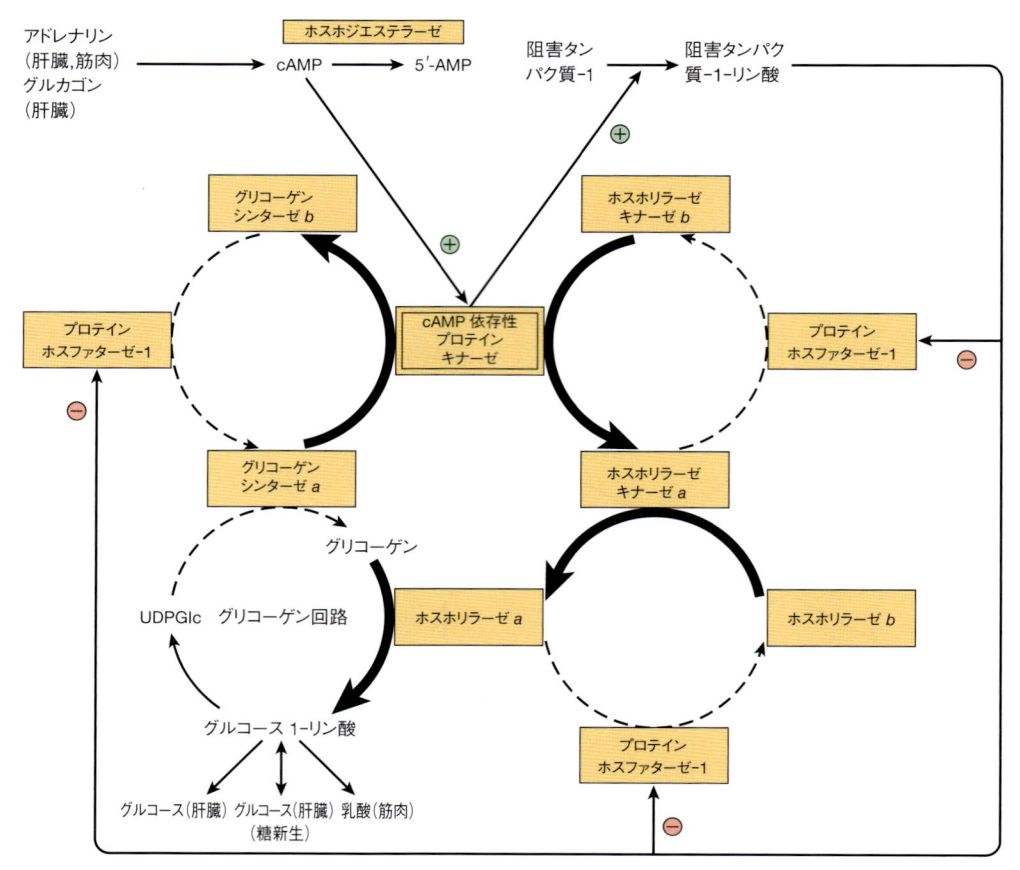

図 18-8. cAMP 依存性プロテインキナーゼによるグリコーゲン分解とグリコーゲン合成の協調的調節
cAMP 濃度が増加することに応答してグリコーゲン分解を導く反応は太い矢印で示した．プロテインホスファターゼ-1 の活性化によりグリコーゲン分解が阻害される反応は，破線の矢印で示した．ホスホジエステラーゼがはたらいて cAMP が減少したときには逆のことが起こり，グリコーゲン合成をもたらす．

うにさせる（図 18-6，図 18-7 参照）．この作用はグルコース 6-リン酸の増加を介して行われるが，これは，血漿グルコースの増加の二次的効果であり，この増加は肝臓グルコキナーゼを核内からグリコーゲン顆粒へ移行させて活性化する．

　肝臓のグリコーゲン代謝の迅速で精密な調節能力は極めて重要であり，グルコース需要の増加（たとえば，運動時）にもかかわらず，肝臓のグルコース産生が急速に上昇しない場合には低血糖が引き起こされる．もし重篤であると死をもたらすが，軽度の低血糖でも運動ができなくなる．糖新生はゆっくりとした過程であり，持続的運動中のグルコース産生を維持するには糖新生の基質の増加が必要である．肝臓のグリコーゲン分解，糖新生，筋肉のグルコース需要は密接に連携しているので，中程度の運動ではグルコース濃度はほとんど変わらない．これが起こるのは，グルカゴンが上昇し，インスリンが減少するために肝臓のグルコース産生が駆

動されるからである（思い出してほしい点は，運動の間は筋肉のグルコースの取り込みはインスリン非依存的に上昇し，それゆえインスリンが低下したとしても運動中の筋肉のグルコースの取り込みは上昇する）．

臨床との関連

低血糖と糖尿病

　糖尿病を患っている患者では，糖尿病の長期合併症を最小化するために，空腹時および食後の血糖濃度が正常の範囲内になるように治療されている．しかしながら，最もよい治療においても低血糖は起こり得る．多くの長期の糖尿病患者は気づかずに低血糖を発症している．重篤でない低血糖は，通常，自律神経症状そして/または神経性低血糖の症状を引き起こす．これによって発病がわかり，低下した血糖に手助けなく対処

することができる．もし低血糖が気づかれずに重篤となると，機能が損なわれて他人の手助けが必要となる．もし意識がなくなり，即効性の糖質（高グリセミックインデックス，15章参照）を飲み込んだり消化したりできなくなったときの救助療法の1つはグルカゴンである．グルカゴンは即効性があり，グリコーゲン分解の活性化剤である．

糖原病（グリコーゲン蓄積症）は遺伝する

"糖原病"は，組織内に異常なタイプまたは多量のグリコーゲンが蓄積したり，グリコーゲンの動員が起こらなくなるといった特徴を示す一群の遺伝的な疾病を指す総称である．おもな病気を表18-2に要約して示した．糖原病は症状が不均一でまれな病気である．幼児から大人が発症し，おもに肝臓，筋肉，心臓，まれな場合には脳に影響を与える．臨床的に疑われる場合は，初期診療と入院が必要である．新生児の遺伝的スクリーニングが糖原病の検出の鍵となる．医学的に危険な状態の多くは，簡単な栄養状態の検査で防ぐことができる．それによって成長の遅れと知的障害を最小限にすることができる．

まとめ

■ グリコーゲンは体内における主要な貯蔵糖質であり，おもに肝臓と筋肉に蓄えられる．

■ 肝臓におけるグリコーゲンの主要な機能は，肝外組織にグルコースを供給することである．筋肉においては，グリコーゲンは代謝エネルギー源としておもにはたらき，筋肉内で消費される．筋肉はグルコース-6-ホスファターゼを欠いており，グリコーゲンから遊離のグルコースをつくることができない．

■ グリコーゲンは，グリコーゲン合成経路によってグルコースから合成される．分解は異なる経路，すなわちグリコーゲン分解経路で行われる．

■ cAMP（サイクリックAMP）は，ホスホリラーゼの活性化とグリコーゲンシンターゼの阻害を同時に起こさせることで，グリコーゲン分解と合成の調節を統合する．インスリンはグリコーゲン分解を阻害し，合成を促進するという相反的なはたらきをもつ．

■ 肝臓，筋肉，脳におけるグリコーゲン代謝酵素の遺伝的欠損は，糖原病（グリコーゲン蓄積症）を引き起こす．

文　献

Ellingwood SS, Cheng A. Biochemical and clinical aspects of glycogen storage diseases. J Endocrinol 2018;238(3): R131-R141. Doi:10.1530/JOE-18-0120.

Murray B, Rosenbloom C. Fundamentals of glycogen metabolism for coaches and athletes. Nutr Rev 2018;76(4):243-259. https://www.ncbi.nlm.nih.gov/pmc/articles/PMC6019055/

糖新生と血糖の調節

19

Gluconeogenesis & the Control of Blood Glucose

学 習 目 標
本章習得のポイント

- グルコースの恒常性（ホメオスタシス）における糖新生の重要性について説明する.

- 糖新生の経路を説明し, 解糖の不可逆過程を触媒する酵素がどのように迂回されているのか, 解糖と糖新生がどのように相互に調節されているのかについて解説する.

- 食事直後および空腹時に, どのようにして血糖値が狭い範囲で維持されているのかを説明する.

生物医学的重要性

糖新生とは, 糖質ではない前駆体からグルコースを合成する過程のことである. おもな基質は糖原性アミノ酸（28 章参照）, 乳酸, グリセロール, プロピオン酸である. 糖新生を行うおもな組織は肝臓と腎臓であるが, 一義的な臓器は肝臓である. 腎皮質は短い絶食（18 〜 24 時間）において, 体全体の糖新生の約 10%に貢献するが, 腎臓はグルコースの正味の糖供給源ではない. これは, 腎髄質がグルコースの消費組織であるためである. 長期の絶食（約 7 日）においてのみ, 腎臓はグルコースの恒常性（ホメオスタシス）に貢献するための正味のグルコース炭素を供給する. 糖新生の鍵となる酵素は腸においても発現している. 腸内細菌による糖質の発酵によって生じるプロピオン酸は, 腸細胞における糖新生の基質である. 腸は, 糖新生のおもな基質である乳酸とアラニンあるいはグリセロールの正味の消費臓器ではなく, 空腹時ではグルコースの消費臓器である. つまり, 局所的に合成されたグルコースは局所的に代謝される.

肝臓の糖新生速度は以下の 4 つの因子で決定される.（1）糖新生基質の利用可能度,（2）肝臓が糖新生の基質を取り込む能力,（3）糖新生酵素の量と活性,（4）肝臓の酸化能力. 酸化能力は, 糖新生においてエネルギーを必要とする段階を進めるためのエネルギーの供給のみならず, 糖原性アミノ酸由来の窒素の代謝（尿素生成, 28 章参照）のためにも必要である.

24 時間の摂食と絶食のサイクルを通じて, 糖新生の前駆体は利用可能である. 空腹時には, 脂肪組織は脂肪分解によってグリセロールを放出する. 骨格筋は乳酸と糖原性アミノ酸を放出する. 絶食時間が延びると, グリセロールとアミノ酸が糖新生のための炭素の供給源としての役割が増加する. 絶食が続くと糖新生はより増加すると予想するかもしれないが, 実際にはそうではない. それは, 脳を含めた末梢組織のグルコースの需要が低下するためである. これによってタンパク質の重要な貯蔵は保たれる. 食事後でも糖新生の原料の供給は低下せず, むしろ増加するが, 炭素供給源の成分は異なる. 脂肪分解の減少によってグリセロールの供給は低下する. 一方, 乳酸の供給は減少せず, これはおもに骨格筋での高い解糖速度のためである. アミノ酸の供給は, 食事由来のアミノ酸が門脈へ入ると増加する. 運動中は, 活動している筋肉由来の乳酸が運動によって増加する糖新生の要求を支えるのに役立つ.

アミノ酸, 糖, 乳酸の輸送と取り込みの調節は異なっている. 肝臓は極めて効率よくグリセロールを取り込む. 肝臓に運ばれたグリセロールの 60%以上は, 初回通過時に除かれる（つまり, 肝臓に取り込まれる）. この割合は, 糖新生において重要な調節因子であるインスリン, グルカゴン, アドレナリン（エピネフリン）の増減には依存せずに一定である. 対照的に, アミノ酸の除去はグルカゴンに非常に敏感に応答し, インスリンに対してはより低い感受性を示す. グルカゴンは肝臓における糖原性アミノ酸の輸送の活性化因子である. 通常, 糖原性アミノ酸の約 20%が最初の肝臓の通過で除去されるが, グルカゴンが増加するとその割合は

60%を超える．インスリンもアミノ酸の輸送を促進するが，効果はグルカゴンと比べて非常に少ない．肝臓による乳酸の取り込みは複雑である．それは，肝臓のグリコーゲン分解の速度が大きいときは，肝臓が乳酸を産生するためである．しかしながら，空腹時においては，乳酸取り込みの主要な駆動因子は乳酸の利用度である．グルカゴンの増加とともに乳酸が増加すると，肝臓は乳酸を効率よく消費する臓器となり，運動時などに見られるように糖新生の応答を補助する．

　本章では，糖新生の経路と調節段階を解説する．基質の糖新生経路への流入と経路内の流れにおける微調整において調節段階が重要であることは明らかである．しかしながら，基質の供給と輸送の量の変動がこの調節に優先してはたらくことがある．たとえば，食後はインスリンが増加し，グルカゴンは減少するので，糖新生の酵素は阻害されて糖新生は減少することが予想される．ところが，実際には糖新生は続く．それは，基質の輸送と取り込みが続くことで，酵素の阻害が相殺されるためである．この際，肝臓は糖新生によってできた炭素（グルコース）を放出せず，それをグリコーゲンへと取り込ませ，食物摂取によって引き起こされるグリコーゲン合成を増加させる（間接的グリコーゲン合成，18 章参照）．

　高血糖に関連した病気においては（たとえば，感染や糖尿病），糖新生は不適切に亢進する．外傷や感染による**重症患者 critically ill patient** では，糖新生のための基質の供給は非常に多い（乳酸の増加，脂肪分解の亢進，タンパク質異化の亢進）．これにインスリン抵抗性と高いレベルのグルカゴンが組み合わさると，糖新生が駆動されて不良転帰となる**高血糖 hyperglycemia** が引き起こされる．1 型糖尿病に見られるように（14 章参照），インスリンの欠乏（糖尿病ケトアシドーシス）においては，インスリンの不存在と非常に高いグルカゴン濃度のために，脂肪分解とタンパク質の異化が抑制されず，高血糖が増幅される．高血糖は，体液の浸透圧の変化，体液循環の障害，細胞内アシドーシス，スーパーオキシドラジカルの増加を引き起こす（45 章参照）．その結果，血管内皮と免疫系機能の撹乱および血液凝固の不全が引き起こされる．

　肝不全では糖新生は損なわれ，基質の供給は多く，極度のインスリン抵抗性と高グルカゴン状態にあるにもかかわらず低血糖が発症する．この場合，肝臓のエネルギー産生不全（クエン酸回路と尿素生成の不全，16 章参照）は，グルコース合成を行うために必要なエネルギーを糖新生経路に供給できなくしてしまう．

糖新生には解糖系とクエン酸回路に加えていくつかの特別な反応が関与する

熱力学的障壁は解糖の単純な逆行を妨げる

　解糖におけるヘキソキナーゼ，ホスホフルクトキナーゼ，ピルビン酸キナーゼで触媒される 3 つの非平衡反応（17 章参照）は，解糖の単純な逆行によってグルコース合成が起こることを妨げている（**図 19-1**）．3 つの段階は以下のようにして迂回される．

ピルビン酸とホスホエノールピルビン酸

　解糖におけるピルビン酸キナーゼによって触媒される反応の逆行には，2 つの吸熱反応がかかわる．ミトコンドリアの**ピルビン酸カルボキシラーゼ pyruvate carboxylase** は，ピルビン酸をカルボキシル化してオキサロ酢酸を生成する反応を触媒する．この反応には ATP が必要であり，ビタミンであるビオチンが補酵素としてはたらく．ビオチンは炭酸水素イオンから CO_2 を受け取ってカルボキシビオチンとなり，その CO_2 をピルビン酸に受け渡す（図 44-14 参照）．生成したオキサロ酢酸は還元されてリンゴ酸となり，ミトコンドリアからサイトゾルへ輸送され，そこで再酸化されてオキサロ酢酸に戻る．第二の酵素は**ホスホエノールピルビン酸カルボキシキナーゼ phosphoenolpyruvate carboxykinase** であり，この酵素は脱炭酸とリン酸化を触媒し，オキサロ酢酸をホスホエノールピルビン酸に変換する．リン酸供与体としては GTP を利用する．肝臓と腎臓では，クエン酸回路のコハク酸チオキナーゼ（16 章参照）による反応で（ほかの組織の場合のように ATP ではなくむしろ）GTP が生成し，この GTP はホスホエノールピルビン酸カルボキシキナーゼの反応に利用される．GTP の生成と消費を介してクエン酸回路の活性と糖新生が連関し，糖新生よってオキサロ酢酸が過剰に消費されないようになっている（すなわち，アナプレロティック反応とカタプレロティック反応は等しい必要がある）．オキサロ酢酸が過剰に消費されると，クエン酸回路の活性は低下してしまう．

フルクトース 1,6-ビスリン酸とフルクトース 6-リン酸

　解糖の逆行のために，フルクトース 1,6-ビスリン酸は**フルクトース-1,6-ビスホスファターゼ fructose-1,6-bisphosphatase** によって触媒されてフルクトース 6-リン酸へ変換される．この酵素の有無によって，組

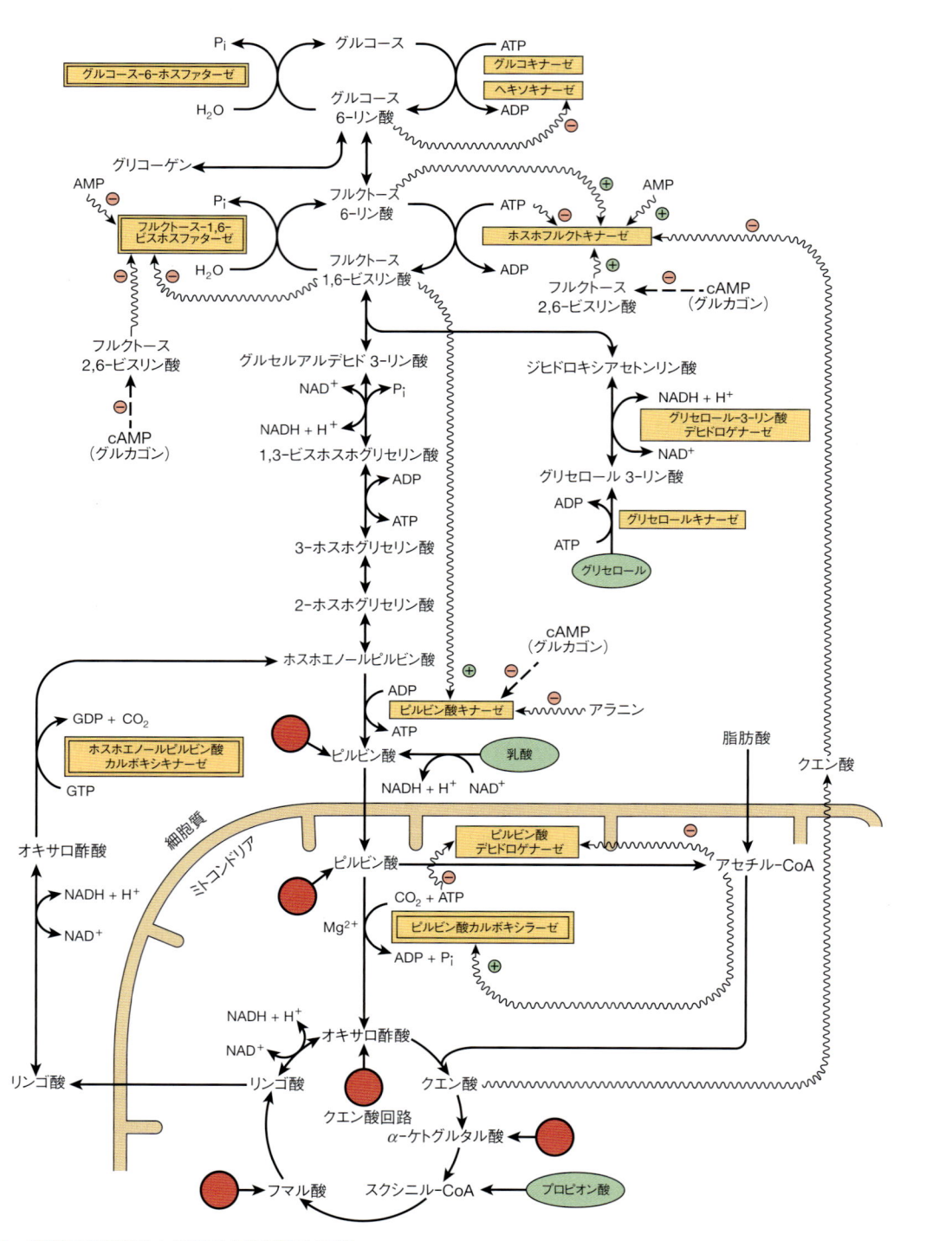

図 19-1. 肝臓での糖新生と解糖の主要経路と調節

糖原性アミノ酸がアミノ基転移の後に経路に入る地点は ●→ で示されている（図 16-4 参照）．糖新生のための重要な酵素は ▭ で示した．糖新生に必要な ATP は脂肪酸の酸化により供給される．プロピオン酸は反芻動物においてのみ重要である． ～～→はアロステリック効果，━━→は可逆的なリン酸化による共有結合修飾を示す．高濃度のアラニンは，ピルビン酸キナーゼの段階で解糖を阻害することにより，糖新生のシグナルとしてはたらく．

織がピルビン酸やトリオース（たとえば，グルセロール）からグルコース（またはグリコーゲン）を合成する能力をもつかどうかが決まる．この酵素は肝臓，腎臓，骨格筋に存在するが，心臓や平滑筋にはおそらく存在しない．

グルコース6-リン酸とグルコース

グルコース6-リン酸のグルコースへの変換は**グルコース-6-ホスファターゼ glucose-6-phosphatase** によって触媒される．この酵素は肝臓と腎臓(腎皮質)に存在するが，筋肉には存在せず，それゆえ筋肉はグリコーゲン由来のグルコースを血中に放出できない．

グルコース1-リン酸とグリコーゲン

グリコーゲンの分解によるグルコース1-リン酸の生成はホスホリラーゼによって触媒される．グリコーゲン合成は，ウリジン二リン酸グルコースと**グリコーゲンシンターゼ glycogen synthase** を用いる別の経路で行われる(図18-1 参照)．

糖新生と解糖経路の関係を図19-1 に示した．糖原性アミノ酸は，アミノ基転移または脱アミノの後，ピルビン酸またはクエン酸回路の中間体となる．それゆえ，上で述べた反応によって，乳酸と糖原性アミノ酸の両方がグルコースまたはグリコーゲンへ変換されることが説明できる．

プロピオン酸は，反芻動物においてはグルコースの主要な前駆体であり，クエン酸回路を介して糖新生経路に入る．CoA によるエステル化の後，プロピオニル-CoA はビオチン依存性酵素である**プロピオニル-CoA カルボキシラーゼ propionyl-CoA carboxylase** によってカルボキシル化され，D-メチルマロニル-CoA となる(**図 19-2**)．**メチルマロニル-CoA ラセマーゼ methylmalonyl-CoA racemase** は D-メチルマロニル-CoA を L-メチルマロニル-CoA に変換し，L-メチルマロニル-CoA は**メチルマロニル-CoA ムターゼ methylmalonyl-CoA mutase** によって異性化されてスクシニル-CoA となる．反芻動物以外の動物（ヒトを含む）では，プロピオン酸は糖新生の比較的まれな基質である．プロピオン酸は，イソロイシンおよびコレステロールの側鎖の酸化から生じる以外に，反芻動物の脂質の場合と同様に奇数鎖脂肪酸の β 酸化から生じる（22 章参照）．メチルマロニル-CoA ムターゼはビタミン B_{12} 依存性酵素であり，このビタミンが欠乏するとメチルマロン酸が尿中に排泄される（**メチルマロン酸尿症 methylmalonic aciduria**）．

食事を摂取した状態では，グリセロールはリポタンパク質に由来するトリアシルグリセロールの脂肪分解によって脂肪組織で生成される．グリセロールは非エステル化脂肪酸の再エステル化に使われてトリアシルグリセロールとなるか，または肝臓へ運ばれて糖新生の基質の1 つとして使われる．空腹時には，脂肪組織中のトリアシルグリセロールの脂肪分解の結果生じたグリセロールは，肝臓および腎臓の糖新生の基質として使われる．

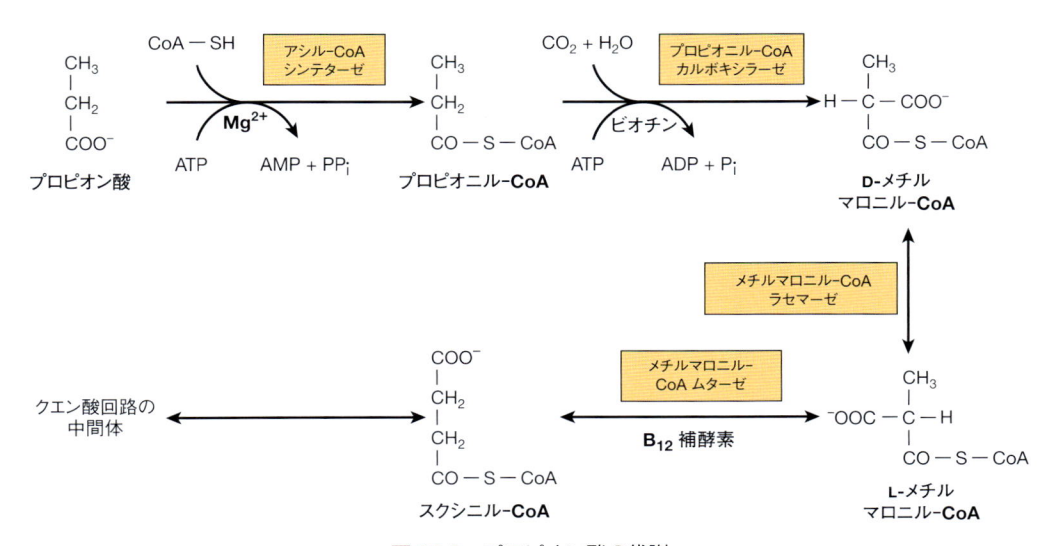

図 19-2. プロピオン酸の代謝

解糖と糖新生は同じ経路を用いる逆方向の反応であり，両者は相反して調節される

　基質供給の変化は，ほとんどの代謝変化の原因となっており，直接的またはホルモン分泌の変化を通じて間接的に行われる．糖質代謝に関与する酵素の活性調節は3つの機構，（1）酵素合成速度の変化，（2）可逆的リン酸化による共有結合修飾，（3）アロステリック効果によって行われている．

鍵となる酵素の発現誘導と抑制には数時間が必要である

　種々の代謝条件によって引き起こされる肝臓の酵素活性の変化を**表 19-1**に示す．調節を受ける酵素は生理的に不可逆な非平衡反応を触媒する．逆方向の反応を触媒する酵素の活性は相反的に変化するので，一般的にその効果は増強される（図 19-1）．グルコースの消費に関与する酵素（すなわち，解糖および脂質合成に関与する酵素）は，食後のようにグルコースの供給が高まると活性がより高まり，この条件下では糖新生の酵素の活性は相対的に低くなる．血糖の増加に応答して放出されるインスリンは，解糖の鍵となる酵素の合成を促進する．インスリンは，糖新生の鍵となる酵素の合成を誘導するグルココルチコイドおよび cAMP（グルカゴンによって合成が誘導される）の効果を打ち消す．

可逆的リン酸化による共有結合修飾は速やかに起こる

　血糖の低下に対応するためのホルモンである**グルカゴン glucagon** と**アドレナリン adrenaline**（**エピネフリン epinephrine**）は，cAMP 濃度を上昇させて肝臓における解糖を阻害し，糖新生を促進する．cAMP 濃度の上昇によって cAMP 依存性プロテインキナーゼが活性化されると，**ピルビン酸キナーゼ pyruvate kinase** がリン酸化されて失活する．後で述べるように，グルカゴンとアドレナリンはフルクトース 2,6-ビスリン酸の濃度を調節することによっても，解糖と糖新生に影響

表 19-1.　糖質代謝に関連した調節酵素と適応酵素

	活　性					
	糖質摂取	飢餓と糖尿病	誘導物質	抑制物質	活性化剤	阻害剤
グリコーゲン分解，解糖，およびピルビン酸酸化に関与する酵素						
グリコーゲンシンターゼ	↑	↓			インスリン，グルコース 6-リン酸	グルカゴン
ヘキソキナーゼ						グルコース 6-リン酸
グルコキナーゼ	↑	↓	インスリン	グルカゴン		
ホスホフルクトキナーゼ-1	↑	↓	インスリン	グルカゴン	5′-AMP，フルクトース 6-リン酸，フルクトース 2,6-ビスリン酸，P_i	クエン酸，ATP，グルカゴン
ピルビン酸キナーゼ	↑	↓	インスリン，フルクトース	グルカゴン	フルクトース 1,6-ビスリン酸，インスリン	ATP，アラニン，グルカゴン，ノルアドレナリン
ピルビン酸デヒドロゲナーゼ	↑	↓			CoA，NAD^+，インスリン，ADP，ピルビン酸	アセチル-CoA，NADH，ATP（脂肪酸，ケトン体）
糖新生に関与する酵素						
ピルビン酸カルボキシラーゼ	↓	↑	グルココルチコイド，グルカゴン，アドレナリン	インスリン	アセチル-CoA	ADP
ホスホエノールピルビン酸カルボキシキナーゼ	↓	↑	グルココルチコイド，グルカゴン，アドレナリン	インスリン		
グルコース-6-ホスファターゼ	↓	↑	グルココルチコイド，グルカゴン，アドレナリン	インスリン		

を与える．さらにすでに述べたように，グルカゴンは
アミノ酸輸送の活性化因子である．

アロステリック調節は瞬時に起こる

糖新生におけるピルビン酸からオキサロ酢酸の合成
はピルビン酸カルボキシラーゼによって触媒され，ア
セチル–CoA はこの酵素の**アロステリック活性化剤
allosteric activator** としてはたらく．アセチル–CoA の
添加はタンパク質の三次構造を変化させ，その結果，炭
酸水素イオンに対する K_m が低下する．したがって，ピ
ルビン酸からアセチル–CoA が生じるとピルビン酸カ
ルボキシラーゼが活性化され，オキサロ酢酸が自動的
に供給される．アセチル–CoA は脂肪酸の酸化によっ
ても生じるが，アセチル CoA がピルビン酸カルボキシ
ラーゼを活性化し，その反対にピルビン酸デヒドロゲ
ナーゼを阻害するはたらきをもつことは，脂肪酸の酸
化が起こるとピルビン酸（つまり，グルコース）の酸化
が抑制され，糖新生が活性化されるということを意味
する．ピルビン酸カルボキシラーゼとピルビン酸デヒ
ドロゲナーゼの間には相反する関係があるので，食事
を摂取した状態から空腹状態に変わるとき，すなわち
組織における代謝が糖質の酸化（解糖）から糖新生に変
わるときに，代謝におけるピルビン酸の運命が変わる
（図 19-1）．糖新生の促進における脂肪酸酸化の主要な
役割の 1 つは，グルコース合成に必要な ATP を供給す
ることである．

ホスホフルクトキナーゼ phosphofructokinase（ホ
スホフルクトキナーゼ–1 phosphofructokinase–1）は
解糖調節の鍵となるが，フィードバック調節を受ける
酵素でもある．この酵素はクエン酸および生理的な細
胞内濃度の ATP によって阻害され，5′–AMP で活性化
される．通常の細胞内 [ATP] ではこの酵素は約 90 % 阻
害されており，この阻害は 5′–AMP によって軽減され
る（**図 19-3**）．

5′–AMP は細胞のエネルギー状態を示す指標である．
肝臓および多くのほかの組織における**アデニル酸キ
ナーゼ adenylate kinase** の存在は，以下の反応を速や
かに平衡状態にする．

$$2ADP \leftrightarrow ATP + 5'{-}AMP$$

つまり，エネルギーが必要な過程で ATP が消費され
ると ADP が生じ，[AMP] が増加する．[ATP] の比較
的わずかな減少でも [AMP] は数倍に増加するので，
[AMP] は [ATP] の変化の代謝増幅器としてはたらき，
それゆえ，細胞のエネルギー状態を示す鋭敏なシグナ

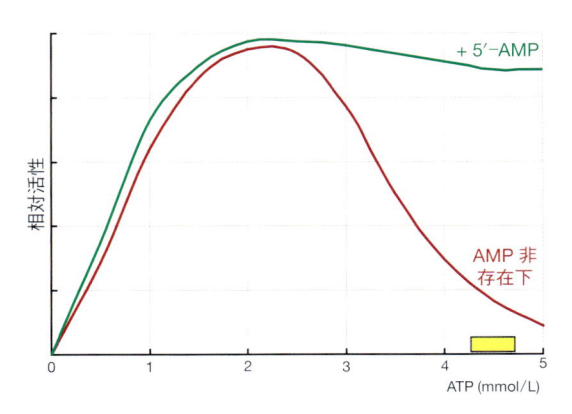

**図 19-3. ATP によるホスホフルクトキナーゼ-1 の阻害と
5′-AMP による阻害の軽減**
黄色の棒は細胞内 ATP 濃度の通常の範囲を示す．

ルとなる．つまり，ホスホフルクトキナーゼ-1 の活性
は細胞のエネルギー状態によって調節されており，ク
エン酸回路へ入る前に解糖を受ける糖質の量を制御す
る．同時に，5′–AMP はグリコーゲンホスホリラーゼ
を活性化し，グリコーゲン分解を促進する．ATP に
よってホスホフルクトキナーゼ-1 が阻害されるとグ
ルコース 6-リン酸が蓄積し，その結果，ヘキソキナー
ゼが阻害されて肝外組織におけるグルコースのさらな
る取り込みが阻害される．肝臓に存在するグルコキ
ナーゼは，グルコース 6-リン酸によって阻害されない
点は注目すべきである．これによって速いグルコース
の取り込みが可能となり，グリコーゲン貯蔵が進行す
る．同時に，糖新生に由来する炭素もグリコーゲン貯
蔵に利用される．

フルクトース 2,6-ビスリン酸は肝臓における解糖と
糖新生の調節において独自の役割をもつ

**フルクトース 2,6-ビスリン酸 fructose 2,6-bisphos-
phate** は，肝臓におけるホスホフルクトキナーゼ-1 の
最も強いアロステリック活性化因子であり，同時にフ
ルクトース-1,6-ビスホスファターゼの最も強い阻害
因子である．この化合物は，ホスホフルクトキナーゼ-
1 の ATP による阻害の程度を軽減し，フルクトース 6-
リン酸への親和性を高める．一方，フルクトース-1,6-
ビスホスファターゼに対しては，フルクトース 1,6-ビ
スリン酸に対する K_m を上昇させて阻害する．この化
合物の濃度は，基質（アロステリック）およびホルモン
作用（共有結合修飾）の両方によって制御されている
（**図 19-4**）．

フルクトース 2,6-ビスリン酸は，**ホスホフルクトキ
ナーゼ-2 phosphofructokinase-2** によるフルクトース

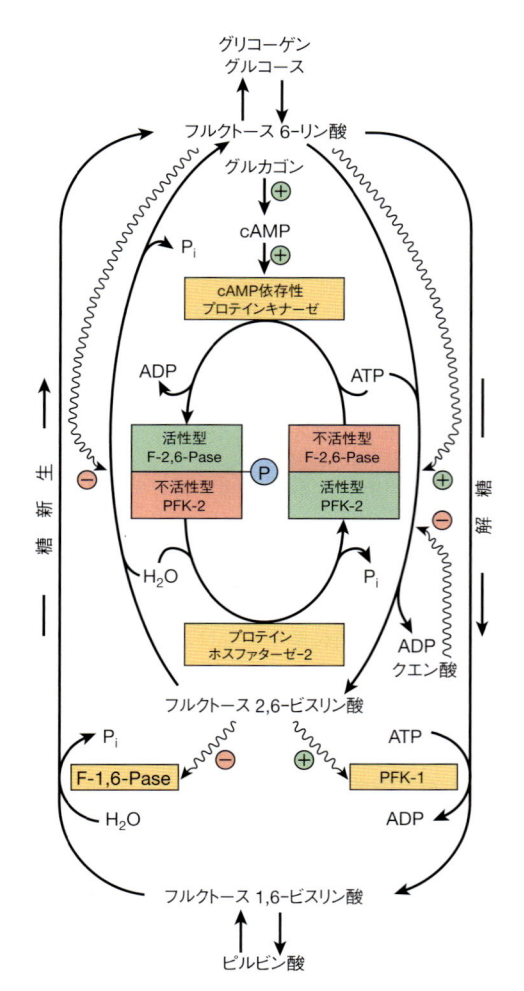

図 19-4. フルクトース 2,6-ビスリン酸と 2 つの機能をもつ酵素，PFK-2/F-2,6-Pase（6-ホスホフルクト-2-キナーゼ/フルクトース-2,6-ビスホスファターゼ）による肝臓中での解糖および糖新生の調節

（F-1,6-Pase：フルクトース-1,6-ビスホスファターゼ，PFK-1：ホスホフルクトキナーゼ-1［6-ホスホフルクト-1-キナーゼ］）〰➤はアロステリック効果を示す．

6-リン酸のリン酸化によって生じる．同じ酵素がこの化合物の分解にも関与する．つまり，この酵素は**フルクトース-2,6-ビスホスファターゼ fructose-2,6-bisphosphatase** 活性ももつ．この**二重機能酵素 bifunctional enzyme** はフルクトース 6-リン酸によるアロステリック調節を受け，キナーゼ活性は亢進し，ホスファターゼ活性は阻害される．それゆえ，グルコースの供給が豊富なときには，フルクトース 2,6-ビスリン酸の濃度が上昇し，ホスホフルクトキナーゼ-1 が活性化され，フルクトース-1,6-ビスホスファターゼは阻害されるので解糖が促進される．空腹時には，グルカゴンによって cAMP の産生が増加し，活性化された cAMP 依

存性プロテインキナーゼはリン酸化によってホスホフルクトキナーゼ-2 活性を阻害し，フルクトース-2,6-ビスホスファターゼ活性を活性化する．フルクトース2,6-ビスリン酸の濃度が低下すると，ホスホフルクトキナーゼ-1 が不活化し，フルクトース-1,6-ビスホスファターゼの阻害が軽減されるので，糖新生が活性化される．ペントースリン酸経路（20 章参照）の中間体の1 つであるキシルロース 5-リン酸は，この二重機能酵素を脱リン酸するプロテインホスファターゼを活性化するので，フルクトース 2,6-ビスリン酸の産生は増加し，解糖速度も増大する．その結果，解糖とペントースリン酸経路を通じた代謝流量が増加し，脂肪酸合成も増加する（23 章参照）

基質（無益）回路は微妙な調節と速やかな応答を可能にする

　解糖とグリコーゲン代謝の調節点は，基質のリン酸化と脱リン酸化のサイクルであり，それらはグルコキナーゼ/グルコース-6-ホスファターゼ，ホスホフルクトキナーゼ-1/フルクトース-1,6-ビスホスファターゼ，ピルビン酸キナーゼ/ピルビン酸カルボキシラーゼおよびホスホエノールピルビン酸カルボキシキナーゼ，グリコーゲンシンターゼ/ホスホリラーゼによって触媒されている．互いに逆方向の反応を触媒するこれらの酵素は，解糖に関与するものが活性化されているときには，糖新生の酵素は相対的に不活性化されるといった具合に調節されていることは明らかのようである．そうでないと，リン酸化体と非リン酸化体の間でサイクルが繰り返され，実質的に ATP が浪費されてしまう．実際，肝臓においては低速の炭素の無益な循環（1〜2％）が存在する．無益経路をもっているという利点によって，肝臓は食後，空腹時，運動状態に急速に対応することができる．筋肉においては，ホスホフルクトキナーゼとフルクトース-1,6-ビスホスファターゼは，両方とも常にある程度の活性をもっている．つまり，実際には無益な基質回路が肝臓よりもより活発に起こっている．この無益回路があることによって，筋収縮時に必要となる非常に急速な解糖速度の上昇が可能となっている．休息時には，ホスホフルクトキナーゼ活性はフルクトース-1,6-ビスホスファターゼ活性よりも約 10 倍ほど高い．一方，筋収縮直前には両酵素の活性が上昇するが，フルクトース-1,6-ビスホスファターゼの方がホスホフルクトキナーゼよりも約 10 倍高く活性されるので，正味の解糖速度は変わらない．筋収縮が始まると，ホスホフルクトキナーゼの活性はさ

らに上昇し，一方，フルクトース-1,6-ビスホスファターゼ活性は低下するので，結果として解糖（つまり，ATP の合成）の正味の速度が 1000 倍にも増大する.

血糖値は狭い範囲で調節されている

消化吸収が終わった後の血糖値は 4.5 〜 5.5 mmol/L の範囲で維持されている．糖質食物の摂取直後には血糖値は 6.5 〜 7.2 mmol/L に上昇し，飢餓時には 3.3 〜 3.9 mmol/L に低下する．脳はそのエネルギー源をグルコースに頼っているので，血糖値が急激に減少（たとえば，インスリンの過剰投与など）すると痙攣が起こる．しかしながら，低血糖が適応できる程度にゆるやかに起こる場合は，もっと低濃度にも耐えることができる．血糖値のレベルは鳥ではかなり高く（14.0 mmol/L），反芻動物ではかなり低い（ヒツジでは約 2.2 mmol/L，ウシでは約 3.3 mmol/L）．反芻動物の正常の血糖値がこのように低いレベルにあることは，反芻動物が食物中の糖質のほとんどすべてを醗酵によって短鎖脂肪酸へ変えているという事実と関係しているようである．食事を摂取した状態では，短鎖脂肪酸はグルコースの代わりに組織における主要な代謝エネルギー源として利用される.

血糖は食事，糖新生，グリコーゲン分解に由来する

消化可能な食物中の糖質は分解されて，グルコース，ガラクトース，フルクトースとなり，**肝門脈 hepatic portal vein** を通じて肝臓へ運ばれる．ガラクトースとフルクトースは肝臓内で速やかにグルコースに変換される（20 章参照）.

糖新生においては，グルコースは 2 種の化合物のグループから生成する（図 16-4 と図 19-1 参照）．（1）実質的に直接グルコースへ変換されるもの．ほとんどの**アミノ酸 amino acid** や**プロピオン酸 propionate** を含む．（2）組織におけるグルコースの代謝産物．骨格筋や赤血球で解糖によって生じた**乳酸 lactate** は，肝臓および腎臓に運ばれて再度グルコースに転換される．生じたグルコースは血液循環を通じてほかの組織に運ばれ，そこで酸化反応に利用される．この過程は**コリ回路 Cori cycle** または**乳酸回路 lactic acid cycle** として知られている（**図 19-5**）.

空腹時には，骨格筋からかなりの量のアラニンが放出される．その量は，骨格筋タンパク質の異化によって生じる量をはるかに超えている．それらのアラニンは，筋肉グリコーゲンの解糖によって生じたピルビン酸がアミノ基転移を受けたために生じたものである．アラニンは肝臓へ輸送され，そこでアミノ基が除かれ

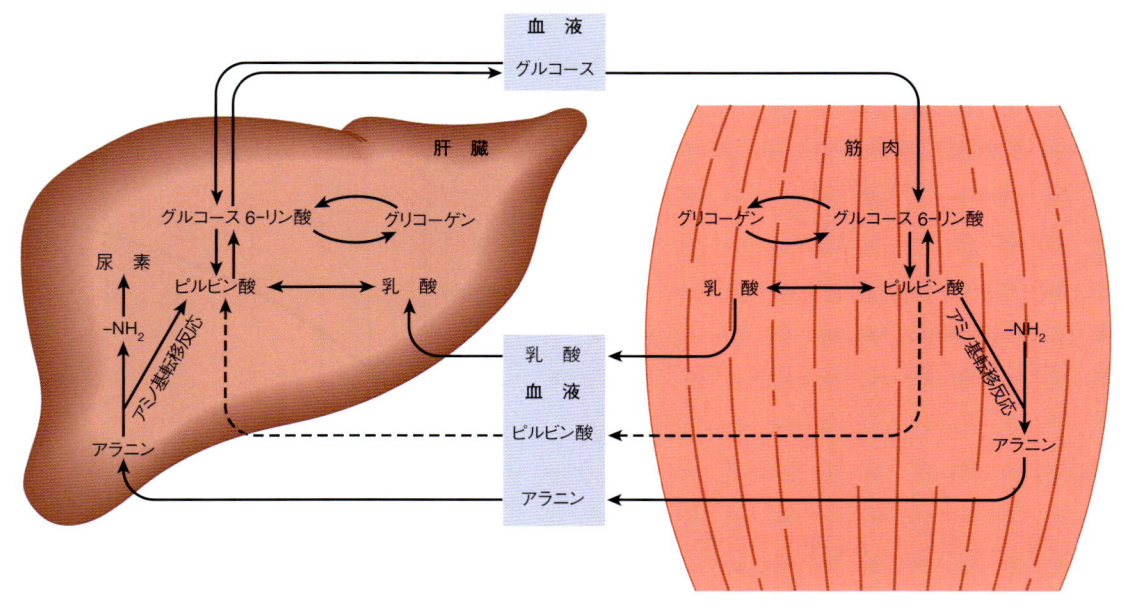

図 19-5. コリ（乳酸）回路とグルコース-アラニン回路

表 19-2. おもなグルコース輸送体

	組織分布	機能
促進性の双方向性の輸送体		
GLUT 1	脳, 腎臓, 結腸, 胎盤, 赤血球	グルコースの取り込み
GLUT 2	肝臓, 膵ランゲルハンス島 β 細胞, 小腸, 腎臓	グルコースの速やかな取り込みと放出
GLUT 3	脳, 腎臓, 胎盤	グルコースの取り込み
GLUT 4	心筋, 骨格筋, 脂肪組織	インスリン刺激によるグルコースの取り込み
GLUT 5	小腸	フルクトースの吸収
ナトリウム依存性の一方向性の輸送体		
SGLT1	小腸, 腎臓*	濃度勾配に逆らったグルコースの能動的な取り込み

＊ 訳者注：腎臓ではおもに SGLT2 がグルコースの再吸収を担っている.

てピルビン酸となり，糖新生の基質となる．この**グルコース-アラニン回路 glucose–alanine cycle**（図 19-5）は，空腹状態において血糖を維持するための筋肉グリコーゲンを利用する間接的な経路である．筋肉からの乳酸とともに，脂肪組織から放出されるグリセロールは，糖新生のための炭素のもう 1 つの供給源である．肝臓においては，ピルビン酸（またはグリセロール）からグルコースを合成するために必要な ATP は脂肪酸（脂肪組織の脂肪分解由来）の酸化によってもたらされる．グルコースはグリコーゲン分解によって肝臓グリコーゲンからも生じる（18 章参照）.

血糖値は代謝およびホルモンによる制御によって調節される

　血糖を一定の濃度に保つことは，すべての恒常性維持の機構のなかで最も精密に調節されている機構の 1 つであり，肝臓，肝外組織，およびいくつかのホルモンが関係している．肝細胞はグルコース輸送体（GLUT 2）を介してグルコースを双方向に自由に通過させることができるが，肝外組織（膵ランゲルハンス島 β 細胞を除く）はグルコースを比較的通過させにくく，それらの細胞において取り込み（一方向の輸送）にはたらくグルコース輸送体はインスリンによって制御されている．結果として，肝外組織では血流からのグルコースの取り込みは常に律速段階とはならないが，グルコースの利用において重要な決定因子である（14 章参照）．細胞膜に存在する種々のグルコース輸送体タンパク質の役割を**表 19-2** に示す.

食後の血糖値の調節にはグルコキナーゼが重要である

　ヘキソキナーゼはグルコースに対して低い K_m をもち，肝臓では通常の状態において基質グルコースが飽

和状態にあり，酵素は一定速度（最大速度）ではたらいている．このようにして，ヘキソキナーゼは肝臓の必要性に応じた適切な解糖速度を維持している．グルコキナーゼはアロステリック酵素であり，グルコースに対してかなり高い見かけの K_m（より低い親和性）をもつので，その活性は肝門脈におけるグルコース濃度の上昇に伴って増加する（**図 19-6**）．空腹時には，グルコキナーゼは核内に存在するが，細胞内のグルコース濃度の上昇に伴ってこの酵素はサイトゾルへと移動する．それゆえ，糖質の食物を摂取した後には，グルコキナーゼによって肝臓への大量のグルコースの取り込みが行われ，取り込んだグルコースはグリコーゲンや脂肪合成に使われる．肝臓の効率のよいグルコースの取り込みによって，食後に肝門脈のグルコース濃度が 20 mmol/L に達した場合でも，肝臓から末梢循環に入るグルコースは通常 8 〜 9 mmol/L を超えない．グルコキナーゼは反芻動物の肝臓には存在せず，反芻動物で

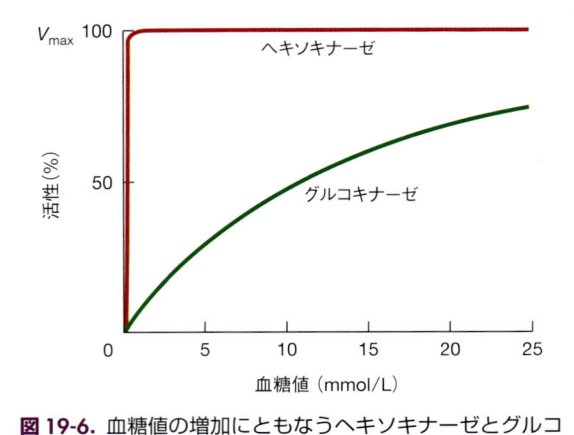

図 19-6. 血糖値の増加にともなうヘキソキナーゼとグルコキナーゼのグルコースをリン酸化する活性の変化
ヘキソキナーゼのグルコースに対する K_m は 0.05 mmol/L．グルコキナーゼのグルコースに対する K_m は 10 mmol/L.

表 19-3. インスリンとグルカゴンに対する組織の応答

	肝　臓	脂肪組織	筋　肉
インスリンによって上昇	脂肪酸合成 グリコーゲン合成 タンパク質合成 脂肪酸合成	グルコースの取り込み 脂肪酸合成	グルコースの取り込み グリコーゲン合成 タンパク質合成
インスリンによって低下	ケトン体合成 糖新生	脂肪分解	
グルカゴンによって上昇	グリコーゲン分解 糖新生 ケトン体合成	脂肪分解	

は腸から門脈循環に入るグルコースはほとんどない.

　正常な末梢循環の血糖値（4.5 ～ 5.5 mmol/L）においては，肝臓は実質的にグルコースを産生する臓器である．しかしながら，グルコースレベルが上昇すると，グルコースの放出は停止し，実質的に取り込みの方が多くなる（図 14-1 参照）.

インスリンとグルカゴンは血糖調節において中心的役割を果たす

　インスリン insulin は，肝臓へのグルコースの取り込みを増加させて高血糖に直接的に影響する効果に加えて，血糖値の調節において中心的役割を果たす．インスリンは高血糖に応答して膵ランゲルハンス島 β 細胞から分泌される．β 細胞はグルコース輸送体（GLUT 2）を介してグルコースを自由に通過させ，通過したグルコースはグルコキナーゼによってリン酸化される．それゆえ，血糖の上昇は，解糖およびクエン酸回路を通じて代謝流量を増加させ，ATP 産生を促進する．[ATP]の上昇は ATP 感受性 K^+ チャネルを阻害し，細胞膜の脱分極を引き起こす．その結果，電位感受性 Ca^{2+} チャネルを介して Ca^{2+} が流入し，インスリンの開口放出が起こる．このようにして，血中のインスリン濃度は血糖値と並行して変化する．膵臓からのインスリンの放出を促すほかの物質としては，アミノ酸，非エステル化脂肪酸，ケトン体，グルカゴン，セクレチン，スルホニル尿素剤であるトルブタミドやグリブリドなどがある．スルホニル尿素剤は 2 型糖尿病の薬として使われており，ATP 感受性 K^+ チャネルを阻害することでインスリンの分泌を促す．グルカゴン様ペプチドのシグナルを増強させる薬は cAMP 濃度を高め，グルコースによって促進されるインスリンの分泌を促進する．アドレナリンとノルアドレナリンは，インスリンの分泌を抑制する．インスリンは，細胞内部に存在するグルコース輸送体（GLUT 4）の細胞膜への移行を促す

ことで脂肪組織や筋肉におけるグルコースの取り込みを高め，その結果，血糖は速やかに低下する．インスリンは肝臓へのグルコースの輸送活性には影響を与えないが，おそらくグルコキナーゼ，グリコーゲンシンターゼ，ホスホリラーゼの活性への効果を通じて，肝臓のグルコースの取り込みとグリコーゲンの貯蔵を増加させる．インスリンとほかのホルモンは，解糖，グリコーゲン合成，糖新生を制御する酵素群の組成と量を変化させる転写シグナルへの効果を介して長期的なグルコースの取り込みも制御する（18 章および表 19-1 参照）.

　グルカゴン glucagon は，膵ランゲルハンス島 α 細胞でつくられるホルモンであり，その分泌は低血糖によって促される．肝臓においては，グルカゴンはグリコーゲンホスホリラーゼを活性化することでグリコーゲン分解を促進する．アドレナリンとは異なり，グルカゴンは筋肉ホスホリラーゼには影響を与えない[1]．グルカゴンはアミノ酸と乳酸からの糖新生も促進する．グルカゴンのこれらすべての作用は，cAMP の産生を介して発揮される（表 19-1）．肝臓のグリコーゲン分解と糖新生の両方は，インスリンとは反対の作用をもつグルカゴンの**高血糖作用 hyperglycemic effect** に貢献する（**表 19-3**）．内在性のグルカゴン（およびインスリン）のほとんどは，肝臓を通過するときに血中から除去される.

血糖に影響を与えるほかのホルモン

　脳下垂体前葉 anterior pituitary gland は，血糖値を上昇させる傾向のあるホルモンを分泌し，それゆえインスリンの作用と拮抗する．それらのホルモンは成長ホルモンと ACTH（副腎皮質刺激ホルモン，コルチコトロピン）であり，おそらくほかの"糖尿病誘発"ホルモ

---

1)　訳者注：筋肉細胞自身がグルカゴンに応答しない（グルカゴン受容体をもたない）.

ンもこの範ちゅうに入る．成長ホルモンの分泌は低血糖によって促され，筋肉へのグルコースの取り込みを阻害する．この効果のうちのいくぶんかは間接的であると考えられる．なぜなら成長ホルモンは，グルコースの利用を抑制する非エステル化脂肪酸の脂肪組織における産生を促進するからである．**グルココルチコイド glucocorticoid**（11-オキシステロイド）は副腎皮質から分泌されるが，脂肪組織においても調節を受けることなく常時産生されている．グルココルチコイドは糖新生を活性化するが，これは肝臓におけるアミノ酸の異化が盛んになるためである．グルココルチコイドによって，アミノ基転移酵素（そして，トリプトファンジオキシゲナーゼのようなほかの酵素）および糖新生の鍵となる酵素の合成が誘導される．さらに，グルココルチコイドは肝外組織におけるグルコースの利用を阻害する．これらすべての作用において，グルココルチコイドはインスリンと拮抗するようにはたらく．脂肪組織に浸潤したマクロファージから分泌される**サイトカイン cytokine** のいくつかも，インスリンと拮抗する作用をもつ．サイトカインのこの効果および脂肪組織からグルココルチコイドが分泌されることを考え合わせると，なぜ肥満の人に共通してインスリン抵抗性が認められるかを理解できるだろう．

アドレナリン（エピネフリン）はストレス刺激（恐怖，興奮，出血，低酸素，低血糖など）によって副腎髄質から分泌され，肝臓および筋肉におけるグリコーゲン分解を引き起こす．これは cAMP の産生を介したグリコーゲンホスホリラーゼの活性化によるものである．筋肉では，グリコーゲン分解は解糖と乳酸の放出を活発にし，肝臓で生じたグルコースは血流へ放出される．アドレナリンは糖新生の基質の供給を非常に増加させるので，糖新生の強い促進剤となる．

臨床とのさらなる関連

腎臓でのグルコースレベルが閾値を越えると糖尿が出る

血糖値が高くなって約 10 mmol/L を超えると，腎臓も（受動的な）調節的役割を発揮する．グルコースは連続的に糸球体で沪過されてでてくるが，通常，腎尿細管における能動輸送によって完全に再吸収される．尿細管系のグルコース再吸収の能力の上限は約 2 mmol/min であり，高血糖患者（適切に管理されていない糖尿病患者において起こる）の糸球体からの沪液に含まれ

るグルコースが再吸収可能な量（**腎閾値 renal threshold**）を超える場合には，**糖尿 glucosuria** となる．それゆえ，糖尿病患者に共通した臨床所見は，原因不明の体重の減少と頻尿である．体重の減少は体液の減少とそれに続く脱水によるもので，これは腎臓における浸透圧利尿のせいである．尿中にグルコースが失われるので，その分のカロリー消失も体重減少の一因となる．

低血糖は妊娠中や新生児に起こることがある

妊娠中に胎児のグルコース消費が増加してくると，妊婦，および場合によっては胎児にも低血糖が生じる危険がある．とくに食事の間隔が長かった場合や，夜間に起こりやすい．また，未熟児や低出生体重児はより低血糖となりやすい．そういった新生児は非エステル化脂肪酸を供給する脂肪組織をほとんどもたないからである．糖新生に関与する酵素は，この時期にはまだ十分にはたらいていないと考えられるが，いずれにしても糖新生が起こるかどうかは，ATP 産生のための非エステル化脂肪酸の供給があるかどうかに依存する．通常，脂肪組織から放出されるグリセロールは，この時期ではほとんど産生されず，糖新生に利用することはできない．

グルコースの利用能力は，グルコース負荷試験によって確認できる

耐糖能とは，テスト量のグルコース（通常，体重 1 kg あたり 1 g）を摂取した後の血糖値を調節する能力のことである（**図 19-7**）．正常な耐糖能は，インスリン分泌のタイミングと量および組織がインスリンに応答する能力で決まる．もし体重が増加すると，それはインスリン抵抗性を引き起こすが，体重の増加した人のほとんどは耐糖能異常とはならない．それは，正常な耐糖能を保つために，膵ランゲルハンス島 β 細胞が応答してさらなるインスリンをつくるからである．しかしながら，糖尿病を発症する危険は増大する．臨床的には，耐糖能テストはおもに妊娠糖尿病を検出するために行われる．平均的な血糖値を決定するためには，ヘモグロビンの糖化状態（HbA$_{1c}$）が調べられる（15 章参照）．HbA$_{1c}$ の値は 2 〜 3 カ月間の人の平均的血糖値と相関している．もしその値が 6.5% 以上だと糖尿病と診断される（正常＜ 6.0%，予備軍 6.0 〜 6.4%，糖尿病≧6.5%）．

糖尿病 diabetes mellitus［1 型またはインスリン依存性糖尿病（IDDM）］は耐糖能に異常を呈し，これは膵 β 細胞の進行性の破壊のために分泌されるインスリン量が減少することによる．2 型糖尿病［インスリン非依存

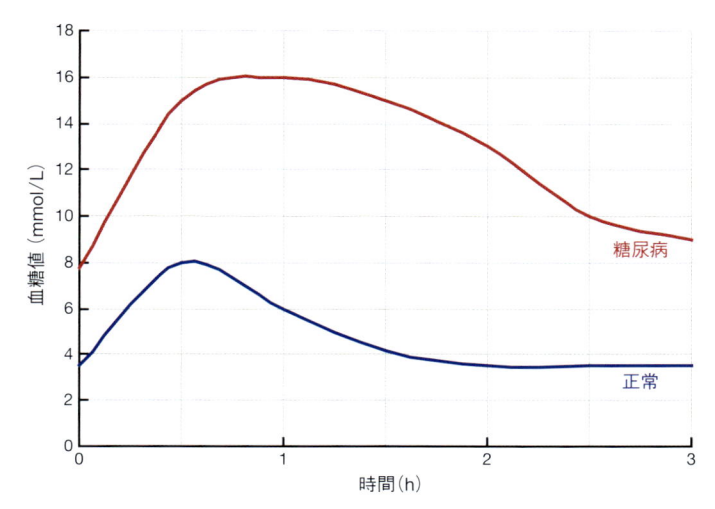

図 19-7. グルコース負荷試験

体重 1 kg あたり 1 g のグルコースを経口投与後の健常者および糖尿病患者の血糖曲線．
空腹時の糖尿病患者で見られる最初からの高い血糖値に注目．血糖値が＞7 mmol/L の
場合は，耐糖能を調べずに糖尿病と診断される．もしベースライン（初期値）のグルコー
スが正常の範囲内の場合，正常か否かの基準は 2 時間以内に初期値に戻るか否かによる．

性糖尿病（NIDDM）］でも耐糖能が損なわれており，これはインスリンに対する組織の応答感度の低下による．また，インスリンの分泌も損なわれている．肥満（とくに，腹部肥満）と関連しているインスリン抵抗性は高脂血症を発症し，さらに顕性糖尿病となって，アテローム性動脈硬化や冠状動脈性心臓病を発症する．これらの病気を発症しやすくなった状態は，**メタボリックシンドローム metabolic syndrome** として知られている．耐糖能異常は，肝臓が損傷を受けたとき，ある種の感染時，ある種の薬剤に対する応答時にも起こる．さらに，脳下垂体あるいは副腎皮質の機能の異常な亢進によっても起こるが，これはこれらの組織から放出されるホルモンがインスリン作用と拮抗的にはたらくためである．

　インスリンの投与（糖尿病患者の治療の場合）は血糖値を下げ，肝臓および筋肉におけるグルコースの利用とグリコーゲンの貯蔵を増加させる．過剰なインスリンは**低血糖症 hypoglycemia** を引き起こすおそれがあり，即座にグルコースを投与しないと，痙攣や場合によっては死に至る．脳下垂体や副腎皮質の不全において，空腹時に低血糖が起こることが観察されているが，それはインスリン作用との拮抗が減少し，肝臓における糖新生の能力が低下するためである．

違う考え：非常に低い糖質食は体重の減少を引き起こす

　糖質が非常に少ない食事，つまり脂肪やタンパク質の摂取は制限しないが，糖質は 1 日たった 20 g 以下（1 日に求められる摂取量は 100 ～ 120 g）という食事が，ダイエットに効果的として広まっている．そのような食事は，健康のための良識的な食事の内容（成分）に対するアドバイスのすべてと反する．グルコースは常に必要なので，この場合，アミノ酸からの糖新生がかなり起こることになる．糖新生に必要な高いコスト（多量の ATP）は，脂肪酸の酸化によって埋め合わされる必要がある．これは論理的な考えであるが，エネルギーバランスの比較実験によると，エネルギーの消費は実際には増加していない．つまるところ，カロリーの問題はカロリーの問題であり，体重の減少はカロリー摂取が低いからである．このダイエットで通常みられる急速な体重の減少は，低糖質食によって 1 g あたり 3 g の水を含むグリコーゲンの貯蔵が減るためであることでほぼ間違いない．最大の難関は，このダイエットやほかの極端なダイエットを続けることはほとんど不可能ということである．

まとめ

- 糖新生は，非糖質前駆体からグルコースまたはグリコーゲンを合成する過程のことである．糖新生は，食事から糖質を得られないときにとくに重要である．糖新生のおもな基質は，アミノ酸，乳酸，グリセロール，プロピオン酸である．
- 肝臓と腎臓における糖新生の経路は，解糖の可逆的な反応を利用する以外に，さらなる4つの反応を利用して不可逆な非平衡反応を迂回する．
- 解糖と糖新生は同じ経路を利用しているが，反対の方向に進行するので，それらの活性は相反的に調節されている．
- 肝臓は食後の血糖値を調節している．なぜなら，肝臓にはグルコースに対して高い K_m をもつグルコキナーゼが存在し，この酵素はインスリンに応答し，肝臓に取り込まれたグルコースの利用（変換）を促進するからである．
- インスリンは高血糖に対する直接的な応答として分泌される．インスリンは，肝臓においてはグルコースをグリコーゲンとして貯蔵することを促進し，肝外組織ではグルコースの取り込みを増加させる．
- グルカゴンは低血糖に応答して分泌され，肝臓におけるグリコーゲン分解と糖新生を活性化して，血中へのグルコースの放出を促進する．

ペントースリン酸経路とヘキソースの代謝のほかの経路

The Pentose Phosphate Pathway & Other Pathways of Hexose Metabolism

学習目標
本章習得のポイント

- ペントースリン酸経路を解説し，この経路のNADPHおよびヌクレオチド合成のためのリボースの供給源としての役割を説明する.
- ウロン酸経路について解説し，抱合反応に必要なグルクロン酸を合成する経路としての重要性を説明する．また，ビタミンCを合成できる動物におけるこの経路の重要性を述べる.
- フルクトースの代謝およびこの糖の多量摂取の代謝疾患リスクに対する影響ついて解説する.
- ガラクトースの合成とその生理的重要性について解説する.
- グルコース-6-リン酸デヒドロゲナーゼの遺伝的欠損の結果（ソラマメ中毒），ウロン酸経路の遺伝的欠損の結果（本態性ペントース尿症），フルクトースとガラクトース代謝の遺伝的欠陥の結果について述べる.

生物医学的重要性

ペントースリン酸経路は，グルコース代謝のもう1つの経路である．この経路ではATPは産生されないが，以下の2つの主要な機能をもつ．(1) 脂肪酸合成（23章参照）およびステロイド合成（26章参照）に必要なニコチンアミドアデニンジヌクレオチドリン酸（**NADPH**）の産生，および抗酸化活性のための還元型グルタチオンの維持，(2) ヌクレオチドおよび核酸合成に必要なリボース ribose の生成（32章参照）．グルコース，フルクトース，ガラクトースは消化管から吸収される主要なヘキソースであり，それらはそれぞれ食物中のデンプン，スクロース（ショ糖），ラクトースに由来する．フルクトースとガラクトースはグルコースに変換されるが，この変換はおもに肝臓で起こる.

ペントースリン酸経路の最初の酵素である**グルコース-6-リン酸デヒドロゲナーゼ glucose-6-phosphate dehydrogenase** の遺伝的欠損は，赤血球の急性溶血を引き起こし，その結果**溶血性貧血 hemolytic anemia** となる．グルクロン酸は**ウロン酸経路 uronic acid pathway** でグルコースから合成され，量的には少ないが，**グルクロニド glucuronide** のかたちで代謝物や外来の化学質質（生体異物，47章参照）を抱合して排泄するという重要な役割をもつ．この経路の欠損者は**本態性ペントース尿症 essential pentosuria** となる．霊長類やほか

のいくつかの種類の動物は，この経路の1つの酵素（グロノラクトンオキシダーゼ）を欠損している．この欠損によって，ヒトでは食事からの**アスコルビン酸 ascorbic acid**（ビタミンC，44章参照）の摂取が必要である一方，ほかのほとんどの哺乳類は摂取を必要としない理由を説明することができる．フルクトースおよびガラクトース代謝酵素の欠損は，**本態性果糖（フルクトース）尿症 essential fructosuria**，**遺伝性果糖不耐症 hereditary fructose intolerance**，**ガラクトース血症 galactosemia** などの代謝疾患を引き起こす.

ペントースリン酸経路はNADPHとリボースリン酸をつくり出す

ペントースリン酸経路（ヘキソース一リン酸シャント）は解糖系（17章参照）よりももっと複雑な経路である（**図20-1**）．この経路では，3分子のグルコース6-リン酸から3分子のCO_2と3分子のペントース（五単糖）を生じる．ペントースは再変換されて，2分子のグルコース6-リン酸および1分子のグリセルアルデヒド3-リン酸（解糖系中間体）を再生する．2分子のグリセルアルデヒド3-リン酸からはグルコース6-リン酸をつくり出すことができるので，この経路はグルコースを完全に酸化するということになる．つまりこのサイクルが繰り返されると，グルコースは最終的に二酸化

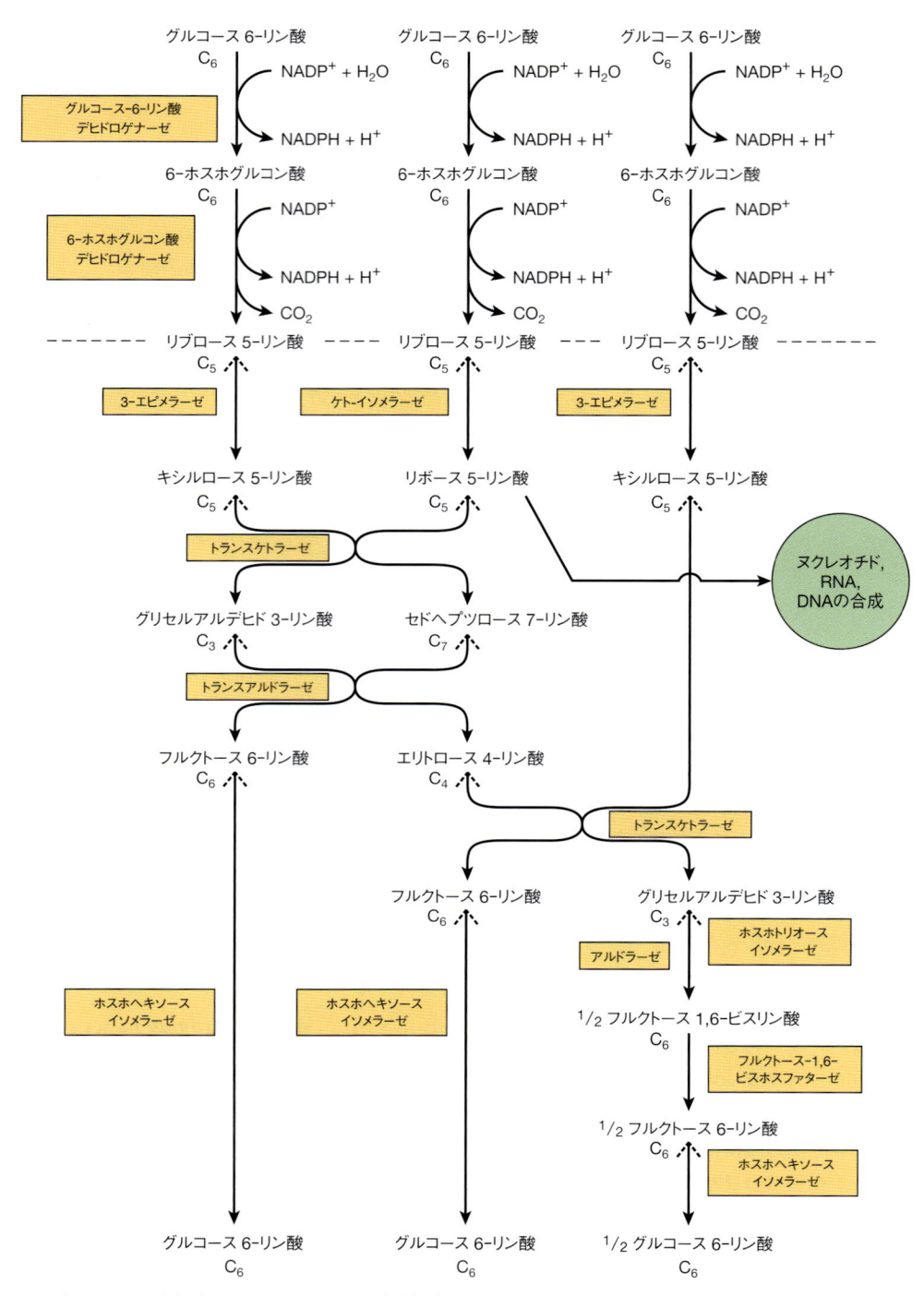

図 20-1. ペントースリン酸経路のフローチャートと解糖系との関連

ペントースリン酸経路の全経路は，グルコース 6-リン酸を基質および最終産物とする 3 つのサイクルからなり，それらが相互につながっている．破線より上の反応は不可逆的である．破線より下のすべての反応は，フルクトース-1,6-ビスホスファターゼにより触媒される反応を除いて可逆的である．

＊　訳者注：$\longrightarrow$ はこの経路で生理的に進行する反応，$\Longrightarrow$ は酵素反応として進行し得る逆反応を示す.

炭素と水になり，NADPH が産生される（$C_6H_{12}O_6 + 12$ $NADP^+ + 6 H_2O \rightarrow 6 CO_2 + 12 H^+ + 12 NADPH$）.

ペントースリン酸経路の反応はサイトゾルで行われる

解糖系酵素と同様に，ペントースリン酸経路の酵素はサイトゾルに存在する．しかし，NAD^+ を用いる解糖とは異なり，この経路の酸化反応は水素受容体として $NADP^+$ を用いた脱水素によって行われる．この経路の一連の反応は，**不可逆的な酸化的段階 irreversible oxidative phase** と**可逆的な非酸化的段階 reversible nonoxidative phase** の 2 つに分けることができる．最初の段階では，グルコース 6-リン酸は脱水素と脱炭酸を受け，ペントースの 1 つであるリブロース 5-リン酸となる．第 2 段階では，リブロース 5-リン酸は一連の反応によってグルコース 6-リン酸に戻される．この段階の反応には，おもに 2 つの酵素，**トランスケトラーゼ transketolase** と**トランスアルドラーゼ transaldolase** が関与する（図 20-1）.

酸化的段階はNADPHを生成する

グルコース 6-リン酸は脱水素されて 6-ホスホグルコノラクトンとなり，次に 6-ホスホグルコン酸となる．脱水素は，$NADP^+$ 依存性の酵素である**グルコース-6-リン酸デヒドロゲナーゼ glucose-6-phosphate dehydrogenase** によって触媒される（図 20-1 と**図 20-2**）.6-ホスホグルコノラクトンは**グルコノラクトンヒドロラーゼ gluconolactone hydrolase**（6-ホスホグルコノラクトナーゼ）によって加水分解される．第二の酸化反応は，**6-ホスホグルコン酸デヒドロゲナーゼ 6-phosphogluconate dehydrogenase** によって触媒され，この酵素も $NADP^+$ を水素受容体とする．脱水素の後に脱炭酸が起こり，ケトペントースであるリブロース 5-リン酸が生成する．

グルコース-6-リン酸デヒドロゲナーゼのアイソザイムの 1 つであるヘキソース-6-リン酸デヒドロゲナーゼは小胞体に存在し，ヒドロキシル化反応（混合機能オキシダーゼ）および 11-β-ヒドロキシステロイドデヒドロゲナーゼ-1 のために NADPH を供給する．肝臓，神経系，脂肪組織においては，後者の酵素はコルチゾン（不活性）を還元してコルチゾール（活性）に変換する反応を触媒する．この反応は，これらの組織における細胞内コルチゾールの主要な供給源であり，肥満

やメタボリックシンドロームにおいて重要であると考えられている.

非酸化的段階はリボース前駆体を生成する

リブロース 5-リン酸は，2 つの酵素の基質となる．**リブロース-5-リン酸 3-エピメラーゼ ribulose-5-phosphate 3-epimerase** は 3 位の炭素の立体配置を変え，エピマーである**キシルロース 5-リン酸**（ケトペントース）を生成する．**リボース-5-リン酸ケトイソメラーゼ ribose-5-phosphate ketoisomerase** は，リブロース 5-リン酸をそのアルドペントースであるリボース 5-リン酸に変換する．リボース 5-リン酸は，ヌクレオチドや核酸合成に利用される．**トランスケトラーゼ transketolase** は，ケトースの 1 位と 2 位の 2 つの炭素を 1 つの単位として，アルドース糖のアルデヒド炭素へと転移させる．それゆえ，この酵素はケトースを炭素が 2 つ少ないアルドースに変え，アルドースを炭素が 2 つ多いケトースに変える．この反応には Mg^{2+} と補酵素として**チアミンニリン酸 thiamin diphosphate**（ビタミン B_1）が必要である．赤血球のトランスケトラーゼ活性のチアミン二リン酸による活性化の程度は，ビタミン B_1 栄養状態の指標となっている（44 章参照）.転移する 2 つの炭素単位はグリコールアルデヒドとしてチアミン二リン酸と結合する．このようにして，トランスケトラーゼはキシルロース 5-リン酸の 2 つの炭素単位をリボース 5-リン酸へと転移させ，七炭糖ケトースであるセドヘプツロース 7-リン酸とアルドースであるグリセルアルデヒド 3-リン酸を生成する．これら 2 つの糖はさらにトランスアルドレーションを受ける．**トランスアルドラーゼ transaldolase** は，ケトースであるセドヘプツロース 7-リン酸のジヒドロキシアセトン部分（1 ～ 3 位の 3 つの炭素）を，アルドースであるグリセルアルデヒド 3-リン酸へと転移させ，ケトースであるフルクトース 6-リン酸と四炭糖アルドースのエリトロース 4-リン酸を生成する．トランスアルドラーゼは補因子をもたず，その反応はジヒドロキシアセトンと酵素のリシン残基の ε-アミノ基との間に形成されるシッフ塩基中間体を経由する．**トランスケトラーゼ**によるさらなる反応においては，キシルロース 5-リン酸がグリコールアルデヒドの供与体となる．この場合，エリトロース 4-リン酸が受容体となって，反応生成物はフルクトース 6-リン酸とグリセルアルデヒド 3-リン酸である.

ペントースリン酸経路を介して，グルコースを完全に酸化して CO_2 を生じるためには，グリセルアルデヒ

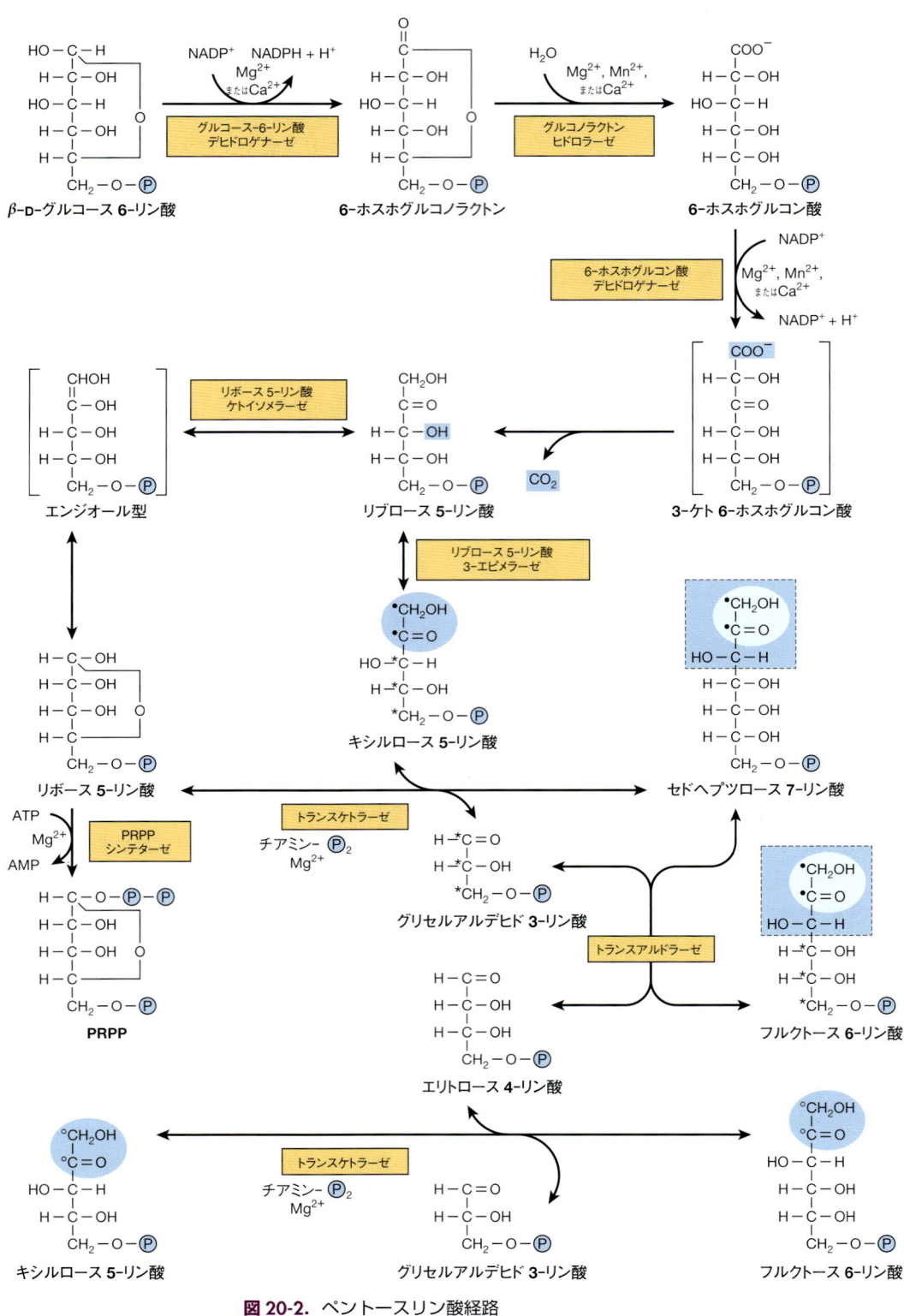

図 20-2. ペントースリン酸経路
(Ⓟ：-PO$_3^{2-}$，PRPP：5-ホスホリボシル 1-二リン酸)

ド 3-リン酸をグルコース 6-リン酸に転換する酵素が組織に存在する必要がある．この反応は解糖の逆行反応であり，糖新生に関与する酵素である**フルクトース-1,6-ビスホスファターゼ fructose-1,6-bisphosphatase**が触媒する．この酵素を欠く組織では，グリセルアルデヒド 3-リン酸は通常の解糖経路によってピルビン酸となる．

グルコース異化のための 2 つの主要な経路には共通点がほとんどない

グルコース 6-リン酸が共通して使われるものの，ペントースリン酸経路は解糖とは大きく異なっている．酸化反応には NAD^+ ではなく，$NADP^+$ が用いられ，解糖では生じない CO_2 を生じる．解糖の産物である ATP はペントースリン酸経路では産生されない．

しかしながら，2 つの経路は関連している．キシルロース 5-リン酸は，二重機能酵素である 6-ホスホフルクト-2-キナーゼ/フルクトース-2,6-ビスホスファターゼ（19 章参照）を脱リン酸化するプロテインホスファターゼを活性化する．その結果，二重機能酵素のキナーゼは活性化され，ホスファターゼは不活性化されるので，フルクトース 2,6-ビスリン酸の生成が促進され，ホスホフルクトキナーゼ-1 の活性が上昇，すなわち解糖方向の流量が増加する．キシルロース 5-リン酸は，糖質応答領域結合タンパク質の核への移行と DNA への結合を開始させるプロテインホスファターゼも活性化するので，高糖質食に応答した脂肪酸の合成（23 章参照）を増加させる．これによって，脂質合成における NADPH の需要と脂質合成酵素の活性化が結びつけられている．

還元当量は還元的合成を行うように特化した組織で生成される

ペントースリン酸経路は，肝臓，脂肪組織，副腎皮質，甲状腺，赤血球，睾丸，泌乳期の乳腺において活発にはたらいている．泌乳期ではない乳腺や骨格筋における活性は低い．ペントースリン酸経路の活性の高い組織では，還元的合成のために NADPH を利用する．合成される化合物は，脂肪酸，ステロイド，グルタミン酸デヒドロゲナーゼの反応によってつくられるアミノ酸，還元型グルタチオンなどである．グルコース-6-リン酸デヒドロゲナーゼと 6-ホスホグルコン酸デヒドロゲナーゼの合成は，食事を摂取して脂質合成が活発なときにはインスリンによって誘導される．NADPH は食細胞と好中球の NADPH オキシダーゼに

よっても利用され，捕食された細胞や細菌は"呼吸バースト"で産生されたスーパーオキシドを使って破壊される（54 章参照）．

実質的にすべての組織はリボースを合成できる

リボースは血中にはほとんど存在しない．それゆえ，組織はペントースリン酸経路を用いて，ヌクレオチドや核酸合成のために自身が必要とするリボースを合成しているはずである（図 20-2）．リボース 5-リン酸を合成するためには，組織は完全に機能するペントースリン酸経路をもっている必要はない．筋肉ではグルコース-6-リン酸デヒドロゲナーゼと 6-ホスホグルコン酸デヒドロゲナーゼの活性はわずかであるが，ほかの組織と同様に，ペントースリン酸経路の非酸化的段階の逆行によってフルクトース 6-リン酸からリボース 5-リン酸をつくることができる．

ペントースリン酸経路とグルタチオンペルオキシダーゼは赤血球を溶血から守る

赤血球では，ペントースリン酸経路は，酸化型グルタチオンを還元するために必要な NADPH を供給する唯一の経路である．還元反応はフラビンアデニンジヌクレオチド（FAD）を含むフラビンタンパク質である**グルタチオンレダクターゼ glutathione reductase** によって触媒される．還元型グルタチオンは H_2O_2 を分解・除去するために使われ，この反応は活性部位にセレノシステイン（システインの硫黄が**セレン selenium** に置き換わったアミノ酸）をもつ**グルタチオンペルオキシダーゼ glutathione peroxidase** によって触媒される（**図 20-3**）．この反応は赤血球にとって重要であり，H_2O_2 の蓄積は細胞膜に酸化ダメージを与えて，赤血球の寿命を短くし，最終的には溶血を引き起こす．ほかの組織では，NADPH はリンゴ酸酵素による触媒反応によっても生じる．

プロテオグリカンおよびグルクロン酸抱合体の前駆体であるグルクロン酸は，ウロン酸経路で生成する

肝臓では，**ウロン酸経路 uronic acid pathway** はグルコースをグルクロン酸，アスコルビン酸［アスコルビ

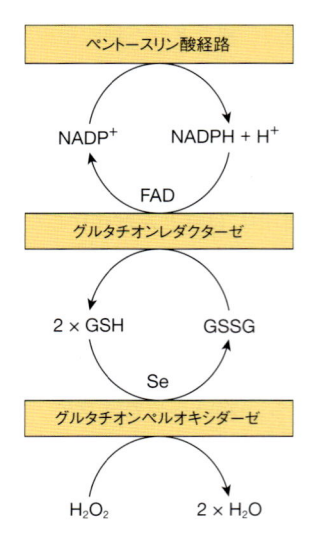

図 20-3. 赤血球のグルタチオンペルオキシダーゼ反応におけるペントースリン酸経路の役割
(GSH：還元型グルタチオン，GSSG：酸化型グルタチオン，Se：セレンを含む酵素)

ン酸をビタミン（ビタミン C）として要求するヒトやほかの生物種を除く]，ペントースに変換する（**図 20-4**）．この経路もペントースリン酸経路の場合と同様に，ATP を産生しないグルコースのもう 1 つの酸化経路である．グルコース 6-リン酸は異性化してグルコース 1-リン酸となり，**UDPGlc ピロホスホリラーゼ UDPGlc pyrophosphorylase** のはたらきで，ウリジン三リン酸（UTP）と反応して UDPGlc（ウリジン二リン酸グルコース）となる．これらの反応は，グリコーゲン合成の場合と同様である（18 章参照）．UDPGlc は，NAD^+ 依存性の **UDPGlc デヒドロゲナーゼ UDPGlc dehydrogenase** のはたらきで 6 位の炭素が 2 回酸化され UDP–グルクロン酸となる．

UDP–グルクロン酸はグルクロン酸の供給源であり，グルクロン酸のプロテオグリカンへの取り込み反応にかかわる（50 章参照）．さらに，ステロイドホルモン，ビリルビン，およびいくつかの薬剤といった基質と反応し，尿中や胆汁中に排泄されるグルクロン酸抱合体の形成にかかわる（図 31-13 と 47 章参照）．

グルクロン酸は NADPH 依存性の反応で還元されて L-グロン酸となり，L-グロン酸は**アスコルビン酸 ascorbate** を合成できる動物においてはこのビタミンの直接の前駆体となる．ヒトやほかの霊長類およびモルモット，コウモリ，数種の鳥や魚では，**L-グロノラクトンオキシダーゼ L-gulonolactone oxidase** が存在しないために，アスコルビン酸を合成することができ

ない．L-グロン酸は酸化されて，3-ケト-L-グロン酸となり，さらに脱炭酸されて L-キシルロースとなる．L-キシルロースは，NADPH 依存性の還元を受けて D 型のキシリトールへと変換され，さらに NAD^+ 依存性の酸化反応を受けて D-キシルロースとなる．D-キシルロースは D-キシルロース 5-リン酸に変換されてから，ペントースリン酸経路で代謝される．

多量のフルクトースの摂取は代謝に大きな影響を及ぼす

スクロース（ショ糖）または異性化糖 high-fructose corn syrup（HFCS 42 と HFCS 55）を多く含む加工食品や飲料を摂取すると，肝門脈に多量のフルクトース（およびグルコース）が入っていく．異性化糖（ブドウ糖果糖液糖：high-fructose corn syrup）という名前にもかかわらず，それがスクロース（フルクトース成分は 50％）よりもより多くのフルクトースを含んでいない点は注意すべきである．実際には，糖のほかの食事供給源はより多くのフルクトースを含んでいる（たとえば，リンゴでは 73％）．重要な点は，摂取される単糖の全量が多すぎるということである．1900 年には，米国人は 1 日あたり約 15 g のフルクトース（1 日あたり 50 kcal）をおもに果物と野菜から得ていた．2020 年にはそれが 77 g となり，子供では約 81 g（約 300 kcal/d）で，6 倍にも上昇した．単糖の摂取が多いと，肥満，高尿酸血症，高血圧，糖尿病のリスクが高まるので，米国心臓協会は，女性と子供の 1 日あたりの摂取量を 25 g（100 kcal/d），男性では 37 g（150 kcal/d）より低く保つように勧告している．

食事のフルクトースの 90％ 近くは肝臓で代謝される．肝臓においては，フルクトースはホスホフルクトキナーゼによって触媒される調節段階を通過しないので，グルコースよりもより早く解糖作用を受ける（**図 20-5**）．このため，フルクトースは肝臓の代謝経路に大量に流れ込み，脂肪酸合成，脂肪酸のエステル化，超低密度リポタンパク質（VLDL）分泌の増加をもたらす．その結果，血清のトリアシルグリセロール濃度は上昇し，最終的には LDL コレステロール濃度が上昇する．肝臓，腎臓，腸には**フルクトキナーゼ fructokinase** が存在し，フルクトースをリン酸化してフルクトース 1-リン酸を生成する．この酵素はグルコースには作用せず，グルコキナーゼとは異なり，その活性は絶食やインスリンによって影響されない．それゆえ，フルクトー

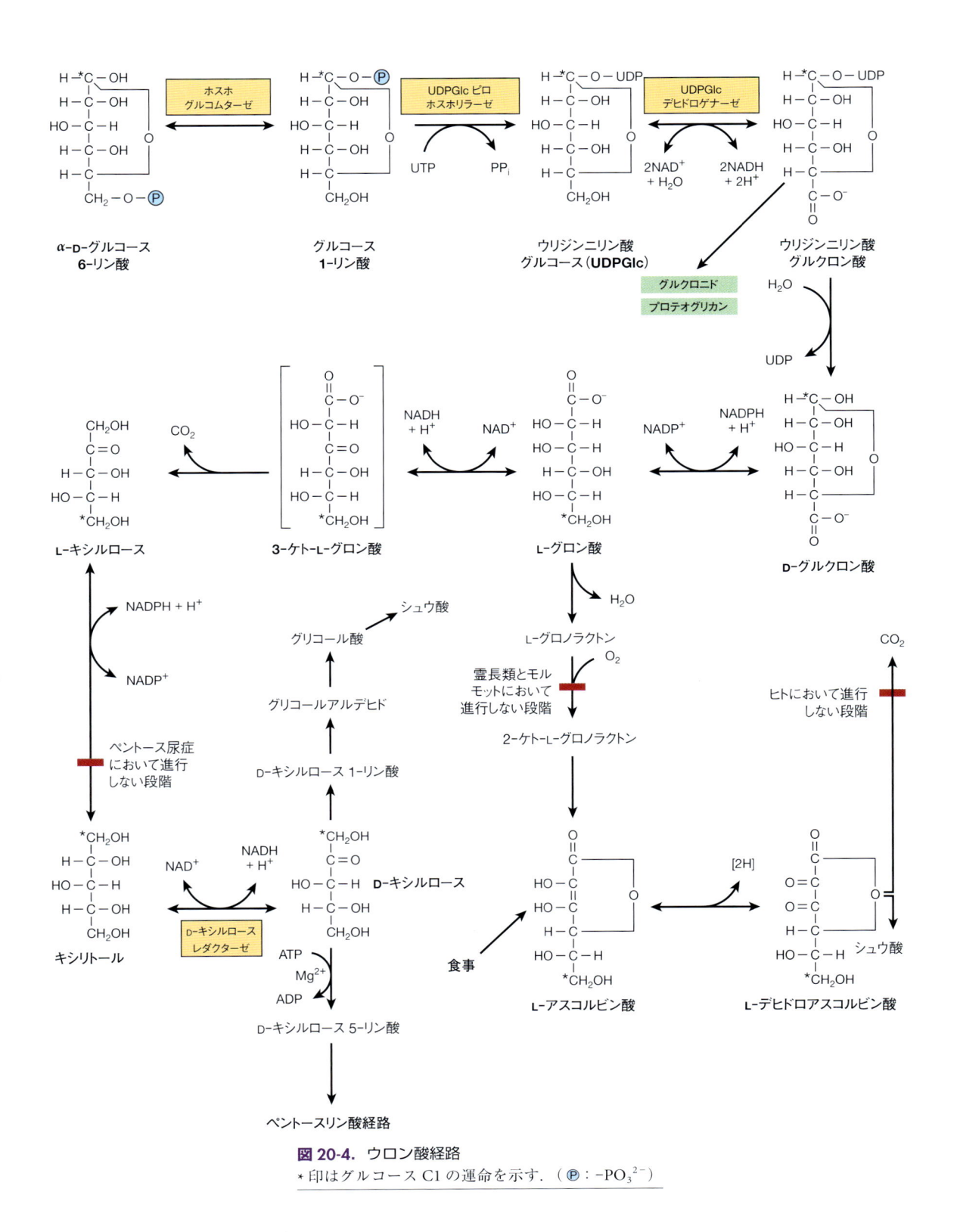

図 20-4. ウロン酸経路

* 印はグルコース C1 の運命を示す．（Ⓟ：-PO$_3^{2-}$）

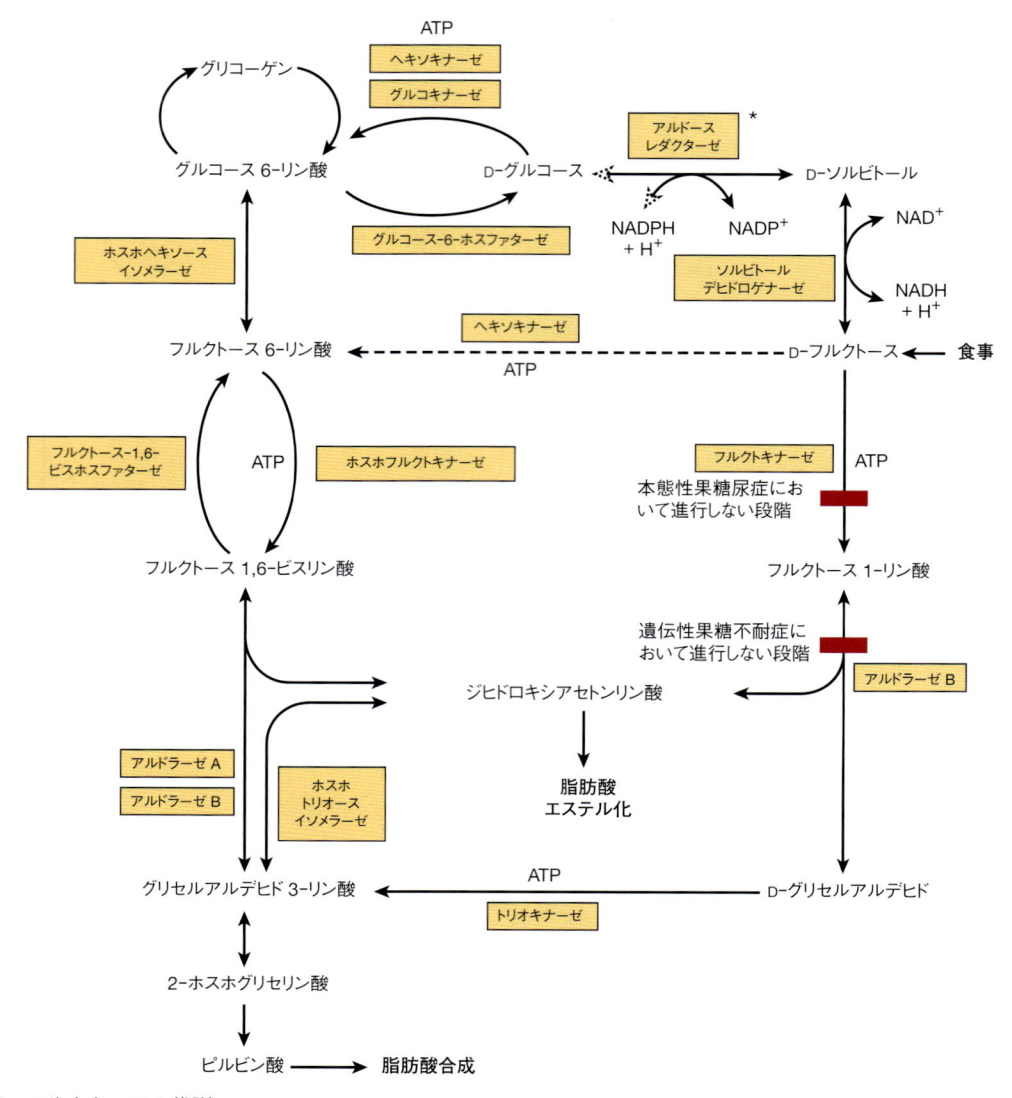

図 20-5. フルクトースの代謝

アルドラーゼ A はすべての組織で見られるが，アルドラーゼ B は肝臓に多く存在する．＊印はアルドースレダクターゼは肝臓には存在しない．

＊ 訳者注：—→ は生理的に進行する反応，—:→ は酵素反応として進行し得る逆反応，ヘキソキナーゼは D-フルクトースをよい基質としない（--→）．

スは糖尿病患者の血中から正常な速度で除去される．フルクトース 1-リン酸は，肝臓に存在する**アルドラーゼ B aldolase B** によって分解され，D-グリセルアルデヒドとジヒドロキシアセトンリン酸となる．アルドラーゼ B は肝臓の解糖においてもはたらいており，フルクトース 1,6-ビスリン酸を切断する．D-グリセルアルデヒドは，**トリオキナーゼ triokinase**（グリセルアルデヒドキナーゼ）によってリン酸化されてグリセルアルデヒド 3-リン酸となり，解糖系に入る．2 つのトリオースリン酸（ジヒドロキシアセトンリン酸とグリセ

ルアルデヒド 3-リン酸）は解糖によって分解されるか，アルドラーゼの作用を受けて糖新生に利用される．後者の経路が，肝臓で代謝されるフルクトースの多くがたどる運命である．フルクトースには肝臓への糖の取り込みを亢進する効果があり，フルクトース 1-リン酸となってグルコキナーゼを活性化し，それによってグルコースの肝臓への流入が増強される．さらに，フルクトースの急速な流入とリン酸化によって ATP は非常に速やかに減少して ADP と AMP を生じる．AMP は肝臓でヒポキサンチンへと変換され，キサンチンオ

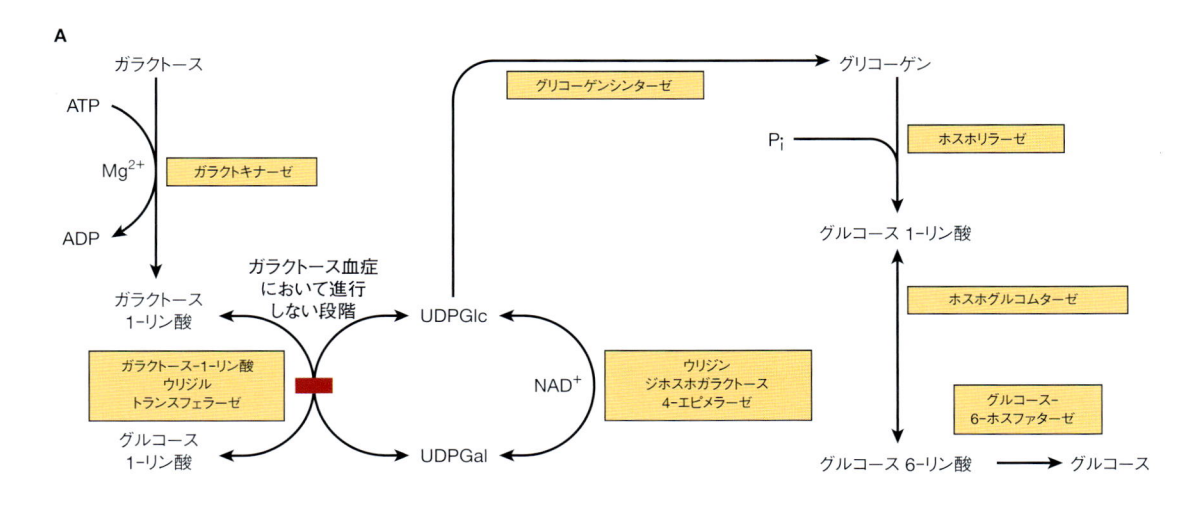

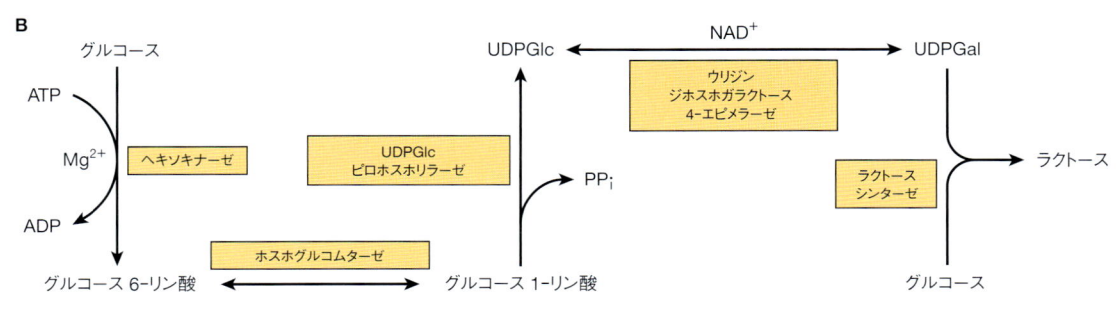

図 20-6. A：肝臓中でのガラクトースからグルコースへの転換経路，B：泌乳期の乳腺中でのグルコースからラクトースへの転換経路

キシダーゼによって痛風の原因となる尿酸へと変換される（33 章参照）．

　肝外組織では，フルクトースは一般的にあまり多く見られない．これらの組織においてもヘキソキナーゼはフルクトースを含むほとんどのヘキソース糖のリン酸化を触媒するが，グルコースはフルクトースよりもよい基質なので，グルコースはフルクトースのリン酸化を阻害する．それにもかかわらず，フルクトースのいくらかは脂肪組織や筋肉で代謝される．フルクトースは精漿中や，有蹄動物とクジラの胎仔循環血流中にも存在する．アルドースレダクターゼは雌ヒツジの胎盤に存在し，胎仔循環血流中へソルビトールを放出している．胎仔肝臓も含めて，肝臓にはソルビトールデヒドロゲナーゼがあり，ソルビトールをフルクトースへ変換している．この経路は精液中に存在するフルクトースの供給にも役立っている．

ガラクトースは，ラクトース，糖脂質，プロテオグリカン，糖タンパク質の合成に必要である

　ガラクトースは，ミルクに含まれる二糖類である**ラクトース lactose**（乳糖）の腸内での分解によって生じる．ガラクトースはグルコース輸送体（GLUT 2）を介して肝細胞内に輸送され，速やかにグルコースへと変換される．それゆえ，食事中のガラクトースの大部分はフルクトースと同様に肝臓で代謝される．**ガラクトキナーゼ galactokinase** は ATP をリン酸供与体として用い，ガラクトースのリン酸化を触媒する（**図 20-6**）．ガラクトース 1-リン酸は，ウリジン二リン酸グルコース（UDPGlc）と反応し，ウリジン二リン酸ガラクトース（UDPGal）とグルコース 1-リン酸を生成する．この反応は，**ガラクトース-1-リン酸ウリジルトランスフェラーゼ galactose-1-phophate uridyl transferase** によって触媒される．UDPGal の UDPGlc への変換は，**UDPGal 4-エピメラーゼ UDPGal 4-epimerase** に

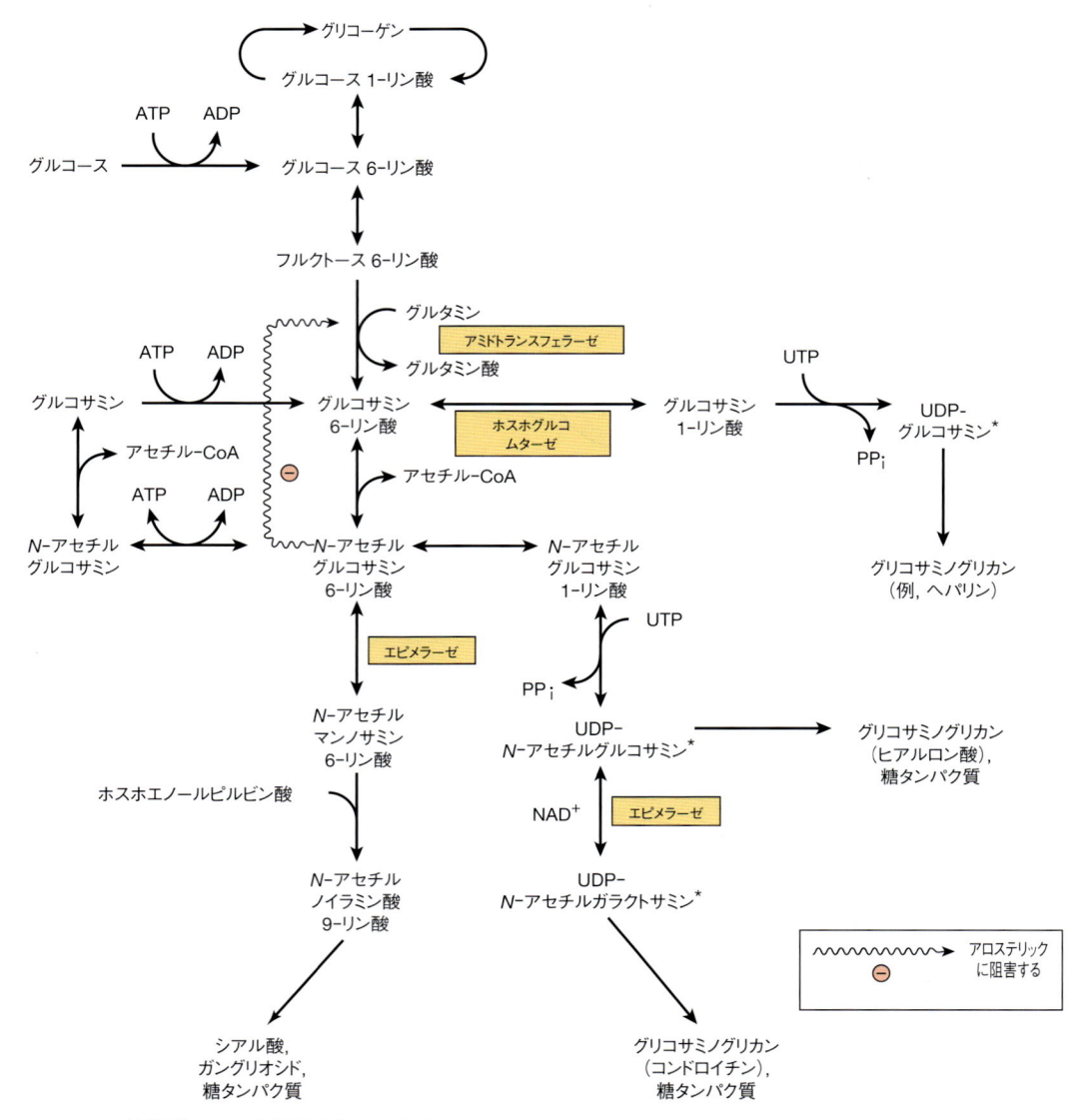

図 20-7. アミノ糖代謝における相互関係のまとめ
（＊ UDPGlc と同様）ほかのプリンまたはピリミジンヌクレオチドも糖またはアミノ糖に同じように結合する．たとえば，チミジン二リン酸（TDP）-グルコサミンおよび TDP-N-アセチルグルコサミン．

よって触媒される．この反応は NAD^+ を補酵素として用い，4 位の炭素において最初に酸化反応が起こり，続いて還元が起こる．UDPGlc のグルコース部分はそれからグリコーゲンへ取り込まれる（18 章参照）．

エピメラーゼ反応は完全に可逆的なので，グルコースをガラクトースへ変換することも可能である．それゆえ，ガラクトースは食事から摂取しなくてもよい．ガラクトースは体にとって必要であり，泌乳時におけるラクトースの生成のため以外に，糖脂質（セレブロシド），プロテオグリカン，糖タンパク質の成分となる．乳腺におけるラクトース合成においては，UDPGal は

グルコースと縮合してラクトースとなり，この反応は**ラクトースシンターゼ lactose synthase** によって触媒される（図 20-6）．

グルコースはアミノ糖（ヘキソサミン）の前駆体である

アミノ糖は，**糖タンパク質 glycoprotein**（46 章参照），ある種の**スフィンゴ糖脂質 glycosphingolipid**［たとえば，ガングリオシド（21 章参照）］，グリコサミノグリカン（50 章参照）の重要な成分である．主要なアミノ糖は，ヘキソサミンである**グルコサミン glucosamine**，ガ**ラクトサミン galactosamine**，マンノサミン **mannno-**

samine と炭素 9 個からなる**シアル酸 sialic acid** である．ヒト組織の主要なシアル酸は N-アセチルノイラミン酸（NeuAc）である．アミノ糖間の代謝上の相互関係の概略を**図 20-7** に示す．

臨床との関連

ペントースリン酸経路の不全は赤血球の溶血を引き起こす

　結果的に NADPH 産生が損なわれるグルコース-6-リン酸デヒドロゲナーゼの遺伝的欠損は，地中海やアフリカ系カリブ出身者によく見られる．その遺伝子は X 染色体上にあり，それゆえ影響を受けるのはおもに男性である．約 4 億人が変異したグルコース-6-リン酸デヒドロゲナーゼ遺伝子をもっており，最もよく見られる遺伝的欠陥であるが，その多くは無症状である．ある集団においては，グルコース-6-リン酸デヒドロゲナーゼの変異は遺伝子の多型とみなせるくらいありふれた変異である．変異遺伝子の分布はマラリア感染の分布と類似しており，このことはヘテロ接合型によってマラリアに対する抵抗性がもたらされていることを示唆する．この遺伝子が欠損すると，感染，抗マラリア薬であるプリマキン，スルホンアミドなどによる酸化的ストレス（45 章参照）にさらされた場合や，ソラマメ（*Vicia faba*：それゆえ，病名は**ソラマメ中毒 favism**）を食べた場合に，赤血球溶血（**溶血性貧血 hemolytic anemia**）を示す．

　グルコース-6-リン酸デヒドロゲナーゼ遺伝子には多くの異なる変異が知られており，おもに 2 つのタイプのソラマメ中毒を引き起こす．アフリカ系カリブ人の変異では酵素は不安定になる．そのため，赤血球の平均した活性は低いが，酸化的ストレスによって影響を受けるのは古い赤血球だけであり，溶血は自然に治る．対照的に，地中海人種の変異では酵素は安定であるが，すべての赤血球で活性が低い．そのため溶血の危険性はより深刻で，死につながる場合がある．グルタチオンペルオキシダーゼ活性は NADPH の供給に依存しており，NADPH は赤血球ではペントースリン酸経路でしか合成されない．この酵素は有機過酸化物や H_2O_2 を還元するが，これは体内での脂質の過酸化を防ぐ方法の 1 つである．赤血球の**グルタチオンレダクターゼ glutathione reductase** と FAD による活性化の測定は，**ビタミン B_2 vitamin B_2**（リボフラビン）の栄養充足状態を調べるために使われている（44 章参照）．

ウロン酸経路の不全は酵素の欠損やある種の薬物によって引き起こされる

　まれな良性遺伝性疾患である**本態性ペントース尿症 essential pentosuria** においては，L-キシルロース xylulose を還元してキシリトールにするためのキシルロースレダクターゼが欠損しているので，かなりの量のキシルロースが尿中に見られる．ペントース尿症は良性なので臨床的な症状は出ないが，キシルロースは還元糖なので，尿中のグルコースをアルカリ銅試薬で判定すると偽陽性の結果となる場合がある（48 章参照）．さまざまな薬剤によって，ウロン酸経路に入るグルコースの速度は増大する．たとえば，バルビタールやクロロブタノールをラットに投与すると，グルコースのグルクロン酸，L-グロン酸，アスコルビン酸への変換割合が有意に増える．アミノピリンとアンチピリンの投与は，ペントース尿症患者のキシルロースの排泄を増加させる．ペントース尿症は，ペントースの豊富な梨のような果物をかなり多く摂取した後にも起こる（**食事性ペントース尿症 alimentary pentosuria**）．

肝臓にフルクトース負荷をかけると，高トリグリセリド血症，高コレステロール血症，高尿酸血症を起こす可能性が高くなる

　肝臓では，フルクトースは脂肪酸とトリアシルグリセロールの合成および VLDL の分泌を高め，高トリグリセリド血症と LDL コレステロールの増加を引き起こす．これは，潜在的にアテローム生成が始まっているとみなすことができる（26 章参照）．これは，フルクトースがフルクトキナーゼを介して解糖系に入るためであり，生じたフルクトース 1-リン酸は，ホスホフルクトキナーゼによって触媒される調節段階（17 章参照）を通過しない．さらに，フルクトースを静脈内に注射したり，大量のフルクトースを摂取したりすると，短時間にフルクトースが大量に肝臓に蓄積し，フルクトース 1-リン酸の生成によって無機リン酸が枯渇し，ATP 合成も低下する．結果として，ATP によるプリンの de novo（新規）合成の阻害が弱まり，尿酸生成が増加して高尿酸血症となる．高尿酸血症は**痛風 gout** の原因となる（33 章参照）．フルクトースは，（受動的な）輸送体によって仲介される拡散によって小腸から吸収されるので，大量に摂取すると浸透圧性の下痢を引き起こす．

フルクトース代謝の不全は病気を引き起こす

　肝臓のフルクトキナーゼの欠損は**本態性果糖尿症 essential fructosuria** を引き起こす．この病気は良性で無症状である．フルクトース 1-リン酸を分解するアルドラーゼ B の欠損は，**遺伝性果糖不耐症 hereditary fructose intolerance** となる．この病気の特徴は，深刻な低血糖とフルクトース（または消化によってフルクトースを生じるスクロース）の摂取後に嘔吐が起こるということである．フルクトース，ソルビトール，スクロース含量の低い食品は，これら両方の病気の患者にとって好ましい食品である．遺伝性果糖不耐症と，それに関連する**フルクトース-1,6-ビスホスファターゼ欠損 fructose-1,6-bisphosphatase deficiency** によって生じる疾患では，貯蔵グリコーゲンが多く存在するにもかかわらず，フルクトース誘導性の**低血糖 hypoglycemia** が引き起こされる．これは，フルクトース 1-リン酸とフルクトース 1,6-ビスリン酸が，肝臓のグリコーゲンホスホリラーゼをアロステリックに阻害するためである．無機リン酸の欠乏は，ATP の枯渇と高尿酸血症も引き起こす．

水晶体中のフルクトースとソルビトールは糖尿病性白内障と関係する

　フルクトースとソルビトールは，ともに目の水晶体中に存在する．糖尿病ではその濃度が増加しており，これが**糖尿病性白内障 diabetic cataract** の発症に関係していると考えられている．**ソルビトール経路 sorbitol pathway**（ポリオール経路 polyol pathway，肝臓には存在しない）はグルコースからのフルクトース生成に関与し（図 20-5），この経路は，水晶体，末梢神経，腎糸球体のようなインスリン非感受性の組織において，グルコース濃度が上昇すると活発になる．グルコースは**アルドースレダクターゼ aldose reductase** によって還元されてソルビトールとなり，さらに NAD$^+$ 存在下でソルビトールデヒドロゲナーゼ（ポリオールデヒドロゲナーゼ）によって酸化されてフルクトースとなる．ソルビトールは細胞膜を通過できないので内部に蓄積し，浸透圧障害を引き起こす．同時に，ミオイノシトールレベルが低下する．ソルビトールの蓄積とミオイノシトールの欠乏および糖尿病性白内障は，動物実験においてはアルドースレダクターゼの阻害剤で抑制される．糖尿病の有害症状を防ぐために，いくつかの阻害剤の臨床試験が行われている．

ガラクトース経路における酵素の欠損はガラクトース血症を引き起こす

　ガラクトース血症 galactosemia においては，ガラクトースの代謝不全が起きている．この病気は，ガラクトキナーゼ，ウリジルトランスフェラーゼ，または 4-エピメラーゼ（図 20-6A）のいずれかの遺伝的欠損によって生じるが，そのなかでも**ウリジルトランスフェラーゼ uridyl transferase** の欠損は最もよく知られている．ガラクトースは，アルドースレダクターゼの作用を受けてガラクチトールとなり，目の水晶体に蓄積して白内障を引き起こす．ウリジルトランスフェラーゼの欠損によって症状が引き起こされる場合は，症状はより深刻である．それは，ガラクトース 1-リン酸が肝臓に蓄積し，無機リン酸を枯渇させるためである．最終的には，肝不全や精神機能の低下が起こる．ウリジルトランスフェラーゼの欠損では，エピメラーゼは適当量存在するので，ガラクトース血症患者はグルコースから UDPGal の合成を行うことができる．それゆえ，病気の症状を管理するためにガラクトースを含まない食事を摂取させても，病気の子供は正常に成長し，発育することが可能である．

まとめ

- ■ ペントースリン酸経路はサイトゾルに存在し，グルコースの完全な酸化を行い，NADPH と CO_2 を産生する．このとき ATP は生成しない．
- ■ ペントースリン酸経路には，不可逆で NADPH を産生する酸化的段階と，可逆的でヌクレオチド合成の前駆体であるリボースを産生する非酸化的段階がある．完全なペントースリン酸経路は，脂質合成やステロイド合成などの還元的合成を行うために NADPH を必要とする組織におもに存在する．一方，非酸化的段階はすべての細胞に存在してリボースを供給する．
- ■ 赤血球においては，ペントースリン酸経路は NADPH を供給することでグルタチオンを還元状態に維持し，溶血を防ぐことにおいて主要なはたらきをする．還元型グルタチオンはグルタチオンペルオキシダーゼの基質である．
- ■ ウロン酸経路はグルクロン酸の供給源である．グルクロン酸は多くの内在性および外来の物質と抱合体を形成し，尿中および胆汁中にグルクロニドとして

排泄される.

■ 肝臓においては，フルクトースはホスホフルクトキ
ナーゼによって触媒される解糖の主要調節段階を通
過せず，肝臓のグルコースの取り込み，脂肪酸合成，
肝臓からのトリアシルグリセロールの分泌を促進す

る.

■ ガラクトースは，泌乳期の乳腺やほかの組織（糖脂
質，プロテオグリカン，糖タンパク質の合成に必要）
においてグルコースから合成される.

SECTION IV 問題

1. アルドースでないものはどれか.
   A. エリトロース
   B. フルクトース
   C. ガラクトース
   D. グルコース
   E. リボース

2. スクロースの成分はどれか.
   A. O-α-D-ガラクトピラノシル-$(1 \to 4)$-β-D-グルコピラノース
   B. O-α-D-グルコピラノシル-$(1 \to 2)$-β-D-フルクトフラノシド
   C. O-α-D-グルコピラノシル-$(1 \to 4)$-α-D-グルコピラノース
   D. O-α-D-グルコピラノシル-$(1 \to 1)$-α-D-グルコピラノシド
   E. O-α-D-グルコピラノシル-$(1 \to 6)$-α-D-グルコピラノース

3. ペントースでないものはどれか.
   A. フルクトース
   B. リボース
   C. リブロース
   D. キシロース
   E. キシルロース

4. 朝食を食べなかった 50 歳の女性から血液試料を採取した. 朝食をとった場合と比べて濃度が高いのはどれか. 1 つ選べ.
   A. グルコース
   B. インスリン
   C. 肝臓グリコーゲン
   D. 非エステル化脂肪酸
   E. トリアシルグリセロール

5. 3 枚のトーストとゆで卵を 1 つ食べた 25 歳の男性から血液試料を採取した. 朝食をとっていない場合と比べて濃度が高いのはどれか. 1 つ選べ.
   A. アラニン
   B. グルカゴン
   C. グルコース
   D. ケトン体

   E. 非エステル化脂肪酸

6. 1 週間の間, 水の摂取以外は完全な絶食をした 40 歳の男性から血液試料を採取した. たんに朝食をとっていない場合と比べて濃度が高いのはどれか. 1 つ選べ.
   A. グルコース
   B. インスリン
   C. ケトン体
   D. 非エステル化脂肪酸
   E. トリアシルグリセロール

7. 食事後および空腹時の代謝状態について正しいのはどれか. 1 つ選べ.
   A. 空腹時にグルカゴンは脂肪組織におけるリポタンパク質リパーゼの活性を上昇させる.
   B. 空腹時にグルカゴンはグルコースからグリコーゲンの合成を促進するように作用する.
   C. 食事後, インスリンは血糖値を維持するためにグリコーゲンを分解するように作用する.
   D. 食事後, 門脈における血糖の上昇に応答してインスリン分泌は低下する.
   E. ケトン体は空腹時の肝臓において合成され, 空腹が続いて飢餓状態になるにつれて合成量は増加する

8. 食事後および空腹時の代謝状態について正しいのはどれか. 1 つ選べ.
   A. 食事後, 筋肉のグルコース輸送体はグルカゴンの作用で活性化されるので, 筋肉は代謝エネルギー源としてグルコースを取り込むことができるようになる.
   B. 食事後, 門脈の血糖の上昇に応答してグルカゴンの分泌は上昇する.
   C. 食事後, インスリンはグルコースからのグリコーゲン合成を上昇させるように作用する.
   D. ケトン体からの糖新生によって, 飢餓時および長期の絶食時における血漿グルコース濃度は維持される.
   E. 空腹時には代謝速度が増加する.

9. 食事後および空腹時の代謝状態について正しいのはどれか．1つ選べ．
   A. 空腹時に肝臓はアミノ酸からグルコースを合成する．
   B. 食事後，グルカゴンの作用で脂肪組織におけるグルコースの輸送は活性化されるので，脂肪組織はトリアシルグリセロールを合成するためにグルコースを取り込むことができる．
   C. ケトン体は空腹時に筋肉で合成され，空腹から飢餓になるにつれてその合成量は増加する．
   D. 空腹時に，ケトン体は赤血球に対しグルコースの代わりとしての代謝エネルギー源となる．
   E. 血漿グルコース濃度は，脂肪酸からの糖新生によって飢餓時や長期の絶食において維持される．

10. 食事後および空腹時の代謝状態について正しいのはどれか．1つ選べ．
   A. 空腹時，脂肪組織はトリアシルグリセロールの分解によって遊離したグリセロールからグルコースを合成する．
   B. 空腹時，脂肪組織はケトン体を合成する．
   C. 空腹時，赤血球のおもな代謝エネルギー源は，脂肪組織から放出された脂肪酸である．
   D. 空腹時，ケトン体は中枢神経系の主要な代謝エネルギー源となる．
   E. 血漿グルコース濃度は，筋肉タンパク質の分解によって生じたアミノ酸を用いた肝臓での糖新生によって飢餓時や長期の絶食において維持される．

11. 食事後および空腹時の代謝状態について正しいのはどれか．1つ選べ．
   A. 脂肪酸とトリアシルグリセロールは空腹時に肝臓で合成される．
   B. 空腹時，中枢神経系の主要な代謝エネルギー源は脂肪組織から放出される脂肪酸である．
   C. 空腹時，ほとんどの組織の主要な代謝エネルギー源は，脂肪組織から放出された脂肪酸に由来する．
   D. 食事後，グルカゴンの作用で筋肉のグルコースの輸送体は活性化されるので，筋肉は代謝エネルギー源としてグルコースを取り込むことはできない．
   E. 飢餓時や長期の絶食において，血漿グルコース濃度はトリアシルグリセロールから遊離したグリセロールを用いた脂肪組織での糖新生によって維持される．

12. 25 歳の男性が，近くのかかりつけ医を訪れて，牛乳を飲んだ後に腹痛と下痢が起こると訴えた．最もありそうな原因は何か．
   A. 大腸内での細菌と酵母の異常増殖．
   B. 腸管寄生虫 *Giardia lamblia* の感染．
   C. 膵アミラーゼの欠損．
   D. 小腸ラクターゼの欠損．
   E. 小腸スクラーゼ–イソマルターゼの欠損．

13. 解糖と糖新生の記述で正しいのはどれか．1つ選べ．
   A. 糖新生に利用可能とするために，解糖のすべての反応は可逆的である．
   B. フルクトースは肝臓ではリン酸化されてフルクトース 6-リン酸にはならないので，糖新生には利用できない．
   C. 乳酸からピルビン酸が生じる場合においてのみ，筋肉内の解糖は酸素がない状態で進行できる．
   D. 赤血球は嫌気的条件での解糖（およびペントースリン酸経路）によってのみグルコースを代謝する．
   E. 解糖の逆行は，骨格筋における糖新生経路である．

14. ヘキソキナーゼによって触媒される解糖とグルコース-6-ホスファターゼによって触媒される糖新生の記述で正しいのはどれか．1つ選べ．
   A. ヘキソキナーゼは低い K_m をもつので，門脈のグルコース濃度が上昇するにつれて肝臓における酵素活性は上昇する．
   B. グルコース-6-ホスファターゼは，おもに空腹時の筋肉において活性を示す．
   C. もしヘキソキナーゼとグルコース-6-ホスファターゼが同時に同じように活性化されているとすると，ADP とリン酸から ATP の正味の合成（増加）が起こる．
   D. 肝臓はヘキソキナーゼのアイソザイムであるグルコキナーゼをもち，この酵素は食事後にとくに重要である．
   E. 筋肉は空腹時に貯蔵グリコーゲンを分解してグルコースを血流中に放出できる．

15. ホスホフルクトキナーゼによって触媒される解糖とフルクトース-1,6-ビスホスファターゼによって触媒される糖新生の記述で正しいのはどれか．1つ選べ．
   A. フルクトース-1,6-ビスホスファターゼは，おもに食事後の肝臓において活性を示す．
   B. ホスホフルクトキナーゼは，おもに食事後の肝臓において活性を示す．
   C. ホスホフルクトキナーゼとフルクトース-1,6-ビスホスファターゼが同時に同じように活性化されているとすると，ADP とリン酸から ATP の正味の合成（増加）が起こる．

D. ホスホフルクトキナーゼは生理的濃度の ATP で阻害されており，この阻害は AMP によって軽減される．

E. ホスホフルクトキナーゼはおもに空腹時の肝臓で活性を示す．

16. 最大限の運動におけるグルコース代謝について正しいのはどれか．1 つ選べ．

A. 乳酸からの糖新生は，嫌気的解糖によって生成する ATP 量よりも少量の ATP で可能である．

B. 最大限の運動においては，ピルビン酸は筋肉内で酸化されて乳酸となる．

C. 酸素負債はアシドーシスに応答して生成する二酸化炭素を除くために起こる．

D. 酸素負債は，激しい運動の間に筋肉において消費された酸素を代償する必要性を示している．

E. 激しい運動の結果として代謝性アシドーシスが起こる．

17. 正しいのはどれか．1 つ選べ．

A. グルコース 1-リン酸は肝臓において加水分解されて遊離のグルコースとなる．

B. グルコース 6-リン酸はグルコースから生じるが，グリコーゲンからは生じない．

C. グルコース 6-リン酸は肝臓ではグルコース 1-リン酸へと変換されない．

D. グルコース 6-リン酸は酵素グリコーゲンホスホリラーゼの作用でグリコーゲンから生じる．

E. 肝臓と赤血球では，グルコース 6-リン酸は解糖へ入るか，あるいはペントースリン酸経路に入る．

18. ピルビン酸デヒドロゲナーゼ多酵素複合体に関する記述で正しいのはどれか．1 つ選べ．

A. チアミン（ビタミン B_1）欠乏においては，筋肉内で生じたピルビン酸にアミノ基転移が起こらず，アラニンにはなることができない．

B. チアミン（ビタミン B_1）欠乏においては，筋肉内で生じたピルビン酸はカルボキシル化してオキサロ酢酸にはなることができない．

C. ピルビン酸デヒドロゲナーゼ反応はピルビン酸の脱炭酸と酸化を含み，アセチル CoA が生成する．

D. ピルビン酸デヒドロゲナーゼ反応は完全に可逆的であり，アセチル CoA はピルビン酸合成に利用でき，その結果グルコースも生成する．

E. ピルビン酸デヒドロゲナーゼ反応は NADH を酸化して NAD^+ を生成する．その結果，ピルビン酸 1 モルが酸化されると約 2.5 モルの ATP が生成する．

19. ペントースリン酸経路の記述で正しいのはどれか．1 つ選べ．

A. ソラマメ中毒（favism）患者においては，脂肪酸合成に必要な NADPH が欠乏しているので，赤血球の酸化ストレスに対する感受性が上昇する．

B. グルコース-6-リン酸デヒドロゲナーゼを欠損している人たちは，肝臓および脂肪組織において NADPH を欠乏しているので脂肪酸を合成できない．

C. ペントースリン酸経路は脂肪酸を合成している組織においてはとくに重要である．

D. ペントースリン酸経路は，脂肪酸合成に必要な NADPH の唯一の供給源である．

E. ペントースリン酸経路は，空腹時においてのみ解糖の別経路としてはたらく．

20. グリコーゲン代謝の記述で正しいのはどれか．1 つ選べ．

A. グリコーゲンは食事後に肝臓において合成され，低密度リポタンパク質としてほかの組織へ輸送される．

B. 肝臓と筋肉におけるグリコーゲンの貯蔵量は，数日の絶食に必要なエネルギー要求性に答えることができる．

C. 肝門脈のグルコース濃度が高いときには，肝臓はグルコキナーゼ活性を利用してより多くのグリコーゲンを合成する．

D. 食事後には，インスリンの作用よってグリコーゲンホスホリラーゼが活性化されるので，筋肉はグリコーゲンを合成する．

E. 血漿のグリコーゲン濃度は食事後に増加する．

21. 糖新生の記述で正しいのはどれか．1 つ選べ．

A. 脂肪酸からアセチル CoA がつくられるので，脂肪酸は糖新生の基質となり得る．

B. もしオキサロ酢酸が糖新生のときにクエン酸回路から除去されるなら，オキサロ酢酸はピルビン酸デヒドロゲナーゼの作用によって補充される．

C. ホスホエノールピルビン酸カルボキシキナーゼ反応はクエン酸回路の中間体を補充するのに重要である．

D. ホスホエノールピルビン酸カルボキシキナーゼ反応におけるリン酸供与体としての GTP の利用は，クエン酸回路と糖新生の間に連関をもたらす．

E. 乳酸からグルコースを合成するときに使用する ATP よりも，嫌気的解糖によって産生される ATP の方が量的に多い．

22. 糖質代謝の記述で正しいのはどれか．1 つ選べ．

A. グリコーゲン生合成における鍵となる段階の 1 つは UDP-グルコースの生成である．

B. 筋肉ではグリコーゲンは分解されてグルコース 6-リン酸となり，続いて酵素グルコース-6-ホスファターゼの作用によって遊離のグルコースとなる．

C. グリコーゲンはおもに肝臓と脳で貯蔵される．

D. インスリンはグリコーゲンの生合成を阻害する．

E. ホスホリラーゼキナーゼは，酵素グリコーゲンホスホリラーゼをリン酸化して，グリコーゲン分解を低下させる酵素である．

23. グリコーゲン代謝の記述で正しいのはどれか．1 つ選べ．

A. グリコーゲンシンターゼ活性はグルカゴンによって上昇する．

B. グリコーゲンホスホリラーゼはセリン残基のリン酸化によって活性化される．

C. グリコーゲンホスホリラーゼはカルシウムイオンでは活性化されない．

D. cAMP はグリコーゲン合成を活性化する．

E. グリコーゲンホスホリラーゼは，$\alpha1 \to 4$ グリコシド結合を加水分解によって切断する．

24. グルコース代謝の記述で正しいのはどれか．1 つ選べ．

A. グルカゴンは解糖速度を上昇させる．

B. 解糖には $NADP^+$ が必要である．

C. 解糖においてグルコースは分解されて 2 つの三炭糖となる．

D. 基質レベルのリン酸化は電子伝達系において起こる．

E. 赤血球における解糖のおもな最終産物はピルビン酸である．

25. 糖代謝の記述で正しいのはどれか．1 つ選べ．

A. フルクトキナーゼはフルクトースをリン酸化してフルクトース 6-リン酸を生成する．

B. フルクトースはグルコースと同様にアルドース糖である．

C. フルクトースの細胞内への取り込みはインスリンに依存する．

D. ガラクトースはガラクトキナーゼによってリン酸化されてガラクトース 1-リン酸となる．

E. スクロースは肝臓においてグルコースとフルクトースから合成可能である．

26. 解糖において 1 mol のフルクトース 1,6-ビスリン酸が 2 mol のピルビン酸に変換されると，以下のどの生成物が生じるか．

A. 1 mol の NAD^+ と 2 mol の ATP

B. 1 mol の NADH と 1 mol の ATP

C. 2 mol の NAD^+ と 4 mol の ATP

D. 2 mol の NADH と 2 mol の ATP

E. 2 mol の NADH と 4 mol の ATP

27. 短時間における最大限の筋収縮運動においておもなエネルギー源となるのはどれか．

A. 筋肉グリコーゲン

B. 筋肉に貯蔵したトリアシルグリセロール

C. 血漿グルコース

D. 血漿非エステル化脂肪酸

E. 血漿超低密度リポタンパク質のトリアシルグリセロール

28. 二糖であるラクツロースは消化されないが，腸内細菌によって発酵が行われ 4 mol の乳酸と 4 つのプロトンを生じる．血中においてアンモニウムイオン (NH_4^+) はアンモニア (NH_3) と平衡の状態にある．ラクツロースが高アンモニア血症（アンモニウムイオン濃度の上昇した血液）の治療にはたらく仕組みを最もよく説明しているのはどれか．

A. ラクツロースの発酵は血中酸性度を上昇させるので，腸壁を通過するアンモニウムイオンが増え，アンモニアは減る．

B. ラクツロースの発酵は腸内を酸性化するので，アンモニアは血液中から腸へと拡散し，アンモニウムイオンとして腸内に留まるので血中へは戻らない．

C. ラクツロースの発酵は腸内を酸性化するので，腸内細菌によってつくられたアンモニアはアンモニウムイオンとして腸内に留まり，血中には拡散しない．

D. ラクツロースの発酵は腸内の浸透圧を 8 倍上昇させるので，水が増えてアンモニアやアンモニウムイオンが溶け込む．その結果，血中内に吸収される量が減る．

E. ラクツロースの発酵は腸内の浸透圧を 8 倍上昇させるので，水が増えてアンモニアやアンモニウムイオンが溶け込む．その結果，アンモニアやアンモニウムイオンが血中から腸内へとより多く拡散する．

生理的に重要な脂質

21

Lipids of Physiologic Significance

- 単純脂質，複合脂質の定義を述べ，それぞれどのような脂質があるか示すことができる．

- 飽和脂肪酸，不飽和脂肪酸の構造を示し，炭素数と不飽和度（二重結合の数）が融点にどのように影響するかを説明し，例をあげ，命名法を示すことができる．

- 二重結合のシス *cis* とトランス *trans* の違いを説明する．

- エイコサノイドが不飽和脂肪酸からどのように生合成されるかを説明する．エイコサノイドの種類をあげ，その生物作用を示すことができる．

- トリアシルグリセロール（トリグリセリド）の構造と機能を概説できる．

- リン脂質，グリコスフィンゴ脂質の構造と機能を概説し，いくつかの種類について機能を示すことができる．

- ステロイド類（ステロイドホルモン，胆汁酸，ビタミン D）の前駆体としてのコレステロールの重要性を理解する．

- すべてのステロイドがもつ環状核を理解する．

- なぜフリーラジカル（遊離基）が組織を損傷するかを説明し，フリーラジカルによる脂質過酸化の連鎖反応における 3 つの状態を説明する．

- 酸化防止剤（抗酸化剤）が脂質過酸化反応を止める仕組み（連鎖反応の開始の抑制や反応の阻害など）を理解する．

- 多くの脂質は両親媒性（疎水性と親水性の構造を両方含む）であり，これが水の中ではどのようにふるまい，さらにリン脂質，スフィンゴ脂質，コレステロールがどのように生体膜を形成するか説明する．

生物医学的重要性

　脂質とは，中性脂肪，油，ろう，およびそれらの関連化合物の総称である．それらは，（1）比較的水に**難溶 insoluble in water** で，（2）エーテルやクロロホルムのような**非極性溶媒に可溶 soluble in nonpolar solvent** であるという共通の性質をもっている．脂質は熱量（エネルギー）価が高いばかりでなく（22 章参照），天然食品の脂肪には**脂溶性ビタミン fat-soluble vitamin**，必須脂肪酸 **essential fatty acid** や，微量栄養素 **micronutrient** が含まれているため重要な食物成分である．さらに，**長鎖の ω 3 系脂肪酸 long chain ω 3 fatty acid** を含む食物は心血管障害，関節リウマチや認知症などの慢性疾患の予防や症状改善によいとされる．中性脂肪は**脂肪組織 adipose tissue** に蓄えられていて，皮下組織やある種の器官を取り囲む断熱材としてはたらいている．非極性脂質は**電気絶縁体 electrical insulator** として**有髄神経線維 myelinated nerve** の速やかな興奮伝達を可能にしている．脂質は**リポタンパク質 lipo-**

protein 粒子(25章参照)として，血中を運搬される．脂質は栄養や健康に極めて重要な役割をもち，脂質生化学の知識は，**肥満 obesity**，**糖尿病 diabetes mellitus**，**アテローム性動脈硬化症 atherosclerosis** などの重要な医学領域，あるいは**ポリエン脂肪酸 polyenoic fatty acid**（多価不飽和脂肪酸 polyunsaturated fatty acid）が栄養や健康で果たすさまざまな役割を理解するのに必要である．

脂質は単純脂質，複合脂質および派生物に分類される

1. **単純脂質 simple lipid**：脂肪酸といろいろなアルコールのエステル．
   a. **油脂 fat**：脂肪酸とグリセリンのエステル．
   b. **油 oil**：室温で液状の油脂．
   c. **ろう wax**：脂肪酸と高分子1価アルコールのエステル．

2. **複合脂質 complex lipid**：アルコール，脂肪酸，およびそれ以外の基を含む脂肪酸エステル．
   a. **リン脂質 phospholipid**：脂肪酸とアルコール以外にリン酸残基を含む脂質（ホスファチジルコリンなど）．しばしば窒素を含む塩基，あるいはその他の置換基を有する．多くのリン脂質はグリセリンのヒドロキシ基と結合している（グリセロリン脂質 glycerophospholipid）．スフィンゴリン脂質 sphingophospholipid ではアルコールはスフィンゴシンであり，アミノ基を有する．
   b. **糖脂質 glycolipid（スフィンゴ糖脂質 glycosphingolipid）**：脂肪酸，スフィンゴシン，および炭水化物を含む脂質．
   c. **その他の複合脂質**：硫脂質やアミノ脂質など．リポタンパク質もこの範ちゅうに入る．

3. **派生物 derived lipid**：単純脂質および複合脂質の加水分解により生じる脂質である．脂肪酸，グリセロール，ステロイド/ステロール（コレステロールを含む）やその他の脂質，アルコール，脂肪酸アルデヒド，ケトン体（22章参照），炭化水素，脂溶性ビタミンや微量栄養素，また，脂溶性ホルモンが含まれる．ある種のもの（たとえば，遊離脂肪酸，グリセロールなど）は，単純脂質あるいは**複合脂質の前駆体**ともなる．

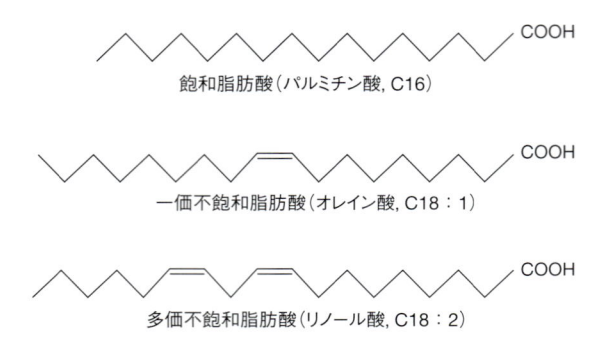

図 21-1.　脂肪酸
代表的な飽和脂肪酸（パルミチン酸），一価（モノ）不飽和脂肪酸（オレイン酸），多価不飽和脂肪酸（リノール酸）の構造を示す．

アシルグリセロール（グリセリド），コレステロール，コレステロールエステルは電荷がないので**中性脂質 neutral lipid** とよばれる．

脂肪酸は脂肪族カルボン酸である

脂肪酸は天然油脂の中ではおもにエステルとして存在するが，血漿中では輸送型である**遊離脂肪酸 free fatty acid** として非エステル型も存在する．天然の油脂で見られる脂肪酸は通常，偶数個の炭素を含む．その鎖は**飽和 saturated**（不飽和，二重結合を含まない），あるいは**不飽和 unsaturated**（二重結合を1個以上含む）である（**図 21-1**）．

脂肪酸は対応する炭化水素に従って命名される

最もよく用いられる系統的命名法は，その脂肪酸と炭素数と炭素原子の配置が同じ炭化水素に従って命名するもので，炭化水素の名称の末尾の **-e** を **-oic** で置き換える（ジュネーブ方式）．したがって飽和脂肪酸はたとえばオクタン酸 octanoic acid（C8，炭化水素数8のオクタンによる）のように **-anoic** で終わり，不飽和結合を有する不飽和脂肪酸はオクタデセノイン酸 octadecenoic acid（オレイン酸 oleic acid［C18］と同じ，炭化水素数18に由来）のように **-enoic** で終わる．

炭素原子は，カルボキシ炭素（1位炭素）から数える．また，カルボキシ炭素に近接する炭素原子（2, 3, 4位）はそれぞれ α，β，γ 炭素ともいう．末端メチル基の炭素は ω 炭素もしくは n 炭素という．

いろいろな規約で二重結合の数と位置を示すために Δ が使われる．たとえば，Δ^9 は炭素1あるいは α 炭素

$$\begin{array}{c}
\overset{18}{C}H_3\overset{17}{C}H_2\overset{16}{C}H_2\overset{15}{C}H_2\overset{14}{C}H_2\overset{13}{C}H_2\overset{12}{C}H_2\overset{11}{C}H_2\overset{10}{C}H =\!\!= \overset{9}{C}H(CH_2)_7\overset{1}{C}OOH \\
\omega \text{ または } n\text{--}1 \quad 2 \quad 3 \quad 4 \quad 5 \quad 6 \quad 7 \quad 8 \quad 9 \quad 10 \qquad\qquad 18
\end{array}$$

図 21-2. 不飽和脂肪酸の二重結合の数と位置を示す表記方法

オレイン酸を例に示す．この例では，C1 は Δ^1 炭素であり，C18 は ω または $n-1$ と記載する．したがって，オレイン酸は 18：1 ω9（または $n-9$），または 18：1 Δ^9 とよばれる．

表 21-1. 飽和脂肪酸

慣用名	炭素原子数	所　在
酢　酸	2	ある種の脂肪（とくにバター）に少量存在．反芻動物第一胃常住微生物のおもな発酵産物
酪　酸	4	バターなどに存在．反芻動物第一胃常住微生物や，ヤギの毛の油よりとられる[a]
吉草酸	5	
カプロン酸	6	
ラウリン酸	12	鯨ろう，桂皮，パーム核，ヤシ油，月桂樹，バター
ミリスチン酸	14	ナツメグ，パーム核，ヤシ油，テンニンカ，バター
パルミチン酸	16	動物・植物脂肪に広く存在
ステアリン酸	18	自然界でパルミチン酸の次に多い飽和脂肪酸．植物脂肪より動物脂肪に多い．

[a] 草食動物の盲腸，少量ではあるがヒト結腸でも生ずる．

から数えて脂肪酸の 9 位と 10 位の炭素原子間の二重結合を示す（**図 21-2**）．ω9 とは ω 炭素あるいは n 炭素から数えて 9 番目に二重結合があることを意味する．動物の体内で，さらに二重結合が導入されるときはすでに存在している二重結合（たとえば，ω9，ω6，ω3）とカルボキシ基の間に入り，それぞれ ω9 族，ω6 族，ω3 族とよばれる 3 つの系列の脂肪酸を生ずる．

飽和脂肪酸は二重結合を含まない

飽和脂肪酸は，酢酸（CH_3–COOH）をこの系列の最初として，あとは CH_3– 末端と –COOH 基の間に順次 CH_2– が挿入されたものとみることができる．**表 21-1** にいくつか例を示す．ほかにも，もっと炭素数の多いものがろうの中に含まれていることが知られている．分枝脂肪酸のいくつかも植物や動物，微生物から単離されている．

不飽和脂肪酸は1個以上の二重結合を含む

不飽和脂肪酸（図 21-1，**表 21-2** を参照）はさらにいくつかに分類される．

1. **モノエン monounsaturated**（モノエテノイド，モノ不飽和脂肪）酸：二重結合を 1 個含む．
2. **ポリエン polyenoic**（ポリエテノイド，多価不飽和脂肪）酸：二重結合を 2 個以上含む．
3. **エイコサノイド eicosanoid**：これらの化合物はエイコサ（炭素数 20）ポリエン脂肪酸に由来しており（23 章参照），**プロスタノイド prostanoid** と**ロイコトリエン leukotriene**（**LT**），**リポキシン lipoxin**（**LX**）からなる．プロスタノイドには**プロスタグランジン prostaglandin**（**PG**），**プロスタサイクリン prostacyclin**（**PGI**），および**トロンボキサン thromboxane**（**TX**）が含まれる．

プロスタグランジンはほとんどすべての哺乳類の組織に存在し，重要な生理，薬理作用を有する．生体内で炭素数 20（エイコサ）の多価不飽和脂肪酸（たとえば，アラキドン酸）が炭素鎖の真中で閉環してシクロペンタン環を形成すると，プロスタグランジンになる（**図 21-3**）．関連物質の**トロンボキサン**は，シクロペンタン環に 1 個の酸素原子が挟み込まれた構造（オキサン環）を有している（**図 21-4**）．3 種のエイコサ脂肪酸から側鎖の二重結合の数の違う 3 つの群，たとえば PG_1，PG_2，PG_3 が生ずる（図 23-12 参照）．またそれぞれの系列で環に結合した置換基の違いで A，B など異なった系列のプロスタグランジン，トロンボキサンになる

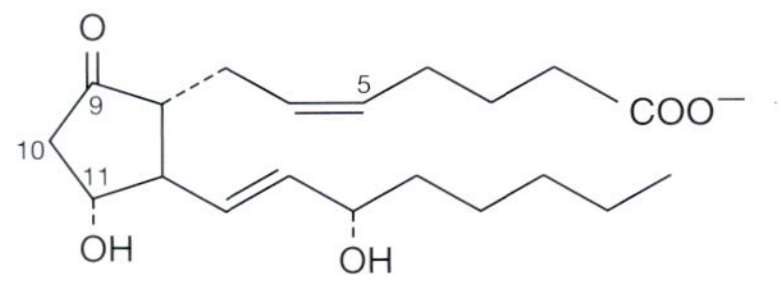

図 21-3. プロスタグランジン E_2（PGE_2）

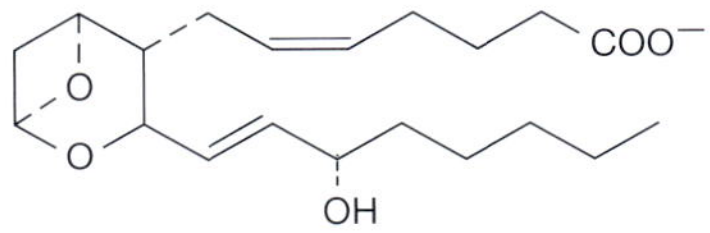

図 21-4. トロンボキサン A_2（TXA_2）

表 21-2. 生理的・栄養的に重要な不飽和脂肪酸

炭素数および二重結合の位置	系 列	慣用名	系統名	所 在
モノエン酸(二重結合 1 つ)				
16：1：9	ω7	パルミトオレイン酸	*cis*-9-ヘキサデセン酸	ほとんどすべての脂肪
18：1：9	ω9	オレイン酸	*cis*-9-オクタデセン酸	おそらく天然脂肪中の最も一般的な脂肪酸
18：1：9	ω9	エライジン酸	*trans*-9-オクタデセン酸	水素添加した脂肪や反芻動物の脂肪
ジエン酸(二重結合 2 つ)				
18：2：9,12	ω6	リノール酸	*all-cis*-9,12-オクタデカジエン酸	トウモロコシ,落花生,綿実,大豆など多くの植物油
トリエン酸(二重結合 3 つ)				
18：3：6,9,12	ω6	γ-リノレン酸	*all-cis*-6,9,12-オクタデカトリエン酸	ある種の植物油(たとえば,月見草油,ボリジ油),動物には少ない
18：3：9,12,15	ω3	α-リノレン酸	*all-cis*-9,12,15-オクタデカトリエン酸	しばしばリノール酸と共存,とくにあまに油
テトラエン酸(二重結合 4 つ)				
20：4：5,8,11,14	ω6	アラキドン酸	*all-cis*-5,8,11,14-エイコサテトラエン酸	動物組織,落花生油,動物ではリン脂質の重要な主成分
ペンタエン酸(二重結合 5 つ)				
20：5：5,8,11,14,17	ω3	チムノドン酸	*all-cis*-5,8,11,14,17-エイコサペンタエン酸	魚油の重要な成分(たとえば,タラの肝臓,サバ,メンハーデン,サケの油)
ヘキサエン酸(二重結合 6 つ)				
22：6：4,7,10,13,16,19	ω3	セルボン酸	*all-cis*-4,7,10,13,16,19-ドコサヘキサエン酸	魚油,脳のリン脂質

(図 23-12 参照).たとえば E タイプのプロスタグランジン(たとえば PGE_2)は 9 位にケト基を有するが,F タイプではその位置はヒドロキシ基である.**ロイコトリエン(図 21-5)**とリポキシンはリポキシゲナーゼ経路によって生成する第三のエイコサノイド誘導体である(図 23-13 参照).3 個,または 4 個の共役二重結合が含まれている点に特徴がある.ロイコトリエンは強力な炎症因子であるだけでなく,気管支収縮を引き起こし喘息 asthma に関係している.

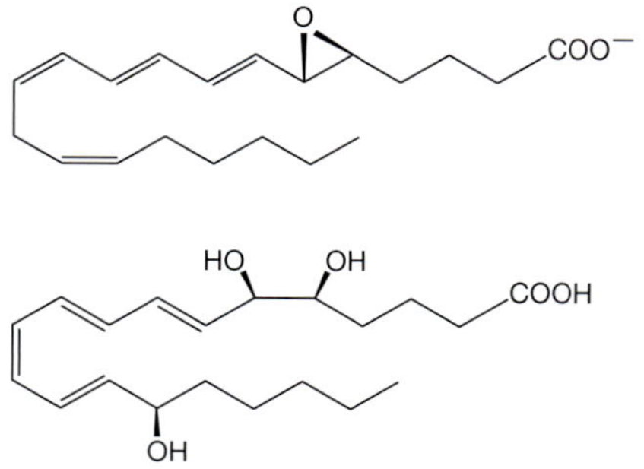

天然に存在するほとんどの不飽和脂肪酸はシス二重結合を有する

　低温では飽和脂肪酸の炭素鎖は引き伸ばされてジグザグの形をとるが(図 21-1),より高い温度ではいくつかの結合は回転し,炭素鎖の短縮が起こる.これは温度が上昇するとなぜ生体膜は薄くなるかをよく説明する.不飽和脂肪酸では,回転ができない二重結合の軸

図 21-5. ロイコトリエンとリポキシン
ロイコトリエン A_4(LTA$_4$)とリポキシン A_4(LXA$_4$)が例示されている.

の周りの原子や基の配向によって,一種の**幾何異性 geometric isomerism** が起こり,**シス-トランス異性化**とよぶ.もしオレイン酸のように 2 つのアシル基が二重結合の同じ側にあれば,シス形である.もし,オレ

イン酸のトランス異性体エライジン酸で見られるように反対側にあれば，トランス形である（**図 21-6**）．天然に存在する不飽和長鎖脂肪酸の二重結合はほとんどすべてシス形立体配置になっており，分子は二重結合のところで120°"曲がって"いる．したがって，オレイン酸はV字形をしており，エライジン酸は"まっすぐ"である．脂肪酸のシス二重結合の数が増すと，とり得る分子の立体配置は多様になる．たとえばアラキドン酸は4つのシス二重結合を有しているので，"よじれ"ができてU字形になる（**図 21-7**）．このことは，生体膜に分子が組み込まれるとき（40 章参照），あるいはリン脂質のようなより複雑な分子の中に脂肪酸がある特定の位置を占めるときに非常に重要な意味をもつ．トラ

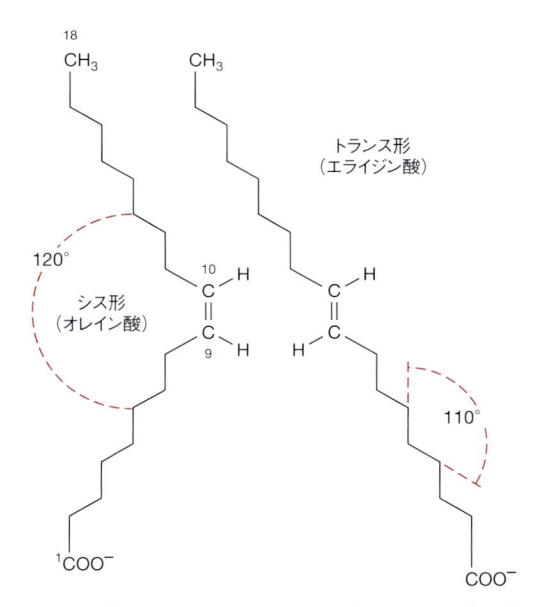

図 21-6. Δ⁹，18：1脂肪酸（オレイン酸とエライジン酸）の幾何異性

炭素-炭素の二重結合は固定しており回転しない．二重結合をはさむ2つのアシル鎖が同じ側にある場合シスとよび，反対側にある場合トランスとよぶ．

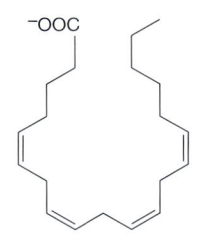

図 21-7. アラキドン酸

4つのシス二重結合により，分子はU字形を形成すると考えられる．

ス二重結合 *trans* double bond が存在するとこれらの立体的な関係が変わってしまう．天然に存在する不飽和脂肪酸は大部分がシス結合をとっているが，たとえば反芻動物の脂肪（おもに腸内細菌の作用による），あるいは植物の水素添加で工業合成された脂質，マーガリン合成など，脂質の"硬化"の過程で生じた副産物としての**トランス脂肪酸** ***trans* fatty acid** がある．トランス脂肪酸の摂取は心臓血管障害や糖尿病，がんなどのリスクを高めるといわれている．したがって，工業的につくられたトランス脂肪酸の摂取量をできるだけ少なくする法律が多くの国で制定されている．世界保健機構（WHO）は2018年に工業的につくられた油脂の摂取をゼロにする宣言が出された．

脂肪酸の物理学的，生理学的性質は鎖長と不飽和度を反映する

偶数脂肪酸の融点は，鎖長が増すか不飽和度が減少すると上昇する．炭素数12以上の飽和脂肪酸からなるトリアシルグリセロールは，体温では固体である．これに対して，脂肪酸残基が多価不飽和脂肪酸であれば0℃以下でも液体である．実際には天然のアシルグリセロールは機能的役割に合うように脂肪酸が混合されている．膜脂質は環境の温度によらず液性をもたなくてはならないので，貯蔵脂質よりも不飽和度が高い．冷却にさらされやすい組織，たとえば冬眠動物の組織や動物の四肢の脂質は不飽和度が高い．

ω3脂肪酸は抗炎症作用をもち，健康には有益である

α-リノレン酸 **α-linolenic acid**（ALA，植物油に存在）や**エイコサペンタエン酸** **eicosapentaenoic acid**（EPA），**ドコサヘキサエン酸** **docosahexaenoic acid**（DHA）（EPA，DHAは魚油や硅藻油に多い）（表 21-2）は抗炎症作用が報告されている．これはおそらく，競合阻害でアラキドン酸からのプロスタグランジンやロイコトリエンの生合成を抑えるためであろう（図 23-11，図 23-12 参照）．したがって，ω6脂肪酸と比較してこれらを抗炎症剤として使用できるかどうかが検討されている．現時点でいえることは，魚の脂に含まれるω3脂肪酸を摂取することは**心血管障害 cardiovascular disease** には予防効果があり，ほかにも**がん cancer**，**関節リウマチ rheumatoid arthritis**，**Alzheimer 病 Alzheimer disease** などの慢性疾患の予防に有効と考えられている．

トリアシルグリセロール（トリグリセリド）[1]は主要な貯蔵型の脂肪酸である

　トリアシルグリセロール（**図 21-8**）は，3 価アルコールのグリセロールと脂肪酸のエステルである．組織中には 1 個，または 2 個の脂肪酸とグリセロールのエステルであるモノアシルグリセロール，ジアシルグリセロールも存在する（24 章，25 章参照）．

グリセロールの炭素1と3は同じではない

　図 21-8 の投影式を見ればわかるように，グリセロールの 1 と 3 の炭素は同じではない．炭素原子の位置を明らかにするために，グリセロールの炭素原子をあいまいにならないよう番号づけをするために $sn-$方式 stereochemical numbering（立体化学的番号づけ）が用いられている．酵素は $sn-1$ と $sn-3$ の炭素を容易に区別し，ほぼ常にどちらかの炭素に特異的である．たとえばグリセロールはグリセロールキナーゼによって常に $sn-3$ 位がリン酸化されてグリセロール 3-リン酸となるが，グリセロール 1-リン酸にはならない（図 24-2 参照）．

---

1)　国際純正・応用化学連合（IUPAC）および国際生化学連合（IUB）の標準命名法によると，モノグリセリド，ジグリセリド，トリグリセリドはそれぞれモノアシルグリセロール，ジアシルグリセロール，トリアシルグリセロールと命名すべきである．しかし古い命名法も，とくに臨床医学ではまだ広く使われている．

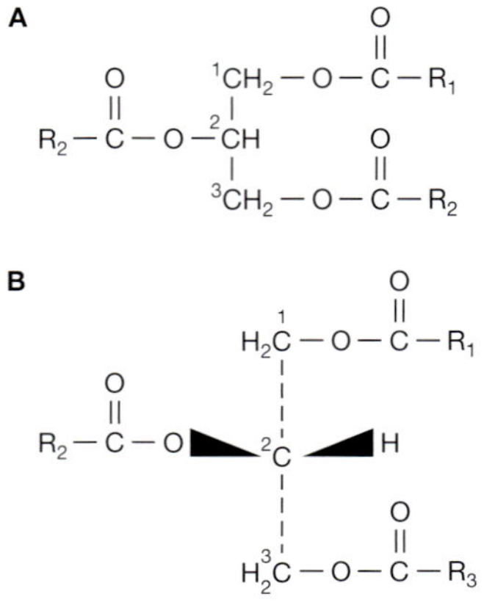

リン脂質は膜の主要脂質成分である

　大部分のリン脂質は**ホスファチジン酸 phosphatidic acid**（**図 21-9**）のリン酸に種々のアルコールの –OH が

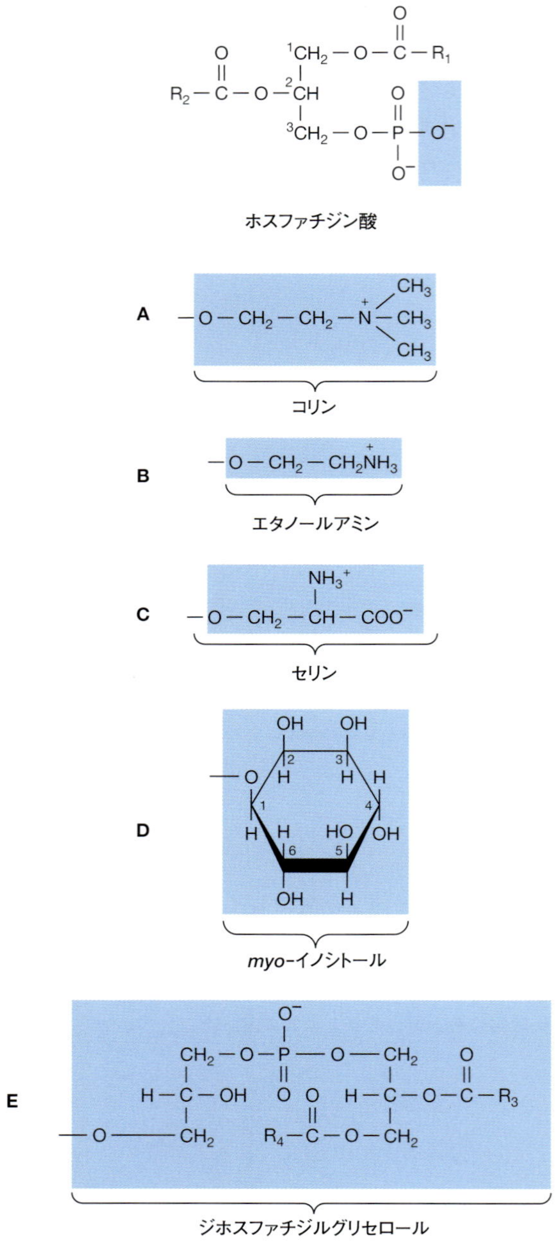

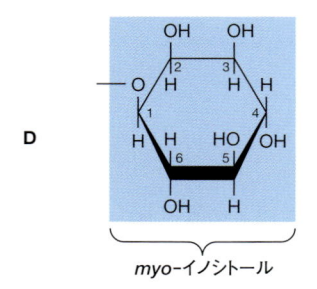

図 21-9.　ホスファチジン酸と誘導体（リン脂質）
ホスファチジン酸の色つきの O^- には，図に示す置換基が結合してリン脂質が形成される．（**A**）ホスファチジルコリン，（**B**）ホスファチジルエタノールアミン，（**C**）ホスファチジルセリン，（**D**）ホスファチジルイノシトール，（**E**）カルジオリピン（ジホスファチジルグリセロール）．

図 21-8.　トリアシルグリセロール（A）とトリアシル-sn-グリセロール（投影式）（B）

エステル結合し，残りの 2 つの –OH 基に長鎖脂肪酸がエステル結合したものである（グリセロリン脂質）．ホスファチジン酸はリン脂質やトリアシルグリセロール合成の中間体として重要であるが（図 24-2 参照），組織に大量に存在することはない．**スフィンゴミエリン sphingomyelin** などのスフィンゴ脂質はリン酸基に**スフィンゴシン sphingosine** がエステル結合し，アミノアルコール構造を有している（**図 21-10**）．これも膜の成分として重要である．グリセロリン脂質もスフィンゴ脂質もいずれも 2 つの長い炭化水素をもっており，

細胞膜の脂質二重層形成に重要な役割を果たしている（40 章参照）．前者では 2 つとも脂肪酸であるのに対して，後者では 1 つは脂肪酸，もう 1 つはスフィンゴシン分子である（**図 21-11**）．

ホスファチジルコリン（レシチン）とスフィンゴミエリンは生体膜に豊富に存在する

コリン choline を含むグリセロリン脂質（ホスファチジルコリンあるいはレシチンとよばれる，図 21-9）は生体膜で最も量の多いリン脂質で，体内のコリンの大部分はこれに含まれている．コリンはアセチルコリンとして神経伝達に，また活性メチル基の貯蔵物質として重要である．**ジパルミトイルレシチン dipalmitoyl lecithin** は極めて強い界面活性物質であって，表面張力による肺胞の虚脱を防ぐ**サーファクタント surfactant** の主成分である．この物質が未熟児の肺で欠如すると**呼吸窮迫症候群**[2] **respiratory distress syndrome** を引き起こす．多くのリン脂質は sn-1 位に飽和脂肪酸

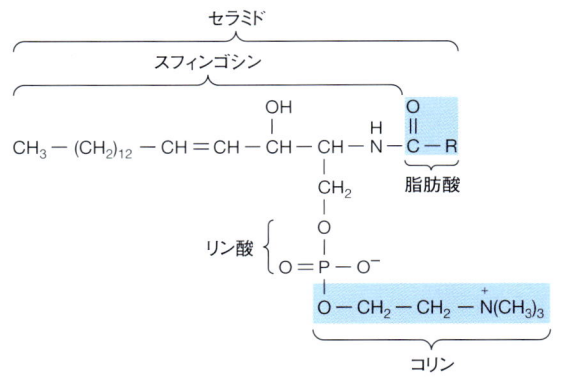

図 21-10. スフィンゴミエリン

---

2)　訳者注：本疾患に対する治療法を考案したのは，岩手医科大学小児科の藤原哲郎博士である．1979 年に秋田医科大学で最初の臨床試験を行い，現在では世界中で 30 万人以上の低出生体重児にサーファクタント脂質の補充療法が行われている．

ホスファチジルコリン

スフィンゴミエリン

図 21-11. グリセロリン脂質とスフィンゴリン脂質の構造比較
どちらのリン脂質も 2 つの炭化水素尾部を有している．グリセロリン脂質は 2 つの脂肪酸鎖をもつ．ホスファチジルコリンの場合 1 つは飽和脂肪酸，もう 1 つは不飽和脂肪酸のことが多い．スフィンゴリン脂質の場合は，1 つは脂肪酸鎖であり，もう 1 つはスフィンゴシン構造である（スフィンゴミエリンの構造を図示）．2 つの疎水鎖と極性基（リン酸とコリン部）は膜脂質二重層の両親媒性をつくるのに重要である（40 章参照）

残基，*sn*-2 位に不飽和脂肪酸残基を有している．

ホスファチジルエタノールアミン phosphatidyleth-anolamine（セファリン cephalin）とホスファチジルセリン phosphatidylserine（ほとんどの組織に含まれている）はホスファチジルコリンと同様に生体膜に存在するが，コリンの代わりにエタノールアミン，もしくはセリンを含む点がホスファチジルコリンと異なる（図 21-9）．ホスファチジルセリンはまた，アポトーシス apoptosis（プログラム細胞死）や血液凝固において重要な役割を果たす．スフィンゴミエリンは細胞膜脂質二重層の外側に存在し，**脂質ラフト lipid raft**（図 40-8 参照）に局在している．また，神経線維を取り巻く**ミエリン鞘 myelin sheath** にも多く存在している．これらは，**細胞情報伝達 cell signaling**，**アポトーシス apoptosis** などに関与していると考えられている．スフィンゴミエリンはグリセロール骨格はもたず，加水分解により脂肪酸，リン酸，コリン，スフィンゴシンを放出する（図 21-10）．スフィンゴシンと脂肪酸の複合体は**セラミド ceramide** として知られており（24 章参照），グリコスフィンゴ脂質の仲間である（詳細は以下に述べる）．

ホスファチジルイノシトールは セカンドメッセンジャーの前駆体である

イノシトールは，立体異性体ミオイノシトールとして**ホスファチジルイノシトール phosphatidylinositol** に含まれている（図 21-9）．リン酸化されたホスファチジルイノシトール（**ホスホイノシチド phosphoinositide**）は細胞膜では量の少ない成分だが，**細胞情報伝達**や**膜輸送 membrane trafficking** などに重要なはたらきをしている．ホスホイノシチドはイノシトール環の 1，2，3 のヒドロキシ基に複数のリン酸基をつけている．**ホスファチジルイノシトール 4,5-ビスリン酸 phosphatidylinositol 4,5-bisphosphate（PIP₂）** は細胞膜リン脂質の重要な成分であり，ある種のホルモンやアゴニスト刺激で**ジアシルグリセロール diacyl-glycerol** と**イノシトールトリスリン酸 inositol tris-phosphate（IP₃）** に分解される．これらはともに細胞内シグナル分子，あるいはセカンドメッセンジャーとして作用する．

カルジオリピンはミトコンドリア膜の主要脂質である

ホスファチジン酸は**ホスファチジルグリセロール phosphatidylglycerol** の前駆体で，ホスファチジルグリセロールはミトコンドリア内で**カルジオリピン**

cardiolipin を生ずる（図 21-9）．カルジオリピンはミトコンドリアに限局しており，その機能にかかわっている．加齢，心不全，がんや Barth 症候群（心骨格筋症を引き起こす希少遺伝性疾患）に伴い，カルジオリピンの構造が変化したり量が減少すると，ミトコンドリア機能に障害が起こる．

リゾリン脂質はホスホグリセリド代謝の中間体である

リゾリン脂質はアシル基をただ 1 個含むホスホアシルグリセロールであり，たとえばリン脂質の代謝と相互変換で重要なリゾホスファチジルコリン lysophos-phatidylcholine（リゾレシチン lysolecithin，**図 21-12**）がある．リゾリン脂質は酸化リポタンパク質に含まれ，酸化リポタンパク質の**アテローム性動脈硬化症 atherosclerosis** 促進にかかわっている．

プラスマローゲンは脳と筋肉に存在する

プラスマローゲンは脳と心臓のリン脂質の 10 〜 30% を占める．構造的にはホスファチジルエタノールアミンに似ているが，アシルグリセロールと違って *sn*-1 炭素はエステル結合の代わりにエーテル結合をもつ．典型的にはアルキル基は不飽和アルコールである（**図 21-13**）が，エタノールアミンがコリン，セリン，あるいはイノシトールで置き換わっていることもある．プラスマローゲンは膜の成分であるほか，シグナル伝達とのかかわり，また抗酸化作用などが知られている．

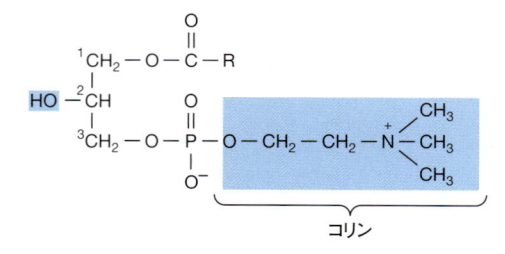

図 21-12. リゾホスファチジルコリン（リゾレシチン）

図 21-13. プラスマローゲン

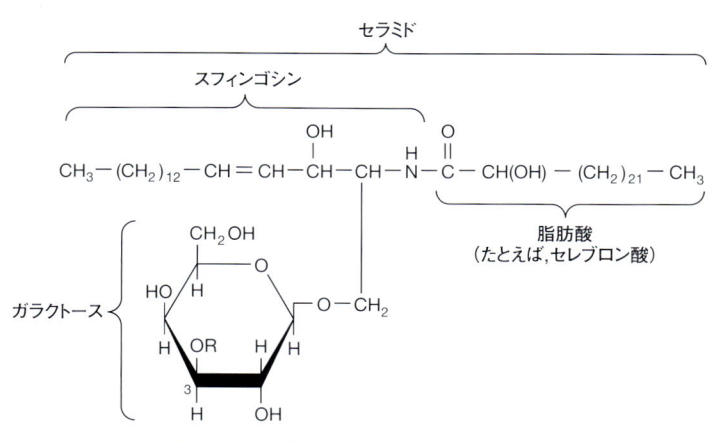

図 21-14. ガラクトシルセラミドの構造

糖脂質（スフィンゴ糖脂質）は神経組織と細胞膜で重要である

　糖脂質とは炭水化物や糖鎖をつけた脂質であり，体のあらゆる組織，とくに脳のような神経組織に広く分布している．糖脂質はとくに細胞膜の外層に局在し，**糖衣（グリコカリックス）glycocalyx** を形成する**細胞表面炭水化物 cell surface carbohydrate** の形成にあずかっている（15 章参照）．

　動物組織で見られる糖脂質はおもにスフィンゴ糖脂質であり，これはセラミドと 1 個以上の糖を含む．**ガラクトシルセラミド galactosylceramide**（**図 21-14**）は，脳その他の神経組織では主要なスフィンゴ糖脂質であり，ほかの組織には比較的少なく，特徴的な C_{24} 脂肪酸，たとえばセレブロン酸を多く含んでいる．

　ガラクトシルセラミドはスルファチド［スルホガラクトシルセラミド（**硫脂質 sulfatide**）］に変換され，ガラクトースの 3 箇所で O に硫酸基が結合している．これは，**ミエリン myelin** に多く含まれている．グルコシルセラミドはガラクトシルセラミドに類似した構造をもっており，ガラクトースの代わりにグルコースが結合している．神経系以外の組織ではおもな単純スフィンゴ糖脂質で，脳にも少量存在する．**ノイラミン酸 neuraminic acid**（NeuAc，15 章参照）はヒト組織の主要なシアル酸である．**ガングリオシド ganglioside** は**グルコシルセラミド glucosylceramide** に由来し，1 分子以上の**シアル酸 sialic acid** を含む複雑なスフィンゴ糖脂質である．またガングリオシドは神経系に高濃度に存在し，コレラ毒素やホルモンの受容体の機能をも

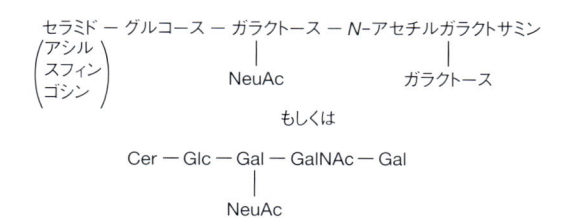

図 21-15. G_{M1} ガングリオシド，モノシアロガングリオシドの一種，ヒト腸のコレラ毒素受容体

ち，また，細胞間の情報伝達に関与している．組織で見出される最も単純なガングリオシドは G_{M3} で（図 24-8 参照），これはセラミド，グルコース 1 分子，ガラクトース 1 分子，NeuAc 1 分子を含む．この略記法では G はガングリオシド，M はシアル酸を 1 分子含む分子種であることを示し，数字の 3 はクロマトグラフィーにおける挙動にもとづいて定められた数字である．G_{M3} に由来するさらに複雑なガングリオシド G_{M1}（**図 21-15**）は生物学的にもかなり興味ある物質で，ヒトの腸では**コレラ毒素 cholera toxin** の受容体となっていることが知られている．ほかにもシアル酸を 1 分子から 5 分子含むジシアロガングリオシド，トリシアロガングリオシドなど，いろいろなガングリオシドがある．

ステロイドは多くの生理的に重要な役割を果たす

　コレステロール cholesterol は**アテローム性動脈硬化症 atherosclerosis** や心疾患との関連でおそらく最も

図 21-16. ステロイド核

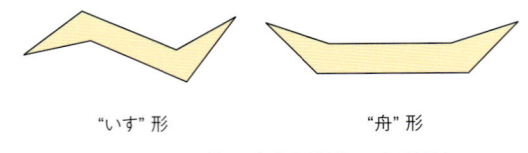

"いす" 形　　　　　"舟" 形

図 21-17. ステロイド核の立体異性体の立体配座

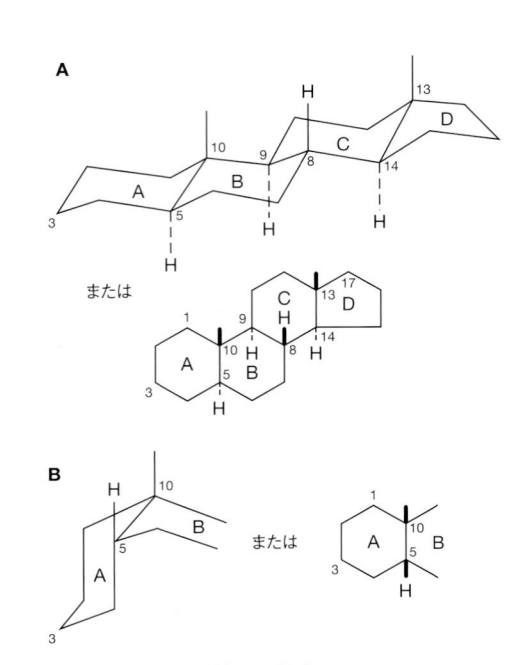

図 21-18. ステロイド核の一般式
(**A**) 隣り合う環がすべてトランス配座, (**B**) A 環と B 環が
シス配座.

よく知られた脂質であるが, これ以外にも生体内でさまざまな重要な役割を担っている (26 章参照). しかしながらコレステロールは胆汁酸 bile acid, 副腎皮質ホルモン adrenocortical hormone, 性ホルモン sex hormone, ビタミン D vitamine D (26 章, 41 章, 44 章参照), 強心配糖体 cardiac glycoside などの重要ないろいろなステロイド steroid の前駆体である.

ステロイドはすべてフェナントレンに似た環状核 (A, B, C 環) にシクロペンタン環 (D 環) が結合した構造をもっている. ステロイド核の炭素原子には**図 21-16** に示すように番号がつけられている. ステロイドの構造式ではとくに断らない限り, 六員環はベンゼン核ではなく水素で完全に飽和した炭素六員環であると理解しておくこと. 二重結合はすべて 2 本線で表示され, メチル側鎖は末端 (メチル基) に何もつかない 1 本の線で示される. 典型的にはメチル側鎖は 10, 13 位に結合し (19, 18 位炭素になる), 17 位にも側鎖がついていることが多い (たとえば, コレステロール). 1 個以上のヒドロキシ基を含み, カルボニル基やカルボキシ基を含まない場合にはステロール sterol とよばれ, 語尾は -ol となる.

ステロイド分子は非対称なので多くの立体異性体が可能である

ステロイド核の六員環はいずれも "いす" 形, もしくは "舟" 形の三次元配置をとることができる (**図 21-17**). 天然に存在するステロイドではほとんどすべての環はより安定な構造である "いす" 形をとる. 環と環の関係ではシスの場合もトランスの場合もある (**図 21-18**). 天然に存在するステロイドでは A 環と B 環の結合はシスまたはトランスである. C と D の結合が通常トランスであるように, B と C の結合もトランスである. 置換基の結合が環面の上方に向く場合には結合を実線で表し (β 結合), 下方に向く場合には破線 (α 結合) で表す. 5α ステロイドの A 環は B 環に対して常にトランスであり (5 位の水素は α 位をとっている), 5β ステロイドではシスである (5 位の水素は β 位を

とっている). C_{10} と C_{13} に結合したメチル基は常に β 配置を取る.

コレステロールは多くの組織の重要な構成成分である

コレステロール (**図 21-19**) は体のすべての細胞, とくに神経細胞に広く分布している. コレステロールは細胞膜 (40 章参照) や血漿リポタンパク質 (25 章, 26 章参照) の主要構成成分である. また, しばしば 3 位のヒドロキシ基に長鎖脂肪酸が結合したコレステロールエステル cholesteryl ester として見出される. これは動物に存在するが植物や細菌にはない.

エルゴステロールはビタミンDの前駆体である

エルゴステロール (**図 21-20**) は植物, 酵母に存在し, ビタミン D (44 章参照) の前駆体として重要である. 皮膚への紫外線照射によって B 環が開裂しビタミン D_2 となる. この過程は 7-デヒドロコレステロールが皮膚でビタミン D_3 となる反応とよく似ている (図 44-3 参

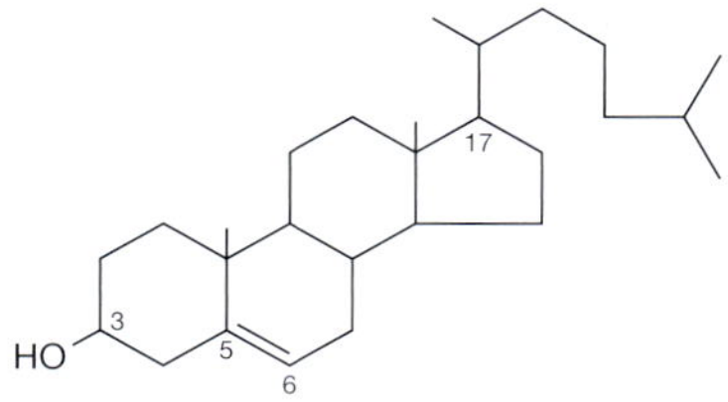

図 21-19. コレステロール

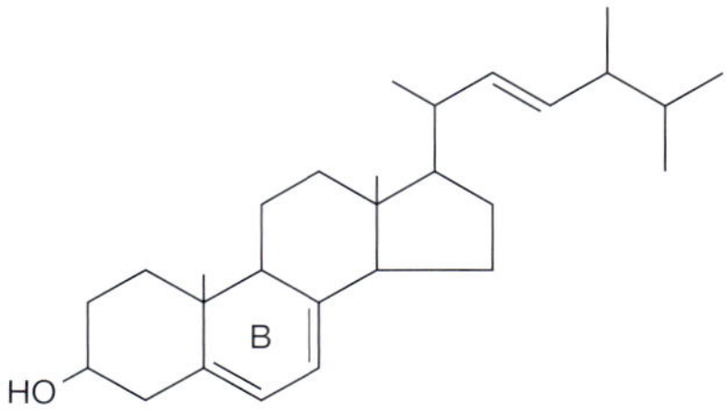

図 21-20. エルゴステロール

照）.

ポリプレノイド化合物はコレステロールと同じ前駆物質から生ずる

　ポリプレノイド polyprenoid はステロイドではないが，コレステロール（図 26-2 参照）と同様に炭素数 5 のイソプレン単位（**図 21-21**）から合成されるのでステロイド関連物質である．この中にはミトコンドリア呼吸鎖にかかわる**ユビキノン ubiquinone**（13 章参照）やポリペプチドのアスパラギン残基への糖の転移を行い糖タンパク質合成（46 章参照）にかかわる長鎖アルコール（動物細胞では 15 〜 23 のイソプレン単位をもつ）の**ドリコール dolichol** がある（**図 21-22**）．植物由来のイソプレノイド化合物にはゴム，ショウノウ，脂溶性ビ

図 21-21. イソプレン単位

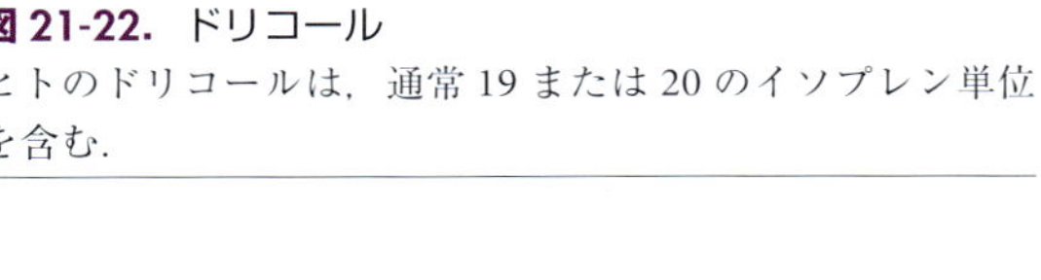

図 21-22. ドリコール
ヒトのドリコールは，通常 19 または 20 のイソプレン単位を含む.

タミン A，D，E，K や β-カロテン（プロビタミン A）がある.

脂質過酸化はフリーラジカルの発生源である

　活性酸素にさらされた脂質の過酸化（**自動酸化 auto-oxidation**）は食物の劣化（**酸敗 rancidity**，俗に油焼けとよばれる）の原因となるだけでなく，がん，炎症性疾患，アテローム性動脈硬化症，老化などにつながる組織損傷の原因となる．劣化は，**遊離基 free radical** という，不対電子をもち反応性の高い分子により起こる．酸素を含むフリーラジカル（$ROO^\bullet$，$RO^\bullet$，$OH^\bullet$）などは**活性酸素種 reactive oxygen species**（**ROS**）とよばれる．これらの遊離基は二重結合の間にメチレンが挟まった構造の脂肪酸，すなわち天然の多価不飽和脂肪酸から過酸化物がつくられるときに生成する（**図 21-23**）．**脂質過酸化 lipid peroxidation** は，反応するごとに次の過酸化反応を開始させるフリーラジカル（活性酸素）を生成（伝播）する一種の連鎖反応である．全過程は次のとおりである.

1. **連鎖開始反応**：フリーラジカル（$X^\bullet$）は多価不飽和脂肪酸と反応し，第一の脂肪酸ラジカル（$R^{\bullet 1}$）を生成する.

   $$X^\bullet + R^1H \rightarrow R^{\bullet 1} + XH$$

2. **成長反応**：不安定な第一脂肪酸ラジカル（$R^{\bullet 1}$）は酸素と反応し，ペルオキシラジカル（$R^1OO^\bullet$）をつくり，これが次の脂肪酸と反応し，脂肪酸ラジカル（$R^{\bullet 2}$）と R^1 過酸化物をつくる．$R^{\bullet 2}$ は次の脂肪酸と反応し，こうして連鎖反応が進む．一分子のフリーラジカルは多くの多価不飽和脂肪酸の過酸化物を形成していく.

   $$R^{\bullet 1} + O_2 \rightarrow R^1OO^\bullet$$
   $$R^1OO^\bullet + R^2H \rightarrow R^1OOH + R^{\bullet 2}, など$$

   この反応は次の第 3 ステップで停止する.

3. **停止反応**：連鎖反応は 2 つのラジカルが結合して安定体となったとき（ROOR あるいは RR）で終了する.

   $$ROO^\bullet + ROO^\bullet \rightarrow ROOR + O_2$$
   $$ROO^\bullet + R^\bullet \rightarrow ROOR$$
   $$R^\bullet + R^\bullet \rightarrow RR$$

　人が活動により，あるいは自然に発生する脂質過酸化をコントロールし減少させるために，**酸化防止剤**（**抗**

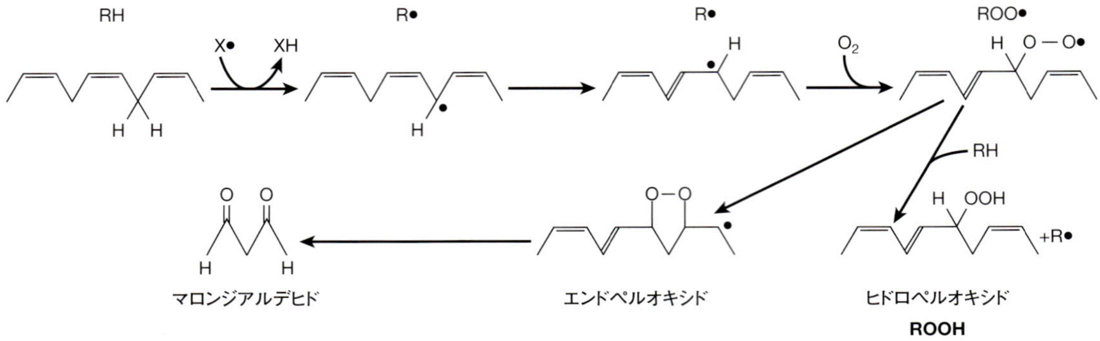

図 21-23.　脂質過酸化

反応はフリーラジカル（X•），光，金属イオンによって開始される．二重結合を 3 個以上含む脂肪酸からはマロンジアルデヒドが生成する．ω3 脂肪酸の末端 2 個の炭素から生ずるエタン，ω6 脂肪酸の末端 5 個の炭素から生ずるペンタンとともにマロンジアルデヒドは脂質過酸化の測定に用いられる．

酸化剤）**antioxidant** を利用する．没食子酸プロピル，ヒドロキシアニソールのブチル化物（BHA），ヒドロキシトルエンのブチル化物（BHT）が，食品添加物として用いられる酸化防止剤である．天然に存在する酸化防止剤には脂溶性ビタミン E（トコフェロール，44 章参照）や尿酸，水溶性ビタミン C がある．β-カロテンは酸素分圧（Po$_2$）が低いときには酸化防止剤である．酸化防止剤には 2 種類あり，（1）連鎖開始反応を減少させる**予防的な酸化防止剤**，（2）連鎖成長反応を妨げて**連鎖反応を断ち切る酸化防止剤**がある．予防的抗酸化反応をもつものとしてはカタラーゼやペルオキシダーゼが存在する．グルタチオンペルオキシダーゼは ROOH と反応する．この酵素は，セレンが活性を調節している（図 20-3 参照）．また，ジエチレントリアミン五酢酸（DTPA），エチレンジアミン四酢酸（EDTA）のような金属キレート剤がある．生体内で連鎖を断ち切るタイプの酸化防止剤には水溶液中でスーパーオキシド遊離基（•O$_2^-$）を捕捉するスーパーオキシドジスムターゼや尿酸，脂質層の中で ROO• フリーラジカルを捕捉するビタミン E がある．

　過酸化反応は生体内ではヘム化合物や血小板や白血球にある**リポキシゲナーゼ lipoxygenase**（図 23-13 参照）によっても触媒されている．生理的に重要な自動酸化産物や酵素の酸化産物にはほかにも**オキシステロール oxysterol**（コレステロールから生成する）や**イソプロスタン isoprostane**（アラキドン酸などの不飽和酸脂肪酸の過酸化により非酵素的に生成する）があり，ヒトの酸化ストレスの信頼できるバイオマーカーである．

両親媒性脂質は油：水界面でひとりでに一定の方向に並ぶ

両親媒性脂質は膜，ミセル，リポソーム，エマルションを形成する

　一般に脂質はおもに非極性基（炭化水素）を含んでいるので水に溶けない．しかし，脂肪酸，リン脂質，スフィンゴ脂質，胆汁酸，また程度は小さいがコレステロールは極性基も含んでいる．したがって分子の一部は**疎水性 hydrophobic** すなわち不溶性であるが，一部は**親水性 hydrophilic** すなわち可溶性である．このような分子は**両親媒性 amphipathic** とよばれる（**図 21-24**）．これらの分子は油と水の界面では極性基を水相に向け，非極性基を油相に向けて並ぶ．このような両親媒性脂質が二層を形成したものが，生体“膜”の基本構造と考えられている（40 章参照）．極性脂質が水溶液中に臨界濃度以上存在すると**ミセル micelle**（疎水性部分を内側に，水溶性部分を外側に並べる構造）を形成する．水溶液中で両親媒性物質を超音波処理すると，脂質二重膜をもつ**リポソーム liposome** がつくられる．リポソームとは図にあるように水の中で脂質二重層の球体をつくるものであり，中にはまた水層ができている．胆汁酸をミセルやリポソームに凝集させたものは**混合ミセル mixed micelle** とよばれ，脂肪の消化や小腸での脂肪吸収に役立っている．リポソームに組織特異的な抗体を結合させれば，血中を特定の臓器まで薬物を運ぶための担体として，たとえばがんの治療など臨床に使える可能性がある．さらに，ミセルは血管細胞に遺伝子を導入したり，局所や経皮的に薬物を投与した

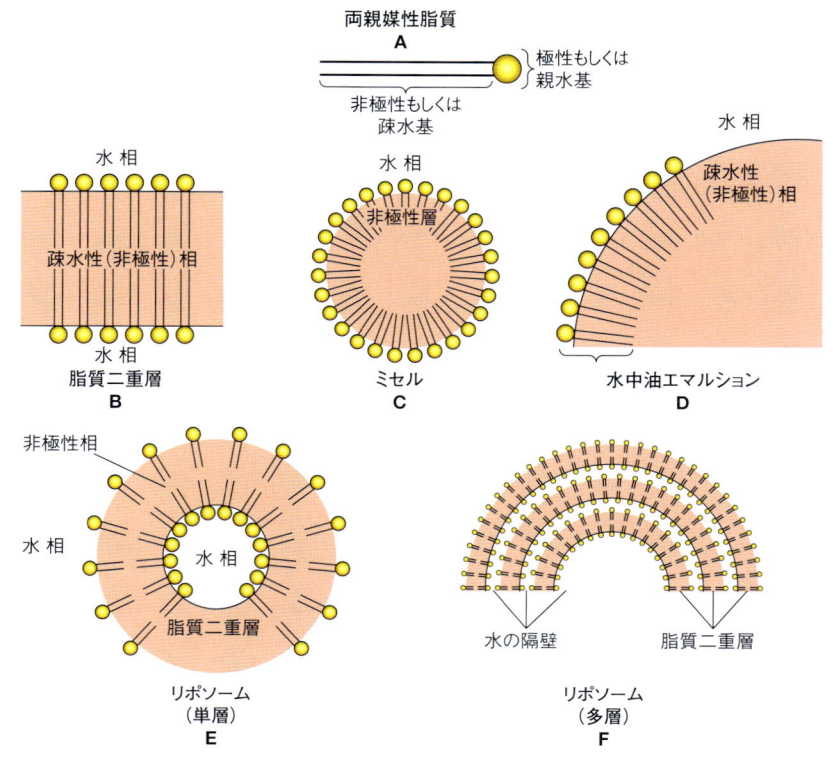

図 21-24. 両親媒性脂質，たとえばリン脂質からの脂肪膜，ミセル，エマルション，リポソームの形成

りするとき，あるいは化粧品に使われている．**エマルション emulsion** はより大きな粒子で，普通は非極性脂質が水溶液中で形成する．エマルションは両親媒性脂質(たとえば，ホスファチジルコリン)のような乳化剤によって安定化される．これは，乳化剤が非極性物質の大部分を水相から分けるような表面層を形成するからである(図 21-24)．

まとめ

- 脂質は水に比較的難溶(疎水性)だが，非極性溶媒には可溶であるという共通の性質をもつ．両親媒性脂質は 1 個以上の極性基を有するので，脂質：水界面で膜を形成するのに適している．
- 生理的に重要な脂質のおもなものは脂肪酸とそのエステル，コレステロールとそれに由来するステロイドである．
- 長鎖脂肪酸には二重結合の数により飽和，1 価不飽和，および多価不飽和(ポリエン)脂肪酸がある．脂肪酸の流動性は鎖長とともに低下し不飽和度とともに増大する．

- エイコサノイドは炭素数 20 の多価不飽和脂肪酸から生じ，プロスタグランジン，トロンボキサン，ロイコトリエン，リポキシンとして知られる生理的，薬理的に重要な活性物質の総称である．
- グリセロールエステルはリポタンパク質の主成分として，また脂肪組織の貯蔵脂質としても重要なトリアシルグリセロール(“中性脂質”)で代表されるように，量的に最も多い脂質である．グリセロリン脂質(ホスホアシルグリセロール)とスフィンゴ脂質は両親媒性脂質で，たとえば膜やリポタンパク質の外層成分，肺のサーファクタント，セカンドメッセンジャーの前駆体，また神経組織の重要な成分などとして多くの重要な役割を果たしている．
- 糖脂質は脳のような神経組織や細胞膜脂質二重層外層の重要な成分である．細胞表面の炭水化物の一部は糖脂質からくるものである．
- 両親媒性脂質としてのコレステロールは重要な膜成分である．コレステロールは体内のあらゆるステロイド類が合成される際の親分子で，コレステロールから副腎皮質ホルモンや性ホルモンなどのホルモン類，ビタミン D，胆汁酸が合成される．
- 多価不飽和脂肪酸を含む脂質の過酸化は，組織を損

傷させ病気の原因となるフリーラジカルを産生する.

文 献

Eljamil AS: *Lipid Biochemistry: For Medical Sciences.*
    iUniverse, 2015.
Gurr MI, Harwood JL, Frayn KN, et al: *Lipids, Biochemistry,
    Biotechnology and Health.* Wiley-Blackwell, 2016.

脂肪酸の酸化：ケトン体生成

22

Oxidation of Fatty Acids:Ketogenesis

学 習 目 標
本章習得のポイント

- 脂肪酸がどのような過程を経て血液中に輸送され，ミトコンドリアマトリックスでどのように活性化・輸送され，エネルギーへと変換されるかを説明する．
- 脂肪酸をアセチル-CoA へと代謝する β 酸化の概要と，この β 酸化がどのようにして大量の ATP 産生につながるかを説明する．
- "ケトン体" に分類される 3 つの分子と，肝臓のミトコンドリアでケトン体が産生される反応について説明する．
- 肝臓以外の臓器でケトン体が重要な燃料であることを理解し，どういった状況でケトン体の産生と利用が行われるかを説明する．
- 脂肪酸代謝経路において，ケトン体産生を制御する 3 つの反応段階について説明する．
- ケトン体の過剰産生がケトーシスを引き起こすことを示し，長期間にわたるケトアシドーシスが生じる病的状態について説明する．
- 脂肪酸酸化の減少あるいは欠損に関連した疾患の例をあげることができる．

生物医学的重要性

脂肪酸はミトコンドリアで酸化されてアセチル-CoA にまで分解され，この過程で大量のエネルギーを発生する．この経路が高速で進行すると，**アセト酢酸 acetoacetate**，**D-3-ヒドロキシ酪酸 D-3-hydroxybutyrate**，**アセトン acetone** の 3 つの物質が肝臓で産生され，**ケトン体 ketone body** と総称される．アセト酢酸と D-3-ヒドロキシ酪酸は，通常の代謝状態では肝外組織で燃料として使われるが，ケトン体が過剰に産生されると**ケトーシス ketosis** になる．脂肪酸の酸化が亢進し，結果的にケトーシスになるのは，飢餓状態や糖尿病の特徴である．ケトン体は酸性の物質であるため，糖尿病患者などで長期間にわたってケトン体が過剰に生成されると**ケトアシドーシス ketoacidosis** を生じ，最終的には死に至ることもある．糖新生は脂肪酸酸化に依存するので，脂肪酸酸化に何らかの障害が起こると**低血糖 hypoglycemia** が生ずる．**カルニチン欠乏症 carnitine deficiency** や脂肪酸酸化に必要な酵素，たとえば，**カルニチンパルミトイルトランスフェラーゼ carnitine palmitoyltransferase** の欠損あるいは毒物，たとえばヒポグリシン **hypoglycin**[1] による脂肪酸酸化

の阻害，などにより低血糖が引き起こされる．

脂肪酸の酸化はミトコンドリアで起こる

アセチル-CoA は脂肪酸の異化の最終地点であると同時に脂肪酸合成の出発地点でもあるが，脂肪酸分解は脂肪酸生合成経路の単純な逆反応ではなく，細胞内の別の場所で生じる全く別の反応である．ミトコンドリアでの脂肪酸酸化と細胞質での脂肪酸生合成を分離することで，それぞれの反応を個別に制御し，組織の必要性に合わせて細胞内の脂肪酸量を制御することができる．脂肪酸酸化の各ステップはアシル-CoA 誘導体からなり，別々の酵素によって触媒され，NAD$^+$ と FAD を補酵素として使用して ATP を生成する．脂肪酸の酸化は好気的なプロセスであり，酸素の存在が必要である．

---

1) 訳者注：ライチなどの果実などに含まれるアミノ酸誘導体である．

脂肪酸は遊離脂肪酸(FFA)の形で血液中を輸送される

　遊離脂肪酸は**エステル化されていない脂肪酸**を意味し，別名，非エステル化脂肪酸(UFA あるいは NEFA)ともよばれる(21 章参照)．血漿中では，長鎖の遊離脂肪酸は**アルブミン albumin** と結合しており，また，細胞内では**脂肪酸結合タンパク質 fatty acid-binding protein** と結合しているので，実際には“遊離”しているわけではない．短鎖の脂肪酸はより水溶性が高く，脂肪酸陰イオンか，イオン化していない“酸”として存在している．

脂肪酸は異化される前に活性化される

　脂肪酸は異化される前にまず活性型の中間体に変換されなければならない．これは脂肪酸を分解する全反応のうちで，ATP のエネルギーを必要とする唯一の反応である．ATP と CoA の存在下，**アシル−CoA シンテターゼ acyl-CoA synthetase**（**チオキナーゼ thiokinase**）は脂肪酸（または FFA）を“活性型脂肪酸”つまり，アシル−CoA へ変化させる反応を触媒する．このとき AMP と PP_i（ピロリン酸，**図 22-1**）が生成するとともに 1 個の高エネルギーリン酸結合が消費される．この PP_i は**無機ピロホスファターゼ inorganic pyrophosphatase** によって加水分解され，こうして，高エネルギーリン酸結合が失われて活性化反応は完結する．アシル−CoA シンテターゼはミトコンドリアの外膜，小胞体，ペルオキシソームに存在する[2]．

長鎖脂肪酸はカルニチンと結合してミトコンドリア内膜に入る

　このようにしてつくられたアシル−CoA は膜間空間に入るが（図 22-1），ミトコンドリア内膜を通過して（脂肪酸の分解が行われる）マトリックスに入ることはできない．しかしながら，体内に広く分布し，とくに筋肉に多く存在する**カルニチン carnitine**（β-ヒドロキシ-γ-トリメチルアンモニウム酪酸）の存在下では，ミトコンドリア外膜に存在する**カルニチンパルミトイルトランスフェラーゼ I carnitine palmitoyltransferase-I** によって，長鎖アシル基が CoA からカルニチンに転移されて**アシルカルニチン acylcarnitine** となり，CoA が遊離する．アシルカルニチンはミトコンドリア内膜の**カルニチン−アシルカルニチントランスロカーゼ**

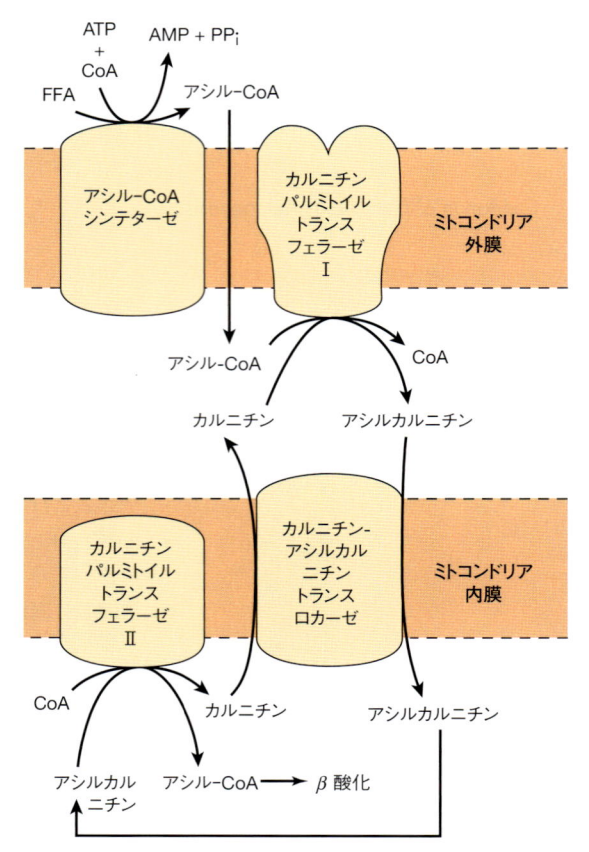

図 22-1. ミトコンドリアの内膜を通して長鎖脂肪酸が輸送されるときのカルニチンの役割

アシル−CoA シンテターゼにより産生された長鎖アシル−CoA は，ミトコンドリア膜管腔に入る．内膜を通過するためには，カルニチンパルミトイルトランスフェラーゼ I によって CoA からカルニチンにアシル基が転移される必要がある．産生されたアシルカルニチンは，遊離カルニチンと交換する形でトランスロカーゼ酵素によってマトリックスに運ばれ，アシル−CoA はカルニチンパルミトイルトランスフェラーゼ II によって再生産される．

carnitine-acylcarnitine translocase を経由してミトコンドリアマトリックスに運び込まれ，β 酸化酵素に接近する．このトランスロカーゼは，遊離カルニチンと交換するかたちでアシルカルニチンをミトコンドリアマトリックス内に輸送する．そこでアシル基に CoA が再度結合し，アシル−CoA が再生し，カルニチンが遊離する．この反応は，ミトコンドリア内膜のマトリックス側に存在する酵素**カルニチンパルミトイルトランスフェラーゼ II carnitine palmitoyltransferase-II** によって触媒される（図 22-1）．

---

2)　訳者注：アシル CoA シンテターゼは 1 から 6 までの種類が知られており，それぞれ特有の脂肪酸を活性化する．

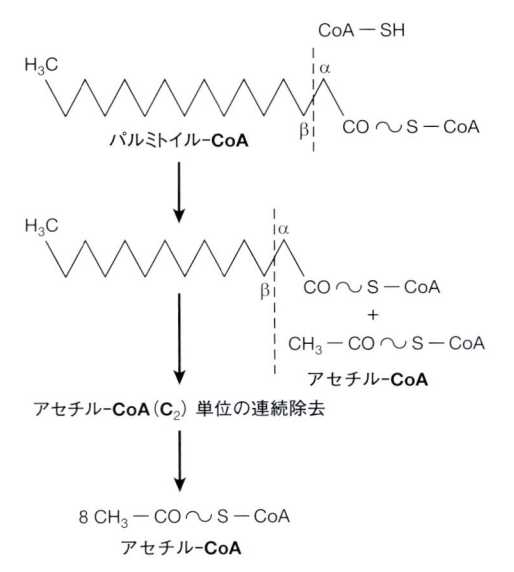

図 22-2. 脂肪酸の β 酸化のあらまし

脂肪酸の β 酸化は炭素数 2 の開裂を繰り返してアセチル–CoA を遊離する

　脂肪酸酸化（**図 22-2**）経路では，アシル–CoA 分子のカルボキシ末端の 2 個の炭素が切り出される．その切り出しが α（カルボキシ末端から 2 番目）と β（3 番目）炭素原子間で起こるため，**β 酸化 β-oxidation** と名づけられている．そこで生じる 2 個の炭素の単位はアセチル–CoA であり，したがって，炭素数 16（C_{16}）の脂肪酸を有するパルミトイル–CoA は 8 分子のアセチル–CoA を生じることになる．

β 酸化経路では $FADH_2$ と NADH が生成する

　呼吸鎖に隣接するミトコンドリアマトリックスまたは内膜に存在するいくつかの酵素は，β 酸化経路を介してアシル–CoA からアセチル–CoA への酸化を触媒する．β 酸化は，複数のサイクルとして進行することで，長鎖脂肪酸をアセチル–CoA にまで分解する．この際に 1:1 のモル比で産生される大量の還元型補酵素 $FADH_2$ や NADH が，ミトコンドリアの酸化的リン酸化経路での ATP 産生に用いられる（**図 22-3**，13 章参照）．

　最初の段階では，**アシル–CoA デヒドロゲナーゼ acyl–CoA dehydrogenase** によって，α（2）と β（3）炭素から 2 個の水素原子が除去されるが，この際にフラビンアデニンジヌクレオチド（FAD）を必要とする．この反応の結果，Δ^2-*trans*-エノイル–CoA と $FADH_2$ が生

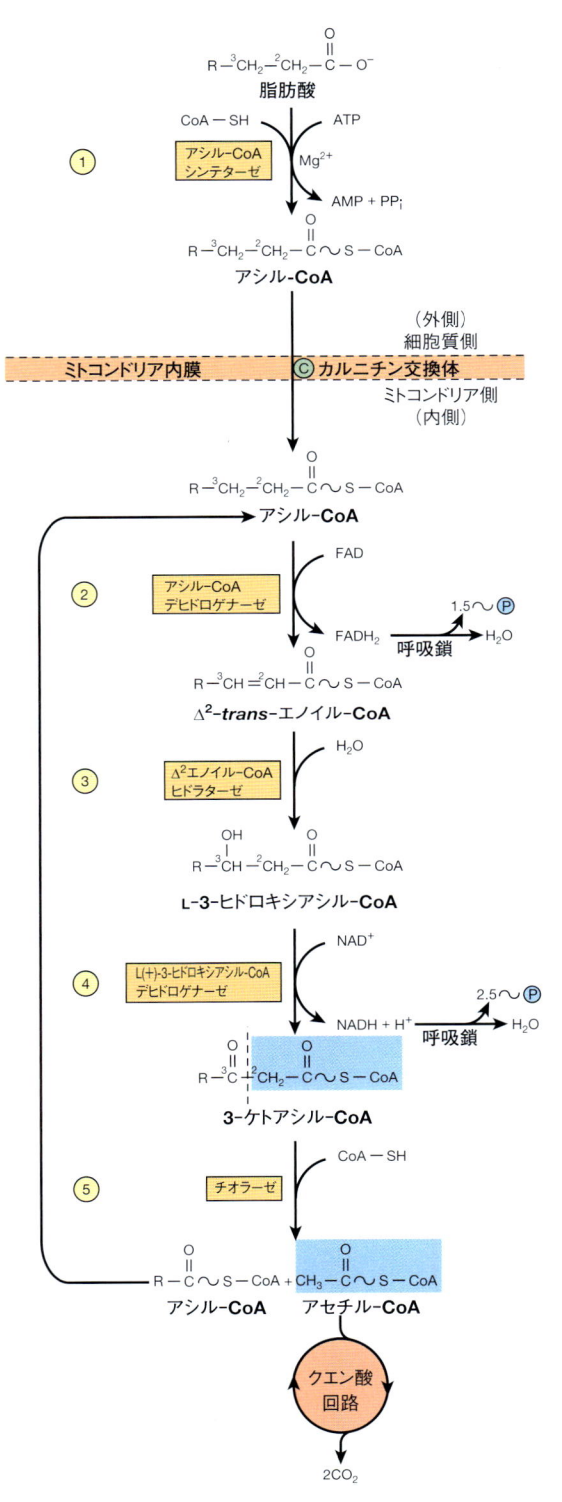

図 22-3. 脂肪酸の β 酸化
長鎖アシル–CoA が反応 ② ～ ⑤ を通じて循環し，各サイクルから 1 分子のアセチル–CoA がチオラーゼ（反応 ⑤）によって生ずる．脂肪酸のアシル基の炭素原子が 4 個のときは，反応 ⑤ によって 2 分子のアセチル–CoA が一度に生ずる．

表 22-1. 炭素数 16 の脂肪酸の完全酸化で得られる ATP 量の計算

反応	産物	1 mol のパルミチン酸から生じる産物の量(mol)	産物 1 mol あたりの ATP 産生量(mol)	1 mol のパルミチン酸から生じる ATP の量(mol)	1 mol のパルミチン酸あたり消費される ATP の量(mol)
脂肪酸活性化		–			2
β 酸化	$FADH_2$	7	1.5	10.5	–
β 酸化	NADH	7	2.5	17.5	–
クエン酸回路	アセチル-CoA	8	10	80	
	1 mol のパルミチン酸から生じる ATP の量(mol)			108	
	1 mol のパルミチン酸あたり消費される ATP の量(mol)				2

炭素数 16 の脂肪酸であるパルミチン酸 1 mol からは，106 mol の ATP が産生される（つくられる ATP 108 mol から，脂肪酸活性化の段階で消費される ATP 2 mol を差し引く）．

成する．次に，Δ^2-エノイル-CoA ヒドラターゼ Δ^2-enoyl-CoA hydratase により水分子が加わり，α(2)とβ(3)炭素間の二重結合が飽和され，3-ヒドロキシアシル-CoA となる．その 3-ヒドロキシ誘導体は，その 3-炭素のヒドロキシ基が **L-3-ヒドロキシアシル-CoA デヒドロゲナーゼ L-3-hydroxyacyl-CoA dehydrogenase** の触媒作用でさらに脱水素され，3-ケトアシル-CoA となる．この反応には NAD^+ が補酵素として利用され，NADH を生じる．最後に，3-ケトアシル-CoA は **チオラーゼ thiolase**（3-ケトアシル-CoA チオラーゼ）によって，2 番目と 3 番目の炭素の間が切断され，アセチル-CoA と，もとのアシル-CoA 分子よりも 2 炭素原子が少なくなった新たなアシル-CoA が生ずる．この開裂反応で生じた 2 炭素短いアシル-CoA はふたたび反応 2 の段階で酸化経路に戻る（図 22-3）．このようにして，偶数個の炭素からなる長鎖脂肪酸は完全にアセチル-CoA（C_2 単位）にまで分解される．たとえば，16 個の炭素からなるパルミチン酸は，7 サイクルの β 酸化によって 8 つのアセチル-CoA に変換される．アセチル-CoA はクエン酸回路（これもミトコンドリアにある）によって CO_2 と水にまで酸化され，脂肪酸の完全な酸化が完結する．

奇数個の炭素原子をもつ脂肪酸も上述した β 酸化経路によって酸化されアセチル-CoA を生じるが，最後は炭素 3 個の残基，つまり，プロピオニル-CoA が残ることになる．この物質は結局，クエン酸回路のメンバーであるスクシニル-CoA に変換される（16 章参照）．したがって，**奇数鎖脂肪酸から生じるプロピオン酸残基はグルコース合成（糖新生）の材料として使われる．脂肪酸由来の物質で，直接グルコースに変換されるのは，このプロピオン酸だけである．**

脂肪酸酸化は多くの ATP 分子を生成する

β 酸化の各サイクルでは，$FADH_2$ が 1 分子，NADH が 1 分子産生される．C_{16} 脂肪酸であるパルミチン酸 1 mol の分解には 7 サイクルが必要で，8 mol のアセチル CoA が生成される．呼吸鎖を介した還元当量の酸化により 28 mol の ATP が合成され（**表 22-1**，13 章参照），クエン酸回路を介したアセチル-CoA の酸化により 80 mol の ATP が生成される（表 22-1，16 章参照）．したがって，1 mol のパルミチン酸を分解すると，総計 108 mol の ATP が産生される．しかし，初めに脂肪酸を活性化する際に 2 mol の ATP[3] が消費されているので，これを差し引くと，パルミチン酸 1 mol あたり 28＋80－2＝106 mol の ATP，すなわち 106×30.5[4] ＝3233 kJ の熱量が得られることになる（表 22-1）．これはパルミチン酸の燃焼総自由エネルギーの 33％になる．

極長鎖脂肪酸はペルオキシソームで酸化される

ペルオキシソーム peroxisome では，通常の β 酸化とは少し異なった脂肪酸酸化が生じる．この極長鎖脂肪酸（たとえば，C_{20}，C_{22}）の酸化では，（フラビンタンパク質と結合した脱水素酵素反応で）アセチル-CoA と H_2O_2 が生じ，その H_2O_2 はカタラーゼによって分解される（12 章参照）．このペルオキシソームの脱水素反応は，直接的にはリン酸化や ATP の生成には関与しない．これらの反応をつかさどる酵素は高脂肪食や，一部の動物種ではクロフィブレートのような高脂血症治

---

3) 訳者注：アシル-CoA シンテターゼの反応では，ATP 1 分子が ADP ではなく AMP にまで分解される．高エネルギーリン酸結合が 2 つ消費されるので，ATP 2 分子が消費されたと考える．
4) ATP 反応の ΔG は 11 章で解説した．

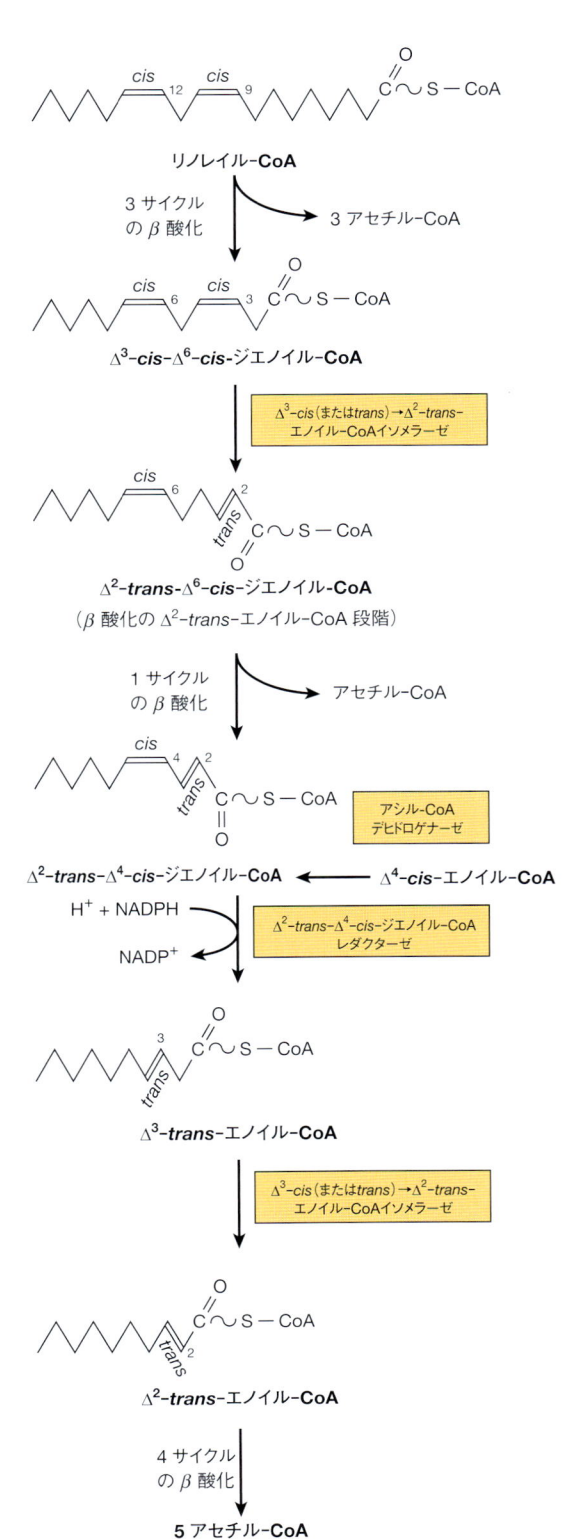

療薬によって発現が誘導される.

　また, ペルオキシソームの β 酸化のもう 1 つの役割は, 胆汁酸生成(26 章)においてコレステロールの側鎖を短くすることである. また, ペルオキシソームはエーテルグリセロ脂質(24 章), コレステロール, そしてドリコール(図 26-2)の合成にも関与している.

不飽和脂肪酸の酸化は少し変わった β 酸化経路で行われる

　不飽和脂肪酸の CoA エステルは, 通常の β 酸化酵素によってシス型の二重結合が Δ3 位か Δ4 位になるまで分解される(**図 22-4**). Δ³-cis は Δ³-cis → Δ²-trans-エノイル-CoA イソメラーゼ(Δ³-cis → Δ²-trans-enoyl-CoA isomerase)によって, β 酸化の Δ²-trans-CoA の段階にまで異性化された後, 水分子が添加され, その後酸化される. Δ⁴-cis-アシル-CoA は, リノール酸の場合(図 22-4)のようにそのままにとどまるか, あるいはさらに反応経路に入って, アシル-CoA デヒドロゲナーゼにより Δ²-trans-Δ⁴-cis-ジエノイル-CoA へと変換された後, 図 22-4 に示したように代謝される.

ケトン体生成は肝臓の脂肪酸酸化が高速のとき起こる

　脂肪酸酸化が速い速度で起こっているような代謝条件のもとでは, 肝臓でかなりの量の**アセト酢酸 aceto-acetate** や **D-3-ヒドロキシ酪酸 D-3-hydroxybutyrate**(β-ヒドロキシ酪酸)が生成する. アセト酢酸はたえず非酵素的に脱炭酸され**アセトン acetone** を生じる. これらの 3 つの物質は総称して**ケトン体 ketone body**(アセトン体, あるいは不正確な用語ではあるが "ケトン"[5])とよばれる(**図 22-5**). アセト酢酸と 3-ヒドロキシ酪酸はミトコンドリアの酵素である **D-3-ヒドロキシ酪酸デヒドロゲナーゼ D-3-hydroxybutyrate dehy-**

図 22-4. 不飽和脂肪酸, 例としてリノール酸の酸化の反応順序　β 酸化は, 飽和脂肪酸と同様に Δ³ 位にシス型二重結合が存在するようになるまで進行する. これが Δ²-trans 化合物に異性化され, β 酸化の 1 サイクルが進行し, Δ²-trans-Δ⁴-cis 誘導体が生成される. Δ⁴-cis-脂肪酸または Δ⁴-cis-エノイル-CoA を形成する脂肪酸は, ここから産生経路に入る. Δ³-trans-エノイル-CoA を形成する還元反応と Δ²-trans 型への異性化が, β 酸化を完了させるために必要である. ジエノイル-CoA 還元酵素の NADPH は, グルタミン酸デヒドロゲナーゼ, イソクエン酸デヒドロゲナーゼ, NAD(P)H トランスデヒドロゲナーゼなどのミトコンドリア内供給源によって供給される.

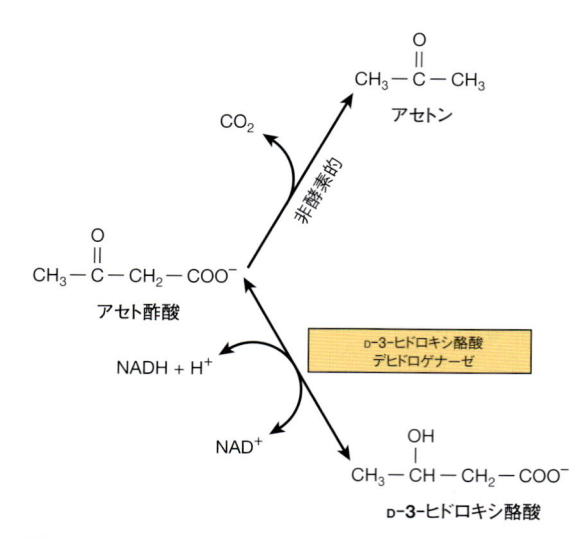

図 22-5. ケトン体の相互関係
D-3-ヒドロキシ酪酸デヒドロゲナーゼはミトコンドリアに存在する酵素である.

drogenase によって相互変換される. その平衡はミトコンドリア内の[NAD$^+$]/[NADH]の比, すなわち, **酸化還元状態 redox state** によって決まる. 十分な食物を摂取している哺乳類の血液中の全ケトン体の濃度は,

通常 0.2 mmol/L を超えることはない. しかしながら反芻動物では, 消化管内の発酵の産物である酪酸からたえず 3-ヒドロキシ酪酸が生成されている. 非反芻動物において, 肝臓は血液中にケトン体を排出する唯一の臓器であり, 肝臓以外の臓器は血液中のアセト酢酸と 3-ヒドロキシ酪酸を呼吸基質（訳者注：エネルギー源）として利用する. アセトンは廃棄物であり, 揮発性であるため肺から排出される. 肝臓は, ケトン体産生能は高いもののケトン体を利用する能力は低く, 肝臓以外の臓器はケトン体をつくらない一方で消費能力が高いため, ケトン体は肝臓から肝臓以外の臓器に一方通行で移動する[6]（**図 22-6**）.

アセトアセチル-CoAは, ケトン体生成経路の基質である

　ケトン体生成 ketogenesis にかかわる酵素はおもにミトコンドリアに局在している. 脂肪酸分解で生じたアセチル-CoA 2分子が**チオラーゼ thiolase** 反応（図 22-3）の逆反応で縮合すると, アセトアセチル-CoA が生じる. アセトアセチル-CoA は, β酸化の過程で 4 炭素までに減らされた脂肪酸から直接合成されることもある（**図 22-7**）. 3-ヒドロキシ-3-メチルグルタリル-**CoA シンターゼ 3-hydroxy-3-methylglutaryl-CoA**

　（前ページ）　5)　"ケトン"という用語は慎重に用いるべきである. なぜなら, ピルビン酸やフルクトースのように, ケトン体には分類されないが, ケトンの構造を有する物質が血中に多く存在するからである.

　6)　訳者注：脳はブドウ糖とともにケトン体をエネルギー源としている.

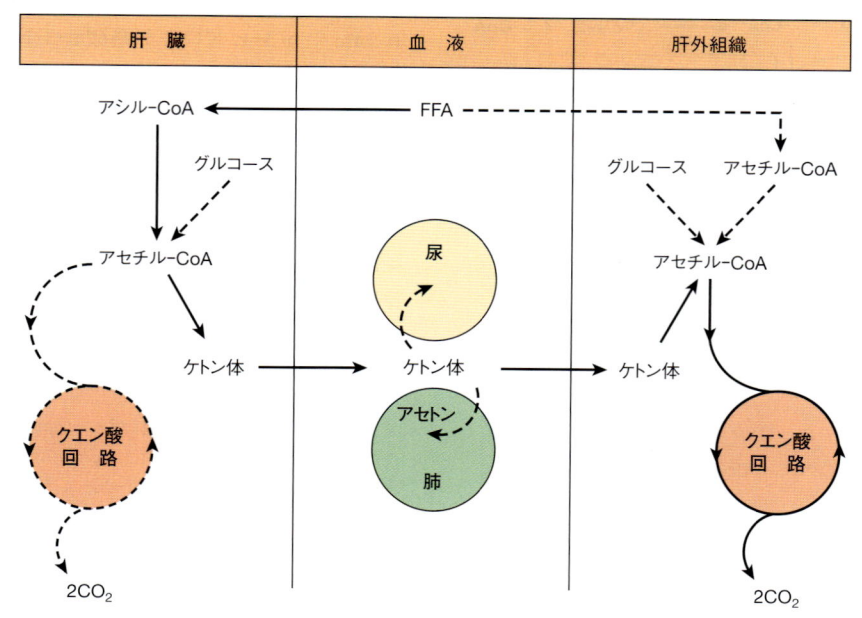

図 22-6. ケトン体の生成, 利用, 排出
実線の矢印は主要経路.

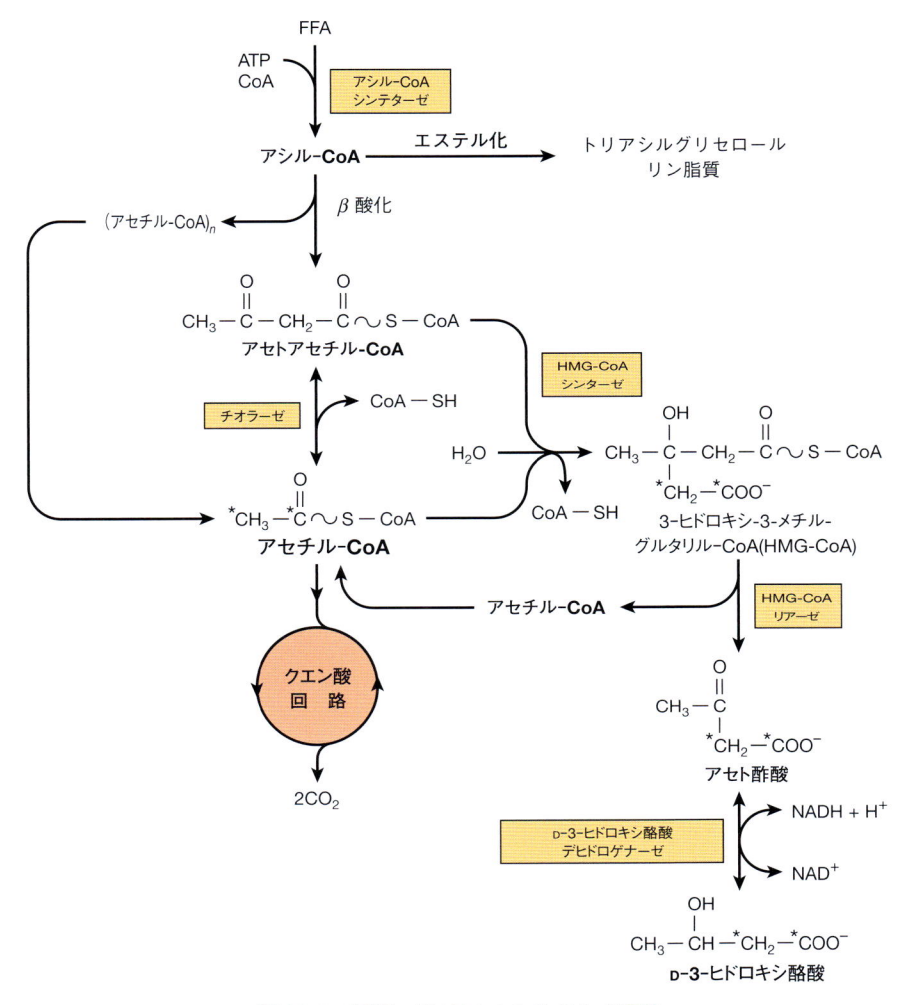

図 22-7. 肝臓におけるケトン体の生成経路
（FFA：遊離脂肪酸）

（HMG-CoA）synthase の作用によりアセトアセチル-CoA がもう 1 分子のアセチル-CoA と縮合すると HMG-CoA が生じる．**HMG-CoA リアーゼ HMG-CoA lyase** が HMG-CoA からアセチル-CoA を切除すると，アセト酢酸が遊離する．**ケトン体生成のためには，これらの酵素が両方ともミトコンドリアに存在する必要がある．**哺乳類では，ケトン体は肝臓とルーメン（反芻動物の第一胃）の上皮のみで形成される．3-ヒドロキシ酪酸はアセト酢酸から生成され（図 22-7），高ケトン血症（ケトーシス）では血液や尿中のケトン体の中で最も多くなる．

ケトン体は肝臓以外の組織では燃料として利用される

　肝臓では活発にアセトアセチル-CoA からアセト酢酸を生成するが，一度生成したアセト酢酸は細胞質で直接 CoA に結合することでしか再活性化できず，この場合，はるかに活性が低いコレステロール合成の前駆体として使用されることになる（26 章参照）．つまり，肝臓はケトン体のほとんどを生成する場といえる．

　肝臓以外の組織では，アセト酢酸は**スクシニル-CoA-アセト酢酸-CoA トランスフェラーゼ succinyl-CoA-acetoacetate-CoA transferase** によって活性化され，アセトアセチル-CoA となる．その際に，スクシニル-CoA から CoA が受け渡され，アセトアセチル-CoA が産生される（**図 22-8**）．CoA の付加を必要とするチオラーゼの反応によって，アセトアセチル-CoA は分解されて 2 分子のアセチル-CoA となり，これらはクエン酸回路で酸化される．3-ヒドロキシ酪酸は，肝臓で生成される反応の逆反応でアセト酢酸に変換され，その際，NADH が産生される（図 22-8）．したがっ

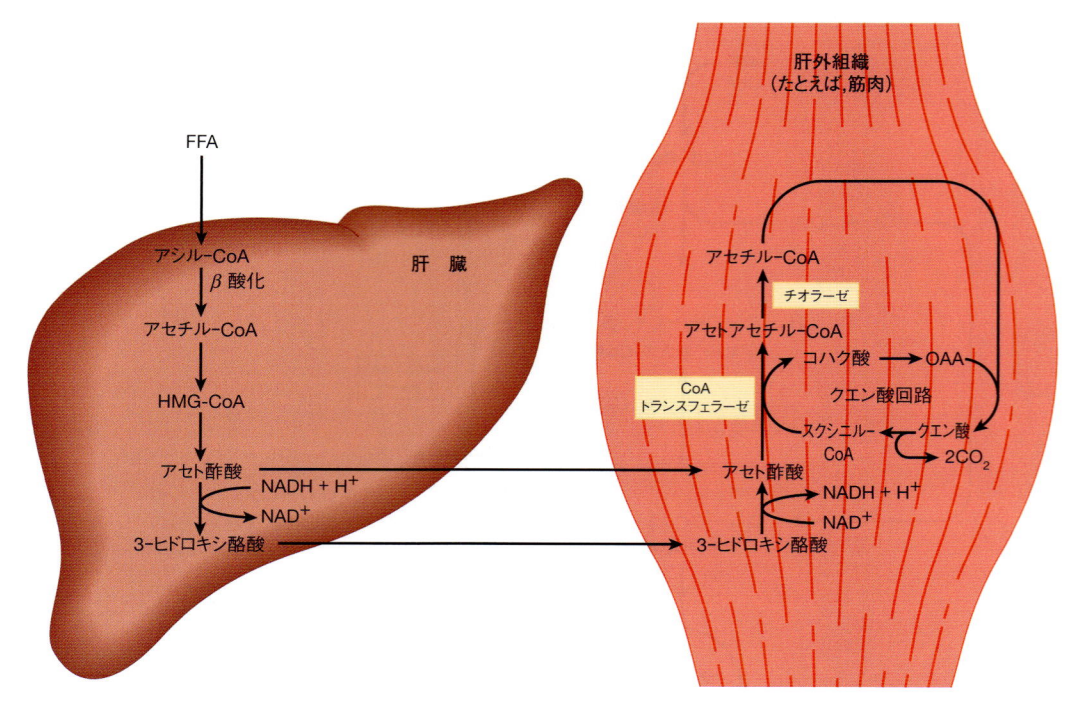

図 22-8. 肝臓からのケトン体の輸送と肝外組織での利用と酸化の機序

CoA トランスフェラーゼ，スクシニル-CoA-アセト酢酸-CoA トランスフェラーゼ，チオラーゼによるアセトアセチル-CoA の分解は 2 分子のアセチル-CoA 分子を生成するが，1 分子の CoA を必要とする（図示せず）．

て，1 mol のアセト酢酸または 3-ヒドロキシ酪酸はそれぞれ 19 mol または 21.5 mol の ATP をもたらす．ケトン体の血中濃度が 12 mmol/L 程度まで上昇すると，酸化機構が飽和状態になり，個体の酸素消費量の大部分がケトン体の酸化によって占められている状態になる．

中程度のケトン血症では，尿中へのケトン体の排泄は生成から消費を除いた量の数パーセントにすぎない．動物の種と個体によって異なるが，腎閾値のような効果（真の閾値は存在しないが）があるので，ケトーシスの重症度を知るためには，尿中のケトン量よりも血中のケトン体の濃度を測定する方がよい[7]．

ケトン体生成は3つの重要な段階で調節される

1. 脂肪組織でトリアシルグリセロールが加水分解されて血中の脂肪酸レベルが上昇しない限り，生

体ではケトーシスは起こらない．**遊離脂肪酸は肝臓におけるケトン体生成の前駆体である**．飽食状態でも絶食状態でも，肝臓は流入した脂肪酸の約 30％を取り込む．そのため，脂肪酸濃度が高いときには肝臓に取り込まれる脂肪酸の量は相当なものとなる．したがって，**脂肪組織から遊離脂肪酸を動員する調節因子は，ケトン体生成の調節という意味でも重要である**（**図 22-9**，図 25-8 参照）．

2. 遊離脂肪酸は肝臓に取り込まれた後，**酸化されて CO_2 やケトン体になるか，あるいはトリアシルグリセロールやリン脂質（アシルグリセロール）へとエステル化**される．脂肪酸の酸化経路への進入は**カルニチンパルミトイルトランスフェラーゼ I carnitine palmitoyltransferase-I**（CPT-I, 図 22-1）によって制御されており，肝臓に取り込まれたもの，酸化経路に入らなかった脂肪酸はエステル化される．飽食状態では CPT-I 活性は低く，したがって脂肪酸酸化能も低下している．逆に飢餓状態では CPT-I 活性は高く，脂肪酸の酸化量も増加する．飽食状態でアセチル-CoA カルボキシラーゼによって生成され，脂肪酸合成の最初の中間体となる**マロニル-CoA malonyl-CoA**（図 23-1 参

7) 訳者注：尿中のケトン体濃度は必ずしも血液中のケトン体濃度を反映しない．

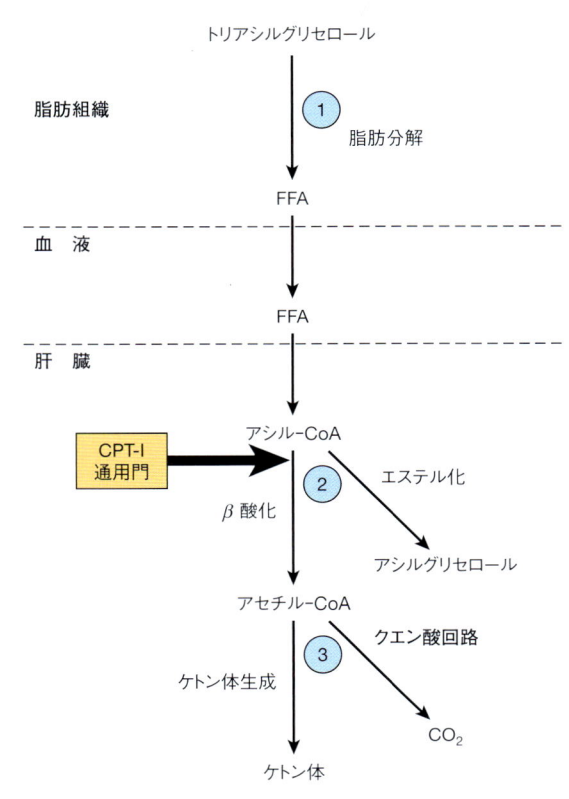

図 22-9. ケトン体生成の調節
①～③は遊離脂肪酸（FFA）の代謝経路におけるケトン体生成の程度を決める重要な３つの段階である．（CPT-I：カルニチンパルミトイルトランスフェラーゼ I）

3. 次に，β酸化で生成したアセチル-CoA は，クエン酸回路で酸化されるか，あるいはアセトアセチル-CoA としてケトン体生成経路に入りケトン体に変換される．血清遊離脂肪酸の濃度が上昇すると，脂肪酸分解物であるアセチル-CoA からケトン体への転換量が増加し，クエン酸回路で酸化され CO_2 まで変換されるアセチル-CoA の割合が減少する．アセチル-CoA の，ケトン体生成と CO_2 への酸化への振り分けは，血清中の遊離脂肪酸濃度が変化しても，遊離脂肪酸の酸化の結果産生される全自由エネルギー（ATP 量）が一定となるように調節されている．このことは，1 mol のパルミチン酸がβ酸化とクエン酸回路で CO_2 にまで完全に酸化されると正味106 mol の ATP が生成するのに対し（前述），アセト酢酸が最終産物のときは26 mol の ATP，そして，3-ヒドロキシ酪酸が最終産物のときは 16 mol の ATP しか生成しないことによって理解されよう．したがって，ケトン体生成は酸化的リン酸化が緊密に共役した系の中で，肝臓がより多くの脂肪酸を酸化できるようにするための機構と考えることができる．

理論的には，とくにミトコンドリア内でオキサロ酢酸の濃度が低下すると，アセチル-CoA を代謝するクエン酸回路がうまくはたらかなくなり，脂肪酸酸化をケトン体生成の方向に向けることになり得る．このオキサロ酢酸濃度の低下は，β酸化の亢進によって生じる (NADH)/(NAD$^+$) 比の増加がオキサロ酢酸とリンゴ酸の間の平衡状態に影響を及ぼし，オキサロ酢酸濃度を低下させることによって引き起こされる．また，血中のグルコース濃度が低下し糖新生が活性化されても，同様のオキサロ酢酸濃度の低下が生じる．しかしながら，ピルビン酸をオキサロ酢酸に転換するピルビン酸カルボキシラーゼはアセチル-CoA によって活性化され，オキサロ酢酸の濃度をいくらか上昇させることができるが，飢餓や未治療の糖尿病状態ではケトン体が過剰に産生され，高ケトン血症（ケトーシス）を引き起こす．

臨床との関連

脂肪酸酸化の異常は，しばしば低血糖と関連した病気を引き起こす

カルニチン欠乏症 carnitine deficiency は，新生児，

照）は，CPT-I の強力な阻害物質である（**図22-10**）．飽食状態では肝細胞に取り込まれる遊離脂肪酸の量は少なく，しかも，ほとんどすべてがエステル化されてアシルグリセロールとなり，**超低密度リポタンパク質 very-low-density lipoprotein**（VLDL）に組み込まれて肝臓から運び出される．しかしながら，飢餓状態が始まり遊離脂肪酸の濃度が増加するにつれて，アセチル-CoA カルボキシラーゼはアシル-CoA によって直接阻害され，マロニル-CoA の濃度は減少し，その結果，CPT-I の阻害が解除され，アシル-CoA がより多くβ酸化されるようになる．飢餓状態では，これらの変化は ［**インスリン**］/［**グルカゴン**］の比 ［**insulin**］/［**glucagon**］**ratio** の減少によりさらに強められることになる．つまり，遊離脂肪酸がミトコンドリアに入るかどうかを決定する CPT-I の活性によってβ酸化は調節され，また，取り込まれたもののβ酸化されなかった脂肪酸はエステル化されることになる．

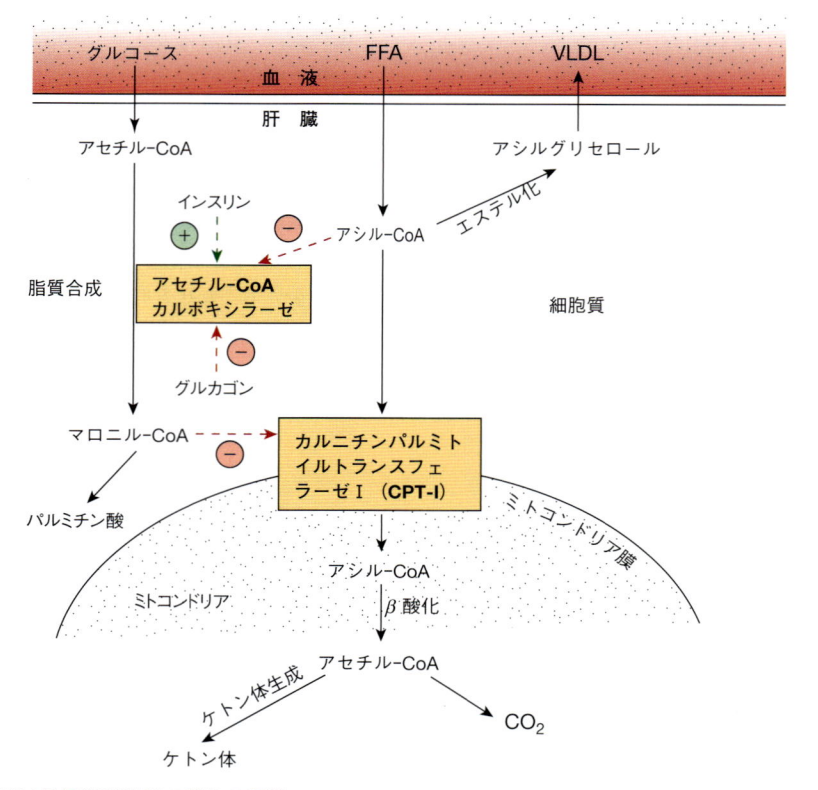

図 22-10. 肝臓における長鎖脂肪酸の酸化の調節

正(⊕)と負(⊖)の調節効果は破線で，基質の流れは実線で示す．（FFA：遊離脂肪酸，VLDL：超低密度リポタンパク質）

とくに未熟児で，カルニチンの生合成がうまくいかなかったり，腎臓からのカルニチン排泄が過剰になったために起こる．カルニチン欠乏症は血液透析でも起こり得る．したがって，一部の人にとってカルニチンは食事から摂取しなければならないビタミンのようなものである．カルニチン欠乏の結果，脂肪酸酸化がうまくいかないために生じる低血糖と，筋力低下を伴う脂肪蓄積が生じる．治療はカルニチンの経口補給によって行われる．

先天性 **CPT-I 欠損 CPT-I deficiency** は，肝臓のみに影響を及ぼして，脂肪酸酸化とケトン体生成を低下させ，低血糖を引き起こす．**CPT-II 欠損 CPT-II deficiency** は，主として骨格筋での代謝に影響し，また，極めて重篤な場合には肝臓での代謝に影響を及ぼすことがある．糖尿病の治療に使用されるスルホニル尿素剤［**グリブリド glyburide**（グリベンクラミド **gliben-clamide**）とトルブタミド **tolbutamide**］は CPT-I を阻害し，脂肪酸酸化を低下させることで，血糖値を低下させる．

β 酸化とケトン体生成酵素の先天性異常（欠損）は，非ケトーシス型低血糖，昏睡，脂肪肝を引き起こす．ま

た，長鎖と短鎖 3-ヒドロキシアシル-CoA デヒドロゲナーゼの欠損症が知られている（長鎖アシル酵素の欠損は**妊娠時急性脂肪肝 acute fatty liver of pregnancy** の原因となる）．**3-ケトアシル-CoA チオラーゼ欠損症 3-ketoacyl-CoA thiolase deficiency** と **HMG-CoA リアーゼ欠損症 HMG-CoA lyase deficiency** は，ケト原性アミノ酸（高ケトン血症を引き起こすアミノ酸）であるロイシンの分解不全を引き起こす（29 章参照）．

ジャマイカ嘔吐症 Jamaican vomiting sickness は，**毒素ヒポグリシン hypoglycin** を含むアキー akee という木の未熟な実を食べると発症する．この毒素ヒポグリシンは中鎖と短鎖アシル-CoA デヒドロゲナーゼを不活性化するので，β 酸化が低下し低血糖を生ずる．**ジカルボン酸尿症 dicarboxylic aciduria** は，$C_6 \sim C_{10}$ の ω-ジカルボン酸の排泄と非ケトーシス型の低血糖が特徴であり，ミトコンドリアの**中鎖アシル-CoA デヒドロゲナーゼ欠損 medium-chain acyl-CoA dehydrogenase** によって引き起こされる．**Refsum 病 Refsum's disease** は，乳製品や反芻動物の脂肪や肉に存在するフィタン酸が代謝異常により分解されずに体内に蓄積することで引き起こされるまれな神経疾患である．

フィタン酸は，細胞膜の機能，タンパク質のプレニル化，遺伝子発現に影響を与えて病気を引き起こすと考えられている．**Zellweger 症候群 Zellweger's syndrome**（**脳肝腎症候群 cerebrohepatorenal syndrome**）は，先天的にあらゆる組織でペルオキシソームが欠損した人に見られるまれな遺伝病である．この患者では，脳組織に $C_{26} \sim C_{38}$ の多価不飽和脂肪酸が蓄積し，また，ペルオキシソーム機能の全身的な欠陥を示す．本疾患は重篤な神経症状を呈し，ほとんどの患者は生まれて 1 年以内に死亡する．

ケトアシドーシスは長期間のケトーシスの結果である

　血中あるいは尿中ケトン体の量が正常より高いものを，それぞれ**ケトン血症 ketonemia**（高ケトン血症）および**ケトン尿症 ketonuria**（高ケトン尿症）とよび，総称して**ケトーシス ketosis** とよぶ．基本的には，ケトーシスは**飢餓 starvation** により起こり，脂肪酸をうまく利用できないために生じる炭水化物の欠乏が原因である．この代謝パターンがくずれると，**西洋諸国で増加の一途をたどっている 2 型糖尿病，双子仔ヒツジ病 twin lamb disease，授乳雌ウシのケトーシスで見られるような病的状態**などを引き起こす．病的でないケトーシスは，高脂肪食負荷や，食後に激しい運動をした場合にも見られる．

　アセト酢酸や 3-ヒドロキシ酪酸はかなりの強酸であるが，血中や組織中ではある程度中和されている．しかし，これらの酸がたえず排泄されると，アルカリの予備が徐々に欠乏して**ケトアシドーシス ketoacidosis** を引き起こす．ケトアシドーシスは時に，うまく治療できていない**糖尿病 diabetes mellitus** で致命的となることがある．

▍まとめ

- ■ ミトコンドリアにおける脂肪酸の酸化は，脂肪アシル鎖からアセチル-CoA を 1 つずつ切断する β 酸化とよばれる過程であり，多量の ATP を生成する．β 酸化で生じたアセチル-CoA はクエン酸回路で酸化され，さらに ATP を生成することになる．
- ■ ケトン体（アセト酢酸，3-ヒドロキシ酪酸，アセトン）は，脂肪酸酸化が非常に速いときに，肝臓のミトコンドリアで生成する．ケトン体量は，2 つの鍵酵素，HMG-CoA シンターゼと HMG-CoA リアーゼによる HMG-CoA の合成と分解によって調節される．
- ■ ケトン体は肝臓以外の組織では重要なエネルギー源となる．
- ■ ケトン体の生成は 3 つの主要な段階で調節されている．すなわち，（1）脂肪組織からの遊離脂肪酸の動員の調節，（2）肝臓におけるカルニチンパルミトイルトランスフェラーゼ I の活性，これは脂肪酸のエステル化というよりもむしろ脂肪酸酸化の方へ流す役割を有する酵素である．そして，（3）ケトン体生成経路とクエン酸回路へのアセチル-CoA の配分の段階である．
- ■ 脂肪酸酸化の異常（低下，あるいは欠損）は，低血糖，諸臓器での脂肪沈着，低ケトン血症を生ずる．
- ■ 空腹時に生じるケトーシスは軽症であるが，糖尿病や反芻動物のケトーシスは重症である．

▍文　献

Eljamil AS: *Lipid Biochemistry: For Medical Sciences.* iUniverse, 2015.

Gurr MI, Harwood JL, Frayn KN, et al: *Lipids, Biochemistry, Biotechnology and Health.* Wiley-Blackwell 2016.

脂肪酸とエイコサノイドの生合成 23

Biosynthesis of Fatty Acids & Eicosanoids

学 習 目 標
本章習得のポイント

- アセチル-CoA カルボキシラーゼによって触媒される反応を説明し，この反応の活性が脂肪酸合成速度を規定するメカニズムを理解する．

- 複数の酵素複合体である脂肪酸合成酵素の構造を説明し，二量体として存在する 2 つのタンパク質複合体の酵素反応の流れについて説明する．

- 16 炭素からなるパルミチン酸が多くの組織でつくられることを例に，2 つの炭素単位がどのように繰り返し縮合して長鎖脂肪酸が生合成されるか，必要な補酵素をあわせて説明する．

- 脂肪酸合成に必要な還元型補酵素 (NADPH) の由来を説明する．

- 栄養状態によって脂肪酸合成量が調節されるメカニズム，アセチル-CoA カルボキシラーゼの活性調節と，それ以外の脂肪酸合成の調節メカニズムを説明する．

- 栄養学的必須脂肪酸と，なぜそれらが体内で合成できないかを説明する．

- デサチュラーゼとエロンガーゼによって，どのように多価不飽和脂肪酸が生合成されるかを説明する．

- さまざまなエイコサノイドの産生にかかわるシクロオキシゲナーゼ経路，リポキシゲナーゼ経路について説明する．

生物医学的重要性

　脂肪酸合成は**ミトコンドリア外の系 extramitochondrial system**，すなわち**サイトゾル cytosol** で行われ，アセチル-CoA からパルミチン酸が生合成される．ほとんどの哺乳類ではグルコースが脂質合成の第一基質であるが，反芻動物では食餌から摂取する酢酸が第一基質となる．ヒトではこの代謝経路（脂肪合成経路）の異常に起因する重篤な病気は報告されていない．しかし，1 型（インスリン依存性の）**糖尿病 diabetes mellitus** では脂質合成は阻害されており，脂質合成活性の個人差は**肥満 obesity** の発生に関与すると考えられている．細胞膜のリン脂質に含まれる不飽和脂肪酸は，膜の流動性を保つのに重要である（40 章参照）．ポリエン（多価不飽和）脂肪酸（P）と飽和脂肪酸（S）の比率（P：S 比）の高い食事は，冠動脈心疾患を予防する効果があると考えられている．動物の組織が脂肪酸を不飽和化する能力には限界があり，植物に由来する多価不飽和脂肪酸を食物として摂取する必要がある．これらの**必須脂肪酸 essential fatty acid** は代謝されてエイコサン酸（C_{20} 脂肪酸）を生じ，これは**エイコサノイド eicosanoid** と総称されるプロスタグランジンやトロンボキサン，または，ロイコトリエンやリポキシンをつくる材料となる．プロスタグランジンは**炎症 inflammation** や**痛み pain** を引き起こし，発熱や**睡眠 sleep** を誘導し，さらに**血液凝固 blood coagulation** や**生殖 reproduction** にもかかわる．**アスピリン aspirin** や**イブプロフェン ibuprofen** のような**非ステロイド系抗炎症薬 nonsteroidal anti-inflammatory drug**（NSAID）は，プロスタグランジン合成を阻害することでその作用を発揮する．ロイコトリエンは平滑筋収縮や細胞走化性を引き起こし，アレルギー反応や炎症反応において重要な役割を果たす．

脂肪酸の新規合成（脂質合成）の主要な代謝経路はサイトゾルに存在する

　脂肪酸合成経路は，肝臓，腎臓，脳，肺，乳腺，脂肪組織など多くの組織に存在している．補因子として NADPH，ATP，Mn^{2+}，ビオチン，HCO_3^-（CO_2 源と

して）が必要である．**アセチル–CoA acetyl–CoA** が直接の基質で，**遊離パルミチン酸 free palmitate** が最終産物である．

マロニル–CoA の生成が脂肪酸合成の初発かつ律速段階である

脂肪酸合成の最初の段階は，**アセチル–CoA カルボキシラーゼ acetyl–CoA carboxylase** によってアセチル–CoA をカルボキシル化して**マロニル–CoA malonyl–CoA** にする反応である．この反応には ATP とビタミン B である**ビオチン biotin** が必要である．アセチル–CoA カルボキシラーゼは**多酵素タンパク質 multienzyme protein** で，ビオチンカルボキシラーゼ，カルボキシルトランスフェラーゼ，（ビオチンに結合する）ビオチンカルボキシルキャリヤータンパク質，そして調節アロステリック部位を含んでいる．この反応は 2 段階で生じる．すなわち，(1) ATP がかかわるビオチンのカルボキシル化の段階，(2) つくられたカルボキシ基をアセチル–CoA に渡してマロニル–CoA を生成する，カルボキシルトランスフェラーゼによって触媒される段階である（**図 23-1**）．アセチル–CoA カルボキシラーゼは脂肪酸合成の調節において主要な役割を担っている（以降の記述を参照）．

脂肪酸合成酵素複合体は 6 つの酵素活性とアシルキャリヤータンパク質の機能を有するポリペプチド鎖 2 本からなる二量体である

マロニル–CoA の生成後，**脂肪酸合成酵素複合体 fatty acid synthase enzyme complex** によって脂肪酸が合成される．脂肪酸合成に必要なそれぞれの酵素は，つながった形で 1 つのポリペプチド鎖上に存在し，β 酸化（22 章参照）における CoA と類似の役割を果たす**アシルキャリヤータンパク質 acyl carrier protein**（**ACP**）を取り込む．ACP はビタミンである**パントテン酸 pantothenic acid**（図 44-15 参照）を 4′-ホスホパンテテインの形で含んでいる．**図 23-2** に示すように，タンパク質のアミノ酸配列上，各酵素のドメインは反応の順番どおりに並んで存在しているとされている．しかし，X 線結晶構造解析や酵素の三次元構造解析からは，6 個の酵素と ACP を有する同一の 2 つのサブユニットが X 字形に配置したホモ二量体の構造をとっていることがわかった（図 23-2）．1 つのポリペプチドで多酵素複合体を形成すると，物理的な障壁をつくることなしに反応を細胞内の 1 箇所で行うことができるうえ，1 つの遺伝子でコードされる複合体のすべての酵素を一気に合成できるという利点がある．

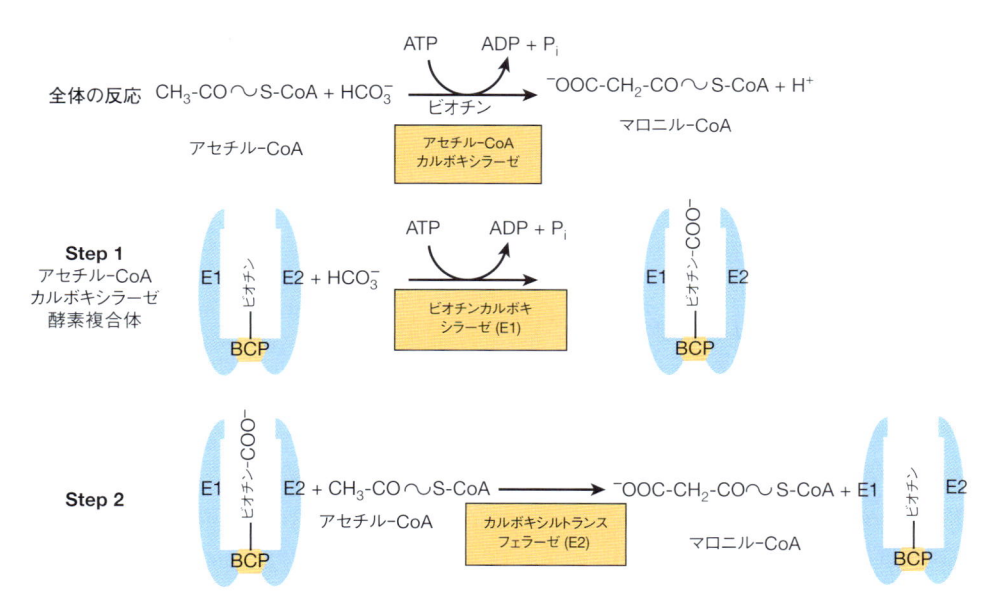

図 23-1. アセチル–CoA カルボキシラーゼによるマロニル–CoA の生合成
アセチル–CoA カルボキシラーゼは，ビオチンカルボキシラーゼ（E1）と，カルボキシルトランスフェラーゼ（E2）という 2 つの酵素，さらにビオチンカルボキシルキャリヤータンパク質（BCP）を含む多酵素複合体である．BCP にはビオチンが共有結合している．酵素反応は 2 段階に分けられる．E1 による最初の反応では，ビオチンは HCO_3^- から COO^- を受け取ってカルボキシル化されるが，この反応で ATP が消費される．E2 による次の反応では，COO^- がアセチル–CoA に渡されてマロニル–CoA がつくられる．

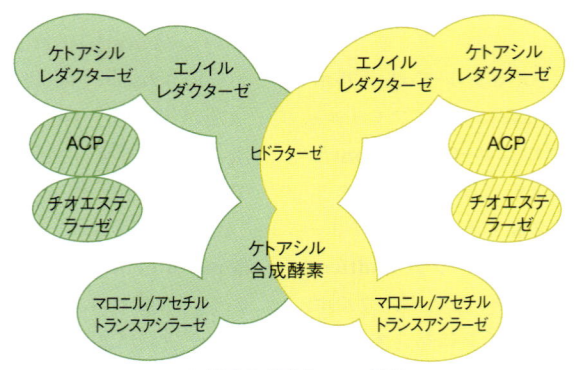

図 23-2. 脂肪酸合成酵素の多酵素複合体

脂肪酸合成酵素複合体は，6つの酵素とアシルキャリヤータンパク質（ACP）を含む同一のポリペプチド鎖2本からなるホモ二量体である．タンパク質のアミノ酸配列上では，図に示した順序で酵素が並んでいる．X線結晶解析の結果，2つの単量体はX字形に配位していることがわかった．

　反応の最初では，アセチル-CoA のアセチル部分が脂肪酸酵素複合体の単量体の ACP のシステイン残基の−SH 基と結合する（**図 23-3**，反応①a）とともに，マロニル-CoA は**マロニルアセチルトランスアシラーゼ malony acetyl transacylase** の作用でもう一方の単量体の ACP の 4′-ホスホパンテテインの−SH 基と結合し（反応①b），**アセチル（アシル）マロニル酵素 acetyl (acyl)-malonyl enzyme** を生ずる．アセチル基は **3-ケトアシル合成酵素 3-ketoacyl synthase** の触媒でマロニル残基中のメチレン基を攻撃し，CO_2 を放出して **3-ケトアシル酵素 3-ketoacyl enzyme**（アセトアセチル酵素）を生ずる（反応②）．この際，システインの−SH 基は還元型となり，次回の結合に備える．脱炭酸反応で反応が最後まで進むので，全反応過程を押し進める駆動力となる．次に 3-ケトアシル基は還元（3-ケトアシルレダクターゼ），脱水（デヒドラターゼ），そして再度還元（エノイルレダクターゼ）されて（反応③〜⑤），**飽和アシル酵素 saturated acyl enzyme**（反応⑤の生成物）を生成する．新しいマロニル-CoA が 4′-ホスホパンテテインの−SH 基に結合し，飽和アシル基を空いているシステインの−SH 基に移動させる．この反応過程があと 6 回繰り返され，炭素数 16 のアシル基（パルミチル基）がつくられる．このアシル基（C_{16}）は酵素複合体の 6 番目の酵素である**チオエステラーゼ thioesterase**（デアシラーゼ）の作用で酵素複合体から遊離す

る．遊離したパルミチン酸は，その後どの代謝系に入る場合でも活性化されてアシル-CoA になる必要がある．アシル-CoA の運命としてあり得るのは，アシルグリセロールへのエステル化，鎖長の延長，不飽和化，もしくはコレステロールエステルへのエステル化である．乳腺には，乳汁内の脂質に見出される C_8, C_{10}, C_{12} アシル基を特異的に切り出す別のチオエステラーゼが存在する．以下にアセチル-CoA とマロニル-CoA からのパルミチン酸合成の全反応式を示す．

$$CH_3CO\text{-}S\text{-}CoA + 7HOOCCH_2CO\text{-}S\text{-}CoA +$$
$$14NADPH + 14H^+ \rightarrow CH_3(CH_2)_{14}COOH +$$
$$7CO_2 + 6H_2O + 8CoA\text{-}SH + 14NADP^+$$

　プライマーとして最初に使われたアセチル-CoA はパルミチン酸の 15，16 位の炭素となる．それ以外のパルミチン酸のすべての C_2 単位はマロニル-CoA 由来である．反芻動物の脂肪と乳汁に存在する奇数個炭素を有する長鎖脂肪酸合成のプライマーとしては，アセチル-CoA の代わりにプロピオニル-CoA（炭素数 3）が使われる．

脂肪酸合成に用いられる NADPH のおもな供給源はペントースリン酸経路である

　NADPH は，3-ケトアシル誘導体と 2,3-不飽和アシル誘導体の還元に利用される（図 23-3，反応③と⑤）．

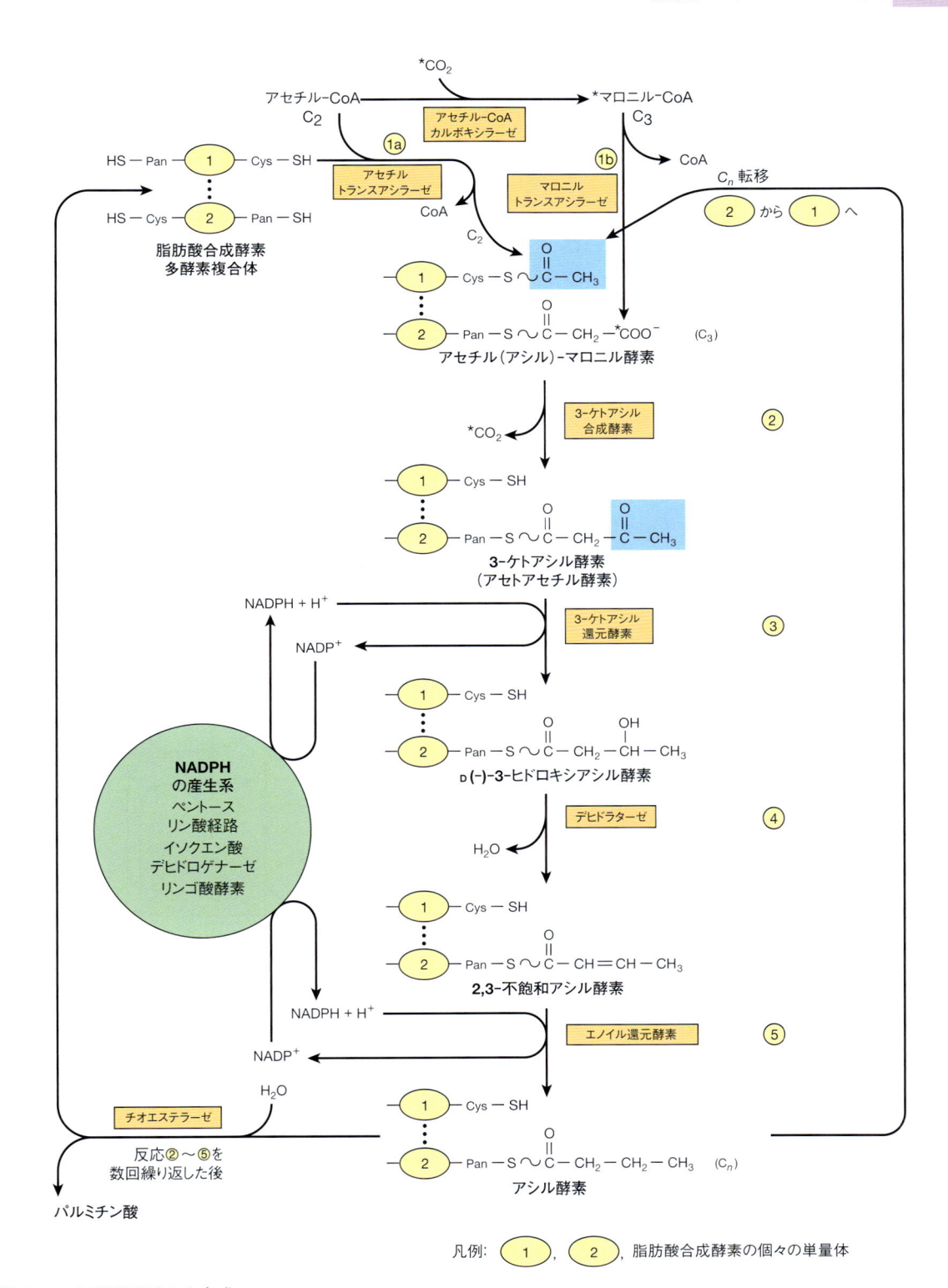

図 23-3. 長鎖脂肪酸の生合成

アセチル-CoA が脂肪酸合成酵素のシステイン-SH 基に結合する初期のプライミング反応（反応⑩）の後，マロニル残基が付加されることによってどのようにしてアシル鎖の炭素が 1 サイクルあたり 2 個ずつ増えていくかを詳細に示す．（Cys：システイン残基，Pan：4′-ホスホパンテテイン）濃い青四角には最初アセチル-CoA に由来する C_2 ユニットが入っているが（図に示すとおり），やがて反応⑤で生成する C_n ユニットが入るようになる．

★ は最初にマロニル-CoA に取り込まれ，反応②で CO_2 として放出される炭素原子を示す．

ペントースリン酸経路(20 章参照)の酸化反応が, 脂肪酸の合成に必要な NADPH のおもな供給源である. 脂質合成が活発な組織, たとえば肝臓, 脂肪組織, 授乳中の乳腺では, ペントースリン酸経路も活発である. さらに重要なことに, 両方の代謝系[1] はサイトゾルに存在し, じゃまになる膜や透過障壁がないので NADPH の輸送が効率的に行える. NADPH を供給する反応系としてはほかにも, **NADP リンゴ酸デヒドロゲナーゼ** (**リンゴ酸酵素 malic enzyme**) によるリンゴ酸をピルビン酸にする反応(**図 23-4**)や, ミトコンドリア外の**イソクエン酸デヒドロゲナーゼ isocitrate dehydrogenase** 反応(反芻動物における NADPH の実質的な供給源)がある.

1)　訳者注:脂肪酸合成系とペントースリン酸経路.

アセチル‑CoA は脂肪酸の主要な構成単位である

　アセチル‑CoA は, グルコース由来のピルビン酸がミトコンドリアのマトリックスで酸化されて生成する (17 章参照). しかしながら, アセチル‑CoA は脂肪酸合成の主要な場である(ミトコンドリアの外の)サイトゾルには容易に拡散できないため, **クエン酸 citrate** がかかわる特殊なメカニズムを必要とする. クエン酸回路においてアセチル‑CoA とオキサロ酢酸の縮合で生じたミトコンドリア内のクエン酸は, トリカルボン酸輸送体によりミトコンドリア外へ運び出され, そこで CoA と ATP の存在下に **ATP‑クエン酸リアーゼ ATP‑citrate lyase** によって, アセチル‑CoA とオキサロ酢酸に分解される. 摂食が十分であれば ATP‑クエン酸リアーゼの活性は高まる. このアセチル‑CoA はマロニル‑CoA の生成や, その後に生じる脂肪酸の合成に利

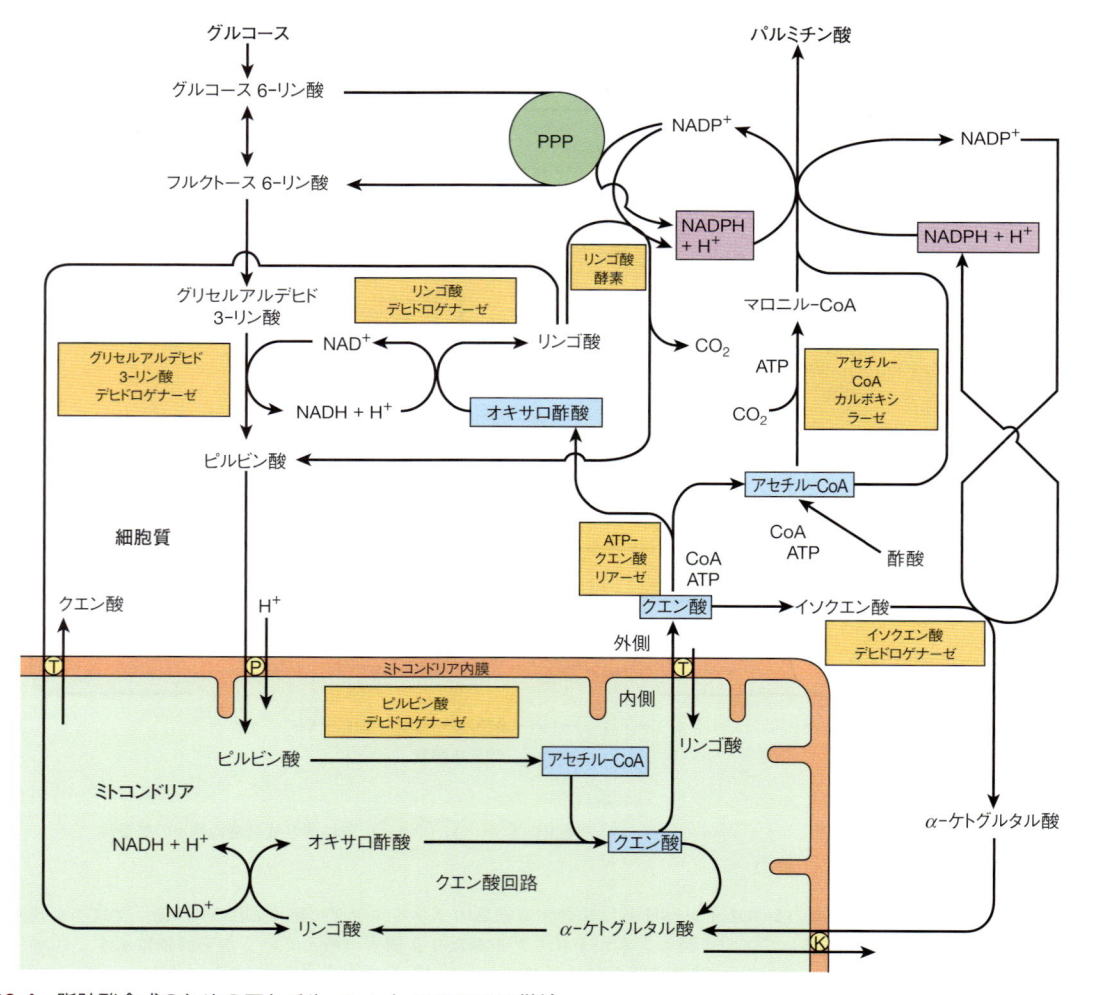

図 23‑4. 脂肪酸合成のためのアセチル‑CoA と NADPH の供給
(K:α‑ケトグルタル酸輸送体, P:ピルビン酸輸送体, PPP:ペントースリン酸経路. T:トリカルボン酸輸送体)

用される(図 23-1, 図 23-3). オキサロ酢酸は NADH 型リンゴ酸デヒドロゲナーゼによってリンゴ酸となるが, リンゴ酸からはさらにリンゴ酸酵素によって NADPH とピルビン酸が生じる. この NADPH は細胞質における脂肪酸合成に利用され, ピルビン酸はミトコンドリア内に運び込まれてアセチル-CoA の再生に用いられる(図 23-4). この経路はミトコンドリア外の NADH から NADP に還元型補酵素を渡す手段になっている. ミトコンドリア膜のクエン酸輸送体(トリカルボン酸輸送系) がクエン酸をリンゴ酸と交換する (図 13-10 参照) ため, リンゴ酸はミトコンドリアに入り, オキサロ酢酸へと再合成される. 反芻動物には ATP-クエン酸リアーゼあるいはリンゴ酸酵素はほとんどないが, これはおそらくこの種の動物では酢酸(第一胃で炭水化物の消化によって産生される酢酸は, ミトコンドリア外でアセチル-CoA に変換される) がアセチル-CoA のおもな供給源だからであろう.

脂肪酸の鎖長伸長反応は小胞体で起こる

この経路("ミクロソーム系 microsomal system") では飽和, 不飽和アシル-CoA(C_{10} 以上)の脂肪酸鎖を炭素 2 個分ずつ延長する. その際, マロニル-CoA をアセチル基(C_2)の供与体, NADPH を還元力として用いる. この反応はミクロソームの**脂肪酸エロンガーゼ fatty acid elongase** 系によって触媒される[2] (**図 23-5**). 脳ではミエリン鞘の形成の際に, ステアリル-CoA の鎖長延長が急速に増加する. これはミエリンに多く含まれるスフィンゴ脂質に C_{22} と C_{24} の脂肪酸を供給するためである(図 21-10, 図 21-11 参照).

脂肪酸合成は栄養状態によって調節される

多くの動物は飢餓や冬眠のようなエネルギーが不足するときに備えて, あるいはヒトなど間隔を置いて摂食する動物では食事間のエネルギーをまかなうために, 余剰の炭水化物を脂肪として貯蔵する. 脂質合成は過剰のグルコースや, ピルビン酸, 乳酸, アセチル-CoAなどの代謝中間体を脂肪に変換するものであり, 摂食サイクルの同化の時期に起こる. 脂質合成の速度を規定する最大の調節因子は個体の栄養状態である. 炭水

---

2)　訳者注：エロンガーゼ elongase は Elovl とよばれ, 7種類存在する.

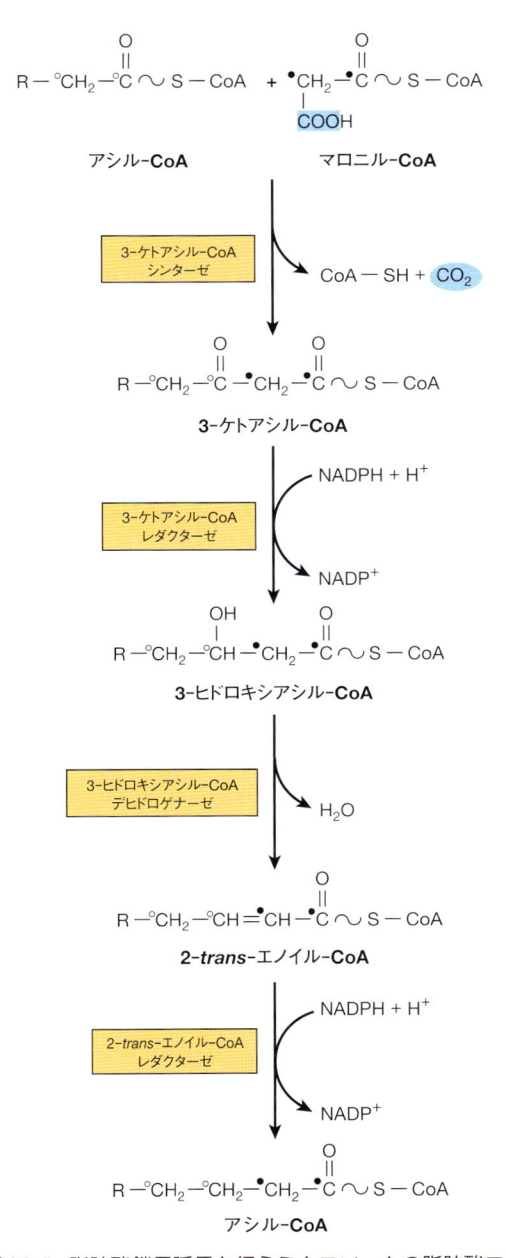

図 23-5. 脂肪酸鎖長延長を行うミクロソームの脂肪酸エロンガーゼ
NADH も還元酵素に使われるが, NADPH の方がよい.

化物の割合の高い食事を十分に与えられている動物の脂質合成速度は高い. 食事のエネルギー制限, 高脂肪食, あるいは糖尿病のようなインスリンの欠乏によって脂質合成の速度は低下する. 後者の条件下では血清中の遊離脂肪酸濃度が増加する. 肝臓の脂肪酸合成量と血清中の遊離脂肪酸濃度との間には負の相関があることが示されている. グルコースの代わりにスクロース（ショ糖, グルコースとフルクトースからなる二糖

類）を与えると脂質合成は亢進するが，これはフルクトースが，解糖系の調節点であるホスホフルクトキナーゼの活性に影響を与えないまま脂質合成経路に流れ込むためである（図 20-5 参照）．

脂肪酸合成は短期的なメカニズムと長期的なメカニズムで調節される

長鎖脂肪酸の合成は，短期的には酵素のアロステリック調節や共有結合による修飾によって調節されており，長期的には酵素の合成速度を決める遺伝子発現の変化によって調節されている．

脂肪酸合成の調節において最も重要な酵素はアセチル–CoA カルボキシラーゼである

アセチル–CoA カルボキシラーゼはアロステリック酵素であり，**クエン酸 citrate** により活性化される．クエン酸の濃度は栄養条件のよいときに増加し，アセチル–CoA の供給が十分であることを示す指標となる．クエン酸はアセチル–CoA カルボキシラーゼを不活性な二量体（酵素複合体サブユニットが 2 つの二量体）から分子量数百万の活性のある多量体に転換する．アセチル–CoA カルボキシラーゼがリン酸化されたり，長鎖脂肪酸 CoA が増加したりすると，本酵素は不活性化

される．これは反応産物による代謝の負のフィードバック阻害の一例である（**図 23-6**）．したがって，もしアシル–CoA が十分な速度でエステル化されなかったり，脂肪分解が増加したり，組織に遊離脂肪酸の流入があったりすると，アシル–CoA が蓄積して自動的に脂肪酸の新規合成速度を減少させる．アシル–CoA はミトコンドリアのトリカルボン酸輸送体 tricarboxylate transporter も阻害し，クエン酸がミトコンドリア内からサイトゾルへ出るのを妨げる（図 23-6）．さらに，**グルカゴン glucagon**，**アドレナリン adrenaline**（**エピネフリン epinephrine**），**インスリン insulin** などのホルモンによってアセチル–CoA カルボキシラーゼのリン酸化状態が変化することで酵素活性が変化するという制御もある（詳細は**図 23-7**）．

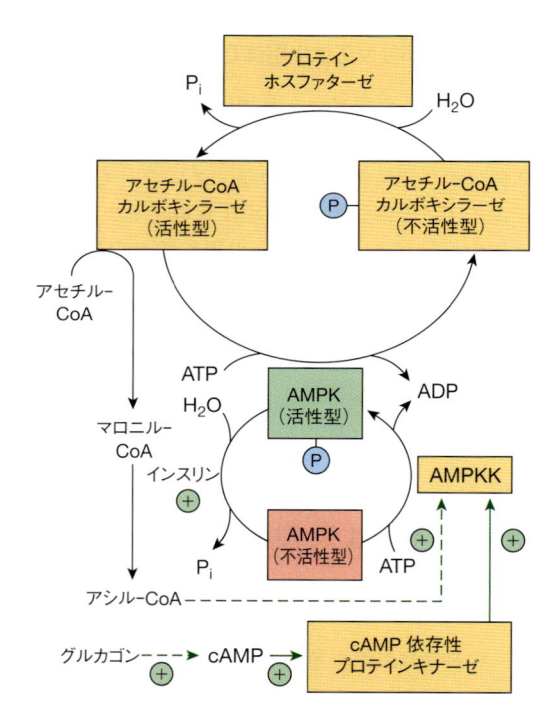

図 23-7. リン酸化/脱リン酸化によるアセチル–CoA カルボキシラーゼの調節

アセチル–CoA カルボキシラーゼは AMP 活性化プロテインキナーゼ（AMPK）によってリン酸化され不活化する．このキナーゼは AMP 活性化プロテインキナーゼキナーゼ（AMPKK）によってリン酸化と活性化を受ける．グルカゴン（およびアドレナリン）は cAMP を増加させ，したがって cAMP 依存性プロテインキナーゼで後者の酵素を活性化する．キナーゼキナーゼはまたアシル–CoA によっても活性化されるとされている．インスリンは AMPK の脱リン酸化を介してアセチル–CoA カルボキシラーゼを活性化する．

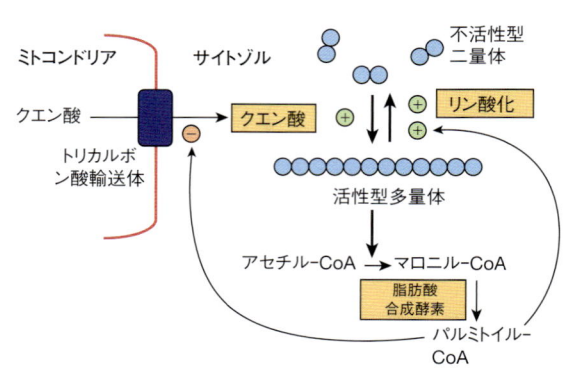

図 23-6. アセチル–CoA カルボキシラーゼの活性調節

アセチル–CoA カルボキシラーゼはクエン酸によって活性化され，不活性型の二量体から活性型の多量体へと変換される．本酵素はリン酸化されると不活性化されるうえ，パルミトイル–CoA のような長鎖のアシル–CoA によっても不活性化される．さらに，アシル–CoA はトリカルボン酸輸送体（クエン酸をミトコンドリアからサイトゾルに輸送する）も阻害するので，サイトゾルのクエン酸濃度を低下させ，結果的にアセチル–CoA カルボキシラーゼの活性を低下させる．

ピルビン酸デヒドロゲナーゼもアシル–CoAで調節される

アシル–CoA はミトコンドリア内膜の ATP–ADP 交換輸送系を阻害することでピルビン酸デヒドロゲナーゼ（ピルビン酸からアセチル CoA への変換を触媒し、解糖系とクエン酸回路をつなぐ酵素、16 章および 17 章参照）を阻害する。このためミトコンドリア内の [ATP]/[ADP] 比が増加し、ピルビン酸デヒドロゲナーゼが活性型から不活性型に変換されて酵素活性が低下する（図 17-6 参照）。こうして脂肪酸合成に利用できるアセチル–CoA の濃度が調節される。また遊離脂肪酸濃度が増加してアシル–CoA が酸化されると、ミトコンドリアで [アセチル–CoA]/[CoA] 比、[NADH]/[NAD$^+$] 比が増加してピルビン酸デヒドロゲナーゼが阻害される。

インスリンも別の機構で脂肪酸合成を調節する

インスリン insulin はアセチル–CoA カルボキシラーゼの活性を上昇させると同時に、他のいくつかの機構で脂肪酸合成を促進する。インスリンはグルコースの細胞内（たとえば、脂肪組織で）への取り込みを増加させるため、脂肪酸合成に使われるピルビン酸（アセチル CoA に変換される）と、新たにつくられた脂肪酸をエステル化してトリアシルグリセロールを産生するのに必要なグリセロール 3-リン酸の濃度を高める（図 24-2 参照）。インスリンは脂肪組織において、ピルビン酸デヒドロゲナーゼを不活性型から活性型に転換する（この作用は肝臓では見られない）。またインスリンは細胞内の cAMP のレベルを低下させるので、脂肪組織での**脂肪分解 lipolysis** を阻害する。その結果血清の遊離脂肪酸が減少し、脂肪酸合成の阻害因子である長鎖脂肪酸 CoA の濃度が低下する。

脂肪酸合成酵素複合体とアセチル–CoAカルボキシラーゼは適応酵素である

脂肪酸合成酵素複合体とアセチル–CoA カルボキシラーゼは、遺伝子発現の変化を介して、摂食時にはその酵素タンパク質の発現量が増加し、飢餓や糖尿病の状態では減少することで、いわば体の生理的必要に応じた適応をしていると考えられる。**インスリン insulin** は遺伝子発現と酵素の合成の誘導を引き起こす重要な役割を果たしている。**グルカゴン glucagon** は（cAMP 産生を介して）インスリン作用に拮抗する。多価不飽和脂肪酸を含む脂質を摂取すると、解糖と脂肪酸合成の律速酵素の発現が一律に阻害される。脂肪酸合成の長期的な調節機構は数日かけて起こり、遊離脂肪酸やインスリン、グルカゴンなどのホルモンの直接的な即時作用を増強する。

哺乳類ではある種の多価不飽和脂肪酸を合成できず、栄養学的な必須脂肪酸が存在する

哺乳類において代謝の観点から重要な長鎖不飽和脂肪酸を**図 23-8** に示す。そのほかの C_{20}、C_{22}、C_{24} の多価不飽和脂肪酸は、オレイン酸、リノール酸、α-リノレン酸の炭素鎖の伸長によってつくられる。哺乳類の生体組織は飽和脂肪酸の Δ^9 位に1個の二重結合を導入できるので、パルミトレイン酸やオレイン酸を必ずしも食物からとる必要はない。**リノール酸 linoleic acid** と α-**リノレン酸 α-linolenic acid** はヒトを含む多くの

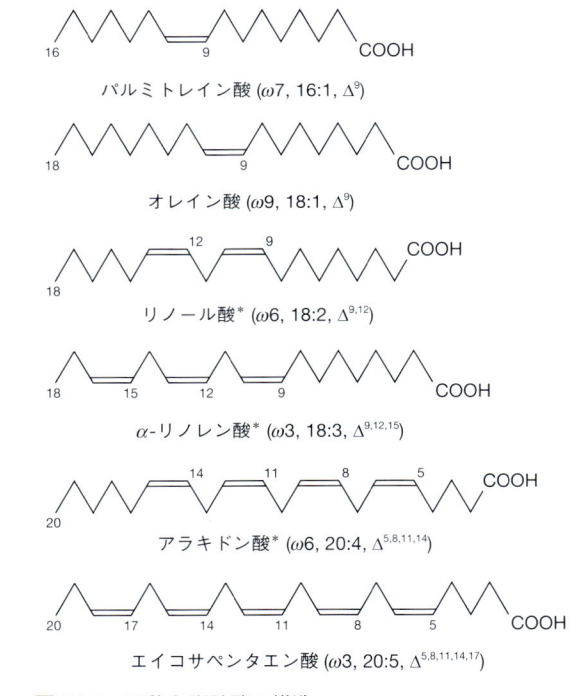

図 23-8. 不飽和脂肪酸の構造
一般に、分子の炭素原子はカルボキシ末端から数えて番号がつけられるが、ω 数の番号はメチル末端から数えられる（たとえば、パルミトレイン酸の ω 7）。括弧の中の情報は、たとえば α-リノレン酸はメチル末端から 3 番目の炭素から二重結合が始まり、18 個の炭素と 3 個の二重結合をもち、これらの二重結合がカルボキシ末端から 9、12、15 番目の炭素にあることを示す（＊は、ヒトにおける必須脂肪酸である）。

動物種において必須であり，**栄養学上の必須脂肪酸 nutritionally essential fatty acid** とよばれている．ヒトやほとんどの哺乳類は，リノール酸から**アラキドン酸 arachidonic acid** を合成できる[3]．また，ほとんどの動物は，Δ^4，Δ^5，Δ^6，および Δ^9 位に二重結合を導入することができる（21章参照）．しかしながら，Δ^9 位を越えて二重結合を導入することはできない．対照的に，植物は Δ^{12} および Δ^{15} 位に二重結合を導入することができるので，栄養学上の必須脂肪酸を合成できるのである．

3)　訳者注：アラキドン酸はリノール酸から生合成できるが，量的に不足するため必須不飽和脂肪酸に分類される．

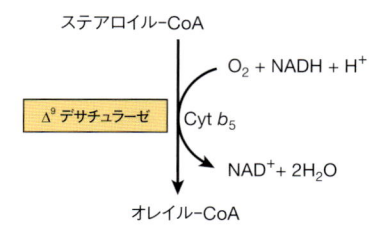

図 23-9. ミクロソームの Δ^9 デサチュラーゼ

モノ不飽和脂肪酸は Δ^9 デサチュラーゼ系によって合成される

肝臓を含むいくつかの組織は，飽和脂肪酸から必須でないモノ不飽和脂肪酸を合成する臓器であると考えられている．飽和脂肪酸に導入される最初の二重結合の位置はほとんど常に Δ^9 位である．小胞体の酵素系 Δ^9 デサチュラーゼ（Δ^9 desaturase，**図 23-9**）[4]は，パルミトイル-CoA からパルミトレイル-CoA へ，あるいは，ステアロイル-CoA からオレイル-CoA への変換を触媒する．この反応には，酵素と NADH（あるいは NADPH）の両方が必要である．この反応に関与する酵素はシトクロム b_5 を含むモノオキシゲナーゼ系の酵素に類似した性質をもっているようである（12章参照）．

4)　訳者注：ステアロイル CoA デサチュラーゼ stearoyl-CoA desaturase（SCD）とよばれる．

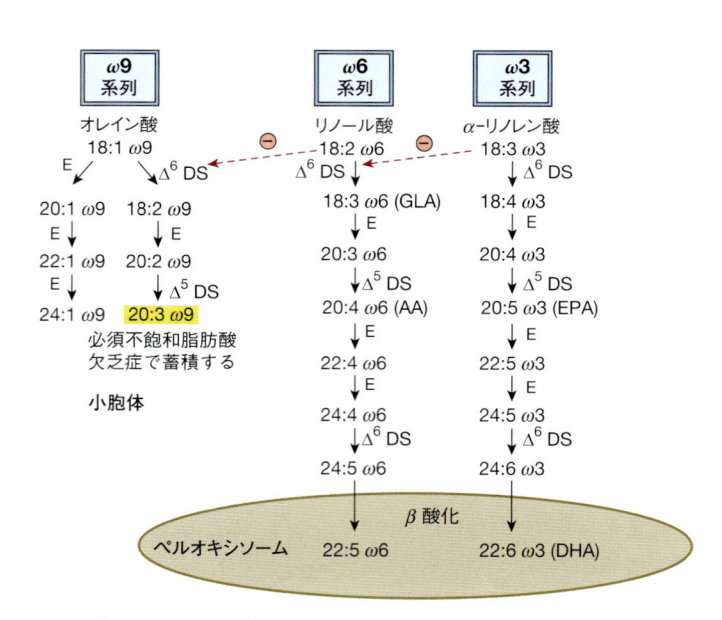

図 23-10. $\omega 9$，$\omega 6$，$\omega 3$ 多価不飽和脂肪酸の生合成
動物では，$\omega 9$，$\omega 6$，$\omega 3$ 多価不飽和脂肪酸は小胞体における一連の伸張反応と不飽和化反応によって，それぞれオレイン酸，リノール酸，β-リノレン酸から生合成される．しかしながら，22:5 $\omega 6$（ドコサペンタエン酸，オスボンド酸）や 22:6 $\omega 3$（ドコサヘキサエン酸，DHA）の生合成には，24:5 $\omega 6$ または 24:6 $\omega 3$ が生じた後に，ペルオキシソームにおける 1 サイクルの β 酸化が必要となる．（AA：アラキドン酸，E：エロンガーゼ（伸張酵素），DS：デサチュラーゼ，EFA：必須脂肪酸，EPA：エイコサペンタエン酸，GLA：γ-リノレン酸，⊖は阻害を示す．）

多価不飽和脂肪酸の合成には デサチュラーゼおよびエロンガーゼ系 が関与している

モノ不飽和脂肪酸へさらに二重結合が付加される際，細菌を除いては，これらの二重結合は常にメチレン基によって隔てられることになる．動物は Δ^9 デサチュラーゼをもっているため，ω9（オレイン酸）系列の不飽和脂肪酸であれば，本章の冒頭で述べた飽和脂肪酸合成の後に，炭素鎖の伸長と不飽和化の反応の組み合わせによって完全に合成することができる（図 23-9，**図 23-10**）．しかしながら，上述したように，リノール酸（ω6）や α-リノレン酸（ω3）は，ω6 や ω3 系列の多価不飽和脂肪酸を合成するのに栄養学的に必要（図 23-10 に示した経路）なので，どうしても食物から摂取しなければならない．リノール酸は**γ-リノレン酸 γ-linolenic acid**（18：3 ω6）を経てアラキドン酸（20：4 ω6）へ変換される．したがって，食物中に適量のリノール酸があればアラキドン酸を食事から摂取する必要はないかもしれない．しかしながら，ネコでは Δ^6 デサチュラーゼが欠損しており，このリノール酸からのアラキドン酸合成ができないので，食事からアラキドン酸を摂取する必要がある．飢餓状態，グルカゴンやアドレナリンの投与時，また，1 型糖尿病のようにインスリンが存在しない状態では，脂肪酸の炭素鎖の不飽和化や伸長の反応が著しく阻害される．

必須脂肪酸（EFA）は生体において 重要な機能を有する

脂質を完全に取り除き，ビタミン A と D とを加えた飼料を与えたラットでは，成長率と生殖能力が低下するが，**リノール酸 linoleic acid**，**α-リノレン酸 α-linolenic acid**，そして**アラキドン酸 arachidonic acid** を飼料に加えると治ることがわかった．これらの脂肪酸は植物油（表 21-2 参照）に高濃度に存在し，わずかではあるが食用の動物体にも存在する．必須脂肪酸はプロスタグランジン（PG），トロンボキサン（TX），ロイコトリエン（LT）やリポキシンの生成に必要である（後述）．必須脂肪酸はしばしばグリセロリン脂質のグリセロール骨格の 2 位に組み込まれる形で細胞の構造脂質中に存在するほか，ミトコンドリア膜の構造維持にもかかわっている．

アラキドン酸は膜に存在し，グリセロリン脂質の脂肪酸の 5 ～ 15 ％を占めている．ドコサヘキサエン酸（DHA：ω3，22：6）は，α-リノレン酸から少量合成されるほか，魚油から直接摂取され，網膜，大脳灰白質，精巣，精子に高濃度で存在する．DHA は脳や網膜の発達にとくに必要で，胎盤やミルクを介して供給される．**網膜色素変性症 retinitis pigmentosa** の患者では血液中の DHA 濃度が低いことが報告されている．**必須脂肪酸欠乏症 essential fatty acid deficiency** では，非必須脂肪酸である ω9 系列の多価不飽和脂肪酸，とくに，$\Delta^{5,8,11}$-エイコサトリエン酸（ω9，20：3）が，リン脂質やほかの複合脂質，そして生体膜中で必須脂肪酸の代わりに存在している（図 23-10）．血漿脂質のトリエン：テトラエンの比は必須脂肪酸の欠乏の程度を診断するのに用いることができる[5]．

エイコサノイドは C₂₀ 多価不飽和脂肪酸から 生成される

アラキドン酸とほかの C_{20} 多価不飽和脂肪酸から，**プロスタグランジン prostaglandin（PG）**，**トロンボキサン thromboxane（TX）**，**ロイコトリエン leukotriene（LT）**，**リポキシン lipoxin（LX）**とよばれる生理的，薬理的効果を有する脂質（**エイコサノイド eicosanoid**）が産生される（21 章参照）．エイコサノイドは G タンパク質共役型受容体を介してその生理作用を発揮すると考えられている．

エイコサノイドは 3 グループに大別されるが，いずれも必須脂肪酸である**リノール酸**や **α-リノレン酸**からつくられる C_{20} エイコサン酸，あるいは食事のアラキドン酸やエイコサペンタエン酸から直接合成される（**図 23-11**）．細胞膜のグリセロリン脂質の 2 位から通常ホスホリパーゼ A_2（図 24-5）の作用によって切り出されたアラキドン酸や，食事から摂取されたアラキドン酸は，**シクロオキシゲナーゼ経路 cyclooxygenase pathway** によって PG_2，TX_2 系（**プロスタノイド prostanoid**）に変換されるか，**リポキシゲナーゼ経路 lipoxygenase pathway** による LT_4 や LX_4 系に変換される．この 2 つの経路は基質であるアラキドン酸をめぐって競合すると考えられている（図 23-11）．

5）　訳者注：トリエン，テトラエンは，それぞれ，二重結合が 3 つ，4 つの脂肪酸の総称である．

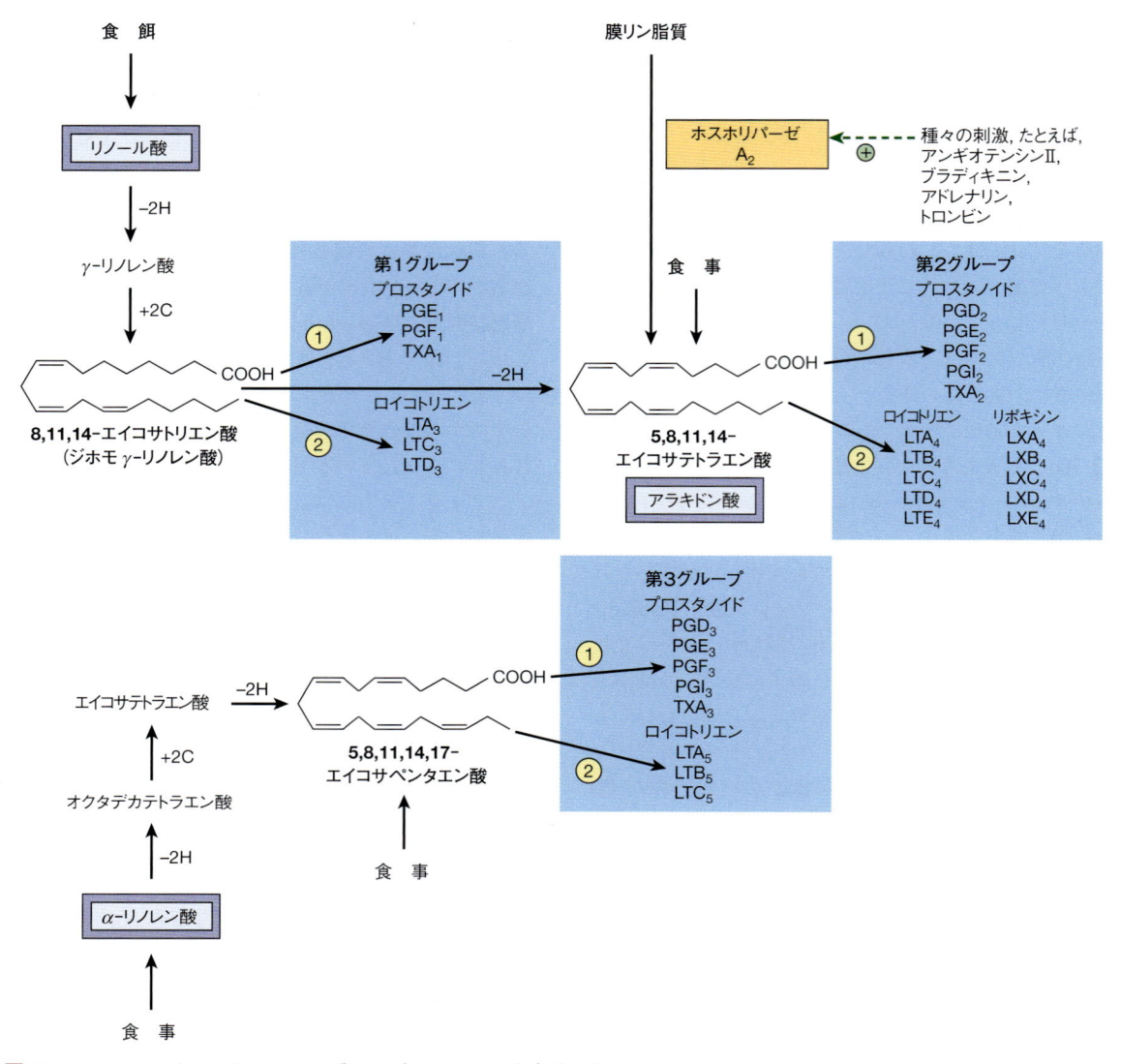

図 23-11. エイコサノイドの 3 つのグループとそれらの生合成の起源
（①：シクロオキシゲナーゼ経路，②：リポキシゲナーゼ経路，LT：ロイコトリエン，LX：リポキシン，PG：プロスタグランジン，PGI：プロスタサイクリン，TX：トロンボキサン）下付きは分子の二重結合の総数とその化合物の属する系列を意味する.

シクロオキシゲナーゼ経路でプロスタノイドが合成される

プロスタノイド（21 章参照）は**図 23-12** に示す経路で産生される. シクロオキシゲナーゼ活性とペルオキシダーゼ活性の 2 つの酵素活性を有する**シクロオキシゲナーゼ cyclooxygenase**（**COX**，プロスタグランジン**H 合成酵素**ともよばれる）によって触媒される最初の反応では，2 分子の酸素が消費される. COX には**COX-1** と **COX-2** の 2 つのアイソザイムが存在する. 産

物のエンドペルオキシド（PGH）は，プロスタグランジン（PG）D, E，トロンボキサン（TXA$_2$），プロスタサイクリン（PGI$_2$）に変換される. プロスタノイドはさまざまな細胞で産生されるが，それぞれの細胞は 1 種類のプロスタノイドしか産生しない[6].

プロスタノイドは強力な生物活性を示す物質である

トロンボキサン thromboxane は血小板でつくられ，

6）訳者注：近年の研究では，1 種類の細胞が複数のプロスタノイドを産生することがわかってきている.

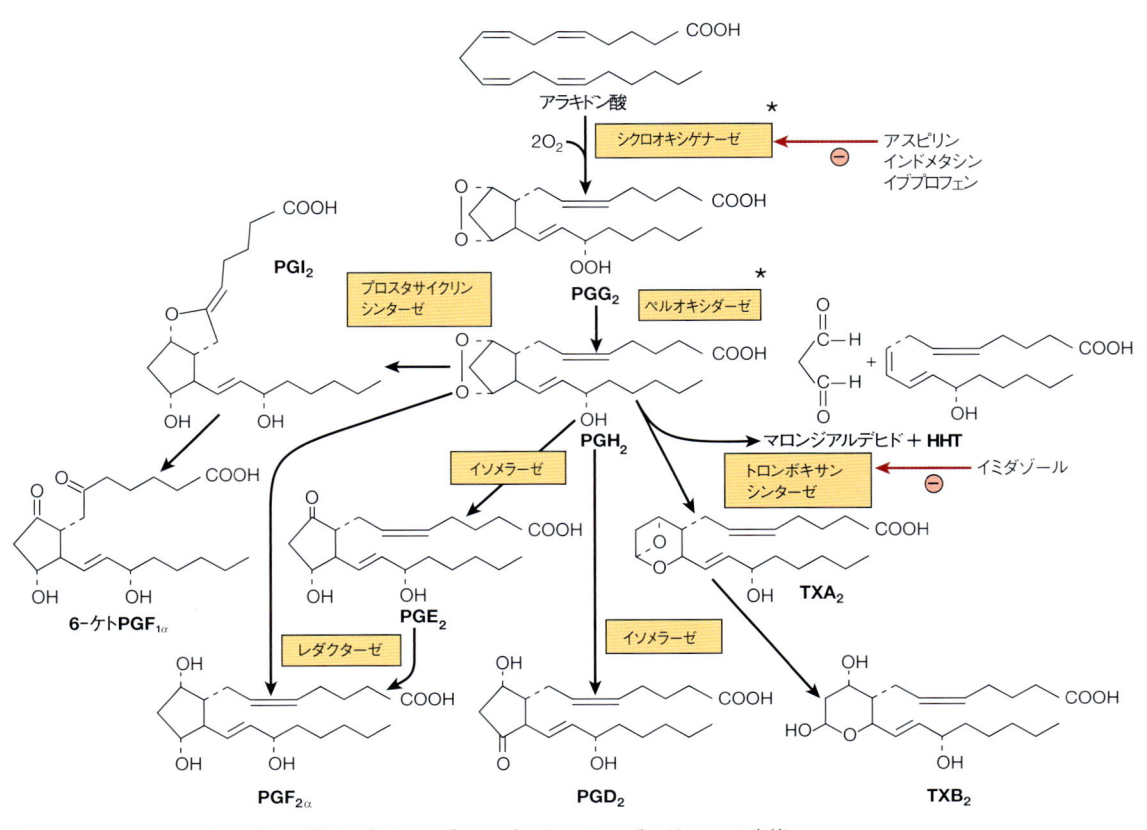

図 23-12. アラキドン酸の第二系列のプロスタグランジンとトロンボキサンへの変換
（HHT：ヒドロキシヘプタデカトリエン酸，PG：プロスタグランジン，PGI：プロスタサイクリン，TX：トロンボキサン）
★：両方の変換活性は 1 つの酵素，つまりシクロオキシゲナーゼ（プロスタグランジン H シンターゼ）によっている．同じような変換は，第一系列と第三系列のプロスタグランジンとトロンボキサンでも起こる．

放出されると血管収縮と血小板の凝集を引き起こす．トロンボキサン合成は少量のアスピリン投与で特異的に阻止される．**プロスタサイクリン prostacyclin**（**PGI₂**）は血管壁でつくられ，血小板凝集を強力に抑制する．

したがって，トロンボキサンとプロスタサイクリンは互いに拮抗的に作用する．エイコサペンタエン酸（EPA）から生成される PG₃ と TX₃ はリン脂質からのアラキドン酸の遊離を抑制し，PG₂ と TX₂ の生成を阻害する．PGI₃ は PGI₂ と同様に強力な血小板の抗凝集作用をもつ．しかし，TXA₃ の血小板凝集作用は TXA₂よりはるかに弱いので，EPA の摂取は，この 2 つの作用（TX と PGI）のバランスを変えて凝固時間を長くする方向にはたらく．血漿プロスタグランジンはわずか1 ng/mL で動物の平滑筋の収縮を引き起こす．

必須脂肪酸の生理的効果は，必ずしもプロスタグランジン合成を経るわけではない

細胞膜の必須脂肪酸の役割は，プロスタグランジンの生成だけではない．プロスタグランジンには必須脂肪酸欠乏症のさまざまな症状を軽減する作用はないし，また，上記の必須脂肪酸欠乏症のすべてがプロスタグランジン合成の阻害によって引き起こされるわけではない．

シクロオキシゲナーゼは"自殺酵素"である

シクロオキシゲナーゼには"自殺"とよばれる特徴的な性質（自己触媒によって崩壊する性質）が存在するため"**自殺酵素 suicide enzyme**"とよばれる．このことがプロスタグランジン活性を消失"スイッチオフ"するのに一役買っている．さらに，**15-ヒドロキシプロスタグランジンデヒドロゲナーゼ 15-hydroxyprostaglandin dehydrogenase**（**15-PGDH**）が素早くプロスタグ

ランジンの不活性化を行う．この酵素の作用をスルファサラジンやインドメタシン[7]で抑えると，プロスタグランジンの体内での半減期を延ばすことができる．

7）訳者注：インドメタシンには COX のみならず，15-PGDH を阻害する活性もある．

ロイコトリエンとリポキシンはリポキシゲナーゼ経路によって生成される

ロイコトリエン leukotriene は免疫的および非免疫的な刺激に応答して，リポキシゲナーゼ経路 lipoxygenase pathway によって白血球，肥満細胞，血小板，およびマクロファージ内のエイコサン酸から生成され

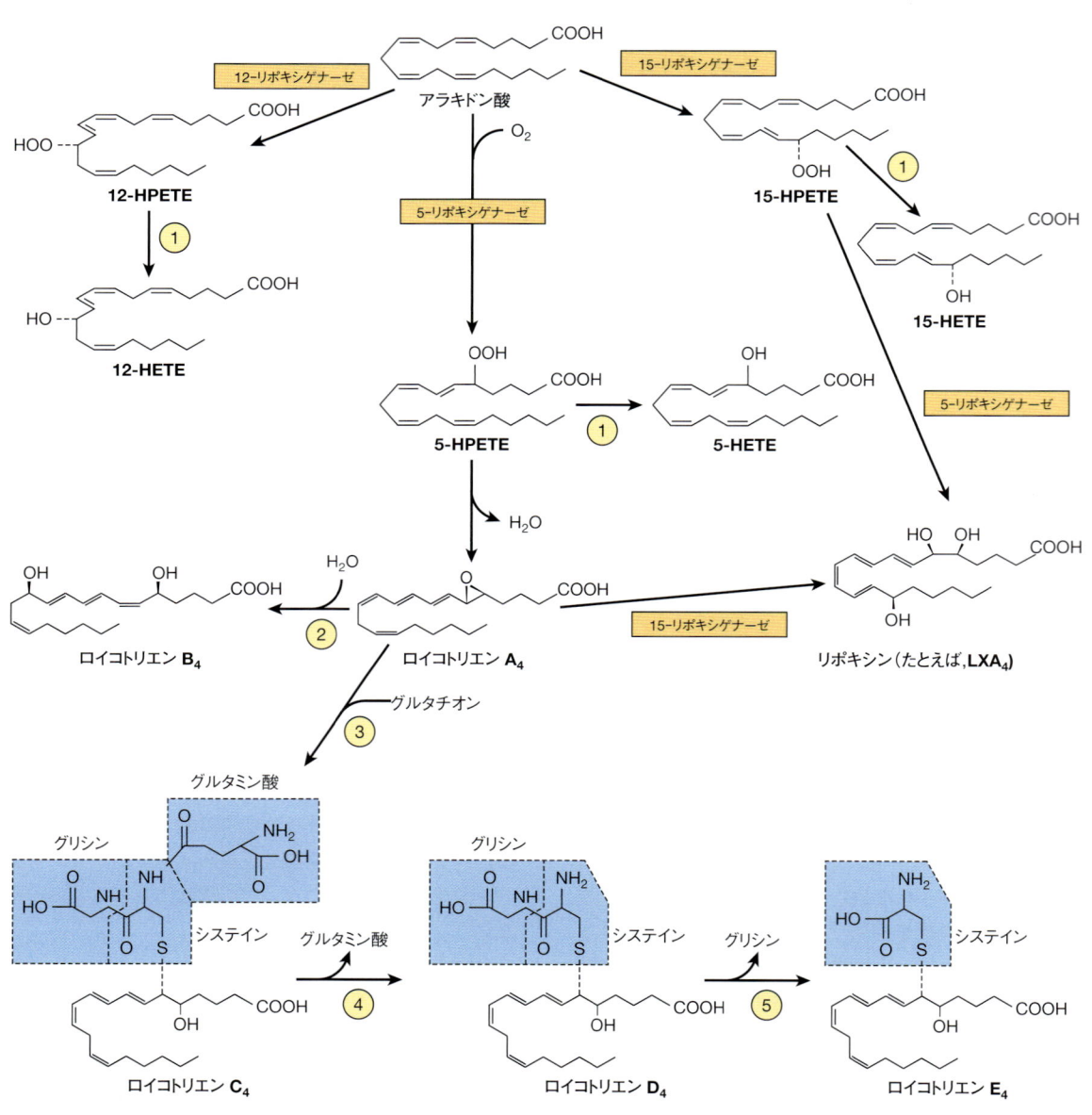

図 23-13. アラキドン酸のリポキシゲナーゼ経路を介しての第四系列のロイコトリエンとリポキシンへの変換
同じような変換は第三系列と第五系列のロイコトリエンでも起こる．
（①：ペルオキシダーゼ，②：ロイコトリエン A_4 エポキシドヒドロラーゼ，③：グルタチオン S-トランスフェラーゼ，④：γ-グルタミルトランスペプチダーゼ，⑤：システイニルグリシンジペプチダーゼ，HETE：ヒドロキシエイコサテトラエン酸，HPETE：ヒドロペルオキシエイコサテトラエン酸）

る，共役トリエンを有する脂肪酸ファミリーである．3つの異なるリポキシゲナーゼ（ジオキシゲナーゼ，二原子酸素添加酵素）は，それぞれアラキドン酸の 5，12，15 位に酸素を添加して，ヒドロペルオキシド（HPETE）を生成する．そのなかで，**5-リポキシゲナーゼ 5-lipoxygenase** だけがロイコトリエンを生成する（**図23-13** に詳述）．**リポキシン lipoxin** はまた，白血球で生ずる共役テトラエンを有する脂肪酸である．リポキシンは 2 つ以上のリポキシゲナーゼの作用が組み合わさって生成される（図 23-13）．

臨床との関連

必須不飽和脂肪酸はヒト疾患の予防に有効である

食事からの必須脂肪酸の摂取が，心血管疾患，がん，関節炎，糖尿病，さまざまな神経疾患など，多くのヒト疾患の発症を抑制することが研究で示されている．遺伝子発現の変化，プロスタノイドの産生，膜組成の変化など，さまざまなメカニズムが関与していると考えられている．

ヒトの必須脂肪酸欠乏症の症状は皮膚病変と脂質輸送の障害である

正常な食物をとっている成人では，必須脂肪酸欠乏症の症状は報告されていない．しかしながら，脂肪含量の少ない人工栄養で育てられている乳児や，長期間静脈注入によって必須脂肪酸の少ない栄養補給を行っている患者は欠乏症の症状を示す．こういったケースでは，全摂取エネルギーの 1 ～ 2％の必須脂肪酸を摂取することによって欠乏症を予防することができる．

必須脂肪酸の異常代謝が種々の疾患で生ずる

不十分な食事と関連している可能性もあるが，必須脂肪酸の代謝異常が以下の疾患で報告され注目されている．嚢胞性線維症，腸性肢端皮膚炎，肝腎症候群，Sjögren-Larsson 症候群，多様な神経変性，Crohn 病，肝硬変およびアルコール中毒症，Reye 症候群などである．Zellweger 症候群患者の脳では，高い濃度の極長鎖多価不飽和脂肪酸が見出されている（22 章参照）．P：S（多価不飽和脂肪酸：飽和脂肪酸）比の高い食事は血清コレステロールのレベルを低下させ，冠動脈心疾患の発症リスクを軽減すると考えられている．

トランス脂肪酸は種々の疾患にかかわっている

反芻動物の脂肪には，少量のトランス不飽和脂肪酸（21 章参照）が存在している（たとえば，バターの脂肪は 2 ～ 7％のトランス不飽和脂肪酸を含む）．この脂肪酸は反芻動物の第一胃に存在する微生物によって産生される．しかし，ヒトの食品中のトランス脂肪酸のおもな源は，水素添加された植物油（たとえば，マーガリン）である．トランス脂肪酸は必須脂肪酸と競合して，必須脂肪酸欠乏症を悪化させることがある．さらに，トランス脂肪酸は構造的には飽和脂肪酸に似ている（21 章参照）ため，高コレステロール血症やアテローム性動脈硬化症の亢進作用があるといわれている（26 章参照）．

非ステロイド性消炎鎮痛薬はCOXを阻害する

アスピリン aspirin は COX-1 と COX-2 の両者を阻害する非ステロイド系抗炎症剤 nonsteroidal anti-inflammatory drug（NSAID）である．**インドメタシン indomethacin** や**イブプロフェン ibuprofen** といったほかの NSAID も，アラキドン酸と拮抗することでシクロオキシゲナーゼを阻害する．非ステロイド系抗炎症剤を頻繁に服用することによる COX-1 の阻害はしばしば胃の粘膜障害を引き起こすため，COX-2 を選択的に阻害する新薬（**コキシブ coxib**）が開発された．COX-2 選択的阻害薬の開発は大成功であったとはいえず，望ましくない副作用や安全性の問題[8]から，いくつかの COX-2 選択的阻害薬は販売中止となり市場から姿を消した．COX-2（COX-1 ではなく）の転写は，**抗炎症性コルチコステロイド anti-inflammatory corticosteroid** によって完全に阻害される．

プロスタノイドは治療薬として利用可能である

臨床医学的には，避妊，満期産での陣痛の誘発，妊娠中絶，消化管潰瘍の防止または症状軽減，血圧のコントロール，炎症の制御，喘息や鼻づまりの症状軽減などの治療に用いられている[9]．さらに，PGD_2 は強力な睡眠促進物質であると報告されている．プロスタグランジンは血小板，甲状腺，黄体，胎児の骨，下垂体前葉や肺の cAMP を増加させる作用がある．しかし，腎尿細管細胞や脂肪組織では cAMP を減少させる（25

8）訳者注：血栓症や心筋梗塞の増加．
9）訳者注：プロスタグランジン製剤は日本の小野薬品により開発され，1974 年に最初の薬（陣痛誘発剤）が発売された．

章参照)[10].

ロイコトリエンとリポキシンは多くの疾患における強力な調節因子である

アナフィラキシーの遅反応性物質(**SRS-A**)は,ロイコトリエン C_4,D_4,E_4 の混合物である.このロイコトリエンの混合物には気管支の平滑筋を強力に収縮させる作用がある.これらのロイコトリエンは,**ロイコトリエン B_4 leukotriene B_4** とともに血管壁の透過性を上昇させ,白血球の走化性と活性化を引き起こすことで,気管支喘息をはじめとする炎症性疾患や過敏性反応など,多くの病気の重要な調節因子としてはたらいている.ロイコトリエンは血管作動性であり,5-リポキシゲナーゼは動脈壁に発現が観察される[11].リポキシンは逆に,血管作動性や免疫応答において,たとえば免疫抑制物質(**シャロン chalone**)のような抗炎症作用があることが報告されている.

まとめ

■ 長鎖脂肪酸の合成(脂質合成)は 2 つの酵素系,アセチル-CoA カルボキシラーゼと脂肪酸合成酵素によって行われる.

■ この経路はアセチル-CoA をパルミチン酸に変換する.NADPH,ATP,Mn^{2+},ビオチン,パントテン酸が補因子として必要である.

■ アセチル-CoA カルボキシラーゼはアセチル-CoA をマロニル-CoA に転換する.次に 6 種類の酵素活性と ACP 活性を有する同一のポリペプチド 2 つで構成される多酵素複合体,脂肪酸合成酵素が,1 分子のアセチル-CoA と 7 分子のマロニル-CoA から

パルミチン酸を生成する.

■ 脂質合成はアセチル-CoA カルボキシラーゼの段階で,アロステリック調節因子,リン酸化/脱リン酸化,および酵素タンパク質の発現誘導と発現抑制によって調節される.本酵素はクエン酸によってアロステリックに活性化され,また長鎖アシル-CoA によって不活性化される.たとえば,インスリンによる脱リン酸化はアセチル-CoA カルボキシラーゼの活性を促進し,他方,グルカゴンあるいはアドレナリンによるリン酸化は酵素活性を抑制する.

■ 長鎖不飽和脂肪酸の生合成は,すでに存在するアシル鎖に二重結合を導入するデサチュラーゼと,その鎖長を伸長するエロンガーゼによって行われる.

■ 高等動物は Δ^4,Δ^5,Δ^6,および Δ^9 のデサチュラーゼをもっているが,脂肪酸の 9 位を越えて新たに二重結合を導入することはできない.したがって,必須脂肪酸のリノール酸($\omega6$)と α-リノレン酸($\omega3$)は食事からとらなければならない.

■ エイコサノイドは必須脂肪酸から生成される C_{20} 脂肪酸(エイコサン酸)に由来し,プロスタグランジン,トロンボキサン,ロイコトリエン,およびリポキシンを含む,生理的・薬理的な活性が高い物質群である.

文 献

Eljamil AS: *Lipid Biochemistry: For Medical Sciences.* iUniverse, 2015.

Smith WL, Murphy RC: The eicosanoids: cyclooxygenase, lipoxygenase, and epoxygenase pathways. In *Biochemistry of Lipids, Lipoproteins and Membranes*, 6th ed. Ridgway N, McLeod R (editors). Academic Press, 2015:260-296.

10) 訳者注:これは,細胞によって発現するプロスタグランジン受容体が異なるためである(25 章参照).

11) 訳者注:5-リポキシゲナーゼは主として好中球,マクロファージなどの炎症性細胞に多く発現している.

アシルグリセロールとスフィンゴ脂質の代謝

24

Metabolism of Acylglycerols & Sphingolipids

学 習 目 標
本章習得のポイント

- リパーゼによってトリアシルグリセロールが加水分解され，遊離脂肪酸とグリセロールに分解されることを理解し，これらの代謝物の以降の運命を説明する.

- グリセロール 3-リン酸が，トリアシルグリセロールとグリセロールリン酸への代謝の初発基質になることを理解する. さらに，ホスファチジン酸がイノシトールリン脂質とカルジオリピンへの代謝と，トリアシルグリセロールやほかのリン脂質への代謝の分岐点になることを理解する.

- ジヒドロキシアセトンリン酸を起点にした複雑な反応でプラスマローゲンと血小板活性化因子(PAF)が生合成されることを説明する.

- リン脂質の分解とリモデリングにおけるさまざまなホスホリパーゼの役割を説明する.

- セラミドがすべてのスフィンゴ脂質の前駆体となることを説明する.

- セラミドがホスファチジルコリンと反応するとスフィンゴミエリンが生じること，セラミドが糖鎖と反応するとスフィンゴ糖脂質が産生されることを説明する.

- リン脂質，スフィンゴ脂質の産生経路と分解経路の欠損によって生じる疾患の例を説明する.

生物医学的重要性

生体の脂質のかなりの部分はアシルグリセロールで構成されている. トリアシルグリセロールは貯蔵された脂肪や食物中の主要な脂質である. 脂質の輸送と蓄積，および肥満，糖尿病，高リポタンパク血症のような種々の病気におけるトリアシルグリセロールの役割は，次章で述べる. リン脂質とスフィンゴ脂質は，両親媒性であるため細胞膜の主要な脂質成分として最適な物質である.

リン脂質はまた，ほかの多くの脂質の代謝にも関与している. 一部のリン脂質は特有の機能をもっている. たとえば，ジパルミトイルレシチンは**肺サーファクタント lung surfactant** の主成分であり，これが欠けると**新生児呼吸窮迫症候群 infant respiratory distress syndrome** を引き起こす. 細胞膜のイノシトールリン脂質は，**ホルモンのセカンドメッセンジャー hormone second messenger** の前駆体としてはたらく. **血小板活性化因子 platelet-activating factor**(PAF)は，アルキルエーテル型リン脂質に属する脂質であり，炎症のメ

ディエーターとして機能する. スフィンゴシン，糖残基と脂肪酸を含むスフィンゴ糖脂質は，細胞膜の二重層の外側に存在し，オリゴ糖鎖を細胞外に向けることで細胞表面の**グリコカリックス(糖衣)glycocalyx** の一部を形成している. このため，スフィンゴ脂質は，(1) 細胞接着と細胞の認識，(2) 細菌毒素(たとえば，コレラ毒素)の受容体としての機能，および(3) ABO 血液型を決定する物質として重要である. 10 以上の**糖脂質蓄積症 glycolipid storage disease**(たとえば，Gaucher 病，Tay-Sachs 病)が報告されている. これらは，リソソームに存在する糖脂質分解経路の遺伝的欠損によるものである.

トリアシルグリセロールの異化は加水分解に始まる

トリアシルグリセロールは，異化作用を受ける前に，まず**リパーゼ lipase** によって，その構成成分である脂肪酸とグリセロールとに加水分解されなければならない. この加水分解(脂肪分解)の多くは脂肪組織で行わ

れ，遊離脂肪酸が血漿へ放出されて血清アルブミンと結合する（図25-7 参照）．その後，遊離脂肪酸は肝臓，心臓，腎臓，筋肉，肺，精巣，脂肪組織などの組織に取り込まれ（脳には取り込まれにくい），取り込まれた組織において，脂肪酸は酸化されエネルギーになるかあるいは再エステル化される．グリセロールがどのように利用されるかは，その組織が**グリセロールキナーゼ glycerol kinase** をもっているかどうかにかかっている．この酵素は肝臓，腎臓，小腸，褐色脂肪組織，そして授乳中の乳腺に多く存在することがわかっている．

トリアシルグリセロールとグリセロリン脂質はトリオースリン酸のアシル化によって生成される

トリアシルグリセロールとグリセロリン脂質の生合成の主要な経路を**図 24-1** に示す．トリアシルグリセロール，ホスファチジルエタノールアミン，ホスファチジルイノシトールおよびミトコンドリア膜の構成成分であるカルジオリピンといった重要な物質は，**グリセロール 3-リン酸 glycerol-3-phosphate** から生成される．この生合成経路の重要な分岐点は，**ホスファチジン酸 phosphatidate** と**ジアシルグリセロール diacylglycerol** の段階にある．エーテル結合(-C-O-C-)を含むグリセロリン脂質〔代表例はプラスマローゲンと血小板活性化因子(PAF)〕は，**ジヒドロキシアセトンリン酸 dihydroxyacetone phosphate** に由来する．グリセロール 3-リン酸とジヒドロキシアセトンリン酸はともに解糖系の中間体であり，これらの分子は糖質代謝と脂質代謝を結ぶ重要な接点となっている(14章参照)．

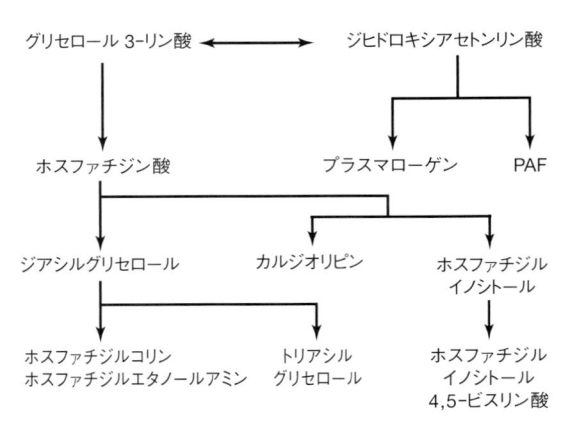

図 24-1. アシルグリセロール生合成の概略
(PAF：血小板活性化因子)

グリセロールと脂肪酸は両方とも，アシルグリセロールに取り込まれる前に，ATP によって活性化されなければならない．**グリセロールキナーゼ glycerol kinase** は，グリセロールの *sn*-3 位をリン酸化することでグリセロール 3-リン酸を合成する．筋肉や脂肪組織のようにグリセロールキナーゼ活性がないか低い場合は，グリセロール 3-リン酸のほとんどはジヒドロキシアセトンリン酸から**グリセロール-3-リン酸デヒドロゲナーゼ glycerol-3-phosphate dehydrogenase** の作用によって生成される(**図 24-2**)．

ホスファチジン酸は，トリアシルグリセロール，多くのグリセロリン脂質，およびカルジオリピンの生合成に共通した前駆体である

トリアシルグリセロールの生合成

アシル-CoA シンテターゼ acyl-CoA synthetase(22章参照)によって脂肪酸が活性化されて生じたアシル-CoA がグリセロール 3-リン酸と結合すると，**ホスファチジン酸 phosphatidate**(1,2-ジアシルグリセロールリン酸，図24-2)が生成する．この反応は**グリセロール-3-リン酸アシルトランスフェラーゼ glycerol-3-phosphate acyltransferase** と **1-アシルグリセロール-3-リン酸アシルトランスフェラーゼ 1-acylglycerol-3-phosphate acyltransferase** の触媒作用による 2 段階の反応で生じる．ホスファチジン酸は**ホスファチジン酸ホスホヒドロラーゼ phosphatidate phosphohydrolase**〔**phosphatidate phosphatase**(PAP)ともよばれる〕によって 1,2-ジアシルグリセロールになり，さらに**ジアシルグリセロールアシルトランスフェラーゼ diacylglycerol acyltransferase**(DGAT)によって，トリアシルグリセロールに変換される．**リピン lipin** は，PAP 活性と，脂質代謝にかかわる遺伝子の発現を調節する転写因子の活性をあわせもつタンパク質であり，3 つのファミリー分子が知られている．ジアシルグリセロールアシルトランスフェラーゼはトリアシルグリセロール合成に特異的な酵素反応を触媒し，ほとんどの場合でこの反応がトリアシルグリセロール合成の律速段階であると考えられている．小腸の粘膜細胞には，**モノアシルグリセロールアシルトランスフェラーゼ monoacylglycerol acyltransferase** がモノアシルグリセロール monoacylglycerol を 1,2-ジアシルグリセロールに変換する，**モノアシルグリセロール経路 monoacylglycerol pathway** が存在する．これらの酵素活性のほとんどは細胞内の小胞体に存在するが，一部はミトコンドリアにもある．ホスファチジン酸ホスホ

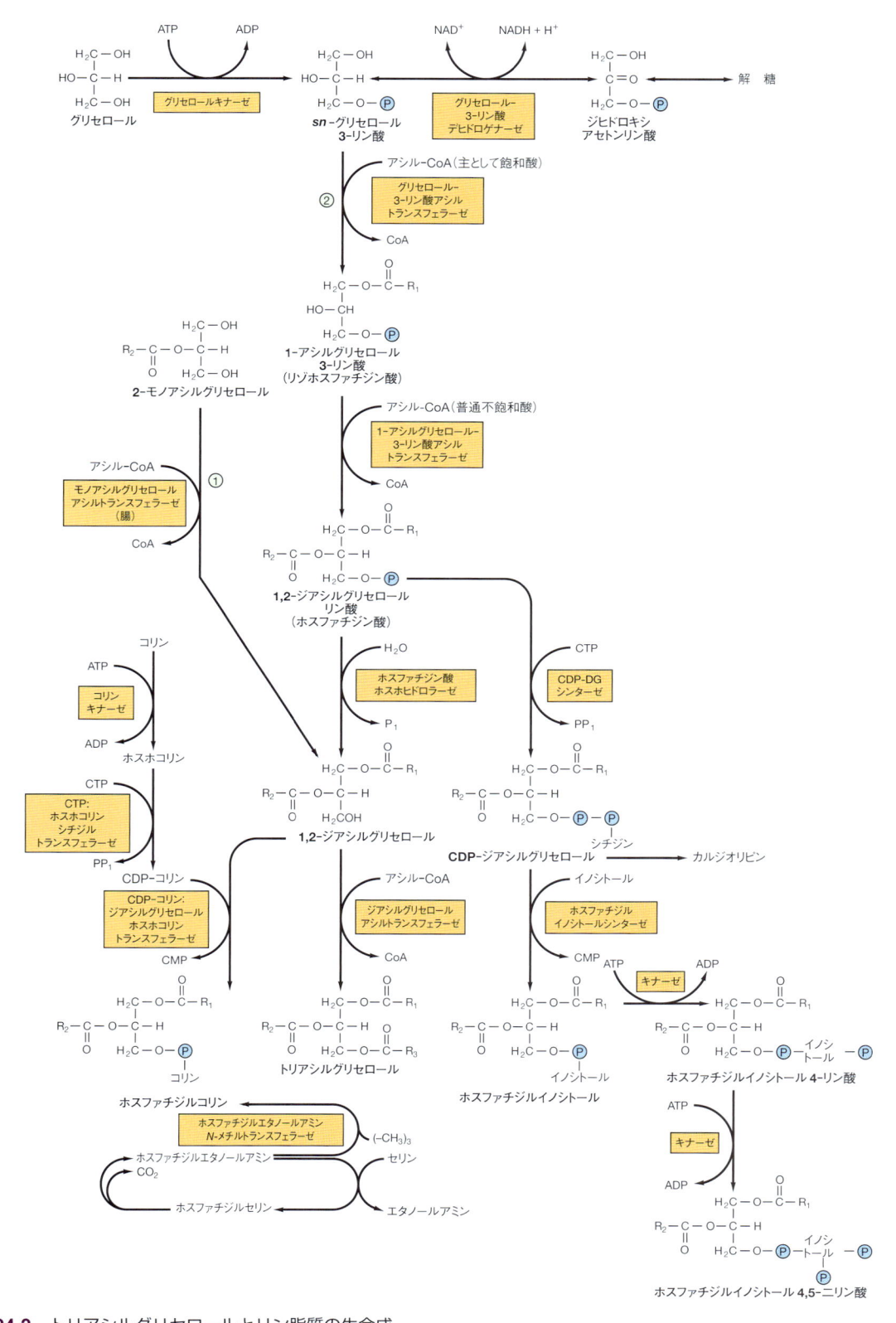

図 24-2. トリアシルグリセロールとリン脂質の生合成

① モノアシルグリセロール経路，② グリセロールリン酸経路．ホスファチジルエタノールアミンは，ホスファチジルコリンがコリンから生成されるのと同じような経路でエタノールアミンから生成される．

ヒドロラーゼはおもにサイトゾルに存在するが，その酵素の活性化型は膜結合型となっている．

リン脂質の生合成

ホスファチジルコリン phosphatidylcholine やホスファチジルエタノールアミン phosphatidyl ethanol-amine の生合成においても，ホスファチジン酸から1,2-ジアシルグリセロールへの変換がかかわる（図24-2）．しかしながら，次の反応の前にコリンやエタノールアミンはまず ATP によってリン酸化されて活性化され，その後に CDP と結合する必要がある．その結果生じた CDP-コリンや CDP-エタノールアミンは，1,2-ジアシルグリセロールと反応して，それぞれホスファチジルコリンやホスファチジルエタノールアミンとなる（図24-2 左下）．**ホスファチジルイノシトール phosphatidylinositol** の生成経路では，ホスファチジン酸が CDP と結合して CDP-ジアシルグリセロールとなり，**ホスファチジルイノシトール合成酵素 phosphatidylinositol synthase** によってイノシトールと結合する．シグナル伝達や小胞輸送など，細胞に必須の機能を制御するセカンドメッセンジャーである**ホスファチジルイノシトール 4,5-ビスリン酸（PIP$_2$）phosphatidylinositol 4,5-bisphosphate**（21章参照）は，さらにキナーゼ触媒による 2 段階の合成を経て合成される（図24-2 右下）．**ホスファチジルセリン phosphatidylserine** はホスファチジルエタノールアミンが直接セリンと反応して生成される．このホスファチジルセリンは脱炭酸によってホスファチジルエタノールアミンに戻ることもある（図24-2 左下）．肝臓にはもう 1 つの経路があって，ホスファチジルエタノールアミンのエタノールアミン残基のメチル化を繰り返すことによって，直接ホスファチジルコリンを生成できる．このようにして合成されたホスファチジルコリンは生体のコリン源となるが，ヒトをはじめ多くの哺乳類ではコリンは必須栄養素だと考えられている．

トリアシルグリセロール，ホスファチジルコリン，およびホスファチジルエタノールアミンの生合成の調節は，遊離脂肪酸がどのくらい存在するかにかかっている．酸化される必要がなかった遊離脂肪酸はしばしばリン脂質の合成に利用される．リン脂質が十分に合成された場合は，余剰の脂肪酸はトリアシルグリセロールの生成に利用される．

カルジオリピン cardiolipin（ジホスファチジルグリセロール，図21-9 参照）はミトコンドリアに存在するリン脂質である．カルジオリピンはホスファチジルグリセロールから生ずるが，このホスファチジルグリセロールは，CDP-ジアシルグリセロール（図24-2）とグリセロール 3-リン酸から合成される．ミトコンドリア内膜に存在するカルジオリピンはミトコンドリアの構造や機能の中心的役割を果たすとともに，プログラムされた細胞死（**アポトーシス apoptosis**）にも関与すると考えられている．

グリセロールエーテルリン脂質の生合成

グリセロールエーテルリン脂質 glycerol ether phospholipid では，グリセロール骨格の 1 つか 2 つの炭素がエステル結合ではなくエーテル結合で炭化水素鎖に結合している．**プラスマローゲン plasmalogen** や PAF は，この種の脂質の代表的な例である．この生合成経路はペルオキシソームに局在している．前駆体であるジヒドロキシアセトンリン酸がアシル-CoA と結合して 1-アシルジヒドロキシアセトンリン酸となる．次の反応で 1 位にエーテル結合が形成され，1-アルキルジヒドロキシアセトンリン酸を生じ，さらに 1-アルキルグリセロール 3-リン酸に変換される（**図 24-3**）．2 位にアシル化が起こった後，生じた 1-アルキル-2-アシルグリセロール 3-リン酸（図24-2 のホスファチジン酸と類似の物質）は加水分解され，1-アルキル-2-アシルグリセロールとなる．リン脂質の生合成系路（図24-2）と同様に，プラスマローゲンや PAF の合成にはそれぞれ CDP-エタノールアミンや CDP-コリンが必要である．ミトコンドリアのリン脂質の多くを占めるプラスマローゲンは，3-ホスホエタノールアミン誘導体の不飽和化によって生成される（図24-3）．一方，PAF（1-アルキル-2-アセチル-*sn*-グリセロール-3-ホスホコリン）は，それに相当する 3-ホスホコリン誘導体のアセチル化によって合成される．PAF は多くの細胞，とくに白血球や血管内皮細胞で産生される．当初は血小板凝集能が注目されていたが，現在では炎症を引き起こし，アレルギー反応やショックを引き起こすことが知られている．

ホスホリパーゼはグリセロリン脂質を分解するとともに，リモデリングにも関与している

リン脂質は活発に分解されるが，その分子の各々の部分がすべて同じ速度で代謝されるわけではない．たとえば 3 位のリン酸基の代謝回転速度は，1 位のアシル基の代謝回転速度とは異なっている．これは，リン脂質分子を部分的に分解したり，引き続き再合成したりする酵素が存在するためである（**図 24-4**）．ホスホリ

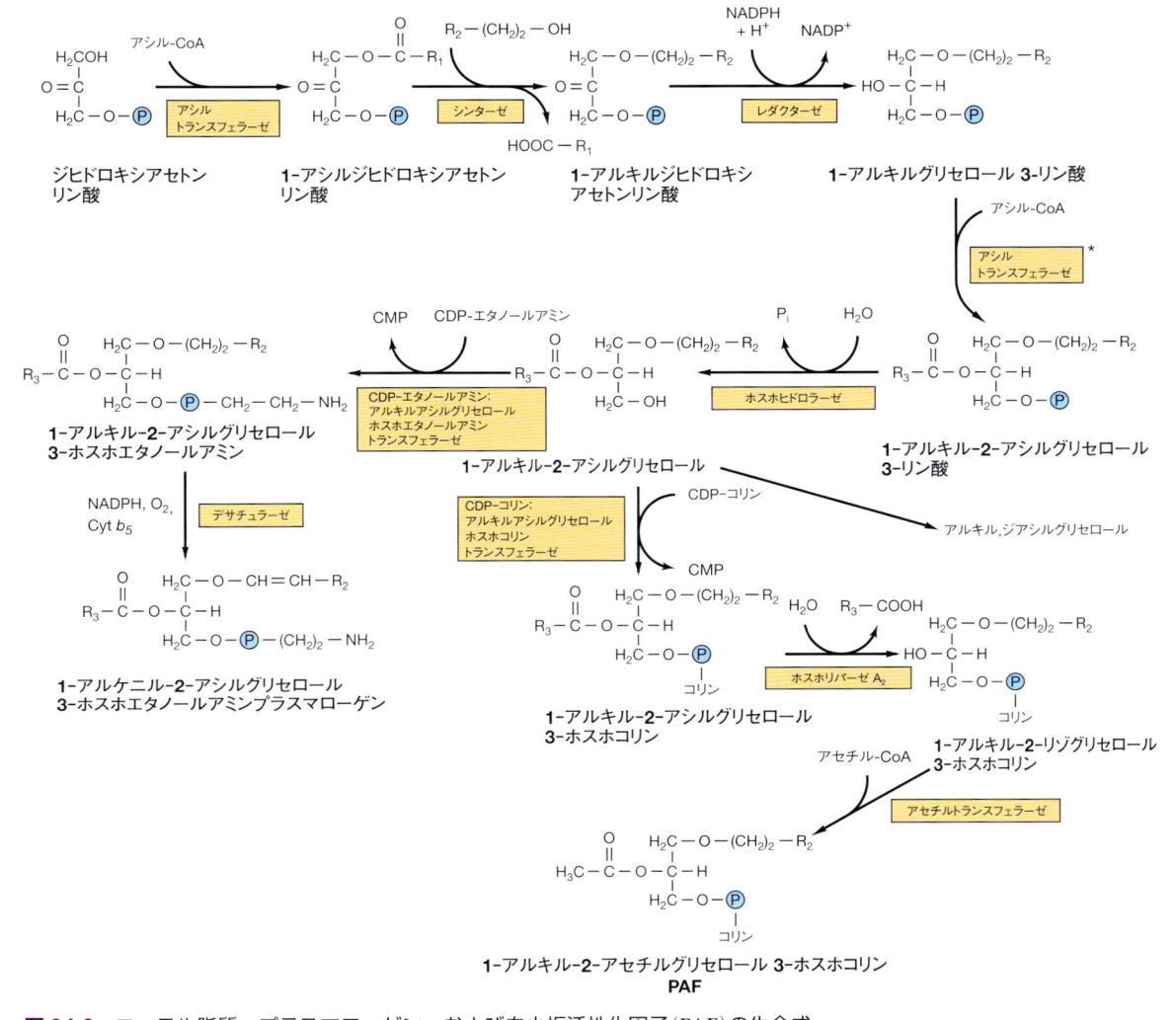

図 24-3. エーテル脂質，プラスマローゲン，および血小板活性化因子（PAF）の生合成
PAF 合成の新規経路では，アセチル-CoA が ★ の段階で取り込まれ，ここに示した経路の最後の 2 段階が生じない．

パーゼ **A₂** phospholipase A_2 はグリセロリン脂質の加水分解を触媒して，遊離脂肪酸とリゾリン脂質[1] を生じる．アシルトランスフェラーゼが存在すると，リゾリン脂質はアシル-CoA によって再アシル化される[2]．もしくは，リゾリン脂質（たとえば，リゾレシチン）は**リゾホスホリパーゼ lysophospholipase** によって分解され，グリセロリン酸塩基を生ずる（図 24-4 にコリン残基を例に示す）．これはさらに加水分解酵素（ヒドロラーゼ）によってグリセロール 3-リン酸と塩基とに分かれる．**ホスホリパーゼ A_1, A_2, B, C, そして D** は

それぞれ**図 24-5** に示した結合を加水分解する．**ホスホリパーゼ A_2** は膵液やヘビ毒，多くの種類の細胞に発現している．**ホスホリパーゼ C** は細菌から分泌される毒素の 1 つである[3]．また，**ホスホリパーゼ D** は哺乳類の情報伝達に関与していることが知られている．

リゾホスファチジルコリン lysophosphatidylcho-line（**リゾレシチン lysolecithin** とも称される）は**レシチン（ホスファチジルコリン）：コレステロールアシル**

---

1)　訳者注：1 位あるいは 2 位の一方にのみアシル基が結合したリン脂質の総称．

2)　訳者注：再アシル化を触媒する酵素群の大部分が日本人研究者（清水，新井，青木ら）により発見された．

3)　訳者注：ホスホリパーゼ C は，多くの細胞内に存在しており，細胞膜受容体の活性化に伴って活性化される．ホスファチジルイノシトール 4,5-ビスリン酸を加水分解すると，ジアシルグリセロールとイノシトール 3,4,5-トリスリン酸（IP_3）を生じる．前者はプロテインキナーゼ C を活性化し，後者は小胞体の IP_3 受容体を活性化することで細胞内のカルシウム濃度を上昇させる．

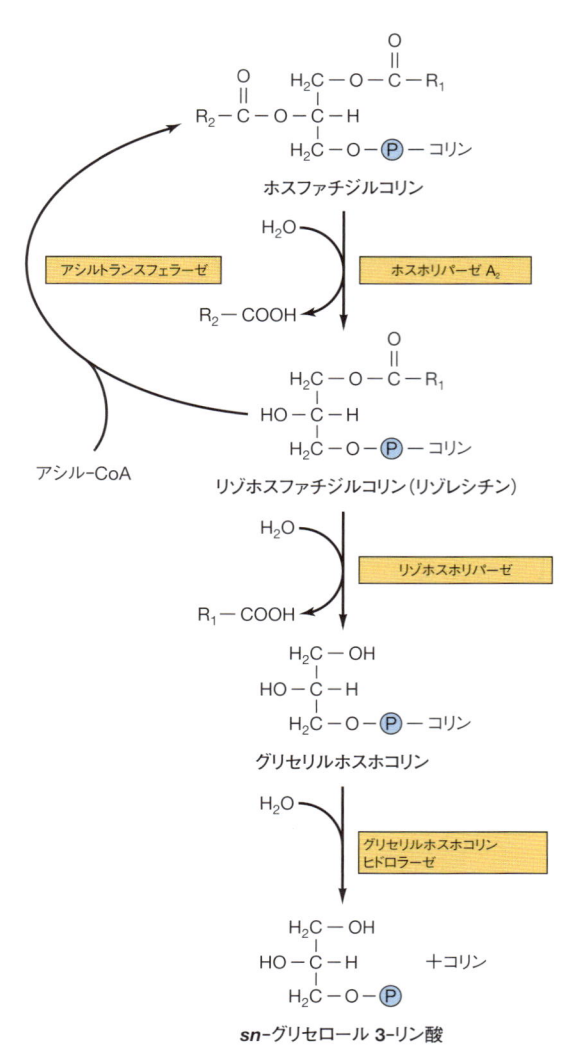

図 24-4. ホスファチジルコリン（レシチン）の代謝

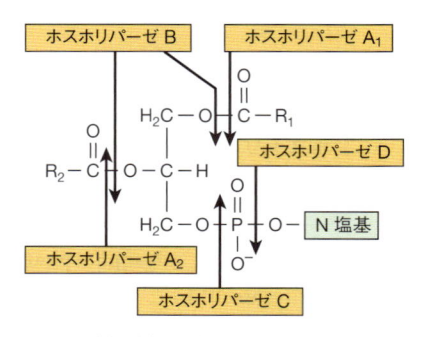

図 24-5. リン脂質に対する各種ホスホリパーゼの作用部位

トランスフェラーゼ lecithin（phosphatidylcholine）: cholesterol acyltransferase（**LCAT**）が関与する別の経路によっても生成される．この酵素 LCAT は血漿に存在し，レシチンの 2 位の脂肪酸残基をコレステロールに転移させて，コレステロールエステルとリゾレシチンを生じる反応を触媒する．血漿リポタンパク質のコレステリルエステル合成の大部分はこの酵素によって触媒されていると考えられている（25 章参照）．

　長鎖の飽和脂肪酸は主としてリン脂質の 1 位に見出されるが，これに反して多価不飽和脂肪酸（たとえば，プロスタグランジンの前駆体となるアラキドン酸）は 2 位により多く結合している．レシチンへの脂肪酸の取り込みは，リン脂質の完全合成経路（図 24-4），コレステリルエステルとリゾホスファチジルコリンとの間のアシル基転移，あるいは，アシル-CoA によるリゾホスファチジルコリンの直接のアシル化のいずれの反応でも起こる．したがって，脂肪酸の連続的な交換が起こり得るわけであるが，とくに必須脂肪酸（21 章参照）がリン脂質に取り込まれる反応は頻繁に生じているものと考えられる．

すべてのスフィンゴ脂質はセラミドから生成される

　セラミド ceramide（21 章参照）は**図 24-6** に示すように，アミノ酸であるセリンを出発点にして小胞体で合成される．セラミドはプログラムされた細胞死である**アポトーシス apoptosis**，**細胞周期 cell cycle**，**細胞分化 cell differentiation**，**老化 senescence** を調節する重要な情報伝達分子（セカンドメッセンジャー）である．

　スフィンゴミエリン sphingomyelin（図 21-10 参照）はリン脂質であり，セラミドがホスファチジルコリンと反応して，スフィンゴミエリンとジアシルグリセロールが生成される反応で生じる（**図 24-7A**）．この生成は主としてゴルジ体で行われ，一部は細胞膜でも行われる．

スフィンゴ糖脂質はセラミドに 1 個以上の糖残基が結合したものである

　最も単純なスフィンゴ糖脂質（セレブロシド cerebroside）は，ガラクトシルセラミド galactosylceramide（**GalCer**，図 21-14 参照）とグルコシルセラミド glucosylceramid（**GlcCer**）である．ガラクトシルセラミドは**ミエリン myelin** の主要な脂質である．他方，グルコシルセラミドは**非神経組織**の主要なスフィンゴ糖脂質であるとともに，より複雑なスフィンゴ糖脂質の前駆体となる．ガラクトシルセラミド（**図 24-7B**）はセラミドとウリジン二リン酸ガラクトース（UDPGal）と

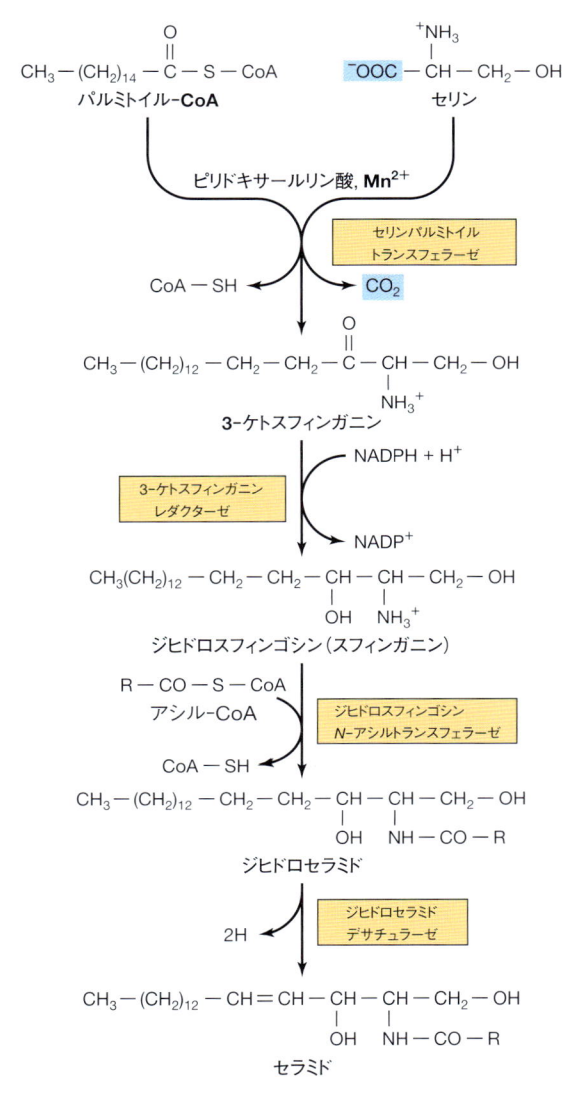

図 24-6. セラミドの生合成

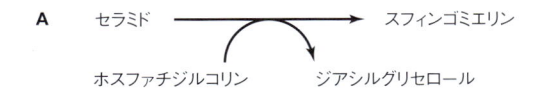

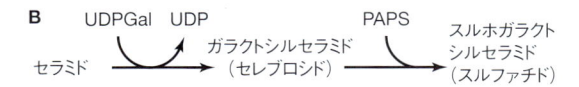

図 24-7. スフィンゴミエリン(A),ガラクトシルセラミド,およびその硫酸エステル誘導体(B)の生合成
(PAPS:"活性化硫酸",アデノシン 3′-セラミドリン酸-5′-ホスホ硫酸)

のほとんどはゴルジ体に存在している.一部のガングリオシドは細菌毒素,たとえば**コレラ毒素 cholera toxin** の受容体として機能する.こうして細胞内に取り込まれたこれら毒素は,細胞内のアデニル酸シクラーゼを活性化する.

スフィンゴ糖脂質 glycosphingolipid は細胞膜の脂質二重層の外側の成分であり,**細胞接着 cell adhesion** や**細胞認識 cell recognition** において重要である.あるものは抗原,たとえば,ABO 血液型物質として機能する.

臨床との関連

肺サーファクタントの欠損は呼吸窮迫症候群を引き起こす

肺サーファクタント lung surfactant はいくつかのタンパク質や炭水化物を含むが,主として脂質からなっており,肺胞がつぶれてペシャンコになるのを防ぐ物質である.リン脂質である**ジパルミトイルホスファチジルコリン dipalmitoylphosphatidylcholine** は空気-液体の界面の表面張力を減少させ,呼吸を楽にさせるが,ほかの脂質やタンパク質成分もサーファクタント機能に重要である.早産で出生した新生児の肺ではこの肺サーファクタント産生が少ないことが多く,多くの早産児で**新生児呼吸窮迫症候群 infant respiratory distress syndrome**(IRDS)を生ずる.この疾病に対しては,天然および人工肺サーファクタントを気管支内に投与する治療が行われている[4].

の反応によって生ずる(UDPGal は UDPGlc のエピマー化[異性化の一種]によって生じる.図 20-6 参照).
ミエリン鞘の成分である**スルホガラクトシルセラミド sulfogalactosylceramide**(**スルファチド sulfatide**)は,3′-ホスホアデノシン-5′-ホスホ硫酸(PAPS,"活性硫酸")がかかわる反応で生成される.**ガングリオシド ganglioside** は細胞膜に存在し(21 章,40 章参照),セラミドに,活性化された糖(たとえば,UDPGlc や UDPGal)と**シアル酸 sialic acid**(通常,N-アセチルノイラミン酸)が次々と結合することによって生じる(**図 24-8**).このようにして,さまざまな分子量をもつ多数のガングリオシドがつくられる.糖ヌクレオチドから糖を転移する酵素(グルコシルトランスフェラーゼ)

---

4) 訳者注:本補充療法は岩手医科大学小児科の藤原哲郎氏により考案され,1979 年に秋田大学医学部附属病院(当時)で最初の治験が行われ,以降現在 30 万人におよぶ早産児を救命している.

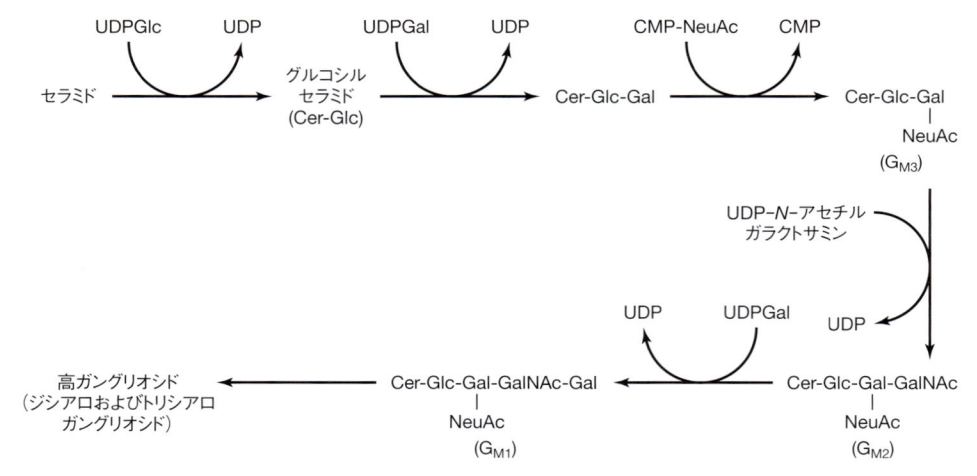

図 24-8. ガングリオシドの生合成
NeuAc：*N*-アセチルノイラミン酸.

リン脂質とスフィンゴ脂質は多発性硬化症や脂質蓄積症(リピドーシス)に関与する

　組織中の脂質の含有量に異常をきたす疾患群が知られているが，その多くは神経組織の脂質蓄積病である．これらの病気は次の2種のグループ，すなわち(1) 真性脱髄疾患，(2) スフィンゴ脂質蓄積症（スフィンゴリピドーシス)とに分けることができる．

　脱髄性疾患の1つである**多発性硬化症 multiple sclerosis** では，リン脂質(とくに，エタノールアミン含有プラスマローゲン) とスフィンゴ脂質の両者が白質から失われる．したがって，白質の脂質組成は灰白質のそれに似てくる．一方，脳脊髄液ではリン脂質の濃度が上昇する．

　スフィンゴリピドーシス sphingolipidoses (脂質蓄積症 lipid storage disease) はスフィンゴシン骨格を有する脂質の異化経路に遺伝的欠損がある遺伝性疾患群である．これらの病気は広義のリソソーム病であり，以下の複数の共通した特徴を示す．(1) セラミドを含む複合脂質が細胞，とくに，ニューロンに蓄積して神経変性を引き起こし，寿命を縮める．(2) 蓄積する脂質の "**合成 synthesis**" 速度は正常なヒトと変わらない．(3) スフィンゴ脂質のリソソームでの**分解経路 degradation pathway** に存在する酵素の欠損症である．(4) 阻害を受けている酵素の活性低下の度合いはすべての組織で同一である．ほとんどの疾患に対して有効な治療法はないが，Gaucher 病や Fabry 病の治療で，**酵素補充療法 enzyme replacement therapy** や**骨髄移植 bone marrow transplantation** の成功例が報告され

ている．その他の有望な方法として，スフィンゴ脂質の合成を阻止するためにその**基質を減少させる治療法**や，**化学的シャペロン(介添え)療法**がある．また，リソソーム病の**遺伝子治療 gene therapy** が現在検討されている．主要な脂質蓄積症のいくつかの例を**表24-1**に示す．

　複合スルファターゼ欠損症 multiple sulfatase deficiency では，アリルスルファターゼA，B，C，およびステロイドスルファターゼがともに欠損しているため，スルホガラクトシルセラミド(スルファチド)，硫酸ステロイド，およびプロテオグリカンの蓄積がみられる．症状としては，神経機能，代謝機能，聴覚，視覚，骨に異常が生じる．**異染性白質ジストロフィー metachromatic leukodystrophy** は，アリルスルファターゼAの欠損により組織内にスルファチドが蓄積し，ミエリン鞘に不可逆的な損傷をもたらすことが特徴である．

まとめ

- トリアシルグリセロールとある種のグリセロリン脂質は，グリセロール 3-リン酸が順次アシル化されることによって合成される．反応経路はホスファチジン酸の段階で分岐して，一方では，イノシトールリン脂質やカルジオリピンを生成し，他方では，トリアシルグリセロール，コリンやエタノールアミンを含有するリン脂質を生成する．

- プラスマローゲンと PAF はジヒドロキシアセトンリン酸から生成されるエーテル型リン脂質である．

表 24-1. スフィンゴリピドーシスの例

病　名	欠損酵素	蓄積する脂質	臨床症状
Tay–Sachs 病	ヘキソサミニダーゼ A hexosaminidase A	Cer–Glc–Gal (NeuAc)$\div$GalNAc GM2-ガングリオシド	精神遅滞，失明，筋力低下
Fabry 病	α-ガラクトシダーゼ α-galactosidase	Cer–Glc–Gal$\div$Gal グロボトリアオシルセラミド	皮膚発赤，腎不全（X 染色体劣性遺伝病のため，男子で症状が強い）
異染性白質ジストロフィー	アリルスルファターゼ A arylsulfatase A	Cer–Gal$\div$OSO$_3$ 3-スルホガラクトシルセラミド	成人で精神遅滞，神経障害，脱髄
Krabbe 病	β-ガラクトシダーゼ β-galactosidase	Cer$\div$Gal ガラクトシルセラミド	精神遅滞，ミエリン鞘はほぼ欠落
Gaucher 病	β-グルコシダーゼ β-glucosidase	Cer$\div$Glc グルコシルセラミド	肝・脾肥大，骨壊死，幼児の精神遅滞
Niemann–Pick 病	スフィンゴミエリナーゼ sphingomyelinase	Cer$\div$P-コリン スフィンゴミエリン	肝・脾肥大，精神遅滞，短命
Farber 病	セラミダーゼ ceramidase	Acyl$\div$スフィンゴシン セラミド	しわがれ声，皮膚炎，骨格異常，精神遅滞，短命

NeuAc：N-アセチルノイラミン酸，Cer：セラミド，Glc：グルコース，Gal：ガラクトース，$\div$：欠損酵素反応の部位.

- スフィンゴ脂質はセラミド（N-アシルスフィンゴシン）から生成される．スフィンゴミエリンは分泌に関与する小器官（たとえば，ゴルジ体）の膜に存在する．最も単純なスフィンゴ糖脂質はセラミドに単糖残基が結合したもの（たとえば，ミエリンに存在するGalCer）である．ガングリオシドは，多くの糖残基とシアル酸を含む，より複雑なスフィンゴ糖脂質である．それらは細胞膜の外層に存在して，細胞のグリコカリックス（糖衣）を形成し，抗原や細胞受容体として重要である．

- リン脂質やスフィンゴ脂質は，新生児呼吸窮迫症候群（肺サーファクタントの欠損），多発性硬化症（脱髄），スフィンゴリピドーシス（加水分解酵素の遺伝的欠損によるリソソームでのスフィンゴ脂質の分解不能）を含むいくつかの疾患に関与している．

文　献

Eljamil AS: *Lipid Biochemistry: For Medical Sciences.* iUniverse, 2015.

Futerman AH: Sphingolipids. In *Biochemistry of Lipids, Lipoproteins and Membranes*, 6th ed. Ridgway N, McLeod R (editors). Academic Press, 2015:297-327.

Ridgway ND: Phospholipid synthesis in mammalian cells. In *Biochemistry of Lipids, Lipoproteins and Membranes*, 6th ed. Academic Press, 2015:210-236.

脂質の輸送と蓄積

Lipid Transport & Storage

学習目標
本章習得のポイント

- 血漿リポタンパク質の主要な4グループと、それらにより運ばれる主要な4種類の脂質を説明する。

- リポタンパク質の構造を示す。

- 異なるリポタンパク質の画分における主要なアポリポタンパク質を説明する。

- 食事由来のトリアシルグリセロールは、小腸からキロミクロンによって肝臓へ、また超低密度リポタンパク質(VLDL)によって肝臓から肝外組織へ輸送され、これらのリポタンパク質粒子は小腸上皮細胞と肝細胞で、それぞれ類似の機序で合成されることを説明する[1]。

- キロミクロンがリパーゼによって代謝されてキロミクロンレムナント粒子となり、肝臓で循環血漿中より除かれる機序を示すことができる。

- VLDLがリパーゼにより低密度リポタンパク質(IDL)レムナントとなり、さらか低密度リポタンパク質(IDL)(アポB100,E)受容体に取り込まれ、後者はIDL(アポB100,E)受容体に変換され、これらは肝臓に取り込まれるか、LDL(アポB100,E)受容体を介して末梢組織にコレステロールを供給するという機序を説明する。

- 高密度リポタンパク質(HDL)の合成機序や、HDLが組織コレステロールを受け取り肝臓に戻すコレステロール逆輸送の機序を説明する。

- 脂質を代謝と輸送における肝臓の中心的役割と、肝臓からのVLDLの分泌の栄養学的・内分泌学的制御を説明する。

- 動脈硬化の発症において、LDLとHDLがそれぞれその進展を抑制に果たす役割を説明する。

- アルコール性、非アルコール性脂肪性肝疾患(NAFLD)の成立機序を説明する。トリアシルグリセロールの貯蔵場所である脂肪組織から脂肪酸が放出される機序を説明する。

- 生体での熱産生における褐色脂肪細胞組織の役割を理解する。

---

1) 訳者注:この記述は、肝臓から分泌されるVLDLも食事由来のトリアシルグリセロールを輸送するとの誤解をまねく。肝臓由来のトリアシルグリセロールには食餌性脂肪酸などの生体内で合成された脂肪酸を含む。

生物医学的重要性

食事から吸収される脂肪、また肝臓や脂肪組織で合成される脂肪が利用され蓄積されるためには、種々の組織や器官の間を輸送されなければならない。しかし脂質は水に溶けないので、血漿中をどのように輸送したらよいかという問題が生じる。この問題を解決するために、非極性脂質[トリアシルグリセロールとコレステリルエステル(コレステロールエステル)]は両親媒性脂質(リン脂質とコレステロール)と結合し、さらにタンパク質と結合することによって、水によく混じり合うリポタンパク質となる。

ヒトのような捕食性の雑食動物では、摂食時に摂取される余剰なエネルギーは、同化代謝を受けて炭水化物(糖質)や脂肪として蓄えられ、非摂食時に負に傾くカロリーバランスに備える。リポタンパク質はこのキロミ食による代謝のサイクルに対応し、小腸から超低密度リポタンパク質 very low density lipoprotein(VLDL)や、肝臓から超低密度リポタンパク質 chylomicron として、肝臓から超低密度合うリポタンパク質となる。

として脂質を輸送している．運ばれた脂質は，ほとんどの組織ではエネルギー消費のために酸化され，また，脂肪組織では貯蔵のために使われている．脂質は，血清アルブミンと結合した遊離脂肪酸（FFA）として脂肪組織から動員される．リポタンパク質の代謝異常が起こると，種々の**低リポタンパク血症 hypolipoproteinemia**や**高リポタンパク血症 hyperlipoproteinemia**を生ずることになる．これらのうちで最も一般的なものは**糖尿病 diabetes mellitus**で見られるものであり，この疾患では，インスリン欠乏が過剰の FFA の動員とキロミクロンおよび VLDL の利用低下をもたらし，**高トリグリセリド血症 hypertriglyceridemia**を引き起こす．これ以外の脂質輸送の障害による病気のほとんどは，主として遺伝的な欠陥によっている[2]．これらの欠陥のあるものは，**高コレステロール血症 hypercholesterolemia**や若年性の**アテローム性動脈硬化症 atherosclerosis**を引き起こす（表26-1 参照）．**肥満 obesity**，とくに腹部肥満は，致死率の上昇，高血圧，2 型糖尿病，高脂血症，高血糖，そして種々の内分泌機能不全の危険因子となる[3]．

脂質はリポタンパク質として血漿中を運搬される

リポタンパク質には4種の主要な脂質がある

血漿脂質はトリアシルグリセロール triacylglycerol（16%），リン脂質 phospholipid（30%），コレステロール cholesterol（14%），コレステリルエステル cholesteryl ester（36%），そして微量画分の**非エステル化長鎖脂肪酸**（または FFA）（4%）からなっている．この後者の画分，**FFA** は血漿脂質の中でも最も活発に代謝されている．

リポタンパク質の4つの主要なグループが同定されている

脂肪の密度は水よりも低いので，リポタンパク質の密度は，脂質のタンパク質に対する比率が大きくなると小さくなる（**表25-1**）．生理的にも臨床診断のうえでも重要な主要 4 群のリポタンパク質が同定されている．これらは，（1）小腸によって吸収されたトリアシルグリセロールやその他の脂質に由来する**キロミクロン chylomicron**，（2）トリアシルグリセロールをほかの組織に送り出すための肝臓由来の **VLDL**，（3）ヒトにおいてはコレステロール輸送を中心的に担う，VLDL が異化された最後の段階を表している**低密度リポタンパク質 low-density lipoprotein**（LDL），そして，（4）コレステロールの逆輸送（26 章参照）と，VLDL とキロミクロンの代謝にも関与している**高密度リポタンパク質 high-density lipoprotein**（HDL）である（26 章に後述）．トリアシルグリセロールがキロミクロンと VLDL のおもな脂質であり，他方，コレステロールおよびリン脂質が LDL と HDL のおもな脂質である（表25-1）．リポタンパク質はまた，電気泳動の性質の違いによってα-**リポタンパク質**（HDL），β-**リポタンパク質**（LDL），および**プレ-β-リポタンパク質**（VLDL）に分類することができる．

リポタンパク質は非極性脂質の中核(コア)と両親媒性脂質の一重膜の表面層からなっている

非極性脂質の中核（コア）**nonpolar lipid core** は主として**トリアシルグリセロール triacylglycerol** と**コレステリルエステル cholesteryl ester** からなり，**両親媒性リン脂質 amphipathic phospholipid** と非エステル型**コレステロールの一重膜表面層 single surface layer** によって囲まれている（**図25-1**）．これらの脂質は，細胞膜にみられるようにその極性基を外側の水溶液に向けて配列している（21 章および 40 章参照）．リポタンパク質のタンパク質部分は，**アポリポタンパク質 apolipoprotein**，あるいは**アポタンパク質 apoprotein** として知られ，HDL のなかにはそれが 70% 近くを占めるものもあるが，キロミクロンでは 1% を占めるのみである．

アポリポタンパク質の分布はリポタンパク質を特徴づける

各リポタンパク質は 1 種類ないしそれ以上のアポリポタンパク質をもっている．これらは通常，"アポ"A，B，C などと略される（表25-1）．アポリポタンパク質のなかにはリポタンパク質の構造の一部を構成していて取り除けないもの（アポ B など）もあるが，多くのアポタンパク質は表面に結合していて別のリポタンパク

　2）　訳者注：糖尿病における高トリグリセリド血症以外はほとんど遺伝的欠陥によるというのは不正確な議論で，多くのリポタンパク質代謝異常は生活習慣や内分泌代謝疾患により二次的に発生する．
　3）　訳者注：トリアシルグリセロールが腹腔内脂肪組織に蓄積すると，肥大した脂肪細胞よりサイトカインなどインスリン作用を阻害する物質を放出し，逆にエネルギー効率を高めるアディポネクチンなどの分泌が抑えられ，悪循環を形成するとされる．

表 25-1. ヒト血漿中のリポタンパク質の組成

リポタンパク質	起源	直径 （nm）	密度 （g/mL）	組成		主要脂質成分	アポリポタンパク質
				タンパク質 （％）	脂質 （％）		
キロミクロン	腸	90～1000	＜0.95	1～2	98～99	トリアシルグリセロール	A-Ⅰ, A-Ⅱ, A-Ⅳ[a], B48, C-Ⅰ, C-Ⅱ, C-Ⅲ, E
キロミクロンレムナント	キロミクロン	45～150	＜1.006	6～8	92～94	トリアシルグリセロール, リン脂質, コレステロール	B48, E
VLDL	肝臓（腸）	30～90	0.95～1.006	7～10	90～93	トリアシルグリセロール	B100, C-Ⅰ, C-Ⅱ, C-Ⅲ
IDL	VLDL	25～35	1.006～1.019	11	89	トリアシルグリセロール, コレステロール	B100, E
LDL	VLDL	20～25	1.019～1.063	21	79	コレステロール	B100
HDL	肝臓, 腸, VLDL, キロミクロン					リン脂質, コレステロール	A-Ⅰ, A-Ⅱ, A-Ⅳ, C-Ⅰ, C-Ⅱ, C-Ⅲ, D[b], E
HDL₁		20～25	1.019～1.063	32	68		
HDL₂		10～20	1.063～1.125	33	67		
HDL₃		5～10	1.125～1.210	57	43		
プレ β-HDL[c]		＜5	＞1.210				A-Ⅰ
アルブミン／遊離脂肪酸	脂肪組織		＞1.281	99	1	遊離脂肪酸	

HDL：高密度リポタンパク質, IDL：中間密度リポタンパク質, LDL：低密度リポタンパク質, VLDL：超低密度リポタンパク質.

[a] キロミクロンといっしょに分泌されるが, HDL に転移する.

[b] HDL₂ と HDL₃ 亜画分と関連している.

[c] 超高密度リポタンパク質（VHDL）として知られる小画分の一部.

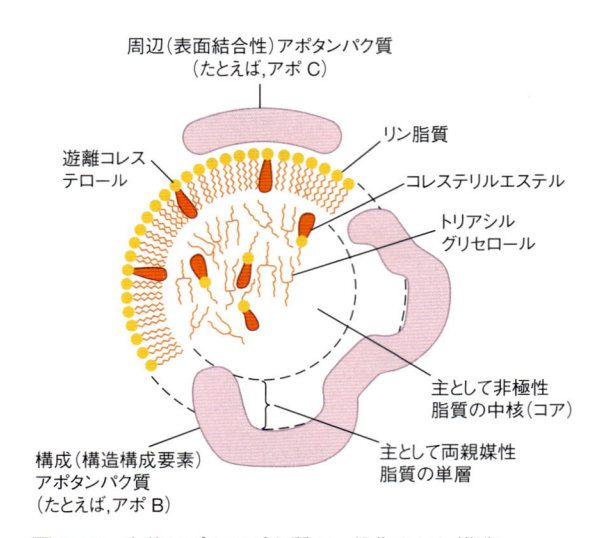

図 25-1. 血漿リポタンパク質の一般化された構造
少量のコレステリルエステルとトリアシルグリセロールは表面層にも, また, わずかの遊離コレステロールは中核部分（コア）にも見出される.

質に自由に移行できる（アポ C, E など）. HDL（α-リポタンパク質）の主要なアポリポタンパク質はアポ Aとよばれる（表 25-1）. LDL（β-リポタンパク質）の主要なアポリポタンパク質はアポ B（B100）であり, それはVLDL にも存在している. キロミクロンはアポ B100 の切断型タンパク質を含み, これは全長の 48％であることからアポ B48 と名づけられている. B100 は肝臓でつくられるのに対しアポ B48 は小腸でつくられる. アポ B100 は 4500 以上のアミノ酸をもつ, 分子量 54 万という最も長い一本鎖ポリペプチドの 1 つとして知られている. アポ B48 は, アポ B100 の mRNA に RNA編集酵素 RNA editing enzyme によって翻訳停止のシグナルが導入されてつくられる. アポ C-Ⅰ, C-Ⅱ, そして C-Ⅲ は分子量の異なる小さなペプチド（分子量7000 ～ 9000）で, 何種類かの異なるリポタンパク質の間を自由に移動できる. アポ E も VLDL, HDL, キロミクロン, およびキロミクロンレムナントに存在して同様に自由に移動し, 正常人では VLDL アポリポタン

パク質総量の 5 〜 10% を占める.

アポリポタンパク質にはいくつかの役割がある. すなわち, （1）リポタンパク質の構造の一部を構成する（たとえば, アポ B）. （2）酵素の補因子としてはたらく. たとえば, アポ C-Ⅱ はリポタンパク質リパーゼの補因子, アポ A-Ⅰ はレシチン：コレステロールアシルトランスフェラーゼ（LCAT）の補因子としてはたらく. あるいは酵素の阻害因子としてはたらき, たとえばアポ A-Ⅱ とアポ C-Ⅲ はリポタンパク質リパーゼの阻害因子, アポ C-Ⅰ はコレステリルエステル転送タンパク質の阻害因子である（26 章参照）[4]. （3）組織のリポタンパク質受容体との相互作用のリガンドとしてはたらく. たとえば, アポ B100 とアポ E は LDL 受容体に対して, アポ E はレムナントリポタンパク質と認識するレムナント受容体として同定された LDL 受容体関連タンパク質 LDL-receptor-related protein（LRP）（後述）に対して, また, アポ A-Ⅰ は HDL 受容体に対してリガンドとしてはたらく[5]. アポ A-Ⅳ はキロミクロン代謝における機能が考えられ, 満腹感や糖代謝の制御を行うともされて, 糖尿病や肥満の治療の標的の可能性としても考えられている. アポ D は神経変性疾患における重要な因子と信じられている[6].

遊離脂肪酸は非常に速く代謝される

FFA［非エステル化脂肪酸（NEFA）ともよばれる］は, 脂肪組織でトリアシルグリセロールの分解により, あるいはリポタンパク質リパーゼの血漿トリアシルグリセロールへの作用により, 血漿中に増加する. これらの FFA は, 非常に効果的な可溶化剤である**アルブミンと結合した状態**で存在している. 飽食状態では FFA の血漿中のレベルは低く, 飢餓状態では 0.7 〜 0.8 mEq/mL まで上昇している. 管理不十分な**糖尿病 diabetes mellitus** では, そのレベルは 2 mEq/mL まで上昇することもある.

血中での FFA は組織によって極めて速く除かれ, 酸

---

4) 訳者注：これらは見かけ上のデータであり, これらのタンパク質の特異的機能として証明されているわけではない.

5) 訳者注：これらは不正確な記述である. LRP はレムナント受容体としての役割が完全に同定されているわけではない. "HDL 受容体" という概念は明白なものではなく, アポ A-Ⅰ がそのリガンドであるというコンセンサスはない.

6) 訳者注：これらはまだ確立された事実ではなく, とくにアポ D の機能は不確定である.

化され（飢餓状態ではエネルギー要求の 25 〜 50% をまかなう）, あるいはエステル化されてトリアシルグリセロールを生成する. 飢餓状態では, 循環血液や組織中のエステル化された脂質も酸化される. これはとりわけ, かなりの脂質を蓄えている心筋細胞や骨格筋細胞で起こる.

FFA の組織による取り込みは血漿中の FFA の濃度に直接に関係していて, それはまた脂肪組織での脂肪分解の速度によって決定される. 脂肪酸-アルブミン複合体が細胞形質膜上で解離した後, 脂肪酸は膜貫通 Na^+ 共輸送体としてはたらく**膜脂肪酸輸送タンパク質 membrane fatty acid transport protein** と結合する. 細胞質に入った FFA は細胞内の**脂肪酸結合タンパク質 fatty acid-binding protein** に結合される. これらタンパク質の細胞内輸送の役割は長鎖脂肪酸の細胞外輸送に果たす血漿アルブミンの役割と類似していると考えられる.

トリアシルグリセロールは小腸からはキロミクロンによって, 肝臓からは超低密度リポタンパク質によって輸送される

キロミクロン chylomicron は, 小腸から流出するリンパ系のみによって産生される**乳び chyle** 中に見出されるものであると定義される. キロミクロンは, 食事性のすべての脂質を血液循環系へ輸送する役割をもつ. 少量の VLDL もまた乳び中に存在しているが, **血漿中のほとんどの VLDL は肝臓由来である. VLDL は肝臓から肝外組織へトリアシルグリセロールを輸送する運搬体である.**

小腸粘膜細胞でのキロミクロンの生成と肝実質細胞による VLDL の生成のメカニズムは著しく類似している（**図 25-2**）. それはおそらく, 乳腺を除いては, 粒子状の脂質を分泌するのは小腸と肝臓のみだからであろう. 新たに分泌された, あるいは "未成熟な" キロミクロンと VLDL はごく少量のアポリポタンパク質 C と E を含んでいて, それらの十分な補給は循環中の HDL から行われる（**図 25-3** および **図 25-4**）. 一方, アポ B はリポタンパク質の構造タンパク質である. これは細胞内で粒子に組み込まれ, キロミクロンと VLDL 粒子の生成にとって必須である. **無ベータリポタンパク血症 abetalipoproteinemia**（まれな病気）では, アポ B を含むリポタンパク質が生成されず, 脂肪滴が小腸や肝臓に蓄積する.

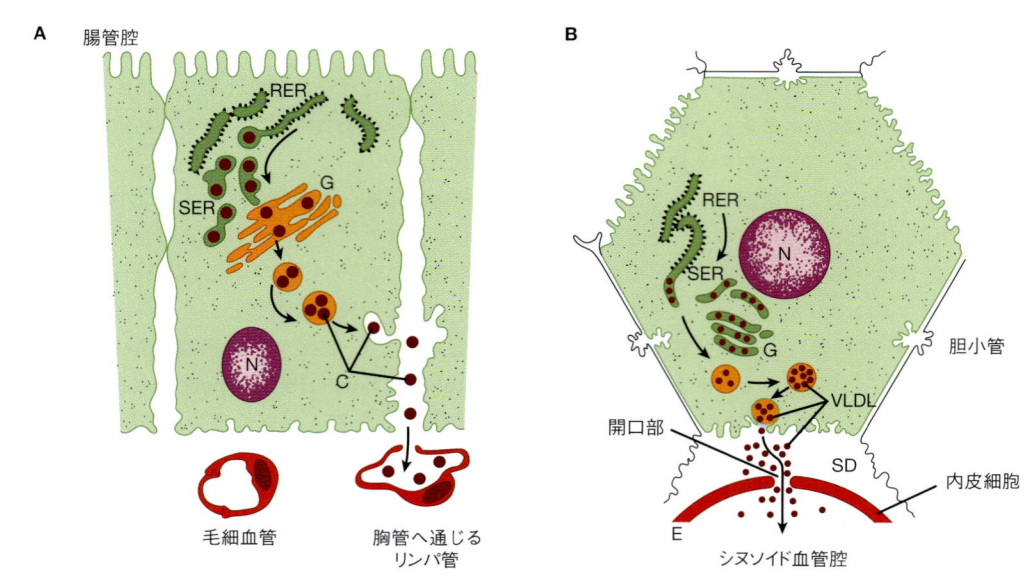

図 25-2. キロミクロンの小腸細胞における生成と分泌（A）と，VLDL の肝細胞における生成と分泌（B）
アポリポタンパク質 B は，粗面小胞体において合成され，滑面小胞体においてトリアシルグリセロール，コレステロール，リン脂質とともにリポタンパク質粒子に組み込まれる．ゴルジ体で糖鎖が付加した後，それらは細胞から逆行性飲作用（リバースピノサイトーシス）によって放出される．キロミクロンはリンパ管系に流入する．VLDL はディッセ腔に分泌され，それから血管内皮側壁の開口部を通って肝臓のシヌソイド（洞様血管）に流れる．（C：キロミクロン，E：血管内皮，G：ゴルジ体，N：核，RER：粗面小胞体，SD：血漿を含むディッセ腔，SER：滑面小胞体，VLDL：超低密度リポタンパク質）

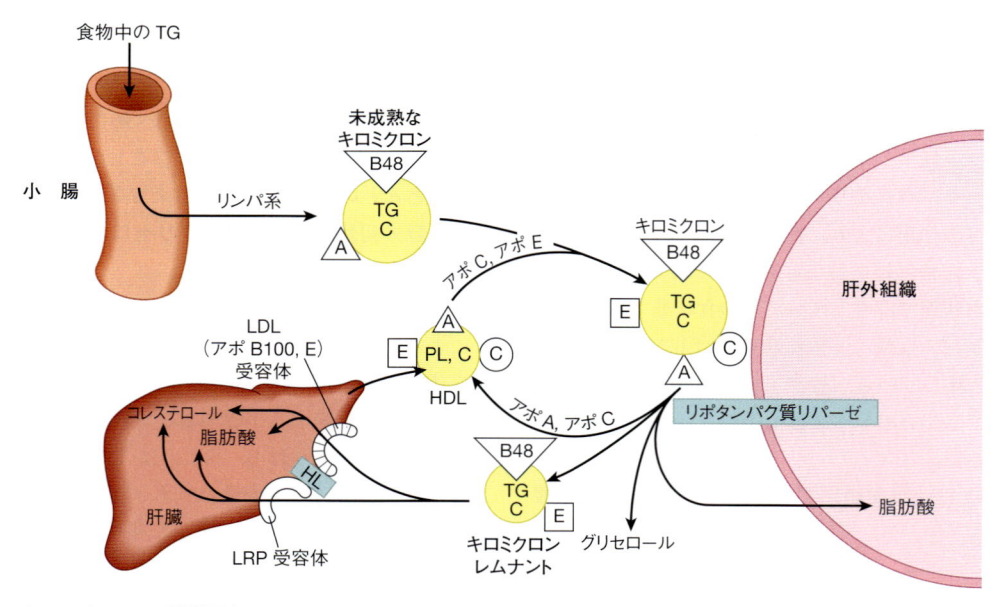

図 25-3. キロミクロンの代謝過程
主要な脂質のみが示されている．（A：アポリポタンパク質 A，B48：アポリポタンパク質 B48，ⓒ：アポリポタンパク質 C，C：コレステロールとコレステリルエステル，E：アポリポタンパク質 E，HDL：高密度リポタンパク質，HL：肝性リパーゼ，LDL：低密度リポタンパク質，LRP：LDL 受容体関連タンパク質，PL：リン脂質，TG：トリアシルグリセロール）

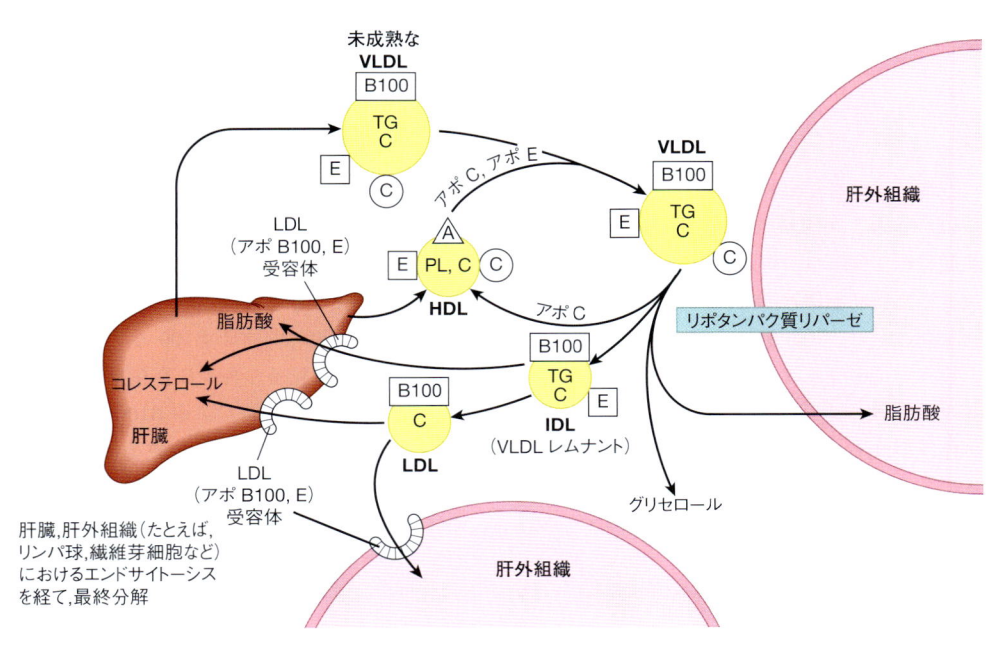

図 25-4. 超低密度リポタンパク質(VLDL)の代謝経路と低密度リポタンパク質(LDL)の生成
主要な脂質のみが示されている．IDL はある程度，LRP-1 (LDL- receptor-related protein-1) を介して代謝されているのかもしれない．（A：アポリポタンパク質 A，B100：アポリポタンパク質 B100，Ⓒ：アポリポタンパク質 C，C：コレステロールまたはコレステリルエステル，E：アポリポタンパク質 E，HDL：高密度リポタンパク質，IDL：中間密度リポタンパク質，LDL：低密度リポタンパク質，PL：リン脂質，TG：トリアシルグリセロール）

キロミクロンと超低密度リポタンパク質(VLDL)は急速に異化される

標識されたキロミクロンの血液からの消失は急速であり，その消失の半減期はヒトで1時間以内である．キロミクロンの大きな粒子は小さな粒子よりさらに速く異化される．キロミクロンのトリアシルグリセロールに由来する脂肪酸は主として脂肪組織，心臓，そして筋肉(80%)へ供給され，他方，20% 近くの脂肪酸は肝臓へいく．しかしながら，**肝臓は未代謝のキロミクロンや VLDL をほとんど代謝しない**ので，肝臓中に見出される脂肪酸は肝外組織で代謝されたものから二次的に由来したものだと考えるべきである[7]．

キロミクロンおよびVLDLのトリアシルグリセロールはリポタンパク質リパーゼによって加水分解される

リポタンパク質リパーゼ lipoprotein lipase は毛細血管壁に局在する酵素で，ヘパラン硫酸に含まれるプロテオグリカン鎖の負の電荷によって血管内皮に結合

している．このリパーゼは，心臓，脂肪組織，脾臓，肺，腎髄質，動脈，横隔膜，および授乳中の乳腺に存在するが，成人の肝では作用していない．血液の中には通常，この酵素は存在しないが，**ヘパリン heparin** を注射すると，そのヘパラン硫酸との結合部位から解離して循環液中に遊離される．**肝性リパーゼ hepatic lipase** は肝細胞の類洞側表面に結合していて，これもヘパリンによって放出される．しかしながらこの酵素はキロミクロンや VLDL とはあまり反応せず，キロミクロン代謝産物(レムナント)や HDL の代謝にかかわっている(後述)．

リン脂質 phospholipid とアポ C-Ⅱ は両者ともリポタンパク質リパーゼを活性化する補因子として必要である[8]一方，**アポ A-Ⅱ とアポ C-Ⅲ** は阻害因子として作用する．リポタンパク質が血管内皮の酵素に接触している間に加水分解が起こる．トリアシルグリセロールはしだいにジアシルグリセロールへ，さらに，モノアシルグリセロールへと加水分解され，最後には，FFA とグリセロールにまで加水分解される．こうして放出

---

7)　訳者注：この記述は意味不明である．肝臓においても脂肪酸は合成される．

8)　訳者注：リン脂質は補因子というよりは，おそらく反応にリン脂質による界面形成が必要であることをさしていると思われる．

されたFFAは，一部は循環液中に戻ってアルブミンと結合するが，その大部分は組織に輸送される（図25-3および図25-4）．心臓のリポタンパク質リパーゼはトリアシルグリセロールに対して低いミカエリス定数 K_m を示し[9]，脂肪組織のその酵素の K_m の約10分の1である．このことは，血漿トリアシルグリセロールが減少する**飢餓状態ではトリアシルグリセロールからの脂肪酸の供給先を脂肪組織から心臓へ変更できるようにする**．同様なことは，授乳中の乳腺でも起こり，リポタンパク質のトリアシルグリセロールの脂肪酸は**ミルクの脂肪 milk fat** の合成に消費されるようになる．**VLDL受容体 VLDL receptor** はVLDLと結合し，そのVLDLをリポタンパク質リパーゼと密接に接触するようにして[10]，VLDLのトリアシルグリセロールから脂肪酸を脂肪細胞に供給する重要な役割を果たしている．脂肪組織では，**インスリン insulin** は脂肪細胞でのリポタンパク質リパーゼの合成と毛細血管内皮の管腔面への移行を促進する．

リポタンパク質リパーゼと反応することによって，キロミクロンのトリアシルグリセロールの約70〜90%は消失し，同時にアポタンパク質Cも消失する（それはHDLへ戻る）が，アポタンパク質Eは消失しないでそのままとどまっている．その結果の**キロミクロンレムナント chylomicron remnant** はもとのキロミクロンに比べて直径が半分となり，トリアシルグリセロールが失われたため，コレステロールとコレステリルエステルの割合が増える（図25-3）．同じような変化はVLDLにも起こり，**VLDLレムナント VLDL remnant** [あるいは**中間密度リポタンパク質 intermediate-density lipoprotein（IDL）**ともよばれる]を生ずる（図25-4）．

肝臓はリポタンパク質レムナントを取り込む役割を果たす

キロミクロンレムナントは受容体を介してエンドサイトーシスによって肝臓に取り込まれ，コレステリルエステルとトリアシルグリセロールは加水分解され，代謝される．その取り込みは**アポE apo E**（図25-3）によって媒介され，**LDL（アポB100，E）受容体 LDL receptor** と**LDL受容体関連タンパク質-1 LDL receptor-**

related protein-1（LRP-1）の2つのアポE依存受容体を介して行われる．肝性リパーゼは二重の役割をもっている．（1）レムナントを取り込みやすくするためのリガンドとしてはたらく[11]．（2）そのレムナントのトリアシルグリセロールとリン脂質を加水分解する．

VLDLはIDLへ代謝されたあと，その残骸（レムナント）はLDL（アポB100，E）受容体を介して直接に肝臓に取り込まれるか，あるいは循環血液中でさらにLDLに変換される．アポB100の1分子だけはこれらリポタンパク質粒子の各々に存在していて，それらの粒子が変化している間もアポB100は変わらずに保たれている．そのため，各LDLの粒子はただ1個のVLDL粒子（図25-4）に由来している．ヒトでは，IDLの大部分はLDLになり，これにより多くの他の哺乳類に比べてヒトでLDLの濃度が高いことが説明できる．

LDLはLDL受容体を介して代謝される

肝臓と多くの肝外組織は**LDL（アポB100, E）受容体（LDL receptor）**をもっている．このように命名されるのはアポB100に特異的で，リガンドとなるB100のカルボキシ末端側領域を欠損しているアポB48に特異性は示さず，またアポEの多いリポタンパク質を取り込むからである．LDL受容体は，肝，動脈壁，卵巣，精巣，副腎など多くの組織に存在する．**アテローム性動脈硬化症 atherosclerosis** の発症頻度と血漿LDLコレステロールの濃度との間には正の相関がある．このLDL受容体は**家族性高コレステロール血症 familial hypercholesterolemia** では欠損しており，この疾患では血液中のLDLコレステロールが増加し若年性のアテローム性動脈硬化症を起こす（表26-1参照）．LDL受容体の調節についての詳しい説明は26章を参照されたい．

HDLはリポタンパク質のトリアシルグリセロールとコレステロールの代謝に関与している

HDLは，肝臓と小腸の両方で合成され分泌される

9）訳者注：トリアシルグリセロール分子に対してのものとはいえず，おそらくリポタンパク質表面への親和性を示すものである．
10）訳者注：確実なデータにもとづいた一般的に受け入れられた機構とはいえない．

11）訳者注：このような実験成績はあるが，一般に受け入れられた機構とはいえない．

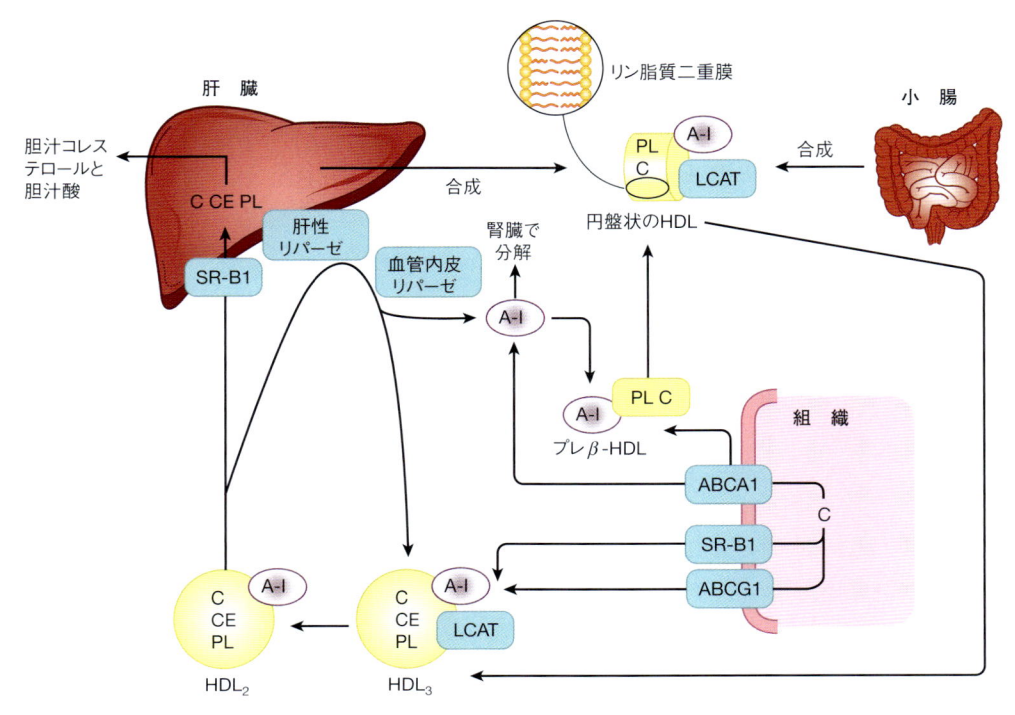

図 25-5. コレステロールの逆輸送における高密度リポタンパク質（HDL）の代謝
キロミクロンと VLDL にリポタンパク質リパーゼが作用して残った余剰の表面成分はプレ β-HDL のもう１つ別の供給源である．（A-Ⅰ：アポリポタンパク質 A-Ⅰ，ABCA1：ATP 結合カセット輸送体 A1．ABCG1：ATP 結合カセット輸送体 G1，C：コレステロール，CE：コレステリルエステル，LCAT：レシチン：コレステロールアシルトランスフェラーゼ，PL：リン脂質，SR-B1：スカベンジャー受容体 B1．プレ β-HDL，HDL₂，HDL₃ については表 25-1 を参照）
＊ 訳者注：ABCA1 欠損で血中 HDL のほとんどが消失することから，この機序による HDL の生成はあってもごくわずかである．

（**図 25-5**）．しかしながら，アポ C とアポ E は肝臓で合成され，小腸由来の HDL が血漿中に流入すると肝 HDL から小腸 HDL に移転される．HDL の主要な機能の１つは，キロミクロンと VLDL の代謝に必要なアポ C とアポ E の貯蔵場所としてのはたらきである．未成熟な HDL はアポ A とコレステロールを含む円盤状のリン脂質二重層からなっている．これらのリポタンパク質は，血漿酵素である **LCAT** が欠如している患者や**閉塞性黄疸 obstructive jaundice** の患者の血漿中にみられるリポタンパク質粒子に似ている．LCAT と LCAT を活性化するアポ A-Ⅰが円盤状粒子に結合すると，表面のリン脂質と遊離コレステロールはそれぞれコレステリルエステルとリゾレシチンに変化する（24 章参照）．そして，この非極性コレステリルエステルはリン脂質二重層の疎水性の内部に移動する．一方，リゾレシチンは血漿アルブミンに渡される．このように，非極性の中核部分（コア）が形成され，極性脂質とアポリポタンパク質の表面薄膜に包まれた球状の擬似ミセル状の HDL が生成する．これは以下に議論する

ように，リポタンパク質や組織から余分な非エステル型コレステロールの除去を助ける．

コレステロール逆輸送は HDL の主要な機能である

　組織からコレステロールを回収し肝臓に運んで排出する輸送を**コレステロール逆輸送 reverse cholesterol transport** とよぶ．**クラス B スカベンジャー受容体 B1 class B scavenger receptor B1（SR-B1）**が，**HDL 代謝の二重の役割をする HDL 受容体**として同定されている．肝臓では，この受容体はアポ A-Ⅰを介して HDL と結合し[12]，コレステリルエステルは選択的に細胞へ供給されるが，そのアポ A-Ⅰを含む粒子自体は取り込まれることはない．他方，肝以外の組織では，SR-B1 は細胞から流出するコレステロールの HDL による受け取りを媒介している．HDL はそのコレステロールを肝臓へ輸送し，コレステロールはそこから，そのままある

12）　訳者注：必ずしもアポ A-Ⅰを介しているとはいえず，受容体-リガンドの関係とはいえない．

いは胆汁酸に変換されて胆汁中に排出される（図25-5）．LCAT の作用によって円盤状の HDL から生じた HDL_3 は組織からコレステロールを **SR-B1** を介して受け取り[13]．そのコレステロールはさらに LCAT によってエステル化されて，その粒子の大きさを増してより低密度の HDL_2 を生成する．それから SR-B1 を介して肝臓へコレステリルエステルが選択的に運び込まれるか，HDL_2 のリン脂質やトリアシルグリセロールが肝性リパーゼと血管内皮細胞リパーゼによって加水分解されることによって HDL_3 は再生成される．HDL_2 と HDL_3 のこの相互交換は **HDL サイクル HDL cycle** とよばれる（図25-5）．遊離アポ A-I はこれらの反応過程で放出され，それに少量のリン脂質とコレステロールが結合することによって**プレ β-HDL preβ-HDL** が生成する．余分に利用されないアポ A-I は腎臓で破壊される．コレステロール逆輸送の第二の重要な機序は **ATP 結合カセット輸送体 A1 ATP-binding cassette transporter A1（ABCA1）と G1（ABCG1）**が関与していることである．これらの輸送体は，ATP の加水分解と基質の結合とを連動してその基質が膜を通過しやすくする輸送体タンパク質の一族のメンバーである．ABCG1 は細胞から HDL へのコレステロールの輸送を媒介するが，ABCA1 は細胞からプレ β-HDL やアポ A-I のようなかなり脂質の少ない粒子へコレステロールを輸送し，円盤状 HDL を経て HDL_3 に変換されることになる（図25-5）．プレ β-HDL は組織からコレステロールを流出させる HDL のなかでも最も強力な形である[14]．

　HDL 濃度は血漿トリアシルグリセロール濃度と反比例的に変化し，リポタンパク質リパーゼ活性とは正比例的に変化する．このことは余分な表面構成物，つまり，キロミクロンと VLDL の加水分解の際に遊離され，プレ β-HDL や円盤状 HDL の生成に寄与しているリン脂質やアポ A-I によっているのかもしれない[15]．HDL_2 の濃度は**冠動脈硬化症の発症頻度と逆比例の関**

係にあり，おそらく，それらはコレステロール逆輸送の効率を反映しているのであろう．HDL_C（HDL_1）は食事によって誘起された高コレステロール血症の動物の血液中にみられる．これはコレステロール含量が高く，アポ E に富んだ HDL である．すべての血漿リポタンパク質は相互に関連し合いながら，血漿脂質の輸送という複雑なプロセスに関与する1つあるいはそれ以上の代謝サイクルで機能しているようにみえる．

肝臓は脂質の輸送と代謝における中心的役割を果たす

　肝臓は脂質代謝において次のような多くの主要な機能を果たしている．

1. **胆汁 bile** を生成し，脂質の消化と吸収の促進（26章参照）．
2. **活発な脂肪酸を合成し酸化**（22章，23章参照）．**およびトリアシルグリセロールとリン脂質の合成**（24章参照）．
3. **脂肪酸のケトン体への変換（ケトン体生成）**（22章参照）．
4. **血漿リポタンパク質の合成と代謝**．

肝臓の VLDL 分泌は食事とホルモンの状態に関係する

　VLDL の合成と分泌にかかわる細胞内事象を**図25-6** に示す．VLDL 粒子の形成にはアポ B100 の合成とトリアシルグリセロールの供給を必要とする[16]．アポ B100 はポリリボソームで合成され形成されながら小胞体（endoplasmic reticulum：ER）内腔へ移動する．このタンパク質は内腔に入りながら，**小胞体トリアシルグリセロール輸送タンパク質 microsomal triacylglycerol transfer protein（MTP）**によりリン脂質が添加され，これはまた小胞体膜を通したトリアシルグリセロールの輸送を促進して，アポ B 含有 **VLDL2**（VLDL前駆体）が形成される．このトリアシルグリセロールは細胞質のトリアシルグリセロール油滴（このトリアシ

---

13)　訳者注：“SR-B1 を介して”という記述は，誤解を招く．この反応を促進する因子の1つとして SR-B1 も考えられるとすべきである．ちなみに，ヒトでは同様の機能をもつ膜タンパク質は SR-B1 ではなく CLA-1 とよばれる．

14)　訳者注：プレ β-HDL と ABCA1 に関する記述はかなり混乱している．プレβ-HDL は，遊離アポ A-I と ABCA1 の作用により細胞膜のリン脂質とコレステロールから生成する．これが HDL 産生の第一段階と一般的に理解されている．ここに LCAT がはたらいて HDL_3 さらに HDL_2 粒子となる．ABCG1 は ABCA1 により生成した HDL 粒子への細胞コレステロール輸送を促進している．

15)　訳者注：この議論は一般的ではない．HDL 濃度と血漿トリアシルグリセロール濃度の反比例関係は，血漿中のコレステリルエステル転送タンパク質（CETP）によるトリアシルグリセロールとコレステリルエステルの交換反応が HDL と VLDL の間で起こるためと考えられている（26章参照）．

16)　訳者注：VLDL 粒子形成は脂質の供給に制御されるがアポ B 合成には制御されない（図25-6 の説明参照）．

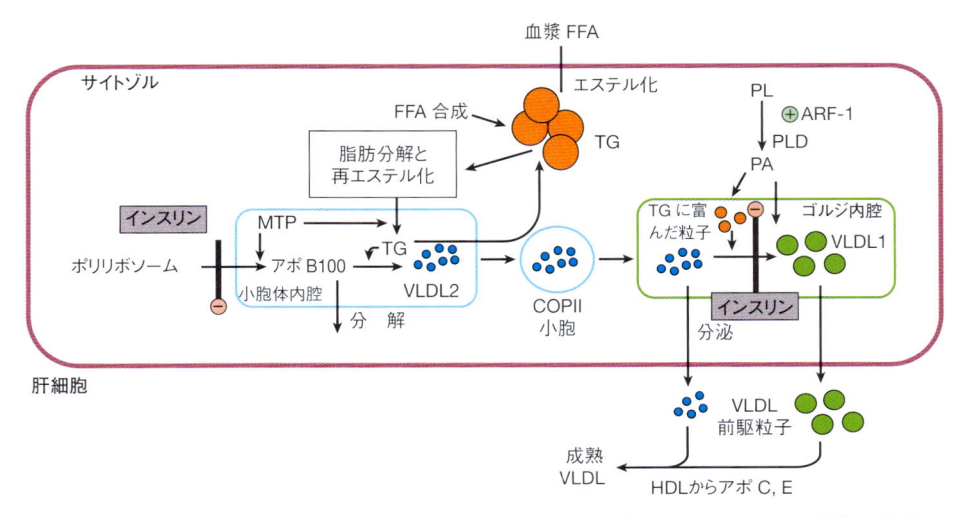

図25-6. 肝臓における超低密度リポタンパク質（VLDL）の生成とトリアシルグリセロール（TG）の蓄積と脂肪肝を引き起こす種々の要因の作用部位
ここに示した経路は図25-2に描かれた反応のもとになるものである．アポB100はポリリボソームで合成され，小胞体内腔に移動しながらMTPによりリン脂質を結合する．過剰なアポBはプロテアソームにより分解される．細胞質脂肪滴の水解と再エステル化によって得られるTGはMTPによって小胞体内腔へ輸送され，アポB100と作用してVLDL2粒子の形成に至る．過剰なTGは細胞質脂肪滴へと戻される．VLDL2はCOPII小胞によりゴルジに輸送され，そこでTGに富んだ脂質粒子と融合してVLDL1となる．ARF-1により活性化されるホスホリパーゼDによりホスファチジン酸を生じ，TGに富んだVLDL1やVLDL2に組み込まれる．VLDL1もVLDL2も血流中へ分泌される．インスリンはアポB100合成とVLDL1やVLDL2の粒子形成を抑制してVLDL分泌を阻害する．（アポ：アポリポタンパク質，ARF-1：ADPリボシル化因子-1，FFA：遊離脂肪酸，HDL：高密度リポタンパク質，MTP：ミクロソーム-トリアシルグリセロール輸送タンパク質，PA：ホスファチジン酸，PL：リン脂質，PLD：ホスホリパーゼD，TG：トリアシルグリセロール）

ルグリセロールプールは生合成ないし血漿由来，後述）の加水分解に続くリン脂質誘導体とジアシルグリセロールトランスフェラーゼによる再エステル化により形成される．VLDL2形成に用いられなかったトリアシルグリセロールは細胞質の油滴に再回収される．ERで粒子形成されたあとVLDL2はコートタンパク質II coat protein II（COPII，49章参照）によりゴルジ体に運ばれ，そこでトリアシルグリセロールに富んだ脂質粒子に融合して**VLDL1となる**[17]．**ADP-ribosylation factor-1（ARF-1）**というGTP結合タンパク質により活性化されるホスホリパーゼDのはたらきで生成するホスファチジン酸がトリアシルグリセロールに富んだ粒子やVLDL2の形成には必要である．VLDL2の中には粒子融合[18]を経ずに分泌されるものもあるが，ほとんどはVLDL1の形で細胞から出て行く．この"原始"VLDLはHDLからアポリポタンパク質CやEを獲得してVLDLとなる[19]．

VLDLの生成に供されるトリアシルグリセロールは，遊離脂肪酸（FFA）から合成される．利用される脂肪酸はおそらく2つの源から供給される．（1）肝内で主として炭水化物に由来した**アセチル-CoA acetyl-CoA**から新規に合成される脂肪酸（おそらくヒトにとっては重要でない）と，（2）循環血液中から取り込んだ**FFA**である．最初の源は，飽食状態で脂肪酸合成が高く循環するFFAのレベルが低いとき主体をなす．トリアシルグリセロールはこのような条件下では肝臓には蓄積しないので，それは合成されるとすぐ肝臓からVLDLになって輸送される．飢餓状態，高脂肪食の摂取や糖尿病で肝臓の脂質合成が阻止されると，循環血液からのFFAが主要源となる．肝臓によるトリアシルグリセロールの合成とVLDLの分泌をともに亢進する因子は，（1）飢餓状態よりむしろ飽食状態，（2）炭水化物含量の高い食物（とくに，スクロースやフルクトースが含まれているもの）の摂取（この場合には脂質合成や脂肪酸のエステル化の速度が高まる），（3）循環するFFA

17）　訳者注：アポB含有粒子が脂肪滴と"融合"するという証拠はない．
18）　訳者注：前注のとおり融合の証拠はない．

19）　訳者注：VLDL形成の機序については十分に検証されていないため，適切な記述とはいえない．

の高レベル，（4）エタノールの摂取，（5）高濃度のインスリンと低濃度のグルカゴンの存在下での脂肪酸の合成やエステル化の促進，また脂肪酸酸化の阻止，などである．

インスリンはアポ B100 の合成を阻害し，また VLDL2 が大量のトリアシルグリセロールと融合して VLDL1 になるのを阻害して，肝臓からの VLDL 分泌を抑制する．その他の肝臓における VLDL の形成を抑制する因子は，ARF-1 を阻害する抗生物質ブレフェルジン A，血糖低下スルホニル尿素剤であるトルブタミド，食事中の ω3 脂肪酸（21 章参照），ピリミジン合成の中間体でトリアシルグリセロール加水分解を低下させるオロト酸などで（33 章参照），これらはすべてトリアシルグリセロールの分解を低下させる[20]．MTP 遺伝子の欠損は MTP を低下させる．肝臓における VLDL 産生の制御は複雑であり，多くの内分泌因子，栄養因子の相互作用がかかわり，十分には解明されていない．

臨床との関連

トリアシルグリセロール生成と輸出の速度の不均衡は脂肪肝を引き起こす[21]

いろいろな理由で，脂質はおもにトリアシルグリセロールとして肝臓に蓄積することがある．大量に蓄積すると**脂肪肝 fatty liver** を引き起こし，それは病的状態とみなされる．**非アルコール性脂肪性肝疾患 nonalcoholic fatty liver disease（NAFLD）[22]** は世界中で最もよく見られる肝障害である．さらに，脂質の蓄積が慢性的になると肝細胞に炎症性の線維化が起こって，**非アルコール性脂肪性肝炎 nonalcoholic steatohepatitis（NASH）[22]** を引き起こし，**肝硬変 cirrhosis，肝細胞がん hepatocarcinoma，肝不全 liver failure** へと進行する．

脂肪肝は 2 種類に分けることができる．第一のタイプは**血漿遊離脂肪酸 FFA のレベルの上昇**と関係があ

り，それは脂肪組織からの脂肪の動員や肝外組織のリポタンパク質リパーゼによるリポタンパク質のトリアシルグリセロールの加水分解によるものである．この場合，VLDL 生成が FFA の流入とエステル化の増加に追いつかなくなってトリアシルグリセロールが蓄積するようになり，結果として脂肪肝を引き起こすことになる．これは**飢餓 starvation** や**高脂肪食 high-fat diet** の摂取で生ずる．VLDL の分泌能もまた，たとえば飢餓などによって障害を引き起こす．重症の**糖尿病 diabetes mellitus，双子仔ヒツジ病 twin lamb disease**，そして**ウシのケトーシス ketosis in cattle** では脂肪の浸潤が非常に激しく，おそらく，肝機能障害を伴った肉眼的には蒼白（脂肪の出現）で肥大した肝臓となっている．

脂肪肝の第二のタイプでは，一般に，**血漿リポタンパク質の生成の代謝障害**によって，トリアシルグリセロールが蓄積するようになる．理論的にはその病変は，（1）アポリポタンパク質の合成の遮断，（2）脂質とアポリポタンパク質からリポタンパク質合成の遮断（あるいは VLDL に組み込まれる前に分解の促進），（3）リポタンパク質に存在するリン脂質の供給の欠陥，および（4）リポタンパク質の分泌機構自体の欠陥などによっている．

ある種の脂肪肝は**コリン choline** の欠乏によって引き起こされ，ラットで広く研究されている．そのためコリンは**脂肪肝防止因子 lipotropic factor** とよばれるようになってきた．**オロト酸 orotic acid** もまた脂肪肝を引き起こす．これはリポタンパク質の糖鎖付加を阻害し，その結果，VLDL の放出が抑えられ，そのリポタンパク質粒子へのトリアシルグリセロールの動員を障害するのであろう．ビタミン E の欠乏は，コリン欠乏型脂肪肝の肝壊死を亢進する．ビタミン E および**セレン selenium** を含む化合物の添加は，脂質の過酸化に抗して防止効果がある．タンパク質欠乏のほかに，必須脂肪酸やビタミンの欠乏（たとえば，リノール酸，ピリドキシン，パントテン酸）は肝臓の脂肪浸潤を引き起こすことがある．

エタノールもまた脂肪肝を引き起こす

アルコール脂肪肝 alcoholic fatty liver はアルコール性肝疾患 alcoholic liver disease（ALD）の第 1 段階であり，**アルコール依存症 alcoholism** によって起こり，最終的に**肝硬変 cirrhosis** へと進む．肝臓への脂肪の蓄積は，脂肪酸酸化の障害と脂質合成の亢進が組み合わされて引き起こされる．それは肝臓における ［NADH］/

20）訳者注：ブレフェルジン A，トルブタミド，オロト酸などの効果は非生理的な実験結果によっている．

21）訳者注：この項の記述は，本章 297 ページ左段の記述に対応しているように見えるが，いずれも肝細胞における過剰余剰エネルギーの脂肪酸への転換を無視している．過剰のエネルギー摂取（主として糖質）はおもに肝細胞で脂肪に合成される（たとえば，フォアグラ）．

22）訳者注：欧州肝臓学会 2023 で，NAFLD は MAFLD（metabolic dysfunction-associated steatptoc liver disease），NASH は MASH（metabolic dysfunction-associated steatohepatitis）と新病名が提唱された．

［NAD$^+$］酸化還元電位の変化とその経路に関する酵素の発現を調節する転写因子の作用の阻止にもよると考えられる．**アルコールデヒドロゲナーゼ alcohol dehydrogenase** によるエタノールの酸化は NADH の過剰な産生をもたらすのである．この NADH は，呼吸鎖において脂肪酸のようなほかの基質に由来する同様の還元型補酵素と競合する．その結果これらの基質の酸化を阻止し，トリアシルグリセロール由来の脂肪酸のエステル化を高めることになり，脂肪肝の原因となるのである．エタノールの酸化はアセトアルデヒドを生ずることになり，これは**アルデヒドデヒドロゲナーゼ aldehyde dehydrogenase** によって酸化され，酢酸を生成する．［NADH］/［NAD$^+$］比の増加はまた［乳酸］/［ピルビン酸］比を増加させることになり，その結果，**高乳酸血症 hyperlactacidemia** を生じ，尿酸の排泄を低下させ，**痛風 gout** を悪化させることになる．

エタノール代謝のいくらかは NADPH と O_2 を含むシトクロム P450 依存性のミクロソームのエタノール酸化系（MEOS）を介して行われる．この酸化系は**慢性アルコール中毒 chronic alcoholism** では活性が増加し，これが，この中毒症でエタノールの代謝的除去が亢進しているのを説明しているのかもしれないし，また ALD の進展の促進をしているかもしれない．エタノールはまた，ある種の薬物，たとえば，バルビツール酸の代謝をシトクロム P450 依存酵素に対する競合によって阻止する．

東洋人とアメリカ先住民のなかには，ミトコンドリアのアルデヒドデヒドロゲナーゼの遺伝的欠損のために，アルコールを摂取するとアセトアルデヒドによる健康障害が増強するものがある．

脂肪組織は身体におけるトリアシルグリセロールの主要な貯蔵庫である

トリアシルグリセロールは脂肪組織に大型の脂肪滴 lipid droplet として貯蔵され，常に脂肪分解（加水分解）と再エステル化を受けている．これら 2 つの過程は，異なる反応物と酵素が関与しているまったく別の経路である．これにより，多くの栄養，代謝，また内分泌性の要因によって，エステル化や脂肪分解の過程が別々に調節されるようになっている．これら 2 つの反応過程の進行のバランスが，脂肪組織中の FFA プールの大きさを決定し，同時に血漿中を循環する FFA のレベルを決定することにもなる．この後者のレベルは他の組織，とくに，肝臓や筋肉の代謝に最も著しい影響を与えるので，脂肪組織における FFA の流出量の調節要因は，脂肪組織ばかりでなくほかにも強く影響を及ぼすのである．さらに過去 20 年ほどの間に，脂肪組織が**アディポカイン adipokine** として知られる**レプチン leptin** や**アディポネクチン adiponectin** などのホルモンを分泌することが発見され，その内分泌器官としての役割が認識されるようになった．レプチンはエネルギー利用の促進と摂食の制限を介してエネルギー代謝平衡を制御する．その欠乏が起こると摂食行動の制御が効かなくなり，肥満となる．アディポネクチンは肝臓や筋肉における糖と脂質の代謝を調節し，組織のインスリン感受性を高める．

グリセロール 3-リン酸の供給はエステル化を調節し，脂肪分解はホルモン感受性リパーゼによって制御される

トリアシルグリセロールはアシル-CoA とグリセロール 3-リン酸から合成される（図 24-2 参照）．脂肪組織は酵素の**グリセロールキナーゼ glycerol kinase** を発現しないので，グリセロール 3-リン酸の供給のためにグリセロールを利用することができず，グルコースから解糖作用を経て供給されなければならない（**図 25-7**）．

トリアシルグリセロールは**ホルモン感受性リパーゼ hormone-sensitive lipase** によって加水分解され，遊離脂肪酸（FFA）とグリセロールを生ずる．このリパーゼは，肝外組織に取り込まれる前のリポタンパク質のトリアシルグリセロールの加水分解を触媒するリポタンパク質リパーゼとは異なったものである（前述）．グリセロールは脂肪組織内では利用できないので，血中へ拡散し，活発なグリセロールキナーゼをもつ肝臓や腎臓のような組織に輸送され取り込まれる．一方，脂肪分解によって生じた FFA は，脂肪組織内で**アシル-CoA シンテターゼ acyl-CoA synthetase** によってアシル-CoA へ再合成され，グリセロール 3-リン酸とともに再エステル化されてトリアシルグリセロールを生成する．それゆえ，**脂肪組織内では脂肪分解と再エステル化が連続的なサイクルを形成している**（図 25-7）．しかし，再エステル化の速度が脂肪分解の速度を下回ると FFA が蓄積され，それが血漿へ拡散してアルブミンと結合し，血漿遊離脂肪酸の濃度を上昇させることになる．

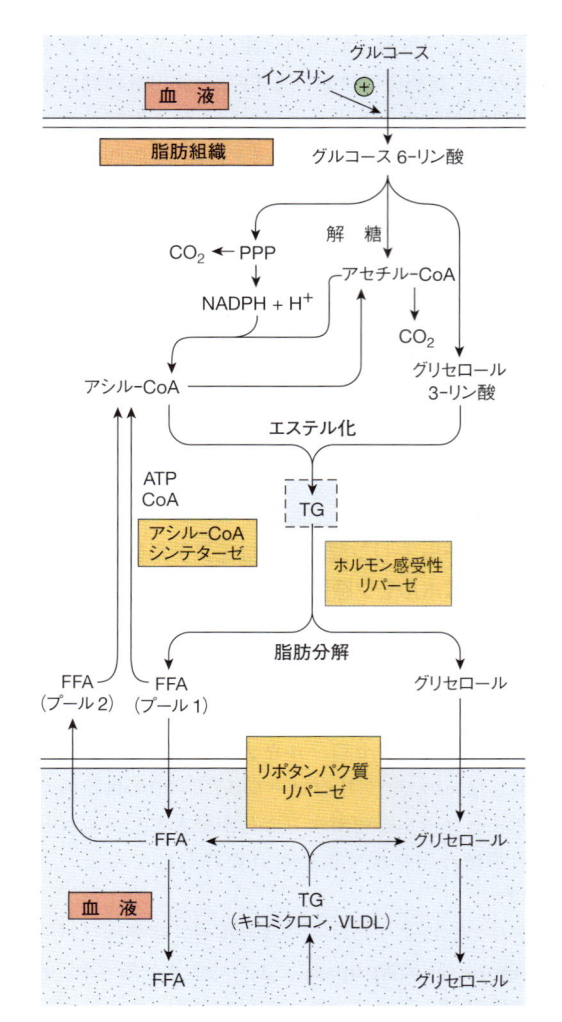

図 25-7. 脂肪組織のトリアシルグリセロール代謝
ホルモン感受性リパーゼは ACTH, TSH, グルカゴン, ア
ドレナリン, そしてノルアドレナリンによって活性化され,
また, インスリン, プロスタグランジン E_1, そしてニコチ
ン酸によって阻害される. 解糖作用の中間体からのグリセ
ロール 3-リン酸の生成についての詳細は図 24-2 を参照.
(FFA:遊離脂肪酸, PPP:ペントースリン酸経路, TG:ト
リアシルグリセロール, VLDL:超低密度リポタンパク質)

増加したグルコース代謝は遊離脂肪酸の流出を減少する

　脂肪組織によるグルコースの利用が増加するように
なると, FFA の流出は減少する. しかし, グリセロー
ルの放出は続くので, グルコースの効果は脂肪分解の
速度の低下によるものではないことを示す. このグル
コースの効果は FFA のエステル化を促進するグリセ
ロール 3-リン酸の供給増加によるものである. グル
コースは, 脂肪組織内ではアセチル-CoA を経て CO_2

に至る酸化系, ペントースリン酸経路での酸化系, 長
鎖脂肪酸への転換 (アセチル-CoA を経て), そしてグ
リセロール 3-リン酸を経たアシルグリセロールの生
成など, いくつかの経路を取り得るのである (図 25-
7). グルコースの利用率が高いときには, 吸収量のか
なりの部分が CO_2 まで酸化され, 同時に脂肪酸に転換
されるのである. しかしながら, 利用されるグルコー
スの総量が減少するにつれて, グルコースのかなりの
部分が, アシル-CoA のエステル化によるトリアシル
グリセロール産生のためのグリセロール 3-リン酸の
産生に向けられるようになり, 結局, これが脂肪組織
からの FFA の流出を最小限に抑えることになる.

ホルモンは脂肪動員を調節する

脂肪組織における脂肪分解はインスリンにより抑制される

　脂肪組織から FFA が放出される速度は, エステル化
の速度, あるいは脂肪分解の速度に影響を与える多く
のホルモンによって支配されている. **インスリン
insulin** は脂肪組織からの FFA の放出が阻害され, 血
漿遊離脂肪酸の低下を引き起こすことになる. インス
リンはまた, 脂質合成とアシルグリセロールの合成を
促進し, ペントースリン酸経路を経て CO_2 に至るまで
のグルコースの酸化を増大させるのである. これらの
効果はすべて, グルコースが存在することを前提とす
る. それゆえ, インスリンの効果は, 脂肪細胞へ多量
のグルコースを **グルコース輸送体 4 glucose trans-
porter (GLUT) 4** を介して取り込ませることにあると
解釈できる. さらに, インスリンはピルビン酸デヒド
ロゲナーゼ, アセチル-CoA カルボキシラーゼ, グリ
セロールリン酸アシルトランスフェラーゼなどの酵素
を活性化し, そして, グルコースの取り込みの増加が
脂肪酸やアシルグリセロール合成の促進に及ぼす効果
を強化することになる. これら 3 種の酵素は, リン酸
化と脱リン酸化機構によって協同的に制御されている
(17 章, 23 章, 24 章参照).

　脂肪組織でのインスリンの主要な作用は **ホルモン感
受性リパーゼ hormone-sensitive lipase** の活性を抑え
ることである. その結果, FFA の放出が減少するのみ
ならずグリセロールの放出も減少するのである. 脂肪
組織はほかの多くの組織よりインスリンに対する感受
性がはるかに高く, したがって生体内におけるインス
リンの作用を受ける主要な部位の 1 つである.

いくつかのホルモンは脂肪分解を促進する

　ほかのホルモンは，脂肪組織からの FFA の放出を加速させ，また，貯蔵トリアシルグリセロールの脂肪分解の速度を増大させて血漿遊離脂肪酸の濃度を上昇させる（**図25-8**）．これらのホルモンは，アドレナリン（エピネフリン），ノルアドレナリン（ノルエピネフリン），グルカゴン，副腎皮質刺激ホルモン（ACTH），甲状腺刺激ホルモン（TSH），成長ホルモン（GH），などである．これらのホルモンの多くはホルモン感受性リパーゼを活性化する．これら脂肪分解過程のほとんどが，最適の効果を現すにはグルココルチコイド **gluco-corticoid** と甲状腺ホルモン **thyroid hormone** の存在を必要とする．これらのホルモンはほかの脂肪分解内分泌因子に関しては促進的 **facilitatory**，あるいは許容的（じゃまをしない）**permissive** に作用する．

　脂肪分解を促進する作用に迅速にはたらくホルモン，つまり，カテコールアミン（アドレナリンとノルアドレナリン）は ATP を cAMP に変える酵素，アデニル酸シクラーゼ **adenylate cyclase** を活性化することによって脂肪分解を促進する．その作用機構はグリコーゲン分解を刺激するホルモンの作用機構と類似している（18

章参照）．また，cAMP は，**cAMP 依存性プロテインキナーゼ cAMP-dependent protein kinase** を刺激して，ホルモン感受性リパーゼを活性化する．したがって，cAMP を分解したり，あるいは保存したりする過程が脂肪分解に影響することになる．cAMP はサイクリック 3′,5′-ヌクレオチドホスホジエステラーゼ **cyclic 3′,5′-nucleotide phosphodiesterase** によって 5′-AMP に分解される．この酵素はカフェイン **caffeine** やテオフィリン **theophylline** のようなメチルキサンチンによって阻害される．インスリン **insulin** は脂肪分解ホルモンの効果と拮抗する．脂肪分解は，インスリンの濃度変化に対してグルコースの利用やエステル化反応より敏感であると考えられている．インスリンの脂肪分解制御作用は，ニコチン酸やプロスタグランジン E_1 と同様に G_i タンパク質を介してはたらくアデニル酸シクラーゼ部位での cAMP 合成の阻害で説明できそうである．インスリンはまたホスホジエステラーゼとホルモン感受性リパーゼを不活化するリパーゼホスファターゼとを刺激する．成長ホルモンの脂肪分解を促進する効果は cAMP の生成に関与するタンパク質の合成に依存している．グルココルチコイドは cAMP 非依存性経路による新しいリパーゼタンパク質の合成

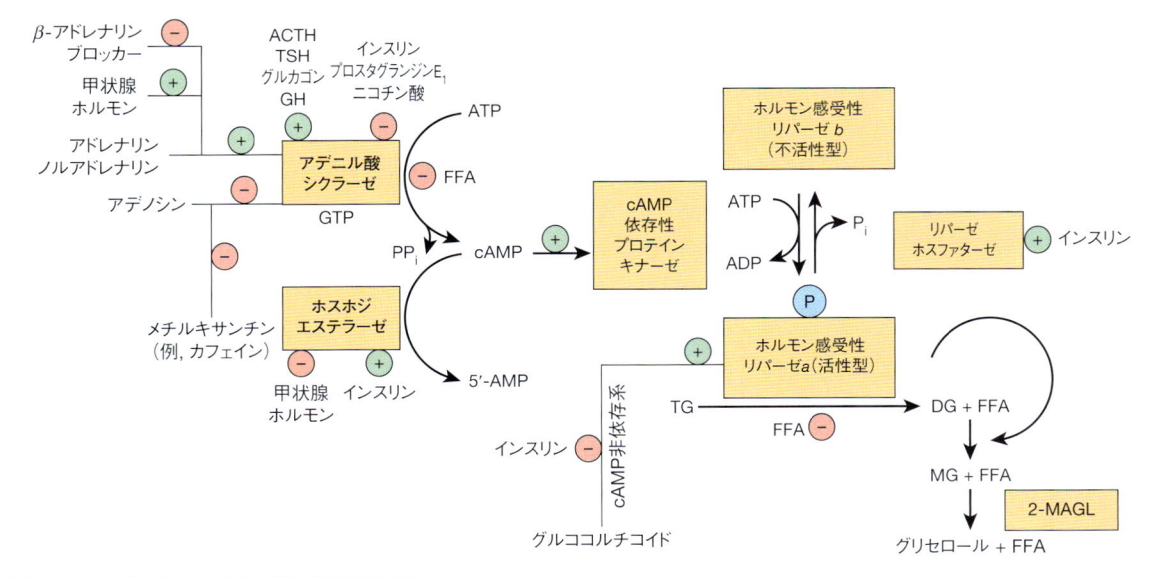

図25-8. 脂肪組織における脂肪分解の調節
ホルモン感受性リパーゼ（HSL）は cAMP プロテインキナーゼ（AMPK）によりリン酸化され活性化される．cAMP はアデニルサイクラーゼによって生成しホスホジエステラーゼにより分解される．脂質分解刺激は，刺激ホルモンの除去，リパーゼ脱リン酸化酵素の働き，高濃度の遊離脂肪酸によるリパーゼやアデニルサイクラーゼの阻害やホスホジエステラーゼによるcAMP の除去などにより，"スイッチが切られる"．アドレナリン（エピネフリン）とノルアドレナリン（ノルエピネフリン）のアデニルサイクラーゼ刺激効果は β アドレナジック阻害剤によって昂進し，甲状腺ホルモンによって阻害される．同様に，メチルキサンチンはアデノシンによる酵素阻害を妨害する．正（⊕）および負（⊖）の制御効果．（2-MAGL：2-モノアシルグリセロールリパーゼ，ACTH：副腎皮質刺激ホルモン，DG：ジアシルグリセロール，FFA：遊離脂肪酸，GH：成長ホルモン，MG：モノアシルグリセロール，TG：トリアシルグリセロール，TSH：甲状腺刺激ホルモン）

を介して脂肪分解を促進するが，その経路はインスリンによって，また cAMP の信号の連鎖的反応にあずかる遺伝子の転写の促進によっても阻害されるかもしれない．これらの知見は下垂体と副腎皮質が脂肪の動員を促進する役割を説明するのに都合がよい．交感神経系は，脂肪組織にノルアドレナリンを遊離して，FFA の動員に中心的な役割を果たしている．したがって，前述した多くの因子によって引き起こされる脂肪分解の亢進は脂肪組織の神経切除，あるいは神経節の遮断によって減少させたり停止させたりすることができる．

ペリリピンは脂肪組織におけるトリアシルグリセロール蓄積と脂肪分解のバランスを制御する

脂肪細胞における脂肪滴の形成にかかわるタンパク質である**ペリリピン perilipin** は，蓄積したトリアシルグリセロールへの種々の脂肪分解酵素のアクセスを妨げ，脂肪分解反応を阻害する．しかし，トリアシルグリセロール分解を促進するホルモンによる刺激によりこのタンパク質はリン酸化されて立体構造が変化し，脂肪滴表面をホルモン感受性リパーゼにさらして，脂肪分解を促進する．ペリリピンは，このように，生体の必要性に応じトリアシルグリセロールの蓄積と分解を調節する．

褐色脂肪組織は熱発生を促進する

褐色脂肪組織（BAT）は，**熱産生 thermogenesis** にかかわる代謝に特化した脂肪組織である．したがって，冬眠からの覚睡時，寒冷曝露（非ふるえ熱産生），新生児における熱産生など，ある種の動物では強く活性化される．目立つ組織ではないが，正常なヒトにも存在する．BAT の特徴は，血液供給が発達しており，ミトコンドリアとシトクロムに富んでいて，ATP 合成酵素の活性は低い．代謝の重点はブドウ糖と脂肪酸の酸化に置かれている．交感神経末端から**ノルアドレナリン（ノルエピネフリン）** が放出されこの組織における脂質の加水分解の昂進と循環血中のトリアシルグリセロールに富むリポタンパク質の利用を促進するためのリポタンパク質リパーゼの合成増加に重要である．この組織のミトコンドリアにおける酸化とリン酸化は共役されておらず，これは熱産生性の脱共役タンパク質サーモゲニン［脱共役タンパク質 1 uncoupling protein 1 (UCP1) とよばれる］の存在によるもので，リン酸化は起こるがそれは基質レベル，たとえば解糖系における

コハク酸チオキナーゼなどである．このように，**酸化は多くの熱を産生するが ATP としての自由エネルギー蓄積はほとんど起こらない**．サーモゲニンはミトコンドリア膜をはさんだ電気化学ポテンシャルを消散

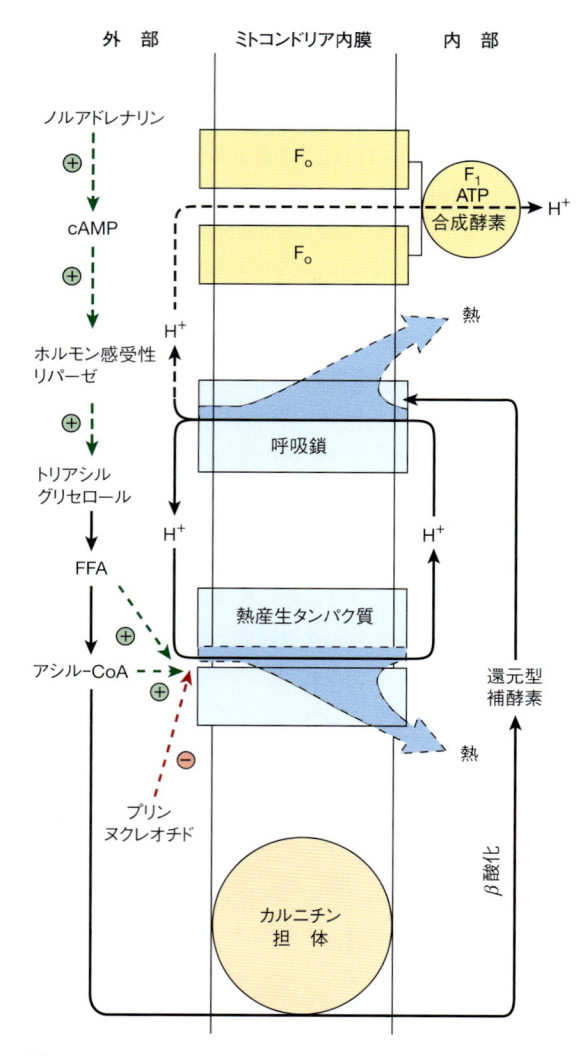

図 25-9. 褐色脂肪組織における熱発生の機構
呼吸鎖の活性はミトコンドリアマトリックスから内外膜間腔への水素イオンの移動を引き起こす（図 13-7 参照）．褐色脂肪組織のサーモゲニン（UCP1）は ATP 合成酵素 ATP synthase のモーター（F_1）を通さずに水素イオンをマトリックスに還流させることができ，エネルギーは ATP に蓄積されず熱となって消散する．この熱発生タンパク質を介してのプロトン（H^+）の移動は，褐色脂肪組織が刺激を受けていないときは，プリンヌクレオチドによって阻害を受ける．しかし，ノルアドレナリンの影響下にあるときは，この阻害は遊離脂肪酸とアシル-CoA の生成によって解除される．アシル-CoA には，熱発生タンパク質の作用を助けるはたらきと，呼吸鎖に還元型補酵素を供給するはたらきの，二重のはたらきがあることに注目してほしい．（⊕）あるいは（⊖）は正負の調節効果を表している．

させる水素イオン伝導経路としてはたらく（**図 25-9**）．最近の研究によって，BAT の活性は体脂肪量に反比例することが示され，肥満やその関連代謝異常の治療標的としての可能性が期待されている．

まとめ

■ 非極性脂質は水に不溶性なので，水性の血漿で各組織間を輸送されるには，両親媒性脂質やタンパク質と結合して，水と混合できるリポタンパク質を形成しなければならない．

■ リポタンパク質には，次の主たる 4 群が認められている．キロミクロンは消化と吸収に由来する脂質を輸送する．VLDL は肝臓からのトリアシルグリセロールを輸送する．LDL はコレステロールを組織へ供給する．そして HDL はコレステロール逆輸送として知られる過程で，組織からコレステロールを除去し，それを排出するために肝臓に戻す．

■ キロミクロンと VLDL はそれらのトリアシルグリセロールが加水分解されることによって代謝され，リポタンパク質レムナントは血液循環中に残る．これらは肝臓によって取り込まれるが，VLDL に由来するレムナント（IDL）の一部は LDL になって LDL 受容体を介して肝臓やその他の組織によって取り込まれる．

■ アポリポタンパク質はリポタンパク質のタンパク質部分を構成している．それらは酵素のアクチベーター（たとえば，アポ C-Ⅱとアポ A-Ⅰ）として，あるいは，細胞受容体のリガンド（たとえば，アポ A-Ⅰ，アポ E，そしてアポ B100）としてはたらく[23]．

■ トリアシルグリセロールは脂肪組織の主要な貯蔵脂質である．その動員にあたって，遊離脂肪酸（FFA）とグリセロールは放出される．FFA は重要な燃料源である．

■ 褐色脂肪組織は“非ふるえ熱産生 nonshivering thermogenesis”の場所である．それは冬眠や生まれたばかりの動物に見られ，ヒトでも存在している．この産熱はミトコンドリア内膜に存在する脱共役タンパク質 UCP1（サーモゲニン）の存在による．

文　献

Eljamil AS: *Lipid Biochemistry: For Medical Sciences*. iUniverse, 2015.

Francis G: High density lipoproteins: metabolism and protective roles against atherosclerosis. In *Biochemistry of Lipids, Lipoproteins and Membranes*, 6th ed. Ridgway N, McLeod R (editors). Academic Press, 2015:437-459.

McLeod RS, Yao Z: Assembly and secretion of triacylglycerol-rich lipoproteins. In *Biochemistry of Lipids, Lipoproteins and Membranes*, 6th ed. Ridgway N, McLeod R (editors). Academic Press, 2015:460-488.

23）　訳者注：この項の既述は必ずしも正確でない．本文の各訳者注を参照のこと．

コレステロールの合成，輸送および排泄 26

Cholesterol Synthesis, Transport, & Excretion

学 習 目 標
本章習得のポイント

- コレステロールについて，細胞膜の本質的な構成要素であることと生体のすべての他のステロイドの前駆体となることを理解し，コレステロール胆石や動脈硬化症の発症における病理学的役割を説明する．

- アセチル–CoA からコレステロールを合成する 5 つの段階を示す．

- 3-ヒドロキシ-3-メチルグルタリル–CoA レダクターゼ（HMG–CoA レダクターゼ）のコレステロール合成速度制御における役割を理解し，その活性制御の機序を説明する．

- 細胞においてコレステロール代謝平衡が厳密に制御されていることを理解し，それを維持する因子を説明する．

- キロミクロン，超低密度リポタンパク質（VLDL），低密度リポタンパク質（LDL），高密度リポタンパク質（HDL）などの血漿リポタンパク質が血漿中で組織間のコレステロール輸送を担う役割を説明する．

- 哺乳類の 2 つの基本的胆汁酸の種類をあげ，それらが肝臓においてコレステロールから合成される主要な経路を示す．

- 胆汁酸について，脂肪の消化吸収においてのみならず，コレステロールの主たる排泄機構としての重要性を理解する．

- 腸内細菌によって一次胆汁酸から二次胆汁酸が合成される機序を理解する．

- "腸肝循環"とは何か，それがなぜ重要かを説明する．

- 食事や生活習慣，あるいはリポタンパク質画分など血漿コレステロール濃度に影響を与え，その結果冠動脈疾患のリスクに影響するさまざまな因子を理解する．

- リポタンパク質の増加や減少を招く代謝病態を起こす遺伝性・非遺伝性の条件の実例を示す．

生物医学的重要性

コレステロールは組織や血漿中では，遊離コレステロールまたはコレステリルエステル（コレステロールエステル）のような長鎖脂肪酸と結合した貯蔵型として存在している．血漿中では両者ともリポタンパク質として輸送される（25 章参照）．コレステロールは両親媒性の脂質であり，また，膜や血漿リポタンパク質の外層に必須の構築成分であって，その透過性や流動性を適正に維持するのに重要である（40 章参照）．さらに，多くの組織においてアセチル–CoA から合成され，また，**コルチコステロイド corticosteroid**，**性ホルモン sex hormone**，**胆汁酸 bile acid**，**ビタミン D vitamin D** を含む体内のほかのすべてのステロイドの前駆体となる．コレステロールは典型的な動物代謝産物であり，卵黄，肉，肝臓，それに脳のような動物由来の食物に含まれている．血漿**低密度リポタンパク質 low-density lipoprotein**（LDL）は，コレステロールやコレステリルエステルを多くの組織に供給する運搬体である．遊離コレステロールは組織から血漿**高密度リポタンパク質 high-density lipoprotein**（HDL）によって除去され，肝臓へ輸送され，そこでコレステロールはそのまま，あるいは胆汁酸に変わった後，体内から排泄される．この過程は**コレステロール逆輸送 reverse cholesterol transport**（25 章参照）として知られる．コレステロールは**胆石 gallstone** の主成分であるが，コレステロールの主たる病理学的役割は，脳血管，冠動脈および末梢血管の病気を引き起こす**アテローム性動脈硬化症 atherosclerosis** の進展因子であることである．

コレステロールはアセチル–CoA から生合成される

　生体のコレステロールの半分強は合成によってつくられており（約 700 mg/d），残りは平均的な食事によって補給されている[1]．ヒトでは肝臓と腸がコレステロールの生合成の約 10% をそれぞれ占めている．原則として，有核細胞をもっているすべての組織はコレステロールを合成する能力がある．合成は細胞の小胞体とサイトゾルの画分で行われる．

アセチル–CoA はコレステロールの全炭素原子の源である

　コレステロールは炭素 27 個の化合物で，4 つの環と側鎖からなる（図 21-19 参照）．コレステロールは長い経路をかけてアセチル–CoA から合成される．コレステロールの生合成は 5 段階に分けられる．（1）アセチル–CoA からメバロン酸 mevalonate の合成（**図 26-1**）．（2）メバロン酸からの CO_2 の消失によるイソプレノイド単位 isoprenoid unit の形成（**図 26-2**）．（3）6 個のイソプレノイド単位の縮合によるスクアレン squalene の生成（図 26-2）．（4）スクアレンの閉環によるステロイドの母体であるラノステロール lanosterol の生成（**図 26-3**）．（5）ラノステロールからのコレステロール生成（図 26-3）である．

　第 1 段階——メバロン酸の生合成：HMG–CoA（3-ヒドロキシ-3-メチルグルタリル–CoA）はケトン体を合成するミトコンドリアでの反応によって生成する（図 22-7 参照）．しかしながら，コレステロールの合成はミトコンドリア外で起こるから，この 2 つの経路はもともとは別のものである．初めに 2 分子のアセチル–CoA は細胞質のチオラーゼ thiolase 酵素の触媒によって縮合し，アセトアセチル–CoA を生成する．アセトアセチル–CoA は，さらにもう 1 分子のアセチル–CoA と HMG–CoA シンターゼ HMG–CoA synthase の触媒によって縮合し，HMG–CoA を生ずる．そしてこれは **HMG–CoA レダクターゼ HMG–CoA reductase** に触媒される反応によって，NADPH による還元を受けて**メバロン酸 mevalonate** となる．この最後の段階がコレステロール合成経路の主要な律速段階であり，コレ

---

1)　訳者注：これは一般的な西欧の食生活を念頭においたものである．また，生体での合成量も個体により大きく異なる．

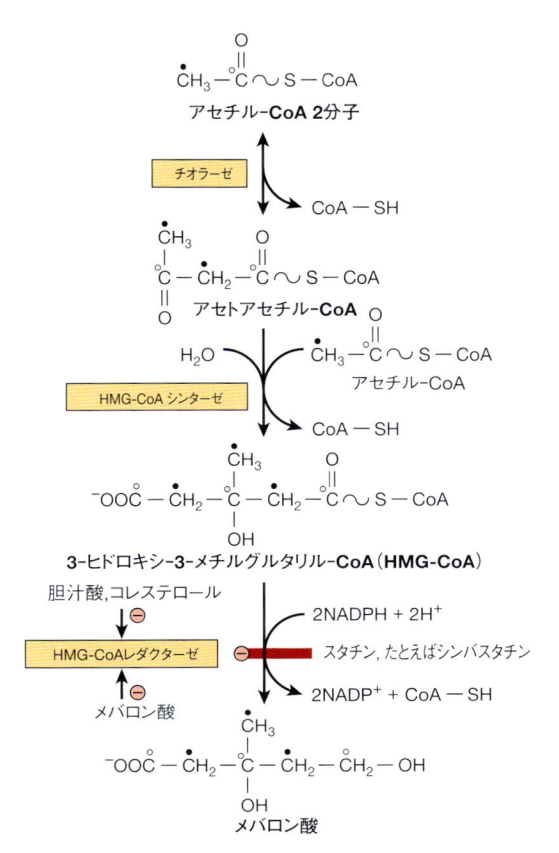

図 26-1. メバロン酸の生合成
HMG–CoA レダクターゼはスタチンによって阻害される．白と黒の丸印はアセチル–CoA のアセチル基の各炭素の由来を示している．

ステロール低下剤である HMG–CoA レダクターゼ阻害剤（スタチン）の最も効果を発揮する作用部位である（図 26-1）．

　第 2 段階——イソプレノイド単位の生成：メバロン酸は 3 種のキナーゼによって ATP により順にリン酸化され，そして活性イソプレノイド単位の脱炭酸反応によって（図 26-2），**イソペンテニル二リン酸 isopentenyl diphosphate** を形成する．

　第 3 段階——6 つのイソプレノイド単位はスクアレンを生成する：イソペンテニル二リン酸はその二重結合の位置が変わって異性化により**ジメチルアリル二リン酸 dimethylallyl diphosphate** を生ずる．次に，もう 1 分子のイソペンテニル二リン酸と縮合して炭素 10 個の中間体である**ゲラニル二リン酸 geranyl diphosphate** を生成する（図 26-2）．さらに，イソペンテニル二リン酸との縮合によって，**ファルネシル二リン酸 farnesyl diphosphate** が生じる．続いて，2 分子のファルネシル二リン酸が二リン酸の末端で縮合して**スクア**

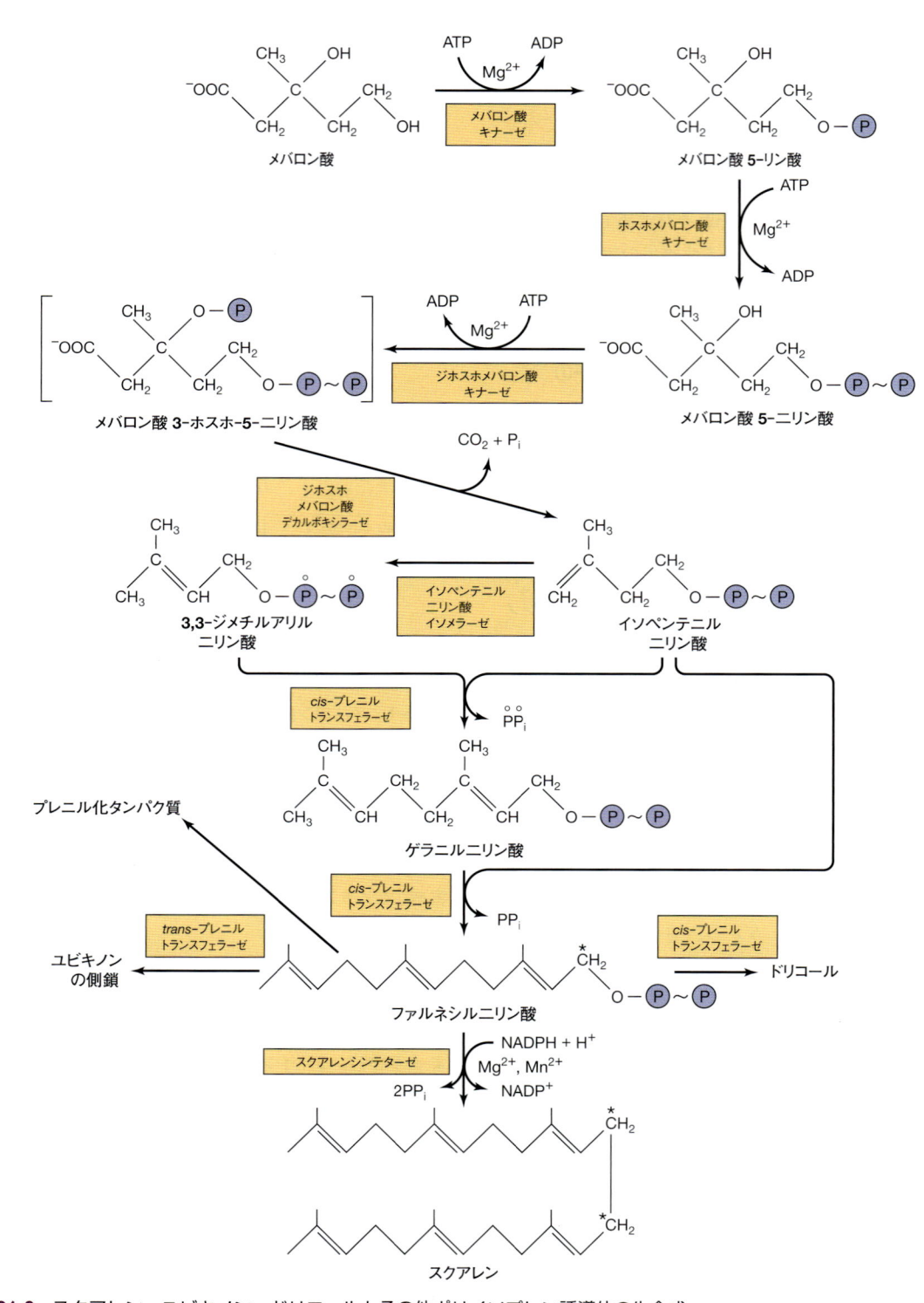

図 26-2. スクアレン，ユビキノン，ドリコールとその他ポリイソプレン誘導体の生合成

1 個のファルネシル残基がシトクロムオキシダーゼのヘム *a* の中に存在する．★をつけた炭素はスクアレンの C_{11} と C_{12} になる．Ⓟはゲラニルリン酸生成時に除かれる PP_i を指す．スクアレンシンターゼはミクロソーム酵素である．示されているすべてのほかの酵素は可溶性のサイトゾルのタンパク質である．また，ある酵素はペルオキシソームにある．（HMG-CoA：3-ヒドロキシ-3-メチルグルタリル-CoA）

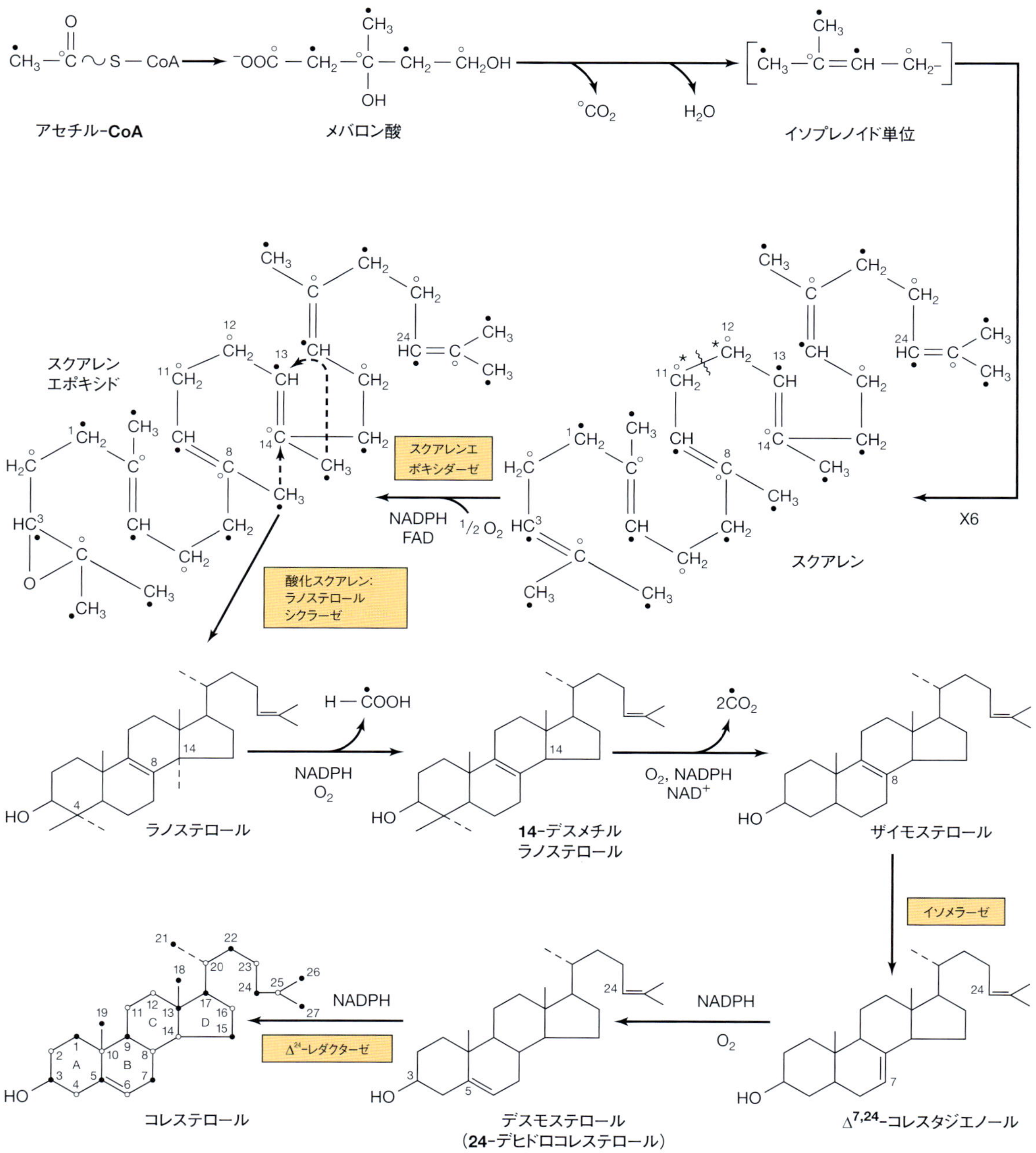

図 26-3. コレステロールの生合成
数字はステロイド核における炭素原子の位置の番号である. 白と黒の丸印はアセチル-CoA とアセチル基の各炭素のゆくえを示している. (★は図 26-2 のスクアレンの記号を参考のこと)

レン squalene を生成する. 初めに無機ピロリン酸がはずれ, プレスクアレン二リン酸ができ, さらに, NADPH により還元を受けて残りの無機ピロリン酸分子がはずれることになる. ファルネシル二リン酸はドリコールやユビキノンなどイソプレノイドを含む重要な化合物の生成における中間体となる (以下の議論と

図 26-2 参照).

第 4 段階──ラノステロールの生成：スクアレンはステロイド核によく似た構造に折りたたまれる (図 26-3). 閉環が起こる前に, スクアレンは小胞体の混合機能オキシダーゼである**スクアレンエポキシダーゼ** squalene epoxidase によって 2,3-エポキシドに変わる.

次に，**オキシドスクアレン：ラノステロールシクラーゼ oxidosqualene:lanosterol cyclase** によって触媒される閉環が起こるとともに，C_{14} のメチル基が C_{13} へ転移され，C_8 のメチル基は C_{14} へ転移される．

第 5 段階──コレステロールの生成：ラノステロール lanosterol からのコレステロールの生成は小胞体の膜内で進行し，ステロイド核とその側鎖の変化がかかわっている（図 26-3）．C_{14} と C_4 のメチル基は除去されて 14-デスメチルラノステロールとなり，それからザイモステロールとなる．C_8-C_9 の二重結合がその後，2 段階を経て，C_5-C_6 の位置に移されて，**デスモステロール desmosterol（24-デヒドロコレステロール 24-dehydrocholesterol）**となる．最後に，側鎖の二重結合が還元されてコレステロールを生ずることになる．

ファルネシル二リン酸はドリコールとユビキノンを生成する

ポリイソプレノイドの**ドリコール dolichol**（図 21-22 および 46 章参照）と**ユビキノン ubiquinone**（図 13-6 参照）は 16 個までのイソペンテニル二リン酸残基（ドリコール）か，あるいは 3 から 7 個のイソペンテニル二リン酸残基（ユビキノン）が付加されることによってファルネシル二リン酸から生成される（図 26-2）．細胞膜の **GTP 結合タンパク質 GTP-binding protein** のいくつかは，ファルネシル，あるいはゲラニルゲラニル（20 炭素）残基と結合してプレニル化される．**タンパク質のプレニル化 protein prenylation** はタンパク質が脂質膜へ容易に接着するようにすると考えられ，また，タンパク質-タンパク質の相互作用や膜に会合したタンパク質の情報交換に関与しているようである．

コレステロール合成は HMG-CoA レダクターゼの調節によって制御されている

コレステロール合成は，HMG-CoA レダクターゼの段階で厳密に行われている．この酵素の活性は，反応の直接の生成物であるメバロン酸と経路の主要な産物であるコレステロールによって阻害される．したがって，食事性のコレステロール摂取の増加はその生合成，とりわけ肝臓におけるそれの抑制につながる．この制御は酵素タンパク質の合成と翻訳後修飾の両方の調節の機序で行われる．コレステロールやその代謝産物は，転写因子**ステロール調節エレメント結合タンパク質**

sterol regulatory element-binding protein（SREBP）の活性阻害を介して HMG-CoA レダクターゼ遺伝子の転写を抑制する．諸々の SREBP は，コレステロールやその他の脂質の細胞の取り込みや代謝に関与する一連の遺伝子の転写を調節するタンパク質の一族である．SREBP の活性化は，その名のようにインスリンで発現誘導され小胞体に存在するインスリン誘導遺伝子 insulin induced gene（Insig）により阻害される．Insig はまた HMG-CoA レダクターゼの分解を促進する．コレステロール合成と還元酵素の活性とともに**昼夜の変動 diurnal variation** が見られる．酵素活性の短期変化は，しかしながら，翻訳後の修飾の機序による（**図 26-4**）．**インスリン insulin** や**甲状腺ホルモン thyroid hormone** は HMG-CoA レダクターゼの活性を増加させ，一方，**グルカゴン glucagon** や**グルココルチコイド glucocorticoid** はこの活性を低下させる作用がある．この活性はリン酸化と脱リン酸反応の機構による可逆的変化であり，そのいくつかは cAMP 依存性である．したがって，グルカゴンは速やかにこの酵素を阻害する．**AMP 活性化プロテインキナーゼ AMP-activated protein kinase（AMPK, 旧称 HMG-CoA レダクターゼキナーゼ）**が HMG-CoA レダクターゼをリン酸化し不活性化する．AMPK は **AMPK キナーゼ AMPK kinase（AMPKK）**によるリン酸化と AMP によるアロステリック効果により活性化される．

組織におけるコレステロールのバランスは厳密に抑制される

種々の組織で，コレステロールのバランスはコレステロールレベルを増加させる因子と低下させる因子により厳密に維持されていて細胞内コレステロール濃度は一定に保たれている（**図 26-5**）．細胞コレステロールの増加を起こす機序は：（1）LDL 受容体や CD36 のようなスカベンジャー受容体によるコレステロール含有リポタンパク質の取り込み，（2）コレステロールに富んだリポタンパク質からの遊離コレステロールの細胞膜への取り込み，（3）コレステロールの生合成，（4）**コレステリルエステルヒドロラーゼ cholesteryl ester hydrolase** によるコレステリルエステルの加水分解である．その減少の機序は：（1）ABCA1，ABCG1 や SR-B1 などによる細胞膜から HDL へのコレステロールの流出（図 25-5 参照），（2）**ACAT**（アシル-CoA：コレステロールアシルトランスフェラーゼ）に

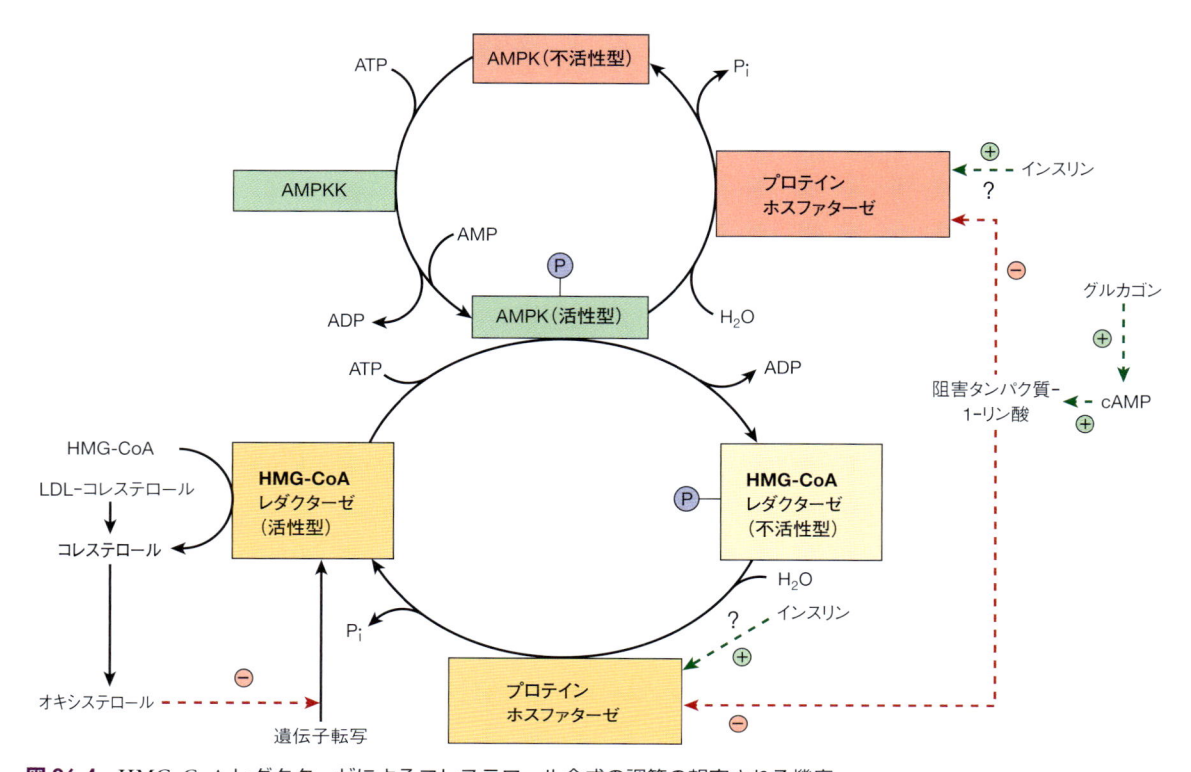

図 26-4. HMG-CoA レダクターゼによるコレステロール合成の調節の想定される機序
インスリンはグルカゴンと比べてより主要な役割をもつ．促進的⊕または抑制的⊖効果はそれぞれ緑と赤の点線矢印で示した．（AMPK：AMP 活性化プロテインキナーゼ，AMPKK：AMPK キナーゼ．★は図 18-6 を参照のこと）

よるコレステロールのアシルエステル化，(3) ステロイド産生細胞におけるステロイドホルモン合成や肝細胞における胆汁酸合成などのコレステロール分子の他のステロイド分子への転換である．

LDL受容体は細胞コレステロールバランスの維持に重要な役割を演ずる

LDL（アポ B100，E）受容体は細胞表面のうち，細胞膜の細胞質側が**クラスリン clathrin** とよばれるタンパク質で裏打ちされている窪み（ピット）に存在している．LDL 受容体は糖タンパク質であり，細胞膜を貫通していて，アポ B100 と結合する部位は N 末端にあって外側に露出している．その受容体と結合した後，LDL は**エンドサイトーシス endocytosis** によってそのまま取り込まれる．その後アポタンパク質とコレステリルエステルはリソソームで加水分解され，コレステロールは細胞の中に移される．受容体は細胞表面に戻される．このコレステロールの流入は，HMG-CoA シンターゼ，HMG-CoA レダクターゼやその他のコレステロール合成にかかわる酵素，さらには LDL 受容体それ自身をコードする遺伝子の転写を SREBP 系を介して阻害

し，コレステロールの合成や取り込みを協調して抑制する．ACAT 活性もまた刺激され，コレステロールのエステル化を促進する．また最近の研究によって，**PCSK9（proprotein convertase subtilisin/kexin type 9**：前駆タンパク質転換酵素サブチリシン／ケキシン 9型）が LDL 受容体の分解の調節によって細胞表面への再利用を制御していることが明らかになった．こうした機序により，細胞表面上の LDL 受容体の活性は膜とステロイドホルモン，あるいは胆汁酸の合成のためのコレステロール需要によって調節され，細胞の遊離コレステロール含有量はかなり狭い範囲に調節されている（図 26-5）．

組織間のコレステロールの輸送は血漿リポタンパク質による

コレステロールは血漿のリポタンパク質として輸送され（表 25-1 参照），その大半はコレステリルエステルであり（**図 26-6**），ヒトではそのほとんどが LDL に存在している．食事中のコレステロールが血漿コレス

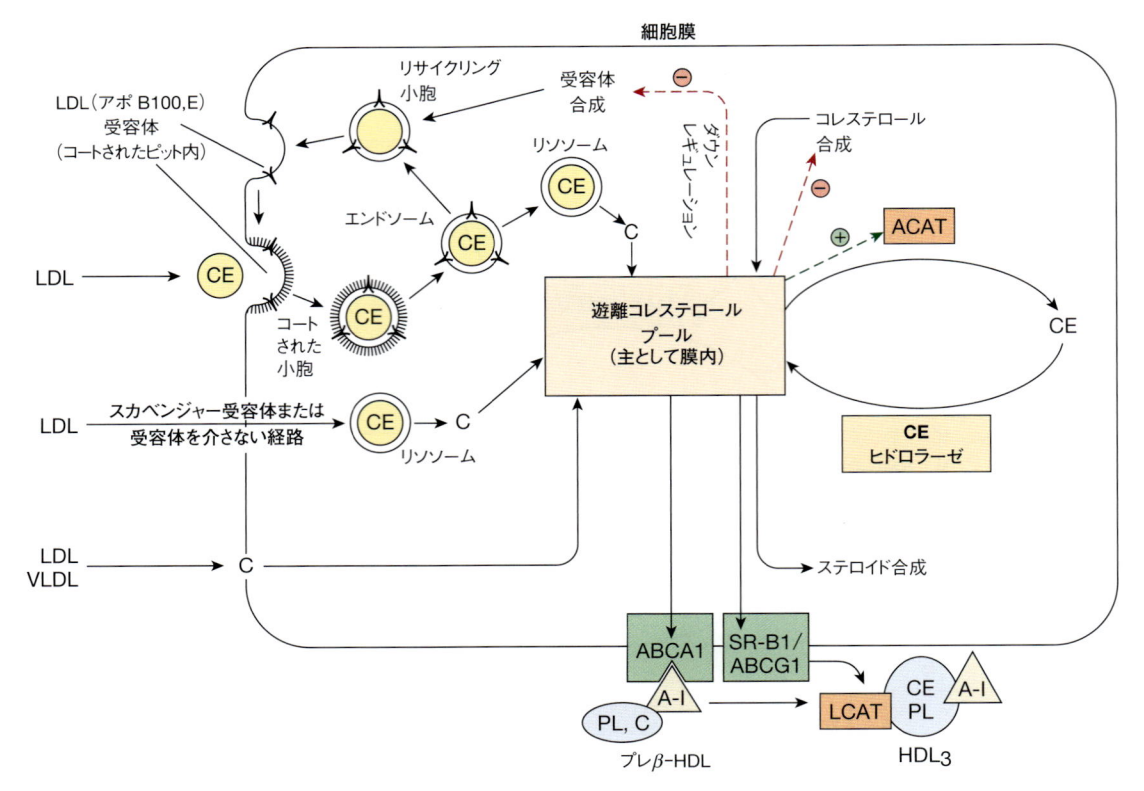

図 26-5. 細胞レベルでのコレステロールのバランスに影響を及ぼす諸因子

コレステロール逆輸送は ABCA1 輸送タンパク質（外因性受容体としてプレ β-HDL），あるいは SR-B1 もしくは ABCG1（外因性受容体として HDL₃）によって媒介される*. 促進的⊕または抑制的⊖効果は，それぞれ緑と赤の点線矢印で示した.

（A-Ⅰ：アポリポタンパク質 A-Ⅰ，ACAT：アシル-CoA：コレステロールアシルトランスフェラーゼ，C：コレステロール，CE：コレステリルエステル，LCAT：レシチン：コレステロールアシルトランスフェラーゼ，LDL：低密度リポタンパク質，PL：リン脂質，VLDL：超低密度リポタンパク質）LDL と HDL は本来の大きさに則して示されていない.

＊　訳者注：この記述は不正確である．ABCA1 はヘリックス型アポリポタンパク質と細胞膜脂質から HDL 粒子を新生し，ABCG1 は細胞外の HDL 粒子へ細胞膜コレステロールを流出させる.

テロールと平衡状態となるには数日かかり，また，組織コレステロールとは数週間もかかる．食事中のコレステリルエステルはコレステロールに加水分解され，食事中の非エステル型コレステロールやその他の脂質とともに小腸によって吸収される．それはさらに小腸で合成されたコレステロールと混合して，キロミクロンに組み込まれる（25 章参照）. 吸収されたコレステロールのうち 80 ～ 90% は小腸粘膜で長鎖脂肪酸によってエステル化される．キロミクロンのコレステロールの 95% はキロミクロンレムナントとして肝臓に運ばれる．そして，肝臓によって分泌される超低密度リポタンパク質 very low density lipoprotein（VLDL）中のほとんどのコレステロールは，VDL が中間密度リポタンパク質 intermediate-density lipoprotein（IDL）になっている間，さらに VDL が LDL になるまで残り続け，最終的に，肝臓や肝外組織の LDL 受容体によって

取り込まれるのである（25 章参照）[2].

血漿LCATはヒトでは血漿コレステリルエステルのほとんどすべての生成にかかわっている

　レシチン：コレステロールアシルトランスフェラーゼ lecithin: cholesterol acyltransferase（LCAT）活性はアポ A-Ⅰを含む HDL と関連している．HDL のコレステロールはエステル化されるので，HDL はある濃度勾配を生じて，組織から，またほかのリポタンパク質

---

　2)　訳者注：この記述はヒトの血漿中にあるコレステリルエステル転送タンパク質（CETP）の存在と機能を無視している．ヒト血漿中では CETP によって CE と TG は各リポタンパク質の間で無方向性に輸送されており，VLDL/LDL の CE と HDL の CE の輸送方向は完全に分けられているわけではなく，全体として反応速度論的に制御されている．飲料水の供給やオイルパイプライン，送電線のような機序である.

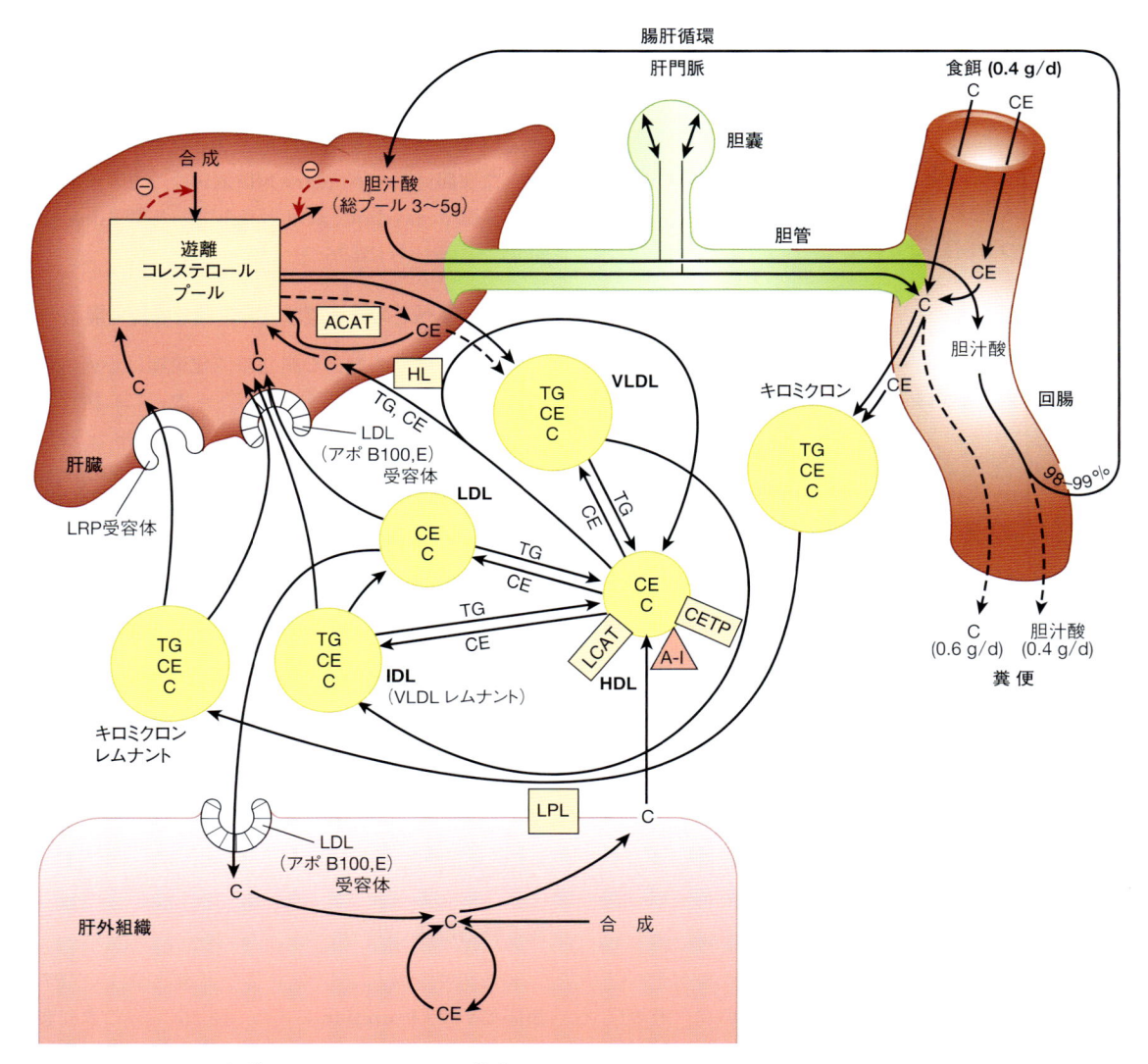

図 26-6. ヒトにおける組織間のコレステロールの輸送

ACAT：アシル−CoA，コレステロールアシルトランスフェラーゼ，A-I：アポリポプロテイン A-I，C：非エステル化コレステロール，CE：コレステリルエステル，CETP：コレステリルエステル転送タンパク質，HDL：高密度リポタンパク質，HL：肝性リパーゼ，IDL：中間密度リポタンパク質，LCAT：レシチン，コレステロールアシルトランスフェラーゼ，LDL：低密度リポタンパク質，LPL：リポタンパク質リパーゼ，LRP：LDL 受容体関連タンパク質 1，TG：トリアシルグリセロール，VLDL：超低密度リポタンパク質．

からコレステロールを引き抜く（図 26-5 および図 26-6）．このようにして，HDL は**コレステロールの逆輸送 reverse cholesterol transport** の機能を果たすことができるのである（図 25-5 参照）．

コレステリルエステル転送タンパク質(CETP)は HDLからほかのリポタンパク質への コレステリルエステルの転送を促進する

コレステリルエステル転送タンパク質 cholesteryl

ester transfer protein はヒトや多くの他の動物種の血漿中に HDL と結合して存在する．これはトリアシルグリセロールと交換に HDL から VLDL，IDL，そして LDL へコレステリルエステルの転送を促進し，HDL における LCAT 活性の生成物阻害を解除する．したがってヒトでは，LCAT によって生成されたコレステリルエステルの多くは VLDL レムナント（IDL），あるいは LDL を介して肝臓に到達する（図 26-6）．トリアシルグリセロールが多くなっている HDL2 は，HDL サイクル

で肝臓へそのコレステロールを運び込むのである（図25-5 参照）[3]．

コレステロールはそのままの状態あるいは胆汁酸として胆汁中に生体から排泄される

コレステロールは非エステル化（遊離）のかたちで，あるいは胆汁酸に変えられた後で，胆汁を介して体外に排泄される．**コプロスタノール coprostanol** は大便の主要なステロールである．それは腸の下方で腸内細菌によってコレステロールから形成される．

胆汁酸はコレステロールから生成される

一次胆汁酸 primary bile acid は，肝臓においてコレステロールから合成される．これらは**コール酸 cholic acid**（ほとんどの哺乳類で最も多量に見出される）と**ケノデオキシコール酸 chenodeoxycholic acid** とである（**図 26-7**）．コレステロールの 7α-ヒドロキシル化反応が，ミクロソームのシトクロム P450 酵素（12 章参照）で **CYP7A1** と記述される**コレステロール 7α-ヒドロキシラーゼ cholesterol 7α-hydroxylase** により触媒される胆汁酸生成の第一のかつ主要な調節段階である．典型的なモノオキシゲナーゼとして，酸素，NADPH，そしてシトクロム P450 を必要とする．これに続くヒドロキシル化反応の段階もまた，モノオキシゲナーゼによって触媒される．胆汁酸生合成の経路は，その早い段階で，12 位にも付加される α-OH 基によって特徴づけられる**コリル-CoA cholyl-CoA** に導く 1 つの副経路と，**ケノデオキシコリル-CoA chenodeoxycholyl-CoA** に導くもう 1 つの経路とに分かれる（図 26-7）．最初の段階として，シトクロム P450 **ステロール 27-ヒドロキシラーゼ sterol 27-hydroxylase（CYP27A1）** によるコレステロールの 27-ヒドロキシル化反応を有するミトコンドリアにおける第二の経路は，合成される一次胆汁酸のかなりの割合をまかなっているのである．一次胆汁酸（図 26-7）は，グリシンまたはタウリンと抱合して胆汁に入る．抱合反応は肝細胞のペルオキシソームで起こる．ヒトでは，グリシンとタウリン抱合体の比は普通 3:1 である．胆汁酸の陰イオンとそのグリシンまたはタウリン抱合体は胆汁酸塩と称され，塩

基性の胆汁（pH 7.6 ～ 8.4）の中ではこの形で存在すると考えられる．

一次胆汁酸は腸内細菌の活性によってさらに代謝される．すなわち，脱抱合反応と 7α-脱水酸反応であって，**二次胆汁酸 secondary bile acid**，つまりデオキシコール酸 **deoxycholic acid** とリトコール酸 **lithocholic acid** を生成する（図 26-7）．

ほとんどすべての胆汁酸は腸肝循環で肝臓に戻る

コレステロールを含む脂肪の消化産物は小腸の最初の 100 cm 以内で吸収されるが，一次，二次胆汁酸はほとんどすべて回腸で吸収され，そして 98 ～ 99% は門脈を経て肝臓に戻る．これが**腸肝循環 enterohepatic circulation**（図 26-6）として知られているものである．ただし，リトコール酸はその不溶性のために有意なほどは再吸収されない．胆汁酸塩のごく小部分は吸収を免れ，糞便中に出ていく．それにもかかわらず，これはコレステロールの排出のための主要な経路をなしている．毎日，胆汁酸のプール（約 3 ～ 5 g）は腸管を通して 6 ～ 10 回循環しており，そして，糞便中に失われる量に匹敵するだけの胆汁酸はコレステロールから合成されているので，胆汁酸のプールは一定の大きさに維持されている．これはフィードバック調節の機構によって達成されているのである．

胆汁酸合成は CYP7A1 の段階で調節されている

胆汁酸生合成における主要な律速段階は **CYP7A1 反応 CYP7A1 reaction** である（図 26-7）．この酵素の活性は胆汁酸結合核内受容体ファルネソイド X 受容体 **farnesoid X receptor（FXR）** を介してフィードバック調節されている．腸肝循環の胆汁酸プールの大きさが増加すると，FXR は活性化されて，CYP7A1 の遺伝子の転写が抑制される．ケノデオキシコール酸はとくに FXR を活性化するのに重要である．CYP7A1 活性はまた，内因性と食事由来のコレステロールによって促進され，インスリン，グルカゴン，グルココルチコイド，そして甲状腺ホルモンによって調節されている．

臨床との関連

血清コレステロールはアテローム性動脈硬化症と冠動脈性心疾患の頻度と相関する

アテローム性動脈硬化症は血漿リポタンパク質から動脈壁へのコレステロールとコレステリルエステルの

---

3) 訳者注：314 ページの訳注箇所の記述と整合性がとれていない．

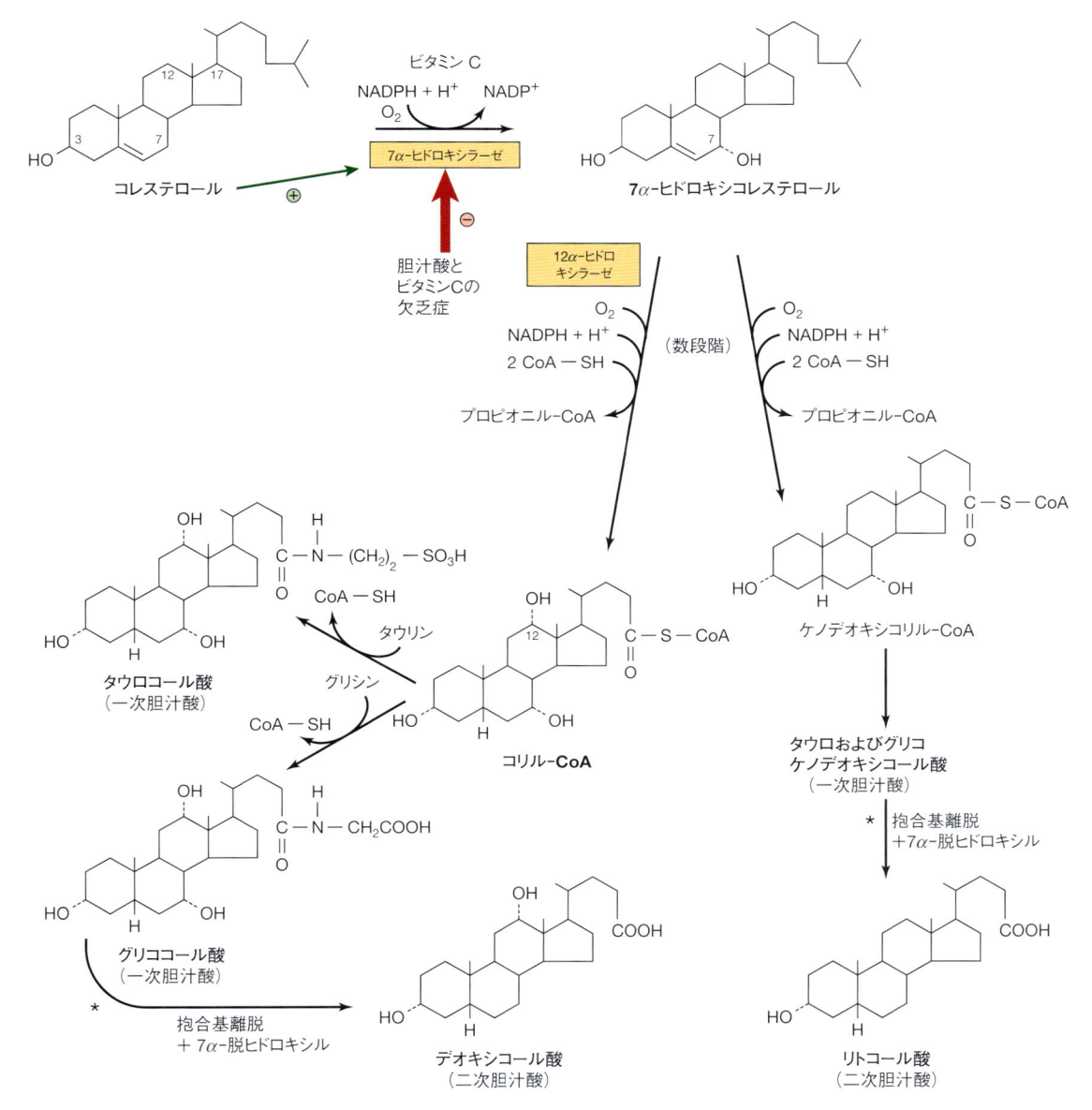

図 26-7. 胆汁酸の生合成と分解

ミトコンドリアでの第二の経路はステロール 27-ヒドロキシラーゼによるコレステロールのヒドロキシル化反応にかかわっている．（＊は腸内細菌の酵素によって触媒される）

沈着に特徴づけられる炎症性の疾患であり，心臓病の主要な原因である．血漿コレステロールレベルの上昇（＞ 5.2 mmol/L）は動脈硬化症を進展させる最も重要な因子の１つであるが，血漿トリアシルグリセロールの上昇もまた独立した危険因子の１つと認識されるようになってきた．血液中の VLDL，IDL，キロミクロンレムナント，あるいは LDL のレベルの上昇が遷延しているような病態（たとえば，**糖尿病，リピドネフローゼ，甲状腺機能低下症，そしてその他の高脂血症を引き起こす病態**）では，初期のあるいは重症のアテローム

性動脈硬化症がしばしば見られる．また，HDL（HDL2）の濃度と冠動脈性心疾患の間には逆相関があり，その結果 **LDL：HDL コレステロールの比 LDL：HDL cholesterol ratio** が動脈硬化症のよい予測因子となっている．このことは，コレステロールの逆輸送におけるHDLの機能とも整合性がある．アテローム性動脈硬化症の感受性は動物の種によってかなり異なっているが，ヒトは高コレステロール食で動脈硬化症を引き起こしやすい数少ない種の１つである．

食事は血清コレステロールを減少させる重要な役割を果たす

遺伝的要因は個人の血清コレステロール濃度を決定するうえで最も重要な役割を果たすが，食事や環境要因もまた一部役割を果たしており，これらで最も効用があるのは，飽和脂肪酸の代わりに**多価不飽和(ポリエン)脂肪酸 polyunsaturated fatty acid とモノ不飽和脂肪酸 monounsaturated fatty acid** を含む食事を与えることである．トウモロコシ油やヒマワリ種子油のような植物油は高い比率の多価不飽和脂肪酸を含んでいるのに対し，オリーブ油は高濃度の $\omega 6$ モノ不飽和脂肪酸を含んでいる．魚油に含まれる $\omega 3$ 脂肪酸もよい効果をもたらす(21 章参照)．一方，バター脂，牛脂，そしてココヤシ油は高い比率の飽和脂肪酸を含んでいる．スクロースとフルクトースは他の糖質よりも血液脂質，とくにトリアシルグリセロールを上昇させる効果がはるかに大きい．

不飽和脂肪酸が血清コレステロールのレベルを下げる機序の 1 つは，LDL 受容体のアップレギュレーション(上向き調節)であり，動脈硬化発症の主要リポタンパク質である LDL の異化速度を増大させている．加えて，$\omega 3$ 脂肪酸は抗炎症作用とトリアシルグリセロール低下効果をもつ．飽和脂肪酸は，比較的多くのコレステロールを含むより小さな VLDL の粒子を形成する．そしてそれらは，大きな粒子に比べずっと遅い速度で肝外組織に利用されるため，これらは動脈硬化発生源と見なされ得る傾向にある．

生活習慣は血清コレステロールのレベルに影響する

冠動脈性心疾患を引き起こすと考えられるほかのいくつかの原因として，**高血圧，喫煙，男性，肥満(とくに腹部肥満)，運動不足，そして硬水に対する軟水の摂取**[4]などがあげられる．血漿遊離脂肪酸(FFA)のレベルが上昇して，VLDL のトリアシルグリセロールとコレステロールを循環液中にいっそう多く放出させる要因としては，**情動的ストレスやコーヒーの飲み過ぎ**がある．閉経前期の女性は，これら多くの有害な要因から保護されているらしい．このことは，**エストロゲン estrogen** の有用な効果と関係あるものと考えられている．**適度なアルコール消費**と低頻度の冠動脈性心疾患の発症との間には関連が見られる．このことはアポ A-

Ⅰの生成の増大による HDL 濃度の亢進とコレステリルエステル転送タンパク質の活性の変化によっているようである．赤ワインには抗酸化物質が含まれていて，とくに効用があるといわれている．規則正しい運動は血漿 LDL を低下させ，しかも HDL を上昇させる．トリアシルグリセロール濃度もまた減少するが，これはリポタンパク質リパーゼの発現を強めるインスリン感受性の増加によっている可能性が高い．

食事療法がうまくいかないときは脂肪低下剤で血清コレステロールとトリアシルグリセロールを下げる

スタチン statin として知られる薬物の一族は，血漿コレステロールの低下と心疾患の予防にたいへん効果があることが明らかになっている．スタチンは HMG-CoA レダクターゼを阻害し，LDL 受容体活性をアップレギュレーションする．たとえば，今日使用されているものには**アトルバスタチン atorvastatin，シンバスタチン simvastatin，フルバスタチン fluvastatin，プラバスタチン pravastatin** などがある[5]．**エゼチミブ ezetimibe** は，**ニーマンピック C 類似タンパク質 Neimann-Pick C-like 1 protein(NPCL1)** の阻害を介した小腸におけるコレステロール吸収の抑制により，血漿コレステロールを低下させる．使用されているほかの薬物には**クロフィブレート clofibrate とゲムフィブロジル gemfibrozil** のような**フィブレート**[6]と**ニコチン酸 nicotinic acid** がある．これらは主として肝臓によるトリアシルグリセロールやコレステロールを含む VLDL の分泌を減少させることによって血漿トリアシルグリセロールを低下させる作用がある．PCSK9 は細胞膜表面の LDL 受容体を減少させ血中のコレステロールを上昇させるので，この活性の阻害は抗動脈硬化作用をもたらす可能性があり，この作用をもつ 2 種類の薬剤，**アリロクマブ alirocumab とエボロクマブ evolocumab** が最近承認されさらに他の薬剤も開発されつつある[7]．

---

4) 訳者注：これは他のリスクに比べて広く受け入れられている説とはいい難い．

5) 訳者注：現在ではこのほかに，ロスバスタチン，ピタバスタチンが多く使われている．

6) 訳者注：現在ではクロフィブレートはほとんど使われない．ゲムフィブロジルは日本では使用されていない．北米，ヨーロッパ，日本で使用 されているフィブレートは，ベザフィブレート，フィノフィブレートが一般的である．最近新たにペマフィブラートが世界で承認され使用されている．

7) 訳者注：これらは PCSK9 に対する阻害的なモノクローナル抗体であり，すでに数ヵ国で認可されている．しかし日本では，アリロクマブはエボロクマブに対する特許権訴訟の結果市場から撤退した．

血漿リポタンパク質の原発性異常（リポタンパク質異常症）は遺伝性疾患である

リポタンパク質代謝の遺伝性の障害は原発性の**低リポタンパク血症 hypolipoproteinemia** あるいは**高リポタンパク血症 hyperlipoproteinemia**（**表 26-1**）を引き起こす．たとえば**家族性高コレステロール血症 familial hypercholesterolemia（FH）**は重度の高コレステロール血症の原因となり，若年性の動脈硬化症を伴う．

多くは LDL 受容体遺伝子の異常によるものであり，その結果 LDL が血中から除去できなくなる．さらに，糖尿病，甲状腺機能低下症，腎疾患（ネフローゼ症候群），そしてアテローム性動脈硬化症のような疾患は，二次性の異常リポタンパク質パターンを伴うことがあり，これらは遺伝性の疾患のいずれかに非常によく似た表現型を示すことがある．実質的にこれらすべての一次性の病変は，リポタンパク質の生成，輸送，あるいは分解のいずれかの段階の欠陥によって起こる（図 25-4，

表 26-1. 血漿リポタンパク質の原発性の異常（リポタンパク質不全血症）

名　称	欠　陥	備　考
低リポタンパク血症 　無ベータリポタンパク血症	ミクロソームトリグリセリド輸送タンパク質の遺伝的欠損のため，アポ B に脂質を負荷できない．そのためキロミクロン，VLDL，LDL が生成されない	まれな疾患，血液アシルグリセロール低値，小腸と肝臓はアシルグリセロールを蓄積，腸の吸収不良，早死は脂溶性ビタミン，とくに，ビタミン E の大量投与で回避される
家族性アルファリポタンパク欠損症 　Tangier 病 　アポ A-I 欠損症	すべて HDL が低下か，ほとんどないに等しい．Tangier 病は HDL 生成に必須の膜タンパク質 ABCA1 の欠損	いずれもまれな疾患で，動脈硬化発症のリスクが高い
高リポタンパク血症 　家族性リポタンパクリパーゼ欠損症（タイプ I）	LPL の欠乏による高トリグリセリド血症，異常 LPL，あるいはアポ LDL 活性化因子 C-II の欠乏で LPL の不活性を引き起こす	キロミクロンと VLDL のクリアランスが遅い，LDL，HDL の低値，冠動脈硬化症の高いリスクはない
家族性高コレステロール血症（タイプ IIa）	LDL 受容体の欠陥，あるいはアポ B100 のリガンド領域の突然変化	LDL レベルの上昇と高コレステロール血症，アテローム性動脈硬化症と冠動脈性心疾患
家族性タイプ III 高リポタンパク血症（幅広いベータ病，レムナント除去病，家族性ベータリポタンパク不全血症）	肝臓によるレムナントのクリアランス欠乏はアポ E の異常による，患者はイソ型タンパク質 E3 と E4 を欠き，E2 のみで，E 受容体と反応しない[a]	キロミクロンと密度＜1.019 の VLDL レムナント（β-VLDL）の増加，高コレステロール血症，黄色腫，アテローム性動脈硬化症を引き起こす
家族性高トリグリセリド血症（タイプ IV）	VLDL の過剰産生はしばしばグルコース不耐症と高インスリン血症と関連している	コレステロールのレベルは VLDL の濃度とともに上昇，LDL と HDL は正常以下，通常このタイプのパターンは冠動脈性心疾患，2 型糖尿病，肥満，アルコール中毒，プロゲステロンホルモンの投与と関連している
家族性高アルファリポタンパク血症	HDL 濃度の増加	健康と寿命には見かけ上好ましい．東アジアでは CETP 欠損による高 HDL（ヘテロ）が人口の10% 程度存在する．わが国では他の原因不明の高 HDL 家系も多く存在する
肝性リパーゼ欠損症	この酵素の欠損はトリアシルグリセロールの多い大きな HDL と VLDL レムナントの蓄積を生ずる	患者は黄色腫と冠動脈性心疾患
家族性レシチン：コレステロールアシルトランスフェラーゼ（LCAT）欠損症（Fish-eye 病）	LCAT がないとコレステロール逆輸送が低下する．HDL は未成熟な円盤状としてとどまり，コレステロールを取り込んだり，エステル化することはできない（Fish-eye は LCAT の部分欠損）	コレステリルエステルとリゾレチシンの血漿濃度は低値，胆汁うっ滞の患者にある異常 LDL 分画，リポタンパク質 X が存在
家族性リポタンパク(a)過剰症	Lp(a) は，1 mol のアポ A に 1 mol の LDL が結合している．アポ A はプラスミノーゲンに類似している	アテローム性動脈硬化症による早熟な冠動脈性心疾患とフィブリン分解阻害による血栓症

[a] アポ E 対立遺伝子をもつ患者と Alzheimer 病の頻度との間にある種の関連性がある．アポ E4 は神経変性プラークに見られる β-アミロイドとより強力に結合していることが見出されている（訳者注：この注の記述は Alzheimer 病とアポ E4 の関係を説明しているものではない）．

図 26-5 および図 26-6 参照）．これらの異常がすべて
有害というわけではない．

まとめ

■ コレステロールは身体における他のすべてのステロ
イド，たとえば，コルチコステロイド，性ホルモン，
胆汁酸，そしてビタミン D の前駆体である．それは
また，膜やリポタンパク質の外層の構造に役立てら
れている．

■ コレステロールは生体ではすべてアセチル-CoA か
ら合成される．3 分子のアセチル-CoA から，HMG-
CoA レダクターゼによって触媒されるその経路の
重要な調節反応を経て，メバロン酸が生成される．次
に，5 炭素のイソプレノイド単位が生成され，そし
て 6 個のイソプレノイドが縮合してスクアレンを生
成する．スクアレンは閉環してステロイドの母体で
あるラノステロールを生成し，それは 3 つのメチル
基を失うなどの変化を経てコレステロールを生成す
る．

■ 肝臓でのコレステロール合成は，食事のコレステ
ロールによって一部調節されている．組織では一般
に，コレステロールのバランスは，コレステロール
の獲得因子（たとえば，合成，LDL，あるいはスカベ
ンジャー受容体）とコレステロールの消失因子（たと
えば，ステロイド合成，コレステリルエステルの生
成，排泄）との間で保たれている．LDL 受容体の活
性は細胞のコレステロールのレベルによって，その
バランスをとるように調節されている．コレステ
ロールの逆輸送で，HDL は組織からコレステロール
を取り出す．LCAT はそれをエステル化し，そして

それを粒子の中核（コア）に蓄える．HDL のコレステ
リルエステルは肝臓によって直接か，あるいはコレ
ステリルエステル転送タンパク質によって，VLDL，
IDL，あるいは LDL に輸送された後に取り込まれる
のである．

■ 過剰のコレステロールはそのままの状態か胆汁酸塩
として肝臓から胆汁中に排泄される．大部分（98 ～
99％）の胆汁酸塩は小腸で吸収され，腸肝循環によ
り肝臓に戻ってくる．

■ VLDL，IDL，あるいは LDL に存在するコレステロー
ルのレベルが上昇すると，アテローム性動脈硬化症
と関連し，他方，HDL のレベルが高まると予防の効
果がある．

■ リポタンパク質代謝の遺伝的欠陥は原発性の低リポ
タンパク血症，あるいは高リポタンパク血症の病態
を引き起こす．糖尿病，甲状腺機能低下症，腎疾患，
アテローム性動脈硬化症のような病変はある原発性
の病変に類似した二次性の異常リポタンパク質パ
ターンを示すのである．

文　献

Brown AJ, Sharpe LJ: Cholesterol synthesis. In *Biochemistry of Lipids, Lipoproteins and Membranes*, 6th ed. Ridgway N, McLeod R (editors). Academic Press, 2015:328-358.

Dawson PA: Bile acid metabolism. In *Biochemistry of Lipids, Lipoproteins and Membranes*, 6th ed. Ridgway N, McLeod R (editors). Academic Press, 2015:359-390.

Francis G: High density lipoproteins: metabolism and protective roles against atherosclerosis. In *Biochemistry of Lipids, Lipoproteins and Membranes*, 6th ed. Ridgway N, McLeod R (editors). Academic Press, 2015;437-459.

SECTION V 問題

1. 脂肪酸について正しいのはどれか. 1つ選べ.
- A. カルボキシ基が炭水化物鎖に結合している.
- B. 1つ以上の炭素間二重結合があると, 多価不飽和脂肪酸とよばれる.
- C. 不飽和結合が増えると融点が上昇する.
- D. 通常, 天然の反応で形成される二重結合はシスの構造をとる.
- E. 体内ではおもに（エステル化されていない）遊離脂肪酸として生合成される.

2. リン脂質でないのはどれか. 1つ選べ.
- A. スフィンゴミエリン
- B. プラスマローゲン
- C. カルジオリピン
- D. ガラクトシルセラミド
- E. リゾレシチン

3. ガングリオシドについて誤っているのはどれか. 1つ選べ.
- A. ガラクトシルセラミドからつくられる
- B. 1つ以上のシアル酸分子を含有する
- C. 神経組織に高濃度で存在する
- D. ガングリオシド G_{M1} は, ヒト腸管におけるコレラ毒素の受容体である.
- E. 細胞間の認識に役割を果たす

4. 連鎖反応を断ち切る酸化防止（抗酸化）剤はどれか. 1つ選べ.
- A. グルタチオンペルオキシダーゼ
- B. セレン
- C. スーパーオキシドジスムターゼ
- D. EDTA
- E. カタラーゼ

5. 肝臓でアセチル-CoA からつくられたケトン体は, 以下のどの用途に用いられるのか.
- A. 不要物として廃棄される.
- B. 肝臓のエネルギー源となる.
- C. エネルギー貯蔵のため脂肪酸に変換される.
- D. 末梢臓器のエネルギー源となる.
- E. 赤血球のエネルギー源となる.

6. 長鎖脂肪酸から β 酸化によってアセチル-CoA が切り出される細胞内の場所はどこか.
- A. サイトゾル
- B. ミトコンドリアマトリックス
- C. 小胞体
- D. ミトコンドリア膜間腔
- E. ゴルジ装置

7. カルニチンが脂肪酸の酸化に必要な理由を選べ.
- A. 脂肪酸分解を活性化するアシル-CoA シンテターゼの補因子だから.
- B. （活性化された脂肪酸である）長鎖アシル-CoA は酸化されるためにミトコンドリア膜間腔に入らなければならないが, そのままではミトコンドリア外膜を通過できない. そのためアシル基を CoA からカルニチンに転移することで, 膜を通過させるから.
- C. アシル-CoA からカルニチンに長鎖アシル基が移動してつくられるアシルカルニチンが, β 酸化経路の第1段階の基質となるから.
- D. （活性化された脂肪酸である）長鎖アシル-CoA は酸化されるためにミトコンドリアマトリックスに入らなければならないが, そのままではミトコンドリア内膜を通過できない. そのためアシル基を CoA からカルニチンに転移することで, 膜を通過させるから.
- E. ミトコンドリア膜間腔における長鎖脂肪酸アシル-CoA の分解を阻害するから.

8. 炭素数 16 の飽和脂肪酸（パルミチン酸）1 分子が β 酸化で分解されるときに生じるのはどれか.
- A. 8 分子の $FADH_2$, 8 分子の NADH, 8 分子のアセチル-CoA
- B. 7 分子の $FADH_2$, 7 分子の NADH, 7 分子のアセチル-CoA
- C. 8 分子の $FADH_2$, 8 分子の NADH, 7 分子のアセチル-CoA
- D. 7 分子の $FADH_2$, 8 分子の NADH, 8 分子のアセチル-CoA
- E. 7 分子の $FADH_2$, 7 分子の NADH, 8 分子のアセチル-CoA

9. 脂肪酸合成の最初の中間体であるマロニル-CoA が，脂肪酸代謝の重要な調節因子である理由はどれか.

　A. アセチル-CoA と二酸化炭素から，アセチル-CoA カルボキシラーゼでマロニル-CoA がつくられる段階が脂肪酸合成の律速段階だから.

　B. マロニル-CoA はカルニチンパルミトイルトランスフェラーゼ I の強力な阻害物質としてはたらき，脂肪酸アシル基がミトコンドリアマトリックスに入るのを阻害するから.

　C. マロニル-CoA はカルニチンパルミトイルトランスフェラーゼ II の強力な阻害物質としてはたらき，脂肪酸アシル基がミトコンドリアマトリックスに入るのを阻害するから.

　D. マロニル-CoA はカルニチン-アシルカルニチントランスロカーゼの強力な阻害物質としてはたらき，脂肪酸アシル基がミトコンドリアマトリックスに入るのを阻害するから.

　E. 脂肪酸アシル-CoA の合成を阻害するから.

10. α-リノレン酸がヒトにおいて必須脂肪酸である理由を選べ.

　A. $\omega 3$ 脂肪酸だから.

　B. 3つの二重結合をもっているから.

　C. ヒトでは脂肪酸の Δ^9 位を越えて二重結合を導入できないから.

　D. ヒトでは脂肪酸の Δ^{12} 位を越えて二重結合を導入できないから.

　E. ヒトの組織では，脂肪酸の Δ^9 位に二重結合を導入できないから.

11. アセチル-CoA カルボキシラーゼが不活性化されるのはどんなときか.

　A. 細胞質のクエン酸濃度が高いとき.

　B. アセチル-CoA カルボキシラーゼが多量体構造をとるとき.

　C. パルミトイル-CoA 濃度が低いとき.

　D. トリカルボン酸輸送体が阻害されているとき.

　E. 脱リン酸化されているとき.

12. リノール酸がシクロオキシゲナーゼ経路で代謝された場合に生成するのはどれか. 1つ選べ.

　A. プロスタグランジン E_1（PGE_1）

　B. ロイコトリエン A_3（LTA_3）

　C. プロスタグランジン E_3（PGE_3）

　D. リポキシン A_4（LXA_4）

　E. トロンボキサン A_3（TXA_3）

13. 非ステロイド性消炎鎮痛剤（NSAID）であるアスピリンで阻害される酵素はどれか. 1つ選べ.

　A. リポキシゲナーゼ

　B. プロスタサイクリン合成酵素

　C. シクロオキシゲナーゼ

　D. トロンボキサン合成酵素

　E. Δ^6 デサチュラーゼ

14. 脂肪酸合成酵素の主要な産物はどれか. 1つ選べ.

　A. アセチル-CoA

　B. オレイン酸

　C. パルミトイル-CoA

　D. アセト酢酸

　E. パルミチン酸

15. β 酸化では，脂肪酸はアセチル-CoA として炭素を2つずつ減らしながら分解される. 脂肪酸合成では，アセチル-CoA が縮合されることで偶数個の炭素をもつ飽和長鎖脂肪酸が合成される. エネルギーが不足しているため脂肪酸が分解される反応と，エネルギーが十分量あるため脂肪酸合成が生じる反応にはいくつかの大きな違いがあり，そのおかげで，同一細胞内でこの2つの反応が効率的に生じる. その違いとしてふさわしくないのはどれか. 1つ選べ

　A. 脂肪酸分解はミトコンドリアで生じ，脂肪酸合成は細胞質で生じる.

　B. 脂肪酸分解は NAD^+ を使って NADH を生じる. 一方，脂肪酸合成は NADPH を用いて NADP を生じる.

　C. 脂肪酸分解時に脂肪酸は CoA を用いて活性化され，脂肪酸合成時にはアシルキャリヤータンパク質を用いて活性化される.

　D. 脂肪酸分解時には脂肪酸アシル基がミトコンドリア膜を通過する必要があるが，脂肪酸合成時にはその必要はない.

　E. グルカゴンは，脂肪酸合成を促進し，脂肪酸分解を抑制する.

16. 脂肪組織に蓄えられているトリアシルグリセロールから脂肪酸を切り出す酵素であるホルモン感受性リパーゼを阻害するのはどれか.

　A. グルカゴン

　B. ACTH

　C. アドレナリン

　D. バソプレッシン

　E. プロスタグランジン E

17. ホスホリパーゼ C の作用について正しいのはどれか．1 つ選べ

A. リン脂質の sn-2 位から脂肪酸アシル基を切り出す．

B. リン脂質からリン酸基をもつ頭部（ヘッドグループ）と，ジアシルグリセロールを切り出す．

C. リン脂質の頭部（ヘッドグループ）を切り出し，ホスファチジン酸を産生する．

D. リン脂質の sn-1 位から脂肪酸アシル基を切り出す．

E. リン脂質の sn-1 位と sn-2 位から脂肪酸アシル基を切り出す．

18. Tay-Sachs 病の患者ではある酵素の遺伝子が欠損し脂質蓄積病を引き起こす．その酵素はどれか．1 つ選べ．

A. β-ガラクトシダーゼ

B. スフィンゴミエリナーゼ

C. セラミダーゼ

D. ヘキソサミニダーゼ A

E. β-グルコシダーゼ

19. 腸管粘膜でつくられ，トリアシルグリセロールを多く含み，食事中の脂質を血液中に運搬する血漿リポタンパク質はどれか．

A. キロミクロン

B. HDL

C. IDL

D. LDL

E. VLDL

20. 肝臓でつくられ，トリアシルグリセロールを多く含み，脂肪組織や筋肉に脂質を運搬する血漿リポタンパク質はどれか．

A. キロミクロン

B. HDL

C. IDL

D. LDL

E. VLDL

21. VLDL からトリアシルグリセロールが取り除かれることで循環血液中でつくられ，アポ **B100** を発現し，コレステロールを肝外組織に運搬する血漿リポタンパク質はどれか．

A. キロミクロン

B. HDL

C. IDL

D. LDL

E. VLDL

22. 高脂肪食を摂取した **2** 時間後に血中濃度が上昇するのはどれか．

A. キロミクロン

B. HDL

C. ケトン体

D. 非エステル化脂肪酸（遊離脂肪酸）

E. VLDL

23. 高脂肪食を摂取した **4** 時間後に血中濃度が上昇するのはどれか．

A. LDL

B. HDL

C. ケトン体

D. 非エステル化脂肪酸（遊離脂肪酸）

E. VLDL

24. 肝外組織からのコレステロール放出と，**HDL** による肝臓へのコレステロール運搬にかかわっていない過程はどれか．1 つ選べ．

A. ABCA1 による，組織からのコレステロール放出と，プレ-βHDL への取り込み．

B. LCAT による，コレステロールからコレステリルエステルの産生と HDL$_3$ の産生．

C. コレステリルエステル転送タンパク質（CETP）による，HDL から，VLDL，IDL，LDL へのコレステリルエステルの輸送．

D. SR-B1 と ABCG1 を介した，組織から HDL$_3$ へのコレステロールの組み込み．

E. SR-B1 を介した，HDL$_2$ から肝臓へのコレステリルエステルの選択的取り込み．

25. キロミクロンについて正しいのはどれか．1 つ選べ．

A. キロミクロンは腸管上皮細胞内でつくられてリンパ管に流入し，そこでアポリポタンパク質 B と C を取り込む．

B. キロミクロンの中心部にはトリアシルグリセロールとリン脂質が含まれる．

C. キロミクロンが血管内皮細胞に接着すると，ホルモン感受性リパーゼとよばれる酵素がはたらいてキロミクロンのトリアシルグリセロールから遊離脂肪酸を切り出す．

D. キロミクロンレムナントは，キロミクロンに比べて小さく，トリアシルグリセロールの含有量が少なく，コレステロールの含有量が多い．

E. キロミクロンは肝臓に取り込まれる．

26. コレステロールの生合成について<u>正しい</u>のはどれか．1つ選べ．

A. 律速段階は HMG-CoA シンターゼによる 3-ヒドロキシ-3-メチルグルタリル-CoA（HMG-CoA）の生成段階である．

B. コレステロール合成はサイトゾルで生じる．

C. コレステロールのすべての炭素鎖はアセチル-CoA に由来する．

D. スクアレンはコレステロール合成経路における最初の環状中間体である．

E. メバロン酸が最初の基質である．

27. スタチンとよばれる薬剤は，動脈硬化やそれに起因する心血管疾患の原因となる高コレステロール血症の治療に極めて有効な薬剤である．スタチンが血漿コレステロール濃度を下げる機序は以下のうちどれか．

A. 腸管でのコレステロール吸収を抑える．

B. コレステロールを胆汁酸に変換して体外へ排泄する反応を促進する．

C. コレステロール合成経路における 3-ヒドロキシ-3-メチルグルタリル-CoA からメバロン酸への変換を阻害する．

D. 3-ヒドロキシ-3-メチルグルタリル-CoA-レダクターゼの分解を促進する．

E. 肝臓の LDL 受容体の活性を上昇させる．

28. 胆汁酸（もしくは，胆汁酸塩）について記した以下の文章で<u>誤っている</u>のはどれか．

A. 一次胆汁酸は，肝臓でコレステロールからつくられる．

B. 胆汁酸は，膵リパーゼによる脂肪の消化に必要である．

C. 二次胆汁酸は，肝臓において一次胆汁酸が修飾を受けてつくられる．

D. 胆汁酸は，十二指腸における脂質消化産物の吸収にかかわっている．

E. 胆汁酸は，肝臓と小腸の間で循環しており，これを腸肝循環とよぶ．

29. 重度の高コレステロール血症を有し，若年で心疾患や心筋梗塞を発症する家族歴を有する 35 歳の男性．どの遺伝子が欠損していると考えられるか．

A. アポリポタンパク質 E

B. LDL 受容体

C. リポタンパク質リパーゼ

D. PCSK9

E. LCAT

30. 最近発見された PCSK9（前駆タンパク質転換酵素サブチリシン/ケキシン 9 型）を阻害する化合物が，新しい動脈硬化予防薬の標的として注目されている理由を選べ．

A. PCSK9 が，細胞表面の LDL 受容体の数を減らし，LDL 取り込みを減少させ，血中コレステロール濃度を上昇させるから．

B. PCSK9 が，アポ B と LDL 受容体の結合を阻害し，リポタンパク質の取り込みを押さえ，血中コレステロール濃度を上昇させるから．

C. PCSK9 が腸管でのコレステロール吸収を増加させるから．

D. PCSK9 が肝臓におけるコレステロールから胆汁酸への分解を抑制するから．

E. PCSK9 が肝臓における VLDL の合成と分泌を促進し，血中 LDL を上昇させるから．

栄養学的非必須アミノ酸の生合成

27

Biosynthesis of the Nutritionally Nonessential Amino Acids

学 習 目 標
本章習得のポイント

- 多くのタンパク質中に存在するある種のアミノ酸が食事に含まれていなくてもヒトの健康を大きく害することがない理由を説明する.

- "必須アミノ酸"と"栄養学的必須アミノ酸"という用語の違いを認識し,また栄養学的非必須アミノ酸がどれであるかを示す.

- アスパラギン酸,アスパラギン,グルタミン酸,グルタミン,グリシン,ならびにセリンの前駆体となる,クエン酸回路および解糖系の中間体の名前をあげる.

- アミノ酸代謝におけるアミノトランスフェラーゼの重要な役割を示す.

- コラーゲンなどのタンパク質中にある4-ヒドロキシプロリンおよび5-ヒドロキシリシンが生成される過程を説明する.

- 壊血病の臨床症状をあげ,ビタミンC(アスコルビン酸)の重度の欠乏によりこの疾患になる理由を生化学的に説明する.

- セレンは毒性をもつにもかかわらず,セレノシステインは哺乳類のいくつかのタンパク質の必須構成要素であることを認識する.

- 混合機能オキシダーゼが触媒する反応を定義し,概要を示す.

- チロシンの生合成におけるテトラヒドロビオプテリンの役割を示す.

- 翻訳と同時にセレノシステインがタンパク質に取り込まれる過程における特殊な転移 RNA(tRNA)の役割を示す.

生物医学的重要性

　アミノ酸欠乏状態は,栄養学的必須アミノ酸が食事中にない,もしくは不足している場合に起こる.西アフリカの一部の地域で見られるアミノ酸欠乏状態の例として,小児がタンパク質の少ないデンプン質の離乳食に移行するときに起こる**クワシオルコル kwashiorkor** や,エネルギー摂取と特定のアミノ酸の両方の不足に起因する**マラスムス marasmus** がある.短腸症候群の患者は,十分な量のエネルギーと栄養素を吸収できない場合,重大な栄養学的,代謝的な異常をきたす.食事からのビタミンC摂取不足による栄養障害である

壊血病 scurvy といくつかの遺伝性疾患は,いずれも結合組織におけるコラーゲン分子中の 4-ヒドロキシプロリン 4-hydroxyproline ならびに,5-ヒドロキシリシン 5-hydroxylysine の生成能力の障害が関連している.結果として,コラーゲンが構造的に不安定になり,歯茎からの出血,関節の腫れ,創傷治癒遅延が起こり,ついには死に至る.縮れ毛と成長遅延が特徴の **Menkes 病 Menkes disease** は,食事からの銅の摂取不足によって起こる.銅は,コラーゲン線維を強化する共有結合架橋を形成する機能をもつ酵素であるリシルオキシダーゼ lysyl oxidase の必須補酵素である.コラーゲン生合成に関連した遺伝性疾患には,骨がもろくなることが特徴である**骨形成不全症 osteogenesis imperfecta**

や，プロコラーゲン-リシン 5-ジオキシゲナーゼ procollagen-lysin 5-dioxygenase を含む酵素群の遺伝子欠損のために，関節可動域の異常拡大と皮膚障害が起きる **Ehlers-Danlos 症候群**などが含まれる．

栄養学的必須および非必須アミノ酸

アミノ酸に関してよく見る表現であるが，"必須"と"非必須"という用語は誤解を招く．なぜなら，共通の20 種類のアミノ酸はヒトの健康のためには当然，すべて必須だからである．20 種類のアミノ酸のうちの 8 種類は食事から摂取しなくてはいけないので，"栄養学的に必須"である．その他の 12 種類のアミノ酸は，体の中でつくることができるので，代謝上，必須ではあるものの"栄養学的には非必須"であり，食事に含まれている必要はない（**表 27-1**）．アミノ酸の"必須"と"非必須"の違いは，1930 年代にタンパク質の代わりに精製したアミノ酸を加えた食事をヒトに摂取させたことによって，明らかにされた．その後の生化学的な研究により，20 種類すべてのアミノ酸の生合成に関与している反応と中間体が明らかになった．トリプトファンやリシンの少ない穀類にかたよった食事をとる西アフリカの一部の地域では，風土病としてアミノ酸欠乏症が存在する．このような栄養障害には，小児がタンパク質の少ないデンプン質の離乳食に移行するときに起こる**クワシオルコル kwashiorkor**やエネルギー摂取と特定のアミノ酸の両方が不足する**マラスムス marasmus**がある．

"栄養学的必須アミノ酸"の生合成には長い代謝経路が関与する

栄養必要性（栄養要求性）が存在するということは，その栄養素について体外からの供給に頼る方が生合成するよりも生存により有利 survival value であるということを示唆する．なぜだろうか．食物中にその栄養素が十分に含まれているなら，その栄養素を生合成する能力を保持することは，その生物の生存にとってマイナスにはたらくことになる．たとえコードされた遺伝子が発現されなかったとしても，不必要な DNA を合成するのに，ATP や栄養素が消費されるからである．原核生物が"栄養学的に"必須なアミノ酸の生合成に必要とする酵素の数は，非必須アミノ酸の生成に必要な酵素の数にくらべて多い（**表 27-2**）．このことは，合成するのが"簡単な"アミノ酸を合成する能力を保持する一方で，合成が"難しい"アミノ酸をつくる能力を失うことがヒトの生存に有利であることを示唆する．

表 27-1. ヒトのアミノ酸要求

栄養学的必須	栄養学的非必須
アルギニン[a]	アラニン
ヒスチジン	アスパラギン
イソロイシン	アスパラギン酸
ロイシン	システイン
リシン	グルタミン酸
メチオニン	グルタミン
フェニルアラニン	グリシン
トレオニン	ヒドロキシプロリン[b]
トリプトファン	ヒドロキシリシン[b]
バリン	プロリン
	セリン
	チロシン

[a] "栄養学的準必須"．合成速度が小児の成長を支持するには不十分である．
[b] タンパク質合成には不必要である．コラーゲン合成における翻訳後修飾過程で生成される．

表 27-2. 両性代謝中間体（図 29-1 参照）からのアミノ酸の合成に必要な酵素

合成に必要な酵素の数			
栄養学的必須		栄養学的非必須	
アルギニン[a]	7	アラニン	1
ヒスチジン	6	アスパラギン酸	1
トレオニン	6	アスパラギン[b]	1
メチオニン	5（4 つは共通）	グルタミン酸	1
リシン	8	グルタミン[a]	1
イソロイシン	8（6 つは共通）	ヒドロキシリシン[c]	1
バリン	6（すべて共通）	ヒドロキシプロリン[d]	1
ロイシン	7（5 つは共通）	プロリン[a]	3
フェニルアラニン	10	セリン	3
トリプトファン	5（8 つは共通）	グリシン[e]	1
		システイン[f]	2
		チロシン[g]	1
計	68	計	17

[a] グルタミン酸から．　[b] アスパラギン酸から．
[c] リシンから．　[d] プロリンから．　[e] セリンから．
[f] セリンと S^{2-} から．　[g] フェニルアラニンから．

栄養学的必須アミノ酸を生合成する経路は，植物や細菌に見られるがヒトには見られないので，ここでは触れない．本章では12種類の"栄養学的に"非必須なアミノ酸のヒト組織における生合成反応と中間代謝物および，それらの代謝に関連して発生するいくつかの医学上，重要な疾患について取り上げる．

栄養学的非必須アミノ酸の生合成

グルタミン酸 glutamate

いわゆる"グルタミン酸ファミリー"に属するアミノ酸の前駆体であるグルタミン酸は，クエン酸回路の中間体であるα-ケトグルタル酸の還元的アミノ化により生成される．この反応は，ミトコンドリアにあるグルタミン酸デヒドロゲナーゼによって触媒される（**図 27-1**）．この反応は極端にグルタミン酸合成方向にかたよっており，細胞毒性をもつアンモニウムイオンの濃度を低下させる．

グルタミン glutamine

グルタミンシンテターゼによるグルタミン酸のアミド化によるグルタミンの生成（**図 27-2**）では，γ-グルタミルリン酸が中間体として生成される（**図 27-3**）．グルタミン酸と ATP がこの酵素に順番に結合した後，グルタミン酸は ATP のγ-リン酸基を攻撃し，γ-グルタミルリン酸と ADP を生成する．次にNH_4^+が結合し，電

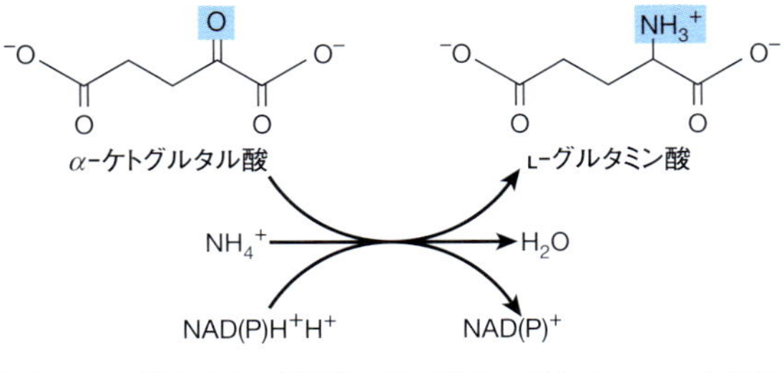

図 27-1. グルタミン酸デヒドロゲナーゼ（EC 1.4.1.3）反応

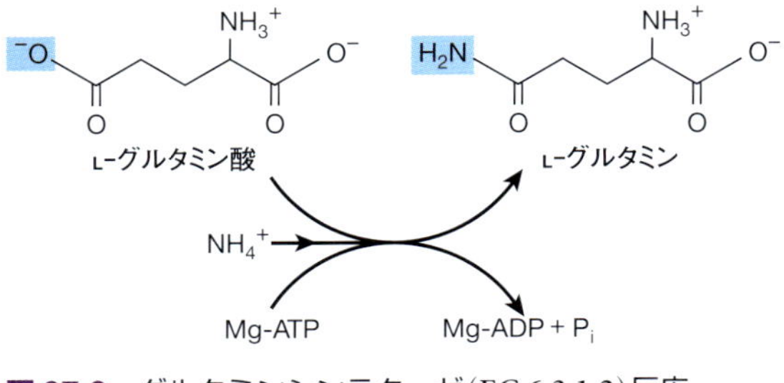

図 27-2. グルタミンシンテターゼ（EC 6.3.1.2）反応

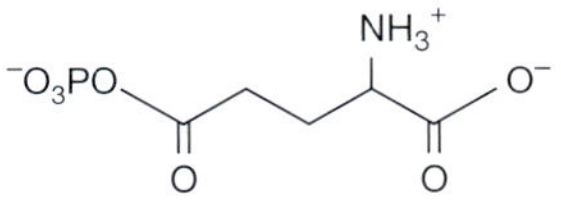

図 27-3. γ-グルタミルリン酸

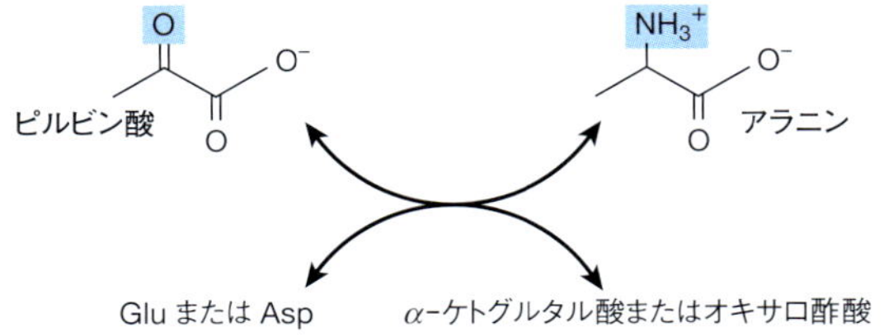

図 27-4. ピルビン酸のアミノ基転移によるアラニンの生成
アミノ基供与体はグルタミン酸でもアスパラギン酸でもよい．したがって，もう1つの生成物はα-ケトグルタル酸またはオキサロ酢酸である．

荷のないNH_3としてγ-グルタミルリン酸を攻撃する．4面体型中間体のγ-アミノ基からのP_i(リン酸)とプロトンの放出により，生成物であるグルタミンが放出される．

アラニン alanine とアスパラギン酸 aspartate

ピルビン酸のアミノ基転移によってアラニンが生成する（**図 27-4**）．同様に，オキサロ酢酸のアミノ基転移によってアスパラギン酸が生成する．

グルタミン酸デヒドロゲナーゼ，グルタミンシンテターゼおよびアミノトランスフェラーゼはアミノ酸生合成において中心的役割を果たす

グルタミン酸デヒドロゲナーゼ glutamate dehydrogenase（図 27-1），グルタミンシンテターゼ glutamine synthetase（図 27-2）および各種アミノトランスフェラーゼ aminotransferase（図 27-4）は，細胞毒性をもつアンモニウムイオンを各種アミノ酸に組み込んで無毒化する．

アスパラギン asparagine

アスパラギンシンテターゼ asparagine synthase が触媒するアスパラギン酸からアスパラギンへの変換（**図 27-5**）は，グルタミンシンテターゼ反応（図 27-2）に似ているが，アンモニウムイオンではなくグルタミンが窒素原子を供給する．しかし，細菌のアスパラギンシンテターゼはアンモニウムイオンを利用することもできる．この反応は，中間体としてアスパルチルリン酸を生成する（**図 27-6**）．無機ピロホスファターゼ（EC

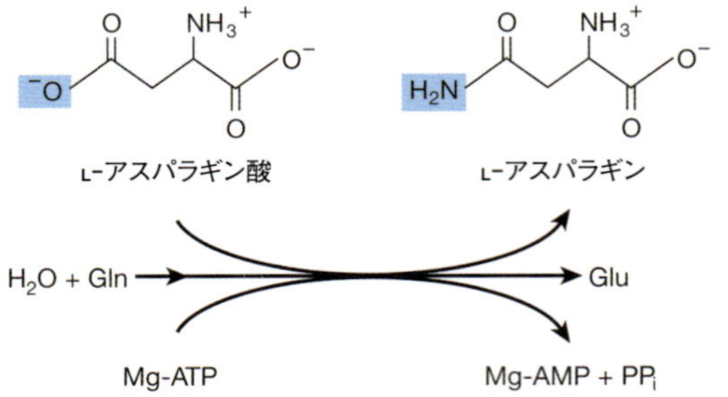

図27-5. アスパラギンシンターゼ（EC 6.3.5.4）反応

グルタミンシンテターゼ反応（図27-2）との類似点と相異点に注意されたい.

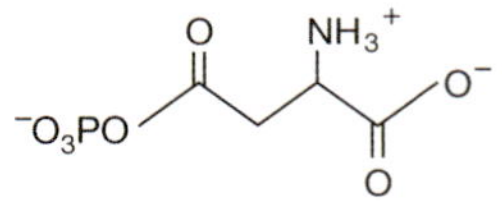

図27-6. アスパルチルリン酸

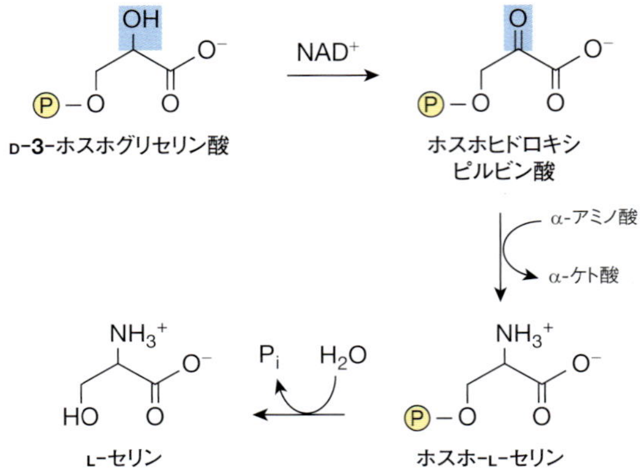

図27-7. セリンの生合成

3-ホスホグリセリン酸の酸化は 3-ホスホグリセリン酸デヒドロゲナーゼ（EC 1.1.1.95）によって触媒される. アミノ基転移によりホスホヒドロキシピルビン酸はホスホセリンに変換される. ホスホセリンホスファターゼ（EC 3.1.3.3）がリン酸基を加水分解することで L-リシンが生成される.

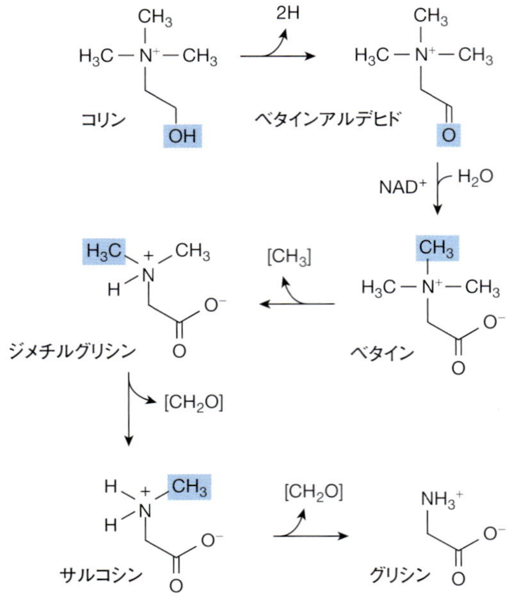

図27-8. コリンからのグリシン生成

酵素として，コリンデヒドロゲナーゼ choline dehydroge-nase（EC 1.1.99.1），ベタインアルデヒドデヒドロゲナーゼ betaine dehydrogenase（EC 1.2.1.8），ベタイン-ホモシステインメチルトランスフェラーゼ betaine-homocysteine methyltransferase（EC 2.1.1.5），ジメチルグリシンデヒドロゲナーゼ dimethylglycine dehydrogenase（EC 1.5.8.4），サルコシンデヒドロゲナーゼ sarcosine dehydrogenase（EC 1.5.8.3）が関与する.

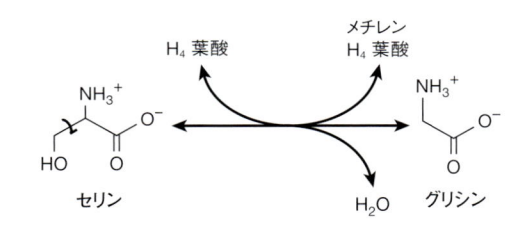

図27-9. グリシンヒドロキシメチルトランスフェラーゼ（EC 2.1.2.1）によるセリンとグリシンの相互変換

反応は自由に可逆的である.（H_4葉酸：テトラヒドロ葉酸）

3.6.1.1）による PP_i（二リン酸）の P_i への共役的加水分解がこの反応を強く推進する.

セリン serine

解糖系の中間体である 3-ホスホグリセリン酸の α-ヒドロキシ基が，3-ホスホグリセリン酸デヒドロゲナーゼにより酸化され，3-ホスホヒドロキシピルビン酸に変換される. ひき続いて起こるアミノ基転移反応と脱リン酸化反応によってセリンが生成する（**図27-7**）.

グリシン glycine

複数のグリシンアミノトランスフェラーゼが，グリオキシル酸とグルタミン酸またはアラニンからのグリシン合成を触媒することができる. ほとんどのアミノトランスフェラーゼと違って，これらの反応はグリシン合成に強く傾いている. 哺乳類におけるその他の重要なグリシン生成経路は，コリンからの経路（**図27-8**）とセリンからの経路（**図27-9**）である.

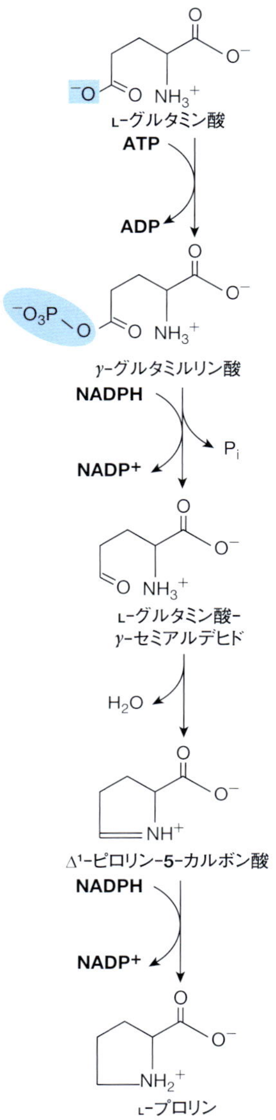

図 27-10. グルタミン酸からのプロリン生合成

これらの反応は，グルタミン酸 5-キナーゼ glutamate 5-kinase（EC 2.7.2.11），グルタミン酸-5-セミアルデヒドデヒドロゲナーゼ glutamate-5-semialdehyde dehydrogenase（EC 1.2.1.41），およびピロリン-5-カルボン酸レダクターゼ pyrolline 5-carboxylate reductase（EC 1.5.1.2）が触媒する．グルタミン酸セミアルデヒドは自然に環化する

プロリン proline

　プロリン生合成の最初の反応では，グルタミン酸のγ-カルボキシ基がγ-グルタミルリン酸（図 27-3）の混合酸無水物に変換される．次の還元反応でグルタミン酸γ-セミアルデヒドが生成され，グルタミン酸γ-セミアルデヒドは自然に環化した後に再び還元されL-プ

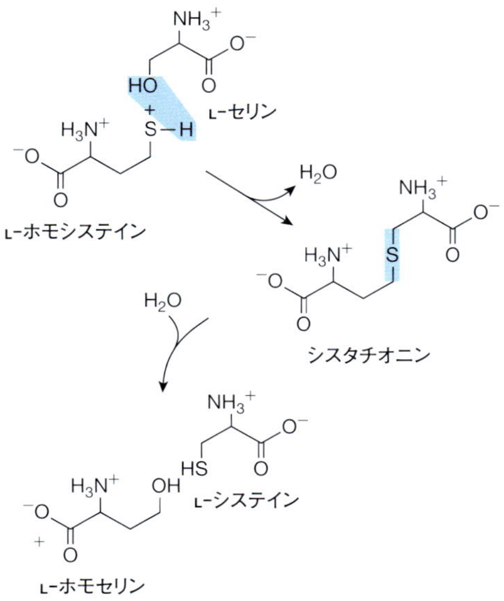

図 27-11. ホモシステインとセリンのホモセリンとシステインへの変換

システインの硫黄はメチオニンに由来する．炭素骨格はセリンに由来する．シスタチオニン β-シンターゼ cystathionine β-synthase（EC 4.2.1.22）とシスタチオニン γ-リアーゼ cystathionine γ-lyase（EC 4.4.1.1）が反応を触媒する．

ロリンとなる（**図 27-10**）．

システイン cysteine

　システインは栄養学的に必須でないが，栄養学的に必須なメチオニン methionine から生成される．メチオニンのホモシステインへの変換（図 29-18 参照）に続いて，ホモシステインとセリンがシスタチオニン cystathionine を生成し，その加水分解よってシステインとホモセリンが生成する（**図 27-11**）．

チロシン tyrosine

　フェニルアラニン 4-モノオキシゲナーゼ phenylalanine 4-monooxygenase がフェニルアラニンをチロシンに変換する（**図 27-12**）．栄養学的に必須なアミノ酸であるフェニルアラニンが食事に十分に含まれているのならば，チロシンは栄養学的に必須ではない．しかし，フェニルアラニン 4-モノオキシゲナーゼ反応は不可逆的なので，食事中のチロシンでフェニルアラニンを代用することはできない．この混合機能オキシダーゼ mixed-function oxidase による触媒反応は酸素分子の 1 個の酸素原子をフェニルアラニンのパラ位に取り込み，もう 1 個の酸素原子を水に還元する．テトラヒドロビオプテリンによって供給されるこの還元力は，

NADP⁺　NADPH + H⁺

II

テトラヒドロ　　ジヒドロ
ビオプテリン　ビオプテリン

O_2　　I　　H_2O

CH_2-CH-COO^-
　　　　　NH_3^+

L-フェニルアラニン

CH_2-CH-COO^-
　　　　　　　　NH_3^+
HO

L-チロシン

テトラヒドロビオプテリン

図 27-12. フェニルアラニン 4-モノオキシゲナーゼ（EC 1.14.16.1）によるフェニルアラニンのチロシンへの変換
この反応には 2 種の別個の酵素活性が関与している. 活性 II は NADPH によるジヒドロビオプテリンの還元を触媒し，活性 I は O_2 の H_2O への還元とフェニルアラニンのチロシンへの変換を触媒する. この反応に関するフェニルアラニン代謝異常症がいくつか知られている. これらについては 29 章で述べる.

元をただせば NADPH に由来する.

ヒドロキシプロリン hydroxyproline と ヒドロキシリシン hydroxylysine

　ヒドロキシプロリンとヒドロキシリシンは主としてコラーゲンに存在する. これらのアミノ酸に対する tRNA もないので，食事中のヒドロキシプロリンもヒドロキシリシンもタンパク質には取り込まれない. ペプチド中のヒドロキシプロリンとヒドロキシリシンは，プロリンとリシンから生成されるが，この変化はアミノ酸がペプチド鎖に取り込まれた後に起こる. ペプチド中のプロリン残基およびリシン残基のヒドロキシル化は，皮膚，骨格筋や，創傷肉芽の**プロリルヒドロキシラーゼ prolyl hydroxylase** および**リシルヒドロキシラーゼ lysyl hydroxylase** によって触媒される. この反応は，基質以外に分子状酸素（O_2），アスコルビン酸，鉄イオン（Fe^{2+}），および α-ケトグルタル酸を必要とする（**図 27-13**）. プロリンまたはリシン各 1 mol のヒドロキシル化のために，1 mol の α-ケトグルタル酸が脱炭酸されてコハク酸となる. これらのヒドロキシラーゼは，混合機能オキシダーゼ[1]である. O_2 の 1 個の酸素原子は，プロリンまたはリシンに取り込まれ，もう 1 つの 1 個はコハク酸に取り込まれる（図 27-13）. こ

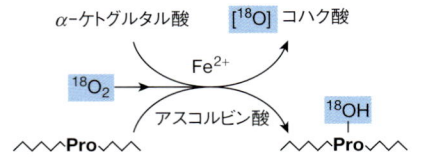

図 27-13. プロリンを多く含むペプチドのヒドロキシル化
分子状酸素がコハク酸とプロリンの両者に取り込まれる. つまりプロコラーゲン-プロリン 4-ジオキシゲナーゼ（EC 1.14.11.2）は混合機能オキシダーゼである. プロコラーゲン-リシン 5-ジオキシゲナーゼ（EC 1.14.11.4）も類似の反応を触媒する.

れら 2 つのヒドロキシラーゼが必要とするビタミン C が欠乏すると，コラーゲンの安定性が低下することにより，歯茎から出血したり，関節が腫れたり，傷が治りにくくなったりする**壊血病 scurvy** になる（5 章および 50 章参照）.

バリン valine，ロイシン leucine および イソロイシン isoleucine

　バリン，ロイシンおよびイソロイシンは，すべて栄養学的必須アミノ酸であるが，組織中のアミノトランスフェラーゼはこれらすべてのアミノ酸とそれに対応する α-ケト酸を可逆的に相互変換する. したがって，これらの α-ケト酸は食事中のそれぞれに対応するアミノ酸を代用することができる.

セレノシステイン selenocysteine, 第 21 番目のアミノ酸

　セレノシステイン（**図 27-14**）がタンパク質中に存在することはあまり一般的でないが，ヒトでは少なくとも 25 のセレノタンパク質が知られている. セレノシステインは，酸化還元反応を触媒する数種のヒトの酵素

$$H-Se-CH_2-\underset{\underset{NH_3^+}{|}}{\overset{\overset{H}{|}}{C}}-COO^-$$

$$Se + ATP + H_2O \longrightarrow AMP + P_i + H-Se-\overset{\overset{O}{\|}}{\underset{\underset{O^-}{|}}{P}}-O^-$$

図 27-14. セレノシステイン（上）とセレノリン酸シンターゼ（EC 2.7.9.3）によって触媒される反応（下）

---

1)　訳者注：一原子酸素添加酵素，モノオキシゲナーゼともよばれる.

の活性部位に存在する．その例としては，チオレドキシンレダクターゼ thioredoxin reductase，グルタチオンペルオキシダーゼ glutathione peroxidase，およびチロキシンをトリヨードチロニンに変換する脱ヨード化酵素 deiodinase がある．セレノシステインは，これらの酵素の活性部位において，その触媒機構に関与する．実際，セレノシステインをシステインで置換すると触媒活性が低下する．ヒトのセレノシステイン障害は，腫瘍形成およびアテローム性動脈硬化症 atherosclerosis に関連性があるとされ，また，セレン欠乏性心筋症（克山病 Keshan disease）と関連がある．

　セレノシステインの生合成は，システイン，セレン酸（SeO_4^{2-}），ATP，特殊な tRNA，および数種の酵素を必要とする．このとき，セリンがセレノシステインの炭素骨格を供給し，ATP とセレン酸から生成されたセレノリン酸（図 27-14）がセレンの供与体となる．4-ヒドロキシプロリンまたは 5-ヒドロキシリシンと違って，セレノシステインはペプチドに取り込まれる際に翻訳と並行して生成する．tRNA^{Sec} とよばれる特異な tRNA に対応するコドンである UGA は，通常は終止コドンである．タンパク質合成装置がセレノシステイン特異的 UGA コドンを認識できるのは，mRNA の非翻訳領域内のステムループ構造であるセレノシステイン挿入エレメントを認識するからである．セレノシステインの tRNA（tRNA^{Sec}）は，最初に tRNA^{Ser} にセリンを結合するリガーゼによってセリンと結合する．セレノリン酸シンターゼ selenophosphate synthase によるセレノリン酸の生成により，セリンの酸素原子とセレンの置換反応が起こる（図 27-14）．連続した酵素触媒反応がセリル tRNA^{Sec} をアミノアクリリル tRNA^{Sec} に変換し，次いで，セレノシステイル tRNA^{Sec} に変換する．次に，セレノシステイル tRNA^{Sec} を認識する特異的な伸長因子の存在下で，セレノシステインがタンパク質に取り込まれる．

まとめ

■ すべての脊椎動物は，特定のアミノ酸を両性代謝中間体または食事中の他のアミノ酸から合成できる．これらの中間体およびそれから生成するアミノ酸は，α-ケトグルタル酸の場合はグルタミン酸，グルタミン，プロリン，ヒドロキシプロリンで，オキサロ酢酸の場合はアスパラギン酸，アスパラギンで，3-ホスホグリセリン酸の場合はセリン，グリシンである．

■ システイン，チロシンおよびヒドロキシリシンは栄養学的必須アミノ酸から生成する．セリンはシステイン生合成の炭素骨格を供給し，ホモシステインが硫黄原子を供給する．

■ 壊血病は，ビタミン C 欠乏により起こる栄養性疾患で，ペプチド上のプロリン，リシンのヒドロキシル化が障害された結果，コラーゲンの成熟過程で架橋が起こらなくなる．

■ フェニルアラニンヒドロキシラーゼにより，フェニルアラニンはチロシンに変換される．複合機能オキシダーゼが触媒するこの反応は不可逆なので，チロシンからフェニルアラニンを生成することはできない．

■ 食事中のヒドロキシプロリンもヒドロキシリシンも，タンパク質に取り込まれない．これは，これらのアミノ酸をペプチドへ組み込むためのコドンも tRNA も存在しないためである．

■ ペプチド中のヒドロキシプロリンおよびヒドロキシリシンは，ペプチド中のプロリンおよびリシンから生成する．この反応はビタミン C を補因子として要求する混合機能オキシダーゼによって触媒される．

■ 哺乳類の数種の酵素に必須な活性部位残基であるセレノシステインは，あらかじめ修飾された tRNA からの翻訳時挿入によって生成する．

文　献

Gladyshev VN, Arner ES, Brigelius FR, et al: Selenoprotein gene nomenclature. J Biol Chem 2016;291:20436.

Kilberg MS: Asparagine synthetase chemotherapy. Annu Rev Biochem 2006;75:629.

Rayman RP: Selenium and human health. Lancet 2012;379;9822;1256.

Ruzzo EK, Capo-Chichi JM, Ben-Zeev B, et al: Deficiency of asparagine synthetase causes congenital microcephaly and a progressive form of encephalopathy. Neuron 2013;80:429.

Stickel F, Inderbitzin D, Candinas D: Role of nutrition in liver transplantation for end-stage chronic liver disease. Nutr Rev 2008;66:47.

Turanov AA, Shchedrina VA, Everley RA, et al: Selenoprotein S is involved in maintenance and transport of multiprotein complexes. Biochem J 2014;462:555.

タンパク質とアミノ酸の窒素の異化 28

Catabolism of Proteins & of Amino Acid Nitrogen

学　習　目　標
本章習得のポイント

- タンパク質の代謝回転について説明し，健康な個体における平均的なタンパク質の代謝回転速度を示すとともに，平均よりも速く分解されるヒトのタンパク質の例をあげる.
- ATP 依存性ならびに ATP 非依存性のタンパク質分解過程を説明し，タンパク質分解におけるプロテアソーム，ユビキチン，細胞表面の受容体，血中のアシアロ糖タンパク質，ならびにリソソームの役割を示すことができる.
- 哺乳類における窒素の最終異化産物が，鳥類や魚類とどのように異なるか示す.
- ヒトの窒素代謝におけるアミノトランスフェラーゼ（トランスアミナーゼ），グルタミン酸デヒドロゲナーゼ，ならびにグルタミナーゼの重要な役割を図示する.
- NH_3，CO_2 ならびにアスパラギン酸のアミド窒素が尿素に変換される反応を，構造式を用いて説明し，尿素生成にかかわる酵素群の細胞内局在を示す.
- 尿素の生合成過程で最初の段階の制御におけるアロステリック調節ならびにアセチルグルタミン酸の役割を示す.
- 尿素の生合成にかかわる酵素の異常に起因する代謝疾患は，その異常が異なる酵素の異なる部位にあっても同じような臨床兆候や症状を呈する理由を説明する.
- 新生児に対する遺伝性の代謝性疾患のスクリーニング検査について，古典的な方法とタンデム質量分析法の両者について説明する.

生物医学的重要性

　健常成人においては，窒素摂取量と窒素排泄量は等しい．正の窒素出納，すなわち窒素摂取量が排泄量よりも多い状態は，成長期と妊娠時に起こる．負の窒素出納，すなわち排泄量が摂取量より多い状態は外科手術，末期がん，栄養障害であるクワシオルコル kwashiorkor，およびマラスムス marasmus において起こる可能性がある．ユビキチン，ユビキチンリガーゼあるいは脱ユビキチン化酵素はある種のタンパク質の分解にかかわるが，これらをコードする遺伝子の異常は Angelman 症候群，若年性 Parkinson 病，von Hippel–Lindau 症候群，ならびに先天性赤血球増加症の原因となる．本章ではアミノ酸の窒素がどのようにして尿素に変換されるか，そしてこの過程の異常によって起こる代謝性疾患について述べる．主としてアミノ酸の α アミノ基窒素に由来するアンモニアは非常に有毒である．そのため組織は，アンモニアを無毒なグルタミンのアミド窒素に変換する．続いて肝臓で起こる脱アミド反応によってアンモニアが遊離され，次いでアンモニアは効率よく無毒な尿素に変換される．しかし，肝硬変や肝炎などの肝機能障害が起こると，血中アンモニア濃度が上がり，臨床的徴候や症状が現れる．尿素回路の各酵素は，代謝異常とその生理的意義について考えるよい例となるのに加え，尿素回路自体も他の代謝障害を研究するための有用な分子モデルとなっている.

タンパク質の代謝回転はすべての生物で起こる

　細胞内タンパク質の連続的な分解と合成（代謝回転）は，すべての生物で起こる．ヒトは毎日，体のタンパク質全体の 1 〜 2% 以上（主として筋肉タンパク質であ

るが)を代謝回転している. 構造の再編成が行われている組織, たとえば, 妊娠中の子宮組織, 飢餓時の骨格筋, あるいは変態中のオタマジャクシの尾組織では分解の速度が速い. タンパク質分解により遊離されたアミノ酸の約 75% は再利用されるが, 残りの過剰となったアミノ酸は将来に備えて蓄えられることはない. 新しいタンパク質にすぐに取り込まれないアミノ酸は速やかに分解される. アミノ酸の炭素骨格の大部分は両性代謝中間体に変換されるが, アミノ基窒素はヒトでは尿素に変換されて, 尿に排泄される.

プロテアーゼとペプチダーゼが タンパク質をアミノ酸に分解する

　タンパク質の相対的な分解されやすさは, その**半減期 half-life** ($t_{1/2}$), すなわちその濃度が初めの濃度の 2 分の 1 に減少するのに要する時間で表される. 肝臓のタンパク質の半減期は, 30 分以下のものから 150 時間以上のものまで多彩である. 解糖系酵素のような典型的な組織維持管理酵素 housekeeping enzyme の $t_{1/2}$ は 100 時間以上である. 一方, 多くの調節酵素 key regulatory enzyme の $t_{1/2}$ は 0.5 〜 2 時間である. PEST 配列, すなわちプロリン (P), グルタミン酸 (E), セリン (S) およびトレオニン (T) に富む領域は, タンパク質を速やかに分解するための標的となる. 細胞内プロテアーゼはペプチド鎖内部のペプチド結合を加水分解する. その結果生成するペプチドは, 次にペプチド内部を加水分解するエンドペプチダーゼおよびアミノ (N) 末端から順次アミノ酸を切断するアミノペプチダーゼと, カルボキシ (C) 末端から順次切断するカルボキシペプチダーゼによって 1 つ 1 つのアミノ酸に分解される.

ATP 非依存性の分解

　血中の糖タンパク質(46 章参照)の分解は, そのペプチドに結合しているオリゴ糖鎖の非還元末端からシアル酸残基を除去した後に行われる. アシアロ糖タンパク質は, 肝細胞のアシアロ糖タンパク質受容体によって細胞内に取り込まれ, リソソーム内のプロテアーゼによって分解される. 細胞外タンパク質, 膜タンパク質および寿命の長い細胞内タンパク質は, リソソーム内で ATP 非依存性過程によって分解される★.

ATP およびユビキチン依存性の分解

　半減期の短い調節タンパク質や異常タンパク質, 折

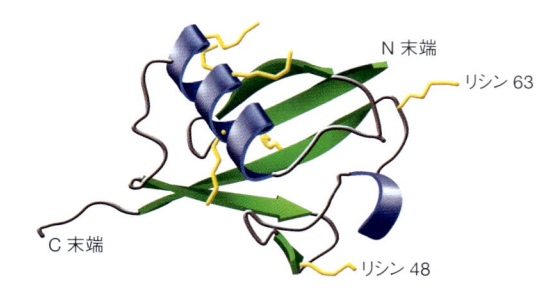

図 28-1. ユビキチンの立体構造
α ヘリックス構造は青色, β-ストランド構造は緑色, リシン残基の側鎖は黄色で示してある. リシン 48 とリシン 63 はポリユビキチン化において次のユビキチンが結合する部位となる.（Rogerdodd/Wikipedia）

りたたみに誤りがあるタンパク質の分解はサイトゾルで起こり, ATP と**ユビキチン ubiquitin** を必要とする. ユビキチンは, すべての真核細胞に存在するため, 遍在するという意味をもつ ubiquitous から名づけられた小さな (8.5 kDa, 76 残基) ポリペプチドで, 多くの細胞内タンパク質に結合してそれを分解に向かわせる. ユビキチンの一次構造は高度に保存されており, たとえば酵母とヒトのユビキチンの違いは 76 アミノ酸残基中たったの 3 残基である. **図 28-1** に, ユビキチンの立体構造を示す. ユビキチンの末端カルボキシ基が標的タンパク質のリシン残基の ε-アミノ基と**非 α-ペプチド結合 non-α-peptide bond** で結合する (**図 28-2**). N 末端に存在するアミノ酸残基は, そのタンパク質がユビキチン化されるかどうかに影響を及ぼす. N 末端の Met または Ser はユビキチン化を抑制し, Asp また

★ オートファジー

　オートファジーとは, 細胞質成分をリソソームに輸送して分解する細胞機能の総称である. 細胞質の一部を取り囲んだオートファゴソームがリソソームと融合するマクロオートファジーや, リソソームの膜が内側に嵌入することで細胞質の一部を直接取り込んで分解するミクロオートファジーなどがある. オートファジーはおもに非選択的であるが, 標的を選択的に認識して分解することもできる. プロテアソームと異なり, 大型(1 μm 程度)の細胞小器官なども分解することができる. リソソーム内の分解自体は ATP 非依存的であるが, リソソームへの運搬のいくつかのステップは ATP 依存的である. オートファジーは飢餓適応, 細胞内品質管理などの重要な生理的役割をもっており, 疾患との関連も注目されている. 酵母の遺伝学を利用してオートファジーにかかわる遺伝子群を発見した大隅良典教授に, 2016 年にノーベル賞が授与された.

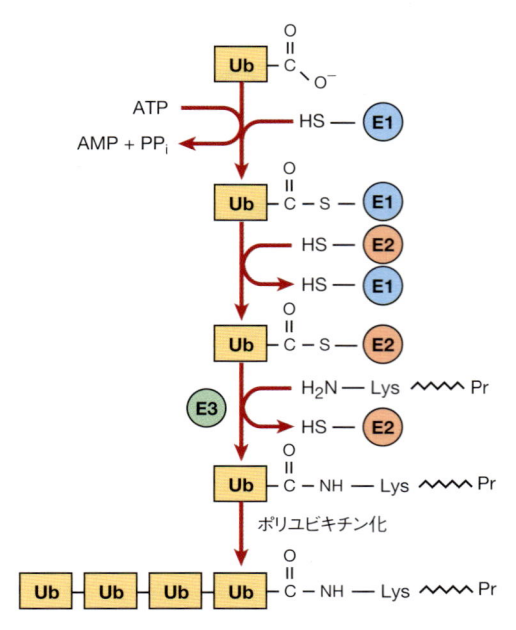

図 28-2. ユビキチン (Ub) のタンパク質への結合に関連する反応

3 種類の酵素が関与している. E1 は活性化酵素, E2 は結合酵素, E3 はリガーゼ. 酵素は 1 つずつ書いてあるが, E2 は数種類, E3 には 500 種類以上が存在する. ユビキチンの末端 COOH がチオエステルを形成する. ホスファターゼによって PPi が共役加水分解されて反応が直ちに進む. チオエステル交換反応により活性化されたユビキチンが E2 に移る. E3 は標的タンパク質のリシンの ε-アミノ基へのユビキチンの転移を触媒する*. このようなユビキチン化が次々起こり, ポリユビキチン化される.

* 訳者注: N 末端アミノ酸の α-アミノ基にユビキチンが連結することもある.

は Arg はそれを促進する. 膜貫通タンパク質にユビキチンが 1 分子付加されると[1], そのタンパク質は細胞内局在を変え, 分解へと向かう[2]. 可溶性タンパク質は, リガーゼ触媒作用によって 4 つ以上のユビキチン分子 (図 28-1) が付加されて**ポリユビキチン化 polyubiquitination** される. 続いて起こるユビキチン標識されたタンパク質の分解は, 巨大分子である**プロテアソーム proteasome** で起こる[3]. プロテアソームもまた, 真核細胞に遍在している. プロテアソームは巨大タンパク質複合体で, 環状の複合体が積み重なってで

---

1) 訳者注: モノユビキチン化とよばれる.

2) 訳者注: 細胞膜の膜貫通タンパク質がモノユビキチン化されるとエンドサイトーシスを介してリソソームで分解される.

3) 訳者注: プロテアソームの発見には日本の田中啓二博士 (東京都医学総合研究所) が大きく貢献した.

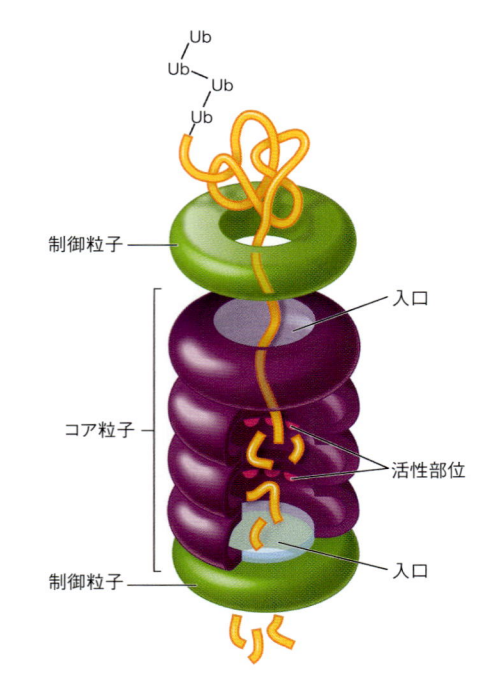

図 28-3. プロテアソームの構造

いちばん上部の環状複合体がポリユビキチン化されたタンパク質だけをプロテアソーム内部に通し, 中心部の内側に存在するプロテアーゼがペプチドへと分解する.

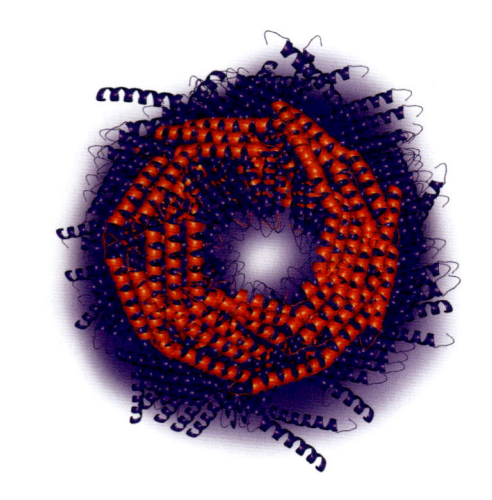

図 28-4. プロテアソームを上から見た図
(Thomas Splettstoesser/Wikipedia)

きたシリンダーの中心の穴の中にプロテアーゼ活性部位をもつ. したがって, タンパク質が分解されるにはまず, 中心の穴の中に入っていく必要がある. 分解されるタンパク質の中心への輸送は, シリンダー両端にある環状の複合体が制御しており, ポリユビキチン化されたタンパク質を認識する (**図 28-3** および**図 28-4**).

ユビキチンが媒介するタンパク質分解の発見により，イスラエルの Aaron Ciechanover と Avram Hershko，米国の Irwin Rose は 2004 年にノーベル化学賞を受賞している．ユビキチン，ユビキチンリガーゼ ubiquitin E3 ligase，あるいは脱ユビキチン化酵素の遺伝子異常に起因する疾患としては，Angelman 症候群，常染色体性劣勢の若年性 Parkinson 病, von Hippel–Lindau 症候群，先天性赤血球増加症が知られている．細胞周期における役割を含めた，タンパク質の分解とユビキチン化の機能については 4 章および 35 章を参照されたい．

臓器間の交換は，循環血液中のアミノ酸の濃度を維持する

食間における，循環血漿中のアミノ酸濃度の維持は，体内のタンパク質からの放出とさまざまな組織による利用とのバランスに依存する．筋肉は全身の遊離アミノ酸の半分以上をつくり出し，肝臓は過剰な窒素の処理に必要な尿素回路酵素をもつ場である．このように，筋肉と肝臓は，循環しているアミノ酸の濃度の維持に重要な役割を果たしている．

図 28-5 に，吸収されたアミノ酸の状態を示す．遊離アミノ酸のうち，とくにアラニンとグルタミンは，筋肉から循環している血液へと放出される．アラニンはおもに肝臓に取り込まれる．グルタミンは腸と腎臓に取り込まれて，大部分がアラニンに変換される．グルタミンは，腎臓から排出されるアンモニア源としての役割も果たす．腎臓は，肝臓や筋肉などの末梢組織に取り込まれるセリンの主要な供給源である．分枝アミ

ノ酸，とくにバリンは，筋肉から放出され，おもに脳で吸収される．

アラニンは，主要な**糖原性アミノ酸 glucogenic amino acid** である（**図 28-6**）．肝臓でのアラニンからの糖新生の割合は，他のすべてのアミノ酸よりもはるかに多い．肝臓でのアラニンからの糖新生の能力は，アラニン濃度が生理的レベルの 20 ～ 30 倍に達するまで，飽和しない．タンパク質の多い食事の後，内臓組織はアミノ酸を放出し（**図 28-7**），その一方で末梢筋肉はアミノ酸を取り込むが，どちらの場合もかかわるのはおもに分枝アミノ酸である．このように，分枝アミノ酸は窒素代謝において特別な役割をもつ．空腹時には，脳

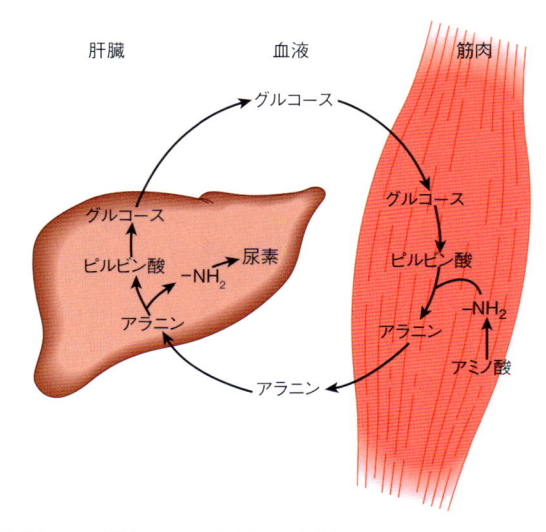

図 28-6. グルコース-アラニン回路
アラニンは，グルコース由来のピルビン酸のアミノ基転移により筋肉で合成され，血中に放出されて肝臓に取り込まれる．肝臓では，アラニンの炭素骨格がグルコースに再変換され，血中に放出され，利用できる筋肉に取り込まれアラニンに再合成される．

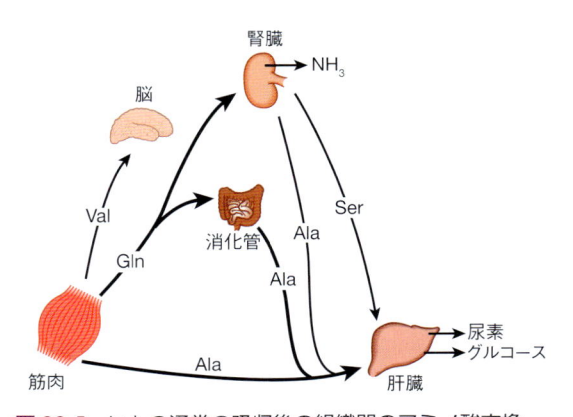

図 28-5. ヒトの通常の吸収後の組織間のアミノ酸交換
アミノ酸のアラニンの重要な役割，すなわち筋肉と腸から放出されて，肝臓に吸収されることが示されている．

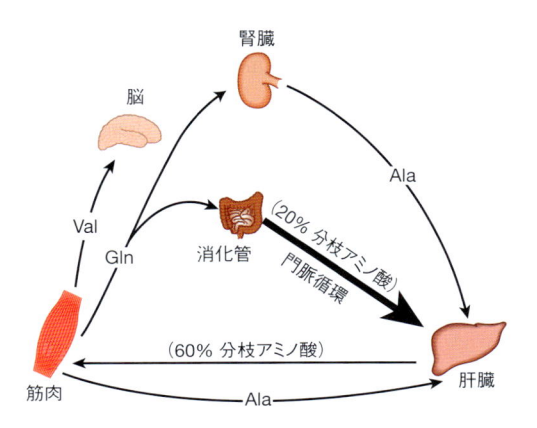

図 28-7. 食事直後の組織間のアミノ酸交換の概要

のエネルギー源となり，食後は，肝臓から供給されおもに筋肉に取り込まれる．

動物はα-アミノ基窒素を種々の最終産物に変換する

生活環境や生理学的特性に応じて種々の動物は，過剰の窒素をアンモニア，尿酸または尿素の形で排泄する．硬骨魚類は**アンモニア排泄性 ammonotelic** であり，水中で生活しているのでたえず水を排泄することができ，毒性の高いアンモニアの排泄を促進させている．この方法は水生動物には適しているが，鳥類は水を保持するとともに低体重を維持する必要がある．鳥類は**尿酸排泄性 uricotelic** であり，窒素分に富む尿酸（図33-11参照）を半固体の糞として排泄することによりこれらの問題を解決している．ヒトを含む多くの陸生動物は**尿素排出性 ureotelic** であり，無毒で水溶性の高い尿素を排泄する．尿素はヒトに対する毒性がなく，腎疾患における高尿素血症は腎機能障害の結果であって，原因ではない．

尿素の生合成

尿素生合成は，（1）アミノ基転移反応，（2）グルタミン酸の酸化的脱アミノ反応，（3）アンモニア輸送，（4）尿素回路の諸反応（**図 28-8**）の4段階で行われる．飢餓状態では，肝臓で尿素回路のすべての酵素の RNA発現が数倍に増加することが示されているが，これはエネルギー供給のためにタンパク質分解が亢進することによる二次的な反応と考えられる．

アミノ基転移反応はα-アミノ基窒素を α-ケトグルタル酸に移しグルタミン酸を生成する

アミノ基転移反応は，対になった α-アミノ酸と α-ケト酸を相互変換する（**図28-9**）．アミノ基転移反応は可逆的であり，アミノ酸の生合成でも機能している（図

27-4 参照）．リシン，トレオニン，プロリンおよびヒドロキシプロリン以外のすべてのタンパク質構成アミノ酸はアミノ基転移反応を受ける．アミノ基転移反応はα-アミノ基に限った反応ではない．オルニチンのδ-アミノ基は容易にアミノ基転移を受ける（リシンのε-アミノ基では起こらない）．

アラニン-ピルビン酸アミノトランスフェラーゼ（アラニンアミノトランスフェラーゼ，EC 2.6.1.2）とグルタミン酸-α-ケトグルタル酸アミノトランスフェラーゼ（アスパラギン酸アミノトランスフェラーゼ，EC 2.6.1.1）は，アミノ基をピルビン酸（アラニンを生成する）または α-ケトグルタル酸（グルタミン酸を生成する）へ転移する．

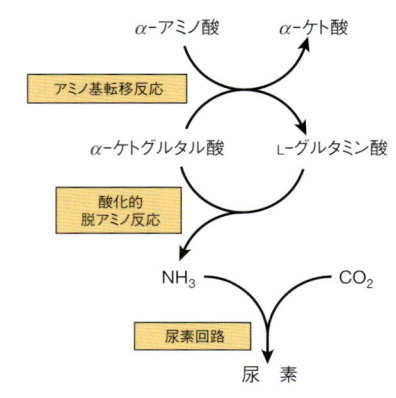

図 28-8. アミノ酸異化における窒素の全体的な流れ

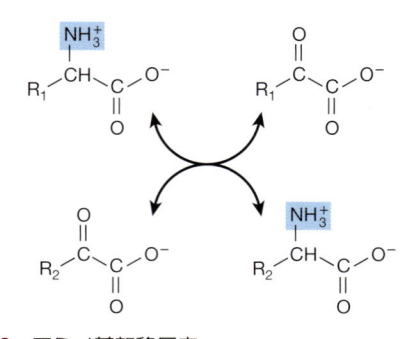

図 28-9. アミノ基転移反応

反応は平衡定数がほぼ1で自由に可逆的である．

$E—CHO \xrightarrow{Ala} E\langle^{CHO}_{Ala} \longrightarrow E\langle^{CH_2NH_2}_{Pyr} \xrightarrow{Pyr} E—CH_2NH_2 \xrightarrow{KG} E\langle^{CH_2NH_2}_{KG} \longrightarrow E\langle^{CHO}_{Glu} \xrightarrow{Glu} E—CHO$

図 28-10. アミノ基転移における"ピンポン"機構

E-CHO は酵素結合ピリドキサールリン酸，E-CH$_2$NH$_2$ は酵素結合ピリドキサミンリン酸を表す．
（Ala：アラニン，Glu：グルタミン酸，KG：α-ケトグルタル酸，Pyr：ピルビン酸）

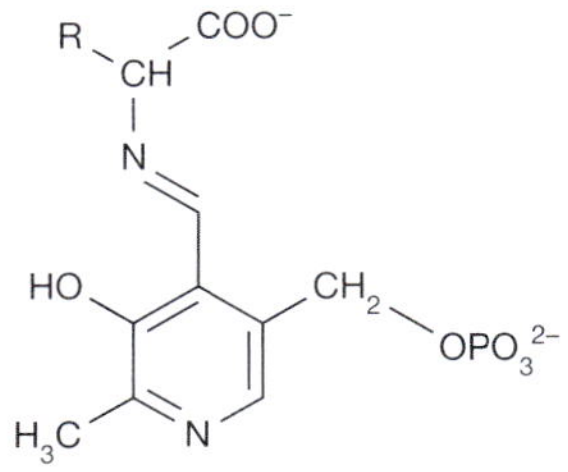

図 28-11. ピリドキサールリン酸とアミノ酸との間に形成されるシッフ塩基の構造

各々のアミノトランスフェラーゼはある一対の基質に対しては特異的であるが, 他の基質に対してはそうではない. アラニンはアスパラギン酸アミノトランスフェラーゼの基質でもあるので, アミノ基転位反応を受けるアミノ酸のすべての α-アミノ基はグルタミン酸に集中され得る[4]. L-グルタミン酸は, かなりの速度で酸化的脱アミノ反応を受ける哺乳類組織中の唯一のアミノ酸であるため, 重要である. このようにして, α-アミノ基からのアンモニア生成は, 主として L-グルタミン酸の α-アミノ基窒素を経由して起こる.

アミノ基転移反応は, 基質の結合と生成物の放出が交互に起こる "ピンポン" 機構を経て起こる (**図 28-10**). アミノ基転移反応による α-アミノ基窒素の除去に続いて, 残りの炭素 "骨格" は 29 章で述べる経路で分解される.

ビタミン B_6 の誘導体であるピリドキサールリン酸 (PLP) は, すべてのアミノトランスフェラーゼの触媒部位に存在し, 重要な役割を果たしている. アミノ基転移反応では PLP はアミノ基の "キャリヤー" として機能する. 酵素結合シッフ塩基 (**図 28-11**) は酵素結合 PLP のアルデヒド基と, α-アミノ酸の α-アミノ基と

---

4) 訳者注: 哺乳類組織では, アスパラギン酸アミノトランスフェラーゼ aspartate aminotransferase (AST) とアラニンアミノトランスフェラーゼ alanine aminotransferase (ALT) (以前は逆反応で GOT, GPT とよばれていた) の活性が高く, それぞれ次の反応を触媒する.
L-アスパラギン酸 + α-ケトグルタル酸
　　　　　　 ⇆ オキサロ酢酸 + L-グルタミン酸
L-アラニン + α-ケトグルタル酸
　　　　　　 ⇆ ピルビン酸 + L-グルタミン酸
この 2 つのアミノトランスフェラーゼおよびその他のアミノトランスフェラーゼによって, ほとんどのアミノ酸のアミノ基転移反応が起こる. これらの反応において, アミノ基受容体としては α-ケトグルタル酸が最も広く関与している. その他, オキサロ酢酸とピルビン酸も受容体となる. その結果, グルタミン酸, アスパラギン酸, およびアラニンが生成する. したがって, これらのアミノ基転移反応の結果, ほとんどのアミノ酸のアミノ基窒素はグルタミン酸に集中することになる.

の間で生成される. シッフ塩基はさまざまな方法で再配列される. アミノ基転移反応においては再配列により α-ケト酸と酵素結合ピリドキサミンリン酸が生成される. 前に述べたように, ある種の疾患では血清中のアミノトランスフェラーゼの濃度が上昇する (表 7-1 参照).

L-グルタミン酸デヒドロゲナーゼは窒素代謝の中心的位置を占める

アミノ基窒素は α-ケトグルタル酸に渡されて L-グルタミン酸を生成する. 肝臓の **L-グルタミン酸デヒドロゲナーゼ L-glutamate dehydrogenase** (GDH) は, NAD^+ もしくは $NADP^+$ を利用して, アミノ基窒素をアンモニアとして遊離する (**図 28-12**). グルタミン酸アミノトランスフェラーゼと GDH の協調作用による α-アミノ基窒素のアンモニアへの変換は, しばしば "脱アミノ基転移反応 transdeamination" とよばれる. 肝臓の GDH 活性は, ATP, GTP および NADH によってアロステリックに阻害され, ADP によって活性化される. GDH 反応は可逆的であり, アミノ酸生合成においても機能する (図 27-1 参照).

アミノ酸オキシダーゼもまた窒素をアンモニアとして除去する

肝臓および腎臓の **L-アミノ酸オキシダーゼ L-amino acid oxidase** は, アミノ酸を α-イミノ酸に変換し, この α-イミノ酸はアンモニウムイオンを遊離して α-ケト酸に分解される (**図 28-13**). 還元型フラビンは酸素分子によって再度酸化され, 過酸化水素 (H_2O_2) を生成する. 次いで, H_2O_2 は **カタラーゼ catalase** (EC 1.11.1.6) によって O_2 と H_2O に分解される.

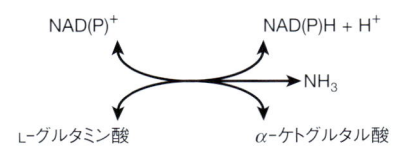

図 28-12. グルタミン酸デヒドロゲナーゼ (EC 1.4.1.2) による反応
$NAD(P)^+$ は NAD^+ と $NADP^+$ のどちらもが酸化還元基質になり得ることを示す. 反応は可逆的であるが, 平衡はグルタミン酸生成の方向に大きく傾いている.

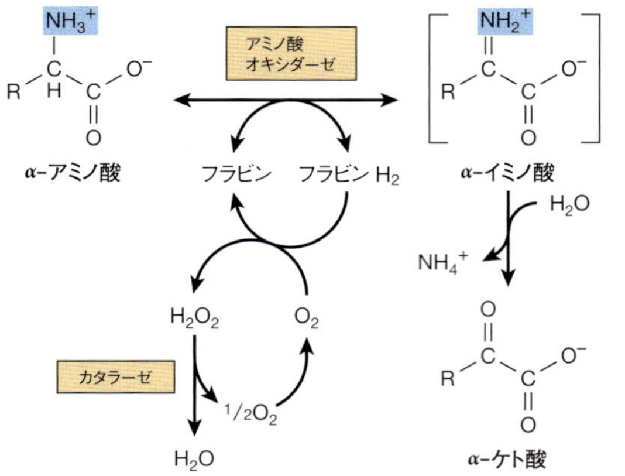

図 28-13. L-アミノ酸オキシダーゼ（L-α-アミノ酸：O₂ オ
キシドレダクターゼ，EC 1.4.3.2）によって触媒される酸化
的脱アミノ反応
［ ］に示した α-イミノ酸は安定な中間体ではない．

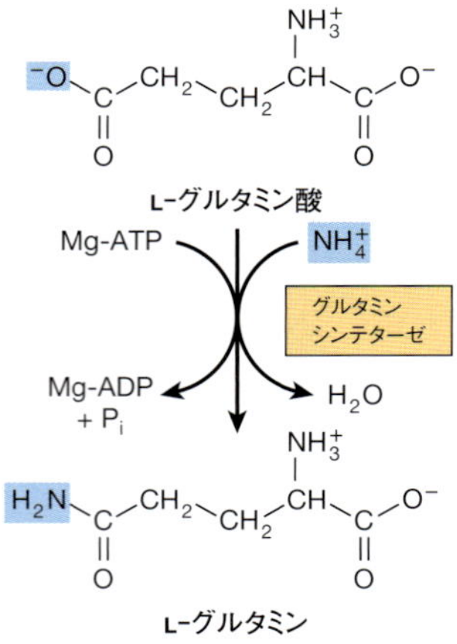

図 28-14. グルタミンシンテターゼ（EC 6.3.1.2）によるグル
タミン生成

アンモニア中毒は生命にとって危険である

　腸内細菌によって生成され，その後吸収されて門脈
血に入ったアンモニアと，組織によって生成されたア
ンモニアは，肝臓によって循環血から速やかに除去さ
れて尿素に変換される．その結果，正常な状態では，アン
モニアは末梢血中に痕跡程度（10 ～ 20 μg/dL）存在
するにすぎない．アンモニアは中枢神経系に有毒なの
で，肝臓の除去作用は必須である．もし，門脈血が肝
臓を迂回すると，体循環血中のアンモニアが中毒濃度
以上に上昇することがある．この現象は，重症肝機能
不全，または肝硬変症によって門脈と体循環静脈間に
側副血行ができた場合に起こる．**アンモニア中毒
ammonia intoxication** の症状には，振戦，不明瞭言語，
視力不鮮明，昏睡などがあり，最終的には死に至る．ア
ンモニアが脳にとって有毒である原因の一部は，それ
が α-ケトグルタル酸として反応してグルタミン酸を
生成することである．その結果 α-ケトグルタル酸濃度
が低下し，ニューロンのクエン酸（TCA）回路の機能を
損う．

グルタミンシンテターゼはアンモニアを固定して
グルタミンに変える

　グルタミンの生成は，ミトコンドリアの**グルタミン
シンテターゼ glutamine synthetase**（グルタミン酸-ア
ンモニアリガーゼ）によって触媒される（**図28-14**）．ア
ミド結合の形成は ATP の ADP と無機リン酸（Pᵢ）への
加水分解と共役するので，この反応はグルタミン合成
に強く傾く．触媒反応では，グルタミン酸は ATP の

γ-リン酸基と反応し，γ-グルタミルリン酸と ADP を
生成する．NH₄⁺ の脱プロトンでできた NH₃ は γ-グル
タミルリン酸と反応し，その結果グルタミンと Pᵢ が遊
離する．窒素，炭素ならびにエネルギーを臓器間で輸
送するキャリヤーとしてのグルタミンを供給するだけ
でなく（図 28-5），グルタミンシンテターゼはアンモニ
アの無毒化と酸-塩基平衡の両方に重要な役割を果た
している．まれに見られる新生児のグルタミンシンテ
ターゼ欠損では，重度の脳障害，多臓器不全をもたら
し死に至る．

グルタミナーゼとアスパラギナーゼはグルタミンと
アスパラギンの脱アミドを行う

　ヒトのミトコンドリア**グルタミナーゼ glutaminase**
には，肝臓型と腎臓型の 2 つのアイソフォームが存在
する．異なる遺伝子の産物であり，構造，反応速度論，
調節の点で異なっている．肝グルタミナーゼレベルは
高タンパク食摂取で上昇し，一方，腎グルタミナーゼ
は代謝性アシドーシスで増加する．グルタミナーゼに
よって触媒されるグルタミンからのアンモニアの遊離
（**図 28-15**）は，グルタミン酸生成に強く傾いている．類
似した反応は，アスパラギナーゼ asparaginase（EC
3.5.1.1）によって触媒される．したがって，グルタミン
シンテターゼとグルタミナーゼの協調反応は遊離のア
ンモニウムイオンとグルタミンの相互変換を触媒する
ことになる．

アンモニアの生成と分泌は酸-塩基平衡を維持する

　腎尿細管細胞によって生成されたアンモニアの尿中
への排泄は，陽イオンの維持と酸-塩基平衡の調節を助

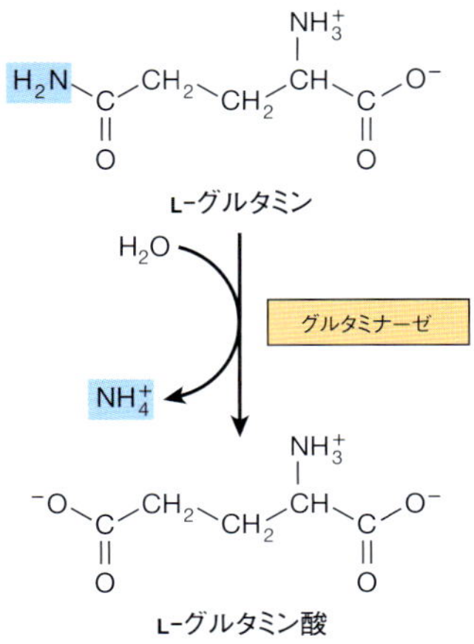

け る. 腎細胞内アミノ酸, とくにグルタミンからのアンモニア生成は**代謝性アシドーシス** metabolic acidosis で増加し, **代謝性アルカローシス** metabolic alkalosis で減少する.

尿素はヒトにおける窒素異化の主要な最終産物である

1 mol の尿素合成は, 3 mol の ATP と各 1 mol のアンモニウムイオンおよびアスパラギン酸, そして 5 種類の酵素を必要とする (**図 28-16**). 反応に関与する 6 種のアミノ酸のうち, N-アセチルグルタミン酸はたんに酵素活性剤として作用する. ほかのアミノ酸は, 最終的に尿素を構成する原子のキャリヤーとしてはたらく. 哺乳類では, **オルニチン** ornithine, **シトルリン** citrulline, **アルギニノコハク酸** argininosuccinate の代謝上のおもな役割は尿素合成である. 尿素合成は回路過程である. アンモニウムイオン, CO_2, ATP およ

図 28-15. グルタミナーゼ(EC 3.5.1.2)による反応
反応はグルタミン酸と NH_4^+ 生成の方向にほぼ不可逆的に進む. α-アミノ基窒素でなく, アミド窒素が除去されることに注意されたい.

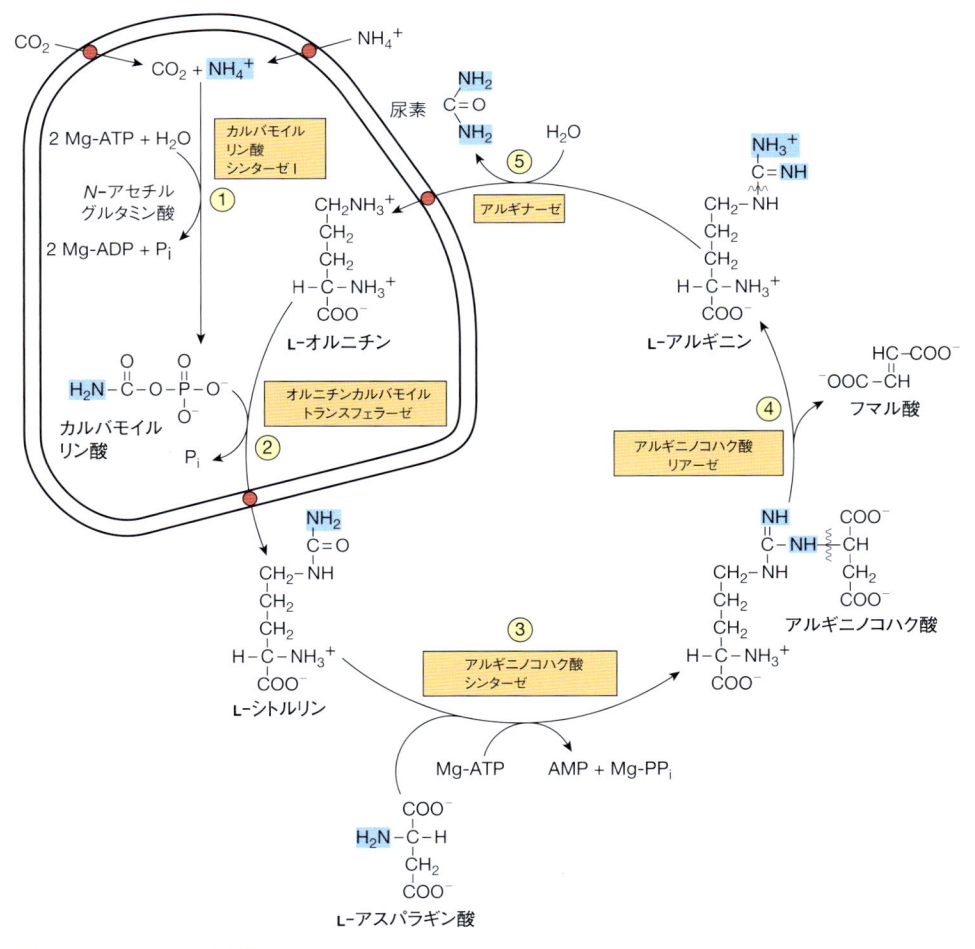

図 28-16. 尿素生合成の反応と中間体
尿素生成に関与する窒素を含む原子団は青で示した. 反応 ①, ② は肝臓ミトコンドリアのマトリックス内で起こり, 反応 ③, ④, ⑤ は肝臓サイトゾル内で起こる. CO_2(炭酸水素塩として), アンモニウムイオン, オルニチンおよびシトルリンは肝臓ミトコンドリア内膜に存在する特異的キャリヤー (●)によってミトコンドリアマトリックス内に輸送される.

びアスパラギン酸は消費されるが，反応②で消費されるオルニチンは，反応⑤で再生されるので，オルニチン，シトルリン，アルギニノコハク酸，アルギニンは実質的に増減しない．尿素合成反応の一部の反応はミトコンドリアのマトリックス内で起こり，ほかの反応はサイトゾルで起こる（図 28-16）．

カルバモイルリン酸シンターゼ I が尿素合成を開始する

CO_2，アンモニアおよび ATP の縮合による**カルバモイルリン酸 carbamoyl phosphate** の生成は，ミトコンドリアの**カルバモイルリン酸シンターゼ I carbamoyl phosphate synthase I**（EC 6.3.4.16）によって触媒される．この酵素のサイトゾル型であるカルバモイルリン酸シンターゼ II は，窒素供与体としてアンモニアではなくグルタミンを使って，ピリミジン生合成にはたらく（図 33-9 参照）．したがって，グルタミン酸デヒドロゲナーゼとカルバモイルリン酸シンターゼ I の協調的作用は，アミノ基窒素を高い転移ポテンシャルをもつカルバモイルリン酸に送り込むことである．

尿素回路の律速酵素であるカルバモイルリン酸シンターゼ I は，この酵素の ATP への親和性を増すアロステリックアクチベーターである **N-アセチルグルタミン酸 N-acetylglutamate** の存在下でのみ活性がある．カルバモイルリン酸 1 mol を合成するには，ATP が 2 mol 必要である．そのうちの 1 mol の ATP は，カルバモイルリン酸の混合酸無水結合形成のためのリン酸を供与する．2 つ目の ATP は，カルバモイルリン酸のアミド結合の合成に推進力を与える．ほかに生成するのは，ADP 2 mol と P_i 1 mol である（図 28-16，反応①）．反応は段階的に進行し，まず炭酸水素イオンと ATP が反応してカルボニルリン酸と ADP が生成する．次に，アンモニアとカルボニルリン酸が反応し，カルバミン酸と正リン酸が生成する．続いて，第二の ATP によるカルバミン酸のリン酸化が起こってカルバモイルリン酸が生成する．

カルバモイルリン酸とオルニチンがシトルリンを生成する

オルニチンカルバモイルトランスフェラーゼ ornithine carbamoyltransferase（EC 2.1.3.3）はカルバモイルリン酸のカルバモイル基をオルニチンに転移してシトルリンと正リン酸を生成する（図 28-16，反応②）．この反応はミトコンドリアマトリックス内で起こるが，オルニチンの生成と，シトルリンのその後の代謝はサ

イトゾル内で起こる．したがって，オルニチンのミトコンドリアへの移入とシトルリンのミトコンドリアからの移出には，ミトコンドリア内膜の輸送体（ORC1，ORC2 および SLC25A29[5]）が関与している（図 28-16）．

シトルリンとアスパラギン酸がアルギニノコハク酸を生成する

アルギニノコハク酸シンターゼ argininosuccinate synthase（EC 6.3.4.5）は，アスパラギン酸のアミノ基を介してアスパラギン酸とシトルリンを結合し（図 28-16，反応③），尿素の第二の窒素を供給する．この反応は ATP を要求し，シトルリル AMP が反応中間体となる．続いて，アスパラギン酸と AMP の置換が起こってアルギニノコハク酸を生成する．

アルギニノコハク酸の切断でアルギニンとフマル酸が生成する

アルギニノコハク酸の切断は，**アルギニノコハク酸リアーゼ argininosuccinate lyase**（EC 4.3.2.1）によって触媒される．反応は，アルギニンに 3 つの窒素すべてを残し，アスパラギン酸の炭素骨格をフマル酸として遊離して進行する（図 28-16，反応④）．フマル酸に水が付加して，L-リンゴ酸が生成し，続いてリンゴ酸の NAD^+ 依存性酸化反応によってオキサロ酢酸に変換される．これら 2 つの反応はクエン酸回路における反応に類似しているが，これらは**サイトゾル内のフマル酸ヒドラターゼ fumarate hydratase** と**リンゴ酸デヒドロゲナーゼ malate dehydrogenase** によって触媒される反応である．次に，アスパラギン酸アミノトランスフェラーゼによるオキサロ酢酸へのアミノ基転移が起こってアスパラギン酸が再生する．このように，アスパラギン酸-フマル酸の炭素骨格はグルタミン酸の窒素を尿素の前駆体に運ぶキャリヤーとして作用する．

アルギニンの切断で尿素が遊離しオルニチンが再生する

肝臓の**アルギナーゼ arginase**（EC 3.5.3.1）によって触媒されるアルギニンのグアニジノ基の加水分解的切断で尿素が遊離する（図 28-16，反応⑤）．もう 1 つの生成物であるオルニチンは肝臓ミトコンドリアにふたたび入り，次の尿素生成経路に入る．オルニチンと

---

5) 訳者注：SLC25A29 はオルニチン輸送体と考えられていたときもあるが，おもにアルギニンやリシンといった塩基性アミノ酸の輸送体であることが明らかになっている．

リシンはアルギニンと拮抗する強力なアルギナーゼの阻害剤である．アルギニンは一酸化窒素（NO）の前駆体でもある．NO は強い筋弛緩作用をもち，NO シンターゼによる Ca^{2+} 依存性の反応により生成される[6]．

カルバモイルリン酸シンターゼ I は尿素回路の律速酵素である

カルバモイルリン酸シンターゼ I の活性は，**N-アセチルグルタミン酸 N-acetylglutamate** の濃度によって決まる．この定常的濃度は，アセチル CoA とグルタミン酸からの合成速度，および酢酸とグルタミン酸への加水分解速度のバランスによって決まる．これらの反応は，それぞれアミノ酸 N-アセチルトランスフェラーゼ［N-アセチルグルタミン酸シンターゼ N-acetylglutamate synthase（NAGS）］と N-アセチルグルタミン酸ヒドロラーゼ N-acetylglutamate hydrolase によって触媒される．

アセチル-CoA + L-グルタミン酸 →
　　　　N-アセチル-L-グルタミン酸 + CoASH

N-アセチル-L-グルタミン酸 + H_2O →
　　　　　　　　　　L-グルタミン酸 + 酢酸

食事内容の変化によって尿素回路の個々の酵素の量が 10 〜 20 倍にも増加し得る．たとえば，飢餓では酵素レベルが増加するが，これはおそらく飢餓によって亢進されるタンパク質分解に伴うアンモニア生成の増加に対応するものである．

代謝異常の一般的な特徴

比較的まれであるがよく研究され，医学的に重大な尿素生合成の酵素に関連する代謝異常では，次のような遺伝性代謝性疾患の一般原理が示されている．

1. ある特定の酵素，あるいは同じ代謝経路の連続した反応を触媒する酵素群をコードする遺伝子上の変異は，どのような変異であっても同じようなもしくは同じ臨床兆候や症状を示す．
2. 合理的な治療は，健常者と障害のある者の両方における生化学的酵素触媒反応の理解にもとづいている．
3. 代謝阻害部位の上流に蓄積する代謝中間体およ

び副次的な代謝産物の同定が代謝スクリーニング検査の基礎となり，また，障害されている反応の推定に役立つ．
4. 確定診断には，欠損が推定される酵素活性の定量的測定が必要である．
5. 変異酵素をコードする遺伝子の DNA 塩基配列を野生型遺伝子の配列と比較すると，疾患の原因となる特異的変異を同定することができる．
6. ヒト遺伝子の塩基配列解析の飛躍的な増加により，特定の代謝性疾患の原因遺伝子に変異が数多く同定され，それらは良性であったり種々の重症度の異なる症状に関連したりする．

尿素回路の各反応に代謝異常が存在する

尿素回路の酵素生合成における欠損のうち，十分に解明されている 5 種類について以下に述べる．分子遺伝学的解析により各酵素欠損に関連する変異の位置が特定されてきたが，それぞれの変異は遺伝的にも表現型としてもかなりの多様性を呈する（**表 28-1**）．

尿素回路障害には，高アンモニア血症，脳症，呼吸性アルカローシスがある．5 つの代謝性疾患のうち，カルバモイルリン酸シンターゼ I carbamoyl-phosphate synthase I 欠損症，オルニチンカルバモイルトランスフェラーゼ ornithine carbamoyltransferase 欠損症，アルギニノコハク酸シンターゼ argininosuccinate synthase 欠損症，およびアルギニノコハク酸リアーゼ argininosuccinate lyase 欠損症の 4 つでは，尿素の前駆体，おもにアンモニアとグルタミンが蓄積する．アンモニ

表 28-1. 尿素回路の遺伝性代謝異常にかかわる酵素

酵　素	EC 番号	OMIM[a] 番号	図と反応の番号
カルバモイルリン酸シンターゼ I	6.3.4.16	237300	28-16 ①
オルニチンカルバモイルトランスフェラーゼ	2.1.3.3	311250	28-16 ②
アルギニノコハク酸シンターゼ	6.3.4.5	215700	28-16 ③
アルギニノコハク酸リアーゼ	4.3.2.1	608310	28-16 ④
アルギナーゼ	3.5.3.1	608313	28-16 ⑤

[a] Online Mendelian Inheritance in Man（OMIM）データベース：ncbi.nlm.nih.gov/omim/

6）　訳者注：NO は血管平滑筋を弛緩させるため強い血管拡張作用をもつ．

ア中毒は，図28-16の反応①もしくは②で代謝障害が起こるときに，最も重症である．というのは，シトルリンが合成される時点でアンモニアの一部は有機代謝産物に共有結合されることによってすでに除去されているからである．

すべての尿素回路の異常症に共通の臨床症状には，嘔吐，高タンパク質食回避，間欠性運動失調，過敏性，嗜眠，重度の精神遅滞などがある．最も重篤な場合，最初は正常にみえる正期産児でも，血漿アンモニアレベルが高いために進行性嗜眠，低体温，無呼吸となる．5種類すべての異常症の臨床像と治療は類似している．血中アンモニア濃度の急激な上昇を避けるように少量の低タンパク質食を高頻度で与えることにより，脳障害の大きな改善が見られる．食事療法の目的は，成長と発達を促進するためのタンパク質（アルギニン）とエネルギーを十分に供給するとともに，疾患に伴う代謝の混乱を最小限にとどめることである．

カルバモイルリン酸シンターゼⅠ

N-アセチルグルタミン酸はカルバモイルリン酸シンターゼⅠ carbamoyl-phosphate synthase I (EC 6.3.4.16)の活性に必須である（図28-16，反応①）．カルバモイルリン酸シンターゼⅠの欠損は，比較的まれな（62 000人に1人）代謝性疾患である高アンモニア血症1型 hyperammonemia type 1 の原因となる．

アミノ酸 N-アセチルトランスフェラーゼ（N-アセチルグルタミン酸シンターゼ）

アミノ酸 N-アセチルトランスフェラーゼ（N-アセチルグルタミン酸シンターゼ N-acetylglutamate synthase（NAGS），EC 2.3.1.1）は，カルバモイルリン酸シンターゼⅠ活性に必須の N-アセチルグルタミン酸を，グルタミン酸とアセチル-CoA から生成する反応を触媒する．

$$\text{L-グルタミン酸 + アセチル-CoA} \rightarrow$$
$$N\text{-アセチルグルタミン酸 + CoASH}$$

NAGS 欠損の臨床的，生化学的特徴はカルバモイルリン酸シンターゼⅠの欠損と区別できないが，NAGS の欠損では，N-アセチルグルタミン酸の投与に反応する．

オルニチン輸送体

高オルニチン血症 hyperornithinemia-高アンモニア血症 hyperammonemia-ホモシトルリン尿症 homocitrullinuria（**HHH**）症候群は，ミトコンドリア膜のオルニチン輸送体をコードする $ORC1$ 遺伝子の変異で起こる．サイトゾル内オルニチンのミトコンドリアマトリックスへの輸入障害は尿素回路の機能不全をきたし，その結果高アンモニア血症をきたす．同時に，サイトゾル中にオルニチンの蓄積が起こり，高オルニチン血症が起こる．カルバモイルリン酸を受け取る役割をもつオルニチンが欠けるとミトコンドリアのカルバモイルリン酸はリシンをカルバモイル化してホモシトルリン homocitrulline を生成し，その結果ホモシトルリン血症が起こる．

オルニチンカルバモイルトランスフェラーゼ

"高アンモニア血症Ⅱ型 hyperammonemia type 2"とよばれる X 染色体欠損症は，オルニチンカルバモイルトランスフェラーゼ ornithine carbamoyltransferase の欠損による（図28-16，反応②）．この欠損症では，母親にも高アンモニア血症があり，高タンパク質食に対する嫌悪を示す．また，血液，脳脊髄液および尿中のグルタミン濃度が上昇する．これは，組織内アンモニア濃度上昇に伴うグルタミン合成の亢進によると推測される．

アルギニノコハク酸シンターゼ

アルギニノコハク酸シンターゼ argininosuccinate synthase 活性（図28-16，反応③）の活性が検出されない患者に加えて，シトルリンに対するミカエリス定数 K_m が25倍増加した患者が報告されている．結果としてシトルリン血症が起こり，血漿および脳脊髄液中シトルリン濃度が上昇し，1日あたり1〜2gのシトルリンが尿中に排泄される．

アルギニノコハク酸リアーゼ

血液，脳脊髄液，および尿中のアルギニノコハク酸濃度上昇を示すアルギニノコハク酸尿症では，毛髪がもろくなり，小結節が出現するという症状（結節性裂毛症 trichorrhexis nodosa）を伴う．この症例には早発型と晩発型の2型がある．代謝欠損は，アルギニノコハク酸リアーゼ argininosuccinate lyase（図28-16，反応④）にある．赤血球のアルギニノコハク酸リアーゼ活性測定による診断が，臍帯血または羊水細胞を用いて実施可能である．

アルギナーゼ

高アルギニン血症は，アルギナーゼ arginase（図28-16，反応⑤）遺伝子の常染色体劣性欠損症である．他の

尿素回路異常とは異なり，典型的な高アルギニン血症の最初の症状は 2 ～ 4 歳まで現れない．発症すると血液および脳脊髄液中のアルギニン濃度が上昇する．尿中アミノ酸パターンは，シスチン尿症のパターン（29 章参照）に似ており，尿細管におけるリシンおよびシスチンの吸収にアルギニンが競合することによって発生している可能性がある．

タンデム質量分析法による新生児血液の分析によって代謝性疾患を検出できる

　代謝酵素の欠損または機能不全で引き起こされる代謝疾患の障害は非常に大きい．しかし，早い段階で食事介入をすることは，多くの場合，別の方法では回避できない悲惨な状況を改善することができる．したがって，このような代謝性疾患の早期検出は非常に重要である．1960 年代に米国で新生児スクリーニングプログラムが始まって以来，現在米国のすべての州で新生児代謝疾患スクリーニング検査が行われている．強力で感度の高い技術である**タンデム質量分析法 tandem mass spectrometry**（4 章参照）を使用すると，40 種類以上の代謝異常の検出が数分で可能である．多くの州が，有機酸血症，アミノ酸血症，脂肪酸酸化異常症および尿素回路の酵素欠損症などの代謝異常を検出するためにタンデム質量分析法を使用している．タンデム質量分析法の総説では，その原理，代謝性疾患を検出するための応用法，偽陽性が出る状況が説明されている．また，その総説には，検出可能な項目と，関連する代謝性疾患の詳細な表も含まれている（*Clinical Chemistry* 39, 315-332, 2006）[7]．

遺伝子やタンパク質を操作して代謝性疾患を治せるか

　アデノウイルスベクターを用いたシトルリン血症治療の結果は動物モデルで得られているものの，現段階では遺伝子治療によってヒト患者を治すことはできていない．しかし，CRISPR-Cas9（39 章参照）を用いて異常酵素を変化させることによって，正常な酵素活性を取り戻すことには，培養ヒト多能性幹細胞で成功している．

---

7)　訳者注：日本においても 2014（平成 26）年 4 月から，全国でタンデム質量分析法が導入され，任意で検査を受けることができるようになっている．従来の新生児スクリーニング検査では 4 つの先天性代謝異常症のみ（ホルモン異常 2 つを含めて合計 6 疾患）が対象であったが，タンデム質量分析法の導入により 16 ～ 22 種類の疾患を検出できるようになった（検査できる疾患の種類は自治体によって異なる）．

まとめ

- ■ ヒトは毎日，体のタンパク質の 1 ～ 2% を分解する．その速度は，タンパク質および生理状態の違いによって大きく異なる．重要な調節酵素の半減期は短いことが多い．

- ■ タンパク質は，ATP 依存性および非依存性経路によって分解される．ユビキチンは多くの細胞内タンパク質を分解に向かわせる．肝細胞表面の受容体は，循環血中のアシアロ糖タンパク質を結合して細胞内に取り込み，リソソームで分解する．

- ■ ポリユビキチン化されたタンパク質は，プロテアソームとよばれるシリンダー状の巨大分子の内側にあるプロテアーゼで分解される．ドーナツ型のタンパク質複合体がプロテアソーム内側への入り口を形成しており，ポリユビキチン化されていないタンパク質の侵入を防いでいる．

- ■ 魚類は毒性の高い NH_3 を直接排泄し，鳥類は NH_3 を尿酸に変換する．高等脊椎動物は NH_3 を尿素に変換する．

- ■ アミノ基転移反応はアミノ基窒素をグルタミン酸に移す．L-グルタミン酸デヒドロゲナーゼは窒素代謝の中心的役割を果たす．

- ■ グルタミンシンテターゼは NH_3 を無毒なグルタミンに変換する．グルタミナーゼは尿素合成に使われる NH_3 を遊離する．

- ■ NH_3，CO_2 およびアスパラギン酸のアミノ基窒素が尿素の原子を供給する．

- ■ 肝臓における尿素合成の一部はミトコンドリアマトリックス内で起こり，一部はサイトゾル内で起こる．

- ■ カルバモイルリン酸シンターゼの酵素濃度および N-アセチルグルタミン酸によるアロステリック調節が尿素合成を調節する．

- ■ 尿素回路の各酵素，オルニチン輸送体 ORC1，およびアミノ酸 N-アセチルトランスフェラーゼの欠損に伴う代謝性疾患が存在する．

- ■ 尿素生合成に関連した代謝異常では，すべての代謝性疾患に共通する 6 つの一般的な特徴が見られる．

- ■ タンデム質量分析法は，新生児の遺伝性代謝性疾患のスクリーニング検査のために使われる方法である．

文　献

Adam S, Almeida MF, Assoun M, et al: Dietary management of urea cycle disorders: European practice. Mol Genet Metab 2013;110:439.

Burgard P, Kölker S, Haege G, et al. Neonatal mortality and outcome at the end of the first year of life in early onset urea cycle disorders. J Inherit Metab Dis. 2016;39:219.

Dwane L, Gallagher WM, Ni Chonghaile T, et al: The emerging role of non-traditional ubiquitination in oncogenic pathways. J Biol Chem 2017;292:3543.

Häberle J, Pauli S, Schmidt E, et al: Mild citrullinemia in caucasians is an allelic variant of argininosuccinate synthetase deficiency (citrullinemia type 1). Mol Genet Metab 2003;80:302.

Jiang YH, Beaudet AL: Human disorders of ubiquitination and proteasomal degradation. Curr Opin Pediatr 2004;16:419.

Monné M, Miniero DV, Dabbabbo L, et al: Mitochondrial transporters for ornithine and related amino acids: a review. Amino Acids 2015;9:1963.

Pal A, Young MA, Donato NJ: Emerging potential of therapeutic targeting of ubiquitin-specific proteases in the treatment of cancer. Cancer Res 2014;14:721.

Pickart CM: Mechanisms underlying ubiquitination. Annu Rev Biochem 2001;70:503.

Sylvestersen KB, Young C, Nielsen ML: Advances in characterizing ubiquitylation sites by mass spectrometry. Curr Opin Chem Biol 2013;17:49.

Waisbren SE, Gropman AL: Improving long term outcomes in urea cycle disorders. J Inherit Metab Dis 2016;39:573.

アミノ酸の炭素骨格の異化

29

Catabolism of the Carbon Skeletons of Amino Acids

学習目標
本章習得のポイント

- アミノ酸の炭素骨格のおもな異化産物の名前をあげ，それらがどのように代謝されるか示す．

- アミノトランスフェラーゼ（トランスアミナーゼ）が触媒する反応の反応式を書き，さらに補酵素の役割を示す．

- 個々のアミノ酸の代謝経路の概要を示し，臨床的に重要な代謝異常に関連した反応を示す．

- 糸球体，尿細管での再吸収異常に起因するアミノ酸尿症の例をあげ，消化管におけるトリプトファンの吸収障害の影響について説明する．

- 特定のアミノ酸の異化にかかわる異なる酵素の異常に起因する代謝性疾患が，同じような臨床兆候や症状を示す理由を説明する．

- プロリンおよび 4-ヒドロキシプロリンの異化における，Δ^1-ピロリン-5-カルボン酸デヒドロゲナーゼの異常について説明する．

- プロリンおよびリシンの α-アミノ基窒素が，アミノ基転移以外の過程でどのように除去されるかを説明する．

- 脂肪酸の異化反応と分枝アミノ酸の異化反応との類似点を比較する．

- 高バリン血症，メープルシロップ尿症，間欠型メープルシロップ尿症，イソ吉草酸血症，ならびにメチルマロン酸尿症の代謝異常を示す．

生物医学的重要性

28 章では多くの L-α-アミノ酸の，窒素原子の除去および代謝のゆくえについて述べた．本章では，結果として生じたアミノ酸の炭化水素骨格の代謝のゆくえとそれにかかわる酵素ならびに代謝中間体，関連した代謝性疾患すなわち"先天性代謝異常"について議論する．アミノ酸代謝異常の多くは比較的まれな疾患であるが，治療を受けることなく放置された場合，患者は不可逆的な脳障害および早期死亡に至る可能性がある．したがって，出生前または生後早期の検出と時宜を得た治療の開始が不可欠である．この疾患に関与する酵素の活性は，培養した羊水細胞で検出し得るので，羊水穿刺による出生前診断が可能である．米国のすべての州は，40 種類に及ぶ代謝性疾患のスクリーニング検査を実施している．これらの検査には，アミノ酸代謝異常症も含まれている．最も信頼できるスクリーニング検査はタンデム質量分析[1]を用いるもので，2，3 滴の新生児血液の中から，代謝異常を示唆する代謝産物を検出できる．このスクリーニング検査により，どの酵素が欠損しているのか，あるいは活性が低下しているのかを知ることができる．

酵素をコードしている遺伝子のエキソンや転写調節領域に変異があると，酵素が合成されなくなったり，部分的にあるいは完全に機能をもたない酵素が合成されたりする．酵素活性に影響を及ぼしたり，酵素分子全体の立体構造をゆがませたり，触媒部位や調節領域の構造をゆがませたりするような変異は深刻な代謝異常につながることもある．触媒反応にかかわるアミノ酸残基の配置が異常になったり，基質，補酵素あるいは金属イオンとの結合が障害されたりすると，変異酵素の触媒効率は低下する．アロステリック調節因子との結合親和性が変化して，刺激に適切に応答した活性調節ができなくなる場合もある．異なる変異であっても

<hr>

1) 訳者注：タンデム型（直列型）は最も一般的な質量分析計で，2 つの分析計を直列につなぎ，最初のイオン化により生じた 1 つ 1 つのイオンをさらに分離し，2 つ目の分析計でピークを検出することで，化合物の検出の精度と感度を高めている（4 章も参照）．

上述のいずれの要因にも同様に影響し得るため，種々の異なる変異が同じ臨床兆候や症状をもたらすことがあるが分子レベルで考えると，これらは異なる分子疾患である．アミノ酸代謝異常症の治療は，その代謝に異常を来しているアミノ酸の含量が低い食事を摂ることが基本である．しかし結局は，遺伝子工学的な治療法が，代謝異常を完全に治す方法であると考えられる．

アミノ酸は異化されて糖質合成や脂質合成の中間体となる

1920 ～ 1940 年の栄養学に関する研究により，脂質，糖質，およびタンパク質に含まれる炭素原子は相互に変換し得ることがわかっていた．このことは 1940 ～ 1950 年に行われた放射標識したアミノ酸を用いた研究により補強され，確認された．これらの研究はまた，すべてのアミノ酸の炭素骨格の全部あるいは一部が糖質，脂質，あるいは脂質と糖質の両方に変換されることも示した（**表 29-1**）．**図 29-1** はこれらの相互変換の全体像を示している．

アミノ酸異化の典型的な初発反応はアミノ基転移反応である

アミノトランスフェラーゼが触媒するアミノ基転移反応（図 28-9 参照）による α-アミノ基窒素の除去は，ほとんどのアミノ酸異化の最初の反応である．プロリン，ヒドロキシプロリン，トレオニンならびにリシンは例外で，これらの α-アミノ基はアミノ基転移に関与しない．次に，残りの炭化水素骨格が，図 29-1 に概略を示したように，両性代謝中間体に分解される．

アスパラギンとアスパラギン酸はオキサロ酢酸を生じる

アスパラギンとアスパラギン酸の 4 個の炭素はすべて**アスパラギナーゼ asparaginase**（EC 3.5.1.1）ならびに**アミノトランスフェラーゼ aminotransferase** が触媒する反応により**オキサロ酢酸 oxaloacetate** となる．

アスパラギン + H_2O → アスパラギン酸 + NH_4^+
アスパラギン酸 + ピルビン酸 →
オキサロ酢酸 + アラニン

表 29-1. L-α-アミノ酸の炭素骨格のゆくえ

変換されてできた両性代謝中間体のゆくえ		
糖質（糖原性）	脂質（ケト原性）	糖質と脂質（糖原性とケト原性）
Ala　　Hyp	Leu	Ile
Arg　　Met	Lys	Phe
Asp　　Pro		Trp
Cys　　Ser		Tyr
Glu　　Thr		
Gly　　Val		
His		

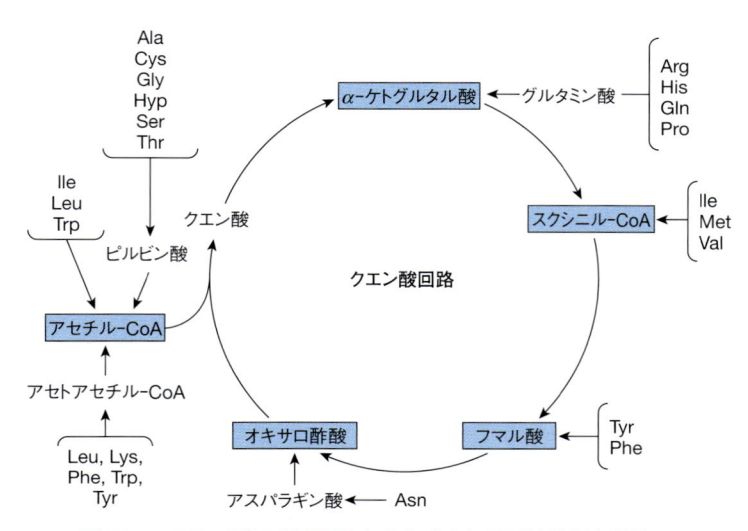

図 29-1. アミノ酸の炭素骨格から生成される両性代謝中間体

グルタミンとグルタミン酸はα-ケトグルタル酸を生じる

グルタミナーゼ glutaminase（EC 3.5.1.2）とアミノトランスフェラーゼが触媒する連続した反応によりα-ケトグルタル酸 α-ketoglutarate を生じる.

グルタミン + H_2O → グルタミン酸 + NH_4^+
グルタミン酸 + ピルビン酸 →
　　　　　　　α-ケトグルタル酸 + アラニン

グルタミン酸とアスパラギン酸はいずれも同じアミノトランスフェラーゼの基質[2]であるが, アミノトランスフェラーゼはアミノ酸の同化・異化の両方において中心的な役割を果たしており, この酵素の異常は致死的であると考えられる. したがって, アスパラギンとグルタミンを両性中間体に変換するこれらの短い異化経路の代謝異常は見つかっていない.

プロリン

プロリンの異化はミトコンドリア内で行われる. プロリンはアミノ基転移反応を受けないので, α-アミノ基の窒素は, 2段階の反応を経てグルタミン酸になるまでアミノ酸上に残っている. Δ^1-ピロリン-5-カルボン酸への酸化はプロリンデヒドロゲナーゼ（EC 1.5.5.2）が, 次に起こるグルタミン酸への酸化はΔ^1-ピロリン-5-カルボン酸デヒドロゲナーゼ（グルタミン酸-γ-セミアルデヒドデヒドロゲナーゼともよばれる, EC 1.2.1.88）がそれぞれ触媒する（**図 29-2**）. プロリンの異化には2種類の代謝異常がある. いずれのタイプも常染色体潜性遺伝の特徴をもち, 成人においては通常の生活に支障はない. **I型高プロリン血症 type I hyperprolinemia** の代謝障害部位は**プロリンデヒドロゲナーゼ proline dehydrogenase** である. ヒドロキシプロリン異化の障害は知られていない. **II型高プロリン血症 type II hyperprolinemia** の代謝障害部位は, Δ^1-ピロリン-5-カルボン酸デヒドロゲナーゼ Δ^1-pyrroline-5-carboxylate dehydrogenase で, この酵素はアルギニン, オルニチンならびにヒドロキシプロリン（後述）の異化にもかかわっている. プロリンとヒドロキシプロリンの異化が障害されるので, Δ^1-ピロリン-5-カルボン酸ならびにΔ^1-ピロリン-3-ヒドロキシ-5-カルボン酸（図 29-11）が排泄される.

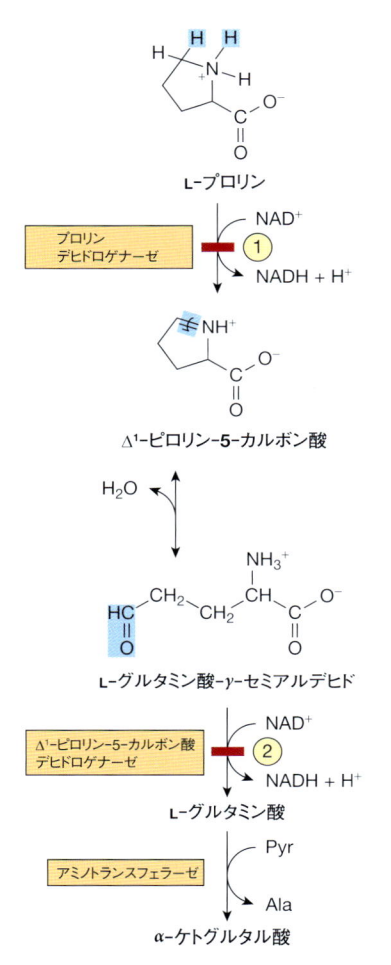

図 29-2. プロリンの異化
赤線および数字は, ① I型および ② II型高プロリン血症における代謝欠損部位を示す. この図, ならびにこれ以降の図中の青のハイライトは, 次の反応において化学変化を受ける部分を表している.

アルギニンとオルニチン

アルギニン異化の初めの反応はオルニチンへの変換で, 次いでアミノ基転移反応によりグルタミン酸-γ-セミアルデヒドに変換される（**図 29-3**）. グルタミン酸-γ-セミアルデヒドはプロリンの場合と同様にα-ケトグルタル酸 α-ketoglutarate に変換される（図 29-2）. **オルニチンアミノトランスフェラーゼ ornithine aminotransferase**（オルニチントランスアミナーゼ, EC 2.6.1.13）の変異では, 血漿と尿中のオルニチン濃度が上昇し, **脳回転状網脈絡膜萎縮症 gyrate atrophy of the choroid and retina** と関連がある. 治療法には食事アルギニンの摂取制限がある. ミトコンドリアの**オルニ**

---

2)　訳者注：28章の訳者注4)を参照のこと.

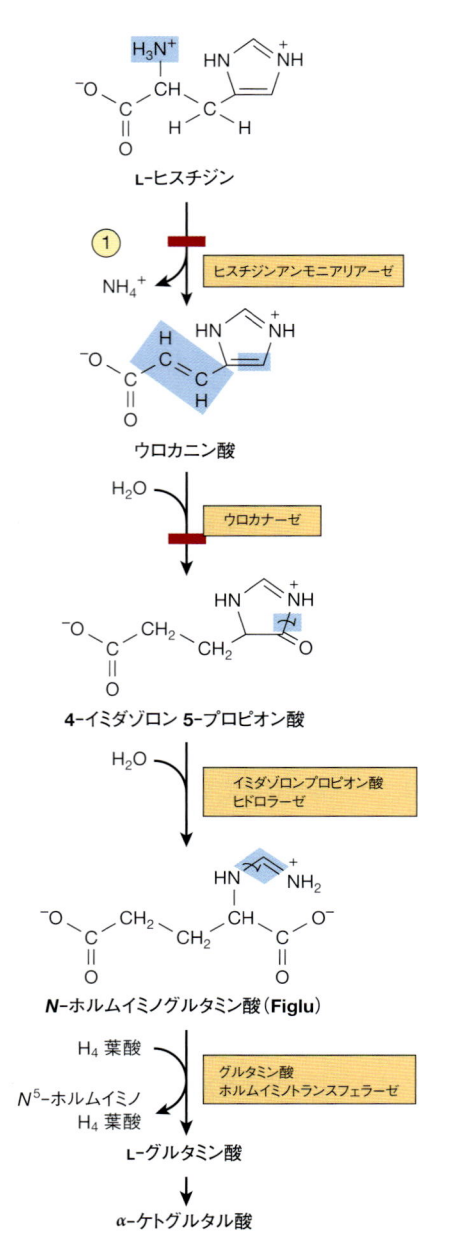

図 29-3. アルギニンの異化
L-アルギニンがアルギナーゼによって分解され、尿素と L-オルニチンが生成される。この反応（赤線）は、高アルギニン血症における代謝欠損部位である。その後、アミノ基転移により L-オルニチンから L-グルタミン酸-γ-セミアルデヒドが生成され、さらに α-ケトグルタル酸（α-KG）に酸化される。

チン-シトルリンアンチポーター ornithine-citrulline antiporter（図 28-16 参照）である ORC1 の欠損症である**高オルニチン血-高アンモニア血症候群 hyperornithinemia-hyperammonemia syndrome** では、オルニチンが関与して尿素を生成する場であるミトコンドリアへのオルニチン輸送が障害されている。

ヒスチジン

ヒスチジンの異化は、ウロカニン酸 urocanate, 4-イミダゾロン-5-プロピオン酸 4-imidazolone-5-propionate, N-ホルムイミノグルタミン酸 N-formiminoglutamate（Figlu）を経て進む。ホルムイミノ基がテトラヒドロ葉酸に転移されてグルタミン酸が生成し、次いで**α-ケトグルタル酸 α-ketoglutarate** が生成する（**図 29-4**）。**葉酸欠乏 folic acid deficiency** ではホルムイミノ基の転移が低下し、Figlu が排泄される。したがって、ヒスチジン投与後の Figlu 排泄は、葉酸欠乏検査に利用されてきた。ヒスチジン異化の良性の障害には、**ヒスチジンアンモニアリアーゼ histidin ammonia-lyase** 欠損に伴う**ヒスチジン血症 histidinemia** とウロカナーゼ **urocanase** 欠損に伴う**ウロカニン酸尿症 urocanic aciduria** がある。

図 29-4. L-ヒスチジンの α-ケトグルタル酸への異化
赤線は代謝欠損部位を示す。（H₄ 葉酸：テトラヒドロ葉酸）

グリシン, セリン, アラニン, システイン, トレオニンおよび4-ヒドロキシプロリンの異化

グリシン

肝臓ミトコンドリアの**グリシン開裂系 glycine cleavage system** は、グリシンを CO_2 と NH_4^+ に開裂し、N^5,N^{10}-メチレンテトラヒドロ葉酸 N^5,N^{10}-methylene

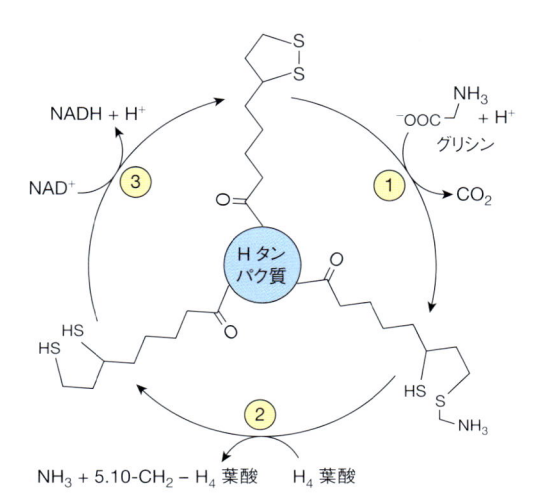

図 29-5. 肝臓ミトコンドリアのグリシン開裂系
グリシン開裂複合体は，共有結合したジヒドロリポ酸部位をもつ"H タンパク質"と3種類の酵素からなる．番号の付いた反応を触媒するのは，① グリシンデヒドロゲナーゼ（脱炭酸），② アンモニアを生成するアミノメチルトランスフェラーゼ，③ ジヒドロリポアミドデヒドロゲナーゼである．（H₄葉酸：テトラヒドロ葉酸）

tetrahydrofolate を生成する．

$$グリシン + H_4葉酸 + NAD^+ \rightarrow CO_2 + NH_3$$
$$+ 5,10\text{-}CH_2\text{-}H_4葉酸 + NADH + H^+$$

グリシンの開裂複合体（**図29-5**）は，共有結合したジヒドロリポ酸部位をもつ"H タンパク質"と3種類の酵素とから構成される．図 29-5 に，グリシンの開裂における個々の反応ならびに中間代謝物を示す．グリシン異化のまれな先天性代謝障害である**非ケトン性高グリシン血症 nonketotic hyperglycinemia** は，中枢神経系を含むすべての体組織にグリシンが蓄積する．**原発性高シュウ酸尿症 primary hyperoxaluria** における欠損は，グリシンの脱アミノで生成したグリオキシル酸 glyoxylate の異化障害である．その結果，グリオキシル酸がシュウ酸へ酸化されて，尿路結石症，腎石灰沈着症，また腎機能不全や高血圧症による早期死亡の原因となる．**グリシン尿症 glycinuria** は腎尿細管再吸収の異常に由来する．

セリン

セリンは，グリシンヒドロキシメチルトランスフェラーゼ glycine hydroxymethyltransferase（EC 2.1.2.1）によって触媒されてグリシンへ変換（**図29-6**）された後，グリシンの異化に合流する．

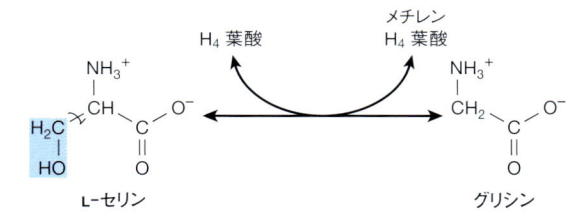

図 29-6. グリシンヒドロキシメチルトランスフェラーゼによるセリンとグリシンの相互変換
（H₄葉酸：テトラヒドロ葉酸）

アラニン

α-アラニンのアミノ基転移によってピルビン酸が生成する．おそらく，アラニンのもつ代謝での中心的役割の重要性から，アラニン異化の代謝異常は知られておらず，致死的と考えられる．

シスチンとシステイン

シスチンはまず**シスチンレダクターゼ cystine reductase**（EC 1.8.1.6）によってシステインに還元される（**図29-7**）[3]．次いで，2つの異なった経路によってシステインはピルビン酸に変換される（**図29-8**）．システイン代謝には多数の異常症がある．シスチン，リシン，アルギニンとオルニチンが，これらのアミノ酸の腎再吸収の障害である**シスチン尿症 cystinuria**（シスチン-

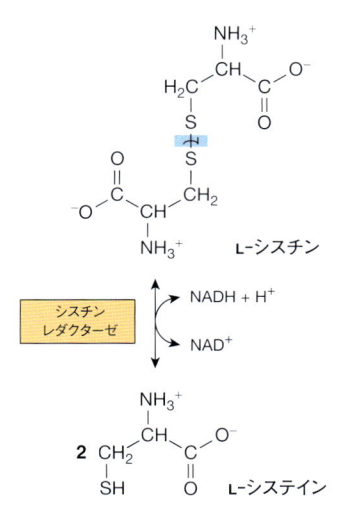

図 29-7. シスチンレダクターゼ反応によるシスチンからシステインへの還元

3) 訳者注：シスチンレダクターゼとして明確な酵素は動物組織では知られていない．動物組織では，グルタチオンの酸化還元と共役してシスチンが還元されるとも考えられている．

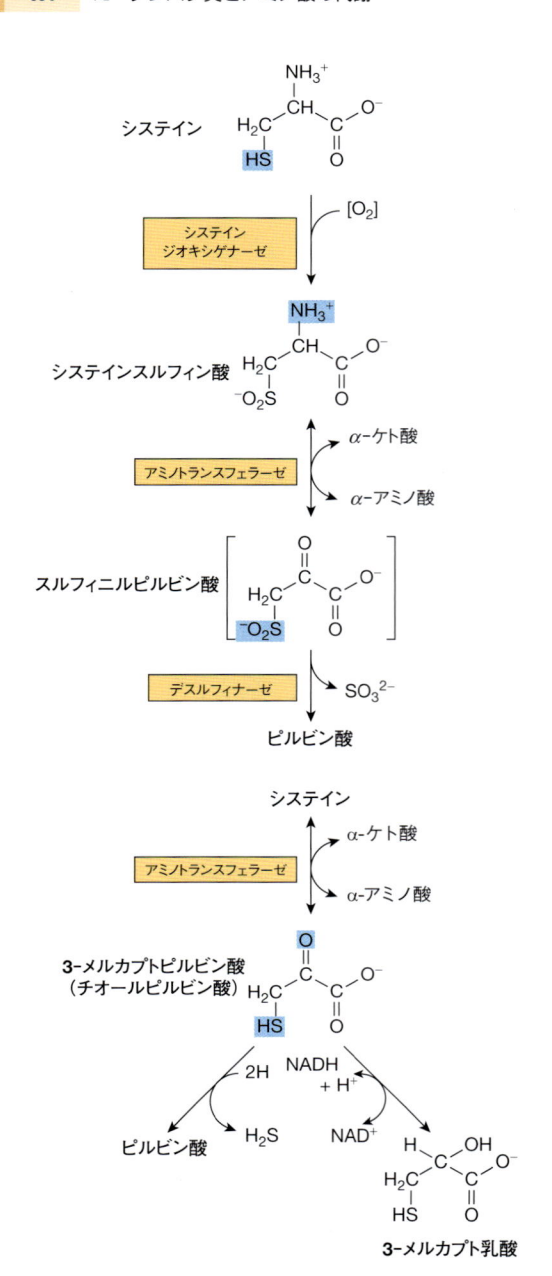

図 29-8. 2 つの ʟ-システインの異化経路：システインスルフィン酸経路（上）および 3-メルカプトピルビン酸経路（下）

図 29-9. システインとホモシステインの混合ジスルフィド

リシン尿症 cystine-lysinuria）で排泄される．シスチン結石ができなければシスチン尿症は良性である．シスチン尿症患者によって排泄される ʟ-システインと ʟ-ホモシステインの混合ジスルフィド（**図 29-9**）は，シスチンよりも溶解度が大きく，シスチン結石の形成を低下させる．

数種の代謝障害によってビタミン B_6 依存性または非依存性の**ホモシスチン尿症 homocystinuria** が起こる．これらには，シスタチオニン β-シンターゼ（EC 4.2.1.22）による反応の欠損も含まれる．

セリン ＋ ホモシステイン → シスタチオニン ＋ H_2O

この代謝異常により，骨粗鬆症および精神遅滞となる．担体依存性シスチン輸送の障害の結果，組織へのシスチン結晶の蓄積と，腎機能不全による早期死亡を伴う**シスチン症 cystinosis（シスチン蓄積症 cystine storage disease**）が起こる．血漿ホモシステイン濃度と心臓血管疾患との関係を示す疫学的あるいはその他のデータがあるが，ホモシステインが心臓血管疾患のリスク因子であるかどうかについてはまだ議論がある．

トレオニン

トレオニンアルドラーゼ（EC 4.1.2.5）はトレオニンをグリシンとアセトアルデヒドに開裂する．グリシンの異化はすでに述べた．アセトアルデヒドの酢酸への酸化に続いてアセチル–CoA の生成が起こる（**図 29-10**）．

4-ヒドロキシプロリン

4-ヒドロキシ-ʟ-プロリンの異化は，順次，ʟ-Δ^1-ピロリン-3-ヒドロキシ-5-カルボン酸 ʟ-Δ^1-pyrroline-3-hydroxy-5-carboxylate, γ-ヒドロキシ-ʟ-グルタミン酸-γ-セミアルデヒド γ-hydroxy-ʟ-glutamate-γ-semi-aldehyde, エリトロ-γ-ヒドロキシ-ʟ-グルタミン酸 erythro-γ-hydroxy-ʟ-glutamate および α-ケト-γ-ヒドロキシグルタル酸 α-keto-γ-hydroxyglutarate を生成する．次に，アルドール型の開裂が起こって，グリオキシル酸とピルビン酸が生成する（**図 29-11**）．4-ヒドロキシプロリンデヒドロゲナーゼ 4-hydroxyproline dehydrogenase の欠損は高ヒドロキシプロリン血症 hyperhydroxyprolinemia を起こすが，これは良性である．プロリン異化には代謝異常はない．**グルタミン酸-γ-セミアルデヒドデヒドロゲナーゼ glutamate-γ-semialdehyde dehydrogenase** の欠損では Δ^1-ピロリン-3-ヒドロキシ-5-カルボン酸が排泄される．

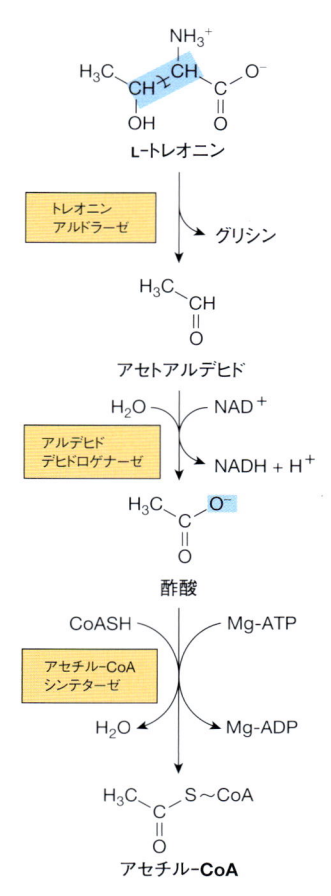

図 29-10. トレオニンのグリシンとアセチル-CoA への変換とその中間体

アセチル-CoAを生成するその他のアミノ酸

チロシン

図 29-12 はチロシンの両性代謝中間体への異化にかかわる代謝中間体と酵素を図示したものである．チロシンのアミノ基転移反応による *p*-ヒドロキシフェニルピルビン酸の生成に続く一連の反応で，ホモゲンチジン酸，マレイルアセト酢酸 maleylacetoacetate，フマリルアセト酢酸 fumarylacetoacetate，フマル酸 fumarate，アセト酢酸および最後にアセチル-CoA と酢酸が生成する．

代謝異常にはチロシンの異化経路に関連したものがある．**I 型チロシン血症 type I tyrosinemia**（**チロシン症 tyrosinosis**）の代謝障害は，おそらく**フマリルアセトアセターゼ fumarylacetoacetase**（EC 3.7.1.2）であろう（反応④）．治療にはチロシンとフェニルアラニン含

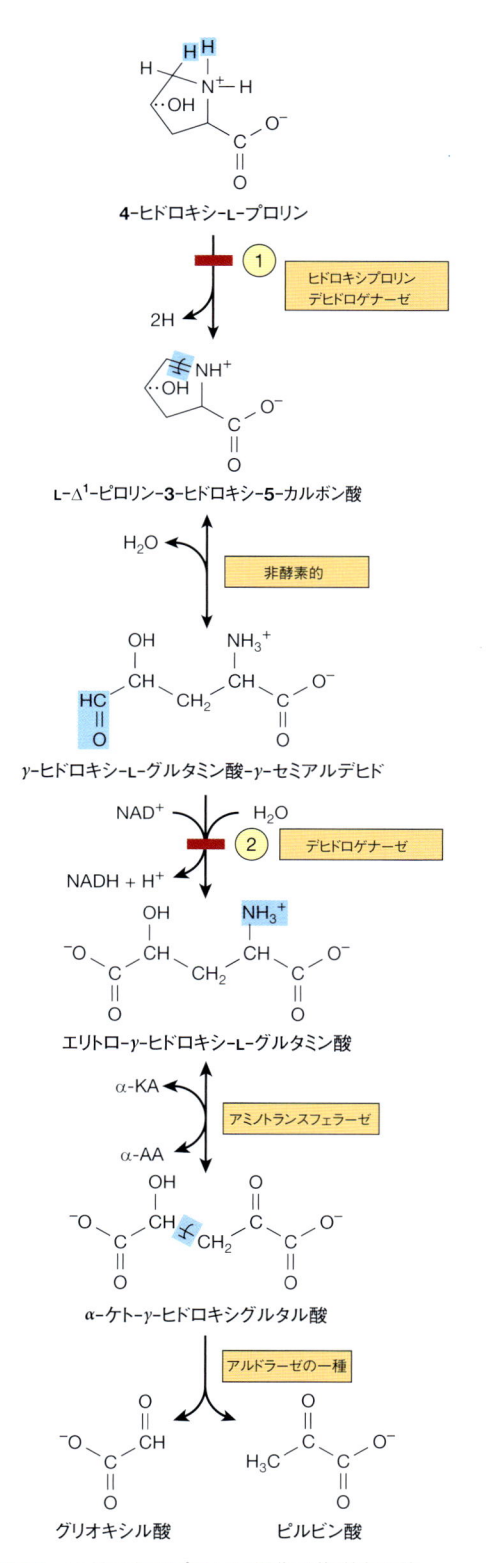

図 29-11. ヒドロキシプロリン異化の代謝中間体
（α-AA：α-アミノ酸，α-KA：α-ケト酸）赤線と数字はそれぞれ，① 高ヒドロキシプロリン血症，② II 型高プロリン血症の代謝欠損部位を示す．

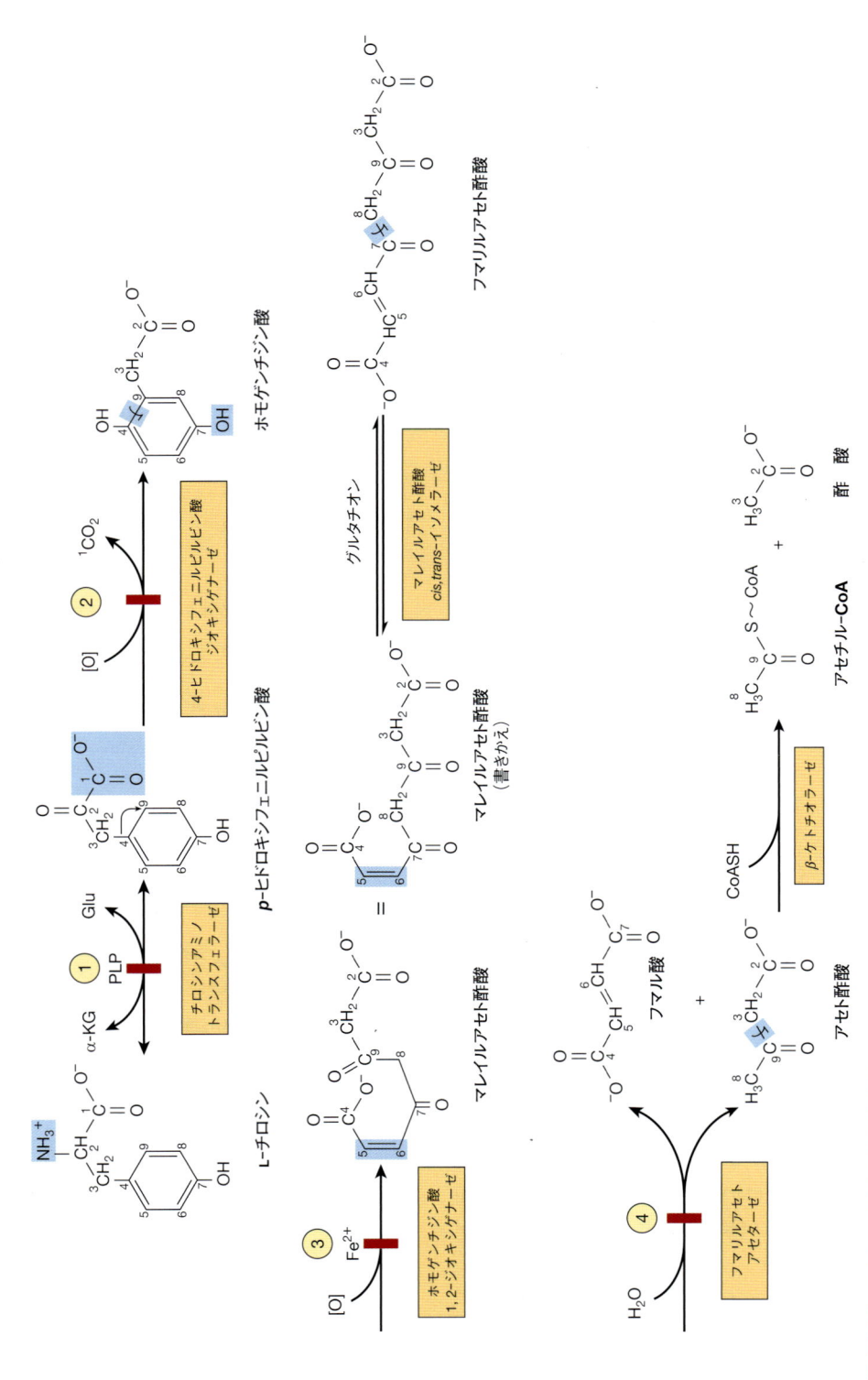

図 29-12. チロシン異化の代謝中間体

炭素原子の最終的な運命を強調するために番号をつけてある。(α-KG：α-ケトグルタル酸, Glu：グルタミン酸, PLP：ピリドキサールリン酸)

赤線と丸つき番号は、① II型チロシン血症、② 新生児チロシン血症、③ アルカプトン尿症、④ I型チロシン血症（チロシン症）における推定代謝障害部位を示す.

量の低い食事が用いられる．急性および慢性のチロシン症では，治療を施さないと肝不全で死に至る．**チロシンアミノトランスフェラーゼ tyrosine aminotransferase**（反応①）の欠損である **II 型チロシン血症 type II tyrosinemia**（**Richner-Hanhart 症候群**）および 4-ヒドロキシフェニルピルビン酸ジオキシゲナーゼ 4-hydroxyphenylpyruvate dioxygenase（EC 1.13.11.27，反応②）の活性低下にもとづく**新生児チロシン血症 neonatal tyrosinemia** においても，チロシンの代替代謝産物が排泄される．治療には低タンパク質食が用いられる．

　アルカプトン尿症 alkaptonuria の欠損部位は**ホモゲンチジン酸 1,2-ジオキシゲナーゼ homogentisate 1,2-dioxygenase**（EC 1.13.11.5）である（図 29-12，反応③）．この場合，尿を空気にさらすと，排泄されたホモゲンチジン酸の酸化のために尿が黒変する．この病気が進行すると，関節炎と結合組織の色素沈着（オクロノーシス ochronosis）が起こる．これは，ホモゲンチジン酸がベンゾキノン酢酸に酸化されて重合し，結合組織に結合するためである．アルカプトン尿症は，空気に触れると尿が黒変するという観察にもとづき，16 世紀に最初の記録がなされ，その後 20 世紀初頭の Sir Archibald Garrod による遺伝性代謝異常に関する古典的概念の基礎となった．しかし，オクロノーシスの存在と化学的根拠にもとづき，紀元前 1500 年頃のエジプトのミイラがアルカプトン尿症に罹っていたことが 1977 年に判明し，これがアルカプトン尿症の最古の例である．

フェニルアラニン

　フェニルアラニンはまずチロシンに変換される（図 27-12 参照）．以後はチロシンの異化反応となる（図 29-12）．**高フェニルアラニン血症 hyperphenylalaninemia** は，フェニルアラニン 4-モノオキシゲナーゼ（EC 1.14.16.1）の欠損（**I 型，古典的フェニルケトン尿症 classic phenylketonuria**（**PKU**），1 万出生につき 1 例の頻度で出現），ジヒドロプテリンレダクターゼ dihydropterin reductase の欠損（**II 型および III 型**）またはジヒドロビオプテリン生合成の欠損（**IV 型および V 型**）によって起こる（図 27-12 参照）．その結果，代替代謝産物が排泄される（**図 29-13**）．フェニルアラニン低下食によって PKU の精神遅滞を予防することができる．

　DNA プローブを用いると，フェニルアラニン 4-モノオキシゲナーゼおよびジヒドロプテリンレダクターゼ欠損の出生前診断が容易である．血中フェニルアラニンの上昇は生後 3 ～ 4 日まで検出できないことがあ

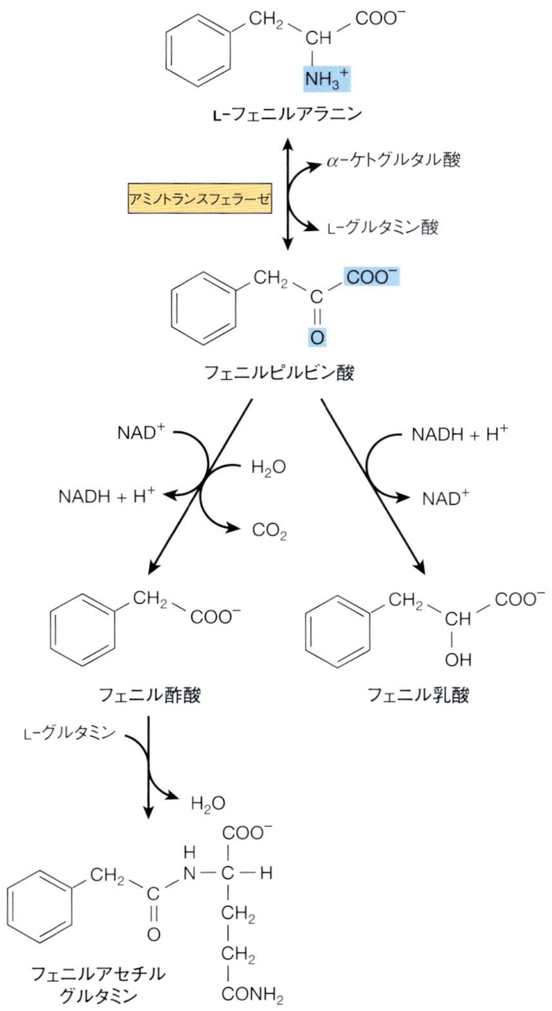

図 29-13. フェニルケトン尿症におけるフェニルアラニン異化の代替経路
これらの反応は正常な肝臓組織でも起こるが，その代謝的意義は低い．

る．未熟児に見られる擬陽性は，フェニルアラニン異化の酵素の成熟遅延によるものかもしれない．古めかしくて信頼性が低いスクリーニング検査ではあるが，尿中フェニルピルビン酸の検出に $FeCl_3$ が用いられる場合がある．多くの国で，$FeCl_3$ による新生児尿の PKU スクリーニングが義務づけられているが，米国ではタンデム質量分析法に取って代わられた[4]．

4）　訳者注：日本でも 2014 年からタンデム質量分析法（本章訳者注 1）および 4 章参照）が導入されている．

リシン

　リシンの ε-窒素は，**サッカロピン saccharopine** の生成を経て取り除かれる．続く反応により α-窒素も除かれ，リシンの炭素骨格は最終的にクロトニル-CoA となる．以下の記述における丸つき数字は，**図 29-14** における反応番号を示している．反応①と②によって，α-ケトグルタル酸とリシンの ε-アミノ基の間で形成されたシッフ塩基 Schiff base を L-α-アミノアジピン酸-δ-セミアルデヒド L-α-aminoadipate-δ-semialdehyde に変換する．この 2 つの反応は二機能性の単一酵素，アミノアジピン酸セミアルデヒドシンターゼ aminoadipate semialdehyde synthase［この酵素の N 末端領域（EC 1.5.1.8）はリシン-α-ケトグルタル酸レダクターゼ活性を，C 末端領域（EC 1.5.1.9）はサッカロピンデヒドロゲナーゼ活性を，それぞれ有している］によって触媒される．次に L-α-アミノアジピン酸-δ-セミアルデヒドの L-α-アミノアジピン酸 L-α-aminoadipate への酸化（反応③）に続いて，アミノ基転移による α-ケトア

ジピン酸 α-ketoadipate の生成（反応④）が起こる．さらにチオエステルであるグルタリル-CoA への変換（反応⑤）に続いて，グルタリル-CoA のクロトニル-CoA への脱炭酸反応（反応⑥）が起こる．クロトニル-CoA は，クロトニル-CoA レダクターゼ（EC 1.3.1.86）の反応によりブタノイル-CoA となる．

$$\text{クロトニル-CoA} + NADPH + H^+$$
$$\rightarrow \text{ブタノイル-CoA} + NADP^+$$

　これ以降の反応は，脂肪酸異化の過程と同じである（22 章参照）．

　高リシン血症 hyperlysinemia は二機能酵素であるアミノアジピン酸セミアルデヒドシンターゼの活性①または②のどちらかの欠損によって起こる．その欠損が活性②の異常を伴う場合にのみ血中サッカロピン saccharopine 濃度の上昇を伴う．反応⑥の代謝欠損は，線条体および皮質の変性を伴う遺伝性代謝疾患の原因となり，その特徴はグルタル酸 glutarate およびその代謝産物であるグルタコン酸 glutaconate と 3-ヒドロキシ

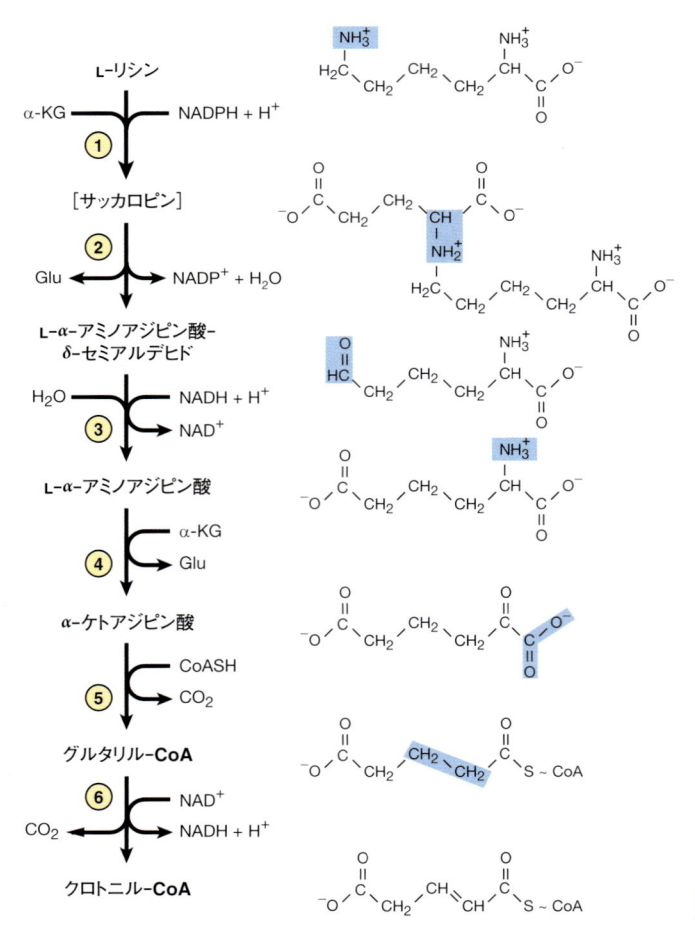

図 29-14. リシン異化の諸反応と代謝中間体

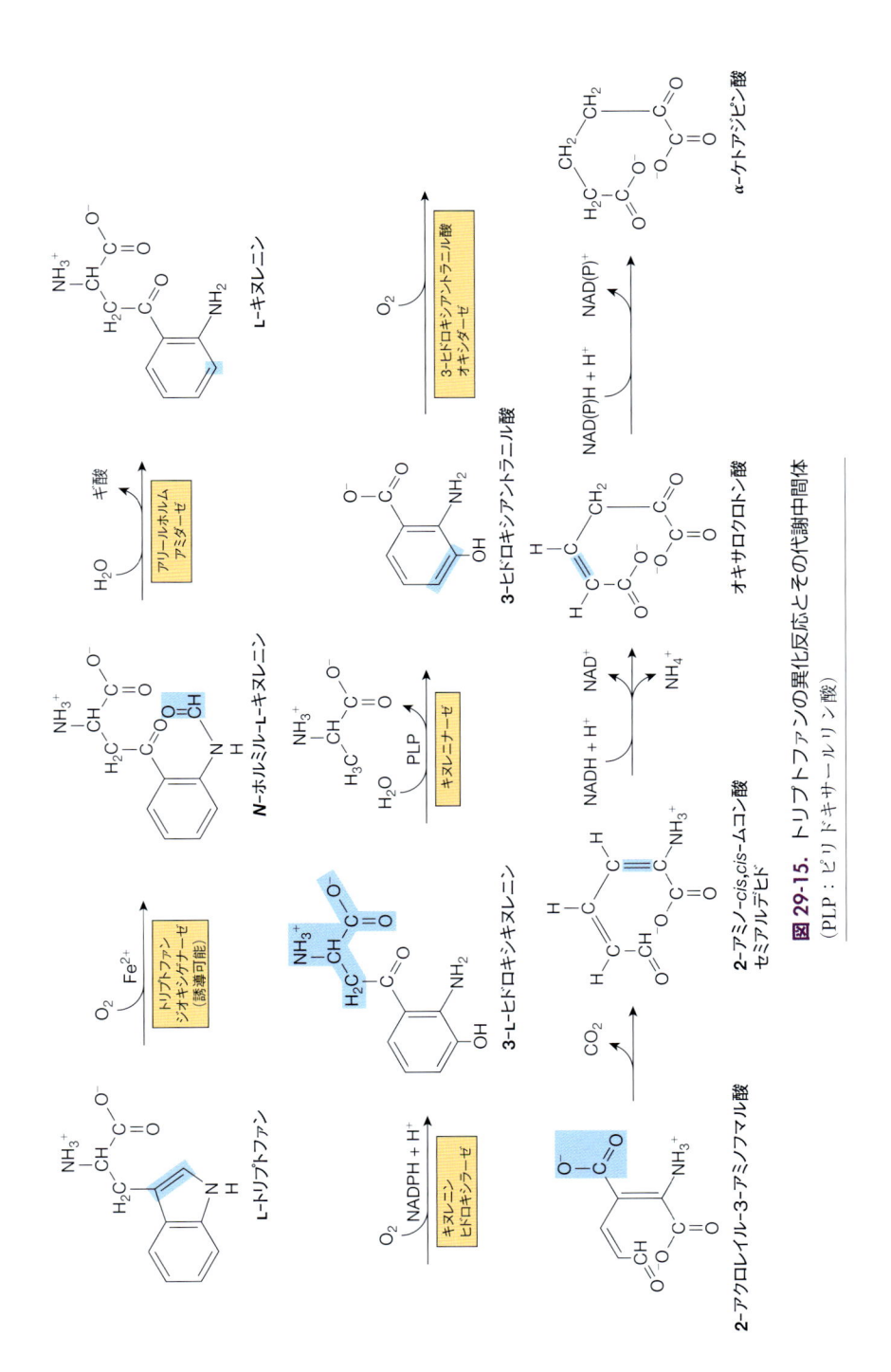

図 29-15. トリプトファンの異化反応とその代謝中間体
(PLP：ピリドキサールリン酸)

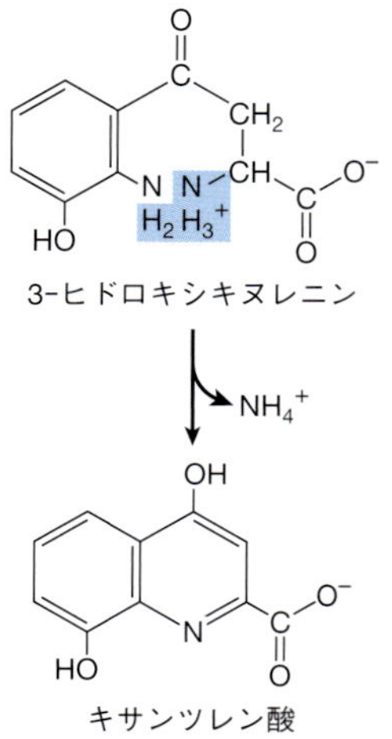

図 29-16. ビタミン B$_6$ 欠乏におけるキサンツレン酸の生成
トリプトファンの代謝産物 3-ヒドロキシキヌレニンの 3-ヒドロキシアントラニル酸への変換が障害されている（図 29-15）．したがって，大部分がキサンツレン酸へ変換される．

グルタル酸 3-hydroxyglutarate の濃度上昇である．これらの代謝異常症管理の課題は，栄養不良にならない程度に L-リシンの食事からの摂取を制限することである．

トリプトファン

トリプトファンは，キヌレニン-アントラニル酸経路 kynurenine-anthranilate pathway を経て両性代謝中間体に分解される（**図 29-15**）．トリプトファン 2,3-ジオキシゲナーゼ tryptophan 2,3-dioxygenase[5]（トリプトファンピロラーゼ tryptophan pyrrolase, EC 1.13.11.11）はインドール環を開き，分子状酸素を取り込み，N-ホルミルキヌレニン N-formylkynurenine を生成する．鉄ポルフィリンを含む金属タンパク質であり，肝臓において副腎皮質ステロイドおよびトリプトファンによって誘導されるトリプトファンオキシゲナーゼは，NADPH などのニコチン酸誘導体によってフィードバック阻害を受ける．アリールホルムアミダーゼ arylformamidase（EC 3.5.1.9）によって触媒される N-ホルミルキヌレニンのホルミル基の加水分解的除去でキヌレニンが生成する．キヌレニナーゼ kynureninase（EC 3.7.1.3）はピリドキサールリン酸を必要とするので，トリプトファン負荷によるキサンツレン酸排泄（**図 29-16**）はビタミン B$_6$ 欠乏の診断法となる．**Hartnup 病 Hartnup disease** は，腸および腎臓におけるトリプトファンおよびほかの中性アミノ酸の輸送障害で起こる．吸収されなかったトリプトファンから腸内細菌によってインドール誘導体が生成されて排泄される．この障害は，ナイアシン生合成に必要なトリプトファンを不足させ，ペラグラ様の徴候と症状の原因となる．

メチオニン

メチオニンは ATP と反応して S-アデノシルメチオニン S-adenosylmethionine（"活性メチオニン" active methionine）を生成する（**図 29-17**）．以後の反応でプロピオニル-CoA を生成し（**図 29-18**），さらに図 19-2 に示した反応 2，3，および 4 によりスクシニル-CoA に変換される．

5）　訳者注：同じ反応を触媒する酵素（インドールアミン 2,3-ジオキシゲナーゼ，IDO と略）があり，ウイルス感染などで誘導される．

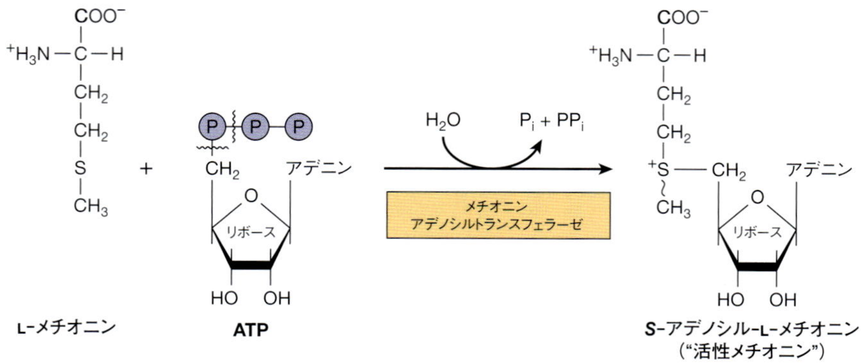

図 29-17. S-アデノシルメチオニンの生成
〜 CH$_3$ は "活性メチオニン" の CH$_3$ 基の高転移ポテンシャルを示す．

3種の分枝アミノ酸すべてで最初の反応は共通である

　イソロイシン，ロイシン，バリンの異化経路の最初のいくつかの反応（**図 29-19**）は，脂肪酸の異化反応に似ている（図 22-3 参照）．アミノ基転移（図 29-19，反応①）で生じた α-ケト酸の炭素骨格は，酸化的脱炭酸と CoA チオエステルへの変換を受ける．これらの過程は**ミトコンドリア**にある**分枝 α-ケト酸デヒドロゲナーゼ複合体 branched-chain α-keto acid dehydrogenase complex** によって触媒される．この複合体の構成要素はピルビン酸デヒドロゲナーゼ（PDH）のそれと機能的に同じである（図 17-5 参照）．PDH と同様，分枝 α-ケト酸デヒドロゲナーゼ複合体は 5 つの部分から構成されている．

　　E1：チアミンピロリン酸(TPP)依存性分枝 α-ケト
　　　　酸デカルボキシラーゼ
　　E2：ジヒドロリポイルトランスアシラーゼ（リポ
　　　　アミドを含む）
　　E3：ジヒドロリポアミドデヒドロゲナーゼ（FAD
　　　　を含む）
　　PDH 複合体プロテインキナーゼ(PDK)
　　PDH 複合体プロテインホスファターゼ(PDP)

　ピルビン酸デヒドロゲナーゼの場合と同様（図 17-6 参照），PDH 複合体プロテインキナーゼと PDH 複合体プロテインホスファターゼは分枝 α-ケト酸デヒドロゲナーゼをそれぞれリン酸化(不活化)あるいは脱リン酸(活性化)することによって活性を調節している．

　生じた CoA チオエステルの脱水素反応（図 29-19，反応③）は，脂質由来のアシル-CoA チオエステルの場合と同様に進む（22 章参照）．それぞれのアミノ酸の骨格に特有な以降の反応を**図 29-20 〜図 29-22** に示す．

分枝アミノ酸異化の代謝異常

　その名称が表すように，**メープルシロップ尿症 maple syrup urine disease（MSUD）**（**分枝鎖ケト酸尿症 branched-chain ketonuria**）の尿の臭気は，メープルシロップまたは焦げた砂糖を連想させる．MSUD の生化学的欠損は α-ケト酸デカルボキシラーゼ複合体 α-keto acid decarboxylase complex（図 29-19，反応②）にある．この場合，ロイシン，イソロイシン，バリン，

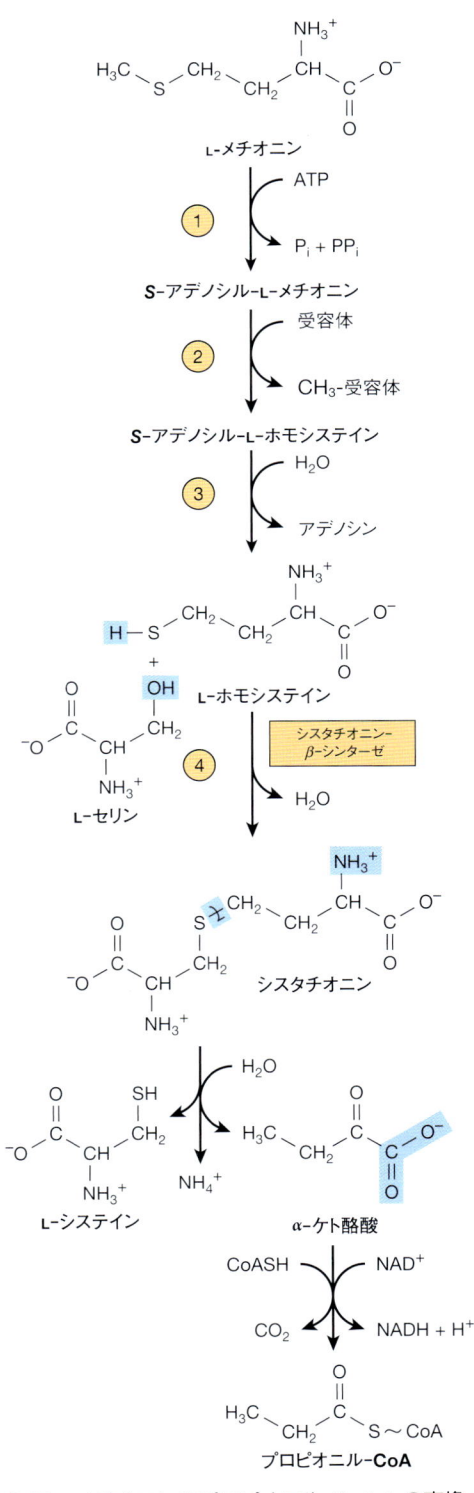

図 29-18. メチオニンのプロピオニル-CoA への変換

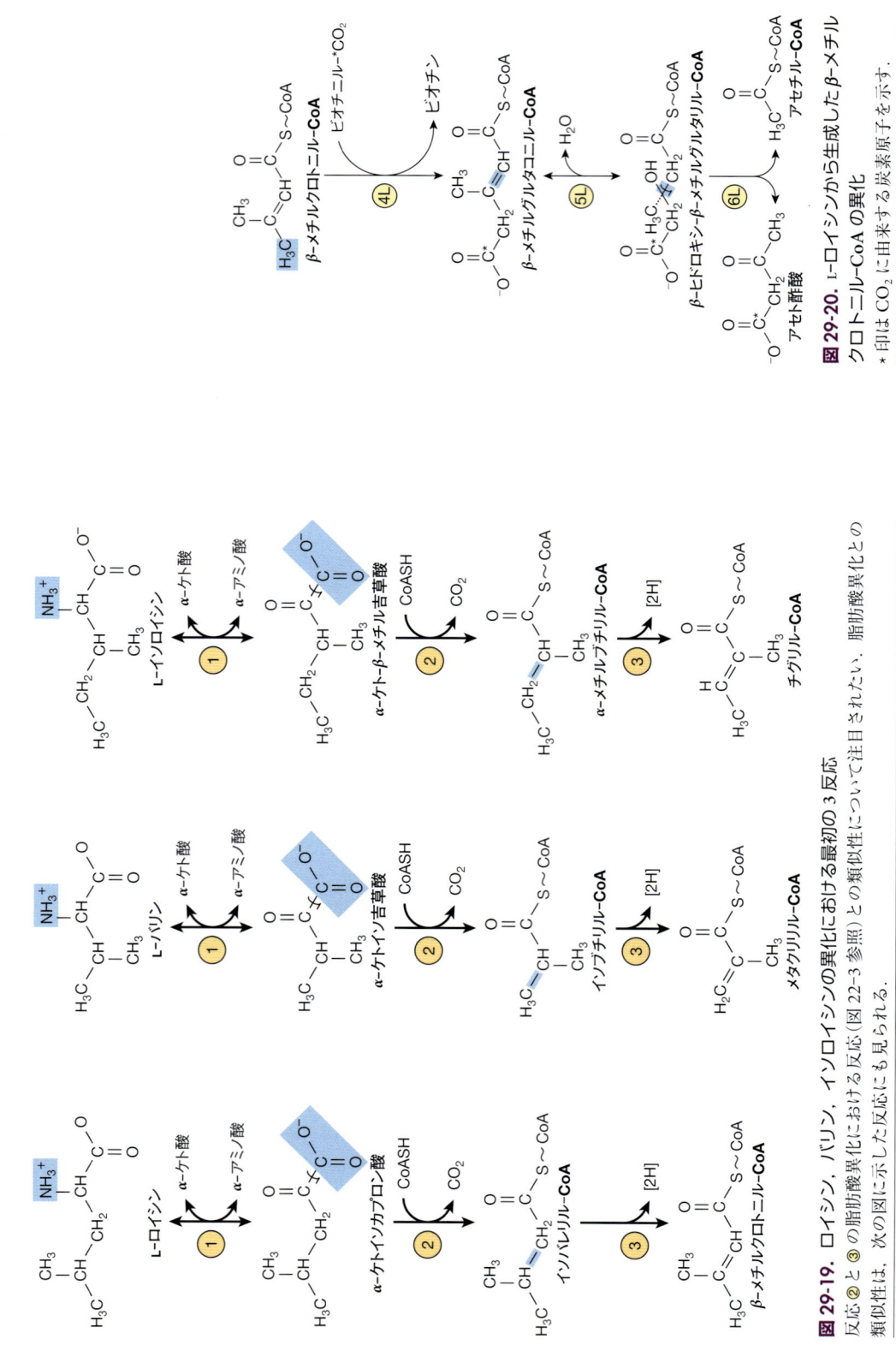

図 29-19. ロイシン、バリン、イソロイシンの異化における最初の3反応
反応②と③の脂肪酸異化における反応（図22-3参照）との類似性に注目されたい。脂肪酸異化との類似性は、次の図に示した反応にも見られる。

図 29-20. L-ロイシンから生成したβ-メチルクロトニル-CoAの異化
★印は CO_2 に由来する炭素原子を示す。

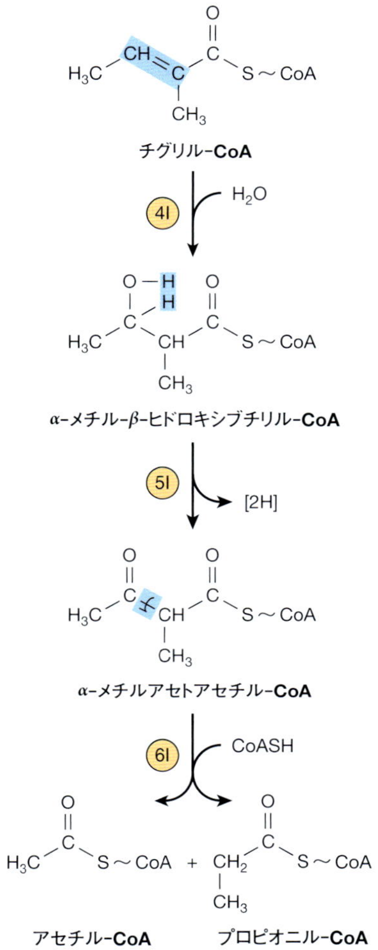

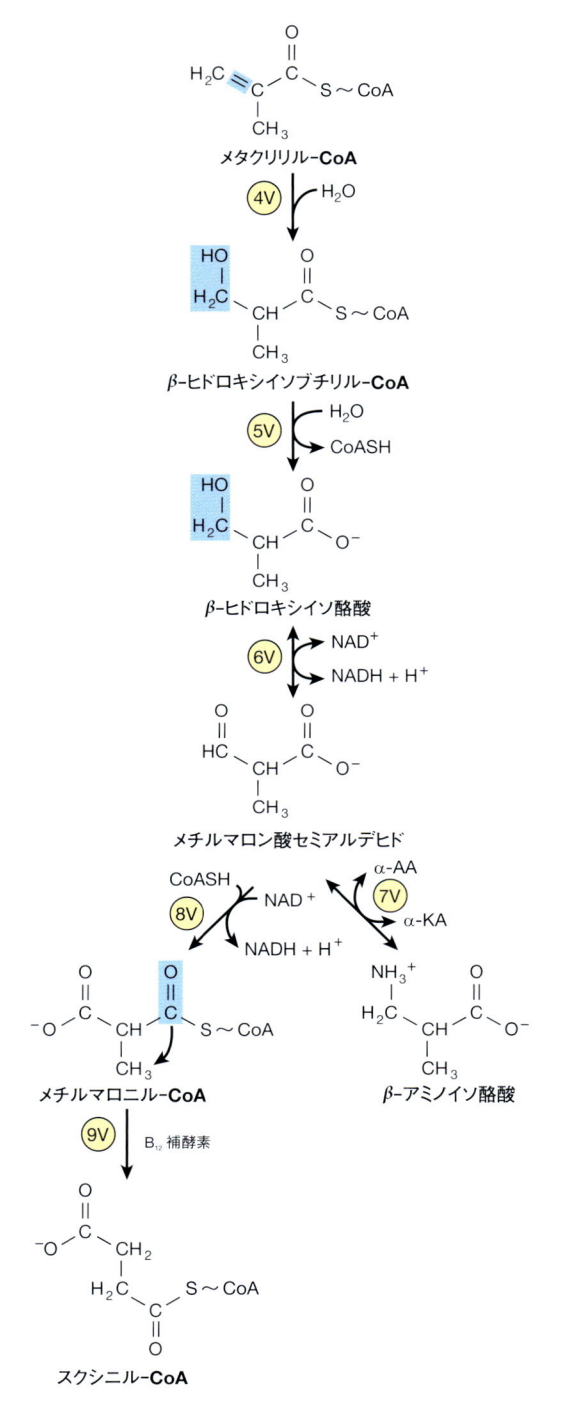

図 29-21. L-イソロイシンから生成したチグリル-CoA のその後の異化

表 29-2. メープルシロップ尿症は α-ケト酸デヒドロゲナーゼ複合体のさまざまなサブユニットの障害で起こる

α-ケト酸デヒドロゲナーゼ複合体のサブユニット		OMIM[a] 番号	メープルシロップ尿症
E1α	α-ケト酸デカルボキシラーゼ	608348	IA 型
E1β	α-ケト酸デカルボキシラーゼ	248611	IB 型
E2	ジヒドロリポイルトランスアシラーゼ	608770	II 型
E3	ジヒドロリポアミドデヒドロゲナーゼ	238331	III 型

[a] Online Mendelian Inheritance in Man データベース：ncbi.nlm.nih.gov/omim/

図 29-22. L-バリンから生成したメタクリリル-CoA のその後の異化（図 29-19 参照）
（α-AA：α-アミノ酸，α-KA：α-ケト酸）

表 29-3. アミノ酸代謝における代謝性疾患

欠損酵素	EC番号	OMIM番号	臨床徴候と症状	参照図
アデノシルホモシステイナーゼ	3.13.2.1	180960	高メチオニン血症	29-18 ③
アルギナーゼ	3.5.3.1	207800	アルギニン血症	29-3 ①
シスタチオニン-β-シンターゼ	4.2.1.22	236200	ホモシスチン尿症	29-18 ④
フマリルアセト酢酸ヒドロラーゼ	3.7.1.2	276700	I型チロシン血症（チロシン症）	29-12 ④
ヒスチジンアンモニアリアーゼ	4.3.1.3	609457	ヒスチジン血症とウロカニン酸尿症	29-4 ①
ホモゲンチジン酸 1,2-ジオキシゲナーゼ	1.13.11.5	607474	アルカプトン尿症、ホモゲンチジン酸の排泄	29-12 ③
4-ヒドロキシフェニルピルビン酸ジオキシゲナーゼ	1.13.11.27	276710	新生児チロシン血症	29-12 ②
イソバレリルル-CoAデヒドロゲナーゼ	1.3.8.4	607036	イソ吉草酸血症	29-19 ③左
分枝 α-ケト酸デヒドロゲナーゼ複合体		248600	メープルシロップ尿症（MSUD）（分枝鎖ケト酸尿症）	29-19 ①
メチオニンアデノシルトランスフェラーゼ	2.5.1.6	250850	高メチオニン血症	29-17 ①
オルニチン-δ-アミノトランスフェラーゼ	2.6.1.13	258870	オルニチン血症、脳回転状萎縮症	29-3 ②
フェニルアラニン-4-モノオキシゲナーゼ	1.14.16.1	261600	I型古典的フェニルケトン尿症	27-12
プロリンデヒドロゲナーゼ	1.5.5.2	606810	I型高プロリン血症	29-2 ①
Δ^1-ピロリン-5-カルボン酸デヒドロゲナーゼ	1.2.1.88	606811	II型高プロリン血症と高4-ヒドロキシプロリン血症	29-2 ②
サッカロピンデヒドロゲナーゼ	1.5.1.9	268700	サッカロピン尿症	29-14 ②
チロシンアミノトランスフェラーゼ	2.6.1.5	613018	II型チロシン血症	29-12 ①

a Online Mendelian Inheritance in Man (OMIM) データベース : ncbi.nlm.nih.gov/omim/

およびそれらに由来する α-ケト酸と α-ヒドロキシ酸（還元 α-ケト酸）の血漿および尿中濃度が上昇するが、尿中のケト酸はおもにロイシンに由来する。MSUDではしばしば、ケトアシドーシス、神経障害、精神遅滞、および尿のメープルシロップ臭を呈する。毒性の機構は不明である。酵素検査による早期診断を行い、食事タンパク質を、ロイシン、イソロイシンおよびバリンを含まないアミノ酸混合物に早期に替えると、脳障害と早期死亡を回避できる。

MSUDは分子遺伝学的に多様である。E1α、E1β、E2、およびE3をコードする遺伝子上の変異によってMSUDが発病し得る。変異部位によってサブタイプに分類され、E1α遺伝子の変異はIA型、E1β遺伝子ではIB型、E2遺伝子ではII型、E3遺伝子ではIII型に分類される（**表 29-2**）。間欠型メープルシロップ尿症 **intermittent maple syrup urine disease** では、α-ケト酸デカルボキシラーゼの活性が一部残っており、症状は遅発性に現れる。イソ吉草酸血症 **isovaleric acidemia** では、高タンパク質食の摂取によりイソバレリルル-CoAの脱アシル化産物であるイソ吉草酸が増加する。イソ吉草酸血症の欠損酵素はイソバレリルル-CoAデ

ヒドロゲナーゼ isovaleryl-CoA dehydrogenase (EC 1.3.8.4)である（図 29-19、反応③）。この場合、タンパク質の過剰摂取で嘔吐、アシドーシスおよびイソ吉草酸に加えて昏睡が起こる。蓄積したイソバレリルル-CoAはイソ吉草酸に加水分解されて排泄される。

表 29-3に、アミノ酸の異化異常による代謝疾患をまとめた。原因となる酵素、そのEC番号、Online Mendelian Inheritance in Man (OMIM) データベースのID、ならびに関連した本書の図番号を示してある。

まとめ

■ 過剰のアミノ酸は両性代謝中間体に代謝され、エネルギー源として、あるいは糖質および脂質への生合成の材料として供給される。

■ アミノ基転移反応は最も一般的なアミノ酸異化の初発反応である。以後の反応では、ほかの窒素を除去し、対応する炭素骨格をオキソ酸に変換、α-ケトグルタル酸、ピルビン酸ならびにアセチルル-CoAへと変換する。

- グリシン異化の代謝性疾患には，グリシン尿症と原発性高シュウ酸尿症がある．
- システインは2つの異なった経路でピルビン酸に変換される．システインの代謝異常にはシスチン尿症，シスチン症およびホモシスチン尿症がある．
- トレオニンの異化は，トレオニンアルドラーゼによるトレオニンのグリシンとアセトアルデヒドへの分解後，グリシンの異化に合流する．
- アミノ基転移に続いて，チロシンの炭素骨格はフマル酸とアセト酢酸に分解される．チロシン異化の代謝性疾患にはチロシン症，Richner-Hanhart 症候群，新生児チロシン血症およびアルカプトン尿症がある．
- フェニルアラニン異化の代謝異常にはフェニルケトン尿症（PKU）および数種の高フェニルアラニン血症がある．
- リシンのどの窒素も直接にアミノ基転移を受けない．しかし，中間代謝産物であるサッカロピン生成を介して同様の効果が達成される．リシン異化の代謝性疾患には周期性および持続性の高リシン血症−高アンモニア血症がある．
- ロイシン，バリンおよびイソロイシンの異化には，脂肪酸異化との類似点が多い．分枝アミノ酸異化の代謝異常には，高バリン血症，メープルシロップ尿症，間欠型メープルシロップ尿症，イソ吉草酸血症およびメチルマロン酸尿症がある．

文　献

Bliksrud YT, Brodtkorb E, Andresen PA, et al: Tyrosinemia type I, de novo mutation in liver tissue suppressing an inborn splicing defect. J Mol Med 2005;83:406.

Dobrowolski, SF Pey AL, Koch R, et al: Biochemical characterization of mutant phenylalanine hydroxylase enzymes and correlation with clinical presentation in hyperphenylalaninaemic patients. J Inherit Metab Dis 2009;32:10.

Garg U, Dasouki M: Expanded newborn screening of inherited metabolic disorders by tandem mass spectrometry. Clinical and laboratory aspects. Clin Biochem 2006;39:315.

Geng J, Liu A: Heme-dependent dioxygenases in tryptophan oxidation. Arch Biochem Biophys 2014;44:18.

Heldt K, Schwahn B, Marquardt I, et al: Diagnosis of maple syrup urine disease by newborn screening allows early intervention without extraneous detoxification. Mol Genet Metab 2005;84:313.

Houten SM, Te Brinke H, Denis S, et al: Genetic basis of hyperlysinemia. Orphanet J Rare Dis 2013;8:57.

Lamp J, Keyser B, Koeller DM, et al: Glutaric aciduria type 1 metabolites impair the succinate transport from astrocytic to neuronal cells. J Biol Chem 2011;286:17,777.

Mayr JA, Feichtinger RG, Tort F, et al: Lipoic acid biosynthesis defects. J Inherit Metab Dis 2014;37:553.

Nagao M, Tanaka T, Furujo M: Spectrum of mutations associated with methionine adenosyltransferase I/III deficiency among individuals identified during newborn screening in Japan. Mol Genet Metab 2013;110:460.

Stenn FF, Milgram JW, Lee SL, et al: Biochemical identification of homogentisic acid pigment in an ochronotic Egyptian mummy. Science 1977;197:566.

Tondo M, Calpena E, Arriola G, et al: Clinical, biochemical, molecular and therapeutic aspects of 2 new cases of 2-aminoadipic semialdehyde synthase deficiency. Mol Genet Metab 2013;110:231.

アミノ酸の特殊生成物への変換

Conversion of Amino Acids to Specialized Products

学 習 目 標
本章習得のポイント

- アミノ酸が, タンパク質合成以外のさまざまな生合成過程にどのように関与しているか, 例をあげる.
- クレアチン, 一酸化窒素 (NO), プトレッシン, スペルミン, およびスペルミジンの生合成に, アルギニンがどのようにかかわっているか概要を説明する.
- システインと β-アラニンが補酵素 A の構造にどのように貢献しているか示す.
- 薬物の異化と排泄にグリシンがどのような役割を果たしているか考える.
- ヘム, プリン, クレアチン, およびサルコシンの生合成に果たすグリシンの役割を示す.
- アミノ酸を神経伝達物質であるヒスタミンに変換するその反応を示す.
- 代謝における S-アデノシルメチオニンの役割を示す.
- トリプトファンの代謝産物であるセロトニン, メラトニン, トリプタミンならびにインドール 3-酢酸の構造を理解する.
- チロシンから, ノルアドレナリン (ノルエピネフリン) ならびにアドレナリン (エピネフリン) が生じる過程を示す.
- 代謝調節ならびに情報伝達経路における, ペプチド上のセリン, トレオニン, ならびにチロシンの重要な役割を示す.
- クレアチンの生合成におけるグリシン, アルギニン, ならびに S-アデノシルメチオニンの役割を図示する.
- エネルギー恒常性維持におけるクレアチンリン酸の役割を説明する.
- γ-アミノ酪酸 (GABA) の合成と, GABA の異化異常によるまれな代謝異常を示す.

生物医学的重要性

ある種のタンパク質は, 特定の機能を果たすため, 翻訳後に修飾されたアミノ酸を含む. その例としては, グルタミン酸のカルボキシル化により生じる γ-カルボキシグルタミン酸は Ca^{2+} 結合を担い, プロリンはヒドロキシル化され, 3-ヒドロキシプロリンや 4-ヒドロキシプロリンとなり, またリシンのヒドロキシル化により生じる 5-ヒドロキシリシンは, さらに修飾され分子間架橋を形成することで成熟コラーゲン線維を安定させるのに機能している. タンパク質生合成の構成成分としてだけでなく, アミノ酸は, ヘム heme, プリン purine, ピリミジン pyrimidine, ホルモン, 神経伝達物質 neurotransmitter, および生物学的に活性のあるペプチドなど, 種々の重要な生体物質の前駆体としての役割も果たす. ヒスタミン histamine は多くのアレルギー反応で中心的役割を演じている. アミノ酸由来の神経伝達物質には, γ-アミノ酪酸 γ-aminobutyrate (GABA), 5-ヒドロキシトリプタミン 5-hydroxytryptamine (セロトニン serotonin), ドーパミン dopamine, ノルアドレナリン noradrenaline (ノルエピネフリン norepinephrine), アドレナリン adrenaline (エピネフリン epinephrine) などがある. 神経性および精神性疾患の治療に用いられる多くの薬物は, これらの神経伝達物質の代謝を変化させるようにはたらく. ある種の α-アミノ酸および非 α-アミノ酸の代謝ならびにその役割について, 以下に述べる.

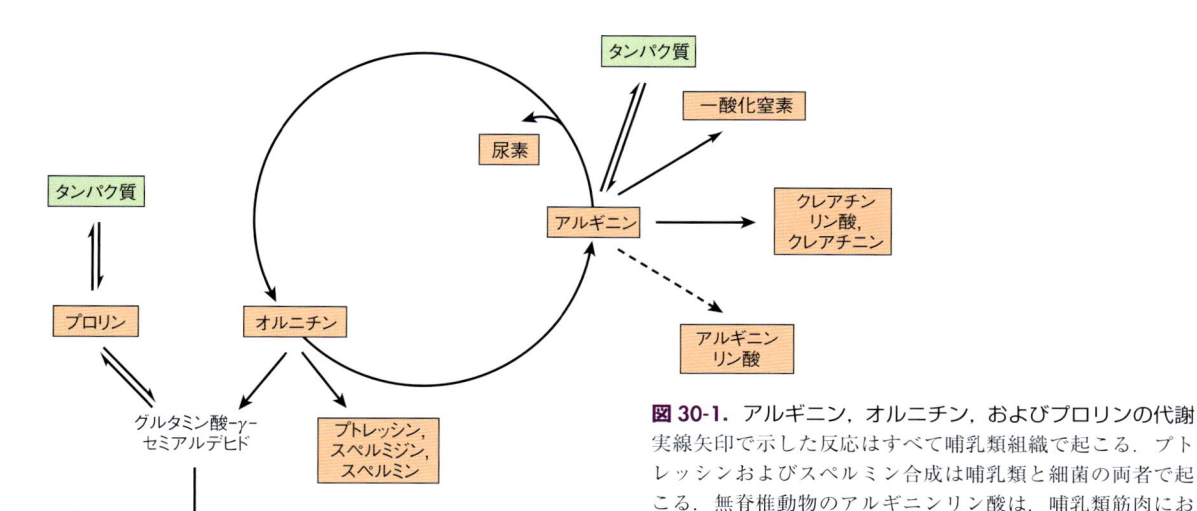

図 30-1. アルギニン，オルニチン，およびプロリンの代謝
実線矢印で示した反応はすべて哺乳類組織で起こる．プトレッシンおよびスペルミン合成は哺乳類と細菌の両者で起こる．無脊椎動物のアルギニンリン酸は，哺乳類筋肉におけるクレアチンリン酸に類似したホスファゲンとして作用する．

L-α-アミノ酸

アラニン

アラニンは，アンモニアならびにピルビン酸の炭素をコリ回路 Cori cycle 経由で骨格筋から肝臓に輸送しており（19 章と 28 章参照），グリシンとともに血漿遊離アミノ酸の大部分を占める．

アルギニン

図 30-1 にアルギニンの代謝を示す．尿素生成時（図 28-16 参照）に窒素原子の供給を行うのに加え，アルギニンのグアニジノ基は，クレアチンに組み込まれ，また，オルニチンを経て，ポリアミンのプトレッシン putrescine とスペルミン spermine の炭素骨格となる．

複数の補因子が必要な 5 電子が関与する酸化還元酵素である NO シンターゼ NO synthase（EC 1.14.13.39）（**図 30-2**）が触媒する反応によって，アルギニンのグアニジノ基の窒素の 1 つが NO に変換される．NO は，神経伝達物質，平滑筋の弛緩および血管拡張剤 vasodilator として作用する細胞間シグナル分子である（51 章参照）．

システイン

システインは補酵素 A（44 章参照）の生合成に関与し，その際パントテン酸と反応して 4-ホスホパントテノイルシステインを生成する．また，システインから生成されたタウリンは，コリル-CoA cholyl-CoA の CoA 部分と置き換わって胆汁酸の一種のコール酸を生成する（26 章参照）．システインからタウリンへの変換には，非ヘム Fe^{2+} 酵素であるシステインジオキシゲナーゼ（EC 1.13.11.20），スルフィノアラニンデカルボキシラーゼ（EC 4.1.1.29），ならびにヒポタウリンデヒドロゲナーゼ（EC 1.8.1.3）[1]が関与する（**図 30-3**）．

グリシン

あまり極性をもたない代謝産物は水溶性のグリシン抱合体として排泄されるものが多く，食品添加物の安息香酸に由来する馬尿酸（**図 30-4**）はその例である．カルボキシ基をもつ薬物，薬物代謝産物，およびその他の化合物もグリシン抱合体をつくることで水溶性が高まり，容易に尿中に排泄されるようになる．

グリシンはクレアチンの原料にもなり，窒素原子と α 炭素はヘムのピロール環とメチレン橋を構成する（31 章参照）．またグリシン分子はプリン塩基の 4，5，7 位の原子となる（図 33-1 参照）．

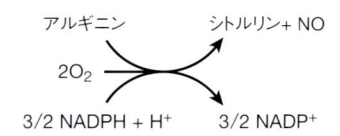

図 30-2. NO シンターゼが触媒する反応

1）訳者注：ヒポタウリンデヒドロゲナーゼ（EC 1.8.1.3）によると考えられていた反応は，フラビン含有モノオキシゲナーゼ（flavin-containing monooxygenase, EC 1.14.13.8）によって触媒されるとされている．

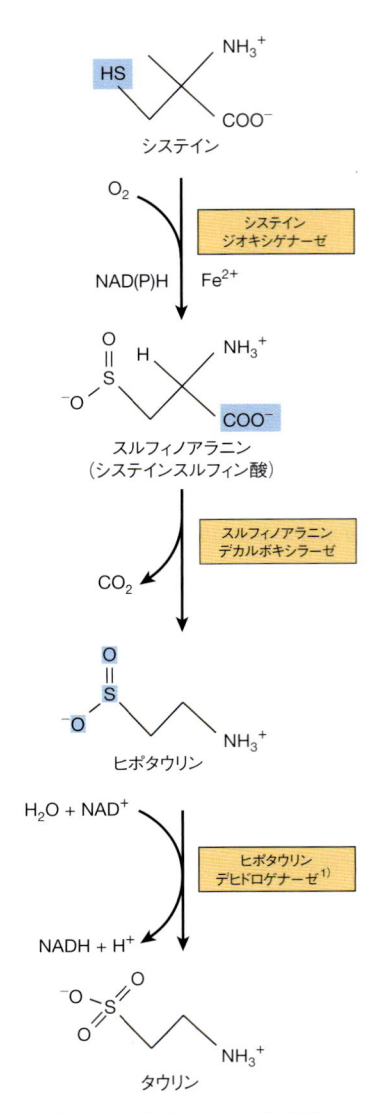

図 30-3. システインからタウリンへの変換
反応はそれぞれ，システインジオキシゲナーゼ，スルフィノアラニンデカルボキシラーゼ，およびヒポタウリンデヒドロゲナーゼによって触媒される．(1)は前ページの訳者注参照)

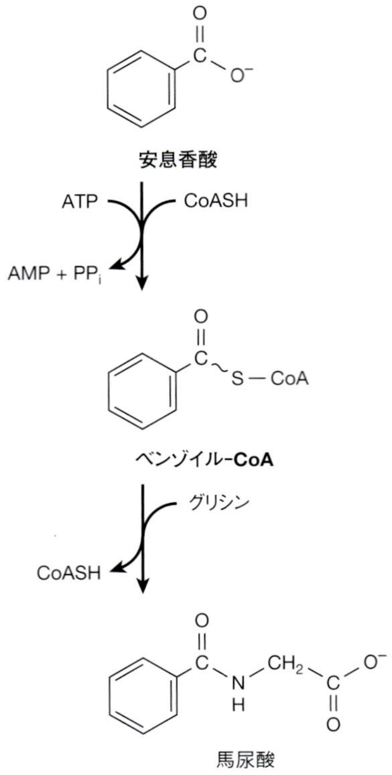

図 30-4. 馬尿酸の生合成
類似した反応は多くの酸性の薬物および代謝産物で起こる．

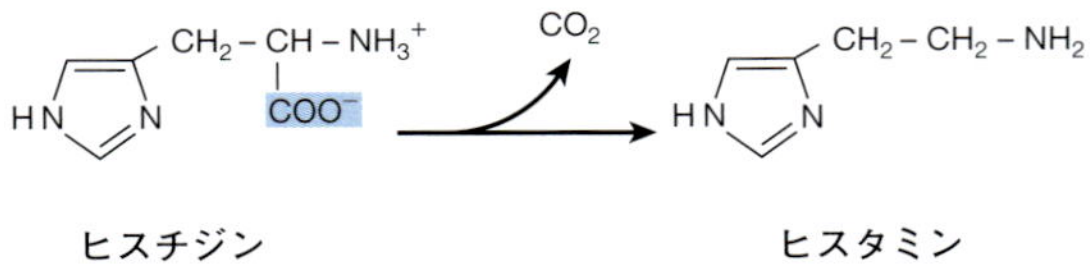

図 30-5. ヒスチジンデカルボキシラーゼによって触媒される反応

ヒスチジン

ピリドキサール 5′-リン酸に依存したヒスチジンデカルボキシラーゼ histidine decarboxylase (EC 4.1.1. 22) によるヒスチジンの脱炭酸反応によってヒスタミンが形成される(**図30-5**)．アレルギー反応や胃液分泌において機能を果たす生体アミンとして，ヒスタミンはすべての組織に存在する．脳の視床下部におけるこの生体アミンの濃度は，サーカディアンリズムに従って変動する．人体に存在するヒスチジン含有化合物には，カルノシンおよび食物中のエルゴチオネインやア

ンセリンがある(**図30-6**)．カルノシン carnosine(β-アラニル-ヒスチジン β-alanyl-histidine) およびホモカルノシン homocarnosine (γ-アミノブチリルヒスチジン γ-aminobutyryl-histidine)は，脳や骨格筋のような興奮組織におけるおもな構成成分である．**Wilson 病 Wilson disease** 患者では，尿中 3-メチルヒスチジン濃度が異常に低い．

メチオニン

メチオニンはタンパク質の成分となるだけでなく，生体内におけるおもなメチル基の供給源である *S*-アデノシルメチオニン *S*-adenosylmethionine へ変換される．*S*-アデノシルメチオニンは，メチオニンアデノ

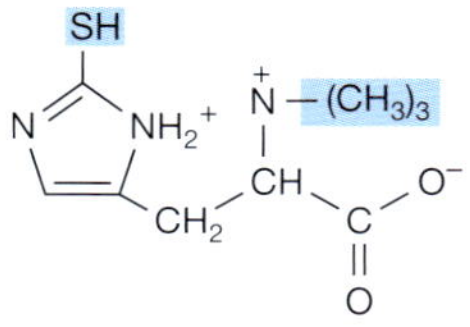

図左カラム：

エルゴチオネイン

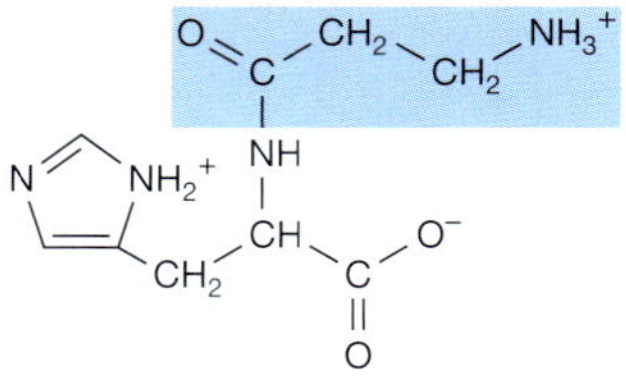

カルノシン

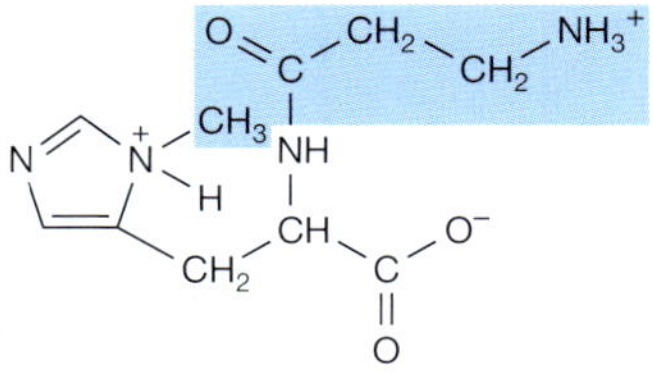

アンセリン

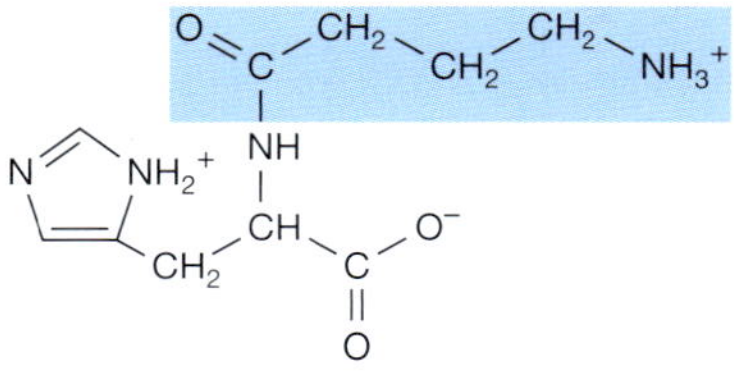

ホモカルノシン

図 30-6.　ヒスチジンの誘導体
ヒスチジンに由来しない部分を色枠で示した．エルゴチオネインの SH 基はシステインに由来する．

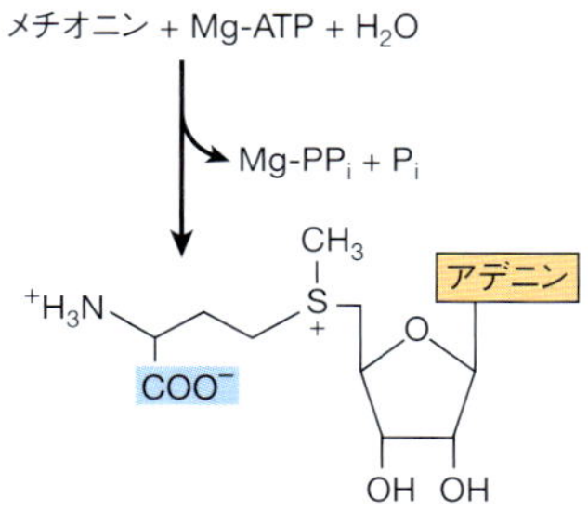

図右カラム上：

$$メチオニン + Mg\text{-}ATP + H_2O$$

$$Mg\text{-}PP_i + P_i$$

S-アデノシルメチオニン

図 30-7.　メチオニンアデノシルトランスフェラーゼ（MAT）によって触媒される S-アデノシルメチオニンの生合成

シルトランスフェラーゼ methionine adenosyltransferase（MAT，EC 2.5.1.6）により，メチオニンと ATP から生成される（**図 30-7**）．ヒトの組織には 3 種類の MAT アイソザイム isozyme が存在し，MAT-1 と MAT-3 は肝臓に，MAT-2 はその他の組織に存在する．**高メチオニン血症 hypermethioninemia** は肝臓の MAT-1 とMAT-3 の活性が重度に低下することによって起こるが，MAT-1 あるいは MAT-2 の活性が残存しており，MAT-2 活性は正常に保たれ，組織中のメチオニン濃度が高ければ，十分量の S-アデノシルメチオニンを合成することができる．

S-アデノシルメチオニンデカルボキシラーゼ S-adenosylmethionine decarboxylase（EC 4.1.1.50）による S-アデノシルメチオニンの脱炭酸に続いて，メチオニン

の 3 炭素および α-アミノ基はポリアミンの**スペルミン spermine** と**スペルミジン spermidine** の生合成に寄与する．ポリアミンは哺乳類細胞に対する成長因子であり，細胞，細胞小器官および膜を安定化させる．薬理量のポリアミンは体温や血圧を低下させる．ポリアミンは複数の正電荷をもつので，DNA や RNA と容易に結合する．**図 30-8** にメチオニンとオルニチンからのポリアミンの生合成を，**図 30-9** にポリアミンの異化をまとめた．

セリン

セリンはスフィンゴシンの生合成に関与する（24 章参照）．また，セリンはプリンとピリミジンの生合成に関与し，プリンの 2 位および 8 位の炭素を供給し，チミンのメチル基を供給する（33 章参照）．シスタチオニン β-シンターゼ（EC 4.2.1.22）はヘムタンパク質で，ピリドキサール 5′-リン酸依存性にセリンとホモシステインを縮合してシスタチオニンを生成する反応を触媒する．

$$セリン + ホモシステイン \rightarrow シスタチオニン + H_2O$$

この酵素の遺伝子欠損は**ホモシスチン尿症 homocystinuria** を引き起こす．また，セリン（システインではなく）はセレノシステインの前駆体となる（27 章参照）．

トリプトファン

肝臓のトリプトファン 5-モノオキシゲナーゼ（EC 1.14.16.4）によるトリプトファンの 5-ヒドロキシトリプトファンへのヒドロキシル化に続いて起こる脱炭酸反応によって，強力な血管収縮剤であり，平滑筋収縮の刺激剤であるセロトニン serotonin（5-ヒドロキシトリプタミン 5-hydroxytryptamine）が生成する．セロトニンの代謝では，モノアミンオキシダーゼ monoamine

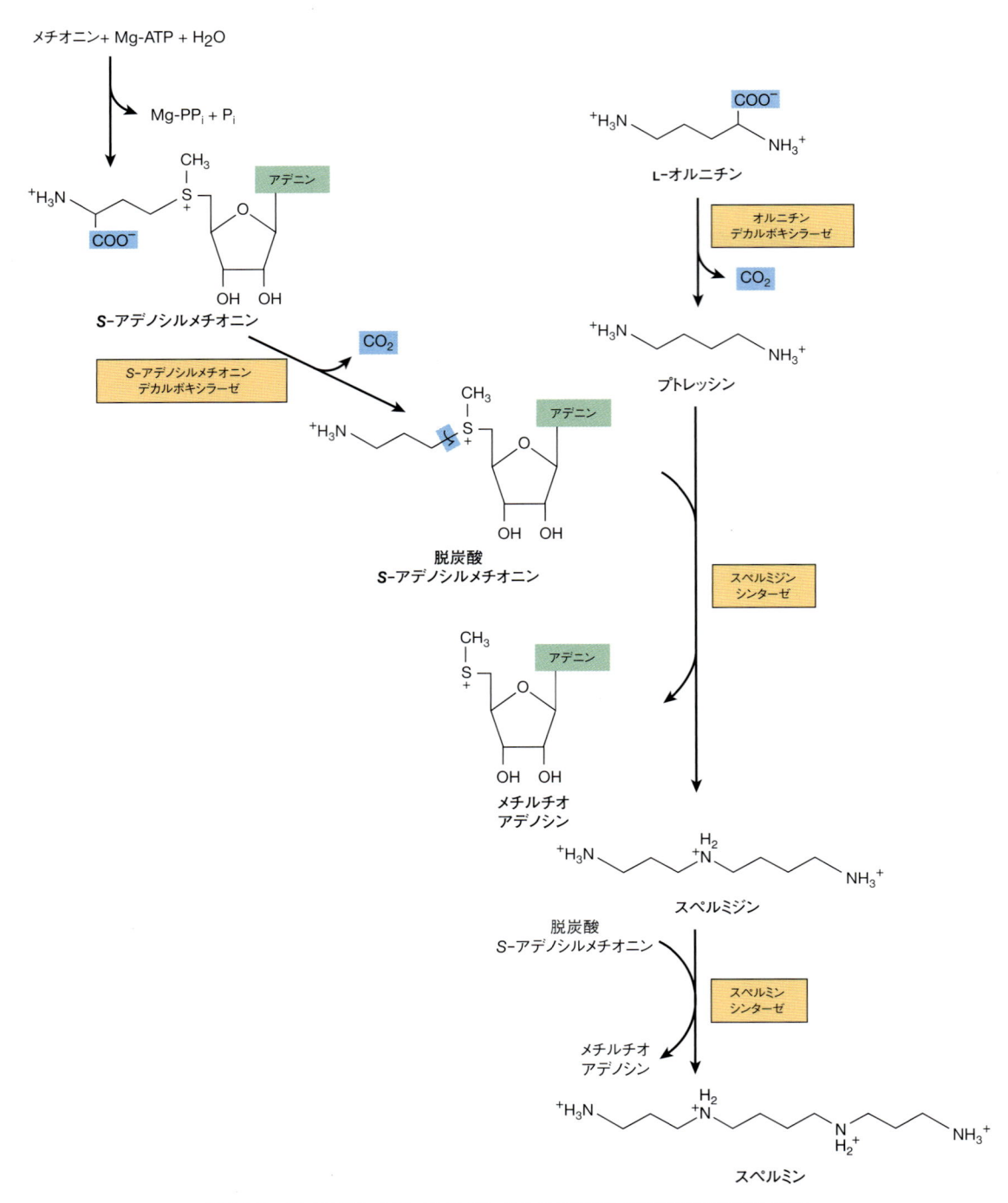

図 30-8. スペルミンとスペルミジンの生合成に関与する代謝中間体と酵素

oxidase（EC 1.4.3.4）によって酸化的脱アミノ反応が起こり，5-ヒドロキシインドール-3-酢酸 5-hydroxyindole-3-acetate が生じる（**図 30-10**）．イプロニアジド iproniazid 投与後の精神的興奮は，モノアミンオキシダーゼ阻害によるセロトニンの作用時間延長によるものである．カルチノイド carcinoid（銀親和性細胞腫

argentaffinoma）では，腫瘍細胞がセロトニンを過剰に産生する．カルチノイド患者尿中のセロトニン代謝産物には，N-アセチルセロトニングルクロニド N-acetylserotonin glucuronide および 5-ヒドロキシインドール酢酸 5-hydroxyindoleacetate のグリシン抱合体がある．セロトニンと 5-メトキシトリプタミン 5-methoxy-

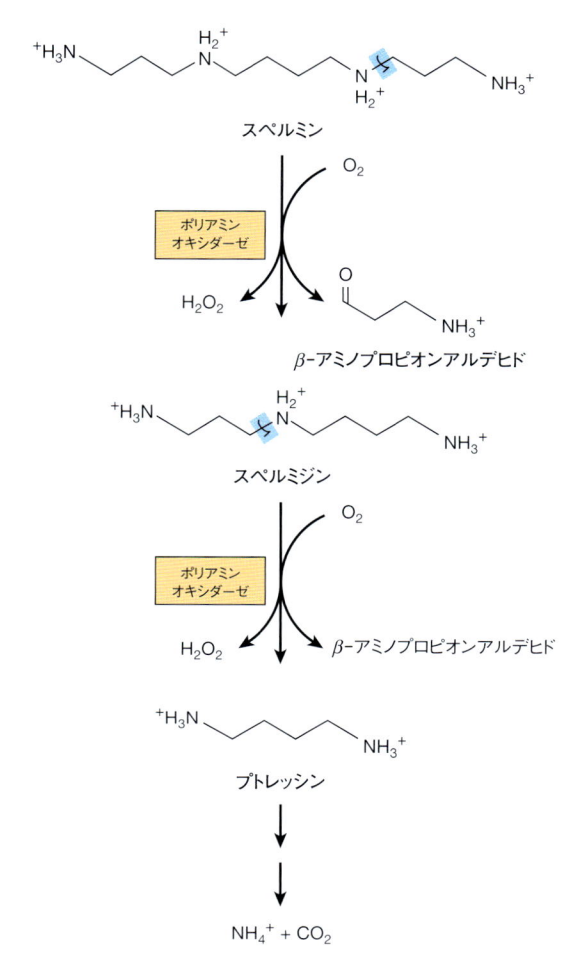

図 30-9. ポリアミンの異化

tryptamine は，モノアミンオキシダーゼによってそれぞれに対応する酸に代謝される．セロトニンの N-アセチル化とそれに続く O-メチル化によって，松果体内でメラトニン melatonin が生成する．循環血中のメラトニンは，脳を含むすべての組織によって取り込まれるが，ヒドロキシル化に続いて硫酸またはグルクロン酸抱合によって速やかに代謝される．腎臓組織，肝臓組織および糞便中細菌はすべてトリプトファンをトリプタミンに変換し，続いてインドール-3-酢酸に変換する．トリプトファンのおもな正常尿中代謝産物は 5-ヒドロキシインドール酢酸とインドール-3-酢酸である（図 30-10）．

チロシン

　神経細胞はチロシンをアドレナリンとノルアドレナリンに変換する（**図 30-11**）．ドーパ（DOPA）はメラニン生成の中間体でもあるが，メラニン細胞中では別の

酵素がチロシンをヒドロキシル化する．ピリドキサールリン酸依存酵素である芳香族-L-アミノ酸デカルボキシラーゼ aromatic-L-amino-acid decarboxylase（ドーパデカルボキシラーゼ DOPA decarboxylase, EC 4.1.1.28）がドーパミンを生成する．次いで，ドーパミン β-モノオキシゲナーゼ dopamine β-monooxygenase（EC 1.14.17.1）によるヒドロキシル化反応によってノルアドレナリンが生成する．副腎髄質においては，フェニルエタノールアミン-N-メチルトランスフェラーゼ phenylethanolamine-N-methyltransferase（EC 2.1.1.28）が，S-アデノシルメチオニンを用いてノルアドレナリンの第一級アミンをメチル化してアドレナリンを生成する（図 30-11）．チロシンはトリヨードチロニン triiodothyronine およびチロキシン thyroxine の前駆体でもある（41 章参照）．

ホスホセリン，ホスホトレオニンおよびホスホチロシン

　タンパク質の特定のセリン，トレオニンおよびチロシン残基のリン酸化と脱リン酸化が，脂質や糖質の代謝におけるある種の酵素の活性を調節し，シグナル伝達カスケードに関与するタンパク質のはたらきを調節する．

サルコシン（N-メチルグリシン）

　サルコシン sarcosine（N-メチルグリシン N-methylglycine）の生合成と異化は，ミトコンドリアで起こる．ジメチルグリシン dimethylglycine からのサルコシンの合成は，フラビンタンパク質 flavoprotein のジメチルグリシンデヒドロゲナーゼ dimethylglycine dehydrogenase（EC 1.5.8.4）によって触媒され，還元型のプテロイルペンタグルタミン酸（TPG）を必要とする．

$$\text{ジメチルグリシン} + FADH_2 + H_4TPG + H_2O$$
$$\rightarrow \text{サルコシン} + N\text{-ホルミル-TPG}$$

グリシンのメチル化によっても微量のサルコシンが生成され，その反応は，グリシン N-メチルトランスフェラーゼ glycine N-methyltransferase（EC 2.1.1.20）によって触媒される．

$$\text{グリシン} + S\text{-アデノシルメチオニン} \rightarrow$$
$$\text{サルコシン} + S\text{-アデノシルホモシステイン}$$

サルコシンからグリシンへの異化はフラビンタンパク質のサルコシンデヒドロゲナーゼ sarcosine dehydrogenase（EC 1.5.8.3）によって触媒され，還元型の TPG

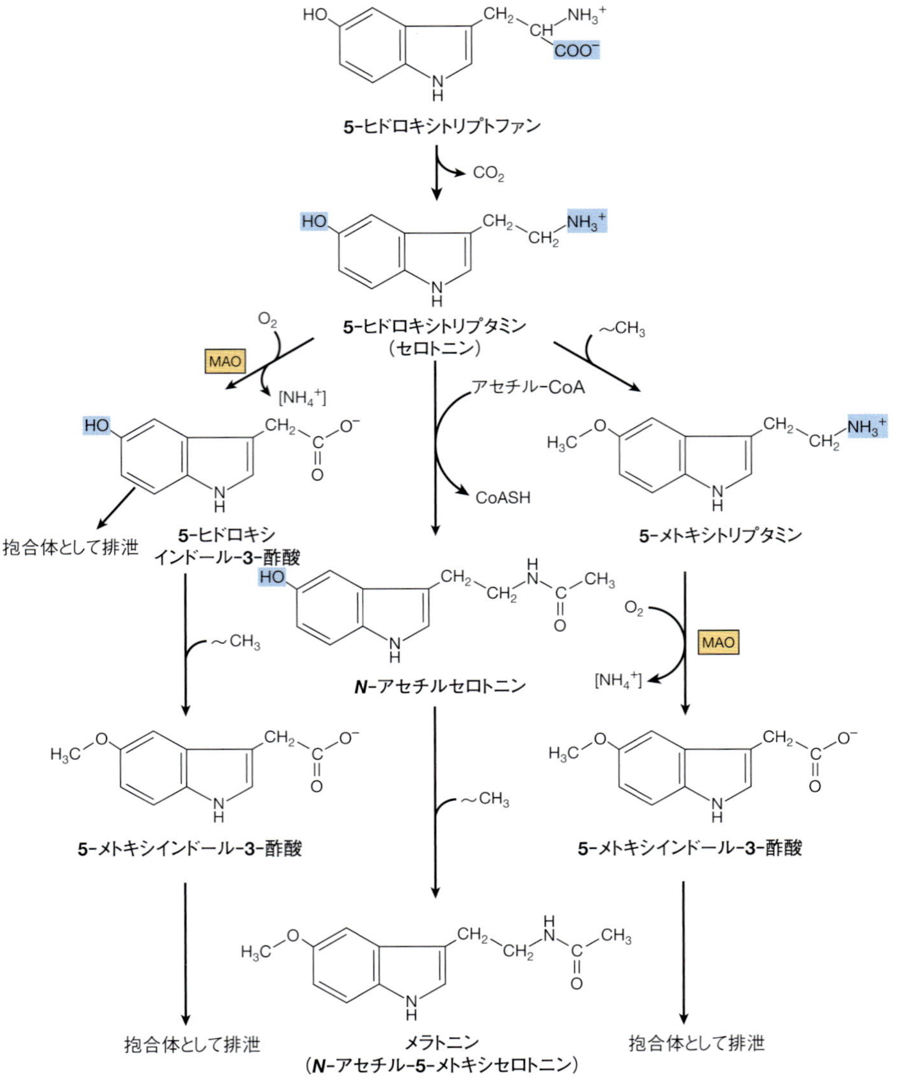

図 30-10. セロトニンとメラトニンの生合成と異化
（[NH₄⁺]：アミノ基転移反応による，MAO：モノアミンオキシダーゼ，〜CH₃：S-アデノシルメチオニンからのメチル基）

が必要である.

$$\text{サルコシン} + \text{FAD} + \text{H}_4\text{TPG} + \text{H}_2\text{O} \rightarrow$$
$$\text{グリシン} + \text{FADH}_2 + N\text{-ホルミル-TPG}$$

サルコシンの生成と分解にかかわる脱メチル化反応は，一炭素単位の重要な供給源である. FADH_2 は電子伝達系を経由して再度酸化される（13 章参照）.

クレアチンとクレアチニン

クレアチニン creatinine は筋肉において，非可逆的，非酵素的脱水とリン酸の除去によってクレアチンリン酸から生成される（**図 30-12**）. クレアチニンの 24 時間尿中排泄量は筋肉量に比例するので，24 時間尿を完全に採取できたか否かを判定するための指標となる. グリシン，アルギニンおよびメチオニンがすべてクレアチン生合成に関与している. クレアチンの合成は，S-アデノシルメチオニンによるグアニジノ酢酸のメチル化によって完結する（図 30-12）.

非α-アミノ酸

β-アラニン，β-アミノイソ酪酸 aminoisobutyrate および GABA を含めた非 α-アミノ酸 non-α-amino acid

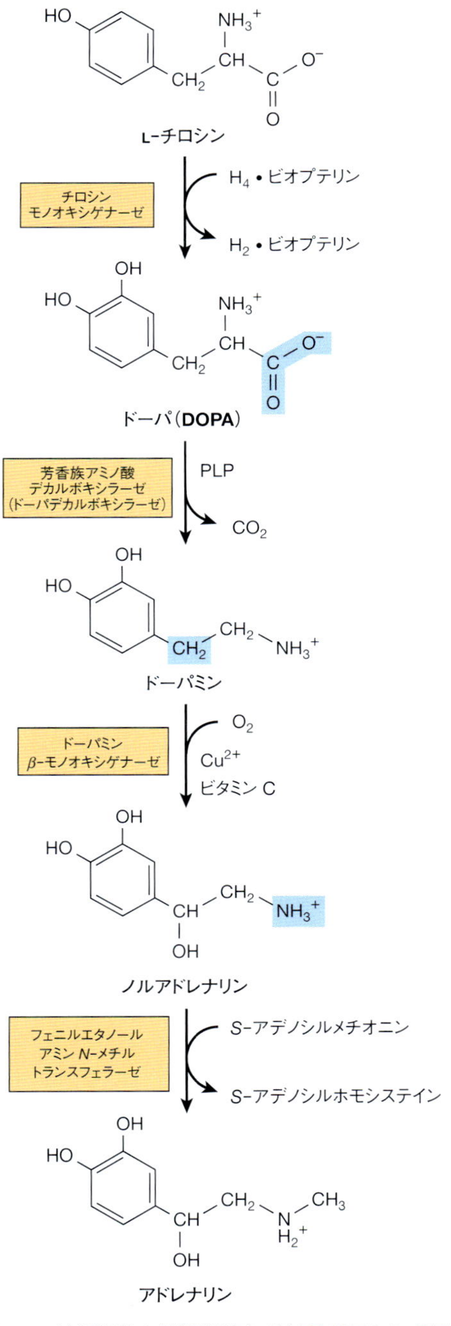

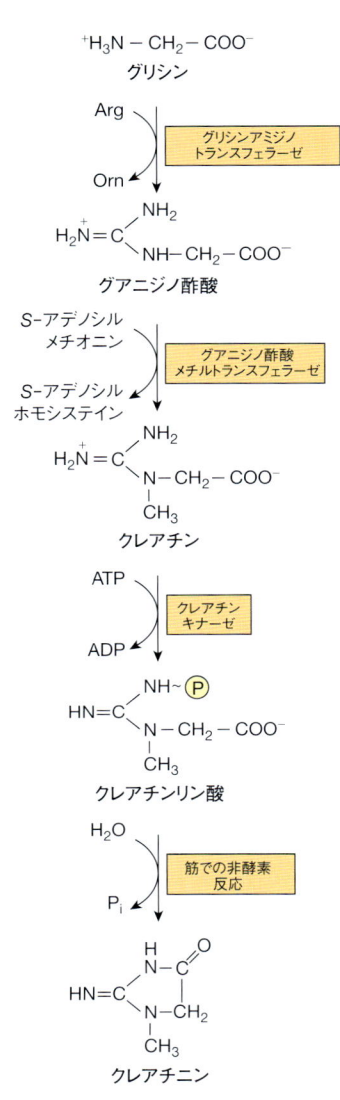

図 30-11. 神経細胞と副腎細胞におけるチロシンのアドレナリン（エピネフリン）とノルアドレナリン（ノルエピネフリン）への変換
（PLP：ピリドキサールリン酸）

図 30-12. クレアチンおよびクレアチニンの生合成
グリシンおよびアルギニンのグアニジノ基から，クレアチンさらにクレアチンリン酸への変換．また，クレアチンリン酸からクレアチニンへの非酵素反応による加水分解も示した．

β-アラニンおよびβ-アミノイソ酪酸

　β-アラニンおよびβ-アミノイソ酪酸は各々，ピリミジンのウラシル，チミンの異化で生成される（図 33-12 参照）．酵素であるカルノシナーゼ carnosinase（EC 3.4.13.20）による β-アラニルジペプチドの加水分解によっても微量の β-アラニンが生成される．β-アミノイソ酪酸は，L-バリンの分解物であるメチルマロン酸セミアルデヒド methylmalonate semialdehyde のアミノ基転移によっても生成される（図 29-22 参照）．

　は，組織に遊離した状態で存在する．β-アラニンは，補酵素 A，β-アラニルジペプチドであるカルノシン，アンセリン anserine およびホモカルノシンのように，何かと結合した形でも存在する（後述参照）．

β-アラニン異化の最初の反応は，マロン酸セミアルデヒド malonate semialdehyde へのアミノ基転移である．次に，スクシニル-CoA succinyl-CoA から補酵素 A が転移し，マロニル-CoA セミアルデヒド malonyl-CoA semialdehyde となり，マロニル-CoA malonyl-CoA への酸化と，両性代謝中間体 amphibolic intermediate のアセチル-CoA への脱炭酸が起こる．類似した反応は，β-アミノイソ酪酸の異化でも起こる．アミノ基転移は，メチルマロン酸セミアルデヒド methylmalonate semialdehyde を形成し，図 29-22 の反応 8V と 9V によって両性代謝中間体スクシニル-CoA に変換される．β-アラニンと β-アミノイソ酪酸代謝障害は，ピリミジン異化経路の酵素欠損が原因であり，おもに，ジヒドロピリミジンデヒドロゲナーゼ dihydropyrimidine dehydrogenase がすべて，もしくは部分的に欠損していることが原因である（33 章参照）．

β-アラニルジペプチド

β-アラニルジペプチド β-alanyl dipeptide のカルノシンとアンセリン（N-メチルカルノシン）（図 30-6）は，ミオシン ATPase myosin ATPase（EC 5.6.1.8）を活性化し，銅をキレートし，銅の取り込みを亢進する．β-アラニルイミダゾール β-alanyl-imidazole は，骨格筋の嫌気的な収縮において pH を中和する．カルノシンの生合成は，カルノシンシンターゼ carnosine synthase（EC 6.3.2.11）によって触媒される．

$$\text{ATP} + β\text{-アラニン} + \text{ヒスチジン}$$
$$\rightarrow \text{ADP} + \text{リン酸} + \text{カルノシン}$$

カルノシンの β-アラニンと L-ヒスチジンへの加水分解は，カルノシナーゼによって触媒される．遺伝性疾患のカルノシナーゼ欠損は**カルノシン尿症 carnosinuria** が特徴である．

ヒトの脳でカルノシンよりも濃度が高いホモカルノシン（図 30-6）は，脳組織でカルノシンシンターゼによって合成される．血清カルノシナーゼは，ホモカルノシンを加水分解しない．**ホモカルノシン症 homocarnosinosis** はまれな遺伝性疾患で，進行性の痙攣対麻痺と精神遅滞と関連する．

γ-アミノ酪酸

GABA は，脳において，膜電位差を変えることによる抑制性神経伝達物質として作用し，グルタミン酸デカルボキシラーゼ glutamate decarboxylase（EC 4.1.1.15）によるグルタミン酸の脱炭酸により生成する（**図 30-13**）．GABA のアミノ基転移でコハク酸セミアルデヒドが生成し，これは次に，L-乳酸デヒドロゲナーゼによって触媒される反応で γ-ヒドロキシ酪酸に還元されるか，あるいは，コハク酸，次いでクエン酸回路を経て CO_2 と H_2O に酸化される（図 30-13）．まれな GABA 代謝の遺伝性疾患には，脳組織においてシナプス伝達後の GABA の代謝に関与する酵素である GABA トランスアミナーゼ（EC 2.6.1.19）の欠損がある．コハク酸セミアルデヒドデヒドロゲナーゼ succinate semialdehyde dehydrogenase（EC 1.2.1.24，図 30-13）の欠損は，**4-ヒドロキシ酪酸尿症 4-hydroxybutyric aciduria** の原因である．この疾患はまれな GABA 代謝異常の 1 つで，尿中，血漿中ならびに脳脊髄液 cerebrospinal fluid（CSF）中の 4-ヒドロキシ酪酸の存在を特徴とする．軽度から重度の神経症状を呈するが，現時点では治療法は存在しない．

まとめ

- タンパク質における構造および機能的役割に加えて，α-アミノ酸は種々の生合成過程に関与する．
- アルギニンは，クレアチンのホルムアミジン基と NO の窒素を供給する．アルギニンは，オルニチンを経由して，ポリアミンであるプトレッシン，スペルミン，スペルミジンの分子骨格を提供する．
- システインは，補酵素 A のチオエタノールアミン部分を供給し，またタウリンに変換して，胆汁酸タウロコール酸の一部となる．
- グリシンはヘム，プリン，クレアチンおよび N-メチルグリシン（サルコシン）の生合成に関与する．多くの薬物およびその代謝物は，尿に排泄するため水への溶解性を高める目的で，グリシン抱合体として排泄される．
- ヒスチジンの脱炭酸反応で神経伝達物質のヒスタミンが生成する．ヒスチジン化合物はヒトの体内に存在し，エルゴチオネイン，カルノシン，アンセリンなどが含まれる．
- S-アデノシルメチオニンは，代謝における主要なメチル基供給源であり，またポリアミンのスペルミンおよびスペルミジンの生合成に炭素骨格を供給する．
- リン脂質およびスフィンゴシンの生合成における役割に加えて，セリンはプリンの 2 および 8 位の炭素およびチミンのメチル基を供給する．
- おもなトリプトファン代謝物は，セロトニンとメラ

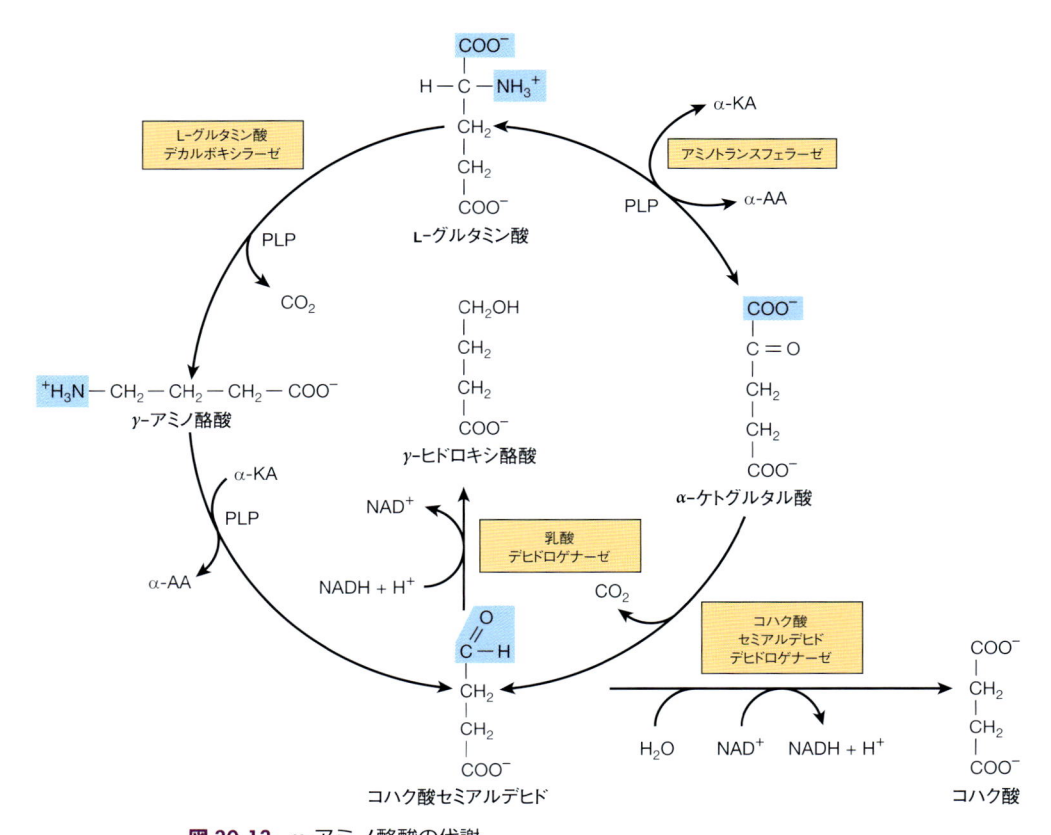

図 30-13. γ-アミノ酪酸の代謝
（α-AA：α-アミノ酸，α-KA：α-ケト酸，PLP：ピリドキサールリン酸）

トニンである．腎臓と肝臓の組織や大腸菌では，ト
リプトファンからトリプタミンに変換され，その後，
インドール-3-酢酸となる．尿中のおもなトリプト
ファン分解物はインドール-3-酢酸と 5-ヒドロキシ
インドール酢酸である．

■ チロシンからはノルアドレナリンとアドレナリンが
生成し，またヨウ素化により甲状腺ホルモンである
トリヨードチロニンとチロキシンを生成する．

■ 酵素によるペプチド中のセリン，トレオニンならび
にチロシン残基のリン酸化と脱リン酸化は，シグナ
ル伝達を含めた代謝制御において主要な役割を果た
している．

■ グリシン，アルギニンおよび S-アデノシルメチオニ
ンは，クレアチンの生合成に関与し，クレアチンリ
ン酸は筋肉や脳においておもなエネルギー貯蔵庫と
してはたらく．クレアチンの異化産物であるクレア
チニンの尿中への排泄量は筋肉量に比例する．

■ β-アラニンと β-アミノイソ酪酸は，組織では遊離ア
ミノ酸として存在する．β-アラニンは補酵素 A の一
部としても存在する．β-アラニンの異化は，アセチ

ル-CoA への段階的な変換で起こる．類似した反応
は，β-アミノイソ酪酸のスクシニル-CoA への分解
でも起こる．β-アラニンと β-アミノイソ酪酸の代謝
障害は，ピリミジンの異化における酵素異常により
発現する．

■ グルタミン酸の脱炭酸は，抑制性の神経伝達物質
GABA を形成する．GABA の異化異常により，まれ
な 2 つの代謝性疾患が生じる．

文　献

Allen GF, Land JM, Heales SJ: A new perspective on the treatment of aromatic L-amino acid decarboxylase deficiency. Mol Genet Metab 2009;97:6.

Caine C, Shohat M, Kim JK, et al: A pathogenic S250F missense mutation results in a mouse model of mild aromatic L-amino acid decarboxylase (AADC) deficiency. Hum Mol Genet 2017;26:4406.

Cravedi E, Deniau E, Giannitelli M, et al: Tourette syndrome and other neurodevelopmental disorders: a comprehensive review. Child Adolesc Psychiatry Ment Health 2017;11:59.

Jansen EE, Vogel KR, Salomons GS, et al: Correlation of blood biomarkers with age informs pathomechanisms in succinic semialdehyde dehydrogenase deficiency (SSAD-HD), a disorder of GABA metabolism. J Inherit Metab Dis 2016;39:795.

Manegold C, Hoffmann GF, Degen I, et al: Aromatic L-amino acid decarboxylase deficiency: clinical features, drug therapy and followup. J Inherit Metab Dis 2009;32:371.

Moinard C, Cynober L, de Bandt JP: Polyamines: metabolism and implications in human diseases. Clin Nutr 2005;24:184.

Montioli R, Dindo M, Giorgetti A, et al: A comprehensive picture of the mutations associated with aromatic amino acid decarboxylase deficiency: from molecular mechanisms to therapy implications. Hum Mol Genet 2014;23:5429.

Pearl PL, Gibson KM, Cortez MA, et al: Succinic semialdehyde dehydrogenase deficiency: lessons from mice and men. J Inherit Metab Dis 2009;32:343.

Schippers KJ, Nichols SA: Deep, dark secrets of melatonin in animal evolution. Cell 2014;159:9.

Wernli C, Finochiaro S, Volken C, et al: Targeted screening of succinic semialdehyde dehydrogenase deficiency (SSAD-HD) employing an enzymatic assay for γ-hydroxybutyric acid (GHB) in biofluids. Mol Genet Metab Rep. 2016;17:81.

ポルフィリンと胆汁色素

31

Porphyrins and Bile Pigments

学習目標
本章習得のポイント

- ヘム生合成の開始において縮合される 2 つの両性 amphibolic[1] 中間代謝産物の構造式を示す．
- 肝臓でのヘム生合成において鍵となる調節反応を触媒する酵素を知る．
- ポルフィリンとポルフィリノーゲンはどちらもテトラピロールなのに，前者は有色で後者は無色である理由を説明する．
- ヘム生合成に関与する酵素や代謝物の細胞内局在を知る．
- ポルフィリン症の原因と臨床像の概要を示す．
- ヘムの異化におけるヘムオキシゲナーゼと UDP-グルコシルトランスフェラーゼの役割を知る．
- 黄疸を定義し，その原因のいくつかをあげ，生化学的機序の解析法を示す．
- 臨床検査用語である“直接ビリルビン”および“間接ビリルビン”の生化学的基礎を説明する．

1）　訳者注：amphibolic とは，同化・異化の両方に関与すること，両方の要素をもつこと．

生物医学的重要性

ポルフィリンの生化学と胆汁色素の生化学には密接な関係がある．ヘムはポルフィリンと鉄から合成され，ヘムの代謝産物は胆汁色素と鉄などである．**ヘムタンパク質 hemoprotein** のさまざまな機能や，ポルフィリン生合成経路の異常で起こる**ポルフィリン症 porphyria** について理解するためには，ポルフィリンやヘムの生化学が基礎になる．よく見られる臨床症状に**黄疸 jaundice** があるが，これはビリルビンの合成の過剰か，排泄の不全によって引き起こされる血漿中ビリルビン値の上昇である．黄疸は，溶血性貧血やウイルス性肝炎，膵臓がんなど，多様な原因で起こる．

ポルフィリン

ポルフィリン porphyrin は，4 個のピロール環 pyrrole ring がメチン橋（=HC–）によって結合してできた環状化合物である（**図 31-1**）．ピロール環の 8 箇所の番号付けされた水素原子が種々の**側鎖 side chain** によっ

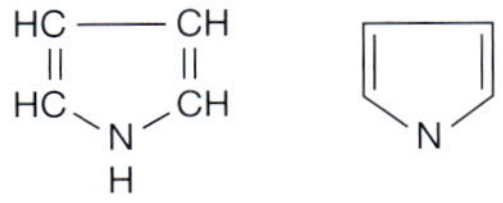

ピロール

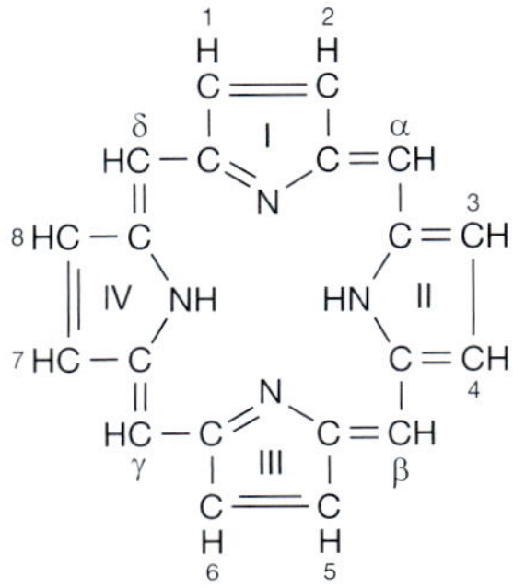

ポルフィリン
($C_{20}H_{14}N_4$)

図 31-1． ポルフィリン分子の構造
4 個のピロール環をそれぞれ I, II, III, IV と名づける．1 ～ 8 の部位には置換基が入る．4 つのメチン橋（=HC–）は $\alpha, \beta, \gamma, \delta$ で表す．

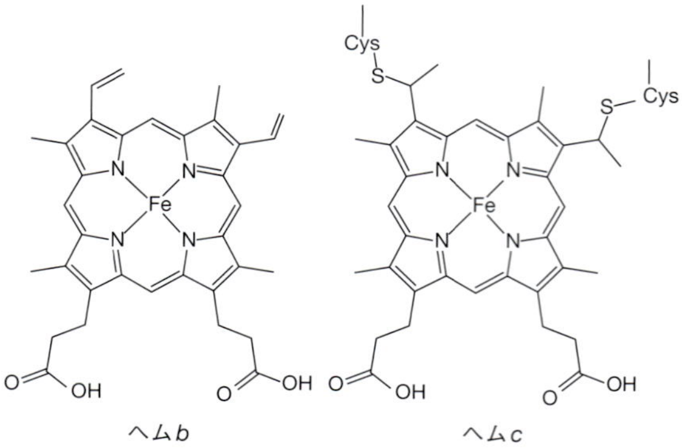

図 31-2. ヘム b とヘム c の構造

表 31-1. 重要なヘムタンパク質の例[a]

タンパク質	機 能
ヘモグロビン	血液中の酸素の運搬
ミオグロビン	筋肉中の酸素の貯蔵
シトクロム c	電子伝達鎖に関与
シトクロム P450	生体異物のヒドロキシル化反応
カタラーゼ	過酸化水素の分解
トリプトファンピロラーゼ	トリプトファンの酸化

[a] 上記のタンパク質の機能については本書のいろいろな章に記述されている.

て置換され得る.

　ポルフィリンは金属イオンと複合体を形成し得るが,その金属イオンは4つのピロール環の窒素原子と配位結合を形成する.金属ポルフィリンの例をあげると,ヘモグロビンの**ヘム heme** などは**鉄-ポルフィリン iron porphyrin** であり,植物の光合成色素の**クロロフィル chlorophyll** は,**マグネシウム含有 magnesium-containing** ポルフィリンである.ヘムタンパク質は生物に普遍的に存在し,多様な機能,たとえば酸素の運搬・貯蔵(ヘモグロビン,ミオグロビンなど)や電子伝達(シトクロム c やシトクロム P450 など),その他を担う.ヘムは**テトラピロール tetrapyrrole** 構造をとり,なかではヘム b とヘム c の2種類が多数を占める(**図 31-2**).ヘム c では,ヘム b のビニル基がチオエーテル結合によるアポタンパク質との共有結合に代わっており,その結合は通常システイン残基を介する.したがって,ヘム b と異なりヘム c は容易にはタンパク質からはずれない.

　ヘムを含むタンパク質は自然界に広く存在する(**表 31-1**).一般に,脊椎動物のヘムタンパク質はモルあたり 1 mol のヘム c が結合しているが,無脊椎動物のものではヘム c の比が高い.

ヘムはスクシニル-CoA とグリシンから合成される

　ヘムの生合成には,サイトゾルとミトコンドリアの反応と中間代謝産物が関与する.ヘムの生合成は,ミトコンドリアをもたない成熟赤血球以外のほとんどの細胞で行われる.その約 85% は**骨髄 bone marrow** において赤血球系前駆細胞内で起こり,残りのほとんど

は**肝細胞 hepatocyte** で起こる.ヘムの生合成はスクシニル-CoA とグリシンの縮合反応で開始される.この反応はミトコンドリアの**δ-アミノレブリン酸シンターゼ δ-aminolevulinate synthase**(**ALA シンターゼ ALA synthase**,EC 2.3.1.37)により,ピリドキサールリン酸依存性の反応として触媒される.

　(1)　スクシニル-CoA + グリシン →
　　　　　δ-アミノレブリン酸 + CoA-SH + CO_2

ヒトでは ALA シンターゼ(ALAS)の2種類のアイソザイムが発現している.ALAS1 は全身で普遍的に発現し,一方,ALAS2 は赤血球系前駆細胞に発現している.δ-アミノレブリン酸の合成は,哺乳類の肝臓におけるポルフィリン生合成の律速反応である(**図 31-3**).

　δ-アミノレブリン酸がサイトゾルに放出されて,サイトゾルの**ALA デヒドラターゼ ALA dehydratase**(ポルホビリノーゲンシンターゼ,EC 4.2.1.24)が2分子の ALA を縮合し,**ポルホビリノーゲン porphobilinogen** を生成する(**図 31-4**).

　(2)　2δ-アミノレブリン酸(ALA) →
　　　　　ポルホビリノーゲン + 2H_2O

ALA デヒドラターゼは亜鉛を含む金属タンパク質であり,鉛中毒の際に起こるように**鉛 lead** による阻害を受ける.

　サイトゾルにある**ヒドロキシメチルビランシンターゼ hydroxymethylbilane synthase**(ウロポルフィリノーゲン I シンターゼ,EC 2.5.1.61)が第3の反応を触媒し,4分子のポルホビリノーゲンを首尾順序(head to tail)に縮合して直鎖状のテトラピロールである**ヒドロキシメチルビラン hydroxymethylbilane** を生成する(**図 31-5**).

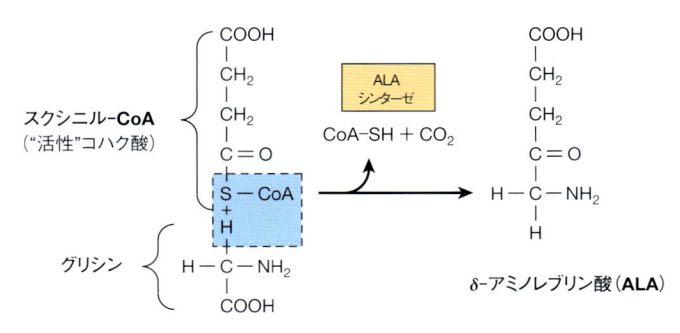

図 31-3.　δ-アミノレブリン酸（ALA）の合成
この反応はミトコンドリアで行われ，ALA シンターゼが触媒する．

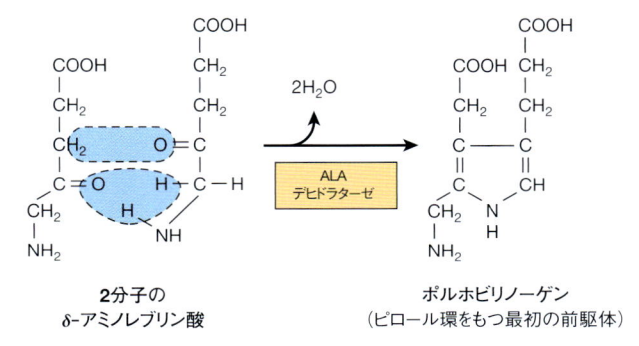

図 31-4.　ポルホビリノーゲンの生成
サイトゾルの ALA デヒドラターゼ（ポルホビリノーゲンシンターゼ）
が，2 分子の δ-アミノレブリン酸からポルホビリノーゲンを生成する．

（3）　4 ポルホビリノーゲン＋H_2O →
　　　　　　ヒドロキシメチルビラン＋$4NH_3$

　続いてヒドロキシメチルビランは，細胞質に存在するウロポルフィリノーゲン III シンターゼ uroporphyrinogen III synthase（EC 4.2.1.75）の反応により環状になり，**ウロポルフィリノーゲン III uroporphyrinogen III** を生成する（図 31-5 右下）．

（4）　ヒドロキシメチルビラン →
　　　　　　ウロポルフィリノーゲン III＋H_2O

ヒドロキシメチルビランは，自然に環状化して**ウロポルフィリノーゲン I uroporphyrinogen I**（図 31-5 左下）を生成し得るが，正常な状態で生成するのはほとんど全部が III 型の異性体である．しかし，ある種のポルフィリン症では I 型異性体が過剰に産生される．ウロポルフィリノーゲンのピロール環は，メチン橋（=HC-）ではなく**メチレン methylene**（-CH_2-）を介して結合しているため，その二重結合は共役構造をつくらない．そのため**ポルフィリノーゲンは無色**である．と

ころが，ポルフィリノーゲンは容易に自動酸化し，**有色のポルフィリン**になる．

　ウロポルフィリノーゲン III の 4 箇所の酢酸残基は，すべて脱炭酸反応によりメチル基（M）に変わり，**コプロポルフィリノーゲン III coproporphyrinogen III** が生成する．この反応はサイトゾルにおいて**ウロポルフィリノーゲンデカルボキシラーゼ uroporphyrinogen decarboxylase**（EC 4.1.1.37）により触媒される（**図 31-6**）．

（5）　ウロポルフィリノーゲン III →
　　　　　　コプロポルフィリノーゲン III＋$4CO_2$

このデカルボキシラーゼは，もしウロポルフィリノーゲン I が存在していればコプロポルフィリノーゲン I に変換する．

　ヘム生合成の最後の 3 段階の反応はすべてミトコンドリアで起こる．コプロポルフィリノーゲン III はミトコンドリアに入り，連続的に**プロトポルフィリノーゲン III protoporphyrinogen III** へ，そして**プロトポルフィリン III protoporphyrin III** に変換される．こ

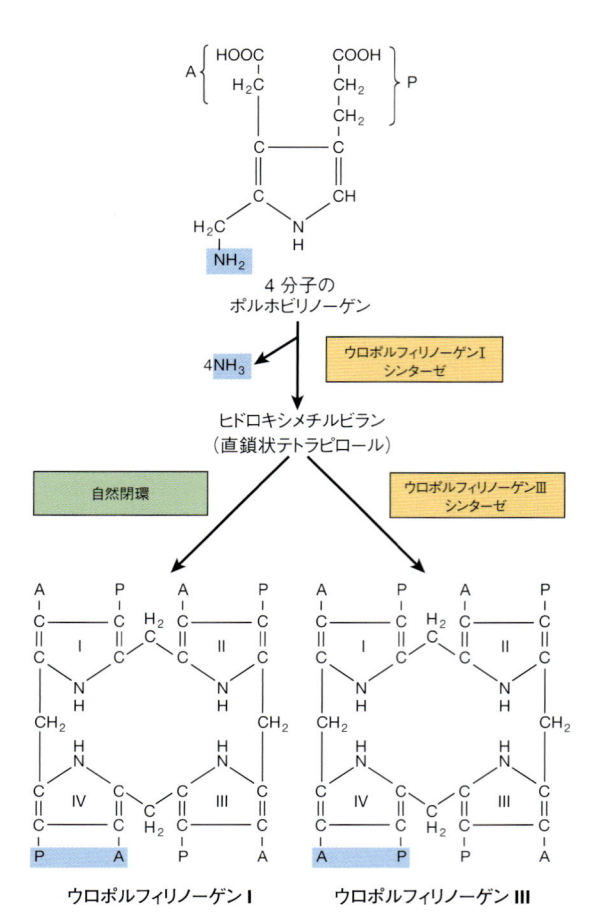

図 31-5. ヒドロキシメチルビランの合成とそれに続くポルホビリノーゲン III への環状化

サイトゾルのヒドロキシメチルビランシンターゼが直鎖状のテトラピロールを合成し、さらにサイトゾルのウロポルフィリノーゲンシンターゼがそれを環状化してウロポルフィリノーゲン III を合成する。第 4 ピロール環の置換基の非対称性に着目せよ。強調表示された酢酸残基とプロピオン酸残基は、ウロポルフィリノーゲン I と III において逆になっている。[A：酢酸基(-CH$_2$COO$^-$)，P：プロピオン酸基(-CH$_2$CH$_2$COO$^-$)]

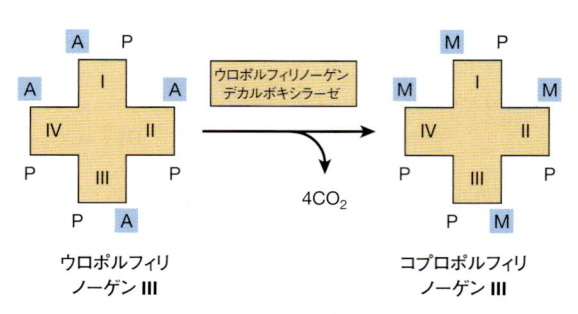

図 31-6. 脱炭酸によるウロポルフィリノーゲン III のコプロポルフィリノーゲン III への変化

4 つの結合しているアセチル基がメチル基に変換されることを強調して、テトラピロールを示す。（A：酢酸基，M：メチル基，P：プロピオン酸基）

れらの反応では、まず**コプロポルフィリノーゲンオキシダーゼ coproporphyrinogen oxidase**（EC 1.3.3.3）が 2 つのプロピオン酸側鎖の脱炭酸と酸化を行い、**プロトポルフィリノーゲン III** を生成する。

(6)　コプロポルフィリノーゲン III + O$_2$ + 2H$^+$ →
　　　プロトポルフィリノーゲン III + 2CO$_2$ + 2H$_2$O

このオキシダーゼは III 型コプロポルフィリノーゲンに特異性があるため、I 型のプロトポルフィリンはヒト体内では生成されない。

プロトポルフィリノーゲン III はさらに**プロトポルフィリノーゲンオキシダーゼ protoporphyrinogen oxidase**（EC 1.3.3.4）の作用により酸化され、**プロトポルフィリン III protoporphyrin III** を生成する[2]。

(7)　プロトポルフィリノーゲン III + 3O$_2$ →
　　　プロトポルフィリン III + 3H$_2$O$_2$

ヘム合成の 8 番目の最終段階は、プロトポルフィリン III への鉄イオン（2 価）の挿入であるが、この反応は**フェロケラターゼ ferrochelatase**（ヘムシンターゼ，EC 4.98.1.1）によって触媒される（**図 31-7**）。

(8)　プロトポルフィリン III + Fe^{2+} → ヘム + 2H$^+$

図 31-8 は、ポルホビリノーゲンからポルフィリン誘導体が生合成される各段階を示す。また各反応の番号 (1)〜(8) は、図 31-8 および表 31-2 で示す番号と対応する。

ALA シンターゼは肝臓におけるヘム生合成の調節の鍵となる酵素である

ALAS2 は赤血球系前駆細胞で発現しているが、ALAS1 は全身に発現している。ALAS1 が触媒する反応（図 31-3）は肝臓におけるヘム生合成の律速段階になっている。律速反応を触媒する酵素の特徴として、ALAS1 の半減期は短い。**ヘム heme** は、Erg-1 アポリプレッサーと NAB コレプレッサーの 1 つを介して、ALAS1 合成の**負の調節因子 negative regulator** としてはたらく（図 31-8）。ALAS1 合成の速度は、ヘム"非存

2)　訳者注：原書ではすべて protoporphyrin III と記載されているが、従来用いられていた Fischer の慣用的命名システムでは protoporphyrin IX と記載される。同様に一段階前の protoporphyrinogen III は protoporphyrinogen IX である。8 箇所の置換基はいずれも MVMVMPPM（1→8 の順）で、プロトポルフィリノーゲンオキシダーゼによる反応では変わらない。これらを III と記載するのはあまり一般的でないが、ここではすべて原著に従い III の記載のまま残した。

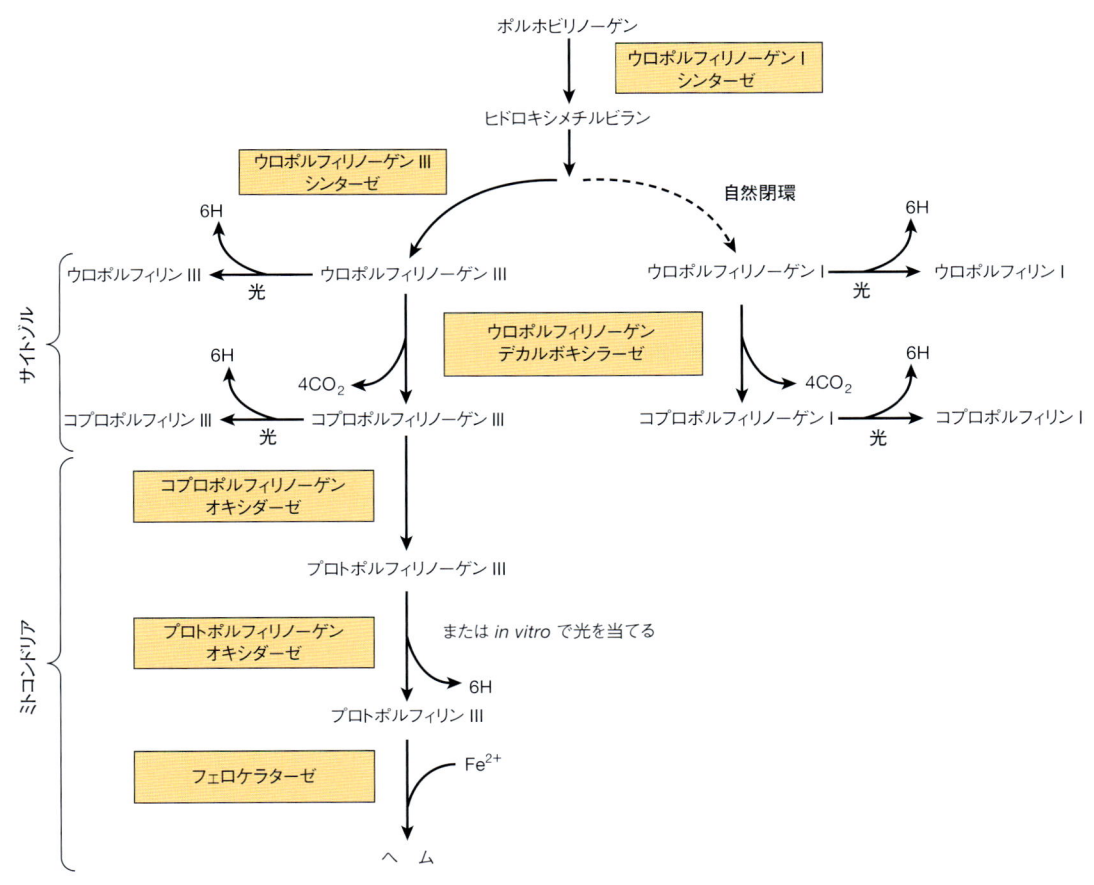

図 31-7. ポルホビリノーゲンから各ポルフィリン誘導体への生合成

在下"では大きく増大し，ヘム"存在下"では減少する．ヘムは，ALAS1 の翻訳や合成の場であるサイトゾルからミトコンドリアへの移動にも影響を与える．その代謝にシトクロム P450（これはヘムタンパク質である）を必要とする多くの薬物は，シトクロム P450 の生合成を増加させる．その結果として細胞内のヘムのプールが枯渇すると，ALAS1 の合成が誘導されてヘムの合成が増加し，需要に応じることができる．一方，ALAS2 はヘムによるフィードバック調節を受けておらず，したがって ALAS2 の生合成はこれらの薬物による誘導を受けない．

ポルフィリンは有色で蛍光性がある

ポルフィリノーゲンは無色であるが，ポルフィリンは有色である．ポルフィリンのピロール環と環をむすぶメチン橋（ポルフィリノーゲンでは二重結合がない）に形成される**共役二重結合 conjugated double bond**

が，その特徴的な吸収スペクトルや蛍光のもととなる．可視部から紫外部の吸収スペクトルが，ポルフィリンやその誘導体の同定に有用である（**図 31-9**）．**400 nm 付近**の鋭い吸収帯はすべてのポルフィリンに特徴的に見られ，これは発見者のフランスの物理学者 Charles Soret にちなんで**ソーレー帯 Soret band** とよばれる．

ポルフィリンは強鉱酸[3]や有機溶媒に溶かして紫外線をあてると，強い赤色の**蛍光 fluorescence** を発する．この性質は微量の遊離ポルフィリンの検出に利用される．ポルフィリンの光動力学的性質を応用した，ある種のがんに対する治療，すなわち**がんの光線療法 cancer phototherapy** が考案されている．腫瘍組織は正常組織よりもしばしば多量のポルフィリンを取り込むため，適用可能な腫瘍をもつ患者に**ヘマトポルフィリン hematoporphyrin** や誘導体を投与する．そして**アルゴンレーザー argon laser** でがん部を照射するとポル

---

3)　訳者注：鉱酸とは無機酸のこと（塩酸，硝酸，リン酸など）．

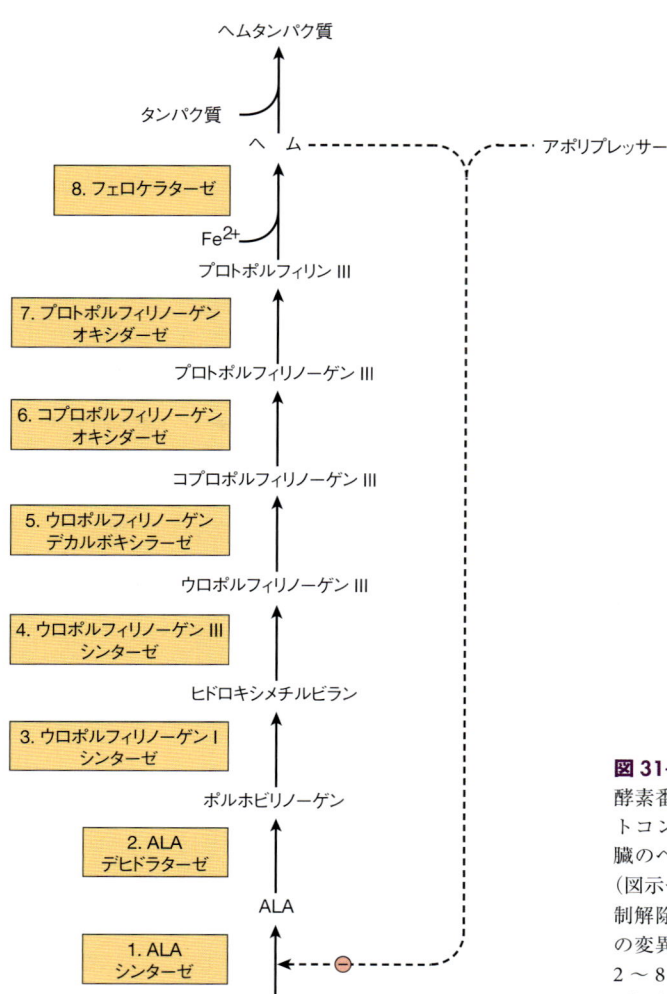

図 31-8. ヘム合成の中間体，酵素，および調節

酵素番号は**表 31-2** の左カラム参照．酵素 1，6，7，8 はミトコンドリアにあり，酵素 2 〜 5 はサイトゾルにある．肝臓のヘム合成の調節は，ヘムと仮説上のアポリプレッサー（図示せず）が仲介する ALA シンターゼ（ALAS1）の抑制−抑制解除機構によって行われる．酵素 1 をコードする遺伝子の変異は，X 染色体性の鉄芽球性貧血の原因となる．酵素 2 〜 8 をコードする遺伝子の変異は各種ポルフィリン症の原因となる．破線は抑制による負の調製（$\ominus$）を示す．

フィリンが励起され，がん細胞を傷害する．

ポルフィリンやその前駆体の検出法として分光分析が用いられる

コプロポルフィリン coproporphyrin やウロポルフィリン uroporphyrin は，**ポルフィリン症 porphyria** のときに排泄量が増加する．これらの化合物が尿中または糞便中に存在するときは，適切な溶媒の混液を使って抽出して，相互に分離することができる．そして，分光分析によって同定し定量することができる．

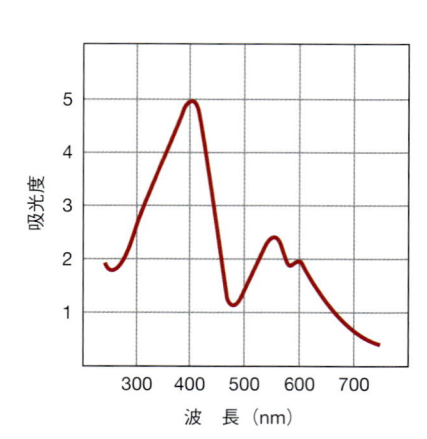

図 31-9. ヘマトポルフィリンの吸収スペクトル
（5% 塩酸中での 0.01% 希釈溶液）

ヘム生合成の異常による疾患

ヘム生合成の異常は，先天性・後天性いずれでも起こり得る．後天性異常の例としては鉛中毒がある．鉛

表 31-2. ポルフィリン症のおもな所見の要約[a]

関係する酵素[b]	型と分類および OMIM 番号	おもな徴候と症状	検査結果
1. ALA シンターゼ 2（ALAS2）EC 2.3.1.37	X 染色体性鉄芽球性貧血[c]（骨髄性）（OMIM 301300）	貧血	赤血球数およびヘモグロビン濃度の減少
2. ALA デヒドラターゼ EC 4.2.1.24	ALA デヒドラターゼ欠乏症（肝性）（OMIM 125270）	腹痛，神経精神症状	尿中の ALA およびコプロポルフィリン III 増加
3. ウロポルフィリノーゲン I シンターゼ[d] EC 2.5.1.61	急性間欠性ポルフィリン症（肝性）（OMIM 176000）	腹痛，神経精神症状	尿中の ALA および PBG 増加
4. ウロポルフィリノーゲン III シンターゼ EC 4.2.1.75	先天性赤芽球性ポルフィリン症（骨髄性）（OMIM 263700）	光線過敏症	尿中，糞便中および赤血球中のウロポルフィリン I 増加
5. ウロポルフィリノーゲンデカルボキシラーゼ EC 4.1.1.37	晩発性皮膚ポルフィリン症（肝性）（OMIM 176100）	光線過敏症	尿中のウロポルフィリン I 増加
6. コプロポルフィリノーゲンオキシダーゼ EC 1.3.3.3	遺伝性コプロポルフィリン症（肝性）（OMIM 121300）	光線過敏症，腹痛，神経精神症状	尿中 ALA，PBG 増加，尿中および糞便中コプロポルフィリン III 増加
7. プロトポルフィリノーゲンオキシダーゼ EC 1.3.3.4	異型ポルフィリン症（肝性）（OMIM 176200）	光線過敏症，腹痛，神経精神症状	尿中 ALA，PBG，およびコプロポルフィリン III 増加，糞便中プロトポルフィリン IX 増加
8. フェロケラターゼ EC 4.98.1.1	プロトポルフィリン症（骨髄性）（OMIM 177000）	光線過敏症	糞便中および赤血球中プロトポルフィリン IX 増加

ALA：δ-アミノレブリン酸，PBG：ポルホビリノーゲン.
[a] 各疾患の活動期の生化学的所見のみを示した．ある種のポルフィリン症については，不活動期にも上記の一部の生化学的異常が検出される．酵素 3，5，8 関連のものが最も普通に見られるポルフィリン症である．酵素 2 関連のポルフィリン症はまれである.
[b] 酵素の番号は図 31-8 に示した番号と揃えてある.
[c] X 染色体性鉄芽球性貧血はポルフィリン症ではないが，ALA シンターゼが関与するのでこの表に加えた.
[d] この酵素はポルホビリノーゲンデアミナーゼまたはヒドロキシメチルビランシンターゼともよばれる.

は，フェロケラターゼや ALA デヒドラターゼの活性に必須なチオール基と複合体も形成して阻害する．赤血球におけるプロトポルフィリン濃度の上昇や，尿中の ALA やコプロポルフィリン濃度の上昇がその徴候である.

ヘム代謝やビリルビン代謝の遺伝的異常においては，下記のような特質がある．これらは尿素生合成（28 章参照）の異常にも共通する.

1. 1 つの酵素あるいは連続反応を触媒する酵素の遺伝子に起こった異なる変異が，類似あるいは同一の臨床的徴候を示す.
2. 合理的な治療のためには，正常・異常の両者における酵素反応の生化学をよく理解する必要がある.
3. ある反応が障害されることによりその手前の中間代謝産物や副反応物が蓄積するため，それらを捉える代謝スクリーニング検査が障害部位の特定に有用である.
4. 障害の疑われる酵素の活性を定量することで確定診断を行うことができる．酵素や細胞区画間の中間代謝産物の局在変化を促進する．まだ完全には同定できていない因子の存在も想定されている.
5. 障害された酵素の遺伝子配列を野生型と比較することにより，疾患を引き起こす変異を同定することができる.

ポルフィリン症

ポルフィリン症の徴候や症状は，代謝経路上の酵素障害部位以降の中間代謝産物の**欠乏 deficiency** か，あるいは障害部位の手前の反応産物の**蓄積 accumulation** によって引き起こされる．**表 31-2** では，図 31-8 の反応 2 から反応 8 を触媒する酵素活性の低下・欠損で起こる主要な 6 型の**ポルフィリン症**を示している．ALAS1 欠損症は，おそらく致死的であるため患者の報告はない．ALAS2 の活性低下はポルフィリン症ではなく貧血を起こす（表 31-2）．ALA デヒドラターゼの活性低下で起こるポルフィリン症（ALA デヒドラターゼ欠乏型）は極めてまれである.

先天性骨髄性ポルフィリン症

ほとんどのポルフィリン症は**常染色体顕性（優性）autosomal dominant** の遺伝形式をとるが，先天性骨髄性ポルフィリン症[4]は**常染色体潜性（劣性）遺伝autosomal recessive** である．障害されている酵素は，**ウロポルフィリノーゲン III シンターゼ**（図 31-5）である．本症患者で見られる光線過敏と重篤な顔貌変化が，いわゆる狼人間伝説の原型になったのではないかといわれている．

急性間欠性ポルフィリン症

本症で障害されている酵素はヒドロキシメチルビランシンターゼ（ウロポルフィリノーゲン I シンターゼ，図 31-5）である．組織や体液中に ALA やポルホビリノーゲンが蓄積する（**図 31-10**）.

後半に起こる代謝障害

代謝経路後半に起こる障害では，**ポルフィリノーゲン**の蓄積が起こる（図 31-8，図 31-10）．それらのポルフィリノーゲンの酸化産物として，対応するポルフィリン誘導体が生成し，波長 400 nm 付近の可視光に対する**光線過敏 photosensitivity** を引き起こす．おそらくはそれら誘導体が光により励起され，酸素分子と反応して酸素ラジカルを生成し，リソソームやその他の細胞小器官を傷害する．その結果タンパク質分解酵素が放出され，瘢痕化などさまざまな皮膚障害をもたらすと考えられる．

ポルフィリン症の分類

ポルフィリン症は，最も強く侵される器官により，**骨髄性と肝性 hepatic** に分類される（表 31-2）．各器官に存在するヘムや毒性の前駆体，代謝産物の種類や濃度に違いが生じるため，それぞれのポルフィリン症で特異的な細胞や器官が傷害される．一方，ポルフィリン症の臨床的特徴により，**急性 acute** ポルフィリン症，あるいは**皮膚 cutaneous** ポルフィリン症という分類もある．各ポルフィリン症の診断は，患者の病歴，家族歴，身体的所見，適切な臨床検査などによる．主要な 6 型のポルフィリン症について，おもな症状や検査所見を表 31-2 に示した．

薬物によるポルフィリン症の誘発

ある種の薬物（たとえば，バルビツール酸誘導体やグリセオフルビン）はシトクロム P450 の産生を誘導する．ポルフィリン症の患者では，これがヘムの欠乏を招き，発作を誘発する．これは（P450 誘導に伴うヘム欠乏のため）代償性に ALAS1 の合成抑制が解除され（つまり，ALAS1 発現が上昇し），有害なヘム前駆体の濃度が上昇するためと考えられる．

ポルフィリン症の治療

ポルフィリン症の現時点での治療はもっぱら対症療法にとどまっている．これには，シトクロム P450 を誘導するような薬物を避ける，大量の糖質を摂取する，ヘマチンの投与により ALAS1 合成を抑制して有害なヘム前駆体の産生を低下させる，などの手段がある．光線過敏の患者には日焼け止めなどによる遮光が有効であり，また β-カロテン投与もおそらくフリーラジカル産生を抑制することにより有効である．

ヘムの代謝分解によってビリルビンが生成する

成人では，正常状態で 1 日に 2×10^{11} 個程度の赤血球が破壊される．70 kg の体重の人では 1 日に約 **6 g の
ヘモグロビン**が代謝回転する．すべての代謝物は再利

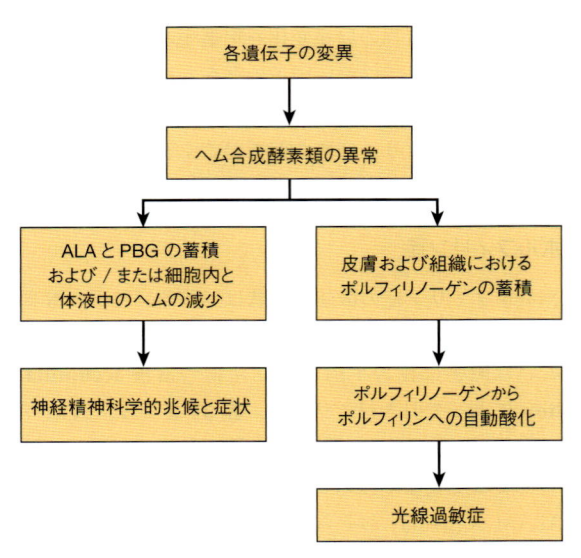

図 31-10. ポルフィリン症のおもな兆候や症状の生化学的原因

---

4) 訳者注：原書では erythropoietic（赤芽球性）であるが，日本では骨髄性と表記される．

用される.**グロビン globin** は構成成分であるアミノ酸にまで分解され,鉄は鉄のプールに入る.ヘムから鉄がはずれた**ポルフィリン**部分も,主として肝臓,脾臓,骨髄の細網内皮系細胞で分解される.

すべてのヘムタンパク質に由来するヘムの異化は,細胞内の**ミクロソーム画分 microsomal fraction** にある**ヘムオキシゲナーゼ heme oxygenase**(EC 1.14.14.18)により行われる.ヘムオキシゲナーゼの合成は基質によって誘導され,ヘムは基質になると同時に反応の補因子になる.ヘム鉄は,ヘムオキシゲナーゼに到達する際には酸化されて 3 価 **ferric form** になっており,すなわちヘムは**ヘミン hemin** になっている.1 モルのヘム-Fe^{3+}がビリベルジンと一酸化炭素(CO),Fe^{3+} に変換される際,3 分子の酸素と 7 個の電子(NADPH,NADPH-シトクロム P450 レダクターゼにより供給される)が消費される.

$$Fe^{3+}\text{-ヘム} + 3O_2 + 7e^- \rightarrow \text{ビリベルジン} + CO + Fe^{3+}$$

産生された一酸化炭素は,ヘム-Fe^{2+}に高い親和性をもつ(6 章参照)にもかかわらず,ヘムオキシゲナーゼをあまり阻害しない.鳥類や両生類では緑色のビリベルジンが直接排泄される.ヒトでは,**ビリベルジンレダクターゼ biliverdin reductase**(EC 1.3.1.24)の作用により,ビリベルジン分子中央のメチン橋(＝HC-)がメチレン橋(-CH_2-)に還元され,黄色の**ビリルビン bilirubin** が産生する(**図 31-11**).

$$\text{ビリベルジン} + NADPH + H^+ \rightarrow$$
$$\text{ビリルビン} + NADP^+$$

1 g のヘモグロビンは約 35 mg のビリルビンを生じる.**成人では 1 日約 250 ~ 350 mg のビリルビンが生成するが**,多くはヘモグロビン由来であり,一部は無効な造血や他のヘムタンパク質の異化による.

細網内皮系の細胞によるヘムからビリルビンへの変換は,**血腫 hematoma** の中のヘムの紫色が徐々に黄色いビリルビンに変化していくことで,肉眼的にも確認できる.

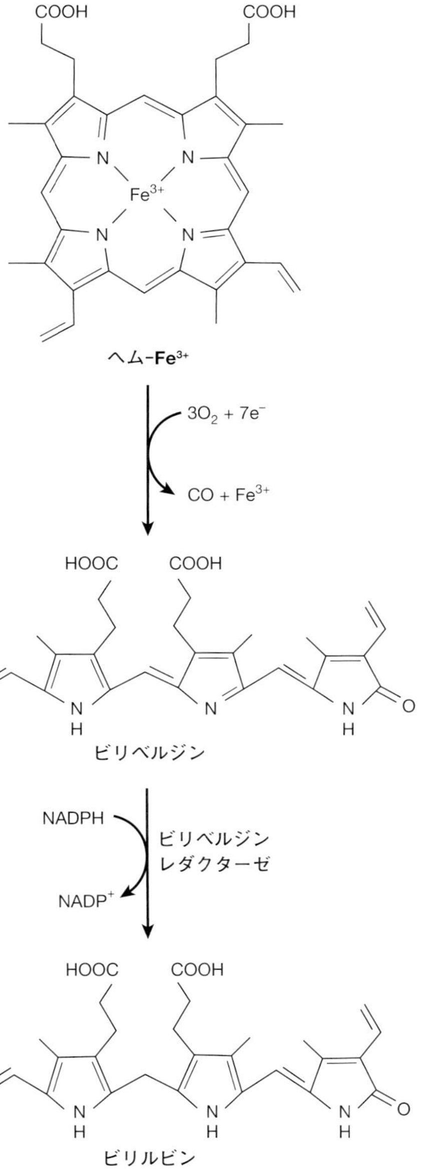

ビリルビンは血清アルブミンと結合して肝臓に輸送される

ビリルビンはごくわずかしか水に溶けない.よって,肝臓への輸送のため血清アルブミンと結合しなければならない.アルブミンはビリルビンに対する高親和性と低親和性の両方の結合部位をもつと考えられている.高親和性結合部位により,血漿 100 mL あたり 25 mg

図 31-11. 酸化型ヘムのビリベルジン,ビリルビンへの変換

(1) ヘムオキシゲナーゼ系のはたらきにより,ヘム-Fe^{3+}からビリベルジンが生成する.(2) さらにビリベルジンレダクターゼによる還元でビリルビンが生成する.

のビリルビンを結合することができる.これより弱く結合しているビリルビンは簡単に遊離して組織中に拡散する.抗菌薬やある種の薬物はアルブミンの高親和性ビリルビン結合部位と競合し,ビリルビンを遊離させることができる.

ビリルビン代謝はさらに肝臓で進行する

肝臓でのビリルビン代謝は,肝臓への取り込み,グ

ルクロン酸抱合，胆汁への分泌，という 3 段階で行われる．

肝実質細胞によるビリルビンの取り込み

　肝臓では，類洞表面の肝細胞がもつ大容量で飽和性の促進輸送系 facilitated transport system のはたらきにより，ビリルビンはアルブミンから解離し取り込まれる．この輸送系は能力が大きいため，病的な状態でもビリルビン代謝の律速段階にはならないようである．ビリルビンの正味の取り込み量は，その後のビリルビン代謝によってビリルビンがどれだけ除去されるかに依存する．ビリルビンはいったん細胞内に取り込まれると，たとえばグルタチオン S-トランスフェラーゼ（以前リガンジン ligandin として知られていた）のようなサイトゾルタンパク質と結合し，血中に戻らないようになっている．

ビリルビンのグルクロン酸抱合

　ビリルビンは非極性 nonpolar 分子であるため，もし水溶性の形に変換されない場合は細胞内にとどまり続けてしまう（たとえば脂質と結合して）．実際は，ビリルビンはグルクロン酸と抱合させることにより，極性 polar 分子に変換される（図 31-12）．小胞体 endoplasmic reticulum に存在するビリルビン特異的 UDP–グルコシルトランスフェラーゼ UDP–glucosyl transferase（EC 2.4.1.17）の作用により，UDP–グルクロン酸から段階的に 2 残基の糖がビリルビンに転移される．

$$\text{ビリルビン} + \text{UDP–グルクロン酸} \rightarrow$$
$$\text{ビリルビンモノグルクロニド} + \text{UDP}$$

$$\text{ビリルビンモノグルクロニド} + \text{UDP–グルクロン酸}$$
$$\rightarrow \text{ビリルビンジグルクロニド} + \text{UDP}$$

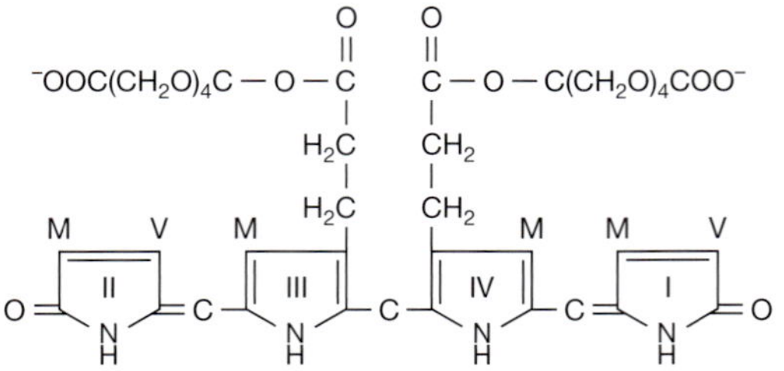

$$^-OOC(CH_2O)_4C-O-C \quad C-O-C(CH_2O)_4COO^-$$

図 31-12. ビリルビンジグルクロニド
グルクロン酸はビリルビンの 2 個のプロピオン酸基とエステル結合する．臨床では，ジグルクロニド型を“直接反応”ビリルビンともいう．

胆汁へのビリルビン分泌

　抱合型ビリルビンの胆汁への分泌は能動輸送 active transport 機構により行われ，おそらくこの機構が肝臓のビリルビン代謝全体の律速段階になっている．これに関与するタンパク質は多特異性有機アニオントランスポーター multispecific organic anion transporter（MOAT）とよばれ，毛細胆管の細胞膜 plasma membrane に局在する．MOAT は ATP 結合カセットトランスポーター ATP-binding cassette transporter ファミリーに属するタンパク質であり，多数の有機酸の輸送に関与する．抱合型ビリルビンの胆汁への分泌は，ビリルビンの抱合を誘導する薬物と同じ薬物で誘導できる．つまり，ビリルビンの抱合系と分泌（排泄）系は，同調した 1 つの機能単位を構成している．

　哺乳類では，胆汁に排泄されたビリルビンはほとんどがジグルクロニドの形である．ビリルビン UDP–グルクロニルトランスフェラーゼ活性は，たとえばフェノバルビタールなど，いくつかの薬物で誘導される．しかし，抱合型のビリルビンがヒトの血漿中に異常に多量存在するときは（たとえば閉塞性黄疸の場合），モノグルクロニド monoglucuronide の形がほとんどを占める．図 31-13 には，ビリルビンの血液から胆汁まで

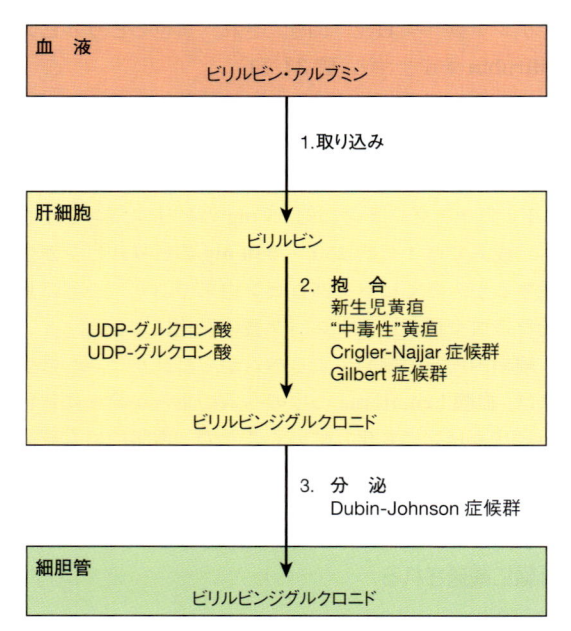

図 31-13. 血液から胆汁へのビリルビンの輸送に関する 3 つの主要な過程（取り込み，抱合，分泌）
肝細胞の中のある種のタンパク質が細胞内のビリルビンと結合し，血流中への逆行を防ぐと考えられる．黄疸を生じる疾患などでどの過程が障害されているかも示してある．

の移行について，3つのおもな過程をまとめてある．また，黄疸を起こすさまざまな状態における障害部位も示してある．

腸内細菌が抱合型ビリルビンを還元してウロビリノーゲンにする

抱合型ビリルビンが回腸末端と大腸に達すると，特異的な細菌性 **β−グルクロニダーゼ β-glucuronidase**（EC 3.2.1.31）によってグルクロン酸残基が外される．さらに腸内細菌叢による還元反応により，**ウロビリノーゲン urobilinogen** とよばれる無色のテトラピロールが生成する．ウロビリノーゲンの一部は，回腸末端および大腸で再吸収されたのち肝臓からふたたび排泄され，**腸肝ウロビリノーゲンサイクル enterohepatic urobilinogen cycle** を形成する．異常な状態のとき，とくに過剰な胆汁色素が生成されたり，あるいは肝疾患によってこのサイクルが障害されると，ウロビリノーゲンは尿中にも排泄される．腸内で生成された無色のウロビリノーゲンは，大部分が腸内で**酸化され**，有色の**ウロビリン urobilin** になって糞便中に排泄される．空気中にさらした糞便が暗色化するのは，残存していたウロビリノーゲンがウロビリンに酸化されるためである．

血清ビリルビンの測定

ビリルビンの定量法として，ジアゾ化スルファニル酸とビリルビンの反応により赤紫色の反応物を生成させる呈色反応が用いられる．この際，メタノールを"加えずに"反応を行うと **"直接ビリルビン direct bilirubin"**（すなわちビリルビングルクロニド bilirubin glucuronide：抱合型ビリルビン）が定量される．メタノールを"加えて"反応を行うと**総ビリルビン total bilirubin** が定量される．総ビリルビンと直接ビリルビンの"差分"は"**間接ビリルビン indirect bilirubin**"といわれ，これは**非抱合型ビリルビン unconjugated bilirubin** である．

高ビリルビン血症は黄疸を起こす

血中のビリルビン濃度が 1 mg/dL（17 μmol/L）を超えた場合**高ビリルビン血症 hyperbilirubinemia** という．これは肝臓が正常に排泄できる量より**産生量**の方が多い場合か，あるいは肝臓が障害されて正常量のビリルビンを**排泄できない**場合に起こる．また肝臓に障害がない場合でも，胆管など排泄系の管が**閉塞**すると高ビリルビン血症が起こる．いずれにせよ血中のビリルビン濃度が 2 ～ 2.5 mg/dL に達すると組織中に拡散し，組織が黄色くなり**黄疸 jaundice**（または **icterus**）とよばれる状態となる．

非抱合型ビリルビンが血中に見られる場合

血漿中のビリルビンの型によって，高ビリルビン血症は産生過剰による**貯留性高ビリルビン血症 retention hyperbilirubinemia** と，胆管閉塞により血流中への逆流が起こることによる**逆流性高ビリルビン血症 regurgitation hyperbilirubinemia** とに分類できる．

疎水性 hydrophobicity があるために，"非抱合型"ビリルビンのみが血液脳関門を通過して中枢神経系に侵入する．したがって，高ビリルビン血症によって起こる脳症（**核黄疸 kernicterus**）は，貯留性高ビリルビン血症におけるのと同様に非抱合型ビリルビンによってのみ起こる．他方，水溶性があるために"抱合型"ビリルビンのみが尿中に見られる．したがって，**胆汁尿性黄疸 choluric jaundice**（胆汁尿 choluria は胆汁色素が尿中にあるもの）は逆流性高ビリルビン血症のときにのみ起こり，**無胆汁尿性黄疸 acholuric jaundice** は過剰の非抱合型ビリルビンが存在するときにのみ起こる．

表31-3 には非抱合型および抱合型高ビリルビン血症の原因をいくつかあげてある．中程度の高ビリルビン血症を伴うものとして**溶血性貧血 hemolytic anemia** がある．高度の溶血が起こっても通常ビリルビン濃度の上昇は中程度（< 4 mg/dL，< 68 μmol/L）であり，これは正常の肝臓のビリルビン代謝能が高いことによる．

表31-3. 非抱合型・抱合型高ビリルビン血症の原因

非抱合型（間接）	抱合型（直接）
溶血性貧血	胆道の閉塞
新生児生理的黄疸	Dubin-Johnson 症候群
Crigler-Najjar 症候群 I, II 型	Rotor 症候群
Gilbert 症候群	肝疾患（各種の肝炎など）
中毒性高ビリルビン血症	

各疾患については本文中に簡単に述べられている．胆道閉塞のよくある原因は，総胆管結石や膵頭部がんである．肝炎などの肝疾患は，しばしば抱合型優位の高ビリルビン血症の原因となる．

ビリルビン代謝異常による疾患

新生児"生理的黄疸"

新生児"生理的黄疸"の非抱合型高ビリルビン血症は，（出生前後の）溶血の亢進と，肝臓のビリルビン取り込み・抱合・排泄のシステムがまだ未熟なために起こる．この状態は一過性であり，ビリルビン-グルコシルトランスフェラーゼの活性と，（おそらくは）UDP-グルクロン酸の産生が低下している．非抱合型ビリルビンの血漿濃度がアルブミンによる高親和性結合の容量（20〜25 mg/dL）を超えた場合，ビリルビンは血液脳関門を突破し得る．未治療のままでは**高ビリルビン血症性中毒性脳症 hyperbilirubinemic toxic encephalopathy**（あるいは**核黄疸**）となり，精神遅滞などに至る可能性がある．青色光線の照射（光線療法）は非抱合型ビリルビンを胆汁に排出されやすい他の誘導体に変換し，ビリルビン排泄を促進する．ビリルビン代謝を促進する薬物であるフェノバルビタールも用いることができる．

ビリルビンUDP-グルクロノシルトランスフェラーゼ欠損

グルクロノシルトランスフェラーゼ（EC 2.4.1.17）は基質特異性の異なる酵素のファミリーであり，種々の薬物やその代謝物の極性を増加させ，排泄を促進している．**ビリルビン UDP-グルクロノシルトランスフェラーゼ bilirubin UDP-glucuronosyl transferase** 遺伝子の変異は，酵素活性の低下や欠損を起こす．この疾患には，臨床症状に現れる障害の度合いから，Gilbert 症候群と 2 つのタイプの Crigler-Najjar 症候群が知られている．

Gilbert 症候群

本症においては，ビリルビン UDP-グルクロノシルトランスフェラーゼの活性が約 30% 残存していればほとんど障害はない．

I型Crigler-Najjar症候群

肝臓のビリルビン UDP-グルクロノシルトランスフェラーゼ活性の完全欠損による疾患で，重篤な先天性黄疸（血清ビリルビンは 20 mg/dL を超える）に脳障害を伴う．光線療法は血漿ビリルビン濃度を若干低下させるが，フェノバルビタールは無効である．患者はしばしば生後 15 カ月以内に死亡する．

II型Crigler-Najjar症候群

本症ではビリルビン UDP-グルクロノシルトランスフェラーゼの活性が若干保たれている．そのため，I 型よりも良性である．血清ビリルビンは 20 mg/dL を超えないことが多く，大量のフェノバルビタールによる治療に反応する．

中毒性高ビリルビン血症

毒物による肝障害 toxin-induced liver dysfunction で起こる**非抱合型高ビリルビン血症 unconjugated hyperbilirubinemia** がある．たとえばクロロホルム，アルスフェナミン，四塩化炭素，アセトアミノフェン，肝炎ウイルス，肝硬変，キノコ（テングタケ）中毒などによって起こる．このような後天性の障害では，肝実質細胞の障害によるビリルビンの抱合能の低下が起こっている．

胆管系の閉塞が抱合型高ビリルビン血症の最も多い原因である

抱合型高ビリルビン血症 conjugated hyperbilirubinemia は通常，肝内胆管あるいは総胆管の閉塞によって起こる（**図 31-14**）．たいていは**胆石 gallstone** か膵

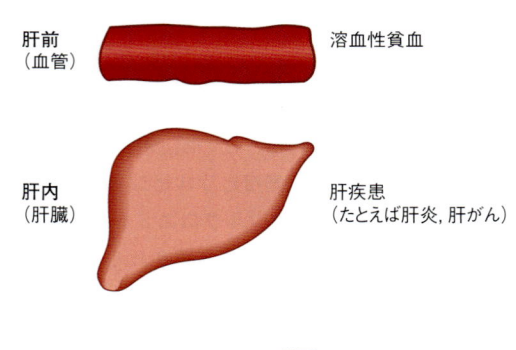

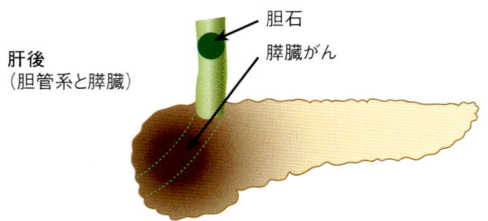

図 31-14. 黄疸の主要原因
肝前性黄疸 prehepatic jaundice は血管内で生じる病因による．おもな原因は各種の溶血性貧血である．**肝性黄疸 hepatic jaundice** は肝炎や肝がんのような肝疾患による．**肝後性黄疸 posthepatic jaundice** は胆管系に生じる病因によるもので，胆石（胆嚢の結石）や膵頭部のがんによる総胆管閉塞などである．

頭部がんによる閉塞が原因である．閉塞のためにビリルビンジグルクロニドを排泄できず，抱合型ビリルビンが肝静脈やリンパ管に逆流し，血中や尿中に現れ（**胆汁尿性黄疸 choluric jaundice**），また便は通常，蒼白となる．

　胆汁うっ滞性黄疸 cholestatic jaundice は，肝外性閉塞性黄疸のすべてと，障害肝細胞により肝内の細胆管の微細閉塞が生じた結果起こる抱合型高ビリルビン血症（たとえば，感染性肝炎のときによく起こるもの）の両方を表している．

Dubin-Johnson症候群

　この良性の常染色体劣性遺伝疾患では，小児期あるいは成人になって**抱合型高ビリルビン血症**が見られる．この高ビリルビン血症は，抱合型ビリルビンの胆汁中への**分泌**に関与するタンパク質の遺伝子変異によって起こる．

抱合型ビリルビンの一部はアルブミンと共有結合し得る

　血漿中の抱合型ビリルビン濃度の高い状態が続くと，ビリルビンの一部はアルブミンと共有結合する（**δ-ビリルビン**）．このビリルビンは血漿中では通常の抱合型ビリルビンよりも**長い半減期**をもっており，閉塞性黄疸の回復期にもその濃度は高いままでいる．このため，一部の患者は抱合型ビリルビンの濃度が正常に下がった後も，黄疸症状を示す．

尿中のウロビリノーゲンとビリルビンは臨床診断に役立つ

　胆管が完全に閉塞した場合は，ビリルビンが腸内に入らず，したがってウロビリノーゲンができないので，尿中にはウロビリノーゲンは見つからない．尿中に抱合型ビリルビンが存在し，ウロビリノーゲンが消失している場合は，肝内性あるいは肝後性の閉塞性黄疸が示唆される．

　溶血性黄疸 jaundice secondary to hemolysis の場合は，ビリルビンの産生増加のため**ウロビリノーゲン**の産生の増加が起こり，ウロビリノーゲンは尿中に多量に現れる．溶血性黄疸の場合は，通常はビリルビンは尿中に存在しない．それゆえ，尿中にウロビリノーゲンが上昇し，ビリルビンが存在しない場合は，溶血性黄疸が示唆される．原因が何であれ血液の破壊が増加する場合は，尿中のウロビリノーゲンの増量が起こってくる．

　表31-4 には3種のそれぞれ原因の異なる黄疸，すなわち**溶血性貧血**（肝前性），**肝炎**（肝性），**総胆管の閉塞**（肝後性）の患者についての各種臨床検査の結果をまとめて記してある（図31-14 も参照）．**血液**の臨床検査（溶血性貧血の可能性を調べ，またプロトロンビン時間をはかること）や**血清**の臨床検査［たとえば，タンパク質の電気泳動測定，アルカリホスファターゼ，アラニンアミノトランスフェラーゼ（ALT），アスパラギン酸アミノトランスフェラーゼ（AST）などの酵素活性測定］も，黄疸の肝前性，肝性，肝後性を区別するのに有用である．

まとめ

- ■ ヘモグロビンやシトクロムなどのヘムタンパク質に含まれるヘムは鉄-ポルフィリン複合体である．ポル

表31-4. 正常人と3種の異なった原因による黄疸患者の臨床検査所見

疾　患	血清ビリルビン	尿ウロビリノーゲン	尿ビリルビン	糞便ウロビリノーゲン
正　常	直接型：0.1 ～ 0.4 mg/dL	0 ～ 4 mg/24 h	(−)	40 ～ 280 mg/24 h
	間接型：0.2 ～ 0.7 mg/dL			
溶血性貧血	間接型 ↑	増加	(−)	増加
肝　炎	直接型および間接型 ↑	微細閉塞のあるとき減少	微細閉塞のあるとき（＋）	減少
閉塞性黄疸[a]	直接型 ↑	(−)	(＋)	痕跡ないし(−)

[a] 閉塞性黄疸（肝後性黄疸）の原因として最も一般的に見られるのは，膵頭部のがんと総胆管内の胆石の嵌入である．尿中のビリルビンの存在は胆汁尿 choluria とよばれることがある．したがって肝炎や総胆管の閉塞が起こすのは胆汁尿性黄疸であり，これに対して溶血性貧血の黄疸は無胆汁尿性黄疸とよばれる．肝炎患者の臨床検査所見は，肝実質細胞の障害や細胆管の微細閉塞の程度によりさまざまである．アラニンアミノトランスフェラーゼ alanine aminotransferase（ALT）やアスパラギン酸アミノトランスフェラーゼ aspartate aminotransferase（AST）の血清中濃度は肝炎のときは通常，著しく上昇する．これに対して閉塞性肝疾患の場合は，**アルカリホスファターゼ alkaline phosphatase** の血清中濃度が上昇する．

フィリンはメチン橋で連結された4個のピロール環で構成される.

■ ヘムの4つのピロール環の8箇所の置換部位では,メチル基,ビニル基,プロピオン酸基が特定の位置に配置される. 金属イオン(ヘモグロビンではFe^{2+},クロロフィルではMg^{2+})はピロール環の4個の窒素原子に結合している.

■ ヘムの生合成には8つの酵素反応が関与する. その一部はミトコンドリアで,一部はサイトゾルで起こる.

■ ヘムの合成は,スクシニル–CoA とグリシンが縮合して ALA を生成する反応から始まる. この反応は,ヘム生合成の調節酵素である ALAS1 によって触媒される.

■ ALAS1 の合成は,利用可能なヘムの濃度が低下すると上昇する. たとえば,ある種の薬物(たとえば,フェノバルビタール)は,ヘムタンパク質であるシトクロム P450 の合成を促進する(これはヘムプールを欠乏させる)ことによって間接的に ALAS1 の合成を促進する. 一方,ALAS2 は,ヘムの濃度やシトクロム P450 合成を促進する薬剤による調節を受けない.

■ ヘム生合成にかかわる8つの酵素のうちの7つについて,その遺伝子の異常は遺伝性のポルフィリン症を引き起こす. 赤血球と肝臓がポルフィリン症発症の原因部位である. 光線過敏と神経系の異常がよく見られる患者の訴えである. ある種の毒物(たとえば,鉛)は後天性のポルフィリン症を起こし得る. 血中や尿中のポルフィリンやその前駆体の増加が診断に役立つ.

■ ヘム環の異化は,ミトコンドリアの酵素であるヘムオキシゲナーゼによって開始され,直鎖状のテトラピロールであるビリベルジンを生成する. ビリベルジンはサイトゾルで引き続き還元され,ビリルビンとなる.

■ ビリルビンはアルブミンと結合して末梢組織から肝臓に運ばれ,肝細胞に取り込まれる. ヘム鉄は遊離した後,再利用される.

■ ビリルビンは極性の高いグルクロン酸を付加することにより,水溶性が高まる. グルクロン酸は UDP–グルクロン酸から供給され,ビリルビン1 mol に対してグルクロン酸2 mol が付加される. この反応はビリルビン UDP–グルクロノシルトランスフェラーゼによって触媒される. この酵素は,基質特異性のある大きな酵素ファミリーの一員であり,さまざま

な薬物や代謝産物の極性を増大させ排泄を促進する.

■ 遺伝子変異により,ビリルビン UDP–グルクロノシルトランスフェラーゼの活性は低下・欠損する. この遺伝子変異の深刻度の違いが臨床像の違いとして表れ,Gilbert 症候群と2タイプの Crigler-Najjar 症候群に分けられている. 患者の重症度は,グルクロノシルトランスフェラーゼ活性がどれだけ保たれているかに依存する.

■ 腸に分泌された胆汁中のビリルビンは,腸内細菌の酵素によりウロビリノーゲンとウロビリンに変換され,糞便や尿に排泄される.

■ ビリルビンの定量は,ジアゾ化スルファニル酸との呈色反応を利用して行われる. この反応においては,メタノール"非存在下"で"直接ビリルビン"(すなわちグルクロン酸抱合型ビリルビン)が定量され,メタノール"存在下"では総ビリルビンが定量される. 総ビリルビンと直接ビリルビンの差分は"間接ビリルビン"といわれ,これは非抱合型ビリルビンである.

■ 黄疸は血漿ビリルビン濃度の上昇によって起こる. 黄疸の原因は,肝前性(たとえば,溶血性貧血など),肝性(肝炎など),肝後性(総胆管閉塞など)に分けられる. 血漿の総ビリルビンや非抱合型ビリルビンの定量,尿中ウロビリノーゲンやビリルビンの定量,血清中のある種の酵素活性の定量,同様な糞便サンプルの解析,などによって黄疸の原因を鑑別できる.

文　献

Ajioka RS, Phillips JD, Kushner JP: Biosynthesis of heme in mammals. Biochim Biophys Acta 2006;1763:723.

Desnick RJ, Astrin KH: The porphyrias. In *Harrison's Principles of Internal Medicine,* 17th ed. Fauci AS (editor). McGraw-Hill, 2008.

Dufour DR: Liver disease. In *Tietz Textbook of Clinical Chemistry and Molecular Diagnostics,* 4th ed. Burtis CA, Ashwood ER, Bruns DE (editors). Elsevier Saunders, 2006.

Higgins T, Beutler E, Doumas BT: Hemoglobin, iron and bilirubin. In *Tietz Textbook of Clinical Chemistry and Molecular Diagnostics,* 4th ed. Burtis CA, Ashwood ER, Bruns DE (editors). Elsevier Saunders, 2006.

Pratt DS, Kaplan MM: Evaluation of liver function. In *Harrison's Principles of Internal Medicine,* 17th ed. Fauci AS (editor). McGraw-Hill, 2008.

Wolkoff AW: The hyperbilirubinemias. In *Harrison's Principles of Internal Medicine,* 17th ed. Fauci AS (editor). McGraw-Hill, 2008.

SECTION VI 問題

1. 以下の説明文で<u>正しくない</u>のはどれか．**1つ選べ．**

A. Δ^1-ピロリン-5-カルボン酸は，L-プロリンの生合成ならびに異化，両方の中間体である．

B. ヒトは，両性代謝中間体あるいは栄養学的必須アミノ酸から栄養学的非必須アミノ酸を合成することができる．

C. ヒトは肝臓で，解糖系の中間体である3-ホスホグリセリン酸からセリンを合成できる．

D. フェニルアラニンとチロシンは，フェニルアラニン4-モノオキシゲナーゼが触媒する反応により相互変換される．

E. テトラヒドロビオプテリンの還元力は，つまるところ NADPH に由来する．

2. 非必須アミノ酸の前駆体とは<u>ならない</u>代謝産物はどれか．

A. α-ケトグルタル酸

B. 3-ホスホグリセリン酸

C. グルタミン酸

D. アスパラギン酸

E. ヒスタミン

3. 以下の説明文で<u>正しくない</u>のはどれか．**1つ選べ．**

A. セレノシステインはヒトのある種の酵素の活性中心に存在する．

B. セレノシステインは翻訳後にタンパク質中に組み込まれる．

C. 栄養学的必須アミノ酸であるロイシン，イソロイシン，ならびにバリンは，α-ケト酸のアミノ基転移で代用可能である．

D. ペプチド鎖上のプロリンを4-ヒドロキシプロリンに変換する反応では，同時にコハク酸への酸素の挿入が起こる．

E. セリンとグリシンは，テトラヒドロ葉酸誘導体が関与する単一の反応により相互変換される．

4. ほとんどのアミノ酸分解の最初の反応にかかわるのはどれか．

A. NAD^+

B. チアミン二リン酸（TPP）

C. ピリドキサールリン酸

D. FAD

E. NAD^+ と TPP

5. 尿素として排泄される窒素の運び手として最も重要なアミノ酸はどれか．

A. アラニン

B. グルタミン

C. グリシン

D. リシン

E. オルニチン

6. 以下の説明文で<u>正しくない</u>のはどれか．**1つ選べ．**

A. Angelman 症候群はユビキチン E3 リガーゼの異常により起こる．

B. 高タンパク食の摂取後，内臓の組織はおもに分枝アミノ酸を放出し，それらは末梢の筋組織に取り込まれる．

C. グルタミンからの糖新生の割合は，他のアミノ酸からより大きい．

D. L-α-アミノオキシダーゼによるα-アミノ酸からα-ケト酸への変換は，NH_4^+の放出を伴う．

E. ある酵素をコードする遺伝子に異なる変異が生じた場合でも，徴候や症状は似ていたり，むしろまったく同じであったりする．

7. 以下の説明文で<u>正しくない</u>のはどれか．**1つ選べ．**

A. PEST 配列はタンパク質の分解を速める．

B. 一般的に，膜タンパク質や長寿命タンパク質の分解には ATP とユビキチンが関与する．

C. ユビキチン分子と標的タンパク質との結合は，α-ペプチド結合ではない．

D. ユビキチンを介したタンパク質分解の発見者らはノーベル賞を受賞した．

E. ユビキチン標識されたタンパク質の分解は，すべての真核生物に存在する多サブユニット巨大分子であるプロテアソームで起こる．

8. 尿素回路の代謝性疾患について<u>正しくない</u>のはどれか．

A. アルギニノコハク酸シンターゼが触媒する反応の前で代謝阻害が起きた場合，アンモニア中毒の障害は最も深刻となる．

B. 精神遅滞や高タンパク質食の拒否などの臨床症

状を示す.

C. アシドーシスが認められる場合がある.

D. アルギニノコハク酸の2番目の窒素はアスパラギン酸から供給される.

E. 食事療法は低タンパク質食の頻回少量摂取を旨とする.

9. 以下の説明文で<u>正しくない</u>のはどれか.1つ選べ.

A. 代謝におけるグルタミンの機能の1つは,窒素を無毒な形にすることである.

B. 肝のグルタミン酸デヒドロゲナーゼはATPによりアロステリックに阻害され,ADPにより活性化される.

C. 尿素は,吸収された腸内細菌由来のアンモニアからも,組織の代謝活動により産生されたアンモニアからも生成される.

D. グルタミン酸デヒドロゲナーゼと,グルタミン酸を生成するアミノトランスフェラーゼの協調した作用は脱アミノ基転移反応とよぶことができる.

E. アルギニノコハク酸の生合成過程で生じるフマル酸は,ミトコンドリアにあるフマラーゼとリンゴ酸デヒドロゲナーゼの触媒する反応により,最終的にオキサロ酢酸になる.

10. 以下の説明文で<u>正しくない</u>のはどれか.1つ選べ.

A. トレオニンは,補酵素Aの生合成のためのチオエタノール基を供給する.

B. ヒスタミンはヒスチジンの脱炭酸により生じる.

C. オルニチンはスペルミンならびにスペルミジン両者の前駆体となる.

D. セロトニンとメラトニンはトリプトファンの代謝産物である.

E. グリシン,アルギニン,ならびにメチオニンはそれぞれ,クレアチン生合成のための原子を供給する.

11. 以下の説明文で<u>正しくない</u>のはどれか.1つ選べ.

A. クレアチニン排泄量は筋肉量に比例し,患者の24時間尿の採取が完全に行われたかを判断する指標として利用できる.

B. 多くの薬剤ならびに薬剤異化産物はグリシン抱合体として尿中に排泄される.

C. メチオニンのおもな非タンパク質性代謝産物はS-アデノシルメチオニンである.

D. 視床下部のヒスタミン濃度はサーカディアンリズムに従って変動する.

E. 抑制性の神経伝達物質であるGABA(γ-アミノ酪酸)は,グルタミンの脱炭酸により生成される.

12. 以下のアミノ酸がタンパク質中に組み込まれる経路の違いを説明せよ.

　　5-ヒドロキシリシン

　　γ-カルボキシグルタミン酸

　　セレノシステイン

13. いくつかのアミノ酸が進化の過程で"栄養学的に"必須になったことによって,ヒトが受けたと考えられる恩恵は何か.

14. グルタミン酸デヒドロゲナーゼの活性が完全に欠損する代謝性疾患が存在しないのはなぜだと考えられるか.

15. ヘムタンパク質でないのはどれか.

A. ミオグロビン

B. シトクロムc

C. カタラーゼ

D. シトクロムP450

E. アルブミン

16. 間欠性の腹痛を訴える30歳の男性が受診してきた.この男性は錯乱と精神医学的問題の病歴をもつ.検査の結果,尿中のδ-アミノレブリン酸とポルホビリノーゲンが上昇していた.遺伝子検査ではヒドロキシメチルビランシンターゼ(ウロポルフィリノーゲンⅠシンターゼ)の遺伝子に変異が見つかった.診断はどれか.

A. 急性間欠性ポルフィリン症

B. X染色体性鉄芽球性貧血

C. 先天性赤芽球性ポルフィリン症

D. 晩発性皮膚ポルフィリン症

E. 異型ポルフィリン症

17. 以下の説明文で<u>正しくない</u>のはどれか.1つ選べ.

A. ビリルビンは環状テトラピロールである.

B. アルブミン結合型のビリルビンは肝へ運ばれる.

C. 高濃度のビリルビンは新生児の脳に傷害を及ぼす.

D. ビリルビンはメチル基とビニル基をもつ.

E. ビリルビンは鉄を含まない.

18. 3ヵ月以上にわたって進行し続ける極度の黄疸を呈する62歳の女性が受診してきた.この女性は背部に放散する上腹部の激しい腹痛を訴え,体重も著しく減少していた.便の色が非常に薄いことがあったという.検査の結果,直接ビリルビンが非常に高く,尿中ビリルビンも上昇していた.血漿アラニンアミノトランスフェラーゼ(ALT)はわ

ずかに上昇を認める程度であったが，アルカリホスファターゼは著しく上昇していた．腹部超音波検査では胆石は認められなかった．最も可能性の高い診断はどれか．

A. Gilbert 症候群

B. 溶血性貧血

C. I 型 Criggler–Najjar 症候群

D. 膵臓がん

E. 感染性の肝炎

19. 臨床検査では，血清ビリルビンならびにその誘導体を測定するのにジアゾ化スルファニル酸がよく使用される．ビリルビンおよびその誘導体を区別して測定できる物理的基盤を説明せよ．

20. ヘムを合成するためのシグナルは何か．

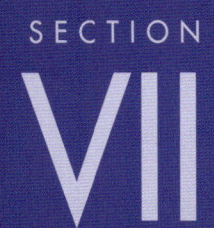
情報高分子の構造・機能・複製

ヌクレオチド

32

Nucleotides

生物医学的重要性

　プリンとピリミジンヌクレオチドは，核酸の前駆体として使われるのみならず，エネルギー代謝，タンパク質合成，酵素活性の調節，およびシグナル伝達といった多様な代謝機能に関与している．ヌクレオチドは，ビタミンやビタミン誘導体と結合して多くの補酵素の一部を形成する．ATP や ADP のようなヌクレオシド三ないし二リン酸は，代謝におけるリン酸基の主要な供

与体および受容体としてはたらき，代謝変換や酸化的リン酸化に伴うエネルギー伝達の主役となる．糖や脂質に結合すると，ヌクレオシドは生合成経路の鍵となる中間体を構成する．糖の誘導体である UDP-グルコースや，UDP-ガラクトースは，糖の変換や，デンプン，グリコーゲンの合成に関与する．同様に，CDP-アシルグリセロールのようなヌクレオシド-脂質誘導体は脂質生合成の中間体である．ヌクレオチドが代謝調節ではたす役割には，鍵となる代謝酵素の ATP 依存性リン酸化，ATP，ADP，AMP や CTP による酵素の

アロステリック調節，ADP による酸化的リン酸化の制御などがある．サイクリックヌクレオチドである cAMP や cGMP は，ホルモンのセカンドメッセンジャーとしてはたらき，GTP と GDP は，シグナル伝達経路を特徴づける過程のカスケードにおいて鍵となる重要な役割を果たす．ヌクレオチドは代謝において中心的な役割を果たすが，それに加えて医学的応用として，ハロゲンやチオール，あるいは付加的な窒素原子をもった合成プリンまたはピリミジン類似体が，がんや後天性免疫不全症候群（AIDS）の化学療法に，さらに臓器移植における免疫反応の抑制剤として用いられている．

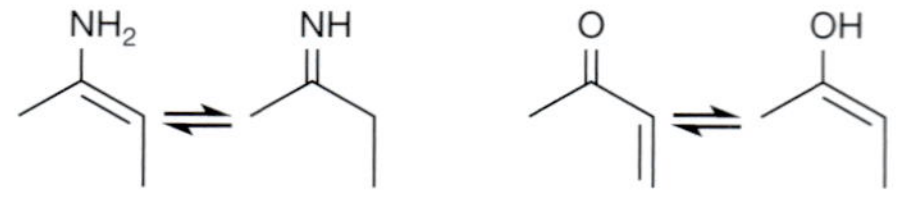

図 32-2. プリンとピリミジンのオキソ基およびアミノ基の互変異性

ほしい（**図 32-1**）．−NH₂ 基をもつプリンやピリミジンは弱い塩基である（pK_a 3 〜 4）．しかし，低い pH で存在する陽子は，環外アミノ基に結合していると予想されるが，実際には環状窒素（典型的にはアデニンの N_1，グアニンの N_7 やシトシンの N_3）と結合している．プリンとピリミジンは平板状なので，極めて近くに接近または"重ねる"ことができる．これが二本鎖 DNA（34章参照）を安定化するのである．プリンとピリミジンのオキソ基およびアミノ基はケト-エノールおよびアミノ-イミノ**互変異性 tautomerism**（**図 32-2**）を示す．しかし生理的条件下では，強くアミノ型とケト型に傾いている．

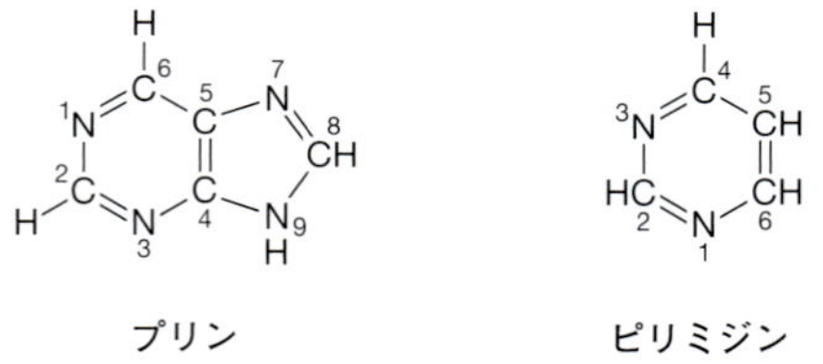

ヌクレオシドは N-グリコシドである

ヌクレオシド nucleoside は，ヘテロ環状塩基の窒素に結合した糖をもつプリンまたはピリミジンの誘導体である．プライム（たとえば，2′，3′）のついた番号は，糖の原子をヘテロ環状塩基の原子と区別するために用いる．**リボヌクレオシド ribonucleoside** の糖は D-リボースであり，**デオキシリボヌクレオシド deoxyribonucleoside** の糖は 2-デオキシ-D-リボースである．両者ともに糖はヘテロ環状塩基に **β-N-グリコシド結合 β-N-glycosidic bond** を介してつながっており，ほとんど常にピリミジンの N_1，またはプリンの N_9 につながる（**図 32-3**）．

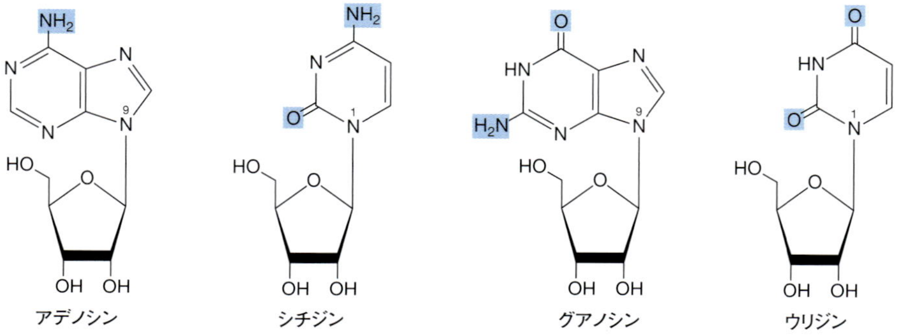

プリン，ピリミジン，ヌクレオシドとヌクレオチドの化学

プリンとピリミジンはヘテロ環状化合物である

プリンとピリミジンは芳香族**ヘテロ環状化合物 heterocycle** で，その環の中には炭素に加えて窒素のような他の元素（ヘテロ原子）を含んでいる．より小さいピリミジンがより長い名前をもち，より大きいプリンがより短い名前をもっていること，そしてそれらの 6 炭素原子が反対方向に番号がついていることに注意して

図 32-1. プリンとピリミジン
原子には国際システムに従って番号をつけてある．

図 32-3. リボヌクレオシド（シンコンホメーション）

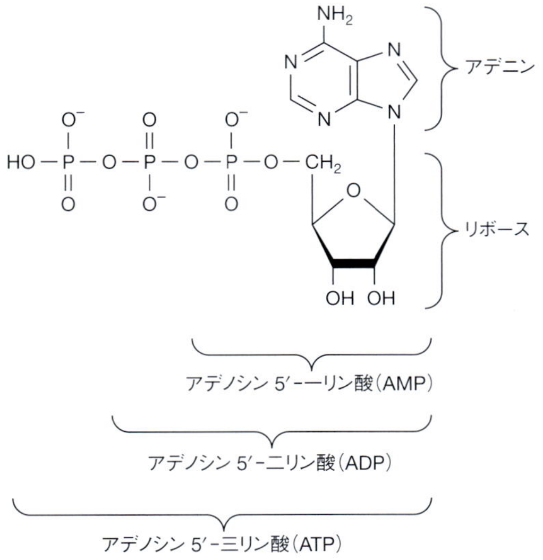

図 32-4. ATP およびその二リン酸と一リン酸

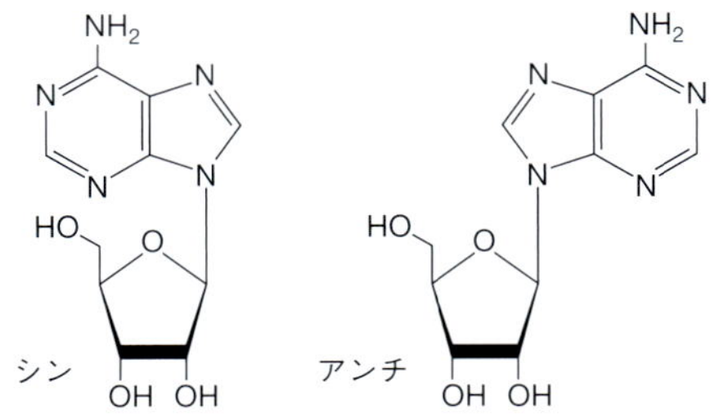

図 32-5. アデノシンのシンコンホメーションとアンチコンホメーションは *N*–グリコシド結合に関する方向が異なる

ヌクレオチドはリン酸化したヌクレオシドである

モノヌクレオチド mononucleotide は糖のヒドロキシ基とエステル結合したリン酸基をもつヌクレオシド nucleoside である。3′– と 5′–ヌクレオチドは、それぞれ糖の 3′– または 5′–ヒドロキシ基にリン酸基をもつヌクレオチドである。大部分のヌクレオチドは 5′–なので、名づけるときに "5′–" は通常省略される。UMP と dAMP は、ペントース(五炭糖)の C_5 の位置にリン酸基をもつヌクレオチドをさす。モノヌクレオチドのリン酸基に追加のリン酸基が**酸無水物結合 acid anhydride bond** によって加わると、ヌクレオシド二リン酸 diphosphate と三リン酸 triphosphate になる(**図 32-4**).

ヘテロ環状 *N*–グリコシドはシンコンホメーションとアンチコンホメーションとして存在する

ヘテロ環状構造による立体障害によって、ヌクレオチドやヌクレオシドの *β*–*N*–グリコシド結合のまわりの回転は妨げられている。したがって両者ともシン(*syn*)コンホメーションとアンチ(*anti*)コンホメーションが存在する(**図 32-5**). 自然界には両方が存在するが、アンチコンホメーションの方が優勢である。**表 32-1** におもなプリンピリミジンと、それらのヌクレオシドとヌクレオチド誘導体を示す。塩基のままでもヌクレオシドでもヌクレオチドでも、単一文字省略形、アデニン(A)、グアニン(G)、シトシン(C)、チミン(T)およびウラシル(U)が使われる。前につく "d"(デオキシ)は、糖が 2′–デオキシ–ᴅ–リボース(たとえば、dATP)であることを示す(**図 32-6**).

ポリヌクレオチドの修飾は付加的な構造をつくることができる

小量の付加的なプリンやピリミジンが DNA や RNA に含まれる。例としては、細菌やヒトの DNA の 5–メチルシトシン、細菌やウイルスの核酸中の 5–ヒドロキシメチルシトシンや、哺乳類メッセンジャー RNA の

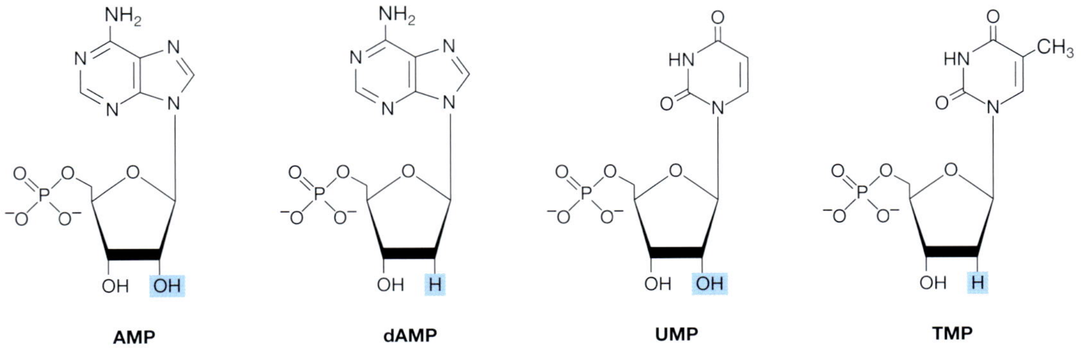

図 32-6. AMP, dAMP, UMP, および TMP の構造

表 32-1. プリン塩基，リボヌクレオシドおよびリボヌクレオチド

プリンまたはピリミジン	X＝H	X＝リボース	X＝リボースリン酸
	アデニン	アデノシン	アデノシン一リン酸（AMP）
	グアニン	グアノシン	グアノシン一リン酸（GMP）
	シトシン	シチジン	シチジン一リン酸（CMP）
	ウラシル	ウリジン	ウリジン一リン酸（UMP）
	チミン	チミジン	チミジン一リン酸（TMP）

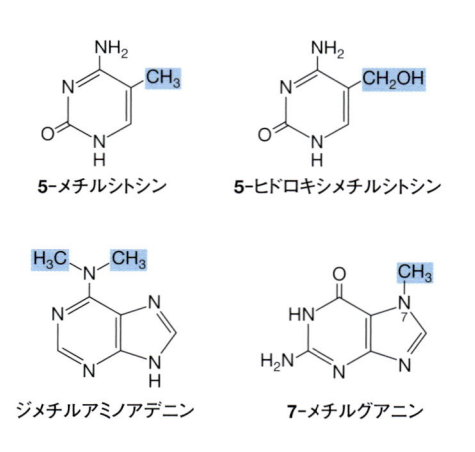

図 32-7. 4 つの非定形的な自然界に存在するピリミジンとプリン

5-メチルシトシン　　5-ヒドロキシメチルシトシン

ジメチルアミノアデニン　　7-メチルグアニン

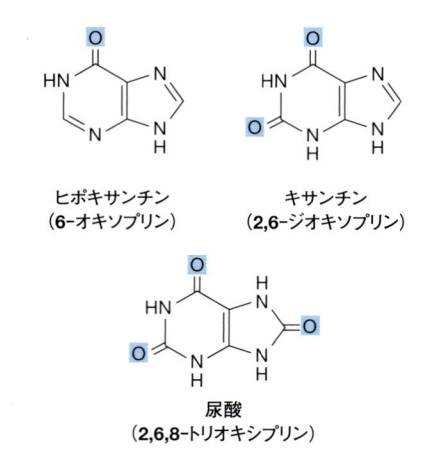

図 32-8. ケト型の互変異性体で示した，ヒポキサンチン，キサンチン，尿酸

ヒポキサンチン（6-オキソプリン）　　キサンチン（2,6-ジオキソプリン）

尿酸（2,6,8-トリオキシプリン）

モノ-またはジ-N-メチル化アデニンとグアニンがある（**図32-7**）．これらの塩基はオリゴヌクレオチドの識別や，RNA の半減期の調節にはたらいている．遊離し

ているヘテロ環状塩基ヌクレオチドにはヒポキサンチン，キサンチンや尿酸があり（**図32-8**），これらはアデニンとグアニンの異化の中間体である（33 章参照）．植

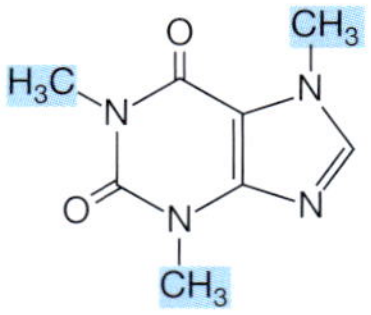

図 32-9. カフェイン(別名トリメチルキサンチン)
ジメチルキサンチンであるテオブロミンとテオフィリンは
似ているが，それぞれ N_1, および N_7 のメチル基を欠いて
いる.

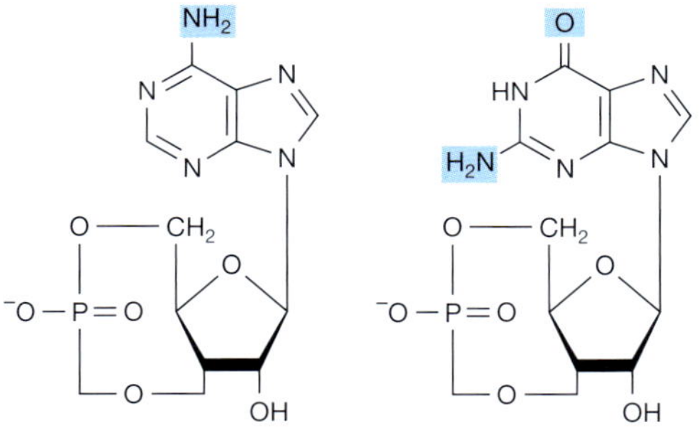

図 32-10. cAMP (3′,5′-サイクリック AMP, 左) および
cGMP(3′,5′-サイクリック GMP, 右)

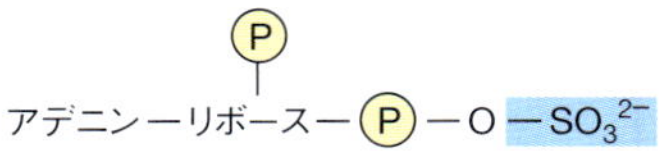

アデニン-リボース- P -O-SO_3^{2-}

図 32-11. 3′-ホスホアデノシン-5′-ホスホ硫酸(PAPS)

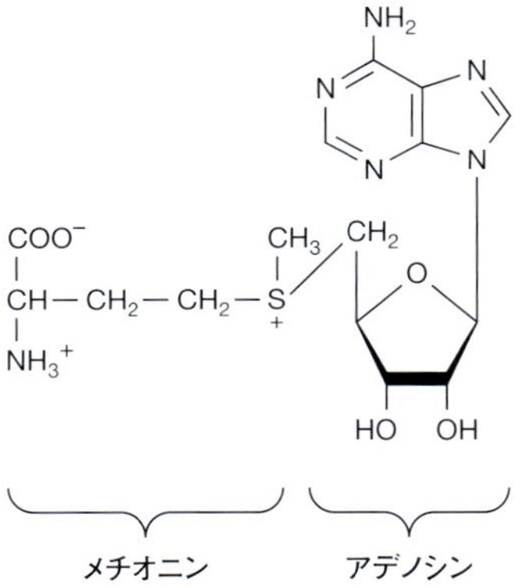

物のメチル化異種環状塩基にはキサンチン誘導体であ
るコーヒーのカフェイン，お茶のテオフィリン，ココ
アのテオブロミンが含まれる(**図 32-9**).

ヌクレオチドは多機能性の酸である

　ヌクレオチドの第一と第二のリン酸基はそれぞれ約
1.0 と 6.2 の pK_a 値をもつ．プリンとピリミジンは生理
的 pH では中性であるので，ヌクレオチドは，全体と
しては負電荷をもっている．これらの第二リン酸基は,
中性から pH が 2 程度上下することで，プロトンの供
与体あるいは受容体としてはたらくことができる.

ヌクレオチドは紫外線を吸収する

　プリンとピリミジン誘導体の共役二重結合は紫外線
を吸収する．スペクトルは pH 依存性であるが, pH 7.0
では通常のすべてのヌクレオチドは波長 260 nm 付近
の光を吸収する．ヌクレオチドや核酸の濃度は，こう
してしばしば "260 nm における吸収" で表される．紫
外線の突然変異誘起性は，それが DNA 中のヌクレオ
チドに吸収されて，化学的変化を起こすからである
(35 章参照).

ヌクレオチドは多様な生理的機能を果たす

　核酸合成の前駆体としての役割に加えて，ATP,
GTP，UTP，CTP とそれらの誘導体は，ほかの章で解
説するようにそれぞれ特異な生理的機能を果たしてい
る．いくつかの例をあげれば，主要な生物的自由エネ
ルギー変換体としての ATP の役割や, セカンドメッセ
ンジャーとしての cAMP がある(**図 32-10**)．哺乳類に
おいて最も豊富な，結合していないヌクレオチドであ
る ATP の平均細胞内濃度は約 1 mmol/L である．情報
伝達を担う cAMP の細胞内濃度(約 1 nmol/L)は, ATP
のそれより 6 桁も低い．他の例として，硫酸プロテオ
グリカンや薬物の硫酸抱合のための硫酸供与体である
3′-ホスホアデノシン-5′-ホスホ硫酸(アデノシン 3′-リ

図 32-12. S-アデノシルメチオニン

ン酸-5′-ホスホ硫酸, **図 32-11**, 50 章参照)，それか
らメチル基供与体である S-アデノシルメチオニン(**図
32-12**) などがある．GTP はタンパク質合成のアロス
テリックな調節因子として，またエネルギー源として
はたらく．そして cGMP(図 32-10)は平滑筋の弛緩時
に，一酸化窒素 (NO) への応答におけるセカンドメッ
センジャーとしてはたらく(51 章参照)[1].

　UDP-糖誘導体は糖のエピマー化や，グリコーゲン
(18 章)，グルコシル二糖類，糖タンパク質やプロテオ
グリカンのオリゴ糖の生合成に関与している(46 章お
よび 50 章)．UDP-グルクロン酸は，ビリルビン (31
章)やアスピリンを含む多くの薬物と結合して,尿中グ

---

1)　訳者注：ウイルスなどに由来する細胞質 DNA が引
き金となって生成されるサイクリック GMP-AMP
(cGAMP)は自然免疫のセカンドメッセンジャーとして注
目されている.

表32-2. 多くの補酵素およびその類縁化合物は AMP の誘導体である

D-リボース

補酵素	R	R′	R″	n
活性メチオニン	メチオニン[a]	H	H	0
アミノアシルアデニル酸	アミノ酸	H	H	1
活性硫酸	SO_3^{2-}	H	PO_3^{2-}	1
3′,5′-cAMP		H	PO_3^{2-}	1
NAD[b]	ニコチンアミド	H	H	2
NADP[b]	ニコチンアミド	PO_3^{2-}	H	2
FAD	リボフラビン	H	H	2
補酵素 A	パントテン酸塩	H	PO_3^{2-}	2

[a] リン酸基と置き換わる.
[b] R：ビタミンB誘導体.

ルクロン酸抱合体を形成する．CTP はホスホグリセリド，スフィンゴミエリン sphingomyelin やその他の置換したスフィンゴシン sphingosine 類の生合成に関与する（24 章参照）．また，多くの補酵素類はヌクレオチドや，プリンやピリミジンヌクレオチドに似た構造を取り込んでいる（**表 32-2**）．

ヌクレオシド三リン酸は高い残基転移能をもつ

ヌクレオシド三リン酸は 2 つの酸無水結合と 1 つのエステル結合をもっている．酸無水物はリン酸エステルと比較して，高い残基転移能をもつ．ヌクレオシド三リン酸の 2 つの末端（β と γ）リン酸基それぞれの加水分解の $\Delta G^{0\prime}$ は約 $-7\ kcal/mol$（$-30\ kJ/mol$）である．プリンとピリミジンヌクレオシド三リン酸は高い残基転移能（最も高いのは γ リン酸基）をもっているので，残基転移試薬としてはたらくのみならず，また時には PP_i を放出してヌクレオシド一リン酸の転移を行う．酸無水物結合の開裂は，共有結合の生成のような高い吸エルゴン過程と共役している．たとえば，核酸を形成するためのヌクレオシド三リン酸の重合などである（34

章参照）．

合成ヌクレオチド同族体は化学療法に使われる

ヘテロ環状構造や糖残基を変えたプリンやピリミジン，ヌクレオシドやヌクレオチドの合成同族体は，臨床医学に数多く応用されている．それらの毒性は核酸合成に不可欠な酵素の阻害や，それらが核酸に取り込まれて，結果的に塩基対を破壊することを反映している．がん学者たちは，5-フルオロウラシル 5-fluorouracil または 5-ヨード-2′-デオキシウリジン 5-iodo-2′-deoxyuridine, 3-デオキシウリジン deoxyuridine, 6-チオグアニン thioguanine, 6-メルカプトプリン mercaptopurine, 5-または 6-アザウリジン azauridine, 5-または 6-アザシチジン azacytidine, 8-アザグアニン azaguanine（**図 32-13**）を用いるが，これらは細胞分裂の前に DNA に取り込まれる．高尿酸血症や痛風に使われるプリン同族体アロプリノール allopurinol はプリン合成とキサンチン酸化酵素活性を阻害する．シタラビン cytarabine はがんの化学療法に用いられ，異化されて 6-メルカプトプリンになるアザチオプリン azathioprine は臓器移植において免疫性拒絶を抑制するために使われる（**図 32-14**）．

非加水分解性ヌクレオシド三リン酸同族体は研究の手段を提供する

ヌクレオシド三リン酸の合成非加水分解性同族体（**図 32-15**）を用いて，研究者はヌクレオチドの作用がリン酸基の転移によるものであるか，調節される酵素のアロステリックなヌクレオチド結合部位が占拠されるために起こるのかを区別することができる（9 章参照）．

DNA と RNA はポリヌクレオチドである

モノヌクレオチドの 5′-リン酸基は，もう 1 つの OH 基をエステル化でき，**ホスホジエステル phosphodiester** を形成する．通常は，この 2 番目の OH 基は 2 番目のヌクレオチドのペントースの 3′-OH である．これにより**ジヌクレオチド dinucleotide** が形成され，その中ではペントースは DNA や RNA の"背骨"を形成する

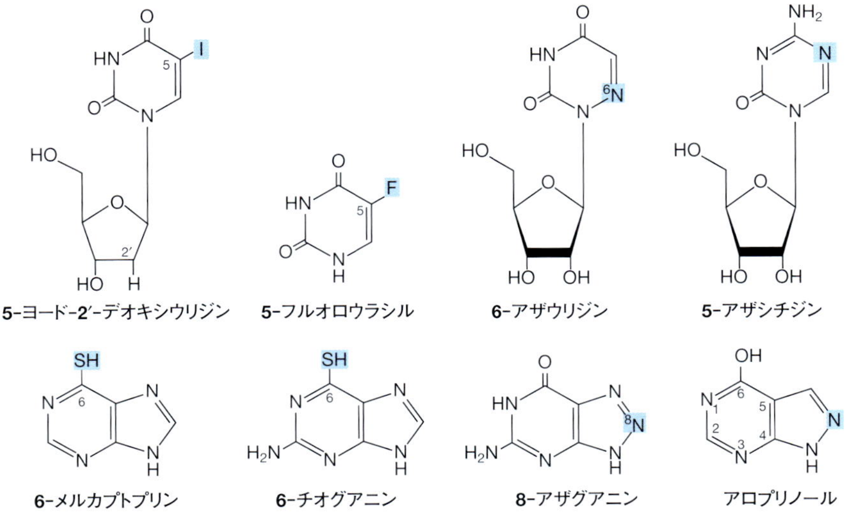

図 32-13. 代表的な合成ピリミジンおよびプリン同族体

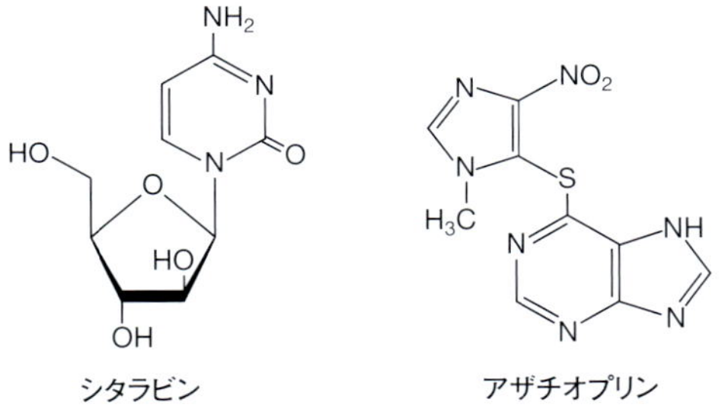

5-ヨード-2′-デオキシウリジン　5-フルオロウラシル　6-アザウリジン　5-アザシチジン

6-メルカプトプリン　6-チオグアニン　8-アザグアニン　アロプリノール

シタラビン　アザチオプリン

図 32-14. シタラビンとアザチオプリン

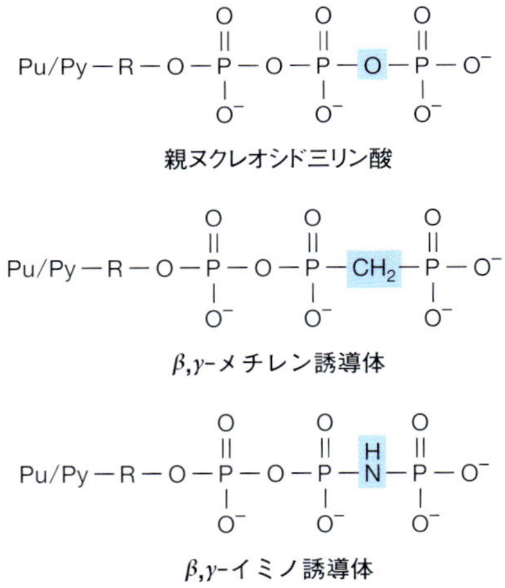

親ヌクレオシド三リン酸

β,γ-メチレン誘導体

β,γ-イミノ誘導体

図 32-15. 末端リン酸基の加水分解的放出ができないヌクレオシド三リン酸の合成誘導体
加水分解可能な親ヌクレオシド三リン酸(上)と，加水分解できない β,γ-メチレン(**中央**)および β,γ-イミノ(下)誘導体を示した．(Pu/Py：プリンまたはピリミジン塩基，R：リボースまたはデオキシリボース)

3′,5′-ホスホジエステルで結ばれている．ジヌクレオチドの形成は，2つの単量体の間で水が消失する反応として表される．しかし生物学的なジヌクレオチドの形成は，このようには起こらない(35章，36章参照)．なぜならば，熱力学的な根拠から反応は反対の方向，すなわちホスホジエステル結合の加水分解に強く傾いているからである．しかしながら，極端に起こりやすい ΔG にもかかわらず，**ホスホジエステラーゼ phospho-diesterase** の触媒なしには，DNA のホスホジエステル結合の加水分解は非常に長い時間を要する．結果として，DNA はかなりの期間存続し，化石の中にさえも検出されたりする．RNA の 2′-OH 基(DNA にはない)は，3′,5′-ホスホジエステル結合の加水分解に際して親核基としてはたらくので，DNA よりはるかに不安定である．

すでに合成された**ポリヌクレオチド polynucleotide** の編集によって**プソイドウリジン pseudouridine** という，D-リボースが通常の β-N-グルコシド結合ではな

く**炭素-炭素の結合**によってウラシルの C_5 に結合しているヌクレオシドがつくられる．ヌクレオチドであるプソイドウリジル酸 (ψ) は，あらかじめつくられた tRNA の UMP の再編成によってつくられるのである．同様に，前もってつくられた tRNA の UMP の S-アデノシルメチオニンによるメチル化が TMP(チミジン一リン酸)を形成する．そして，それはデオキシリボースの代わりにリボースを含んでいる．

ポリヌクレオチドは方向性をもった巨大分子である

3′ → 5′ 方向のホスホジエステル結合はポリヌクレオチドの単量体を結び付けている．それゆえ，ヌクレオチドポリマーの両端ははっきり異なっているので，われわれはポリヌクレオチドの"5′末端"とか，"3′末端"とよぶ．5′末端とは未修飾，あるいはリン酸化された5′-ヒドロキシ基をもっている側である．すべてのホスホジエステル結合が3′ → 5′ 方向であるので，もっとコンパクトな表記が可能である．たとえばpGpGpApT-pCpA は，5′-ヒドロキシ基はリン酸化されていることを表している．より簡単な表記法，たとえばGGATCは，塩基配列のみを示しており，慣例として5′末端（G）を左に3′末端（C）を右に記している．

まとめ

- 生理的条件下では，プリン，ピリミジン，およびそれらの誘導体のアミノとオキソ互変異性体が優勢である．
- 核酸は A，G，C，T および U に加えて微少量の 5-メチルシトシン，5-ヒドロキシメチルシトシン，プソイドウリジン（ψ）および N-メチル化ヘテロ環を含んでいる．
- 大部分のヌクレオシドはピリミジンの N_1 またはプリンの N_9 に β-グルコシド結合によってつながった D-リボースまたは 2-デオキシ-D-リボースを含んでいるが，これらはシンコンホメーションが優勢である．

- プライム（′）をつけた数字は，モノヌクレオチド（たとえば 3′-GMP, 5′-dCMP）の糖の上のリン酸基が付加したヒドロキシ基（-OH）の位置を示す．最初のリン酸基に酸無水物結合によってさらにリン酸基が加わると，ヌクレオシド二リン酸，三リン酸を生ずる．
- ヌクレオシド三リン酸は高い残基の転移能をもち，共有結合の形成に関与する．環状ホスホジエステルである cAMP と cGMP は細胞内セカンドメッセンジャーとしてはたらく．
- 3′ → 5′ ホスホジエステル結合でつながったモノヌクレオチドは明確な 3′ と 5′ 末端をもった方向性巨大分子であるポリヌクレオチドを形成する．pTpGpT あるいは TGCATCA と書かれている場合，5′末端は左端にあり，すべてのホスホジエステル結合は 3′ → 5′ 方向である．
- プリンとピリミジン塩基の合成同族体は，ヌクレオチド生合成の酵素を阻害したり，DNA や RNA に取り込まれることによって抗がん剤としてはたらく．

文　献

Adams RLP, Knowler JT, Leader DP: *The Biochemistry of the Nucleic Acids,* 11th ed. Chapman & Hall, 1992.

Blackburn GM, Gait MJ, Loaks D, et al: *Nucleic Acids in Chemistry and Biology.* 3rd ed., RSC publishing, 2006.

Pacher P, Nivorozhkin A, Szabo C: Therapeutic effects of xanthine oxidase inhibitors: renaissance half a century after the discovery of allopurinol. Pharmacol Rev 2006;58:87.

プリンおよびピリミジンヌクレオチドの代謝

Metabolism of Purine & Pyrimidine Nucleotides

学 習 目 標
本章習得のポイント

- 食事として摂取する核酸と新たに生合成される核酸について,ポリヌクレオチド生合成に用いられるプリンおよびピリミジン産生におけるそれぞれの役割を比較・対照する.

- 抗葉酸系薬剤とアミノ酸であるグルタミンの類似体がプリン生合成を阻害する理由を説明する.

- イノシン一リン酸(イノシン酸)inosine monophosphate(IMP)が最初にアデノシン一リン酸(AMP)およびグアノシン一リン酸(GMP)に転換され,さらにそれぞれに対応するヌクレオシド三リン酸(NTP)に転換される一連の反応の概略を述べる.

- リボヌクレオチドからのデオキシリボヌクレオチド(dNTP)の形成を説明する.

- 肝細胞でのプリン生合成におけるホスホリボシルピロリン酸 phosphoribosyl pyrophosphate(PRPP)の制御因子としての役割と,プリン合成反応の過程で,AMP および GMP によってフィーバック阻害される特定の反応について指摘する.

- プリンおよびピリミジンヌクレオチド生合成の協調的な制御の重要性について述べる.

- 抗がん剤によって阻害されると考えられている反応を特定する.

- プリン異化の最終産物の構造を描く.その化合物の溶解度について述べ,痛風,Lesch–Nyhan 症候群や von Gierke 病における役割を指摘する.

- 異常が生じると,病的な徴候や症状につながる反応を特定する.

- ピリミジン異化に関して,臨床的に重大な疾患がほとんどない理由を明示する.

生物医学的重要性

　食事には大量の核酸が含まれているが,食物由来のプリンやピリミジンが直接組織中の核酸に取り込まれることはない.ヒトは,核酸とその誘導体である,ATP,NAD^+,補酵素 A などを両性 amphibolic 中間体から合成する.しかしながら,抗がん剤などとして非経口的に投与されたプリンやピリミジン誘導体は,DNA に取り込まれる可能性がある.プリンおよびピリミジンのリボヌクレオチド三リン酸(NTP)やデオキシリボヌクレオチド(dNTP)の生合成は厳密に制御されている.協調的なフィードバックによって生理的な要求量の変動に応じて適切な量を必要な時期(たとえば,細胞分裂)に生産できるようになっている.プリン代謝の異常

を伴うヒトの疾患としては,痛風,Lesch–Nyhan 症候群,アデノシンデアミナーゼ欠損症,およびプリンヌクレオシド・ホスホリラーゼ欠損症などが知られている.ピリミジン生合成の異常症はまれであるが,オロト酸尿が知られている.プリン異化産物であり,溶解度が低い尿酸塩とは異なり,ピリミジン異化の最終産物(二酸化炭素,アンモニア,β–アラニン,β–アミノイソ酪酸)は水に対する溶解度が非常に高い.ピリミジン異化の異常症の1つである β–ヒドロキシ酪酸尿症は,ジヒドロピリミジンデヒドロゲナーゼ dihydropyrimidine dehydrogenase の完全または部分的な欠乏が原因である.ウラシル尿症とチミン尿症の複合型 combined uraciluria-thyminuria としても知られるこのピリミジン異化の異常症は,β–アミノ酸生合成の異常でもある.なぜなら,β–アラニン,β–アミノイソ酪酸の

合成不全も伴っているからである．遺伝的でなくても，ジヒドロピリミジンデヒドロゲナーゼの活性が低い患者に対して，5-フルオロウラシル 5-fluorouracil を投与した場合に，同様の症状が引き起こされる可能性がある．

プリンとピリミジンは食事成分として必須のものではない

ヒトの正常な組織は，適当な量と必要な時期にさまざまな生理的な需要に見合うようにプリンとピリミジンを両性 amphibolic 中間体から合成することができる．したがって，摂取した核酸およびヌクレオチドは食事的に必須なものではない．腸管内で分解されて生じたモノヌクレオチドは吸収されるか，あるいはさらにプリン，ピリミジン塩基に変換される．プリン塩基は次いで尿酸に酸化され，吸収され尿中に排泄される．食事中のプリン，ピリミジンは組織中の核酸にはほとんど取り込まれないが，非経口的に投与すれば取り込まれる．静脈注射した[^{3}H]チミジンの新しく合成された DNA への取り込みは，DNA 合成速度の測定に用いられている．

プリンヌクレオチドの生合成

寄生虫を除いて，あらゆる生命体はプリンとピリミジンヌクレオチドを生合成する．両性中間体からの合成は，すべての細胞機能にとって適切な速度で行われる．ホメオスタシスを保つために，成長や組織の再生の際のように細胞が速やかに分裂しているときには，細胞内で NTP のプールサイズを細胞内の機構が検知し，生産量を調節する．

in vivo において，プリンおよびピリミジンヌクレオチドは生理的必要性に応じた速度で合成される．ヌクレオチド生合成の初期の研究にはトリが，後期では大腸菌が用いられた．ハトに尿酸の放射性前駆体を投与してプリンの各々の原子の由来が示され（**図 33-1**），プリン生合成の中間体の研究が開始された．鳥類の組織は，プリン生合成を行う酵素およびプリン生合成速度を制御する因子などをコードする遺伝子の同定に用いられた．

プリンヌクレオチドの生合成には 3 つの過程があり，重要な順序に並べると以下のようになる．

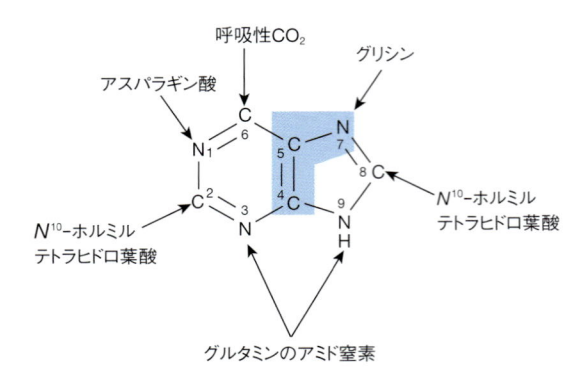

図 33-1. プリン核の炭素および窒素原子の由来
4-，5-，7-位の原子（青色で示す）はグリシンに由来する．

1. 両性中間体からの合成（*de novo* の合成）
2. プリンのホスホリボシル化
3. プリンヌクレオシドのリン酸化

イノシン一リン酸（イノシン酸, IMP）は両性中間体から合成される

プリン合成の最初の反応では，ATP の 2 個のリン酸基がリボース 5-リン酸の 1 位の炭素に転位して，ホスホリボシルピロリン酸（PRPP）が生じる．この反応は，PRPP シンテターゼ（EC 2.7.6.1）によって触媒される．10 種類の連続した酵素反応の最終産物は，IMP である（**図 33-2**）．

IMP の合成に続いて AMP と GMP に至る経路が分岐している（**図 33-3**）．つづいて，ATP からのリン酸基転移により AMP と GMP はそれぞれ ADP と GDP に変換される．GDP から GTP への変換は，ふたたび ATP からのリン酸基転移で行われる．一方，ADP から ATP への変換は，主として酸化的リン酸化によって行われる（13 章参照）．

多機能触媒体が，プリンヌクレオチドの生合成に関与している

原核生物では図 33-2 の各反応は異なったポリペプチドにより触媒されている．これに対し，真核生物の酵素は複数の触媒機能をもつポリペプチドから構成されていて，隣接する触媒部位間の中間体の受け渡しが容易に行われる．3 種の異なる多機能酵素が存在していて，それぞれ図 33-2 の反応③，④と⑥，反応⑦と⑧，および反応⑩と⑪を触媒している．

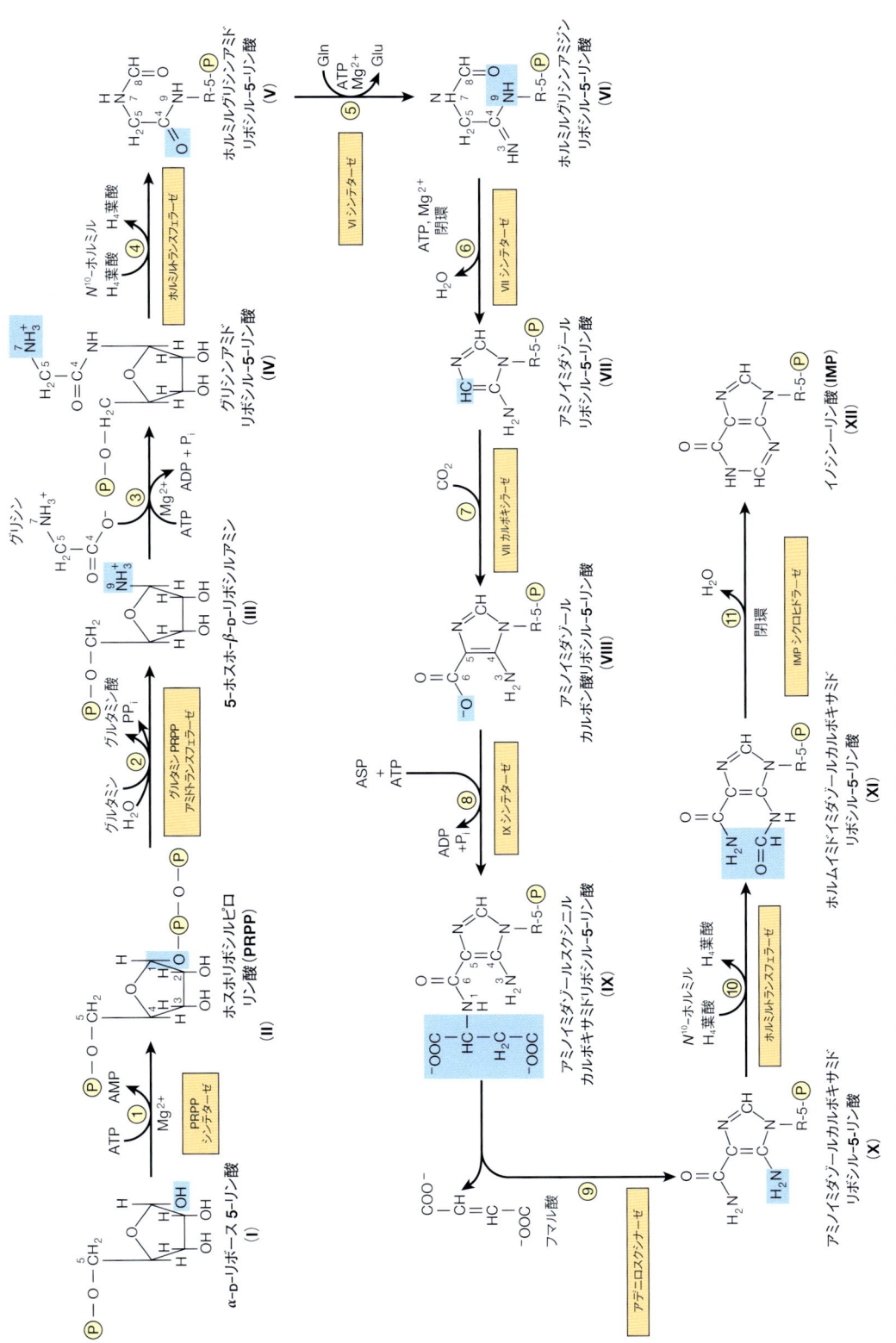

図 33-2. リボース 5-リン酸と ATP からのプリンの新生合成（本文参照．Ⓟ：PO_3^{2-} または PO_2^-）

* 訳者注：最近の報告によれば，④と⑩の反応における補酵素は N^{10}-ホルミル H_4 葉酸である．しかし④と⑩を触媒する酵素は別のものである．

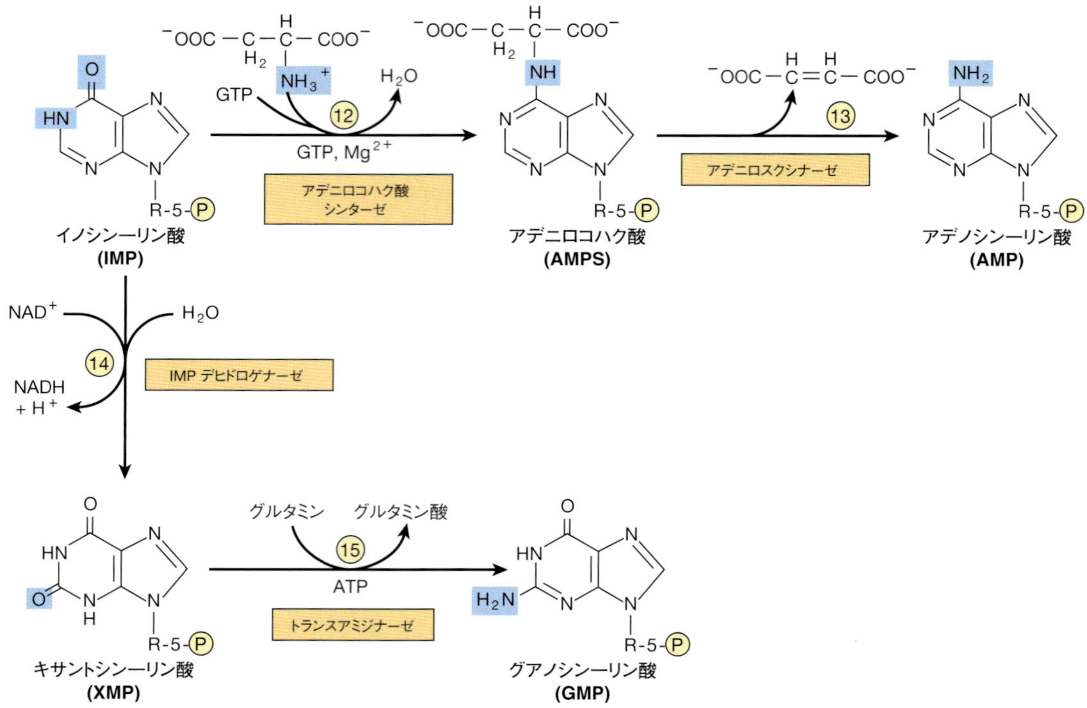

図 33-3. IMP の AMP および GMP への転換

抗葉酸剤とグルタミン類似体はプリンヌクレオチド生合成を阻害する

　図 33-2 の反応④と⑩で添加される炭素原子は，テトラヒドロ葉酸の誘導体に由来している．ヒトではまれであるがプリン欠乏状態は，葉酸欠乏によって起こる．テトラヒドロ葉酸の生成を阻害し，したがってプリン生合成を阻害する薬剤はがんの化学療法に用いられてきた．阻害剤およびその標的となった反応は**アザセリン azaserine**（図 33-2，反応⑤），**ジアザノルロイシン diazanorleucine**（図 33-2，反応②），**6-メルカプトプリン 6-mercaptopurine**（図 33-3，反応⑬と⑭），および**ミコフェノール酸 mycophenolic acid**（図 33-3，反応⑭）である．

“サルベージ反応”は，プリンおよびそのヌクレオシドをモノヌクレオチドに転換する

　プリン体，プリンリボヌクレオシド，およびプリンデオキシリボヌクレオシドがモノヌクレオ**チ**ドに転換される際，いわゆる“サルベージ反応 salvage reaction”

（再生反応）が関与する．この反応に必要なエネルギーは，*de novo* の生合成に比べてはるかに少ない．量的に重要な機構は，ホスホリボシルピロリン酸（PRPP，図 33-2（**II**））による遊離プリン（Pu）のホスホリボシル化であり，プリン 5′-モノヌクレオチド（Pu-RP）が生ずる．

$$Pu + PRPP \rightarrow Pu\text{-}RP + PP_i$$

　アデニンおよびヒポキサンチンホスホリボシルトランスフェラーゼ adenine- and hypoxanthine- phosphoribosyltransferase（EC 2.4.2.7 および EC 2.4.2.8）が PRPP 由来のリン酸基を転移し，アデニン，ヒポキサンチン，グアニンをそれぞれのモノヌクレオチドに転換する（**図 33-4**）．

　第二のサルベージ機構は，ATP からのプリンリボヌクレオシド（Pu-R）へのリン酸基転移反応である．

$$Pu\text{-}R + ATP \rightarrow PuR\text{-}P + ADP$$

　アデノシンキナーゼ（EC 2.7.1.20）はプリンヌクレオシドのリン酸化を触媒し，アデノシンとデオキシリボアデノシンを AMP と dAMP に転換する．同様に，デオキシシチジンキナーゼ（EC 2.7.1.74）はデオキシシチジンとデオキシグアノシンをリン酸化し，それぞれ dCMP と dGMP を生成する．

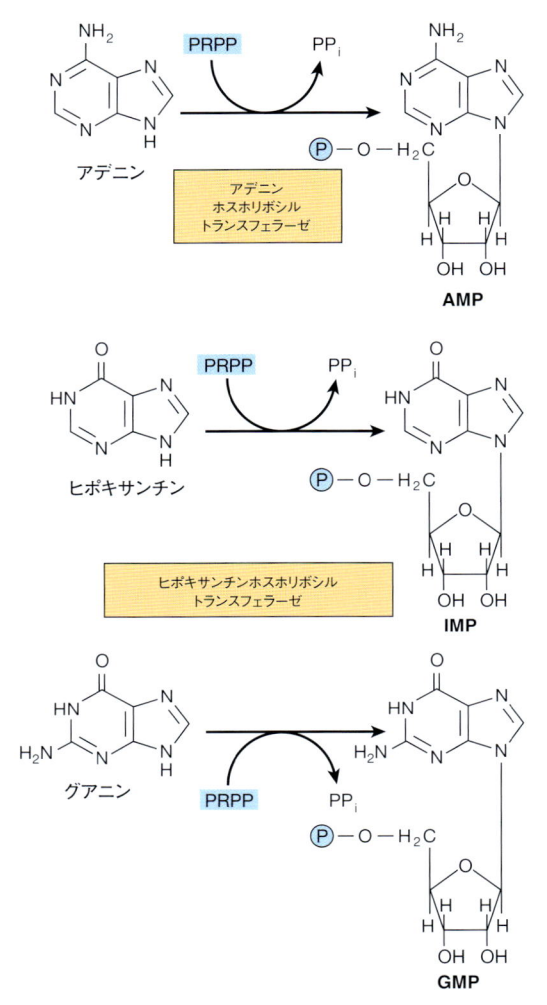

図 33-4. アデニン，ヒポキサンチン，およびグアニンのホスホリボシル化による AMP，IMP，および GMP の生成

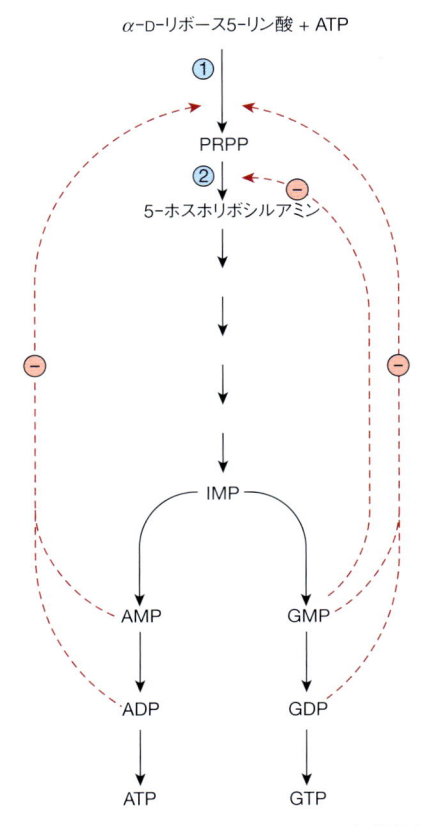

図 33-5. プリンヌクレオチドの *de novo* の合成速度の制御 反応①と②は PRPP シンテターゼと PRPP グルタミンアミドトランスフェラーゼによってそれぞれ触媒される．実線は反応の流れを，破線は反応経路の中間体によるフィードバック阻害を示している．（PRPP：ホスホリボシルピロリン酸）

プリンヌクレオチド生合成の主要部位である肝臓は，プリン塩基およびプリンヌクレオシドを，それを合成する能力を欠く組織に供給し，サルベージ経路により利用されるようにしている．たとえば，ヒトの脳組織ではグルタミン PRPP アミドトランスフェラーゼ（EC 2.4.2.14）（図 33-2，反応②）の含量が低いので，他の組織からのプリンの供給を部分的に必要としている．赤血球および多核白血球は，5′-ホスホリボシルアミン（図 33-2（III））を合成できないので，ヌクレオチドをつくるために外因性プリンを利用している．

肝臓でのプリン生合成は厳密に制御されている

AMPとGMPはグルタミンアミドトランスフェラーゼをフィードバック阻害している

　IMP の生合成は，多くのエネルギーを必要とする．ATP に加えて，グリシン，グルタミン，アスパラギン酸，還元型テトラヒドロ葉酸誘導体が消費される．したがって，さまざまに変化する生理的な需要に応じてプリン生合成を厳密に制御することは，生存にとって有利になる．プリンヌクレオチドの *de novo* の生合成の速度を決定する主要因子は，PRPP の濃度である．一方，PRPP の濃度は，合成，利用，分解の速度に依存している．PRPP の合成の速度はリボース 5-リン酸の

供給と PRPP シンテターゼ（EC 2.7.6.1）の活性によって支配されている（**図33-5**，反応①）．PRPP シンテターゼは，AMP，ADP，GMP，および GDP によってフィードバック阻害を受けている（図33-5）．したがって，これらのヌクレオシドリン酸の濃度の上昇がシグナルとなって，生理的に適度な程度にヌクレオシドリン酸の生合成は低下する．

AMPとGMPは，IMPからの自らの合成をフィードバック阻害する

PRPP 生合成レベルの調節に加えて，IMP から ATP および GTP への変換を制御する機構が存在する．これらの反応を**図33-6**にまとめた．AMP はアデニロコハク酸シンターゼ（EC 6.3.4.4）をフィードバック阻害し（図33-3，反応⑫），GMP は IMP デヒドロゲナーゼ（EC 1.1.1.205）を阻害する（図33-3，反応⑭）．さらに，IMP→アデニロコハク酸→AMP の転換過程は GTP を必要とし（図33-3，反応⑫），キサンチル酸（XMP，xanthylate）の GMP への転換は ATP を必要とする．IMP 代謝経路の間の交差的制御によって，プリンヌクレオシド三リン酸の生合成が調節されており，一方のヌクレオチドが不足すると，もう一方のプリンヌクレオチドの合成を減少させる．AMP と GMP はまた，ヒポキサンチン，グアニンを IMP，GMP に転換するヒポキサンチンホスホリボシルトランスフェラーゼ（図33-4）を阻害し，GMP は PRPP グルタミンアミドトランスフェラーゼ（図33-2，反応②）をフィードバック阻

害する．

リボヌクレオシド二リン酸（NDP）の還元によって，デオキシリボヌクレオシド二リン酸（dNDP）が生成する

プリンおよびピリミジンリボヌクレオチドの 2′-位炭素の還元は，リボヌクレオチドレダクターゼ ribonucleotide reductase（EC 1.17.4.1）を含む複合体（**図33-7**）により触媒され，DNA 合成および修復（35 章参照）に必要なデオキシリボヌクレオシド二リン酸（dNDP）を供給する．この酵素系は，さかんに DNA を合成している細胞内でのみ機能する．還元には還元型チオレドキシン thioredoxin，チオレドキシンレダクターゼ thioredoxin reductase（EC 1.8.1.9），および NADPH が要求される．直接の還元剤である還元型チ

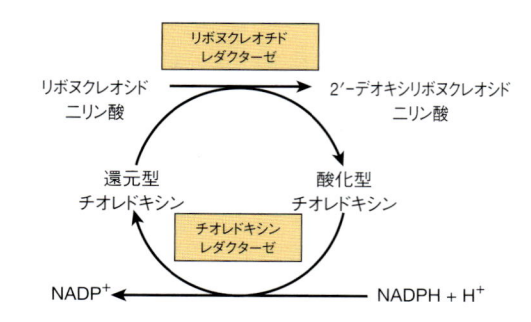

図33-7. リボヌクレオシド二リン酸の 2′-デオキシリボヌクレオシド二リン酸への還元

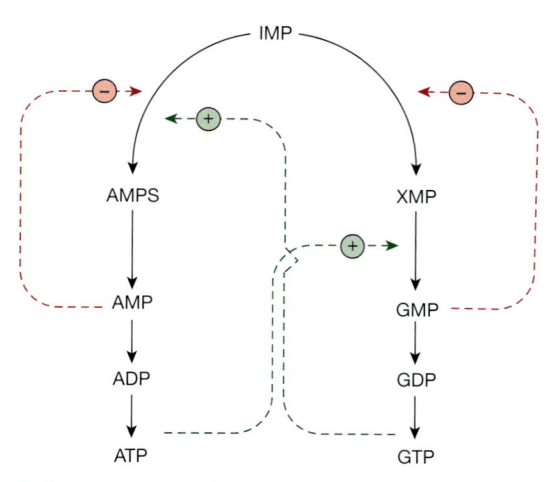

図33-6. IMP からアデノシンヌクレオチドおよびグアノシンヌクレオチドへの変換の制御
実線は反応の流れを，破線はそれぞれ，正（＋）と負（－）のフィードバック調節を示す（AMPS：アデニロコハク酸，XMP：キサントシン一リン酸．構造式は図33-3 参照）．

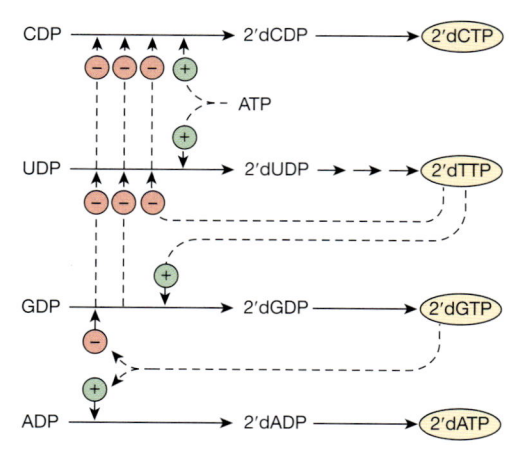

図33-8. プリンおよびピリミジン NDP から NTP への変換の調節
実線は反応の流れを，破線はそれぞれ，正（＋），負（－）のフィードバック調節を示す．

オレドキシンは，NADPH に依存した酸化型チオレドキシンの還元により生産される（図 33-7）．リボヌクレオシド二リン酸（NDP）の dNDP への還元は複雑な調節を受け，これが DNA 合成のために dNDP を過不足なく生産することを可能にしている（**図 33-8**）．

ピリミジンヌクレオチドの生合成

図 33-9 は，ピリミジンヌクレオチド生合成に関与する中間体と酵素群の役割を示している．最初の反応を触媒する酵素は**サイトゾルに局在する**カルバモイルリン酸シンターゼ II carbamoyl phosphate synthase II（EC 6.3.5.5）であり，この酵素は尿素合成にはたらいて

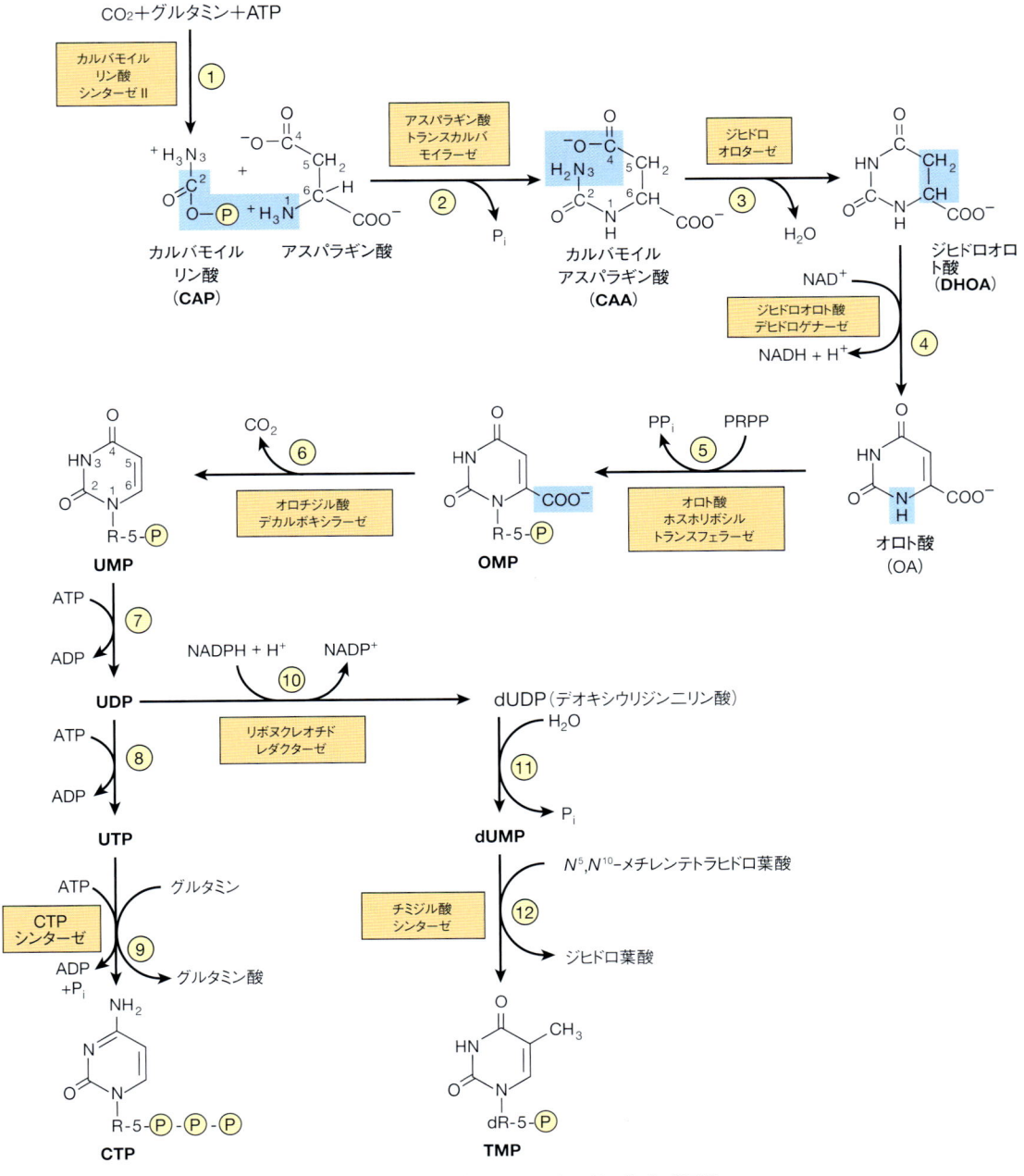

図 33-9. ピリミジンヌクレオチドの生合成経路

いるミトコンドリア局在のカルバモイルリン酸シンターゼ I とは異なっている（図 28-16 参照）．細胞内のコンパートメント化（区分け）により，カルバモイルリン酸にはそれぞれの経路に対応して 2 つの独立したプールが存在する．PRPP がプリン環形成の足場として機能しているプリン生合成の場合（図 33-2）とは異なり，ピリミジン生合成においては，PRPP はピリミジン環形成後の反応にのみ関与する．プリン生合成と同様に，ピリミジンヌクレオチド生合成にも大量のエネルギーが必要であることがわかる．

多機能タンパク質がピリミジン生合成の初期反応を触媒する

ピリミジン生合成経路の最初の 6 個の酵素活性の中で，5 個までが**多機能をもつポリペプチド**として存在している．酵素活性名の頭文字から名づけられた CAD が，図 33-9 の最初の 3 種の反応を触媒する．2 種目の二機能酵素は図 33-9 の反応⑤と⑥を触媒する．複数の活性部位が 1 つの多機能酵素上に近接して存在していることで，ピリミジン生合成の中間体が効率よく受け渡されている．

ウラシルとシトシンのデオキシリボヌクレオシドはサルベージ経路で合成される

核酸，とくにメッセンジャー RNA の代謝回転の際に放出されるアデニン，グアニン，ヒポキサンチンは，いわゆる**サルベージ経路 salvage pathway** によって，ふたたびヌクレオシド三リン酸へと転換される．哺乳類の細胞では，遊離のピリミジンはほとんど再利用されないが，ウリジンとシチジンのピリミジンリボヌクレオシドとチミジンとデオキシシチジンのピリミジンデオキシリボヌクレオシドは，"サルベージ反応"によって，それぞれ相当するヌクレオチドに転換される．

$$グアニン + PRPP \rightarrow GMP + PP_i$$
$$ヒポキサンチン + PRPP \rightarrow IMP + PP_i$$

リン酸基転移酵素（キナーゼ）は，ATP の γ-リン酸基を dNDP の 2′-デオキシシチジン，2′-デオキシグアノシン，2′-デオキシアデノシンの二リン酸に転移する反応を触媒し，それぞれに対応するヌクレオシド三リン酸に変換する．

$$NDP + ATP \rightarrow NTP + ADP$$
$$dNDP + ATP \rightarrow dNTP + ADP$$

メトトレキセートはジヒドロ葉酸の還元を抑制する

チミジル酸シンターゼ（EC 2.1.1.45）が触媒する反応（図 33-9，反応⑫）は，ピリミジンヌクレオチド合成においてテトラヒドロ葉酸を必要とするただ 1 つの反応である．この反応の過程で，N^5,N^{10}-メチレンテトラヒドロ葉酸のメチレン基は還元されてメチル基となり，ピリミジン環の 5 位に転移し，一方でテトラヒドロ葉酸の酸化型であるジヒドロ葉酸が生成する．さらなるピリミジン合成が起こるためには，ジヒドロ葉酸はテトラヒドロ葉酸に再度還元されなくてはならない．ジヒドロ葉酸レダクターゼ（EC 1.5.1.3）によって触媒される本反応が，**メトトレキセート methotrexate** によって阻害される．そのため，TMP とジヒドロ葉酸とを生産することが必須である増殖細胞は，抗がん剤であるメトトレキセートのような，ジヒドロ葉酸レダクターゼの阻害剤に対しとりわけ感受性が高い．

ある種のピリミジン類似体はピリミジンヌクレオチド生合成系酵素の基質になる

アロプリノール allopurinol と抗がん剤 **5-フルオロウラシル 5-fluorouracil**（図 32-13 参照）は，オロト酸ホスホリボシルトランスフェラーゼ（EC 2.4.2.10）の基質となり得る（図 33-9，反応⑤）．どちらの薬剤も，ホスホリボシル化され，アロプリノールの場合は，ピリミジン環の N^1 位にリボシルリン酸が添加され，ヌクレオチドに転換される．

ピリミジンヌクレオチド生合成の調節

遺伝子発現と酵素活性の両方のレベルで調節が行われている

ピリミジン生合成の調節では CAD[1] が中心となる．CAD 遺伝子は，転写と翻訳のレベルで調節されている．酵素活性のレベルでは，CAD のカルバモイルリン酸シンターゼ II（CPS）活性は，PRPP で活性化され UTP

---

1) 訳者注：カルバモイルリン酸シンターゼ II carbamoyl phosphate synthase II，アスパラギン酸トランスカルバミラーゼ aspartate transcarbamylase，ジヒドロオロターゼ dihydroorotase のそれぞれの頭文字をとって CAD と略される．

でフィードバック阻害される．しかしながら，UTP の影響は CAD の Ser 1406 のリン酸化によって失われる．

プリンおよびピリミジンヌクレオチド生合成は統合的に制御される

　プリンとピリミジンの生合成は並行していて，定量的に，つまり等モルに合成されるので，それらの生合成は統合的に制御されていると思われる．いくつかの交差的調節部位があることが，プリンおよびピリミジン生合成につながる経路の特徴である．PRPP シンテターゼの反応（図 33-2，反応①）は，両合成過程に必須な前駆体を供給する反応であり，プリンおよびピリミ

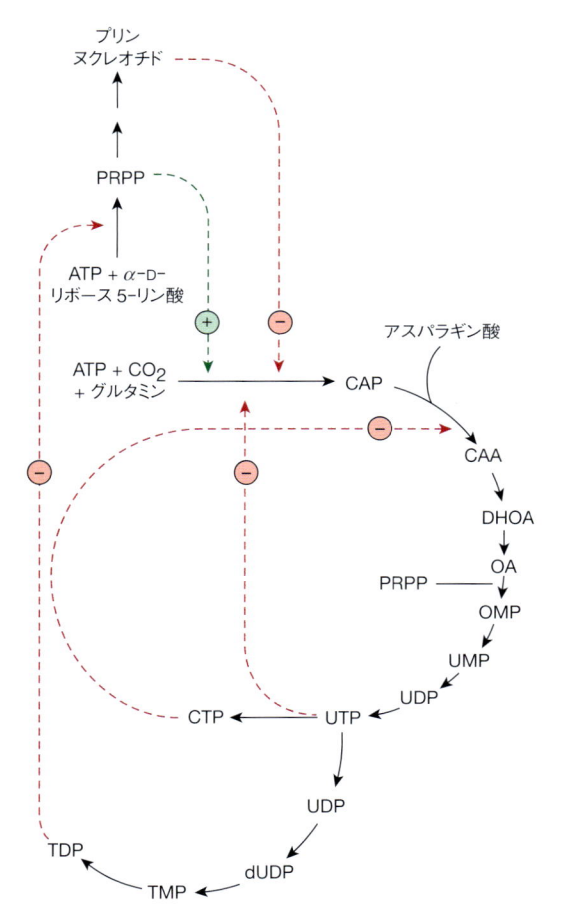

図 33-10. プリンおよびピリミジンリボヌクレオチド生合成と，それぞれに対応する 2′-デオキシリボヌクレオチドへの還元反応の制御的側面
破線はそれぞれ，正（⊕），負（⊖）のフィードバック調節を示す．ピリミジンリボヌクレオチド生合成における中間体の略語は以下のとおりである．構造は，図 33-9 を参照．（CAA：カルバモイルアスパラギン酸，DHOA：ジヒドロオロト酸，OA：オロト酸，OMP：オロチジン一リン酸，PRPP：ホスホリボシルピロリン酸）

ジンヌクレオチドの両方によって，フィードバック阻害される（**図 33-10**）．プリンおよびピリミジンヌクレオチドの NDP を NTP に変換する反応においても，同様の調節機構が存在している（図 33-8）．

ヒトはプリン体を尿酸に異化する

　ヒトはアデノシンとグアノシンを尿酸 uric acid に変換する（**図 33-11**）．アデノシンは，まずアデノシンデアミナーゼ（EC 3.5.4.4）によりイノシンに換えられる．高等霊長類以外の哺乳類では，ウリカーゼ uricase（EC 1.7.3.3）が，尿酸を水溶性の産物であるアラントイン allantoin に変換する．しかし，ヒトはウリカーゼをもっていないので，ヒトではプリンの異化反応の最終産物は尿酸である．

プリン異化過程の代謝異常

　PRPP シンテターゼ（図 33-2，反応①）の種々の遺伝的欠損が臨床的に痛風を起こす．各々の欠損，たとえば V_{max} 値の上昇，リボース 5-リン酸に対する親和性の増加，あるいはフィードバック阻害に対する抵抗性などが，プリン分解産物の過剰生産，および過剰排出を引き起こす．血清中の尿酸レベルが溶解度の上限を超えると尿酸ナトリウムが軟組織および関節で結晶として析出し，その部位で炎症反応を起こし，**痛風性関節炎 gouty arthritis** となる．しかし，大部分の場合，痛風は腎における尿酸の処理の異常で起こる．

　ヒトでプリン欠乏状態はまれであるが，プリン異化代謝の遺伝性異常は数多く存在している．**高尿酸血症 hyperuricemia** は，全尿酸塩排出量が正常か過多かによって区別される．ある種の高尿酸血症は，特定の酵素の障害による．そのほかに，がんあるいは乾癬などの組織の代謝回転が増加する病態で，二次的に高尿酸血症が起きてくることが知られている．

Lesch-Nyhan 症候群

　Lesch-Nyhan 症候群はプリン過剰生産による高尿酸血症であり，しばしば尿酸結石症および自傷 self-mutilation という異様な症状を伴う．これは，プリンサルベージ経路（図 33-4）の酵素である**ヒポキサンチンホスホリボシルトランスフェラーゼ hypoxanthine phosphoribosyltransferase** の欠損によって起こる．PRPP

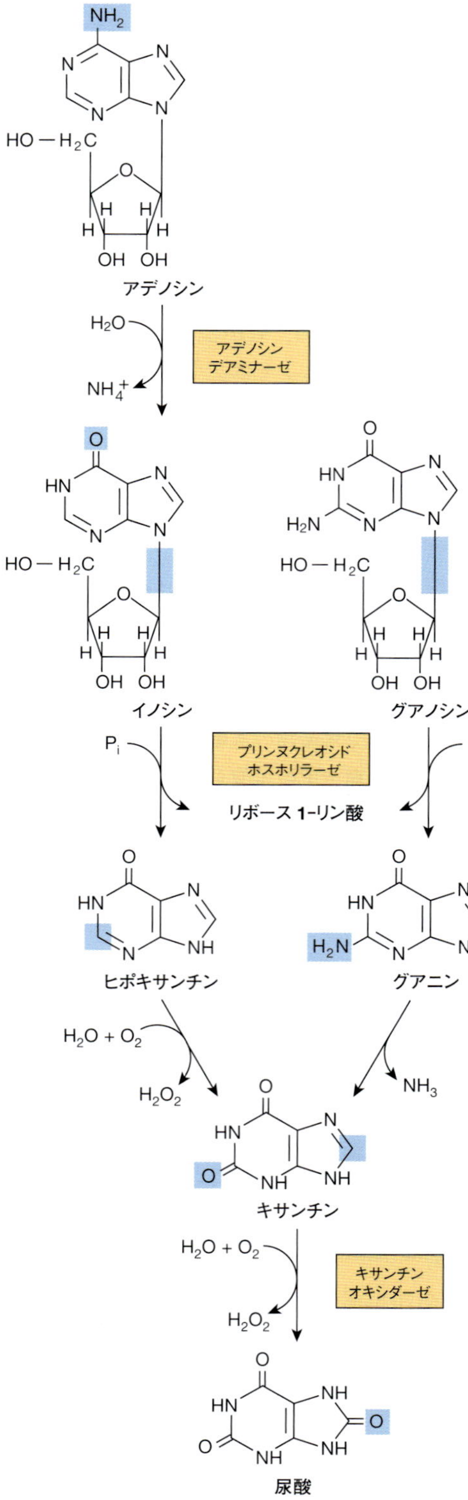

の細胞内濃度が上昇してプリンが過剰生産される．この酵素の活性を減少あるいは欠落させる数多くの遺伝子変異（遺伝子欠失，フレームシフト，一塩基置換，また mRNA の異常なスプライシングを起こす変化など）が知られている．

von Gierke 病

　von Gierke 病（**グルコース-6-ホスファターゼ欠損症 glucose-6-phosphatase deficiency**）に見られるプリンの過剰生産と高尿酸血症は，PRPP の前駆物質であるリボース-5-リン酸の合成上昇に由来する二次的な結果である．それに加えて，この病気に伴う高乳酸血症が腎臓での尿酸排出の閾値を上昇させ，体内に尿酸が蓄積するようにはたらく．

低尿酸血症

　先天性の遺伝子異常や高度の肝臓障害の結果による**キサンチンオキシダーゼ xanthine oxidase**（EC 1.17.3.2）の欠失（図 33-11）に伴って，低尿酸血症とヒポキサンチンおよびキサンチンの排出増加が起こる．強度のキサンチンオキシダーゼ欠乏ではキサンチン尿症 xanthinuria とキサンチン結石症 xanthine lithiasis がみられる．

アデノシンデアミナーゼおよびプリンヌクレオシドホスホリラーゼ欠損症

　アデノシンデアミナーゼ欠損症 adenosine deaminase deficiency（図 33-11）には複合型の強い免疫不全症が伴う．すなわち，胸腺由来リンパ球（T 細胞）および骨髄由来リンパ球（B 細胞）の両方の数が少なくなり，その機能に異常が見られ，患者は重篤な免疫不全に陥る．乳幼児の場合，酵素補充や骨髄移植を行わなければ，しばしば重篤な感染症によって死に至る．**プリンヌクレオシドホスホリラーゼ purine nucleoside phos-**

図 33-11. プリンヌクレオシドからヒポキサンチン，キサンチンおよびグアニンを経る尿酸の生合成経路
プリンデオキシリボヌクレオシドも同じ酵素によって同じ経路で分解される．哺乳類では，胃腸管粘膜にこれらの酵素がすべて存在する．
＊ 訳者注：最近，キサンチンオキシダーゼは，生体内では，大部分がキサンチンデヒドロゲナーゼであって，NAD を水素受容体としているが，普通 10％ ぐらいの酵素は構造の二次的変化から O_2 を電子受容体とするオキシダーゼ型（一般の教科書に記載されているもの）に変わっているということがわかっている．

表 33-1. プリンおよびピリミジンの代謝異常

酵　素	酵素 EC 番号	OMIM 番号	おもな症状	図番号
プリン代謝				
ヒポキサンチンホスホリボシルトランスフェラーゼ	2.4.2.8	308000	Lesch-Nyhan 症候群，尿酸血症，自傷行為	図 33-4
PRPP シンテターゼ	2.7.6.1	311860	痛風，痛風性関節炎	図 33-2，反応①
アデノシンデアミナーゼ	3.5.4.4	102700	重篤な複合型免疫不全症	図 33-11
プリンヌクレオシドホスホリラーゼ	2.4.2.1	164050	自己免疫疾患，良性感染，日和見感染	図 33-11
ピリミジン代謝				
ジヒドロピリミジンデヒドロゲナーゼ	1.3.1.2	274270	5-フルオロウラシルやその他本酵素の基質となる物質が毒性を示す	図 33-12
オロト酸ホスホリボシルトランスフェラーゼおよびオロチジル酸デカルボキシラーゼ	2.4.2.10 および 4.1.1.23	258900	オロト酸尿，巨赤芽球性貧血	図 33-9，反応⑤と⑥

phorylase（EC 2.4.2.1）の機能欠陥では T 細胞の著しい機能低下を伴うが，B 細胞の機能は一見正常である．免疫機能の異常は dGTP と dATP の蓄積によって起こるようである．これらのヌクレオチドは，リボヌクレオチドレダクターゼを阻害することによって，細胞内で DNA 合成の前駆体が欠乏する．**表 33-1** に，プリン代謝異常として知られる疾患をまとめた．

ピリミジン異化産物は水溶性である

プリン異化では難溶性の産物がつくられるのに対して，ピリミジン異化の最終産物，すなわち CO_2，NH_3，β-アラニン，β-アミノイソ酪酸は高い水溶性をもつ（**図 33-12**）．白血病にかかるか，あるいは大量の X 線の曝射を受けて DNA の崩壊が増加すると，β-アミノイソ酪酸の排出が増加する．しかし，中国人または日本人を祖先にもつ人の多くは，常に多量の β-アミノイソ酪酸を排出している．

β-アラニンや β-アミノイソ酪酸の代謝異常は，ピリミジン異化酵素の異常によって引き起こされる．このような異常症の1つである**β-ヒドロキシ酪酸尿症 β-hydroxybutyric aciduria** は，完全もしくは部分的な**ジヒドロピリミジンデヒドロゲナーゼ dihydropyrimidine dehydrogenase**（EC 1.3.1.2，図 33-12）の欠乏によって起こる．遺伝的には，酵素の欠失によって引き起こされる．ウラシル尿症とチミン尿症の複合型としても知られるピリミジン異化異常症は，β-アミノ酸代謝の異常でもある．なぜなら，β-アラニンや β-ア

ミノイソ酪酸の合成が行われないからである．遺伝的な異常は，重い神経学的合併症を伴う．遺伝的でなくても，ジヒドロキシピリミジンデヒドロゲナーゼの活性が低い患者に，抗がん剤である 5-フルオロウラシル（図 32-13 参照）を投与した場合に，同様の症状が引き起こされる可能性がある．

プソイドウリジンは未変化のままで排出される

ヒトには，RNA 分解に由来するプソイドウリジン pseudouridine（ψ）の加水分解やリン酸化を触媒する酵素はない．このまれなヌクレオチドは健常人の尿中にそのまま排泄される．そのため，プソイドウリジンは最初にヒトの尿中から単離された（**図 33-13**）．

ピリミジン分解物の過剰生産が臨床的異常をもたらすことはまれである

ピリミジン異化代謝の最終産物は水溶性が極めて高いので，ピリミジンの過剰生産があったとしても，臨床的な異常をもたらすことは少ない．表 33-1 には例外をあげてある．PRPP の高度の過剰生産に伴う高尿酸血症では，同時にピリミジンヌクレオチドの過剰生産が生じ，β-アラニンの排泄が増す．チミジル酸（TMP）合成には，N^5,N^{10}-メチレンテトラヒドロ葉酸が必要なので，葉酸およびビタミン B_{12} の代謝異常は，TMP の欠乏を引き起こす．

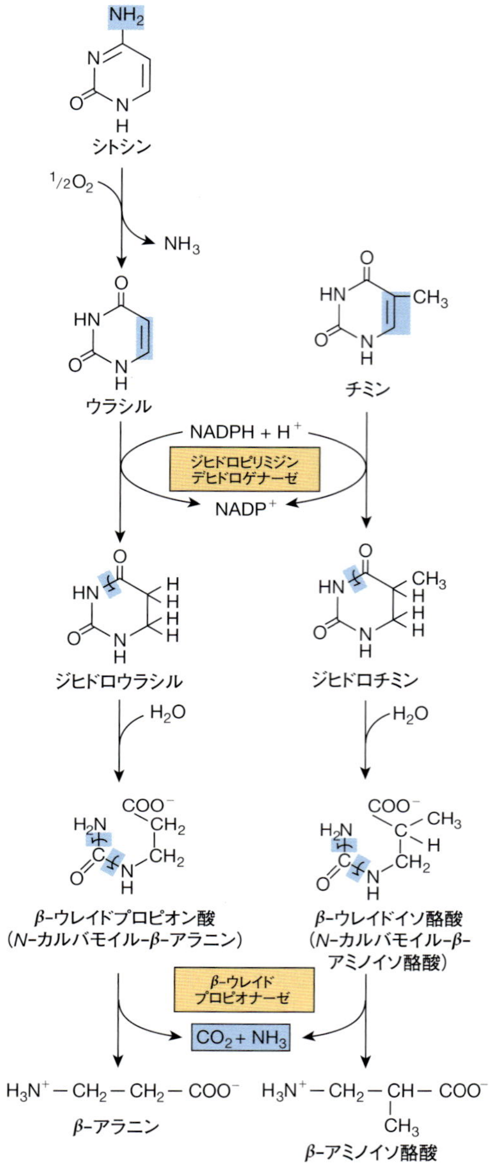

図 33-12. ピリミジンの分解
肝臓の β-ウレイドプロピオナーゼは，ピリミジン前駆体からの β-アラニンおよび β-アミノイソ酪酸の生成を触媒する.

オロト酸尿

Reye 症候群 Reye syndrome に伴うオロト酸尿は，おそらく，ミトコンドリアがひどく障害されて尿素合成用のカルバモイルリン酸を利用できなくなるために起こる疾患であると考えられる．サイトゾルでカルバモイルリン酸が過剰となり，オロト酸の過剰生産を引き起こすのであろう．**オロト酸尿 I 型 type I orotic acid-**

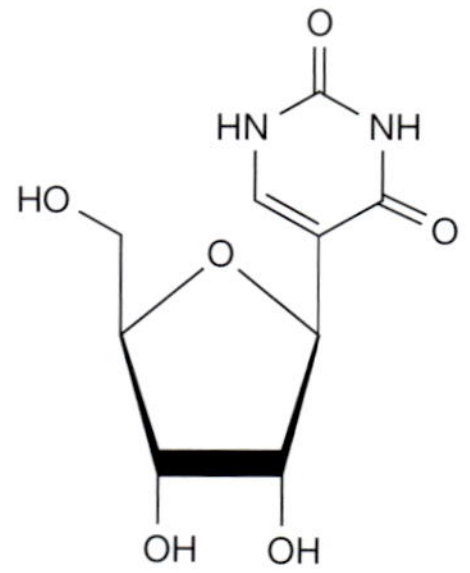

図 33-13. プソイドウリジンの構造
ウリジンの 5 位の炭素原子にリボースが結合している.

uria は，オロト酸ホスホリボシルトランスフェラーゼ（EC 2.4.2.10）およびオロチジル酸デカルボキシラーゼ（EC 4.1.1.23）（図 33-9，反応⑤および⑥）の欠損による．また，これよりまれな疾患である**オロト酸尿 II 型 type II orotic aciduria** は，オロチジル酸デカルボキシラーゼ（図 33-9，反応⑥）のみが欠損しているため生ずる.

尿素回路酵素の欠損ではピリミジン合成前駆体の排泄が起こる

肝臓ミトコンドリアの酵素であるオルニチントランスカルバミラーゼ欠乏症（図 28-16，反応②参照）では，オロト酸，ウラシル，ウリジンの排泄増加が起こる．利用の低下した基質，カルバモイルリン酸がサイトゾル中に入り，そこでピリミジンヌクレオチド合成を促進する．これによる**オロト酸尿 orotic aciduria** は軽度であるが，高窒素食をとると程度が高くなる.

オロト酸尿を促進する薬物がある

プリン同族体アロプリノール **allopurinol**（図 32-13）は，オロト酸ホスホリボシルトランスフェラーゼの基質となり（図 33-9，反応⑤），天然の基質であるオロト酸と競合する．さらに，生じたヌクレオチドがオロチジル酸デカルボキシラーゼ（図 33-9，反応⑥）を阻害するので，オロト酸尿およびオロチジン尿症 orotidinuria が起きてくる．6-アザウリジン 6-azauridine は 6-アザウリジル酸 6-azauridylate に転換してから，オロチジル酸デカルボキシラーゼ（図 33-9，反応⑥）を競合的に阻害して，オロト酸およびオロチジンの排泄を大きく上昇させる．尿素の輸送体をコードする 4 つの遺伝子が同定されている．そのうちの 2 つがコードしているタンパク質は，近位尿細管細胞の頭頂側の細胞膜に局在している.

まとめ

■ 食事中の核酸は分解されて遊離プリンとピリミジン を生じる. プリンとピリミジンは体内で両性中間体 より合成されるので, 食事的には必須ではない.

■ IMP 生合成経路のいくつかの反応は葉酸誘導体と グルタミンを要求する. したがって, 抗葉酸剤とグ ルタミン類似体はプリン生合成を阻害する.

■ IMP は AMP と GMP の前駆体である. グルタミン は GMP の 2-アミノ基を, アスパラギン酸は AMP の 6-アミノ基を供給する.

■ ATP からのリン酸基転移で AMP と GMP から ADP と GDP が生じる. ATP からの 2 回目のリン酸基転 移によって GTP が生じる. 一方, ADP はおもに酸 化的リン酸化によって ATP に変換される.

■ 肝臓でのプリンヌクレオチドの生合成は, PRPP の プールサイズ, および PRPP グルタミンアミドトラ ンスフェラーゼの AMP および GMP によるフィー ドバック阻害によって, 厳しく調節されている.

■ プリンとピリミジンヌクレオチドの生合成は協調的 に調節され, 核酸生合成および他の代謝上の必要に 応じた量比で各々のヌクレオチドが存在することを 保証している.

■ ヒトはプリンを異化して尿酸 (pK_a 5.8) を生成する. 尿酸は酸性の pH では比較的不溶性の酸として, あ るいは中性の pH ではより水溶性の尿酸ナトリウム 塩として存在する. 尿酸結晶の存在は痛風の診断の 根拠となる. 他のプリン異化の異常としては, Lesch-Nyhan 症候群, von Gierke 病, 低尿酸血症などがあ る.

■ ピリミジンの異化産物は水溶性であるので, それら の過剰生産は臨床的な異常を生じない. しかし, オ ルニチントランスカルバミラーゼ欠損症でピリミジ ン合成の前駆体が排出されることがある. これは, 余ったカルバモイルリン酸がピリミジン生合成系に 流入するためである.

文　献

Brassier A, Ottolenghi C, Boutron A, et al: Dihydrolipoamide dehydrogenase deficiency: a still overlooked cause of recurrent acute liver failure and Reye-like syndrome. Mol Genet Metab 2013;109:28.

Fu R, Jinnah HA: Genotype-phenotype correlations in Lesch-Nyhan disease: moving beyond the gene. J Biol Chem 2012;287:2997.

Fu W, Li Q, Yao J, et al: Protein expression of urate transporters in renal tissue of patients with uric acid nephrolithiasis. Cell Biochem Biophys 2014;70:449.

Moyer RA, John DS: Acute gout precipitated by total parenteral nutrition. J Rheumatol 2003;30:849.

Uehara I, Kimura T, Tanigaki S, et al: Paracellular route is the major urate transport pathway across the blood-placental barrier. Physiol Rep 2014;20:2.

Wu VC, Huang JW, Hsueh PR, et al: Renal hypouricemia is an ominous sign in patients with severe acute respiratory syndrome. Am J Kidney Dis 2005;45:88.

核酸の構造と機能

Nucleic Acid Structure and Function

34

学習目標
本章習得のポイント

- 真核細胞の核内および細胞内小器官（オルガネラ）に見出される遺伝物質であるデオキシリボ核酸，すなわち，DNA の化学的な単量体または重合体（ポリマー）の構造を理解する．

- なぜ真核生物のゲノム DNA が二本鎖で，高度に陰性に荷電しているかを説明する．

- DNA の遺伝情報が DNA 複製の過程を経て，いかにして忠実に複製され得るかを理解する．

- いかにして DNA の遺伝情報が無数の明確な形のリボ核酸（RNA）に転写，またはコピーされるのか理解する．

- 情報量に富む RNA の一型，いわゆるメッセンジャー RNA（mRNA）が転写後に修飾され，細胞質に運ばれ，そしてタンパク質に翻訳され，それが個々の細胞，組織や器官の構造，形そして究極的機能を形成する分子であり得るのかを理解する．

生物医学的重要性

　遺伝情報が，たった 4 つの型の単量体単位からなる重合分子に沿ってコードされているという発見は，20 世紀の最も重要な科学的偉業の 1 つである．この重合分子，デオキシリボ核酸 deoxyribonucleic acid（DNA）は遺伝の化学的基礎であり，遺伝情報の基本的単位である遺伝子を編成している．基本的な情報の経路，すなわち DNA が RNA の合成を指令し，それが代わってタンパク質合成を指令し，調節することが明らかとなった．遺伝子は自律的に機能するのではなく，その複製および機能はいろいろな遺伝子産物とくにタンパク質によって，しばしば各種のシグナル伝達経路の成分と協力して制御されている．核酸の構造と機能に関する知識は，遺伝学と病気の遺伝的基礎およびその病態生理学的諸相を理解するうえで必要欠くべからざるものである．

DNA は遺伝情報を含んでいる

　DNA が遺伝情報を含んでいるという証明は，1944 年の Avery，MacLeod，McCarty による一連の実験によって初めて行われた．彼らはある肺炎球菌から精製した DNA を莢膜型の異なる別の肺炎球菌に導入することによって，後者の莢膜型が前者の莢膜型へ変わることを示したのである．そして，その変化を起こす因子（後に DNA であることが示された）を"形質転換因子 transforming factor"とよんだ．その後，同様の概念に基づく遺伝的操作は日常のこととなり，現在では，クローン化した DNA を遺伝情報の運び屋としてヒト細胞を含むさまざまな真核生物の細胞や哺乳動物の胎仔（胚）に導入することが可能となった．

DNA は 4 つの異なる種類のデオキシヌクレオチドを含んでいる

　DNA の単量体デオキシヌクレオチド単位，すなわちデオキシアデニル酸 deoxyadenylate，デオキシグアニル酸 deoxyguanylate，デオキシシチジル酸 deoxycytidylate，チミジル酸 thymidylate の化学的性質は 32 章に述べた．DNA の単量体単位は，**図 34-1** のように，3′,5′-ホスホジエステル結合によって重合体を形成し単鎖を構成している．DNA に含まれる情報の内容（遺伝暗号）は，これら単量体，すなわちプリンとピリミジンデオキシリボヌクレオチドが並んでいる配列の中に存在すると考えられている．この重合体は図に示したように極性，すなわち方向性 polarity をもっている．一

図 34-1. DNA らせんの一部分．*N*-グリコシド結合により核酸塩基と結合している 2′-デオキシリボシル残基間のホスホジエステル骨格によって，プリンと，ピリミジン塩基であるグアニン（G），シトシン（C），チミン（T），アデニン（A）が結びついている

ホスホジエステル骨格が負に帯電していることと極性（方向性）を有していることに注目されたい．習慣的に，単鎖の DNA 配列は 5′ から 3′ 方向，すなわち，pGpCpTpA（ここで G，C，T，A は 4 つの塩基を，p はその間をつなぐリン酸を表す）で書くことになっている．

方の端は 5′-ヒドロキシ基またはリン酸であり，他端は 3′-リン酸基である．この極性の重要さは明らかである．遺伝情報は重合体における単量体単位の配列として表されるので，この特異的な情報を忠実に再生あるいは複製する機構がなくてはならない．この複製機構の必要性，Franklin による DNA 分子の X 線回折データ，さらに Chargaff の観察（DNA 分子の中ではデオキシアデノシン（A）ヌクレオチドの濃度がチミジン（T）ヌクレオチドの濃度に等しく，デオキシグアノシン（G）ヌクレオチドの濃度はデオキシシチジン（C）ヌクレオチドの濃度に等しい）にもとづき，Watson，Crick と Wilkins は 1950 年代の初期に**二本鎖（ds）DNA**分子のモデルを提案した．彼らが提唱した模型を**図34-2**に示す．この二本鎖分子の 2 本の鎖は，それぞれの線状分子のプリン-ピリミジン間の**水素結合 hydrogen bond**（**H-bond**，図 2-2 参照）と，重なった隣の塩

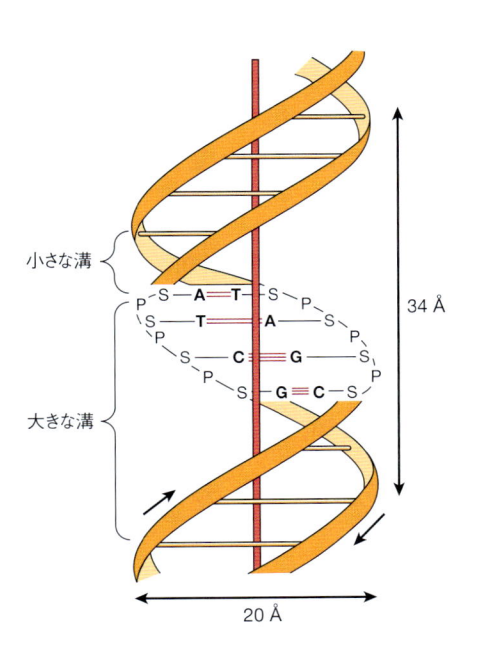

図 34-2. DNA の B 型二重らせん構造の Watson-Crick モデル

水平の矢印は二重らせんの幅（20 Å）を示し，垂直の矢印は二重らせんの完全な 1 回転によって占める距離（34 Å）を示す．B 型 DNA の 1 回転は 10 塩基対を含む．したがって 1 塩基ごとの登りは 3.4 Å である．二重らせんの中心軸は垂直の棒で示されており，短い矢印は逆平行な鎖の方向性を表示する．大，小の溝も示した．なお，1Å = 10^{-10} m である．

［A：アデニン，C：シトシン，G：グアニン，T：チミン，P：リン酸，S：糖（デオキシリボース）］A/T および G/C 塩基間の水素結合は短い着色した水平の線で示した．

基対間の**ファンデルワールス力 van der Waals force**および**疎水性相互作用 hydrophobic interaction**（2章および図 2-4 参照）によって，決まった形に結びつけられている．反対側の鎖上にあるプリン-ピリミジン間の対は非常に特異的であって，**A と T**，および **G と C** の水素結合に依存している（図 34-2）．**A-T および G-C の塩基ペアはワトソンクリック塩基対**とよばれる．

　この DNA はふつう右巻きであるといわれる．それはこの二本鎖を見下したとき，塩基残基が時計まわり方向のらせんを形成するからである．また二本鎖の分子では，ホスホジエステル結合の回転には制限があること，グリコシド結合はアンチコンホメーションを好むこと（図 32-5 参照），4 個の塩基（A, G, T, C）には各々主たる異性体（図 32-3 参照）が存在することのため，A は T とのみ，G は C とのみ対をつくることができる（**図34-3**）．この塩基対の制限により，二本鎖 DNA 分子において A の含量は T の含量に等しいという以前の観察が説明できる．二重らせん分子の 2 本の鎖は両方ともに**極性 polarity** があり，**逆方向平行構造 anti-parallel** をとっている．すなわち，1 本の鎖は 5′→3′ へ，もう 1 本の鎖は 3′→5′ に向いている．二本鎖 DNA 分子において特定の遺伝子の遺伝情報は一方の鎖，すなわち**鋳型鎖 template strand** のヌクレオチド配列として存在する．これは**リボ核酸 ribonucleic acid（RNA）**

合成の際にコピーされる DNA 鎖であるので，ときに**非コード鎖 noncoding strand** ともよばれる．もう一方の鎖は，タンパク質をコードする RNA 転写産物と一致するため（ただし，チミンの代わりにウラシルを含む．図 34-6 参照），**コード鎖 coding strand** とよばれる．

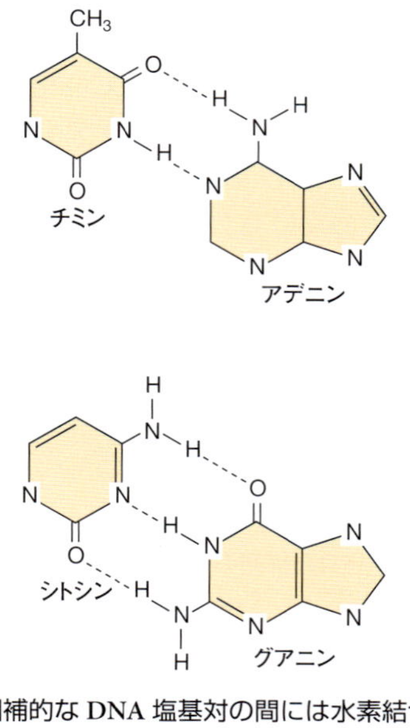

　向き合った鎖間の塩基が水素結合を形成することにより支えられている 2 本の鎖は，**二重らせん double helix** の形で中央の軸のまわりを巻いている．試験管の中では二本鎖 DNA は少なくとも 6 つの形で存在し（A〜E-DNA および Z-DNA），これらの異なる型の DNA は，DNA 鎖内あるいは DNA 鎖間の相互作用の様式が異なり，DNA のヌクレオチド単位内での構造変換を含んでいる．**B 型は通常，生理的条件下で見出される**．B 型 DNA 分子には，長軸のまわりを 1 回転する間に 10 個の塩基対が含まれる．また，このらせん軸 1 回転あたり B 型 DNA 分子が進む距離は 34 Å（3.4 nm）であり，二本鎖の幅（らせんの直径）は 20 Å（2 nm）である．

DNA分子の中には溝が存在する

　図 34-2 に示したモデルを調べると，ホスホジエステルの軸と平行した分子に沿って走る**大きな溝（主溝）major groove** と小さな溝（副溝）**minor groove** の存在が明らかになる．この溝の中で，タンパク質はヌクレオチドの露出した原子と（特異的な疎水性およびイオン性相互作用を介して）しばしば選択的に相互作用し，特定のヌクレオチド配列と，それにより生ずるユニークな形状を識別して，そこに結合している．この結合は通常，二本鎖 DNA の塩基対を壊すことなく起こる．35 章と 38 章で述べるように，調節タンパク質は，そのような相互作用によって DNA 複製，修復，組換えに加えて，特定の遺伝子は翻訳を制御することで，細胞機能に非常に大きな貢献をしている．

DNAの変性はその構造を解析するために用いられる

　図 34-3 に示したように，陰性荷電をもつ N または O に結合した H によって生じた 3 個の水素結合がデオキシグアノシンとデオキシシチジン（G-C 対）をつないでいる．これに対して，A-T 対は標準的な塩基対であり，2 個の水素結合によってつながっている．4 つの DNA ヌクレオチドの塩基［プリン（デオキシグアニン，デオキシプリン）とピリミジン（デオキシチミン，デオキシシトシン）］は平面的な構造の分子である（図 32-1 および表 32-1 参照）．この特徴のため，DNA 二重ら

図34-3. 相補的な DNA 塩基対の間には水素結合が形成される

アデニンとチミンの間には 2 つの水素結合が，シトシンとグアニンの間には 3 つの水素結合が形成される．破線は水素結合を示す．

せんの中で近接して積み重なることができる（図34-2）．さらに，芳香族ヘテロ環状塩基は高度に極性化しており，塩基内の多くの原子がいくらかの電荷を帯びていることから，積層した塩基が分子間力および静電気力によって相互作用することができる．以上のような力は塩基積層力あるいは塩基積層相互作用とよばれている．塩基積層相互作用は隣接するG-C対（もしくはC-G対）間の方がA-T対（あるいはT-A対）間よりも強い．したがって，G-Cに富むDNA配列の方がA-Tに富むDNA領域よりも“融解”すなわち変性あるいはDNA鎖の解離に対して耐性がある．

DNAは試験管内および生細胞内で可逆的に変性および再生することができる

研究室において，**DNAの二本鎖構造**は，溶液の中で温度を上げるか，あるいは塩濃度を下げるか，デオキシヌクレオチドの塩基と競合的に**水素結合を形成するようなカオトロピック試薬**（尿素やグアニジン塩酸など）を加えるか，あるいはこれら3つを組み合わせた処理によって，2つの成分鎖に**分離あるいは変性**する．このような条件のもとでは，2本の塩基の束が離ればなれになるのみならず，塩基そのものも積み重ならなくなるが，2本のDNA単鎖はホスホジエステル骨格によってつながった状態を維持している．このDNA分子が変性して一本鎖になるとともに，それぞれのDNA鎖に含まれるプリンおよびピリミジン塩基の紫外線吸収スペクトル（260 nm，32章参照）における吸光度は上昇する．これは変性による**深色効果 hyperchromicity**とよばれる現象である．二本鎖DNA分子は塩基の積み重なりと，その束の間の水素結合の複合的な相互作用力によって，固い棒のような性質を示す．そのため，溶液の中では粘稠な物質であるが変性するとその粘性を失う．

二本鎖DNA分子の鎖は，ある温度範囲で分離する．測定された**DNA変性**の中央値は**融解温度**またはT_mとよばれ，DNAの塩基組成や溶液の塩濃度（または種々の溶質，後述）によって影響を受ける．前述したとおり，水素結合の数や塩基積層の様式が異なるので，G-C塩基対に富んだDNAは，A-T塩基対に富んだDNAよりもより高い温度で融解する．1価陽イオン濃度を10倍上げると，二本鎖DNAの鎖間の反発，すなわち高度に負に荷電したそれぞれの一本鎖DNAのホスホジエステル結合のリン酸基間の反発を中和することによって，T_mは上昇する．たとえば，塩化ナトリウム NaCl濃度を0.01 mol/Lから0.1 mol/Lにあげると，

T_mが16.6 ℃上昇する．これとは逆に，**尿素 urea**（NH_2CONH_2，図28-16参照）や**ホルムアミド formamide**（CH_3NO）は効率的に塩基と水素結合を形成するために，塩基間の水素結合を不安定化する．このような溶液条件はT_mを低下させる．カオトロピック分子を添加することで，DNA鎖または相補的なDNA-RNA，そして分子内のRNA-RNAハイブリッド（後述）がずっと低い温度で分離するようになる．低い温度での処理は，溶液中で長期間置いた場合に起こるホスホジエステル結合の切断やヌクレオチドの化学的なダメージを最小限に抑えることができる．生細胞では，DNA変性や再生（後述）は，DNAの複製，組換え，修復（35章），転写（36章）においてみられる．これらのプロセスにおいては，DNA鎖の分離と再生は，特定の核酸結合タンパク質やさまざまな酵素のはたらきと，温度変化やATP加水分解で供給される化学エネルギーの利用によって進行する．

DNAの“再生”には正確に塩基対が対応することが必要である

注目すべきこととしては，分離したDNA鎖は，適当な生理的な温度と塩濃度になると**再生**あるいは**再結合**する．この再結合過程はしばしば，**再生あるいはハイブリダイゼーション hybridization**（ハイブリッド形成）[1]とよばれる．DNA鎖の再結合の速度は相補的な鎖の濃度に依存する．一定の温度と塩濃度においては，特定のDNA鎖は相補鎖とのみ強く結合するのである．つまり，**再生は非常に特異性が高い反応である**．実際に，研究者は再生したDNAハイブリッド分子に存在する一塩基のミスマッチを検出し定量することが可能であることを示してきた．注目すべきこととして，DNA-DAN，DNA-RNA，RNA-RNA混成分子も適当な条件下では形成される．たとえばDNAは**相補的 DNA（cDNA）**や，そのDNAに由来する**相補的 RNA（cRNA）**とも完全な二本鎖混成分子（ハイブリッド）をつくる．このハイブリッド形成法が，さまざまな洗練された分析法と組み合わさることで，科学者はほんのわずかな量のDNAやRNAを特異的に検出，同定，さらには配列を決定することができる．これらの核酸分析法については，39章でさらに詳しく述べる．

---

1)　訳者注：本来RNAと相補的なDNAとの結合をいい，DNAどうしの場合はreassociation，またはrenaturationというのが正しいが，近年その区別は若干緩くなっている．

DNAは弛緩した，あるいは超らせんの形態で存在する

細菌，バクテリオファージ，および多くの DNA を含む動物ウイルスなどの生物においては，ミトコンドリア（図 35-8 参照）のような細胞小器官（オルガネラ）と同様に DNA 分子の両端は結合し，共有結合の自由末端がない閉じた環をつくっている．この結果，分子の極性が失われることはもちろんないが，3′ 位および 5′ 位の遊離ヒドロキシ基および遊離リン酸基はまったく存在しなくなる．閉じた環状 DNA は，弛緩構造あるいは超らせん構造で存在する．超らせんは，閉じた環がそれ自身の軸のまわりにねじられたときや，両端の固定された線状の二本鎖 DNA がねじられたときに生ずる．この過程はエネルギーを必要とし，分子を応力のかかった状態におく．またこの際，超らせんの数が多ければ多いほど，応力またはねじれ力は大きい（ゴム輪をひねってこれを試してみよう）．**負の超らせん negative supercoil** は，分子が時計まわり（B 型 DNA に見られる右巻き二重らせんの方向）と反対の方向にねじられた際に，形成される．そのような DNA は巻き足りないといわれる．負の超らせんを形成するために必要なエネルギーは，ある意味で超らせんの中に蓄えられている．したがって，超らせんのねじれが少ないほど（図 35-19 参照），遷移にエネルギーを要する形へ変換されやすい．エネルギーを要する遷移の例として鎖分離があり，これは DNA 複製や転写への必須段階である．したがって，超らせん DNA は生物系においてよくみられる．DNA の位置的な変化を触媒する酵素は**トポイソメラーゼ topoisomerase** とよばれている．トポイソメラーゼは ATP をエネルギー源として用い，DNA の負の超らせん構造を誘起したり，それを解除したりする．この酵素のホモログはすべての生物に存在し，がん化学療法の重要な標的となっている．DNA のある特定の領域がトポロジカルドメインを規定する 2 つの境界領域を構築する核内タンパク質と強固に相互作用すると，直鎖 DNA 内でもスーパーコイルが形成されることがある．

DNAは複製と転写のために鋳型を提供する

DNA のヌクレオチド配列に蓄えられた遺伝情報は，2 つの目的に使われる．1 つは細胞および生物におけるすべてのタンパク質分子を合成するための情報源とな

ることであり，もう 1 つは娘細胞，あるいは子孫によって受け継がれる情報源となることである．これらの機能のどちらもが，DNA 分子が鋳型としてはたらくことを必要とする．すなわち，最初の例では DNA 分子は情報を RNA に転写するために用いられ，2 番目の例では DNA 分子は娘 DNA 分子が情報を複製するために用いられる．

複製の際には二本鎖親 DNA 分子のそれぞれの鎖が互いに相補的な鎖から分かれた後，各々が独立に鋳型となって新しい相補的な鎖が合成される（**図 34-4**）．2 組の新しく合成された二本鎖娘 DNA の各々は，親 DNA 分子の互いに相補性をもつ二本鎖のどちらか一方の鎖を受け継いでいる．そしてこれらの新しい DNA は細胞分裂の際，2 個の娘細胞の中に伝えられていく（**図 34-5**）．各々の娘細胞には親のもっていたものと同じ情報をもつ DNA が存在することになるが，親細胞

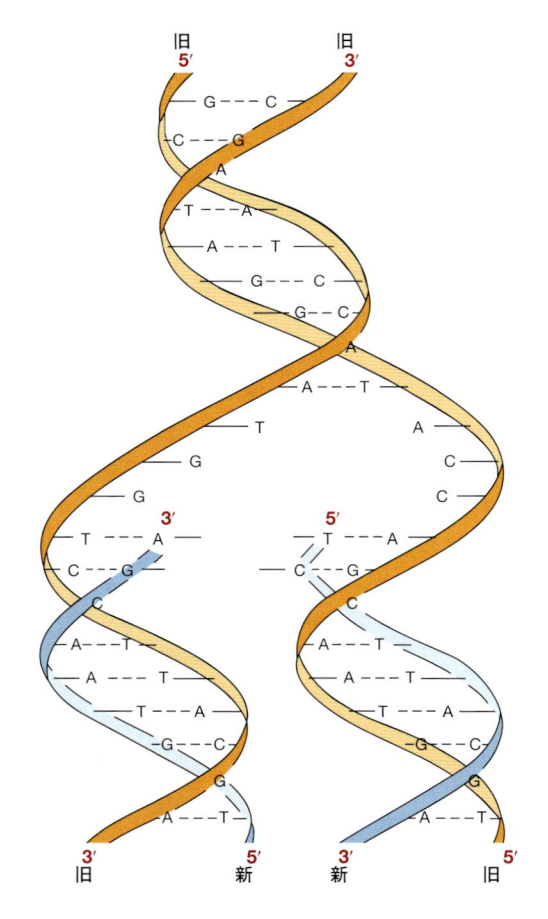

図 34-4. DNA 合成は鋳型 DNA の配列と構造を維持する DNA の二本鎖構造と，鋳型として機能する各古い鎖（オレンジ色）を示している．古い鎖の上に新しい相補鎖（灰色）が合成される．

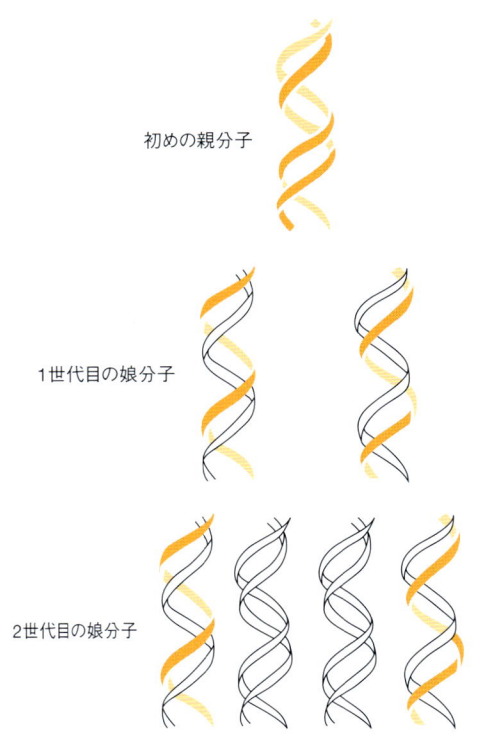

初めの親分子

1世代目の娘分子

2世代目の娘分子

図 34-5. DNA 複製は半保存的である

1 回の複製の間に，DNA の 2 本の鎖はそれぞれ，新しい相補的な鎖合成の鋳型として使われる．この半保存的な DNA 複製は，遺伝子発現の生化学（図 35-13 参照），細胞遺伝学（図 35-6 参照），エピジェネティックな遺伝子発現制御（図 38-8，図 38-9 参照）と密接に関係している．

に存在していた DNA 分子について見れば，ただ 1 本の鎖だけしか保存されていない．

RNAの化学的性質はDNAのそれとは異なる

RNA は DNA と同様に，3′,5′-ホスホジエステル結合によってつながれたプリンとピリミジンリボヌクレオチドの重合体である（**図 34-6**）．DNA と多くの共通点をもちながら，RNA はいくつかの特異的な点ももっている．すなわち，

1. RNA の中では，リン酸およびプリンおよびピリミジン塩基がついている糖は，2′-デオキシリボースではなくリボース ribose である（図 18-2 と図 32-3 参照）．

2. RNA のピリミジン成分は DNA のそれと異な

る．RNA はアデニン，グアニン，シトシンのリボヌクレオチドを含んでいるが，以下に議論するまれな場合を除いてはチミンをもっていない．チミンの代わりに RNA はウラシルのリボヌクレオチドを含んでいる．

3. RNA は典型的には一本鎖の分子として存在する．一方，DNA は二本鎖らせん分子として存在する．しかしながら，もし反対方向に走る適当かつ相補的な塩基配列が与えられると，単鎖の RNA は，**図 34-7** と図 34-11 に示すようにヘアピンのような形状となって自分自身の上に折り返すことができ，二本鎖の性質を獲得する．この場合 G が C と，A が U と対をつくる．G–C 対と A–U 対は，それぞれ 3 本と 2 本の水素結合を形成する．

4. RNA 分子は一本鎖であって，遺伝子の 2 本の鎖の一方にのみ相補的であるから，そのグアニン含量は必ずしもシトシン含量に等しいとは限らず，またアデニン含量もウラシル含量に等しいとは限らない．

5. RNA はアルカリによって加水分解されて，モノヌクレオチドの 2′,3′-サイクリックジエステルを生ずるが，アルカリ処理した DNA では 2′-ヒドロキシ基がないためにこの化合物を形成することができない．RNA がアルカリによって分解されることは，RNA の判定や，取扱いにおいて重要な性質である．

RNA の一本鎖に含まれる情報は，この重合体中のプリンとピリミジンヌクレオチドの配列（一次構造）に含まれる．この配列は，それが転写された遺伝子の“鋳型”鎖に相補的である．この相補性のため RNA 分子は，塩基対の法則によってその鋳型 DNA 鎖と特異的に結合することができる（**A**–T, **G**–C, **C**–G, **U**–A; RNA 塩基を太字で示した）が，遺伝子の他方の（コード）鎖とは二本鎖形成（hybridize）しない．RNA 分子の配列は，T が U に置き換わることを除いては，遺伝子のコード鎖の配列と同じである（**図 34-8**）．

数種類ある安定で豊富なRNAのほとんどすべてがタンパク質合成の何らかの面に関与している

タンパク質合成の鋳型としてはたらく（すなわち，DNA からタンパク質の合成装置へ遺伝情報を伝える）

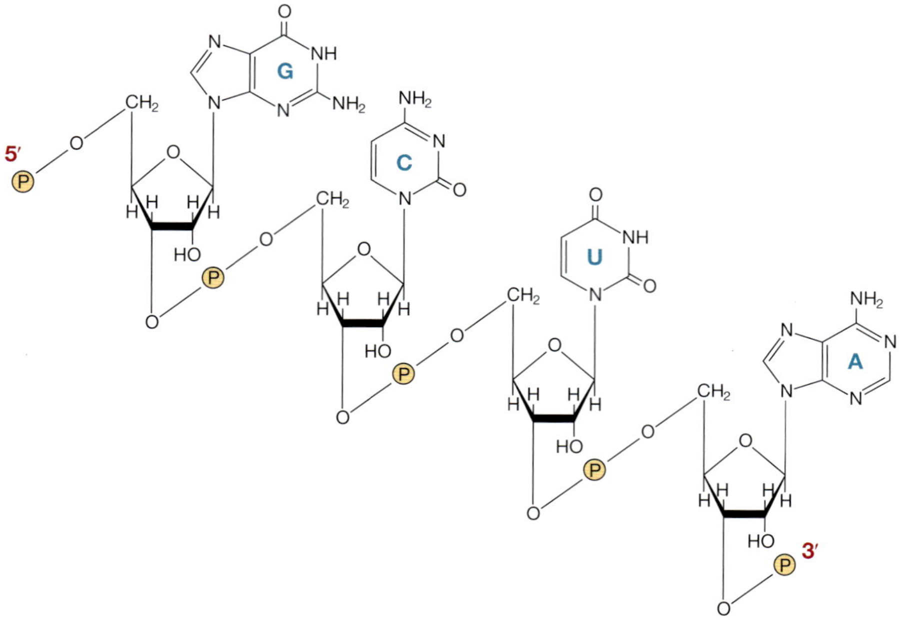

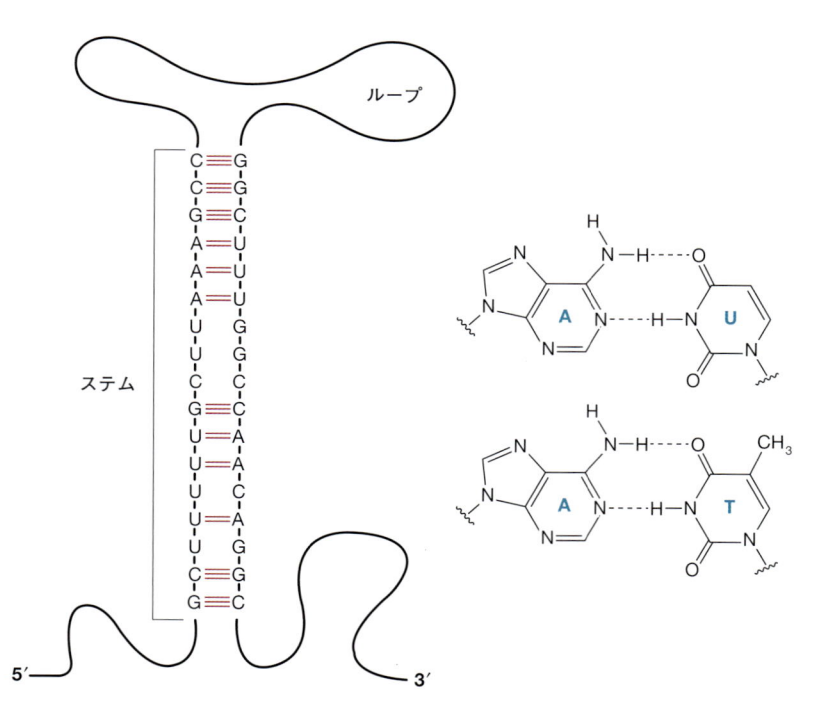

図 34-6. RNA 分子の一部分．プリンとピリミジン塩基，すなわちアデニン（A），ウラシル（U），シトシン（C），グアニン（G）と核酸塩基が，*N*-グリコシド結合で付着したリボース残基間のホスホジエステル結合によって結びつけられている

ホスホジエステル骨格の負電荷は省略している（図 34-1 参照）．この高分子は，印をつけた 3′ 位と 5′ 位に結合したリン酸によって示される極性をもっていることに注意．

図 34-7. RNA 二次構造．（左）ステムとループあるいは"ヘアピン"がつくられた一本鎖 RNA 分子の二次構造の模式図と（右）A と U（上），A と T（下）間の水素結合様式の模式図

この構造の形成は，分子内の塩基対形成（着色した，相補的な塩基間の水平な線）に依存している．DNA と同様に G と C が対になっているが，RNA では A が U と水素結合をつくることに注意．

DNA鎖:

```
コード→  5′—TGGAATTGTGAGCGGATAACAATTTCACACAGGAAACAGCTATGACCATG—3′
鋳型 →  3′—ACCTTAACACTCGCCTATTGTTAAAGTGTGTCCTTTGTCGATACTGGTAC—5′
```

RNA
転写産物:　　5′——— pppAUUGUGAGCGGAUAACAAUUUCACACAGGAAACAGCUAUGACCAUG　3′

図 34-8. コード鎖と鋳型鎖の極姓（方向性）と，RNA 転写産物とその遺伝子配列との関係

5′→3′ の極性をもつ RNA 転写産物は，3′→5′ の極性をもつ鋳型鎖と相補的である．RNA 転写産物の配列とその極性は，遺伝子の T が転写産物の U に変わるだけで，コード鎖のそれと同じであることに注意．RNA の始まりのヌクレオチドは 5′ 末端に三リン酸（すなわち pppA–上記）を含む．

細胞質 RNA 分子をメッセンジャー RNA messenger RNA（**mRNA**）とよぶ．これ以外の非常に大量に存在する細胞質 RNA 分子は，タンパク質生合成の細胞小器官であるリボソームの構造的ならびに機能的役割を果たす**リボソーム RNA ribosomal RNA（rRNA）**か，あるいは翻訳過程（mRNA の情報によりアミノ酸を特定の配列に重合する）におけるアダプター分子（**転移 RNA transfer RNA：tRNA**）として貢献している．

興味深いことに，RNA 分子には固有の触媒活性をもつものもある．これら RNA 酵素すなわち**リボザイム ribozyme** の活性は，しばしば核酸を分解するものである．2 つのリボザイムは，RNA スプライシングに関与するリボザイムとリボソーム上でペプチド結合形成を触媒するペプチジルトランスフェラーゼである．

すべての真核細胞には，タンパク質生合成に直接関与することなく，RNA のプロセシングとくに mRNA のプロセシングに中心的な役割を果たす**核内低分子 RNA small nuclear RNA（snRNA）**が存在する．この比較的小さい分子の大きさは 90 ～ 300 ヌクレオチドまでの幅がある（**表 34-1**）．数種類の細胞 RNA の性質について以下で議論する．

いくつかの動物および植物ウイルスの遺伝物質は，DNA ではなく RNA である．RNA ウイルスには DNA 分子に遺伝情報を転写しないもの（たとえば，インフルエンザや COVID-19 のようなコロナウイルス）もあるが，多くの動物 RNA とくにレトロウイルス（たとえば，ヒト免疫不全ウイルスすなわち HIV など）はウイルスにコードされた **RNA 依存性 DNA ポリメラーゼ viral RNA-dependent DNA polymerase**，いわゆる**逆転写酵素 reverse transcriptase** によりその RNA ゲノムから二本鎖 DNA コピーを合成する．多くの場合，その転写産物たる二本鎖 DNA は宿主ゲノムに組み込まれ，次いでそれを鋳型として，遺伝情報が発現され新しいウイルス RNA ゲノムやウイルス mRNA を生成し，宿主機能を使用してウイルスタンパク質に翻訳される．そのような "プロウイルス" DNA 分子のゲノムへの挿入は，場所により，遺伝子の突然変異や不活性化，あるいは発現調節異常を起こし得る（図 35-11 参照）．

RNA にはいくつかの異なる種類の RNA が存在する

上述したように，すべての原核生物および真核生物には，主要な 4 種類の RNA が存在する．すなわち，mRNA，tRNA，rRNA，および低分子 RNA である．それぞれの RNA は，その存在量，大きさ，機能，一般的安定性においてほかのものと異なる．

メッセンジャー RNA（mRNA）

この RNA は，その存在量，大きさ，安定性において，最も不均一である．たとえば，ビール酵母には，mRNA は，遺伝的に均一な細胞 1 個あたり平均何百個から 0.1 個の範囲で存在する．36 章と 38 章に詳述するように，特異的な転写と転写後の機構がともに，mRNA 量のこの大きな変動幅に寄与している．哺乳類細胞の中では，特定の mRNA の存在量は，一万倍を超えて変化するようだ．この種の RNA はすべて，遺

表 34-1. 哺乳動物細胞に見出される安定な低分子 RNA の各種

名　称	長さ（ヌクレオチド数）	細胞あたりの分子数	局　在
U1	165	1×10^6	核質
U2	188	5×10^5	核質
U3	216	3×10^5	核小体
U4	139	1×10^5	核質
U5	118	2×10^5	核質
U6	106	3×10^5	ペリクロマチン顆粒
4.5S	95	3×10^5	核と細胞質
7SK	280	5×10^5	核と細胞質

伝子の中の情報をタンパク質合成機構へ運ぶ伝令として機能する．そこで，それぞれの mRNA は，その上にアミノ酸が特異的に配列して重合し，この場合の遺伝子の最終の産物である特異的タンパク質をつくる鋳型としてはたらく（**図 34-9**）．

　真核生物の mRNA は，ある特異な化学的性質をもっている．mRNA の 5′ 末端キャップ構造は 7-メチルグアノシンがその 5′-ヒドロキシ基と転写された第 1 番目の塩基（2′ 位は O-メチル化されている）の 5′-ヒドロキシ基との間に 3 つのリン酸を挟んで結合した形をしている（**図 34-10**）．mRNA 分子は，しばしば内部に N^6-メチルアデニル酸やほかの 2′-O-リボースメチル化ヌクレオチドを含む．この mRNA の "キャップ" は，おそらく翻訳機構における mRNA の識別として関与しており，また 5′-エキソヌクレアーゼの攻撃を防ぐことにより mRNA の安定化を助けている．タンパク質合成の機構により，mRNA はその 5′ 末端あるいは

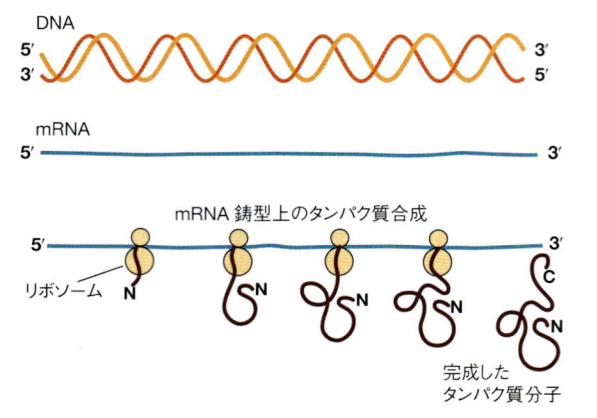

図 34-9. 5′→3′ 方向性をもった mRNA 転写産物としての，DNA の遺伝情報の発現と N 末端から C 末端への方向性をもつタンパク質の発現

DNA は mRNA に転写され，引き続いてリボソームによって特異的なタンパク質分子へ翻訳されるが，これも N 末端から C 末端への方向性をもっている．

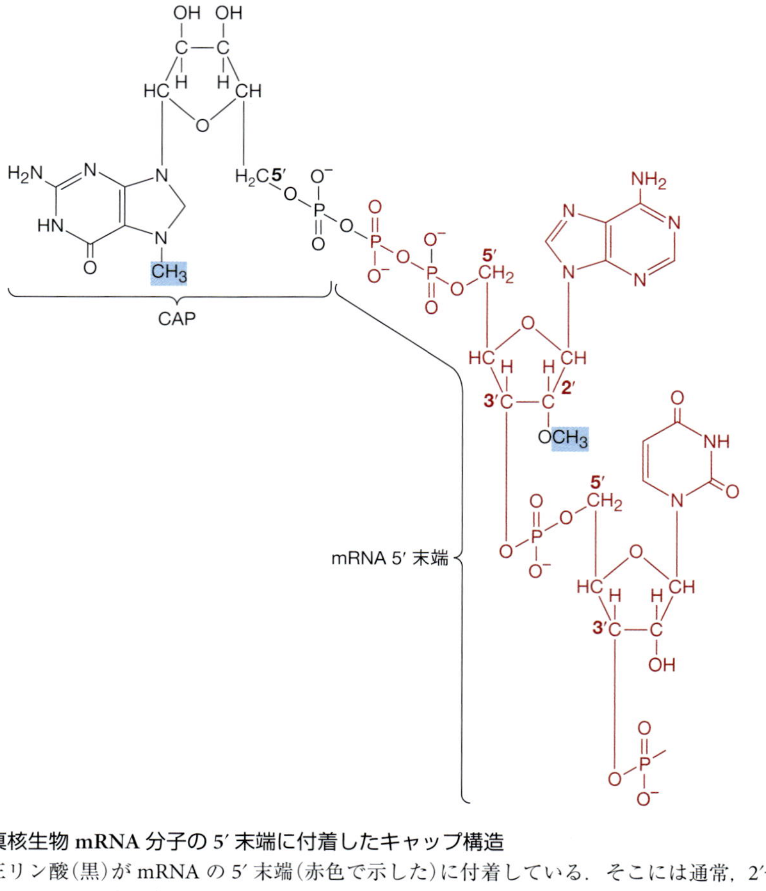

図 34-10. 大部分の真核生物 mRNA 分子の 5′ 末端に付着したキャップ構造

7-メチルグアノシン三リン酸（黒）が mRNA の 5′ 末端（赤色で示した）に付着している．そこには通常，2′-O-メチルプリンヌクレオチドが含まれる．これらの修飾（キャップとメチル基）は mRNA が DNA から転写された後に加わる．キャップ構造（黒で示す）を合成するために付加された GTP の γ-および β-リン酸基は，キャップを付加する際に失われる．また，元のヌクレオチドの γ-リン酸基［ここでは，アデノシン（赤色で示す）］は，キャップを付加する際に失われる．

"キャップ"された末端の下流から始まって翻訳される. mRNA におけるもう一方の端, すなわち 3′-ヒドロキシ基端には, 遺伝子によってはコードされていない長さ 20 〜 250 ヌクレオチドのアデニル酸残基の重合体がついている. mRNA の 3′-ヒドロキシ基端にあるこの**ポリ(A)"テール"**は, 3′-エキソヌクレアーゼの攻撃を防ぐことによって特定の mRNA の細胞内安定性を保ち, かつ翻訳を助けている (図 37-7 参照). mRNA の "キャップ" も "ポリ(A)テール" も, 鋳型には依存しない酵素によって転写後に mRNA 前駆体分子 (pre-mRNA) に加えられる. mRNA は真核細胞 RNA の 2 〜 5% を占める.

哺乳類の細胞 (ヒトの細胞も含む) では, 細胞質 mRNA 分子は, DNA 鋳型から直接に合成された RNA 産物ではなく, 細胞質へ入る前に, 前駆体分子すなわち pre-mRNA からプロセシングによってつくられねばならない. このように哺乳類の細胞核では, 遺伝子転写の直接の産物 (一次転写産物) は大きさが非常にまちまちで, 成熟した mRNA 分子の 10 〜 50 倍である. 36 章で述べるように, pre-mRNA 分子は mRNA 分子を生ずるように処理されて, それがタンパク質合成の鋳型となるべく細胞質に入っていく.

転移 RNA (tRNA)

tRNA 分子は 74 〜 95 のヌクレオチドからなる. これらもまた, 他の多くの RNA と同様に前駆体分子の核内プロセシングによって生ずる (36 章参照). tRNA 分子は, mRNA のヌクレオチド配列に含まれる情報を特異的なアミノ酸へ翻訳するためのアダプターとしてはたらく. 各細胞には少なくとも 20 種類の tRNA 分子がある. すなわち, タンパク質合成に必要な 20 種のアミノ酸の各々に対し, 少なくとも 1 つずつ (しばしば数個) 存在するのである. 特異的 tRNA はほかの tRNA のヌクレオチド配列において異なるが, tRNA 分子全体として共通な特徴も多く存在する. すべての tRNA 分子の一次構造 (すなわち, ヌクレオチド配列) には, 広範な折りたたみ構造と鎖内の相補性が存在し, クローバーの葉のように見える二次構造を形成する (**図 34-11**).

すべての tRNA は, 主要な部位として 4 つの二本鎖アーム (腕), あるいはそれぞれの塩基構成や機能によって名づけられた一本鎖ループで連結されているステムをもっている. アミノ酸**受容腕 acceptor arm** は $CpCpA_{OH}$ で終わる. これら 3 つのヌクレオチドは, mRNA の 5′cap や 3′ poly A のように, これらのヌクレ

オチド (CCA) は転写後に付加される. tRNA に適合するアミノ酸は特定のアミノアシル tRNA 合成酵素によって受容腕の A 残基の 3′-OH 基につけられる, または "負荷" される (図 37-1 参照). **D, TψC および余剰腕 extra arm** は tRNA の特異性を決めるのを助ける. tRNA は全細胞 RNA の約 20% を占める. 最近の研究で, 多くの tRNA が特定のリボヌクレアーゼによって特異的に切断され, **tRNA 由来のスモール RNA small RNA (tsRNA)** とよばれるユニークなサブフラグメントを生成することが示された. これらの比較的安定な tsRNA は, 転写と翻訳の両方を制御していると考えられている (36 〜 38 章参照).

リボソーム RNA (rRNA)

リボソームは, mRNA 鋳型からタンパク質を合成する装置としてはたらく細胞質の核タンパク質構造である. mRNA から特定のタンパク質が合成される間に, リボソームの上で mRNA と tRNA が遺伝子から転写された情報を翻訳するために相互作用を営むのである. 活発なタンパク質合成の状態では, 多くのリボソームが 1 本の mRNA 分子に結合して**ポリソーム polysome** とよばれる構造をつくっている (図 37-7 参照).

約 4.2×10^6 分子量の 80S (**S はスベドベリ Svedberg 単位**, 分子の大きさと形に関係する指標) の沈降速度をもつ動物細胞のリボソームの成分を**表 34-2** に示した. 哺乳類のリボソームは 2 種の主要な核タンパク質サブユニットを含む. その大きい方は分子量 2.8×10^6 (60S) で, 小さい方は分子量 1.4×10^6 (40S) である. 60S サブユニットは, 1 個の 5S rRNA, 1 個の 5.8S rRNA, および 1 個の 28S rRNA を含む. さらにまた, 50 以上の特異的なポリペプチドも 60S サブユニットに含まれる. 小さい方の 40S サブユニットは, 1 個の 18S rRNA と 30 個のポリペプチド鎖を含んでいる. 独立に転写される 5S rRNA を除いて, これら rRNA 分子はすべて, 核小体の中で 1 本の 45S 前駆体 RNA からプロセシングを経て生ずる (36 章参照). 転写後に高度にメチル化された rRNA 分子が, 特異的なリボソームタンパク質とともに核小体中につめ込まれている. 細胞質では, リボソームは非常に安定で, 多くの翻訳サイクルを行うことができる. 足場 (スキャホールド) 機能のほかには, リボソーム粒子中の rRNA 分子の正確な機能は十分にわかっていない. しかしながら, リボソームの組み立てにおいて必要であり, mRNA のリボソームへの結合と, その翻訳にも重要な役割を果たしていることは明らかである. 最近の研究は, 大きい rRNA の成分がペ

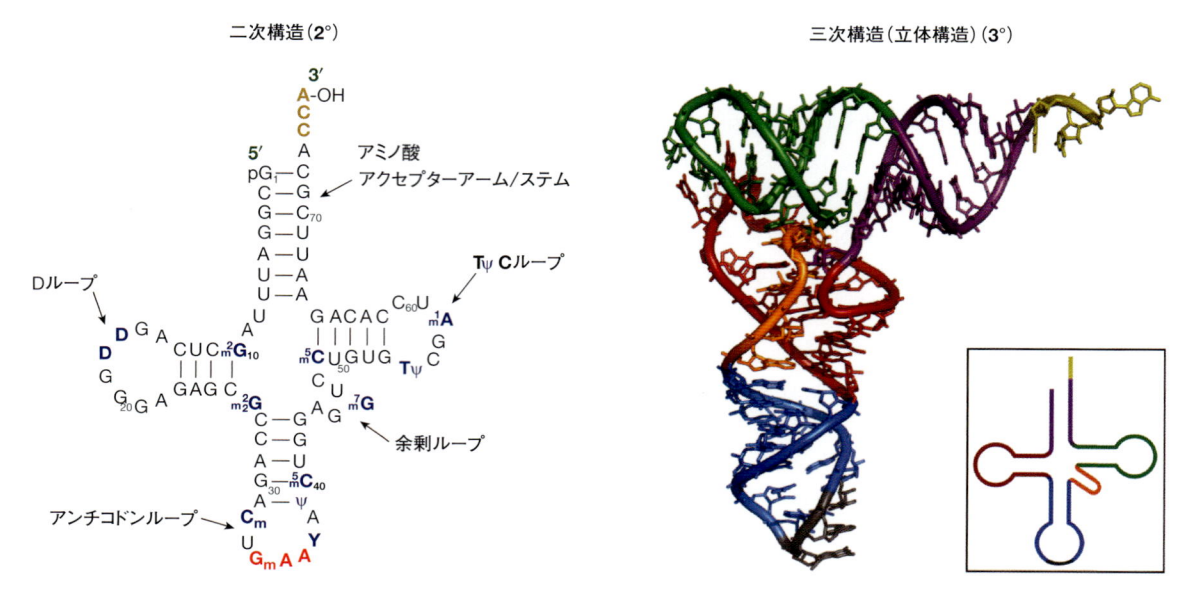

一次構造（1°）

5′ ₚGCGGAUUUAGCUCAG**UU**GGGAGAGCGCCAGACUGAA**GAU**CUGGAGGUCCUGUG**UU**CGAUCCACAGAAUUCGCACCA_OH 3′

10　　　20　　　30　　　40　　　50　　　60　　　70

二次構造（2°）　　　　　　　　**三次構造（立体構造）（3°）**

図 34-11. 成熟した機能的なフェニルアラニン転移 RNA（tRNA^Phe）の構造

フェニルアラニン転移 RNA（tRNA^Phe）の一次構造（上図），二次構造（左図），三次構造（右図）を示す．76 ヌクレオチドからなる tRNA^Phe の一次構造の下に付記した数字は，5′ 末端（＋1）から 3′ 末端（＋76）の方向での順番を示す番号である．＋1 のヌクレオチドは 5′-リン酸基（P）を含んでおり，＋76 のヌクレオチドには 3′-ヒドロキシ基（OH）を有している．一次構造中の太字下線で示している塩基は，二次構造で示されているように修飾されている．この二次元構造はしばしば "クローバーの葉 clover leaf" とよばれる．いくつかのヌクレオチドは，二次構造図に示したように，通常とは異なる名称でよばれる．tRNA^Phe の中で，U16 と U17 は D16 および D17 に，G37 は Y37 に，U39 と U55 は ψ 化，U54 は T54 にそれぞれ修飾されている（詳細は後述）．二次構造中の塩基どうしの間にひかれた直線は，A-U もしくは G-C 間の水素結合を示している．これらの部分は，DNA 内で形成される塩基対と同じヌクレオチド鎖の方向性（5′→3′ と 3′→5′ 方向）で塩基対を形成している．アンチコドンループを形成する 3 塩基については赤で示している．アミノ酸（この図の場合はフェニルアラニン）が付加された tRNA では，アミノアシル基は 3′ 側 CCA 配列のヒドロキシ基（OH）（カーキ色）にエステル結合で付加されている．青字は，転写後修飾によって生じた非典型的なヌクレオチドを示している．略号は以下のとおりである．m²G：2-メチルグアノシン，D：5,6-ジヒドロウリジン，m²₂G：N²-ジメチルグアノシン，C_m：2′-O-メチルシチジン，G_m：2′-O-メチルグアノシン，T：5-メチルウリジン，Y：ワイブトシン，ψ：プソイドウリジン，m⁵C：5-メチルシチジン，m⁷G：7-メチルグアノシン，m¹A：1-メチルアデノシン．すべての tRNA は，本質的には，右図に示すような三次構造に折りたたまれている．二次および三次構造において各 tRNA で違いがある部分を明示するために，着色した文字で示している．tRNA^Phe は X 線結晶構造解析によってその立体構造が決定された最初の tRNA である．各 tRNA の三次構造上で異なる部分は，タンパク質合成においてアミノアシル tRNA 合成酵素とリボソームの機能的に重要な部位に特異的に結合する（37 章参照）．（Transfer RNA/Wikipedia Commons https://en.wikipedia.org/wiki/Transfer_RNA より許可を得て掲載）

プチジルトランスフェラーゼ活性を示す，すなわち 1 つの酵素（リボザイム）の役割を果たすことを示唆している．rRNA（28S＋18S）は，全細胞 RNA の約 70% を占める．

低分子 RNA

多数の，明瞭で，高度に保存された低分子 RNA が真核細胞に見出されている．あるものは非常に安定である．これらの分子の大部分は，タンパク質と結合し

てリボ核タンパク質を構成しており，核や細胞質，あるいは両方に分布している．大きさは 20 ～ 300 ヌクレオチドであり，細胞あたり 10 万～ 100 万分子ほど存在する．これは細胞 RNA の 5% 以下にあたる．

核内低分子 RNA

低分子の核内 RNA（表 34-1）の一群である核内低分子 RNA（snRNA）は，rRNA と mRNA のプロセシングと遺伝子調節に深く関与している．数個の snRNA の

表 34-2. 哺乳動物リボソームの成分

成　分	質　量 （分子量）	タンパク質		RNA		
		数	質　量	大きさ	質　量	塩　基
40S サブユニット	1.4×10^6	33	7×10^5	18S	7×10^5	1900
60S サブユニット	2.8×10^6	50	1×10^6	5S	3.5×10^4	120
				5.8S	4.5×10^4	160
				28S	1.6×10^6	4700

［注］リボソームサブユニットはそれらのスベドベリ（**S**）単位による沈降速度（40S または 60S）によって定義される. 単一タンパク質の数とそれらの全重量（分子量）および各サブユニットの RNA 成分の大きさ（スベドベリ単位），質量，塩基数を示した.

うち，U1，U2，U4，U5，U6 は，イントロンを除いて mRNA 前駆体を機能的で翻訳可能な細胞質 mRNA へ加工処理する過程にてはたらいている（36 章参照）. U7 snRNA はポリ（A）のないヒストン mRNA の正しい 3′ 末端をつくるのにはたらいている. 7SK RNA は数個のタンパク質と結合して P-TEFb というリボ核タンパク質複合体を形成し，RNA ポリメラーゼ II による mRNA 遺伝子の転写伸長を調節する（36 章参照）.

高分子および低分子非コード制御性 RNA：マイクロ RNA（miRNA），低分子干渉 RNA（siRNA），長鎖非コード RNA（lncRNA）および環状 RNA（circRNA）

この 10 年間の真核生物の制御生物学における最も衝撃的で，予期しなかった発見の 1 つは，miRNA，すなわち大多数の真核生物に見出される制御機能をもちタンパク質をコードしない RNA（ncRNA）の同定と解析であった. ncRNA は，分子量の異なる 2 つのクラス，すなわち長鎖（50 〜 1000 ヌクレオチド）と短鎖（20 〜 22 ヌクレオチド）として存在している. 制御性 ncRNA は，大部分の真核生物で見出されている（38 章参照）.

miRNA や siRNA といった低分子 ncRNA は，いくつかの異なる機構によって mRNA に結合することで，特定のタンパク質の産生レベルで，**遺伝子発現を抑制する**. miRNA は，特定の遺伝子／転写単位の産物の特殊なプロセシングによって生じる（図 36-17 参照）. miRNA の前駆体は，5′ 末端にキャップ構造をもち 3′ 末端はポリアデニル化されており，通常のサイズは 500 〜 1000 ヌクレオチドである.

一方，siRNA は高分子 dsRNA の特殊な核酸プロセシングによって生じる. 内在性の RNA 由来の dsRNA あるいは RNA ウイルスなどによって細胞に導入された dsRNA から生じる. **siRNA および miRNA ともに，標的とする mRNA との間に RNA-RNA ハイブリッドを形成する**. 今日までに，ヒトでは何百という miRNA

や siRNA が同定されている. ヒトでは, miRNA をコードしている遺伝子が 1000 種類程度存在していると推測されている. その卓越した遺伝的特異性により miRNA も siRNA もともに画期的で新しい**ヒトの治療薬となる可能性**を秘めている. siRNA は研究室での実験において特定のタンパク質の量を減らす, または “ノックダウン” する（siRNA の相補性にもとづく mRNA の分解による）のにしばしば使われている. これは遺伝子ノックアウト技術（39 章参照）の代替として極めて有用で強力な技術である. いくつかの siRNA にもとづいた治験が進行しおり, これらの新規分子のヒト疾患の治療薬としての効力がテストされている.

RNA 世界における最近のもう 1 つのエキサイティングな発見は, 2 種類の非コード RNA すなわち**環状 RNA（circRNA）と長鎖非コード RNA long noncoding RNA（lncRNA）**の同定と解析である. 多くの **circRNA** が最近同定, 解析された. circRNA はさまざまな RNA 前駆体, mRNA 前駆体, lncRNA 前駆体などから RNA スプライシングの反応を経て合成されるようである（後述する lncRNA 合成に関する記載を参照）. 多くの細胞では豊富に存在する RNA ではないが, circRNA は解析されたすべての真核生物で認められ, とくに後口動物で多い. circRNA の機能は十分に解明されていないが, 神経細胞でとくに多いようである. lncRNA と同様にさまざまなレベルで遺伝子発現調節にかかわることで, 細胞生物学的に重要な役割を果たしているようである. lncRNA は, その名が示すごとく 300 〜 1000 ヌクレオチドの長さで, タンパク質をコードするものではない[2]. これらの RNA は典型的には, タンパク質をコードしていない大きな真核生物ゲノムの部分から転写される（mRNA はタンパク質をコードしてい

2） 訳者注：lncRNA と分類されていた遺伝子かも, タンパク質が翻訳されている例が相次いで報告されている.

る). 実際, トランスクリプトーム解析は, **すべての真核生物ゲノム DNA の 90% 以上が多かれ少なかれ転写されている**ことを示している. ncRNA はこの転写のかなりの部分を形成している. ncRNA は, クロマチンの構造側面から, RNA ポリメラーゼ II による mRNA への遺伝子の転写制御に至るまで多くの役割を演じている. 将来の研究がこの重要な新しく発見されたクラスの RNA 分子を明らかにしていくことであろう.

興味深いことに, 細菌も sRNA と名づけられた小型の, ヘテロな調節 RNA をもっている. 細菌の sRNA は 50 〜 500 ヌクレオチドの大きさで, 真核生物の mi/si/lncRNA のように, 極めて多数の異なる遺伝子の発現や活性を制御している. 同様に, sRNA はそれぞれ特異的な mRNA に結合することによってタンパク質合成を抑えたり, ときには促進したりする.

特異的ヌクレアーゼが核酸を分解する

核酸を分解できる酵素は長い間知られてきた. これらは数種の方法で分類し得る. DNA に特異性を示すものは**デオキシリボヌクレアーゼ deoxyribonuclease** とよばれ, RNA を特異的に加水分解するものは**リボヌクレアーゼ ribonuclease** とよばれる. ある種のヌクレアーゼは DNA も RNA も分解する. これら両クラスの中に, 内部のホスホジエステル結合を 3′-ヒドロキシ基と 5′-リン酸基末端, あるいは 5′-ヒドロキシ基と 3′-リン酸基末端を生ずるように切るものがある. これらは**エンドヌクレアーゼ endonuclease** とよばれている. ある酵素は**二本鎖 double-stranded** 分子の両鎖を加水分解するが, ほかのものは核酸の**一本鎖 single strand**（片方）のみを切断する. あるヌクレアーゼは対をつくっていない一本鎖のみを加水分解できるが, ほかのものは二本鎖分子の形成に関与している単鎖の加水分解が可能である. DNA の特定の配列を識別するエンドヌクレアーゼの種類もある. これらの DNA 切断酵素の 1 つ目の種類は**制限酵素 restriction endonuclease** であり, 連続した塩基対（典型的には 4, 5, 6 もしくは 8 塩基対）に結合することで, 通常は結合認識した配列内で二本鎖 DNA の両鎖を切断する. 2 つ目の種類に属する酵素は核酸タンパク質複合体であり, 特定の配列の "ガイド RNA" を利用して, DNA や RNA の特定の部位を切断する. これらが **CRISPR–Cas** ファミリー酵素である. これらの DNA 切断酵素については 39 章で詳しく述べる.

ある種のヌクレアーゼはヌクレオチドが分子の末端にあるときにのみ加水分解することができる. これらは**エキソヌクレアーゼ exonuclease** とよばれる. エキソヌクレアーゼは一方向のみにはたらく（3′→5′ または 5′→3′）. 細菌では, ある 3′→5′ エキソヌクレアーゼが DNA 複製装置の一部を形成しており, 最も最近加えられたデオキシリボヌクレオチドの塩基対に誤りがあると, それを編集または校正する役割を果たしている.

生細胞での核酸代謝における役割に加えて, 一連の核酸合成, 修飾酵素や核酸クローニングやシークエンスなどの手法と組み合わせて, 現在の分子遺伝および分子医学に不可欠なツールとなっている（39 章参照）.

まとめ

- DNA は 4 つの塩基, すなわち A, G, C, T から構成されている. この 4 つの塩基は, 隣接したデオキシリボース部位の 3′ および 5′ 位との間にホスホジエステル結合を形成することによって, 線状構造をとっている.
- DNA は, 相補的な鎖の上の塩基対（A-T および G-C）によって, 2 本の鎖の形に編成されている. これらの鎖は, 中心軸のまわりに二重らせんを形成する.
- ヒトの DNA には約 3×10^9 個の塩基対が存在し, それが編成されることにより, 23 本の染色体の一倍体全体を形成している. これら 30 億ヌクレオチドの配列そのものが各々の個体のユニークさを決めているのである.
- DNA はそれ自身の複製, したがって遺伝子型の保存のためと, およそ 25 000 のタンパク質をコードする遺伝子を転写するための鋳型としてだけでなく, 極めて多様な, タンパク質をコードしない調節 RNA を転写するための鋳型となっている.
- RNA はいくつかの異なる細胞内核酸タンパク質の中に存在し, その大部分は直接または間接にタンパク質合成またはその調節に関与している. 線状構造をとる RNA 中のヌクレオチドは A, G, C および U から構成されており, 糖部位はリボースである.
- RNA の主要な形態には, mRNA, rRNA, tRNA, snRNA, 制御性 ncRNA がある. ある種の RNA 分子は触媒としてはたらく（リボザイム）.

文　献

Ali T, Grote P: Beyond the RNA-dependent function of Ln-cRNA genes. eLife 2020;9:e60583.
doi.org/10.7554/eLife.60583.

Berget SM, Moore C, Sharp PA: Spliced segments at the 5′ terminus of adenovirus 2 late mRNA. Proc Natl Acad Sci. USA 1977;74:3171.

Doudna JA: The promise and challenge of therapeutic genome editing. Nature 2020;578:229.

Goodall GJ, VO Wickramasinghe: RNA in Cancer. Nat Rev Cancer 2020; doi: 10.1038/s41568-020-00306-0.

Herbert A: A Genetic Instruction Code Based on DNA Conformation. Trends Genet 2019;35:887.

Noller HF: The parable of the caveman and the Ferrari: protein synthesis and the RNA world. Philos Trans R Soc Lond B Biol Sci 2017;372(1716):20160187.

Rich A, Zhang S: Timeline: Z-DNA: the long road to biological function. Nat Rev Genet 2003;4:566.

Watson JD, Crick FH: Molecular structure of nucleic acids: a structure for deoxyribose nucleic acid. Nature 1953;171:737.

DNAの構成，複製，修復

35

DNA Organization, Replication, & Repair

学　習　目　標
本章習得のポイント

- ■ ヒトの一倍体ゲノムを構成する約 3×10^9 塩基対の DNA が 23 本の直鎖状 DNA ユニット（染色体）に分かれていることを理解する．ヒトは二倍体であり 23 対の直鎖状染色体（22 対の常染色体および 1 対の性染色体）をもつ．

- ■ ヒトゲノム DNA を端から端まで伸ばすと数メートルあるにもかかわらず，直径がマイクロ単位（$1 \mu m = 10^{-6} m$）の細胞小器官である核の中に納められていることを理解する．このような長い DNA の凝集は，高度に陽性に帯電しているヒストンタンパク質と結合し，ヌクレオソームという DNA ヒストン複合体を形成することなどにより引き起こされる．ヌクレオソームはヒストン八量体の表面に DNA が巻き付いたものである．

- ■ ゲノム DNA 配列はヌクレオソームの連なった構造をとってクロマチンとなり，さらに凝集することで，最終的には染色体を形成することを理解する．

- ■ 染色体は DNA の転写，複製，組換え，遺伝子一式，そして細胞分裂における巨視的な機能単位であるが，DNA は個々のヌクレオチドレベルで，遺伝子ごとに存在する生命にとって必須の制御配列として機能することを理解する．

- ■ DNA の複製，修復，組換えに必要な過程，細胞周期の相，分子群を説明し，これら過程における間違いが細胞と個体の完全性や健康に及ぼす影響を理解する．

生物医学的重要性[1]

　染色体 DNA に蓄えられた遺伝情報は複製によって正確に子孫に伝えられるが，また同時に，組換え，転移，遺伝子変換などさまざまな過程によって交換される．これにより，生物は適応力と多様性を獲得するのであるが，同時にまたこういった過程がうまくいかないと病気のような異常状態を招くこともある．DNA の合成，変換，修復には多数の酵素が必要である．突然変異は DNA の塩基配列の変化であり，DNA の複製/転移や修復の間違いにより，およそ 10^6 塩基ごとに 1 回の割合で起こる．転写されるタンパク質コード領域やタンパク質非コード領域，転写されない調節領域の DNA に突然変異が起こると，遺伝子産物（RNA，タンパク質機能，量）の異常が起こる．生殖細胞の突然変異は子孫に伝わる（いわゆる遺伝病の垂直伝播）．ウイルス，化学物質，紫外線，電離放射線などさまざまな要因が突然変異を促進し得る．突然変異はしばしば体細胞に起こり，それから増殖した細胞に伝えられるが，子孫には伝わらない（水平伝播）．多くの病気（とくに，ほとんどのがん）は，突然変異の垂直伝播と誘発突然変異の水平伝播が合わさり，その結果，細胞機能が変化することで生じるということが，しだいに明らかにされてきた．

クロマチンは真核生物の細胞核に存在する染色体物質である

　クロマチン chromatin を構成するものは，非常に長い二本鎖 DNA double-stranded DNA（dsDNA），それ

---

[1]　35 〜 39 章では，遺伝子に対する記述はできる限り高等真核生物である哺乳類に関するものとした．ときには，細菌のような原核生物やウイルス，あるいはより単純な真核生物であるショウジョウバエ，線虫，酵母などの知見を述べることも必要であるが，それらは哺乳類にも外挿できる情報である．

とほぼ等しい重量の比較的分子量の小さい塩基性タンパク質**ヒストン histone**，それより少ない量の**非ヒストンタンパク質 nonhistone protein**（その大部分は酸性タンパク質でヒストンより大きい），および少量の**RNA** である．非ヒストンタンパク質には，DNA 複製，修復にかかわる酵素や RNA の合成，修飾，細胞質への輸送にはたらくタンパク質，そしてこららの反応を制御するタンパク質も含まれる．各々の染色体に含まれる二本鎖 DNA の長さは細胞核の直径の数千倍に及ぶ．クロマチンを構成する分子，とりわけヒストンの役割は，DNA を凝縮させることである．それと同時に，ヒストンは遺伝子発現制御にも関与している（36 章，38 章，42 章参照）．実際，ヒストンは DNA がかかわるすべての分子反応で重要な役割をもつ．クロマチンを電子顕微鏡で観察すると，直径およそ 10 nm のヌクレオソーム nucleosome とよばれる密度の高い球状粒子が認められ，それらが DNA 線維によってつながっていることが確認できる（**図 35-1**）．ヌクレオソームは，ヒストン分子の八量体に DNA が巻きついて形成される．生化学的解析，生物物理学的解析，そして X 線結晶構造解析のデータは，このヌクレオソーム構造モデルを支持している．

ヒストンはクロマチンタンパク質の主成分である

ヒストンは，一群のよく似た塩基性タンパク質の総称である．ヒストンのうち，**ヒストン H1 histone H1** は最もゆるくクロマチンと結合しているので（図 35-1，

図 35-2，**図 35-3**）塩溶液で容易に除かれ，その結果クロマチンは，より可溶性になる．この可溶性クロマチンの構造単位がヌクレオソームである．**ヌクレオソームは，4 種の主要型のヒストン，H2A，H2B，H3，および H4 を含んでいる**．これら 4 種のヒストン（ヌクレオソームを構成するいわゆるコアヒストン core histone とよばれる）のアミノ酸配列と構造は種間でよく保存されている．加えて，さまざまな生物種ではこれら主要型の 4 種のヒストンの亜型（バリアント）も存在する．コアヒストンのアミノ酸配列が厳密に保存されているということは，すべての真核細胞でそれぞれのヒストンが同じようなはたらきをすること，そして各分子全体がそのような機能に極めて特異的にかかわることを意味する．C 末端の 3 分の 2 は疎水性を示す一方，N 末端の 3 分の 1 には塩基性アミノ酸がとくに多く含まれている．これら **4 種のコアヒストンは少なくとも 6 種類の主要な**（あるいは頻度が高い）**共有結合修飾**，すなわち，アセチル化，メチル化，リン酸化，ADP リボシル化，モノユビキチン化，SUMO 化といった**翻訳後修飾 posttranslational modification**（PTM）**を受ける**．これらのヒストンの修飾は，**表 35-1** に示すように，クロマチンの構造と機能に重要な役割を演じている．ヒストン PTM のより詳しい細胞生物学的役割については 38 章と 42 章で取り上げる．

ヒストンは極めて特異的な相互作用を行う．**H3 と H4** は，それぞれ 2 分子が会合して(H3/H4)₂の**四量体 tetramer** を形成し，一方 **H2A と H2B** は(H2A−H2B)

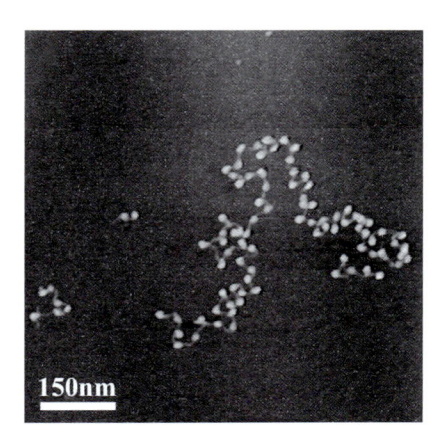

図 35-1. DNA 鎖（細い灰色の線）に結合したクロマチンとその 1 個 1 個のヌクレオソーム（白い玉状）の電子顕微鏡写真

図 35-2 も参照．（Shao Z. Probing nanometer structures with atomic force microscopy. News Physiol Sci, 1999, 14: 142-149 より許可を得て掲載）

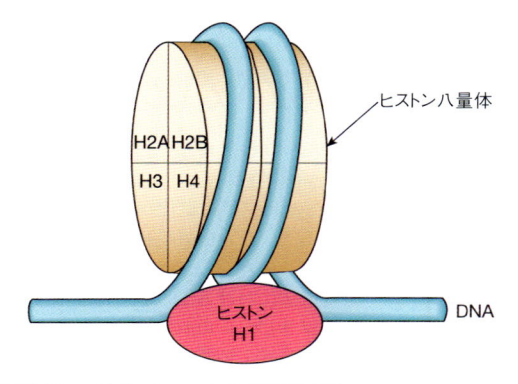

図 35-2. ヌクレオソームの構造モデル

DNA は，ヒストン H2A，H2B，H3，H4 の各々 2 個がつくるヒストン八量体の円盤状構造の表面に巻きついている．約 150 塩基対の長さの DNA が，ヒストン八量体に接するかたちで超らせん構造をとりながら，1.75 回巻きつく．ヒストン H1 が存在するときの位置を図中に示した．ヒストン H1 はヌクレオソームから DNA が出入りする部分に結合する．

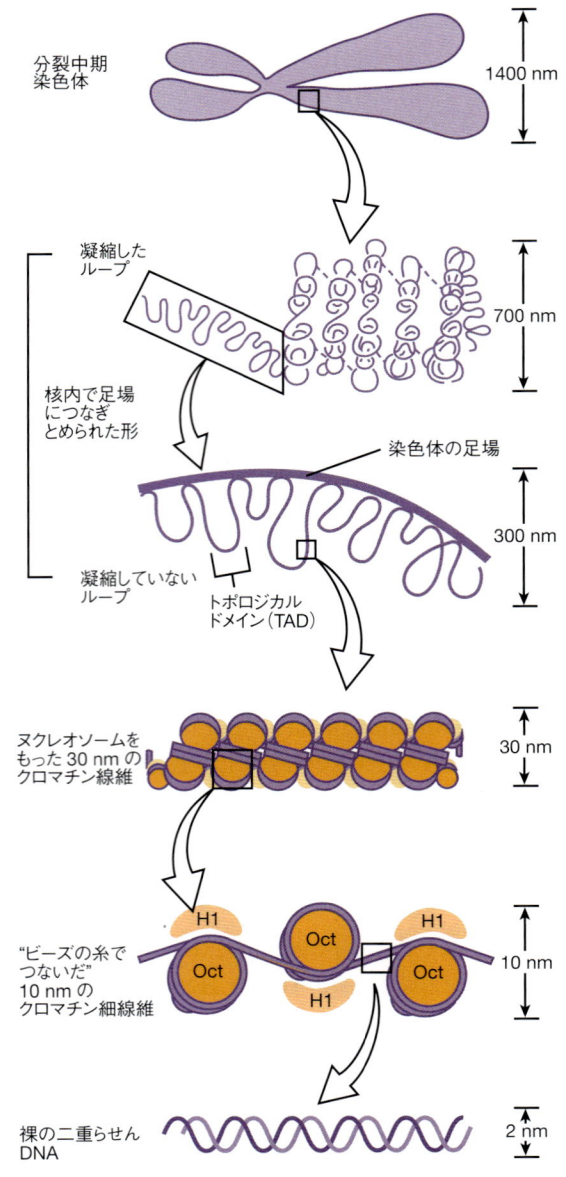

分裂中期
染色体

1400 nm

凝縮した
ループ

700 nm

核内で足場
につなぎ
とめられた形

染色体の足場

凝縮していない
ループ

300 nm

トポロジカル
ドメイン (TAD)

ヌクレオソームを
もった 30 nm の
クロマチン線維

30 nm

"ビーズの糸で
つないだ"
10 nm の
クロマチン細線維

H1　Oct　H1
Oct　Oct
H1

10 nm

裸の二重らせん
DNA

2 nm

図 35-3. 分裂期染色体(上)からよく知られた二重らせん構造(下)まで DNA つめ込みの程度

染色体 DNA は何段階かの過程で組織化されつめ込まれていく(表 35-2 参照).凝縮化,または組織化の段階を経るごとに(図中下から上へ),転写酵素は DNA 分子に到達しにくくなり,分裂中期染色体における DNA 配列はほとんど転写されていない.全体として,これら 5 段階の DNA 凝縮により,DNA の端から端までの長さは 10^4 分の 1 に短くなる.染色体中の線状 DNA の完全な凝縮と解除は,正常な細胞周期の間のわずか数時間の間に起こっている(図 35-20 参照).

表 35-1. ヒストン修飾の意義

1. ヒストン H3 と H4 のアセチル化は転写の活性化や不活性化に関与する.

2. コアヒストンのアセチル化は DNA 複製の際の染色体集合に関与する.

3. ヒストン H1 のリン酸化は,複製サイクルにおける染色体凝集に関与する.

4. ヒストンの ADP-リボシル化は DNA 修復に関与する.

5. ヒストンのメチル化は遺伝子転写の活性化や抑制に関与する.

6. ユビキチン化は遺伝子の活性化や抑制,ヘテロクロマチンによる遺伝子抑制に関与する.

7. ヒストンの SUMO 化 (small ubiquitin-related modifier) は転写の抑制に関与している.

8. ヌクレソーム中の H2A とアイソフォーム H2AZ の置換は転写活性化と関係する.H2AX との置換は修復と関係する.

9. ヒストンアシル化(プロピオニル化,ブチリル化,クロトニル化,スクシニル化,マロニル化,ヒドロキシイソブチル化)はヒストン修飾と細胞内代謝を連携する可能性がある.これらの新たに発見されたヒストン修飾は遺伝子発現と相関する.

ヌクレオソームはヒストンとDNAを含む

ヒストン八量体を適切なイオン濃度下で精製した二本鎖 DNA と混合すると,細胞から分離したクロマチンでみられるのと同じ X 線回折像が得られる.生化学的解析や電子顕微鏡での観察から,ヌクレオソームが再構成されていることがわかる.生化学的解析や電子顕微鏡による観察の結果から,試験管内でつくった試料にはヌクレオソーム構造が再構成されていることが示されている.また,DNA とヒストン H2A, H2B, H3, H4 によるヌクレオソームの再構成は,これら各成分をどの生物のどの細胞から取ってきても,変わることなく行うことができる.この結果は,ヌクレオソーム形成は進化の過程で古くからよく保存されてきた基本的細胞プロセスであることを示す.一方,ヒストン H1 と非ヒストンタンパク質はヌクレオソームコアの再構成には必要ない.

ヌクレオソームでは,円盤状の形のヒストン八量体の上で DNA は左巻きらせんのスーパーコイルをつくる(図 35-2).コアヒストンタンパク質の大部分は外にはみ出すことなく,スーパーコイル状の DNA と相互作用するが,いずれのヒストン分子もその N 末端側のテールとよばれる領域は粒子の外側に飛び出していると考えられ,PTM による制御の標的となる(表 35-1).

$(H3/H4)_2$ 四量体はそれだけでも DNA に結合しヌ

の**二量体 dimer** を形成する.生理的条件下では,これらのヒストンオリゴマーが会合して**ヒストン八量体 histone octamer** $(H3/H4)_2-(H2A-H2B)_2$ となる.

クレオソームに似た形をつくり，ヌクレオソーム形成の中心的役割を果たす．これにさらに2つのH2A-H2B二量体が加わると初めの粒子が安定化され，(H3/H4)$_2$にゆるく結合していたDNAがさらに0.5周の2つ分巻きつき，結合力を強めることになる．このようにしてDNAがヒストン八量体の表面に1.75回巻きつき，約150塩基対のDNAを含むヌクレオソームのコア（図35-2）が形成される．クロマチンの**コア粒子**は“**リンカー linker**”とよばれる約30塩基対のDNAによって隔てられている．電子顕微鏡で見るとDNAは“ビーズを糸でつないだ”ような繰返し構造をとっている（図35-1）．

　生体内におけるヌクレオソームの形成はクロマチン集合タンパク質によって行われ，その機能は高親和性のヒストン結合能をもつタンパク質であるヒストンシャペロンによって促進される．ヌクレオソームができるとき，ヒストンはヒストンシャペロンから解離する．ヌクレオソームはDNA分子上のある特定の領域で形成されやすいようである．このようなヌクレオソームの規則的**分布**（phasing）の原因はわかっていない．この規則的な分布は，特定のヌクレオチド配列が物理的柔軟性をもっており，超らせん構造内の強くよじれた部分を緩和できることや，ヌクレオソームの形成部位を制限するほかのDNA結合因子が存在することと関係があるのではないかと推測されている．

クロマチンは高次構造により圧縮される

　クロマチンを電子顕微鏡で解析すると，ヌクレオソーム自体の構造に加えて2種類の高次構造が存在していることがわかる．それらは10 nmの細線維と30 nmのクロマチン線維である．円盤状のヌクレオソーム構造は10 nmの直径と5 nmの厚みをもっている．**10 nmクロマチン細線維**では，円盤状のヌクレオソームがその平たい面を上にし30塩基対の長さをおいて横に並んだような形をとっている（図35-3）．**30 nmクロマチン線維**は，10 nmクロマチン細線維が1巻きにつき6〜7個のヌクレオソームを巻いて超らせんを形成したものと考えられている（図35-3）．超らせんでは，細線維がほぼ同一平面上をひと回りしていて，超らせん中の隣り合うらせんのヌクレオソームの面は互いにほとんど平行のままである．H1ヒストンは30 nmクロマチン線維を安定化すると考えられるが，H1ヒ

ストンの位置やリンカーDNA（長さは一定ではない）の位置はよくわかっていない．ヌクレオソームはいろいろな凝集構造をとることができると考えられている．有糸分裂の際に見られる染色体を形成するには，30 nmクロマチン線維が長さにしてさらに100倍密に圧縮される必要がある（後述）．

　間期染色体 interphase chromosome では，クロマチン線維は3万〜100万塩基対の**ループ loop**またはドメイン domain をつくり，**核マトリックス nuclear matrix** とよばれる核内の**足場 scaffold**（すなわち支持基盤）につなぎとめられている．これらのドメインは**TAD**（**topologically associated domain**）とよばれ，そのなかには，規則的な分布を示すDNA塩基配列がある．クロマチンのループとなったドメインの少なくとも一部は，1つあるいは複数の遺伝的機能に対応し，それら遺伝子のコード部分と非コード部分を含むと考えられている．この核内構造は動的であり，遺伝子発現において重要な役割をもつ．実際，最近の研究から，一部の遺伝子もしくは遺伝子領域は核の中で可動性を有し，活性化の際に核内の別の場所に移動することが示されている．今後，核内クロマチンの三次元的構成とTADによる調節に関する研究が進むことで，それらの生物学的機能と分子機構が明らかになるであろう（38章参照）．

クロマチンの一部は“活性状態”にあり一部は“不活性状態”にある

　一般に，多細胞動物の個体では，どの細胞にも同じ遺伝情報が含まれている．したがって，生体内で種々の細胞の性質が違うのは，もともとは同じ遺伝情報が異なった形で発現されているからである．活性遺伝子を含むクロマチン（転写の盛んなクロマチンおよび潜在的に転写が盛んになり得るクロマチン）は，不活性遺伝子を含むクロマチンと比べて，いくつかの重要な点で異なることが示されている．クロマチンのヌクレオソーム構造は，活発に発現している領域では，大きく変化している．活性クロマチンでは，DNAは長い領域（約10万塩基対）にわたってDNase Iのような**ヌクレアーゼに対する感受性が高く**容易に消化される．DNase Iは塩基配列特異性が低いため，DNAのどの部分でも単鎖に切断を入れ断片化する．しかし，DNase Iはタンパク質の結合で保護されていない（タンパク質が結合していない）部分のDNAだけ効率的に消化できる．

DNase I に対する感受性があることは，その場所で実際に転写が行われていることを必ずしも意味するのではなく，そこが転写の潜在能力をもっていることを示しているにすぎない．いくつかの異なる細胞系で示されているように，このような DNase I 感受性は DNA の中に 5-メチルデオキシシチジン 5-methyldeoxycytidine(meC)が相対的に少ないこと，特定のヒストンの亜型の存在，そして/あるいは，ヒストン PTM(リン酸化，アセチル化など，表 35-1)などと相関する．

　活性クロマチンの広い領域の中に，100 ～ 300 ヌクレオチドの長さの，DNase I に対する感受性がより高い（さらに 10 倍程度）部分がある．この**高感受性部位 hypersensitive site** は，DNA 構造の変化によりヌクレアーゼが消化しやすくなっているところである．このような領域はしばしば活性遺伝子のすぐ上流に存在し，非ヒストン転写調節因子（エンハンサー結合転写活性化因子，36 章および 38 章参照）などの結合によりヌクレオソーム構造が形成されていない部分に相当する．多くの場合，ある遺伝子が転写されることになると，そのすぐ 5′ 側近傍のクロマチンに，DNase I 高感受性部位が現れる．先述のとおり，転写調節にかかわる非ヒストンタンパク質や，これら調節因子が標的 DNA 鎖に到達できるようにする別のタンパク質などが，高感受性部位の形成にかかわる．高感受性部位は，転写調節配列の存在や場所を探るうえで糸口になることが多い．

　一方で，転写が不活発なクロマチンは，顕微鏡で観察すると，間期でもより密に凝集しており，**ヘテロクロマチン heterochromatin** とよばれる状態になっている．転写の活発なクロマチンはより粗に見え，**ユークロマチン euchromatin**（真性クロマチン）とよばれる．一般に，哺乳類の細胞周期において，ユークロマチンはヘテロクロマチンよりも早期に複製する（後述）．不活性状態のクロマチンはしばしば meC を多く含み，その部分のヒストンは"活性化"に作用する翻訳後修飾 PTM のレベルが相対的に低く，"抑制化"に作用する翻訳後修飾 PTM のレベルは高い．

　ヘテロクロマチンには，構成的なものと条件的なものの 2 種類がある．**構成的ヘテロクロマチン constitutive heterochromatin** は常に凝縮していて基本的には常に不活性である．構成的ヘテロクロマチンは動原体の近傍や染色体末端部（テロメア）に認められる．**条件的ヘテロクロマチン facultative heterochromatin** は，あるときは凝縮しているが，ときには活発に転写を行い，そのため凝縮がほどけて真性クロマチンとして観

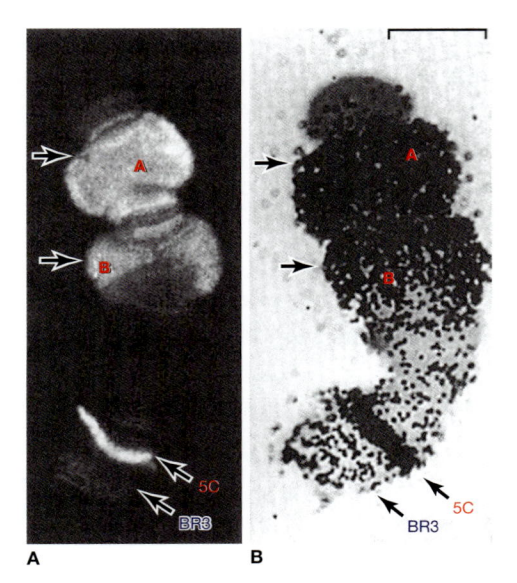

図 35-4. RNA ポリメラーゼ II（表 36-2）と mRNA 合成の関係

ユスリカ *Chironomus tentans* の幼虫を熱ショック(39℃，30分)にさらした際，多数の遺伝子が，上方の A，B で示す部分と 5C で活性化されているが，BR3 の部位では活性化されていない．(**A**) 唾液腺から分離した 4 番染色体上の RNA ポリメラーゼ II の分布(**矢印部分**)．ポリメラーゼに対する蛍光標識抗体を用いた免疫蛍光法により同酵素を検出した．5C と BR3 は 4 番染色体に特有のバンドである．矢印はパフの位置(A，B，5C)を示す．(**B**) ³H-ウリジンで RNA を標識し，4 番染色体のオートラジオグラフィーを行った．蛍光抗体の位置と RNA の標識（斑点）が一致していることに注意してほしい．右上のスケールバーは 7 μm を示す．(Sass H: RNA polymerase B in polytene chromosomes: immunofluorescent and autoradiographic analysis during stimulated and repressed RNA synthesis. Cell 1982;28(2):269-278 より許可を得て掲載)

察されるようになる．哺乳類の雌の 1 対の X 染色体のうち，一方の X 染色体はほとんど完全に不活性であり転写はされず，ヘテロクロマチン構造をとっている．しかし，配偶子形成の過程では，ヘテロクロマチン構造をとっていた X 染色体の凝集がとけて，胚形成の初期に活発な転写を行うようになる．したがって，これは条件的ヘテロクロマチンである．

　昆虫，たとえばユスリカ *Chironomus tentans* やショウジョウバエ *Drosophila melanogaster* のある種の細胞は，娘染色体が分離しないで何度も複製を行う結果，巨大染色体を生じる．複製した DNA コピーは側面どうしで正確に重なり合って縞模様のある染色体をつくるが，この縞は，凝縮したクロマチン部分と，明るく見える，よりほどけたクロマチン部分からなる．この**多糸染色体 polytene chromosome** の転写活性の高い部

分は，特異的に凝集がとけて"パフ puff"を形成する．パフには，転写にあずかる酵素が存在し，RNA 合成の場となっていることが示されている（**図 35-4**）．ヒト細胞核では多糸染色体は形成されないものの，蛍光標識された高感度プローブによる **FISH 実験**（蛍光 *in situ* ハイブリダイゼーション fluorescence *in situ* hybridization，39 章参照）から，特定の遺伝子の場所を決めること（paint とも表現される）が可能である．

DNA は染色体に組織化される

　細胞複製において有糸分裂という過程に備えるため，細胞に含まれる DNA は 2 倍に増える．有糸分裂のなかの分裂中期になると，複製した染色体は凝集し，顕微鏡で観察できるようになる．この凝集した**染色体 chromosome** は 2 回対称の形になっていて，同一の**姉妹染色分体 sister chromatid** が**セントロメア centromere** という染色体構造でつながっているが，その位置は染色体ごとに固有である（**図 35-5**）．セントロメアはアデニン-チミン（A-T）に富む反復配列を含む領域であり，大きさは 10^2（酵母）〜 10^6 **塩基対 base pair**（**bp**）（哺乳類）である．後生動物のセントロメアには，ヒストン H3 の亜型である CENP-A を含むヌクレオソーム

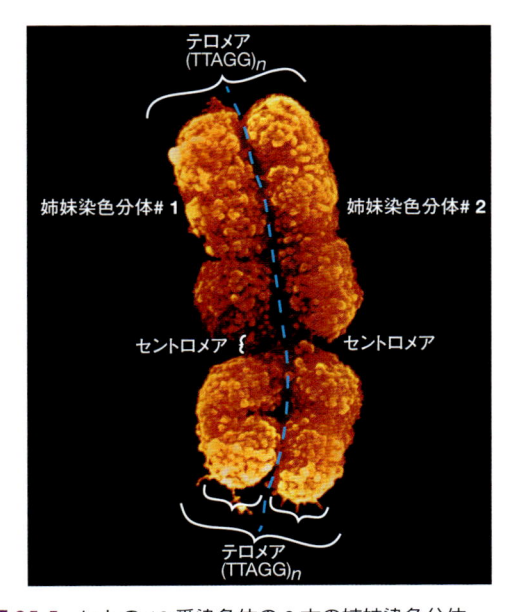

図 35-5. ヒトの 12 番染色体の 2 本の姉妹染色分体
姉妹染色分体の結果を点線で示す．姉妹染色分体を連結する A と T に豊んだセントロメアの位置と，染色体末端の 4 箇所のテロメアのうち 2 箇所を示す（写真は Biophoto Associates/Photo Researchers, Inc. より許可を得て掲載）．

やその他の特異的なセントロメア結合タンパク質が結合する．この複合体は**動原体 kinetochore** とよばれ，有糸分裂のとき紡錘糸が結合する場所となり，ここで染色体分離が生じる．

　各々の染色体の末端には**テロメア telomere** とよばれる構造がある．**テロメアは短い TG に富む反復配列からなる**．ヒトのテロメアは 5′-TTAGGG-3′ の配列がさまざまな回数で反復したものであり，数キロ塩基対の長さに及ぶこともある．**テロメラーゼ telomerase** は，ウイルスの RNA 依存性 DNA ポリメラーゼ（逆転写酵素）と類似した RNA 鋳型含有複合体であり，テロメアを合成することでその長さを維持するはたらきをしている．テロメアの短縮が，悪性腫瘍（56 章）や老化（57 章）に関与することがわかり，テロメラーゼはがん化学療法や治療薬開発の標的として注目を集めている（56 章）．各姉妹染色分体は 1 本の二本鎖 DNA 分子を含む．図 35-3 に模式的に示すように，間期においては，DNA の凝縮の程度は分裂中期の凝縮した染色体より低い．分裂中期の染色体はほとんど転写されない．

　ヒトの一倍体（ハプロイド）ゲノムは 3×10^9 塩基対からなり，そこには 1.7×10^7 個のヌクレオソームがある．すなわち，ヒト一倍体ゲノムの 23 個の染色分体は，1 本の二本鎖 DNA に各々平均 1.3×10^8 ヌクレオチドをもっている．よって，凝縮した分裂中期染色体を形成するためには，各 DNA 分子の長さが，じつに約 8000 倍圧縮されなければならない．分裂中期染色体においては，30 nm のクロマチン線維が折りたたまれて，連続した**ループ状ドメイン looped domain** を形成しており，その基部は核マトリックスの足場に付着している（図 35-3）．この結合には核の内膜の構成要素である**ラミン lamin** というタンパク質との相互作用がかかわる（図 35-3，図 49-4 も参照）．DNA 構造の各段階での圧縮率を**表 35-2** に示す．染色体は高度に凝集するが，それでもある種の転写関連タンパク質は標的 DNA 配列に結合し得ることが示されている．核酸とタンパク質の複合体（核タンパク質）の染色分体への凝集のされ方には規則性があり，染色分体をキナクリン quina-

表 35-2. DNA 構造の各段階における圧縮率

クロマチンの形態	圧縮率
裸の二本鎖 DNA	〜 1.0
ヌクレオソームの 10 nm 細線維	7 〜 10
超らせんヌクレオソームの 30 nm クロマチン線維	40 〜 60
分裂期クロモソームループ凝縮体	8000

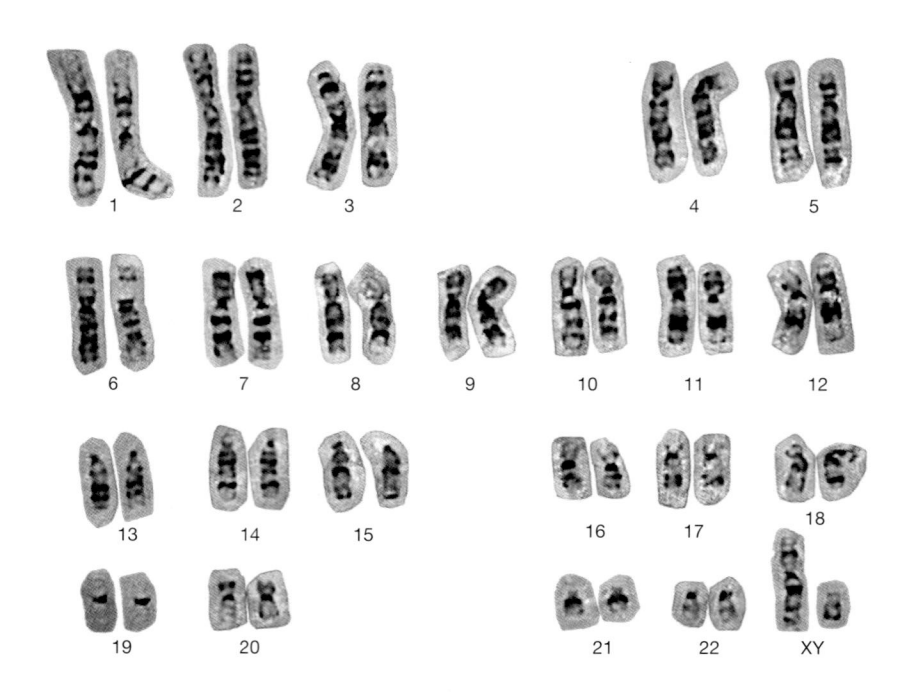

図 35-6. ヒトの核型(正常な 46XY 構成をもつ男性の染色体)
分裂期染色体をギムザ染色した後,パリ会議の規約に従って並べられている.(H. Lawce と F. Conte より許可を得て掲載)

crine やギムザ Giemsa のような色素を用いて染色をすると特徴あるパターンが観察される(**図 35-6**).

同種生物内では,全染色体の染色バンドのパターンは各個体間で同じである.しかし,種が変わると,それが近縁のものであろうとパターンは明らかに異なる.このような,高等真核細胞の染色体における核タンパク質の凝集の仕方は,何らかの形で DNA 分子の種特異的性質によって決められているに違いない.

特殊な染色法と高分解能の顕微鏡技術を組み合わせることで,細胞遺伝学者により,多くの遺伝子の位置がヒトやマウスの染色体上で決められてきた.この可視化による遺伝子マップが驚くほど正確であることが,最近のヒトとマウス(およびその他の種)のゲノム配列の解明により,明らかとなった.

コード領域はしばしば介在配列によって分断されている

転写産物は最終的には細胞質に出て mRNA となるのであるが,真核生物ゲノム DNA 上のタンパク質をコードする領域は通常,タンパク質をコードしない長い介在配列 intervening sequence によって分断されている.つまり,DNA の**一次転写産物 primary transcript** である **mRNA 前駆体 mRNA precursor**[もともとはこの種の RNA は長さが極めて多様な集団であり,核に

限局することから hnRNA (heterogeneous nuclear RNA)とよばれていた]は,非コード介在配列を含んでいるが,それは除去されながらコード部分どうしがつなぎ合わさって成熟 mRNA が形成される.たいていの mRNA の配列をコードする DNA 配列はこのように分断されており,一次転写産物は,少なくとも 1 つ,多い場合は 50 もの,非コード介在配列(**イントロン intron**)を含んでいる.そして,多くの場合,イントロンはコード領域(**エキソン exon**)よりも長い.一次転写産物のプロセシング,すなわちイントロンの正確な除去と隣接エキソンのつなぎ合わせは 36 章で詳しく述べる.

介在配列(イントロン)の機能は完全には明らかになっていない.しかし,1 つの mRNA 前駆体が異なるスプライシングを受けることがあり,その結果 1 つの遺伝子から生じる mRNA 転写物とタンパク質の数(互いに類似する)が増える.イントロンがコード情報を機能ドメイン(エキソン)に分断することにより,遺伝子のコード領域が連続している場合よりも遺伝子の再編成をより速やかに行うことができることになるという説がある.機能ドメイン単位で遺伝子再編成が促進されると,生物機能のより速やかな進化に役立つものと考えられる.ある種の遺伝子では,イントロン DNA にほかのタンパク質の RNA や非コード RNA(ncRNA)

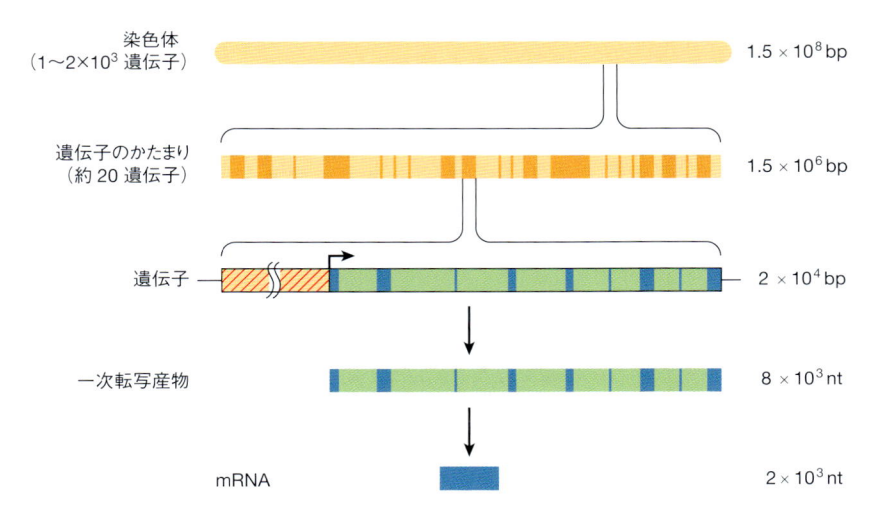

図 35-7.　染色体 DNA と mRNA の関係
ヒトの一倍体ゲノム DNA $3×10^9$ 塩基対（bp：base pair）は 23 本の染色体に不均等に分かれて存在する（図 35-6）．遺伝子はしばしば染色体上でクラスターを形成している．平均的な遺伝子の長さは，多くの場合 5′側に存在する調節領域（⬚）を含めて，2 万塩基対と考えてよい．この例では，調節領域は転写開始部位（矢印）に隣接している．大部分の真核生物遺伝子には，エキソンとイントロンが交互に存在する．この例では，9 個のエキソン（■）と 8 個のイントロン（■）が存在する．RNA スプライシングというプロセスにより一次転写産物からイントロンが取り除かれ，エキソンがつながり成熟 mRNA となる．nt：ヌクレオチド．

がコードされている場合がある（34 章参照）．染色体 DNA，染色体上の遺伝子クラスター，遺伝子エキソン-イントロン構造，および mRNA 最終産物の間の関係を**図 35-7** に示す．

哺乳類ゲノムの大半はその機能が不明である

　ヒトの細胞に存在する一倍体のゲノムは，$3×10^9$ 塩基対よりなり，23 本の染色体に分かれている．この一倍体のゲノム全体には，平均的サイズのタンパク質コード遺伝子（約 2200 bp のタンパク質コード DNA）であれば優に 150 万個をコードできるだけの DNA が含まれる．しかしながら，高等動物ゲノムにおける突然変異率や複雑さに関する初期の研究によると，ヒトでは，ゲノムの約 1% がタンパク質情報をコードし，コードされるタンパク質の数は 10 万個よりもだいぶ少ないと予想されていた．実際，ヒトゲノム配列と mRNA 配列に基づいた最近の推定では，ヒトのタンパク質コード遺伝子の数はおおよそ 20 000 とのことである．このことは，DNA の大部分はタンパク質情報をコードしない，すなわちタンパク質のアミノ酸配列にまで翻訳されないことを意味する．このような過剰な DNA 塩基配列の一部は，発生，分化，および環境適応

の際，調節タンパク質の結合部位になったり調節性 ncRNA をコードすることなどにより，遺伝子発現の制御に役立っていることは明らかである．過剰な DNA 塩基配列は，遺伝子のコード領域を分断する介在配列イントロンや，機能がまだよくわかっていない多くの種類の反復配列などを含む．反復配列から転写される小さい RNA の中には，転写装置と直接相互作用したり間接的にクロマチンの構造を変えることにより転写を変える作用をもつものがある．興味深いことに，EN-CODE 計画コンソーシアム（39 章参照）からの報告では，ゲノム配列のほとんどが低いレベルではあるが転写されていた．この転写の多くは lncRNA（34 章参照）を産生するようである．これら転写産物の役割について，さらなる研究が待たれるところである．

　真核生物のゲノム DNA は，大きく 2 つの"塩基配列のクラス"に分けることができる．すなわち，固有配列 DNA（unique sequence DNA）または非反復配列 DNA（nonrepetitive sequence DNA）と，反復配列 DNA（repetitive sequence DNA）である．一倍体ゲノムでみると，固有配列 DNA は通常，タンパク質をコードする単一コピー遺伝子を含む．反復配列 DNA のコピー数は，細胞あたり 2 ～ 10^7 コピーとさまざまである．

真核生物DNAの半分以上は固有の非反復配列である

　この推定とゲノム全体にわたる反復 DNA 配列分布

の解明は，さまざまな技術を用いて行われてきており，最近ではゲノム DNA シークエンスの直接決定によって行われている．同様の方法が，タンパク質コード遺伝子数の推定にも用いられている．醸造酵母（*Saccharomyces cerevisiae*，下等真核生物）では，6200 の遺伝子が存在し，その約 3 分の 2 が発現しているが，実験室の環境下で生育に必須な遺伝子はその約 5 分の 1 にすぎない．高等真核生物の典型的な組織（たとえば，哺乳類の肝臓や腎臓）では，10 000 ～ 15 000 の遺伝子が活発に発現している．もちろん，それぞれの組織では異なる遺伝子の組み合わせが発現しているのであるが，いかにしてそれが可能なのかということは生物学上の最大の課題の 1 つである．

ヒトゲノムの少なくとも 30% は反復配列である

反復配列には大きく分けて，中等度反復配列と高度反復配列がある．高度反復配列は，5 ～ 500 塩基対が何回も連続してつながることにより形成され，通常，染色体のセントロメアとテロメアでクラスターをつくっている．一倍体ゲノムあたり約 100 万～ 1000 万コピー存在するものもある．これら反復配列の大部分には転写活性はなく，その一部は染色体の構造維持に役立っているらしい（図 35-5 および 39 章参照）．

中等度反復配列は，一倍体ゲノムあたり 10^6 コピー以下のものと定義されており，クラスターとして存在することはなく，固有配列の間に散らばっている．多くの場合，この長い散在型反復配列は，RNA ポリメラーゼ II によって転写され，生じる RNA は mRNA と同様の 5′-キャップ構造が付加される（図 34-10 参照）．中等度反復配列は，その長さにより，**長い散在性反復配列 long interspersed repeat sequence**（**LINE**）と**短い散在性反復配列 short interspersed repeat sequence**（**SINE**）に分類される．両者とも，**レトロポゾン retroposon** と考えられる．これは，RNA 鋳型から DNA を合成する逆転写酵素の作用により，DNA 上のある場所からほかのところへ RNA 中間体を介して**転位 transposition** することによって，生じたものである．哺乳類ゲノムには 6000 ～ 7000 塩基対（6 ～ 7 kbp）の長さの LINE が 2 万～ 5 万コピー存在する．これらは種特異的な反復配列である．SINE はより短く（70 ～ 300 塩基対），ゲノム中に 10 万コピー以上が存在する．ヒトのゲノムにある SINE の 1 つである ***Alu* ファミリー *Alu* family** は，一倍体ゲノムあたり約 50 万コピー存在し，ヒトゲノムの約 10% を占める．ヒト *Alu* ファミリーの配列と，それによく似たほかの哺乳類の配列は，

mRNA 前駆体の一部として転写されたり，あるいはよく研究されている 4.5S RNA および 7S RNA など個別の RNA 分子として転写される．この特殊な配列は，種内でも哺乳類の種属間でも，よく保存されている．*Alu* ファミリーも含め，短い散在型反復配列成分は，ゲノム内のいろいろな部位へ飛び移る能力をもつ可動遺伝要素の一種である可能性がある（後述）．また，反復配列の転位は，*Alu* 配列がある遺伝子に挿入されて神経線維腫となる例で示されるように，病気の原因となることもある．さらに，*Alu* B1 や B2 といった SINE RNA は，転写および mRNA スプライシングの段階で mRNA 産生を調節することも示されている．

マイクロサテライト反復配列

反復配列にはもう 1 つ，タンデム反復配列があり，これは散在する場合と密集する場合がある．この場合，2 ～ 6 塩基対の配列が 50 回程度まで繰り返されている．このような**マイクロサテライト配列 microsatellite sequence** として最も普通に見られるのは，一方の DNA 鎖に AC のジヌクレオチドの繰り返しがあり，他方の鎖に TG があるというものであるが，これ以外にも CG，AT，CT を含め，いろいろな反復配列がある．AC 反復配列はゲノム中の 5 万～ 10 万箇所に存在する．ゲノムのある場所のマイクロサテライト配列を見てみると，2 つの相同染色体の間でそれぞれの反復配列の数に違いがある場合がある．つまり，特定の個人をとってみると，そのマイクロサテライト配列の反復数は 2 つの相同染色体で異なり，ヘテロ接合体となっている．これは遺伝形質であり，その数の多さと **PCR**（**ポリメラーゼ連鎖反応 polymerase chain reaction**）法（39 章参照）による検出の容易さから，マイクロサテライト配列は遺伝子連鎖地図を作成する際に有用である．たいていの遺伝子は，1 つまたはそれ以上のマイクロサテライトマーカーに近接しているので，染色体上での遺伝子間の相対位置を決めることができ，特定の病気とそれに関係する遺伝子との関連もわかる．PCR 法の利用により，家系構成員の多くのについて，**マイクロサテライト多型 microsatellite polymorphism** を速やかに調べることが可能である．ある遺伝子と関連する特定の多型が家系中の患者で見出され，患者以外の家族には認められないならば，その病気の原因遺伝子解明において最初のきっかけが得られたことになる．

3 つのヌクレオチドからなる反復配列でその数が増加するもの（マイクロサテライトの不安定性）は，病気の原因となることがある．不安定な $(CGG)_n$ 反復配列

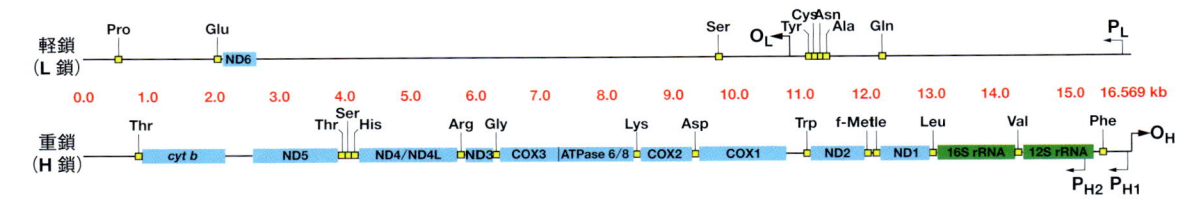

図 35-8. ヒトミトコンドリア遺伝子地図

16 569 塩基対（bp：base pair）のミトコンドリア（mt）DNA の軽鎖（上側の鎖）と重鎖（下側の鎖）を直鎖状に示す．NADH–補酵素 Q オキシドレダクターゼのサブユニットの遺伝子（ND1 ～ ND6），シトクロム *c* オキシダーゼ遺伝子（COX1 ～ COX3），シトクロム *b* 遺伝子（*cyt b*），ATP 合成酵素遺伝子（ATPase 6 と 8），12S と 16S のミトコンドリアリボソーム RNA 遺伝子（12S, 16S）を示す．ミトコンドリア tRNA 遺伝子は小さい黄色のボックスで示し，それぞれが翻訳の際に規定するアミノ酸は 3 文字コードで示している．重鎖の複製開始点（O_H）と軽鎖の複製開始点（O_L），および重鎖の転写開始のためのプロモーター（P_{H1} と P_{H2}），軽鎖のプロモーター（P_L）が矢印と文字で示してある．図はヒトミトコンドリア完全ゲノム配列（NCBI 番号 NC_012920.1）とその注釈情報より作成．

（*n* は反復数を示す）は，脆弱 X 染色体症候群と関連している．ほかにも 3 ヌクレオチド反復配列で動的変異（通常，反復数が増加する）を起こすものに，Huntington 病（CAG），筋緊張性ジストロフィー（CTG），球脊髄性筋萎縮症（CAG）および Kennedy 病（CAG）がある．次世代ハイスループット DNA シークエンス技術（39 章）の発展により，科学者や臨床家がヒトゲノムを解析するスピード，正確性，精密性が格段に向上した．いくつかの新たに始まった臨床検査では，組織や血清の試料を対象に特定のゲノム部位の DNA 配列を決定する．

細胞内DNAの1%はミトコンドリアにある

ミトコンドリアの大多数のペプチド（67 のうち約 54）は核の遺伝子にコードされ，残りはミトコンドリア（mt）DNA の遺伝子によってコードされる．ヒトのミトコンドリアは，小さい約 16 000 塩基対の環状二本鎖 DNA 分子を 2 ～ 10 コピー含み，その総量は細胞 DNA の約 1% に相当する．この mtDNA はミトコンドリアに特異的なリボソーム RNA や転移 RNA，および呼吸鎖で重要なはたらきをする 13 のタンパク質をコードする（13 章参照）．ヒトミトコンドリア遺伝子の直鎖構造地図を**図 35-8** に，また mtDNA のいくつかの特徴を**表 35-3** に示す．

ヒトミトコンドリアの mtDNA の重要な特徴は，受精卵のミトコンドリアのすべては卵子に由来するため，母系非メンデル式遺伝により伝達されるということである．したがって，mtDNA の変異による病気では，病

表 35-3. ヒトミトコンドリア DNA の特徴

- 環状二本鎖であり，重鎖（H）と軽鎖（L）がある．
- 16 569 塩基対からなる．
- 呼吸鎖の 13 タンパク質サブユニット（全体で 67 のうち）をコードする．
  NADH デヒドロゲナーゼ（複合体 I）の 7 つのサブユニット
  複合体 III のシトクロム *b*
  シトクロムオキシダーゼ（複合体 IV）の 3 つのサブユニット
  ATP 合成酵素の 2 つのサブユニット
- ミトコンドリアリボソーム大サブユニットと小サブユニットの rRNA（16S および 12S）．
- ミトコンドリア tRNA の 22 分子．
- 遺伝暗号は標準暗号と少し異なるところがある．
  UGA（通常は停止コドン）は Trp として読まれる．
  AGA と AGG（通常は Arg のコドン）は停止コドンとなる．
- 非翻訳配列は極めて少ない．
- 突然変異が高率で起こる（核 DNA の 5 ～ 10 倍）．
- ミトコンドリア DNA の塩基配列を比較することにより霊長類をはじめとしてさまざまな種の進化上の起源に関する証拠が得られる．

（Harding AE: Neurological disease and mitochondrial genes. Trends Neuro Sci 1991;14(4):132–138 のデータより）

気の母親は理論的にはすべての子供に病気を伝達するが，娘だけがこれを次の世代に伝達する．しかしながら，ある場合には，卵形成の過程で mtDNA に欠失が起こり，母親からの遺伝でないことがある．多くの病気が mtDNA 変異によることがわかってきた．このような疾患として，いろいろな筋疾患，神経障害，および糖尿病の一部などがある．

遺伝物質は変化したり，再編成を起こしたりする

遺伝子内で，プリン，ピリミジン塩基に1塩基ない し数塩基の変化—除去または挿入—が起こると，遺伝 子産物の変化を招く可能性や，タンパク質非コード DNAが変化した場合には遺伝子発現が変化する可能 性がある．このような挿入 insertion や欠失 deletion は まとめて **indel** とよばれる．indel はしばしば**変異 mu-tation** につながり，その結果については37章で詳しく 述べる．

染色体の組換えは遺伝物質再編成の1つの仕組みである

遺伝情報は，類似あるいは相同の染色体どうしで交 換され得る．このような交換または**組換え recombina-tion** は，哺乳類細胞では主として減数分裂のときに生 じ，分裂中期において相同染色体が正確に並列してか ら起こる．相同染色体（染色分体）間の交差 crossing over の過程を**図 35-9** に示す．通常，この際に相同 色体の間で遺伝情報の平等で相互的な交換が行われる． もし，相同染色体がある遺伝子座で互いに異なる対立 遺伝子（遺伝子DNA配列のバリアント）をもっていた ならば，交差によって遺伝子連鎖の変化を引き起こし， その変化が子孫に伝わっていく．まれな場合として，相 同染色体の並列が正確でないとき，交差・組換えの結 果，不均等な情報交換を行うことになる．一方の染色 体ではDNAが短くなり欠失となり，他方の染色体で はより多くの遺伝物質を受け取り挿入や重複が起こる． ヒトで起こる不等交差のよく研究されている例は，ヘ モグロビンである．不等交差により，ヘモグロビンレ ポールとアンチレポールとよばれる異常ヘモグロビン 症が生じる（**図 35-10**）．

2つの配列がその染色体上で離れれば離れるほど， 交差型組換えが起こりやすくなる．これは遺伝子地図 作成の原理となる．図 35-10 で示したように，**不等交 差 unequal crossover** は，グロビン遺伝子のように近 縁の遺伝子が反復したところや，より多く存在する反 復配列など，類似する配列が繰り返し存在するDNA 領域で起こる．塩基対合の際のずれが引き起こす不等 交差により，反復配列のコピー数が増えたり減ったり する可能性があり，またそのため，一連の反復配列の 中に変化した配列が広がり，固定化されることがある．

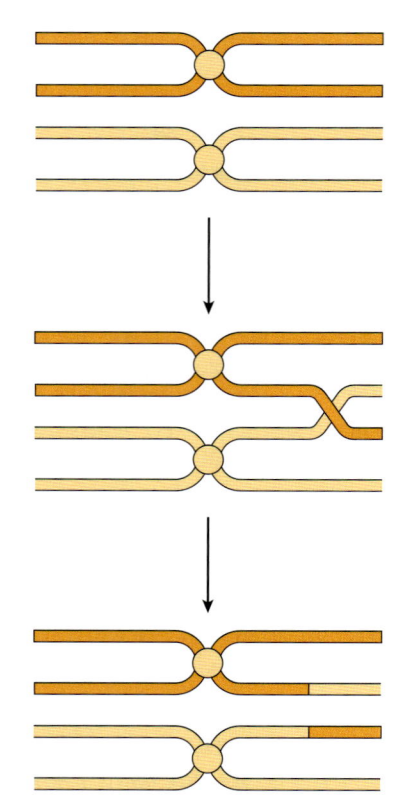

図 35-9. 分裂期相同染色体間の交差による染色体組換え
図 35-12 も参照．

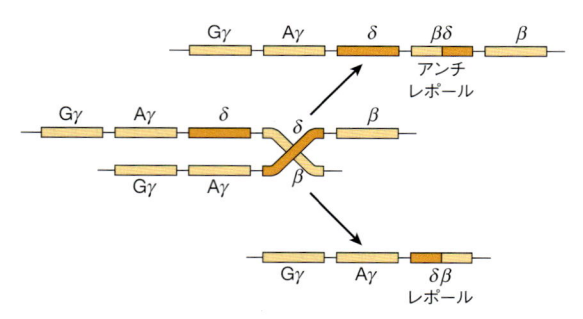

図 35-10. グロビン遺伝子クラスターをもつ哺乳類ゲノム 間での不等交差と，その結果生じる組換え体 δ-β-レポール および β-δ-アンチレポールヘモグロビン
この例では，遺伝子のアミノ酸コード領域の中（すなわち β および δ グロビン遺伝子）での交差部位を示している． (Clegg JB, Weatherall DJ: β^0 Thalassemia: Time for a reap-praisal? Lancet 1974;304(7873):133-135 より許可を得て掲 載)

ある種のウイルスゲノムは感染細胞の染色体へ組み込まれる

細菌ウイルス，すなわちファージのあるものは宿主 細菌のDNAと組換えを行う能力があり，ファージの

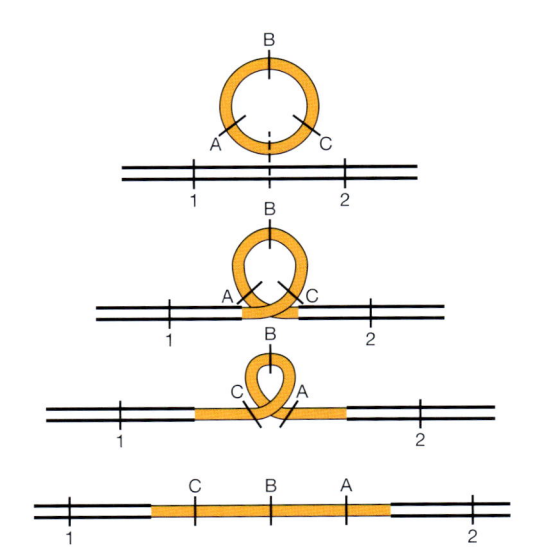

図 35-11. ウイルスの環状ゲノム（遺伝子 A, B, C をもつ）の宿主 DNA 分子（遺伝子 1, 2 をもつ）への組込みと，その結果生じる遺伝子の配列順序

遺伝情報が宿主の遺伝情報の中に直鎖的に組込まれるようになる．この組込みは一種の組換えであり，**図 35-11** に示すような機構で行われる．環状のファージゲノムは宿主 DNA 分子と同時に切断されて，適合した末端どうしが正しい方向性をもって再結合する．ファージ DNA は，引き延ばされて（"線状"になって），細菌の DNA 分子（これも通常は環状である）に組込まれる．ファージゲノムが組込まれて細菌ゲノムと組換えを起こす場所は，次の 2 種の機構により選択される．ファージが宿主 DNA の塩基配列と**相同的 homologous** 配列をもつならば，相同染色体の間で行われるのと類似した組換えが起こる．一方，あるファージは特別なタンパク質を生成し，これが細菌染色体上の特異的部位とファージ上の**非相同的 nonhomologous** 配列部位とを結合させる．組込みはその場所で起こり，これを"**部位特異的 site-specific**"組込みという．

　多くの動物ウイルス，とくにがんウイルスも哺乳類細胞の染色体に組込まれる．DNA のまま直接組込まれる場合もあるが，HIV などの RNA ウイルスのように，ウイルス由来の逆転写酵素 reverse transcriptase，すなわち **RNA 依存性 DNA ポリメラーゼ RNA-dependent DNA polymerase** のはたらきにより RNA から二本鎖DNA が合成され，これが染色体に組込まれる場合もある．ウイルス DNA の感染細胞ゲノムへの組込みは，一般に"部位特異的"でないが，組込みが起こりやすい場所はある．予想されるとおり，これら組込みは遺伝子

変異につながることがある．

転移により，プロセスされた遺伝子が生じる

　真核細胞では，明らかにウイルスではない小さい DNA 断片が宿主ゲノムに入り込んだり飛び出したりして近傍の DNA 配列の機能に影響を与えることがある．これらの可動性 DNA は，"**跳ぶ DNA jumping DNA**"もしくは跳ぶ遺伝子ともよばれ，隣接する DNA を一緒に運ぶ場合もあることから，進化に大きな影響を与える．先に述べたように，中等度繰返し DNA 配列の *Alu* ファミリーはレトロウイルスの末端と構造的に似ており，この種のウイルスが哺乳類のゲノムに出たり入ったりするのを助けている可能性がある．

　そのほかの小さい DNA がヒトゲノムへ転移するということの直接の証拠は，免疫グロブリン，α-グロビンなどの"**プロセスされた遺伝子 processed gene**"の発見で示された．これらのプロセスされた遺伝子はそれぞれのタンパク質の mRNA 塩基配列と，同一またはほぼ同一の DNA 塩基配列からなる．すなわち，5′ 側の非翻訳領域，イントロンのないタンパク質コード領域，および 3′ 側のポリ（A）テールが連続して存在する．この特異な DNA 塩基配列は，プロセスされた mRNA，すなわちそれぞれイントロンが取り除かれポリ（A）テールが添加された mRNA から逆転写によって形成されたと考えられる．この逆転写産物がゲノム中に組み込まれる仕組みとして考えられるのは転移のみである．事実，これらの"プロセスされた遺伝子"の両側には短い反復末端があり，これは他の生物の転移塩基配列と同様である．プロセスされた遺伝子は転写されることがないためにその機能に対して選択圧がかかることがなく，そのために進化の過程でランダムに変化してナンセンスコドンを含むようになっており，たとえ転写されたとしても機能的な完全なタンパク質はコードできない（37 章参照）．それゆえ，このような転移配列は"**偽遺伝子 pseudogene**"とよばれる．

遺伝子変換は DNA 再編成を引き起こす

　不等交差と転移に加えて，遺伝物質の速やかな変化に寄与する第三の機構が存在する．相同または非相同染色体上の類似の塩基配列部分が時として互いに対合し合い，両鎖間で異なる配列を置き換えることがある．これにより反復配列ファミリーの中の変異がどちらか一方に固定化される場合があり，その反復配列全体が同じ配列をもつようになる．このような過程を**遺伝子変換 gene conversion** という．

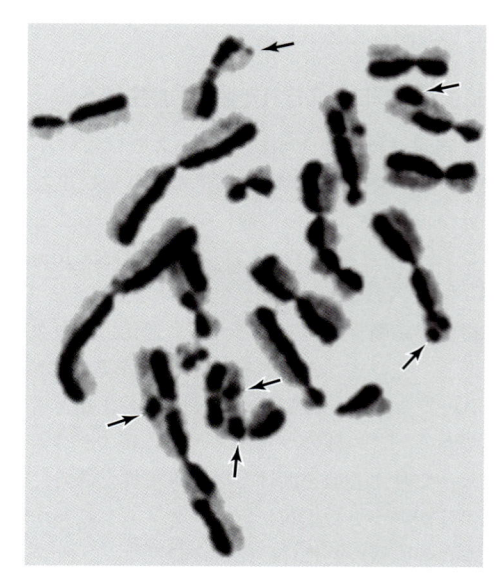

図 35-12. ヒト染色体の姉妹染色分体交換

ブロモデオキシウリジン（BrdU：5-bromo-2′-deoxyuridine，図 32-13 に示した 5-ヨード-2′-デオキシウリジン 5-iodo-2′-deoxyuridine 参照）存在下に 2 サイクル複製を行わせ，染色体をギムザ染色で染色した．矢印は交換が行われている部分．この図ではチミン誘導体である BrdU を取り込んだ部分は黒くなっている．（S. Wolff と J. Bodycote の許可を得て掲載）

姉妹染色分体交換

　ヒトのような二倍体の真核生物では，細胞周期の合成期（S 期）を過ぎると（図 35-20 参照），細胞は四倍体の DNA 量をもつことになる．このとき染色体対は姉妹染色分体の形になる（図 35-6）．姉妹染色分体の各々は，染色体の親 DNA 分子から半保存的に複製されたものなので，相互に同じ遺伝情報をもっている．交差は，この遺伝的に同一の姉妹染色分体間でも起こる．もちろん，これらの**姉妹染色分体交換 sister chromatid exchange（図 35-12）**は均等交差である限り，遺伝的には何の変化も起こらない．

免疫グロブリン遺伝子の再編成

　哺乳類の細胞では，いくつかの興味深い遺伝子の再編成が発生や分化の過程で正常な反応として起こっている．たとえば，マウスの免疫グロブリン IgG 分子の軽鎖の可変領域（V_L）と定常領域（C_L）をそれぞれコードする V_L と C_L 遺伝子（38 章参照）は，生殖系列 DNA では遠く離れている．ところが，分化した免疫グロブリン産生細胞（形質細胞）の DNA においては，同じ V_L と C_L 遺伝子がゲノム上で互いに物理的に接近し連結

され，1 つの転写単位となる．しかし，それでもまだ，この DNA の再編成によって，V_L と C_L 遺伝子が連続するわけではない．V と C 領域の間に，約 1200 塩基対のイントロン DNA が介在する．この介在するイントロン配列は，V_L と C_L のエキソンとともに転写され，核における mRNA スプライシングの過程で除去される（36 章および 38 章参照）．

DNAの合成と複製は厳密に制御されている

　DNA 複製の第一の役割は，親のもっている遺伝情報を子孫に伝えることである．すなわち DNA 複製は，その生物種が子孫代々遺伝的安定性を維持するために，完璧で高度の忠実さをもって行われなければならない．DNA 複製の過程は複雑であり，正確さを保障するため多くの細胞機能と複数の検証過程がかかわる．大腸菌の染色体複製には約 30 種のタンパク質が関与しているが，この過程は真核生物ではさらに複雑である．

　すべての細胞において，複製は鋳型となる一本鎖 DNA（ssDNA）を用いて行われる．そのため，複製開始点を決め，その場所の二本鎖 DNA（dsDNA）を開裂さ

表 35-4. 真核生物における DNA 複製の段階

1.	複製開始点の見分け
2.	ATP 加水分解に依存したヌクレオソームの除去と dsDNA の開裂による ssDNA 鋳型の提供
3.	複製フォークの形成と RNA プライマーの合成
4.	DNA 合成の開始と伸長
5.	新生 DNA 断片の連結に伴う複製のバブルの形成
6.	クロマチン構造の再構築

表 35-5. DNA 複製に関与するタンパク質の種類

タンパク質	機能
DNA ポリメラーゼ	デオキシリボヌクレオチドの重合
ヘリカーゼ	ATP 依存性の DNA の巻き戻し
トポイソメラーゼ	ヘリカーゼによる巻き戻しに起因するねじれ緊張の解消
DNA プライマーゼ	RNA プライマーの合成開始
一本鎖結合タンパク質（SSB）	ssDNA が途中で対合して dsDNA を形成するのを防ぐ
DNA リガーゼ	ラギング鎖上での新生鎖と岡崎フラグメント間の切れ目の連結

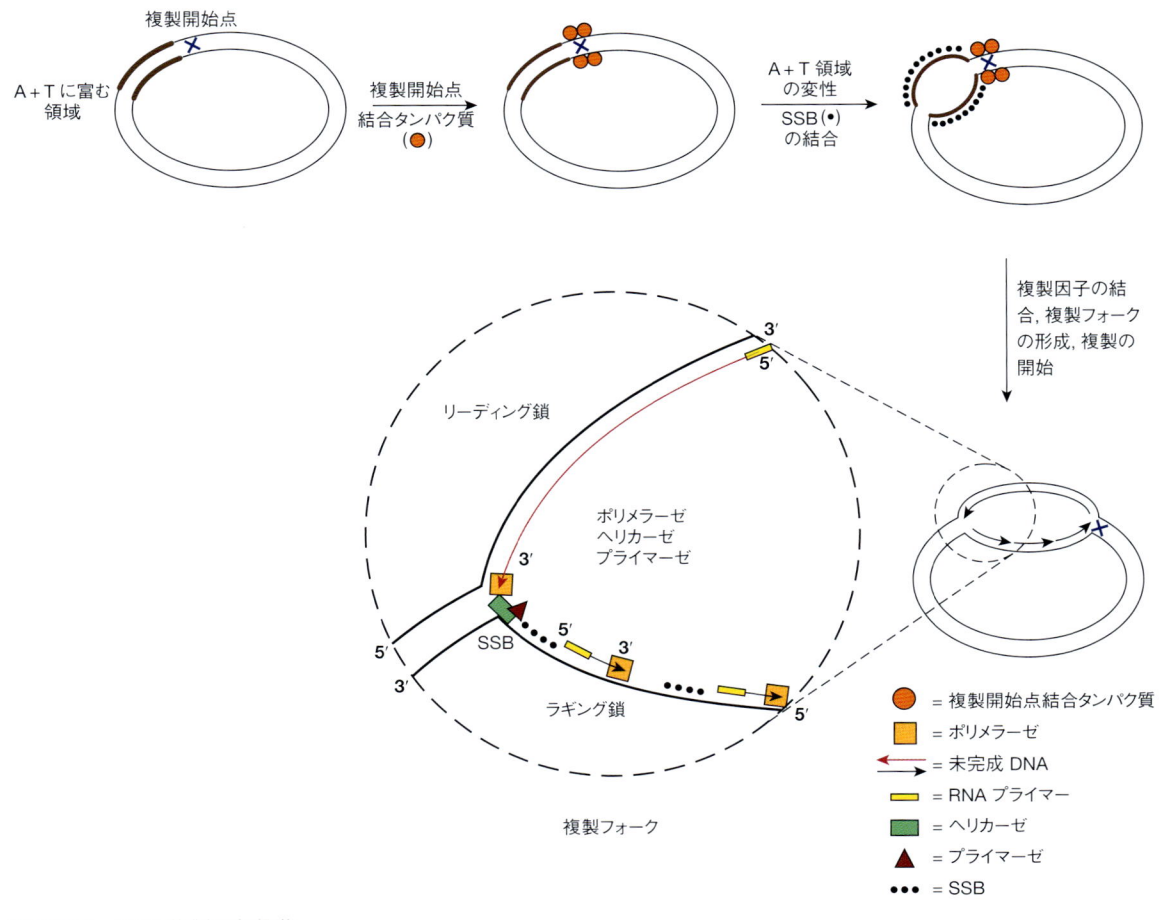

図 35-13. DNA 複製の各段階

図は大腸菌細胞内での DNA 複製を示しているが，真核細胞においても基本的反応段階は同じである．特定のタンパク質（dnaA タンパク質）が複製開始点（oriC）に特異的に結合することにより，その近傍の（A＋T）が多い領域に，局所的開裂が起こる．この DNA 領域は，一本鎖 DNA 結合タンパク質（SSB）の結合により一本鎖（ssDNA）の状態を維持する．これにより，ヘリカーゼ，プライマーゼ，DNA ポリメラーゼなどの多くのタンパク質が結合できるようになり DNA 合成が始まる．複製フォークは，DNA 合成とともにリーディング鎖では連続的に（長い赤の矢印），ラギング鎖では不連続的に（短い黒の矢印）進行する．DNA ポリメラーゼは DNA 鎖の 3′末端にのみヌクレオチドを付加することができるので，新生 DNA は常に 5′→3′方向に合成される．

せる機構が存在する．次いで複製複合体が形成される．複製が終わると，親鎖と娘鎖はそれぞれ dsDNA となる．真核細胞ではさらにもう 1 段階が必要である．dsDNA は，複製が始まる前に存在していたように，ヌクレオソームを含むクロマチン構造をふたたびとらなければならない．真核細胞における複製の全過程はまだ完全には理解されていないが，原核細胞では極めて詳細にわかっており，基本的原理は両者で同じである．主要段階は**表 35-4** と**図 35-13** に示すが，以下に順に説明する．このプロセスには多くのタンパク質が関与するが，その多くは特定の酵素活性をもつものである（**表 35-5**）．

複製開始点

　複製開始点 origin of replication（ori）にある一連の直列反復配列に，配列特異的な dsDNA 結合タンパク質が結合する．大腸菌では，oriC とよばれる DNA 複製開始点に dnaA タンパク質が結合し，150 〜 250 塩基対の DNA と dnaA 多量体からなる複合体を形成する．この複合体形成により近傍の A＋T の多い DNA 領域に局所的変性と開裂が起こる．酵母では同様の機能をもつ**自律複製配列 autonomously replicating sequence（ARS）**あるいは**レプリケーター replicator** が同定されている．ARS には複製開始配列 origin replication element（ORE）とよばれる 11 塩基対の配列があ る[2]．ORE は大腸菌の dnaA に相当する一群のタンパ ク質と結合するが，このタンパク質複合体を複製**開始 点認識複合体 origin recognition complex（ORC）**とよ ぶ．ORC 類似タンパク質は調べられた限りすべての真 核生物に存在する．ORE は容易に開裂が起こる約 80 塩基対の A＋T に富む配列のすぐ隣に位置している． この配列を **DNA 開裂領域 DNA unwinding element （DUE）**という．DUE は酵母における複製開始点であ り，MCM（minichromosome maintenance，ミニ染色 体維持）タンパク質複合体が結合する．

　哺乳類では，ori や ARS と構造がよく似ている共通 配列はまだわかっていないが，ori の認識や機能に関与 するタンパク質がいくつかヒト細胞で見つかっている． これらは対応する酵母のタンパク質と，アミノ酸配列 および機能が似通っている．このことから，ORE のよ うにはたらく配列がヒトにも存在することが予想される．

DNAの開裂

　ori とタンパク質の相互作用により複製開始の位置 が規定されると，新規 DNA 鎖合成開始に要する短い ssDNA 領域が準備されることになる．この過程には， 多数のタンパク質間およびタンパク質-DNA 間相互作 用がかかわる．重要な段階は，DNA を次々に巻き戻し ていくはたらきをする DNA ヘリカーゼによる反応で ある．大腸菌ではこの反応は dnaB ヘリカーゼと dnaC タンパク質の複合体によって行われる．一本鎖 DNA 結合タンパク質 single strand DNA binding（SSB）pro- tein がこの複合体を安定化させる．

複製フォークの形成

　複製のフォークには，次の順序で 4 つのタンパク質 成分が登場する．(1) DNA ヘリカーゼが親の二本鎖 DNA の短い部分を巻き戻す．(2) SSB が一本鎖 DNA （ssDNA）に結合し，その部分が早期に二本鎖へ戻って しまわないようにする．(3) プライマーゼが DNA 合 成の際のプライマーとして必要な RNA 分子の合成を 開始する．(4) DNA ポリメラーゼがプライマーの 3′- OH 遊離端から娘鎖 DNA の合成を開始する．

　DNA ポリメラーゼ III 酵素（大腸菌の *dnaE* 遺伝子産 物）は，いくつかのポリメラーゼ付属タンパク質（β，γ， δ，δ′，および τ）とともに多タンパク質複合体として，

鋳型 DNA に結合する．DNA ポリメラーゼは，5′→3′ の方向にのみ DNA 合成を行う．数種のタイプのポリ メラーゼのうち一種だけが複製フォークにおける合成 に関与する．DNA 鎖は逆平行であるため（34 章参照）， ポリメラーゼのはたらき方は非対称となる．**リーディ ング（先行）鎖 leading（forward）strand** では，DNA は 連続的に合成される．**ラギング（逆行）鎖 lagging（ret- rograde）strand** では，短い断片（1000 ～ 5000 塩基，図 35-16 参照）ごとに合成され，この断片は発見者にちな んで**岡崎フラグメント Okazaki fragment** とよばれる． 数個から多い場合には千にものぼる数の岡崎フラグメ ントが，1 つの複製フォークにおいて合成されていか なければならない．この合成を保障するためには，ヘ リカーゼがラギング鎖において dsDNA を 5′→3′ の方 向に巻き戻していかなければならない．ヘリカーゼは プライマーゼと結合して，プライマーゼが鋳型に正し く結合できるようにする．これにより RNA プライマー が生成し，次いでポリメラーゼが DNA 複製を始める ことができるようになる．DNA ポリメラーゼは新規に DNA を合成することができないことから，このように 複数の反応が相前後して起きることはとても重要とな る．ヘリカーゼとプライマーゼの移動性複合体は**プラ イモソーム primosome** とよばれる．岡崎フラグメン トの合成が完了すると，ポリメラーゼは解離し，新し いプライマーの合成が行われることになる．解離した ポリメラーゼはまた複製フォークに結合して，次の岡 崎フラグメントの合成にあずかる．

DNAポリメラーゼ複合体

　さまざまな DNA ポリメラーゼが DNA 複製にあず かる．これらには次の 3 つの重要なはたらき，(1) **鎖 伸長 chain elongation**，(2) **連続反応 processivity**， (3) **校正 proofreading** がある．鎖伸長は重合反応（ホ スホジエステル結合形成）の速度（ヌクレオチド/秒； **nt/s**）で表すことができる．連続反応はポリメラーゼが 鋳型から離れる前に，新生鎖に加えられるヌクレオチ ド数で表すことができる．校正は複製の誤りを見つけ て修正することである．大腸菌ではポリメラーゼ III （pol III）が複製フォークのところではたらく．すべて のポリメラーゼのなかでこの酵素は最も鎖伸長速度が 速く，最も連続反応性が優れている．本酵素は 1 サイ クルでリーディング鎖上に 50 万ヌクレオチドを重合 する能力をもつ．大腸菌の pol III は複数のサブユニッ トからなる大型（＞ 1 MDa）のタンパク質である．pol III は，DNA 上を滑るリング状のクランプ（留め環）の

---

　2) 訳者注：11 塩基対の ORE は出芽酵母にて発見され た．はっきりとした ORE をもたない酵母もある．

2つの β サブユニットと会合する．この会合により，pol III-DNA 複合体の安定性，連続反応性（100 から 5 万ヌクレオチド以上に），DNA 伸張速度（20 ～ 50 nt/s に）が大幅に増大し，pol III は高い酵素能を示し機能する．

ポリメラーゼ I（pol I）と II（pol II）はもっぱら校正と DNA 修復にかかわっている．真核細胞はこれら各々の酵素に対応するものに加えて，おもに DNA 修復にかかわる数多くの DNA ポリメラーゼも有している．**表 35-6** にその比較を示す．

哺乳類細胞のポリメラーゼは細菌のポリメラーゼ複合体よりもやや遅いヌクレオチド重合速度をもつ．このように遅いのはヌクレオソーム構造が障壁となるためかもしれない．

表 35-6. 原核生物と真核生物の DNA ポリメラーゼの比較

大腸菌	真核生物	機　能
I		ラギング鎖合成後のギャップの充填，修復，組換え
II		DNA 校正と修復
	β	DNA 修復
	γ	ミトコンドリア DNA の合成
III	ε	リーディング鎖の合成
DnaG	α	RNA プライマー合成酵素（プライマーゼ）
	δ	ラギング鎖の合成

DNA 合成の開始と伸長

DNA 合成の開始（**図 35-14**）には 10 ～ 200 のヌクレオチドからなる短鎖 RNA プライマーが必要である．大腸菌では dnaG（プライマーゼ）が，真核生物では DNA pol α が RNA プライマー合成を行う．これが終わると続いて DNA 合成が始まる．この短鎖 RNA プライマー

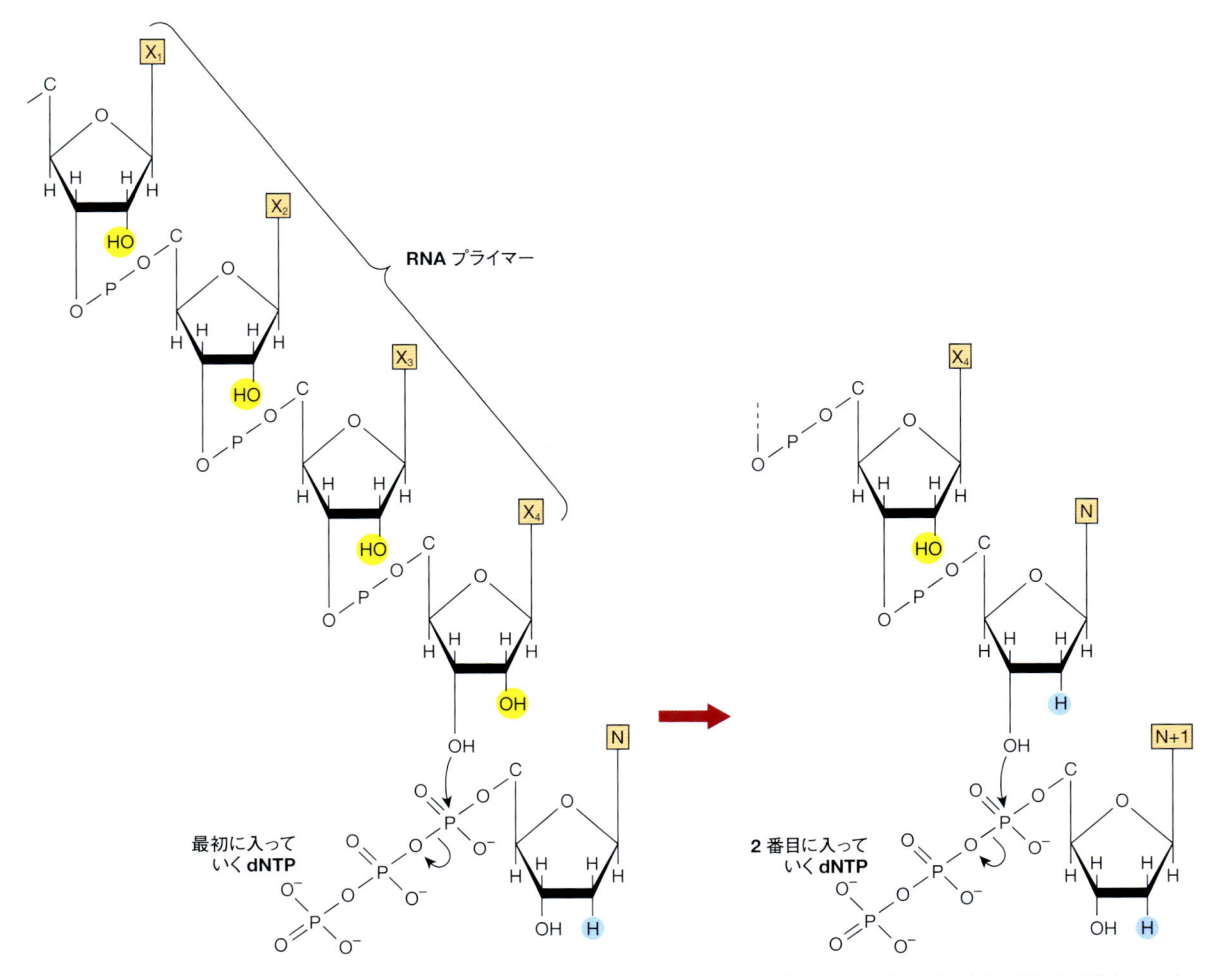

図 35-14. RNA プライマーにもとづく DNA 合成の開始とそれに続く 2 番目のデオキシリボヌクレオシド三リン酸（dNTP）の付加反応
デオキシリボース分子の 2′-H（青色）と RNA プライマー中の 2′-OH（黄色）に注意．

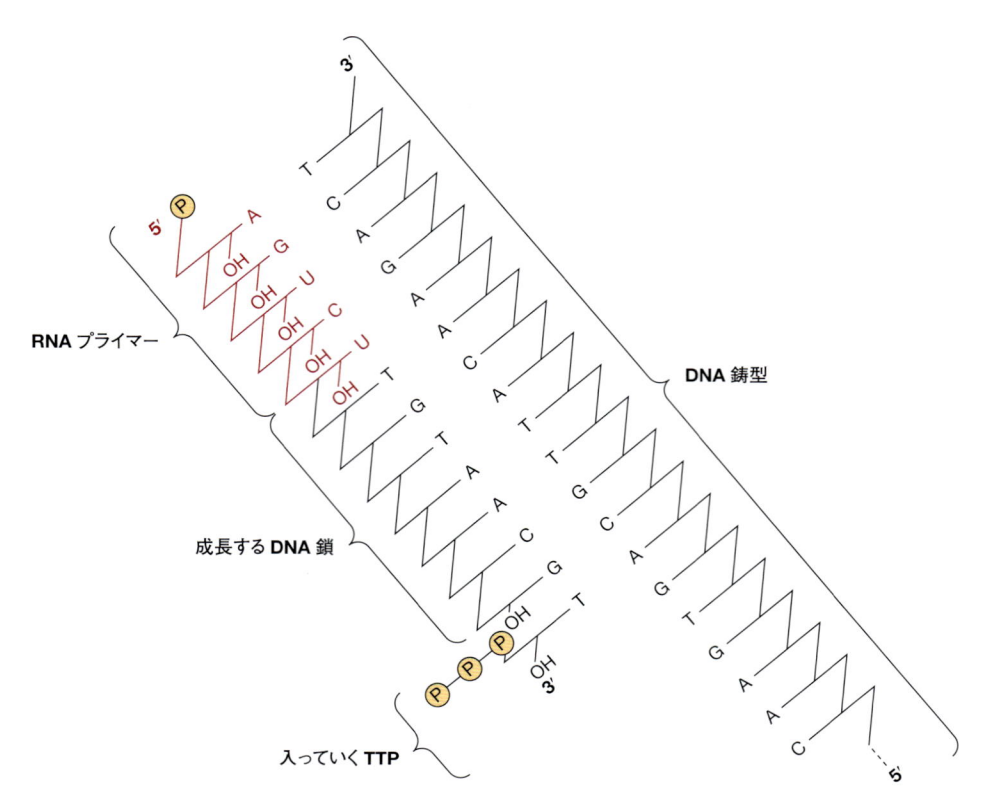

図 35-15. DNA 複製において RNA プライマーに続いて親 DNA の相補的鎖を鋳型として DNA が合成される過程

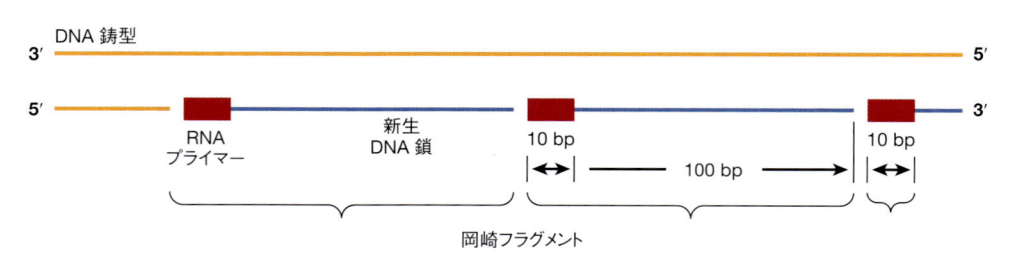

図 35-16. DNA のラギング鎖での不連続合成
ラギング鎖合成における岡崎フラグメントを図示する．岡崎フラグメントは真核生物では 100 ～ 250 ヌクレオチド，原核生物では 1000 ～ 2000 ヌクレオチドの長さをもつ．

の 3′-OH 基により，最初に入ってきたデオキシリボヌクレオシド三リン酸（図 35-14 では N）のリン酸が求核攻撃 nucleophilic attack を受け，そのためピロリン酸が切り出される．この DNA 合成への移行は，DNA ポリメラーゼ（大腸菌では DNA pol III，真核生物では DNA pol δ と ε）によって行われる．新しく結合したデオキシリボヌクレオシド一リン酸 deoxyribonucleoside monophosphate の 3′-OH 基は，次に入ってくるデオキシリボヌクレオシド三リン酸（図 35-14 では N+1）の α リン酸部分にふたたび求核攻撃をかけることになり，さらにピロリン酸の切断が起こる．もちろん，次

にどのデオキシリボヌクレオシド三リン酸の α リン酸部分が攻撃を受けるかは，Watson–Crick の塩基対合規則に従って，鋳型鎖 DNA 分子との適正な塩基対合が生じることで決まる（**図 35-15**）．たとえば，アデニンデオキシリボヌクレオシドリン酸残基が鋳型の鎖に存在すると，チミジン三リン酸が入ってきて，その α リン酸残基の 3′-OH 基の攻撃を受ける．このような段階的反応により，鋳型鎖が相補的なデオキシリボヌクレオシド三リン酸を決め，水素結合によりその場に固定し，一方では，伸長鎖の 3′-OH 基がデオキシリボヌクレオシド三リン酸に攻撃をかけ，新しいヌクレオチド

をそのポリマーに取り込ませるのである．この RNA プライマーに結合した DNA 断片が，岡崎フラグメント Okazaki fragment である（**図 35-16**）．細菌でも哺乳類でも，多数の岡崎フラグメントの生成後，複製複合体により RNA プライマーが除かれ，生じたギャップは鋳型鎖に正しく塩基対合するデオキシヌクレオチドがつなげられて埋まる．次いで新たに合成された DNA の断片どうしが **DNA リガーゼ DNA ligase** とよばれる酵素でつながる．

複製には方向性がある

　すでに述べたように，DNA 分子は二本鎖構造をとっていて，それぞれの鎖は逆平行である．原核細胞および真核細胞における DNA の複製は，両方の鎖で同時に起こる．ところが，3′→5′ 方向への DNA の重合反応を行う酵素はどんな生物にも存在しないので，DNA 複製において両鎖が同時に同じ方向に伸びていくことはできないはずである．しかしながら，細菌では同一の酵素が両鎖を同時に複製していく（真核生物では Pol ε と Pol δ がそれぞれリーディング鎖とラギング鎖の合成を触媒する，表 35-6）．すなわち，一方の鎖に関しては，酵素が複製の進行方向に向かって 5′→3′ の方向に連続的に鎖を伸ばしていく（リーディング鎖 leading strand）．他方の鎖（ラギング鎖 lagging strand）では 150 〜 250 ヌクレオチドの断片を非連続的に 5′→3′ 方向に合成していく．このとき酵素は，未複製の方向へ DNA 鎖を伸ばすのではなく，先行する RNA プライマーの反対側に向かって伸ばしていくのである．この **半連続的 DNA 合成 semidiscontinuous DNA synthesis** の過程を図 35-13 と図 35-16 に示した．

複製バブルの形成

　細菌の約 5×10^6 塩基対の環状染色体では，単一の ori（複製開始点）から複製が始まる．この過程は約 30 分程度で完了し，複製速度は毎分 3×10^5 塩基対である．哺乳類の全ゲノムは約 9 時間で複製するが，これは複製中の細胞で二倍体ゲノムから四倍体ゲノムとなるのに要する平均的な時間に相当する．哺乳類ゲノム（3×10^9 塩基対）が，1 つの ori から細菌と同じ速度（すなわち 3×10^5 塩基対/分：bp/min）で複製するとすれば，複製には 150 時間もかかるはずである．多細胞生物では，この問題を次の 2 つの方法で解決している．1 つは，複製を両方向に行うことである．もう 1 つは，各染色体に多数の複製開始点をもつこと（ヒトでは 100 箇所にものぼる）である．複製は染色体に沿って左右両方向に，しかも両鎖同時に進行する．このような複製過程では "**複製バブル replication bubble**" が生じる（**図 35-17**）．

　真核生物におけるこのような多数の DNA 複製開始点の位置は，少数の動物ウイルスや酵母以外ではほとんどわかっていない．しかし，複製開始が空間的にも時間的にも何らかの調節を受けているということが明らかになっている．なぜならば，隣接した複製開始部位における複製開始は同調して起こるからである．複製単位の中の ori における複製開始（複製の発火）は，クロマチン構造の性質によって影響されるようだが，そのような構造の実体はまだ不明である．ところが，哺乳類ゲノムが S 期の間に複製するために理論上必要とされる複製開始点よりもさらに多くの ori が存在し ORC が結合していることが明らかとなっている．ORC を結合した過剰な ori を制御する機構が存在すると予想される．複製複合体の形成と発火の調節機構の理解が，この領域の大きな課題である．

　DNA の複製に際しては，二本鎖が分離し，それぞれが鋳型となり，新たに入ってくるデオキシヌクレオシド三リン酸と塩基間で水素結合ができなければならない．DNA 二重らせんの分離は，大腸菌では **SSB**，真核生物では **複製タンパク質 A replication protein A**

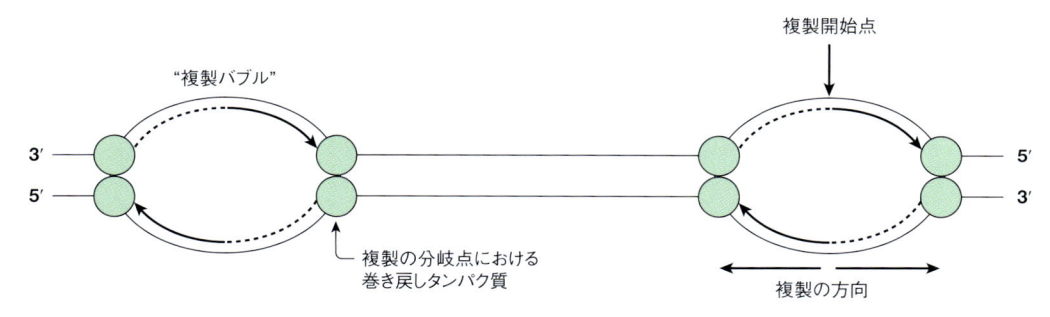

図 35-17． DNA 合成過程に生じる "複製バブル"
複製の両方向性と複製分岐点（フォーク）における巻き戻しタンパク質の予想される結合部位を示す．

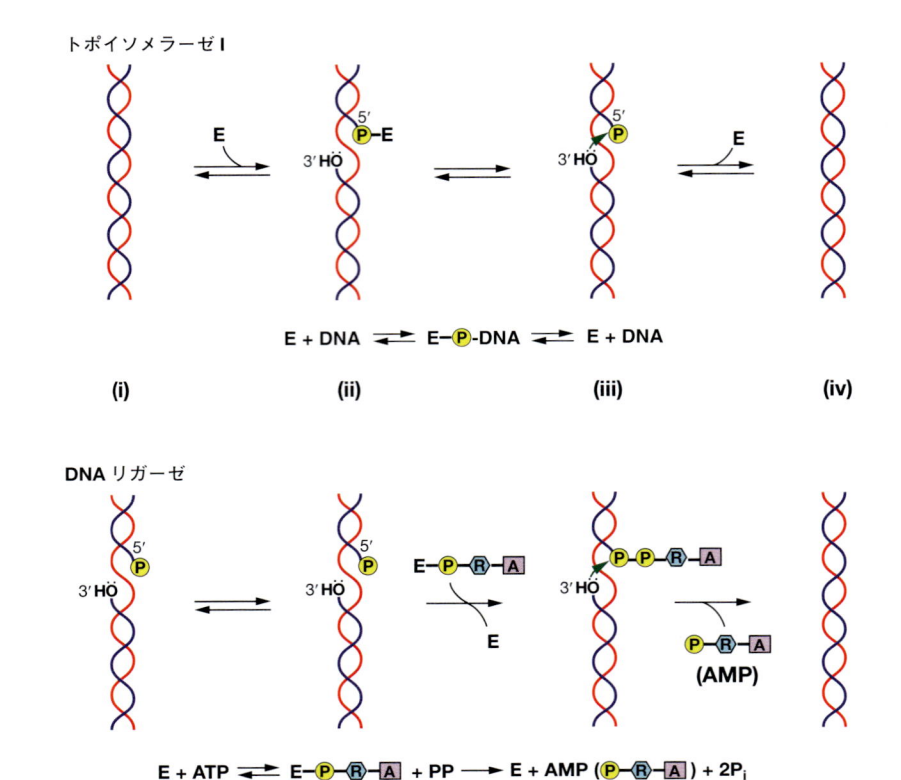

図 35-18. 2 つの型の DNA ニック再結合反応の比較

ニック再結合の ATP 非依存性（上）と ATP 依存性（下）の 2 つの例を示す．この反応は（i）基質から（iv）産物へと複数の段階を経て進む．関与する酵素は **E** で示す．反応物と生成物としてかかわる小分子はリン酸（**P**），ピロリン酸（**PP**），無機リン酸（**P$_i$**：PP から広範に存在するピロホスファターゼにより生成される），リボース（**R**），アデニン（**A**）．上段のニック再結合反応は DNA トポイソメラーゼ I により触媒され，ATP のエネルギーに依存しない．なぜなら，DNA ホスホジエステル結合の再形成に必要なエネルギーはトポイソメラーゼ I と DNA の共有結合（**P-E**；上段(ii)）で保存されるためである．3′-OH 基による P-E 複合体のリン酸に対する求核攻撃（段階(iii)の緑矢印）により DNA が再結合する．この反応では遊離トポイソメラーゼ I（E）と無傷の二本鎖 DNA が生じる(iv)．(i)〜(iv)に至る酵素反応の全体は図の下に模式化した．DNA リガーゼで触媒されるニック再結合反応（下段）は，DNA 複製や DNA 修復に伴う DNA ホスホジエステル主鎖の切断（下段(i)）を修復する．DNA リガーゼの反応全体では，ATP の高エネルギーホスホジエステル結合 2 つの切断を必要とする．DNA リガーゼによるニックの修復は，ニックから酵素の DNA への結合，そして酵素活性化とピロリン酸（**PP**）放出，そして酵素解離と AMP 生成の過程を示す（下段：本文でふれたように，PP は広く存在するピロホスファターゼにより迅速に 2 モルの P$_i$ に分解される）．活性化リガーゼ（E-P-R-A）はニック部位の 5′ P と反応し，一過性反応中間体 **DNA-P-P-R-A**（**P-R-A = AMP**）をつくり，酵素 E は解離する．DNA-5′ P-AMP 複合体の 5′ P に対する遊離 3′-OH 基による求核攻撃（段階(iii)の緑矢印）によりニックが連結され，AMP が放出される．ニック DNA を傷のない DNA にする酵素反応 [(i)〜(iv)] の全体（E + ATP → E + AMP + 2P$_i$）を図の下に示す．

（**RPA**）とよばれるタンパク質によって促進される．これらのタンパク質は，複製フォークが進行するにつれて生じる一本鎖構造と結合し安定化する．この安定化タンパク質は，一本鎖 DNA に協調的に，そして化学量論的に結合するが，鋳型としての役割を妨害することはない（図 35-13）．二重らせんを 2 本に分離することに加え，DNA 分子を巻き戻さなければならない（10 ヌクレオチド対に 1 回ほどの割合）．大腸菌では DnaB 六量体が，真核生物では MCM 六量体が，DNA を巻き戻す．この巻き戻しは複製バブルの近くで部分的に

起きる．また，この巻き戻しによる DNA のよじれを解消するために，すべての生物の DNA 分子には多数の "旋回（swivel）" が起きる．これは特異的な酵素反応である．まず酵素が**二重らせんの一方に切れ目（ニック[3]）**を入れ，巻き戻しがさらに進めるようにする．この切れ目はエネルギーを外から加えなくても直ちにつながる．なぜなら，切れ目の入った場所のホスホジエステル結合の切断部位と連結酵素との間に高エネル

---

3)　訳者注：一本鎖 DNA 切断に同義．

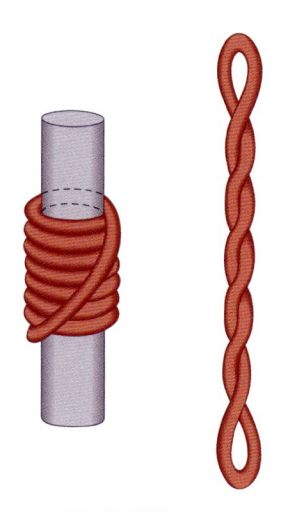

図 35-19.　DNA の超らせん構造
左に示した左巻きの円環状（ソレノイド状）の超らせん構造
は，円柱状の芯を除くと，右に示すような右巻きに互いに
よじれ合った超らせん構造に変換する．クロマチンから高
塩濃度でヒストンを抽出することによって，ヌクレオソー
ム構造を壊したときに，このような DNA の構造変化が起
こる．

ギー共有結合が形成されるからである．この切断と連
結の反応を触媒する酵素は **DNA トポイソメラーゼ
DNA topoisomerase** とよばれる．この過程を ATP を
必要とする DNA リガーゼによる結合反応と比較して
図 35-18 に示す．また，トポイソメラーゼは超らせん
構造をもつ DNA の巻き戻しにも一役買っている．超
らせん構造 DNA は，**図 35-19** に示すように，芯のま
わりに環状 DNA 分子が巻きついた高次構造をとって
いる（図 35-2 も参照）．

　ある種の動物ウイルス（レトロウイルス）の粒子中に，
一本鎖の RNA 鋳型から一本鎖の DNA，次いで二本鎖
の DNA を合成する能力をもつ一群の酵素の存在が知
られている．このポリメラーゼ，すなわち RNA 依存
性 DNA ポリメラーゼ，"**逆転写酵素 reverse transcrip-
tase**"は，まず RNA ゲノムを鋳型として DNA-RNA ハ
イブリッド分子を合成する．このハイブリッド分子に，
ウイルスにコードされる特異的な酵素，すなわち RNA
分解酵素 H（**リボヌクレアーゼ H RNase H**）が作用し
て鋳型として結合していた RNA 鎖を分解する．次に，
残った DNA 鎖を鋳型として逆転写酵素が二本鎖の
DNA を合成する．生成した DNA は，その動物ウイル
スの RNA ゲノムに初めに存在したものと同じ遺伝情
報をもつ．この二本鎖 DNA はホストゲノムに組込ま
れ，このプロウイルス DNA に宿主酵素が作用しウイ
ルス遺伝子が発現する．

クロマチン構造の再構成

　核の構造とクロマチン構造が DNA 合成の制御と開
始にかかわっているという証拠がある．先に述べたよ
うに，クロマチンとヌクレオソームをもつ真核細胞に
おける重合速度は，ヌクレオソームをもたない原核細
胞に比べ遅い．また，複製後にはクロマチン構造が当
然再生されなければならない．新たに複製された DNA
は速やかにヌクレオソーム構造をつくり，複製前に存
在していたヒストン八量体と新たに形成されたヒスト
ン八量体とが複製フォークの両腕にランダムに分布し
ていく．これらの反応はヒストンシャペロンタンパク
質とクロマチンアッセンブリー・リモデリング複合体
が協調して機能することによって促進される．

DNA合成は細胞周期のS期に行われる

　ヒトを含む真核生物の細胞において，DNA の複製
は，細胞周期の特定の時期にのみ行われる．この時期
は **S 期**（**DNA 合成期 synthetic phase**）とよばれる．通
常，S 期と**有糸分裂期 mitotic phase**（**M 期**，複製され
た染色体が 2 つの娘細胞に均等に分配される）の間に
は，G_1（**gap 1**）期および G_2（**gap 2**）期が存在する（**図 35-
20**）．細胞は G_1 期に DNA 合成の準備を，G_2 期に有糸

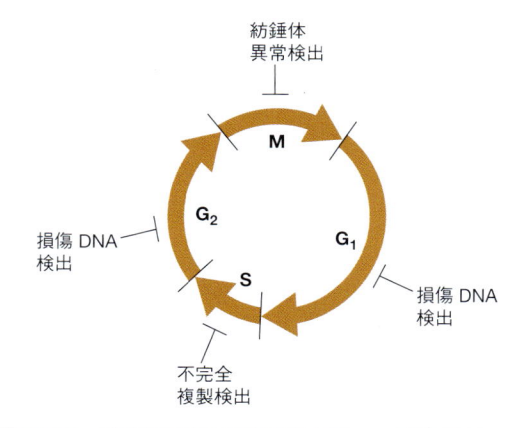

図 35-20.　哺乳類細胞の細胞周期とチェックポイント
DNA，染色体，染色体分離の正確さは細胞周期の期間中た
えず監視されている．もしも G_1 期または G_2 期に DNA 損
傷が見つかったら，もしもゲノムが不完全に複製されたら，
もしも染色体分離が不完全（紡錘体異常など）であったなら
ば，細胞は欠陥が見つかった時期を越えて細胞周期を進行
させることはしない．異常が修復できないときには，その
細胞はプログラム細胞死（アポトーシス）へと導かれる．細
胞は G_1 から G_0 という増殖しない状態（図では示していな
い，図 9-8 参照）に可逆的に入る場合があることに注意．適
切なシグナルや条件下では，細胞はふたたび G_1 に入り，図
に示すように通常どおりに細胞周期を進む．

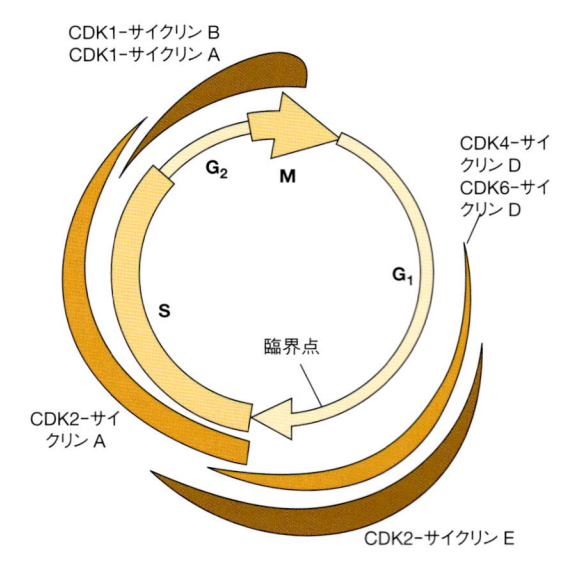

CDK1-サイクリン B
CDK1-サイクリン A

CDK4-サイクリン D
CDK6-サイクリン D

CDK2-サイクリン A

CDK2-サイクリン E

G₂　M

S　G₁

臨界点

図 35-21. サイクリンとサイクリン依存性キナーゼが作動する哺乳類細胞周期の時期の模式図
種々の色の線の幅の広さが活性の度合いを表している.

表 35-7. 細胞周期の進行に関与するサイクリンとサイクリン依存性キナーゼ

サイクリン	キナーゼ	機　能
D	CDK4, CDK6	G_1/S 境界にある制限点を越えての進行
E, A	CDK2	S 期初期における DNA 合成開始
B	CDK1	G_2 から M への移行

や CDK6 により Rb のリン酸化が起こると, Rb から E2F が解放されて, 遺伝子転写の活性化が起き, 細胞周期が進行するようになる.

　ほかのサイクリンや CDK はさまざまな局面で細胞周期の進行にかかわっている (**表35-7**). サイクリン E と CDK2 は G_1 後期に複合体をつくる. サイクリン E は速やかに分解を受け, 放出された CDK2 は, 次にサイクリン A と複合体を形成する. この順序が S 期における DNA 合成の開始に重要である. サイクリン B と CDK1 の複合体形成は真核細胞における G_2/M 移行の律速段階である.

　哺乳類細胞の複製は, 通常, G_1 期から S 期に入っていくところで調節されているが, 多くの発がんウイルス oncovirus やがん遺伝子はこの調節をゆるめたり壊したりするはたらきをする. このようなことから, 特定のサイクリンの過剰な合成, 特異的 CDK 阻害因子の欠損 (以下に述べることを参照), 不適切な時期におけるサイクリン-CDK の生成や活性化は, 細胞分裂の制御を乱し, 異常を招くことが理解できるであろう. 同様に, いくつかの DNA ウイルスが産生する発がん性タンパク質 (あるいは形質転換タンパク質) は, 転写抑制因子 Rb を失活させ, 異常な細胞分裂を起こす. Rb はそれ自身がん抑制遺伝子であり, その不活性化は異常な細胞増殖と腫瘍形成を引き起こす.

　S 期の哺乳類細胞は, それ以外の細胞周期にある細胞とくらべ, 大量の DNA ポリメラーゼを含んでいる. さらに, DNA 合成のための基質, すなわちデオキシリボヌクレオシド三リン酸の合成にあずかる酵素の活性もまた上昇している. その発現は S 期の後には減少し, 次の DNA 合成再開のシグナルが現れるまでは低下したままである. S 期において, **核 DNA は 1 回だけ完全に複製される**. クロマチンは一度複製されると, 有糸分裂期を過ぎるまでは次の複製が始まらないように何か印がつけられているようである. この過程は, 複製許可 (ライセンシング) とよばれる. ヒト細胞におけるこの分子機構には, 複製複合体形成過程で重要な役割をもつ複製開始点結合タンパク質の解離や, サイク

分裂の準備をする. 増殖する細胞は, DNA 合成が細胞周期あたり 1 回のみ, S 期にのみ起こるよう調節している.

　すべての真核生物は細胞周期の進行を支配する遺伝子産物をもっている. **サイクリン cyclin** はその濃度が細胞周期の各時期に大きく変動するため, このように名づけられた一群のタンパク質である. サイクリンは, 適当な時期に, 細胞周期を進行させるために必要なタンパク質をリン酸化する**サイクリン依存性キナーゼ cyclin-dependent kinase (CDK)** を活性化する (**図 35-21**). たとえば, サイクリン D の濃度が G1 後期に上昇すると, 開始点 (酵母) start point (yeast) または**臨界点 (哺乳類) restriction point (mammals)** とよばれる一点を越えていき, 後戻りすることなく S (DNA 合成) 期に突入することになる.

　サイクリン D は CDK4 や CDK6 を活性化する. これら 2 つのキナーゼもまた活発に細胞分裂を行っている細胞において G_1 期に合成される. サイクリン D, CDK4, CDK6 はすべて核タンパク質であり, G_1 後期に複合体を形成する. 複合体を形成するとセリン-トレオニンプロテインキナーゼ活性が上昇し, その基質の 1 つは網膜芽細胞腫タンパク質 retinoblastoma (Rb) protein である. Rb は細胞周期調節因子であり, G_1 期から S 期への進行に必要とされるいくつかの遺伝子 (ヒストン, DNA 複製タンパク質など) の転写に必要な転写因子 E2F に結合して, これを不活性化する. CDK4

リン-CDK によるリン酸化と引き続き起こる分解など
がかかわっているようである．そのため，複製開始点
は細胞周期あたり 1 回しか発火しない．

　一般に，特定の染色体対は，S 期のなかの一定の時
期に同時に複製されるようである．染色体では，一群
の複製単位が同調して複製する．染色体レベルでの
DNA 合成制御のシグナルが何かはわかっていないが，
このような制御機能は個々の染色体に本来備わった性
質の 1 つであり，染色体がもつ複数の複製開始点がか
かわるようである．

すべての生物は損傷DNAを修復する進化的に保存された精巧な機構をもつ

　損傷 DNA の修復は，ゲノム完全性の維持，そして，
変異が水平に（体細胞），あるいは垂直に（生殖細胞）伝
播することを防ぐうえで重要である．DNA は，化学的，
物理的，そして生物学的などさまざまな攻撃に日々さ
らされている（**表 35-8**）．したがって，DNA 損傷の効
率的な認識と修復が必須となる．そのために，真核細
胞は 5 つの主要な修復経路をもっている．この修復経
路はそれぞれ多数のタンパク質からなるが，その一部
は複数の経路に共通である．これら DNA 修復タンパ

ク質の相同分子は，原核生物にも存在する．DNA 修復
機構には，**ヌクレオチド除去修復 nucleotide excision
repair**（**NER**），**ミスマッチ修復 mismatch repair**
（**MMR**），**塩基除去修復 base excision repair**（**BER**），**相
同組換え homologous recombination**（**HR**），そして**非
相同末端結合 nonhomologous end-joining**（**NHEJ**）が
ある（**図 35-22**）．DNA 修復タンパク質の重要性は，自

表 35-8. DNA 損傷のタイプ

I.	1 個の塩基の変化
	A. 脱プリン
	B. シトシンからウラシルへの脱アミノ
	C. アデニンからヒポキサンチンへの脱アミノ
	D. 塩基のアルキル化
	E. 類似塩基の取り込み
II.	2 個の塩基の変化
	A. 紫外線によるチミン-チミン二量体の生成
	B. 二官能性アルキル化剤による架橋
III.	鎖切断
	A. 電離性放射線
	B. 核酸の骨格内に取り込まれた放射性同位元素の崩壊
	C. 酸化的フリーラジカル形成
IV.	架　橋
	A. 同一あるいは反対鎖の塩基間
	B. DNA とタンパク質分子（たとえば，ヒストン）の間

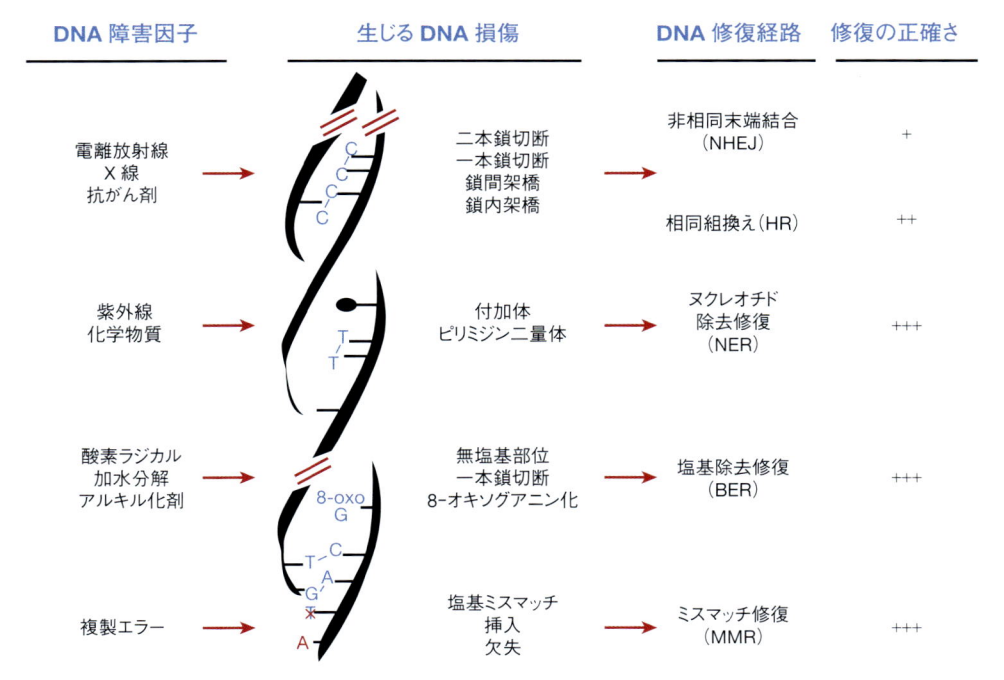

図 35-22. 哺乳類はゲノム DNA が受けるさまざまな DNA 損傷を精度の異なる複数の DNA 修復経路を用いて修復する
おもな DNA 損傷原因，生じる DNA 損傷（模式図とリスト），おもに使われる DNA 修復経路，そしてそれぞれの修復経路の
相対的精度を示す．（Blanpain C, Mohrin M, Sotiropoulou PA, et al: "DNA-Damage Response in Tissue-Specific and Cancer
Stem Cells", Cell Stem Cell 8(1):16-29(2011) より許可を得て掲載）

表 35-9. DNA 損傷修復のヒト疾患

非相同末端結合（NHEJ）修復の障害
重症複合免疫不全症（SCID）
放射線感受性重症複合免疫不全症（RS-SCID）
相同組換え（HR）修復の障害
毛細血管拡張性運動失調症（AT）様疾患（ATLD）
Nijmegen 染色体不安定症候群（NBS）
Bloom 症候群（BS）
Werner 症候群（WS）
Rothmund thomson 症候群（RTS）
乳がん感受性遺伝子 1 および 2（BRCA1, BRCA2）
ヌクレオチド除去修復（NER）の障害
色素性乾皮症（XP）
Cockayne 症候群（CS）
裂毛症，硫黄欠乏性毛髪発育異常症（TTD）
塩基除去修復（BER）の障害
MUTYH 関連ポリポーシス（MAP）
ミスマッチ修復（MMR）の障害
遺伝性非ポリポーシス大腸がん（HNPCC）

然による実験，すなわち，これら遺伝子のさまざまな変異がヒト疾患を引き起こすことから示されてきた（**表 35-9**）．さらに，実験マウスや培養細胞を用いた遺伝子改変（"ノックアウト"）実験（39 章参照）からも，ゲノムの完全性維持におけるこれら遺伝子の重要な役割が示されてきた．このような遺伝学を用いた実験では，これら遺伝子に変異を導入することにより，DNA 修復不全が起きるとともにしばしば易発がん性が劇的に上昇する．

　最もよく研究されている DNA 修復機構の 1 つは，DNA **二本鎖切断 double-strand break（DSB）**の修復に使われるものである．DSB は極めて変異原性の高い DNA 損傷であり，詳しく見てみる．DSB を修復するために真核生物は 2 つの経路，HR と NHEJ を用いる．この 2 つの選択は，細胞周期のどの相（図 35-20 および図 35-21）か，そして，修復すべき DSB の型（表 35-8）によって決まる．細胞周期の G_0/G_1 期では，DSB は NHEJ 経路によって修復され，S，G2，M 期では HR が使われる．DNA 損傷修復の全過程は，**DNA 損傷センサー DNA damage sensor** と**シグナル伝達因子 transducer**，そして**修復実行因子 damage repair mediator** といった，進化的によく保存された分子によって行われる．これらタンパク質が構成する段階的反応が，DNA 損傷に対する細胞応答となっている．重要な点として，DNA 損傷に対する細胞応答と DNA 修復の最終的な帰結はさまざまであり，DNA 修復を可能とする**細胞周期遅延 cell-cycle delay**，**細胞周期停止 cell-cycle arrest**，**アポトーシス apoptosis**，そして**細胞老**

化 **senescence** などが起きる（**図 35-23**，以下さらに説明する）．これら複雑で高度に統合された過程にかかわる分子群には，損傷特異的ヒストン修飾（たとえば，ヒストン H4 の 20 番目リシンのジメチル化：H4K20me2）の認識，**H2AX** などヒストン亜型の損傷部位への取り込み（表 35-1），ポリ ADP リボースポリメラーゼ（**PARP**），MRN タンパク質複合体（Mre11-Rad50-NBS1）といったものから，DNA 損傷により活性化されるキナーゼである認識/シグナル伝達タンパク質［**ATM**（ataxia telangiectasia, mutated）と ATM 関連キナーゼ（**ATR**），多サブユニットからなる DNA 依存性プロテインキナーゼ（**DNA-PK** および **Ku70/80**），チェックポイントキナーゼ 1 および 2（**CHK1, CHK2**）］といったものまで，さまざまな因子が含まれる．これら複数のキナーゼは多数のタンパク質をリン酸化しその機能を変える．たとえば，DNA 修復，チェックポイント制御，細胞周期制御にかかわるタンパク質であり，Cdc25A，B，C，Wee1，p21，p16，p19（すべてサイクリン-Cdk 制御因子：図 9-8 および以下の記述を参照），さまざまなエキソヌクレアーゼやエンドヌクレアーゼ，一本鎖 DNA 結合タンパク質（RPA），PCNA と DNA ポリメラーゼ（DNA pol δ, η）などがリン酸化される．これらのうちのいくつかについては，DNA 複製のところですでに述べている．DNA 修復と細胞周期調節との関係は，細胞生物学において中心的課題であり，またがん化機構やその予防にもかかわる可能性が大きいため，たいへん活発に研究されている領域である．

DNAと染色体の完全性は細胞周期の全過程を通してモニターされている

　生存と増殖のために DNA や染色体の正常な機能が大切であることを考えると，真核細胞が遺伝物質の状態をモニターする精巧な機構を獲得していることはけっして驚くにはあたらない．上述のように数多くの複雑な多サブユニット酵素系が，損傷を受けた DNA をヌクレオチド配列レベルで修復するように進化してきた．同様に，染色体 DNA 上に起こったやっかいな出来事もモニターされ修復されていく．図 35-20 に示したように，DNA や染色体の正常な状態は細胞周期を通じてたえず監視される．細胞周期の 4 箇所で行われるこの監視は，**チェックポイント制御 checkpoint control** とよばれる．もしもどこかのチェックポイントで問題が見つかれば，障害が修繕されるまで細胞周期の進行は中断される．G_1 期と G_2 期での DNA 損傷を検

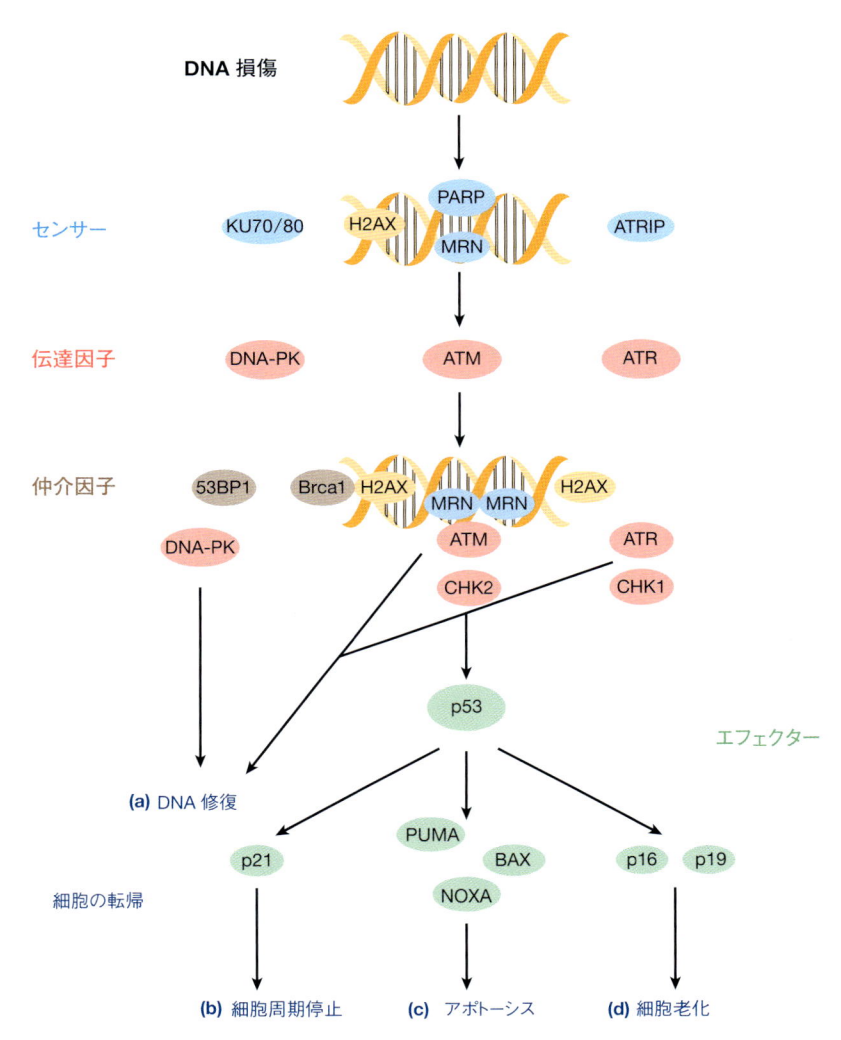

図 35-23. DNA 二本鎖切断修復にかかわる多段階機構

図中上から下に向けて，以下の反応にかかわるタンパク質（タンパク質複合体）を示す．ゲノム DNA 上の二本鎖切断を検出するセンサー，検出された DNA 損傷情報を伝達増幅する伝達因子と仲介因子，そして，DNA 損傷応答の転帰を左右するエフェクターを示す．損傷 DNA は直接修復されるか［DNA 修復］，DNA 損傷の程度と誘導される p53 標的遺伝子に応じて，強力な CDK-サイクリン複合体阻害因子である p21/Waf1 によって細胞周期が止まり広範な損傷を修復するために必要な時間をかせぎ［細胞周期停止］，DNA 損傷の程度が修復しきれない場合には，細胞はアポトーシス（プログラム細胞死）や細胞老化（不可逆的な増殖停止と機能低下）へと至る．この後者 2 つのプロセスは，損傷 DNA をもつ細胞が分裂しがん化など有害な事象を引き起こすことを防ぐ．(Blanpain C, Mohrin M, Sotiropoulou PA, et al: "DNA-Damage Response in Tissue-Specific and Cancer Stem Cells" Cell Stem Cell 8(1):16-29(2011) より許可を得て掲載)

出する分子機構は，S 期や M 期ではたらく機構よりもより詳細に解明されている．

　がん抑制因子 tumor suppressor の 1 つである **p53** は SDS-PAGE 上での見かけの分子量が 53 000 のタンパク質で，G_1 期と G_2 期両方でのチェックポイント制御において重要な役割を演じている．p53 は DNA 結合性転写因子であり，**関連タンパク質ファミリー（p53，**

p63，そして p73 からなる）の 1 つである．p53 は通常は非常に不安定なタンパク質であるが，DNA 損傷に応答し，おそらく p53 と DNA の間の直接結合により安定化される．上で述べたヒストンと同様に，p53 はさまざまな調節的な PTM（翻訳後修飾）を受け，それによりさまざまな生物学的機能が調整される．p53 の量が増えると一連の遺伝子の転写が促進され，それにより

細胞周期の進行を遅らせることになる．このときの誘導タンパク質の1つに**p21**があるが，これは強力な**CDK-サイクリン阻害因子（CKI）**で，すべての CDK の作用を効率よく阻害するはたらきをもつ．当然ながら CDK の阻害は細胞周期の進行を止めることになる（図 35-20，図 35-21）．もしも DNA 損傷があまりにも広範で修復不可能であったならば，その細胞は p53 依存性に**アポトーシス apoptosis（プログラム細胞死）**を起こす．その際 p53 はアポトーシスを誘発する一群の遺伝子を誘導する（図 56-9 参照）．p53 の機能を欠く場合，細胞は放射線や DNA に作用する化学療法剤が大量に与えられたときでもアポトーシスを起こすことができない．このようにみてくると *p53* がヒトのがんにおいて最も高頻度で変異が入る遺伝子の1つであるのは驚くにはあたらない（56 章参照）．さまざまな腫瘍 DNA 試料のゲノム塩基配列解析から，ヒトがんの80％以上は p53 の機能喪失変異を有することが示唆されている．チェックポイント制御機構をさらに研究することは，種々の抗がん剤開発のために貴重な情報を提供することになると思われる．

まとめ

- 真核細胞の DNA はさまざまなタンパク質と結合して，クロマチン構造を形成する．
- DNA の大部分はヒストンタンパク質と結合して，ヌクレオソームとよばれる構造をとる．ヌクレオソームはヒストン八量体に約 150 塩基対の DNA が巻きついたものである．
- ヒストンはさまざまなダイナミックな共有結合修飾を受け，これにより重要な複製や転写の調節が行われる．
- ヌクレオソームとその高次構造により DNA はコンパクトになる．
- 転写を活発に行っている領域の DNA は試験管内にて相対的にヌクレアーゼの攻撃を受けやすい．この性状は DNA アクセシビリティーの相対的変化に関する代替指標として使われる．高感受性部位とよばれる領域ではとくに感受性が高く，このような部位は転写調節領域を含んでいることが多い．
- 転写活性の高い DNA（遺伝子）の部分は，染色体の中でしばしば特定の領域にかたまって存在する．これらの領域の中で，各遺伝子はヌクレオソーム構造をとる不活性 DNA により分断されていることがある．

- 多くの真核生物の転写単位（すなわち，RNA ポリメラーゼによってコピーされる DNA 領域）は，タンパク質コード領域（エキソン）と，それを分断するタンパク質非コード介在配列（イントロン）からなる．これはとくに mRNA をつくる遺伝子にあてはまる．
- 転写の後，RNA プロセシングの過程でイントロンは取り除かれ，エキソンがつなぎ合わされ，成熟 mRNA となって細胞質に出現する．この過程は RNA スプライシングとよばれる．
- 染色体の DNA は，細胞周期の S 期において塩基対合の規則に従い正確に複製される．
- 二重らせんの両 DNA 鎖は，いくぶん違った機構で同時に複製される．DNA ポリメラーゼやそのほかのタンパク質が複合体を形成し，リーディング鎖では $5' \rightarrow 3'$ 方向に連続的に複製を行う．ラギング鎖では，DNA ポリメラーゼにより不連続的に 100 ～ 250 ヌクレオチド単位で $5' \rightarrow 3'$ 方向に複製される．
- DNA の複製は複製開始点とよばれる特定の場所から始まり，いわゆる複製バブルが生じる．真核生物の各染色体は複数の複製開始点を有する．典型的なヒト細胞では，複製の全過程は約 9 時間かかり，細胞周期の S 期だけで起きる．
- 化学的あるいは物理的突然変異原により生じる細胞 DNA 損傷は，種々の酵素が関与するさまざまな機構により修復される．
- 正常細胞では，DNA 損傷を修復できない場合は細胞老化やアポトーシスによるプログラム細胞死が起きる．

文　献

Almannai M, El-Hattab AW, Ali M, Soler-Alfonso C: Clinical trials in mitochondrial disorder, an update. Mol Gen Metab 2020;131:1.

Barnes CE, English DM, Cowley SM: Acetylation & Co: an expanding repertoire of histone acylations regulations chromatin and transcription. Essays Biochem 2019;63:97.

Braunschweig U, Gueroussov S, Plocik AM, Graveley BR, Blencowe BJ: Dynamic integration of splicing within gene regulatory pathways. Cell 2013;152:1252.

Burgers PMJ, Kunkel TA: Eukaryotic DNA replication fork. Annu Rev Biochem 2017;86:417.

Chabot B, Shkreta L: Defective control of pre-messenger RNA splicing in human disease. J Cell Biol 2016;212:13.

Dance A: Researchers peek into chromosomes' 3D structure in unprecedented detail. Proc Nat Acad Sci 2020;117:25186.

Dominguez-Brauer C, Thu KL, Mason, JL, Blaser H, Bray

MR, Mak TM: Targeting mitosis in cancer: emerging strategies. Mol Cell 2015;60:524.

Hills SA, Diffley JFX: DNA replication and oncogene-induced replicative stress. Curr Biol 2014;24:R435.

Kunkel TA: Celebrating DNA's repair crew. Cell 2015;163:1301.

Naftelberg S, Schor IE, Ast G, Kornblihtt AR: Regulation of alternative splicing through coupling with transcription and chromatin structure. Ann Rev Biochem 2015;84:165.

Neupert W: Mitochondrial gene expression: a playground of evolutionary tinkering. Ann Rev Biochem 2016;85:65.

Paloozola, KC, Lerner J, Zaret KS: A changing paradigm of transcriptional memory propagation through mitosis Nat Rev Mol Cell Biol 2019;20:55.

Pozo K, Bibb JA: The Emerging role of Cdk5 in cancer. Trends Cancer 2016;2:606.

Sabari BR, Zhang D, Allis CD, Zhao Y: Metabolic regulation of gene expression through histone acylations. Nat Rev Mol Cell Biol 2017;18:90.

Salazar-Roa M, Malumbres M: Fueling the cell division cycle. Trends Cell Biol 2017;27:69.

Smith OK, Aladjem MI: Chromatin structure and replication origins: determinants of chromosome replication and nuclear organization. J Mol Biol 2014;426:3330.

Tang YC, Amon A: Gene copy-number alterations: a cost-benefit analysis. Cell 2013;152:394.

Yao NY, O'Donnell ME: The DNA replication machine: structure and dynamic function. Subcell Biochem 2021;96:233.

Yuan Li H: Molecular mechanisms of eukaryotic origin initiation, replication fork progression, and chromatin maintenance. Biochem J 2020;477:3499.

RNAの合成，プロセシング，修飾　36

RNA Synthesis, Processing, & Modification

学 習 目 標
本章習得のポイント

- RNA 合成にかかわる分子とその機構を把握する．
- 原核生物と真核生物の転写装置のおもな違いを理解する．
- 真核生物の DNA 依存性 RNA ポリメラーゼが一連の特異的コレギュレーター（補助制御因子）と共同することでゲノム DNA から特異的メッセンジャー RNA（mRNA）を選択的に合成する仕組みを理解する．
- 真核生物の mRNA をコードする遺伝子について重要な制御配列を図示でき，その原核生物の対応配列との類似性や違いを詳しく述べることができる．
- 真核生物 mRNA 前駆体と成熟 mRNA の重要な構造要素を理解する．
- 真核生物の mRNA をコードする遺伝子がイントロンとよばれる非コード配列で分断されていること，イントロンはタンパク質をコードするエキソンの間に存在することを理解する．
- イントロン RNA はタンパク質をコードせず，mRNA 前駆体分子から正確に取り除かれて機能的 mRNA が完成すること，この正確な分子過程は RNA スプライシングとよばれることを理解する．
- 両端が修飾された mRNA 前駆体が翻訳可能な mRNA へとプロセスされる mRNA スプライシングの過程と反応を触媒する分子を理解する．

生物医学的重要性

　真核生物 DNA から RNA を転写する過程はたいへん複雑で，DNA 依存性 RNA ポリメラーゼ酵素のいずれかとさまざまなタンパク質が関与する．転写の反応は，開始，鎖伸長，終結の 3 段階に分けられる．開始段階が最もよく理解されている．多くの遺伝子で，転写調節領域（通常，転写開始点の上流[1]に存在する）と，それに結合して転写開始を制御するタンパク質が明らかになっている．ある種の RNA，とくに mRNA では，細胞内における寿命がほかの RNA と著しく異なる．真核生物の細胞で産生される RNA 分子は前駆体として合成され，成熟した機能的 RNA へと加工される．メッセンジャー RNA（mRNA）の合成と代謝が変化するとタンパク質合成の速度が変わり，さまざまな表現型の変化が起こるので，その基本原理を理解することが大切である．このような遺伝子発現の変化は生物が環境に適応することを可能にする．また，これは分化細胞の構造や機能が確立する仕組みでもある．mRNA 転写産物の合成，加工やスプライシング，安定性，そして機能に間違いや変化が生じると，病気を引き起こすことになる．

RNA は大きく 2 種類に分けられる

　真核生物の細胞が有する RNA は大きく 2 種類に分けられる（**表 36-1**）．タンパク質をコードする **RNA** すなわちメッセンジャー **RNA**（**mRNA**），そしてタンパク質をコードしない **RNA non-protein coding RNA**（**ncRNA**）の 2 つのタイプである．後者にはリボソーム RNA（**rRNA**）や長鎖非コード RNA long noncoding RNA（**lncRNA**）という比較的長い非コード RNA，そして転移 RNA transfer RNA（**tRNA**），小核 RNA small nuclear RNA（**snRNA**），マイクロ RNA microRNA（**miRNA**），サイレンシング RNA（**siRNA**）といったより短い非コード RNA がある．mRNA，rRNA，tRNA

---

1)　訳者注：転写は DNA 上を一方向性に進行するので，DNA を川になぞらえて，進行方向の前方に位置する部分を下流（downstream）領域，その後方の部分を上流（upstream）領域という．

表 36-1. 真核生物 RNA の種類

RNA	タイプ	含　量	安定性
タンパク質をコードする RNA			
メッセンジャー RNA（mRNA）	$\geq 10^5$ 種類	2～5%	不安定～極めて安定
タンパク質をコードしない RNA（ncRNA）			
＜長い ncRNA＞			
リボソーム RNA（rRNA）	28S，18S	80%	極めて安定
長鎖非コード RNA（lncRNA）	約 1000 種類	約 1～2%	不安定～極めて安定
＜短い ncRNA＞			
リボソーム RNA（rRNA）	5.8S，5S	約 2%	極めて安定
転移 RNA（tRNA）	約 60 種類	約 15%	極めて安定
小核 RNA（snRNA）	約 30 種類	≤1%	極めて安定
マイクロ／サイレンシング RNA（mi/siRNA）	100～1000 種類	＜1%	安定
tRNA 由来小断片（tsRNA）	約 100 種類	＜1%	安定～不安定

は直接タンパク質合成に関与し，その他の非コード RNA は mRNA スプライシング（snRNA），mRNA を標的とする遺伝子発現の調節（miRNA と siRNA），そして遺伝子発現（lncRNA）にかかわる．これら RNA 種の多様性や安定性，細胞内含量はそれぞれ異なる．

RNA は RNA ポリメラーゼにより鋳型 DNA から合成される

DNA 合成と RNA 合成には次のような共通点がある．（1）反応が 5′→3′ 方向に，開始，鎖伸長，終結と進行する．（2）多成分からなる大きな開始複合体が形成され開始とヌクレオチド重合を行う．（3）Watson-Crick の塩基対の規則に従って行われる．大事な異なる点としては，（1）RNA 合成ではデオキシリボヌクレオチドではなくリボヌクレオチドが使われる．（2）RNA ではアデニン（A）に相補的な塩基はチミン（T）に代わってウラシル（U）が使われる．（3）RNA 合成には，RNA ポリメラーゼが新規合成開始能をもつためプライマーは使われない．（4）RNA への転写では，ゲノムのほんの一部のみが RNA へ大量にコピー（転写）されるのに対し，DNA 複製では全ゲノム領域が一度にただ 1 回のみコピーされる．（5）転写には校正機能がほとんどない．

DNA の鋳型をもとに RNA を合成する過程は，原核生物においてよく解析されてきた．真核生物と原核生物とでは，RNA 合成の調節の仕方と RNA 転写産物加工の外観は異なるが，RNA 合成の過程そのものはよく似ている．たとえば，DNA 依存性 RNA ポリメラーゼのアミノ酸配列は原核生物と真核生物の間でよく保存されている．したがって，関与する酵素とか調節のシグナルは異なっていても，原核生物での RNA 合成に関する知見は真核生物でもよくあてはまる．

転写（RNA にコピー）されるのは DNA の鋳型鎖である

RNA 分子のリボヌクレオチド配列は，二本鎖 DNA 分子の一方の鎖におけるデオキシリボヌクレオチド配列と相補的である（図 34-8 参照）．RNA 分子へと転写される DNA 鎖を**鋳型鎖 template strand** とよび，DNA の他方の**鋳型とはならない鎖 non template strand** を**コード鎖 coding strand** とよぶ．このようによぶ理由は，T が U になっている点を除けば，その配列が（タンパク質）産物をコードする mRNA 一次転写産物の配列と同じだからである．多数の遺伝子を含む DNA 分子の場合，各々の遺伝子の鋳型鎖は，必ずしも二重らせんの同じ側の鎖であるとは限らない（**図 36-1**）．すなわち，二本鎖 DNA 分子の一方の鎖は，ある遺伝子にとっては鋳型鎖であり，ほかの遺伝子にとってはコード鎖となることに注意してほしい．鋳型鎖の遺伝情報は 3′→5′ の方向に読まれていく．図 36-1 には示していないが，遺伝子が他の遺伝子の中に位置する例もある．

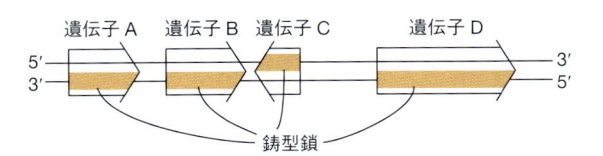

図 36-1. 遺伝子の転写は DNA の両方の鎖から行われる
矢印は転写の方向を示す．鋳型鎖はつねに 3′→5′ の方向へ読まれていることに注意してほしい．これに対する鎖は，遺伝子産物であるタンパク質をコードする mRNA 転写産物（真核細胞では一次転写産物）と同じ塩基配列（U の代わりに T が使われていることを除けば）をとるので，コード鎖とよばれる．

DNA依存性RNAポリメラーゼはプロモーターという特定の部位に結合し転写を開始する

　DNA 依存性 RNA ポリメラーゼ DNA-dependent RNA polymerase（RNAP）は，遺伝子の鋳型鎖に相補性をもつリボヌクレオチドを重合させる反応をつかさどる（**図 36-2，図 36-3**）．RNA 合成過程で鍵となるのは，RNAP がいかにゲノム上で正しい部位を特定し結合するのか，である．この酵素は，転写する遺伝子のプロモーターという特定の部位で，鋳型 DNA に結合する．次いで，プロモーターと直下の領域で DNA 二重鎖が解離する．RNAP がプロモーターに結合し DNA 鋳型が解離すると，**転写開始点 transcription start site**（**TSS**）から最初のジヌクレオチドが鋳型鎖の配列に応じて合成され RNA 合成が始まる．そして転写終結配列に至るまでホスホジエステル結合形成過程が進行する（図 36-3）．プロモーターから転写終結配列までの一

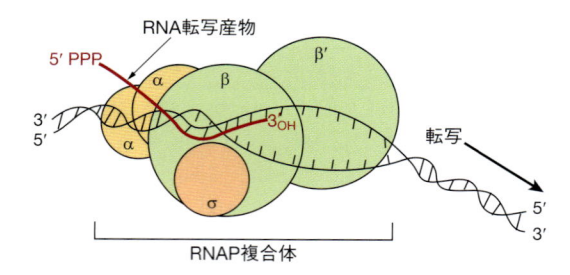

図 36-2. RNA ポリメラーゼ（RNAP）は，リボヌクレオチドを重合させて遺伝子の鋳型鎖に相補性をもつ RNA を合成する反応を触媒する

RNA 転写物はコード鎖と同じ方向性（5′→3′）をもつが，T の代わりに U をもっている．細菌の RNAP は，2 つの β サブユニット（β および β′）と 2 つの α サブユニットからなるコア複合体である．RNAP ホロ酵素は，$\alpha_2\beta\beta'$ コア複合体に σ サブユニットが結合したものである．この図では ω サブユニットは示されていない．20 塩基対ほどの長さの二本鎖のほどけた DNA 部分が転写の“バブル”を形成し，RNAP の構造に従って 30 〜 75 塩基対の領域を全複合体が覆うようになる．

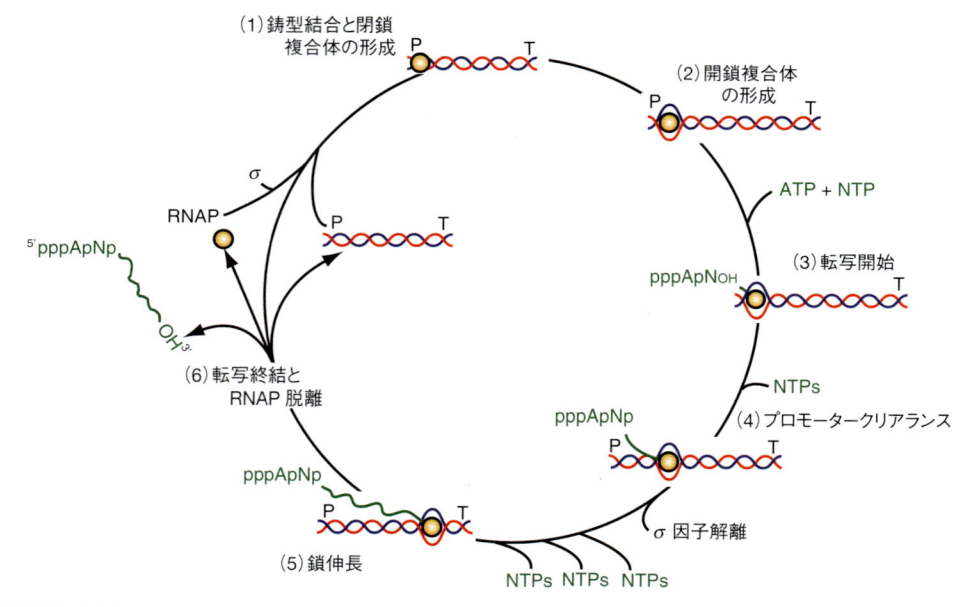

図 36-3. 転写サイクル

転写過程は 6 段階に分けられる．（**1**）**鋳型結合と RNA ポリメラーゼ-プロモーター閉鎖複合体の形成**：RNA ポリメラーゼ（RNAP）が DNA に結合してプロモーター（**P**）DNA 配列と会合する．（**2**）**開鎖複合体形成**：プロモーター結合に続いて，RNAP は二本鎖 DNA をほどき，開鎖複合体を形成する．この複合体は，転写開始前複合体 preinitiation complex（PIC）ともよばれる．二本鎖解離によりポリメラーゼは DNA の鋳型鎖に接近できるようになる．（**3**）**転写開始**：鋳型鎖の情報にもとづいて，RNAP は最初の塩基（多くの場合はプリン塩基）と，第二のリボヌクレオシド三リン酸のジヌクレオチドを合成する（この例では 5′ pppApN$_{OH}$ 3′）．（**4**）**プロモータークリアランス**：RNA 鎖が約 10 〜 20 ヌクレオチドの長さになると RNAP は構造変化を起こし，プロモーターを離れ，転写単位を下流へと転写していく．多くの場合，この段階で σ サブユニットが解離する．（**5**）**鎖伸長**：新生 RNA 分子の 3′-OH 末端に，連続的にヌクレオチドを連結していく．（**6**）**転写終結と RNAP の酵素脱離**：転写終結シグナル transcription termination signal（**T**）に達すると，RNAP はさらなる構造変化を起こし，完成した RNA 鎖，RNAP，DNA 鋳型が解離する．RNAP は σ サブユニットと会合しホロ酵素となり，ふたたび DNA に結合し，プロモーターを探し，上記サイクルがふたたび始まる．転写サイクルの各ステップにはそれぞれさまざまなタンパク質がかかわるとともに，しばしば活性化や抑制に作用する因子による制御を受ける．

連の DNA 領域を**転写単位 transcription unit** とよぶ．
5′→3′ の方向に合成された RNA 産物を**一次転写産物
primary transcript** という．転写頻度は遺伝子により
異なるが，極めて高い場合がある．転写が進んでいる
ところの電子顕微鏡写真を**図 36-4** に示す．原核生物
では，1 つの転写単位に複数の遺伝子が存在する場合
があるが，哺乳類では 1 つの転写単位には 1 つの遺伝
子が含まれるのが通常である．一次転写産物の 5′ 末端
と成熟型 RNA の 5′ 末端は同じである．したがって，
mRNA の 5′ 末端ヌクレオチドが転写開始点 TSS に対
応する．この末端ヌクレオチドに対する DNA 上のヌ
クレオチドを＋1 の位置とよび，転写単位の番号を転
写開始点から下流の方向へ向けて順につけていく．こ
のような番号づけにより転写物の特定の領域や機能的
要素（そして，タンパク質をコードする場合にはその
コードされるタンパク質），エキソンとイントロンの境
界位置，翻訳開始シグナル/終結シグナルなどを位置づ
けることが可能になる．転写開始点の上流にある隣の
ヌクレオチドを−1 とし，転写開始点から上流へマイ
ナスの数が増えるようにヌクレオチド配列に残基番号
をつける．この＋/−の番号システムにより遺伝子の制
御配列の位置を特定することができる（**図 36-5**）．

　真核生物には 3 種類の RNA ポリメラーゼがあるが，
その 1 つである RNA ポリメラーゼ II によって生成し
た一次転写産物には，直ちに 7-メチルグアノシン三リ
ン酸のキャップ構造がつけられる（図 34-10 参照）．こ
のキャップはそのまま細胞質に見られる成熟型
mRNA の 5′ 末端に受けつがれていく．キャップ構造

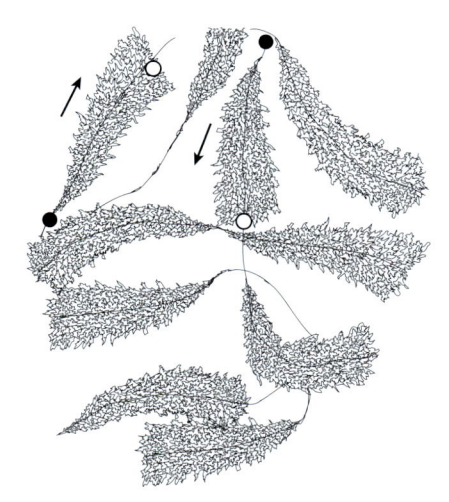

図 36-4. 両生類のリボソーム RNA 遺伝子タンデムリピー
トの転写状態を観察した電子顕微鏡写真にもとづく模式図
拡大率 6000 倍．リボソーム RNA 遺伝子に沿って転写開始
点（黒丸）から転写終結点（白丸）へと RNA ポリメラーゼが
進行するにつれ，転写産物の長さが伸びていることに注意
してほしい．RNA ポリメラーゼ I（写っていない）は新生
RNA 転写産物のつけ根にある．転写されている遺伝子の上
流の方には短い転写産物が付着していて，下流の方には長
い産物が結合している．矢印は 5′→3′の転写方向を示す．

は，以下に述べるように一次転写産物の mRNA への
プロセシングや，その翻訳，さらには mRNA の 5′-エ
キソヌクレアーゼによる分解を防ぐことなどに必要で
ある．

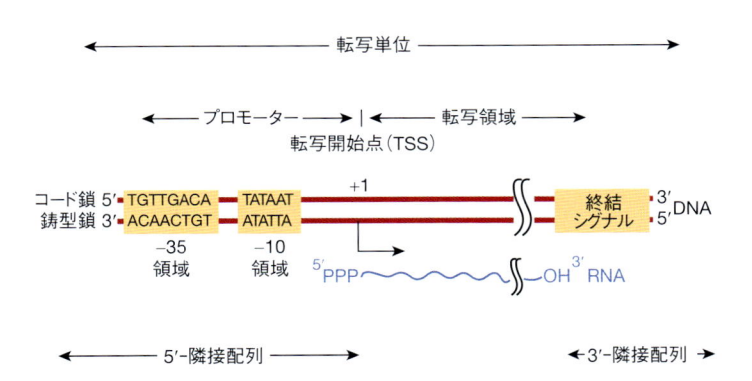

図 36-5. 細菌のプロモーターはよく保存された 2 つの塩基配列をもつ
2 つの配列は，＋1 で示す転写開始点（TSS）の 35 塩基対上流と 10 塩基対上流の位置に存在する．慣例として転写開始点から
上流のヌクレオチドは負の数字で示し，5′-隣接配列とよぶ．TSS より下流のヌクレオチドは正の数字で示す．また，−35 領
域や−10TATA ボックスなどのプロモーター DNA 制御配列は 5′→3′ の方向にコード鎖の配列で示される．しかし，これらの
DNA 要素は二本鎖としてはたらく．その他の転写調節要素は方向性に関係なく作用することがある（図 36-8 参照）．転写産
物はコード鎖と同じ方向（5′→3′）で生成していることに注意してほしい．転写終結を指令するシス要素は転写単位の末端に
存在する（詳細は図 36-6 参照）．慣例上，転写終結点より下流の塩基配列を 3′-隣接配列とよぶ．

細菌のDNA依存性RNAポリメラーゼは多成分サブユニット酵素である

細菌の1つである大腸菌 Escherichia coli の DNA 依存性 RNA ポリメラーゼ DNA-dependent RNA polymerase は、2個の同じ α サブユニットと、2つの大きな β および β' サブユニット、そしてω サブユニットからなり、約 400 kDa のコア複合体を形成している。β サブユニットは Mg^{2+} と結合する触媒サブユニットである（図 36-2）。コア RNA ポリメラーゼ core RNA polymerase は $\beta\beta'\alpha_2\omega$ のサブユニット構造をもち、しばしば E とよばれる。これがシグマ（σ）因子 sigma factor と結合し、$\beta\beta'\alpha_2\sigma\omega$ の構造をもつホロ酵素 holoenzyme を形成する。これらサブユニットの遺伝子を除き必須である。σ 因子のはたらきでコア RNA ポリメラーゼはプロモーター領域に結合して（図 36-5）、転写開始前複合体 preinitiation complex (PIC) を形成する。すべての細菌には、複数の機能の異なる σ 因子をコードする遺伝子がそれぞれ存在する。σ 因子はプロモーター認識において 2 つの役割を演じる。σ のコア RNA ポリメラーゼへの結合は、プロモーター以外の DNA 配列へのコア RNA ポリメラーゼの親和性を弱め、同時にホロ酵素のプロモーター配列への親和性を強める。細菌細胞のなかでは、複数の σ 因子が量の少ないコア RNA ポリメラーゼ (E) への結合において互いに競合している。これらの σ 因子の各々が RNA ポリメラーゼとホロ酵素（言い換えると、$E\sigma_1$、$E\sigma_2$、……）のプロモーター認識特異性 promoter recognition specificity を規定する調節タンパク質としてはたらく。その注目すべき例として、内生胞子の分化や栄養源の乏しい状態での生育、または熱ショックなどに呼応してそれぞれ特定の σ 因子が出現し、コア RNA ポリメラーゼと結合することで新たなホロ酵素 $E\sigma_1$、$E\sigma_2$、……を形成する。これらにより、さまざまな遺伝子発現プログラムの発動が起こる。

哺乳類細胞には3種類のDNA依存性RNAポリメラーゼと1つのミトコンドリアRNAポリメラーゼがある

哺乳類の核 RNA ポリメラーゼについて、その注目すべき性状を表 36-2 に示す。各々の DNA 依存性 RNA ポリメラーゼは別々の遺伝子群の転写に関与している。これら RNA ポリメラーゼの大きさは、分子量 50 万〜60 万におよぶり、細菌の RNA ポリメラーゼより複雑なサブユニット構造をもっている。これらの酵素はいずれも、2つの大きなサブユニットと多くの小さなサブユニット（RNA ポリメラーゼ III の場合は 14 個のサブユニット）をもつ。2つの大サブユニットは原核生物 RNA ポリメラーゼの β および β' サブユニットと配列および構造上の高い類似性を示す。各サブユニットの機能はまだ完全には明らかになっていない。キノコ Amanita phalloides から得られたペプチド毒素・α アマニチンは、真核細胞核の DNA 依存性 RNA ポリメラーゼの特異的阻害剤であり、研究にたいへん役立ってきた（表 36-2）。α アマニチンは、RNA ポリメラーゼが RNA のホスホジエステル結合を形成しながら移動していくのを妨げる作用をもつ。ミトコンドリアは専用の DNA 依存性 RNA ポリメラーゼ (mtRNAP) を有するが、その遺伝子は核 DNA にコードされている。このmtRNAP は 2 つの開始補助因子および 1 つの終結因子とともに、mtDNA 遺伝子全ての転写を行う。

表 36-2. 哺乳類の DNA 依存性 RNA ポリメラーゼの分類と性質

型	α-アマニチン感受性	おもな生成物
I	非感受性	rRNA
II	高感受性	mRNA, lncRNA, miRNA, snRNA
III	中程度感受性	tRNA, 5S rRNA, snRNA の一部

RNA合成は循環プロセスであり RNA鎖合成開始、伸長、終結からなる

細菌における RNA 合成の過程（図 36-3）は、循環的であり複数の過程からなる。まず、RNA ポリメラーゼホロ酵素 (Eσ) がプロモーター (P、図 36-3) を探し出し結合する。プロモーターに結合すると Eσ-プロモーター-DNA 複合体が温度依存性に構造変化を引き起こし、転写開始点 (+1) 近傍の DNA を開裂させる。この複合体は転写開始前複合体 preinitiation complex (PIC) とよばれる。この DNA の開裂により、Eσ の活性中心が鋳型鎖に近づく。この鋳型鎖は RNA へと重合されるヌクレオチドの配列を規定する。次いで、DNA 鋳型配列に従って最初のヌクレオチド（ほとんど常にプリンヌクレオチド）が酵素のヌクレオチド結合部位に結合するようになる。そして次に付加されるべきヌクレオチドが Eσ-プロモーター DNA 複合体に結合した後、RNAP は最初のホスホジエステル結合の形成を触媒し、新生鎖は β サブユニットの重合部位に結合する。この反応は（転写）開始 initiation とよばれる。新生ジ

クレオチドには開始ヌクレオチドの 5′-三リン酸が残っている（図 36-3 では ATP の場合を示す）．

　RNA ポリメラーゼは +3 〜 +10 に相当するヌクレオチドの重合を続けた後に，ふたたび構造変化を引き起こし，プロモーターから離れる．この反応は**プロモータークリアランス promoter clearance** とよばれる．多くの遺伝子ではこの段階で σ 因子が酵素から解離する．次いで**伸長期 elongation phase** が始まり，NTP が次々循環的に取り込まれ，RNA 分子の合成が鋳型鎖と逆平行に 5′→3′ へ続いていく．酵素は鋳型鎖によって規定される配列に応じて，Watson-Crick の塩基対の規則に従ってリボヌクレオチドを重合する．ヌクレオチド重合のサイクルごとに**ピロリン酸 pyrophosphate**（**PP$_i$**）が遊離する．DNA 複製と同様，ピロリン酸は，どの細胞にも存在する**ピロホスファターゼ pyrophosphatase** により速やかに 2 分子の**無機リン酸 inorganic phosphate**（**P$_i$**）に分解されるので，RNA 合成は全体として不可逆的に進行することになる．原核生物でも真核生物でも，RNAP がプロモーター領域にとどまり"ストール"の状態になるか，あるいは鎖伸長の段階へ移行するのかという決定は，転写の重要な制御段階である．

　RNA ポリメラーゼを含む RNA 鎖**伸長 elongation** 複合体が DNA 分子に沿って進行するにつれて，**DNA の巻き戻し DNA unwinding** が起こり，鋳型鎖の塩基に対合する適切なヌクレオチドが近づくことができるようになる．この DNA の転写バブル（すなわち，巻き戻されて解離した部分）の大きさは，転写の間一定の大きさに保たれていて，ポリメラーゼ 1 分子あたり約 20 塩基対の領域にわたる（図 36-2，図 36-3）．つまり，巻き戻される DNA の長さはポリメラーゼによって決められていて，複合体の中に含まれている DNA 塩基配列とは無関係である．RNA ポリメラーゼはその前方で DNA らせんを開く "巻き戻し酵素 unwindase" 活性をもっている（上記 PIC 複合体を参照のこと）．DNA の二重らせん構造の巻き戻しが起こり両鎖が少なくとも一時的に転写のため分離することからすると，真核細胞ではヌクレオソーム構造が何らかの形で一時的に壊れるに違いない．トポイソメラーゼは進行する RNA ポリメラーゼの前後ではたらき，超らせん構造の形成を抑え，これにより RNAP 前方の DNA 巻き戻しに多大なエネルギーが必要となることを防いでいる．

　細菌では RNA 合成の**終結 termination** は，DNA 分子に存在する特定の塩基配列（図 36-3 に **T** で示す）と転写物の配列によって指示される．多くの遺伝子では RNAP だけで転写を効率よく終結することができる．

ただし，一部の遺伝子では**ロー（ρ）因子**という**転写終結因子**が転写終結のために必要となる．RNA 合成の停止の後，RNAP（E）と RNA 産物は鋳型 DNA から脱離する．解離したコア酵素（E）は σ 因子とともに Eσ ホロ酵素を形成し，ふたたび RNA 合成過程を開始する．真核細胞での終結機構はよくわかっていないが，RNA の加工，転写終結，そしてポリアデニル付加にかかわるタンパク質が，転写開始直後に RNA ポリメラーゼ II に結合することがわかっている．原核生物でも真核生物でも 1 分子以上の RNA ポリメラーゼが同じ遺伝子の鋳型鎖を同時に転写することができる．しかし，酵素はそれぞれ離れてずれて存在し，ある瞬間を見ればそれぞれが DNA の別々の部分を転写している（図 36-1，図 36-4）．

正確な転写とその頻度は 特定の DNA 配列に結合する タンパク質により制御される

　遺伝子の塩基配列の生化学的および遺伝学的な解析により，転写において重要なシグナルとなる DNA 配列がわかってきた．多くの細菌遺伝子の研究成果にもとづいて，転写の開始および終結シグナルの基本的モデルを考えることができる．

　"いかにして RNAP が転写を始めるべき正しい位置を認識することができるのか"という課題は，ゲノムの複雑さを考えるとけっして容易なものではない．大腸菌は 4.2×10^6 塩基対の DNA 上に，4×10^3 個の転写開始部位（プロモーター配列）をもっている．ヒトにおいては，この状況はもっと複雑で，約 3×10^9 塩基対の DNA 上に 15 万にものぼる転写開始点が散在している．細菌 RNAP は低い親和性で DNA 上のいろいろな部分に結合し得るが，その後，10^3 bp/s 以上の速さで DNA 上をスキャンし，より親和性の高い特定の塩基配列をもつ部分を認識し，ここに結合する．このような DNA 領域をプロモーターとよぶ．RNAP がプロモーターへ塩基特異的に結合することによって，初めて正確な転写開始が行われるようになる．これから予想されるとおり，細菌でもヒトでも，プロモーターの識別と利用の段階が転写調節の重要な標的となっている．

細菌のプロモーターは比較的単純である

　細菌のプロモーターの長さは約 40 塩基対（DNA 二重らせんでは 4 巻き分に相当する）であり，これは大腸

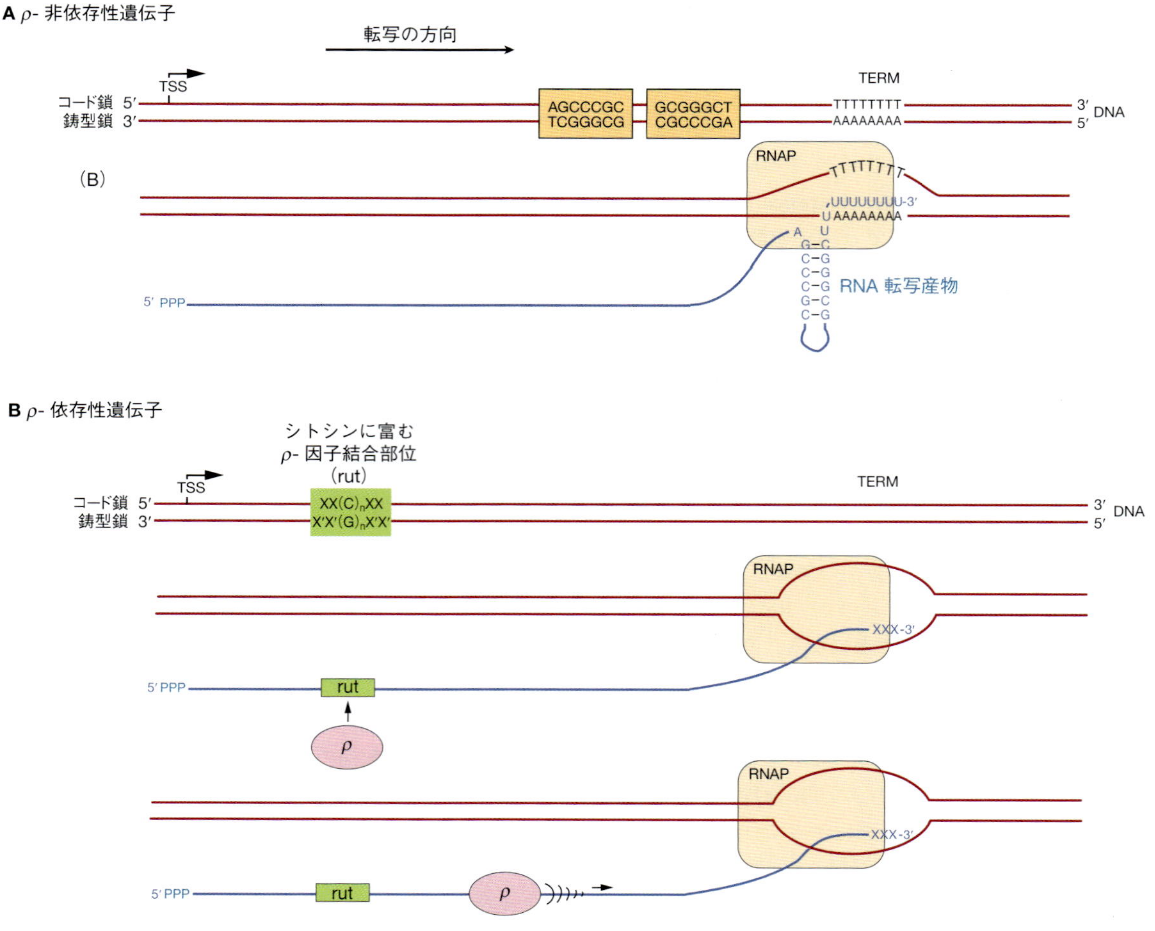

A ρ- 非依存性遺伝子

B ρ- 依存性遺伝子

図 36-6. 細菌の遺伝子上の 2 つの転写終結機構

（**A**）大腸菌 RNAP は転写物の特定の RNA 配列と転写ユニットの特定の DNA 配列に遭遇すると転写を集結させる．この場合，転写集結シグナルは逆方向反復配列（箱で示した）とその後の鋳型鎖に連続した A ヌクレオチド（この図では下の鎖）を有する．逆反復配列が転写されると，RNA 転写産物は図に示した二次構造を形成する（図の下部）．このようなヘアピン構造が RNA ポリメラーゼを立ち止まらせ，RNA ポリメラーゼがポリ A の部位に結合すると鎖伸長が終結する．（**B**）上で示した 2 つのシス制御要素を欠く遺伝子では，G に富む DNA 配列と転写補助因子 ρ が転写終結を引き起こす．RNA 転写産物中の C が繰り返した部分に ρ 因子が結合する．ρ 因子は六量体の ATPase としてはたらく．C が繰り返した RNA 配列は ρ 因子結合部位（rut，rho utilization site）とよばれ，ρ 因子が直接結合する．rut に ρ 因子が結合するとその ATPase 活性が活性化され，RNA 上を 5′ 側から 3′ 側の方向へ転写中の RNA ポリメラーゼにぶつかるまで移動する．RNA ポリメラーゼと ρ 因子の結合により転写集結が生じ，DNA，RNA，タンパク質が解離していく．

菌 RNA ポリメラーゼホロ酵素（Eσ）がちょうど覆うぐらいの長さである．典型的なプロモーター領域には，多くの遺伝子で保存されている短い配列が 2 つある．転写開始点の約 35 塩基対上流には，8 塩基対の共通配列（5′-TGTTGACA-3′）が存在し，ここに RNAP が結合するといわゆる**閉鎖複合体 closed complex** が形成される．転写開始点のさらに近く，その上流約 10 塩基対を中心として 6 塩基対からなる AT の多い配列（共通配列：5′-TATAAT-3′）がある．これら 2 つのよく保存された配列がプロモーターを構成し，その模式図を**図**

36-5 に示した．後者の配列は GC 塩基対が存在しないので，融解温度が低い．この "**TATA ボックス**" とよばれる共通配列では，2 本の DNA 鎖が解離しやすく，プロモーター領域に結合した RNA ポリメラーゼが，すぐ下流の転写開始点付近の鋳型鎖の塩基配列に近づきやすくなっている．この DNA 鎖が分離したプロモーターと RNA ポリメラーゼの複合体を**開鎖複合体 open complex** とよぶ．ほかの細菌のプロモーターはこれらとは少し異なる塩基配列をもつが，すべて 2 つの共通配列から成り立っていて，転写開始点に対して同様の

場所に位置する．いずれの場合も 2 つの共通配列の間の塩基配列に保存性はないが，RNA ポリメラーゼが −35 配列と −10 配列を認識できるように適切な距離を保つ役割がある．細菌細胞内では複数の遺伝子がセットとして統合的に調節されている．その 1 つの仕組みは，これらの統合的に発現する遺伝子群が，同じ −35 と −10 のプロモーター配列をもっていることである．このような特徴あるプロモーターは，それぞれが特定の σ 因子が結合したコア RNA ポリメラーゼ（すなわち，先に述べた $E\sigma_1$，$E\sigma_2$，……）により認識されるのである．

細菌のおおよそ 50% の遺伝子では，RNAP がそれ自体で転写を終結することができる．残りの遺伝子ではロー（ρ）終結因子が補助因子として必要となる．ρ 非依存性転写終結と依存性終結のメカニズムに関するモデルを **図 36-6** に示す．真核生物の mRNA 遺伝子の転写過程にはさまざまな補助因子がかかわる．

38 章で詳しく述べるように，細菌遺伝子の転写は抑制化（リプレッサー）および活性化（アクチベーター）タンパク質により調節される．これらタンパク質の典型的なものは，それぞれプロモーター近傍に存在するユニークな DNA 配列に特異的に結合する．リプレッサーやアクチベーターは，RNA ポリメラーゼのプロモーター DNA への結合や開鎖複合体形成に影響を与える．これにより PIC 形成と転写開始が促進されたり，あるいは逆に抑制されたりし，結果として特定の RNA の合成が増減する．

哺乳類のプロモーターはより複雑である

真核生物細胞では，2 つのタイプの TSS 近傍シグナル配列が DNA 上にあり，転写を制御することが明らかになっている．1 つは**プロモーター promoter** であり，転写を DNA 上のどこで始めるかということを規定し，もう 1 つは転写を促進または抑制して，どのくらいの頻度で転写するかを規定する DNA シグナルのセットである．たとえば，単純ヘルペスウイルス（HSV）は初期遺伝子発現プログラムにおいて哺乳類宿主細胞の転写因子を利用するが，HSV のチミジンキナーゼ遺伝子（*tk*）には単一の転写開始点（TSS）が存在し，この部位から約 25 塩基対上流の（すなわち −25 に位置する）塩基配列が TSS からの正確な転写の開始を保証する（**図 36-7**）．その配列は **TATAAAAG** であり，原核細胞の mRNA の TSS の約 10 塩基対上流に存在する **TATA ボックス**の配列と極めてよく似ている（図 36-5）．この TATA ボックスの変異により，HSV *tk* 遺伝子の転写活性が顕著に低下する（図 36-7，**図 36-8**）．他の細胞側の遺伝子の多くも同様の TATA ボックスをもつ．TATA ボックスのように遺伝子発現を制御する DNA 配列はしばしば**シス作動性 *cis*-active** エレメントとよばれる（シスエレメントともよばれる）．通常，哺乳類遺伝子で TATA ボックスをもつものは，転写開始点の上流 25 塩基対のところにこの配列が存在する．TATA ボックスの共通配列は TATAAA であるが，この配列には多様性がある．ヒトの TATA ボックスには 34 kDa の **TATA 結合タンパク質 TATA binding protein**（**TBP**）が結合する．TBP は TFIID の 1 サブユニットであり，細胞に必須である．また，TFIID の TBP 以外のサブユニット群は，**TBP 結合因子 TBP-associated factor**（**TAF**）とよばれる．この TBP-TAF 複合体（TFIID）の TATA ボックスへの結合は，プロモーター上におけ

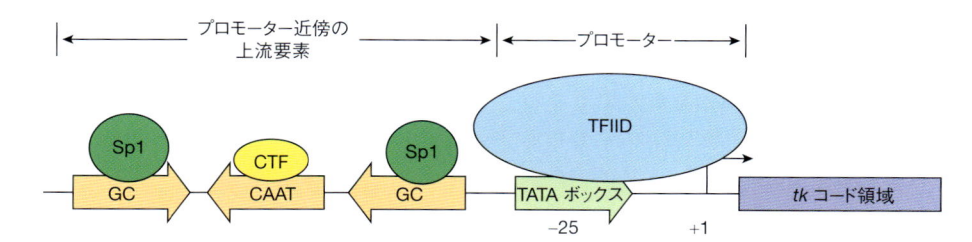

図 36-7. 単純ヘルペスウイルスのチミジンキナーゼ（*tk*）遺伝子における転写のための DNA シス作動性エレメントと結合タンパク質

DNA 依存性 RNA ポリメラーゼ II（図には示されていない）は，TATA ボックス（転写因子 TFIID が結合している状態として描画）と +1 の TSS にまたがる領域に結合し，複数の因子からなる PIC を形成し（図 36-9 も参照），特定のヌクレオチド（+1）から転写を開始する．転写開始の頻度は上流のシス作動性エレメント（図では例として GC ボックスと CAAT ボックス）によって上昇する．このシスエレメントは，プロモーター近傍にある場合もあればプロモーターから離れて（図 36-8）存在することもある．このプロモーター近位や遠位の DNA シスエレメントには，トランス作動性の転写活性化因子［この例ではそれぞれ Sp1 と CTF（C/EBP，NF1，NFY ともいう）］が結合する．これらプロモーター近位や遠位のシスエレメントの多くは逆方向に配置しても効力を発揮する（矢印，図 36-8 も参照）．

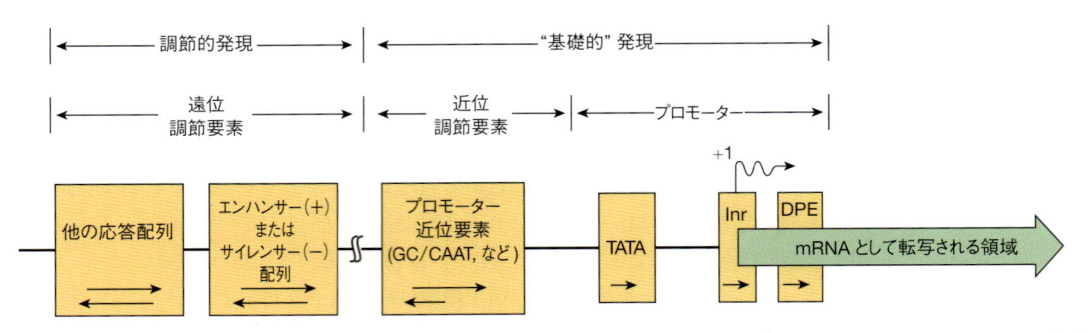

図 36-8.　RNA ポリメラーゼ II によって転写され mRNA を産生する仮想的真核生物遺伝子における転写調節領域の模式図
転写開始点（＋1 を矢印で示す）を境にして，遺伝子はコード領域と調節領域に分けられる．コード領域は，mRNA へと転写される DNA 塩基配列をもち，スプライシングにより mRNA へと加工され（図 36-12 ～ 36-16 参照），最終的にはタンパク質に翻訳される．調節領域は 2 つの部分から構成されている．1 つは基礎的遺伝子発現活性にかかわる"プロモーター"はしばしば TATA ボックス，Inr，DPE 領域の組み合わせからなり（表 36-3），RNA ポリメラーゼ II 転写装置が正しい位置から正確に転写を始めることを指令する．TATA のないプロモーター（TATA-less promoter）では，イニシエーター配列（Inr）あるいは DPE がポリメラーゼ II に対して位置を指令する役目をすると考えられている．もう 1 つは上流エレメントであり，転写開始の頻度を制御する．このエレメントは図に示したとおり，プロモーターの近位（50 ～ 200 塩基対），または遠位（1000 ～ 10^5 塩基対）に存在する．近位調節エレメントのなかで最もよく知られたものとして CAAT ボックスがあるが，これ以外にも多数の塩基配列（Sp1，NF1，AP1 などの転写活性化タンパク質が結合する配列，表 36-3）がさまざまな遺伝子で同様のはたらきをしている．遠位調節エレメントは転写促進や抑制にはたらくが，そのなかにはホルモン，熱ショック，重金属，化学物質など種々のシグナルに対する応答を担うものがある．組織特異的遺伝子発現も同様の調節エレメントによって行われる．これらの配列の方向依存性は矢印で示している．プロモーターエレメント（TATA ボックス，Inr，DPE）は 5′→3′ の方向でなければならない．プロモーター近位の上流エレメントは 5′→3′ の方向のときに最大の効果を発揮するが，多くの場合逆方向でもはたらく．いくつかのエレメントでは，転写開始点との位置関係は一定でなくてもよい．実際，発現調節のための調節エレメントが上流領域に散在している場合もあれば，遺伝子本体や遺伝子下流に位置することもある．

る転写複合体形成の第 1 段階と考えられている．

真核生物の mRNA をコードする遺伝子のなかには TATA ボックスを欠くものも多い．この場合，別の 2 つのシスエレメント，**イニシエーター配列 initiator sequence（Inr）**と**下流プロモーター配列 downstream promoter element（DPE）**が存在することが多い．これらは RNA ポリメラーゼ II（pol II）転写装置をプロモーターへよび寄せ，正しい位置から転写が始まるように酵素に指令する．Inr 配列は転写開始点（－3 ～ ＋5）に存在し，共通配列は TCA$^{+1}_{G/T}$ T$_{T/C}$ の 6 ヌクレオチドである（A^{+1} は転写される最初のヌクレオチド，すなわち TSS を示す）．Inr に結合して，pol II の結合を指定するタンパク質は TFIID などである．TATA ボックスと Inr の両方をもつプロモーターは，これらのどちらか一方しかもたないものよりも"強く"，非常に活発に転写される．DPE の共通配列は $_{A/G}$G$_{A/T}$CGTG であり，＋1 TSS の約 25 塩基対下流に存在する．Inr 同様，DPE 配列には TFIID の TAF サブユニットが結合する．タンパク質をコードする真核生物遺伝子を数多く調べたところ，ほぼ 30％は TATA ボックスと Inr を，25％が Inr と DPE をもち，15％が 3 つの配列をすべてもっていて，約 30％が Inr のみをもっていた．

例外も多いが，通常，転写開始点の上流の塩基配列が転写頻度に大きな影響を与える．この部分の変異により，転写開始の頻度が 10 分の 1 から 20 分の 1 に低下する．このような DNA エレメントの代表的なものに，その塩基配列により GC ボックスや CAAT ボックスとよばれるものがある．図 36-7 に示したように，これらの DNA 配列には特定のタンパク質，すなわち GC ボックスには Sp1，CAAT ボックスには CTF が，各々の **DNA 結合ドメイン DNA binding domain（DBD**，38 章参照）により結合する．転写開始の頻度の決定には，さまざまな制御因子間の相互作用，すなわち，これらのタンパク質と DNA の相互作用や，転写因子の特定のドメイン［DBD とは別に存在する**活性化ドメイン activation domain（AD**，38 章参照］，転写に関与するほかのタンパク質［RNA ポリメラーゼ II や **TFIIA，B，D，E，F，H などの基本転写因子 basal transcription factor** または **general transcription factor（GTF）**，そして，メディエーター因子，クロマチンリモデリング因子，クロマチン修飾酵素などのコレギュレーター（補助制御因子）］などの相互作用がかかわる（**図 36-9**，**図 36-10**，および 38 章参照）．TATA ボックスにおける，RNA ポリメラーゼ II や基本転写因子を含むタン

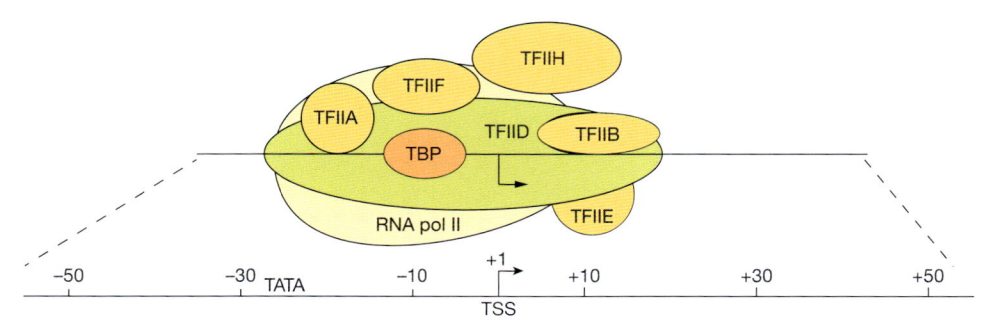

図 36-9. 真核生物の基本転写複合体

基本転写複合体の形成はまず TATA 結合タンパク質 TATA binding protein（TBP）サブユニットと 14 個の TBP 結合因子 TBP-associated factor（TAF）からなる TFIID が TATA ボックスに結合することから始まる．これを起点としてほかのいくつかの成分がタンパク質–DNA 間およびタンパク質–タンパク質間相互作用により集合する［TFIIA，B，E，F，H およびポリメラーゼ II（pol II）］．この複合体は転写開始点，＋1 TSS（鍵形の矢印で示す）の前後で−30 〜＋30 までの DNA にまたがっている．X 線回折により，RNA ポリメラーゼ II 単独の構造および TFIIB または TFIIA 存在下で TATA プロモーター DNA に結合した TBP の構造が，いずれも 3 Å のレベルで解明されている（1 Å = 10^{-10} m）．哺乳類と酵母の基本転写複合体（開始前複合体，PIC）の構造は電子顕微鏡により，10 Å の分解能のレベルで明らかになっている．このように転写装置がはたらく際の分子構造が次第に解明されつつある．これらの知見の多くはここに示すモデルとよく一致する．

パク質と DNA の相互作用により正確な転写開始が保証されるのである．

　このように，プロモーターとプロモーター上流のシス作動性エレメントが遺伝子それぞれの転写開始の正確さと頻度を決める．TATA ボックスはとくに位置と向きが厳格に規定されている．細菌プロモーターの場合と同様に，これらのどのシスエレメントにおいても 1 塩基の変化により，当該トランス因子（TFIID/TBP，Sp1，CTF またはその他の転写因子）の結合親和性が低下して劇的にその作用が失われることがある．また，TATA ボックス，Inr，DPE といったエレメント間の距離も重要である．

　真核生物遺伝子の転写活性を上昇または低下させる第三の塩基配列があり，それらはその効果に応じて**エンハンサー enhancer** あるいは**サイレンサー silencer** とよばれる．これらの塩基配列は，TSS の上流または下流，遺伝子によってはイントロンやタンパク質コード領域内といった，いろいろな場所に存在することがわかっている．エンハンサーやサイレンサーは，転写単位（遺伝子）と同一染色体上で千から数万塩基ほど離れていても効力を発揮する．驚くべきことに，エンハンサーやサイレンサーはその方向に関係なく機能できる．このような配列はすでにたくさん報告されている．転写因子結合のための塩基配列が厳密に決まっている場合もあるが，塩基配列にある程度の多様性が許されるものも多い．1 つのエンハンサー配列に対して 1 つのタンパク質（転写因子）が結合する場合もあるが，多

くの場合は数種の異なるタンパク質が結合する．クロマチン高次構造の記述（図 35-3）から想像できるように，しばしば遠く離れたクロマチン領域の間で相互作用が生じる．最近の研究によれば，このようなクロマチン領域間の相互作用が真核生物における遺伝子発現制御に重要な役割を有することが示されている．このような相互作用は，ヌクレオソームや染色体の構造因子や制御因子，そして転写因子の間の結合により仲介されていると考えられる．すなわち，多彩な生物学的シグナルに応答してプロモーター周辺や遠位のシスエレメントにトランス因子が結合し，転写を制御すると考えられる．

特定のシグナルが転写終結を調節する

　真核生物での RNA ポリメラーゼ II による転写の終結シグナルはようやくわかりはじめたところである．真核生物遺伝子の終結シグナルはコード領域からはるか下流に存在する．たとえば，マウスの β-グロビン遺伝子（詳しく調べられた最初の真核生物遺伝子）の転写終結シグナルは，後で mRNA ポリ（A）テールがつけ加えられる部位の 1000 〜 2000 塩基対下流に数箇所存在する．真核生物の転写終結の過程，そして mRNA 形成の過程には，細菌と比べてより多くの因子が関与する．転写後に生じる mRNA 3′ 末端形成は，転写開始時期に開始場所で生じる反応あるいは構造と共役することが知られている．さらに，mRNA 形成，なかでもとくに mRNA 3′ 末端形成においては，**RNA ポリメ**

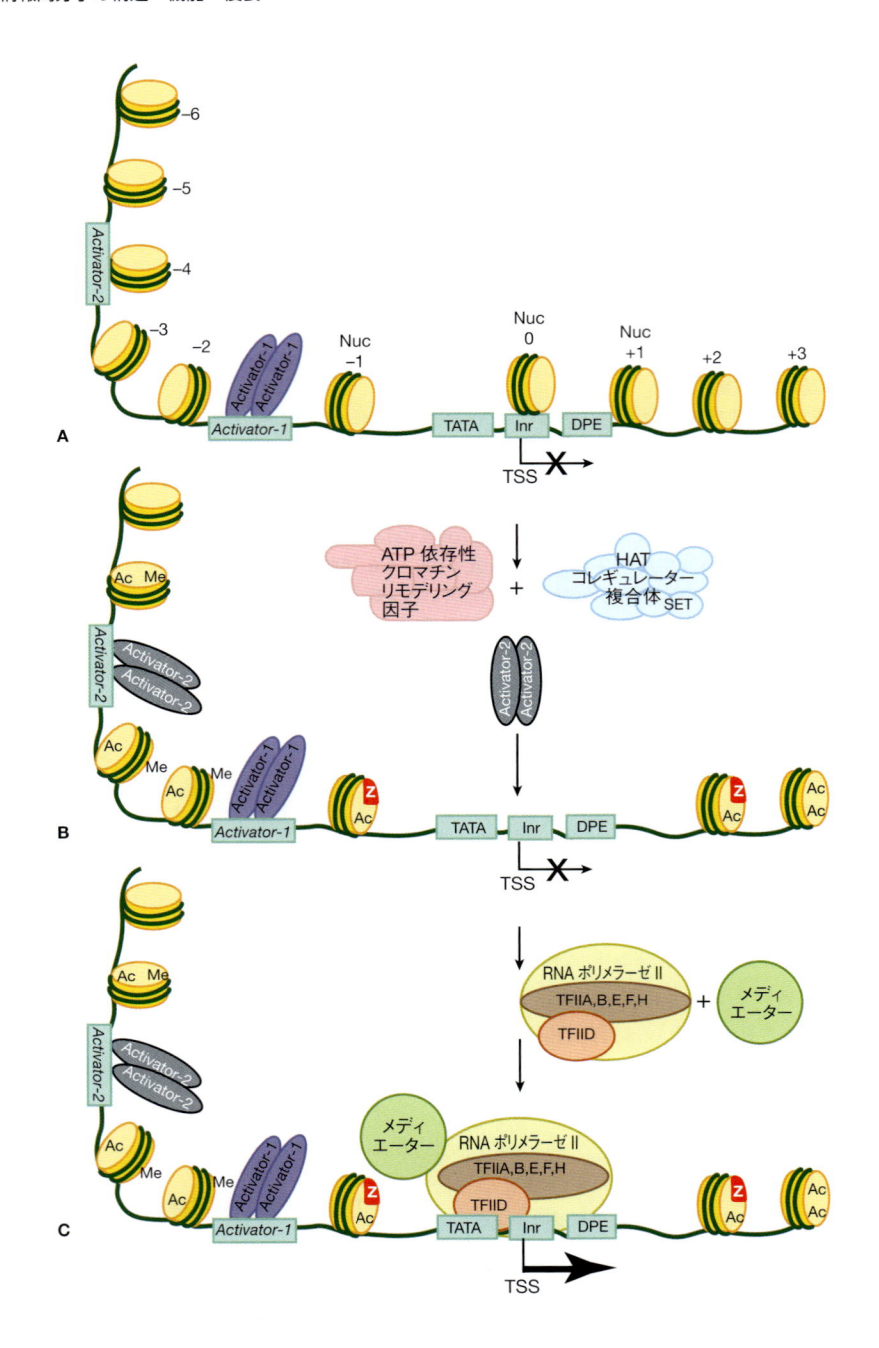

ラーゼ II の最大サブユニットの C 末端がもつ特有の構造，C 末端ドメイン C-terminal domain（CTD）が重要であり，以下に示す少なくとも 2 つの過程が含まれていることが判明している．RNA ポリメラーゼ II が転写産物における 3′ 末端に相当する領域を通過すると，RNA エンドヌクレアーゼが，転写産物の**真核細胞における切断およびポリアデニル付加シグナルと考えられる AAUAAA** という共通配列の 3′ 側約 15 塩基の場所を切断する．次いで，新しく形成された 3′ 末端に，後に述べるようにして核質内で，ポリ（A）がつけ加え

られる．

真核生物の転写装置は複合体 complex であり複雑 complex である

真核生物の核ゲノムを転写する 3 種類の DNA 依存性 RNA ポリメラーゼは，総計で 42 種のタンパク質から構成される．これらの酵素は RNA ポリメラーゼ I，II，III とよばれ，DNA の鋳型鎖に含まれた情報を RNA

図 36-10. クロマチン活性化コレギュレーター（補助制御因子）によるヌクレオソーム共有結合修飾により転写が調整される（**A**）転写不活性化状態にある遺伝子（転写開始点 TSS における X 印に注目）を示す．そのエンハンサー（*Activator-1*）に転写調節因子二量体（Activator-1，紫色卵形で示す）が 1 つだけ結合している．このエンハンサーはヌクレオソーム構造をもたず，その特異的タンパク質が妨害されることなく結合することができる．しかし，この状態ではまだエンハンサーの一部（この図ではエンハンサーは 2 箇所に分かれて存在し，*Activator-1* および *Activator-2* として示してある），およびプロモーターがヌクレオソームに覆われているため，遺伝子は転写されない．ヌクレオソームではヒストン八量体の周りに DNA が 150 塩基対程度巻きついており，プロモーターにヌクレオソーム 1 つが形成されると，転写装置（pol II と基本転写因子 GTF）は TATA，イニシエーター Inr，あるいは DPE プロモーターエレメントに結合することができなくなることに注意．（**B**）エンハンサーDNA に結合した Activator-1 は種々の ATP 依存性クロマチンリモデリング因子やクロマチン修飾因子などのコレギュレーター複合体と結合する．これらコレギュレーター複合体は，ATP 依存性クロマチンリモデリング因子とクロマチン修飾コレギュレーター複合体によるリモデリング（すなわち，ヒストン八量体の含量を変えたり，ヌクレオソームを取り除くこと）を指示する．また，複合体が有する翻訳後修飾［HAT：アセチル化修飾（Ac）にはたらく］やメチラーゼ［SET：メチル化修飾（Me）を行う］などの活性によりヒストン化学修飾（表 35-1）を引き起こす．（**C**）染色体上のヌクレオソームの位置や占有状態（すなわち，－4 と 0 で示すヌクレオソーム），組成（－1 と ＋2 のヌクレオソームで H2A が H2AZ で置き換わっている）が変化し，これにより第二の転写因子二量体 Activator-2 の *Activator-2* DNA 配列への結合が可能となり，転写装置（TFIIA，B，D，E，F，H，pol II，メディエーター）のプロモーター（TATA-INR-DPE）への結合が引き起こされる．最終的には活性化型転写開始前複合体 PIC が形成され，転写が開始される（TSS からの太い矢印で示す）．

へと転写する．これら RNA ポリメラーゼは 12 〜 16 個のサブユニットからなる．そしてそれぞれ，特定の遺伝子セットを転写する．RNA pol I は rRNA をコードする遺伝子を，RNA pol II は mRNA をコードする遺伝子を，RNA pol III は tRNA などの遺伝子をそれぞれ転写する．原核生物のものと同様に，これらのポリメラーゼはプロモーターの配列を識別し適切な場所から転写を開始する．原核生物のホロ酵素（$\beta\beta'\alpha_2\sigma\omega$）は試験管内反応においてそれだけでプロモーター配列に結合し転写し終結することができるが，真核生物 RNAポリメラーゼはプロモーターとプロモーター以外の DNA 領域を区別することはできない．真核生物 RNAポリメラーゼのすべては，特定の場所から転写を開始するために**基本転写因子 general transcription factor**（**GTF**）という他のタンパク質を必要とする．RNA ポリメラーゼ II は 12 個のサブユニットからなり，6 種の GTF を必要とする．これは **TFIIA，TFIIB，TFIID**（**TBP を含む**），**TFIIE，TFIIF**，そして **TFIIH** であり（これらは総計で 33 個のポリペプチドを含む），これらに依存してプロモーター特異的に結合し，転写開始前複合体 preinitiation complex（PIC）を形成する[2]．RNAポリメラーゼ I および III は，それぞれ特有の GTF を必要とする．この複雑な状況は細胞内ではいっそう複雑になり，RNA ポリメラーゼ II とその GTF からなる転写装置と転写活性化因子は，さらに別のカテゴリー

のタンパク質群，すなわち**コアクチベーター coactivator**［**コレギュレーター（補助制御因子）coregulator** ともよばれる］と結合してはたらく．コレギュレーターはエンハンサー DNA に結合した転写活性化タンパク質と転写装置をつなぎ，さまざまなメカニズムにより転写の頻度を制御する（38 章で詳述）．

pol II 転写複合体の形成

細菌では，シグマ因子とポリメラーゼのホロ酵素複合体 Eσ がプロモーター DNA に選択的に直接結合し転写開始前複合体（PIC）を形成する（図 36-3）．真核生物の遺伝子転写では事情はより複雑である．一例として pol II によって転写される mRNA をコードする遺伝子について述べよう．pol II によって転写される遺伝子ではσ 因子の役目は多くのタンパク質により果たされる．正確な場所で PIC が形成されるには pol II に加えて，TFIIA，TFIIB，TFIID，TFIIE，TFIIF，TFIIH といった 6 種の基本転写因子（GTF）が必要である．ほとんどすべての遺伝子でこれらの GTF が pol II による転写を促進する．すでに述べたように，GTF の多くは複数のサブユニットにより構成されている．TFIID（15 個のサブユニット，すなわち **TATA 結合タンパク質 TATA binding protein**（**TBP**）と 14 個の **TBP 結合因子 TBP-associated factor**（**TAF**）からなる）はその TBP と TAF サブユニットのはたらきによりプロモーターの TATA ボックスに結合する．TFIID は GTF のなかで唯一単独で特異的にプロモーターへ結合可能である．

TBP は副溝側から TATA ボックスと結合し（多くの転写因子は二本鎖 DNA の主溝に結合する，図 38-15

2）　訳者注：試験管内転写において TFIID が転写因子と相互作用することで転写が活性化されることが示されている．

参照), DNA ヘリックスを 100° 湾曲させる(よじる). DNA がわん曲すると, TAF と転写開始複合体内のほかのタンパク質成分, プロモーターやその上流に結合しているタンパク質複合体などの相互作用が促進される. TBP はもともと pol II による転写に必要な因子として発見されたが, ポリメラーゼ種特異的 TAF と結合することにより, TATA ボックスが関与しない pol I や pol III の開始複合体においても重要な役割を果たす.

TFIID の結合は, そのプロモーターが転写可能であることの印となる. 試験管内反応における次のステップでは, TFIID-プロモーター複合体に TFIIA, 次いで TFIIB 結合するが, これにより安定な複合体が形成され, さらにより正確で強い転写開始点との結合が生じる. この複合体はさらに pol II-TFIIF 複合体を引き寄せてプロモーターにつなぎとめる. 最終段階では TFIIE と TFIIH が加わり, 転写開始前複合体 PIC が形成される. TFIIE は pol II-TFIIF といっしょにこの複合体に加わり, そこに TFIIH が参加していく. このようにタンパク質が順次結合していくたびに複合体は大きくなり, 最後にはおおよそ 60 塩基対(TSS からみて −30 ～ +30 の領域)が覆われることになる(図36-9). こうして転写開始前複合体 PIC が完成すると, TSS の正しいヌクレオチドから転写を開始することができるようになる. TATA ボックスを欠く遺伝子でも同じ因子群が必要である. この場合は Inr や DPE(図36-8)により PIC 形成部位が決められ, 正確な転写開始が可能となる.

プロモーターにおける転写開始前複合体形成は ヌクレオソームの影響を受けることがある

真核生物遺伝子ではしばしば, プロモーター配列 (TATA, INR, DPE など)がヌクレオソームで覆われているために転写装置(pol II など)が結合できない場合がある(図35-2, 図35-3, **図36-10** 参照). プロモーター上流にあるエンハンサー DNA に転写因子が結合し, Swi/Snf, SRC1, p300/CBP(42 章参照), P/CAF といったクロマチンリモデリングやクロマチン修飾にかかわるコレギュレーター(補助制御因子)が動員されることで, このような抑制性ヌクレオソームが取り除かれる(図36-10). ヌクレオソーム除去によりプロモーターが "解放" されると, GTF や RNA pol II が結合し, mRNA の転写を開始する. 転写因子やコレギュレーターが形成するタンパク質複合体の結合は, プロモーターやエンハンサー周辺の DNA とヌクレオソームヒストンの共有結合修飾状態やヒストン組成の影響を受

けるとともにこれらを制御する. そして, 転写開始前複合体(PIC)形成に必要なその他すべての因子の当該遺伝子への結合の増減を調節している. この現象は **DNA, ヒストン, そしてタンパク質修飾のエピジェネティックコード**とよばれ, 遺伝子転写制御に重要な役割を果たしている. 実際, DNA やヒストン修飾を触媒する酵素(コードライター), 修飾を除去する酵素(コードイレーザー), そして修飾を認識して結合する因子(コードリーダー)の変異が, ヒトの病気の原因となり得る.

pol II はリン酸化により活性化される

真核生物の pol II は 12 個のサブユニットからなり, 大腸菌 RNAP(Eσ)よりだいぶ複雑である. しかし驚くべきことに, pol II の 2 つの大サブユニット(220, 150 kDa)は, 細菌の β サブユニットおよび β′ サブユニットと配列(と機能上)の相同性を示す. 真核生物の pol II と細菌の酵素の最大の違いは, pol II の最大サブユニットの C 末端に **Tyr-Ser-Pro-Thr-Ser-Pro-Ser(YSPTSPS)** という 7 残基からなる**繰り返し配列**が存在することである. これは **C 末端ドメイン carboxyl terminal domain(CTD)** とよばれる. この繰り返しは生物によって異なり, 酵母では 26 回, 哺乳類では 52 回反復している. CTD はいくつかの酵素(キナーゼ, ホスファターゼ, プロリンイソメラーゼ, グリコシラーゼ)の基質となり, CTD のリン酸化はそのなかでも最初に発見された. いくつかのタンパク質がこのリン酸化にかかわるが, TFIIH のキナーゼサブユニットが CTD を修飾することが知られている. 共有結合修飾を受けた CTD はいろいろなタンパク質の結合部位(プラットフォーム)となり, 転写調節因子, mRNA 修飾・加工にかかわるさまざまな酵素, 核輸送タンパク質と相互作用することが示されている. これら因子の pol II の CTD (および基本転写因子の構成因子群)への結合により, 転写開始と mRNA キャップ付加, スプライシング, 3′ 末端形成, mRNA クオリティー制御, そして細胞質への輸送が共役する. CTD の Ser と Thr 残基がリン酸化されると pol II による RNA 重合は活性化され, 脱リン酸化により不活性化される. CTD のリン酸化, 脱リン酸化はプロモータークリアランス, 鎖伸長, 転写終結, さらには, mRNA の適切なプロセシングを調節する. 遺伝学的につくられた CTD を欠く pol II は試験管内反応で転写の活性化ができず, また CTD 欠損型 pol II を発現させた細胞は生育不可であることから, RNA の生合成と代謝におけるこのドメインの重要性がわか

る．

　pol II は**メディエータータンパク質 mediator protein**（**Med**）とよばれるほかのタンパク質と結合してホロ酵素複合体を形成することがある．このホロ酵素複合体は pol II ホロ酵素複合体とよばれることもある．この複合体はプロモーター上で，または DNA が存在しない溶液中で PIC 形成に先立って形成される．Med（Med1-Med31 の 30 以上のタンパク質より構成される）はさまざまな役割を担っており，転写の活性化と抑

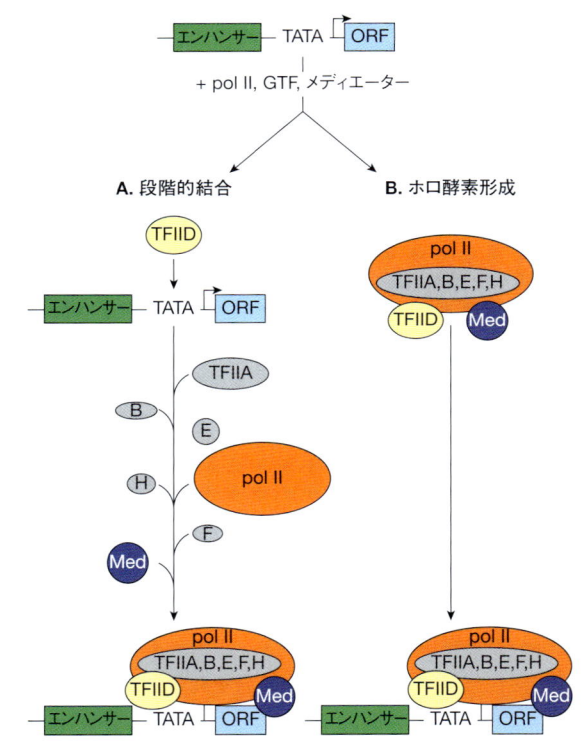

図 36-11. RNA ポリメラーゼ II（pol II）転写開始前複合体形成のモデル

最上部に mRNA コード転写単位の典型例を示す．これはエンハンサープロモーター（TATA ボックス）領域-転写開始点 TSS（折れ矢印）と転写される領域とそこに含まれる ORF（open reading frame, タンパク質をコードする配列）からなる．転写開始前複合体 PIC は試験管内では 2 種の異なった様式で DNA 上に形成される．（**A**）GTF，pol II，メディエーター因子が順番に結合する．または，（**B**）pol II，メディエーター因子，6 つの GTF が 1 つの複合体を形成し，その後に結合する．DNA 結合性活性化因子（この図には示されていない，図 36-10）はエンハンサーに特異的に結合し，TFIID-TAF のサブユニットやメディエーター因子のサブユニット，あるいは転写装置のほかの因子に直接結合することで転写開始前複合体形成（またはその機能）を促進する．このようなタンパク質-タンパク質相互作用がどのような機構で転写を促進するのかという問題点は今後の研究課題として残されている．

制の両面で pol II の適切な制御に必須の因子である．それゆえ，TFIID と同じように，メディエーターもコレギュレーター（補助制御因子）といえる（**図 36-11**）．

転写活性化因子とコレギュレーター（補助制御因子）の役割

　TFIID は最初，TBP という単一のタンパク質であると思われていた．しかしながら，多くの証拠により TFIID が実際は TBP と 14 種の TAF からなる複合体であることが明らかになった．TFIID が TBP 分子のみからなるのではなくより複雑であるという最初の証拠は，TBP は TATA ボックスを含む 10 塩基対の DNA 配列に結合するのに対し，精製された TFIID は 35 塩基対にわたる DNA 領域を覆うという事実があげられる（図 36-9）．第二に，大腸菌で発現・精製した遺伝子組換え TBP は生物種にもよるが 20 〜 40 kDa のタンパク質であるのに対し，TFIID の質量は約 1000 kDa にのぼることである．最後に，またおそらく最も重要な点と思われるが，TBP は基本転写を担うことができるが，GC ボックス結合性タンパク質因子 Sp1 などによる転写促進の作用を受けない．一方 TFIID は，基本転写のみでなく，Sp1，Oct1，AP1，CTF，ATF など（**表 36-3**）による転写促進も担うことが明らかとなってい

表 36-3. 哺乳類 RNA ポリメラーゼ II 転写制御エレメント，その共通塩基配列，ならびに結合タンパク質

エレメント	共通塩基配列	タンパク質因子
TATA ボックス	TATAAA	TBP/TFIID
Inr	T/CT/CANT/AT/CT/C	TFIID
DPE	A/GGA/TCGTG	TFIID
CAAT ボックス	CCAATC	C/EBP*，NF-Y*
GC ボックス	GGGCGG	Sp1 *
E ボックス	CAACTGAC	MyoD
κB モチーフ	GGGACTTTCC	NF-κB
Ig 八量体	ATGCAAAT	Oct1, 2, 4, 6*
AP1	TGAG/CTC/AA	Jun, Fos, ATF*
血清応答	GATGCCCATA	SRF
熱ショック	(NGAAN)₃	HSF

［注］エレメントはすべて 5′ →3′ の方向で，二本鎖のうちの上の鎖を示す．完全なリストをつくるとすると数百の列を含むことになる．＊印はそれぞれ複数の類似因子を含むファミリーを形成していることを示す．/で区切られたヌクレオチドはその位置に 2 つのうちどちらか 1 つのヌクレオチドが存在することを示す（すなわち，Inr の最初の T/C は，T か C のどちらか 1 つがその位置を占めることを示す．N，シスエレメントの当該部位は四種類の塩基 A,G,C あるいは T のどれでもよいことを示す）．

表36-4. mRNA 転写に関与する転写因子の3分類

因　子	構成タンパク質
基本因子	RNA ポリメラーゼ II, TBP, TFIIA, B, E, F, H
コレギュレーター（補助制御因子）	TAF(TBP＋TAF＝TFIID)：ある種の遺伝子 メディエーター因子，Med クロマチン修飾因子(pCAF，p300/CBP) クロマチンリモデリング因子(Swi/Snf)
活性化因子	SP1，ATF，CTF，AP1，その他

る．TAF は，このような活性化因子による促進を受けるために必須である．多細胞生物では，TAF 構成因子が異なるいくつかの TFIID が存在すると考えられている．このような異なった種類の TAF と TBP の複合体（近年さらに TBP 類似因子（TLF）も発見されている）がそれぞれ異なったプロモーターに結合することが判明しており，このことで，さまざまなプロモーターが示す組織・細胞特異的な遺伝子活性化やプロモーターごとの活性の違いを説明できるかもしれない．TAF は活性化因子の作用のために必要であることから，しばしば補助活性化因子またはコレギュレーター（補助制御因子）とよばれる．このように，pol II 転写にかかわる転写因子は3種に分類される．すなわち，pol II と GTF，コレギュレーター，DNA 結合性活性化あるいは抑制タンパク質である（**表36-4**）．これらの多種のタンパク質がいかに相互作用して転写部位と転写頻度を規定するのかは重要な課題であり，活発に研究されつつある．現在のところコレギュレーターは，DNA 結合性活性化因子と pol II/GTF の連結を担うとともに，クロマチン修飾にも機能していると考えられている．

pol II転写開始前複合体形成に関する2つのモデル

前述の転写開始前複合体 PIC の形成は，精製タンパク質を順次加えていくという in vitro 実験により明らかにされた．このモデルの基本的特徴は，転写にかかわるタンパク質がすべて結合可能な DNA 鋳型上で転写開始前複合体の会合が起こることにある．そして DNA 結合ドメインと活性化ドメインをもつ転写活性化因子（DBD と AD，38 章参照）は，PIC の形成を促進する役割をもつと考えられる．ここでは，TAF やメディエーター複合体は，上流に結合した活性化因子と GTF および pol II の間をつなぐ橋渡し役をしていると見ることができる．このモデルは，活性化因子，補助活性化因子および複合体成分の間の相互作用により，PIC が**段階的に形成**されるとするものである（図36-

11A）．これらの多くのタンパク質が実際に in vitro で相互作用を営むことが観察され，このモデルが支持されている．

より最近の研究では，PIC 形成および転写調節にもう1つのモデルが考えられるという証拠があげられている．第一に GTF と pol II の大きな複合体が細胞抽出液中で見出されていて，この複合体がプロモーターに一度に結合するということである．第二に，pol II ホロ酵素を低濃度にして活性化因子を添加したときに得られる転写速度は，活性化因子の非存在下に pol II と GTF の濃度を上昇させて測定したときに得られる転写速度に見合う程度のものであるということである．つまり，少なくとも in vitro では活性化因子はそれ自体，PIC 形成に絶対的に必要なものではないという条件が存在する．このような観察から"**リクルート説 recruitment hypothesis**"が考えられ，今では実験的に証明されている．これは簡単にいえば，活性化因子やいくつかの補助活性化因子の役割は，すでに形成されていたホロ酵素-GTF 複合体をプロモーターによび込む（リクルートする）ことにあるというものである．TFIID や pol II ホロ酵素の成分を組換え DNA 技術により人工的に活性化因子の DBD（DNA 結合ドメイン）につなぐと，活性化因子を添加しなくても活性化が起こる．この方法で活性化因子 DBD により DNA へよび込むと転写可能な構造が形成され，活性化因子の活性化ドメインはもはや不要となる．このように見ると，活性化ドメインの役割は，前もって形成されていたホロ酵素-GTF 複合体をプロモーターに動員することにある．活性化ドメインが PIC の集合を助けるということではない（図36-11B）．このモデルでは，リクルート過程の効率が直接そのプロモーターからの転写速度を規定するのである．さらなる研究により，このようなモデルや別のモデルが検証され，真核生物における遺伝子転写制御の分子機構が明らかになっていくであろう．

RNA分子は機能型になる前にさまざまなプロセシングを受ける

原核細胞では，遺伝子の鋳型鎖から転写された RNA 分子の大部分は，転写が完了しないうちに翻訳のための鋳型として利用され始める．これは転写が，真核細胞の場合と違い，核のような限定された場所で行われるのではないために起こり得る．そして，転写と翻訳は共役しているため，原核細胞の mRNA はほとんど

プロセシングを受けることなく，タンパク質生合成のための機能を果たすことになる．実際，いくつかの遺伝子（たとえば，*trp* オペロン）の制御では，転写と翻訳の共役に依存して行われるものがある．原核細胞でもrRNA と tRNA はより長い前駆体分子として転写される．tRNA では多くの場合，前駆体には最終的に tRNA となる配列が複数個存在している．すなわち，原核細胞においても rRNA や tRNA を生成するには，それら前駆体のプロセシングが必要である．

　真核生物におけるほとんどすべての一次転写産物は，mRNA や miRNA の場合でも，rRNA, tRNA のような翻訳にかかわる RNA の場合であっても，それらが合成された時点から最終的に機能を発揮するまでの間に多くのプロセシングを受ける．このプロセシングは主として核の中で行われる．転写，RNA プロセシング，RNA の核からの輸送といった一連の過程は厳密に協調して行われている．実際，酵母では SAGA，ヒトでは P/CAF といった転写補助活性化因子（図 36-10）が，**TREX（transcription-export）**とよばれる第二の因子を動員することにより，転写活性化と RNA プロセシン

グとを連携させていると考えられる．TREX は転写の鎖伸長と RNA スプライシング，さらには核外輸送を結びつける（**図 36-12**）．この共役機構により，プロセシングと翻訳へ向けた mRNA 細胞質移動のいずれも，その正確さと速度が著しく高められていると考えられる．

大部分の真核生物mRNA遺伝子のコード領域（エキソン）はイントロンによって分断されている

　成熟 mRNA に存在する RNA 配列は，**エキソン exon** とよばれる．mRNA をコードする遺伝子のエキソンの多くは，成熟 mRNA には存在せずタンパク質分子のアミノ酸配列に翻訳されることのない，長い DNA 配列で分断されている（35 章参照）．これらの配列はしばしばタンパク質をコードする遺伝子のコード領域を分断している．このような**介在配列（イントロン intron）**は，すべてではないにせよ，高等真核生物のタンパク質をコードする遺伝子のほとんどに存在する．mRNA をコードするヒト遺伝子の場合，エキソンの平均長は150 ヌクレオチド（nt）であるが，イントロンはもっと

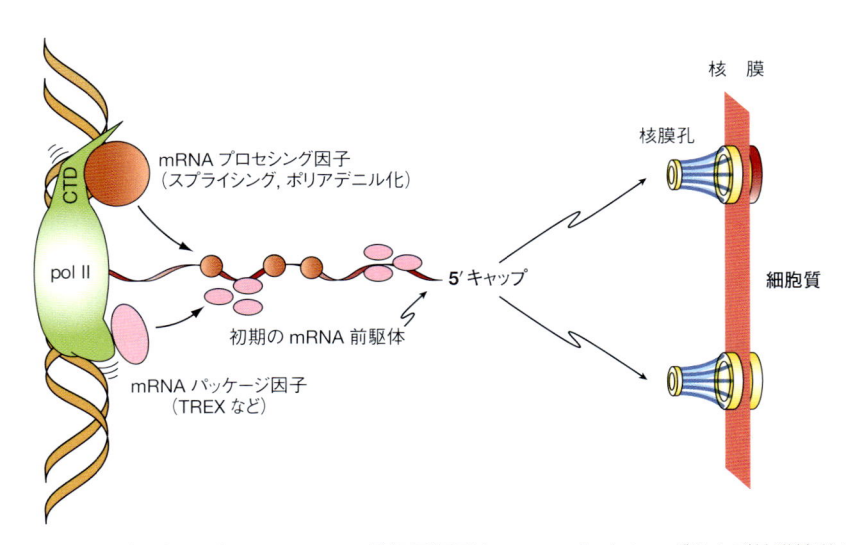

図 36-12. **RNA ポリメラーゼ II（pol II）による mRNA 遺伝子転写は，RNA プロセシングおよび核膜輸送と共役する**
RNA pol II が活発に遺伝子を転写している様子を左方に示している（鎖伸長は上から下へ進む）．mRNA プロセシング因子（たとえば，SR/RRM モチーフをもつスプライシング因子やポリアデニル化因子，転写終結因子）は pol II の C 末端ドメイン（CTD：コンセンサス配列 YSPTSPS をもつ 7 アミノ酸ペプチドの繰り返しからなる）に結合する．一方，TREX 複合体などの mRNA パッケージ因子（桃色の卵形）は，この図に示すように pol II に直接結合するか，または生成直後の mRNA 前駆体上に存在する SR/スプライシング因子（茶色の円）への結合により動員されていく．pol II サブユニットの 1 つである Rbp1 の進化的に保存された CTD 領域はプロリンを多く含み立体構造をとらないために，ポリメラーゼ本体と比べて 5 〜 10 倍の長さであり，この図では CTD の大きさは縮小して示されている．CTD は RNA プロセシングおよび輸送タンパク質，そしてその他の mRNA 代謝にかかわる因子群の結合部位として重要である．いずれの場合でも，新生 mRNA 鎖（前駆体）へ多くの因子が速やかに動員されることにより，mRNA 産物は速やかに正確に加工されていく．mRNA の適切なプロセシングの後，成熟 mRNA は核膜に点在する核膜孔（図 36-17，図 49-4）へ運ばれ，そこで孔を通して輸送され，細胞質においてリボソームが結合し，タンパク質へと翻訳される．

多様であり，10 〜 100 nt から 3 万 nt の長さをもつ．ヒトのイントロンの中でも最長のものは 110 万 nt の長さを有し，158 万 6329 bp と長い *KCNIP4* 遺伝子（Genebank: NC000004.12）のものである．この遺伝子は電位感受性カリウムチャネル結合因子 4 をコードする．mRNA 前駆体の内部のイントロン配列は核の中で切断除去され，エキソン部分がつなぎ合わされた後，完成した mRNA が細胞質に輸送され翻訳される（**図 36-13** および**図 36-14**）．

イントロンは除去されエキソンがつなぎ合わされる

　イントロン除去に関して，これまでにいくつかのスプライシング反応の関与が明らかになっている．そのなかでも真核生物で最もよく用いられる反応を以下に述べる．さまざまな真核生物の転写産物がもつイントロンのヌクレオチド配列は，極めて多様であり，同一の転写産物のイントロン間でも類似性はない．しかし，イントロン両側のつなぎ合わせ部分（スプライス部位）や，3′-スプライス部位の 20 〜 40 塩基対上流に存在する分岐部位には，共通配列が認められる（共通配列については図 36-14）．**スプライソソーム spliceosome** という多因子からなる複合体が，一次転写産物を mRNA へ変換する過程にかかわる．スプライソソームには，5 種の snRNA（U1，U2，U4，U5，U6），および 60 以上のタンパク質が含まれ，これらのタンパク質には **RRM**（**RNA 認識モチーフ RNA recognition motif**）や **SR**（**セリン-アルギニン serine-arginine**）などのタンパク質モチーフがある．5 種の snRNA と RRM-SR モチーフをもつタンパク質群は，**核内低分子リボ核タンパク質複合体 small nuclear ribonucleoprotein complex**（**snRNP 複合体 snRNP complex**）を形成している．この 5 種の snRNP からなるスプライソソームは，mRNA 前駆体への結合以前に形成されていると思われる．snRNP はスプライシング反応に必要なエキソンとイントロンの RNA 部分を適正な位置に保持する役目をもつと考えられている．スプライシング反応は，5′ 側エキソン（ドナー，左側）とイントロンの連結部に切り目を入れることから始まる（図 36-13）．これはイントロンの 3′ 側末端のすぐ上流にある分岐点のアデニル酸残基による求核攻撃によって行われる．遊離した 5′ 末端部は，分岐部位の PyNPyPyPuAPy 配列中の A のところで，普通では見られない 5′,2′-ホスホジエステル結合により，ループ構造（投げ縄構造）を形成する（図 36-14）．このアデニル酸残基は通常は除去されるイントロンの 3′ 末端から 20 〜 30 ヌクレオチド上流に位置している．分岐部位により 3′-スプライス部位が決まる．次いで，イントロンと 3′ 側エキソンとの連結部（アクセプター，右側）に，第二の切れ目が入る．このエステル結合転移反応では，上流のエキソンの 3′-OH 基が下流のエキソン-イントロンの境界の 5′-リン酸基を攻撃する．するとイントロンを含む投げ縄構造が放出さ

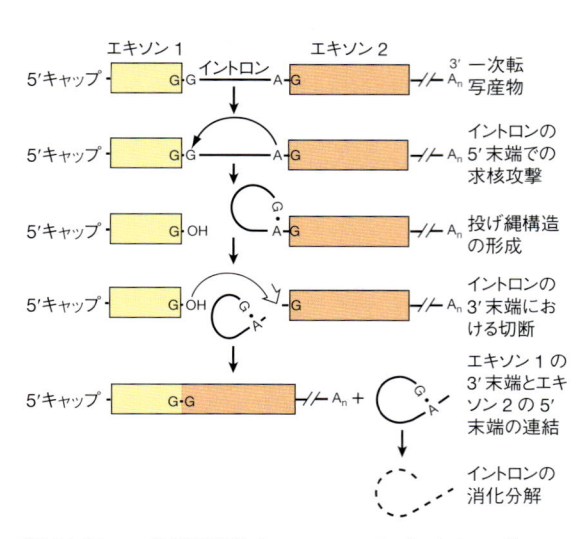

図 36-13.　一次転写産物の mRNA へのプロセシング
この模式図では，転写産物のイントロンの 5′ 側（**左側**）で切り目が入り（⌒），イントロンの 5′ 末端の G と，3′ 末端近くの UACUAAC という共通配列中の **A** との間で，投げ縄構造ができる．この配列は分岐部位とよばれ，この中の最も 3′ 側の A のところで，G との間に 5′,2′ 結合が形成される．次に，イントロンの 3′ 端（**右側**）で切断が起こる（⌒⌒）．投げ縄構造が遊離し消化される．一方，エキソン 1 とエキソン 2 が G のところで連結する．

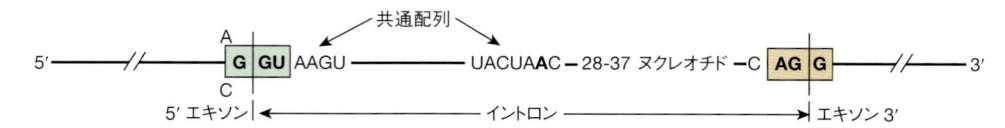

図 36-14.　スプライス接合部の共通配列
5′ 側（ドナー，**左側**）と 3′ 側（アクセプター，**右側**）の共通配列を示す．酵母における分岐部位の共通配列（UACUAAC）も示す．哺乳類細胞では，この共通配列は，PyNPyPyPuAPy である（Py はピリミジン，Pu はプリン，N はどのヌクレオチドでもよい）．この分岐形成部位（図 36-13）は 3′-スプライス部位から 20 〜 40 ヌクレオチド上流に位置している．

れ，加水分解を受ける．5′ と 3′ のエキソンが連結されて連続した配列となる．

snRNA とその結合タンパク質は，上に述べた種々の構造や中間体の形成に必要である．まず U1 snRNP 複合体中が 5′ 側のエキソン-イントロン境界部に塩基対合により結合する．次いで U2 snRNP 複合体が塩基対合により分岐部位に結合し，求核性の A 残基が露出するようになる．次いで，U4/U5/U6 snRNP 複合体が結合し，その ATP 依存性タンパク質により巻き戻し反応が起こり，U4-U6 複合体の塩基対合が崩れ，U4 が放出される．これにより U6 がまず U2 と，次いで U1 と結合できるようになる．これらの反応により，5′-スプライス部位，反応性の A をもつ分岐点，および 3′-スプライス部位の位置がおおよそ決定される．これらの位置どりは U5 により促進される．この過程で，ループ構造（投げ縄構造）が形成される．両末端は snRNP 複合体の U2-U6 複合体により切断される．ここで重要なことは RNA が（結合している Mg^{2+} とともに）触媒因子となることである．多数のイントロンを含む遺伝子ではこれらの反応が繰り返される．この場合，イントロンは各々の遺伝子ごとに特有の順序で除去され，必ずしも第一イントロン，次いで第二，第三といった順に除去されるわけではない．**クライオ電子顕微鏡**（**cryo-EM**）を用いた最近の研究により，反応段階におけるさまざまなスプライソソーム構造の詳細が解明されている．

選択的スプライシングにより単一のmRNA一次転写物からさまざまなRNAが生成され，生命体の遺伝的潜在力を拡げる

mRNA 分子のプロセシングは，遺伝子発現の調節段階の 1 つとなる．組織特異的な調節や発生段階特異的な調節により，種々のパターンの mRNA スプライシングが生じる．興味深いことに，近年の知見から選択的スプライシングはクロマチンのエピジェネティックなマーク（表 35-1 参照）により調節されることが示唆されている．この転写と mRNA プロセシングの共役は反応速度論的なもの，あるいは，特定のヒストン翻訳後修飾（PTM）に選択的スプライシング因子が結合して転写とともに新生 mRNA 転写産物に動員されることによると考えられる（図 36-12）．

上述のようにエキソン-イントロンのスプライシングは，遺伝子ごとに決まっている順序に従って行われる．スプライシングでは極めて複雑な RNA 構造が形成され，数多くの snRNA やタンパク質が関与するの

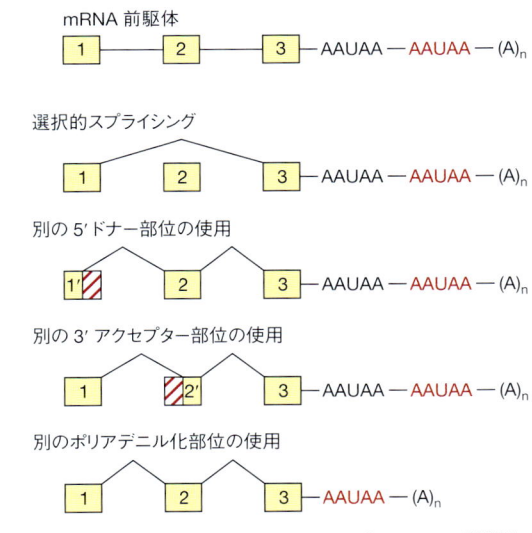

図 36-15. mRNA 前駆体の選択的スプライシング機構
このタイプの mRNA プロセシングには，エキソンの選択的な取り込みや除外，イントロンの 5′ 側ドナー部位と 3′ 側アクセプター部位の選択的な利用，異なるポリ（A）付加部位の利用などがある．こうして，ゲノムが異なるタンパク質を生み出す能力が飛躍的に増加する．

で，スプライシング反応の順序が変化したり異なる mRNA が生成されるといったさまざまな変化をつくり得る．同様に転写終結-切断-ポリアデニル化の部位が選択的に変わることも mRNA の分子種の変化に寄与する．ヒトも含めたさまざまな生物で見い出されたそのような過程の例を**図 36-15** に示す．

当然ながら，スプライシングの誤りは病気の原因となる．スプライシングの正確さがいかに重要か，最初に示されたのは β-サラセミアというヘモグロビンを構成する β グロビン遺伝子の発現が極めて悪い疾患であり，その 1 つの病型ではエキソン-イントロン連結部のヌクレオチドが 1 個変化していた．この変異によりイントロンが除去されず，β グロビン mRNA の読み枠が変化し，β 鎖，そして，ヘモグロビンの合成が低下もしくは消失する．このような仕組みは転写後（post-transcription）制御であることに注意してほしい．また，このような変異はシスに作用するものであり，変異した遺伝子座のみが影響を受け，変異 β グロビン遺伝子からの β グロビンタンパク質産生が障害される．当然，スプライシングやポリアデニル化を触媒するタンパク質をコードする遺伝子の変異もスプライシングと RNA 代謝の障害を引き起こし，病気の原因となる．**この種のタンパク質異常は多くの，あるいはすべての mRNA の形成や機能に影響を及ぼすので，このような**

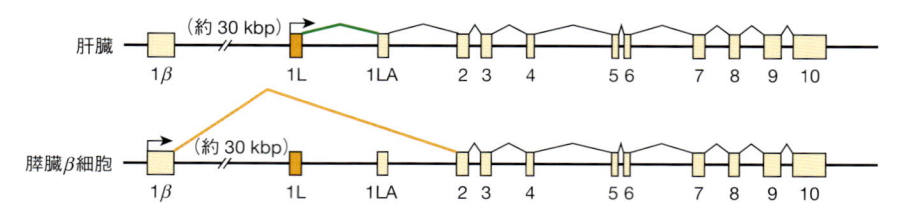

図 36-16. 肝臓と膵臓 β 細胞におけるグルコキナーゼ(*GK*)遺伝子の選択的プロモーター利用
グルコキナーゼ遺伝子の分別調節では組織特異的プロモーターが使われる. 膵臓 β 細胞で発現する *GK* 遺伝子プロモーターとエキソン 1β は, 肝臓特異的プロモーターとエキソン 1L の約 30 kbp 上流にある. それぞれのプロモーターは固有の構造をもち異なる調節を受ける. エキソン 2 ～ 10 は両者で共通である. 肝臓と膵臓 β 細胞で発現する mRNA によって指令されるGK タンパク質のもつ反応速度論的性質は同じである.

変異はトランスに作用するといわれる.

プロモーターの選択的利用も調節の1つの仕組みである

　遺伝子発現の組織特異的調節は, 上述の選択的スプライシングやプロモーターの調節 DNA 配列による制御に加え, 複数存在するプロモーターのなかから 1 つのものを選択的に利用することによっても制御される. グルコキナーゼ glucokinase (*GK*) の遺伝子は, 9 個のイントロンによって分断された 10 個のエキソンからなる. エキソン 2 ～ 10 の配列は, GK タンパク質が発現するおもな組織である肝臓でも膵臓 β 細胞でも同じものが発現する. ところが, この 2 つの組織でこの遺伝子は大きく異なる方法で調節されており, 2 つの別々のプロモーターから *GK* 遺伝子が発現する. 肝臓で発現するプロモーターとエキソン 1L はエキソン2 ～ 10 の近傍に存在する. これに対し, 膵臓 β 細胞のプロモーターはその約 30 kbp 上流に存在する. このプロモーターから転写された場合, エキソン 1β の 3′ 側の端がエキソン 2 の 5′ 側の端につなぎ合わされる. この際, 肝臓のプロモーターとエキソン 1L はスプライシングの過程で除去される (**図 36-16**). 異なるプロモーターが複数存在することは, 遺伝子の細胞-組織特異的発現(mRNA 合成)に役立っている. *GK* 遺伝子の場合, 肝臓における発現はインスリンと cAMP (42 章参照)により調節されるが, β 細胞における発現はグルコースにより調節される. さらに, 先に述べたように, mRNA スプライシングの変化により, mRNA によりコードされるタンパク質の配列が変化する場合もある.

リボソーム RNA(rRNA)と転移 RNA(tRNA)はより大きな前駆体からプロセシングされる

　哺乳類細胞では, 3 種の rRNA 分子(28S, 18S, 5.8S)が 1 本の長い 45S 前駆体分子として転写される. この前駆体が核小体内でプロセシングを受けて 3 種の

RNA となり, それぞれリボソームサブユニットのRNA 成分として取り込まれる. rRNA 遺伝子は哺乳類細胞の核小体に位置する. 各々の細胞内にはこの遺伝子が数百コピー存在する. 細胞が増殖するたびに 10^7 個程のリボソームが新生されるが, そのためにはrRNA 分子それぞれを十分量合成する必要があり, 多数の rRNA 遺伝子がなくてはならない. 1 分子のmRNA から 10^5 個のタンパク質が合成され得るのに対し, rRNA は機能的には最終産物である. それ以上の増幅がないので rRNA には多数の遺伝子が必要となり, また, 細胞増殖と同期した速い転写を要することになる. 同様に tRNA も前駆体として合成される. この前駆体では, 5′ 側と 3′ 側に成熟 tRNA には存在しない塩基配列がついている. tRNA 遺伝子にはイントロンをもつものもある. rRNA 遺伝子と同様に tRNA 遺伝子も活発に転写される.

RNAは広範な修飾を受ける

　tRNA の説明でのべたように (図 34-11 参照), ほぼすべての RNA は, 転写後に共有結合修飾を受ける. 少なくともこれらの修飾の一部は遺伝子発現の制御にかかわる.

メッセンジャー RNA(mRNA)はその内部と5′ および3′ 末端の修飾を受ける

　真核生物 mRNA 分子は, 5′ 末端に **7-メチルグアノシン**のキャップ構造 **7-methylguanosine cap structure**(図 34-10 参照)をもち, たいていのものは 3′ 末端に**ポリ(A)テール poly(A)tail** をもっている. キャップ構造は, mRNA 分子が細胞質へ移行する前, 核の中でmRNA 前駆体が新たに転写された直後に 5′ 末端に付加される. 5′ キャップ構造は, 効率的な翻訳開始のた

めに（図 37-7 参照），また mRNA の 5′ 末端が 5′→3′ エキソヌクレアーゼにより消化されることを防ぐために必要である．引き続いて mRNA 分子のリボースの 2′-OH 基とアデニル酸の N^7 にもメチル化が起こるが，これは mRNA 分子が細胞質に現れてから行われる．

　転写後のプロセシングとして，ポリ（A）テールが mRNA 分子の 3′ 末端に付加される．このとき mRNA はまず認識配列である AAUAA の約 20 ヌクレオチド下流で切断される．次いで**ポリ（A）ポリメラーゼ poly（A）polymerase** という酵素が 200 個ほどの A 残基をつないで，ポリ（A）テールができあがる．ポリ（A）テールは，mRNA が 3′→5′ エキソヌクレアーゼにより 3′ 末端から分解を受けるのを防ぐと同時に，翻訳を促進する（図 37-7 参照）．ポリ（A）テールの存否は，その核内の前駆体が細胞質に出現するか否かを決定するものではない．というのは，すべてのポリ（A）テールをもつ核内 mRNA が細胞質 mRNA になるわけではなく，すべての細胞質 mRNA がポリ（A）テールをもつわけでもない（ヒストン mRNA はその代表例でありポリ（A）テールをもたない）からである．哺乳類細胞では，核外移行に引き続き細胞質の酵素により mRNA へのポリ（A）へのアデニル酸残基の付加と除去の両方向の反応が行われ，これにより mRNA の安定性や翻訳が変化する．

　ある種の細胞質 mRNA の長さはポリ（A）テールを除いても，タンパク質の合成を指令するのに必要な長さと比べてまだかなり長く，2 ～ 3 倍の長さをもつことも多い．余分な塩基配列が**非翻訳（タンパク質非コード）エキソン領域**がタンパク質コード領域の 5′ 側と 3′ 側に存在する（**5′UTR**，**3′UTR**）．通常，3′ 側の非翻訳領域の方が長いものが多い．5′UTR（非翻訳領域 untranslated region）や 3′UTR の配列は，RNA プロセシング，輸送，貯蔵，分解，翻訳などの過程と関連するとされ，これらはどの反応も遺伝子発現の調節にさらなる寄与をしていることが考えられる．これら mRNA の転写後調節の一部は P ボディという細胞小器官で起きる（37 章参照）．

　最近の研究成果によれば，真核生物 mRNA は広範でダイナミックな転写後修飾を受けることが示されている．もっともよく調べられている塩基修飾は N^6-メチルアデノシンであり，アデニンの C_6 位に結合しているアミノ基にメチル基が付加される（図 32-1，図 32-3 参照）．ヒストンの翻訳後修飾とその機能（表 35-1，38 章参照），そしてタンパク質機能のリン酸化による制御（42 章参照）で述べるように，特定の酵素・

タンパク質ファミリーが N^6-メチルアデノシン修飾を書き込み（ライター），その修飾部位に結合し（リーダー），修飾を除去する（イレーザー）ことが示されている．遺伝学的にこのライター，リーダー，あるいはイレーザーの遺伝子を欠損させる実験から，N^6-メチルアデノシンの"目印"が細胞の生存と機能に重要であることが示されている．今後の研究により，mRNA の転写後修飾がヒト細胞の機能にいかに重要であるのか，その異常がどう疾患につながっていくのか，解明されていくであろう．

マイクロ RNA は大きな一次転写産物から特異的核酸分解プロセシングにより産生される

　miRNA の多くは，**miRNA 初期転写物 pri-miRNA** とよばれる**一次転写産物 primary transcript** として RNA pol II により転写される．pri-miRNA は 5′ キャップ構造と 3′-ポリ（A）テールを有する（**図 36-17**）．pri-miRNA は，1 つあるいは複数の miRNA 配列が存在する転写単位から転写される．この転写単位はゲノム上に独立して存在するか，他の遺伝子のイントロンの中に存在する．このような存在様式から，miRNA をコードする遺伝子は，少なくとも独自のプロモーター，miRNA コード配列，ポリアデニル化/転写終結シグナルを有する．pri-miRNA は二次構造を豊富にもち，この分子内構造は **Drosha-DGCR8 ヌクレアーゼ Drosha-DGCR8 nuclease** のプロセシングを受けた後も維持される．エキスポーチン 5 の作用により核膜孔から輸送され，細胞質にたどり着くと，ヘテロ二量体の **Dicer（ダイサー）ヌクレアーゼ-TRBP 複合体 Dicer nuclease-TRBP complex** によりさらに切断され，**21 あるいは 22 塩基の長さ**になる．そして最終的に，二本鎖のうち片方が選択され **RISC** とよばれる **RNA サイレンシング誘導複合体 RNA-induced silencing complex** に取り込まれ，21 または 22 ヌクレオチドの単鎖の機能的 miRNA へとなる．RISC は 4 種類の**アルゴノートタンパク質（Ago 1 ～ 4）**の 1 つを含む．siRNA も同様に産生される．いったん RISC 複合体に取り込まれると，miRNA はおもに 3 つの作用により mRNA 機能を調節する．すなわち，(a) mRNA 分解を直接促進する，(b) CCR4/NOT 複合体によるポリ（A）テールの分解を促進する，あるいは (c) 5′ メチルキャップ結合因子である eIF-4（図 37-7，図 37-8 参照）やリボソームに直接作用し翻訳を抑える．最近のデータから，miRNA をコードする遺伝子がその標的遺伝子と連鎖することがあり，したがって標的遺伝子と共進化して

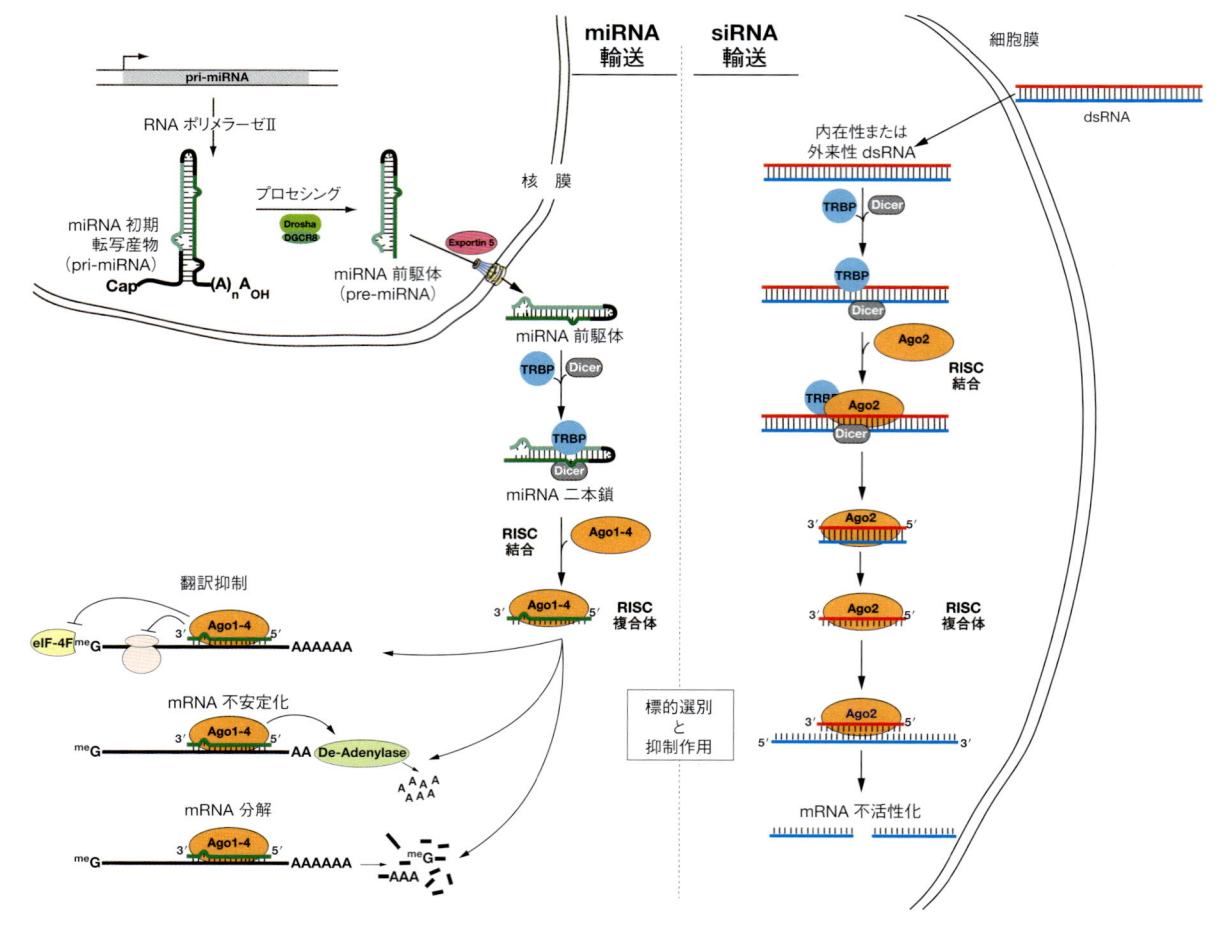

図 36-17. miRNA と siRNA の生合成
（**左**）miRNA（micro RNA）をコードする遺伝子は RNA pol II によって miRNA 初期転写物（pri-miRNA）に転写され，一般的な mRNA 産生時と同様，5′ キャップ構造とポリアデニル化の修飾を受ける．この pri-miRNA は核内にて Drosha-DGCR8 により 5′ および 3′ 末端の切断を受けて miRNA 前駆体（pre-miRNA）となる．この二本鎖 RNA 構造をもつ pre-miRNA は，エクスポーティン-5 タンパク質により核膜孔を通して核外に輸送される．その後，細胞質での pre-miRNA はヘテロ二量体構造をもつ Dicer（ダイサー）ヌクレアーゼ（TRBP-Dicer）によってさらに切断され，21 ～ 22 ヌクレオチドの長さをもつ miRNA 二本鎖を形成する．二本鎖は解離し，2 本の 21 ～ 22 ヌクレオチド RNA のうち選択された片方が RISC 複合体（Ago 1 ～ 4 の Ago タンパク質のいずれか 1 つといくつかの補助因子からなる）に取り込まれ，機能をもつ成熟 miRNA として完成する．標的 mRNA との配列特異的 miRNA-mRNA 二本鎖形成に続いて，miRNA は翻訳抑制，mRNA のポリ(A)テール分解による不安定化，あるいは mRNA 分解といった 3 つの作用のいずれかにより，mRNA の機能を調整する．（**右**）分子内あるいは分子間の RNA-RNA ハイブリッド形成により細胞内でつくられた長い二本鎖 RNA，あるいは RNA ウイルスなど細胞外由来の二本鎖 RNA から，siRNA 経路により機能的 siRNA がつくられる．ウイルス由来二本鎖 RNA は，ヘテロ二量体構造をもつ Dicer ヌクレアーゼにより 22 ヌクレオチド程度の長さをもつ siRNA に相当する二本鎖 RNA へと加工され，Ago2 を含む RISC 複合体に取り込まれ，一方の鎖が選択され siRNA となり，これは配列特異的 siRNA-RNA 二本鎖形成により標的 RNA 配列を選び出す．標的 RNA-siRNA-Ago2 の三者複合体は RNA 分解を引き起こし，標的 RNA が不活性化される．

きたことが考えられる．

RNA編集により転写後にmRNA配列が変化する

　セントラルドグマによれば，特定の遺伝子と遺伝子産物を見た場合，DNA のコード配列，mRNA 配列，そしてタンパク質のアミノ酸の配列には 1 対 1 の対応関係がある（図 35-7 参照）．DNA 配列の変化は mRNA 配列の変化を招き，コドンの利用に応じてタンパク質のアミノ酸配列を変える．この原理の例外が報告されている．**RNA 編集 RNA editing** によって mRNA のレベルでコード情報が変えられるのである．その場合，mRNA のコードする配列がもとの DNA の配列とは

違ってくる．その一例に，アポリポタンパク質 B（アポ B）遺伝子（*apoB*）とその mRNA がある．肝臓では単一のアポ B 遺伝子が転写され，100 kDa のタンパク質アポ B100 の合成を指令する．小腸では同じ遺伝子から肝臓と同じ一次転写産物が合成された後，シチジンデアミナーゼが mRNA 中の特定の CAA コドン 1 箇所を UAA に変えてしまう．これにより本来グルタミンをコードするべきコドンが終止コドン（表 37–1 参照）になるため，48 kDa のタンパク質断片（アポ B48）を生成する．アポ B100 とアポ B48 は 2 つの臓器で異なる機能を発揮する．このような例は増えつつあり，グルタミン酸受容体におけるグルタミンからアルギニンへの変化や，トリパノソーマのミトコンドリア mRNA におけるウリジンの付加や欠落といった変化がある．最近の推定では mRNA の 0.01% がこのような変化を受けているだろうとのことである．近年 miRNA においても編集があることが報告され，これら 2 つの転写後調節機構が共同して遺伝子発現調節に寄与するのではないかと推測されている．RNA 編集を触媒する酵素が同定され解析されてきた．このような RNA 編集酵素を用いて，病気の原因となる遺伝子変異による変化を mRNA のレベルで元に戻す技術が培養細胞レベルで開発されつつある．このような有望な結果はヒト疾患を治療する技術へと展開できる可能性がある．

tRNA は広範にプロセスされ修飾を受ける

34 章で述べ，37 章で詳しく説明しているように，tRNA 分子は mRNA からタンパク質への翻訳過程でアダプターとしての役目をもつ．tRNA は標準的な塩基 A，U，G，C にメチル化，還元，脱アミノ，グリコシド結合の配置換えなど多くの修飾を受ける．tRNA の転写後修飾には，さらに，ヌクレオチドのアルキル化とヌクレオチド転移酵素による 3′ 末端への CpCpA$_{OH}$ という特徴的配列の付加がある．この末端にあるアデノシンのリボースの 3′-OH 基は，タンパク質生合成において重合される特定のアミノ酸を結合する部位となる．この末端ヌクレオチドは tRNA 分子自体よりも速やかに代謝回転していることから，CpCpAOH を末端に結合する反応は細胞質内で起きると考えられている．哺乳類細胞の細胞質に存在するアミノアシル tRNA 合成酵素が CpCpAOH 端へのアミノ酸結合を行う（37 章参照）．哺乳類 tRNA のメチル化はおそらく核で行われる．

RNA は触媒としてはたらき得る

mRNA 生成における snRNA の触媒的役割に加えて，ほかにもいくつかの酵素反応が RNA によって触媒される．触媒機能をもつ RNA 分子を**リボザイム ribozyme** という．このリボザイム活性はエステル結合転移反応を行い，多くは RNA 代謝（スプライシングやエンドリボヌクレアーゼ）に関係する．最近，rRNA 成分がアミノアシルエステルの加水分解を行い，ペプチド結合形成において中心的役割を演じていることが報告された（ペプチジルトランスフェラーゼ，37 章参照）．これらの知見は，植物の細胞小器官（オルガネラ），酵母，ウイルス，高等真核生物などに由来する RNA を用いて得られており，いずれも RNA が酵素としてはたらき得ることを示している．これは酵素機能や生命の起源を考えるうえで革命的な発見である．

まとめ

- RNA は鋳型 DNA から DNA 依存性 RNA ポリメラーゼにより合成される．

- 細菌は単一の RNA ポリメラーゼ（$\beta\beta'\alpha_2\sigma\omega$）をもつが，真核生物には核に存在する 3 種類の DNA 依存性 RNA ポリメラーゼ，RNA ポリメラーゼ I，II，III がある．これらの酵素は rRNA（pol I），mRNA/miRNA（pol II），および tRNA と 5S rRNA（pol III）をコードする遺伝子の転写を行う．

- RNA ポリメラーゼはプロモーターとよばれる遺伝子のシスエレメントに結合し，転写開始のための転写開始前複合体（PIC）を形成する．真核生物の PIC 形成過程は pol II に加えて多数の基本転写因子（GTF，すなわち TFIIA，B，D，E，F，H）を必要とする．RNA ポリメラーゼ I および III は別の GTF を必要とする．

- 真核生物におけるプロモーター上での PIC 形成について，GTF と RNA ポリメラーゼがプロモーターに順番に段階的に結合していくモデルと，あらかじめ形成された GTF-RNA ポリメラーゼホロ酵素がプロモーターと 1 段階で結合するモデルが考えられている．

- 転写は，開始，鎖伸長，終結の 3 段階からなる．すべての過程は特定の DNA シスエレメントに依存し，特定のトランス作動性のタンパク質因子が調節にか

かわる.

- ■ ヌクレオソームの存在により転写因子や基本転写装置の対応する DNA シスエレメントへの結合が妨げられ, 転写が抑制される.
- ■ 真核生物のたいていの RNA は過剰な塩基配列を有する前駆体 RNA として合成され, それから過剰部分が除去されて機能をもつ成熟型 RNA となる. これらのプロセシング過程において, RNA 合成がさらに制御を受ける.
- ■ 真核生物の mRNA 合成では, まず, 大過剰の塩基配列 (イントロン) を含む mRNA 前駆体が合成され, 次いで正確な RNA スプライシング反応が行われてイントロンが取り除かれ, エキソンと 5′ と 3′ 側の非翻訳配列を含む, 翻訳鋳型としての機能を果たすことができる mRNA が形成される.
- ■ クロマチンにおける鋳型 DNA の近づきやすさから, RNA の安定性や被翻訳性に至るすべての段階は調節されており, 真核生物の遺伝子制御において制御点となり得る.

文　献

Chen H, Pugh BF: What do transcription factors interact with? J Mol Biol 2021;Feb 20:166883.

Davis MC, Kesthely CA, Franklin EA, MacLellan SR: The essential activities of the bacterial sigma factor. Can J Microbiol 2017;63:89-99.

Decker KB, Hinton DM: Transcription regulation at the core: similarities among bacterial, archaeal, and eukaryotic RNA polymerases. Ann Rev Microbiol 2013;67:113-139.

Eaton JD, West S: Termination of transcription by RNA polymerase II: BOOM! Trends Genet 2020;36:664-675.

Elkon R, Ugalde AP, Agami R: Alternative cleavage and polyadenylation: extent, regulation and function. Nat Rev Gen 2013;14:496-506.

Hillen HS, Teminkov D, Cramer P: Structural basis of mitochondrial transcription. Nat Struc Mol Biol 2018; 25:754-765.

Kugel JF, Goodrich JA: Finding the start site: redefining the human initiator element. Genes Dev 2017;31:1-2.

Lee Y, Rio DC: Mechanisms and regulation of alternative pre-mRNA splicing. Ann Rev Biochem 2015;84:291-323.

Luse DS, Parida M, Spector BM, Nilson KA, Price DH: A unified view of the sequence and functional organization of the human RNA polymerase II promoter. Nuc Acids Res 2020;48:7767-7785.

Miguel-Escalada I, Pasquali L, Ferrer J: Transcriptional enhancers: functional insights and role in human disease. Curr Opin Genet Dev 2015;33:71-76.

Niederriter AR, Varshney A, Parker SC, Martin DM: Super enhancers in cancers, complex disease, and developmental disorders. Genes 2015;6:1183-1200.

Nogales E, Louder RK, He Y: Cryo-EM in the study of challenging systems: the human transcription pre-initiation complex. Curr Opin Struc Biol 2016;40:120-127.

Osman S, Cramer P: Structural biology of RNA polymerase II transcription: 20 years on. Ann Rev Cell Dev Biol 2020;3611-3634.

Rambout X, Maquat LE: The nuclear cap-binding complex as choreographer of gene transcription and pre-mRNA processing. Genes Dev 2020;34:1113-1127.

Roeder RG: 50[+] years of eukaryotic transcription: an expanding universe of factors and mechanisms. Nat Struc Mol Biol 2019:26:783-791.

Takizawa Y, Binshtein E, Erwin AL, Pyburn TM, Mittendorf KF, Ohi MD: While the revolution will not be crystallized, biochemistry reigns supreme. Prot Sci 2017;26:69-81.

Venkatesh S, Workman JL: Histone exchange, chromatin structure and the regulation of transcription. Nat Rev Mol Cell Biol 2015;16:178-189.

Wan R, Bai R, Zan X, Shi Y: How is precursor messenger RNA spliced by the spliceosome? Ann Rev Biochem 2020;89:333-358.

Zhang Q, Lenardo MJ, Baltimore D: 30 years of NF-KB: a blossoming of relevance to human pathobiology. Cell 2017;168:37-57.

タンパク質生合成と遺伝暗号

37

Protein Synthesis and the Genetic Code

学　習　目　標
本章習得のポイント

- 遺伝暗号はタンパク質をコードするエキソン DNA 中で一列に並んだ 3 文字ヌクレオチド配列の暗号（A，G，C，T のうちの 3 文字暗号）であること，さらにこの 3 文字暗号がメッセンジャー RNA（mRNA）に変換され（A，G，C，U のうちの 3 文字暗号），翻訳を介したタンパク質合成の際にアミノ酸の付加の順序を規定することを理解する．

- 普遍的遺伝暗号には縮重性があるが曖昧さはなく，そして重複はなく，中断する句点もないことを正しく理解する．

- 遺伝暗号は 64 種のコドンからなり，そのうち 61 種はアミノ酸をコードし，3 種はタンパク質合成の終結をもたらすことを説明する．

- 転移 RNA（tRNA）が，どのように mRNA の遺伝暗号を解読する究極の情報媒体としてはたらくか説明する．

- リボソームとよばれる RNA-タンパク質複合体のもとで，開始，伸長，終結の 3 段階を介して大量のエネルギーを消費しながら進行するタンパク質合成機構を理解する．

- タンパク質合成は DNA の複製や転写と同様，多くの補助因子の作用により正確に調節され，それは多くの細胞内外からの調節性シグナル入力に応答していることを正しく理解する．

生物医学的重要性

　A，G，T，および C という 4 文字は，DNA 上のヌクレオチドに対応している．タンパク質をコードする遺伝子の中で，これらヌクレオチドにより**コドン codon** とよばれる 3 文字暗号がつくられ，これらコドンがつながることによって**遺伝暗号 genetic code** が構成される．遺伝暗号が解読されるまでは，タンパク質生合成を理解すること，あるいは変異による分子機能への効果を説明することは不可能であった．遺伝暗号の解読は，タンパク質の欠陥が遺伝病として発症する仕組みを説明し，また遺伝病の診断と可能な治療のために必要となる基盤を与えるものとなった．さらに，多くのウイルス感染の病態生理が，ウイルスの感染による宿主タンパク質生合成の障害と関連することがわかり，また，多くの抗生物質は，感染した細菌のタンパク質生合成を選択的に阻害する一方で，真核細胞のタンパク質生合成には影響を与えないので治療に効力があることも明らかにされた．

遺伝情報は，DNA から RNA へ，RNA からタンパク質へ伝えられる

　DNA 分子上のヌクレオチド配列として存在している遺伝情報は，核内において RNA 分子のヌクレオチド配列に転写される．RNA 転写産物のヌクレオチド配列は，もとの遺伝子の鋳型鎖 template strand のヌクレオチド配列に対し，ワトソン-クリック塩基対合則 Watson-Crick base-pairing rule に従って相補的である．いくつかの異なる RNA 分子種が互いに協力して，タンパク質生合成を行っている．

　原核細胞では，遺伝子とその転写産物であるメッセンジャー RNA messenger RNA（mRNA）およびそれから合成されるポリペプチドは，1 対 1 の対応関係にある．高等真核細胞では事情はもっと複雑であり，最初に生成される転写産物は成熟した mRNA よりもはるかに大きい．この大きな mRNA 前駆体は，成熟 mRNA の遺伝情報配列を形成するコード領域（エキソン exon）と，エキソンを分断している長い介在配列（イントロン intron）とから構成されている．mRNA 前駆体

は核内で成熟し，多くの場合エキソンよりもかなり長い領域を占めているイントロンが除去される．エキソン部分はスプライシングによって継ぎ合わされ，成熟 mRNA となって細胞質に運搬され，そこでタンパク質に翻訳される（36 章参照）．

細胞は mRNA のもつ情報を，そのヌクレオチド配列から読み取って，これに対応する特定のタンパク質のアミノ酸配列に正確に，かつ効率よく翻訳するために必要な装置 machinery を保有する．**翻訳 translation** とよばれるこの過程は，遺伝暗号の解読が行われて初めて，われわれが明瞭に理解することができるようになった．すでにその研究の初期から mRNA 分子それ自体はアミノ酸に対して親和性をもたないことが知られていて，したがって，mRNA のヌクレオチド配列のもつ遺伝情報をタンパク質のアミノ酸配列に翻訳するためには，その仲介となるアダプター分子 adapter molecule が必要であろうと推定されていた．このアダプター分子は，一方ではヌクレオチド配列を読み取りつつ，他方ではその配列に対応するアミノ酸を特定するという 2 つの機能を果たす必要がある．このようなアダプター分子の機能によって，生体細胞は mRNA 上の特定のヌクレオチド配列の指示に従って，適正なアミノ酸が順に導入されタンパク質を合成するのである．アミノ酸の官能基それ自体が mRNA の鋳型と直接相互作用することはない．

mRNA 分子上のヌクレオチド配列はそのコードするタンパク質のアミノ酸配列を規定する一連のコドンを含んでいる

細胞を構成しているタンパク質の生合成では 20 種類のアミノ酸を必要とし，したがって遺伝暗号は少なくとも 20 種類の異なるコドンから構成される必要がある．mRNA には 4 種類のヌクレオチドしか含まれていないので，各々のアミノ酸に対応する各々のコドンは 1 個以上のプリン purine あるいはピリミジン pyrimidine ヌクレオチドから構成されていることになる．コドンが 2 個のヌクレオチドからなるとすると 16 (4^2) 通りしか提供できないが，3 個のヌクレオチドからは 64 (4^3) 種類のコドンを提供できることになる．

現在では，各々のコドン codon は 3 個のヌクレオチドの配列によって構成されていることが明らかにされている．すなわち，これが**トリプレット・コード triplet code** である（**表 37-1**）．初期の**遺伝暗号 genetic**

表 37-1. 遺伝の暗号表（哺乳類の mRNA におけるコドンの割り当て）[a]

1 番目のヌクレオチド	2 番目のヌクレオチド				3 番目のヌクレオチド
	U	C	A	G	
U	Phe	Ser	Tyr	Cys	U
	Phe	Ser	Tyr	Cys	C
	Leu	Ser	終止	終止[b]	A
	Leu	Ser	終止	Trp	G
C	Leu	Pro	His	Arg	U
	Leu	Pro	His	Arg	C
	Leu	Pro	Gln	Arg	A
	Leu	Pro	Gln	Arg	G
A	Ile	Thr	Asn	Ser	U
	Ile	Thr	Asn	Ser	C
	Ile[b]	Thr	Lys	Arg[b]	A
	Met	Thr	Lys	Arg[b]	G
G	Val	Ala	Asp	Gly	U
	Val	Ala	Asp	Gly	C
	Val	Ala	Glu	Gly	A
	Val	Ala	Glu	Gly	G

[a] 1 番目，2 番目，3 番目のヌクレオチドは，5′→3′ の方向で読むトリプレットコドン内のヌクレオチドの順番を示す．U はウリジンヌクレオチド，C はシトシンヌクレオチド，A はアデニンヌクレオチド，G はグアニンヌクレオチド，終止はペプチド鎖終止コドンを示す．AUG は Met（メチオニン）を指定するが，哺乳類の細胞質で開始コドンとしてはたらき，またタンパク質内部のメチオニンのコドンとしてもはたらいている（アミノ酸の略号は 3 章を参照）．

[b] 哺乳類のミトコンドリアでは，AUA は Met，UGA は Trp に対するコドンとして用いられ，AGA と AGG は終止コドンとなっている．

code の解読はヌクレオチドポリマーの人工的合成，とくにトリプレット反復配列をもつポリマーの合成に負うところが大きかった．これらの合成トリプレットリボヌクレオチドが試験管内でのタンパク質生合成をプログラムする mRNA として用いられ，研究者らは，その結果から遺伝暗号を推定することができた．

遺伝暗号は，縮重，非曖昧，非重複であり，句点はなく，そして普遍性をもっている

64 種類のコドンのなかで，3 種類はどのアミノ酸にも対応せず，**ナンセンスコドン nonsense codon** とよ

ばれている．生体内において，3種類のナンセンスコ
ドンは，アミノ酸の連結によるタンパク質への合成を
終結する部位を指定する**翻訳終止コドン translation
termination codon** としてはたらいている．残りの 61
種のコドンは 20 種類の天然アミノ酸のいずれかに対
応する暗号である（表37-1）．したがって，遺伝暗号に
は同じアミノ酸に対して複数のコドンが対応する"**縮
重性 degeneracy**"が存在し，いくつかのアミノ酸は複
数のコドンによってコードされる．たとえば，セリン
に対しては UCU，UCC，UCA，UCG，AGU，AGC
の 6 個のコドンが存在している．一方，他のアミノ酸，
メチオニンとトリプトファンは単一のコドンでコード
されている．一般にコドンの 3 番目のヌクレオチドは，
ほかの 2 個のヌクレオチドに比べて，アミノ酸の取り
込みを規定するうえであまり重要な機能を果たしてい
ない．実際，遺伝暗号の縮重性をもたらす要因はほと
んどこれによって説明される．しかしながら，どの 1
つのコドンに対してもただ 1 種類のアミノ酸のみが指
定される．これはまれな例外を除いて，遺伝暗号には
曖昧さがない unambiguous，すなわち，ある特定のコ
ドンに対しては 1 つのアミノ酸のみが対応する，とい
うことである．**曖昧性**と**縮重性**という概念を区別して
理解することが重要である．

遺伝暗号には曖昧性はないが，縮重性があることを
分子レベルで説明することは可能である．mRNA 上の
ある特定のコドンに対する tRNA アダプター分子の認
識は，tRNA 上の**アンチコドン領域 anticodon region**
および tRNA–mRNA（コドン）間結合を決定する塩基
対合則 base-pairing rule に依存している．各々の tRNA
分子は，アンチコドンとよばれるコドンに相補的な塩
基配列を含んでいる．mRNA 上の特定のコドンに対し
ては，ただ 1 種類の tRNA のみが適切なアンチコドン
を保有している．各 tRNA 分子は 1 種類の特定のアミ
ノ酸しか受容しないので，それぞれのコドンはただ 1
種類のアミノ酸しか規定しない．しかし，ある種の
tRNA 分子は，複数個のコドンを認識し得るようなア
ンチコドンをもっている．したがって，わずかな例外
を除いて，ある特定のコドンに対しては，ただ 1 種類
のアミノ酸のみがタンパク質に取り込まれる．しかし，
1 つのアミノ酸に対しては，複数個のコドンが用いら
れている．

次節で示すように，タンパク質生合成の過程で遺伝
暗号が解読される際には，コドン間の重なり合いは起
こっていない．したがって，遺伝暗号は**非重複 nonover
lapping** である．さらに，読み取りが特定のコドンの

位置で開始された後は，コドン間には**句点となるよう
な中断はなく no punctuation**，メッセージは連続した
ヌクレオチドトリプレットの配列として，翻訳終止コ
ドンに到達するまで読まれる．

最近まで，遺伝暗号は普遍性をもつものと考えられ
てきた．しかし現在では，下等真核生物およびヒトな
ど高等真核生物におけるミトコンドリア（独自かつ特
有のタンパク質生合成装置をもつ）の tRNA 分子は，4
種のコドンについて，同種細胞の細胞質に存在する
tRNA 分子とは異なった読み方をすることがわかって
いる．表 37-1 の脚注に示したように，哺乳類ミトコ
ンドリアにおいて，AUA は Met，UGA は Trp として
読まれる．さらに，細胞質で Arg に対するコドンのな
かで，AGG と AGA がミトコンドリアでは終止コドン
となっている．これらの細胞小器官（オルガネラ）特異
的な遺伝暗号の変化の結果，ミトコンドリアでは 22 種
類の tRNA 分子（mtDNA 中のこれらの遺伝子の位置に
ついては図 35-8 を参照）のみによって遺伝情報の解読
が可能となっている．これに対し，細胞質の翻訳系に
は少なくとも 31 種類のアンチコドンをもつ tRNA 分
子が対応している．これらミトコンドリアの場合の例
外を除くと，遺伝暗号は**普遍的 universal** である．各々
のアミノ酸に対してコドンの用いられる頻度は，生物
種によってかなり異なるし，また同一生物の組織に
よっても異なる．一般的に，tRNA の存在量の違いが
これらコドン使用頻度の偏りを反映している．そのた
めとくに多く使用されるコドンは，同じく多く存在す
る対応 tRNA によって解読される．**コドン使用頻度
codon usage** の表は，多種のゲノムの塩基配列情報が
得られている今日，かなり正確なものになっている．そ
の情報は，インスリンやエリスロポエチンのように治
療で用いられるタンパク質を大量に産出させるために
なくてはならないものである．これらのタンパク質は，
しばしば組換え DNA 技術を用いてヒト以外の細胞で
産出される（39 章参照）．遺伝暗号の主要な特徴をまと
め，**表 37-2** に示す．

表 37-2. 遺伝暗号の特徴

・縮　重（degenerate）
・非曖昧（unambiguous）
・非重複（nonoverlapping）
・非句点（not punctuated）
・普遍性（universal）

20種のアミノ酸それぞれに対し少なくとも1種類のtRNA分子が存在する

　tRNA分子は驚くほど類似した機能をもち，また驚くほど類似した三次元構造をもっている．tRNA分子がアダプターとしてはたらくためには，各々のtRNAが対応する特定のアミノ酸でアミノアシル化される必要がある．核酸はアミノ酸の特定の官能基に対する親和性をもたないので，この認識作用は特定のtRNA分子と特定のアミノ酸の両者を認識し得るようなタンパク質分子によって行われなければならない．少なくとも20種類の酵素が，この特異的認識機能をはたし20種類のアミノ酸を各々特定のtRNA分子に結合させるために必要である．この認識と結合 **tRNA amino acid charging** の過程はエネルギーを必要とし，20種類のアミノ酸の各々に対応する酵素によって2段階反応で触媒されている．これらの酵素は**アミノアシルtRNA合成酵素 aminoacyl-tRNA synthetase** とよばれていて，活性化された反応中間体としてアミノアシルAMP・酵素複合体を形成することが知られている（**図37-1**）．次いでこのアミノアシルAMP・酵素複合体は，自ら特異的なtRNA分子を認識し，末端のアデノシンの3′-OH基にアミノアシル基を結合させる．アミノ酸のtRNAへの結合の際のエラーは 10^{-4} 以下の確率であり，極めて正確な反応である．アミノ酸はtRNAにエステル結合で固定され，次いでリボソーム上でポリペプチドの合成の際に特定部位に取り込まれる．

　34章で述べたtRNA分子の各部分（図34-11参照）のはたらきは，たいへん重要であることがわかっている．

リボチミジン-プソイドウリジン-シチジン（TψC）アーム/ループは，リボソーム上でタンパク質生合成が行われる際に，アミノアシルtRNAのリボソームへの結合に関与している．ジヒドロウリジン（D）アーム/ループは，特定のアミノアシルtRNAがそれに対応するアミノアシルtRNA合成酵素によって的確に認識されるうえで重要である．**アクセプターアーム（受容腕）** の3′末端のアデノシンは，特異的なアミノ酸が結合する場所である．

　tRNA分子のアンチコドン部位（アーム/ループ）は7個のヌクレオチドから形成されていて，mRNA上の3文字コドンを認識する（**図37-2**）．アンチコドンループの塩基配列は3′側から5′側への方向で，不特定塩基（N）-修飾プリン塩基（Pu*）-XYZ（アンチコドン）-ピリミジン塩基（Py）-ピリミジン塩基（Py）-5′の順になっている．この方向でのアンチコドン（X・Y・Z）の読みは 3′→5′ であり，これに対し表37-1の遺伝暗号の読みは 5′→3′ の方向であることに注意されたい．これは，mRNAのコドンとtRNAのアンチコドン間の塩基対合が，ほかの核酸鎖間相互作用と同様，逆平行型 antiparallel 相補結合により形成されるためである．

　遺伝暗号の縮重性は，おもにトリプレットコドンの3番目のヌクレオチドの読まれ方に起因していて，コドンの最終位置のヌクレオチドとこれに対応するアンチコドンの塩基との対合は必ずしも厳密にワトソン-クリック則に従わないことを示唆している．この現象は**ゆらぎ wobble** とよばれていて，コドンとアンチコドンの間の塩基対合には，この特定の位置に限ってゆらぎが生じることを示している．たとえばアルギニンに対する2種のコドン AGA と AGG は，ウラシルを5′末端にもつ同一のアンチコドン 3′ UCU5′ と結合し

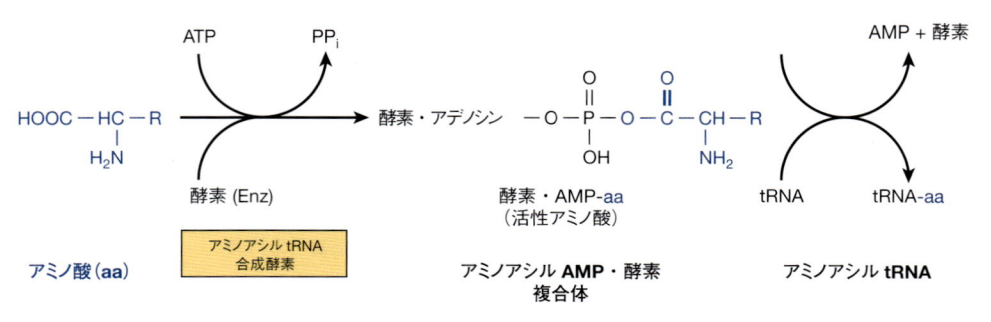

図 37-1. アミノアシル tRNA の形成

アミノアシル tRNA 合成酵素による2段階反応で，アミノアシル tRNA が形成される．最初の反応は AMP-アミノ酸-酵素複合体の形成である．活性化されたアミノ酸は，次いで，それに対応する tRNA 分子に転移される．AMP と酵素が解離し，酵素は次の反応にふたたび用いられる．アミノ酸の tRNA への付加反応に誤りが生じる割合（不適格なアミノ酸が tRNA^{xxx} にエステル結合される確率）は 10^4 回のアミノ酸付加反応のうち1回未満である．

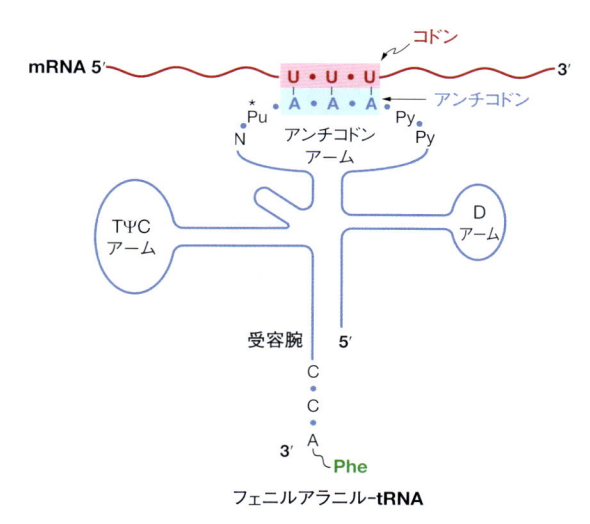

図 37-2. アンチコドンによるコドンの認識
フェニルアラニンに対するコドンの1つは UUU である.
フェニルアラニン（Phe）を付加した tRNA はこれと相補的
な配列 AAA をもち，コドンと塩基対複合体を形成できる.
アンチコドンの領域（アーム）は，通常7個の塩基の配列か
らなる．すなわち，3′→5′の方向に不特定塩基（N），修飾
されたプリン塩基（Pu*），X，Y，Z（ここでは A，A，A）お
よび2個のピリミジン塩基（Py）が存在する．mRNA と
tRNA 間の塩基対合は逆平行性であることに留意されたい.

得る．同様に，グリシンに対する3種のコドン，GGU，
GGC，および GGA は，1種類のアンチコドン 3′ CCI5′
と塩基対合できるこれは**イノシン inosinne（I）**が U，
C，A のいずれとも塩基対合できるからである．イノ
シンはアデニンの脱アミノにより生じる（イノシン一
リン酸（IMP）の構造は図 33-2 を参照）.

変異はヌクレオチド配列の変化に よって起こる

　最初の変異が遺伝子の二本鎖 DNA 分子のいわゆる
鋳型（テンプレート）鎖に起こらなかった場合でも，複
製後に，鋳型鎖に変異をもつ娘 DNA 分子が生じ，分
離して，生物の集団の中に出現することになる.

ある種の変異は塩基置換によって起こる

　一塩基置換（**点突然変異 point mutation**）には**トラン
ジション transition** または**トランスバージョン trans-
version** があり，前者はピリミジンからピリミジン，あ
るいはプリンからプリンへの置換であり，トランス
バージョンはプリンから2種のピリミジンのいずれか

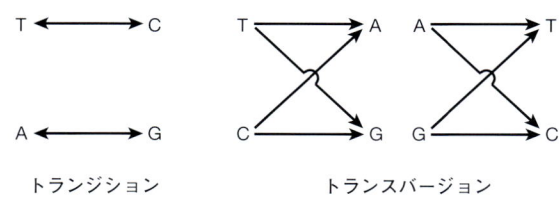

トランジション　　　　　　　トランスバージョン

図 37-3. トランジションとトランスバージョン変異を示す
模式図

への変異，あるいはピリミジンから2種のプリンのい
ずれかへの変異である（**図 37-3**）.

　タンパク質をコードする DNA のヌクレオチド配列
が変異を含み mRNA 分子に転写されると，この RNA
は当然対応する位置に変異を保有することになる.

　mRNA 分子における一塩基置換は，タンパク質へと
翻訳されると，次に述べるような効果のいずれかが生
じる.

1.　遺伝暗号の縮重性 degeneracy のため，タンパク
　　質には何も変化を生じない．このような変異は，**サ
　　イレント変異 silent mutation** とよばれている．こ
　　れは mRNA 分子上の塩基置換がコドンの3番目
　　に相当する位置に起こった場合にしばしば認めら
　　れる現象である．ゆらぎ効果のため，コドンの翻
　　訳は，この3番目の位置の塩基置換に影響されに
　　くい.

2.　タンパク質分子上の変異に対応する部位に，野
　　生型とは異なるアミノ酸が取り込まれる場合には，
　　ミスセンス効果 missense effect が生じる．誤った
　　アミノ酸，すなわちミスセンスは，タンパク質の
　　一次構造上の位置によって，そのタンパク質分子
　　の機能を，まったく損わない場合もあれば，部分
　　的あるいは完全に損ってしまう場合もある．遺伝
　　の暗号表をよく観察すると，ほとんどの一塩基置
　　換は，もとのアミノ酸とよく似た官能基をもつア
　　ミノ酸に置換されていることに気づくであろう.
　　これはいわば効果的な“緩衝”機構であり，これに
　　よりタンパク質分子の物性に急激な変化が起こる
　　ことを回避している．もし，容認し得るミスセン
　　ス変異が起こった場合には，合成されたタンパク
　　質は正常のものと機能的に区別できないことが多
　　い．部分的に容認し得るミスセンス変異の場合に
　　は，部分的ではあるが，しかし異常な機能をもつ
　　タンパク質が合成される．一方，容認されないミ
　　スセンス変異の場合には，合成されたタンパク質

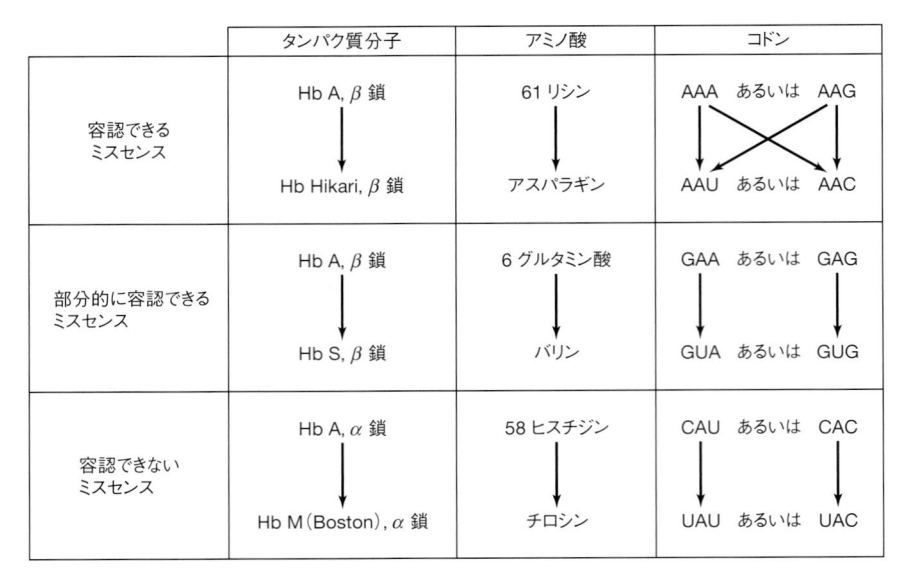

	タンパク質分子	アミノ酸	コドン
容認できる ミスセンス	Hb A, β 鎖 ↓ Hb Hikari, β 鎖	61 リシン ↓ アスパラギン	AAA あるいは AAG AAU あるいは AAC
部分的に容認できる ミスセンス	Hb A, β 鎖 ↓ Hb S, β 鎖	6 グルタミン酸 ↓ バリン	GAA あるいは GAG ↓　　　　　↓ GUA あるいは GUG
容認できない ミスセンス	Hb A, α 鎖 ↓ Hb M (Boston), α 鎖	58 ヒスチジン ↓ チロシン	CAU あるいは CAC ↓　　　　　↓ UAU あるいは UAC

図 37-4. 異常ヘモグロビン(Hb)を生ずるミスセンス変異の 3 例

アミノ酸の変化,およびそれに対応する可能なコドンの変化を示す.ヘモグロビン Hikari の β 鎖変異は一見正常の生理学的性質を示すが,電気泳動の移動度は変化している.ヘモグロビン S も β 鎖に変異があり,部分的に異常な機能をもつ.すなわち,ヘモグロビン S は酸素と結合するが,脱酸素化されると沈殿する.このとき赤血球は鎌状に変形し,細胞もヘモグロビン分子も鎌状赤血球症の性状を示す(図 6-13 参照).α 鎖に変異を有するヘモグロビン M(Boston)はヘムの 2 価鉄を 3 価の状態に酸化し,酸素との結合能力をまったく失ってしまう.

＊ 訳者注:アミノ酸の数字はアミノ末端から数えた位置を意味する.

はその本来の機能を発揮し得ない.

3.　ナンセンス nonsense コドンに変異した場合には,翻訳が途中で中断され,いわゆる**未成熟終結 premature termination** を起こし,合成されるべきタンパク質の断片のみが蓄積する.未成熟終結を起こしたタンパク質分子またはペプチド断片がその本来の機能を発揮することはまれである.各種変異の例と,それらの mRNA のコード能への効果を**図 37-4** と**図 37-5** に示す.

フレームシフト変異はDNA上のヌクレオチドの欠失や挿入によって起こり,変化したmRNA分子を生成する

遺伝子のコード鎖から 1 個の塩基が欠失すると,mRNA の読み枠が変化する.mRNA の翻訳装置は,コドンの読みに句点が存在しないために,塩基が欠落していることを認識できない.そのため,図 37-5 の例 1 に示すように,合成されたタンパク質のアミノ酸の配列がまったく異なってしまう.すなわち,読み枠がずれるために,塩基欠失部分より下流側の翻訳がまったく変化してしまう.また,たんに欠失の下流側のアミノ酸配列が乱れるばかりでなく,ナンセンスコドンが

出現することもある.その場合には,未成熟のままペプチド鎖が終結し,しかも C 末端側のアミノ酸配列が変化したようなポリペプチドが蓄積する(図 37-5,例 3).

コード領域から 3 個または 3 の整数倍のヌクレオチドが欠失すると,その mRNA の翻訳により,DNA 上の欠失したヌクレオチドに対応する部分だけアミノ酸が抜けたタンパク質が生産される(図 37-5,例 2).遺伝情報はトリプレットの単位で読まれるので,この場合には欠失部位より下流側で読み枠に"ずれ"を生ずることはない.しかし,これに対し,正常な終止コドン(ナンセンスコドン)の直前またはそれ自身に 1 ないし 2 個のヌクレオチドの欠失が起こると,正常な終結シグナルの読み取りが妨げられる.このような欠失変異の場合には,"変異を受けた"終結シグナルを越えて翻訳が進行し,次のナンセンスコドンに遭遇して初めて停止が起こる(図には示さない).

遺伝子に 1 ないし 2 個,すなわち 3 の倍数以外の数のヌクレオチドが挿入された場合にも,それから合成された mRNA の翻訳の際には読み枠が変化してしまい,欠失変異と同様の効果が現れる.すなわち,挿入変異の位置よりも下流側において,誤ったアミノ酸配

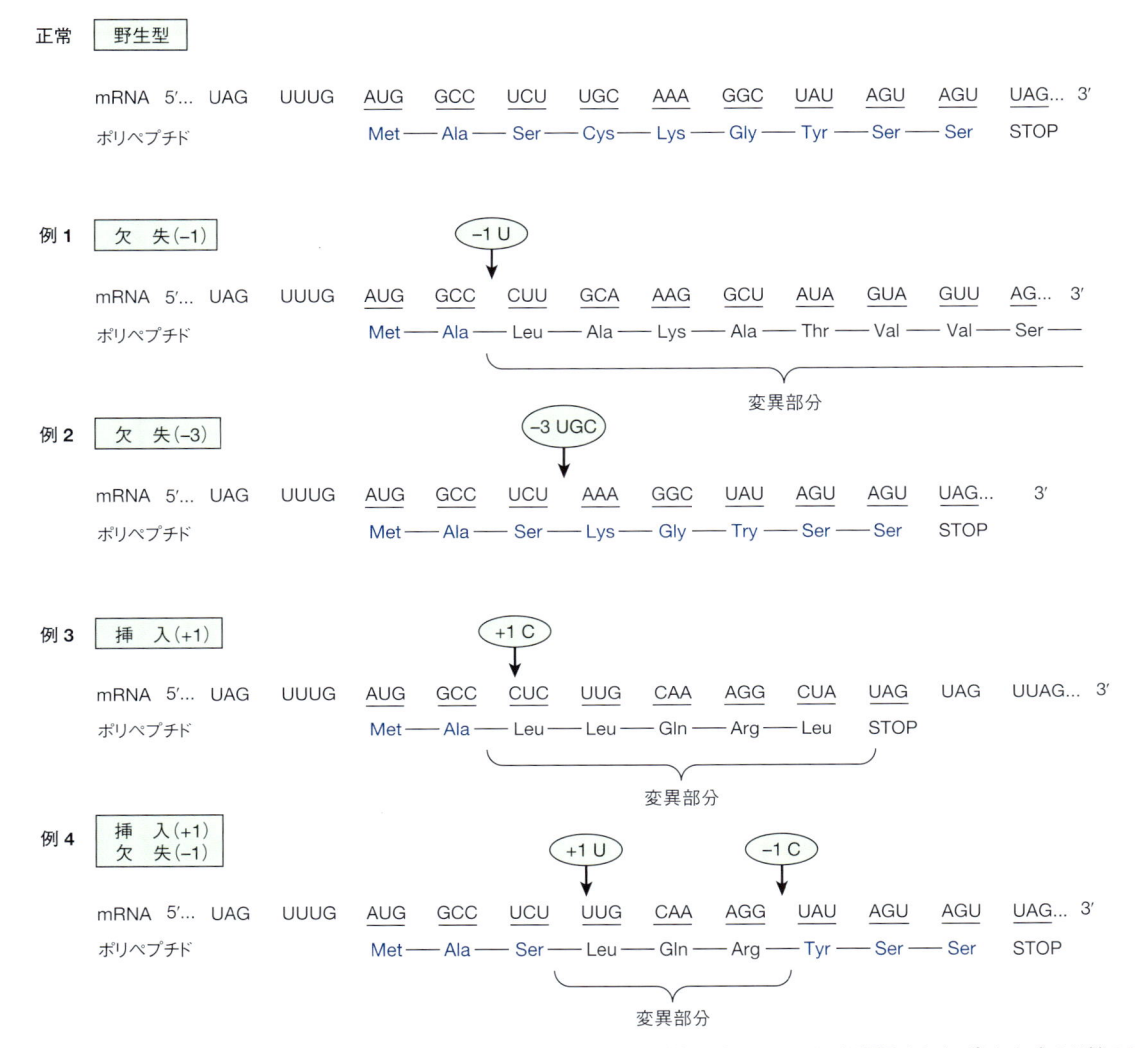

図 37-5. 遺伝子における欠失および挿入変異が，mRNA 転写産物の塩基配列や，それから翻訳されたポリペプチド鎖のアミノ酸配列に及ぼす影響
矢印は欠失または挿入の起こった位置を，楕円印の中の数字は欠失または挿入されたヌクレオチドの数を示す．青色文字で変異導入前のもともとのヌクレオチド配列に対応するアミノ酸配列を示す．

列が生じたり，挿入部位またはその下流に**ナンセンスコドン nonsense codon** が発生したり，さらに正常な終止コドンを越えて読まれたりといったことが起こる．ある遺伝子で，欠失変異の下流で挿入変異，あるいはその逆の順序で変異が起こると，正常な読み枠が回復する（図 37-5，例4）．この場合には，対応する mRNA が翻訳されるときに，挿入と欠失の起こった位置の間に野生型と異なるアミノ酸配列が存在することになる．読み枠が回復した後は，アミノ酸配列も正常に戻る．種々の複数の挿入の組み合わせ，あるいは複数の欠失の組み合わせ，または欠失と挿入の組み合わせ（すなわち**挿入欠失 indel**）が起こると，一部分が異常で，その

両側が正常のアミノ酸配列をもつようなタンパク質が生産されると想像できる．このような現象は，実際に多くの疾患で確認されている．

サプレッサー変異は，ミスセンス，ナンセンス，およびフレームシフト変異の効果を抑圧する

遺伝子の変異によってできる変異タンパク質に関する議論は，正常に機能している tRNA 分子のみが存在しているという仮定にもとづいている．しかし，原核生物および下等な真核生物においては，異常な機能をもつ tRNA 分子 abnormally functioning tRNA molecule が存在する．これらの tRNA はそれ自身，変異による

生産物であるが，これら tRNA のいくつかは，上述のような変異を受けたコドンに結合，解読し，mRNA 中の変異の効果をうち消す．これらの**サプレッサー tRNA 分子 suppressor tRNA molecule** は，主としてアンチコドン領域に変異をもつもので，ミスセンス変異，ナンセンス変異，フレームシフト変異を抑圧する能力をもっている．しかし，このようなサプレッサー tRNA 分子は，正常のコドンと変異によって生じた異常なコドンとを識別することができないので，サプレッサー tRNA 分子が細胞中に存在すると通常その生存率は低下する．たとえば，あるナンセンス変異を抑圧する tRNA は正常な終結シグナルも抑圧してしまって，望ましくない読み過ごしを起こしてしまう．フレームシフトに対するサプレッサー tRNA は，正常なコドンに加えてそれに隣接するコドンの一部も読んでフレームシフトを補正するので，これが必要ではないときにはたらくと，フレームシフトを起こしてしまうおそれがある．哺乳類の細胞でもときどき翻訳の読み過ごしが起こることが観察されており，サプレッサー tRNA 分子の存在を示唆している．実験室内の話題として，このようなサプレッサー tRNA と改変したアミノアシル tRNA 合成酵素を併用することで，ある遺伝子に人工的に導入したナンセンス変異の部位に非天然型アミノ酸を取り込ませることができる．こうして得られる標識タンパク質は *in vitro* および *in vivo* の架橋結合実験や生物物理学的研究で使用される．この新たな手法は，さまざまな生体内プロセスの仕組みを研究する多くの生物学者たちにとってかなり有力なものになっている．

転写と同様にタンパク質生合成は3つの段階，すなわち開始，伸長，終結に分けて説明される

リボソームの構造の概略については34章に記述した．粒子状物質であるリボソームは，mRNA のヌクレオチド配列を特定のタンパク質のアミノ酸配列に翻訳する生体内装置として機能する．mRNA の翻訳はその 5′ 末端付近から，タンパク質のアミノ末端として開始される．メッセージは 5′ → 3′ の方向に読まれ，タンパク質のカルボキシ末端に至って停止する．この場合も**極性 polarity** の概念が明らかに成立している．36章に記述したように，遺伝子の mRNA，あるいはその前駆体への転写は，RNA 分子の 5′ 末端から開始される．こ

れにより，原核生物では遺伝子の転写が完結される前に，mRNA の 5′ 末端側から翻訳が開始されることになる．一方，真核生物では，転写は核内で起こるが mRNA の翻訳は細胞質で行われる．したがって，転写と翻訳の両者の過程が同時に進行することはなく，核内で一次転写産物から，成熟した mRNA を生成するために必要な処理（プロセシング）が可能になる．

翻訳開始にはいくつかのタンパク質-RNA複合体が関与する

真核生物におけるタンパク質生合成の開始には，まずリボソームが翻訳されるべき mRNA 分子を選び出す必要がある（**図 37-6**）．mRNA がいったんリボソームに結合すると，リボソームは mRNA 上の開始コドンに結合し，正しい読み枠を見出して翻訳を開始する．この過程には，tRNA，rRNA，mRNA，および少なくとも 10 種類の**真核生物開始因子 eukaryotic initiation factor（eIF）**が関与し，そのうちいくつかは複数（3～8）のサブユニットから構成されている．この過程ではさらに，GTP，ATP，およびアミノ酸が必要とされる．開始の過程は，まず 80S リボソームの 40S と 60S サブユニットへの解離（下記参照）が必要で，その後次の 3 段階で進行する．① **開始メチオニル tRNA（Met-tRNA$_i$），GTP，および eIF-2 よりなる三者複合体 ternaly complex** の 40S リボソームサブユニットへの結合による **43S 前開始複合体 43S preinitiation complex** の形成，② mRNA の 43S 前開始複合体への結合による 48S 開始複合体の形成，③ 48S 開始複合体と 60S リボソームサブユニットの結合による **80S 開始複合体 80S initiation complex** の形成．

リボソームの解離

翻訳開始に先立ち，すでに翻訳を終えた 80S リボソームが翻訳終結過程（後述）を介して 40S と 60S サブユニットに解離する．この解離により両サブユニットが後続の翻訳過程に加わることができるようになる．3 種類の開始因子，**eIF-3，eIF-1 および eIF-1A** が新たに解離したリボソーム 40S サブユニットに結合する．この結合によって，60S サブユニットとの再会合が阻害され，他の開始因子の 40S サブユニットへの結合が可能となる．

43S 前開始複合体の形成

翻訳開始段階における最初の反応は，eIF-2 への GTP の結合である．次いで，この二者複合体は，開始コドン AUG と特異的に対合する **Met-tRNA$_i$** と結合する．

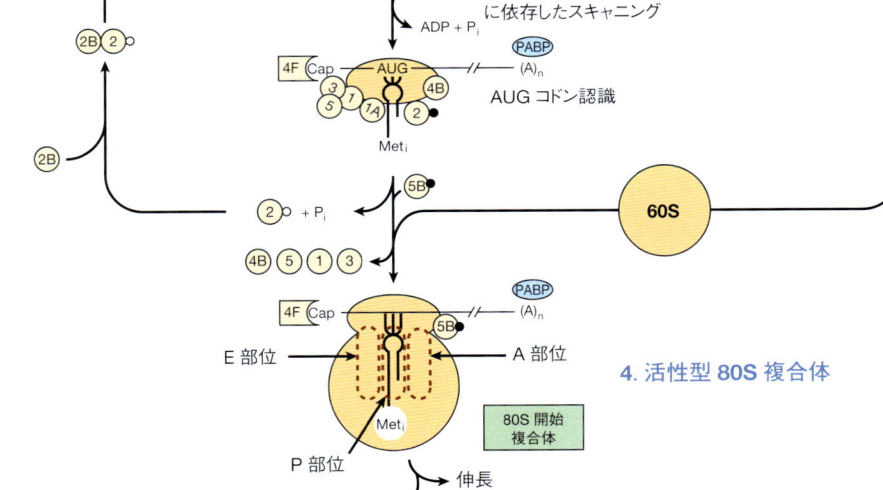

図 37-6. 真核生物 mRNA 上でのタンパク質生合成の開始段階を示す模式図

真核生物の mRNA は図に示されるように, 5′ に ^{7me}G キャップ(Cap), 3′ にポリ(A)テール[$(A)_n$]を保有する. 翻訳開始複合体の形成は次のようなステップで進行する. (1) 80S リボソームが 40S と 60S サブユニットに解離する. この過程は, 生じる 40S サブユニットに開始因子 eIF-1, eIF-1A, と eIF-3 が結合することで促進される(上). (2) 43S 開始前複合体の形成. この過程では, まず Met-tRNA$_i$, 開始因子 eIF-2 および GTP からなる三者複合体(eIF-2–GTP–tRNA$_i$^{Met}, 左)を形成し, この複合体が eIF-5 とともに 40S サブユニットに集合し, 43S 開始前複合体が生じる(中央). (3) 5′ キャップ付加 mRNA の活性化と 48S 開始複合体の形成. mRNA の 5′ キャップに開始因子 eIF-4F(eIF-4E, eIF-4G, eIF-4A から構成される複合体)が結合し, また 3′ のポリ(A)テールにはポリ(A)結合タンパク質(PABP)が結合する(右). この活性化型 mRNA は 43S 開始前複合体に結合し 48S 開始複合体が形成される(中央). この複合体は ATP の加水分解に依存して mRNA の 5′ 側より 3′ の方向に移動(スキャニング)し, Met-tRNA$_i$ が AUG 開始コドンを認識しスキャニングが停止する. (4) 48S 開始複合体に GTP 結合型 eIF-5B が作用し, eIF-1, eIF-2–GDP, eIF-3, および eIF-5 が解離した後, この複合体に 60S サブユニットが結合し活性化型 80S 開始複合体を形成する(下). この反応の過程で, Met-tRNA$_i$ は 80S リボソームの P 部位に位置するようになり, eIF-1A と eIF-5B–GDP が解離する(詳細は本文参照). こうして得られた複合体は翻訳を開始できる状態になっている. GTP は●, GDP は○で示す. 種々の開始因子は円形または四角形の略号で示す. たとえば, eIF-3 は③, eIF-4F は 4F で示す. なお, 4F は 4E, 4G, および 4A からなる複合体である(図 37-7 参照). ステップ(1)〜(4)が起こる mRNA の実際の形態は, 図 37-7 に示す“環状”構造であると考えられている.

メチオニンに対する tRNA は 2 種類存在することに気づくことは重要である．1 つは開始コドンに対するメチオニンを規定するものであり，他はタンパク質の内部のメチオニンを規定する．両者のヌクレオチド配列は異なっているが，同じメチオニル tRNA 合成酵素によりアミノアシル化される．次に，GTP-eIF-2-Met-tRNA$_i$ の三者複合体は 40S リボソームサブユニットと結合し，43S 前開始複合体を形成する．そしてこの三者複合体-40S サブユニット複合体は eIF-3 および eIF-1A により，さらにその後 **eIF-5** の結合により安定化する．

eIF-2 は，真核細胞におけるタンパク質生合成の開始段階で生じる 2 つの主要な制御機構の 1 つを担っている．eIF-2 は α, β, γ の 3 種類のサブユニットから構成されている．細胞がストレス状況下に置かれたとき，およびタンパク質生合成に必要とされるエネルギーの消費がまかなえなくなったときに，少なくとも **4 種類の異なるプロテインキナーゼ（HCR，PKR，PERK および GCN2）**が活性化され，eIF-2 の 3 サブユニットのうち **eIF-2α がリン酸化される**（51 番目のセリン残基）．このような反応をもたらす具体的条件には，アミノ酸およびグルコースの飢餓，ウイルスの感染，折りたたみを誤ったミスフォールドタンパク質の細胞内蓄積［小胞体（ER）ストレス］，血清の除去（培養細胞の場合），高浸透圧，および熱ショックなどがある．PKR はこの点でとくに興味深い．このキナーゼはウイルスによって活性化され，ウイルスのタンパク質を含む全タンパク質の合成を低下させ，これによりウイルスの複製を阻害するという宿主の防御機構に寄与している．リン酸化を受けた eIF-2α は GTP-GDP 交換反応因子である eIF-2B と固く結合し，その活性を阻害する．これによって，43S 前開始複合体の形成が妨げられ，タンパク質生合成が阻止される．

48S 開始複合体の形成

36 章で述べたように，真核細胞における mRNA 分子の 5′ 末端は，"キャップ capped"が付いた（帽子をかぶっている）状態になっている．この ^{7me}G のキャップ構造は，mRNA の 43S 前開始複合体への結合を促進する．**キャップ結合タンパク質複合体である eIF-4F（4F）**は **eIF-4E（4E）**と **eIF-4G（4G）・eIF-4A（4A）複合体**から構成されていて，4E を介してキャップと結合する．その後，**eIF-4B（4B）**が結合してそれらの ATP 依存性のヘリカーゼ活性によって，mRNA の 5′ 末端の複雑な二次構造を減少させる．実際に，43S 前開始複合体に

mRNA が結合して 48S 開始複合体を形成する反応は，ATP の加水分解を必要とする．eIF-3 は，4F の 4G 成分と高親和性で結合し，この 4F・mRNA 複合体を 40S リボソームサブユニットに連結させるので，極めて重要な役割を担う因子である．43S 前開始複合体にmRNA のキャップが結合し，4B のヘリカーゼと ATP の作用により mRNA の 5′ 末端側の二次構造を崩壊しながら（"融解 melting"），開始複合体は mRNA の 5′ → 3′ 方向に移動し，適切な開始コドンを探索する．一般に，開始コドンは最も 5′ 側に近い AUG であるが，それが実際に開始コドンとして用いられるかどうかは，AUG 開始コドン周辺の塩基配列で見られるいわゆる **Kozak のコンセンサス配列 Kozak consensus sequence** と合致するか否かで決まる．

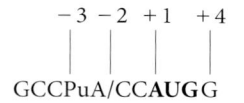

$$-3 \ -2 \ +1 \ +4$$
$$\text{GCCPuA/CCAUGG}$$

最も適切な配列は，上に示すように AUG の A に対し -3 の位置にプリン塩基（Pu），そして $+4$ の位置に G が存在するものである．

開始におけるポリ（A）テールの役割

生化学および遺伝学的実験から，mRNA の **3′ ポリ（A）テール**とポリ（A）**結合タンパク質 poly（A）binding protein（PABP）**の両者が効率的なタンパク質合成の開始に必要なことが示されている．さらにその後の研究から，ポリ（A）テールは複雑な一連の相互作用を介して，40S リボソームサブユニットと mRNA の結合を促進することが示された．ポリ（A）テールに結合した PABP はキャップと結合する eIF-4F の 4G および 4E サブユニットと相互作用し，こうして mRNA の環状構造が形成される（**図 37-7**）．この環状構造の形成により，mRNA の 5′ 末端に 40S リボソームサブユニットを導きやすくするとともに，mRNA の末端を分解から保護することにもなるだろう．この環状構造モデルは，キャップ構造とポリ（A）テール構造とがどのようにしてタンパク質生合成に対して相乗的な効果をもつかということを説明している．実際に，一般の mRNA と特定の mRNA 間で，翻訳抑制因子と eIF-4E との間の異なるタンパク質間相互作用により，^{7me}G キャップに依存する翻訳調節が引き起こされる（**図 37-8**）．

80S 開始複合体の形成

48S 開始複合体に 60S リボソームサブユニットが結

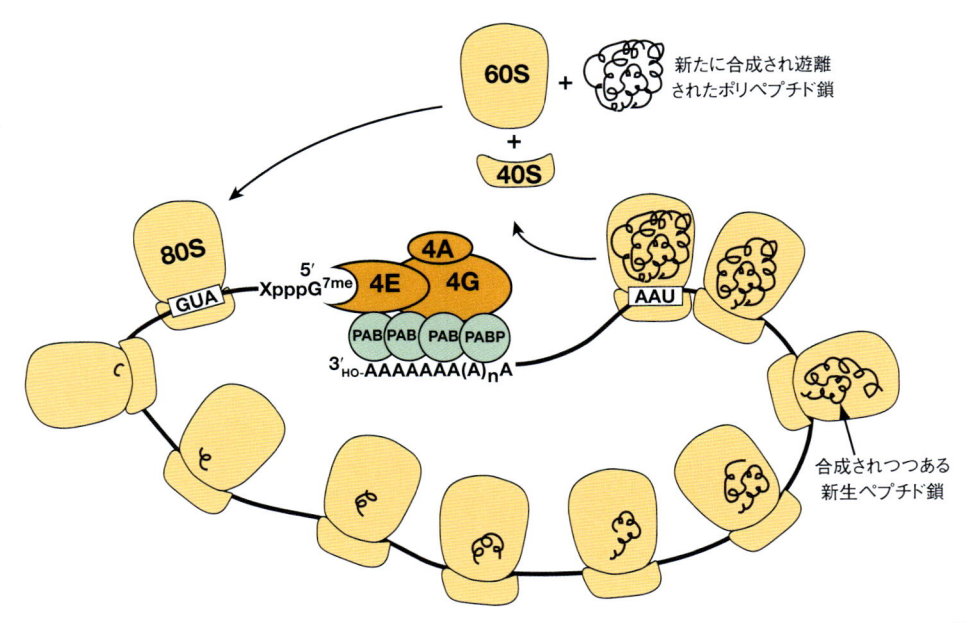

図 37-7. ^7meG（キャップ）に結合した eIF-4F とポリ（A）テールに結合したポリ（A）結合タンパク質間のタンパク質–タンパク質間相互作用を介した mRNA の環状構造形成
eIF-4A，eIF-4E，eIF-4G のサブユニット成分からなる eIF-4F は，mRNA の開始コドン（AUG）上流にある 5′-^7meG "キャップ"（^7meGpppX）に高い親和性で結合する．この複合体の eIF-4G サブユニットはまたポリ（A）結合タンパク質（PABP）とも高い親和性で結合する．PABP は mRNA の 3′ ポリ（A）テール［5′-(X)_nA(A)_nAAAAAAA_OH-3′］と強く結合するので mRNA の環状化が生じる．いくつもの 80S リボソームが環状化した mRNA 上でタンパク質（コイル状の黒線）を合成する翻訳過程にあり，ポリソームを形成している状態が示される．終止コドン（ここでは UAA）との遭遇により翻訳は終結し，新たに合成されたタンパク質は遊離する．そして 80S リボソームは 40S と 60S サブユニットに解離する．解離したリボソームサブユニットは新たな翻訳開始で再利用される（図 37-6，図 37-10 参照）．

合し，**eIF-5** によって eIF-2 に結合している GTP 分子の加水分解が起こる[1]．この反応に伴って，40S 開始複合体に結合していた開始因子は解離し（これらの因子はリサイクルされる），40S と 60S サブユニットの速やかな会合が起こり，80S リボソームが形成される．この時点で，Met-tRNA_i はリボソームの P 部位に結合していて，伸長サイクルのスタートの準備が完了する．

eIF-4E の制御は開始速度を調節する

4F 複合体はタンパク質生合成の速度調節の面でくに重要である．前述したように，4F は mRNA の 5′ 末端の ^7meG キャップ構造に結合する 4E と，足場形成を行うタンパク質 4G との複合体である．4E との結合に加え 4G は，eIF-3 と結合し，この複合体を 40S リボソームに連結する．4G はまた，RNA の巻きもどしを

行う ATPase-ヘリカーゼ複合体である 4A と 4B とも結合する（図 37-6，図 37-8）．

4E は，翻訳の律速段階となる mRNA のキャップ構造認識に関与する．この過程はリン酸化により制御を受けている（図 37-8）．インスリンや細胞分裂促進成長因子は，4E の Ser 209（または Thr 210）をリン酸化する．リン酸化された 4E は，非リン酸化型 4E よりもキャップ構造に強固に結合し，開始速度を促進する[2]．MAP キナーゼ，PI3K，mTOR，RAS，および S6 キナーゼのシグナル伝達経路の全成分（図 42-8 参照）が適切な条件下で，4E の機能制御をもたらすリン酸化反応に関与している．

4E の活性の第二の調節方式は，やはりリン酸化を介するものである（下述）．4E に結合しこれを不活性化するいくつかのタンパク質が発見された．これらのタン

---

1)　訳者注：eIF-5 による eIF-2 に結合する GTP の加水分解は，スキャニングにより開始複合体が開始コドンを認識・結合する際に生じ，その後に eIF-5B の作用が加わり 60S サブユニットが結合するという解釈が一般化しつつある．

2)　訳者注：eIF-4E のリン酸化は，細胞外からの刺激に対応した特定の mRNA の選択的翻訳に機能するという知見も得られている．

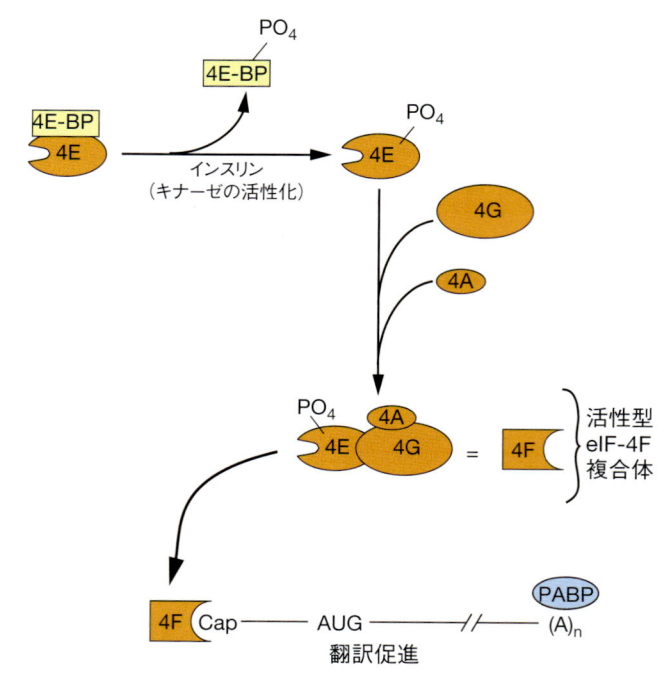

図 37-8. eIF-4E のインスリンによる活性化，およびキャップに結合する eIF-4F 複合体の形成

4F–キャップ mRNA 複合体の形成は図 37-6 と図 37-7 に示した．4F 複合体は eIF-4E（4E），eIF-4A（4A），および eIF-4G（4G）から構成される．4E はそれに結合するタンパク質ファミリー（4E-BP）の 1 つとの結合により不活性化される．インスリンおよび他の細胞分裂促進ポリペプチドすなわち増殖因子（たとえば，IGF-1，PDGF，インターロイキン-2 およびアンギオテンシン II）は，PI3 キナーゼ/Akt キナーゼシグナル伝達経路の活性化を介し，mTOR キナーゼ経路を活性化し，4E-BP をリン酸化する．リン酸化された 4E-BP は 4E から解離し，4E は 4F 複合体を形成して mRNA のキャップ構造と結合する．これらの増殖促進ポリペプチドはまた，mTOR と MAP の両キナーゼ経路により，4E 自身をリン酸化する．リン酸化された 4F は，リン酸化されていない 4F よりも，はるかに強くキャップと結合する（本文の訳者注 2）参照）．そして 4F は 48S 開始複合体の形成，したがって翻訳を促進する．

パク質には **4E-BP1**（**BP-1** または **PHAS-1** として知られている）とそれと近縁の **4E-BP2** と **4E-BP3** が含まれる．BP1 は 4E に強い親和性で結合する．この 4E-BP1 間結合は，4E が 4G と結合する（4F を形成する）ことを妨げる．4F の形成は，4F の 40S リボソームサブユニットへの結合と，キャップが付加された mRNA 上への 4F の正規の結合に必須であるので，BP1 は翻訳開始を効率よく阻害する．

インスリンおよび他の細胞増殖因子は，BP1 分子中の 7 箇所の特異的部位をリン酸化する．BP1 はリン酸化されると 4E から解離して，とくに重要な部位のリン酸基が除去されるまでは再結合できない．4E の活性化に関するこれらの効果は，インスリンがどのようにして肝，脂肪組織，および筋組織において転写後の著しいタンパク質生合成の促進を行うかを部分的ではあるが説明している．

翻訳伸長も多段階で各種補助因子により促進される反応である

翻訳伸長 elongation はリボソーム上で合成されつつあるペプチド鎖にアミノ酸が 1 つずつ付加される反復過程である（**図 37-9**）．ペプチド鎖の配列は mRNA 上のコドンの順番によって決定される．伸長は伸長因子 **elongation factor**（**EF**）とよばれるタンパク質因子が触媒するいくつかの段階からなる反応である．すなわち，（1）アミノアシル tRNA のリボソーム A 部位への結合，（2）ペプチド結合の形成，（3）mRNA 上でのリボソームの移動（トランスロケーション），（4）P 部位から E 部位を経由する脱アシル化 tRNA の放出，の 4 段階よりなる．

アミノアシル tRNA の A 部位への結合

開始過程で形成された 80S 開始複合体のリボソーム

では，**A 部位（アミノアシル部位，あるいはアクセプ ター部位）と E 部位（脱アシル化 tRNA の出口部位）**の 両部位には tRNA が存在していない状態となっている （図 37-6）．適切なアミノアシル tRNA がこの A 部位 に結合するには，正確なコドンの認識が必要になる．こ の際，**伸長因子 1A elongation factor 1A（EF1A）**が GTP とアミノアシル tRNA との三者複合体を形成する （図 37-9）．そして，この複合体が適合するアミノアシ

ル tRNA をリボソームの A 部位にもたらし，次いで GTP の加水分解の後，EF1A–GDP と無機リン酸が A 部位より遊離する．この GTP 加水分解はリボソーム 上の機能部位により触媒される．加水分解によりリボ ソームの構造変化が生じ，それとともに tRNA に対す る親和性を高める[3]．図 37-9 に示したように，EF1A– GDP は，可溶性タンパク質因子と GTP によって， EF1A–GTP にリサイクルされる．

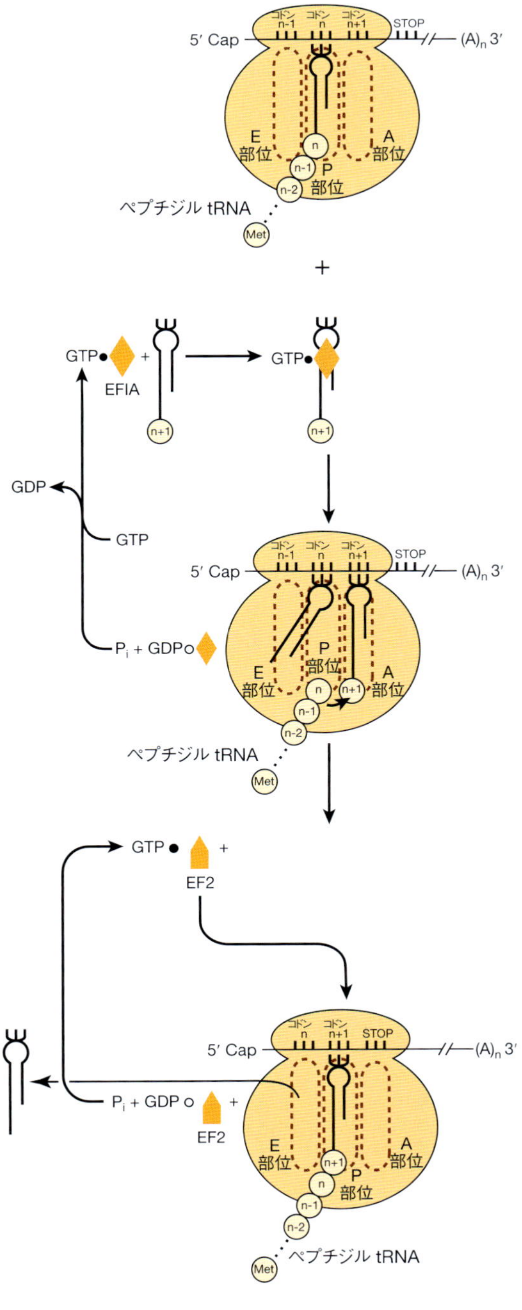

ペプチド結合の形成

A 部位に結合したアミノアシル tRNA の α-アミノ基 は，**P 部位（ペプチジル，あるいはポリペプチド部位）** を占めている**ペプチジル tRNA** のエステル結合をした カルボニル基に対して，求核性攻撃 nucleophilic attack を行う．開始段階では，P 部位には開始 Met-tRNA$_i$ が 存在している．この反応は，60S リボソームサブユニッ トの 28S RNA の一部である**ペプチジルトランスフェ ラーゼ peptidyl transferase** によって触媒される[4]．こ れはリボザイム ribozyme 活性の 1 つの例であり，タ ンパク質生合成に RNA が直接的に関与するという以 前は考えられなかった極めて重要な知見である（**表 37-3**）．アミノアシル tRNA に結合したアミノ酸はす でに"活性化"されているので，この反応はさらにエネ ルギー源を添加する必要はない．この反応によって，A 部位のアミノアシル tRNA に伸長しつつあるポリペプ チド鎖が付加することになる．

ペプチジル tRNA

---

3) 訳者注：GTP の加水分解により EF1A の構造も大き く変化し，その結果生じる EF1A-GDP は速やかにリボソー ムから解離する．
4) 訳者注：ペプチジルトランスフェラーゼ活性に 28S/23S rRNA の高度に保存された一部のヌクレオチドの 2′-OH が関与することが推察されている．また，P 部位に 結合する tRNA の 3′ 末端ヌクレオチドの 2′-OH が関与する という知見も得られており，この反応の詳細な分子機構の 解明にはさらなる研究が必要である．

図 37-9. タンパク質生合成におけるペプチド鎖伸長過程を 示す模式図
n−1, n, n＋1 などと記入された丸印は，新たに合成されつ つあるタンパク質分子のアミノ酸残基を示し（N 末端側か ら C 末端側の順序で示される），mRNA の各コドンと対応 している．EF1A, EF2 は，それぞれ伸長因子 1A および 2 の略．リボソーム上のペプチジル tRNA 結合部位，アミノ アシル tRNA 部位，および tRNA 出口部位はそれぞれ，P 部位，A 部位，E 部位として示される．

表 37-3. rRNA がペプチジルトランスフェラーゼである証拠

- リボソームは構成タンパク質成分を除去, または不活性化しても低効率ながらペプチド結合を形成し得る.
- リボソーム RNA のある部分の塩基配列は, すべての生物種で高度に保存されている.
- これらの保存された領域は rRNA 分子の表面に存在している.
- RNA はペプチド結合形成以外のさまざまな化学反応でも触媒的にはたらく.
- タンパク質生合成を阻害する抗菌薬に対する耐性変異は, リボソームの構成タンパク質よりはむしろ rRNA にしばしば見出される.
- tRNA を結合した 60S サブユニットの X 線結晶解析により, rRNA の詳細な作用機構が推定されている.

トランスロケーション

こうして脱アシル化した tRNA はそのアンチコドンによって一方の端が P 部位に接合し, アミノ酸 (またはポリペプチド) が遊離したもう一方の端の CCA テールによってリボソームの 60S サブユニットの E 部位に結合している (図 37-9 の中央). この段階で**伸長因子 2 elongation factor 2 (EF2)** がリボソームに結合してペプチジル tRNA を A 部位から P 部位に移動させる. それに伴い, E 部位の脱アシル化 tRNA はリボソームから離脱する. この反応で EF2-GTP 複合体は EF2-GDP に加水分解され, 効率よく mRNA を 1 コドン分だけ動かして A 部位を空席にする. すると, そこに適合するアミノアシル tRNA-EF1A-GTP 三者複合体が結合し得るようになり, 伸長反応の次のサイクルが起こる.

アミノ酸を tRNA 分子に結合させる際に, 1 分子の ATP が AMP に加水分解され, これは 2 分子の ATP が ADP と無機リン酸 2 分子に加水分解されるのに相当する. アミノアシル tRNA の A 部位への結合の際に, 1 分子の GTP が GDP に加水分解される. そして新たに A 部位に生じたペプチジル tRNA が EF2 の作用によって P 部位へ移動するトランスロケーション反応の際も, 同様に 1 分子の GTP の GDP と無機リン酸への加水分解を伴う. したがって, 1 個のペプチド結合の形成のために消費されるエネルギーは, 2 分子の ATP の ADP への加水分解と 2 分子の GTP の GDP への分解, すなわち 4 個の高エネルギーリン酸結合の加水分解に相当する. 真核細胞のリボソームは 1 秒間に 6 個ものアミノ酸を取り込むことができる. 一方, 原核細胞のリボソームは 1 秒間に 18 個のアミノ酸を取り込む. このように, エネルギーを必要とするペプチド合成過程は, 終止コドンに到達するまでの間, 極めて速やかに, か

つ正確に進行する.

終結は停止コドンの認識によって起こる

開始や伸長に比べると, 終結は比較的単純な過程である (**図 37-10**). 上述の伸長サイクルが反復されてタンパク質分子へのアミノ酸の重合が完成すると, mRNA の終止コドンあるいは停止コドン (UAA, UAG, UGA) が A 部位に出現する. 通常, 終結シグナルを認識するようなアンチコドンをもつ tRNA は存在しない[5]. **終結因子**または**遊離因子 releasing factor (RF1)** は, 終止コドンが A 部位に存在していることを認識する (図 37-10). RF1 は, 遊離因子 (**RF3**) と GTP からなる複合体として A 部位に結合する. この複合体はペプチジルトランスフェラーゼとの協同作用によって, P 部位を占めるペプチジル tRNA のペプチドと tRNA の間の結合を加水分解する. すなわち, アミノ酸分子ではなくて水が付加される[6]. この加水分解の結果, 完成されたタンパク質と tRNA 分子とが P 部位より遊離する. 加水分解と遊離反応の後, 80S リボソームはその 60S および 40S サブユニットに解離し[7], 次いで新しい反応のサイクルがスタートする (図 37-7). したがって遊離因子は, 終止コドンが A 部位を占めるときにペプチジル tRNA の加水分解に関与するタンパク質である. そして, mRNA 分子はリボソームより遊離し, 次のサイクルが反復される (図 37-6).

ポリソームはリボソームの集合体である

多くのリボソームが, 同じ mRNA 分子に結合して同時に翻訳を行うことが知られている. リボソーム粒子はかなり大きいので, 2 個のリボソームは mRNA 上で 35 ヌクレオチド距離以内には結合し得ない. **同一 mRNA 上のいくつかのリボソームは, ポリリボソーム polyribosome あるいは "ポリソーム polysome" を形成する** (図 37-7). とくに制限のない場合には, 1 分子の

---

5) 訳者注:上述のサプレッサー tRNA には, アンチコドン部分の変異により終止コドンを認識し得るようになったものが多い.

6) 訳者注:ペプチジル tRNA の加水分解を行うのは, 遊離因子自体ではない. リボソームのおそらく 28S rRNA などが保有するペプチジルトランスフェラーゼ活性が, 遊離因子の結合に伴ってペプチジルヒドロラーゼに転換されると考えた方がよい. ペプチジルトランスフェラーゼの活性を阻害する抗生物質 (chloramphenicol, sparsomycin など) は, ペプチジル tRNA の加水分解を阻害することが知られている.

7) 訳者注:最近の研究により, 最終的なサブユニット解離には ABCE1 とよばれるリサイクル因子も関与することが明らかにされている.

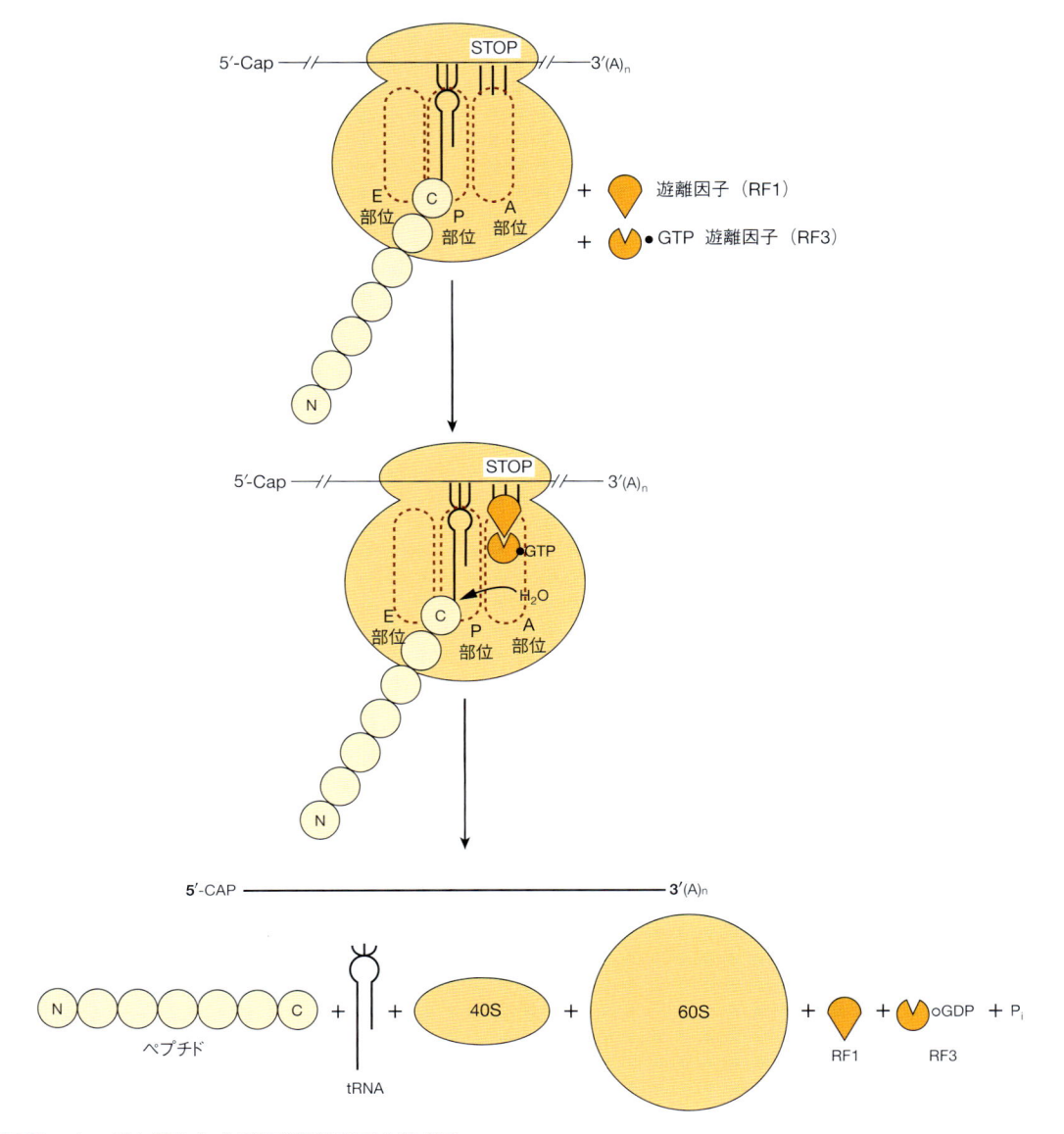

図 37-10. タンパク質生合成の終結過程を示す模式図

ペプチジル tRNA 結合部位，アミノアシル tRNA 部位および tRNA 出口部位はそれぞれ P 部位，A 部位，E 部位と 60S サブユニット上に示される．終止（停止）コドンは 3 本の短い垂直線と "stop" で示される．遊離因子 RF1 は A 部位で終止コドンと結合する．遊離因子 RF3 は GTP と結合した形で RF1 と結合する．ペプチジル tRNA の加水分解を水（H_2O）の付加により示している．N および C は新生ポリペプチド鎖のそれぞれアミノ末端およびカルボキシ末端のアミノ酸を示し，タンパク質合成の極性を表現している．翻訳終結により mRNA，新たに合成されたタンパク質（N 末端と C 末端，N と C），脱アシル化 tRNA，40S と 60S サブユニット，RF1，GDP 結合型 RF3 および無機リン酸（P_i）がそれぞれ遊離する（図下部）．

mRNA に結合し得るリボソームの数，したがってポリソームのサイズは mRNA の長さと正の相関関係にある．

　タンパク質生合成を行っているポリソームは，細胞質内に遊離の形で存在する場合と，**小胞体 endoplasmic reticulum（ER）**とよばれる細胞質内の膜様構造に付着して存在する場合がある．ER の表面に粒子状のポ

リソームが付着すると，電子顕微鏡により観察され，いわゆる "粗面 rough" の外観を示すようになる．膜面に結合したポリソームで合成されたタンパク質は，粗面小胞体の内腔に押し出され，そこから分泌される．粗面小胞体で合成されたタンパク質の一部は，ゴルジ体を経由して，最終的に細胞外に分泌される（図 49-2，図 49-6 参照）．サイトゾル中に遊離の形で存在するポリ

ソームでは，細胞内機能に必要なタンパク質の合成が行われている．

翻訳されないmRNAはリボヌクレオタンパク質粒子を形成しPボディまたはストレス顆粒とよばれる細胞小器官中に蓄積する

mRNA のなかには，特定の mRNA 結合タンパク質により折りたたまれて**メッセンジャーリボ核タンパク質 messenger ribonucleoprotein（mRNP）**として核内から輸送されてくるものがあり，その一部はすぐにはリボソームと結合せず翻訳されない．あるいは，翻訳が遅くなるか停止する特定の条件下（細胞ストレスや発生などのシグナル/条件）では，未翻訳の mRNA が特定の RNA やタンパク質と会合して，**P ボディ P body**やそれと似た**ストレス顆粒 stress granule（SG）**を形成することがある．これらの構造体は相互作用で集合し合う RNA とタンパク質からなる生体分子凝縮体である．P ボディは適切な抗体を用いた免疫組織化学によって容易に可視化できる（**図 37-11**）．これら細胞質の構造体はある種の卵由来の細胞や神経で見られる低分子 mRNA を含む顆粒と同類のものである．全般的にみて，P ボディやストレス顆粒は mRNA の代謝に重要な役割をはたしている．P ボディには 35 種類以上の特徴的なタンパク質が特異的に濃縮されて存在することが示されている．これらのタンパク質には，mRNA 結合タンパク質，脱キャップ酵素，RNA ヘリカーゼ，RNA エキソヌクレアーゼ（$5' \rightarrow 3'$ と $3' \rightarrow 5'$）から miRNA の作用や mRNA 品質管理にかかわるものまでが含まれる．mRNA の P ボディへの取り込みはその mRNA への絶対的な"死刑宣告"ではない．事実，その分子機構はなお完全には理解されていないが，ある mRNA は一時的に P ボディ（またはストレス顆粒）に保存され，その後に復帰してタンパク質への翻訳に利用されているようである．このような分子挙動から，mRNA の細胞質内の機能（翻訳と分解）は，mRNA とリボソーム間，および mRNA と P ボディ（またはストレス顆粒）の構成タンパク質/酵素間の動的相互作用によって少なくとも部分的に調節されていると考えられる．

タンパク質生合成の装置は環境からの有害な影響に対応できる

鉄結合タンパク質である**フェリチン ferritin** は，細胞内で 2 価鉄イオン（Fe^{2+}）が毒性を示すレベルに達しないようにしている．フェリチン mRNA の 5′ 非翻訳

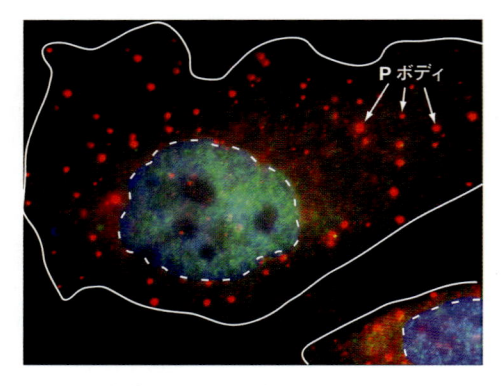

図 37-11. P ボディは mRNA 代謝に関与する細胞質構造体である

2 つの動物細胞の顕微鏡写真を示す．ここでは P ボディの構成成分の 1 つが，蛍光標識した特異抗体を用いて可視化されている．P ボディは細胞質全体にわたって，大小さまざまの輝点（赤）として現れている．細胞膜は白の実線で，核は破線で示される．核は，P ボディの検出に用いた標識抗体とは異なる励起/蛍光特性をもつ蛍光色素を用いて対比染色されている．ここでの核の染色剤は DNA 塩基対間に挿入され，青/緑色を呈している．http://www.mcb.arizona.edu/parker/WHAT/what.htm からの図を修正して使用．（Dr. Roy Parker の許可を得て使用）

領域の特定部位に一部の細胞質タンパク質が結合すると，フェリチン合成は抑制されるが，鉄イオンはこのタンパク質に作用して mRNA から遊離させ，フェリチンの合成を促進させる．この mRNA・タンパク質間相互作用の解除によりフェリチン mRNA が活性化され，フェリチンの翻訳が促進される．この機構により，潜在的に毒性をもつ Fe^{2+} を隔離するタンパク質の合成が素早く調節される（図 52-7，図 52-8 参照）．同様に，環境からのストレスや飢餓は mTOR のはたらき（図 37-8，図 42-8 参照）を阻害し，eIF-4F（4F）の活性化と 48S 開始複合体の形成を抑制する．

多くのウイルスは宿主細胞のタンパク質生合成装置を利用している

タンパク質生合成装置は，宿主細胞にとって有害な仕組みで改変される場合もある．ウイルスは宿主細胞の諸反応を利用して複製するが，そのなかにはタンパク質合成反応も含まれている．ある種のウイルス mRNA は宿主細胞の mRNA よりもずっと効率よく翻訳される（たとえば，脳心筋炎ウイルス）．レオウイルス，水疱性口内炎ウイルスのような他のウイルスは効率的に複製され，こうして大量に合成されたウイルス mRNA は，限られた翻訳装置に対し宿主の mRNA と競合して，優位に翻訳されることになる．また他の一

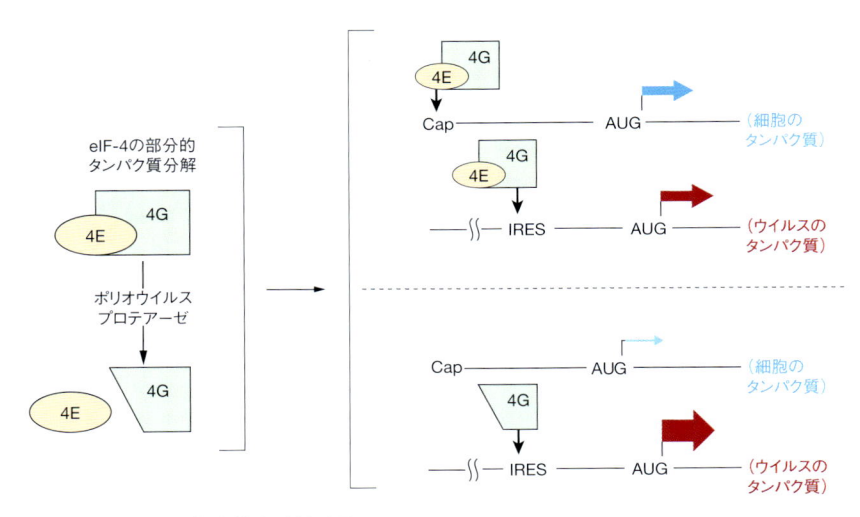

図 37-12. ピコルナウイルスは 4F 複合体を破壊する

4E-4G 複合体（4F）は 40S リボソームサブユニットを通常のキャップされた mRNA と結合させる（本文参照）．しかしながら，4G 単独でも，40S リボソームサブユニットをある種のウイルス mRNA の内部リボソーム導入部位（IRES）になら，結合させることができる．また，ある種のウイルス（たとえばポリオウイルス）は 4G の N 末端部分に存在する 4E 結合部位を切断するプロテアーゼをもっていて，自らのタンパク質生合成のみを選択的に行わせる優位性を獲得している．この N 末端を失った 4G は，IRES をもつ mRNA を 40S リボソームサブユニットに結合させることができるが，キャップをもつ（すなわち宿主の）mRNA の結合は抑制される．矢印の太さは，各々の例について，AUG からの翻訳開始の速度を示している．他のウイルスでも，それぞれの mRNA の IRES を介した特有の仕組みで翻訳開始の選択優位性を獲得している．

部のウイルスは，宿主 mRNA の 40S リボソームへの結合を妨害することによって，宿主のタンパク質生合成を阻害している．

　ポリオウイルス，および他のピコルナウイルス科に属するウイルスは，4F 複合体の機能を阻害することによって，選択優位性を獲得している．これらウイルスの mRNA は 40S リボソームとの結合を担うキャップ構造をもたない（前述）．その代わり 40S リボソームは，**mRNA の内部に存在するリボソーム導入部位 internal ribosomal entry site（IRES）**と結合する．この反応には 4G は必要とされるが 4E は必要とされない．これらのウイルスは 4G のアミノ末端側の 4E 結合部位を除去するようなプロテアーゼをもつことにより，優位性を獲得している．つまり，4E-4G 複合体（4F）が形成されなくなるので，40S リボソームはキャップ構造をもつ mRNA と結合できなくなり，宿主のタンパク質の生合成は停止する．一方，アミノ末端側が削除された 4G は，IRES をもつ mRNA を 40S リボソームに結合できるので，ウイルス mRNA の翻訳は効率よく起こる（**図 37-12**）．これらのウイルスはまた BP-1（PHAS-1）の脱リン酸を促進して，キャップ（4E）依存的なタンパク質生合成を低下させる（図 37-8）．

タンパク質の翻訳後プロセシングによって多くのタンパク質の活性に変化が生ずる

　ある種の動物ウイルス，とくに HIV，ポリオウイルス，および肝炎ウイルスでは，1 個の長い mRNA から，長いポリシストロン性タンパク質が合成される．これらの長い mRNA から翻訳されたウイルスタンパク質は次いで，いくつかの限定された箇所で切断され，ウイルスの機能に必要な数種のウイルスタンパク質となる．動物細胞では，多くの細胞内タンパク質は mRNA 鋳型から 1 個の前駆体分子として合成された後，加工されて活性あるタンパク質となる．その典型例はインスリンである．インスリンは，分子内および分子間ジスルフィド結合によって架橋された 2 個のポリペプチド鎖からなる小型のタンパク質である．インスリンは最初，一本鎖の前駆体すなわち**プロホルモン prohormone** として合成される．プロインスリン分子は折りたたまれて，特異的な分子内あるいは分子間ジスルフィド結合が形成される（図 41-12；インスリン分子のジスルフィド結合を参照）．次いで特殊なプロテアーゼにより連結している部分が除かれ，2 つのペプチド鎖からなる機能を保存するインスリン分子が形成される

（図 41-12 参照）.

　ほかにも，前駆体として合成され，次いで翻訳後加工を受けてから生物学的活性を獲得するというペプチド/タンパク質が多い．多くの場合，N 末端側のアミノ酸が特異的なアミノペプチダーゼにより加水分解される．高等真核生物の細胞外空間に大量に存在するコラーゲンはこの点で対照的である．コラーゲンはプロコラーゲンとして合成される．相互に構造の異なる 3 本のプロコラーゲンポリペプチド鎖は，特異的な N 末端プロペプチドに依存した形で配列する（図 5-11 参照）．その後，特異的な酵素が，プロコラーゲン分子中の特定のアミノ酸残基をヒドロキシル化（水酸化）および酸化し，分子間架橋結合を形成し安定化させる．その後，アミノ末端プロペプチドが切断され，最終的に強くて不溶性のコラーゲン分子が形成される．これらのほかにも多くの翻訳後加工が知られている．たとえば，アセチル化，リン酸化，メチル化，ユビキチン化，および糖鎖付加の共有結合修飾もよく見られる（5 章と表 35-1 参照）.

多くの抗生物質は，細菌のタンパク質合成を選択的に阻害することによって機能する

　細菌のリボソームおよび高等真核細胞のミトコンドリアのリボソームは，34 章で記述されている哺乳類のリボソームとは異なっている．細菌のリボソーム（70S）は哺乳類のリボソーム（80S）よりも小さく，それを構成する RNA とタンパク質分子も異なっていて，より単純な構成となっている．この相違が臨床的な目的にいかされている．すなわち，有効な抗生物質の多くは，原核細胞のリボソームの RNA やタンパク質の特定部位と結合して，タンパク質生合成を阻害する．そしてその結果，細菌の増殖を停止させるか（すなわち静菌作用），あるいは死滅させる（すなわち殺菌作用）のである．この種の**抗生物質 antibiotics** で最も有用なもの（たとえば，**テトラサイクリン，リンコマイシン，エリスロマイシン，クロラムフェニコール**）は，真核細胞のリボソームの構成成分とは相互作用を示さないので，真核細胞には毒性を示さない．テトラサイクリンはアミノアシル tRNA が細菌のリボソームの A 部位に結合するのを阻害する．クロラムフェニコールは 23S rRNAと結合することによってタンパク質生合成を阻害する．このことは，新たに認められた 23S rRNA のペプチジ

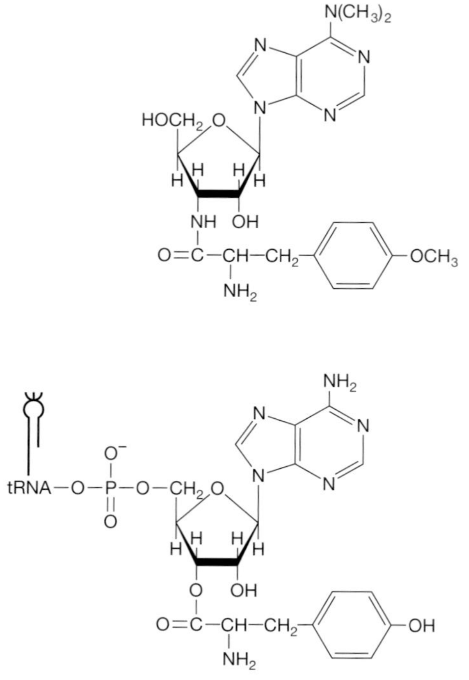

図 37-13. 抗菌薬ピューロマイシン（上）とチロシル-tRNA の 3′ 末端側（下）の構造の比較

ルトランスフェラーゼ活性によるペプチド結合形成への役割と考え合わせると興味深い．原核細胞のリボソームとミトコンドリアのリボソームは類似しているので，ある種の抗生物質の使用において副作用が起こることを付言しておかねばならない.

　抗生物質のなかには，すべての生物種でリボソームにおけるタンパク質生合成を阻害するもの（**ピューロマイシン puromycin**），あるいは真核細胞のタンパク質生合成のみを阻害するもの（**シクロヘキシミド cycloheximide**）がある．ピューロマイシンはチロシル tRNA の構造類似体であり（**図 37-13**），リボソーム A 部位を経て P 部位にあるペプチジル tRNA の伸長ペプチド鎖のカルボキシ末端に取り込まれ，ポリペプチド鎖の未成熟遊離を起こす．ピューロマイシンは，チロシル tRNA の類似体として，原核細胞および真核細胞の両者においてタンパク質生合成を強く阻害する．シクロヘキシミドは，真核生物の 60S リボソームサブユニットのペプチジルトランスフェラーゼ活性を阻害する．この阻害作用はおそらく rRNA 成分への結合によるものである.

　ジフテリア毒素 diphtheria toxin は，ある特殊な溶原性ファージに感染したジフテリア菌 *Corynebacterium diphtheriae* の生産する菌体外毒素である．ジフテ

リア毒素は哺乳類細胞の翻訳伸長因子 EF2 上の固有の修飾アミノ酸ジフタミド（ヒスチジンの翻訳後修飾型）の ADP-リボシル化を触媒する．この修飾によって，EF2 は不活性化され，哺乳類細胞のタンパク質生合成は特異的に抑制される．多くの動物（マウスなど）はジフテリア毒素に対し抵抗性である．この抵抗性は，ジフテリア毒素が細胞膜を透過できないためであって，マウスの EF2 がジフテリア毒素による NAD を用いた ADP-リボシル化を受けないためではない．

　castor bean（トウゴマ，ヒマの実）から分離された**リシン ricin** は極めて毒性の強い物質で，真核細胞の 28S リボソーム RNA 中の一部の *N*-グリコシル結合の切断，すなわち 1 個のアデニン残基の除去を触媒することによってリボソーム RNA を不活性化する．

　これらの化合物の多くのもの，とくにピューロマイシンとシクロヘキシミドは，臨床的には用いられないが，基礎的な研究には重要である．代謝過程の調節，とくにホルモンによる酵素誘導などにおいて，タンパク質合成の役割を明らかにするために用いられてきた．

まとめ

- 遺伝情報は，一般に DNA → RNA → タンパク質という流れに沿って伝達される．
- リボソーム RNA（rRNA），転移 RNA（tRNA），およびメッセンジャー RNA（mRNA）がタンパク質生合成に直接的に関与している．
- mRNA のもつ情報は，各々 3 個のヌクレオチドよりなるコドンが連続して直列に連なったものである．
- mRNA は開始コドン（AUG）から終止コドン（UAA，UAG，UGA）へと連続して読み取られる．
- mRNA の解読可能領域［オープンリーディングフレーム（ORF）］は一連の切れ目ないコドンで形成されている（AUG から終止コドンまで）．その各々のコドンは特定のアミノ酸を規定し，それによって，特定の mRNA から合成されるタンパク質の正確な一次構造を決定づけている．
- タンパク質生合成には，DNA 合成や RNA 合成と同じく mRNA に 5′ → 3′ への方向性があり，3 段階，すなわち開始，伸長，終結の過程に分けられる．
- 変異タンパク質は，塩基置換によって，タンパク質上の特定の位置に別のアミノ酸を規定するようなコドンが生じる場合，終止コドンが生じて部分削除タンパク質 truncated protein を生成する場合，あるいは塩基の付加または欠失によって読み枠（リーディングフレーム）が変化して，その下流側の異なるコドンの並びに対して翻訳される場合，に生じる．
- 数種の抗生物質を含むさまざまな化合物は，翻訳過程の 1 つまたはそれ以上のステップに影響を与えることでタンパク質生合成を阻害する．

文　献

Aitken CE, Lorch R: A mechanistic overview of translation in eukaryotes. Nat Struc Mol Biol 2012;19:568-576.

Crick FH, Barnett L, Brenner S, et al: General nature of the genetic code for proteins. Nature 1961;192:1227-1232.

Frank J: Whither ribosome structure and dynamics? (A perspective). J Mol Biology 2016;428:3565-3569.

Hernandez G, Osnaya VG, Perez-Martinez X: Conservation and Variability of the AUG initiation codon context in eukaryotes. Trends Biochem Sci 2019;44:1009-1021.

Hinnebusch AG: The scanning mechanism of eukaryotic translation initiation. Ann Rev Biochem 2014;83:779-812.

Hinnebusch AG, Ivanov IP, Sonenberg N: Translational control by 5′-untranslated regions of eukaryotic mRNAs. Science 2016;352:1413-1416.

Jackson R, Hellen CUT, Pestova TV: The mechanism of eukaryotic translation initiation and principles of its regulation. Nat Rev Mol Cell Biol 2010;10:113-127.

Jain S, Parker R: The discovery and analysis of P bodies. Adv Exp Med Biol 2013;768:23-43.

Kozak M: Structural features in eukaryotic mRNAs that modulate the initiation of translation. J Biol Chem 1991;266:1986-1970.

Liu CC, Schultz PG: Adding new chemistries to the genetic code. Annu Rev Biochem 2010;79:413-444.

Moore PB, Steitz TA: The roles of RNA in the synthesis of protein. Cold Spring Harb Perspect Biol 2011;3:a003780.

Sonenberg N, Hinnebusch AG: Regulation of translation initiation in eukaryotes: mechanisms and biological targets. Cell 2009;136:731-745.

Tauber D, Tauber G, Parker R: Mechanisms and Regulation of RNA Condensation in RNP Granule Formation. Trends Biochem Sci 2020;45:764-778.

Thompson SR: Tricks an IRES uses to enslave ribosomes. Trends Microbiol 2012;20:558-566.

Torre D de la, Chin JW: Reprogramming the genetic code. Nat Rev Genetics 2021;22:169-184.

Wang Q, Parrish AR, Wang L: Expanding the genetic code for biological studies. Chem Biol 2009;16:323-336.

Weatherall DJ: Thalassemia: the long road from bedside to genome. Nat Rev Genet 2004;5:625-631.

Wilson DN: Ribosome-targeting antibiotics and mechanisms of bacterial resistance. Nat Rev Microbiol 2013;12:35-48.

遺伝子発現の調節

38

Regulation of Gene Expression

学 習 目 標
本章習得のポイント

- 遺伝子発現の発現過程では多くのステップ，すなわち遺伝子コピー数の調節，遺伝子再編成，転写，mRNA のプロセシングと核からの輸送，翻訳，タンパク質の細胞内局在化，タンパク質の翻訳後修飾と分解がかかわるが，これらすべてが正と負の両方の調節を受けていること．さらに，これらの過程のいずれか，あるいは複数箇所の変化によって対応する遺伝子産物の量と活性が増減することを説明する．

- DNA 結合性転写因子は，標的転写プロモーターと物理的につながっている特定の DNA 配列に結合するタンパク質であり，遺伝子転写を活性化または抑制できることを理解する．

- DNA 結合性転写因子は，しばしば機能分割型（modular）タンパク質であり，構造と機能面で独立したドメインから構成されることを認識する．これらの転写因子は，RNA ポリメラーゼやその補助因子と結合して，あるいはヌクレオソームの占有率，部位，構造，組成，ヒストンの共有結合性修飾を調節するコレギュレーター（補助制御因子）との相互作用を介して，直接あるいは間接的に遺伝子の転写を制御できることを知る．

- ヌクレオソームにおける調節は，通常はエンハンサーやプロモーター配列のようなターゲットとなる DNA への近づきやすさを増加または減少させるが，ヌクレオソームの修飾によっては他のコレギュレーター（補助制御因子）に対する新たな結合部位をつくり出す場合があることを理解する．

- 遺伝子の転写，RNA プロセシング，RNA の核外輸送の過程がどのように連動しているかを説明する．

- エピジェネティックな遺伝子調節の現象と，その過程が分子レベルでどのように起こるかを説明する．

生物医学的重要性

生物は，遺伝子発現の量や空間的，時間的パターンを調節することで，遺伝的な発生の指標やプログラム，環境変化，あるいは病気に応答して遺伝子の発現を変化させる．遺伝子発現を調節する仕組みは詳細に研究されており，しばしば遺伝子の転写の変化を伴うことが知られている．転写の調節は，最終的には，特定の調節因子（通常はタンパク質）と，調節される遺伝子内の種々の DNA 領域の間の相互作用様式の変化によて生じる．こうした相互作用は転写に対して正または負の効果を及ぼす．転写制御は組織特異的な遺伝子発現をもたらし，遺伝子調節はさまざまな生理学的，生物学的，環境的要因および薬理学的薬物の影響を受ける．

転写レベルでの調節に加えて，遺伝子発現は遺伝子の増幅 gene amplification，遺伝子の再編成 gene rearrangement，転写後修飾 posttranscriptional modification，RNA の 安 定 化 RNA stabilization，翻 訳 調 節 translational control，タンパク質修飾 protein modification，タンパク質の細胞内局在化 protein compartmentalization，タンパク質の安定化 protein stabilization または分解によって制御されている．遺伝子発現を制御する多くの機構が，発生の指標，成長因子，ホルモン，環境因子，治療薬剤に応答するために利用されている．遺伝子発現の調節異常はヒトの疾病につながる．したがって，これらの過程を分子レベルで理解することによって，病態生理学的機能を変化させたり，病原性生物の機能阻害や増殖を阻止したりする治療薬の開発が可能になるであろう．

遺伝子の調節された発現が発生，分化，適応に必要である

　後生動物 metazoan organism のそれぞれの正常な体細胞に存在する遺伝情報は，ほぼ同一である．しかし，例外的な細胞が少数あり，特殊な細胞機能を果たすために増幅あるいは再編成した遺伝子を有し，遺伝的にその性質が組み込まれている．もちろんさまざまな疾患状態においても染色体の完全性に変化が生じるし（たとえば，がん（癌）；図 56-11 参照），ときには染色体全体が変化することもある（たとえば，ダウン症の原因となるトリソミー 21）．生物の個体とその細胞要素の発生と分化の過程において，遺伝情報の発現は調節を受けることが当然予想される．さらに，生物が環境に適応し，エネルギーおよび栄養源を節約するためにも，遺伝情報の発現は外部からのシグナルに対応して必要なときにだけ反応しなければならない．生物が進化するにつれて，複雑な環境での生存に必要な応答性を生物とその細胞に与えるさらに洗練された調節機構が現れた．哺乳類の細胞は，大腸菌の約 1000 倍量の遺伝情報をもっているが，この追加分の多くは，多細胞生物の組織分化や生物学的過程における遺伝子発現の調節および生物が複雑な環境変化に対応できる能力を獲得することに関与しているようである．

　簡単にいえば，遺伝子調節は**正の調節 positive regulation** と**負の調節 negative regulation** の 2 種類だけである（**表 38-1**）．遺伝情報の発現が特定の調節エレメントの存在によって量的に増加する場合，この調節は正であるといい，逆に遺伝情報の発現が特定の調節エレメントの存在によって低下する場合，この調節は負であるという．負の調節を媒介する因子あるいは分子を**負の調節因子 negative regulator**，**サイレンサー silencer** または**リプレッサー repressor** といい，正の調節を媒介する因子は**正の調節因子 positive regulator**，**エンハンサー enhancer** または**アクチベーター activator** という．しかし，**二重の負 double negative** は正 positive として作用する効果をもつので，負の調節因

子の機能を阻害するエフェクター effector は，正の調節をしているかのように見える．誘導していると解釈されていた調節系が，分子レベルでは実際は**脱抑制 derepressed** であることがわかった例も多い（これらの用語の詳細については 9 章参照）．

生体システムは調節シグナルに対して3種類の時間的応答を示す

　図 38-1 は，遺伝子発現の程度が誘導シグナルに対してどのような時間的応答を示すかについての 3 種の形式を模式図で表したものである．**A 型の応答形式 type A response** の場合には，遺伝子発現量の増加は誘導シグナルが継続して存在することに依存している．誘導シグナルが消失すると遺伝子発現量はもとの基底状態に減少するが，シグナルがふたたび現れるとそれに応じてまた発現量の増加が繰り返し行われる．一般

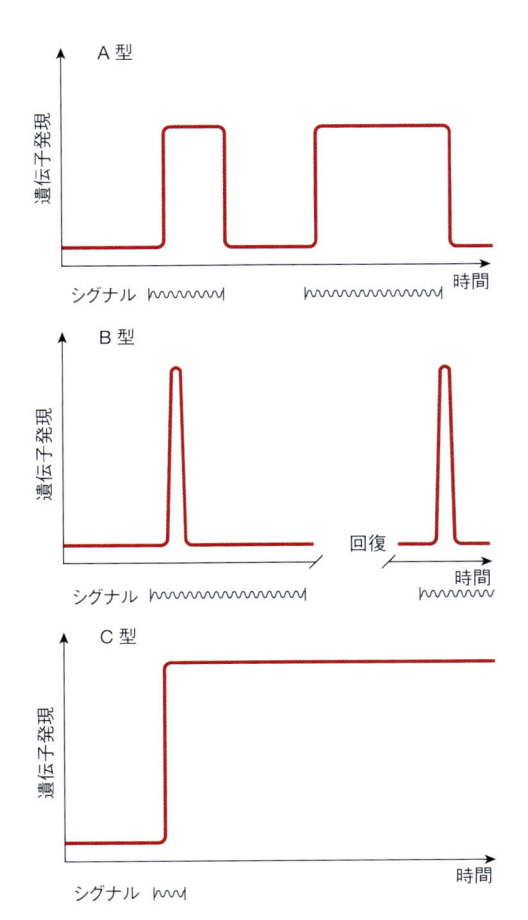

図 38-1. 特異的調節シグナルに対する遺伝子の発現量を時間との関係で示す模式図

表 38-1. 遺伝子発現に対する正と負の調節

	遺伝形質の発現の速度	
	負の調節	正の調節
調節因子の存在下	減　少	増　加
調節因子の非存在下	増　加	減　少

に，このような応答型式は，原核生物では栄養源の細胞内濃度の急激な変化に対する応答として，さらに高等動物におけるホルモン，栄養源，あるいは増殖因子などの誘導物質 inducer に対する応答として認められる（42 章参照）．

B 型の応答形式 type B response では，調節シグナルが継続して存在しているにもかかわらず，遺伝子発現量の増加が一過性にしか認められない．調節シグナルが消失し，細胞が回復した後に次の調節シグナルが与えられると，2 回目の一過性の応答が観察される．この応答−脱感作−回復という一連の現象は，多くの薬剤の作用として特徴づけられているが，同時にこの現象は自然界で起こっている多くの過程に共通に認められるものである．この種の応答は生物の発生過程でしばしば起こるもので，シグナルが継続するにもかかわらず，特定の遺伝子産物が一過性に出現することが必要な場合に認められる．

C 型の応答形式 type C response のパターンでは，調節シグナルに反応して増大した遺伝子発現量がシグナルの消失後も持続する．このパターンでは，シグナルは引き金 trigger の役割を果たしている．すなわち，細胞内でひとたび遺伝子発現が始まると，娘細胞においてすら終結しないで継続する．すなわち，これは非可逆的であり，娘細胞に伝達される変化である．この種の応答は，組織あるいは器官の形成・発達の際に通常認められるものである．

単細胞生物と単純な多細胞生物はヒト細胞の遺伝子発現研究のための重要なモデルとして役立つ

原核細胞の遺伝子発現調節の研究は，遺伝子の情報が mRNA を介して特定のタンパク質に伝わるという原則の確立に役立った．これらの研究は，原核生物やとくにパン酵母 Saccharomyces cerevisiae やキイロショウジョウバエ Drosophila melanogaster のような下等な真核生物において行うことができる高度な遺伝学的分析により促進されてきた．そして最近では，これらの初期の研究により確立された原理は，さまざまな物理学的，光学的，生化学的，情報学的，分子生物学的技術と組み合わせることで，ヒトを含む高等真核生物の遺伝子調節の研究に大きな発展をもたらしてきた．本章の最初の議論は原核細胞系が中心となる．この分野での遺伝学的研究は極めて印象的であるがここではあまり触れず，むしろ遺伝子発現の生理学的な側面について述べる．しかし，この生理機能におけるほとんどの結論も，遺伝学的な研究から導かれ，分子生物学と

生化学的な実験によって実証されたものでる．

原核細胞の遺伝子発現のいくつかの特徴は極めてユニークである

遺伝子発現の生理機能について述べる前に，原核細胞系についていくつかの特殊な遺伝とその調節についての用語を定義しておく．原核細胞では 1 つの代謝経路に関与する遺伝子群は，しばしば**オペロン operon** とよばれる一列につながった構造をとっている（たとえば，*lac* オペロン）．オペロンは 1 つのプロモーターあるいは調節領域によって制御される．**シストロン cistron** は遺伝形質の最小単位である．別々に翻訳される複数のタンパク質をコードする 1 つの mRNA は**ポリシストロニック mRNA polycistronic mRNA** とよばれる．たとえばポリシストロニックな *lac* オペロン mRNA は 3 種の別々のタンパク質に翻訳される（以下の記述を参照）．オペロンとポリシストロニック mRNA は原核細胞では普通に見られるが，真核生物には見られない．

誘導遺伝子 inducible gene は，特異的な正の調節シグナルとしてはたらく**誘導因子 inducer** あるいは**アクチベーター activator** によって，その発現が活性化される遺伝子である．一般に誘導遺伝子は比較的低い基本転写速度をもっている．それに対し，高い基本転写速度をもつ遺伝子は，しばしばリプレッサーによって負の調節を受ける．

ある種の遺伝子の発現は**構成的 constitutive** である．すなわち，それらの遺伝子はおおむね一定の速度で発現していて，広範な調節を受けていないように見える．このような遺伝子はしばしば**ハウスキーピング遺伝子 housekeeping gene** ともよばれている．しかし，変異の結果，普通は誘導的 inducible であった遺伝子産物が構成的に発現するようになる場合がある．もともと調節による支配を受けていた遺伝子が，構成的に発現するようになった変異を**構成的変異 constitutive mutation** とよぶ．

大腸菌におけるラクトース代謝の研究から遺伝子転写の促進と抑制の基本的仕組みが明らかにされた

1961 年に Jacob と Monod は，彼らの古典的論文において，いわゆる**オペロンモデル operon model** を発表した．彼らの仮説は，主として腸内細菌である大腸菌のラクトース代謝についての観察にもとづいている．ラクトースの代謝に関与する遺伝子群の調節についての分子機構は，現在あらゆる生物の中でもっともよく

理解されているものである．β-ガラクトシダーゼ β-galactosidase は，β-ガラクトシド β-galactoside であるラクトースをガラクトースとグルコースに加水分解する．β-ガラクトシダーゼをコードする遺伝子（lacZ）は，ラクトース透過酵素 permease（lacY）とチオガラクトシドトランスアセチラーゼ（lacA）をコードする遺伝子とクラスター化している．これら3種の酵素をコードする遺伝子は lac プロモーターと lac オペレーター（調節領域）とともにあり，さらに LacI リプレッサーをコードする lacI 遺伝子が物理的につながっており，**図 38-2** に示すような **lac オペロン lac operon** を形成している．lac オペロンのこのような遺伝子配置は，ラクトース代謝に関与する上記3種の酵素の**統合的発現 coordinate expression** を可能にしている．連結された各オペロン遺伝子は，3つの各シストロンに独立した翻訳の開始（AUG）および停止（UAA）コドンをもつ，1つのおおきなポリシストロニック mRNA 分子に転写される．したがって，各々のタンパク質は別々に翻訳されるのであって，1個の大きな前駆体タンパク質からプロセスされるのではない．

現在では，遺伝子は一次転写産物をコードする領域だけでなく，調節配列も含むと考えるのが普通である．歴史的経緯により表記法にさまざまな例外はあるが，一般に遺伝子はイタリック体の小文字，コードされるタンパク質は最初の文字を大文字としたローマン体で略記される．たとえば lacI 遺伝子でコードされるリプレッサータンパク質は LacI となる．適当な非抑制的な培養条件下（たとえば，高濃度のラクトース添加あるいはグルコース無添加，または低濃度のグルコース添加；以下の記述を参照）において，大腸菌にラクトースまた

はある種の特異的なラクトース類似体を添加すると，β-ガラクトシダーゼ，ガラクトシドパーミアーゼ，およびチオガラクトシドトランスアセチラーゼの三者の活性発現が 100〜1000 倍も上昇する．これは図 38-1 で示した A 型の応答である．誘導の反応速度論（kinetics）的経過は極めて速やかであり，ラクトースを培地に添加すると約5分以内に lac 特異的 mRNA が完全に誘導され，β-ガラクトシダーゼタンパク質は 10 分以内に最大値に達する．完全に誘導された条件下では，β-ガラクトシダーゼは細胞あたり 5000 分子におよび，非誘導時の基底値の約 1000 倍の量となる．シグナル，この場合では誘導物質，が除去されると，これら3種の酵素の合成は低下する．

大腸菌（E. coli）の培地に炭素源としてラクトースとグルコースの両方を添加すると，大腸菌は，最初はグルコースを代謝して増殖するが，グルコースを消費してしまうと，使用可能なエネルギー源としてラクトースを代謝する能力を獲得するために lac オペロンの遺伝子を誘導するまで，一時的に増殖を停止する．ここでラクトースが細菌の増殖の初期から培地に存在するにもかかわらず，細菌はグルコースを消費しつくすまで，ラクトースの異化に必要な酵素を誘導しない．この現象は当初，グルコースの異化産物 catabolite による lac オペロンの抑制によるものと考えられ，カタボライト抑制 catabolite repression と名づけられた．現在では，カタボライト抑制は，実際には**サイクリック AMP cyclic adenosine 3′,5′-monophosphate**（cAMP，サイクリックアデノシンーリン酸，図 18-5 参照）と結合した**カタボライト活性化タンパク質 catabolite activator protein**（CAP）によって行われることが知られている．このタンパク質は cAMP 調節タンパク質（CRP）ともよばれている．後述するように，大腸菌およびその他の原核生物においては，多くの誘導酵素系あるいはそのオペロンの発現がカタボライト抑制によって調節されている．

lac オペロンの誘導の生理学は，現在では分子レベルでよく理解されている（**図 38-3**）．lac オペロンの正常な lacI 遺伝子の発現は構成的であり，一定速度で **Lac リプレッサー Lac repressor** のサブユニットの合成を行っている．Lac リプレッサー分子は分子量 38,000 の4個の同一サブユニットから構成される四量体である．lacI の産物である LacI リプレッサータンパク質は，DNA 上のオペレーター部位に対して非常に高い親和性をもつ（解離定数 K_d は約 10^{-13} mol/L）．**オペレーター部位 operator locus** は，次に示すような 21 塩基対

図 38-2. 約 6 kbp の lac オペロンのタンパク質をコードするエレメントと調整エレメントの位置関係
lacZ は β-ガラクトシダーゼ，lacY は透過酵素（パーミアーゼ），lacA はトランスアセチラーゼをそれぞれコードしている．lacI は lac オペロンのリプレッサーをコードしている．lac オペロンの転写開始部位（TSS）も示される．LacI タンパク質（lac リプレッサー）の結合部位，すなわち lac オペレーター（図中黄緑色），が lac プロモーターと重複することに注目せよ．lac プロモーターのすぐ上流に，lac オペロンの転写の正の調節因子である cAMP 結合タンパク質（CAP）の認識部位（CRE：cAMP 応答配列）が存在する．詳細は図 38-3 を参照のこと．

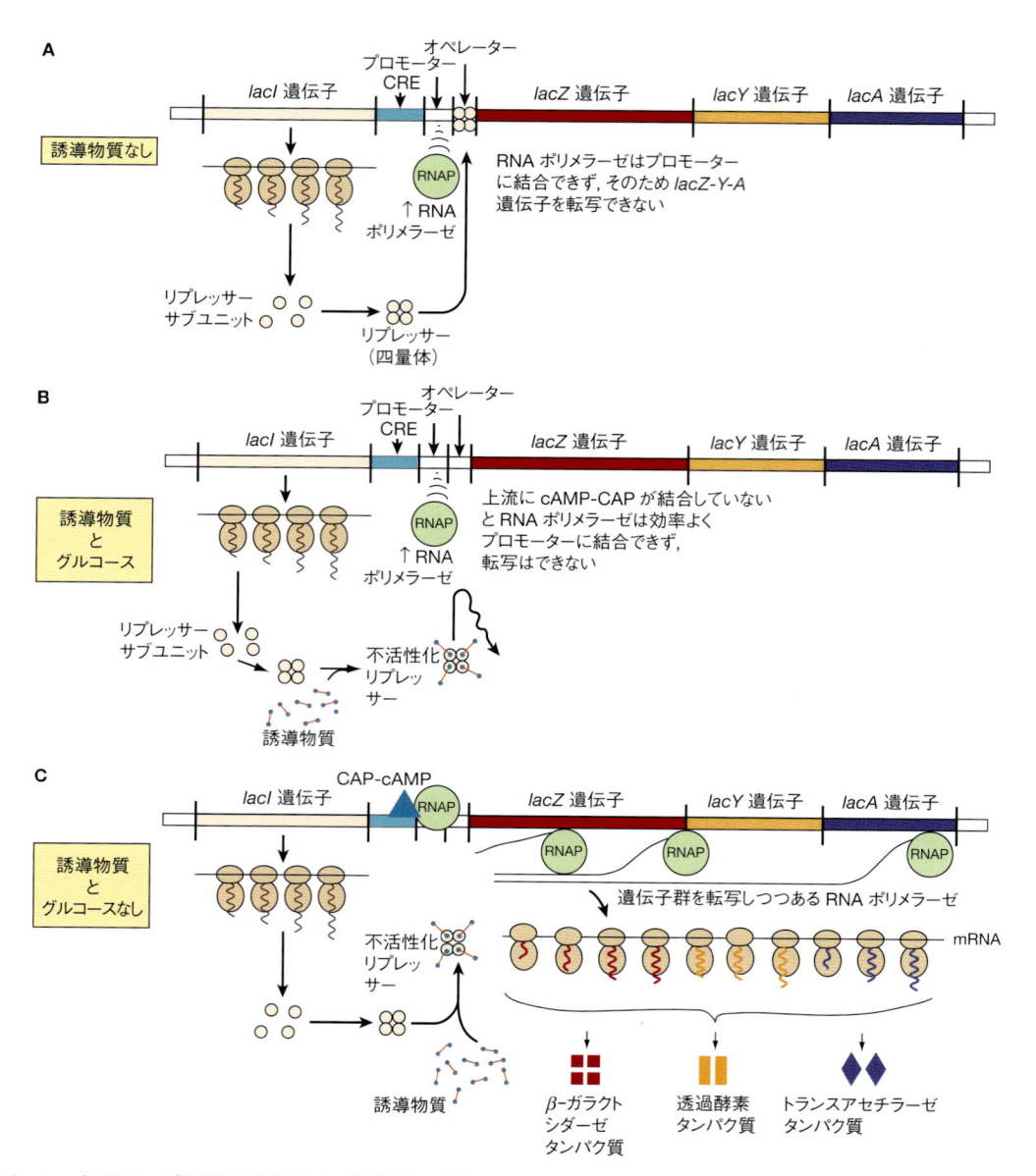

図 38-3. *lac* オペロンの抑制と脱抑制および活性化の機構

誘導物質が存在しない場合（**A**），構成的に生合成される *lacI* 遺伝子産物は四量体のリプレッサーとなり，オペレーター部位に結合する．リプレッサー─オペレーター間の結合は RNA ポリメラーゼ（RNAP）の効率的なプロモーターへの結合と転写の開始を阻害し，それによってポリシストロニック mRNA の構造遺伝子 *lacZ*，*lacY*，および *lacA* の転写を妨げる．**培地に誘導物質およびグルコースが存在する場合（B**），四量体リプレッサーはその誘導物質と結合し，コンホメーションの変化が生じ不活化する．その結果，リプレッサーはオペレーター部位に効率よく結合できなくなる（結合親和性が 1000 倍以下に低下する）．しかし，CRE に結合した CAP とのタンパク質間相互作用が存在しないため，RNA ポリメラーゼはプロモーターに効率よく結合できず，転写を開始できない．すなわちこのオペロンの発現はできないことになる．しかしながら，**培地に誘導物質は残しグルコースを除いた場合（C**），アデニル酸シクラーゼが活性化し cAMP が産出される．生じた cAMP はこの結合タンパク質である cAMP 活性化タンパク質（CAP）に強く結合する．cAMP-CAP 複合体は *lac* オペロンの転写開始位置から −50 にある認識部位（CRE：cAMP 応答配列）に結合する．CRE に結合した CAP と RNA ポリメラーゼ間の直接的タンパク質−タンパク質接合により RNA ポリメラーゼのプロモーターへの結合が 20 倍以上増強し，これにより RNA ポリメラーゼは *lac* オペロンを効率よく転写し，*lacZ*，*lacY*，および *lacA* からなるポリシストロニック mRNA がつくられ，図に示されるように対応するタンパク質分子，すなわち β-ガラクトシダーゼ，透過酵素，およびトランスアセチラーゼに翻訳される．これらの産物タンパク質により，増殖のための唯一の炭素源となったラクトースの異化作用が可能になる．

長の二本鎖 DNA 領域であり，2 回回転対称 2-fold ro-tational symmetry と逆回文配列（点線の軸を中心として 2 つの矢印で示した部分）をもつ.

$$5' - \text{\textbf{AATTGT}}\text{GAGC G GATAACAATT}$$
$$3' - \text{TTAACACTCG C CTAT}\text{\textbf{TGTTAA}}$$

リプレッサーの 4 個のサブユニットのなかで 2 個のみが同時にオペレーターと結合し，この 21 塩基対領域では各々の塩基対のほとんどすべての塩基が LacI リプレッサーの認識と結合に関与している. 結合はオペレーターの二重らせん DNA の**大きな溝 major groove**に生じるが，オペレーター DNA の二重らせんの塩基対構造はほどけないで保持される. **オペレーター部位 operator locus**（すなわち LacI 結合部位）は，RNA ポリメラーゼが結合して転写を開始する**プロモーター pro-moter** と，β–ガラクトシダーゼの構造遺伝子である ***lacZ* 遺伝子**の転写開始点との間に存在する（図 38–2 と図 36–3 参照）. LacI リプレッサー分子がオペレーター部位に結合すると，プロモーターへの RNA ポリメラーゼの結合が妨げられ，下流の構造遺伝子群である *lacZ*, *lacY*, および *lacA* の転写が抑制される. RNA ポリメラーゼと LacI リプレッサーが効率よく同時に *lac* オペロンに結合することはない. したがって，LacI 分子は**負の調節因子 negative regulator** であり，その存在下（そして誘導物質の非存在下：以下の記述を参照）では *lacZ*, *lacY*, および *lacA* 遺伝子の発現は極めて低い. 通常，1 個の細胞あたり約 30 個の四量体リプレッサー分子がが存在し，この濃度（3×10^{-8} mol/L）のリプレッサーは細胞内で 1 個の *lac* オペレーターの 95% を占有し得るものであり，したがって誘導シグナルの非存在下において，*lac* オペロン遺伝子の転写は低い（しかしゼロではない）基底レベルに保たれている.

lac オペロンを誘導することはできるが，それ自身は β–ガラクトシダーゼの基質になり得ないようなラクトースの構造類似体は，**無償性誘導物質 gratuitous inducer** の 1 つの例である. たとえば，**イソプロピルチオガラクトシド isopropyl thiogalactoside**（**IPTG**）がこれにあたる. あまりよく利用されない炭素源（コハク酸など）の存在下で増殖している細菌に，ラクトースあるいは IPTG のような無償性誘導物質を添加すると，*lac* オペロンの酵素群の速やかな誘導が起こる. 透過酵素が存在しなくても，少量の無償性誘導物質あるいはラクトースは細胞内に入ることが可能である. LacI リプレッサー分子は，オペレーター部位に結合した状態

でも，サイトゾルで遊離した状態で存在している場合でも，ともに誘導物質に高い親和性をもっている. オペレーター部位と結合したリプレッサー分子に誘導物質が結合すると，リプレッサーのコンホメーション変化が誘起され，リプレッサーによるオペレーター DNA の占有率が低下する. この際，LacI のオペレーターに対する親和性は IPTG の非存在下の場合と比べて 10^4 倍低下する（K_d 約 10^{-9} mol/L）. そして，DNA 依存性 RNA ポリメラーゼは LacI とより効率的に競合し，プロモーターに結合できるようになり，転写が開始される（図 36–3 と図 36–8 参照）. しかしながら，この過程は，下で示す補助因子の作用がないと効率よく進行しない. このように，**誘導物質は *lac* オペロンを脱抑制**し，β–ガラクトシダーゼ，ガラクトシド透過酵素，およびチオガラクトシドトランスアセチラーゼをコードする遺伝子の転写を促進する. ポリシストロニック mRNA の翻訳は，転写が完結しなくても起こり得る. *lac* オペロンが脱抑制されると，細胞はラクトースをエネルギー源として利用するために必要な酵素群を合成し得るようになる. ここで述べたような生理的な機能から，*lac* オペレーター–プロモーターを適当に遺伝子工学的に組み込んだ組換え遺伝子を含むプラスミドで形質転換を行い，IPTG で誘導することにより，哺乳類の組換えタンパク質を大腸菌で発現させることが可能で，広く利用されている.

RNA ポリメラーゼがプロモーター部位と結合し，最も効率よく PIC（開始前複合体）を形成するためには，細胞内に cAMP–CAP 複合体が存在する必要がある. 前述とは独立したある仕組みで，細菌は炭素源が欠乏すると cAMP を蓄積する. グルコースあるいはグリセロールが細菌の増殖に十分な濃度で存在するときは，細菌は CAP に結合し得るに足る十分な cAMP を産生できない. それは，グルコースが ATP を cAMP に変換するアデニル酸シクラーゼ（42 章参照）を阻害するからである. したがって，グルコースあるいはグリセロールの存在下では，cAMP と結合した CAP の量が低下し，DNA 依存的 RNA ポリメラーゼによる *lac* オペロンの効率的な転写開始ができない. しかしながら CAP–cAMP 複合体の存在下では，この複合体がプロモーター部位のすぐ上流にある **CAP 応答エレメント CAP response element**（**CRE**）DNA に結合し，転写は最大速度で開始される（図 38–3）. いくつかの研究から，CAP のある領域が RNA ポリメラーゼ（RNAP）α サブユニットと結合して，このタンパク質–タンパク質間相互作用が RNA ポリメラーゼのプロモーターへの結

合を促進することが示されている．したがって，CAP-cAMP 調節因子は，最適な遺伝子発現のために必要なので，**正の調節因子 positive regulator** として作動していることになる．ここまで述べてきたように，*lac* オペロンは別々のリガンドで制御される 2 種類の DNA 結合性トランス因子による調節を受けている．1 つは正にはたらき（cAMP-CRP 複合体），RNA ポリメラーゼのプロモーターへの効果的な結合を促進する．そしてもう 1 つは負にはたらき（LacI リプレッサー），RNA ポリメラーゼのプロモーターへの結合を拮抗阻害する．*lac* オペロンは，図 38-3（C）に示したとおり，グルコースレベルが低下（cAMP が上昇して CAP を活性化）して，しかもラクトースが存在する（LacI がオペレーターに結合できない）ときに最大に活性化される．

上述の内容がわかれば，*lac* システムのさまざまな構成要素における変異が，*lac* オペロンの発現におよぼす影響を予測できるようになる．*lacI* 遺伝子が変異を起こしてその産物である LacI がオペレーター DNA に結合する能力を失ったような場合には，変異株では *lac* オペロンが**構成的発現 constitutive expression** を行うようになる．これに対し，*lac* 遺伝子の変異の結果，ラクトースや他の低分子誘導物質との結合能力を失ったような LacI タンパク質が産生される場合には，それらリガンドはオペレーターに結合したリプレッサーに結合してオペロンを脱抑制することができず，誘導物質の存在下でも，オペロンの発現は抑制された状態にとどまってしまう．同様に *lac* オペレーター部位に変異が生じた結果，その塩基配列が正常のリプレッサー分子と結合できなくなった場合には，その変異株の *lac* オペロンの発現は，構成的となる．ここで記述した *lac* 系の正と負の調節機構に類似のものが真核細胞でも観察されている（後述参照）．

ラムダ（λ）ファージの遺伝子スイッチは真核細胞の転写制御における条件特異的な調節タンパク質-DNA 相互作用の役割を理解するための新たなパラダイムを提供する

ある種の真核細胞ウイルス（たとえば，単純ヘルペスウイルスや HIV）と同様に，一部の細菌ウイルスは，宿主の染色体内に休眠状態 dormant のまま存在することもできるし，宿主内で増殖して，終局的には宿主を溶菌して死滅させることもできる．大腸菌には，このような“テンペレート（溶原性）temperate”ウイルスであるλファージを宿しているものがある．λファージは大腸菌の感受性株に感染すると，48 490 塩基対より

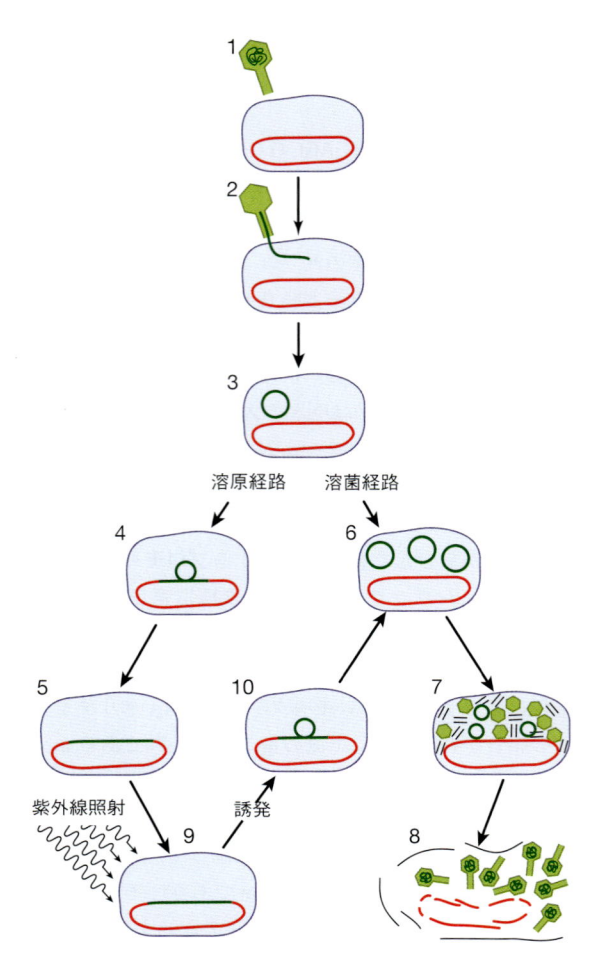

図 38-4. ラムダ（λ）ファージの溶菌と溶原性の 2 つの生活様式

λファージの大腸菌への感染は，細胞表面の特異的受容体へのウイルス粒子の付着で開始され（**1**），次いでその DNA（濃緑色の線）の細胞内への注入が起こり（**2**），そこでファージゲノムが環状化する（**3**）．そして，感染ウイルスのもつ 2 組の遺伝子群のうちいずれが発現されるかによって，2 種類の過程のいずれかをとる．溶原経路をとる場合には，ウイルスの DNA は細菌の染色体（**赤線**）に挿入され（**4,5**），大腸菌の細胞分裂の際，大腸菌 DNA の一部として受動的に複製される．この休眠状態の細菌ゲノムに組み込まれたウイルスはプロファージとよばれ，プロファージをもつ細菌は溶原菌とよばれる．感染がもう一方の溶菌経路をとる場合には，ウイルス DNA は大腸菌染色体から切り出され自分自身の複製を行い（**6**），そしてウイルスタンパク質（黒線）の合成へと進む（**7**）．これにより約 100 個の新しいウイルス粒子（緑六角形）が形成される．増殖が進むとウイルスは細胞を溶菌する（**8**）．プロファージは紫外線照射などの DNA 障害作用で“誘発 induce”される（**9**）．誘発剤によってスイッチが押されると（本文と図 38-5 λ“分子スイッチ”参照），それまでとは別の遺伝子群の発現へと切り換えられる．ウイルス DNA は宿主の染色体からループとして切り出され（**10**），複製され，ウイルスは溶菌経路を進む．

なる二本鎖の線状 DNA 分子を細胞内に注入する（**図 38-4**）．そして，細胞の栄養状態に従って λDNA は宿主染色体に**組み込まれ integrate**（**溶原経路 lysogenic pathway**），活性化されるまで休眠状態を保持するか（後述参照），あるいは**複製 replication** を開始して約 100 個のタンパク質の殻で覆われた完全なウイルスを産生し，その時点で宿主の溶菌を引き起こす（**溶菌経路 lytic pathway**）．一方，新しく放出されたウイルス粒子は，他の感受性宿主に感染することができる．貧栄養条件では λ ファージは細胞内で溶原経路をとりやすく，栄養に富む条件下では溶菌経路をとる．

λ ファージは宿主の染色体に組み込まれた場合には休眠状態のままで存在し，宿主が DNA 損傷を起こすような試薬に曝露されると，そこで初めて活性化される．このように有害な刺激に遭うと，休眠状態のファージは "**誘発 induce**" されて，自らの遺伝子の転写，次いで翻訳を開始する．そしてこの発現が自らのゲノムの宿主染色体からの切断，DNA 複製，そして殻タンパク質と溶菌酵素の合成をもたらす．この過程は，外からの刺激が引き金 trigger のようにはたらく点で，図 38-1 の C 型の反応に近いものである．すなわち，いったん休眠状態の λ ファージの誘発が開始されると，その過程は非可逆的であり，細胞が溶解され，複製したファージが遊離されるまで進行してしまう．休眠あるいは**プロファージの状態 prophage state** から**溶菌感染 lytic infection** への転換（分子スイッチ）は，遺伝的および分子的レベルでよく理解されている現象なので，下記にこれを記述することにする．また，分子レベルでの見解はなお不明確だが，HIV やヘルペスウイルスも λ ファージと同様に休眠状態から感染活性型への変換を起こすことができる．

λ ファージの溶菌・溶原化転換の仕組みでは，その二本鎖 DNA 上の "**右側のオペレーター right operator**"（O_R）と名づけられている約 80 塩基対の部位が中心的役割を果たしている（**図 38-5A**）．この O_R の左方には λ ファージのリプレッサータンパク質をコードする遺伝子 **cI** が存在し，右方には別の調節タンパク質をコードする **cro** とよばれる遺伝子が存在している．λ ファージがプロファージの状態，すなわち宿主の染色体に組み込まれた状態で存在しているときには，ファージ遺伝子の中で cI リプレッサー遺伝子だけが唯一発現している．λ ファージが溶菌的増殖を行っている状態では，cI リプレッサー遺伝子は発現されず，cro 遺伝子および他の多くの λ ファージ遺伝子が発現される．したがって，cI リプレッサー遺伝子発現が "オン" のときは，cro 遺伝子発現は "オフ" であり，逆に cro 遺伝子がオンのときは，cI リプレッサー遺伝子はオフである．後述するように，これら 2 種の遺伝子は，その各々の発現を互いに調節していて，最終的には λ ファージの溶菌的および溶原的増殖を決定している．このリプレッサー遺伝子の転写と cro 遺伝子の転写との間の決定機構が，分子転写スイッチの典型事例として知られている．

80 塩基対よりなる λ ファージの O_R は，離れて等間隔に並んだ 3 個の 17 塩基対からなる，シスにはたらく cis-active DNA エレメントを含み，そこに λ ファー

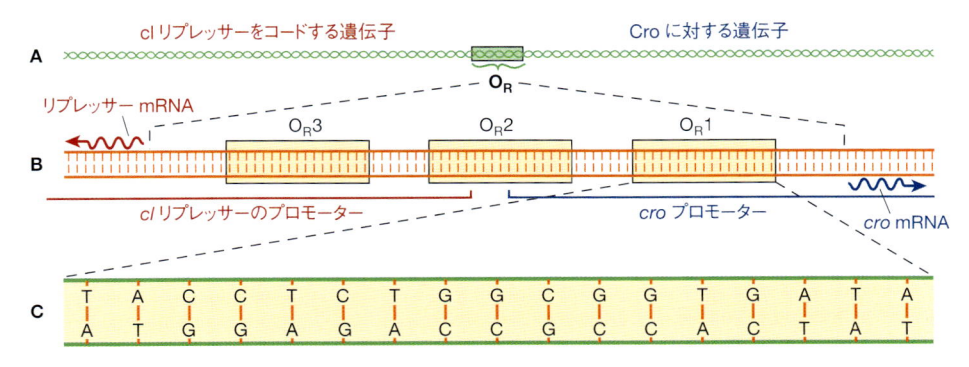

図 38-5. λ ファージの生活様式 "分子スイッチ" にかかわる遺伝子構成

右側のオペレーター（O_R）の全体を A ～ C の順で詳細に示す．O_R オペレーターは約 80 塩基対の長さをもつウイルス DNA 上の一領域である（**A**）．その左側にはラムダ（λ）リプレッサーをコードする遺伝子（cI），右側には調節タンパク質 Cro をコードする遺伝子（cro）が存在する．オペレーター領域をさらに拡大すると（**B**），そこには O_R1, O_R2, および O_R3 とよばれる各々 17 塩基対からなる 3 個の配列が見られる．それら 3 つの DNA エレメントは，λ cI リプレッサーあるいは Cro を結合する部位である．これらの認識部位は，RNA ポリメラーゼが結合する 2 つのプロモーターと重複している．RNA ポリメラーゼの作用により，両遺伝子から mRNA（波状の線）が転写され，タンパク質に翻訳される．拡大した O_R1 部位の塩基配列が示されている（**C**）．（Alan D. Iselin より許可を得て掲載）

ジの2種の調節タンパク質のいずれかが結合する．重要なこととして，この3個のタンデムに配置された部位のヌクレオチド配列は互いによく似ているが同一ではないということがある（**図 38-5B**）．O_R1，O_R2，およびO_R3とよばれるこれら3つの関連したシスエレメントはcIリプレッサータンパク質，あるいはCro タンパク質のいずれかと結合する．しかし，この各々の部位に対するcIとCroの相対的親和性は異なっていて，この結合親和性の差異が，λファージの溶菌・溶原化転換の"分子スイッチ"を適切に作動させる際に中心的な役割を演じている．cro遺伝子およびリプレッサー遺伝子の間のこのDNA領域には2つのプロモーター配列が存在し，そこにRNAポリメラーゼが特異的な配向性をもって結合し，それぞれの対応遺伝子を転写する．1つのプロモーターは，RNAポリメラーゼによる右方向への転写，すなわちcro遺伝子およびその下流の遺伝子群の転写を行い，一方，もう1つのプロモーターは左方向に向かってcIリプレッサー遺伝子の転写を行う（図 38-5B 参照）．

cIリプレッサー遺伝子の生産物である236残基のアミノ酸よりなる**λcIリプレッサータンパク質 λcI repressor protein** は**2個のドメイン**構造をもつ分子で，**アミノ末端側のDNA結合ドメイン（DBD）とカルボキシ末端側の二量化ドメイン**から構成される．リプレッサー分子は別のリプレッサー分子と会合し，二量体を形成する．cIリプレッサー**二量体 dimer** は，オペレーターDNAに対し，単量体よりもはるかに強固に結合する（**図 38-6A 〜 6C**）．

cro遺伝子の産物であり，66アミノ酸残基よりなる9 kDaの**Cro タンパク質 Cro protein** は単一のドメインで構成されるが，二量体としてより強固にオペレーターDNAに結合する（**図 38-6D**）．Cro タンパク質の単一のドメインが，オペレーターへの結合と二量体形成との両方に寄与している．

溶原菌，すなわち染色体に組み込まれ休眠状態で存在するλプロファージをもつ細菌では，二量体のλリプレッサーが優先的に O_R1 に結合するが，その際この結合との協調作用により，別のリプレッサー二量体の O_R2 への結合が（約10倍）促進される（**図 38-7**）．O_R3 のリプレッサーに対する親和性は，3個のオペレーターサブ領域のなかでは最も低い．リプレッサーの O_R1 に対する結合は，2つの主要な効果をもたらす．第一に，リプレッサーが O_R1 に結合すると，RNAポリメラーゼの右方向へのプロモーターへの結合が障害され，cro遺伝子の発現が妨げられる．第二には，前述したように O_R1 に結合したリプレッサー二量体により，次のリプレッサー分子の O_R2 に対する結合が促進される．リプレッサーの O_R2 への結合は，O_R3 と重複するRNAポリメラーゼの左方向へのプロモーターへの結合を促進し，それによってリプレッサー遺伝子の転写ならびにそれに伴う発現を促進するという重要な第三の効果をもたらす．この転写促進効果は，プロモー

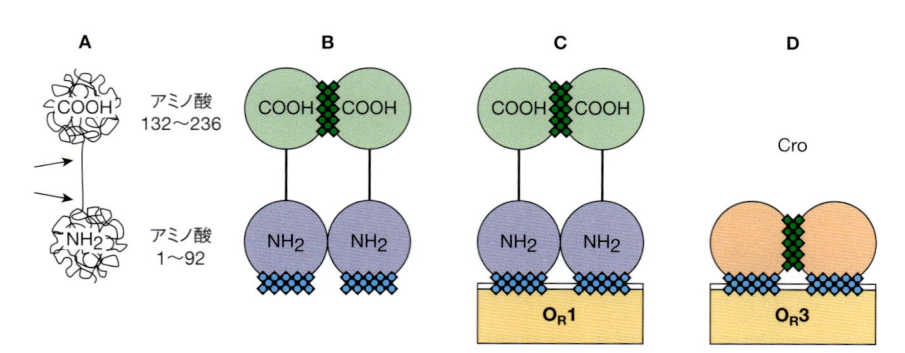

図 38-6. λ調節タンパク質cIとCroの分子構造模式図
（**A**）λリプレッサータンパク質は236個のアミノ酸からなるポリペプチドである．このタンパク質は2つのドメイン構造，すなわちアミノ末端（NH_2）ドメインとカルボキシ末端（COOH）ドメインからなるダンベル状に折りたたまれている構造をもつ．両ドメインを連結している部分は，特定の構造をとらずプロテアーゼによる分解を受けやすい（2つの矢印で示した）．（**B**）リプレッサー分子の単量体（モノマー）は可逆的に二量体を形成する傾向がある．二量体は主としてC末端側のドメイン間の接合（緑色の◆部分）によって生ずる．（**C**）cIリプレッサーは，二量体としてオペレーター領域の認識部位に結合（またそこから解離）するが，オペレーターの3つのサブ領域との結合親和性は異なり，$O_R1 > O_R2 > O_R3$ の順になっている．リプレッサー分子のDNA結合部位（DBD）は青色の◆部分である．（**D**）Cro タンパク質は単一の球状タンパク質で，DNA結合部位（青色の◆）と，Cro-Cro二量体化を形成して二量体のオペレーターへの結合を促進する部位の両方を保有する．Cro の場合，O_R3 との親和性が最も高く，cIタンパク質の結合優先順とは逆になっていることは重要である．（Alan D. Iselin より許可を得て掲載）

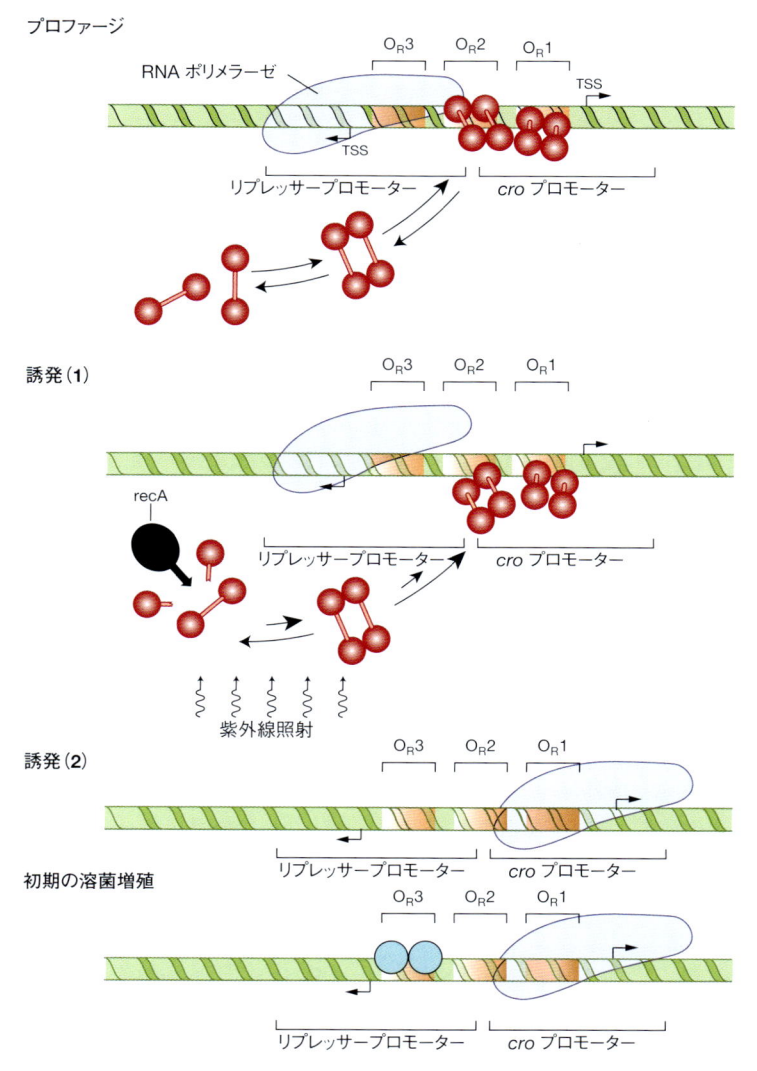

図 38-7. λファージ生活環の 4 段階における溶原・溶菌間のスイッチ切り替えモデル

溶原経路（ウイルスがプロファージとして休眠している）は，リプレッサー二量体分子の O_R1 への結合によって選択され，cI と O_R DNA 間結合の協調性により直ちに次の二量体の O_R2 への結合が促進される．**上段**の図はプロファージの状態を示し，リプレッサー二量体が O_R1 と O_R2 に結合し，RNA ポリメラーゼの右側プロモーターへの結合を妨げ，Cro タンパク質の合成を阻止している（負の調節）．DNA に結合した cI タンパク質は同時に左側プロモーターへの RNA ポリメラーゼの結合を促進させ（正の調節），これによりリプレッサー遺伝子の転写が促進し（cI 遺伝子の転写開始点を TSS，転写の方向を矢印で示す），より多くのリプレッサー分子が合成され，溶原状態が維持される．紫外線照射により recA タンパク質のプロテアーゼが活性化されると，リプレッサー分子の単量体が切断され，プロファージが誘発されるようになる（**中段**）．**誘発（1）** この状態では，遊離の単量体分子，遊離の cI 二量体分子，およびオペレーターに結合している二量体分子の間の平衡がシフトし，cI 二量体分子のオペレーターからの解離が起こる．こうなると，RNA ポリメラーゼ分子は左側のプロモーターに結合できなくなり，リプレッサーはもはや合成されなくなる．**誘発（2）** 誘発がさらに進むと，すべてのオペレーター部位が空位となり，今度はポリメラーゼ分子の右側プロモーターへの結合が可能となって，Cro タンパク質が合成される（cro 遺伝子の TSS が示されている）．溶菌増殖の初期においては，Cro タンパク質はまず最も親和性の高い O_R3 部位に二量体として結合し（水色の円）cI プロモーターを占有する．この状態では，ポリメラーゼ分子は左側のプロモーターとは結合できないが，右側のプロモーターとは結合が可能である．ポリメラーゼは右側プロモーターと結合して cro および他の溶菌初期のための遺伝子の転写を行い，溶菌プロセスが進む（**下段**）．（Alan D. Iselin より許可を得て掲載）

ターに結合した RNA ポリメラーゼと O_R2 に結合したリプレッサーとの間の直接のタンパク質-タンパク質間相互作用によるものであり，上述した lac オペロンでの CAP タンパク質と RNA ポリメラーゼ間相互作用とよく類似している．したがって，λcI リプレッサーは，cro 遺伝子の転写を妨げるという負の調節因子であると同時に，自らの遺伝子である cI リプレッサー遺伝子の転写を促進する正の調節因子でもある．リプレッサー分子のこの二重の効果は，λ ファージの休眠状態を安定に維持する役割をもっている．すなわちリプレッサーは，溶菌の際に必要とされる遺伝子群の発現を抑制すると同時に，休眠状態を安定化するために自らの発現を促進しているのである．リプレッサータンパク質の濃度が高くなりすぎると，リプレッサーは O_R3 に結合して，RNA ポリメラーゼの cI プロモーターへの結合を妨げることになり，左方向へのリプレッサー遺伝子の転写を減少させるようにはたらく．これによってリプレッサータンパク質の濃度が低下するとリプレッサーは O_R3 から解離する．このような転写促進効果をも保有するリプレッサータンパク質の例は真核生物でも見られている．

このような，cI を介した，強固に抑制された溶原化状態から，どのようにして溶菌サイクルに移行できるのか，不思議に思われるかもしれない．しかし，この移行は極めて効率よく起こる．紫外線のように DNA に損傷を与えるシグナルが溶原ファージを保有する宿主菌に作用すると，一本鎖 DNA の断片が生じ，これが細菌遺伝子 recA の産物であるコプロテアーゼ（RecA タンパク質）を活性化する（図 38-7）．活性化された RecA プロテアーゼは，リプレッサー分子の N 末端領域ドメインと C 末端領域ドメインとの間を切断する（図 38-6A）．リプレッサー分子のドメイン間が切り離されると，それによってリプレッサー分子の二量体の解離が起こり，そのためリプレッサー分子は O_R2 から解離し，最終的には O_R1 からも解離してしまう．リプレッサー分子が O_R1 と O_R2 からはずれると，予想できるように RNA ポリメラーゼは右方向へのプロモーターに結合できるようになり，直ちに cro 遺伝子の転写が開始される．また同時に，O_R2 にリプレッサーが結合したことによって，左方向へのプロモーターからの転写促進効果は失われてしまう（図 38-7）．

新たに合成された Cro タンパク質は，やはり二量体としてオペレーター領域に結合するが，先に述べたとおりその結合親和性の順序はリプレッサーとは逆になっている（図 38-7）．すなわち，Cro タンパク質は

O_R3 に最も強固に結合するが，このとき Cro の O_R3 への結合により，O_R2 への結合が協調的に促進される効果は認められない．Cro タンパク質の濃度が増加するにつれて，O_R2 への結合が起こり，次いで O_R1 への結合も起こる．

重要なことは，Cro タンパク質が O_R3 に結合すると，左方向への cI プロモーターからの転写が直ちに停止され，したがって cI リプレッサー遺伝子のその後の発現は失われてしまう．これによって，λ ファージの溶原から溶菌経路への転換が完全になされることになる．すなわち，cro 遺伝子が発現され，リプレッサー遺伝子は発現が停止される．これは不可逆的であり，λ ファージの他の遺伝子の発現が，溶菌サイクルの部分反応として次々と開始される．Cro タンパク質の濃度が極めて高くなると，最終的には O_R1 を占有し，それによって自らの遺伝子の発現が低下するが，これは溶菌サイクルの最終段階に到達するために必要な遺伝子の転写を促進するためのプロセスである．

Cro タンパク質および λ cI リプレッサータンパク質の三次元構造は，X 線結晶解析によって決定されている．両者の DNA への結合と，上記のような分子的，および遺伝的な反応がどのように起こるかというモデルが構築され検証されている．両者ともヘリックス-ターン-ヘリックス構造の DBD モチーフを介して DNA に結合する（後述参照）．lac オペロンの発現調節と並んで，ここで説明した λ 分子スイッチは，おそらく遺伝子転写の活性化と抑制に関与する事象が分子レベルで最もよく理解されている例である．

λ リプレッサーの詳細な解析から，転写調節タンパク質はいくつかの機能ドメインをもつという重要な概念が生じた．たとえば λ リプレッサーは DNA と高い親和性で結合する．単量体のリプレッサーは二量体を形成し，二量体は DNA 上で互いに協調的に相互作用をし，さらにリプレッサーは RNA ポリメラーゼとも相互作用する．こうしてリプレッサーは RNA ポリメラーゼのプロモーターへの結合，すなわち開鎖複合体の形成を促進，または抑制することになる（図 36-3 参照）．λ リプレッサーと DNA の結合部位および 3 つの λ リプレッサー二量体の形成には，異なるドメインがかかわっている．後述するように（図 38-19 参照），これはほとんどの転写調節因子がもつ典型的な特徴である．

真核細胞の遺伝子転写の調節には特徴がある

原核細胞の DNA のほとんどは遺伝子で構成されている．そして，DNA は真核細胞のようにヌクレオソームヒストンとコンパクトに詰め込まれているのではなく，細菌ゲノムは，正または負のトランス因子が活性化を促すような適切な状態で細胞に存在すれば，常に転写され得る．真核細胞では主として 2 つの理由から事情は著しく異なっている．第一に，ヒトの細胞では全 DNA のごくわずかの部分が mRNA をコードする遺伝子とそれに付随した調節領域を構成している．DNA の他の部分の機能は現在盛んに研究されている（39 章「用語集」"ENCODE 計画" 参照）．第二に，35 章で述べたように，真核細胞の DNA 分子は極度に折りたたまれ，クロマチンとよばれるタンパク質-DNA 複合体につめ込まれている．ヒストンはこの複合体の重要な部品であり，DNA とともにヌクレオソームとよばれる構造を形成し（35 章参照），後述するように，遺伝子調節機構の重要因子でもある．

クロマチン構造は真核細胞の転写調節に大きく寄与している

クロマチン構造は遺伝子の転写調節にかかわるもう 1 つの段階といえる．35 章で述べたように，クロマチンの大部分は転写機能の面で不活性であり，他の部分は活性をもつか，あるいは潜在的に活性をもっている．いくつかの例外を除いて，すべての細胞は同じ遺伝子セットを保有している．したがって，特殊化した臓器，組織，および細胞への発生と，成体におけるそれぞれのはたらきは，遺伝子発現の相違によるものである．

このような組織ごとに異なる遺伝子発現は，それぞれの組織において異なるクロマチン領域が転写されることによって行われる．たとえば，β-グロビン遺伝子を含む DNA 部分は，網状赤血球では **"活性のある" クロマチン active chromatin** に存在するが，筋細胞では **"不活性な" クロマチン inactive chromatin** に存在している．活性のあるクロマチンの決定に関与する因子のすべては，まだ解明されていない．ヌクレオソームやヒストンと DNA の複合体（35 章参照）の状態は，明らかに転写因子が特異的 DNA 領域に作用する障壁となる．したがってヌクレオソーム構造の形成と崩壊の動態は，真核細胞の遺伝子調節の重要な要素となっている．

ヒストンの共有結合修飾 histone covalent modification は，また，**ヒストンコード histone code** ともよばれ，遺伝子の活性を決定するうえで重要である．ヒストンはさまざまな種類の翻訳後修飾を受けるが（表 35-1 参照）これらの修飾は可逆的であり変動性がある．そのなかでもヒストンのアセチル化と脱アセチル化が最もよく知られている．ヒストンアセチラーゼとその他の酵素活性が遺伝子の転写制御に関与するコレギュレーター（具体例は 42 章参照）と会合しているという驚くべき発見は，遺伝子制御に新しい概念をもたらした．アセチル化は，ヒストン分子の N 末端尾部のリシン残基に起こることが知られており，常に活性な転写または転写能と関連することが知られている．ヒストンのアセチル化はその N 末端尾部のプラスの電荷を減少させ，マイナスの電荷をもつ DNA との結合親和性を低下させるらしい．このようなヒストンの共有結合修飾はさらに，クロマチンに ATP 依存性クロマチンリモデリング複合体 chromatin remodeling complex のような新たなタンパク質との結合部位あるいは付加部位を提供する．なお，クロマチンリモデリング複合体にはコレギュレーターに依存して翻訳後修飾を受けたヒストンと特異的に結合するドメインをもつサブユニットが含まれ，この結合にかかわっている．生じた複合体は，ヌクレオソームからヒストンを遊離あるいは変化させることにより，周辺の DNA 配列が外来因子を受容しやすくする．すなわち，クロマチン修飾因子やリモデリング因子などのコレギュレーターは協調して DNA 上のプロモーターと調節領域を露出させ，基本転写因子（GTF），RNA ポリメラーゼ II，および転写活性化タンパク質などのその他のトランス因子の結合を促進させるのである（図 36-10，図 36-11 参照）．転写コリプレッサーにより触媒されるヒストンの脱アセチル化は逆の効果を示すだろう．特定のアセチル化および脱アセチル化活性をもつさまざまなタンパク質が，転写装置の各種成分と会合している．ヒストンの翻訳後修飾を触媒するタンパク質は **"コードライター code writer"** とよばれ，一方これらヒストンの翻訳後修飾を認識・結合してその役割を正しく識別するタンパク質は **"コードリーダー code reader"** とよばれる．対して，ヒストンの修飾を取り除く酵素は **"コードイレイザー code eraser"** とよばれる（キナーゼ，ホスファターゼ，リン酸化アミノ酸結合タンパク質からなるシグナル伝達系との類似性の観点から 42 章参照）．総合的に見ると，こうしたヒストンの翻訳後修飾は極めて動的で豊富な情報提供が可能となる制御情報源といえよう．こ

表 38-2. ヒストンの新たに見つかった翻訳後修飾のまとめ（2011 年〜 2020 年）

ヒストン翻訳後修飾	反応類型	供与前駆体	ライター	イレイザー	機能	生理学的関連
グルタリル化	アシル化	グルタル酸	Kat2a, 分子内触媒	Sirt7	ヌクレオソーム不安定化, 転写許容	グルタル酸血症
ラクチル化	アシル化	乳酸	p300		転写許容	マクロファージ応答, 低酸素症
ベンゾイル化	アシル化	安息香酸		Sirt2	転写許容	安息香酸ナトリウム処理
S-パルミトイル化	S-アシル化	パルミチン酸				細胞シグナル伝達
O-パルミトイル化	O-アシル化	パルミチン酸	Lpcat1		転写減少	細胞シグナル伝達
セロトニン化	トランスアミド化	セロトニン	Tgm2		転写許容	神経分化
ドーパミン化	トランスアミド化	ドーパミン	Tgm2		転写変化	薬物探索行動
5-ヒドロキシリシン	ヒドロキシル化	2-オキソグルタル酸	Jmjd6			精巣, 胚発生
糖化	メイラード反応	メチルグルオキサール, 単糖類	非酵素的反応	DJ-1	ヌクレオソーム安定性変化	乳がん, 高血糖
オキソノナノイル化	ケトアミド付加	4-オキソ-2-ノネナール	非酵素的反応	Sirt2	ヌクレオソーム不安定化	脂質の過酸化
アクロレイン付加物	マイケル付加	アクロレイン	非酵素的反応		ヌクレオソーム不安定化	喫煙, 脂質の過酸化
グルタチオン化	ジスルフィド形成	グルタチオン	非酵素的反応		ヌクレオソーム不安定化	加齢
ホモシステイン化	チオール化	ホモシステインチオラクトン	非酵素的反応		転写減少	高ホモシステイン血症

(Chan JC, Maze I. Nothing Is Yet Set in (Hi) stone より許可を得て改変：Novel Post-Translational Modifications Regulating Chromatin Function, Trends Biochem Sci. 2020;45(10):829-844)

れらのさまざまなプロセスの特異性を規定する規則や分子機構については目下研究段階にある．いくつかの実例が 42 章に示されている．さまざまな営利企業が，ヒストンコードの存在と構成を調節するタンパク質機能を特異的に変化させるような試薬の開発を進めており，関連する翻訳後修飾の知見は急速に増え続けている（**表 38-2** を表 35-1 と比較）.

ヒストンコードとその DNA を介するすべての反応への影響に加えて，DNA の**デオキシシチジン残基のメチル化**[1]，$5^{me}C$（$5'-^{me}CpG-3'$ 配列）はクロマチンの構造に大きな変化を及ぼし，その転写活性を抑えている．たとえばマウス肝臓では，メチル化を受けていないリボソーム RNA をコードする遺伝子だけが発現され，一方で多くの動物ウイルス遺伝子はメチル化されると転写されないことが知られている．また，ステロイドホルモン誘導遺伝子の特定の領域に存在する $5^{me}C$ 残基の速やかな脱メチル化が，その遺伝子の転写活性の増加と結びついている．しかしながら，多くのヒストン翻訳後修飾と同様に，メチル化されている DNA は転写的に不活性であるとか，すべての不活性なクロマチンはメチル化されているとか，活性ある DNA はメチル化されていない，などということを一般化してとらえることはまだできない．

最後に，特定の転写因子が認識する DNA エレメントと結合することで，ヌクレオソーム構造が壊される可能性があげられる．ほとんどの真核細胞遺伝子は，複数のタンパク質因子と結合する DNA エレメントをもっている．転写因子がこれらのエレメントに順次結合すると，組み合わせによって，ヌクレオソームの構造を直接破壊するか，再形成を妨ぐか，あるいはタンパク質間相互作用を介して複数タンパク質からなるコレギュレーター複合体をリクルートする可能性がある．このコレギュレーター複合体は，ヌクレオソームの共有結合的な修飾やリモデリングの能力をもつ．これらの反応はクロマチンレベルの構造変化を起こすことで，他の因子や転写装置の DNA への受容性を高めるかあるいは低下させている．

---

1) 訳者注：CpG という配列の C（シトシン）の 5 位の水素がメチル基になっている状態（図 32-7 参照）.

クロマチンの"活性ある"領域に存在する真核細胞 DNA は，転写され得る状態にある．原核細胞の場合と同様に，**プロモーター promoter** が RNA ポリメラーゼに転写開始点を指示するが，とくに哺乳類細胞のプロモーターはさらに複雑である（36 章参照）．転写を促進 enhance あるいは抑制 repress したり，組織特異性を決定したり，多くのエフェクター分子の作用を調節するような要素 element と因子 factor が加わって複雑性を増している．最後に，最近の結果から特定の遺伝子が核内の異なる区画または部位に出入りするときに，その遺伝子の活性化と抑制が起こる可能性も示唆されている．そこでは，転写に関与するタンパク質と RNA の量が変化することで，転写を活性化あるいは抑制する生体分子凝集体の形成が促進されたり阻害されたりする．

エピジェネティック機構は遺伝子転写の調節に大きく寄与する

上述した分子群とそれらの制御は，転写調節に重要な寄与をしている．実際に，DNA やヒストン（および非ヒストンタンパク質）の共有結合修飾の役割，それに新たに発見された ncRNA の役割については遺伝子制御の研究領域で最近大きな注目を集めており，とくに DNA の遺伝情報配列を変えることなく，化学修飾や ncRNA 分子がどのように遺伝子の発現パターンを恒常的に変化させるのかという視点で多くの研究が進められている．この分野の研究は，**エピジェネティクス epigenetics** とよばれている．35 章で述べたように，その 1 つの側面であるヒストンの翻訳後修飾は，**ヒストンコード histone code** またはヒストンエピジェネティックコードともよばれている．"エピジェネティクス"という用語は，遺伝学（genetics）の上（epi）という意味であり，これらの制御機構はその情報を含むもともとの DNA 配列を変えるのではなく，たんに DNA の発現パターン，すなわち機能を変えるということである．エピジェネティック機構は転写状態の形成，維持，および可逆性において重要な役割をはたす．エピジェネティック機構の 1 つの重要な特徴は，調節される転写のオン-オフ状態が複数回の細胞分裂を通して維持されるということである．この観察結果は，これらのエピジェネティック制御下の状態が維持し伝達される強固な生化学的仕組みがあることを示している．

エピジェネティック機構をもたらすシグナルにはシス（*cis*）型とトランス（*trans*）型の 2 つの形態があり，ここで解説したい（**図 38-8** に図解されている）．簡単な

トランス型シグナル伝達には，各細胞分裂に際し母細胞と娘細胞間で効率よくほぼ均等に分配される豊富でかつ拡散性のあるトランスアクチベーターが介する正の転写フィードバックがあり，これが図 38-8A に示されている．ここで示される転写因子が十分量発現し，次世代の娘細胞にトランス型エピジェネティックシグナル（転写因子）が受け継がれている限り，細胞はこの転写アクチベーターの標的遺伝子により指定される細胞/分子表現型を示すことになる．図 38-8B には，シス型エピジェネティックシグナル（ここでは特定の 5^{me}CpG メチル化）が細胞分裂の後も 2 つの娘細胞に伝わることが示されている．ヘミメチル化（すなわち，DNA 二本鎖の一方のみが 5^{me}C 修飾を受ける）された DNA が複製の際に生じ，普遍的に存在する DNA メチラーゼの作用により，新たに複製された鎖はメチル化を受ける．こうして，元の 5^{me}C メチル化マークは両方の娘 DNA で生じることになり，完全なシス型エピジェネティックマークを維持することになる．

シス型とトランス型のエピジェネティックシグナルはともに，安定に次世代に伝わるような遺伝子発現状態をもたらす．したがって，この状態は通常 C 型の遺伝子発現応答に相当する（図 38-1）．しかしながら，トランス型シグナルとなる転写因子の発現を抑制するか，または DNA の脱メチルによる DNA シス型エピジェネティックシグナルを取り除くことで，シグナルが停止されれば，C 型の応答状態をもとに戻すことも可能であろう．実際，ある種の酵素が，タンパク質の翻訳後修飾や 5^{me}C 修飾を取り除くことが報告されている．

エピジェネティック機構のオン-オフ状態の安定した伝達は，複数の分子機構により達成される．**図 38-9** に示すように，シス型エピジェネティックマークが DNA の複製の過程を通して伝えられる 3 つの作用例がある．エピジェネティックマーク伝達の最初の例として，DNA の 5^{me}C メチル化マークの伝達があり，図 38-8 に示したように起こる．エピジェネティック状態伝達の第二の例は，ヌクレオソームのヒストンの翻訳後修飾（この例ではリシン K27 のトリメチル化ヒストン H3，すなわち H3K27me3）が伝えられる仕組みである（図 38-9B）．この例では，DNA 複製の直後には H3K27me3 のメチル化を受けたヌクレオソームと受けないものとが，両娘 DNA 鎖上にランダムに再構築される．EED，SUZ12，EZH2，および RbAP のサブユニットで構成される**ポリコーム抑制複合体 2 poly-comb repressive complex 2（PRC2）**が EED サブユニットを介して既存の H3K27me3 マークを含むヌクレオ

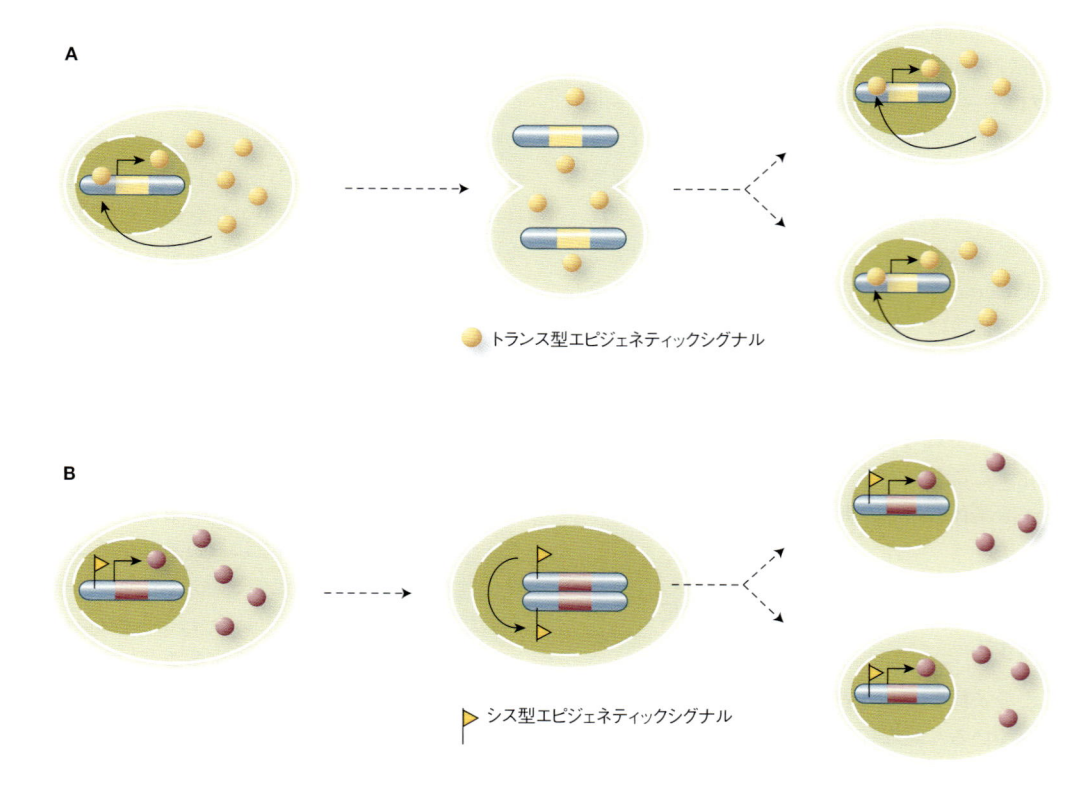

図 38-8. シス型とトランス型エピジェネティックシグナル

（**A**）トランスに作用するエピジェネティックシグナルの一例．DNA 結合性トランスアクチベータータンパク質（黄色の円）は特定の染色体（青）上の対応する遺伝子（黄色の丸）から転写される．発現したこのタンパク質は，細胞質と核の区画を自由に拡散し移動できる．細胞中の過剰なトランスアクチベーターは細胞分裂後も核内に再移入し，両娘細胞内で自らの遺伝子に作用し転写を活性化することに注目してほしい．細胞分裂前にはたらいていたこの正のフィードバックサイクルを細胞分裂後も再稼働させ，これにより両娘細胞による転写活性化タンパク質の恒常的発現が実行されることになる．（**B**）シス型エピジェネティックシグナル．特定の染色体（青）上のある遺伝子（桃色）が，その転写ユニットの上流の制御領域中にシス型エピジェネティックシグナルを保有している（小さな黄色の旗）．この場合，エピジェネティックシグナルは活発な遺伝子の転写，そしてその後の翻訳産物（桃色の丸）の産出と関連している．DNA 複製の間，新たに複製される染色分体はまた鋳型としてはたらき，新たに合成された標識のない染色分体に同一のエピジェネティックシグナルまたはマークを付ける際にはたらく．その結果，両娘細胞とも類似のシス型エピジェネティックマークを保有した状態の桃色の遺伝子をもつことになり，同等の遺伝子発現能を確保する．詳細は本文を参照．

ソームに結合する．PRC2 のこのヒストンマークへの結合により，PRC2 の EZH2 サブユニットのメチラーゼ活性が亢進し，ヌクレオソーム H3 の局所的メチル化が生じる．H3 のメチル化がこうして両染色分体に完全な形で H3K27me3 のエピジェネティックマークを維持させることになる．最後の例は，遺伝子座または配列特異的に生じるヌクレオソームヒストンのシス型エピジェネティックシグナルが，図 38-9C に示したように ncRNA の作用を介して伝えられる場合である．ここでは，特定の ncRNA が標的となる DNA 配列と相互作用し，生じる RNA-DNA 複合体は特定の RNA 結合タンパク質（RBP）により認識される．その後，おそらくアダプタータンパク質（A）を介して，RNA-DNA-

RBP 複合体が**クロマチン修飾複合体 chromatin modifying complex（CMC）**をリクルートし，ヌクレオソームヒストンを局所的に修飾する．この機構もまた，安定なエピジェネティックマークの伝達に寄与する．

これらエピジェネティック機構の過程を分子レベルで完全に理解し，これらの機構がどの程度普遍的にはたらいているかを解明し，さらに，これら機構に関与する全分子成分や調節にかかわる遺伝子を同定するためにはさらなる研究が必要である．エピジェネティックシグナルが遺伝子制御にとって極めて重要であることは，エピジェネティック制御に寄与する多くの分子の変異や過剰発現がヒトの疾患をもたらすという事実から明らかである．

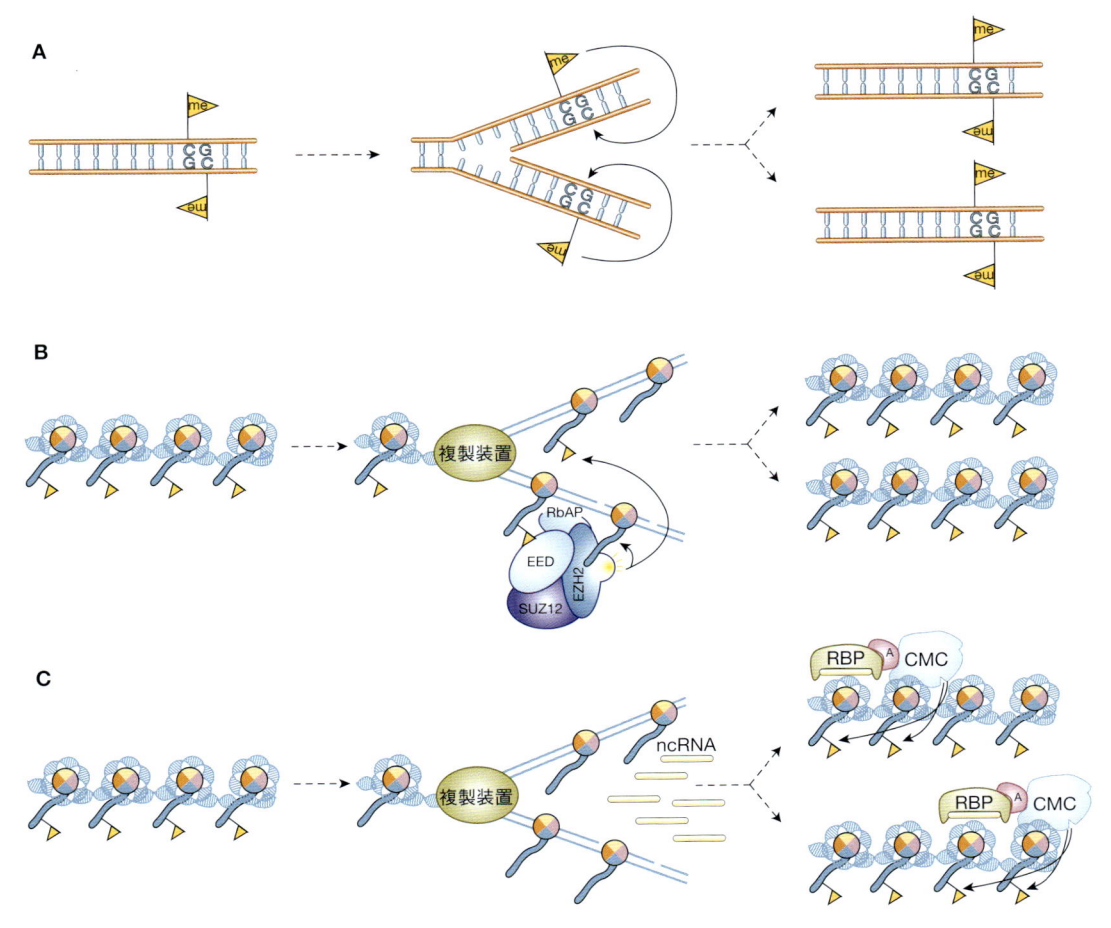

図 38-9.　DNA 複製後のエピジェネティックシグナルの伝達と伝播の仕組み

（**A**）5^meC シグナルの伝播（黄色の旗：図 38-8B 参照）．（**B**）クロマチン修飾複合体（CMC）PRC2 を介したヒストンの翻訳後修飾によるエピジェネティックシグナル（H3K27me）の伝播．PRC2 は，EED，EZH2 ヒストンメチラーゼ，RbAP および SUZ12 の 4 つのサブユニットより構成されている．ここで，PRC2 は EED のメチル化ヒストン結合ドメインの作用を介したコードリーダーとしての役割と，EZH2 内の SET ドメインの作用を介したコードライターとしての役割をあわせもつことに注目してほしい．ヒストンの翻訳後修飾によるシス型エピジェネティックシグナルの部位特異的な付加反応は，ヌクレオソームのヒストンにすでに存在する H3K27me のマーク（黄色い旗）を識別してなされる．（**C**）ヒストンのエピジェネティックシグナル（黄色い旗）の伝達のもう 1 つの例．ここでは低分子 ncRNA の作用を介してシグナルが伝達される点に特徴があり，一部の RNA 結合タンパク質（RBP），アダプタータンパク質（A），クロマチン修飾複合体（CMC）と連携してはたらく．詳細は本文参照．（Roberto Bonasio, R, Tu, S, Reinberg D, "Molecular Signals of Epigenetic States". Science 2010;330(6004):612-616. AAAS より許可を得て掲載）

ある種のDNA配列が真核細胞遺伝子の転写を促進あるいは抑制させている

　転写活性に影響を与えるこのようなクロマチン構造の大きな変化のほかに，ある種の DNA エレメントがプロモーターからの転写開始を促進する．それゆえ，その DNA 部位は**エンハンサー enhancer** とよばれている．エンハンサーには通常トランス転写活性化因子のための複数の結合部位があり，プロモーターとはまったく異なるものである．エンハンサーは，プロモーター

から数万塩基対離れた位置にあっても，また向きに関係なく転写の促進活性を発揮する．さらにエンハンサーは，プロモーターの上流（5′）からでも下流（3′）からでも，あるいは転写領域の中にあってもはたらく．実験的には，エンハンサーは，近傍に存在するどのプロモーターをも活性化することができて，1 個以上のプロモーターを活性化することもあることから，方向性がないとみなせる．たとえばウイルスの SV40 エンハンサーと β-グロビン遺伝子の両者を同一プラスミド plasmid に組み込んで細胞内に入れると，ウイルス

SV40エンハンサーはβ-グロビン遺伝子の転写を約200倍に増加させる（後述および**図38-10**参照）．ここで使用するSV40エンハンサーとβ-グロビンレポーター遺伝子を含むプラスミドは，遺伝子組換え技術を用いて構築される（39章参照）．エンハンサーは，何らかの生産物を産出して，その産物がプロモーターに作用するというものではない．なぜならば，エンハンサーはプロモーターと同じDNA分子上（すなわち，物理的に連結したシスの位置）に存在するときのみ活性をもつからである．エンハンサー結合タンパク質がこの効果に関与する．これらの転写促進因子がはたらく正確な機構については，徹底的な研究がなされてきた．エンハンサーに結合するトランス因子は，細胞タイプに特異的なものもあればユビキタスに発現しているものもあり，他の多くの種類の転写関連タンパク質と相互作用することが示されている．これらの相互作用には，RNAポリメラーゼIIを含む基本的な転写装置の個々の成分ばかりでなく，クロマチンの修飾に寄与するコアクチベーターやその他の介在因子 mediator もかかわっている．トランス因子-エンハンサーDNA間の結合が，最終的には基本的転写装置のプロモーターへの結合および活性を増強させるのである．さらにエンハンサーとトランス因子間の結合は，しばしば，結合部位周辺のDNAをヌクレアーゼに対して高感受性にする（35章参照）．最近，哺乳動物ゲノム内にある細胞属性（および細胞機能に必須な他の遺伝子）を調節する制御DNA配列の研究において，種々のエンハンサーが連なった大きな領域が発見された．この配列部位はスーパーエンハンサーとよばれている．当然，スーパーエンハンサーによって調節されるシス結合遺伝子は高発現する．このようなスーパーエンハンサーが，先に述べた生体分子凝集体の形成に重要な役割を果たしている可能性が高い．エンハンサーの性質をまとめて**表38-3**に示す．

最もよく理解されている哺乳類のエンハンサーの系は，β-インターフェロン遺伝子である．この遺伝子は，哺乳類がウイルスに感染したときに誘導される．細胞のねらいは，ウイルスに感染したときに，抗ウイルス応答を起こそうとすることである．そして，感染した細胞を救えないとしても，個体をウイルス感染から救おうと試みる．インターフェロンの生産はこの目的を果たすための1つの手段である．インターフェロンのタンパク質ファミリーはウイルス感染細胞から分泌される．そして分泌されたインターフェロンは隣接細胞に作用して，種々の機構によってウイルス複製を阻害

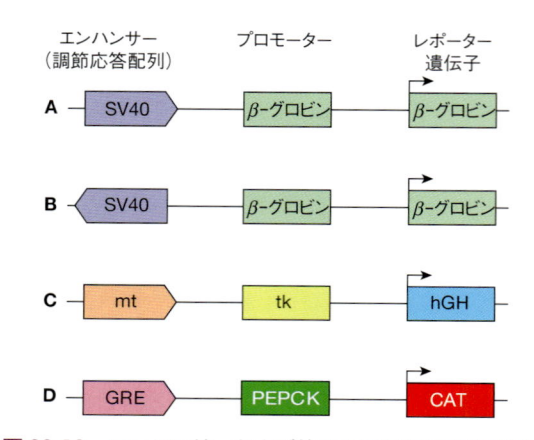

図38-10. エンハンサーおよび他のシスに作用する調節エレメントの構成と作用の研究に使用される方法
これらのモデルキメラ遺伝子は，すべて遺伝子組換え技術（39章参照）を用いて in vitro で構築されたもので，簡単に測定できかつその細胞では通常発現されないタンパク質をコードするレポーター遺伝子と，転写を開始するためのプロモーター，そして図で示されるエンハンサー（調節応答配列）から構成されている．いずれの場合も，高いレベルの転写活性はエンハンサーの存在に依存しており，その存在によって基本レベルの転写活性（すなわち構造遺伝子にプロモーターだけを図中に示したレポーター遺伝子に連結させた場合の転写活性）は100倍以上促進する．例Aと例Bは，エンハンサー（たとえば，ここではSV40）がどちらの向きでも，さらに異種(heterologous)のプロモーターにもはたらくことを示している．例Cは，メタロチオネイン(mt)調節エレメント（カドミウムあるいは亜鉛の影響下で内在性の mt 遺伝子を誘導し，金属結合 mt タンパク質の合成を促進するもの）が，単純ヘルペスウイルス(HSV)のチミジンキナーゼ（tk）プロモーターを介して，ヒト成長ホルモン(hGH)遺伝子の転写を促進することを示している．別の実験では，この人工的な遺伝子構成物をマウス1細胞胚の雄性前核に導入し，これを代理母の子宮内で発育させトランスジェニックマウスを誕生させた．この条件下で誕生した子孫の何匹かの飲料水に亜鉛イオンを添加すると，肝臓の成長ホルモン発現が増加する．この場合，トランスジェニックマウスは高レベルの成長ホルモンの作用に反応して，正常の同腹のマウスよりも約2倍の大きさに成長するものもあった．例Dでは，グルココルチコイド応答配列(GRE)がそれと同種の(homologous)プロモーター（PEPCK 配列）あるいは異種のプロモーター（本図では示さないが，tk プロモーター，SV40 プロモーター，β-グロビンプロモーターなど）を介してはたらき，クロランフェニコールアセチルトランスフェラーゼ(CAT)のレポーター遺伝子の発現を誘導する．

し，それによってウイルス感染の程度を制限する．β-インターフェロン遺伝子の誘導を制御するエンハンサーは，転写開始点を+1として-110と-45ヌクレオチド間の領域に存在しており，よく解析されている．このエンハンサー領域は4個の独立したシスエレメン

表 38-3. エンハンサーの性質のまとめ

- プロモーターからの距離が近くても遠くても機能する
- プロモーターの上流でも下流でもはたらく
- どちらの方向に向いていてもはたらく
- 標的プロモーター内に組み込まれていてもはたらく
- 同種 homologous，異種 heterologous の両プロモーターと機能する
- 1 個以上のタンパク質と結合して機能する
- 1 個以上の結合エレメントあるいは多くの活性化エレメント（スーパーエンハンサー）を構成できる
- クロマチンを修飾するコレギュレーター複合体をリクルートする
- シスに連結したプロモーターへの基本転写因子の結合や機能を促進する

トのクラスターであり，その各々に対して異なるトランス因子が結合する．1 つ目のシスエレメントに結合するトランス因子は NF-κB（図 42-10，図 42-13 参照）で，2 つ目はインターフェロン制御因子 interferon regulatory factor（IRF）ファミリーの一員であるトランス活性化因子，3 つ目はロイシンジッパー型因子のヘテロ二量体 ATF-2/cJun（後述参照）である．そして 4 つ目は HMG I（Y）として知られている普遍的かつ豊富に存在する構造転写因子である．HMG I（Y）は，A＋T に富む部位に結合して，DNA にはっきりした屈曲を起こさせる．エンハンサーの全域にこのような HMG I（Y）結合部位が 4 箇所散在している．これらの部位は，上述の 3 種のトランス因子と協調して一定の間隔で DNA を屈曲させることでユニークな三次元（3D）構造の形成を促す役割を果たすと考えられている．その結果，おそらく HMG I（Y）はユニークな立体構造を協調的に形成し，その中でこれら 4 種類のタンパク質因子は，細胞がウイルス感染シグナルを感知したときにすべてが活性状態となるのだろう．これらの 4 種類の因子の協調的集合 cooperative assembly によって生じた推定上の構造体は β-インターフェロン・エンハンセオソームとよばれてきた（**図 38-11**）．この名称は，タンパク質集合体に DNA が巻きついた特徴的な三次元タンパク質-DNA 構造のヌクレオソームとの明らかな構造的類似性に由来している（図 35-1，図 35-2 参照）．ウイルス感染の際にエンハンセオソームがいったん形成されると，β-インターフェロンの遺伝子の転写が著明に上昇する．したがって，たんに直線的に配置されたシスエレメントにタンパク質が結合することによって転写の活性化が起こるということではなく，エンハン

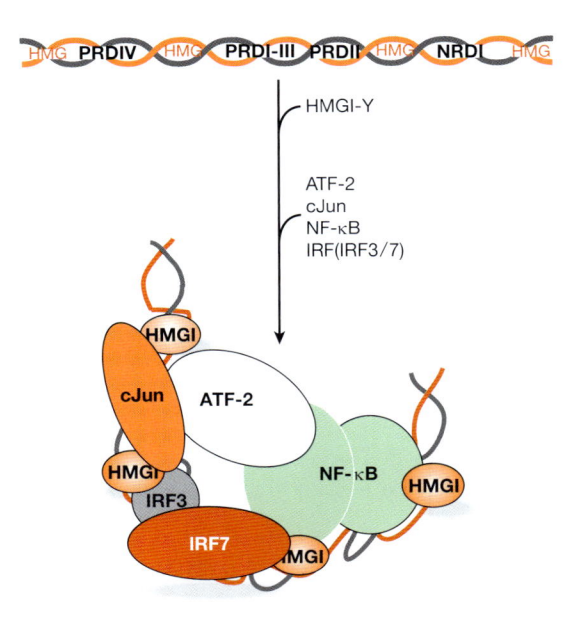

図 38-11. ヒト β-インターフェロン遺伝子のエンハンサー上に形成されるエンハンセオソームの構造モデル

上部に β-インターフェロン遺伝子のエンハンサーを構成する複数のシスエレメント（HMG，PRDIV，PRDI-III，PRDII，NRDI）の配置を図式化して示す．ヒト細胞にウイルスが感染すると，このエンハンサーは β-インターフェロン遺伝子（*IFNB1*）の転写を 100 倍以上誘導する．この調節エンハンサー領域のシスエレメントは，トランス因子 HMG I（Y），cJun-ATF-2，IRF3-IRF7 および NF-κB とそれぞれ結合する．これらの因子は，矢印で示すように DNA エレメントと順序よく，そして高度に協調的に相互作用を行う．最初に 4 分子の HMG I（Y）タンパク質の結合によって，エンハンサー領域の DNA に鋭い屈曲が生じ，70 〜 80 塩基対の全領域に高度の湾曲が形成される．この湾曲構造はその次に起こる他のトランス因子の高度に協調的な結合に必須である．というのは，この湾曲によって，DNA に結合したタンパク質因子間に極めて重要となる直接的相互作用が可能になり，エンハンセオソームの形成と安定化が保証される．そして，形成される特徴的な 3D 構造にもとづく分子表面により，各種酵素活性を保有しクロマチン修飾をもたらすコレギュレーター（たとえば，ATPase やクロマチンリモデリング因子を含む Swi/Snf や，ヒストンアセチルトランスフェラーゼを含む P/CAF など）や基本転写装置（RNA ポリメラーゼ II と GTF）などをリクルートすることができるようになる．5 個のシスエレメントのなかで 4 個（PRDIV，PRDI-III，PRDII，NRDI）は各々単独でも細胞に導入したレポーター遺伝子の転写を軽度に促進するが（約 10 倍）（図 38-10 と図 38-12 参照），ヒト細胞のウイルス感染に応答した *IFNB1* の転写を効率よく促進（すなわち 100 倍以上）するためには 5 種類のシスエレメントが適切な順序に連結してエンハンサーを形成することが必要である．この差異は，効率のよいトランス活性化のためには，適切なエンハンセオソームの構造が厳密に要求されることを示している．特有のシス，トランス因子およびコレギュレーターを含む同様なエンハンセオソームが，他の多くの哺乳類遺伝子についても形成されることが提唱されている．

セオソームの形成が，コアクチベーターの効率的なリクルートのために適切な表面と三次元構造を提供し，その結果シスの位置に連結したプロモーター上へのPIC（開始前複合体）の形成が促進され，転写が活性化されると考えられている．

特定の遺伝子の発現を減少させるシス DNA エレメントは，**サイレンサー silencer** とよばれている．サイレンサーもまた多くの真核細胞遺伝子で見つかっている．しかし，それらのエレメントで徹底的に研究されたものは少ないため，その作用機序について確かな一般論を述べることはできない．それでも，遺伝子の活性化と同様に，サイレンサーに結合したリプレッサー，さらに，ともにリクルートされたマルチサブユニットをもつコリプレッサーによる，ヒストンやその他のタンパク質のクロマチンレベルでの共有結合性修飾が主要な役割を果たしている可能性が高いことは明らかである．

組織特異的発現はエンハンサーまたはサイレンサーの作用，あるいは両シス配列の連携によって起こる

ほとんどの遺伝子は，それらのコード領域に対してさまざまな位置関係でエンハンサーをもつことが明らかにされてきた．これらのエンハンサーのなかのあるものは，たんに転写を促進するという点に加え，明らかに組織特異的な様式でその転写を促進するというはたらきをもつ．組織特異的エンハンサーまたはサイレンサーと考えられる配列をレポーター遺伝子（後述参照）と連結させ，得られたキメラ型のエンハンサー−レポーター遺伝子を 1 細胞胚に微量注入することで，トランスジェニック動物を作製することができ（39 章参照），そのエンハンサーまたはサイレンサーがほんとうに細胞特異的または組織特異的遺伝子発現の調節に寄与するか厳密に解析することができる．この**トランスジェニック動物 transgenic animal** を用いる解析は，組織特異的遺伝子発現を研究するうえでたいへん有用であることが実証されている．

遺伝子発現を制御するエンハンサーおよび他の調節配列を見つけるためにレポーター遺伝子が用いられる

調節を行っていると思われる塩基配列をもつ DNA の領域を，種々のレポーター遺伝子と結合させることによって（**レポーター reporter** あるいは**キメラ遺伝子 chimeric gene** を用いる方法，図 38-10，**図 38-12** および**図 38-13**），構造遺伝子近傍のどの領域がその発現の制御に関与しているかを決定することができる．ま

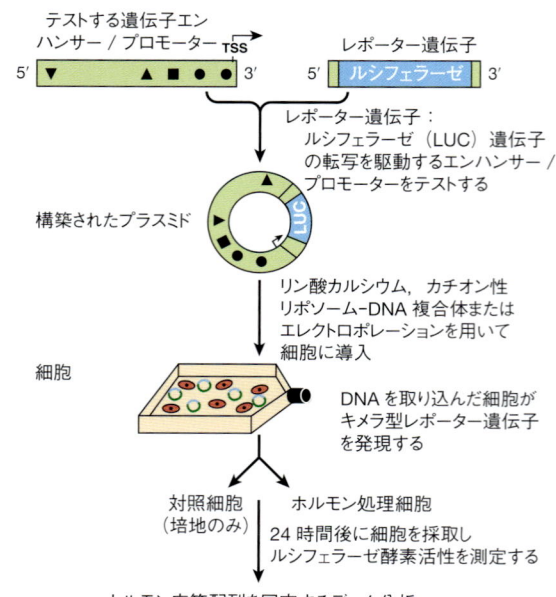

図 38-12. DNA 調節配列を確定するためのレポーター遺伝子の使用法

調べようとしている遺伝子のシス調節配列（図では三角，四角，円）を含む DNA 断片（この例では約 2 kb の 5′ 側上流のプロモーターを含む DNA 断片）を適当なレポーター遺伝子を含むプラスミドベクターと連結させている．ここでは，LUC と略される酵素であるホタルのルシフェラーゼがレポーターとして用いられている．図 38-10 の関連実験で示したように，レポーター遺伝子には導入される細胞自身には含まれないものを用いる．そのため，細胞の抽出液にこの活性が検出されることは，細胞がこのプラスミドでうまく形質転換されたことを示すことになる．ここでは示さないが，一般的には細胞にウミシイタケ（*Renilla*）ルシフェラーゼのような他のレポーターと共導入して導入効率の対照群としている．ホタルとウミシイタケのルシフェラーゼでは活性測定条件が異なるため，両活性は同じ細胞抽出液を用いてそれぞれ別々に分析できる．たとえば，1 種あるいは数種のホルモンを加えたときにホタルルシフェラーゼ活性が基底レベルより上昇した場合，レポーター遺伝子を含むプラスミド中に挿入させた DNA 領域には機能的なホルモン応答配列（HRE）が存在すると考えられる．さらに，徐々に短くした DNA，あるいは欠失変異や点変異を含む DNA を作成してレポーター遺伝子の上流に導入することにより，調節配列を正確に位置づけることが可能である（図 38-13 参照）．この方法の注意点として，形質導入したプラスミド DNA は"古典的な"クロマチン構造をとらない可能性が高いことがある．

ず調節配列をもっていると思われる DNA 断片（配列比較にもとづくバイオインフォマティクス解析から見つけ出される場合もある）を，適当なレポーター遺伝子と連結して宿主細胞に導入する（図 38-12 参照）．もしこの DNA 断片が特定のエンハンサーを含んでいる場

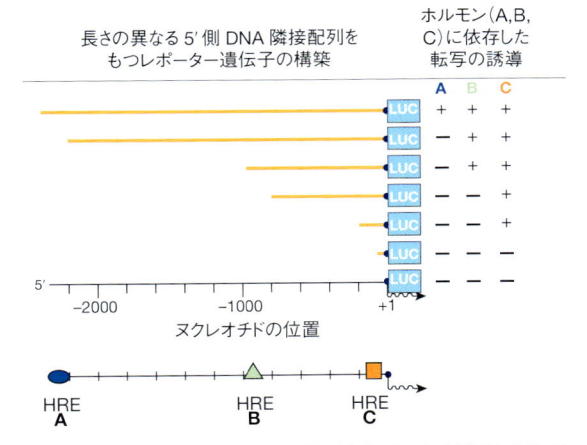

図 38-13. レポーター遺伝子導入法を用いた特異的ホルモン応答配列（HRE）A，B，および C のマッピング分析

図 38-10，図 38-12 に記述した方法で構築したレポーター遺伝子の各種シリーズを受容細胞にそれぞれ導入する．5′側からの欠失部位とホルモン応答性の消失を比較解析することで，特異的なホルモン応答配列の位置を，最終的にはヌクレオチドレベルまで，決定することができる（図下部の配置図を参照）．

合には，レポーター遺伝子の発現が促進されることになる．たとえば，別々の培地中に異なるホルモン添加する実験系において，DNA 上に特定の**ホルモン応答配列 hormone response element（HRE）**が存在する場合，対応するレポーター遺伝子の発現が増加することになる（図 38-13 と 42 章を参照）．DNA 上の調節配列の位置は，段階的に DNA の長さを短くすることや，欠失あるいは点変異を導入することによって正確に決定される（図 38-13）．

　おもに形質導入した培養細胞（すなわち，外来の DNA を取り込んで誘導を受ける細胞）を用いる方法で，数百もの組織特異性を与えるようなエンハンサー，サイレンサーまたはリプレッサー，あるいはホルモンや重金属および薬物への応答に関与する配列が同定されてきた．ある時点での遺伝子の活性は，これら多数のシスに作用する DNA 配列と，それに対応してトランスに作用するタンパク質因子との相互作用を反映している．そして全体の転写生産量は転写装置に作用する正と負のシグナルのバランスによって決まる．次の試みは，この制御がどのようにして起こるかを分子レベルで正確に解き明かすことである．そうすることで究極的には，治療を目的として遺伝情報転写の調節ができるようになるかもしれない．

DNA のシス配列とそれに会合するタンパク質の組み合わせによって応答の多様性が生ずる

　原核細胞遺伝子はしばしば単純な環境のシグナルに対応してオン-オフという型式で調節されている．いくつかの真核細胞の遺伝子にも単純なオン-オフ型式が見られるが，大部分の場合，とくに哺乳類ではもっと複雑な型式が用いられている．多数の複雑な環境からの刺激のシグナルが 1 つの遺伝子に集約される場合がある．これらのシグナルに対する遺伝子の応答には，いくつかの生理学的特徴がある．まず，応答の及ぶ範囲がかなり広範なことである．これは，相加的および相乗的ないくつかの正の応答と，負あるいは抑制的な効果との相互のバランスで起こる．ある場合には，正あるいは負のいずれかの応答が優勢となる．またホルモンのようなエフェクターが，ある細胞でいくつかの遺伝子を活性化し，また他の遺伝子群に対しては抑制するか影響を与えないような仕組みも必要となる．これらの過程のすべてが，組織特異的な因子と組み合わされると，かなりの柔軟性が生じる．これら生理的多様性をもたらすためには，たんなるオン-オフ型式よりも，もっと複雑な仕組みを必要とする．プロモーターにおける複数の DNA 配列エレメントとその編成が，それに結合するタンパク質を介して，いかに一定の遺伝子の応答が起こり，特定の応答がいかに長時間維持されるかを規定している．いくつかの単純な例を**図 38-14** に示す．

転写ドメインは細胞内での多様な立体的局在によって特徴づけられる

　真核細胞は多数の遺伝子群および複雑な転写調節因子群から構成されているために，それらの組織構築が問題になる．ある種の細胞において，なぜある種類の遺伝子群のみが転写され，他の遺伝子群は転写されないのであろうか．もし，エンハンサーが数万塩基も離れた部位から数種類の遺伝子を制御することが可能であり，しかも位置や方向性に無関係に作用するとすれば，どうやってエンハンサーとシスに結合した近傍の遺伝子の無秩序な転写を防いでいるのだろうか．この疑問に対する部分的な解答として，遺伝子発現のパターンを限定づけるようにクロマチンが機能的な単位に配置されるという考え方がある．これは，クロマチンが核のマトリックス，あるいは他の核内区画と一体となり，ある種の構造体を形成することによって達成されるかもしれない．マクロスケールの研究として，核

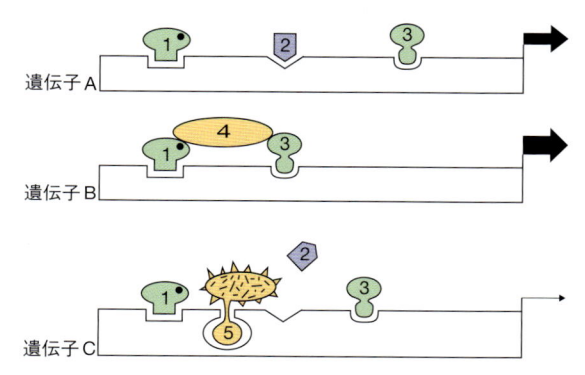

図 38-14. DNA エレメントとタンパク質の組み合わせが，遺伝子応答の多様性を生む

遺伝子 A はアクチベーター因子 1，2，および 3 の組み合わせ（おそらく図 36-10 や図 38-11 に示したコアクチベーターもかかわる）で活性化される（矢印の太さは活性化の強さを示す）．遺伝子 B は因子 1，3，および 4 の組み合わせでより強く活性化される．この場合，因子 4 は DNA とは直接結合しない．このようなアクチベーターは基本転写装置をプロモーターに結びつけるかけ橋となるか，あるいは DNA のループや立体構造の形成により両者を結びつけることもある（図 38-11 参照）．いずれにしても，これによって基本転写装置のプロモーターへの結合を誘導する．遺伝子 C は，因子 1，5，3 の組み合わせで不活性される．この場合，因子 5 は活性化に必要な因子 2 の DNA への結合（遺伝子 A で起こる）を妨げる．このとき，もしアクチベーター 1 がリプレッサー 5 の協調的 DNA 結合を促進し，さらに，もしアクチベーター 1 の DNA への結合にリガンド（●）が必要であれば，ある細胞でリガンドの存在によって 1 つの遺伝子（遺伝子 A）が活性化され，同じ細胞で他の遺伝子（遺伝子 C）が不活性化される仕組みが説明できる．

機能を研究する科学者の国際的コンソーシアムである 4D ヌクレオーム計画があり，核ゲノムの構造と動態を分析して転写活性との関係を立体的かつ経時的に描き出すことを目的としている．エンハンサーが遺伝子ごとに転写を活性化するメカニズムは，**インスレーター insulator** によってもたらされている．インスレーターとよばれる DNA 要素は，やはり 1 個以上の特異的タンパク質と結合することによって，インスレーターの反対側に存在している他の転写ドメインのプロモーターにまでエンハンサーが作用することを防ぐ．すなわちインスレーターは転写ドメインの**境界要素 boundary element** としてはたらく．グロビン遺伝子群や他の多くの遺伝子では，エンハンサーとプロモーターの配列は，しばしば境界要素が関与する特徴的な DNA ループを介して物理的に接触している．このような染色体のループを制御する機構は，現在さかんに研究されている．

いくつかのモチーフが転写制御因子のDNA結合ドメインを構成する

転写調節の特異性には，調節タンパク質が高い親和性と特異性をもって DNA の正確な領域に結合することが必要とされる．3 種類のユニークなモチーフ（超二次構造），すなわち**ヘリックス-ターン-ヘリックス helix-turn-helix（HTH）**，**亜鉛（ジンク）フィンガー zinc finger（ZF）**，および**ロイシンジッパー leucine zipper（LZ）**により，これらの特異的なタンパク質-DNA 相互作用の多くを説明することができる．これらのモチーフを含んでいるタンパク質の例を**表 38-4** に示す．

これらのモチーフを含むタンパク質の DNA 結合活性を比較することにより，いくつかの重要かつ一般的な性質を導くことができる．それらは次のとおりである．

1. 結合は DNA の特異的な部位に高親和性で起こり，他の DNA に対しては低親和性でなければならない．

2. タンパク質上のわずかな部分が，DNA と直接接触する．そしてタンパク質の他の部分は，トランス活性化領域を形成するほか，単量体からの二量体形成やヘテロダイマー形成のための接触面の形成，1 つまたは複数のリガンド結合部位の形成，コアクチベーターやコリプレッサーとの相互作用部

表 38-4. 種々の DNA 結合モチーフをもつ転写調節因子の例

結合モチーフ	生物（ゲノム）	調節タンパク質
ヘリックス-ターン-ヘリックス	大腸菌	lac リプレッサー，CAP
	ファージ	λ cI，Cro，434 リプレッサー
	哺乳類	ホメオボックスタンパク質 Pit-1，Oct1，Oct2
亜鉛（ジンク）フィンガー	ファージ	Gene 32 タンパク質
	酵母	Gal4
	ショウジョウバエ	Serendipity，Hunchback
	アフリカツメガエル	TFIIIA
	哺乳類	ステロイド受容体ファミリー，Sp1
ロイシンジッパー	酵母	GCN4
	哺乳類	C/EBP，fos，Jun，Fra-1，CRE 結合タンパク質，c-myc，n-myc，l-myc

位の形成などのはたらきを担う.

3. これらのタンパク質によるタンパク質—DNA相互作用は,水素結合,イオン相互作用およびファンデルワールス力により保持されている.

4. これらのタンパク質に見出されたモチーフは独特のものであり,機能未知のタンパク質にこれらのモチーフが存在するときは,DNA結合タンパク質である可能性が考えられる.

5. ヘリックス–ターン–ヘリックスあるいはロイシンジッパーをもつタンパク質は二量体を形成し,それぞれのDNA結合部位の塩基配列は対称的なパリンドローム(回文構造)である.亜鉛(ジンク)フィンガーをもつタンパク質では,結合部位が2～9回反復している.これらの特徴は結合部位間の協調的な相互作用を可能にし,DNA結合度と親和性を増強させている.

ヘリックス–ターン–ヘリックス

最初に報告されたモチーフは,**ヘリックス–ターン–ヘリックス**であった.λファージのCro転写調節因子の3D構造解析から,その単量体(モノマー)は3個の逆平行βシートと3個のαヘリックスからなることが明らかにされた(**図 38-15**).逆平行β_3シートの結合によって二量体が形成される.α_3ヘリックスはDNAを認識する表面を形成し,その他の部分はこれらの構造を安定化するのに役立っている.αヘリックスの平均直径は1.2 nmであり,B型DNAの主溝とほぼ同じ幅である.

Cro二量体のDNA結合部位は3.4 nm離れて存在し,それによって,同一面からDNAの連続した主溝に結合することができる(図38-15).このとき各Croタンパク質単量体のDNA認識ドメインは,5個の塩基対と相互作用する.λcIリプレッサー,CAP(大腸菌のcAMP受容体タンパク質),トリプトファンリプ

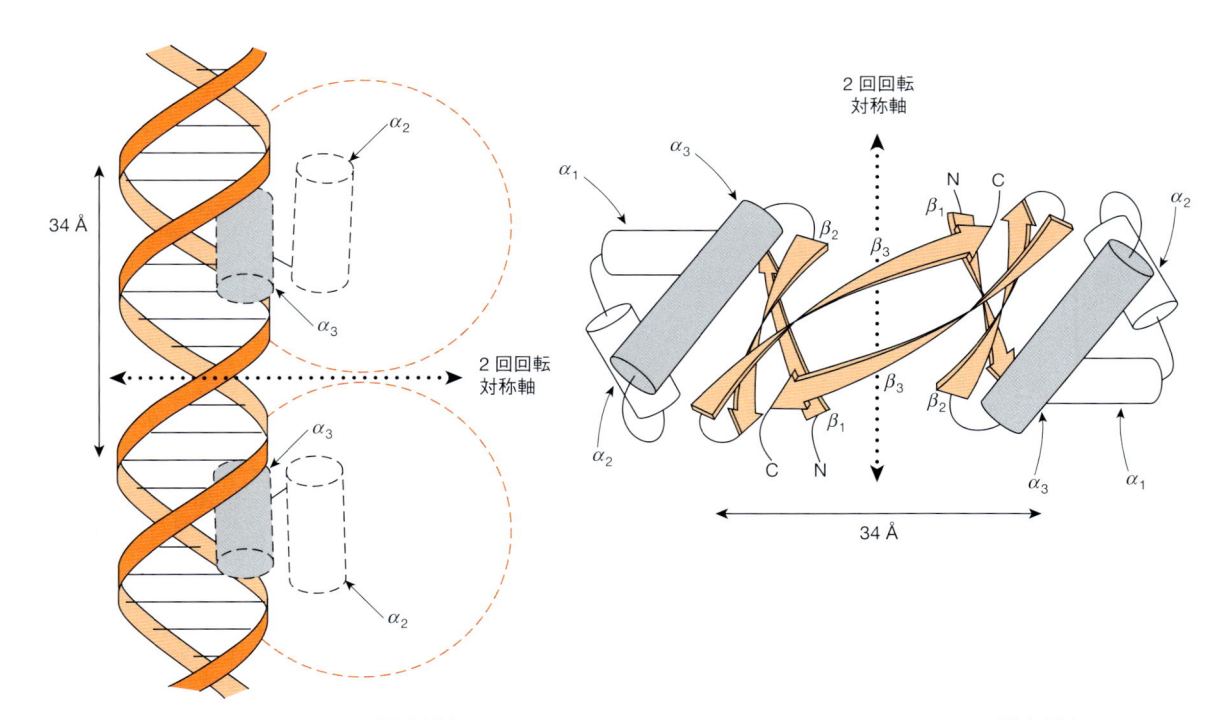

図 38-15. Cro タンパク質の三次元構造(右)と,そのヘリックス–ターン–ヘリックスによる DNA への結合(左)
Cro タンパク質単量体は 3 個の逆平行 β シート($\beta_1 \sim \beta_3$)と 3 個の α ヘリックス($\alpha_1 \sim \alpha_3$)を含んでいる.ヘリックス–ターン–ヘリックス(HTH)は,α_3ヘリックスと α_2 ヘリックスが相互に 90° の角度に位置し,4 個のアミノ酸からなるターンによって結ばれることによって形成される.Cro タンパク質の α_3 ヘリックスが DNA との結合面である(**灰色で示すヘリックス**).2 個の Cro 単量体は逆平行 β_3 シート間で互いに結合し,2 回回転対称軸をもつ二量体を形成する(**右**).Cro 二量体はそれぞれの α_3 ヘリックスを介して DNA と結合し,その α_3 ヘリックスはそれぞれ DNA の同じ側に面した 2 箇所の主溝で約 5 塩基対と接触している(図 34-2,図 38-6 参照).DNA における 2 個の α_3 間の距離は 34 Å であり,ちょうど DNA 二重らせんの 1 巻きに必要な距離と一致する.(B Mathews の許可を得て掲載)

レッサー，およびファージ 434 リプレッサーについてのX線結晶構造解析で，同様の二量体ヘリックス-ターン-ヘリックス構造の存在が示されている．そしてこの構造は真核生物の多くの DNA 結合タンパク質にも存在している（表38-4）．

亜鉛フィンガー

　亜鉛（ジンク）フィンガー zinc finger は，2 番目に結晶構造が解明された DNA 結合モチーフである．5S RNA 遺伝子の転写の正の制御因子である TFIIIA とよばれる真核生物のタンパク質は，活性のために亜鉛イオンを必要とする．構造学的かつ生物物理学的分析によって，それぞれの TFIIIA 分子は 9 個の亜鉛イオンを含み，それらは連続した錯体構造となって存在していることが明らかにされた．各錯体では，近傍に位置するシステイン（Cys）-システイン残基対と，その後 12 〜 13 アミノ酸残基の間隔をおいて存在するヒスチジン（His）-ヒスチジン残基対が亜鉛と配位している（図 **38-16**）．いくつかの例，とくにステロイド-甲状腺ホルモンに対する核ホルモン受容体ファミリーでは，His-His のダブレットは第二の Cys-Cys 対で置き換えられている．タンパク質の亜鉛フィンガーモチーフは DNA ヘリックスの片方の面の上にのっていて，連続するフィンガーが主溝の 1 巻きごとに位置している．ヘリックス-ターン-ヘリックスをもつタンパク質の DNA 認識領域と同様に，TFIIIA の亜鉛フィンガーは DNA の約 5 塩基対と接触している．ステロイドホル

モンの作用におけるこのモチーフの重要性は，"自然界の実験" によって強調されている．すなわち，1,25-$(OH)_2$-D_3 受容体タンパク質のもつ 2 個の亜鉛フィンガーのいずれか 1 箇所にアミノ酸置換が導入されると，このホルモンの作用に対して抵抗性となり，くる病という臨床症状を呈する．

ロイシンジッパー

　哺乳類のエンハンサー結合タンパク質の 1 つである，C/EBP の C 末端領域に位置する 30 個のアミノ酸配列の解析によって，ロイシンジッパー leucine zipper という新しい構造が明らかにされた．図 **38-17** に示すように，C/EBP のこの領域は α ヘリックスを形成し，その部位では 7 番目ごとにロイシン残基が周期的に反復している．これにより，ヘリックスの 8 回転と 4 個のロイシン反復が生ずる．これと同様の構造が，その後，調べられたすべての真核生物において転写制御に関与している多くの他のタンパク質でも見出された．この構造により，2 個の同一の単量体，あるいは異なる単量体分子（たとえば，Jun-Jun あるいは Fos-Jun）が互いにコイル対コイルでジッパーをつくり（zip together），近接した二量体複合体を形成する（図 38-17）．このタンパク質-タンパク質間相互作用は，2 つの別々の DNA 結合領域（DBD）がそれらのターゲット DNA と効率よく結合するのに役立つ（図 38-17）．

ほとんどの調節タンパク質の DNA 結合ドメインと転写活性化ドメインは別れている

　DNA 結合に伴う全体的構造変化により，結合したタンパク質が転写を活性化するという可能性と，DNA 結合と転写の活性化は独立した別々のドメインによって行われるという 2 つの可能性が考えられた．以下に述べるドメイン交換実験によって，通常は後者が正しいことが示唆された．この疑問を解決するための重要な実験は，酵母 *Saccharomyces cerevisiae* で最初に行われた．

　酵母の *GAL1* 遺伝子は，ガラクトース代謝に関与する遺伝子群のメンバーである．*GAL1* の転写は，DNA 結合転写活性化タンパク質である Gal4 によって調節されている．Gal4 は，*Gal1* プロモーターの上流にある 17bp のエンハンサー配列（酵母では上流活性化配列 upstream activator sequence，UAS とよばれる）に，N

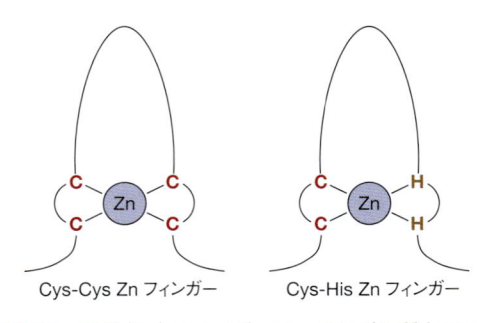

図 38-16. 亜鉛（Zn）フィンガーは，タンパク質上に 2 〜 9 回反復されるドメインであり，各々が亜鉛を配位する四面体構造をその中心に保有している

DNA 結合性転写因子 TFIIIA の場合には，1 対のシステイン残基（C）と 1 対のヒスチジン残基（H）が 12 〜 13 アミノ酸の距離を置いて存在し，亜鉛配位座を形成している．他の亜鉛フィンガータンパク質では，両者ともがシステイン残基の対となっている．亜鉛フィンガーは DNA の主溝上で 5 塩基対と接触し，隣接するフィンガーと DNA ヘリックスの同じ側に面して結合している．

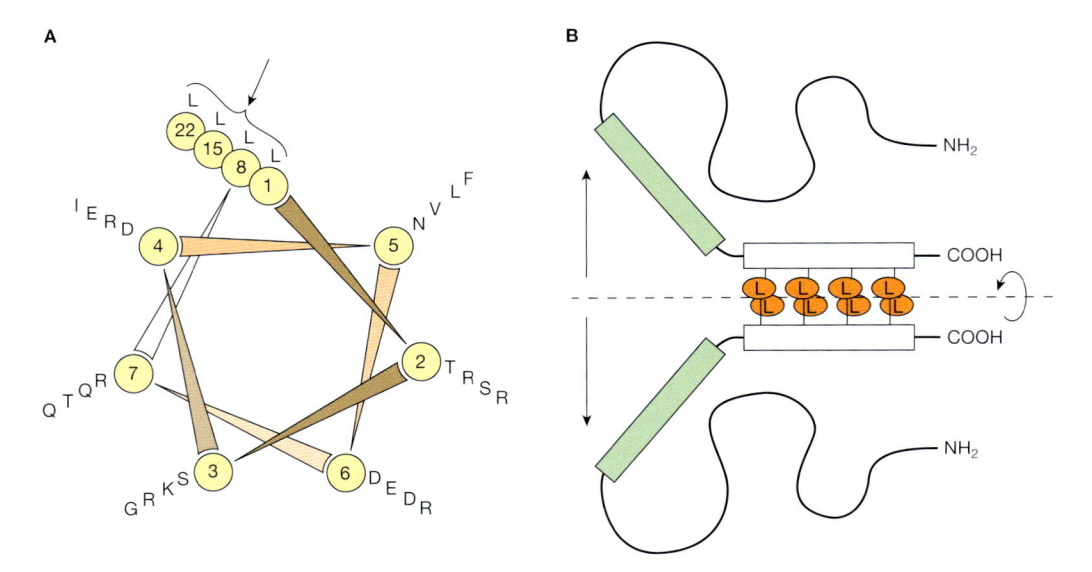

図 38-17.　ロイシンジッパー

（**A**）DNA 結合タンパク質 C/EBP（表 36-3 参照）の C 末端部分のらせん構造解析を示す．アミノ酸配列は，図式化した α ヘリックス軸の下方に向けて上から順番を表示した（図 5.2 〜図 5.4 参照）．α ヘリックスの輪 wheel は 7 個のスポーク spoke をもち，そのそれぞれが α ヘリックスの 2 巻きを形成する 7 個のアミノ酸に対応している．ロイシン残基が常に 7 アミノ酸ごとに存在している点に注目してほしい（模式化した C/EBP タンパク質のアミノ酸残基 1, 8, 15, 22, 矢印参照）．他のロイシンジッパーをもつタンパク質も，同様のらせん構造パターンを示している．（**B**）C/EBP の DNA 結合ドメインを模式化したモデル．2 個の同一の C/EBP ポリペプチド鎖が，それぞれのロイシンジッパードメインの結合を介して二量体を形成する（白抜き長方体とそれに結合したオレンジ色の楕円体で示した）．この結合は，それぞれのポリペプチドの DNA 結合ドメイン（緑色の長方体）が DNA と結合するための適当な構造をとらせるのに必要となる．（S McKnight の許可を得て掲載）

末端の DNA 結合ドメイン DNA binding domain（DBD，Gal4 のアミノ酸 1-73）を介して結合する．Gal4 の C 末端にある 33 個のアミノ酸からなる活性化ドメイン activation domain（AD）が，*GAL1* の転写を活性化する．*GAL1* 遺伝子の転写活性化に対する Gal4 の活性化ドメインと DNA 結合ドメインの寄与を系統的に調べるために，一連のドメイン交換実験が行われた（**図 38-18**）．Gal4 の N 末端 73 アミノ酸残基からなる DNA 結合ドメイン（DBD）を取り除いて，大腸菌の DNA 結合タンパク質である LexA の DBD と置換した．このドメイン交換により作成したキメラ分子（lexA DBD-Gal4 AD）は，*GAL1* UAS には結合せず，予想どおり *GAL1* 遺伝子の転写を活性化しなかった（図 38-18）．しかし，*lexA* オペレーター（LexA DBD が通常結合する）を *GAL* 遺伝子のプロモーター領域に挿入して *GAL1* エンハンサーの代わりにすると，LexA DBD-Gal4 AD 融合タンパク質は，このキメラ遺伝子に，置換された lexA オペレーターの部位で結合して *GAL1* の転写を活性化した．この一般的な実験は，多くの異なる種類の DBD と AD で繰り返し行われてきた．それらのデータを総合すると，多くの転写因子の DBD と AD は独立

して機能できることがわかる．

　この順序だった遺伝子転写活性化複合体の形成には，DNA と結合して転写を活性化するタンパク質群をはじめとして，DNA 結合タンパク質と転写活性化タンパク質を橋渡ししてタンパク質複合体を形成するタンパク質群，および基本的転写因子やコレギュレーターの構成成分とタンパク質間相互作用により複合体を形成するタンパク質群などが含まれる．このように 1 つのタンパク質が，異なる機能を果たす数種類のモジュール面やドメインをもつことがある（**図 38-19**）．36 章に記述したように，これら分子の主たる目的は，シスに連結したプロモーター上における基本転写因子の集合と活性を促進することである．ここには示していないが，DNA 結合性リプレッサータンパク質は，同様に DNA 結合ドメイン（DBD）と，これと独立した**不活性化ドメイン silencing domain（SD）**からなる．

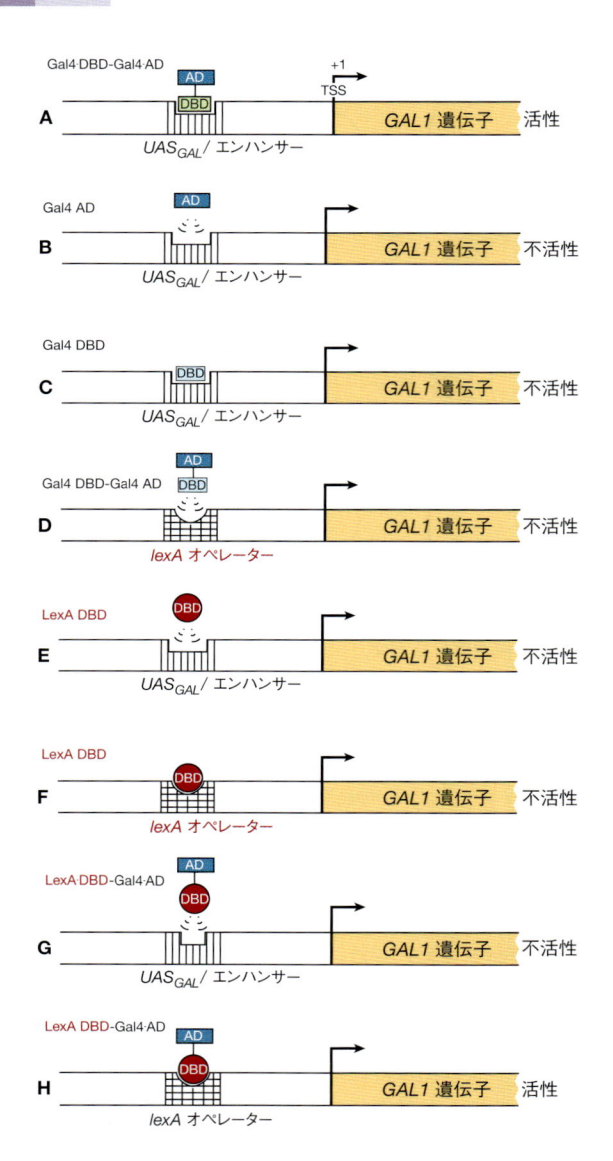

図 38-18. DNA 結合ドメインと転写活性化ドメインの独立性を示すタンパク質ドメイン交換実験

酵母 *GAL1* 遺伝子は，DNA 結合転写活性化タンパク質 Gal4 が結合する上流活性化配列（UAS_{GAL}）を含んでいる．Gal4 は，λ ファージ cI タンパク質と同様に，機能単位分割型（モジュール）構造になっており，N 末端の DNA 結合ドメイン（DBD）と C 末端の活性化ドメイン（AD）を含んでいる．無加工の Gal4 転写因子が *GAL1* UAS_{GAL} エンハンサーに結合すると，*GAL1* 遺伝子の転写が活性化される［（**A**）：**活性**］．対照実験は，3 つの *GAL1* 遺伝子特異的な構成要素（すなわち，シス活性およびトランス活性要素：UAS_{GAL} DNA エンハンサー，Gal4 DBD および Gal4 AD）は，予想されたように，天然の *GAL1* 遺伝子の活性転写に必要であることが示された［（**B**），（**C**），（**D**），（**E**），（**F**）：すべて**不活性**］．Gal4 の DBD を大腸菌特異的オペレーター DNA 結合タンパク質 LexA の DBD に置き換えたキメラタンパク質は，LexA の DBD が UAS_{GAL} エンハンサーに結合できないため，*GAL1* の転写を活性化できない［（**G**）：**不活性**］．これとは対照的に，LexA DBD-Gal4 AD の融合タンパク質は，UAS_{GAL} エンハンサーの代わりに，LexA DBD の本来の結合標的となる *lexA* オペレーターを *GAL1* プロモーター領域の上流に挿入すると，*GAL1* の転写を活性化する［（**H**）：**活性**］．

原核細胞と真核細胞における遺伝子調節は他のいくつかの重要な面で異なっている

　真核細胞では，遺伝子発現を制御するため転写以外のさまざまな仕組みを利用している（**表 38-5**）．真核細胞の遺伝子発現には，原核細胞の遺伝子発現に比べて，より多くの反応過程，とくに RNA のプロセシングなどがあり，原核細胞には存在し得ないような調節効果を発揮することができる．36 章で詳述した真核細胞における RNA プロセシングの反応には，一次転写産物の 5′ 末端において起こるキャップ形成反応，転写産物の 3′ 末端で起こるポリ（A）の付加反応，mRNA 内部の

塩基修飾，およびスプライシングによりイントロンを除去しエキソンからなる成熟 mRNA を産出する反応があげられる．これまでに，真核細胞の遺伝形質発現の分析から，調節は転写，核内 RNA のプロセシング，核内輸送，mRNA 安定性，および翻訳のレベルで行われることが証明されている．さらに，遺伝子の増幅 amplification と再編成 rearrangement も遺伝子発現に影響を与えることが知られている．

　組換え DNA 技術の到来，そして DNA と RNA およびタンパク質配列の処理能力の向上，さらにその他の新しい遺伝子解析技術の登場によって（39 章参照），真核細胞の遺伝子発現についての理解が最近急速に進展した．しかし，ほとんどの真核生物は原核生物よりもはるかに多くの遺伝情報をもっているし，真核細胞の

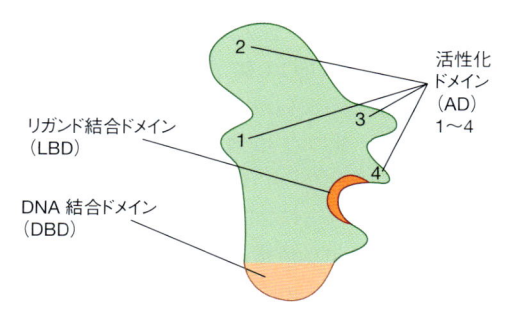

図 38-19. 転写を調節するタンパク質はいくつかのドメインをもっている

この仮想上の転写因子は，リガンド結合ドメイン（LBD）およびいくつかの活性化ドメイン（AD）（1〜4）とは別に，DNA 結合ドメイン（DBD）をもつ．他の転写因子のなかには DBD あるいは LBD を欠くものも存在するが，コレギュレーターや基本転写因子の成分など多くのタンパク質と接触するさまざまなドメインをもっているのが一般的である（41 章および 42 章を参照）．

表 38-5. 真核細胞における遺伝子発現は，転写およびそれ以外の多くの方法で調節されている

- ・遺伝子の増幅
- ・遺伝子の再編成
- ・RNA プロセシング
- ・mRNA の選択的スプライシング
- ・mRNA の核から細胞質への輸送
- ・mRNA の安定性の調節
- ・クロマチン区画化
- ・ncRNA によるサイレンシングと活性化

遺伝子の操作はまだ原核細胞の場合ほど容易ではないので，真核細胞の遺伝子の調節は，この章の前半で述べた例に比べると，まだ分子レベルでは十分に理解されているとはいい難い．ここでは，真核細胞遺伝子の調節について，いくつかの異なるタイプを簡単に記述することにする．

ncRNA は mRNA の機能を変えることで遺伝子発現を調節する

34 章で述べたように，真核生物で広く見られる大小の（タンパク質非コードの）ncRNA は，遺伝子発現の調節に重要な貢献をしている．低分子の miRNA と siRNA の作用機構は最もよく理解されている．これらの約 22 ヌクレオチドの RNA は翻訳を阻害するか，またはいくつかの異なる仕組みを経て mRNA 分解を誘発することで特定の mRNA 翻訳能を調節する．

miRNA の作用はタンパク質合成，すなわち遺伝子発現に劇的な変化をもたらす．これらの小型 ncRNA は心疾患，がん，筋萎縮，ウイルス感染，糖尿病のような多くのヒトの病気との関連性が示されている．

先に詳細に述べてきた DNA 結合性転写因子のように，miRNA や siRNA はトランスに作用する．いったん miRNA が合成され適正にプロセシングを受ければ，その後特定のタンパク質とともに標的となる mRNA に結合する（図 36-17 参照）．miRNA の標的 mRNA への結合は通常の塩基対合のルールに従い達成される．一般的に，もし miRNA-mRNA 間塩基対合に 1 つ以上のミスマッチがあれば，その標的となった mRNA と miRNA の間で結合した状態で保持され，翻訳は阻害される．一方，もし miRNA-mRNA 間塩基対合が 22 ヌクレオチドのすべてでマッチしていればその mRNA は分解されることになる．

すさまじい勢いでますます注目される miRNA の重要性にもとづいて，多くの科学者やバイオテクノロジー関連企業はヒトの病気治療への利用を期待して，その生合成，輸送，および機能について精力的に研究を進展させている．ncRNA を介した遺伝子制御の意義や普遍性はいずれわかるであろう．

真核生物の遺伝子は，発生過程や薬物に反応して，増幅されたり再編成されたりする

後生動物の初期発生においては，ある特化したタイプの細胞や組織をつくり上げるタンパク質の mRNA や，リボソーム RNA のような特異的な分子を急速に合成する必要にせまられる場合がある．このような分子の合成速度を増加させる 1 つの方法は，これらの特異的な分子の遺伝子の数を増加させ，転写させることである．ゲノム中の反復 DNA 配列の中には，数百コピーの rRNA をコードする遺伝子が含まれている．これらの遺伝子は生殖細胞の DNA の中にすでに反復して存在していて，世代から世代へと高コピー数のまま伝達されている（図 36-4 参照）．ショウジョウバエ（*Drosophila*）などの特定の生物では，たとえばコリオン（卵膜）タンパク質の遺伝子のように，平常は少数しか存在していない遺伝子が卵形成の間に増幅される場合もある．これはおそらく，DNA 合成の反復開始によって集積されるもので，この結果，多数の部位から転写が開始されることになる（図 36-4，**図 38-20**）．特定遺伝子の増幅には次のような悪影響もある．たとえば，ヒトが長期的に抗がん剤治療を行った際，投与した薬剤を分解したり，標的細胞から汲み出したりする

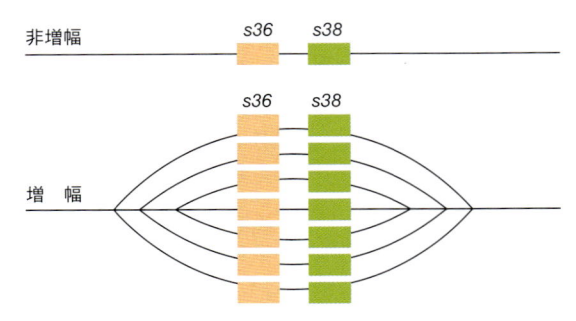

図 38-20. 卵膜タンパク質をコードする遺伝子 *s36* および *s38* の増幅

(Chisholm R: Gene amplification during development. Trends Biochem Sci 1982;7(5):161-162. の許可を得て掲載)

タンパク質をコードする遺伝子が増幅され，発現が過多になって薬剤耐性が生じてしまう場合もある．

36 章に記述しているように，タンパク質を生産するために必要な遺伝情報となる塩基配列は，哺乳類のゲノムの場合にはしばしば非連続的である．抗体をコードする遺伝子群ではまさにそうである．52 章に詳述するように，免疫グロブリンは 2 本のポリペプチド，いわゆる H 鎖（約 50 kDa）と L 鎖（約 25 kDa）から構成されている．これらの 2 種のタンパク質をコードしている mRNA は，DNA 配列の大規模な変化を経た遺伝子の塩基配列によってコードされている．この DNA コードの変化は，適切な免疫機能の中核となる認識多様性をつくり出すために極めて重要である．

IgG の H 鎖および L 鎖 mRNA は，生殖系列 germline のゲノムにおいてタンデムに反復されているいくつかの異なる DNA 断片によってコードされている．たとえば，IgG の L 鎖は可変（V_L），結合（J_L）および定常（CL）の 3 つの領域（あるいは断片）から構成されている．ヒト IgG の L 鎖の κ 鎖の場合，約 40 種類のタンデムに反復された V_L 遺伝子のコード配列断片，5 種類のタンデムに配列した J_L コード配列，および 1 種類の C_L 遺伝子のコード配列が存在する．これら多数の独立したコード領域は同一の染色体の同一の領域に位置していて，各タイプのコード配列断片（V_L，J_L，および C_L）は，断片反復領域内に head-to-tail 様式にタンデムに反復されている．このように多数の V_L，J_L 断片が存在して，それらから 1 つずつ選択することにより，免疫細胞は免疫学的柔軟性と特異性を発達させるためのより多くの配列レパートリーを所有することになる．しかし，機能を保持した（mRNA としての）IgG L 鎖の転写単位は，他のすべての "一般の" 哺乳類の転写単位と同様に，

単一タンパク質のコード配列のみを含んでいる．したがって，ある 1 つの IgG L 鎖が発現する前に，1 個ずつの V_L，J_L のコード配列が，他の多くの用いられない配列（すなわち，他の約 40 個の用いられない V_L 断片，他の 4 個の用いられない J_L 断片）を排除して，単一の連続した転写ユニットに組換えられなくてはならない．この使用されない遺伝情報の除去は，必要とされる 1 個ずつのコード配列，すなわち 1 個の V_L，1 個の J_L，1 個の C_L 配列を残して，他の不要なコード DNA を除くという選択的 DNA 組換えによって完成される（V_L 配列には，さらに点変異が起こり，さらなる可変性が生ずる——可変領域という名前のとおり）．新しく組換えられた配列は，こうして 1 つの転写単位となり，RNA ポリメラーゼ II により転写され単一のモノシストロニックな IgG L 鎖をコードする mRNA が合成される．このような IgG 遺伝子の組換えと突然変異は，1 つの B 細胞クローン集団で生じる．IgG 遺伝子は，遺伝子発現を調節するように方向づけられた DNA の再編成 rearrangement の最もよく研究された例の 1 つであるが，DNA 再編成による遺伝子調節の他の例も報告されている．

選択的RNAプロセシングはもう1つの調節機構である

真核細胞は，プロモーターの利用効率を調節することによって遺伝子発現の制御を行うほかに，選択的 RNA プロセシング alternative RNA processing（選択的プロセシング）を用いて発現制御を行っている．選択的プロセシングは，選択可能なプロモーター，イントロン—エキソンスプライス部位，またはポリアデニル化部位が選ばれ用いられるときに生じる．ときどき，これによって単一の細胞内に 1 つ以上の mRNA を生ずることもあるが，通常は同一の一次転写産物が異なる組織ごとに別の形にプロセスされる．上記の調節機構の各例を以下に若干あげる．

選択的転写開始部位 alternative transcription start site を用いることによって，異なる 5' エキソンを保有する mRNA を生成する．この例として，マウスのアミラーゼやミオシン L 鎖，ラットのグルコキナーゼ，およびショウジョウバエのアルコールデヒドロゲナーゼとアクチンがあげられる．免疫グロブリン μ 重鎖の**選択的ポリアデニル化部位 alternative polyadenylation site** によって，一次転写産物が，2700 塩基（μ_m）あるいは 2400 塩基（μ_s）という長さの異なる 2 種類のものを生成する．この 2 種類から，異なる C 末端領域をもつタンパク質が生じ，μ_m タンパク質は B リンパ球の膜

に結合したままの形で存在し，μ_s 免疫グロブリンは分泌される．また，**選択的スプライシング alternative splicing** と**プロセシング processing** により，7種類のユニークな α トロポミオシン mRNA を7種類の異なる組織で生成する．これらのプロセシング／スプライシングがどのように決定されるのか，あるいはそのそれぞれのステップがどのように調節されているのかについてはまだ明らかではない．

mRNAの安定性制御も調節機構の1つである

哺乳類の mRNA は概して安定なものであるが（半減期は数時間），なかには速やかに代謝回転するものもある（半減期 10 ～ 30 分）．ある場合には，mRNA の安定性は調節されている．これは通常，mRNA の量とその mRNA から対応するタンパク質への翻訳は直接的な相関関係にあるので，重要な意味をもつ．すなわち，特定の mRNA の安定性の変化によって，生物学的な過程が大きな影響を受ける可能性がある．

mRNA は細胞質では**リボ核タンパク質 ribonucleo-protein particle（RNP）** として存在している．その中のタンパク質には，mRNA をヌクレアーゼによる消化から保護しているものと，逆にある条件下ではヌクレアーゼによる攻撃を受けやすくしているものとがある．mRNA はその構造や配列を介してさまざまなタンパク質分子と相互作用し，その結果安定化するか，不安定化すると考えられる．ある種のエフェクターすなわちホルモンなどは，これらのタンパク質の量を増加，あるいは減少させることによって，mRNA の安定性を調節しているようだ．

mRNA の両末端部分が mRNA の安定性に寄与していると思われる（**図 38-21**）．真核細胞 mRNA の 5′ 末端のキャップ構造は 5′ エキソヌクレアーゼによる攻撃を阻止しているし，3′ 末端側のポリ（A）テールは 3′ エキソヌクレアーゼの作用から mRNA を保護している．このような構造をもつ mRNA でも，エンドヌクレアーゼが1個の切断を入れると，そこからエキソヌクレアーゼによる分解が開始され，分子全体が分解されてしまうだろう．5′ 末端側の非翻訳領域 5′ untranslated region（5′ UTR），コード配列，および 3′ UTR の各種構造（塩基配列）が，このエンドヌクレアーゼによる最初の攻撃を受けやすく，あるいは受け難くしていると思われる（図 38-21）．

このように mRNA の安定性と機能の制御には，mRNA 合成の制御の場合と同様に，また 37 章で詳述したように，多くの機構が介在することは明らかである．これらの過程の協調的な調節により，細胞に高い環境順応性を与えることが可能となる．

まとめ

- 後生動物の体細胞のもつ遺伝的組成はほぼすべて同一である．
- 表現型（組織あるいは細胞特異性）は遺伝子全体から発現する遺伝子種の相違によって決まる．
- 細胞は遺伝子発現の変動によって，環境の変化，発生の指標，そして生理的シグナルに応答する．
- 遺伝子発現は，転写，RNA プロセシング，RNA の局在，RNA の安定性または翻訳への利用率などの変化という多くの段階で調節される．遺伝子の増幅，再編成なども遺伝子発現に影響を与える．
- 転写調節はタンパク質-DNA，およびタンパク質-タンパク質間の相互作用のレベルで行われる．これらの相互作用ではタンパク質ドメインの機能単位分割

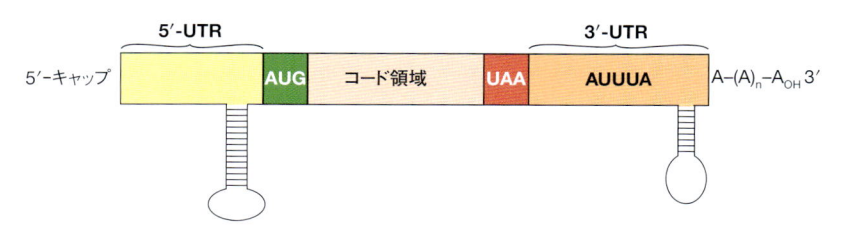

図 38-21. mRNA の安定性の調節に関与するエレメントを示した典型的な真核細胞 mRNA の構造
典型的な真核細胞 mRNA は 5′ 非コード配列（NCS）あるいは 5′ 非翻訳領域（5′ UTR），コード領域，および 3′ 非翻訳領域（3′ UTR）からなる．基本的にすべての mRNA は 5′ 末端にキャップが結合し，ほとんどの mRNA は 3′ 末端に 100 ～ 200 のヌクレオチドの長さのポリアデニル酸配列をもつ．5′ 末端のキャップ，3′ 末端のポリ（A）テールは，ともに mRNA をエキソヌクレアーゼによる攻撃から保護している．そしてこれらの部位には特異的タンパク質が結合し翻訳の促進にかかわっている（図 37-7 参照）．5′ および 3′ UTR に存在するステム-ループ構造および 3′ UTR に存在する AU に富む領域は，mRNA の安定性を調節する特異的タンパク質の結合部位である．

modularity と高度の特異性 specificity が見られる.

■ 転写因子について多くの異なったクラスの DNA 結
合ドメインが同定されている.

■ クロマチンと DNA の修飾は，コアクチベーターと
コリプレッサーが標的遺伝子に特異的に作用するよ
うに DNA を調整し，真核細胞の転写制御に重要な
役割を果たす.

■ 遺伝子制御をもたらすいくつかのエピジェネティッ
ク機構が報告されており，これらのプロセスの仕組
みを分子レベルで解明しようとする研究が進められ
ている.

■ ncRNA は遺伝子発現を調節する．短鎖の miRNA と
siRNA は mRNA の翻訳と安定性を調節する.

文　献

Ambrosi C, Manzo M, Baubec T: Dynamics and context-de-
pendent roles of DNA methylation. J Mol Biol
2017;429(10):1459-1475.

Brandao HB, Gabriele M, Hansen AS: Tracking and interpret-
ing long-range chromatin interactions with super-resolu-
tion live-cell imaging. Curr Opin Cell Biol 2021;70:18-26.

Browning DF, Busby SJ: Local and global regulation of tran-
scription initiation in bacteria. Nat Rev Microbiol 2016;14:
638-650.

Chan JC, Maze I: Nothing is yet set in (Hi)stone: novel post-
transcription modifications regulating chromatin func-
tion. Trends Biochem Sci 2020;45:829-844.

Chen H, Pugh BF: What do transcription factors interact
with? J Mol Biol 2021; doi.org/10.1016/.mb.2021.166883.

Dekker J, Belmont AS, Guttman M, et al: The 4D nucleome
project. Nature 2017;549:219-278.

Henniger E, Oksuz O, Shrinivas K, et al: RNA-mediated feed-
back control of transcriptional condensates. Cell 2021;184:
207-225.

Hnisz D, Abraham BJ, Lee TI, et al: Super-enhancers in the
control of cell identity and disease. Cell 2013;155:934-947.

Jacob F, Monod J: Genetic regulatory mechanisms in protein
synthesis. J Mol Biol 1961;3:318-356.

Jaeger MG, Winter GE: Fast-acting chemical tools to delin-

eate causality in transcriptional control. Mol Cell
2021;81:1617-1630.

Klug A: The discovery of zinc fingers and their applications
in gene regulation and genome manipulation. Annu Rev
Biochem 2010;79:213-231.

Manning KS, Cooper TA: The roles of RNA processing in
translating genotype to phenotype. Nat Rev Mol Cell Biol
2017;18:102-114.

Narita T, Ito S, Higashiima Y, et al: Enhancers are activated
by p300/CPB activity-dependent PIC assembly, RNAPII
recruitment, and pause release. Mol Cell 2021;81:1-17.

Ptashne M: *A Genetic Switch*, 2nd ed. Cell Press and Black-
well Scientific Publications, 1992.

Pugh BF: A preoccupied position on nucleosomes. Nat Struct
Mol Biol 2010;17:923.

Roeder RG: 50[+] years of eukaryotic transcription: an expand-
ing universe of factors and mechanisms. Nat Struc Mol
Biol 2019;26:783-791.

Rossi M, Kuntala PK, Lai WKM, et al: A high-resolution pro-
tein architecture of the budding yeast genome. Nature
2021;592:309-315.

Schmitt AM, Chang HY: Long noncoding RNAs in cancer
pathways. Cancer Cell 2016;29:452-463.

Schwartzman O, Tanay A: Single-cell epigenomics: tech-
niques and emerging applications. Nat Rev Genet
2015;16:716-726.

Scotti MM, Swanson MS: RNA mis-splicing in disease. Nat
Rev Genet 2016;17:19-32.

Shao Q, Trinh JT, Zeng L: High-resolution studies of lysis-ly-
sogeny decision-making in bacteriophage lambda. J Biol
Chem 2019;294:3343-3349.

Tee WW, Reinberg D: Chromatin features and the epigenetic
regulation of pluripotency states in ESCs. Development
2014;141:2376-2390.

Tian B, Manley JL: Alternative polyadenylation of mRNA
precursors. Nat Rev Mol Cell Biol 2017;18:18-30.

Wang Z, Cairns MJ, Yan J: Super-enhancers in transcriptional
regulation and genome organization. Nuc Acids Res
2019:11481-11496.

Wang Z, Cui M, Shah AM, et al: Cell-type-specific gene regu-
latory networks underlying murine neonatal heart regen-
eration at single-cell resolution. Cell Reports
2020;33:108472.

Zaborowska J, Egloff S, Murphy S: The pol II CTD: new
twists in the tail. Nat Struct Mol Biol 2016;23:771-777.

分子遺伝学，組換えDNA，ゲノム工学

Molecular Genetics, Recombinant DNA, & Genomic Technology

学 習 目 標
本章習得のポイント

- 組換えDNA技術と遺伝子工学で使われる基本的操作と方法を理解する．
- DNAおよびRNAの合成，解析，塩基配列決定に使われる方法の原理を把握する．
- ゲノムDNAやRNAの特定の配列に結合するタンパク質など，個々のタンパク質を同定し定量する方法を理解する．

生物医学的重要性[1]

　組換えDNA技術，高密度DNAマイクロアレイ，高処理スクリーニング法，低コストのゲノムスケールでのDNAおよびRNAの塩基配列解析，高感度質量分析法によるタンパク質同定と配列決定，その他の分子遺伝学的技術の発達は，生物学に革命をもたらした．またこれらの技術革新は臨床医学に限りないインパクトを与えつづけている．ヒトの遺伝病はこれまで家系分析や異常タンパク質の解析によって研究されてきたが，従来の方法では遺伝的欠損を特定できない疾患も多く残っていた．新しい技術は，直接，細胞のDNA，RNA，タンパク質を研究することを可能にし，この限界を見事に突破し，原因を特定できるようになったのである．DNA配列を用いたキメラ分子の作製(いわゆる遺伝子操作)により，特定のDNA領域のはたらきを研究することができるようになった．また，新しい生物化学および分子遺伝学的手技により，ゲノム配列を調べ操作するだけでなく，細胞内のmRNA，タンパク質，そしてタンパク質の翻訳後修飾 posttranslational modification(PTM)状態の全貌を，分子レベルで解析することができるようになった．しかも，必要な試料の量が少なくても可能であり，単一細胞でも解析できるようになった．

　これらの技術の原理を理解することの重要性は以下のとおりである．(1) 病気の分子基盤を理解するための合理的な研究方法を提供する(たとえば，家族性高コレステロール血症，鎌状赤血球症，サラセミア，嚢胞性線維症，筋ジストロフィー，さらにより複雑な多因子疾患である心血管疾患，Alzheimer病，がん，肥満，糖尿病)．(2) 治療用ヒトタンパク質を大量に生産できる(たとえば，インスリン，成長ホルモン，組織プラスミノーゲン活性化因子)．(3) ワクチン用のタンパク質や核酸(B型肝炎やCOVID-19など)，診断用タンパク質(エボラ出血熱やHIV検査など)を容易に得ることができる．(4) 病気の診断や，ある病気になる危険度や薬理療法に対するヒトそれぞれの応答の予測(いわゆる個別化医療)に用いることができる．(5) いくつかの技術は，法医学の進歩に著しく貢献し，単一細胞のDNA解析も可能になった．(6) 鎌状赤血球症，サラセミア，アデノシンデアミナーゼ欠損症などの1遺伝子の欠陥により生ずることがよく理解されている病気に対して，完治を目指した遺伝子治療などが開発されつつある．

組換えDNA技術で，DNAを単離・操作しキメラ分子をつくる

　まったく異なった生物からDNAを単離し，それらの末端を連結するなどの操作によりキメラ分子(たとえば，ヒトと細菌のDNA断片をつないだ分子，特定の機能要素や遺伝子をつないだ分子)をつくることが，組換えDNA研究の真髄である．これにはいくつかの特殊な技術や試薬が用いられる．

制限酵素はDNA鎖を特定の場所で切断する

　ある種のエンドヌクレアーゼ——DNA鎖を配列特異的に切断する酵素(DNA鎖断片を末端から配列非依

---

1)　本章末尾の"用語の解説"を参照されたい．

存的に消化するエキソヌクレアーゼと異なる)——は，組換え DNA 研究において最も重要な役割をもつ．この種の酵素は細菌ウイルス，すなわちバクテリオファージの増殖を抑制することから，**制限酵素 restriction enzyme**（**RE**）とよばれる．制限酵素は，いかなる生物由来の DNA も配列特異的に切断する．これは，他の酵素的，化学的，あるいは物理的方法が DNA を配列に無関係に断片化するのと対照的である．この制限酵素群（すでに何百も発見されている）は，宿主細菌 DNA を外来生物（主として感染性ファージ）のゲノム DNA から守るために存在し，侵入したファージの DNA を切断し，特異的に失活させるはたらきをしている．ウイルス RNA により誘導されるインターフェロンのシステム（図 38-11 参照）は，哺乳類細胞において RNA ウイルスに対する同様の分子防御となっている．制限酵素をもつ細菌は，自らの DNA を切断することを防ぐため，切断部位の配列をメチル化する酵素をもっており，これにより自身の DNA が消化されるのを防ぐ．すなわち細菌では，部位特異的 DNA メチラーゼとその部位を切断する制限酵素が対になって存在する．

制限酵素は分離された細菌にちなんで命名される．たとえば，*Eco*RI は *Escherichia coli*（大腸菌）から，*Bam*HI は *Bacillus amyloliquefaciens* から得られたものである（**表 39-1**）．制限酵素名の最初の 3 文字は，細菌の属名の頭文字（*E*）と菌種名の始めの 2 文字（*co*）からなる．*Eco*RI の場合，*E. coli* に由来する．次いで菌株名（R）と発見された順序を示すローマ数字（I）が続く（たとえば，*Eco*RI，*Eco*RII）．これらの酵素は，おもに 4～8 塩基対（bp）の特異的な二本鎖 DNA 配列を認識して切断する．切断の結果生じる DNA 末端は，酵素反応機構の違いにより，**平滑末端 blunt end**（たとえば，*Hpa*I）か，または一本鎖の部分をもつ突出末端（別名，**粘着末端 sticky end** あるいは **cohesive end**）（たとえば，*Bam*HI）となる（**図 39-1**）．粘着末端はハイブリッドやキメラ DNA 分子を作製する場合にとくに有用である（後述）．もし，4 つのヌクレオチドが DNA 断片にランダムに分布するとすれば，制限酵素がその断片を何箇所で切断するかを計算することができる．すなわち，DNA 分子の各ヌクレオチド塩基には 4 つの可能性（A，C，G，T）があるので，4 bp 配列を認識する制限酵素は，平均 256 bp あたり 1 箇所（4^4），一方 6 bp 配列を認識する制限酵素は，4096 bp あたり 1 箇所（4^6）切断することになる．DNA 鎖上には塩基配列に従って固有の酵素切断部位が並ぶことを利用して，制限酵素地図

表 39-1. 代表的な制限酵素と基質配列特異性

制限酵素	切断される配列	生産する細菌
*Bam*HI	↓ GGATCC CCTAGG ↑	*Bacillus amyloliquefaciens* H
*Bg*III	↓ AGATCT TCTAGA ↑	*Bacillus glolbigii*
*Eco*RI	↓ GAATTC CTTAAG ↑	*Escherichia coli* RY13
*Eco*RII	↓ CCTGG GGACC ↑	*Escherichia coli* R245
Hind III	↓ AAGCTT TTCGAA ↑	*Haemophilus influenzae* R$_d$
*Hha*I	↓ GCGC CGCG ↑	*Haemophilus haemolyticus*
*Hpa*I	↓ GTTAAC CAATTG ↑	*Haemophilus parainfluenzae*
*Mst*II	↓ CCTnAGG GGAnTCC ↑	*Microcoleus* strain
*Pst*I	↓ CTGCAG GACGTC ↑	*Providencia stuartii* 164
*Taq*I	↓ TCGA AGCT ↑	*Thermus aquaticus* YTI

A：アデニン，C：シトシン，G：グアニン，T：チミン．矢印は切断場所を示す．その場所により，DNA 二本鎖末端が生じ，その形状に応じて粘着末端（*Bam*HI）と平滑末端（*Hpa*I）とよばれる．認識配列の長さは 4 bp（*Taq*I），5 bp（*Eco*RII），6 bp（*Eco*RI），7 bp（*Mst*II），またはさらに長いものなどといろいろである．慣例により，認識配列は上方鎖は 5′→3′ 方向を，下方鎖は 3′→5′ 方向を示す．ほとんどの認識配列は回文構造（二本鎖の配列をそれぞれ 5′→3′ 方向に読むとまったく同じ配列）であることに注意してほしい．n と表したところは 4 種のどのヌクレオチドでもよいという意味である．

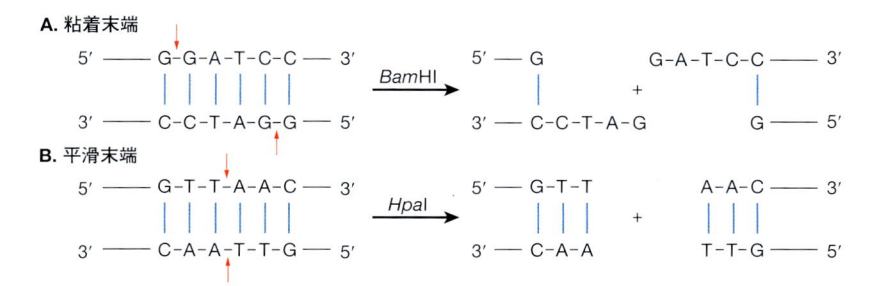

A. 粘着末端

5′ — G-G-A-T-C-C — 3′　　$\xrightarrow{BamHI}$　　5′ — G　　　　　G-A-T-C-C — 3′

3′ — C-C-T-A-G-G — 5′　　　　　　　　3′ — C-C-T-A-G　　+　　　　G — 5′

B. 平滑末端

5′ — G-T-T-A-A-C — 3′　　$\xrightarrow{HpaI}$　　5′ — G-T-T　　　　A-A-C — 3′

3′ — C-A-A-T-T-G — 5′　　　　　　　　3′ — C-A-A　　+　　T-T-G — 5′

図 39-1. 制限酵素による消化

制限酵素による消化(矢印)によって, 粘着末端(A)あるいは平滑末端(B)をもつ DNA 断片が生じる. ホスホジエステル結合: 黒線, プリン塩基とピリミジン塩基間の鎖間水素結合:青線. 生じる DNA 断片がどのような末端構造となるか(すなわち粘着末端か平滑末端か)は, クローニングの手順を考えるうえで重要である.

restriction map をつくることができる. DNA をある酵素で消化すると, 生じた断片の末端はすべて同じ DNA 配列をもつ. さらに特定の DNA 断片をアガロースやアクリルアミドゲル電気泳動で分離することができる (後述のブロットトランスファーを参照のこと). これは遺伝子クローニングとさまざまな DNA 解析に必須の段階であり, 制限酵素のおもな用途である.

DNA や RNA に作用するその他の酵素も, 組換え DNA 工学に重要な役割をもつ. それらの多くは, 本章や他の章で述べる(**表 39-2**).

表 39-2. 組換え DNA 研究に用いられる酵素の例

酵　素	反　応	使用目的
ホスファターゼ	RNA と DNA の 5′ 末端の脱リン酸化	キナーゼによる標識のために 5′-リン酸を除去, 自己連結防止にも用いる
DNA リガーゼ	DNA 分子間のホスホジエステル結合の形成	DNA 分子の連結
DNA ポリメラーゼ I	一本鎖 DNA から二本鎖 DNA の合成	二本鎖 cDNA の合成, DNA 標識とニックトランスレーション, 粘着末端の平滑末端化
熱安定性 DNA ポリメラーゼ	高温($60 \sim 80℃$)での DNA 合成	ポリメラーゼ連鎖反応(DNA 合成), 変異導入
DNase I	適当な条件下で二本鎖 DNA のうちの 1 本を切断する	ニックトランスレーション, DNase I 高感受性部位の決定, タンパク質-DNA 相互作用部位の決定
エキソヌクレアーゼ III	DNA の 3′ 末端からのヌクレオチドの切除	DNA 塩基配列決定, ChIP-Exo 法による DNA-タンパク質相互作用部位の決定
λ エキソヌクレアーゼ	DNA の 5′ 末端からのヌクレオチドの切除	DNA 塩基配列決定, DNA-タンパク質相互作用のマッピング
ポリヌクレオチドキナーゼ	ATP の γ 位リン酸を DNA や RNA の 5′-OH 基へ転移	DNA, RNA の末端の^{32}P 標識
逆転写酵素	RNA を鋳型とした DNA 合成	mRNA から cDNA 合成, RNA の 5′ 末端の決定
RNase H	DNA-RNA ハイブリッドの RNA 部分の分解	mRNA から cDNA 合成
S1 ヌクレアーゼ	一本鎖 DNA の分解	cDNA 合成の際の "ヘアピン" の除去, RNA の 5′ および 3′ 末端の決定
ターミナルトランスフェラーゼ	DNA の 3′ 末端へヌクレオチド付加	ホモポリマー尾部の付加
組換え酵素(CRE, INT, FLP)	特定の DNA 配列を標的とし部位特異的組換えを触媒する	特定のキメラ DNA 分子(*in vitro* と *in vivo*)の生成
CRISPR-Cas9/C_2c_2	RNA 依存性 DNA/RNA ヌクレアーゼ	ゲノム編集とその変法による遺伝子発現の DNA レベルや RNA レベルでの操作

制限酵素，エンドヌクレアーゼ，リコンビナーゼ，熱安定性DNAポリメラーゼ，DNAリガーゼはキメラDNA分子の改編や作製に用いられる

　粘着末端をつなぐことは技術的には簡単であるが，次のような問題があり，しばしば他の技術も組み合わせることになる．すなわち，ベクターの両粘着末端どうしがつながり，外来DNAを挿入することができない．あるいは挿入したいDNA断片の末端どうしがつながり，2つ以上のDNA断片が直列に挿入される．さらに，使える粘着末端部位が存在しないか，あっても不都合な場所に存在する場合もある．これらの問題を回避するために，平滑末端を生じる制限酵素を使用する方法がある．平滑末端は直接の挿入が可能であるが，挿入の向きは定まらない．バクテリオファージ由来のT4 DNAリガーゼを使うことで，平滑末端に特定の配列を付加することが可能である．また熱安定性DNAポリメラーゼによるポリメラーゼ連鎖反応（PCR）を用いることで，制限酵素認識配列をDNA分子に新たに挿入することもできる．さらに，DNA合成装置を使ってDNA分子を人工合成することにより制限酵素配列を挿入することもできる（図39-7）．

　制限酵素を使用してDNAを組換えたり操作する方法に加え，原核あるいは真核生物由来の特殊なリコンビナーゼが利用されはじめている．たとえば，細菌の*lox P*座位を認識するCREリコンビナーゼや，バクテリオファージλのatt座位を認識するINTタンパク質，酵母のFRT座位を認識するFlpリコンビナーゼなどである．これらリコンビナーゼは適切な認識配列をもった2つのDNA配列間の相同組換え（図35-9参照）を触媒し，認識配列をもつ2つのDNA断片を連結するのに利用できる．

　2012年に発見された**CRISPR-Cas9 (clustered regulatory interspersed short palindromic repeats (CRISPR)-associated gene 9**，"クリスパー・キャスナイン"とよぶ）という新しいゲノム編集/遺伝子制御システムがゲノムDNA研究に革命をもたらしている．このCRISPRシステムは細菌で広く見つかるものであり，特定のバクテリオファージによる再感染を防ぐ獲得免疫（適応免疫，52章と54章）にかかわる．CRISPRは上に述べた制限酵素とDNAメチル化酵素のシステムを補完すると考えられる．CRISPRはRNAを用いて外来性DNA（相補的であればどれでも）に対してCas9ヌクレアーゼを結合させる．細菌の場合，CRISPR-RNA-Cas9複合体は標的DNAを分解し失活させる．CRISPR

システムはヒト細胞など真核生物でも使うことができるように改変され，細菌内と同様にRNA（訳者注：ガイドRNAとよばれる）によって標的化されるDNA部位を特異的に切断するヌクレアーゼとして機能する．CRISPRを使うことで，遺伝子欠失，遺伝子編集，遺伝子可視化，さらには転写を変えることも可能となっている．CRISPRは，哺乳類細胞のDNA操作と遺伝学的解析を行うための道具箱に新しく加わった刺激的で，著しく効率がよく，特異性も高い技術である．CRISPR-Cas9の機能の基本について**図39-2**に示す．

　RNAによるCRISPR-Cas9の標的への結合機構と高等真核生物におけるmi/siRNAによる遺伝子発現抑制機構の類似性は注目に値する．いずれの技術も実験と治療の目的で活用されつつある．興味深いことに，CRISPR-Casシステムの亜型であるCas13(C2c2)は，部位特異的RNAヌクレアーゼであることが示された．これを使って細胞で特定のmRNAやncRNAを変えることができるようになれば，CRISPR-Cas9システムによるゲノム編集では避けられない倫理的技術的問題も回避できるかもしれない．

クローニングによりDNAを増幅する

　クローン clone とは，共通の祖先から生じた，同一の分子，細菌，細胞，あるいは個体の集団をいう．分子クローニングにより，同じDNA分子を大量につくり，その性質を調べ，またほかの目的に使うことができる．この技術は，**クローニングベクター cloning vector**〔典型的なものとしては細菌プラスミド，ファージ，あるいはコスミド（プラスミドとファージの特定の配列とのハイブリッド）〕を用いてキメラあるいはハイブリッド分子を構築し，それを宿主細胞に導入するとその中で自律的に複製してそのクローンが増えるという事実にもとづいている．こうしてキメラDNAが増幅される．その方法を**図39-3**に示す．

　細菌の**プラスミド plasmid** は小さな環状の二本鎖DNA分子で，その本来の機能は宿主に抗菌薬耐性を付与することである．プラスミドはクローニングベクターとして極めて有用ないくつかの性質をもっている．まず，細菌内に1コピーあるいは複数コピー存在し，宿主の複製装置を使い，細菌の染色体DNAとは別に**エピソーム episome** として（すなわち**細菌ゲノムとは別のゲノムとして**）複製する．数千のプラスミドの全DNA配列が知られており，外来DNAを挿入するための制限酵素切断部位の正確な位置がわかる．プラスミドは宿主染色体より小さいので，生化学的手法を用い

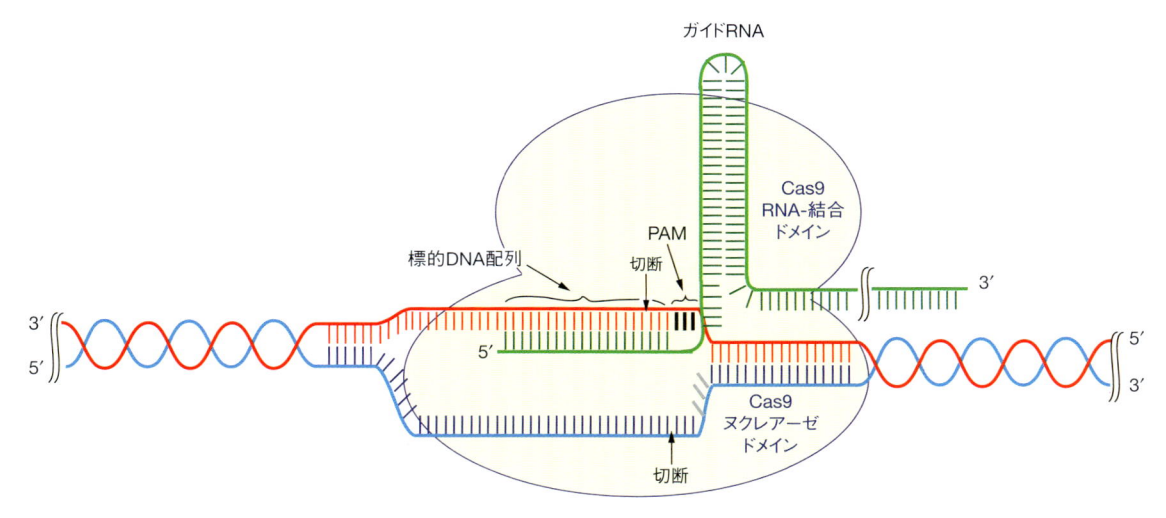

図 39-2. CRISPR-Cas9 の概要

標的ゲノム DNA（赤と青）に結合した CRISPR-Cas9 ヌクレアーゼとその 2 つのドメイン，20 ヌクレオチド長のガイド RNA（緑，標的 DNA 配列と塩基の相補性に基づいてハイブリッドを形成）を示す．標的 DNA 配列の隣には PAM（short proto-spacer adjacent motif，プロトスペーサー隣接モチーフ）が位置する．2 つのドメインはガイド RNA 結合ドメインとヌクレアーゼドメインである．特異的な標的部位に結合すると，Cas9 の隣接する 2 つの活性部位が標的ゲノム DNA の両方の鎖をそれぞれ PAM のすぐ隣で切断し，DNA 二重鎖切断が生じる．次いで細胞が有する DNA 修復（35 章参照）が作用することで変異が生じ，狙った遺伝子が不活性化される．CRISPR-Cas9 にはさまざまな変法があり，ゲノム DNA の構造や発現を改変することが可能である．

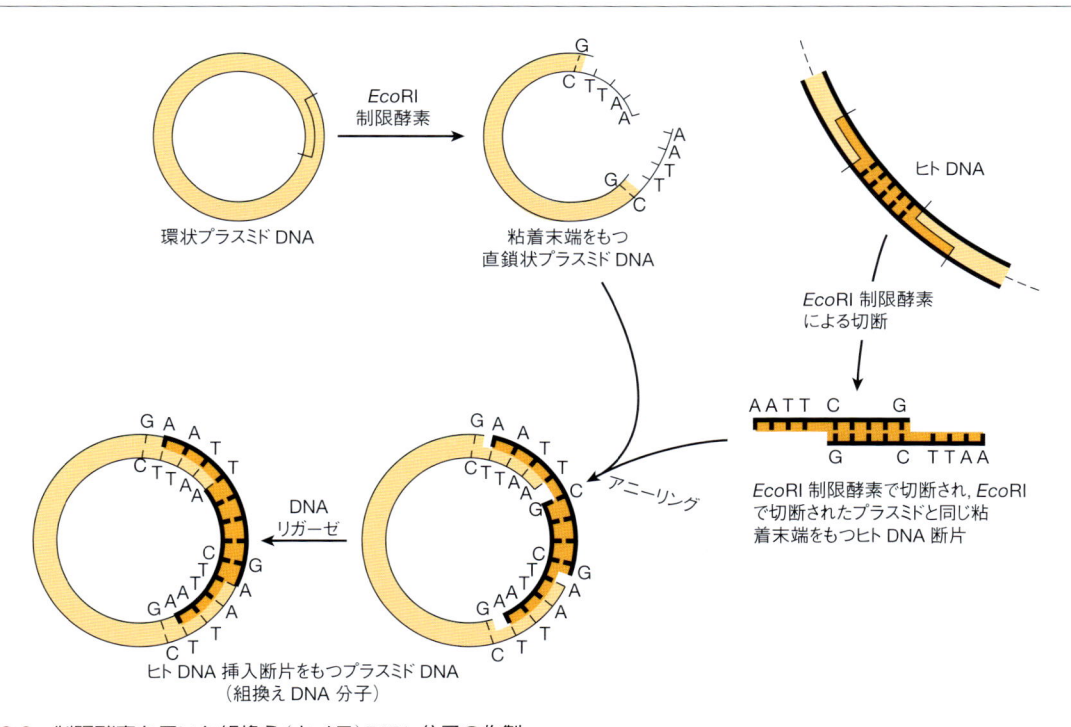

図 39-3. 制限酵素を用いた組換え（キメラ）DNA 分子の作製

組換え DNA 分子をトランスフォーメーション（形質転換）により細菌細胞に入れると，1 つの細胞は多くの場合プラスミド 1 分子を取り込み，プラスミド DNA は挿入 DNA とともにクローンとして複製する．粘着末端どうしの結合により，図に示すように，使用した制限酵素の認識配列が再生されるため，クローン化した挿入 DNA 断片を同じ制限酵素を使って正確に切り出すことができる．あるいは，キメラプラスミド DNA を鋳型として PCR（図 39-7 参照）を行い，挿入 DNA を増幅して取り出すこともできる．ヒトの全 DNA をある制限酵素で切断し図のような実験を行うと，約 100 万個の異なる組換え DNA 分子（ゲノムライブラリー）が得られる．それぞれの細菌クローンごとに純粋な形で得ることができる．

て2つを容易に分離することができ，プラスミドに挿入したDNAは，挿入に用いた制限酵素ですぐに切り出すことができる．

ファージ phage（**細菌に感染するウイルス**）は通常，直鎖のDNA分子をゲノムとしてもち，外来DNAをその制限酵素切断部位に挿入することができる．ファージが溶菌経路を経て成熟すると，感染性ファージ粒子を放出するので，これを集めて作製したキメラDNAを得ることができる．ファージベクターのおもな利点は，プラスミドが最長約10 kbの長さのDNA断片を挿入できるのに対し，20 kb程度までの，より長いDNA断片を挿入できることである．この長さは，ファージの頭部に入るDNA量によって決まる．

より大きなDNA断片は，プラスミドとファージの利点を兼ね備えたDNAクローニングベクターであるコスミド cosmid によってクローニングすることができる．コスミドは，λファージDNAをファージ粒子に詰め込むために必要な**付着末端位置 cohesive end site**（*cos* 部位 *cos* site）とよばれるDNA配列をもつプラスミドである．このベクターは，細菌内でプラスミドとして増殖するが，λファージDNAの不要部分がほとんど除かれているので，より大きなDNA分子を粒子頭部に詰め込むことができる．コスミドには35〜50 kbの長さの外来DNAを挿入することができる．さらに大きなDNA断片は，**細菌人工染色体 bacterial artificial chromosome**（**BAC**），**酵母人工染色体 yeast artificial chromosome**（**YAC**）や大腸菌のファージである**P1をもとにしたベクター P1-derived artificial chromosome**（**PAC**）に挿入することができる．これらのベクターには，数百 kb あるいはそれ以上のDNA断片を挿入することが可能であり，特殊なクローニングや遺伝子マッピング，発現を行う実験では，プラスミド，ファージ，コスミドベクターに代わって用いられるようになった．これらのベクターの比較を**表39-3**に示す．

ベクターの機能領域に外来DNA断片を挿入すると

その部分の機能が失われるので，ベクターの必須領域を破壊しないよう考慮することが必要である．しかし，この性質を逆手にとって，強力な正負二重選択法として用いることもできる．たとえば，初期に構築され現在でもよく用いられるプラスミドベクター pBR322 は，**テトラサイクリン tetracycline**（**Tet**）と**アンピシリン ampicillin**（**Amp**）に対する耐性を付与する2つの遺伝子をもち，それぞれの抗生剤の存在下でも増殖できる（**Tet^r** と **Amp^r**）．Amp耐性遺伝子内に制限酵素 *Pst*I 切断部位が1箇所存在し，外来DNA挿入部位としてよく用いられる．*Pst*I が粘着末端を生じることのほかに（表39-1 および図39-1），この部位にDNAが挿入されると β-ラクタマーゼをコードするアンピシリン耐性遺伝子（*bla*）が破壊される．このような *bla* 遺伝子にDNAが挿入されたプラスミドをもつ細菌はAmp感受性（Amp^s）となる．したがって，親プラスミドをもつ細菌は両方の抗生薬に耐性を示すが，キメラプラスミドはテトラサイクリンにだけ耐性を示すので，細菌クローンのレプリカの増殖を比較することで区別して選別することができる（**図39-4**）．YACは，選択，複製，分離の機能を酵母で発揮することができるベクターであり，酵母細胞で増やすことができる．

表39-3 に示したベクターはおもに細菌細胞内で用いるようにデザインされたものであるが，これらに加え，哺乳類細胞内で複製し，挿入した遺伝子（cDNA）からタンパク質の発現が可能となるベクターも開発されている．これらのベクターはすべて，DNA または RNA ゲノムをもつ真核生物のウイルスにもとづいてつくられている．**ウイルスベクター viral vector** としては，**アデノウイルス adenovirus**（**Ad**），または**アデノ随伴ウイルス adenovirus-associated virus**（**AAV**）のゲノム（DNA）と，**レトロウイルス retrovirus** のゲノム（RNA）を用いたものが重要である．これら**哺乳類ウイルスベクター mammalian viral cloning vector** は，挿入断片の大きさに若干制限があるものの，広範囲のさまざまな細胞に効率よく感染させることができる．このため，正負の選択に使える遺伝子（上で述べた pRB322 のように選択"マーカー"ともよばれる）をもつものなど，種々の哺乳類ウイルスベクターが実験室での研究やヒト**遺伝子治療 gene therapy** に使用されている．

ライブラリーとは組換えクローンの集団である

制限酵素とクローニングベクターを適切に組み合わせると，ある生物の全ゲノムを断片化しそれぞれをベ

表39-3. よく用いられるクローニングベクターの容量

ベクター	挿入 DNA の大きさ（kb）
プラスミド pUC19	0.01 〜 10
λ charon 4A	10 〜 20
コスミド	35 〜 50
BAC，P1	50 〜 250
YAC	500 〜 3000

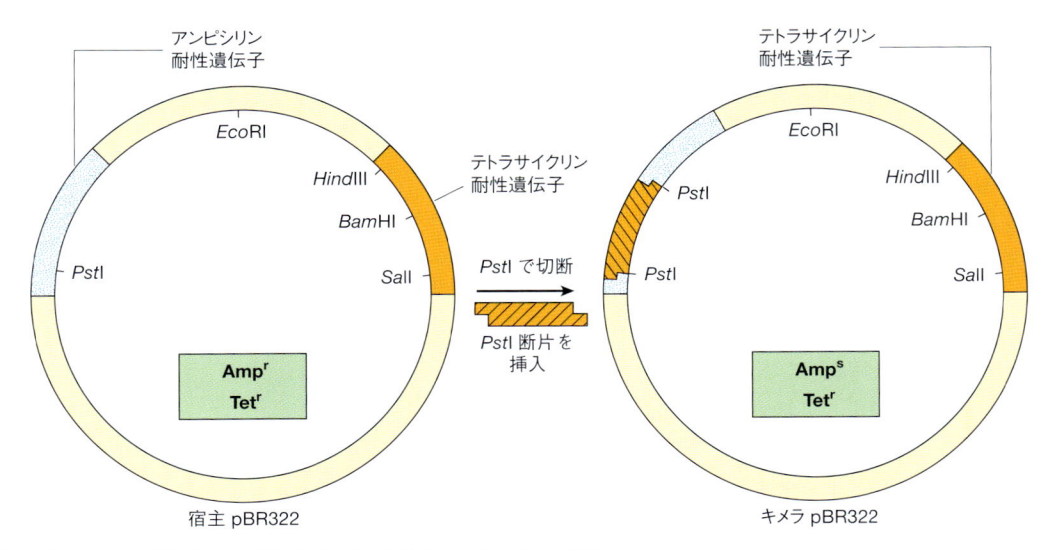

図 39-4.　挿入 DNA 断片をもつ組換え DNA 分子のスクリーニング法
プラスミドベクター pBR322 を用いて，ただ 1 個存在する *Pst*I 部位に DNA 断片を挿入すると，宿主細菌にアンピシリン耐性を与える酵素をコードする遺伝子が破壊される．そのため，このキメラプラスミドをもつ大腸菌は，アンピシリンを含む平板培地上や液体培地中ではもはや生育／生存できない．テトラサイクリンとアンピシリンに対する感受性の違いをもとにして，挿入 DNA をもつプラスミドのクローンを選別することができる．同様の選別法として，*lac* オペロンがコードする β-ガラクトシダーゼ酵素（図 38-2 参照）の N 末端が欠損した不活性な酵素を，プラスミドからその N 末端部分のペプチドを発現することで相補できることを利用した方法もある．この方法では，DNA 断片がプラスミドに挿入されると読み枠がずれてそのペプチド断片が産生されなくなる．β-ガラクトシダーゼで分解されると青色に発色する色素を加えた寒天平板培地で，青色と白色のコロニーの違いによって選別する．β-ガラクトシダーゼ陽性クローンは青色のコロニー，陰性クローンは白色のコロニーを形成する．白色のコロニーは DNA がうまく挿入されたプラスミドをもつ．

クターに組み込むことができる．こうしてできた多数の組換えクローンの集団をライブラリーとよぶ．**ゲノムライブラリー genomic library** は，培養細胞あるいは組織の全 DNA を制限酵素で断片化したものや物理的剪断により断片化しその断端にアダプターを連結したものからつくられる．**cDNA ライブラリー cDNA library** は，組織内 mRNA の相補的 DNA の集団である．ゲノム DNA ライブラリーは，高頻度に DNA を切断する制限酵素（たとえば，*Taq*I などの 4 塩基認識切断酵素）で**全 DNA を部分消化**して作製されることが多い．これは，比較的大きな DNA 断片をつくり，多くの遺伝子を完全なかたちで残すことを意図したものである．ベクターとしては，BAC，YAC，および P1 が好都合である．これらのベクターは，非常に大きな DNA 断片を挿入することができ，したがって 1 つの DNA 断片で真核生物の mRNA をコードする遺伝子の完全長を単離できる可能性が高い．

組換え DNA 技術で挿入された遺伝子によってコードされるタンパク質が実際に合成されるように考案されたベクターを，**発現ベクター expression vector** とよぶ．このようなベクターは，ライブラリーからの特定

の cDNA 分子の検出や，遺伝子工学によるタンパク質生産に日常的に用いられている．これらのベクターは，強力で誘導可能なプロモーター，読み枠に合った翻訳開始コドン，転写と翻訳の終結シグナル，および必要な場合には適当なタンパク質プロセシングのシグナルをもつようにつくられている．産物の収量を増やすためプロテアーゼ阻害剤をコードする遺伝子ももっている発現ベクターもある．DNA 合成の単価が下がった現在では，宿主のコドン利用頻度に合わせて cDNA（遺伝子）全長を合成し（100 ～ 150 塩基の断片として）（訳者注：数千塩基以上でも可能である），タンパク質産生を最大限にする方法がよく利用されている．DNA 合成の効率が上昇したことで，遺伝子全体や（小さなものであれば）ゲノム全体を合成することも可能になり，ゲノムライブラリーを構築しそこから目的の配列を探し出すという操作は不必要となってきた．このような進展により，合成生物学という新しい興味深い領域が開かれつつあるが，倫理的問題を伴う可能性がある．

プローブでライブラリーや複合試料内の特定の遺伝子やcDNA分子を検索する

　ライブラリー内の特定の遺伝子やcDNA分子を探索するため，あるいはゲル電気泳動で分離されたDNAやRNAを同定・定量するために，いろいろな分子プローブ（探索子）が用いられる．プローブとしては通常，^{32}P含有ヌクレオチド，あるいは蛍光色素標識ヌクレオチド（現在ではこれが一般的である）により標識されたDNAやRNAが用いられる．ここで重要なことは，^{32}Pや蛍光色素による修飾が，プローブのハイブリダイゼーション能力に影響を与えないことである．またプローブは相補的配列を感度よく検出しなければならない．あるmRNAから合成されたcDNA（あるいは合成オリゴヌクレオチド）は，cDNAライブラリーからより大きなcDNA分子を探索したり，あるいはゲノムライブラリーからその遺伝子のコード領域を探索するために用いることができる．cDNAやオリゴヌクレオチド，cRNAのプローブは，サザンブロットで写し取られたDNA断片の検出や，ノーザンブロットで写し取られたRNAの検出や定量にも使われる（後述）．これらの目的にはPCR法も使うことができる（後述）．

ブロッティング法とハイブリダイゼーション法により特定の標的分子を見出すことができる

　粗精製試料や生体試料など解析目的以外の多種類の分子を含む複雑な試料の中から，特定のDNA断片やRNA断片（あるいはタンパク質，後述）を見出すには，いくつかの技術を組み合わせた**ブロットトランスファー blot transfer**とよばれる方法が用いられる．**図39-5**は，**サザン Southern**（DNA），**ノーザン Northern**（RNA），および**ウェスタン Western**（タンパク質）ブロットトランスファーを示したものである．最初のサザンはこの方法の開発者（Edward Southern）名から付けられたが，後の2つは，実験室での俗語が学術用語として認められるようになった．これらの方法は，最初にゲル電気泳動を利用して分子量による分離を行うことから，組織内の遺伝子コピー数や，遺伝子の大きな変化（欠失，挿入，再編成など）を調べるのに有用である．まれではあるが，塩基の変化で制限酵素切断部位が変わることがあり，この場合には点変異も検出できる．ノーザンブロット法とウェスタンブロット法はそれぞれRNAやタンパク質の大きさや量を調べる目的で用いられる．第四のハイブリダイゼーション法は，**サウスウェスタン Southwestern**あるいは**オーバーレ**

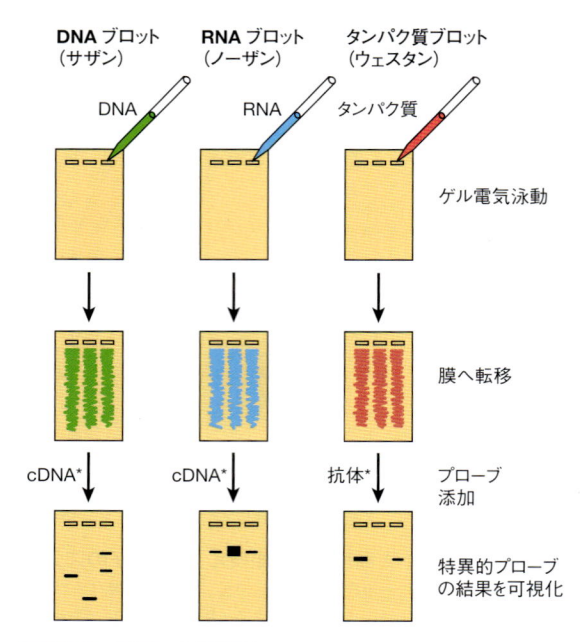

図 39-5.　ブロット転移法

サザン Southern（DNA）ブロット転移では，まず培養細胞または組織から抽出したDNAを1つまたは複数の制限酵素で消化する．消化物をピペットでアガロースまたはポリアクリルアミドゲルの溝に入れた後，電流を流す．DNAは負に荷電しているため陽極方向へ移動される．このとき，小さいDNA断片ほど先の方へ移動する．適当な泳動時間の後，ゲルの中にあるDNAを弱アルカリにさらして変性させ，毛細管作用（あるいは示していないが，電気的）により，ゲル上のパターンが正確に複写されるようにニトロセルロースまたはナイロン膜（メンブランフィルター）に移す．このブロッティング法はSouthernによって開発された．加熱または紫外線処理によりDNAを膜に固定した後，放射能で標識したcDNAプローブと反応させると，膜上の相補的配列とハイブリダイズする．よく洗浄した後，X線フィルム，あるいは特異的なバンドを検出できるように開発されたイメージングスクリーンに感光させると，プローブに対応するDNAを可視化できる．RNAブロット（ノーザン法）も基本的にはこれと同じである．ブロッティングに先立ってRNAを電気泳動する．RNAは不安定で分解しやすいので，これを防ぐためにDNAブロッティングと少し違ったやり方をする必要があり，やや難しい．タンパク質ブロット（ウェスタン法）では，タンパク質を電気泳動した後，タンパク質と強く結合する特別な膜に移す．次いで，特異抗体やその他のプローブと反応させる．＊印は放射能標識あるいは蛍光標識を示す．サウスウェスタンブロッティングの場合（本文参照，図には示さない），ウェスタン法に示すようにして得たタンパク質ブロットを標識核酸と反応させ，形成されたタンパク質核酸複合体をオートラジオグラフィーあるいはイメージングで検出する．

イ overlay ブロットとよばれるもので，タンパク質と核酸の相互作用，あるいはタンパク質-タンパク質間相互作用を調べるもので，サザン/ノーザン/ウェスタンブロット法の発展版である（図39-5には示していない）．この方法では，タンパク質を電気泳動で分離し膜（ニトロセルロースやナイロン膜）に移した後，タンパク質の立体構造をふたたびとらせる．これを標識した特定のDNAやRNAプローブと反応させることでタンパク質と核酸の相互作用を検出する（Southwestern）．あるいは，標識したタンパク質プローブと反応させるか，タンパク質プローブと反応させた後に抗体を使ってプローブタンパク質を検出し，タンパク質間相互作用を検出する（overlay ブロット）．

　本節で述べてきたハイブリダイゼーション法はすべて，先に述べた相補的核酸の間の特異的塩基対合能（34章）にもとづいている．塩基配列が完全に相補的であれば，ハイブリッド形成が容易なため，ハイブリダイゼーションと洗浄を高温や低イオン強度で行うことができる．一方，配列の相補性が低い場合には，このような**厳重な条件**（高温で低塩濃度）では結合が弱く，ハイブリッド形成がまったく起こらないか，あるいは洗浄の過程で離れてしまう．プローブと標的DNAの間の1塩基の違いを検出できるハイブリダイゼーションの条件も考案されている．

手動ならびに自動DNA配列決定法が開発されている

　組換え DNA 技術によって特定の DNA 断片を単離すれば，ヌクレオチド配列を決定することができる．DNA配列決定には同じDNA分子からなる試料が必要となる．この条件にある試料は，上述のクローニングや PCR 法（下記参照）で得られる．手動酵素**Sanger 法 Sanger method** は，精製した一本鎖 DNA を鋳型として DNA 鎖を DNA ポリメラーゼを用いて合成するとき，反応液に特定のジデオキシヌクレオチドを加えておく方法で，これが取り込まれると，そこで伸長反応が停止する．DNA配列上のすべてのヌクレオチドで反応停止が起き，対応する DNA 断片が生じるように条件を設定する．反応が停止した部位に放射能標識が取り込まれるようにし（訳注：ジデオキシヌクレオチドを標識しておく），高分解能のポリアクリルアミドゲル電気泳動によって DNA 断片を大きさの順に分ける．このゲルを陰圧をかけてろ紙に写し取り，X 線フィルムまたは特殊な画像記録プレートに露光すると，DNAシークエンスで生じた DNA 断片それぞれを検出することができる．得られた断片のパターンを読むことに

より，DNA 配列がわかる（**図39-6**）．これは第一世代の配列決定法の例である．第二世代の配列決定法，いわゆる**次世代シークエンス next-generation sequencing（NGS）**では，完全に自動化されているが，第一世代と同様に DNA ポリメラーゼを用いる．4 種類の基質ヌクレオチドはそれぞれ別の蛍光色素で標識されたものを用いる．取り込まれた各蛍光色素で標識されたデオキシヌクレオチドは，ある波長のレーザー光線で励起すると固有の蛍光を発するので，高感度検出器で測定しそれをコンピュータで記録する．最新の DNA 配列決定装置では蛍光標識ヌクレオチドのシグナルを顕微鏡光学系により記録する．これらの機械により DNA 配列決定に掛かる費用が桁違いに劇的に下がり，その結果，第二世代配列決定を大量並行で行うことが可能となり，個人ゲノム配列決定の時代に入ってきた．第三世代の配列決定法は，まだ完成はしていないが，とても長い DNA や RNA の配列をリアルタイムに決定することができる．現時点では 2 つのタイプの第三世代技術がある．1 つは DNA ポリメラーゼを用いるものであり（PacBio），もう 1 つは一本鎖核酸がナノサイズの穴（ナノボア）を通過する際に生じるイオン流の変化を測定するものである（Oxford Nanopore Technologies：ONT）．この 2 つの新しい技術は 100 から 900 kbp にもおよぶ長さの核酸の配列を読むことができる．このような第三世代技術は核酸配列決定にさらなる革命を引き起こしていくだろう．

ゲノムDNAとエクソームの直接塩基配列決定

　次世代シークエンサー（NGS），あるいは**ハイスループットシークエンス high throughput sequence**（HTS）とよばれる塩基配列決定技術の最近の進歩により，1 塩基あたりの費用が大幅に下がった．最初のヒトゲノム解析にはおおよそ 3 億 5000 万ドルほど掛かったと見積もられている．同じヒトゲノム 3×10^9 bp を新しい NGS 技術でシークエンスすれば，最初の費用の 0.03 % 以下しか掛からない．したがって，ヒトゲノムシークエンスを 1000 ドル（米国）かそれ以下で，エクソーム（訳者注：エキソン部分だけを集めてシークエンスする技術がある）であれば 500 ドル（米国）かそれ以下で決定できるようになっている．この劇的な価格破壊により，人種や民族が異なる数十万人のゲノム・エクソーム全体の塩基配列決定を行い，ヒト集団におけるDNA・ゲノムの多様性を調べる国際共同研究がいくつも立ち上がった．ゲノム情報の膨大な蓄積や今なお続く費用低下により，ヒト病気の診断ひいては治療

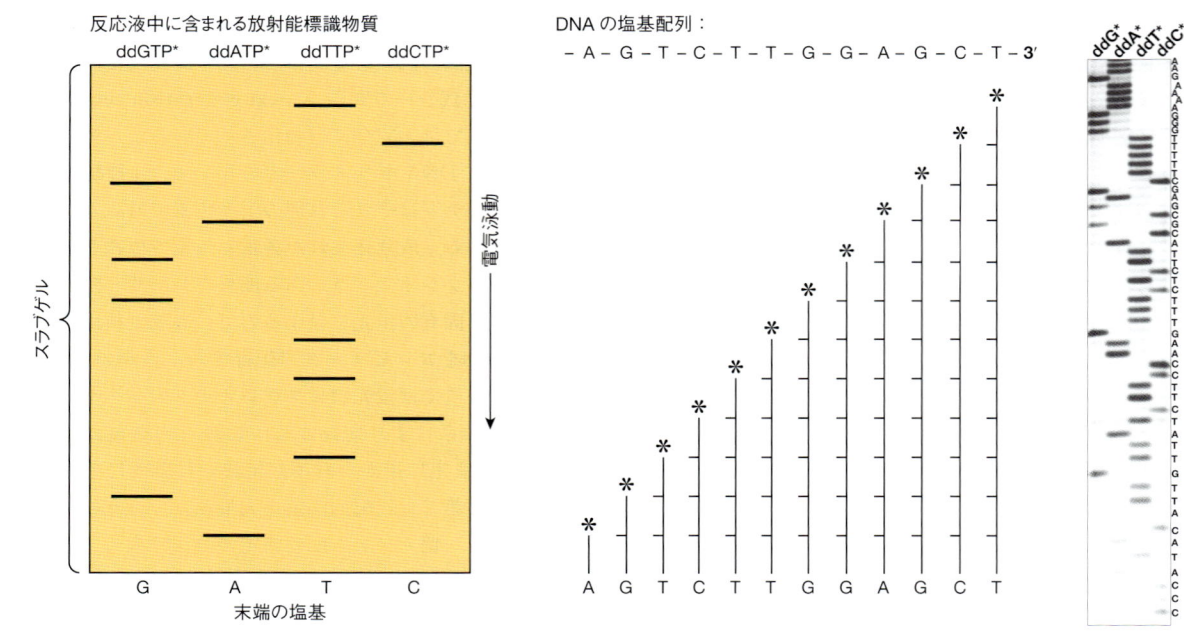

図 39-6. DNA 合成停止を利用した Sanger 法による DNA 配列の決定

はしご状の図は，試料 DNA 鎖から生じるすべての断片を小から大へ下から順に並べたものである．それぞれの試料がどのジデオキシヌクレオチド反応を行ったものかわかっているので，下から上へゲルを読んでいくことにより非標識末端から標識末端（＊）へ，ヌクレオチド配列を決めることができる．これと相補的な鎖の配列は Watson-Crick の塩基対の法則により決めることができる．＊は放射能標識を示す．（**左，中**）合成停止した DNA を模式的に示し，その上に決定された配列を示す．（**右**）[32]P で放射線標識した 4 種のジデオキシヌクレオチドを使用した実際の DNA 塩基配列決定のオートラジオグラフィー結果を示す．上部にどのジデオキシヌクレオチドを検出したか［ジデオキシ（dd）G，ddA，ddT，ddC］を示してある．電気泳動は上から下へ DNA が泳動されるよう行われている．ゲルの右側は DNA 配列の検出結果である．DNA の移動距離（すなわち，上から下へ）と DNA 断片の長さは，対数-直線関係にある．最近の DNA 塩基配列決定には，標識 DNA 産物の分離にこのようなゲル電気泳動は使われなくなった．また，4 色蛍光標識 dXTP を利用した検出が NGS（次世代塩基配列決定法）の多くで用いられている．

が劇的に進化してきた．そして，近い将来ヒト個人個人のゲノム配列決定が一般的となったときには個人のゲノムの構成に応じた個別化治療が可能となり，医療も劇的に変わるであろう．

オリゴヌクレオチド合成はいまや日常作業である

正確な配列をもつ比較的長いヌクレオチド（100 を超える）の自動化学合成は，現在日常的に行われている．合成の 1 サイクルは数分で終わる．まず比較的短い断片を合成し，それらをアニールさせ，リガーゼで連結して長い DNA 分子を合成することもできる．DNA 配列決定で述べたのと同様に，このプロセスも微小化され並行処理化されたことで，数百から数千種の特定の配列をもつオリゴヌクレオチドを同時に合成することが可能になっている．合成オリゴヌクレオチドは，DNA 配列の決定，ライブラリーの検索，タンパク質-DNA 結合，PCR（後述），部位特異的変異導入，人

工遺伝子合成，（細菌）ゲノム DNA 全長の合成，その他多方面の研究に必須である．

ポリメラーゼ連鎖反応(PCR)はDNA配列を増幅する

PCR は，標的とする DNA 配列を増幅する方法である．PCR の開発により，DNA や RNA の解析法が大きく変わった．PCR を用いることで，必要な DNA 配列を高感度で選択的かつ非常に迅速に増幅することができる．その特異性は，標的配列の両端の相補的配列にそれぞれハイブリダイズする 2 本のオリゴヌクレオチドプライマーを用いることによって決まる（**図 39-7**）．DNA を加熱変性（90 ℃以上）して目的配列を含む鋳型 DNA の二重鎖を分離させる．次いで，プライマーを過剰に加え鋳型 DNA を結合させ（通常は 50 ～ 75 ℃），鋳型-プライマー複合体を形成させる．次いで 4 種類の dXTP の存在下で DNA ポリメラーゼによってそれぞれの DNA 鎖がプライマー結合部位からコピーされる．

すなわち，この 2 本の DNA をそれぞれ鋳型として，プライマーから新しい DNA が合成される．加熱変性，プライマーと相補的配列との結合，DNA ポリメラーゼによるプライマー伸長反応のサイクルを繰り返すことにより，決まった長さの DNA 断片を指数関数的に増幅（1 サイクルで倍加）することができる．DNA 産物は PCR サイクルごとに倍に増えていく．DNA 合成酵素として 70 ～ 80 ℃ で生息するさまざまな高熱菌から得

た耐熱性 DNA ポリメラーゼを用いる．この熱耐性 DNA ポリメラーゼは DNA 変性に必要な 90 ℃ 以上の温度に短い時間置かれても失活することはない．熱耐性 DNA ポリメラーゼにより，PCR 反応の自動化が可能となった．

PCR により，50 ～ 100 bp の短い DNA から 10 kb の長い DNA まで，さまざまな大きさの DNA を増幅できる．この増幅では，20 サイクルで 10^{6}（すなわち，2^{20}），30 サイクルで 10^{9}（2^{30}）の増幅が可能である．各サイクルは 5 ～ 10 分以下なので，大きな DNA 分子でも素早く増幅することができる．対象配列の微妙な違いに応じて反応条件を実験的に最適化する必要がある．PCR 技術は DNA/RNA 配列決定技術の多くで中核をなしている．PCR 法は，1 つの細胞，毛包，あるいは精子の DNA を増幅し分析することができる．したがって法医学への応用が可能である．さらに PCR は，（1）感染性病原体，とくに潜伏ウイルスの検出と定量，（2）DNA 断片を増幅し DNA 配列を解析して変異を同定する正確な遺伝子診断，（3）単一塩基変化から大小のインデル indel や遺伝子増幅など，対立遺伝子多型の検出，（4）臓器移殖における正確な組織適合型の決定，（5）考古学的材料に由来する DNA を用いた進化の研究，（6）いわゆる RT-PCR 法（逆転写 PCR 法，mRNA からレトロウイルスの逆転写酵素によりつくられた cDNA コピーを増幅する）による RNA 定量解析，（7）クロマチン免疫沈降法（後述）を用いた *in vivo* におけるタンパク質の DNA 結合部位解析などに使われる．PCR の新しい利用法は毎年開発されている．

組換え DNA 技術の応用は無数にある

ヒト全ゲノムから特定の mRNA（約 1000 塩基）を

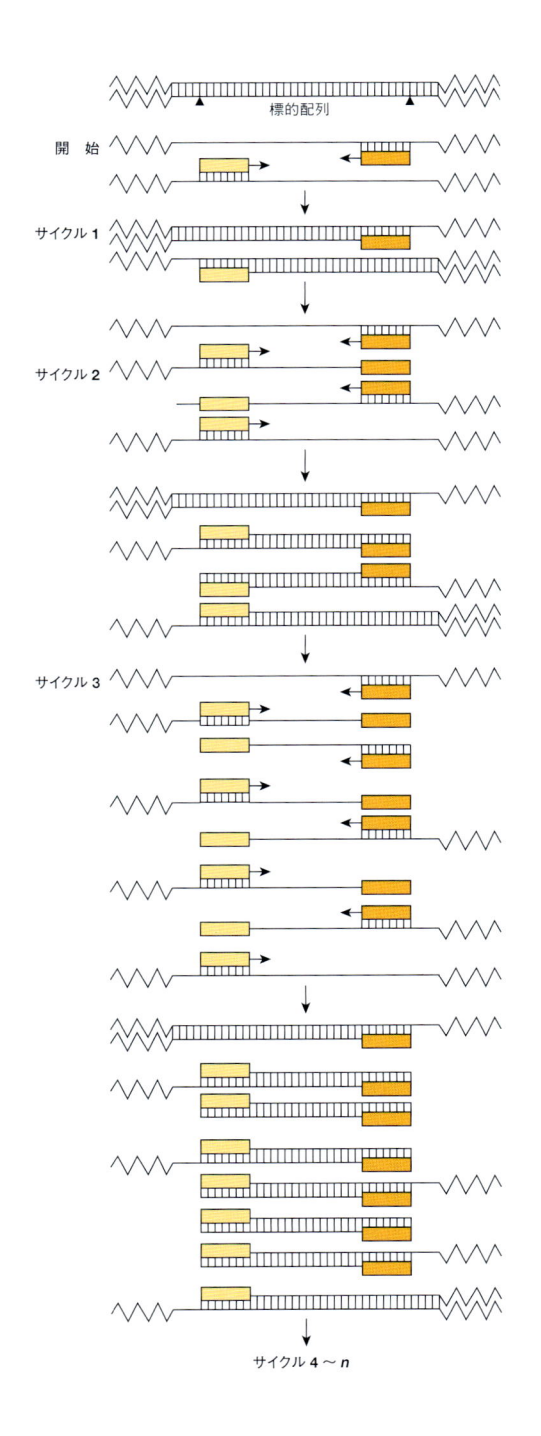

開始

サイクル 1

サイクル 2

サイクル 3

標的配列

サイクル 4 ～ n

図 39-7. 特定の遺伝子 DNA 配列の増幅に用いられるポリメラーゼ連鎖反応（PCR）
二本鎖 DNA を加熱し，一本鎖に分ける．標的となる DNA のそれぞれの鎖の配列と相補的なプライマーを一本鎖 DNA に結合させる．これにより増幅される範囲が決まる．次いで DNA ポリメラーゼにより，それぞれの方向にプライマーを伸長させ，最初の 2 本の鎖のそれぞれと相補的な 2 本の鎖を合成する．このサイクルを 30 回，またはそれ以上繰り返して，特定の長さと配列をもつ DNA を増幅する．4 種類の dXTP と 2 つのプライマーが過剰に添加され，重合や増幅反応の限定要因とならないようにしていることにも注意せよ．しかし，増幅回数が増えると DNA 合成率（増幅率）が低下し，変異率が上昇する可能性がある．

コードする遺伝子を単離するには，100万個のクローンのなかからたった1つを選別する技術が必要である．また，長さ10 bpの調節領域を同定するには3×10^8分の1の感度が必要であり，さらに鎌状赤血球症では，ただ1つの塩基の変異，すなわち3×10^9個に1個の塩基の変化を調べることが必要である．DNA解析技術は，これらのすべてをなし遂げることができる．

研究と診断，そして産業のためのタンパク質をつくることができる

組換えDNA研究の実用的な目標は，生物医学的目的に利用できる物質を生産することである．この技術には次の2つの利点がある．（1）従来の精製法では大量に得ることができなかった物質（たとえば，インターフェロン，組織プラスミノーゲン活性化因子）を大量に得ることができる．（2）ヒトのタンパク質（たとえばインスリン，成長ホルモン）を得ることができる．いずれの場合もその利点は明瞭であり，これにより，ヒトや動物の病気の治療（インスリン）や診断（AIDS検査）および病気の予防（B型肝炎やCOVID-19のワクチン）に有用なタンパク質の生産を行うことができる．さらに他分野，とくに農業分野における応用も可能である．その例として，干ばつや冷害・高温障害に強い植物，窒素固定の効率が高い植物，すべての必須アミノ酸を含む種子をつくる植物（米，麦，トウモロコシなど）の開発があげられる．

遺伝子治療と幹細胞の生物学

単一遺伝子産物の欠損によって起こる病気には，理論的にすべて遺伝子置換療法の対象となり得る．これには，問題となる遺伝子の正常型（たとえば，アデノシンデアミナーゼをコードする遺伝子）を，宿主細胞のゲノムに容易に組み込まれるベクターにクローニングする．この目的のため，宿主細胞としては骨髄に生着し増殖すると考えられる骨髄の造血幹前駆細胞が研究されている．導入された遺伝子からタンパク質産物がつくられ，これにより宿主細胞の欠損を治すことが期待される．

ヒト病気治療に対して原因遺伝子を"置き換える"代わりに，生体内のどんな細胞へも分化可能な多能性幹細胞の利用を現実化すべく，その同定と研究が進められている．この分野の最近の結果から，成体ヒト体細胞にいくつかのDNA結合性転写因子をコードするcDNAを導入することで**誘導多能性幹細胞 induced pluripotent stem cell（iPS細胞）**へ転換可能であること

がわかった．遺伝子治療や幹細胞生物学におけるこれらの，そして他の新規知見は，ヒト病気に対する新たな治療法の可能性を示している．病気の患者の細胞から樹立したiPS細胞は，ヒト疾患の分子機構を研究するうえで信頼性の高いヒト細胞モデルとなりつつある．

トランスジェニック動物

上述の体細胞遺伝子置換療法は子孫には伝わらない．生殖細胞系を変える方法も開発され，実験動物でテストされている．マウスの受精卵に遺伝子を注入すると，ある割合でゲノムに取り込まれ，体細胞と生殖細胞の両方に遺伝子が導入される．すでに多数のトランスジェニック動物が作出され，遺伝子発現における組織特異性の解析，遺伝子産物（たとえば，成長ホルモン遺伝子や発がん遺伝子の産物）の過剰生産による影響の解析，これまで哺乳類では研究が困難であった個体発生に関与する遺伝子の発見などに用いられている．この遺伝子導入法は，マウスの遺伝病の治療実験にも用いられた．先天性性腺機能低下症のマウスから得た受精卵に，性腺刺激ホルモン（ゴナドトロピン）放出ホルモン（GnRH）をコードするDNAを注入したところ，生まれてきたマウスのうち何匹かは，この遺伝子が下垂体で発現し正常に制御され，あらゆる面で正常であった．また，その子孫もGnRH欠損の症状を示さなかった．この実験により，導入遺伝子が体細胞内で発現すること，および生殖細胞内に維持されることが証明された．

破壊"ノックアウト"，"ノックイン"，編集，調節性発現による標的遺伝子の制御

さまざまな技術が開発され，哺乳類遺伝子を正確に選択的に改変することが可能になってきた．哺乳類ゲノムの遺伝的操作に用いられる技術は，薬剤を使った正と負の選択と相同組換えにもとづいた面倒で効率が低い方法（ノックアウト，ノックイン）から始まり，先に述べたCRISPR-Cas9システムへと進化してきた[2]．これらの技術はいずれも，対象遺伝子に対して(a) ヌル null あるいは完全機能欠損遺伝子，(b) 劣性機能欠損遺伝子，(c) 優性機能獲得遺伝子，といった遺伝的改変を導入することを究極的な目的とする．このような遺伝的改変を多能性幹細胞で行えば，最終的にはモデル生物（ハエ，魚，線虫，齧歯類など）に導入し，個

---

2) 訳者注：CRISPR-Cas9システムも万能ではない．1つの大きな問題は，目的とする場所以外にも変異を起こすことである．これをオフターゲット効果とよぶ．

体の中で機能を調べることができる．このような３種類の遺伝的操作すべてを使うことで，遺伝子の機能の仕組みを正確に理解することが可能となる．しかし，多くの遺伝子は生存にとって必須であり，その機能解析はこのように単純に進めることはできない．この問題を回避するために，細胞特異的，あるいは組織特異的遺伝的改変を行う必要がある．これは，細胞組織特異的エンハンサー/プロモーターを用いて条件的（すなわち，実験的制御可能な）に組換え酵素（CRE-lox など）やヌクレアーゼ（CRISPR-Cas9）の発現を行い，ヌル，機能欠損，機能獲得といった遺伝子座改変をつくることが行われている．また，siRNA を発現させ目的遺伝子の産物を低下させることで，選択的な機能欠損を引き起こすこともできる．このような方法を用いることで，遺伝子機能を遺伝的，生化学的に調べること，そして，より生理的な条件下で哺乳類遺伝子の構造と機能を調べることが可能となった．このような手法や他の生物化学的手法により，人の疾患発症の分子機構に関する膨大な知見が得られており，これからも得られ続けるであろう．胸躍るチャンスが待ち受けている．

RNAとタンパク質のプロファイリング，およびタンパク質–DNA相互作用マッピング

この 10 年間の"-omics"（注：ゲノミクス，トランスクリプトミクス，プロテオミクスなど）革命は，出芽酵母や分裂酵母，多数の細菌，ショウジョウバエ，線虫 *Caenorhabditis elegans*，植物，マウス，ラット，ニワトリ，サル，さらにヒトといった数千のゲノムの全ヌクレオチド配列決定が行われて最高潮に達した．さらに新しいゲノムが次々に決定されつつある．これらの DNA 配列情報ならびに技術の進歩によって，第二世代，そして第三世代の配列決定プラットフォームにもとづくいくつかの革命的な方法が開発された．たとえば **RNA-Seq** とよばれる技術では，レトロウイルスの RNA 依存性 DNA 合成酵素を使って mRNA を DNA へ逆転写することで cDNA を合成する．得られた cDNA を PCR により増幅し，その配列をクローニングすることなく直接決定する．こうしてトランスクリプトーム（全転写産物 transcriptome）を定量的に把握することができる．最近の論文では，RNA-Seq を用いた単一細胞トランスクリプトーム測定も報告されている．RNA-Seq を高感度リボソームプロファイリング法（後述）や質量分析法によるプロテオミクス（後述）と組み合わせることで，遺伝子発現プロファイルを mRNA とタンパク質レベルで正確に決定することができる．

最新の技術［**PRO-seq（precision run-on sequencing）** と **NET-Seq（native elongating transcript sequencing）**］を用いて，伸長中の RNA ポリメラーゼと DNA，RNA の三者複合体に含まれる RNA の配列を決定することが可能であり，これにより生きている細胞の中で起きている転写をゲノム全体にわたって塩基レベルで調べることができる．リボソームプロファイリング **ribosome profiling** というハイスループットシークエンスを使う方法により，細胞の中で翻訳されつつある mRNA とその量を決定することができ，これは細胞のプロテオーム情報の把握にもつながる．トランスクリプトーム情報から，ある細胞，組織，器官において正常あるいは病気の状態で発現するタンパク質群を予測することができるが，リボソームプロファイリングであれば実際の細胞のプロテオームを定量的に把握でき，さらに高感度質量分析による細胞タンパク質定量や翻訳後修飾 PTM 測定を組み合わせれば確実なデータを得ることができる．

この高いスループットを有するゲノム全体を対象とする転写プロファイル法とよく合うものとして最近，生きている細胞内で特定の DNA 配列に結合するタンパク質が存在する（占有）部位を地図化する技術が発展してきた．**図 39-8** に示したこの手法は，**クロマチン免疫沈降法 chromatin immunoprecipitation（ChIP）** とよばれている．細胞または組織における *in situ* 状態でタンパク質–DNA の化学的架橋を行い，クロマチンを単離，断片化し，そして目的タンパク質もしくは類似タンパク質を認識する抗体によるタンパク質–DNA 複合体の精製を行う．タンパク質に結合した DNA を回収し PCR で増幅し，ゲル電気泳動，マイクロアレイ（**ChIP-chip**），あるいは直接塩基配列決定によって解析する．この場合の DNA シークエンス決定には２つのやり方がある．１つの方法では，免役沈降された DNA を直接 NGS/ハイスループット DNA 配列決定に供する（**ChIP-Seq**）．別の方法では，免役沈降で回収されたタンパク質–DNA 複合体をエキソヌクレアーゼで処理し，目的タンパク質と密に結合していない DNA 部分を消化する．この方法は **ChIP-Exo** とよばれる．ChIPChIP 法と ChIP-Seq 法を用いることで，ゲノム全体におけるタンパク質存在部位を同定することができる．ChIP-Exo 法を用いることでさらに，*in vivo* タンパク質結合部位を単一塩基レベルの解像度で地図化ができる．さらに，高感度，高処理能をもつ質量分析法 mass spectrometry による代謝物やさまざまな小分子（脂質，炭水化物），複雑なタンパク質試料の網羅的分

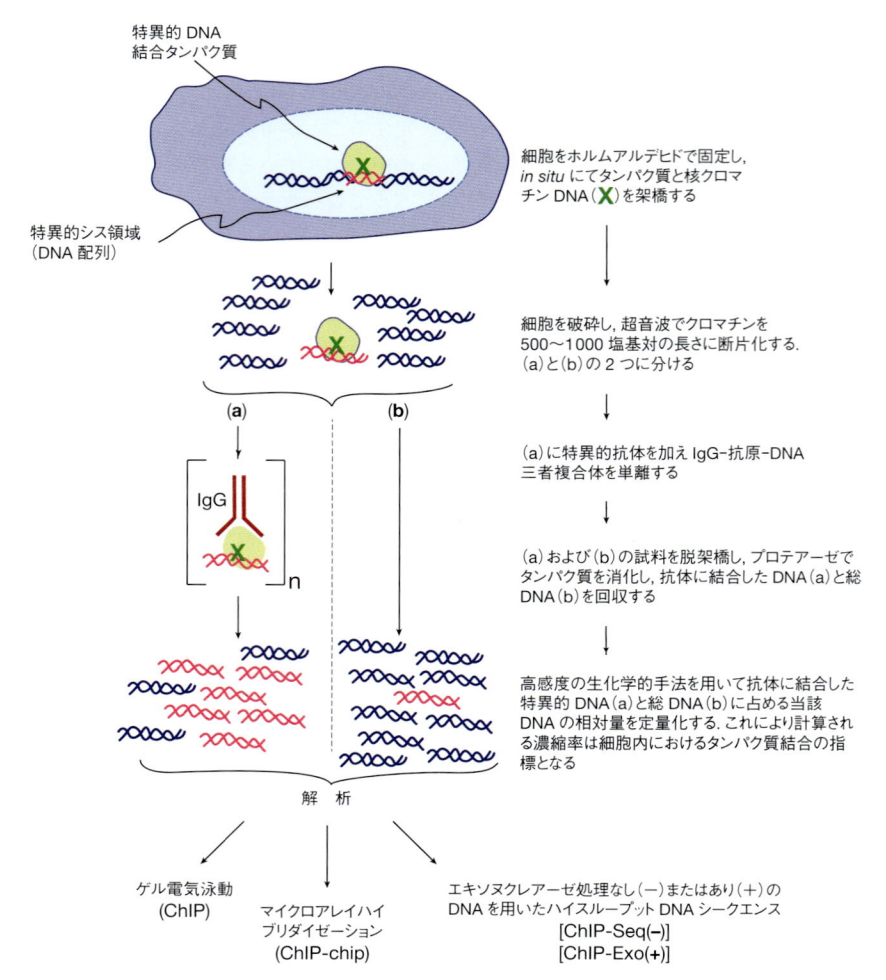

図 39-8. クロマチン免疫沈降法（ChIP）の概略図

この手法により，生体細胞において特定のタンパク質（もし適当な抗体があれば修飾タンパク質も可能，たとえば **n** はリン酸化やアセチル化したヒストンや転写因子などに対する抗体）が結合している DNA の場所を正確に知ることができる．免疫沈降した DNA の解析法に依存して，定量的または半定量的な結合情報が，さらには塩基配列レベルでの結合部位情報も含めて得られる．ゲノム DNA 上のタンパク質結合部位は，2 つの方法で地図にできる．1 つは ChIP-chip 法であり，核酸ハイブリッド形成を読み取る．ChIP-chip 法では，ゲノム DNA をある特定の蛍光色素で標識し，免疫沈降した DNA は波長の異なる別の蛍光色素で標識する．これら標識した DNA を混合し，特定の DNA 断片をもつマイクロアレイチップと二本鎖形成を行う．50 ～ 70 塩基長の合成オリゴヌクレオチドをはりつけたマイクロアレイチップをよく使う．それぞれのオリゴヌクレオチドはスライドガラス上で XY 軸方向の決まった番地に貼り付けておく．標識した DNA をハイブリダイズさせ，スライドを洗浄し，レーザースキャンおよびマイクロレベルの分解能をもつ感度のよい光検出により，遺伝子特異的オリゴヌクレオチドごとに蛍光を測定する．二本鎖形成シグナル強度を定量し，免疫沈降した DNA 由来のシグナルとゲノム DNA 由来のシグナルの比を算出し，結合レベルを決める．第二の方法の ChIP-Seq 法では，免疫沈降した DNA の配列を NGS/シークエンス法を用いて決める．ChIP-Seq の 2 つの方法，"通常"の ChIP-Seq と ChIP-Exo を図に示す．この 2 つの方法はゲノム DNA 上におけるタンパク質結合部位をマップする分解能が異なる．通常の ChIP-Seq 法では分解能は 50 ～ 100 塩基程度であるのに対して，ChIP-Exo 法はほぼ単一塩基の分解能をもつ．どちらの方法でも，得られる膨大なデータを取り扱ううえで，バイオインフォマティクスのアルゴリズムが重要となる．ChIP-chip 法と ChIP-Seq 法は，細胞内におけるタンパク質結合部位の測定を（半）定量的に行うことができる．この図には示されていないが，RIP（RNA immunoprecipitation）や CLIP（crosslinking protein-RNA and immunoprecipitation）という類似技術もある．この 2 つはおもにタンパク質-RNA 架橋の方法が異なるが，いずれも生体内におけるタンパク質-RNA 結合の測定に使われる（典型的には mRNA だが他の RNA 種も同様に解析できる）．

析（それぞれ，**メタボロミクス metabolomics**，**リピド ミクス lipidomics**，**グリコミクス glycomics**，**プロテ オミクス proteomics** と称される）が発展を遂げてき た．この新しい質量分析法は，極めて少量の細胞（1 g 以下）から抽出された複雑な未精製試料を用いて数千 のタンパク質を同定することができる．これらの解析 により，いまや 2 つの試料間におけるタンパク質の相 対量や，リン酸化，アセチル化などの翻訳後修飾 PTM を比較検討することも可能になった．さらには，特異 的抗体を用いたタンパク質-タンパク質相互作用を決 めることも可能である．この情報にもとづいて研究者 は，トランスクリプトーム解析で検出された mRNA の うち，どれが最終的に表現型を支配するタンパク質に 翻訳されているかを知ることができる．

　タンパク質-タンパク質相互作用や，タンパク質の機 能を解析する新しい遺伝学的手法も開発された． siRNA を用いたゲノム全体を対象とする体系的遺伝子 発現ノックダウン法や，合成致死を指標とする遺伝子 間相互作用の検索，あるいは最近では CRISPR-Cas9 ノックアウトなどにより，モデル系（酵母，線虫，ハ エ）や哺乳類細胞（ヒト，マウス）のさまざまな過程に 個々の遺伝子がどのようにはたらくのかが調べられて いる．ゲノム網羅的タンパク質-タンパク質相互作用の ネットワークが，高処理能改良型**ツーハイブリッド相 互作用検出法 two hybrid interaction test**（**図 39-9**）を 用いて作製されている．この単純ではあるが強力な方 法は，細菌，酵母，後生動物で用いることができ，生 きた細胞の中でタンパク質-タンパク質相互作用を検 出できる．再構成実験によれば，解離定数 K_d が約 10^{-6} mol/L あるいはそれより強いタンパク質-タンパク質 相互作用を検出することができる．これらの方法はす べて，複雑なヒト生物学の詳細を解明する新しく強力 な方法となっている．

システムバイオロジーは大量のオミクス データを統合し生物学的制御原理を 解明することを目的とする

　マイクロアレイ法，高処理能ゲノム DNA 塩基配列 決定，RNA-Seq，リボソームプロファイリング，質量 分析，ChIP-Seq 法/ChIP-Exo 法，ゲノム網羅的ツーハ イブリッドスクリーン法，遺伝子ノックダウン，合成 致死スクリーニングと質量分析法によるタンパク質や 代謝物の同定実験の組み合わせなどはいずれも，極め

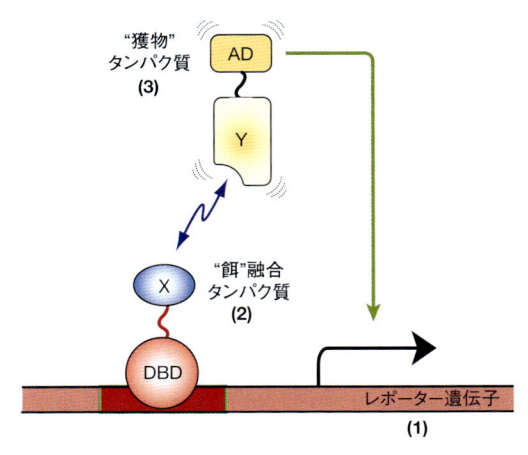

図 39-9.　タンパク質-タンパク質相互作用解析のための ツーハイブリッド法の概略図

Field と Song〔*Nature* 340:245-246（1989）〕が最初にパン酵母 で開発したツーハイブリッド法の基本構成とはたらきを示 す．（1）レポーター遺伝子は，選択マーカー（たとえば栄 養素非依存的に選択培地で発育できる形質を与える遺伝子 や β-ガラクトシダーゼのようにコロニーを着色させる酵素 の遺伝子）をもち，上流に連結したエンハンサー（濃い赤色 の部分）に転写因子が結合したときにだけ発現する．（2） “えさ”融合タンパク質（**DBD-X**）は，DNA 結合ドメイン （**DBD**：DNA 結合の親和性と特異性が高い酵母の Gal4 タ ンパク質または細菌の LexA タンパク質が多く用いられる） をタンパク質 X 遺伝子と読み枠を合わせ，連結したキメラ 遺伝子により産生される．ツーハイブリッド実験は，タ ンパク質 X と相互作用するタンパク質があるか否かを調べる ことができる．餌となるタンパク質 X は，全部あるいは 一部を，読み枠を合わせて DBD へ連結し発現させる．（3） “捕獲される”タンパク質 Y（**Y-AD**）は，タンパク質 Y を，転 写活性化ドメイン（**AD**：通常，単純ヘルペスウイルスの VP16 タンパク質または酵母の Gal4 タンパク質に由来す る）と読み枠を合わせて連結させた融合タンパク質である． この系では転写活性化因子がエンハンサーに結合しないと レポーター遺伝子の転写が起こらないので，タンパク質 X と Y の相互作用を調べることができる（図 38-16 参照）．す なわち，タンパク質 X-タンパク質 Y 相互作用が起こったと きにだけ，AD が転写単位の上流に結合し転写を活性化し， レポーター遺伝子の転写が起こる．一方，DBD に融合した X ドメインは AD をもたず，DBD-X のみではレポーターの 転写を活性化できない．同様に，タンパク質 Y-AD はエン ハンサー-プロモーター-リポーター遺伝子への結合を担う DBD をもたず，単独ではリポーター遺伝子を活性化できな い．両方のタンパク質が 1 つの細胞内で同時に発現し， DBD-X-Y-AD タンパク質-タンパク質相互作用によりこの 2 成分からなる転写活性化タンパク質が再構成されエンハ ンサーに結合したときにだけ，レポーター遺伝子の転写が 活性化され mRNA 合成が起こる（AD からレポーター遺伝 子への緑線）．

て大量のデータを生み出す．これら大量のデータを適切に処理し，情報を解釈するには，統計学的手法，新しい解析用アルゴリズムあるいは"マイニング mining"とデータセットの可視化が必要である．この流れから**バイオインフォマティクス（生命情報学）bioinformatics**（1章および4章参照）という新分野が発達した．この新しい技術は，次々と出てくる実験データとともに，膨大な生物学的情報を定量的に分析し，統合し，生物学とその病的変化に関する新しい洞察を得ていく学問領域である**システムバイオロジー（システム生物学）systems biology**の発達につながってきた．今後，バイオインフォマティクス，工学，生物物理学，遺伝学，転写産物とタンパク質，タンパク質翻訳後修飾のプロファイル解析，システム生物学の境界領域での研究が，生理学と医学，そして究極的にはヒトの健康の理解に革命をもたらすであろう．

まとめ

- DNA クローニングでは，まず，特定の DNA 断片を合成するか，PCR か適切な制限酵素を用いてゲノムなどから取り出し，ベクターに連結する．そして目的 DNA を増幅し，大量に得る．
- DNA の配列改変のために DNA を操作する，いわゆる遺伝子工学は，クローニング（たとえば，キメラ分子の構築）の鍵であり，特定の DNA 断片の機能解析や遺伝子調節機構の研究に用いられる．
- さまざまな非常に感度のよい方法を用いることにより，遺伝子の単離，解析，遺伝子産物の静的（すなわち，平衡状態下）あるいは動的（速度論的）な状態での定量を行うことができる．これらの方法を用いることで，病気の原因遺伝子を同定し，遺伝子や遺伝子制御の不全が病気を引き起こす仕組みを研究することができる．
- 哺乳類ゲノムを正確に操作し，ノックイン（遺伝子を加える/置き換える）やノックアウト（取り除く，不活性化する）を行い，さらには，miRNA や siRNA，新しいゲノム編集用の酵素（リコンビナーゼ）や酵素-RNA システム（CRISPR-Cas9）を用いて特定の遺伝子を時期，部位特異的に操作することができる．

用語集

イントロン[intron]：mRNA をコードする遺伝子内にあり，転写されるが，翻訳される前に除去される配列のこと．tRNA にも存在する．

ウェスタンブロット[western blot]：タンパク質をニトロセルロース膜へ転移し，適切なプローブ（たとえば抗体）により検出する方法．

エキソヌクレアーゼ[exonuclease]：DNA または RNA の 3′ か 5′ 末端からヌクレオチドを切断する酵素．

エキソン[exon]：遺伝子上の mRNA（あるいは他の，完全にプロセスされ成熟した RNA）として現れる（発現される）配列．

エクソーム[exome]：ある細胞，組織，臓器，個体で発現する mRNA エクソンの核酸配列の全集合．エクソームはゲノム転写物の総体であるトランスクリプトームとは異なる．

エピジェネティックコード[epigenetic code]：染色体 DNA の修飾（たとえば，シトシンのメチル化など）やヌクレオソーム構成ヒストンタンパク質の翻訳後修飾．これらの修飾の変化により遺伝子発現が劇的に変化する．DNA 一次配列は変化していないことに注意．

エンドヌクレアーゼ[endonuclease]：DNA や RNA の鎖内のホスホジエステル結合を切断する酵素．

オートラジオグラフィー[autoradiography]：放射性分子（DNA，RNA，タンパク質）を，写真または X 線フィルムの感光により検出する方法．

オリ[ori]：複製開始点．

オリゴヌクレオチド[oligonucleotide]：通常のホスホジエステル結合でつながった短い配列のヌクレオチド鎖．

偽遺伝子[pseudogene]：突然変異により活性から不活性となった遺伝子．mRNA から合成された cDNA の転移により生じることが多い．

キメラ分子[chimeric molecule]：2つの異なる生物種由来の配列（DNA，RNA，タンパク質）を含む分子．

逆転写[reverse transcription]：逆転写酵素によって触媒される RNA 依存性 DNA 合成．

切り出しヌクレアーゼ[excinuclease]：DNA のヌクレオチド除去修復に関与する切り出し酵素．

組換え DNA[recombinant DNA]：酵素的または化学的方法により作成したデオキシヌクレオチド配列を挿入してできた DNA．

クローン[**clone**]：単一の親個体，親細胞，あるいは親分子とそれぞれまったく同一の生物個体，細胞あるいは分子の集団．

コスミド[**cosmid**]：バクテリオファージ l のパッケージングに必要な配列（cos 部位）をもつプラスミドで，試験管内でファージの頭部に入れることができる．

コピー数多型[**CNV**]：個体間での DNA のあるゲノム領域のコピー数の違いのこと．変化は 2 倍のみならずさまざまである．CNV は 10^6 塩基と長いものから数塩基の短いものまである．欠損や挿入（indel）も含む．

サイン[**SINE**]：短い散在性反復配列．

サウスウェスタンブロット[**southwestern blot**]：電気泳動後にタンパク質を膜へ転移し，立体構造を再生したうえで標識 DNA プローブを反応させ，タンパク質-DNA 相互作用を検出する方法．

サザンブロット［**Southern blot**]：DNA をアガロースゲルからニトロセルロース膜へ転移させ，適当なプローブ（相補的 DNA または RNA）を用いて目的とする DNA を検出する方法．

シグナル［**signal**]：オートラジオグラフィーやその他の方法で特定の DNA，RNA 配列が検出されたときに見られる最終産物．放射性標識を付した相補的ポリヌクレオチドを用いたハイブリダイゼーション法（サザンブロットあるいはノーザンブロット）がよく用いられる．

スプライシング［**splicing**]：RNA からイントロンを除去し，エキソンを連結すること．

スプライソソーム[**spliceosome**]：前駆体 mRNA スプライシングを行う高分子複合体．スプライソソームは少なくとも 5 つの snRNA（U1，U2，U4，U5，U6）および多数のタンパク質から構成される．

制限酵素[**restriction enzyme**]：特定の塩基配列を認識し，二本鎖 DNA の両鎖を切断する DNA エンドヌクレアーゼ．

挿入断片［**insert**]：外から挿入された DNA 断片のこと．一般に組換え DNA 技術によって挿入されたものをいう．

ターミナルトランスフェラーゼ［**terminal transferase**]：DNA 鎖の 3′ 末端にデオキシヌクレオチド（たとえば，デオキシアデニル酸）を付加する反応を触媒する酵素．

直列連結[**tandem**]：同一の配列（たとえば，DNA）が多数連結していること．

転写[**transcription**]：鋳型 DNA 依存的核酸合成．通常は DNA 依存的 RNA 合成をいう．

トランスクリプトーム[**transcriptome**]：特定の細胞，組織，臓器，あるいは生物において発現しているすべての mRNA あるいは ncRNA の集団．

トランスジェニック[**transgenic**]：卵子の核へ DNA を注入し，その新しい DNA を生殖細胞へ導入すること（注：遺伝子導入の意味）．

ニックトランスレーション[**nick translation**]：大腸菌 DNA ポリメラーゼが，二本鎖 DNA の一本が切れた部分を除去修復する能力をもつことを利用して DNA を標識する方法．放射性ヌクレオシド三リン酸を取り込ませると，再合成された鎖が放射性プローブとして利用できる．

粘着末端 DNA[**sticky-ended DNA**]：二本鎖 DNA 分子で，その末端に互いに相補的な短い一本鎖が突出しているもの（平滑末端と対比される）．

ノーザンブロット［**northern blot**]：RNA をアガロースゲルもしくはポリアクリルアミドゲルからニトロセルロース膜やナイロン膜へ転移させた後，適当なプローブとの二重鎖形成を用いて目的の RNA を検出する方法．

ハイブリダイゼーション[**hybridization**]：核酸の相補鎖間に特異的塩基対合ができること（DNA と DNA，DNA と RNA，RNA と RNA）．

バクテリオファージ[**bacteriophage**]：細菌に感染するウイルス．

パリンドローム[**palindrome**]：二本鎖 DNA の各鎖の塩基配列を逆方向に読んだときにまったく同じになる配列．回文配列．

フィンガープリンティング[**fingerprinting**]：RFLP または DNA の反復配列を用いて，各人固有の DNA 断片パターンを作成すること．

フットプリンティング[**footprinting**]：DNA（あるいは RNA，後述のリボソームプロファイリングも参照）にタンパク質が結合していると DNase（あるいは RNase）で消化されない．この産物を用いて塩基配列決定反応を行うと，保護された部位，すなわち結合タンパク質の"足跡 footprint"が検出される．

プライモソーム［**primosome**]：DNA 複製に関与する DNA に沿って動く可動性のヘリカーゼ・プライマーゼ複合体．

プラスミド［**plasmid**]：染色体とは独立に細胞内に存在する小型の環状 DNA．宿主 DNA から独立して複製する．

プローブ［**probe**]：特定の DNA，RNA 断片の探索に

用いる分子で，たとえば，遺伝子ライブラリーから特定の DNA 断片をもつ細菌コロニーの検出や，ブロット転移後の解析に用いる．通常のプローブは，cDNA 分子または特定の配列をもつ合成オリゴデオキシヌクレオチド，特定のタンパク質に対する特異抗体などが使用される．

プロテオーム[proteome]：ある生物において発現しているすべてのタンパク質の集団．

ヘアピン[hairpin]：一本鎖の DNA または RNA 鎖において，近接する相補的配列間での塩基対合により形成される部分的二本鎖構造．

平滑末端 DNA[blunt-ended DNA]：二本鎖の末端の長さがそろっている DNA 断片．

ベクター[vector]：クローニングのために外来 DNA を挿入することができるプラスミドまたはファージ．

ポリメラーゼ連鎖反応[polymerase chain reaction（PCR）]：酵素反応により特定の遺伝子配列をもつ二本鎖 DNA を繰り返し複製し増幅する方法．

翻訳[translation]：mRNA を鋳型としたタンパク質合成．

マイクロ RNA[microRNA，miRNA]：21 〜 22 ヌクレオチドの長さの RNA 断片で，おもに 500 〜 1500 bp（塩基対）の RNA ポリメラーゼ II 転写産物が RNA プロセシングにより切断されてできる．これらの RNA 分子は mRNA 機能を変え遺伝子調節に重要なはたらきをすると考えられている．

マイクロサテライト反復配列[microsatellite repeat sequences]：分散あるいは群として存在する 2 〜 5 bp の配列が 50 回程度まで反復する配列．ゲノム上5 万〜 10 万箇所に存在する．

マイクロサテライト多型[microsatellite polymorphism]：個人の相同染色体間でマイクロサテライト繰り返し配列が異なること．

ライゲーション[ligation]：2 つの DNA または RNA 断片を，酵素的にホスホジエステル結合を形成し連結すること．DNA または RNA リガーゼが触媒する．

ライブラリー[library]：クローン化断片の集団で，総体としてゲノム全体をカバーする．ゲノム DNA（イントロンとエキソンを含む）と cDNA（エキソンのみを含む）ライブラリーがある．

ライン[LINE]：長い散在性反復配列．

リボソームプロファイリング[ribosome profiling]：フットプリンティングから派生した実験法であり，翻訳中のリボソームにより mRNA がヌクレアーゼ消化から守られることを利用する．細胞のプロテオームの各タンパク質の合成量と速度を定量的に推定することができる．

レプリカ法[replica plating]：よく用いられる細菌実験法の 1 つであり，マスター寒天培地上の細菌コロニーを，元のコロニーの空間的関係性を保ったままさまざまな増殖制限因子を含む寒天培地に写し取る．コロニーの写し取りには滅菌したビロード布を用いる．

略　語

ARS[autonomously replicating sequence]：自律複製配列．酵母の複製開始点．

CAGE 法[cap analysis of gene expression]：mRNA をその 5′ キャップ構造を用いて選択的に補足し，増幅した後にクローニングし，塩基配列を決定する．

cDNA[complementary DNA]：相補 DNA．mRNA を鋳型にし，逆転写酵素により合成された一本鎖 DNA で，鋳型 mRNA に相補的である．

ChIP[chromatin immunoprecipitation]：ある特定のタンパク質やそのアイソフォームのゲノム上における結合部位を生きている細胞の中で決定する技術．まず生きている細胞を化学架橋し，細胞を破砕し，DNA を断片化した後に目的タンパク質に対する抗体で免疫沈降を行い，そのタンパク質と DNA の架橋物を精製する．脱架橋を行った後に DNA を精製し，特異的に沈降した DNA 量をいくつかの異なる方法で測定する（続く 3 つの項目を参照）．

ChIP-chip[chromatin immunoprecipitation assayed via a microarray chip by hybridization readout]：クロマチン免疫沈降（ChIP）とハイブリッド形成を組み合わせた技術であり，ある特定のタンパク質のクロマチン上での結合部位を全ゲノムにわたって生きている細胞の中で決めることができる．蛍光色素で標識した DNA 試料をマイクロアレイとハイブリッド形成させることにより，結合部位を決定する．

ChIP-Exo[chromatin immunoprecipitation assayed via a NGS/ deep sequencing readout after treatment of immunoprecipitated protein-DNA complexes with exonucleases]：ChIP-Seq（次の項目を参照）の変法で，あるタンパク質が結合している DNA シスエレメントをヌクレオチドレベルの分解能で地図化できる．

ChIP-Seq[chromatin immunoprecipitation assayed via a NGS sequencing readout]：ChIP 実験において，マイクロアレイの代わりに大規模配列決定法を

用いてゲノム DNA 結合部位の地図を作製できる.

CLIP［**cross-linking protein-RNA and immunoprecipitation**］：特定のタンパク質が結合している RNA を免疫沈降法にて精製し，シークエンス法により同定する．最近開発された CLIP 法の変法である PAR-CLIP 法では，光活性化できるヌクレオチドを用いることで化学架橋効率を上げている.

CRISPR−Cas9：原核生物のいわゆる"免疫システム"の1つであり，バクテリオファージ由来の DNA に対する防御を担う．このシステムにより獲得免疫様の耐性がつくられる．CRISPR（clustered regularly interspaced short palindromic repeats）のスペーサーに由来する RNA が Cas9 ヌクレアーゼとともに侵入してくるファージの DNA を認識して切断する．これにより侵入してくるゲノムを不活性化して，細菌をファージ感染と溶菌から守る．CRISPR−Cas9 とよく似た系として，関連タンパク質とガイド RNA を使って特定の RNA を認識し切断する細菌 Cas13（C2c2）システムもある.

ENCODE 計画［**ENCODE project**］：DNA 領域の事典化計画 Encyclopedia of DNA Elements project．全世界の数多くの研究室が協力し高処理機能塩基配列決定法を用い，ヒトゲノムの生化学的詳細情報を調べ機能的要素を同定しカタログ化するプロジェクト．modENCODE は並行して動いている試みであり，モデル動物（酵母，線虫，ハエなど）を対象に同様の解析を進めている.

FISH［**fluorescence *in situ* hybridization**］：蛍光 *in situ* ハイブリダイゼーション．化学固定した核のなかで特定の DNA 配列の位置を調べる方法.

NET-Seq［**native elongation sequencing**］：天然伸長 RNA シークエンシング．真核生物 mRNA 新生鎖 3′ 末端の全ゲノムにおけるヌクレオチドレベルでのマッピング法．RNA ポリメラーゼ II 伸長複合体を抗 pol II 抗体を用いた免疫沈降法で集め，いっしょに含まれる新規合成 RNA 鎖の 3′ 末端 OH 基を RNA リンカーとライゲーションすることにより標識し，PCR 増幅した後に NGS シークエンシングを行う.

PAC［**P1-derived artificial chromosome**］：大腸菌の溶菌ファージ P1 をもとに作製された大容量（70 〜 95 kb）のクローニングベクター．大腸菌の中で染色体外因子（プラスミド）として複製する.

PRO-Seq［**precision run-on sequencing**］：プレシジョンランオンシークエンシング．新規転写産物を特異的に補足し，NGS シークエンシングを用いて塩基配列を決定する方法．これにより，活性化転写複合体の結合部位の分布をゲノム全体に渡って調べることができる.

RNA-Seq：細胞の mRNA 全体をリンカー付加と PCR により cDNA へと変換し，NGS シークエンスを行い，試料中に含まれるほぼすべての RNA の配列を決定し，各 RNA 量を推定する.

RIP：細胞内におけるタンパク質の特定の RNA への結合を調べるための RNA 免疫沈降法であり，ChIP と類似の方法．ホルムアルデヒドにより RNA とタンパク質を架橋する（CLIP/PAR-CLIP 参照）.

RT-PCR：逆転写 PCR．mRNA の定量法．まず mRNA から cDNA コピーをつくり，次いでポリメラーゼ連鎖反応（PCR）による増幅と定量を行う.

SNP［**single nucleotide polymorphism**］：一塩基多型．ゲノム配列において，単一ヌクレオチドの多様性が染色体上の限られた部位に散在していることをいう．対立遺伝子 SNP の違いは遺伝子地図の作成に有用である.

snRNA［**small nuclear RNA**］：核内低分子 RNA．mRNA のプロセシングに関与するものが最もよく知られている.

文　献

Baltimore D, Berg P, Botchan M, et al.: Biotechnology. A prudent path forward for genomic engineering and germline gene modification. Science 2015;348:36-38.

Boyd JM: De novo assembly of plasmids using yeast recombinational cloning. Methods Mol Biol 2016;1373:33-41.

Brosh R, Laurent JM, Ordoñez R, et al.: A versatile platform for locus-scale genome rewriting and verification. Proc Natl Acad Sci USA 2021;118:e2023952118. doi: 10.1073/pnas.2023952118.

Churchman LS, Weissman JS: Nascent transcript sequencing visualizes transcription at nucleotide resolution. Nature 2011;469:368-373.

Datlinger P, Rendeiro AF, Boenke T, et al.: Ultra-high-throughput single-cell RNA sequencing and perturbation screening with combinatorial fluidic indexing. Nat Methods 2021;18:635–642.

Di Blasi R, Zouein A, Ellis T, Ceroni F: Genetic toolkits to design and build mammalian synthetic systems. Trends Biotechnol 2021;S0167-7799(20)30332-2. doi: 10.1016/j.tibtech.2020.12.007.

Doudna JA: The promise and challenge of therapeutic genome editing. Nature 2020;578:229-236.

Gandhi TK, Zhong J, Mathivanan S, et al.: Analysis of the human protein interactome and comparison with yeast, worm and fly interaction datasets. Nat Genet 2006;38:

285-293.

Gibson DG, Glass JI, Lartigue C, et al.: Creation of a bacterial cell controlled by a chemically synthesized genome. Science 2010;329:52-56.

Green MR, Sambrook J: *Molecular Cloning: A Laboratory Manual*, 4th ed. Cold Spring Harbor Laboratory Press, 2012.

Ingolia TN: Ribosome footprint profiling of translation throughout the genome. Cell 2016;165:22-33.

Jain M, Koren S, Miga KH, et al.: Nanopore sequencing and assembly of a human genome with ultra-long reads. Nat Biotechnol 2018;36:338-345.

Kohman RE, Kunjapur AM, Hysolli E, Wang Y, Church GM: From designing the molecules of life to designing life: future applications derived from advances in DNA technologies. Angew Chem Int Ed Engl 2018;57:4313-4328.

Kwak H, Fuda NJ, Core LJ, Lis JT: Precise maps of RNA polymerase reveal how promoters direct initiation and pausing. Science 2013;339:950-953.

Liu SJ, Horlbeck MA, Cho SW, et al.: CRISPRi-based genome-scale identification of functional long noncoding RNA loci in human cells. Science 2017;355:355(6320).

Midha MK, Wu M, Chiu K-P: Long-read sequencing in deciphering human genetics to a greater depth. Hum Genet 2019;138:1201-1215.

Mitchell LA, McCulloch LH, Pinglay S, et al.: De novo assembly and delivery to mouse cells of a 101 kb functional human gene. Genetics 2021;218:iyab038. doi: 10.1093/genetics/iyab038.

Moufarrej MN, Wong RJ, Shaw GM, Stevenson DK, Quake SR: Investigating pregnancy and its complications using circulating cell-free RNA in women's blood during gestation. Front Pediatr 2020;8:605219.
doi: 10.3389/fped.2020.605219.

Myers RM, Stamatoyannopoulos J, Snyder M, et al.: A user's guide to the encyclopedia of DNA elements (ENCODE). PLoS Biol 2011;9:e1001046.

Nurk S, Koren S, Rhie A, Rautiainen M, Bzikadze AV, et al.: The complete sequence of a human genome. Science 2022;376:44–53.

Ohno M, Ando T, Priest DG, Taniguchi Y: Hi-CO: 3D genome structure analysis with nucleosome resolution. Nat Protoc 2021;May 28. doi: 10.1038/s41596-021-00543-z. Epub ahead of print. PMID: 34050337.

Rossi MJ, Kuntala PK, Lai WKM, et al.: A high-resolution protein architecture of the budding yeast genome. Nature 2021 Apr;592(7853):309-314. doi: 10.1038/s41586-021-03314-8. Epub 2021 Mar 10. PMID: 33692541; PMCID: PMC8035251.

Shendure J, Balasubramanian S, Church GM, et al.: DNA sequencing at 40: past, present and future. Nature 2017;550: 345-353.

Shivram H, Cress BF, Knott GJ, Doudna JA: Controlling and enhancing CRISPR systems. Nat Chem Biol 2021;17:10-19.

Suwinski P, Ong C, Ling MHT, Poh YM, Khan AM, Ong HS: Advancing personalized medicine through the application of whole exome sequencing and big data analytics. Front Genet 2019;10:49. doi: 10.3389/fgene.2019.00049.

Takahashi K, Tanabe K, Ohnuki M, et al.: Induction of pluripotent stem cells from adult human fibroblasts by defined factors. Cell 2007;131:861-872.

Turnbull C, Scott RH, Thomas E, et al.: 100 000 Genomes Project. The 100 000 Genomes Project: bringing whole genome sequencing to the NHS. Brit Med J 2018 Apr 24;361:k1687.doi: 10.1136/bmj.k1687.

Van Dijk EL, Jaszczyszyn Y, Naquin D, Thermes C: The third revolution in sequencing technology. Trends Genet 2018;34:666-681.

Wang L, Wheeler DA: Genomic sequencing for cancer diagnosis and therapy. Annu Rev Med 2014;65:33-48.

Watson JF, García-Nafría J: *In vivo* DNA assembly using common laboratory bacteria: A re-emerging tool to simplify molecular cloning. J Biol Chem 2019;294:15271-15281.

Weatherall DJ: A journey in science: early lessons from the hemoglobin field. Mol Med 2014;20:478-485.

Wheeler DA, Srinivasan M, Egholm M, et al.: The complete genome of an individual by massively parallel DNA sequencing. Nature 2008;452:872-876.

Workman RE, Tang AD, Tang PS, et al.: Nanopore native RNA sequencing of a human poly(A) transcriptome. Nat Methods 2019;16:1297-1305.

SECTION VII 問題

1. プリンとピリミジン三リン酸の β,γ-メチレン誘導体と β,γ-イミノ誘導体について<u>正しい</u>のはどれか.

- A. それらは抗がん薬候補である.
- B. それらはビタミン B 群の前駆体である.
- C. それらの末端リン酸は容易に加水分解を受け脱離する.
- D. それらはヌクレオシド三リン酸の作用がリン酸基の脱離以外の効果によるものかどうか探るために使用される.
- E. それらはポリヌクレオチドの前駆体としてはたらく.

2. ヌクレオチドの構造について<u>正しくない</u>のはどれか.

- A. ヌクレオチドは多機能性の酸である.
- B. カフェイン（caffeine）とテオブロミン（theobromine）の構造上の違いは，それらの環窒素に結合するメチル基の数だけである.
- C. プリンはピリミジン環がイミダゾール環に融合した複素環芳香族分子である.
- D. NAD$^+$，FMN，S-アデノシルメチオニン，および補酵素 A（coenzyme A）はすべてリボヌクレオチドの誘導体である.
- E. 3′,5′-サイクリック AMP および 3′,5′-サイクリック GMP（cAMP と cGMP）はともに，ヒトの生化学反応のセカンドメッセンジャーとして機能している.

3. プリンヌクレオチドの代謝に関する記述で<u>正しくない</u>のはどれか.

- A. プリン生合成の初期段階で，ホスホリボシル-1-ピロリン酸（PRPP）が合成される.
- B. イノシン一リン酸（IMP）は AMP と GMP の両方の前駆体である.
- C. オロト酸はピリミジンヌクレオチド生合成中間体である.
- D. ヒトの代謝では，ウリジンとプソイドウリジンは類似の経路で分解する.
- E. リボヌクレオチドレダクターゼがリボヌクレオシド二リン酸を対応するデオキシリボヌクレオシド二リン酸に変換する.

4. <u>正しくない</u>のはどれか.

- A. プリンの異化代謝の異常による代謝異常疾患はまれにしか発症しない.
- B. アデノシンデアミナーゼやプリンヌクレオシドホスホリラーゼの欠損により免疫不全症が引き起こされる.
- C. Lesch-Nyhan 症候群はヒポキサンチンホスホリボシルトランスフェラーゼの欠損によりもたらされる.
- D. キサンチン結石症は強度のキサンチンオキシダーゼ欠乏に起因するといえる.
- E. 高尿酸塩血症はがんのように組織の代謝回転が増加するような特徴的状態から発症する.

5. 次の成分のうち DNA に見られるのはどれか. 最も正確な解答を次から選べ.

- A. リン酸基，アデニン，およびリボース
- B. リン酸基，グアニン，およびデオキシリボース
- C. シトシン，およびリボース
- D. チミン，およびデオキシリボース
- E. リン酸基，およびアデニン

6. DNA 分子の骨格構造の成分はどれか.

- A. 糖と窒素含有塩基が交互に存在する.
- B. 窒素含有塩基のみ.
- C. リン酸基のみ.
- D. リン酸基と糖が交互に存在する.
- E. 五炭糖のみ.

7. RNA と DNA のヌクレオチドを互いにつないでいる結合はどれか.

- A. N-グリコシド結合
- B. 3′-5′ ホスホジエステル結合
- C. リン酸モノエステル結合
- D. 3′-2′ ホスホジエステル結合
- E. ペプチド-核酸間結合

8. 生理的条件下で DNA 二本鎖全体に負の荷電を帯びさせるのはどれか.

- A. デオキシリボース
- B. リボース
- C. リン酸基

D. 塩素イオン

E. アデニン

9. DNA 二本鎖がその長い軸にそってほぼ一定の幅になる分子要因はどれか.

A. プリンの窒素含有塩基はいつも他のプリン窒素含有塩基と対を形成する.

B. ピリミジン窒素含有塩基はいつも他のピリミジン窒素含有塩基と対を形成する.

C. ピリミジン窒素含有塩基はいつもプリン窒素含有塩基と対を形成する.

D. リン酸基間の静電的反発が両鎖間で一定の距離を保たせている.

E. リン酸基間の引力が両鎖間で一定の距離を保たせている.

10. Watson と Crick によって最初に提案された DNA 複製モデルから,新たに複製された 2 つの二本鎖娘 DNA はどのような鎖組成となることが推測されたか.次から選べ.

A. 親の DNA からの 2 本の DNA 鎖より構成される.

B. 新たに合成された DNA 鎖のみからなる.

C. 各 DNA 二本鎖とも,新しい鎖と古い鎖がランダムに混合した二本鎖を含む.

D. 親のもともとの DNA からの一本鎖と新たに合成された一本鎖から構成される.

E. いずれの親の DNA 鎖とも完全に異なるヌクレオチド配列の鎖から構成される.

11. DNA から RNA が合成される機構はどれか.

A. 複製／重複

B. 翻訳

C. 損傷乗り越え修復

D. エステル交換

E. 転写

12. RNA の二次構造と三次構造の形成をもたらす役割をおもに果たすのはどの力,または相互作用か.

A. 親水性反発力

B. 相補的塩基対合部位の形成

C. 疎水性相互作用

D. ファンデルワールス相互作用

E. 塩橋形成

13. 二本鎖 DNA 鋳型より RNA を合成する酵素はどれか.

A. RNA 依存性 RNA ポリメラーゼ

B. DNA 依存性 RNA 転換酵素

C. RNA 依存性レプリカーゼ

D. DNA 依存性 RNA ポリメラーゼ

E. 逆転写酵素

14. 遺伝子発現に関して,真核生物と原核生物間で最も顕著に異なる特徴を選べ.

A. リボソーム RNA のヌクレオチドの長さ

B. ミトコンドリア

C. リソソームとペルオキシソーム

D. 核におけるゲノム隔離

E. クロロフィル

15. 非複製期のヒト二倍体細部における DNA のおおよその塩基対（bp）および染色体の数について<u>正しい</u>のはどれか.

A. 640 億, 23

B. 6 兆 4000 億, 46

C. 230 億, 64

D. 640 億, 46

E. 64 億, 46

16. 1 個のヌクレオソームと結合している DNA 塩基対の数はどれか.

A. 146

B. 292

C. 73

D. 1460

E. 900

17. 次のヒストンのうち 1 つを除くすべては DNA とヒストン八量体間に形成される超らせん構造の内部に存在する.この 1 つのヒストンとはどれか.

A. ヒストン H2B

B. ヒストン H3

C. ヒストン H1

D. ヒストン H2A

E. ヒストン H4

18. クロマチンは広い意味で活性化領域と抑制領域として存在している.生命活動のある期間または分化した一部の細胞の特定時期に,不活性化されるクロマチンサブクラスに対する名称はどれか.

A. 構成的真正クロマチン

B. 条件的ヘテロクロマチン

C. 真正クロマチン

D. 構成的ヘテロクロマチン

19. クロマチンのある領域の物理的，機能的状態は特異的なヒストンの翻訳後修飾（PTM）や DNA メチル化の状態に依存するとする説はどれか．

    A. モールス信号
    B. 翻訳後修飾説
    C. 核顆粒（nuclear body）説
    D. エピジェネティックコード
    E. 遺伝コード

20. 真核生物のすべての染色体の末端に存在する DNA の特殊な反復配列部分はどれか．

    A. 動原体（kinetochore）
    B. テロメア（telomere）
    C. 中心小体（centriole）
    D. 染色小粒（chromomere）
    E. 小割球（micromere）

21. DNA ポリメラーゼがプライマーなしには DNA を合成できないとすれば，DNA 複製の際この酵素がプライマーとして使用する分子はどれか．

    A. 五単糖
    B. デオキシリボースのみ
    C. 短い RNA 分子
    D. 遊離のヒドロキシ基をもつタンパク質
    E. ホスホモノエステル

22. 不連続な DNA 複製では，小さな DNA 断片の産生を介して進行する．この反応にかかわる成分は何とよばれるか．次から選べ．

    A. 岡崎フラグメント
    B. トシヒロ片
    C. 大西オリゴヌクレオチド
    D. クリック鎖
    E. ワトソンフラグメント

23. DNA ジャイレース（gyrase）により，DNA のスーパーコイルを巻き戻す際，どのような分子または力がエネルギーを提供しているか．

    A. ピリミジンからプリンへの変換
    B. GTP の加水分解
    C. ATP の加水分解
    D. 解糖
    E. プロトン勾配関連分子，またはその力．

24. 細胞周期における細胞分裂の終結と DNA 合成の開始の間の時期を何とよぶか．

    A. G_1
    B. S

C. G_2
D. M
E. G_0

25. サイクリン依存性キナーゼのような重要なプロテインキナーゼが活性化する時期はどれか．

    A. M 期の直前
    B. S 期の初期
    C. G_1 期の後半
    D. G_2 期の終わり
    E. 上のすべての時期

26. 細胞分裂の調節の異常に関連する病気はどれか．

    A. 腎疾患
    B. がん
    C. 肺気腫
    D. 糖尿病
    E. 心臓疾患

27. M 期の終わりと G_1 期の開始に導くためにサイクリン依存性キナーゼ活性を迅速に低下させる分子機構はどれか．

    A. 有糸分裂サイクリン濃度の低下
    B. G_1 期サイクリン濃度の減少
    C. G_2 期サイクリン濃度の増加
    D. 有糸分裂サイクリン濃度の増加
    E. G_1 期サイクリン濃度の増加

28. 転写の開始に先立って RNA ポリメラーゼが結合する DNA 鋳型の部位はどれか．

    A. イントロン-エキソン接合部位
    B. オープンリーディングフレーム DNA 部位
    C. ターミネーター
    D. 開始メチオニンコドン
    E. プロモーター

29. 18S や 28S RNA のような大きな真核生物リボソーム RNA をコードする遺伝子を転写する RNA ポリメラーゼはどれか．

    A. RNA ポリメラーゼ III
    B. RNA 依存 RNA ポリメラーゼ δ
    C. RNA ポリメラーゼ I
    D. RNA ポリメラーゼ II
    E. ミトコンドリア RNA ポリメラーゼ

30. 真核生物の RNA ポリメラーゼのすべてにおいて，プロモーターに結合し生理的に適切な転写複合体を形成するためには多くのアクセサリータンパク

質を必要とする．これらのタンパク質は何とよば
れるか．

- A. 基本転写因子，または一般転写因子
- B. アクチベーター
- C. アクセサリー因子
- D. 伸長因子
- E. 援助（facilitator）ポリペプチド

31. 一次転写産物が写し取られる（<u>すなわち</u>転写され
る）DNA 部位は何とよばれるか．

- A. コード鎖
- B. 開始メチオニン部位
- C. 翻訳単位
- D. トランスクリプトーム
- E. 開始コドン

32. 真核生物の rRNA をコードする遺伝子は次のどの
クラスの DNA 配列に属するか．

- A. 1 コピーのみ存在する DNA
- B. 高度に反復する DNA
- C. 中程度に反復する DNA
- D. 混合シークエンス DNA

33. tRNA 前駆体，rRNA 前駆体，および mRNA 前駆
体のヌクレオチドへの修飾はどのような時期に起
こるか．

- A. 食後（postprandially）
- B. 有糸分裂後（postmitotically）
- C. 転写前（pretranscriptionally）
- D. 転写後（posttranscriptionally）
- E. 未成熟期（prematurely）

34. RNA ポリメラーゼ II のプロモーターは DNA 上
の転写単位のどちら側に存在するか．

- A. 転写単位内部
- B. 3′ 下流側
- C. C 末端に最も近い部位
- D. N 末端に最も近い部位
- E. 5′ 上流側

35. 真核生物の mRNA に関して，通常の mRNA の性
質と異なるのはどれか．

- A. 真核生物 mRNA は 5′（キャップ）と 3′［ポリ（A）
  テール］に特殊な修飾を受けている．
- B. 翻訳中にリボソームと接触する．
- C. 細胞質のペルオキシソーム内に見られる．
- D. そのほとんどは，アミノ酸の取り込みを指定しな
  い非コード配列をかなり含んでいる．

- E. 特定のポリペプチドをコードする連続したヌク
  レオチド配列を含んでいる．

36. mRNA で最初のヌクレオチドと 5′-^{7me}G キャップ
構造をつなぐ結合はどれか．

- A. 3′-5′ リン酸ジエステル結合
- B. 5′-5′ 三リン酸エステル架橋
- C. 3′-3′ 三リン酸エステル架橋
- D. 3′-5′ 三リン酸エステル架橋
- E. 5′-3′ 三リン酸エステル架橋

37. 下記に示す mRNA の構造的性質のうち，自身の
分解から保護すると思われるものはどれか．

- A. 特殊な翻訳後修飾
- B. 3′ ポリ（A）テール
- C. 5′-^{7me}G キャップ
- D. イントロン
- E. 投げ縄構造

38. mRNA 成熟過程で不正確なスプライシングが起
こればどのような結果を引き起こすか．

- A. スプライシングにより接合が 1 塩基ずれればタン
  パク質産物に大きな削除が生じる．
- B. スプライシングにより接合が 1 塩基ずれればタン
  パク質産物に大きな挿入が生じる．
- C. スプライシングにより接合が 1 塩基ずれればタン
  パク質産物に大きな反転が生じる．
- D. C と E
- E. スプライシングにより接合が 1 塩基ずれれば翻訳
  の読み枠がずれて誤った翻訳が進行することに
  なる．

39. mRNA 前駆体のスプライシングの際，イントロン
部分と結合する巨大分子複合体はどれか．

- A. スプライサー
- B. ダイサー
- C. 核果粒（nuclear body）
- D. スプライソソーム
- E. スライサー

40. 逆転写酵素が触媒するのはどれか．

- A. RNA の DNA への翻訳．
- B. DNA の RNA への転写．
- C. リボヌクレオチドのデオキシリボヌクレオチド
  への変換．
- D. RNA の DNA への転写．
- E. DNA 二重らせんにおけるリボヌクレオチドから
  デオキシヌクレオチドへの変換．

41. RNAi または dsRNA に仲介される RNA 干渉で引き起こされるのはどれか.
- A. RNA ライゲーション（ligation）
- B. RNA サイレンシング（silencing）
- C. RNA 反転（inversion）
- D. RNA 復元（restoration）
- E. RNA 抑圧（quelling）

42. 遺伝暗号は 64 種類のコドンよりなるが，天然には 20 種類だけのアミノ酸が存在する.結果として，多くのアミノ酸は 1 つ以上のコドンによりコードされている.この性質は，遺伝暗号が次のどれであることを示しているか.
- A. 縮重している.
- B. 二重になっている.
- C. 非重複である.
- D. 重複している.
- E. 不必要になっている.

43. 遺伝暗号には終止コドンはいくつあるか.
- A. 3
- B. 21
- C. 61
- D. 64
- E. 20

44. ある tRNA のアンチコドンが 5′-CAU-3′ であるとすると，これが認識するコドンはどれか（ゆらぎ塩基対は考えない）.
- A. 3′-UAC-5′
- B. 3′-AUG-5′
- C. 5′-ATG-3′
- D. 5′-AUC-3′
- E. 5′-AUG-3′

45. すべての機能を保持した成熟型 tRNA の 3′ 末端はどれか.
- A. クローバー葉構造のループ
- B. アンチコドン
- C. CCA 配列
- D. コドン

46. ほとんどのアミノアシル tRNA 合成酵素は DNA ポリメラーゼと共有する性質を保持している.この性質とはどれか.
- A. 校正機構
- B. 加水分解
- C. タンパク質分解

47. タンパク質合成過程の 3 つの異なる段階について<u>正しい順序</u>を示すのはどれか.
- A. 開始，終結，伸長
- B. 終結，開始，伸長
- C. 開始，伸長，終結
- D. 伸長，開始，終結
- E. 伸長，終結，開始

48. すべてのタンパク質合成の開始で使われるアミノ酸はどれか.
- A. システイン
- B. トレオニン
- C. トリプトファン
- D. メチオニン
- E. グルタミン酸

49. タンパク質合成の際，活性型 80S リボソームのもつ 3 つの正規 tRNA 結合部位のうち，開始 tRNA が結合する部位はどれか.
- A. E 部位
- B. I 部位
- C. P 部位
- D. A 部位
- E. 遊離因子結合部位

50. タンパク質合成の際，ペプチド結合を形成する酵素の名前とその化学的組成の組み合わせはどれか.
- A. ペプシンターゼ，タンパク質
- B. ペプチジルトランスフェラーゼ，RNA
- C. ペプチダーゼ，糖脂質
- D. ペプチジルトランスフェラーゼ，タンパク質
- E. GTPase，グリコペプチド

51. オープンリーディングフレームの途中に終止コドンが生じるような変異は何とよばれるか.
- A. フレームシフト変異
- B. ミスセンス変異
- C. 非ナンセンス変異
- D. 点変異
- E. ナンセンス変異

52. ポリペプチド合成の方向はどれか.
- A. カルボキシ末端からアミノ末端への方向
- B. アミノ末端から 3′ 末端への方向
- C. アミノ末端からカルボキシ末端への方向

47. D. ヘリカーゼ
- E. ヌクレオチド鎖切断

D. 3′→5′ への方向

E. 5′→3′ への方向

53. 多くの原核生物において，通常プロモーターと隣接するか重複する位置に存在するするシス作用配列はどれか.

A. 制御遺伝子

B. 構造遺伝子

C. リプレッサー

D. オペレーター

E. ターミネーター

54. 特定の代謝経路にかかわる酵素の遺伝子が連結し連携した調節を受ける細菌の染色体部位はどれか.

A. オペロン

B. オペレーター

C. プロモーター

D. ターミナルコントローラー

E. オリジン

55. ある種の細胞に存在するタンパク質の全体像はどれか.

A. ゲノム

B. ペプチド収集体

C. トランスクリプトーム

D. トランスレートーム

E. プロテオーム

56. ゲノム DNA のヌクレオソーム形成は，転写の開始または伸長過程にどのように影響するか.

A. ヌクレオソーム構造は転写のすべての段階にかかわる酵素の作用を阻害する.

B. ヌクレオソーム構造はヒストンと DNA の修飾酵素をリクルートし，それらの酵素の作用により転写関連タンパク質の DNA との結合に影響を与えている.

C. ヌクレオソーム構造はヒストンと接する DNA を分解する.

D. ヌクレオソーム構造は転写に大きな影響は与えない.

57. RNA ポリメラーゼ II の結合を促進する真核 mRNA 遺伝子のコアプロモーターと相互作用する分子群はどれか.

A. 終結因子

B. 配列特異的転写因子(トランスアクチベーター)

C. 伸長因子

D. GTP アーゼ

E. 一般転写因子，または基本転写因子（すなわち GTF）

58. ほとんどの真核生物転写因子は少なくとも 2 つのドメインをもち，それらは転写因子の機能の異なる側面を担う．これらのドメインとはどれか.

A. RNA 結合ドメインと抑制ドメイン

B. 活性化ドメインと抑制ドメイン

C. DNA 結合ドメインと活性化ドメイン

D. DNA 結合ドメインとリガンド結合ドメイン

E. RNA 結合ドメインと活性化ドメイン

59. エンハンサーに結合した転写因子はシスに連結したコアプロモーターでの転写開始を促進する．これを媒介する因子は何とよばれるか.

A. コアクチベーター

B. 共転写タンパク質

C. コリプレッサー

D. リセプター

E. コーディネーター

60. 少ないポリペプチド鎖に起こり，制御因子の多様性を拡大するような転写関連タンパク質間の反応はどれか.

A. 組換え

B. ホモ二量体形成

C. ヘテロ接合

D. ヘテロ二量体形成

E. 三量体形成

61. TATA ボックスから転写開始部位 (TSS) までを含む遺伝子領域はしばしば何とよばれているか.

A. ポリメラーゼホーム

B. イニシエーター

C. スタートセレクター

D. コアプロモーター

E. オペレーター

62. エンハンサーが DNA 配列上遠く離れた位置から転写を促進する仕組みについて，次の記述のうち現在<u>正しい</u>と考えられているのはどれか.

A. エンハンサーはその部位からプロモーターまでの DNA 介在配列を可逆的に切除することができる.

B. RNA ポリメラーゼはエンハンサーに強く結合する.

C. エンハンサーは DNA を解きほぐす.

D. エンハンサーは同じ DNA 上のコアプロモーター

を探し，そこに直接結合することができる．

E. エンハンサーとコアプロモーターは DNA 結合タンパク質により媒介されるループ構造形成により互いに近傍にもたらされる．

63. ヒストンのアセチル化が起こるアミノ酸はどれか．

A. リシン

B. アルギニン

C. アスパラギン

D. ヒスチジン

E. ロイシン

64. 次のステップの適切な順番を示せ．転写アクチベーターがゲノム DNA 上のその結合部位に結合した後の転写活性化の際に起こるステップの順番はどれか．

1. クロマチンリモデリング複合体（chromatin re-modeling complex）が標的部位のコアヒストンと結合する．

2. さまざまな分子複合体の複合的作用により，転写装置のプロモーターへのアクセスを促進する．

3. アクチベーターが転写部位となるクロマチン部分にコアクチベーターをリクルートする．

4. 転写開始部位に転写装置が集合する．

5. コアクチベーターが近傍のクロマチンのコアヒストンをアセチル化する．

A. 1 - 2 - 3 - 4 - 5

B. 3 - 1 - 5 - 2 - 4

C. 3 - 5 - 1 - 2 - 4

D. 5 - 3 - 1 - 2 - 4

E. 3 - 5 - 1 - 4 - 2

65. 一定の生理的条件下で，ある転写因子が結合するゲノム中のすべての部位を同時に同定，観察する方法を次から選べ．

A. 系統的欠失マッピング

B. DNAase I 感受性

C. クロマチン免疫沈降–配列決定法（ChIP-seq）

D. FISH

E. 蛍光寿命イメージング顕微鏡法

66. 真核生物の mRNA の 5′ メチルグアノシンのキャップと AUG 開始コドン間の配列は何とよばれるか．

A. 終止コドン

B. 最終エキソン

C. 最終イントロン

D. 3′ UTR

E. 5′ UTR

67. mRNA の半減期に密接にかかわる特性はどれか．

A. 5′ UTR 配列

B. プロモーター

C. オペレーター

D. 3′ UTR とポリ（A）テール

E. 最初のイントロン

細胞外および細胞内情報伝達の生化学

生体膜：構造と機能

40

Membranes: Structure & Function

- 生体膜は主として脂質二重層とそれに結合するタンパク質や糖タンパク質からできていること，また主要な脂質はリン脂質，コレステロール，グリコスフィンゴ脂質であることを理解する．

- 膜は内在性タンパク質と表在性タンパク質を含む，非対称的でダイナミックな構造であることがわかる．

- 膜構造の流動モザイクモデルについてのポイントを説明できる．

- 受動拡散，促進拡散，能動輸送，エンドサイトーシス，エキソサイトーシスの概念を理解する．

- 輸送体，イオンチャネル，Na^+-K^+-ATPase，受容体，ギャップ結合が膜機能で重要なはたらきをしていることがわかる．

- 家族性高コレステロール血症，囊胞性線維症，球状赤血球性貧血などを含む多くの疾患が，膜の構造と機能の異常から起こることを知る．

生物医学的重要性

　生体膜は，動的で，脂質二重層とタンパク質からなる極めて流動性に富む構造である．**細胞膜 plasma membrane** は，細胞質を包み細胞境界をつくっており，**選択的な透過性 selective permeability** を示し，バリア（障壁）としてはたらき，細胞の内外の組成の差を保っている．選択的な膜の分子透過性は，特殊なタンパク質の**輸送体 transporter** と**イオンチャネル ion channel** によって生じる．細胞膜はまた，**エキソサイトーシス exocytosis** と**エンドサイトーシス endocytosis** によって細胞外と物質交換をし，隣接する細胞間の物質交換によって情報交換を行う膜構造，**ギャップ結合 gap junction** をもつ．さらに，細胞膜は**細胞間相互作用 cell-cell interaction** や**膜貫通シグナル伝達機構 transmembrane signaling** において重要な役割を果たす．

　また，生体膜は細胞内に**特殊化された区画 specialized compartment** を形成している．このような細胞内膜系は，多くの形態的にも異なる構造（小器官），たとえばミトコンドリア，小胞体，筋小胞体，分泌顆粒，リソソーム，核を形成している．膜はある種の**酵素**を局在させ，**興奮応答連関 excitation-response coupling** の場として機能し，また植物の光合成（葉緑体）や酸化的リン酸化（ミトコンドリア）のような**エネルギー変換 energy transduction** の場を提供する．

　生体膜の組成変化は，水分バランスやイオンの出入（ion flux），さらには細胞内のすべての反応に影響する．膜成分の特異的な欠損あるいは変化は（たとえば，膜タンパク質合成にかかわる遺伝子の変異），種々の**疾患 disease** を引き起こす（表 40-7 参照）．要するに，正常な細胞機能は正常な膜に大きく依存している．

細胞内および細胞外の正常な環境を維持することは，生命にとって基本的なことである

細胞の周囲と内部の正常な環境を維持することは，根本的に必要なことである．生命は水性環境で誕生した．つまり，酵素反応，細胞あるいは細胞小器官の反応は，細胞内に包まれたこの環境の中ではたらくように進化してきた．

生体内水分は区分けされている

水分はヒトの除脂肪体重のうち**約60%**を占め，2つの大きな区分に分布している．

細胞内液(ICF)

この細胞内液が占める割合は，体内水分全体の**3分の2**であり，細胞の，(1) エネルギーの産生，貯蔵，利用，(2) 細胞全体の修復，(3) 複製，(4) その細胞固有の機能の発揮などのための特殊化された環境を提供する．

細胞外液(ECF)

細胞外液は体内水分全体の**3分の1**を占め，血漿と組織間隙に分布している．細胞外液は両方向性の**運搬系 delivery system** である．つまり，各種栄養物(たとえば，グルコース，脂肪酸，アミノ酸)，酸素，各種イオン，微量金属，および全身に広く分散している細胞の機能を統御する調節分子(ホルモン)などを細胞に運ぶ．また，細胞外液は，二酸化炭素，老廃物，毒性のあるいは解毒された物質を，細胞周辺から**除去**する．

細胞内液と細胞外液のイオン組成は著しく異なる

表40-1 に示すように，**内部環境 internal environment** には K^+ と Mg^{2+} が多くリン酸がおもな無機陰イオンである．サイトゾルは，おもな細胞内緩衝液としてはたらく高濃度のタンパク質を含んでいる．**細胞外液 extracellular fluid** には Na^+ と Ca^{2+} の量が多く，Cl^- がおもな陰イオンとなっている．これらのイオン組成の差は，細胞内のいろいろな膜で保たれている．これらの膜は特有の脂質とタンパク質をもっている．膜タンパク質のある特異的な分布は，細胞内外の異なるイオン組成をつくり，また維持するようになっている．

表 40-1. 哺乳類細胞における種々の物質の細胞内外の平均濃度の比較

物 質	細胞外液	細胞内液
Na^+	140 mmol/L	10 mmol/L
K^+	4 mmol/L	140 mmol/L
Ca^{2+}(遊離)	2.5 mmol/L	0.1 µmol/L
Mg^{2+}	1.5 mmol/L	30 mmol/L
Cl^-	100 mmol/L	4 mmol/L
HCO_3^-	27 mmol/L	10 mmol/L
PO_4^{3-}	2 mmol/L	60 mmol/L
グルコース	5.5 mmol/L	0 〜 1 mmol/L
タンパク質	2 g/dL	16 g/dL

生体膜は，脂質，タンパク質，糖質を含む分子から構成される複雑な構造物である

ここではおもに真核細胞の膜を対象としているが，基本的なことの多くは原核細胞にも共通である．異なる膜は異なる脂質とタンパク質組成を有する．**図40-1** に示すように，異なる膜によってタンパク質と脂質との比に違いがあり，それが細胞小器官の多様な機能の原因となっている．膜は内・外表面をもつ非対称的な脂質二重層からなる閉鎖したシート状構造である．これらの構造と表面はタンパク質が散在し，シート状の非共有会合からできており，脂質とタンパク質の両親媒性によって水溶液環境で自発的に形成される．

哺乳類の細胞膜の主要脂質は，リン脂質，グリコスフィンゴ脂質，コレステロールである

リン脂質

おもな2つの膜リン脂質のなかで，**ホスホグリセリド phosphoglyceride** は多く含まれている成分であり，2分子の脂肪酸がエステル結合をしたグリセロールリン酸 glycerol-phosphate 骨格とアルコール alcohol とからできている(**図40-2**)．脂肪酸成分の炭素数は通常，偶数で，炭素数16または18のものが最も一般的である．また，分枝脂肪酸ではなく，飽和あるいは1つまたはそれ以上の二重結合をもった不飽和脂肪酸のいずれかである．最も単純なホスホグリセリドは**ホスファチジン酸 phosphatidic acid**，すなわち 1,2-ジアシルグリセロール 3-リン酸 1,2-diacylglycerol 3-phosphate であり，ほかのリン脂質生成における重要な中間体であ

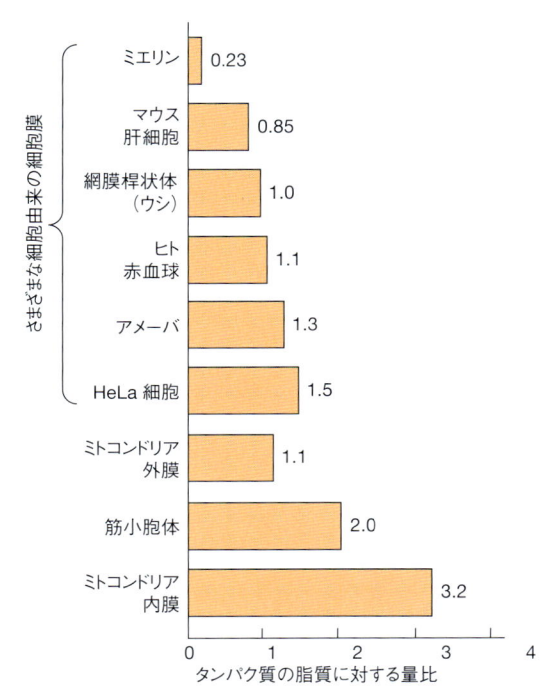

図 40-1. 膜タンパク質の含量はじつにさまざまである
生体膜のタンパク質量は脂質量と同じかそれより多い。極端な例外はミエリンであり，これは多くの神経線維にみられる電気絶縁体である。

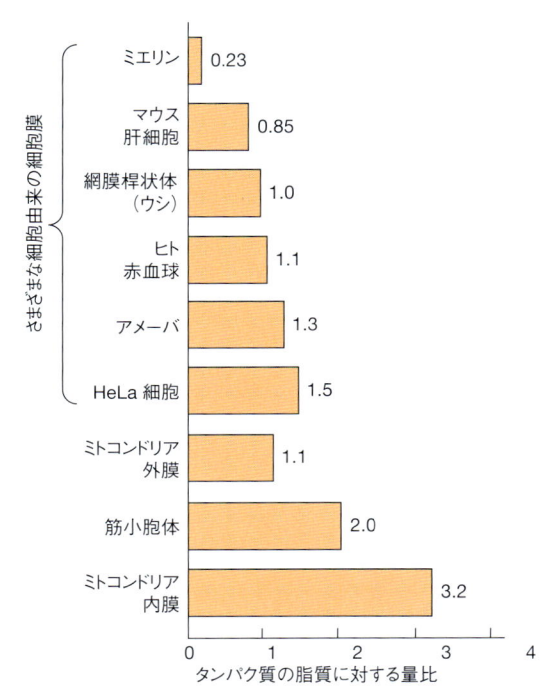

図 40-2. ホスホグリセリドの構造
脂肪酸（R_1 と R_2），グリセロール，リン酸化されたアルコール成分を有する。飽和脂肪酸はグリセロールの 1 位の炭素に，不飽和脂肪酸は 2 位の炭素に結合している。ホスファチジン酸では，R_3 は水素である。

る（24 章参照）。膜の大部分のホスホグリセリドでは，3-リン酸がコリン choline，エタノールアミン ethanolamine，セリン serine，グリセロール，あるいはイノシトール inositol のような**アルコール**類とエステル結合している（21 章参照）。

　リン脂質のもう 1 つのグループは，**スフィンゴミエリン sphingomyelin**（図 21-11 参照）を含み，グリセロール骨格の代わりにスフィンゴシン sphingosine 骨

格をもっている。1 分子の脂肪酸がスフィンゴシンのアミノ基とアミド結合しており，**セラミド ceramide** をつくる。また，スフィンゴシンの 1 位のヒドロキシ基が，ホスホリルコリン phosphorylcholine とエステル結合するとスフィンゴミエリンができる。スフィンゴミエリンは名前が示すようにミエリン鞘 myelin sheath に多い。

グリコスフィンゴ脂質

　グリコスフィンゴ脂質 glycosphingolipid（GSL）は，**セラミド骨格**を有し，糖を含んだ脂質であって，**ガラクトシルセラミド**および**グルコシルセラミド**（セレブロシド）と**ガングリオシド ganglioside**（構造は 21 章を参照）などがその例であり，これらの脂質はおもに細胞膜に分布し，細胞外側に糖成分が露出している。

ステロール

　動物細胞の膜の最も一般的なステロールは**コレステロール cholesterol** であり（21 章参照），大部分のコレステロールは**細胞膜 plasma membrane** に存在するが，一部はミトコンドリア，ゴルジ体や核膜にもある。コレステロールは膜リン脂質間に存在し，ヒドロキシ基を親水性面に向け，残りの部分は脂質二重層内にある。栄養面からみると，コレステロールが植物には存在しないことは重要である。

　脂質は，カラムクロマトグラフィー，薄層クロマトグラフィー，液体クロマトグラフィー，質量分析型ガスクロマトグラフィー（GC/MS）によって分離，定量でき，それらの構造は質量分析法などによって決められる（4 章参照）。

膜脂質は両親媒性である

　膜のすべての主要脂質は，疎水性 hydrophobic 部分と親水性 hydrophilic 部分の両方をもっており，したがって**両親媒性 amphipathic** である。疎水性部分が分子の残りの部分から分離されると，もはや水に不溶となり，有機溶媒に溶けるようになる。逆に，親水性部分が分子から離れると，それは有機溶媒に不溶で水溶性となる。両親媒性の膜脂質は極性頭部 polar head group と非極性尾部 nonpolar tail をもっている。**図 40-3** と図 21-24 にその様子を示す。リン脂質の**極性頭部**は，コレステロールのヒドロキシ基と向き合っているが，グリコスフィンゴ脂質の**糖部分**と同じような状態である（後述）。

　飽和脂肪酸 saturated fatty acid は比較的まっすぐな

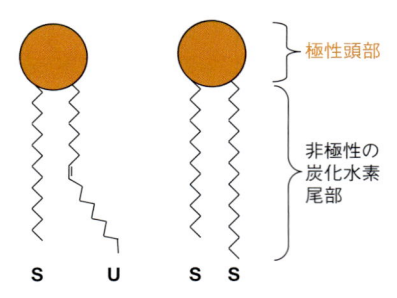

図 40-3. リン脂質あるいはほかの膜脂質の模式図

極性の頭部は親水性であり，炭化水素からなる尾部は疎水性ないし脂溶性である．(S)：飽和脂肪酸，(U)：不飽和脂肪酸．S は通常，グリセロールの 1 位の炭素に，U は 2 位の炭素に結合している(図 40-2)．不飽和脂肪酸の折れ曲がりは膜流動性の増大に重要である．

　左の **S-U** リン脂質は，炭素数 16 の飽和脂肪酸パルミチン酸と炭素数 18 の不飽和脂肪酸オレイン酸を含み，右の **S-S** リン脂質は，パルミチン酸と炭素数 18 の飽和脂肪酸ステアリン酸を含み，それらががグリセロールにエステル結合している(図 40-2)．

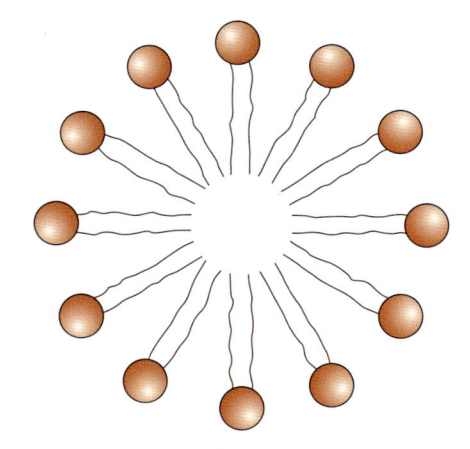

図 40-4. ミセル断面の概略図

極性基は水に接し，疎水性炭化水素鎖はほかの炭化水素鎖によって囲まれており，水から保護されている．ミセルは比較的小さく(脂質二重層に比べて)球状を呈する．

尾部を形成し，**不飽和脂肪酸 unsaturated fatty acid** は一般に，膜においてシス形で"曲がった"尾部をつくっている(図 40-3 および図 21-1，図 21-6 参照)．屈曲部位が多くなれば，脂質のパッキングがゆるくなり，膜はより流動的になる．膜脂質のトランス脂肪酸によって起こる問題は 21 章で述べた．

　界面活性剤 detergent は，生化学においてもまた家庭においても一般に広く用いられている重要な両親媒性物質であるが，その分子構造はリン脂質と似ている．ある種の界面活性剤は，膜タンパク質を**可溶化**し，精製するためによく用いられる．界面活性剤の疎水性末端がタンパク質の疎水性領域に結合すると，結合していた脂質の大部分が除かれる．界面活性剤の極性末端は遊離しており，タンパク質と複合体を形成するが，通常は若干の脂質を含んでいる．

膜脂質は二重層構造をつくる

　リン脂質が両親媒性であるということは，分子の 2 つの部分が互いに相反する溶解性をもっていることを意味する．ところが，水のような溶媒の中では，リン脂質は自然に**ミセル micelle**(**図 40-4** と図 21-24 参照)を形成し，これによって 2 つの化学的に異なる分子領域に課せられる溶解度の必要条件を熱力学的に満たしている．ミセル内では，両親媒性のリン脂質の疎水性部分が水から隔絶されており，一方，親水性部分は周囲の水層とよくなじんでいる．通常，ミセルは比較的小さく(約 200 nm)，したがって，膜形成には限度があ

る．界面活性剤はたいていミセルをつくる．

　リン脂質などの両親媒性分子は別の構造，すなわち**二分子脂質層 bimolecular lipid layer** を形成する．これは，水溶液の中で両親媒性分子として熱力学的な必要条件を満たすような構造をとっている．二重層 bilayer は生体膜の基本構造である．この二重層は板状をなし，リン脂質の疎水性部分は水溶液から隔離されているのに対して，親水性で荷電した部分は水溶液に接している(**図 40-5** と図 21-24 参照)．脂質二重層の両端が巻き込まれて端のない閉じた小胞を形成する．この閉鎖した二重層が膜の本質的な性質の 1 つである．一般的に荷電分子は，二重層の疎水性内部に対して不溶であるため，この脂質二重層は**大部分の水溶性分子に対して透過性を示さない**．脂質二重層の自己会合 self-assembly は，非極性分子のもつ傾向として水溶液の中で自己集合するという**疎水性効果 hydrophobic**

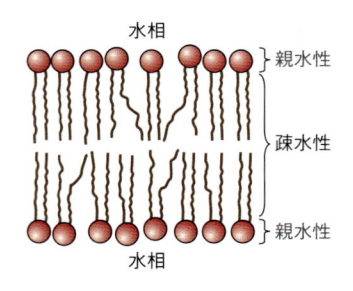

図 40-5. リン脂質分子でできた二重層膜の断面像

不飽和脂肪酸尾部は曲がっており，極性基頭部の間隙が広く動きやすくなっている．その結果，膜流動性が大きくなる．

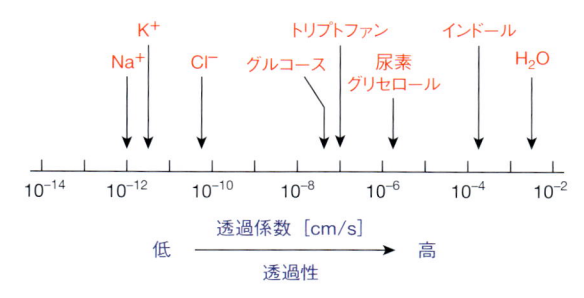

図 40-6. 脂質二重層膜における水，イオン，ほかの小分子の透過係数
透過係数とは，分子が透過性障壁を通って拡散する単位である．膜を速く通過する分子の透過係数は大きい．

effect によってつくられる．しかし，この過程では水分子は排除される．二重層の中で脂質分子が集合すると，水和分子の排除により，周辺の溶媒分子のエントロピーは増加する．

　先述の情報から 2 つの疑問が生じる．まず，どれほどの生体物質が**脂溶性 lipid-soluble** であり，またどれほど自由に細胞内に入ることができるのだろうか．酸素，二酸化炭素，窒素のような気体は，小さな分子であり，溶媒との相互作用もほとんどないが，膜の疎水性部分を容易に通過することができる．数種類のイオンやほかの分子の脂質二重層内の**透過係数 permeability coefficient** を **図 40-6** に示す．電解質 Na^+，K^+，Cl^- は，水より非常にゆっくり二重層を通過する．一般に，小分子の脂質二重層内の透過係数は**非極性溶媒中の溶解度とよく一致する**．たとえば，**ステロイド steroid** は電解質に比べて容易に脂質二重層を通過する．**水 water** 自体の透過係数が大きいのには驚くべきだが，それは分子が小さいことや電荷がないことによる[1]．多くの**薬剤 drug** は疎水性であり，細胞膜を容易に通過して細胞の内部に入る．

　2 番目の疑問は，**脂溶性でない分子**に関してである．これらの分子の膜の内外の濃度勾配はどのようにして保たれているのか．**膜はタンパク質を有し**，その多くは脂質二重層を貫通する．これらのタンパク質は，イオンや小分子の移動のための**チャネル channel** を形成するか，または脂質二重層（膜）を簡単に通過できないような分子の**輸送体 transporter** としてはたらく．膜チャネルと輸送体の性質や構造は後に述べる．

---

1)　訳者注：水チャネル（アクアポリン）も貢献している．

膜タンパク質は脂質二重層と結合している

　膜リン脂質 phospholipid は膜タンパク質の溶媒として作用し，タンパク質の機能が発揮できるような環境をつくっている．5 章で述べたように，**タンパク質の α ヘリックス構造 α–helical structure of protein** は，ペプチド結合そのものの親水性を最小限にしている．このように，タンパク質は両親媒性であって，膜の内・外両層に親水性部分を露出し，その中間部は脂質二重層を貫通する疎水性部分で連結されている．事実，膜を貫通する膜タンパク質部分は，多くの疎水性アミノ酸とたくさんの α ヘリックスをもっている．多くのタンパク質では，約 20 アミノ酸からなる α ヘリックス構造が二重層を貫通している（図 5-2 参照）．

　あるタンパク質の特定のアミノ酸配列が**膜貫通領域 transmembrane location** になっているかどうかは，計算で知ることができる．すなわち，通常の 20 種類のアミノ酸のそれぞれの疎水性と膜内部から水層に移行するための自由エネルギー値をまとめた表にもとづいて計算される．疎水性アミノ酸は正の値を，極性アミノ酸は負の値を示す．タンパク質の中の 20 種類のアミノ酸が連続して移行するのに要する自由エネルギー値をプロットすると，いわゆる**ハイドロパシープロット hydropathy plot** ができる．20 kcal/mol（84 kJ/mol）以上の値は，証明はされていないが，その疎水性配列が膜間通領域であることを意味している．

　脂質とタンパク質の相互作用のもう 1 つの方法は，タンパク質を脂質二重層の一層面との共有結合で特定の脂質に固定することである．このプロセスは**タンパク質の脂質修飾 protein lipidation** とよんでいる．脂質修飾はタンパク質末端（N または C）あるいは内部で起こる．通常のタンパク質の脂質修飾として C 末端の**イソプレニル化 isoprenylation**，**コレステリル化 cholesterylation**，**グリコシルホスファチジルイノシトール glycosylphosphatidylinositol**（GPI，図 46-1 参照）；N 末端の**ミリストイル化 myristoylation** および内部システインの **S–プレニル化 S–prenylation** と **S–アシル化 S–acylation** などがある．このような脂質修飾は特異的なタンパク質だけに起こり，生物学的に重要な役割をもつことが多い．

異なる膜は異なるタンパク質組成を有する

　膜に含まれる**タンパク質の種類**は，筋小胞体のように数は非常に多いが種類は比較的少ないものから，細胞膜のように数百種類のものまでさまざまある．タン

表 40-2. さまざまな膜の標識酵素[a]

膜	酵素
細胞膜	5′-ヌクレオチダーゼ
	アデニル酸シクラーゼ
	Na^+-K^+-ATPase
小胞体	グルコース-6-ホスファターゼ
ゴルジ体	
シス	GlcNAc トランスフェラーゼ I
中間	マンノシダーゼ II
トランス	ガラクトシルトランスフェラーゼ
TGN	シアリルトランフェラーゼ
ミトコンドリア内膜	ATP 合成酵素

TGN：トランスゴルジネットワーク
[a] 膜は多くのタンパク質を含んでいるが，そのうちのいくつかは酵素活性を有する．これらの酵素のうちあるものは特定の膜にのみ局在しているため，膜の精製度を知る標識となる．

パク質は膜の**主要機能分子 major functional molecule** であり，**酵素 enzyme**，**ポンプ pump**，**輸送体 transporter**，**チャネル channel**，**構造タンパク質 structural component**，**抗原 antigen**（たとえば，組織適合性抗原），および種々の分子に対する**受容体 receptor** などからできている．いずれの膜も異なるタンパク質をもっているので，典型的な膜構造といったものはない．いくつかの異なる膜結合酵素を**表 40-2** に示す．

膜はダイナミック構造である

膜とその成分はダイナミックな**構造 dynamic structure** をしている．膜脂質とタンパク質は，細胞のほかの部分と同じように代謝回転 turnover する．異なる脂質は異なった代謝回転速度を示し，膜タンパク質の代謝回転速度はさまざまである．ある例では膜自身も代謝回転し，その速度はどの成分よりも速い．このことはエンドサイトーシスの項で詳しく述べる．

膜のダイナミック構造のもう 1 つの特徴は，多くの研究によって示された，脂質およびある種のタンパク質が膜内で**側方拡散 lateral diffusion** していることである．ただし，多くの動かないタンパク質は，裏打ちのアクチン細胞骨格に固定されているために側方拡散ができない．また，これとは異なり膜の内外層間の脂質の**横断的 transverse** な動き（フリップ-フロップ flip-flop）は非常に遅く（後述参照），膜タンパク質ではあまり起こらない．

膜は非対称構造をとっている

タンパク質は膜の中で特有な配置をしており，膜の**内・外表面を区別**している．**内・外両層間の非対称** inside-outside asymmetry は，膜タンパク質に結合している糖鎖が外層に局在していることにも起因している．さらに，ミトコンドリアや細胞膜に見られるように，特殊なタンパク質が膜の外層あるいは内層だけに存在している．

膜には，**局部的な不均質性 regional heterogeneity** が存在する．この非対称性には粘膜細胞の絨毛周縁部のように光学顕微鏡でも見分けることができる領域もあれば，また一方では，ギャップ結合 gap junction，密着結合 tight junction，シナプスのように，膜の極めて小さな領域に見られる局部的な非対称性もある．

生体膜では，**リン脂質**の内・外層の**非対称性 asymmetry** がある．**コリンを含むリン脂質**（ホスファチジルコリン，スフィンゴミエリン）は主として**外層 outer leaflet** に多く，**アミノリン脂質 aminophospholipid**（ホスファチジルセリン，ホスファチジルエタノールアミン）は**内層 inner leaflet** に多い．もし，この非対称性がほんとうに存在するとすれば，膜リン脂質の**内・外両層間の移行**，または"フリップ-フロップ flip-flop"は制限されているはずである．事実，合成二重層のリン脂質は，極めて遅いフリップ-フロップを示し，これらの合成二重層では非対称性の半減期は数週のオーダーである．

脂質層の非対称性が生じるメカニズムは明らかでないが，リン脂質を合成する酵素は小胞体膜の細胞質側に存在する．リン脂質を内層から外層に運ぶ転送酵素 translocase（フリッパーゼ flippase）の存在が想定されている．また，ある種のリン脂質（たとえば，ホスファチジルコリン）と特異的に結合するタンパク質が，膜の内層と外層に存在する．したがって脂質結合も特異的な脂質分子の非対称分布に貢献する．また，**リン脂質交換タンパク質 phospholipid exchange protein** は，ある種のリン脂質を認識して，ある膜[たとえば，**小胞体（ER）**]からほかの膜（たとえば，ミトコンドリア，ペルオキシソーム）に運ぶ．関連した問題は脂質がどのように膜に入るかである．このことはタンパク質がどのように膜に入るのかの話題のようには詳しく研究されておらず（49 章参照），知識も比較的少ない．多くの膜脂質は小胞体で合成される．少なくとも 3 つの経路がある．(1) 小胞を介する小胞体からの輸送で小胞の脂質を受け取る膜に移送する．(2) 1 つの膜（たとえば，小胞体）が別の膜と直接接触して脂質が入り，特殊なタンパク質によってこの輸送が促進される．(3) 前述したようなリン脂質交換タンパク質（脂質移送タンパク質としても知られている）を介する輸送であるが，これは

脂質を交換するだけで正味の移送はしない.

　グリコスフィンゴ脂質や**糖タンパク質 glycoprotein**についても非対称分布がある．糖部分はすべて細胞膜の外側にあり，膜内面にはない.

膜には内在性タンパク質と表在性タンパク質が存在する

　膜タンパク質を**内在性 integral**，**表在性 peripheral**の 2 つのタイプに分けると都合がよい（**図 40-7**）．大部分の膜タンパク質は**内在性成分 integral class** であり，それらはリン脂質と相互作用しており，可溶化には**界面活性剤が必要である**．内在性タンパク質は，一般にα ヘリックス膜横断部分の束として脂質二重層を貫通している．これらの内在性タンパク質は通常，球状globular を呈し両親媒性であって，脂質二重層の疎水性中心部を貫通する疎水性中間部によって，両親水性末端部が分け隔てられている．内在性タンパク質の構造はしだいに明らかにされつつある．いくつかのタンパク質（輸送体分子，イオンチャネル，受容体，G タンパク質）は，脂質二重層を何回も貫通しているが，ほかの単純な膜タンパク質（たとえば，グリコホリン A）は膜を 1 回だけ貫通する（図 42-4，図 53-6 参照）．内在性タンパク質 integral protein は膜脂質二重層の内・外で非対称的に分布している．これらのタンパク質は，小胞体での生合成過程で脂質二重層に組み込まれるとき

に，すでに非対称配置が決められている．タンパク質の膜への組み込みと会合の分子機構については 49 章で述べる.

　表在性タンパク質 peripheral protein はリン脂質二重層の疎水性部分とは直接に相互作用していないため，タンパク質を遊離させるのに**界面活性剤を必要としない**．それらのタンパク質は，特殊な内在性タンパク質の親水性部分およびリン脂質の極性部分と弱い結合をしており，イオン強度の高い塩類溶液で遊離することができる．たとえば，表在性タンパク質のアンキリンankyrin は，赤血球膜の内在性タンパク質の"バンド 3"タンパク質の内側に結合している．赤血球の細胞骨格のスペクトリン spectrin は，アンキリンと結合して赤血球の両凹形態を維持するのに重要な役割を果たしている（図 53-6 参照）.

人工膜は膜機能を調べるモデルとして使われている

　人工膜はいろいろな方法でつくられる．これらの人工膜は，一般に天然または合成**リン脂質**を 1 種類またはそれ以上混合したものからできており，**軽い超音波**による処理を受けると，二重層をもつ小胞ができる．このような脂質二重層で包まれ，水層を内にもつ小胞を

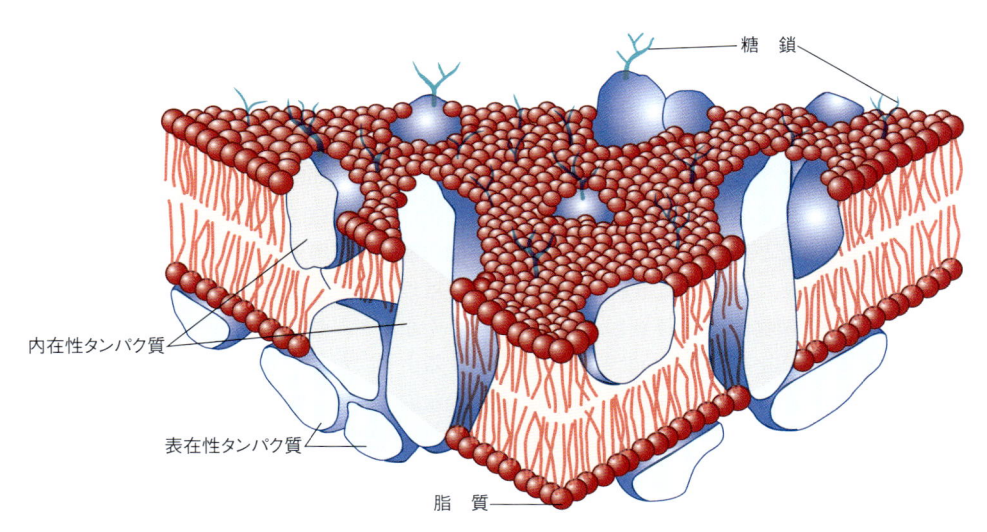

糖 鎖

内在性タンパク質

表在性タンパク質

脂 質

図 40-7. 膜構造の流動モザイクモデル
膜は脂質二重層からできており，その中にタンパク質が挿入されていたり，またはその細胞質側表面に結合したりしている．これらのタンパク質のあるものは脂質二重層を完全に貫通しているが，またほかのタンパク質は脂質二重層の外層か内層に存在する．表在性タンパク質は膜内表面にゆるく結合している．多くのタンパク質や糖脂質は外に向かってオリゴ糖鎖を露出している．（Mescher AL; *Junqueira'sBasic Histology Text and Atlas*, 16th ed. New York, NY: McGraw Hil; 2021 より許可を得て掲載）

リポソーム liposome（図 21-24 参照）という.

膜機能の生化学的研究における人工膜の有用性は次のとおりである.

1. 膜の**脂質量 lipid content** を変えることができ, 膜機能に対する脂質組成の影響を系統的に調べることができる.

2. 精製した**膜タンパク質**や酵素をリポソームに挿入できるので, どの因子（たとえば, 特殊な脂質あるいは補助タンパク質）が機能を発揮するのに必要かを確かめることができる.

3. その**環境**を厳密にコントロールでき, また系統的に変えることもできる（たとえば, イオン濃度, リガンド）.

4. リポソームを調製するときに, 薬剤や遺伝子などをリポソーム内に**内包する**ことができる. 薬剤を特定の組織に運ぶためのリポソームの利用に関心が集められており, もし特定の組織や腫瘍に指向性のある物質（ある細胞表面分子に対する抗体）がリポソームに挿入できるならば, 治療効果が期待できる. リポソームに封入された DNA はヌクレアーゼによる分解を受けにくいので, この方法は**遺伝子治療 gene therapy** の試みとして有用であろう.

流動モザイク膜モデルは広く受け入れられている

1972 年に Singer と Nicolson によって提唱された膜構造の**流動モザイクモデル fluid mosaic model** は, 今では広く受け入れられている（図 40-7）. このモデルは, （おもに）流動的なリン脂質分子の海に浮かんでいる内在タンパク質の氷山にたとえられる. このモデルの根拠は, 2 つの異なる細胞（マウスとヒト）を人為的に融合させたハイブリッド細胞（一方を標識し, 他方は標識しない）の細胞膜において, それぞれの蛍光標識した内在性タンパク質が速やかで不規則な再分布を示すのが顕微鏡で見られたことである. **リン脂質**は, より速い側方拡散をし膜内で再分布することが明らかとなった. 1 分子のリン脂質は, 膜内で数 μm/秒も移動することができる.

膜の**相変化 phase change** と**流動性 fluidity** は, 膜脂質組成にかなり依存している. 脂質二重層において, 脂肪酸の疎水性部分は秩序正しく整然とした配列をし, 固い構造を保っている. 温度が上昇すると, この疎水性側鎖は**規則配列 ordered state**（ゲル様または結晶相）から**不規則配列 disordered state** へと **転移 transition** し, 液状 liquid-like の状態あるいは流動配列を示すようになる. この規則配列 → 不規則配列の転移（すなわち融けること）を誘起する温度を"**転移温度 transition temperature (T_m)**"とよんでいる. 鎖長が長いほど, また飽和度の高い脂肪酸ほど互いに強く作用し合って, T_m は高い値を示す. すなわち, 膜構造の流動性を増大させるには高い温度が必要である. 一方, **シス形の不飽和結合**は側鎖のパッキングの密度を減らすことによって脂質二重層の流動性を増大させるが, 疎水性には変化がない（図 40-3, 図 40-5）. 細胞の膜リン脂質は, シス形二重層結合を有する不飽和脂肪酸を少なくとも 1 つはもっている.

コレステロール cholesterol は膜の流動性を調整する緩衝作用を担う. T_m より低い温度では, 脂肪酸の炭化水素鎖の相互作用を妨げ, 流動性を高める. T_m より高温側では, コレステロールは脂肪酸の炭化水素鎖より固く, 同じようには膜中で動けないために, 膜の流動性を抑制あるいは"緩衝"している.

膜の流動性は膜機能に影響する. 膜の流動性が増大すると, 水やほかの親水性の低分子物質に対する透過性が増す. また, 流動性が大きくなるにつれて内在性タンパク質の横方向への運動が活発となる. ある機能をつかさどる内在性タンパク質の活性部位が親水性部分にある場合には, 膜脂質の流動性が変化しても, そのタンパク質の活性にはほとんど影響を与えないであろう. ところが, そのタンパク質が膜を介する物質輸送に関与している場合には, 膜脂質の物理的状態は輸送速度 transport rate に大きな変化をもたらす. インスリン受容体 insulin receptor（図 42-8 参照）は流動性の変化によって機能が変わる典型的な例である. 膜の不飽和脂肪酸が増えると（培養細胞を不飽和脂肪酸の多い培地で生育させる）, 流動性が増大する. 流動性が大きくなると, 受容体はより効率的にインスリンを結合するようになる. 正常体温（37℃）では脂質二重層は流動状態にある. 膜流動性の重要性から, 細菌は温度変化に適応するために膜脂質の組成を変化させることができる.

脂質ラフト, カベオラ, 密着結合は細胞膜の特殊な構造である

細胞膜にはいくつかの**特殊化した構造**があり, 生化学的な性状について研究されている.

脂質ラフト lipid raft は, コレステロール, スフィン

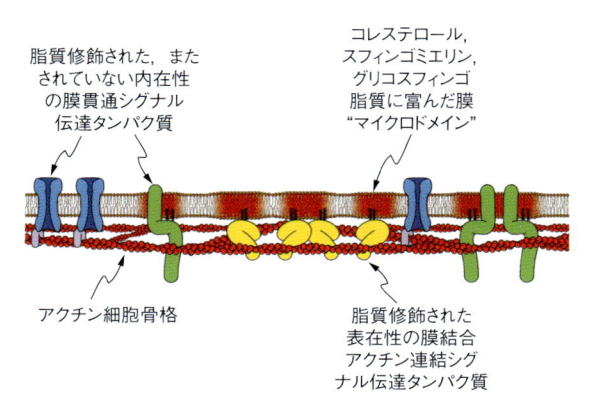

図 40-8. 脂質ラフトの概略図

多くの脂質ラフト（膜の赤陰影部）が模式的に描かれている。脂質やシグナル伝達タンパク質（青，緑，黄色）に富んだ限局したマイクロドメインが示されている。脂質ラフトはアクチン細胞骨格（赤色のヘリックス鎖，図 51-3 参照）との相互作用（直接的，間接的）によって安定化している。（Owen DN, Magenau A, Williamson D, et al: The lipid raft hypothesis revisited—new insights on raft composition and function from super-resolution fluorescence microscopy. Bioessays 2012;34（9）:739-747 より許可を得て掲載）

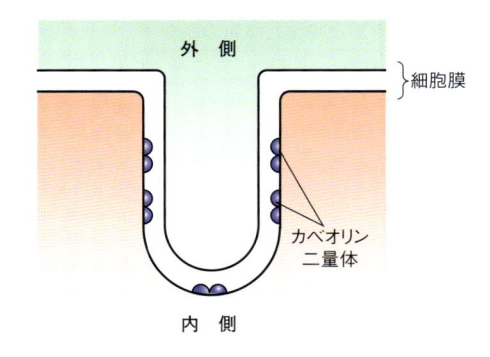

図 40-9. カベオラの概略図

カベオラは細胞膜の陥入である。タンパク質のカベオリンはカベオラの形成に重要な役割を果たし，二量体として存在する。各カベオリン単量体は，3分子のパルミチン酸（図に示されていない）によって細胞膜の内層に結合している。

ゴ脂質，ある種のタンパク質が多い**脂質二重層の外側（外層）**の特殊な領域である（**図40-8**）。これらの構造はシグナル伝達 signal transduction をはじめ，ほかの細胞機能にも関与しているようである。シグナル伝達系の要素がクラスタを形成することは，機能の効率を高めると考えられている。

　カベオラ caveolae は，脂質ラフトに由来するもので，すべてではなくとも多くはタンパク質の**カベオリン-1 caveolin-1** をもっており，ラフトからカベオラを形成するのに関与している。カベオラは，電子顕微鏡で観察すると細胞膜のフラスコ状あるいは管状のサイトゾルに面したくぼみに見え，おそらくエンドサイトーシス（さまざまな細胞外成分を細胞内に取り込む）を行っている（**図40-9**）。カベオラにあるタンパク質には，シグナル伝達系のいろいろな要素（たとえば，インスリン受容体やGタンパク質），葉酸受容体，血管内皮NOシンターゼ（eNOS）などがある。カベオラと脂質ラフトは活発な研究分野であり，それらに関するアイデアやさまざまな生物作用における関与について急速な展開が見られる。

　密着結合 tight junction はまた別の表面膜の構造であり，上皮細胞のアピカル表面下に存在し，細胞間の高分子の拡散を防いでいる。密着結合は，オクルディン occludin，クローディン claudin，および接着分子を含むいろいろなタンパク質からできている。

さらに表面膜には，ほかの特殊な構造として，**デスモソーム desmosome**，**アドヘレンスジャンクション adherens junction** や微絨毛 **microvillus** がある。ここではこれらの化学的性状や機能については述べない。**ギャップ結合 gap junction** については後で述べる。

膜は選択的に細胞の組成や機能を変えることができる

　もし細胞膜の透過性が比較的小さいとすれば，どのようにして物質は細胞の中に入るのだろうか。また，この移行の選択性はどうして生じるのか。これらの疑問に対する解答は，細胞が常に変化する外界環境にどのようにして適応するかを理解するうえで重要である。後生生物は，隣接する細胞間や離れている細胞間の連絡をする手段をもっているはずであり，そのために複雑な反応が協調して営まれているのである。これらの情報は，膜に達し，膜を介して伝達されるか，あるいは膜との相互作用の結果として生じるに違いない。これらの異なる目的を達成するのに用いられるメカニズムを**表40-3**にまとめた。

輸送体やイオンチャネルを介する受動拡散によって多くの低分子物質は膜を通過する

　いろいろな分子は，**単純拡散 simple diffusion** あるいは**促進拡散 facilitated diffusion** により，電気化学的勾配に従って膜を**受動的 passively** に通過することができる。この平衡状態に向かう分子の自発的な移動は，電気化学的勾配に抗して移動するための**エネルギー**を

表 40-3. 膜を介する物質と情報の輸送

小さな分子の膜輸送

拡散（受動，促進）
能動輸送

大きな分子の膜輸送

エンドサイトーシス
エキソサイトーシス

膜の情報伝達

細膜表面受容体
1. 情報変換（例：グルカゴン → cAMP）
2. 情報移入（エンドサイトーシスと共役して，例：LDL受容体）
細胞内受容体への移行（ステロイドホルモン：一種の拡散）

細胞間の接触と連絡

受動（単純）拡散は，ランダムな熱運動による溶質の濃度の高い方から低い方への流れである．
促進拡散は，特有なタンパク質輸送体を介する溶質の濃度の高い方から低い方への受動輸送である．
能動輸送は，高い濃度に向かう溶質の膜輸送であり，エネルギー（たいていはATPの加水分解に由来する）が必要である．特有な輸送体（ポンプ）がはたらく．

この表にある他の用語は本章あるいは他章で説明されている．

必要とする能動輸送 active transport と対照的である．**図 40-10** はこれらの機構を模式的に示したものである．

単純拡散は，ランダムな熱運動による，溶質の濃度の高い方から低い方への流動的な流れである．**促進拡**散は，特有なタンパク質輸送体を介する，溶質の濃度の高い方から低い方への受動輸送である．**能動輸送**は，濃度勾配に逆らう方向性のある溶質の膜輸送であり，エネルギー（たいていはATPの加水分解に由来する）が必要である．これには特有な輸送体（**ポンプ pump**）がはたらく．

本章で前述したように，気体などの溶質は，電気化学的勾配に従って拡散により細胞内に入ることができ，エネルギーはいらない．ある溶質の**単純拡散 simple diffusion** は，3つの要因によって規定される．（1）その物質の熱運動 thermal agitation，（2）濃度勾配 concentration gradient，（3）膜脂質二重層の疎水性領域における溶解度 solubility（透過係数，図 40-6）．溶解度は，膜の外側の水相にある溶質が脂質二重層に入るために壊されなければならない水素結合の数に反比例する．脂質にはよく溶けない電解質は，水と水素結合をつくらないが，静電気結合により水和された水の殻を形成する．その殻の大きさは，電解質の電荷密度 charge density に正比例する．大きな電荷密度をもつ電解質は水和化の大きな殻を有し，したがって拡散速度は小さい．たとえば，Na^+ は K^+ より高い電荷密度をもっている．したがって，水和した Na^+ は水和化した K^+ より大きく，後者はより容易に膜を通過できる．

ある物質の**正味の拡散 net diffusion** は，次の諸要因に依存している．（1）膜を介する濃度勾配 concentra-

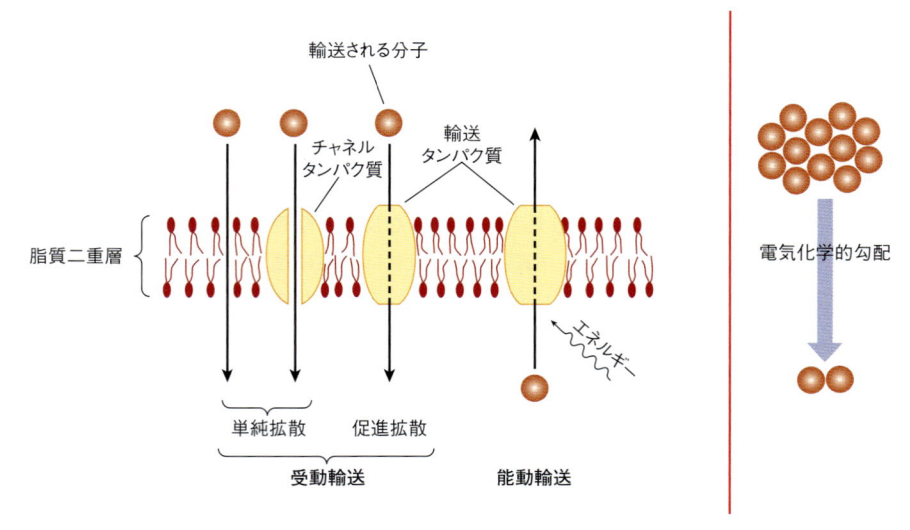

図 40-10. 多くの小さな荷電していない分子は単純拡散によって脂質二重層を自由に通過する
大きな荷電していない分子およびある種の荷電していない小さな分子は，特殊なキャリヤータンパク質（輸送体）あるいはチャネル，小孔を通って輸送される．受動輸送は常に電気化学的勾配（右図）に沿って起こり，平衡に達する．能動輸送は電気化学的勾配に逆らって起こるためエネルギーを必要とするが，受動輸送にはエネルギーはいらない．（Alberts B, Brya D, Lewis J, et al: *Molecular Biology of the Cell.* New York, NY: Garland, 1983 より許可を得て掲載）

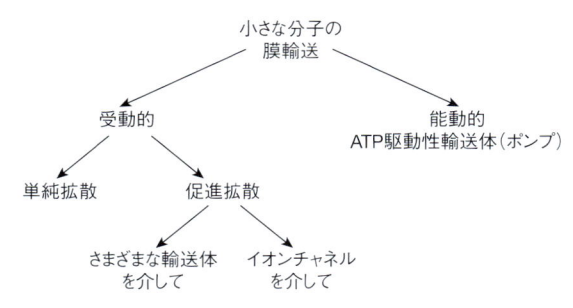

図 40-11. 小さな分子の膜輸送の 2 つのタイプの略図

表 40-4. 輸送体とイオンチャネルの比較

輸送体	イオンチャネル
溶質と結合すると立体構造の変化が生じ，膜を通過して溶質を輸送する	膜に孔を形成する
受動輸送（促進拡散）と能動輸送を行う	受動輸送のみ行う
輸送はイオンチャネルの場合よりかなり遅い	輸送は輸送体の場合よりかなり速い

［注］輸送体はキャリヤー（carrier）またはパーミアーゼ（permease）としても知られている．能動輸送体はしばしばポンプともよばれる．

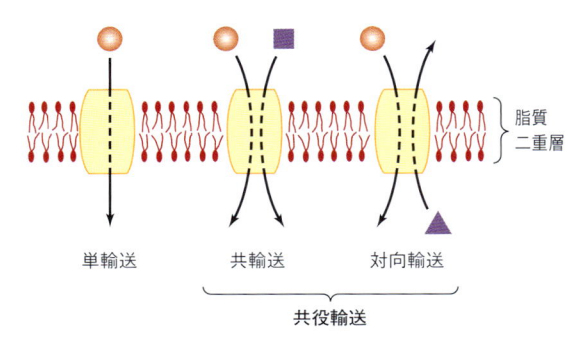

図 40-12. 輸送系のさまざまなタイプの概略図
輸送体は，移動の方向や輸送される分子が 1 つか，それ以上かによって，分類できる．単輸送は，輸送される分子の細胞内外の濃度によって反対方向に移動させることができる．（Alberts B, Brya D, Lewis J, et al: *Molecular Biology of the Cell*. New York, NY: Garland, 1983 より許可を得て複製）

tion gradient：溶液は高い方から低い方に移動する．（2）膜の電気ポテンシャル electrical potential：溶質は反対の電荷を有する溶液の方に向かって移動する．細胞内は通常，負に荷電している．（3）物質の膜に対する透過係数 permeability coefficient．（4）膜の流体力学的圧力勾配 pressure gradient：圧力の増加は，分子と膜間の衝突の速度と力の大きさを増大させる．（5）温度 temperature：温度上昇は粒子運動を促進し，外界粒子と膜との衝突頻度が増える．

　促進拡散にはある種の輸送体あるいはイオンチャネル（**図 40-11**）が関与している．能動輸送は ATP 作動性の輸送体を介して行われる．生体膜にはイオンの流入・流出を行うさまざまな輸送体とイオンチャネルが存在し，イオンが細胞内外を行き来するための道筋をつくっている．**表 40-4** は，輸送体とイオンチャネルの異なるいくつかの重要な点をまとめて示している．

輸送体は促進拡散と能動輸送を行うタンパク質である

　輸送系は，機能の面から移動する分子の数や移動する方向（**図 40-12**）によって，または移動が平衡に近づくか平衡から遠ざかるかによって説明されている．次の**分類**は前者にもとづいている．**単輸送 uniport** 系は 1 種類の分子を両方向に移動させる．**共役輸送 cotrans-**

port では，ある溶質がどのように移動するかは，ほかの溶質が化学量論的に，同時に移動するか，あるいは連続的に移動するかによって決まる．**共輸送 symport** は 2 つの溶質を同一方向に移動させる．例として，細菌の H^+−糖輸送と哺乳類細胞の N^+−糖輸送（グルコースといくつかのほかの糖）と Na^+−アミノ酸輸送体がある．**対向輸送 antiport** 系は 2 分子の物質を互いに逆方向に移動させる（たとえば，Na^+ は中へ，Ca^{2+} は外へ）．

　膜脂質二重層を容易に通過することができない親水性分子は**促進拡散**あるいは**能動輸送**によって膜を通過する．受動輸送は基質の膜内・外の濃度勾配によって行われる．能動輸送は電気的あるいは化学的勾配に逆らって行われるのでエネルギー，通常は ATP が必要である．両輸送系には**特異的なキャリヤータンパク質 specific carrier protein**（特異輸送体）がはたらき，イオン，糖，アミノ酸に**特異性 specificity** を示す．促進拡散と能動輸送は，基質−酵素相互作用に似ている．この両輸送系と酵素反応との類似点は次のとおりである．（1）溶質に対する特異的な結合部位がある．（2）輸送体は飽和され，最大輸送速度（V_{max}，**図 40-13**）をもつ．（3）溶質に対する結合定数（K_m）があり，また全体としての K_m がある（図 40-13）．（4）構造的に似た拮抗的阻害剤は輸送系をブロックする．このように輸送体は酵素と同じように基質を修飾することはない．

　共輸送体 cotransporter は，能動輸送によって生じた基質の勾配を利用して，もう 1 つの基質を移動させる．Na^+−K^+−ATPase によってできた Na^+ 勾配は多くの重要な代謝産物の輸送に利用される．ATPase は**一次輸送 primary transport** の非常に重要な例であり，一方 Na^+ 依存性システムは**二次輸送 secondary trans-**

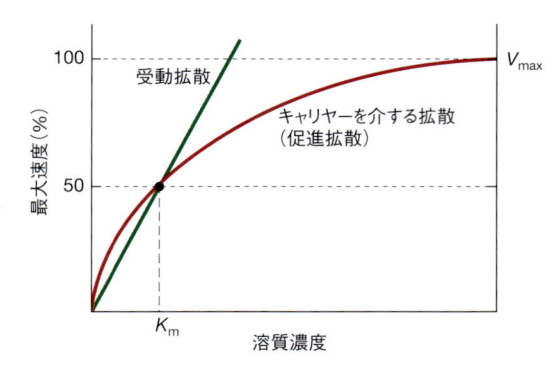

図 40-13. キャリヤーを介する(促進)拡散と受動拡散との比較

受動拡散の速度は溶質濃度に正比例するが，キャリヤーを介する場合は飽和性を示す．最大速度 V_{max} の半分に相当する溶質濃度は，キャリヤーの結合定数(K_m)に一致する．

port の例であり，他のシステムで生じた勾配に依存している．したがって，細胞の Na^+-K^+-ATPase の阻害は，グルコースのような Na^+ 依存性の取り込みを阻害する．

促進拡散はさまざまな特有の輸送体によって行われる

　ある特定の溶質は，その分子の大きさ，電荷，および分配係数から予測されるよりもずっと速く，電気化学的勾配に沿って膜を通過し拡散する．この反応には特異的な輸送体が関与している．この**促進拡散**は単純拡散とは異なる性質を示す．この促進拡散，つまり単輸送 uniport 系の速度には上限があるが，それは特定の溶質の拡散にあずかる部位の数に限りがあるからである．促進拡散系の多くは立体特異性 stereospecific を示すが，単純輸送のように膜の電気化学的勾配によっ

て駆動される．

　"ピンポン" 機構 ping-pong mechanism (**図 40-14**) によって促進拡散は説明できる．このモデルでは，輸送体タンパク質はおもな2つの立体構造をとる．"ピン ping" の状態では輸送体タンパク質は高濃度の溶質に接し，溶質分子は輸送体タンパク質の特定部位に結合する．この結合によって立体構造の変化 conformational change が起こり，輸送体タンパク質は低濃度の溶質に接するようになる("ポン pong の状態)．この反応は完全に可逆的であり，正味の出入りは濃度勾配に依存する．促進拡散による溶質の細胞内への移行速度は，(1) 膜内外の濃度勾配，(2) 輸送体の有効量（これは中心的な調節ステップである），(3) 溶質-輸送体間の親和性，(4) 溶質の有無による輸送体の立体構造の変化の速さによって規定される．

　ホルモン hormone は，輸送体の数を変えることによって促進拡散を調節する．インスリン insulin は複雑なシグナル伝達経路を介して，細胞内予備から**グルコース輸送体 glucose transporter** (**GLUT**)[2] を補充することにより，脂肪や筋肉のグルコース輸送を増加させる．インスリンはまた，肝臓やほかの組織のアミノ酸輸送も亢進させる．グルココルチコイドホルモン glucocorticoid hormone の協調作用の1つは，糖新生の基質となるアミノ酸を肝臓に輸送することである．成長ホルモン growth hormone はすべての細胞へのアミノ酸輸送を活発にし，エストロゲン estrogen は子宮

---

2)　訳者注：グルコース輸送体は10種類程度ある．輸送する糖の種類や制御が異なっている．インスリンによるブドウ糖の取り込みには GLUT4 が関与している (https://www.nature.com/articles/345550a0).

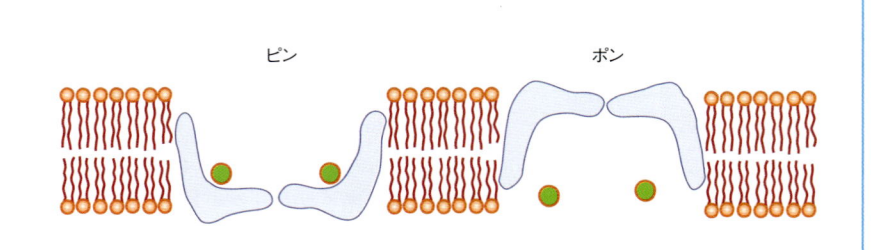

輸送される溶質の濃度勾配

図 40-14. 促進拡散の"ピンポン"機構

脂質二重層にあるキャリヤータンパク質(灰色部分)は，膜の一方の側で高濃度の溶質と結合する．立体構造の変化("ピン"から"ポン"へ)が生じ，溶質は反対側で離れ新しい平衡状態に達する(溶質の濃度勾配を右側に示す)．次いで，空になったキャリヤーはもとの立体構造に戻り("ポン"から"ピン"へ)，サイクルを終える．

で同じようなはたらきをする．動物細胞には，少なくとも5つの異なる輸送体系が存在する．それぞれは相似したアミノ酸群に特異的であり，大部分は Na^+-共輸送系である（図 40-12）．

イオンチャネルは膜貫通タンパク質であり，各種イオンを選択的に入れる

天然膜には膜を貫通するチャネルがあり，選択的**イオンチャネル ion channel** を形成するタンパク質からなる孔のような構造をしている．陽イオン透過性チャネルは，5～8 nm の直径である．チャネル**透過性 permeability** は，チャネルの大きさ，水和化の程度，およびイオン上の電荷密度に依存する． Na^+，K^+，Ca^{2+}，Cl^- に対する特異チャネルはすでに同定されている．Na^+ チャネルの α サブユニットを模式的に**図 40-15** に示す．α サブユニットは4つのドメイン（I～IV）からなり，それぞれは6つの連続した膜貫通 α ヘリックスからできている．各ドメインはさまざまな長さの細胞内・外のループで連結している．アミノ末端とカルボキシ末端は，細胞質にある．Na^+ が通るチャネルの実際の孔は，4つのドメインの相互作用でできており，ドメイン I～IV の4セットの α ヘリックス 5, 6 の相互作用からなる三次構造を形成している．Na^+ チャネルは多くの場合**電位感受性 voltage sensitive** で**開閉**が行われる．チャネルの電位センサーは，ドメイン I～IV の相互作用によってできた4つの α ヘリックス 4 から

形成されている．この 5～8 nm の孔はチャネルの三次構造の中心部となっている．

イオンチャネルは，非常に**選択的**であり，たいていの場合，1種類のイオン（Na^+，Ca^{2+} など）だけを透過させる．K^+ チャネルの**選択フィルター selectivity filter** は，サブユニットのカルボニル基のリングによってできている．カルボニル基はイオンから結合水を取り除き，チャネル通過のための厳格なイオンサイズを制限している．前述した Na^+ チャネルの構造については，これまでさまざまなバリエーションが報告されている．しかし，すべてのイオンチャネルは，基本的にはいくつかの膜貫通サブユニットで構成されており，選択的にイオンを通す中心孔を形成している．

神経細胞 nerve cell の膜は，活動電位をもたらすチャネルをもっており，これらはよく研究されている．これらのチャネルのいくつかは神経伝達物質によって活性が制御されている．

イオンチャネルは一過性に開く**門 gate** である．このゲートは，開放と閉鎖の両者でコントロールされる．**リガンド作動性チャネル ligand-gated channel** においては，特定の分子が受容体に結合してチャネルが開く．**電位作動性チャネル voltage-gated channel** は，膜電位に依存して開閉する．**機械的に作動するチャネル mechanically-gated channel** は機械的刺激（圧と接触）に応答する．イオンチャネルのいくつかの性質を表 40-4 と**表 40-5** に示す．

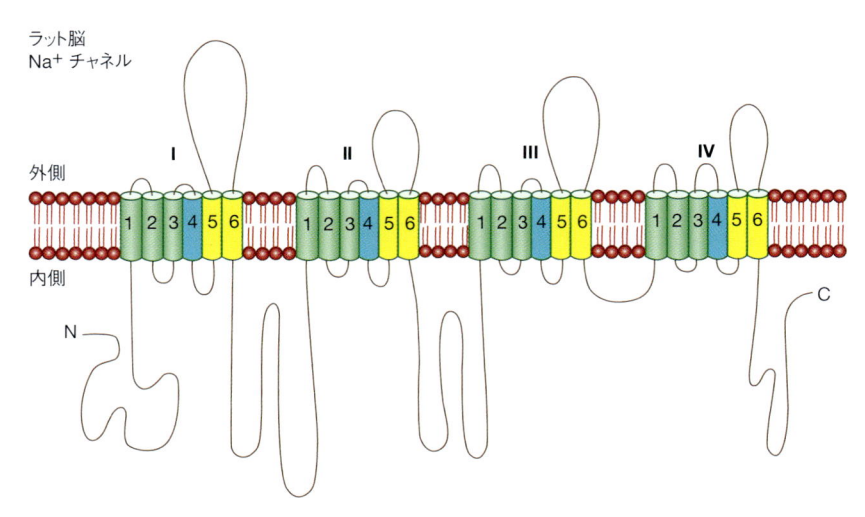

図 40-15. 1つのイオンチャネル（ラット脳の Na^+ チャネル）の構造の概略図
ローマ数字は Na^+ チャネルの α サブユニットからなる4つのドメイン（I～IV）を表す．各ドメインの膜貫通 α ヘリックス領域は番号 1～6 で示す．各ドメインの4つの青色のサブユニットは，α サブユニットの電位感受性部位を示す．イオン（Na^+）が通過する実際の孔は示してないが，ドメイン I～IV の膜貫通 α ヘリックス 5, 6（黄色）が向かい合うことによって孔ができる．チャネルの開閉に際するサブユニットの特異的領域は示されていない．(Catterall WA. Structure and function of voltage-sensitive ion channels. Science. 1988;242(4875):50-61. より許可を得て掲載)

表 40-5. イオンチャネルの諸性質

- ・膜貫通タンパク質のサブユニットからできている
- ・大部分のチャネルは1種類のイオンに選択性を示すが，一部のものは選択性がない
- ・非透過性イオンを拡散限度に近い速度で膜を通過させることができる
- ・毎秒 $10^6 \sim 10^7$ のイオンを通すことができる
- ・チャネルの活性は調節されている
- ・おもなタイプは，電位作動性とリガンド作動性，および機械的に作動するチャネルである
- ・通常は種差にかかわらず保存されている
- ・大部分の細胞は，Na^+，K^+，Ca^{2+}，Cl^- チャネルなど多くのものをもっている
- ・それらのチャネル遺伝子の変異は特有な疾患をきたす
- ・いくつかの薬剤によってチャネル活性が影響される

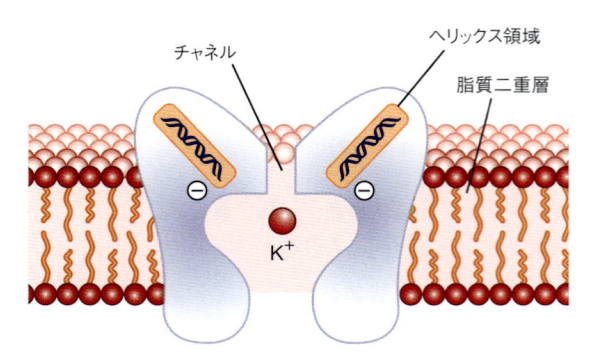

図 40-16. *Streptomyces lividans* の K^+ チャネル（KvAP）の概略図

1つの K^+ が膜内部の大きな水相腔にあり，チャネルタンパク質の2つのヘリックス領域はカルボキシ末端を K^+ に向けている．チャネルはカルボキシ酸素によって裏打ちされている．

K^+ チャネルと電位作動性チャネルの詳細な研究によって，それらの重要な動きが明らかにされた

　イオンチャネルについて少なくとも4つの特徴を明らかにする必要がある．つまり，(1) 全体構造，(2) 速いイオン通過の機構，(3) 選択性，(4) ゲート機構などである．後述するように，これらの難しい問題の解決に大きな展開が見られた．

　K^+ チャネル（KvAP）は4つの同じサブユニットからなる内在タンパク質であり，各サブユニットは2つの膜貫通部分をもつ逆 "V" 様構造をしている（**図 40-16**）．イオン選択性を担うチャネル部分（**選択フィルター selectivity filter**）は 12 Å の長さ（膜の比較的短い長さ，$1Å = 10^{-10}$ m）であり，K^+ は膜内を遠く移動する必要はなく，逆 "V" の広い部分に存在する．図 40-16 に示したように，大きな水で満ちた内腔と2本のヘリックスは，陽イオンが膜を通過する際の比較的大きな静電エネルギー障壁を少なくするのを助けている．選択フィルターはカルボニル酸素原子（TVGYG 配列による）で裏打ちされており，K^+ と相互作用する多くの部位ができる．K^+ は，狭い選択フィルターに入るときに脱水し，フィルターの中にぴったり適合するが，Na^+ は小さすぎてカルボニル酸素原子と適合できないためにフィルターに入ることができない．フィルターの中で2つの K^+ が接近すると互いに反発する．この反発作用によって K^+ と周囲のタンパク質との相互作用が弱められ，選択性の高い迅速な K^+ 輸送が行われる．

　Aeropyrum pernix の電位作動性イオンチャネル（HvAP）の研究によって，電位の感受性および電位作

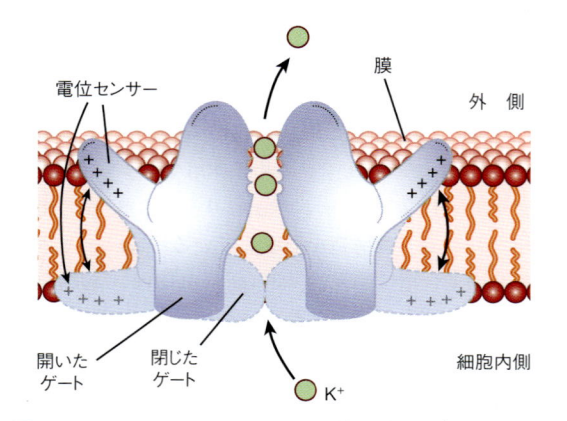

図 40-17. *Aeorpyrum pernix* の電位作動性 K^+ チャネルの概略図

電位センサーは膜内部を電荷パドルのように動いている．4つの電位センサー（ここでは2つだけを示す）は機械的にチャネルのゲートに連結している．各センサーはアルギニン残基による4つの正電荷を有する．

動性のメカニズムについて多くのことが明らかになった．このチャネルは4つのサブユニットからなり，それぞれは6つの膜貫通部分を有する．これら6つの部分の1つ（S4 と S3 の一部）は電位センサーであり，**電荷パドル charged paddle** のようにはたらき（**図 40-17**），4つの正電荷（各サブユニットのアルギニン4個による）を電位変化に応じて一方の膜表面から反対側の膜表面へ移動させながら，膜内部を動くことができる．各チャネルには4つの電位センサーがあり，ゲートに連結している．チャネルのゲート部分は S6 ヘリックス（各サブユニットから1つ）から構成されている．

電位変化に応じてチャネルのこの部分が作動することによって，チャネルが効率よく閉じたり，開いたりするが，開いたときにイオンが流れて膜を通過する．

イオノホアはイオンの膜シャトルとしてはたらく分子である

ある微生物は，膜を介するイオン輸送の運び屋（バリノマイシンの場合はK^+）としてはたらく小さな環状の有機分子すなわち，**バリノマイシン valinomycin** のような**イオノホア ionophore** を産生する．イオノホアは，周囲が疎水性部分で囲まれた親水性の中心部をもっている．特殊なイオンはイオノホア分子の親水性中心部位に結合し，膜を効率よく拡散して目的のイオンを細胞質に配布する．他のイオノホア（ポリペプチド抗菌薬**グラミシジン gramicidin**）は，イオンが通過できるような中空のチャネルをつくる．

ジフテリア毒素 diphtheria toxin のような微生物毒素 microbial toxin や活性化された**血清補体成分 serum complement component** は，膜に大きな孔を開け高分子物質を直接細胞内に入れる．毒素の**α 溶血素 α-hemolysin**（ある種の *Streptococcus* が産生する）は 7 つのサブユニットからなり，β-樽状構造を形成しており，ATP のような代謝産物がここから細胞外に漏出し細胞破壊が起こる．

アクアポリンは膜で水チャネルを構成するタンパク質である

ある種の細胞（赤血球，腎臓の集合管細胞など）では，単純拡散による水の移行は**水チャネル water channel** を介して増強される．このチャネルは四量体の膜貫通タンパク質で**アクアポリン aquaporin** とよばれている．少なくとも 10 種のアクアポリン（AP-1 ～ AP-10）が同定されている．結晶構造解析などの研究によって，このチャネルがどのようにして水を通過させ，イオンやプロトンを通過させないのかが明らかにされた．要するに，イオンの通過には孔が小さすぎるのである．チャネルの 2 つのアスパラギン残基に水の酸素原子が結合するので水が H^+ リレーに関与することはなく，したがってプロトンの流入は起こらない．AP-2 遺伝子の変異が**腎由来の尿崩症 nephrogenic diabetes insipidus** の 1 つのタイプであることがわかっており，尿を濃縮することができない．

能動輸送系はエネルギーを必要とする

能動輸送の過程は，核酸とは異なり分子を濃度勾配に逆向して運ぶためにエネルギーを必要とする．エネルギーは ATP の加水分解，電子の動きや光から得られる．生体系の**電気化学的勾配の維持**は極めて重要であって，細胞の全摂取エネルギーの約 **30%** をそのために費やすといわれている．

表 40-6 に示すように，**ATP で駆動されるおもな 4 つのクラスの能動輸送体（P，F，V，ABC 輸送体）**が知られている．それらの命名法は表の凡例で説明されている．P 型の第一例の Na$^+$-K$^+$-ATPase については後述する．筋肉の Ca^{2+}-ATPase については 51 章で述べる．2 番目のクラスは F 型として知られており，最も重要な例はミトコンドリア ATP 合成酵素 mt ATP synthase であり，13 章で説明した．V 型の能動輸送体は，プロトンをリソソームや他の部分に汲み入れる．ABC 輸送体には，囊胞性線維症の原因と関連する塩素イオンチャネルの **CFTR** タンパク質が含まれる（本章と 49 章で後述）．ほかに重要なものとして多剤耐性-1 タンパク質 multidrug resistance-1 protein（**MDR-1 タンパク質**）がある．この輸送体は抗がん剤を含む多くの薬剤を細胞外に汲み出す．このことは，ほかにも多くのメカニズムが関与しているが，がん細胞の化学療法に対す

表 40-6. ATP 駆動性の主要な能動輸送体

型	その例と細胞内分布
P 型	Ca^{2+}-ATPase（SR）；Na$^+$-K$^+$-ATPase（PM）
F 型	酸化的リン酸の mt ATP 合成酵素
V 型	リソソームやシナプス小胞にプロトンを汲み入れる ATPase
ABC 輸送体	CFTR タンパク質（PM）；MDR-1 タンパク質（PM）

P 型の P はリン酸化 phosphorylation を意味する（これらのタンパク質は自己リン酸化する）．
F 型の F はエネルギー共役因子 energy coupling factor を意味する．
V 型の V は液胞 vacuole を意味する．
ABC 輸送体は ATP 結合カセット ATP-binding cassette 輸送体（すべて 2 つのヌクレオチド結合ドメインと 2 つの膜貫通領域をもつ）のことである．
［略語］SR：筋小胞体，PM：細胞膜，mt：ミトコンドリア，CFTR：1 つの Cl$^-$ 輸送体である囊胞性線維症膜貫通コンダクタンス制御因子で，この変異は，囊胞性線維症の原因となる（本章の後述を参照）．MDR-1 タンパク質（多剤耐性タンパク質 multidrug resistance-1 protein）：多くの化学療法剤をがん細胞から排出するタンパク質であり，がん治療に対する抵抗性の重要な因子である．

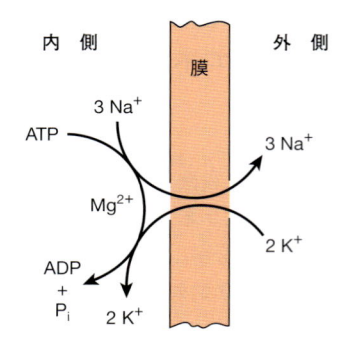

図 40-18. Na⁺-K⁺-ATPase ポンプの化学量論
このポンプは，ATP 1 分子が膜結合 ATPase によって ADP に分解されるにつき，3 Na⁺ を細胞の内から外に出して 2 K⁺ を細胞の外から内に入れる．ウワバインとほかの強心配糖体は，膜の外表面に結合しこのポンプを阻害する．（R Post の許可を得て掲載）

る耐性の獲得のきわめて重要な原因となっている（56 章参照）．

細胞膜の Na⁺-K⁺-ATPase は細胞内の Na⁺，K⁺濃度を調節する重要な酵素である

表 40-1 に示したように，細胞の内側は，Na⁺濃度が低く，K⁺濃度が高く，負の電気ポテンシャルを呈する．このような勾配を維持するポンプは，Na⁺ と K⁺で活性化される ATPase（**Na⁺-K⁺-ATPase**）である．そして，Na⁺-K⁺-ATPase ポンプは 3 分子の Na⁺を汲み出し，2 分子の K⁺を汲み入れる（**図 40-18**）．このポンプは内在性膜タンパク質であって，イオンが通過する膜貫通領域と ATP 分解と輸送が連係する細胞質領域とからなる．細胞膜（PM）の細胞質（内）側に ATP と Na⁺の両方に対する触媒中心があり，膜の細胞外側には K⁺結合部位がある．ATP によりリン酸化されると，タンパク質の立体構造の変化が生じ，細胞膜の内側から外側に向かって 3 分子の Na⁺が運ばれる．2 分子の K⁺が細胞膜の外側面で ATPase に結合すると，脱リン酸が起こり K⁺が細胞内に入る．このようにして，2 分子の K⁺が入るたびに 3 分子の Na⁺が外に出る．この特異的イオン輸送は細胞の内・外で電荷の不均衡をもたらし，細胞内はより負となる（**電気発生 electrogenic** 効果）．**ウワバイン ouabain** あるいはジギタリス digitalis（重要な心臓治療薬）は，Na⁺-K⁺-ATPase の細胞外側領域に結合し，その活性を阻害する．この酵素はかなり多くの細胞エネルギーを消費する．Na⁺-K⁺-ATPase は，グルコースの輸送を行う輸送体のような他のいろいろな輸送体と連結している（後述）．

神経インパルスの伝達はイオンチャネルとポンプが関与する

神経細胞 neuronal cell を包む膜は，膜の内・外で電位差（電気ポテンシャル）の非対称性を維持しており，電位作動性チャネルがあるためにいわゆる**電気的な興奮性**を示す．特定のシナプス膜受容体を介して化学的刺激を受けると（後述の生化学的情報の伝達を参照），膜のチャネルが開き，Na⁺あるいは Ca²⁺が急速に細胞内に流入し（この際に K⁺の流出が起こる場合もあれば起こらない場合もある），その結果，膜の電位差が急速に喪失し，膜のその部分が**脱分極 depolarization** する．しかしながら，イオンポンプのはたらきで電位勾配は急速に回復する．

このようにして，膜の広い範囲が**脱分極**すると，電気化学的な乱れが膜に沿って波状的に伝播され，**神経刺激 nerve impulse** が起こる．Schwann 細胞からできているミエリン鞘 myelin sheath は，神経線維のまわりを包み，**電気的絶縁効果**を発揮する．この絶縁体を欠如した膜部分（ランビエ絞輪 nodes of Ranvier）だけでイオンの流出・流入が起こり，刺激波（信号）の伝播を速くしている．ミエリン膜は脂質含量が高く，優れた絶縁性をもたらしている．ミエリン膜にはタンパク質は比較的少なく，多層の膜脂質二重層がイオンや水を通さない疎水性の絶縁構造をつくっている．ある種の病気，たとえば**多発性硬化症 multiple sclerosis** や**Guillain-Barré 症候群 Guillain-Barré syndrome** は，脱髄と神経伝達障害が特徴的である．

グルコース輸送はいくつかのメカニズムで起こる

グルコース輸送を議論すると，先に述べた多くの点を総括することになる．エネルギー利用の最初のステップとして，グルコースは細胞内に入らねばならない．多くの異なるグルコース輸送体（GLUT）が関与しており，組織によって異なる（表 19-2 参照）．脂肪細胞 adipocyte や筋肉 skeletal muscle では，グルコースはインスリンで調節されている特定の輸送系（GLUT4）を介して入る．輸送量の変化は主として V_{max}（輸送体の数の変化）の変化によるが，K_m の変化も関与する．

小腸でのグルコース輸送は，先述した輸送のいろいろな基本原則の異なる面を示す．グルコースと Na⁺

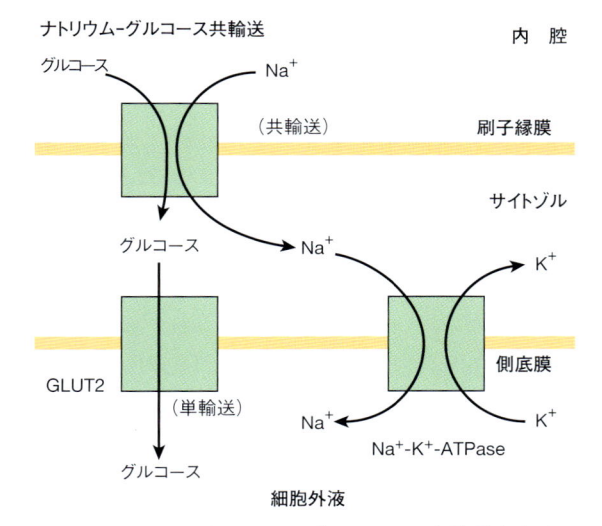

図 40-19. 腸管細胞におけるグルコースの細胞膜を介する移動

グルコースは Na^+ とともに腸管内腔側の粘膜細胞膜を通過する．この共輸送を駆動する Na^+ 勾配は Na^+-K^+-ATPase によって生じるが，この反応は細胞外液に面した側底膜で起こる．細胞内の高濃度のグルコースは，促進拡散によって GLUT2（グルコース輸送体，表 19-2 参照）を介して細胞外液へ"下り坂"を下るように移行する（単輸送）．ナトリウム-グルコース共輸送によって 1 分子のグルコースで 2 つの Na^+ を運ぶ．

は，**刷子縁膜表面 apical surface** にある **Na^+-グルコース共輸送体（SGLT）**[3] の異なる部位に結合する．Na^+ は電気的勾配に従って細胞内に入り，グルコースをいっしょに引き込む（**図 40-19**）．したがって，Na^+ 勾配が大きくなるにつれて，グルコースは多く入るようになり，また，細胞外液の Na^+ 濃度が低いとグルコース輸送は停止する．Na^+ 濃度を急勾配に保つために，Na^+-グルコース共輸送体は，低い細胞内 Na^+ 濃度を維持するようにはたらく Na^+-K^+-ATPase によってつくられる勾配に依存している．同様の機構はほかの糖やアミノ酸を輸送するのに利用されており，腸や腎臓などに見られる極性を示す細胞ではグルコースの輸送にはもう 1 つの要素，つまり単輸送系があり（図 40-19），細胞内に蓄積したグルコースを**側底膜 basolateral membrane** を通して運ぶが，これには**グルコース単輸送体 glucose uniporter**（GLUT2）がはたらく．

3）　訳者注：Na^+-グルコース共輸送体 2（SGLT2）は腎の近位尿細管に存在し，尿に排泄されたブドウ糖の再吸収にはたらいている．SGLT2 阻害剤は再吸収を抑え，血中のブドウ糖値を下げるため，糖尿病の薬として使われている．

　重症な**下痢 diarrhea**（コレラで見られるような）の治療には，上記の情報が役に立つ．**コレラ cholera** では，大量の水分が非常に短い時間に水様便として流出し，そのために重篤な脱水症となり，場合によっては死亡する．**NaCl とグルコースを主成分とした経口水分補給療法**は，世界保健機構（WHO）によって開発された．腸管上皮のグルコース，Na^+ の輸送は，腸管内腔から腸管細胞への（浸透力による）水の移動をもたらし，ふたたび水分を補うことになる．グルコースだけあるいは NaCl だけでは効果がない．

細胞は細胞膜のエンドサイトーシスとエキソサイトーシスによって高分子物質を輸送する

　細胞が大きな分子を取り込むプロセスを**エンドサイトーシス endocytosis** という．これらの分子のいくつかのもの（たとえば，多糖体，タンパク質，ポリヌクレオチド）は，細胞内で加水分解されると**栄養源**となる．エンドサイトーシスはまた，細胞膜成分（たとえば，ホルモン受容体）の量を**調節**する機構でもある．エンドサイトーシスは，細胞がどのように機能するかを知るために利用できる．それは **DNA 導入（トランスフェクション）DNA transfection** という実験方法で，ある細胞由来の DNA を別の細胞に導入することができ，この細胞の機能または表現型を変えることができる．このような実験では特定の遺伝子がよく用いられ，その遺伝子の調節を解析することが可能である．DNA 導入はエンドサイトーシスによる．つまり，エンドサイトーシスを介して DNA が細胞内に入る．この実験には通常リン酸カルシウムを用いるが，それは，Ca^{2+} がエンドサイトーシスを亢進させ，また DNA を沈殿させるため DNA を効率的に導入することができるからである（39 章参照）．細胞はまた，**エキソサイトーシス exocytosis** によって**高分子物質 macromolecule** を細胞外へ出す．エンドサイトーシスとエキソサイトーシスでは，細胞膜から膜小胞を形成する．

エンドサイトーシスは細胞膜を部分的に取り込む

　すべての真核生物は常に細胞膜の一部をリサイクルしている．取り込み時には，細胞膜が陥入して，エンドサイトーシス小胞ができ，少量の細胞外液とその内容物を包み込む．次いで，陥入部位の首（狭くなっている場所）のところで細胞膜が分裂すると膜小胞が離断

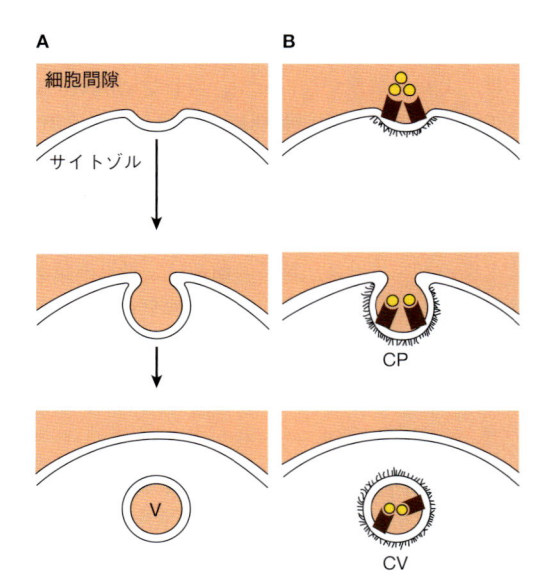

図 40-20. 2 つのタイプのピノサイトーシス

細胞膜の一部に，陥入によってエンドサイトーシス小胞（V）ができる．液相エンドサイトーシス（A）は不規則で方向性がない．吸着性ピノサイトーシス（受容体を介するエンドサイトーシス）（B）は，選択性があり，クラスリン clathrin で包まれた被覆小孔（CP）で起こる．指向性は多くの分子に特異的な受容体（▬）によって示される．この結果，被覆小胞（CV）が形成される．

する（**図 40-20**）．そのようにしてできた脂質二重層すなわち**小胞 vesicle** はほかの膜構造と融合し，その内容物を別の細胞部位に運んだり，また細胞外にも出す．大部分の小胞は**一次リソソーム primary lysosome** と融合して**二次リソソーム secondary lysosome** を形成するが，この中には加水分解酵素が含まれているため，細胞内処理のための特殊な小器官としてはたらく．高分子物質は，そこで消化されてアミノ酸，単糖やヌクレオチドとなり，小胞から出て細胞で（再）利用される．エンドサイトーシスは，(1) エネルギー（通常は ATP の分解による），(2) Ca^{2+}，(3) 細胞内の収縮系を必要とする（51 章参照）．

エンドサイトーシスには 2 つのタイプがある．ファゴサイトーシス（食作用）phagocytosis はマクロファージや顆粒球のような特別な細胞で起こる．ファゴサイトーシスは，ウイルス，細菌，細胞，または細胞の断片のような大きな顆粒を摂取する．マクロファージではとくに活発で，1 時間あたり全容積の 25% も取り込む．そのために 1 つのマクロファージは，毎分全細胞膜の 3%，30 分で全部の細胞膜を取り込んでしまう．

ピノサイトーシス（"細胞の飲み込み"）**pinocytosis** は，すべての細胞がもっている機能であり，液体や液

状物を細胞内に取り込む．また，ピノサイトーシスには 2 つのタイプがある．**液相ピノサイトーシス fluid-phase pinocytosis** は非選択的プロセスで，小胞形成による溶質の取り込みは細胞外液中の濃度に比例する．この小胞形成は非常に活発な反応である．たとえば，線維芽細胞はマクロファージの場合の 3 分の 1 の速さで細胞膜を細胞内に取り込む．この反応は膜がつくられるより速く起こる．1 つの細胞の表面積と体積は大きく変化しないので，膜はエキソサイトーシスで代償されるか，エンドサイトーシスと同じ速さで再循環されなければならない．

もう 1 つのタイプのピノサイトーシス，すなわち**吸着性ピノサイトーシス absorptive pinocytosis** あるいは**受容体を介するエンドサイトーシス receptor-mediated endocytosis** は，細胞膜上に限られた数の結合部位を有する高分子物質の摂取を行う．これらの高親和性の受容体は，溶液から適切なリガンドを選択的に濃縮し，液体や水溶性の結合していない高分子の取り込みを最小限にとどめ，しかも特定の分子が細胞に入る速度を大きくする．吸着性ピノサイトーシスの際にできる小胞は，細胞質側が線維状物質で包まれた陥入部 pit からできており，**被覆小孔（コーテッドピット）coated pit** とよばれる．多くの場合，**クラスリン clathrin** がその線維状物質であって，表在性の膜タンパク質と考えられる．それは**トリスケリオン triskelion** とよばれる三脚状をしており，それぞれの足は 1 本のクラスリンの短鎖と長鎖からできている．クラスリンが重合して小胞になるには 4 つの**アダプタータンパク質 adapter protein** からなる**会合粒子 assembly particle** が必要である．これらのタンパク質は，受容体の特定アミノ酸と相互作用し，取り込みの選択性を調節している．脂質**ホスファチジルイノシトール 4,5-ビスリン酸 phosphatidylinositol 4,5-bisphosphate**（PIP_2，21 章参照）は，小胞の会合に重要な役割を果たしている．さらに，GTP と結合して分解するタンパク質の**ダイナミン dynamin** は，クラスリンで包まれた小胞を細胞表面から引き離すのに必要である．被覆小孔は，ある細胞では表面の 2% をも占める．小胞のほかの性質は 49 章で述べる．

たとえば，**低密度リポタンパク質 low-density lipoprotein**（LDL）とその受容体（25 章参照）は，LDL 受容体を含む被覆小胞を介して細胞内に取り込まれる．LDL を結合した受容体複合体を含む小胞は，細胞内でリソソームと融合する．次いで，受容体は遊離してふたたび細胞膜に戻るが，LDL のアポタンパク質は分解

され，コレステロールエステルは代謝を受ける．LDL 受容体の合成は，ピノサイトーシスの第二，第三の反応，つまり LDL 受容体の分解で生じるコレステロールのような代謝産物によって調節されている．LDL 受容体とその内方陥入の障害は，医学的に重要であり，その詳細は 25 章と 26 章に記載されている．

細胞外の糖タンパク質 extracellular glycoprotein の吸着性ピノサイトーシスでは，糖タンパク質が特異的な糖認識シグナルをもっていることが必要である．これらの認識シグナルは，LDL 受容体の場合と同じように，膜受容体分子に結合する．肝細胞の表面にある**ガラクトシル受容体 galactosyl receptor** は，血流中の**アシアロ糖タンパク質 asialoglycoprotein** の吸着性ピノサイトーシスに関与している(46 章参照)．線維芽細胞において，吸着性ピノサイトーシスで取り込まれた**酸性加水分解酵素 acid hydrolase** は，**マンノース 6-リン酸 mannose 6-phosphate** によって認識される．また，興味深いことに，マンノース 6-リン酸は酸性加水分解酵素のリソソームへの特異的移行においても重要なはたらきをしている．

受容体を介するエンドサイトーシスにも不都合な面がある．というのは，肝炎(肝細胞を侵す)，灰白髄炎(連動性ニューロンを侵す)，HIV (AIDS，T 細胞を侵す)，COVID-19(肺などの細胞を侵す)などの疾患をおかす**ウイルス virus** もやはり，このメカニズムを介して細胞内に入り感染サイクルを開始するからである．**鉄毒性 iron toxicity** もエンドサイトーシスによる過剰な取り込みで始まる．

エキソサイトーシスは高分子物質を細胞外に放出する

大部分の細胞は，エキソサイトーシスによって高分子物質を放出する．小胞体，ゴルジ体で合成された物質が細胞膜と融合する小胞に入ったまま運ばれ，膜の再編成 remodeling に関与する．この“古典的エキソサイトーシス”(後述を参照)のシグナルはホルモンであることも多く，ホルモンが細胞表面の受容体に結合すると，局所的な一過性の Ca^{2+} 濃度変化が生じ，この Ca^{2+} がエキソサイトーシスを引き起こす．**図40-21** にエキソサイトーシスとエンドサイトーシスとの比較を示した．

このエキソサイトーシスによって放出される分子は，少なくとも次の 3 つの消長をたどる．(1) 膜タンパク質であり細胞表面に密着している．(2) 細胞外マトリックス，たとえば，コラーゲンとグリコサミノグリカンの一部となる．(3) 細胞外液に入りほかの細胞に情報を伝える．インスリン，副甲状腺ホルモン，およびカテコールアミンなどは，すべて顆粒内につめられたままでプロセシングを受け，刺激を受けると放出される．

さまざまなシグナルは膜を介して伝達される

神経伝達物質，ホルモン，免疫グロブリンなどの特定の生化学的シグナルは，細胞膜表面に存在する特異的な内在性膜貫通タンパク質受容体と結合して，情報を細胞内に伝達する．このメカニズムは**膜貫通シグナル伝達機構 transmembrane signaling** または**シグナル伝達 signal transduction** とよばれ，環状ヌクレオチド，カルシウム，ホスホイノシチド，ジアシルグリセロールなどを含む多くのセカンドメッセンジャーとなるシグナル分子の生成をともなう(42 章参照)．多くの段階で受容体や下流タンパク質のリン酸化 phosphorylation が関与している．

ギャップ結合は細胞間の分子の直接的な流通を担う

ギャップ結合 gap junction は，隣接する細胞へ低分子(1200 Da 程度まで)を直接に移行させることができる構造である．これは**コネキシン connexin** というタンパク質ファミリーからできており，これらの 12 個か

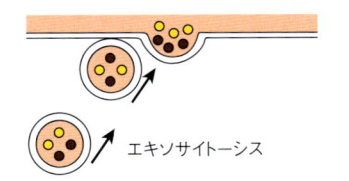　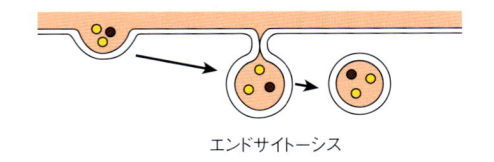

エキソサイトーシス　　　　　　　　　　エンドサイトーシス

図 40-21. エンドサイトーシスとエキソサイトーシスのメカニズムの比較
エキソサイトーシスでは 2 つの内表面(細胞質側)の接触が起こるが，エンドサイトーシスでは 2 つの外表面の接触が起こる．

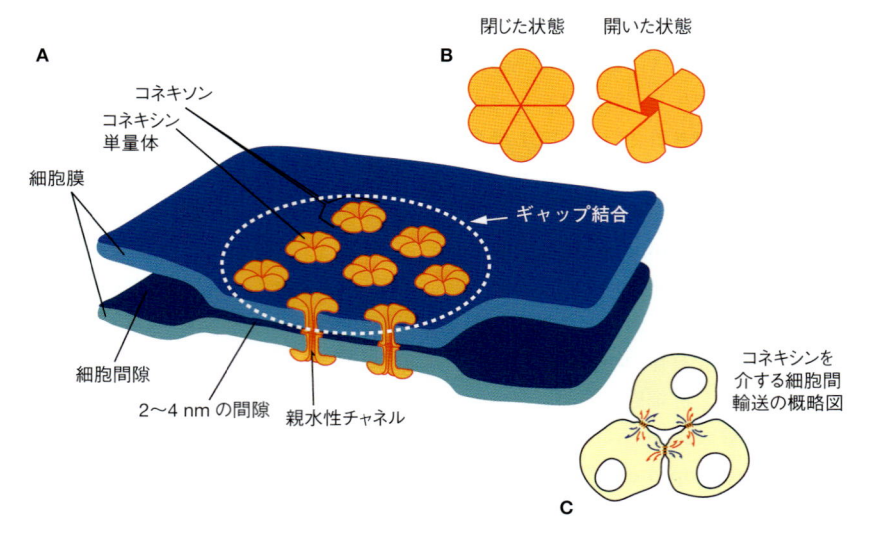

図 40-22. ギャップ結合の概略図
(**A**) コネキシンをもつ細胞間の関係. (**B**) 開いた状態と閉じた状態のコネキシンチャネル. (**C**) 3つの細胞間の分子の流れ (青, 赤矢印). 1つのコネクソンは2つのヘミコネキソンからできている. それぞれのヘミコネキソンは6個のコネキシン分子からできている. 小さな分子はチャネルが開いているとその中央を通って拡散することができ, これは細胞間コミュニケーションの直接的なメカニズムである. コネキシンは互いに2〜4 nm以内の距離を保って細胞を連結している. (http://upload.wikimedia.org/wikipedia/commons/b/b7/Gap_cell_junction-en.svg.)

らなる六角柱状構造を形成している. 6個のコネキシンがコネクソンヘミチャネルをつくり, 隣接細胞の同じような構造に接合して, 膜を貫通する完全な**コネクソン connexon チャネル**を形成する (**図 40-22**). 1つのギャップ結合はいくつかのコネクソンをもっており, 組織によっていろいろなコネキシンが存在する. コネキシンをコードする遺伝子の変異 mutation がさまざまな状態で見つかっており, 心臓血管系の異常, ある種の聾唖, Charcot–Marie–Tooth 病 (脱髄性神経疾患)のX染色体連鎖型などがその例である.

細胞外小胞 (エキソソーム) は, これまで注目されていなかった新しい細胞コミュニケーション機構

過去10年間において, 広く**細胞外小胞 extracellular vesicle** とよばれている小さな分泌される不均質な小胞が同定され, その性質が明らかにされた. 細胞外小胞は, 細胞間コミュニケーションの新しい重要な役割を果たしており, 正常および病的生理学の両方に関与しているらしい. 脂質二重層で包まれた小胞は, 大きさが不均質 (30 〜 2000 nm) で, 少なくとも2つの異なるメカニズムでつくられる (**図 40-23**). **微細小胞 microvesicle** は**供給細胞 source cell** の細胞膜から出芽

によってつくられる. 一方, **エキソソーム exosome** は先述のエンドサイトーシス膜輸送の構成要素である**多胞体 multivesicular body**(**MVB**)からつくられる (図 40-20, 図 40-21). エキソソームは MVB と細胞膜の融合によって分泌される. 細胞外小胞 (エキソソーム, 微細小胞) は, いずれの場合も最終的には**標的細胞 target cell** と融合し, それぞれの "積荷" を配布する. 細胞外小胞は最近になって発見されたために, 残念ながらこれらの小胞の名称や用語, それらの積荷 cargo, 関連する供給細胞や標的細胞などについては, 生物医学系の文献の中でさまざまな記述がされている. さらに, "微細小胞" と "エキソソーム" はまとめてたんに "エキソソーム" とよばれることが多い.

小胞内容は供給細胞によって異なり, また同じ供給細胞でも生育条件が異なると内容物も異なってくる. 小胞の積荷には, さまざまな細胞質や核タンパク質, チャネルや受容体の膜結合タンパク質, 主要組織適合複合体 (MHC), 脂質ラフトタンパク質, DNA, mRNA, 大小 ncRNA[4], また小さなタンパク質や生物活性小分子などが含まれている (図 40-23). 小胞/エキソソームの内容物の広い多様性からすれば, これらの構造が広い範囲にわたって生物学や疾患に関与していることも

---

4) 訳者注 : noncoding RNA の略. タンパク質は直接コードしていないが, さまざまな機能を有している.

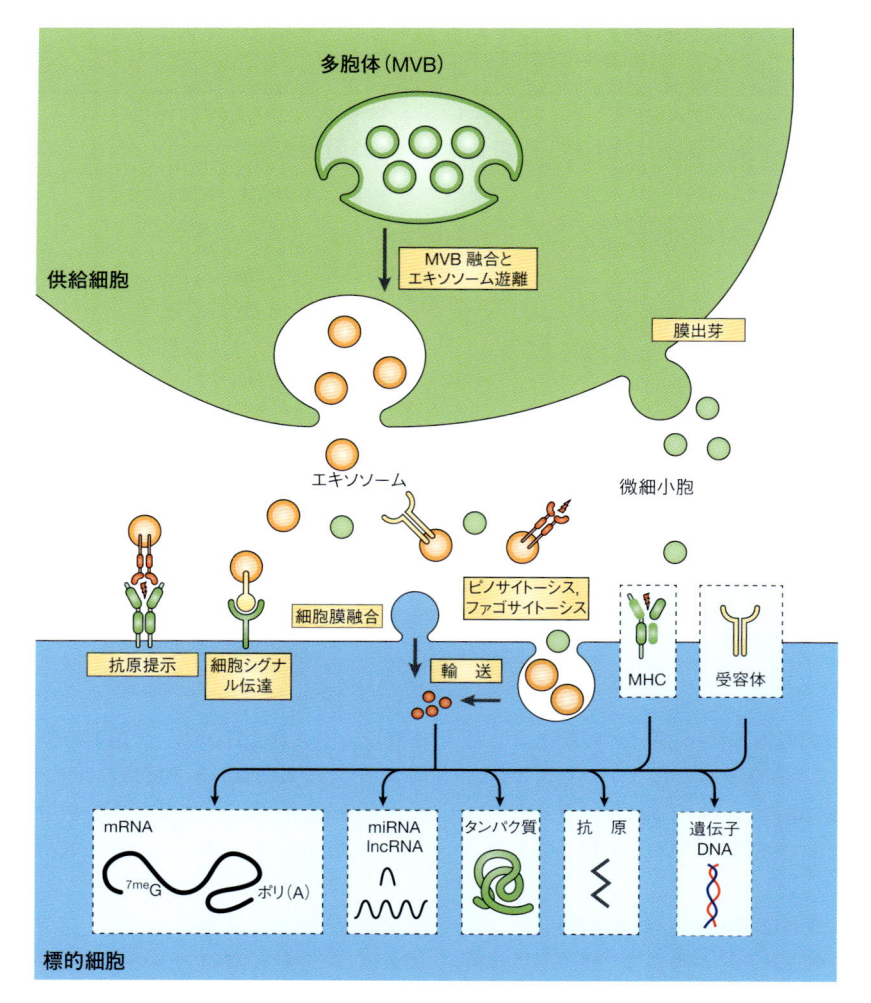

図 40-23. 細胞外小胞を介する細胞間コミュニケーション

供給 source 細胞からの，エンドサイトーシス（エキソソーム）を介するエキソソームの形成と，膜出芽（微細小胞）を介する微細小胞の形成のメカニズムを示す．多胞体（MVB）でつくられる小胞は，細胞膜と融合するとエキソサイトーシスによって放出されるか，あるいは出芽して細胞間隙に出てくる．これらすべてのプロセスにはエキソサイトーシスあるいは出芽（ここには示されていない）のところですでに示したように，タンパク質，脂質，シグナル分子などが関与している．いったん供給細胞から放出されたエキソソームや微細小胞は，**標的 target** 細胞に到達して内容物（標的細胞内の黒矢印）を放出する．また別の小胞は RNA（mRNA，miRNA，lncRNA，36 章参照），DNA，特異的な生物活性タンパク質，脂質，抗原，生物活性小分子などを含んでいる．重要なことは，細胞外小胞は正常あるいは病的状態において標的細胞に対して正と負の両方の効果をもたらすことである．

不思議ではない．さらに，これらの膜タンパク質量と細胞外小胞が特定の受容細胞を標的にしていることを考えると，治療用デリバリー・システムとしてエキソソームの大きな価値が製薬やバイオテクノロジー産業で注目されている．細胞外小胞に関するこの新しいエキサイティングな生物医学研究の領域が有効な治療法を生みだすかどうかは，将来の研究に委ねられる．

膜タンパク質に影響する変異は疾患をもたらす

　膜は多くの小器官に存在し，多くの反応に関与していることを考えると，膜タンパク質の構成成分に影響する変異 mutation は多くの疾患や異常をもたらすことになる．ある種の変異は，膜タンパク質の機能に直接影響を与えるが，多くの変異はタンパク質の間違った折りたたみを生じ，合成部位である小胞体から細胞

表 40-7. 膜異常による疾患または病態[a]

疾　患	異　常
軟骨形成不全性低身長症（OMIM 100800）	線維芽細胞増殖因子受容体 3 の遺伝子変異
家族性高コレステロール血症（OMIM 143890）	LDL 受容体の遺伝子変異
嚢胞性線維症（OMIM 219700）	CFTR タンパク質，Cl⁻ 輸送体の遺伝子変異
先天性 QT 延長症候群（OMIM 192500）	心臓のイオンチャネルの遺伝子変異
Wilson 病（OMIM 277900）	銅依存性 ATPase の遺伝子変異
I-cell 病（アイセル病，ムコリピドーシス II 型）（OMIM 252500）	GlcNAc ホスホトランスフェラーゼの遺伝子変異，いくつかの加水分解酵素のリソソーム標的化シグナルの Man-6-P の欠損
球状赤血球性貧血（OMIM 182900）	赤血球膜の構造タンパク質のスペクトリンの遺伝子変異
がんの転移	膜の糖タンパク質や糖脂質のオリゴ糖鎖の異常が重要とされている
発作性夜間ヘモグロビン尿症（OMIM 311770）	赤血球膜のある種のタンパク質への GPI アンカー（46 章参照）の異常で起こる＊

[a] ここにあげた疾患は他章で詳しく述べられている．この表には 2 つの受容体，1 つの輸送体，いくつかのイオンチャネル（たとえば，先天性 QT 延長症候群），2 つの酵素，1 つの構造タンパク質の例を示している．糖タンパク質のグリコシル化異常の例も示している．これらの大部分は細胞膜の変化によるものである．

＊ 訳者注：GPI アンカータンパク質の異常と疾患の関係を明らかにしたのは大阪大学の木下タロウの貢献が大きい（生化学誌，89(3)，351–358(2017)参照）

膜あるいはほかの細胞内部位/小器官への膜タンパク質の輸送を障害する（49 章参照）．膜タンパク質に起因する疾患の例を**表 40-7** に示す．これらの多くは細胞膜のタンパク質変異であり，リソソーム機能障害の一例（I-cell 病）がある．

膜タンパク質は受容体，輸送体，イオンチャネル，酵素，構築成分に分類される．これらは，多くの場合糖鎖付加（グリコシル化）glycosylated されており，この段階に影響する変異（46 章参照）は機能異常をもたらす．受容体の変異は，膜貫通シグナル伝達機構の異常をもたらし，がんでよく見られる（56 章参照）．多くの遺伝子の疾患や異常は，アミノ酸，糖，脂質，尿酸，陰イオン，陽イオン，水，ビタミンなどの細胞膜を介する輸送に関与する種々のタンパク質の変化による．

ほかの膜結合タンパク質をコードする遺伝子変異も障害をもたらす．たとえば，酸化的リン酸化をつかさどるミトコンドリア膜タンパク質 mitochondrial membrane protein をコードする遺伝子の変異は，神経あるいはほかの障害をもたらす［たとえば，**Leber 遺伝性視神経萎縮症 Leber hereditary optic neuropathy**（**LHON**），遺伝子治療の効果が報告されている］．

膜タンパク質は，変異のほかの条件によって影響される．骨格筋のアセチルコリン受容体に対する自己抗体 autoantibody の生産は，重症筋無力症を引き起こす．虚血 ischemia は膜のさまざまなイオンチャネルの構築を変化させる．細胞膜に局在する薬剤ポンプの P 型糖タンパク質（MDR-1）の過剰発現 overexpression によって，がん細胞の多剤耐性（MDR）が起こる．タンパク質以外の膜成分の異常も障害をもたらす．脂質に関しては，コレステロール（たとえば，家族性高コレステロール血症），リゾリン脂質（たとえば，ホスホリパーゼを有する毒ヘビによる咬傷），スフィンゴ脂質（たとえば，スフィンゴリピドーシス）の過剰蓄積はすべて膜構造と機能を変化させる．

嚢胞性線維症は塩素イオン輸送体CFTRをコードする遺伝子の変異で起こる

嚢胞性線維症 cystic fibrosis（CF）は，北米や北欧のある地方の白人に見られる劣性遺伝性疾患である．嚢胞性線維症の特徴は，気道や洞の慢性細菌感染，膵臓外分泌障害による脂肪消化不良，精管発育不全による男性の不妊，汗の高塩素量（＞ 60 mmol/L）などである．**嚢胞性線維症膜貫通コンダクタンス制御因子 cystic fibrosis transmembrane conductance regulator（CFTR）**と名づけられたタンパク質をコードする遺伝子の変異が，嚢胞性線維症の原因であるとされている．CFTR はサイクリック AMP（cAMP）で調節される Cl⁻ 輸送体である．

まとめ

- 膜とは，脂質，タンパク質および糖質含有分子からなる複雑な動的構造体である．

- すべての膜の基本的な構造は脂質二重層である．この二重層は，リン脂質の2層から構成されており，その中で親水性極性基が互いに離れ合い，膜の内・外表面の水相部分に向いている．脂質分子の疎水性非極性部分は，膜の中心部の方向に向き合っている．

- 膜は非常に動的な構造である．脂質とある種のタンパク質は速い側方拡散をする．脂質のフリップ-フロップは非常に遅く，またタンパク質ではみられない．

- 流動モザイクモデルは膜構造や機能を考えるうえで有用な基本となっている．

- 膜タンパク質は，脂質二重層の中に堅く埋められているものは内在性タンパク質として，また膜の内・外表面に結合しているものは，表在性タンパク質として分類されている．

- 1つの哺乳類細胞にある20種類ほどの膜は，それぞれ異なる組成と機能をもっており，特定の機能を有する重要な区画あるいは特定環境を区別している．

- ある疎水性物質は膜を通って自由に移動することができるが，その他の物質は，分子の大きさや電荷によって，移動が規制される．

- いろいろな受動輸送と能動輸送（通常，ATP依存性）の機構が，膜内・外の多くの異なる物質の濃度勾配を保っている．

- グルコースのような物質は，特有なキャリヤータンパク質（輸送体）を使用して高濃度から低濃度への勾配に沿って促進拡散によって細胞内に入る．

- おもなATPで駆動されるポンプとしてP（リン酸化された），F（エネルギー因子），V（液胞）およびABC輸送体がある．

- リガンド作動性あるいは電位作動性チャネルは，荷電分子（Na$^+$，K$^+$，Ca^{2+}など）が電気化学的勾配の低い方に向かって膜を通過する際にはたらく．

- 大きな分子は，エンドサイトーシスまたはエキソサイトーシスのような機構により細胞に入ったり，細胞から出たりする．これらの過程は，その分子が受容体に結合することが必要であり，そのためにこの反応の特異性が生じる．

- エキソソームとよばれる細胞外小胞もまた，小胞を介して高分子物質の直接的な移動をもたらす．エキソソームの積み荷として，特異的脂質，タンパク質（受容体，チャネル，シグナル伝達タンパク質），DNA，各種RNA，生物活性小分子などが含まれる．

- 膜タンパク質の構造に影響する変異はさまざまな疾病をもたらす．

文　献

Ammendolia DA, Bement WM, Brumell JH: Plasma membrane integrity: implications for health and disease. BMC Biol 2021;19:7. doi.org/10.1186/s12915-021-00972-y.

Boulanger CM, Loyer X, Rautou PE, Amabile N: Extracellular vesicles in coronary artery disease. Nat Rev Cardiol 2017;14(5):259-272.

Busija AR, Patel HH, Insel PA: Caveolins and cavins in the trafficking, maturation, and degradation of caveolae: implications for cell physiology. Am Physiol Cell Physiol 2017;312:C459-C477.

Caprioli RM: Imaging Mass Spectrometry: A Perspective. J Biomol Tech 2019;30:7-11.

Dingian T, Futerman AH: The fine-tuning of cell membrane lipid bilayers accentuates their compositional complexity. Bioessays 2021;43:e2100021.

Doherty GJ, McMahon HT: Mechanisms of endocytosis. Annu Rev Biochem 2009;78:857-902.

Fujimoto T, Parmryd I: Interleaflet coupling, pinning, and leaflet asymmetry-major players in plasma membrane nanodomain formation. Front Cell Dev Biol 2017;4:155.

Harkewicz R, Dennis EA: Applications of mass spectrometry to lipids and membranes. Ann Rev Biochem 2011;80:301-325.

Jeppesen DK, Fenix AM, Franklin JL, et al.: Reassessment of exosome composition. Cell 2019;177:428-445.

Kefauver JM, Ward AB, Patapoutian A: Discoveries in structure and physiology of mechanically activated ion channels. Nature 2020;587:567-576.

Longo N: Inherited defects of membrane transport. In *Harrison's Principles of Internal Medicine*, 17th ed. Fauci AS, et al (editors). McGraw-Hill, 2008.

Mittelbrunn M, Sánchez-Madrid F: Intercellular communication: diverse structures for exchange of genetic information. Nat Rev Mol Cell Biol 2012;13:328-335.

Nakagawa T: Structures of the AMPA receptor in complex with its auxiliary subunit cornichon. Science 2019;366:1259-1263.

Nicolson GL: The Fluid-Mosaic Model of Membrane Structure: still relevant to understanding the structure, function and dynamics of biological membranes after more than 40 years. Biochim Biophys Acta 2014;1838:1451-1466.

Raposo G, Stoorvogel W: Extracellular vesicles: exosomes, microvesicles, and friends. J Cell Biol 2013;200:373-383.

Regen SL: The origin of lipid rafts. Biochemistry 2020;59:4617-4621.

Singer SJ: Some early history of membrane molecular biology. Annu Rev Physiol 2004;66:1-27.

Spielberg DR, Clancy JP: Cystic fibrosis and its management through established and emerging therapies. Annu Rev Genomics Hum Genet 2016;17:155-175.

Stone MB, Shelby SA, Veatch SL: Super-resolution microscopy: shedding light on the cellular plasma membrane. Chem Rev 2017;17(11):7457-7477.

Vance DE, Vance J (editors): *Biochemistry of Lipids, Lipoproteins and Membranes*, 5th ed. Elsevier, 2008.

Voelker DR: Genetic and biochemical analysis of non-vesicular lipid traffic. Annu Rev Biochem 2009;78:827-856.

Züllig T, Köfeler HC: High resolution mass spectrometry in lipidomics. Mass Spectrom Rev 2021;40:162-176.

内分泌システムの多様性

The Diversity of the Endocrine System

学習目標
本章習得のポイント

- 内分泌系ホルモンの基本的な作用原理を説明できる.
- 内分泌系ホルモンの幅広い多様性とメカニズムを理解する.
- ホルモンの産生,輸送,貯蔵の複雑なステップを認識する.

ACTH	副腎皮質刺激ホルモン	IGF-I	インスリン様成長因子 I
ANF	心房性ナトリウム利尿因子	LH	黄体形成ホルモン
cAMP	サイクリック AMP	LPH	リポトロピン
	(サイクリックアデノシン一リン酸)	MIT	モノヨードチロシン
CBG	コルチコステロイド結合グロブリン	MSH	メラニン細胞刺激ホルモン
CG	絨毛性ゴナドトロピン	OHSD	ヒドロキシステロイドデヒドロゲナーゼ
cGMP	サイクリック GMP	PNMT	フェニルエタノールアミン–N–メチルトラ
	(サイクリックグアノシン一リン酸)		ンスフェラーゼ
CLIP	コルチコトロピン様中葉ペプチド	POMC	プロオピオメラノコルチン
DBH	ドーパミン β–ヒドロキシラーゼ	PRL	プロラクチン
	(ドーパミン β–モノオキシゲナーゼ)	SHBG	性ホルモン結合グロブリン
DHEA	デヒドロエピアンドロステロン	StAR	ステロイド産性急性調節タンパク質
DHT	ジヒドロテストステロン	TBG	チロキシン結合グロブリン
DIT	ジヨードチロシン	TEBG	テストステロン-エストロゲン結合グロブリン
DOC	デオキシコルチコステロン	TRH	甲状腺刺激ホルモン(サイロトロピン)放出
EGF	上皮増殖因子		ホルモン
FSH	卵胞刺激ホルモン	TSH	甲状腺刺激ホルモン
GH	成長ホルモン		

生物医学的重要性

　多細胞生物が生存するためには,常に変化する環境に適応する能力が不可欠である.この適応能力には,細胞間の情報伝達の仕組みが必要である.神経系と内分泌系は,生物体全体での細胞間の情報伝達を担う役割がある.神経系は基本的に固定された情報伝達システムであるのに対して,内分泌系は固定されていない動くメッセージであるホルモンを情報伝達システムとして用いる.しかし実際には,2つの制御システムには驚くような密接な関係性が認められる.たとえば,神経系は内分泌系を制御することによって,いくつかの

ホルモンの産生や分泌に重要なはたらきを示す.また,多くの神経伝達物質は,生合成や輸送,作用メカニズムなどの点でホルモンに似ている.そして多くのホルモンが神経系で産生される."ホルモン"という単語は,活動を起こすという意味のギリシャ語に由来する.古典的な定義では,ホルモンとはある臓器で産生され,循環器系によって他の組織に輸送される物質のことである.しかし,この古典的な定義はいまではあまりに限定的である.現在では循環器系に分泌されるだけではなく,ホルモンは近くの細胞にも作用するし(パラクリン作用:傍分泌作用),ホルモンを産生する細胞自身にも作用する(オートクリン作用:自己分泌作用).ホルモンの種類は極めて多いが,それぞれが異なる作用,生

合成，貯蔵，分泌，輸送，代謝を示し，生体の恒常性を維持するために進化してきた．このホルモンの生化学的な多様性が本章のテーマである．

標的細胞の概念

　ヒトには 200 種類以上の異なる細胞がある．そのうちホルモンを産生する細胞は少数であるが，ヒトの 75 兆個の細胞のほとんどすべてが 1 つあるいは複数のホルモン（ホルモンは全部で 50 種類以上ある）の標的である．標的細胞という概念は，ホルモンの作用を見ていくうえで非常に有用である．ホルモンは 1 種類（あるいは数種類）の細胞に作用して特徴的な生化学的・生理学的な作用を示すと考えられてきた．しかしいまや，ある 1 つのホルモンがいくつかの異なる種類の細胞に作用することや，複数のホルモンが 1 種類の細胞に作用すること，またホルモンが 1 種類の細胞や異なる種類の細胞において多くの異なる効果を示すことがわかっている．細胞表面や細胞内の特異的な受容体の発見によって，標的細胞の定義は，ホルモン（リガンド）が結合する受容体を発現するあらゆる細胞を含むものに拡張されてきた．この定義は，細胞での生化学的・生理学的な反応の有無が明らかでない場合も含んでいる．

　いくつかの因子がホルモンに対する標的細胞の反応

表 41-1. 標的細胞でのホルモン濃度に影響を与える因子

・ホルモンの合成と分泌の速度．

・標的細胞とホルモン産生場所との距離（希釈効果）．

・ホルモンと（もしあれば）それに特異的な血漿中のタンパク質との親和性（解離定数 K_d）．

・不活性型あるいは十分に活性がない状態にあるホルモンの完全活性型への転換．

・ほかの組織によって行われる分解，代謝，排泄による血漿中からのホルモンのクリアランス速度．

表 41-2. 標的細胞の応答性に影響を与える因子

・細胞膜，細胞質内または核内に存在する特異的受容体の数，相対的な活性，結合状態．

・標的細胞におけるホルモンの代謝（活性化または不活性化）．

・ホルモンの応答に必要な細胞内のほかの要因の存在．

・リガンドの結合によって起こる受容体活性の増加（アップレギュレーション）または減少（ダウンレギュレーション）の制御．

・受容体反応後の細胞の脱感作状態（受容体発現の減少も含む）．

性を決定する．これらの因子は一般的に次の 2 つである．それは，（1）標的細胞でのホルモン濃度に影響を与える因子（**表 41-1**）と，（2）標的細胞でホルモンによる反応に影響を与える因子（**表 41-2**）の 2 つである．

ホルモン受容体が最も重要である

受容体は正確にホルモンを識別する

　ホルモンを中心としたシグナル伝達の仕組みがうまく機能するために直面する大きな問題について**図 41-1**に示す．ホルモンは細胞外液に極めて低い濃度で存在し，それは多くの場合フェムトモル（fmol）あるいはナノモル（nmol）レベルである（$10^{-15} \sim 10^{-9}$ mol/L）．これは多くの構造的に似通った分子（ステロール（別名，ステロイドアルコール），アミノ酸，ペプチド，タンパク質）や他の分子が，循環中にマイクロモル（μmol）からミリモル（mmol）レベル（$10^{-6} \sim 10^{-3}$ mol/L）であるのに比べて，かなり低い濃度である．そのため標的細胞は，微量に存在する異なるホルモンの違いを識別するだけでなく，結合するホルモンと $10^6 \sim 10^9$ 倍過剰に存在するほかの似通った分子の違いも識別する必要がある．この高度な識別能力は，受容体とよばれる認識分子によってなされる．ホルモンは，そのホルモンに特異的な受容体に結合することで，生物学的作用を発揮していく．そしてあらゆる効果的な制御システムは反応をストップさせる方法を備えている

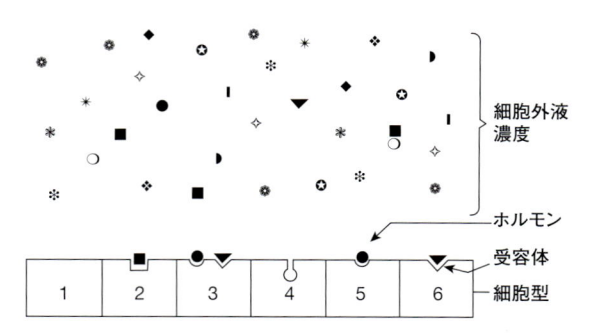

図 41-1. ホルモン受容体の特異性および選択性
細胞外液中には多くの異なる分子が循環しているが，そのうちのごく少数の分子だけがホルモン受容体に認識される．受容体は，これらのホルモンを，ほかのさらに高濃度の分子から選り分けなければならない．この模式図には，ホルモン受容体をもたない細胞（細胞型 1），それぞれ異なる受容体を 1 つもつ細胞（細胞型 2，5，6），複数のホルモンに対する受容体をもつ細胞（細胞型 3），および受容体はあるが対応するホルモンが近傍には存在しない状態の細胞（細胞型 4）を表している．

ことが必要だが，ホルモンによって誘導される作用は，一般に（必ず，ではない）ホルモンが受容体から解離したときにストップする（図38-1：A型の反応参照）.

あるホルモンの標的細胞とは，そのホルモンが選択的に結合する受容体を発現している細胞と定義される．このホルモンと受容体との結合の生化学的な特徴は，ホルモン-受容体の結合が生理学的な意味をもつために重要である．その特徴は，（1）結合は特異的であり，アゴニストやアンタゴニストによって置き換えられること，（2）ホルモン濃度が高いと結合は飽和状態になること，（3）結合は生物反応を起こすと予想される濃度範囲内で起こることである．

リガンド認識およびシグナル伝達に関する領域はともに受容体上にある

すべての受容体は少なくとも2つの機能領域を有する．リガンド認識領域はホルモン性リガンドを結合し，第二の領域がホルモン認識と細胞内機能とをカップリングするシグナルを生み出す．このカップリング（シグナル伝達）は2通りの方法で行われる．まず，ペプチドホルモンやタンパク質性のホルモン，そしてカテコールアミンは細胞膜に存在する受容体に結合する．そしてしばしば酵素活性を変化させることで，さまざまな細胞内機能を制御するシグナルを生み出す．これとは対照的に，脂質性のステロイドやレチノイド，および甲状腺ホルモンは細胞内に局在する受容体に結合する．このリガンド-受容体の複合体は核内に移行し，直接遺伝子にシグナルを伝えることで，ホルモンに特異的な遺伝子の転写活性に影響を与える．

ホルモン認識およびシグナル生成に関与するドメイン（領域）は，ペプチドホルモンやタンパク質性のホルモン，そしてカテコールアミンの受容体では明らかになっている．また，多くのDNA結合性転写因子と同じように，ステロイドやレチノイド，および甲状腺ホルモンの受容体にはいくつかの機能ドメインがある．それは，① ホルモン結合領域，② ある決まったDNA配列に結合するための領域，③ さまざまな補助制御タンパクと相互作用して遺伝子転写を活性化（あるいは抑制）するための領域，そして ④ 受容体の細胞内輸送を司るタンパク質群を選択して結合すると想定される領域である（図38-19参照）.

リガンド認識およびシグナル伝達の二重機能こそが受容体の本質であり，ホルモン結合とシグナル伝達の共役（いわゆる受容体-エフェクター共役 receptor-effector coupling）が，ホルモンによる応答を増幅する

最初のステップとなる．この二重機能が，標的細胞の受容体と血漿中の輸送タンパク質（こちらはホルモンに結合するが，シグナルを生み出さない）とを区別することになる（表41-6参照）.

受容体はタンパク質からできている

ペプチドホルモン受容体はいくつかのクラスに分類される．たとえば，インスリン受容体は2つの異なるタンパク質サブユニットが，それぞれ2コピーずつで構成されるヘテロテトラマー（ヘテロ四量体，$\alpha_2\beta_2$）である．これらのサブユニットは複数のジスルフィド結合によって結合され，インスリンを結合する細胞外ドメインの α サブユニットと，細胞内ドメインのチロシンキナーゼによってシグナルを伝達する膜貫通の β サブユニットからなる．**インスリン様増殖因子 insulin-like growth factor I（IGF-I）と上皮増殖因子 epidermal growth factor（EGF）**の受容体は，構造的にインスリン受容体によく似ている．**成長ホルモン growth hormone（GH）とプロラクチン prolactin（PRL）**の受容体も標的細胞の細胞膜を貫通するが，受容体はキナーゼ活性を示さない．しかしリガンドがこれらの受容体に結合すると，まったく異なるプロテインキナーゼのシグナル伝達経路（JAK-STAT経路）によってキナーゼ活性を示す．ペプチドホルモンとカテコールアミンの受容体は，7回の膜貫通領域をもつ受容体で，グアニンヌクレオチド結合タンパク質である **G タンパク質 G-protein** を介して **cAMP** の産生量を変化させて，ホルモンのシグナルを伝達する．プロテインキナーゼの活性化と，cAMP（サイクリック AMP，$3',5'$-アデニル酸，図18-5参照）の産生は，このクラスの受容体がシグナルを伝達する下流部分になる．

異なるステロイドホルモン受容体と甲状腺ホルモン受容体の比較から，DNA結合ドメインなど，いくつかの領域が非常によく保存されていることが明らかになった．この結果は，ステロイドホルモンや甲状腺ホルモンの受容体のタイプは，核内受容体という大きなスーパーファミリーのメンバーであるということを示している．このメンバーに属する受容体の多くは，結合するリガンドが不明であるため，オーファン（孤児）受容体とよばれている．核内受容体スーパーファミリーはホルモンによる遺伝子転写の制御に最も重要な役割を果たしている（42章で詳述する）.

表 41-3. 作用メカニズムにもとづいたホルモンの分類

I. 細胞内の受容体に結合するホルモン

アンドロゲン
カルシトリオール $(1,25(OH)_2\text{-}D_3)$
エストロゲン
グルココルチコイド
ミネラルコルチコイド
プロゲスチン
レチノイン酸
甲状腺ホルモン $(T_3,\ T_4)$

II. 細胞表面の受容体に結合するホルモン

A. cAMP がセカンドメッセンジャー

α_2-アドレナリン性カテコールアミン
β-アドレナリン性カテコールアミン
副腎皮質刺激ホルモン(ACTH)
抗利尿ホルモン(バソプレッシン)
カルシトニン
ヒト絨毛性ゴナドトロピン(CG)
コルチコトロピン放出ホルモン
卵胞刺激ホルモン(FSH)
グルカゴン
リポトロピン(LPH)
黄体形成ホルモン(LH)
メラニン細胞刺激ホルモン(MSH)
副甲状腺ホルモン(PTH)
ソマトスタチン
甲状腺刺激ホルモン(TSH)

B. cGMP がセカンドメッセンジャー

心房性ナトリウム利尿因子
一酸化窒素(NO)

C. カルシウムまたはホスファチジルイノシトール(または両方)がセカンドメッセンジャー

アセチルコリン(ムスカリン性)
α_1-アドレナリン性カテコールアミン
アンギオテンシンII
抗利尿ホルモン(バソプレッシン)
コレシストキニン
ガストリン
ゴナドトロピン放出ホルモン
オキシトシン
血小板由来増殖因子(PDGF)
サブスタンスP
甲状腺刺激ホルモン放出ホルモン(TRH)

D. キナーゼまたはホスファターゼがセカンドメッセンジャー

アディポネクチン
絨毛性ソマトマンモトロピン
上皮増殖因子
エリスロポエチン
線維芽細胞増殖因子(FGF)
成長ホルモン(GH)
インスリン
インスリン様増殖因子
レプチン
神経成長因子(NGF)
血小板由来増殖因子
プロラクチン

表 41-4. ホルモンの一般的特性

	グループI	グループII
分子の種類	ステロイド, ヨードチロニン, カルシトリオール, レチノイド	ポリペプチド, タンパク質, 糖タンパク質, カテコールアミン
溶解性	疎水性	親水性
輸送タンパク質	あり	なし
血中半減期	長い(数時間～数日)	短い(数分)
受容体	細胞内	細胞膜
メディエーター	受容体-ホルモン複合体	cAMP, cGMP, Ca^{2+}, ホスホイノシトール代謝産物, キナーゼカスケード

ホルモンはいくつかの基準によって分類できる

　ホルモンは,化学組成,溶解性,受容体のある部位,細胞内でのホルモン作用の伝達様式などによって分類される.このなかで最後の2つにもとづいた分類方法を**表 41-3** に,また**表 41-4** にそれぞれのグループの一般的な特徴を示す.

　第一のグループ(グループI)のホルモンは親油性であり,水溶性は低い.これらのホルモンは分泌されたあとに血漿中の輸送・運搬タンパク質と結合することで,水溶性が低いという問題点を克服し,それとともに血漿中の半減期が延びる.輸送・運搬タンパク質に結合しているホルモンと,結合していないホルモンの相対的な割合は,輸送・運搬タンパク質の量,ホルモンの結合の強さ,輸送・運搬タンパク質の結合能(ホルモンをどれだけ結合できるのか)によって決まる.結合していない遊離のホルモンが生物学的に活性型であり,細胞の脂質性細胞膜を速やかに通過し,標的細胞の細胞質や核に存在する受容体と結合する.このグループでは,リガンド-受容体の複合体が,細胞内メッセンジャーである.

　第二の大きなグループ(グループII)は,標的細胞の細胞膜を貫通する(ホルモンに特異的な)受容体に結合する水溶性のホルモンから構成されている.細胞表面の受容体に結合した水溶性のホルモンは,リガンド-受容体の結合の結果として産生される**セカンドメッセンジャー second messenger**(ホルモンそのものがファーストメッセンジャー)とよばれる中間分子を介して細

胞内の代謝経路に反応を起こす．セカンドメッセンジャーの概念は，アドレナリン（エピネフリン）★が，ある細胞の細胞膜に結合して細胞内の cAMP 濃度を上昇させるという観察結果から打ち立てられた．そして，この観察結果のあとの数多くの実験によって，cAMP がエピネフリンだけでなく，他の多くのホルモンの効果も介在していることが明らかになった．このシグナル伝達機構を用いるホルモンを，表41-3 のグループ II.A にまとめた．一方で，ANP はセカンドメッセンジャーとして cGMP を用いる（グループ II.B）．以前は cAMP をセカンドメッセンジャーとして用いると考えられていたいくつかのホルモンは，現在ではカルシウムイオンや，複雑なホスファチジルイノシトール phosphatidylinositol（ホスホイノシチド phosphoinositide）を細胞内のセカンドメッセンジャーとして用いる（両方を用いるものもある）ことが明らかになっている（グループ II.C）．またグループ II.D の細胞内メッセンジャーはタンパク質リン酸化酵素（キナーゼ）-脱リン酸化酵素（ホスファターゼ）のカスケード（段階的に増幅が起こる一連の化学反応）であり，1 つのホルモンが複数のキナーゼカスケードをシグナル伝達に用いることがわかっている．いくつかのホルモンは複数のグループに属しており，新しい事実が発見されるとともに，その分類は変更されている．

内分泌系の多様性

ホルモンは細胞によってさまざまな方法で産生される

　ホルモンは特殊な目的のために発生してきた別々の臓器で産生される．たとえば，甲状腺の甲状腺ホルモン（トリヨードチロニン），副腎皮質のグルココルチコイドとミネラルコルチコイド，下垂体の TSH，FSH，LH，GH，PRL（プロラクチン），ACTH などである．いくつかの臓器は，関連した 2 つの異なる機能を行うように発生してきた．その例として，卵巣は成熟した卵細胞を生み出すとともに，生殖ホルモンであるエストラジオールとプロゲステロンを産生する．精巣は成熟した精子を生み出すとともに，男性ホルモンのテストステロンを産生する．またホルモンは臓器内の特殊な細胞で産生される．それは小腸のグルカゴン様ペプチドや，甲状腺のカルシトニン，腎臓のアンギオテンシン II などである．さらにいくつかのホルモンの産生は，複数の臓器における実質細胞の関与が必要である．たとえば皮膚，肝臓，腎臓の 3 つの臓器はビタミン D（カ

★ 日本人研究者によって発見されたホルモン

　日本人研究者はこれまでに数多くのホルモンを発見して，内分泌学分野の発展に大きく貢献してきた．世界で最初に発見されたホルモンは，高峰譲吉が 1901（明治 34）年に発見した“アドレナリン（エピネフリン）”である．120 年以上前の時代に日本人研究者が米国において発見したことは驚きである．

　近年では，ナトリウム利尿ペプチド（松尾，寒川ら），エンドセリン（柳沢ら），オレキシン（櫻井，柳沢ら），グレリン（児島，寒川ら）など重要なホルモンが発見されている．これらのホルモンは循環器系の調節，食欲・代謝活動の調節，睡眠・覚醒の制御などの研究に大きく貢献し，現在ではアゴニストやアンタゴニストが疾患の治療薬として臨床応用されている．

ルシトリオール，$1,25(OH)_2-D_3$）の産生に必要である．ホルモン産生の多様性は特殊な目的のために進化してきたものである．以下に詳しく解説していく．

ホルモンは化学的に多種類である

　ホルモンは多種類の“化学の建築用ブロック”から合成される．多くのステロイドホルモンはコレステロールから合成される．これにはグルココルチコイド，ミネラルコルチコイド，アンドロゲン，エストロゲン，プロゲスチンそしてビタミン D（$1,25(OH)_2-D_3$）などが含まれる（**図 41-2**）．ある場合には，ステロイドホルモンは他のホルモン合成の前駆体でもある．たとえば，プロゲステロンそのものもホルモンであるが，グルココルチコイド，ミネラルコルチコイド，テストステロン，エストロゲンなどを合成するための前駆体でもある．またテストステロンはエストラジオール生合成に必須の中間体であり，ジヒドロテストステロン（DHT）の構成物である．これらの例については，このあと詳しく解説するが，最終産物がなにになるのかは，前駆体物質が存在する細胞や，合成に関連する酵素群によって決定される．

　アミノ酸のチロシンは，カテコラミンや，甲状腺ホルモンのチロキシン（T_4，テトラヨードチロニン）やトリヨードチロニン（T_3）の合成の最初の物質である（図 41-2）．T_3 と T_4 は活性発現にヨウ素（I^- として）が必要であるという特徴をもっている．食物に含まれるヨウ素は世界中の多くの場所ではごく微量にしか存在しないため，I^- を濃縮して蓄える複雑な仕組みが進化してきた（後述，図 41-11 参照）．

　ポリペプチドか糖タンパク質からなるホルモンも数多い．ペプチドホルモンはアミノ酸 3 個からなる甲状

A. コレステロール誘導体

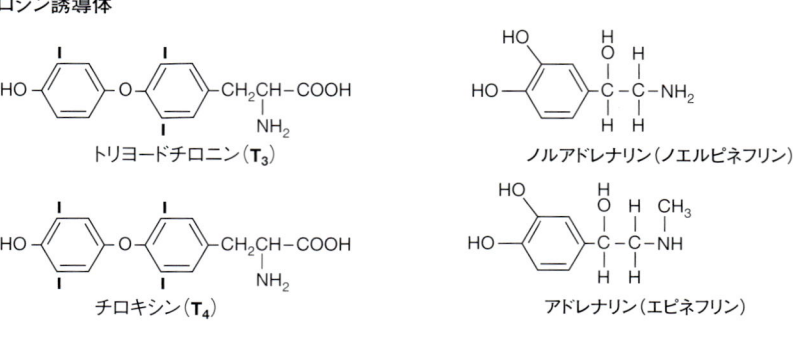

17β-エストラジオール テストステロン コルチゾール プロゲステロン **1,25(OH)₂-D₃**

B. チロシン誘導体

トリヨードチロニン(**T₃**)   ノルアドレナリン(ノエルピネフリン)

チロキシン(**T₄**)   アドレナリン(エピネフリン)

C. さまざまな長さのペプチド類

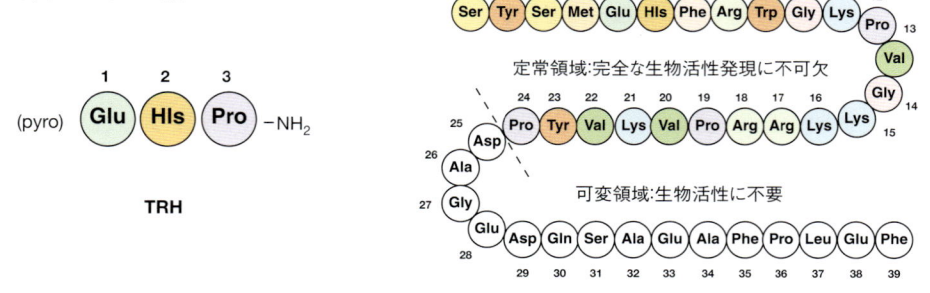

(pyro) **Glu** **His** **Pro** −NH₂

TRH

ACTH の配列

定常領域:完全な生物活性発現に不可欠

可変領域:生物活性に不要

ACTH

D. 糖タンパク質(TSH,FSH,LH)

共通の *α* サブユニット
固有の *β* サブユニット

図 41-2. ホルモンの化学的多様性

(**A**)コレステロール誘導体.(**B**)チロシン誘導体.(**C**)さまざまな長さのペプチド:ピログルタミン酸(Pyro)はグルタミン酸の環状誘導体で,側鎖のカルボキシ基と遊離のアミノ基がラクタム構造を形成するように環状化したものである.(**D**) 糖タンパク質(TSH, FSH, LH)はすべてに共通の *α* サブユニットと,ホルモンによって異なる *β* サブユニットからなる.

腺刺激ホルモン放出ホルモン(TRH)から,副腎皮質刺激ホルモン(ACTH,アミノ酸 39 個),副甲状腺ホルモン(PTH,アミノ酸 84 個),成長ホルモン(GH,アミノ酸 191 個)まで,さまざまな大きさ(アミノ酸の数)である(図 41-2).インスリンはアミノ酸の数が 21 個の A 鎖と 30 個の B 鎖からなる,ヘテロ二量体である.卵胞刺激ホルモン(FSH),黄体形成ホルモン(LH),甲状腺刺激ホルモン(TSH),絨毛性ゴナドトロピン(CG)

は,*α* 鎖と *β* 鎖のヘテロ二量体構造の糖タンパク質ホルモンである.*α* 鎖はこれら全部に共通であり,ホルモンによって異なる *β* 鎖がホルモンの特性を決定する.これらのホルモンは,糖による修飾構造や,*β* 鎖の長さによって,分子量が 25 〜 30 kDa の間で異なる.

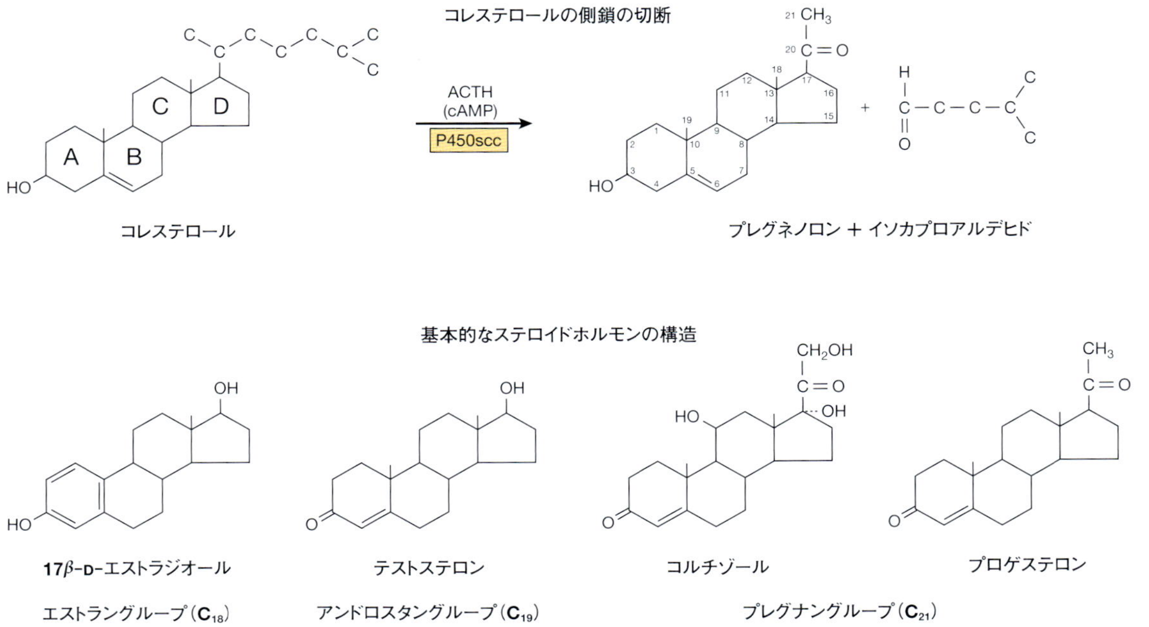

コレステロールの側鎖の切断

基本的なステロイドホルモンの構造

17β-D-エストラジオール　　　　　テストステロン　　　　　　コルチゾール　　　　　　プロゲステロン

エストラングループ（**C₁₈**）　　　アンドロスタングループ（**C₁₉**）　　プレグナングループ（**C₂₁**）

図 41-3. コレステロールの側鎖の切断と，基本的なステロイドホルモンの構造
基本的なステロイド環を A ～ D の文字で示す．炭素原子は A 環から順に 1 ～ 21 の番号で示した（図 26-3 参照）．

ホルモンはさまざまな経路で産生・修飾されて活性を現す

いくつかのホルモンは最終的な活性型として産生されて，すぐに分泌される．コレステロールから由来するホルモンがこれにあたる．カテコールアミンなどは最終的な形で産生され，産生細胞の中に蓄えられる．一方で，たとえばインスリンなどは，産生細胞で前駆体タンパク質として合成され，生理学的な合図（血漿グルコース濃度）に応じて活性型に変換され（プロセシング），分泌される．また T₃ や DHT のように，末梢組織において前駆体分子から活性型に変換されるものもある．これらの例については，このあとさらに詳細に解説する．

多くのステロイドホルモンはコレステロールからつくられる

副腎皮質におけるステロイドホルモン産生

副腎皮質のステロイドホルモンはコレステロールからつくられる．コレステロールはほとんどが血漿に由来するが，一部はアセチル-CoA からメバロン酸とスクアレンを経由して副腎皮質の細胞で合成される．副

腎皮質のステロイドの大部分はエステル化されており，細胞質の脂肪滴に貯蔵されている．ACTH によって副腎皮質が刺激されると，活性化されたエステラーゼによってコレステロールは遊離の形になり，ミトコンドリアに輸送される．そこでは**シトクロム P450 の側鎖を切断する酵素（P450scc）**がコレステロールをプレグネノロンに変換する．コレステロールの側鎖の切断によってヒドロキシル化が連続して起こり，最初に C_{22} の部位が，次に C_{20} の部位でヒドロキシル化され，そのあとで側鎖の切断（炭素 6 個の断片であるイソカプロアルデヒドの除去）が起こり，炭素数が 21 個のステロイドが合成される（**図 41-3** 上）．ACTH 依存性の**ステロイド産生急性調節タンパク質 steroidogenic acute regulatory（StAR）**はミトコンドリア内膜でコレステロールを P450scc に輸送するのに必要である．

哺乳類のすべてのステロイドホルモンは，産生細胞のミトコンドリアや小胞体での連続した反応によってコレステロールからプレグネノロンを経由して合成される．この反応にはヒドロキシラーゼと酸素分子，NADPH が必要であり，デヒドロゲナーゼ（脱水素酵素），イソメラーゼ，リアーゼによる反応もいくつかの合成ステップで必要となる．副腎のステロイド合成には細胞特異性がある．たとえば，アルドステロン合成に必要な 18-ヒドロキシラーゼと 19-ヒドロキシステ

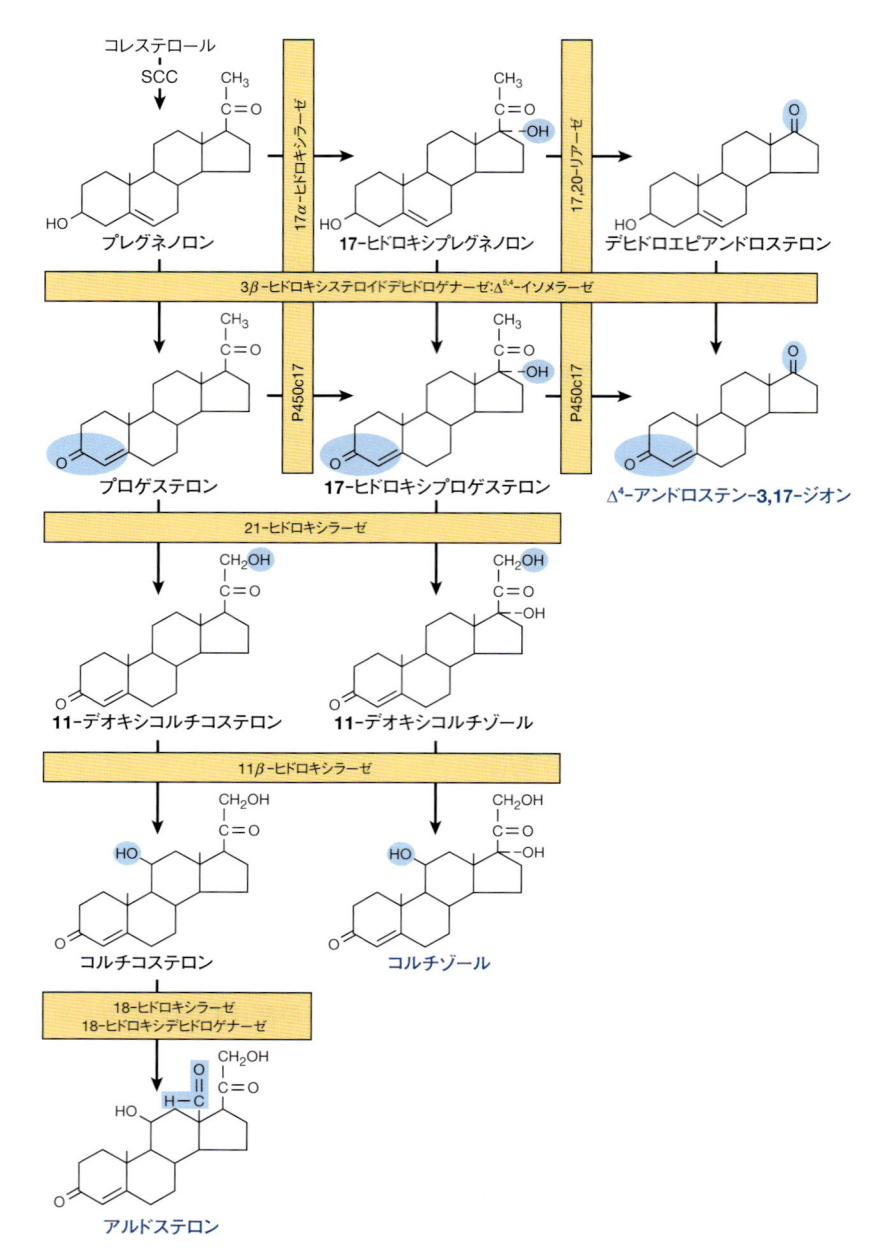

図 41-4. 副腎皮質の主要な 3 つ（ミネラルコルチコイド, グルココルチコイド, アンドロゲン）ステロイドホルモンの合成経路
長方形のボックスで囲んでいるのは合成酵素で, それぞれの合成段階で修飾を受ける箇所は青の網かけで示している. 17α-
ヒドロキシラーゼと 17,20-リアーゼの活性は, どちらも 1 つの酵素（P450c17）の一部分であることに留意されたい.（DeGroot
LJ: Endocrinology, vol 2. Philadelphia, PA: Grune & Stratton, 1979 より許可を得て掲載）

ロイドデヒドロゲナーゼは, 球状帯（副腎皮質の外側の
領域）の細胞でのみ存在することから, アルドステロン
などのミネラルコルチコイドの合成はこの部位に限ら
れている. 主要な 3 種類の副腎ステロイドホルモンの
合成経路の概略を **図 41-4** に示す. この合成経路に関
与する酵素は, 長方形のボックスで示し, それぞれの
合成ステップでの修飾基は青の網かけで示している.

ミネラルコルチコイドの合成

　アルドステロンの合成は, 副腎の球状帯においてミ
ネラルコルチコイド合成経路に続いて起こる. プレグ
ネノロンは, 滑面小胞体に存在する 2 つの酵素, **3β-
ヒドロキシステロイドデヒドロゲナーゼ 3β-hy-
droxysteroid dehydrogenase（3β-OHSD）と Δ^{5,4}-イソ
メラーゼ Δ^{5,4}-isomerase** によって, プロゲステロンに

変換される．プロゲステロンは C_{21} の部位でヒドロキシル化され 11-デオキシコルチコステロン（DOC）となる．これは活性のある（Na^+ を保持する活性のある）ミネラルコルチコイドである．次には C_{11} でヒドロキシル化が起こり，コルチコステロンが合成される．コルチコステロンはグルココルチコイド活性を示すが，弱いミネラルコルチコイド活性もある（アルドステロンの強さの 5% 以下）．いくつかの動物種（たとえば，げっ歯類）では，コルチコステロンは最も強力なグルココルチコイドである．C_{21} のヒドロキシル化は，ミネラルコルチコイドとグルココルチコイドの両方で活性に必要であるが，C_{17} にヒドロキシ基のあるステロイドのほとんどは，グルココルチコイド活性が強く，ミネラルコルチコイド活性は弱い．副腎の球状帯には滑面小胞体の酵素である 17α-ヒドロキシラーゼはないが，ミトコンドリア酵素の 18-ヒドロキシラーゼが存在する．**18-ヒドロキシラーゼ 18-hydroxylase** は**アルドステロン合成酵素 aldosterone synthase** であり，コルチコステロンに作用して 18-ヒドロキシコルチコステロンを合成する．そして 18-ヒドロキシコルチコステロンは 18 位のアルコールがアルデヒドに変換されることで，アルドステロンに合成される．このような球状帯の特徴的な酵素の分布や，K^+ とアンギオテンシン II による特異的な制御があるために，研究者のなかには副腎が 2 つの分泌腺（副腎皮質と副腎髄質）であるだけでなく，副腎皮質は実質的に二つの別々の臓器であると提唱するものもいる．

グルココルチコイドの合成

　コルチゾールの合成には副腎皮質の束状層と球状層にある 3 つのヒドロキシラーゼが必要である．これら 3 つのヒドロキシラーゼは，C_{17}，C_{21}，C_{11} の部位に順番に作用する．最初の 2 つの反応は速いのに対して，C_{11} のヒドロキシル化の反応は比較的遅い．C_{11} 位が最初にヒドロキシル化を受けると，**17α-ヒドロキシラーゼ 17α-hydroxylase** の作用は妨げられ，ミネラルコルチコイドの経路に進んでしまう（細胞のタイプに応じて，コルチコステロンかアルドステロンが合成される）．17α-ヒドロキシラーゼは滑面小胞体の酵素であり，プロゲステロンや，（こちらの方がより一般的であるが）プレグネノロンに作用する．17α-ヒドロキシプロゲステロンは C_{21} 位でヒドロキシル化を受け，ヒトにおいて最も強力な活性をもつ天然グルココルチコイドの 11-デオキシコルチゾールを合成する．21-ヒドロキシラーゼも滑面小胞体の酵素であるが，11β-ヒドロ

キシラーゼはミトコンドリアに存在する酵素である．つまりステロイド合成は，ミトコンドリア内外で分子が何度も行き来することで行われる．

アンドロゲンの合成

　副腎皮質で合成される主要なアンドロゲン（またはアンドロゲン前駆体）は，デヒドロエピアンドロステロン（DHEA）である．ほとんどの 17-ヒドロキシプレグネノロンは，グルココルチコイドの合成経路に入っていくが，一部分は 17,20-リアーゼの作用によって，酸化開裂を受け，炭素 2 個の側鎖が除かれる．リアーゼの活性は 17α-ヒドロキシル化を触媒する酵素（P450c17）の一部分にある．そのため P450c17 は**二重機能のタンパク質**である．リアーゼの活性は副腎と生殖腺のどちらでも重要であり，17α-ヒドロキシ基を含んだ分子に例外なく作用する．もし 1 つのヒドロキシラーゼの欠損によってグルココルチコイドの生合成が妨げられると，副腎のアンドロゲン産生は増加する（**副腎性器症候群 adrenogenital syndrome** になる）．弱いアンドロゲンの DHEA は，3β-OHSD と $\Delta^{5,4}$-イソメラーゼによってより強力な**アンドロステンジオン androstenedione** に変換されるため実際にはホルモン前駆体である．副腎皮質においてリアーゼが 17α-ヒドロキシプロゲステロンに作用することで，少量のアンドロステンジオンが合成される．C_{17} 位でアンドロステンジオンが還元されることで，最も強力な副腎皮質アンドロゲンである**テストステロン testosterone** が合成される．少量のテストステロンはこの反応によって副腎で合成されるが，この変換反応はおもに精巣で起こる．

精巣のステロイド合成

　精巣のアンドロゲンは精巣内の間質にある Leydig 細胞で合成される．副腎皮質と同じく，性腺ステロイド合成の直接的な前駆体はコレステロールである．やはり副腎皮質と同じように，輸送タンパク質 StAR によるコレステロールのミトコンドリア内膜通過が，合成の律速段階である．合成部位に運ばれると，コレステロールは側鎖を切断する酵素 P450scc の作用を受ける．コレステロールのプレグネノロンへの変換は副腎皮質，卵巣，精巣において同じ反応である．しかし副腎皮質では ACTH によってこの反応が進むのに対して，卵巣と精巣においては LH が反応を刺激する．

　プレグネノロンからテストステロンへの変換には 3 つのタンパク質による 5 つの酵素の反応が関与する．

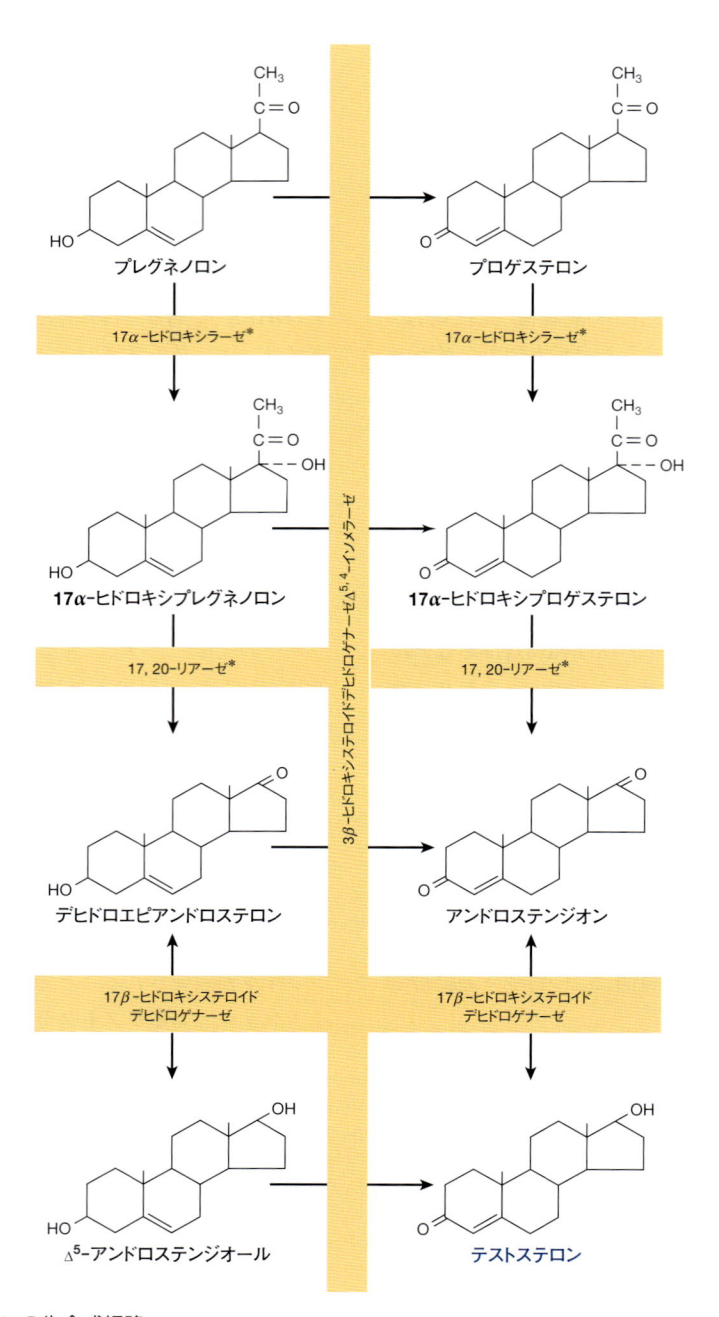

図 41-5. テストステロンの生合成経路
左側の経路は Δ^5 またはデヒドロエピアンドロステロン経路とよばれ,右側の経路は Δ^4 またはプロゲステロン経路とよばれる.＊は 17α-ヒドロキシラーゼ活性と 17,20-リアーゼ活性が,単一のタンパク質（P450c17）によるものであることを示している.

それは,（1）3β-ヒドロキシステロイドデヒドロゲナーゼ（3β-OHSD）と $\Delta^{5,4}$-イソメラーゼ,（2）17α-ヒドロキシラーゼと 17,20-リアーゼ,（3）17β-ヒドロキシステロイドデヒドロゲナーゼ（17β-OHSD）である.この反応の流れはプロゲステロン（あるいは Δ^4）経路

とよばれる（**図 41-5** 右）.プレグネノロンはまたデヒドロエピアンドロステロン（あるいは Δ^5）経路によってもテストステロンに変換される（**図 41-5** 左）.この Δ^5 経路がヒトの精巣では最も主要なテストステロン合成経路である.

ラットの精巣では，この 5 つの酵素活性はミクロソーム分画に局在しており，3β-OHSD と $\Delta^{5,4}$-イソメラーゼの活性，および 17β-OHSD と 17,20-リアーゼの活性には，機能的に密接な関連がある．これらの 2 つの酵素活性は 1 つのタンパク質からなり，その反応経路は図 41-5 に示した．

ジヒドロテストステロン(DHT)はテストステロンから末梢組織で合成される

テストステロンは 2 つの経路で代謝される．第一の経路では 17 位で酸化反応が起こり，第二の経路では A 環の二重結合と 3-ケトンが還元される．第一の代謝経路では，肝臓を含む多くの組織で起こり，17-ケトステロイドが合成される．この 17-ケトステロイドは，一般的に不活性であるか，あるいは元の化合物よりも活性は低い．第二の代謝経路は，第一の経路よりも代謝活性は低いのだが，おもに標的組織で代謝は起こり，強力な代謝物であるジヒドロテストステロン（DHT）を産生する．

テストステロンの代謝物で最も重要なものは DHT である．それは代謝物である DHT が，前立腺や，外性器，皮膚の一部など，多くの組織で活性型のホルモンになっているからである．成人男性の DHT の血漿濃度はテストステロンの約 10 分の 1 であり，テストステロンが 1 日に 5 mg 合成されるのに対して，DHT の 1 日の合成量は約 400 µg である．DHT は 50 〜 100 µg くらいが精巣から分泌される．残りのテストステロンは末梢組織において，NADPH 依存性の **5α-レダクターゼ 5α-reductase**（還元酵素）による反応によって，テストステロンから合成される（**図 41-6**）．このようにテストステロンの変換反応は精巣以外の組織で起こり，非常に活性の強い化合物（DHT）に変換されることから，テストステロンはプロホルモン（前駆体ホルモン）とみなされている．とくに男性において，いくつかのエストラジオールは末梢組織においてテストステロンの芳香族化によって合成される．

卵巣のステロイド合成

エストロゲンはさまざまな組織で合成されるホルモンのファミリーである．そのなかでも 17β-エストラジオールが卵巣由来の主要なエストロゲンである．いくつかの動物種においてはエストロンが最も含量が多く，数多くの組織で合成される．妊娠時にはエストリオールが相対的に多く合成され，それは胎盤由来である．エストラジオール合成において，初期段階の経路，および関与する酵素の細胞内局在は，どちらもアンドロゲン合成のものと同じである．卵巣での特徴的な経路を**図 41-7** に示す．

エストロゲンはアンドロゲンの芳香族化の反応によって合成される．この反応では 3 つのヒドロキシル化のステップが必要で，それぞれのステップで O_2 と NADPH が必要である．**アロマターゼ（芳香化酵素）複合体**は P450 モノオキシゲナーゼを含むと考えられている．この酵素複合体の基質がテストステロンの場合はエストラジオールが合成され，またアンドロステンジオンの芳香族化によってエストロンが合成される．

さまざまな卵巣由来ステロイドの産生細胞を解き明かすことは難しいが，2 種類の細胞間での物質のやりとりが関連していることはわかっている．莢膜細胞はアンドロステンジオンとテストステロンを産生する．これら 2 つのステロイドは顆粒膜細胞のアロマターゼによって，それぞれエストロンとエストラジオールに変換される．プロゲステロンはすべてのステロイドホルモンの前駆体であるが，黄体において産生され分泌されるステロイドホルモンの最終型である．これが最終型であるのは，黄体にはプロゲステロンを他のステロイドホルモンに変換するために必要な酵素がないからである（**図 41-8**）．

かなりの量のエストロゲンが，末梢組織のアロマターゼによる変換によってアンドロゲンから合成される．ヒトの男性ではテストステロンからエストラジオール（E_2）への変換によってエストラジオールの

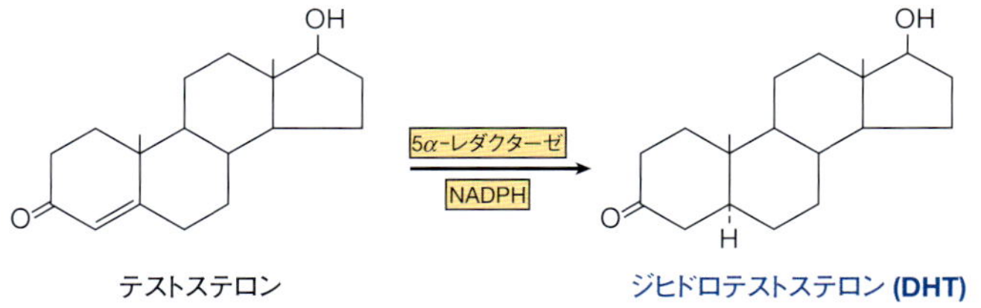

図 41-6. ジヒドロテストステロンは 5α-レダクターゼの作用によってテストステロンから合成される

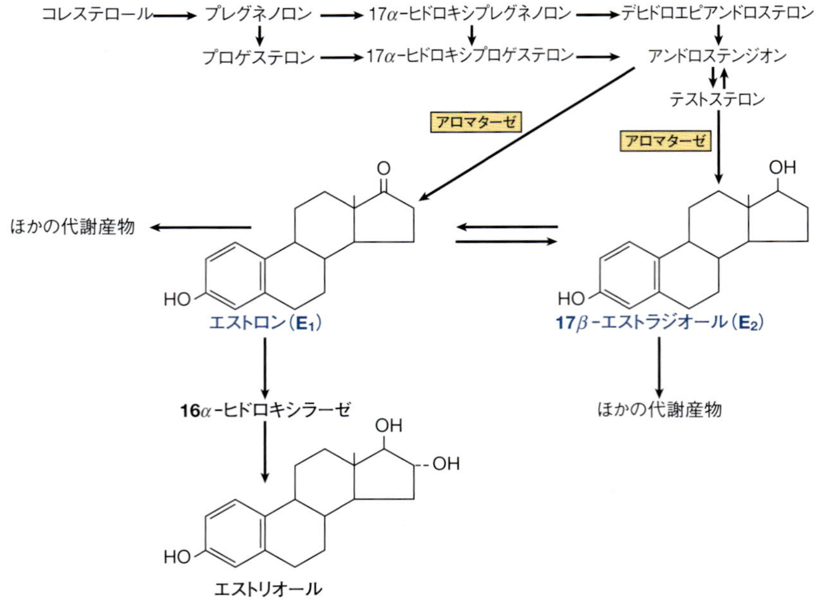

図 41-7. エストロゲンの生合成
(Barrett KE, Barman SM, Brooks HL, et al: Ganong's *Review of Medical Physiology*, 26th ed. New York, NY: McGraw-Hill, 2019 より許可を得て掲載)

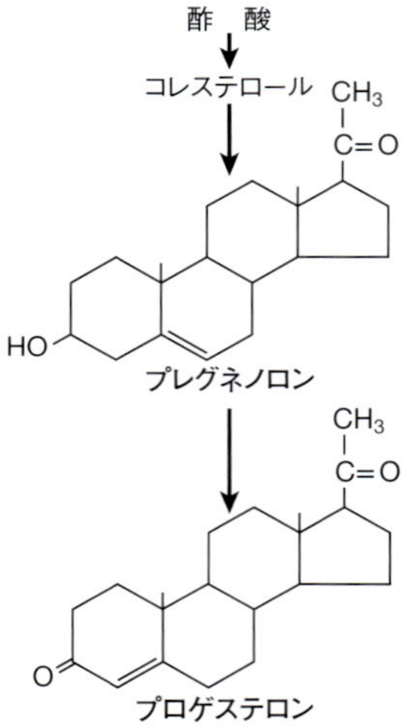

図 41-8. 黄体におけるプロゲステロンの生合成

80％が産生される．女性では，副腎皮質のアンドロゲンは重要な物質であり，妊娠期に合成される E_2 の50％くらいは，アンドロゲンのアロマターゼによる変換によってもたらされる．そしてアンドロステンジオンからエストロンへの変換は，閉経期の女性にとって主要なエストロゲン産生経路である．アロマターゼ活性は脂肪細胞や肝臓，皮膚，その他の組織に認められる．アロマターゼ活性の上昇は"エストロゲン化"をもたらし，

肝硬変，甲状腺機能亢進症，老化，肥満などの疾患に結びつく．またアロマターゼの阻害剤は，乳がんや，おそらく他の女性生殖器官の悪性腫瘍の治療薬として有望である．

1,25(OH)$_2$-D$_3$(カルシトリオール)はコレステロール誘導体から合成される

1,25(OH)$_2$-D$_3$ は複雑な酵素反応の連続によって合成される．この反応には前駆体分子が多くの異なる組織へ細胞膜輸送されることも含まれている（**図 41-9**）．前駆体の1つがビタミンDである．実際にはビタミンDはビタミンではないが，この名称は一般的に使われている．活性型分子の 1,25(OH)$_2$-D$_3$ は他の臓器に輸送され，ステロイドホルモンが生物学的活性を発揮するのと同じような仕組みで作用する．

皮 膚

少量の 1,25(OH)$_2$-D$_3$ 合成の前駆体は食物（魚の肝油や，卵黄）に含まれているが，大部分は表皮のマルピギー層において，紫外線照射（非酵素性の**光分解 photolysis** 反応）によって 7-デヒドロコレステロールから合成される．この変換の効率は紫外線照射の強さに応じて高まり，また逆に皮膚の色素沈着の程度に応じて低くなる．年齢とともに皮膚の 7-デヒドロコレステ

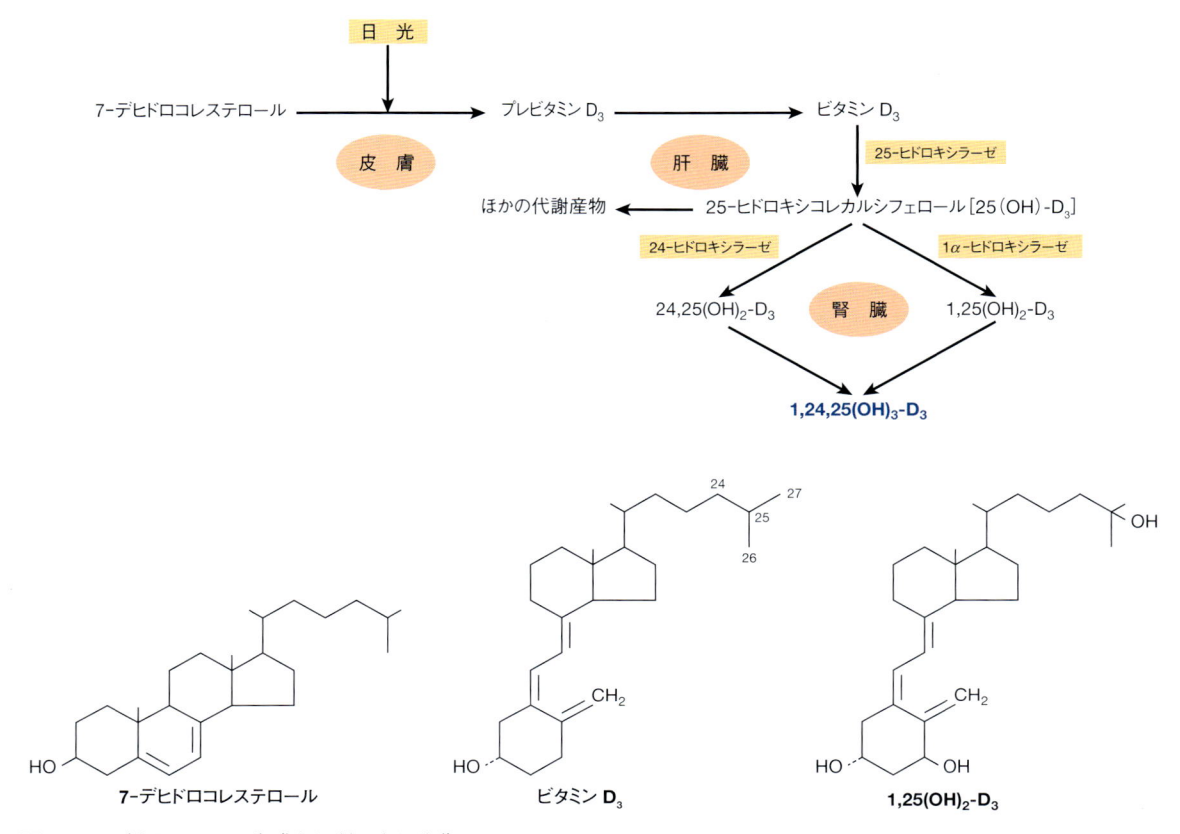

図 41-9. ビタミン D_3 の生成とヒドロキシル化

25-ヒドロキシル化は肝臓で，それ以外のヒドロキシル化は腎臓で起こる．25,26(OH)$_2$-D$_3$ や 1,25,26(OH)$_3$-D$_3$ も同様につくられる．7-デヒドロコレステロール，ビタミン D$_3$, 1,25(OH)$_2$-D$_3$ の化学構造も示してある．(Barrett KE, Barman SM, Brooks HL, et al: Ganong's *Review of Medical Physiology*, 26th ed. New York, NY: McGraw-Hill, 2019 より許可を得て掲載)

ロールの量は減少し，これが高齢化による負のカルシウムバランス(カルシウム減少)に関連していると考えられている．

肝 臓

　ビタミン D に特異的な輸送タンパク質(**ビタミン D 結合タンパク質 vitamin D-binding protein**)は，ビタミン D$_3$ やその代謝物に結合し，ビタミン D$_3$ を皮膚や小腸から肝臓に運び，そこで 1,25(OH)$_2$-D$_3$ 合成のために必須な最初の反応である 25-ヒドロキシル化を受ける．25-ヒドロキシル化の反応は肝臓の小胞体で起こり，この反応にはマグネシウム，NADPH，酸素分子，およびまだ十分にわかっていない細胞質の因子が必要である．この反応には，NADPH 依存性シトクロムレダクターゼとシトクロム P450 の 2 種類の酵素が必要である．この反応は制御を受けておらず(つまり，基質があれば反応が進む)，腎臓と小腸でも低い効率であるが反応が起こる．その後，1,25(OH)$_2$-D$_3$ は血管

内に入り，これが血漿中での主要なビタミン D の分子型となる．そしてビタミン D 結合タンパク質によって腎臓に輸送される．

腎 臓

　25(OH)-D$_3$ は弱いアゴニストであり，十分な活性発現のためには C$_1$ 部位でヒドロキシル化を受ける必要がある．この反応は腎臓の近位尿細管のミトコンドリアにおいて，3 つの構成要素からなるモノオキシゲナーゼによって行われる．この反応には NADPH，Mg^{2+}，酸素分子，および少なくとも 3 種類の酵素が必要である．3 種類の酵素とは，(1) フラビンタンパク質の腎フェレドキシンレダクターゼ，(2) 鉄-硫黄タンパク質の腎臓フェレドキシン，(3) シトクロム P450 である．このシステムによって，生体内でもっとも強力なビタミン D 代謝物である 1,25(OH)$_2$-D$_3$ が合成される．

カテコールアミンと甲状腺ホルモンはチロシンから生合成される

カテコールアミンは最終的な分子型に合成されて分泌顆粒に蓄えられる

　3つのアミン類［ドーパミン，ノルアドレナリン（ノルエピネフリン），アドレナリン（エピネフリン）］は副腎髄質のクロム親和性細胞でチロシンから合成される．副腎髄質での主要な合成物はアドレナリンである．アドレナリンは副腎髄質のカテコールアミンの80％を占め，副腎髄質以外の組織では合成されない．対照的に，交感神経の支配を受ける臓器において，ノルアドレナリンの大部分はその臓器内で合成され（ノルアドレナリン全量の約80％），残りは他の神経終末で合成され，血流によって標的部位に運搬される．アドレナリンとノルアドレナリンは，副腎髄質や他のクロム親和性組織において異なる細胞で合成されて貯蔵されると考えられる．

　チロシンからアドレナリンへの変換には4つの段階が必要である．それは，（1）環状部のヒドロキシル化，（2）脱炭酸，（3）側鎖のヒドロキシル化によるノルアドレナリン形成，そして（4）N-メチル化によるアドレナリン合成である．アドレナリンの生合成経路とそれに関与する酵素について**図41-10**に示す．

チロシンヒドロキシラーゼがカテコールアミン生合成の律速段階の酵素である

　チロシン tyrosineはカテコールアミンの直接的な前駆体であり，**チロシンヒドロキシラーゼ tyrosin hydroxylase**がカテコールアミン合成の律速段階の酵素である．チロシンヒドロキシラーゼはカテコールアミンを合成する組織にのみ存在し，可溶型と分泌顆粒の結合型の両方ある．チロシンヒドロキシラーゼは酸化還元酵素であり，テトラヒドロプテリジンを補助因子として，L-チロシンをL-ジヒドロキシフェニルアラニン（L-ドーパ L-**dopa**）に変換する．チロシンヒドロキシラーゼはいくつかの方法によって調節されており，カテコールアミン合成の律速段階の酵素となっている．最も重要な調節機構は，カテコールアミンによるフィードバック阻害であり，カテコールアミンはプテリジン補助因子を必要とする酵素と拮抗する．カテコールアミンは血液脳関門を通過できないため，脳内の局所で合成する必要がある．ある種の中枢神経系の疾患（たとえば，Parkinson病）においては，脳の局所でのドーパミン合成の欠乏がみられる．ドーパミンの前駆体であるL-ドーパは血液脳関門を問題なく通過するために，Parkinson病の重要な治療薬となっている．

ドーパデカルボキシラーゼはすべての組織に存在する

　ドーパデカルボキシラーゼは可溶型の酵素で，L-ドーパを3,4-ジヒドロキシフェニルエチルアミン（**ドーパミン dopamine**）に変換するにはピリドキサールリン酸が必要である．α-メチルドーパのようなL-ドーパに似た化合物は，この反応の競合阻害薬となる．α-メチルドーパはある種の高血圧症の治療に効果が

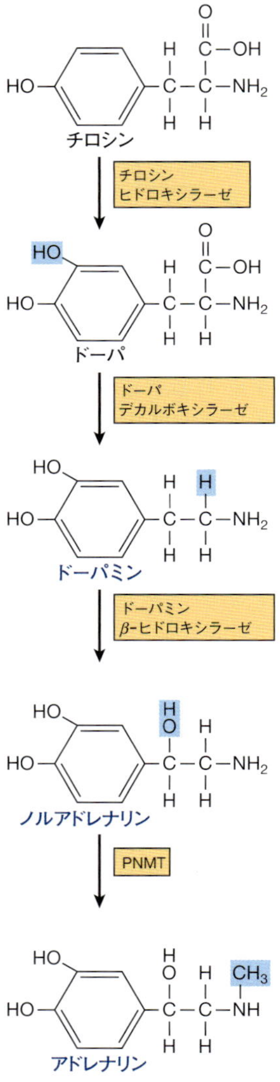

図41-10. カテコールアミンの生合成
（PNMT：フェニルエタノールアミン-N-メチルトランスフェラーゼ）

ある.

ドーパミンβヒドロキシラーゼ(DBH)はドーパミンの
ノルアドレナリンへの変換を行う

DBH はモノオキシゲナーゼの 1 つであり,アスコルビン酸を電子供与体として使い,銅原子を活性中心に有し,フマル酸をモジュレーター(調節因子)として酵素活性を調節する.DBH はおそらく副腎髄質の分泌顆粒の膜画分に存在する.そのため,ドーパミンのノルアドレナリンへの変換は副腎髄質の分泌顆粒で行われる.

フェニルエタノールアミン-N-メチルトランスフェラーゼ
(PNMT)はアドレナリン合成を触媒する

PNMT は副腎髄質のアドレナリン合成細胞において,ノルアドレナリンの N-メチル化を進め,**アドレナリン**を合成する.PNMT は可溶型の酵素であるため,ノルアドレナリンからアドレナリンへの変換は細胞質で行われると考えられている.副腎内の輸送システムによってグルココルチコイドホルモンは皮質から髄質に運ばれ,PNMT が誘導される.この特殊なシステムは,全身の動脈血中濃度よりも 100 倍高いステロイドホルモン濃度の勾配をもたらし,この高いステロイドホルモンの副腎内濃度が PNMT の誘導に必要なのである.

T_3とT_4はホルモン合成の多様性を示す例である

トリヨードチロニン triiodothyronine(T_3)と**テトラヨードチロニン tetraiodothyronine**(**チロキシン thyroxine**:T_4)の合成(図 41-2)は,本章で論ずるホルモン多様性の多くの原則を示す例である.これらのホルモンは,(1)活性発現のために希少元素のヨウ素を必要とする,(2)非常に大きな前駆体分子のチログロブリンの部分として合成される,(3)細胞内の貯蔵庫であるコロイドに蓄えられる,(4)T_4 から末梢組織でより活性の強い T_3 に変換される,という特徴がある.

T_3 と T_4 の甲状腺ホルモンは特徴的なホルモンであり,ともに活性発現にヨウ素を必須の構成成分とするヨウ化物である.世界中のほとんどの地域で,ヨウ素は土壌に少ししか含まれておらず,これが食物中での含有量が少ない理由となっている.そのためこの重要な元素を獲得して保持し,有機化合物に取り組むために適した分子型に変換する複雑なメカニズムが進化してきた.またこの進化と同時に,甲状腺はチログロブリンにおいてチロシンからチロニンを合成するように

進化してきた(**図 41-11**).

チログロブリン thyroglobulin は T_4 および T_3 の前駆体である.チログロブリンは分子量が約 660 kDa の巨大なタンパク質で,ヨウ素化とグリコシル化(糖付加)を受けている.チログロブリンの分子量のうち,炭水化物が 8 ~ 10%を占め,ヨウ素化物が約 0.2 ~ 1%を占める.ヨウ素化物の含量は食物中に含まれるヨウ素の量によって変化する.チログロブリンは 2 つの大きなサブユニットで構成されている.チログロブリンは 115 個のチロシンを含み,それぞれがヨウ素化される可能性がある.チログロブリンのヨウ素化物の約 70％は,不活性型の前駆体[**モノヨードチロシン monoiodotyrosine**(MIT)とジヨードチロシン diiodotyrosine(DIT)]として存在し,残りの 30％は**ヨードチロニル残基 iodothyronyi residue**(T_4 と T_3)として存在する.ヨウ素が十分にあるときには,T_4:T_3 の比率は約 7:1 である.**ヨウ素欠乏症 iodine deficiency** ではこの比率は低下し,DIT:MIT の比率も低下する.約 5000 のアミノ酸からなる巨大な分子のチログロブリンは,チロシンの共役と,ヨウ素の有機化が起こるような立体構造をとり,アミノ酸 2 つが結合した甲状腺ホルモンが合成される.この合成は甲状腺細胞の基部で起こり,甲状腺ホルモンは濾胞腔に輸送される.そこでは貯蔵型の T_4 と T_3 として,コロイドの中に蓄えられる.正常な甲状腺では数週間分の甲状腺ホルモンが蓄えられている.TSH の刺激を受けると数分以内にコロイドは細胞内に戻り,ファゴリソソーム活性が大きく上昇する.その結果,さまざまな酸性プロテアーゼとペプチダーゼが,チログロブリンを T_4 と T_3 を含むアミノ酸にまで加水分解する.そして T_4 と T_3 は細胞外領域へ放出される(図 41-11).このようにチログロブリンは非常に巨大なホルモン前駆体なのである.

ヨウ素化物はいくつかのステップを経て代謝される

甲状腺には,強い電気化学的な濃度勾配に逆らって I^- を濃縮する仕組みがある.この仕組みはエネルギー依存性の過程であり,Na^+-K-ATPase 依存性の甲状腺の I^- 輸送体(トランスポーター)によって行われる.甲状腺と血清中のヨウ素化物の比率(T:S 比率)は,この輸送体の活性を反映する.また,この活性はおもに TSH によってコントロールされ,TSH によって慢性的に刺激されている動物ではこの比率は 500:1 くらいになり,一方で下垂体切除動物では 5:1 あるいはそれ以下となり,この比率は幅広い値をとる.ヒトで通常のヨウ素含量の食事をしていると,T:S 比率は約 25:

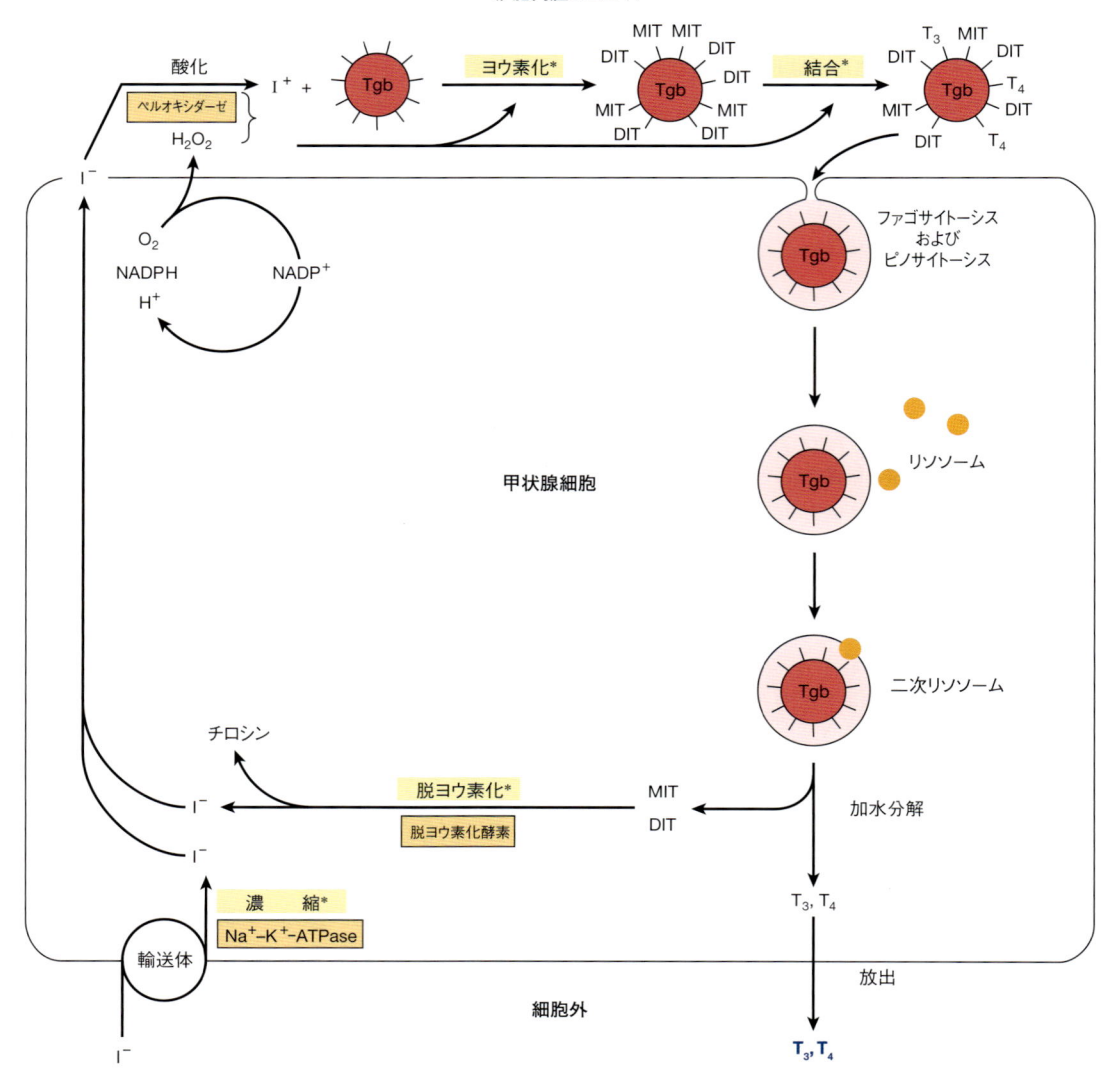

図 41-11. 甲状腺ろ胞におけるヨウ素化物代謝の模式図

ろ胞細胞は，ろ胞内腔（**上側**）と細胞外間隙（**下側**）に面している．ヨウ素化物はおもに輸送体（**左下**）を介して甲状腺に取り込まれる．甲状腺ホルモンはろ胞内腔で連続した反応によって合成される．それらの反応の多くはペルオキシダーゼが関与している．甲状腺ホルモンはろ胞内腔のコロイドに貯蔵され，甲状腺細胞の中で加水分解によってチログロブリンから放出される．（DIT：ジヨードチロシン，MIT：モノヨードチロシン，Tgb：チログロブリン，T_3：トリヨードチロニン，T_4：テトラヨードチロニン．T_3 および T_4 の構造は図 41-2B 参照）　＊は遺伝的に酵素欠損が見られる段階や過程を示しており，これらの欠損が先天性の甲状腺腫を引き起こし，またその結果，しばしば甲状腺機能低下症をもたらす．

1 である．

　I^- を有機化して甲状腺ホルモンを合成するためには，I^- を高い原子価にまで酸化するステップが必要であり，甲状腺はそれが可能な唯一の組織である．このステップにはヘム含有のペルオキシダーゼが関与し，ろ胞細胞の管腔側表面で酸化が起こる．甲状腺ペルオキシダーゼは分子量 60 kDa の四量体タンパク質であり，過酸化水素（H_2O_2）を酸化剤として必要とする．過

酸化水素はシトクロム c レダクターゼに似た NADPH 依存性酵素によって産生される．いくつかの化合物は I^- の酸化を阻害することによって，I^- が MIT と DIT に取り込まれるのを妨げる．これらの化合物の中で最も重要なものはチオ尿素である．これらの化合物は甲状腺ホルモンの合成を阻害することから，抗甲状腺薬として使われている．ヨウ素化が起こるとヨウ素は甲状腺内に留まり，甲状腺外には速やかに出て行かない．

（タンパク質に組み込まれていない）遊離のチロシンはヨウ素化されることがあるが，ヨウ素化チロシンを認識する tRNA が存在しないために，もはやタンパク質には組み込まれない.

　T_4 を合成するための 2 つの DIT 分子の縮合，あるいは T_3 を合成するための MIT と DIT の縮合は，チログロブリン分子において起こる．この縮合反応を触媒する酵素は，別々の酵素ではないようだ．それはこの反応が酸化反応であり，同じ甲状腺ペルオキシダーゼがヨード化チロシンからのフリーラジカル形成を刺激することによって，この反応を触媒するからである．この仮説は I^- の酸化を阻害する薬剤が，この縮合反応も阻害することからも裏付けられる．合成された甲状腺ホルモンはチログロブリンの一部分として存在し，先に記載したように，チログロブリンが分解されて単独の甲状腺ホルモンとなる.

　脱ヨウ素化酵素は，甲状腺の不活性なモノヨードチロシンとジヨードチロシンから I^- を脱離させる．このメカニズムは T_3 と T_4 の生合成に使われる I^- のかなりの量を生み出す．下垂体や腎臓，肝臓など，甲状腺ホルモンの標的組織に存在する末梢性の脱ヨウ素化酵素は，T_4 の 5′ 部位から I^- を選択的に取り除いて T_3 を合成する（図 41-2）．T_3 は，より活性の強い甲状腺ホルモンである．このようなことから，T_4 というのはホルモン前駆体の一種とみることもできる．もちろん T_4 にはそれ自体の活性もある.

いくつかのホルモンは大きなペプチド前駆体からつくられる

　インスリンの活性に必要な分子内のジスルフィド結合の形成は，インスリンが最初により大きな前駆体分子（プロインスリン）の一部として合成される必要がある．このことは，概念的には甲状腺ホルモンの例と同じである．甲状腺ホルモンは，甲状腺ホルモン自身よりもはるかに大きな分子（チログロブリン）として合成されるからである．ほかのいくつかのホルモンも大きな前駆体分子の一部として合成される．その理由は，ある特殊な構造的な必要性のためではなく，活性型ホルモンの量をコントロールするためのメカニズムなのである．PTH とアンギオテンシン II はこの典型例である．別の興味深い例はプロオピオメラノコルチン（POMC）である．POMC は組織特異的に多くの異なったホルモンに転換される．これらの例はこのあとの項目で詳しく解説される.

インスリンはプレプロホルモンとして合成され，β 細胞内で修飾される

　インスリンは A 鎖と B 鎖の，2 つのペプチド鎖のヘテロ二量体構造であり，A 鎖内に 1 つのジスルフィド結合（A6 と A11 の間）と，A 鎖 B 鎖の間に 2 つのジスルフィド結合がある（A7 と B7 の間，A20 と B19 の間，**図 41-12**）．A 鎖と B 鎖は研究室内でも合成できるが，両鎖から完全な活性のあるインスリンを生合成するのは簡単ではない．その理由が明らかになったのは，インスリンが**プレプロホルモン preprohormone**（分子量は約 11 500）として合成されることが発見されたことからである．プレプロホルモンはペプチドホルモンの原型であり，一般にペプチドホルモンはより大きな前駆体分子からプロセシングを受けて産生される．インスリンの場合，プレプロインスリンの疎水性が強いアミノ酸 23 個のプレ（あるいはリーダー）配列が，前駆体分子が小胞体の小胞体槽（袋状の膜構造）に移動したあとで取り除かれる．これによってプロインスリン分子（分子量約 9000）になり，インスリンのジスルフィド結合を正確に効率よく形成するための立体構造をとることができるようになる．図 41-12 にあるようにプロインスリンのアミノ酸配列は，アミノ末端から順に B 鎖-C ペプチド connecting peptide-A 鎖となっている．プロインスリン分子はアミノ酸配列に特異的な切断を受けて，同じ量の完全なインスリンと C ペプチドが産生される．この一連の酵素による切断を図 41-12 にまとめた.

PTH はアミノ酸84個のペプチドとして分泌される

　副甲状腺ホルモン parathyroid hormone（**PTH**）の直接的な前駆体は**プロ PTH proPTH** であるが，これは非常に塩基性の強いヘキサペプチド（アミノ酸 6 個のペプチド）がアミノ末端側に付いた構造になっており，アミノ酸 84 個の内因性の（体内で作用を示す）PTH とはこの点で異なっている．プロ PTH の最初の遺伝子産物であり，プロ PTH の直接的な前駆体であるのは，115 個のアミノ酸からなる**プレプロ PTH preproPTH** である．このプレプロ PTH はアミノ末端に 25 個のアミノ酸からなるペプチドが付加されていることが，プロ PTH と異なる．この付加された 25 個のアミノ酸のペプチドは，分泌タンパク質に特徴的なリーダー配列あるいはシグナル配列に相当し，疎水性に富んだ性質をもっている．プレプロ PTH の完全な構造と，プロ PTH および PTH のアミノ酸配列を**図 41-13** に示

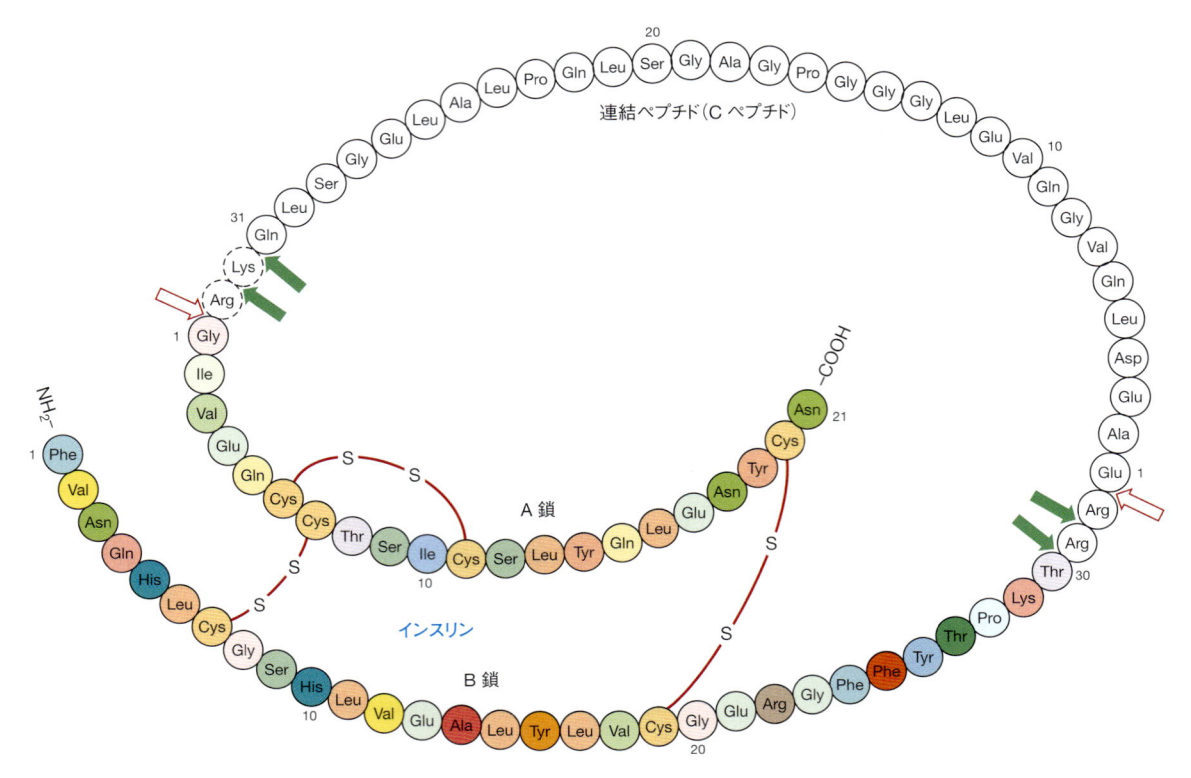

図41-12. ヒトプロインスリンの構造

インスリンと C ペプチド分子は 2 つのペプチド結合でつながれている．トリプシン様酵素（▷）による最初の切断に続いて，カルボキシペプチダーゼ様酵素（▶）で切断がされ，A 鎖と B 鎖からなるヘテロ二量体のインスリン分子（**着色部分**）と C ペプチド（**白色部分**）が生成される．インスリンの A 鎖と B 鎖は，システイン間の 2 つのジスルフィド結合によってつながれている．

す．PTH_{1-34} は最大の生物学的活性をもち，アミノ酸 25 番目から 34 番目までの領域が受容体に結合する中心部分である．

　PTH の生合成と分泌は，血漿中のカルシウムイオン（Ca^{2+}）濃度によって複雑な仕組みで調節されている．Ca^{2+} の急激な減少は PTH の mRNA を著しく増加させ，これによって PTH の合成や分泌は刺激される．しかし合成されたプロ PTH の 80 ～ 90 %は，細胞内の PTH の量や，培養液中に分泌された PTH の量に対してあまりに少ない．この結果は，合成されたプロ PTH の大部分はすぐに分解されてしまうということを示している．この分解のスピードは Ca^{2+} 濃度が低くなると遅くなり，Ca^{2+} 濃度が高くなると速くなることが，後に明らかになった．この Ca^{2+} の効果は，副甲状腺細胞の表面にあるカルシウム受容体によって制御されている．前駆体タンパク質の切断によって，PTH に特徴的ないくつかの断片が生じる（図 41-13）．副甲状腺においては，カテプシン B やカテプシン D など，数種類のタンパク切断酵素が同定されている．カテプシン B は

PTH を PTH_{1-36} と PTH_{37-84} の 2 つの断片に切断する．PTH_{37-84} はこれ以上の切断は受けない．しかし，PTH_{1-36} は速やかに，アミノ酸 2 ～ 3 個のペプチドにまで分解される．PTH の切断はほとんどが副甲状腺で起こるが，PTH は分泌されると他の組織（とくに肝臓）でやはり同じように分解されてしまう．

アンギオテンシンⅡもまた大きな前駆体から合成される

　レニン-アンギオテンシン系は，アルドステロンの合成を介して血圧や電解質代謝の制御を行う．この制御過程に関与する最初のホルモンは，アミノ酸 8 残基のアンギオテンシン II で，前駆体タンパク質のアンギオテンシノーゲンから切断されてつくられる（**図41-14**）．アンギオテンシノーゲンは肝臓でつくられる大きな α_2-グロブリンであり，レニン（腎臓の輸入細動脈の傍糸球体細胞で産生される酵素）の基質である．レニンを産生する傍糸球体細胞の存在する場所の特徴として，傍糸球体細胞は血圧の変化に極めて敏感に反応す

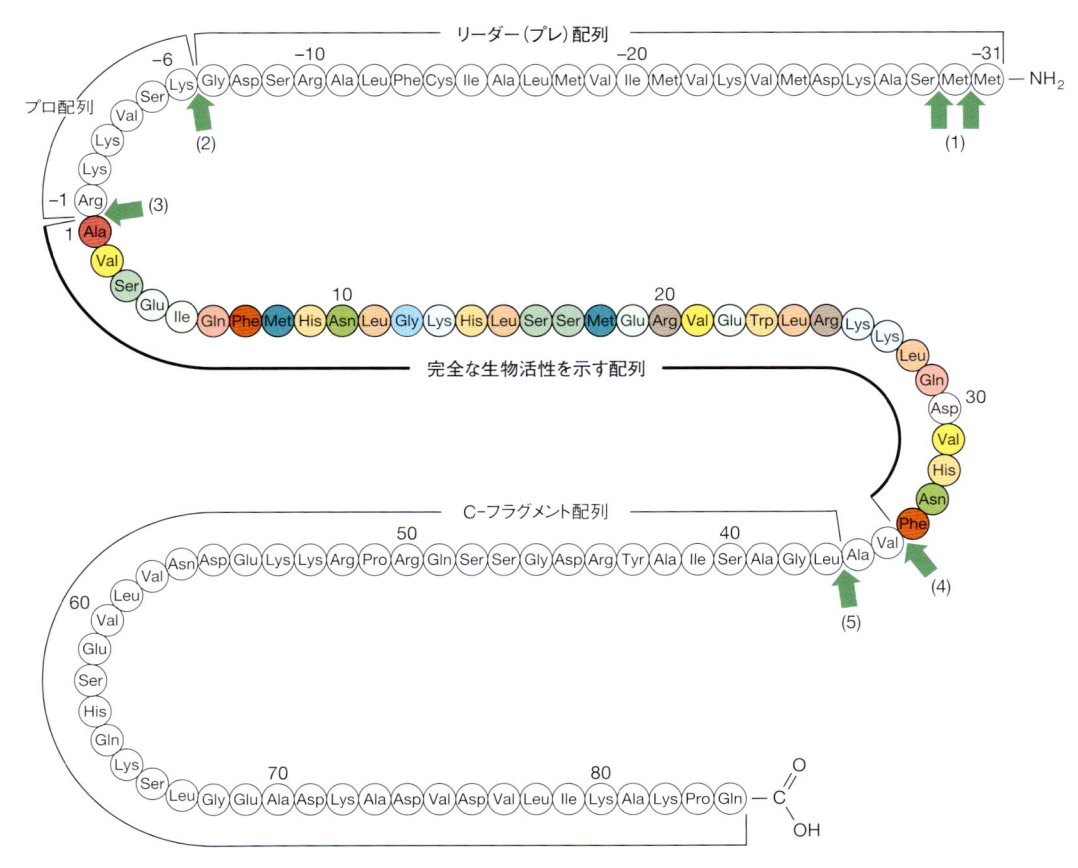

図 41-13. ウシのプレプロ副甲状腺ホルモンの構造
緑色矢印はホルモン分泌された後に，副甲状腺や肝臓で受けるプロセシング酵素による切断部位を示す（1〜5）．その分子の生物活性を有する領域に（**着色部分**），標的臓器の受容体に対する活性には必要ではない配列がついている．（Habener JF: Recent advances in parathyroid hormone research. Clin Biochem 1981;14(5):223-229 より許可を得て掲載）

る．そしてレニンを放出する生理学的な制御因子の多くは，腎臓の圧受容体を介して作用する．また傍糸球体細胞は，尿細管液中の Na^+ と Cl^- の変化にもよく反応する．このため，体液量を減少させる因子（脱水，血圧低下，体液や血液の喪失）の組み合わせによって，また NaCl 濃度の低下によって，レニンの放出が刺激される．腎臓の交感神経の終末は傍糸球体細胞にあり，レニンの放出において，中枢神経系と姿勢効果を結びつける役割がある．この交感神経の作用は，圧受容体や食塩の影響とは別個のものであり，β-アドレナリン受容体が関与する．レニンは基質であるアンギオテンシノーゲンに作用し，まずアミノ酸10残基のアンギオテンシンIを産生する．

アンギオテンシン変換酵素 angiotensin-converting enzyme（ACE）は，肺や血管内皮細胞，血漿中に存在する糖タンパク質で，アミノ酸10残基のアンギオテンシンIからカルボキシル末端のアミノ酸2残基を切り離

し，アンギオテンシンIIを産生する[1]．しかし，このステップは律速段階ではないと考えられている．アンギオテンシンIのさまざまな非ペプチド性類似化合物やその他の化合物は，アンギオテンシン変換酵素の競合阻害剤として作用し，レニン依存性の高血圧症の治療薬となっている．これらは ACE 阻害剤とよばれている．アンギオテンシンIIは非常に強力な血管作動性物質であり，細動脈を収縮させることで血圧を上昇させる．アンギオテンシンIIは傍糸球体細胞からのレニン放出を阻害する．またアンギオテンシンIIはアルドステロン合成を強力に刺激する．これらの効果は Na^+

---

1) 訳者注：ACE には肺胞II型上皮細胞に特徴的に発現する ACE2 が存在する．この酵素はアンギオテンシンIIをさらに分解するため，降圧作用をもつ．ACE2 は新型コロナウイルス（SARS-Cov-2）の受容体としてはたらいていることがわかった．（https://www.cas.org/ja/resources/cas-insights/ace2-covid-19-target 参照）．

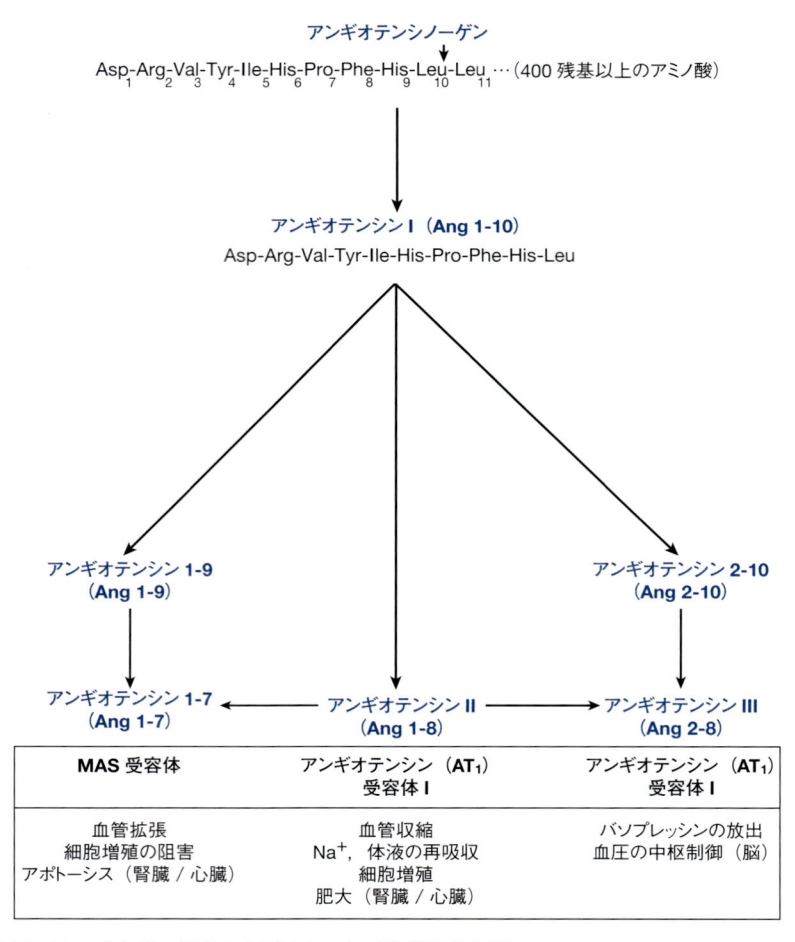

図 41-14. アンギオテンシンの生成，代謝およびいくつかの生理学的作用

アンギオテンシン（Ang）の主要な 3 つの生化学的分子型［Ang1-7, Ang1-8（AngII），Ang2-8（AngIII）］を示す．Ang のそれぞれの数字は，Ang1-10（AngI）のアミノ酸配列に対応して付けられている．すべての Ang の分子型はいくつかの異なるプロテアーゼによって触媒されるタンパク質分解によって得られる．アミノ酸 400 残基以上あるアンギオテンシノーゲン前駆体の最初のプロセシングはレニンによって触媒されるが，他のいくつかのタンパク質分解に作用するのはアンギオテンシン変換酵素 1（ACE1）と 2（ACE2）である．3 つの Ang の分子型が結合する受容体と，その生理学的作用を底部の枠内にまとめた．
＊ 訳者注：アンギオテンシン II の受容体には AT_1 と AT_2（図には示されていない）がある．AT_1 結合による生理作用がおもに血管収縮などであるのに対し，AT_2 結合による生理作用は血管拡張と，対抗する生理作用が報告されている．

保持や体液貯留につながり，結果として血圧を上昇させる．

いくつかの動物種においては，アンギオテンシン II はアミノ酸 7 残基のアンギオテンシン III に変換される（図 41-14）．アンギオテンシン III はアンギオテンシン II と同じくらい強力にアルドステロン産生を刺激する．ヒトにおいて，アンギオテンシン II の血中濃度はアンギオテンシン III の 4 倍あることから，アミノ酸 8 残基のアンギオテンシン II が作用の中心である．アンギオテンシン II とアンギオテンシン III はどちらもアンギオテンシナーゼによって急速に不活化される．

アンギオテンシン II は副腎皮質の球状帯細胞にある特異的な受容体に結合する．このアンギオテンシン II と受容体の結合ではアデニル酸シクラーゼは活性化されないことから，cAMP はアンギオテンシン II のセカンドメッセンジャーではない．アンギオテンシン II は，コレステロールをプレグネノロンに変換したり，コルチコステロンを 18-ヒドロキシコルチコステロンに変換するのを刺激する．この作用は細胞内カルシウム濃度の変化や，リン脂質代謝物の濃度変化が重要である．同様のメカニズムについては 42 章で解説する．

プレプロオピオメラノコルチン:

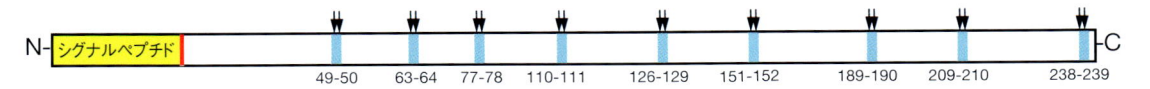

プロオピオメラノコルチン:

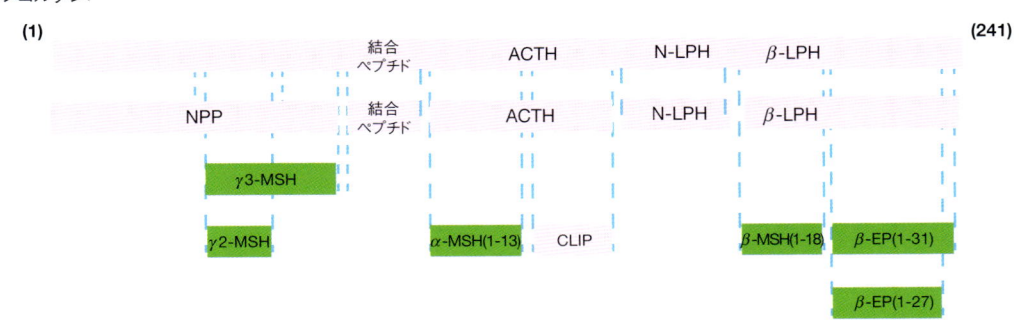

図 41-15.　プロオピオメラノコルチン（POMC）の切断によるペプチド産物
上の模式図はヒトのプレプロオピオメラノコルチンの構造である．N 末端のシグナルペプチド（黄色）と，8 つの二塩基性アミノ酸クラスター（青色），および塩基性アミノ酸が 4 つ連続したクラスター（126-129 の青色）の 1 つが示されている．アミノ酸 241 残基のプロオピオメラノコルチン中の青で示された部位は，トリプシン様酵素で切断される 9 つの部位であり（矢印），この切断によって活性型のペプチドホルモンが産生される．視床下部において産生されるペプチドホルモンは，緑とピンクの長方形で下部に示されている．（ACTH：副腎皮質刺激ホルモン，CLIP：コルチコトロピン様中葉ペプチド，EP：エンドルフィン，LPH：リポトロピン，MSH：メラニン細胞刺激ホルモン．括弧の数字は，産生されたペプチドホルモンのアミノ酸残基数を示している）

複雑なプロセシングがプロオピオメラノコルチン（POMC）に由来するペプチドファミリーをつくり出す

　POMC に由来するペプチドファミリーは，ホルモン（ACTH, LPH, MSH）や，神経伝達物質/神経調節因子（エンドルフィン）として作用する（**図 41-15**）．POMC はアミノ酸 267 残基のプレプロ前駆体分子として合成され，下垂体やその他の組織（以下に示される）のさまざまな部位で異なるプロセシングを受ける．

　POMC 遺伝子は下垂体前葉と下垂体中葉に発現している．動物種の間で最もよく保存されているアミノ酸配列はアミノ末端部分にある．それは ACTH と β-エンドルフィンの領域である．POMC と，POMC に関連するペプチド産物は，脊椎動物の下垂体以外の組織にも見られる．これらの組織は，脳，胎盤，消化管，生殖器，肺，リンパ球などである．

　POMC タンパク質は下垂体中葉よりも下垂体前葉においてさまざまなプロセシングを受ける．下垂体中葉はヒト成人においては痕跡化しているが，ヒトの胎児や妊娠後期の女性では活発に機能している．下垂体中葉は，多くの動物種においても活発に機能している．末梢組織（腸管，胎盤，男性生殖器）におけるヒト POMC タンパク質のプロセシングは，まずアミノ酸 26

残基のシグナルペプチドが切断されることが最初のステップである（49 章を参照）．POMC のシグナルペプチド切断によって 3 つのポリペプチドのグループが形成される．それは，（1）ACTH（α-MSH（1-13）とコルチコトロピン様下垂体中葉ペプチド（CLIP）を産生），（2）β-リポトロピン（β-MSH（1-18）と，2 種類の β-エンドルフィン（β-EP）：β-EP（1-31）と β-EP（1-27）を産生），（3）比較的大きな N 末端部分のペプチド（NPP，長さが異なる何種類かの γ-MSH（γ_2-MSH と γ_3-MSH）を産生）の 3 つである（図 41-15）．POMC 分子全体に塩基性アミノ酸［リシン（Lys）とアルギニン（Arg）］が対になった部位が複数存在しており，その部位で特異的なタンパク質の切断が起こり，多様性のあるペプチド産物が産生される（図 41-15）．これらのペプチドは，Lys-Arg，Arg-Lys，Arg-Arg あるいは Lys-Lys 残基の塩基性アミノ酸対によって前後を挟まれている．これらの小さなペプチドホルモンの多くは組織特異的なさまざまな修飾を受け，それが活性の強さに大きな影響を及ぼす．このペプチドホルモンの修飾には，リン酸化，アセチル化，糖付加，アミド化などがある．

　α-MSH 受容体の変異は，一般的な早期発症型の肥満症の原因である．そしてこの結果が，近年になって POMC ペプチドホルモンがふたたび注目されるよう

になったきっかけである.

ホルモンの貯蔵や分泌にも さまざまなバリエーションがある

これまで述べてきたように,ステロイドホルモンや $1,25(OH)_2-D_3$ はそれぞれの最終的な分子型に合成される.そしてこれらのホルモンは細胞内に貯蔵されずに,合成されるとすぐに分泌される.カテコールアミンは同様に活性型として合成され,副腎髄質のクロム親和性細胞の分泌顆粒に貯蔵される.そして神経による刺激に反応して,ホルモンを含んだ分泌顆粒は細胞から開口放出され,カテコールアミンは血中に放出される.クロム親和性細胞にはカテコールアミンの分泌を数時間保てるぐらいの予備的な貯蔵量がある.

PTH はホルモンを蓄える貯蔵小胞にも存在する.合成されたプロ PTH は,副甲状腺細胞のカルシウム濃度が高いときには,貯蔵小胞に最終的に蓄えられる前に 80 〜 90% は分解されてしまう(本章の PTH の部分を参照).副甲状腺細胞のカルシウム濃度が低いときに PTH が分泌される.副甲状腺細胞には PTH を数時間供給できるくらいの貯蔵量がある.

ヒトの膵臓はインスリンを 1 日に約 40 〜 50 単位分泌する.この量は膵臓の β 細胞に貯蔵される量の約 15 〜 20% である.インスリンと C ペプチド(図 41-12)は通常は同じ分泌量である.インスリン分泌を引き起こすグルコースなどの刺激は,インスリンの分泌過程に必要なステップであるプロインスリンのインスリンへのプロセシングを促進する.

甲状腺のろ胞内腔のコロイドには,T_3 と T_4 を数週間供給できるくらいの量のチログロブリンが含まれており,T_3 と T_4 は TSH の刺激によって分泌される.チログロブリンはプロホルモンとしては最も極端な例といっていいだろう.それはチログロブリンは約 5000 残基のアミノ酸で構成される巨大なタンパク質であるが,分解されるとわずか数分子から構成されている活性型

表 41-5. ホルモン貯蔵の多様性

ホルモン	細胞内の貯蔵量
ステロイド,$1,25(OH)_2-D_3$	なし
カテコールアミン,PTH	数時間
インスリン	数日間
T_3,T_4	数週間

ホルモンの T_4 と T_3 になるからである.

ホルモンの貯蔵と分泌の多様性を**表 41-5** に示す.

いくつかのホルモンは血中の 輸送タンパク質と結合して運ばれる

グループ I のホルモンは化学的な性質として疎水性であり,そのため血液には溶けにくい.これらの疎水性ホルモン(おもなものはステロイドホルモンと甲状腺ホルモン)は,特異的な血中の輸送タンパク質に結合し,それによってホルモンとして作用するための問題点を解決する.第一に,輸送タンパク質に結合することで溶解性の問題を解決し,ホルモンを標的細胞に運ぶことができる.また,輸送タンパク質にはホルモンを血中に貯蔵する役割もあり,甲状腺ホルモンの場合などはその量はかなり多い.輸送タンパク質に結合したホルモンは代謝されにくくなり,それによって血中の半減期($t_{1/2}$)は長くなる.ホルモンの輸送タンパク質への結合の強さは,結合型と非結合型の比率を決めることになる.これは重要なことで,なぜなら非結合型のホルモンだけが生物学的に活性をもつからである.一般的に非結合型のホルモンの血中濃度は極めて低く,10^{-15} から 10^{-9} mol/L の範囲である.血中輸送タンパク質と受容体を区別することは重要である.両方ともホルモンを結合するが,その性質はかなり異なる(**表 41-6**).

グループ II の親水性のホルモン(おもにペプチドホルモン)は,容易に血液に溶けるため輸送タンパク質は必要ない.インスリンや成長ホルモン,ACTH,TSH などのペプチドホルモンは遊離の活性型として血液中を流れ,その半減期は極めて短い.注目すべき例外は

表 41-6. 受容体と輸送タンパク質の比較

特 徴	受容体	輸送タンパク質
濃 度	非常に低い (数千/細胞)	非常に高い (数億/μL)
結合親和性(K_d)	高い(pmol/L から nmol/L の範囲)	低い(μmol/L 程度)
結合の特異性	非常に高い	低 い
飽 和[a]	あり	なし
可逆性[b]	あり	なし
シグナル伝達	あり	なし

[a] 結合量に限界があること.
[b] 結合と解離が可能であること.

IGF-I で，結合タンパク質ファミリーのひとつに結合して輸送される．

甲状腺ホルモンは甲状腺ホルモン結合グロブリンによって輸送される

前述した結合タンパク質の原理は，甲状腺ホルモン結合タンパク質についてもあてはまる．体内にある T_4 と T_3 の半分から3分の2は，甲状腺以外に貯蔵されている．甲状腺以外の T_4 と T_3 は結合型として血中を流れている．この甲状腺ホルモンが結合している特異的なタンパク質が**チロキシン結合グロブリン thyroxine-binding globulin（TBG）**である．TBG は分子量が約 50 kDa の糖タンパク質で，血中で 20 μg/dL の T_4 と T_3 を結合する容量がある．通常の状態では，TBG は可逆的に血中 T_4 と T_3 のほぼすべてを結合しており，TBG への結合は T_3 よりも T_4 の方が強い（**表41-7**）．そのため T_4 の血中半減期は，T_3 の血中半減期の 4〜5 倍長い．少量の非結合型の甲状腺ホルモンが生物学的活性を示す．そのため T_4 と T_3 は総量では非常に異なっているのだが，非結合型の T_3 は非結合型の T_4 とほぼ同じ量であり，T_3 が T_4 よりもより活性が強いことを考慮すると，甲状腺ホルモンの生物学的活性のほとんどは T_3 によるものと考えられる．TGB は甲状腺ホルモン以外のホルモンには結合しない．

グルココルチコイドはコルチコステロイド結合グロブリンによって輸送される

ヒドロコルチゾン（コルチゾール）もまた，血中ではタンパク質結合型と非結合型の2つの型で循環している．血中結合タンパク質の主要なものは**トランスコルチン transcortin** または**コルチコステロイド結合グロブリン corticosteroid-binding globulin（CBG）**とよばれる α-グロブリンである．CBG は肝臓でつくられ，TBG と同じように，エストロゲンによって産生は増加する．血中コルチゾールのレベルが正常範囲内の場合は，ほとんどのコルチゾールは CBG に結合しており，ごく少量のコルチゾールがアルブミンに結合している．

表 41-7. 血中の T_3 と T_4 の比較

ホルモンの総量（μg/dL）	非結合型の甲状腺ホルモン			血中半減期（日数）
	総量に対する %	（ng/dL）	（モル濃度）	
T_3　0.15	0.3	約 0.4	$0.6×10^{-11}$	1.5
T_4　8	0.03	約 2.24	$3.0×10^{-11}$	6.5

表41-8. ステロイドホルモンの血中結合タンパク質への結合の強さ

	SHBG[a]	CBG[a]
ジヒドロテストステロン	1	> 100
テストステロン	2	> 100
エストラジオール	5	> 10
エストロン	> 10	> 100
プロゲステロン	> 100	約 2
コルチゾール	> 100	約 3
コルチコステロン	> 100	約 5

CBG：コルチコステロイド結合グロブリン，SHBG：性ホルモン結合グロブリン．
[a] 結合の強さは K_d（nmol/L）として表してある．

さまざまなグルココルチコイドの生物学的半減期は，CBG への結合の強さによって変化する．コルチゾールは CBG に強く結合し，$t_{1/2}$（半減期）は 1.5〜2 時間である．一方で，コルチコステロンの CBG への結合はやや弱く，$t_{1/2}$（半減期）は 1 時間以内である（**表41-8**）．非結合型のコルチゾールは総量の約 8% であり，これが生物学的活性をもっている．CBG に結合するのはグルココルチコイドだけではない．デオキシコルチコステロンとプロゲステロンは CBG と結合し，その結合の強さはコルチゾールの CBG への結合と拮抗する．自然界で最も強力な鉱質コルチコイドであるアルドステロンには特異的な血中輸送タンパク質はない．性腺ステロイドは CBG に結合するが，結合の強さはかなり弱い（表 41-8）．

性腺ステロイドは性ホルモン結合グロブリンによって輸送される

ヒトを含めたほとんどの哺乳類には，テストステロンに特異的に結合する血中 β-グロブリンがあり，比較的高い親和性を示すが，結合能は限られている（表 41-8）．このタンパク質は一般に**性ホルモン結合グロブリン sex hormone-binding globulin（SHBG）**あるいはテストステロン-エストロゲン結合グロブリン（TEBG）とよばれ，肝臓で産生される．この産生量はエストロゲンで増加し，これが女性の方が男性よりも SHBG の血清濃度が2倍高い理由となっている．SHBG の産生量は，ある種のタイプの肝疾患や，甲状腺機能亢進症でも増加する．逆に SHBG の産生量はアンドロゲンや，加齢，甲状腺機能低下症によって減少し，これらの因子の多くは，CBG と TBG の産生量にも影響する．血中を循環しているテストステロンの 97〜99% は SHBG

とアルブミンに結合しており，残りの少量のテストステロンだけが非結合型で，生物学的な活性をもつ．SHBG のおもな機能は，非結合型の血中テストステロン濃度を制限することの可能性がある．テストステロンの SHBG への結合親和性は，エストラジオールの結合親和性よりも高い（表41-8）．そのため SHBG 濃度の変化は，非結合型のエストラジオール濃度の変化よりも，非結合型でフリーのテストステロン濃度に大きな変化をもたらす．

エストロゲンは SHBG に結合し，プロゲスチンは CBG に結合する．SHBG のエストラジオールへの結合は，SHBG がテストステロンや DHT に結合するよりも 5 倍くらい親和性が低く，一方でプロゲステロンとコルチゾールは SHBG へはほとんど結合しない（表41-8）．対照的に，プロゲステロンとコルチゾールはほぼ同じ親和性で CBG に結合する．CBG はエストラジオールへの親和性は低く，テストステロンや DHT やエストロンへはさらに親和性が低い．

これらの結合タンパク質は血中でのホルモンの貯蔵庫であり，結合能が比較的に高いことから，血中ホルモン濃度の急激な変化を抑えるはたらきがあると考えられている．これらのステロイドホルモンの代謝クリアランス率は，ホルモンの SHBG への結合の強さに反比例する．そのためエストロンはエストラジオールよりも速やかに排出され，エストラジオールはテストステロンや DHT よりも速やかに排出される．

まとめ

- 特異的な受容体が存在することで，ホルモンの標的細胞が決定される．
- 受容体は特異的なホルモンに結合するタンパク質であり，細胞内シグナルを生み出す（受容体-エフェクター共役）
- いくつかのホルモンは細胞内受容体に結合する．その他のホルモンは細胞表面の受容体に結合する．
- ホルモンはコレステロール，チロシンそれ自体，そしてペプチドやタンパク質を構成するすべてのアミノ酸など，数多くの前駆体から合成される．
- 数多くの修飾過程によってホルモンの活性は変化する．たとえば，多くのホルモンは，大きな前駆体分子から合成される．

- 特定の種類の細胞に存在する酵素群によって，特別な型のステロイドホルモンが合成される．
- 脂溶性ホルモンのほとんどは，血液中にある比較的特異性の高い輸送タンパク質に結合する．

文　献

Bain DL, Heneghan AF, Connaghan-Jones KD, Miura MT: Nuclear receptor structure: implications for function. Annu Rev Physiol 2007;69:201-220.

Bartalina L: Thyroid hormone-binding proteins: update 1994. Endocr Rev 1994;13:140-142.

Cristina Casals-Casas C, Desvergne B: Endocrine disruptors: from endocrine to metabolic disruption. Annu Rev Physiol 2011;73:135-162.

DeLuca HR: The vitamin D story: a collaborative effort of basic science and clinical medicine. FASEB J 1988;2:224-236.

Douglass J, Civelli O, Herbert E: Polyprotein gene expression: generation of diversity of neuroendocrine peptides. Annu Rev Biochem 1984;53:665-715.

Fan W, Atkins AR, Yu RT, et al: Road to exercise mimetics: targeting nuclear receptor in skeletal muscle. J Mol Endocrinol 2013;51:T87-T100.

Farooqi IS, O'Rahilly S: Monogenic obesity in humans. Annu Rev Med 2005;56:443-458.

Hah N, Kraus WL: Hormone-regulated transcriptomes: lessons learned from estrogen signaling pathways in breast cancer cells. Mol Cell Endocrinol 2014;382:652-664.

Kirwin P, Kay RG, Brouwers B, et al: Quantitative mass spectrometry for human melancortin peptides in vitro and in vivo suggests prominent roles for β-MSH and desacetyl α-MSH in energy homeostasis. 2018;17:82-97. doi: 10.1016/j.molmet.2018.08.006.

Miller WL: Molecular biology of steroid hormone biosynthesis. Endocr Rev 1988;9:295-318.

Russell DW, Wilson JD: Steroid 5 alpha-reductase: two genes/two enzymes. Annu Rev Biochem 1994;63:25-61.

Steiner DF, Smeekens SP, Ohagi S, et al: The new enzymology of precursor processing endoproteases. J Biol Chem 1992;267:23435-23438.

Taguchi A, White M: Insulin-like signaling, nutrient homeostasis, and life span. Annu Rev Physiol 2008;70:191-212.

Weikum ER, Knuesel MT, Ortlund EA, Yamamoto KR: Glucocorticoid receptor control of transcription: precision and plasticity via allostery. Nat Rev Mol Cell Biol 2017;18:159-174.

Xu Y, O'Malley BW, Elmquist JK: Brain nuclear receptors and body weight regulation. J Clin Invest 2017;127:1172-1180.

ホルモンの作用とシグナル伝達

Hormone Action & Signal Transduction

学 習 目 標
本章習得のポイント

- ホルモンが制御する生理学的過程において，刺激の役割，ホルモンの放出，シグナルの伝達，効果器の反応を説明できる．

- シグナル伝達におけるホルモン受容体と，グアノシンヌクレオチド結合性Gタンパク質の役割，とくにセカンドメッセンジャーの産生に関して説明できる．

- さまざまな生理学的な機能を発揮するための，ホルモンのシグナル伝達経路の複雑なパターンを理解する．

- ホルモンによって発揮される生理学的機能について，タンパク質-リガンド，タンパク質-タンパク質，タンパク質の翻訳後修飾，タンパク質-DNAなどの相互作用の果たす重要な役割を理解する．

- ホルモンが作用する受容体，セカンドメッセンジャー，関連するシグナル伝達分子などが，なぜ薬の開発において有望な標的になるのかを，生理学的な制御機構での役割から詳しく説明できる．

生物医学的重要性

常に変化する環境に対して，生物はおもにタンパク質の活性や量を変化させることで恒常性（ホメオスタシス）を維持している．ホルモンはこのような変化を促進する中心的な手段である．ホルモンと受容体の相互作用は細胞内シグナルを増幅させ，これが一群の遺伝子の活性をコントロールして標的細胞で特定のタンパク質の量を変化させたり，酵素，輸送体，チャネルなどの特異的なタンパク質の活性を変化させる．（細胞内）シグナルは細胞内でのタンパク質の存在場所に影響し，遺伝子発現を調節することでタンパク質合成，細胞増殖，細胞の複製などの細胞の一般的な過程に対してしばしば変化をもたらす．ホルモン以外のシグナル伝達分子（サイトカイン，インターロイキン，増殖因子，代謝物など）は，ホルモンの制御機能やシグナル伝達経路の一部を用いる．ホルモンや生体制御を行う他のシグナル伝達分子などの産生や放出が，過剰になったり欠如したりするなどの不適切な状態になると，病気の大きな原因となる．薬物治療で使われる多くの化合物は，本章で説明するシグナル伝達過程に作用したり，影響を与える．

ホルモンは生体の恒常性維持のためにシグナルを伝達する

外部からの特定の刺激に対して，生体が協調した応答を生み出すための一般的な流れについて**図42-1**に示す．外部刺激とは，生物や臓器，あるいは生体内の1つの細胞全体にとって，なにかのきっかけであり，また危険なものでもある．刺激を感知することが適応反応の最初のステップである．生物レベルでは，一般的に刺激の感知は神経系や特定の感覚（視覚，聴覚，痛覚，嗅覚，触覚）によって行われる．臓器・組織レベル，あるいは細胞レベルでは，感知は物理化学的な因子（pH，酸素分圧，温度，栄養素の供給，有害な代謝物，浸透圧）を認識することによって行われる．このような刺激を適切に感知することによって，1つあるいは複数のホルモンが放出され，それが適切な適応反応を生み出す．この説明のために，ホルモンは表41-3に示したように，特異的な受容体の存在部位と，生み出されるシグナルの種類によって分類されている．グループ I のホルモンは細胞内の受容体に結合し，グループ II のホルモンは標的細胞の細胞膜表面にある受容体に結合する．サイトカイン，インターロイキン，増殖因子も後者のカテゴリーに含めてよいだろう．これらは生体

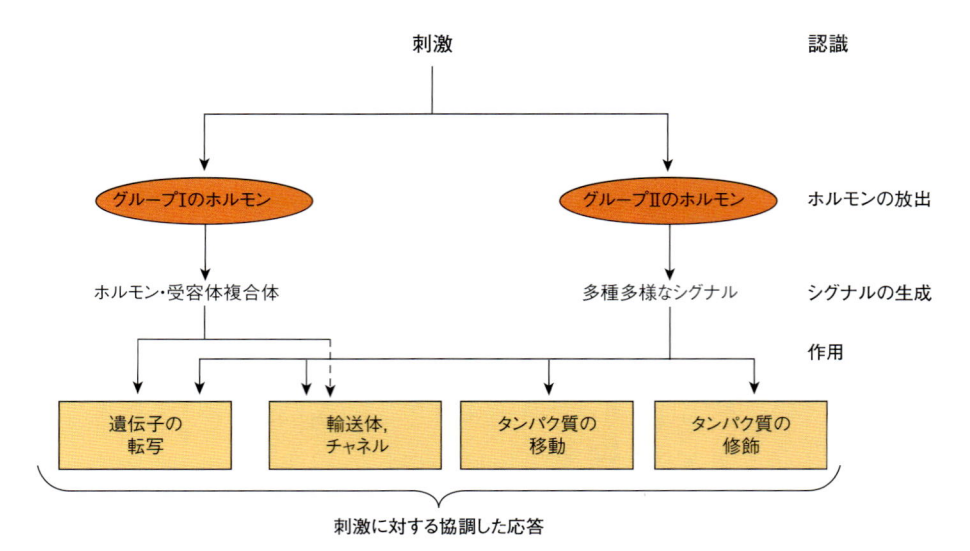

図 42-1. 外部刺激に反応するホルモンの関与
生命の維持のために，生理環境の変化や一定の刺激は，1 つまたはそれ以上のホルモンを放出させる．これらのホルモンは，標的細胞の表面，または細胞の内側でシグナルを生成し，そのシグナルがさまざまな生物学的プロセスを制御することによって，刺激やきっかけに対して適切な反応をもたらす．具体例については，図 42-8 参照．

の恒常性維持に非常に重要な分子であり，ホルモンとみなすこともできる．それはこれらの分子が，特異的な細胞で産生されること，自己分泌・傍分泌・内分泌の作用を有していること，細胞表面の受容体に結合すること，グループ II に属する古典的なホルモンと同じシグナル伝達経路の多くを活性化することなどが理由である．

ホルモンによるシグナル生成機構

リガンド–受容体の複合体がグループ I のホルモンのシグナルである

脂溶性のグループ I のホルモンはあらゆる細胞の細胞膜を通過して拡散するが，標的細胞においてのみホルモンに特異的な高親和性の細胞内受容体に遭遇する．これらの細胞内受容体は，標的細胞の細胞質や核に存在している．ホルモン–受容体複合体は最初に**活性化反応 activation reaction** を起こす．**図 42-2** に示すように，受容体の活性化は少なくとも 2 つのメカニズムで起こる．たとえばグルココルチコイドは細胞膜を通過し，標的細胞の細胞質にあるそのホルモンの受容体に結合する．受容体にホルモンが結合すると，受容体の立体構造が変化し，熱ショックタンパク質 90（hsp90 シャペロン，5 章と 49 章参照）を受容体から解離させる．これはグルココルチコイド受容体（GR）が核に移行

するのに必要なステップである．GR は核に移行するためのアミノ酸配列 nuclear localization sequence（NLS）をもっており，hsp90 が解離することでこの配列がフリーになり，受容体が細胞質から核内に移行するのが促進される．この活性化された受容体は核内に移動して**ホルモン応答配列 hormone response element（HRE）**とよばれる特定の DNA 配列に高い親和性で結合する．GR の場合，この配列はグルココルチコイド応答配列 glucocorticoid response element（GRE）である．**表 42-1** に，いくつかの HRE に共通な核酸配列を示す．リガンドが結合した DNA 結合性の受容体は，1 つ，またはそれ以上の転写共役因子タンパク質が高親和性で結合する標的である．転写共役因子タンパク質が受容体に結合すると遺伝子の転写が加速される．これとは対照的に甲状腺ホルモンやレチノイドの受容体は，細胞外液から細胞膜を通過して，直接，核に移動する．この場合，ホルモンが結合する受容体は先に HRE［この例では，甲状腺ホルモン応答配列 thyroid hormone response element（TRE）］に結合しているが，転写を活性化することはない．それはこの DNA に結合した受容体にコリプレッサー（遺伝子の発現を抑制する分子）が結合しているからである．この受容体–コリプレッサー複合体は遺伝子転写を強力に抑制する．これらの受容体にリガンドが結合すると，コリプレッサーが解離する．こうやってリガンドが結合した受容体は転写共役因子に高親和性で結合し，RNA

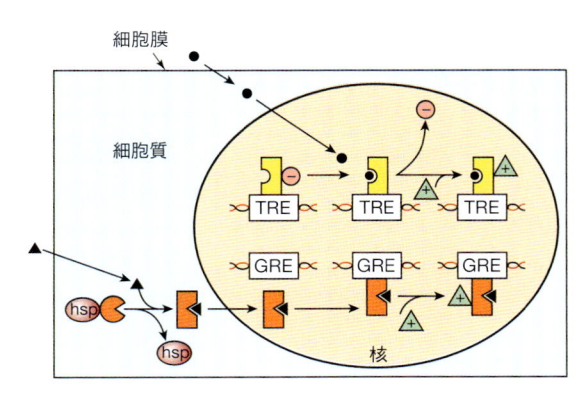

図 42-2. グループ I の 2 つの異なるホルモン（甲状腺ホルモンとグルココルチコイドホルモン）による遺伝子発現の制御

疎水性の強いステロイドホルモンは，細胞膜を通過して標的細胞の細胞質内の区画に速やかに達する．グルココルチコイドホルモン（▲）は，細胞質内で対応する受容体［グルココルチコイド受容体（GR）］と結合する．その段階で GR はシャペロンタンパク質である熱ショックタンパク質 90（hsp90）と複合体を形成している．ホルモンが結合すると hsp90 は受容体から解離し，受容体の立体構造を変化させる．受容体-リガンドの複合体は次に核膜を通過し，DNA 上のグルココルチコイド応答配列（GRE）に特異的に高い親和性で結合する．これによって，いくつかの転写補助因子（△）の構造が変化し，転写を促進する．対照的に甲状腺ホルモンとレチノイド酸（●）は直接，核に移動し，そこでは対応するヘテロ二量体型受容体（図 42-12 の TR-RXR）が，関連する転写コリプレッサー複合体（⊖）として適切な応答配列にすでに結合している．そしてホルモンが結合すると，受容体の立体構造がさらに変化し，コリプレッサー複合体が受容体から解離する．これによって受容体は，TR-TRE と活性化補助因子（コアクチベーター）からなる活性化因子（アクチベーター）複合体に形成される．こうして標的遺伝子は活発に転写される．

ポリメラーゼ II と基本転写因子 general transcription factor（GTF）を動員して遺伝子転写を活性化する．これは先に説明した GR-GRE の複合体のときと同じ反応である．ホルモン受容体と，核内受容体や補助制御因子との関係は，このあとに詳しく解説する．

　遺伝子転写に選択的に影響を与えたり，適切な標的 mRNA の合成を行うことで，特定のタンパク質の合成量や代謝過程が変化する．それぞれのホルモンによる影響は，極めて特異的である．一般的に 1 つのホルモンが標的細胞で影響を及ぼすのは，遺伝子，mRNA，タンパク質の 1% 以下である．それはときには少数の遺伝子だけ影響を受けることもある．ステロイドホルモン，甲状腺ホルモン，レチノイドホルモンの核内での作用は非常にうまく制御されている．多くの実験結果から，これらのホルモンは遺伝子転写を調節すること

表 42-1. いくつかのホルモン応答配列（HRE）の DNA 配列[a]

ホルモン/エフェクター	HRE	DNA 配列
グルココルチコイド	GRE	
プロゲスチン	PRE	GGTACA$_{NNN}$TGTTCT
ミネラルコルチコイド	MRE	
アンドロゲン	ARE	
エストロゲン	ERE	AGGTCA – TGA/TCCT
甲状腺ホルモン	TRE	
レチノイン酸	RARE	AGGTCA$_{N(1-5)}$AGGTCA
ビタミン D	VDRE	
cAMP	CRE	TGACGTCA

[a] A，G，T，C は 4 種のヌクレオチドを示す．N の位置には，4 種のうちのどの塩基が入ってもよい．反対方向に向いた矢印は，多くの HRE に見られる不完全な逆パリンドローム（回文）を示す．場合によっては，これらはそれぞれ受容体の 1 つの単量体と結合することから"半結合部位"あるいはハーフサイトともよばれる．GRE，PRE，MRE および ARE は同じ DNA 配列からなる．これらのホルモンの特異性は，リガンドやホルモン受容体の細胞内濃度，共通配列が含まれない前後の DNA 配列，その他の補助的な配列などで決定される．HRE の第二のグループには甲状腺ホルモン，エストロゲン，レチノイン酸，ビタミン D などが含まれる．これらの HRE は似通ってはいるが，向きと，ハーフパリンドロームの間の長さが違う．間の長さはホルモンの特異性を決める．VDRE（N＝3），TRE（N＝4），RARE（N＝5）は逆の繰返し配列よりも，順方向の繰返し配列に結合する．そのほかのステロイドホルモンのスーパーファミリーメンバーであるレチノイド X 受容体（RXR）は，VDR，TR，RAR とヘテロ二量体を形成し，これが DNA に結合して活性型を形成する．cAMP は CRE を介して，遺伝子の転写に影響を及ぼす．

がおもな効果であることがわかっているが，それだけでなくこれらのホルモンは"情報伝達経路"のすべてのステップに作用し，特有の遺伝子発現をコントロールして，生物学的反応を引き起こす（**図 42-3**）．これはあとで解説するように，ほかのクラスの多くのホルモンでも同じである．細胞質や細胞小器官や細胞膜へのステロイドホルモンの直接的な作用もこのあとに解説する．最近では miRNA（マイクロ RNA）や lncRNA（長鎖ノンコーディング RNA）が，多様性に富むホルモン作用のいくつかを調節していることがわかってきた．

グループ II（ペプチドとカテコールアミン）のホルモンは細胞膜上に受容体があり，細胞内メッセンジャーを利用する

　多くのホルモンは水溶性であり，特異的な輸送タンパク質はない（そのため血中半減期は短い）．そこで水溶性のホルモンは，細胞膜上にある受容体に結合することで反応を開始する（表 41-3，表 41-4 参照）．この

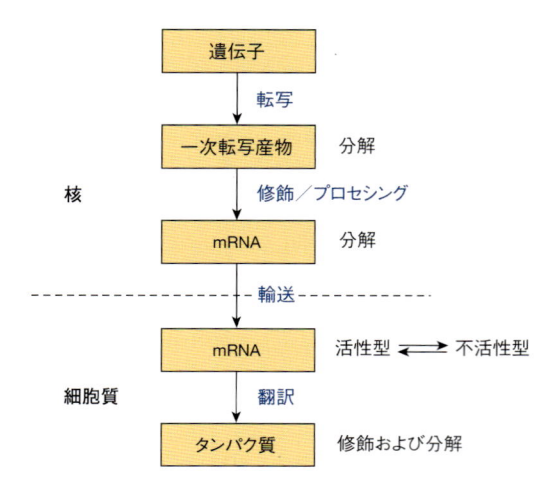

図 42-3. "情報伝達経路"
情報は遺伝子から一次転写産物，mRNA，タンパク質へと
伝えられる．ホルモンはこのステップのすべての部位に作
用して，さまざまな産生物のプロセシング，分解，あるい
は修飾の速さに影響を及ぼす．

グループのホルモンの作用メカニズムは，ホルモンが
受容体に結合したあとに生じる**細胞内シグナル intra-
cellular signal** によって最もよく説明できる．これら
のシグナルには，アデニル酸シクラーゼによって ATP
から合成されるヌクレオチドである **cAMP**（サイク
リック AMP：3′,5′-アデニル酸，図 18-5 参照），グア

ニル酸シクラーゼによって GTP から合成されるヌク
レオチドの **cGMP**，**Ca²⁺**，**ホスファチジルイノシチド**
がある．これらの小分子は，まず［1st（ファースト）］ホ
ルモン分子が受容体に結合することによって合成され
るため，**セカンドメッセンジャー second messenger** と
よばれる．多くのセカンドメッセンジャーは先の段落
で説明したように，遺伝子転写にも影響を及ぼす．そ
れとともに多くの生物学的反応にも影響を及ぼす（図
42-3 とともに，図 42-6 と図 42-8 も参照）．

Gタンパク質共役(型)受容体

多くのグループ II ホルモンは受容体に結合し，**グア
ニンヌクレオチド結合タンパク質 guanine-nucleotide
binding protein（G タンパク質 G-protein）**を介してエ
フェクターに作用する．これらの受容体は，疎水性の
強い α-ヘリックスが細胞膜を 7 回貫通する独特の構
造をしている．その構造は**図 42-4** に模式的に示すよ
うに，7 つの筒状構造がつながった状態で脂質二重層
を貫通している．このクラスの受容体は G タンパク質
を介してシグナルを伝達することから，**G タンパク質
共役(型)受容体（GPCR）**とよばれる．これまでのとこ
ろ，数百種類の GPCR 遺伝子が同定されており，ヒト
における細胞表面受容体の最大のファミリーの 1 つで
ある．そのため，非常に広範な生物学的反応が GPCR

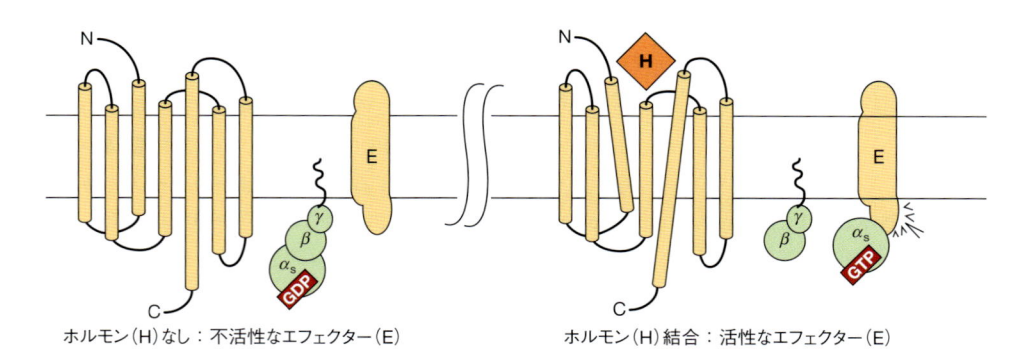

ホルモン(H)なし：不活性なエフェクター(E)　　　ホルモン(H)結合：活性なエフェクター(E)

図 42-4. ホルモン受容体-G タンパク質エフェクターを構成するシステム
受容体は G タンパク質を介してエフェクターに影響を及ぼす．G タンパク質共役(型)受容体(GPCR)は，α-ヘリックスが細
胞膜を 7 回貫通する独特な構造（図では細長い筒状）をしている．ホルモンの結合していない状態(**左**)では三量体(α, β, γ)の
G タンパク質複合体は，グアノシン二リン酸が結合した不活性型であり，おそらくは受容体と結合していない．この G タン
パク質複合体は βγ サブユニットのプレニル化された部分(**波線**)と，図には示されていないがおそらくは α サブユニットのミ
リストイル化された部分で細胞膜に固定されている．ホルモン(H)が受容体に結合すると，受容体の立体構造が変化し(傾い
た筒状の α ヘリックスで示している)，G タンパク質複合体と相互作用することで，G タンパク質は活性化される．この活性
化によって α サブユニットに結合している GDP がグアノシン三リン酸(GTP)と交換され，そうすると α サブユニットと βγ
サブユニットが解離する．α サブユニットはエフェクター (E) に結合して活性化する．E は，アデニル酸シクラーゼ，Ca²⁺,
Na⁺, Cl⁻(α サブユニットが αs の場合)や，K⁺チャネル(α サブユニットが αi の場合)，ホスホリパーゼ Cβ(α サブユニット
が αq の場合)，cGMP ホスホジエステラーゼ(α サブユニットが αt の場合)などである(表 42-3)．βγ サブユニットも E に直
接 作 用 す る 場 合 が あ る．(Becker KL: *Principles and Practice of Endocrinology and Metabolism*, 3rd ed. Philadelphia, PA:
Lippincott, 2001 より許可を得て複製)

によって起こる.

cAMPは多くの生体反応の細胞内シグナルである

　cAMP は, 哺乳類の細胞で同定された, 最初の細胞内セカンドメッセンジャーシグナルである. いくつかの成分が cAMP の合成, 分解, 作用を制御するシステムを構成する(**表 42-2**).

アデニル酸シクラーゼ

　多くのペプチドホルモンは, G タンパク質を介してアデニル酸シクラーゼの作用を調節して, cAMP の産生を刺激(s : stimulation)したり, あるいは抑制(i : inhibition)する. G タンパク質は少なくとも 10 種類あり, それぞれ異なる遺伝子によってコードされている(**表 42-3**). 刺激(s)と抑制(i)の逆の作用を示す 2 つのシステムが, 1 つの触媒分子(C)にはたらきかける. それぞれのシステムは受容体 (R_s または R_i)と調節性 G タンパク質複合体(G_s または G_i)で構成されている. G_s と G_i は両方とも α, β, γ のサブユニットからなるヘテロ三量体の G タンパク質である. G_s と G_i の α サブユニットは, 異なる遺伝子によってコードされる異なるタンパク質であり, それぞれ α_s および α_i とよばれ

る. α サブユニットはグアニンヌクレオチドに結合する. β サブユニットと γ サブユニットはほとんど常に結合しており($\beta\gamma$ 複合体), おもにヘテロ二量体として

表 42-2. グループ IIA ホルモンのサブクラス

アデニル酸シクラーゼを活性化するホルモン(H_s)	アデニル酸シクラーゼを抑制するホルモン(H_i)
ACTH(副腎皮質刺激ホルモン)	アセチルコリン
ADH(抗利尿ホルモン)	α_2-アドレナリン作動性物質
β-アドレナリン作動性物質	アンギオテンシン II
カルシトニン	ソマトスタチン
CRH(副腎皮質刺激ホルモン放出ホルモン)	
FSH(卵胞刺激ホルモン)	
グルカゴン	
hCG(ヒト絨毛性ゴナドトロピン)	
LH(黄体形成ホルモン)	
LPH(リポトロピン)	
MSH(メラニン細胞刺激ホルモン)	
PTH(副甲状腺ホルモン)	
TSH(甲状腺刺激ホルモン)	

表 42-3. G タンパク質の種類と機能[a]

種類またはファミリー	刺　激	エフェクター	効　果
G_s			
α_s	グルカゴン, β-アドレナリン作動薬	↑アデニル酸シクラーゼ ↑心臓の Ca^{2+}, Cl^-, Na^+ チャネル	糖新生, 脂肪分解, グリコーゲン分解
α_{OLF}	匂い物質	↑アデニル酸シクラーゼ	嗅覚
G_i			
$\alpha_{i-1,2,3}$	アセチルコリン, α_2-アドレナリン作動薬	↓アデニル酸シクラーゼ ↑K^+ チャネル	心拍数減少
	M_2 コリン作動薬	↓Ca^{2+} チャネル	
α_o	オピオイド, エンドルフィン	↑K^+ チャネル	神経の電気活性
α_t	光	↑cGMP ホスホジエステラーゼ	視覚
G_q			
α_q	M_1 コリン作動薬 α_1-アドレナリン作動薬	↑ホスホリパーゼ C-β1	↓筋収縮
α_{11}	α_1-アドレナリン作動薬	↑ホスホリパーゼ C-β2	↓血圧
G_{12} *			
α_{12}	トロンビン	Rho	細胞形態の変化

[a] タンパク質のアミノ酸配列をもとに分類した哺乳類の G タンパク質の 4 つの主要ファミリー(G_s, G_i, G_q, G_{12}). 各々の代表的なメンバーと, それに対して刺激するもの, エフェクター, 明らかになっている生物学的な効果を示す. アデニル酸シクラーゼには 9 つのアイソフォーム(アイソフォーム I ～ IX)が同定されている. すべてのアイソフォームは α_s によって刺激される. 一方で, α_i は V 型と VI 型のアイソフォームを阻害し, α_o は I 型と V 型のアイソフォームを阻害する. 少なくとも, 16 種類の α サブユニットが同定されている. (Becker KL: *Principles and Practice of Endocrinology and Metabolism*, 3rd ed. Philadelphia, PA: Lippincott, 2001 より許可を得て複製)
　＊ 訳者注 : G_{12} と G_{13} は類似のエフェクター, 細胞機能を示す.

機能を発揮する．ホルモンが受容体（R_s あるいは R_i）に結合すると G タンパク質の活性化が起こり，α サブユニットの GDP が GTP に置き換わり，それにともなって $\beta\gamma$ 複合体が α サブユニットから解離する．

α_s タンパク質には GTP アーゼ活性が備わっている．活性型である α_s-GTP は，GTP が GDP に加水分解されて不活性型になると，三量体の G_s 複合体（$\alpha\beta\gamma$）が再構成されて次の活性化のサイクルが始まる．**コレラ毒素 cholera toxin** と**百日咳毒素 pertussis toxin** は，それぞれ α_s と α_{i-2} の **ADP リボシル化 ADP-ribosylation** を進行させる（表 42-3）．α_s の場合，この修飾によって α_s に備わっている GTP アーゼ活性が破壊される．その結果，α_s は $\beta\gamma$ と再構成できなくなり，不可逆的に活性化状態になってしまう．α_{i-2} の ADP リボシル化は，α_{i-2} が $\beta\gamma$ から解離するのを妨げ，遊離の α_{i-2} ができなくなる．したがって百日咳毒素で処理した細胞では，α_s の活性化状態を停止するものはなくなってしまい，α_s 恒常的活性化状態となる．

G タンパク質は大きなファミリーを形成しており，それはまた GTPase のスーパーファミリーの一部である．G タンパク質ファミリーは，アミノ酸配列のホモロジーによって 4 つのサブファミリーに分けられる（表 42-3）．G タンパク質ファミリーには，21 個の α，5 つの β，8 つの γ のサブユニット遺伝子がある．これらのサブユニットがさまざまに組み合わされることによってつくり出される $\alpha\beta\gamma$ 複合体の数は膨大なものとなる．

α サブユニットと $\beta\gamma$ 複合体には，アデニル酸シクラーゼを介する作用とは別の作用がある（図 42-4，表 42-3）．α_i のなかには K^+ チャネルを刺激し，Ca^{2+} チャネルを抑制するが，α_s のいくつかは逆の作用を示す．G_q ファミリーのいくつかのメンバーはホスホリパーゼ C に属する酵素を活性化する．$\beta\gamma$ 複合体は，K^+ チャネルの刺激とホスホリパーゼ C の活性化に密接に関連している．G タンパク質はホルモンの作用に加えて，多くの重要な生物学的反応に関与する．その顕著な例が嗅覚（α_{OLF}）と視覚（α_t）である．いくつかの例を表 42-3 にまとめた．GPCR は数多くの病気にかかわっており，そのため医薬品の主要な標的である．

プロテインキナーゼ（タンパク質リン酸化酵素）

38 章で解説したように，原核細胞では，cAMP は cAMP 活性化タンパク質 cAMP activator protein（CAP）とよばれる特定のタンパク質に結合する．CAP は直接 DNA に結合し，遺伝子発現に影響する．対照的に真核細胞では，cAMP は**プロテインキナーゼ A protein kinase A（PKA）** とよばれるプロテインキナーゼに結合する．PKA はヘテロの四量体タンパク質であり，2 つの調節サブユニット（R）と，2 つの触媒サブユニット（C）からなる．PKA は四量体の複合体になると，調節サブユニットは触媒サブユニットを抑制する．cAMP が R_2C_2 からなる四量体に結合すると，次の反応が起こる．

$$4cAMP + R_2C_2 \rightleftarrows R_2\text{-}4cAMP + 2C$$

R_2C_2 複合体には酵素活性はないが，cAMP が R サブユニットに結合すると，R-C 複合体が解離し C サブユニットは活性化される（**図 42-5**）．活性化された C サブユニットは，多種類のタンパク質のセリンあるいはトレオニン残基に ATP の γ リン酸を転移させる．PKA によってリン酸化される部位の共通した配列は，-Arg Arg/Lys-X-Ser/Thr-と，-Arg-Lys-X-X-Ser-である（X

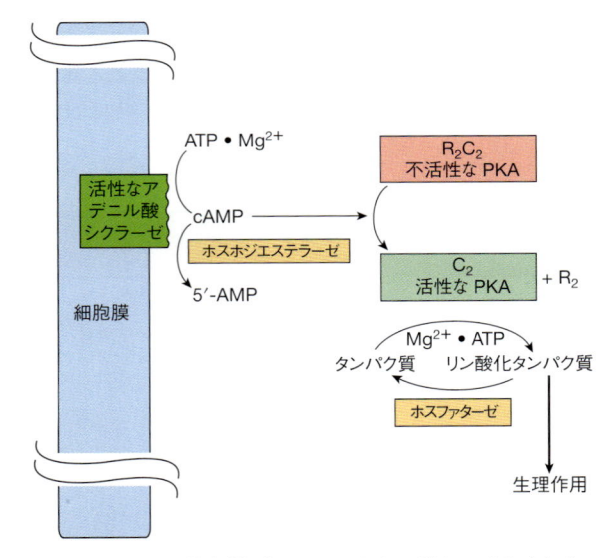

図 42-5. cAMP 依存性プロテインキナーゼ（PKA）を介したホルモンによる細胞内反応の制御
PKA は，2 つの調節サブユニット（R）と 2 つの触媒サブユニット（C）からなる R_2C_2 のヘテロ四量体として，不活性型で存在する．アデニル酸シクラーゼ（図 42-4 に示したように活性化される）の作用によって生成された cAMP は PKA の調節サブユニットに結合する．これによって，調節サブユニットと触媒サブユニットが解離し，後者が活性化される．活性化された触媒サブユニットは，多種類の標的タンパク質のセリン残基とトレオニン残基をリン酸化する．ホスファターゼは，これらのアミノ酸残基からリン酸基を外し，生理学的な反応を終結させる．またホスホジエステラーゼは，cAMP を 5′-AMP に変換することによって反応を集結させる．

はどのアミノ酸でもよい).

　歴史的にはプロテインキナーゼの活性は，"cAMP 依存性" か "cAMP 非依存性" のどちらかに分類されてきた. しかし現在では，タンパク質リン酸化は生体内に広く分布する主要な制御メカニズムであると認識されているため，この分類は変化した. 現在では数百種類のプロテインキナーゼが報告されている. これらのキナーゼは酵素活性部位のアミノ酸配列や構造が似通っているが, それぞれは特徴的な分子である. それは, サブユニットの構成, 分子量, 自己リン酸化, ATP に対する K_m 値, 基質特異性の面で多様性があるからである. キナーゼもプロテインホスファターゼ(タンパク質脱リン酸化酵素)も, 特定のキナーゼ結合タンパク質と相互作用することで作用する部位に移動する. たとえば PKA の場合, このようなターゲットタンパク質は **A キナーゼアンカータンパク質 A kinase anchoring protein**(**AKAP**)である. AKAP は PKA を基質近くに配置する足場となり, それによって PKA 活性を生理学的な基質に向かわせて, 時間空間的に生物学的作用を促進する. 一方で共通の共用タンパク質によって, 特定の生理学的反応が起こる. 多種類の AKAP が知られており, 重要なことは, AKAP は PKA やほかのキナーゼだけでなく, ホスファターゼ, ホスホジエステラーゼ(cAMP を加水分解する酵素), プロテインキナーゼの基質などにも結合することである. AKAP の多機能性は, シグナルの局在, シグナルの産生と分解の効率, 特異性, 変動性などの制御に重要である.

リン酸化タンパク質

　真核細胞での cAMP の効果はすべて, タンパク質のセリン残基とトレオニン残基でのリン酸化と脱リン酸化によって発揮されると考えられている. cAMP が発揮する効果には, ステロイド産生, 分泌, イオン輸送, 炭水化物と脂質の代謝, 酵素の誘導, 遺伝子の制御, シナプス伝達, 細胞の増殖と複製など, 幅広いものがある. これらの効果は, 特定のプロテインキナーゼや特定のホスファターゼ, あるいは特定のリン酸化基質によって制御される. 特定の基質がどこに存在するのかによって, 標的組織がどこになるかが決定され, 標的組織の細胞内で特定の反応が及ぶ範囲が決定される. たとえば, 遺伝子転写に及ぼす cAMP の効果は **cAMP 応答配列結合タンパク質 cAMP-response element binding protein**(**CREB**)によって発揮される. リン酸化を受けていない CREB が **cAMP エンハンサー配列 cAMP responsive DNA enhancer element**(**CRE**, 表

42–1 参照)に結合しても, 転写活性は弱い. しかし, PKA によって CREB の活性制御部位のアミノ酸がリン酸化されると, CREB はコアクチベーター(活性化補助因子)である **CREB 結合タンパク質 CREB-binding protein** の **CBP/p300** に結合し, 非常に強い転写活性を示すようになる(CBP/p300 については後述する). CBP とそれに似た p300 には, **ヒストンアセチルトランスフェラーゼ活性 histone acetyltransferase(HAT) activity** があり, それによってクロマチンの転写制御のコレギュレーターとして機能する(36 章, 38 章参照). 興味深いことに, CBP/p300 はある種の転写因子もアセチル化することができ, それによってこの転写因子は DNA に強く結合して転写を調節するようになる[1].

ホスホジエステラーゼ

　cAMP 濃度を増加させるホルモンによって起こる作用は, ホスホジエステラーゼによる cAMP の 5′-AMP への加水分解など, いくつかの経路で終了する(図 42–5). これらの加水分解酵素によってセカンドメッセンジャー(cAMP)の速やかな分解が起こり, ホルモンの刺激がなくなったときに生物学的な作用は速やかに終結する. ホスホジエステラーゼの酵素ファミリーには少なくとも 11 種類のメンバーがあることが知られている. これらの酵素群は cAMP や cGMP などの基質, ホルモン, カルシウム(おそらくカルモジュリンを介して作用する)などの細胞内メッセンジャーなどによって制御されている. ホスホジエステラーゼの阻害剤は細胞内の cAMP 濃度を増加させることで, ホルモンの効果を模倣したり, 長く延ばしたりする. 最もよく知られているホスホジエステラーゼの阻害剤は, カフェインのようなメチルキサンチンの誘導体である[2].

ホスホプロテインホスファターゼ
(リン酸化タンパク質脱リン酸化酵素)

　タンパク質をリン酸化することの重要性を考えると, タンパク質の脱リン酸化の制御も重要な調節機能であることは当然である(図 42–5). ホスホプロテインホスファターゼはそれ自身がリン酸化–脱リン酸化反応による制御や, そのほかのいくつかの制御(たとえば, タンパク質–タンパク質の相互作用など)を受けている.

---

　1)　訳者注：ヒストンアセチルトランスフェラーゼ(HAT)と逆に脱アセチル化する酵素があり, ヒストンデアセチラーゼ histone deacetylase(HDAC)とよぶ.
　2)　訳者注：cGMP の分解酵素(ホスホジエステラーゼ5)の阻害剤は平滑筋拡張や ED 治療薬として使われている.

実際に，ホスホセリン-ホスホトレオニンホスファター
ゼの基質特異性は，酵素とは別の調節サブユニットに
よって規定されており，このサブユニットはホルモン
によって酵素への結合が制御されている．タンパク質
の脱リン酸化による制御で最もよく研究されているも
のは，筋肉におけるグリコーゲン代謝である（図 18-6 〜
図 18-8 参照）．このグリコーゲン代謝では 2 種類の主
要な型のホスホセリン-ホスホトレオニンホスファ
ターゼが関与している．I 型のホスファターゼはおも
にホスホリラーゼキナーゼの β サブユニットを脱リン
酸化し，II 型のホスファターゼは α サブユニットを脱
リン酸化する．I 型のホスファターゼは，グリコーゲ
ン合成や，ホスホリラーゼ，ホスホリラーゼキナーゼ
の制御に関与している．このホスファターゼは，それ
自身のサブユニットのいくつかがリン酸化されること
によって制御を受けている．このリン酸化の反応は，II
型ホスファターゼの 1 つによって脱リン酸化の方向に
向かう．さらに 2 つの熱安定なタンパク質性阻害剤が
I 型ホスファターゼの活性を制御している．インヒビ
ター-1 は cAMP 依存性プロテインキナーゼによって
リン酸化されて活性化される．インヒビター-2 は不活
性型のホスファターゼのサブユニットであると考えら
れており，おそらくグリコーゲン合成キナーゼ-3 に
よってリン酸化される．ホスホチロシンを標的とする
ホスファターゼもまたシグナル伝達では重要なはたら
きをしている（図 42-8 参照）．

cGMP もまた細胞内シグナルである

cGMP はグアニル酸シクラーゼによって GTP から
合成される．グアニル酸シクラーゼには可溶型と膜結
合型があり，それぞれが特徴的な生理学的な役割を
もっている．心房組織で産生されるナトリウム利尿ペ
プチドは，ナトリウム利尿，尿量の増加，血管拡張，ア
ルドステロン分泌阻害などの作用を示す．ANP などの
ナトリウム利尿ペプチドファミリーは膜結合型のグア
ニル酸シクラーゼに結合して，酵素を活性化する．グ
アニル酸シクラーゼが活性化されると，cGMP 濃度は
50 倍くらいに上昇することもあり，これが先に記載し
た作用を引き起こす．これまでの研究成果は，cGMP
と血管拡張の関係を示唆している．ニトロプルシド，ニ
トログリセリン，一酸化窒素，亜硝酸ナトリウム，ア
ジ化ナトリウムなどの一連の化合物は，平滑筋を弛緩
させ，強力な血管拡張作用を示す．これらの化合物は
可溶型グアニル酸シクラーゼを活性化することで
cGMP 濃度を増加させる．一方，cGMP ホスホジエス

テラーゼの阻害剤［たとえば，シルデナフィル（商品名：
バイアグラ）］は，分解を抑制することで cGMP 濃度を
増加させ，cGMP の作用時間を延長させる．cGMP 濃
度が上昇すると cGMP 依存性プロテインキナーゼ
（PKG）が活性化され，それによっていくつかの平滑筋
タンパク質がリン酸化され，平滑筋の弛緩や血管拡張
がもたらされるものと考えられている．

いくつかのホルモンはカルシウムや
ホスファチジルイノシトールを介して作用する

イオン化カルシウムの Ca^{2+} は，さまざまな細胞機能
の重要な制御因子である．この細胞機能には，筋肉の
収縮，刺激-分泌の連関，血液凝固のカスケード，酵素
の活性化，膜の電気的興奮などがある．また，Ca^{2+} は
ホルモンの作用を伝える細胞内メッセンジャーでもあ
る．

カルシウムの代謝

細胞外の Ca^{2+} 濃度は約 5 mmol/L で非常に厳密に制
御されている．かなりの量のカルシウムはミトコンド
リアや小胞体などの細胞内小器官に存在しているが，
細胞質で結合していないイオン化されたカルシウム
（Ca^{2+}）の濃度は非常に低く，0.05 〜 10 μmol/L である．
このように細胞内 Ca^{2+} 濃度は大きな濃度勾配で存在
しており，膜内外の電位勾配は大きいが，Ca^{2+} は細胞
内に流入しない．細胞内の Ca^{2+} が持続的に上昇してい
ると，それは細胞には有害であるため，かなりのエネ
ルギーを使ってでも細胞内 Ca^{2+} 濃度を適切なレベル
に保っている．Ca^{2+} に対して高容量であるが低親和性
である Na^+/Ca^{2+} 交換輸送体のシステムが，Ca^{2+} を細
胞外に排出する．細胞にはまた Ca^{2+}/プロトン ATPase
依存性ポンプが存在し，H^+ と交換に Ca^{2+} を排出する．
このポンプは Ca^{2+} に対して高親和性であるが低容量
であり，細胞質の Ca^{2+} 濃度を極めて厳密に制御する役
割があると考えられている．さらに Ca^{2+}-ATPase は
Ca^{2+} を細胞質から小胞体内腔に送り込む．細胞質の
Ca^{2+} 濃度を変化させる仕組みは 3 つある．それは，
（1）いくつかのホルモン（グループ IIC，表 41-3）は受
容体に結合し，この受容体自体が Ca^{2+} チャネルであ
り，Ca^{2+} の膜透過性を高め細胞内への Ca^{2+} 流入を増
加させる．また，（2）ホルモンが細胞膜の膜電位を変
化させて Ca^{2+} 流入を間接的に促進する．そして，
（3）イノシトールトリスリン酸により Ca^{2+} を小胞体
から，そしておそらくミトコンドリアの貯蔵から，移
動させることである．

カルモジュリン

Ca^{2+}が作用する細胞内の標的分子を見つけることは，Ca^{2+}とホルモンの作用を結び付けるうえで重要である．ホスホジエステラーゼ活性をCa^{2+}依存的に制御する因子の発見は，Ca^{2+}とcAMPが細胞内でどのように相互作用するのかを広く理解するための基礎である．カルモジュリンは分子量が17 kDaの Ca 依存性の制御タンパク質で，構造と機能が筋肉のタンパク質であるトロポニン C に類似している．カルモジュリンには4つのCa^{2+}結合部位があり，これらの部位がCa^{2+}によってすべて占有されると著しい構造変化が起こり，それによってカルモジュリンは酵素やイオンチャネルを活性化するようになる．Ca^{2+}がカルモジュリンに結合すると，その活性は変化するが，それはちょうどcAMP が PKA に結合して PKA を活性化するのと概念的によく似ている．カルモジュリンは複合タンパク質の数多いサブユニットのうちの1つであり，とくにさまざまなキナーゼや，サイクリックヌクレオチドの合成と分解に関与する酵素群を制御する．Ca^{2+}によって（おそらくはカルモジュリンを介してと思われるが）直接的にあるいは間接的に制御を受ける酵素群の一部を**表 42-4**に示す．

Ca^{2+}/カルモジュリンは酵素やイオンチャネルへの効果とともに，細胞の多くの構造的な要素の活性を制御している．これらの制御はたとえば，β-アドレナリンが支配する平滑筋のアクチン-ミオシン複合体や，細胞の動きを含めた非収縮性の細胞におけるさまざまな

ミクロフィラメントを介した作用，細胞の立体構造の変化，細胞分裂，顆粒の放出，エンドサイトーシスなどがある．

カルシウムはホルモンの作用を伝達する

Ca^{2+}がホルモンの作用に重要な役割を果たしていることは，次のような実験結果から示唆されている．（1）Ca^{2+}を含まない培地を使ったときや，細胞内カルシウムが枯渇しているときには，多くのホルモンの効果は鈍くなる，（2）細胞膜でCa^{2+}を選択的に透過させるイオノホアの A23187 などで処理すると，細胞質でCa^{2+}が上昇するのと同じ効果を示す，（3）多くのホルモンは細胞からのカルシウム流出に影響を与えている．さらに，図 18-6 および図 18-7 に示した（バソプレッシンや，β-アドレナリン作動性のカテコールアミンによる）肝臓におけるグリコーゲン代謝の制御も，Ca^{2+}がホルモンの作用に重要な役割を果たしていることを示している．生体内の代謝活動に重要な酵素は，Ca^{2+}やリン酸化（またはその両方）によって制御されている．これらの酵素とは，グリコーゲンシンターゼ，ピルビン酸キナーゼ，ピルビン酸カルボキシラーゼ，グリセロール-3-リン酸デヒドロゲナーゼ，ピルビン酸デヒドロゲナーゼなどである（図 19-1 参照）．

ホスファチジルイノシトールの代謝はCa^{2+}依存性のホルモンの作用に影響する

細胞膜上のホルモン受容体と，細胞内のCa^{2+}チャネルとの間の連絡には，なんらかのシグナルが必要である．これはホスファチジルイノシトールの代謝産物によって行われる．細胞表面の受容体（たとえば，アセチルコリン，抗利尿ホルモン，α_1型のカテコールアミンなどの受容体）に対応するリガンドが結合すると，ホスホリパーゼ C が強力に活性化される．ホスホリパーゼ C の受容体への結合と活性化は，G タンパク質のアイソフォームである G_q を介して行われる（表 42-3 および**図 42-6**）．ホスホリパーゼ C はホスファチジルイノシトール 4,5-ビスリン酸を，**イノシトールトリスリン酸**（イノシトール三リン酸）**inositol trisphosphate**（IP_3）と **1,2-ジアシルグリセロール 1,2-diacylglycerol**（ジアシルグリセロール，**DAG**）に加水分解する（**図 42-7**）．ジアシルグリセロールはそれ自体が**プロテインキナーゼ C protein kinase C**（**PKC**）★を活性化できる．PKC の活性もまた Ca^{2+} 依存性である（21 章と図 24-1，図 24-2，図 55-1 参照）．IP_3 は細胞内の特異的な受容体と結合することによって，小胞体のカルシウム貯蔵

表 42-4. カルシウムおよびカルモジュリンによって制御されるいくつかの酵素とタンパク質

- アデニル酸シクラーゼ
- Ca^{2+}-依存性プロテインキナーゼ
- Ca^{2+}-Mg^{2+}-ATPase
- Ca^{2+}-リン脂質依存性プロテインキナーゼ
- サイクリックヌクレオチドホスホジエステラーゼ
- いくつかの細胞骨格タンパク質
- いくつかのイオンチャネル（たとえば，L 型カルシウムチャネル）
- NO シンターゼ
- ホスホリラーゼキナーゼ
- ホスホプロテインホスファターゼ 2B
- いくつかの受容体（たとえば，NMDA 型グルタミン酸受容体）

NMDA：N-メチル-D-アスパラギン酸受容体

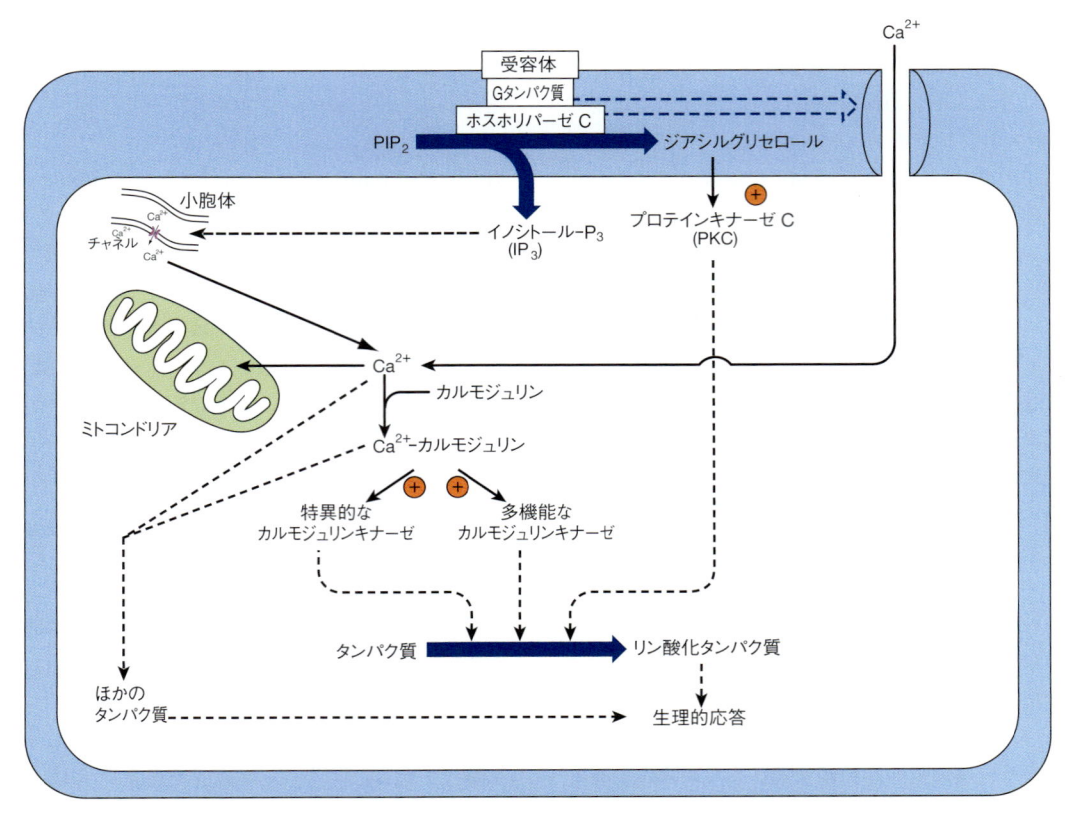

図 42-6. いくつかのホルモン−受容体の結合はホスホリパーゼ C(PLC)の活性化をもたらす

PLC の活性化には特定の G タンパク質が関与している．この G タンパク質は，カルシウムチャネルを活性化する．ホスホリパーゼ C は，PIP_2(ホスファチジルトール 4,5-ビスリン酸，図 42-7)イノシトールトリスリン酸(IP_3)*を生成し，それが細胞内に貯蔵された Ca^{2+} と，プロテインキナーゼ C(PKC)の強力なアクチベーターであるジアシルグリセロール(DAG)を放出する．この模式図では，活性化された PKC は特定の基質をリン酸化し，それが次に生理学的な反応を変化させる．同様に，Ca^{2+}-カルモジュリン複合体は特定のキナーゼを活性化する（ここではそのうちの 2 つを示してある）．この活性化によって基質のリン酸化が起こり，生理学的な反応に変化をもたらす．またこの図では，電位依存性 Ca^{2+} チャネルや，リガンド依存性の Ca^{2+} チャネルを介して，Ca^{2+} が細胞内に流入することを示している．細胞内$[Ca^{2+}]$は，ミトコンドリアや小胞体によって貯蔵と放出が制御されることも示している．（JH Exton より許可を得て掲載）

＊訳者注：イノシトールトリスリン酸(IP_3)の受容体を単離構造決定したのは，御子柴克彦(東京大学)らの日本人グループである．

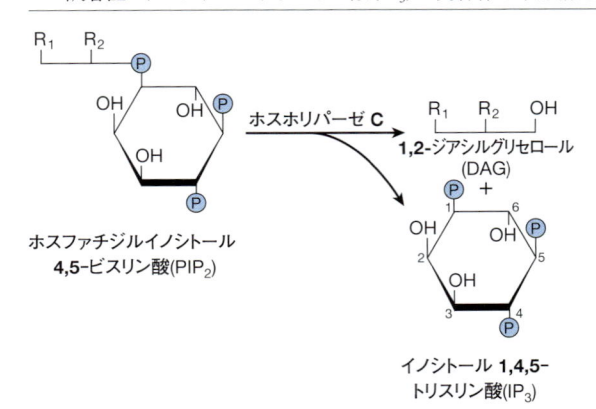

図 42-7. ホスホリパーゼ C は PIP_2 をジアシルグリセロールとイノシトールトリスリン酸に切断する

R_1 は通常ステアリン酸で，R_2 は通常アラキドン酸である．IP_3 は脱リン酸化されて不活性型の $I-1,4-P_2$ になるか，リン酸化されて非常に活性の強い $I-1,3,4,5-P_4$ になる．

★ プロテインキナーゼ C

タンパク質リン酸化酵素の代表的な 1 つであるプロテインキナーゼ C(PKC)を発見したのは，西塚泰美 (元 神戸大学)である．さらに西塚らは，PKC がジアシルグリセロールによって活性化されることを見出し，ホスファチジルイノシトール代謝との関連など，新たな細胞内情報伝達系を明らかにした．西塚が 1984 年に書いた *Nature* の総説 "The role of protein kinase C in cell surface signal transduction and tumour promotion" [*Nature*, **308**, 693-698(1984)]は 1980 年代に世界で最も引用された論文であり（総引用数は 1 万にのぼる），いまでも不滅の輝きを保っている．西塚は 2004 年 11 月，学会中に脳出血で倒れ，そのまま帰らぬ人となってしまった．もし，もう少し長く生きられていたら，さらに大きな研究が発展したことだろう．まことに惜しいことである．

部位から Ca^{2+} を放出させる．このように，ホスファチジルイノシトール 4,5-ビスリン酸の加水分解によって PKC は活性化され，細胞質の Ca^{2+} 濃度を上昇させる．図 42-4 に示したように，G タンパク質の活性化は Ca^{2+} チャネルに直接作用を及ぼす．その結果，細胞内の Ca^{2+} は Ca^{2+}-カルモジュリン依存性キナーゼや，その他の多くの Ca^{2+}-カルモジュリン依存性の酵素を活性化する．

　ステロイドの合成を促進する物質（副腎皮質の ACTH や cAMP：副腎球状層のアンギオテンシン II，K^+，セロトニン，ACTH，cAMP：卵巣の LH，精巣ライディッヒ細胞の LH と cAMP）は，それぞれの標的組織において，ホスファチジン酸，ホスファチジルイノシトール，ポリホスホイノシチドの含量が増加することと密接に関連している（21 章参照）．21 章にはそのほかの例が解説されている．

　Ca^{2+} と，ポリホスホイノシチドの分解産物が，ホルモンの作用でどのような役割を果たしているのかは，図 42-6 に示した．この模式図では，活性化されたプロテインキナーゼ C が特定の基質をリン酸化し，それが次に生理学的な作用を変化させる．同じように，Ca^{2+}-カルモジュリン複合体は特定のキナーゼを活性化し，このキナーゼが基質を修飾することによって生理学的な反応を変化させる．

いくつかのホルモンはプロテインキナーゼのカスケードを介して作用する

　PKA，PKC や Ca^{2+}-カルモジュリン依存性キナーゼ Ca^{2+}-calmodulin-dependent kinase（**CaMK**）など，（サブユニット構造ではなく）1 つのタンパク質からなるキナーゼは，標的タンパク質のセリンあるいはトレオニン残基をリン酸化することで，ホルモンの作用に重要な役割を果たす．上皮増殖因子（EGF）受容体がチロシンキナーゼ活性をもち，リガンドである EGF が結合することによって活性化されるという発見は，重要なブレークスルーであった．インスリン受容体およびインスリン様成長因子 I（IGF-1）受容体もまたリガンド結合によって受容体のチロシンキナーゼは活性化される．いくつかの受容体（そのリガンドは，一般的に細胞増殖や細胞分化，炎症反応などをコントロールする）はチロシンキナーゼ活性をもつか，チロシンキナーゼのタンパク質に強く結合する．このクラスのホルモン作用について，もう 1 つ特徴的なことは，これらのキナーゼはチロシン残基をリン酸化する傾向が強く，そしてチロシンのリン酸化は哺乳類の細胞においてはまれだ

ということである（アミノ酸のリン酸化全体の 0.03% 以下）．第三の特徴は，チロシンのリン酸化を起こすリガンド−受容体の結合が，数種類のプロテインキナーゼやホスファターゼ，そしてその他の制御タンパク質を含む，一連のカスケード反応を開始することである．

インスリンは数種類のキナーゼからなるカスケード反応によってシグナルを伝達する

　インスリン insulin，上皮増殖因子 epidermal growth factor（EGF），IGF-I 受容体 insulin-like growth factor 1（IGF-I）receptor の細胞内ドメインにはチロシンキナーゼ活性がある．このチロシンキナーゼ活性は，リガンドが対応する受容体に結合したときに活性化される．そのあと受容体は，受容体自身のチロシン残基を自己リン酸化し，このリン酸化が複雑なさまざまな反応を開始する（**図 42-8** に簡単にまとめてある）．リン酸化されたインスリン受容体は次に**インスリン受容体基質 insulin receptor substrate**（この分子には少なくとも 4 種類あり，**IRS 1 ～ 4** とよばれている）のチロシン残基をリン酸化する．リン酸化された IRS は，インスリンの異なる効果を伝達するさまざまなタンパク質の **SH2**（**Src ホモロジー 2**）ドメインに結合する．これらのタンパク質の 1 つである PI-3 キナーゼは，いくつかの分子 ［ホスホイノシチド依存性キナーゼ phosphoinositide-dependent kinase 1（PDK1）などがある］を活性化して，インスリン受容体の活性化とインスリンの作用とを結び付ける．次に PDK1 はいくつかの他のキナーゼ類（**PKB** または **AKT** ともよばれる），**SKG**，**aPKC** などがある）を介してシグナルを拡散させる（これらのキナーゼの言葉の意味や拡張略号については図 42-8 の説明を参照）．PDK1 から下流にある別の経路には，**p70S6K** と，おそらくはまだ同定されていない別のキナーゼが含まれている．第二の主要な経路には **mTOR** が含まれている．この酵素はアミノ酸の濃度やインスリンによって直接制御されていて，p70S6K の活性に必要である．mTOR シグナル伝達系は，PDK1 からの下流において，PKB か p70S6K の経路のどちらに枝分かれしていくのかを決定する．タンパク質の転移，酵素の活性化，インスリンによる代謝に関連した遺伝子の制御が，これらの経路に含まれている（図 42-8）．もう 1 つの SH2 ドメインを有するタンパク質は **GRB2** である．GRB2 は IRS-1 に結合し，いくつかのタンパク質のチロシンをリン酸化する．その結果，トレオニン/セリンキナーゼのカスケードを活性化する．このインスリン−受容体の結合がどのようにしてマイ

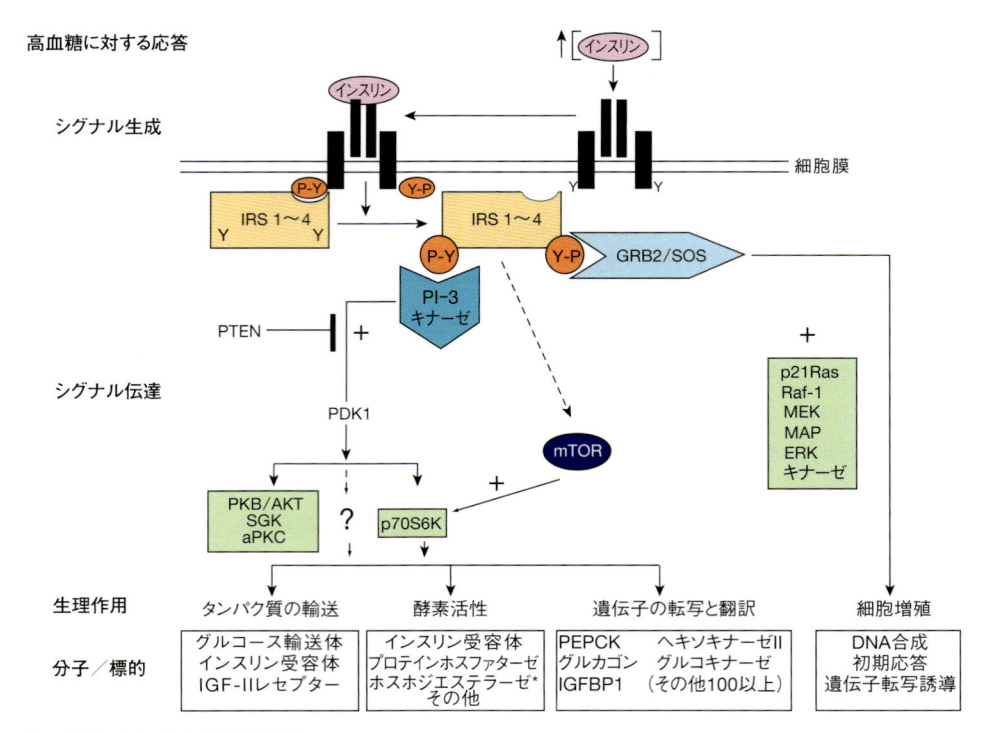

図 42-8. インスリンのシグナル伝達経路

この経路は，図 42-1 に概略を示した"認識 → ホルモン分泌 → シグナル生成 → 作用"の概念を表す好例である．インスリンは，高血糖に反応して膵臓 β 細胞から血流中へ分泌される．インスリンが標的細胞の細胞膜に存在するヘテロ四量体の特異的なインスリン受容体（IR）に結合すると，細胞内の種々の反応が連鎖的に起こる．まず，インスリン受容体のもつ内在性のチロシンキナーゼ活性が活性化され，初期反応が開始される．その結果，受容体のチロシン（Y）のリン酸化（特定の Y 残基のY-P への変換）が促進される．次いで 1 つまたは複数のインスリン受容体基質（IRS）分子（IRS1 ～ 4）が，チロシンリン酸化された受容体に結合し，それ自体もとくにチロシンがリン酸化される．IRS タンパク質は，N 末端の PH（プレクストリン相同）ドメインおよび PTB（リン酸化チロシン結合）ドメインを介して活性化された IR と反応する．IR と結合した IRS タンパク質はチロシンがリン酸化され，生じた Y-P 残基がさらにいくつかのシグナルタンパク質（たとえば PI-3 キナーゼ，GRB2 およびmTOR）に対する結合部位となる．GRB2 と PI3K は，それらの SH（*Src* 相同）ドメインを介して IRS の Y-P 残基に結合する．IRS-Y-P 残基への結合により，GTPase，プロテインキナーゼ，そして脂質キナーゼのような細胞内の多くのシグナル分子の活性を刺激する．これら酵素のすべては，インスリンの代謝作用に重要な役割を担っている．よく調べられている 2 種の経路を図示した．具体的には，IRS 分子（おそらく IRS-2 と考えられる）がリン酸化されると，脂質キナーゼ，PI-3 キナーゼと結合し，これらが活性化される．PI-3 キナーゼは"セカンドメッセンジャー"分子としてはたらく新たなイノシトール脂質を生成する．今度はこれらが PDK1 を活性化し，次いでプロテインキナーゼ B（PKB あるいは AKT），SGK，および aPKC などの，さまざまな下流のシグナル分子を活性化する．また別の経路には p70S6K と，おそらくまだ同定されていないほかのキナーゼの活性化がかかわっている．次は，IRS（おそらく IRS-1）がリン酸化された結果，GRB2/mSOS との結合が起こり，低分子量 GTPase，p21Ras を活性化する．そして p21Ras は，Raf-1，MEK および p42/p44 MAP キナーゼのアイソフォームを活性化するプロテインキナーゼカスケードを開始する．これらのプロテインキナーゼは，数種の細胞タイプの増殖や分化にとって重要な調節をしている．mTOR 経路は，p70S6K を活性化するまた別の方法で，インスリン作用と同様，栄養素によるシグナリングと関係しているようである．これらのカスケードは，図中に（タンパク質輸送，タンパク質/酵素活性，遺伝子転写，細胞増殖と）示したように，さまざまな生理的過程に影響を及ぼすものと考えられる．すべてのリン酸化反応は，特異的なホスファターゼの作用によって可逆化できる．たとえば，脂質ホスファターゼ，PTEN は PI-3 キナーゼ反応の生成物を脱リン酸し，そのため，その経路に対抗的にはたらいてシグナルが終結する．図中には，インスリンの主要な作用の代表的なものを，各々の四角の枠内に示してある．＊ は，ホスホジエステラーゼの活性化や細胞内 cAMP レベルの低下によって，インスリンが多くの酵素の活性に間接的に影響することを示している．[**略号**] aPKC：非定型プロテインキナーゼ，GRB2：増殖因子受容体結合タンパク質，IGFBP：インスリン様成長因子結合タンパク質，IRS 1 ～ 4：インスリン受容体基質アイソフォーム 1 ～ 4，MAP キナーゼ：マイトジェン（分裂促進）因子活性化タンパク質キナーゼ，MEK：MAP キナーゼ（MAPK）/細胞外シグナル調節キナーゼ（ERK キナーゼ），SOS：哺乳類のセブンレスの息子（son of sevenless）タンパク質，mTOR：哺乳類のラパマイシン標的タンパク質，p70S6K：70 kDa リボソーム S6 キナーゼ，PDK1：ホスホイノシチド依存性キナーゼ，PI-3 キナーゼ：ホスファチジルイノシトール 3-キナーゼ，PKB：プロテインキナーゼ B，PTEN：10 番染色体上ホスファターゼ・テンシン・ホモログ，SGK：血漿/グルココルチコイド調節キナーゼ．

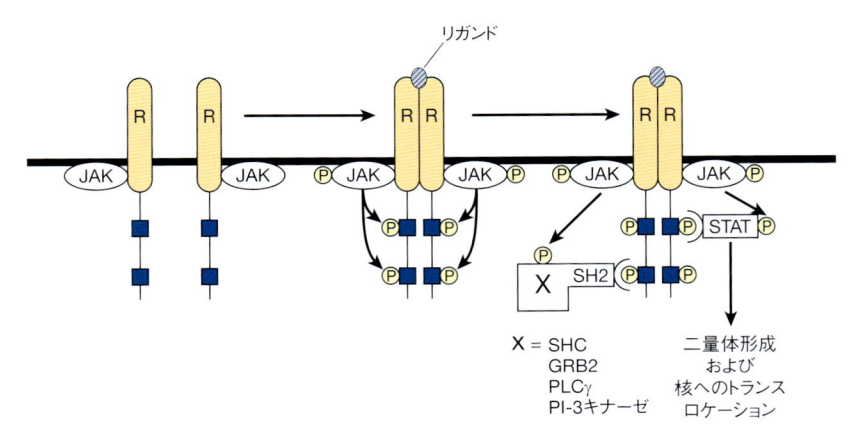

図42-9. キナーゼ(JAK)と結合した受容体によるシグナル伝達の開始

プロラクチン，成長ホルモン，インターフェロン，サイトカインなどに結合する受容体(R)は内在性のチロシンキナーゼを欠いている．リガンドが結合すると，これらの受容体は二量体化して，不活性な状態で結合しているプロテインキナーゼ(JAK1，JAK2，TYK)はリン酸化を受ける．リン酸化されたJAKは活性状態となり，受容体のチロシン残基の部分がリン酸化を受ける．STATタンパク質はリン酸化された受容体と相互作用し，リン酸化JAK ⓟ によってSTATタンパク質自身がリン酸化される．リン酸化されたSTATタンパク質，STAT ⓟ は二量体化して核に移行し，特定のDNA配列に結合して転写を制御する．受容体のリン酸化チロシン残基はまた，SH2ドメインを含んだいくつかのタンパク質(X-SH2)に結合し，(SHCやGRB2を介して)MAPキナーゼ経路が活性化されたり，PLCγやPI-3キナーゼが活性化される．

トジェン（分裂促進）因子活性化タンパク質キナーゼ mitogen-activated protein kinase（**MAPK**）経路を活性化するのかを示した経路と，インスリンによる同化作用は，図42-8にまとめている．多くのこれらの結合タンパク質，キナーゼ，ホスファターゼの正確な役割については現在でも熱心に研究が行われている．

JAK-STAT経路はホルモンやサイトカインによって用いられる

チロシンキナーゼの活性化によってリン酸化や脱リン酸化のカスケード反応は開始する．このカスケード反応には複数のほかのプロテインキナーゼ活性や，それと釣り合いを保つようにホスファターゼ活性が関与する．このプロテインキナーゼとホスファターゼによる2つのメカニズムが，カスケード反応の開始となっている．いくつかのホルモン（成長ホルモン，プロラクチン，エリスロポエチン，サイトカインなど）はチロシンキナーゼを活性化することでホルモン作用を開始する．しかしこのチロシンキナーゼの活性化はホルモン受容体そのものが行うのではない．ホルモンと受容体が結合すると，これが**細胞質プロテインチロシンキナーゼ cytoplasmic protein tyrosine kinase［ヤヌスキナーゼ 1, 2 Janus kinase 1 and 2（JAK1，JAK2）や，チロシンキナーゼ 2 tyrosine kinase 2（TYK2）など］**に結合して活性化する．

これらのキナーゼはいくつかの細胞質タンパク質を

リン酸化し，リン酸化されたタンパク質が次にSH2領域への結合を介して，他の結合タンパク質と相互作用する．このような相互作用によって**STAT（signal transducers and activators of transcription）**とよばれる細胞質タンパク質ファミリーの活性化が起こる．リン酸化されたSTATタンパク質は二量体となって核内に移行し，インターフェロン応答配列(IRE)などの特定のDNA配列に結合し，転写を活性化する．**図42-9**はこの模式図である．その他のSH2領域への結合によって，PI-3キナーゼやMAPキナーゼ経路（SHCあるいはGRB2を介して）が活性化される．またGタンパク質が活性化されてホスホリパーゼCの活性化が起こり，ジアシルグリセロールの産生や，プロテインキナーゼCの活性化が起こる．異なるホルモンがこれらのさまざまなシグナル伝達経路を活性化するときには，情報の"クロストーク"が起こると考えられている．

NF-κB経路はグルココルチコイドによって制御されている

DNAに結合する転写因子の**NF-κB**は，一般的には**p50** と **p65** と2つのサブユニットからなるヘテロ二量体の複合体である（**図42-10**）．通常の状態ではNF-κBはIκB（NF-κBの阻害因子）のメンバーと結合して，転写不活性な状態で，核から離されて細胞質に存在している．細胞外からの刺激（たとえば，炎症誘発性サイトカイン，活性酸素種，分裂促進因子など）は，**IKK(IκB**

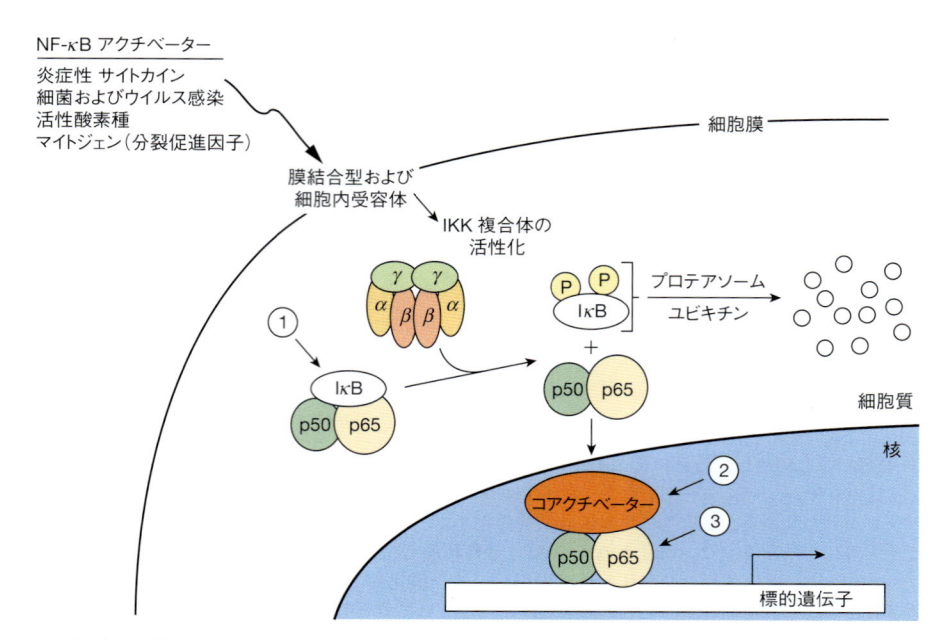

図 42-10. NF-κB 経路の調節

NF-κB は p50 と p65 の 2 つのサブユニットからなる．NF-κB は核に存在するときには炎症反応に関与する多数の遺伝子の転写を制御する．NF-κB は，NF-κB の阻害因子である IκB が結合していると核に移行するのが妨げられる．IκB は NF-κB の核移行シグナルに結合して，それを覆い隠している．この細胞質タンパク質の IκB は，サイトカインや活性酸素種，マイトジェン（分裂促進因子）によって活性される IKK 複合体によってリン酸化を受ける．リン酸化を受けた IκB はユビキチン化を受け，分解され，それによって NF-κB から離れる．遊離となった NF-κB は核に移行する．強力な抗炎症分子であるグルココルチコイドは，図中に①②③で示したように，少なくとも 3 つの段階に影響を与えると考えられている．

キナーゼ)**複合体**を活性化する．IKK 複合体は α，β，γ のサブユニットからなるヘテロ六量体である．活性化された IKK は IκB の 2 箇所のセリン残基をリン酸化する．このリン酸化によって，IκB はポリユビキチン化の標的となり，そのあとプロテアソームによって分解されてしまう．IκB が分解されると，NF-κB は遊離型となり核に移行し，そこで多種類の遺伝子エンハンサーに結合し，転写を活性化する．とくに**炎症反応 inflammatory response** に関する遺伝子群が活性化される．NF-κB による転写活性は，CREB 結合タンパク質(CBP)などのさまざまな転写補助因子によって制御されている(図 42-13 参照)．

　グルココルチコイドホルモン glucocorticoid hormone は，さまざまな炎症性や免疫性の疾患の治療薬として広く使われている．グルココルチコイドの抗炎症作用や免疫調節作用の一部は，NF-κB が阻害されたことによる反応から説明できる．グルココルチコイドによる NF-κB の阻害には 3 つのメカニズムが考えられている．それは，(1) グルココルチコイドが IκB の mRNA を増加させて，IκB のタンパク質を増やし，これによって NF-κB が細胞質にとどまった状態にする，

(2) NF-κB がコアクチベーターに結合するのを，グルココルチコイド受容体が拮抗する，(3) グルココルチコイド受容体が NF-κB の p65 サブユニットに直接結合して，NF-κB の活性を阻害する，などである (図 42-10).

ホルモンは転写を調節することで，特定の生物学的な効果に影響を与える

　先に解説したように，ホルモンによって引き起こされたシグナルは，細胞が生理学的な変化に効果的に適応できるようになる (図 42-1 参照)．この適応反応は特定の遺伝子の転写効率を変化させることによって行われる．ホルモンがどのようにして遺伝子の転写に影響を及ぼすのかについては，多くの異なった観察結果をもとにして，最新の考え方が提唱されている．そのなかのいくつかは次のようなものである．(1) 活発に転写されている遺伝子はクロマチンが"開いた"領域にある．クロマチンが"開いた"領域とは実験的にデオキシリボヌクレアーゼ I (DNaseI) による分解を受けやす

く，ある種のヒストン PTM（ヒストンマーカー）を含んでいる．（2）遺伝子には制御領域があり，転写因子はこの領域に結合して転写の効率（開始，プロモータークリアランス，伸長）を変化させる（36 章と 38 章参照）．（3）ホルモン-受容体の複合体は転写因子の 1 つである．受容体が結合する DNA 配列は **HRE**（例として表 42-1）とよばれている．（4）これらとは別に，ほかのホルモンによって産生されたシグナルは転写因子の局在，量，活性を変化させることによって，制御配列や応答配列への結合に変化を与える．（5）核内受容体の大きなスーパーファミリーのメンバーは，先に解説されたホルモン受容体と協働して（あるいは似通った方法で）作用する．（6）これらの核内受容体は別の大きなグループである補助制御因子と相互作用して，特定の遺伝子の転写に変化を与える．

いくつかのホルモン応答配列（HRE）は定義されている

HRE は，位置や局在そして向きに厳密に依存していないという点でエンハンサー配列に似ている．HRE は一般的に転写開始部位の（5′ 側）数百ヌクレオチド上流にあるが，ときには遺伝子の翻訳領域の中の，イントロンに存在していることもある．HRE は図 38-13 に示した方法によって定義される．表 42-1 に示した共通配列は，あるホルモンによって制御される多くの遺伝子について解析することから判明したものである．その方法としては，ゲノムワイドなクロマチン免疫沈降法と組み合わせたシンプルな異種レポーターシステム（図 38-10 参照），およびバイオインフォマティクス解析を使って行われた（39 章参照）．これらの単純な HRE は，周辺の DNA（あるいは関連のない DNA）よりも，より強くホルモン-受容体複合体に結合し，その結果，レポーター遺伝子がホルモンに反応する．しかしすぐに，実際の遺伝子の制御回路はもっと複雑であることが明らかになった．グルココルチコイド，プロゲスチン，ミネラルコルチコイド，アンドロゲンは非常に異なる生理作用をもつ．これらのホルモンの生理作用は，同じ HRE による遺伝子発現の制御を受けているのだが，それぞれに必要な特異性はどのように決定されているのだろうか（表 42-1）．このような疑問から行われた実験によって，ステロイドホルモン受容体ファミリータンパク質による転写制御のもっと複雑なモデルが構築された．たとえば，細胞の遺伝子の大部分では，HRE はほかの特定の制御 DNA 配列と（および結合タンパク質と）相互作用している．これらの相互作用はホルモンの機能に不可欠である．ステロイドホルモン受容体

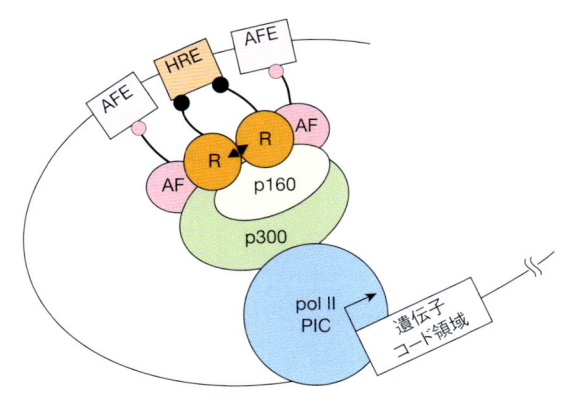

図 42-11.　ホルモン応答の転写活性ユニット

ホルモン応答の転写活性ユニットは，DNA 配列と相補的な，同族の DNA 結合タンパク質によって構成されている．DNA 結合タンパク質は多種類のコアクチベーターやコリプレッサーの分子が，タンパク質-タンパク質の相互作用によって結合している．ホルモン応答配列は必須の構成要素であり，リガンド（▲）が結合した受容体（R）が結合する．アクセサリー因子配列（AFE）もまた重要で，ここには転写因子が結合する．アクセサリー因子は 24 種類以上あり，それらは核内受容体スーパーファミリーのメンバーであることも多く，転写に及ぼすホルモンの効果と密接な関連がある．AF は，ほかの AF やリガンドが結合した核内受容体，転写制御因子などと相互作用することができる．これらの構成要素は基本転写装置と連携し，制御補助因子の複合体を介してポリメラーゼ II（pol II）PIC（言い換えれば，RNAPII と GTF，図 36-10 参照）を形成する．転写制御因子の複合体は，1 つあるいはそれ以上の p160 や，コリプレッサー，介在因子関連 CBP/p330 ファミリーなどから構成されている（表 42-6 参照）．多くの転写制御補助因子は，エンハンサー（HRE, AFE）やプロモーターの内部やその周辺にある DNA や，転写タンパク質，ヌクレオソーム（この図には示していない）に存在するヒストンなどを共有結合的に修飾することを覚えておくこと（36 章，38 章参照）．まとめると，ホルモン，ホルモン受容体，クロマチン，DNA，転写装置は，ホルモンのシグナルを統合して処理し，転写活性を調節し，生理機能を発揮する．

ファミリーにみられる広範囲のアミノ酸配列の相同性［とくに，DNA 結合ドメイン（DBD）において］から，**核内受容体スーパーファミリー nuclear receptor superfamily** が発見された．これらの核内受容体，そして多種類の転写コレギュレータータンパク質によって，DNA-タンパク質，タンパク質-タンパク質の相互作用が多様性に富んだものになり，高度な生理学的制御に必要な特異性がもたらされた．このような複合体の構築の模式図を **図 42-11** に示す．

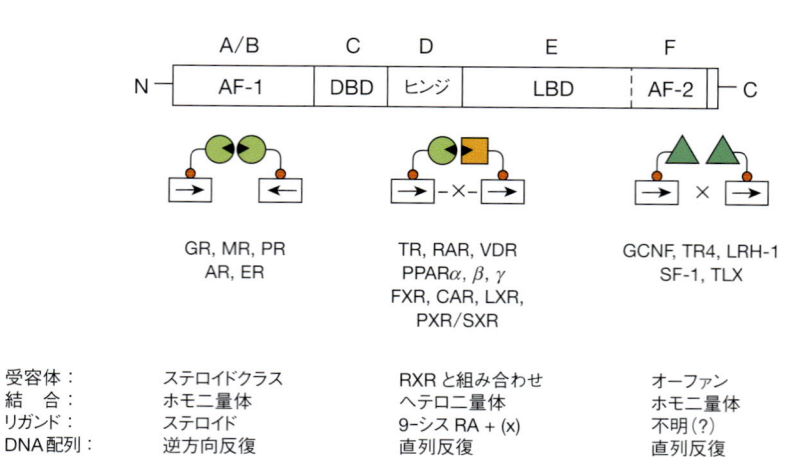

図 42-12．核内受容体スーパーファミリー

核内受容体ファミリーの構造は 6 つのドメインに分かれている（A ～ F）．ドメイン A/B は，AF-1 とよばれる．またこの領域は AD（活性化ドメイン）を含み，転写の活性化に関与することから，モジュレーター領域ともよばれる．ドメイン C は DNA 結合ドメイン（DBD）である．領域 D はヒンジ（蝶番）部分であり，DBD とリガンド結合部位（LBD，領域 E）の間にあって，構造の柔軟性に寄与している．領域 E の C 末端部位は AF-2 を含み，これは別の AD であり，転写活性化に重要な役割をもっている．領域 F はあまりよく定義されていない．これらの領域の機能は本文中で詳細に解説している．既知のリガンドの受容体（たとえば，ステロイドホルモンの受容体など）はホモ二量体で逆方向反復配列ハーフサイトに結合する．ほかの受容体は RXR をパートナーとしてヘテロ二量体を形成し，定方向反復配列に結合する．直列反復配列の繰返し配列の間には 1 ～ 5 ヌクレオチドのスペーサー部分がある（DR1 ～ 5，詳細は表 42-1 参照）．リガンドがまだ最終的に同定されていない別のクラスの受容体（オーファン受容体）はホモ二量体を形成し，定方向反復配列に結合する．またしばしば単量体のまま単一のハーフサイトに結合する．

核内受容体タンパク質は大きなファミリーを形成している

核内受容体スーパーファミリーは多様性に富んだ転写因子によって形成されており，それは DBD（DNA 結合ドメイン）の配列の類似性をもとに発見された．このファミリーは今では 50 種類以上のメンバーからなることがわかっており，これには先に解説した核内ホルモン受容体や，受容体が同定されてからリガンドが発見された数多くのほかの受容体や，内因性リガンドがまだ発見されていない多数のオーファン受容体などが含まれている．

これらの核内受容体はいくつか共通の構造学的特徴をもっている（**図 42-12**）．核内受容体はすべて中心部分に DBD をもっており，これによって受容体は対応する HRE に高い親和性で結合する．DBD には 2 つの亜鉛（ジンク）フィンガー結合モチーフ（図 38-16 参照）があり，ホモ二量体として，あるいは［通常はレチノイド X 受容体（RXR）をパートナーとしての］ヘテロ二量体として，あるいは単量体として DNA に結合する．標的となる応答配列は，1 つあるいは 2 つの DNA ハーフサイト（共通配列が逆方向反復配列は，直列反復配列になっている）から構成されている．直列反復配列の場合は，その間の部分は結合の特異性を決定する役割をもっている．そのため一般的には 3 ～ 5 ヌクレオチドのスペーサー領域をもつ直列反復配列は，ビタミン D 受容体，甲状腺ホルモン受容体，レチノイン酸受容体がそれぞれ共通の同じ応答配列に結合するときの特異性を決定する（表 42-1）．多機能性の**リガンド結合ドメイン ligand-binding domain（LBD）**は受容体のカルボキシ末端側の後半部分に存在している．LBD はある決まったホルモンや代謝物に結合し，それによって個々の生物学的反応に特異性が生じる．LBD はまた熱ショックタンパク質への結合や，二量体化，核移行，トランス活性などに関連したドメインをもっている．最後のトランス活性は，カルボキシ末端の転写活性機能（**活性化ドメイン/AD（AF-2 ドメイン）**）がコアクチベーターとの結合に必要な表面を形成することによって促進される．極めて多様性に富んだ**ヒンジ（蝶番）領域 hinge region** は DBD と LBD の間を離す役割がある．この部位は受容体に柔軟性をもたらし，DNA への結合に異なる立体構造をもたらす．最後に，アミノ末端部位は極めて多様性に富んでおり，**AF-1** とよばれるもう 1 つの活性化ドメイン activation domain（AD）がある．AF-1 の AD は，異なる制御補助因子に結合することで，異なる生理学的な機能を示す．この受容体の

表 42-5. 核内受容体と特異的なリガンド[a]

受容体		パートナー	リガンド	影響を受ける過程
ペルオキシソーム増殖剤活性化受容体	PPARα	RXR(DR1)	脂肪酸	ペルオキシソームの増殖
ペルオキシソーム増殖剤活性化受容体	PPARβ[*] PPARγ		脂肪酸 脂肪酸 エイコサノイド，チアゾリジンジオン	脂質および糖質の代謝
ファルネソイド X	FXR	RXR(DR4)	ファルネソール，胆汁酸	胆汁酸の代謝
肝臓 X	LXR	RXR(DR4)	オキシステロール	コレステロールの代謝
生体異物 X	CAR	RXT(DR5)	アンドロスタン， フェノバルビタール， 生体異物	ある種の薬剤，毒性の代謝 物，生体異物などに対す る防御
	PXR	RXR(DR3)	プレグナン 生体異物	

[a] 核内受容体スーパーファミリーの多くのメンバーが"相同性"クローニングによって発見され，対応するリガンドはそのあとで同定された．これらのリガンドは，古典的な意味ではホルモンではないが，核内受容体スーパーファミリーの特定のメンバーを活性化するという意味においてはホルモンと同じである．表中の受容体は RXR とヘテロ二量体を形成し，直列反復配列の結合部位（DR1 ～ 5）の間のヌクレオチド配列はさまざまである．これらの受容体は，代謝に影響を与える遺伝子や，薬剤や有毒物質から細胞を防御する遺伝子などを制御する．これらの遺伝子には，シトクロム P450（CYP），細胞質結合タンパク質，ATP 結合カセット（ABC）輸送体などが含まれる．
* 訳者注：PPARβ は PPARδ ともよばれている．

アミノ末端部位は，異なるプロモーターからの転写や，スプライシング部位の違い，多種類の翻訳開始部位などによって受容体のアイソフォームを生み出す．これらのアイソフォームは同じ DBD と LBD をもっているが，この多様性のあるアミノ末端の AF-1 AD によって多種類の制御補助因子と相互作用し，それによって異なる生理学的な反応をもたらす．

さまざまな方法で，この多種類の受容体をグループ分けできる．ここでは受容体がそれぞれの DNA 配列に結合する方法によって分類して考察する（図 42-12）．古典的なホルモン［グルココルチコイド（GR），ミネラルコルチコイド（MR），エストロゲン（ER），アンドロゲン（AR），プロゲスチン（PR）］の受容体はホモ二量体となって逆方向反復配列に結合する．一方でほかのホルモン［甲状腺（TR），レチノイン酸（RAR），ビタミンD（VDR），多種類の代謝産物をリガンドとする受容体（PPAR，α，β，γ，FXR，LXR，PXR，CAR）］の受容体は，RXR をパートナーとしてヘテロ二量体を形成し，直列反復配列に結合する（図 42-12，**表 42-5**）．もう 1 つのグループであるリガンド不明なオーファン受容体は，ホモ二量体か単量体として直列反復配列に結合する．

表 42-5 に示すように，核内受容体スーパーファミリーの発見によって，さまざまな代謝産物や生体異物がどのように遺伝子発現を調節するのかが明らかになり，代謝や解毒，正常な体内老廃物や薬などの外因性物質の除去などの仕組みに重要な理解が進んだ．いう

までもなく，この研究領域は新しい治療薬の開発に非常に有望な領域である．

数多くの核内受容体コレギュレーターも転写制御に関与する

クロマチンリモデリング（ヒストン修飾，DNA メチル化，ヌクレオソームの移動/再構成/置換え）における，さまざまな酵素活性による転写因子の修飾や，核内受容体と基本転写装置とのシグナルのやり取りは，1 つあるいはそれ以上のコレギュレーター分子とのタンパク質-タンパク質相互作用によって行われる．これらのコレギュレーターの数は，生物種による多様性やスプライスバリアントを除いても，いまでは 100 を超えている．これらのコレギュレーターの最初のものは**CREB 結合タンパク質 CREB-binding protein（CBP）**である．CBP はアミノ末端領域を介して CREB の 137番のリン酸化セリンに結合し，cAMP に反応してトランス活性化を行う．そのため CBP はコアクチベーターとよばれる．CBP と，それに類似した p300 は，数多くの DNA 結合性転写因子（**アクチベータータンパク質-1（AP-1），STAT，核内受容体，CREB** など）と直接的または間接的に相互作用する（**図42-13**）．また**CBP/p300** は，あとで解説するコアクチベーターの p160ファミリーや，p90rsk プロテインキナーゼと RNA ヘリカーゼ A を含む他の多くのタンパク質に結合する．先述したように，**CBP/p300 が分子内にヒストンアセチルトランスフェラーゼ（HAT）活性をもっているこ**

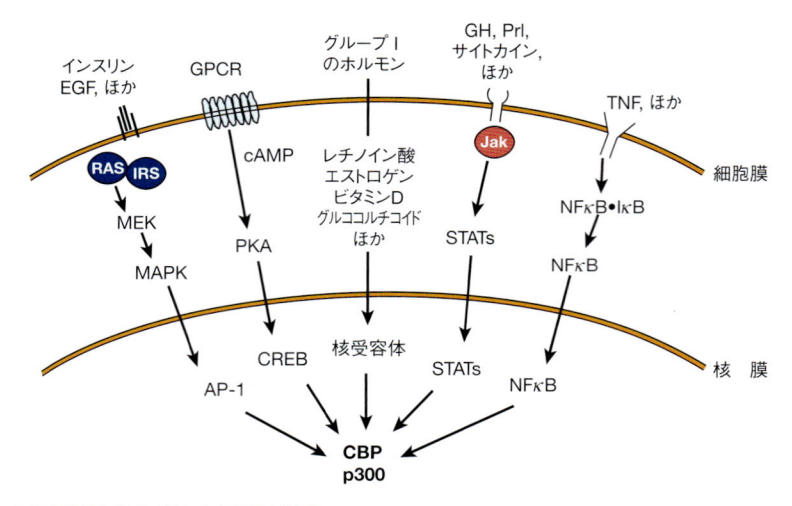

図 42-13. CBP/p300 に収束するシグナル伝達の経路
多くのリガンドは細胞膜や核内の受容体に結合し，最終的には CBP/p300 に収束する．ここには，いくつかの異なるシグナル伝達経路を示している．（EGF：上皮増殖因子，GH：成長ホルモン，Prl：プロラクチン，TNF：腫瘍壊死因子，その他の略号は本文参照）

とは重要である．CBP/p300 の多彩な作用の一部分を図 42-11 に示した．CBP/p300 の活性は分子内の酵素活性や，他のタンパク質が結合するための足場としての役割に依存している．ほかのコレギュレーターも同じような機能を担っている．

　コアクチベーター分子のほかのいくつかのファミリーについても研究が行われている．P160 ファミリーのコアクチベーターメンバーはすべて分子量が約 160 kDa で，そのメンバーには（1）SRC-1 と NCoA-1，（2）GRIP1，TIF2，NCoA-2，（3）p/CIP，ACTR，AIB1，RAC3，TRAM-1 などがある（**表 42-6**）．サブファミリー内のメンバーについての別名は，しばしば生物種の多様性やマイナーなスプライスバリアントを表している．異なるサブファミリーのメンバーの間では約 35％のアミノ酸が同一である．p160 コアクチベーターのファミリーはいくつかの性質が共通している．p160 コアクチベーターのファミリーは，（1）アゴニスト依存的または AF-2 AD 依存的に核内受容体に結合する，（2）アミノ末端に塩基性ヘリックス・ループ・ヘリックス（bHLH）モチーフを保存している，（3）CBP-p160 の相互作用に必要な領域内に，カルボキシ末端側の弱いトランス活性化領域と，アミノ末端側のやや強いトランス活性化ドメインをもっている，（4）ほかのコアクチベーターとタンパク質–タンパク質相互作用に必要な **LXXLL** モチーフを少なくとも 3 つもっている，（5）しばしば HAT 活性をもっている．HAT の役割はとくに興味深いものである．それは HAT 領域の変異によっ

表 42-6. いくつかの哺乳類コレギュレータータンパク質

I. 300 kDa のコアクチベーターファミリー	
A. CBP	CREB 結合タンパク質
B. p300	300 kDa タンパク質

II. 160 kDa のコアクチベーターファミリー	
A. SRC-1,2,3	ステロイド受容体コアクチベーター 1,2,3
NCoA-1	核内受容体コアクチベーター 1
B. TIF2	転写介在因子 2
GRIP1	グルココルチコイド受容体–相互作用タンパク質
NCoA-2	核内受容体コアクチベーター 2
C. p/CIP	p300/CBP コインテグレーター関連タンパク質 1
ACTR	甲状腺およびレチノイン酸受容体活性化因子
AIB	乳がんで増加する因子
RAC3	受容体に結合したコアクチベーター 3
TRAM-1	TR アクチベーター分子 1

III. コリプレッサー	
A. NCoR	核内受容体コリプレッサー
B. SMRT	RXR と TR のサイレンシングメディエーター

IV. メディエーターサブユニット	
A. TRAP	甲状腺ホルモン受容体関連タンパク質
B. DPIP	ビタミン D 受容体相互作用タンパク質
C. ARC	アクチベーター補充補因子

て転写因子のはたらきが失われてしまうからである．最新の考え方では，これらの HAT の活性はヒストンをアセチル化し，それによってクロマチンの構造を転写が活発に行われる状態に変化させる．そのためヒストンのアセチル化/脱アセチル化は遺伝子発現に重要な役割をもっている．最後に述べておきたい重要なことは，HAT を介するアセチル化が行われるほかのタンパク質基質（たとえば，DNA 結合転写アクチベーターやそのほかのコレギュレーターなど）の報告があることである．このような非ヒストン PTM は制御反応全般に重要であると考えられている．

NCoR や **SMRT** を含む少数のタンパク質は，**コリプレッサーファミリー corepressor family** を形成する．これらは図 42-2 に示したように，少なくとも部分的に機能している．その他のファミリーには TRAP，DRIP，ARC などが含まれる（表 42-6）．これらのタンパク質は分子量 80 ～ 240 kDa の反応を仲介するサブユニットであり（36 章参照），核内受容体-コアクチベーター複合体と，RNA ポリメラーゼ II や基本転写因子のその他の構成成分とをつなげる役割があると考えられている．

これらのコアクチベーターの正確な役割は現在詳しく研究が行われている．このようなタンパク質の多くは分子内に酵素活性をもっている．このことは非常に重要で，アセチル化，リン酸化，メチル化，SUMO 化，ユビキチン化（さらにタンパク質分解や細胞の転移）などが，これらのコレギュレーターとその標的のいくつかの活性を変化させると提唱されている．

コレギュレーターのある種の組み合わせ（つまり，アクチベーターとインヒビターの異なる組み合わせである）は，受容体を介してリガンドによって引き起こされる特定の作用を決定する．さらに，特定のプロモーターに対するこれらの相互作用は動的である．ある場合には，45 種類以上もの転写因子からなる複合体が 1 つの遺伝子上にみられることもある．

まとめ

- ホルモン，サイトカイン，インターロイキン，増殖因子はさまざまなシグナル伝達のメカニズムを使って，細胞の適応反応を促進する．
- 核内受容体ファミリーメンバーでは，受容体にリガンドが結合して複合体が形成されることが反応開始シグナルである．

- グループ II のペプチド/タンパク質ホルモンやカテコールアミンは細胞表面の受容体に結合して，さまざまな細胞なシグナルを生み出す．これらのシグナルには cAMP，cGMP，Ca^{2+}，ホスファチジルイノシトール，プロテインキナーゼのカスケードなどがある．
- 多くのホルモンの反応は，特定の遺伝子の転写活性を変化させることで発揮される．
- 核内受容体スーパーファミリーのタンパク質は，遺伝子転写の制御で中心的な役割を担っている．
- ホルモンや代謝産物，薬物などをリガンドとする DNA 結合性の核内受容体は特定の HRE に，ホモ二量体か，RXR とのヘテロ二量体として結合する．
- コレギュレータータンパク質は大きなファミリーを形成しており，クロマチンを再構築し，ほかの転写因子を修飾し，核内受容体を基本転写装置につなげる役割がある．

文　献

Arvanitakis L, Geras-Raaka E, Gershengorn MC: Constitutively signaling G-protein-coupled receptors and human disease. Trends Endocrinol Metab 1998;9:27.

Auphan N, Didonato JA, Rosette C, Helmberg A, Karin M: Immunosuppression by glucocorticoids: inhibition of NF-KB activity through induction of IKB synthesis. Science 1995;270:286-290.

Beene DL, Scott JD: A-kinase anchoring proteins take shape. Curr Opin in Cell Biol 2007;19:192.

Bucko PJ, Scott JD: Drugs that regulate local cell signaling: AKAP targeting as a therapeutic option. Ann Rev Pharmacol Toxical 2021;61:361-379.

Cheung E, Kraus WL: Genomic analyses of hormone signaling and gene regulation. Annu Rev Physiol 2010;72:191-218.

Cohen P, Spiegelman BM: Cell biology of fat storage. Mol Biol Cell 2016;27:2523-2527.

Dasgupta S, Lonard DM, O'Malley BW: Nuclear receptor coactivators: master regulators of human health and disease. Annu Rev Med 2014;65:279-292.

Evans RM, Mangelsdorf DJ: Nuclear receptors. RXR, and the big bang: Cell 2014;157:255-266.

Fan W, Evans RM: Exercise mimetics: impact on health and performance. Cell Metab 2017;25:242-247.

Fasouli ES, Katsaatoni E: JAK-STAT in early hematopoiesis and leukemia. Front Cell Dev Biol 2021; 9:669363. doi:10.3389/fcell2021.669363.

Lazar MA: Maturing the nuclear receptor family. J Clin Invest 2017;127:1123-1125.

Métivier R, Reid G, Gannon F: Transcription in four dimensions: nuclear receptor-directed initiation of gene expression. EMBO Rep 2006;7:161.

O'Malley B: Coregulators: from whence came these "master genes." Mol Endocrinol 2007;21:1009.

Ravnskjaer K, Madiraju A, Montminy M: Role of the cAMP pathway in glucose and lipid metabolism. Handb Exp Pharmacol 2016;233:29-49.

Szwarc MM, Lydon JP, O'Malley BW: Steroid receptor coactivators as therapeutic targets in the female reproductive system. J Steroid Biochem Mol Biol 2015;154:32-38.

Wang Z, Schaffer NE, Kliewer SA, Mangelsdorf DJ: Nuclear receptors: emerging drug targets for parasitic diseases. J Clin Invest 2017;127:1165-1171.

Weikum ER, Knuesel MT, Ortlund EA, Yamamoto KR: Glucocorticoid receptor control of transcription: precision and plasticity via allostery. Nat Rev Mol Cell Biol 2017;18: 159-174.

Weis WI, Kobilka BK: The molecular basis of G protein-coupled receptor activation. Ann Rev Biochem 2018;87:897-919.

Welboren W-J, van Driel MA, Janssen-Megens EM, et al: ChIP-Seq of ERα and RNA polymerase II defines genes differentially responding to ligands. EMBO J 2009;28: 1418-1428.

Zhang H, Cao X, Tang M, et al: A subcellular map of the human kinome. eLife 2021;10:e64943.

Zhang Q, Lenardo MJ, Baltimore D: 30 years of NF-κB: a blossoming of relevance to human pathobiology. Cell 2017;168:37-57.

SECTION VIII 問題

1. 膜脂質について誤っているのはどれか. 1 つ選べ.

A. ヒトの生体膜で主要なリン脂質は一般にホスファチジルコリンである.

B. 糖脂質は細胞膜の内・外層に分布している.

C. ホスファチジン酸はホスファチジルセリンの前駆体であり, スフィンゴミエリンの前駆体ではない.

D. ホスファチジルコリンとホスファチジルエタノールアミンは, 主として細胞膜の外層に分布している.

E. 膜におけるリン脂質のフリップ-フロップは非常に遅い.

2. 膜タンパク質について誤っているのはどれか. 1 つ選べ.

A. 立体的に考えると α ヘリックスは膜に存在しない.

B. ハイドロパシープロットは, そのタンパク質がおもに疎水性であるか親水性であるかを推測するのに役立つ.

C. ある種のタンパク質は, グリコシルホスファチジルイノシトール (GPI) 構造を介して細胞膜に結合している.

D. アデニル酸シクラーゼは細胞膜のマーカー酵素である.

E. ミエリンはタンパク質に比べて脂質が多い.

3. 膜輸送について誤っているのはどれか. 1 つ選べ.

A. カリウムはナトリウムより低い電荷密度を有し, ナトリウムよりも速く膜を通過する.

B. イオンチャネルを介するイオンの流れは受動輸送の一例である.

C. 促進拡散はタンパク質輸送体を必要とする.

D. Na^+-K^+-ATPase の阻害は, 小腸細胞におけるグルコースの Na 依存性取り込みを阻害する.

E. インスリンは, 細胞膜にグルコース輸送体を移行させることにより, 筋肉ではなく脂肪細胞のグルコース取り込みを増大する.

4. Na^+-K^+-ATPase について誤っているのはどれか. 1 つ選べ.

A. そのはたらきによって, カリウムに比べ細胞内のナトリウム濃度は高く保たれている.

B. 細胞の総 ATP 消費の 30% も使う.

C. ある心臓状態に有効な薬のジギタリスによって阻害される.

D. 細胞膜に局在する.

E. リン酸化が作用機構に関与しており, P-タイプのATP 駆動性の輸送体として分類される.

5. 細胞が特異的な細胞外シグナル分子に応答する分子はどれか.

A. 細胞膜内層にある特異的な受容体糖成分

B. 細胞膜の脂質二重層

C. イオンチャネル

D. 固有な伝達分子を認識して結合する受容体

E. 核膜

6. 膜貫通受容体タンパク質に結合する細胞外伝達分子を一般に何というか.

A. 競争的阻害剤

B. リガンド

C. スキャッチャード曲線

D. 基質

E. 鍵

7. オートクリンシグナル伝達にあてはまるのはどれか.

A. 伝達分子は血流を介して標的細胞に到達する.

B. 伝達分子を生成する細胞の近くの細胞に, 短い細胞間隙を通って伝達分子が移行する.

C. 伝達分子を生成する細胞は, その分子に応答できる受容体を細胞表面にもっている.

D. 伝達分子は通常速く分解されるため, 短い距離しか作用しない.

8. シグナルがどのように発生されようとも，リガンド結合がセカンドメッセンジャーあるいはタンパク質の誘導を介して伝播される．リガンド結合の最終的な結果はどれか.

   A. 細胞内シグナル伝達経路の中間部のタンパク質が活性化される.

   B. 細胞内シグナル伝達経路の最上流のタンパク質が活性化される.

   C. 細胞外シグナル伝達経路の最上流のタンパク質が活性化される.

   D. 細胞内シグナル伝達経路の最上流のタンンパク質が不活化される.

   E. 細胞内シグナル伝達経路の最下流のタンパク質が活性化される.

9. 核受容体スーパーファミリーのどんな特徴から，それらが共通の祖先から進化してきたことを示唆しているか.

   A. それらはすべて高親和性をもった同一リガンドと結合する.

   B. それらはすべて核内で機能する.

   C. それらはすべて調節的なリン酸化を受ける.

   D. それらはすべてアミノ酸配列の高い類似性・同一性を示す領域をもっている.

   E. それらはすべて DNA と結合する.

10. 細胞内に取り込まれた後の受容体リガンド複合体の分解は，直ちに同じホルモンに曝された場合に細胞の応答機能にどのような影響を与えるか.

    A. 受容体の数の減少によって細胞応答は減弱する.

    B. 受容体-リガンドの競合が減少し細胞応答は増強される.

    C. 細胞応答は次の刺激に対して変わらない.

    D. 細胞ホルモン応答は二峰性である．すなわち，短時間では増強され，次いで鈍くなる.

11. 一般的に，受容体タンパク質チロシンキナーゼ（PTK）がリガンドに結合した後に起こる最初の反応はどれか.

    A. 受容体の三量体形成

    B. 受容体の分解

    C. 受容体の変性

    D. 受容体の解離

    E. 受容体の二量体形成

12. 受容体タンパク質チロシンキナーゼの触媒ドメインはどこにあるか.

    A. リガンド結合ドメインに隣接する受容体の細胞外表面.

B. リガンド結合によって速く受容体に結合する別のタンパク質.

C. 受容体の細胞質側ドメイン.

D. 受容体の膜貫通部分の中.

13. 三量体 G タンパク質のサブユニットは，___，___，___サブユニットである.

    A. α, β, χ

    B. α, β, δ

    C. α, γ, δ

    D. α, β, γ

    E. γ, δ, η

14. 受容体がリガンドと結合したときに細胞膜を介してイオンの流れをもたらすのはどれか.

    A. 受容体チロシンキナーゼ（RTK）

    B. G タンパク質共役型受容体（GPCR）

    C. G タンパク質 α サブユニット

    D. ステロイドホルモン受容体

    E. リガンド作動性チャネル

15. G タンパク質共役型受容体と結合する天然のリガンドで**ない**のはどれか.

    A. ホルモン

    B. ステロイドホルモン

    C. 走化性因子

    D. アヘン受容体

    E. 神経伝達物質

16. シグナル伝達反応を正しい順番に並べたのはどれか.

    1. G タンパク質が活性化された受容体に結合し，受容体-G タンパク質複合体をつくる.

    2. G タンパク質による GDP の解離.

    3. 受容体の細胞質側ループの立体構造変化.

    4. G タンパク質による GTP の結合.

    5. 細胞膜の細胞質側の G タンパク質に対する親和性の増大.

    6. ホルモンあるいは神経伝達物質の G タンパク質共役受容体との結合.

    7. G タンパク質の α サブユニットの立体構造シフト.

    A. 6 - 3 - 5 - 1 - 2 - 4 - 7

    B. 6 - 5 - 4 - 1 - 7 - 2 - 3

    C. 6 - 3 - 5 - 1 - 7 - 2 - 4

    D. 6 - 7 - 3 - 5 - 1 - 2 - 4

    E. 6 - 3 - 5 - 1 - 7 - 2 - 4

17. 三量体 G タンパク質が，GTP 結合 G_α サブユニットの活性化によって受容体をアデニル酸シクラーゼと共役させるのはどれか．
    A. G_s ファミリー
    B. G_q ファミリー
    C. G_i ファミリー
    D. $G_{12/13}$ ファミリー
    E. G_x ファミリー

18. ホルモンによる過剰刺激を防ぐために何が起こるか．
    A. ホルモンが分解される．
    B. G タンパク質が再利用され，次いで分解される．
    C. 受容体が G タンパク質を活性化し続けられないようになる．
    D. 受容体が二量体をつくる．

19. 次のホルモンのなかで，副腎髄質から分泌されるのはどれか．
    A. アドレナリン（エピネフリン）
    B. オキシトシン
    C. インスリン
    D. グルカゴン
    E. ソマトスタチン

20. 低血糖レベルに反応して膵臓の α 細胞から分泌されるのはどれか．
    A. インスリン
    B. グルカゴン
    C. エストラジオール
    D. アドレナリン（エピネフリン）
    E. ソマトスタチン

21. 肝細胞において，ホスホエノールピルビン酸カルボキシキナーゼ（PEPCK）のような糖新生酵素をコードする遺伝子の発現は，次のどの分子に応答して誘導されるか．
    A. cGMP
    B. インスリン
    C. ATP
    D. cAMP
    E. コレステロール

22. cAMP が結合したプロテインキナーゼ A（PKA）には何が起こるか．
    A. PKA の調節サブユニットが解離し，触媒サブユニットを活性化する．
    B. PKA の触媒サブユニットが 2 つの調節サブユニットに結合し，触媒サブユニットを活性化する．
    C. 抑制性の調節サブユニットが触媒サブユニットから解離し，酵素を阻害する．
    D. 促進性の調節サブユニットが触媒サブユニットから解離し，酵素を阻害する．
    E. ホスホジエステラーゼが触媒サブユニットに結合し，酵素の不活化が起こる．

栄養，消化，および吸収

43

Nutrition, Digestion, & Absorption

学習目標
本章習得のポイント

- 炭水化物，脂質，タンパク質，ビタミン，ミネラルの消化，吸収について述べる．

- エネルギー必要量はどのように測定され推定されるか，そして体内でエネルギー源として酸化されている代謝物の割合を呼吸商からどのように推定するか説明する．

- 低栄養障害のマラスムス，クワシオルコル，悪液質について述べる．

- タンパク質の必要量はどのように決められるのか，そして窒素出納を保つため，あるタンパク質は他のタンパク質よりも多く必要とされるのはなぜか，説明する．

生物医学的重要性

　水のほかに食物は，代謝上の燃料(主として糖質および脂質)，タンパク質(成長および組織タンパク質代謝のため)，繊維(消化管腔の内容物)，ミネラル(特異的な代謝機能をもつ因子を含む)，およびビタミン類，必須脂肪酸ほかの代謝や生理作用に少量必要な有機化合物を供給しなければならない．食物の大部分をなしている多糖類，脂肪およびタンパク質は，吸収，利用される前にそれぞれの構成成分である単糖，脂肪酸およびアミノ酸に加水分解されなければならず，ミネラルやビタミンも吸収，利用されるためにはまず食物の複雑な構造から遊離する必要がある．

　地球的規模でいえば**低栄養状態 undernutrition** は発展(開発)途上国に広く存在し，成長の遅れ，免疫力欠損や作業能力の低下を引き起こしている．逆に，先進国では，過剰な食物成分の摂取が肥満や循環器疾患およびある種のがんの発生増加を引き起こしている．世界的には栄養不足の人よりも過体重や肥満の人の方が多い．ビタミン A，鉄およびヨウ素の欠乏は多くの国で健康問題となっており，その他のビタミンやミネラルの欠乏は疾病の主因ともなっている．先進国では，ないわけではないが，栄養失調症はまずまれである．ミネラルやビタミンの摂取量が欠乏症を防ぐのには十分であっても，それが健康や長寿の促進に最適とは限らない．

　ヘリコバクター・ピロリ(*Helicobacter pylori*)感染によって起こる胃酸の過剰分泌は，胃および十二指腸の**潰瘍 ulcer** を起こすこともあり，胆汁組成のわずかな変化でコレステロールが結晶化し**胆石 gallstone** となることもある．また膵外分泌腺の不全(**囊胞性線維症 cystic fibrosis** におけるように)は，栄養失調症や脂肪便性下痢を起こす．ラクターゼ欠損を原因とする**乳糖不耐症 lactose intolerance** は下痢や腸の不快症状を起こす．未分解のペプチドの吸収は抗体産生を促し，**アレルギー反応 allergic reaction** を引き起こす．**セリアック病**(グルテン腸症)**celiac disease** は，小麦グルテンに対するアレルギー反応である．

糖質の消化および吸収

糖質の消化では，まずオリゴ糖が遊離し，さらに加水分解されて単糖や二糖が生じる．ある糖質の一定量を摂取した後の血糖値の増加を当量のグルコース（グルコースまたは相当する糖質食品）摂取後のそれと比べたものは，**グリセミックインデックス glycemic index** として知られている．グルコースおよびガラクトースのグリセミックインデックスは1（または100%）で，加水分解でこれらの単糖を生じる乳糖（ラクトース），マルトース，イソマルトースおよびトレハロースも同様である．フルクトースや糖アルコールの吸収はもっと遅く，グリセミックインデックスは低く，スクロース（ショ糖）も同様である．デンプンでは，加水分解程度によって約1（または100%）からゼロまで変わる．非デンプン多糖（図15-13参照）ではゼロである．グリセミックインデックスが低い食物はインスリン分泌の変動を少なくするので，体によいと考えられている．レジスタントスターチや非デンプン性多糖類は大腸において細菌発酵の基質となり，生じた酪酸や他の短鎖脂肪酸は腸管粘膜細胞の熱量源となる．酪酸は抗増殖作用があり，それによって結直腸がんを予防するという研究報告もある．

アミラーゼはデンプンの加水分解を触媒する

デンプンの加水分解は唾液および膵液のアミラーゼによって行われ，$\alpha(1\rightarrow4)$ グリコシド結合をランダムに切ってデキストリンを生じ，続いてグルコース，マルトースおよびマルトトリオースや小型の分枝デキストリン（アミロペクチンの枝分かれ部から生じる，図15-12参照）の混合物を生じる．

二糖分解酵素は刷子縁の酵素である

二糖分解酵素のマルターゼ，スクラーゼ-イソマルターゼ（スクロースとイソマルトースの加水分解を触媒する二機能酵素），ラクターゼおよびトレハラーゼは小腸粘膜細胞の刷子縁に局在し，分解で生じた単糖や摂取された単糖はここから吸収される．幼児ではまれであるが，ラクターゼの先天的欠損は乳糖不耐症を生じ，母乳や通常の調整ミルクでは育つことができない．イヌイット人に現れる先天性スクラーゼ-イソマルターゼ欠損症では，ショ糖不耐症による下痢が続きショ糖（スクロース）を含む食事では生きていけない．

ほとんどの哺乳類と人類において，ラクターゼの活性は離乳後に低下を始め，青年期の後期にはほとんどゼロの**乳糖不耐症 lactose intolerance** となる．乳糖は腸管腔内にとどまり細菌発酵の基質となって乳酸を生じ，かなり多目の量を摂った場合には腹部の不調や下痢を来す．北欧起源の人たちと亜サハラアフリカとアラビアの遊牧民においては，ラクターゼは離乳後，成人でも高いレベルを示す．海棲哺乳類は脂肪含量が高く炭水化物を含まない乳を分泌し，それらの仔はラクターゼを欠損している．

小腸における単糖の吸収には独立した2つの機序がある

グルコース，ガラクトースはナトリウム依存的に吸収される．2種の糖は同じ輸送タンパク質（SGLT 1）によって運ばれ，吸収に関して互いに競合する（**図43-1**）．その他の糖は担体による拡散によって吸収され

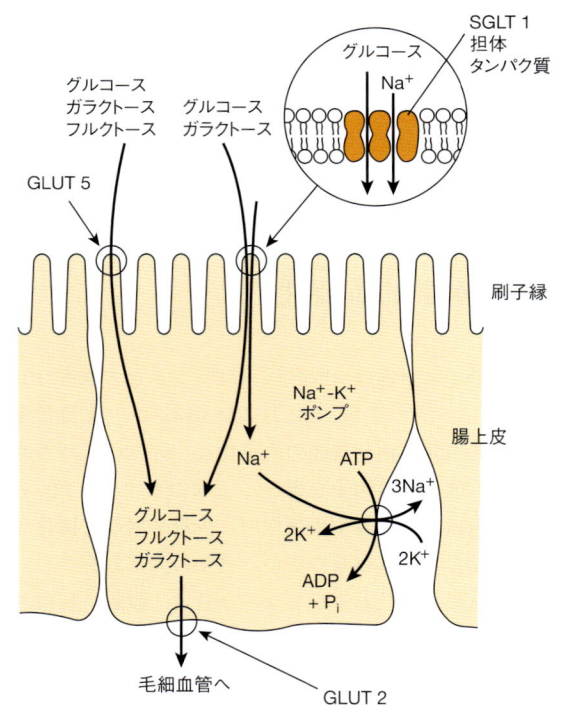

図43-1． 腸上皮を通ってのグルコース，フルクトースおよびガラクトースの輸送

SGLT 1 輸送体は Na^+-K^+ ポンプと共役し，濃度勾配にさからったグルコースおよびガラクトースの輸送を行う．Na^+ 非依存性の促進輸送体 GLUT 5 により，グルコースやガラクトース同様，フルクトースもその濃度勾配に従った輸送を受ける．これらの糖すべての，細胞からの排出は GLUT 2 促進輸送体によって行われる．

* 訳者注：SGLT は Na^+（sodium）とともにグルコースを輸送するので，このようによぶ．

る．フルクトースや糖アルコールの吸収には活性輸送系は存在せず，濃度勾配に従って吸収される．かなり多量に摂取された場合，ある程度は腸管腔内に残り細菌発酵の基質となる．フルクトースや糖アルコールの多量摂取は，浸透圧アンバランスによる下痢を引き起こす．

脂質の消化および吸収

食物中のおもな脂質はトリアシルグリセロールであり，少量のリン脂質も含まれる．これらは疎水性分子であり，吸収されるためには加水分解され非常に小さな滴（ミセル micelle，直径 4〜6 nm）にまで乳化されなければならない．脂溶性ビタミン——A，D，E および K——や種々のほかの脂質（コレステロールやカロテン類を含む）はこの脂質ミセルに溶けて吸収される．脂肪含量の極端に低い食事ではカロテン類や脂溶性ビタミンの吸収も障害される．

トリアシルグリセロールの加水分解はまず sn-3 エステル結合を切る舌リパーゼおよび胃リパーゼの作用で始まり，1,2-ジアシルグリセロールと遊離脂肪酸を生じ，それらは乳化剤としてはたらく．膵リパーゼは小腸中に分泌されるが活性化のためにはもう 1 つの膵タンパク質，コリパーゼが必要である．この酵素はトリアシルグリセロールの 1 位と 3 位のエステル結合を切り，腸管内でのトリアシルグリセロール消化の主要最終産物，2-モノアシルグリセロールと脂肪酸とを生じる．重度の肥満症の治療には，トリアシルグリセロールの加水分解を阻害するために膵リパーゼの阻害剤が使われる．膵臓から分泌されるエステラーゼは，腸管腔内でモノアシルグリセロールを分解する．しかしその基質は少なく，摂取されたトリアシルグリセロールは吸収前には 25% くらいしかグリセロールと脂肪酸に分解されない（**図43-2**）．肝臓で合成され胆汁中に分泌される胆汁酸塩は脂質消化の産物を乳化させ，食事由来のリン脂質やコレステロール（約 0.5 g/d）と同様に，胆汁に分泌されたコレステロール（約 2 g/d）も取り込んでミセルを形成する．ミセルは直径 1 μm 以下で水溶性なので，脂溶性ビタミンを含む消化産物は腸管腔内の水溶性環境を通り粘膜細胞の刷子縁に達し，上皮細胞に取り込まれるようになる．胆汁酸塩はそこでは吸収されず，ほとんどは回腸から取り込まれ**腸肝循環 enterohepatic circulation** を行う（26 章参照）．

小腸上皮細胞の内部で 1-モノアシルグリセロール

は脂肪酸とグリセロールとに加水分解され，一方，2-モノアシルグリセロールは**モノアシルグリセロール経路 monoacylglycerol pathway** によりトリアシルグリセロールに再アシル化される．腸管腔内で遊離したグリセロールは再利用されず門脈中に取り込まれ，上皮細胞内で遊離したグリセロールは通常のホスファチジン酸経路を経てトリアシルグリセロール合成に再利用される（24 章参照）．長鎖脂肪酸は粘膜細胞内でトリアシルグリセロールにエステル化され，ほかの脂質消化物とともにキロミクロンとしてリンパ管系中に分泌され，胸管を通って血流中に入る（25 章参照）．短鎖および中鎖脂肪酸はおもに遊離脂肪酸として門脈から肝臓に取り込まれる．

コレステロールは脂質ミセルに溶け込み，キロミクロンに取り込まれる前に，主として小腸粘膜細胞においてエステル化される．植物ステロールとスタノール（B 環が飽和している）はコレステロールとエステル化を競合するが，基質量は低い．したがって，それらはコレステロールの吸収を抑え，血清コレステロールレベルを下げるようにはたらく．それゆえ，粘膜細胞には遊離型コレステロールのレベルが高くなる．遊離型コレステロールや他のステロールは粘膜細胞から小腸管腔に盛んに排出される．つまり，植物ステロールとスタノールは食事性コレステロールのみでなく胆汁に分泌される大量のコレステロールの吸収も阻害し，それにより体内の全コレステロール量を下げ，血清コレステロール濃度も下げることになる．

タンパク質の消化および吸収

タンパク質分解酵素が作用できるペプチド結合は限られているので，タンパク質そのものは消化しにくいものである．前もってタンパク質は変性（料理による加熱や胃液中の酸で）を受ける必要がある．

タンパク質消化を行う酵素にはいくつかのグループがある

タンパク質分解酵素（**プロテアーゼ protease**）は，ペプチド結合を形成するアミノ酸に対する特異性によって，大きく 2 つに分けられる．**エンドペプチダーゼ endopeptidase** は，長い分子の中の特定のアミノ酸配列を加水分解する．これは最初にはたらく消化酵素で，多量の小型の断片を生じる．ペプシンは胃液の中で，大きな側鎖をもつアミノ酸（芳香族アミノ酸，分枝アミノ

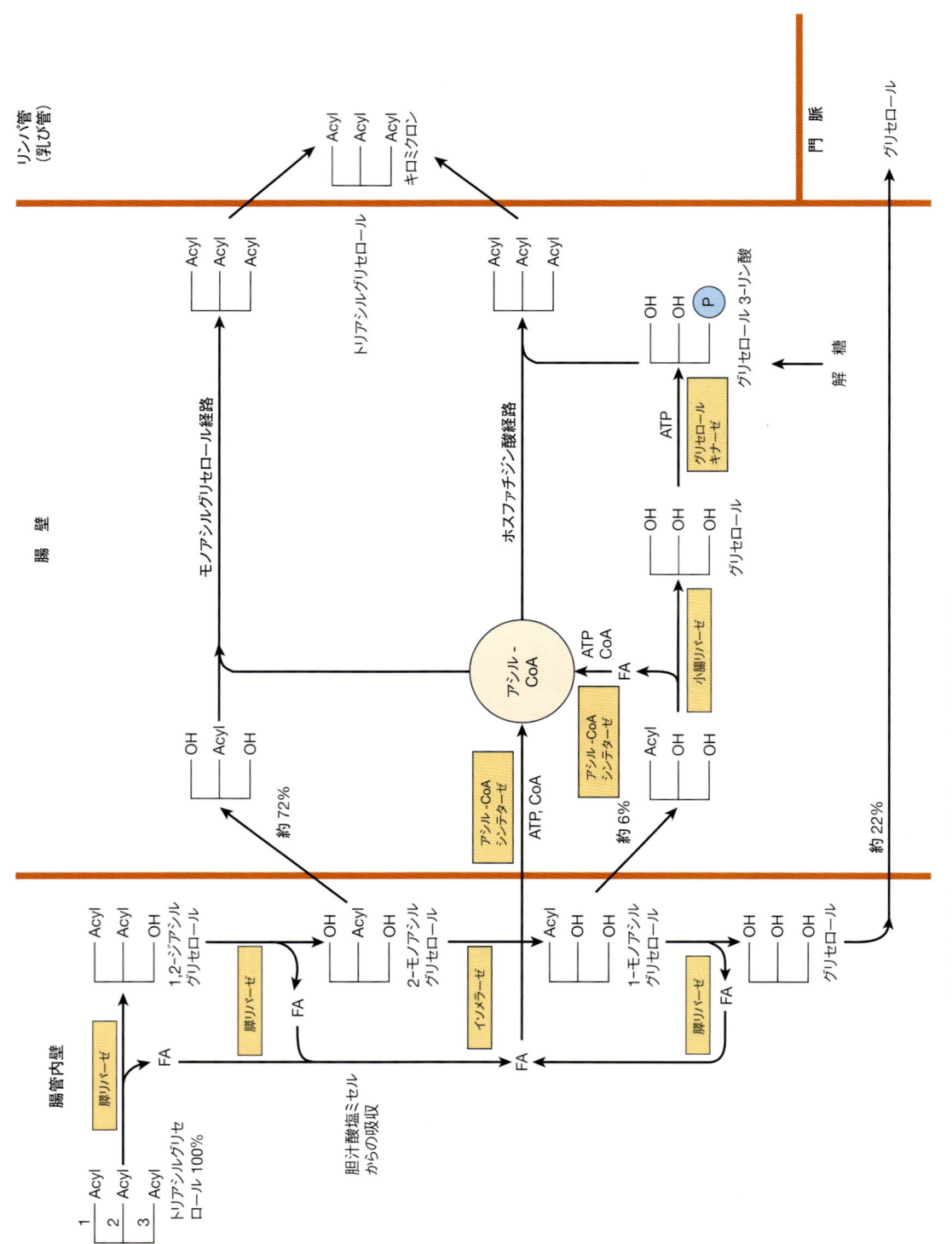

図 43-2. トリアシルグリセロールの消化吸収の機序

パーセントで示されている数値は大幅に変わり得るが、3 つのルートの重要性を示すために記した。

酸，メチオニン）のアミノ（N）末端側の加水分解を触媒する．トリプシン，キモトリプシン，エラスターゼは膵臓より小腸管腔に分泌される．トリプシンはリシンとアルギニン残基のカルボキシ（C）末端側を切断し，キモトリプシンは芳香族アミノ酸の C 末端側を切断，そしてエラスターゼは中性脂肪族アミノ酸（アラニン，セリン，グリシンなど）の C 末端側の切断を触媒する．**エキソペプチダーゼ exopeptidase** はペプチドの末端から 1 つずつペプチド結合を切っていく酵素である．膵臓から分泌される**カルボキシペプチダーゼ carboxypeptidase** は遊離の C 末端からアミノ酸を 1 つずつ遊離し，腸管粘膜細胞から分泌される**アミノペプチダーゼ aminopeptidase** は N 末端からアミノ酸を遊離する．エキソペプチダーゼの基質にならないジペプチドとトリペプチドは小腸粘膜細胞刷子縁に存在する**ジペプチダーゼ dipeptidase** と**トリペプチダーゼ tripeptidase** によって加水分解される．

プロテアーゼは不活性の**チモーゲン zymogen** として分泌される．これは酵素の活性部位が自身のペプチド鎖の小部分でマスクされており，特定のペプチド結合が加水分解されることによって除かれる．ペプシノーゲン pepsinogen は胃酸およびすでに活性化されているペプシンによってペプシンになる（自己触媒）．小腸内ではトリプシンの前駆体であるトリプシノーゲン trypsinogen がエンテロペプチダーゼ enteropeptidase によって活性化される．エンテロペプチダーゼは十二指腸上皮細胞から分泌される．次いでトリプシンがキモトリプシノーゲン chymotrypsinogen をキモトリプシンに，プロエラスターゼ proelastase をエラスターゼに，プロカルボキシペプチダーゼ procarboxypeptidase をカルボキシペプチダーゼに，またプロアミノペプチダーゼ proaminopeptidase をアミノペプチダーゼに変換し，活性化する．

遊離アミノ酸と小ペプチドとは異なった機序で吸収される

エンドペプチダーゼおよびエキソペプチダーゼ作用の最終産物は，遊離アミノ酸，ジおよびトリペプチドおよびオリゴペプチドの混合物であり，これらはすべて吸収される．遊離アミノ酸は小腸粘膜を通りナトリウム依存性能動輸送によって吸収される．アミノ酸輸送系にはアミノ酸側鎖（大，小，中性，酸性または塩基性）の性質に応じた特異性をもった数種のものがある．ある 1 つの輸送系で運ばれるいくつかのアミノ酸は吸収や組織への取り込みについて互いに競合する．ジペ

プチド，トリペプチドは小腸粘膜細胞の刷子縁中に入ってそこで遊離アミノ酸に加水分解され門脈に入っていく．かなり大きいペプチドも分解されずに吸収され得るが，それらには粘膜上皮細胞中に取り込まれたり（transcellular），あるいは上皮細胞間を通るものもある（paracellular）．このようなペプチドの多くは抗体産生に十分なほど大きく，これが食物アレルギー反応 allergic reaction の原因である．

ビタミンとミネラルの消化および吸収

ビタミンやミネラルは完全ではないが消化の間に食物から遊離し，その吸収は食物の質によって異なる．とくにミネラルでは錯化合物の存在に左右される．脂溶性ビタミンは脂肪消化の結果生じるミセルに入って吸収される．水溶性ビタミンや多くのミネラルは能動輸送や担体輸送（拡散）によって小腸から吸収され，後者の場合細胞内の結合タンパク質に結合して取り込みに必要な濃度勾配が保たれる．ビタミン B_{12} の吸収には特異的輸送タンパク質，内因子 intrinsic factor（44 章参照）が必要であり，カルシウム吸収はビタミン D に依存している．亜鉛吸収にはおそらく膵外分泌腺から分泌される亜鉛結合物質が必要であり，また鉄の吸収はさまざまな調節を受けている（下記参照）．

カルシウムの吸収はビタミンDに依存している

ビタミン D はカルシウムのホメオスタシスを調節する役割に加えて，カルシウムの小腸吸収にも必要である．細胞内のカルシウム結合タンパク質，**カルビンディン calbindin** はカルシウム吸収に必要であり，発現はビタミン D によって誘導される．ビタミン D はまた，カルシウム輸送体を細胞表面へ再輸送し，新規のタンパク質生合成なしにカルシウム吸収を速やかに促進することができる．

穀物中のフィチン酸（イノシトールヘキサリン酸）は腸管腔内のカルシウムに結合してその吸収を妨げる．亜鉛を含むその他のミネラルもフィチン酸とキレートをつくる．これは未発酵の小麦製品を大量に摂取する人々の間で問題になることであるが，この原因となるのは，酵母が酵素**フィターゼ phytase** を含み，フィチン酸塩のリン酸を外して不活性にするからである．脂肪吸収が障害されると，腸管腔内の脂肪酸濃度が高くなり不溶性のカルシウム塩をつくってカルシウムの吸収を低下させる．またシュウ酸塩を多量に摂取したと

きも，シュウ酸カルシウムが不溶性なのでカルシウム欠乏症が起こり得る．

鉄の吸収は制約され厳密に調節されているが，ビタミンCとアルコールはこれを増加させる

鉄欠乏は先進国と発展（開発）途上国両方において一般的問題であるが，全人口の約10%は遺伝的に鉄過剰のリスク（**ヘモクロマトーシス hemochromatosis**）をもっており，鉄元素が非酵素的に生じるフリーラジカルの危険性を防ぐため，鉄塩の吸収は厳密に調節されている．無機鉄はプロトンと共役した2価金属輸送体によって粘膜細胞に取り込まれ，**フェリチン ferritin**に結合して細胞内に蓄積する．鉄は輸送タンパク質であるフェロポーチンによって粘膜細胞より放出されるが，ただしこれは血清中に結合する遊離の**トランスフェリン transferrin**がある場合だけである．トランスフェリンが飽和すると，粘膜細胞中に蓄えられた鉄は細胞がはがれ落ちるときに失われるだけになる．フェロポーチン遺伝子の発現は（おそらく2価金属イオン輸送体も），体内鉄量が十分であれば，肝臓から分泌されるペプチドであるヘプシジンによって抑制される．酸素欠乏症，貧血症，大出血に対応してヘプシジンの合成は低下し，その結果フェロポーチン合成が上がり鉄吸収が上昇する（**図43-3**）．このような粘膜障壁のために食物中の鉄は約10%程度しか吸収されず，植物性食品からは1〜5%しか吸収されない．

無機鉄はFe^{2+}（還元型）でのみ吸収されるため，還元剤が共存すると吸収が促進される．最も効果的な物質はビタミン C vitamin C で，1日40〜80 mgのビタミンCの摂取で十分であるが，とくに鉄欠乏性貧血の治療に鉄塩が用いられている場合，毎食25〜50 mgのビタミンCの摂取が鉄の吸収を増大させる．アルコールおよび果糖（フルクトース）も鉄吸収を増加させる．肉からのヘム鉄は別ルートで吸収され，無機鉄に比べ利用度はかなりよい．けれども無機鉄もヘム鉄もともにカルシウムによる吸収阻害があり，たとえば食事とともにコップ1杯のミルクを飲むと鉄の利用度は有意に下がる．

エネルギー平衡：栄養の過剰および不足

水が十分供給された後，体がまず必要とするのは代謝のための燃料——脂質，糖質およびタンパク質由来のアミノ酸である．エネルギー消費量を超える食物の摂取は**肥満 obesity**を招き，摂取が消費を下まわると，**マラスムス marasmus**や**クワシオルコル kwashiorkor**に見られるように，やせ衰弱する．肥満も過度の低栄養も死亡率の増加につながっている．体格指数body mass index（BMI）は身長をメートルで表した数値の2乗で体重（kg）を割った値と定義され，肥満度を表すのに広く用いられている．望ましい値は20〜25の間である．

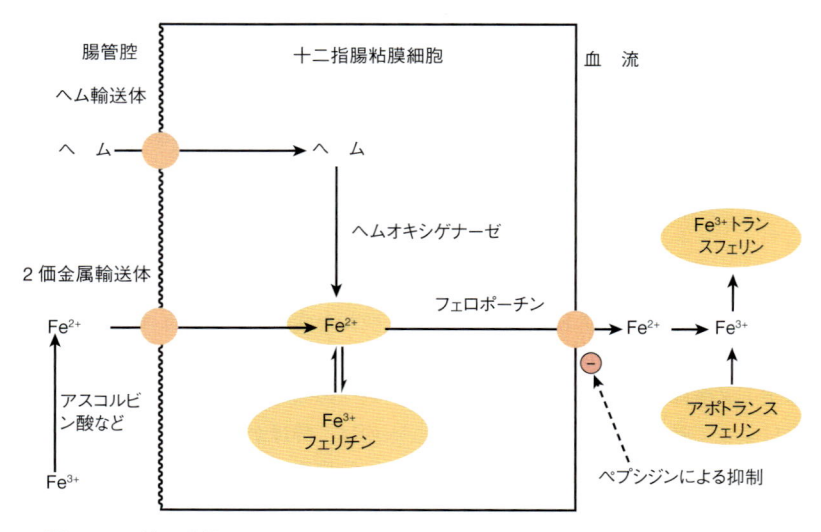

図43-3. 鉄の吸収
肝臓から分泌されるペプシジンはフェロポーチンを抑制して鉄吸収を制限する．

エネルギー推定必要量はエネルギー消費量の測定から推定される

　エネルギー消費の測定は，体からの熱放出を直接測定するか，または，酸素消費量から間接的に測定される．代謝される燃料が糖質，脂質，タンパク質のいずれであろうと，生じるエネルギー量は消費した酸素1Lあたり約20kJである（表14-1参照）．

　生じた二酸化炭素と消費された酸素との比〔**呼吸商，respiratory quotient（RQ）**〕は，酸化されている代謝物質の混合割合の指標になる（表14-1参照）．

　同位体で二重に標識された水 $^2H_2^{18}O$ を用いる最近の技術によって，1〜3週間にわたるエネルギー消費の総量を測定できるようになった．^2H は体から水としてのみ失われるが ^{18}O は水または二酸化炭素として失われ，2つの標識の消失量の比の違いから二酸化炭素の総産生量が割り出され，それにより酸素消費量およびエネルギー消費量が測定できる（**図43-4**）．

　基礎代謝量 basal metabolic rate（BMR）は，安静状態——ただし眠ってはいない——で温度が適温に調節され，最後の食事から約12時間経過しているときのエネルギー消費量であり，体重[1]，年齢および性によって異なっている．**総エネルギー消費量 total energy expenditure** はBMR，身体活動に必要なエネルギー，そして食物から体成分を合成するのに要するエネルギーによって決められる．それゆえ1人のエネルギー必要量は体重，年齢，性別および活動状態から推定できる．体重がBMRに影響するのは，体が大きいとそ

れだけ活動性組織が多くなるからである．年をとると体重が変わらなくてもBMRが減るのは，筋肉組織が脂肪組織に置き換わり，後者は代謝的により不活性だからである．同様に女性が同じ体重の男性に比べてBMRが有意に低いのは，男性よりも女性には脂肪組織が多いからである．

エネルギー推定必要量は活動により増加する

　運動のエネルギー代価はBMRの倍数として表すのが最も利用しやすい．これは，**身体活動比 physical activity ratio（PAR）**あるいは**仕事代謝等量 metabolic equivalent of the task（MET）**として知られている．座っているときの活動度はBMRのおよそ1.1〜1.2倍にすぎない．逆に，階段をのぼるとかクロスカントリーの登り坂などの激しい運動は，BMRの6〜8倍にもあたる．全般的な**身体活動レベル physical activity level（PAL）**は，いろいろな活動でのPARの総和に活動時間を掛け，24時間で割ったものである．

食物のエネルギーの10%は貯蔵物質の合成に用いられる

　食物摂取後，代謝率はかなり亢進する（**食事誘発性体熱産生 diet-induced thermogenesis**[2]）．このうちのある部分は消化酵素の分泌や消化産物の能動輸送に用いられるが，大部分はグリコーゲン，中性脂肪およびタンパク質などの貯蔵物質合成に必要なエネルギーとして消費される．

栄養失調症には2つの顕著な型がある

　タンパク質・エネルギー栄養障害（マラスムス **marasmus**）は，あらゆる民族の貧困層において成人にも子供にもみられる．**クワシオルコル kwashiorkor** は子供にのみ現れ，発展（開発）途上国でのみ報告されている．クワシオルコルのきわだった特徴は，水分貯留による浮腫や肝臓の脂肪浸潤である．マラスムスは，極端なるい痩の状態でマイナスのエネルギーバランスが長く続いた結果である．体内の貯蔵脂肪が消耗されるだけでなく筋肉の消耗も起こり，この状態が進むと心臓，肝臓，腎臓からのタンパク質喪失が起こる．組織タンパク質の異化によって遊離したアミノ酸は代謝上の燃料として使われ，また脳や赤血球にグルコースを供給するための糖新生の基質としても使われる（19章

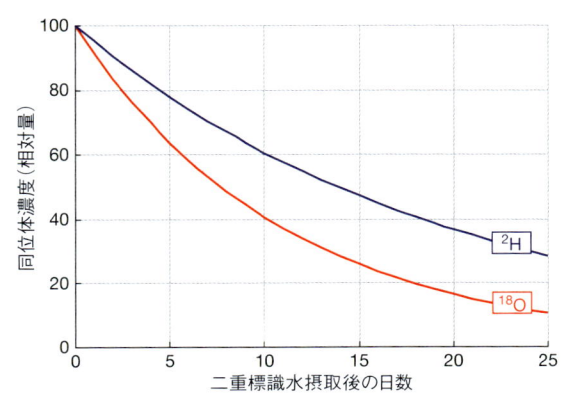

図43-4. 同位体で二重に標識された水を用いたエネルギー消費量の測定

（図の縦軸）同位体濃度（相対量）
（図の横軸）二重標識水摂取後の日数

---

1)　訳者注：正確には体表面積に比例し1m^2あたり1日1000kcal．狭い範囲では体重1kgあたり毎時1kcalとすることもできる．

---

2)　訳者注：特異動的作用 specific dynamic action とよばれていたもの．

参照）．タンパク質合成の低下の結果,免疫反応が傷害され感染に対するリスクが高くなる．小腸粘膜の細胞増殖が障害を受け小腸粘膜の表面積の減少,利用できるはずの栄養素の吸収低下が起こる．

進行がんやAIDS患者は低栄養状態である

進行がん，AIDS およびいくつかの慢性病の患者は,低栄養の**悪液質 cachexia** とよばれる状態にある．身体的にはマラスムスのあらゆる症状を示すが，飢餓の場合よりもかなり多い体タンパク質の喪失が起こる．タンパク質合成は減少するが異化は変化していないマラスムスとは異なり，悪液質では感染やがんに反応して分泌されるサイトカインは，ATP 依存性ユビキチン-プロテアソーム系による組織タンパク質の異化を亢進させ，エネルギー消費を増加させる．患者は**代謝亢進状態 hypermetabolic** で，すなわち，かなり BMR が高くなっている．これにはタンパク質異化反応のユビキチン-プロテアソーム系の活性化に加え，さらに 3 因子がかかわっている．多くの腫瘍は嫌気的にグルコースを代謝して乳酸を生成し，これは肝臓で糖新生に用いられる．この回路は 1 分子のグルコースの生成に 6 分子の ATP を使うというエネルギー消費系である（図19-5 参照）．**サイトカイン cytokine** によるミトコンドリアの**脱共役タンパク質 uncoupling protein** の活性亢進が起こり，熱産生と代謝物の酸化の増大につながる．腫瘍から分泌されるプロテオグリカンによって活性化されるホルモン感受性リパーゼは，脂肪組織から脂肪酸を遊離させ，トリアシルグリセロールへの再エステル化を肝臓において ATP を消費して行い,それは超低密度リポタンパク質に放出される．これが**脂肪空転サイクル futile cycling of lipid** である．

クワシオルコルは低栄養の子供をおかす

マラスムスにおける筋肉組織の消耗，小腸粘膜細胞の消失，免疫反応の不全に加えて**クワシオルコルの子供**はいくつかの特徴的な症状を示す．明らかなものは**浮腫 edema** で,血漿タンパク質の減少を伴う．加えて脂肪蓄積による肝臓肥大がある．以前には，クワシオルコルの原因はほどほどのエネルギー摂取をしながらもタンパク質が足りていないのだと信じられていた．けれども患児の食物分析はそうではないことを示している．タンパク質欠乏は成長阻害を起こすが，クワシオルコルの子供の方がマラスムスの子供よりも軽い．さらに，低タンパク質食が続いていても，治療により早く浮腫が改善する．

通常，クワシオルコルは感染に弱い．一般的な食物欠乏に重なっておそらく抗酸化食品，すなわち亜鉛，銅，カロテン，およびビタミン C および E などの欠乏があるのだろう．感染に対する反応の 1 つ，**爆発的呼吸増進 respiratory burst** は，活性化マクロファージの細胞傷害作用の一部をなす酸素および塩素の**フリーラジカル free radical** の産生を引き起こす．この酸化物質によるストレスがクワシオルコルの症状を進めることになる．

タンパク質およびアミノ酸の必要度

タンパク質の必要度は窒素平衡を測定して決めることができる

タンパク質の栄養状態は，食物からの窒素化合物摂取と体からの排出より測定することができる．核酸も窒素を含んでいるが食物中の主窒素源はタンパク質であり，総窒素摂取量を測定すればタンパク質摂取量を算出できる（ほとんどのタンパク質中の窒素は 16% なので mg 窒素×6.25＝mg タンパク質）．体からの窒素排出は主として尿中の尿素とそのほか少量の物質と便中の消化酵素と脱落した腸管粘膜細胞を含む不消化タンパク質で，それに汗や垢の中にもある程度が含まれている．窒素化合物中窒素の摂取と排出との差が**窒素出納 nitrogen balance** であり，これには 3 つの状態が定義されている．まず健康な成人の場合，窒素出納は**平衡 equilibrium** にあり，摂取と排出は同じで体内総タンパク質量は変わらない．成長期の子供，妊娠中の女性，あるいはタンパク質喪失からの回復期にある人などでは，排泄物質中の窒素化合物は食物中より少なく，体内にはタンパク質として窒素の蓄積がある．すなわち**正の窒素出納 positive nitrogen balance** である．外傷や感染の結果，あるいは必要に見合うだけのタンパク質摂取がとれないような場合，体タンパク質窒素の喪失が起こる．これはすなわち**負の窒素出納 negative nitrogen balance** である．タンパク質の喪失を回復する場合は別として，タンパク質摂取が必要量を満たしていれば摂取レベルにかかわらず窒素平衡は保たれている．タンパク質の多量摂取は，タンパク質合成率を上げ，また，分解率も上げるが，窒素バランスはプラスにはならない．したがって，タンパク質代謝が高まっても窒素平衡は保持される．タンパク質合成も異化も ATP を消費するものである．高タンパク質食をとっている人に見られる高い食事誘発性体熱産生は,

このタンパク質代謝の亢進で理解できる．

　組織タンパク質の異化が繰り返されると，成長の止まった成人でも食物タンパク質に対する要求度が上がる．遊離したアミノ酸のいくらかは再利用されるが，とくに絶食の場合には，多くが糖新生に使われる．窒素出納の研究からタンパク質の1日必要量は，体重1kgあたり平均0.66g（個人差を考慮して体重1kgあたり0.825gという摂取基準量を使用），つまり1日約55g，摂取エネルギーでいえば8〜9%であることが示された．タンパク質の平均摂取量は文明国では1日およそ80〜100g，すなわちエネルギー摂取量の14〜15%である．成長期の子供では体タンパク質が増えつつあるので成人に比べて必要度が相応に大きく，正の窒素出納でなければならない．だが，この必要度はタンパク質の代謝回転のための必要度に比べると比較的小さい．いくつかの国ではこれらの必要量に対してタンパク質摂取が不十分であり，発育不良が起こっている．運動選手やボディービルダーに大量のタンパク質が必要であるかについては，実証するデータがほとんどない．タンパク質エネルギーが14%である普通食を多く摂りさえすれば筋肉で亢進したタンパク質合成を補うに十分であろう．増加したエネルギー摂取がタンパク質合成の亢進を可能にするに十分であることが大切なのである．

外傷や感染に対する反応で体タンパク質の喪失が起こる

　火傷や四肢骨骨折や外科手術などの外傷に対する代謝変化の1つとして，サイトカインやグルココルチコイドホルモンによる誘導と**急性期タンパク質 acute phase protein**の合成にトレオニンとシステインが過剰に消費された結果として，組織タンパク質の異化の亢進が起こる．これが10日以上になると，総体タンパク質の6〜7%にも及ぶ喪失が起こる．長期の安静臥床では，筋肉の萎縮のためにかなりのタンパク質が失われる．タンパク質の異化はサイトカインに反応して上昇し，運動の刺激がないと異化で失われたタンパク質の**回復 convalescence**は完全には行われない．失われたタンパク質は健康回復期にふたたび戻るが，その際の窒素出納は正である．運動選手について述べたように，タンパク質合成の回復には通常食で十分である．

必要なものはタンパク質そのものではなく特異的なアミノ酸である

　すべてのタンパク質が栄養学的に等価というわけで

はない．窒素出納を保つため，あるタンパク質がほかのタンパク質より多く必要とされる場合があるが，これはタンパク質が異なれば個々のアミノ酸含量が異なるからである．体のアミノ酸要求度は，体タンパク質のアミノ酸組成を正確に反映している．アミノ酸は2群，すなわち**必須 essential** アミノ酸と**非必須 nonessential** アミノ酸とに分けられる．9種の必須あるいは不可欠アミノ酸があり，これらは体内では合成できないものでヒスチジン，イソロイシン，ロイシン，リシン，メチオニン，フェニルアラニン，トレオニン，トリプトファンおよびバリンである．これらの1つが欠けたり不足すると，総タンパク質摂取量が満たされていても，窒素出納を保つことはできない．それはタンパク質合成のためにアミノ酸が不十分だからである．

　2つのアミノ酸，システインとチロシンは前駆体である必須アミノ酸——システインにはメチオニン，チロシンにはフェニルアラニン——がある場合にのみ体内で合成できる．したがってシステインやチロシンを食物からとると，その量によりメチオニンおよびフェニルアラニンの要求量が変化する．タンパク質に含まれるほかの11種のアミノ酸は必須でなく（可欠という），その理由は，食物中に十分なタンパク質がありさえすれば合成され得るからである．すなわち，これらのうちの1つが食物中から除かれても窒素平衡は保たれるのである．ほんとうに可欠なのはたった3つのアミノ酸——アラニン，アスパラギン酸およびグルタミン酸——だけで，これらはごく普通にある代謝中間体（それぞれピルビン酸，オキサロ酢酸およびケトグルタル酸）から合成され得る．残りのアミノ酸は必須でないと考えられているが，状況によっては必要量が合成能力を上回ることがある．

▌ まとめ

- 消化は，食物分子を消化管粘膜を通って吸収できる小さい分子に加水分解する過程である．糖質は単糖として，中性脂肪は2-モノアシルグリセロール，脂肪酸およびグリセロールとして，またタンパク質はアミノ酸や小型ペプチドとして吸収される．

- 消化障害は，（1）酵素欠損：たとえば，ラクターゼ，スクラーゼ，（2）吸収障害：たとえば，Na^+-グルコース共輸送体（SGLT 1）の欠損によるグルコースおよびガラクトース吸収障害，（3）加水分解されないポリペプチドが吸収され，免疫反応が起こる，た

とえばセリアック病，（4）胆汁中コレステロールが析出し胆石となる，などの理由で起こる．

- 水に加えて食物は，体の成長や活動のために必要な代謝上の燃料（糖質および脂肪）や，組織タンパク質合成のためのタンパク質，腸管内容物の増量をする繊維成分，種々の代謝機能上特異なはたらきをするミネラル（44章参照），n-3 および n-6 の系列に属する多価不飽和（ポリエン）脂肪酸，ビタミン，不可欠の機能のために少量ながら必要とされる有機化合物（44章参照）などを供給する．

- 栄養失調症には顕著な2型がある．すなわち，成人にも子供にも起こるタンパク質・エネルギー栄養障害（マラスムス）と，子供のクワシオルコルである．慢性疾患もまた，過剰代謝のため栄養失調症（悪液質）を引き起こす．

- 過栄養はエネルギー過剰となり，肥満，2型糖尿病，動脈硬化，がん，高血圧などの慢性非感染性疾患の発症をもたらす．

- タンパク質合成のためには20種の異なるアミノ酸が必要であり，ヒトはそのうち9種の必須アミノ酸を食物から摂らなければならない．タンパク質必要量は窒素出納によって決まり，タンパク質の質——すなわち，必須アミノ酸量が体タンパク質合成に要求される量に対してどうか——によって影響を受ける．

微量栄養素：ビタミンとミネラル

Micronutrients: Vitamins & Minerals

44

学 習 目 標
本章習得のポイント

- ビタミンやミネラルの摂取基準はどのようにして決められるのか．そして国によって，また国際組織によって異なる数値になるのはどうしてか述べる．
- ビタミンの定義は何か，そしてその代謝，おもな機能，摂取不足による欠乏症，過剰による毒性について述べる．
- 無機塩がどうして食事に必要なのか説明する．

生物医学的重要性

ビタミンとは，微量で作用する低分子の栄養素であり，種々の生命活動に必要であるが自ら合成することができず，食事からとらなくてはならないものをいう．

脂溶性ビタミンは非極性，疎水性の化合物であり，脂質の腸管からの正常な吸収時にのみ効率よく吸収される．ほかの脂溶性分子と同じく，リポタンパク質に含まれたり特異的な結合タンパク質と結合して血液中に輸送される．これらは非常に多彩な作用をもっている．例をあげると，ビタミン A は視覚および細胞分化に，ビタミン D はカルシウムやリン酸代謝および細胞分化に，ビタミン E は抗酸化に，ビタミン K は血液凝固に，という具合である．食事以外にも，脂溶性ビタミンの消化や吸収を妨げるような状態(たとえば，超低脂肪食，脂肪便，胆汁排泄システムの異常など)が起こると，欠乏症状を引き起こす．ビタミン A 欠乏は夜盲症や眼球乾燥症，ビタミン D 欠乏は小児のくる病，成人の骨軟化症，ビタミン E では神経障害と新生児の溶血性貧血，ビタミン K では新生児の出血性疾患を引き起こす．ビタミン A と D の過剰摂取は過剰症を引き起こす．ビタミン A とカロテン類(カロテンの多くはビタミン A の前駆体)，そしてビタミン E は抗酸化作用をもち(45 章参照)，おそらくアテローム性動脈硬化症やがんの予防にはたらいていると思われるが，過剰になると有害なプロオキシダントとしてはたらくかもしれない．

水溶性ビタミンには B 群，C，葉酸，ビオチンおよびパントテン酸があり，それらはおもに補酵素としてはたらいている．葉酸は炭素 1 単位の担体である．ビ

タミン B 群のうちの 1 つだけの欠損はまれで，多くの場合は複数のビタミン B 群の**複合欠損状態 multiple deficiency state** である．しかし，それぞれの単独欠損の疾患も知られており，チアミンの欠損で脚気，リボフラビン欠損では口唇炎，舌炎，脂漏が起こる．ペラグラ[1]はナイアシン欠乏で，また，ビタミン B$_{12}$ の欠乏により巨赤芽球性貧血，メチルマロン酸尿症，悪性貧血が起こる．さらに，葉酸欠乏でも巨赤芽球性貧血を起こし，ビタミン C 欠乏は壊血病を起こす．

ミネラルも食事から適切に摂取されなくてはならない．摂取が不十分の場合は欠乏症を起こし，鉄不足は鉄欠乏性貧血を，ヨウ素欠乏はクレチニスム[2]や甲状腺腫を起こす．逆に過剰摂取の場合は毒性症状を引き起こす．

微量栄養素の必要量は適正量の設定によって決まる

どの栄養素にも**臨床的欠乏症 clinical deficiency disease** をもたらす摂取の下限量と，体の代謝能力を超えた過剰摂取が**毒性 toxicity** を現す上限量とがある．摂取がこの下限量と上限量の間であれば，正常の健康と代謝をまかなうことができる．栄養素の必要量は欠乏-再負荷試験を行うことによって決定される．すなわち，被験者に代謝的変化が起こるまでその栄養素を欠如させ，その後その異常が正常に復するまで栄養素を補給する．個々の人に対する栄養素必要量は，体の大きさやエネルギー消費をもとに換算しても同じにはな

---

1)　訳者注：胃腸障害と紅斑などの皮膚症状を起こす疾患．
2)　訳者注：小児の先天性甲状腺機能低下症のこと．クレチン病ともよぶ．

らない．必要量の個人差は平均値から25%の範囲にあり，それゆえ，食事の適正さを判定するには，誰も欠乏症状を起こさず，過剰による毒性も起こさない基準量を設定する必要がある．個人の必要量が，平均必要量に対し統計的に正規分布するならば，それは平均値 ± 2 × 標準偏差（SD）の領域に95%の人が含まれることになる．したがって摂取の推奨量は推定平均必要量 + 2 × SD と設定され，これは97.5%以上の人の必要量に合うこととなる．

ビタミンとミネラルの摂取基準量と推奨量に関する数値は，国また国際組織によって異なっている．それはどのようなデータを用いたか，より最新の実験データを利用できたかによって異なってくる．

ビタミンは広範な代謝調節作用をもつ多彩な分子のグループである

ビタミンはごく微量で作用する代謝調節分子であり，体の中で合成できないものと定義した．欠乏による諸症状はビタミン投与により回復する（**表44-1**）．しかし，**ビタミン D vitamin D** は7-デヒドロコレステロールより日光照射により皮膚で合成されるし，**ナイアシン niacin** は必須アミノ酸のトリプトファンから合成されるので，厳密な意味では上記の定義を満たしていない．

表44-1. ビタミン

	ビタミン	生物機能	欠乏疾患
脂溶性			
A	レチノール，β-カロテン	網膜の視色素，遺伝子発現と細胞分化；β-カロテンは抗酸化作用も	夜盲，眼球乾燥症，皮膚の角化
D	カルシフェロール	カルシウム平衡の維持，小腸のカルシウム吸収促進と骨ミネラルの調整；遺伝子発現と細胞分化の調節	くる病＝小児の骨成熟異常，骨軟化症＝成人における骨からのミネラルの喪失
E	トコフェロール，トコトリエノール	抗酸化物質（とくに細胞膜の）；細胞内シグナリング	非常にまれ——神経疾患
K	フィロキノン，メナキノン	血液凝固因子や骨基質の Gla 生成異常	血液凝固障害，出血性疾患
水溶性			
B$_1$	チアミン	ピルビン酸デヒドロゲナーゼ，α-ケトグルタル酸デヒドロゲナーゼ，トランスケトラーゼの補酵素，神経伝達における Cl$^-$ チャネルの調節	末梢神経障害（脚気），中枢性障害（Wernicke-Korsakoff 症候群）
B$_2$	リボフラビン	酸化還元反応の補酵素（FAD，FMN）；フラビンタンパク質の補欠分子族	口角炎，口唇炎，舌炎，脂漏
ナイアシン	ニコチン酸，ニコチン酸アミド	酸化還元反応の補酵素，NAD，NADP の活性基；細胞内カルシウムの調節と細胞シグナリングにおける作用	ペラグラ——光線過敏症，うつ病
B$_6$	ピリドキシン，ピリドキサール，ピリドキサミン	アミノ基転移反応やアミノ酸脱炭酸反応，グリコーゲンホスホリラーゼの補酵素；ステロイドホルモン作用の調整	アミノ酸代謝異常，痙攣
	葉酸	一炭素単位転移反応の補酵素	巨赤芽球性貧血
B$_{12}$	コバラミン	一炭素単位転移反応の補酵素，葉酸代謝	悪性貧血（巨赤芽球性貧血と脊髄変性）
	パントテン酸	補酵素 A（CoA）およびアシル運搬タンパク質の活性基；脂肪酸合成と代謝	末梢神経障害（灼熱足症候群）
H	ビオチン	糖新生および脂質合成における炭酸固定反応の補酵素；細胞周期の調節作用	脂肪および糖質代謝異常，皮膚炎
C	アスコルビン酸	コラーゲン生成におけるプロリンおよびリシンのヒドロキシル化反応の補酵素；抗酸化作用；鉄吸収増加	壊血病——傷治癒の障害，歯科用セメントの消失，皮下出血

脂溶性ビタミン

ビタミンA作用をもつものに2グループがある

　レチノイドとは**レチノール retinol**，**レチナール retinal**，**レチノイン酸 retinoic acid**（すでに活性型になっているもの，動物性食品に含まれる）の3種をいう．一方，カロテノイドは植物に存在するさまざまなカロテンとその誘導体であり，その多くはビタミンAの前駆体で，動物で代謝されレチナールとなり，これからレチノールやレチノイン酸がつくられる（**図44-1**）．α-，β-，γ-カロテン，クリプトキサンチンなどが量的に最も重要なプロビタミンAカロテノイドである．β-カロテンや他のプロビタミンAカロテノイドは腸粘膜においてカロテンジオキシゲナーゼ carotene dioxygenase（二原子酸素添加酵素）によって開裂されレチナールを生じ，それはレチノールに還元され，エステル化され，食事由来のレチノールがエステル化されたものとともにキロミクロンに分泌される．腸粘膜のカロテンジオキシゲナーゼの活性は低く，食事から取り込まれたβ-カロテンのかなりの部分が，そのままの形で循環血中に存在する．カロテンジオキシゲナーゼには2つのアイソザイム（イソ酵素ともいう）がある．そのうち1つはβ-カロテンを中央開裂するが，もう1つは非対称開裂を触媒し，8′-，10′-，12′-アポカロテナールが生ずる．これらは酸化されてレチノイン酸にはなるが，レチノールやレチナールになることは

ない．

　理論上では，1分子のβカロテンは2分子のレチノールを生ずるはずであるが，実際は少し異なっている．6 μgのβ-カロテンは1 μgのレチノールに相当する．したがって，食べ物中の全ビタミンA量はレチノール当量として次のようにμgで示される．すでにビタミンAの形になっているもの +1/6 μg β-カロテン +1/12 μg 他のプロビタミンAカロテノイド．化学分析のために純粋なビタミンAを用いることができなかった時代には，食品中のビタミンA量は微生物法で定量され，国際単位（IU）で表示された．1 IU = 0.3 μg レチノール，1 μg レチノール = 3.33 IU である．IU表示は古いものになってしまったが，今もしばしば食品のラベルに用いられている．**レチノール活性当量**とはカロテノイドの吸収や代謝の不十分さを考慮したものである．1 RAE = 1 μg 全 *trans* 型レチノール，12 μg β-カロテン，24 μg α-カロテンまたはβ-クリプトキサンチンである．この基準によると，ビタミンAの1 IU は 3.6 μg β-カロテン，または 7.2 μg の他のプロビタミンAカロテノイドとなる．

ビタミンAは視覚にはたらいている

　網膜では，レチナールが光感受性のオプシンと結合し，桿体では**ロドプシン rhodopsin**，錐体では**ヨードプシン iodopsin** を形成する．1つの錐体細胞は1種類[3]のオプシンしか発現しておらず，1種類の色のみを認識する．網膜の色素上皮細胞において全 *trans*-レチ

3）　訳者注：光の3原色に合わせて，RGB（赤，緑，青）の波長を認識するヨードプシンがある．

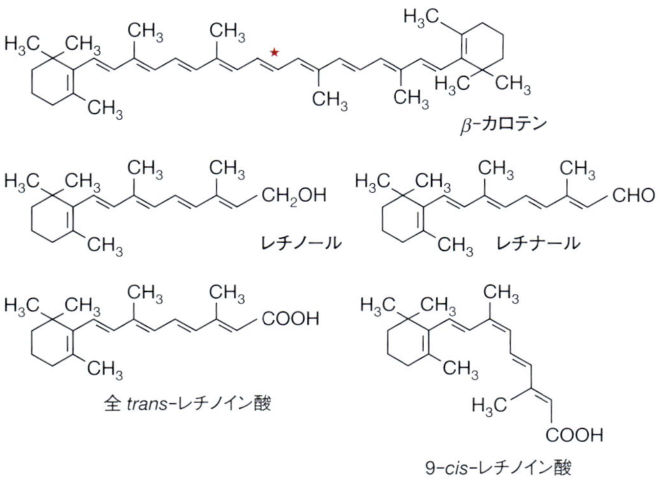

図44-1. β-カロテンと主要なビタミンA
★ はβ-カロテンがカロテンジオキシゲナーゼで切断され2分子のレチナールを生ずる部位を示す．

ノールは異性化され，11-*cis*-レチノールとなり，さらに酸化されて 11-*cis*-レチナールへと転換する．このアルデヒド基がオプシンタンパク質のリシン残基と反応し，ホロタンパク質のロドプシンとなる．**図 44-2** に示すように，光があたるとレチナールが 11-*cis* から全 *trans* 型に変換し，ロドプシン全体の構造変化を引き起こす．構造変化はレチナールをタンパク質から遊離させるとともに，神経伝達を起こすのである．光によるロドプシンからバソロドプシンへの変化はピコ秒単位で起こり，次いで，メタロドプシン II がつくられ，これが G タンパク質を活性化し，神経伝達を起こす．そして，最後に全 *trans*-レチナールがオプシンから遊離するのである．この視覚回路の鍵は 11-*cis*-レチナール

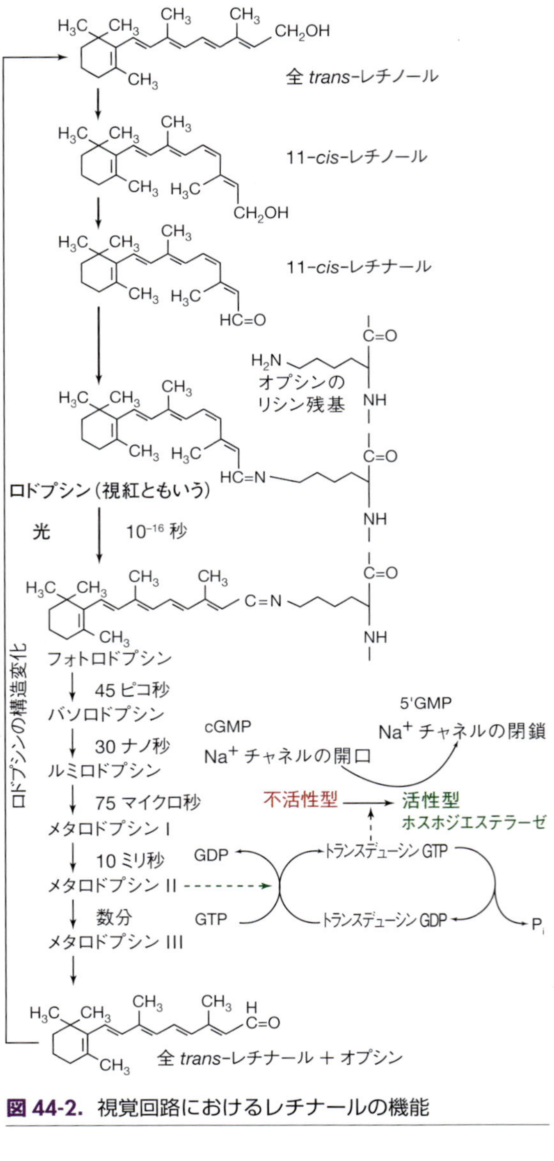

図 44-2. 視覚回路におけるレチナールの機能

の結合であり，ビタミン A の欠乏により，暗順応が遅くなり，また，弱い光の中での視力が低下するのである．

レチノイン酸は遺伝子発現や細胞分化に関与する

最も重要なビタミン A の作用は，細胞の分化と代謝の調節である．全 *trans*-レチノイン酸や 9-*cis*-レチノイン酸（図 44-1）は細胞の増殖，発達と分化を引き起こす．甲状腺ホルモンやステロイドホルモンやビタミン D のように，レチノイン酸は核内受容体と結合し，さらにある特定の遺伝子のプロモーターと結合し転写を調節する．レチノイン酸核内受容体には 2 種類あり，その 1 つのレチノイン酸受容体（RAR）は全 *trans*-レチノイン酸または 9-*cis*-レチノイン酸に結合し，他のレチノイド X 受容体（RXR）は 9-*cis*-レチノイン酸と結合する．レチノイド X 受容体はまた，ビタミン D，甲状腺ホルモンなどの核内受容体ともヘテロ二量体を形成し，ホルモン作用に関与する．ビタミン A 欠乏は，受容体の二量体形成（活性化）に必要な 9-*cis*-レチノイン酸を欠乏させビタミン D や甲状腺ホルモンの機能に障害を与える．レチノイン酸が結合していない RXR は，リガンドが結合しているビタミン D 受容体や甲状腺ホルモン受容体と二量体を形成するが，これは遺伝子発現を活性化しないというだけではなく，むしろ阻害してしまうことがある．その結果，ビタミン A 欠乏は，たんに遺伝子発現が活性化されないということ以上に，もっと重大な影響をビタミン D や甲状腺ホルモンの機能に対して及ぼす．一方，ビタミン A 過剰は RXRのホモ二量体形成を進め，ビタミン D や甲状腺ホルモンの受容体とヘテロダイマーを形成する RXR の欠乏を導くので，過剰もビタミン D や甲状腺ホルモンの機能を傷害することになる．

ビタミン A 欠乏は国際的に大きな公衆衛生問題である

ビタミン A 欠乏は失明の最大の原因であるが，予防可能である．最初の兆候は緑色の認識が弱くなり，次いで，暗順応が遅くなり，やがて暗所でものが見えない夜盲症となる．さらに欠乏が続くと，**眼球乾燥症 xerophthalmia**（角膜の角化，完全失明）となる．ビタミン A は免疫系にも重要な役割をしており，免疫細胞の分化に必要である．つまり，軽度の欠乏だけでも易感染性を起こす．さらに，感染により血液中でのビタミン輸送に必要なレチノール結合タンパク質（これは負の**急性期タンパク質 acute phase protein** である）の合成が減少し，体循環中のビタミン A 濃度が減り，免

疫反応を低下させる.

ビタミンAの過剰摂取は有毒

ビタミン A の代謝には限界があるので，過剰に摂取したビタミン A は結合タンパク質に結合しきれなくなり，非結合型が膜消化と組織障害を引き起こす. 中毒の症状は中枢神経系（頭痛，嘔気，運動失調，食欲不振など，いずれも脳圧亢進に随伴して起こる症状），肝臓（組織変化を伴う肝腫大と高脂血症），カルシウム代謝（長骨の肥厚，高カルシウム血症，軟部組織の石灰化），および皮膚（過剰乾燥，落屑，脱毛症）などに及ぶ.

ビタミンDはまさにホルモンである

ビタミン D は皮膚で合成され，これが主要な供給経路であることから，厳密な意味ではビタミンとはいえない. 太陽光が不十分なときのみ，食事からの摂取が必要となる. ビタミン D のおもな作用はカルシウム吸収の調節とその恒常性の維持であり，これは核内受容体への結合と遺伝子発現を介する作用である. ビタミン D はまた，細胞増殖と細胞分化にも調節作用をもつ. カルシウムのホメオスタシスを保つのに必要な量以上に摂取された場合には，さまざまながんのほか，インスリン抵抗性，肥満，メタボリックシンドロームのリスクを軽減させる報告もされている. 小児ではくる病を，また，成人では骨軟化症を引き起こす欠乏は，太陽光が十分でない北半球の緯度の高いところではいまだに社会問題となっている.

ビタミンDは皮膚で合成される

コレステロール生合成の中間体である 7-デヒドロコレステロールは皮膚に蓄積し，紫外線を浴びることで，プレビタミン D に非酵素的に変換される（**図 44-3**）. その後，数時間をかけてコレカルシフェロールとなり，血中に取り込まれる. 温帯では夏の終わりに血中ビタミン D 濃度は最も高く，冬の終わりに最も低くなる. 北緯，あるいは南緯 40 度を越えると，最適な波長の紫外線が冬期に不足する.

ビタミンDは，肝臓と腎臓で活性型のカルシトリオールに代謝される

皮膚で合成されたコレカルシフェロールも食事から摂取されたものも，2 段階のヒドロキシル化を受けてカルシトリオール（1,25-ジヒドロキシコレカルシフェロール）になる（**図 44-4**）. 強化食品に含まれるエルゴカルシフェロールは同様のヒドロキシル化を受けてエルカルシトリオールを生ずる. 肝臓でコレカルシフェロールはヒドロキシル化され 25-ヒドロキシ誘導体のカルシジオールとなり，ビタミン D 結合性グロブリンと結合して血流を循環するが，この結合型はビタミンの主要な貯蔵型である. 腎臓においてカルシジオールは 1 位でヒドロキシル化され活性型のカルシトリオールを生ずるか，または 24 位でヒドロキシル化されて不活性型の 24,25-ジヒドロキシコレカルシフェロール（24-ヒドロキシカルシジオール）を生ずる. カルシウムホメオスタシスにかかわっていない組織は，血液中からカルシジオールを取り込んでカルシトリオールを合成する. カルシトリオールはそれを合成した細胞内ではたらく.

ビタミンD代謝とカルシウムホメオスタシスは相互に調節し合う

ビタミン D の主要な機能はカルシウム代謝の調節であり，また逆に，ビタミン D 代謝は血中カルシウムやリン酸が調節する因子によって調節されている. カルシトリオールは 24-ヒドロキシラーゼを誘導し，また腎における 1-ヒドロキシラーゼを阻害することで，それ自身の量を調節している. カルシトリオールの主要な役割は血中のカルシウム濃度を維持することである. これは次の 3 つの方法で行われている. まず，腸管からのカルシウム吸収の増加，排出の抑制（腎の遠位

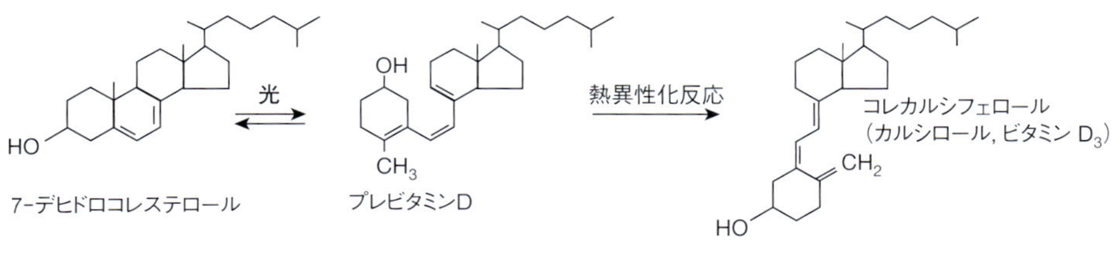

図 44-3. 皮膚におけるビタミン D の合成

（図中のラベル：7-デヒドロコレステロール，プレビタミン D，コレカルシフェロール（カルシロール，ビタミン D₃），光，熱異性化反応，HO，OH，CH₃，CH₂）

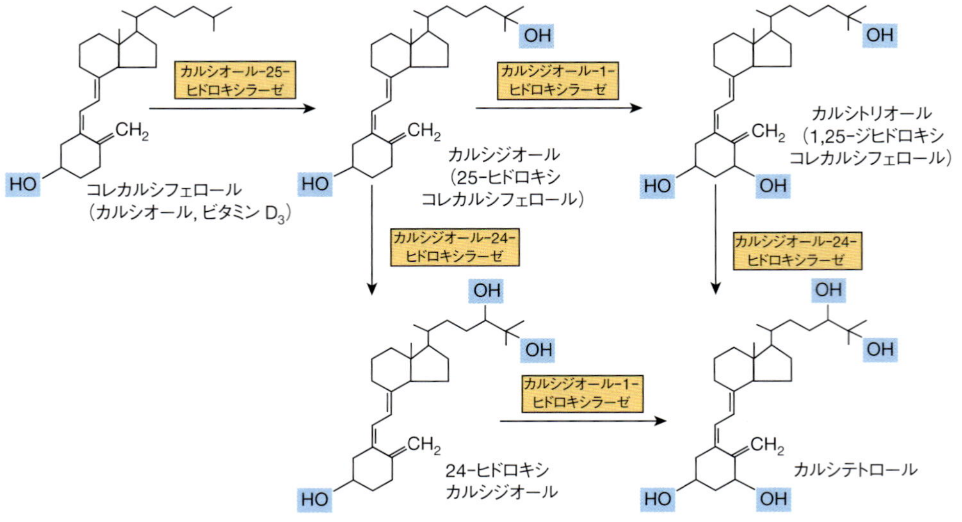

図 44-4. ビタミン D の代謝

尿細管からの再吸収を促進して），そして骨吸収である．さらに，カルシトリオールはインスリンの分泌，副甲状腺ホルモン，甲状腺ホルモンの合成や分泌，さらに，活性化された T 細胞のインターロイキン合成と B 細胞の免疫グロブリン産生の抑制，単球の分化，細胞増殖の調節などに関与している．そのはたらき方は，小腸粘膜においてカルシウム輸送に及ぼす速い反応もあるが，大部分はステロイドホルモンのように，核内受容体と結合して遺伝子発現を促進する．

ビタミンDの高摂取は望ましい

ビタミン D の高い摂取は，前立腺や結腸直腸を含むいろいろながん，糖尿病の前症状やメタボリックシンドロームに予防的にはたらくという証明が次々に発表されている．摂取推奨値は現在の摂取基準よりもかなり高いであろう．そして，強化されていない食品から摂取することは無理であろう．太陽光に当たることはビタミン D を増すが，それは皮膚がんのリスクを伴うものである．

ビタミンD欠乏は小児および成人へ影響を与える

ビタミン D 欠乏症のくる病 rickets では，小児の骨はカルシウムの吸収不足により低ミネラル状態である．急激な成長期にカルシウム不足であった若者にも同様のことが見られる．**成人の骨軟化症 osteomalacia** では骨に脱ミネラル化が起こっており，とくに何回もお産を経た婦人で，日光にあまりあたらない場合に見られる．ビタミン D は高齢者の骨軟化症の予防や改善に有効であるが，**骨粗鬆症 osteoporosis** の治療に有効であるかについては明らかな証明はまだされていない．

ビタミンDは過剰となると毒性をもつ

小児において，50 µg/d という低いビタミン D 摂取に敏感に反応し，血中カルシウム濃度が増加する場合がある．これは，血管の収縮，高血圧，軟部組織への**石灰沈着症 calcinosis** などを引き起こす．ビタミン D 摂取が少ないことによる高カルシウム血症では，ビタミン D の不活性化を引き起こす酵素であるカルシジオール-24-ヒドロキシラーゼの遺伝的な欠損が原因になっている症例が少なくとも数例ある．食事によるビタミン D の過剰摂取が有害であっても，過剰の太陽光でこうしたビタミン D 中毒にならないのは，7-デヒドロコレステロールの量に限界があり，この前駆体が長く太陽光を浴びると不活性な分子に変わるからである．

ビタミンEは明確な代謝調節機能をもたない

ビタミン E には明確で特異的な機能が証明されていない．ビタミン E は細胞膜において脂溶性**抗酸化物質**として機能し，そこではいくつかの抗酸化誘導体がはたらき，細胞膜の流動性を保つのにも重要な存在である．また細胞のシグナリング（情報伝達）にもはたらいている（証明は少ないが）．ビタミン E とは**トコフェ**

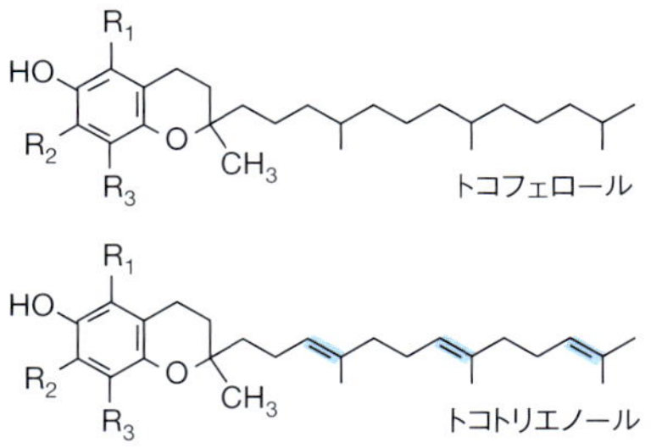

図 44-5. ビタミンE群ビタマー
α-トコフェロールとトコトリエノール中の R_1, R_2, R_3 はすべてメチル基．β-ビタマーでは，R_2 は H，γ-ビタマーでは，R_1 は H，δ-ビタマーでは，R_1, R_2 とも H.

ロール tocopherol とトコトリエノール tocotrienol の2グループの総称である（**図44-5**）．異なるビタミン型は異なる能力をもつが，D-α-トコフェロールの活性が最も高く，通常，ビタミンEの摂取量はD-α-トコフェロールのミリグラム値として示される．化学合成されたDL-α-トコフェロールは，自然のものほどの活性はもたない．

ビタミンEは細胞膜および血漿リポタンパク質の主要な抗酸化剤である

ビタミンEの主要な作用は，細胞膜や血漿中のリポタンパク質のフリーラジカル連鎖反応[4] を止める抗酸化作用である．これは，多価不飽和（ポリエン）脂肪酸由来の過酸化脂質ラジカルと反応することによって，連鎖反応を食い止める（45章参照）．このとき，トコフェロール自身がラジカルとなるのだが，反応性が弱く，最終的には，非ラジカル物質に転換する．通常は，トコフェロールラジカルがトコフェロールに還元されるのに，血漿中のビタミンCがはたらく．その結果生ずるモノデヒドロアスコルビン酸ラジカルは酵素的，あるいは非酵素的に，アスコルビン酸とデヒドロアスコルビン酸となるが，このどちらもラジカルではない．

---

4) 訳者注：フリーラジカルとは日本語では遊離基であるが，普通は不対電子をもつ原子，あるいはそれを含む化合物のことをさす．反応性の高い分子で，一般に短命である．
5) 訳者注：α-トコフェロール輸送タンパクの遺伝的欠乏により，ビタミンEが欠乏し，小脳失調，脊髄症状，色素性網膜症が起こることが日本人のグループから報告されている（N Engl J Med 1995;333:1313-1319; N Engl J Med 1996;335:1770-177）.

ビタミンE欠乏症

動物実験では，ビタミンE欠乏は腸管における便からの再吸収や精巣の萎縮などを引き起こす．ヒトのビタミンE欠乏症は知られていないが[5]，重度の脂肪の吸収不良や嚢胞性線維症，あるいはある種の慢性肝疾患などの患者ではビタミンの吸収と輸送が障害され，神経や筋肉の膜に障害が起こることが知られている．未熟児はビタミン蓄積が不十分なまま生まれることがある．ビタミンE欠乏患者の赤血球は過酸化を受けやすく，著しく脆弱であり，容易に溶血性貧血を起こす．

ビタミンKは血液凝固因子をつくるのに重要である

ビタミンKはスイートクローバー病とよばれるウシや，脂肪抜きの餌で育ったニワトリに見られる出血性疾患の原因の研究から発見された．ニワトリの餌の中に不足していたものがビタミンKであり，また，スイートクローバーの中に含まれているのが，ビタミンKの拮抗薬であるジクマロール dicumarol であった．ビタミンK拮抗薬は血栓傾向をもつ患者の予防に使われるが，代表的化合物がワルファリン warfarin である．

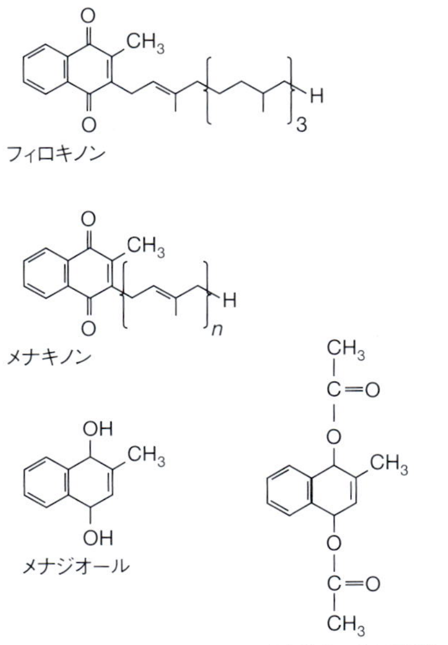

図 44-6. ビタミンK類
メナジオール（あるいはメナジオン）とメナジオール二酢酸は合成化合物で，肝臓でメナキノンへと代謝される．

3つの化合物がビタミンKの生物作用をもっている（**図44-6**）．1つは**フィロキノン phylloquinone**で緑色野菜の中に含まれている．**メナキノン menaquinone**は側鎖の長さが違うが，腸内細菌により合成される．**メナジオン menadione**とメナジオール二酢酸 menadiol diacetate はいずれも合成品であり，代謝されてフィロキノンとなる．メナキノンはある程度吸収されるが生物活性のレベルは不明である．というのは，フィロキノン欠乏の食事を与え，かつ腸内細菌の作用を止めずにいても，ビタミンK欠乏症状が起こるからである．

ビタミンKはカルシウム結合タンパク質のグルタミン酸カルボキシル化の補酵素である

ビタミンKはタンパク質中のグルタミン酸残基のカルボキシル化に必要な補酵素で，グルタミン酸残基は翻訳後修飾を受けて，非常に珍しいアミノ酸であるγ-カルボキシグルタミン酸（Gla）となる（**図44-7**）．最初に，ビタミンKヒドロキノンが酸化されエポキシドとなり，これがタンパク質中のグルタミン酸残基を活性化してカルバニオンをつくり，非酵素的に二酸化炭素を取り込みγ-カルボキシグルタミン酸を生成する．ビタミンKエポキシドはワルファリン感受性の還元酵素でキノンとなり，これが活性型のヒドロキノンとなる過程にはワルファリン感受性および非感受性のキノン還元酵素が作用する．ワルファリン存在下では，ビタミンKエポキシドは還元されず蓄積し，やがて排泄される．もし，十分のビタミンK（キノン型として）が食事で補給されると，ワルファリン非感受性の還元酵素で活性型ヒドロキノンとなり，化学量論的にビタミンKの消費とエポキシドの排泄を行いカルボキシル化が進む．大量のビタミンKはこうして，多量のワルファリン投与に対する解毒効果をもつ．

プロトロンビンやほかの血液凝固因子[6]（凝固因子VII, IX, X, C タンパク質，S タンパク質）（52 章参照）はいずれも 4 ～ 6 残基の Gla をもっている．Gla はカルシウムとキレート結合し，血液凝固因子が膜に結合できるようにする．ビタミンK欠乏かまたはワルファリン存在下では，Gla をほとんどもたない異常なプロトロンビン前駆体（プレプロトロンビン）がつくられ，カルシウムキレート能をもたない型で血中に放出される．

ビタミンKは骨形成と他のカルシウム結合タンパク質の合成に重要である

ビタミンK依存的なグルタミン酸残基のカルボキシル化によって生じるγ-カルボキシグルタミン酸残基をもつタンパク質には，オステオカルシン，骨の Gla 含有タンパク質，腎臓のネフロカルシン，成長停止遺伝子 *Gas6* の産物などが含まれる．*Gas6* は神経系の分化と増殖の調節，および他の組織のアポトーシスの調節を行う．これらのγ-カルボキシグルタミン酸を含むタンパク質がカルシウムと結合すると，カルシウムはタンパク質の構造変化を誘導し，膜のリン脂質と反応するようになる．オステオカルシンの血液中濃度はビタミン D バランスの指標となる．

6）　訳者注：逆に血栓融解を目的にワルファリンを投与している患者に納豆菌などビタミンKを多量に産生する食事を与えることは治療効果を低下させる．

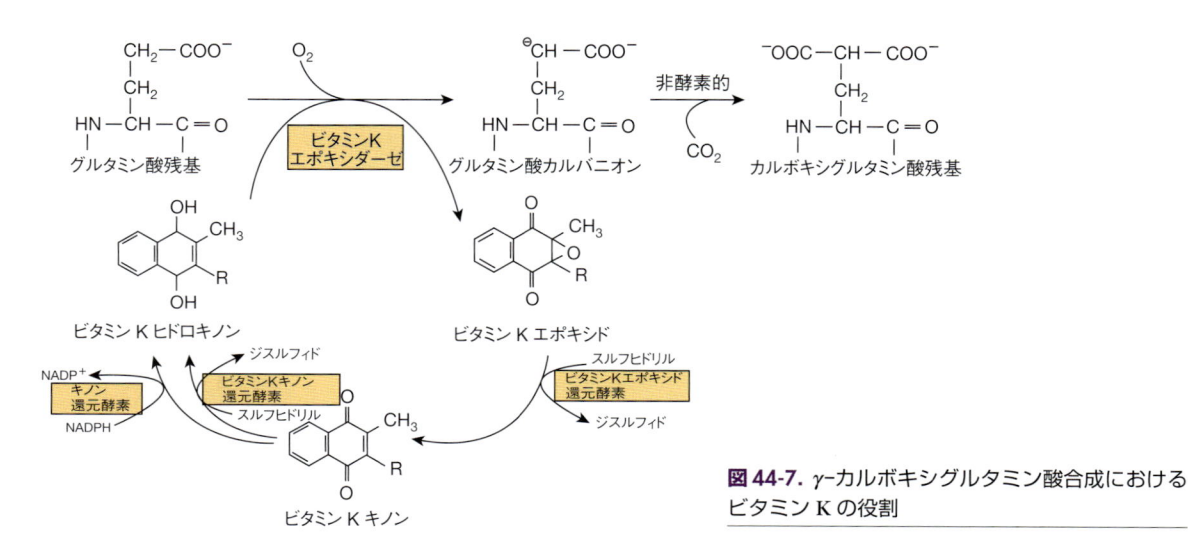

図44-7. γ-カルボキシグルタミン酸合成におけるビタミンK の役割

水溶性ビタミン

ビタミン B$_1$（チアミン）は糖質代謝における鍵となる役割を果たす

　チアミン thiamin（**図 44-8**）はエネルギー産生代謝，とくに糖質の代謝において中心的役割を果たしている．**チアミン二リン酸 thiamin diphosphate** は酸化的脱炭酸反応を触媒する 3 つの酵素複合体の補酵素である．すなわち，糖質代謝におけるピルビン酸デヒドロゲナーゼ（17 章参照），クエン酸回路における α-ケトグルタル酸デヒドロゲナーゼ（16 章参照），およびロイシン，イソロイシン，バリンの代謝に関与する分枝ケト酸デヒドロゲナーゼ（29 章参照）である．いずれの場合にも，チアミン二リン酸はチアゾール部分の反応性に富む炭素原子がカルバニオンを形成し，次いで，たとえばピルビン酸のカルボニル基に付加する．この付加化合物は次に脱炭酸されて CO_2 を遊離する．チアミン二リン酸はペントースリン酸経路のトランスケトラーゼの補酵素でもある（20 章参照）．

　チアミン三リン酸は神経膜の塩素イオンチャネルをリン酸化して活性化し，神経伝導に関与する．

チアミン欠乏は神経系と心臓に影響を及ぼす

　チアミン欠乏は，3 つの異なる症候群を引き起こし得る．すなわち，1 つは慢性末梢性神経炎である**脚気 beriberi** で，**心不全 heart failure** や**浮腫 edema** を伴うこともある．もう 1 つは急性悪性の（急激な）脚気（衝心脚気）で，末梢神経炎を伴わずに心不全と代謝異常が支配的である．最後の 1 つは **Korsakoff 症候群 Korsakoff syndrome** を伴う **Wernicke 脳症 Wernicke encephalopathy** で，アルコールと麻薬乱用にとくに密接に関連する．ピルビン酸デヒドロゲナーゼにおけるチアミン二リン酸の役割が大きいので，チアミン欠乏の場合にはピルビン酸のアセチル-CoA への変換が障害される．その結果，比較的，高糖質食を摂取する人では，乳酸とピルビン酸の血漿中濃度が上昇し，生命を脅かす

図 44-8. チアミン

乳酸アシドーシス lactic acidosis の原因となり得る．

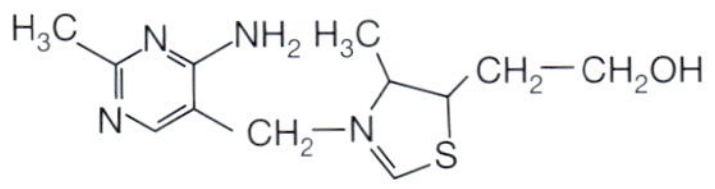

チアミンの栄養上の充足状態は赤血球トランスケトラーゼの活性化より評価できる

　赤血球溶解液中のアポトランスケトラーゼ（補酵素を除去した酵素タンパク質部分）が試験管内でチアミン二リン酸により活性化される程度は，チアミン栄養充足状態を評価する指標として認められてきた．

ビタミン B$_2$（リボフラビン）はエネルギー産生代謝において中心的役割を果たす

　リボフラビンは，補酵素である**フラビンモノヌクレオチド flavin mononucleotide（FMN）**と**フラビンアデニンジヌクレオチド flavin adenine dinucleotide（FAD）**（図 12-2 参照）の活性部分となる．FMN はリボフラビンの ATP 依存性リン酸化により生成されるのに対して，FAD は，さらにもう 1 分子の ATP 分子の AMP 部分が FMN に転移して生成される．リボフラビンのおもな供給源となる食物は，牛乳と乳製品である．さらにリボフラビンは濃い黄色をしているので，食物添加物として広く使用されている．

フラビン補酵素は酸化還元反応における電子運搬体である

　これらの酸化還元反応には，ミトコンドリアの呼吸鎖，脂肪酸とアミノ酸酸化において鍵となる酵素，およびクエン酸回路が包含される．オキシゲナーゼと混合機能オキシゲナーゼ中の還元型フラビンの再酸化は，フラビンラジカルとフラビンヒドロペルオキシドの生成を経て進行する．その際，スーパーオキシドとペルヒドロキシルラジカルおよび過酸化水素が中間体として産生される．このため，フラビンオキシダーゼは，生体にとっての全酸化的ストレスに著しく貢献している（45 章参照）．

リボフラビン欠乏は広くみられるが致死的ではない

　リボフラビンは，おもに脂質と糖質の代謝に関与しており，またその欠乏は多くの国で見出されているが，致死的なものではない．その理由は組織リボフラビンが非常に効率よく保存されているからである．酵素の異化によって遊離したリボフラビンは速やかに新たに合成された酵素に組み入れられる．リボフラビン欠乏

では，口唇炎，舌表皮の剥離と炎症や脂漏性皮膚炎といった特徴的な症状が見られる．リボフラビンの栄養状態は，試験管内で添加した FAD による赤血球グルタチオンレダクターゼの活性化度の測定により評価される．

ナイアシンは厳密にいえばビタミンではない

ナイアシンはペラグラ pellagra の研究中に栄養物質の 1 つとして発見された．厳密な意味ではナイアシンはビタミンではない．なぜならナイアシンは必須アミノ酸であるトリプトファンから体内で合成され得るからである．2 つの化合物，すなわちニコチン酸 nicotinic acid とニコチンアミド nicotinamide は，ナイアシンの生物活性を保持している．その代謝上での機能は，補酵素である NAD と NADP のニコチンアミド環に由来し（図 7-2，図 12-4 参照），酸化還元反応で作用する．およそ 60 mg のトリプトファンは，食事に由来するナイアシンの 1 mg と等量である．食物のナイアシン含量は，以下のように表される．

$$1 \text{ mg ナイアシン当量} = 1 \text{ mg 内在性ナイアシン} + 1/60 \times \text{mg トリプトファン}$$

穀物中のナイアシンの大部分は生物学的に利用できないので，その分は割り引かれる．

NAD は ADP-リボースの供給源である

ナイアシンの補酵素としての役割に加え，NAD は ADP-リボースの供給源である．ADP-リボースは，タンパク質の ADP-リボシル化 ADP-ribosylation と DNA 修復機構 DNA repair mechanism に関与する核タンパク質のポリ ADP-リボシル化に必要である．サイクリック ADP-リボースとニコチン酸アデニンジヌクレオチドは NAD より生成され，ホルモンと神経伝達物質に対する反応において細胞内カルシウムを増加するよう作用する．

ペラグラはトリプトファンおよびナイアシンの欠乏により引き起こされる

ペラグラの特徴は光線過敏症である．この疾患では病状が進行すると，認知症およびときには下痢がみられる．無治療のペラグラは致死的である．ペラグラの栄養学的病因論はよく確立されており，トリプトファンまたはナイアシンのどちらでもペラグラを予防または治療するけれども，ほかの因子，たとえばトリプトファンからのニコチンアミドの合成にともに必要なリボフラビンやビタミン B_6 の欠乏も重要と考えられる．ペラグラの発症は多くの場合，男性より女性に 2 倍多く認められ，これはエストロゲン代謝物によるトリプトファン代謝の阻害の結果と考えられる．

ペラグラはトリプトファンおよびナイアシンの適量摂取にもかかわらず他疾患の結果として発症し得る

トリプトファン代謝の欠損に起因する多くの遺伝疾患では，トリプトファンとナイアシン両方の明白な適量摂取にもかかわらず，ペラグラの進展が見られる．Hartnup 病 Hartnup disease はまれな遺伝疾患であるが，トリプトファンの膜輸送機構に欠損があるため，腸吸収障害と腎再吸収不良によるトリプトファンの大量消失が起こる．カルチノイド症候群 carcinoid syndrome では 5-ヒドロキシトリプタミンを合成するエンテロクロマフィン細胞由来腫瘍の肝転移[7] が見られる．この 5-ヒドロキシトリプタミンの過剰産生が体内トリプトファン代謝の 60% もの多くに達するので，NAD 合成を減少させる結果，ペラグラが起こる．

ナイアシンは過剰投与されると有毒である

ニコチン酸は，高脂血症の治療に 1 ～ 6 g/d のオーダーで使用されてきたが，この量は血管拡張，顔面潮紅と皮膚過敏を引き起こす．ニコチン酸とニコチンアミドの両方を 500 mg/d 以上のレベルで摂取すると，肝障害を引き起こす．

ビタミン B_6 はアミノ酸およびグリコーゲン代謝ならびにステロイドホルモン作用において重要である

6 つの化合物がビタミン B_6 活性をもつ（図 44-9）．ピリドキシン pyridoxine，ピリドキサール pyridoxal，ピリドキサミン pyridoxamine とそれぞれの 5′-リン酸エステルである．その活性型補酵素はピリドキサール 5′-

---

7)　訳者注：原文では肝臓にエンテロクロマフィン細胞の原発性腫瘍が現れ，次いで転移するように読める．しかし，本腫瘍は肝臓原発は少なく，腸原発のものが圧倒的に多い．初めは無症状であるが，肺や肝臓に転移するとカルチノイド症候群が現れるとされる．Robertson, RG, et al.: Am. Fam. Physician 2006. 74(3),429-34, Table 1 参照．

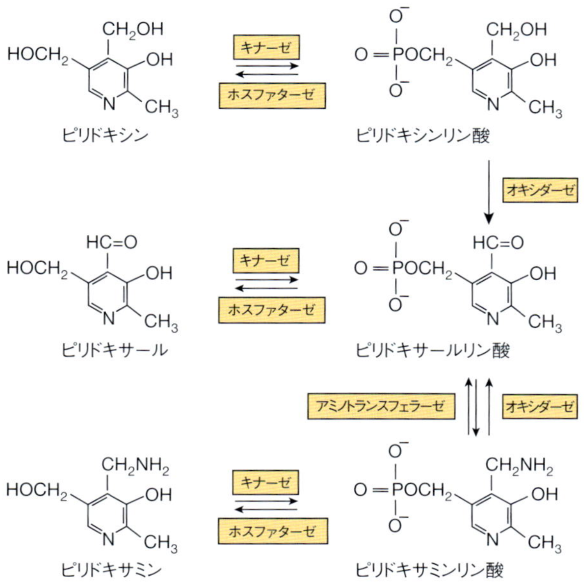

図44-9. ビタミンB$_6$ビタマーの相互変換

リン酸である．生体の総ビタミンB$_6$量のおよそ80%は筋肉中のピリドキサールリン酸であり，その大部分はグリコーゲンホスホリラーゼと結合している．この結合しているビタミンB$_6$補酵素はB$_6$欠乏の際に利用されず，飢餓時に貯蔵グリコーゲンが枯渇すると遊離し，アミノ酸からの糖新生の必要性に応じて，とくに肝臓と腎臓で利用されるようになる．

ビタミンB$_6$は代謝上いくつかの役割をもつ

ピリドキサールリン酸は，アミノ酸代謝，とくにアミノ基転移と脱炭酸に関する多くの酵素の補酵素である．またグリコーゲンホスホリラーゼの補欠因子でもあり，この場合リン酸基が触媒上重要である．さらにビタミンB$_6$はステロイドホルモンの作用にも重要である．ピリドキサールリン酸はホルモン-受容体複合体をDNA結合から遊離させ，ホルモン作用を終結させる．ビタミンB$_6$欠乏では，低濃度のエストロゲン，アンドロゲン，コルチゾールおよびビタミンDの作用に対する感受性増大を招く．

ビタミンB$_6$欠乏はまれである

臨床的な欠乏症はまれではあるが，かなりの割合でビタミンB$_6$体内動態の境界域の人がいる．中等度の欠乏はトリプトファンとメチオニン代謝の異常を引き起こす．またステロイドホルモン作用に対する感受性の増大は，乳腺，子宮および前立腺の**ホルモン依存性が**

ん**hormone-dependent cancer**の進展に重要と考えられる．ビタミンB$_6$体内動態は予後にも影響するだろう．

ビタミンB$_6$体内動態は赤血球アミノトランスフェラーゼ活性測定により評価される

ビタミンB$_6$体内動態を評価するのに最も広く用いられる方法は，試験管内で添加したピリドキサールリン酸による赤血球アミノトランスフェラーゼ活性化を測定し，活性化係数で表すものである．

ビタミンB$_6$は過剰摂取により知覚神経障害を引き起こす

いろいろな理由により，1日あたり2〜7gのピリドキシンを摂取する患者では，知覚神経障害の進展が報告されている．このような大量摂取の中止後に何らかの後遺症が残ったこともある．また100〜200mg/dもの過剰摂取は神経学的障害と関連していることを示唆するほかの報告もある．

ビタミンB$_{12}$は動物由来の食品にのみ見出される

"ビタミンB$_{12}$"という用語は，**コバラミンcobalamin**に対する総称的表現として用いられる．このコバラミンとは，ビタミンB$_{12}$の生物活性をもつ**コリノイドcorrinoid**（コリン環をもつコバルト含有化合物）のことである（**図44-10**）．微生物の成長因子であるいくつかのコリノイドは，ビタミンB$_{12}$活性をもたないばかりか，ビタミンの代謝拮抗物質でもある可能性がある．ビタミンB$_{12}$はもっぱら微生物により合成されるが，実用的には動物由来の食品にのみ見出され，植物由来のビタミンB$_{12}$源は存在しない．このことは，厳格な菜食主義者（絶対菜食主義者）ではビタミンB$_{12}$欠乏が進展する恐れがあることを意味する．果物の表面で微生物により生成される少量のビタミンB$_{12}$が必要量を満たすに足るかもしれないが，微生物発酵により製造されたビタミンB$_{12}$製剤を利用する方がよい．

ビタミンB$_{12}$の吸収に2つの結合タンパク質が必要である

ビタミンB$_{12}$は，胃粘膜の壁細胞から分泌される分子量の小さい糖タンパク質である**内因子intrinsic factor**に結合して吸収される．胃酸とペプシンにより食品中の結合タンパク質からビタミンB$_{12}$が遊離し，唾

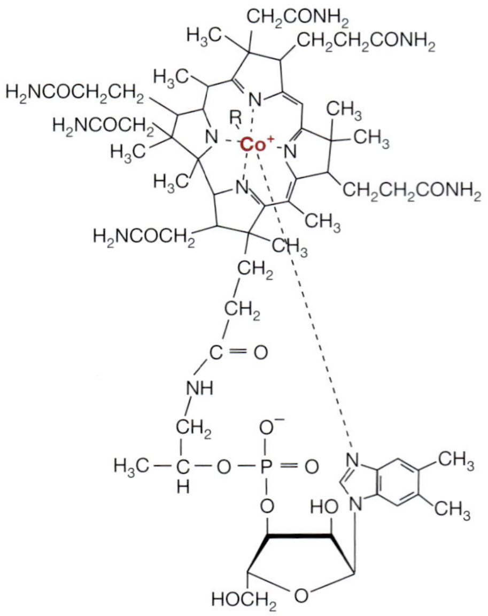

図 44-10. ビタミン B₁₂

中央のコバルト原子上の4つの配位子結合部位は，コリン環の4つの窒素原子により，また1つはジメチルベンゾイミダゾールヌクレオチドの窒素原子によってキレートされる．第6番目の配位子結合部位は CN^-（シアノコバラミン），OH^-（ヒドロキソコバラミン），H_2O（アクオコバラミン），$-CH_3$（メチルコバラミン），または 5′-デオキシアデノシン（アデノシルコバラミン）によって占められる．

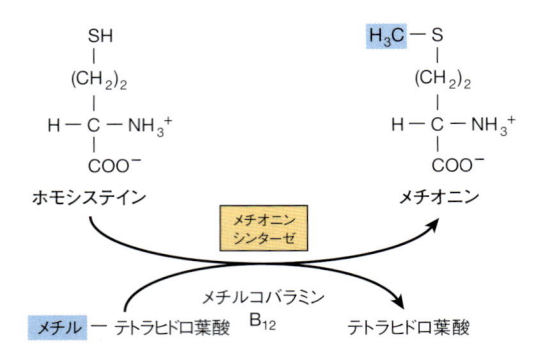

図 44-11. ホモシステインと"葉酸捕捉"

ビタミン B₁₂ 欠乏はメチオニンシンターゼの機能を損ない，その結果，ホモシステインの蓄積と葉酸のメチルテトラヒドロ葉酸の形での捕捉を引き起こす．

液中に分泌される結合タンパク質である**コバロフィリン cobalophilin** に結合する．十二指腸でコバロフィリンは加水分解を受けてビタミン B₁₂ を遊離し，次いで内因子に結合する．したがって，**膵機能不全 pancreatic insufficiency** は，コバロフィリンに結合したビタミン B₁₂ の排泄を引き起こして，ビタミン B₁₂ 欠乏を進展させる原因になり得る．内因子は活性型のビタミン B₁₂ ビタマーとのみ結合してほかのコリノイドとは結合しない．ビタミン B₁₂ は，内因子-ビタミン B₁₂ 複合体を結合するが遊離型内因子や遊離型ビタミン B₁₂ とは結合しない受容体を介して，回腸の遠位3分の1の部位から吸収される．かなりな量のビタミン B₁₂ が胆汁中に分泌され，内因子と結合したのち回腸から再吸収されて，腸肝循環をしている．

2つのビタミンB₁₂依存性酵素がある

メチルマロニル-CoA ムターゼ methylmalonyl-CoA mutase，**メチオニンシンターゼ methionine synthase**（**図 44-11**）は，ビタミン B₁₂ 依存性酵素である．メチルマロニル-CoA はバリンの分解代謝における中間体として，またプロピオニル-CoA のカルボキシル化により生成される．このプロピオニル-CoA は，イソロイシン，コレステロールおよびまれには奇数炭素原子の脂肪酸の異化反応から，あるいは反芻動物での微生物発酵の主産物であるプロピオン酸から直接生成する．メチルマロニル-CoA は，メチルマロニル-CoA ムターゼ（図 19-2 参照）により触媒されるビタミン B₁₂ 依存性転位反応を受けてスクシニル-CoA に変わる．本酵素活性はビタミン B₁₂ 欠乏によって大幅に低下する．その結果，メチルマロニル-CoA の蓄積とメチルマロン酸の尿中排泄を引き起こす．この2つの測定はビタミン B₁₂ の栄養充足状態を評価する手段を提供する．

ビタミンB₁₂欠乏は悪性貧血の原因となる

悪性貧血では，ビタミン B₁₂ 欠乏が葉酸の代謝を損ない，ひいては赤血球産生を妨げる機能的葉酸欠乏を招き，未熟な赤血球前駆細胞を循環血流へ送り込むことになる（巨赤芽球性貧血）．最もありふれた悪性貧血の原因は，食事由来の欠乏よりもむしろビタミン B₁₂ の吸収不全にある．この吸収不全は，壁細胞に対する自己免疫疾患による内因子分泌不全や抗内因子抗体の生成の結果起こる．ミエリン塩基性タンパク質のアルギニン残基の1つがメチル化されない結果，悪性貧血では脊髄の不可逆的な変性が起こる．これは二次的な葉酸欠乏の結果というよりむしろ中枢神経系におけるメチオニン欠乏の結果である．

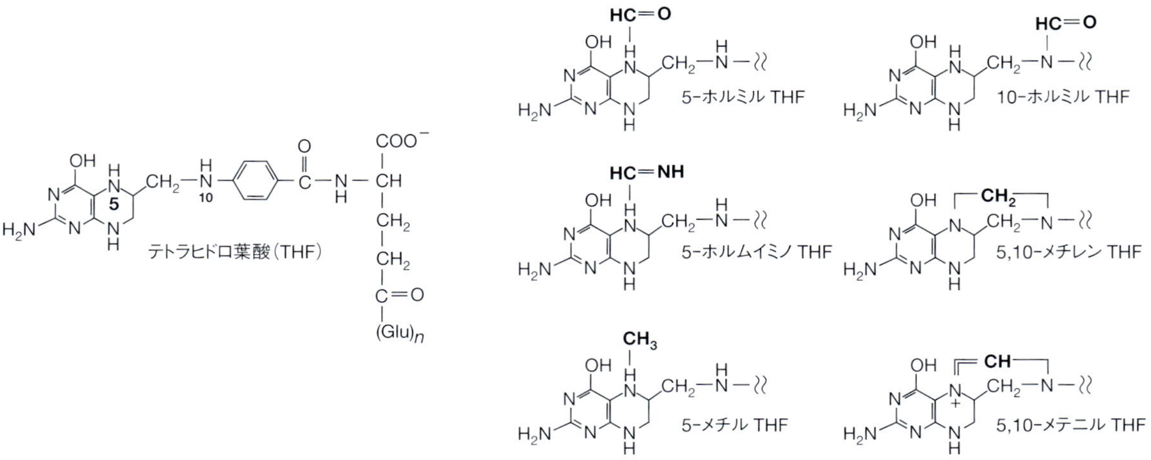

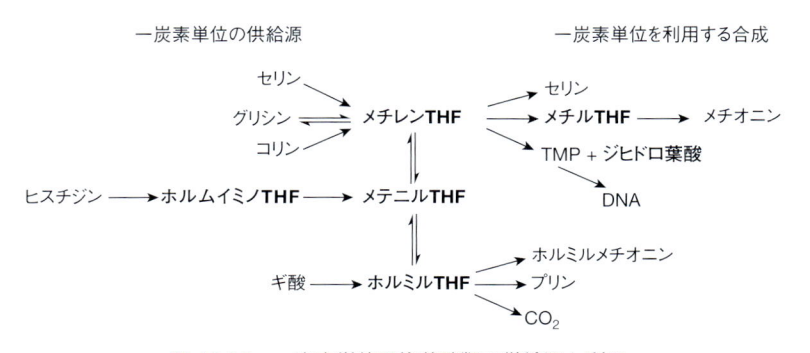

図 **44-12.** テトラヒドロ葉酸とその一炭素単位置換の葉酸類

葉酸は食事中に複数の形で存在する

葉酸（プテロイルグルタミン酸 pteroyl glutamate）の活性型は，テトラヒドロ葉酸（**図 44-12**）である．食品中の葉酸は，γ-ペプチド結合によりグルタミン酸残基を最大 7 個付加結合している．さらに，図 44-12 に示したすべての葉酸の一炭素置換体が食品中に存在すると考えられている．異なる型の葉酸が吸収される程度は異なり，葉酸摂取量は食品中の葉酸当量——μg 食品中の葉酸量の合計 + 1.7 × μg（食品添加物として用いられた）葉酸量——と計算される．

テトラヒドロ葉酸は一炭素単位の運搬体である

テトラヒドロ葉酸は，一炭素単位を分子内の特定の原子に付加または架橋して運搬する：N_5 に付加（ホルミル，ホルムイミノ，またはメチル基），N_{10} に付加（ホルミル基）または N_5 と N_{10} 間に架橋（メチレンまたはメテニル基）．5-ホルミル-テトラヒドロ葉酸（**フォリン酸 folinic acid**）は葉酸よりも安定であるので，薬用として使用される．合成（ラセミ体）化合物は**ロイコボリン leucovorin** として知られる．一炭素単位が葉酸置換体へ転入する主要点は，グリシン，セリンおよびコリンとテトラヒドロ葉酸との反応により生成されるメチレン-テトラヒドロ葉酸である（**図 44-13**）．生合成諸反応に関与する葉酸置換体の最も重要な供給源はセリンである．セリンヒドロキシメチルトランスフェラーゼ活性は，葉酸の置換状態と葉酸の利用性により調節される．本反応は可逆的で，肝臓で糖新生の基質の 1 つであるグリシンからセリンを生成し得る．メチレン-，メテニル-，および 10-ホルミルテトラヒドロ葉酸は相互変換し得る．一炭素原子をもつ葉酸が不必要なときは，二酸化炭素を生成するようホルミルテトラヒドロ葉酸が酸化されることが遊離型葉酸プールを維持する手段を提供する．

図 **44-13.** 一炭素単位置換葉酸類の供給源と利用

葉酸代謝の阻害剤はがん化学療法，抗菌薬および抗マラリア薬に用いられる

チミジル酸シンターゼに触媒される反応であるデオキシウリジン一リン酸（dUMP）のチミジン一リン酸（TMP）へのメチル化は，DNA 合成に必須である．メチレンテトラヒドロ葉酸の一炭素単位はメチル基へ還元されるとともにジヒドロ葉酸を遊離し，次いでジヒドロ葉酸は**ジヒドロ葉酸レダクターゼ dihydrofolate reductase** により還元されてテトラヒドロ葉酸に戻る．チミジル酸シンターゼとジヒドロ葉酸レダクターゼは，細胞分裂速度の速い組織でとくに活性が高い．10-メチルテトラヒドロ葉酸の誘導体である**メトトレキセート methotrexate** はジヒドロ葉酸レダクターゼを阻害する．このことによって抗がん剤として使用されている．ある種の細菌および寄生虫のジヒドロ葉酸レダクターゼはヒト酵素と異なる．そのためこれらの酵素の阻害剤は抗菌薬（たとえば，**トリメトプリム trimethoprim**）として，また抗マラリア薬（たとえば，**ピリメタミン pyrimethamine**）として使用できる．

ビタミン B_{12} 欠乏は機能的な葉酸欠乏の原因となる ——"葉酸捕捉"

S-アデノシルメチオニンがメチル供与体として作用すると，ホモシステインが生成する．ホモシステインは，ビタミン B_{12} 依存性酵素であるメチオニンシンターゼの触媒作用を受け，メチルテトラヒドロ葉酸により再メチル化される（図 44-11）．メチレンテトラヒドロ葉酸のメチルテトラヒドロ葉酸への還元は不可逆的である．組織へのテトラヒドロ葉酸のおもな供給源はメチルテトラヒドロ葉酸であるので，メチオニンシンターゼの役割は不可欠であり，葉酸とビタミン B_{12} の機能を連結する．したがって B_{12} 欠乏によりメチオニンシンターゼが障害されると，メチルテトラヒドロ葉酸の蓄積が起こる．これがいわゆる"葉酸捕捉 folate trap"である．それゆえ，ビタミン B_{12} 欠乏に続発する機能的葉酸欠乏がある．

葉酸欠乏は巨赤芽球性貧血を引き起こす

葉酸それ自体の欠乏や機能的な葉酸欠乏を引き起こすビタミン B_{12} 欠乏は，速い分裂をしている細胞に影響する．このような細胞は DNA 合成に大量のチミジンを要求するからである．臨床的には，この欠乏は骨髄に悪影響を及ぼし，巨赤芽球性貧血を引き起こす．

葉酸の補充は神経管奇形や高ホモシステイン血症の危険を減少させ，心血管疾患といくつかのがんの発生率を減少させる

受胎前に葉酸 400 µg/d の補充を始めると，**二分脊椎 spina bifida** やその他の**神経管奇形 neural tube defect** の発症率を顕著に減少させることができる．このため，多くの国々で日常的に小麦粉に葉酸を添加している．血中ホモシステインの上昇は，**アテローム性動脈硬化症 atheromatosis**，**血栓症 thrombosis**，および**高血圧 hypertension** の重大な危険因子の 1 つである．その状態は，メチレンテトラヒドロ葉酸レダクターゼによるメチルテトラヒドロ葉酸生成能の障害によるもので，機能的葉酸欠乏を招き，その結果メチオニンへのホモシステインの再メチル化の障害を起こすのである．メチレンテトラヒドロ葉酸レダクターゼに異常変異をもつ人は人口の 5 〜 10% を占め，もし比較的多量の葉酸を摂取すれば高ホモシステイン血症が進展することはない．数多くの偽薬対照試験によって，（通常ビタミン B_6 および B_{12} と併用するかたちで）葉酸の栄養補助食品（サプリメント）は期待されたとおり血漿中のホモシステインを低下させることが示されたが，脳卒中発作の発生頻度を減らすほかには心血管疾患による死亡を減らす効果はなかった．

また低葉酸状態は DNA 中の CpG アイランドのメチル化を妨げるという証拠があり，これは大腸，直腸がんやほかのがんが発生する要因ともなる．多くの研究が葉酸の補充や食品への強化がいくつかのがんの危険率を低減する可能性があることを示唆している．しかし，葉酸のサプリメントは前がん状態の結腸直腸ポリープの変異発生率を増すといういくつかの証拠があるので，そのようなポリープをもつ人がもし葉酸を大量に摂取すると，結腸直腸がんを引き起こす危険性を増すことになるかもしれない．

葉酸強化食品は人によっては危険かもしれない

葉酸の補充はビタミン B_{12} 欠乏による巨赤芽球性貧血を改善するだろうが，ビタミン B_{12} 欠乏による不可逆的な神経障害は改善しない．このように葉酸の大量摂取は，ビタミン B_{12} の欠乏を隠蔽する可能性がある．これは高齢者でとくに問題となる．というのも，加齢とともに進行する萎縮性胃炎が胃酸分泌の不足を招き，そのため食物タンパク質からビタミン B_{12} を遊離できなくなるからである．この理由から，神経管奇形を予防するために多くの国で葉酸が小麦粉に強制的に強化

されているにもかかわらず，そうしていない国もある．また葉酸とてんかん治療薬である抗痙攣剤（バルプロ酸のみ）の間には拮抗作用がある．上に述べたように，葉酸の補給は前がん状態の結腸直腸ポリープをもつ人の結腸直腸がん発生の危険性を高めるかもしれないといういくつかの証拠がある．

食事由来のビオチン欠乏は知られていない

ビオチン，ビオシチン，およびカルボキシビオシチン（活性型代謝中間体）の構造を **図44-14** に示す．ビオチンはビオシチン（ε-アミノビオチニルリシン）の形で多くの食品に広く分布する．ビオシチンはタンパク質の加水分解により遊離される．ビオチンは腸内細菌叢により要求量より過剰に合成される．完全静脈栄養法を何箇月も続けている人の一部や，アビジンを含有する未調理の卵白を異常に大量摂取したごく少数の人を除いて，ビオチン欠乏は知られていない．アビジンはビオチンと強く結合してビオチンを吸収できないようにするタンパク質である．

ビオチンはカルボキシラーゼ酵素の補酵素である

ビオチンは以下の少数の酵素において，二酸化炭素を転移する機能を発揮する．その反応とは，アセチル-CoA カルボキシラーゼ（図23-1 参照），ピルビン酸カルボキシラーゼ（図19-1 参照），プロピオニル-CoA カルボキシラーゼ（図19-2 参照），メチルクロトニル-CoA カルボキシラーゼである．ホロカルボキシラーゼ合成酵素は，アポ酵素のリシン残基にビオチンを転移し，ホロ酵素のビオシチン残基を生成する．反応性に富む中間体は 1-N-カルボキシビオチンであり，ATP 依存性反応により炭酸水素塩より生成される．次いでそのカルボキシ基がカルボキシル化反応の基質に転移される．

ビオチンはまた，鍵となる核タンパク質をビオチニル化する作用を通して，細胞周期の調節にある種の役割を演じている．

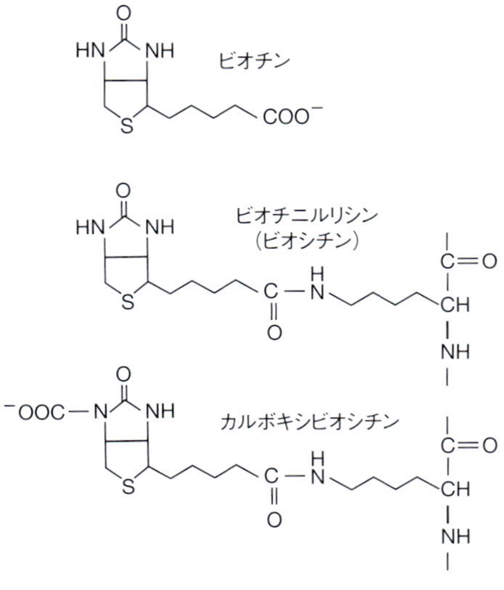

パントテン酸はCoAとACPの一部を構成し，アシル基運搬体として作用する

パントテン酸は補酵素 A（CoA）またはアシルキャリヤータンパク質（ACP）のパンテテイン官能基としてはたらき，アシル基の代謝に中心的役割を果たす（**図44-15**）．このパンテテイン部分はパントテン酸とシステインの結合により生成され，CoA および ACP の -SH 補欠分子族を提供する．CoA はクエン酸回路（16 章参照），脂肪酸合成と酸化（22 章参照），アセチル化およびコレステロール合成（26 章参照）の諸反応に関与する．ACP は脂質合成（23 章参照）に関与する．パントテン酸はすべての食材に広く分布し，欠乏については，特別な枯渇研究を除きヒトでは明確には報告されていない．

アスコルビン酸は少数の種にとってのみビタミンである

ビタミン C vitamin C（**図44-16**）は，ヒトとほかの霊長類，モルモット，コウモリ，スズメ目の鳥，およびほとんどの魚類と無脊椎動物にとってビタミンである．ほかの動物は，グルコース代謝のウロン酸経路中の中間体として，アスコルビン酸を合成できる（図20-4 参照）．アスコルビン酸がビタミンである動物種では，グロノラクトンオキシダーゼが欠損している．アスコルビン酸とデヒドロアスコルビン酸は，ともにビタミン活性をもつ．

図44-14. ビオチン，ビオシチンとカルボキシビオシチン

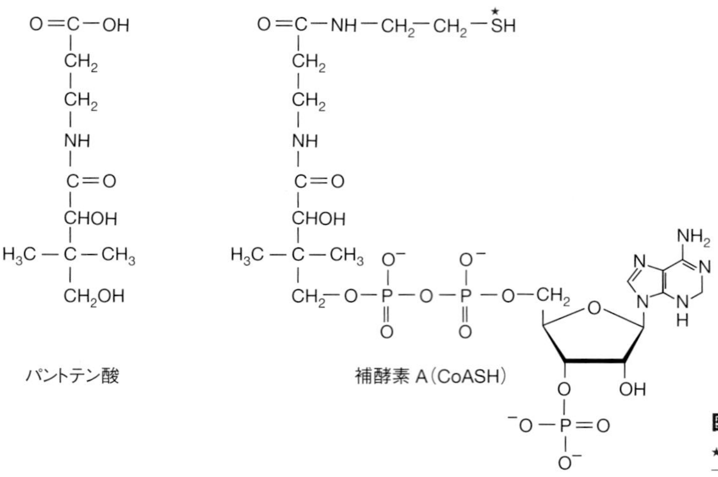

図 44-15. パントテン酸と補酵素 A
★ は脂肪酸によるアシル化部位を示す.

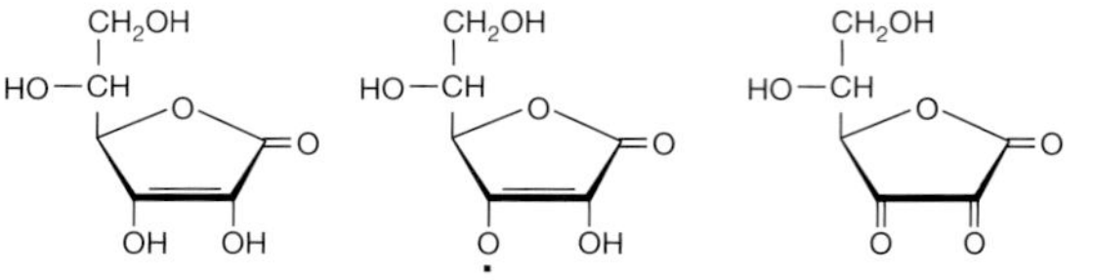

図 44-16. ビタミン C

ビタミンCは2群のヒドロキシラーゼの補酵素である

アスコルビン酸は，銅含有ヒドロキシラーゼおよび α-ケトグルタル酸に共役する鉄含有ヒドロキシラーゼで特別の役割を果たしている. また，非特異的な還元作用ではあるけれども，試験管内で多くのほかの酵素活性を増加させる. 加えて，還元剤や酸素ラジカル消去剤としての作用の結果として，多くの非酵素的効果を示す（45 章参照）.

ドーパミン β-ヒドロキシラーゼ dopamine β-hydroxylase は銅含有酵素で，副腎髄質と中枢神経系において，チロシンからのカテコールアミン，ノルアドレナリン（ノルエピネフリン）とアドレナリン（エピネフリン）の合成に関与する. このヒドロキシル化反応の間に Cu^+ は Cu^{2+} に酸化される. Cu^{2+} から Cu^+ への再還元にはアスコルビン酸が特異的に必要で，その際アスコルビン酸はモノデヒドロアスコルビン酸に酸化される.

多くのペプチドホルモンは，C 末端のグリシン残基がアミド化されている. このグリシンは，銅含有酵素であるペプチジルグリシンヒドロキシラーゼ peptidylglycine hydroxylase により α 炭素でヒドロキシル化されるが，このヒドロキシル化酵素もまた Cu^{2+} の

還元にアスコルビン酸を要求する.

多くの鉄含有アスコルビン酸要求性のヒドロキシラーゼは，基質のヒドロキシル化が α-ケトグルタル酸の酸化的脱炭酸と共役するという反応機構を共有する. これらの酵素の多くは前駆体タンパク質の修飾に関与する. プロリル prolyl およびリシルヒドロキシラーゼ lysyl hydroxylase は，プロコラーゲン procollagen のコラーゲン collagen への合成後修飾に必要である. またプロリルヒドロキシラーゼは，オステオカルシン osteocalcin の生成および補体 complement C1q 成分の合成にも必要である. アスパラギン酸 β-ヒドロキシラーゼはプロテインCの前駆体の合成後修飾に必要である. プロテインC は，血液凝固系カスケード系における活性化 V 因子を加水分解するビタミン K 依存性プロテアーゼである（55 章参照）. トリメチルリシンおよび γ-ブチロベタインヒドロキシラーゼはカルニチン合成に必要である. これらの酵素においてアスコルビン酸は，反応中に偶発的に酸化された鉄補欠分子族を還元するために必要であり，基質と化学量論的に消費されるわけでも，たんなる触媒的な役割を果たすわけでもない.

ビタミンC欠乏は壊血病を引き起こす

ビタミン C 欠乏の徴候には，皮膚の変化，毛細血管の脆弱性，歯肉の崩壊，歯の脱落および骨折が見られる. その多くは，コラーゲン合成不足に帰因する. さらに，その兆候としてカテコールアミンの合成障害による心理的変化も観察される.

ビタミンCの大量摂取は有益と考えられる

約 100 mg/d 以上の摂取により，ヒト体内のビタミ

ンCを代謝する能力は飽和され，それ以上を摂取すれば全部尿中に排泄される．しかし，ビタミンCは無機鉄の吸収を促進し，この促進にはビタミンCが腸管内に存在することが必要である．したがって，大量のビタミンC摂取は有益であり，鉄欠乏性貧血の治療のために鉄サプリメントと一緒に処方されることが多い．ビタミンC高投与が風邪の症状の強さや罹患期間を減らすことはあり得るが，予防することができるというよい証拠はほとんどない．

ミネラルは生理学的ならびに生化学的機能の双方に必要である

多くの必須ミネラル類（**表44-2**）は，食品中に広く分布し，混食しているほとんどの人は，適正なミネラル摂取をしていると見なしてよい．その必要量は，ナトリウムやカルシウムのように1日あたりグラムのレベルから，1日あたりミリグラム（たとえば，鉄，亜鉛）のレベルを経て，微量元素などの1日あたりマイクログラムのレベルまで，さまざまである．一般に土壌中にある種のミネラルが欠乏している一地域（たとえば，ヨウ素とセレンの欠乏は世界中の多くの地域で起きている）のみから食品がやってくる場合にミネラルの欠乏が起きることがある．食品が多様な違った地域からくる場合は，ミネラル欠乏は起こりにくい．鉄欠乏は世界中で重大な問題である．というのは，（たとえば，

激しい月経出血や小腸の寄生虫により）鉄が体内から比較的大量に失われるならば，この損失を補充するための適切な鉄摂取を達成することは難しいからである．人口の10％（地域によってはそれ以上）が遺伝的に鉄過剰の危険にさらされている．（遺伝的に）鉄結合タンパク質の結合能が過剰であると，溶液中の鉄イオンの非酵素的反応により遊離基を発生させる．高水準のセレンを含有する土壌で育った食品は中毒を引き起こす．また塩化ナトリウムの過剰摂取は，多くの人に高血圧を引き起こす．

まとめ

- ■ ビタミンは，必須の代謝機能をもった有機栄養物質で，一般的には食事中に少量必要とされる．なぜならビタミンは体内で合成できないからである．脂溶性ビタミン（A，D，E，およびK）は疎水性分子で，それらの吸収には正常な脂肪吸収が必要である．
- ■ 食肉に存在するビタミンA（レチノール）と，植物中に見出されるプロビタミンA（β-カロテン）は，視覚に利用されるレチナールと遺伝子発現調節に作用するレチノイン酸を生成する．
- ■ ビタミンDはステロイドプロホルモンで，活性型ホルモンであるカルシトリオールを生成し，これがカルシウムとリン酸塩代謝を調節する．ビタミンD欠乏はくる病と骨軟化症を引き起こす．ビタミンDは細胞分化とインスリン分泌を調節するはたらきをもつ．
- ■ ビタミンE（トコフェロール）は体内の最も重要な脂溶性の抗酸化物質で，膜の脂質相で作用し，フリーラジカルの効果を止め防御する．
- ■ ビタミンKは，血液凝固因子の前駆体や骨中のオステオカルシンとマトリックス1aなどのグルタミン酸残基に作用してカルシウムをキレートできるようにするカルボキシラーゼの補因子として機能する．
- ■ 水溶性ビタミンは，酵素の補因子として作用する．チアミンは，α-ケト酸の酸化的脱炭酸反応とペントースリン酸経路にあるトランスケトラーゼの補酵素である．リボフラビンとナイアシンは，酸化還元反応における重要な補酵素であり，それぞれ，フラビンタンパク質酵素中に，またNADとNADPの型で存在する．
- ■ パントテン酸は補酵素Aとアシルキャリヤータンパク質の成分として存在し，代謝反応におけるアシル

表44-2. 機能にもとづくミネラル類の分類

機　能	ミネラル
構造的機能	カルシウム，マグネシウム，リン酸塩
膜機能に関与	ナトリウム，カリウム
酵素の補欠分子族としての機能	コバルト，銅，鉄，モリブデン，セレン，亜鉛
調節機能またはホルモン作用における機能	カルシウム，クロム，ヨウ素，マグネシウム，マンガン，ナトリウム，カリウム，塩素
必須であることは既知であるが，機能は不明	ケイ素，バナジウム，ニッケル
体内で効果を示すが，不可欠性は未確立	フッ素，リチウム
食品に存在すると考えられ，過剰に摂取すると毒性を示すことが知られている	アルミニウム，ヒ素，アンチモン，ホウ素，臭素，カドミウム，セシウム，ゲルマニウム，鉛，水銀，銀，ストロンチウム，スズ

基の運搬体として作用する.

■ ビタミン B_6 は，ピリドキサールリン酸として，アミノトランスフェラーゼを含むアミノ酸代謝におけるいくつかの酵素とグリコーゲンホスホリラーゼの補酵素である．ビオチンはいくつかのカルボキシラーゼの補酵素である.

■ ビタミン B_{12} と葉酸は，DNA 合成やその他の反応に必要な一炭素単位を供給する．その欠乏は巨赤芽球性貧血を起こす.

■ ビタミン C は水溶性抗酸化物質で，ビタミン E と多くの金属補因子を還元状態に維持する.

■ 体内で機能を示す無機ミネラル類は食事中に含まれている必要がある．もし摂取量が不十分であると，欠乏症状が起こる恐れがあり，逆に過剰な摂取は毒性を示すことがある.

フリーラジカルと抗酸化栄養素

45

Free Radicals and Antioxidant Nutrients

学習目標
本章習得のポイント

- フリーラジカルによる DNA, 脂質, タンパク質の傷害と, それによって起こる病気について述べる.
- 体内における酸素ラジカルのおもな発生源について述べる.
- 抗ラジカル作用の機構とその作用をもつ食事成分について述べる.
- 抗酸化物質がどのように酸化剤前駆体としてはたらくのか, また抗酸化栄養素の介入実験がたいてい期待外れとなるのはどうしてか説明する.

生物医学的重要性

フリーラジカルは日常生活において体内に生じ, 核酸やタンパク質, 細胞膜や血漿リポタンパク質の脂質に傷害を与え, これが, **がん cancer**, **アテローム性動脈硬化症 atherosclerosis**, **冠動脈疾患 coronary artery disease**, **自己免疫疾患 autoimmune disease** などの発症につながる. 疫学または実験研究によって, セレン, ビタミン C, E, β-カロテン, ほかのカロテノイド, そして植物性食品から得られる多種類のポリフェノール化合物などの多くの**抗酸化栄養素 antioxidant nutrient** が明らかになった. 多くの人が, 1 つ以上の抗酸化栄養素の栄養補助食品(サプリメント)を摂っているが, 抗酸化補助食品の介入試験では, 試験前から欠乏していた人以外には効果はほとんど現れなかった. さらに β-カロテンとビタミン E に関する多くの実験では, サプリメントを摂る人たちの死亡数が上昇するという結果が得られた.

フリーラジカル反応は自動連鎖反応である

フリーラジカルは不対電子をもつ反応性の高い分子種である. そのため, 他の分子と分子衝突をして電子を引き抜くか供与して安定な状態になり, ラジカル自身の寿命は非常に短い($10^{-12} \sim 10^{-9}$ 秒単位). その過程において, 衝突をした相手の分子を新たなラジカルにしてしまう. このような連鎖反応を止めてフリーラジカルを消去するおもな方法は, 2 つのラジカルが反応して, どちらかの不対電子が対になることであるが, これはめったには起こらない. なぜならラジカルの半減期は非常に短く, 組織における濃度も非常に低いからである.

生物にとって最も傷害性の高いラジカルは酸素ラジカルである(活性酸素ともよばれる)——とくにスーパーオキシド $^{\bullet}O_2{}^-$, ヒドロキシル $^{\bullet}OH$, ペルヒドロキシル $^{\bullet}O_2H$ などである. 酸素ラジカルによる組織傷害は酸化傷害とよばれ, これを防御する因子が抗酸化物質である.

ラジカルは DNA, 脂質, タンパク質に傷害を与える

ラジカルは DNA の塩基に作用して化学変化を起こし, もし修復されなければ(35 章参照)その変化は娘細胞に伝えられる. 細胞膜や血漿リポタンパク質の不飽和脂肪酸に対するラジカルの傷害は, 過酸化脂質を形成する. これは, タンパク質や核酸の塩基を化学的に修飾する高反応性ジアルデヒド体の前駆体である. タンパク質もまたラジカルによって直接化学修飾を受ける. タンパク質中のチロシンが受ける酸化傷害ではジヒドロキシフェニルアラニンが形成され, それはさらに非酵素的に酸素ラジカルに変化していく(**図 45-1**).

ラジカルの総量は過酸化脂質を定量することによって測定できる. 過酸化脂質は鉄-キシレノールオレンジ(FOX)法を使用して測定する. 酸性条件下で過酸化脂質は Fe^{2+} を Fe^{3+} に酸化し, それがキシレノールオレンジと発色団を形成する. 過酸化脂質からつくられるジアルデヒドは, チオバルビツール酸反応にて測定される. 本手法では一般に, 全チオバルビツール酸反応生物質(TBARS)として知られる赤色蛍光付加体を形成する. n-6 系の多価不飽和(ポリエン)脂肪酸は過酸化によりペンタンを, n-3 系はエタンをつくり, ともに

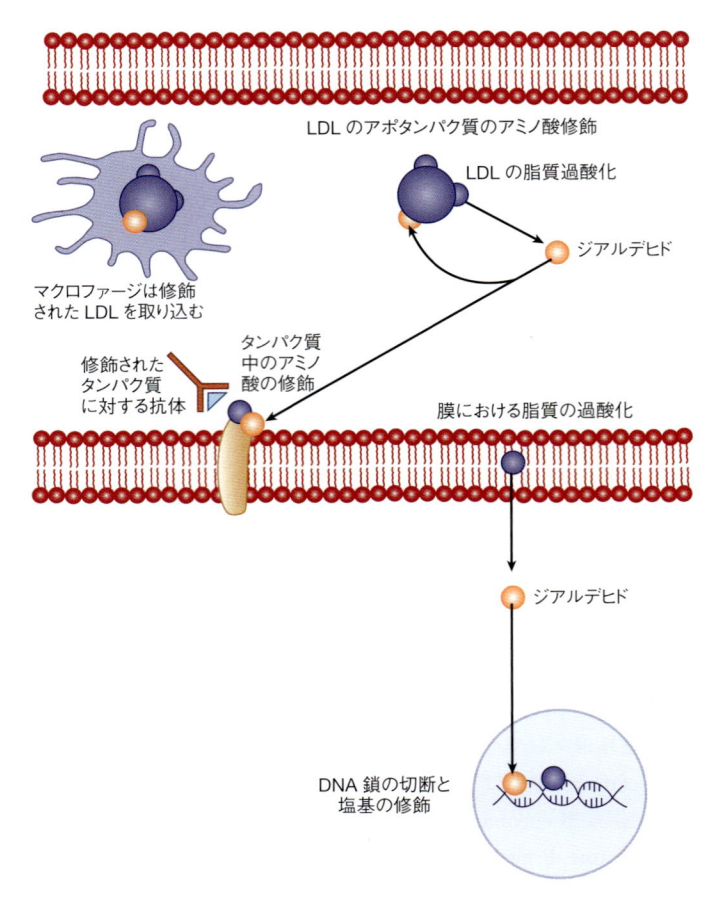

図 45-1. ラジカルによる組織傷害

呼気から測定される.

ラジカルによる傷害は変異，がん，自己免疫疾患や
アテローム性動脈硬化症の原因となる

　ラジカルが卵巣や精巣において生殖細胞の DNA を傷つけると，その変異は子孫に伝えられる．それが体細胞ならば，がんの開始となる可能性もある．細胞膜内でラジカル誘導脂質過酸化反応により生成したジアルデヒドもまた DNA 塩基を修飾する．

　タンパク質分子内のアミノ酸の化学修飾は，直接ラジカル作用の場合もラジカル誘導脂質過酸化産物との反応による場合でも，免疫系によって非自己と認識されるタンパク質となる．その結果できる抗体は正常の組織のタンパク質とも反応するため，自己免疫疾患を発症させることにもなる．

　血漿低密度リポタンパク質（LDL）のタンパク質または脂質が酸化などの化学修飾を受けると異常 LDL が生じ（訳者注：酸化 LDL，oxLDL と略称），これは LDL 受容体に認識されず肝臓で代謝されないことになる．

その代わり，修飾を受けた LDL はマクロファージのスカベンジャー受容体によって取り込まれる．脂質を盛んに取り込んだマクロファージは血管内皮の下に浸潤し（内皮がすでに何らかの傷をもっていた場合はとくに），溜め込んだ非エステル型のコレステロールは毒性を引き起こすレベルとなり細胞としては死んでしまう．これはアテローム性硬化巣が大きくなっていく過程で起こり，極端な場合には，血管をふさぐことになる．

酸素ラジカルの供給源は体の中に多数ある

　電離放射線（X 線や紫外線）は水を破壊し，ヒドロキシルラジカルをつくる．Cu^+，Co^{2+}，Ni^{2+}，Fe^{2+} を含む遷移金属イオンは，非酵素的に酸素や過酸化水素と反応してふたたびヒドロキシルラジカルを形成する．一酸化窒素（当初は内皮由来弛緩因子とよばれていた細胞シグナル伝達における重要な化合物）はそれ自身がラジカルであり，さらに重要なことは，スーパーオキシドと反応して崩壊し，ヒドロキシルラジカルとなるペルオキシナイトライト（ペルオキシ亜硝酸）を形成

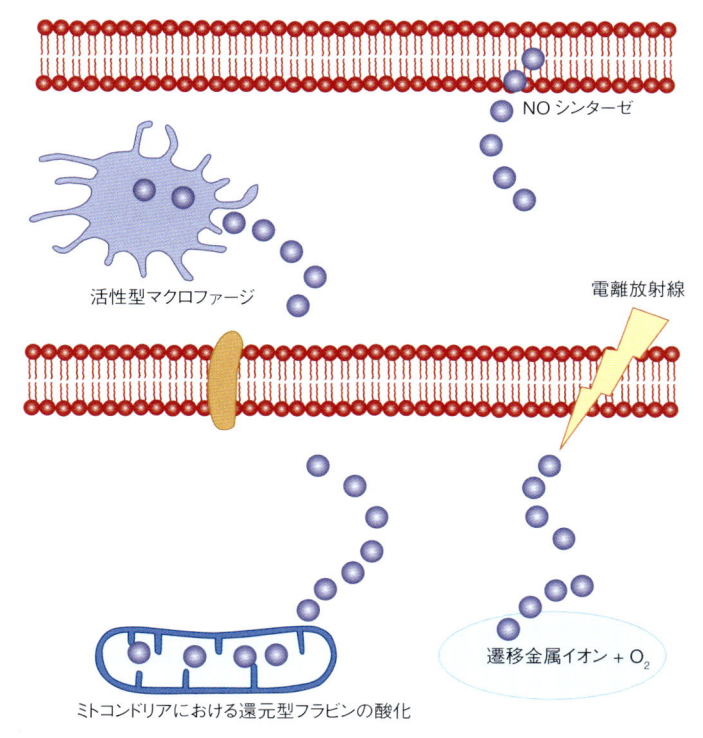

NO シンターゼ

活性型マクロファージ

電離放射線

ミトコンドリアにおける還元型フラビンの酸化

遷移金属イオン + O_2

図 45-2. ラジカルの発生源

する（**図 45-2**）.

　呼吸活性化マクロファージのバースト（54 章参照）は，$NADP^+$ を NADPH に還元するペントースリン酸経路（20 章参照）を経由してグルコースの利用を促進する．そして，酸素の消費を上げて NADPH を酸化し，食作用で取り込んだ微生物を殺す酸素ラジカル，そしてハロゲンラジカルを形成する．呼吸バーストオキシダーゼ（NADPH オキシダーゼ）はフラボタンパク質で酸素をスーパーオキシドに還元する.

$$NADPH + 2O_2 \rightarrow NADP^+ + 2^\bullet O_2^- + H^+$$

脂質に対するラジカル傷害の血漿中のマーカーは，軽い感染においてもかなり上昇する.

　ミトコンドリア（13 章参照）やミクロソームの電子伝達系における還元型フラビン補酵素の酸化は，フラビンのセミキノンラジカルに結合しているタンパク質によって安定化され，中間体として酸素ラジカルを形成する一連の系によって進められる．これらラジカル中間体の予測外の性質のためラジカルの“漏れ”がかなりある．成人 1 人が 1 日に消費する 30 mol の酸素の 3 〜5% が一重項酸素，過酸化水素，スーパーオキシド，ペルヒドロキシルラジカル，ヒドロキシルラジカルに変わり，そして水に完全に還元される．これによると，毎

日約 1.5 mol の活性酸素が生じることになる.

ラジカル傷害に対しいろいろな防御機構がある

　非酵素的に酸素ラジカルをつくる金属イオンは通常，体液中において遊離では存在せず，タンパク質と結合している．そしてそれらは補欠分子族として，または輸送体として，または貯蔵タンパク質としてはたらき，ラジカル形成は抑えられている．鉄はトランスフェリン，フェリチン，ヘモシデリンなどと，銅はセルロプラスミンと結合し，他の金属はメタロチオネインと結合する．このように輸送タンパク質と結合することによって大型化し，腎臓で沪過されなくなり，金属を尿中に失うことを防いでいる.

　スーパーオキシドは偶然に生ずるものもあるが，多くの酵素反応に必要な活性酸素としても産生される．スーパーオキシドジスムターゼ（SOD）群は，スーパーオキシドとプロトンの反応を触媒し過酸化水素を生ずる.

$$^\bullet O_2^- + 2H^+ \rightarrow H_2O_2$$

その過酸化水素はカタラーゼやペルオキシダーゼ類で分解される：$2H_2O_2 \rightarrow 2H_2O + O_2$．スーパーオキシドをつくるか，またはそれを必要とする酵素のほとんど

は，スーパーオキシドジスムターゼ，カタラーゼ，ペルオキシダーゼなどとともにペルオキシソームに存在する．

生体膜や血漿リポタンパク質の脂質がラジカル傷害を受けて生ずるペルオキシドは，グルタチオンペルオキシダーゼによってヒドロキシ脂肪酸に還元される．グルタチオンペルオキシダーゼはセレンを必要とし（それゆえ抗酸化効果を高めるには適切なセレン摂取が重要である），いったん酸化されたグルタチオンはNADPH依存性のグルタチオンレダクターゼによって還元される（図20-3参照）．過酸化脂質もビタミンEとの反応によって脂肪酸に還元され，トコフェロールラジカルが生成する．トコフェロールラジカルは不対電子が分子内の3つの部位のどこにでも配位し得るので（**図45-3**）比較的安定であり，細胞やリポタンパク質の表面においてビタミンCによってゆるやかに還元されトコフェロールに戻る．その結果生ずるモノデヒドロアスコルビン酸ラジカルは，酵素によってアスコルビン酸に戻るか，非酵素的に2 molのモノデヒドロアスコルビン酸からアスコルビン酸とデヒドロアスコルビ

ン酸を1 molずつ産生する．

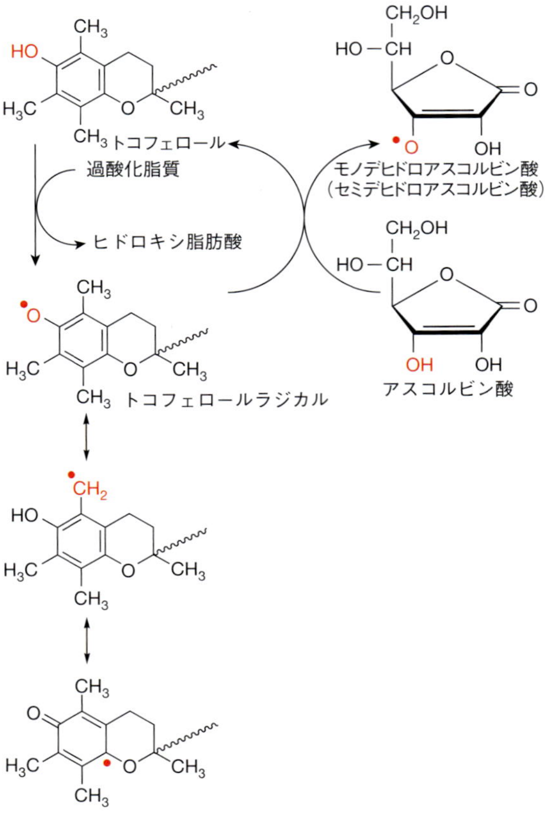

植物食品由来のアスコルビン酸，尿酸そして多種のポリフェノール類は水溶性のラジカル捕捉抗酸化物として，ゆるやかに反応して非ラジカルに変化する比較的安定なラジカルをつくってはたらく．ユビキノンやカロテンも生体膜や血漿リポタンパク質において，脂溶性ラジカル捕捉抗酸化物として同様にはたらく．

抗酸化物パラドックス——抗酸化物は酸化剤前駆体でもある

アスコルビン酸は抗酸化のはたらきでスーパーオキシドやヒドロキシルラジカルと反応してモノデヒドロアスコルビン酸と過酸化水素または水を産生するが，酸素と反応してスーパーオキシドラジカルを，Cu^{2+}と反応してヒドロキシルラジカルを生ずることもできる（**表45-1**）．しかし，この酸化剤前駆体としてのはたらきのためには，組織においてはあり得ない高い濃度のアスコルビン酸が必要になる．血漿中のアスコルビン酸の濃度は30 mmol/Lに達すると腎臓の閾値に達し，1日のビタミン摂取量が約100〜120 mg以上になるとそれ以上は尿に排泄されてしまう．

多くの疫学調査研究は，カロテンが肺やその他のがんに防御的にはたらくことを示している．しかし，1990年代に行われた2つの介入試験は，β-カロテンのサプリメントを与えられた群において肺がん（その他のがんも）の死亡者が増加したことを示した．この問題は次のように説明できる．β-カロテンは酸素の分圧が低い体内の組織においてはたしかにラジカルを捕捉する抗酸化剤であるが，高い酸素分圧において（肺のような），そしてとくに高い濃度では，β-カロテンは自己触媒的な酸化剤前駆体となる．そして脂質やタンパク質にラジカル傷害を与えるようになる．

疫学調査研究は，ビタミンEもまた，アテローム性動脈硬化症や心血管疾患に防御的にはたらくことを示

図45-3. トコフェロールラジカルにおける不対電子の配位の移動

表45-1. ビタミンCの抗酸化，酸化剤前駆体作用

抗酸化作用：
アスコルビン酸 + $^{\bullet}O_2^{-}$ → H_2O_2 + モノデヒドロアスコルビン酸： 　カタラーゼとペルオキシダーゼが次の反応を行う： 　$2H_2O_2$ → $2H_2O$ + O_2
アスコルビン酸 + $^{\bullet}OH$ → H_2O + モノデヒドロアスコルビン酸
酸化剤前駆体作用：
アスコルビン酸 + O_2 → $^{\bullet}O_2^{-}$ + モノデヒドロアスコルビン酸
アスコルビン酸 + Cu^{2+} → Cu^{+} + モノデヒドロアスコルビン酸
Cu^{+} + H_2O_2 → Cu^{2+} + OH^{-} + $^{\bullet}OH$

している．しかしながら，ビタミンEに関する介入試験のメタ解析は，ビタミンEのサプリメントを摂った人（多量）において死亡数が高くなったことを示している．これらの試験ではα-トコフェロールが使われている．食物中には他のビタミンE類似物質が含まれており，サプリメントにはそれは含まれていない．たぶんこの点が重要なのであろう．試験管内（*in vitro*）の実験では，ビタミンEのない条件で低濃度のペルヒドロキシルラジカルと反応させると，ビタミンE存在下よりも血漿リポタンパク質のコレステロールエステルヒドロペルオキシドは低かった．問題はここにあると思われる．ビタミンEは安定なラジカルを形成し，それはおだやかに代謝され非ラジカルの分子となる．つまり，ラジカルは長く存在することになり，リポタンパク質の内部へ浸透する．そしてリポタンパク質の表面で水溶性の抗酸化物と反応するよりも，むしろさらなるラジカル傷害を進めることになったと考えられる．

一酸化窒素およびその他のラジカルは，細胞シグナル伝達，とくにDNAや他の損傷を受けたプログラム細胞死（アポトーシス）にかかわるシグナル伝達において重要である．高濃度の抗酸化物質は，組織損傷から保護するというよりも，むしろシグナル伝達にかかわるラジカル類を消去する可能性がある．その場合には，損傷を受けた細胞が引き続き生存できることになり，がんの発生リスクを減らすよりもむしろ増やすことになる．

まとめ

- フリーラジカルは不対電子をもち非常に反応性の高い分子種であり，細胞膜や血漿リポタンパク質において脂質やタンパク質を化学修飾する．
- 血漿リポタンパク質の脂質やタンパク質に及ぼすラジカル傷害は，アテローム性動脈硬化症や冠動脈疾患の進行に影響を与える．核酸に及ぼすラジカル傷害は遺伝的変異およびがんをもたらす可能性がある．タンパク質のラジカル傷害は自己免疫疾患を起こす可能性もある．
- 酸素ラジカルは，電磁放射線，遷移金属イオンの非酵素的反応，活性化マクロファージの呼吸バースト，還元型フラビン補酵素の酸化などによって生じる．
- ラジカル傷害を防御するものは，スーパーオキシドイオンや過酸化水素の分解酵素，グルタチオンの酸化につながる過酸化脂質の酵素による還元［訳者注：スーパーオキシドジスムターゼ（SOD）やカタラーゼ catalase，グルタチオンペルオキシダーゼ GSH peroxidase などの作用を指す］，過酸化脂質とビタミンEの非酵素的反応，ラジカルと反応して比較的安定なラジカルを形成しおだやかに非ラジカル分子に変化させるビタミンC，E，カロテン，ユビキノン，尿酸，食物由来のポリフェノールなどとの反応，などである．
- ビタミンEやβ-カロテンの介入試験において，試験以前から欠乏していた人を除いて，栄養補助食品（サプリメント）を摂取した人の死亡率は上昇した．β-カロテンは酸素の濃度が低い状況下でのみ抗酸化にはたらき，高い場合では自己触媒的酸化剤前駆体となる．ビタミンEは安定なラジカルを形成し，それは水溶性の抗酸化物と反応するか，またはリポタンパク質や組織の内部に浸透しさらにラジカル傷害を悪化させる．
- ラジカルは，細胞シグナル伝達において重要である．しかし，高濃度の抗酸化物質は，組織を傷害から保護するというよりも，むしろ情報伝達にかかわるラジカル類を消去する可能性がある．その場合には，傷害を受けた細胞が引き続き生存できることになり，がんの発生リスクを減らすよりも増やすことになる．

糖タンパク質

Glycoproteins

46

学習目標
本章習得のポイント

- 正常および疾患における糖タンパク質の重要性を説明する.
- 糖タンパク質に存在する基本となる糖（単糖）を記述する.
- 主要糖タンパク質のクラス（N 結合型，O 結合型，GPI 結合型）を記述する.
- 糖タンパク質の生合成経路および分解経路の特徴を記述する.
- インフルエンザウイルスや多くの微生物がどのように糖鎖を介して細胞表面に結合するか説明する.

生物医学的重要性

　糖タンパク質 glycoprotein は，オリゴ糖の鎖（糖鎖）がタンパク質のアミノ酸残基に共有結合したものである．**糖鎖付加（グリコシル化）glycosylation**（酵素による糖鎖付加）は最も頻繁に起こるタンパク質の翻訳後修飾である．糖タンパク質の一群にはセリン，トレオニンに結合する単糖（N-アセチルグルコサミン）で可逆的な糖修飾を受けるものがある．これらのセリン，トレオニンは，可逆的なリン酸化で修飾される残基でもある．この現象は，代謝制御の観点から重要な分子メカニズムである．酵素によらないタンパク質への糖付加も起こり，**糖化 glycation** とよばれる．この過程は，適切に治療されていない糖尿病に見られ，重篤な病理学的結果をもたらす.

　糖タンパク質は**糖複合体 glycoconjugate** あるいは**複合糖質 complex carbohydrate** に分類される一群の分子であり，1 つまたは複数の糖鎖が共有結合しているタンパク質（**糖タンパク質 glycoprotein** あるいは**プロテオグリカン proteoglycan**, 50 章）あるいは脂質（糖脂質 glycolipid, 21 章）である．ほとんどすべてのヒト**血漿タンパク質 plasma protein** および多くの**ペプチドホルモン peptide hormone** は糖タンパク質であり，**血液型物質 blood group substance** の多くが糖タンパク質であるように（ほかにはスフィンゴ糖脂質がある），多くの**細胞膜タンパク質 cell membrane protein**（40 章参照）はかなりの量の糖鎖を含んでおり，多くは脂質二重層に一種の糖鎖を介して挿入されている．がん細胞表面の糖タンパク質やその他の複合糖質の構造変化は転移に重要であることを示す証拠が集積してきている.

糖タンパク質は広い範囲に存在し，多くの機能を担っている

　糖タンパク質は細菌からヒトに至る大部分の生物に存在している．多くのウイルスも糖タンパク質を含んでおり[1]，糖タンパク質のいくつかは宿主細胞への接着のときに重要な役割を果たす．糖タンパク質は幅広い機能をもつ（**表 46-1**）．その糖含量は重量にして 1% から 85% 以上まである．糖タンパク質の糖鎖構造は細胞分化，生理学的現象，悪性形質転換にかかわるシグナルに応答して変化する．これらの糖鎖の構造変化は，糖転移酵素の発現変化の結果である．**表 46-2** に糖タンパク質糖鎖の主要な機能の一部を示した.

オリゴ糖鎖は生物学的情報を担っている

　糖鎖に見られる単糖の配列と単糖間の結合が有する生物情報は，DNA，RNA，タンパク質が示す生物情報とは次の点で異なる．それは，糖鎖構造が DNA の塩基配列情報で決定される情報ではなく，二次的に決定される構造情報である点にある．ある特定のタンパク質の糖鎖修飾パターンは，糖タンパク質の生合成に関与する多種類の**糖転移酵素** （グリコシルトランスフェ

---

1)　訳者注：糖鎖はウイルスが感染した細胞由来である.

表46-1. 糖タンパク質の機能

機　能	糖タンパク質
構造支持分子	コラーゲン
潤滑，保護因子	ムチン
輸送体分子	トランスフェリン，セルロプラスミン
免疫分子	免疫グロブリン，組織適合性抗原
ホルモン	絨毛性性腺刺激ホルモン，甲状腺刺激ホルモン（TSH）
酵　素	種々，たとえば，アルカリホスファターゼ
細胞接着-認識部位	細胞間（たとえば，精子-卵細胞），ウイルス-細胞間，微生物-細胞間，ホルモン-細胞間の相互作用に関与する糖タンパク質
凍結防止	冷水域に棲む魚の複数の血漿タンパク質
特定の糖との相互作用	レクチン，セレクチン（細胞接着性レクチン），抗体
受容体	ホルモンや薬剤の作用に関係するいろいろのタンパク質
糖タンパク質の折りたたみ（フォールディング）を制御	カルネキシン，カルレティキュリン
分化と発生の制御	ノッチとその類似体，発生における鍵タンパク質
止血（および血栓形成）	血小板の膜表面に存在する特定の糖タンパク質

表46-2. 糖タンパク質のオリゴ糖鎖の機能

・タンパク質の物理化学的性質を変える．たとえば，溶解度，粘性，電荷，立体構造，変性

・細菌，ウイルス，寄生虫および種々の分子に対する結合部位となる．

・細胞表面認識シグナルとなる．

・タンパク質分解作用から防御する．

・細胞から搬出されるタンパク質が正しく折りたたまれることを確実にする．正しく折りたたまれなかったタンパク質を分解するために小胞体から細胞質へ輸送する．

・ペプチドホルモンや血漿タンパク質が肝臓により血中から除去されるのを防ぐ．

・細胞外のタンパク質を細胞膜にアンカー（挿入）すること，小胞体やゴルジ体のような細胞小器官の内腔にタンパク質をアンカーすることを可能にする．

・タンパク質の細胞内輸送，選別，分泌を制御する．

・胚発生，細胞・組織の分化に影響を与える．

・がん細胞によって選択される転移場所に影響を与える．

ラーゼ）glycosyltransferase の細胞での発現パターン，糖転移酵素の基質特異性，基質となる糖鎖や糖供与体の相対的な供与量に依存する．このことにより，多くの糖タンパク質糖鎖の**細部での不均一性 microheterogeneity** がつくり出され分析を複雑にする．すなわち，1つの糖タンパク質について見ても，すべての糖鎖が完成した均一の構造ではなく，あるものは不完全な構造のままで存在している現象が生じる．

糖鎖の構造情報は糖鎖と**レクチン lectin**（以下を参照）や他の糖鎖認識分子との相互作用によって表現される．これらの相互作用が細胞活性に変化をもたらす．

ヒトの糖タンパク質には8種の単糖がおもに見出される

糖タンパク質のオリゴ糖鎖中には通常8種の単糖のみが認められる（**表46-3** と 15 章参照）．*N*-アセチルノイラミン酸（NeuAc）は通常，オリゴ糖鎖の末端に見出され，末端から2つ目のガラクトース（Gal）または *N*-アセチルガラクトサミン（GalNAc）残基に結合している．表中のほかの糖は通常より内側の位置に見出される．**硫酸基 sulfate group** はしばしば糖タンパク質中に見出され，通常 Gal，GlcNAc または GalNAc に結合している．

ほとんどの糖鎖生合成反応では遊離の単糖あるいはリン酸化糖ではなく，**糖ヌクレオチド nucleotide sugar** が使われる（図 18-2 参照）．多くは UDP であるが，ほかにグアノシン二リン酸（GDP），シチジン一リン酸（CMP）が使われる．

レクチンは糖タンパク質を精製したり，機能を調べたりするのに用いることができる

レクチンは**糖結合性タンパク質 carbohydrate-binding protein** であり，細胞を凝集したり，複合糖質を沈殿させたりする．多くのレクチンはそれ自身が糖タンパク質である．糖鎖と反応する免疫グロブリンはレクチンとは考えられていない．レクチンは少なくとも2つの糖鎖結合部位を含んでいる．糖鎖結合部位が1つだけのタンパク質は，細胞を凝集させる，あるいは複合糖質を沈殿させることはできない．レクチンの特異性は凝集や沈殿を起こす能力をいちばんよく阻止する

表46-3. ヒト糖タンパク質に見られる主要な単糖ᵃ

糖	型	略号	糖ヌクレオチド	コメント
ガラクトース	ヘキソース	Gal	UDP-Gal	しばしばN結合型糖タンパク質の末端NeuAcの次の糖として存在する。また、プロテオグリカンのコアの三糖構造に見られる。
グルコース	ヘキソース	Glc	UDP-Glc	N結合型糖タンパク質の生合成中間体として存在するが、完成した糖タンパク質には通常存在しない、凝固因子のいくつかに存在する。
マンノース	ヘキソース	Man	GDP-Man	N結合型糖タンパク質に共通に見られる。
N-アセチルノイラミン酸（シアル酸）	シアル酸（九炭糖）	NeuAc	CMP-NeuAc	N結合型糖タンパク質両方の末端にしばしば見出される。ほかのシアル酸も見出されているが、ヒトではNeuAcが大部分である。アセチル基はN-アセチルとして、さらにO-アセチルとして見出されることもある。
フコース	デオキシヘキソース	Fuc	GDP-Fuc	NおよびO結合型糖タンパク質の非還元末端、またはN結合型糖タンパク質のAsnに結合しているGlcNAc残基に結合している。また分子内部のSerのOHに結合しているものもある（たとえばt-PAや凝固因子のあるもの）。
N-アセチルガラクトサミン	アミノヘキソース	GalNAc	UDP-GalNAc	NおよびO結合型糖タンパク質のいずれにも存在している。
N-アセチルグルコサミン	アミノヘキソース	GlcNAc	UDP-GlcNAc	N結合型糖タンパク質のポリペプチド鎖にAsnを介して結合している糖であり、これらのタンパク質のオリゴ糖鎖中のほかの部分にも見出される。多くの核タンパク質ではSerやThrのOHにGlcNAcが単一の糖としてついている。
キシロース	ペントース	Xyl	UDP-Xyl	Xylは多くのプロテオグリカン中のSerのOH基に結合している。そのXylには2つのGalが結合して橋渡し三糖を形成している。Xylはまたt-PAや凝固因子のあるものにも見出される。

ᵃ 単糖の構造は15章参照。

糖タンパク質には3つのおもなクラスがある

糖タンパク質は、ポリペプチド鎖とオリゴ糖鎖間の結合の性質によって、3群に分類される（図46-1）。少量成分としてそれら以外のクラスの糖タンパク質も存在する。

1. O-グリコシド結合 O-glycosidic linkage を含むもの（O結合型）。セリンまたはトレオニン（ときどき、チロシンのヒドロキシ基とN-アセチルガラクトサミンが結合する[GalNAc–Ser(Thr)]。

2. N-グリコシド結合 N-glycosidic linkage を含むもの（N結合型）。アスパラギンのアミド窒素とN-アセチルグルコサミンが結合する（GlcNAc–Asn）。

3. タンパク質のカルボキシ末端アミノ酸にオリゴ糖鎖（グリカン）がホスホリルエタノールアミンを介して結合する。グリカンはグルコサミンによってホスファチジルイノシトール（PI）に結合しているN-アセチルグルコサミンによってホスファチジルイノシトール glycosylphosphatidylinositol-anchored（GPI アンカー＝ GPI-anchored）糖タンパク。

レクチンは最初、植物および微生物で発見されたが、哺乳類アシアロ糖タンパク質受容体 asialoglycoprotein receptor を含む多くの動物由来のレクチンが知られている。多くのペプチドホルモンや血漿タンパク質は糖タンパク質である。タンパク質とノイラミニダーゼで処理すると、末端のN-アセチルノイラミン酸が外れて内側のガラクトースが露出する。このアシアロ糖タンパク質は無処理の糖タンパク質よりも速やかに血中から除去される。肝細胞は、多くの脱シアル化血漿タンパク質のガラクトース部位を認識するアシアロ糖タンパク質受容体を有するので、それらのタンパク質をエンドサイトーシスし、分解する。

植物レクチンは以前、植物性血球凝集素 phytohemagglutinin とよばれていた。細胞表面の糖タンパク質と結合して赤血球を凝集する能力をもつためである。十分調理されていない豆類には変性していないレクチンが残存し、消化管粘膜細胞を凝集させ、粘膜の重度な剥離を引き起こす。

これらのレクチンは糖タンパク質の精製、細胞表面の糖タンパク質のプロファイルを調べる手段、あるいはオリゴ糖鎖の生合成にかかわる酵素を欠損する変異細胞株作製のための試薬として使われている。

糖で表される。

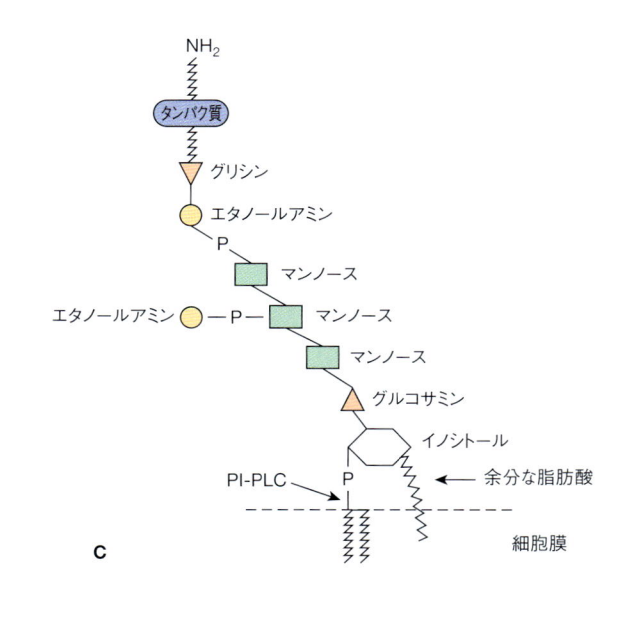

図 46-1. 3 種の主要な糖タンパク質．A：*O* 結合型（セリンに結合した *N*-アセチルガラクトサミン），B：*N* 結合型（アスパラギンに結合した *N*-アセチルグルコサミン），C：グリコシルホスファチジルイノシトール（GPI）結合
ここに示した GPI の構造は，アセチルコリンエステラーゼがヒト赤血球細胞膜に結合している状態である．図には膜結合型の本酵素を遊離型にする PI-ホスホリパーゼ C（PI-PLC）の作用点も示してある．本酵素の GPI にはさらにイノシトールに結合する脂肪酸が追加されて，さらにもう 1 分子のホスホリルエタノールアミンが 3 個連続するマンノース残基の中央に結合している．GPI に見出される構造の違いは，カルボキシ端のアミノ酸の種類，マンノース残基に結合する分子の種類，脂質部分のさらに詳細な構造に見出される．（P：リン酸）

ク質とよばれる．このクラスの糖タンパク質には他の機能も知られているが，極性のある上皮細胞で細胞膜の頂端側あるいは側底部に糖タンパク質を方向性輸送することに関与する（40 章と以下を参照）．

1 本のタンパク質ポリペプチド鎖に結合しているオリゴ糖鎖の数は 1 から 30 以上まであり，糖鎖も単糖 1，2 残基のものもあればもっと大きいものまである．糖鎖は直鎖のものと分岐するものがある．多くのタンパク質は複数の結合様式の糖鎖をもつ．たとえば，赤血球の重要な膜タンパク質である**グリコホリン glycophorin**（53 章参照）は *O* および *N* 結合型のオリゴ糖鎖の両者をもっている．

糖タンパク質には複数のタイプの *O*-グリコシド結合がある

O-グリコシド結合には少なくとも 4 つのサブクラスがヒトの糖タンパク質に見出されている．

1. **GalNAc-Ser(Thr)** 結合は図 46-1 に示したとおり，圧倒的に多い結合型である．通常，Gal または NeuAc 残基が GalNAc に結合するが，さらに糖鎖が伸長し，糖組成や鎖長が異なる多種類のオリゴ糖鎖が存在する．この型の結合は**ムチン mucin**（後述）に見出される．

2. **プロテオグリカン proteoglycan** はセリンに結合した **Gal-Gal-Xyl-Ser** 三糖（いわゆる橋渡し三糖 link trisaccharide）を含んでいる．

3. **コラーゲン collagen**（50 章参照）は **Gal-ヒドロキシリシン Gal-hydroxylysine(Hyl)** 結合を含む．

4. 多くの**核タンパク質 nuclear protein** および**細**

660

胞質タンパク質 cytosolic protein はセリンまたは
トレオニン残基に GlcNAc 1 残基が付加した側鎖
をもつ．

ムチンは O 結合型オリゴ糖鎖の含量が高く，アミノ酸配列の繰り返し構造をもつ

ムチンは糖タンパク質である．ムチンはタンパク質
分解に対して高い抵抗性があがる．というのは，オリゴ
糖の密度が高いためポリペプチド にプロテアーゼ pro-
tease が接近しにくいからである．分泌型ムチンはオ
リゴマー がジスルフィド 結合し，巨大な分子量を示
す．粘液は高い粘性 viscosity を示し，しばしばムチ
ン含量に依存するゲル gel を形成する．O 結合型糖鎖
の含量が高いことは，ムチンのポリペプチ
ド 鎖に伸びた構造特性を与える．この現象はN-アセチ
ルガラクトサミン (GalNAc) と隣接するアミノ酸との
立体的相互作用 steric interaction が直鎖をさらに堅く
する効果 chain-stiffening effect を生み，それによって
ムチンの立体構造が強固な棒状になることで部分的に
説明できる．隣接する糖鎖上の単糖間の非共有結合型
分子内相互作用がゲル形成に貢献する．多くのムチン
では N-アセチルノイラミン酸 (NeuAc) および硫酸残
基の含量が高いが，この性質はムチン分子に負電荷を
帯びさせる．

その 2 大特徴とは，O 結合型オリゴ糖鎖 O-linked
oligosaccharide の含量が高い（ムチンの糖含量は一般
的に 50% 以上でできる）．骨格となるポリペプチド の中
央に異なる数のアミノ酸配列タンデムリピート vari-
able number of tandem repeats (VNTR) があり，この
部分に O 結合型糖鎖がクラスター cluster をなして結
合している．ことである．これらのタンデムリピート
にはセリン，トレオニン，プロリンが多く，実際にセ
リンの摂取必要量の 60% 以上がムチンの生合成に使
われると解釈できる．O 結合型糖鎖が圧倒的に多いが，
ムチンはしばしば N 結合型糖鎖も含んでいる．

ムチンには分泌型 secretory と膜結合型 membrane-
bound の両方がある．消化管，呼吸器管，および生殖
器管から分泌される粘液 mucus は約 5% のムチンを含
む溶液である．分泌型ムチンはオリゴマー構造をとる
ことが一般的で，モノマーがジスルフィド 結合し，巨

O 結合型糖タンパク質は糖ヌクレオチドから単糖が連続的に付加されて生合成される

大部分の糖タンパク質は膜結合合型か分泌型であり，
タンパク質部分をコードする mRNA は膜結合性ポリ
リボソーム上で翻訳される (37 章参照)．糖鎖は糖ヌク
レオチドから供給される単糖が糖タンパク質糖転移酵
素（糖タンパク質 グリコシルトランスフェラーゼ）
glycoprotein glycosyltransferase により連続的に転移
され，構築される．多くの糖転移反応はゴルジ体の内
腔で行われるので，ゴルジ膜を通して糖ヌクレオチド
(UDP-ガラクトース，GDP-マンノース，CMP-
NeuAc) を輸送するための対向輸送 antiport 系といわれるも
が存在する．これが対向輸送の流入が，対応する 1 つ
の糖ヌクレオチド(UMP，GMP，CMP) の流出とバラン
スをとっている．

ヒトには，41 種の糖転移酵素が存在する．
糖転移酵素群のファミリーは糖ヌクレオチド供与体
にちなんで命名され，サブファミリーは転移される単
糖と受容体基質間に形成される結合にもとづいて命名
される．転移は，糖ヌクレオチドの糖の C_1 立体配座
がそのままあるいは転座して行われる．糖ヌクレオチ
ド の酵素への結合は酵素に立体構造の変化をもたらし，
受容体基質の結合を可能にする．糖転移酵素は受容体
基質に対して高い特異性を示し，すべての糖鎖の完全な構
造にまで生合成されるわけではなく，あるものは不完
全なままで残ることから，細部での不均一性を生じさ
せる．どのセリンあるいはトレオニン残基が糖鎖修飾
を受けるかを決定する共通配列は知られていないが，
最初に転移される糖は通常 N-アセチルガラクトサミ
ン (GalNAc) である．

ムチンは免疫監視機構から逸脱させている．ムチンは
また，がん特異的ペプチド および糖鎖エピトープも含
んでいる．これらエピトープ のいくつかは，がん細胞
に対する免疫反応を活性化するのに用いられてきた．

膜結合型ムチンは細胞間相互作用 cell-cell interac-
tion に関与する．またある種の表面抗原をマスクする
ことがある．多くのがん細胞は大量のムチンをつくる
が，ムチンが細胞の表面抗原をマスクすることで，が

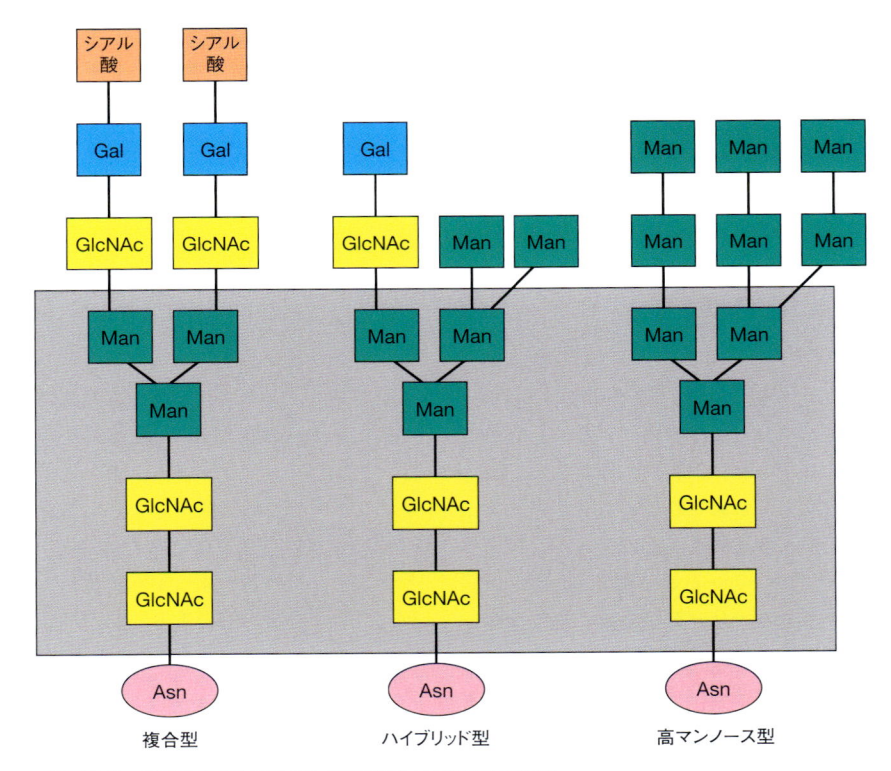

図 46-2. 主要なアスパラギン結合型オリゴ糖鎖の構造
長方形で囲まれた部分は，N結合型糖タンパク質に共通の五糖骨格オリゴ糖構造である．

N結合型糖タンパク質はアスパラギン–N–アセチルグルコサミン結合を含む

N結合型糖タンパク質は主要な糖タンパク質群であり，**膜結合型 membrane-bound** さらに**循環する circulating** 糖タンパク質が含まれる．アスパラギン–N–アセチルグルコサミン（Asn–GlcNAc）結合の存在が特徴で，ほかの糖タンパク質から区別される（図46–1）．N結合型オリゴ糖鎖には3つのクラスがあり，**複合型 complex**，**高マンノース型 high mannose**，**ハイブリッド型 hybrid** に分類される．これら3つのクラスに属するすべての糖タンパク質は，アスパラギンに結合した $Man_3GlcNAc_2$ からなるコア五糖構造を共通にもっているが，これ以外の外側の構造が異なる（**図46–2**）．

複合型オリゴ糖鎖は2，3，4，5本の分岐構造まである．オリゴ糖鎖の分岐はしばしば**アンテナ antenna** とよばれるので，バイ–，トリ–，テトラ–，ペンタ–アンテナ構造のどれもが見出されることになる．通常，末端には N–アセチルノイラミン酸（NeuAc）があり，その内側にガラクトース（Gal），N–アセチルグルコサミン（GlcNAc）があり，この2糖はしばしば N–アセチルラクトサミン構造をとる．連続する **N–アセチルラクトサミン単位 N–acetyllactosamin unit**——$[Gal\beta1\text{-}3/4GlcNAc\beta1\text{-}3]_n$（ポリ N–アセチルラクトサミン糖鎖）——は N結合型糖鎖にしばしば見られる．I/i血液型物質はこのクラスに属する．複合型の糖鎖の数は驚くほど多く，図46-2に示したのは多くの糖鎖の1つにすぎない．N結合型の糖鎖にはガラクトースやフコースを末端とするものもある．

高マンノース型オリゴ糖鎖には五糖のコア構造に2〜6個のマンノース残基が付加している．ハイブリッド型は複合型と高マンノース型の両者の特徴を備えた分子である．

HO–CH₂–CH₂–C H–CH₂ [–CH₂–CH=C CH₃ –CH₂ –CH₂–CH–C CH₃] ₙ
（※構造式。図46-3.の化学式）

図 46-3. ドリコールの構造
[　] 内はイソプレン単位構造で, $n = 17 \sim 20$ のイソプレノイド単位からなる.

N結合型糖タンパク質の生合成には ドリコール–P–P–オリゴ糖が関係する

すべての N 結合型糖タンパク質の合成は, 小胞体膜の細胞質側でドリコールピロリン酸 dolichol pyrophosphate（**図 46-3**）に結合した分岐オリゴ糖の合成から始まり, 次に, それが小胞体内腔側へ移行する. 膜結合性ポリリボソーム上で合成され始めたアポ糖タンパク質が小胞体内腔に入り込むと, そのアスパラギン残基にオリゴ糖転移酵素 oligosaccharyltransferase がドリコールピロリン酸上のオリゴ糖鎖をまとめて転移する. このことから, この現象は翻訳時修飾であるといえる. N 結合型糖タンパク質には糖鎖修飾部位を決定するコンセンサス配列 Asn-X-Ser/Thr （X はプロリン以外のアミノ酸）が存在する. これ以外に糖鎖修飾を受けるコンセンサス配列は見つかっていない.

図 46-4 に示すように, 最初の反応が UDP–*N*–アセチルグルコサミンとドリコールリン酸の反応で, *N*–アセチルグルコサミン–ドリコールピロリン酸を生成する. 2 残基目の *N*–アセチルグルコサミンが UDP–*N*–アセチルグルコサミンから転移され, 次に 5 残基のマンノースが GDP–マンノースから転移される. その後, 生成したドリコールピロリン酸オリゴ糖は小胞体の内腔に転倒し, さらに最終産物のドリコールピロリン酸オリゴ糖を生合成するためにマンノースとグルコースがそれぞれドリコールリン酸マンノースとドリコールリン酸グルコースから付加される. 生合成されたドリコールピロリン酸オリゴ糖は新生タンパク質鎖上の糖鎖受容部位であるアスパラギン残基に転移される.

高マンノース型 high mannose 糖鎖を生合成するには, グルコースとマンノースを末端から複数残基分グリコシダーゼで取り除く必要がある. **複合型 complex type** のオリゴ糖鎖をつくるためには, グルコース残基とマンノース残基中 4 つが小胞体およびゴルジ体の複数のグリコシダーゼによって除かれる. その後, *N*–アセチルグルコサミン, ガラクトース, *N*–アセチルノイラミン酸がゴルジ体に局在するそれぞれのグリコシルトランスフェラーゼの作用によって付加される. **ハイブリッド鎖 hybrid chain** は上記複合型生合成の前半のみの部分的処理で形成され, 一方の分岐に複合型を, も

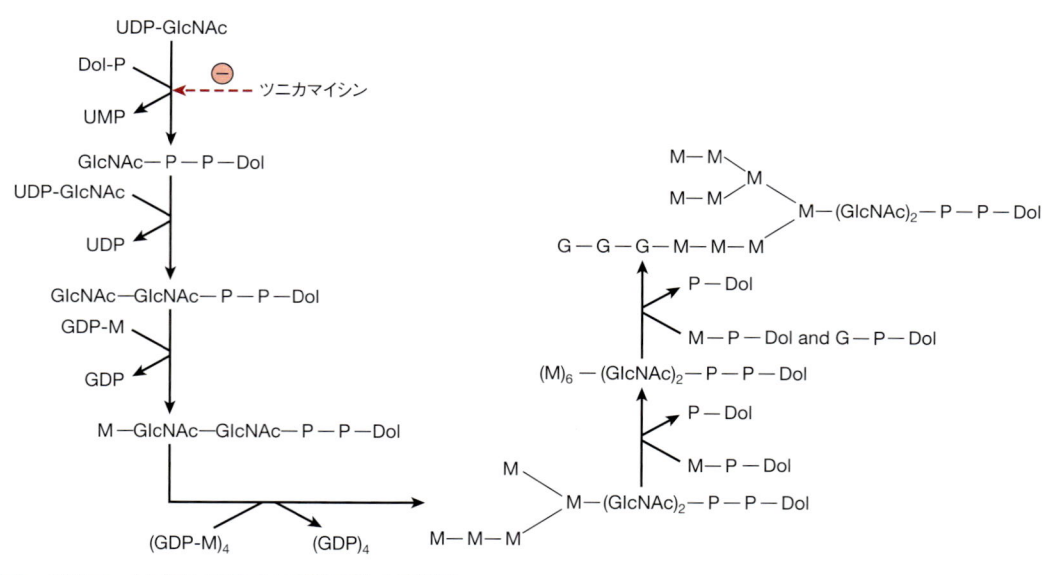

図 46-4. ドリコールピロリン酸オリゴ糖の生合成経路
注意すべき点は最初の内側にあるマンノース 5 残基は GDP–マンノースから供給されるのに対して, 外側のマンノース残基とグルコース残基はドリコールリン酸マンノースとドリコールリン酸グルコースにより供給されることである. （UDP：ウリジン二リン酸, Dol：ドリコール, P：リン酸, UMP：ウリジン一リン酸, GlcNAc：*N*–アセチルグルコサミン, GDP：グアノシン二リン酸, M：マンノース, G：グルコース）

う一方の分岐にマンノース単位構造がつくられる.

糖タンパク質とカルネキシンは小胞体でタンパク質の正しい折りたたみを確実にする

　カルネキシン calnexin は小胞体に存在するシャペロンタンパク質の１つである. カルネキシンへの結合は糖タンパク質の凝集を防止する. カルネキシンはレクチンの一種で, 糖タンパク質に存在する特定の糖鎖構造を認識する. 正しく折りたたまれ(フォールディング)なかった糖タンパク質は部分的に糖鎖が除去され, 分解のために小胞体からサイトゾルに戻す輸送を受ける対象とされる.

　カルネキシンは, グルコース１残基を残す骨格糖鎖構造をもつ糖タンパク質に結合する. この糖鎖構造の糖タンパク質は骨格糖鎖から末端のグルコース２残基が除去されて, 最も内側のグルコース１残基のみが残ったものである. カルネキシンとそれに結合した糖タンパク質は **ERp57** と複合体を形成する. ERp57 はジスルフィドイソメラーゼのホモログ(相同体)で, ジスルフィド結合の入れ替えを触媒し, 正しい折りたたみを促進させる. 残存するグルコース１残基がグリコシダーゼで切断され, 結合していた糖タンパク質はカルネキシン-ERp57 複合体から放出され, 折りたたみが正しければ, 分泌可能な状態になる. でなければ, **グルコシルトランスフェラーゼ glucosyltransferase** が正しくない立体構造を認識して, グルコース１残基を糖タンパク質に付加し, 付加された糖タンパク質は再度カルネキシン-ERp57 複合体に結合する. これで正しく立体構造が形成されれば, 糖タンパク質は再度グルコシダーゼでグルコースを除去され, 分泌される. これでも正しく折りたたまれなければ, 小胞体から外のサイトゾルに分解のために移送される. 上記のグルコシルトランスフェラーゼは糖タンパク質の立体構造を感知し, 正しく折りたたまれなかった糖タンパク質のみに再度グルコースを付加する. 可溶性の小胞体タンパク質である**カルレティキュリン calreticulin** はカルネキシンと同様に機能する.

糖タンパク質の糖鎖付加はいくつかの因子により制御される

　糖タンパク質の糖鎖付加には, 多くの酵素が関与する. ヒトゲノムの約 1% がタンパク質の糖鎖付加に関係する遺伝子をコードしている. 少なくとも 10 種類のまったく異なる *N*-アセチルグルコサミントランスフェラーゼが存在する. 他のグリコシルトランスフェ

ラーゼにも複数の種類が存在する. *N* 結合型糖タンパク質生合成の第一段階(すなわち, ドリコールピロリン酸オリゴ糖の組み立てと転移)を制御する因子として, 糖ヌクレオチドの供給量のみならず, タンパク質側の適切な糖鎖受容部位の存在, 組織内ドリコールリン酸の濃度, 関連するオリゴ糖:タンパク質トランスフェラーゼの活性があげられる.

　種々のタイプの**がん細胞 cancer cell** において, 対照の正常細胞とは異なったオリゴ糖鎖を産生することがしばしば見出される(たとえば, 多い分岐糖鎖をもつ). これはがん細胞が対応する正常細胞に比べて, 特定の糖転移酵素遺伝子の活性化や抑制により, 異なる組成のグリコシルトランスフェラーゼのセットを発現しているためであると考えられる. オリゴ糖鎖の違いはがん細胞と由来した正常細胞との細胞接着反応に影響を与え, 転移に関与する.

ある種のタンパク質はグリコシルホスファチジルイノシトール構造によって細胞膜にアンカーされている

　グリコシルホスファチジルイノシトール (GPI) により脂質二重膜にアンカーされている膜結合性のタンパク質(図 46-1)が, 第三の主要な糖タンパク質のクラスである. GPI 結合は, 種々のタンパク質を細胞膜にアンカー(挿入)するために最もよく見られる様式である.

　GPI アンカー型タンパク質はホスファチジルイノシトールの脂肪酸を介して細胞膜では二重膜外側層に, 分泌顆粒では内腔側層にアンカーされている. ホスファチジルイノシトールのイノシトールはグルコサミンを介してマンノースやグルコサミンを含む種々の単糖からなる糖鎖に結合している. かわって, このオリゴ糖は末端にホスホリルエタノールアミンを結合し, このホスホリルエタノールアミンのアミノ基を介してタンパク質のカルボキシ末端のアミノ酸にアミド結合を形成する. 多くの GPI 構造にはさらに付加修飾が見出される. 例として, 図 46-1 に示した構造は糖鎖中央にある 3 残基マンノースの中央マンノースにもう 1 残基のホスホリルエタノールアミンが付加している.

　GPI 型結合の機能には 3 つの可能性が考えられる.

1. 　GPI アンカーは, 膜貫通配列をもったタンパク質の細胞膜中での**流動性 mobility** に比べ, はるかに大きな流動性を GPI 型結合タンパク質に与え

る．GPI によるアンカーは脂質二重膜の外側層にのみ挿入されており，膜の内外層両層を貫通している膜タンパク質よりもより自由に拡散することができる．流動性が高まるということは，刺激に対し迅速な反応を起こしやすくするうえで重要である．

2. いくつかの GPI アンカーは**シグナル伝達 signal transduction** 系と連結し得るため，膜貫通領域をもたないタンパク質であってもホルモンや他の細胞表面シグナルの受容体として機能できる．

3. GPI 構造は，極性のある上皮細胞で細胞膜の頂端領域および側底部領域にタンパク質を**局在化 target** することができる．

GPI アンカーの生合成は小胞体で起こり，リボソームでのタンパク質生合成が完了した後にタンパク質に付加される．GPI アンカー型タンパク質の翻訳後構造には，翻訳中にタンパク質を小胞体内に輸送するためのアミノ末端シグナル配列があるばかりでなく，GPI アンカー付加シグナルとなるカルボキシ末端疎水性ドメインがある．GPI アンカー生合成の最初の反応で小胞体膜内腔側へホスファチジルイノシトールの脂肪酸が挿入され，次にホスファチジルイノシトールのイノシトールヒドロキシ基に N-アセチルグルコサミンが転移されることに始まる糖鎖化が起こる．完成した糖鎖末端にホスホリルエタノールアミンが付加される．タンパク質のカルボキシ末端の疎水性ドメインにあるペプチド結合は切断され，エタノールアミンのアミノ基との間にアミド結合が形成される．この反応はアミド基転移とよばれ，GPI アンカーとタンパク質のアスパラギン酸との間にアミド結合が形成される[2]．

ある種のタンパク質では迅速で可逆的な糖修飾が起こる

核のがん遺伝子タンパク質やがん抑制因子はもちろん，核膜孔タンパク質，細胞骨格タンパク質，転写因子，クロマチン関連タンパク質を含む多くのタンパク質は，迅速で可逆的な N-アセチルグルコサミン単糖による O-グリコシル化を受ける．この糖修飾を受けるセリンとトレオニン残基はリン酸化を受けるアミノ酸残

基と同一であり，この糖修飾とリン酸化は細胞シグナルに対する応答として交互に行われる．

この糖修飾を行う O 結合型 N-アセチルグルコサミントランスフェラーゼは糖供与体として UDP-N-アセチルグルコサミンを使う．同時にこの糖転移酵素はホスファターゼと複合体を形成しており，このことでセリンまたはトレオニンに付加しているリン酸基を除去すると同時に N-アセチルグルコサミン残基を付加することができる．この糖修飾を受ける絶対的なコンセンサス配列は存在しないが，交互に糖付加とリン酸化を受ける部位の約半数は Pro-Val-Ser 配列である．この O 結合型 N-アセチルグルコサミントランスフェラーゼはインスリン作用に対する応答としてのリン酸化を受けて活性化される．N-アセチルグルコサミン残基は N-アセチルグルコサミニダーゼで除かれ，リン酸化を受ける部位となる．

O 結合型 N-アセチルグルコサミントランスフェラーゼの活性とペプチド特異性はともに UDP-N-アセチルグルコサミン濃度に依存する．細胞の種類に依存するが，グルコース代謝の 2 ～ 5% はヘキソサミン経路により N-アセチルグルコサミンの生成に利用される．このことは O 結合型 N-アセチルグルコサミントランスフェラーゼに細胞の栄養状態を感知する役割を与えることになる．標的タンパク質の N-アセチルグルコサミンによる過剰の O-グリコシル化は，同時にリン酸化を減少させることになるが，**糖尿病 diabetes mellitus** における**インスリン抵抗性 insulin resistance** およびグルコース毒性に，また神経変性疾患にも関連している．

終末糖化産物(AGE)は糖尿病における組織損傷の原因として重要である

糖化 glycation とは，糖（おもにグルコース）が酵素を介さないでタンパク質あるいは他の分子（たとえば，DNA や脂質）のアミノ基に非酵素的に結合することをいい，酵素を介して糖が結合する**糖付加（グリコシル化）glycosylation** とは区別される．最初にグルコースがタンパク質のアミノ末端に結合し**シッフ塩基 Schiff base** を形成する．シッフ塩基は**アマドリ転位 Amadori rearrangement** によって**ケトアミン ketoamine** を生成し（**図 46-5**），引き続いて起こる反応が**終末糖化産物 advanced glycation end product（AGE）**を産生する．この反応全体は**メイラード反応 Maillard reaction** と

2）訳者注：タンパク質のカルボキシ末端アミノ酸はアスパラギン酸以外にセリン，システインが使われる．

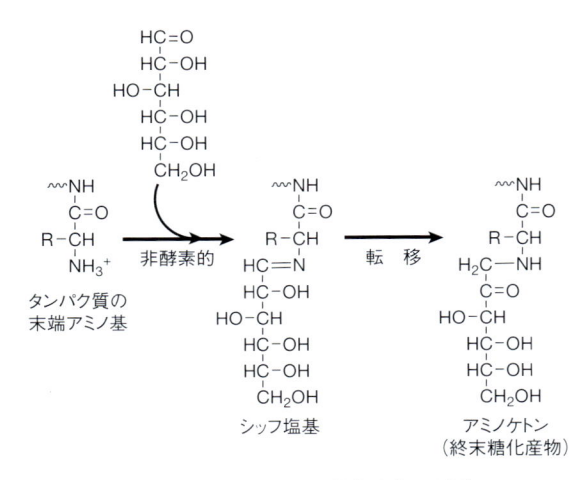

図 46-5. グルコースからの終末糖化産物の形成

して知られていて，ある種の食料品の貯蔵や処理（たとえば，加熱）で起こる**褐色化 browning** に関与し，ある種の食物の風味を増強する．

終末糖化産物は，うまく治療されていない**糖尿病**で起こる**組織傷害**の誘因となる．血糖値がたえず上昇していると，タンパク質糖化が上昇する．細胞外マトリックスにあるコラーゲンやその他のタンパク質の糖化は，タンパク質の性質を変化させる（たとえば，**コラーゲンの架橋 cross-linking of collagen** を増加させる）．この架橋は血管壁に種々の血漿タンパク質の集積を引き起こす．とくに**低密度リポタンパク質 low-density lipo-protein（LDL）**の集積は**アテローム形成 atherogenesis** に寄与する．AGE は糖尿病での**微小血管 micro-vascular** あるいは**大血管 macrovascular** の両方の障害に関連していると考えられている．内皮細胞やマクロファージはその表面に AGE 受容体をもっており，これらの受容体による糖化タンパク質の取り込みは，転写因子である **NF-κB**（52 章参照）を活性化し，多くの**サイトカイン cytokine** や**炎症性分子 proinflammatory molecule** を産生させる．

赤血球に存在する**ヘモグロビン A hemoglobin A** の非酵素的糖化は **HbA$_{1c}$** 形成を引起こす．この現象は正常人でもある低いレベルで起きているが，糖尿病患者で血中グルコース量のコントロールがうまく行われていない場合，すなわち血中グルコース濃度が常に高い状態にある場合に上昇する．6 章で論じたように，HbA$_{1c}$ の測定は**糖尿病患者の管理**において重要な項目になっている[3]．

糖タンパク質は多くの生物学的過程や病気に関係している

表 46-1 にあげたように，糖タンパク質は異なる多くの機能に関与しており，そのいくつかはすでに本章で述べた．ほかの糖タンパク質については本書中でふれている（例として，輸送分子，免疫学的分子，ホルモンなど）．糖タンパク質は受精，炎症でも重要で，さらに多くの疾患が糖タンパク質の生合成や分解の欠陥で引き起こされる．

糖タンパク質は受精に重要である

精子が卵細胞の細胞膜に到達するためには，卵細胞を取り巻く厚い透明な細胞外被膜である**透明帯 zona pellucida（ZP）**を通過しなければならない．糖タンパク質 ZP3 は O 結合型糖タンパク質で，精子-受容体として機能する．精子表面のタンパク質が ZP3 のオリゴ糖鎖と相互作用する．この相互作用は膜を介するシグナル伝達により，精子に**先体反応 acrosomal reaction** を引起こす．先体反応では，プロテアーゼ，ヒアルロニダーゼなどの酵素が，その他の精子の先体の成分とともに放出される．これらの酵素が放出されることにより精子は透明帯を通過し，卵細胞の細胞膜に到達することができる．もう 1 つの糖タンパク質 PH-30 は精子細胞膜の卵子細胞膜への結合，それに続く 2 つの膜の膜融合に重要である．これらの相互作用は精子が卵細胞へ侵入し，受精させることを可能にしている．

セレクチンは炎症やリンパ球ホーミングにおいて重要な役割を果たしている

白血球 leukocyte は，多くの炎症性および免疫学的過程で重要な役割を演じている．第一段階は循環する白血球と**血管内皮細胞 endothelial cell** との相互作用であり，その後に白血球が循環系から外へ出る．白血球と血管内皮細胞は**セレクチン selectin** とよばれる細胞表面レクチンをもっており，これらの分子が細胞間接着に関与する．セレクチンは単一ペプチド鎖からなる Ca^{2+} 結合性膜貫通型タンパク質で，アミノ端に特異的糖鎖リガンドとの結合に関与するレクチンドメインをもっている．

3）　訳者注：糖尿病において血糖値は採血時の値を示すが，HbA$_{1c}$ は過去 1 〜 2 カ月の血糖値の平均を示すので，より診断的価値は高い（赤血球の寿命が 120 日程度のため）．

好中球細胞表面のセレクチンと内皮細胞上の糖タンパク質との相互作用は一時的に好中球を捕捉し，その結果好中球は内皮細胞上を転がる（ローリング）ことになる．この過程で好中球は活性化され，形態を変え，今度は内皮細胞に強固に接着する．この接着は好中球上の**インテグリン integrin**（54 章参照）と内皮細胞上の免疫グロブリン関連タンパク質との相互作用によりもたらされる．接着後，好中球は内皮細胞間の接着面に偽足を挿入して，割り込み，基底膜を横断して，自由に血管外に遊走する．

セレクチンはシアル酸化およびフコシル化されたオリゴ糖鎖に結合する．硫酸化糖脂質（21 章参照）もリガントとなる可能性がある．セレクチンとリガンドとの結合を阻害する化合物やモノクローナル抗体のような分子の投与は，炎症反応を阻止することで治療に利用できる可能性がある．**がん細胞 cancer cell** は細胞表面にしばしばセレクチンリガンドを発現しており，がん細胞の浸潤や転移に使われる可能性がある．

糖タンパク質合成の異常が基礎になる疾患

白血球接着不全症 II 型 leukocyte adhesion deficiency II は，ゴルジ局在性 GDP-フコース輸送体の活性に影響を与える突然変異のために発症するとされているまれな疾患である．セレクチンリガンドのフコシル化の欠損は，好中球のローリングを著しく減少させる．患者は生命をおびやかす反復性の細菌感染や精神運動障害，精神遅滞に見舞われる．この病気には経口的フコース投与が有効であろう．

発作性夜間ヘモグロビン尿症 paroxysmal nocturnal hemoglobinuria（PNH）は後天性の中等度の貧血で，とくに睡眠中に起こる赤血球溶血による尿中へのモグロビン排出が特徴である．この現象は，睡眠中に血漿 pH がわずかに下がり，それが補体系による溶血感受性を増加させることの反映と考えられる（53 章参照）．この疾患は，GPI 構造のホスファチジルイノシトールにグルコサミンを転移する酵素遺伝子の体細胞変異が造血系細胞に起こることによる．これにより GPI 結合によって赤血球膜に局在するタンパク質の欠乏を引き起こす．2 つのタンパク質，**崩壊促進因子 decay accelerating factor** と **CD59**，は補体系の因子と相互作用し，溶血を抑える．これらが欠乏すると，補体系が赤血球膜に作用して溶血を起こす[4]．

4) 訳者注：本研究では大阪大学木下タロウ博士の貢献が大きい（doi:10.14952/SEIKAGAKU.2017.890351）．

先天性筋ジストロフィー congenital muscular dystrophy に属するのいくつかの疾患は，α-ジストログリカンタンパク質の糖鎖合成に欠損が起こった結果である．このタンパク質は筋細胞の細胞膜表面から突き出て，基底層にあるラミニン-2（メロシン）と相互作用する．α-ジストログリカンの糖鎖が，あるグリコシルトランスフェラーゼをコードしている遺伝子の変異の結果として正しく生合成されない場合，α-ジストログリカンはラミニンと相互作用できなくなる．

関節リウマチ rheumatoid arthritis は，血中の免疫グロブリン G（IgG）分子の糖鎖付加の変化（52 章参照），すなわち IgG の Fc 領域のガラクトースを欠損し，N-アセチルグルコサミンを末端にもつ IgG の出現と関連している．**マンノース結合タンパク質 mannose-binding protein** は，肝細胞によって合成され血中に分泌されるるレクチンであるが，マンノース，N-アセチルグルコサミン，その他の糖と結合する．したがって，マンノース結合タンパク質はガラクトースを欠いた IgG 分子に結合することができ，その結果補体系が活性化され，関節滑膜における慢性炎症を引き起こす．

マンノース結合タンパク質はまた，細菌，カビ，ウイルスの表面に存在する上記糖鎖に結合し，これらの病原体をオプソニン化するか，または補体系による破壊に導くことができる．これは**自然免疫 innate immunity** の例で，免疫グロブリンあるいは T リンパ球は関係しない．変異が原因で乳幼児に起こるこのタンパク質の欠乏は反復感染 recurrent infection を起こす．

封入体細胞病（I-cell 病）はリソソーム酵素の局在化障害により起こる

マンノース 6-リン酸は酵素をリソソームに局在化するために機能する．I-cell（アイセル）病はまれな病気で，重篤で進行性の精神運動発育遅延や種々の身体的症状を特徴とし，10 歳までに死の転帰をとることもしばしばある．I-cell 病患者から得られる細胞では，ほとんどすべてのリソソーム酵素が欠損していて，その結果リソソームには多くの種類の未分解分子が蓄積し，封入体を形成する．患者血漿は極めて高いリソソーム酵素活性を示し，このことは，リソソーム酵素は合成されるが，細胞内のあるべき場所に輸送されず，分泌されてしまうという機序を示唆する．正常人から得たリソソーム酵素はマンノース 6-リン酸という認識マーカーをもっている．I-cell 病患者由来の培養細胞はゴルジ体に局在する N-アセチルグルコサミンホスホトランスフェラーゼ N-acetylglucosamine phosphotransferase を欠損している．2種類のレクチンが**マンノース 6-リン酸受容体タンパク質 mannose 6-phosphate receptor protein** として作用する．両受容体ともゴルジ体でクラスリン被覆小胞にリソソーム酵素を組み込んで，リソソームに細胞内選別輸送する機能をもっている．この小胞はゴルジ体を離れ，リソソーム前駆体と融合する．

糖タンパク質性のリソソーム加水分解酵素の遺伝的欠損は α-マンノシドーシスのような病気を引き起こす

　糖タンパク質の代謝回転には多くのリソソーム性ヒドロラーゼによるオリゴ糖の加水分解反応が含まれる．加水分解酵素には α-ノイラミニダーゼ，β-ガラクトシダーゼ，β-ヘキソサミニダーゼ，α-および β-マンノシダーゼ，α-N-アセチルガラクトサミニダーゼ，α-フコシダーゼ，エンド-β-N-アセチルグルコサミニダーゼ，およびアスパルチルグルコサミニダーゼが含まれる．これらの酵素の遺伝的欠損は，糖タンパク質の分解異常を引き起こす．部分的に分解された糖タンパク質の組織への蓄積はいろいろな疾患を引き起こす．このうち最もよく知られている疾患が，マンノシドーシス（マンノシダーゼ欠損症），フコシドーシス（フコース蓄積症），シアリドーシス，アスパラギングルコサミン尿症，および Schindler 病であり，それぞれ，α-マンノシダーゼ，α-フコシダーゼ，α-ノイラミニダーゼ，アスパルチルグルコサミニダーゼ，および α-N-アセチルガラクトサミニダーゼの欠損によって起こる．

糖鎖はヒト細胞に対するウイルス，細菌，ある種の寄生虫の結合に関与する

　糖鎖の生物学的作用の多くを説明する重要な特徴は，糖鎖がタンパク質あるいは他の糖鎖に特異的に結合することである．この反映の1つは糖鎖がある種のウイルス，細菌および寄生虫と結合する能力である．

　A型インフルエンザウイルス influenza virus A は**赤血球凝集素 hemagglutinin** タンパク質を介して，N-アセチルノイラミン酸を含む細胞表面糖タンパク質受容体に結合する．このウイルスは**ノイラミニダーゼ neuraminidase** ももっており，この酵素は感染細胞から新たに合成されたウイルスを遊離させるときに重要な役割を果たす．もしこの過程が阻害されると，ウイルスの拡散は著しく減少する．この酵素の阻害剤（たとえば，ザナミビルやオセルタミビル）は，現在インフル

エンザ患者の治療に使用されている．インフルエンザウイルスは赤血球凝集素（H）およびノイラミニダーゼ（N）のタイプによって分類されている．少なくとも16種の赤血球凝集素と9種のノイラミニダーゼがある．たとえば，**鳥インフルエンザウイルス avian influenza virus** は H5N1 と分類される．

　ヒト免疫不全ウイルス I 型 human immunodeficiency virus type I（HIV-1）は，後天性免疫不全症候群（AIDS）の原因ウイルスで，表面糖タンパク質の1つ（gp 120）を介して細胞に結合し，もう1つの表面糖タンパク質（gp 41）を使って宿主の細胞膜に融合する．HIV-1 による感染の過程で gp 120 に対する**抗体 antibody** が産生されるが，gp 120 をワクチンとして使用することに関心がもたれている．このアプローチの1つの大きな問題は，突然変異により gp 120 の構造が比較的急速に変化し，産生された抗体の中和活性からウイルスがのがれられることである[5]．

　ヘリコバクター・ピロリ *Helicobacter pylori* は，**消化性潰瘍 peptic ulcer** のおもな原因である[6]．この細菌は，胃の上皮細胞表面に存在する少なくとも2つの異なる糖鎖に結合することで，胃壁に安定な結合部位をもつことができる．同様に，**下痢 diarrhea** の原因となる細菌の多くは，糖タンパク質や糖脂質に存在する糖鎖を介して腸粘膜の細胞表面に結合する．マラリア寄生虫 *Plasmodium falciparum* のヒト細胞への接着は，寄生虫の表面に存在する GPI アンカー型タンパク質により仲介される．

まとめ

- ■ 糖タンパク質は広く分布し，広範な機能をもったタンパク質で，共有結合で結合した糖鎖を1本またはそれ以上含んでいる．
- ■ 糖タンパク質の糖部分の含量は重量で 1% から 85% 以上までであり，その構造も単純なもの，非常に複雑なものがある．ヒト糖タンパク質の糖鎖には，おもに8つの単糖が見られる．キシロース，フコース，ガラクトース，グルコース，マンノース，N-アセチル

　5）　訳者注：HIV のワクチン療法は成功していない．NIH（現在，国立国際医療研究センター）の満屋裕明により 1987 年，世界で最初の抗 HIV 薬（AZT，逆転写酵素阻害剤）が開発された．

　6）　訳者注：胃がんの原因でもあることが東大の畠山昌則などにより示されている．

ガラクトサミン, N-アセチルグルコサミン, N-アセチルノイラミン酸である.

■ 糖タンパク質のある種のオリゴ糖鎖は生物学的情報を担っている. 糖鎖は, 糖タンパク質の溶解度や粘性の調節, 糖タンパク質のタンパク質分解酵素からの保護, その生物学的機能の点でも重要である.

■ グリコシダーゼはオリゴ糖鎖中の特定の結合を加水分解する.

■ レクチンは糖鎖結合性タンパク質で, 細胞接着やその他の多くの生物学的過程に関与する.

■ おもな糖タンパク質の種類は, O 結合型(セリンおよびトレオニンが関与), N 結合型(アスパラギンのアミド基が関与), GPI 結合型である.

■ ムチンは O 結合型糖タンパク質中の一群の物質で, 呼吸器, 消化器および生殖器の上皮細胞の表面に分布している.

■ 小胞体とゴルジ体は糖タンパク質の生合成に関与する糖鎖付加反応に主要な役割を演じている.

■ O 結合型糖タンパク質のオリゴ糖鎖は, 糖タンパク質グリコシルトランスフェラーゼの触媒する反応で糖ヌクレオチドから供給される単糖を 1 つずつ付加していくことで生合成される.

■ N 結合型糖タンパク質の生合成には, ドリコール-P-P-オリゴ糖, 種々のグリコシルトランスフェラーゼ, グリコシダーゼが関与している. 組織では酵素と基質となるタンパク質に依存して, 生じる N 結合型オリゴ糖は単純で, 複合型, または高マンノース型である.

■ 糖タンパク質は受精や炎症を含む多くの生物学的過程に関係している.

■ 糖タンパク質の合成や分解の異常に関係している病気が数多くある. さらに, 糖タンパク質はインフルエンザ, AIDS, 慢性関節リウマチ, 囊胞性線維症, 消化性潰瘍を含む多くの病気に関係している.

生体異物の代謝

47

Metabolism of Xenobiotics

学習目標
本章習得のポイント

- 生体異物の代謝における以下の2つの段階について説明する．1つ目はシトクロム P450 群によるヒドロキシル化がおもに関与する反応で，2つ目は抱合反応である．
- 代謝におけるグルタチオンの重要性を説明する．
- 生体異物が，どのように，毒性，免疫学的効果，そして発がん効果をもつことができるのかを説明する

生物医学的重要性

　われわれは，身体にとって異物であるさまざまな種類の化合物（**生体異物 xenobiotics** はギリシャ語 *xenos* で"外来の，異質の"の意味）にさらされている．これらの生体異物は，植物由来の食物に含まれる天然の化合物と薬，食品添加物そして環境汚染物質などに含まれる合成化合物に大別される．生体異物の代謝についての知識は，薬理学，治療学，毒物学の理解に極めて重要である．植物由来の食物に含まれる生体異物の多くは，有益な効果をもたらす可能性がある（たとえば抗酸化作用など，45 章参照）．

　生体異物の代謝機序の知識にもとづいた遺伝子操作を行って，有害物質となる可能性のある汚染物質を危険性のない化合物に変換する酵素の遺伝子を含んだ微生物や植物を開発することができる．また，このような遺伝子改変微生物によって，薬物やその他の化合物を生合成することも可能であろう．

われわれは，代謝し排泄すべき数多くの生体異物に遭遇している

　医学に関係する主要な生体異物は，**薬物 drug**，**化学発がん物質 chemical carcinogen** である．これらは植物由来の食物に含まれる天然の化合物やポリ塩化ビフェニル（PCB），殺虫剤などの，われわれの環境に入り込んでくる種々の化学物質である．われわれを取り巻く環境には，20 万以上もの人工的化学物質が存在す

る．これらの化合物のほとんどが肝臓で代謝される．生体異物の代謝は一般に解毒過程ととらえられるが，ときにはそれ自体は不活性あるいは無害である化合物が，代謝されると生物学的活性をもつようになることもある．これはプロドラッグが活性型化合物に変わる場合のように望ましいこともあるが，一方で不活性な前駆体から発がん物質や突然変異誘発物質に変わる場合のように望ましくないこともある．

　生体異物の代謝は 2 段階で起こる．**第 1 段階 phase 1** の主要な反応は**ヒドロキシル化 hydroxylation** である．これはシトクロム P450 群の**モノオキシゲナーゼ monooxygenase 反応**により行われる．ヒドロキシル化に加えて，これらの酵素は脱アミノ化，脱ハロゲン化，脱硫化，エポキシ化，過酸化，そして還元反応といった多彩な反応を触媒する．この第 1 段階ではさらに，たとえばエステラーゼによる加水分解など，シトクロム P450 以外による酵素反応も行われる．

　第 1 段階の代謝によって化合物がより反応性に富むようになり，第 2 段階としてグルクロン酸，硫酸，酢酸，グルタチオン，またはアミノ酸による抱合を受ける．これで**極性をもった代謝産物 polar compound** が生じ，水溶性となって，尿中あるいは胆汁中に排出されるようになる．

　ときには，第 1 段階での代謝反応は，生体異物を**不活性 inactive** な物質から**生物学的活性をもつ biologically active** 化合物に変換してしまうこともある．この場合には，最初の物質は**プロドラッグ prodrug** または**前発がん物質 procarcinogen** とよばれる．またときには，第 1 段階でさらに進んだ反応を行い（たとえば，ヒドロキシル化をさらに追加するなど），次の段階である

抱合反応の前に，活性の高い状態から低い状態へ，あるいは不活性な状態に変化させることもある．また抱合反応が，第1段階で活性化された生体異物を不活性な化合物に変化させ，排出させることもある．

多種の生体異物を代謝する第1段階では，シトクロム P450 群がヒドロキシル化反応を行う

第1段階の代謝の主要な反応は，**シトクロム P450 群 cytochromes P450**[1] として知られる酵素モノオキシゲナーゼ反応により触媒される**ヒドロキシル化 hydroxylation** である．ヒトゲノムには少なくとも 57 個のシトクロム P450 をコードする遺伝子が存在する．シトクロム P450 はヘム酵素[2]である．なぜシトクロム P450 と名づけられたかというと，この酵素が発見されたきっかけが，ミクロソーム画分（小胞体の断片）をあらかじめ化学的に還元処理をした後で一酸化炭素にさらしたときに，450 nm の波長に吸光度のピークが検出されたからである．

われわれに投与される通常の薬物のうち，少なくとも半分がシトクロム P450 のアイソフォーム群で代謝される．それらはステロイドホルモン，発がん物質，汚染物質にも作用する．加えて，シトクロム P450 は数多くの生理的化合物の代謝——たとえばステロイドホルモンの合成（26 章参照）や，ビタミン D を活性型代謝産物であるカルシトリオール[3]に変換する反応（44 章参照）に重要な役割をはたしている．

シトクロム P450 により触媒される反応の全体像を以下に示す．

$$RH + O_2 + NADPH + H^+ \rightarrow R\text{-}OH + H_2O + NADP^+$$

反応機構は図 12-6 に示されている．**NADPH–シトクロム P450 レダクターゼ**は，NADPH からシトクロム P450 への電子の転移を触媒する．還元型シトクロム P450 は**分子状酸素の還元活性化**を触媒し，酸素一原子は基質のヒドロキシ基となり，もう一方の酸素原子は水に還元される．滑面小胞体の膜にあるもう 1 つのヘムタンパク質**シトクロム b_5** が，場合によっては電

---

1) 訳者注：本酵素の発見に日本の 2 人の生化学者（大村恒夫，佐藤了，大阪大学，1962）が大きな貢献をした．
2) 訳者注：ヘムを補因子とする酵素のこと．
3) 訳者注：1,25–ジヒドロキシコレカルシフェロールのこと．

子供与体として関与するかもしれない．

シトクロム P450 群は，ヘム含有酵素のスーパーファミリーを構成している

アミノ酸配列の相同性にもとづき，シトクロム P450 とその遺伝子群には**体系的な命名法 systematic nomenclature** がある．CYP という略号がシトクロム P450 を表し，これに続く数字が**ファミリー family** を示す．40% 以上のアミノ酸配列の一致があれば同一のファミリーに分類される．数字の次にくる大文字のアルファベットが**サブファミリー subfamily** を示す．55% 以上のアミノ酸配列の一致があれば同一のサブファミリーに分類される．サブファミリーの中で**個々の酵素**を特定するために最後の数字が割り当てられる．したがって，CYP1A1 はファミリー 1 の中のサブファミリー A に属し，その中の 1 番目の酵素であることを表している．シトクロム P450 をコードする**遺伝子 gene** についても上述と同じ方式によるが，イタリックで表すことになっている．すなわち，CYP1A1 をコードする遺伝子は *CYP1A1* と表記される．

薬物代謝にかかわるシトクロム P450 の主要ファミリーは，CYP1（3 つのサブファミリーをもつ），CYP2（13 サブファミリー）そして CYP3（1 サブファミリー）である．多くのシトクロム P450 は重複した基質特異性をもっており，そのため広範な生体異物が 1 つあるいは他の酵素によって代謝されことが可能である．

シトクロム P450 は，**肝細胞 liver cell** と小腸上皮細胞に最も多く含まれている．肝臓やその他の多くの組織において，シトクロム P450 は細胞分画法で組織を分けた場合には**ミクロソーム画分 microsomal fraction** に含まれる**滑面小胞体膜 membranes of the smooth endoplasmic reticulum** に主として局在する．シトクロム P450 は肝臓のミクロソーム画分中の全タンパク質の約 20% を占めるまでになる．コレステロールやステロイドホルモンの生合成に関与する**副腎 adrenal gland** においては，シトクロム P450 群は小胞体のみならず**ミトコンドリア mitochondria** にも存在する（26 章と 41 章参照）．

シトクロム P450 群の重複した特異性は，薬物間あるいは薬物と栄養素間の相互作用を説明する

ほとんどのシトクロム P450 アイソフォームが**誘導性 inducible** である．たとえば，フェノバルビタールなどの薬物を投与すると滑面小胞体が肥大し，数日以内にシトクロム P450 の量が 3 〜 4 倍に増加する．ほ

とんどの場合はシトクロム P450 mRNA を産生する転写反応が活性化している．しかし，mRNA の安定化，酵素タンパク質自体の安定化，あるいは mRNA の翻訳促進などが見られる場合もある．

シトクロム P450 の誘導は**薬物相互作用 drug interaction** の基盤となっている．薬物相互作用とは，もう 1 つの薬物の投与により，1 つの薬物の効果に変化が生じることをいう．たとえば，抗凝固薬である**ワルファリン warfarin** は，フェノバルビタールで誘導される **CYP2C9** で代謝されるが，フェノバルビタールで CYP2C9 の活性が上昇するとワルファリンの代謝が促進され，その薬効がうすれてくる[4]．したがって，ワルファリンの用量を上げる必要が生じてくる．CYP2E1 は一般に広く用いられているいくつかの溶媒やたばこの煙に含まれる化合物を代謝するが，これらの多くは**前発がん物質 procarcinogen** である．CYP2E1 は**エタノール**により誘導されるので，それによって発がんの危険性が高まる．

食物に含まれる天然の化合物もシトクロム P450 に影響を与えることがある．グレープフルーツには種々のフラノクマリンが含まれており，これらはシトクロム P450 を抑制するので，多くの薬物の代謝に影響を与える．シトクロム P450 によって活性化される薬物はグレープフルーツによりその活性が抑制されるし，シトクロム P450 によって不活化される薬物については反対にグレープフルーツが活性を促進することになる．影響を受ける薬物としては，スタチン，オメプラゾール，抗ヒスタミン薬，向精神薬のベンゾジアゼピンなどがある．

シトクロム P450 に**多型 polymorphism** があることで，患者間に見られる薬物感受性の相違の多くが説明できる．すなわち酵素活性の低い人の場合には基質が代謝されるのが遅れることによって，薬物の効果が遷延する．**CYP2A6 はニコチン nicotine** をコチニンに代謝する．3 種類の CYP2A6 対立遺伝子が同定されているが，野生型と 2 つの不活性型対立遺伝子である．ヌル[5] 対立遺伝子をもつ個体はニコチン代謝に障害があり，明らかにタバコ依存症になりにくい．野生型遺伝子をもつ個体よりも血中や脳中のニコチン濃度上昇が遷延し，たぶんその結果として喫煙量が減少するからであろう．CYP2A6 を阻害することが禁煙に向かわせ

4)　訳者注：薬の併用に関しては，同じ種類の CYP を利用していないかの注意が必要であり，薬剤ごとに併用禁止の薬物リストが記載されていることが多い．
5)　訳者注：“ない”ことを示す用語．

る新たな手段を提供すると考えられてきている．

代謝の第 2 段階における抱合反応は，排泄に向けて生体異物を調整する

第 1 段階の反応では，生体異物はより極性の高い，ヒドロキシル化された誘導体へと変化を受ける．第 2 段階では，これらの誘導体が，グルクロン酸，硫酸，グルタチオンなどの分子と抱合される．この過程により，さらに水溶性が高くなって，最終的に尿中または胆汁中に排泄される．

グルクロン酸抱合は最も頻度が高い抱合反応である

ビリルビンの**グルクロン酸抱合 glucuronidation** については，31 章で述べられている．生体異物も同様にグルクロン酸抱合を受ける．UDP−グルクロン酸がグルクロン酸供与体であり（図 20-4 参照），小胞体や細胞質にある．種々のグルクロノシルトランスフェラーゼが，触媒作用を担う．2-アセチルアミノフルオレン（発がん物質），アニリン，安息香酸，メプロバメート（精神安定剤），フェノール，多くのステロイドホルモンのような分子は，グルクロニドとして排泄される．グルクロニドは，基質分子の酸素，窒素，硫黄原子にグルクロン酸が結合している．

ある種のアルコール，アリルアミンそしてフェノールは硫酸化を受ける

生物におけるほかの硫酸化反応（たとえば，ステロイド，グリコサミノグリカン，糖脂質，糖タンパク質などの硫酸化）と同様に，この反応の**硫酸供与体 sulfate donor** は，"活性硫酸"— 3′−ホスホアデノシン 5′−ホスホ硫酸 **3′−phosphoadenosine 5′−phosphosulfate**（**PAPS**）（24 章参照）である．

グルタチオンは求電子性化合物の抱合に必要である

トリペプチドであるグルタチオン（γ−グルタミルシステイニルグリシン，GSH）は求電子性化合物の代謝の第 II 段階において重要な役割を果たす．グルタチオン S−トランスフェラーゼによる以下の反応で，グルタチオン S−抱合体が形成され，尿中あるいは胆汁中に排出される．

$$R + GSH \rightarrow R\text{-}S\text{-}G$$

ここで，R は求電子性化合物を示す．

細胞質内には4種類のグルタチオン S-トランスフェラーゼが存在する．小胞体膜に結合した2種類の酵素もあり，さらには構造的には異なっているが，ミトコンドリアとペルオキシソームにはカッパ（κ）クラスとよばれる酵素もある．グルタチオン S-トランスフェラーゼにはサブユニットの少なくとも7種類の異なった型があり，それらがホモ二量体あるいはヘテロ二量体を形成している．各々のサブユニットはそれぞれ異なった生体異物によって誘導されてくる．

グルタチオン S-トランスフェラーゼは，その基質ではない多くのリガンドにも結合する．それらはビリルビン，ステロイドホルモン，ある種の発がん物質とその代謝産物などである．したがって，グルタチオン S-トランスフェラーゼは**リガンディン ligandin** とよばれることもある．グルタチオン S-トランスフェラーゼは触媒部位とは異なる領域にビリルビンを結合する．この複合体は血中から肝細胞内に移行し，小胞体にわたしてビリルビンをグルクロン酸と抱合させ，胆汁中に排出するのである（31章参照）．また発がん物質と結合しておさえ込み DNA に悪影響が及ぶのを防いでいる．

肝臓ではグルタチオン S-トランスフェラーゼの活性が極めて高い．生体外（*in vitro*）での検討によれば，生体異物にさらした場合，グルタチオン全体が数分で枯渇するほどの活性である．多くの腫瘍ではグルタチオン S-トランスフェラーゼ活性が上昇しており，これが化学療法に抵抗性を示す原因の1つであるとも考えられる．

グルタチオン抱合体は肝臓外へ出されることもあり，細胞外に存在する γ-グルタミルトランスペプチダーゼやいくつかのジペプチダーゼによって代謝される．ここで生じたシステイン S-抱合体は他の組織（とくに腎臓）に取り込まれ，N-アセチル化されてメルカプト酸（N-アセチルシステイン S-抱合体）となり，尿中に排出される．肝細胞内のグルタチオン S-抱合体の一部は毛細胆管に入り，そこでシステイン S-抱合体へ壊されて肝細胞内に戻り，N-アセチル化を受けたうえでふたたび胆汁中に排出される．

グルタチオンは生体異物の代謝の第2段階における役割のほかに，以下のような多くの役割も担っている．

1. グルタチオンペルオキシダーゼによって触媒される反応で還元剤としてはたらき，**過酸化水素 hydrogen peroxide** の H_2O への還元反応に寄与している．

2. 重要な**細胞内還元物質 intracellular reductant**，**抗酸化物質 antioxidant** であり，酵素反応において必須である SH 基を，還元された状態に保つ役割を果たしている．

3. GSH を担体として用いる代謝回路が，腎臓におけるアミノ酸の細胞膜通過に関与している．この回路の最初の反応は，**γ-グルタミルトランスフェラーゼ γ-glutamyltransferase（GGT）**[6] で行われる．

$$アミノ酸 + GSH \rightarrow \gamma\text{-}グルタミルアミノ酸 + システイニルグリシン$$

この反応はアミノ酸をジペプチドとして細胞膜を横切って輸送する．ジペプチドはその後，加水分解され，アミノ酸とグルタミン酸を遊離し，また GSH はシステイニルグルシンから再合成される．GGT は尿細管細胞や胆細管細胞の細胞膜や肝細胞の小胞体に存在する．この酵素は種々の肝胆道系疾患の場合に肝細胞から血中に遊離されるため，肝障害の初期診断の指標に使われる．

そのほかの反応も代謝の第2段階に関与する

抱合反応のほかには，アセチル化とメチル化の2反応が最も重要である．

アセチル化の反応は以下のように表される．

$$X + アセチル\text{-}CoA \rightarrow アセチル\text{-}X + CoA$$

ここで，X は生体異物あるいはその代謝物を表す．ほかのアセチル化反応と同様に，**アセチル-CoA** がアセチル基供与体である．この反応を触媒するのは**アセチルトランスフェラーゼ acetyltransferase** であり，これはさまざまな組織の細胞質にあるが，とくに肝臓に豊富である．結核の治療に用いられる**イソニアジド iso-niazid** という薬物も，アセチル化を受ける．アセチルトランスフェラーゼには多型が存在し，その結果，各個体は**遅いアセチレーター slow acetylator** か**速いアセチレーター fast acetylator** に分類される．遅いアセチレーターの場合，イソニアジドの毒性の影響を受けや

---

6) 訳者注：γ-グルタミルトランスペプチダーゼ γ-glutamyltranspeptidase（γGTP）ともよぶ．胆道疾患などで血清の γGTP が増加する．

すいが，それは，この薬物がより長い時間体内にとどまるからである．

S-アデノシルメチオニン（図 29-17 参照）をメチル基供与体とするメチルトランスフェラーゼによって，いくつかの生体異物は**メチル化 methylation** を受ける．

生体異物に対する反応には，毒性，免疫反応，発がん性などが関与する

薬物を含めて，過剰量で毒性を示さない生体異物はほとんどない．**生体異物の毒性 toxic effects of xenobiotics** は広範にわたるが，以下の 3 つの項目に分類される．

1. 生体異物の代謝産物が DNA，RNA やタンパク質などの高分子化合物に共有結合すると，ひどい場合には細胞死に至るほどの細胞損傷（**細胞毒性 cytotoxicity**）が生じる．たとえば DNA に傷害が起こると，細胞の **DNA 修復機構 DNA repair mechanism** がたちあがる．この反応の中には，ポリ ADP-リボースポリメラーゼがはたらいて複数の ADP-リボース単位を DNA 結合タンパク質に転移させる反応も含まれる．この場合に ADP-リボースの供給源は NAD であり，したがって DNA の傷害がひどい場合にはかなりの程度で NAD の枯渇が生じる．このことが今度は ATP 合成に大きな障害を与え，細胞死をもたらす．

2. 反応性をもった生体異物の代謝産物がタンパク質に結合し，ハプテンとしてはたらき，その**抗原性 antigenicity** を変化させる．それ自体では抗原性のないハプテンも，タンパク質に結合すると抗体産生を促進する．生じた抗体は修飾されたタンパク質と反応するのみならず，修飾を受けていない，もとのタンパク質にも作用して**自己免疫疾患 autoimmune disease** を引き起こすかもしれない．

3. いくつかの活性化された生体異物と DNA との反応は，**化学発がん chemical carcinogenesis** において重要である．ベンゾ[*a*]ピレンのような化学物質が発がん性をもつようになるには，小胞体にあるシトクロム P450 による活性化が必要である（したがって，このような化学物質は**間接発がん物質 indirect carcinogen** とよばれる）．小胞体にある生体異物を代謝する酵素のはたらきは，生体異

図 47-1. エポキシドヒドロラーゼの反応

物が発がん物質となるか"解毒"されるかを決定する重要な要素である．

小胞体膜にある酵素**エポキシドヒドロラーゼ epoxide hydrolase** は，ある種の発がん物質に対して防御効果を示す．シトクロム P450 が作用して，ある種の前発がん物質から生じるのが**エポキシド epoxide** である．エポキシドの反応性は高く，よって変異原性または発がん性をもつ可能性がある．**図 47-1** に示すように，ヒドロラーゼは，エポキシドをずっと反応性の低いジヒドロジオールへと加水分解する[7]．

まとめ

- 生体異物（ゼノバイオティクス）は，薬物，食品添加物，環境汚染物質などの本来生体内に存在しない化学物質と，植物由来の食物に含まれる天然の化合物である．

- 生体異物は 2 つの段階を経て代謝される．第 1 段階の主要な反応はヒドロキシル化であり，シトクロム P450 群として知られている，さまざまなモノオキシゲナーゼにより触媒される．第 2 段階では，ヒドロキシル化された分子がさらにグルクロン酸，硫酸，グルタチオンなどの親水性の化合物と抱合される．これら 2 つの過程の連携によって，脂質親和性の高い化合物が水溶性に変えられ，尿中や胆汁中に排泄されるのである．

- シトクロム P450 群は，分子状酸素に由来する 1 個の酸素原子を基質に導入し，ヒドロキシル化された分子をつくり出し，もう一方の酸素原子から H_2O を生じさせる反応を触媒する．NADPH と NADPH-シトクロム P450 レダクターゼがこの反応機構に関与している．

---

7) 訳者注：エポキシドが抗炎症作用をもつものもあり，この場合，ジヒドロジオールへの転換を阻害することが大切な場合もある．

- すべてのシトクロム P450 群はヘムタンパク質であり，広い範囲の基質特異性をもち，多くの外因性および内因性の基質を処理する．ヒトゲノムには少なくとも 57 種のシトクロム P450 遺伝子があることがわかっている．

- シトクロム P450 群は通常，とくに肝臓では，細胞の小胞体に局在している．

- 多くのシトクロム P450 は誘導酵素であり，このことは，薬物相互作用を考えるときに重要な意味をもつ．

- 第 2 段階の抱合反応は，グルクロノシルトランスフェラーゼ，スルホトランスフェラーゼ，グルタチオン S-トランスフェラーゼなどの酵素が触媒するが，それぞれ，UDP-グルクロン酸，PAPS（活性硫酸），グルタチオンを供与体として用いている．

- グルタチオンは，第 2 段階で重要な役割を担うのみならず，細胞内の還元剤としてもはたらいている．

- 生体異物は，毒性，免疫反応，発がんなどのさまざまな生物学的効果を引き起こす．

臨床生化学

Clinical Biochemistry

学 習 目 標
本章習得のポイント

- 臨床医学や獣医学における臨床検査の重要性を説明する.
- 検査結果の基準範囲とは何かを説明する.
- 測定法の精度と確度の違い,測定法の感度と特異度について説明する.
- 臨床検査の感度や特異度,診断適中率とは何かを説明する.
- 臨床検査を行っている診断部門で通常使われている技術を列挙し,それぞれの方法の原理を説明する.
- ある種の酵素の血漿濃度上昇が組織傷害の指標となる理由を説明する.
- 血漿検体中の酵素を測定対象とすることと測定方法として酵素を用いることの必要性の違いを概説する.

医学における臨床検査の重要性

　種々の臨床検査は,医学や獣医学の実地臨床において極めて重要な位置を占める.生化学検査は,疾患のスクリーニングのほか,臨床診断の確定(あるいは除外),疾患の経過や治療効果のモニタリングなどに用いられる.検体としては血液や尿が最も広く用いられ,ときには糞便,唾液,脳脊髄液 cerebrospinal fluid(CSF)などが解析対象となり,まれに,組織生検の検体が用いられることもある.代謝疾患の基盤となる原因や疾患の代謝に与える影響に関する知識と理解は,そのほとんどが血中あるいは尿中の代謝産物の分析や血中酵素の測定から得られている.逆に,そうした知識によって治療法の進歩やより効果的な薬剤の開発が可能になっている.

　技術の進歩によって,以前は専門家の研究室でのみ行われていた検査の多くが,いまやベッドサイド,病院の診察室や動物病院の現場で,ときには家庭で患者自身により,簡便な自動機器や"検査試験紙"を用いて行われている.検査によっては,いまだに病院の臨床検査室や民間の臨床検査機関において,委託医師から送られた検体によって行われるものもある.あまり一般的でない検査や高度な技術を要する検査などは,専門的な施設でのみ行われる.こうした検査には,まれな(ときには新しく発見された)代謝疾患を研究する専門家の技術が求められることが多い.さらには,スポーツ選手や競走馬の検体を対象とする運動能力向上薬や禁止薬剤の検査は,特定の資格を有する限られた検査機関でのみ行われる.

臨床検体における異常値の原因

　さまざまな身体的状態の変化が,臨床検査における異常値の原因となる.細胞膜傷害性の組織損傷や細胞膜透過性の亢進により,細胞内分子の血液中への流出(たとえば,心筋梗塞後のクレアチンキナーゼ MB[1] アイソザイムの血液中への流出)が起こる.あるいは,ある種のタンパク質やホルモンの合成が増加または減少する(たとえば,炎症性疾患における C 反応性タンパク質やある種の内分泌疾患における特定のホルモン).腎不全や肝不全においては,臓器における排泄能や代謝能が障害されるため,多くの分子(たとえば,腎不全ではクレアチニン,肝不全ではビリルビン)が血液中に蓄積する.

基準範囲

　測定対象となる成分(**被検物質 analyte**)すべてに対

---

1)　訳者注:M:muscle,B:brain のアイソザイムを指す.

して，正常と考えられる平均値まわりの値の範囲が存在する．これは個体間の生物学的なばらつきによるものである．加えて，同じ個人でも，日によって，あるいは週によって検査値は変動し得る．したがって，疾患のスクリーニングや診断，治療のモニタリングのための新しい臨床検査法の確立にあたっては，健常者での値の範囲を決定することが常にその第一歩となる．検査によっては，年齢に応じて異なる正常範囲の設定が必要になる．検査によっては正常範囲が男女によって異なることもあり，異なる民族間での違いを考慮すべきこともある．

ある特定の健常者群（年齢，性差，あるいは民族により異なる）を対象として得られた検査値が統計学的に正規分布（すなわち，平均を中心として対称なガウス分布）を示す場合，許容範囲すなわち正常範囲は（平均値）±2×（標準偏差）となる．この範囲は対象群の95％を含み，基準範囲として知られている．基準範囲外の値は異常値とみなされ，精査が必要とされる．健常群の検査値が正規分布ではなくひずんだ分布を示す場合，しかるべき統計解析によって95％の基準範囲を設定することが可能になる．

検査によっては検査施設が違うと結果が異なることもあるが，多くはそれぞれが異なる測定法を用いていることによる．そのため，検査施設では行っている測定に対する基準範囲を，それぞれ独自に設定している．検査施設によっては，実測値を検査結果として提示するところもあれば，実測値と平均値の差を標準偏差で除した，いわゆる Z スコアで表すところもある．これにより，医師は検査結果がどれだけ平均値から離れているか，すなわちどのくらい異常かを知ることができる．ときには，検査結果は正常上限の 5 〜 10 倍（あるいはそれ以上）と報告されることもある．

基準範囲として95％の範囲を用いることにより，好ましくない結果を招くことがある．確率的に，正常結果の5％は基準範囲外と判定される．これが最初に明らかになったのは，1970 年代にマルチチャネル解析装置が開発され，各検体について 20 以上の被検物質の同時測定が可能になったときのことである．ほとんどすべての検体において基準範囲外と判定される項目が 1 つあり，数日後に同じ被検者から得られた検体を再測定すると，異常値と思われた項目は正常範囲に収まり，今度は別の項目が基準範囲外と判定された．

検査結果の妥当性

検査施設では，視察や規制に関する手続きを受けることにより，検査結果の妥当性が評価され，検査報告の**品質管理 quality control** が確実に行われている．そのような測定により，報告された検体中の物質の濃度，活性，量などの値が，そこで用いられている測定法や試薬，機器によって得られる最良の値であることが保証される．

新しい検査や測定法の確立に当たっては，4 つの答えるべき論点がある．

1. **測定法の精度は？** 精度 precision とは，測定の再現性を示す尺度である．同一検体を何度も繰り返し測定した場合，得られた結果のばらつきはどれくらいあるだろうか．**図 48-1** はこれを示している．この例では，2 つの測定値間で平均は同じであるのに対し，一方がもう一方よりも精度が高い（平均値を中心とする測定値の分布が両者で異なる）．精度は絶対的なものではなく，用いられる測定法の複雑さ特有のばらつき，試薬の安定性，測定に用いられる装置の精巧さ，検査技師の技能などに影響される．

2. **測定結果の確度は？** 確度 accuracy とは，検体の測定値が"真の値"にどれほど近いかを示す尺度である．**図 48-2** は 2 つの異なる測定方法による測定結果，あるいは測定方法は同じだが異なる検査施設での測定結果を示す．両者は同様の精度を示すが，平均値が大きく異なる．この情報からはどちらの検査施設が正しいかを判定することはできない（そして，このことが検査施設ごとに独自の基準範囲を設定している理由の 1 つである）．国あるいは地域レベルで多くの品質管理方式がとられ，参加するすべての検査施設が同じ（プールされた）血液あるいは尿検体の送付を受ける．各々の検査施設はそのプール検体中のさまざまな被検物質を測定し，すべての施設で得られた結果は分布曲線としてプロットされる．これらの測定値から算出された平均値が"真の値"とみなされる．このような品質管理方式により，それぞれの参加施設が，自らの測定値が"真の値"にどのくらい近いかを判定することができる．

3. **測定法の感度は？** 言い換えると，どのくらい少量の被検物質まで信頼性をもって測定できる

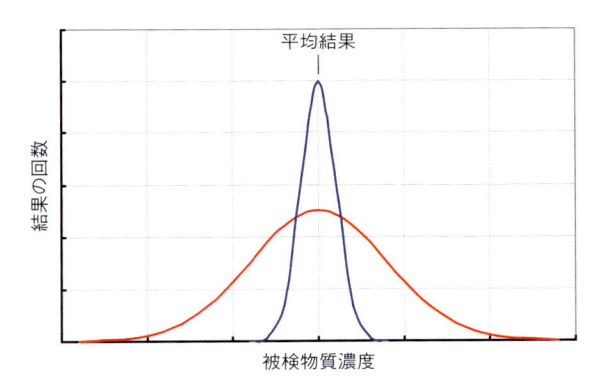

図 48-1. 測定法の精度

グラフは同一検体中の被検物質を，2 つの異なる方法により，あるいは 2 つの異なる検査施設で同一方法を用いて頻回測定した結果を示す．どちらの場合も平均値は同じである．しかし，青で示した方法あるいは検査施設は結果のばらつきが少なく，したがって分散が小さく精度が高い．赤で示した方は結果のばらつきが大きく，つまり分散が大きく精度が低い．

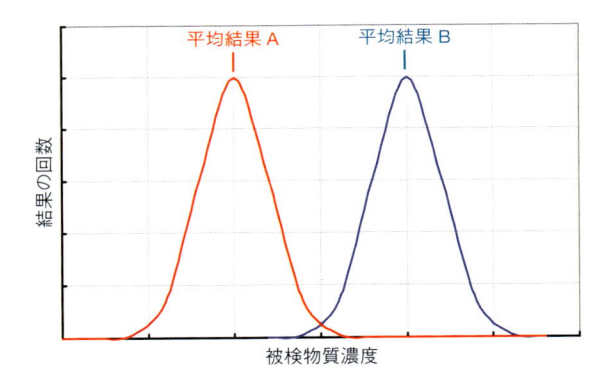

図 48-2. 測定法の確度

多くの検体に対して行われた 2 つの異なる測定方法，あるいは 2 つの異なる検査施設で行われた同一測定方法の結果が同じばらつき，したがって同じ分散，精度を示す場合でも，方法あるいは検査施設によって得られる被検物質の平均値が大きく異なることがある．この場合，どちらの結果が真の値に近いかを判定することはできない．

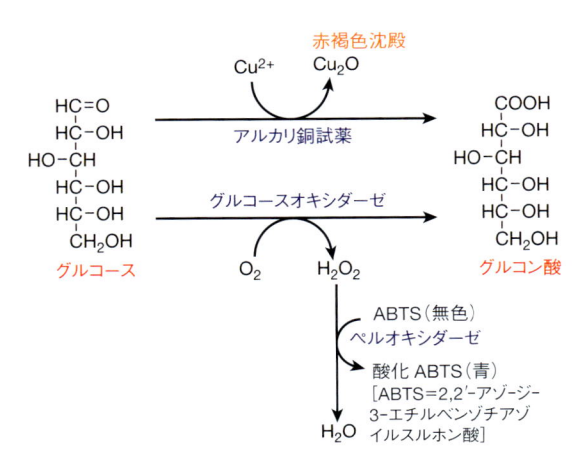

図 48-3. 測定法の特異度

2 つの方法による血中グルコースの測定．アルカリ溶液中での銅イオン（Cu^{2+}）の還元はグルコースだけでなく，他の還元糖やビタミン C などの他の物質も検出する．グルコースオキシダーゼを用いたグルコースの酵素的酸化は特異的な反応であり，他の物質は酸化されないため測定値に影響を与えない．

コースの測定法にアルカリ銅イオン（Cu^{2+}）溶液を用いたものがあるが，この 2 価の銅イオンはグルコースによって 1 価の銅イオン（Cu^{+}）に還元される．しかし，尿中や血中に他の還元物質，たとえばキシロースやビタミン C などが存在すると偽高値となる．最近のグルコース測定法はグルコースオキシダーゼを用いているが，この酵素はグルコースとのみ反応するので，特異性が高い．グルコースオキシダーゼのグルコースに対する作用による生成物の 1 つは過酸化水素であり，測定検査の第 2 段階でペルオキシダーゼにより水と酸素に還元分解され，生成された酸素が酸化により青く変色する無色の化合物によって検出される．しかし，ビタミン補給剤を服用している患者に見られるような高濃度のビタミン C は，この色素を無色の型に還元するため，低値あるいは偽陰性の原因となる（**図 48-3**）．

臨床検査の臨床的妥当性の評価

上にあげた 4 つの判定基準は，それぞれの分析法に対して確定しなければならない．それに加えて，検査の**臨床的価値 clinical value** を確定するには，感度，特異度，陽性および陰性適中率を考慮しなければならない（**表 48-1**）．ここで困ったことに，感度と特異度とい

か？　信頼できる検出限界はどこまで低いか？その重要性は，基準範囲以下の測定結果に臨床的意義がある場合，あるいは検体測定が麻薬や競技スポーツで禁止されている運動能力向上物質を対象とする場合に特に明らかである．

4.　**測定法の特異度は？**　この論点が扱うのは，ある測定検査が対象となる被検物質を本当に測定しているのかという信頼性の問題である．たとえば，現在使われていない血中あるいは尿中グル

表 48-1. 臨床検査の感度，特異度，陽性および陰性適中率

検査の結果はどうか？		被検者は疾患を有するか？	
		はい	いいえ
	陽性	真陽性(a)	偽陽性(b)
	陰性	偽陰性(c)	真陰性(d)
感　度	=	$\dfrac{\text{真陽性}(a) \times 100}{\text{疾患を有する患者数}(a+c)}$	
特異度	=	$\dfrac{\text{真陰性}(d) \times 100}{\text{疾患を有さない者の数}(b+d)}$	
陽性適中率	=	$\dfrac{\text{真陽性}(a) \times 100}{\text{検査陽性の患者数}(a+b)}$	
陰性適中率	=	$\dfrac{\text{真陰性}(d) \times 100}{\text{検査陰性の患者数}(c+d)}$	

う 2 つの同じ用語が使われているが，これらは測定法の確立で使われた場合とはまったく異なる意味である．

臨床検査の**感度 sensitivity** とは，**対象疾患患者において検査結果が陽性と判定（真陽性）される率**のことである．たとえば，フェニルケトン尿症の検査の感度は高く，すべての有病者において陽性結果が得られる（感度 100 ％）．一方，大腸がんに対するがん胎児性抗原（CEA）検査の感度はこれより低く，進行症例で 72 ％，早期症例で 20 ％のみがそれぞれ検査で陽性となる．

臨床検査の**特異度 specificity** とは，**非疾患群において検査結果が陰性と判定（真陰性）される率**のことである．フェニルケトン尿症の検査の特異度は高く，99.9 ％の健常者は陰性と判定され，0.1 ％のみが陽性と判定される．これに対して，CEA 検査はさまざまな特異度を示す．非喫煙者集団の約 3 ％が偽陽性であった（特異度 97 ％）とする報告もあれば，喫煙者の 20 ％が偽陽性であった（特異度 80 ％）とする報告もある．

臨床検査の感度と特異度は，互いに逆相関の関係にある．カットオフ値が高すぎると，健常者のほとんどは偽陽性を示さないが，有病者の多くが偽陰性を示す可能性が生じる．したがって感度は低く，特異度は高くなる．逆に，カットオフ値が低すぎると，ほとんどすべての有病者は検出できる（すなわち，その検査の感度は高い）が，もっと多くの無病者が偽陽性を示すことになり得る（その検査の特異度は低い）．

陽性適中率 predictive value of a positive test (positive predictive value) とは，検査で陽性と判定された群において真に陽性である割合である．同様に，**陰性適中率 predictive value of a negative test** (negative predictive value) とは，検査で陰性と判定された群において真に陰性である割合である．これは，疾患の有病率と関連している．たとえば，泌尿器科病棟に入院している患者集団では，腎疾患の有病率は一般集団よりも高い．このような集団では血清クレアチニン濃度は一般集団よりも高い適中率を示すものである．診断検査の感度，特異度，適中率を算出する公式を表 48-1 に示した[2]．

分析のための検体

一般的な分析検体は血液と尿である．血液は，血漿と血清のどちらが必要かによって，抗凝固薬ありまたはなしの試験管に採取する．それほど一般的ではないが，唾液，CSF（脳脊髄液），糞便などの検体も用いられる．

血液検体と尿との間では，被検物質の測定に違いがある．血中の被検物質の濃度は検体を採取した時点での値を反映しているが，尿検体は一定時間内に排泄されて蓄積された被検物質を表している．さらに異なるのは，血液検査の結果は一般に，血液（あるいは血漿または血清）1 mL あるいは 1 L あたりの被検物質量（あるいは酵素活性）で表すことである．尿中の被検物質量を同じように濃度で報告することは一般的ではない．なぜなら，尿量は水分摂取量に大きく依存するからである．場合によっては，患者は 24 時間にわたって全尿の採取を要請されることもあるが，これはうっとうしい作業であり，その検体が本当に完全な 24 時間蓄尿かどうかは判定し難い．別の方法として，被検物質の濃度

2）　訳者注：偽陽性（false positive），偽陰性（false negative）はよく使う言葉で，意味をしっかり覚えよう．

をクレアチニン 1 mol あたりの量で表す方法もある．クレアチニンの排泄は同一個人では日ごとにあまり変動しない．しかし，その量はおもに筋肉量に依存するので個人差がある．クレアチニンは，そのほとんどが骨格筋に含まれるクレアチンとクレアチンリン酸から非酵素的に形成される．

　動脈血検体が必要な血液ガスの測定は別として，血液検体は多くは静脈血である．血中グルコースは指先の穿刺による毛細血管血で測定することも多い．分析項目によっては全血を用いることもあるし，血清または血漿どちらでもいいこともある．血清検体を得るには，血液を凝血させた後で赤血球とフィブリン塊を遠心分離で除去する．血漿検体を得るには，血液を抗凝固薬が入った試験管に入れ，赤血球を遠心分離で除去する．血清と血漿の違いは，血漿がプロトロンビンとフィブリノゲンなど他の凝固因子を含んでいるが，血清はこれらを含んでいないことである．血清検体の採取には，行われる測定検査に応じて異なる抗凝固薬（クエン酸，EDTA，シュウ酸．すべてカルシウムをキレートすることで凝固を阻止する）が用いられる．アンチトロンビンⅢ活性化作用を有するヘパリンもよく用いられる．血中グルコースの測定には，赤血球による解糖を抑制するためにフッ化カリウムが添加される．

臨床化学で用いられる技術

　ルーチンで行われている臨床化学における反応のほとんどにおいて，化学反応あるいは酵素反応が**吸光光度分析法 absorption spectrophotometry** で測定可能な有色生成物，すなわちクロモフォア（発色団）の開発に結びついている．化合物は種類によって異なる波長の光を吸収し，吸収された光エネルギーによって電子は励起され，不安定な軌道へと遷移する．可視または紫外領域の特定波長の吸光は，有色最終生成物の濃度に，つまりは検体中の被検物質濃度に直接比例する．このような分析測定はある時期は手作業で行われていたが，今日ほとんどの測定検査が自動化され，1 つの機器で 1 検体につき多数の測定項目が検査可能になっている．

　吸光光度分析法において，励起された電子は吸収したエネルギーを熱として放出しながら，一連の小さな量子飛躍を経て基底状態へと戻る．ある種の化合物では，1 回の量子飛躍で低エネルギー状態に戻り，同時に励起光よりも長い波長（低いエネルギー）の光を放出

する．これが蛍光で，その技術は**蛍光分光分析法 fluorescence spectrophotometry** あるいは **spectrophotofluorimetry** として知られている．検体に特定波長の光を照射し，照射波長の方向に対して正しい角度で放射光を測定する．この場合も蛍光強度は蛍光体の濃度，つまりは被検物質濃度に比例する．蛍光分光分析により，分析測定の高い特異度と感度が可能になる．蛍光分光分析の特異度が吸光光度分析のそれよりも高いのは，前者では励起波長と放出波長の両方が蛍光体に対して特異的であるのに対し，後者では 1 波長すなわち吸収光の波長のみが設定可能だからである．蛍光分光分析の感度がより高いのは，少量の光の場合，放射光が吸収光よりも検出しやすいためである．

　最近，とくに研究施設や専門施設では，同一検体中の多数の被検物質を**高速液体クロマトグラフィー high-performance liquid chromatography** を用いて分離し，比色測定や蛍光測定，電気化学的検出を引き続いて行ったり，化合物の同定のために質量分析と連動させたりすることで測定することがしだいに増えている．こうした手法は，単一検体中の全代謝産物を網羅的に研究する**メタボロミクス metabolomics** や，薬物やある種の実験的処理に反応して変化する分析物の動態を研究する**メタボノミクス metabonomics** といった研究領域の基盤を形成している．

　歴史的には，ナトリウムやカリウムなどの**電解質 electrolyte** は，明るい炎の中で発する光を計測する**炎光光度法 flame photometry** によって測定されていた．ナトリウムは黄色の炎を，カリウムは紫色の炎をそれぞれ発する．今日，これらのイオンや他のイオンは**イオン選択性電極 ion-selective（specific）electrode** によって測定されている．金属イオンの測定には**原子吸光分光分析法 atomic absorption spectrometry** が用いられる場合もある．この方法では，検体に対し炎光中で特定波長の照射を行う．吸収された光エネルギーによって電子は励起され，不安定な軌道へと遷移する．光の吸収は，吸光光度分析の場合と同様，検体中の当該元素の濃度に直接比例する．

臨床化学における酵素

　臨床化学における酵素の重要性は，3 つの異なる場面，すなわち，被検物質の測定，検体中の酵素そのものの活性測定，ビタミン栄養状態の検査において示される．

　ある被検物質濃度の測定に酵素を用いることによって，測定検査の特異度が高くなる．なぜなら，酵素は

一般に1つの基質あるいはごく限られた類縁体にのみ作用するのに対し，単純な化学反応はさまざまな（おそらくは無関係の）被検物質に作用し得るからである．たとえば図48-3に示したように，さまざまな還元性物質はアルカリ銅試薬と反応し，グルコース測定の偽陽性の原因となるが，グルコースオキシダーゼを用いた酵素測定はグルコースのみ陽性となり，他の還元性物質は検出されない．

酵素を被検物質の検出に用いる場合，他の酵素基質を過剰に加え，被検物質そのものが測定反応の制限因子となるようにしなければならない．さらに重要なことに，検体中の被検物質濃度を酵素のK_m（ミカエリス定数）より低く調整しなければならない．それによって，被検物質濃度の変化が反応速度の大きな変化になって表れる（**図 48-4** 領域 A）.

細胞傷害や細胞死が起こると，その内容物が血流中に漏れ出てくる．それゆえ，血清中の酵素測定は組織傷害の検出に用いられ，情報は血中に放出された酵素の型（と組織特異的アイソザイム）によってもたらされる．血漿酵素活性の正常範囲を超えた上昇の程度は，多くの場合組織傷害の重篤度を示す．測定反応が血漿酵素活性の定量に用いられる場合，制限因子は被検物質そのものでなければならない．そのためには基質濃度は酵素のK_mよりかなり高くすべきであり，それに

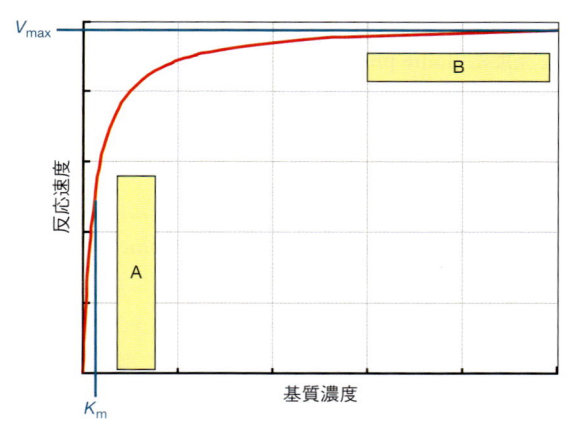

図 48-4. 酵素を用いた被検物質の検出と生物検体中の酵素活性測定

基質（被検物質）濃度が酵素のK_mまたはそれより低い場合（グラフの領域 A），被検物質濃度の小さな変化が反応速度の大きな変化になって表れるため，酵素結合測定の感度はこの濃度範囲で最も高くなる．基質濃度が酵素のK_mよりかなり高い場合，酵素はV_{max}に近づき（グラフの領域 B），酵素量が生成物の生成速度の律速因子になる．このため，この基質濃度が生物検体中の酵素活性を測定する際の至適範囲となる．

よって酵素はV_{max}（最大酵素反応速度）あるいはそれに近い状態で作用することにより，基質濃度がかなり大きく変化しても反応速度には大きな影響を与えることがなくなる（図48-4 領域 B）.実際には，加える反応基質の濃度は酵素のK_mの約20倍とする．

酵素がその活性にビタミン由来の補酵素を必要とする場合，補酵素を添加した場合としない場合とで赤血球の酵素活性を測定することにより，ビタミン栄養状態の指標とすることができる．これは機能的な栄養状態の指標となるが，一方でビタミンやその代謝産物の測定は，生理学的に十分かどうかよりも直近の摂取量を反映することが多い．基本的な前提として，赤血球は限られた補酵素の供給に対して体内の他の組織と競合関係にあると考えられる．したがって，赤血球酵素のうち補酵素による飽和の割合は，赤血球の半減期に相当する期間に，その補酵素がどのくらい利用可能だったかを反映することになる．その測定においては，赤血球溶解液を2つの検体に分け，1つには補酵素を加え，もう1つには加えないでプレインキュベートする．その後で両者に基質を加えて反応させ，酵素活性を測定する．補酵素を加えずに反応させた検体では，すでに補酵素が結合している酵素（ホロ酵素）のみが活性を示す．補酵素を加えて反応させた検体では，どのアポ酵素（補酵素を結合していない不活性酵素タンパク質）も活性化されてホロ酵素になる．したがって，測定結果は常に，補酵素を加えても酵素活性が変化しないか補酵素添加により活性が増加するかのどちらかになり，前者は酵素が補酵素で飽和されていることを示し，後者は添加された補酵素によるアポ酵素の活性化を反映している．その結果は，酵素の**活性化率 activation coefficient**（補酵素の有無による検体中の活性比率）として報告される．活性化率の基準範囲は，他の検査と同様に設定される．このような酵素活性測定検査は，チアミン（ビタミン B_1，赤血球トランスケトラーゼを用いる），リボフラビン（ビタミン B_2，赤血球グルタチオンレダクターゼを用いる），ビタミン B_6（赤血球トランスアミナーゼのどれかを用いる）に対して行われている．

競合的リガンド結合測定法と免疫測定法

もし被検物質にあるタンパク質が結合し，結合型と遊離型の被検物質（リガンド）を分離して測定できるならば，被検物質の測定系を開発することは可能である．そのようなリガンド結合測定法で最も単純なものは，コルチゾールの測定系である．このホルモンは，血中

に運ばれて特異的なコルチゾール結合グロブリンに結合する．リガンド（コルチゾール）を取り除いた結合グロブリンを含む血清検体は，酸化アルミニウムや活性炭で処理することにより容易に調整できる．これは比較的多数の血清検体を用いても可能であり，多くの測定検査に必要な結合グロブリンの供給源にもなる．コルチゾールは検査対象となる検体それぞれから有機溶媒を用いて抽出され，蒸発乾燥した後にエタノールや適切な緩衝液（バッファー）に溶解するが，この際に放射活性の高いラジオアイソトープで標識されたホルモンをごく少量加える．各検体はさらに結合グロブリンとともに37℃で反応させ，インキュベート（保温）し，その後4℃で冷却する．反応液中の遊離型リガンドを吸収するため活性炭を加え，速やかに遠心分離で除去した後，上清中の放射活性を測定する．これにより結合型リガンドが定量され，各検体に加えられた全放射活性に対する比として表示される．標準曲線は既知量のホルモンを用いて描かれ，これによって検体中のホルモン濃度が決定される．

ほかにもさまざまなホルモンや被検物質が同様の方法によって測定される．このために，たとえばある種のタンパク質に共有結合させた被検物質を動物に注射することによって作成されたモノクローナル抗体やポリクローナル血清が用いられる．1羽のウサギでつくられた1つのホルモンに対する抗血清が，何千回もの測定検査に用いることができる．もちろん，抗血清はロットごとにホルモンに対する特異性（類縁ホルモンに結合しないことの確認で，ステロイドホルモンでとくに問題となる）と検出感度を検査しなければならない．結合タンパク質が抗体あるいは抗血清の場合，その測定法は一般に**ラジオイムノアッセイ radioimmunoassay** とよばれる[3]．

競合的結合測定法の変法として，抗体をビーズの表面に共有結合させたものがある．これにより，結合型リガンドと遊離型リガンドの分離が容易になる．すなわち，たんにビーズを氷冷した緩衝液で洗い，結合型リガンドをビーズに付着した状態にしておいて，結合した放射活性を測定するだけである．別の方法では，抗体を試験管やマルチウェルプレートの各ウェル（穴）の表面に共有結合させておく．インキュベーションの後に反応上清を取り出し，非結合状態の放射活性を測定する．

最近では，放射性物質による被爆を最小限にするため，蛍光標識リガンドや抗体を用いることが多くなっている．さらに進歩したのは**サンドイッチ法 sandwich assay** である．この方法では，リガンドに対する2つの異なる抗体が用いられ，それぞれが被検物質の異なる部位（エピトープ）に結合する．一次抗体はマルチウェルプレートの各ウェルの表面に共有結合させ，検体を加えて反応させる．反応液を除いて各ウェルを洗浄した後で二次抗体を加え，被検物質を2つの抗体の間でサンドイッチのように挟む．二次抗体はラジオアイソトープまたは蛍光物質で標識され，これにより結合した二次抗体の測定，その結果として結合しているリガンドの測定が可能になる．ほとんどの場合，二次抗体は酵素で標識される．この際，結合した二次抗体の測定，すなわち結合しているリガンドの測定は，結合していない二次抗体を洗浄して除き，酵素基質を加えた後でプレートの各ウェルの壁に結合した酵素活性を測定することによって行われる．この方法を**酵素結合免疫吸着法 enzyme-linked immunosorbent assay（ELISA）**という．

固相化学（ドライケミストリー）試験紙

多くの測定法では，酵素あるいは抗体と反応試薬がプラスチック紙片に結合されている．血糖の測定（図48-3 参照）には，指先の穿刺による血液検体を，グルコースオキシダーゼと試薬を塗布した紙片に垂らし，発色した青色の強度，すなわちグルコース濃度を携帯型の血糖測定器で測定する．これは，病棟のベッドサイドや外来，さらには家庭においても血糖値を判定することが可能な，簡便で信頼できる方法となっている．尿検査では，いくつかの異なる項目が，尿試験紙とよばれる小さな短冊状のプラスチックに貼り付けられた個別の試験紙片によって測定される．これによりたとえば，グルコース，ケトン体，タンパク質，その他の被検物質の濃度を同時に検出あるいは半定量的に測定することができる．同様の試験紙によって尿中のヒト絨毛性ゴナドトロピン（絨毛性性腺刺激ホルモン）human chorionic gonadotropin（hCG）を検出することができ，家庭用の妊娠判定検査として用いられている．

先天性代謝異常の新生児スクリーニング

先天性代謝異常の多くは，治療が十分早くに開始されなければ重篤な精神遅滞の原因となり得る．フェニルケトン尿症やメープルシロップ尿症などの場合，正常に代謝されないアミノ酸（フェニルケトン尿症にお

3）　訳者注：被検物質の標準品が放射標識されている場合にラジオイムノアッセイとよぶ（後述参照）．

けるフェニルアラニン，メープルシロップ尿症におけるロイシン，イソロイシン，バリンなどの側鎖アミノ酸）の食餌制限は疾患管理において必須である．したがって，ほとんどの先進国ではこのような疾患の新生児スクリーニングが一般的に行われている．問題となるアミノ酸の濃度は，通常生後 1 週間の採血時に測定される．この時点では，疾患の原因となる遺伝子は正常新生児では十分発現しているはずである．通常，踵の穿刺によって毛細血管血を採取し，吸収紙に染み込ませて分析のため検査施設に送付される．

このような先天性代謝異常のスクリーニングとして最初に行われたのは，Guthrie の細菌抑制試験であった．血液検体を染み込ませた円盤状の紙片を，枯草菌 *Bacillus subtilis* のフェニルアラニン要求変異株を播種した寒天培地に置く．この培地には前もって，細菌へのフェニルアラニン取り込みの競合阻害薬（β-チエニルアラニン）を，細菌が生育しないように正常血液中の濃度に相当するフェニルアラニンに拮抗する濃度で添加しておく．もしもフェニルアラニンが正常血液中よりも高い濃度で存在すれば，それが阻害薬存在下であっても細菌によって取り込まれ，細菌が寒天培地上で目に見えるコロニーを形成する．

ほとんどの検査施設では現在，細菌抑制試験はクロマトグラフィーに取って代わられている．後者により，さまざまな異常代謝産物を，したがってそれに対応するさまざまな先天性代謝異常を検出することが可能になっている．

臓器機能検査

特定臓器の機能に関する情報を提供する検査は，臓器機能検査としてグループ化されることが多い．そのようなグループ化した検査には，腎機能検査，肝機能検査，甲状腺機能検査などがある．

腎機能検査

尿検査 urinalysis には，尿の物理的あるいは化学的性状の評価が含まれる．検査対象となる尿の物理的性状とは，尿量（通常 24 時間の蓄尿を要する），臭い，色，外観（透明か混濁か），比重，pH などである．タンパク質，グルコース，血液，ケトン体，胆汁酸塩，胆汁色素は尿の異常成分で，さまざまな病態で出現する．

血清**尿素 urea** と**クレアチニン creatinine** は腎臓から排泄される．これらの血中濃度は腎機能が悪化する

と上昇するため，腎機能のマーカー（指標）として用いられる．クレアチニンは尿素よりも腎機能の良いマーカーである．なぜなら，クレアチニンの血中濃度は腎臓以外の因子によってあまり影響を受けないため，腎機能の特異的指標となるからである．尿素の血中濃度は多くの因子によって影響を受ける．

正常では，24 時間に尿中に排泄される総タンパク質量は 150 mg 以下，アルブミン量は 30 mg 以下で，これらはルーチン検査の検出限界以下である．尿中タンパク質がそれ以上になる状態を**タンパク尿 proteinuria** といい，腎疾患の徴候である．タンパク尿の原因として最も多いのは，ネフローゼ症候群や糖尿病性腎症に見られるような糸球体基底膜の障害である（糸球体性タンパク尿）．糸球体性タンパク尿において認められる主要なタンパク質はアルブミンである．24 時間蓄尿で 30 〜 300 mg のアルブミンが検出される病態を**微量アルブミン尿 microalbuminuria** という．微量アルブミン尿は，糖尿病における腎障害の早期のマーカーである．

血清クレアチニンは腎機能のマーカーであるが，その血中濃度の有意な上昇は，糸球体ろ過量 glomerular filtration rate（GFR）が約 50%低下してはじめて認められる．したがって，血清クレアチニン測定は感度の低い検査である．**クレアチニンクリアランス creatinine clearance** の測定は GFR の指標となり，腎機能不全の早期検出に有用である．**クリアランス clearance** とは，単位時間あたりに腎臓で完全に除去される特定物質量に相当する血漿量のことで，U = 蓄尿（通常 24 時間）中の測定物質濃度，P = 測定物質の血漿濃度，V = 分時尿量（24 時間蓄尿量 ÷ $[24 \times 60]$）として，以下の公式で算出される．

$$クリアランス(mL/min) = (U \times V)/P$$

腎クリアランスの測定に有用な物質は，血中濃度がほぼ一定していて腎臓のみから排泄され，糸球体では自由にろ過されるが尿細管では再吸収も分泌もされない．クレアチニンクリアランス測定が広く行われているが，これは少量ながら尿細管から分泌されるため GFR を過大評価することになる．イヌリンクリアランスはクリアランス検査に用いられる物質の要件をすべて満たしている．しかし，クレアチニンと異なりイヌリンは外因性物質で，一定の割合で静脈内投与しなければならない．

肝機能検査

肝機能検査 liver function test（LFT）は，肝疾患の診断，予後評価，治療のモニタリングなどに有用な検査の一群である．それぞれの検査は，肝機能の特定の側面を評価している．**血清ビリルビン serum billirubin** の上昇は多くの原因で起こり，**黄疸 jaundice** をきたす．胆管閉塞（閉塞性黄疸）の場合は，上昇するのはおもに抱合型ビリルビン[4] である．肝細胞疾患の場合は抱合型と非抱合型の両方が上昇するが，これは肝臓の取り込み能，抱合能，胆汁へのビリルビン排泄能の低下を反映している（31 章参照）．血清総タンパク質とアルブミン濃度の低下は肝硬変などの慢性肝疾患で見られる．プロトロンビン時間（55 章参照）の延長は，急性肝障害の際に凝固因子の合成障害によって起こることがある．

血清アラニンアミノトランスフェラーゼ alanine aminotransferase（ALT）とアスパラギン酸アミノトランスフェラーゼ aspartate aminotransferase（AST）（28 章参照）の活性は，急性ウィルス性肝炎において黄疸発症の数日前には著明に上昇している．ALT の方が AST よりも肝疾患特異的と考えられている．というのは，AST は心筋や骨格筋が傷害を受けた場合に上昇することもあるが，ALT はそのようなことがないからである．血清アルカリホスファターゼ alkaline phosphatase（ALP）活性は閉塞性黄疸で上昇する．血清アルカリホスファターゼ活性の高値は骨疾患でも認められる．

甲状腺機能検査

甲状腺は，甲状腺ホルモンすなわちチロキシン（テトラヨードチロニン，T_4）とトリヨードチロニン（T_3）を分泌する．甲状腺ホルモン合成の亢進あるいは低下を伴う疾患（甲状腺機能亢進症および甲状腺機能低下症）はよく見られる．甲状腺疾患の臨床診断は，甲状腺刺激ホルモン thyroid-stimulating hormone（thyrotropin, TSH），遊離チロキシン，トリヨードチロニンの測定によって確診が得られる．血清総チロキシン濃度は，甲状腺疾患がなくてもチロキシン結合グロブリン thyroxine-binding globulin 濃度の変動に影響される．総チロキシンは今日ほとんど測定されない．というのは，遊離チロキシンの信頼できる測定法が今では入手可能だからである．

4）　訳者注：直接ビリルビンという言い方もする．これに対して，肝臓に運ばれる前のビリルビンを関節ビリルビンとよぶことがある．

副腎機能検査

副腎機能亢進症（Cushing 症候群）や副腎機能低下症（Addison 病）の臨床診断は，副腎機能検査によって確定する．副腎からのコルチゾール分泌は日内変動を示す．血清コルチゾール濃度は早朝に最も高く，真夜中に最低値となる．この日内変動の消失は，副腎機能亢進症の最も初期の徴候の１つである．したがって，真夜中と午前 8 時に採血を行って血清コルチゾールを測定するのがスクリーニング検査として有用である．副腎機能亢進症の確定診断は，真夜中にデキサメタゾン（強力な合成糖質コルチコイド）1 mg を投与した後で早朝の血清コルチゾール濃度の抑制が起こらないことを示すことによってなされる．これが**デキサメタゾン抑制試験 dexamethasone suppression test** である．

心血管リスクと心筋梗塞のマーカー

25 章で考察したように，血漿総コレステロール，とりわけ LDL：HDL コレステロール比は動脈硬化発症リスクの指標となる．血漿リポタンパク質はもともと遠心分離により，したがって密度分画により分離されていたが，後の方法では電気泳動による分離を用いるようになった．最近は，血漿総コレステロールを測定した後でアポタンパク質 B を含むリポタンパク質（表 25-1 参照）を，2 価陽イオンを用いて沈降させ，これにより高密度リポタンパク質 high-density lipoprotein（HDL）コレステロールを測定している．

心電図は必ずしも心筋梗塞後に典型的な変化を示すとは限らない．そのような場合，心筋特異的マーカーである心筋トロポニンやクレアチンキナーゼ MB アイソザイムの血清濃度上昇が心筋梗塞発症の確証となる．

まとめ

- 臨床検査は，疾患の診断や治療のための情報のみならず，正常の代謝や疾患の病理に関する情報をももたらすことができる．
- ある被検物質の基準範囲とは，考察対象となっている群についての（平均値）±2×（標準偏差）の範囲である．基準範囲外の値は，さらに検査を要する異常を示している．
- 測定法の精度とは，測定の再現性を示す尺度である．測定法の確度とは，測定値が"真の値"にどれほど近いかを示す尺度である．

■ 測定法の感度とは，どのくらい少量の被検物質を検出できるかを示す尺度である．測定法の特異度とは，検体中の他の成分が偽陽性を示す可能性の程度である．

■ 臨床検査の感度とは，対象疾患患者において検査結果が陽性と判定（真陽性）される率のことである．臨床検査の特異度とは，非疾患群において検査結果が陰性と判定（真陰性）される率のことである．

■ 分析対象となる検体は一般に血液や尿であるが，唾液，糞便，脳脊髄液なども用いられる．血液は，抗凝固薬あり（血漿検体用）またはなし（血清検体用）の試験管に採取する．

■ 臨床検査の多くは，吸光光度分析法や蛍光分光分析法で測定できる有色あるいは蛍光物質の生成反応を利用している．

■ 多くの物質は，ときに質量分析と組み合わせた高速液体クロマトグラフィーによって測定される．単一検体中の多数の被検物質の測定はメタボロミクスの基盤となり，また，疾患や薬剤，その他の治療が代謝に与える影響を扱うメタボノミクスの基盤ともなる．

■ 酵素は被検物質に対して感度と特異性の高い測定法を提供するために用いられることがある．この場合，検体中の被検物質濃度が測定反応の制限因子となるように，酵素反応に与る被検物質以外の基質を過剰量加えなければならない．

■ 多くの酵素は病的状態で死細胞あるいは傷害細胞から血流中に流出する．そのため，その測定によって診断や予後に関する有用な情報が得られる．検体中の酵素活性を測定するには，存在する酵素量が制限因子となるように過剰量の基質を加えなければならない．

■ 多くの被検物質（とくに，ホルモン）は，リガンド結合能をもつ生体内の結合タンパク質，抗血清，モノクローナル抗体などを用いて競合結合測定法により測定される．微量の高比活性放射性リガンドや蛍光標識リガンド，あるいは結合タンパク質などが用いられる[5]．

文　献

Lab Tests Online: www.labtestsonline.org（総括的なウェブサイトであり，米国臨床化学会［American Association of ClinicalChemistry］によって運営され，多くの臨床検査の正確な情報を提供する）

MedlinePlus: http://www.nlm.nih.gov/medlineplus/encyclopedia.html（A.D.M.A医学事典は疾病，臨床検査やその他に関する4000以上の項目を収録する）

5）　訳者注：これらに加えてリガンドの特異的受容体を用いて測定する方法もある．

SECTION IX 問題

1. 高脂肪食を摂取した後，1〜2時間で血流中に増加してくるのはどれか．
   - A. キロミクロン
   - B. 高密度リポタンパク質
   - C. ケトン体
   - D. 非エステル型脂肪酸
   - E. 超低密度リポタンパク質

2. 高脂肪食を摂取した後，4〜5時間で血流中に増加してくるのはどれか．
   - A. キロミクロン
   - B. 高密度リポタンパク質
   - C. ケトン体
   - D. 非エステル型脂肪酸
   - E. 超低密度リポタンパク質

3. グリセミックインデックスの定義に最適なのはどれか．
   - A. その食品を摂取した後の血中のグルカゴン濃度低下を等エネルギーの白パンを摂取した場合と比較したもの．
   - B. その食品を摂取した後の血糖の上昇．
   - C. その食品を摂取した後の血糖上昇を等エネルギーの白パンを消費した場合と比較したもの．
   - D. その食品を摂取した後の血中インスリン濃度の上昇．
   - E. その食品を摂取した後の血中インスリン濃度上昇を等カロリーの白パンを消費した場合と比較したもの．

4. グリセミックインデックスが最も低いのはどれか．
   - A. 焼きりんご
   - B. 焼いたジャガイモ
   - C. 生のりんご
   - D. 生のジャガイモ
   - E. りんごジュース

5. グリセミックインデックスが最も高いのはどれか．
   - A. 焼きりんご
   - B. 焼いたジャガイモ
   - C. 生のりんご
   - D. 生のジャガイモ

   - E. りんごジュース

6. キロミクロンについて正しいのはどれか．1つ選べ．
   - A. キロミクロンは腸管細胞の中でつくられ，リンパに分泌されてアポリポタンパク質BやCと結合する．
   - B. キロミクロンの内部にはトリアシルグリセロールとリン脂質が含まれる．
   - C. 毛細血管の内皮細胞の表面にキロミクロンが結合すると，ホルモン感受性リパーゼがそれに作用してトリアシルグリセロールから脂肪酸を遊離させる．
   - D. キロミクロンレムナントは，より小さく，トリアシルグリセロールの比率がより低いという点でキロミクロンとは異なる．
   - E. キロミクロンは肝臓に取り込まれる．

7. 植物のステロールとスタノールは消化管からのコレステロールの吸収を阻害する．その作用の説明として最も適切なのはどれか．
   - A. それらはコレステロールの代わりにキロミクロンに組み込まれる．
   - B. 消化管の内腔でコレステロールと競合してそのエステル化を阻害する．
   - C. 粘膜細胞内でコレステロールと競合してエステル化を阻害し，エステル化されなかったコレステロールは消化管内へ能動輸送される．
   - D. 粘膜細胞内でコレステロールと競合してエステル化を阻害し，エステル化されなかったコレステロールはキロミクロンに組み込まれない．
   - E. 脂質ミセルからコレステロールを追い出し，吸収されないようにする．

8. エネルギー代謝について正しいのはどれか．1つ選べ．
   - A. 脂肪組織は基礎代謝(BMR)に貢献しない．
   - B. 身体活動レベル(PAL)は1日の間の種々の身体活動強度とかかった時間をかけた和であり，基礎代謝の何倍かで表される．
   - C. 身体活動比(PAR)は1日をとおしての身体活動にかかるエネルギーコストである．

D. 安静時代謝率（RMR）は睡眠中の体のエネルギー消費である.

E. 身体活動のエネルギーコストは活動中の呼吸商（RQ）の測定で決定できる.

9. 転移性の直腸がん患者の体重が先月から **6 kg 低下**した．彼女の体重減少の説明として最も適切なのはどれか.

A. 腫瘍のために，彼女は浮腫を起こしている.

B. 化学療法が吐気と食欲低下を引き起こした.

C. 腫瘍壊死因子や他のサイトカインによってタンパク質の異化が引き起こされた結果，彼女の基礎代謝速度が低下した.

D. 腫瘍における嫌気的解糖と，その結果として生じた肝臓中での乳酸からの糖新生にかかわるエネルギーコストのために，彼女の基礎代謝速度（BMR）が上昇した.

E. 腫瘍は細胞増殖のために極めて高いエネルギーを必要とする.

10. 東アフリカ難民センターに到着した 5 歳の児童は発育不全（期待身長の 89%）であったが，浮腫は見られない．彼の状態についてどのように考えるか.

A. クワシオルコルになっている.

B. マラスミッククワシオルコルになっている.

C. マラスムスになっている.

D. 低栄養になっている.

E. 臨床的に栄養不良とは考えられないが栄養不足である.

11. 東アフリカ難民センターに到着した 5 歳の児童は発育不全（期待身長の 55%）であったが，浮腫は見られない．彼の状態についてどのように考えるか.

A. クワシオルコルになっている.

B. マラスミッククワシオルコルになっている.

C. マラスムスになっている.

D. 低栄養になっている.

E. 臨床的に栄養不良とは考えられないが栄養不足である.

12. 窒素バランスの定義はどれか.

A. 総エネルギー摂取量におけるタンパク質摂取量のパーセント

B. タンパク質摂取量と窒素化合物排出量の差

C. 窒素化合物排出量/タンパク質摂取量の比

D. タンパク質摂取量/窒素化合物排出量の比

E. タンパク質摂取量と窒素化合物排出量の合計

13. 窒素バランスについて<u>正しい</u>のはどれか．1 つ選べ.

A. タンパク質摂取量が必要量より多ければ，常に正の窒素バランスとなる.

B. 窒素平衡状態では，窒素化合物の排泄量は食事で摂取する窒素化合物より多い.

C. 正の窒素バランスでは，窒素化合物の排泄量は食事で摂取する窒素化合物の量より少ない.

D. 窒素バランスは，窒素化合物摂取量と体からの窒素を含む代謝物排泄量の比である.

E. 正の窒素バランスは，体からのタンパク質の正味の喪失を意味する.

14. アミノ酸必要量を決定する一連の実験において，健康な若い女性ボランティアにアミノ酸混合物を唯一のタンパク質源として摂取させた．次の混合物のうち，窒素バランスをマイナスの方向に誘導するのはどれか（ほかのアミノ酸はすべて適切な量が与えられている）.

A. アラニン，グリシン，チロシンが不足しているもの.

B. アルギニン，グリシン，システインが不足しているもの.

C. アスパラギン，グルタミン，システインが不足しているもの.

D. リシン，グリシン，チロシンが不足しているもの.

E. プロリン，アラシン，グルタミン酸が不足しているもの.

15. 脂肪酸合成の際に還元反応の補因子となるビタミンはどれか.

A. 葉酸

B. ナイアシン

C. リボフラビン

D. チアミン

E. ビタミン B_6

16. 世界的に見て，不足が視力障害の主要な原因となっているビタミンはどれか.

A. ビタミン A

B. ビタミン B_{12}

C. ビタミン B_6

D. ビタミン D

E. ビタミン K

17. 不足すると巨赤芽球性貧血の原因となりうるビタミンはどれか.

A. ビタミン B_6

B.　ビタミン B_{12}

C.　ビタミン D

D.　ビタミン E

E.　ビタミン K

18.　"正常状態では欠乏症が見られないが, 心的外傷やストレスによっては体内蓄積量が不安定になり, 臨床的な兆候を引き起こす可能性がある"と定義されているビタミン摂取適正量の判断基準はどれか. 1つ選べ.

A.　代謝負荷に対する異常な応答

B.　臨床的に明らかな欠乏

C.　隠れた欠乏

D.　体内の蓄積の不完全な飽和

E.　無症状の欠乏

19.　"正常状態で起こる代謝異常"と定義されているビタミン摂取適正量の判断基準はどれか.

A.　代謝負荷に対する異常な応答

B.　臨床的に明らかな欠乏

C.　隠れた欠乏

D.　体内の蓄積の不完全な飽和

E.　無症状の欠乏

20.　ビタミンやミネラルの参照栄養摂取量(RNI)あるいは推奨1日摂取量(RDA)[1]の最もよい定義はどれか.

A.　当該集団の平均必要量よりも1標準偏差(SD)高い

B.　当該集団の平均必要量よりも1 SD 低い

C.　当該集団の平均必要量

D.　当該集団の平均必要量よりも2 SD 高い

E.　当該集団の平均必要量よりも2 SD 低い

21.　ある集団のビタミンやミネラルの摂取量が RNI あるいは RDA と等しい場合, その集団のうち何パーセントの人が必要量を満たしているか.

A.　2.5%

B.　5%

C.　50%

D.　95%

E.　97.5%

22.　ある集団のビタミンやミネラルの摂取量が RNI の下限値(LRNI)と等しい場合, その集団のうち何パーセントの人が必要量を満たしているか.

A.　2.5%

B.　5%

C.　50%

D.　95%

E.　97.5%

23.　ある集団のビタミンやミネラルの摂取量が平均必要量と等しい場合, その集団のうち何パーセントの人が必要量を満たしているか.

A.　2.5%

B.　5%

C.　50%

D.　95%

E.　97.5%

24.　ビタミンやミネラルの摂取量が平均必要量に等しい人の場合, 摂取レベルがその個人にとっての必要量を満たすのに適正である可能性はどのくらいか.

A.　2.5%

B.　5%

C.　50%

D.　95%

E.　97.5%

25.　ビタミンやミネラルの摂取量が LRNI と等しい人の場合, 摂取レベルがその個人にとっての必要量を満たすのに適正である可能性はどのくらいか.

A.　2.5%

B.　5%

C.　50%

D.　95%

E.　97.5%

26.　ビタミンやミネラルの摂取量が RNI と等しい人の場合, 摂取レベルがその個人にとっての必要量を満たすのに適正である可能性はどのくらいか.

A.　2.5%

B.　5%

C.　50%

D.　95%

E.　97.5%

---

1)　訳者注：日本の栄養学の用語辞典によると RDA は recommended dietary allowance(推奨量)となっており, 本書の recommended daily amount ではないが, そのまま訳した.

27. 酸素ラジカルの発生源で<u>ない</u>のはどれか．1つ選べ．
    A. スーパーオキシドジスムターゼの作用．
    B. マクロファージの活性化．
    C. 遷移族金属イオンの非酵素的な反応．
    D. β-カロテンの酸素との反応．
    E. 紫外線照射．

28. 酸素ラジカルによる組織の損傷に対して防御的にはたらくのはどれか．1つ選べ．
    A. スーパーオキシドジスムターゼの作用
    B. マクロファージの活性化
    C. 遷移金属イオンの非酵素的な反応
    D. β-カロテンと酸素の反応
    E. 紫外線照射

29. 酸素ラジカル作用の結果で<u>ない</u>のはどれか．1つ選べ．
    A. マクロファージの活性化．
    B. DNAの塩基の修飾．
    C. LDLのアポタンパク質のアミノ酸の酸化．
    D. 細胞膜の不飽和脂肪酸の過酸化．
    E. DNAの切断

30. 自己免疫性甲状腺疾患の進行を導く可能性のある酸素ラジカル傷害のタイプはどれか．
    A. 体細胞における DNA 塩基の化学修飾
    B. 生殖系細胞における DNA の化学修飾
    C. 細胞膜タンパク質中のアミノ酸の酸化
    D. ミトコンドリアタンパク質中のアミノ酸の酸化
    E. 血漿リポタンパク質中の不飽和脂肪酸の酸化

31. 動脈硬化と冠動脈心疾患の進行を導く可能性のある酸素ラジカル傷害のタイプはどれか．
    A. 体細胞における DNA 塩基の化学修飾
    B. 生殖系細胞における DNA の化学修飾
    C. 細胞膜タンパク質中のアミノ酸の酸化
    D. ミトコンドリアタンパク質中のアミノ酸の酸化
    E. 血漿リポタンパク質中の不飽和脂肪酸の酸化

32. がんの進展を導く可能性のある酸素ラジカル傷害のタイプはどれか．
    A. 体細胞における DNA 塩基の化学修飾
    B. 生殖系細胞における DNA の化学修飾
    C. 細胞膜タンパク質中のアミノ酸の酸化
    D. ミトコンドリアタンパク質中のアミノ酸の酸化
    E. 血漿リポタンパク質中の不飽和脂肪酸の酸化

33. 遺伝的な突然変異の進行を導く可能性のある酸素ラジカル傷害のタイプはどれか．
    A. 体細胞における DNA 塩基の化学修飾
    B. 生殖系細胞における DNA の化学修飾
    C. 細胞膜タンパク質中のアミノ酸の酸化
    D. ミトコンドリアタンパク質中のアミノ酸の酸化
    E. 血漿リポタンパク質中の不飽和脂肪酸の酸化

34. ビタミンEの抗酸化作用を最もよく説明しているのはどれか．1つ選べ．
    A. ビタミンCと反応することによって再還元されて活性のあるビタミンEに戻ることができる安定なラジカルを形成する．
    B. ラジカルなので，他のラジカルと反応して非ラジカル物質を生産する．
    C. ビタミンCと反応して安定なラジカルに変換される．
    D. 脂溶性であり，血管内皮による一酸化窒素（NO）生成の結果生じる血漿中のフリーラジカルと反応できる．
    E. 酸化されたビタミンEは，グルタチオンとグルタチオンペルオキシダーゼとの反応によって，活性型のビタミンEに再還元される．

35. グライコームの説明として最も適しているのはどれか．
    A. 糖転移酵素をコードしている DNA
    B. 体内のあらゆる糖質の網羅
    C. 細胞と組織中のあらゆる遊離糖の網羅
    D. 体内のあらゆる糖タンパク質と糖脂質の網羅
    E. 体内のあらゆる糖転移酵素の網羅

36. 糖タンパク質の構造を決定するうえで<u>使用できない</u>方法はどれか．
    A. 糖質マイクロアレイ
    B. エンドおよびエクソグリコシダーゼによる分解
    C. ゲノム解析
    D. 質量分析法
    E. セファロース-レクチンクロマトグラフィー

37. 糖タンパク質の機能で<u>ない</u>のはどれか．
    A. 細胞表面にタンパク質を係留する．
    B. 血漿中のタンパク質が肝臓で除去されるのを抑制する．
    C. 葉酸の細胞内への輸送系にかかわる．
    D. 低密度リポタンパク質の肝臓への輸送系にかかわる．
    E. 細胞表面の認識シグナルにかかわる．

38. 糖タンパク質の構成成分でないのはどれか.

- A. フコース
- B. ガラクトース
- C. グルコース
- D. マンノース
- E. スクロース

39. N-結合型糖タンパク質における共通の五糖構造の合成において糖供与体として用いられるのはどれか.

- A. CMP-N-アセチルノイラミン酸
- B. ドリコールピロリン酸 N-アセチルグルコサミン
- C. ドリコールピロリン酸-マンノース
- D. GDP-フコース
- E. UDP-N-アセチルグルコサミン

40. 小胞体における N-結合型糖タンパク質の合成で糖供与体として用いられないのはどれか.

- A. ドリコールピロリン酸フルクトース
- B. ドリコールピロリン酸ガラクトース
- C. ドリコールピロリン酸マンノース
- D. ドリコールピロリン酸 N-アセチルグルコサミン
- E. ドリコールピロリン酸 N-アセチルノイラミン酸

41. N-結合型糖タンパク質の合成において起こる, アポタンパク質への共通 5 残基ペプチドの結合に関し, 最も適切な記述はどれか.

- A. ペプチドの N 末端アミノ酸への直接の糖結合
- B. トランスアミデーション反応によるペプチドの N 末端アミノ酸の置換
- C. トランスアミネーション反応によるペプチドの N 末端アミノ酸の置換
- D. トランスアミデーション反応によるペプチドの C 末端アミノ酸の置換
- E. トランスアミネーション反応によるペプチドの C 末端アミノ酸の置換

42. 糖タンパク質でないのはどれか.

- A. コラーゲン
- B. 免疫グロブリン G
- C. 血清アルブミン
- D. 甲状腺刺激ホルモン
- E. トランスフェリン

43. 正しくないのはどれか. 1 つ選べ.

- A. カルネキシンは小胞体における糖タンパク質の正しいフォールディングを確実にする.
- B. N-結合型糖タンパク質に見られるすべての糖はドリコールピロリン酸オリゴ糖から供与される.
- C. ムチンはおもに O-結合型のグリカンを含む.
- D. N-アセチルノイラミン酸は, 一般に糖タンパク質の N-結合型糖鎖の末端に見られる.
- E. 糖タンパク質の O-結合型糖鎖は, 糖ヌクレオチドから糖が段階的に付加されて構築される.

44. シトクロム P450 の活性でないのはどれか.

- A. ビタミン D の活性化
- B. ステロイドホルモン前駆体のヒドロキシル化
- C. 生体異物のヒドロキシル化
- D. レチノイン酸のヒドロキシル化
- E. 生体異物のメチル化

45. シトクロム P450 の反応を最も適切に示しているのはどれか.

- A. $RH + O_2 + NADP^+ \rightarrow R\text{-}OH + H_2O + NADPH$
- B. $RH + O_2 + NAD^+ \rightarrow R\text{-}OH + H_2O + NADH$
- C. $RH + O_2 + NADPH \rightarrow R\text{-}OH + H_2O + NADP^+$
- D. $RH + O_2 + NADPH \rightarrow R\text{-}OH + H_2O_2 + NADP^+$
- E. $RH + O_2 + NADH \rightarrow R\text{-}OH + H_2O + NAD^+$

46. シトクロム P450 システムを構成する脂質成分として最も適しているのはどれか.

- A. ドリコールリン酸
- B. ホスファチジルコリン
- C. ホスファチジルエタノールアミン
- D. ホスファチジルイノシトール
- E. ホスファチジルセリン

47. フェノバルビタールとワルファリンの間に起こる薬物相互作用に関する記述のうち最も適切なのはどれか.

- A. フェノバルビタールは CYP2C9 を誘導し, その結果ワルファリンの異化が低下する.
- B. フェノバルビタールは CYP2C9 を誘導し, その結果ワルファリンの異化が上昇する.
- C. フェノバルビタールは CYP2C9 を抑制し, その結果ワルファリンの異化が上昇する.
- D. ワルファリンは CYP2C9 を誘導し, その結果フェノバルビタールの異化が低下する.
- E. ワルファリンは CYP2C9 を誘導し, その結果フェノバルビタールの異化が上昇する.

48. CYP2A6 の多型の影響について最も適切なのはどれか.
- A. 活性のある対立遺伝子をもつ人は,このシトクロムがニコチンをコチニンに不活性化するために,タバコ異存の喫煙者になりにくい.
- B. 対立遺伝子が不活性あるいは欠如している人は,このシトクロムがニコチンをコチニンに不活性化するために,タバコ異存の喫煙者になりにくい.
- C. 対立遺伝子が不活性あるいは欠如している人は,このシトクロムがニコチンをコチニンに活性化するために,タバコ異存の喫煙者になりにくい.
- D. 対立遺伝子が不活性あるいは欠如している人は,このシトクロムがニコチンをコチニンに不活性化するために,タバコ異存の喫煙者になりやすい.
- E. 対立遺伝子が不活性あるいは欠如している人は,このシトクロムがニコチンをコチニンに活性化するために,タバコ異存の喫煙者になりやすい.

49. グルタチオンの機能でないのはどれか.
- A. 過酸化水素の還元のための補酵素
- B. ビリルビンの抱合
- C. 生体異物の第 1 相代謝物の抱合
- D. 細胞膜を透過するアミノ酸輸送
- E. 血流中のビリルビンの輸送

50. 実験室での試験における基準範囲を表す最も適切なのはどれか.
- A. 平均値から"±1 ×標準偏差"の範囲
- B. 平均値から"±1.5 ×標準偏差"の範囲
- C. 平均値から"±2 ×標準偏差"の範囲
- D. 平均値から"±2.5 ×標準偏差"の範囲
- E. 平均値から"±3 ×標準偏差"の範囲

51. 実験室での試験について誤っているのはどれか.
- A. 試験の予測値とは,罹患者かどうかを正しく予想できる値の範囲のことである.
- B. 試験の感度と特異性は逆の関係にある.
- C. 試験の感度とは,いかに多くの罹患者が陽性を示すかを表す値である.
- D. 試験の特異性とは,いかに多くの罹患者が陽性を示すかを表す値である.
- E. 試験の特異性とは,いかに多くの非罹患者が陰性を示すかを表す値である.

52. 血液検体中の被験物質を測定するために酵素を用いる場合,正しいのはどれか.
- A. 基質の濃度は,酵素の K_m の約 20 倍でなければならない.

**　**
- B. 基質の濃度は,酵素の K_m に等しくなければならない.
- C. 基質の濃度は,酵素の K_m と等しいか,それ以下でなければならない.
- D. 試験に用いる基質の濃度は重要ではない.
- E. 基質の濃度は,酵素の K_m の約 20 分の 1 でなければならない.

53. 血液検体中で酵素を測定する場合,正しいのはどれか.
- A. 基質の濃度は,酵素の K_m の約 20 倍でなければならない.
- B. 基質の濃度は,酵素の K_m に等しくなければならない.
- C. 基質の濃度は,酵素の K_m と等しいか,それ以下でなければならない.
- D. 試験に用いる基質の濃度は重要ではない.
- E. 基質の濃度は,酵素の K_m の約 20 分の 1 でなければならない.

54. ビタミンの栄養状態を評価するための酵素活性化試験の使用について最も適切なのはどれか.
- A. ビタミン由来の補因子を反応液中に加えると,不活性だったアポ酵素が活性のあるホロ酵素に変換する.
- B. ビタミン由来の補因子を反応液中に加えると,不活性だったホロ酵素が活性のあるアポ酵素に変換する.
- C. ビタミン由来の補因子を反応液中に加えると,活性のあったホロ酵素が不活性なアポ酵素に変換する.
- D. ビタミン由来の補因子を反応液中に加えると,活性のあったアポ酵素が不活性なホロ酵素に変換する.
- E. ビタミン由来の補因子を反応液中に加えると,酵素活性が低下する.

55. 血液試料から血清を調製するために用いるのはどれか.
- A. ただの試験管
- B. クエン酸を入れた試験管
- C. EDTA を入れた試験管
- D. シュウ酸を入れた試験管
- E. 酸素を除去するために脱気した試験管

56. 血液中のガス分析用の血液試料を採取するのに用いるのはどれか.
- A. ただの試験管

B.　クエン酸を入れた試験管

C.　EDTA を入れた試験管

D.　シュウ酸を入れた試験管

E.　酸素を除去するために脱気した試験管

57. **腎機能検査**として，**クレアチンクリアランスとイ**
　　ヌリンクレアランスの違いを最も適切に説明して
　　いるのはどれか.

A.　クレアチンは遠位尿細管に能動的に分泌される
　　ので，クレアチンクリアランスの方がイヌリンク
　　リアランスよりも高い.

B.　イヌリンは近位尿細管に能動的に分泌されるの
　　で，クレアチンクリアランスの方がイヌリンクリ
　　アランスよりも高い.

C.　イヌリンは遠位尿細管に能動的に分泌されるの
　　で，クレアチンクリアランスの方がイヌリンクリ
　　アランスよりも高い.

D.　クレアチンは遠位尿細管に能動的に分泌される
　　ので，クレアチンクリアランスの方がイヌリンク
　　リアランスよりも低い.

E.　イヌリンは腎糸球体で完全には濾過されないの
　　で，クレアチンクリアランスの方がイヌリンクリ
　　アランスよりも低い.

細胞内におけるタンパク質輸送と選別

49

Intracellular Traffic & Sorting of Proteins

- 多くのタンパク質がシグナル配列によって目的地へと正しく運ばれること，またゴルジ体（ゴルジ装置）がタンパク質の選別において重要な役割を担うことを示す．
- ミトコンドリア，核，ペルオキシソームへのタンパク質の選別輸送には，特別なシグナルが使われていることを認識する．
- アミノ末端シグナルペプチドは，新しく合成されたタンパク質を小胞体内腔に導くのに中心的な役割を担うことを説明する．
- シャペロンがタンパク質の誤ったフォールディングをどのようにして防ぐのか，フォールディングに失敗したタンパク質がどのように排除されるのか，小胞体が品質管理区画としてどのようにはたらくかを説明する．
- タンパク質分解における重要な分子としてのユビキチンの役割を説明する．
- 細胞内輸送における輸送小胞の重要な役割を認識する．
- 多くの病気が細胞内輸送にはたらくタンパク質の遺伝子変異に起因することを示す．

生物医学的重要性

　タンパク質はポリリボソーム上で合成されるが，合成されたタンパク質がさまざまな機能を発揮するのは，サイトゾル，特定の細胞小器官（オルガネラ），膜などの細胞内の異なる場所である．また，細胞外へと輸送される場合もある．したがって，**タンパク質の細胞内輸送 intracellular traffic of protein** が起こっている．1970年代初頭に Blobel によって見出されたように，特定の場所に局在化するタンパク質は，目的地に適切に**到達 target** するためのシグナルまたは暗号配列を自身のなかにもっている．この考えは多くの特異的なシグナルの同定へとつながり（**表 49-1**），またある種の病気はシグナルに悪影響を与えるような変異の結果生じるという認識につながった．本章では，タンパク質の選別および細胞内輸送について述べ，異常が生じたときに引き起こされる疾患のいくつかについて簡単に考察する．

多くのタンパク質はシグナル配列によって正しい目的地へと運ばれる

　細胞内でのタンパク質の生合成経路は，**1つの大きな選別システム**として理解することができる．多くのタンパク質は**シグナル signal**（通常は選別配列として知られるアミノ酸の特別な配列であるが，そうでない場合もある）を有し，シグナルに従ってその固有の細胞内目的地へと運ばれる（表49-1）．シグナル配列は選別システムの根本的な要素である．通常，シグナル配列は，相補的領域を介してシグナル配列と相互作用する受容体によって認識される．

　選別における**重要な決定**は，タンパク質合成の初期，

表 49-1. 特定の細胞小器官にタンパク質を導く配列あるいは分子

ターゲティング配列または化合物	標的細胞小器官
アミノ末端シグナルペプチド	小胞体
COPI 小胞によって輸送される小胞体残留タンパク質がもつカルボキシ末端 KDEL 配列（Lys-Asp-Glu-Leu）	小胞体内腔
di-acidic 配列（たとえば，Asp-X-Glu）COPII 小胞によって輸送される膜タンパク質がもつ	ゴルジ膜
アミノ末端配列（20 ～ 50 アミノ酸残基）	ミトコンドリアマトリックス
NLS（たとえば，Pro_2-Lys_3-Arg-Lys-Val）	核
PTS[たとえば，Ser-Lys-Leu（SKL）]	ペルオキシソーム
マンノース 6-リン酸	リソソーム

NLS：核局在化シグナル，PTS：ペルオキシソームターゲティング配列.

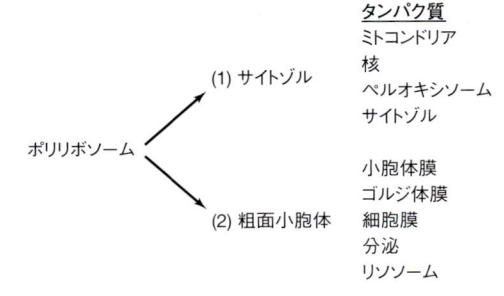

図 49-1. 2 つのタンパク質選別経路
タンパク質はサイトゾル（遊離）のポリリボソームか，あるいは粗面小胞体の膜結合型ポリリボソームにより合成される．核遺伝子によってコードされるミトコンドリアタンパク質は，サイトゾル経路に由来する．

すなわちタンパク質が**サイトゾル（遊離）のポリリボソーム cytosolic（free）polyribosome** または**膜結合型のポリリボソーム membrane-bound polyribosome**（37 章参照）において合成されるときに行われる．**シグナル仮説 signal hypothesis** は，遊離ポリリボソームと膜結合型ポリリボソームの違いを説明するために，Blobel と Sabatini によって 1971 年に最初に提唱された．すなわち，膜結合型ポリリボソーム上で合成されたタンパク質は**アミノ末端シグナルペプチド N-terminal signal peptide** をもち，それはリボソームを小胞体（ER）膜へ接着させ，タンパク質を小胞体内腔へと移行させる．一方，遊離ポリリボソーム上で合成されたタンパク質は小胞体移行シグナル配列を欠いており，サイトゾル内で自由に動くことができる．シグナル仮説の重要な点の 1 つは，**すべてのリボソームは同じ構造を有しており，膜結合型リボソームと遊離リボソームの唯一の違いは，前者がシグナルペプチドをもつタンパク質を合成しているという点である．多くの膜タンパク質が膜結合型ポリリボソームで合成されるので，シグナル仮説は**膜構築の理解**に重要である．ポリリボソームが付着した小胞体領域を**粗面小胞体 rough ER（RER）**とよぶ．そしてこの 2 つの型のリボソームの違いが，タンパク質の選別システムにおける 2 つの経路，**サイトゾル経路 cytosolic branch** と**粗面小胞体経路 RER branch** をつくり出す（**図 49-1**）．

サイトゾルのポリリボソームで合成されたタンパク質は，特別なシグナルがある場合にはミトコンドリア，核，ペルオキシソームへと運ばれ，シグナルがない場合にはサイトゾルにとどまる．輸送後に除去されるシグナル配列を有するタンパク質は**プレタンパク質 preprotein** とよばれる．タンパク質によってはさらに切断を受けるものもあり，その場合，最初（合成直後）のタンパク質は**プレプロタンパク質 preproprotein** とよばれる（たとえば，プレプロアルブミン，52 章参照）．

粗面小胞体経路で合成・選別されたタンパク質はさまざまな運命をもつ（図 49-1）．これらにはさまざまな膜（たとえば，小胞体，ゴルジ体（ゴルジ装置）Golgi apparatus，細胞膜 plasma membrane）のタンパク質やリソソーム酵素などが含まれる．さらに，**エキソサイトーシスによって細胞から外に出る（分泌）タンパク質**もこの経路で合成される．つまり，これらさまざまなタンパク質は小胞体膜内や小胞体内腔にとどまるか，あるいは主要な細胞内輸送ルートによってゴルジ体へと運ばれる．**分泌経路 secretory pathway** あるいは**エキソサイトーシス経路 exocytotic pathway** では，タンパク質は小胞体 → ゴルジ体 → 細胞膜という経路で輸送され，外部環境へ放出される．分泌は**構成的 constitutive** あるいは**調節的 regulated** に起こる．前者では輸送は恒常的に起こり，後者では輸送のスイッチが必要に応じてオン-オフされる．ゴルジ体，細胞膜，その他の特定部位へと輸送されるタンパク質，あるいは構成的に細胞外へと分泌されるタンパク質は，**輸送小胞 transport vesicle** によって運ばれる（**図 49-2**，以下の議論参照）．**調節性分泌 regulated secretion** されるほかのタンパク質は**分泌小胞 secretory vesicle** によって運ばれる（図 49-2）．分泌小胞は膵臓やその他種の分泌腺においてとくに顕著に見られる．マンノース 6-リン酸シグナルによる酵素のリソソームへの移行に関しては 46 章に記述する．

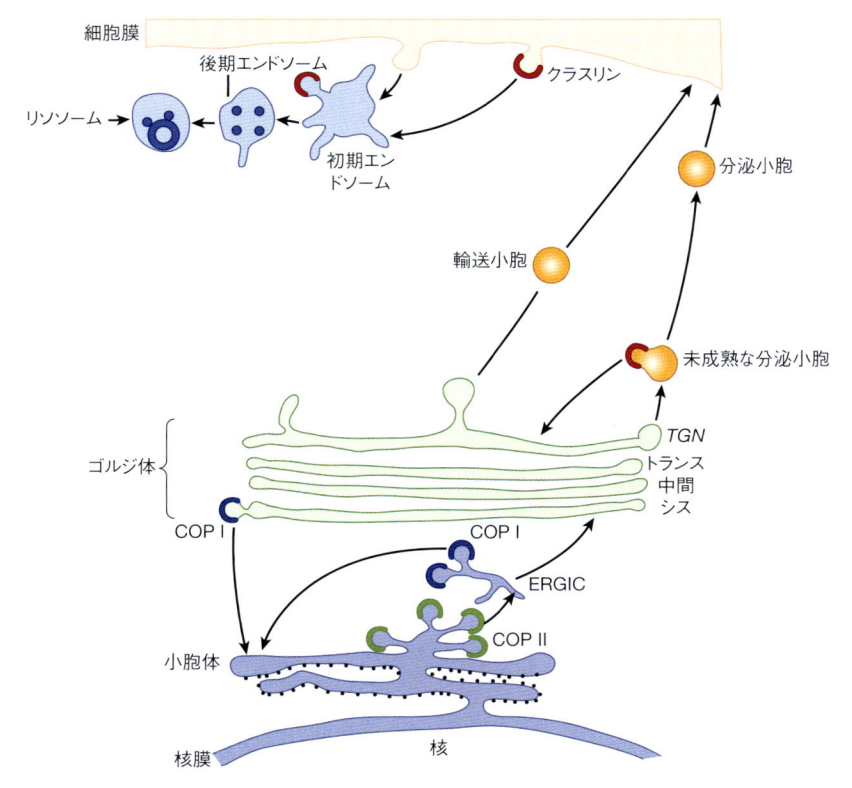

図 49-2.　タンパク質選別における粗面小胞体経路
新しく合成されたタンパク質は，膜結合型ポリリボソーム（小胞体のサイトゾル側に示された小さな黒い丸）から小胞体膜あるいは内腔に挿入される．小胞体から輸送されるタンパク質は COPII 小胞によってシスゴルジへと運ばれる（順行輸送）．タンパク質はゴルジ体間を嚢（ふくろ様の膜構造）の成熟に伴って移動するらしい．ゴルジ体の出口であるトランスゴルジネットワーク（TGN）において，タンパク質は分離・選別される．調節性分泌では，タンパク質は分泌小胞に蓄積する．一方，構成性分泌によって細胞膜に挿入されるタンパク質は，輸送小胞によって細胞表面へと運ばれる．クラスリン被覆小胞はエンドサイトーシスにはたらき，積荷タンパク質を後期エンドソームやリソソームへと運ぶ．マンノース 6-リン酸（図には示されていない，46 章参照）は，酵素をリソソームに輸送するシグナルとしてはたらく．COPI 小胞はタンパク質をゴルジ体から小胞体に輸送する（逆行輸送）．また，COPI 小胞はゴルジ体内の輸送にも関与するかもしれない．積荷タンパク質は，通常，小胞体-ゴルジ中間コンパートメント（ERGIC）を通ってゴルジ体へと進む．（E Degen の許可を得て掲載）

ゴルジ体（ゴルジ装置）はタンパク質の糖鎖付加と選別に関与する

　ゴルジ体はタンパク質合成において 2 つの重要な役割を担っている．第一に，ゴルジ体は膜タンパク質やほかの N 結合型糖鎖をもつタンパク質の**糖鎖のプロセシング processing of oligosaccharide chain** に関与する．ゴルジ体には O 結合型糖鎖付加に関与する酵素も存在している（46 章参照）．第二に，ゴルジ体はさまざまなタンパク質がその細胞内目的地へと輸送されるための**選別 sorting** に関与する．**ゴルジ体はシス嚢（小胞体側）*cis*-cisterna，中間嚢 medial cisterna，トランス嚢 *trans*-cisterna**［嚢とは，ふくろ状の膜（訳者注：嚢は"槽"とよばれることもある）］，およびトランスゴル

ジネットワーク *trans*-Golgi network（TGN）から構成されている（図 49-2）．第一の役割に関してはゴルジ体のすべての嚢がかかわっているが，第二の役割は TGN が担っており，TGN には多くの小胞が存在する．

シャペロンタンパク質は，フォールディングしていない状態のタンパク質あるいは部分的にフォールディングしたタンパク質を安定化する

　分子シャペロン molecular chaperone は，フォールディングしていないか，もしくは部分的にフォールディングした中間体を安定化し，適切にフォールディングするための時間的余裕を与え，不適切な相互作用を抑制する．このようにして，シャペロンは非機能的なタンパク質構造の形成を防ぐ．シャペロンには

表 49-2. シャペロンタンパク質の性状

- ・細菌からヒトまで広く分布する
- ・多くのものは熱ショックタンパク質 (Hsp) とよばれており，熱，酸化剤，毒素，フリーラジカル，ウイルスを含むストレスによって誘導される
- ・いくつかのシャペロンは新しく合成されたタンパク質のフォールディングを壊すような条件下で誘導される（たとえば，温度上昇や化学物質）
- ・シャペロンはおもにフォールディングしていないタンパク質の疎水性領域に結合し，それらの凝集を防ぐ
- ・シャペロンは，フォールディングに失敗したタンパク質や欠陥タンパク質の検出と品質管理を行っている
- ・大部分のシャペロンは ATPase 活性を有し，ATP あるいは ADP がタンパク質−シャペロンの相互作用に関与している
- ・サイトゾル，ミトコンドリア，小胞体内腔などのさまざまな細胞内区画に存在する

Hsp70，Hsp90，Hsp100 などのファミリーが知られている．ほとんどのシャペロンは**ATPase 活性 ATPase activity** を有し，ADP と ATP に結合する．この活性はタンパク質のフォールディングを助けるのに重要である．多くの場合，ADP を結合したシャペロンはほどけた状態のタンパク質に対して高い親和性をもつ．タンパク質の結合に伴いシャペロンの ADP と ATP の交換が促進される．ATP を結合したシャペロンは，そのタンパク質の適切にフォールディングした部分を遊離する．この ADP と ATP の結合**サイクル cycle** は，タンパク質が完全に離される（タンパク質全体が正しくフォールディングする）まで繰り返される．シャペロンはタンパク質が細胞内の目的の場所へ正しく輸送されるのに必要である．シャペロンタンパク質のいくつかの重要な特徴を**表 49-2** に示す．

シャペロニン chaperonin は，変性タンパク質が正しいフォールディングをとることを助ける第二のタイプのシャペロンである．シャペロニンは非常に大きいという点でもほかのシャペロンとは異なっている．ほかのシャペロンは 70 〜 100 kDa のモノマーであるのに対して，シャペロニンはオリゴマーで分子の質量は 800 kDa である．細菌の **GroEL/GroES** シャペロニンの構造が詳細に研究されている．細菌のシャペロニンは，各々が 7 つの同じサブユニットからなる 2 つのリングが合わさったバレル様構造をもつ．このシャペロニンのはたらきにも ATP が関与する．フォールディングしていないタンパク質はシャペロニンの構造の中に隔離されてほかのタンパク質から離され，適切なフォールディングのための時間と環境が与えられる．

真核生物の熱ショックタンパク質 Hsp60 は細菌の GroEL に相当する．

サイトゾルへのタンパク質選別経路はタンパク質を細胞内の小器官へと向かわせる

サイトゾル選別経路で合成されたタンパク質は，ターゲティングシグナルをもたない場合はサイトゾルを目的地とし，シグナルをもつ場合は正しい（目的の）細胞小器官へと取り込まれる．特定の取り込みシグナルは，タンパク質をミトコンドリア，核，ペルオキシソームへと導く（表 49-1）．タンパク質の合成は輸送が起こる前に完了するので，これらの過程は翻訳後移行と名づけられている．

ミトコンドリア，核，ペルオキシソーム，小胞体へのタンパク質移行機構については以下に述べるが，一般的にそれらは，認識，移行，成熟の 3 つの段階からなる．移行にはエネルギーが必要であり，シャペロンタンパク質はタンパク質をフォールディングされていない（アンフォールド）状態に維持し，また膜を介してタンパク質を引き込む役割の一部を担っている．新規翻訳タンパク質のフォールディングとプロセシングは細胞小器官内のほかのタンパク質によって行われる．

ほとんどのミトコンドリアタンパク質は運び込まれる

ミトコンドリア mitochondria は多くのタンパク質を含んでいる．13 種のポリペプチド（そのほとんどは電子伝達系の膜タンパク質）は**ミトコンドリア（mt）ゲノム mitochondrial（mt）genome** にコードされており，ミトコンドリア内のタンパク質合成系を使って合成される．しかしながら，非常に多数（少なくとも数百種）のタンパク質は**核遺伝子 nuclear gene** によってコードされており，ミトコンドリア外の**サイトゾルのポリリボソーム cytosolic polyribosome** でつくられ，それからミトコンドリア内へと移行する．重要な研究成果のほとんどは ATP 合成酵素（13 章参照）のサブユニットのような，**ミトコンドリアマトリックス mitochondrial matrix** に存在するタンパク質の研究から得られたものである．ここでは，マトリックスタンパク質の輸送経路についてのみ詳しく議論する．

マトリックスタンパク質 matrix protein は，ポリリボソームで合成されてからマトリックスに到達するまでに**ミトコンドリア外膜 outer mitochondrial mem-**

brane とミトコンドリア内膜 inner mitochondrial membrane を通過する必要がある．膜を通過することを**透過（トランスロケーション）translocation** という．マトリックスタンパク質は，長さにして約 20 ～ 50 アミノ酸からなるリーダー配列（**プレ配列 presequence**）をアミノ末端に有する（表 49-1）．リーダー配列は両親媒性であり，多くの疎水性アミノ酸と正電荷アミノ酸（たとえば，リシンまたはアルギニン）を含んでいる．このプレ配列は，ポリリボソームの小胞体膜への結合を仲介するシグナルペプチドに相当するが（後述），この場合はミトコンドリア膜への結合ではなく，**タンパク質をマトリックス内へと導く**（ターゲティングする）のにはたらく．**図 49-3** は，サイトゾルからミトコンドリアマトリックスへのタンパク質の移行のいくつかの一般的特徴を示している．

　透過反応は，マトリックスタンパク質のサイトゾルのポリリボソームからの遊離後，すなわち**翻訳後 post-translationally** に起こる．透過反応の前に，合成されたタンパク質はシャペロン **chaperone**（後述）やターゲ

ティング因子 **targeting factor** としてはたらくいくつかのサイトゾルのタンパク質と相互作用する．

　膜透過複合体 translocation complex は 2 種類あり，外膜に存在するものは TOM（translocase of the outer membrane）複合体，内膜に存在するものは TIM（translocase of the inner membrane）複合体とよばれている．それぞれの複合体は分析され，多くのタンパク質から構成されていることがわかっている．そのうちのいくつかは，輸送されるタンパク質の**受容体 receptor**（たとえば，**Tom20/22**）としてはたらき，ほかのものはタンパク質透過のための膜内の孔（チャネル）の構成成分 **components of the transmembrane pore**（たとえば，**Tom40**）となる．膜透過複合体を通過するときにタンパク質は**ほどけた状態 unfolded state**（フォールディングしていない状態）となっている必要があり，この状態は **Hsp70** を含む **ATP 依存的に結合するいくつかのシャペロンタンパク質**によって達成される（図 49-3）．ミトコンドリアにおいては，シャペロンはミトコンドリアに輸送されるタンパク質の膜透過，選別，フォー

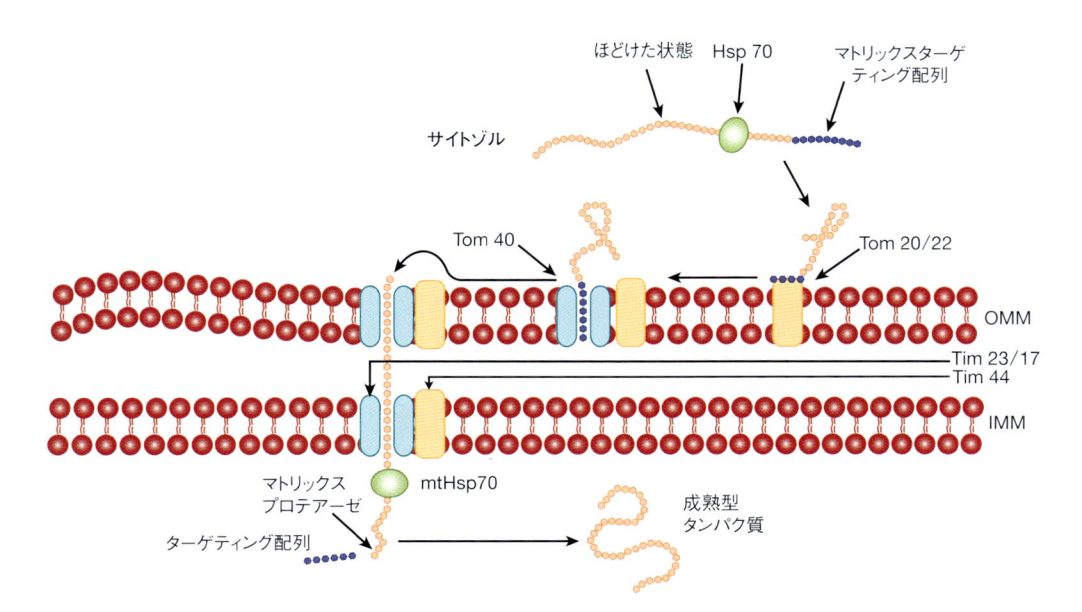

図 49-3. ミトコンドリアマトリックスへのタンパク質の移行

マトリックスターゲティング配列（訳者注：本文中ではリーダー配列［プレ配列］と表記されている）をもつタンパク質は，サイトゾルのポリリボソームで合成され，サイトゾルに存在する Hsp70 と相互作用してほどけた状態でミトコンドリア外膜に存在する受容体 Tom20/22（Tom は translocase of the outer membrane の略）と相互作用する．続いて輸送チャネルである Tom40 へと移動して外膜を通過する．さらに，Tim23 タンパク質と Tim17 タンパク質を含む複合体を通って内膜を透過する（Tim は translocase of the inner membrane の略）．ミトコンドリア内膜の内側で，タンパク質はマトリックスに存在するシャペロン mtHsp70 と相互作用し，mtHsp70 は膜タンパク質である Tim44 とも相互作用する（訳者注：Tim44 は mtHsp70 を膜へアンカーさせるはたらきももつ）．おそらく mtHsp70 による ATP の加水分解と，マトリックス内部の負電荷が膜透過に寄与していると考えられる．ターゲティング配列はマトリックスプロテアーゼによって切断され，タンパク質は最終的な形（成熟型）となる．場合によっては切断前にミドコンドリアに存在するシャペロニンと相互作用する．膜透過が行われる部位では外膜と内膜は密に接触している．OMM：ミトコンドリア外膜，IMM：ミトコンドリア内膜．

ルディング，サブユニットの会合，分解に関与している．膜透過には内膜をはさんだ**プロトン駆動力 proton-motive force** が必要である．プロトン駆動力は，膜をはさんだ**電位 electric potential**（膜の内側が負の電荷）と **pH 勾配 pH gradient**（プロトン勾配，13 章参照）で構成されている．リーダー配列は正電荷を帯びているので，マトリックス内の負電荷は膜透過を助けているのかもしれない．さらに，膜透過が起こるには**接触部位 contact site** における外膜と内膜の密着が必要である．

プレ配列はマトリックス内で**マトリックスプロテアーゼ matrix protease** によって切断される．膜透過が完了するためには，輸送されるタンパク質とマトリックス内に存在する**ほかのシャペロン**の相互作用が必須である．マトリックス内への移行は，mtHsp70（mt はミトコンドリア，Hsp は熱ショックタンパク質 heat shock protein, 70 は約 70 kDa のこと）との相互作用によって促進され，この相互作用によって誤ったフォールディングやタンパク質の凝集が抑制される．一方，mtHsp60-Hsp10 との相互作用は，正しいフォールディングの形成を促進する．輸送されるタンパク質と上述したシャペロンとの相互作用には，これらの反応を駆動するために **ATP の加水分解**が必要である．

上述したことは，ミトコンドリアのマトリックスへ輸送されるタンパク質のおもな経路である．しかしながら，ある種のタンパク質は TOM 複合体によって外膜へ挿入される．また別のものは**膜間スペース inter-membrane space** にとどまったり，**内膜**へ挿入されるものもある．さらに，ある種のものは，いったんマトリックスに入ってから内膜や膜間スペースへ輸送される．多くのタンパク質が 2 種類のシグナル配列を有しており，1 つはミトコンドリアのマトリックスへの輸送を，もう 1 つはマトリックスに輸送された後に起こる局在化を規定する（たとえば，内膜への移行）．ミトコンドリアタンパク質の中にはプレ配列をもっていないもの（たとえば，膜間スペースに存在するシトクロム *c*）や，タンパク質の配列中に**内部シグナル internal presequence** をもつものもある．総括すると，タンパク質は多様な機構と経路を利用して，ミトコンドリア内の最終目的地へと運ばれるといえる．

高分子の核内外への輸送には局在化シグナルがかかわる

活発に活動している真核細胞では，1 分間あたり百万個より多い高分子化合物が核と細胞質の間を行き来

していると考えられている．ここでいう高分子化合物とは，ヒストン，リボソームタンパク質，リボソームサブユニット，転写因子，mRNA などである．輸送は**核膜孔複合体 nuclear pore complex（NPC）**を介して核内と核外への双方向に行われる．NPC は約 30 種類の異なるタンパク質の会合体から構成され，その分子量は 1 つのリボソームの約 15 倍に相当する．NPC の最小直径は約 9 nm である．約 40 kDa より小さな分子は，NPC のチャネル（孔）を**拡散 diffusion** によって通過できるが，それよりも大きな分子の場合には**特別な輸送機構**が存在する．

ここでは，おもに特定の高分子化合物の**核内への輸送 nuclear import** に関する現在の知見について述べる．一般的に，輸送されるタンパク質（積荷分子）は**核局在化シグナル nuclear localization signal（NLS）**を有している．核局在化シグナルの 1 つの例は，$(Pro)_2$-$(Lys)_3$-Arg-Lys-Val（表 49-1）という塩基性残基に富んだ配列である．NLS を有する積荷分子は**インポーチン importin** と相互作用する．インポーチンは α と β とよばれる 2 つのサブユニットから構成される可溶性タンパク質であり，通常，α/β のヘテロダイマーとしてはたらく．α サブユニットは NLS に結合し，インポーチンと積荷分子の複合体は β サブユニットを介して一時的に NPC に**ドッキング dock** する．インポーチンと積荷分子の複合体が NPC と相互作用し，NPC を通過した後に，**Ran** とよばれるインポーチンとは別のファミリーのタンパク質が重要な調節的役割を果たしている．Ran タンパク質は核に存在する低分子量の単量体 **GTPase** であり，ほかの GTPase と同様に GTP 結合型または GDP 結合型として存在する．GTP と GDP の交換反応は，核内に存在する**グアニンヌクレオチド交換因子 guanine nucleotide exchange factor（GEF）**と，おもに細胞質に存在する **GTPase 活性化タンパク質 GTPase-accelerating protein（GAP）**によって調節されている．それゆえ Ran は核内では GTP 結合型，細胞質では GDP 結合型として存在する．Ran 分子のコンホメーションと活性は，GTP 型であるか，GDP 型であるかに依存している（GTP 結合型が活性型である．G タンパク質については 42 章参照）．Ran 分子に結合しているヌクレオチドが核と細胞質で異なるという点（核内外の**非対称性 asymmetry**）は，Ran が NPC を介した一方向の輸送を仲介するということにおいて極めて重要である．**積荷分子 cargo molecule** が核内でインポーチンから離れると，インポーチンは細胞質へ戻り，再利用される．**図 49-4** は上に述べたプロセスの

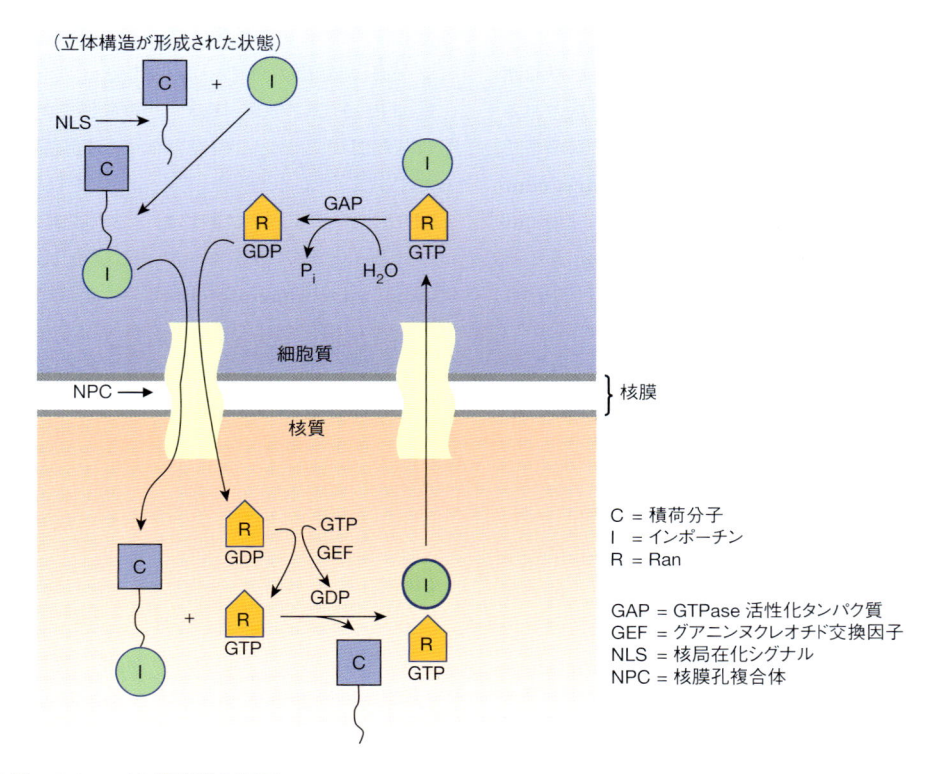

図 49-4.　核質へのタンパク質輸送の概要
細胞質中の積荷分子（C）は，核局在化シグナル（NLS）を介してインポーチン（I）と複合体を形成する．この複合体は核膜孔複合体（NPC）を通って核質に移行する．核質ではグアニンヌクレオチド交換因子（GEF）によって Ran・GDP が Ran・GTP に変換され，これにより Ran のコンホメーション変化が起こってインポーチンに結合し，その結果，積荷分子が放出される．それから，I-Ran・GTP 複合体は NPC を通って核質から細胞質に戻る．細胞質では，GTPase 活性化タンパク質（GAP）の作用によって，Ran の GTP が GDP に変換され，I は解放されて次の C と結合できるようになる．Ran・GTP は活性型であり，Ran・GDP は不活性型である．細胞質における Ran の解離が，全体の過程に方向性を与えると考えられている．

主要な性質のいくつかをまとめたものである．

　エクスポーチン **exportin** はインポーチンに類似したタンパク質であるが，多くの高分子化合物（さまざまなタンパク質，tRNA 分子，リボソームサブユニット，ある種の mRNA 分子）の核外移行に関与する．核外へと輸送される積荷分子は**核外輸送シグナル nuclear export signal**（NES）をもっている．Ran タンパク質はこの輸送にも関与しており，核内輸送と核外輸送にはいくつかの共通した特徴があることがわかっている．インポーチンとエクスポーチンのファミリーは**カリオフェリン karyopherin** とよばれる．

　大部分の **mRNA 分子 mRNA molecule** の輸送には別のシステムがはたらく．それらの mRNA 分子は**mRNP 核外輸送体 mRNP exporter** とよばれるタンパク質と結合し，メッセンジャーリボ核タンパク質（mRNP）複合体として NPC を通って核から細胞質へと輸送される．このシステムには Ran は関係せず，

RNA ヘリカーゼ（Dbp5）による **ATP** の加水分解を利用して輸送が駆動されるらしい．

　ほかの**低分子量 GTPase**（たとえば，ARF，Rab，Ras，Rho）は，小胞の形成と輸送（ARF と Rab，後述），ある種の成長や分化のプロセス（Ras），アクチン骨格の形成（Rho）などのような細胞内のさまざまなプロセスにおいて重要である．GTP と GDP の関与する反応は，小胞体膜透過においても極めて重要である（後述）．

ペルオキシソームに輸送されるタンパク質は独特なターゲティング配列をもっている

　ペルオキシソーム peroxisome は，脂肪酸やほかの脂質（たとえば，プラスマローゲン，コレステロール，胆汁酸），プリン，アミノ酸，過酸化水素などの多くの分子の代謝という点において重要な細胞小器官である．ペルオキシソームは単膜によって囲まれており，50 種類より多い酵素を含んでいる．この細胞小器官のマー

カー酵素はカタラーゼや尿酸オキシダーゼである．ペルオキシソームのタンパク質は**サイトゾルのポリリボソームで合成**され，ペルオキシソーム内に輸送される前に立体構造が形成される．ペルオキシソームの多くのタンパク質や酵素［**マトリックス成分 matrix component**（**図49-5**）や**膜結合成分 membrane component**］の輸送経路が研究されており，少なくとも2種類のペルオキシソームターゲティング配列 **peroxisomal targeting sequence**（**PTS**）がみつかっている．1つは**PTS1**で，これは3つのアミノ酸からなるペプチド［Ser-Lys-Leu（SKL）配列．ただし，少し構造の異なるものもある］であり，カタラーゼを含む多くのマトリックス酵素のカルボキシ末端に存在する．PTS1配列をもつタンパク質はサイトゾルの受容体（**Pex5**）と**複合体を形成する**．続いてペルオキシソーム膜上の受容体複合体（**Pex13，14，17**）とドッキングし，積荷タンパク質は内腔へと輸送される．Pex5受容体は膜上に残り，2つの複合体（**Pex2，10，12**と**Pex1，6，15**）を含むほかのPexタンパク質の関与する過程を通じてサイトゾルへとリサイクルされる．第二のシグナル，**PTS2**はアミノ末端に存在する9アミノ酸で，少なく

とも4つのマトリックスタンパク質（たとえば，チオラーゼ）に見出されている．PTS2配列を含むタンパク質は Pex5 ではなく，**Pex7** と複合体を形成することが知られているが，この複合体の移行機構は PTS1 と比べてあまりよくわかっていない．PTS1 とは異なり，PTS2 はマトリックス内に輸送された後に切断される．

ほとんどの**ペルオキシソーム膜タンパク質 peroxisomal membrane protein** は，いずれのターゲティング配列ももっておらず，別のターゲティング配列をもつと思われる．ペルオキシソームへの輸送では，**オリゴマーのまま intact oligomer** の状態（たとえば，カタラーゼの場合四量体）を保って輸送される．**マトリックスタンパク質 matrix protein** の輸送には **ATP** が必要であるが，**膜タンパク質**の場合には**必要ではない**．

Zellweger症候群のほとんどはペルオキシソーム形成に関与する遺伝子の変異によって引き起こされる

ペルオキシソームへのタンパク質輸送の研究は，**Zellweger症候群 Zellweger syndrome** の研究によってより興味深いものとなっている．この病気の症状は出生時に明らかであり，**著しい神経障害を伴う**．患者は

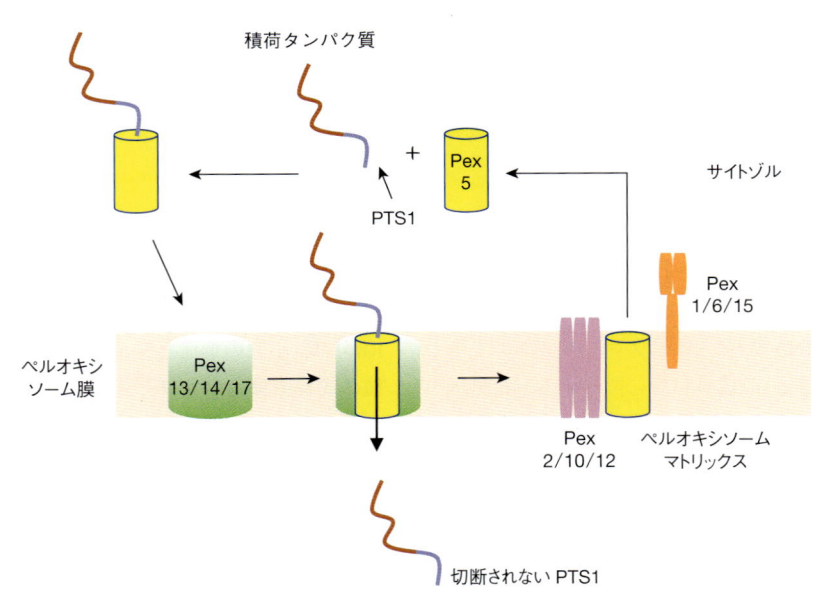

図 49-5. ペルオキシソームマトリックスへのタンパク質の移行
ペルオキシソームマトリックスに移行するタンパク質（たとえば，カタラーゼ）はサイトゾルのポリリボソームで合成され，ペルオキシソームへの取り込み前に立体構造が形成されていると考えられている．タンパク質のカルボキシ（C）末端には，ペルオキシソームターゲティング配列（PTS1）が存在し，サイトゾル受容体タンパク質 Pex5 と結合する．その後，両者の複合体はペルオキシソーム膜に存在する Pex13，14，17 で構成される膜上の受容体と相互作用する．一過性の孔が形成され，タンパク質はペルオキシソームのマトリックスに移行する．Pex5 は膜にとどまるが，Pex2，10，12 からなる複合体および Pex1，6，15 からなる複合体のはたらきでサイトゾルへと戻される．取り込まれたタンパク質はマトリックス内で PTS を保持したまま存在する．

表 49-3. ペルオキシソーム異常による疾患

	OMIM 番号[a]
Zellweger 症候群	214100
新生児副腎白質ジストロフィー	202370
乳児 Refsum 病	266510
高ピペコリン酸血症	239400
根性点状軟骨異形成症（RCDP）1 型	215100
X 連鎖性副腎白質ジストロフィー	300100
アシル-CoA オキシダーゼ欠損症	264470
D-二官能性タンパク質欠損症	261515
高シュウ酸尿症 I 型	259900
無カタラーゼ血症	115500
グルタリル-CoA オキシターゼ欠損症	231690
Heimler 症候群 1	234580

[a] OMIM は Online Mendelian Inheritance in Man の略. 各番号は上の各疾患に関する情報が見られる参照番号を示す.
(Seashore MR, Wappner RS: *Genetics in Primary Care & Clinical Medicine*, Stamford, CT Appleton & Lange, 1996 より許可を得て掲載)

しばしば 1 年以内に死亡する. 患者によって, ペルオキシソームの数はほとんど正常の場合もあるし, ほとんど存在しない場合もある. 生化学的な知見としては, 極長鎖脂肪酸の蓄積, 胆汁酸合成の異常, プラスマローゲンの顕著な減少が見られる. この疾患は, 通常, PEX ファミリー（**ペルオキシン peroxin** ともよばれる）などのタンパク質をコードする遺伝子の**変異 mutation** により起こる. ペルオキシンは, **ペルオキシソームの生合成 peroxisome biogenesis** のさまざまな段階（たとえば, 上述したタンパク質輸送のようなプロセス, 図 49-5）に関与するタンパク質である. この疾患はある種のペルオキシソーム酵素の遺伝子変異によっても生じる. **新生児副腎白質ジストロフィー neonatal adrenoleukodystrophy** と**乳児 Refsum 病 infantile Refsum disease** はよく似た疾患である. Zellweger 症候群とこれら 2 種の病気は重複した症状を示すが, Zellweger 症候群が**最も重篤**（多くのタンパク質が影響を受ける）で, 乳児 Refsum 症候群は最も軽症（1 つまたは少数のタンパク質が影響を受ける）である. これらおよび類似した病気を**表 49-3** に示す.

粗面小胞体経路に選別されるタンパク質はアミノ末端にシグナルペプチドをもつ

上述したように, 粗面小胞体経路 RER branch はタンパク質の合成と選別に関与する 2 つの経路のうちの第二のものである. この経路では, タンパク質は**アミノ末端シグナルペプチド N-terminal signal peptide** をもち, **膜結合型ポリリボソーム membrane-bound polyribosome** 上で合成される. 合成されたタンパク質は, 通常, 小胞体の**内腔へ輸送**された後にさらなる選別を受ける（図 49-2）. しかしながら, ある種の膜タンパク質は内腔に達することなく, 直接小胞体膜に移行する.

アミノ末端シグナルペプチドのいくつかの特徴を**表 49-4** に示す.

多くの証拠が, アミノ末端シグナルペプチドが小胞体膜透過の過程に関与することを裏付け, **シグナル仮説**を支持している. たとえば, シグナルペプチド内の疎水性アミノ酸が親水性アミノ酸に置き換わった配列をもつタンパク質は, 小胞体内腔に輸送されない. 一方, 膜タンパク質ではないタンパク質（たとえば, α-グロビン）にシグナルペプチドを遺伝子工学的手法によって付加すると, そのタンパク質は小胞体内腔へと輸送され, 場合によっては細胞外へ分泌される.

タンパク質の小胞体膜透過は翻訳と共役あるいは翻訳後に行われる

ほとんどの新生タンパク質は, **翻訳と共役した経路 cotranslational pathway** によって小胞体膜を透過し, 内腔へと移動する. この過程はタンパク質合成の進行中に起こるため, 翻訳と共役した膜透過とよばれる. 合成途中のタンパク質の残りの部分の伸長過程は, タン

表 49-4. タンパク質を小胞体に導くシグナルペプチドの性質

- ・多くの場合, すべてではないが, アミノ末端に位置する
- ・ほぼ 12 〜 35 アミノ酸残基をもつ
- ・通常, メチオニンがアミノ末端残基である
- ・疎水性アミノ酸のクラスター（約 6 〜 12 残基）を中心部にもつ
- ・アミノ末端近くの領域に通常 1 つの正味の正電荷をもつ
- ・切断部位のアミノ酸残基は保存されていないが, 切断部位から−1 と−3 の位置の残基は, 側鎖が小さく中性でなくてはならない

パク質が脂質二重層を通過するのを促進すると考えられている．透過チャネルに入るまで，タンパク質が**ほどけた状態 unfolded state**（フォールディングしていない状態）を保つことが重要である．そうでないと，タンパク質はチャネル内へと入っていけないのだろう．この経路には多くの特別なタンパク質がかかわる．関与するタンパク質は，**シグナル認識粒子 signal recognition particle（SRP），SRP 受容体 SRP receptor（SRP-R），トランスロコン translocon** などである．トランスロコン（Sec61 複合体）は 3 つの膜タンパク質から構成され，新生タンパク質が通過するための小胞体膜上の**タンパク質透過チャネル protein-conducting channel** を形成する．このチャネルは**シグナルペプチドが存在するときにのみ開く．**タンパク質が通過しないときにはこのチャネルは閉じ，カルシウムやほかの分子がチャネルを通じて漏れ出すことを防いでいる．もし漏出が起こると細胞機能は不全となる．5 つの段階で進行する過程の概略を以下に述べ，**図 49-6** に示す．

第 1 段階：リボソームからシグナルペプチドが現れ，**SRP** に結合する．SRP は **6 つのタンパク質**とそれらを結びつける 1 本の RNA 分子からできている．RNA 分

子とタンパク質の双方が，SRP の機能において役割をもつ（たとえば，他の分子との結合）．SRP の結合によっておおよそ 70 アミノ酸が合成された後，ポリペプチド鎖の伸長は一時的に停止する（伸長阻止）．

第 2 段階：SRP-リボソーム-新生タンパク質の複合体が小胞体膜へと移行し，そこで **SRP 受容体**と結合する．SRP 受容体は α と β の 2 つのサブユニットからなる小胞体膜タンパク質であり，α サブユニットは SRP 複合体と結合し，膜を貫通している β サブユニットは α サブユニットを小胞体膜につなぎとめる．SRP は複合体を SRP 受容体へと導くことで，伸長しつつあるポリペプチドがサイトゾルに放出されるのを防ぐ．

第 3 段階：SRP が離れ，翻訳が再開する．リボソームは**トランスロコン（Sec61 複合体）**に結合し，シグナルペプチドがトランスロコン内のチャネルに挿入される．SRP および SRP 受容体の 2 つのサブユニットに **GTP** が結合し，それによって SRP と SRP 受容体の相互作用が可能となっている．その後，GTP が加水分解される．

第 4 段階：シグナルペプチドは，トランスロコンのチャネル出口の"栓"を移動させ，チャネルの開放を誘導する（図 49-6 において"栓"はトランスロコンの底部

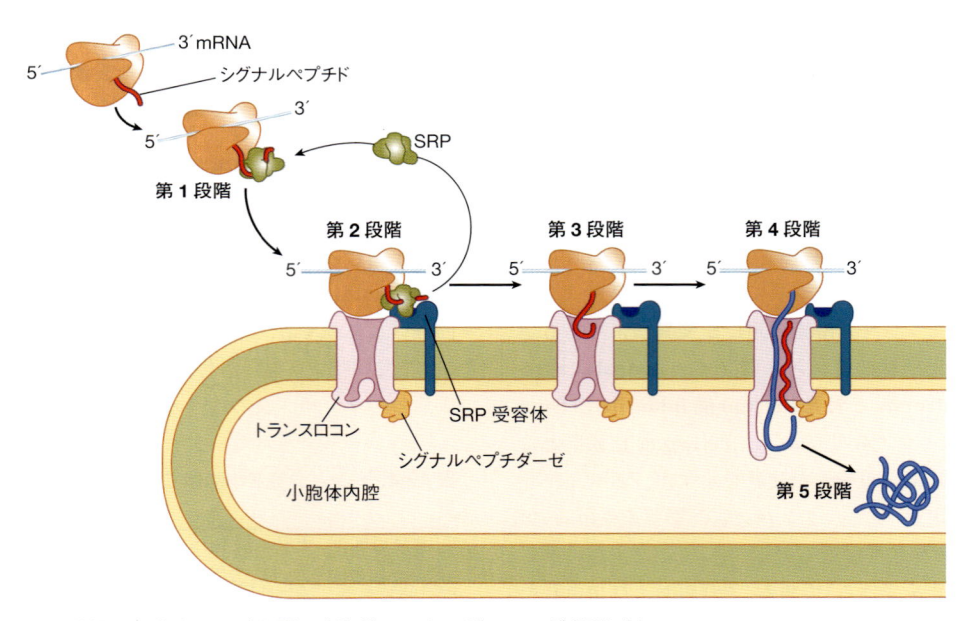

図 49-6. 翻訳と共役した分泌タンパク質の小胞体へのターゲティング（標的化）
第 1 段階：シグナルペプチドがリボソームから現れると，シグナル認識粒子（SRP）がこれを認識して結合し，翻訳が停止する．**第 2 段階**：SRP は複合体を小胞体膜へと導き，SRP 受容体と結合する．**第 3 段階**：SRP は離れ，リボソームはトランスロコンと結合し，翻訳が再開される．そして，シグナルペプチドが膜チャネルへと挿入される．**第 4 段階**：シグナルペプチドはトランスロコンのチャネルを開放し，伸長するポリペプチド鎖は膜透過する．**第 5 段階**：シグナルペプチダーゼによってシグナルペプチドが切断されると，ポリペプチドは小胞体内腔へと遊離する．（Cooper GM, HausmanRE: *The Cell: A Molecular Approach*. 6th ed. Sunderland, MA: Sinauer Associates, Inc. 2013 より許可を得て掲載）

に示されている）．伸長するポリペプチドは，それ自身
の合成に駆動されて膜を完全に透過する．

第5段階：シグナルペプチダーゼ signal peptidase
によりシグナルペプチドが切断され，完全に膜透過し
たポリペプチド/タンパク質は小胞体内腔へと放出さ
れる．切断されたシグナルペプチドはプロテアーゼに
よって分解される．リボソームは小胞体膜から離れ，2
つのサブユニットに解離する．

分泌タンパク質 secretory protein や小胞体以外の細
胞小器官へと輸送される可溶性タンパク質は，脂質二
重層を完全に横断し，内腔へと放出される．多くの分
泌タンパク質は N 結合型糖鎖の付加を受ける．**N-グリ
カン鎖 N-glycan chain** は，これらのタンパク質が小胞
体膜の内側の層を横切るときに**オリゴ糖転移酵素 oli-
gosaccharyl transferase**（46章参照）によって付加され
る．これを**翻訳と共役した糖鎖付加（グリコシル化）
cotranslational glycosylation** という．続いて，これら
の糖タンパク質はゴルジ体へと輸送され，**ゴルジ体の
内腔 lumen of the Golgi apparatus** でグリカン鎖がさ
らに修飾を受けた後に（46章参照），細胞内の目的地や
細胞外へと運ばれる．

対照的に，**小胞体膜**あるいは分泌経路に位置する**他
の膜**に埋め込まれるタンパク質は，部分的にしか小胞
体膜を**透過しない**（第1〜第4段階）．これらのタンパ
ク質は，側方移動することによってトランスロコンの
壁を抜け出て，小胞体膜に挿入される（後述）．

小胞体に向かうタンパク質の**翻訳後膜透過 post-
translational translocation** 経路は真核生物に存在す
るが，翻訳と共役した経路に比べて一般的ではない．こ
の過程（**図49-7**）には，Sec61 トランロコン複合体，膜
に結合した **Sec62/Sec63 複合体**，そして Hsp70 ファミ
リーのシャペロンタンパク質がかかわる．シャペロン
のうちのいくつかは，サイトゾルにおけるタンパク質
のフォールディングを妨げる．一方，シャペロンの1
つである**免疫グロブリン結合タンパク質 binding im-
munoglobulin protein**（BiP，別名 GRP78 または
Hsp70）は小胞体内腔に存在する．膜透過するタンパク
質はまずトランスロコンに結合し，サイトゾルのシャ
ペロンは解離する．その後，ペプチドの侵入先端部が
小胞体内腔で BiP と結合する．ATP を結合した BiP は
Sec62/63 と相互作用する．ATP が加水分解されて ADP
となるときのエネルギーを使ってタンパク質は内腔へ
と送られ，一方，BiP-ADP はタンパク質がサイトゾル
に逆行するのを防ぐ．連続した BiP 分子の結合と ATP

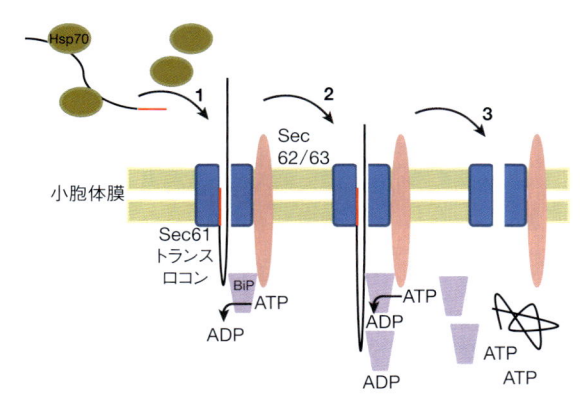

図49-7. タンパク質の翻訳後小胞体膜透過
（**1**）サイトゾルで合成されたタンパク質は，Hsp70 ファミ
リーメンバーのようなシャペロンによってフォールディン
グが妨げられる．タンパク質のアミノ末端シグナルペプチ
ドが Sec61 トランスロコン複合体に挿入され，サイトゾル
のシャペロンは放出される．免疫グロブリン結合タンパク
質（BiP）は膜透過しているタンパク質および Sec62/63 複合
体と相互作用し，結合していた ATP は加水分解されて ADP
となる．（**2**）タンパク質は結合している BiP によってサイ
トゾルへ戻ることが妨げられる．また連続的な BiP の結合
と ATP の加水分解が，タンパク質を内腔へと引っ張る．
（**3**）タンパク質全体が内側に入ると，ADP が ATP に交換
され，BiP は解離する．

の加水分解により，タンパク質は内腔へと引っ張られ
る．タンパク質全体が内腔に入ると，ADP が ATP と
交換し BiP は解離する．小胞体内腔へのタンパク質選
別の役割に加えて，**BiP は凝集を防ぐことによってタン
パク質の適切なフォールディングを促進**する．また，異
常な立体構造を形成した免疫グロブリン H 鎖やほか
の多くのタンパク質に一時的に結合し，それらが小胞
体から輸送されないようにする．

小胞体膜はさまざまな分子を小胞体内腔から**サイト
ゾル cytosol** へと運び出す輸送（**逆行輸送 retrograde
transport**）に関与するという証拠がある．逆行輸送さ
れる分子としては，ほどけた状態あるいはフォール
ディングを誤った糖タンパク質，糖ペプチド，オリゴ
糖などがある．これらの分子のいくつかは**プロテア
ソーム proteasome** で分解される（後述）．逆向きの膜
透過へのトランスロコンの関与は明らかではなく，1
つあるいは複数の別のチャネルがこの過程にはたらく
のかもしれない[1]．いずれにせよ，小胞体膜をはさん
だ**輸送は双方向 two-way traffic** に起こっている．

1）訳者注：逆行輸送には Derlin とよばれるタンパク質
などがレトロトランスロコンを形成していると考えられて
いる．

タンパク質はいくつかのルートを介して小胞体膜に挿入される

タンパク質が小胞体膜に挿入される経路には，翻訳と共役した挿入，翻訳後挿入，ゴルジ体から小胞体への回収，そしてゴルジ体からの逆行輸送がある．

翻訳と共役した挿入にはストップトランスファー配列あるいは内部挿入配列が必要である

図 49-8 に示されるように，タンパク質はさまざまな形態で膜内に組み込まれている．ある種のタンパク質（たとえば，LDL 受容体）の**アミノ末端 amino termi-nus** は細胞外に位置しており，ほかのタンパク質（たとえば，アシアロ糖タンパク質受容体）の場合は**カルボキシ末端 carboxy terminus** が細胞外にある．これらの配置（配向性）は，小胞体膜における最初の生合成過程を考えることで説明できる．**LDL 受容体 LDL receptor** のようなタンパク質は分泌タンパク質と同様な方法で小胞体膜に入る（図 49-6）．すなわちそれらは，タンパク質の一部が小胞体膜を横切り，シグナルペプチドが切断されて，アミノ末端が内腔に突き出たようになる．しかしながら，この型のタンパク質は，**輸送停止シグナル halt-transfer signal** または**ストップ-トランスファーシグナル stop-transfer signal** としてはたらく疎水性の高い領域をもっており，膜内にとどまる（**図 49-**

9）．この配列のアミノ末端側は小胞体内腔に，カルボキシ末端側はサイトゾルに位置する．すなわちストップ-トランスファーシグナルはタンパク質の 1 回膜貫通断片となり，膜へのアンカードメインとなる．タンパク質は側面のゲートを介してトランスロコンから膜に移動すると考えられている．このゲートは連続的に開閉し，疎水性の配列が脂質二重層へ移動することを可能にしている．

合成された LDL 受容体が存在する小胞体膜の一部は引きちぎれ，輸送小胞 transport vesicle の成分となる．輸送小胞は最終的には細胞膜と融合するので，カルボキシ末端がサイトゾルに，アミノ末端が細胞の外側に向くようになる．LDL 受容体とは対照的に，**アシアロ糖タンパク質受容体 asialoglycoprotein receptor** は切断型のアミノ末端シグナルペプチドをもたず，**内部に膜への挿入配列 internal insertion sequence** をもっており，その配列は切断されない．この配列は膜へのアンカーとしてはたらき，アシアロ糖タンパク質受容体のカルボキシ末端は膜を貫通して小胞体内腔に突き出ている．シトクロム P450 は同じ方法で膜にアンカーされる．しかし，カルボキシ末端ではなくアミノ末端が小胞体内腔に突き出る．より複雑な配向性をもつ**膜貫通型輸送体 transmembrane transporter**（たとえば，12 回膜を貫通するグルコース輸送体）では，膜を貫通する交互の α ヘリックス領域が，非切断性の膜挿入配列および輸送停止シグナルとしてはたらく．2

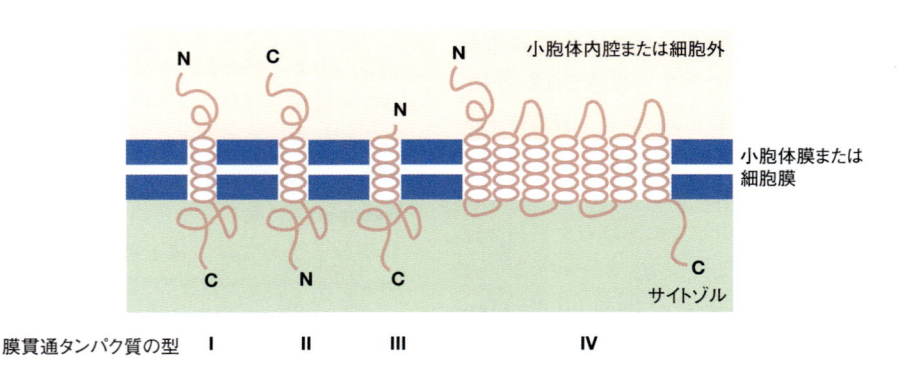

膜貫通タンパク質の型　　I　　II　　III　　IV

図 49-8. タンパク質はさまざまな方法で膜に組み込まれる
この図はタンパク質のさまざまな配向性を模式的に示している．配向性は最初に小胞体膜で形成され，小胞が出芽するとき，また細胞膜と融合するときにも維持される．したがって，最初に小胞体内腔に向く末端は細胞の外側に位置する．I 型膜貫通タンパク質（たとえば，LDL 受容体やインフルエンザ赤血球凝集素）は膜を 1 回貫通しており，アミノ末端を小胞体内腔または細胞の外側にもつ．II 型膜貫通タンパク質（たとえば，アシアロ糖タンパク質受容体やトランスフェリン受容体）は同じく膜を 1 回貫通しているが，カルボキシ末端を小胞体内腔または細胞の外側にもつ．III 型膜貫通タンパク質（たとえば小胞体膜タンパク質であるシトクロム P450）は I 型膜貫通タンパク質と同じ配向性をもつが，切断されるシグナルペプチドをもたない．IV 型膜貫通タンパク質（たとえば，G タンパク質共役型受容体やグルコース輸送体）は膜を何回も貫通し（G タンパク質共役型受容体は 7 回，グルコース輸送体は 12 回），ポリトピック polytopic 膜タンパク質とよばれることもある．（C：カルボキシ末端，N：アミノ末端）．

本ずつのヘリックスのペアは，それぞれ1つのヘアピン様の構造として膜に挿入される．タンパク質の膜への配置を決定する領域は**配向性決定配列 topogenic sequence** とよばれる．LDL受容体，アシアロ糖タンパク質受容体，グルコース輸送体は，それぞれ I 型，II 型，IV 型膜貫通タンパク質の例であり細胞膜に存在する．一方，シトクロム P450 は III 型タンパク質の例であり小胞体膜にとどまる（図 49-8）．

ある種のタンパク質は遊離ポリリボソーム上で合成され，翻訳後に小胞体膜に挿入される

翻訳に共役した場合と同じように，トランスロコン内の側面ゲートを通って，翻訳後に小胞体膜に挿入されるタンパク質もある．この例としては**シトクロム b_5 cytochrome b_5** があり，このタンパク質は翻訳後にいくつかのシャペロンの助けにより小胞体膜に挿入される[2]．

一時的にゴルジ体に保持されてから小胞体へ回収される経路とゴルジ体からの逆行輸送

タンパク質のなかには，カルボキシ末端に **KDEL**（Lys–Asp–Glu–Leu）というアミノ酸配列をもつものが存在する（表 49-1）．KDEL 配列をもつタンパク質は，まず **COPII 輸送小胞 vesicle coated with coat protein II（COPII）**（後述）によってゴルジ体へと輸送される．この輸送は**順行小胞輸送 anterograde vesicular transport** として知られている．ゴルジ体においてタンパク質は KDEL 受容体と相互作用して一時的に保持される．それから **COPI 輸送小胞**に乗って小胞体へと戻り（**COPI，逆行小胞輸送 retrograde vesicular transport**），小胞体で KDEL 受容体と解離することでタンパク質は回収される．HDEL 配列（H はヒスチジン）も同じ目的にはたらく．これらの仕組みによって，ある種の可溶性タンパク質は実質的に小胞体内腔に残留する．

KDEL 配列をもたないタンパク質でも，ある種のものはゴルジ体へと輸送された後，逆行小胞輸送によっ

2）　訳者注：シトクロム b_5 のように，カルボキシ末端に膜貫通ドメインをもつタンパク質はテールアンカー型タンパク質とよばれ，翻訳に共役した膜挿入のトランスロコンとは異なる分子を用いて膜に挿入されることがわかっている．II 型膜貫通タンパク質もカルボキシ末端に膜貫通ドメインをもつが，小胞体膜への挿入は SRP 依存的であるという点でテールアンカー型タンパク質とは異なる．

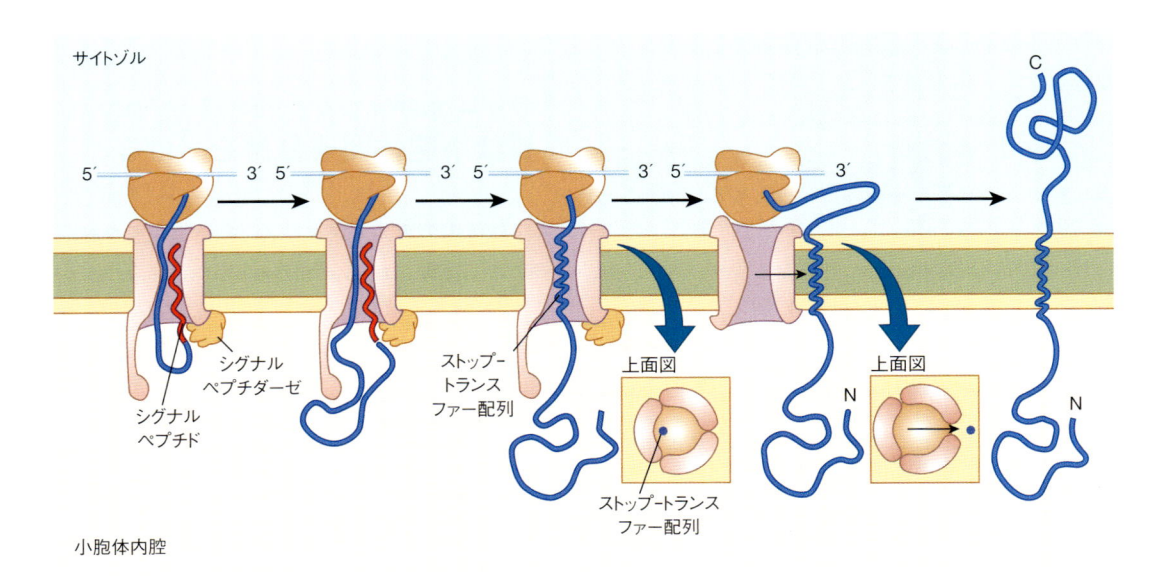

図 49-9.　ストップ–トランスファーシグナルをもつタンパク質の小胞体膜への挿入
タンパク質は分泌タンパク質と同様な方法（図 49-6）で膜へ入る．シグナルペプチドはポリペプチド鎖が膜を横切るときに切断され，ポリペプチド鎖のアミノ末端（N）は小胞体内腔に露出される．ポリペプチド鎖の膜透過は，トランスロコンが高度に疎水的な膜貫通型のストップ–トランスファー配列を認識したときに停止する．その後，タンパク質は側面のゲートを介してトランスロコンチャネルを脱出し，小胞体膜に定着する．翻訳が続くことにより，カルボキシ末端（C）をサイトゾル側にもつ膜貫通タンパク質が形成される．（Cooper GM Hausman RE: *The Cell: A Molecular Approach, 6th ed.* Sunderland, MA: Sinauer Associates, Inc. 2013 より許可を得て掲載）

て小胞体に戻り膜にとどまる．これらのタンパク質には，リサイクルされなければならない小胞の構成因子や，ある種の小胞体膜タンパク質が含まれる．これらのタンパク質は，塩基性残基に富んだカルボキシ末端シグナルをサイトゾル側にしばしばもっている．

したがって，タンパク質はさまざまな経路で小胞体膜に到達する．そしてほかの膜系（たとえば，ミトコンドリア膜や細胞膜）においても，おそらく類似の経路がはたらいているのだろう．いくつかの場合でターゲティング配列が判明している（たとえば，KDEL 配列）．

膜の構築（バイオジェネシス）については，本章の後半でさらに述べる．

小胞体は細胞において品質管理区画として機能する

新しく合成されたタンパク質は小胞体内において，シャペロンやフォールディング酵素の助けを借りて折りたたまれ，フォールディングの状態はシャペロンや酵素によって監視されている（**表 49-5**）．

シャペロンである**カルネキシン calnexin** は，小胞体膜に存在するカルシウム結合タンパク質である．このタンパク質は，主要組織適合遺伝子複合体（MHC）抗原やさまざまな血漿タンパク質を含む多種多様なタンパク質と結合する．46 章で述べたように，カルネキシンは糖タンパク質のプロセシング過程で生じるモノグルコシル化タンパク質に結合し，適切な立体構造を形成するまで糖タンパク質を小胞体内にとどめる．**カルレティキュリン calreticulin** もカルシウム結合タンパク質で，カルネキシンと類似した性質をもつが，膜内在性タンパク質ではない．シャペロンに加えて，小胞体

表 49-5. フォールディングに関与する粗面小胞体のシャペロンと酵素

・BiP（免疫グロブリン重鎖結合タンパク質，GRP78 または Hsp70 ともよばれる）
・GRP94（グルコースで調節されるタンパク質）
・GRP170
・Hsp47
・カルネキシン
・カルレティキュリン
・PDI（タンパク質ジスルフィドイソメラーゼ）
・PPI（ペプチジルプロリル *cis-trans* イソメラーゼ）

内腔では 2 つの酵素がタンパク質の適切なフォールディング形成にはたらいている．**タンパク質ジスルフィドイソメラーゼ protein disulfide isomerase**（**PDI**）はジスルフィド結合の**速やかな形成**と，ジスルフィド結合が正しい組み合わせとなるまでの組換えを促進する．**ペプチジルプロリルイソメラーゼ peptidyl prolyl isomerase**（**PPI**）は，X-Pro 結合（X は任意のアミノ酸）のシス-トランスの異性化を触媒することで，プロリンを含むタンパク質のフォールディングを促進する．

フォールディングに失敗した（ミスフォールディング）または不完全にフォールディングしたタンパク質はシャペロンと相互作用し，小胞体にとめ置かれて最終目的地へ輸送されない．この相互作用が長時間続くと有害となるが，フォールディングに失敗したタンパク質の蓄積は**小胞体関連分解 endoplasmic reticulum associated degradation**（**ERAD**）によって防がれる．囊胞性線維症のようないくつかの遺伝性疾患においては，小胞体内にフォールディングに失敗したタンパク質が蓄積する（蓄積したタンパク質はいくらかの機能活性を示す場合もある）．本章の最後に述べるように，このようなタンパク質と相互作用し，正しいフォールディングと小胞体からの輸送を促進する薬剤の開発が現在進んでいる．

フォールディングに失敗したタンパク質は小胞体関連分解を受ける

小胞体内のホメオスタシスの維持は正常な細胞機能のために重要である．小胞体内腔の特有な環境が乱されると（たとえば，小胞体 Ca^{2+} の変化，酸化還元状態の変化，さまざまな毒素やある種のウイルスへの曝露），タンパク質をフォールディングさせる能力が低下し，フォールディングに失敗したタンパク質の蓄積につながる．フォールディングに失敗したタンパク質の小胞体での蓄積は，**小胞体ストレス ER stress** とよばれる．**変性タンパク質応答**（小胞体ストレス応答）**unfolded protein response**（**UPR**）は細胞内の仕組みの 1 つで，フォールディングに失敗したタンパク質の量を感知し，小胞体のホメオスタシスを回復させる細胞内シグナル伝達機構を活性化する．UPR は，小胞体膜に埋め込まれた膜貫通タンパク質である**小胞体ストレスセンサー ER stress sensor** によって開始される．このストレスセンサーの活性化は以下の 3 つの主要な効果

表49-6. いくつかのコンホメーション病は遺伝子変異によるタンパク質や酵素の細胞内輸送異常が原因で起こる

疾　患	関与するタンパク質
肝疾患を伴う α_1-アンチトリプシン欠損	α_1-アンチトリプシン
Chediak-Higashi 症候群	リソソームへの輸送調節因子
血液凝固第 V と第 VIII 因子の複合欠損	ERGIC-53，マンノース結合レクチン
嚢胞性線維症	CFTR
糖尿病（一部）	インスリン受容体（α-サブユニット）
家族性高コレステロール血症，常染色体優性遺伝性	LDL 受容体
Gaucher 病	β-グルコシダーゼ
血友病 A と血友病 B	血液凝固第 VIII と第 IX 因子
遺伝性ヘモクロマトーシス	HFE
Hermansky-Pudlak 症候群	AP-3 アダプター複合体 β3A サブユニット
I 細胞病	N-アセチルグルコサミン 1-ホスホトランスフェラーゼ
Lowe（眼脳腎）症候群	PIP$_2$ 5-ホスファターゼ
Tay-Sachs 病	β-ヘキソサミニダーゼ
von Willebrand 病	von Willebrand 因子

LDL：低密度リポタンパク質，PIP$_2$：ホスファチジルイノシトール 4,5-ビスリン酸.
(Schroder M, Kaufman RJ:The Mammalian Unfolded Protein Response. Annu Rev Biochem 2005;74, 739-789 および Olkonnen VM, Ikonen E:Genetic defects of intracellular membrane transport. N Eng J Med 2000;343(15):1095-1104).

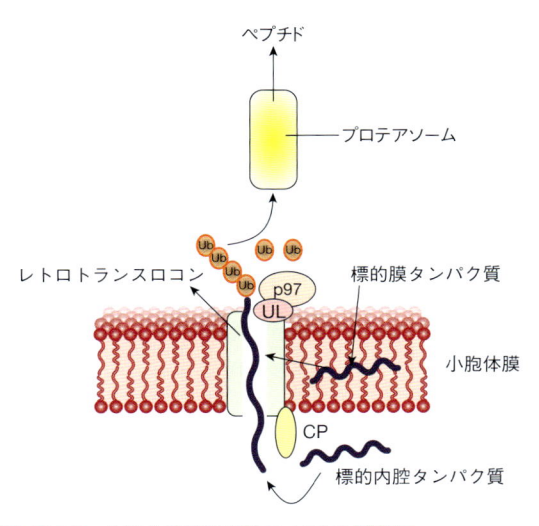

図49-10. 小胞体関連分解（ERAD）の概略図
内腔または膜に存在するフォールディングに失敗した標的タンパク質は，レトロトランスロコンを通ってサイトゾルに逆行輸送される．シャペロンタンパク質（CP）は，フォールディングに失敗したタンパク質を逆行輸送へと向かわせる．サイトゾルへ輸送されるときに，タンパク質はユビキチンリガーゼ（UL）によってユビキチン化され，ATPase である p97 によって膜から引き出され，プロテアソームへと運ばれる．標的タンパク質はプロテアソーム内部で切断されて小さなペプチドとなり，プロテアソームから出ていくつかの運命をたどる．

を生じる．（1）一時的に翻訳を阻害して，新しく合成されるタンパク質の量を減少させる．（2）小胞体シャペロンの発現を増加させるために転写を誘導する．（3）フォールディングに失敗したタンパク質の分解にはたらくタンパク質の合成を増加させる（後述）．つまり，UPR は小胞体のフォールディング能力を増加させ，活性のない，そして有害となり得るタンパク質の蓄積を防ぐ．さらに，細胞のホメオスタシスを回復させる別の応答も起こる．しかしながら，フォールディングの障害が続いた場合は，細胞死（アポトーシス）経路が活性化される．UPR のさらなる完全な理解は，小胞体ストレスやフォールディングに失敗したタンパク質によって生じる疾患の治療に新しいアプローチをもたらすと考えられる（**表49-6**）．

　小胞体内でフォールディングに失敗したタンパク質は ERAD 経路により分解される（**図49-10**）．この経路では，小胞体内腔タンパク質と膜タンパク質が**小胞体**

膜を横切ってサイトゾルへ戻り（**逆行輸送 retrograde translocation or dislocation**），プロテアソーム **proteasome** によって分解される（28 章参照）．小胞体内腔に存在する**シャペロン chaperone**（たとえば，BiP）は，フォールディングに失敗したタンパク質がプロテアソームへと輸送されるのを助ける．

　逆行輸送に関与するレトロトランスロコンはいくつかのタンパク質を含み，その会合はシャペロンやアダプタータンパク質によるフォールディングに失敗したタンパク質の認識から始まる．逆行輸送が起こるときに，フォールディングに失敗したタンパク質はサイトゾル側に存在するユビキチンリガーゼによってポリユビキチン化され（28 章参照），**ATP 分解酵素 ATPase** である **p97**（別名，VCP）によって膜から引き出されて，分解のためにプロテアソームへ輸送される（図 49-10）．

ユビキチンはタンパク質分解の鍵となる分子である

　真核生物には 2 つの主要なタンパク質分解経路がある．1 つは**リソソームのプロテアーゼ lysosomal protease** がはたらく経路であり，ATP を必要としない（訳者注：28 章のコラム「オートファジー」参照）．一方，ユ

ビキチン ubiquitin がかかわるもう 1 つの主要な経路
は ATP に依存する．ユビキチン経路は，フォールディ
ングに失敗したタンパク質や短い半減期をもつ調節酵
素の除去にとくに関係する．ユビキチンは，細胞周期
制御 cell cycle regulation（サイクリンの分解），DNA
修復 DNA repair，炎症 inflammation と免疫応答 im-
mune response（52 章参照），筋肉の萎縮 muscle wast-
ing，ウイルス感染 viral infection などの多くの過程で
重要な生理的過程に関与することがわかっている．ユ
ビキチンは小さなよく保存されたタンパク質（76 アミ
ノ酸）であり，プロテアソームによる分解のためにさま
ざまなタンパク質に目印をつける[3]．標的タンパク質
[たとえば，フォールディングに失敗した囊胞性線維症
膜コンダクタンス制御因子（CFTR）：CFTR は囊胞性線
維症の原因タンパク質である（40 章参照）]へのユビキ
チンの結合機構を図 28-2 に示し，その過程は 28 章で
詳細に述べられている．

ユビキチン化されたタンパク質はプロテアソームで分解される

　ポリユビキチン化された標的タンパク質は，サイト
ゾルに存在するプロテアソームの中に入る．プロテア
ソームはかなり大きな円筒型のタンパク質複合体で，
タンパク質分解の活性部位である空洞を有する 4 つの
リングからなるコア core と，ポリユビキチン化された
基質を認識して分解を開始する 1 つあるいは 2 つの制
御粒子 regulatory particle（キャップ cap）からなる（図
28-3，図 28-4 参照）．標的タンパク質はプロテアソー
ムキャップに存在する ATPase によってそのフォール
ディングがほどかれ，コア部分へ渡されて小さなペプ
チドに分解される．ペプチドはプロテアソームから出
て，サイトゾルに存在するペプチダーゼによってさら
に分解される．正常および異常にフォールディングし
たタンパク質の双方がプロテアソームの基質となり，
プロテアソームは多様なペプチド結合を加水分解する．
遊離したユビキチン分子は再利用される．プロテア
ソームは，さまざまなウイルスタンパク質の分解やそ
の他の分子の分解において重要な役割を担い，生じた
小さなペプチドは MHC クラス I 分子 MHC class I
molecule に渡される．この過程は T リンパ球への抗原
提示の鍵となるステップである．

---

3)　訳者注：ユビキチンはオートファジーによる選択的
分解の際の目印としても使われる．

表 49-7. 小胞の種類と機能

小胞	機能
COPI	ゴルジ体内の輸送とゴルジ体から小胞体への逆行輸送にはたらく
COPII	小胞体から ERGIC あるいはゴルジ体への輸送にはたらく
クラスリン	細胞膜，TGN，エンドソームを含むゴルジ体以降の輸送にはたらく
分泌小胞	膵臓のような器官からの調節性分泌にはたらく（たとえば，インスリンの分泌）
TGN から細胞膜への輸送にはたらく小胞	タンパク質を細胞膜に運ぶ．構成性分泌にはたらく

ERGIC：小胞体-ゴルジ体中間コンパートメント．TGN：トラ
ンスゴルジネットワーク．小胞体の遠位側のゴルジ体膜のネット
ワーク．
[注]各々の小胞は固有のコートタンパク質をもつ．クラスリンは
種々のアダプターと結合し，違う型のクラスリン小胞を形成す
る．異なるクラスリン小胞は異なる細胞内目的地をもつ．

輸送小胞は細胞内タンパク質輸送の鍵となる役割を担う

　膜結合型ポリリボソーム上で合成され，ゴルジ体や
細胞膜へ輸送されるタンパク質は，輸送小胞 transport
vesicle によって運ばれて目的地へ到達する．表 49-7
に示すように，いくつかの異なる種類の小胞が存在す
る．まだ発見されていない小胞も残っているかもしれ
ない．
　各々の小胞は固有の被覆（コート）タンパク質をもっ
ている．クラスリン clathrin はエンドサイトーシスの
ための小胞に使用され（25 章および 26 章の LDL 受容
体に関する説明を参照），リソソームに向かう積荷を運
ぶ小胞にも使われる．このタンパク質は，3 つのらせ
ん状構造が連結されており，それらが相互作用して小
胞のまわりに格子を形成する．クラスリンとは異なる
コートタンパク質 I（COPI）とコートタンパク質 II
（COPII）は COPI および COPII 小胞に結合しており，
それぞれの小胞は逆行輸送 retrograde transport（ゴル
ジ体から小胞体に向う）と順行輸送 anterograde trans-
port（小胞体からゴルジ体に向う）にはたらく．ゴルジ
体から細胞膜に積荷を運ぶ輸送小胞および一部の分泌
小胞もクラスリン被覆をもたない．ここでは，おもに
COPII，COPI，クラスリン被覆小胞に注目する．それ
ぞれの小胞は異なるタンパク質を被覆（コート）として
もつ．明確化のために，本書では非クラスリン被覆小

胞を**輸送小胞 transport vesicle** とよぶことにする．これらの異なる被覆の会合の原理は全体的には類似しているが，COPI 小胞とクラスリン被覆小胞の形成の詳細はいくつかの点で COPII の場合とは異なる（後述）．

小胞輸送の形成と機能：SNARE やほかの因子の関与

　小胞 vesicle は多くのタンパク質の輸送において中心的な役割を担っている．**遺伝学的アプローチ genetic approach** と**無細胞系 cell-free system** が小胞の形成と輸送の仕組みを解明するために使われてきた．小胞輸送の全過程は複雑であり，多くの可溶性および膜タンパク質，GTP，ATP，付随的な因子が関与する．**出芽 budding**，**繋留 tethering**，**ドッキング docking**，**膜融合 membrane fusion** は，小胞ライフサイクルの重要な段階であり，GTP 結合タンパク質である **Sar1**，**ARF**，**Rab** が**分子スイッチ molecular switch** としてはたらく．Sar1 は COPII 小胞形成の第 1 段階ではたらくタンパク質であり，ARF は COPI 小胞とある種のクラスリン被覆小胞の形成にはたらく．小胞のプロセシングにはたらくさまざまなタンパク質の機能と使用されている略語を**表 49-8** に示す．

　小胞が形成される膜やその目的地にかかわらず，輸送小胞の形成，ターゲティング，標的膜（ターゲット膜）との融合には共通のステップがある．一方，コートタンパク質，GTPase，ターゲット因子の種類は，小胞がどこで形成されるか，そして最終目的地がどこかによって異なる．COPII 小胞がかかわる小胞体からゴルジ体への順行輸送が最もよく研究されている例である．この過程は 8 つのステップで起こると考えることができる（**図 49-11**）．基本的には，個々の輸送小胞は特定の積荷およびターゲティングにはたらく 1 つの **v-SNARE** を含んでいる．各々の標的膜は，v-SNARE と**相補的な構造をもつ 2 つないし 3 つの t-SNARE タンパク質**をもっており，両者の相互作用が SNARE タンパク質に依存した小胞と膜との融合を引き起こす．さらに **Rab タンパク質 Rab protein** も，小胞の特定の膜への移動および小胞と標的膜の繋留を助ける．

　第 1 段階：GEF である **Sec12p** の作用によって，GTPase である **Sar1** が活性化（GDP 型から GTP 型に変換）されると，**出芽 budding** が**開始**される（表 49-8）．活性化により Sar1 は構造変化を起こし，疎水性の末端領域が露出することで可溶型から膜結合型となる．Sar1 は小胞体膜に留まり，小胞形成の核となる．

　第 2 段階：さまざまな**コートタンパク質 coat protein**

表 49-8. 非クラスリン被覆小胞の形成と輸送に関与するいくつかの因子と小胞輸送

- ・ARF：ADP-リボシル化因子．COPI 小胞とある種のクラスリン被覆小胞の形成にはたらく GTPase

- ・コートタンパク質：被覆小胞に見られるタンパク質ファミリー．異なる輸送小胞は異なるコートタンパク質のセットをもつ

- ・NSF：N-エチルマレイミド感受性因子．ATPase

- ・Sar1：COPII 小胞の形成に重要な役割をもつ GTPase

- ・Sec12：Sar1・GDP を Sar1・GTP に変換するグアニンヌクレオチド交換因子（GEF）

- ・α-SNAP：可溶性 NSF 結合タンパク質．NSF とともに SNARE 複合体の解離にはたらく

- ・SNARE：SNAP 受容体．SNARE は小胞と標的膜との融合を司る主要な分子である

- ・t-SNARE：ターゲット SNARE

- ・v-SNARE：小胞 SNARE

- ・Rab タンパク質：Ras 関連タンパク質ファミリー（単量体 GTPase）．GTP 結合型が活性型．異なる Rab 分子は異なる小胞を標的膜にドッキングさせる

- ・Rab エフェクタータンパク質：Rab 分子と相互作用するタンパク質のファミリー．標的膜への小胞の繋留にはたらくものがある

が **Sar1・GTP** に結合し，**出芽形成 bud formation** が起こる．続いて，膜内在性の積荷タンパク質が**直接**または**コートタンパク質と結合する仲介タンパク質 intermediary protein** を介して間接的に[4] コートタンパク質に結合し，小胞内へと取り込まれる．可溶性の積荷タンパク質は小胞内の受容体に結合する．積荷タンパク質に存在する多くの**シグナル配列 signal sequence** が見つかっている（表 49-1）．たとえば KDEL 配列は，ある種の小胞体残留タンパク質が COPI 小胞によってゴルジ体から小胞体に逆行輸送されるのにはたらく．ゴルジ膜へ向かうタンパク質に存在する 2 つの酸性アミノ酸を含む配列（たとえば，Asp-X-Glu，X はどのアミノ酸でもよい）や短い疎水性配列は，COPII 小胞のコートタンパク質との相互作用にはたらく．しかしながら，すべての積荷タンパク質が選別シグナルをもつわけではない．多量に存在する分泌タンパク質のいくつかは**バルクフロー bulk flow**（大きな流れ）によって（非選択的に）小胞内に取り込まれ，さまざまな細胞の目的地へと輸送される．バルクフローにおいては，タンパク質は細胞小器官にあるときと同じ濃度で輸送小

4）　訳者注：仲介（アダプター）タンパク質が関与するのはクラスリン被覆小胞の場合である．

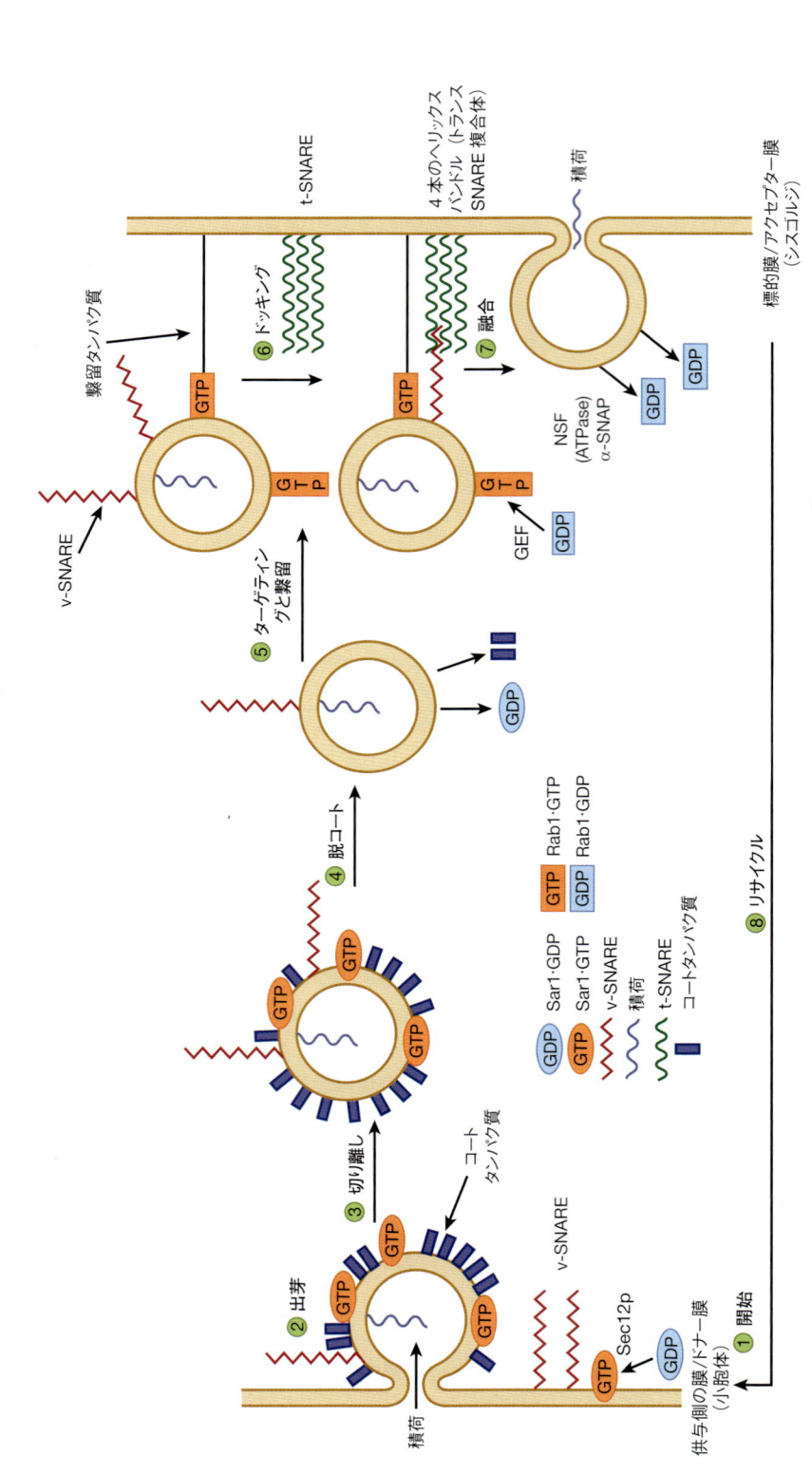

図 49-11. COPII 小胞がはたらく順行輸送の段階を示すモデル

第 1 段階：GDP から GTP への変換により Sar1 が活性化される．これにより Sar1 が小胞体膜に埋め込まれて出芽の核を形成する．**第 2 段階**：コートタンパク質は Sar1・GTP に結合し，積荷タンパク質は小胞内部に包み込まれる．**第 3 段階**：出芽した部分がくびり切られ，コートで覆われた完全な小胞が形成される．**第 5 段階**：小胞は微小管あるいはアクチンフィラメントに沿って細胞内を移動する．**第 4 段階**：Sar1 の GTP が GDP に加水分解すると，小胞はコートを外す．**第 5 段階**：Rab・GTP に結合し，小胞を標的膜に繋留する．**第 6 段階**：Rab 分子が小胞に付着する（表 49-8 参照）．標的膜上の Rab エフェクタータンパク質が Rab・GTP に変わると，Rab 分子が小胞に付着する（表 49-8 参照）．標的膜上の Rab エフェクタータンパク質が Rab・GTP に繋留する．**第 7 段階**：v-SNARE と t-SNARE がペアをつくり，4 本のヘリックスバンドルを形成する．これにより小胞がドッキングし，小胞を標的膜に繋留する．**第 7 段階**：v-SNARE と t-SNARE が接近して並ぶと，小胞が膜と融合して内容物が放出される．Rab に結合した GTP が GDP に加水分解され，Rab・GDP がサイトゾルへと放出される．NSF（ATPase）と α-SNAP（表 49-8 参照）が v-SNARE と t-SNARE の間に形成した 4 本のヘリックスバンドルに結合すると，小胞が膜と融合して内容物が放出される．Rab に結合した GTP が GDP に加水分解され，Rab・GDP をサイトゾルへと放出される．これにより，両者は再利用できるようになる．**第 8 段階**：Rab タンパク質と SNARE タンパク質は次の回の小胞融合に再利用される．リックスバンドルを解離させる．これにより，両者は再利用できるようになる．**第 8 段階**：Rab タンパク質と SNARE タンパク質は次の回の小胞融合に再利用される．[注]図示していないが，積荷（あるいは積荷受容体）は膜を貫通してコートタンパク質と直接結合する．

胞に入る．しかしながら，ほとんどのタンパク質は能動的に選別されて（濃縮されて）輸送小胞に入り，バルクフローはある種の特別なグループの積荷タンパク質にのみ使われると考えられている．さらなるコートタンパク質が会合して**出芽形成が完了**する．コートタンパク質は膜のわん曲に寄与して出芽を促進し，またタンパク質の選別を助ける．

　第 3 段階：出芽した小胞は膜から切り離されて，被覆小胞の形成が完了する．小胞体膜のわん曲，そしてタンパク質–タンパク質およびタンパク質–脂質間の相互作用が，小胞体出芽部位からの小胞の切り離しを助ける．小胞は**微小管 microtubule** あるいは**アクチンフィラメント actin filament** に沿って細胞内を移動する．

　第 4 段階：Sar1 に**結合していた GTP が加水分解されて GDP になると，コートタンパク質の解離** coat disassembly（または**脱コート uncoating**）が起こる（この過程は **Sar1** と**外殻 shell** のコートタンパク質の**解離 dissociation** を伴う）．加水分解は特定のコートタンパク質によって促進される[5]．したがって Sar1 は，コートタンパク質の会合と脱離の双方で重要な役割をもつ．**脱コート uncoating** は小胞の融合が起こるために必要である．

　第 5 段階：**小胞のターゲティング vesicle targeting** は **Rab** 分子が小胞に結合することにより起こる．Rab は Ras 類似タンパク質ファミリーの 1 つであり，細胞内小胞輸送のいくつかの段階および調節性分泌とエンドサイトーシスに関与する．Rab は**低分子量の単量体 GTPase** であり，**GTP 結合型 GTP-bound state** のときに出芽しつつある小胞のサイトゾル側に結合する．さらに Rab はアクセプター膜（標的膜）にも存在する．サイトゾルに存在する Rab・GDP 分子は特定の GEF によって Rab・GTP に変換される．アクセプター膜上の **Rab エフェクタータンパク質 Rab effector protein** は Rab・GDP とは結合しないが，Rab・GTP とは結合するので，小胞は膜へと**繋留**される（表 49-8）．

　第 6 段階：**v-SNARE** が標的膜に存在する**相互に認識可能な t-SNARE と対を形成**し，小胞を標的膜にドッキングさせて融合を開始する．一般的には，1 つの小胞上の v-SNARE がアクセプター膜上の 3 つの t-SNARE と強固な **4 本のヘリックスからなる束状構造**（ヘリックスバンドル helix bundle）を形成する．シナ

プス小胞 synaptic vesicle の v-SNARE はシナプトブレビン **synaptobrevin** とよばれる．**ボツリヌス B 型毒素 botulinum B toxin** は最も危険な毒素の 1 つであり，重篤な食中毒の原因となる．この毒素の成分の 1 つは，シナプトブレビンを切断する**プロテアーゼ protease** である．この分解により，神経筋接合部での**アセチルコリンの放出が阻害**され，致命的になることもある．

　第 7 段階：小胞とアクセプター膜の**融合 fusion** は，v-SNARE と t-SNARE が接近して一列に並ぶことにより起こる．小胞の融合と内容物の放出が起こった後，Rab タンパク質の GTP は GDP に加水分解され，Rab・GDP がサイトゾルへと放出される．膜上の SNARE が別の膜上の SNARE と相互作用して 2 枚の膜を連結させているとき，これを**トランス SNARE 複合体 *trans*-SNARE complex** あるいは **SNARE ピン SNARE pin** とよぶ．一方，融合後の同じ膜上に存在する SNARE 複合体は**シス SNARE 複合体 *cis*-SNARE complex** とよばれる．v-SNARE と t-SNARE の間の 4 本のヘリックスバンドルを解離させてふたたび使用できるようにするために，2 つのタンパク質が必要とされる．それらは **ATPase** である **NSF** と **α-SNAP** である（表 49-8）．NSF による ATP の加水分解によって放出されるエネルギーが，4 本のヘリックスバンドルを解離させ，SNARE は次の膜融合反応に利用できるようになる．

　第 8 段階：さまざまな因子（たとえば，Rab や SNARE タンパク質）は次の回の小胞融合に**再利用**される．

　上記のサイクルの間に，SNARE，繋留タンパク質，Rab，その他のタンパク質が協調してはたらき，小胞は移動し，積荷は適切な場所へと輸送される．

ある種の輸送小胞はトランスゴルジネットワークを介して移動する

　極性をもった上皮細胞の細胞膜の**頂端部 apical** と**側底部 basolateral** に存在するタンパク質は，さまざまな方法でこれらの部位に輸送される．**トランスゴルジネットワーク *trans*-Golgi network** から出芽する**輸送小胞 transport vesicles** には異なった Rab タンパク質が結合し，ある小胞を頂端部へ，別の小胞を側底部へ方向づける．あるタンパク質は最初に側底部の細胞膜に輸送され，エンドサイトーシスされた後に**トランスサイトーシス transcytosis** によって細胞内を横断して頂端部へと輸送される．トランスゴルジネットワークからの輸送には，**グリコシルホスファチジルイノシトール（GPI）アンカー glycosylphosphatidylinositol**

5）　訳者注：Sar1 の GAP は Sec23 である．

(GPI)-anchor の関与する過程を経るものもある（46章参照）．GPI 構造は**脂質ラフト lipid raft** にもよく見られる（40章参照）．

　分泌経路において小胞体からシスゴルジに到達したタンパク質は，小胞を介してゴルジ体内を通過してトランスゴルジネットワークへと輸送されるか，あるいは**嚢成熟 cisternal maturation** とよばれる過程によって輸送される．嚢間の連結を介した**拡散**によって輸送される場合もあると考えられている．嚢成熟モデルでは，**嚢 cisternae**（ゴルジ体を構成する扁平な円板状の構造）は移動しながら別の嚢へと変化していく．つまり，小胞体からの小胞は互いに融合してシスゴルジを形成し，トランスゴルジ方向へと順行移動する．このモデルでは，COPI 小胞はゴルジ酵素（たとえば，グリコシルトランスフェラーゼ）をゴルジ体の遠位の嚢（トランス）からより近位の嚢（シス）に戻すのにはたらく．

　カビの代謝産物である**ブレフェルジン A brefeldin A** は，**ARF に GTP が結合することを妨げることで COPI 小胞の形成を阻害する**．その結果，ゴルジ体が崩壊して小胞体に吸収される．このため，ブレフェルジン A はゴルジ体の構造と機能を調べるよいツールとして用いられている．

ある種のタンパク質は小胞内でさらにプロセシングを受ける

　ある種のタンパク質は，輸送小胞や分泌小胞内部で**タンパク質分解 proteolysis** によってさらにプロセシングされる．たとえば**アルブミン albumin** は，肝細胞で**プレプロアルブミン preproalbumin** として合成される（52章参照）．プレプロアルブミンはシグナルペプチドが切断されて**プロアルブミン proalbumin** となる．その後，プロアルブミンは分泌小胞内で**フリン furin** の作用によって**アルブミンとなる（図 49-12）**．この酵素は連続した 2 つの塩基性アミノ酸（Arg-Arg）のカルボキシ末端側を切断して，プロアルブミンから 6 アミノ酸のペプチドを切り離す．結果として生じた成熟型アルブミンが血漿へと放出される．**インスリン insulin** のようなホルモン（41章参照）も，分泌小胞内で同様のタンパク質分解を受ける．

膜構造の構築は複雑である

　細胞を構成する膜には，外部環境と細胞を隔てる細胞膜から，ミトコンドリアや小胞体のような細胞内部の小器官の膜まで，多くの異なる種類が存在する．脂質二重層の一般的な構造はすべての膜において類似しているが，タンパク質や脂質組成が異なることにより，個々の膜はその膜独自の性質をもつ（40章参照）．これらの膜の構築を満足に説明できるモデルは今のところ考案されていない．小胞輸送とさまざまなタンパク質が小胞体膜に最初に組み込まれる仕組みについてこれまでに述べた．以下に膜構造の形成におけるいくつかの一般的な特徴について述べる．

膜構造の構築の間でもタンパク質と脂質の非対称性は維持される

　小胞体やゴルジ体の膜から形成された小胞は，それが細胞内の反応で生じても，細胞の破砕操作によって生じても，脂質とタンパク質は**膜の外と内の層で異なっている（非対称）**．輸送小胞と細胞膜の融合のときにもこれらの**非対称性は保たれる**．すなわち，小胞の**内側**は融合後に**細胞膜の外側**に位置し，小胞のサイトゾル側は細胞膜のサイトゾル側に位置する（**図 49-13**）．リン脂質は膜の主要な構成成分であり（40章参照），その合成に関与する酵素は小胞体の嚢（ふくろ様の構造）のサイトゾル側の表面に存在する．リン脂質の合成はサイトゾル側の層で起こり，合成されたリン脂質は集合して，熱力学的に安定な二分子層になると考えられている．脂質合成は膜の拡張を引き起こし，場

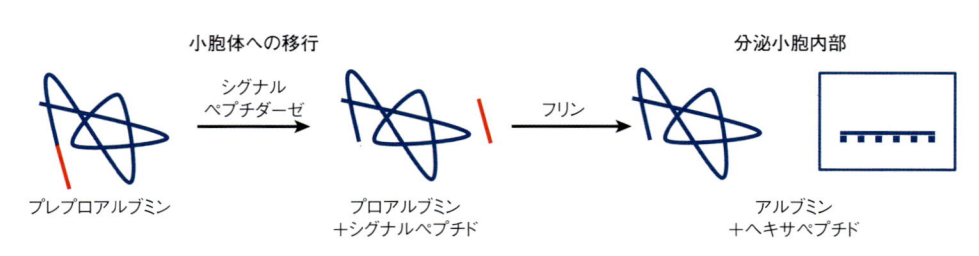

図 49-12. プレプロアルブミンのプロセシング
小胞体に入るときに，プレプロアルブミンからシグナルペプチドが除去される．分泌小胞内でフリンがプロアルブミン内の塩基性ジペプチド（Arg-Arg）のカルボキシ末端を切断する．成熟型アルブミンは血漿へと分泌される．

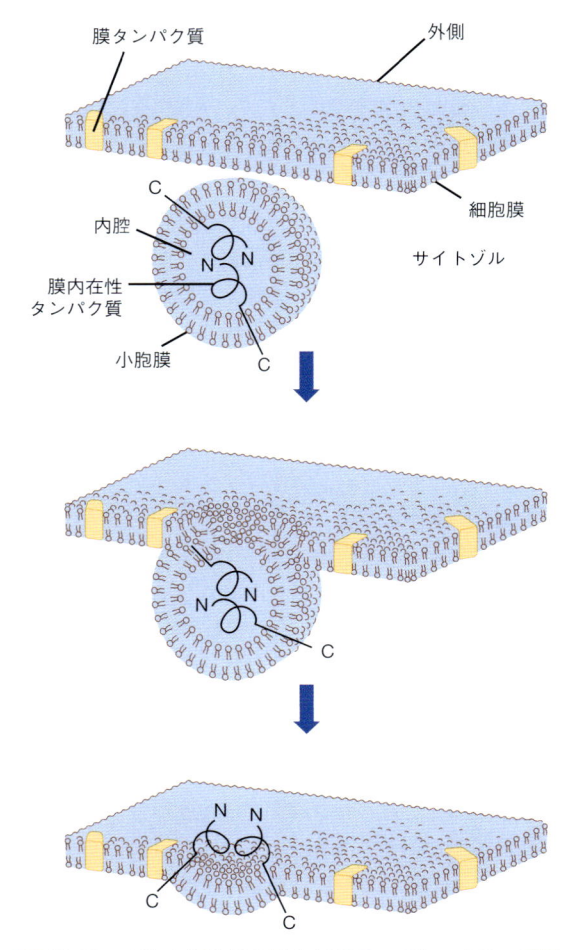

図中ラベル:
- 膜タンパク質
- 外側
- 内腔
- 細胞膜
- 膜内在性タンパク質
- サイトゾル
- 小胞膜

図 49-13. 小胞と細胞膜の融合が起こっても，小胞二重層中の膜内在性タンパク質の配置（配向性）は保たれる

最初は，タンパク質のアミノ末端が小胞の内腔（内部空間）に面している．融合後，アミノ末端は細胞膜の外側となる．小胞内腔と細胞の外側は，位置的には等価である．（C：カルボキシ末端，N：アミノ末端）

合によっては膜からの**脂質小胞 lipid vesicle** の離脱を促進する．これらの小胞はほかの場所へと移動し，脂質を別の膜に供給することが提唱されている．**リン脂質交換タンパク質 phospholipid exchange protein** は可溶性のタンパク質であり，膜の脂質と結合し，結合した脂質を小胞非依存的にほかの膜へと輸送することで，さまざまな膜の特徴的な脂質組成の調整に役立っていると考えられている．

　注目すべきことは，小胞体，ゴルジ体，細胞膜の**脂質組成 lipid composition** が異なることである．ゴルジ体と細胞膜は小胞体に比べて**高い比率のコレステロール cholesterol**，**スフィンゴミエリン sphingomyelin**，**スフィンゴ糖脂質 glycosphingolipid** を含んでおり，一方グリセロリン脂質 phosphoglyceride の比率は低い．スフィンゴ脂質は，グリセロリン脂質に比べて膜内でより密に集合する．これらの違いが膜の構造と機能に影響する．たとえば，ゴルジ体と細胞膜の**二重層 bilayer** は小胞体よりも厚く，このことはこれらの細胞小器官に存在する膜タンパク質の種類に影響する．また，**脂質ラフト lipid raft**（40 章参照）はゴルジ体で形成されると考えられている．

脂質とタンパク質の代謝回転速度は膜により異なる

　一般的に，小胞体膜脂質の半減期は小胞体に存在するタンパク質の半減期より短い．つまり，**脂質とタンパク質の代謝速度は異なっている**．実際，異なった脂質は異なった半減期をもつことが知られている．さらに，これらの膜のタンパク質の半減期はタンパク質ごとに大きく異なり，あるものは短く（時間のオーダー），あるものは長い（日数のオーダー）．つまり，小胞体膜における個々の脂質とタンパク質は独立して膜に組み込まれ，これはほかの膜についてもあてはまると考えられる．

　このように生体膜の構築は複雑な過程であり，まだ解明しなくてはならない問題がたくさんある．成熟構造となるまでに膜タンパク質が受ける**翻訳後修飾 posttranslational modification** の種類の多さを考えれば，膜構築がいかに複雑であるかが理解できる．翻訳後修飾には，ジスルフィド結合の形成，タンパク質分解，会合による多量体化，糖鎖付加，グリコシルホスファチジルイノシトール（GPI）アンカーの付加，チロシンまたは糖の硫酸化，リン酸化，アシル化，プレニル化などがある．それにもかかわらず膜の構築に関してはかなり理解が進んでいる．今日までに判明している膜構造の構築のおもな特徴を**表 49-9** にまとめた．

表 49-9. 膜の構築のおもな特徴

- ・脂質とタンパク質は，別々に膜に組み込まれる
- ・個々の膜脂質と膜タンパク質は，独立して異なる速さで代謝回転する
- ・配向性決定配列（例，アミノ末端シグナル，内部シグナル，輸送停止シグナル）は膜中でのタンパク質の組み込みや配置を決めるうえで重要である
- ・膜タンパク質は輸送小胞に乗り込んで小胞体から離れ，ゴルジ体に向かう．多くの膜タンパク質の最終選別はトランスゴルジネットワークで起こる
- ・特異的な選別配列がそれぞれのタンパク質を，リソソーム，ペルオキシソーム，ミトコンドリアなどの特定の細胞小器官に導く

さまざまな病気は細胞内輸送にはたらくタンパク質の遺伝子の変異によって生じる

ペルオキシソーム peroxisomal 機能の異常，小胞体におけるタンパク質およびリソソームタンパク質 lysosomal protein の合成異常に起因するいくつかの疾患については，すでに本章で述べた（それぞれ表 49-3，表 49-6 参照）．タンパク質のフォールディングとタンパク質の細胞小器官への輸送に影響を与える多くの変異が報告されている．これには，Alzheimer 病，Huntington 病，Parkinson 病のような神経変性疾患が含まれる．これらのさまざまな**コンホメーション障害 conformational disorder** の原因の解明は，**分子病理学 molecular pathology** の理解に大きく貢献した．"プロテオスタシスの欠陥による**疾患 diseases of proteostasis deficiency**" というよび名が，タンパク質の誤ったフォールディングに起因する疾患に適用されている．プロテオスタシス proteostasis とは，タンパク質 protein と恒常性（ホメオスタシス）homeostasis に由来する合成語である．正常なプロテオスタシスは，タンパク質の合成，フォールディング，輸送，会合，そして正常な分解のような多くの因子のバランスに依存している．変異，老化，細胞ストレス，あるいは損傷などにより，これらのうちどれか 1 つでも支障をきたすと，関係するタンパク質に応じてさまざまな種類の障害が起こり得る．

Hsp90 は 300 〜 400 種類のタンパク質のプロセシングに関与するシャペロンタンパク質である．そのなかのいくつかはがんの発生に関与し，抗腫瘍治療のターゲットとなることが 1990 年代に発見された．それ以来，Hsp90 の阻害剤のいくつかについては臨床試験が行われたが，おもにその毒性の問題から，今のところいずれも FDA による使用承認を受けていない．しかしながら，臨床で使える Hsp90 阻害剤の探索は進行している．シャペロンである Hsp70 は臨床試験が進んでいるもう 1 つの抗腫瘍ターゲットであり，Hsp70 は正常細胞と比べてがん細胞で非常に強く発現している．化学シャペロンとしてはたらく小さな薬物分子が誤ったフォールディングを防ぎ，タンパク質機能を回復させることが示されている．

▌まとめ

■ 多くのタンパク質は，シグナル配列に従ってその目的地へと運ばれる．選別の主要な決定は，アミノ末端シグナルペプチドの有無によってタンパク質がサイトゾルの（遊離の）ポリリボソームで合成されるか，膜結合型ポリリボソームで合成されるかによって行われる．

■ サイトゾルのポリリボソームで合成されたタンパク質は，特別なシグナル配列によってミトコンドリア，核，ペルオキシソーム，小胞体に輸送される．シグナルをもたないタンパク質はサイトゾルに残る．

■ 膜結合型ポリリボソームで合成されたタンパク質は，最初に小胞体膜あるいはその内腔に入る．タンパク質の多くは最終的には目的地（細胞膜やゴルジ膜を含む膜，リソソーム，エキソサイトーシスを介した分泌）に向かう．

■ 糖鎖付加反応の多くはゴルジ体の区画内で起こり，トランスゴルジネットワークでさらなる選別が起こる．

■ 分子シャペロンは，ほどけた状態，あるいは部分的にフォールディングしたタンパク質を安定化する．シャペロンは，タンパク質が細胞内で正しい場所に輸送されるのに必要である．

■ 翻訳後移行では，タンパク質は合成が完了してから標的細胞小器官へと輸送される．ミトコンドリア，核，ペルオキシソームに向かうタンパク質がこの経路を使う．小胞体に輸送されるタンパク質のうち，ごく一部もこのルートを使う．

■ ほとんどのタンパク質は翻訳と共役した経路で小胞体内腔に入る．この経路では，膜透過はタンパク質合成の進行中に起こる．

■ 小胞体膜に埋め込まれるタンパク質は翻訳と共役して，あるいは翻訳後に膜に挿入される．順行輸送によりゴルジ体に輸送され，一時的に保持された後に逆行輸送により小胞体に戻るものもある．

■ 小胞体内でフォールディングに失敗したタンパク質の有害な蓄積は UPR を引き起こす．それらのタンパク質は ERAD 経路により分解される．多数のユビキチン分子の付加が分解の目印となる．タンパク質はサイトゾルに運ばれ，プロテアソームによって分解される．

■ 異なる種類の輸送小胞は異なるタンパク質によって被覆されている．クラスリン被覆小胞は，エンドサイトーシスやリソソームに向かう輸送に関与する．一方，コートタンパク質 I とコートタンパク質 II によって被覆された COPI 小胞と COPII 小胞は，それぞれ小胞体とゴルジ体の間の逆行輸送と順行輸送に

はたらく.

- 小胞輸送の過程は複雑であり，多くのタンパク質因子が必要である．供与膜からの出芽，サイトゾル内での移動，標的膜への繋留，ドッキング，融合の順序で進む.

- ある種のタンパク質（たとえば，アルブミンやインスリンの前駆体）は，輸送小胞内でタンパク質分解を受けて成熟型タンパク質となる.

- 低分子量 GTPase（たとえば，Ran，Rab）と GEF および GAP は，細胞内輸送の多くの局面で鍵となる役割を果たす.

- 小胞体膜とゴルジ膜から形成される小胞は，脂質とタンパク質の両方において非対称である．その非対称性は，輸送小胞の形成および小胞が細胞膜と融合する間でも維持される．そのため，小胞の内側は融合後細胞膜の外側となり，小胞のサイトゾル側はサイトゾルに面したままである.

- 脂質とタンパク質は独立して膜に組み込まれ，異なる速度で代謝回転する．構築過程の正確な詳細はまだわかっていない.

- 分子シャペロンである Hsp90 と Hsp70 は抗腫瘍治療の有力な標的として活発に研究されている.

文　献

Alberts B, Johnson A, Lewis J, et al: *Molecular Biology of the Cell*, 6th ed. Garland Science, 2014.（タンパク質の輸送と選別を包括的に記した優れた細胞生物学のテキスト）

Cooper GM, Hausman RE: *The Cell: A Molecular Approach*, 8th ed. Palgrave, 2019.（タンパク質の輸送と選別を包括的に記した優れた細胞生物学のテキスト）

細胞外マトリックス

50

The Extracellular Matrix

学 習 目 標
本章習得のポイント

- 正常と疾患において，細胞外マトリックスとその成分の重要性を指摘する．
- 細胞外マトリックスの主要タンパク質であるコラーゲンとエラスチンの構造と機能の特徴を説明する．
- フィブリリン，フィブロネクチン，ラミニン，およびその他の重要な細胞外マトリックスタンパク質の主要な特徴を指摘する．
- グリコサミノグリカンとプロテオグリカンの性質と合成，分解の一般的特徴，細胞外マトリックスでのはたらきについて説明する．
- 骨と軟骨のおもな生化学的特徴を概説する．

生物医学的重要性

哺乳類細胞の多くは組織内で，"**結合組織 connective tissue**"とよばれる複雑な**細胞外マトリックス extracellular matrix**（ECM）によって囲まれている．細胞外マトリックスは組織を保護すると同時に，血管，肺，皮膚などの組織に弾性を与える．おもに次の3種類の生体分子からなる．1つ目が**コラーゲン collagen**，**エラスチン elastin**，**フィブリリン fibrillin** のような**構造タンパク質 structural protein**，2つ目が種々のプロテオグリカンとともに網目状線維を形成する**フィブロネクチン fibronectin** や**ラミニン laminin** などの**特殊機能を有するタンパク質 specialized protein**，そして，3つ目が**プロテオグリカン proteoglycan** である．細胞外マトリックスは，多くの正常および病的過程に関与することが明らかになってきた．たとえば，発生過程，炎症，また，がん細胞の浸潤で重要な役割を果たす．**関節リウマチ rheumatoid arthritis** および**変形性関節症 osteoarthritis** では，特定の細胞外マトリックス成分が関与することが報告されている．いくつかの疾患（たとえば，骨形成不全症 osteogenesis imperfecta や Ehlers–Danlos 症候群の数タイプ）は，主要な細胞外マトリックス成分であるコラーゲン合成にかかわる遺伝異常によるものである．**ムコ多糖症 mucopolysaccharidosis** という一群の遺伝性疾患では，プロテオグリカンの特異的な成分（グリコサミノグリカン，GAG）に異常が見られる．細胞外マトリックスの変化は**加齢 aging pro-**cess でも起こる．本章では，細胞外マトリックス中の主要な3種類の生体分子について，その基礎生化学的特徴と生物医学的意義について述べる．また，骨と軟骨という2つのタイプの細胞外マトリックスのおもな生化学的特徴について述べるとともに，骨，軟骨疾患についても簡単に触れる．

コラーゲンは，動物界で最も多量に存在するタンパク質である

コラーゲン collagen は，ほとんどの結合組織の主要な構成成分で，哺乳類ではからだのタンパク質の約25% を占める．すべての後生動物では，コラーゲンは細胞外骨格をつくり，ほとんどの組織に存在する．ヒトの組織では，約30種の異なるポリペプチド（それぞれ別々の遺伝子にコードされている）からなる少なくとも29種類のコラーゲンが同定されている（**表 50-1**）．なかには量的には少ないものもあるが，特定の組織の物理的性状を決定するうえで重要な役割を果たす．これに加えて，コラーゲンには分類されていない多くのタンパク質（たとえば，補体系の C1q, 肺のサーファクタントタンパク質［SP-A と SP-D］）がその構造中にコラーゲン様の領域をもち，"非コラーゲン性コラーゲン"とよばれることもある．

表 50-1. コラーゲンの型とその組織分布

型	組　織	型	組　織
I	骨，腱，皮膚を含む非軟骨性結合組織	XVI	多くの組織
II	軟骨，硝子体	XVII	上皮，皮膚のヘミデスモソーム
III	皮膚，肺，脈管系を含む伸展性結合組織	XVIII	基底膜近傍のコラーゲンと結合する．コラーゲン XV の構造的ホモログ
IV	基底膜	XIX	稀，基底膜，横紋筋肉腫細胞株細胞
V	I 型コラーゲンを含む組織中の微量成分	XX	多くの組織，とくに角膜上皮
VI	筋肉，ほとんどの結合組織	XXI	多くの組織
VII	真皮表皮接合部	XXII	組織結合部（軟骨-滑液，毛包-内皮などを含む）
VIII	内皮細胞，その他の組織	XXIII	組織中におもに膜貫通型や分泌型として存在
IX	II 型コラーゲンを含む組織	XXIV	発生中の角膜と骨
X	肥大軟骨	XXV	脳
XI	II 型コラーゲンを含む組織	XXVI	精巣，卵巣
XII	I 型コラーゲンを含む組織	XXVII	胚軟骨，その他の発生途中の組織，成人軟骨
XIII	神経筋接合部，皮膚を含む多くの組織	XXVIII	シュワン細胞周辺の基底膜
XIV	I 型コラーゲンを含む組織	XXIX	表皮
XV	眼，筋肉，微小血管を含む多くの組織において基底膜近傍のコラーゲンと結合する		

すべてのコラーゲンは三重らせん構造をもつ

　すべての型のコラーゲンが 3 つのポリペプチド鎖のサブユニット（α 鎖）からなる**三重らせん構造 triple helical structure** をもつ．一部のコラーゲンでは分子すべてが三重らせんであるが，三重らせんはその構造の一部を占めるだけという型もある．成熟 I 型コラーゲン collagen type I は前者に属し，各ポリペプチドサブユニットは，1 巻き 3 残基からなる左巻きらせん構造の α 鎖をつくる．3 本の α 鎖が**右巻きの三重超らせん right-handed triple- or superhelix** をつくり，直径 1.4 nm，長さ約 300 nm の棒状のコラーゲン分子を形成する（**図 50-1**）．**グリシン glycine** 残基は α 鎖の三重らせん部分に 3 残基ごとに出現する．三重らせんの中心部分の狭い空間にすっぽりはまるような小さいアミノ酸はグリシンだけなので，ここにはまり得るアミノ酸残基は必然的にグリシンとなる．この**繰り返し構造 repeating structure** は $(Gly-X-Y)_n$ と表され，三重らせん形成に必須のものである．X と Y はグリシン以外のアミノ酸であるが，X 位はしばしばプロリンで，Y 位はしばしばヒドロキシプロリンである．プロリンおよ

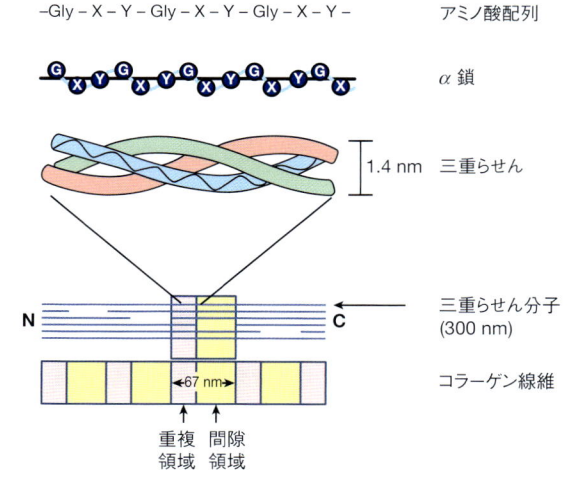

−Gly − X − Y − Gly − X − Y − Gly − X − Y −　　アミノ酸配列

α 鎖

1.4 nm　三重らせん

N　　　　　　　　　　　　　　C　　三重らせん分子（300 nm）

←67 nm→　　コラーゲン線維

重複　間隙
領域　領域

図 50-1. コラーゲン分子の一次構造から線維形成までの特徴

それぞれのポリペプチド鎖は，一巻き 3 残基（Gly-X-Y）からなる左巻きのらせんをもち，このようならせんが 3 本互いに巻いて全体として右巻きの超らせんができる．さらに三重らせんは 4 分の 1 ずつずれた配向をとり，コラーゲン線維を形成する．このため分子どうしが完全に重なり合う領域と，すき間が生じる領域が交互に出現し，線維が横縞模様に見える．

びヒドロキシプロリンはコラーゲン分子に**剛性 rigidity** を与える．**ヒドロキシプロリン hydroxyproline** は，**プロリルヒドロキシラーゼ prolyl hydroxylase** の作用でペプチドに組み込まれたプロリン残基が翻訳後修飾であるヒドロキシル化を受けて生じるもので，このときの補因子は**アスコルビン酸 ascorbic acid**（ビタミンC）と α-ケトグルタル酸である．Y 位のリシンもプロリルヒドロキシラーゼと同様に**リシルヒドロキシラーゼ lysyl hydroxylase** の作用で翻訳後修飾を受けてヒドロキシリシンとなり得る．一部のヒドロキシリシンはさらに修飾され，*O*-**グリコシド結合 *O*-glycosidic linkage**（46 章参照）を介してガラクトースまたはガラクトシルグルコースが結合するが，この糖鎖付加を受ける部位はコラーゲンに独特のものである．

　ある種のコラーゲンは組織内で長い棒状の線維を形成する．これらは，三重らせんの部分がその長さの 4 分の 1 弱だけ隣とずれるという"**4 分の 1 ずれた quarter-staggered**" 配向をして分子の側面で会合し，**線維 fibril**（直径 10 ～ 300 nm）を形成する（図 50-1）．さらに，線維はより太い**線維**（直径 1 ～ 20 μm）に結合する．この 4 分の 1 ずれた配向のために，並んだ三重らせん分子間に規則的なすき間が生じ，結合組織中でコラーゲン線維が縞模様に見えるのである．腱のような組織ではコラーゲン線維がより太い束を形成し，最大直径約 500 nm の太さになる．コラーゲン線維は，三重らせん内および三重らせん間にかかる**共有結合性の架橋 covalent cross-link** 形成により，さらに安定化される．これらの架橋は，銅依存性酵素の一種である**リシルオキシダーゼ lysyl oxidase** の作用で形成され，この酵素は特定のリシン，ヒドロキシリシン残基の ε-アミノ基を酸化的に脱アミノして反応性アルデヒドを生じさせる．このようにしてできたアルデヒドは，別のリシンあるいはヒドロキシリシン由来アルデヒドとアルドール縮合による産物を形成したり，あるいは酸化されていないリシン，ヒドロキシリシンの ε-アミノ基とシッフ塩基を形成したりする．これらの反応が，さらに化学的変化とともに起こると，安定な共有結合性架橋がコラーゲン分子にできあがり，線維の引張り強度に重要な役割を果たす．ヒスチジンもある種の架橋に関係するらしい．

　皮膚や骨，軟骨における線維性コラーゲンは，それぞれ I 型と II 型であるが，その他のコラーゲンも同様の構造をもつ．非線維性のコラーゲンも多く存在し，その構造と機能については次の項で簡単に説明する．

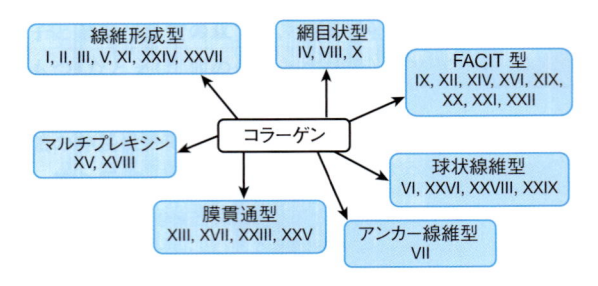

図 50-2. コラーゲンの構造にもとづく分類
（FACIT：断続性三重らせんを有する線維随伴性コラーゲン，マルチプレキシン：複数の断続性三重らせんドメインをもつ）

コラーゲンの一部は線維を形成しない

　いくつかの型のコラーゲンでは，組織中で線維が形成されない（**図 50-2**）．このようなコラーゲンでは，Gly-X-Y の繰り返し配列を欠くタンパク質部分の存在により，三重らせんが中断されるという特徴がある．したがって，三重らせんの中に球状構造が散在する．IV 型コラーゲンのような**網目状コラーゲン network-like collagen** は，基底膜中に網目構造を形成する．**断続性三重らせんを有する線維随伴性コラーゲン fibril-associated collagens with interrupted triple helix**（**FACIT**）では，その名のとおり三重らせんドメイン部分が分断される．**球状の線維**はコラーゲン分子の長い鎖からなり，規則的にビーズが並ぶような構造をしている．VII 型コラーゲンは，上皮組織で**アンカー線維 anchoring fibril** の主たる部分を構成する．**膜貫通型コラーゲン transmembrane collagen** は，細胞内に短いN 末端ドメインをもち，細胞外に長く断続的な三重らせんをもつ．**マルチプレキシン型コラーゲン multiplexin** は複数の断続性三重らせんドメインをもつ．

コラーゲンは広範な翻訳後修飾を受ける

　新しく合成されたコラーゲンは，**翻訳後修飾 post-translational modification** を広範に受けて，成熟した細胞外コラーゲン線維の一部となる（**表 50-2**）．コラーゲンは，多くの分泌タンパク質同様，リボソーム上で前駆体プレプロコラーゲン preprocollagen として合成される．プレプロコラーゲンは，ポリペプチド鎖の小胞体内腔への移動に必要なリーダー配列，すなわちシグナル配列を有し，小胞体内腔への移動とともにこの配列は酵素的に除去され，**プロコラーゲン procollagen** となる（49 章参照）．小胞体内腔では，プロコラーゲン分子中のプロリンおよびリシン残基の**ヒドロキシ**

表50-2. 線維性コラーゲン前駆体のプロセシングの順番とそれが起こる場所

細胞内
1. シグナルペプチドの切断
2. プロリンと一部のリシン残基のヒドロキシル化,一部のヒドロキシリシン残基の糖鎖付加(グリコシル化)
3. 延長ペプチド部におけるコラーゲン鎖内およびコラーゲン鎖間のジスルフィド結合の形成
4. 三重らせんの形成

細胞外
1. プロペプチドのアミノ末端,カルボキシ末端におけるアミノ酸の切断
2. コラーゲン線維の"4分の1ずつずれた"重合
3. リシンおよびヒドロキシリシン残基の,ε-アミノ基の酸化的脱アミノによるアルデヒドへの変換
4. シッフ塩基やアルドール縮合化合物を介したコラーゲン鎖内,鎖間の架橋形成

ル化 hydroxylation やヒドロキシリシンの**糖鎖付加**(グリコシル化)**glycosylation** が起こる.プロコラーゲン分子は,アミノ末端およびカルボキシ末端に 20～35 kDa の余分のポリペプチド(**延長ペプチド extension peptide**)を有するが,成熟コラーゲンはそのような延長ポリペプチドをもたない.アミノ末端,カルボキシ末端の延長ペプチドは,ともにシステイン残基を含む.アミノ基末端側のプロペプチドは α 鎖内でのジスルフィド結合を形成させるが,カルボキシ末端のプロペプチドは α 鎖内および α 鎖間の両方でジスルフィド結合を形成させる.このジスルフィド結合形成により,3 本のコラーゲン分子がカルボキシ末端から三重らせんを巻き始めやすくする.いったん,三重らせんができると,プロリン,リシンのヒドロキシル化や糖鎖付加はそれ以上起こらなくなる.コラーゲンの生合成では分子間の**自己組織化 self-assembly** が必須である.

ゴルジ体を通って細胞外へ**分泌 secretion** された後,細胞外の酵素である**プロコラーゲンアミノプロテイナーゼ procollagen aminoproteinase** および**プロコラーゲンカルボキシプロテイナーゼ procollagen carboxyproteinase** によって,アミノ末端およびカルボキシ末端の延長ペプチドがそれぞれ切り取られ,**トロポコラーゲン tropocollagen** とよばれる単量体のコラーゲンが形成される.このプロペプチドの切断は細胞膜中の小窩あるいは襞で行われるらしい.プロペプチド除去後,1 本の α 鎖に約 1000 個のアミノ酸残基を含む

トロポコラーゲン分子が**自ら会合 spontaneously assemble** してコラーゲン線維が形成される.これらの線維には,前述したリシルオキシダーゼの作用により,分子間および分子内架橋が形成され,さらに安定化される.

コラーゲンを分泌するのと同じ細胞が**フィブロネクチン fibronectin** も分泌する.フィブロネクチンは分子量が大きな糖タンパク質で,細胞表面,細胞外マトリックス,および血中に存在する.フィブロネクチンは会合の過程でコラーゲン線維と結合し,細胞周囲マトリックス中における線維生成の動態に影響を与える.マトリックス中でフィブロネクチンおよびプロコラーゲンと会合するのは,**プロテオグリカン proteoglycan** であるヘパラン硫酸とコンドロイチン硫酸である(後述).実際,軟骨中の微量成分である **IX 型コラーゲン type IX collagen** にはグリコサミノグリカン鎖が結合する.このような相互作用が,コラーゲン線維生成を調節したり組織中での配向を決めたりするのに役立つと考えられている.

コラーゲンは生成された後は**代謝的にかなり安定 metabolically stable** であるが,飢餓やいろいろな炎症性変化の際には,その分解が増加する.コラーゲンの過剰産生は,たとえば肝硬変のような,多くの場合に見られる.

多くの遺伝性疾患,欠乏症はコラーゲン合成の異常から生じる

コラーゲンは,30 以上の遺伝子が情報を担い,プロコラーゲンの型とその構成成分であるプロ α 鎖とよばれる α 鎖に従って命名される.コラーゲンは,同一のプロ α 鎖を含むホモ三量体である場合や,異なるプロ α 鎖からなるヘテロ三量体の場合もある.たとえば,I 型コラーゲンは 2 本のプロ α1(I)鎖と 1 本のプロ α2(I)鎖を含むヘテロ三量体であるが(アラビア数字はプロ α 鎖の型を示し,括弧内のローマ数字はコラーゲンの型を示す),II 型コラーゲンは 3 本のプロ α1(II)鎖からなるホモ三量体である.コラーゲン遺伝子は COL で始まり,型を示すアラビア数字表記の後に,その遺伝子がコードするプロ α 鎖を A と番号によって表す.したがって,COL1A1 と COL1A2 はプロ α1 鎖と α2 鎖をもつ I 型コラーゲンの遺伝子であり,COL2A1 はプロ α1 鎖をもつ II 型コラーゲンの遺伝子である.

コラーゲンの生合成の過程は複雑で,少なくとも 8 つの酵素が触媒する翻訳後修飾過程がある.したがって,**コラーゲン遺伝子の変異や翻訳後修飾にかかわる**

表 50-3. コラーゲン遺伝子変異またはコラーゲン生合成に関係する翻訳後修飾酵素活性の欠除によって起こる疾患

遺伝子または影響を受ける酵素	疾患[a]
COL1A1, COL1A2	骨形成不全症 I 型[b] 骨粗鬆症 関節弛緩型 Ehlers-Danlos 症候群（aEDS）
COL2A1	重度の軟骨形成異常症，変形性関節症
COL3A1	血管型 Ehlers-Danlos 症候群（EDS）
COL4A3 ～ COL4A5	Alport 症候群（常染色体性と X 染色体性とがある）
COL7A1	栄養障害型表皮水疱症
COL10A1	Schmid 型骨幹端軟骨異形成症
COL5A1, COL5A2, COL1A1	古典型 Ehlers-Danlos 症候群（cEDS）
テナスチン XB（TNXB）	類古典型 Ehlers-Danlos 症候群（clEDS）
リシルヒドロキシラーゼ	後側弯型 Ehlers-Danlos 症候群（kEDS）
トロンボスポンジン 1 型モチーフをもつ ADAM メタロペプチダーゼ（ADAMTS2）（プロコラーゲン N-プロテイナーゼともよばれる）	皮膚脆弱型 Ehlers-Danlos 症候群（dEDS）
ATP7A（銅輸送 ATPase）	Menkes 症候群[c]

[a] ここにあげてないいくつかの病的状態がコラーゲン遺伝子と遺伝的連鎖のあることが示されている.
[b] 8 つの型の骨形成不全症が認められているが，ほとんどの場合 COL1A1 と COL1A2 遺伝子の変異が原因である.
[c] 銅欠乏にもとづく二次的酵素活性欠損（52 章参照）.

酵素をコードする遺伝子の変異が原因で起こる多くの病気（**表 50-3**）があることは，当然ともいえよう. 骨（たとえば，骨形成異常症）と軟骨（たとえば，軟骨形成異常症）の疾患については本章において後で述べる.

Ehlers-Danlos 症候群 Ehlers-Danlos syndrome（もともと過剰弾力性皮膚とよばれていた）は遺伝性疾患で，皮膚の過伸展性，組織の異常な脆弱性，関節可動性の増加などが主要な臨床症状である. この臨床像は，原因となる遺伝子変化の多様性を反映して，多彩である. さまざまな型のコラーゲンの合成や結合にかかわるタンパク質の遺伝子異常が原因で起こる疾患が多く知られている. 1997 年にその表現型や分子異常にもとづいて 6 つのサブタイプに分けられた Villefranche 分類は，2017 年の Ehlers-Danlos 症候群国際分類により 13 のサブタイプに分けられた（**表 50-4**）. そのうち，関

節可動亢進型 hypermobility，血管型 vascular，古典型 classical サブタイプは比較的多いが，その他の 10 タイプは非常にまれである. 血管型は III 型コラーゲンの異常が原因で，動脈や腸管の自然破裂が起こりやすく，最も症状が重い. 脊柱後側弯型の患者ではリシルヒドロキシラーゼの欠損により脊柱が進行性にわん曲（脊柱側弯）する. プロコラーゲン N-プロテイナーゼ［トロンボスポンジン 1 型モチーフをもつ ADAM メタロペプチダーゼ（ADAMTS2）］が欠損すると，異常に細くて不規則なコラーゲン線維が形成され，皮膚が脆弱で顕著に垂れ下がる皮膚弛緩症を起こす.

Alport 症候群 Alport syndrome（遺伝性腎炎）は，IV 型コラーゲンの異常をもたらす複数の遺伝子異常によるものである（X 染色体性によるものと常染色体性によるものがある）. IV 型コラーゲンは網目状コラーゲンで，腎糸球体，内耳，眼などの基底膜構造の一部を担う（後述するラミニンの項参照）. IV 型コラーゲンをコードする複数の遺伝子において変異が報告されている. 眼病変や難聴を合併する血尿が主症状で，最終的に重篤な腎障害を起こす. 電子顕微鏡像上，腎糸球体基底膜構造に特徴的な異常が見られる.

表皮水疱症 epidermolysis bullosa は，軽度の外傷でも皮膚が破れ水疱を生じる. 栄養障害型表皮水疱症は，COL7A1 における変異によるもので，**VII 型コラーゲ**ンの構造異常を伴う. このコラーゲンは繊細な線維を形成して，基底膜を真皮側のコラーゲン線維につなぎとめている. 栄養障害型表皮水疱症 dystrophic epidermolysis bullosa ではこのような線維が著しく減少していて，このために水疱形成が起こりやすいと思われる. もう 1 つの型である単純型表皮水疱症 epidermolysis bullosa simplex はケラチン 5 および 14 の変異による（51 章参照）.

壊血病 scurvy はコラーゲンの構造に異常をもたらすが，**アスコルビン酸（ビタミン C）の欠乏 deficiency of ascorbic acid** によるもので（44 章参照），これは遺伝病ではない. その主症状は，歯肉出血，皮下出血，創傷治癒不良である. これらの症状は，**プロリル prolyl およびリシルヒドロキシラーゼ lysyl hydroxylase** の活性低下によるもので，これらの酵素はいずれも補因子としてアスコルビン酸を必要とし，翻訳後修飾に関与してコラーゲン分子に剛性を付与するために必要である.

Menkes 病 Menkes disease は，銅輸送 ATPase（Menkes タンパク質ともよばれる）遺伝子 ATP7A の変異による銅欠乏症によるもので，銅依存性酵素である

表 50-4. Ehlers-Danlos 症候群サブタイプの国際分類（2017）[a]

サブタイプ名	異常分子	発生率	臨床症状
関節可動亢進型（hEDS）	不明	1:5 000 ～ 20 000	関節過可動，筋骨格系の異常
古典型（cEDS）	V 型コラーゲン，I 型コラーゲン（稀）	1:20 000 ～ 40 000	皮膚の過伸展，全般的な関節過可動
血管型（vEDS）	III 型コラーゲン，I 型コラーゲン（稀）	1:100 000	血管や組織の脆弱性，薄く透ける皮膚，易出血性
後側彎型（kEDS）	リシルヒドロキシラーゼ，	1:100 000	脊柱のわん曲（脊柱側弯），重篤な筋緊張低下，全般的な関節過可動
多発関節弛緩型（aEDS）	I 型コラーゲン	< 40 例	重度の関節過可動，両股関節脱臼，皮膚の過伸展
皮膚脆弱型（dEDS）	トロンボスポンジン1型モチーフをもつ ADAM メタロペプチダーゼ（ADAMTS2）[b]	1:1 000 000	非常に脆弱でたるんだ皮膚
類古典型（clEDS）	テネイシン XB[c]	< 1:1 000 000	皮膚過伸展，全身関節過可動，易出血性皮膚
心臓弁型（cvEDS）	I 型コラーゲン	< 1:1 000 000	重症進行性の心臓弁膜障害，皮膚過伸展，関節過可動
脆弱角膜症候群（BCS）	亜鉛（ジンク）フィンガータンパク質	< 1:1 000 000	角膜の菲薄化や破れ
脊椎異形成型（spEDS）	β-1,4-ガラクトース転移酵素，亜鉛トランスポーター	< 1:1 000 000	低身長，筋力低下，四肢のわん曲
筋拘縮型（mcEDS）	炭水化物硫酸転移酵素，デルマタン硫酸エピメラーゼ	< 1:1 000 000	多筋肉・多関節拘縮（筋肉・近位組織の緊張持続，抹消関節過可動）
ミオパチー型（mEDS）	XIII 型コラーゲン	< 1:1 000 000	年齢とともに改善する筋力低下や萎縮，関節拘縮，抹消関節過可動
歯周型（pEDS）	補体成分	不詳，非常に稀	小児に発症する重度で治療困難な歯肉疾患

[a] Malfait F, Francomano C, Byers P, et al: The 2017 international classification of the Ehlers-Danlos syndromes, Am J Med Genet C Semin Med Genet. 2017;175（1）:8-26.
[b] プロコラーゲン N-プロテイナーゼともよばれる.
[c] 皮膚，関節や筋肉などの結合組織に発現する糖タンパク質.

リシルオキシダーゼがはたらかなくなり，コラーゲンとエラスチンの架橋不全になるために起こる（Menkes 病については 5 章および 27 章で述べる）.

エラスチンは，肺，血管，腱に伸展性と弾力性を与える

エラスチン elastin は組織の伸展性と弾力性という性質を担う結合組織タンパク質である．コラーゲンほど広く分布してはいないが，上述のような物理的性質を必要とする組織，たとえば肺，動脈系の大血管，いくつかの弾力性のある靱帯の中には多量に存在する．ほかに，皮膚や耳介軟骨，その他の組織にもある程度の量のエラスチンが存在している．コラーゲンとは対称的に，エラスチンの遺伝型はただ1つで，エラスチンに対する hnRNA の選択的スプライシングによりいくつかの変異型が生じてくる（36 章参照）．エラスチンは，トロポエラスチン tropoelastin とよばれる約 70 kDa の可溶性単量体として合成される．トロポエラスチン中のプロリンのいくつかはプロリルヒドロキシラーゼによってヒドロキシル化され，ヒドロキシプロリン hydroxyproline となるが，ヒドロキシリシンや糖鎖の付いたヒドロキシリシンは存在しない．コラーゲンと違い，エラスチンは延長ペプチド extension peptide の付いた前駆体の形で合成されるのではない．また，エラスチンは Gly-X-Y という繰返し配列を含まず，三重らせん構造も結合糖鎖ももたない.

細胞から分泌された後，トロポエラスチン中のいくつかのリシン残基は，リシルオキシダーゼ lysyl oxidase によって酸化的脱アミノを受けてアルデヒドとなるが，この酵素はコラーゲンの同様の反応を触媒するものと同一である．しかし，エラスチンで見られる架橋構造は，おもにデスモシン desmosine である．こ

表 50-5. コラーゲンとエラスチンのおもな相違点

コラーゲン	エラスチン
1. 多くの異なった遺伝型がある	遺伝型はただ 1 つ
2. 三重らせん	三重らせんはない(伸長可能なランダムコイル構造)
3. $(Gly-X-Y)_n$ の繰返し構造	$(Gly-X-Y)_n$ の繰返し構造はない
4. ヒドロキシリシンがある	ヒドロキシリシンはない
5. 糖を含む	糖を含まない
6. 分子内アルドール縮合性架橋	分子内デスモシン架橋
7. 生合成過程で延長ペプチドあり	生合成中延長ペプチドなし

れはリシン由来のアルデヒド 3 個と変化を受けてないリシン 1 個とが縮合して 4 本の腕のある架橋構造となったもので,エラスチンに特有のものである.成熟した細胞外エラスチンは,架橋後は高度に不溶性,**極めて安定**で,かつ代謝回転が極めて低い.種々のランダムコイル random coil 構造をもつことが,生理的機能を遂行の間このタンパク質が伸びたりふたたび巻き戻ったりすることを可能にする.

表 50-5 にコラーゲンとエラスチンとのおもな違いを示す.

エラスチン遺伝子(染色体座 7q11.23)の欠損は,**Williams Beuren 症候群 Williams Beuren syndrome** の患者の約 9 割に見出され,この病気は結合組織および中枢神経系が冒される発達異常症の 1 つである.この変異ではエラスチンの生合成が異常となり,これがこの病気でしばしば見つかる**大動脈弁上狭窄 supravalvular aortic stenosis** の原因となっているらしい.エラスチンの断片化 fragmentation や減少は,**肺気腫 pulmonary emphysema**,**皮膚弛緩症 cutis laxa** および**老化した皮膚 aging of the skin** などで見られる.

フィブリリンはミクロフィブリルの構成要素である

ミクロフィブリル microfibril は直径 10 〜 12 nm の線維で,細胞外マトリックス中でエラスチン沈着の**足場 scaffold** を提供する.**フィブリリン fibrillin** は大きな糖タンパク質(約 350 kDa)で,ミクロフィブリルの主要な構成要素である.このタンパク質は線維芽細胞によって細胞外マトリックスに分泌され(プロテアーゼによる切断後),不溶性のミクロフィブリルに組み込まれる.**フィブリリン-1 fibrillin-1** は最も多く存在するフィブリリンで,フィブリリン-2 とフィブリリン-3 もヒトで同定されている.フィブリリン-2 は,発生初期におけるミクロフィブリルの沈着に重要と考えられている.そのほかに,**ミクロフィブリル結合タンパク質 microfibril-associated glycoprotein(MAGP)**,**フィブリン fibulin** と **ADAMTS ファミリー members of the ADAMTS family** も同様にミクロフィブリルと結合する.フィブリリンミクロフィブリルは弾性線維や,眼,腎臓,腱に存在するエラスチンを含まない線維束にも見られる.

Marfan 症候群は,フィブリリン-1 遺伝子の変異によって起こる

Marfan 症候群 Marfan syndrome は結合組織が冒される遺伝的疾患で,比較的よく見られる.常染色体優性(顕性)遺伝を示す.冒される組織は,**眼**(たとえば,水晶体脱臼 ectopia lentis として知られる水晶体の位置異常),**骨格系**(ほとんどの患者が背が高く,長い指,すなわち,くも状指 arachnodactyly をもち,関節の異常伸展性がある),および**心血管系**(たとえば,大動脈中膜が弱く,上行大動脈拡張をきたす)である.リンカーン大統領 Abraham Lincoln はこの病気であった可能性がある.多くの症例がフィブリリン-1 遺伝子(15 番染色体)の変異による.このような変異により,細胞外マトリックスに異常なフィブリリンの沈着もしくは正常より少量のフィブリリン沈着が見られる.変異は,フィブリリン-1 とサイトカインであるトランスフォーミング増殖因子 β(**TGF-β**)の正常な結合に影響するので,Marfan 症候群では TGF-β のシグナリングに異常が生じる.このような発見から,TGF-β 拮抗剤(たとえば,アンギオテンシン II 受容体拮抗薬であるロサルタン)を利用した新たな治療法の発展につながる可能性がある.

フィブリリン-1 遺伝子の変異は,低身長,皮膚肥厚,関節硬化などの病態を示す**先端短肢異形成症 acromicric dysplasia** の原因としても同定されてきた.**先天性拘縮性くも状指 congenital contractural arachnodactyly** はフィブリリン-2 遺伝子の変異が原因である.Marfan 症候群発症にかかわると思われる一連の出来事を**図 50-3** に示す.

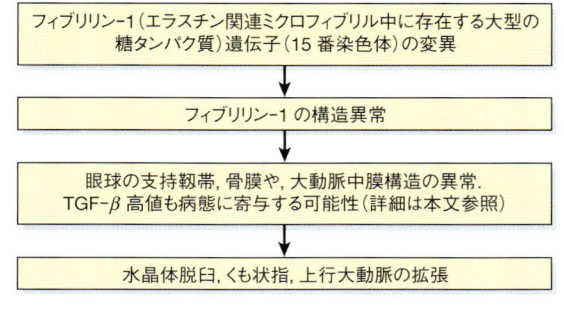

図 50-3. Marfan 症候群で見られる主要徴候発生の機序

フィブリリン-1(エラスチン関連ミクロフィブリル中に存在する大型の糖タンパク質)遺伝子(15 番染色体)の変異

↓

フィブリリン-1 の構造異常

↓

眼球の支持靱帯, 骨膜や, 大動脈中膜構造の異常. TGF-β 高値も病態に寄与する可能性(詳細は本文参照)

↓

水晶体脱臼, くも状指, 上行大動脈の拡張

フィブロネクチンは細胞の接着や遊走に関係する

フィブロネクチン fibronectin は細胞外マトリックス中の主要な糖タンパク質であり, 血漿中にも可溶形で見出される. フィブロネクチンは, 約 230 kDa の同一のサブユニット 2 つがカルボキシ末端付近で 2 つのジスルフィド結合により連結した分子である. フィブロネクチン遺伝子は極めて大きく, 約 50 のエキソンを含む. 転写によってできる RNA はかなりの選択的スプライシング alternative splicing を受け, いろいろな組織で 20 種もの異なる mRNA が見出されている. フィブロネクチンは 3 つの型の繰り返しモチーフ (I, II, および III) を含み, それらが (少なくとも 7 つの) 機能的ドメイン domain を構成している. これらのドメインの機能には, タンパク質分子の相互作用を可能にするフィブロネクチンとの結合や, ヘパリン hepa-rin(後述), フィブリン, コラーゲン, および細胞表面への結合が含まれる (**図 50-4**). Arg-Gly-Asp(RGD)配列を含むフィブロネクチンは, インテグリン inte-grin に属する膜貫通型受容体を介して細胞と結合する

(55 章参照). RGD 配列は細胞外マトリックス中に存在するほかのいくつかのタンパク質にもあり, 細胞膜に存在するインテグリンと結合する. また, RGD 配列を含む合成ペプチドは細胞へのフィブロネクチンの結合を阻害する. **図 50-5** に細胞外マトリックス中の主要なタンパク質であるコラーゲン, フィブロネクチン, ラミニンと細胞外マトリックス中に存在する典型的な細胞(たとえば, 線維芽細胞)との相互作用を示す.

フィブロネクチンインテグリン受容体は, **アタッチメントタンパク質 attachment protein** と総称されるいくつかのタンパク質(**テーリンまたはタリン talin**, **ビンキュリン vinculin**, α-**アクチニン** α-**actinin** やパキシリン **paxillin** など)を介してサイトゾル中に存在する**アクチン actin** ミクロフィラメント(51 章参照)と間接的に相互作用する(**図 50-6**). このような大きなタンパク質複合体は**接着斑 focal adhesion** を形成し, 細胞外マトリックスに細胞をつなぎ止めるだけでなく, 細胞のふるまいに影響を与えるような外部からのシグナルを伝える役割も果たす. したがって, フィブロネクチンと受容体との相互作用により, **細胞は外界と内部との情報交換が可能**になる. フィブロネクチンはまた, 細胞に対する結合部位を提供することで細胞が細胞外マトリックス中を進んでいくのを助け, **細胞遊走 cell migration** にも関与する. 多くの**形質転換した細胞 transformed cell** では周囲のフィブロネクチン量は激減し, がん細胞が細胞外マトリックスと異常な相互作用をする原因の 1 つとなる.

ラミニンは基底膜の主要タンパク質要素である

基底膜 basal lamina とは, 上皮細胞およびいくつか

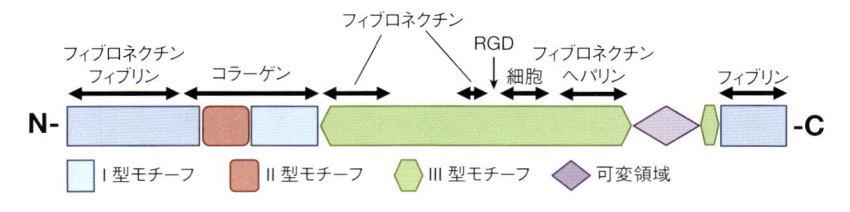

図 50-4. フィブロネクチン単量体の構造
フィブロネクチンはジスルフィド結合(ここでは示されていない)によってカルボキシル末端近くで会合する二量体である. 各々の単量体はおもに I 型, II 型および III 型モチーフの繰り返しからなり, 多くのタンパク質結合ドメインをもつ. そのうち 4 つはフィブロネクチンと結合し, それ以外にもコラーゲン, ヘパリン, フィブリンおよび細胞と結合するドメインがある. 細胞表面上のさまざまなフィブロネクチン受容体(インテグリン)と相互作用する Arg-Gly-Asp(RGD)配列のおおよその場所を矢印で示す.

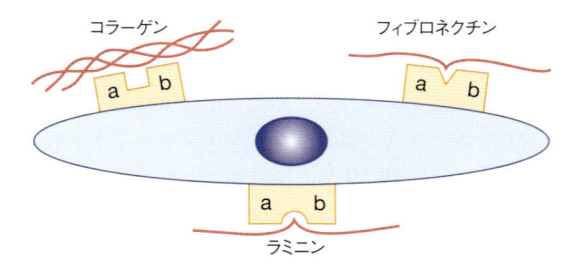

図 50-5. 細胞と細胞外マトリックス中の主要なタンパク質との相互作用を示す模式図
a と b はインテグリンのポリペプチド鎖 α と β を指す.

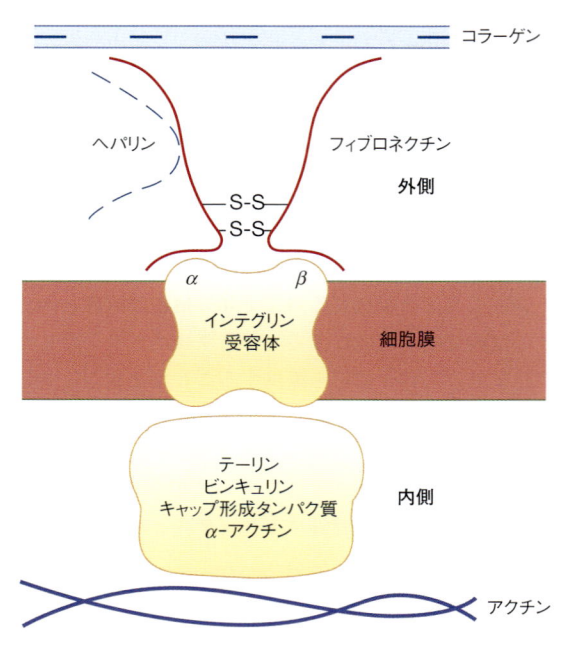

図 50-6. フィブロネクチンがインテグリン（フィブロネクチン受容体）を介してサイトゾル中のアクチンと相互作用をする模式図
細胞膜の外側にあるフィブロネクチン二量体は，その Arg-Gly-Asp（RGD）配列を介して膜を貫通するインテグリン受容体に結合する．サイトゾル側では，インテグリンはテーリン，ビンキュリン，α-アクチニン，パキシリン（複合体として図示）を含むアクチンフィラメント結合因子と相互作用し，細胞外マトリックス中のフィブロネクチンとサイトゾル内のアクチンフィラメントを間接的に結び付ける．

の他の細胞（たとえば，筋細胞）を取り囲む細胞外マトリックス（ECM）中の特殊化した領域のことである．**ラミニン laminin**（約 850 kDa，長さ 70 nm の糖タンパク質）は，3 つの長く伸びたポリペプチド鎖（α，β，γ 鎖．それぞれに複数のアイソフォームをもつ）が互いに結合して，複雑な長い構造を形成する（図 51-11 参照．こ

こではラミニン-2 はメロシン merosin とよばれる）．基底膜のラミニンは，RGD 配列を含む糖タンパク質であるナイドジェン nidogen（以前はエンタクチン entactin とよばれた），およびヘパラン硫酸プロテオグリカンのパールカン perlecan を介して，IV 型コラーゲンと結合するネットワークを形成する．コラーゲンはラミニンと接着し（細胞表面と直接接着するのではなく），次いでラミニンがインテグリンまたはジストログリカン dystroglycan（51 章参照）のような他のタンパク質と相互作用することで基底膜を細胞につなぎとめる（**図 50-7**）．

腎糸球体 renal glomerulus では，基底膜が 2 つの別々の細胞層から構成され（内皮性と上皮性），それぞれが基底膜を挟んで反対側に局在する．**糸球体膜 glomerular membrane** はこれら 3 つの層から構成されている．この比較的厚い基底膜は，**糸球体沪過 glomerular filtration** に重要な役目を果たす．糸球体膜では，たとえば**イヌリン inulin**（5.2 kDa）のような小さな分子は，水と同様に容易に透過する．一方，ほとんどの血漿タンパク質のような大きな分子は通過できない．これは次の 2 つの理由による．（1）糸球体に開いている**孔 pore** は約 8 nm で，これより大きい分子は通過できない．（2）アルブミンのようにこの孔のサイズより小さい血漿タンパク質もあるが，血中 pH で負に荷電すると，基底膜中に存在するヘパラン硫酸やシアル酸を含有する糖タンパク質の**負電荷 negative charge** との斥力によって自由に通過できないようになっている．糸球体の構造は，ある種の**糸球体腎炎 glomerulonephritis**（たとえば，糸球体膜のさまざまな成分に対する自己抗体により誘導されたもの）ではひどく傷害される．この傷害により，孔や（上述の）負荷電巨大分子に量的，質的な面での変化が起こり，その結果，かなり大量のアルブミン（およびその他種々の血漿タンパ

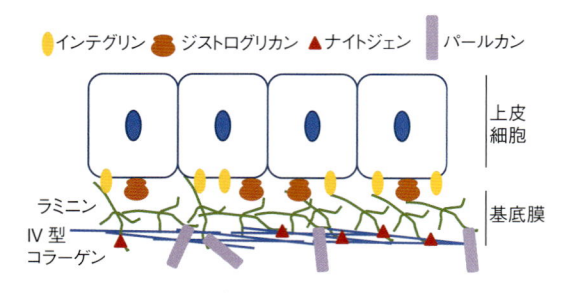

図 50-7. 基底膜の構造
ラミニンは基底膜を構成するナイトジェンとパールカンを介して IV 型コラーゲンに結合し，インテグリンとジストログリカンを介して上皮細胞に結合する．

ク質)が糸球体膜を通過して尿中に出現し,重症の**アルブミン尿 albuminuria** が見られるようになる.

プロテオグリカンと グリコサミノグリカン

プロテオグリカン中に見出されるグリコサミノグリカンは,二糖の繰り返し構造をもつ

　プロテオグリカン proteoglycan は,共有結合によりグリコサミノグリカン glycosaminoglycan(GAG)(15章および46章参照)が結合する主要な細胞外マトリックス構成タンパク質である.これまでに少なくとも30種類のものが研究されてきた.たとえば,シンデカン,ベータグリカン,セルグリシン,パーレカン,アグリカン,バーシカン,デコリン,ビグリカン,およびフィブロモジュリンなどである.プロテオグリカンは,共有結合でグリコサミノグリカンに結合する**コアタンパク質 core protein** からなり,これらの単位がヒアルロン酸やコラーゲンのような他の細胞外マトリックス成分と大きな複合体をつくる.**図 50-8** および**図 50-9** はそうした複合体の一般的な構造を示す.それらは極めて大きく,瓶洗浄用ブラシのような構造をとる.図50-9に示す例では,ヒアルロン酸(GAG の一種,15章参照)の長い鎖が結合し,これにリンクタンパク質 link protein が**非共有結合**で相互作用している.一方,このリンクタンパク質は非共有結合でコアタンパク質分子に結合し,このコアタンパク質からはその他の GAG(たとえば,ケラタン硫酸とコンドロイチン硫酸)が突き出ている.プロテオグリカンは,組織分布,コアタンパク質の性状,結合しているグリコサミノグリカン,および機能などの点で多様である.プロテオグリカン中の**炭水化物 carbohydrate** の量は糖タンパク質中のそれよりも通常はるかに多く,重量の 95% に達することもある.

　GAG は二糖構造が繰り返す枝分かれのない多糖で,二糖のうちの1つは常に,D-グルコサミンか D-ガラクトサミンのどちらかの**アミノ糖 amino sugar** で,このためにグリコサミノグリカン(GAG)の名前が付いた.繰り返し二糖のもう1つの成分は**ウロン酸 uronic acid** で(ケラタン硫酸以外の場合),L-グルクロン酸(GlcUA)か,その 5′-エピマーである L-イズロン酸(IdUA)のどちらかである.GAG には次の少なくとも7種が存在する.**ヒアルロン酸 hyaluronic acid**(ヒアルロナン hyaluronan),**コンドロイチン硫酸 chondroitin sul-**

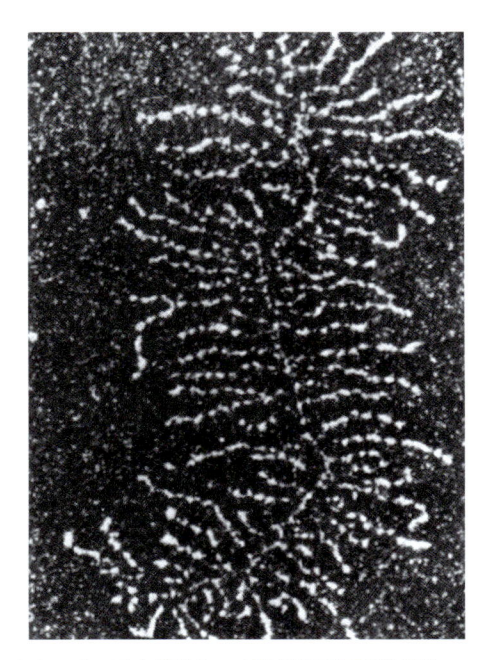

図 50-8. プロテオグリカンの暗視野電子顕微鏡像
写真では,プロテオグリカンの各単量体と線維状骨格の広がりがはっきりとわかる.(Rosenberg L, Hellman W, Kleinschmidt AK: Electron microscopic studies of proteoglycan aggregates from bovine articular cartilage. J Biol Chem 1975;250(5):1877-1883 より掲載)

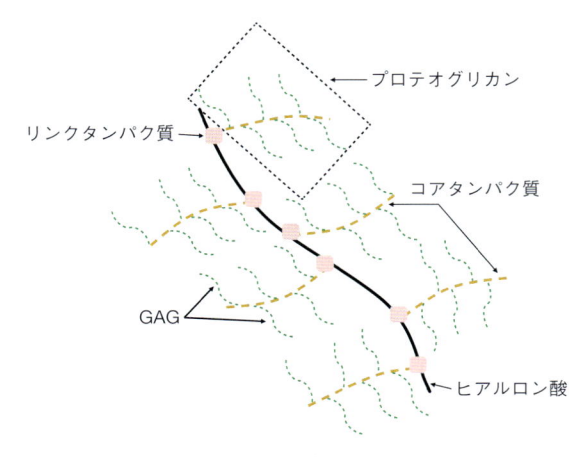

図 50-9. プロテオグリカン複合体の模式図
この例では,プロテオグリカンは非共有結合によりリンクタンパク質に結合し,リンクタンパク質はさらに非共有結合で長い鎖状のグリコサミノグリカン(GAG)であるヒアルロン酸に結合している.

fate,ケラタン硫酸 **keratan sulfate I および II**,ヘパリン **heparin**,ヘパラン硫酸 **heparan sulfate** およびデルマタン硫酸 **dermatan sulfate** である.すべての GAG

は，ヒアルロン酸以外，O-エステル型あるいは N-硫酸型（ヘパリンとヘパラン硫酸）の**硫酸基 sulfate group** をもつ．ヒアルロン酸は，タンパク質と共有結合を介さずに細胞外マトリックス中で多糖類として存在でき，上述のプロテオグリカンの定義には当てはまらない例外的な存在である．GAG もプロテオグリカンも，一部にはその複雑さゆえに研究しにくいとされてきた．しかし，これらはともに細胞外マトリックスの主構成成分であり，いくつもの重要な生物学的役割をもつと同時にさまざまな病的過程に関係していることから，近年，急速に興味の対象となってきた．

グリコサミノグリカンの生合成はコアタンパク質への結合，糖鎖の伸長とその停止過程からなる

コアタンパク質への結合過程

グリコサミノグリカン（GAG）とコアタンパク質の結合は，通常，以下の 3 つの型のいずれかである．

1. **キシロース xylose**（Xyl）と**セリン残基 serine residue** との間に見られる **O-グリコシド結合 O-glycosidic bond**：これは，プロテオグリカンに特有である．この結合は，UDP-キシロースからセリンへ Xyl 残基を転移させてつくられる．次に，Xyl 残基に 2 個の Gal 残基がついて Gal-Gal-Xyl-Ser という**橋渡し三糖 link trisaccharide** が形成される．さらに末端の Gal に GAG 鎖の伸長が起こる．

2. **GalNAc**（N-アセチルガラクトサミン）と**セリン Ser**（トレオニン Thr）との間の **O-グリコシド結合 O-glycosidic bond**（図 46-1A 参照）：これはケラタン硫酸に見られる．この結合は UDP-GalNAc を供与体として，Ser（または Thr）に GalNAc 基が供与されることにより形成される．

3. **GlcNAc** とアスパラギン **asparagine**（Asn）のアミド窒素との間の **N-グリコシルアミン結合 N-glycosylamine bond**：これは N 結合型糖タンパク質で見られる（図 46-1B 参照）．この合成には，ドリコール-P-P-オリゴ糖が関与すると考えられている．

コアタンパク質の合成と，上記結合のうち少なくともいくつかは**小胞体 endoplasmic reticulum** で起こる．以降の GAG 鎖生成と続く修飾過程は**ゴルジ体 Golgi apparatus** で起こる．

糖鎖伸長過程

GAG 中のオリゴ糖鎖合成には，適切な**糖ヌクレオチド nucleotide sugar** とゴルジ体に特異的に局在する**グリコシルトランスフェラーゼ glycosyltransferase**（糖転移酵素）が必要である．"**1 酵素 1 結合 one enzyme, one linkage**" の関係は，糖タンパク質中の特定の結合と同様にここでも成立する．糖鎖伸長にかかわる酵素系は，極めて忠実に複雑な GAG を再生できる（46 章参照）．

糖鎖伸長停止過程

この過程は，(1) 特定の位置での**硫酸化 sulfation**，(2) GAG 鎖の成長が，触媒反応が行われている膜の場所から遠ざかる方向に進んでいく**伸長過程 progression** の 2 つからなる．

その後の修飾過程

GAG 鎖の生成後，GalNAc への硫酸基の導入や，GlcUA のエピマー化による IdUA 変換など，数々の化学的修飾が起こる．硫酸化を触媒する酵素群は**スルホトランスフェラーゼ sulfotransferase** とよばれ，硫酸供与体として **3′-ホスホアデノシン-5′-ホスホ硫酸 3′-phosphoadenosine-5′-phosphosulfate**（PAPS，活性硫酸ともよばれる，24 章参照）を用いる．これらのゴルジ体に局在する酵素は特異性が高く，特定の酵素が修飾を受ける糖の特定の場所（たとえば，C の 2，3，4，6 位）を硫酸化する．**エピメラーゼ epimerase** はグルクロン酸残基をイズロン酸残基に変換する．

プロテオグリカンは細胞外マトリックス構造の構成に重要である

プロテオグリカンは生体内の**すべての組織**で見られ，おもに細胞外マトリックスまたは細胞間を埋める無色透明な基質の中に存在する．細胞外マトリックス中では，プロテオグリカンは互いに結合し，コラーゲンやエラスチンなどのその他の主要構成要素と特異的に結合する．ある種のプロテオグリカンはコラーゲンと結合し，またあるものはエラスチンと結合する．これらの相互作用は基質の組織的な構造決定に重要である．ある種のプロテオグリカン（たとえば，デコリン）は TGF-β のような**増殖因子に結合**して細胞への効果を調節する．さらにプロテオグリカンのなかには，やはり基質中に存在するフィブロネクチンやラミニン（上述）などの特定の**接着タンパク質 adhesive protein** と結合するものもある．プロテオグリカン中に存在する

GAG は**多価陰イオン polyanion** であるため，多価陽イオンや Na^+ や K^+ などの陽イオンと結合する．このため，浸透圧によって細胞外マトリックスに水を引き寄せ，組織の膨張に寄与する．GAG は比較的低い濃度で**ゲル化 gel** する．非常に長く伸長した糖鎖とゲル化する性状のため，プロテオグリカンは**ふるい sieve** として機能し，細胞外マトリックスへの高分子の通過を制限する一方で，小さな分子は比較的自由に拡散させる．さらに，その長く伸びた構造と非常に大きな高分子凝集体のため，タンパク質と比較するとマトリックス中で大きな**容積 large volume** を占める．

種々のグリコサミノグリカンは構造が異なり，特徴的な分布と機能をもつ

上にあげた 7 種のグリコサミノグリカン（GAG）は，アミノ糖の組成，ウロン酸の組成，アミノ糖とウロン酸間の結合様式，二糖部分の長さ，硫酸基の有無，硫酸基の位置，糖鎖が結合するコアタンパク質の性質，コアタンパク質への結合の性状，組織および細胞における分布，生物学的機能，などにおいて互いに異なる．

次に，GAG の構造（**図 50-10**），分布と機能について，簡単に述べる．上記 7 種の GAG のおもな性質は**表 50-6** に要約した．

ヒアルロン酸

ヒアルロン酸 hyaluronic acid は GlcUA と GlcNAc という二糖の繰り返し構造をもち，枝分かれをしない．ヒアルロン酸は細菌中やほとんどすべての動物組織の細胞外マトリックス中に見られる．とくに皮膚，臍帯，骨，軟骨，関節（滑液），および眼の硝子体など含水量の多い組織や胚組織には高濃度で存在する．ヒアルロン酸は，形態発生や創傷治癒時の**細胞遊走 cell migration** に重要な役割を果たすと考えられている．細胞外マトリックスへ水を引き寄せることでマトリックスを緩め，この過程を促進する．**軟骨 cartilage** では，ヒアルロン酸とコンドロイチン硫酸の両者が存在することで，組織に圧縮されやすさが付与される（後述）．

コンドロイチン硫酸（コンドロイチン4-硫酸および コンドロイチン6-硫酸）

Xyl–Ser の *O*-グリコシド結合を介して**コンドロイチン硫酸 chondroitin sulfate** が結合するプロテオグリカンは，**軟骨**にとくに豊富に存在する（後述）．二糖の繰返し構造はヒアルロン酸に見られるものと似ているが，

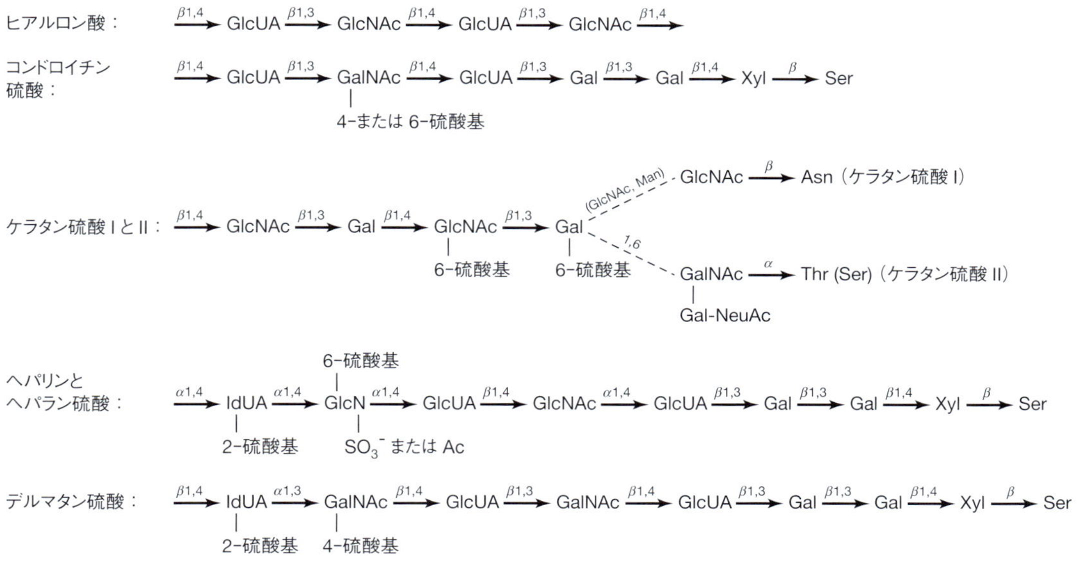

図 50-10. グリコサミノグリカンの構造とコアタンパク質への結合

ここに示した構造はたんに定性的なもので，たとえば，ヘパリンがデルマタン硫酸のような L-イズロン酸と D-グルクロン酸の両方を含む糖鎖のウロン酸の組成は示していない．ヒアルロン酸はタンパク質に共有結合していない．コンドロイチン硫酸，ヘパリン，ヘパラン硫酸，デルマタン硫酸は，橋渡し三糖(Gal–Gal–Xyl)を介してコアタンパク質の Ser に結合する．ケラタン硫酸 I は GlcNAc を介してコアタンパク質の Asn に，ケラタン硫酸 II は GalNAc を介して Ser（または Thr）に結合する．(Ac：アセチル，Asn：L-アスパラギン，Gal：D-ガラクトース，GalN：ガラクトサミン，GalNAc：*N*-アセチル D-ガラクトサミン，GlcN：D-グルコサミン，GlcNAc：*N*-アセチル-D-グルコサミン，GlcUA：D-グルクロン酸，IdUA：L-イズロン酸，Man：D-マンノース，NeuAc：*N*-アセチルノイラミン酸，Ser：L-セリン，Thr：L-トレオニン，Xyl：D-キシロース）

表 50-6. グリコサミノグリカン(GAG)の性質

GAG	構成糖	硫酸基[a]	タンパク質との結合	局 在
ヒアルロン酸	GlcNAc, GlcUA	–	なし	皮膚, 滑液, 骨, 軟骨, 硝子体, 胚組織
コンドロイチン硫酸	GlcNAc, GlcUA	GalNAc	Xyl–Ser; HA とリンクタンパク質による会合	軟骨, 骨, 中枢神経系
ケラタン硫酸 I, II	GlcNAc, Gal	GlcNAc	GlcNAc–Asn(KS I) GalNAc–Thr(KS II)	角膜, 軟骨, 疎性結合組織
ヘパリン	Gln, IdUA	GlcN GlcN IdUA	Ser	肥満細胞, 肝臓, 肺, 皮膚
ヘパラン硫酸	GlcN, GlcUA	GlcN	Xyl–Ser	皮膚, 腎基底膜
デルマタン硫酸	GalNAc, IdUA, (GlcUA)	GalNAc IdUA	Xyl–Ser	皮膚, 広範に分布

[a] 硫酸基は表に示した糖の種々の位置に結合する（図 50-10）. ケラタン硫酸を除くすべての GAG は, グルクロン酸もしくはイズロン酸といったウロン酸をもっていることに注意.

GlcUA と GlcNAc ではなく **GalNAc** を含む. GalNAc は, 4 位または 6 位が**硫酸基 sulfate** により置換され, 二糖単位あたり約 1 個の割合で硫酸基が存在する. コンドロイチン硫酸は, 細胞外マトリックスの構造維持に重要な役割を果たす. 軟骨での場合と同じように軟骨性**骨**の石灰化領域に存在する. また, 中枢神経系の細胞外マトリックス中に高濃度で見られ, 構造的な機能以外に, 神経末端損傷時の修復を阻止するシグナル分子としても機能する.

ケラタン硫酸 I および II

図 50-10 に示したように, ケラタン硫酸は **Gal-GlcNAc** という二糖単位の繰り返しからなり, **硫酸基**は GlcNAc の 6 位や, ときに Gal の 6 位に付く. **ケラタン硫酸 I keratan sulfate I** は, もともと角膜から単離されたが, **ケラタン硫酸 II keratan sulfate II** は軟骨に由来する. この 2 つの GAG I や II は, コアタンパク質への異なるタンパク質結合様式にもとづいて分類される（図 50-10）. 眼では, これらの GAG はコラーゲン線維間に存在し, 角膜の透明性に重要な役割を果たす. 損傷角膜の瘢痕部で見られるプロテオグリカン組成の変化は, 創傷治癒とともに消失する.

ヘパリン

二糖単位の繰り返しからなる**ヘパリン heparin** は, **グルコサミン glucosamine**（GlcN）と 2 種のウロン酸（GlcUA または IdUA）のいずれかが結合したものである（**図 50-11**）. GlcN 残基のアミノ基の大部分は **N–硫酸化 N–sulfated** されているが, 少量はアセチル化されている（GlcNAc）. GlcN は C6 位にも硫酸基をもつ.

ウロン酸残基のほとんどは **IdUA** である. 合成初期にはウロン酸はすべて GlcUA であるが, 多糖構造形成後では, 5′–エピメラーゼがはたらいて 90% の GlcUA 残基が IdUA となる. ヘパリンプロテオグリカンのコアタンパク質は独特で, もっぱらセリンとグリシンからなる. セリン残基の約 3 分の 2 には GAG 鎖が付着し, 通常は 5 ～ 15 kDa のサイズであるが, ときには

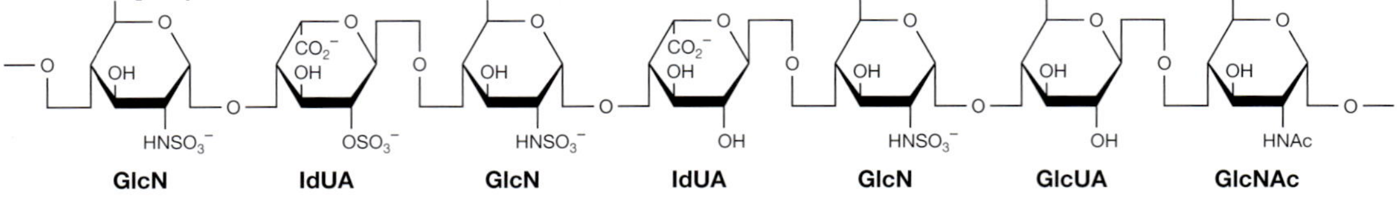

図 50-11. ヘパリンの構造

ヘパリンの典型的な構造を示してある. それぞれの二糖単位の繰り返しは, グルコサミン（GlcN）とグルクロン酸（GlcUA）, または L–イズロン酸（IdUA）を含む. GlcN 残基のいくつかはアセチル化を受ける（GlcNAc）. 図に示したそれぞれの二糖単位の繰り返し構造は任意に選択した. O–硫酸基のないグルコサミン残基や 3–O–硫酸化グルコサミン残基も, 図には示していないが, ヘパリンに含まれていることがある.

はるかに大きいこともある．ヘパリンは，**肥満細胞 mast cell** の顆粒中に存在し，肝臓，肺，皮膚にも見られる．ヘパリンは重要な**抗凝血物質 anticoagulant** で，毛細血管壁からリポタンパク質リパーゼ lipoprotein lipase の活性化により血中へ放出され第 IX 因子や第 XI 因子と結合するが，**アンチトロンビン plasma antithrombin** との相互作用が最も重要である（55 章参照）．

ヘパラン硫酸

この分子はプロテオグリカンとして多くの細胞の**細胞外表面 cell surface** に存在する．ヘパリンより少ない N-硫酸基をもつ GlcN を含み，またヘパリンと異なり，おもなウロン酸は GlcUA である．**ヘパラン硫酸 heparan sulfate** は，細胞膜を貫通するコアタンパク質とともに細胞膜に存在する．細胞膜では，**受容体 receptor** のようにふるまい，**細胞増殖 cell growth** や**細胞間伝達 cell-cell communication** を媒介することもある．培養細胞の基質への接着には一部ヘパラン硫酸が寄与する．ヘパラン硫酸プロテオグリカンは，IV 型コラーゲンやラミニン（上述）とともに，**腎臓の基底膜 basement membrane of the kidney** にも見られ，糸球体沪過時の電荷選択性の決定に重要な役割を果たす．

デルマタン硫酸

デルマタン硫酸は動物組織に広く分布する．構造上，コンドロイチン硫酸に似ているが，その構造は，**GalNAc** に $\beta1{\rightarrow}3$ 結合する GlcUA が，GalNAc に $\alpha1{\rightarrow}3$ 結合する **IdUA** となっている．IdUA は，ヘパリンやヘパラン硫酸と同様，GlcUA の 5′-エピマー化 5′-epimerization により生成される．これは硫酸化の程度によって制御され，デルマタン硫酸では硫酸化が完全ではないために，IdUA-GalNAc と GlcUA-GalNAc の両方が存在する．**デルマタン硫酸 dermatan sulfate** は組織に広く分布し，皮膚における主要な GAG である．血液凝固，創傷治癒や感染への抵抗に役割を果たす．

プロテオグリカンは，核などの**細胞内領域 intracellular location** にも存在し，そこで細胞増殖や核とサイトゾル間の分子輸送の機能制御を行うと考えられている．GAG のさまざまな機能を**表 50-7** に示す．

グリコサミノグリカン分解酵素の欠損によりムコ多糖症が起こる

エキソ exo- および**エンドグリコシダーゼ endoglycosidase** の両方がグリコサミノグリカン（GAG）を分解する．GAG は，他の大部分の生体分子と同様，合成されては分解され，**代謝回転**をする．GAG の成人組織での代謝回転は**遅く**，半減期は数日から数週間である．

糖タンパク質（46 章）やグリコスフィンゴ脂質（24 章）の場合と同様，GAG の分解経路の理解には，**先天性ステロイド代謝異常 inborn error of metabolism** を起こす特定の酵素欠損の解明が非常に役立ってきた．GAG が関係する先天性異常症は**ムコ多糖症 mucopolysaccharidosis（MPS）**とよばれる（**表 50-8**）．

GAG は，リソソームの加水分解酵素群 lysosomal hydrolase により**分解 degradation** される．これらは，**エンドグリコシダーゼ endoglycosidase**，**エキソグリコシダーゼ exoglycosidase** やスルファターゼ sulfatase などで，一定の順序で分解する．一連の**ムコ多糖症**（表 50-8）は，1 種またはそれ以上の GAG の分解にあずかるリソソームの加水分解酵素の遺伝子の変異によって発症するという共通の機序をもつ．これは肝臓，脾臓，骨，皮膚，および中枢神経系を含む種々組織における酵素の欠損と基質 GAG の蓄積を導く．これらの疾患は，**常染色体潜性（劣性）遺伝 autosomal recessive** で，最も研究が進んでいるのは，おそらく **Hurler 症候群 Hurler syndrome** と **Hunter 症候群 Hunter syndrome**

表 50-7. グリコサミノグリカンとプロテオグリカンの機能

- ・細胞外マトリックスの構成要素としてはたらく
- ・コラーゲン，エラスチン，フィブロネクチン，ラミニン，その他増殖因子のようなタンパク質との特異的相互作用を行う
- ・ポリアニオンとしてポリカチオンや陽イオンと結合する
- ・種々の組織の特徴的な組織圧を与える
- ・細胞外マトリックス中でふるいとして作用する
- ・細胞の遊走を容易にする（HA）
- ・重量を支える際の軟骨の耐圧性に関与する（HA，CS）
- ・角膜の透光性に関与する（KS I および DS）
- ・強膜の構造を維持する（DS）
- ・抗凝血物質（ヘパリン）としてはたらく
- ・細胞膜の成分で受容体としてはたらき，細胞接着や細胞-細胞相互作用に寄与する（たとえば，HS）
- ・腎糸球体の電荷選択的透過を決める（HS）
- ・シナプス小胞やその他の小胞の構成成分である（たとえば，HS）
- ・細胞増殖や核とサイトゾル間の分子輸送などにかかわる核機能での役割

［略語］CS：コンドロイチン硫酸，DS：デルマタン硫酸，HA：ヒアルロン酸，HS：ヘパラン硫酸，，KS I：ケラタン硫酸 I．

表 50-8. ムコ多糖症 (MPS)

疾患名	略称[a]	欠損酵素	影響を受ける GAG	症状
Hurler 症候群, Scheie 症候群, Hurler-Scheie 症候群	MPS I	α-L-イズロニダーゼ	デルマタン硫酸, ヘパラン硫酸	精神遅滞, 特徴的顔貌, 肝脾腫大, 角膜混濁
Hunter 症候群	MPS II	イズロン酸スルファターゼ	デルマタン硫酸, ヘパラン硫酸	精神遅滞
Sanfilippo 症候群 A	MPS IIIA	ヘパラン硫酸 N-スルファターゼ[b]	ヘパラン硫酸	発達遅滞, 運動機能障害
Sanfilippo 症候群 B	MPS IIIB	α-N-アセチルグルコサミニダーゼ	ヘパラン硫酸	MPS IIIA と同じ
Sanfilippo 症候群 C	MPS IIIC	α-グルコサミニド N-アセチルトランスフェラーゼ	ヘパラン硫酸	MPS IIIA と同じ
Sanfilippo 症候群 D	MPS IIID	N-アセチルグルコサミン 6-スルファターゼ	ヘパラン硫酸	MPS IIIA と同じ
Morquio 症候群 A	MPS IVA	ガラクトサミン 6-スルファターゼ	ケラタン硫酸, コンドロイチン 6-硫酸	骨変形, 低身長
Morquio 症候群 B	MPS IVB	β-ガラクトシダーゼ	ケラタン硫酸	MPS IVA と同じ
Maroteaux-Lamy 症候群	MPS VI	N-アセチルガラクトサミン 4-スルファターゼ[c]	デルマタン硫酸	脊柱彎曲, 低身長, 骨変形, 心臓欠陥
Sly 症候群	MPS VII	β-グルクロニダーゼ	デルマタン硫酸, ヘパラン硫酸, コンドロイチン 4-硫酸, コンドロイチン 6-硫酸	骨変形, 低身長, 肝臓肥大, 角膜混濁
Natowicz 症候群	MPS IX	ヒアルロニダーゼ	ヒアルロン酸	関節痛, 低身長

[a] MPS V, MPS VIII という呼称は現在ではもう使われていない。
[b] スルファミニダーゼともよばれる。
[c] アリルスルファターゼ B ともよばれる。

である。ムコ多糖症は、いずれもまれな疾患である。一般的に症状は慢性かつ進行性で、多くの臓器が冒される。多くの患者は、臓器肥大（たとえば、肝臓や脾臓の腫大）、軟骨や骨の重篤な発達異常、特異的な顔貌および精神遅滞などの症状を呈する。さらに、聴力、視力および心臓血管系に障害が見られることもある。診断検査としては、尿中や生体組織中の酵素活性測定や、白血球、線維芽細胞や血清中の GAG 分析を調べる。羊水細胞や絨毛採取標本診断などがある。現在では、出生前診断が可能な場合もある。家族歴 family history を調べることも重要である。

ムコリピドーシス mucolipidosis は、ムコ多糖症とスフィンゴリピドーシス（24 章参照）と両方に共通する症状をもった一群の病気を表すために使われた用語である。シアリドーシス sialidosis（ムコリピドーシス I、ML-I）では、糖タンパク質やガングリオシドに由来する各種のオリゴ糖が組織内に蓄積する。I-cell（アイセル）病 I-cell disease (ML-II) と偽 Hurler 多発性ジストロフィー pseudo-Hurler polydystrophy (ML-III) については 46 章で述べた。"ムコリピドーシス"という言葉は臨床領域で比較的広く使われているのでいまだに残っているが、後者 2 つの病気は、その発生の機序がリソソーム酵素の局在異常 mislocation にあることから、適当な名称とはいえない。糖タンパク質のオリゴ糖鎖分解の欠損（マンノシドーシス、フコシドーシスなど）についても 46 章に記した。これら欠損の多くでは、ムコリピドーシスと同様、代謝が阻止されるために糖タンパク質の種々の分解物が蓄積し、尿中で増加することが特徴である。

ヒアルロニダーゼ hyaluronidase は、ヒアルロン酸およびコンドロイチン硫酸の分解にかかわる重要な酵素の 1 つである。これは広範に分布するエンドグリコシダーゼで、ヘキソサミン結合を切る。この酵素はヒアルロン酸から $(GlcUA\text{-}\beta\text{-}1,3\text{-}GlcNAc\text{-}\beta\text{-}1,4)_2$ という四糖構造を生成し、これはさらに β-グルクロニダーゼと β-N-アセチルヘキソサミニダーゼにより分解される。ヒアルロニダーゼの遺伝子異常により MPS IX（Natowicz 症候群）が発症し、これは関節中にヒアルロン酸が蓄積するリソソーム蓄積異常症である。

プロテオグリカンは主要な疾患や老化と関連する

　ヒアルロン酸は，**腫瘍細胞 tumor cell** が細胞外マトリックスを通って**遊走 migrate** するために重要と考えられている．腫瘍細胞は線維芽細胞を誘導してこのグルコサミノグリカン（GAG）を非常に多量に合成させ，おそらくこれにより自身が周囲に浸潤するのを促進する．ある種の腫瘍細胞では細胞表面でヘパラン硫酸が減少し，腫瘍細胞が示す**接着性の欠除 lack of adhesiveness** に一役買っているのかもしれない．

　動脈壁 arterial wall の内膜には，ヒアルロン酸，コンドロイチン硫酸，デルマタン硫酸やヘパラン硫酸プロテオグリカンが存在する．これらのプロテオグリカンのうち，デルマタン硫酸は低密度リポタンパク質と結合する．また，デルマタン硫酸は，動脈平滑筋細胞により生成される主たる GAG である．平滑筋細胞は，動脈の**アテローム（粥状）動脈硬化病変 atherosclerotic lesions** で増殖していることから，デルマタン硫酸はアテローム性硬化巣の発生に重要な役割を果たしているかもしれない．

　プロテオグリカンは，種々の**関節炎 arthritis** で**自己抗原 autoantigen** としてはたらき，この疾患の病態に影響している可能性がある．軟骨中のコンドロイチン硫酸量は年齢とともに低下するが，ケラタン硫酸とヒアルロン酸は量的に増加する．これらの変化は，**変形性関節症 osteoarthritis** の発生に関与する可能性があり，さらにアグリカンを切断するアグリカナーゼ活性も上昇しているようなので，これも病態に影響を及ぼすかもしれない．また，ある種の GAG 量の変化は**加齢 aging** による皮膚の特徴的変化を説明するのに役立つ．

　ここ数年の間に，細胞外マトリックス内での構造的な役割に加えて，プロテオグリカンが細胞のふるまいに影響を与えるシグナル分子としても機能することが明らかになり，現在では線維症，心血管疾患やがんなどの多岐にわたる疾患と関係すると考えられている．

骨はミネラルを豊富に含む結合組織である

　骨は**有機 organic** および**無機 inorganic** 物質の両方を含む．有機成分はおもに**タンパク質 protein** である．骨のおもなタンパク質を**表50-9** に示す．骨では **I 型コラーゲン type I collagen** がおもなタンパク質で，有

表50-9. 骨中に見出される主要タンパク質[a]

タンパク質	コメント
コラーゲン	
I 型コラーゲン	総骨タンパク質の略 90%．2 本の α1(I) と 1 本の α2(I) 鎖からなる
V 型コラーゲン	微量成分
非コラーゲンタンパク質	
血漿タンパク質	種々の血漿タンパク質の混合物
プロテオグリカン[b] CS-PG I（ビグリカン）	2 本の GAG 鎖を含む．ほかの組織にも存在
CS-PG II（デコリン）	1 本の GAG 鎖を含む．ほかの組織にも存在
CS-PG III	骨に特異的
骨 SPARC[c] タンパク質（オステオネクチン）	骨に特異的ではない
オステオカルシン（骨 Gla タンパク質）	γ-カルボキシグルタミン酸残基を含み，この残基はヒドロキシアパタイトに結合する．骨に特異的
オステオポンチン	骨に特異的ではない．糖鎖およびリン酸がつく
骨シアロタンパク質	骨に特異的．糖鎖が多くつき，チロシンに硫酸がついている
骨形成性タンパク質 （bone morphogenetic protein：BMP）	骨に種々の作用を及ぼす分泌タンパク質のファミリー（20 以上）があり，多くの場合異所性の骨成長を引き起こす
オステオプロテジェリン	破骨細胞形成を阻害する

[a] 非コラーゲンタンパク質は石灰化過程内制御に関与している．骨中にはほかにもいくつかのタンパク質があり，チロシンに富む酸性マトリックスタンパク質 TRAMP(tyrosine-rich acidic matrix protein)，増殖因子のいくつか（たとえば，TGF-β），およびコラーゲン合成に関係する酵素（たとえば，リシルオキシダーゼ）もこれに入る．
[b] CS-PG：コンドロイチン硫酸-プロテオグリカン chondroitin sulfate-proteoglycan．これらは軟骨のデルマタン硫酸 PG (DS-PG) と似ている．
[c] SPARC：システインの豊富な酸性分泌タンパク質 secreted protein acidic and rich in cysteine.

機物質の 90 ～ 95% を占める．V 型コラーゲンも少量存在する．非コラーゲン性タンパク質も少量存在し，骨にある程度特異的なものもある．これらは現在，ミネラル化の積極的部分を担っていると信じられている．**無機**，あるいはミネラル成分はおもに結晶性の**ヒドロキシアパタイト hydroxyapatite**[$Ca_{10}(PO_4)_6(OH)_2$]で，ナトリウム，マグネシウム，炭酸イオンやフッ化物イオンも存在する．体内カルシウムの約 99% は骨に含まれる（44 章参照）．ヒドロキシアパタイトは骨に生理的に必要な強度と弾力性を与える．

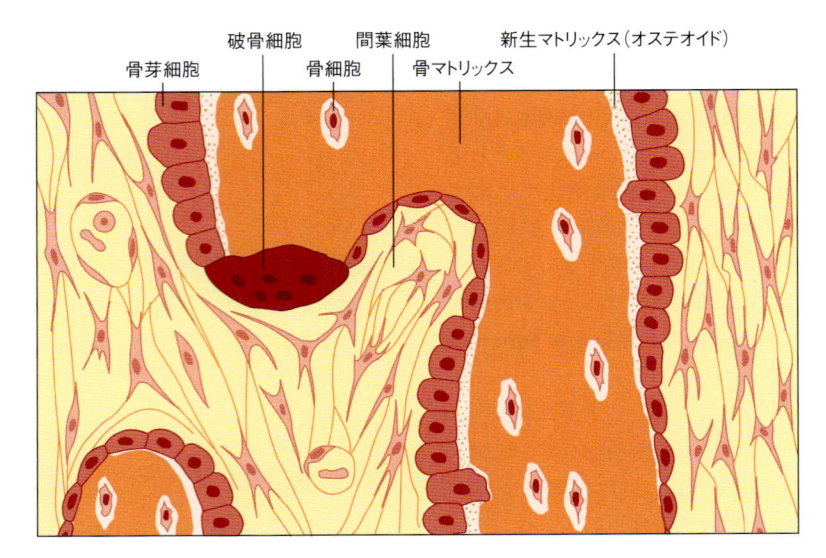

骨芽細胞　　破骨細胞　　間葉細胞　　新生マトリックス（オステオイド）
　　　　　　　　　　　骨細胞　骨マトリックス

図 50-12. 骨膜性骨中に存在する主要細胞の模式図

骨芽細胞（図中薄い色を呈し，一列に並んでいる）はⅠ型コラーゲンを合成し，これはマトリックスを形成し細胞を閉じ込める．このようになると骨芽細胞は徐々に分化して骨細胞になる．（Mescher AL: Junqueira's *Basic Histology Text and Atlas*, 16th ed. New York: McGraw-Hill, 2021 より許可を得て掲載）

骨は，再吸収（脱ミネラル）と新しい骨組織の沈着（ミネラル化）というリモデリングをたえず繰り返す**ダイナミックな構造物 dynamic structure** である．このリモデリングにより，骨が物理的（重量増加に耐えるなど）シグナルやホルモンのシグナルに適応できるようになる．

骨の再吸収および沈着にあずかるおもな細胞は，それぞれ**破骨細胞 osteoclast** と**骨芽細胞 osteoblast** である（**図 50-12**）．**骨細胞 osteocyte** は成熟した骨に見られ，骨マトリックスの維持にかかわる．骨細胞は，骨芽細胞から発生し，平均 25 年の半減期をもつ非常に長命の細胞である．

破骨細胞 osteoclast は，多分化能をもつ造血幹細胞由来の多核細胞である．破骨細胞は先端部に膜状の領域をもち，この部分が波状縁 ruffled border を呈し，骨吸収に重要な役を果たす（**図 50-13**）．特殊なプロトン駆動 **ATPase** が波状縁を通してプロトンを再吸収部位に送り込み，この部位は図に示すように低 pH を示す微小環境となる．このため局所の pH は 4.0 あるいはそれ以下になり，ヒドロキシアパタイトが溶けやすくなり，Ca^{2+}，H_3PO^4 と H_2CO_3 および水へと分解されて脱ミネラルが起こる．カテプシンのようなリソソームの酸性プロテアーゼも放出されて，近傍のマトリックスタンパク質を消化するようになる．**骨芽細胞 osteoblast** は，多分化能間葉系前駆細胞由来の単核細胞で，骨中に見出されるタンパク質の大部分（表 50-9）

を合成し，同様に種々の増殖因子やサイトカインをも産生する．この細胞は，新しい骨マトリックス（osteoid）の沈着，その後起こるミネラル化を司る．骨芽細胞は，その細胞膜を通過するカルシウムおよびリン酸イオンの流れを制御することにより**ミネラル化を調節する**．細胞膜中の酵素である**アルカリホスファターゼ alkaline phosphatase** は，有機リン酸からリン酸イオンをつくり出すはたらきをしている．ミネラル化にあずかる機序は完全には明らかにされていないが，ミネラル化を阻害することが知られる**組織非特異型アルカリホスファターゼ tissue nonspecific alkaline phosphatase**（TNAP，アルカリホスファターゼのアイソザイム）による無機ピロリン酸（PP_i）の加水分解の一部関与が知られている．さらに，カルシウム，リン酸塩を含み，骨芽細胞膜より芽吹く基質小胞とⅠ型コラーゲン **type I collagen** が示唆されている．**骨シアロプロテイン bone sialoprotein** や**オステオポンチン osteopontin** のような**酸性ホスホタンパク質 acidic phosphoprotein** は，骨核生成の場で機能していると考えられている．これらのタンパク質は，細胞接着に必要な RGD（Arg-Gly-Asp）配列と，カルシウムと結合するモチーフ（poly-Asp, poly-Glu stretch のような）を有し，ミネラル化に必要な最初の土台となるらしい．ある種の巨大分子，たとえばプロテオグリカンや糖タンパク質は，骨核形成の**阻害因子 inhibitor** として作用し得る．

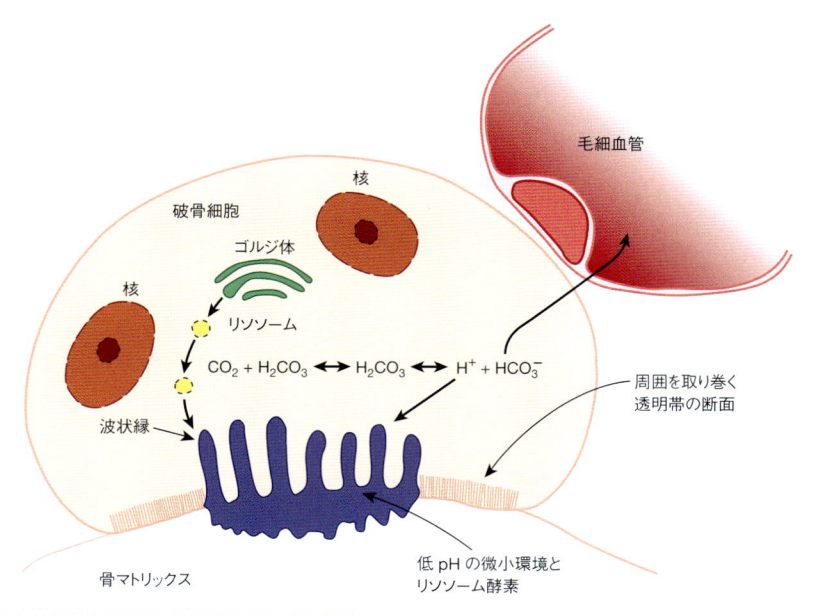

図 50-13. 骨吸収における破骨細胞の役割を示す模式図

骨マトリックスと破骨細胞の末梢透明帯とが接着して生じた微小環境空間に，リソソーム酵素と水素イオンとが放出される．この閉じられた空間の酸性化は，骨からのリン酸カルシウムの可溶化を促進し，リソソーム由来の加水分解酵素活性の至適 pH をもたらす．このようにして骨基質は分解され，分解産物は破骨細胞の細胞質中に取り込まれ，おそらくさらに分解されてから毛細血管中に入る．CO_2 と H_2CO_3 からの H^+ の生成は，炭酸脱水酵素（炭酸デヒドラターゼ）II により促進される．(Mescher AL: Junqueira's *Basic Histology Text and Atlas*, 16th ed. New York: McGraw-Hill, 2021 より許可を得て掲載)

骨は 2 つのタイプの組織からなる．**海綿骨 trabecular bone**（**cancellous bone, spongy bone** ともよぶ）は長管骨の関節近くで見られ，より硬く丈夫な**緻密骨（皮質骨）**よりも密度は高くない．緻密骨はほとんどの骨の皮質（外層）を形成し，ヒトの骨格重量の約 80% を占める．健康な成人では緻密骨のおよそ 4% と海綿骨の 20% が**毎年新しくなる**と推定されている．**骨代謝の調節 regulation of bone metabolism** には多くの因子が関与する．**骨芽細胞の活性を刺激**するものや（たとえば，ミネラル化を抑制するために副甲状腺ホルモンおよび 1,25−ジヒドロキシコレカルシフェロール，44 章参照），**抑制**するもの（たとえば，コルチコステロイド）がある．副甲状腺ホルモンと 1,25−ジヒドロキシコレカルシフェロールはまた破骨細胞を刺激することで骨の再吸収を高めるが，カルシトニンやエストロゲンは反対効果を示す．

骨は多くの代謝異常や遺伝子異常により影響を受ける

骨を冒す代謝性，遺伝性疾患のうち，重要度の高いものを**表 50-10** に示す．

骨形成不全症 osteogenesis imperfecta は骨が異常に脆弱化するのが特徴である．眼の強膜はしばしば異常に薄く半透明になることがあり結合組織が欠けているために青く見える．この病気には **8 つの型**（I 型〜 VIII 型）があり，I 型と IV 型は *COL1A1* と *COL1A2* 遺伝子の片方もしくは両方の変異によって起こる．I 型は軽度の症状であるが，II 型の症状は重篤であり，この病気をもって生まれた子供は通常，早く死に，そして III 型と IV 型は進行性で骨変形を伴う場合と伴わない場合がある．これら 2 つの遺伝子の変異は，遺伝子の一部欠失や重複を含めて，100 以上もある．ほかには RNA のスプライシングに影響するものや，最も頻度の高い型では**グリシン**がもっと大きなアミノ酸に**置換**しており，三重らせん生成が影響を受ける．一般に，これらの変異が起こると，コラーゲンの発現が減少するか，構造に異常のあるプロ鎖が生じて**異常な線維 abnormal fibril** が形成され，その結果，骨の全体構造が弱くなると考えられている．異常鎖が 1 本できると，それは 2 本の正常鎖と相互作用するがフォールディングがうまくいかず，結果としてすべての鎖が酵素で分解される．これが "**プロコラーゲンの自殺 procollagen sui-**

表 50-10. 骨および軟骨をおかす代謝疾患・遺伝

症 状	原 因	症 状	原 因
低身長症	多くは成長ホルモン欠損によるが，ほかにも多くの原因がある	骨粗鬆症	加齢，閉経後のエストロゲン異常，骨代謝に影響を与える遺伝子の変異[a]（ビタミン D 受容体[VDR]，エストロゲン受容体-α[ER-α]や COL1A1 を含む）
くる病	幼小児期のビタミン D 欠乏	変形性関節症	加齢，軟骨の変性，VDR, ER-α, COL2A1 を含むさまざまな遺伝子[a]の変異
骨軟化症	成人期のビタミン D 欠乏	軟骨形成異常症	COL2A1 遺伝子の変異
副甲状腺機能亢進	過剰の副甲状腺ホルモンが骨吸収を起こす	Pfeiffer, Jackson-Weiss および Crouzon 症候群[b]	線維芽細胞増殖因子受容体（FGFR）1 および/または FGFR2 遺伝子の変異
骨形成不全症	COL1A1 と COL1A2 遺伝子の変異によりコラーゲンの合成と構造が異常になる	軟骨無形成症や致死性異形成症[c]	FGFR3 遺伝子の変異

[a] 非常にまれ.
[b] Pfeiffer, Jackson-Weiss, Crouzon 症候群では頭蓋骨の早期癒合が起こる[狭頭症（頭蓋骨癒合症）].
[c] 致死性異形成症は最も多い新生児の致死性骨格形成異常（致死性低身長症）である.

cide" とよばれるもので，これはドミナントネガティブ（優性阻害）遺伝の一例であり，このような例はタンパク質が多くの異なったサブユニットで構成されるときにしばしば見られる．V 型から VIII 型は比較的稀で，コラーゲン以外の骨のミネラル化にかかわるタンパク質をコードする遺伝子の変異によって起こる.

大理石骨病 osteopetrosis（marble bone disease）はまれな疾患で，骨の再吸収ができないために見られる**骨密度の増加**が特徴である．これはヒトの組織に 4 つある炭酸デヒドラターゼ（炭酸脱水酵素）のアイソザイムの 1 つ，**炭酸デヒドラターゼ II carbonic anhydrase II**（CAII）をコードする遺伝子（染色体 8q22 に存在）の変異による．破骨細胞 osteoclast で CAII 活性が欠損すると，正常な骨吸収が阻害され，大理石骨病になる.

骨粗鬆症 osteoporosis は，一定容積中での骨組織が全身的かつ進行性に減少する疾患で，骨吸収と骨沈着のアンバランスで起こり，骨が脆弱化する．1 型は，閉経後の女性によく見らる．これは骨吸収を上昇し，骨ミネラル化を低下させる．おもにエストロゲンの欠乏によると考えられる．2 型すなわち老人性骨粗鬆症は 75 歳以上の男女に見られるが，男女比 1：2 で，女性の罹患率が高い．冒されていない正常部では骨の**ミネラル mineral** と**有機成分 organic element** との比率は変わらない．大腿骨頭部を含むいろいろな部分で極めて容易に骨折が起こり，患者にとっても社会のヘルスケア予算にとっても，大きな負担となっている.

軟骨の主成分は II 型コラーゲンとある種のプロテオグリカンである

軟骨には 3 種類ある．おもな型は**硝子軟骨 hyaline（articular）cartilage** で，そのおもなタンパク質を**表 50-11** に示す．**II 型コラーゲン type II collagen** はおもなタンパク質（**図 50-14**）で，そのほかにいくつもの型が微量に存在する．さらに，第 2 の型である**弾性軟骨 elastic cartilage** はエラスチンを，また第 3 の型である**線維弾性軟骨 fibroelastic cartilage** は I 型コラーゲンを含む．軟骨は，種々の**プロテオグリカン proteoglycan** を含み，これらは抗圧縮性を与えるうえで重要な役割を果たす．このうちおもなものは**アグリカン aggrecan**（約 2×10^3 kDa）である．**図 50-15** に示すように，非常に複雑な構造をもち，数種のグリコサミノグリカン（GAG；ヒアルロン酸，コンドロイチン硫酸，ケラタン硫酸）と，リンクタンパク質およびコアタンパク質を含む．コアタンパク質には 3 つの領域 A, B, C が存在する．ヒアルロン酸は，コアタンパク質の A 領域とリンクタンパク質に非共有結合で結合し，リンクタンパク質はヒアルロン酸とコアタンパク質との相互作用を安定化する．ケラタン硫酸鎖は B 領域に結合し，コンドロイチン硫酸鎖は C 領域に結合する．この両方の GAG ともに，コアタンパク質と共有結合で結合する．コアタンパク質は，O 結合型および N 結合型オリゴ糖鎖を含む.

軟骨に含まれる他のプロテオグリカンは，アグリカンより単純な構造である．**コンドロネクチン chondro-**

表 50-11. 軟骨中に見出される主要タンパク質

タンパク質	コメント
コラーゲンタンパク質	
II 型コラーゲン	関節軟骨コラーゲンの 90 〜 98% を占める．3 本の α1(II)鎖からなる
V 型，VI 型，IX 型，X 型，XI 型コラーゲン	IX 型は II 型コラーゲンと架橋結合している．XI 型はコラーゲン II 型線維の直径を制御する役を果たしているらしい
非コラーゲンタンパク質	
軟骨オリゴマー基質タンパク質(COMP)	軟骨の重要な構造成分．細胞運動と接着を制御する
アグリカン	軟骨のおもなプロテオグリカン
DS-PG I (ビグリカン)[a]	骨の CS-PG I に類似
DS-PG II (デコリン)	骨の CS-PG II に類似
コンドロネクチン	II 型コラーゲンへの軟骨細胞の接着を促進

CS-PG：コンドロイチン硫酸プロテオグリカン，DS-PG：デルマタン硫酸プロテオグリカン．
[a] CS-PG における GlcUA が β-1,3 結合で GalNAc に結合しているのに対し，DS-PG における IdUA は α-1,3 結合で GalNAc に結合していることを除けば，プロテオグリカン DS-PG I および DS-PG II のコアタンパク質は骨中に見出される CS-PG I および CS-PG II のそれと相同である．1 つの説明として，軟骨には存在していてグルクロン酸をイズロン酸に変えるのに必要なエピメラーゼが骨芽細胞には欠除していることがある．

nectin は，II 型コラーゲンが軟骨細胞と結合するのに関与する．

　軟骨は無血管性の組織で，栄養のほとんどは関節液から供給される．軟骨はゆっくりであるが常に**代謝回転 turnover** している．軟骨細胞で合成される種々の**プロテアーゼ protease**（たとえば，コラゲナーゼやストロメライシンなど）が軟骨中のコラーゲンやその他のタンパク質を**分解**する．インターロイキン-1(IL-1)や腫瘍壊死因子 α(TNF-α)は，このようなプロテアーゼの産生を促進し，逆に TGF-β やインスリン様増殖因子 I(IGF-I)は概して組織の合成を促進する．

軟骨形成異常症は，II 型コラーゲンおよび線維芽細胞増殖因子受容体の遺伝子変異によって起こる

　軟骨形成異常症は，軟骨が冒される一連の遺伝的疾患である．症状は，四肢短縮型低身長症や多様な骨格異常である．これらのいくつかは *COL2A1* 遺伝子の種々の変異によるもので，II 型コラーゲンに異常が見られる．その一例に **Stickler 症候群 Stickler syndrome** があり，関節軟骨や眼の硝子体の変性を主症状とする．

　軟骨形成異常症中，最も有名なのは，**軟骨無形成症 achondroplasia** で，四肢短縮型低身長症 short-limbed dwarfism の原因として最も多い．この疾患の患者は四

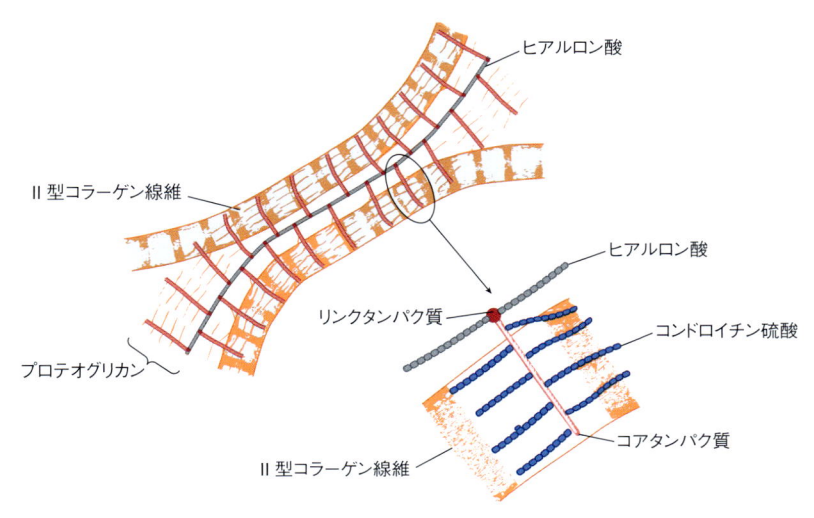

図 50-14. 軟骨マトリックスにおける分子構築の模式図

リンクタンパク質を介して，プロテオグリカンのコアタンパク質(赤)と直線状のヒアルロン酸分子(灰色)が非共有結合的に結合する．プロテオグリカンのコンドロイチン硫酸側鎖は，静電気的にコラーゲン線維に結合し，架橋形成されたマトリックスをつくる．だ円形の囲いの部分は図の下側に拡大して示した．（Mescher AL: Junqueira's *Basic Histology Text and Atlas*, 16th ed. New York, McGraw-Hill, 2021 より許可を得て掲載）

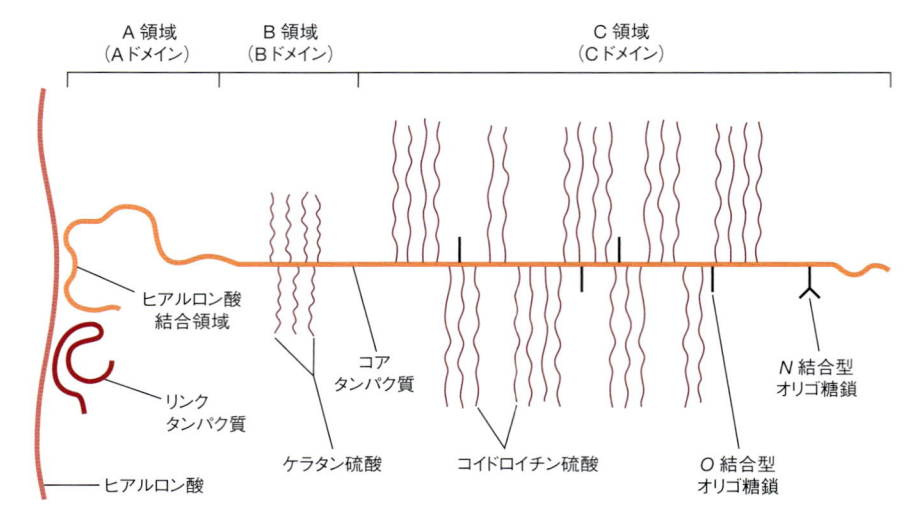

図 50-15. アグリカンの模式図

ヒアルロン酸分子の系が左側に示してある．コアタンパク質（約 210 kDa）は 3 つの主領域（ドメイン）をもつ．A 領域はアミノ末端でヒアルロン酸のおよそ 5 個の繰り返し二糖と相互作用する．リンクタンパク質はヒアルロン酸および A 領域の両方と相互作用し，両者の相互作用を安定化する．約 30 本のケラタン硫酸鎖が GalNAc-Ser 結合を介して B 領域に結合している．C 領域には約 100 本のコンドロイチン硫酸鎖が Gal-Gal-Xyl-Ser 結合を介して接着し，また約 40 本の O 結合型オリゴ糖鎖もここに接着している．1 本または数本の N 結合型グリカン鎖もコアタンパク質のカルボキシ末端近くに見出される．（Moran LA, Scrimgeour KG, Horton HR, et al: *Biochemistry*, 2nd ed, Upper Saddle River, NJ: Pearson Hall, 1994 より許可を得て掲載）

肢が短く，躯幹は正常サイズで，頭蓋が大きく，その他いくつかの骨格異常を伴う．この疾患はしばしば常染色体優性（顕性）遺伝をするが，多くの場合，新たな変異が原因である．軟骨無形成症はコラーゲンの異常ではなく，**線維芽細胞増殖因子受容体-3 fibroblast growth factor receptor 3**（**FGFR3**）遺伝子の変異による．**線維芽細胞増殖因子 fibroblast growth factor** は 20 以上のタンパク質を含むファミリーで，間葉系や神経外胚葉系由来の細胞の増殖と分化を誘導する．その**受容体 receptor** は膜貫通型タンパク質で，チロシンキナーゼ型受容体ファミリーに属し，4 つのサブグループからなる．FGFR3 はその一員で，軟骨に対する FGF3 の作用を媒介する．これまでに調べられた軟骨無形成症のほとんどで，変異は 1138 番目のヌクレオチドで起こり，そのために FGFR3 の膜貫通領域のグリシン（380 番目のアミノ酸残基）がアルギニンに置換されて不活性となっている．健常人ではこのような変異は見られない．

　同じ遺伝子のなかの他の変異により，**軟骨低形成症 hypochondroplasia**，**致死性異形成症 thanatophoric dysplasia**（I 型および II 型：四肢短縮型低身長症の異なる形）さらには **SADDAN 型 SADDAN phenotype**（発達遅延と黒色表皮症［皮膚への茶色から黒色の過色素沈着］を伴う激症軟骨無形成症）が起こる．

　表 50-10 で示したように，ほかの**骨格系異常**（頭蓋骨癒合症 cranysynostosis に属するものなど）なども，FGF 受容体遺伝子の変異によるものがある．別の種類の骨格系異常である**ダイアストロフィー性骨異形成症 diastrophic dysplasia** は，硫酸基の輸送タンパク質の変異によることが報告されている．

まとめ

- 細胞外マトリックスのおもな成分は，構造タンパク質であるコラーゲン，エラスチン，フィブリリン-1，および多くの特異的機能をもつタンパク質（たとえば，フィブロネクチンやラミニン），そして種々のプロテオグリカンなどである．

- コラーゲンは動物界に最も豊富に存在するタンパク質で，約 29 の型が単離されている．すべてのコラーゲンは，異なる長さの三重鎖構造と繰り返し構造 $(Gly-X-Y)_n$ をもつ．

- コラーゲンの生合成は複雑で，プロリンおよびリシンのヒドロキシル化反応を含む多くの翻訳後修飾が見られる．

- コラーゲン合成の障害にもとづく疾患には，壊血病，骨形成不全症，Ehlers-Danlos 候群（13 のサブタイプ

がある）や，Menkes 症候群などがある．

■ エラスチンは，組織に伸展性と弾力性を与える．エラスチンには，ヒドロキシリシンや Gly-X-Y 配列，三重鎖構造や糖鎖付加などがない．また，コラーゲンには見られないデスモシンやイソデスモシンによる架橋が見られる．

■ フィブリリン-1 は細胞外マトリックスのミクロフィブリル中に存在する．Marfan 症候群はフィブリリン-1 遺伝子の変異による．サイトカインである TGF-β は心血管の病態に関与するらしい．

■ グリコサミノグリカン（GAG）は，ウロン酸（グルクロン酸かイズロン酸）とヘキソース（ガラクトース），あるいはウロン酸とヘキソサミン（ガラクトサミンかグルコサミン）を含む二糖の繰り返し構造をもち，しばしば硫酸基を含む．

■ おもな GAG に，ヒアルロン酸，コンドロイチン硫酸，ケラタン硫酸 I と II，ヘパリン，ヘパラン硫酸，デルマタン硫酸などがある．

■ GAG は，一連の特異的酵素（グリコシルトランスフェラーゼ，エピメラーゼ，スルホトランスフェラーゼなど）が順番に作用することにより合成され，種々のリソソームの加水分解酵素が順番に作用して分解される．後者の遺伝的欠損によりムコ多糖症（たとえば Hurler 症候群）が起こる．

■ GAG は，組織中でいろいろのタンパク質（リンクタンパク質やコアタンパク質）と結合して存在し，プロテオグリカンの構成成分である．この構造のためにしばしば極めて高い分子量を示し，組織中で多様な機能を果たす．

■ 細胞外マトリックス成分の多くは，インテグリンとよばれる細胞表面のタンパク質と結合する．これにより，細胞の外界とその内部との情報伝達が可能になる．

■ 骨と軟骨は，特殊な形の細胞外マトリックスである．骨の主成分は I 型コラーゲンとヒドロキシアパタイトであり，軟骨の主成分は II 型コラーゲンとプロテオグリカンである．

■ 骨遺伝性疾患（たとえば，骨形成不全症）や軟骨遺伝性疾患（たとえば，軟骨異栄養症 chondrodystrophy）の多くは，コラーゲン遺伝子や，骨のミネラル化や軟骨形成にかかわるタンパク質をコードする遺伝子の変異による．

文　献

Kasper DL, Fauci AS, Hauser SL et al: *Harrison's Principles of Internal Medicine*, 19th ed. McGraw Hill Education, 2017.

Theocharis AD, Manou D, Karamanos NK. The extracellular matrix as a multitasking player in disease. The FEBS J 2019;286:2830.

筋肉と細胞骨格

Muscle & the Cytoskeleton

- アクチンにもとづく筋収縮制御とミオシンにもとづく筋収縮制御の違いを説明する.
- 横紋筋の太いフィラメントと細いフィラメントの構造と機能を概説する.
- 筋の収縮および弛緩開始において Ca^{2+} が担う重要な役割を説明する.
- さまざまなタイプの筋肉で細胞内 Ca^{2+} レベルを調節するさまざまなチャネル,ポンプ,および交換輸送タンパク質を列挙する.
- 筋組織の ATP 再生に用いられる主要なエネルギー源を列挙する.
- 速筋と遅筋に必要なエネルギー源を理解する.
- 悪性高熱,Duchenne 型および Becker 型筋ジストロフィー,遺伝性心筋症発症の分子基盤を理解する.
- 一酸化窒素(NO)が血管平滑筋の弛緩を誘導する仕組みを説明する.
- 細胞骨格の主要な構成成分であるアクチンフィラメント,微小管,および中間径フィラメントの構造と機能について理解する.
- Hutchinson-Gilford 早老症候群(**早老症 progeria**)におけるラミン A およびラミン C 遺伝子の変異が疾患にもたらす役割を説明する.

生物医学的重要性

　筋肉細胞(筋細胞)は高度に分化して,**アクチン actin** および**ミオシン myosin** が重合してできたファイバーが物理的に近接してできる収縮装置で駆動する.筋肉の収縮は,セカンドメッセンジャーとしての Ca^{2+} が中心的な役割を果たすシグナル伝達によって制御される.筋組織は,遺伝性疾患,悪性高熱,心不全など,さまざまな病理学的状態でも重要でもある.遺伝性疾患には,しばしばグルココルチコイドで治療される Duchenne 型筋ジストロフィーが含まれる.**心不全 heart failure** は臨床でもよくみられ,その原因は多岐にわたる.診断と治療には,心筋の生化学についての理解が必要である.狭心症の治療に用いられるニトログリセリンのような**血管拡張剤 vasodilator** は,一酸化窒素(NO)の生成を増加させることによって効果を発揮する.

　細胞骨格 cytoskeleton は,ポリマー状のタンパク質ファイバーと分子モーターのネットワークであり,すべての哺乳類細胞の形,構造,および機能維持にはた

らく.それは,構造と動きの連携であり,細胞分裂,エンドサイトーシス,エキソサイトーシス,分泌,貪食作用,および白血球の血管外遊出などの運動過程をつくり出す.*Yersinia*,*Salmonella enterica*,*Listeria monocytogenes*,および *Shigella* などの病原微生物は,感染した宿主の細胞骨格を攻撃または利用することが,その毒性発揮に欠かせない.

筋肉は構造および機能が特化された組織である

筋肉は3種類に分類される:骨格筋,心筋,平滑筋

　筋肉は,ポテンシャルエネルギーとしてのミクロな化学エネルギーを,マクロスケールで大きな力学的エネルギーに変換する高度に特殊された組織である.脊椎動物には3種類の筋肉が存在する.**骨格筋 skeletal muscle** と**心筋 cardiac muscle** は横紋状の外観を示し,これは収縮装置の線維が平行に規則的に整列している結果である.**平滑筋 smooth muscle** は縞模様がなく,これは収縮線維がランダムに配向するからである.こ

の配向の違いは，心筋と骨格筋がコイル状バネのように一次元に収縮し力を発揮するのに対し，平滑筋はあたかも膨張した風船のように全方向に収縮する力を発揮することによる．骨格筋は意図的に**随意 voluntary**神経で制御されるが，心筋と平滑筋は無意識，すなわち**不随意 involuntary** に制御される．

筋節(サルコメア)は筋肉の機能単位である

　横紋筋は多核の筋線維細胞で構成され，これらの細胞は筋肉の全長にわたって伸び，電気的に興奮可能な細胞膜である**筋鞘 sarcolemma** で囲まれている．個々の筋線維細胞内では，その長さに沿って縦方向に配向された，平行に整列する**筋原線維 myofibril** の束が存在する．これらは，相互に組み合わさり重なり合った太いフィラメントと細いフィラメントから構成され，筋線維細胞の内液としての**筋形質 sarcoplasm** に埋め込まれている．筋原線維を電子顕微鏡で観察すると，交互に現れる暗い帯と明るい帯が観察される(**図 51-1**)．

　これらの帯は，それぞれ **A 帯 A band** と **I 帯 I band** とよばれる．A 帯では，細い線維(暗い帯)が二次的に六角形をつくるように，太い線維(ミオシン)の周囲に配置される．各細い線維は，3 つの太い線維の間に対称的に配置され(**図 51-2**，中央，中央断面)，各太い線

維は 6 つの細い線維に対称的に囲まれている．A 帯の中央領域は，**H 帯 H band** として知られる比較的密度の低い領域で，太い線維のみで構成される．I 帯(明るい帯)は細い線維のみを含む領域で，複雑なポリペプチドネットワークで構成された電子密度が高いが狭い **Z 線 Z line** によって 2 等分される．これは細い線維を結びつける(図 51-2)．

　サルコメア(筋節)sarcomere は 2 つの Z 線の間の領域として定義され(図 51-1 および図 51-2)，収縮の状態に応じて，筋線維の軸に沿って 1500 ～ 2300 nm の距離で繰り返される．ほとんどの筋線維細胞は，その筋節が平行になるように整列している(図 51-1)．

収縮時に細いフィラメントと太いフィラメントが互いに滑走する

　フィラメントの滑走モデルは，弛緩時，伸展時，および収縮時の筋肉に関する詳細な形態学的観察に大きくもとづく．筋肉が収縮する際，H 帯および I 帯が短くなる(図 51-2 説明参照)．細いフィラメントと太いフィラメント自体は変化しないことを踏まえると，これらがフィラメント収縮時に互いに滑り合うと結論付けられる．筋収縮中に発生する張力がフィラメントの重なり合う度合いに比例することから，収縮がフィラ

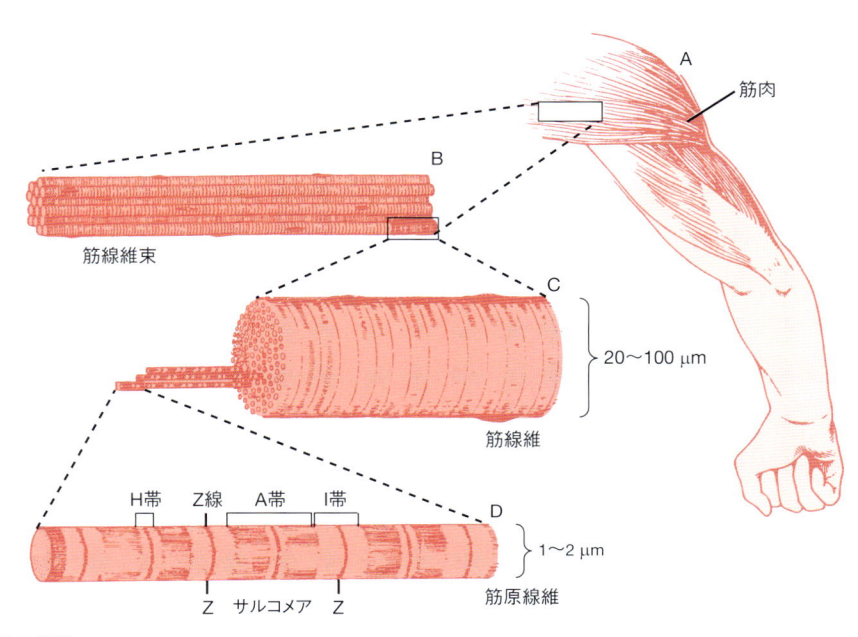

図 51-1. 随意筋の構造
サルコメアは 2 つの Z 線の間の部分．(Bloom W, Fawcett DW: *A Textbook of Histology*, 11th ed. Philadelphia, PA: Saunders, 1986 より許可を得て掲載．作画：Sylvia Colard Keene)

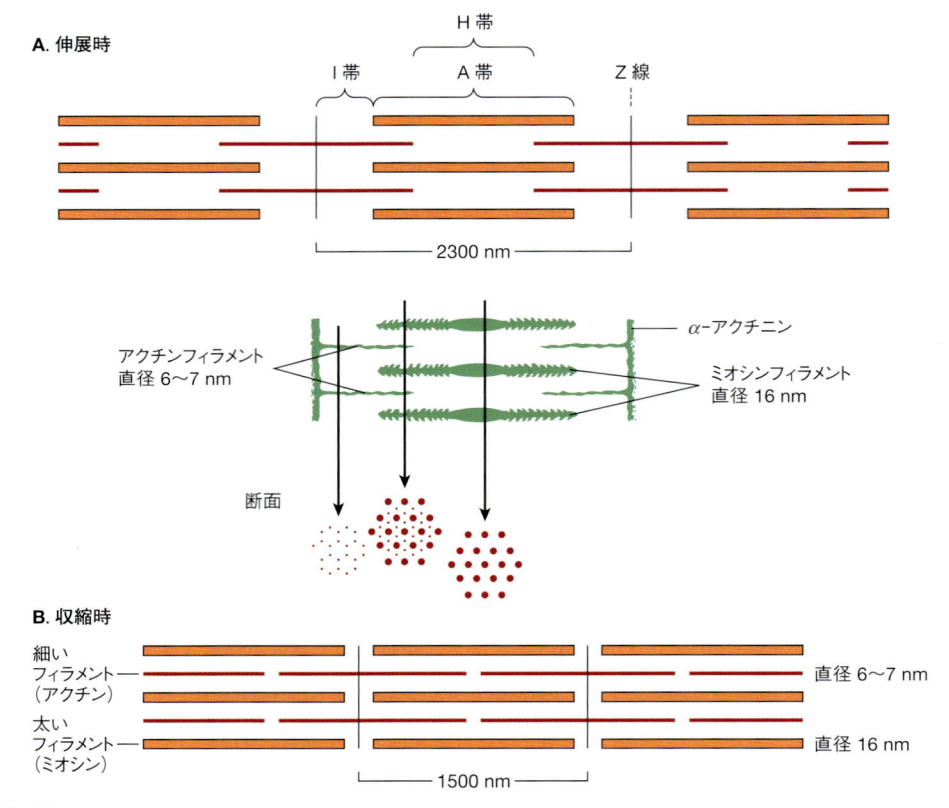

図 51-2. 横紋筋におけるフィラメントの配置
(**A**) 伸展時. I, A および H 帯の伸展時における位置が示されている. 細いフィラメントは太いフィラメントの末端の方で一部重なり, また細いフィラメントは Z 線(しばしば, Z ディスクとよばれる)に固着している. 図 A の下部に, 逆方向をさしている矢じり構造がミオシンの太いフィラメントから出ていることを示している. 4 本のアクチンの細いフィラメントが, 2 つの Z 線に α-アクチニンを介して固着しているのが示されている. 3 本のミオシンフィラメントの中央の部分で矢じりのないところは, M 帯とよばれる(図には名を入れてない). M 帯のところでの断面, ミオシンとアクチンのフィラメントが重なっている部位での断面, アクチンフィラメントだけが存在する部位での断面も示されている. (**B**) 収縮時. アクチンフィラメントがミオシン線維に沿ってずれているのが見られる. 太いフィラメントの長さ(A 帯で示されている)および細いフィラメントの長さ(Z 線と H 帯の縁までの距離)は変化がない. けれどもサルコメアの長さは減少し(2300 〜 1500 nm), H 帯および I 帯の長さも太いフィラメントと細いフィラメントが重なるために減少する. これらの形態的観察が筋収縮の滑走モデルの基礎的根拠の一部となった.

メント間の動的な相互作用を伴うことが明らかである.

筋線維の主要なタンパク質成分

アクチンとミオシンは, 筋タンパク質重量の75%を占める

アクチンとミオシンは, それぞれ筋タンパク質重量の 20% と 55% を占める. アクチン単量体である **G アクチン G-actin**(43 kDa, G:球状 globular)は, Mg^{2+} の存在下で重合して, 不溶性の二重らせんフィラメントである F アクチン(**図 51-3**)を形成する. **F アクチン F-actin**(F:線維状 fibrous)は, 細いフィラメントとし

ても知られ, 太さ 6 〜 7 nm, 35.5 nm ごとのらせん周期性をもつ.

ミオシン I myosin-I は細胞内でモノマーとして存在し, アクチンを細胞膜に架橋する. 収縮性組織におけるおもなミオシンは **ミオシン II myosin-II**(約 460 kDa, 以降たんにミオシンとよぶ)であり, 非対称の六量体である. この六量体は, **重(H)鎖 heavy(H)chain**(約 200 kDa)1 対と, 必須 essential **軽(L)鎖** および調節 regulatory **軽(L)鎖 light(L)chain**(約 20 kDa)2 対で構成される. 2 つの H 鎖は絡み合って伸びるらせん状の尾部を形成し, それぞれが球状の頭部ドメインをもち, そこに L 鎖が相互作用する(**図 51-4**). *in vitro* において, ミオシンは低いレベルの検出可能な **ATPase** 活性

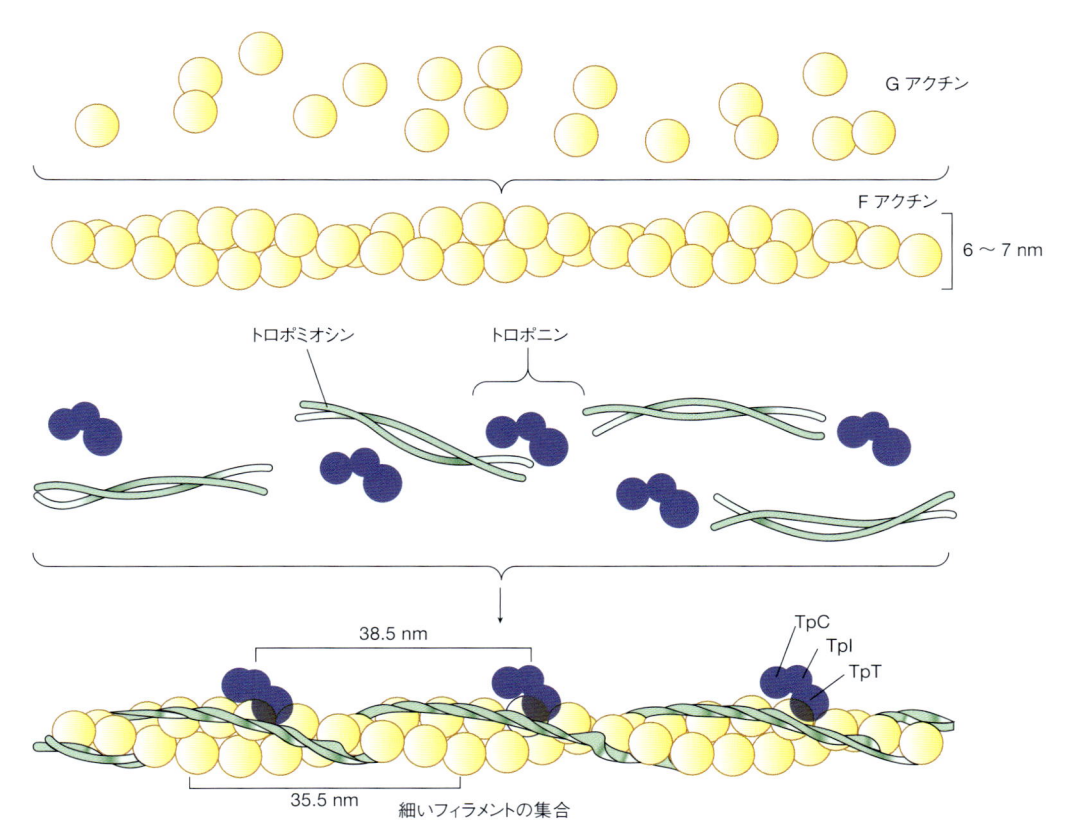

図 51-3. 細いフィラメントの模式図
細いフィラメントの中でもとくに 3 種の主要タンパク質であるアクチン，トロポニン，トロポミオシンについて，その空間的配置を示す．上段は G アクチンの個々の分子．中段はアクチン単量体が会合した F アクチン，トロポミオシン（2 つの鎖が互いにねじれ合っている）およびトロポニン（3 つのサブユニットからなる）も示してある．下段はすべてが会合した細いフィラメントで，F アクチン，トロポミオシン，およびトロポニンの 3 つのサブユニット（TpC，TpI，および TpT）からなる．

をもつ．ATPase 活性は，ATP を ADP と P_i を形成する．ATPase 活性の低さは，ATP を基質とする酵素に共通な特徴である．一方，骨格筋のミオシンがアクチンと**アクトミオシン actomyosin** 複合体を形成すると，その ATPase 活性は大幅に増加する．

ミオシンの構造的および機能的な組織は限定的プロテオリシスによってマッピングされた

　トリプシン trypsin を用いたミオシンの限定分解は，L–メロミオシン（LMM）および **H–メロミオシン**（HMM，約 340 kDa）の 2 つのミオシン断片を生じる．LMM は，ミオシンの尾部の不溶性の α ヘリックス線維からなる（図 51-4）．LMM は ATPase 活性を示さず，F アクチンに結合しない．対照的に，HMM は線維状と球状の領域をもつ可溶性タンパク質である（図 51-4）．HMM は ATPase 活性を示し，F アクチンに結合する．パパインによる HMM の限定分解は，S-1 球状

領域（約 115 kDa）と S-2 線維の 2 つのサブフラグメントに切断する．このうち **S-1** フラグメントのみが，ATPase 活性を示し，アクチンとミオシン L 鎖の両方に結合する（図 51-4）．

横紋筋の細いフィラメントの重要構成要素としてのトロポミオシンとトロポニン

　横紋筋には，アクチン，ミオシンのほかに 2 つのタンパク質があり，それらは量的には少ないが，機能面では重要である．すべての筋肉および筋肉様構造に存在する**トロポミオシン tropomyosin** は，α と β の 2 本の鎖からなる繊維状の分子である．これらの鎖は，F アクチンのフィラメント間の溝に結合する（図 51-3）．**トロポニン複合体 troponin complex** は横紋筋に特有で，3 種のポリペプチドからなる．**トロポニン T troponin T**（TpT）は，トロポミオシンに結合し，他の 2 つのトロポニン成分にも結合する．**トロポニン I tropo-**

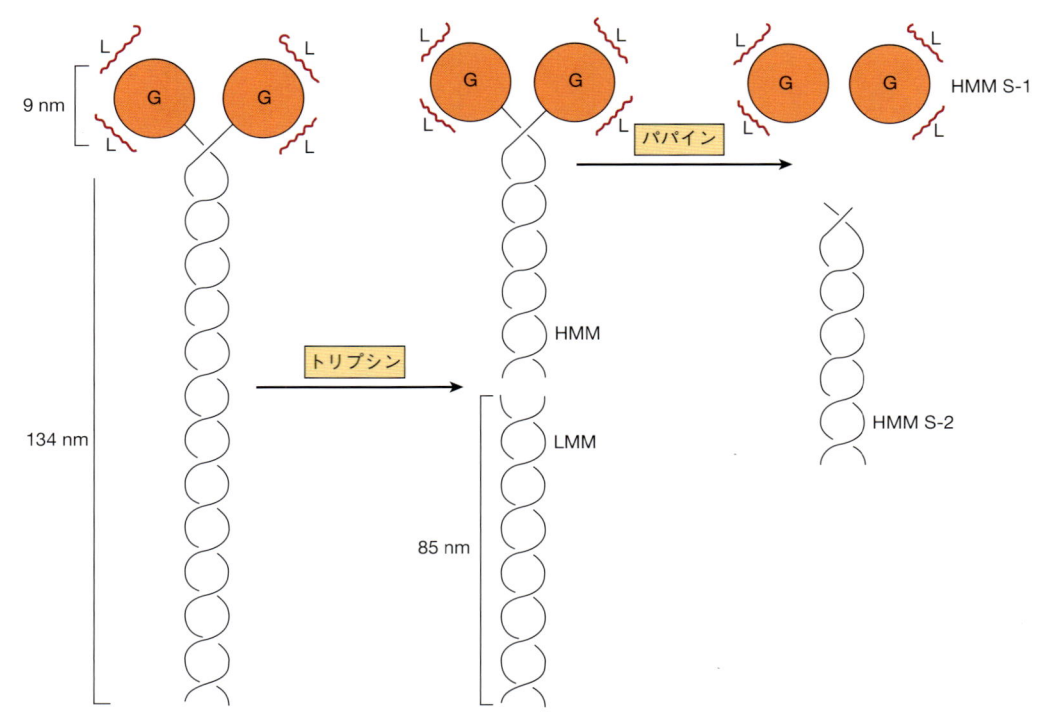

図 51-4. 2 本の互いによじれた α ヘリックス(線維状部分),球状部分(G),L 鎖(L)を示すミオシン分子の構造模型,および ミオシンのトリプシンおよびパパインによる酵素的分解
球状部分はアクチン結合部位,L 鎖結合部位を含み,ミオシン分子の残りの部分にくっつく.

nin I (TpI) は F アクチンとミオシンの相互作用を阻害し,ほかのトロポニン成分とも結合する.**トロポニン C troponin C**(TpC)はカルシウム結合性ポリペプチドで,構造的にも機能的にも,自然界に広く分布する重要なカルシウム結合タンパク質である**カルモジュリン calmodulin** と類似している.トロポニン C やカルモジュリンには,1 分子あたり最大 4 個のカルシウムイオンが結合可能である.

筋肉は化学エネルギーを 力学的エネルギーに変換する

筋収縮は,ロープを左右の手で交互につかみながら登る過程に似て,太いフィラメントが隣接する細いフィラメントに沿って移動することで起こる.この例での"手"は,ミオシンの S-1 頭部であり,付着(アタッチメント),ATP による立体構造の変化(**パワーストローク power stroke**),解離(デタッチメント)の繰り返しで移動する.移動距離も,解放されるエネルギーも個々では微々たるものであるが,ヒトの上腕二頭筋

に存在する $1 \sim 2 \times 10^{18}$ 個のミオシン分子によって増幅されると,大きな力と迅速な動きが生み出される.

図 51-5 に,各パワーストロークサイクルの概略を示す.

① 安静時の筋肉では,ミオシン S-1 頭部には,その前のパワーストロークサイクルで生じた ADP と P_i が結合している.

② セカンドメッセンジャーである Ca^{2+} による刺激を受けると(後述),アクチンがミオシン S-1 頭部に接触可能になって結合し,これによって太いフィラメントと細いフィラメントが**架橋 cross-bridge** される.図 51-2 に示したように,太いフィラメントの両端(緑色の矢頭状.細いフィラメントの残りの部分は示されない)は,互いに反対の極性でアクチンと架橋する.太いフィラメントは,架橋形成に参加しない 150 nm の領域(M 帯.図には示されていない)で極性が逆向きになっている.

③ アクチン-ミオシン-ADP-P_i の架橋複合体がひとたび形成されると,P_i 放出が促進される.続いて,複合体から ADP が放出され,ミオシンの頭部におけるその尾部に対する大きな立体構造の変化であるパワー

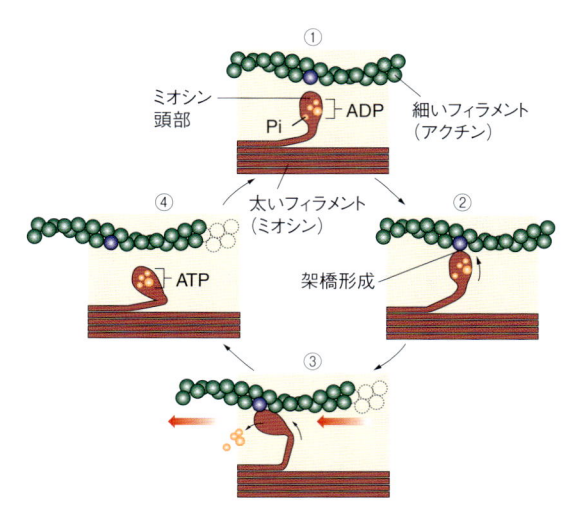

図 51-5. 本文に示した 4 段階の反応における ATP の加水分解によるアクチンとミオシンの会合・解離サイクル

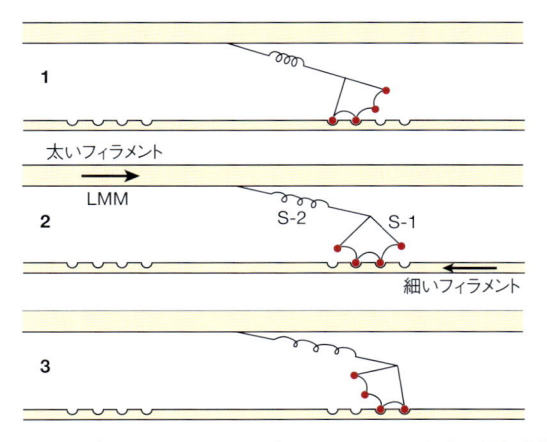

図 51-6. 太いフィラメントと細いフィラメントとの間の活動性架橋説明図

HE Huxley は，筋収縮にあずかる力はミオシン頭部(S-1)が細いフィラメントとの相対的位置上，回転する傾向があって生じ，ミオシン分子の S-2 部分が伸展性のない結合として作用しこの力を太いフィラメントに伝える，と提唱した．S-2 の両端の屈曲性の点が S-1 を回転させ，2 つのフィラメント間の距離を変え得るようにする．上の図は HE Huxley の提案に従っていて，弾性部(S-2 部分のコイル)と段階的短縮化要素(ここでは S-1 部分と細いフィラメントとの間に相互作用する 4 個の場所で表してある)も取り入れてある．接着箇所の結合の強さは 2 の位置の方が 1 より強く，3 の位置の方が 2 より強い．ミオシン頭部が 3 の位置から離れるのは ATP を消費して行う．短縮の過程ではこれが優先する．ミオシン頭部は本文にも記したようにその位置を約 90° から約 45° まで変えている．[S-1：ミオシン頭部，S-2：ミオシン分子の一部，LMM：L-メロミオシン(図 51-4 の説明参照)]．

ストローク (**図 51-6**) が生じ，アクチンが約 10 nm サルコメア(筋節)の中心に向かって引き寄せられる．ヌクレオチドを結合しないこのアクチン-ミオシン複合体は，低いエネルギー状態にある．

④ 次に，ATP がミオシン S-1 頭部に結合すると，これによってアクチンに対するミオシン頭部の親和性が劇的に低下する．したがって，アクチンは解放され，ミオシンと解離する．最終的に，筋収縮の**弛緩期 relaxation phase** では，ミオシン S-1 頭部は ATP を ADP と P_i に加水分解するが，これらの生成物は結合したままである．ATP の ADP-P_i-ミオシンへの加水分解は，いわゆる高エネルギー状態へミオシンを引き上げる．ミオシン-ADP-P_i 複合体は，Ca^{2+} レベルが高い状態を維持する限り，次のサイクルに参加し，細いフィラメントに沿ってさらに 10 nm 移動する準備ができている．

計算によると，筋収縮の熱力学的効率は約 50% であり，内燃機関の 20% 以下と比較してかなり高い．また，ATP の加水分解が最終的にサイクルを駆動する一方で，ADP の放出が即座に S-1 の立体構造変化を起こし，化学エネルギーを力学的パワーストロークに変換することも注目される点である．死後に体が硬直する**死後硬直 rigor mortis** は，細胞内の ATP レベルが低下することで，ミオシン S-1 頭部がアクチンから解離できなくなることで生じる．

筋肉の収縮はセカンドメッセンジャーとしての Ca^{2+} によって調節される

すべての筋肉の収縮は，上述のメカニズムによって行われると一般に理解されている．しかし，収縮は，筋肉組織の種類により異なる制御を受ける．横紋筋はおもにアクチン依存的に調節される一方で，平滑筋はおもにミオシン依存的に調節される．しかし，調節がアクチンにもとづく **actin-based** かミオシンにもとづく **myosin-based** かにかかわらず，セカンドメッセンジャーである Ca^{2+} は，収縮の開始と制御において中心的な役割を果たす．

アクチンにもとづく調節は骨格筋で起こる

骨格筋の収縮装置は，トロポミオシンおよび F アクチンに結合して細いフィラメント内に存在する**トロポニン系 troponin system** によって調節されている．(図 51-3)．安静時の筋肉では，トロポニン I **troponin I** (TpI) はミオシン頭部が F アクチン上の接着場所に結

合するのを阻害するが，これには 2 つの機構があり，トロポミオシン分子を介して F アクチンのコンホメーションを変えるか，あるいは単純に，F アクチン上のミオシン頭部の付く場所へトロンボミオシンを動員して直接その場所を塞ぐかによる．Ca^{2+} のトロポニン C **troponin C**（TpC）への結合は TpI による抑制を解除し，パワーストロークサイクルを進める．Ca^{2+} 濃度が低下すると，TpC–Ca^{2+} 複合体が解離し，TpI がミオシン S-1 頭部の F-アクチンへの結合を再び阻害する．太いフィラメントと細いフィラメントは解離し，筋肉が弛緩する．

平滑筋ではミオシンにもとづく調節が行われる

骨格筋と異なり，**平滑筋 smooth muscle** は多方向に収縮する．横紋筋と同様の分子構造をもっているが，サルコメアが規則的に並んでいないので横紋がない．平滑筋には，骨格筋と同様に，α アクチニンとトロポミオシン分子が含まれているが，トロポニン系は欠如している．平滑筋では，安静状態でのミオシン頭部と F アクチンとの結合を阻害するのは L 鎖である．この阻害は，ミオシン L 鎖キナーゼによる，ミオシン S-1 頭部内の調節（2 型）L 鎖のリン酸化によって解除される．ミオシン L 鎖キナーゼ活性は，カルモジュリンの結合により調節される（**図 51-7**）．

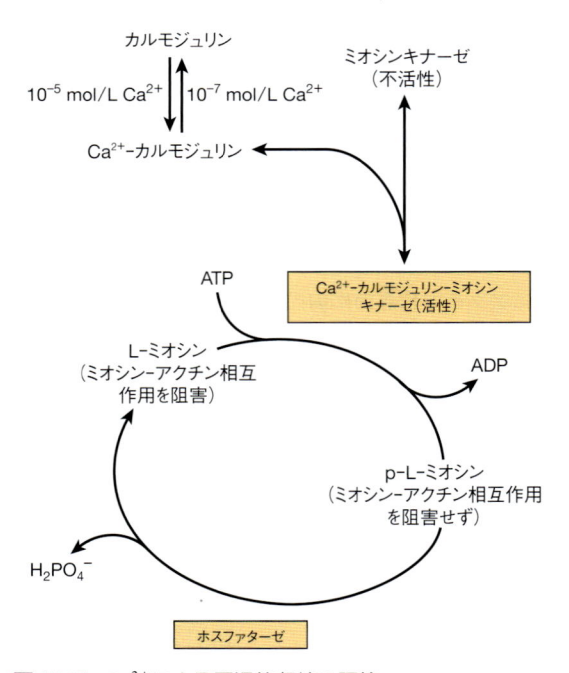

図 51-7. Ca^{2+} による平滑筋収縮の調節
p-L-ミオシンはリン酸化されたミオシンの L 鎖，L-ミオシンは脱リン酸化された L 鎖．

カルモジュリン **calmodulin** は小さく（約 17 kDa），広く存在するタンパク質であり，それぞれが 1 つのカルシウム分子を結合できる EF ハンドモチーフ 4 つを含む．これらのサイトすべてにカルシウムが結合すると，構造変化が引き起こされ，4Ca^{2+}-カルモジュリン複合体がさまざまな細胞内標的酵素（ミオシン L 鎖キナーゼおよび Ca^{2+}-ATPase を含む）と結合して活性化する（後述）．カルシウムがカルモジュリンへ結合すると，カルモジュリンを Ca^{2+} 感受性の分子トリガーとして機能させる．Ca^{2+} 濃度が低下すると，ミオシン L 鎖キナーゼとホスファターゼの活性のバランスがホスファターゼに移り，調節 L 鎖の脱リン酸化，ミオシン S-1 ドメインのアクチンからの解離，そして筋肉の弛緩につながる．

Rho キナーゼ Rho kinase は Ca^{2+} 非依存的に筋収縮を開始させる．Rho キナーゼはミオシンの調節 L 鎖をリン酸化すると同時に，L 鎖を脱リン酸化するホスファターゼをリン酸化する．ホスファターゼのリン酸化はその活性を抑制するため，ミオシンに作用するキナーゼとホスファターゼ間のバランスが前者にさらにシフトする．**表 51-1** は，横紋筋および平滑筋の，アクチン-ミオシン相互作用（ミオシン ATPase の活性化）についてまとめ，比較したものである．cAMP 依存的プロテインキナーゼによる Rho キナーゼのリン酸化は，このセカンドメッセンジャーが平滑筋収縮で見られる減衰効果を説明する可能性がある．

カルデスモン caldesmon（87 kDa）は，もう 1 つの調節タンパク質で，平滑筋中に広く存在し非筋組織中にも存在する．Ca^{2+} 濃度が低いと，カルデスモンはトロポミオシンやアクチンと結合し，アクチンとミオシンの相互作用を抑制し，筋肉を弛緩状態に保つ．Ca^{2+} 濃度が高くなると，カルモジュリン-4Ca^{2+} がカルデスモンに結合し，アクチンがカルデスモンから解離する．解離したアクチンはミオシンに結合し，収縮が可能となる．カルデスモンはまたリン酸化と脱リン酸化による共有結合修飾を受ける（9 章参照）．カルデスモンはリン酸化されると，アクチンに結合できず，再びアクチンがミオシンと相互作用できるようにする．

筋小胞体は骨格筋における細胞内 Ca^{2+} 濃度を調節する

横紋筋が弛緩状態にあるとき，収縮を開始するために必要な Ca^{2+} は，細管のネットワークからなる**筋小胞体 sarcoplasmic reticulum**（SR）内に蓄積され，筋形質への放出待機状態にある．筋小胞体は T 管系の横行小管を介して筋節と機能的に連結している．安静時の筋

表 51-1. 横紋筋ならびに平滑筋におけるアクチンとミオシンの相互作用

	横紋筋	平滑筋
筋フィラメントのタンパク質	アクチン ミオシン トロポミオシン トロポニン（TpI，TpT，TpC）	アクチン ミオシン[a] トロポミオシン
Fアクチンとミオシンの自発的な相互作用 （Fアクチンによるミオシン ATPase の活性化）	あり	なし
Fアクチンとミオシンの相互作用に対する阻害因子（Fアクチンによる ATPase 活性化の阻害因子）	トロポニン系（TpI）	脱リン酸化されたミオシン p-L 鎖
収縮誘起物	Ca^{2+}	Ca^{2+}
Ca^{2+} の直接作用	$4Ca^{2+}$ が TpC に結合	$4Ca^{2+}$ がカルモジュリンに結合
タンパク質結合性 Ca^{2+} の効果	TpC-$4Ca^{2+}$ 複合体は TpI の阻害作用と拮抗し，Fアクチンとミオシンの相互作用を起こす（すなわち，Fアクチンは ATPase を活性化する）．	カルモジュリン-$4Ca^{2+}$ 複合体はミオシン L 鎖キナーゼを活性化し，ミオシンの p-L 鎖がリン酸化される．リン酸化されたミオシン p-L 鎖はもはやFアクチンとミオシンの相互作用を阻害しない（したがって，Fアクチンは ATPase を活性化することができる）．

[a] ミオシンの L 鎖は横紋筋と平滑筋で異なる．

肉では，筋形質内の Ca^{2+} 濃度は通常 $10^{-8} \sim 10^{-7}$ mol/L の範囲にある．この低 Ca^{2+} 濃度は，Ca^{2+}-ATPase（**図 51-8**）の基礎活性によって維持される．これは Ca^{2+} 活性化型カルシウムポンプであり，ATP の加水分解のエネルギーを利用して Ca^{2+} を濃度勾配に逆らって移動させる．筋小胞体内に取り込まれた Ca^{2+} は，**カルセケストリン calsequestrin** とよばれるカルシウム貯蔵特異的な Ca^{2+} 結合タンパク質に結合する．

　Ca^{2+} が筋形質に放出されると，カルモジュリン-$4Ca^{2+}$ が Ca^{2+} 依存性 ATPase に結合して活性化する．これによって筋形質に放出された Ca^{2+} の筋小胞体への回収が直ちに始まることで，筋肉を迅速に弛緩させ，次の収縮の準備が整えられる．筋形質内の ATP 濃度が劇的に低下すると（たとえば，収縮-弛緩サイクルによる過度の使用や，虚血時の産生低下），Ca^{2+}-ATPase 活性は停止し，筋形質内の Ca^{2+} 濃度は高いままとなる．

　神経刺激 nerve impulse によって筋鞘 sarcolemma（筋細胞の細胞膜）が興奮すると，T 管系の興奮性膜が脱分極し，近傍の筋小胞体の**電位依存型 voltage-gated** Ca^{2+} 放出チャネル（ホモ四量体，サブユニットあたり約 565 kDa）を開く．Ca^{2+} が急速に筋形質内に流れ込み，濃度をほぼ 100 倍，10^{-5} mol/L にまで上昇させ，トロポニン C およびカルモジュリンに結合して筋収縮を開始する．植物アルカロイドである**リアノジン ryanodine** は，リアノジン受容体（RYR）としても知られ

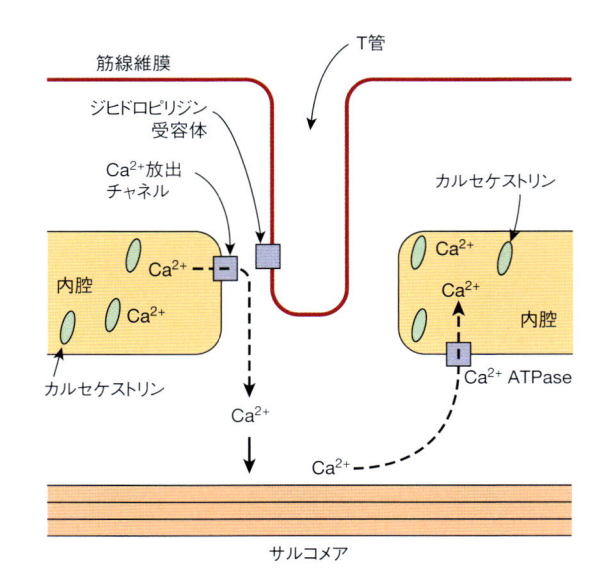

図 51-8. 骨格筋の筋細胞膜と T 管系と 2 つの筋小胞体内腔の関係（スケールは無視）

T 管は筋細胞膜から内方へ延びている．神経のインパルスで始まる脱分極の波は，筋細胞膜から T 管を通って伝達される．それは次に Ca^{2+} 放出チャネル（リアノジン受容体）に伝えられるが，おそらく非常に接近して存在することがわかっているジヒドロピリジン受容体（遅い Ca^{2+} 電位依存性チャネル）との間の相互作用によってであろう．Ca^{2+} 放出チャネルから細胞質中へ Ca^{2+} が放出されると，筋収縮が始まる．続いて，Ca^{2+} ATPase（Ca^{2+} ポンプ）により Ca^{2+} は筋小胞体内腔に汲み戻され，一部はカルセケストリンと結合した状態でそこに貯えられる．

る電位依存性 Ca^{2+} チャネルにを結合し, 活性を調節する. 横紋筋と心筋にそれぞれ存在する 2 つのアイソフォーム, RYR1 および RYR2 がある. RYR2 は脳組織にも存在する. RYR は, 横管系の電位依存型 Ca^{2+} チャネルであるジヒドロピリジン受容体 **dihydropyridine receptor** に近接する（図 51-8）.

Ca^{2+} 放出チャネル遺伝子の変異が, ヒト悪性高熱症の原因である

ある種の麻酔薬（たとえば, ハロタン）や脱分極誘導筋弛緩物質（たとえば, スクシニルコリン）の投与は, 遺伝素因をもつ一部の患者において **悪性高熱症 malignant hyperthermia** を引き起こすことがある. 悪性高熱症の症状は, 骨格筋の強直化, 代謝亢進, および異常な高熱などである. 他の合併症や死を防ぐために, 麻酔は直ちに中止され, ダントロレンが投与される. ダントロレンは骨格筋を弛緩させる薬物で, 筋小胞体から筋形質への Ca^{2+} の放出を抑制する作用をもつ.

ヒトの悪性高熱症の原因は, Ca^{2+} 放出チャネル, カルセクエストリン-1, ジヒドロピリジン受容体, または筋形質内 Ca^{2+} 濃度を上昇させる RYR 受容体遺伝子の変異が関係する可能性がある. *RYR1* 遺伝子の変異は, **中心筋障害 central core disease** とも関連している. これは乳幼児期に筋緊張低下と, 近位筋の筋力低下を示すまれな筋疾患である. 電子顕微鏡により, 多くの I 型筋線維の中心部にミトコンドリアが確認できない. *RYR1* の異常機能により, 筋形質内の高濃度 Ca^{2+} がミトコンドリアを障害した形態学的所見と思われる.

心筋は多くの点で骨格筋と類似している

心筋の収縮調節もアクチンにもとづく

心筋は骨格筋と同様に **横紋 striated** があり, アクチン-ミオシン-トロポミオシン-トロポニン系によって調節される. 骨格筋と違うのは, 心筋は **内在的律動性 intrinsic rhythmicity** を示し, 心筋細胞どうしが合胞体のように互いに情報交換する点である. **T 管系 T-tubular system**（後述）は心筋でより発達しているが, 筋小胞体はあまり発達しておらず, 収縮に使われる細胞内からの Ca^{2+} 供給は少ない. したがって, 心筋は収縮のために **細胞外 Ca^{2+} extracellular Ca^{2+}** に依存している. 分離された心筋が Ca^{2+} を欠くと, 約 1 分以内に収縮を停止するが, 骨格筋は細胞外の Ca^{2+} 源がなくて

もより長い期間収縮を続けることができる. **サイクリック AMP cyclic AMP（cAMP）** の役割は骨格筋の場合よりも心筋で大きい. cAMP は, 筋細胞膜や筋小胞体にあるさまざまな輸送タンパク質をリン酸化するプロテインキナーゼの活性化を通じて, 細胞内 Ca^{2+} 濃度を調節する. プロテインキナーゼはまた, トロポニン-トロポミオシン複合体を標的とし, 細胞内 Ca^{2+} に対する応答性に影響を与える. そうして, カテコールアミンにより誘発される心筋収縮増強力はおおよそ TpI のリン酸化と相関する. これにより, β-アドレナリン化合物が心臓に及ぼす **変力作用 inotropic effect**（収縮力の増加）が説明できると思われる. 骨格筋, 心筋, 平滑筋の違いについては **表 51-2** に示す.

細胞外 Ca^{2+} は Ca^{2+} チャネルを介して心筋細胞内に流入し, Na^+-Ca^{2+} 交換体および Ca^{2+} ATPase を介して細胞から流出する

細胞外 Ca^{2+} は, 選択性の高いチャネルを介して心筋細胞内に流入する. そのおもな取込み口は, L 型（long-duration current, large conductance）, すなわち **遅い Ca^{2+} チャネル slow Ca^{2+} channel** で, 膜電位依存性で脱分極で開き, 活動電位の低下とともに閉じる. このチャネルは骨格筋でのジヒドロピリジン受容体に相当する（図 51-8 参照）. この遅い Ca^{2+} チャネルは, cAMP 依存性プロテインキナーゼ（促進性）と cGMP 依存性プロテインキナーゼ（抑制的）によって **調節 regulated** され, いわゆる Ca^{2+} チャネル阻害剤（たとえば, ベラパミル）で阻害される. **速い fast**（または T, transient）Ca^{2+} チャネルは数はずっと少ないが, 細胞膜に存在し, おそらく筋形質中の Ca^{2+} の早い時期の増加に寄与する.

筋形質中の Ca^{2+} 濃度増加は, 筋小胞体の Ca^{2+} 放出チャネルの開口を引き起こす. この Ca^{2+} 誘導性の Ca^{2+} 放出は, 刺激された心筋細胞に流入する Ca^{2+} の約 90 % を占める. しかし, 細胞外から入る Ca^{2+} が占める 10 % は, 筋小胞体からの Ca^{2+} 動員のためのトリガーとして機能するので, 非常に重要である.

Na^+-Ca^{2+} 交換体は心筋細胞からのおもな Ca^{2+} 流出経路である. Na^+ と Ca^{2+} は 3:1 の比率で交換され, 血漿から細胞内への Na^+ 移動が, 濃度勾配に逆らって Ca^{2+} を血漿へ移動させるために必要なエネルギーを供給する. Na^+-Ca^{2+} 交換は心筋弛緩にはたらくが, 興奮の間は逆方向に動くようである. その場合, 細胞内 Na^+ 濃度を上昇させるものは, 二次的に細胞内 Ca^{2+} 濃度を上昇させ, より強い収縮（**正の変力作用 positive**

表51-2. 骨格筋，心筋，および平滑筋間の差異

骨格筋	心　筋	平滑筋
1. 横紋あり	1. 横紋あり	1. 横紋なし
2. 融合細胞（syncytium）ではない	2. 融合細胞	2. 融合細胞ではない
3. T管系は小	3. T管系は大	3. T管系は一般に発達してない
4. 筋小胞体はよく発達し Ca^{2+} ポンプは速やかにはたらく	4. 筋小胞体は存在し Ca^{2+} ポンプはかなり速くはたらく	4. 筋小胞体はしばしば発達しておらず，Ca^{2+} ポンプはゆっくりはたらく
5. 筋細胞膜はいつくかのホルモン受容体をもつ	5. 筋細胞膜はいろいろの受容体（たとえば，α-およびβ-アドレナリン作動性）を含む	5. 筋細胞膜はいろいろの受容体（たとえば，α-およびβ-アドレナリン作動性）を含む
6. 神経刺激が筋収縮を始動	6. 内在性律動性	6. 筋収縮は神経刺激，ホルモン，その他により始動
7. 筋収縮に細胞外液 Ca^{2+} は重要でない	7. 筋収縮には細胞外液 Ca^{2+} が重要	7. 筋収縮には細胞外液 Ca^{2+} が重要
8. トロポニン系が存在	8. トロポニン系が存在	8. トロポニン系を欠く：ミオシン頭部の調節を利用
9. カルデスモン（caldesmon）は関係しない	9. カルデスモンは関係しない	9. カルデスモンは重要な調節タンパク質である
10. 架橋のサイクルは極めて早い	10. 架橋のサイクルは比較的早い	10. 架橋の回転は遅くて，ゆっくり長く続く筋収縮および ATP 消費節約を可能にする

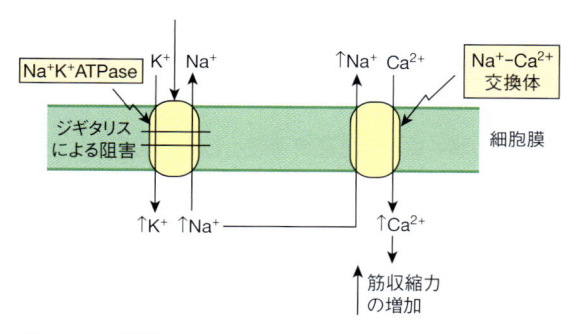

図51-9. ジギタリスという薬物（心不全のある種の病態に有効である）が心臓の収縮力を増加させるしくみ
ジギタリスは Na^+-K^+-ATPase を阻害する（40 章参照）．これによって心筋細胞からいくらかの Na^+ が放出されるために，細胞内の Na^+ 濃度が高くなる．それに反して，Na^+-Ca^{2+} 交換反応が刺激されて，多くの Na^+ が外に，多くの Ca^{2+} が心筋の中に入り込むことになる．その結果，細胞内の Ca^{2+} 濃度が上昇して，筋肉の収縮の原動力が増えることになる．

表51-3. イオンチャネル構成ポリペプチドをコードする遺伝子の変異によって起こる疾患（チャネル病）の例

疾　患[a]	関連するイオンチャネルとおもな臓器
中心コア筋障害（OMIM 117000)	Ca^{2+} 放出チャネル（RYR1） 骨格筋
高カリウム性周期性四肢麻痺（OMIM 170500)	ナトリウムチャネル 骨格筋
低カリウム性周期性四肢麻痺（OMIM 170400)	遅い電位依存性 Ca^{2+} チャネル（DHPR） 骨格筋
悪性高熱症（OMIM 145600)	Ca^{2+} 放出チャネル（RYR1） 骨格筋
先天性ミオトニア（OMIM 160800)	Cl^- チャネル 骨格筋

[a] チャネル病にはほかに次のようなものがある．QT 延長症候群（OMIM 192500），偽性アルドステロン症（Liddle 症候群，OMIM 177200），小児高インスリン血症性低血糖（OMIM 601820），小児性染色体性劣性腎結石症 II 型（Dent 症候群，OMIM 300009），および全身性ミオトニア（Becker 病，OMIM 255700）．"ミオトニア myotonia" という語は筋肉が収縮したあと弛緩しないあらゆる状態を意味する．
（Ackerman MJ, Clapham DE: Ion channels-basic science and clinical disease. N Engl J Med 1997;336(22): 1575-1586 をもとに作成）

inotropic effect） を誘導する．**ジギタリス digitalis** は筋細胞膜 Na^+-K^+-ATPase を阻害して，この経路による Na^+ の排出率を減少させることにより，細胞内 Na^+ 濃度を増加させる．その結果 Na^+-Ca^{2+} 交換器を介した Ca^{2+} 流入増加による細胞内 Ca^{2+} 濃度の増加が，心不全患者の心収縮力を改善させる（**図 51-9**）．

　骨格筋とは対照的に，心筋細胞膜 **Ca^{2+}-ATPase** は Na^+-Ca^{2+} 交換器と比較して Ca^{2+} の排出での寄与は少ない．イオンチャネルは心筋と同様に骨格筋でも重要

である（40 章参照）．イオンチャネル遺伝子の変異は，多くの稀少筋肉疾患の原因になる．イオンチャネルの変異による種々の疾患はチャネル病とよばれる．そのいくつかを**表 51-3** に示す．

筋収縮には大量のATPが必要である

骨格筋における ATP の量は，収縮のためのエネルギーを数秒間供給するのに十分な量しかない．そのため，筋細胞は収縮−弛緩サイクルを維持するために必要な ATP を再生するために，次のように複数のメカニズムを発達させている．(1) 血中グルコースまたは筋肉グリコーゲンを用いた解糖，(2) 酸化的リン酸化，(3) クレアチンリン酸，および (4) ADP 2分子からアデニル酸キナーゼが触媒する反応により生成される（**図 51-10**）．

骨格筋には多量のグリコーゲンが存在する

骨格筋の筋形質は，I 帯に密接した顆粒中に大量の**グリコーゲン glycogen** を貯蔵している．グリコーゲンからのグルコースの遊離は，筋肉特異的な**グリコーゲンホスホリラーゼ glycogen phosphorylase**（18 章参照）に依存しており，これは Ca^{2+}，アドレナリン，および AMP により活性化される．Ca^{2+} はホスホリラーゼ b キナーゼも活性化し，筋収縮の開始とともにグルコースの利用も可能にする．

好気条件下では，筋肉はおもに酸化的リン酸化によりATPを生成する

血糖や内因性グリコーゲンから得られるグルコース glucose と，脂肪組織のトリアシルグリセロールから得られる脂肪酸 fatty acid は，筋肉の好気代謝におけるおもな基質である．酸化的リン酸化 oxidative phosphorylation は，好気呼吸における ATP 産生の主要なメカニズムである．したがって，収縮する筋肉は酸素をたくさん必要とする．赤い色を示すことで区別できる筋肉には，酸素不足に対抗するために酸素を貯蔵できるミオグロビンタンパク質を含む(6 章参照)．

クレアチンリン酸は筋肉における主要な貯蔵エネルギーである

筋肉特異的酵素であり，筋肉の急性や慢性の筋疾患の有無を判断するために臨床的に利用されるクレアチンキナーゼ creatine kinase は，クレアチンと ATP からクレアチンリン酸 creatine phosphate を合成する反応を触媒する (図 51-10)．この反応の平衡定数は約 1 である．したがって，ATP レベルが高いときは，クレアチンリン酸の合成に傾く．しかし，ATP 量が減少すると，貯蔵されたクレアチンリン酸を消費して ATP の合成に傾く．そうして，クレアチンリン酸は，ADP からATP への再生に必要な高エネルギーリン酸を素早く供給する．

アデニル酸キナーゼは最終手段として機能する

ATP 合成酵素(図 13-8 参照)は生きている細胞において ATP を再生するための主要な役割を果たす．しかし，これは ADP から ATP を合成することのみが可能である．AMP から ATP を再生するためには，AMP をまず ADP にリン酸化する必要があり，この過程は ATP

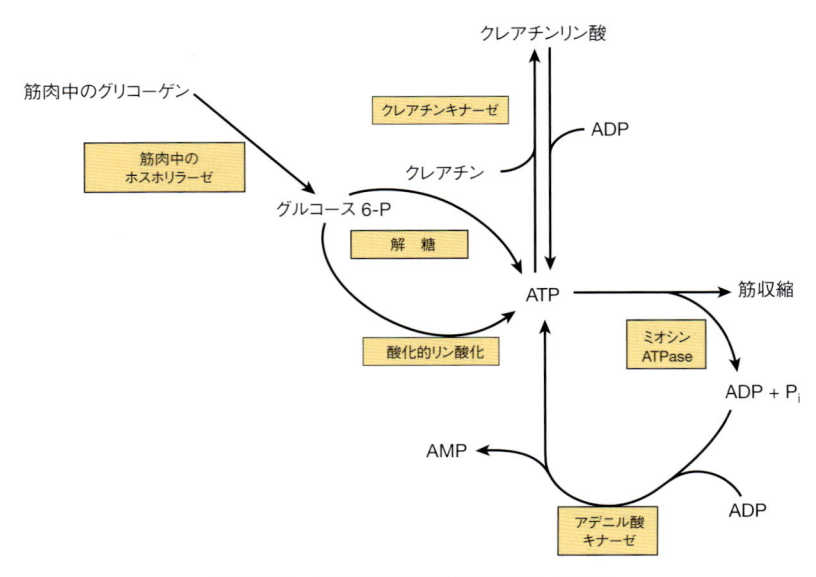

図 51-10. 筋肉における種々の ATP 供給源

をリン供与体として使用するアデニル酸キナーゼ adenylate kinase という酵素によって触媒される．この酵素は，AMP と ATP の各 1 分子から，2 分子の ADP を生成することができる．ほかの ATP 再生手段がつき，ヌクレオチド三リン酸（NTP）量が急減すると，ADP を犠牲にして ATP を合成する向きに平衡反応が傾く．この反応の副産物が AMP であることに注意する必要がある．すなわち，これは一時的な処置に過ぎず，細胞はアデニンヌクレオチドを消費し続けることはできないのである．

骨格筋には攣縮の遅い（赤色）線維と速い（白色）線維がある

骨格筋には型の異なる線維が存在する．これらを I 型（緩徐攣縮），IIA 型（敏速攣縮-酸化的），IIB 型（敏速攣縮-解糖的）とする分類もあるが，ここでは簡単に I 型（緩攣縮，酸化的）と II 型（速攣縮，解糖的）の 2 つに大別する．**I 型線維**はミオグロビンとミトコンドリアを含み，代謝は好気的で，かなり持続した収縮ができる．白い **II 型線維**はミオグロビンを欠き，ミトコンドリアが少ない．これらは嫌気的解糖からエネルギーを得て，かなり短時間の収縮しかできない．

これら 2 つの型の線維の割合は，筋肉の機能やトレーニング，筋肉の部位によって異なる．たとえば，マラソンのトレーニングを行うアスリートの下肢の筋肉では I 型線維の数が増加するが，短距離走の選手では II 型線維の数が増加する．I 型線維は ATP を再生するために好気的代謝に大きく依存するが，II 型線維はクレアチンリン酸のような無酸素的なエネルギー供給に依存する．このため，多くの持久系アスリートはカーボローディング，つまりおもに高いデンプン含有量をもつ食品からなる食事を摂取することで，グリコーゲン貯蔵量を増やす努力をする．一方で，短距離走の選手によっては，補助食としてクレアチンを摂取することで，筋肉内のクレアチンリン酸の貯蔵を増加させようとする．

筋組織はいくつかの遺伝性疾患の標的となる

遺伝性心筋症の原因は心臓のエネルギー代謝の異常あるいは異常心筋タンパク質から生じ得る

心筋症 cardiomyopathy は，心室筋の構造または機能的異常である．これらの異常はさまざまな原因から生じるが，その多くは遺伝的異常である．**表 51-4** に示すように，遺伝性心筋症の原因は次の 2 つのクラスに大別される．（1）心臓のエネルギー代謝の障害で，おもに心筋の主要なエネルギー源である脂肪酸酸化および酸化的リン酸化に関与する酵素やタンパク質の遺伝子変異，（2）ミオシン，トロポミオシン，トロポニン，および心筋ミオシン結合タンパク質 C など，心筋収縮に関与したり影響を与えるタンパク質の遺伝子変異．

心筋 β-ミオシン H 鎖遺伝子の変異は，家族性肥大型心筋症の一因である

家族性肥大型心筋症は，最も頻度の高い遺伝性心疾患の 1 つである．患者は早期から，左心室または両心室の著しい心室肥大を示す．ほとんどの症例は常染色体顕性（優性）遺伝を示すが，残りの症例は孤発的である．原因は，**β-ミオシン H 鎖 β-myosin heavy chain** 遺伝子のいくつかの**ミスセンス変異 missense mutation** のいずれかで，結果として，高度に保存されたアミノ酸がほかのアミノ酸に置換される．ミスセンス変異はミオシン H 鎖の頭部および頭部-桿部領域に集積

表 51-4. 遺伝的心筋症の生化学的成因[a]

原因	おかされているタンパク質または過程
脂肪酸酸化の先天異常	細胞内，ミトコンドリア内へのカルニチン取り込み 脂肪酸酸化にあずかる酵素
ミトコンドリアの酸化的リン酸化の異常	ミトコンドリア遺伝子にコードされたタンパク質 細胞核の遺伝子にコードされたタンパク質
心筋の収縮，あるいは構造にかかわるタンパク質	β-ミオシン重鎖，トロポニン，トロポミオシン，ジストロフィン

[a] いろいろなタンパク質，酵素，あるいは tRNA をコードしている遺伝子（核またはミトコンドリア）の変異（点突然変異，あるいは欠損）が遺伝的心筋症の根本的原因である．あるものは緩徐であり，ほかのものは重度であったりする．また，ほかの組織をおかす症候群の一症状としてくるものもある．

（Kelly DP, Strauss AW: Inherited cardiomyopathies. N Engl J Med 1994;330（13）:913-919 をもとに作成）

している．1つの仮説として，これらの H 鎖変異体 (poison polypeptide) が異常な筋原線維をつくり，最終的には代償的に肥大を引き起こす可能性が考えられている．

家族性肥大型心筋症は，患者により臨床像が大きく異なることがある．これは遺伝的多様性を一部反映しており，他の多くの遺伝子（たとえば，心筋アクチン，トロポミオシン，心臓トロポニン I および T，必須および調節性ミオシン L 鎖，心筋ミオシン結合タンパク質 C，タイチン（コネクチン），およびミトコンドリアの tRNA-グリシンおよび tRNA-イソロイシンをコードする遺伝子など）の変異も家族性肥大型心筋症を引き起こすようである．アミノ酸側鎖の荷電に変化ある変異をもつ患者は，荷電に変化がない変異をもつ患者に比べて寿命は有意に短い．

ジストロフィン，筋 LIM タンパク質（最初に検出されたシステインリッチドメインが Lin-II，Isl-1，Mec-3 に見つかった），サイクリック AMP 応答配列結合タンパク質（CREB），デスミン，およびラミン遺伝子における変異は，それぞれ**拡張型心筋症 dilated cardiomyopathy** の原因と考えられてきた．最初の2つのタンパク質は心筋細胞の収縮機構に役立ち，一方，CREB はこれらの細胞内のいくつかの遺伝子の発現を調節する．

ジストロフィン遺伝子の変異は，Duchenne 型筋ジストロフィーの原因である

収縮装置ではたらくタンパク質成分としてはほかに，これまでに知られている世界最大のタンパク質であり，筋原線維の端を固定するタイチン（titin，別名コネクチン connectin），ネブリン，α-アクチニン，デスミン，およびジストロフィンなどがある．これらのタンパク質の中で，**ジストロフィン dystrophin** はとくに生物医学的に興味深い．ジストロフィン遺伝子の変異は，**Duchenne 型筋ジストロフィー Duchenne muscular dystrophy** および **Becker 型筋ジストロフィー Becker muscular dystrophy** の原因となり，かつ，**拡張型心筋症**にも関与していることが示唆されている（先述）．ジストロフィンは，細胞膜の内側面で細胞骨格のアクチンを細胞外マトリックスに結び付ける．この架橋形成は，シナプス連結部の形成に必要らしい．Duchenne 型筋ジストロフィーの発症は，変異ジストロフィンの形態変化により生じたシナプス接合部の形成不全に起因する．同様に，**α-ジストログリカン α-dystroglycan** を翻訳後修飾するグリコシルトランスフェラーゼの遺伝子の変異や，**サルコグリカン複合体 sarcoglycan**

complex（**図 51-11**）の成分をコードする遺伝子の変異により，**肢帯型 limb-girdle** 筋ジストロフィーやその他の型の先天性筋ジストロフィーが起こる．

一酸化窒素は血管平滑筋を弛緩させる

アセチルコリンは血管平滑筋の弛緩を起こす．アセチルコリンは血管内皮細胞の表面受容体に結合すると，細胞膜内側表面のホスホリパーゼを活性化する．ホスホリパーゼは，量的には少ないが機能的に重要な細胞膜リン脂質成分であるホスファチジルイノシトールからポリリン酸化頭部基，とくに 3,4,5-トリホスホイノシトールを加水分解して遊離させる．これらのポリリン酸イノシトールのセカンドメッセンジャーは，血管内皮細胞質内で Ca^{2+} 放出を促し，その後の**内皮由来弛緩因子 endothelial-derived relaxing factor**（EDRF）の放出を惹起する．これは隣接する平滑筋に拡散し，その後の弛緩を引き起こす．EDRF は，組織中でわずか約 3 ～ 4 秒の半減期をもつ**一酸化窒素 nitric oxide**（NO）と同定された．

NO シンターゼは，Ca^{2+} により活性化されるサイトゾルの酵素で，アルギニンの側鎖にあるグアニジノ窒素を 5 電子酸化してシトルリンと NO を生成する（**図 51-12**）．この複雑な反応は，NADPH と，4つの酸化還元活性のある補欠分子族である FAD，FMN，ヘム，テトラヒドロビオプテリンを利用する．周囲の血管平滑筋細胞に拡散した NO は，可溶性グアニリルシクラーゼのヘム部位に結合し，酵素を活性化し，細胞内のセカンドメッセンジャーである 3',5'-サイクリック GMP（cGMP）のレベルを上昇させる．これにより，特定の cGMP 依存性タンパクキナーゼが活性化され，特定の筋肉タンパク質がリン酸化され，弛緩が起こる．

NO はまた，**亜硝酸塩 nitrite** からも形成される．これは，狭心症の治療に一般的に投与される．ニトログリセリンとして知られる三硝酸グリセリン glyceryl trinitrate などの血管拡張剤の代謝から生成される．NO のもう1つの重要な心血管系に対する作用は血小板凝集阻害で，これは cGMP の合成増加により起こる．

骨格筋は体内タンパク質の主要な貯蔵庫である

ヒトでは，**骨格筋のタンパク質 skeletal muscle protein** は脂肪ではない形で貯蔵された主要なエネルギー源である．これは，とくに成人において，長期にわた

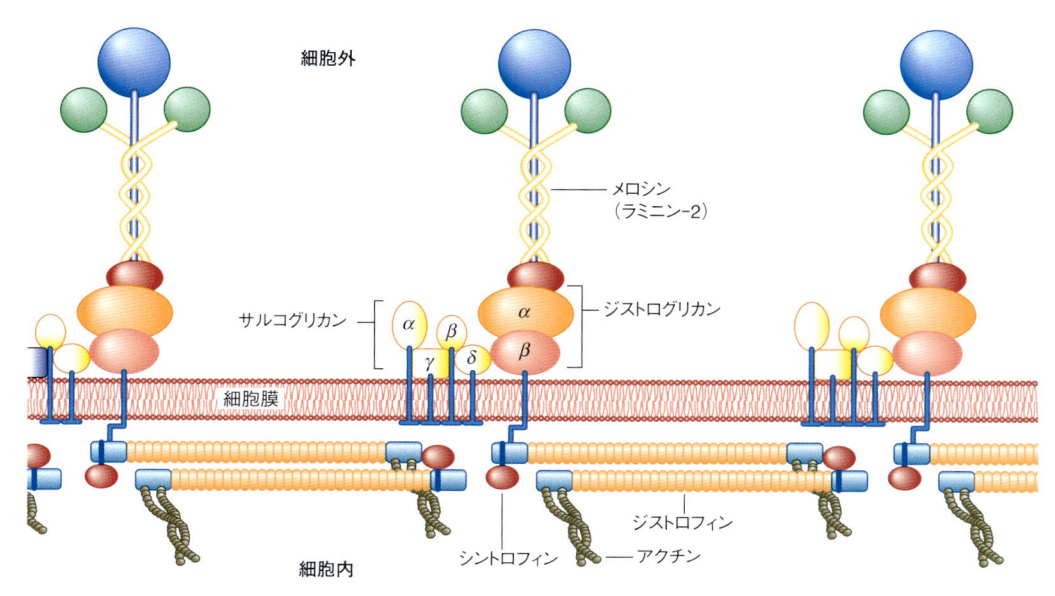

図 51-11. 筋細胞の細胞膜におけるジストロフィンとほかのタンパク質の相互関係

ジストロフィンは 1 つの大きな複合体の構成成分である. この複合体は, ほかのいくつかのタンパク質複合体と固く結合している. ジストログリカン複合体は, 基底膜タンパク質のメロシン（ラミニン-2 ともよばれる. 50 章参照）と結合した α-ジストログリカンと, α-ジストログリカンとジストロフィンを結びつける役割をしている β-ジストログリカンの 2 つから構成される. シントロフィンはジストロフィンのカルボキシ末端領域と結合する. サルコグリカン複合体は, α-, β-, γ-, δ-サルコグリカンの 4 つの膜貫通タンパク質から構成されている. サルコグリカン複合体の機能や, 各構成成分間の相互作用や, ほかの複合体との相互作用については明らかではない. サルコグリカン複合体は骨格筋にのみ存在し, そのサブユニットはお互いに結合しやすくなっていることから, この複合体は一まとまりの単位として機能している可能性が考えられる. ジストロフィン遺伝子内の変異によって Duchenne 型や Becker 型の筋ジストロフィーが引き起こされる. また, 種々のサルコグリカンをコードしている遺伝子の変異が, 肢帯型筋ジストロフィー（たとえば, OMIM 604286）の発症の原因であることが示されている. さらには他の筋肉のタンパク質をコードしている遺伝子の変異が他の型の筋萎縮症を引き起こしている. ある種のグリコシルトランスフェラーゼをコードする遺伝子中の変異が α-ジストログリカンの糖鎖の合成にかかわっていて, これがある種の先天性筋萎縮症の原因となっている.（Duggan DJ, Gorospe JR, Fanin M, et al: Mutations in the sarcoglycan genes in patients with myopathy. N Engl J Med 1997;33（9）6:618-624 より許可を得て掲載）

るカロリー不足（28 章参照）が, 筋肉量の大幅な減少を伴う理由を説明している.

細胞骨格は多様な細胞機能を担う

すべての細胞は, 筋細胞ほどではないが, 力学的な仕事を行う. これには自律運動, 細胞質分裂, エンドサイトーシス, エキソサイトーシス, および食作用が含まれる. 筋細胞と同様に, この機構の核心は, **細胞骨格 cytoskeleton** とよばれる線維状のタンパク質ポリマーからなり立っている. 細胞骨格の, 量的に多い線維状構造には, **アクチンフィラメント actin filament**（ミクロフィラメント microfilament としても知られている）, **微小管 microtubule**, および**中間径フィラメント intermediate filament** が含まれる.

非筋細胞はG-アクチンを含むミクロフィラメントを含む

G アクチン G-actin は, 体内のほとんどすべての細胞に存在している. 生理的条件下で, G-アクチンの単量体は二重ら旋の **F アクチン F-actin** フィラメント（直径 7 ～ 9.5 nm）を形成するために自律的に重合する. これは筋肉に見られるものと同様である. 細胞骨格のアクチンミクロフィラメントは, 一般に細胞膜の直下で, 絡み合ったように見える網目構造内に, 線維の束として存在する. これらの多くの細胞の細胞膜直下を裏打ちして目立って容易に観察できるアクチン線維束は, **ストレスファイバー stress fiber** とよばれる. ストレスファイバーは, 細胞運動性の亢進時や, 悪性化時に消失する.

細胞骨格のミクロフィラメントは, β-アクチンおよ

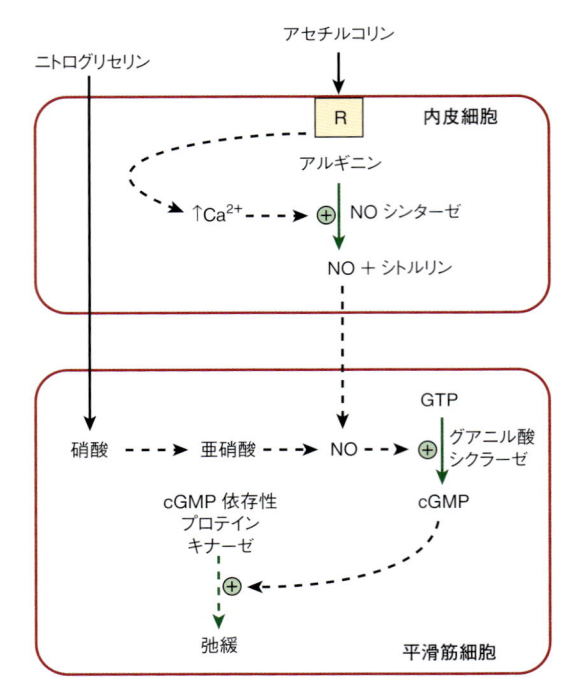

図 51-12. 内皮細胞における NO シンターゼの作用で，アルギニンから NO を生成する反応の概略

アゴニスト（たとえば，アセチルコリン）と受容体（R）との相互作用は，ホスホイノシチド経路によって生成されたイノシトール三リン酸による細胞内 Ca^{2+} 放出を起こし，その結果，NO シンターゼが活性化される．NO は続いて隣接する平滑筋中に拡散していき，グアニル酸シクラーゼの活性化，cGMP 生成，および cGMP 依存性プロテインキナーゼの活性化に引き続いて，弛緩を起こさせる．血管拡張剤であるニトログリセリンは，平滑筋細胞中に入り，やはり NO を生成する．

びγ-アクチンから構成される．筋肉ほど組織化されたものではないが，非筋細胞中のアクチンフィラメントは**ミオシン myosin** と相互作用して細胞の運動を起こす．

微小管は α- および β- チューブリンを含む

　微小管は，直径 25 nm のしばしば非常に長い円筒形の管状構造の細胞骨格である（**図 51-13**）．微小管の円筒形の管状構造は，約 50 kDa の分子量の，構造的に類似した **α-チューブリン α-tubulin** および **β-チューブリン β-tubulin** からなる，縦方向に並んだプロトフィラメント 13 本から構成される．微小管の重合は，チューブリン二量体の形成から始まり，これらがプロトフィラメントをつくり，平行に会合し合って膜状となり，最終的には管状となる．重合には **GTP** が必要である．微小管形成中心（MTOC）は，1 対の中心小体の近くにあり，微小管が新たに成長するための核をつくる．3 番目の種類のチューブリンである **γ-チューブリン γ-tubulin** が，微小管の核形成で重要な役割を演じているようだ．

　微小管は，**有糸分裂紡錘体 mitotic spindle** の形成と機能に必要である．機能としては，細胞分裂時の染色体の分離，エンドサイトーシスやエキソサイトーシスにおける小胞の細胞内輸送，および **繊毛 cilia**（単数形 cilium）や**べん毛 flagella**（単数形 flagellum）の形成が含まれる．微小管はまた，**軸索 axon** および **樹状突起 dendrite** の構造を維持し，神経突起に沿って物質を運ぶ軸索流にも関与する．さまざまな微小管関連タンパ

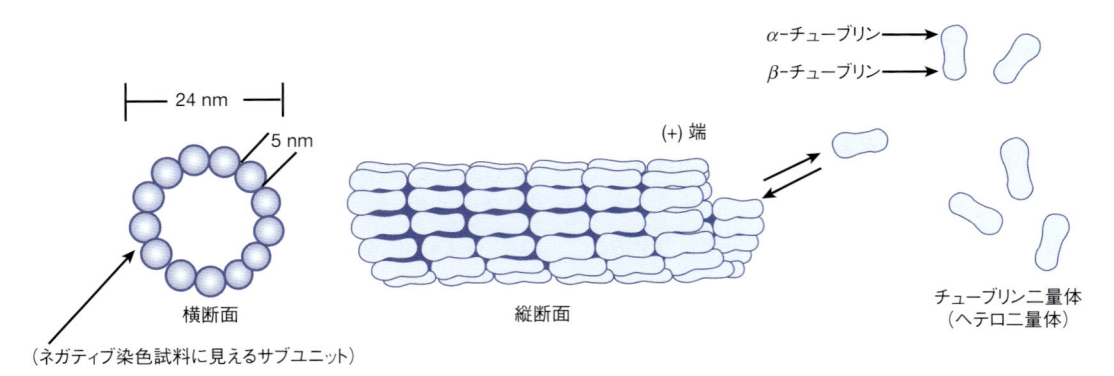

図 51-13. 微小管の略図

左と中央には，グルタルアルデヒドの中でタンニン酸で固定した電子顕微鏡で観察できる微小管の図を示している．染色されていないチューブリンのサブユニットが，濃いタンニン酸によって描き出されている．細管の横断面に，13 個のダイマーのサブユニットが輪を形成し，らせんをつくっているのが見える．微小管の長さの変化は，個々のチューブリンサブユニットの付加もしくは欠失に起因する．微小管の特徴的な配置（ここでは示していないが）は，中心小体，基底小体，線毛，べん毛で見られる．（Junqueira LC, Carneiro J, Kelley RO: *Basic Histology,* 7th ed. New York, NY: Appleton & Lange, 1992 より許可を得て掲載）

ク質 microtubule-associated protein（MAP）があり，その１つが**タウ tau** であるが，微小管の形成や安定化に重要な役割を果たす．

微小管は動的不安定な状態にあり，絶えず重合し，脱重合する．微小管には**極性 polarity**（プラス端とマイナス端）があり，この極性が中心小体からの成長や細胞内運動の方向づけに重要である．たとえば，軸索輸送では，ミオシン様の ATPase 活性をもつ**キネシン kinesin** というタンパク質が，ATP の加水分解を利用して小胞を軸索に沿って微小管形成のプラス端の方へと移動させる．逆方向，つまりマイナス端への物質の流れは，ATPase 活性を有するもう１つのタンパク質である**細胞質ダイニン cytosolic dynein** によって行われる．同様に，**ダイナミン dynamin** や**軸糸ダイニン axonemal dynein** は，繊毛やべん毛の動きに力を与え，ATP ではなく GTP を利用したエンドサイトーシスに関与する[1]．キネシン，ダイニン，ダイナミン，およびミオシンは，**分子モーター molecular moter** とよばれる．

ダイニンが欠損すると，繊毛やべん毛が不動になり，**Kartagener 症 候 群 Kartagener syndrome**（OMIM 244400）を起こし，男性不妊，内臓逆位や慢性呼吸器感染症の原因となる．この症候群の患者で，ダイニンの合成に影響を与える遺伝子の変異が検出されている．**コルヒチン colchicine**（急性痛風性関節炎の治療に用いられる），**ビンブラスチン vinblastine**（vinca アルカロイドで，ある種のがんの治療に用いられる），**パクリタクセル paclitaxel**（タキソール taxol，卵巣がんに有効），**グリセオフルビン griseofulvin**（抗真菌剤）などの医薬品も，微小管の重合や脱重合を阻害する．

中間径フィラメントは，ミクロフィラメントや微小管とは異なる

中間径フィラメント intermediate filament は軸方向に 21 nm の周期構造をもち，ミクロフィラメント（6 nm）と微小管（23 nm）の中間の 8 ～ 10 nm の直径をもつ細胞内線維系である．**表 51-5** に示すように，少なくとも４種類の中間径フィラメントがある．各々は，中央に棒状ドメイン，アミノ末端の頭部，カルボキシ末端の尾部をもつ細長い線維状の分子で構成される．これらの分子はサブユニットとして，らせん状に組み合わさり繰り返しの四量体単位を形成して，ロープ状の線維状構造をつくる．中間径フィラメントは細胞の重

1)　訳者注：ダイナミンは発見当初は分子モーターの１つと考えられたが，現在では，エンドサイトーシスなどで小胞の膜切断を担うことがわかっている．

表 51-5. 真核細胞における中間径フィラメントの分類とその分布

タンパク質	質量（kDa）	分　布
ラミン		
A，B，および C	65 ～ 75	核　膜
ケラチン		
I 型（酸性）	40 ～ 60	上皮細胞，毛髪，爪
II 型（塩基性）	50 ～ 70	（I 型（酸性）についての検討）
ビメンチン様		
ビメンチン	54	種々の間葉系細胞
デスミン	53	筋　肉
グリア細胞線維性酸性タンパク質	50	グリア細胞
ペリフェリン	66	神経細胞
ニューロフィラメント		
低（L），中間（M），高（H）[a]	60 ～ 130	神経細胞

[a] 分子量に従って命名．
［注］中間径フィラメントは直径約 10 nm で，さまざまな機能をもっている．たとえば，ケラチンは上皮細胞に広く分布し，アダプタータンパク質を介してデスモソームやヘミデスモソームに結合している．ラミンは，核膜の形態維持に関与している．

要な構成要素で，**比較的安定した細胞骨格**である．また，アクチンや多くの微小管系列とは異なり，急速な重合や脱重合は示さず，有糸分裂のときに消失することもない．この重要な例外が**ラミン lamin** で，有糸分裂の際にリン酸化されて脱重合し，分裂後また現れる．ラミンは，内核膜側に隣接して網状構造を形成する．さらに，ラミン A は，細胞核の構造を保つための足場の重要な構成要素である．

Hutchinson-Gilford 早老症候群（**早老症 progeria**, OMIM 176670）は，**ラミン A lamin A**，およびスプライシング（36 章参照）により**ラミン C lamin C** を発現する LMNA 遺伝子の変異によって引き起こされる．早老症では，通常，プロテアーゼにより切断されるはずのラミン A のファルネシル化（ファルネシルの構造については図 26-2 参照）された部分に変異がみられプレラミン A のファルネシル型が蓄積する．ファルネシル化されたプレラミン A が蓄積すると，核が不安定になって，その形状が変化し，**早老の徴候がみられる**ようである．マウスによる実験では，ファルネシルトランスフェラーゼ阻害剤の投与により，核の形態異常が軽減することが示されている．本症候群の患者は，しばしば 10 代で，動脈硬化により死亡する．

ケラチン keratin は約30のメンバーからなる大きなファミリーを形成する。表51-5に示したように，ケラチンには I 型(酸性)と II 型(塩基性)という2つの型があり，I 型と II 型からなるヘテロ二量体 heterodimer 構造がつくられる。**ビメンチン vimentin** は中胚葉細胞に広く分布している。デスミン，グリア線維性酸性タンパク質（GFAP），およびペリフェリンは近縁関係にある。ビメンチン様ファミリーのすべてのメンバーは互いに共重合できる。

神経細胞での中間径フィラメントは，ニューロフィラメントとよばれ，その分子量により低，中，高の3つに分類される。正常細胞や異常な細胞(たとえば，がん細胞)における**中間径フィラメントの分布**は，免疫蛍光染色法を用いて調べることができる。病理学者は，中間径フィラメントに対する特異抗体を利用して，脱分化した悪性腫瘍の由来を決定することがある。

水疱形成を主訴とする**皮膚疾患 skin disease** の多くが，**種々のケラチン遺伝子の変異**によることがわかっている。その例として，単純型表皮水疱症（OMIM 131800）および表皮剥離型掌蹠角化症（OMIM 144200）があげられる。これらの障害に見られる**水疱 blistering** は，ケラチンの構造異常のために皮膚の各層での機械的ストレスに対する抵抗力が減少したためと考えられる。

まとめ

- 骨格筋の筋原線維は，太いミオシンのフィラメントと細いアクチンのフィラメントから構成される。
- 収縮時には，これらの交互に挿入されるフィラメントが互いに滑り，ミオシンとアクチンの間の架橋によって張力を生み出し維持する。
- 筋収縮は，膨大な数のミオシン頭部ドメインの隣接するアクチン線維への周期的な付着，構造変化，および離脱によって起こる。
- ATP の加水分解は，フィラメントの動きの駆動に用いられる。ATP はミオシン頭部に結合し，アクトミオシン複合体の ATPase 活性によって ADP と P_i に加水分解される。
- 横紋筋では，収縮装置は，Ca^{2+} がトロポニン C に結合することで阻害が解放されるまで，トロポニン複合体(トロポニン T，I，および C)によって抑えられる。
- 平滑筋では，収縮装置はミオシンの調節 L 鎖によって抑えられる。この阻害は，調節 L 鎖がカルモジュリン-4Ca^{2+}活性化プロテインキナーゼ，ミオシン L 鎖キナーゼによってリン酸化されるときに解放される。
- 骨格筋では筋小胞体が筋節への Ca^{2+} の分布を調節する一方，心筋および平滑筋では筋細胞膜の Ca^{2+} チャネルを介しての Ca^{2+} 流入が重要である。
- Ca^{2+} は収縮を開始するだけでなく，収縮を終了させるカルシウム排出システムも活性化する。
- ヒトの悪性高熱の多くは，Ca^{2+} 放出チャネル（*RYR1*）遺伝子の変異による。
- 家族性肥大型心筋症のなかには，心筋 β-ミオシン H 鎖遺伝子のミスセンス変異によって起こるものがある。ほかのタンパク質をコードする遺伝子の変異も見つかっている。
- NO シンターゼは，血管平滑筋の調節因子である NO の形成を触媒する。
- Duchenne 型筋ジストロフィーは，ジストロフィンというタンパク質をコードする遺伝子の変異による遺伝性疾患である。
- ヒトの筋線維には，大別して2つの型があり，それぞれ白色線維(嫌気的)と赤色線維(好気的)とよばれる。
- 非筋細胞には，細胞の形状を維持したり変形し，細胞に運動性を与えたり，食作用などに必要な機械装置を提供する細胞骨格とよばれる内部の線維ネットワークが含まれる。
- 細胞骨格は，アクチンからなるミクロフィラメント，α-チューブリンおよび β-チューブリンを含む微小管，およびラミン，ケラチン，ビメンチンを含む中間径フィラメントなど，さまざまなフィラメントから構成される。
- ラミン A をコードする遺伝子の変異は，早期老化に似た症状を特徴とする早老症を起こす。
- 特定のケラチンの遺伝子の変異は，多くの皮膚病を引き起こす。
- 細胞骨格は，小胞輸送，軸索流，べん毛運動，および細胞形状の形態学的変化にかかわるキネシンやダイニンなどさまざまな分子モーターの足場を提供する。

文 献

Blanchoin L, Bouiemaa-Paterski R, Sykes C, Plastino J: Actin dynamics, architecture, and mechanics in cell motility.

Physiol Rev 2014;94:235.

Goldman RD, Pollard TD (editors): *The Cytoskeleton.* Cold Spring Harbor Lab Press, 2017.

Khalil RA (editor): *Vascular Pharmacology: Cytoskeleton and Extracellular Matrix.* Academic Press, 2018.

Kull FJ, Endow SA: Force generation by kinesin and myosin cytoskeleton proteins. J Cell Sci 2013;126:9.

Rall JA: *Mechanism of Muscle Contraction.* Springer, 2014.

Sequeira V, Nijenkamp LL, Regan JA, van der Velden J: The physiological role of cardiac cytoskeleton and its alterations in heart failure. Biochim Biophys Acta 2014;1838: 700.

Smith DA: *The Sliding Filament Theory of Muscle Contraction.* Springer, 2018.

Szent-Gyorgyi AG: The early history of the biochemistry of muscle contraction. J Gen Physiol 2004;123:631.

血漿タンパク質と免疫グロブリン

52

Plasma Proteins & Immunoglobulins

学 習 目 標
本章習得のポイント

- 血液のおもな機能を列挙する.
- 血清アルブミンの重要な機能について述べる.
- ハプトグロビンが,鉄沈着物による障害から腎を保護するしくみを説明する.
- 鉄ホメオスタシスおけるフェリチン,トランスフェリン,セルロプラスミンの役割について述べる.
- ヘプシジンの合成を,トランスフェリン,トランスフェリン受容体,HFE タンパク質[1]が調節する機構について述べる.
- 食事性欠乏症やある種の疾患により鉄ホメオスタシスが乱されるしくみを説明する.
- 5 つのクラスの免疫グロブリンの一般的な構造と機能を述べる.
- 150 種類以下の遺伝子を用いるだけで,どのようにしてばく大な数の異なる免疫グロブリンが生成されるのかを説明する.
- 補体系の活性化と作用機序について述べる.
- 獲得免疫系と自然免疫系を比較して差異を述べる.
- レクチンの定義を述べる.
- ポリクローナル抗体とモノクローナル抗体のおもな相違点を概説する.
- 自己免疫疾患と免疫不全疾患の顕著な特徴を述べる.

---

1) 訳者注:HFE タンパク質の名前は,その欠損症で鉄が蓄積する(**High Fe**)ことに由来する.鉄恒常性調節タンパク質遺伝子ともよばれる(本文参照).

生物医学的重要性

血漿中を循環しているタンパク質は,ヒトの生理において重要な役割を果たしている.**アルブミン albumin** は,脂肪酸,ステロイドホルモンや種々のリガンドの組織間での輸送を促進する.一方,**トランスフェリン transferrin** は,鉄の吸収と分配を補助している.**フィブリノーゲン fibrinogen** は,傷付いた血管をふさぐ血栓の基礎となる網目状のフィブリンの構成成分として,すぐにはたらけるように血漿中を循環している.血栓形成は,血液凝固因子とよばれるプロテアーゼ前駆体すなわち**チモーゲン zymogen** のカスケード反応によって引き起こされる.血漿中にはプロテアーゼインヒビターとなるいくつかのタンパク質もある.**アン**チトロンビン **antithrombin** は,血栓形成が傷の周辺に留まるようはたらき,α_1-アンチプロテアーゼや α_2-マクログロブリンは,侵入してくる病原体や死細胞あるいは障害のある細胞を取り除くためのプロテアーゼが健常な細胞に障害を与えぬよう防いでいる.**抗体 antibody** とよばれる血漿中を循環している免疫グロブリンは,生体の免疫系の最前線を形成している.

血漿タンパク質産生の乱れは,健康上重大な影響を引き起こす.血液凝固カスケードの主要成分が欠損すると,あざ(内出血)ができやすくなったり出血したりすることがある(**血友病 hemophilia**).生体の主要な銅運搬体であるセルロプラスミンを欠損している人は,肝レンズ核変性症(Wilson 病)になりやすい.また,肺気腫の罹患は,血漿中の α_1-アンチプロテアーゼ遺伝子欠損と関連している.北米に居住する 30 人に 1 人

表 52-1. 米国在住者におけるおもな自己免疫疾患の発症率

自己免疫疾患	平均発症率 （10 万人あたり）	女性の割合
Graves 病／甲状腺機能亢進症	1152	88
関節リウマチ	860	75
甲状腺炎／甲状腺機能低下症	792	95
白斑	400	52
1 型糖尿病	192	48
悪性貧血	151	67
多発性硬化症	58	64
原発性糸球体腎炎	40	32
全身性エリテマトーデス	24	88
IgA 糸球体腎炎	23	67
Sjögren 症候群	14	94
重症筋無力症	5	73
Addison 病	5	93
強皮症	4	92

（Jacobson DL, Gange SJ, Rose NR, et al.: Epidemiology and estimated population burden of selected autoimmune diseases in the United States. J Clin Immunol Immunopathol 1997;84（3）: 223–243 のデータより）

表 52-2. 血液の主要機能

1. **呼吸**：肺から組織へ酸素を，組織から肺へ CO_2 を運搬する
2. **栄養**：吸収された食品栄養素を輸送する
3. **排泄**：代謝老廃物を腎臓，肺，皮膚，小腸に運んで排泄する
4. 体内の**酸–塩基平衡**を正常に維持する
5. 循環血液と組織液の間での水の相互移動に対する血液の関与を通して，**水分平衡**を調節する
6. 体熱を分散することにより**体温**を調節する
7. 白血球と循環血中の抗体によって感染を**防御**する
8. **ホルモン**の輸送と代謝を調節する
9. **代謝物**を輸送する
10. **血液凝固**を行う

章参照）などの細胞性成分と，水，電解質，代謝物，栄養素，タンパク質やホルモンからなる**血漿 plasma** を含む多様な成分が担っている．

血漿には多種多様なタンパク質が含まれている

昔の研究者は，エタノールのような水と混ざる有機溶媒や硫酸アンモニウムのような塩析剤を加えたときの溶液への比溶解度をもとに，血漿に検出されるタンパク質をフィブリノーゲン fibrinogen，アルブミン albumin とグロブリン globulin の 3 群に分類した．その後，臨床科学者は，**セルロースアセテート cellulose acetate** を支持体とした電気泳動により，血漿中の塩可溶性タンパク質分画からアルブミン，α_1-，α_2-，β-およびγ-グロブリン globulin と名づけられた 5 つのおもな成分を分離した（**図 52-1**）．血漿タンパク質は，多数のジスルフィド結合をもつことが多く，しばしば結合した糖（**糖タンパク質 glycoprotein**）や脂質（**リポタンパク質 lipoprotein**）を含んでいる．いくつかの血漿タンパク質の相対的な大きさと分子量を**図 52-2** に示す．

血漿タンパク質は，血液と組織の間の体液分配を決める

ヒト血漿タンパク質の総濃度は，通常は 7.0 〜 7.5 g/dL の範囲になっている．血漿タンパク質によってもたらされる**浸透圧 osmotic pressure**（**膠脹圧 oncotic pressure**）は約 25 mmHg である．細動脈において，**静水圧 hydrostatic pressure** は約 37 mmHg であり，これ

を超える人が，免疫グロブリンの異常産生に起因する 1 型糖尿病，ぜん息や関節リウマチのような**自己免疫疾患 autoimmune disorder** に罹患している（**表 52-1**）．不十分な防御抗体産生のために免疫力がなくなっている人は，細菌やウイルスによる感染を受けやすくなる．そのような機能不全は，**ヒト免疫不全ウイルス human immunodeficiency virus**（**HIV**）のような病原体の感染や免疫抑制剤の服用により引き起こされる．血友病のような血漿タンパク質関連疾患はその根本原因が比較的わかりやすいが，他の疾患，とくに多くの自己免疫疾患の発症には，遺伝，食事，栄養，環境や医療などの複雑な因子が潜在的にかかわり合っている．

血液は多くの機能を営んでいる

組織が互いに，あるいは周りを取り巻く環境と結びつく重要な手段として，われわれの身体を循環する血液はさまざまな機能を果たしている．その機能には，栄養素と酸素の供給，老廃物の除去，ホルモンの輸送や感染性微生物への防御などがある（**表 52-2**）．これらのさまざまな機能は，赤血球，血小板や白血球（53 章，54

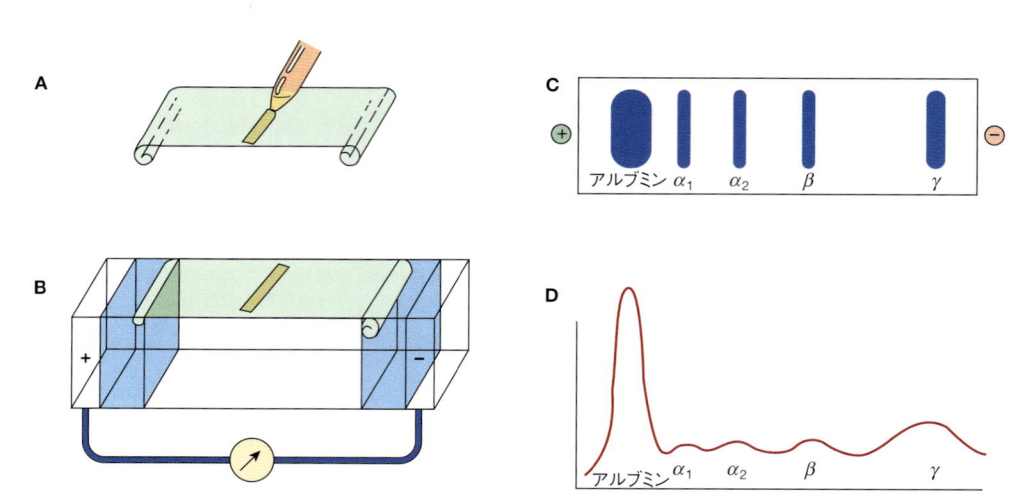

図 52-1. セルロースアセテートゾーン電気泳動の技法
(**A**) 少量の血清あるいはほかの液体をセルロースアセテート小細片に塗布する. (**B**) 電気泳動を電解質緩衝液中で行う. (**C**) 染色によりタンパク質のバンドが分かれて見えるようになる. (**D**) 濃度計で走査すると, アルブミン, α_1-グロブリン, α_2-グロブリン, β-グロブリン, γ-グロブリンなどの相対的な移動度がわかる. (Parslow TG , Stites DP, Terr AI, et al. *Medical Immunology*, 10th ed. New York, NY: McGraw-Hill, 2001 より許可を得て掲載)

図 52-2. 血液中の諸タンパク質の相対的な大きさと分子量

に逆行する組織間液の圧力は 1 mmHg である. したがって, 血管内から外の組織間隙に向かって液を押し出す力は, 差し引き 11 mmHg 程度になる. 細静脈では, 静水圧が約 17 mmHg になっているので, 差し引き 9 mmHg の力で水分が血管内に引き戻される. これまでに述べた種々の圧力は, しばしば **Starling 力**

Starling force とよばれている. もし血漿タンパク質の濃度が著しく減少すると(たとえば, 高度のタンパク質摂取不全), 水分が血管内に戻らなくなり, 血管外の組織間隙に蓄留しはじめて, **浮腫 edema** といわれる状態になる.

ほとんどの血漿タンパク質は肝臓で合成される

全血漿タンパク質のうちおおよそ 70 ~ 80% は肝臓で合成される. それらには, アルブミン, フィブリノーゲン, トランスフェリン, 補体系と血液凝固カスケードのほとんどの成分が含まれる. その例外として広く知られているのは, 血管内皮で合成される von Willebrand 因子とリンパ球で合成される γ-グロブリンの 2 つのタンパク質である. ほとんどの血漿タンパク質は, 共有結合により N または O 結合型オリゴ糖鎖, あるいは両方が付加される(46 章参照)が, アルブミンはおもな例外である. これらのオリゴ糖鎖は, さまざまな機能を有している (表 46-2 参照). 血漿糖タンパク質は末端のシアル酸残基を失うと, 血液循環からのクリアランス(除去)が促進される.

細胞から分泌されるほかのタンパク質と同様に, 血漿タンパク質のアミノ末端には, 合成された血漿タンパク質を小胞体に向かわせる**シグナル配列 signal sequence** がコードされている. リボソームから出てきたリーダー配列(シグナルペプチド)は, **シグナル認識粒子 signal recognition particle** とよばれる小胞体の膜貫通タンパク質複合体に結合する. 合成されたポリペ

プチドは，シグナル認識粒子を介して小胞体内腔に引き込まれ，リーダー配列はシグナル認識粒子に付随しているシグナルペプチダーゼ signal peptidase により切除される（49章参照）．新たに合成されたタンパク質は，粗面小胞体からゴルジ体を経て分泌小胞に移動するが，その間にいろいろな翻訳後修飾（ペプチド鎖切断，糖鎖付加，リン酸化など）を受ける．種々の修飾を受けて成熟したタンパク質は，最終的には分泌小胞から血漿中に放出される．

多くの血漿タンパク質は多型性を示す

多型 polymorphism とは，いずれも頻度がまれでない（すなわち，少なくとも1〜2％の頻度）2つ以上の表現型が集団中に存在するような，メンデル式遺伝あるいは単一遺伝子によって支配される形質のことである．多型があってもほとんどの場合悪い影響を及ぼさない．ABO式血液型物質（53章参照）は，ヒトの多型としてはおそらく最もよく知られた例である．ヒトの血漿タンパク質のなかで多型を示すものとしては，ほかに α_1-アンチトリプシン，ハプトグロビン，トランスフェリン，セルロプラスミン，免疫グロブリンなどがある．

血漿タンパク質は循環血中でそれぞれ個別の半減期をもっている

血漿タンパク質の**半減期 half-life** とは，ある瞬間に存在していたタンパク質の50％が分解される，あるいは他の方法で血液から消失するのに必要な時間のことである．消失により，古い，場合によっては損傷を受けたタンパク質を新規合成されたタンパク質に置換し続けることが可能になり，この過程を**代謝回転 turnover** とよぶ．通常の代謝回転では，合成と消失という2つの相反する過程が**定常状態 steady state** に達するため，これらのタンパク質の全体としての濃度は一定となる．

病気の際に，あるタンパク質の半減期が大きく変わることがある．たとえばCrohn病（限局性回腸炎）のような胃腸疾患では，アルブミンなどの血漿タンパク質が，炎症を起こした小腸粘膜を通してかなり大量に腸管内に漏失する．このような患者の状態は**タンパク質漏失性胃腸症 protein-losing gastroenteropathy**とよばれ，アルブミンの半減期は通常では20日のところが1日くらいにまで減少することがある．

アルブミンはヒト血漿中に最も多く存在するタンパク質である

肝臓は1日におよそ12gのアルブミンを合成し，それは肝臓で合成される全タンパク質の約25％，分泌されるタンパク質の半分を占める．生体中のアルブミンの約40％が血漿中を循環しており，重さにして全血漿タンパク質のおおよそ4分の3にあたる量（3.4〜4.7 g/dL）である．残りは細胞外間隙に存在する．高濃度のため，ヒト血漿の**浸透圧 osmotic pressure** の75〜80％はアルブミンに由来すると考えられている．ほかの多くの分泌タンパク質と同様に，アルブミンは最初**プレプロタンパク質 preproprotein** として合成される．プレプロアルブミンの**シグナルペプチド signal peptide** は，粗面小胞体の腔内に入るときに除去され，その後，シグナルペプチドの除かれた新しいアミノ末端から2番目のヘキサペプチド（**アミノ酸6個分のペプチド**）**hexapeptide** が分泌経路を通過する間に切断される．

成熟ヒトアルブミンは，全長585アミノ酸残基からなる一本鎖ポリペプチドで，3つの機能ドメインからなる．全部で17個あるペプチド鎖内ジスルフィド結合が，楕円形の形状を安定化している．多数の**リガンド ligand** を結合して輸送することが，アルブミンのおもな役割であり，そのようなリガンドには，遊離脂肪酸（FFA），カルシウム，ある種のステロイドホルモン，ビリルビン，銅，トリプトファンなどがある．スルホンアミド，ペニシリンG，ジクマロール，アスピリンを含むさまざまな薬物もアルブミンに結合することがわかったことは，薬理学的に重要な意味がある．ヒトアルブミン製剤は，火傷や出血性ショックの治療に広く用いられている．

アルブミン合成能が損なわれる遺伝子変異に悩まされている人たちもいる．血漿中にまったくアルブミンのない人は，**無アルブミン血症 analbuminemia** を呈している．驚いたことに，無アルブミン血症の人は中等度の浮腫を生じるだけである[2]．アルブミンの合成は種々の疾患，とくに肝疾患のときに減退し，アルブミン/グロブリン比の低下を示す．**クワシオルコル kwashiorkor** のようなタンパク質低栄養の状態では，比較的早期にアルブミン合成の低下が見られる．

---

2)　訳者注：先天的にアルブミンがない場合は，グロブリンなどのほかの血漿タンパク質が増加して相補するので症状は軽い．後天的にアルブミンが減少するほうが重篤である．

炎症時や組織損傷後にある種の血漿タンパク質は増加する

表52-3 に多くの血漿タンパク質の機能を示す。C-反応性タンパク質 C-reactive protein（CRP，肺炎菌 C 多糖と反応するのでこの名前がある），α_1-アンチプロテアーゼ，ハプトグロビン，α_1-酸性糖タンパク質やフィブリノーゲンのような**急性期タンパク質 acute-phase protein** は，炎症時の生体反応に関与すると考え

表 52-3. 血漿タンパク質のいくつかの機能

機 能	血漿タンパク質
抗プロテアーゼ	アンチキモトリプレン α_1-アンチトリプシン（α_1-アンチプロテアーゼ） α_2-マクログロブリン アンチトロンビン
血液凝固	種々の凝固因子，フィブリノーゲン
酵 素	血液酵素：凝固因子，コリンエステラーゼなど 細胞あるいは組織からの逸脱酵素：アミノトランスフェラーゼなど
ホルモン	エリスロポエチン[a]
免疫防御	免疫グロブリン，補体タンパク質，β_2-ミクログロブリン
炎症性タンパク質	急性期タンパク質［たとえば，C 反応性タンパク質（CRP），α_1 酸性糖タンパク質（オロソムコイド）］
がん胎児性タンパク質	α_1-フェトプロテイン（AFP）
輸送あるいは結合タンパク質	アルブミン（ビリルビン，遊離脂肪酸，イオン（Ca^{2+}），金属［（Cu^{2+}, Zn^{2+}）など］，メトヘム，ステロイド，その他のホルモン，薬物など種々の物質） 皮質ステロイド結合性グロブリン（トランスコルチン）（コルチゾールを結合） ハプトグロビン（赤血球外ヘモグロビンを結合） リポタンパク質（キロミクロン，VLDL，LDL，HDL） ヘモペキシン（ヘムを結合） レチノール結合性タンパク質（レチノールを結合） 性ホルモン結合性グロブリン（テストステロン，エストラジオールを結合） 甲状腺ホルモン結合性グロブリン（T_4, T_3 を結合） トランスフェリン（鉄の輸送） トランスチレチン（以前のプレアルブミン；T_4 を結合し，またレチノール結合性タンパク質と複合体を形成する）

[a] いろいろなタンパク質ホルモンが血中を循環しているが，通常は血漿タンパク質とはよんではいない。同様にフェリチンも血漿中に少量存在するが，血漿タンパク質には入れられていない。

られている。たとえば，CRP は，補体経路を活性化し（後述），α_1-アンチトリプシンは急性炎症時に遊離されるある種のプロテアーゼの作用を抑制する。

慢性炎症時やがん患者では，急性期タンパク質量が 1.5 倍から 1000 倍（CRP の場合）にまで増加する。そのため CRP は，組織損傷，感染や炎症のバイオマーカーとして使われている。**インターロイキン-1 interleukin-1（IL-1）** は，単核食細胞から分泌されるポリペプチドで，肝細胞による急性期タンパク質の合成を促進する主要な因子である。そこには IL-6 のようなさらに別の分子も関与している。

免疫系を構成する細胞間の情報伝達を促進するインターフェロン（IFN），インターロイキン（IL），腫瘍壊死因子（TNF）などの小さなタンパク質が**サイトカイン cytokine** である。サイトカインは，実際には自己分泌と傍分泌の両方で作用する。IL-1 と IL-6 のおもな標的分子の 1 つは，多くのサイトカイン，ケモカイン，増殖因子，細胞接着分子の遺伝子の発現を調節している **NF-κB（nuclear factor-kappa B）** とよばれる転写因子である。NF-κB は，50 kDa と 65 kDa のポリペプチドからなるヘテロ二量体で，通常は，細胞質で **IκBα** として知られている第二のタンパク質である NF-κB インヒビター α と不活性な複合体を形成している。IκBα は，炎症，損傷や放射線被曝によってそのリン酸化が促進されるとユビキチン化を受け分解される。阻害タンパク質が離れて活性化した NF-κB は，核内に移行してその標的遺伝子の転写を促進する。

ハプトグロビンは腎臓を保護する

老化赤血球内の鉄はマクロファージが再利用する

通常，赤血球の半減期は約 28 日であり，この速さで代謝回転するには 1 日あたり約 2000 億個の赤血球の異化が必要である。老化あるいは損傷した赤血球は，脾臓や肝臓の細網内皮系（RES）のマクロファージに取り込まれる。ヘモグロビン由来のヘムは，マクロファージ内で**ヘムオキシゲナーゼ heme oxygenase** によってビリベルジンに酸化され，一酸化炭素と鉄を放出する（図 31-11 参照）。ヘムから遊離した鉄は，DMT1 類似の輸送体である**自然抵抗性関連マクロファージタンパク質 1 natural resistance-associated macrophage protein 1（NRAMP1）** によってマクロファージのファゴソームから排出され，引き続き膜貫通タンパク質であるフェロポーチンを経て血流中に分泌される（**図 52-**

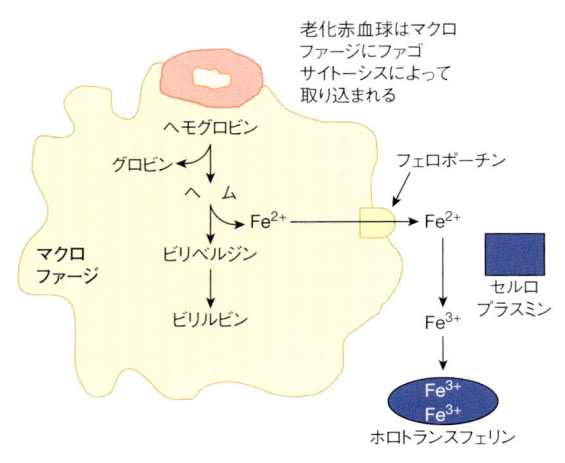

図 52-3. マクロファージ内の鉄の再利用
老化赤血球は，マクロファージにファゴサイトーシス（食作用）によって取り込まれる．ヘムオキシゲナーゼの作用でヘモグロビンは分解され，鉄はヘムから離れる．2 価の鉄は，フェロポーチン（Fp）を介してマクロファージの外へ輸送される．Fe^{2+} は，血漿中でセルロプラスミンにより 3 価に酸化され，トランスフェリン（Tf）に結合する．Tf にしっかりと結合した状態で，鉄は血中を循環する．

3）．このように，フェロポーチンは，小腸での鉄の取り込みと，マクロファージからの鉄の分泌の両方において中心的な役割を担っている．

　血中で Fe^{2+} は，肝臓で合成される銅含有血漿タンパク質である**セルロプラスミン ceruloplasmin**（後述）によって Fe^{3+} に酸化される．酸化によって Fe^{3+} が生じるとすぐに，血中のトランスフェリンが結合する．このようにしてマクロファージから放出された鉄（1 日に約 25 mg）は再利用されるので，小腸からの鉄の吸収量を 1 日平均たった 1 〜 2 mg に減らすことができる．

ハプトグロビンは再利用されなかったヘモグロビンを除去する

　赤血球の代謝回転の過程で，赤血球中のヘモグロビンのおよそ 10％が血流中に漏れ出ている．この遊離した**赤血球外 extracorpuscular** ヘモグロビンは，約 65 kDa と小さく，腎臓の糸球体を通って尿細管に入り，有害な沈殿を生じる．**ハプトグロビン haptoglobin**（Hp）は，血漿糖タンパク質であり，余分な赤血球外ヘモグロビン（Hb）と結合して強固な非共有結合複合体（Hb-Hp）を形成する．Hb-Hp 複合体（155 kDa 以上）は大きすぎて糸球体を通過できないため，有害な沈殿形成から腎臓を保護するとともに，赤血球外ヘモグロビンによる鉄の損失を減少させている．通常，1 dL のヒト血漿中には，40 〜 180 mg のヘモグロビンを結合するのに十分な量のハプトグロビンがある．

　ヒトのハプトグロビンには Hp 1-1，Hp 2-1，および Hp 2-2 として知られている **3 つの表現型多型**があり，Hp^1 と Hp^2 という 2 つのアイソフォームによる遺伝形式を反映している．ホモ接合体はそれぞれ Hp 1-1 あるいは Hp 2-2 を合成し，Hp 2-1 はヘテロ接合体で合成される．ハプトグロビンのほかに，ヘモグロビンではなく遊離の**ヘム heme** に結合する血漿タンパク質もある．ヘモペキシンや**アルブミン albumin** であり，アルブミンはメトヘム（鉄が 3 価のヘム）を結合してメトヘムアルブミンとなり，次いでこのメトヘムをヘモペキシンに移す．

ハプトグロビンは診断上の指標となる

　溶血性貧血で見られるようにヘモグロビンが常時赤血球から遊出しているような状態では，ハプトグロビンの濃度は劇的に低下する．この低下は，複合体を形成していないハプトグロビンの半減期が約 5 日であるのに対し，Hb-Hp 複合体の半減期は約 90 分と大きく違うことを反映している．がん患者では，ヒト血漿中にある別のタンパク質でハプトグロビンと相同性が高い**ハプトグロビン関連タンパク質 haptoglobin-related protein** の血漿中濃度の上昇が認められることがあるが，その重要性は明らかにされていない．

鉄は厳密に維持されている

　鉄 iron は多くのヒトタンパク質の重要な構成物質であり，ヘモグロビン，ミオグロビン，シトクロム P450 酵素群，電子伝達系の多数の構成要素，またリボヌクレオチドのデオキシリボヌクレオチドへの変換を触媒するリボヌクレオチドレダクターゼなどに含まれている．体内の鉄は，**表 52-4** のように分布しており，高度に維持されている．健康な成人男性が 1 日に失う鉄の量は，全体で 3 〜 4 g あるうちの約 1 〜 1.5 mg（< 0.05％）であるが，閉経前の成人女性は月経で血液を失うために鉄欠乏状態になることがある．

　小腸上皮細胞は遊離 2 価鉄（Fe^{2+}）あるいはヘムとして食事から鉄を吸収することができる．近位十二指腸の上皮細胞での非ヘム鉄の吸収過程は高度に制御されている（**図 52-4**）．腸管上皮細胞の頂端膜透過による鉄輸送は，Mn^{2+}，Co^{2+}，Zn^{2+}，Cu^{2+} や Pb^{2+} の輸送体でもある **2 価金属輸送体 1 divalent metal transporter 1（DMT1 あるいは SLC11A2）** が行う．DMT1 は 2 価

金属イオンに特異的なので，遊離した3価鉄イオン（Fe^{3+}）はビタミンCのような摂取された還元剤や刷子縁膜に結合した鉄還元酵素である**十二指腸シトクロム b duodenal cytochrome b**（**Dcyt$b$**）によって酵素的に2価鉄イオン（Fe^{2+}）に変換される必要がある．ヘムに結合した鉄は，吸収されるとすぐにヘムオキシゲナーゼの酵素作用で放出される（31 章参照）．

　一度腸管上皮細胞内に取り込まれると，鉄は鉄貯蔵タンパク質である**フェリチン ferritin** に結合して貯蔵されるか，**フェロポーチン ferroportin** ともよばれる鉄排出タンパク質である **IREG 1**（**iron-regulated protein 1** あるいは **SLC40A1**）によって基底膜を横切って

表52-4. 70 kg の成人男子の鉄分布[a]

トランスフェリン	3 〜 4 mg
赤血球中のヘモグロビン	2500 mg
ミオグロビンおよび諸酵素	300 mg
貯蔵鉄（フェリチン）	1000 mg
吸収量	1 mg/d
喪失量	1 mg/d

[a] 同体重の成人女子では一般に，貯蔵鉄がより少なく（100 〜 400 mg），喪失量がより多い（1.5 〜 2 mg/d）．

輸送される．鉄は，血漿中では輸送タンパク質である**トランスフェリン transferrin** によって Fe^{3+} の状態で輸送される．**ヘファエスチン hephaestin** は，セルロプラスミンと相同の銅含有フェロオキシダーゼで，輸送する前に Fe^{2+} を Fe^{3+} に酸化する．腸管上皮細胞に貯蔵されたフェリチンに結合した過剰な鉄は，腸管上皮細胞が腸管内腔に剥離するときに処分される．

フェリチンは何千ものFe^{3+}原子を結合できる

　ヒトの体は，一般的に1 g までの鉄を貯蔵することができ，その大部分はフェリチンに結合している．フェリチン（440 kDa）は，24 個の約 19 〜 21 kDa のポリペプチドからなるサブユニットで構成された中空の球体であり，3000 〜 4500 個の Fe^{3+} 原子を取り込むことができる．サブユニットには，重い（H）タイプあるいは軽い（L）タイプがある．H サブユニットには，フェリチンが鉄を積み込む際に必要なフェロオキシダーゼ活性がある．L サブユニットは，フェリチンの核形成と安定化に関与しているのではないかといわれている．正常時のヒト血漿中には，体内の総鉄貯蔵量に見合った少量のフェリチン（50 〜 200 μg/dL）がある．血漿中のフェリチンが損傷された細胞に由来するのか，正常

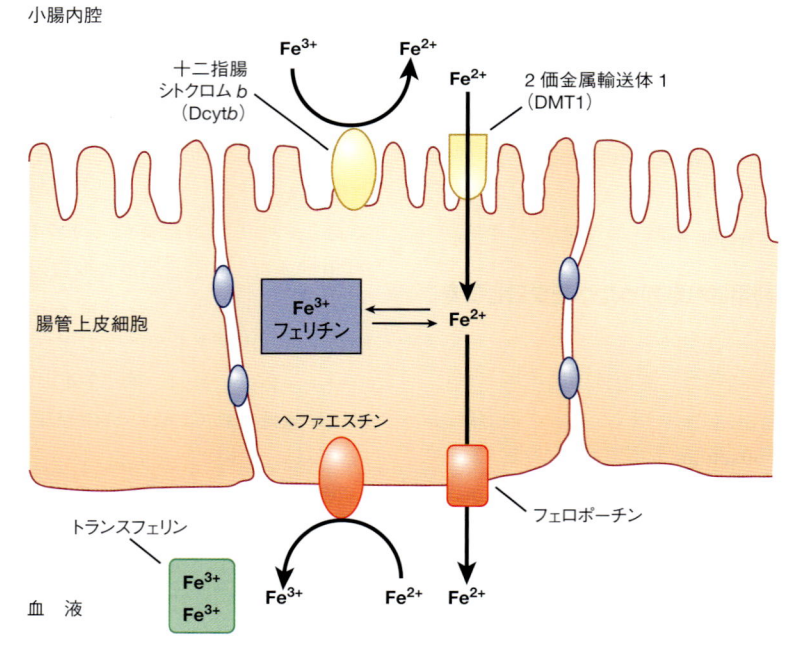

図52-4. 腸管上皮細胞での非ヘム鉄輸送
Fe^{3+} は，管腔に存在する鉄還元酵素である十二指腸シトクロム b（Dcyt$b$）により Fe^{2+} に還元される．Fe^{2+} は，2 価金属輸送体1（DMT1）を経て腸管上皮細胞内へ輸送される．腸管上皮細胞内では，鉄はフェリチンとして貯蔵されるか，フェロポーチン（Fp）を介して細胞外へ輸送される．細胞外へ輸送された Fe^{2+} は，ヘファエスチンにより Fe^{3+} に酸化される．Fe^{3+} にはトランスフェリンが結合し，Fe^{3+} を体内のさまざまな部位へ血流にのせて輸送する．

細胞から分泌されるのかはわかっていないが，血漿中のフェリチン量は，体内鉄貯蔵量の指標となる．フェリチンの部分的分解物である**ヘモジデリン hemosiderin** も，鉄過剰状態（**ヘモジデリン沈着症 hemosiderosis**）では，組織中に認められるようになる．

トランスフェリンは鉄を必要な場所に輸送する

遊離状態の鉄の毒性は，おもに有害な活性酸素種の生成を誘導するために生じる（**図 52-5**）．生物は，専用の貯蔵タンパク質や輸送タンパク質を用い，鉄をより活性の低い Fe^{3+} の形で輸送することで，鉄の潜在毒性から自分自身を守っている．ヒトでは，Fe^{3+} は肝臓で合成される糖タンパク質である**トランスフェリン transferrin**（**Tf**）に結合した状態で循環血液中を輸送される．β_1-グロブリンの一種であるトランスフェリンは，約 76 kDa であり，Fe^{3+} に高い親和性を示す結合部位を 2 つもつ．**先天性グリコシル化異常症 congenital disorder of glycosylation**（46 章参照）や**慢性アルコール中毒（依存症）chronic alcoholism** では，トランスフェリンの糖化異常が生じる．そのため，**糖鎖欠損トランスフェリン carbohydrate-deficient transferrin**（**CDT**）の存在が慢性アルコール中毒のバイオマーカーとして用いられることがある．

血漿中のトランスフェリン濃度は約 300 mg/dL である．この量で，1 dL の血漿あたり全部で約 300 µg の鉄を輸送することができる．この値が，血漿の**総鉄結合能 total iron-binding capacity**（**TIBC**）である．一般的にはトランスフェリンの結合部位の約 30 ％が鉄で占められている．重篤な鉄欠乏時には，飽和度は 16 ％に満たなくなることもあり，鉄過剰状態では 45 ％を超えることもある．

トランスフェリンサイクルは細胞への鉄取り込みを促進する

細胞が輸送された鉄を取り込むためには，血流を循環しているトランスフェリンと細胞表面の受容体である**トランスフェリン受容体 1 transferrin receptor 1**（**TfR1**）が結合しなければならない．受容体とトランス

$$Fe^{2+} + H_2O_2 \longrightarrow Fe^{3+} + OH^{\bullet} + OH^-$$

図 52-5. Fenton 反応
遊離した鉄は，過酸化水素からのヒドロキシルラジカル（$OH^{\bullet}$）の生成を触媒するため極めて有毒である（58 章参照）．ヒドロキシルラジカルは，寿命は短いが，反応性が非常に高く，細胞内高分子を酸化して組織に障害をもたらす．

フェリンの複合体は，**受容体介在性エンドサイトーシス receptor-mediated endocytosis**（25 章参照）により後期エンドソームに取り込まれる．そして，後期エンドソーム内が酸性になると，結合していた鉄はトランスフェリンから解離し，DMT1 を介してサイトゾルに輸送される[3]．**アポトランスフェリン（apoTf）**，すなわち鉄が結合していないトランスフェリンは，トランスフェリン受容体と結合したままエンドソームによって細胞膜に戻される．そこでアポトランスフェリンは受容体から解離して血漿中に戻り，ふたたび鉄を結合できる状態になる．これが**トランスフェリンサイクル transferrin cycle** である（**図 52-6**）．

TfR1 は，ほとんどの細胞表面に認められるのに対して，相同体である**トランスフェリン受容体 2 transferrin receptor 2**（**TfR2**）は，おもに肝細胞表面，あるいは小腸のクリプト細胞に発現している．トランスフェリンへの親和性に関しては，TfR2 は TfR1 よりかなり低い．TfR2 のトランスフェリンへの低い親和性は，鉄の細胞への取り込みというよりは体内の鉄貯蔵量を感知する役割に適している．

セルロプラスミンの酸化は体内の鉄循環の重要な特徴である

マクロファージは赤血球の代謝回転で重要な役割を担っている．食作用で取り込まれリソソーム加水分解酵素で消化されたのち，鉄は大部分が 2 価鉄（Fe^{2+}）として放出される．しかし，トランスフェリンサイクルで回収されるためには，まずはフェロオキシダーゼである**セルロプラスミン ceruloplasmin** によって 3 価鉄（Fe^{3+}）に酸化されなければならない．セルロプラスミンは肝臓で合成される 160 kDa の α_2-グロブリンである．鉄の酸化を触媒するのに必須な 6 個の銅原子を有しており，血漿中の主要な銅含有タンパク質になっている．

セルロプラスミン欠損は鉄ホメオスタシスを乱す

セルロプラスミン欠損は遺伝的要因に起因することもあれば，食事中の微量栄養素である銅の欠乏によって起こることもある．十分な量の触媒活性を示すセルロプラスミンがないと，体内の Fe^{2+} を適切に再利用する能力が損なわれ，組織への鉄沈着を引き起こす．**低セルロプラスミン血症 hypoceruloplasminemia** は遺

3）　訳者注：トランスフェリンとその受容体のリサイクルは，後期エンドソームではなくおもに初期エンドソームとリサイクリングエンドソームで起こると考えられている．

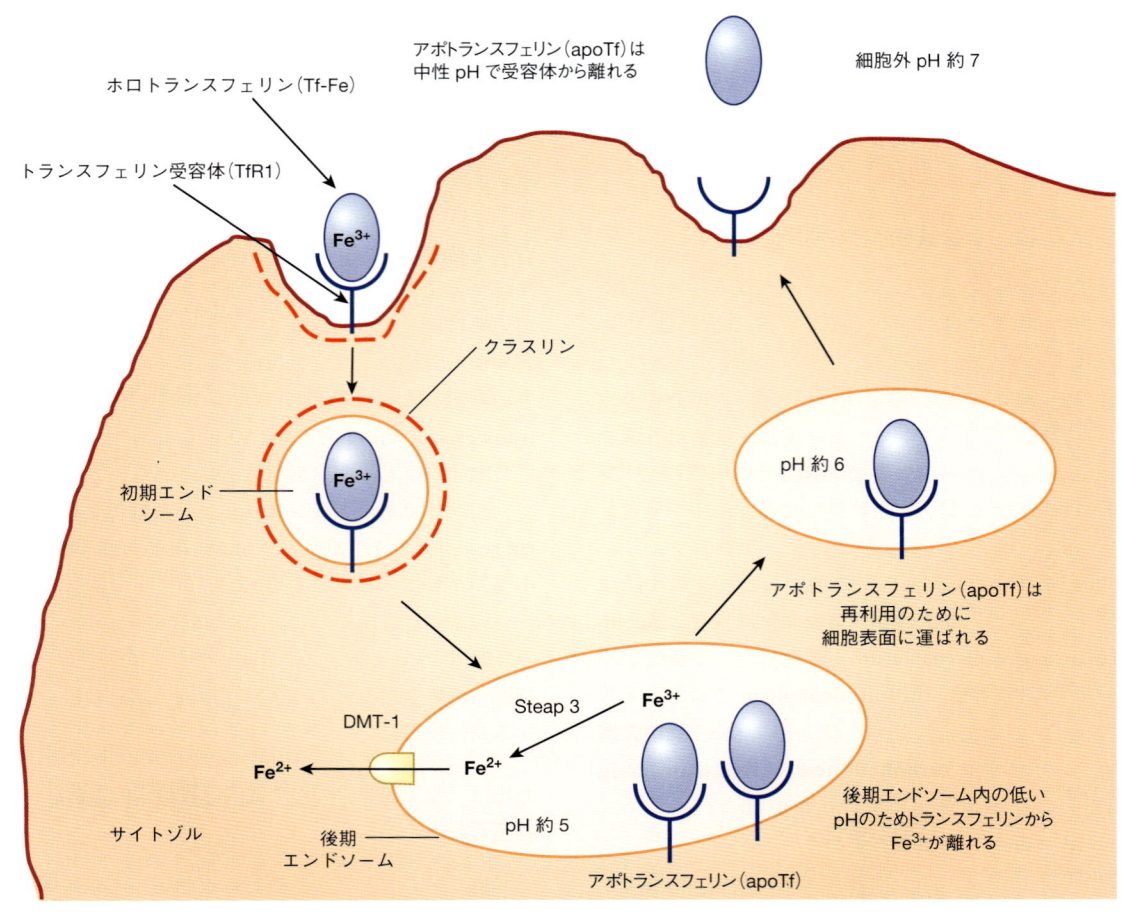

ホロトランスフェリン（Tf-Fe）

トランスフェリン受容体（TfR1）

アポトランスフェリン（apoTf）は
中性 pH で受容体から離れる

細胞外 pH 約 7

Fe³⁺

クラスリン

初期エンド
ソーム

Fe³⁺

pH 約 6

アポトランスフェリン（apoTf）は
再利用のために
細胞表面に運ばれる

DMT-1　　　Steap 3　　Fe³⁺

Fe²⁺ ←　　　　Fe²⁺

サイトゾル　　　　後期　　　　pH 約 5
エンドソーム

アポトランスフェリン（apoTf）

後期エンドソーム内の低い
pHのためトランスフェリンから
Fe³⁺が離れる

図 52-6. トランスフェリンサイクル

ホロトランスフェリン（Tf-Fe）は，細胞表面のクラスリン被覆ピットにあるトランスフェリン受容体 1（TfR1）に結合する．TfR1-Tf-Fe 複合体は，エンドサイトーシスで細胞内に取り込まれ，エンドサイトーシス小胞は融合して初期エンドソームになる．初期エンドソームは成熟して後期エンドソームになり，内部の pH が酸性になる．これらの酸性条件では，鉄はトランスフェリンから離れる．アポトランスフェリン（apoTf）は TfR1 に結合したままである．Fe^{3+} は，3 価鉄還元酵素 Steap 3 により Fe^{2+} に還元され，DMT1 を経てサイトゾルに輸送される．TfR1-apoTf 複合体は，細胞表面に戻り，再利用される．細胞表面で，TfR1 からは apoTf が離れ，新たな Tf-Fe が結合する．このようにしてトランスフェリンサイクルが完成する．

伝性疾患で，罹患している人はセルロプラスミン量が健常者の約 50％しかないにもかかわらず，一般に臨床的異常は認められない．しかし，セルロプラスミンのフェロオキシダーゼ活性がなくなる遺伝子変異である**無セルロプラスミン血症 aceruloplasminemia** は，重篤な生理学的影響をもたらす．もし治療をしなければ，膵島細胞や大脳基底核への鉄の蓄積が進行して，最終的にはインスリン依存性糖尿病（1 型糖尿病）や，神経変性による認知症，吃りやジストニア（筋収縮による筋緊張状態）などの症状が現れる．

セルロプラスミン量はWilson病では減少する

Wilson 病 Wilson disease では，銅結合性 P 型 **ATPase（copper-binding P-type ATPase，ATP7B タンパク質）**遺伝子の変異が原因で，余分な銅の胆汁への排泄が阻害される．その結果，銅が肝臓，脳，腎臓，赤血球などに蓄積する．肝臓中の銅濃度が上昇すると，矛盾したことに新しく合成されたセルロプラスミンポリペプチド（アポセルロプラスミン）への銅の取り込みが妨げられ，血漿中のセルロプラスミン量が減少する．もし治療しないでいると，このような**銅中毒 copper toxicosis** 患者は，溶血性貧血あるいは慢性肝疾患（肝硬変，肝炎）を起こし，さらに大脳基底核では銅が蓄積して神経症状を呈することがある．Wilson 病の治療としては，食事からの銅摂取量の制限と同時に，すでに体内にある余分な銅を枯渇させるために，尿中に排泄

される銅キレート剤である**ペニシラミン penicilla-mine** の定期的投与を行う.

細胞内の鉄のホメオスタシスは厳重に調節されている

TfR1とフェリチンの合成は相互に調節されている

細胞内の鉄の量の変化は, トランスフェリン受容体1 (TfR1) とフェリチンの合成に影響を与える. 鉄の濃度が低いときは, TfR1 合成速度が上昇し, フェリチン合成速度は低下する. 鉄が十分にあり, 組織での必要量が満たされているときには, 逆のことが起こる. その調節は, クエン酸回路にかかわるアコニターゼという酵素のサイトゾルのアイソザイムである**鉄調節タンパク質 iron regulatory protein (IRP) 1 と 2** への Fe^{2+} の結合を介して, **鉄応答配列 iron response element (IRE)** とよばれるヘアピンループ構造により行われる. IRE は, フェリチン mRNA の 5′非翻訳領域 (UTR) とTfR1 mRNA の 3′非翻訳領域のそれぞれにある (**図52-7**). TfR1 mRNA は鉄が結合していない IRP が 3′UTR に結合すると安定化されるため, TfR1 合成量が増加する. 一方, IRP はフェリチン mRNA の 5′UTR にあるIRE に結合することで, その翻訳を妨害する. 鉄濃度が上昇すると, Fe^{2+} が IRP に結合して [4Fe-4S] の鉄-硫黄クラスターが形成され, mRNA 上のヘアピン構造からの IRP の解離が引き起こされる. IRP が解離すると, フェリチン mRNA は翻訳されるようになる. 同時に TfR1 mRNA は IRP が解離すると急速に分解され, TfR1 合成速度は遅くなる.

ヘプシジンは全身の鉄のホメオスタシス調節の主役である

25 個のアミノ酸からなるペプチドである**ヘプシジン hepcidin** は生体中の鉄のホメオスタシスにおいて中心的な役割を担っている. 肝臓で84 個のアミノ酸残基からなる前駆体タンパク質 (プロヘプシジン) として合成されたヘプシジンは, 細胞の鉄排出タンパク質である**フェロポーチン ferroportin** に結合し, フェロポーチンの内在化と分解を引き起こす. このフェロポーチンの減少は"粘膜遮断"を引き起こし, 小腸での鉄の吸収を減少させ, 赤血球の代謝回転で生じる鉄の再利用が抑制される (**図52-8**). 同時に, 血流中の鉄濃度が減少して低鉄血症をきたし, 妊娠中の胎盤での鉄輸送も減少する. 血中の鉄濃度が高いときは, 肝臓でのヘプ

(A) フェリチン mRNA

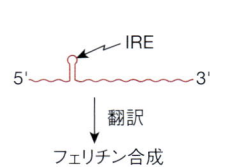

(B) TfR1 mRNA

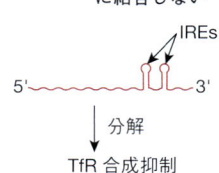

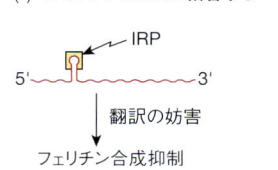

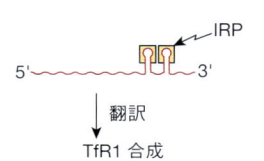

図 52-7. フェリチンとトランスフェリン受容体 (TfR1) 合成の相互関係

フェリチン mRNA を左側に, TfR1 mRNA を右側に示す. 鉄が高濃度のときは, 鉄が IRP に結合し, 双方の mRNA 上のIRE への結合を妨げる. この状況でもフェリチン mRNA は翻訳され, フェリチンが合成される. 一方, IRP が TfR1 mRNA 上の IRE に結合できないときは, TfR1 mRNA は分解される. 逆に, 鉄が低濃度のときは, IRP は双方の mRNA上の IRE に結合できる. フェリチン mRNA は翻訳を妨げられ, フェリチンは合成されない. TfR1 mRNA は, IRE が結合することで分解をまぬがれ, 翻訳され, TfR1 が合成される. (IRE : 鉄応答配列, IRP : 鉄調節タンパク質)

シジン合成が増加し, 鉄の吸収と再利用はともに減少する.

ヘプシジンの発現は, 鉄, 赤血球産生, 炎症, 低酸素に影響される

肝細胞は, **TfR1** あるいは **TfR2** のどちらかのホモ二量体と 3 番目の膜貫通タンパク質である HFE からなる 2 種の"鉄検知複合体"のうちの 1 つによって鉄濃度を監視している (**図 52-9**). HFE タンパク質は MHC (major histocompatibility complex) クラス 1 分子に類似した分子で, **β_2-ミクログロブリン β_2-microglobulin** (MHC クラス 1 分子の構成分子, 図 52-9 には示されていない) や, 通常では TfR1 と結合している. TfR1 は, HFE との結合部位と重なる部位で鉄結合型のトランスフェリン (Tf-Fe) とも結合している. 鉄が豊富にあり, Tf-Fe 濃度が高い場合には, HFE は Tf-Fe によってTfR1 から置換される. 置換された HFE は次に TfR2 と結合して複合体を形成し, この複合体は Tf-Fe と結合することでさらに安定化される. HFE と TfR2 の複合体が形成すると, ヘプシジンをコードしている遺伝子である *HAMP* の発現を活性化する細胞内シグナルカ

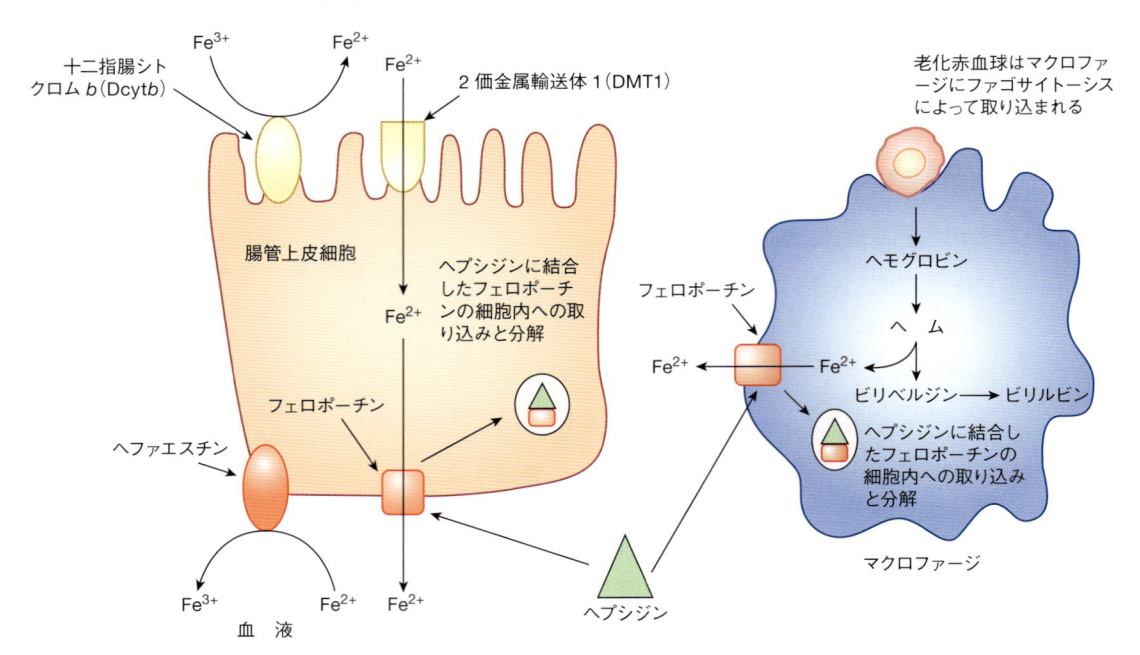

図 52-8. 全身の鉄の調節におけるヘプシジンの役割
ヘプシジンは，腸管上皮細胞やマクロファージの表面に発現しているフェロポーチンに結合することで，フェロポーチンの細胞内への取り込みと分解を引き起こす．そのために，小腸からの鉄の取り込みは減少し，マクロファージからの鉄の放出も阻害され，低鉄血症が生じる．

スケードが開始される．遺伝性ヘモクロマトーシス患者では，HFE をコードしている遺伝子の変異が一般に認められることが報告されている（後述）．

骨形成タンパク質はヘプシジンの発現に影響を与える

骨形成タンパク質 bone morphogenic protein（**BMP**）によるヘプシジン発現調節は，HFE タンパク質とは別の機構で行われているが，2 つの経路間にはかなりのクロストークがある．たとえば，細胞表面の BMP 受容体（BMPR）の結合親和性は，共受容体（コレセプター）である**ヘモジュベリン hemojuvelin**（HJV）との会合によって増大する．BMPR–HJV 複合体の活性化は，細胞内情報伝達タンパク質である **SMAD** のリン酸化を引き起こすことで，ヘプシジン遺伝子の転写を活性化する（図 52-9）．

炎症シグナルと造血シグナルがヘプシジン発現量を調節する

炎症反応の間には小分子量の分泌タンパク質であるサイトカインによってヘプシジン合成が誘導される．IL-6 のようなサイトカインは細胞表面の受容体に結合すると，JAK–STAT（Janus kinase–signal transducer and activator of transcription）経路を介してヘプシジン遺伝子の発現が活性化される（図 52-9）．炎症に関連したサイトカインは，**炎症性貧血 anemia of inflammation**（**AI**）に伴うヘプシジン量の増加を引き起こすと考えられている．AI は，鉄分補給に不応答な小球性低色素性貧血を呈する．

低酸素や β-サラセミアではヘプシジン発現は抑制される．低酸素による発現抑制は，低酸素誘導因子 hypoxia inducible factor（HIF）1 と 2（HIF-1 と HIF-2）が合成を制御しているエリスロポエチンを介した作用である．β-サラセミア患者では，赤芽球から分泌される**増殖分化因子 15 growth differentiation factor 15**（**GDF15**）と **twisted gastrulation 1**（**TWSG1**）が，ヘプシジンの発現を阻害している．

鉄欠乏と貧血は世界的によく見られる

鉄欠乏は，世界の多くの地域，とくに発展（開発）途

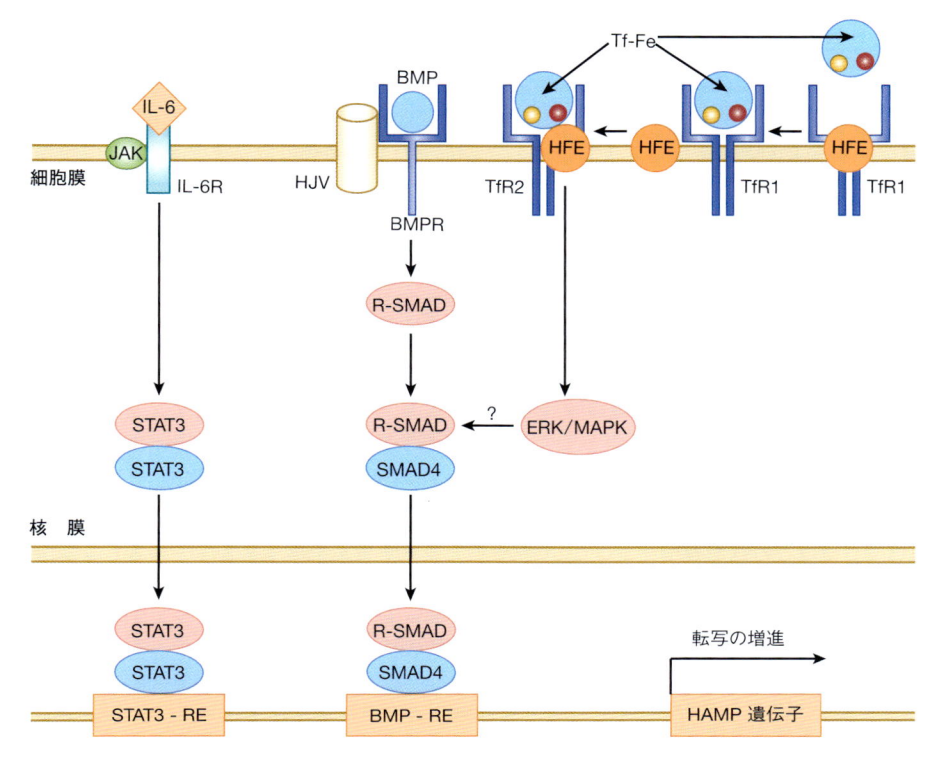

図 52-9. ヘプシジン遺伝子の発現調節

ホロトランスフェリン(Tf-Fe)が HFE と競合して TfR1 に結合する．Tf-Fe が高濃度のときは，TfR1 の結合部位にある HFE を置換する．置換された HFE は，Tf-Fe とともに TfR2 に結合し，ERK/MAPK 経路を介するヘプシジン誘導の信号を送る．BMP は，その受容体である BMPR と HJV（コレセプター）に結合し，R-SMAD を活性化する．R-SMAD は SMAD4 と二量体を形成した後，核に移行して BMP-RE に結合し，図に示すようにヘプシジンの転写を活性化する．炎症の指標である IL-6 は，細胞表面の受容体に結合し，JAK-STAT 経路を活性化する．STAT3 は核に移行してヘプシジン遺伝子上流の応答配列（STAT3-RE）に結合し，ヘプシジン発現を誘導する．（BMP：骨形成因子，BMPR：骨形成因子受容体，BMP-RE：BMP 応答配列，ERK-MAPK：細胞外シグナル制御キナーゼ/マイトジェン活性化プロテインキナーゼ，*HAMP*：ヘプシジン抗菌ペプチド（ヘプシジン）遺伝子，HJV：ヘモジュベリン，IL-6：インターロイキン 6，IL-6R：インターロイキン 6 受容体，JAK：Janus キナーゼ，SMAD：SMAD タンパク質（Sma and MAD [mothers against decapentaplegic]-related protein），STAT：STAT (signal transduction and activator of transcription) タンパク質，STAT3-RE：STAT3 応答配列，TfR1：トランスフェリン受容体 1，TfR2：トランスフェリン受容体 2）

上国，では極めて一般的である．鉄不足のおもな原因には，食事からの摂取不足，吸収不良，消化管からの出血，月経などによる一過性の失血がある．持続性の鉄欠乏は，体内鉄貯蔵の進行性の枯渇をきたすこともある．トランスフェリン飽和率が20%かそれ以下になると，ヘモグロビン合成に支障をきたすようになり，**鉄欠乏性造血 iron-deficient erythropoiesis** となる．そのうちに血中のヘモグロビン濃度が徐々に減少し，**鉄欠乏性貧血 iron-deficiency anemia** に至る．そうすると**低色素性小球性血球像 hypochromic, microcytic blood picture** が認められ，疲れやすく，顔面が蒼白となり，運動能力が低下する．

鉄欠乏性貧血になると，赤血球では細胞表面のトラ

ンスフェリン受容体 1 の増加と，プロトポルフィリン IX へのフェロケラターゼによる鉄の挿入の欠如が認められる．血漿中では，細胞表面のトランスフェリン受容体が部分的に切断されて放出される**可溶性トランスフェリン受容体 soluble transferrin receptor（sTfR）**タンパク質量が増加し，**赤血球プロトポルフィリン red-cell protoporphyrin** が蓄積する．これらは，鉄欠乏性貧血の診断にバイオマーカーとして用いられる．というのも，慢性炎症は赤血球表面のトランスフェリン受容体量に影響を与えず，従って sTfR 量にも影響を与えないからである．**表 52-5** に，患者の鉄欠乏性貧血の進行の検知と測定に用いられるいくつかのバイオマーカーを示す．

表 52-5. 鉄欠乏性貧血の判定に用いられる検査値の変化

検査項目	正常値	負の鉄バランス	鉄欠乏性造血	鉄欠乏性貧血
血清フェリチン（µg/dL）	$50 \sim 200$	減少 < 20	減少 < 15	減少 < 15
総鉄結合能（TIBC）（µg/dL）	$300 \sim 360$	わずかに増加 > 360	増加 > 380	増加 > 400
血清鉄（µg/dL）	$50 \sim 150$	正　常	減少 < 50	減少 < 30
トランスフェリン飽和度（%）	$30 \sim 50$	正　常	減少 < 20	減少 < 15
赤血球プロトポルフィリン（µg/dL）	$30 \sim 50$	正　常	増　加	増　加
可溶性トランスフェリン受容体（µg/L）	$4 \sim 9$	増　加	増　加	増　加
赤血球形態	正　常	正　常	正　常	小球性，低色素性

（Hillman RS, Finch CA: *The Red Cell Manual*, 7th ed. Philadelphia PA: FA Davis and Co; 1996 のデータより）

遺伝性ヘモクロマトーシスは鉄過剰で特徴づけられる

　組織中に染色できるほどの鉄が蓄積すること，すなわち**ヘモジデリン沈着 hemosiderosis** は，ヘモクロマトーシス **hemochromatosis** あるいは鉄過剰の特徴である．遺伝的な小腸からの鉄の過剰吸収は，鉄恒常性調節タンパク質遺伝子（*HFE*）の変異に起因し得るが，それほど多くはないもののヘプシジン，TfR2，HJV あるいはフェロポーチンの遺伝子変異が起因していることもある（**表 52-6**）．二次性鉄過剰は，サラセミア症候群に見られるように，通常は無効造血を伴う．

血清中の阻害物質がみさかいのないタンパク質分解を防ぐ

　プロテアーゼは，組織リモデリング，血液凝固，老化あるいは病的細胞の排除，侵入してきた病原体の破壊のほか，さまざまな生理的機能において不可欠である．しかし，放っておくと，血液中に分泌あるいは組織障害で漏出したプロテアーゼは，健康な組織に障害を与える可能性がある．みさかいのないタンパク質分解を防ぐために，タンパク質分解活性を阻害，あるいはその作用する範囲を限定する一連の血清タンパク質がある．

肺気腫および肝疾患にはα_1-アンチプロテアーゼの欠乏が関係している

　α_1-アンチプロテアーゼは，394 個のアミノ酸よりなる糖タンパク質で，ヒト血漿中の主要な**セリンプロテアーゼ阻害物質 serine protease inhibitor**（セルピン **serpin**）である．α_1-アンチプロテアーゼは，以前は α_1-アンチトリプシンとよばれており，トリプシン，エラ

表 52-6. 鉄過剰をきたす疾患

遺伝性ヘモクロマトーシス
・HFE 関連ヘモクロマトーシス（1 型）
・HFE 非関連ヘモクロマトーシス
若年性ヘモクロマトーシス（2 型）
ヘプシジン遺伝子異常（2A 型）
ヘモジュベリン遺伝子異常（2B 型）
トランスフェリン受容体 2 遺伝子異常（3 型）
フェロポーチン遺伝子異常（4 型）
二次性ヘモクロマトーシス
・無効造血を伴う貧血（たとえば，重症型サラセミア）
・繰り返す輸血
・非経口鉄療法
・食事からの鉄過剰摂取（バンツー鉄沈着症）
その他の鉄過剰をきたす疾患
・アルコール性肝疾患
・非アルコール性脂肪性肝炎
・C 型肝炎感染症

スターゼ，そのほかいくつかのセリンプロテアーゼと共有結合して複合体を形成し，その作用を阻害する．α_1-アンチプロテアーゼはヒト血漿 α_1-アルブミン画分の 90% 以上を占めていて，肝細胞やマクロファージで合成される．このセルピン（P_i と表記する）には少なくとも 75 種の多型が存在し，おもな遺伝型は MM で，その表現型産物は PiMM である．また，肺気腫 emphysema の約 5% に，この α_1-アンチプロテアーゼ阻害物質の欠乏が関係し，主として PiZ を生産する ZZ 遺伝型の個体に起こるが，PiSZ を生産するヘテロ接合型の個体にも起こる．両者ともに，通常の人よりも分泌れるセルピンの量が少ない．

Met$_{358}$の酸化がα_1-アンチプロテアーゼを不活性化する

肺では，プロテアーゼ結合領域にある重要なメチオニン残基（Met$_{358}$）が酸化されたα_1-アンチプロテアーゼは，セリンプロテアーゼと共有結合を生成して阻害することができない．タバコを吸う人，あるいは化石燃料から生じる煙にいつもさらされている人は，とくにMet$_{358}$の酸化を受けやすい．この重要な阻害剤がはたらかないと，とくにα_1-アンチプロテアーゼ量が低い患者(たとえば，PiZZ表現型)では，肺でのタンパク質分解活性が肺気腫の進行の一因となる．α_1-アンチプロテアーゼ欠損を呈している肺気腫患者の治療に，セルピンの静注投与(増強療法)が補助手段として用いられている．

α_1-アンチプロテアーゼ欠損者では，肺炎やその他の呼吸器への感染に起因する肺への多形核白血球細胞の蓄積による肺障害の危険性がより高くなる．α_1-アンチプロテアーゼ欠損はまた，ZZ表現型の個体が罹患しやすい肝硬変の一種であるα_1-**アンチトリプシン欠損症関連肝疾患** α_1-antitrypsin deficiency liver diseasesにも関与している．ZZ表現型個体のα_1-アンチプロテアーゼは，Glu$_{342}$がリシンに置換する変異のため肝細胞の小胞体膜腔内で凝集しやすくなっている．

α_2-マクログロブリンはプロテアーゼを阻害し，サイトカインを組織に集中させる

α_2-マクログロブリンは，チオエステル血漿タンパク質の一種で，ヒトでは全血漿タンパク質の8〜10％を占める．このホモ四量体の糖タンパク質は，単核球，肝細胞，星状細胞で合成され，補体タンパク質C3およびC4を含む血漿タンパク質相同体のなかで最も多量に存在している．そして，多種にわたるはたらいていないプロテアーゼを"ハエトリグサ"機構で阻害し，除去している．この機構に重要なのは，35残基の"ベイト領域"と，システイン残基とグルタミン残基を繋いでいる分子内環状チオエステル結合である（**図52-10**）．プロテアーゼによりベイト領域が切断されると，α_2-マクログロブリンに大きなコンホメーション変化が起こり，ベイト領域を攻撃したプロテアーゼを包み込むようになる．そして，反応性の高いチオエステルがプロテアーゼと反応して，両タンパク質間に共有結合が生成される．このコンホメーション変化が，α_2-マクログロブリンの内部配列を露出させ，α_2-マクログロブリンとプロテアーゼの複合体を血漿中から除去する細胞表面受容体に認識されるようにする．

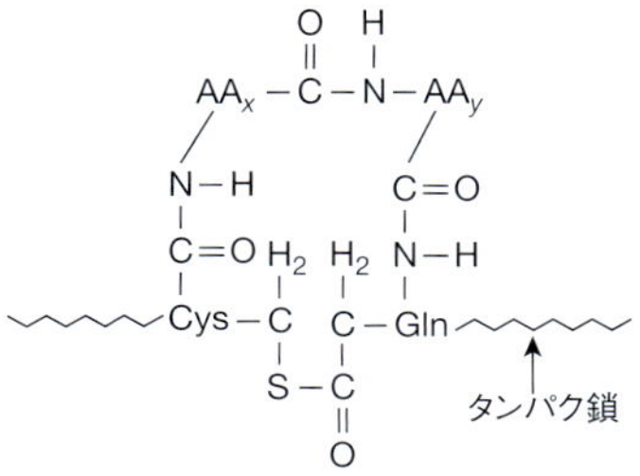

図 52-10. α_2-マクログロブリンに見られる分子内環状チオールエステル結合
AAxとAAyはシステインとグルタミンに隣接したアミノ酸を示す．

α_2-マクログロブリンは血漿中の主要な広域スペクトラム阻害物質，あるいは**汎プロテアーゼ阻害物質 panprotease inhibitor**であるとともに，血小板由来増殖因子やトランスフォーミング増殖因子-βのようなサイトカインや，血漿中の亜鉛のおよそ10％（残りはアルブミンにより輸送される）にも結合して輸送している．これらの因子は特定の組織あるいは細胞に送り届けられ，細胞に取り込まれるとすぐにα_2-マクログロブリンから解離し，細胞の増殖や機能に対する作用を発揮する．

血漿タンパク質の組織への沈着がアミロイドーシスを引き起こす

アミロイドーシス amyloidosisとは，不溶性のタンパク質凝集物が細胞間隙に蓄積して，組織の機能が阻害される状態であるが，誤って付けられた名称である．というのも，もともとは線維はデンプンのような性質のものであると思われていたからである．実際には，その線維はおもに血漿タンパク質の分解産物で構成されており，構造中にはβ-プリーツシートが極端に多くあり，一般に**P成分 P component**を含んでいる．P成分は，C-反応性タンパク質に類似したタンパク質である血清アミロイドP成分に由来する．

さまざまなアミロイドーシスには，20種類以上の異なるタンパク質の構造異常や過剰生産が関与している．原発性アミロイドーシス（**表52-7**）は通常，免疫グロブリン**軽（L）鎖 light chain**（後述）断片の蓄積を引き起こす単クローン性形質細胞障害に起因している．**続発性 secondary**アミロイドーシスは，慢性感染症やがんに関連した血清アミロイド serum amyloid A（SAA）断片

表52-7. アミロイドーシスの分類

型	関連タンパク質
原発性	おもに免疫グロブリンの軽鎖
続発性	血清アミロイド A(SAA)
家族性	トランスチレチン,まれにアポリポタンパク質A-1, シスタチンC, フィブリノーゲン, ゲルゾリン, リゾチーム
Alzheimer病	アミロイドβペプチド
透析性	β_2-ミクログロブリン

［注］表にある以外のタンパク質もアミロイドーシスに関与している.

の蓄積が原因である. 慢性感染症やがんでは, 炎症性サイトカインの濃度上昇が肝臓でのSAA産生を促進するため, それに伴ってタンパク質分解産物も増加する. **家族性アミロイドーシス familial amyloidosis** は, **トランスチレチン transthyretin** のような特定の血漿タンパク質の変異型の蓄積によって生じる(表52-3参照). トランスチレチンには80を超える変異型が報告されている. 長期間の透析患者では, β_2-ミクログロブリン β_2-microglobulin が透析膜を通過せず除去できないため, β_2-ミクログロブリンの血中濃度が上昇するとアミロイドーシスの危険性がより高くなる.

血漿の免疫グロブリンはウイルスなどの侵入から生体を守る

生体免疫機構を担うおもな体液性因子は, **Bリンパ球 B lymphocyte**(**B細胞 B cell**), **Tリンパ球 T lymphocyte**(**T細胞 T cell**) と**自然免疫系 innate immune system** である. Bリンパ球は, 骨髄細胞に由来する一方, Tリンパ球は胸腺由来である. B細胞は, **免疫グロブリン immunoglobulin** として知られる循環血中の抗体の合成を担当し, T細胞は, 過敏性反応や移植片拒絶反応だけでなく, がん細胞や多くのウイルスに対する防御も含むいろいろな細胞性免疫反応に関与する. B細胞やT細胞の反応は**獲得的 adaptive** であり, 両細胞が遭遇した侵入物それぞれを標的とした反応を起こす. **自然免疫系**は非特異的に感染を防御する. 自然免疫系には, 食細胞, 好中球, ナチュラルキラー細胞などのさまざまな細胞が関与している. これに関しては54章で述べる.

免疫グロブリンは複数のポリペプチド鎖から構成される

免疫グロブリンは, SDS-ポリアクリルアミド電気泳動での移動速度をもとに名づけられている重(H)鎖あるいは軽(L)鎖からなるオリゴマー糖タンパク質である. ヒト免疫グロブリンは, IgA, IgD, IgE, IgG, IgM と略称される5つのクラスに分類される(**表52-8**). 5種類の中で最も多量にあるIgGは, 2本の同一軽鎖(23 kDa)と2本の同一重鎖(53～75 kDa)から構成されており, それぞれの鎖は多数のジスルフィド結合によってつながっている. それぞれのクラスの生物学的機能を**表52-9**に示す.

それぞれのクラスの免疫グロブリンは, α鎖(IgA), δ鎖(IgD), ε鎖(IgE), γ鎖(IgG), μ鎖(IgM)のような異なるH鎖のアイソフォームを含んでいる. IgGのγ重鎖は, アミノ末端の可変領域(V_H)と3つの**定常領域 constant region** (C_H1, C_H2, C_H3) からできているが, μ鎖とε鎖には, 通常の3つではなく4つのC_H領域がある. IgGのようにいくつかの免疫グロブリンは, 基本的な四量体としてのみ存在していて, **図52-11**に示すように, Y字型の構造をしている. IgAやIgMのようなほかの免疫グロブリンは, コアとなる四量体単位が2個(IgA)あるいは5個(IgM)集まった高次のオリゴマーを形成している(**図52-12**).

IgGのL鎖はC末端の**定常領域 constant region** (C_L)とアミノ末端の**可変領域 variable region** (V_L) に分けられる. 軽鎖には2種類の型, すなわち**カッパー kappa** (κ)鎖および**ラムダ lambda** (λ)鎖があり, 両者はC_Lに違いがある. どの免疫グロブリン分子も, 軽鎖としてはκ鎖が2本かλ鎖が2本のいずれかを含んでいて, 決してκ鎖とλ鎖が混合した分子はない. ヒトの免疫グロブリン分子では, κ鎖が多く認められる.

それぞれのIgG分子はその標的分子あるいは**抗原 antigens** の特異的な部位, あるいは**エピトープ epitope** (抗原決定基とよばれることもある)に結合する. 典型的なエピトープは短い多糖鎖やアミノ酸配列, さらには抗原の一次構造中の異なる部位のアミノ酸や糖からつくられる特異的な三次元構造で構成される. それぞれのIgG分子には同一の抗原結合部位がY字型の分子の先端部付近に2個ある. そのため, IgG分子は2価となり, 同時に2分子の抗原に結合することができる. 抗原結合部位は, 2つの逆平行βシート構造を形成するように配置されているV_HとV_L領域から構成されている.

表 52-8. ヒト免疫グロブリンの性状

性　状	IgG	IgA	IgM	IgD	IgE
血清中の全IgGに対する％（約）	75	15	9	0.2	0.004
血清中濃度（約）mg/dL	1000	200	120	3	0.05
沈降定数	7S	7S あるいは 11S[a]	19S	7S	8S
分子量（×1000）	150	170 あるいは 400[a]	900	180	190
構　造	単量体	単量体あるいは二量体	単量体あるいは五量体	単量体	単量体
H　鎖	γ	α	μ	δ	ε
補体結合性	+	−	+	−	−
胎盤通過性	+	−	−	?	−
アレルギー関与	−	−	−	−	+
分泌液中の存在	−	+	−	−	−
オプソニン作用	+	−	−[b]	−	−
B細胞上の抗原受容体	−	−	+	?	−
J鎖による重合	−	+	+	−	−

[a] 11S型は分泌液中（たとえば，唾液，乳，涙）および気道，小腸，性器道の液中に見られる．
[b] IgMは補体系を活性化し，間接的にオプソニン作用を示す．補体活性化の生成物である C3b がオプソニンである．
（Levinson W, jawetz E: *Medical Microbiology and Immunology*, 7th ed. New York, NY: McGraw-Hill, 2002 より許可を得て掲載）

表 52-9. 免疫グロブリンのおもな機能

免疫グロブリン	おもな機能
IgG	第二次生体反応で主役を演じる抗体．細菌に対してオプソニン作用を示し，食細胞に処理されやすくなる．補体と結合し殺菌を促進する．細菌毒素やウイルスを中和する．胎盤を通過する
IgA	分泌性 IgA は細菌やウイルスの粘膜接着を妨害する．補体とは結合しない
IgM	抗原に対する第一次反応として産生される．補体と結合する．胎盤は通過しない．Bリンパ球表面の抗原受容体
IgD	Bリンパ球表面に見出され，抗原受容体としてはたらく
IgE	抗原（アレルゲン）と遭遇した場合に，肥満細胞や好塩基球からメディエーター mediator を遊離させて，即時型過敏反応を起こさせる．好酸球から酵素を遊離させ虫類の感染を防ぐ．補体とは結合しない．寄生虫感染に対する宿主防御の主役

（Levinson W, Jawetz E: *Medical Microbiology and Immunology*, 7th ed. New York, NY: McGraw-Hill, 2002 より許可を得て掲載）

C_H1 と C_H2 の間の領域は，ペプシンやパパインによって容易に切断されるため（図 52-11），ヒンジ領域 hinge region とよばれている．ヒンジ領域は Fab 領域に**柔軟性 flexibility** を与えており，2つに分かれた抗原にも結合できるようにしている．IgG が 1 個以上のエピトープを認識すると，抗体と抗原の大きなクラス

ターを形成し，食細胞白血球によってより容易に認識されて除去されやすくなる．クラスター形成は，実験室でも赤血球**ロゼット rosette** 形成としてしばしば見ることができる．

定常領域が各クラス特有の機能を決める

各種の免疫グロブリン分子の**クラス特異的エフェクター機能 class-specific effector function**（たとえば，補体結合性や胎盤通過性）は，その**定常領域**，とくに Fc 断片にある C_H2 や C_H3（IgM と IgE では C_H4 も）に依存する（表 52-9 下部参照）．

超可変領域により結合特異性が生じる

L 鎖と H 鎖の可変領域の中に，いくつかの**超可変領域 hypervariable region** があり，免疫グロブリン分子表面から並んで突き出たループとして抗原結合部位を形成している．それぞれの超可変領域は，比較的不変な**フレームワーク領域 framework region** あるいは**相補性決定領域 complementarity-determining region（CDR）**の中にちりばめられている 5 〜 10 残基ほどの小さい島のような部分からなっている（**図 52-13**）．

抗原抗体反応で重要なのは，CDR 表面とエピトープとの互いの**相補性 mutual complementarity** であり，そこには水素結合，塩橋，疎水性相互作用，ファンデルワールス力のようなさまざまな**非共有結合性 nonco-**

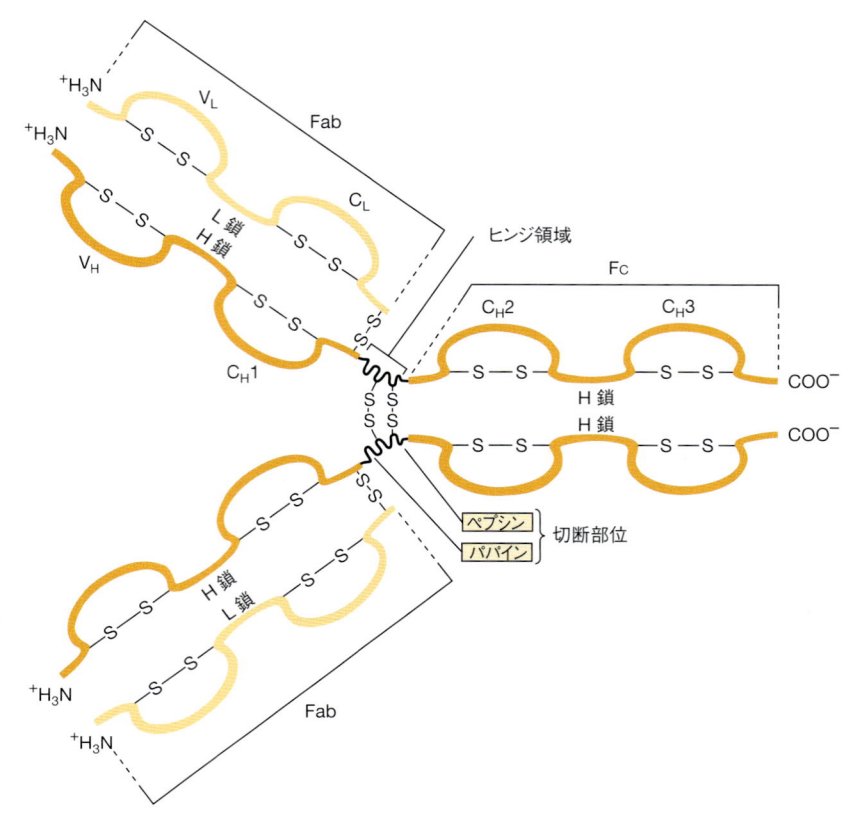

図 52-11.　IgG の構造

IgG 分子は 2 本の軽鎖(L)と 2 本の重鎖(H)からなっている. 各 L 鎖は可変領域(V_L)と定常領域(C_L)からなり, H 鎖もそれぞれ可変領域(V_H)と定常領域(C_H)からなる. C_H は C_H1, C_H2, C_H3 の 3 領域に分けられる. C_H2 領域には補体結合部位があり, C_H3 領域には好中球とマクロファージ上の受容体に結合する部位が含まれている. 抗原結合部位は, L 鎖と H 鎖の可変領域の中にある超可変領域で形成されている(図 52-13 参照). L, H 両鎖はジスルフィド結合で連結しており, H 鎖どうしもジスルフィド結合でつながっている. (Parslow TG, Stites DP, Terr AI, et al : *Medical Immunology,* 10th ed. New York, NY: Mc-Graw-Hill, 2001 より許可を得て掲載)

valent の相互作用が関与している (2 章参照). 免疫グロブリンが標的抗原への並外れた結合親和性と特異性を示すのは, 活性化された B 細胞が持つ免疫グロブリンの L 鎖と H 鎖の**超可変領域**を特異的なエピトープに合わせて独自に構成する能力のためである.

抗体の多様性は遺伝子の再編成によって生ずる

　ヒトゲノムにある免疫グロブリン遺伝子の数は, 150 にも満たない. それにもかかわらず, それぞれの人はおよそ 100 万種類にも及ぶ抗体を生産することができ, それぞれの抗体は特有の抗原に特異的である. 免疫グロブリンの発現は, 明らかに"1 遺伝子 1 タンパク質"パラダイムに則っていない. 代わりに, 抗体の多様性は, 数に限りのある遺伝子情報をさまざまな形に混合したり並べ替え換えたりする**組み合わせ機構 combinatorial mechanism** で生じてくる(35 章および 38 章

参照).

　抗体の多様性は, ひとつにはそれぞれの免疫グロブリン鎖をコードしている配列が多数の遺伝子に分割されていることに起因している. それぞれの軽鎖は, **可変領域(V_L)**, **結合領域 joining region(J)** (IgA や IgM の J 鎖とは別のもの), および**定常領域(C_L)**をコードする少なくとも 3 つに分割された構造遺伝子からつくられる. 同じように, それぞれの重鎖は, **可変領域(V_H)**, **多様性領域 diversity region(D)**, **結合領域(J)**, および**定常領域(C_H)**をコードする少なくとも 4 つの異なる遺伝子からつくられる. ヒトゲノム中の各々の遺伝子には配列が異なるものがいくつかあり, 非常に多数の組み合わせを作ることができる.

　抗体の多様性は, **活性化誘導シチジンデアミナーゼ activation-induced cytidine deaminase** (AID) の作用でさらに増加する. シチジンからウラシルへの変換を

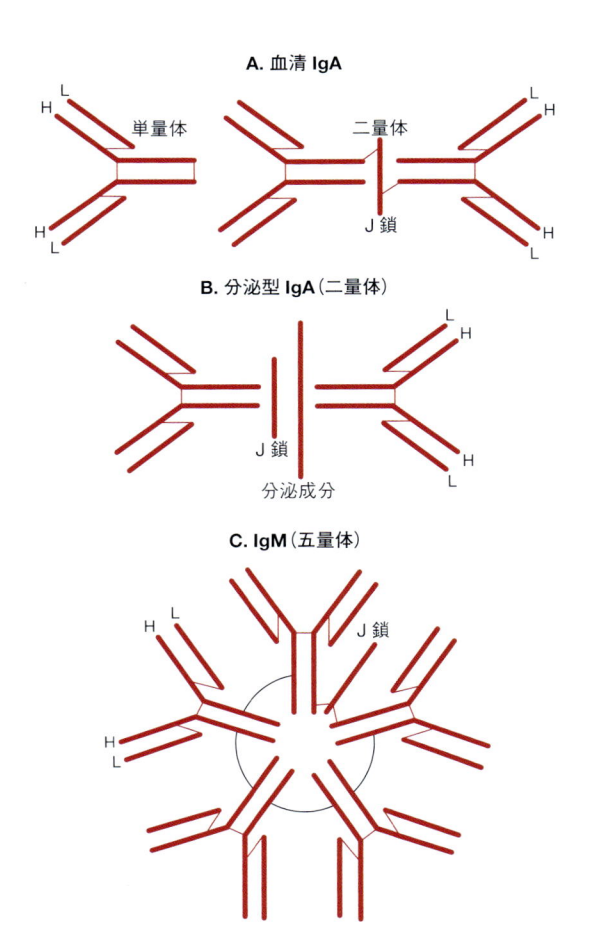

図 52-12. 血清 IgA，分泌型 IgA および IgM の模式図
IgA も IgM も J 鎖をもっているが，分泌型 IgA だけは，そのほかに分泌成分をもっている．ポリペプチド鎖を太線で，異なるポリペプチドを結合するジスルフィド結合を細線で示した．（Parslow TG, Stites DP, Terr AI, et al: *Medical Immunology*, 10th ed. New York, NY: McGraw-Hill, 2001 より許可を得て掲載）

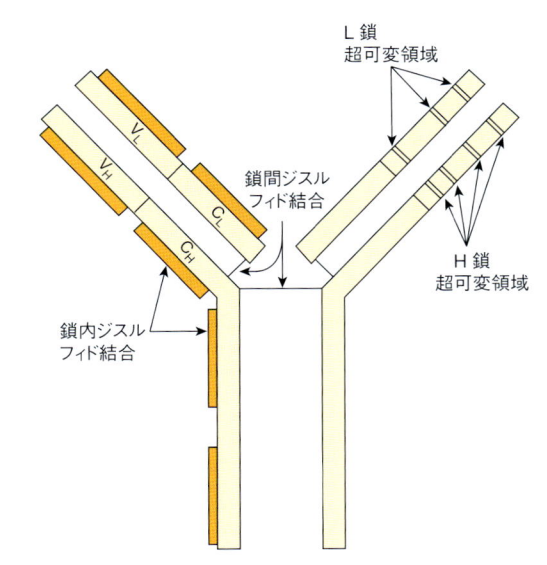

図 52-13. IgG 分子の模型図
H 鎖および L 鎖の超可変領域の概略の位置を示す．抗原結合部位はこれら超可変領域によって形成される．超可変領域はまた相補性決定領域（CDR）ともよばれる．（Parslow TG, Stites DP, Terr AI, et al: *Medical Immunology*, 10th ed. New York, NY: McGraw-Hill, 2001 より許可を得て掲載）

触媒することで，AID は免疫グロブリン V 領域遺伝子の変異の頻度を大幅に高める．AID 関与の変異は**体細胞 somatic** 変異であり，生殖細胞というよりは分化した細胞に固有の変異である．したがって，AID が活性化されると B 細胞の新しい亜集団が生じ，それぞれの集団の V 遺伝子には固有の変異があるため，異なる抗原特異性をもつ免疫グロブリンが産生される．ある病的状態では，AID の変異誘発作用により，生体の内在性成分を標的とする**自己抗体 autoantibody** が産生されることもある．この現象は**自己免疫 autoimmunity** とよばれる．

　新規抗原を標的とする抗体を産生する 3 番目の機構は，**結合領域多様性 junctional diversity** である．ある分断された遺伝子領域が結合されるときに，無作為な数のヌクレオチドが付加あるいは脱落することをいう．AID による変異と同じように，結合領域多様性により生じた変異は実際には体細胞変異である．

免疫応答中にクラス（アイソタイプ）スイッチが起こる

　体液性免疫反応では多くの場合，同一のエピトープを標的とする異なったクラスの抗体が産生される．免疫原（免疫抗原）に暴露されると，それぞれのクラスは一定の時間的順序に従って出現する．たとえば，IgM クラス抗体は通常 IgG クラス抗体より先に出現する．このようなあるクラスから別のクラスの産生への切り換えは**クラススイッチ class switching**（**アイソタイプスイッチ isotype switching**）とよばれている．クラススイッチでは，あるクラスの免疫グロブリンの L 鎖が異なるクラスの H 鎖と結合するようになる．新しく合成された L 鎖は初めのうちは μ 鎖と結合して特異的な IgM 分子を産生するが，そのうちに同じ抗原特異性をもつ L 鎖が γ 鎖と結合するようになる．産生される IgG は初めの IgM 分子 μ 鎖と同じ V_H 領域をもっているため，同じ抗原特異性をもつことになる．そして，同じ L 鎖が今度は α 重鎖に結合することによって，同一の抗原特異性をもった IgA 分子が産生される．同一の超

可変領域と可変領域, さらにエピトープ特異性, をもつ免疫グロブリンは**イディオタイプ idiotype** を共有するといわれる.

モノクローナル抗体は重要な研究手段である

抗体は, 生物医学研究, 診断, 治療において主要な手段であることが明らかになってきた. もともと, ある選ばれた抗原に対する抗体を作成するには, ウサギあるいはヤギのような宿主動物に抗原を注射し, 目的の抗原に対する抗体(できれば)を含む血漿免疫グロブリンが入っている血清を得る必要がある. 抗原を動物に注射すると, さまざまな B 細胞が誘導され, エピトープに対する抗体を産生する. このように, 産生された抗体集団は, 実際には不均一, すなわち**ポリクローナル polyclonal** である. さらに, 費用や手間のかかるアフィニティー精製を行わないと, 血清には注射した実験用の抗原に対する抗体ばかりではなく宿主動物が産生したすべての抗体が含まれることになる.

たんに 1 つの抗原だけではなくむしろその表面の 1 つのエピトープだけを標的とする均一な**モノクローナル monoclonal** 抗体を, あらかじめ抗原を注射したマウス(または他の適当な動物)の脾臓から B 細胞を採取することで作製することができる. 1 種だけのモノクローナル抗体を分泌する不死化した**ハイブリドーマ hybridoma** 細胞株を得るために, 培養した B 細胞をマウス**骨髄腫細胞 myeloma cell** と融合する. それから, 抗原に特異的なあるいは最適なエピトープに特異的なモノクローナル抗体を分泌するハイブリドーマ細胞株を同定するために, 抗体のスクリーニングが行われる.

コロナウイルス感染への抵抗力の向上のような治療に応用するために, マウス細胞株で作製されたモノクローナル抗体は**ヒト化 humanized** される. 遺伝子工学的手法により, マウス抗体の可変領域をヒト免疫グロブリン分子の適切な位置に挿入することで可能となる. この方法でヒト化された抗体では, その顕著な**免疫原性 immunogenicity** の低下によりアナフィラキシー反応をひきおこす危険性も低下する.

補体系も感染を防御する

獲得免疫系 adaptive immune system は, 新規感染体に対する抗体を産生するようになる能力を反映した名前であり, 免疫グロブリンが生体の獲得免疫系の中核をなしている. 一方, **自然免疫系 innate immune system** は, 関与する成分の数, 機能, 特異性が生涯を通して変わらず一定であることからそうよばれている. **補体系 complement system** は, 自然免疫系のいわば戦闘部隊となっている体液性因子である. 抗体抗原複合体により活性化され, 獲得免疫系を支援するあるいは"補う"ように作用すると考えられている.

補体系は, 血液凝固カスケードに似た特徴を有している. どちらも, 血流中にある一群のチモーゲン(プロタンパク質)から構成され, それらはプロテアーゼにより切断されるまで触媒作用が不活性な状態を保っている. 補体系のタンパク質は, **補体因子 complement factor** とよばれ, 肝細胞, マクロファージ, 単球, 小腸上皮細胞などのさまざまな細胞で合成される. 凝固因子と同様, ほとんどの補体因子はプロテアーゼ前駆体(9 章参照)である. 活性化されると, 補体系の他の成分を標的とすることで, 一連のタンパク質分解による活性化すなわち**カスケード cascade** 反応を引き起こし, 生体防御にかかわる 1 つあるいは複数の最終産物(たとえば, フィブリン)が産生される.

複雑な形の活性化を行う**古典経路 classical pathway** は, 補体因子 C1 に抗体抗原複合体が結合し, プロテアーゼ活性を誘発することから始まる. 活性化された C1 は次に補体因子 C2 を 2 つのより小さなタンパク質, C2a と C2b, に切断する. 同様に, 補体因子 C4 を C4a と C4b に切断する(**図 52-14**). C2a と C4b の 2 つの分解された断片が結合して新しいプロテアーゼである C3 転換酵素となり, 補体因子 C3 を C3a と C3b に切断する. 今度は, C3b は C2a と C4b のヘテロ二量体に結合してヘテロ三量体である C5 変換酵素となり, 補体因子 C5 を C5a と C5b に切断する. C5b は C6, C7, C8, C9 と結合して, **膜侵襲複合体 membrane attack complex**(MAC)を形成する. MAC は, 侵入してきた細菌に結合してその細胞膜に穴をあける. 溶菌した細菌の残骸は食細胞性マクロファージが破壊する. 一方, C3a と C5a は感染部位へ白血球をよび寄せて炎症反応を引き起こす化学誘引物質としてはたらく.

C3 と C4 にあるチオエステル結合が, 侵入してきた細菌を標的とした MAC 形成を容易にしている. 血漿プロテアーゼ阻害物質である α_2-マクログロブリンのチオエステル結合のように, 非常に反応性の高いチオエステル結合は, タンパク質分解による活性化に伴うコンホメーション変化により露出される. C3 と C4 の場合には, チオエステルが細菌表面の多糖のヒドロキシ基と反応して共有結合を生成し, C3 と C4 が構成成分でもある C5 変換酵素複合体を標的となる病原体に

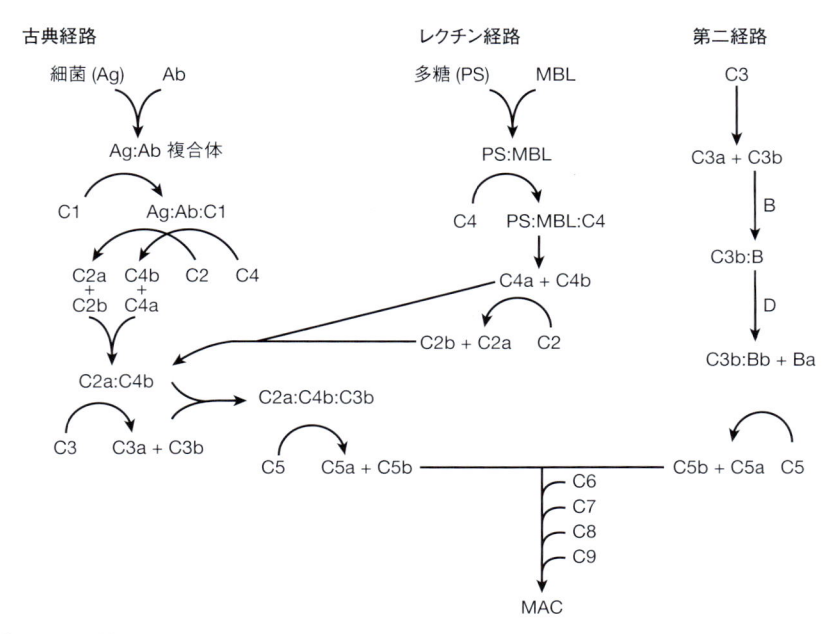

図 52-14. 補体系カスケード
補体系は，古典経路，レクチン経路，第二経路の 3 つの異なる機構で活性化される．図には，それぞれの経路に関与するおもな因子，不活性な前駆タンパク質の切断による生成物，形成されるおもな複合体を示している．コロン（：）は複合体として会合している状態を表している．

固定する．その結果，細菌の細胞膜のすぐ近くでMAC の残りの構成要素が生成され，MAC 形成が促進される．

補体系の活性化は**レクチン経路 lectin pathway** でも引き起こされる．細菌の多糖は，**マンノース結合レクチン mannose-binding lectin**（MBL），あるいは**マンノース結合タンパク質 mannose-binding protein**（MBP）として知られている補体因子に結合する．そして，レクチンと多糖の複合体は，C4 をよび寄せて活性化する（図 52-14）．多糖に結合するタンパク質は何でも**レクチン lectin** とよばれる．ほとんどのレクチンは高度に選択的である．MBL は糖タンパク質のマンノース含有糖質部分（**マンナン mannan**）やグラム陽性細菌，ある種のウイルスや菌類の表面にある**リポ多糖 lipopolysaccharide** に特異的に結合する．C4 は多糖−MBL 複合体に結合すると自己分解してC4aとC4bを生成する．さらにC4 は，C2 を C2a と C2b に切断する．その後の活性化カスケードは古典経路と同じように進行する．

MBL は，400 〜 700 kDa 程度の大きな多価複合体として血中を循環しており，3 個の 30 kDa 程度のサブユニットからなるホモ三量体のコアユニットが 4 つ以上集まってできている．このコアユニットは，絡み合っ

たコラーゲン様ドメインによりつなげられていて，球状になっている頭部に糖結合ドメインがある．MBL を形成するために，4 つ以上のホモ三量体がそのアミノ末端の尾部の間でジスルフィドによる共有結合を介して結びついている．この尾部は"茎"状構造をしており，そこからC 末端の糖結合ドメインの頭部が免疫グロブリンのように枝状に広がっている（**図 52-15**）．

補体系は**第二経路 alternative pathway** でも活性化される．この経路では，化学的な加水分解により直接C3 が活性化され，その過程は "アイドリング ticking over" ともよばれる．第二経路では，C3b と B 因子が結合して C3b：B 複合体を形成した後，D 因子によって切断され，C5 変換酵素活性をもつ C3b：Bb 複合体が生成される．

免疫系の機能障害は多くの病態の原因となる

自然免疫系や獲得免疫系の機能障害が，深刻な生理的影響を及ぼすことがある．免疫グロブリンあるいは補体因子産生の障害により**免疫不全状態 immunocompromised** となっている人は，細菌，真菌やウイル

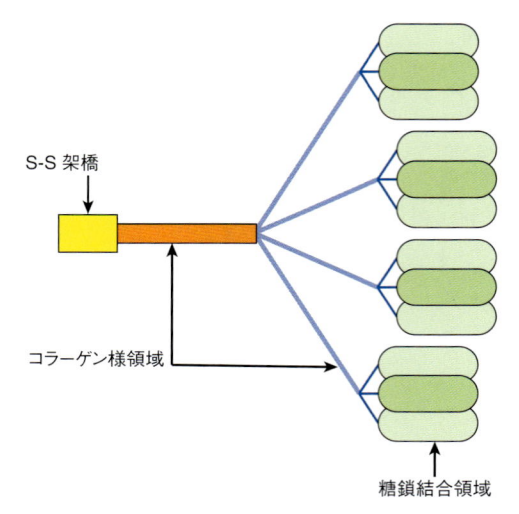

S-S 架橋

コラーゲン様領域

糖鎖結合領域

図 52-15. マンノース結合レクチンの模式図
図には，4つのホモ三量体からなる MBL を模式的に示している．糖結合ドメインには色を付けてある．それぞれの三量体のコラーゲン様ドメインが絡み合っている部分を青で示している．ホモ三量体のコラーゲン様ドメインのアミノ末端が寄り集まってできている茎状領域を橙色と黄色で示している．とくに黄色の部分は，ホモ三量体の四量体を安定化している S-S 架橋のある領域を示している．

ス感染の発生や蔓延による影響を受けやすい．免疫系の有効性を抑える原因は多数存在し，遺伝的異常（たとえば，**無ガンマグロブリン血症 agammaglobulinemia** では IgG 産生が顕著に損なわれている），毒物，ウイルス感染，栄養不良，悪性形質転換あるいは免疫抑制剤の投与などがある．

　免疫系や補体系が過剰にはたらいたり，未成熟なまま活性化されたりしても有害な影響を与える．免疫系が宿主細胞と外部から侵入してきた細胞を区別できなくなると，宿主自身の組織や臓器を攻撃するようになり，**自己免疫応答 autoimmune response** を引き起こす．その結果起こる障害は，関節リウマチや多発性硬化症のような慢性進行性の場合や，1型糖尿病での膵島細胞の破壊のように急性の場合がある．北米では，自己免疫疾患の発生率は 100 人に 3 人である．

　表 52-1 によく認められる自己免疫疾患をまとめてある．

まとめ

- ほとんどの血漿タンパク質は肝臓で合成され，大半に糖鎖が付加されている．

- アルブミンは血漿中タンパク質の質量のおよそ 60％を占める．したがって，血管内浸透圧をおもに決めているのはアルブミンである．

- アルブミンは，脂肪酸，ビリルビン，金属イオンやある種の薬物に結合して輸送する．

- ハプトグロビンは，赤血球外ヘモグロビンに結合して，尿細管での有害な沈殿物の生成を防ぐ．

- フェリチンは細胞内で 3 価鉄に結合し，貯蔵している．

- トランスフェリンは鉄を結合し，必要な場所に輸送している．

- セルロプラスミンは血漿中の主要な銅含有タンパク質である．老化した赤血球が破壊されるときに放出される鉄の再利用に不可欠なフェロオキシダーゼである．

- ヘプシジンは，鉄輸送タンパク質であるフェロポーチンの細胞内への取り込みを阻害して，鉄のホメオスタシスを調節している．

- ヘプシジンの発現は，トランスフェリン–鉄複合体がトランスフェリン受容体 1（TfR1）に結合して HFE タンパク質を置換することで促進される．置換された HFE は，トランスフェリン受容体 2（TfR2）に結合して活性化する．

- 遺伝性ヘモクロマトーシスは鉄の過剰な取り込みをきたす遺伝的疾患である．

- α_1-アンチトリプシン（α_1-アンチプロテアーゼ）は血漿中の主要なセリンプロテアーゼ阻害物質である．遺伝子が原因でこのタンパク質が欠乏すると肺気腫や肝疾患を発症することがある．

- α_2-マクログロブリンは多くのプロテアーゼの作用を中和し，特定のサイトカインを特定の器官に集中させる作用をもった血漿タンパク質である．

- 人体は，獲得免疫系により百万にも及ぶ異なる抗原に特異的な免疫グロブリンを産生することができる．

- 免疫グロブリンのコア構造は，2 つの軽（L）鎖と 2 つの重（H）鎖からなる Y 字型の四量体である．

- 免疫グロブリン遺伝子の連結，再編成，体細胞変異によって，限られた数の遺伝子から多様な抗体を合成することができる．

- ハイブリドーマ細胞は，研究や臨床で使用されるモノクローナル抗体を産生することができる．

- 補体系は一般に，感染した細菌とそれを防御する抗体からなる複合体，または病原体表面にあるマンノースに富んだ多糖とマンノース結合タンパク質からなる複合体により活性化される．

- 補体系では，膜侵襲複合体を形成する成分は不活性なチモーゲンを活性なプロテアーゼに変換する一連のタンパク質分解反応で生成される．
- 自己免疫疾患は，免疫系が自分自身の体の組織を攻撃することで発症する．

文　献

Craig WY, Ledue TB, Ritchie RF: *Plasma Proteins: Clinical Utility and Interpretation.* Foundation for Blood Research, 2008.

Crichton R (editor): *Iron Metabolism, from Molecular Mechanics to Clinical Consequences,* 4th ed. Wiley, 2016.

Garred P, Tenner AJ, Molines TE: Therapeutic targeting of the complement system: From rare diseases to pandemics. Pharmacol Rev 2021;73:792.

Hentz MW, Muckenthaler MU, Gali B, et al: Two to tango: regulation of mammalian iron metabolism. Cell 2010;142:24.

Nimmerjahn F, Ravetch JV: *Fc Mediated Activity of Antibodies.* Springer, 2020.

Reese AR: *The Antibody Molecule: From Antitoxins to Therapeutic Antibodies.* Oxford University Press, 2015.

Roumenina LT (editor): *The Complement System. Innovative Diagnostic and Research Protocols,* Springer, 2021.

Schaller H, Gerber S, Kaempfer U, et al: *Human Blood Plasma Proteins: Structure and Function.* Wiley, 2008.

Smith SA, Travers RJ, Morrissey JH: How it all starts: Initiation of the clotting cascade. Critic Rev Biochem Mol Biol 2015;50:326.

Williams NA, Kivimaki M, Langenberg C, et al: Plasma protein patterns as comprehensive indicators of health. Nature Med 2019;25:1851.

赤血球

Red Blood Cells

学 習 目 標
本章習得のポイント

- 造血幹細胞の概念とその重要性を理解する.
- 赤血球がエネルギー源としてグルコースに依存している理由について説明する.
- 赤血球および血小板の産生におけるエリスロポエチン，トロンボポエチン，その他のサイトカインの役割を説明する.
- ヘモグロビンのヘムの酸化を抑制し,メトヘモグロビンを還元する酵素系について説明する.
- 赤血球にある細胞骨格の主要成分について特定する.
- 赤血球の主要な機能障害の原因についてまとめる.
- 赤血球にあるバンド 3 タンパク質のおもな機能について説明する.
- ABO 式血液型物質の生化学的特徴について説明する.
- 血小板中の濃染顆粒と α 顆粒に存在する主要成分を列挙する.
- 免疫性血小板減少性紫斑病と von Willebrand 病の分子的基礎を説明する.

生物医学的重要性

体内を循環している多種多様な血球成分について，その進化は動物の生態の発達に極めて重要であった．ヘモグロビンと炭酸脱水酵素（炭酸デヒドラターゼ）を内包した特殊な細胞である**赤血球 erythrocyte** の存在により，血液は末梢組織への酸素の運搬と，末梢組織からの二酸化炭素の運搬除去を主要な役割としている．**貧血 anemia** とは循環血液のヘモグロビン濃度が減少している状態（$< 120 \sim 130$ g/L）で,血液が末梢組織に十分量の酸素を運搬できず，健康状態に悪影響が及ぶ．貧血の要因はさまざまであり,たとえば遺伝的異常（鎌状赤血球傾向，悪性貧血），大量出血，鉄分やビタミン B_{12} などの摂取不足，病原体の侵入による赤血球溶血（マラリアなど）が知られている．**血小板 platelet** は，損傷した組織からの血液の流出を抑えること（止血）の一役を担う．血小板数あるいはその機能が低減すると，血餅の形成速度と構造的完全性が低下し，患者が出血しやすい状況に陥る．貧血症状の例として，血中の血小板数が少ない状態,つまり**血小板減少症 thrombocy-topenia** はさまざまな原因がもとで発症し，その原因としては，たとえば細菌感染，サルファ系抗菌薬など

の薬物治療，特発性血小板減少性紫斑病などの自己免疫反応がある．そのほか病態生理学的な症候群である，**von Willebrand 病 von Willebrand disease** や **Glanzmann 血小板無力症 Glanzmann thrombasthenia** などは，遺伝子変異により誘発され，血小板数の減少というよりは，血小板の粘着性や凝集能が弱められることにより発症する．

赤血球は造血幹細胞由来である

赤血球，血小板ともに，体内では比較的速く新しいものに置き換わっている．したがって，新しい血球は常に前駆体である**幹細胞 stem cell** から産生される．幹細胞は，未分化状態で存在している．特徴的な能力を有し,変化のない娘細胞を産生するとともに（**自己複製能 self-renewal**），特定の機能を有するさまざまな細胞種を産生する（**潜在能力 potency**）ことができる．**全能性 totipotent** の幹細胞は，分裂を繰り返して生命体のすべての細胞を産生できる能力をもつ．他方**単能性 unipotent** 幹細胞は，単一の細胞/組織へと分化し発達できる能力を有する．**多能性 pluripotent** 幹細胞は，3 つの胚葉のどれにでも分化できる．**複能性 multipo-**

tent 幹細胞は，1つの系統の細胞形成に限定される．幹細胞はまた，**胚性 embryonic** 幹細胞，**成体 adult** 幹細胞に分類される．成体幹細胞は分化能力が制限されている．

　造血幹細胞の分化は，一連の糖タンパク質，**サイトカイン cytokine** の分泌によって制御される．**幹細胞因子 stem cell factor**（SCF）およびいくつかの**コロニー刺激因子 colony stimulating factor**（CSF）は，インターロイキン 1，3，6 とともに，骨髄中の造血幹細胞の増殖を刺激し，いくつかの骨髄性細胞型の1つに分化誘導させる（**図 53-1**）．**エリスロポエチン erythropoietin**（EPO）あるいは**トロンボポエチン thrombopoietin**（TPO）はさらに，これらの骨髄性前駆細胞を赤血球，血小板にそれぞれ分化させる．

赤血球は高度に分化した細胞である

成熟赤血球には細胞小器官がない

　赤血球の構造と構成成分は，赤血球のもつ高度な機能に反映している．赤血球の機能とはつまり，組織に十分量の酸素を運搬し，また細胞の呼吸により産生される二酸化炭素を除去すること，それに尿素を除去することの一助にもなっていることである．赤血球の内部には，多量のヘモグロビンが存在し，重量にして 3 分の 1 を占める（成人で 30 〜 34 g/dL）．この非常に高いヘモグロビン濃度を許容できるようになった要因の1つは，通常の真核細胞で見られる細胞小器官（例：核，リソソーム，ゴルジ体，ミトコンドリアなど）を省いたからである．そのため，**脱核 enucleated** した成熟赤血球は増殖できない．

　赤血球の細胞膜には網目構造の細胞骨格があり，これが赤血球の両凹円板型構造を維持することに寄与し

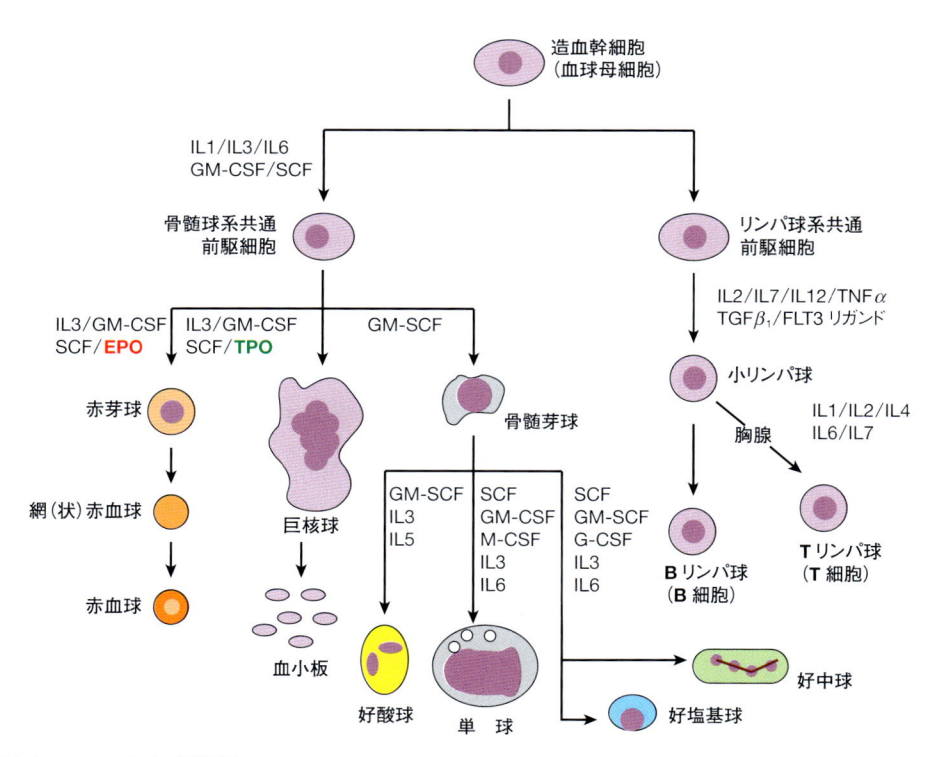

図 53-1. 造血 hematopoiesis の過程
造血幹細胞が赤血球，白血球に分化する過程を示すため，かなり簡略化してある．おもな分化過程の細胞のみ記した．各細胞種の名称は**太字**で記した．細胞核は**紫色**で記した．図中の矢印は，次の段階への分化を意味する．各段階の分化に要するホルモンやサイトカインは，矢印の横に記した．略称は次のとおり，EPO：エリスロポエチン，FLT3 リガンド：FMS 様チロシンキナーゼ 3 リガンド，G-CSF：顆粒球コロニー刺激因子，GM-CSF：顆粒球マクロファージコロニー刺激因子，IL：インターロイキン，M-CSF：マクロファージコロニー刺激因子，SCF：幹細胞因子，TGFβ_1：形質転換増殖因子 β_1，TNFα：腫瘍壊死因子 α，TPO：トロンボポエチン．

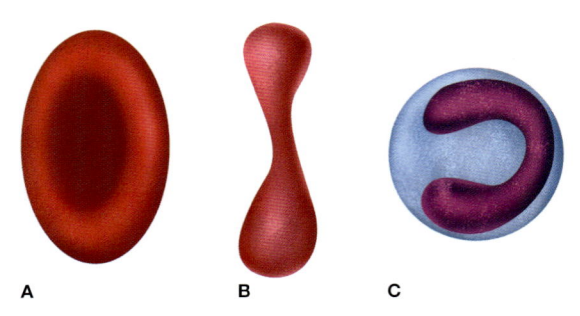

A　　　B　　　C

図 53-2. 赤血球は両凹円板型構造をしている
(**A**) 赤血球.(**B**) 赤血球の断面は両凹型をしている.(**C**) 赤血球は折りたたまれて,毛細血管を通過することができる.

表 53-1. 赤血球膜のグルコース輸送体(GLUT1)の特性

・赤血球膜タンパク質の約 2% を占める.

・グルコースおよび関連の D-ヘキソースに対し特異性を示す(L-ヘキソースは運搬しない).

・輸送体は,生理的グルコース濃度において,V_{max} の約 75% の速度で機能し,飽和状態になり得る.また,グルコースの構造類似体により阻害される.

・哺乳類の組織で発見された相同グルコース輸送体ファミリーの 1 つである.

・筋や脂肪組織のものと異なり,インスリン非依存性である.

・492 個のアミノ酸残基の配列がすでに決定されている.

・人工リポソームに組み込まれるとグルコースを輸送する.

・12 個の膜貫通性のヘリックス構造をとる部分があると推定される.

・膜上に,グルコースが通過するための開閉性の小孔を形成する.小孔は,グルコースによって構造が変化し,非常に速く(毎秒約 900 回)開閉できる.

ている (**図 53-2**).この独特な構造によって,赤血球-組織間の酸素と二酸化炭素の交換が次の 2 つの機序で促進されている.1 つは,円板状の構造は,球形に比べて表面積/体積比が大きいこと,もう 1 つは,赤血球を折りたたむことで,赤血球の径よりも細い毛細血管を通過できることである.これらのことにより,高速流動(≦2 mm/s)する赤血球への,および赤血球からのガス分子の拡散距離が短くなる.

赤血球は解糖系によってのみ ATP を産生する

成熟した赤血球はミトコンドリアをもたない.つまりその構成物である ATP 合成酵素やトリカルボン酸回路(TCA 回路)の酵素系,電子伝達系,β 酸化経路もない.そのため赤血球は,脂肪酸やケトン体を代謝エネルギー源として使うことができない.そしてさらに,赤血球は ATP の産生をすべて解糖系に依存している.グルコースは,**グルコース輸送体 glucose transporter 1** (糖輸送体,**GLUT1**)を介した**促進拡散 facilitated diffusion** (40 章参照)によって赤血球内に取り込まれる(**表 53-1**).

赤血球の解糖経路には特徴的な枝分かれあるいは短絡があり,その目的は 1,3-ビスホスホグリセリン酸(1,3-BPG)を **2,3-ビスホスホグリセリン酸 2,3-bisphosphoglycerate** (2,3-BPG)[1] に異性化することである.2,3-BPG は T 状態のヘモグロビンに結合し,これ

を安定化[2]させる(6 章参照).1,3-BPG が 2,3-BPG に変換される反応は,2,3-ビスホスホグリセリン酸ムターゼの触媒作用を受ける.この酵素は 2 つの機能をもち,2,3-BPG を加水分解して解糖系の中間体 3-ホスホグリセリン酸に変換する.2 つ目の酵素,イノシトールポリリン酸ホスファターゼはまた,2,3-BPG を解糖系の中間体 2-ビスホスホグリセリン酸に加水分解する反応を触媒する.これらの酵素の活性度は pH に敏感で,赤血球が血管内で流動する適切なタイミングで 2,3-BPG 濃度を上昇あるいは低下させる.

赤血球内で展開される代謝過程の様相については別の章にもふれているし,また**表 53-2** にもまとめた.

炭酸脱水酵素は CO_2 の輸送を促進する

酸素(O_2)分子が消費されると同じ数の二酸化炭素(CO_2)が生成するので,これを処理しなければならない.酸素と同じように,二酸化炭素の水に対する溶解度は非常に低く,代謝活性のある組織から生じた二酸化炭素の数 % 程度も溶解できない.しかし水と結合した状態,つまり,炭酸(H_2CO_3)およびそのプロトンが解離した炭酸水素イオン(HCO_3^-)では,溶解度が比較的高い.赤血球の中に比較的高い濃度で存在している酵素,**炭酸脱水酵素(炭酸デヒドラターゼ)carbonic dehydratase**(図 6-11 参照)の存在により,赤血球が二酸化炭素を炭酸に変換する反応を速やかに触媒して,不用な二酸化炭素を赤血球内に吸収し,この逆向きの反応も促進することで,肺から二酸化炭素が排出されるように促進する.二酸化炭素の一部は赤血球のヘモ

---

1) 訳者注:2,3-diphosphoglyceric acid (2,3-DPG) ともよばれる.

2) 訳者注:米谷らの研究では,2,3-BPG が T 状態に結合することで,ヘモグロビンのグロビン鎖はむしろ運動が激しくなり(不安定になり),酸素が結合しにくくなることが明らかになっている.Yonetani T, Laberge M: Protein dynamics explain the allosteric behaviors of hemoglobin. Biochim Biophys Acta. 2008;1784(9):1146-58.

表 53-2. 赤血球における代謝に関するおもな特徴

- 赤血球はエネルギー源として，グルコースに大きく依存している．そのために，膜に高親和性のグルコース輸送体を有している．
- 乳酸を生成する解糖は，ATP を産生する手段である．
- 赤血球はミトコンドリアをもたないので，酸化的リン酸化による ATP の産生はない．
- 赤血球はイオンおよび水の平衡を維持するために種々の輸送体をもつ．
- 解糖系と密接に関連した 2,3-ビスホスホグリセリン酸の生成は，ヘモグロビンの酸素運搬能の調節に重要である
- 赤血球ではペントースリン酸経路が活発にはたらいており（全グルコース量の 5 ～ 10% がこの経路で代謝されている），NADPH が産生される．グルコース-6-リン酸デヒドロゲナーゼ活性の欠損による溶血性貧血がしばしば見られる．
- 還元型グルタチオン（GSH）は赤血球の代謝において重要であり，潜在的に有毒な過酸化物の作用を抑えるはたらきもある．赤血球は GSH を合成することができ，また，酸化型（G-S-S-G）を還元型に戻すために，NADPH を必要とする．
- ヘモグロビンの鉄は，2 価でなければならない．3 価の鉄は，シトクロム b_5 レダクターゼとシトクロム b_5 とを含む NADH 依存性メトヘモグロビンレダクターゼ系のはたらきによって 2 価に還元される．
- グリコーゲン，脂肪酸，タンパク質，核酸の合成は赤血球の中では起こらないが，赤血球膜の脂質成分（たとえば，コレステロール）には，血漿中の脂質と入れ替わることができるものがある．
- 赤血球はヌクレオチド代謝酵素をいくつかもっている（たとえば，アデノシンデアミナーゼ，ピリミジンヌクレオチダーゼ，アデニル酸キナーゼ）．これらの酵素の欠損が溶血性貧血に関連している．
- 赤血球は寿命を迎えると，グロビンはアミノ酸へと分解され（これらのアミノ酸は体内で再利用される），ヘムからは鉄が放出され，これも再利用される．また，ヘムのテトラピロール物質はビリルビンとなり，主として胆汁を介して腸管に排泄される．

グロビンに結合し，カルバミノヘモグロビンとして運搬されるが（6 章参照），多く（80%）は溶解した炭酸水素イオンとして運搬されている．

赤血球は常に交換される必要がある

毎秒約 200 万個もの新しい赤血球が血流中に現れる

正常赤血球の**寿命 lifespan** は約 120 日であり，全赤血球 20 ～ 30 兆個の 1% が毎日置き換わっていることになる．これは，毎秒あたりに換算すると約 200 万個が新しいものと入れ替わっていることになる．最初に形成された分化したばかりの赤血球は，まだリボソー

ム，小胞体，ミトコンドリアなど，有核前駆細胞由来のものが残っている．よって，成熟赤血球に変換するのに必要な 24 時間の間，これら**網（状）赤血球 reticulocyte** とよばれる発生期の赤血球は，痕跡的 mRNA 分子の指揮下でポリペプチド（つまり，グロビン）を合成する能力をまだもっている．

まれな例として，遺伝子変異が原因でリボソームの機能に異常が生じる，いわゆる**リボソーム病 ribosomopathy** は，赤血球発育不全をきたす．**Diamond-Blackfan 貧血 Diamond-Blackfan anemia** は，リボソームタンパク質 RPS19 を発現する遺伝子に変異があることが原因である．**5q 症候群 5q-syndrome** は同様の臨床像を示し，リボソームタンパク質 RPS14 の発現が不十分になる遺伝子変異により引き起こされる．

エリスロポエチンは赤血球の生産を調節する

赤血球産生 erythropoiesis の初期段階においては，赤血球の産生は幹細胞因子，コロニー刺激因子，インターロイキン（IL）1，3，6 によって調節されている．骨髄性前駆細胞の赤血球への分化は，**エリスロポエチン erythropoietin（EPO）** に強く依存している．EPO は 166 個のアミノ酸から形成される糖タンパク質（分子量約 34 kDa）である．糖鎖形成は 4 カ所あり，そのうちの 2 カ所が生理機能に重要である．EPO はおもに腎臓で産生され，低酸素状態に反応して血中に放出される．骨髄に達すると，特定の膜貫通受容体を介して赤血球前駆細胞を刺激する．EPO 受容体は EPO が結合すると二量体化する．二量体化への変化は，JAK2 タンパク質チロシンキナーゼを誘発する．

エリスロポエチンは，慢性腎不全や造血幹細胞の異常（**脊髄形成異常 myelodysplasia**），あるいはがん治療における化学療法，放射線療法の副作用として生起する貧血に対し，治療手段として投与される．今日，医薬品としての EPO は，組換え発現によって，チャイニーズハムスター卵巣細胞株から産出することができる．この方法はヒトで生合成されるタンパク質の糖鎖と極めて近いものが得られるので，医薬品としてのタンパク質製剤の製造に一般的に使用されている．しかしながら，繰り返し遺伝子組換え EPO の投与を受けると，患者の中には中和抗体を産出し，赤芽球癆を発症する場合がある．そこで，遺伝子組換え EPO の免疫応答が抑えられた変異体あるいは，生体模倣代替物の開発が進められている．

ヘム鉄の酸化は酸素輸送に支障を きたす

シトクロム b_5 レダクターゼはメトヘモグロビンを還元する

　ヘモグロビンに存在する 2 価の鉄イオン(Fe^{2+})は**活性酸素種 reactive oxygen species**(**ROS**)によって容易に酸化する. ヘム鉄の 1 つあるいはそれ以上が 3 価(Fe^{3+})に酸化されたヘモグロビンを**メトヘモグロビン methemoglobin** とよぶ. 3 価の状態にあるヘムは酸素を結合しない. O_2 の結合サイトの数が減るだけでなく, ヘモグロビンの 4 つのサブユニットの協奏的相互作用に影響する(6 章参照).

　したがって, 3 価のヘムを還元してメトヘモグロビンをもとに戻すことは, 生理学的に極めて重要である. 赤血球の中では, メトヘモグロビンが NADH-シトクロム b_5 メトヘモグロビンレダクターゼの作用によってヘモグロビンに還元される. 最初の構成要素, フラビンタンパク質である**シトクロム b_5 レダクターゼ cytochrome b_5 reductase**(メトヘモグロビンレダクターゼともよばれる)は, **NADH** から電子を 2 つ目の構成要素であるシトクロム b_5 に渡す.

$$Cyt\ b_{5ox} + NADH \rightarrow Cyt\ b_{5red} + NAD^+$$

　還元されたシトクロム b_5 は, 次にメトヘモグロビンに電子を渡し, Fe^{3+} を Fe^{2+} に変換する. これによってヘモグロビンの機能が復元される.

$$Hb\text{-}Fe^{3+} + Cyt\ b_{5red} \rightarrow Hb\text{-}Fe^{2+} + Cyt\ b_{5ox}$$

　メトヘモグロビンを還元するのに使われる電子は解糖系, すなわちグリセロアルデヒド-3-リン酸デヒドロゲナーゼによる NAD^+ の NADH への還元に由来する. このメトヘモグロビン還元系は非常に効率が高く, 赤血球中のメトヘモグロビンは非常にわずかな量しか存在しない状態に保たれている[3].

メトヘモグロビン血症は遺伝的なものと後天的なものがある

　メトヘモグロビン血症 methemoglobinemia とは, メトヘモグロビンが異常に蓄積した状態であり, 遺伝学的な異常(遺伝性メトヘモグロビン血症)あるいは, ある特定の薬物や化学薬品, たとえば亜硝酸塩, アニリン, スルホンアミド系抗菌薬などの摂取(後天性メトヘモグロビン血症)により生起する(**表 53-3**). 影響の出ている患者は皮膚や粘膜が青みがかった変色を呈する(チアノーゼ). 先天性メトヘモグロビンはおもに, **シトクロム b_5 レダクターゼ**の産生量あるいは機能の低下を引き起こす遺伝子異常が原因であるが, シトクロム b_5 の性質に影響を与える遺伝子異常によっても起きる. まれな例として, ヘモグロビンのヘム鉄の近位, 遠位ヒスチジン残基(図 6-3 参照)が変異を受けていることによって酸化されやすくなり, メトヘモグロビン血症が生起することがある. 集合的にまとめてヘモグロビン M(HbM)とよばれ, たとえば HbM$_{Iwate}$ では, α サブユニットの His87 が Tyr に置き換わっている. HbM$_{Hyde\ Park}$ では, β サブユニットの His92 が Tyr に置き換わっている. HbM$_{Boston}$ では, α サブユニットの His58 が Tyr に置き換わっている. HbM$_{Saskatoon}$ では, β サブユニットの His92 が Tyr に置き換わっている. 例外として, HbM$_{Milwaukee-1}$ では, β サブユニットの Val67 が Glu に置換されている. すべての HbM 保有者は変異ヘテロ接合体である.

スーパーオキシドジスムターゼ, カタラーゼ, グルタチオンが赤血球を酸化的ストレスと損傷から守る

　ラジカル性の陰イオン, **スーパーオキシド**($^{\bullet}O_2^-$)は, 赤血球の中でヘモグロビンが自動酸化してメトヘモグロビンになる際に生じる. この強力な **ROS** は多くの生体分子, たとえばタンパク質, 脂質, 核酸, その他の生体分子と反応してこれらに損傷を与える(57 章参照). ヒト血液のヘモグロビンの約 3% が毎日自動酸化する. さらに, 鉄貯蔵タンパク質フェリチンがスーパーオキシドによって酸化されると, 鉄イオン(Fe^{2+})を遊離し, 鉄を触媒とした $OH^{\bullet}$ の発生をもたらす(図 57-2 参照). したがって, スーパーオキシドは鉄過剰症つまり体内に異常に鉄が蓄積する病態にある患者の組織損傷の引き金になる. 鉄過剰症は**遺伝性ヘモクロマトーシス hereditary hemochromatosis**, つまり食事に含まれる鉄を過剰に取り込んでしまう遺伝的疾患に特徴的である. スーパーオキシドの別の発生源としては, **NADPH-ヘムタンパク質レダクターゼ NADPH-hemoprotein reductase**(シトクロム P450 レダクターゼ, 12 章参照)があり, この酵素はメトヘモグロビンの Fe^{3+} を Fe^{2+} に還元する.

---

3)　訳者注:メトヘモグロビンを還元する仕組みとしては, このほか, NADPH を基質とする還元酵素や, アスコルビン酸やグルタチオンによる非酵素的還元系が存在する.

表 53-3. 赤血球の機能に影響をもたらす疾患の原因

疾　患[a]	主要原因
鉄欠乏性貧血	鉄の摂取不足あるいは過量の損失
メトヘモグロビン血症	過剰の酸化剤摂取（さまざまな化学物質や薬剤） NADH 依存性メトヘモグロビンレダクターゼの遺伝的欠損（OMIM 250800） HbM の遺伝（OMIM 141900）
鎌状赤血球貧血（OMIM 603903）	鎌状赤血球では，β 鎖の遺伝子の 6 番目のコドンが GAG（正常）から GTG へ変異し，アミノ酸配列が Glu から Val へ変わる
アルファサラセミア（OMIM 141800）	α グロビン遺伝子の変異，おもに不等交差や大きな欠失によるが，まれにナンセンスあるいはフレームシフト変異による
ベータサラセミア（OMIM 141900）	β グロビン遺伝子内の非常に多彩な変異．欠失，ナンセンスあるいはフレームシフト変異，その他，β グロビン鎖の構造に影響を及ぼすものすべて（たとえば，スプライス部位やプロモーター領域の変異）
巨赤芽球性貧血	B_{12} の吸収低下．胃壁細胞から分泌される内因子の欠乏によることが多い 葉酸の摂取量低下，吸収障害，需要増加（妊娠時など）
遺伝性球状赤血球症（OMIM 182900）	α または β スペクトリン，バンド 3 またはバンド 4.1 の量あるいは構造の異常
グルコース-6-リン酸デヒドロゲナーゼ（G6PD）欠損症（OMIM 305900）	G6PD 遺伝子（X 染色体連鎖）のさまざまな変異．大部分が単一の点変異
ピルビン酸キナーゼ（PK）欠損症（OMIM 266200）	PK の R（赤血球）型アイソザイム遺伝子のさまざまな変異
発作性夜間ヘモグロビン尿症（OMIM 311770）	PIG-A 遺伝子の変異があり，GPI-アンカータンパク質の合成が障害される

[a] OMIM 番号は遺伝子に異常のある疾患だけに適用される．

グルコース-6-リン酸デヒドロゲナーゼの欠損が溶血性貧血の要因である

　赤血球に存在する一連の代謝経路は，**ペントースリン酸経路 pentose phosphate pathway** にほぼ完全に依存している（20 章参照）．より正確には，X 染色体連鎖性の酵素**グルコース-6-リン酸デヒドロゲナーゼ glucose-6-phosphate dehydrogenase** であり，この酵素は $NADP^+$ を還元して NADPH に変換する反応を触媒する．グルコース-6-リン酸デヒドロゲナーゼ欠損症は，すべての**酵素病 enzymopathy**（酵素の異常により発症する疾患）の中でも最も頻繁にみられる．4 億人以上の人々がグルコース-6-リン酸デヒドロゲナーゼの 140 種以上の遺伝的変異体を保有していると考えられている．この欠損症は，熱帯アフリカの先住民（およびそのアフリカ系アメリカ人），地中海およびアジアの一部の先住民に普通にみられる．

　この酵素活性の欠損があると，細胞内の重要な抗酸化物質であるグルタチオンを還元体に維持するための十分量の NADPH を産生することができず，溶血性貧血を起こしやすくなる（**図 53-3**）．グルコース-6-リン

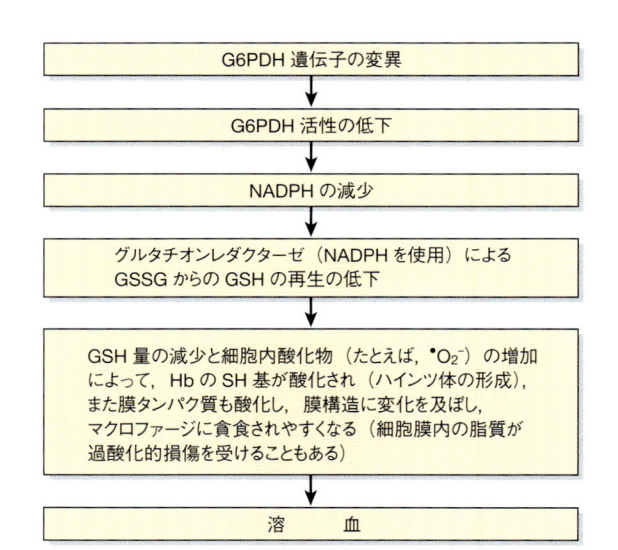

図 53-3. グルコース-6-リン酸デヒドロゲナーゼ（G6PDH）活性の欠損による溶血性貧血の発症に関与していると考えられる事象（OMIM 305900）

酸デヒドロゲナーゼが欠損すると，赤血球中が酸化的ストレスに過敏になる．赤血球の酸化的ストレスの特徴の 1 つとして，**ハインツ体 Heintz body** の形成があ

る．これは，ヘモグロビンの SH 基が酸化して凝集，不溶化したものである．鎌状赤血球の形質と同様，これらの遺伝的変異の持続は，マラリアに対し優れた抵抗力を与えている．

溶血性貧血の原因としては，外因性，内因性，赤血球膜由来がある

溶血性貧血の原因としては，グルコース-6-リン酸デヒドロゲナーゼ欠損のほかにもさまざまな要因が知られている（**図 53-4**）．**外因性**のもの（赤血球膜と直接関係がない）としては，**脾機能亢進 hypersplenism** があり，これは脾臓がさまざまな要因で腫大した状態であり，赤血球が脾臓内に取り込まれる．赤血球はまた，静脈内投与された血漿や血液に含まれる不適合抗体の反応を受けると溶血する（**輸血反応 transfusion reaction**）．免疫的不適合は，Rh^+ の胎児が Rh^- の母体にあるとき（**Rh 血液型不適合 Rh disease**），あるいは自己免疫疾患の過程で見られる（**温式，冷式抗体による溶血性貧血 warm or cold antibody hemolytic anemias**）．たとえば，多くの昆虫や爬虫類の毒に含まれるプロテアーゼやホスホリパーゼなどの感染性あるいは毒性物質は，赤血球膜の構造的完全性を直接的に損ない，溶血を引き起こす．同様に，大腸菌やコレラ菌のような感染性細菌は，赤血球膜を攻撃し，溶血させる因子を分泌する．これらの因子は，**溶血素 hemolysin** とよばれ，タンパク質や脂質，あるいはそれらの合わさったものから構成される．**寄生虫感染症 parasitic infection**（マラリア原虫など）もまた，ある特定の地域において溶血を引き起こす主要因になっている．

多くの溶血性貧血の根本原因は細胞内にあり，**内因性**とよばれる．グルコース-6-リン酸デヒドロゲナーゼ欠損症もまたその 1 つである．ヘモグロビンの組成や構造の欠陥は，**ヘモグロビン症 hemoglobinopathy** とよばれ，溶血を引き起こす 2 つ目の主要な固有の原因である．鎌状赤血球貧血やさまざまのサラセミア（6 章参照）などのほとんどのヘモグロビン症は，遺伝性の疾患である．まれなケースとして，**ピルビン酸キナーゼ pyruvate kinase** の欠損により溶血性貧血が引き起こされる．この主要な解糖系酵素が不十分であると，ATP の産生を減じる．このことは，細胞膜の完全性にさまざまな点で影響を与える．たとえば，過剰の水分子や Na^+ などのイオンを排出する機能が損われる．

赤血球の構造を両凹円盤型に維持しかつ浸透圧に耐え得る構造を維持することに寄与する細胞骨格タンパク質の変異は，細胞膜固有の要因による溶血性貧血である（下記参照）．これらのうち，最も重要なのは，**遺伝性球状赤血球症 hereditary spherocytosis**，および**遺伝性楕円赤血球症 hereditary elliptocytosis** であり，細胞骨格タンパク質の**スペクトリン**の量や構造の異常を引き起こす．**発作性夜間ヘモグロビン尿症 paroxysmal nocturnal hemoglobinuria**（46 章参照）は，アセチルコリンエステラーゼや補体制御因子である decay-accelerating factor（DAF または CD55 ともよばれる）などの特定のタンパク質を赤血球膜表面に固定する役割をもつグリコシルホスファチジルイノシトールの合成が欠損されることにより引き起こされる．

赤血球膜

初期に行われた赤血球に存在するポリペプチドの **SDS-PAGE** の解析では，10 個の主要なタンパク質の存在が明らかになった（**図 53-5**）．これらのタンパク質は，SDS-PAGE 上の移動の様子によって数字で表示され，最も分子量の大きなもの（最も遅く移動するもの）がバンド 1 タンパク質と指定された．これは**スペクトリン**として知られるタンパク質である（**表 53-4**）．**図 53-6** に示すとおり，これら膜タンパク質の一部には糖質が結合しており，いくつかは細胞膜を貫通している（膜内在性タンパク質）．対してタンパク質-タンパク質相互作用によって表面に存在しているタンパク質もある（表在性タンパク質）．

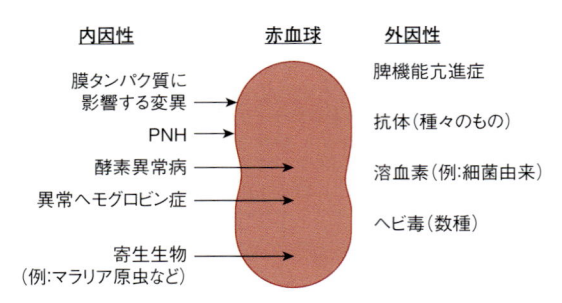

内因性　　　　**赤血球**　　　**外因性**

膜タンパク質に影響する変異　→　　　　　　脾機能亢進症

PNH　→　　　　　　　　抗体（種々のもの）

酵素異常病　→　　　　　　溶血素（例:細菌由来）

異常ヘモグロビン症　→

寄生生物　→　　　　　　　ヘビ毒（数種）
（例:マラリア原虫など）

図 53-4.　溶血性貧血の原因の概略図
外因性の原因とは赤血球の外に問題のあるもので，脾機能亢進症，さまざまな抗体，ある種の細菌性溶血素，ヘビ毒などが含まれる．赤血球の内因性の原因としては，膜タンパク質の構造に影響を与える変異（例:遺伝性球状赤血球症や遺伝性楕円赤血球症），発作性夜間ヘモグロビン尿症（PNH，46 章参照），酵素異常病，異常ヘモグロビン症，およびある種の寄生生物（例:マラリア原虫）が含まれる．

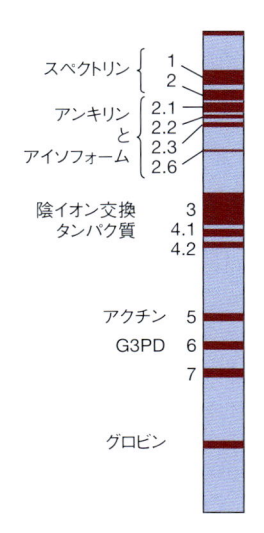

図 53-5. ヒト赤血球の主要な膜タンパク質

SDS-PAGEによってタンパク質を分離し，クーマシーブルー染色によって検出した．G3PD：グリセルアルデヒド-3-リン酸デヒドロゲナーゼ．（Beck WS, Tepper RI: *Hematology,* 5th ed. Cambridge, MA: The MIT Press, 1991 より許可を得て掲載）

表 53-4. 赤血球膜のおもなタンパク質

バンド[a]	タンパク質	内在性タンパク質(I)あるいは表在性タンパク質(P)の別	おおよその質量[kDa]
1	スペクトリン(α)	P	240
2	スペクトリン(β)	P	220
2.1	アンキリン	P	210
2.2	アンキリン	P	195
2.3	アンキリン	P	175
2.6	アンキリン	P	145
3	陰イオン交換タンパク質	I	100
4.1	無名	P	80
5	アクチン	P	43
6	グリセルアルデヒド-3-リン酸デヒドロゲナーゼ	P	35
7	トロポミオシン	P	29
8	無名	P	23
	グリコホリン A, B, C	I	31, 23, 28

[a] バンドの番号は，SDS-PAGE 上の相対的な移動速度に関係している（図 53-5）．グリコホリンは図 53-5 もに示していない．いくつかの他の構成成分（たとえば，4.2 や 4.9）は掲載されていない．（Scriver CR, Beaudet AL, ValLe D. et al: *The Metabolic Basis of Inherited Disease,* 8th ed. New York, McGraw-Hill, 2001 のデータより）

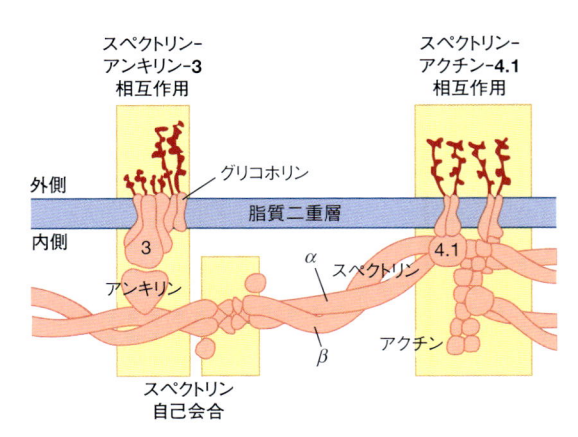

図 53-6. 細胞骨格タンパク質間，および赤血球膜のある種の内在性タンパク質との相互作用

（Beck WS, Tepper RI: *Hematology,* 5th ed. Cambridge, MA: The MIT press, 1991 より許可を得て掲載）

赤血球膜は陰イオン交換タンパク質とグリコホリンを含む

　バンド 3 タンパク質は，膜を貫通する糖タンパク質であり，そのペプチド鎖は 14 回脂質二重層を横切っている．バンド 3 の C 末端は赤血球膜の外側に，N 末端は細胞質側に突き出ている．この二量体で存在する**陰イオン交換タンパク質 anion exchange protein** の主要な機能は，膜中にチャネルを形成し，これを通して塩素イオンと，CO_2 と水から生じる炭酸水素イオンを交換することである．組織において，炭酸水素イオンは赤血球内に入り，塩素イオンに取って代わる．肺では，二酸化炭素が排出され，逆のプロセスが起こる．バンド 3 の N 末端はまた，バンド 4.1，バンド 4.2，アンキリン，ヘモグロビン，いくつかの解糖系酵素などの赤血球のタンパク質と結合している．

　グリコホリン glycophorin A，B，C は，1 回だけ膜を貫通する膜タンパク質である（ポリペプチド鎖は 1 回だけ膜を横切る）．膜貫通部分は 23 個のアミノ酸からなり，α ヘリックス構造をしている．最も多いのがグリコホリン A であり，16 個のオリゴ糖鎖が共有結合した 131 個のアミノ酸からなる．これらの多くは，セリンおよびトレオニン残基の側鎖ヒドロキシ基に結合している．これらの O 結合型のオリゴ糖鎖は，**グリコホリン A** の全重量の約 60% に相当し，シアル酸残基の 90% 近くが赤血球表面に露出している．糖タンパク質の C 末端は，サイトゾル内にまで伸び，バンド 4.1 と結合し，バンド 4.1 はさらにスペクトリンと結合している．グリコホリン A の糖鎖形成における**遺伝的多**

型性 genetic polymorphism が，NM 式血液型の基礎となっている（後述）．興味深いことに，グリコホリン A を欠損した赤血球の保有者にはとくに悪い影響は見られていない．しかし，インフルエンザウイルスや *Plasmodium falciparum* のようなある種のウイルスや細菌は，グリコホリン A を認識して結合するとにより，赤血球を標的とする．

スペクトリン，アンキリン，その他表在性膜タンパク質が，赤血球の形状と柔軟性を決定する

　ガス交換の効率を最大限に高めるには，赤血球はその両凹円板状の構造を維持するだけの十分な強度をもち，しかも末梢の毛細血管や脾臓の類洞を通過できるだけの十分な柔軟性をもっている必要がある．流動性と変形能のある細胞膜，脂質二分子膜は，**細胞骨格系タンパク質 cytoskeletal protein** からなる強くて柔軟性のある網目構造によって形づくられ，赤血球特有の，両凹構造をもたらしている（図 53-6）．

　スペクトリン spectrin は赤血球細胞骨格に最もたくさんあるタンパク質である．スペクトリンは，2100 残基以上の長さの 2 本のポリペプチド，スペクトリン 1（α 鎖）とスペクトリン 2（β 鎖）から構成されている．スペクトリン二量体の α 鎖，β 鎖は，互いに逆向きに平行に位置し，著しく延伸した 100 nm 程度の長さの構造単位を形成している．通常，2 つのスペクトリン二量体が，頭-頭結合で自己会合して，約 200 nm 長のヘテロ四量体を形成し，アンキリン，アクチン，バンド 4.1 を介して細胞膜の内側の表面に結合している（そして，他のスペクトリン四量体と結合している）．そのような構造をしているので，内部の網目構造，つまり細胞骨格は非常に強く，細胞の形状を維持し，浸透圧による膨潤に耐え，その反面，柔軟性があり，必要に応じて赤血球を折りたたませることができる．

　バンド 2 タンパク質はアンキリン ankyrin としてよく知られ，ピラミッドのような構造をしたタンパク質である．アンキリンは，スペクトリンとバンド 3 に強く結合しており，スペクトリンの細胞膜への結合を強化している．アンキリンはタンパク質分解を受けやすく，バンド 2.2，2.3，2.6 が出現する．これらはバンド 2.1 を構成するアンキリン由来である．

　アクチン actin（バンド 5）は，42 kDa のタンパク質であり，2 つの異なるコンホメーションをとって存在している．球状のものは単量体（モノマー）として存在し，G アクチンとして知られる．G アクチンがフィラメント状の F フォームとなると，F アクチンモノマーは速やかに重合し，二重らせん状フィラメントになる．これらの F アクチンマイクロフィラメントがスペクトリン，つまり**バンド 4.1 band 4.1** に結合している．

　バンド 4.1 は，球状タンパク質であり，スペクトリン尾部のアクチン結合部位の近傍に強固に結合し，バンド 4.1-スペクトリン-アクチンの三者複合体の一部になっている．バンド 4.1 はまた，膜内在性タンパク質であるグリコホリン A とグリコホリン C に結合し，さらにバンド 4.1 は，膜のリン脂質とも相互作用し，三者複合体を膜に結合させている．

　そのほか，それほど量的に主要ではない赤血球膜のタンパク質として，バンド 4.9，アデューシン，トロポミオシンがある．

スペクトリンの異常が遺伝性の球状赤血球症と楕円赤血球症を引き起こす

　遺伝性球状赤血球症 hereditary spherocytosis は常染色体優勢の遺伝性疾患であり，その特徴は，末梢血中への球状赤血球（表面積-体積の比率が低い）の出現，**溶血性貧血**，脾腫である．球状赤血球は変形能に乏しく，通常の赤血球に比べて脾臓で分解されやすく，循環系での寿命が著しく短い．この異常は北欧系の人の 5000 人に 1 人の割合でみられ，スペクトリンあるいはまれにアンキリン，バンド 3，4.1 または 4.2 タンパク質の量的欠損または構造的異常によって引き起こされる．これらのタンパク質の喪失または他の細胞骨格系タンパク質との作用能力に限界があると，赤血球膜と細胞骨格をつなぎ合わせる力が弱くなり，赤血球が球状に膨らんでしまう．遺伝性球状赤血球症による貧血は一般に，脾臓摘出術 splenectomy によって緩和される．

　遺伝性楕円赤血球症 hereditary elliptocytosis は，冒された赤血球が楕円形になることから遺伝性球状赤血球症と容易に見分けがつく．この疾患は，北欧系民族の 2500 人に 1 人の割合でみられ，またマラリアが多い地域でより頻繁にみられる．**バンド 4.1** やグリコホリン C の遺伝的異常が原因である．

ABO 式血液型の生化学的基礎

　約 30 種ほどのヒトの血液型が見つかっているが，そのなかで最もよく知られているのが，**ABO 式**，**Rh (Rhesus)式**，そして **MN 式**である．"blood group" という用語は，複数の対立遺伝子（たとえば，ABO 式に

おける A，B，O 型）をもつ遺伝子座に支配されている赤血球抗原あるいは血液型物質という．明確に定義された系に対して用いられる．"blood type" という用語は，抗原性にもとづいた表現型のことで，通常は適当な抗体を使って見分けられる．

ABO式血液型システムは輸血する際に極めて重要である

ABO 式血液型は 1900 年に，適合輸血，不適合輸血について基礎的な研究を行っていた Landsteiner によって発見された．ほとんどのヒトの赤血球の膜には，A 型，B 型，AB 型，O 型のいずれか 1 つの血液型物質が存在する．**A 型**のヒトの血漿には抗 B 抗体があり，B 型あるいは AB 型の赤血球を凝集させる．**B 型**のヒトでは，血漿中に抗 A 抗体が存在し，A 型血液あるいは AB 型の赤血球を凝集させる．**AB 型**の血液には，抗 A，抗 B 抗体とも存在せず，血液型が AB 型のヒトは，**万能受血者 universal recipient** とよばれる．**O 型**の血液では，A 型，B 型の抗原は存在せず，**万能供血者 universal donor** とよばれる．上述の記述はかなり要約してある．それは，A 型には A₁ と A₂ という 2 つのサブグループがあるからである．ABO 型物質を産生することに関係する遺伝子は，9 番染色体の長腕にある．そこには **3 つの対立遺伝子**があり，そのうち 2 つ（A と B）は相互優性（顕性），3 つ目（O）は劣性（潜性）である．これらによって，4 つの表現型を示す A 型，B 型，AB 型，O 型物質のどれが産生されるかが決定される．

ABO型物質はスフィンゴ糖脂質および糖タンパク質である

ABO 抗原は複雑なオリゴ糖鎖であり，体内のほとんどの細胞表面に見られ，また，多くの分泌物の成分でもある（**図 53-7**）．赤血球では，通常これらの抗原は膜脂質に共有結合することで**糖脂質 glycolipid** として知られる分子糖のかたちで細胞表面にアンカリングしている．分泌される場合は，同じオリゴ糖鎖がタンパク質にアンカリングし，**糖タンパク質 glycoprotein** となっている．オリゴ糖が分泌されるかどうかは，*Se*［secretor（分泌の意）に由来］とよばれる遺伝子によって決定されている．この遺伝子は外分泌腺などの分泌器官において特異的な**フコシル（Fuc）トランスフェラーゼ fucosyl（Fuc）transferase** をコードしている．この遺伝子は，通常，ほかの細胞では発現していない．*SeSe* あるいは *Sese* の遺伝型をもつヒトでは，A 型，B 型物質のどちらか，あるいは両方が分泌されるが，遺伝型が *sese* の場合は，これらの型物質は分泌されない．しかし，赤血球には両方の遺伝型ともに A 型，B 型の糖脂質抗原が存在する．

A遺伝子はGalNAcトランスフェラーゼを，B遺伝子はGalトランスフェラーゼを，O遺伝子は活性をもたない物質をコードしている

H 型物質 H substance は，血液型が O 型のヒトに存在する血液型物質であり，A 型および B 型物質両方の前駆体である（図 53-7）．H 型物質は，H 遺伝子座にコードされた**フコシルトランスフェラーゼ fucosyl-**

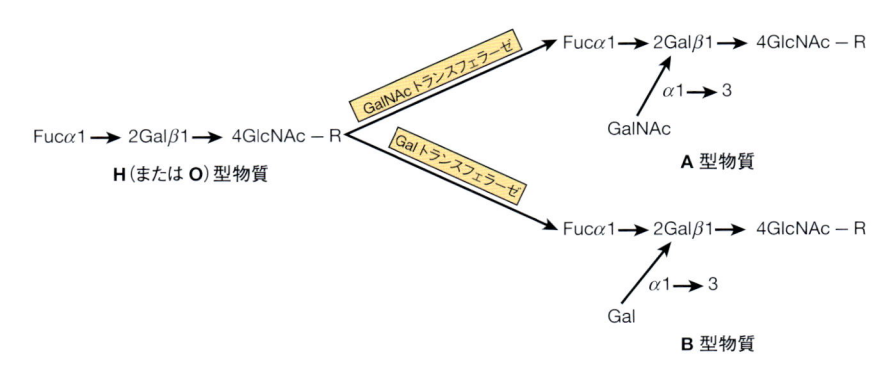

図 53-7. H，A，B 血液型物質の構造
R は長い複雑なオリゴ糖鎖を示し，血液型物質がスフィンゴ糖脂質である場合はセラミドに，糖タンパク質である場合にはセリンまたはトレオニン残基を介してタンパク質のポリペプチドに結合している．血液型物質は 2 つに分岐した構造をしている．つまり，2 本の腕があり，図には示されていない分岐点が GlcNAc（*N*-アセチルグルコサミン）-R の中にある．図には 1 本の腕のみ記されている．したがって，H，A，B 型物質はそれぞれ，図中に示された短いオリゴ糖鎖を 2 本もっている．AB 型物質は A 型の鎖と B 型の鎖をもっている．

transferase によって構成され，前駆体の末端ガラクトース(Gal)残基に対して末端フコース(Fuc)を $\alpha1\rightarrow2$ 結合で付加する反応を促進する．

$$GDP\text{-}Fuc \ + \ Gal\text{-}\beta\text{-}R \rightarrow Fuc\text{-}\alpha1,2\text{-}Gal\text{-}\beta\text{-}R \ + \ GDP$$
前駆体　　　　　　H 型物質

　A 型遺伝子は UDP-GalNAc(N-アセチルガラクトサミン)に特異的な **GalNAc トランスフェラーゼ**をコードし，H 型物質に対して末端 GalNAc を付加し，A 型物質を形成する．B 型遺伝子は，UDP-Gal に特異的な **Gal トランスフェラーゼ**をコードし，H 型物質に対して Gal 残基を付加し，B 型物質を形成する．**AB 型**のヒトは両方の酵素をもっているので，2 つのオリゴ糖鎖を合成し(図 53-7)，1 つは末端が GalNAc であり，もう 1 つは末端が Gal である．

　抗 A 抗体は，A 型物質に付加している GalNAc 残基を認識し，抗 B 抗体は B 型物質に付加している Gal 残基を認識する．血液型が O 型のヒトでは，末端のグリコシルトランスフェラーゼをコードする遺伝子にフレームシフト変異が起こり，活性のないタンパク質が合成される．そのため，H 型物質が O 型物質となる．

　h 対立遺伝子は，フコシルトランスフェラーゼが活性をなくすように H 型遺伝子座の変異が起こるときに現れる．ヘテロ接合の Hh 遺伝子型を有するヒトでは十分量の H 型物質を合成できるが，hh ホモ接合のヒトでは，合成できない．H 型物質は A，B 型物質の前駆体なので，A 型および B 型の末端グリコシルトランスフェラーゼのうち 1 つをもっているいないにかかわらず，hh 遺伝子型を保有するヒトは，O 型の赤血球をもっており，ボンベイ表現型(O_h)と表記される．

血小板

血小板にはミトコンドリアはあるが細胞核はない

　赤血球の前駆細胞である巨核球は，**トロンボポエチン thrombopoietin** に曝されると，ちぎれて血小板を産生する(図 53-1)．赤血球と同様に，血小板には核が欠けている．しかし赤血球と違って，ミトコンドリア，リソソーム，および**解放管系 open canalicular system** を形成する管状ネットワークをもっている．ハチの巣状の溝が血小板の表面積を大きくしており，これらは静止状態では回転楕円体で，刺激に応じてさまざまな内分泌因子や凝固因子の分泌を促進する(55 章参照)．これらの因子は顆粒とよばれる分泌小胞に高密度に貯蔵されている．**濃染顆粒 dense granule** には，Ca^{2+}，ADP，セロトニンが含まれ，また，**α 顆粒 α granule** は，フィブリノーゲン，フィブロネクチン，血小板由来増殖因子，von Willebrand 因子，その他凝固因子が貯蔵され，適切な刺激を受けて放出できるよう準備されている(55 章参照)．核のない血小板は，平常時は小粒径(直径 2 μm)で，血液 1 mL あたり 4×10^5 個の濃度で体内を循環している．血小板はグルコースを代謝することでほとんどのエネルギーを導出しているが，ミトコンドリアは脂肪酸の β 酸化で ATP を産生することも可能にしている．

血小板異常は止血作用を障害する

　血小板の個数あるいは機能の異常は，重大な生理学的結果をもたらす．たとえば**急性冠症候群 acute coronary syndrome** では，肥大した過敏性の血小板を産生し，血液凝固の制御を不能とし，**血栓症 thrombosis** のリスクを高める．血小板が通常より大きくなることは，心筋梗塞の発症率が高くなることと相関している．

　免疫性血小板減少性紫斑症 immune thrombocytopenic purpura は，自身の血小板に対する抗体を産生することによる疾患である．この自己免疫疾患は，血小板数の低下(**血小板減少症 thrombocytopenia**)が特徴である．血小板の表面が抗体で覆われると，脾臓マクロファージによって血液循環から取り除かれやすくなる．ある場合では，血小板の自己抗体は分化過程にある巨核球に結合し，血小板の産生を低下させる．血小板減少症はまた，主要な血小板抗原である糖タンパク質 IIb/IIIa のロイシン 33 がプロリンに置き換わった突然変異体のホモ欠損者(−/−)が，このタンパク質の野生型をホモ(＋/＋)またはテヘロ(＋/−)にもつ供血者から輸血を受けた場合にも起きる．供血者の血小板にさらされると，**同種抗体 alloantibody** を生成し，供血者の血小板だけでなく受血者(患者)の血小板にも結合してしまう．**新生児同種免疫性血小板減少症 neonatal alloimmune thrombocytopenia** は，おおよそ200例の満期妊娠に対して 1 例起き，母体血液循環系の抗体が胎盤関門を通過して，胎児の血液循環系の血小板を攻撃する．血小板減少症は，タモキシフェン，イブプロフェン，バンコマイシン，多くのスルホンアミドなどの薬剤によっても引き起こされる．

　幼児の疾患で進行性の腎不全を特徴とする**溶血性尿毒症症候群 hemolytic-uremic syndrome** では，血小板減少症と溶血性貧血を伴う．対照的に **von Willebrand 病**に伴う異常出血は，血小板数の低下よりも，血管内

皮に血小板が結合する機能が低下する遺伝子欠損が原因である．血小板の粘着性の低下による出血異常としては，Bernard-Soulier 症候群 Bernard-Soulier syndrome（糖タンパク質 1b の遺伝的欠損）や Glanzmann 血小板無力症 Glanzmann thrombasthenia（糖タンパク質 IIb/IIIa 複合体の遺伝的欠損）がある．

組換え DNA 技術は血液学に多大な影響を与えてきた

　サラセミア thalassemia や多くの**血液凝固異常 disorders of coagulation**（55 章参照）の疾患の基礎が，遺伝子クローニングや塩基配列決定法を用いる研究によって明らかにされてきた．他方，腫瘍遺伝子や染色体転座の研究によって，**白血病 leukemia** についての理解が深まった．上述のように，組換え DNA 技術によって，治療に必要な量の**エリスロポエチン erythropoietin** や，他の増殖因子の合成が可能になった．

　遺伝子治療の対象となった初めての病態生理学的状態は**アデノシンデアミナーゼ adenosine deaminase** の欠損症である．リンパ球はこの酵素の欠損にとくに敏感である．1990 年に William French Anderson が，新しい遺伝子コピーをレトロウイルスベクターを使って，重篤な免疫不全合併症（バブル・ボーイ，重症複合免疫不全症）に苦しむ 4 歳の少女に導入した．この患者はまだ薬剤投与を続ける必要があるが，導入された遺伝子は大人になっても安定である．

まとめ

- 貧血のおもな原因は，失血，鉄欠乏，葉酸の欠乏，ビタミン B_{12} 欠乏，溶血を起こすさまざまな因子，などがある．
- 赤血球の構造は効率の高いガス交換に寄与している．また，毛細血管内の通過を促進する際の変形能にも寄与している．
- 赤血球と血小板の産生は，エリスロポエチン，トロンボポエチン，その他のサイトカインによって調節される．
- 成熟した赤血球には細胞小器官は存在せず，ATP の産生は解糖に依存している．
- 2,3-ビスホスホグリセリン酸ムターゼは，解糖系の中間体 1,3-ビスホスホグリセリン酸を 2,3-ビスホス

ホグリセリン酸の異性化を促進し，これが T 状態のヘモグロビンに結合する．
- メトヘモグロビンは酸素を運搬することができない．
- シトクロム b_5 レダクターゼがメトヘモグロビンの Fe^{3+} を Fe^{2+} に還元し，機能を回復する．
- 赤血球は一連の細胞質内酵素（スーパーオキシドジスムターゼ，カタラーゼ，グルタチオンペルオキシダーゼ）をもっており，これらは代謝系で生じる強力な酸化剤（ROS）を中和する反応を促進する．
- NADPH を生成するグルコース-6-リン酸デヒドロゲナーゼの量または活性の低下は，溶血性貧血の主要な原因である．
- スペクトリン，アンキリン，アクチンなどの細胞骨格タンパク質は，膜の内在性タンパク質と相互作用し，赤血球の柔軟性のある両凹構造の形成に重要である．
- スペクトリンの不足または欠損により，遺伝性球状赤血球症や遺伝性楕円赤血球症が引き起こされ，いずれも溶血性貧血の原因となる．
- バンド 4.1 は，赤血球膜を介した炭酸水素イオンと塩素イオンの交換を促進する．
- 赤血球膜上に存在する ABO 式血液型物質は，複雑なスフィンゴ糖脂質である．A 型物質の抗原性を決定している糖は N-アセチルガラクトサミンであり，B 型物質ではガラクトースである．O 型物質にはこれらの糖鎖は含まれない．
- 血小板は，巨核球とよばれる大きな前駆細胞から産生される，小さく脱核したフラグメント（断片）である．
- 血小板は活性化されると，分泌顆粒に貯蔵されていた因子物質やフィブリノーゲンを放出する．
- 出血異常を引き起こす von Willebrand 病は，血小板の粘着性を阻害する遺伝子変異が原因である．

文　献

Alkrimi J, George L: *Medical Diagnosis by Analysis of Blood Cell Images.* Lambert Academic Publishing, 2014.

Bain BJ: *Blood Cells. A Practical Guide,* 5th ed. Wiley Blackwell, 2015.

Bresnick E (ed): *Hematopoiesis.* Curr Topics Develop Biol vol 118, Academic Press, 2017.

Dzierzak E, Philipsen S: Erythropoiesis: development and differentiation. Cold Spring Harb Perspect Med 2013;3: a011601.

Hoffman R, Benz EJ Jr, Silberstein LE, et al (editors): *Hematology: Basic Principles and Practice.* Elsevier, 2017.

Ledford H: CRISPR gene therapy shows promise against blood diseases. Nature 2020;588:383.

Michelson A, Cattaneo M, Frelinger A, Newman P: *Platelets*, 4th ed. Academic Press, 2019.

Randolph TR: Hemoglobinopathies (Structural defects in hemoglobin). *Rodak's Hematology*, 6th ed. Keohane EM, Otto CN, Walenga JM (editors). Elsevier, 2020.

Smyth SS, Whiteheart S, Italiano JE Jr, Coller BS: Platelet morphology, biochemistry, and function. In: *Williams Hematology*, 8th ed. Kaushansky K, Lichtman MA, Beutler E, et al (editors). McGraw-Hill, 2010;1735.

Susanstad T, Fuangthon M, Tharakaraman K, et al: Modified recombinant human erythropoietin with potentially reduced immunogenicity. Sci Rep 2021;11:1491.

白血球

White Blood Cells

- 白血球が協力して病原体と戦い，炎症反応を引き起こす方法を説明する．
- 感染微生物が貪食（食作用）により排除される基本的なステップを列挙する．
- 白血球のもつ走化性の役割を説明する．
- 好塩基球や貪食細胞の顆粒内に見られる重要成分を列挙し，それらのおもな機能を説明する．
- 呼吸バースト中に産生される活性酸素種を列挙する．
- NADPH オキシダーゼ系の欠陥によって引き起こされる生理学的影響の基礎を説明する．
- 1 型白血球接着不全症の分子基盤を明確にする．
- 好中球や好酸球が，好中球細胞外トラップ（NET）を用いてどのように寄生虫を捕獲するかを説明する．
- 新たに抗体が産生されるときのヘルパー T 細胞の役割を説明する．
- サイトカインという言葉の概念を明確にし，インターロイキン（IL），インターフェロン（IFN），プロスタグランジン，ロイコトリエンの重要な特徴を記述する．

生物医学的重要性

　白血球 white blood cells/leukocyte は，侵入病原体に対する重要な見張り役と強力な防御役として機能している．白血球の中で最も豊富に存在する**好中球 neutrophil** は，**貪食（食作用）phagocytosis** により，侵入した細菌や真菌を取り込んで破壊する．一方で，より大きな寄生虫は**好酸球 eosinophil** により排除される．体内を循環している**単球 monocyte** は血中から病変組織へと移動し，そこで貪食細胞である**マクロファージ macrophage** へと分化する[1]．**好塩基球 basophil** やマスト（肥満）細胞 **mast cell** などの**顆粒球 granulocyte** は，保有しているエフェクター分子を放出することに

より，さらに多くの白血球を感染部位に引き寄せ，炎症反応を引き起こす．**B リンパ球 B lymphocyte** は，**T リンパ球 T lymphocyte** の助けを借りて防御用の抗体を産生し放出する．**細胞傷害性 T 細胞 cytotoxic T cell** や**ナチュラルキラー細胞 natural killer（NK）cell** などのリンパ球は，ウイルスに感染した，あるいは悪性形質転換した宿主細胞を標的として破壊する．

　白血病 leukemia とよばれる造血器悪性腫瘍は，**単一あるいは複数の種類の白血球の制御不能な増殖の結果引き起こされる**．アレルギー反応の一部として起こる顆粒球の過剰反応は，極端な場合では**アナフィラキー anaphylaxis** を引き起こし，死をもたらすこともある．**白血球減少症 leukopenia** は白血球産生が低下した状態であり，物理的な骨髄損傷や感染，化学療法，電離放射線照射，**Epstein-Barr ウイルス Epstein-Barr virus**（伝染性単核球症），自己免疫反応（**全身性エリテマトーデス systemic lupus erythematosus**）や骨髄の線維性組織による置換（**骨髄線維症 myelofibrosis**）により引き起こされる．その結果，体内を循環する白血球数が減少し，感染に対して脆弱になる（**免疫不全状態 immunocompromised**）．

---

1)　訳者注：組織常在マクロファージは，その起源によって，胎生期の卵黄嚢や胎児肝に由来する亜集団（脳のミクログリアや肝臓のクッパー細胞など）と，骨髄造血幹細胞から単球を経て分化した亜集団（腸管マクロファージなど）に分類される．組織傷害や炎症状態では，骨髄から大量の単球が組織に動員され，その一部はマクロファージへと分化する．このようなマクロファージを浸潤マクロファージとよんで常在マクロファージと区別する場合もある．

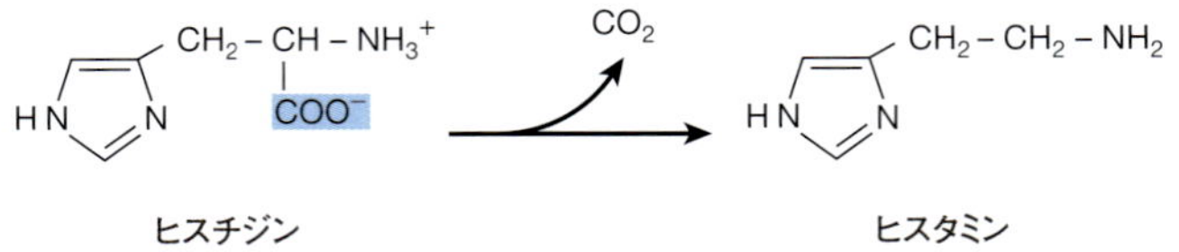

図 54-1. ヒスチジンとその脱炭酸産物であるヒスタミンの構造

感染防御には多くの細胞種を必要とする

白血球は，急性炎症反応 acute inflammatory response において重要な役割を担っている．この急性炎症反応は，多数の構成要素（細胞種）から成り立っており，感染性微生物から身を守り，感染組織のダメージや感染症への罹患率を軽減している．リンパ球は外来の侵入者を標的とした防御抗体を産生し，それらは標的に結合し，排除のための目印となる．

好塩基球 basophil は，ヒスタミン（**図 54-1**）のようなエフェクター分子を分泌して，感染あるいは損傷を受けた組織に体液を貯留させる[2]．また，好中球 neutrophil をさらに引き寄せるケモカインも分泌する．活性化した好中球は，侵入した細菌を膜小胞で取り込み（**貪食，食作用 phagocytosis**），加水分解酵素，活性酸素種（ROS），抗菌ペプチドを組み合わせて破壊する．体内を循環している**単球 monocyte** は，活性化されて組織へと浸潤し，そこで貪食能をもった**マクロファージ macrophage** へと分化する．マクロファージは感染して傷害を受けた宿主細胞を貪食し破壊する．

白血球は，赤血球や血小板と異なり，すべての細胞小器官をもっている．しかしながら，多くの白血球の核はほとんどの真核細胞が有する小型球形のものと大きく異なっている．たとえば，単球の核は異常に大きく，一眼でわかるほど不規則な形をしている．一方で好中球や好酸球，あるいはその他の**多形核白血球 polymorphonuclear leukocyte** の核は複数に分葉している．

多種類のエフェクター分子が白血球の産生を制御する

ほとんどの白血球は迅速に世代交代し，生体内でた

えず置き換えられている．たとえば，体内を循環している骨髄由来の白血球の寿命は数時間から数日であり，ほとんどのリンパ球の血液中での生存期間もわずか数週間である．特筆すべき例外は，数年もの間生存しうる**記憶リンパ球 memory lymphocyte** である．単球と顆粒球は，骨髄球系共通前駆細胞 common myeloid progenitor を経て分化し，造血幹細胞からリンパ球への分化は，リンパ球系共通前駆細胞 common lymphoid progenitor を経て分化する（図 53-1 参照）．造血幹細胞の増殖や最終的な運命決定は，多種類のエフェクター分子の協調した作用によって制御されている．たとえば，幹細胞増殖因子，顆粒球-マクロファージコロニー刺激因子（GM-CSF），そしてインターロイキン（IL）5 や IL-6 は，顆粒球（好中球，好酸球，好塩基球）と単球の産生を刺激するが，この過程は骨髄球前駆細胞 myeloid progenitor cell を経て進行する．腫瘍壊死因子（TNF）α，transforming growth factor（TGF）β_1，そして IL-2 および IL-7 は，リンパ球前駆細胞 lymphoid progenitor cell の形成を促進し，その結果として B リンパ球，T リンパ球への成熟を促進する[3]．

白血球は運動性をもつ

白血球は化学シグナルに反応して遊走する

白血球は体のいたるところに認められ，白血球が化学シグナル（訳者注：ケモカインなど）に反応して血中から傷害部位や感染部位へと遊走する．この過程を**走化性 chemotaxis** とよぶ．白血球の循環血液中から外への移動は，**血管外遊出 diapedesis** に依存している．血管外遊出は，細胞骨格タンパク質を用いて細胞の形を大きく変形させるアメーバのような動きであり，白血球が毛細血管の内皮細胞と内皮細胞の間に，薄い偽

2）　訳者注；血管透過性が亢進した結果，血漿が組織に滲出する．

3）　訳者注：少なくとも TNFα がリンパ球の分化に関与するという仮説は，TNF に対する中和抗体を投与したところ胸腺の萎縮が認められたという実験結果からきており，現在ではこの実験結果はポリクローナル抗体投与のアーチファクトと結論づけられている．

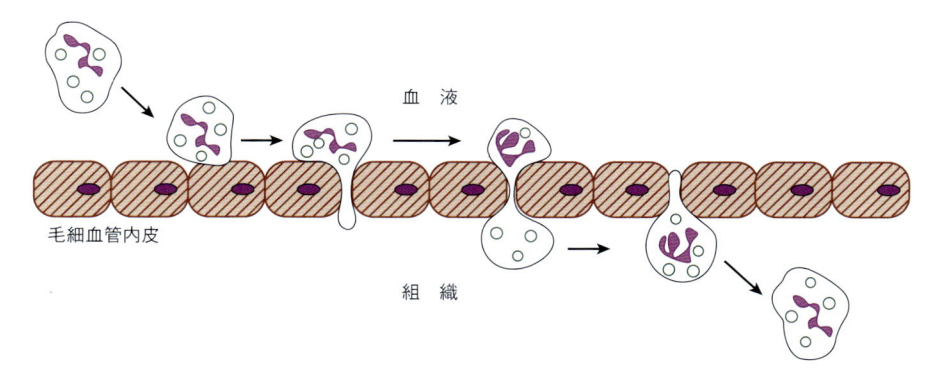

図 54-2. 白血球の漏出
漏出（好中球や他の白血球が走化性シグナルに応答して毛細血管壁を横切る）過程を左から右の順で示す．毛細血管壁の細胞を赤色，細胞核を紫色，顆粒を緑色で示す．

足を伸長させるところから始まる（**図 54-2**）．一度偽足が反対側（つまり，毛細血管の内腔側ではなく，外側）に付着すると，細胞内容物が細胞骨格タンパク質により，突起を介して偽足の遠位端に向かって絞り出され，移動した先で細胞内容物が充填され，新たな細胞体となる．一度組織内に侵入すると，同様の段階的なアメーバのような動きにより移動が進行する．

走化性はGタンパク質共役受容体を介して調節される

白血球は，ケモカインや補体フラグメント C5a，細菌由来の小ペプチド（たとえば，*N*-ホルミル–Met-Leu-Phe）やさまざまなロイコトリエンなどの**走化性因子 chemotactic factor** によって組織内へ引き付けられる．これらの因子は類似した7回膜貫通 α ヘリックス構造を有する細胞表面受容体の1つに結合する．これらの受容体は1ないし複数種類のヘテロ三量体グアノシンヌクレオチド結合タンパク質（**Gタンパク質 G protein**）と密接に共役していることから，Gタンパク質共役受容体とよばれる．リガンドが結合することにより，シグナル伝達が開始される．Gタンパク質は，**ホスホリパーゼ C phospholipase C** を活性化し，ホスホリパーゼCはホスファチジルイノシトール 4,5-ビスリン酸を加水分解してジアシルグリセロールと水溶性のセカンドメッセンジャーである**イノシトール 1,4,5-トリスリン酸 inositol 1,4,5-trisphosphate**（IP_3）を産生する[4]．IP_3 の急激な上昇は Ca^{2+} のサイトゾルへの放出を引き起こす[5]．好中球では，サイトゾル内への Ca^{2+} の出現により，細胞移動や顆粒分泌の実行に関連するアクチン–ミオシン細胞骨格成分が活性化される．ジアシルグリセロールは Ca^{2+} と相まってプロテインキナーゼ C を刺激し，プロテインキナーゼ C をサイト

ゾルから細胞膜へと移動させる．細胞膜へ移動したプロテインキナーゼ C は，呼吸バースト（後述参照）を引き起こすいくつかのタンパク質を含む種々のタンパク質の**リン酸化反応 phosphorylation** を触媒する．

ケモカインはジスルフィド結合によって安定化する

ケモカインは，一般的に 6 〜 10 kDa の小さなタンパク質であり，感染部位や傷害部位にさらに多くの白血球をよび込むために，活性化された白血球から分泌される．ケモカインは，タンパク質の立体構造を安定化させるジスルフィド結合に関与するシステイン残基の数や間隔にもとづいて，4つのサブクラスに分類することができる．タイプ C ケモカインは，一対の保存されたシステイン残基を連結する1本のジスルフィド結合により特徴づけられる．他の3つのケモカイングループは，この保存されたジスルフィド結合に加えて第2のジスルフィド結合を有している（**図 54-3**）．タイプ CC ケモカインでは，もう1つのシステイン残基が，最初の広く保存されたシステイン残基のすぐ隣に存在している．タイプ CXC と CX_3C においては，これらのシステインはそれぞれ1つあるいは3つのアミノ酸によって隔てられて存在している．CX_3C ケモカインは4種類のケモカインのなかで最もサイズが大きく，長い C 末端に位置するアミノ酸のいくつかは，糖鎖修飾を受ける．

4）訳者注：ここで言っているGタンパク質はGqタイプのことである．一方でGsタイプはサイクリック AMP を産生を介して，プロテインキナーゼ A を活性化する．

5）訳者注：小胞体上の IP_3 受容体が活性化されて，小胞体からサイトゾルに Ca^{2+} が流入する．

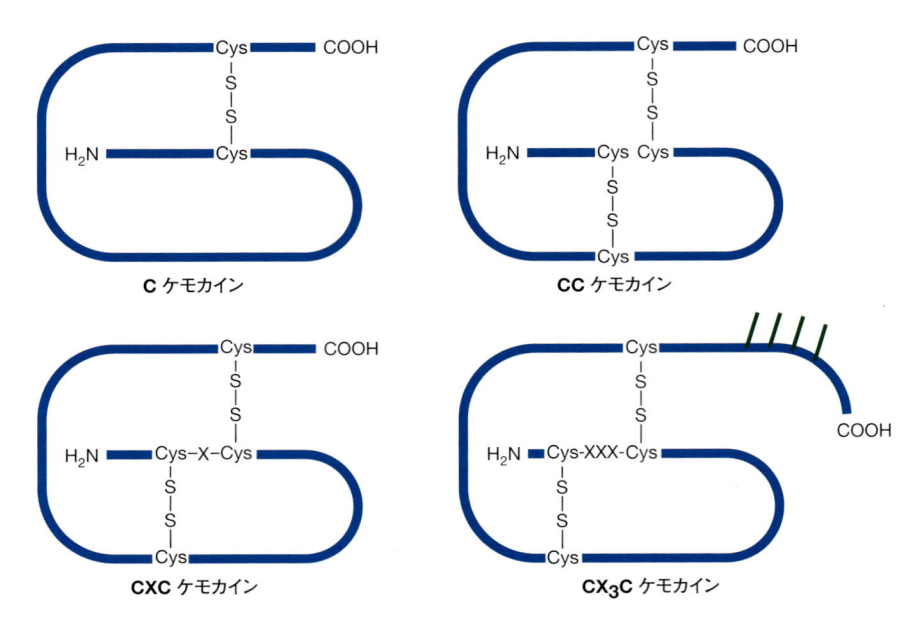

C ケモカイン　**CC ケモカイン**　**CXC ケモカイン**　**CX₃C ケモカイン**

図 54-3. ケモカイン
タイプ C，CC，CXC，CX₃C ケモカインの重要な構造上の特徴を示す．ポリペプチド鎖は青色，アミノ末端とカルボキシル末端はそれぞれ H₂N，COOH で示している．鍵となるシステイン残基は Cys，保存されたジスルフィド結合は S-S，タイプ CXC と CX₃C のスペーサーアミノ酸は X を用いて示している．緑色は糖鎖付加（グリコシル化）である．

インテグリンは白血球の血管外遊出を促進する

　白血球の血管内皮細胞への接着は，**インテグリン integrin** ファミリーや**セレクチン selectin** ファミリー（46 章セレクチンの項参照）などの膜貫通糖タンパク質によって担われている．インテグリンは非共有結合した 1 組の α，β サブユニットからなり，それらは細胞外，膜貫通，細胞内領域を有している．細胞外領域は，Arg–Gly–Asp（RGD）配列をもつさまざまな細胞外マトリックス成分と結合する．一方で，細胞内領域はアクチンやビンキュリンなどのさまざまな細胞骨格タンパク質と結合する．2 つの結合領域を介して細胞の外側と内側とをつないでいることから，インテグリンは周囲の環境変化と白血球応答（たとえば，遊走や貪食）を連動させることができる．**表 54-1** に，とくに好中球に関係のあるインテグリンをいくつか示す．

　1 型白血球接着不全症 type 1 leukocyte adhesion deficiency は，LFA-1 の β_2 サブユニット（表面抗原分類では CD18）および好中球とマクロファージで見られる 2 つの関連するインテグリン，すなわち Mac-1（CD11b/CD18）と p150,95（CD11c/CD18）の欠失に

表 54-1. 好中球，およびそれ以外の白血球，血小板の機能に重要なインテグリン[a]

インテグリン	細胞	サブユニット	リガンド	機 能
VLA-1（CD49a）	白血球，ほか	$\alpha_1\beta_1$	コラーゲン，ラミニン	細胞–ECM 間の接着
VLA-5（CD49e）	白血球，ほか	$\alpha_5\beta_1$	フィブロネクチン	細胞–ECM 間の接着
VLA-6（CD49f）	白血球，ほか	$\alpha_6\beta_1$	ラミニン	細胞–ECM 間の接着
LFA-1（CD11a）	白血球	$\alpha_L\beta_2$	ICAM-1，ICAM-2	白血球の接着
糖タンパク質 IIb/IIIa	血小板	$\alpha_{IIb}\beta_3$	フィブリノーゲン，フィブロネクチン，von Willebrand 因子	血小板の接着および凝集

[a] CD: cluster of differentiation（分化クラスター），ECM: extracellular matrix（細胞外マトリックス），ICAM: intercellular adhesion molecule（細胞間接着分子），LFA-1: lymphocyte function-associated antigen 1，VLA: very late antigen.
［注］LFA-1 および関連するインテグリンの欠損が 1 型白血球接着不全症（OMIM 116920）で見出されている．Glanzmann 血小板無力症（OMIM 273800）では，血小板の糖タンパク質 IIb/IIIa 複合体の欠損が見つかっている．この疾患は，出血傾向が見られ，血小板数は正常であるが，血餅退縮が異常に遅延することが特徴である．これらの知見は，細胞表面の接着タンパク質に関する基礎的な知識により，いくつかの疾病の原因が明らかになってきていることをよく示している．

よって引き起こされる．これらのタンパク質の欠失は，白血球の血管内皮への接着をそこない，血管外遊出を妨げる．白血球は感染組織へほとんど遊走していかないため，罹患した個体は細菌や真菌感染症に対して抵抗性が減弱する．

侵入した微生物や感染した細胞は貪食によって処分される

貪食細胞は標的細胞を取り込む

白血球は，一般的には侵入した微生物を**貪食**により破壊する（**図 54-4**）．貪食白血球は，細菌のリポ多糖類やペプチドグリカンなどに対する細胞表面受容体をもっている．しかし，多くの場合，感染性病原体にすでに付着している抗体や補体を介して，間接的に感染性病原体を認識する（52 章参照）．侵入物に防御用タンパク質（抗体や補体）で目印（タグ）を付け，貪食白血球に認識しやすくさせる過程を**オプソニン化 opsonization** とよぶ．

標的微生物が白血球上に存在する受容体に結合することで，貪食細胞の形状に劇的な変化が引き起こされる．標的となった微生物を細胞膜で取り囲み，**ファゴソーム（食胞）phagosome**（ファゴリソソーム phagolysosome[6]）とよばれる胞内に完全にその微生物を取り込むまでその過程は進行する．その後，加水分解酵素（リゾチームやプロテアーゼなど）や抗菌ペプチド（ディフェンシン）および活性酸素種が一丸となって取り込んだ微生物を破壊する．武器である毒素や分解酵素は**顆粒**（訳者注：リソソームが正式な名称）として知られる細胞内小胞に貯蔵されており，ファゴソームと融合する（**表 54-2**）．これらの顆粒は光学顕微鏡で観察することができることから，顆粒をもつ細胞は**顆粒球 granulocyte** とよばれる．侵入してきた微生物を分解し，それらの構成成分である糖やアミノ酸を吸収した後で，最終的にはファゴソームは白血球の細胞膜へと移動する．そこで細胞膜と融合し，残っている残骸物を排出する[7]．

この残骸物には，タンパク質断片，オリゴ糖類，リ

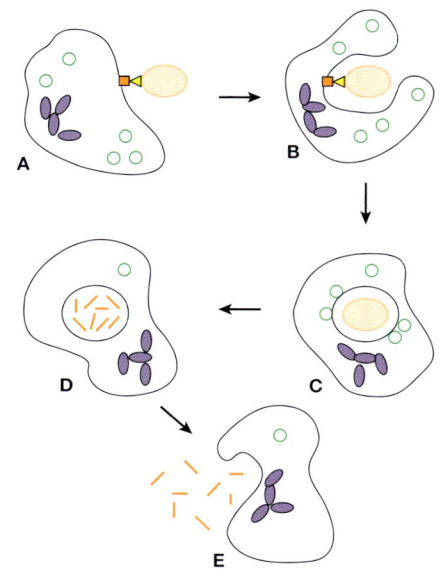

図 54-4. 貪食

好中球が貪食によりオプソニン化された微生物（橙色）を破壊する様子を示す．好中球の分葉核を , 分泌顆粒を ◯, 抗体あるいは補体による目印（タグ）は ◁, 対応する細胞表面受容体は ■, 微生物の残骸は ― で示している．（**A**）好中球は，受容体を介してオプソニン化された微生物の細胞表面に付着した抗原（抗体か補体）と結合する．（**B**）好中球は微生物を覆い包む．（**C**）分泌顆粒は新しく取り込んだファゴソーム（食胞）と融合し，顆粒内容物をファゴソーム内へと送り込む．（**D**）顆粒の酵素と細胞毒素により微生物を破壊する．（**E**）ファゴソームは細胞膜と融合し，残骸物を排出する．

ポ多糖類，ペプチドグリカン，そしてポリヌクレオチドなどが含まれており，新しい抗体産生を刺激する抗原の重要な供給源となる．リンパ球や他の白血球はエンドサイトーシス（図 40-21 参照）を通じてこれらの物質を吸収する．抗原提示細胞として重要なのは樹状細胞であり，これら抗原を貪食した樹状細胞は，**MHC**（**主要組織適合性複合体 major histocompatibility complex**）分子とともに細胞表面に細胞内のファゴソームで消化したペプチド断片を提示する．この提示された抗原を認識する T 細胞受容体をもった CD4[+] ヘルパー T 細胞 helper T cell（厳密には**濾胞性ヘルパー T 細胞 follicular helper T cell**）が B 細胞を刺激して，新たな抗体産生を促進する．

貪食白血球はおもに，**好中球**，**好酸球**，**マクロファージ**の 3 種である．**好中球 neutrophil** は，循環血液中に存在する白血球のおおよそ 60 ％を占めており，細菌や真菌などの小さな真核微生物を貪食する．数としては少ないが，**好酸球 eosinophil** は血液中の白血球の 2 ～

6）　訳者注：ファゴソームは貪食して形成された腔であり，ファゴソームとリソソームが融合したものをファゴリソソームとよぶ．

7）　訳者注：好中球は呼吸バーストを起こした場合には，感染した微生物だけでなく，好中球自体も破裂して死ぬと思われる．

表54-2. 貪食白血球の顆粒内に存在する重要な酵素とタンパク質

酵素もしくはタンパク質	触媒される反応もしくは機能	備 考
ミエロペルオキシダーゼ（MPO）	$H_2O_2 + X^-（ハロゲン）+ H^+ \rightarrow HOX + H_2O$（$X^-$ が Cl^- のときは，HOX は次亜塩素酸）	膿が緑色であることの原因である．遺伝的に欠損すると繰り返し感染症に罹患する．
NADPH オキシダーゼ	$2 O_2 + NADPH \rightarrow 2\,{}^{\bullet}O_2{}^- + NADP + H^+$	呼吸バーストに必須の構成成分である．欠損すると慢性肉芽腫症となる．
リゾチーム	ある細菌の細胞壁に存在する N-アセチルムラミン酸と N-アセチル-D-グルコサミンとの間の結合を加水分解する．	マクロファージに多く含まれる．細菌のペプチドグリカンを加水分解する．
ディフェンシン	20〜33アミノ酸残基からなる塩基性の抗菌性ペプチド	細菌の膜を損傷することによって殺菌作用を示す．
ラクトフェリン	鉄結合タンパク質	鉄に結合してある種の細菌の増殖を抑制すると考えられている．骨髄細胞の増殖を制御している可能性がある．
エラスターゼ コラゲナーゼ ゼラチナーゼ カテプシン G	プロテアーゼ	貪食細胞に多く存在する．感染性微生物のタンパク質成分を分解する．抗原提示用のフラグメント（断片）を産生する．

3%を占めており，**ゾウリムシ paramecium**[8] などのより大きな真核微生物を取り込む．**マクロファージ macrophage** は，血中の白血球の約 5%を占める単球に由来する．単球は，血中から体中の組織へと移動し，刺激を受けてマクロファージへと分化する．マクロファージもまた侵入した微生物を取り込むことができるが，その特徴的な機能は，感染した細胞，悪性形質転換した細胞，あるいは**アポトーシス apoptosis** に陥った宿主細胞を貪食して取り除くことができる点である．このような機能的な障害をもった細胞は，膜表面に出現した異常なタンパク質やオリゴ糖によりマクロファージにより認識される[9]．マクロファージの活性化の亢進は[10]，骨粗鬆症，アテローム性動脈硬化症，関節炎，嚢胞性線維症などの多くの変性疾患の病因と関連している．またときには，がん細胞の転移を助長する[11]．

貪食能を有する白血球は呼吸バースト中に活性酸素種を発生させる

貪食細胞は捕食した細菌などを破壊するためのおもな化学的・酵素的な武器として，スーパーオキシド，H_2O_2，ヒドロキシルラジカルや HOCl（次亜塩素酸）などの**活性酸素種 reactive oxygen species**（ROS）を利用する．細胞膜で取り囲まれた細菌が細胞内に取り込まれると，酸素と NADPH 由来の電子を用いて速やかに（15〜60秒）活性酸素種の産生が起こる．この反応に伴う酸素消費量の急激な増加は，**呼吸バースト respiratory burst** とよばれる．ペントースリン酸経路による大量の NADPH 産生（20章参照）は，食細胞のミトコンドリア数が少ないために，ATP 産生を好気的解糖におもに頼っていることにより促進される[12]．

呼吸バースト中の殺菌性を有する活性酸素種の生成は，**NADPH オキシダーゼ系 NADPH oxidase system** によって触媒されるスーパーオキシドの産生から開始される．この触媒反応は2つの段階を経て進行する．第1段階は，スーパーオキシドを形成するための酸素分

---

8) 訳者注：ゾウリムシの人への感染はない．ここでは人に感染する原虫などのことを想定していると思われる．

9) 訳者注：死細胞の細胞表面に発現するホスファチジルセリン（eat-me signal）を，マクロファージは認識して死んだ細胞を貪食する．

10) 訳者注：厳密にはマクロファージではなく，破骨細胞である．

11) 訳者注：IL-10 や TGFβ などの抑制性サイトカインを産生する M2 型マクロファージのことを指している．がんの局所で増加している myeloid cell-derived suppressor cell（MDSC）などを念頭においた記述と思われる．

12) 訳者注：つまり ATP を産生するために効率の悪い解糖系におもに依存し，産生された ATP によりホスホフルクトキナーゼが負の阻害を受けにくい．そのために大量にグルコースを取り込むことができ，生成された大量のグルコース 6-リン酸をペントースリン酸化回路へと回すことができる．

子の還元である(表54-2).

$$2O_2 + NADPH + H^+ \rightarrow 2{^\bullet}O_2{^-} + NADP^+ + 2H^+$$

続いて, スーパーオキシド2分子から**過酸化水素 hydrogen peroxide** が自然発生する不均衡化反応が起こる.

$$2{^\bullet}O_2{^-} + 2H^+ \rightarrow H_2O_2 + O_2$$

NADPHオキシダーゼ系は, 91 kDaと22 kDaの2つからなる細胞膜貫通型タンパク質のヘテロ2量体である**シトクロム b_{558}**(**cytochrome b_{558}**)と, 47 kDaと67 kDaの2つのサイトゾルタンパク質から構成される. 活性化の際には, サイトゾルタンパク質が細胞膜に移動し, シトクロム b_{558} と結合して活性複合体を形成する. 細胞内のNADPHのおもな供給源であるペントースリン酸回路からのこの複合体へのNADPHの供給は, 貪食時に顕著に増加する. 食胞から漏れ出たスーパーオキシドを, 不均衡化反応を触媒する**スーパーオキシドジスムターゼ superoxide dismutase**(活性酸素分解酵素)により代謝することで, 細胞は自分自身を防御している. この酵素は, 2分子のスーパーオキシドラジカルを1分子の H_2O_2 と1分子の酸素分子に変換する. この反応で生じた過酸化水素はミエロペルオキシダーゼ(下記参照)によって利用されるか, あるいはグルタチオンペルオキシダーゼやカタラーゼがはたらいて除去される.

ミエロペルオキシダーゼは塩素化酸化物質の産生を促進する

呼吸バースト中に起こる次亜ハロゲン酸の形成は, **ミエロペルオキシダーゼ myeloperoxidase** によって触媒され, 好中球の顆粒に大量に存在する.

$$H_2O_2 + X^- + H^+ \xrightarrow{\text{ミエロペルオキシダーゼ}} HOX + H_2O$$

$(X^- = Cl^-, Br^-, I^-$ または SCN^-; HOX = 次亜ハロゲン酸)

この酵素は, H_2O_2 を利用して, Cl^- や他のハロゲン化合物の酸化反応を触媒し, **HOCl** などの次亜ハロゲン酸を生成する. HOClは, 家庭用漂白液の有効成分であり, 高い殺菌作用をもつ強力な酸化剤である. 傷の消毒に使用すると, 組織に存在する第一級あるいは第二級アミン類と反応して, さまざまな窒素-塩素誘導体を産生する. 産生産物の1つである**クロラミン chloramine** は, HOClほど強力な酸化剤ではないため, これらの殺菌効果が周囲の組織に間接的に損傷を誘導す

る可能性は低い.

NADPHオキシダーゼ系の変異は慢性肉芽腫症を引き起こす

NADPHオキシダーゼ系は4つのポリペプチドから構成されるが, それらをコードする遺伝子の有害な変異(つまり, 活性酸素種(ROS)産生低下を引き起こすような変異)は, **慢性肉芽腫症 chronic granulomatous disease** を引き起こす. ROSの低下は, 貪食した病原体を殺傷する貪食好中球の能力を低下させる. この疾患は比較的まれな疾患であり, 感染症に罹患した患者は感染を繰り返す. また繰り返す感染を避けるために, 皮膚や肺, そしてリンパ節に, 肉芽種とよばれる慢性の炎症性病変が形成される. 一部の症例では, シトクロム β_{558} の91 kDaサブユニットの転写を誘導する γ-インターフェロンの投与により, 症状の緩和が得られる.

好中球と好酸球は寄生生物を捕獲するために"NET"を用いる

好中球や好酸球は, 貪食によって細菌などの小さな微生物を取り込むのに加えて, より大きな侵入物は**好中球細胞外トラップ neutrophil extracellular trap**(**NET**)とよばれるクモの巣様の網(**図 54-5**)の中に捕獲し, 排除を促進している. これらのNETの鎖は, 好中球自身の染色体DNAを拡散あるいは**脱凝集 decondensation** して生じたポリヌクレオチド鎖からなっている. この過程で, 核膜が破壊され, クロマチンを安定化している荷電間の相互作用[13]が失われる. ヒストン-ポリヌクレオチド複合体の乖離は, **酵素ペプチジルアルギニンデイミナーゼ peptidylarginine deiminase**(**図 54-6**)により促進される. その酵素は, アルギニン残基の強い塩基性側鎖の脱イミノ化を触媒し, 中性の側鎖を有するシトルリン残基を形成する. 一部のクロマチンタンパク質はDNAとの結合を維持し, ポリヌクレオチド鎖間を架橋する. 顆粒膜もこのときに破裂し, 内容物をサイトゾルへと放出する. 内容物は脱凝集したポリヌクレオチド鎖に結合し, その結果顆粒由来のプロテアーゼや抗菌ペプチド, そのほかの因子に

---

13)　訳者注:ヒストンのリシン残基の陽性荷電とDNAのリン酸基の陰性荷電の相互作用.

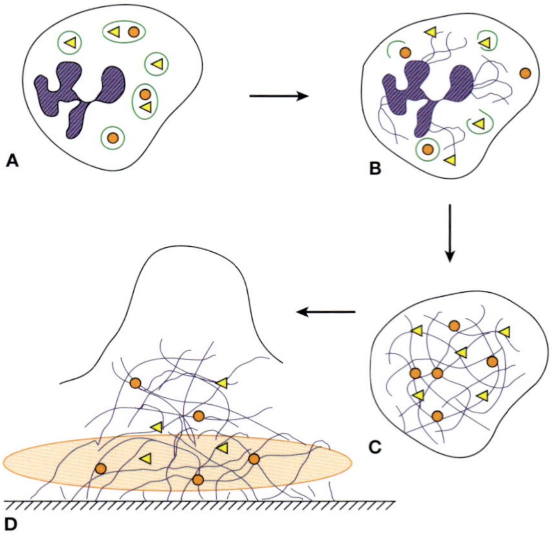

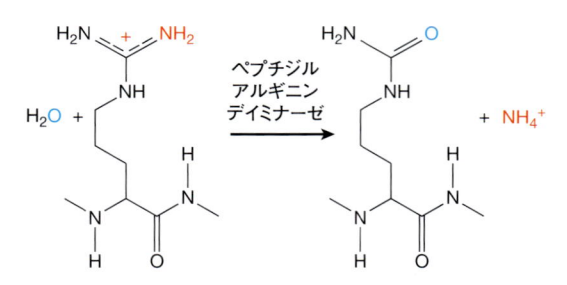

図 54-5. NET を用いた寄生生物の捕獲

好中球や好酸球が，寄生微生物を捕獲するために，DNA を基本とした網を形成する過程を示す．（**A**）休眠中の好中球を示す．分葉核を紫色の斜線，細胞内顆粒を緑色，顆粒酵素と細胞毒素をそれぞれ ● と ◀ で示す．（**B**）活性化すると，核と顆粒を包み込んでいる膜が破裂し，脱凝集した染色体から酵素，細胞毒素，DNA 鎖（紫色）が放出される．（**C**）DNA 鎖は網を形成して細胞内部を満たし，そこに顆粒由来のタンパク質が接着する．（**D**）好中球は溶解し，DNA-タンパク質網を放出し，上皮細胞（斜線）の表面で寄生生物（橙色）を捕獲する．

図 54-6. シトルリン化

ペプチジルアルギニンデイミナーゼは，アルギニンの側鎖のイミノ基（赤色）の 1 つを水由来の酸素原子（青色）に置き換える．結果として，プロトン化されたアルギニン側鎖の正電荷を中性であるアミドに置き換える．

より DNA は修飾される．最終的に好中球は自己融解して，寄生虫の動きを止めさせ，かつ拡散を防ぐために NET を寄生虫に向けて放出する．

貪食細胞由来のプロテアーゼは正常細胞にも損傷を与える

　マクロファージやその他の食細胞は，非常に多くのプロテアーゼ（タンパク質分解酵素）を産生し（表 54-2），そのうちのいくつかは細胞外マトリックスに存在するエラスチン，コラーゲンや，そのほかのさまざまなタンパク質を加水分解する．正常でも少量のエラスターゼや他のプロテアーゼは全身の組織で漏出しているが，それらの活性は血清や細胞外液に存在する**アンチプロテアーゼ antiprotease** によって抑えられている（52 章参照）．これらの中の 1 つが **α_2-マクログロブリン α_2-macroglobulin** であり，"ベイト"領域という領域で多数のプロテアーゼと結合する．非共有結合によりプロテアーゼと複合体を形成したアンチプロテアーゼは，"ベイト"領域でプロテアーゼのペプチド結合を一箇所切断してその高次構造を変化させ，さらなるタンパク質分解による組織傷害を阻害する．

　プロテアーゼとアンチプロテアーゼのバランスの破綻は，深刻な影響をもたらす．傷害や感染を受けた局所からの十分なドレナージがなされない場合には，大量の好中球が蓄積し，かなりの**組織障害**が誘導される．肺では，エラスターゼ活性を阻害することができないような **α_1-アンチプロテアーゼインヒビター**（α_1-アンチトリプシン）やその他のアンチプロテアーゼの遺伝子欠損は，肺気腫に伴う肺組織障害のおもな原因となる．炎症に伴い上昇する HOCl などの塩素化酸化物質は，表 54-2 に掲載されているいくつかのプロテアーゼを活性化し，一方で同時にプロテアーゼに拮抗するアンチプロテアーゼを不活性化する．さらに，これらのプロテアーゼ阻害物質はプロテアーゼにより分解される．たとえばメタロプロテアーゼの組織阻害物質や α_1-アンチキモトリプシンはエラスターゼにより，また，α_1-アンチプロテアーゼインヒビターは活性化コラゲナーゼやゼラチナーゼによってそれぞれ加水分解される．

白血球は分泌されたエフェクター分子を用いて情報を伝える

　損傷組織や感染組織が免疫反応や炎症反応を進展させるためには，**白血球**とその他の細胞との協調作用が必要である．多くの協調作用は，**サイトカイン cyto-**

kine とよばれる多数の低分子量（25 kDa 未満）分泌タンパク質により担われている．サイトカインの中には，インターロイキン（IL），インターフェロンやケモカインなどが含まれる．

　現在知られている3ダース以上のサイトカインの名称は，細胞で合成されて分泌されることに由来している．それらは一般的に **IL** という略称と同定された順番で命名されている．たとえば IL-1, IL-3, IL-22 などである．一方，**インターフェロン interferon（IFN）**は，感染したウイルスの複製を阻害，あるいは干渉する能力をもっていることから命名された．これまでに，動物においては約10種類の異なるインターフェロンファミリーが同定されている．**ケモカイン chemokine** は好中球を活性化し，傷害部位や感染部位に呼び寄せる．多くのサイトカインは糖鎖修飾を受けている．一般的にサイトカインは，サイトカインを分泌した白血球自身（**オートクリン［自己分泌］シグナル autocrine signaling**）にも，また自分自身では分泌していない近傍の白血球（**パラクリン［傍分泌］シグナル paracrine signaling**）の両者に作用する．歴史的には，サイトカインは免疫反応や炎症反応と密接に関係しているということで，ホルモンと区別されてきた．

　白血球は，アラキドン酸の酸化によって産生される**エイコサノイド eicosanoid** とよばれる脂質メディエーターも分泌する（23章参照）．これらの脂質メディエーターは，**ロイコトリエン leukotriene** と**プロスタグランジン prostaglandin** の2つに大きく分けられる．ロイコトリエンの特徴は，3つの共役した炭素−炭素二重結合を1組有することである．いくつかのロイコトリエンは，アミノ酸であるシステインをその構造の中に包含している．プロスタグランジンは，前立腺から最初に単離され，20個の炭素原子を含み，五員環構造の存在により特徴づけられている．

　アミノ酸であるヒスチジンが脱カルボキシル化（脱炭酸）されることによって合成された**ヒスタミン histamine**（図 54-1）は，活性化した**好塩基球 basophil** や**マスト（肥満）細胞 mast cell** から大量に分泌される．ヒスタミンは，ヘパリンやエイコサノイドなどの他の血液因子と協調して，感染あるいは損傷部位への血流を維持し，体液の貯留を促進する（血管の透過性亢進）．炎症の局所に貯留した体液（浮腫）は，さらなる白血球の浸潤を誘導し，免疫応答を増強する．

リンパ球は防御用の抗体を産生する

　リンパ球 lymphocyte は，血液中に存在する白血球のおおよそ30％を占めている．リンパ球は，新たに遭遇した抗原に対する防御抗体を産生する能力を有しているため（52章参照）**獲得免疫（適応免疫）系 adaptive immune system** で中心的な役割を果たす．Bリンパ球とTリンパ球の分類は，もともとはそれぞれが最終的に成熟する組織にもとづいている．鳥類では，**Bリンパ球（B細胞）**はファブリキウス囊 **bursa of Fabricus** において成熟する．ヒトにはこの器官はなく，B細胞は骨髄 bone marrow において成熟する．**Tリンパ球（T細胞）**は胸腺 thymus で成熟する．血漿や間質液などの体液に存在する可溶性の抗体は，Bリンパ球によって分泌されることから，B細胞は**体液性免疫 humoral immunity** を担っているといわれている．

　まだ活性化されて免疫グロブリンを産生したことのないBリンパ球を，**ナイーブ naïve B 細胞**とよぶ．ナイーブB細胞による新たな抗体産生は，2種類の機序によって引き起こされる．1つはT細胞非依存性の抗原であり，感染した微生物由来の糖タンパク質，リポ多糖類およびペプチドグリカンなどはリンパ球表面に発現しているそれらの固有の受容体に結合し，B細胞を活性化し，活性化されたB細胞は抗体を産生する．もう1つは，T細胞依存性抗原である．樹状細胞などの貪食細胞は貪食した異物由来のタンパク質を分解して，ペプチド断片として MHC とともに細胞表面に提示する．提示された抗原を認識して CD4 陽性ヘルパーTリンパ球（訳者注：正確には濾胞性ヘルパーTリンパ球）が活性化し，同じ抗原に応答するB細胞の抗体産生を促進する．このように**ヘルパーT細胞**は，貪食細胞からのシグナルを受け取り，B細胞を活性化する機能を有しており，またさまざまなサイトカインなどを分泌してその他の免疫系の細胞の活性を制御することから，免疫応答における司令塔の役割を果たしている．

　細胞傷害性T細胞 cytotoxic T cell は，ウイルス感染や悪性形質転換した結果，宿主細胞の表面に発現したタンパク質を認識する．ひとたび結合すると，細胞傷害性T細胞はパーフォリンとよばれる細胞膜に穴をあけるタンパク質や，プログラム細胞死（**アポトーシス apoptosis**）を引き起こすグランザイム（内在性のカテプシンプロテアーゼの作用に類似したはたらきをもつ）とよばれるプロテアーゼを放出して，標的細胞を溶

解する. **ナチュラルキラー細胞 natural killer cell** は細胞傷害性 T 細胞と似ているが, 細胞傷害活性を有する別の有毒化学物質を含む顆粒を有している.

まとめ

- 感染性微生物の除去は, リンパ球, 貪食細胞, 好塩基球などの多種類の白血球の作用の集積によって行われる.
- 白血球は, ケモカイン, プロスタグランジン, ロイコトリエン, インターロイキン, インターフェロンといった分泌エフェクター分子によって情報伝達を行う.
- 白血球は, 特異的な化学誘引物質(ケモカイン)に応答して血液中から組織内へと遊走する. この過程を走化性とよぶ.
- 白血球の血中から組織へのアメーバ様の遊出は, 細胞骨格による細胞の柔軟性と変形性に依存している.
- 好塩基球は, ヒスタミンとヘパリンを分泌し, 感染・損傷部位に体液貯留を誘導することで白血球の遊走を助長する.
- インテグリンは, 白血球が感染組織へ移動する過程での最初の段階である血管内皮への接着を仲介する.
- 貪食細胞はファゴソームとよばれる膜小胞内部に侵入した微生物を取り込む.
- 貪食された微生物は, 活性酸素種(呼吸バースト), 加水分解酵素, 細胞傷害性ペプチドの組み合わせによって破壊される.
- NADPH オキシダーゼ系の遺伝子変異は慢性肉芽腫症を引き起こす.
- 好中球と好酸球は, 脱凝集した染色体 DNA から構成されたクモの巣様の網(NET)に, 大きな寄生生物を補足して防御する.
- 染色体 DNA の脱凝集はヒストンのアルギニン側鎖のシトルリン化によって促進される.
- リンパ球は防御用の免疫グロブリン(抗体)を産生し, それらは液性免疫に関与する.
- 貪食細胞の細胞表面に提示された, 病原体由来の高分子タンパク質の断片化されたペプチドを認識して, ヘルパー T 細胞は活性化して新しい抗体の産生を促す.
- 細胞傷害性 T 細胞とナチュラルキラー細胞は, ウイルス感染や悪性形質転換に伴い発現した細胞表面タンパク質や糖脂質を認識して細胞傷害活性を発揮する.

文 献

Adkis M, Burgler S, Crameri R, et al: Interleukins, from 1 to 37, and interferon-γ: receptors, functions, and roles in diseases. J Allergy Clin Immunol 2011;127:701.

Gulati G, Caro J: *Blood Cells: Morphology and Clinical Relevance*, 2nd ed. American Society of Clinical Oncology, 2014.

Henderson GI: *Leukocytes: Biology, Classification and Role in Disease*. Novoc Sci Publ 2012.

Hillman R, Ault K, Rinder H: *Hematology in Clinical Practice*. 5th ed. McGraw Hill, 2010.

Kloc M (editor): *Macrophages. Origin, Function and Biointervention*. Springer, 2017.

Masopust D, Ahmed R (editors): *T-Cell Memory*. Cold Spring Harbor Press, 2021.

Mayadas TN, Cullere X, Lowell CA: The multifaceted functions of neutrophils. Annu Rev Pathol 2014;9:181.

Melo RCN, Dvorak AM, Weller PF: *Eosinophil Ultrastructure. Atlas of Eosinophil Cell Biology and Pathology*. Elsevier, 2021.

Nordenfelt P, Tapper H: Phagosome dynamics during phagocytosis by neutrophils. J Leukocyte Biol 2011;90:271.

Ribatti D: *The Mast Cell. A Multifunctional Effector Cell*. Springer, 2019.

Wynn TA, Chawla A, Pollard JW: Macrophage development in development, homeostasis and disease. Nature 2013; 496:445.

SECTION X 問題

1. 狭心症の一般的な治療薬であるニトログリセリンの作用機序を簡単に述べよ.

2. 心不全治療中の患者は，しばしば筋小胞体の主要な Ca^{2+}-ATPase である SERCA2a の発現減少と調節不全を示す．このタンパク質の欠陥がどのようにして心機能劣化の原因となるのか説明せよ.

3. 正しくないのはどれか．1つ選べ.
   A. トロポニン系は平滑筋の収縮を調節する.
   B. 筋収縮はフィラメントの滑り機構で起こる.
   C. ミオシンL鎖キナーゼはミオシン頭部ドメインの調節L鎖をリン酸化する.
   D. FアクチンはGアクチンの重合によって形成される.
   E. Ca^{2+}は筋収縮を活性化し，また Ca^{2+}-ATPase を活性化することによって Ca^{2+} の除去を促進する.

4. ハロタン（ハロセン）化合物を使用して麻酔された患者が，悪性高熱症（MH）の性状である体温の顕著な上昇を示した．正しくないのはどれか．1つ選べ.
   A. MH は Na^+-K^+-ATPase のアミノ酸配列の変異により生じる可能性がある.
   B. MH はリアノジン感受性 Ca^{2+} 放出チャネル（リアノジン受容体）のアミノ酸配列の変異により生じる可能性がある.
   C. MH のときに起こる筋肉の強直は，サイトゾル中の Ca^{2+} 濃度の上昇により引き起こされる.
   D. MH は電位依存性のL型 Ca^{2+} チャネルのアミノ酸配列の変異により生じる可能性がある.
   E. MH は，筋小胞体からサイトゾルへの Ca^{2+} の放出を阻害するダントロレンの静脈内投与により処置できる.

5. 正しくないのはどれか．1つ選べ.
   A. 速筋線維における ATP の再生はクレアチンリン酸に大きく依存する.
   B. 遅筋線維はヘモグロビンを含むので赤みを帯びている.
   C. 速筋線維には比較的ミトコンドリアが少ない.
   D. マラソン選手は競技前に糖質に富んだ食事をとる（カーボローディング）ことによって筋肉のグリコーゲンを増加させる試みを行う.
   E. 骨格筋は体の主要なタンパク質の貯蔵としてはたらく.

6. 横紋筋における収縮サイクルの特徴でないのはどれか．1つ選べ.
   A. Ca^{2+} のトロポニンCへの結合は，アクチン上のミオシン結合部位を露出させる.
   B. 収縮の爆発的な作動過程は，アクチン-ミオシン-ADP-P_i 複合体から P_i が放出されることによって開始される.
   C. アクチン-ミオシン-ADP 複合体から ADP が放出されると，ミオシン頭部が（尾部と比較して）大きく構造を変化させる.
   D. ミオシンへの ATP の結合は，アクチンに対する親和性を増加させる.
   E. 死後硬直は，細胞において ATP が欠乏してアクチン-ミオシン複合体からアクチンが解離できなくなる結果起こる.

7. 筋組織において ATP を補充するための主要な貯蔵エネルギーでないのはどれか．1つ選べ.
   A. グリコーゲン
   B. クレアチンリン酸
   C. ADP（アデニル酸キナーゼと連結した場合）
   D. 脂肪酸
   E. アドレナリン（エピネフリン）

8. 正しくないのはどれか．1つ選べ.
   A. コルヒチンとビンブラスチンという薬剤は微小管のアセンブリー（重合）を阻害する.
   B. ケラチンに影響する変異は水疱形成を引き起こす.
   C. ラミンAとラミンCをコードする遺伝子の変異は早老症（加速した老化）を引き起こす.
   D. α-チューブリンと β-チューブリンはストレスファイバーの主要な構成因子である.
   E. ダイニン，キネシン，ダイナミン（ディナミン）のような分子モーターは，繊毛の動き，小胞輸送，エンドサイトーシスに動力を与える.

9. 正しくないのはどれか．**1つ選べ．**

- A. 心筋細胞におけるCa^{2+}チャネルの主要な機能は，Ca^{2+}によって誘導される筋小胞体からのCa^{2+}放出のために，外部カルシウムイオンの細胞内への流入を引き起こすことである．
- B. ジギタリスは細胞内Na^+のレベルを上昇させることで心筋の収縮力を増強する．
- C. ある種の筋ジストロフィーはグリコシルトランスフェラーゼとよばれる酵素の変異で生じる．
- D. ダントロレンは筋小胞体からのCa^{2+}放出を阻害することで骨格筋を弛緩させる．
- E. 筋小胞体ではCa^{2+}はカルモジュリンとよばれる特異的なCa^{2+}結合タンパク質と結合する．

10. 血球外に出たヘモグロビンの有害作用から**腎臓を守るハプトグロビンの役割を簡単に述べよ．**

11. シチジンデアミナーゼの活性化が，どのようにして固有の抗原結合部位をもつ免疫グロブリンの生成を助けるのか簡単に述べよ．

12. 正しくないのはどれか．**1つ選べ．**

- A. インターロイキン–1は急性期タンパク質の生成を刺激する．
- B. 鉄はトランスフェリンのサイクルを介して回収されるために，2価の鉄イオン（Fe^{2+}）の状態に還元されなくてはならない．
- C. 多くの補体タンパク質は酵素前駆体（チモーゲン）である．
- D. トランスフェリン受容体2（TfR2）はおもに鉄センサーとして機能する．
- E. マンノースに結合するレクチンは，侵入する細菌の表面に存在する糖鎖群に結合する．

13. 正しくないのはどれか．**1つ選べ．**

- A. アルブミンはプレプロタンパク質として合成される．
- B. アルブミンは複数の鎖内ジスルフィド結合で安定化されている．
- C. アルブミンは糖タンパク質である．
- D. アルブミンは循環血中での脂肪酸の移動を促進する．
- E. アルブミンは血漿浸透圧の主要な決定因子である．

14. 正しくないのはどれか．**1つ選べ．**

- A. Wilson病はペニシラミンのような銅のキレート剤を用いて治療できる．
- B. Wilson病は銅中毒症（異常に高いレベルの銅）を特徴とする．
- C. Wilson病はセルロプラスミンをコードする遺伝子の変異によって引き起こされる．
- D. アルブミンは循環血中でのスルホンアミド系薬剤の移動を促進する．
- E. アルブミンは腸管粘膜が炎症を起こすと身体から失われる．

15. 50歳の女性．顔色が悪く疲れやすい．鉄欠乏性貧血が疑われ，一連の臨床検査を指示した．次の検査結果のなかから，この診断と<u>一致しない</u>のはどれか．**1つ選べ．**

- A. 正常レベル以下の赤血球プロトポルフィリン
- B. トランスフェリンの飽和度増加
- C. トランスフェリン受容体（TfR）の発現増加
- D. 血漿ヘプシジンレベルの増加
- E. ヘモグロビンレベルの減少

16. アミロイドーシスの原因と<u>なり得ない</u>のはどれか．**1つ選べ．**

- A. β_2-マクログロブリンの蓄積
- B. 免疫グロブリンL鎖の断片の沈着
- C. 血清アミロイドAの分解産物の蓄積
- D. 変異によって変わったトランスチレチンの存在
- E. アミラーゼの欠乏

17. 正しくないのはどれか．**1つ選べ．**

- A. すべての免疫グロブリンは，少なくとも2本のH鎖ポリペプチドと2本のL鎖ポリペプチドをもっている．
- B. 免疫グロブリンのポリペプチド鎖はジスルフィド結合によりつながっている．
- C. 免疫グロブリンは多価である．
- D. 免疫グロブリンは糖鎖付加されている．
- E. 免疫グロブリンは身体の自然免疫系の最重要因子である．

18. 赤血球におけるグルコース–6–リン酸デヒドロゲナーゼの欠損と溶血性貧血のつながりについて説明せよ．

19. 正しくないのはどれか．**1つ選べ．**

- A. 両凹の赤血球の広い表面積はガス交換を促進する．
- B. 遺伝性楕円赤血球症は，スペクトリンの欠陥あるいは欠乏で生じる可能性がある．
- C. 赤血球の直径は多くの末梢毛細血管の直径を上回る．

D. バンド 4.1 タンパク質は赤血球における細胞骨格と細胞膜タンパク質の結合を助ける.

E. 狭い毛細血管を通るために, 赤血球はコンパクトな球形に圧搾されなければならない.

20. 正しくないのはどれか. 1 つ選べ.

A. 赤血球は高レベルのスーパーオキシドジスムターゼをもつ.

B. A 型物質と B 型物質は, H 型物質にそれぞれフコースと N-アセチルグルコサミンが付加して形成される.

C. 血小板は, ATP をもっぱら解糖のみで産生する.

D. 成熟した赤血球は細胞小器官を欠く.

E. 赤血球膜は高レベルのバンド 3 陰イオン交換タンパク質をもつ.

21. 正しくないのはどれか. 1 つ選べ.

A. エリスロポエチンは, 造血幹細胞からの赤血球の形成を活性化する.

B. 多能性幹細胞は近い関係の細胞群に分化できる.

C. 炭酸脱水酵素 (炭酸デヒドラターゼ) は赤血球が CO_2 を運ぶ能力を増加させる.

D. GLUT1 は赤血球へのグルコースの能動輸送を仲介する.

E. 低酸素は腎臓によるエリスロポエチンの生産を活性化する.

22. **患者は最近アニリンに曝露し, 皮膚や粘膜が青っぽい. 暫定的な診断を選べ.**

A. メトヘモグロビン血症

B. 遺伝性ヘモクロマトーシス

C. 5q 欠失症候群

D. 免疫性血小板減少性紫斑病

E. Glanzmann 血小板無力症

23. 正しくないのはどれか. 1 つ選べ.

A. 感染した部位の液体の蓄積 (浮腫) は白血球遊走を促進する.

B. 白血球接着不全症 1 型 (LAD-I) は LFA-1 とよばれるインテグリンの β_2 サブユニットの欠損によって生じる.

C. 補体カスケードの成分は不活性なチモーゲンとして血漿中を循環する.

D. 白血球はアドレナリン (エピネフリン) に向かう走化性によって感染部位集積する.

E. 好中球は, 部分的に染色体 DNA から構成されるNETs (好中球細胞外トラップ) によって大きな病原菌をトラップする.

24. 正しくないのはどれか. 1 つ選べ.

A. インターロイキンは白血球生産の重要なメディエーターである.

B. リンパ球は防御抗体を産生する.

C. 単球は全身の組織で見ることができる.

D. 血液学的因子であるヒスタミンは, アミノ酸であるヒスチジンの脱アミノ反応によって合成される.

E. 多形核白血球という用語は断片化した核をもっている白血球を意味する.

25. 正しくないのはどれか. 1 つ選べ.

A. 食細胞は, 貪食した細菌を活性酸素種や加水分解酵素を用いて破壊する.

B. 慢性肉芽腫症はミエロペルオキシダーゼ活性の欠乏によって生じる.

C. NADPH は, 酸化バーストにおける ROS 産生のための電子の主要な供給源である.

D. 好中球は, ある種の寄生生物を自身の染色体DNAで形成した NETs (好中球細胞外トラップ) で捕捉することにより除去する.

E. ケモカインは鎖内ジスルフィド結合の形成により安定化されている.

26. 正しくないのはどれか. 1 つ選べ.

A. 活性化された白血球はインターフェロンとよばれる脂質メディエーターを分泌する.

B. 好中球は, 貪食した病原菌の断片を主要組織適合性複合体 (MHC) と結合させて表面に提示することにより, 防御抗体の産生を促進する.

C. 細胞傷害性 T 細胞は感染細胞を溶解するのにパーフォリンを使用する.

D. 可溶性抗体は主として B リンパ球によって血漿に放出される.

E. 肺気腫は, エラスターゼや他の顆粒由来プロテアーゼが肺の組織に作用することによって生じる可能性がある.

27. 正しくないのはどれか. 1 つ選べ.

A. ミトコンドリアタンパク質の大多数は核の遺伝子にコードされている.

B. Ran タンパク質は ARF および Ras タンパク質と同様に単量体の GTPase である.

C. Refsum 病の原因の 1 つは, ペルオキシソームタンパク質をコードする遺伝子の変異である.

D. ペルオキシソームタンパク質はサイトゾルのポリリボソームで合成される.

E. ミトコンドリア内へのタンパク質の輸送には, イ

ンポーチンとして知られるタンパク質がかかわる.

28. 正しくないのはどれか. 1つ選べ.

A. 新生タンパク質を小胞体膜へと運ぶアミノ末端シグナルペプチドは, 疎水性の配列を含む.

B. 翻訳後のタンパク質の小胞体への移行は, 哺乳類の細胞では起こらない.

C. SRP は 1 種類の RNA を含む.

D. N 結合型糖鎖付加はオリゴ糖:タンパク質転移酵素により触媒される.

E. I 型の膜タンパク質はアミノ末端を小胞体の内腔に向けている.

29. 正しくないのはどれか. 1つ選べ.

A. シャペロンはしばしば ATPase 活性をもつ.

B. タンパク質ジスルフィドイソメラーゼとペプチジルプロリルイソメラーゼは, タンパク質の適切なフォールディングを助ける酵素である.

C. ユビキチンはタンパク質のリソソームでの分解にかかわる小さなタンパク質である.

D. ミトコンドリアはシャペロンをもつ.

E. 小胞体膜を通した逆行輸送は, フォールディングに失敗したタンパク質の処分を助ける.

30. 正しくないのはどれか. 1つ選べ.

A. Rab は小胞の目的地への輸送に関与する低分子量 GTPase の 1 つである.

B. COPII 小胞は小胞体から ERGIC またはゴルジ体への積荷の順行輸送にかかわる.

C. ブレフェルジン A は ARF への GTP の結合を阻害し, それゆえ COPI 小胞の形成を阻止する.

D. ボツリヌス毒素 B はシナプトブレビンを切断し, 神経筋接合部へのアセチルコリンの放出を阻止する.

E. フリン(furin)はプレプロアルブミンをプロアルブミンに変換する.

31. タンパク質のうち GTPase として作用しないのはどれか. 1つ選べ.

A. ADP リボシル化因子(ARF)

B. Rab タンパク質

C. N-エチルマレイミド感受性因子(NSF)

D. Sar1

E. Ran タンパク質

32. 正しくないのはどれか. 1つ選べ.

A. コラーゲンは三重らせん構造をもち, 右巻きの超らせんを形成する.

B. プロリンとヒドロキシプロリンはコラーゲンに硬さを与える.

C. コラーゲンは 1 つまたはそれ以上の O 結合型糖鎖をもつ.

D. コラーゲンには鎖間架橋がない.

E. ビタミン C の不足はプロリルヒドロキシラーゼとリシルヒドロキシラーゼの活性を障害する.

33. 正しくないのはどれか. 1つ選べ.

A. エラスチンにはヒドロキシプロリンがあるがヒドロキシリシンはない.

B. エラスチンにはデスモシンによってつくられる架橋がある.

C. エラスチンの異常による遺伝病は同定されていない.

D. コラーゲンと異なり, エラスチンをコードする遺伝子は 1 つだけである.

E. エラスチンは糖分子をもたない.

34. 正しくないのはどれか. 1つ選べ.

A. Marfan 症候群は, ミクロフィブリルの主要な構成因子であるフィブリリン-1 をコードする遺伝子の変異が原因である.

B. すべてのサブタイプの Ehlers-Danlos 症候群は, 種々のタイプのコラーゲンをコードする遺伝子の変異で起こる.

C. ラミニンはエンタクチン, IV 型コラーゲン, ヘパリン, ヘパラン硫酸とともに腎糸球体に見られる.

D. IV 型コラーゲンの変異は重篤な腎疾患を起こす.

E. コラーゲン 1A1 の遺伝子変異は骨形成不全症を起こす.

35. 正しくないのはどれか. 1つ選べ.

A. すべてではないがほとんどの GAG(グリコサミノグリカン)はアミノ糖とウロン酸をもつ.

B. すべての GAG は硫酸基をもつ.

C. GAG はグリコシルトランスフェラーゼの作用で糖ヌクレオチドから供与される糖を使って組み立てられる.

D. グルクロン酸はエピメラーゼの作用でイズロン酸に変換できる.

E. プロテオグリカンであるアグリカンはヒアルロン酸, ケラタン硫酸, コンドロイチン硫酸をもつ.

36. 成長不良の男児．診察で肝脾腫を認め，尿中にデルマタン硫酸とヘパラン硫酸を認めた．Hurler 症候群を疑った．診断を確認するために測定したい酵素はどれか．

   A. β-グルクロニダーゼ

   B. β-ガラクトシダーゼ

   C. α-L-イズロニダーゼ

   D. α-N-アセチルグルコサミニダーゼ

   E. ノイラミニダーゼ

37. 平均身長より明らかに低身長の子供を診察した．患者は手足が短く，胴体は正常の大きさで頭が大きく（大頭症）種々の骨格の異常を認めた．軟骨形成不全症を疑った．診断を確認するために最も有用な検査はどれか．

   A. 成長ホルモンの測定．

   B. GAG 代謝にかかわる酵素の測定．

   C. 尿中のムコ多糖の測定．

   D. 線維芽細胞増殖因子受容体 3（FGFR3）の遺伝子検査．

   E. 成長ホルモン異常の遺伝子検査．

止血と血栓症

55

Hemostasis & Thrombosis

学習目標
本章習得のポイント

- 健常時および疾患時における血栓止血反応の役割を理解する.
- 血小板凝集過程の要点を述べる.
- 抗血小板薬とその血小板凝集抑制機序を理解する.
- フィブリン形成に至る凝固カスケードの要点を述べられる.
- ビタミンK依存性凝固因子を説明できる.
- 出血をきたす遺伝性疾患例を提示できる.
- 線維素(フィブリン)溶解(線溶)過程を説明できる.

生物医学的重要性

　本章では,血小板の生物学についての基本的な説明に加え,血液凝固系と線維素(フィブリン)溶解(線溶)に関与するタンパク質についての基礎的なことを述べる.出血や血栓は重篤な医学的緊急事態を引き起こすことが多い.心臓の冠動脈や脳の動脈における血栓の形成は,世界中で主要な死因となっている.出血や重要臓器の血栓症に対して合理的な治療をするには,血小板活性化,および血液凝固と線溶の基本原理についての明確な理解が必要である.

止血と血栓症には共通する3つの過程がある

　止血 hemostasis とは,切れたり傷ついた血管からの出血を停止することであるが,血管の内面を被う内皮がはがれたり損傷を受けたりすると(たとえば,アテローム性動脈硬化のプラークが破裂した場合)**血栓症 thrombosis** が起きる.これらの過程では血液の凝固が起こるが,それには血管,血小板の凝集,さらには血漿タンパク質(血小板凝集やフィブリン形成を誘発したりあるいは溶解したりする作用をもつ物質)が関係する.

　止血の場合,最初に損傷を受けた血管が収縮し,損傷部位から末梢へ向かう血流が減少する.その後,止血と血栓症は次に述べる3つの共通したプロセスで進行する.

1. 損傷部位に,目の粗い一時的な**血小板凝集塊 platelet aggregate** が形成される.血小板は血管壁損傷部位でコラーゲンに結合し,トロンボキサンA_2(TXA$_2$)を生成し,ADP(アデノシン二リン酸)を放出する.これらは損傷部位近傍を流れる他の血小板をも活性化する(血小板活性化メカニズムについては後述).損傷部位で凝固反応も進み,生じたトロンビンはさらに血小板活性化を引き起こす.血小板は活性化されると形態変化を起こし,フィブリノーゲンおよびvon Willebrand因子の存在下に凝集して,止血の場合には止血栓を,血栓症では血栓を形成する.

2. 血小板凝集塊に結合するフィブリン網の形成に

より，上記の止血栓または血栓はさらに強固なものとなる．

3.　上記の止血栓または血栓が，プラスミンにより部分的ないしは完全に溶解される．

血栓には3種類がある

血栓または凝血塊には3つの型がある．そしてそれらは，含量の差はあってもいずれも**フィブリン fibrin**を含んでいる．

1.　**白色血栓 white thrombus** は血小板とフィブリンからなり，赤血球は比較的少ない．損傷部位あるいは血管壁の異常箇所に生じるが，とくに血流の速い部分（動脈）にできやすい[1]．

2.　**赤色血栓 red thrombus** は，主として赤血球とフィブリンからなる．形態的には，試験管内で生じる凝血塊（血餅）と類似している．体内では，血管損傷の有無にかかわらず，血流が遅く，あるいは停滞する部位（たとえば，静脈）で凝血塊が生じる．また，損傷を受けた部位や血管壁の異常箇所で，血小板凝集塊に続いて赤色血栓ができることもある．

3.　第三の型は，微小血管または毛細血管のあちこちに生じる**フィブリン沈着 fibrin deposit** である．

まず血栓形成の過程で血小板と血管壁がどのようにかかわるかを説明する．次に，フィブリンの形成に至る凝固の経路について説明する．ただし，このように凝固因子と血小板を分けるのはその方が理解しやすいからであり，本来は両者は密接に関連し，相互依存的な関係にある．

血小板凝集には細胞膜を介した細胞外から細胞内（outside-in）と細胞内から細胞外（inside-out）へのシグナル伝達機構が必要である

血小板は通常，円盤状の形状をとって不活性の状態で血中を循環している．**止血過程や血栓症の場合には，血小板は活性化されて止血栓や血栓形成に寄与する**（**図 55-1**）．その過程には，（1）血管壁に露出したコラーゲンへの接着，（2）血小板内の顆粒からの内容物の放出（エキソサイトーシス exocytosis），（3）凝集の3段階が含まれる．

血小板はその表面にある特異的な受容体を介してコラーゲンと接着する．受容体としては，GPIa-IIa（インテグリン $\alpha_2\beta_1$，54 章参照）と GPIb-IX-V，および GPVI などの糖タンパク質複合体が関与している．GPIb-IX-V とコラーゲンの結合は von Willebrand 因子を介する．この結合は小血管や部分的に狭窄をきたした動脈で生じる高ずり応力のもとで血小板が内皮下に接着する際に，とくに重要である．

コラーゲンに接着した血小板は内皮下組織上で形態変化を起こし伸展し，**貯蔵顆粒 storage granule**（濃染顆粒と α 顆粒）の内容物を放出する．顆粒放出はトロンビンによっても促進される．

凝固カスケードによって生成される**トロンビン thrombin**（後述）は血小板に対する最も強力な活性化物質である．トロンビンは血小板膜上に存在する**プロテアーゼ活性化受容体 protease-activated receptor**（**PAR**）**-1** と **PAR-4**[2]や，**GPIb-IX-V** 複合体に作用することで活性化の引き金を引く（図 55-1A）．トロンビンと PAR-1 と PAR-4 との会合により血小板が活性化される過程が，細胞外から細胞内（outside-in）**シグナル伝達機構 transmembrane signaling** の一例である（42 章参照）．この機構により，細胞外の化学伝達物質（メッセンジャー）が細胞内のエフェクター分子の形成を引き起こす．この場合は，トロンビンが細胞外化学伝達物質（刺激因子またはアゴニスト）としてはたらく．トロンビンと G タンパク質共役型受容体である PAR-1，PAR-4 との会合により，細胞内の**ホスホリパーゼ Cβ phospholipase Cβ**（**PLCβ**）が活性化される．この酵素は膜に存在する**ホスファチジルイノシトール 4,5-ビスリン酸 phosphatidylinositol 4,5-bisphosphate**（**PIP$_2$**，ポリホスホイノシチド）を加水分解して，2 つの細胞内エフェクター分子，**1,2-ジアシルグリセロール 1,2-di-acylglycerol**（**DAG**）と**イノシトール 1,4,5-トリスリン酸 inositol 1,4,5-trisphosphate**（**IP$_3$**）を生成する（図 42-6，図 42-7 参照）．

PIP$_2$ の加水分解には，多くのホルモンや薬物の関与が知られている．DAG は**プロテインキナーゼ C protein kinase C**（PKC）を活性化し，これが**プレクストリン pleckstrin** というタンパク質（47 kDa）をリン酸化する．その結果，血小板の凝集と血小板内顆粒の内容物の放出が起こる．濃染顆粒から放出される ADP もその特異的な G タンパク質共役型受容体を介して血小

---

1)　訳者注：新型コロナウイルス感染者に白色栓が見られた．これは好中球が主役といわれた[好中球細胞外トラップ neutrophil extracellular trap（NET）]．（J Exp Med（2020）217（6）：e20200652）

2)　訳者注：トロンビンはタンパク質分解酵素であり，この細胞膜受容体が PAR1-4 である．

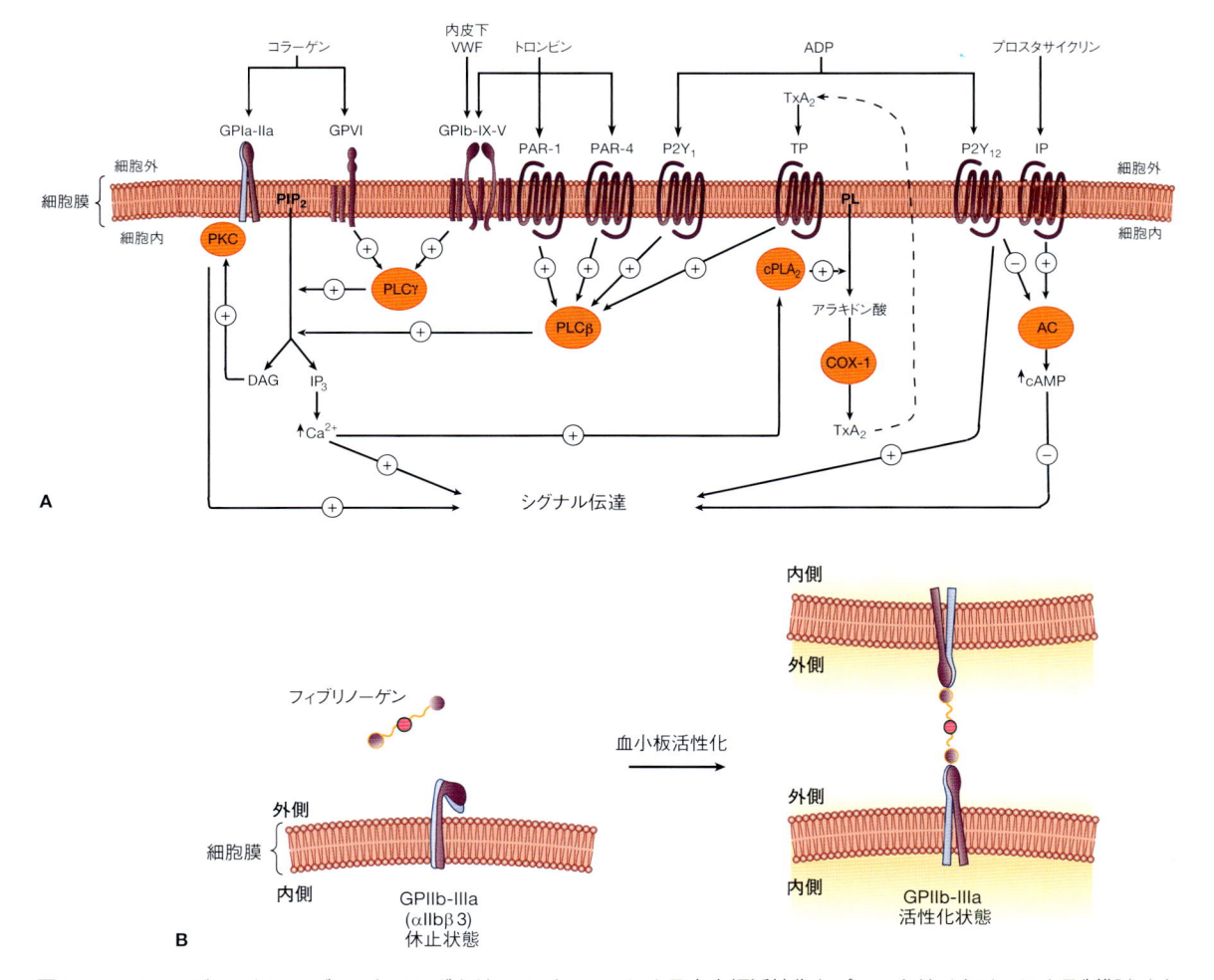

図 55-1. コラーゲン，トロンビン，トロンボキサン A₂ と ADP による血小板活性化とプロスタサイクリンによる制御（A）と，隣接する活性化 GPIIb-IIIa 分子とフィブリノーゲンとの結合による血小板凝集の惹起（B）

（**A**）外部環境（細胞外）と血小板細胞膜（細胞膜）と血小板内部（細胞内）を図の上から下に示す．血小板はアゴニスト刺激により形態変化，顆粒内容放出，凝集などの反応を引き起こす．（AC：アデニル酸シクラーゼ，cAMP：サイクリック AMP，COX-1：シクロオキシゲナーゼ-1，cPLA₂：細胞質ホスホリパーゼ A₂，DAG：1,2-ジアシルグリセロール，GP：糖タンパク質，IP：プロスタサイクリン受容体，IP₃：イノシトール 1,4,5-トリスリン酸，P2Y₁，P2Y₁₂：プリノセプター，PAR：プロテアーゼ活性化受容体，PIP₂：ホスファチジルイノシトール 4,5-ビスリン酸，PKC：プロテインキナーゼ C，PL：リン脂質，PLCβ：ホスホリパーゼ Cβ，PLCγ：ホスホリパーゼ Cγ，TP：トロンボキサン A₂ 受容体，VWF：von Willebrand 因子）．関連 G タンパク質については省略した．

（**B**）すべての血小板凝集惹起物質による細胞内シグナルが GPIIb-IIIa を活性化させ，結果として 2 価のフィブリノーゲン，または微小血管で起こり得る高ずり応力下において，多価の von Willebrand 因子と結合することができるようになる．

板を活性化する作用があるので（**図 55-1A**; P2Y₁，P2Y₁₂ [3]），さらに血小板凝集が進行する．IP₃ は，おもに暗調小管系（巨核球の滑面小胞体が血小板内に取り込まれたもの）から細胞質への Ca²⁺ の放出を促し，この Ca²⁺ がカルモジュリンやミオシン軽鎖キナーゼに

結合し，ミオシン軽鎖をリン酸化する．これがアクチンと相互作用して，血小板の形態変化をもたらす．

コラーゲンによる細胞質中の Ca²⁺ 濃度の上昇によって血小板**細胞質ホスホリパーゼ A₂ cytosolic phospholipase**（cPLA2）の活性化が起こると，血小板の細胞膜リン脂質からアラキドン酸が遊離し，**トロンボキサン A₂ thromboxane A₂**（**TXA₂**；21 章，23 章参照）が生成される．さらに TXA₂ は，G タンパク質共役型受容

　3）　訳者注：ADP 受容体（P2Y₁₂）の阻害剤は血栓の予防薬として臨床で使われている（後述参照）．

体である特異的な **TP** 受容体に結合し，さらに PLCβ の活性化を介して血小板凝集を促進する（**図 55-1A**）．

　トロンビン，コラーゲン，ADP，TXA$_2$，さらに血小板活性化因子 platelet-activating factor など，すべての血小板**凝集惹起物質 aggregating agent** は，細胞内から外側への（inside-out）シグナル伝達経路を介して，血小板表面の **GPIIb−IIIa 糖タンパク質複合体**（インテグリン $\alpha_{IIb}\beta_3$，54 章参照）の構造変化をきたすことで，フィブリノーゲンや **von Willebrand 因子** に対して高親和性となる（**図 55-1B**）．その結果，2 価のフィブリノーゲン分子，多価の von Willebrand 因子は，隣接した血小板どうしを互いに結合させて血小板凝集塊を形成する．von Willebrand 因子を介した血小板凝集は高ずり応力下で生ずる．エピネフリン，セロトニン，バソプレッシンなどの物質は，ほかの血小板凝集惹起物質と相乗的に作用する．

　活性化血小板は凝集塊を形成すると同時に，その膜表面に陰性荷電をもつリン脂質であるホスファチジルセリンを表出することで第 X 因子とプロトロンビンの活性化を促進する（下記で詳しく述べる）．濃染顆粒から放出されたポリリン酸が，第 V 因子の活性化やトロンビンによる第 XI 因子の活性化を促進する．

内皮細胞はプロスタサイクリン，および血液凝固や血栓症を制御する物質を合成する

　血管壁の**内皮細胞 endothelial cell** は，止血や血栓症全体の制御に重要な役割を担っている．23 章で述べたように，内皮細胞は強力な血小板凝集阻害作用をもつプロスタノイドである**プロスタサイクリン prostacyclin**（PGI$_2$）を合成する．プロスタサイクリンは，G タンパク質共役型受容体（IP）を介して血小板の細胞膜にあるアデニル酸シクラーゼの活性を促進する（図 55-1A）．その結果，血小板内に **cAMP** が増加して，IP$_3$ による Ca^{2+} の増加が抑制され，血小板の活性化が抑えられる．これは活性化血小板で生成される血小板凝集促進作用をもつプロスタノイドである TXA$_2$ とは逆の作用である．内皮細胞はほかにも血栓制御機構をもつ．たとえば，内皮細胞上には ecto-**ADPase** があり，ADP を加水分解することによって，ADP の血小板に対する凝集効果を打ち消す．さらに，抗凝固作用のある**ヘパラン硫酸 heparan sulfate** や，血栓溶解に寄与する**プラスミノーゲンアクチベーター plasminogen activator** も合成する．内皮細胞由来の血管弛緩因子で，強力な血小板抑制因子である**一酸化窒素 nitric oxide** については 51 章を参照されたい．

アスピリンは有効な抗血小板薬の１つである

　抗血小板薬 antiplatelet drug は血小板の反応を阻害する．最も用いられているのが**アスピリン aspirin**（アセチルサリチル酸 acetylsalicylic acid）である．アスピリンは，TXA$_2$（21 章参照）の生成に必要な，血小板の**シクロオキシゲナーゼ cyclooxygenase**（**COX-1**）をアセチル化することによって不可逆的に阻害する．TXA$_2$ は強力な血小板凝集因子であるとともに，血管収縮因子でもある．血小板はアスピリンに対して極めて感受性が高く，1 日あたり 30 mg の少量で（アスピリン 1 錠は通常 325 mg を含有している），TXA$_2$ の生成を有効に阻害できる．一方，アスピリンは内皮細胞におけるプロスタグランジン I$_2$（PGI$_2$，血小板の凝集を阻害し，血管拡張因子としてもはたらく）の生成も阻害するが，内皮細胞は血小板の場合とは異なり，数時間でシクロオキシゲナーゼを再生できるので[4]，TXA$_2$ と PGI$_2$ の全体のバランスは PGI$_2$ に優位となり，血小板凝集には抑制的にはたらくことになる．アスピリンの適応としては，急性冠症候群（狭心症，心筋梗塞），急性虚血性脳卒中（一過性脳虚血発作，脳梗塞），重度の頸動脈狭窄症の治療，またこれらの疾患や種々の動脈硬化性血栓症の一次予防があげられる．

　そのほかの**抗血小板薬**としては，ADP の特異的受容体である P2Y$_{12}$ の阻害薬（**クロピドグレル clopidogrel**，**プラスグレル prasugrel**，**チカグレロル ticagrelor**，**カングレロル cangrelor**），トロンビン受容体 PAR-1 阻害薬（**ボラパキサル vorapaxar**），さらにフィブリノーゲン，von Willebrand 因子と GPIIb-IIIa の結合阻害を介して血小板凝集を抑制する GPIIb-IIIa のリガンド結合阻害薬（**アブシキシマブ abciximab**，**エプチフィバチド eptifibatide** や**チロフィバン tirofiban**）などがある．

外因系および内因系の両経路によりフィブリンが形成される

　フィブリン血栓 fibrin clot 形成には，**内因系 intrinsic** と**外因系 extrinsic** の 2 つの経路がある．以前に考えられていたほど両経路は互いに独立ではないが，ここでは説明を容易にするために別々に記述する．

　組織の損傷に引き続いて起こるフィブリン血栓の形成は，**外因系経路 extrinsic pathway** により開始され

　4）　訳者注：血小板は無核であり新たなタンパク質の合成はほとんどできないが，内皮細胞はアスピリン曝露後にもシクロオキシゲナーゼを合成できる．

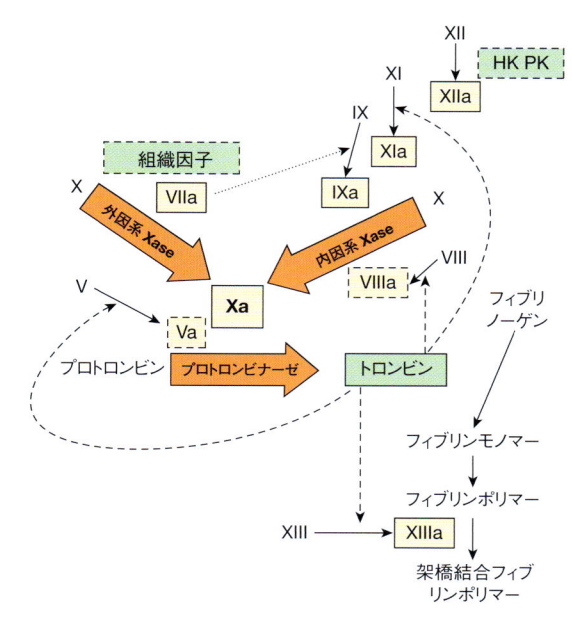

図 55-2. 凝固反応経路
外因系を左上に，内因系を右上部に示す．両経路は第 X 因子活性化（第 Xa 因子）のところで収束し，架橋結合フィブリン形成で終わる．組織因子と第 VIIa 因子複合体は第 X 因子を活性化［外因系 Xase（テンナーゼ）］するだけではなく，内因系第 IX 因子も活性化する（点線矢印で示す）．さらに，トロンビンは破線矢印で示すようにフィードバックして，第 XIII 因子を第 XIIIa 因子に，図には示してないが，第 VII 因子も活性化する．3 つの主たる複合体（外因系テンナーゼ，内因系テンナーゼ，そして，プロトロンビナーゼ）は褐色矢印で示した．これらの反応には，陰イオン性リン脂質膜とカルシウムが必要である．活性型プロテアーゼは実線で，活性型補因子は破線で四角く囲み，そして活性化されていない因子はそのまま表記した．（HK：高分子キニノーゲン，PK：プレカリクレイン）

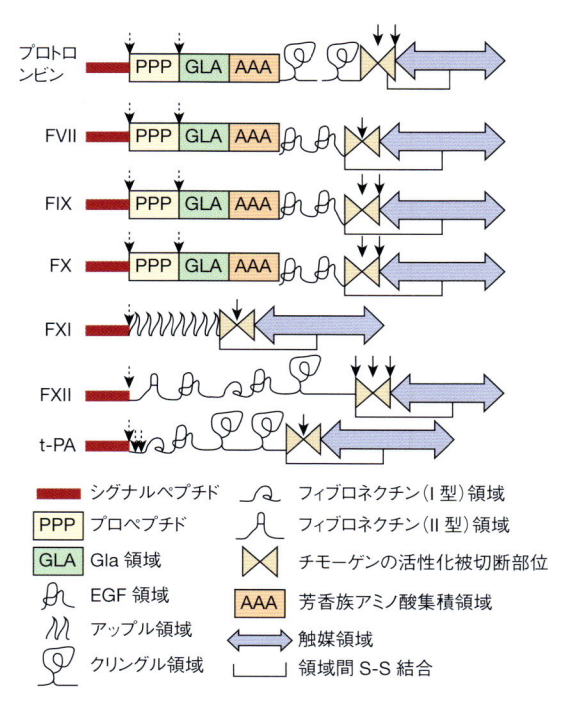

図 55-3. 凝固・線溶反応に関与するタンパク質の機能領域
各凝固因子の共通領域は，遺伝子の複製やエキソン混成（エキソンシャッフリング）の結果であり，これが血液凝固系の分子生物学的進化をもたらした．以下の各領域の説明は図下段に示してある．シグナルペプチド，プロペプチド，Gla（γ-カルボキシグルタミン酸）領域，上皮増殖因子（EGF）領域，アップル領域，クリングル領域，フィブロネクチン領域（I 型，II 型），チモーゲン活性化部位，芳香族アミノ酸集積領域，触媒領域．各領域間のジスルフィド（S–S）結合は図に示したが，領域内 S–S 結合は数が多いので省略した．生成，あるいは活性化時にタンパク質分解を受ける部位をそれぞれ破線，および実線矢印で示した．（FVII：凝固第 VII 因子，FIX：凝固第 IX 因子，FX：凝固第 X 因子，FXI：凝固第 XI 因子，FXII：凝固第 XII 因子，t-PA：組織プラスミノーゲンアクチベーター）

る．**内因系経路 intrinsic pathway** は，生体外では，たとえばガラス表面などの負に荷電した表面で活性化される．両経路とも，**プロトロンビン prothrombin** を**トロンビン thrombin** に活性化し，そのトロンビンの触媒作用により**フィブリノーゲン fibrinogen** を分解して**フィブリン fibrin** 血栓を生成する．これらの経路は複雑で，数多くのタンパク質（凝固因子）が関与している（**図 55-2，図 55-3，表 55-1**）．凝固因子群は多くの共通した保存領域をもつマルチドメインタンパク質の一例である（**図 5-9** 参照）．一般的にはこれらのタンパク質因子は**表 55-2** に示すように次の **5 つに分類**することができる．つまり（1）凝固の過程で活性化されるセリンプロテアーゼ酵素前駆体（zymogen），（2）補因子，（3）フィブリノーゲン，（4）フィブリンを共有結合により架橋しフィブリン血栓を安定化するトランス

グルタミナーゼ，（5）調節因子やほかのタンパク質，である．

外因系経路は第 X 因子を活性化する

外因系経路には組織因子，第 VII 因子，第 X 因子と Ca^{2+} が関係し，この系では最終的に第 X 因子が活性化される（第 Xa 因子：活性化された凝固因子は接尾語として小さい "a" を付加して表現する）．外因系経路は，**組織損傷**部位で内皮下組織，または活性化単球上で**組織因子 tissue factor（TF）** が発現されることで開始する（図 55-2）．組織因子は，肝臓で産生される**第 VII 因子** ［53 kDa，ビタミン K 依存性 γ-カルボキシグルタミン

表 55-1. 血液凝固因子の番号式命名法

因 子	慣用名	
I	フィブリノーゲン	
II	プロトロンビン	これらの因子は通常,それらの慣用名でよばれている
III	組織因子	
IV	Ca^{2+}	Ca^{2+}は通常,凝固因子とはよばれない
V	プロアクセレリン,不安定因子,促進(Ac-)グロブリン	
VII[a]	プロコンバーチン,血清プロトロンビン転換促進因子(SPCA),コトロンボプラスチン	
VIII	抗血友病因子 A,抗血友病グロブリン(AHG)	
IX	抗血友病因子 B,Christmas 因子,血漿トロンボプラスチン成分(PTC)	
X	Stuart-Prower 因子	
XI	血漿トロンボプラスチン前駆物質(PTA)	
XII	Hageman 因子	
XIII	フィブリン安定化因子(FSF),フィブリノリガーゼ	

[a] 第 VI 因子は欠番である。
[注]番号は各因子の発見順につけられ,作用する順番とは無関係である。

酸(Gla)残基(44 章参照)を含むプロテアーゼ前駆体]と反応し,これを活性化する。Gla を含むプロテアーゼ前駆体(第 II,VII,IX,X 因子)において,N 末端側に存在する Gla 残基が Ca^{2+} との高親和性結合部位として機能していることは重要である。組織因子は**第 VIIa 因子**の補因子としてはたらき,第 X 因子(56 kDa)活性化作用を増強する。**第 X 因子**の活性化反応には複数の因子が,プロコアグラント活性をもつ陰性荷電リン脂質であるホスファチジルセリンを表出した細胞膜上で**外因系テンナーゼ複合体 extrinsic tenase complex**(Ca^{2+}**-組織因子-第 VIIa 因子**)とよばれる集合体を形成することが必要である。第 VIIa 因子は第 X 因子の Arg-Ile ペプチド結合を切断し,二本鎖のセリンプロテアーゼである**第 Xa 因子**を生成する。組織因子と第 VIIa 因子は内因系の第 IX 因子も活性化する。現在では**生体膜結合型の組織因子と第 VIIa 因子の複合体形成**こそが,生体内での凝固反応開始に重要な過程であると考えられている。

　組織因子経路阻害因子 tissue factor pathway inhibitor(TFPI)は凝固反応の主たる生理的インヒビターである。TFPI は循環血中に存在し,第 Xa 因子の活性基近傍に結合して酵素活性を阻害する。この第 Xa 因子と TFPI との複合体が次いで第 VIIa 因子と組織因子複合体を阻害する。

内因系経路も第 X 因子を活性化する

　内因系経路と外因系経路の収束点で**第 X 因子**が活性化する(図 55-2)。**内因系経路**(図 55-2)に含まれるのは,第 XII,XI,IX,VIII および X 各因子とプレカリクレイン prekallikrein,高分子キニノーゲン HMW kininogen,Ca^{2+},および細胞膜に表出したホスファチジルセリンである。この経路では内因系テンナーゼ複合体(組成は下に示す)によって活性化第 X 因子(**第 Xa 因子**)を産生する。第 IXa 因子はセリンプロテアーゼ,第 VIIIa 因子は補因子として作用する。上述のとおり,**第 X 因子活性化**は,内因系と外因系経路の重要な連結点である。

　内因系経路は,プレカリクレイン,高分子キニノーゲン,第 XII 因子,第 XI 因子が,負に荷電した活性化表面に"結合"することで開始される。生体では細胞外に放出された DNA,RNA やポリリン酸(細胞傷害時に検出される巨大分子)といったリン酸ポリマーが陰性荷電表面として作用する。この経路を試験管内で検査するときには,高度に陰性荷電をもつ水和型アルミニウムケイ酸塩であるカオリンが反応開始に使用される。これらの接触相因子群が活性化表面に集合すると,カリクレインにより限定分解を受けて第 XII 因子が活性化されて**第 XIIa 因子**になる。この第 XIIa 因子がプレカリクレインを分解し,カリクレインに活性化する相互活性化機構をつくっている。いったん第 XIIa 因子ができると,**第 XI 因子**を活性化して**第 XIa 因子**にするとともに,高分子キニノーゲンから**ブラジキニン bradykinin**(強力な血管拡張作用をもつペプチド)を遊離させる。

　第 XIa 因子は Ca^{2+} 存在下に第 IX 因子(55 kDa,Gla を有するプロテアーゼ前駆体)を活性化し,セリンプロテアーゼである**第 IXa 因子**にする。次にその第 IXa 因子が第 X 因子の Arg-Ile 結合を切断し**第 Xa 因子**に活性化する。この後者の反応には,活性化血小板上に表出されたプロコアグラント活性をもつホスファチジルセリン(このリン脂質は非活性化血小板では細胞膜の内側に存在する)上での,Ca^{2+},**第 VIIIa 因子,第 IXa 因子**,および**第 X 因子**よりなる内因系テンナーゼ複合体 **intrinsic tenase complex** の形成が必要である。

　第 VIII 因子(330 kDa)は循環血中の糖タンパク質で,プロテアーゼ前駆体ではなく,活性化に伴って,血小板表面での第 IXa,X 因子の受容体としてはたらく補因子である。第 VIII 因子はごく少量のトロンビンにより活性化され**第 VIIIa 因子**になるが,さらにトロン

表 55-2. 血液凝固にかかわるタンパク質の機能

セリンプロテアーゼ前駆体	
第 XII 因子	負に荷電した，たとえばカオリンやガラス表面に結合する．高分子キニノーゲンおよびカリクレインにより活性化される
第 XI 因子	第 XIIa 因子により活性化される
第 IX 因子	第 XIa 因子および第 VIIa 因子により活性化される
第 VII 因子	第 VIIa 因子およびトロンビンにより活性化される
第 X 因子	活性化された血小板の表面で，内因系テンナーゼ複合体(Ca^{2+}，第 VIIIa，IXa 因子)，または外因系テンナーゼ複合体(Ca^{2+}，第 VIIa 因子，組織因子)により活性化される
プロトロンビン（第 II 因子）	活性化血小板の表面で，プロトロンビナーゼ複合体(Ca^{2+}，第 Va，Xa 因子)により活性化される［第 II，VII，IX，X 因子は Gla(γ-カルボキシグルタミン酸)を含有する前駆体］
補因子	
第 VIII 因子	トロンビンにより活性化される．第 VIIIa 因子は，第 IXa 因子による第 X 因子の活性化の際の補因子
第 V 因子	トロンビンにより活性化される．第 Va 因子は，第 Xa 因子によるプロトロンビンの活性化の際の補因子
組織因子（第 III 因子）	内皮下組織に存在し，活性化単球の表面に発現される糖タンパク質で，第 VIIa 因子の補因子としてはたらく
フィブリノーゲン	
第 I 因子	トロンビンにより分解され，フィブリン塊を形成する
SH 基依存性トランスグルタミナーゼ前駆体	
第 XIII 因子	Ca^{2+} 存在下で，トロンビンにより活性化される．共有結合による架橋により，フィブリン塊を安定化する
調節タンパク質その他	
プロテイン C	トロンボモジュリンと結合したトロンビンにより活性化プロテイン C(APC)となり，第 VIIIa，Va 因子を分解する
プロテイン S	プロテイン C の補因子としてはたらく．両者とも Gla 残基を含む
トロンボモジュリン	内皮細胞表面にあるタンパク質．トロンビンと結合し，プロテイン C を活性化する

ビンによって生じた活性化プロテイン C によって分解を受けると不活化される(後述).

　内因系経路の初期段階が凝固反応の開始に何らかの役割を果たしているかは，議論のあるところである．というのも，第 XII 因子，プレカリクレイン，あるいは高分子キニノーゲンの遺伝性欠損患者が出血症状を示さないからである．動物実験では，内因系経路の欠損によって血栓症に対して抵抗性となることが示されている．同様に，第 XI 因子欠損患者にも出血症状を示さない場合がある[5].　一方，血栓症においては，内因系経路の欠損は保護的にはたらく．内因系経路は主として，後述するフィードバック機構により，**第 Xa 因子の増幅**によって，最終的に**トロンビン生成**に役立っている．内因系経路は，**線溶 fibrinolysis**(後述)にも重要かもしれない．カリクレインや第 XIIa 因子，第 XIa

因子は，プラスミノーゲンを限定分解で活性化し得るし，カリクレインは一本鎖ウロキナーゼを活性化するからである．

第 Xa 因子がプロトロンビンをトロンビンへ活性化する

　外因系あるいは内因系のいずれかの経路で生成された**第 Xa 因子**は，この最終共通経路で**プロトロンビン prothrombin**(第 II 因子)を活性化して**トロンビン thrombin**(第 IIa 因子)とする(図 55-2，表 55-1).

　プロトロンビンの活性化は，第 X 因子の活性化と同様に血栓形成部位の細胞膜表面で行われ，Ca^{2+}，第 Va，Xa 因子およびプロトロンビンによって構成される**プロトロンビナーゼ複合体 prothrombinase complex** の形成を必要とする．プロトロンビナーゼ形成は，テンナーゼ複合体形成同様に，活性化血小板膜上に表出されたホスファチジルセリン上で起きる．

　第 V 因子(330 kDa)は，肝臓，脾臓，腎臓で合成さ

---

5)　訳者注：実際は，第 XI 因子の遺伝性 homozygous 欠損患者には出血症状が見られる．

れ[6]，血小板と血漿に存在する．第 V 因子は，テンナーゼ複合体の第 VIII 因子と同様に，プロトロンビナーゼ複合体を形成する補因子である．第 V 因子は，微量のトロンビンで活性化されて**第 Va 因子**になると，血栓形成部位の細胞膜（おもに活性化血小板）に特異的に結合し（**図 55-4**），第 Xa 因子およびプロトロンビンと複合体を形成する．続いて，プロトロンビンからトロンビンへの活性化を制御するために，第 Va 因子は活性化プロテイン C によって不活化される（後述）．

　プロトロンビン（72 kDa, 図 55-4）は一本鎖の糖タンパク質で，肝臓で合成される．プロトロンビンの N 末端領域（図 55-3）には 10 個の Gla 残基が含まれており，C 末端近傍の触媒領域にセリンプロテアーゼの活性中心が存在する．血小板上で第 Va, Xa 因子複合体と結合すると，プロトロンビンは第 Xa 因子によって 2 箇所（図 55-4）で切断され，活性をもつ二本鎖からなるトロンビン分子となり，細胞膜表面から遊離する．

トロンビンがフィブリノーゲンをフィブリンへ変換する

　プロトロンビナーゼ複合体により産生された**トロンビン**は強力な血小板活性化因子であるとともに（前述），**フィブリノーゲンをフィブリンに変換する**（図 55-2）．

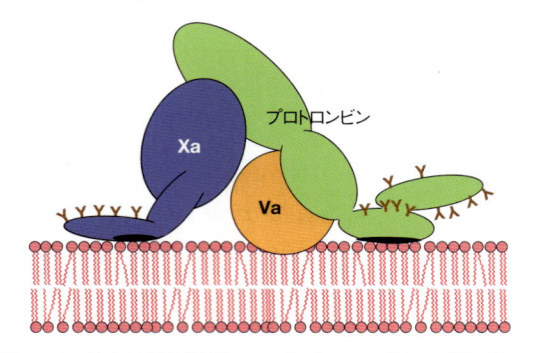

図 55-4. 抗血栓性細胞膜へのプロトロンビナーゼ複合体の結合

プロトロンビナーゼ複合体は，補因子である第 Va, Xa, プロトロンビンからなる．血液凝固における中心的役割となるのは細胞膜表面でのホスファチジルセリン上におけるカルシウム依存性のタンパク質複合体の形成であり，テンナーゼ複合体，プロトロンビナーゼ複合体がそれにあたる．酵素前駆体の活性化の程度は膜上の複合体形成の程度によって増加する．ビタミン K 依存性凝固因子上の γ-カルボキシグルタミン酸（**Y** で示す）がカルシウムと結合すると，凝固因子に立体構造変化が起きて，膜結合部位が分子表面に出てくる（プロトロンビン，Xa の黒い楕円）．

---

6)　訳者注：第 V 因子は肝臓でおもに産生され，血漿中の第 V 因子の 10% 程度が血小板由来と考えられている．

フィブリノーゲン（第 I 因子，340 kDa, 図 55-2, **図 55-5** および表 55-1, 表 55-2）は血漿に豊富に存在する可溶性の糖タンパク質（3 mg/mL）で，29 箇所のジスルフィド結合によって 3 個の異なるポリペプチドがさらに二量体を形成した分子（Aα, Bβ, γ）$_2$ である．**Bβ** 鎖と

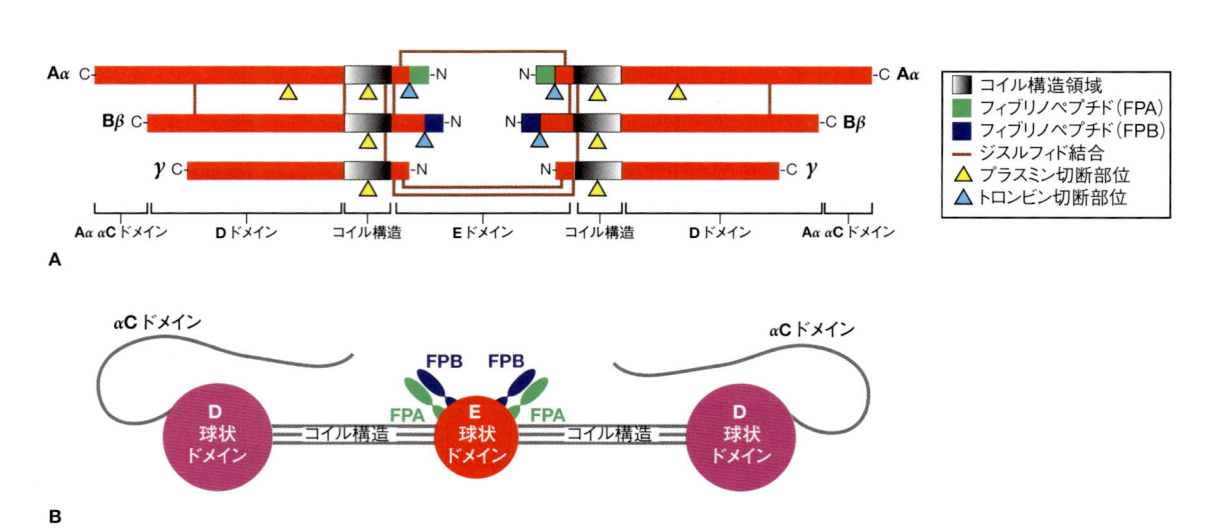

図 55-5. フィブリノーゲンの構造

（**A**）フィブリノーゲンは二量体で，それぞれが 3 つのポリペプチド鎖よりなる：Aα 鎖，Bβ 鎖，γ 鎖．それぞれの鎖，分子がジスルフィド結合で形成される．（**B**）フィブリノーゲンは 3 つの分節構造をとり，中心に E ドメイン，両側にコイル構造を介して D ドメイン（自由度のある Aα 鎖，αC ドメインを含む）．トロンビンに切断される調節ペプチドであるフィブリノペプチド A（FPA），フィブリノペプチド B（FPB）は E ドメインに存在する．

γ鎖は，それぞれのアスパラギン残基に結合する複合型オリゴ糖を含有している（46章参照）．3鎖とも肝臓で合成され，これら3つの遺伝子は同一染色体上に存在し，ヒトではそれらは協調的に発現調節を受けている．全6本のポリペプチド鎖のN末端部分は，多くのジスルフィド結合により互いに近接した位置に集束されている（図55-5に部位を示す）．一方，C末端部分は末広がりの形になっている．よって，フィブリノーゲン分子は，中心のEドメインから両側にコイル構造によってDドメインをもつ3つの分節構造となる（図55-5，**図55-6A**）．N末端のAα鎖とBβ，鎖にある**A**と**B**の部分は，それぞれ**フィブリノペプチドA fibrinopeptide A**（**FPA**）および**フィブリノペプチドB**（**FPB**）と命名されている．これらにはアスパラギン酸やグルタミン酸が含まれるために，高度の陰性荷電をもつ（後述）．これらの陰性荷電はフィブリノーゲンが血漿に溶解するのに寄与し，さらにはフィブリノーゲン分子間の電気的反発を惹起して，フィブリノーゲンが凝集するのを防いでいる．

トロンビン（34 kDa）はプロトロンビナーゼ複合体によってつくられるセリンプロテアーゼで，フィブリノーゲンのN末端に存在するAα鎖のFPAとα鎖の間，Bβ鎖のFPBとβ鎖の間にある，合計4個のArg-Glyペプチド結合を切断する（**図55-6A, B**）．トロンビンによるFPAとFPBの遊離によって，**フィブリン単量体**が生じ，そのサブユニット構造は$(\alpha, \beta, \gamma)_2$である．FPAとFPBを構成するアミノ酸はそれぞれ16個と14個にすぎないので，フィブリン分子はフィブリノーゲンの98%の残基を保有していることになる．フィブリノペプチドが除去されることによって，フィブリン単量体のEドメインの結合部位が露出され，他のフィブリン単量体のDドメインにある相補領域が特異的に結合する．これによって，フィブリン単量体が，互い違いに自然に規則正しく集合し長鎖を形成する（プロトフィブリル）（**図55-6A**）．この最初にできるフィブリン血栓は不溶性ではあるが，フィブリン単量体が非共有結合で会合しているにすぎないので，比較的もろい．

トロンビンは，フィブリノーゲンをフィブリンに変換するほかに，**第XIII因子**を**第XIIIa因子**に活性化する．第XIIIa因子は極めて特異的な**トランスグルタミナーゼ transglutaminase**であり，グルタミンのアミド基とリシンのε-アミノ基との間にペプチド結合を形成してフィブリンのγ鎖どうし，およびα鎖どうし（この反応の方がより遅い）を共有結合で架橋する（**図55-6C**）．この架橋結合によって，タンパク質分解反応に対して抵抗性の高いフィブリン血栓を生成する．このフィブリン網の形成が止血栓を安定化する．

血流中のトロンビン濃度は厳密に制御されている

止血や血栓形成の過程でひとたびトロンビンが生じたら，過剰なフィブリン形成や血小板の活性化を防ぐため，その濃度が厳密に制御されなければならない．そのために**2つの機構**がはたらいている．トロンビンは不活性な前駆体であるプロトロンビンとして血中を循環している．種々の凝固因子が活性化される段階的な酵素反応の結果，最終的にプロトロンビンがトロンビンに変換される（図55-2）．それらの各段階で**フィードバック機構 feedback mechanism**がはたらき，活性化と阻害のバランスを絶妙に調節している．血漿中の第XII因子の濃度は約30 μg/mLであるのに対して，フィブリノーゲン濃度は3 mg/mLである．両者の中間に位置する凝固因子については，下流のものほど濃度が高い．すなわち，凝固カスケードは**増幅 amplification**機構の形をとっている．もう1つの**トロンビン活性制御機構は，血中阻害物質 circulating inhibitor**による**不活化**であり，その中で最も重要なのがアンチトロンビンである（後述）．

トロンビンの阻害物質であるアンチトロンビンの活性は，ヘパリンによって増強される

正常血漿中には，生理的な4種類の**トロンビン阻害物質 thrombin inhibitor**が存在している．最も重要なのが**アンチトロンビン antithrombin**で，トロンビン阻害作用の75%を担っている．この物質はまた，第IXa, Xa, XIa, XIIa因子および組織因子と複合体を形成した第VIIa因子の活性も阻害することができる．トロンビン阻害作用の残りの大部分は，α_2-**マクログロブリン** α_2-**macroglobulin**による．生理的な条件下では，**ヘパリン補因子II heparin cofactor II**とα_1-**アンチトリプシン** α_1-**antitrypsin**の関与はわずかである．内在性のアンチトロンビン活性は，硫酸化グリコサミノグリカン（ヘパラン硫酸，50章参照）の存在で著しく増強される．ヘパラン硫酸は，アンチトロンビンの特定の陽性荷電部位に結合し，立体構造の変化をもたらすことで，トロンビンや第Xa因子，あるいはその他の基質との結合を促進する．ヘパラン誘導体の**ヘパリン heparin**が抗凝固薬として臨床的に使用されているのはこのためである．ヘパリンの抗凝固作用は**プロタミン protamine**のような強く陽性に荷電したポリペプチ

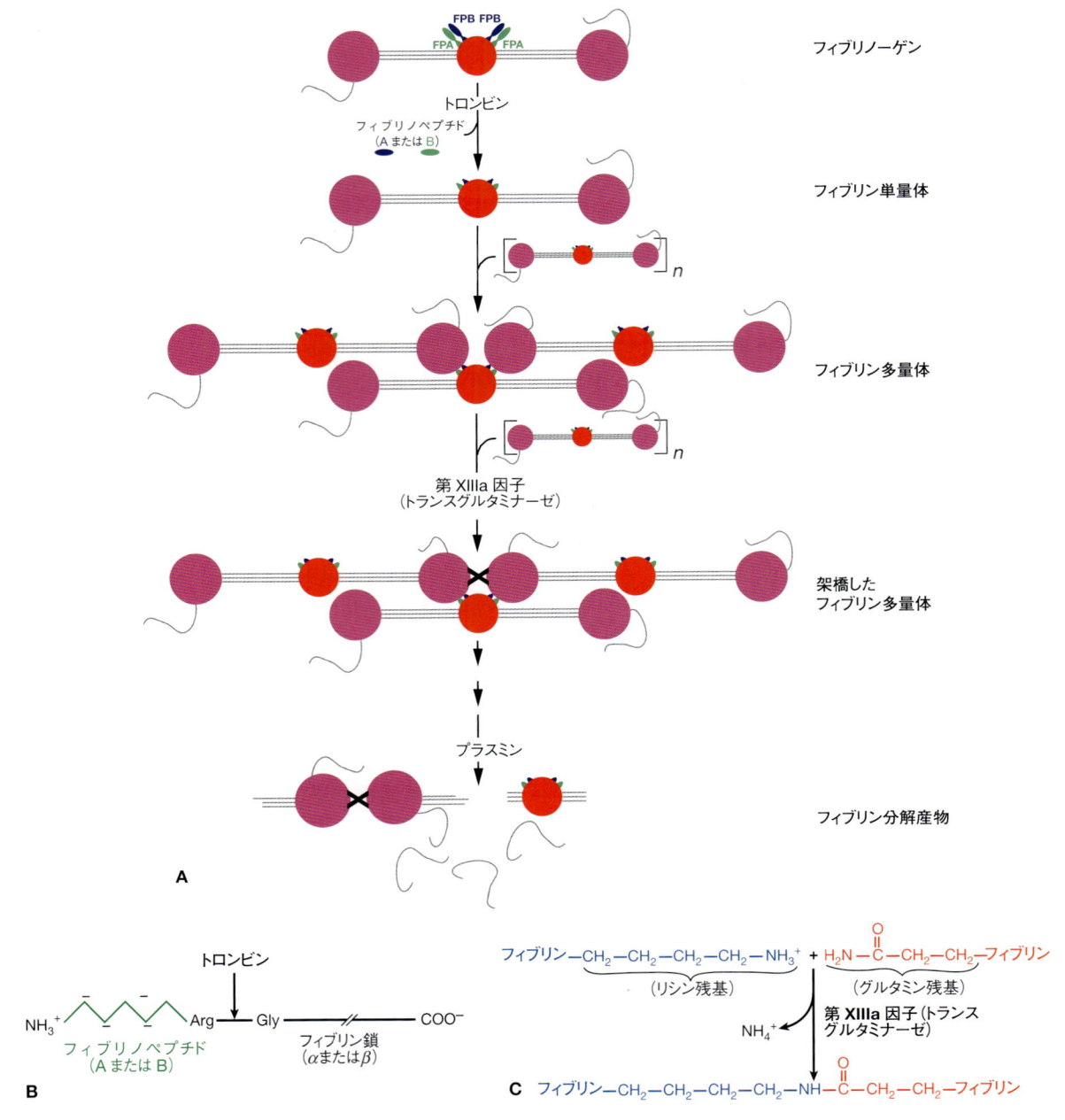

A

B

C

図 55-6. フィブリン重合と分解

(**A**) トロンビンによりフィブリノーゲンからフィブリノペプチド A(FPA), フィブリノペプチド B(FPB)が遊離し, フィブリン単量体が形成される. フィブリン単量体は自然に二量体から多量体に重合し, 第 XIIIa 因子の作用で共有結合により架橋化され安定化フィブリンとなる. 最終的に(下段)フィブリン重合体はプラスミンにより分解され, 血栓溶解が生じる. (**B**) トロンビンによるフィブリノーゲンの Aα, Bβ 鎖の分解によって FPA と FPB が遊離する部位 (左緑), およびフィブリン単量体の α 鎖, β 鎖(右黒). (**C**) 第 XIIIa 因子(トランスグルタミナーゼ)によるフィブリン分子の架橋.

ドによって拮抗される. これらはヘパリンと強固に結合し, ヘパリンのアンチトロンビンとの結合を阻害する.

　未分画ヘパリンを酵素的あるいは化学的に切断して

得られる**低分子量ヘパリン low molecular weight heparin(LMWH)**が, 臨床で使用されることが多い. 低分子量ヘパリンは, 在宅皮下注射が可能で, 未分画ヘパリンより循環血液中への移行もよく, しかも頻回の

凝固検査によるモニタリングも不要である.

　遺伝的なアンチトロンビン欠乏症は，静脈血栓症になりやすい．この事実からも，アンチトロンビンはヒトにおいて凝固系を正常に保つうえで，生理的に重要であることがわかる.

　トロンビンはもう１つの凝固反応制御機構に関与している．内皮細胞表面に存在する糖タンパク質の**トロンボモジュリン thrombomodulin** と結合する．この複合体が内皮細胞上に存在するプロテインＣレセプター protein C receptor に結合した**プロテイン C protein C** を活性化する．**活性化されたプロテイン C activated protein C（APC）**は，プロテインＳ protein S と連携して第 Va，VIIIa 因子を分解し，凝固における両者のはたらきを抑制する（表55-2）．プロテインＣあるいはプロテインＳの遺伝的欠乏の場合，静脈血栓症が生じることがある[7]．さらに，**Leiden 第 V 因子 factor V Leiden**（第Ｖ因子の 506 番目のアミノ酸がアルギニンからグルタミンに置き換わっている）をもつ患者は，これが APC による不活化に抵抗性となるため，静脈血栓症の危険性が増大する．これを APC 抵抗性とよぶ.

クマリン抗凝固剤は，第 II, VII, IX, およびＸ因子のビタミンＫ依存性カルボキシ化反応を阻害する

　抗凝固剤として使用される**クマリン系薬剤 coumarin drug**（たとえば，ワルファリン）は，第 II，VII，IX，およびＸ因子，プロテインＣおよびＳのＮ末端領域にあるグルタミン酸（Glu）残基がビタミンＫ依存性にカルボキシル化されて γ-カルボキシグルタミン酸（Gla）残基となる反応（44 章参照）を阻害する．これらのタンパク質はすべて肝臓で合成されるが，正常の血液凝固経路でのはたらきは，それらの Gla 残基の Ca^{2+} 結合活性に依存している．**クマリンの作用は，ビタミンＫのキノン誘導体を活性型のヒドロキノン型に変化させる還元反応（44 章参照）を阻害することにある．**したがって，ビタミンＫの投与によってクマリン系薬剤による阻害作用が回避され，翻訳後修飾であるカルボキシル化が正常に進行する．このビタミンＫ投与によるクマリン抗凝固作用からの回復には 12 〜 24 時間がかかるが，これに対してヘパリンの抗凝固作用はプロタミンによって直ちに消失する．クマリン系薬剤の抗凝固作用は，正常凝固因子の投与によってより急速

に回復する.

　ヘパリン heparin と**ワルファリン warfarin** は，深部静脈血栓や肺塞栓症などの血栓症あるいは血栓塞栓症の治療，さらには心拍異常である心房細動の脳卒中予防に広く用いられている．作用発現が速いので最初にヘパリンが投与される．一方，ワルファリンの効果が最大限になるのには数日かかる．両者とも投与量から治療効果が予測困難なため，出血を最小限にするように適切な凝固機能検査（後述）で効果を注意深く判定して用量を調節する必要がある.

　新規の経口トロンビン阻害薬（ダビガトラン）や経口抗第 Xa 因子阻害薬（リバーロキサバン，アピキサバン，エドキサバン，など）も血栓症の治療として使用される．これらの薬剤は用量から治療効果が予測できる利点があり，一般的には検査による治療効果判定は不要である．これらの薬剤に対する抗体やデコイ分子による中和薬が承認されている．また，現在では内因系凝固因子を標的とした新たな抗血栓薬も開発中である.

フィブリン血栓はプラスミンによって溶解される

　前述のように，凝固系は通常は動的平衡状態に維持されており，フィブリン血栓は生成と溶解を繰り返している．後者の過程を**線維素溶解（線溶）fibrinolysis** とよんでいる．フィブリンとフィブリノーゲンを分解する主役は，セリンプロテアーゼである**プラスミン plasmin** である．これは血中では不活性な前駆体である**プラスミノーゲン plasminogen（90 kDa）**として存在し，たとえ生理的条件下で血流中に少量のプラスミンが生成されても，直ちに即時的プラスミン阻害物質である α_2-アンチプラスミンによって不活化される．プラスミノーゲンはフィブリンと結合し，フィブリン血栓ができる際に，その中にいっしょに取り込まれる．このようにフィブリンと結合した血栓内のプラスミンは，α_2-アンチプラスミンの作用から逃れることができ，活性を保ったままでいることができる．多くの組織でさまざまな**プラスミノーゲンアクチベーター plasminogen activator** が発見されているが，それらはすべてプラスミノーゲン上の特定の Arg–Val ペプチド結合を切断し，ジスルフィド結合によって連結した二本鎖セリンプロテアーゼであるプラスミンを生成する（**図 55-7**）．**プラスミンのフィブリンへの特異的な作用**も，１つの線溶系制御機序である．複数存在するクリングル領域の１つを介してプラスミノーゲン・プラスミンはフィブリンのＣ末端リシン残基に結合するが，プラスミンによるフィブリン分解が進むと，Ｃ末端リシンが増加

　7）　訳者注：プロテインＣ，プロテインＳの遺伝的欠乏のホモ接合体は，新生児電撃性紫斑病とよばれる，生まれてすぐの重篤な血栓症を引き起こす.

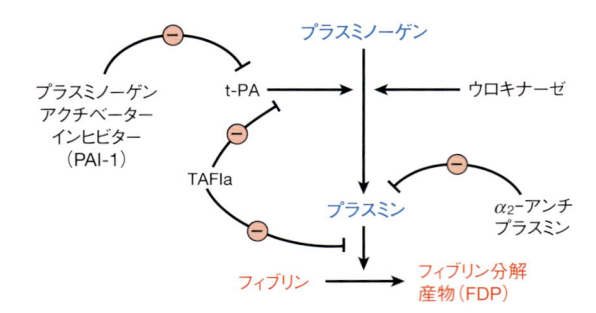

図 55-7. フィブリン溶解はプラスミノーゲンからプラスミンへの活性化でスタートする

組織プラスミノーゲンアクチベーター (t-PA)，ウロキナーゼ，プラスミノーゲンアクチベーターインヒビター，α_2-アンチプラスミン，そしてトロンビン活性化線溶阻害因子 (TAFIa) の作用部位.

するために[8] プラスミノーゲンはますますフィブリン網の中に取り込まれていく［クリングル領域（図 55-3）はタンパク質に共通に見られるモチーフであり，約 100 アミノ酸からなり，3 個の S-S 結合で規定される特徴的な共有結合を有する[9]］．カルボキシペプチダーゼの **TAFIa**（トロンビン活性化線溶阻害因子の活性型 **activated thrombin activatable fibrinolysis inhibitor**）（図 55-7）はフィブリンからこの C 末端リシンを除去することにより線溶反応を抑制する．トロンビンは血栓形成時に TAFI を TAFIa に活性化し，線溶系を抑制し血栓の安定性を確保する.

　組織プラスミノーゲンアクチベーター tissue plasminogen activator（**t-PA**，図 55-3，図 55-7）は，血管内皮から損傷やストレスの結果として血中に放出されるセリンプロテアーゼで，フィブリンに結合しない限り不活性体である．フィブリンと結合すると，t-PA はフィブリン血栓の中にあるプラスミノーゲンを分解して，プラスミンを生成する．そしてこのプラスミンが，フィブリンを分解して可溶性分解物とし，フィブリン血栓は溶解されるわけである．プラスミンもプラスミノーゲンアクチベーターも，ともにこの分解産物とは結合しないので，血漿中に溶出され，それぞれの生理的阻害物質によって不活化される．プロウロキナーゼは，プラスミノーゲンの t-PA とは別のアクチベーターである**ウロキナーゼ urokinase** の前駆体である．ウロキナーゼは最初は尿から分離されたが，いまでは，単

球やマクロファージ，線維芽細胞や内皮細胞のような細胞で合成されることが知られている．ウロキナーゼのおもな作用は，細胞外マトリックスの分解と考えられる．図 55-7 に，プラスミン生成と作用に関係する 5 種類のタンパク質の作用部位を示した.

遺伝子組換え t-PA とストレプトキナーゼによる血栓症治療

　遺伝子組換え技術で生産された**アルテプラーゼ alteplase** とよばれる t-PA は，多くの連鎖球菌属の分泌酵素である**ストレプトキナーゼ streptokinase** と同様にフィブリン溶解剤として治療に用いられている．しかし，後者は t-PA に比べて基質特異性が低く，フィブリン血栓に結合したプラスミノーゲンだけでなく，液相中のプラスミノーゲンにも作用する（循環血中のフィブリノーゲンも分解されてしまう）．治療量のストレプトキナーゼにより生成されるプラスミン量は，血流中の α_2-アンチプラスミンの抑制可能なレベルを上回る場合があり，フィブリンだけでなくフィブリノーゲンも分解され，血栓溶解療法の際にしばしば見られる出血を招く．したがって，t-PA の方がフィブリン分解に関する**特異性 selectivity** が高いため，血栓閉塞した冠動脈を再開通させるために，遺伝子組換え t-PA が広く治療に用いられる．不可逆的な心筋傷害が生じる前に（閉塞から約 6 時間以内に）投与すれば，t-PA は冠動脈血栓に起因する心筋傷害による死亡率を，有意に低下させることができる．ストレプトキナーゼも冠動脈血栓に広く用いられてるが，抗原性の点でも不利である．t-PA は虚血脳卒中や末梢動脈閉塞，深部静脈血栓，および肺塞栓症などにも広く利用されている．リシンアナログ（類似体）である線溶抑制剤トラネキサム酸 tranexamic acid はプラスミン活性を阻害して，出血の治療に用いられる.

　がんや敗血症も含めて，**プラスミノーゲンアクチベーターの濃度が上昇する**病態は数多く見られる．さらに，α_1-アンチトリプシンや，α_2-アンチプラスミンによる**抗プラスミン活性**は，肝硬変のような病気では低下し得る．ストレプトキナーゼのような細菌由来の物質がプラスミノーゲン活性化能をもつため，それらの物質が播種性細菌感染症の際にときおり見られる広汎な出血傾向の原因なのかもしれない.

血友病 A などの先天性出血性疾患

　ヒトで，凝固系因子の**遺伝的欠損 inherited deficiency** により出血をきたす病態が存在する．最も多い

---

8)　訳者注：プラスミンによるペプチド分解 C 末端残基はリシンである.

9)　訳者注：欧州のクリングルという菓子に似た構造をもつ.

のは第 VIII 因子の欠乏で，X 染色体性遺伝形式である**血友病 A hemophilia A** である．第 IX 因子の欠失による**血友病 B hemophilia B** も同様の X 染色体性遺伝形式である．最近，欧州の王家で継承された遺伝性出血性疾患が血友病 B であることが明らかとなった．血友病 A と血友病 B の臨床像はほとんど変わらないが，それぞれ両因子に特異的な測定法によって鑑別できる．

ヒト第 VIII 因子遺伝子，*F8* は 186 kb の長さで最も大きな遺伝子の 1 つでもある．26 個のエキソンをもち，2332 個のアミノ酸をコードする．一方，**ヒト第 IX 因子遺伝子**，*F9* は，より小型で 33 kb の長さで 8 個のエキソンをもち，415 個のアミノ酸をコードする．

第 VIII 因子および第 IX 因子の活性低下を惹起する種々の遺伝子変異が *F8*，*F9* に同定されている．変異としては，遺伝子の部分欠損や，点変異，ミスセンス変異などがある．羊水穿刺によって胎盤の絨毛を採取して DNA を解析する出生前診断 prenatal diagnosis も可能になっている．

1960 年代の初期の血友病 A の治療には，血液由来の第 VIII 因子を多く含有するクリオプリシピテートの静脈投与が行われた．1970 年代には，多くの提供者の血漿プールから調製した第 VIII 因子および第 IX 因子の凍結乾燥標品を，それぞれ血友病 A，血友病 B の治療に用いていた．1990 年代に，組換え DNA 技術（39 章参照）による第 VIII 因子，および第 IX 因子製剤が利用できるようになった．このような製剤なら，ヒトの血漿中に存在するウイルス（たとえば，A，B，C 型肝炎ウイルスや HIV-1 など）による感染は避けられるが，高価である．生産コストが低下すれば使用頻度が増加するであろう[10]．現在では，半減期が延長した長時間作用する遺伝子組換え凝固因子製剤も使用できる．皮下投与が可能な血友病 A に対する新規の非凝固因子製剤として，第 X 因子と第 IXa 因子と結合し得る二重特異性抗体がある．血友病に対する遺伝子治療についても現在，後期臨床試験の状態である[11]．

最も頻度の高い先天性出血性疾患は **von Willebrand 病 von Willebrand disease** であり，これは人口の 1 % 以上にもわたる[12]．病気は **von Willebrand 因子 von Willebrand factor** 活性の欠乏によって起こる．こ

の因子は高分子マルチマー構造の形で血管内皮細胞や血小板から血中に放出され，血中では第 VIII 因子の安定化に一役かっている．さらに von Willebrand 因子は血管傷害部への高ずり応力下における血小板粘着や血小板凝集を促進する（前述）．

血小板凝集や血液凝固，および血栓溶解についての臨床検査

これまでに述べてきた**止血過程を評価する**ための，多くの**臨床検査 laboratory test** が利用できる．たとえば，**血小板数計測，出血時間/閉塞時間測定，血小板凝集，活性化部分トロンボプラスチン時間（aPTT または PTT），プロトロンビン時間（PT），トロンビン時間（TT），フィブリノーゲン定量，フィブリン血栓安定性，フィブリン分解産物の測定**などである．**血小板数計測 platelet count** は血小板数を定量する．**出血時間 skin bleeding time** は血小板機能と血管壁機能を総合的に捉える検査である．一方，高ずり応力下の血小板機能測定装置 PFA-100/200 を用いて測定する**閉塞時間 closure time** は，*in vitro* での血小板が関与する止血能の評価法である．**血小板凝集 platelet aggregation** は特定の凝集惹起物質に対する反応性を評価する．aPTT は内因系経路の，PT は外因系経路の評価に用いる．aPTT はヘパリン，PT はワルファリンの薬剤効果モニタリングに有用である．これらの諸検査についての詳細は血液学の教科書を参照されたい．

まとめ

- 止血や血栓は，血小板，凝固因子，血管が関与した複雑な過程である．
- トロンビンなどの血小板凝集惹起物質は，さまざまな生化学的ならびに形態学的な変化によって血小板凝集を引き起こす．ホスホリパーゼ C の活性化に続くポリホスホイノシチド経路のはたらきが，血小板活性化にとって鍵となる反応であるが，ほかの反応も関与する．
- アスピリンはシクロオキシゲナーゼを阻害し，トロンボキサン A_2 の生成を阻害する作用をもった重要な抗血小板薬である．
- 多くの凝固因子がセリンプロテアーゼの前駆体であり，凝固過程の進行に伴い活性化後に不活性化されていく．
- 凝固系には外因系と内因系経路が存在し，前者は体

内では組織因子によって開始される．両経路は第Xa
因子のところで合流し，最終的にはトロンビンに
よって触媒されてフィブリノーゲンからフィブリン
が生成される．さらにこのフィブリンは，第XIIIa
因子の触媒作用により共有結合で架橋されて，より
強固な構造となる．

■ 凝固因子の遺伝異常によって出血傾向が生じるもの
として，主たるものが第VIII因子欠乏（血友病A），
第IX因子欠乏（血友病B）とvon Willebrand病であ
る．

■ アンチトロンビンは生理的凝固阻害物質として重要
な因子の1つである．このタンパク質が遺伝的に欠
損すると，血栓症を起こし得る．

■ 第II，VII，IX，X因子，およびプロテインCとS
が機能を得るには，ビタミンK依存性に特定のグル
タミン酸残基がγ-カルボキシル化されることが必
要である．この反応が抗凝固薬のワルファリンに
よって阻害される．

■ フィブリンはプラスミンによって分解される．プラ
スミンは不活性な前駆体であるプラスミノーゲンと
して存在し，組織プラスミノーゲンアクチベーター
(t-PA)によって活性化される．t-PAは，冠動脈や脳
動脈血栓の早期治療に広く用いられている．

文　献

Hoffman R, Benz EJ Jr, Silberstein LR, et al（editors）:
Hematology:Basic Principles and Practice, 7th ed. Elsevier
Saunders, 2017.

Israels SJ（editor）: *Mechanisms in Hematology*, 4th ed. Core
Health Sciences Inc, 2011.（この教科書には血液学の基本
に関する優れた図解が多数掲載されている）

Jameson JL, Fauci AS, Kasper DL, et al（editors）: *Harrison's
Principles of Internal Medicine*, 20th ed. McGraw-Hill,
2018.

Marder VJ, Aird WC, Bennett JS, et al（editors）: *Hemostasis
and Thrombosis: Basic Principles and Clinical Practice*, 6th
ed. Lippincott Williams & Wilkins, 2013.

Michelson AD, Cattaneo M, Newman P（editors）: *Platelets*,
4th ed. Elsevier, 2019

がん：概観

Cancer: An Overview

56

学習目標
本章習得のポイント

- 発がん，そしてがん細胞の重要な生化学的，遺伝学的特徴を概説する．
- 正常細胞とは異なる，がん細胞の重要性質を述べる．
- がん遺伝子とがん抑制遺伝子の重要な特徴，発がんにおけるそれらの役割について述べる．
- 発がんやがん増殖におけるゲノムの不安定性，異数性，そして血管新生について簡易に述べる．
- 腫瘍マーカーの有用性について議論する．
- がんの生物学的性質に関する最近の理解が多くの新治療として結実してきた歴史の概要を理解する．

生物医学的重要性

がんは多くの国において，心血管疾患に次ぐ**第二の主要な死因**である．世界中で約 1000 万人の人々ががんによって亡くなっており，この数は増加傾向にある．がんは全年代のヒトに発症し，多様な臓器が侵される．世界的に見て，おもに肺，胃，大腸，直腸，肝臓，卵巣にかかわる種類のがんで死亡率が高い．死を招く他の種類のがんには，頸部，食道，前立腺がんなどが含まれる．患者数としては皮膚がんも多いが，悪性黒色腫を除けば，基本的には上に述べたものほどには悪性ではない[1]．多くのがんでその**発生率は年齢とともに増加**する．ゆえに寿命が延びるほど，この疾患は増加するだろう．ある種のがんにおいては遺伝的要因がかかわる．この疾患は，患者個人が苦しむだけでなく，社会への経済的負担も甚大である．

腫瘍に関するいくつかの一般的な論評

新生物 neoplasm すなわち腫瘍 tumor とは，新たに発生した異常増殖組織の総称である．良性 benign のことも悪性 malignant のこともある．"がん cancer"とい

---

1) 訳者注：膵がんの予後が悪い．

う用語は，通常，悪性腫瘍に使われる．腫瘍は体内のあらゆる臓器に発生する可能性があり，発生部位によって異なる臨床的特徴を呈する．

がん細胞はいくつかの**重要性質**で特徴づけられる．(1) **非常に早い増殖能**，(2) ヌクレオチドレベルでの**ゲノム変異の増加**，大小の挿入や欠失（インデル），総体的な染色体再配列，重複や消失，(3) 培養系における**接触抑制の欠如**，(4) **局所的な組織浸潤 invade**，および遠隔臓器への伝播 spread（**転移 metastasis**），(5) 自律的な**増殖シグナル**と**増殖阻害因子への不応答**，(6) 局所的な**血管新生 angiogenesis** の誘導能，そして(7) しばしば**アポトーシス apoptosis** を回避する能力である．これらの性質は**悪性腫瘍**細胞の特徴である．そして通常，転移が，がん患者の死亡原因となる．以上の内容を**図 56-1** では端的に，**図 56-2** では詳細に示す．**良性腫瘍**細胞も増殖異常という点では同様だが，組織浸潤や転移を起こさない．

腫瘍学における中心的な課題は，がん細胞の制御不能な増殖，浸潤，転移を可能にしている生物学的，遺伝学的機構の解明，そして正常細胞への損傷を最小限にしつつも腫瘍細胞を上手く死滅させる治療法の開発である．がん細胞の基本的性質の理解には相当な進展があり，今日一般的には，鍵となる遺伝子変異が，とりわけ発がん初期段階で悪性化に重要な寄与をしている一方，その他の要素もまた悪性形質に関与していると考えられている．個体の免疫状態と組織の微小環境は，そのような二大要素である．最近の研究により，宿

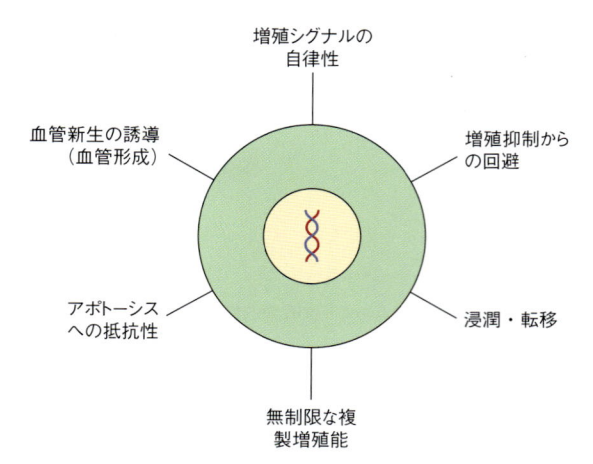

図 56-1. がん細胞の 6 つの主要な特徴
その他の特徴は図 56-2 に示している.

主および腫瘍細胞の微小環境，そして両者の相互作用が悪性腫瘍の病態に寄与していることがわかってきた.しかし，がん細胞の挙動の多くの側面について，とくにそれらの転移能については十分な解明がなされていない.さらに，ある種のがんに対する治療には改善が

あったが，依然としてがん治療の多くは不成功に終わる.本章ではがん生物学においての鍵となるいくつかの概念を紹介する.本章末尾の**用語集**に，ここで使用する用語の定義を示した.

発がんの基本的性質

発がんにおいて最初に起きるのは，細胞にとって致死的にならない遺伝的損傷と考えられている.いくつかの代表的遺伝子区分がある.機能獲得型または機能喪失型の変異，または欠失あるいは制御異常が，腫瘍化を引き起こす.**がん原遺伝子 proto-oncogene**，**がん抑制遺伝子 tumor suppressor gene**，**DNA 合成 DNA synthesis** と **DNA 修復 DNA repair** にかかわる遺伝子，**染色体分配 chromosome segregation** にかかわる遺伝子，**アポトーシス制御遺伝子**，そして**免疫監視の回避にかかわる遺伝子**があげられる.

がん細胞にみられる変異は，**ドライバー変異 driver mutation** と**パッセンジャー変異 passenger mutation**

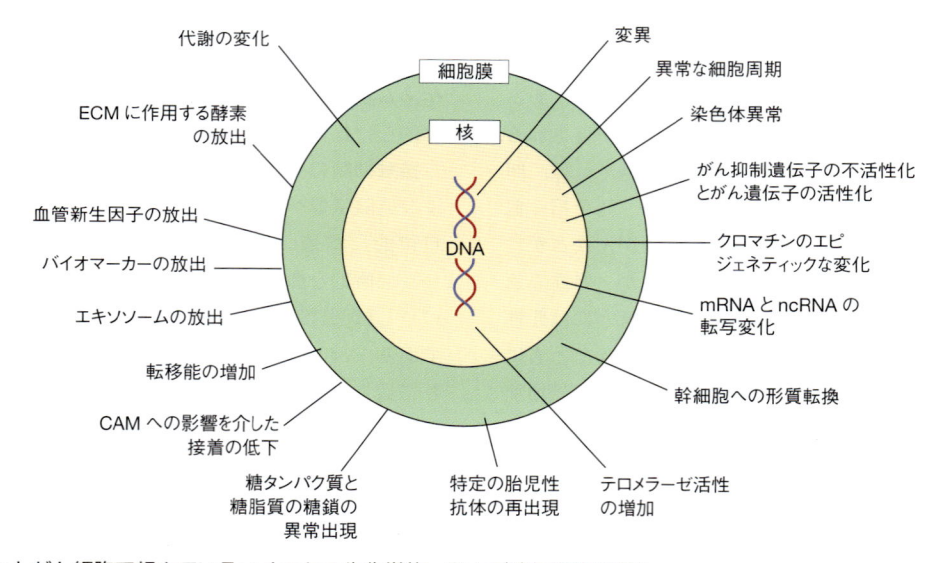

図 56-2. ヒトがん細胞で起きているいくつかの生化学的，および遺伝学的な変化
図 56-1 に示したものに加え，多くの変化ががん細胞で観察される.それらのほんの一部を示す.がん遺伝子を活性化し，がん抑制遺伝子を不活性化する変異の役割は本文で考察している.細胞周期や染色体・クロマチン構造の異常（染色体異数性を含む）は，がん細胞では一般的である.特異的な miRNA 分子と制御性 ncRNA の発現変化が報告されており，正常な組織幹細胞とがん細胞の関係は非常に活発に研究されている.テロメラーゼ活性ががん細胞でしばしば上昇している.腫瘍は時に特定の胎児性抗原を合成し，血中で測定できることもある.細胞膜構成成分の変化（たとえば，さまざまな糖タンパク質［それらのいくつかは細胞接着分子である］と糖脂質の糖鎖変化）が多く報告されており，細胞接着の減少と転移との関係で重要だろう.さまざまな分子（脂質，炭水化物，タンパク質，核酸など）がそのまま，あるいは膜小胞（エキソソーム）の形でがん細胞から放出され，血中あるいは細胞外液において検出される.いくつかの腫瘍は，血管新生因子やさまざまなプロテアーゼも放出する.多くの代謝変化が観察されており，たとえばがん細胞は，しばしば高い好気的解糖能を示す.（CAM：細胞接着分子，ECM：細胞外マトリックス）

の 2 つに分類できる．ドライバー変異は，前項であげたいずれか（または複数）の区分の遺伝子の変異である．**正常細胞をがん化させるのはドライバー変異のみである**．一方，パッセンジャー変異は，がん細胞にみられるものの，**発がんやがん進展には影響しない遺伝子変異**のことをいう．

がんは，しばしば多くの遺伝的異常をもった単一の異常細胞を起源とする**クローン**であり，腫瘍を構成するひと固まりの細胞群となる．腫瘍を取り巻く細胞が形づくる**がん微小環境（TME）**も腫瘍形成に影響を与える．どのように影響するかは，それにかかわる細胞の種類，細胞間の相互作用，局所的な低酸素，そして同じく局所の炎症促進応答によって変わり得る．したがって，発がんは正常細胞が最終的に悪性細胞へと変化していく**多段階のプロセス**である．腫瘍は，肉眼で視認できる大きさになるまでに，数年から数十年を要することがある．

遺伝的損傷の原因

がん化につながる非致死性の遺伝的損傷には**新規に獲得されたり，遺伝性のものだったり，あるいはその両方を原因とする変異**がある．前者は環境中の発がん物質に曝露されることで生じ，後者は遺伝によって伝播する．それらの変異は，DNA の複製や修復におけるエラーの結果［**複製における変異 replication mutations（R）**］だったり，環境中の発がん因子（放射線，化学物質，ウイルス）への暴露が原因［**環境による変異 environmental mutation（E）**］だったりする（図 35-22，図 35-23，および後述参照）．加えて，両方あるいは片方の親から遺伝した**遺伝性の変異 hereditary mutation（H）**もある．そのような遺伝性の異常は数多くの**家系素因 familial condition** となり，遺伝性がんの罹患率を高める．これらの変異は生殖細胞の特定遺伝子（がん抑制遺伝子，DNA 修復遺伝子，細胞周期制御遺伝子など，35 章参照）でみとめられる．これについて後ほど議論する．さまざまな R，E，H 変異が積み重なって大半のヒトがんが引き起こされるが，これら 3 タイプの変異によってどのようながんが生じるのか，正確な割合を論じるのは難しい．

自然発生的な変異 spontaneous mutation は細胞一世代あたり約 $10^{-7} \sim 10^{-6}$ の頻度で起きるが，そのいくつかはがんの罹患率を高める可能性をもつ．その頻度は，増殖頻度の高い組織では最初に発症した細胞か

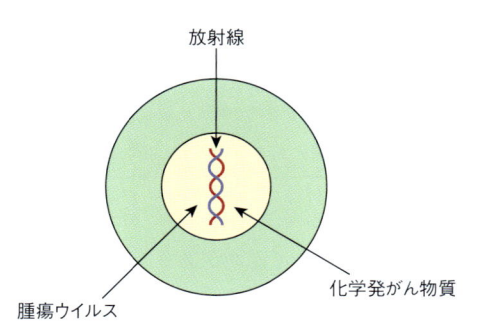

図 56-3. 放射線，化学発がん物質，ある種のウイルスは染色体 DNA に損傷を与え，がんを引き起こす

らの世代数が増えるため高まる．**活性酸素種（ROS，45 章参照）**の産生亢進が引き起こす**酸化ストレス oxidative stress** は変異率を高める要因になっているかもしれない．

放射線，化学物質，ある種のウイルスは，既知の主要な発がん要因である

一般的に腫瘍形成を促す環境中の発がん因子は，次の 3 つに大別される：**放射線 radiation**，**化学物質 chemical**，そしてある種の**発がんウイルス oncogenic virus** である（**図 56-3**）．最初の 2 つが DNA に変異を引き起こす一方，ウイルスは通常，新たな遺伝子を正常な細胞に導入したり，増殖制御にかかわる遺伝子の発現を脱制御することではたらく[2]．

放射線や化学物質や発がんウイルスがどのようにがんを引き起こすのかについては簡潔に述べるに留める．具体的な損傷やその修復にかかわる分子については 35 章を参照．

放射線は発がん要因になり得る

紫外線 UV（ultraviolet）ray，**X 線 X-ray**，**γ 線 γ-ray** には変異原性があり，発がん性がある．詳細な研究によりこれらが DNA に損傷を与えることが明らかになっている（**表 56-1**，表 35-8，図 35-22 参照）．損傷が修復されなかった場合，DNA 変異が生じ，それが放射線がもたらす発がん作用と考えられているが，正確な経路はまだ研究の途上である．加えて X 線と γ 線は

---

2) 訳者注：細菌が発がん作用をもつことが知られており，代表例はヘリコバクター・ピロリ菌 *Helicobacter pylori* による胃がんの形成である．

表 56-1. 放射線による DNA 損傷の種類

- ピリミジン二量体の形成
- 塩基の除去による脱プリン，脱ピリミジン塩基部位の形成
- 一本鎖，二本鎖切断，あるいは DNA 鎖の架橋

ROS 生成を誘発する可能性があり，ROS にも変異原性があるため，この ROS も放射線の発がん作用に寄与している可能性が高い．

　紫外線は太陽光がおもな源であり，紫外線曝露は常に起こる．多くの証拠がそのような放射線が皮膚がんに関連があることを示している．紫外線による皮膚がんの発生リスクは，曝露の頻度と強度が上昇し皮膚のメラニンが減少することで高まる．

　35 章で述べたとおり，環境要因による DNA 損傷は通常，DNA 修復機構により除かれる．当然のことながら DNA 損傷には変異原性があるため，遺伝的に十分な DNA の修復能をもたないヒトは，悪性腫瘍を発症するリスクが高まる（表 35–9 参照）．

多くの化学物質には発がん性がある

　さまざまな化学物質が発がん性を示す（**表 56-2**）．

　ほとんどの**発がん物質 chemical carcinogen** は共有結合の変化を含む形で **DNA を改変**し，それにより多くの種類の**ヌクレオチド付加化合物 nucleotide ad-duct** を形成すると考えられている．DNA 損傷と DNA 修復機構（図 35–22 参照）による修復の度合いによっては，ヒトが発がん物質に曝露された際に DNA に多様な種類の変異が生じ，そのうちの一部ががん発生に寄与する．

　化学物質には DNA と直接相互作用するものもあれば（たとえば，メトクロレタミン，β-プロピオラクトン），**最終発がん物質 ultimate carcinogen** になるために酵素作用による変換が必要な**前発がん物質 procar-cinogen** とよばれるものもある．大半の最終発がん物質は**求電子物質 electrophile**（電子が欠乏している分子，2 章参照）であり，DNA 内の求核性（電子が豊富な）原子団を攻撃しやすくなっている．化学物質の最終発がん物質への変換は，基本的には小胞体 endoplasmic reticulum（ER）内に存在する多様な種類の酵素シトクロム P450 cytochrome P450 のはたらきにより起きる（12 章，47 章参照）．Ames 試験（後述）は上記を利用しており，シトクロム P450 の源として，ミトコンドリア後上清（ER を含む）を測定系に添加して行う．

　化学発がんはイニシエーション initiation とプロ

表 56-2. いくつかの発がん物質

分　類	化合物
多環芳香族炭化水素	ベンゾ [*a*] ピレン，ジメチルベンゾアントラセン
芳香族アミン	2-アセチルアミノフルオレン，*N*-メチル-4-アミノアゾベンゼン（MAB）
ニトロソアミン	ジメチルニトロソアミン，ジエチルニトロソアミン
さまざまな薬剤	アルキル化剤（たとえばシクロホスファミド），ジエチルスチルベストロール
自然界に見られる化合物	アフラトキシン B_1

［注］上にあげられているとおり，いくつかの抗がん剤（たとえば，シクロホスファミド）には発がん性が認められる．

モーション promotion の 2 つの段階で構成されている．発がんイニシエーションは化学物質への曝露により DNA に不可逆的な損傷が起きる段階で，細胞のがん化に不可欠である．発がんプロモーションは，イニシエーションを経た細胞が異常な成長・増殖を開始する段階である．これら 2 つのイベントが積み重なり腫瘍となる．

　発がん物質は変異誘発能を試験することで同定できる．このための簡単な手法が **Ames 試験 Ames assay** である（**図 56-4**）[3]．この単純な試験は，化学物質処理でネズミチフス菌 *Salmonella typhimurium* に生じた変異を検出するもので，スクリーニング目的では非常に有用であることが証明されてきた．改良 Ames 試験では，哺乳類由来の小胞体を測定系に加えることで前発がん物質を同定することを可能にしている．Ames 試験で陰性となった化合物が動物に腫瘍を起こすことは極めてまれである．とはいえ，化学物質が疑いなく発がん性であることを示すために動物試験は必要である．

　注意すべきこととして，エピジェネティックな要素（DNA メチル化，ヒストン修飾（翻訳後の変化）など，35，38 章参照）を変化させてがんを誘発するような化合物は，変異原性はないため，Ames 試験では同定できない．

ヒトがんの一部はウイルスが原因である

　腫瘍ウイルス tumor virus の研究は，がんの理解に重要な貢献をしてきた．たとえば，がん遺伝子とがん抑制遺伝子（後述）の発見は，どちらも腫瘍ウイルスの

3）　訳者注：カリフォルニア大学の Bruce Ames 博士らにより考案された．

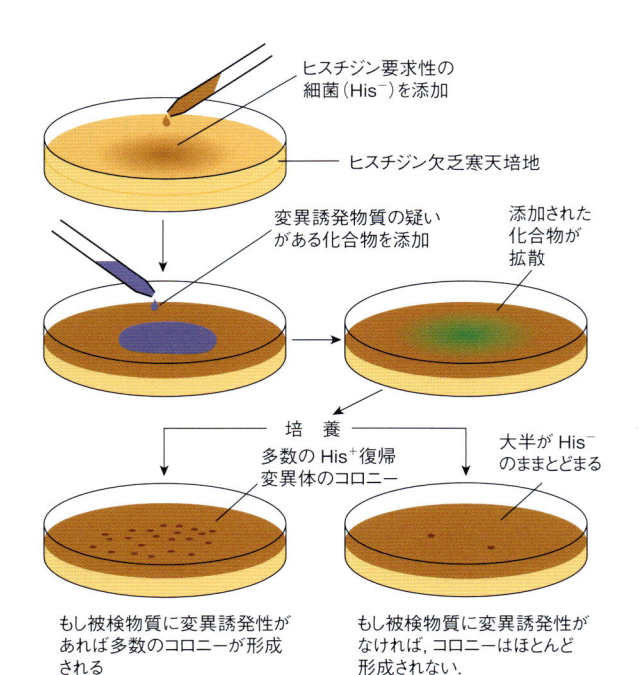

ヒスチジン要求性の細菌（His⁻）を添加

ヒスチジン欠乏寒天培地

変異誘発物質の疑いがある化合物を添加

添加された化合物が拡散

培　養

多数の His⁺ 復帰変異体のコロニー

大半が His⁻ のままとどまる

もし被検物質に変異誘発性があれば多数のコロニーが形成される

もし被検物質に変異誘発性がなければ，コロニーはほとんど形成されない．

図 56-4. Ames 試験による変異原性化合物スクリーニング
試験に用いられる細菌株は，ヒスチジン合成能をもたない（His⁻）ため，ヒスチジン不含の培地では生育できず，コロニーができない．変異誘発能をもつ被験物質は，*HIS* 遺伝子の機能を回復させるような変異を誘発し，結果的にヒスチジンを合成できる（コロニーを形成できる）ものが出現する．そのような細菌では試験開始時は不全だった遺伝子の機能が回復しており，復帰突然変異体とよばれる．（Nester EW, Anderson DG, Roberts CE, et al: *Microbiology: A Human Perspective.* 5th ed. New York, NY: McGraw-Hill, 2007 より許可を得て掲載）．

表 56-3. ヒトのがんの原因となる，または関連するいくつかのウイルス

ウイルス	ゲノム	がん
Epstein–Barr（EB）ウイルス	DNA	Burkitt リンパ腫，鼻咽頭がん，B 細胞リンパ腫
B 型肝炎	DNA	肝細胞がん
C 型肝炎	RNA	肝細胞がん
ヒトヘルペスウイルス 8 型（HHV-8）	DNA	カポジ肉腫
ヒトパピローマウイルス（16 型と 18 型）	DNA	子宮頸がん
ヒト T 細胞白血病ウイルス 1 型	RNA	成人 T 細胞白血病

身のゲノムにがん遺伝子をもっている．がん遺伝子がどのように悪性化を引き起こすのかについても後述する．

がん遺伝子とがん抑制遺伝子は，発がんの鍵となる役割をもっている

ここ数十年ほどの間に，どのようにがん細胞が発生し増殖するのかに関する理解が大きく進んだ．鍵となる 2 つの成果が，**がん遺伝子 oncogene** と**がん抑制遺伝子 tumor suppressor gene** の発見である．これらの発見により，細胞の増殖や分裂の制御が誤って調節され異常な増殖に至る具体的な分子機構が明らかになった．

がん遺伝子は，がん原遺伝子とよばれる細胞増殖を刺激するさまざまなタンパク質をコードする細胞遺伝子に由来する

がん遺伝子 oncogene は，その産物が正常産物に対し顕性（優性）に作用して細胞増殖や細胞分裂を促進する変異遺伝子と定義できる．がん遺伝子は正常細胞の**がん原遺伝子 proto-oncogenes**（増殖刺激タンパク質をコードする）が"活性化"することで生じる．そのような活性化はいくつかの異なる機構に起因する（**表 56-4**）．

表 56-4 には，低分子量 GTPase をコードする *RAS* がん遺伝子で起きる点突然変異 point mutation の例を記載した．この G タンパク質の GTPase 活性の喪失はアデニル酸シクラーゼや MAP キナーゼ経路の恒常的活性化を引き起こし，それが細胞増殖につながる（G タ

研究から生まれた．ヒトにおいて，DNA ウイルス・RNA ウイルスの両方ががんを起こし得ることがわかっている（**表 56-3**）．これらのウイルスが各々どのようにがんを引き起こすかの詳細は，ここでは省略する．原則的に，ウイルスの遺伝物質が宿主細胞のゲノムに取り込まれる（挿入）．RNA ウイルスの場合には，ウイルス RNA がウイルス DNA へと逆転写された後この反応が起きる（例外が C 型肝炎ウイルス（HCV）で，RNA ウイルスでありながら自身で逆転写酵素をもっておらず，必要ともしない）．このようなウイルス DNA（プロウイルスとよばれる）の宿主 DNA への組み込みが，**細胞周期制御の異常，アポトーシスの阻害，細胞内シグナル伝達経路の異常**など多彩な効果を引き起こす（35章および 42 章を参照）．これらすべての現象については，本章で後ほど解説する．**DNA ウイルス DNA virus** はしばしば，がん抑制遺伝子である *p53* や *Rb*（後述）の**発現や機能を抑える**．RNA ウイルスはしばしば，自

表 56-4. がん遺伝子の活性化機構

機　構	例
変　異	古典的な例が *RAS* がん遺伝子の点突然変異である．これにより遺伝子産物である低分子量 G タンパク質（RAS）が本来もつ GTPase 活性が失われる．その結果細胞ではアデニル酸シクラーゼと MAPK 経路の活性が上昇し，恒常的な増殖シグナルが発生する．
プロモーターの挿入	ウイルスのプロモーター配列が，活性化遺伝子の近傍に挿入される．
エンハンサーの挿入	ウイルスのエンハンサー配列が，活性化遺伝子の近傍に挿入される．
染色体転座	ある染色体の断片が分離して別の染色体に再結合される．その結果，挿入部位にあるがん遺伝子が活性化する．古典的な例としては Burkitt リンパ腫（図 56-5）や慢性骨髄性白血病におけるフィラデルフィア染色体（章末の「用語集」参照）があげられる．
遺伝子増幅[a]	遺伝子の異常増幅によってコピー数が増加する．この現象はがん遺伝子や薬剤耐性にかかわる遺伝子にみられる．

[a] 遺伝子増幅が起きた領域は，染色体上の均一染色体領域（HSR）や二重微小染色体（ダブルマイニュート，染色体外 DNA）として検出される．

ンパク質は GTP と複合体形成しているときが活性型で，結合している GTP が自身の GTPase 活性によって GDP に加水分解されると不活性型になる．42 章参照）．がん遺伝子が活性化されるもう 1 つのメカニズムとして，エンハンサーや強力なプロモーターがタンパク質コード遺伝子の上流に挿入され，その結果その遺伝子の転写（とタンパク質の発現）が上昇することがある．**図 56-5A** は一例であるが，レトロウイルス由来プロウイルス（つまり，**ラウス肉腫ウイルス Rous sarcoma virus（RSV）**などの腫瘍ウイルスの RNA ゲノムから逆転写によりつくられた二本鎖 DNA のコピー）のエンハンサーやプロモーターが挿入され，近接する宿主遺伝子の *MYC* を活性化している．発がん転写因子 MYC の過剰産生は多くの遺伝子，とりわけ細胞周期制御遺伝子の転写を活性化する．MYC がもたらすそのようなタンパク質過剰産生が，異常な細胞増殖を刺激する．

染色体転座 chromosomal translocation はがん細胞において非常に頻繁に認められ，文献的には約 100 を超える異なる事例が報告されている．Burkitt リンパ腫で見られる転座を**図 56-5B** に示す．この転座がもたらす効果は，結局，*MYC* 遺伝子が IgG 重鎖コード遺伝子の強力なエンハンサー影響下に入ることで *MYC* 遺伝子の転写上昇が起き，その結果細胞増殖を増加する

ことにある．

また，がん遺伝子活性化の他の機構として**遺伝子増幅 gene amplification**（図 38-20 参照）を介するものがあり，これはさまざまながんで頻繁に起きている．この場合，がん遺伝子の複数コピーがつくられ，その遺伝子がコードする増殖促進タンパク質の産生が増加することになる．

図 56-6 に示すように，活性化がん遺伝子はさまざまな機構を通してがんを促進する．活性化がん遺伝子のタンパク質産物は，増殖因子や増殖因子受容体として，または G タンパク質や下流のシグナル分子として，細胞内シグナル伝達経路に影響を与える．ほかのがん遺伝子タンパク質は，発がんに重要な遺伝子の転写を変化させたり，細胞周期を異常制御させたりする．それ以外にも細胞間相互作用やアポトーシスの機構に影響を与えるがん遺伝子タンパク質もある．これらの機構により図 56-1 に示したがん細胞の特徴，たとえば無限の複製能，シグナル経路の恒常的な活性化，浸潤・転移能，そしてアポトーシス回避などといった性質を説明できる．

ある種の**腫瘍ウイルス tumor virus**（たとえば，レトロウイルスやパポバウイルス）は**がん遺伝子をもっている**．がん遺伝子の存在を初めて明らかにしたのは，レトロウイルスである **RSV** の研究である．さらなる研究により，多くのレトロウイルスがん遺伝子が細胞がもつがん原遺伝子とよばれる正常な遺伝子に由来していて，腫瘍ウイルスが宿主細胞の間を渡り歩くうちにそれらを獲得したことが明らかになった．

がん抑制遺伝子は細胞成長・分裂を抑制する

がん抑制遺伝子 tumor suppressor gene は，細胞増殖や細胞分裂の抑制を本来の機能とするタンパク質を産生する．これら遺伝子に変異が入ると，その産物の抑制能が低下あるいは喪失する．このようながん抑制遺伝子の機能喪失が細胞の成長と分裂を招く．1971 年，網膜芽細胞腫の遺伝に関する研究にもとづいて A.G. Knudson が最初に提唱したように，がん抑制遺伝子 *Rb* からつくられる Rb タンパク質がその増殖抑制効果を喪失するには，*Rb* 遺伝子の両コピーが変異する必要があることが，今日ではわかっている（すなわち，機能喪失変異型のアリル rb⁻ は，野生型 *Rb* に対して不顕性（劣勢）である）．

がん抑制遺伝子について**門番 gatekeeper** そして**管理人 caretaker** に機能を分けて考えると便利である．門番遺伝子（産物）は細胞増殖を制御し，おもに細胞周期

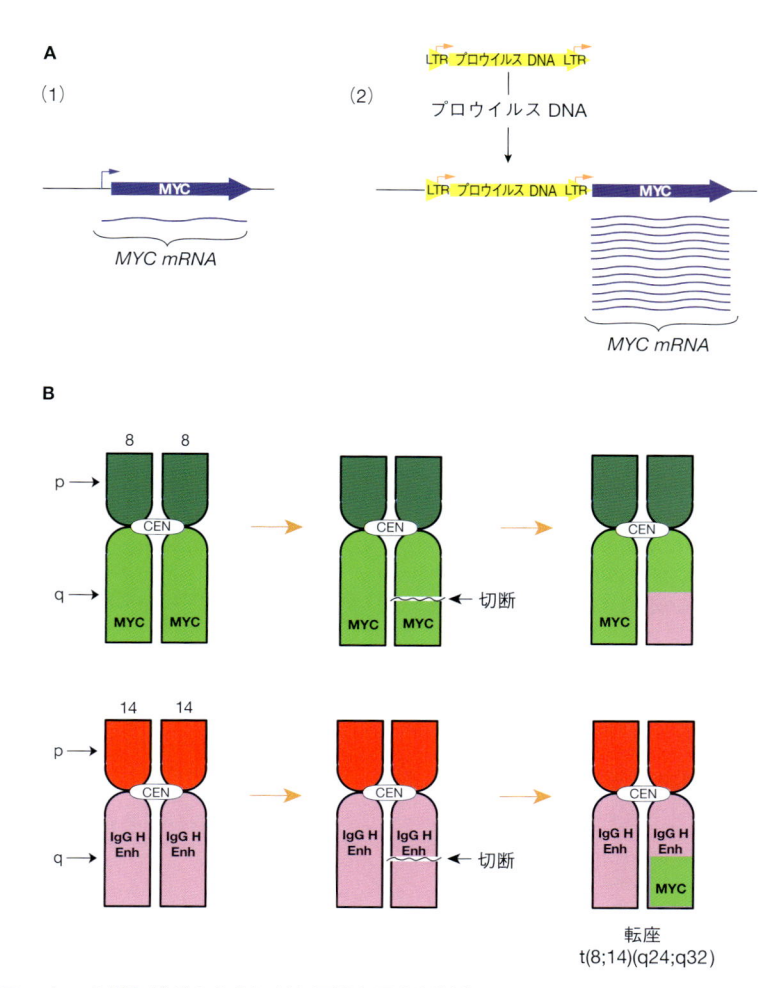

図 56-5.　(**A**)　プロモーターの挿入がどのようにがん原遺伝子を活性化するか
(1)　染色体上の *MYC* 遺伝子の模式図.　(2)　この図ではトリ白血病ウイルスがプロウイルスのかたち(RNA ゲノムの DNA コピー)で同一染色体の *MYC* 遺伝子の近傍に組み込まれている.　プロウイルス DNA の末端反復配列(LTR)は強力なエンハンサー・プロモーターとしてはたらく(36 章参照).　それが *MYC* 遺伝子のすぐ上流に位置するため *MYC* 遺伝子を活性化し,　結果として *MYC* mRNA の転写が激しく誘導される.　単純化のために,　片方の DNA 鎖のみを示して他の詳細は省略した.
(**B**)　Burkitt リンパ腫にかかわる相互転座の模式図
関係する染色体は 8 番と 14 番である.　"p"と"q"はそれぞれ染色体の短腕と長腕,　"CEN"と書かれた楕円はセントロメアを表している.　図にしてあるのは染色体の一部で全体ではないことに注意.　8 番染色体長腕末端のセグメントが分離して 14 番染色体に転座する.　それに対応する過程で 14 番染色体長腕から小セグメントが 8 番染色体に移動する.　8 番染色体 q24 領域と 14 番染色体 q32 領域との間の転座である.　*MYC* 遺伝子は 8 番染色体の小さな断片に含まれており,　14 番染色体に移動する.　このようにして免疫グロブリン重鎖を転写する遺伝子の隣に *MYC* が位置するようになり,　IgG 重鎖(IgG H)遺伝子の強いエンハンサーによって *MYC* 遺伝子の転写が活性化される.　ほかにも多くの転座が同定されており,　なかでも慢性骨髄性白血病におけるフィラデルフィア染色体(章末の「用語集」参照)の形成に関係する転座はおそらく最もよく知られている.

の制御とアポトーシスにはたらく遺伝子がこれに相当する.　それに対し,　管理人遺伝子(産物)はゲノム安定性の維持にかかわっており,　DNA 損傷の認識や修復,　そして細胞分裂時の染色体安定性 chromosomal integrity の維持にかかわる遺伝子などがある.

　多くのがん遺伝子とがん抑制遺伝子が同定されている.　ここではそのほんの一部のみ記述した.　がん遺伝子とがん抑制遺伝子との間の重要な違いを**表 56-5** に示す.　**表 56-6** は最も精力的に研究されている 2 つのがん遺伝子(*MYC* と *RAS*)と 2 つのがん抑制遺伝子(*p53* と *Rb*,　35 章参照)の特徴をいくつかあげている.

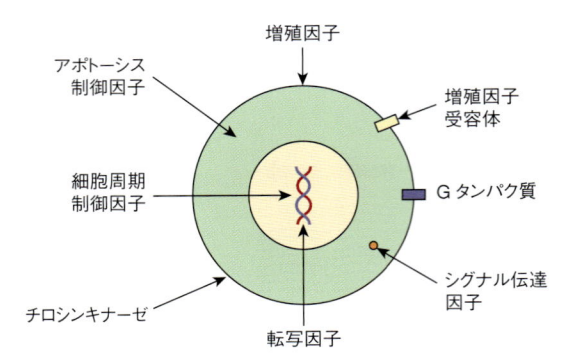

図 56-6. がん遺伝子タンパク質のはたらき方の例

がん遺伝子にコードされるさまざまなタンパク質（がん遺伝子タンパク質）の例を示す．以下にタンパク質を列挙し，対応するがん遺伝子と OMIM 番号を括弧内に示した（章末の「用語集」参照）．増殖因子：線維芽細胞増殖因子 3（*INT2*, 164950），増殖因子受容体：上皮増殖因子受容体（EGFR）（*HER1*, 131550），G タンパク質（*H-RAS-1*, 190020），シグナル伝達因子（*BRAF*, 164757），転写因子（*MYC*, 190080），細胞接着に関係するタンパク質リン酸化酵素（チロシンキナーゼ）（*SRC*, 190090），細胞周期制御因子（*PRAD*, 168461），アポトーシスの制御因子（*BCL2*, 151430）

表 56-5. がん遺伝子とがん抑制遺伝子の相違点

がん遺伝子	がん抑制遺伝子
2 つの対立遺伝子のうち 1 つの変異で十分ながん促進作用	がん促進には，両方の対立遺伝子における変異が必要
細胞増殖を活発にするタンパク質の機能獲得変異ががん促進作用を生む	細胞増殖を抑制するタンパク質の機能欠失ががんを促進
変異は体細胞で起きるため，遺伝しない	変異は体細胞だけでなく生殖細胞（遺伝する可能性がある）にも存在することがある
通常，組織指向性はみられない	しばしば強い組織指向性がある（たとえば，*Rb* 遺伝子の変異は，網膜芽腫につながる）

（Levine AJ. The p53 tumor-suppressor gene. N Engl J Med 1992; 326:1350-1352 のデータより）

大腸がん発生・進展の研究から，特定がん遺伝子・がん抑制遺伝子の関与が明らかになった

多様な腫瘍で遺伝子変化が解析されてきた．この分野において，Vogelstein らによる**大腸発がん development of colorectal cancer** の研究は，最も先駆的で示唆に富むものの 1 つである．これに始まる一連の研究により，多様ながん遺伝子・がん抑制遺伝子がヒトがんにかかわっていることが明らかになった．研究者たちは，さまざまながん遺伝子，がん抑制遺伝子，そして他の関連遺伝子の配列と発現を，**正常結腸上皮 nor-**

表 56-6. 重要がん遺伝子・がん抑制遺伝子の性質

名　称	特　徴
MYC	多くの細胞制御遺伝子の転写を変化させる転写因子 MYC をコードするがん遺伝子（OMIM 190080）．MYC は細胞の成長，細胞周期の進行，DNA 複製にかかわる．さまざまな腫瘍で変異している．
p53 (*TP53*)	DNA 損傷を誘導するさまざまな刺激に応答して活性化するがん抑制遺伝子（OMIM 191170）．p53 の活性化は細胞周期の停止，アポトーシス，老化，DNA 修復を誘導する．細胞の代謝制御にもかかわる．そのため "ゲノムの守護神 guardian of the genome" ともよばれてきた．ヒトの腫瘍の約 50% で変異している．
RAS	当初，あるマウス肉腫ウイルスの形質転換遺伝子として同定された G タンパク質，具体的には GTPase をコードする一群のがん遺伝子．なかでも重要なものとして *K-RAS*（カーステン），*H-RAS*（ハーベイ）（OMIM 190020），*N-RAS*（神経芽細胞腫）がある．変異によるこれらの遺伝子の持続的活性化は種々のがん発生に寄与する．
Rb (*RB1*)	Rb タンパク質をコードするがん抑制遺伝子（OMIM 180200）．Rb は転写活性化因子 E2F に結合して細胞周期を制御する転写抑制因子である．細胞周期の G1 期 →S 期移行にかかわるさまざまな遺伝子の転写を抑制する．*Rb* 遺伝子の変異は網膜芽細胞腫の原因になるが，他の腫瘍の発生にもかかわる（35 章参照）．

mal colonic epithelium，異形成上皮 dysplastic epithelium（上皮の異常形成により特徴づけられる前腫瘍状態），さまざまな段階の**腺腫様ポリープ adenomatous polyp**，そして**腺がん adenocarcinoma** の試料で解析した．彼らの主要な発見を**図 56-7** に要約する．一連の発がん過程のなかで，特定遺伝子の変異が比較的特定の段階で起きることがわかる．同定された遺伝子のさまざまな機能を**表 56-7** に示す．一連のがん化過程は示されているものとはいくらか異なり，他の遺伝子も関与しているかもしれない．ヒトの他の腫瘍についても似た研究がされてきて，いくぶん違った様式でのがん遺伝子の活性化やがん抑制遺伝子の変異が明らかになっている．これらの遺伝子や他の遺伝子のさらなる変異が**腫瘍進展 tumor progression**，すなわち増殖が早く転移能をもった腫瘍細胞が優勢になっていく現象にかかわっている．ゆえに，1 つの腫瘍には遺伝型の異なる多様な細胞が含まれており，治療を難しくしている．

これらおよび他の類似研究からいくつかの結論が導かれる．第一に，**がんは真に遺伝子の疾患 genetic disease** であるということである．もっとも，遺伝子の

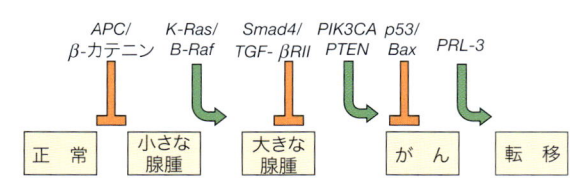

図 56-7. 大腸発がんに関連する多段階の遺伝子変化

APC 遺伝子の変異が腺腫形成を惹起する．より大きな腺腫の形成やがんへの進行につながる，がん遺伝子やさまざまながん抑制遺伝子における変異の流れを示した．家族性腺腫性ポリポーシス（OMIM 175100）の患者は APC 遺伝子の変異を受け継いでおり，多数の異型大腸異常腺窩巣 aberrant crypt foci（ACF）を発症し，そのうちのいくつかが図に示す他の変異を獲得することで悪性化していく．遺伝性非ポリポーシス大腸がん（OMIM 120435）患者の腫瘍は同じではないが似た一連の変異を蓄積していく；DNA ミスマッチ修復機構（35 章参照）の変異はこの過程を加速させる．K-RAS，BRAF そして PI3KCA はがん遺伝子であり，他の遺伝子はがん抑制遺伝子である．また，変異の順序は，前後することもある．他の種々の遺伝子変化が，進行大腸がんの一部で報告されている．それらは，異なる症例間で観察される生物学的，臨床的性質の不均一性の原因かもしれない．染色体とマイクロサテライトの不安定性（35 章参照）が多くの腫瘍で起きており，相当な数の遺伝子の変異にかかわっているとみられている．（Valle DL, Antonarakis S, Ballabio A, et al: The Online Metabolic & Molecular Bases of Inherited Disease, New York, NY: McGraw Hill; 2019 を許可を得て掲載）

変化が体細胞変異によっている限りは，この言葉が通常意味する"遺伝"とは違う意味になる．第二に，**発がんは多段階のプロセスである**．ほとんどの場合，がん化には最低でも 5 〜 6 個の遺伝子変異が必要と推定されている．第三に，それらに続いて起きる追加的な遺伝子変異により選択的な優位性を得たクローンが出現し，さらに，そのいくつかが転移能力を得ると考えられている（後述）．最後に，大腸がんや他がん種の発がんにかかわる遺伝子の多くが細胞内シグナル伝達 cell signaling event に関与しており，あらためて，**シグナル伝達の変化が発がんで中心的役割を果たす**ことを示している．

増殖因子，増殖因子受容体の異常，そして，シグナル経路が，発がんで主要な役割を果たす

増殖因子にはたくさんの種類がある．

ヒト組織や細胞にはたらきかける多様な増殖因子ポ

表 56-7. 大腸がんの発生にかかわるおもな遺伝子

遺伝子[a]	コードされたタンパク質の作用
APC（OMIM 611731）	WNT[b] シグナルに拮抗する．変異すると，WNT シグナルが増強され，細胞増殖が刺激される
β-カテニン（OMIM 116806）	細胞接着部位に存在するタンパク質 β-カテニンをコードし，これは上皮組織の完全性を保つのに重要である．WNT シグナル経路に不可欠な分子である
K-RAS（OMIM 601599）	チロシンキナーゼシグナル，とくに分裂促進因子活性化キナーゼ（MAPK）経路に関与する
BRAF（OMIM 164757）	Ras と協調して MAPK 経路の活性化にはたらくセリン/トレオニンキナーゼ
SMAD4（OMIM 600993）	形質転換増殖因子（TGF-β）の細胞内シグナル伝達に関与する
TGF-βRII	TGF-β の受容体としてはたらく[c]
PI3KCA（OMIM 171834）	ホスファチジルイノシトール 3-キナーゼ（PI3K）の触媒サブユニットとしてはたらく
PTEN（OMIM 601728）	PI3K-Akt 経路を介するシグナル伝達の重要な抑制因子としてはたらくタンパク質チロシンホスファターゼ
p53（OMIM 191170）	産物である p53 は，DNA 損傷に応答して誘導され，細胞分裂にかかわる多くの遺伝子の転写因子でもある（35 章，表 56-6 参照）
BAX（OMIM 600040）	細胞死（アポトーシス）を誘導する
PRL3（OMIM 606449）	細胞周期制御にかかわるタンパク質チロシンホスファターゼ

［略称］APC：腺腫様大腸ポリポーシス遺伝子，BAX：BCL-2 関連 X タンパク質をコード（BCL2 はアポトーシスの抑制因子），BRAF：鳥類がん原遺伝子のヒト相同タンパク質，K-RAS：カーステン-RAS 関連遺伝子，PI3KCA：ホスファチジルイノシトール 3-キナーゼの触媒サブユニットをコードする，PRL3：タンパク質チロシンホスファターゼをコードし，再生肝で発見された別のタンパク質チロシンホスファターゼと相同性をもつ，PTEN：テンシン相同タンパク質チロシンホスファターゼ（PRL1）タンパク質をコードする，p53：分子量 53 kDa のポリペプチドをコードする，SMAD4：ショウジョウバエで発見された遺伝子の相同遺伝子．

[a] K-RAS，BRAF，PI3KCA はがん遺伝子である．他の遺伝子は，がん抑制遺伝子，またはがん抑制遺伝子産物の機能に関与する産物をつくる遺伝子である．

[b] 分泌糖タンパク質の WNT ファミリーは種々の発生過程にかかわっている．テンシンは接着斑のアクチンフィラメントと相互作用するタンパク質である．

[c] TGF-β は多くの細胞の増殖や分化を制御するポリペプチド（増殖因子）である．

［注］ここにあげているさまざまな遺伝子は，がん遺伝子，がん抑制遺伝子，その産物がそれら 2 種類の遺伝子産物と密接に関係している遺伝子，のいずれかである．表にある遺伝子の変異の累積効果が，大腸上皮細胞を増殖させ最終的にがん化させる．それらはおもに細胞増殖に影響するさまざまなシグナル経路にはたらきかけることでそれを達成する．表にない遺伝子・タンパク質の関与もある．本表と図 56-7 は，がんの遺伝学を理解するために細胞シグナルの詳細な知識が重要であることをよく示している．

表 56-8. おもなペプチド性増殖因子

増殖因子	機 能
上皮増殖因子(EGF)	多くの表皮細胞や上皮細胞の増殖を刺激する
エリスロポエチン(EPO)	初期の赤血球発生を制御する
線維芽細胞増殖因子(FGF)	多くのタイプの細胞の増殖を促進する
インターロイキン	免疫系細胞に多彩な影響を及ぼす
神経増殖因子(NGF))	ある種の神経細胞に栄養因子としてはたらく
血小板由来増殖因子(PDGF)	間葉系細胞やグリア細胞の増殖を刺激する
形質転換増殖因子 α(TGF-α)	EGF と同様
形質転換増殖因子 β(TGF-β)	ある種の細胞に刺激，阻害の両方の作用を発揮する

[注]ほかにも多くの増殖因子が同定されている．増殖因子は多様な細胞で産生されたり，あるいは主要な単一の供給源由来だったりする．多くの異なるインターロイキンが単離されており，インターフェロンや他のタンパク質/ポリペプチドと合わせて，サイトカインとよばれる．

リペプチドが同定されている．いくつかを**表 56-8** に示す．ここではそれらとがんとの関係に着目してみる．

増殖因子は**内分泌 endocrine**，**傍分泌 paracrine**，**自己分泌 autocrine** のかたちではたらき(41 章参照)，広く多様な細胞の**分裂を促進 mitogenic responce** する(42 章参照)．すでに記述したとおり(53 章参照)，増殖因子は造血系細胞の増殖や分化に重要な役割を果たす．

増殖阻害因子 growth inhibitory factor も存在する．たとえば，**形質転換増殖因子 transforming growth factor β(TGF-β)** は，ある種の細胞の増殖に抑制的にはたらく．よって，慢性的に過剰な増殖因子に曝露されたり，あるいは逆に増殖阻害因子の量が減ったりすることが，細胞増殖のバランスを変化させ得る．

増殖因子は特異的な受容体と膜貫通シグナルを介してはたらき，特定遺伝子の発現を調節する

増殖因子は細胞表面の**特異的な受容体**に結合して効果を発揮し，**多様な細胞内シグナル**を惹起する(42 章参照)．増殖因子受容体をコードする遺伝子群が同定，解析されている．それら受容体は通常，細胞膜を貫通する短い領域と細胞外および細胞質ドメインをもつ(40 章，42 章参照)．これら多くの受容体[たとえば，**上皮増殖因子 epidermal growth factor(EGF)**，インスリン，**インスリン様増殖因子 insulin-like growth factor**

(IGF-I)，**血小板由来増殖因子 platelet-derived growth factor(PDGF)** などに対する受容体]は**チロシンキナーゼ tyrosine kinase** 活性をもつ．キナーゼ活性は細胞質ドメインにあり，受容体にリガンドが結合すると，それが受容体タンパク質の自己リン酸化や，他の特定タンパク質のリン酸化を引き起こす．

PDGF のはたらき方をみることで，増殖因子がどのようにその効果をもたらすのかを理解できる．PDGF がその受容体に結合すると，**ホスホリパーゼ C phospholipase C(PLC)** 活性が上昇する．PLC は**ホスファチジルイノシトールビスリン酸 phosphatidylinositol bisphosphate(PIP$_2$)**(生体細胞膜の成分)から**イノシトールトリスリン酸 inositol trisphosphate(IP$_3$)** とジ**アシルグリセロール diacylglycerol(DAG)** を生成する(図 42-6 参照)．IP$_3$ の増加は細胞内 Ca^{2+} の上昇をもたらす一方，DAG は**プロテインキナーゼ C protein kinase C(PKC)** を活性化する．DAG が加水分解されると**アラキドン酸 arachidonic acid** が生じ，それがさらに**プロスタグランジン prostaglandin**，**ロイコトリエン leukotriene** 産生をもたらして，それぞれ多様な生物学的作用を発揮する．PDGF が作用した細胞では，いくつかのがん原遺伝子(*MYC* や *FOS*)をコードする遺伝子の発現が速やか(数分から 1 〜 2 時間)に上昇し，それらは細胞周期への作用を介して細胞増殖を刺激する方向にはたらく(後述)．要点は，増殖因子は特定の受容体と結合することで特定の細胞内シグナル伝達を活性化し，細胞分裂に影響する多くのタンパク質の量や活性を増減させるということである．

マイクロ RNA は発がんや腫瘍の転移におけるキープレーヤーである

1993 年に発見されたマイクロ RNA(miRNA)は，長さ 22 ヌクレオチドほどの，タンパク質をコードしない RNA(ncRNA)の一種である．miRNA は組織・細胞ごとに異なる発現パターンを示し，特定 mRNA の翻訳を抑制したり，安定性を低下させたりする(図 36-17 参照)．

多くのがんで，miRNA の発現制御が異常になっている．そのような脱制御は，がん病態の決定因子になっていると考えられている．いくつかの miRNA には発がん活性があり(オンコ miRNA とよばれる)，がん組織で発現が上昇している．その一方，がん形質に拮抗するようながん抑制的な miRNA の発現が，がんで低

下していることがある．これらの現象は，これまで述べてきた，がん遺伝子・がん抑制遺伝子で見られるものと似ている．オンコ miRNA の例としては，次のようなものがある．miR-17-92 ポリシストロニック miRNA は，ホスト miRNA として複数の miRNA 群（miRNA クラスター）を産生する（肺がん，乳がん，膵がん，大腸がんなどに関与）．miR-21 と miR-155 は，肺がんや乳がん，肺がんやリンパ腫への関与が，それぞれ指摘されている．がん抑制的マイクロ RNA としては，let-7（卵巣がんや肺がんで発現が低下），miR-34（種々のがんに関与），miR-15 や miR-16（両者とも慢性リンパ球性白血病に関与）などが知られる．

miRNA が外部から腫瘍に影響を及ぼす例も報告されている．それらは，免疫系とがん細胞との間の相互作用，間質細胞同士の相互作用，がんウイルスへの影響等を含む．概論としては，タンパク質発現が miRNA（種類や発現量が重要）から受ける影響によって，その miRNA ががん促進的か抑制的であるかが決定される．

miRNA の臨床応用が拡大しつつある．がんの診断，予後予測，分類のためのバイオマーカーとして，miRNA の利用が検討されている．オリゴヌクレオチドを使いがん抑制的 miRNA の発現を増加させたり，反対に，アンチセンスオリゴヌクレオチドを使いがん促進的 miRNA のはたらきを抑えたりするなど，この小さな RNA には治療標的としての期待もある．そのような miRNA 標的治療が考案され，いくつかは臨床試験まで進んだ．しかしながら，課題も多い．たとえば，miR-34 を使った肝細胞がんに対する第一相試験は，有望な治療効果を得た一方で，重篤な有害事象によって打ち切られた．しかしその一方，miR-16 を使った悪性中皮種・非小細胞肺がん治療の第一相試験は早々に成功を収めている．

臨床応用という意味で，miRNA のもう１つの大事な使い道は，化学療法・放射線療法に併用することで，それらの治療効果を増強させるやり方である．治療あるいは治療補助の標的として，miRNA はおおいに期待できるように思える．しかしながら，すべての遺伝子治療と同様，安定なオリゴヌクレオチドを適切な標的細胞に送達させることは極めて難しい．しかし，それでも，数年先には科学・薬学の著しい進歩が起きているかもしれず，一群の新たながん治療薬の医療実装を期待している．

細胞外小胞とがん

細胞外小胞 extracellular vesicle（EV）は，正常・異常細胞を問わず大半の細胞から放出される脂質二重膜で包まれた一群の小胞で，エキソソーム exosome や微小胞 microvesicle ともよばれる（図 40-23 参照）．この小胞はサイズや形成過程がまちまちである．分泌された EV は，脂質・タンパク質・核酸といった多様な生体分子を内包しており，自己分泌 autocrine や傍分泌 paracrine，あるいは内分泌系を介して標的細胞に送達され，それらに作用を及ぼすことがある．EV はしばしばノンコーディング RNA（ncRNA）［miRNA とは異なる，長鎖非コード RNA（lncRNA）および環状 RNA（circRNA），34 章，36 章参照］を含んでいる．EV は新たな細胞間コミュニケーション機構といえる．

エキソソームは，受容体−リガンド間の結合と似たメカニズムで，標的細胞に情報を伝達することが分かってきた．すなわち，小胞は，受容細胞の形質膜に直接融合したり，エンドサイトーシスで取り込まれたりする．がん病態において腫瘍由来エキソソーム tumor-derived exosome（TEX）が重要な役割を果たしていることを示す証拠が増え続けている．エキソソームを介した ncRNA 移行ががんの病態にかかわることがわかってきた（発がんに重要な遺伝子の発現が EV によって調節され得るという研究を通じて）．標的細胞にて ncRNA が発揮する効果には，細胞増殖の制御，血管新生の誘導，腫瘍微小環境や腫瘍免疫の改変，そして薬剤耐性までもがある．EV は遠隔臓器にも作用し，がんの転移に関与することも報告された．

エキソソームは何種かの体液（血清，血漿，尿など）で検出されるため，がんの診断マーカー・予後予測マーカーとなる可能性がある．また，治療にも有用かもしれない．その高い生体膜透過性ゆえに，エキソソームは抗がん薬（miRNA，抗 miRNA を含め）の効率的な送達手段として利用できるかもしれない．エキソソームは腫瘍学の新たで刺激的な分野である．しかし，エキソソームを用いる診断・治療の臨床的な実現性を示すには，さらに研究が必要だろう．

エピジェネティック機構が発がんにかかわっている

エピジェネティック機構（36 章参照）が発がんの原

因になっている証拠がある．そのような機構は，ゲノム配列の変異を伴わない，遺伝子発現の変化を引き起こす．たとえば，遺伝子群における特異的なシトシン塩基のメチル化がほかの遺伝子の転写不活性化を引き起こすことがわかってきた．特定の遺伝子におけるシトシン残基のメチル化状態の異常ががん細胞で検出される．ヒストンの翻訳後修飾（アセチル化，ADP リボシル化，メチル化，リン酸化，SUMO 化，ユビキチン化など，35 章，38 章参照）もがん細胞で見つかっている．同様に，染色体リモデリングにかかわるヌクレオソームリモデリング複合体の構造や活性を変化させる変異も，遺伝子発現に影響し得る．実際，SWI/SNF 複合体の構成因子のいくつかはがん抑制遺伝子としてはたらくようだ．発がんにおけるクロマチンや DNA 修飾状態の重要性を示す知見に一致して，最近，ヒトがんの一定数がヒストンに変異をもつことがわかった．**そのような変異型ヒストンを，オンコヒストン onco-histone とよぶ**．オンコヒストンは，特異的な遺伝子転写に重要なエピゲノム修飾を変化させ，発がんに寄与する．重要なことに，オンコヒストンはいくつものクロマチンリモデル因子の機能に影響を与え，その結果，遺伝子の制御プログラムを変化させる．

とくに興味深い点として，多くのタンパク質や DNA の修飾が可逆的であるということがある．5′-アザデオキシシチジン 5′-azadeoxycytidine とデシタビン decitabine は DNA メチル化酵素（DNMT）の阻害物質であり，バルプロ酸 valproic acid とボリノスタット vorinostat はヒストン脱アセチル酵素 histone deacetylases（HDAC）を阻害する．これら薬剤はいずれも，ある種の白血病やリンパ腫の治療に使われており，がん抑制遺伝子など，特定の重要な増殖調節遺伝子の転写を脱抑制することではたらくと考えられている．エピゲノム機構はまた，多くの点で抗がん剤耐性にも関与する．たとえば，悪性膠芽腫に対する標準治療薬であるテモゾロミド（TMZ）への耐性は，DNA 修復酵素である O^6-メチルグアニン-DNA メチル化酵素（MGMT）をコードする遺伝子プロモーター領域のメチル化とよく相関する．MGMT の活性上昇（プロモーター領域メチル化の低下による）は薬剤によって生じる DNA 損傷の修復を促進し，TMZ による細胞死から腫瘍細胞を保護する．MGMT 遺伝子プロモーター領域メチル化状態の検査は，現在，TMZ の治療効果を予測し膠芽腫患者を層別化するために行われている．エピゲノム DNA やタンパク質/酵素を阻害する特異的阻害剤のさらなる開発は，活発に研究が行われている分野である．

最後に，さまざまながん種にてエピゲノム変化やその遺伝子発現変化への影響を同定，定量化，スコア化するための多くのオミクス技術が広く使われるようになり，この重要研究分野の知見は大幅に増加しつつある．TCGA（**The Cancer Genome Atlas**）と PCAWG（**Pan-Cancer Analysis of Whole Genomes**）というがん生物学コンソーシアムの試みと成果は，代表的な 2 例である．

多くのがんには遺伝的な素因がある

ある種のがんに遺伝的な基盤があることは長年の間知られてきた．がん種によっては，約 5 〜 10% の症例が遺伝によるものと見積もられている．がん遺伝子とがん抑制遺伝子の発見により，この現象の分子基盤を研究することができるようになった．今では多くの遺伝するがんが認知されており，それらのごく一部を**表56-9**にあげてある．いくつかの症例において遺伝性の疾患が想定されており，個人や家系の適切な遺伝子スクリーニングにより早期介入が可能になっている．たとえば，*BRCA1* または *BRCA2* 遺伝子の変異を受け継いでいる若い女性のなかには，晩年での乳がんの発症を防ぐために予防的な乳房切除を選択する人もいる．特定がん種に対する家族性素因の予備知識がなくとも，大腸がんに対するスクリーニングは簡単に行うことが可能だ．市販のキットを使えば，家庭で本人が採取した便検体を調べ，大腸がんになりやすい変異をもつ結腸細胞 DNA の有無を判定できる（図 56-7）．

細胞周期の異常はがん細胞において普遍的に存在する

細胞周期 cell cycle の知識は，多くのタイプのがんの発生にかかわる分子機構を理解するのに必要である．これは，多くの抗がん剤が分裂中あるいは細胞周期の特定の段階にいる細胞にしかはたらかないことからも重要である．

細胞周期の基本的な側面については 35 章に記述した．図 35-20 に示したとおり，周期には 4 つの段階 G_1, S, G_2, M 期がある．もし細胞がそれらのいずれの段階にも属していない場合，G_0 期にあるといわれ，静止期ともよばれる．細胞はさまざまな影響（たとえば，ある種の増殖因子）により G_0 期から再び細胞周期に入る

表 56-9. いくつかの遺伝するがん

状　態	遺伝子	おもな機能	おもな臨床上の性質
家族性腺腫性ポリポーシス（OMIM 175100）	*APC*	表 56-7 参照	多数の早期発症の腺腫様ポリープが発生し，大腸がんの直接の前駆体となる
乳がん 1，早期発症（OMIM 113705）	*BRCA1*	DNA 修復	北米の乳がんをもつ女性の約 5% は，この遺伝子か *BRCA2* に変異をもつ．また卵巣がんのリスクも大きく上昇する
乳がん 2，早期発症（OMIM 600185）	*BRCA2*	DNA 修復	*BRCA1* で述べられたとおり，この遺伝子の変異も卵巣がんのリスクを上昇させるが，その程度は BRCA1 ほどではない
遺伝性非ポリポーシス大腸がん，I 型（OMIM 120435）	*MSH2*	DNA ミスマッチ修復	大腸がんの早期発症
Li-Fraumeni 症候群（OMIM 151623）	*p53*	表 56-6 参照	異なる部位の，若い年齢でのがんに関係する珍しい症候群
神経線維腫症 1 型（OMIM 162200）	*NF1*	ニューロフィブロミンをコードする	少数のカフェ・オ・レ斑から何千もの神経線維腫の発生まで，その症状には多様性がある
網膜芽細胞腫（OMIM 180200）	*Rb1*	表 56-6 参照	遺伝性あるいは孤発性の網膜芽細胞腫[a]

[a] 遺伝性の網膜芽細胞腫では，生殖細胞で 1 つの対立遺伝子が変異しており，腫瘍形成にはもう 1 つ突然変異で十分である．孤発性の網膜芽細胞腫では，生誕時はどちらの対立遺伝子も変異していないため，発がんには両方の対立遺伝子の変異が必要である．ほかにも多くの遺伝するがんが同定されている．

ことができる．がん細胞は，通常，正常細胞よりも倍化時間が短く，静止 G_0 期にいる細胞が少ない．

さまざまな**サイクリン cyclin**，**サイクリン依存性キナーゼ cyclin-dependent kinase（CDK）**，そして細胞周期に影響するいくつかの他の重要分子（たとえば，*Rb* や *p53* などの遺伝子のタンパク質産物）もまた 35 章に記述されている．これらの分子がはたらく細胞周期のポイントを図 35-20，図 35-21 と表 35-7 に示した．

がん細胞の主要な性質は制御不能な増殖であるので，その細胞周期についてさまざまな角度からかなり深く研究されてきた．ここではいくつかの重要知見を述べる．サイクリンや CDK に影響を与える多様な変異が報告されている．がん原遺伝子やがん抑制遺伝子の産物が，正常な周期の制御に重要な役割を果たす．広く多様な変異がこれらの遺伝子，すなわち *RAS*，*MYC*，*Rb*，*p53*（これらがとりわけよく研究されている，以下参照）をはじめ多くの遺伝子において見つかっている．

たとえば，35 章で示したとおり，*Rb* 遺伝子のタンパク質産物は細胞周期の制御因子である．Rb タンパク質は転写因子 E2F に結合し，細胞が G_1 から S 期へ進行するのに必要な遺伝子が転写されるのを防ぐ．したがって，変異によって Rb タンパク質の機能が失われると，細胞周期の制御作用も失われることになる．

DNA への損傷が起きると（放射線や化学物質による），p53 タンパク質の量が増加し，周期の移行を遅らせる遺伝子の転写を活性化する．もし損傷があまりに重篤で修復ができない場合，p53 はアポトーシスを誘導する遺伝子を活性化する（後述および図 35-23）．も

し変異により p53 が欠失したり，不活性化したりすると，アポトーシスが起きず，損傷 DNA をもつ細胞が残り続け，がん細胞の前駆体となっていく可能性がある．

ゲノムの不安定性と異数性はがん細胞の重要な特徴である

本章においてすでに触れてきたとおり（さらにこの後でも言及していくが），がん細胞は多くの変異をもっている．がん細胞が示す**ゲノム不安定性 genomic instability** の説明の 1 つとして，**変異誘発型の表現型 mutator phenotype** があげられる．この形質は最初に Loeb らが主張したことで，がん細胞が DNA 複製や DNA 修復にかかわる遺伝子に変異をもっていることで変異が蓄積するというものである．この概念は後に，**染色体分配 chromosomal segregation** や **DNA 損傷の監視 DNA damage surveillance**，**アポトーシス apoptosis** などの過程に影響する変異にも拡張された．ゲノム複製におけるエラーとよばれるこれらさまざまなメカニズムが大半のがんに寄与することが多くの知見から示唆されている．

ゲノム不安定性という用語は，**マイクロサテライト不安定性 microsatellite instability（MSI）**と**染色体不安定性 chromosomal instability（CIN）**という多くのがん細胞が示す 2 つの異常をさすのにしばしば使われる．MSI のことは 35 章で簡単に記述した．MSI はマ

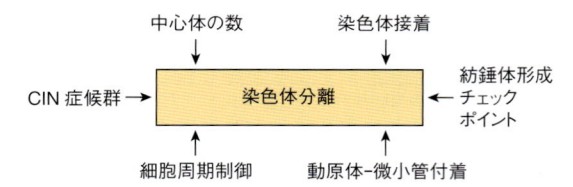

図 56-8. 染色体不安定性（CIN）と異数性の理解に重要な染色体分離にかかわる因子群
CIN 症候群は Bloom 症候群（OMIM 210900）などを含む．
(Thompson SL, Bakhoum SF, Compton DA.: Mechanisms of chromosomal instability. Curr Biol 2010;20(6):R285-R295 の データより)

イクロサテライト DNA 配列の拡大や縮小を含み，通常，これはミスマッチ修復の異常や複製スリップにより起きる．CIN は MSI よりも高頻度に起き，この 2 つはしばしば相互排他的である．CIN は有糸分裂における染色体分配の異常によって引き起こされる染色体の獲得や欠失をさす．

CIN の関連分野で興味深いのは**コピー数多型 copy number variation**（CNV）（章末の「用語集」および 39 章参照）である．さまざまな CNV が多くのタイプのがんと関係することが明らかになってきているが，発がんにおける正確な役割の解明はこれからである．

CIN の重要な側面に**異数性 aneuploidy** があり，これは固形腫瘍において非常に一般的な特徴である．細胞の染色体数が一倍体の倍数でないとき，これを異数性とよぶ．異数性の程度はしばしば予後不良と相関する．よって，染色体分配の異常が遺伝的多様性を増加させる，腫瘍の進展に寄与していることが示唆される．実際，異数性はがんの根源的性質であると考える科学者もいる．

CIN と異数性の基盤を決定する研究が盛んになされている．**図 56-8** に見られるように，いくつかの異なる過程が正常な染色体分配に関係している．1 つひとつの過程は複雑で，多彩な細胞小器官と多くのタンパク質がかかわっている．染色体分配と細胞分裂の詳細は細胞生物学の教科書を参照してほしい．正常細胞とがん細胞でこの過程を比較し，みつかった相違のうちどれが CIN や異数性に関与するのかを決定しようとする研究が行われている．この研究の希望の 1 つは，CIN や異数性を減少させるか防ぎさえする創薬が可能になるかもしれないことである．

多くのがん細胞がテロメラーゼ活性の上昇を示す

テロメア（35 章参照）といくつかの疾患や加齢との関連にかなり関心が向けられてきた（35 章，57 章参照）．がんとの関係では，腫瘍細胞が急速に分裂するときテロメアはしばしば短くなる．テロメア短縮はすべてではないが，多くの固形がんの危険因子として定義づけられてきた．実際**テロメア長 telomere length** は慢性炎症疾患（**潰瘍性大腸炎 ulcerative colitis** や **Barrett 食道 Barrett esophagus** など）ががんに移行するかを正確に予見できる強力な予測因子である．テロメアの構造や機能の異常は，CIN に寄与し得る（上述参照）．テロメア合成（およびその長さ維持）にかかわる主要な酵素である**テロメラーゼ telomerase** の活性は，正常な体細胞では非常に低い一方，がんでは頻繁に上昇しており，テロメア短縮の克服機構になっている．ほとんどのがんでは（正常体細胞と違い）この酵素の活性が高いので，テロメラーゼ阻害は魅力的な治療戦略である．しかしそのような阻害剤は，正常幹細胞（ほとんどの組織でみとめられる必須な細胞で，その自己複製にテロメラーゼ活性を必要とする）にも悪影響を及ぼす可能性がある．これが，テロメラーゼ標的治療の実現を阻んでいる．しかしながら，イメテルスタット（GRN163L）は臨床応用に近づいたそのような薬剤の 1 つで，神経膠芽腫，肺がん，卵巣がんなどで，良好な成績を見せた．テロメラーゼの構造解析と低分子化合物の大規模スクリーニングを組み合わせれば，がん治療効果をもつより強力な化合物の発見につながるだろう．

がん細胞はアポトーシスに異常があり，増殖能が維持される

アポトーシス apoptosis はプログラム細胞死 programmed cell death（PCD）として知られ，その活性化が細胞死を引き起こす，遺伝的に制御されたプログラムである．主要な役者は**カスパーゼ caspase** と名づけられたタンパク質分解性の酵素群であり，通常は不活性型の**プロカスパーゼ procaspase** として存在する．**カスパーゼ**（アスパラギン酸指向性システインプロテアーゼ）という名称は，それがタンパク質アスパラギン酸残基の直後でペプチド結合を切断するシステインプ

ロテアーゼであることに由来している．ヒトのカスパーゼは約15種類が知られているが，そのすべてがアポトーシスに関与するわけではない．アポトーシスに関与するカスパーゼが活性化されると（つまり，カスパーゼ2, 3, 6, 7, 8, 9, 10），それらは酵素反応の**カスケード cascade**（血液凝固カスケードと比較されたい，55章参照）を惹起し，さまざまなタンパク質や他の生体分子を切断し，最終的に細胞を死に至らしめる．カスケードの起点に位置する**上流 upstream** カスパーゼ（たとえば，2, 8, 10）はしばしばイニシエーターとよばれ，経路の終点に位置する下流のもの（カスパーゼ3, 6, 7）は**エフェクター effector** あるいは**実行因子 executioner** とよばれる．**カスパーゼ活性型 DNA 分解酵素 caspase-activated DNase（CAD）**は DNA を断片化し，非変性条件での電気泳動にかけると特徴的なラダー（はしご）状の検出パターンをつくる．アポトーシスの顕微鏡レベルの特徴には，染色体の凝縮，核の形態変化，膜小胞の形成が含まれる．アポトーシスによる死細胞は速やかに食作用により処理され，炎症反応は回避される．

アポトーシスは，細胞死の病的形態であり遺伝的にプログラムされていない**ネクローシス necrosis**（壊死）とは異なる．ネクローシスはある種の化学物質や熱（たとえば火傷）などの外因に細胞や組織が曝露されることで起きる．さまざまな加水分解酵素（プロテアーゼ，ホスホリパーゼ，ヌクレアーゼなど）がネクローシスの過程にかかわる．死細胞からの細胞内容物の遊離が局所的な炎症を引き起こす可能性がある（アポトーシスとは違って）．

アポトーシスの全過程は複雑で，厳密に制御されている．アポトーシス制御経路には受容体，アダプター，プロカスパーゼ，カスパーゼ，アポトーシス促進あるいは抑制因子としてはたらくタンパク質が関与する．2つの主要な経路，すなわち**外因性 extrinsic**（デスレセプター）および**内因性 intrinsic** の経路があり，後者では**ミトコンドリア mitochondria** が重要な役割を果たしている．**図56-9** にアポトーシスの鍵となる事象のいくつかについて，非常に単純化した図を示す．

アポトーシスによる**デスレセプター経路 death receptor pathway** の主要な特徴は図の左側に示されている．アポトーシスを開始する**外因性シグナル external signal** には**腫瘍壊死因子-α tumor necrosis factor (TNF)-α** と Fas リガンドが含まれる．細胞死受容体はこれまでいくつか同定されている．それら受容体は膜貫通型のタンパク質で，そのうちいくつかは**アダプ**

タータンパク質 adapter protein（associated protein with death domain など）と相互作用する．これらの複合体は次に**プロカスパーゼ-8 procaspase-8** と相互作用し，**カスパーゼ-8 caspase-8**（イニシエーター）への変換が起きる．**カスパーゼ-3 caspase-3**（エフェクター）がさらなる一連の反応を通して活性化される．カスパーゼ-3 はラミンなどの重要な構造タンパク質（これが核の凝縮にかかわる），さまざまな細胞骨格タンパク質，DNA 修復にかかわる酵素などを分解し，細胞死を引き起こす．

この経路の制御はいくつかのレベルで起きる．**FLIP**〔**FLICE（FADD-like IL-1β-converting enzyme）抑制タンパク質**〕はプロカスパーゼ-8 の活性型への変換を阻害するアポトーシス抑制因子である．**アポトーシス阻害因子 inhibitor of apoptosis（IAP）**はプロカスパーゼ-3（およびカスパーゼ-9；後述）の活性型への変換を阻害する．これらの作用はミトコンドリアから放出される**SMAC（second mitochondrial-derived activator of caspase）**タンパク質により抑制され得る．

ミトコンドリア経路 mitochondrial pathway は，活性酸素種（ROS），DNA 損傷などの刺激への曝露で開始される．その結果，ミトコンドリア外膜に小孔が形成され，それを通じて**シトクロム c cytochrome c** が細胞質へ漏出する．細胞質において，シトクロム c は**APAF-1（apoptotic peptidase-activating factor-1）**，**プロカスパーゼ-9**，そして ATP と相互作用し，**アポトソーム apoptosome** として知られるタンパク質複合体を形成する．この相互作用の結果，プロカスパーゼ-9 は活性型へ変換され，今度は**プロカスパーゼ-3** に作用して**カスパーゼ-3** を生成する．

p53 遺伝子の活性化は *BAX* の転写を正に制御する．**BAX** タンパク質はミトコンドリアの膜電位を失わせるという点でアポトーシス促進性であり，ミトコンドリア依存性アポトーシス経路の開始を促す．他方で，**BCL-2** は膜電位の消失を防ぐのでアポトーシス抑制性である．IAP はプロカスパーゼ-9 のカスパーゼ-9 への変換を阻害し，SMAC がこれを抑制し得る．注意すべきことは，細胞死経路はカスパーゼ-8 を阻害因子として使い，一方でミトコンドリア経路はカスパーゼ-9 を使うということである．これらの2つの経路は相互作用し得る．さらに，ここでは議論されていない他の経路も存在する．

がん細胞はアポトーシスを回避する

がん細胞はアポトーシスを回避し，増殖と分裂を持

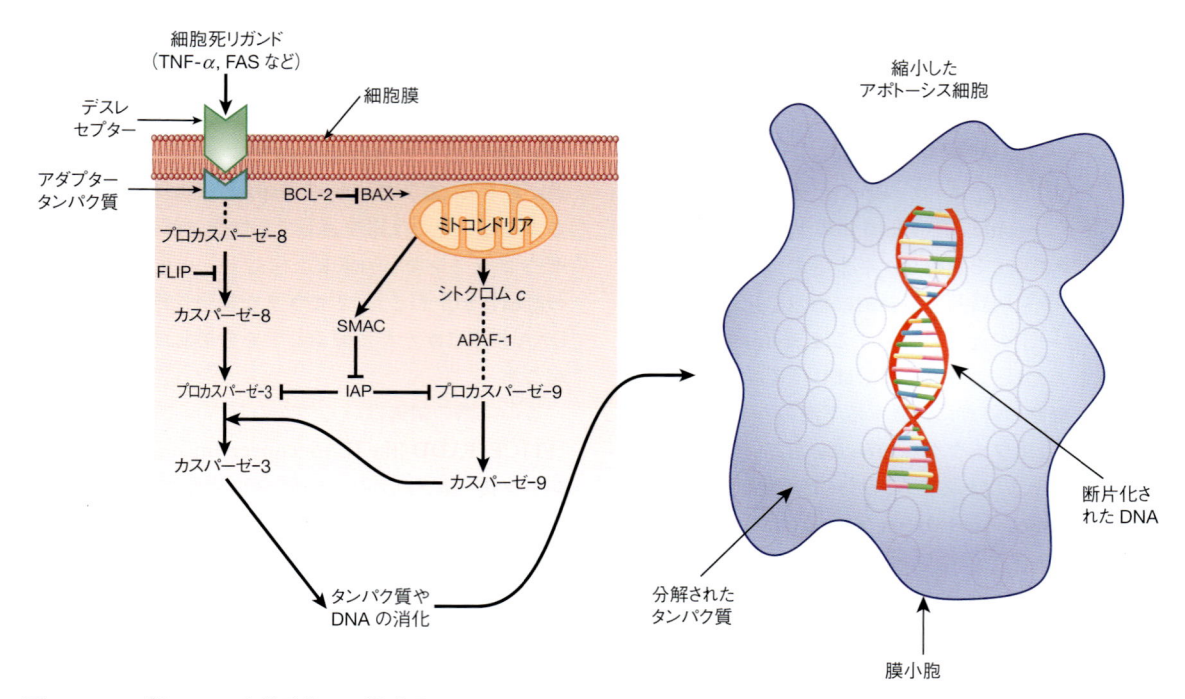

図 56-9. アポトーシスを簡略化した模式図
主要な外因性経路の分子イベントを左側に示した：細胞死シグナルには，TNF-α と FAS（リンパ球などの細胞の表面に存在する）が含まれる．シグナル（リガンド）は特異的なデスレセプター（いくつかの種類がある）に結合する（左）．活性化された受容体はアダプタータンパク質（FADD はそのうちの 1 つ）と結合し，プロカスパーゼ-8 と複合体を形成する（図では複合体を，受容体とプロカスパーゼ-8 の間の…で示している）．一連のさらなる段階を経て，活性化されたカスパーゼ-3 が形成され，それが細胞障害の主要なエフェクター（実行者）となる．外因性経路の制御はプロカスパーゼ-8 のカスパーゼ-8 への変換に対する FLIP の阻害効果，そして IAP のプロカスパーゼ-3 への阻害効果により起き得る．右側は内因性（ミトコンドリア依存性）経路で起きる主要な細胞イベントである．さまざまな細胞ストレスがミトコンドリアの外膜の透過性に影響し，シトクロム c の細胞質への流出に至る．これは APAF-1 とプロカスパーゼ-9 と多タンパク質複合体を形成し，アポトソームとよばれる．これらの相互作用を通して，プロカスパーゼ-9 がカスパーゼ-9 に変換され，これが次にプロカスパーゼ-3 にはたらきかけて活性型に変換する．内因性経路の制御は BAX の段階で生じ，これはミトコンドリアの透過性の増大を促進してシトクロム c を流出させ，アポトーシスを進行させる．BCL-2 は BAX のこの作用に対抗するので抗アポトーシス的である．IAP もまたプロカスパーゼ-9 を阻害し，この IAP の作用は SMAC により抑制され得る．（APAF-1：アポトーシスプロテアーゼ活性化因子-1，BAX：BCL-2 結合 X タンパク質，BCL-2：B 細胞 CLL/リンパ腫-2［CLL は慢性リンパ性白血病］，FADD：FAS 結合デスドメインタンパク質，FAS：FAS 抗原，FLICE：FADD 様 ICE，FLIP：FLICE 抑制タンパク質，IAP：アポトーシス阻害因子，ICE：インターロイキン 1-β 変換酵素，SMAC：第二ミトコンドリア由来カスパーゼ活性化因子）
┤はそのはたらきに拮抗することを，矢印は促進することを示す．

続する機構を発達させてきた．一般的に，これらの機構はアポトーシス促進性のタンパク質の機能を失わせたりする変異，あるいは抗アポトーシス遺伝子の過剰発現を含む．そのような例の 1 つとして p53 遺伝子の機能欠失にかかわるものがある．p53 はおそらくがんにおいて最も頻繁に変異がみられる遺伝子である．その結果として p53 欠損細胞ではアポトーシス促進因子の BAX（先述）の転写上昇が起こらなくなり，抗アポトーシスタンパク質にとって有利な方向にバランスが変化する．多くの抗アポトーシスタンパク質の過剰発現は，がんにおいて頻繁に見られる．その結果，がん細胞はアポトーシスを回避し，持続的な増殖が起きる．

がん細胞において特異的にアポトーシスを活性化させてその寿命を終わらせる薬剤やその他の化合物を開発する試みがなされている．これら薬剤のほとんどは，BCL-2 ファミリー抗アポトーシスタンパク質を阻害する低分子化合物である．現在行われる化学療法や免疫療法のいくつかは，外因性経路を介してアポトーシスを誘導する．それら治療とアポトーシス誘導薬剤との併用治療によって抗がん活性を高めることができないか，検討が行われている．

上述のとおり，アポトーシスは多数の関係因子による複雑で多重制御された過程で，この省略化した説明のなかではその多くに言及することはできない．アポ

表 56-10. アポトーシスの重要な特徴

- 遺伝的にプログラムされた一連の現象にかかわっており，細胞の直接的ダメージの結果であるネクローシスとは異なる．
- 一連の細胞イベントはカスケードを形成し，その点で血液凝固と似ている．
- 細胞の縮小，膜小胞，炎症の欠如，DNA 分解の特徴的な電気泳動パターン（ラダー化）が特徴である．
- 多くのカスパーゼ（タンパク質分解酵素）がかかわっている．いくつかはイニシエーターであり，他はエフェクター（実行者）である．
- 外因性（デスレセプターを介するもの）と内因性（ミトコンドリア性）の経路の両方がある．
- Fas とその他の受容体がアポトーシスの外因性経路にかかわる．
- 細胞ストレスやその他の要素が内因性（ミトコンドリア依存性）アポトーシス経路を活性化する．シトクロム c の細胞質への放出がこの経路の重要な現象である．
- アポトーシスは阻害因子（抗アポトーシス因子）と活性化因子（アポトーシス促進因子）のバランスで制御されている．
- がん細胞で見つかる獲得変異はアポトーシスからの回避を可能にし，がん細胞の増殖を促進する．

トーシスはまた，さまざまな発生学的，生理学的な過程にもかかわっている．逆説的に見えるかもしれないが，制御された細胞死は新しい細胞を形成することと同じくらい，健康の維持に重要である．アポトーシスはがん以外の疾病にもかかわっており，そこにはある種の自己免疫そして慢性神経変成疾患，たとえば，Alzheimer 病と Parkinson 病などが含まれ，それは（過剰な増殖よりもむしろ）**過剰な細胞死**が特徴的である．**表 56-10** にアポトーシスのいくつかの主要な特徴をまとめた．

ネクローシスの炎症誘発と発がん促進効果

アポトーシスとは違い，組織のネクローシスでは周囲の微小環境に細胞内容物が放出される．これには炎症反応のメディエーターとなる分子が含まれ，その結果，免疫炎症細胞による組織への浸潤が起きる．そのような細胞には，活発な発がん促進作用があることが示されている．免疫炎症細胞は血管新生や腫瘍細胞の増殖や浸潤を促進することが報告されている．ネクローシスは一見してがん細胞の増殖傾向に拮抗するように見えるが，逆説的に発がんを利しているかもしれない．したがって，成長中の腫瘍は，細胞のネクローシスに対してある程度の寛容性を獲得している風に見える．というのも，それによって血管新生を通じて増殖促進因子を腫瘍細胞に供給してくれる炎症細胞を引

き寄せることができるからである．

がん微小環境は発がん，転移，治療応答において決定的に重要である

がん微小環境 tumor microenvironment（TME）の腫瘍生物学における重要な役割がわかってきた．TME は腫瘍の病態や進展，そして治療への応答がどうなるかの決定に関与する．TME は，がん細胞に加え多様な非腫瘍細胞や細胞外マトリックス因子からなっている．そのなかには免疫細胞（T 細胞や B リンパ球，ナチュラルキラー細胞，マクロファージ）や間葉系細胞（幹細胞，筋上皮細胞，内皮細胞や脂肪細胞）も含まれる．TME の間質で起きる複雑な細胞間相互作用は，がん細胞の増殖，生存，伝播（転移），そして治療への応答に影響する重要な要素である．TME に存在する細胞から産生されるエキソソームは，がん細胞と周囲の細胞の情報伝達を可能にし，がんの転移や薬剤耐性に関与することがわかってきた．

腫瘍には多様な免疫細胞が浸潤しているが，それらの機能は腫瘍細胞由来の信号によって弱められている．さらに，T 細胞やマクロファージは，腫瘍細胞の増殖や生存を促進するように再プログラム［たとえば，構成的な NF-κB の活性化によって（図 42-10 参照）］されている．この再プログラム化は，がん細胞が免疫監視を逃れることを可能にし，また，免疫系ががん悪性化を加速させるのに一役買っている．発がんにおける TME 免疫細胞の役割についての理解の深化は，がん免疫療法という新しく重要な途を切り拓いた（本章後半で，より詳細に述べる）．

筋上皮細胞や間葉系幹細胞などの間葉系細胞は，がん幹細胞ニッチの形成を促すことが知られており，がん幹細胞の生存や増殖を助けている．内皮細胞など，他の間葉系細胞は，**血管内皮細胞増殖因子 vascular endothelial growth factor**（VEGF）などの TME パラ分泌シグナルに応答し，腫瘍血管の新生や転移を促進する（以下も参照のこと）．脂肪細胞は多様な増殖因子を TME で分泌し，腫瘍増殖を支える．加えて，TME の細胞外マトリックスも，がん幹細胞ニッチの形成を促進し，浸潤や転移を助けて腫瘍の悪性化に寄与する．**図 56-10** に，TME の典型的な構成要素を示す．

まとめると，腫瘍はがん細胞だけからなる単純な集まりではないことを忘れてはならない．腫瘍は，多彩なタイプの細胞から成り立っていて，それには非腫瘍

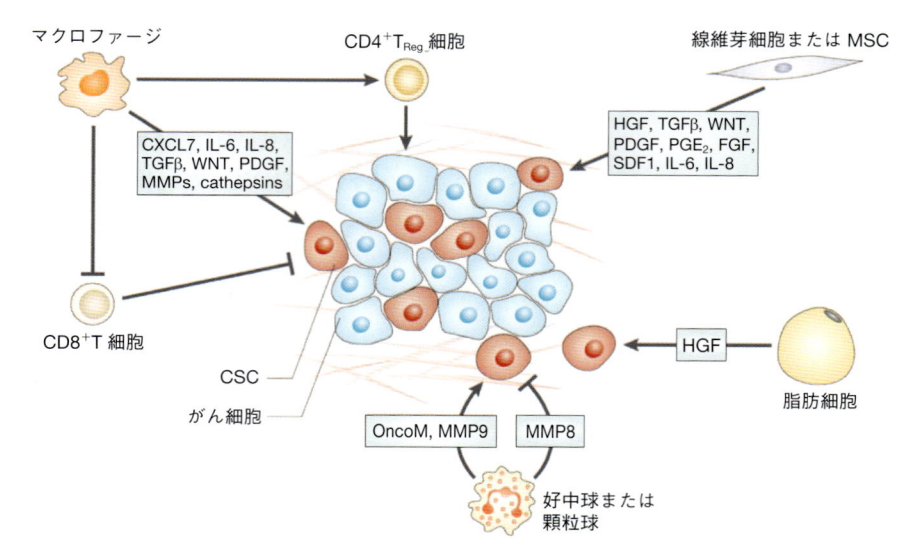

図 56-10. がん微小環境（TME）は腫瘍細胞の増殖に決定的に寄与する

図に示した細胞型は，がん幹細胞 cancer stem cell（CSC）の形成を刺激する因子を分泌し，形成された CSC が幹細胞の性質を維持する助けをすることによって，腫瘍に影響を与える．CSC やがん細胞に影響を及ぼすことが知られているおもな細胞型とその分泌因子を細胞型別に示す．（CXCL7：ケモカイン CXCL7，FGF：線維芽細胞成長因子，HGF：肝細胞増殖因子，IL-6：インターロイキン 6，MMP：マトリックスメタロプロテアーゼ，MSC：間葉系幹細胞，OncoM：オンコスタチン M，PDGF：血小板由来増殖因子，PGE2：プロスタグランジン E2，SDF1：ストロマ細胞由来因子 1，TGF-β：トランスフォーミング増殖因子 β）（Pattabiraman DR, Weinberg RA. Tackling the cancer stem cells—what challenges do they pose? *Nat Rev Drug Discov.* 2014;13（7）:497-451 より許可を得て掲載）

細胞も含まれる．それら細胞どうしの複雑な相互作用とそれらの微小環境に関する理解は，現在進行中のがん研究における重要項目である．

がん細胞は代謝プログラムを変化させる

　生存し，やがて成長し増殖して腫瘍を形成するために，腫瘍細胞は，往々にして低酸素かつ栄養に乏しい環境から必要な全栄養を調達する能力を身につけねばならない．この不変の事実からすると，多くのトランスクリプトーム解析（RNA-Seq）研究で，以下の内容がみとめられるのは当然ともいえる．すなわち，栄養の捕捉，取り込み，代謝にかかわるタンパク質をコードする遺伝子にしばしば変異が起きていたり，発現が変動していたりする．これら知見から，とくにがん細胞の代謝にふたたび注目が集まることとなった．

　グルコースとアミノ酸のグルタミンは血漿内で最も豊富な代謝物質である．ヒト細胞における炭素および窒素代謝のほとんどは上記の 2 栄養素に起因している．1924 年，生化学者 Otto Warburg らは，がん細胞が大量の**グルコース**を取り込み，それを十分な酸素の存在下でも乳酸へと代謝することを見出した．この現象は**ワールブルク効果 Warburg effect** とよばれる．この結果にもとづき，Warburg は 2 つの仮説を唱えた．

　まず，好気呼吸に対する嫌気的な解糖系の比が腫瘍細胞であがっている理由として，ミトコンドリア好気呼吸の機能不全を想定した．また，解糖系比率が高いからこそ，がん細胞は，腫瘍組織では一般的な低酸素環境でも，優先的に増殖できるのではないかと考えた．Warburg はさらに，好気性から嫌気性へのグルコース代謝転換が，発がんドライバーであると主張した[4]．

　しかしながら，がん細胞でよく見るミトコンドリア好気呼吸の再プログラム化は，明確なミトコンドリア異常によるのではなく，今日，以下 2 つの理由などによると考えられている．理由の第一は，がん細胞を特徴づける，自立型の増殖シグナルである（図 56-1，図 56-2）．2 番目の理由は，代謝酵素をコードする遺伝子，トランスポーター（膜輸送タンパク質），およびその他

　4）　訳者注：Warburg 効果の生物学的意味は近年見直しがされて，乳酸ががん細胞のエネルギー源として重要などの説もある．

の代謝関連遺伝子の特異的な変化である．具体的には，特定スプライシングアイソフォームの発現だったり，特定の酵素をコードする遺伝子の増幅だったり，また，触媒効率や特異性，通常とは異なる代謝物を生成するような性質の変化があげられる．まとめると，それらの結果生じる変化が，代謝ネットワークの重要な再配線と遺伝子発現機構におけるエピゲノム制御の変化（DNA のメチル化，タンパク質のメチル化，アセチル化などの翻訳後修飾）を惹起する．これらは細胞における効率的な同化反応や，全体として腫瘍増殖促進的ながん微小環境（TME）の変化を引き起こす．

　がん細胞における代謝再プログラムの例を，ピルビン酸キナーゼの例に見ることができる．この酵素には解糖系ピルビン酸キナーゼ M（*PKM*）遺伝子にコードされる 2 つのアイソザイム，PKM1 と PKM2 が存在する．これらアイソザイムは選択的スプライシングによってつくられている（38 章参照）．PKM2 は，しばしば，がん細胞で高発現している．PKM2 が，ほとんど活性を示さない二量体型と，高活性を示す四量体型のいずれかの形で存在していることは，より重要だろう．大概の場合，がん細胞の PKM2 は低活性な二量体型をとっており，それによって解糖系中間産物が細胞に蓄積する．それら代謝物の蓄積は，がん細胞の早い増殖を支える巨大分子の合成を可能にするという仮説がある（Warburg 仮説で元来提唱されていたように）．そのような**代謝酵素の再プログラム化**により，グルコースがもつ化学エネルギーが，ATP 産生よりも（**図 56-11**），タンパク質，脂質，核酸など，生体高分子の産生に振り向けられるようになるのかもしれない．これら生体高分子は細胞増殖（この場合はがん細胞の）に必須である．まとめると，これら知見から，解糖系の高活性が腫瘍細胞にもたらす選択的優位性を説明することができるように思われる．そのような知見にもとづき，がんの早期発見や層別化を目的として，代謝物プロファイルに変化がないか血液や尿検体で調べてもよいだろう．そのような代謝プロファイルは，質量分析（MS）や NMR（核磁気共鳴）法によって得ることができる．MS は単一検体中にある数千の代謝物を高感度に解析でき，NMR はそれら代謝物の量を再現性よく正確に定量できる．

　固形腫瘍には**血液が十分に供給されない**領域が存在し，前述のとおり，腫瘍細胞が解糖系優位の代謝をとるため，TME に乳酸を分泌して局所的な**アシドーシス acidosis** を引き起こす．この局所アシドーシスは腫瘍が容易に組織浸潤するのを可能にしていると想定され

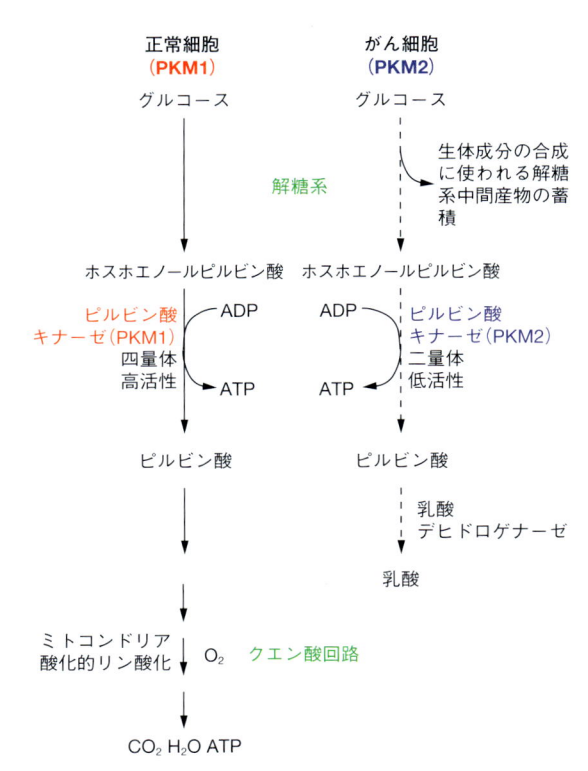

図 56-11. 正常細胞とがん細胞におけるピルビン酸キナーゼのアイソザイムと解糖系

正常細胞では，ATP の主要な供給源は酸化的リン酸化で，一部の ATP が解糖系でつくられる．がん細胞においては，嫌気的解糖が顕著であり，乳酸デヒドロゲナーゼ（LDH）を介して乳酸がつくられ，酸化的リン酸化による ATP 産生が減少する（図では示されていない 14 章，16 章参照）．がん細胞においては，PKM2 が PK の主要なアイソザイムである．まだ十分に理解されていない複雑な理由により，このアイソザイム変換によりがんでは解糖系からの正味の ATP 産生が減少し，一方でバイオマス構築のための代謝物利用が増加する．

＊ 訳者注：ピルビン酸キナーゼには 4 つのアイソザイムがあり，このうち M 型には M1，M2 がある．PKM1 は四量体を形成し，PKM2 は四量体，二量体の双方を形成する．それぞれが複雑な制御を受けており，原著の，正常細胞がPKM1 でがん細胞が PKM2 という表現は正しくない．

ている．腫瘍にて血液供給の乏しい領域における**低酸素状態**，すなわち**低い酸素分圧 partial pressure of O$_2$（pO$_2$）**によって，**低酸素誘導因子 hypoxia-inducible factor-1（HIF-1）**の発現が誘導される．この転写因子は，低酸素分圧によって活性化され，8 個の解糖系酵素の合成を制御する少なくとも 8 遺伝子の転写を上昇させる．

　腫瘍の pH と pO$_2$ は，抗がん剤や他の治療への応答に影響する重要因子である．たとえば，放射線治療の抗がん作用は，低酸素環境では明らかに低下する．が

表 56-11. 解糖系を阻害する化合物がさまざまな抗がん活性をもつことがわかってきた

化合物	阻害される酵素
3-ブロモピルビン酸	ヘキソキナーゼⅡ型
2-デオキシ-D-グルコース	ヘキソキナーゼⅠ型
ジクロロ酢酸	ピルビン酸デヒドロゲナーゼキナーゼ（PDK）
ヨード酢酸	グリセルアルデヒドリン酸デヒドロゲナーゼ

［注］これらの化合物が開発された理論根拠は，解糖系ががん細胞で通常はるかに活発であり，その阻害が通常細胞に比べてがん細胞により障害を与える可能性があるからである．PDHキナーゼ（PDK）の阻害はPDHの刺激をもたらし，ピルビン酸を解糖系から他へ転用してしまう．

んの解糖系を阻害する化合物が開発されており，それはおそらく腫瘍細胞を選択的に殺傷する（**表 56-11**）．そのなかには **3-ブロモピルビン酸 3-bromopyruvate**（ヘキソキナーゼⅡ型阻害剤）や **2-デオキシ-D-グルコース 2-deoxy-D-glucose**（ヘキソキナーゼⅠ型阻害剤）がある．ほかに，**ジクロロ酢酸 dichloroacetate**（DCA）は，ピルビン酸デヒドロゲナーゼキナーゼ（PDHK）を阻害してピルビン酸デヒドロゲナーゼ（PDH）を活性化し，グルコースに由来する代謝物を解糖系からクエン酸回路へと流入させる（17章参照）．しかし，これまで，これら化合物で臨床的な有用性を示したものはない．

がんの幹細胞

39章および53章で幹細胞について簡単に触れた．多くの科学者が現在，がんにおける幹細胞の役割を研究している．**がん幹細胞 cancer stem cell（CSC）** は，単独で，あるいは他の変異と協調して，それら細胞をがん化させる変異をもつと考えられている．CSCは特異的な細胞表面マーカーやその他の技術により検出できる．周囲の組織（たとえば，がん微小環境（TME）における細胞外マトリックスの構成要素）が，これら細胞の挙動に著しく影響するようだ（図 56-10）．この分野のいくつかの研究の動機となった重要なコンセプトが，がん化学療法がしばしば成功しない理由の1つに，通常の化学療法に対して感受性をもたない**がん幹細胞の集団がどこかに局在あるいは播種している**からだという考え方である．この仮説の根拠としては，幹細胞は休止状態にあることが多く，活発なDNA修復システム（図 35-23参照）をもち，抗がん剤を排出することのできる

薬剤トランスポーターを発現し，しばしばアポトーシスに耐性があるという事実があげられる．

多くの腫瘍でがん幹細胞が実際に重要な役割を果たすことを示す知見が得られつつある．もしこの仮説が正しければ，それら幹細胞を選択的に死滅させる治療の開発は，とても価値あるものになるだろう．

腫瘍はしばしば血管新生を刺激する

正常な細胞，組織，臓器と同様に，腫瘍細胞の生存には，栄養を与えてくれる十分な血液の供給が必要である．腫瘍細胞とその周辺の非腫瘍細胞は新たな血管の成長（すなわち**血管新生 angiogenesis**）を刺激する**因子を分泌 secrete** していることが見出されている．腫瘍の血管新生には多くの関心が払われてきており，というのも，もしそれを防ぐことができれば腫瘍細胞を死滅させる方法になり得るからである．

腫瘍細胞に栄養を供給する血管の成長は低酸素 hypoxia やその他の因子によって刺激される．前述したように低酸素により低酸素誘導因子-1 hypoxia-inducible factor-1（HIF-1）の発現レベルが上昇し，それが次に血管新生の主要な刺激因子である血管内皮増殖因子 vascular endo-thelial growth factor（VEGF）ファミリーのタンパク質量を増加させる．VEGFタンパク質は血管内皮やリンパ管細胞上の特異的チロシンキナーゼ受容体に結合する．この結合によってNF-κB経路（42章参照）の上昇を引き起こすシグナル経路が活性化され，内皮細胞の増殖と新たな血管の形成が起きる．腫瘍に血液を補給している血管は正常ではない．すなわち，構造はしばしば無秩序で接着が弱く，その結果しばしば正常な血管に比べて透過性が高い．VEGF以外の分子，たとえば**アンギオポエチン angiopoietin**，**β線維芽細胞増殖因子**（**β-FGF**），TGF-β，そして胎盤増殖因子（PlGF）なども血管新生を刺激する．当然ながら，血管の成長を阻害するある種の分子も存在する（たとえば，**アレステン arresten** や**エンドスタチン endostatin**）．

VEGFに対する**モノクローナル抗体 monoclonal antibody（mAb）** が開発され（たとえば，ベバシツマブすなわちアバスチン），ある種のがん（たとえば，大腸がんや乳がん）の治療に使われるようになった．それらmAbはVEGFに結合し，おそらくVEGFとVEGF受容体との結合を防いでそのはたらきを阻害する．これらの治療用mAbは患者の生存を高めるが，大半の患者は結局再発する．現在では，多くの抗がん治療と同

様に，mAb は他の抗がん治療と組み合わせて使うのがよいと信じられている．血管新生を刺激する他の増殖因子に対する mAb も開発され，臨床試験が行われており，血管新生の低分子阻害薬もまた同様である．血管新生の阻害薬は，たとえば"滲出型"の**加齢黄斑変性症 age-related macular degeneration** や**糖尿病性網膜症 diabetic retinopathy** など，血管増殖を特徴とする他の病態でも有用である．

転移はがんの最も深刻な側面である

　がんに関連**死の約 85%** が**転移 metastasis** によるものであると見積もられている．がんは通常，リンパ管または血管を経由して伝播していく．転移は複雑な過程で，その分子基盤の理解は，ようやく緒に就いたばかりである．

　図 56-12 に転移を簡単に図解する．最初の出来事は，腫瘍細胞の原発巣からの**遊離 detachment** である．その後細胞は循環系（あるいはリンパ系）へ到達し，この過程を**脈管内侵入 intravasation** とよぶ．いったん循環系に入ると，直近の小さな毛細血管床に**停留**することが多い．その場所で**血管外遊出 extravasate** し，付近の**細胞外マトリックス extracellular matrix**（**ECM**）を通って**遊走 migrate** し，定着する場所を見つける．その後宿主の防御機構から生き延びた腫瘍細胞は，さまざまな速度で成長する．腫瘍細胞の成長には，前述のとおり十分血液の供給が必要である．

　多くの研究が，がん細胞の細胞表面タンパク質が細胞表面から逸脱していることを示してきた．これらの変化により細胞接着が減少し，個々のがん細胞が親株のがんから遊離しやすくなっているのかもしれない．細胞接着にかかわる細胞表面分子は**細胞接着分子 cell adhesion molecule**（**CAM**）とよばれる（**表 56-12**）．多くの正常細胞で接着の主要な重要分子である **E-カドヘリン E-cadherin** の減少が，多くのがん細胞の接着性が低下することの説明になるかもしれない．多くの研究が，さまざまなグリコシルトランスフェラーゼの活性が変化したことで，細胞表面の糖タンパク質のオリゴ糖鎖が変化していることを示している（図 40-7，46章参照）．重要な変化の 1 つは，GlcNAc（*N*-アセチルグルコサミン）転移酵素 V の活性の上昇である．この酵素は，GlcNAc を伸長中のオリゴ糖に移す反応を触媒し，β1-6 結合をつくることでさらなる鎖の伸長を起こさせる．そのような伸長した鎖が細胞表面における

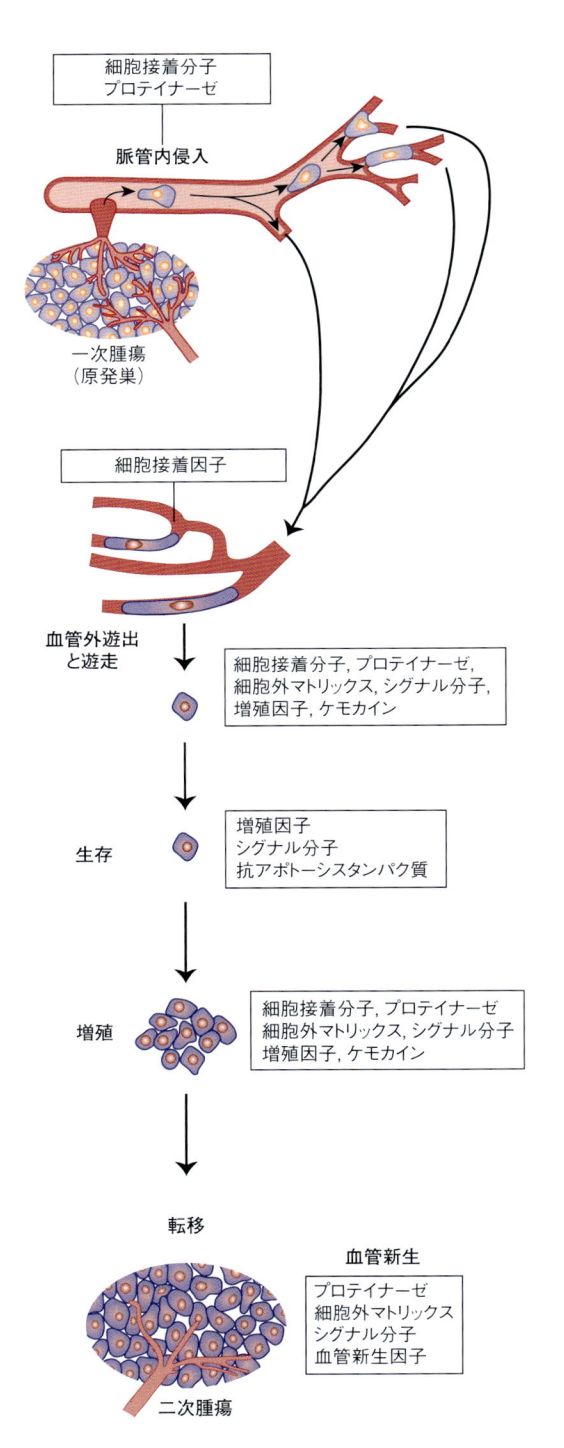

図 56-12.　単純化した転移の模式図
転移の段階を順を追い，関与が想定されている因子のいくつかとともに模式的に示した．

表 56-12. 重要な細胞接着分子（CAM）

- カドヘリン
- ICAM（細胞内接着分子）
- インテグリン
- セレクチン

［注］CAM（cell adhesion molecule）は同種親和性でも異種親和性でもあり得る．同種親和性の CAM は隣の細胞の同じ分子と相互作用し，他方，異種親和性の CAM は別の分子と相互作用する．カドヘリンは同種親和性，セレクチンとインテグリンは異種親和性で，Ig CAM は両方であり得る．インテグリンについては 54 章で，セレクチンについては 46 章で簡単に考察してある．

糖鎖格子の変化に一役買うと提唱されている．これにより受容体やその他の分子の構造再編が起きるかもしれず，おそらくがん細胞伝播の素因になるのだろう．

　多くのがん細胞の重要な特徴として，さまざまな**プロテイナーゼ proteinase** を ECM に放出できるということがある．4 つの主要なプロテイナーゼ（セリン-，システイン-，アスパラギン酸-，そしてメタロ-）があり，がんにおいてとくに興味深いのが**マトリックスメタロプロテアーゼ matrix metalloprotease（MMP）**である．MMP は金属依存性（通常は亜鉛）酵素の大きなファミリーを構成している．いくつかの研究が腫瘍においてMMP-2 や MMP-9（ゼラチナーゼとしても知られている）などの MMP の活性が上昇していることを示している．これらの酵素は基底膜や ECM 中のコラーゲンやその他のタンパク質を分解する能力があり，腫瘍細胞の伝播を促進する．これらの酵素の阻害薬が開発されたが，今のところどれも臨床的には大きな成功は納めていない．

　がん細胞の移動性をより高める要因の 1 つが，**上皮間葉転換 epithelial mesenchymal transition（EMT）**という分子プロセスである．EMT は細胞の形態や機能が上皮型から間葉系型に変化することで，おそらく細胞環境によって誘発される．間葉系型はより多くのアクチンフィラメントをもっているため運動性が上昇し，これが転移する細胞に必要な性質となっている．

　細胞外マトリックス extracellular matrix（ECM）も転移において重要な役割を果たす．がん細胞と ECM の細胞との間でシグナル機構を介して情報伝達しているという証拠がある．ECM の中の細胞の型もまた転移に影響を与え得る．前述したとおり，ECM タンパク質を分解するプロテイナーゼはがん細胞の伝播を促進する．さらに，ECM に含まれるさまざまな増殖因子はがん細胞の挙動に影響を与える．

　移動する過程で，腫瘍細胞は免疫系のさまざまな細胞（たとえば，T 細胞，NK 細胞，マクロファージなど，54 章参照）に出くわすが，こうした細胞の攻撃から生き延びなければならない．これらの免疫監視細胞のいくつかはさまざまな**ケモカイン chemokine** を分泌し，この小さなタンパク質が白血球などのさまざまな細胞を引き寄せ，時には腫瘍細胞に対する炎症反応を引き起こす．

　生着（転移）に成功するような遺伝的性質を獲得できる細胞は，約 1 万個に 1 個よりも少ないと推定されている．ある種の腫瘍細胞は特定の臓器に転移する偏向を示すが（たとえば，前立腺の細胞は骨へ，乳がんは骨・脳へ，など），特異的な細胞表面分子がこの転移の指向性に関与しているようである．

　さまざまな研究により，特定の遺伝子が転移を亢進させ，一方で他のものが転移抑制遺伝子としてはたらくことが示されている．このような遺伝子の正確なはたらきを決定することは，現在の研究の重要な課題である．**表 56-13** に転移に関するいくつかの重要な点をまとめてある．

表 56-13. 転移の重要な特徴

- がんにおいて上皮間葉転換がしばしばみとめられ，潜在的に転移し得る細胞の遊離と伝播を上昇させる．
- 転移は比較的非効率的である（わずか 1：10 000 の腫瘍細胞しかコロニー形成する遺伝的潜在性をもっていない可能性がある）．
- 転移細胞は生き延びるために免疫系のさまざまな細胞から逃れなければならない．
- 細胞表面分子（たとえば CAM など）の変化が転移にかかわっている．
- プロテイナーゼ（たとえば MP-2 や MP-9 の）の活性の上昇が浸潤を促進する．
- 転移活性化あるいは抑制遺伝子の存在が示されてきた．
- いくつかのがん細胞は特異的な臓器に優先的に転移する．
- 転移遺伝子の特徴はトランスクリプトームやエキソーム解析で検出されるかもしれず，そのようなトランスクリプトーム情報は予後予測に有用となり得，個別的な治療処置が可能になる．

CAM：細胞接着分子，MMP：マトリックスメタロプロテアーゼ．

がんには多くの免疫学的側面がある

　腫瘍免疫学は広大な領域である．ゆえに，この課題に関して，ここではほんの少しを扱うにとどめる．**加齢 aging** に伴う免疫応答の低下が，高齢者におけるが

ん発症の増加に寄与しているように思われる．分子腫瘍学者や医師は，免疫系のすばらしい特異性をがん細胞を死滅させるのに使うことを長く希んできた．この可能性を探求する多くの臨床試験が現在進行中である．これには抗体，ワクチン，そして腫瘍細胞を死滅させる能力を高めるよう遺伝子操作された多様なT細胞が使われる．効果が実証された手法の1つに，Tリンパ球のとある表面タンパク質に対する抗体を用いたものがある．たとえば，細胞傷害性Tリンパ球抗原4（抗CTLA-4）あるいは免疫抑制受容体 programmed death（PD)-1（抗PD-1）に対して開発された抗体は，これらの細胞における"ブレーキを外し"，これによりT細胞ががん細胞を自由に攻撃できるようになることが示されてきた[5]．

　ほかに，改変T細胞を用いた戦略の効果も同じく実証された．このアプローチはCAR-T細胞治療とよばれる．**CAR-T細胞療法 CAR-T cell therapy** では，患者本人のT細胞を集め，培養系で増やし，腫瘍細胞が特異的に発現する抗原に結合する特殊な受容体［**キメラ抗原受容体 chimeric antigen receptor（CAR）**］を発現するよう改変が加えられる．患者に戻されたあと，この遺伝子改変を受けたT細胞は，標的であるリンパ球性白血病細胞に結合しそれを殺すのである．このアプローチは，従来型の化学療法が奏功しなかった症例ではとくに価値がある．ほかにも多くのCAR-T細胞療法が開発されようとしており，このアプローチは，治療オプションが限られた多くのがん患者の治療に革新をもたらすのではないだろうか．免疫療法の主要な利点は，それが対象範囲の広いはたらきをもち，それゆえに広い種類のがんに対して使用できることである．免疫療法が，外科手術，放射線療法，化学療法に続く，第四のがんに対する主要な武器となることが望まれている．

　慢性炎症 chronic inflammation は免疫機能の一部でもある．これが，**がんの素因**になるというエビデンスがある（たとえば，長期の潰瘍性大腸炎を患っている人では大腸がんの発生率が非常に高い）．炎症細胞には比較的多量の **活性酸素種（ROS）** を産生するものがあるが，それがDNAや他の巨大分子に損傷を与え（57章

参照），おそらく発がんにかかわるのであろう．**低用量のアスピリン aspirin** が，おそらく抗炎症作用を介して，大腸がん発生リスクを低下させるかもしれないという報告もある．

がん：炎症や肥満との関連

　今日では，炎症とがんとの関連性はすっかり確立されている．炎症は発がんにおける重要な要素であることが知られる．とはいうものの，炎症とがんをつなぐ正確なメカニズムはほとんどわかっていない．炎症の誘導に関与し得る分子の例として，核内因子 κB（NF-κB）とシグナル伝達兼転写活性化因子3（STAT3）がある．NF-κB は炎症促進，増殖，組織修復に関与するタンパク質の発現を誘導する転写因子である．腫瘍におけるNF-κB活性化は，炎症刺激あるいは発がん性変異によって起きることが示されている（42章参照）．STAT3を介したシグナル伝達は，ヤヌスキナーゼ（JAK)-STATシグナル伝達とその下流を活性化する炎症促進性サイトカイン，インターロイキン6（IL-6）によって活性化する（42章参照）．これらイベントががんの特徴的性質の多くを誘発する原因であると考えられている．加えて"**インフラマソーム inflammasome**"は細胞の損傷センサーとしてはたらくタンパク質複合体であり，炎症を媒介するもう1つの候補である．インフラマソーム活性化は，**IL-1β** や **IL-18** といった発がんにかかわる **炎症促進性サイトカイン pro-inflammatory cytokine** の分泌を促進する．ほかの炎症メディエーターにも発がんへの関与を示す膨大な証拠がある．

　肥満は低度の炎症との関連性がある．内臓脂肪組織は炎症促進性サイトカインの重要な供給源と考えられている．今日では，腫瘍細胞を取り囲む微小環境が発がんに影響することがわかっている（前述）．がん微小環境（TME）に存在する炎症細胞はこの過程で重要な役割を果たすと考えられている．肥満は微小環境における機能障害性の変化を媒介し悪化させる．これは正常組織と腫瘍の両方で起きていることがわかっている．そのような変化とは，通常，内分泌，代謝あるいは炎症にかかわるであろう因子の改変などである．反対に，カロリー摂取制限は実験モデルでがんを抑制することが示されている（そして寿命すら改善する，57章参照）．増殖因子シグナル，炎症，細胞恒常性，TMEなどの多くの細胞経路がカロリー摂取制限で影響を受ける．これらの結果は，ヒトのがん予防では，そういったことを考慮してもいいのかもしれない．

---

5)　訳者注：抗CTLA-4抗体の効果は James P. Allison により，また，抗PD-1抗体の効果は本庶　佑により発見され，どちらも難治がんの治療に使われている（2018年ノーベル医学生理学賞受賞）．ヒト型抗PD-1抗体（ニボルマブ）は小野薬品工業(株)により開発され，世界中で使用されている．

血液やその他の体液検体を使い腫瘍バイオマーカーを測定できる

生化学的検査はしばしば，がん患者の管理に役立つ（たとえば，進行がんを有する患者は血漿カルシウムが上昇している可能性があり，それは注意しないと重篤な問題を引き起こし得る）．がんにはある種の酵素やタンパク質，ホルモンの異常産生と関連しているものが多く，それらは血漿や血清中で測定できる．これらの分子は**腫瘍バイオマーカー tumor biomarker** として知られている．それらのいくつかを**表 56-14** に示す．

しかし，表 56-14 に載せたいくつかのバイオマーカーの顕著な上昇は，さまざまな**非がん性の状態**でも起きる．たとえば，**前立腺特異抗原 prostate-specific antigen（PSA）**は前立腺細胞で合成される糖タンパク質だが，これは前立腺にがんを有する患者だけではなく，前立腺炎や**良性前立腺肥大症 benign prostatic hyperplasia（BPH）**の患者でも上昇する．同様に，**がん胎児性抗原 carcinoembryonic antigen（CEA）**の上昇はさまざまな型のがんを有する患者だけでなく，ヘビースモーカーや潰瘍性大腸炎や肝硬変の患者でも見つかる．腫瘍バイオマーカーが通常はがんに特異的ではないということは，それらの大半の測定はおもにがんの診断には使われてこなかったことを意味する．主たる用途は，治療の有効性を追跡することや再発を早期に検出することであった．その他の臨床検査と同様に（48 章参照），測定された腫瘍バイオマーカーを解釈するには，臨床像が考慮されなくてはならない．

体液や，採取可能な（血中，血清や生検試料中の）腫瘍細胞について現在進められている**オミクス解析**は，高感度かつ特異的に初期の腫瘍性病変の存在を知らせる新たな**予後バイオマーカー prognostic tumor biomarker** の開発につながることが期待されている．これまでにないバイオマーカーとして耳目を集めているのが，**血液循環腫瘍 DNA circulating tumor DNA（ctDNA）**である．ctDNA は，腫瘍由来の DNA で，血液から採取できる．別々の腫瘍に由来する DNA はそれぞれ特徴的な変異をもつので，そのような変異が ctDNA で見つかれば，たとえ従来型の生検ができなくとも，がんの存在とそのタイプを予測することができる．これら検査はリキッドバイオプシーとよばれ，がんの早期発見，治療の個別最適化，再発の早期検出に役立つことが期待されている．基本的な考え方としては，前述の，脱落大腸上皮細胞の DNA における遺伝

表 56-14. 血中で測定可能な有用な腫瘍バイオマーカー

腫瘍バイオマーカー	関連するがん
α-フェトプロテイン（AFP）	肝細胞がん，胚細胞腫瘍
カルシトニン（CT）	甲状腺（髄様がん）
がん胎児性抗原（CEA）	結腸，肺，乳房，膵臓，卵巣
ヒト絨毛性性腺刺激ホルモン（hCG）	絨毛性疾患，胚細胞腫瘍
モノクローナル免疫グロブリン	骨髄腫
前立腺特異抗原（PSA）	前立腺
CA-125	卵巣がん
CA19-9	膵がん

[注]これらの腫瘍バイオマーカーの大半は，非がん性の疾患を患う患者の血中においても上昇する．たとえば，CEA は種々の非がん性の胃腸障害で上昇し，PSA は前立腺炎や良性前立腺肥大で上昇する．このために，腫瘍バイオマーカーの上昇を解釈する際は注意が必要で，そのおもな用途は治療の有効性や再発の追跡である．ほかにもかなり広く使われている腫瘍バイオマーカーがいくつかある．

子変化を調べる便検査と似ている．

がん細胞のトランスクリプトームと全ゲノム配列解析（39 章参照）は，潜在的に高い有用性をもつ多くの発がんのバイオマーカーを明らかにした．これらの手法は腫瘍をより正確に細分化するのにも役立ち（いわゆる"個別化医療"，39 章参照），それによって，より正確な診断を下してより治療効果の高い標的治療を行うことができる．そのような分子診断法は，ある種のがんでは標準になり始めている．

がん細胞の詳細な遺伝学的解析により，がんに関する新たな洞察がもたらされた

ヒトゲノム計画が完了して以来，大規模 DNA 配列決定の技術や配列データの解析・解釈が大きく発展してきた．多様な高速 DNA 塩基配列決定技術の普及により（39 章参照）大規模 DNA 配列決定はより速く，より安価になった．そのような進歩によってさまざまな種類のがんで多検体の DNA 配列を解析することが可能になった．近年，**TCGA（The Cancer Genome Atlas）**や **PCAWG（Pan-Cancer Analysis of Whole Genomes Consortium）** プロジェクトに結集した研究者による世界規模のチームが，DNA や RNA の統合塩基配列解析の結果を，公開データとして整備した．それらプロジェクトでは，数十種類のがんの，数千の腫瘍組織お

よび同一患者の非腫瘍細胞における DNA ゲノムと RNA エキソソーム（細胞で発現する RNA 分子種の完全なリストの配列と定量値）が解析されている．このプロジェクトに参画した研究者らは得られたそれら情報を使い，発がんメカニズムに関する新規で重要な情報を見出そうとしている．PCAWG や TCGA（やその他の）コンソーシアムが公開する，多様ながんにおける遺伝子変異の種別，数，作用に関する変異**包括的なデータカタログ**は，**診断テスト diagnostic testing** と**個別化治療 custom-tailored therapy** の開発に革命をもたらしている．

　細菌における獲得免疫の 1 様式として発見された CRISPR（clustered regularly interspaced short palindromic repeat）は，多用途で正確なゲノム編集ツールへと形を変えて応用された（図 39-2 参照）．CRISPR は，**ガイド RNA guide RNA（gRNA）**と Cas とよばれるエンドヌクレアーゼ（通常は Cas9 が使われる）からなる，タンパク質-RNA 複合体である．細胞内で gRNA が，相補的配列をもつ DNA 上の特定領域へと Cas を導く．標的配列に結合した Cas は，DNA の一部を削ったり（これにより，たとえば遺伝子がノックアウトされる），DNA 配列を狙ったとおりに編集したりする．CRISPR の技術は，新たながん治療の開発にも使われた．最近，3 遺伝子を正確に編集した遺伝子改変 T 細胞（NYCE T 細胞とよばれる）の作製に CRISPR が使われたのである．この遺伝子改変によって，その T 細胞は，NY-ESO-1 タンパク質を発現する腫瘍細胞をより効果的に認識し，殺傷することができるようになった．

　前述のとおり，腫瘍は普通，極めて不均一な集団で，それゆえに遺伝学的にも表現型としても他とは性質を異にする亜集団の集まりとなっている（図 56-10）．ある腫瘍の遺伝学的な全体像を知るために，今では，腫瘍から得たたった 1 つの細胞から核酸を単離し，その塩基配列を決定することができる（単一細胞配列決定 single cell sequencing）．そのようにして得た知見は，腫瘍が内在するすべての亜集団を効果的に叩くことができる集学的治療の戦略作成のために重要である．

　まとめると，これら新技術によってもたらされる情報は，次世代のがんゲノム学に劇的なインパクトをもたらし，がんの早期診断を可能にする手段の開発，がん進展を駆動する決定的ゲノム変化の同定，そして究極的には，個々のがん患者に最適化した治療に貢献するだろう．がんの診断や治療におけるそのような個別化のアプローチは，**プレシジョン腫瘍学 precision oncology** とよばれる．

発がんメカニズムに関する知見が新たな治療の開発につながってきた

　がん研究における大望の 1 つは，がんに関する基本的メカニズムの解明が，より良い新治療につながることである．これはすでにある程度実現しており，現在進行中の研究開発によって，この過程がより加速されることが望まれている．

　古典的な化学療法剤にはアルキル化剤，白金製剤，代謝拮抗薬，分裂期紡錘体毒やその他のものが含まれている．これらについてはここでは触れない．より最近になって発展してきた薬剤のなかには，シグナル伝達阻害薬（チロシンキナーゼ阻害剤が含まれる），さまざまな標的分子に対するモノクローナル抗体，ホルモン受容体阻害薬，分化に影響する薬剤，血管新生阻害薬，生物応答修飾因子などがある．これらのそれぞれの例を**表 56-15** に示す．

　がん細胞においてシグナル伝達機構に広く異常があるという発見があり，とくに**チロシンキナーゼ tyrosine kinase** に変異が見出されてこれら分子に対する阻害薬の開発につながった．最も劇的な成功例はおそらく，**慢性骨髄性白血病 chronic myelocytic leukemia（CML）**治療へのイマチニブ（商品名グリベック）の導入であろう．イマチニブは経口投与が可能で，CML 発症の原因となる *ABL-BCR* 染色体転座によって生じたチロシンキナーゼを阻害する．イマチニブは ATP の類似体であり，キナーゼの ATP 結合ポケットに競合的に結合する．この薬剤により多くの患者で完全緩解が得られた．他のチロシンキナーゼ阻害薬として上皮増殖因子（EGF）受容体（EGFR）を阻害するエルロチニブやゲフィニブがある．EGFR は，ある種の肺がん（たとえば，非小細胞がん）や乳がんで過剰に発現し，異常（恒常的な）シグナルを惹起している．そのような薬剤の設計には，標的分子の**構造に関する詳細な知識**（それらは X 線結晶構造解析，NMR 解析，モデル構築などにより得られる）が必要であることを理解することが重要である．他の種類で有用な薬剤としては，腫瘍細胞表面のさまざまな分子に対する**モノクローナル抗体**があげられる（前述の抗 VEGF mAb の項を参照）．治療薬として臨床的に有用なモノクローナル抗体の例を表 56-15 にあげた．

　表 56-15 にはないが，すでに使用中，あるいは開発中の他のがん治療法には，多様なタイプの**遺伝子治療 gene therapy**（siRNA を含む，34 章参照），**免疫療法**

表 56-15. 最近のがん生物学の知識の進歩にもとづいた抗がん剤のおもな例

分　類	例	治療用途
シグナル伝達の阻害	イマチニブ，チロシンキナーゼの阻害剤	慢性骨髄性白血病
モノクローナル抗体	トラスツズマブ，HER2/Neu 受容体に対する mAb	後期の乳がん
抗血管新生剤	ベバシツマブ，VEGF A に対する mAb	結腸がんと乳がん
抗ホルモン剤	タモキシフェン，エストロゲン受容体の阻害剤	乳がん
分化誘導	全 trans-レチノイン酸(ATRA)，前骨髄球性白血病細胞を分化させるレチノイン酸受容体を標的にする	前骨髄球性白血病
エピゲノム変化を誘導	5′-アザデオキシシチジン，DNA メチルトランスフェラーゼの阻害剤　SAHA，ヒストン脱アセチル化酵素の阻害剤	特定の白血病　皮膚 T 細胞性リンパ腫

mAb：モノクローナル抗体，SAHA：スベロイルアニリドヒドロキサム酸(ボリノスタット)，VEGF A：血管内皮増殖因子 A.
[注]表中の薬剤のいくつかは，他のより有効な薬剤で置換されている．また，表の用途以外の目的でも使われるものもある．

immunotherapy（前述），**腫瘍溶解ウイルス oncolytic virus**（腫瘍細胞に優先的に感染して増殖し，細胞を殺すウイルス），プロゲステロン受容体拮抗薬，**ステロイドホルモン受容体阻害薬 inhibitor of the progesterone receptor**，**アロマターゼ阻害薬 aromatase inhibitor**（一部の乳がん，卵巣がん，前立腺がんに適用，41章参照），**テロメラーゼ阻害薬 telomerase inhibitor**，**ナノテクノロジー nanotechnology** の応用（たとえば，ナノシェルや他のナノ粒子），**光線療法 phototherapy**（31章参照），**がん幹細胞 cancer stem cell** を選択的に標的にする薬剤などある．

　他のすべての薬と同様に抗がん剤には副作用がある．時に，それは深刻である．さらにがんの遺伝子変化に対する治療をきっかけとする新たな選択の結果，要する時間はまちまちだが，多くの薬剤治療で耐性がんが出現する．

　がん細胞の薬剤耐性メカニズムの研究は，重要な研究領域である．がん細胞はいくつかの戦略を駆使して薬剤耐性を発達させる（**表 56-16** および章末の「まとめ」参照）．がん治療のための薬剤開発における推進力は，基礎免疫学，生化学，分子腫瘍生物学の研究から得た新たな情報を用いて，より安全でより効果的な薬を開発することである．過去数十年の精力的な研究により，特定がん種でその原因となる遺伝学的変異が明らかとなってきた．この知見は，広範囲の細胞毒性をもつ薬剤から，個々の腫瘍を特異的に標的するようデザインされた治療へのシフトをもたらした．今は，特異的**ドライバー変異 driver mutation** とよばれる発がんで決定的な役割を果たす変異を特定することが，主要な研究領域となっている(前述の大腸がんの項参照)．個々の患者における**がんの分子プロファイリング molecular profiling of cancer** により，それぞれの腫瘍に

表 56-16. がん細胞の薬剤耐性獲得のメカニズム

薬剤耐性の機構	例
薬剤排出の増加	多剤耐性タンパク質 multidrug resistance protein(MDR)（たとえば，P-グリコタンパク質/MDR1）のような輸送タンパク質の過剰発現が，タキサン，トポイソメラーゼ阻害剤，代謝抵抗物質といった主要ながん化学療法剤の排出を引き起こす．
薬剤活性化の低下	活性化を触媒する酵素の抑制により，プロドラッグ（たとえば，5-フルオロウラシル）の活性型への変換が減少する．
薬剤の不活性化	白金製剤（シスプラチンとカルボプラチン）はグルタチオンの結合で不活性化される．
薬剤標的分子の発現増加	5-フルオロウラシルのような代謝抵抗物質の標的である，チミジン酸合成酵素の過剰発現が起きる．
アポトーシスの機能障害	BCL-2 ファミリーのような抗アポトーシスタンパク質の過剰発現と，BAX や BAK のようなアポトーシス促進タンパク質の発現の減少．
生存促進シグナルの活性化	さまざまな化学療法剤に対して上皮増殖因子受容体（EGFR）を介したシグナルが活性化する．
腫瘍微小環境の改変	細胞を細胞外マトリックスに接着させるインテグリンの発現上昇により，アポトーシスが阻害され，薬剤標的が変化する．

おける分子異常を標的にした最も適切な薬剤あるいは治療法を選択することができるようになると同時に治療効果を経時的に追うことも可能になる．そのような**個別化がん治療 personalized anticancer therapy** は，さまざまなタイプのがんで薬剤応答や生存を著しく上昇させることがわかってきた．抗がん剤薬物の代謝（47 章参照）における個人の遺伝的差異を理解することもまた，がん治療の個別化に役立つかもしれない．

　図 56-13 に薬物治療の標的と，比較的最近のがんの

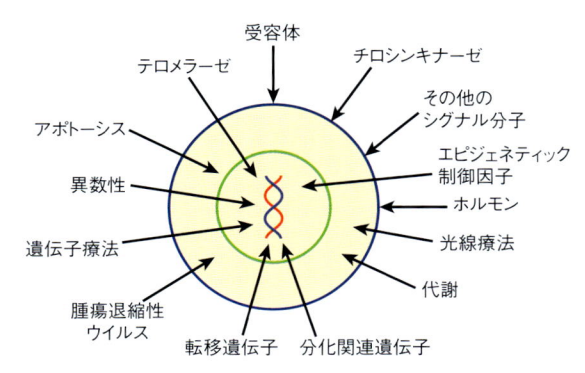

図 56-13. 比較的最近の研究から開発された，抗がん剤と新たに登場してきた治療法の標的の例

図に示されていないものとして，抗血管新生薬剤，ナノテクノロジーの応用，がん幹細胞を標的にした治療，免疫学的アプローチがある．示されている標的と治療法の大半については本文で簡単に言及した．

＊ 訳者注：光免疫療法という新たな治療法が咽頭部がんなど体表のがんに保険適応されている．これは日本人の小林久隆（NIH，関西医科大学）が開発した．

基礎研究から開発された新手の治療法のいくつかを要約した．

多くのがんは，予防できる

　多くの個人ががんで苦しみ，それが社会に課す重い経済的負担を考えれば，**がん予防**の対策を講じることは重要である．広く多様ながんに結びつく**危険因子**には**操作可能**なものもある．先進国におけるがんの一定数は，**表 56-17** にまとめた対策を全人口レベルで導入することで防ぐことができると考えられる．

　あらゆる形態でのタバコの使用は，肺がん，口腔がん，咽頭がん，食道がん，胃がんの主要な原因であり続けている．タバコによる有害事象に関する継続した公共教育キャンペーンにより，たばこ関連がんの数は明かに減った．ヒトパピローマウイルス（子宮頸がんとの関連が知られる）や B 型肝炎ウイルス（HBV，肝細胞がんと関連）に対するワクチンは，これらウイルス関連がんを減らすのに有効だった．

　化学的予防，すなわち発がんを抑える薬剤の使用のことであるが，ある種のがんでは有効なことがわかっている．たとえば，エストロゲン受容体作動薬（タモキシフェンなど）は，高リスク女性群で，乳がん発症を約50％減らした．同様に，フィナステリド（5α-還元酵素を阻害し，テストステロンが DHT に変換されるのを

表 56-17. 全人口レベルの導入により相当な数のがん予防効果が予想される公衆衛生対策

・喫煙の削減

・身体活動の増加

・適切な体重

・食事の改善

・飲酒の制限

・より安全な性行為の実施

・日常的ながん検診

・過度の太陽照射を避ける

＊ 訳者注：これらに加えて，ピロリ菌除菌，パピローマウイルスワクチン接種（男女とも）など．

(Stein CJ, Colditz GA. Modifi able risk factors for cancer. Br J Cancer 2004; 90（2）: 299-303 のデータより）

抑制する）は前立腺がんの発症数を減らした．抗血小板薬としてよく処方されていたアスピリンの長期服用は，大腸がんの低発症と相関することがわかった．

　場合によっては，遺伝的ながんリスク因子の同定が，がん予防の新戦略の可能性を拓こうとしている．たとえば，乳がん関連遺伝子である *BRCA1* や *BRCA2* に変異をもつ女性は，将来のがんリスクを減らすため，予防的乳房切除（乳房を除去する手術）を受けている．

　まとめると，がん生物学研究の速い進展は，がんを治療するのみならず，そもそものがん発生を減らしたり，予防するのも，新たな途をも切り拓こうとしているのである．

まとめ

■ がんは，細胞増殖，細胞死（アポトーシス），細胞間相互作用（細胞接着など）を制御する遺伝子の変異によって起きる．他の重要項目として，細胞内シグナル伝達経路の異常，血管新生の亢進，染色体異数性，細胞の代謝の変化，細胞微小環境の変化がある．

■ がんの大多数は体細胞を変化させるような（広義の）DNA 複製エラーに起因するようだ．しかし，遺伝性や環境因子によるがんも，いくつかわかっている．

■ がんにかかわるおもな遺伝子は，がん遺伝子，がん抑制遺伝子，そして DNA の合成や修復に重要なタンパク質をコードする遺伝子に大別される．

■ マイクロ RNA の生成や発現にかかわる遺伝子の変異が，発がんに関与することがある．

■ 遺伝子発現を変化させるエピゲノム変化が，がんに

おいてますます認識されている(他の疾病でも同様).
理由の１つは，エピゲノム修飾(マーク)は薬で元に
戻せるからである.

- 転移の機構が集中的に研究されている．転移促進遺
伝子あるいは抑制遺伝子が見つかれば，新治療につ
ながるかもしれない.

- がん細胞はアポトーシス回避を可能にする変異を獲
得し，その複製を続けることが可能になる.

- がん細胞はさまざまな代謝や栄養取り込み，そして
その利用法の変化を示す.

- 発がんは多段階を経て進むプロセスで，そこには細
胞のクローンに選択的な利点をもたらす遺伝子の変
化，エピゲノムの変化，微小環境の変化がかかわっ
ている．それらクローンのごく一部が，最終的に転
移能力を獲得する．変異は多様であり，いかなる腫
瘍も同じゲノムをもつことはないのではないか.

- 転移(遠隔臓器への伝播)には，細胞接着分子発現や
細胞外マトリックス修飾の変化がかかわっていて，
それら変化により，がん細胞が原発腫瘍を離れ，遠
隔部位に移動しやすくなっている.

- がん細胞から放出される細胞外小胞(エキソソーム)
は，がんの進展や転移において重要な役割をもって
いそうだ.

- 腫瘍バイオマーカーは，がんの早期診断やがんの治
療応答をモニターしたり，再発の検出に役立つだろ
う.

- 診断を目的とした全ゲノム，全エキソン，そして循
環腫瘍細胞由来 DNA の配列解析は，現在，あらゆ
るタイプのがんで，重要なドライバー/パッセン
ジャー変異を明らかにすることができ，既存治療を
強力に補完するようになった.

- がん細胞の分子生物学的理解が進展したことで，多
くの新治療が開発され，また，開発されようとして
いる.

- いくつかのがん予防戦略について，その有用性が証
明された．具体的には，リスク因子の操作(タバコ使
用の削減など)，がん関連ウイルス(HPV や HBV の
ような)ワクチンの導入，薬剤(乳がんにおける抗エ
ストロゲン剤，前立腺がんにおける抗アンドロゲン
剤)そしてリスク低減手術（BRCA1/2 変異キャリア
女性における乳房切除)などである.

文 献

Aravanis AM, Lee M, Klausner RD: Next-generation sequencing of circulating tumor DNA for early cancer detection. Cell 2017;168:571-574.

Bassiouni R, Gibbs, LD, Craig DW, Carpten JD, McEachron TA: Applicability of spatial transcriptional profiling to cancer research. Mol Cell (2021);81:1631-1639.

Borrebaick CAK: Precision diagnostics: moving towards protein biomarker signatures of clinical utility in cancer. Nat Rev Cancer 2017;17:199-204.

Breast Cancer Association Consortium, Dorling L, Carvalho S, Allen J, González-Neira, A, et al: Breast Cancer Risk Genes–Association Analysis in More than 113,000 Women. N Engl J Med 2021;384:428-439.

Brown KA: Metabolic pathways in obesity-related breast cancer. Nat Rev Endocrinol 2021 Apr 29. doi: 10.1038/s41574-021-00487-0.

Cenik BK, Shilatifard A: COMPASS and SWI/SNF complexes in development and disease. Nat Rev Genet 2021;22:38-58.

Chakravarti D, LaBella KA, DePinho RA: Telomeres: history, health, and hallmarks of aging. Cell 2021;184:306-322.

Dai, J, Su, Y, Zhong, S, et al: Exosomes: key players in cancer and potential therapeutic strategy. Sig Transduct Target Ther 2020;5:145.

Dawson MA: The cancer epigenome: concepts, challenges, and therapeutic opportunities. Science 2017;355:1147-1152.

Degasperi A, Zou X, Amarante TD, et al: Substitution mutational signatures in whole-genome–sequenced cancers in the UK population. Science 2022;376. DOI: 10.1126/science.abl9283.

Guterres AN, Villanueva J: Targeting telomerase for cancer therapy. Oncogene 2020;39:5811-5824.

Hahn WC, Bader S, Braun TP, et al: An expanded universe of cancer targets. Cell 2021;184:1142-1155.

Hanahan D, Weinberg RA: Hallmarks of cancer: the next generation. Cell 2011;144:646-674.

Hu D, Shilatifard A: Epigenetics of hematopoiesis and hematological malignancies. Genes Dev 2016;30:2012-2041.

Huang A, Garraway LA, Ashworth A, Weber B: Synthetic lethality as an engine for cancer drug target discovery. Nat Rev Drug Discov 2020;19:23-38.

Ju YS: A large-scale snapshot of intratumor heterogeneity in human cancer. Cancer Cell 2021;39:463-465.

Ling H, Fabbri M, Calin GA: MicroRNAs and other non-coding RNAs as targets for anticancer drug development. Nat Rev Drug Discov 2013;12:847-865.

Ma P, Pan Y, Li W, et al: Extracellular vesicles-mediated non-coding RNAs transfer in cancer. J Hematol Oncol 2017;10:57.

Martinez P, Blasco MA: Telomere-driven diseases and telomere-targeting therapies. J Cell Biol 2017;216:875-887.

Mattox AK, Bettegowda C, Zhou S, Papadopoulos N, Kinzler KW, Vogelstein B: Applications of liquid biopsies for cancer. Sci Transl Med 2019;11:eaay1984.

Morgan MAJ, Shilatifard A: Reevaluating the roles of histone-modifying enzymes and their associated chromatin modifications in transcriptional regulation. Nat Genet 2020;52:1271-1281.

Nacev BA, Feng L, Bagert JD, et al: The expanding landscape of 'oncohistone' mutations in human cancers. Nature 2019;567:473-478.

Otto T, Sicinski P: Cell cycle proteins as promising targets in cancer therapy. Nat Rev Cancer 2017;17:79-92.

Pavalova NN, Thompson B: The emerging hallmarks of cancer metabolism. Cell Metab 2016;23:27-47.

Piunti A, Shilatifard A: The roles of Polycomb repressive complexes in mammalian development and cancer. Nat Rev Mol Cell Biol 2021;22:326-345.

Reiter JG, Baretti M, Gerold JM, et al: An analysis of genetic heterogeneity in untreated cancers. Nat Rev Cancer 2019;19:639-650.

Shi J, Kantoff PW, Wooster R, Farokhzad OC: Cancer nanomedicine: progress, challenges and opportunities. Nat Rev Cancer 2017;17:20-37.

Suski JM, Braun M, Strmiska V, Sicinski P: Targeting cell-cycle machinery in cancer. Cancer Cell 2021;39:1-15.

Tomasetti C, Li L, Vogelstein B: Stem cell divisions, somatic mutations, cancer etiology, and cancer prevention Science 2017;355:1330-1334.

Weinberg R: *The Biology of Cancer*, 2nd ed. Garland Science, 2013.

Zhang L, Zhang, Y, Hu X: Targeting the transcription cycle and RNA processing in cancer treatment. Curr Opin Pharmacol 2021;58:69-75.

Zhang Z, Lu M, Qin Y, Gao W, Tao L, Su W, Zhong J: Neoantigen: A New Breakthrough in Tumor Immunotherapy. Front Immunol 2021;12:672356.

便利なウェブサイト

American Cancer Society. http://www.cancer.org

National Cancer Institute-The Cancer Genome Atlas (TCGA) Program. https://www.cancer.gov/about-nci/organization/ccg/research/structural-genomics/tcga

International Cancer Genome Consortium: Pan-Cancer Analysis of Whole Genomes (PCAWG) study. https://dcc.icgc.org/pcawg

OMIM: Online Mendelian Inheritance in Man—an Online catalog of human genes and genetic disorders https://www.omim.org

用語集

悪性細胞［**malignant cell**］：がん細胞のことであり，抑制不能な様式で増殖し，浸潤し，生体の他の部位に伝播(転移)する能力がある．

アポトーシス［**apoptosis**］：遺伝的プログラムが活性化されることで起きる細胞死で，細胞 DNA の断片化やその他の変化を引き起こす．カスパーゼがこの過程で主要な役割を果たす．多くの正負の制御因子が影響する．p53 タンパク質は DNA 損傷への応答としてアポトーシスを誘導する．大半のがん細胞は変異のせいでアポトーシスの異常を示し，死ににくくなっている．

染色体異数性［**aneuploidy**］：細胞の染色体の本数が，基本の一倍体の正確な倍数になっていないあらゆる状態を示す．異数性は多くの腫瘍細胞において見つかり，がんの発生に本質的な役割を果たしている可能性がある．

エピジェネティック［**epigenetic**］：エピジェネティクス epigenetics の形容詞．DNA の塩基配列の変化を伴わない，DNA や関連タンパク質の後天的な化学修飾による遺伝子のはたらきの変化で，細胞分裂後も娘細胞に受け継がれ得る．エピジェネティックな変化を起こす要因には，DNA の塩基のメチル化，ヒストンの翻訳後修飾，クロマチンリモデリングなどが含まれる．

カスパーゼ［**caspase**］：プロテアーゼで，アポトーシスにおいて中心的な役割を果たし，そのほかの過程にもかかわる．ヒトには約 15 種類が存在する．カスパーゼはアスパラギン酸残基の C 末端側ペプチド結合を加水分解する．

がん［**cancer**］：悪性細胞からなる腫瘍．

がん遺伝子［**oncogene**］：がん原遺伝子が変異したもので，タンパク質産物は正常細胞のがん化にかかわる．

がん幹細胞［**cancer stem cell**］：自己複製能や，腫瘍で見られる不均一な細胞系譜を生み出す能力をもつ腫瘍内の細胞．

がん原遺伝子［**proto-oncogene**］：細胞がもつ正常な遺伝子で，その変異が細胞増殖を刺激し，発がんに寄与する産物を生じるもの．

がん原物質［**procarcinogen**］：生体内で代謝されて発がん物質に変化する化学物質．

がん腫［**carcinoma**］：上皮由来の悪性腫瘍細胞，あるいはそれらでできた腫瘍．腺細胞由来か腺性の性質をもつがんは，通常は腺がんとよばれる．

がん抑制遺伝子［**tumor suppressor gene**］：そのタンパク質産物が通常は細胞増殖を制限していて，変異によるその活性の欠失または減少が発がんに寄与する遺伝子．

クローン［**clone**］：クローンのすべての細胞は，1 つの親細胞に由来する．

クロマチンリモデリング［**chromatin remodeling**］：タ

ンパク質複合体(たとえば, SWI/SNF 複合体)の作用で起きるヌクレオソームの立体構造上の, あるいは共有接合性の変化. そのような変化によって遺伝子の転写を変化させることができる (状態に依存してオンオフする). 複合体タンパク質の変異が, がんでしばしば見つかる. ⇨ **エピジェネティック**

形質転換[**transformation**]：培養された正常細胞が異常細胞に変化する過程(たとえば, 発がんウイルスや化学物質により)で, その一部はがん細胞となる.

血管新生[**angiogenesis**]：新しい血管の形成. 十分な血液供給を得るべく, 血管新生はしばしば腫瘍細胞の周辺で活発に起きる. いくつかの増殖因子が腫瘍や周囲の細胞から分泌されて(たとえば, 血管内皮増殖因子, VEGF), この過程にかかわっている.

ゲートキーパー遺伝子[**gatekeeper gene**]：細胞増殖を調節あるいは抑制するタンパク質をコードしている遺伝子. がん抑制遺伝子とよばれることも多い($p53$ や Rb など). その変異は発がんに繋がる連続プロセスの起点になることが多い.

ゲノム不安定性[**genomic instability**]：いくつかのゲノム変化のことをさし, おもなものとして染色体不安定性(CIN)とマイクロサテライト不安定性の2つがある. 一般的にがん細胞のゲノムが正常な細胞に比べて変異に感受性が高いことを反映するもので, これは DNA 修復機構の異常が原因の1つになっている.

コピー数多型[**copy number variation (CNV)**]：特定の遺伝子や非コード DNA 領域をいくつもつかに関する, 個々人の間での(重複や欠失のために生じた)多型である. 多くの遺伝子や非コード配列の CNV が同定されている. そのいくつかはある種のがんを含むさまざまな疾病の原因となっていたり関連していたりする.

細胞周期[**cell cycle**]：細胞が次の分裂を行うまでの間の, 細胞分裂にかかわる多彩な現象.

腫瘍[**neoplasm, tumor**]：新たに増殖して発生した組織. 良性も悪性もある.

腫瘍学[**oncology**]：がんのあらゆる側面を扱う医科学の分野. (原因, 診断, 治療など)

生物学的応答の修飾因子[**biologic response modifier**]：生体から, あるいは人工的に産生された分子で, 患者に投与すると感染や炎症, その他の過程に対する生体応答を変化させる. たとえば, モノクローナル抗体, サイトカイン, インターロイキン, インターフェロン, 増殖因子が含まれる.

腺腫性ポリープ[**adenomatous polyp**]：上皮由来の良性腫瘍で, がん化する可能性がある. 腺腫はしばしばポリープ状である. ポリープは粘膜から突出して成長し, 大半は良性だがいくつかのポリープは悪性になり得る.

染色体パッセンジャー複合体[**chromosomal passenger complex (CPC)**]：タンパク質の複合体で, 有糸分裂の制御の鍵となるはたらきをする. 染色体の整列や, 紡錘体形成に関与する. 構成タンパク質の機能に影響する変異は, 染色体不安定性(CIN)や異数性に寄与する可能性がある.

染色体不安定性[**chromosomal instability (CIN)**]：有糸分裂中の染色体分離異常により, 染色体やその一部が過剰になったり欠失したりしやすい状態(⇨ **ゲノム不安定性**と**マイクロサテライト不安定性**). 染色体異常を伴うことから, CIN 症候群と名づけられた疾患がいくつか存在する. 患者では, さまざまながんの発生率の上昇が見られる.

染色分体[**chromatid**]：1本の染色体のこと.

セントロメア[**centromere**]：有糸分裂期染色体の狭窄下領域. 2本の染色分体は, この構造を介して結合する. 動原体のすぐそばに位置する. セントロメアの異常が CIN に寄与する可能性がある. ⇨ **動原体**

増殖因子[**growth factor**]：多くの正常あるいはがん細胞から分泌される, 種々のポリペプチド. これらの分子は自己分泌(増殖因子を分泌する細胞に影響を与える), 傍分泌(近隣の細胞に影響を与える), あるいは内分泌(血中を伝わって遠方の細胞に影響を与える)を介してはたらく. 増殖因子は特異的な受容体に結合して標的細胞の増殖を刺激する. ほかにも多くの生物学的な活性がある.

中心小体[**centriole**]：微小管が整列した構造体で中心体の中心に対になって位置する. ⇨ **中心体**

中心体[**centrosome**]：中心局在性の細胞小器官で, 細胞の主要な微小管形成中心である. 細胞分裂中は紡錘体極としてはたらく. 細胞分裂時の中心体の数や位置は, 正確な細胞複製のためにとても重要である.

低酸素誘導因子[**hypoxia-inducible factor (HIF)**]：酸素濃度の変動に対する細胞応答を誘導する転写因子群. HIF は酸素で発現が抑制される α サブユニット(複数種類が存在)と構成的な β サブユニット(単一)で構成されている. 生理的酸素濃度では, α サブユニットはプロリルヒドロキシラーゼによるプロリン残基ヒドロキシル化を受けた後, ユビキチン-プロテアソーム系によって速やかに分解される. HIF は多

様な機能をもち，たとえば HIF-1 は解糖系の酵素を
コードするさまざまな遺伝子と血管内皮増殖因子
(VEGF)の発現を上方制御する.

テロメア[telomere]：染色体末端の構造で，特異的な
8 塩基の DNA 配列の多重反復を含んでいる. 正常
細胞のテロメアは細胞分裂が繰り返されると短くな
り，細胞死の原因となり得る. テロメラーゼという
酵素はテロメアの複製を行い，しばしばがん細胞に
おいて発現しており，細胞死からの回避を助けてい
る. テロメラーゼの発現は正常体細胞では極めて低
い.

転移[metastasis]：がん細胞が生体の離れた部位に伝
播していき，そこで増殖する能力のことである.

染色体転座[chromosomal translocation]：染色体のあ
る一部が，別の染色体，あるいは同じ染色体の別の
部分に置き換わる染色体異常のこと. フィラデル
フィア染色体(後述)は，がん化を引きおこす染色体
転座の一例である(バーキットリンパ腫の項も参照).

動原体[kinetochore]：有糸分裂中にそれぞれの染色体
のセントロメアに隣接して形成される構造である.
これを構成するタンパク質の機能に影響する変異は，
染色体不安定性(CIN)の発生に寄与する可能性があ
る. ⇨ **セントロメア**

**ドライバー/パッセンジャー変異[driver/passenger
mutation]**：細胞をがん化させたり，がん化を加速
させる遺伝子変異をドライバー変異という. 腫瘍で
見つかるが発がんやがん進展を引き起こさない変異
はパッセンジャー変異とよばれる.

ナノテクノロジー[nanotechnology]：わずか数ナノ
メートルの大きさ(10^{-9} m = 1 nm)の装置の開発と
応用である. いくつかはがん治療に応用されている.

肉腫[sarcoma]：間葉系由来の悪性腫瘍(たとえば，細
胞外マトリックスの細胞などに由来).

ネクローシス[necrosis]：化学物質や組織損傷で誘発
される細胞死. さまざまな加水分解酵素が放出され
て細胞の分子を分解する. これはアポトーシスのよ
うに遺伝的にプログラムされた過程ではない. 影響
を受けた細胞は通常溶解し，その内容物を放出して
局所的な炎症を引き起こす.

発がん物質[carcinogen]：細胞をがん化させる可能性
のあるあらゆる作用因子（たとえば，化学物質や天
然物）.

白血病[leukemia]：さまざまな白血球（たとえば，骨
髄芽球，リンパ芽球など）が抑制の利かない増殖を示
す種々の悪性疾患である. 白血病には急性も慢性も

ある.

フィラデルフィア染色体[Philadelphia chromosome]：
9 番と 22 番染色体の間の相互転座により形成される
染色体である. この染色体転座が慢性骨髄性白血病
(CML)の原因になる. フィラデルフィア異常染色体
の形成において，22 番染色体の *BCR* (breakpoint
cluster region) 遺伝子の一部が 9 番染色体の *ABL* 遺
伝子(チロシンキナーゼをコードする)の一部に結合
して高いチロシンキナーゼ活性をもったキメラタン
パク質の合成が起き，細胞増殖を促進する. このキ
ナーゼの活性はイマチニブ（グリベック）により阻害
され，CML の治療に有効に使われている. ⇨ **染色
体転座**

複製スリップ[replication slippage]：反復配列の DNA
鎖の誤対合のために，DNA ポリメラーゼが停止し解
離して反復配列が欠失あるいは挿入される過程であ
る.

ヘテロ接合性の喪失[loss of heterozygosity (LOH)]：
ヘテロ接合の染色体ペアから正常な対立遺伝子（ア
リル）（しばしばがん抑制遺伝子をコード）が失われ
ることで起きる. これにより機能喪失アリルの影響
が臨床的に顕在化する.

**マイクロサテライト不安定性[microsatellite insta-
bility(MSI)]**：タンデムに並んだ短い反復配列（マイ
クロサテライト）の拡大や縮小のことで，複製のずれ
やミスマッチ修復や相同配列組換えの異常のために
起きる.

網膜芽細胞腫[retinoblastoma]：網膜に生じるまれな
腫瘍. *Rb* がん抑制遺伝子の変異が鍵となる役割を果
たす. 遺伝性の網膜芽細胞腫患者は *Rb* 遺伝子の変
異コピーを受け継いでおり，もう片方のアレルに変
異が入るだけで腫瘍が発生する. 孤発性の網膜芽細
胞腫患者は 2 つの正常コピーをもって生まれてお
り，この遺伝子を不活性化するには 2 回の変異が必
要である.

ラウス肉腫ウイルス[Rous sarcoma virus (RSV)]：
RNA 腫瘍ウイルスでニワトリに肉腫を生じさせる.
1911 年に Peyton Rous により発見された. RSV はレ
トロウイルスであり，複製に逆転写酵素を使う. そ
うしてつくられたゲノムの DNA コピーが宿主細胞
のゲノムに組み込まれる. がんの研究において広く
利用され，発がんの分子基盤に関する多くの重要な
発見につながった.

良性腫瘍[benign tumor]：異常な増殖細胞のかたまり
であるが浸潤性はなく，転移もしない.

リンパ腫［**lymphoma**］：細網内皮系とリンパ系から生じる一群の腫瘍．おもな病型としてホジキンリンパ腫と非ホジキンリンパ腫に分けられる．

Ames 試験［**Ames assay**］：Bruce Ames 博士により設計されたアッセイ系で，特別に設計されたネズミチフス菌 *Salmonella typhimurium* 株を使って変異原性を検出する．大半の発がん物質は変異原性物質であるが，もし変異原性が検出されたら，理想的には動物試験で発がん性を検査するべきである．

Bloom 症候群［**Bloom syndrome**］：染色体不安定性（CIN）症候群の1つ．DNA ヘリカーゼの変異により，患者は DNA 損傷に弱く，発がんリスクが高い．

Burkitt リンパ腫［**Burkitt's lymphoma**］：B 細胞リンパ腫で，アフリカの一部における風土病であり，顎や顔面の骨がおもに侵される．8 番染色体の C-*MYC* 遺伝子と 14 番染色体の免疫グロブリン重鎖遺伝子の相互転座がこの疾患の原因である．

Fas 受容体［**Fas receptor**］：リガンドである Fas が結合するとアポトーシスを開始させる受容体．Fas は，活性化したナチュラルキラー細胞や細胞傷害性 T リンパ球などの細胞に発現する膜タンパク質．

OMIM：Online Mendelian Inheritance in Man の略．ヒト遺伝子・遺伝的表現型に関する包括的で信頼できるデータカタログ．

老化の生化学

57

The Biochemistry of Aging

学 習 目 標
本章習得のポイント

- 老化の摩耗(wear and tear)仮説の本質的な特徴を詳述する.
- タンパク質や DNA のような生体高分子を損傷することが知られている普遍的な環境要因を 4 つ以上呈示する.
- なぜヌクレオチド塩基がとくに脆弱で損傷を受けやすいのかを説明する.
- ミトコンドリアゲノムと核酸ゲノムの生理学的に最も重要な相違を詳述する.
- 老化の酸化ストレス仮説について詳述する.
- ヒトにおける活性酸素種(ROS)の主要な発生源を呈示する.
- 老化のミトコンドリア仮説の基本的な考え方を詳述する.
- 細胞が ROS による損傷を防御,修復する 3 つの機構を詳述する.
- 老化の代謝仮説の基本的な考え方を詳述する.
- テロメアの"カウントダウン時計"の機構を説明する.
- 老化に対する遺伝子的寄与に関する今日的理解について概説する.
- 生物医学研究におけるモデル生物の利点を説明する.

生物医学的重要性

　ホモ・サピエンスの寿命の多様な段階を考えてみよう．幼児期や小児期は，身長や体重の継続的な成長に特徴づけられる．たとえば，歩行や言語などの基本的な運動や知的技能が向上する．幼児期や小児期はまた脆弱な時期でもあり，幼い子供は水分補給，食事，住居，防衛，そして教育の面で大人に依存している．青年期は，体の骨格全体が最後の急激な成長を迎える時期である．より重要なことには，続けざまに起こる劇的な発育変動—筋肉量の蓄積，生殖腺と脳の成熟，第二次性徴の出現—が起こり，扶養されている子供が独立した生殖能力のある成人へと変身していく．成人期は最も長い段階ではあるが，劇的な肉体的な成長や発達的変化のない時期である．女性における妊娠という明らかな例外はあるものの，成人にとって 20 ～ 30 年以上にわたって，同じ体重，全体的な外見，全身的な活動レベルが維持されることは珍しくはない．

　命にかかわる病気やけががなければ，人生の最終段階すなわち老年期は，身体的および生理的な変化の再開とともに始まる．筋肉と骨の量は徐々に減少する．髪は薄くなり，色素は失われて白や灰色に変化していく．皮膚は柔軟さを失い，シミを蓄積していく．注意力や記憶力は低下していく．最終的には，否応もなく，身体機能が低下することで，人生が終焉する．

　老化およびそれに伴う変化の根本的な原因やきっかけとなる引き金を理解することは，生物医学的に極めて重要である．Hutchison-Gilford 症候群，Werner 症候群，Down 症は，老化に伴う生理的な身体変化の多くが早期に進行することを病理的特徴とするヒト遺伝病 3 種である．関節炎，骨粗鬆症，Alzheimer 病，Parkinson 病など老化の原因あるいは老化に伴う身体変化の過程を少しでも遅らせたり防ぐことによって，人生の最終段階はより精力的かつ生産的で実りあるものになる．細胞死を引き起こす責任因子を探り当てることにより，健常組織に傷害を及ぼすことなく，選択的にがんやポリープ，囊胞などの病的組織や細胞を除去することが医師にとって可能になるかもしれない．

寿命と余命

　旧石器時代から中世に至るまで，新生児の平均寿命は 25 年から 35 年の範囲で推移していた．しかし，ルネッサンス期からこの数値は徐々に上昇し，20 世紀初頭までには，発展しつつあった諸国で生まれた人の平均寿命は 40 年半ばに達している．それより 100 年後の今日，現代の世界平均寿命は 67 年であり，先進国では 80 年に近づいている．この事実から，この傾向がどこまで長く続くのかについての予測がされている．将来の世代の平均寿命は 100 歳を超えるのだろうか．ヒトは適切な健康管理が行われれば，永久に生き続ける可能性をもてるようになるのだろうか．

　残念ながら，こうした外挿による予測は実現しにくいと思われる．それは，これらの予測が**平均寿命 life expectancy** という言葉の間違った理解にもとづいているからである．平均寿命とはすべての出生児に対する生存年数の平均値で算出される．したがって，平均寿命は乳児死亡率の影響を著しく受ける．ローマ時代の子供の平均寿命は 25 年であったが，一方で幼児期を生き残った人のみについて生存年数の期待値（これを**余命 longevity** とよぶ）を計算したならば，平均値はおよそ 2 倍の 48 年になる．過去 1 世紀半の間に起こってきた乳児死亡率の著しい低下の影響を取り除くと，米国の 5 歳児の推定余命は，1950 年の 70.5 歳から 2000 年の 77.5 歳へ延びている（**表 57-1**）．適切に栄養が与えられ，保護され，よく管理されたヒトの余命に上限はあるのだろうか．

老化と死亡率：非特異的あるいはプログラムされた過程？

　老化と死は，非決定論的すなわち**確率論的な**損傷蓄積のプロセスなのだろうか．つまり，生きている生物がとうてい避けられない転換点に到達し，疾患や外傷，あるいはたんに摩耗から受ける損傷の生涯にわたる蓄積に屈してしまうということなのだろうか．あるいは，老化と死は思春期などと同様に遺伝的にプログラムされた過程であり，自然選択の過程を通して進化してきたものだろうか．老化と死は，おそらく，非決定論的なものもあればプログラムされているものもある多くの要素が重要な寄与をして織りなす多因子過程である．

表 57-1. 米国の 10 年ごとの平均余命

抽出期間	平均余命（年）	
	誕生時から	5 歳まで生存した場合
1900 ～ 1902	49.24	59.98
1909 ～ 1911	51.49	61.21
1919 ～ 1921	56.40	62.99
1929 ～ 1931	59.20	64.29
1939 ～ 1941	63.62	67.49
1949 ～ 1951	68.07	70.54
1959 ～ 1961	69.89	72.04
1969 ～ 1971	70.75	72.43
1979 ～ 1981	73.88	75.00
1989 ～ 1991	75.37	76.22
1999 ～ 2001	76.83	77.47

（Arias E, Curtin LR, Wei R, Anderson RN. U.S. decennial life tables for 1999-2001, United States life tables. *Natl Vital Stat Rep.* 2008;57（1）:1-36 のデータより）

老化の摩耗（Wear and Tear）仮説

　研究者の中には，老化や死は，傷害や病気，紫外線などの有害な環境因子にさらされることによるダメージの生涯蓄積の必然的な結果であるという説を唱える者もいる．これらの仮説は，修復と代謝回転の機構が存在し，それによって多くの種類の損傷分子が修復または置換されるが，これらの機構が完璧ではないことを物語っている．したがって，損傷（とくに，世代交代がほとんど見られない細胞集団（**表 57-2**）において長時間かけて蓄積される損傷）のなかには，こうした修復置換機構から漏れるものもある．皮肉なことに，タンパク質や DNA，そのほかの生体分子に最も損傷を与える因子の多くは，地球上の生命に必要な不可欠なもの，たとえば，水，酸素や日光なのである．

加水分解反応はタンパク質や核酸に損傷を与え得る

　水は比較的弱い求核試薬である．しかし，どこにでもある存在であることと濃度が高いこと（55 mol/L 以上，2 章参照）により，求核性が弱いにもかかわらず水分子は，まれに細胞内において感受性の高い標的分子と反応し得る．これらの標的には，ポリペプチド鎖を形成するアミド結合や，とくにアミノ酸のアスパラギンとグルタミンの側鎖アミドが含まれる．加水分解により，アスパラギン残基とグルタミン残基はそれぞれ

表 57-2. すべての細胞が入れ替わるのに必要とされる時間

組織または細胞種	世代交代
小腸上皮細胞	34 時間[a]
上皮細胞	39 日[b]
白血球	< 1 年[c]
脂肪細胞	9.8 年[c]
肋間筋	15.2 年[c]
心筋細胞	≧ 100 年[c]

[a] Potten CS, Kellett M, Rew DA, et al: Proliferation in human gastrointestinal epithelium using bromodeoxyuridine in vivo. Gut 1992; 33:524.
[b] Weinstein GD, McCullough JL, Ross P: Cell proliferation in normal epidermis. J Invest Dermatol 1984; 82:623.
[c] Spalding KL, Arner E, Westermark PO, et al: Dynamics of fat cell turnover in humans. Nature 2008; 453:783.

アスパラギン酸残基とグルタミン酸残基に変化し，pH と電荷に中立なアミドの代わりに酸性で潜在的に負に帯電した基が導入される（**図 57-1A** と **B**）．

ヌクレオチド塩基と DNA のデオキシリボース-ホスホジエステル骨格をつなぐ結合も，ヌクレオチド塩基であるシトシン，アデニン，グアニンの複素環式芳香環から突き出たアミノ基も，加水分解攻撃を受けやすい．後者の場合，アミノ基はカルボニル酸素で置換され，それぞれウラシル，ヒポキサンチン，キサンチンを生成する（**図 57-1C**）．前者の場合，ヌクレオチド塩基は完全に除去され，配列にギャップが残る（**図 57-1D**）．DNA 中のヌクレオチド塩基の除去や変化は，タンパク質に影響を及ぼすものよりも生物医学的にはるかに大きな意味をもつ可能性がある．影響を受けた遺伝子がタンパク質をコードしている場合，もし修復されずに放置されると（35 章参照），そのタンパク質のそ

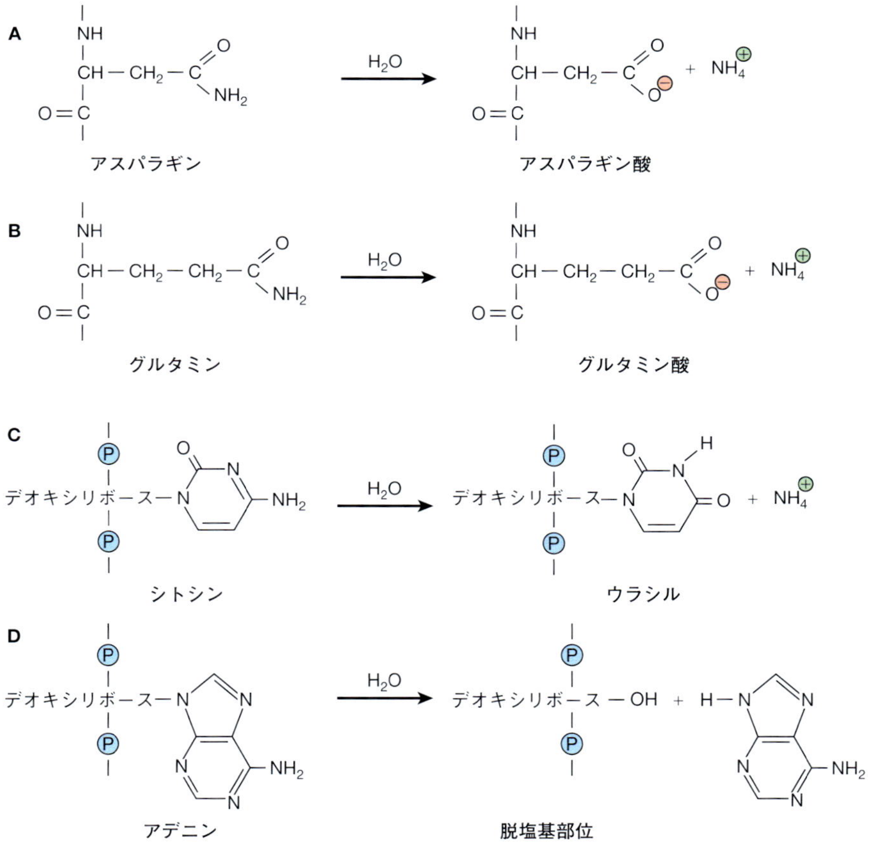

図 57-1. 生体高分子への加水分解損傷の例
水分子と反応し，タンパク質や DNA を化学的に改変するいくつかの方法を示す．（**A**）加水分解性脱アミノ反応を介したアスパラギン中性側鎖からアスパラギン酸への置換反応．（**B**）加水分解性脱アミノ反応を介したグルタミン中性側鎖からグルタミン酸への置換反応．（**C**）水によるシトシンからウラシルへの変異．（**D**）リボース-塩基結合の加水分解による切断を経た DNA 上での脱塩基部位の形成．

の後のすべてのコピーが変化する．変異を起こした細胞が分裂すれば，その変化は子孫に受け継がれ，その影響は増幅される．

　加水分解を受けやすい他の生物学的結合には，脂肪酸とその同族グリセロ脂質を結合するエステル結合，糖質において単糖間を結合するグリコシド結合[1]，ポリヌクレオチドを形成し，リン脂質において頭部基とジアシルグリセロールを結び付けるホスホジエステル結合などがあげられる．ポリヌクレオチド鎖の切断という顕著な例外を除いて，ほとんどの場合，これらの反応の生成物は生物学的には無害であるように見える．

呼吸が活性酸素種を生み出す

　非常に多くの生物学的プロセスにおいて，分子状酸素（O_2）を酸化剤とする有機分子の酵素触媒酸化反応が用いられている．これらのプロセスの例として，コラーゲンのプロリンとリシン側鎖のヒドロキシル化（5章），シトクロム P450 による生体異物の解毒作用（47章），プリンヌクレオチドの尿酸への変換（33章），酸化的脱炭酸反応を触媒するフラビン含有酵素における補欠分子族の再酸化（たとえば，ピルビン酸デヒドロゲナーゼ複合体，17章），その他の酸化還元反応（たとえば，アミノ酸オキシダーゼ，28章），電子伝達系によるミトコンドリアにおける化学浸透圧勾配の形成（13章）などがあげられる．酸化還元酵素は，フラビンヌクレオチドや鉄硫黄中心またはヘム結合金属イオンのような補欠分子族（12章と13章）を用いることで，上記の反応中に形成されるフリーラジカルやオキシアニオン[2]中間体の産生と安定化という難しい役割を果たしている．

　ときには，このような高い反応性のある中間体が，スーパーオキシドや過酸化水素のような ROS の形態をとって細胞内部へ逃げ込むことがある（**図 57-2A**）．これらの発生源として最も一般的なのは電子伝達系であり，その電子の流量が多く，構造が複雑であるため，ROS の"漏出"に対して脆弱である．さらに，多くの哺乳類細胞は一酸化窒素（$NO^\bullet$）を合成・放出する．一酸化窒素はフリーラジカルを含むセカンドメッセンジャーであり，心血管系の血管拡張と筋弛緩を促進する（51章参照）．

---

　1)　訳者注：原文では glucosidic bond（グルコシド結合）であるが，グルコース以外の単糖にも適用されるより一般的な用語 glycosidic bond（グリコシド結合）とした．
　2)　訳者注：原文では oxyanion. oxoanion（オキソアニオン）と同義.

化学反応で活性酸素種は大量に生成される

　ROS は反応性が非常に高いため，危険性も極めて高い．ROS は，実質的にはタンパク質，核酸，脂質などあらゆる有機化合物と反応し，化学的な変化を加えることができる．ROS はまた，ヌクレオチド塩基や多価不飽和脂肪酸のような複数の二重結合を含む生体化合物と付加体-前駆体の結合から生じる生成物を形成する傾向がとくに強い（**図 57-3**）．ヌクレオチド塩基とともに形成される付加化合物は，未修整だと複製の間，DNA 変異の原因となる読み違いを引き起こす可能性があることから，とくに危険となり得る．

　暖かい空気にさらされると，家庭用バターの脂肪成分が簡単に分解してしまうのは，不飽和脂肪酸（炭素-炭素二重結合（23章参照）を1つ以上含むもの）が ROS と反応しやすいことの証拠である．その結果，脂質の過酸化が起こると，架橋した脂質-脂質または脂質-タンパク質の付加化合物が形成され，生体膜の流動性と完全性が失われる．ミトコンドリアでは，膜の完全性

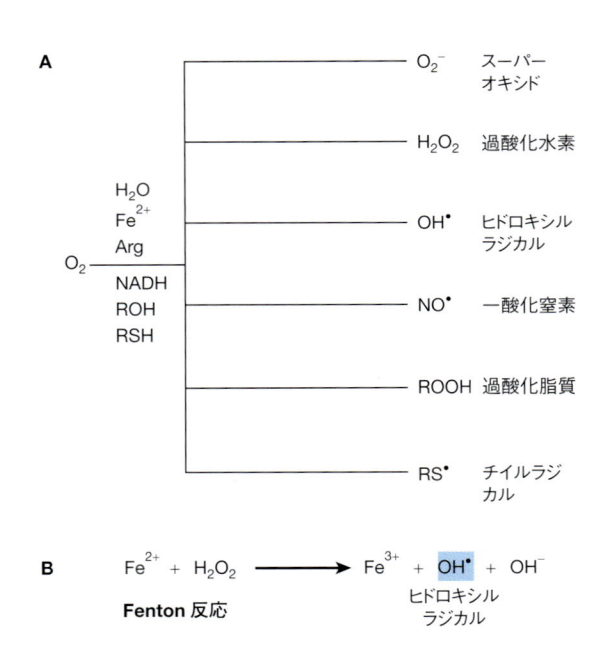

図 57-2. 活性酸素種（ROS）は好気的環境における生命活動の有毒な副生成物である

（**A**）生細胞では多種の ROS が産生される．（**B**）Fenton 反応によるヒドロキシルラジカルの産生．（**C**）Haber-Weiss 反応によるヒドロキシルラジカルの産生．

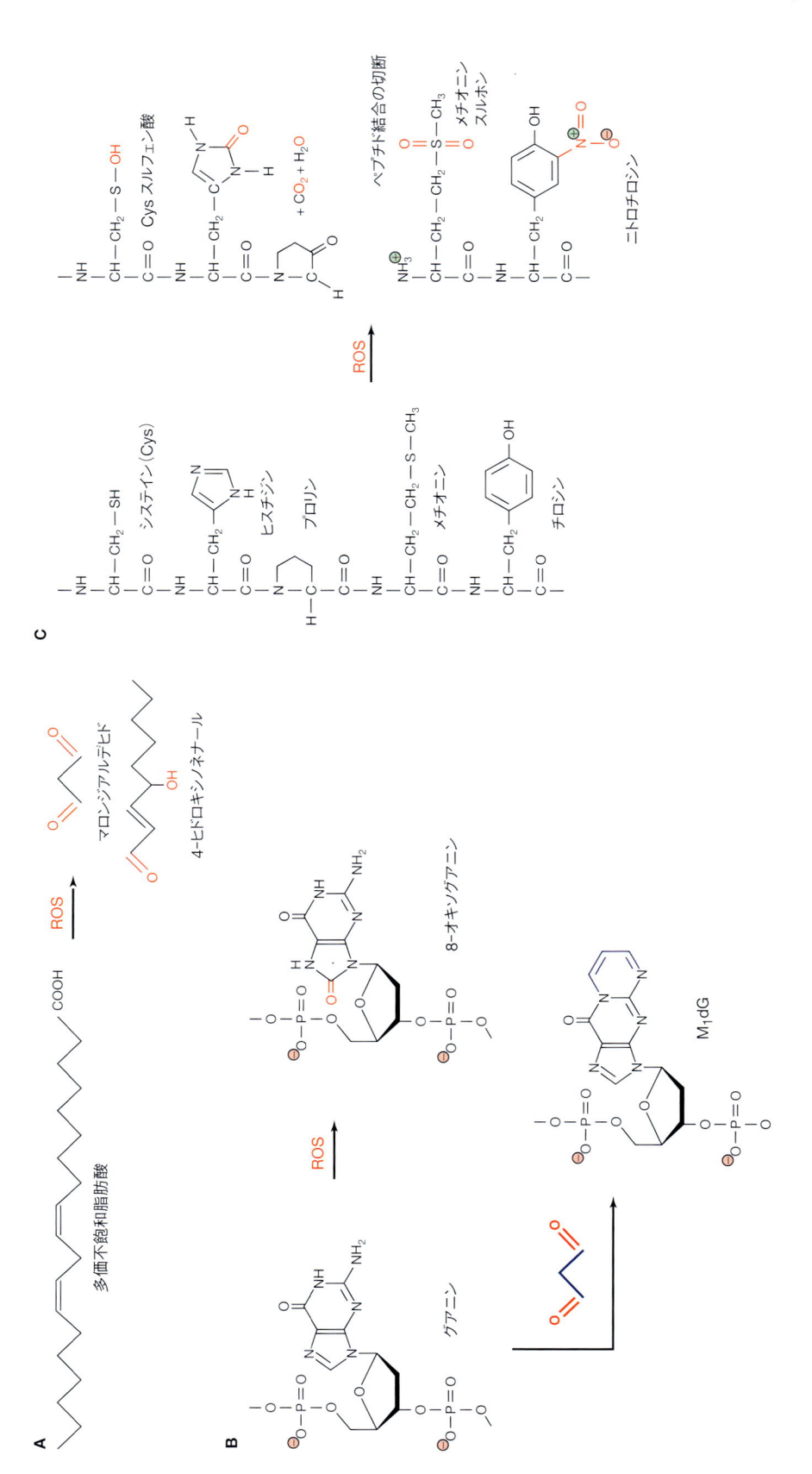

図 57-3. ROS はさまざまな生体分子と，直接的にまたは間接的に反応する

（**A**）不飽和脂肪酸の過酸化は，マロンジアルデヒドや4-ヒドロキシノネナールのような反応生成物を産生する．（**B**）グアニンは ROS によって直接酸化されて 8-オキソグアニンになるが，ROS 生成物のマロンジアルデヒドと反応して付加化合物 M_1dG を形成する．（**C**）アミノ酸側鎖の酸化やペプチド結合の切断をはじめとする．タンパク質と ROS の一般的な反応．ROS に由来する酸素原子は青く示す．M_1dG 中のマロンジアルデヒドに由来する炭素原子は赤で示す．M_1dG の正式な化学名は 3-(2-デオキシ-β-D-エリスロ-ペントフラノール)ピリミド(1,2-α)プリン-10(3H)オンである．

が失われると，プロトンが漏れ出し ATP の生成効率が低下し，有害な ROS の産生が増加する可能性がある．ミトコンドリア膜に蓄積された損傷は，最終的にプログラムされた細胞死，すなわち**アポトーシス apoptosis** を誘導するシトクロム *c* の流出につながる可能性がある（後述）．

連鎖反応はROSの傷害性を増幅する

ROS の大多数，とくに不対電子を含む ROS の高い反応性に内在する傷害性は，連鎖反応に参加する ROS の能力によってさらに悪化する．この連鎖反応の生成物には，損傷を受けた生体分子だけでなく，さらに別のフリーラジカル副生成物を伴ってさらなる損傷を引き起こす可能性のある別のフリーラジカル種も含まれる．この連鎖は，フリーラジカルの副生成物が別の活性酸素分子や還元型グルタチオンなどの酸化還元保護物質から不対電子を獲得できるようになるまで続く．あるいは，ROS は細胞がもつ一連の特異的抗酸化酵素の触媒作用によって除去されることもある（12 章と 53 章参照）．

個々の ROS の反応性とそれによる傷害性は多様である．たとえば，過酸化水素はスーパーオキシドよりも反応性が低く，スーパーオキシドはヒドロキシルラジカル（$OH^{\bullet}$）よりも反応性が低い．生体には毒性の高いヒドロキシルラジカルが傷害性のより低い ROS から生じるような経路が 2 つ存在する．1 つは Fenton 反応であり，H_2O_2 が 2 価鉄（+2）と反応して，水酸化物イオンと 3 価鉄（+3）とともにヒドロキシルラジカルを生成する（図 57-2B）．3 価鉄は，他の過酸化水素分子によって還元されて 2 価鉄（+2）の状態に戻り，Fenton 反応によってさらにヒドロキシルラジカルを生成する．ヒドロキシルラジカルはまた，スーパーオキシドと過酸化水素が Haber-Weiss 反応によって不均化したときに生成することもある（図 57-2C）．

老化のミトコンドリア仮説

ミトコンドリアはROSの主要な発生源である

1956 年，Denham Harmon は，老化のフリーラジカル仮説を提案している．高圧酸素や電離放射線にさらされたときに生じる毒性の副作用の共通点は，ROS を発生させるという共通の性質に起因していることが示唆されたのである．この報告は，寿命は代謝率すなわち呼吸と逆相関しているという Harmon 自身の知見と

よく合致した．すべての動物は呼吸しているので，フリーラジカル仮説では，老化は ROS の継続的かつ不可避的な生成から生じる生体分子の累積的損傷の反映であると仮定している．

細胞内の ROS のおもな自然発生源は，電子伝達系からの電子の漏出である．この経路の構成要素にダメージが加わると，電子の漏出速度が増加することが予想されるため，ミトコンドリアへの最初のダメージが ROS 産生速度の増加につながり，それがさらなるダメージを引き起こすという悪循環の出現を想像するのは難しくない．ミトコンドリアの構成要素へのダメージが蓄積すると，今度は ATP の産生に悪影響を及ぼし，おそらくは細胞の活力と機能を損なうまでになるであろう．

ミトコンドリアには固有のゲノムDNAの修復メカニズムはない

ミトコンドリア固有のゲノムもまた，この酸化還元損傷サイクルに関与している．ミトコンドリアゲノムは，現在のこの細胞小器官の前駆体である古代の細菌のゲノムが極度に縮小した痕跡的遺残である．原始的な真核生物と近隣の細菌との代謝産物の交換は，相互依存に発展したと推定されている．この密接な代謝統合の最終的な結果が，真核生物のパートナーによる小型細菌の**細胞内共生 endosymbiosis** であった．長い年月の間に，その細菌のゲノムに含まれる遺伝子のすべてではないものの大半が，新しい融合生物の必要性からは余分であるとして除去されたり，宿主細胞の核内DNA に転移されたりしてきた．現在，ヒトのミトコンドリアゲノムは，大小 2 つのリボソーム RNA，22 種

表 57-3. ヒトミトコンドリアのゲノムにコードされる遺伝子

総 称	詳 細
rRNA	12S, 16S rRNA
tRNA	22 種の tRNA（2 種は Leu と Ser のもの）
NADH-ユビキノン酸化還元酵素のサブユニット（複合体 I，合計 40 以上）	ND 1-6, ND 4L
ユビキノール-シトクロム *c* 酸化還元酵素のサブユニット（複合体 III，合計 11）	シトクロム *b*
シトクロムオキシダーゼのサブユニット（複合体 IV，合計 13）	COX I, COX II, COX III
F_OF_1-ATPase のサブユニット（ATP 合成酵素，合計 12）	ATPase 6, ATPase 8

の tRNA, 電子伝達系の複合体 I, III, IV および F_OF_1-ATPase のタンパク質サブユニットのいくつかをコードしている（**表 57-3**）．ミトコンドリアゲノムは，核内 DNA が完全性の維持を補助するのに有している監視および修復メカニズムを失っている．それゆえ，電子輸送鎖の構成要素に悪影響を及ぼす変異を含め，変異が起こると，それはミトコンドリアゲノムの永久的な特徴となる．これらの変異とその影響は持続するだけでなく，時間の経過とともにさらなる変異が生じ，電子伝達鎖の機能をさらに損なうこともある．ミトコンドリアゲノムに生じた活性酸素の変異が，電子鎖からの活性酸素の漏出を増加させ，それがさらに DNA 損傷を引き起こし，さらに高レベルの活性酸素の漏出を引き起こすという悪循環を想定することができる．

ミトコンドリア仮説はヒトの老化とそれに伴う疾患に関連するすべての変化を包括的および統一的に説明できるとは考えられないが，それは依然として老化の重要な一因であろう．主要な電子伝達物質である NAD (H) のレベルが加齢とともに低下することが観察されている．加えて細胞死（アポトーシス）の促進においてミトコンドリアが果たす重要な役割は，ミトコンドリアが老化と罹患の促進因子であることを裏付けるものである．

ミトコンドリアはアポトーシスの主要因子である

高等生物には胚発生過程で繰り返し起こるような発達変化において余剰となった細胞や，修復できない損傷細胞などを選択的に除去する，アポトーシスという能力が備わっている．発生過程の組織リモデリングにおいて，アポトーシスによる細胞死のプログラムは受容体を介したシグナルによって惹起される．損傷細胞の場合，ROS, ウイルス dsRNA, DNA 損傷，熱ショックなどその引き金となり得る．これらのシグナルは，ミトコンドリア外膜に埋め込まれている膜透過性遷移孔 permeability transition pore（PTP）複合体の開口を引き起こし，その結果小さな電子伝達体タンパク質（おおよそ 12.5 kDa）であるシトクロム *c* 分子が細胞質へ漏出する．ここで，シトクロム *c* はコアタンパク質として**アポトソーム apoptosome** とよばれる多タンパク質複合体の核となり，カスパーゼとして知られる一連のシステインプロテアーゼの酵素前駆体を標的としたタンパク質分解カスケードが活性化される．最終的にカスパーゼ 3,7 が活性化され，それにより細胞質の構造タンパク質や核のクロマチンタンパク質が分解される．その結果，損傷細胞は細胞死を起こして食作用によって除去される．多くの研究者が，がんやその他の悪性細胞を選択的に排除する手段として，この内在性の受容体媒介細胞死経路の存在を利用する方法を見つけ出そうとしている．

紫外線は極めて有害である

紫外線 ultraviolet radiation（UV）は，青色光すなわ

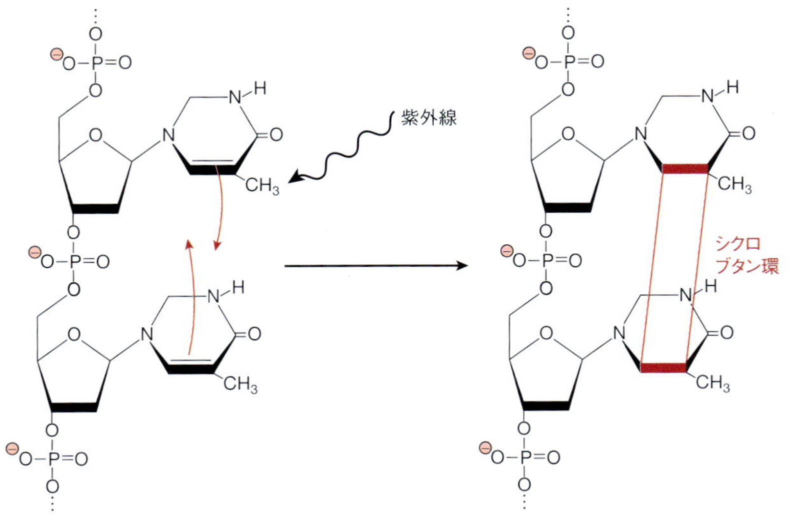

図 57-4. 紫外光（UV 光）によって励起されるチミン二量体の形成
DNA 鎖において隣接するチミン塩基が上下に並んでいるとき，UV 光の吸収がシクロブタン環（赤で表示，正確な縮尺ではない）の形成を促し，2 つの塩基を共有結合でつなげ，チミン二量体を形成する．

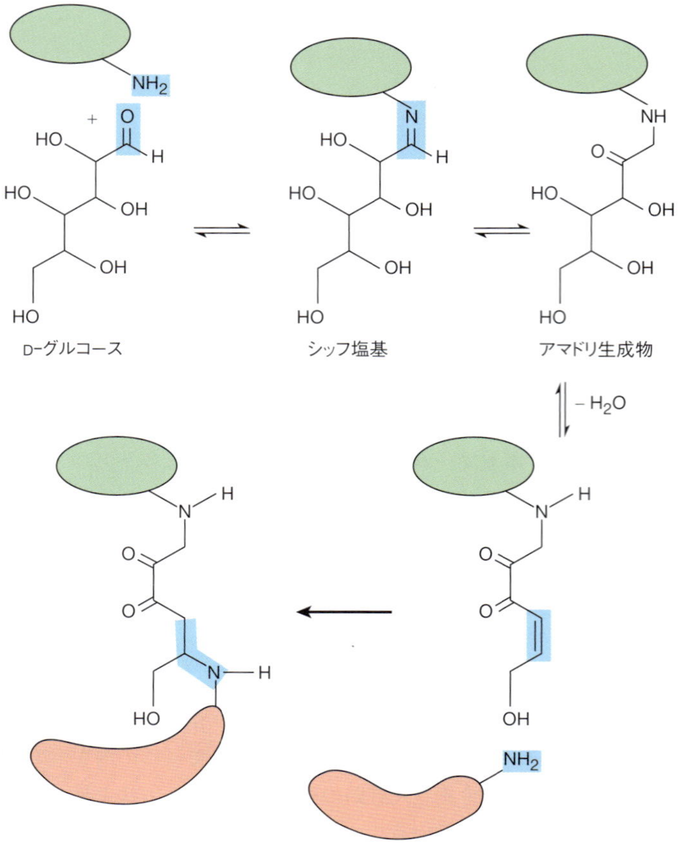

図 57-5. タンパク質糖化反応はタンパク質-タンパク質の架橋の形成を促す

タンパク質（緑）の表面にあるアマドリ生成物を生じる一連の反応と，続いて起こる第二のタンパク質（赤）表面にあるアミノ基を介したタンパク質-タンパク質の架橋の形成を示す．

ち可視光スペクトラムの短波長端よりもさらに短い波長をもつ光線をさす[3]．ヒトの目はこれらの特別な波長をもつ光を感知できないが，DNA や RNA のヌクレオチド塩基，フェニルアラニンやチロシンやトリプトファンなどのアミノ酸の芳香族側鎖，多価不飽和脂肪酸，ヘム基，フラビンやシアノコバラミンのような多数の補因子や補酵素など，芳香環や多数の共役二重結合を有する有機化合物によって強く吸収される．この短波長かつ高エネルギーの光の吸収は，タンパク質，DNA，RNA の共有結合の断裂，DNA におけるチミン二量体の形成（**図 57-4**），タンパク質の架橋，フリーラジカルの生成の原因となる．紫外線は皮膚表皮細胞の最初の数層以上貫通することはないが，高い吸収効率のために，皮膚には損傷が急速に蓄積する．DNA や RNA のヌクレオチド塩基がとくに高い効率で紫外線を吸収するため，紫外線は高い変異原性を示す．そのため，強烈な太陽光に長時間曝されると，細胞の内在

性の自己修復能が追いつかないほど多数の DNA 損傷の蓄積が起こり，骨髄腫の発生につながることがある．その一部は治療せずに放置すると急速に増殖する．

タンパク質の糖化は傷害性の架橋形成につながることが多い

　タンパク質やヌクレオチドのアミノ基がグルコースなどの還元糖に曝されると，**糖化 glycation** とよばれるプロセスによって付加体が形成されることがある．このプロセスの最初の段階は，糖のアルデヒド基やケトン基とタンパク質や他の高分子上のアミン基との間にシッフ塩基が形成される．さらに時間が経つと，糖化タンパク質は一連の転位反応を経て**アマドリ Amadori** 化合物を生成し，炭素-炭素間の共役二重結合の存在により隣接するタンパク質のアミノ基と反応できるようになる（**図 57-5**）．その結果，2 つのタンパク質や他の生体高分子の間で共有結合による架橋が形成され，それらがさらに糖化を受けて別の高分子と架橋するに至る．これらの架橋によって生成した凝集体は，時に**終末糖化産物 advanced glycation end product**（**AGE**）といわれる．

　3）　訳者注：可視光は通常 380 ～ 780 nm くらいの波長をもつが，紫外光は 400 nm 以下の電磁波で X 線よりは長波長である．

タンパク質の糖化の生理学的影響は，コラーゲンやβ-クリスタリンのような寿命の長いタンパク質が関与する場合にとくに顕著である．タンパク質の寿命が長いと，糖化と架橋が起こる機会が増大する．血管内皮細胞においてコラーゲンネットワークの架橋が進行すると，基底膜の弾性喪失と肥厚が起こり，プラーク形成が促進される．その結果，心臓の作業負荷が進行性に増大する．眼では，凝集タンパク質の蓄積が水晶体の混濁を引き起こし，最終的には白内障の症状が現れる．血糖の恒常性が障害されると，糖尿病患者はとくに終末糖化産物の形成による影響を受けやすくなる．事実，ヘモグロビンと血清アルブミンの糖化は，糖尿病の診断と治療効果判定のバイオマーカーとして使用される．

摩耗と闘う分子修復機構

傷害性ROSを阻害する酵素的・化学的機構

老化の摩耗理論によって，寿命はある生物種やその中の個体における分子予防，修復，置換機構の頑強さや耐久性を反映している．たとえば，スーパーオキシドジスムターゼを高発現する遺伝子変異ショウジョウバエでは，野生型と比較して寿命が有意に延びている．

細胞質においては，システインを含むトリペプチドであるグルタチオンが，活性酵素種（ROS）と直接反応して水のような反応性の低い化合物を生成することで，化学的酸化還元防御因子としてはたらいている．2つのトリペプチドがジスルフィド結合によってつながった酸化型グルタチオンは酵素反応によってふたたび還元され，防御因子のプールが維持される（53章参照）．グルタチオンはまた，システインスルフェン酸やタンパク質の異常なジスルフィド結合を還元し，毒性をもつ生体異物と反応して付加化合物を形成したりすることができる（47章参照）．アスコルビン酸やビタミンEもまた抗酸化特性をもつが，ROSを中和して老化を遅らせることを期待して，これらを多く含む食品やサプリメントを重視する食生活が流行している．

DNAの完全性は校正と修復の機構によって保持されている

生体は，先述のような予防的手段に加え，損傷を受けた高分子を置換あるいは修復する能力を限られてはいるが備えている．この能力の大部分は核の（ミトコンドリアではなく）DNAの完全性を保持することに向け

られているが，DNA独自の情報記憶機能，ヌクレオチドを構成する複素環式芳香族塩基の化学的攻撃や紫外線照射に対する脆弱性，さらにはほとんどすべての他の高分子と異なり各染色体のコピーはそれぞれの細胞につき1つないし2つしか存在しないという事実を考えると，それは当然のことといえる．

ゲノムの完全性の保持は複製に始まるが，そこでは精度の高い校正機構が作動し，これによって体細胞分裂の間に形成される新しいゲノムがその合成における鋳型DNAの忠実な複製となることが保証される．**体細胞 somatic cell** とは，生物の体を構成する分化した細胞をさす．さらに，ほとんどの生物は驚くべき酵素群を備えていて，そのはたらきによって，複製校正機構から逃れた異常，あるいはその後で水分子の活性（二本鎖切断，脱プリン，シトシンの脱アミノ），紫外線照射（チミン二量体形成，DNA鎖切断），化学修飾剤（付加化合物形成）などによって生じた異常が検出され，修正される．この多階層性システムは，ミスマッチ修復酵素，ヌクレオチド除去修復酵素，塩基除去修復酵素，さらにはホスホジエステル結合骨格における二本鎖切断を修復するKu[4]システム（35章参照）などによって構成されている．最後の手段として，損傷変異を抱えた細胞はアポトーシスによって除去される．

複製における忠実度を保証し，引き続いて起こる損傷を修復できるような予防措置が上記のように多くとられているにもかかわらず，それらをすり抜ける変異が必ず出てくるものである．実際，監視と修復システムからの漏れは，進化をもたらす遺伝子の多様性をつくり出すのに必要である．**老化の体細胞変異理論 somatic mutation theory of aging** によると，それと同じ機構が老化過程を進めるのにも使われていると考えられる．つまり，変異細胞が徐々に蓄積していくことによって，われわれが老化現象と考えるような身体変化として少なからず現れる生物学的機能障害が必然的に起こるのである．

タンパク質損傷には修復可能なタイプがある

DNAと異なり，他の生体分子への損傷に対する細胞の修復能は比較的限られている．たいていの場合，細胞は，ある生体分子の全体量は分解とともに継続的，あ

るいは構成的な新規合成によって置き換える（9章参照）といった通常の代謝回転に依存し，損傷を受けた脂質，炭水化物，タンパク質を除去している．しかしタンパク質のなかには，腱，靱帯，骨，基質などの構造の完全性を保つのに必要な線維性タンパク質をはじめとして，代謝回転をほとんど受けないものもある．このような寿命の長いタンパク質には長い年月の間に損傷が蓄積しやすく，血管組織や関節の弾性喪失，水晶体の混濁などを引き起こす．損傷タンパク質の修復機構として最も注目すべきものは，システインとメチオニンの酸化した側鎖の硫黄原子を標的としたものと，ペプチド結合がα鎖から側鎖のカルボキシ基へ転位した際に形成されるイソアスパラギン酸残基を標的としたものである．

システイン側鎖のスルフヒドリル基は，タンパク質において，触媒活性や調節，構造（たとえば，システインジスルフィド，Fe–S センター）に重要な役割を果たしていることが多い．しかし，システインのスルフヒドリル基もメチオニンのチオエーテル基も極めて酸化を受けやすい（図57-3C）．システインジスルフィド，システインスルフェン酸，メチオニンスルホキシドは，NADPHを電子供与体とするジスルフィド還元酵素やメチオニンスルホキシド還元酵素によって還元されるか，還元型グルタチオンとの直接反応によって還元さ

れる．残念ながら，グルタチオンと NADPH は，これら硫黄原子の酸化状態が最も低い誘導体，すなわちシステインジスルフィドやシステインスルフェン酸，メチオニンスルホキシドに対してのみ十分な還元能を示す．システインスルフィン酸やシステインスルホン酸，メチオニンスルホンは，生理的条件下では還元されにくい．

アスパラギン酸は，側鎖カルボキシ基が自らのα-カルボキシ基とペプチド結合を形成しているアミノ基と反応することがちょうど可能になるような立体構造を有している．この反応の結果形成された環状ジアミドは，その後再開裂してもとのペプチド結合に戻るか，側鎖カルボキシ基がタンパク質のペプチド骨格の一部を形成し，イソアスパラギン酸残基を形成する（**図 57-6**）．

正常なペプチド結合の復元は，イソアスパルチルメチルトランスフェラーゼによるα-カルボキシルのメチル化によって促進される．メチルエステルが形成されると脱離基が導入され，環状ジアミドの再構成が促進され，環状ジアミドが再び開いて正常なペプチド結合が形成される（図 57-6）．

凝集タンパク質は分解や修復を極めて受けにくい

タンパク質の組成や立体構造が修飾され他のタンパク質に粘着しやすくなると，**アミロイド amyloid** とよ

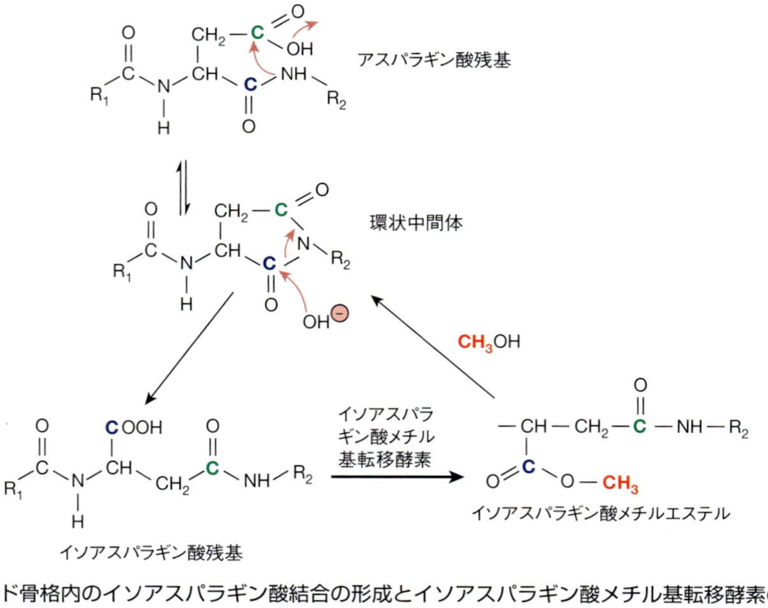

図 57-6. ポリペプチド骨格内のイソアスパラギン酸結合の形成とイソアスパラギン酸メチル基転移酵素の介入を経た修復
イソアスパラギン酸結合の形成と通常のペプチド結合の回復に至る化学的酵素触媒反応の一連の流れを示す．α 位に対応する炭素原子とアスパラギン酸側鎖のカルボキシ基をそれぞれ，青と緑で示す．赤の矢印は環状化と加水分解反応の間の求核攻撃の経路を示す．イソアスパラギン酸メチル基転移酵素によって加えられたメチル基は赤で示す．

ばれる細胞毒性をもつ凝集体が形成される．そのような凝集体は，Parkinson 病，Alzheimer 病，Huntington 病，脊髄小脳失調症，伝達性海綿状脳症（訳者注：別名，プリオン病）などいくつかの神経変性疾患の顕著な特徴である．これらの不溶性凝集体の毒性効果は時間が経つにつれ悪化する．なぜなら，この状態ではほとんどのタンパク質は，通常代謝回転に必要なプロテアーゼの触媒作用を極めて受けにくくなるからである．

前もってプログラムされた過程としての老化

　分子の摩耗が疑いなく老化に関与している一方，プログラムされた決定論的メカニズムの役割もいくつかの知見により示唆されている．たとえば，女性の閉経は加齢による身体的変化のはっきりした例であるが，それは遺伝的にプログラムされ，ホルモンによって制御されている．以下の各項では，老化と死を制御するプログラムされた決定論的メカニズムに関する最新の仮説をいくつか紹介する．

老化の代謝仮説：“ろうそくは明るければ明るいほど早く燃え尽きる”

　古代中国の思想家，老子に由来するこの有名な格言の一変形は，**老化の代謝仮説 metabolic theories of aging** の顕著な特徴を簡潔に示している．その起源は，動物界において大きな動物の方が小さな動物よりもより長く生きる傾向にあるという知見に端を発する（**表 57-4**）．この相関に何らかの因果関係を求めるとすれば，それは体の大きさそのものよりもむしろ体の大きさに関連した何かにあると考え，多くの科学者は生命と活力に最も直結している器官である心臓に着目した．一般的に，ハチドリのような小型動物の安静時心拍数（250 回/min）は，クジラのような大型動物の安静時心拍数（10 ～ 30 回/min）よりも高い傾向にある．哺乳類それぞれについて一生の間に何回心臓が拍動するかを見積もると，それは 1.0×10^9 回に見事に収束する．

　脊椎動物の心臓は，物理的あるいは遺伝的に 10 億回の拍動に制限されているのだろうか？　この**心拍仮説 heartbeat hypothesis** に微妙に近い説が 1920 年代に Raymond Pearl によって提案された．Pearl の**代謝仮説 metabolic hypothesis**，または**“rate-of-living”仮説**などとよばれている説は，個体の寿命は基礎代謝量と相互に関連しているというものであった．すべての脊椎動

表 57-4. 数種類の哺乳類の寿命対体重

動物種	おおよその体重 (kg)	成体時の平均余命
シロアシネズミ	0.02	0.28
シカネズミ	0.02	0.43
ハタネズミ	0.025	0.48
トウブシマリス	0.1	1.63
アメリカナキウサギ	0.13	2.33
キンイロジリス	0.155	2.12
アカリス	0.189	2.45
ベルディングジリス	0.25	1.78
ユインタジリス	0.35	1.72
トウブハイイロリス	0.6	2.17
ホッキョクジリス	0.7	1.71
トウブワタオウサギ	1.25	1.48
シマスカンク	2.25	1.90
アメリカアナグマ	7.15	2.33
キタアメリカカワウソ	7.2	3.79
ボブキャット	7.5	2.48
キタアメリカビーバー	18	1.52
インパラ	44	4.80
オオツノヒツジ	55	5.48
イノシシ	85	1.91
イボイノシシ	87	2.82
ニルギリタール	100	4.71
オグロヌー	165	4.79
アカシカ	175	4.90
ウォーターバック	200	5.87
サバンナシマウマ	270	7.95
アフリカバッファロー	490	4.82
カバ	2390	16.40
アフリカゾウ	4000	19.10

（Millar JS, Zammuto: Life histories of mammals: An analysis of life tables. Ecology 1983; 64（4）:631-635 のデータより）

物が，生涯に消費する総代謝エネルギーは，単位体重あたり 7×10^5 J/g と同程度であると計算された．直感的には魅力的だが，寿命とエネルギー消費量や代謝効率の間にどのようなメカニズム上の関連があるかの答えは曖昧模糊としている．老化のミトコンドリア仮説の支持者は，“計測されている”ものは心拍数やエネルギーではなく，呼吸の副産物である ROS であると考え

ている．時間の経過とともに，エネルギーの生成とそれに伴う酸素消費が続き，ROS による DNA，タンパク質，脂質への損傷が蓄積し，やがて普遍的に保存されている転換点に達する．カロリー不足に陥った細胞は，利用可能な資源をより効率的に利用するように代謝経路を調整（再プログラム）し，それに伴って付随的な ROS の発生を減少させる．

テロメア：分子カウントダウン時計？

第二の学派は，老化と寿命を制御するカウントダウン時計があるとしても，それは心拍数やエネルギー，ROS などを感知しているのではなく，むしろそれは**テロメア telomere** を用いてそれぞれの体細胞分裂の回数を追跡していると考えている．

細菌ゲノムの閉環状 DNA とは異なり，真核細胞のゲノム DNA は線状である．これらの線状ポリヌクレオチドの露出した末端が保護されないままであったとしたら，遺伝子組換えの好発部位となり得る．テロメアは真核生物の染色体末端を数百の GT（グアニン-チミン）リッチヘキサヌクレオチド反復配列で覆っている．これらのキャップはまた，直鎖染色体が複製される際に生じる浪費に対応するための，使い捨て DNA の供給源でもある．

この短縮化は，すべて DNA ポリメラーゼが 3′ 末端から 5′ 末端へと一方向にはたらくことの結果である（35 章参照）．不連続的な 3′ 末端から 5′ 末端への合成によって線状二本鎖 DNA を複製しようとするときには，各鎖の 5′ 末端は一般的に 100 塩基対あるいはそれ以上短くなる．細胞分裂が起こるたびに，染色体はどんどん短くなっていくことになる（**図 57-7**）．テロメアは，その長さが短くなっても細胞にとって影響がなく，それ自体も無害な DNA の供給源となる．しかしながら，一度テロメア DNA の供給源が使い果たされると，ヒトではおおよそ 100 回程度の細胞分裂で有糸分裂が停止し，体細胞は**複製老化 replicative senescence** の状態になる．したがって，私たちの身体は加齢とともに，喪失したり損傷を受けたりした細胞を置換する能力を徐々に失っていく．

生物は，**テロメラーゼ telomerase** とよばれる酵素の介入のおかげで，十分な長さのテロメアをもつ子孫を生じることができる．テロメラーゼは，幹細胞とほとんどのがん細胞では発現するが体細胞にはないリボ核タンパク質である．RNA 鋳型を用いて，テロメラーゼは線状 DNA 分子の末端に GT リッチなヘキサヌクレオチド反復配列を付加し，テロメアのキャップを完全

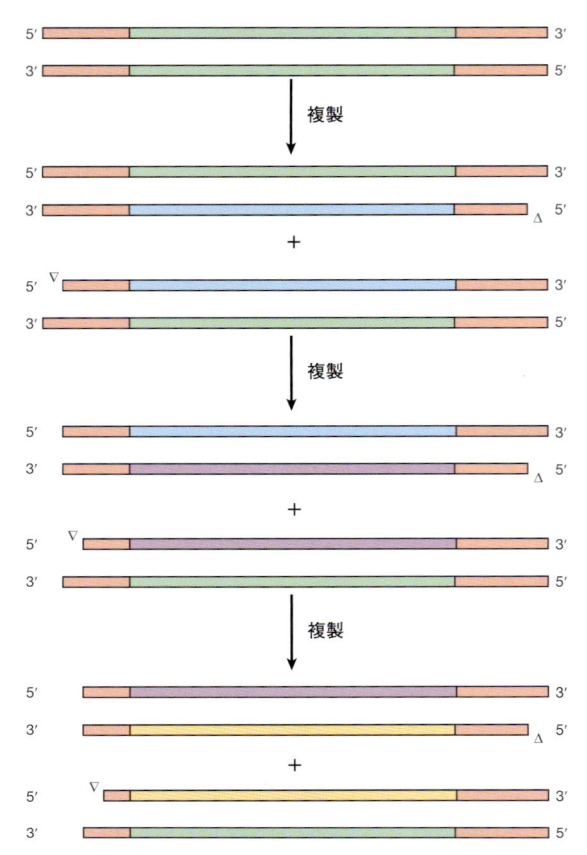

図 57-7. 真核生物の染色体末端のテロメアは複製周期ごとに徐々に縮まってくる

各末端にテロメア（赤）を含む真核生物の染色体（緑）の線状 DNA の模式図を示す．最初の複製の間に，元の染色体を鋳型として新しい DNA 鎖（青）が合成される．簡単にするために，次の 2 つの複製サイクル（紫と黄色）は，直前の複製サイクルから生じた 2 つのヌクレオチド産物の下側の 1 つだけの結果を示す．白抜き矢頭は DNA 鎖合成が不完全な部位を示す．このモデルでは，各染色体の端の一本鎖の突出が細胞分裂の各サイクルの完了時に短く整えられる．テロメア反復がしだいに短縮していくことがわかる．

長に回復する．実験室では，テロメラーゼを発現する遺伝子操作された体細胞を用いて，テロメア時計の作動が実証されている．テロメア時計仮説の予測どおり，テロメアのキャップが継続的に回復することで，野生型の対照細胞が複製老化に入った後も，遺伝子操作された細胞は培養中で分裂を続けた．

Kenyon はモデル生物を用いて最初の老化遺伝子を発見した

生物医学における進歩の多くは，さまざまな“モデル生物”を実験対象として用いた研究の産物である．キイロショウジョウバエ *Drosophila melanogaster* は，細胞

分化や器官発生を誘導する遺伝子に関して豊富な情報を生み出している．パン酵母とアフリカツメガエル *Xenopus laevis* は，細胞周期を制御する複雑なシグナル伝達経路を詳細に分析するために駆使されている．さまざまな種類の哺乳類由来培養細胞系列は，脂肪細胞，腎臓細胞，がん，神経細胞の樹状突起などの代わりとしての役割を果たす．一見したところでは，これらモデルシステムの大半がヒトと共通している部分は少ないように思えるが，それぞれが固有の特性を有し，ある問題に取り組んだり特定のシステムについて研究したりするのに便利な手段を提供している．

　線虫 *Caenorhabditis elegans* は発生生物学の研究において重要なモデルとなった小動物である．*C. elegans* は透明で成長が速く，これらの特性のために成熟した成虫で見られる 959 個のすべての細胞について，発生プログラム全体を受精卵まで容易に遡ることができる．1990 年代初頭，Cynthia Kenyon らは，インスリン受容体様分子をコードする遺伝子 *daf-2* に変異をもつ線虫が野生型対照群よりも 70% 長命であることを見出した．同じくらい重要なことは，この変異体線虫の行動が，延長した生存期間のほとんどの間若い野生型 *C. elegans* とほとんど変わりなかったことである．このことは，たんに生存期間を延ばすだけではなく，加齢に伴う生理学的変化の一部を遅らせることも必要であるという正真正銘の"老化遺伝子"の重要な特徴を示している．

　さらなる老化遺伝子に関する研究により，それらがPHA-4 や DAF-16 など老化に重要な遺伝子群の発現を制御すると考えられる少数の転写因子のどれか，または特定の環境シグナルに応答して PHA-4 や DAF-16 などを活性化する DAF-2 や mTOR のようなシグナルタンパク質をコードしていることが示されている．老化がどの程度遺伝的プログラムによって制御されているのか，どうやって，これらの遺伝子産物が生命力や長命に影響する栄養面に関する因子やその他の因子と相互作用するのかなど，知らねばならないことはたくさん残っている．

なぜ，進化は有限な寿命を選択したのだろうか

　動物が自身の寿命が有限になるように特別に設計されたメカニズムを進化させてきたという考えは，一見すると直感に大きく反するように思われる．もし，進化の原動力が適応度と生存度を増大させる特性を選択することにあるならば，それは余命が際限なく増え続けることを意味しないのだろうか．しかし，寿命を最大限に延長することは個体の観点からは望ましい特性かもしれないが，それは個体集団あるいは種全体には必ずしも当てはまらない．遺伝的プログラムによる寿命の制限は，生産，発達，子孫の訓練にもはや活発に関与できない個体群によってもたらされる利用可能資源の枯渇を解消し，結果的にその集団を利することになる．実際，現在の三世代にわたる寿命は，(a) 新生児が生殖可能年齢に発育するまでの時間，(b) 若い成人が子孫を生み養育する時間，(c) 高齢者が，出産と保育という難題を控えた若い成人への助言者，支援者としての役割を果たす時間とすることが論理的に正当であろう．

まとめ

- 老化と寿命は，遺伝的プログラミング，環境ストレス，生活様式，細胞カウントダウン時計，分子修復過程などを含めた偶発因子と決定論的因子の間で生じる，複雑でほとんど謎に包まれた相互作用によって制御される．
- 老化の摩耗仮説とは，老化は長い年月にわたる生体分子の損傷の蓄積に起因しているという説である．
- 水，酸素，光は生命維持に必須であるが，生体高分子に損傷を与え得る能力を本来備えている．
- ROS は，好気的代謝の副産物として，とくに電子伝達系によって絶えず生成される．
- ROS の有害作用は，フリーラジカル連鎖反応によって増幅されることが多い．
- 芳香環系の反応性と紫外線吸収能のため，DNA のヌクレオチド塩基は紫外線や化学的損傷に対してとくに脆弱である．
- ヌクレオチド塩基の欠失や損傷は，遺伝子の変異を引き起こす可能性がある．
- エネルギー生産とアポトーシスにおいて重要な役割を果たすミトコンドリアは，その固有のゲノムとともに，老化と死に関する多くの理論において中心的な役割を果たしている．
- 染色体の末端にあるテロメアキャップは，体細胞が分裂するたびに徐々に短くなることから，テロメアは分子的なカウントダウン時計の役割を果たしていると考えられている．

- モデル生物は生物学的プロセスを研究するための有用な手段である.
- 線虫 *Caenorhabditis elegans* の *daf-2* 遺伝子変異体は野生型よりも 70％長命である.
- 有限な寿命を進化的に選択したことにより，個体の生命力よりも種全体の生命力が最適化される.

文　献

Arias E, Curtin LR, Wei R, et al: U.S. decennial life tables for 1999–2001, United States life tables. Natl Vital Stat Rep 2008;57:1.

Haas RH: Mitochondrial dysfunction in aging and diseases of aging. Biology (Basel) 2019;8:48.

Myakotnykh VS, Berezina DA, Borokova TA, Gavrilov IV: Comparative biochemistry of aging process in men and women. Adv Gerontol 2015;5:72.

Niedernhofer LJ, Gurkar AU, Wang Y, et al: Genomic instability and aging. Ann Rev Biochem 2018;87:295.

Rhoads TW, Anderson RM: Taking the long view on metabolism. Science 2021;373:738.

Speakman JR: Body size, energy metabolism and lifespan. J Exp Biol 2005;208:1717.

Whittemore K, Vera E, Martinez-Nevado E, et al: Telomere shortening rate predicts life span. Proc Natl Acad Sci USA 2019;116:15122.

Zhang S, Li F, Zhou T, et al: *Caenorhabditis elegans* as a useful model for studying aging mutations. Front Endocrinol 2020;11:554994.

生化学的症例検討

Biochemical Case Histories

学 習 目 標
本章習得のポイント

■ これまでの知識を用いて，疾患の背景をなす生化学的異常を説明する．

はじめに

この最終章では，これまで学んだ知識をもとに答えられる 9 つの症例を自由解答形式で提示する．解答や症例に対しての議論はない．必要なすべての知識は，本書に記載されている．

多くの症例において，患者の生化学データは基準値とともに記載されている．基準値は症例ごとに，異なる場合があるが，これは 48 章で述べたとおり，検査室により基準値が異なるためである．

症例 1

5 歳男児．1967 年生，正期産，妊娠時の問題なし．病弱な男児で成長障害が認められる．母親は，男児が傾眠傾向や昏睡状態にしばしば陥ること，息や尿から"化学的なアルコール臭"をよく感じていたという．家庭医は糖尿病を疑い，グルコース負荷試験を受けさせるためにロンドンにあるミドルセックス病院に紹介した．結果を**図 58-1** に示す．

インスリン値を測定するためにグルコース投与前と，投与後 1 時間の採血が行われた．この時点で，新規インスリン測定法であるラジオイムノアッセイ（48 章参照）が開発されていた．今回はインスリン測定に，ラジオイムノアッセイ法と従来の生物学的測定法の両者が行われた．従来の生物学的測定法は，*in vitro* でラット筋肉のグルコースの取り込みや代謝能力で評価するものである．これは，インスリン存在下，および非存在

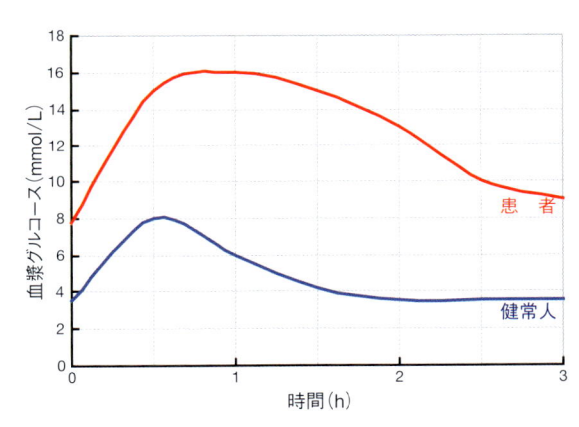

図 58-1. グルコース負荷試験後の患者と健常人の血漿グルコース（血糖値）濃度

下で $[^{14}C]$ グルコースを筋肉に注射し，その後に生じる $^{14}CO_2$ の放射線活性を測定することにより比較的簡便に測定できる．グルコース負荷試験の結果を**表58-1**に示す．

インスリンのラジオイムノアッセイ開発研究の一環として，ミドルセックス病院の研究チームは，正常血漿をゲルろ過（サイズ排除）クロマトグラフィーで分画し，インスリン量をラジオイムノアッセイ（グラフ A）および生物学的測定法（グルコース酸化能力，グラフ B）の両者で測定した（**図 58-2**）．3 種類の分子量マーカーが使用され，分子量 9000 は分画 10，6000 は分画 23，4500 は分画 27 に溶出された．

研究者らはクロマトグラフィー後に，それぞれの分画をトリプシンで処理後，同様の手技でインスリンを測定した．ラジオイムノアッセイ，生物学的測定法によるそれぞれの結果を図 58-2C，D に示す．

表 58-1. 生物学的測定法，およびラジオイムノアッセイによる血清インスリン濃度（mU/L）

	基本（絶食）血液検体		グルコース負荷 1 時間後	
	患者（症例 1）	健常人	患者（症例 1）	健常人
生物学的測定法	0.8	6 ± 2	5	40 ± 11
ラジオイムノアッセイ	10	6 ± 2	50	40 ± 11

これらの結果から，クロマトグラフィーの前に血漿を短時間トリプシンで処理した後，ゲルろ過クロマトグラフィーで分画に分け，再度インスリン量をラジオイムノアッセイ（E）と，生物学的測定法（F）で測定した．

1960 年代に行われたこれらの検討から，ヒトインスリン遺伝子がクローニングされた．インスリンは 2 つのペプチド鎖で，それぞれが 21，30 アミノ酸をもつが，1 つの遺伝子としてコードされ開始コドンと終止コドンの間に計 330 塩基対が存在する．分泌タンパク質であることから予測されるように，遺伝子の 5′ 末端に 24 アミノ酸からなるシグナル配列が存在する．

- ■ この情報からインスリン合成過程についてどのようなことがわかるか？
- ■ 患児の問題となった生化学的な原因は何か？

症例 2

50 歳男性．身長 174 cm，体重 105 kg．アルコール禁止である湾岸の厳格なイスラム教の国に出向していた．8 月初旬に年次休暇のために帰省した．家族によると，休暇中はいつもと同じように食事を食べず，大量のアルコールを摂取していたという．男性は 1 日で 2 L のウイスキー，ワイン 2 〜 3 本，缶ビール十数本以上を飲んだ．摂取した固形物はビスケットと菓子類のみだった．

男性は 9 月 1 日に意識混濁，頻呼吸（40 回/min）のために救急外来に搬送された．血圧 90/60 mmHg，脈拍 136 回/min，体温は正常（37.1℃）であった．緊急の動脈血ガス分析では高度のアシドーシスを認めた：pH 7.02，塩基過剰 base excess − 23，pO_2（酸素分圧）91 mmHg，pCO_2（二酸化炭素分圧）10 mmHg．男性は集中治療室に搬送され，炭酸水素塩の投与を受けた．

男性の頻脈や低血圧は改善せず，緊急に心臓カテーテルが行われた．その結果，心拍出量は 23 L/min（正常値 4 〜 6）であった．また，胸部レントゲンでは著明な心拡大を認めた．

表 58-2 に，搬送直後に採取された血漿生化学検査の結果を示す．

- ■ 緊急入院の原因となった病態の生化学的な問題は何か？
- ■ 考えられる問題を証明するためにどんな検査を追加するか？
- ■ どんな緊急治療をすればよいか？

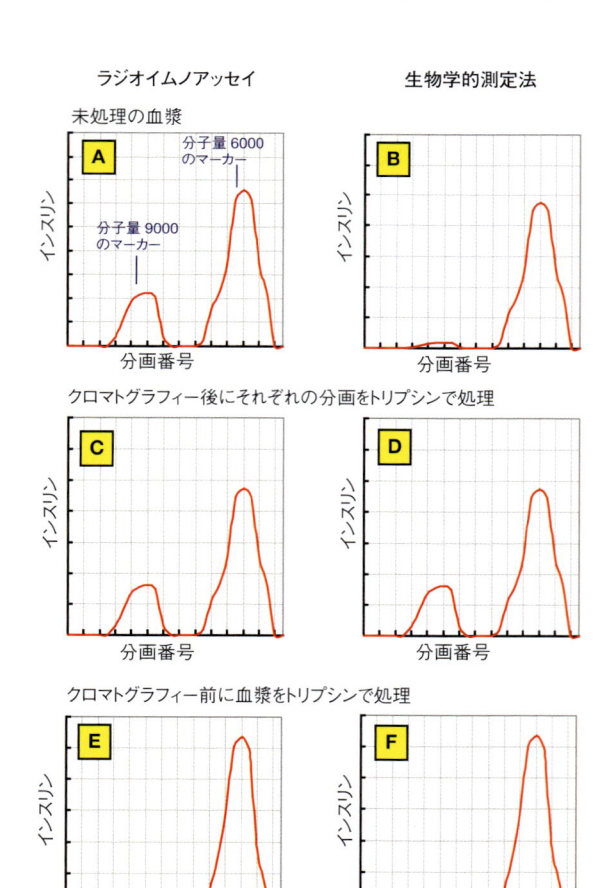

図 58-2. トリプシンによる血漿処理前後のインスリン測定（ラジオイムノアッセイと生物学的測定法）

表 58-2. 症例 2 の入院時生化学検査（mmol/L）

	症例 2	基準値
グルコース（血糖）	10.6	3.5 ～ 5
ナトリウム	142	131 ～ 151
カリウム	3.9	3.4 ～ 5.2
塩素イオン	91	100 ～ 110
炭酸水素塩	5	21 ～ 29
乳酸	18.9	0.9 ～ 2.7
ピルビン酸	2.5	0.1 ～ 0.2

表 58-4. グルタチオンレダクターゼ活性（μmol 産生/min）

	症例 3	健常人
NADPH	0.64	0.63 ± 0.06
NADH	0.01	0.01 ± 0.001

症例 3

　軍隊に入隊するアフリカ系米国人の男性．抗マラリア薬であるプリマキン投与後に，背部痛，褐色尿，赤血球低下が生じ，結果的に貧血や易疲労を引き起こす遅延性反応を引き起こした．遠心分離後の血液は，低ヘマトクリットを呈し，血漿は赤色であった．

　同様の急性溶血発作が，おもにアフリカ系カリブ人出身の男性に対して特定の薬剤投与後に認められる．被疑薬にはプリマキンや他の薬剤（ダプソン，解熱剤のアセチルフェニルヒドラジン，抗菌薬の ST 合剤，スルホンアミド，スルフォン，など）が該当する．これらの薬剤は，酸素の存在下で非酵素的な反応を経て，過酸化水素や種々の活性酸素を産生する．これが膜脂質の酸化ダメージを引き起こし，赤血球の溶血に結びつく．これらの患者には，中等度から重度の感染症の合併も溶血発作を誘発し得る．

　プリマキンに対する感受性検査として，患者赤血球のグルタチオン（GSH）濃度が健常人と比較して低いか，またアセチルフェニルヒドラジンとの混和によりGSH が極度に低下するかがあげられる．

　GSH は 3 つのアミノ酸からなるトリペプチドで，γ-グルタミル-システイニル-グリシンの構造をとり，容易に酸化されて 2 つの GSH がジスルフィド結合したヘキサペプチドである酸化グルタチオン（GSSG）となる．**表 58-3** に，患者および 10 名の健常人におけるア

セチルフェニルヒドラジン添加前後の赤血球中 GSH，GSSG 濃度を示す．

■ アセチルフェニルヒドラジン 1 mol あたり，どの程度の GSH が酸化されるか？

　グルタチオンレダクターゼの GSSG に対する K_m は 65 μmol/L，NADPH には 8.5 μmol/L である．赤血球溶解液を飽和濃度の GSSG（1 mmol/L）と NADPH または NADH（100 μmol/L）と混和した．それぞれの検体には輸血用赤血球 0.5 mL 由来の溶血液を含む（**表 58-4**）．

　どの赤血球溶解液も NADH 存在下での活性を示さなかったため，NADH を利用して $NADP^+$ から NADPH に還元するトランスヒドロゲナーゼ transhydrogenase 活性の存在は否定的である．以上より，赤血球中の NADPH 産生過程の問題が考えられる．

　メチレンブルー染色液は NADPH を酸化する．還元されたメチレンブルーは非酵素的な酸化を大気中で受けるため，少量のメチレンブルーの添加によってNADPH を除去でき，結果的に $NADP^+$ を NADPH に還元する経路を刺激し得る．

　健常人の赤血球をメチレンブルー存在下，非存在下で 10 mmol/L の $[^{14}C]$ グルコースと反応させた．$[^{14}C]$ グルコースのすべての 6 種類の構造異性体を用いて，薄層クロマトグラフィーで展開後に乳酸，ピルビン酸の放射活性を測定した．それぞれ合計 2 mL の系に 1 mL の赤血球を添加した（**表 58-5**）．

　さらに以下の試薬を添加し，$[^{14}\text{C-1}]$ グルコースからの $^{14}CO_2$ 産生量を検討した．

- アスコルビン酸ナトリウム（大気中で非酵素的反応により過酸化水素を産生）
- アセチルフェニルヒドラジン（還元型グルタチオンを減じ，特定の患者の溶血に関与する）

表 58-3. アセチルフェニルヒドラジン 330 μmol/L 添加による赤血球グルタチオンへの影響

	症例 3		健常人	
	GSH（mmol/L）	GSSG（μmol/L）	GSH（mmol/L）	GSSG（μmol/L）
添加前	1.61	400	2.01 ± 0.29	4.2 ± 0.61
＋アセチルフェニルヒドラジン	0.28	1540	1.82 ± 0.24	190 ± 28

表 58-5. 健常人赤血球含有液 1 mL に 10 mmol/L[^{14}C]グルコース(10 μCi/mmol)を添加 1 時間後の[^{14}C]乳酸, ピルビン酸, CO_2 の産生量

	対 照		+ メチレンブルー	
	乳酸 + ピルビン酸	CO_2	乳酸 + ピルビン酸	CO_2
[^{14}C-1]グルコース	12 680 ± 110	1410 ± 15	1830 ± 20	12 260 ± 130
[^{14}C-2]グルコース	14 080 ± 120	ND	14 120 ± 120	ND
[^{14}C-3]グルコース	14 100 ± 120	ND	14 090 ± 120	ND
[^{14}C-4]グルコース	14 060 ± 120	ND	14 080 ± 120	ND
[^{14}C-5]グルコース	14 120 ± 120	ND	14 060 ± 120	ND
[^{14}C-6]グルコース	14 090 ± 110	ND	14 100 ± 120	ND

ND：検出できない(感度以下).
数値は放射線量(dpm), 5 回の反応の平均 ± 標準偏差を示す.

表 58-6. 健常人赤血球 1 mL に 10 mmol/L[^{14}C-1]グルコース(10 μCi/mmol)を添加 1 時間後の $^{14}CO_2$ の産生量

添加物	対 照	+ N-エチルマレイミド
なし	1410 ± 70	670 ± 30
アスコルビン酸塩	8665 ± 300	2133 ± 200
アセチルフェニルヒドラジン	7740 ± 320	4955 ± 325
メチレンブルー	12 230 ± 500	11 265 ± 450

数字は放射線量(dpm), 5 回の反応の平均±標準偏差を示す.

• メチレンブルー (NADPH 酸化)

この反応を, 還元型グルタチオンの SH 基との非酵素的な反応により細胞からグルタチオンを消失させる N-エチルマレイミドの存在下でも行った. これらの結果を**表 58-6** に示す.

さらなる検査で患者の赤血球グルコース-6-リン酸デヒドロゲナーゼの活性がわずか 20% であった(20 章参照). この酵素活性が少ない理由を調べるために, 患者赤血球を 45℃, 60 分間の静置後, 30℃ に冷却しグルコース-6-リン酸デヒドロゲナーゼ活性を測定した. 45℃ 静止後には患者赤血球の酵素活性は最初の 60% まで低下したが, 健常者赤血球は 90% 程度に保たれていた.

■ これらの結果からどのような結論が導き出せるか？

症例 4

10 歳マルタ人の男児. 誕生日に叔母からそら豆でつくったパイをもらった彼は, その夜に背部痛(腎臓痛)

と褐色尿が現れた. 末梢血塗抹標本では赤血球数の低下, ならびに血漿が赤色を示していた. このような症例はマルタでは珍しくなく, 事実, 彼のクラスメートの何人か(すべて男)が, そら豆摂取, または感染に伴う中等度の発熱に合併した急性発作後に亡くなっていた.

検査では, 男児の赤血球のグルコース-6-リン酸デヒドロゲナーゼ活性が正常の 10% しかなく, NADP$^+$ に対する K_m が異常高値を示した. 「症例 3」とは異なり, 男児の赤血球酵素は 45℃ の保温静置にも正常と同様に安定であった.

■ これらの結果からどのような結論が導き出せるか？

症例 5

28 週女児. 食事後の痙攣・昏睡のために救急外来に搬送された. 軽度の感染症, ならびに微熱が認められた. 出生時から女児は病的であり, 授乳後に頻回に嘔吐, 意識混濁を起こしていた. 女児は人工栄養児であり, 豆乳でも症状が続くにもかかわらず, 当初は牛乳アレルギーと考えられていた.

受診時の女児は軽度の低血糖, ケトーシスで血漿 pH は 7.29 であった. 血液検査ではインスリンは正常だが, 極度の高アンモニア血症を示した(血漿アンモニア濃度 500 μmol/L；基準値 40 ～ 80 μmol/L). 女児は経静脈的なグルコース, 経直腸的なラクツロースの投与によく反応し意識を回復した. 女児の筋緊張は低下していた.

肝臓の組織生検を行い, 尿素合成酵素の活性 (28 章

表 58-7. 症例 5（入院時，低タンパク質，高炭水化物食 4 日後），および健常児 6 例の肝臓生検組織における尿素回路中の酵素活性

	μmol 産生物/(分・mg タンパク質)		
	患者		健常人
	入院時	4 日後	
カルバモイルリン酸シンターゼ	0.337	1.45	1.30 ± 0.40
オルニチンカルバモイルトランスフェラーゼ	29.0	28.6	18.1 ± 4.9
アルギニノコハク酸シンターゼ	0.852	0.75	0.49 ± 0.09
アルギニノコハク酸リアーゼ	1.19	0.95	0.64 ± 0.15
アルギナーゼ	183	175	152 ± 56

参照）が測定され，同年代の 6 例の肝臓試料と比較した．結果を**表 58-7** に示す．女児は数日間の低タンパク質/高炭水化物食により改善したが，筋緊張の低下・筋力低下は持続した．4 日後にふたたび肝臓の組織生検が行われ，同酵素の活性が測定された．

極低タンパク質食を継続したが，成長に必要な必須アミノ酸の適切な供給のためにトレオニン，メチオニン，ロイシン，イソロイシン，バリンのケト酸混合溶液が与えられた．女児は，この投与後に再度意識混濁となり重度のアシドーシスを伴うケトーシスを呈した．血中のアンモニア濃度は正常範囲，グルコース投与後のインスリン分泌も含め，耐糖能試験も正常であった．

表 58-8. [¹³C]プロピオン酸の経静脈投与による代謝検査

	症例 5	母親	父親	健常人
3 時間後に ¹³CO₂ として放出された割合(%)	1.01	32.6	33.5	65 ± 5
30 分あたり 1 mg の線維芽細胞で産生された放射線量	5.0	230	265	561 ± 45

血漿の HPLC 解析によって，プロピオン酸の異常高値を認めた（24 μmol/L；基準値 0.7 ～ 3.0 μmol/L）．尿検査では，通常は検出できないメチルクエン酸の異常排出を認めた（1.1 μmol/mg クレアチニン）．また，尿中には大量の短鎖アシルカルニチン（おもにプロピオニルカルニチン）が排泄された（28.6 μmol/24 h；正常は 5.7 ＋ 3.5 μmol/24 h）．

試験量の [¹³C] プロピオン酸の経静脈的投与による代謝検査を女児，両親，健常人で行った．皮膚線維芽細胞を培養し，プロピオニル-CoA カルボキシラーゼの活性をプロピオン酸と NaH¹⁴CO₃ の添加，酸化後の代謝産物の放射線活性として測定した．結果を**表 58-8** に示す．

最初の肝生検，筋生検試料中のカルニチン測定結果を**表 58-9** に示す．

- これらの結果からどのような結論が導き出せるか？
- 患児に生じている病態を生化学的に説明できるか？

症例 6

9 ヵ月女児．非血縁者間の第 2 子．通常妊娠後の正期産で出生時体重は 3.4 kg で母乳栄養，3 ヵ月から固形食の導入を徐々に開始した．母親によると，女児はチーズ，肉，魚を好む一方で，食事後にいらいら，不機嫌になることがしばしばあり，比較的タンパク質を多く含む食品を摂取した後に無気力，意識混濁，"だらり"と元気がなくなっていた．このような状態での女児の尿には奇妙な臭気があり，母親は"猫のような"と表現した．

女児は 9 ヵ月時に，昏睡，痙攣のための救急外来に受診した．この 3 日間調子が悪く，軽度の発熱を伴い，受診の 12 時間前から経口摂取が不可能であった．受診

表 58-9. 肝生検，筋生検のカルニチン測定結果

μmol/g 組織重量	肝臓		筋肉	
	症例 5	健常人	症例 5	健常人
総カルニチン	0.23	0.83 ± 0.26	1.56	2.29 ± 0.75
遊離カルニチン	0.05	0.41 ± 0.17	0.29	1.62 ± 0.67
短鎖アシルカルニチン	0.16	0.37 ± 0.20	1.16	0.58 ± 0.32
長鎖アシルカルニチン	0.01	0.05 ± 0.02	0.11	0.09 ± 0.03

表 58-10. 症例 6 の来院時血漿検査の結果と 24 時間絶食後の基準値

	症例 6	基準値
グルコース(mmol/L)	0.22	4 〜 5
pH	7.25	7.35 〜 7.45
炭酸水素塩(mmol/L)	11	21 〜 29
アンモニア(μmol/L)	120	< 50
ケトン体(mmol/L)	検出限界以下	2.5 〜 3.5
遊離脂肪酸(mmol/L)	2	1.0 〜 1.2
インスリン(mU/L)	5	5 〜 35
グルカゴン(ng/mL)	140	130 〜 160

表 58-11. 白血球 HMG-CoA リアーゼ酵素活性（nmol 産生物/min/g タンパク質）

症例 6	1.7
母　親	10.2
父　親	11.4
健常人	19.7 ± 2.0

表 58-12. カルニチンの尿中排泄量（nmol/mg クレアチニン）

	症例 6	基準値
総カルニチン	680	125 ± 75
遊離カルニチン	31	51 ± 40
アシルカルニチン	649	74 ± 40

時の体重は 8.8 kg, 身長は 70.5 cm であった.

　緊急血液検査では軽度のアシドーシス(pH 7.25), 重度の低血糖 (グルコース< 1 mmol/L) が認められたが, 血漿ケトン体の簡易検査は陰性だった. 血液検体が臨床化学検査に送られ, 女児にはグルコースの経静脈的投与が行われた. すぐに女児は意識を取り戻した. 血液検査の結果を**表 58-10** に示す.

　数週間入院し, さらに検査が進められた. 女児は徐々に改善したが, 8 〜 9 時間の絶食後には重度の低血糖, 過呼吸と意識混濁を起こした. 筋緊張は低下し, 同年代の小児と比較して筋力が低下していた(たとえば, 小児科医が足や腕を押したとき).

　食事摂取なしで起床時から 3 時間, 30 分おきに血糖測定を行った. 起床時から血糖は 3.4 mmol/L から 3 時間後には 1.3 mmol/L まで低下した. 翌日も朝食を抜き同様の血糖測定を行った. β-ヒドロキシ酪酸の経静脈投与 (50 μmol/min/kg 体重) 中には血糖は 3.3 〜 3.5 mmol/L に保たれた.

　尿中にケトン体は検出せず, 異常なアミノ酸の排泄も認めなかった. しかし, 尿中からは多くの有機酸が検出され, 比較的大量の 3-ヒドロキシ-3-メチルグルタル酸や 3-ヒドロキシ-3-メチルグルタコン酸が含まれていた. これらの酸の尿中排泄は以下の 2 つの状況下で極端に上昇した.

1. 比較的高濃度のタンパク質を含む食事接種後(女児は無気力, 意識混濁, だらりと元気がなくなる). これらの食後の血液検査では重度の高アンモニア血症(130 μmol/L), 血糖正常(5.5 mmol/L).

2. β-ヒドロキシ酪酸の投与にかかわらず, 通常の夜間絶食よりも絶食時間が長くなったとき.

3-ヒドロキシ-3-メチルグルタル酸の 1 つの代謝前駆体が 3-ヒドロキシ-3-メチルグルタリル CoA (HMG-CoA)である. HMG-CoA から HMG-CoA リアーゼによって, アセチル-CoA とアセト酢酸が生じる(22 章参照). 患者白血球の本酵素活性が患児, 両親ともに測定された. 結果を**表 58-11** に示す.

　女児の尿には大量のカルニチンの排泄を認める (**表 58-12**).

- 患児に生じている病態を生化学的に説明できるか？
- 与えられた情報から患児のさまざまな代謝異常をどのように説明できるか？
- 患児の成長を維持し, 救急受診を減じるために, どのような食事調整を行ったらよいか？

症例 7

　9 ヵ月男児. 非血縁者間の第 2 子. 兄は 5 歳で健康. 正常妊娠後の正期産で出生時体重は 3.4 kg (50% 値), 6 ヵ月までは問題なく成長したが, その後から発達障害が生じた. その頃から, 細かいうろこ状の皮膚発赤が生じ, 髪の毛が細く, 薄くなっていった.

　9 ヵ月のときに昏睡のため救急外来受診. 血漿生化学検査の結果を**表 58-13** に示す.

　アシドーシスに対して, 炭酸水素塩の経静脈的な投与を行い意識は改善した. 数日後に再度アシドーシスの症状(頻呼吸)を示し, 食事摂取後にもかかわらず尿ケトン体は陽性であった. 血漿乳酸, ピルビン酸, ケトン体は高値；血漿グルコースは正常下限で血漿イン

表 58-13. 症例 7 の入院時血漿検査の結果と 24 時間絶食後の基準値

	症例 7	基準値
グルコース（mmol/L）	3.3	3.5 〜 5.5
pH	6.9	7.35 〜 7.45
炭酸水素塩（mmol/L）	2.0	21 〜 25
ケトン体（mmol/L）	21	1 〜 2.5
乳酸（mmol/L）	7 〜 3	0.5 〜 2.2
ピルビン酸（mmol/L）	0.31	< 0.15

スリンは経口のグルコース投与前後でも正常範囲だった.

尿検査では, 通常検出されない以下の有機酸が大量に存在していた.

- 乳酸, ピルビン酸, アラニン
- プロピオン酸, ヒドロキシプロピオン酸, プロピオニルグリシン
- メチルクエン酸
- チグリン酸, チグリルグリシン
- 3-クロトン酸メチル, 3-メチルクロトニルグリシン, 3-ヒドロキシイソ吉草酸

男児の皮膚病変, 脱毛は, 生の卵白[1] を過剰に摂取したときのようなビオチン欠乏を思わせる（44 章参照）. しかし母親は, 男児が固ゆで卵や酵母抽出物（ビオチン豊富）を好むものの, 生卵や非調理の卵はけっして食べさせていないという. 男児の血漿ビオチン濃度は 0.2 nmol/L（正常 > 0.8 nmol/L）, 尿中には, 通常検出できないビオシチン（図 44-14 参照）やビオチン関連ペプチドを大量に排出していた.

男児に 5 mg/d のビオチンによる加療が開始された. 3 日後には, ビオシチンやビオチン関連ペプチドの尿中排泄が増加したものの, 異常な有機酸が尿中から消失し, 血漿乳酸, ピルビン酸, ケトン体は正常化した. この段階でビオチン錠剤処方のうえ, 男児は退院した. 3 週間後には皮膚病変は消失し, 脱毛もなくなった.

3 ヵ月後, 定期外来受診時にビオチン錠剤を中止した. 1 週間以内に, 再度尿中の異常な有機酸が検出されたので, 有機酸を含む酸性尿が消失するまでビオチン摂取量を変えて治療された. 最終的に 150 µg/d のビオチン摂取（通常の 2 歳未満児では 10 〜 20 µg/d が標準）が必要であった.

---
1)　訳者注：卵白中のアビジンが結合し, 吸収阻害をするため.

男児は 150 µg/d のビオチンを摂取しその後 4 年間, 健康状態を保っている.

■ **患児に生じている病態を生化学的に説明できるか？**

症例 8

4 歳女児. 非血縁者間の第 1 子. 正常妊娠後の正期産. 14 ヵ月時に, 持続性の嘔吐, 浅頻呼吸, 脱水が 1 日続くために受診. 来院時の呼吸数は 60 回/min, 脈拍は 178/min であった. **表 58-14** の 1 列目に来院時の臨床化学検査を示す. 経静脈的な炭酸水素塩, およびインスリンの筋肉内投与に速やかに反応した.

入院 3 日後の糖負荷試験の結果は正常で, 経口グルコース負荷による血漿インスリン反応性は正常範囲だった. 明らかな全身状態の改善を認め, 7 日後に退院となった. 表 58-14 の 2 列目は退院直前の臨床化学検査である.

表 58-14. 症例 8 の入院時, 入院 1 週間後の血漿および尿検査の結果

	入院時	1 週間後	基準値
血 漿			
グルコース（mmol/L）	14	5.1	3.5 〜 5.5
ナトリウム（mmol/L）	132	137	135 〜 145
塩素イオン（mmol/L）	111	105	100 〜 106
炭酸水素塩（mmol/L）	1.5	20	21 〜 25
尿素（mmol/L）	4.1	4.9	2.9 〜 8.9
乳酸（mmol/L）	7.3	5.5	0.5 〜 2.2
ピルビン酸（mmol/L）	0.31	0.25	< 0.15
アラニン（mmol/L）	−	852	99 〜 313
アスパラギン酸（mmol/L）	−	検出限界以下	3 〜 11
pH	6.89	7.36	7.35 〜 7.45
尿			
乳酸（mg/g）クレアチニン	−	1.48	< 0.1
ケトン体（ケトスティック使用）	非常に高い	陰性	陰性

表 58-15. 培養皮膚線維芽細胞のミトコンドリア酵素活性（nmol 酸生物/min/mg タンパク質）

	症例 8	健常人
クエン酸シンターゼ	32.8	76.3 ± 15.1
NADH によるシトクロム c 還元	11.6	16.7 ± 4.6
コハク酸によるシトクロム c 還元	9.43	12.3 ± 3.2
シトクロムオキシダーゼ	37.7	50.3 ± 11.6
NADH デヒドロゲナーゼ	633	910 ± 169
ピルビン酸カルボキシラーゼ	0.03	1.62 ± 0.39
ピルビン酸デヒドロゲナーゼ	1.86	1.72 ± 0.35
コハク酸オキシダーゼ	190	210 ± 30

女児は 16，25，31，48 ヵ月後に，不穏，歩行困難，浅頻呼吸，持続性の嘔吐，脱水により再入院している．これらの発作に先行し，一般的な小児科的症状や食欲不振を認めたが，経静脈的な補液や炭酸水素塩投与に反応した．軽度の症状に関しては自宅での飲水や炭酸水素塩摂取により治療した．

25 ヵ月時の受診時に皮膚生検が施行され，線維芽細胞が培養された．**表 58-15** に示すミトコンドリア酵素活性が測定された．

■ **患児に生じている病態を生化学的に説明できるか？**

症例 9

5 歳の糖尿病患児．家族歴から顕性遺伝性の糖尿病が示唆される．患児は，正常よりは少ないが，ある程度のインスリンを分泌可能なため，1 型糖尿病は否定的である．2 型糖尿病とも異なり若年で発症しており，このような疾患は一般に若年発症成人型糖尿病 maturity-onset diabetes of the young（MODY）とよばれる．

ウサギより摘出した膵臓に *in vitro* で七炭糖であるマンノヘプツロース（グルコースからグルコース 6-リン酸へのリン酸化を抑制）存在下，非存在下で 2 濃度の血糖を添加した際のインスリン分泌量を**表 58-16** に示す．

2 つの酵素がグルコースからグルコース 6-リン酸への変換を触媒する（17 章参照）．

- ヘキソキナーゼはすべての組織に発現する．グルコースに対する K_m は約 0.15 mmol/L である．
- グルコキナーゼは肝臓と膵臓の β 細胞にのみ発現

表 58-16. *in vitro* でのウサギ膵臓からのインスリン分泌（μg/min/添加時間）

	対 照	+ マンノヘプツロース
3.3 mmol/L グルコース	3.5	3.5
16.6 mmol/L グルコース	12.5	3.5

（Coore HG, Randle PJ: Biochemical J 1964;93:66-77 のデータより）

する．グルコースに対する K_m は約 20 mmol/L である．

血漿グルコースの基準値は 3.5 ～ 5 mmol/L の範囲で，グルコースの大量摂取により 8 ～ 10 mmol/L まで上昇する．食後には，小腸から肝臓を結ぶ門脈血流においてグルコース濃度は，これよりも極めて高くなる．

■ **血漿グルコースの変化が，ヘキソキナーゼにより触媒されるグルコース 6-リン酸の産生率にどのような影響を及ぼすか？**
■ **血漿グルコースの変化が，グルコキナーゼにより触媒されるグルコース 6-リン酸の産生率にどのような影響を及ぼすか？**
■ **肝臓でのグルコキナーゼの重要性は何か？**

Froguel ら（1993）は，MODY を発症した複数の家族，

表 58-17. グルコキナーゼ遺伝子の変異

コドン	ヌクレオチドの変化	アミノ酸置換	影響
4	GAC ⇒ AAC	?	なし
10	GCC ⇒ GCT	?	なし
70	GAA ⇒ AAA	?	MODY
98	CAG ⇒ TAG	?	MODY
116	ACC ⇒ ACT	?	なし
175	GGA ⇒ AGA	?	MODY
182	GTG ⇒ ATG	?	MODY
186	CGA ⇒ TGA	?	MODY
203	GTG ⇒ GCG	?	MODY
228	ACG ⇒ ATG	?	MODY
261	GGG ⇒ AGG	?	MODY
279	GAG ⇒ TAG	?	MODY
300	GAG ⇒ AAG	?	MODY
300	GAG ⇒ CAG	?	MODY
309	CTC ⇒ CCC	?	MODY
414	AAG ⇒ GAG	?	MODY

MODY：若年発症成人型糖尿病
（Froguel P, et al: N Engl J Med 1993;328:697-702 のデータより）

表 58-18. グルコース投与前，投与 60 分後の血漿グルコースとインスリン濃度

	血漿グルコース（mmol/L）		インスリン（mU/L）	
	MODY 患者	健常人	MODY 患者	健常人
空腹時	7.0 ± 0.4	5.1 ± 0.3	5 ± 2	6 ± 2
グルコース投与 60 分後	血中濃度が 10 mmol/L となるように投与量を調節		12 ± 7	40 ± 11

（roguel P, et al: N Engl J Med 1993;328:697-702 のデータより）

および健常家族のグルコキナーゼ遺伝子配列を検討し，グルコキナーゼ遺伝子の 16 種類の変異体の存在を報告した（**表 58-17**）．彼らが検討したすべての MODY 患者は本遺伝子に異常を認めた．

- それぞれの遺伝子変異にって，どのようなアミノ酸変化が生じるか？
- なぜ，コドン 4, 10, 116 の変異は影響しないのか？
- これらの情報からどのような結論を導き出せるか？

同グループは MODY 患者と健常人でグルコース投与に対するインスリン反応性を検討した．グルコースを経静脈的投与し，血漿グルコース濃度が 10 mmol/L となるように投与速度を調節した．グルコース投与前，投与 60 分後の血漿中のグルコース，インスリン濃度が測定された．結果を**表 58-18** に示す．

- 以上の結果から，膵 β 細胞におけるグルコキナーゼの推定される役割についてどのような結論が導き出せるか？
- 膵 β 細胞が血漿グルコース濃度を感知し，インスリン分泌のシグナルを伝達する機序を推測できるか？

SECTION XI 問題

1. 血液凝固経路について，<u>誤っている</u>のはどれか．1つ選べ．
   A. 外因性の第 X 因子活性化因子複合体の構成因子は第 VIIa 因子，組織因子，Ca^{2+}，および第 X 因子である．
   B. 内因性の第 X 因子活性化因子複合体の構成因子は第 IXa 因子，第 VIIIa 因子，Ca^{2+}，および第 X 因子である．
   C. プロトロンビナーゼ複合体の構成因子は第 Xa 因子，第 Va 因子，Ca^{2+}，および第 II 因子（プロトロンビン）である．
   D. 外因性および内因性第 X 因子活性化因子複合体とプロトロンビナーゼ複合体は LDL（低密度リポタンパク質）上の陰イオン性の凝固促進因子であるホスファチジルセリンを集合のために必要とする．
   E. トロンビンによるフィブリノーゲンの分解で形成されたフィブリンは，トロンビンによって活性化された第 XIIIa 因子の作用で共有結合で架橋される．

2. 血栓性の疾患のためワルファリンを服用している患者の凝固因子で，**Gla（γ-カルボキシグルタミン酸）残基が減少しているのはどれか．1つ選べ．**
   A. 組織因子
   B. 第 XI 因子
   C. 第 V 因子
   D. 第 II 因子（プロトロンビン）
   E. フィブリノーゲン

3. **65 歳の男性が心筋梗塞を発症し，血栓発症から 6 時間以内に組織プラスミノーゲンアクチベーターを投与された．その目的はどれか．**
   A. 血液凝固の外因性経路の活性化を阻害する．
   B. トロンビンを阻害する．
   C. 第 VIIIa 因子と第 Va 因子の分解を促進する．
   D. フィブリン溶解を促進する．
   E. 血小板凝集を抑制する．

4. **止血と血栓形成の際の血小板活性化について<u>誤っている</u>のはどれか．1つ選べ．**
   A. 血小板は内皮細胞下のコラーゲンに GPIa-IIa と GPVI を介して直接結合する一方，GPIb-IX-V の結合は von Willebrand 因子が媒介する．
   B. 血小板凝集促進因子のトロンボキサン A_2 は血小板細胞膜のリン脂質からホスホリパーゼ A_2 の作用で放出されたアラキドン酸から生成する．
   C. 血小板凝集促進因子の ADP は活性化血小板の濃染顆粒から放出される．
   D. トロンビンは細胞内のホスホリパーゼ Cβ を活性化し，これが細胞内の作用分子である 1,2-ジアシルグリセロールと 1,4,5-イノシトールトリスリン酸を細胞膜のリン脂質であるホスファチジルイノシトール 4,5-ビスリン酸から生成する．
   E. ADP 受容体，トロンボキサン A_2 受容体，トロンビンに対する PAR-1 および PAR-4 受容体およびフィブリノーゲンに対する GPIIb-IIIa 受容体は G タンパク質共役型受容体の例である．

5. **15 歳の女性．下肢に内出血を訴えて受診した．この患者の出血の原因として最も可能性が低いものはどれか．**
   A. 血友病 A
   B. von Willebrand 病
   C. 血小板減少症
   D. アスピリン服用
   E. 貯蔵顆粒のない血小板異常（ストレージプール病）

6. **化学発がん物質について<u>誤っている</u>のはどれか．1つ選べ．**
   A. 約 80% のヒトのがんは環境の要素による．
   B. 一般的に化学発がん物質は DNA と非共有結合で相互作用する．
   C. ある種の化学物質は酵素（たいていシトクロム P450）の作用で発がん性に変換される．
   D. 最強の発がん物質は DNA の求核基を攻撃する求電子分子である．
   E. Ames 試験は化学物質のスクリーニングに有用であるが，ある物質が発がん性であることを証明するには動物実験が必要である．

7. ウイルス発がんについて<u>誤っている</u>のはどれか.
   1つ選べ.
   A. 約15%のヒトのがんはウイルスで生じる.
   B. RNAウイルスだけが発がん性である.
   C. 発がん性のRNAウイルスの例にはC型肝炎ウイルスがある.
   D. レトロウイルスはRNAをDNAに転写する逆転写酵素をもつ.
   E. 腫瘍ウイルスは細胞周期制御の異常,アポトーシスの阻害,細胞の正常のシグナルに干渉することで作用する.

8. がん遺伝子とがん抑制遺伝子について<u>誤っている</u>のはどれか.1つ選べ.
   A. がん抑制遺伝子の産物が機能を失うためには2コピーある遺伝子の両方が変異する必要がある.
   B. がん遺伝子の変異は体細胞で起こり遺伝しない.
   C. がん遺伝子の産物は機能獲得型変異をもち細胞分裂シグナルを出す.
   D. *RB*と*p53*はがん抑制遺伝子で*MYC*と*RAS*はがん遺伝子である.
   E. がん遺伝子1個またはがん抑制遺伝子1個の変異で発がんに十分であると考えられている.

9. 増殖因子について<u>誤っている</u>のはどれか.1つ選べ.
   A. 増殖因子には多くのポリペプチドが含まれ,大多数は細胞増殖を刺激する.
   B. 増殖因子は遠隔の細胞に作用する内分泌,近傍の細胞に作用する傍分泌,分泌する細胞自身に作用する自己分泌の形式で作用する.
   C. TGF-βのようなある種の増殖因子は細胞増殖を抑制する作用がある.
   D. 増殖因子の受容体のなかにはチロシンキナーゼ活性をもち,それらの変異ががん細胞で起こることがある.
   E. PDGFはホスホリパーゼA_2を活性化しPIP_2の加水分解でDAGとIP_3を生じ,これらがセカンドメッセンジャーとしてはたらく.

10. 細胞周期について<u>誤っている</u>のはどれか.1つ選べ.
    A. 細胞周期には5つの期がある(G_1, G_0, S, G_2, およびM).
    B. がん細胞はたいてい正常細胞より分裂周期が短く,G_0期にある細胞が少ない.
    C. がん細胞ではサイクリンとCDKに種々の変異が見つかっている.
    D. RBは細胞周期を制御する.それは転写因子のE2Fに結合し細胞をG_1期からS期に進ませる.

E. DNAの損傷が生じるとp53の量が増えて細胞周期の進行を遅らせる遺伝子の転写を活性化する.

11. 染色体とゲノムの不安定性について<u>誤っている</u>のはどれか.1つ選べ.
    A. がん細胞は変異を起こしやすい形質をもっている.すなわちDNA複製と修復,染色体凝集,DNA損傷の監視およびアポトーシスに関する遺伝子に変異がある.
    B. 染色体の不安定性とは,有糸分裂の際に染色体凝集に異常があることによって染色体の欠失や獲得が起こることを指す.
    C. マイクロサテライト不安定性は,ヌクレオチド除去修復の異常によるマイクロサテライトの増幅または縮小を含む.
    D. 異数性(細胞の染色体数が半数体の倍数でない状態)は腫瘍細胞によく見られる特徴である.
    E. 染色体凝集と,動原体と微小管の結合の異常は染色体の不安定性と異数性の原因となる.

12. <u>誤っている</u>のはどれか.1つ選べ.
    A. テロメラーゼの活性はしばしばがん細胞で上昇している.
    B. がんのなかには,Li-Fraumeni症候群や網膜芽細胞腫のように遺伝的に起きやすい体質をもつものがある.
    C. *BRCA1*と*BRCA2*(遺伝性の乳がんタイプIとタイプIIにかかわる)の産物はDNAの修復に関係していると見られている.
    D. 腫瘍細胞はふつう嫌気性解糖の率が高いが,これは多くの腫瘍細胞でPK-2が発現しており,この酵素がATP産生を低下させ,バイオマスをつくり上げるためにより多くの栄養源を使用することによる.
    E. ジクロロ酢酸はいくらか抗がん活性を示す化合物で,ピルビン酸カルボキシラーゼを阻害してピルビン酸を解糖系から引き離す作用がある.

13. <u>誤っている</u>のはどれか.1つ選べ.
    A. 全ゲノムとエキソームの配列決定はがん細胞の変異の数と種類について重要な新しい情報を明らかにしつつある.
    B. エピジェネティックなメカニズムの異常,たとえばシトシン残基の脱メチル,ヒストンの異常な修飾,異常な染色体リモデリングががん細胞で見つかる例が増えている.
    C. がん幹細胞(しばしば相対的に休眠的でDNA修復システムの活性が高い)が残存することががん化学療法の不十分さを説明するかもしれない.

D. アンギオゲニンは血管新生の抑制因子である．

E. 慢性炎症はおそらく活性酸素種の産生を増やすためにある種のがんの発生を増やす傾向がある．

14. アポトーシスについて誤っているのはどれか．1つ選べ．

A. アポトーシスは，細胞表面に特異的な受容体をもつある種のリガンドとの相互作用によって開始される．

B. 細胞のストレスとその他の因子がアポトーシスのミトコンドリア経路を活性化する．シトクロムP450の細胞質への放出がこの経路の重要なイベントである．

C. DNAの特徴的なパターンの断片がアポトーシス細胞に認められる．これはカスパーゼに活性化されるDNA分解酵素による．

D. カスパーゼ3は，ラミン，ある種の細胞骨格タンパク質，種々の酵素を分解して細胞死を促す．

E. がん細胞はアポトーシスを逃れる種々の変異を獲得しており，これにより生きながらえている．

15. 誤っているのはどれか．1つ選べ．

A. 細胞接着にかかわるタンパク質には，カドヘリン，インテグリン，セレクチンがある．

B. 細胞表面のE-カドヘリンの量が減少していることが，がん細胞の示す接着性の低下を説明するかもしれない．

C. GlcNAcトランスフェラーゼ V の活性ががん細胞で増えていることは，細胞表面でのグリカン格子を変化させ，がん細胞の拡散を容易にしているかもしれない．

D. がん細胞はメタロプロテアーゼを分泌し細胞外マトリックス（ECM）のタンパク質を分解して細胞の拡散を容易にしている．

E. がん細胞はすべてコロニーをつくる遺伝的な能力がある．

16. 加水分解，酸化，光化学反応による損傷を受けたDNAなどのポリヌクレオチドを修復する酵素の数は，タンパク質の損傷を修復する酵素よりもはるかに多い．これに合致しないのはどれか．

A. ポリヌクレオチドはタンパク質よりも紫外線を吸収する．

B. タンパク質は酸化に感受性のある硫黄原子をもつ．

C. 一般にタンパク質の代謝回転はDNAのよりも速い．

D. 構造遺伝子の変異はDNA自身だけでなく，コードされるタンパク質を変化させる可能性がある．

E. 損傷が修復されない場合，遺伝子変異は次世代に受け継がれる．

17. ミトコンドリア老化仮説の特徴でないものはどれか．

A. 活性酸素種は電子伝達系による副産物として生成される．

B. ミトコンドリアは損傷DNAの修復機構をもたない．

C. 電子伝達系に関与する複合体の多くは，核内，およびミトコンドリア内でコードされるサブユニットの混合物により構成される．

D. 損傷ミトコンドリアはプロテアーゼ抵抗性の凝集を形成する．

E. 損傷ミトコンドリアがアポトーシス（プログラム細胞死）を誘導する．

18. 細胞損傷に対する一連の修復や防止機構に関与しないのはどれか．

A. スーパーオキシドジスムターゼ

B. グルタチオン

C. イソアスパラギン酸メチルトランスフェラーゼ

D. カタラーゼ

E. カスパーゼ7

19. 老化の代謝理論の一面を表しているのはどれか．1つ選べ．

A. 血漿グルコース（血糖値）の上昇が架橋結合されたタンパク質の凝集体の生成を促進する．

B. 活性酸素種による損傷は，活性基の連鎖反応により増幅される．

C. エネルギー制限食は，より低く効率的な代謝活動を促進する．

D. 心筋への血流は，コレステロールによる動脈プラークの形成によって年齢とともに減少する．

E. さまざまな身体活動は幹細胞の喪失と関連する．

20. 正しくないのはどれか．1つ選べ．

A. テロメアは線状DNA分子の末端にキャップを形成し，遺伝子の組換えを抑制している．

B. 加齢遺伝子は生物の寿命に対する影響により分類できる．

C. 線虫は寿命が短いため，加齢研究に魅力的なモデル生物である．

D. テロメアの短縮は染色体複製時のラギング鎖合成過程が不連続性であるために生じる．

E. テロメラーゼ活性は幹細胞や多くのがん細胞で高い．

SECTION 末問題の解答

セクション1 解答

1. **B.** 2. **D.**

3. 発酵には生きた細胞が必要であることは，酵母の無細胞抽出液が糖をエタノールと二酸化炭素に変換するという発見により反証された．この発見は，発酵と解糖系の中間代謝物，酵素，補酵素の発見につながった．

4. 発酵は時間が経つと停止したが，無機オルトリン酸塩を加えると再開した．その結果，リン酸化された中間体が単離された．代謝物はすべてリン酸エステルであった．熱処理した酵母抽出液を用いた他の実験により，ATP，ADP，NAD が発見された．

5. 中間代謝物と酵素の同定に用いられたものは，正常肝灌流液，肝切片，遠心分離により分画した組織ホモジネートなどがある．

6. 放射性同位体(^{14}C, ^{3}H, ^{32}P)により糖質，脂質，ヌクレオチド，アミノ酸代謝の中間代謝物の同定が極めて簡便に行えるようになり，前駆体生成物との関係を解析することを可能にした．

7. Garrod はアルカプトン尿症，白皮症，シスチン尿症，ペントース尿症は代謝が変動したために起こる疾患であると考え，このような状態を“先天性代謝異常”と名づけた．

8. コレステロール生合成の調節機構は生化学と遺伝学双方に関連する．細胞表面にある受容体は血清中のコレステロールを取り込み，細胞内のコレステロール生合成を調節する．受容体の欠陥は，極度な高脂血症を引き起こす．

9. 主要なモデル生物として，酵母，粘菌，ショウジョウバエ，線虫などがあり，それぞれ寿命が短く，変異しやすい．

10. **D.** 炭化水素は水に不溶である．

11. **A.** アミノ酸のうちフェニルアラニン，チロシン，トリプトファンのみが波長 280 nm の光を吸収する．

12. **D.** pK_a に等しい pH で溶液中に存在する場合，解離基が1つある弱酸（たとえば，アンモニウムイオンや酢酸）の分子の半分だけが荷電状態にある．最大移動度は，アンモニウムイオンの pK_a より3以上低い pH か，酢酸の pK_a より3以上高い pH のいずれかで生じる．

13. **C.** 典型的なアミノ酸は pI において同数の陽性電荷と陰性電荷をもつが，電荷の総数としてはゼロである．

14. **C.** Edman 法では，N 末端アミノ酸の誘導体化，遊離，解析を繰り返し行うことで除去する．

15. 非極性分子は水溶液中では集合し，なるべく表面積を小さくするように大きな油滴を形成する．したがって，水分子と脂肪の境界ではとり得る水素結合の数が減る（自由度が減る）．

16. 強塩基と強酸は水中で基本的に完全に解離し，NaOH は Na^{+} と OH^{-} となる．対照的に，ピルビン酸のような弱酸は溶液中で部分的にしか解離しない．

17. **E.** タンデム質量分析計は複雑なペプチド混合物から個々のペプチドを分離できる．

18. **E.** 多くのタンパク質は翻訳後修飾を受ける．たとえばインスリンは，1本のポリペプチドとして合成され，切断の後，2本がジスルフィド結合で連結した形になる．

19. pI は分子の総電荷がゼロとなる pH のことである．設問では pI は酸性側から数えて3番目と4番目の pK_a の中間点と等しく，pI $= (6.3 + 7.7)/2 = 7.0$ となる．pH を酸性から塩基性に調整すると，正味電荷は次のように連続的に変化する：$+3, +2, +1, 0, -1, -2, -3$.

20. タンパク質に含まれるアミノ酸は，すべてが“必須”であるが，“栄養学的に必須”なアミノ酸（ヒトでは 10 種類）は同化経路，異化経路いずれからも合成できない．多くのビタミンは“栄養学的に必須”であるが，ビタミン C が必須なのはヒト，ナマズなど一部の生物のみである．

21. **D.** 遺伝子アレイ（DNA チップ，DNA アレイともよぶ）は基盤の上に配列の異なる多数の DNA プローブを結合したものである．各プローブは固有の部位に結合している．特定の状況下で得られた DNA や RNA を相補的なプローブにハイブリダイゼーションすることによって，核酸の構成を知ることができる．

22. **D.** ヘリックスに並ぶ4個離れた残基どうしの水素結合による相互作用が存在する．

23. **E.** プリオンは核酸をもたず，タンパク質だけである．プリオン病は DNA，RNA を使わず，タンパク質のみで感染する．

24. リン酸の pK_2 (6.82) は生理的 pH に近いため，効果的な緩衝液としてはたらく．他の2つの解離基は pH 7 で完全にイオン化しているか，生理的 pH においてプロトン化しているため効果的な緩衝液としてはたらかない．

25. **A.** カルボキシ基（pK_1 から pK_3）とアミノ基（pK_4 から pK_7）

   B. -1

   C. $+0.5$

   D. 陽極に向かう

26. 効果的な緩衝液として作用するためには，化合物は pK_a が設定した pH から 0.5 以内である必要がある．また，緩衝を行う化合物は十分な量でなくてはならない．

27. グルタミン酸残基のカルボキシル化により生じる γ-カルボキシグルタミン酸は，血餅の形成と溶解に必須な Ca^{2+} の強力なキレーターとなる．4-ヒドロキシプロリンと5-ヒドロキシリシンは，いくつかの重要な構造タンパク質に組み込まれる．

28. (a) 銅は，コラーゲン中のリシンをヒドロキシリシンに変換するアミンオキシダーゼの補欠分子である．リ

シンのヒドロキシル化によりコラーゲン中に共有結合の架橋が起こり，コラーゲンの物理的強度を高める．

（b）アスコルビン酸はプロリンヒドロキシラーゼの補因子であり，リシンをヒドロキシリシンへと変換する．コラーゲンのペプチド鎖に新たな水素結合が加わり，コラーゲンの三重らせんが安定化する．

29. シグナル配列はタンパク質を細胞内の特定の場所に移行させたり，分泌させる役割をもつ．

SECTION II 解答

1. 炭酸脱水酵素は二酸化炭素の加水分解を触媒し，炭酸が生成される．次に，この弱い酸の一部分が解離し，炭酸水素イオンと水素イオンが生成される．二酸化炭素の濃度が低下するにつれて，炭酸は分解され，二酸化炭素と水が生成する．炭酸の損失を代償するために，炭酸水素イオンと水素イオンは再結合し，平衡状態を回復し，水素イオン濃度の低下と pH の上昇がもたらされる．

2. **D.**	3. **E.**	4. **B.**	5. **A.**
6. **E.**	7. **B.**	8. **C.**	9. **A.**
10. **D.**	11. **E.**	12. **B.**	13. **B.**
14. **C.**	15. **D.**	16. **A.**	17. **B.**
18. **D.**	19. **A.**		

SECTION III 解答

1. **A.** ΔG がマイナスのときは発エルゴンであり，自発的に進行して，自由エネルギーは放出される．

2. **E.** 発エルゴン反応では ΔG が負の値となり，吸エルゴンでは正の値である．ΔG が 0 のときは平衡状態である．

3. **B.** 反応物が 1.0 mol/L で存在するとき，ΔG_0 は標準自由エネルギー状態となる．生化学的反応では，pH 7.0 のときがこの標準条件となる

4. **D.** ATP は 2 つの高エネルギーリン酸結合を有しており，吸エルゴン反応を進めるのに必要である．ATP は体内に貯蔵できず，また脱共役因子が存在するとその合成が阻害され，ATP の貯蔵が枯渇する．

5. **A.** 還元型シトクロム c は，シトクロム c オキシダーゼ（呼吸鎖の複合体 IV）により酸化される．この還元当量により分子状酸素は 2 分子の水に変換される．

6. **E.** シトクロム c オキシダーゼは脱水素酵素ではない．しかし，他のシトクロムは脱水素酵素に分類される．

7. **B.** シトクロム P450 のほとんどは小胞体に存在するが，組織によってはミトコンドリアに存在するものもある．

8. **D.** 呼吸鎖において，1 mol の NADH は酸化されて全部で 2.5 mol の ATP を生成する．内訳は，複合体 I で 1 mol，複合体 III で 1 mol，複合体 IV で 0.5 mol である．

9. **C.** 1 mol の $FADH_2$ から 1.5 mol の ATP が生成される．内訳は，複合体 III で 1 mol，複合体 IV で 0.5 mol である．

10. **E.** オリゴマイシンは，ATP 合成酵素の電子伝達を阻害することにより ATP 合成を止める．

11. **A.** 脱共役剤は，ATP 合成を介さずに膜透過性を亢進してミトコンドリア内膜のポテンシャルを低下させる．

12. **E.** 脱共役剤が存在するときは，ミトコンドリアマト

リックスの電子伝達は ATP 合成に共役せず，熱を発生させる．

13. **C.** サーモゲニンは褐色脂肪細胞などに存在する内因性の脱共役因子であり，その機能は体温の産生，維持である．

14. **D.** ATP 合成酵素の分子モーター 1 回転で 3 分子の ATP が合成される．

15. **B.** 電子伝達によりミトコンドリア内膜に生じたマトリックス側が負の電位差は，ATP 合成酵素のプロトン排出の駆動力となる．

SECTION IV 解答

1. **B.**	2. **B.**	3. **A.**	4. **D.**
5. **C.**	6. **C.**	7. **E.**	8. **C.**
9. **A.**	10. **E.**	11. **C.**	12. **D.**
13. **D.**	14. **D.**	15. **D.**	16. **E.**
17. **E.**	18. **C.**	19. **C.**	20. **C.**
21. **D.**	22. **A.**	23. **B.**	24. **C.**
25. **D.**	26. **E.**	27. **A.**	28. **B.**

SECTION V 解答

1. **D.** 2. **D.**

3. **A.** ガングリオシドはグルコシルセラミドからつくられる．

4. **C.** A, B, D, E は連鎖開始の速度を低下させるので，予防的抗酸化剤とよばれる．

5. **D.** 6. **B.**

7. **D.** 長鎖脂肪酸は CoA と共役して脂肪酸アシル-CoA になることで活性化されるが，脂肪酸アシル-CoA はミトコンドリア内膜を通過できない．アシル基は，カルニチンパルミトイルトランスフェラーゼ（CPT）-I のはたらきでカルニチンに受け渡され，生じたアシルカルニチンが，カルニチン-アシルカルニチントランスロカーゼのはたらきでカルニチンと交換されミトコンドリアマトリックスに入る．マトリックス内で，CPT-II のはたらきでアシル基が CoA に渡され，カルニチンはトランスロカーゼ酵素のはたらきでミトコンドリア膜間腔に戻る．

8. **E.** 炭素数 16 のパルミチン酸分子は 7 サイクルの β 酸化（1 サイクルにつき，$FADH_2$ と NADH を 1 分子ずつ生成する）によって，8 分子の 2C 単位（アセチル-CoA）を生じる．

9. **B.** マロニル-CoA によってカルニチンパルミトイルトランスフェラーゼ I の活性が抑制されると，脂肪酸のアシル基はミトコンドリアマトリックスに入ることができないため，β 酸化による脂肪酸分解が抑制される．

10. **C.** ヒト（および大部分の哺乳類）は，脂肪酸の Δ^9 位を越えて二重結合を導入する酵素をもっていない．

11. **D.** トリカルボン酸輸送体が阻害されると細胞質のクエン酸濃度が低下し，アセチル-CoA カルボキシラーゼが不活性化される．

12. **A.** 13. **C.** 14. **E.**

15. **E.** グルカゴンは血糖値が低いときに放出される．このような状況下では，エネルギー産生のために脂肪酸が分解され，脂肪酸合成は抑制される．

16. **E.** グルカゴン，ACTH，アドレナリン，バソプレッシ

ンはいずれもホルモン感受性リパーゼを活性化する.

17. **B.**　　　18. **D.**

19. **A.** キロミクロンはトリアシルグリセロールを多く含むリポタンパク質で, 食餌中の脂質を利用して腸管粘膜でつくられ, リンパ管に放出される.

20. **E.** VLDL は肝臓で合成され血液中に放出される. 脂肪組織や筋肉はリポタンパク質リパーゼのはたらきによって VLDL から放出される脂肪酸を取り込む.

21. **D.** 肝臓から放出された VLDL はリパーゼのはたらきで IDL, 次いで LDL へと変換され, HDL 由来のコレステロールやタンパク質を輸送する. LDL はコレステロールを肝外組織に運搬し, 肝臓で分解される.

22. **A.** キロミクロンは脂肪食摂取後に小腸でつくられ, リンパ管に放出される.

23. **E.** キロミクロンとキロミクロンレムナントは, 食後速やかに血中から消失し, その後, 肝臓からの VLDL の放出が増加する. 絶食時には, ケトン体と非エステル化脂肪酸が上昇する.

24. **C.** CETP のはたらきによって, コレステリルエステルが HDL から他のリポタンパク質に受け渡されると, コレステリルエステルは VLDL, IDL, LDL によって肝臓に運ばれることになる (訳者注：HDL による輸送ではない, ということ).

25. **D.** キロミクロンは, 血管内皮細胞の表面に接着すると, リポタンパク質リパーゼによって代謝される. これによりトリアシルグリセロールから脂肪酸が遊離し, 末梢組織に取り込まれる. この結果生じたキロミクロンレムナント粒子は, 大きさが小さくなり, コレステロール含有量が増大し, 循環血液中から肝臓に取り込まれる.

26. **C.** コレステロールは, アセチル-CoA を材料にして小胞体で生合成される. 律速段階は, HMG-CoA レダクターゼによる, 3-ヒドロキシ-3-メチルグルタリル-CoA からメバロン酸の合成の段階である. 最初の環状中間体はラノステロールである.

27. **C.**

28. **C.** 二次胆汁酸は, 一次胆汁酸が腸管において修飾を受けてつくられる.

29. **B.** LDL 受容体が欠損すると, 血中から LDL が消失しないため, 重度の高脂血症を発症する.

30. **A.** PCSK9 は, エンドサイトーシス後の LDL 受容体の細胞表面へのリサイクルを制御するタンパク質である. PCSK9 を阻害すると細胞表面の LDL 受容体数が増加し, LDL のクリアランスが亢進する結果, 血中コレステロール濃度が低下する.

SECTION VI　解答

1. **D.** フェニルアラニンヒドロキシラーゼは実質不可逆的な反応を触媒し, したがってチロシンをフェニルアラニンに変換しない.

2. **E.** ヒスタミンはヒスチジンの異化産物であって, 前駆体ではない.

3. **B.** セレノシステインのペプチドへの組み込みは, 翻訳後ではなく**同時**に起こる.

4. **C.** トレオニン, リシン, プロリン, およびヒドロキシプロリンを除くすべての通常アミノ酸の分解は, ピリ

ドキサールに依存したアミノ基転移で始まる.

5. **B.** グルタミン

6. **C.** アラニンの炭素骨格が肝での糖新生に最も貢献する.

7. **B.** ATP とユビキチンは非膜タンパク質や**短寿命**タンパク質の分解にかかわる.

8. **C.** NH$_4^+$ を尿素に取り込めなくなるので, 尿素回路の代謝異常ではアシドーシスではなく**アルカローシス**が起こる.

9. **E.** 尿素回路の**サイトゾル**での反応で生じたフマル酸は**サイトゾル**内のフマラーゼとリンゴ酸デヒドロゲナーゼによってオキサロ酢酸に変換される. ミトコンドリアのフマラーゼとリンゴ酸デヒドロゲナーゼは, 尿素回路ではなくクエン酸回路ではたらく.

10. **A.** トレオニンではなくセリンが補酵素 A のチオエタノール基を供給する.

11. **E.** グルタミンではなく**グルタミン酸**の脱炭酸で GABA ができる.

12. 5-ヒドロキシリシンならびに γ-カルボキシグルタミン酸は, それぞれペプチド鎖中のリシン残基ならびにグルタミン酸残基の翻訳後修飾により生じる. 他方, セレノシステインはタンパク質を構成する他の 20 種類のアミノ酸と同様に, 翻訳と同時にタンパク質に組み込まれる. この組み込み過程は複雑で, tRNA^{sec} という特別な tRNA が関与する.

13. ヒトの栄養学的必須アミノ酸の生合成には多段階の反応を要する. 普通のヒトの食事には, 栄養学的必須アミノ酸が十分に含まれており, "不必要" な酵素をコードする遺伝子を失くしてしまえること, それらを複製するためのエネルギーを節約できることが, 進化のうえで有利にはたらいた.

14. グルタミン酸デヒドロゲナーゼは代謝における中心的な役割を複数こなしており, この酵素の完全欠損は致死的であるから.

15. **E.** アルブミンはヘムタンパク質ではない. 溶血性貧血の場合にアルブミンはメトヘムを結合する場合があるが, 選択肢にあげた他のタンパク質とは異なり, アルブミンはヘムタンパク質ではない.

16. **A.** 急性間欠性ポルフィリン症はヒドロキシメチルビランシンターゼ遺伝子の変異で起こる.

17. **A.** ビリルビンは**直鎖状**のテトラピロールである.

18. **D.** 重度の黄疸, 上腹部痛, ならびに体重減少, これらに加えて閉塞性黄疸を示唆する検査所見は, 膵がんに一致する.

19. この検査は非抱合型ならびに抱合型ビリルビンの溶解度の違いを利用している. 有機溶媒 (普通はメタノール) の存在下, 非存在下で測定を行う. 抱合型ビリルビンは, グルクロン酸部分が高い極性をもっているので溶解度が高く, 有機溶媒の非存在下でも発色試薬と反応することができる. したがって, メタノール "非存在下" で測定された, いわゆる "直接ビリルビン" とはグルクロン酸抱合型のビリルビンである. メタノール "存在下" では "総ビリルビン", すなわち抱合型と非抱合型の両者が測定される. "間接ビリルビン" とは総ビリルビンと直接ビリルビンとの "差分" であり, 非抱合型ビリルビンのことである.

20. スクシニル–CoA とグリシンからのヘムの生合成は，遊離鉄が十分に存在するときにだけ起こる．調節は合成経路の最初の酵素である γ–アミノレブリン酸シンターゼ（ALA シンターゼ）でなされる．この調節により，補酵素 A のチオエステル結合のエネルギーをむだ遣いせずに済んでいる．

SECTION VII 解答

1. **D.** プリンおよびピリミジン三リン酸の β,γ–メチレン誘導体と β,γ–イミノ誘導体では，末端のリン酸は加水分解や転移反応によって遊離・解離することはめったにない．
2. **D.** （訳者注：D. の FMN は riboflavin-5′-phosphate で，本当の意味でのヌクレオチドではない）
3. **D.** プソイドウリジンはヒトの尿中に排泄される．その存在は病状を示しているわけではない．
4. **A.** 可溶性産物を形成するピリミジン異化反応では，異常を呈する代謝障害はめったに生じない．

5. **B.**	6. **D.**	7. **B.**	8. **C.**
9. **C.**	10. **D.**	11. **E.**	12. **B.**
13. **D.**	14. **D.**	15. **E.**	16. **A.**
17. **C.**	18. **B.**	19. **D.**	20. **B.**
21. **C.**	22. **A.**	23. **C.**	24. **A.**
25. **E.**	26. **E.**	27. **A.**	28. **E.**
29. **C.**	30. **A.**	31. **A.**	32. **C.**
33. **D.**	34. **E.**	35. **C.**	36. **B.**
37. **C.**	38. **E.**	39. **E.**	40. **D.**
41. **B.**	42. **A.**	43. **A.**	44. **E.**
45. **C.**	46. **A.**	47. **C.**	48. **B.**
49. **C.**	50. **A.**	51. **B.**	52. **C.**
53. **D.**	54. **A.**	55. **E.**	56. **A.**
57. **E.**	58. **C.**	59. **A.**	60. **D.**
61. **D.**	62. **E.**	63. **A.**	64. **C.**
65. **C.**	66. **E.**	67. **D.**	

SECTION VIII 解答

1. **B.** 糖脂質は外層にある．
2. **A.** α ヘリックスは膜タンパク質の主要構成要素である．
3. **E.** インスリンは同じく，筋でのグルコース取り込みを増加させる．
4. **A.** その作用により，細胞内でのナトリウム：カリウム比が高く維持される．

5. **D.**	6. **B.**	7. **C.**	8. **B.**
9. **D.**	10. **A.**	11. **E.**	12. **B.**
13. **D.**	14. **E.**	15. **E.**	16. **C.**
17. **A.**	18. **C.**	19. **A.**	20. **B.**
21. **D.**	22. **A.**		

SECTION IX 解答

1. **A.**	2. **E.**	3. **C.**	4. **D.**
5. **E.**	6. **D.**	7. **C.**	8. **B.**
9. **D.**	10. **E.**	11. **C.**	12. **B.**
13. **C.**	14. **E.**	15. **B.**	16. **A.**
17. **B.**	18. **C.**	19. **E.**	20. **D.**
21. **E.**	22. **A.**	23. **C.**	24. **C.**

25. **A.**	26. **E.**	27. **A.**	28. **A.**
29. **A.**	30. **C.**	31. **E.**	32. **A.**
33. **B.**	34. **A.**	35. **E.**	36. **C.**
37. **D.**	38. **E.**	39. **E.**	40. **A.**
41. **D.**	42. **C.**	43. **E.**	44. **E.**
45. **C.**	46. **B.**	47. **B.**	48. **B.**
49. **B.**	50. **C.**	51. **D.**	52. **E.**
53. **A.**	54. **A.**	55. **A.**	56. **E.**
57. **A.**			

SECTION X 解答

1. ニトログリセリンは体内で加水分解されて硝酸イオンを遊離する．硝酸イオンは，ミトコンドリアのアルデヒドデヒドロゲナーゼによって還元され，強力な血管拡張剤である一酸化窒素（NO）を産生する．
2. 心筋の収縮サイクルは，サイトゾルの Ca^{2+} レベルの周期的振動（オシレーション）によって調節されている．SERCA2a 活性の欠陥により筋小胞体の Ca^{2+} 再取り込みが遅いと，心筋細胞は次の興奮サイクルの開始前にサイトゾルから Ca^{2+} を取り除くことができない．サイトゾルで高 Ca^{2+} レベルが継続すると，収縮サイクルにおける振幅が減少し，興奮と収縮サイクルの脱共役が起こる．

3. **A.**	4. **A.**	5. **B.**	6. **D.**
7. **E.**	8. **D.**	9. **E.**	

10. ハプトグロビンは血球外に出たヘモグロビンと結合して複合体を形成する．この複合体は大きすぎて糸球体を通過して細尿管に入ることができない．
11. 固有の抗原結合性をもつ新しい抗体の産生は，免疫グロブリン H 鎖と L 鎖の超可変領域をコードする DNA の組換えと変異に依存している．シチジンデアミナーゼは，DNA 中のシトシンをウラシルへ加水分解する反応を触媒することにより，遺伝子変異を導入する．

12. **B.**	13. **C.**	14. **C.**	15. **B.**
16. **E.**	17. **E.**		

18. グルコース–6–リン酸デヒドロゲナーゼの欠陥をもつ赤血球は，活性酸素種による破壊に対して極めて脆弱であり，これは，酸化ストレスに対する保護剤である還元型グルタチオンの欠乏に由来する．その理由は，グルコース–6–リン酸デヒドロゲナーゼが，グルタチオンレダクターゼが使用する NADPH の多くを供給するためである．

19. **E.**	20. **C.**	21. **D.**	22. **A.**
23. **D.**	24. **D.**	25. **B.**	26. **A.**

27. **E.** インポーチンは核内へのタンパク質の輸送にかかわる．
28. **B.** 哺乳類のタンパク質のいくつかは翻訳後に小胞体へ輸送される．
29. **C.** ユビキチンは，タンパク質にプロテアソームによる分解のための目印を付ける．
30. **E.** フリンはプロアルブミンをアルブミンに変換する．
31. **C.** NSF は ATPase である．
32. **D.** 架橋はコラーゲン構造の重要な特徴である．
33. **C.** エラスチン遺伝子の欠損が，Williams-Beuren 症候群の多くの症例の原因であることが証明されている．
34. **B.** Ehlers-Danlos 症候群のサブタイプである脊柱後側

弯症と皮膚弛緩症はコラーゲンでない遺伝子の異常で生じる.

35. **B.** ヒアルロン酸(ヒアルロナン)は硫酸基をもたない.

36. **C.** Hurler 症候群は α-L-イズロニダーゼの異常により生じる.

37. **D.** 軟骨形成不全症は FGFR3 遺伝子の変異により生じる.

SECTION XI 解答

1. **D.** (訳者注：内因性第 X 因子活性化因子複合体とプロトロンビナーゼ複合体に必要なホスファチジルセリンは LDL ではなく,活性化された血小板の表面に出てくる).

2. **D.** リストにあげられたタンパク質のうち第 II 因子のみがビタミン K 依存性の凝固因子である(訳者注：Gla の生成にビタミン K が必要).

3. **D.**

4. **E.** GPIIb-IIIa 受容体(インテグリン αIIbβ3)は G タンパク質共役受容体ではない.

5. **A.** 血友病 A は伴性遺伝なので女性では非常にまれ.

6. **B.** たいていの化学発がん物質はDNAと共有結合する.

7. **B.** DNA ウイルスの EB ウイルスやパピローマウイル

スにも発がん性がある.

8. **E.** 発がんのためにはおよそ5〜6個の変異が必要と考えられている.

9. **E.** PDGF はホスホリパーゼ C を活性化するが,ホスホリパーゼ A_2 は活性化しない.

10. **D.** RB は E3F に結合して G_1 期から S 期への進行を阻止する.

11. **C.** マイクロサテライトの不安定性はミスマッチ修復の異常で起こる.

12. **E.** ジクロロ酢酸はピルビン酸デヒドロゲナーゼキナーゼ(訳者注:ピルビン酸デヒドロゲナーゼ複合体の一部)を阻害する(訳者注:ピルビン酸カルボキシラーゼはオキサロ酢酸を合成して,糖新生,クエン酸回路にオキサロ酢酸を補充する).

13. **D.** アンギオゲニンは血管新生の刺激因子である.

14. **B.** シトクロム P450 ではなくシトクロム c が放出される.

15. **E.** およそ 1/10 000 ほどのがん細胞しかコロニーをつくる能力がない.

16. **B.**　　17. **D.**　　18. **D.**　　19. **C.**

20. **B.**

事項索引

1. 本文中に外国語（アルファベット）のままで示した語および外国語で始まる語の索引は日本語索引とは別にしてある．ただし，DNA などとくに重要な語は例外として日本語索引にも掲載した．
2. 長音符（ー）は，読みを省略してある．
3. 化学物質名において，結合位置を表す記号（1-，2-，3-，α-，β-，γ-，*N*-，*O*-，*S*……）や文字（D-，L-，*cis*-，*trans*-，*o*-，*m*-，*p*……）は，それらの文字を除いた語によって配列してある（ただし，その語の構成上，無視できないものは読んで配列してある）．

病名索引

イラストレイテッド
ハーパー・生化学　原書 32 版

令和 6 年 12 月 30 日　発　行

監 訳 者　　清水孝雄・水島　昇

発 行 者　　池　田　和　博

発 行 所　　丸善出版株式会社
〒101-0051 東京都千代田区神田神保町二丁目17番
編　集：　電話 (03)3512-3263／FAX (03)3512-3272
営　業：　電話 (03)3512-3256／FAX (03)3512-3270
https://www.maruzen-publishing.co.jp

組版印刷・三美印刷株式会社／製本・株式会社 松岳社

ISBN 978-4-621-31023-6　C 3047　　　　　　Printed in Japan